Atlas der Anatomie des Menschen

Sobotta

Atlas der Anatomie des Menschen

Sobotta

Herausgegeben von R. Putz und R. Pabst
unter Mitarbeit von Renate Putz

21., neu bearbeitete Auflage in einem Band
1868 meist farbige Abbildungen
116 Tabellen

ELSEVIER
URBAN & FISCHER

URBAN & FISCHER München · Jena

Zuschriften und Kritik an:
Elsevier, Urban & Fischer, Lektorat für Medizinstudenten, Dr. D. Hennessen, Karlstraße 45, 80333 München

Anschrift der Herausgeber:

Professor Dr. med. R. Putz,
Vorstand des Anatomischen Instituts
der Ludwig-Maximilians-Universität,
Pettenkoferstraße 11, 80336 München

Professor Dr. med. R. Pabst,
Leiter der Abteilung für Funktionelle und
Angewandte Anatomie der Medizinischen Hochschule,
Carl-Neuberg-Straße 8, 30625 Hannover

Programmleitung: Dr. med. Dorothea Hennessen
Lektorat: Alexander Gattnarzik
Herstellung: Renate Hausdorf
Grafikdesign: Carsten Tschirner, München
Umschlag, Gestaltung: prepress, Ulm

Die Deutsche Bibliothek – CIP-Einheitsaufnahme

Sobotta, Johannes:
Atlas der Anatomie des Menschen / Sobotta [Hrsg. von R. Putz und R. Pabst unter Mitarb. von Renate Putz]. – München ; Jena : Urban und Fischer
Weitere Ausg. in außereurop. Sprachen – Bis 20. Aufl. im Verl. Urban und Schwarzenberg, München, Wien, Baltimore
Engl. Ausg. u.d.T.: Sobotta, Johannes: Atlas of human anatomy. –
Franz. Ausg. u.d.T.: Sobotta, Johannes: Atlas d'anatomie humaine. –
Türk. Ausg. u.d.T.: Sobotta, Johannes: İnsan anatomisi atlası

21., neubearb. Aufl. in einem Band – 2004

04 05 06 5 4 3 2 1

Satz: Typodata, München
(Gesetzt in der 9 Punkt Corporate in Quark XPress auf Apple Macintosh)
Reproduktion: Typodata, München
Druck und Bindung: Appl, Wemding
(Gedruckt auf Nopacoat 115 g)
ISBN 3-437-53590-6
Printed in Germany

Der Begründer dieses Atlaswerkes, Professor Dr. med. Johannes Sobotta †, war zuletzt o. ö. Professor der Anatomie und Direktor des Anatomischen Instituts der Universität Bonn.

Deutsche Ausgaben mit Erscheinungsjahr:
1. Auflage: 1904–1907 J. F. Lehmanns Verlag, München
2.–11. Auflage: 1913–1944 J. F. Lehmanns Verlag, München
12. Auflage: 1948 und folgende Auflagen
Urban & Schwarzenberg, München
13. Auflage: 1953
14. Auflage: 1956
15. Auflage: 1957
16. Auflage: 1967 (ISBN 3-541-02816-5)
17. Auflage: 1972 (ISBN 3-541-02817-3)
18. Auflage: 1982 (ISBN 3-541-02818-1)
19. Auflage: 1988 (ISBN 3-541-02819-X)
20. Auflage: 1993 (ISBN 3-541-17360-2)
21. Auflage: 2000 (ISBN 3-437-41940-4)

Lizenzausgaben:
Arabische Ausgabe
Modern Technical Center, Damaskus
Chinesische Ausgabe:
Ho-Chi Book Publishing Co, Taiwan
Englische Ausgabe (Nomenklatur Englisch)
Atlas of Human Anatomy
Lippincott Williams & Wilkins
Englische Ausgabe (Nomenklatur Latein)
Atlas of Human Anatomy
Urban & Fischer
Französische Ausgabe
Atlas d'Anatomie Humaine
Tec & Doc Lavoisier, Paris
Griechische Ausgabe (Nomenklatur Griechisch)
Maria G. Parissianos, Athen
Griechische Ausgabe (Nomenklatur Latein)
Maria G. Parissianos, Athen
Holländische Ausgabe
Bohn Stafleu van Loghum, Houten
Indonesische Ausgabe
Atlas Anatomi Manusia
Penerbit Buku Kedokteran EGC, Jakarta
Italienische Ausgabe
Atlante di Anatomia Umana
UTET, Torino
Japanische Ausgabe
Igaku Shoin Ltd., Tokyo
Koreanische Ausgabe
Panmun Book Company, Seoul
Kroatische Ausgabe
Naklada Slap, Jastrebarsko
Polnische Ausgabe
Atlas anatomii cztowieka
Urban & Partner
Portugiesische Ausgabe (Nomenklatur Portugiesisch)
Atlas de Anatomia Humana
Editora Guanabara Koogan, Rio de Janeiro
Portugiesische Ausgabe (Nomenklatur Latein)
Atlas de Anatomia Humana
Editora Guanabara Koogan, Rio de Janeiro
Spanische Ausgabe
Atlas de Anatomia Humana
Editorial Medica Panamericana, Buenos Aires/Madrid
Türkische Ausgabe
Insan Anatomisi Atlasi
Beta Basim Yayim Dagitim, Istanbul
Ungarische Ausgabe
az ember anatómiájának atlasza
Semmelweis Kiadó

Aktuelle Informationen finden Sie im Internet unter der Adresse:
www.elsevier.com und www.elsevier-deutschland.de

Inhalt

Vorwort

Nach der überaus guten Aufnahme der 20. Auflage des 1903 von J. Sobotta begründeten Atlasses stellte sich den Herausgebern und dem Verlag die Frage, was man in einem solchen Standardwerk verbessern kann. Aus vielen Zuschriften und Gesprächen mit Studierenden und Kollegen wurde deutlich, dass das Konzept offenbar nach wie vor in die „Studiumslandschaft" passt, ist die makroskopische Anatomie doch unbestritten neben den übrigen Grundlagenwissenschaften gerade unter praktischen Gesichtspunkten eine Säule der Medizin. Wenn sich der Atlas primär auch an die vorklinischen Studierenden richtet, so besitzt er doch als „Buch für das Leben als Arzt" alle Voraussetzungen für eine Begleitung durch das klinische Studium und als Nachschlagewerk für die spätere berufliche Tätigkeit. Den wichtigsten Wünschen aus dem Nutzerkreis folgend, weist die 21. Auflage eine Reihe von Neuerungen auf.

In der neuen Auflage haben wir
- insgesamt 133 neue Abbildungen auf der Basis von Originalpräparaten gezeichnet, wie z.B. die Schnittserien von Gehirn und Thorax,
- die Schwarzweißabbildungen ersetzt,
- Abbildungen zur klinischen Anwendung der Entwicklung der Technik entsprechend aktualisiert, wie z.B. Endoskopien oder Röntgenbilder,
- Schemata zur Gelenkbelastung eingeführt und
- die Muskeltabellen komplett überarbeitet.

Als zweites wichtiges Ziel haben wir die Lesbarkeit verbessert durch
- die Einführung von Signalfarben für die Kapitel,
- eine Farbkodierung der Beschriftung topographischer Abbildungen,
- konsequente Einfügung von Orientierungsskizzen zu Schnittebene und Blickrichtung,
- die Überarbeitung und Neugestaltung der bewährten Tabellen und durch
- die Einführung kleiner „Windrosen"-Zeichnungen mit Hinweisen auf die in den verschiedenen Richtungen bzw. Schichten angrenzenden Abbildungen.

Selbstverständlich wurde die seit Oktober 1998 geltende neue Nomenklatur (Terminologia Anatomica) konsequent übernommen. Das Glossar schafft für die am Hintergrund unserer Fachsprache Interessierten eine Brücke zum Verständnis.

Die Aufteilung der Bearbeitung der Kapitel durch die Herausgeber wurde – abgesehen von der gemeinsamen Diskussion des Konzeptes und gegenseitiger Korrektur – wie folgt beibehalten:

R. Putz: Allgemeine Anatomie, obere Extremität, Gehirn, Auge, Ohr, Rücken, untere Extremität;

R. Pabst: Kopf, Hals, Brust- und Bauchwand, Brust, Bauch, Becken.

Um die vielen Neuzeichnungen haben sich in bewährter Weise als Zeichnerinnen und Zeichner verdient gemacht: Frau Ulrike Brugger, Herr Rüdiger Himmelhan, Frau Sonja Klebe und Herr Horst Ruß. Dass es im Wesentlichen gelungen ist, den vertrauten und bewährten „Sobotta-Stil" beizubehalten, ist ihr Verdienst. Die freie elektronische Bearbeitung von Fotografien sowie die Erstellung von Grafiken wurde von Herrn Michael Budowick besorgt. Dankbar sind wir den klinischen Kollegen, die auch für diese Auflage Abbildungen zur Verfügung gestellt haben (siehe Danksagung). Den beteiligten Mitarbeitern der Institute danken wir sehr herzlich für ihr Verständnis und für wichtige Anregungen. Herr Dr. N. Sokolov und Herr A. Buchhorn haben in akribischer Arbeit Präparate als Grundlage vieler Neuzeichnungen hergestellt; Frau S. Fryk und Frau G. Hoppmann haben uns bei der Textverarbeitung unterstützt. Das Glossar wurde von Herrn cand. phil. T. Lederer kritisch durchgesehen.

Die Herausgeber möchten schließlich ausdrücklich den Mitarbeitern des Lektorats, insbesondere Frau Dr. D. Hennessen und Herrn A. Gattnarzik danken, die trotz mancher äußerer Turbulenzen die Realisierung der Neuauflage konsequent begleitet haben. Die Herstellung wurde in der Anfangsphase in bewährter Weise von Herrn P. Mazzetti betreut und anschließend von Frau R. Hausdorf mit großem Einsatz weitergeführt. Frau Renate Putz zeichnete für die Umsetzung der Nomina Anatomica und für die Vereinheitlichung der Hinweise und der Texte verantwortlich. Besonderen Dank möchten wir allen Damen und Herren abstatten, die sich der nervenaufreibenden Korrekturarbeit und der Erstellung des Registers gewidmet haben. Wenn der „SOBOTTA" nunmehr mit vielen neuen Inhalten und in neuem Glanz erscheinen kann, so beruht dies auf der überaus konstruktiven Zusammenarbeit aller Beteiligten. Dankbar sind wir auch unseren Familien für ihr Verständnis für die große zeitliche Belastung.

Viele Neuerungen dieses Atlasses beruhen auf Kritik und Anregungen von Studierenden und Fachkollegen. Die Herausgeber waren und sind dafür überaus dankbar und bitten die Benutzer auch dieser Auflage, sich nicht zu scheuen und uns ihre Kommentare zu übermitteln.

München und Hannover, September 1999
R. Putz und R. Pabst

Danksagung

Den nachstehend benannten klinischen Kollegen sind die Herausgeber für die Bereitstellung von Ultraschall-, Computertomographie- und Magnetresonanztomographiebildern sowie von endoskopischen Aufnahmen und Farbfotos von Operationssiten zu sehr großem Dank verpflichtet:

Prof. Altaras, Zentrum Radiologie, Universität Gießen
(Abb. 964, 979, 980)
Dr. Baumeister, Abteilung Radiologie, Universität Freiburg
(Abb. 1095)
Prof. Daniel, Abteilung Kardiologie, Med. Hochschule Hannover
(Abb. 862–864, 935)
Prof. Galanski, Dr. Kirchhoff, Abteilung Diagnostische Radiologie I, Med. Hochschule Hannover
(Abb. 924, 1144a, b, 1154, 1155)
Prof. Galanski, Dr. Schäfer, Abteilung Diagnostische Radiologie I, Med. Hochschule Hannover
(Abb. 838a, b, 888, 933, 958, 1139, 1147, 1150, 1152)
Prof. Gebel, Abteilung Gastroenterologie und Hepatologie, Med. Hochschule Hannover
(Abb. 253a, b, 966, 975, 976, 981, 990, 991, 1026, 1043)
Dr. Goei, Radiology, Heerlen, Niederlande
(Abb. 1010, 1011)
(mit Genehmigung aus Radiology 173: 137–141, 1989)
Dr. Greeven, St.-Elisabeth-Krankenhaus, Neuwied
(Abb. 166, 1182)
Prof. von der Hardt, Kinderklinik, Med. Hochschule Hannover
(Abb. 893)
Dr. Hennig, Abteilung Radiologie, Universität Freiburg
(Abb. 529)
Prof. Jonas, Urologie, Med. Hochschule Hannover
(Abb. 1050a, b, 1051)
Prof. Kremers, Poliklinik für Zahnerhaltung und Parodontologie, Universität München
(Abb. 182)
Prof. Kunze, Kinderklinik, Universität München
(Abb. 15–18)
Dr. Meyer, Abteilung Gastroenterologie und Hepatologie, Med. Hochschule Hannover
(Abb. 906, 949a, b, 959, 1086)
Prof. Pfeifer, Röntgenabteilung der Chirurgischen Klinik , Universität München
(Abb. 306, 319, 321, 748–751, 789–792, 1199, 1230, 1231, 1260, 1261)
Priv.-Doz. Rau, Abteilung Radiologie, Universität Freiburg
(Abb. 875, 886, 887)
Prof. Ravelli, Institut für Anatomie, Universität Innsbruck
(Abb. 746)
Prof. Reich, Klinik für Mund-Kiefer-Gesichtschirurgie, Universität Bonn
(Abb. 133, 134)
Prof. Reiser, Dr. Glaser, Institut für Klinische Radiologie, Universität München
(Abb. 307, 578–582, 705a, b, 771, 1369, 1371, 1373, 1377)
Prof. Rudzki-Janson, Poliklinik für Kieferorthopädie, Universität München
(Abb. 80, 81)
Dr. Scheibe, Chirurgische Abteilung, Rosman-Krankenhaus, Breisach
(Abb. 1233a–c)
Prof. Schillinger, Frauenklinik, Universität Freiburg
(Abb. 1072–1074)
Dr. Dr. Schliephake, Mund-Kiefer-Gesichtschirurgie, Med. Hochschule Hannover
(Abb. 167, 212, 213)
Prof. Schlößer, Zentrum Frauenheilkunde, Med. Hochschule Hannover
(Abb. 1071a, b, 1080, 1082, 1083, 1130)
Prof. Schumacher, Neuroradiologie, Abteilung Radiologie, Universität Freiburg
(Abb. 448a, b)
Dr. Sommer und Priv.-Doz. Bauer, Ärzte für Radiologie, München
(Abb. 650, 1234–1236)
Prof. Stotz, Orthopädische Poliklinik, Universität München
(Abb. 1193)
Prof. Vogl, Radiologische Poliklinik, Universität München
(Abb. 440, 442, 631, 632)
Prof. Vollrath, HNO-Klinik, Mönchengladbach
(Abb. 246–248)
Prof. Wagner †, Diagnostische Radiologie II, Med. Hochschule Hannover
(Abb. 914, 1014, 1017, 1020, 1023, 1090)
Prof. Wenz, Abteilung Radiologie, Universität Freiburg
(Abb. 747)
Dr. Willführ, Abdominal- und Transplantationschirurgie, Med. Hochschule Hannover
(Abb. 1001)
Priv.-Doz. Wimmer, Abteilung Radiologie, Universität Freiburg
(Abb. 778)

Weitere Bilder wurden aus folgenden Büchern übernommen:

Birkner, R.: Das typische Röntgenbild des Skeletts. Urban & Schwarzenberg, München – Wien – Baltimore 1990
(Abb. 1200)
Welsch, U. (Hrsg.): Sobotta-Histologie, 5. Aufl., Urban & Schwarzenberg, München – Wien – Baltimore 1997
(Abb. 635, 646)
Wicke, L.: Atlas der Röntgenanatomie, 3. Aufl., Urban & Schwarzenberg, München – Wien – Baltimore 1985
(Abb. 905a, b, 1076)
Wilhelm, K., R. Putz, R. Hierner, R. E. Giunta: Lappenplastiken in der Handchirurgie. Urban & Schwarzenberg, München – Wien – Baltimore 1997
(Abb. 58)

Allgemeine Richtungs- und Lagebezeichnungen des Körpers

Die folgenden Termini bezeichnen die gegenseitige Lage von Organen und Teilen des Körpers zueinander, z.T. ohne Rücksicht auf die Stellung des Körpers im Raum, sowie Lage und Richtung an den Extremitäten. Diese Begriffe werden nicht nur der menschlichen Anatomie, sondern auch der praktischen Medizin und der vergleichenden Anatomie gerecht.

Allgemeine Bezeichnungen

anterior – posterior = vorne – hinten (z.B. Arteriae tibiales anterior et posterior)
ventralis – dorsalis = bauchwärts – rückenwärts gelegen
superior – inferior = oben – unten (z.B. Conchae nasales superior et inferior)
cranialis – caudalis = kopfwärts – schwanzwärts gelegen
dexter – sinister = rechts – links (z.B. Arteriae iliacae communes dextra et sinistra)
internus – externus = innen liegend – außen liegend
superficialis – profundus = oberflächlich gelegen – tief gelegen (z.B. Musculi flexores digitorum superficialis et profundus)
medius, intermedius = in der Mitte zwischen zwei anderen Gebilden liegend (Die Concha nasalis media z.B. liegt in der Mitte zwischen Concha nasalis superior und inferior.)
medianus = in der Mittellinie gelegen (Fissura mediana anterior des Rückenmarks). Durch einen „medianen Sagittalschnitt" wird der Körper in zwei spiegelbildlich gleiche Teile zerlegt.
medialis – lateralis = gegen die Mitte des Körpers gelegen, gegen die Seite zu gelegen (z.B. Fossae inguinales medialis et lateralis)
frontalis = in der Stirnebene (Frontalebene) liegend, auch zur Stirn ziehend (z.B. Processus frontalis der Maxilla)
longitudinalis = längs verlaufend (z.B. Musculus longitudinalis superior der Zunge)
sagittalis = in einer Sagittalebene liegend
transversalis = in einer Transversalebene liegend
transversus = quer verlaufend (z.B. Processus transversus des Brustwirbels)

Richtungs- und Lagebezeichnungen für die Extremitäten

proximalis – distalis = gegen die Extremitätenwurzel zu gelegen – gegen das Extremitätenende zu gelegen (z.B. Articulationes radioulnares proximalis et distalis)

für die Brustgliedmaße:
radialis – ulnaris = auf der Radialseite – auf der Ulnarseite gelegen (z.B. Arteriae radialis et ulnaris)

für die Hand:
palmaris – dorsalis = hohlhandwärts – handrückenwärts gelegen (z.B. Aponeurosis palmaris, Musculus interosseus dorsalis)

für die Beckengliedmaße:
tibialis – fibularis = auf der Tibial-, auf der Fibularseite gelegen (z.B. Arteria tibialis anterior)

für den Fuß:
plantaris – dorsalis = fußsohlenwärts – fußrückenwärts gelegen (z.B. Arteriae plantares lateralis et medialis, Arteria dorsalis pedis)

Hinweise zu den farbigen Tafelbildern

Den mehrfarbigen Abbildungen dieses Buchs liegen didaktische Überlegungen zugrunde: Kontraste sollen verstärkt, schwer unterscheidbare Strukturen leichter erkennbar gemacht werden. Die für verschiedene Gewebe (wie Sehnen, Knorpel, Knochen, Muskulatur) und Leitungsbahnen (wie Arterien, Venen, Lymphgefäße, Nerven) verwendeten Farben sind also andere als beim Lebenden und beim Toten oder bei der konservierten Leiche. Arterien sind hier rot, Venen blau, Nerven gelb, Lymphgefäße und Lymphknoten im Allgemeinen grünlich dargestellt.
Neben den Zeichnern, die mit Prof. Sobotta und den späteren Herausgebern Prof. Becher, Prof. Ferner und Prof. Staubesand die Grundlagen des gesamten Bilderbestands geschaffen haben (K. Hajek, Prof. E. Lepier, F. Batke, H. v. Eickstedt, K. Endtresser, J. Kosanke, J. v. Marchtaler, J. Dimes, U. Brugger, N. Lechenbauer, L. Schnellbächer und K. Schuhmacher), zeichneten für die vorliegende Auflage: Frau Ulrike Brugger, Herr Rüdiger Himmelhan, Frau Sonja Klebe und Herr Horst Ruß. Eine Reihe von Originalfotografien wurde durch Herrn Michael Budowick elektronisch nachbearbeitet. Einige computergrafische Schemata erstellte Frau Henriette Rintelen.

Die folgenden Bildnummern bezeichnen neu entwickelte Abbildungen sowie Neuzeichnungen aufgrund wesentlicher Korrekturen:
U. Brugger
36–38, 52, 53, 61, 136, 137, 235–237, 284, 396–398, 430, 431, 532–534, 537, 539–541, 551, 570–577, 598, 707, 923, 924, 927–932, 934, 936, 937, 1366, 1378
M. Budowick
449, 452, 474, 486, 498, 548
R. Himmelhan
437, 1367, 1368, 1370, 1372, 1374, 1375
S. Klebe
138, 460, 507, 508, 511–514, 1162, 1174, 1175, 1218, 1222, 1223, 1250, 1349
H. Rintelen
604–606
H. Ruß
22 (Insert), 144, 338–340, 444, 445, 447, 449, 471, 472, 545, 687, 788, 798, 1281–1284, 1302–1304

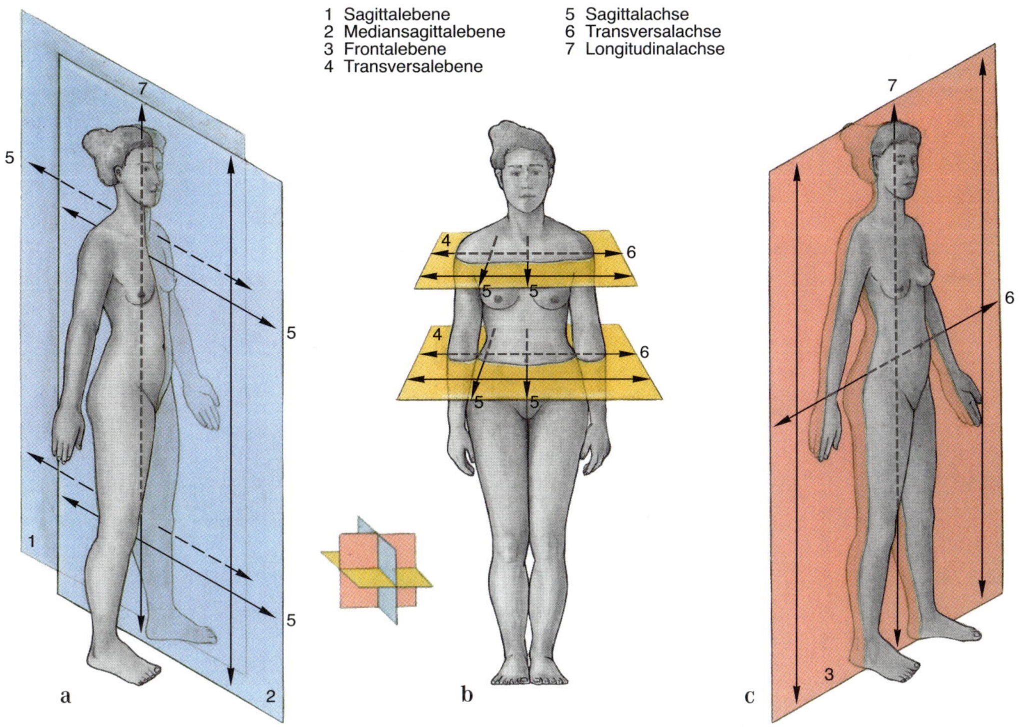

Abb. 1 a–c Ebenen und Achsen des menschlichen Körpers.

a Sagittalebene, sagittale und longitudinale Achsen

b Transversalebene (= Horizontalebene), transversale und sagittale Achsen

c Frontalebene (= Koronalebene), longitudinale und transversale Achsen

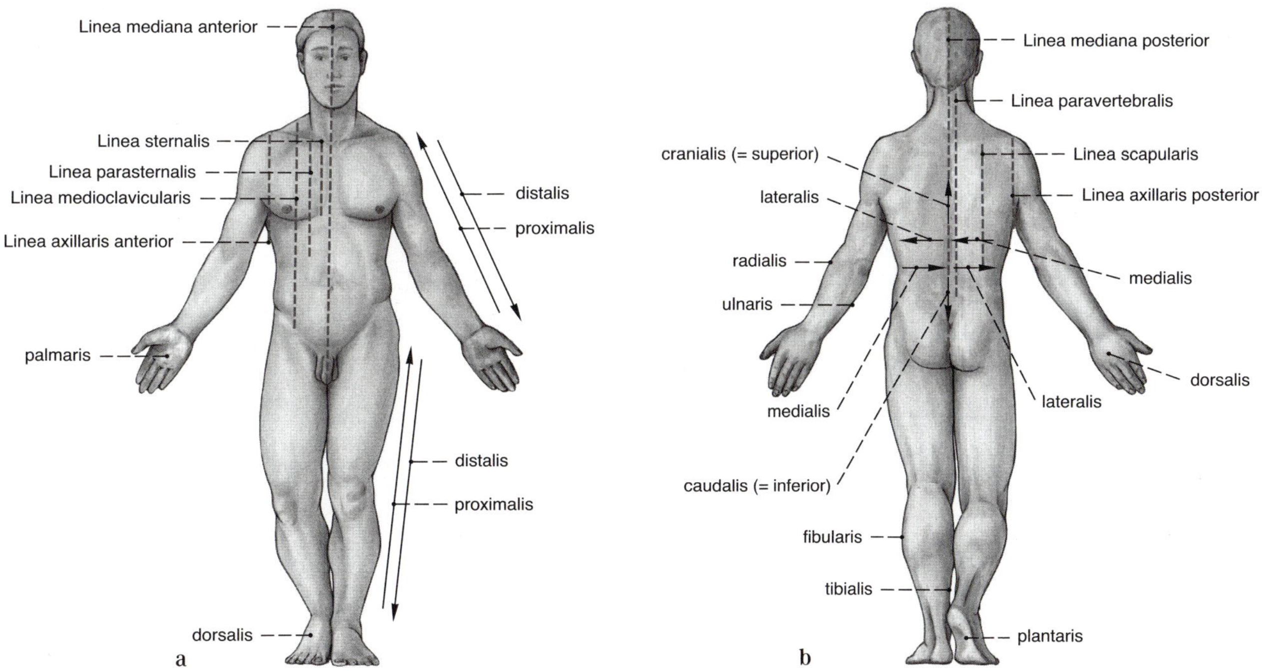

Abb. 2 a, b Orientierungslinien sowie Richtungs- und Lagebezeichnungen am menschlichen Körper.

a Ansicht von ventral (= anterior)

b Ansicht von dorsal (= posterior)

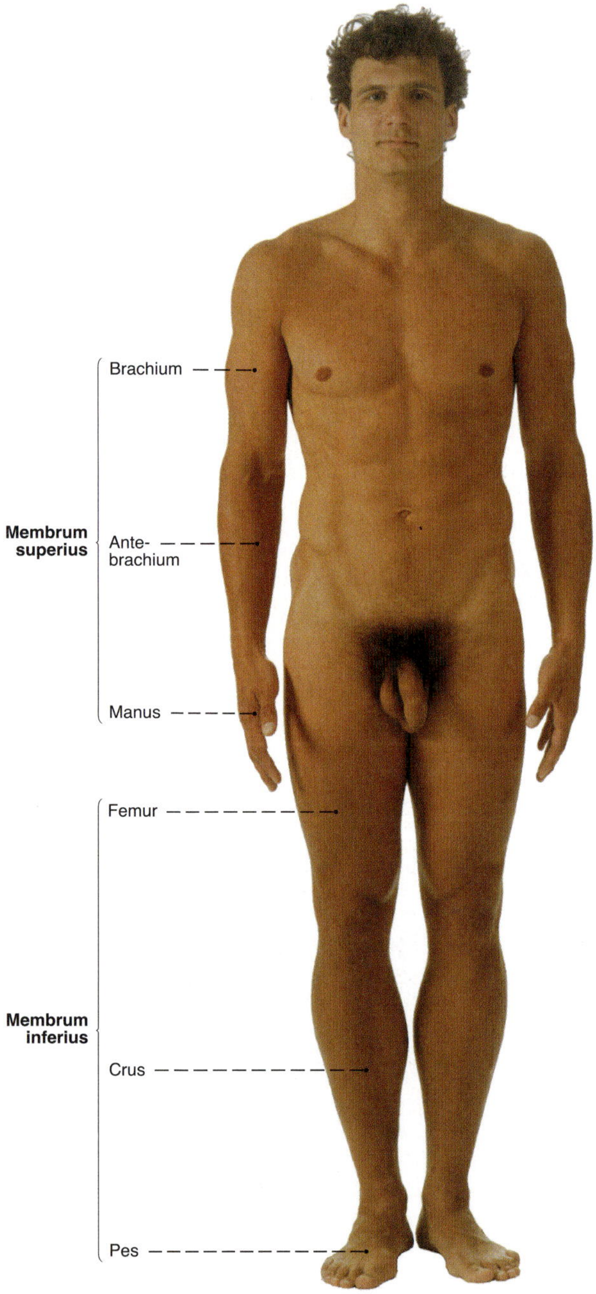

Abb. 3 Oberflächenanatomie des Mannes; von ventral.

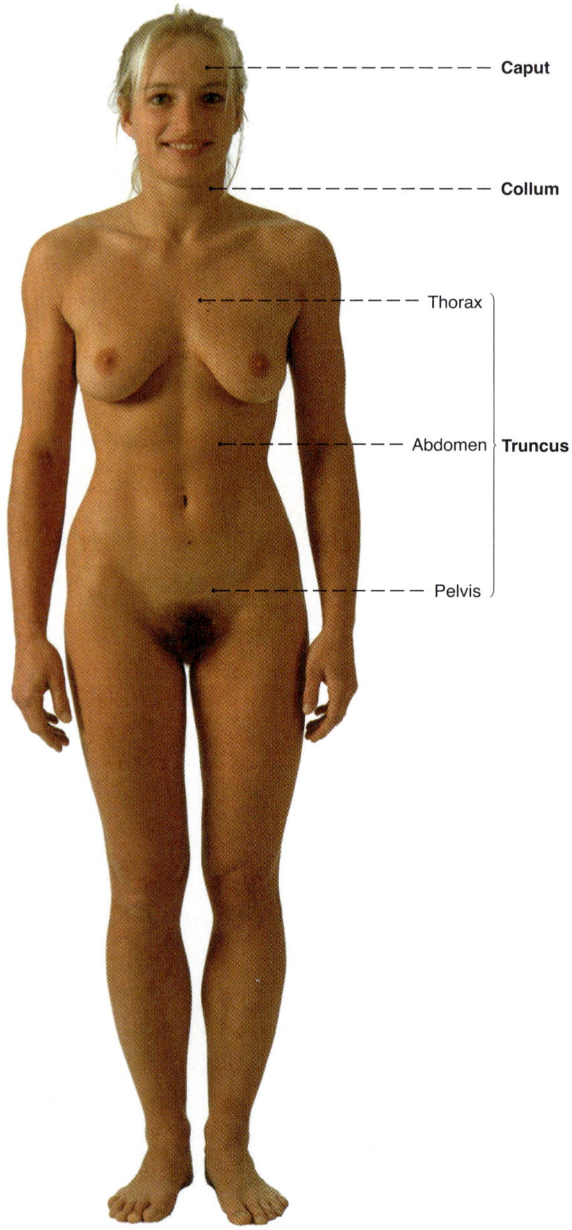

Abb. 4 Oberflächenanatomie der Frau; von ventral.

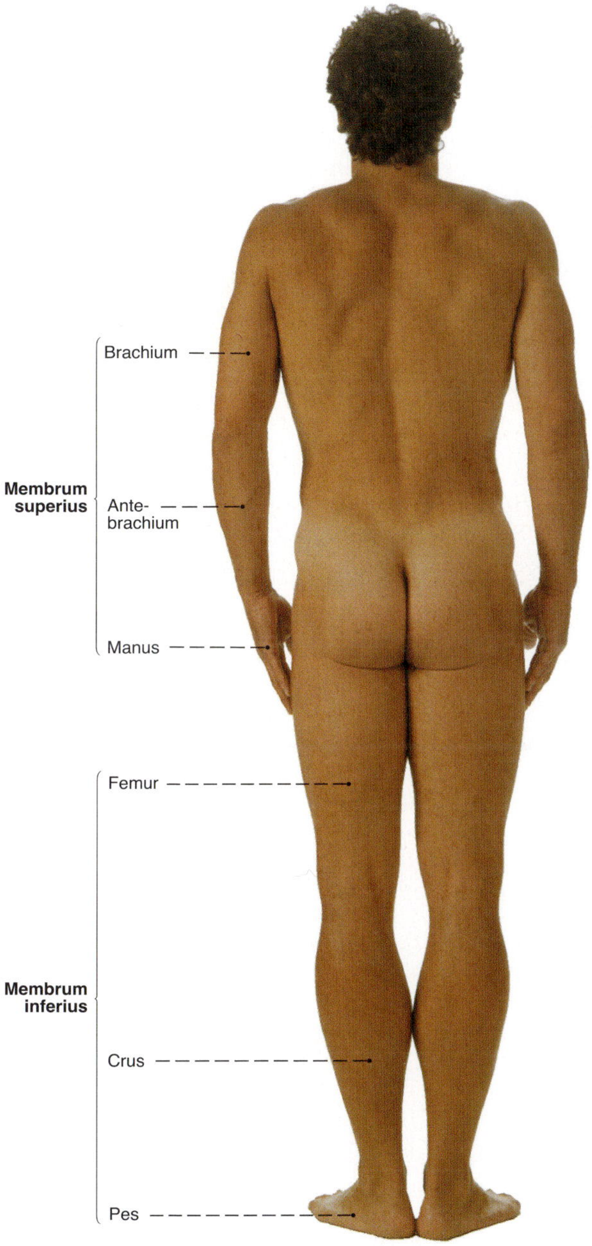

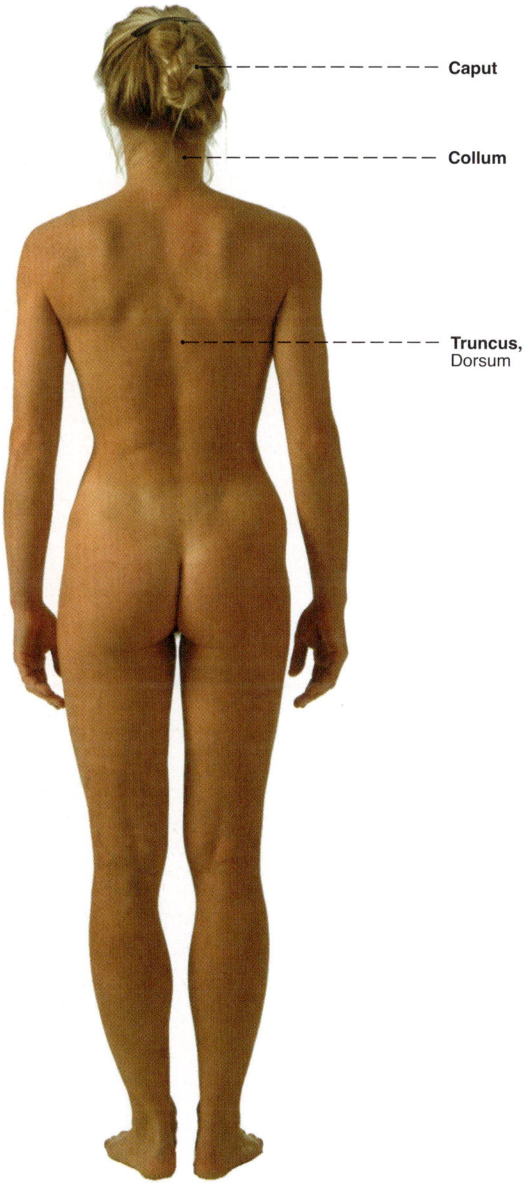

Abb. 5 Oberflächenanatomie des Mannes; von dorsal.

Abb. 6 Oberflächenanatomie der Frau; von dorsal.

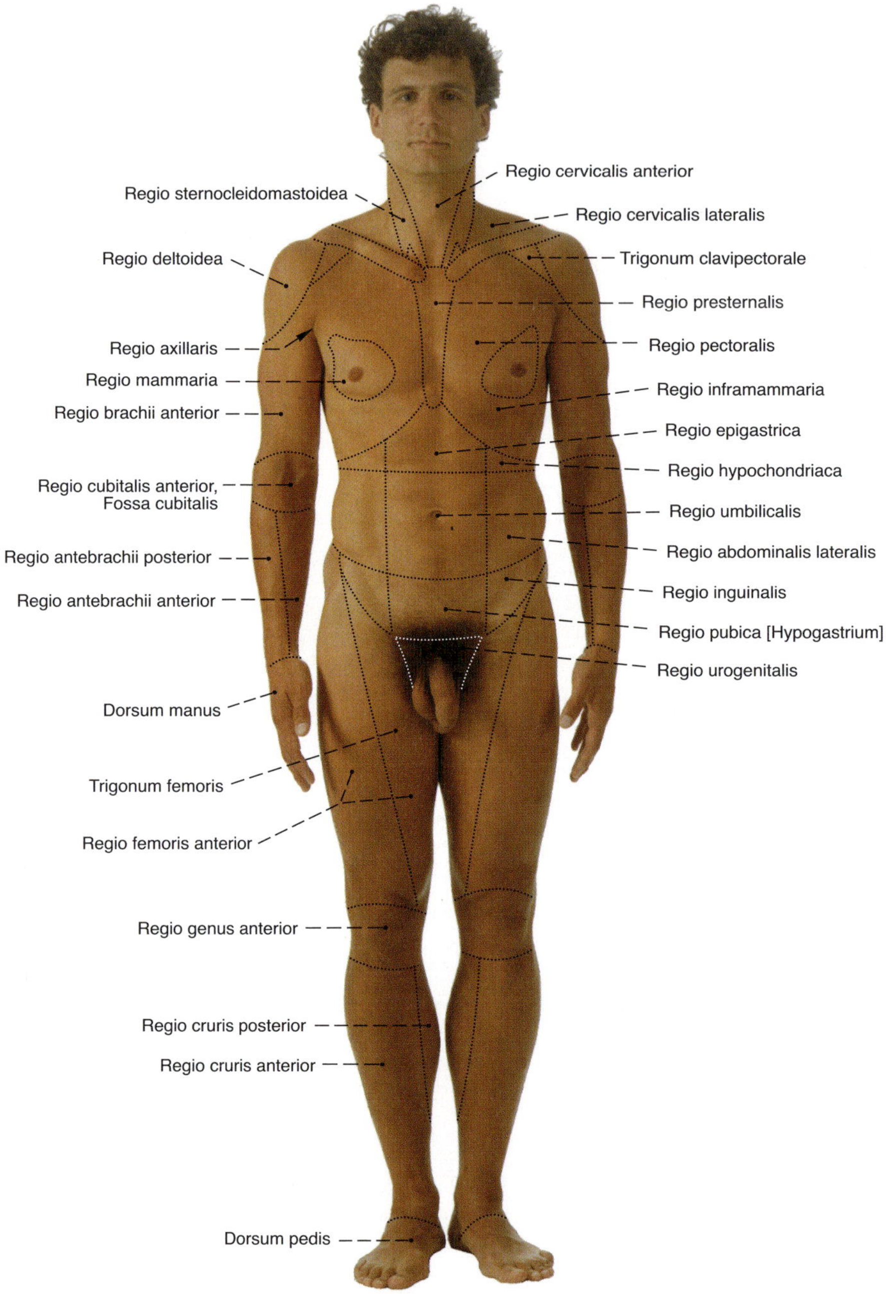

Abb. 7 Regionen des Körpers, Regiones corporis; von ventral.

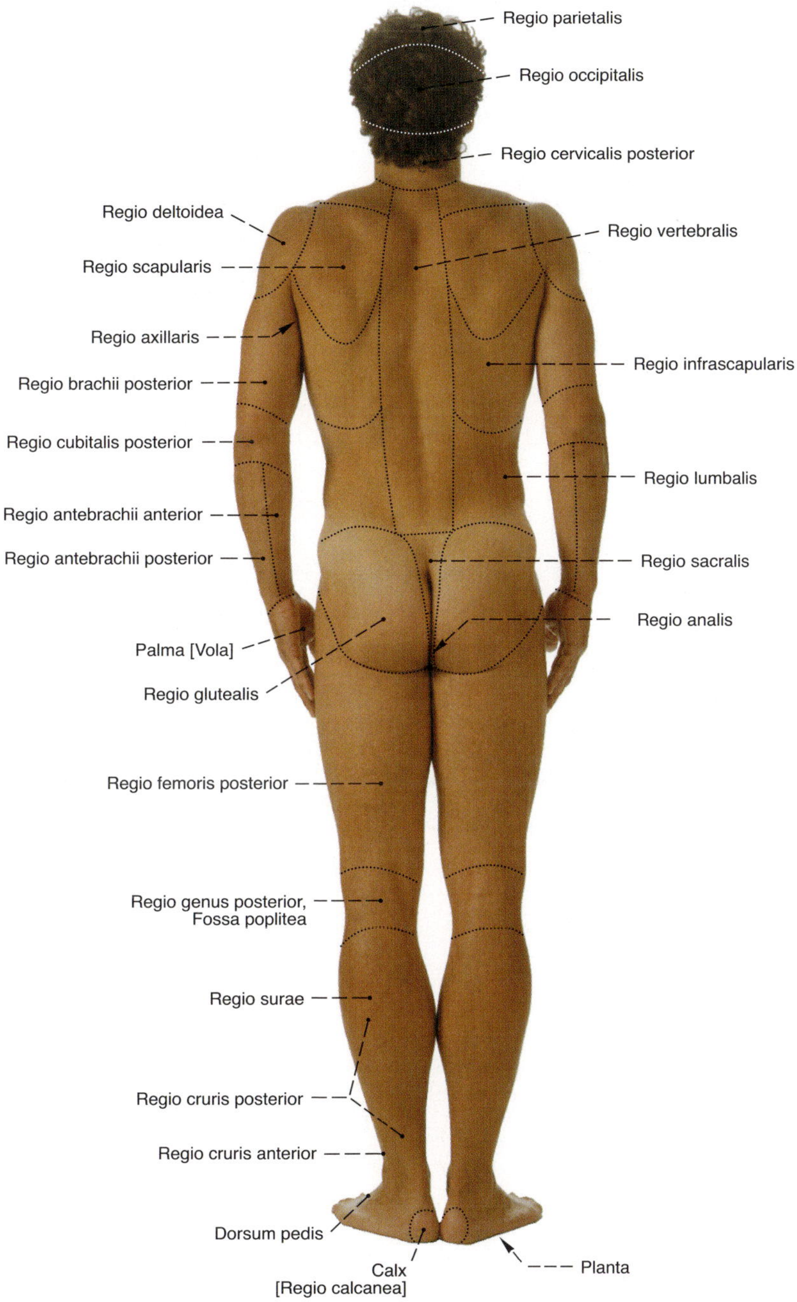

Abb. 8 Regionen des Körpers, Regiones corporis; von dorsal.

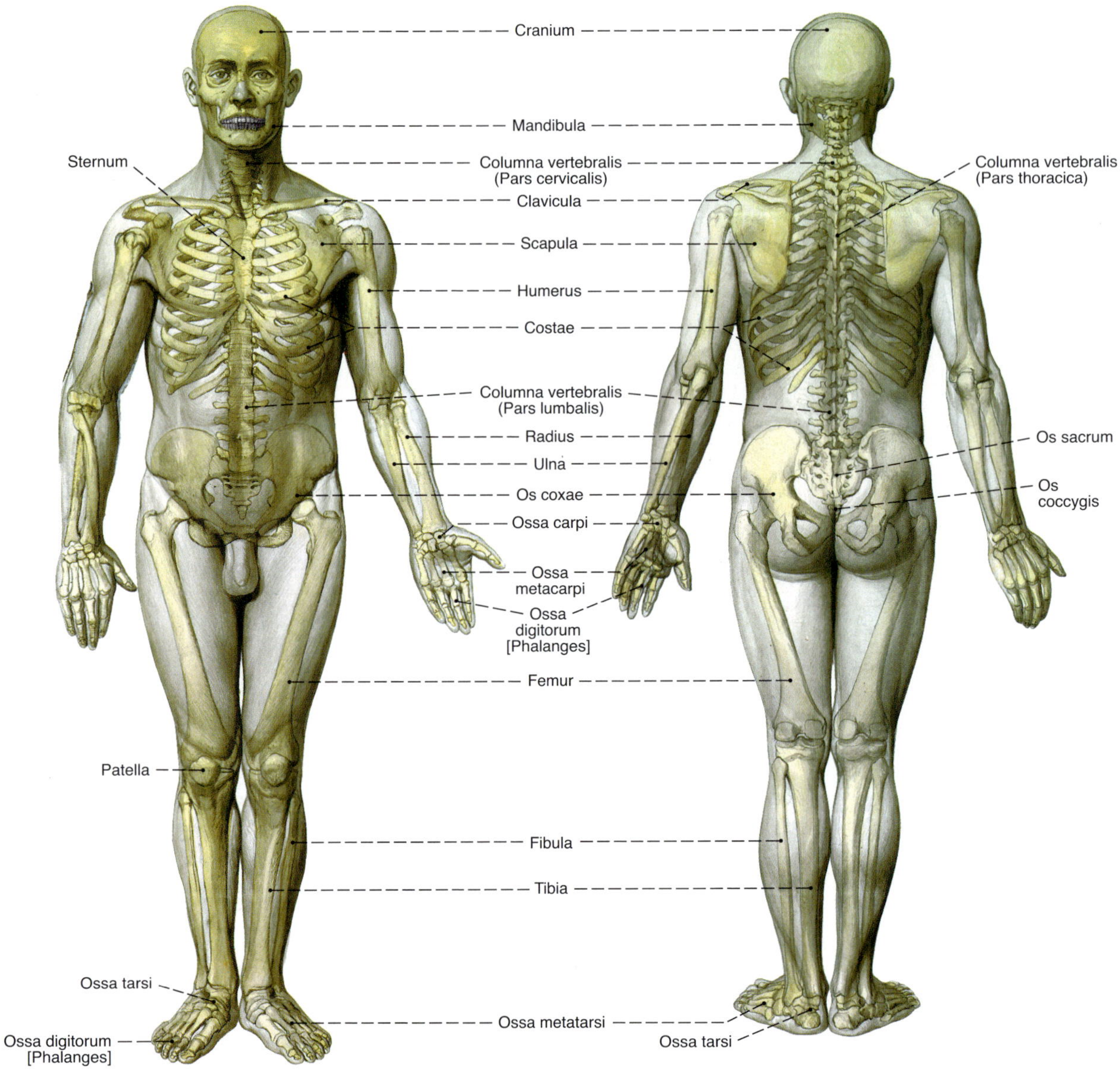

Abb. 9 Skelett, Systema skeletale; von ventral.

Abb. 10 Skelett, Systema skeletale; von dorsal.

Teile des Körpers

Caput

Collum

Truncus
Thorax
Abdomen
Pelvis

Membrum superius
Cingulum pectorale [Cingulum membri superioris]
Pars libera membri superioris

Membrum inferius
Cingulum pelvicum [Cingulum membri inferioris]
Pars libera membri inferioris

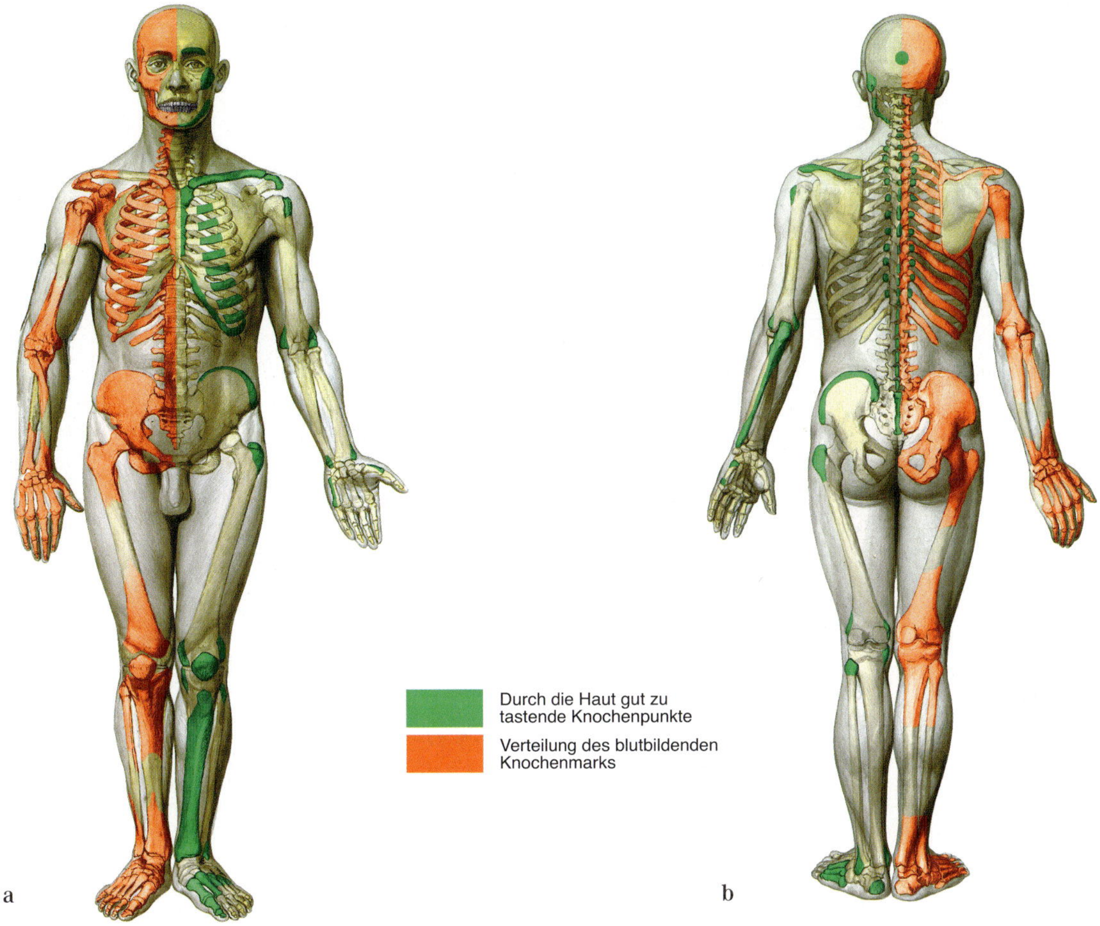

Abb. 11 a, b Skelett, Systema skeletale.
a von ventral
b von dorsal

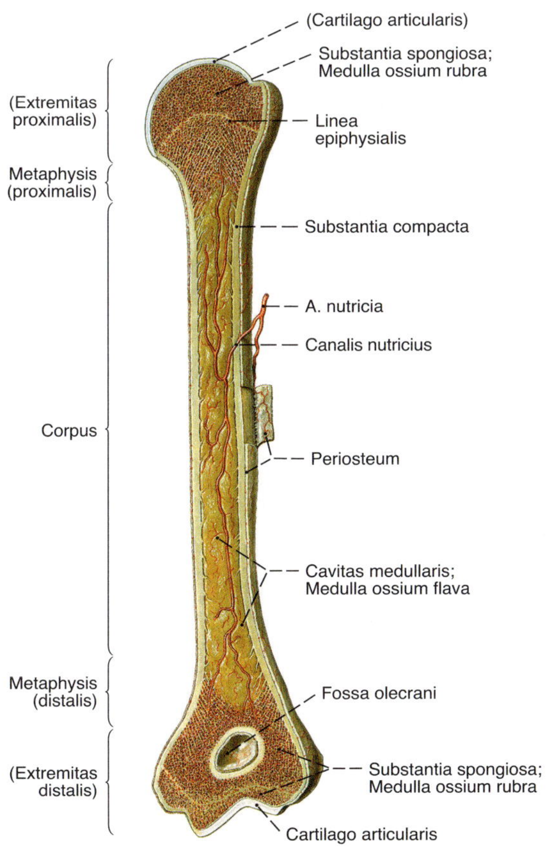

Abb. 12 Aufbau eines langen Röhrenknochens, Os longum, am Beispiel des Oberarmknochens; Längsschnitt.
Die synostosierten Wachstumsfugen (Epiphysenlinien) sind noch schwach erkennbar.

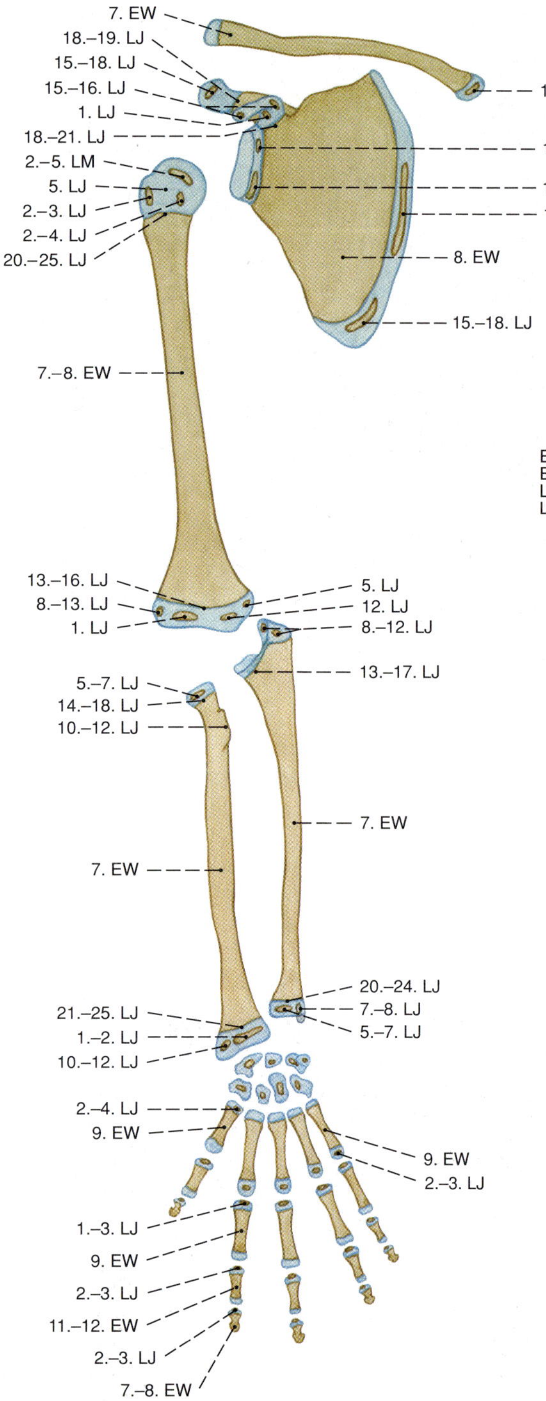

EW = Embryonalwoche
EM = Embryonalmonat
LM = Lebensmonat
LJ = Lebensjahr

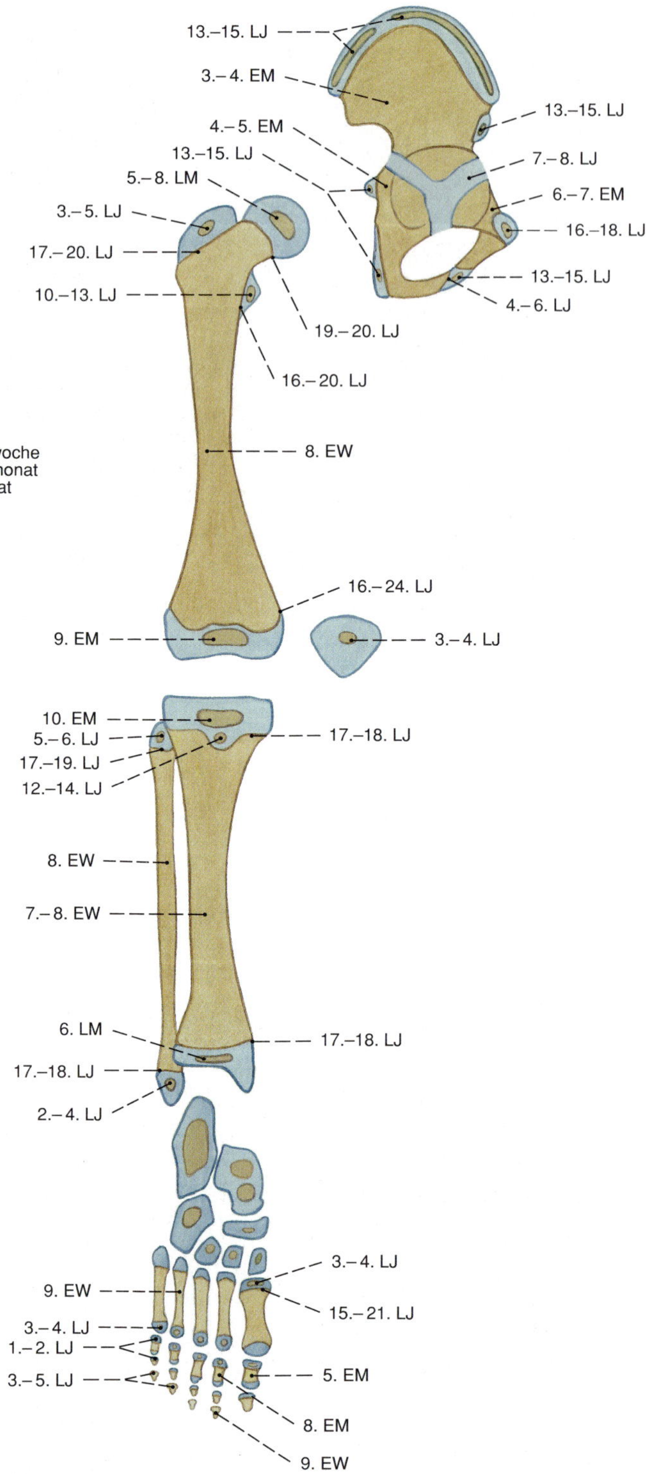

Os scaphoideum 3.– 6. LM
Os lunatum 3.– 6. LJ
Os trapezium 3.– 8. LJ
Os trapezoideum 3.– 7. LJ
Os pisiforme 8.– 12. LJ
Os triquetrum 1.– 4. LJ
Os hamatum 2.– 5. LM
Os capitatum 2.– 4. LM

Talus 7. EM
Calcaneus 5.– 6. EM
Os naviculare 4. LJ
Os cuboideum 10. EM
Os cuneiforme mediale 2.– 3. LJ
Os cuneiforme intermedium 3.– 4. LJ
Os cuneiforme laterale 12. LM

Abb. 13 Auftreten der Knochenkerne und Synostosierung der Epiphysenfugen der oberen Extremität (Durchschnittswerte nach v. Lanz, 1956; Exner, 1990; Heuck und Bast, 1994).

Abb. 14 Auftreten der Knochenkerne und Synostosierung der Epiphysenfugen der unteren Extremität (Durchschnittswerte nach v. Lanz, 1956; Exner, 1990; Heuck und Bast, 1994).

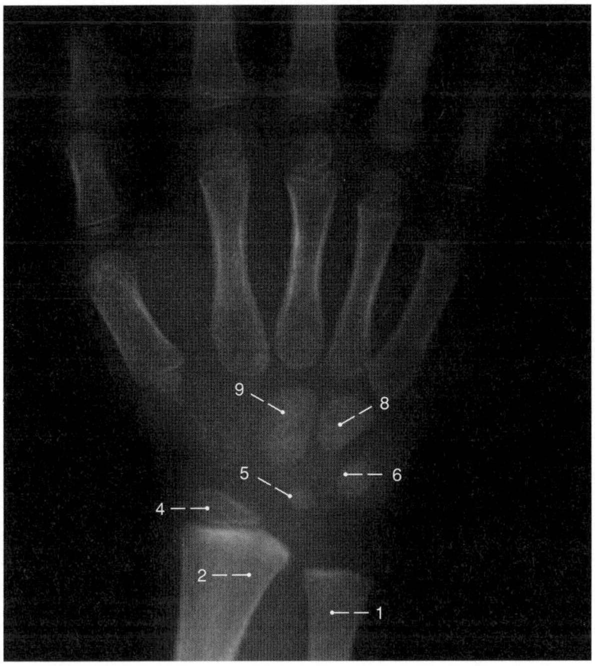

Abb. 15 Röntgenbild der Hand eines 4½-jährigen Kindes;
Einstellung: dorsopalmarer Strahlengang (pa);
(männl., re).

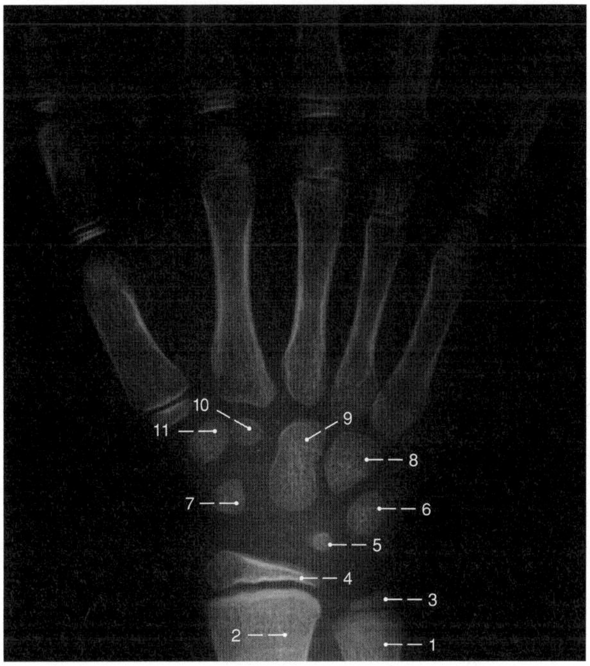

Abb. 16 Röntgenbild der Hand eines 7-jährigen Kindes;
Einstellung: dorsopalmarer Strahlengang (pa);
(männl., re).

1 Ulna, Diaphysis
2 Radius, Diaphysis
3 Ulna, Epiphysis distalis
4 Radius, Epiphysis distalis
5 Os lunatum
6 Os triquetrum
7 Os scaphoideum
8 Os hamatum
9 Os capitatum
10 Os trapezoideum
11 Os trapezium

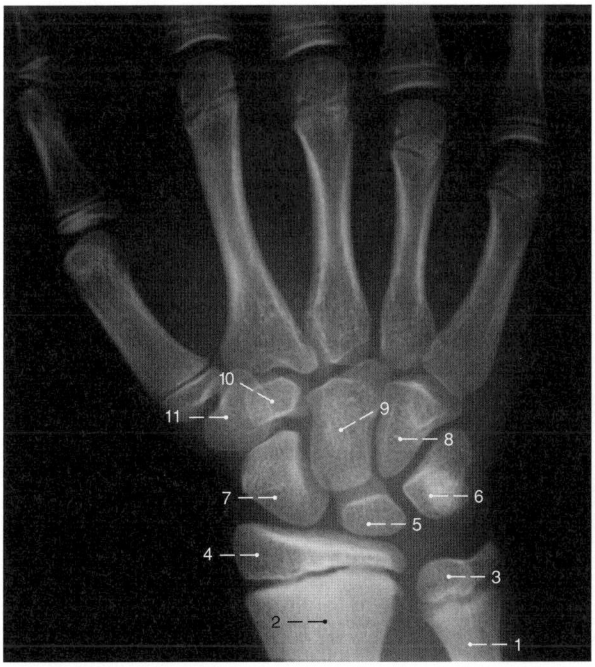

Abb. 17 Röntgenbild der Hand einer 11-jährigen Jugendlichen;
Einstellung: dorsopalmarer Strahlengang (pa);
(weibl., re).

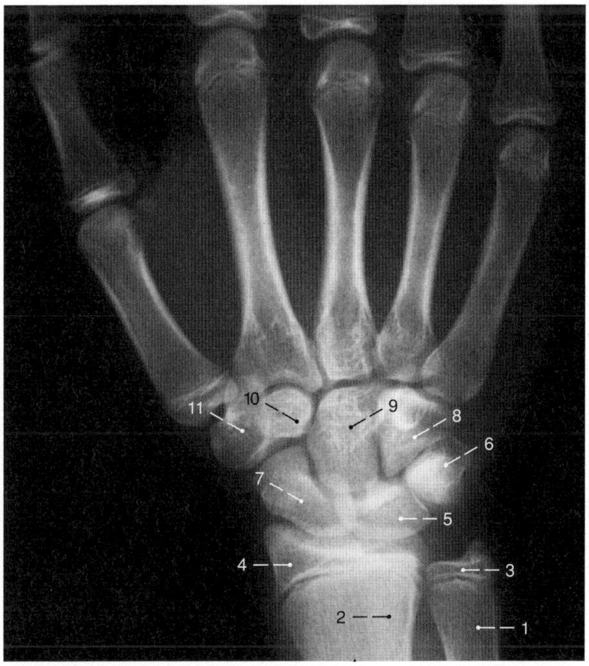

Abb. 18 Röntgenbild der Hand eines 13-jährigen Jugendlichen;
Einstellung: dorsopalmarer Strahlengang (pa);
(männl., re).

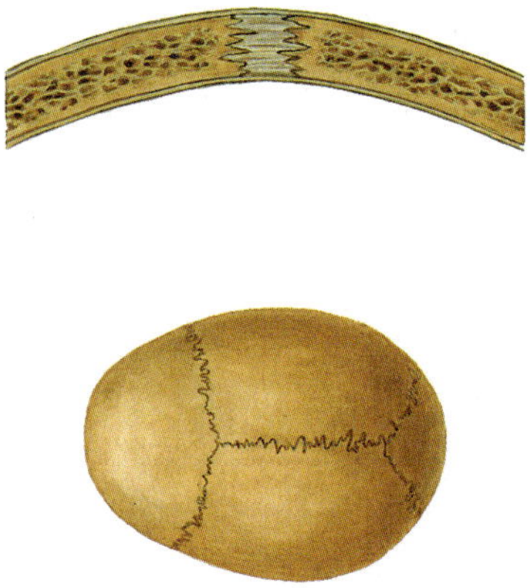

Abb. 19 Bandhaft, Articulatio fibrosa, am Beispiel der Schädelnähte.

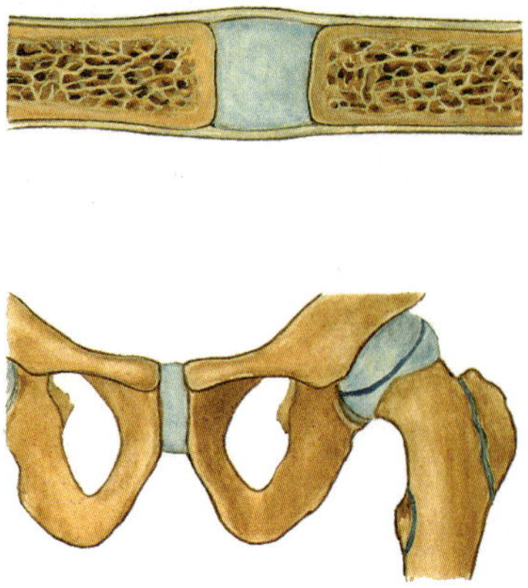

Abb. 20 Knorpelhaft, Articulatio cartilaginea, am Beispiel der Schambeinfuge.

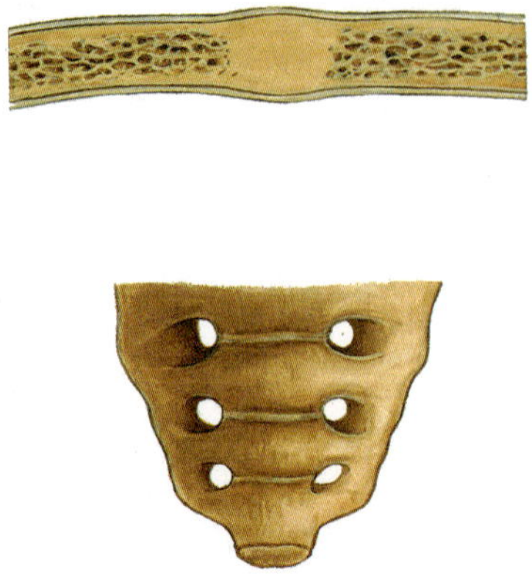

Abb. 21 Knochenhaft, Articulatio ossea, am Beispiel des Kreuzbeins.

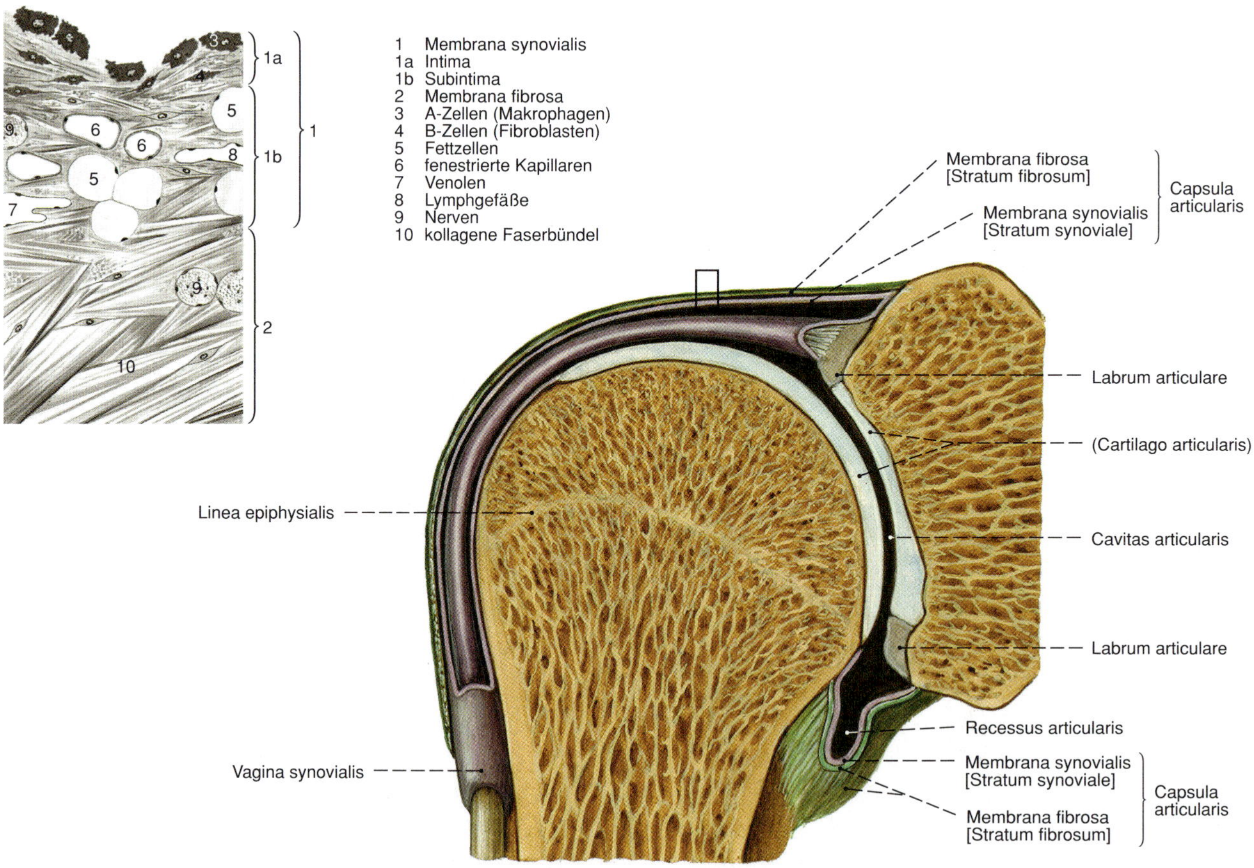

Abb. 22 Echtes Gelenk, Articulatio synovialis, am Beispiel des Schultergelenks;
Schnitt in der Skapularebene.

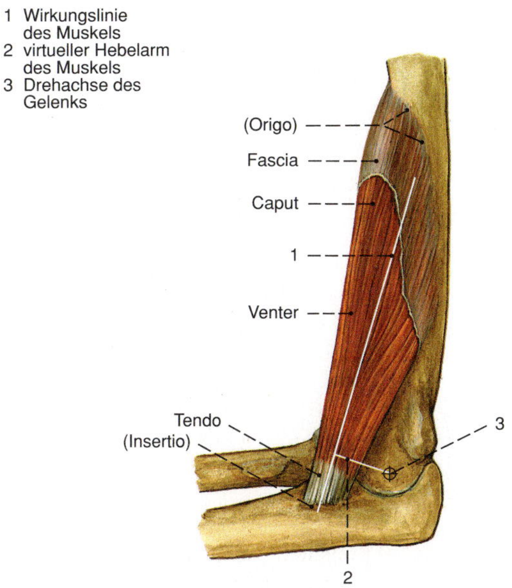

Abb. 23 Gliederungsprinzip des Skelettmuskels am Beispiel des M. brachialis.

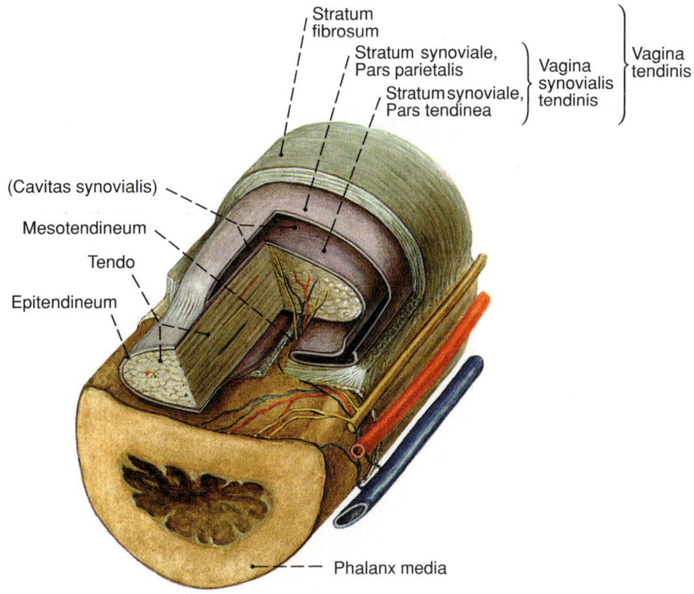

Abb. 24 Bauprinzip der Sehnenscheide, Vagina tendinis, am Beispiel eines Fingers.

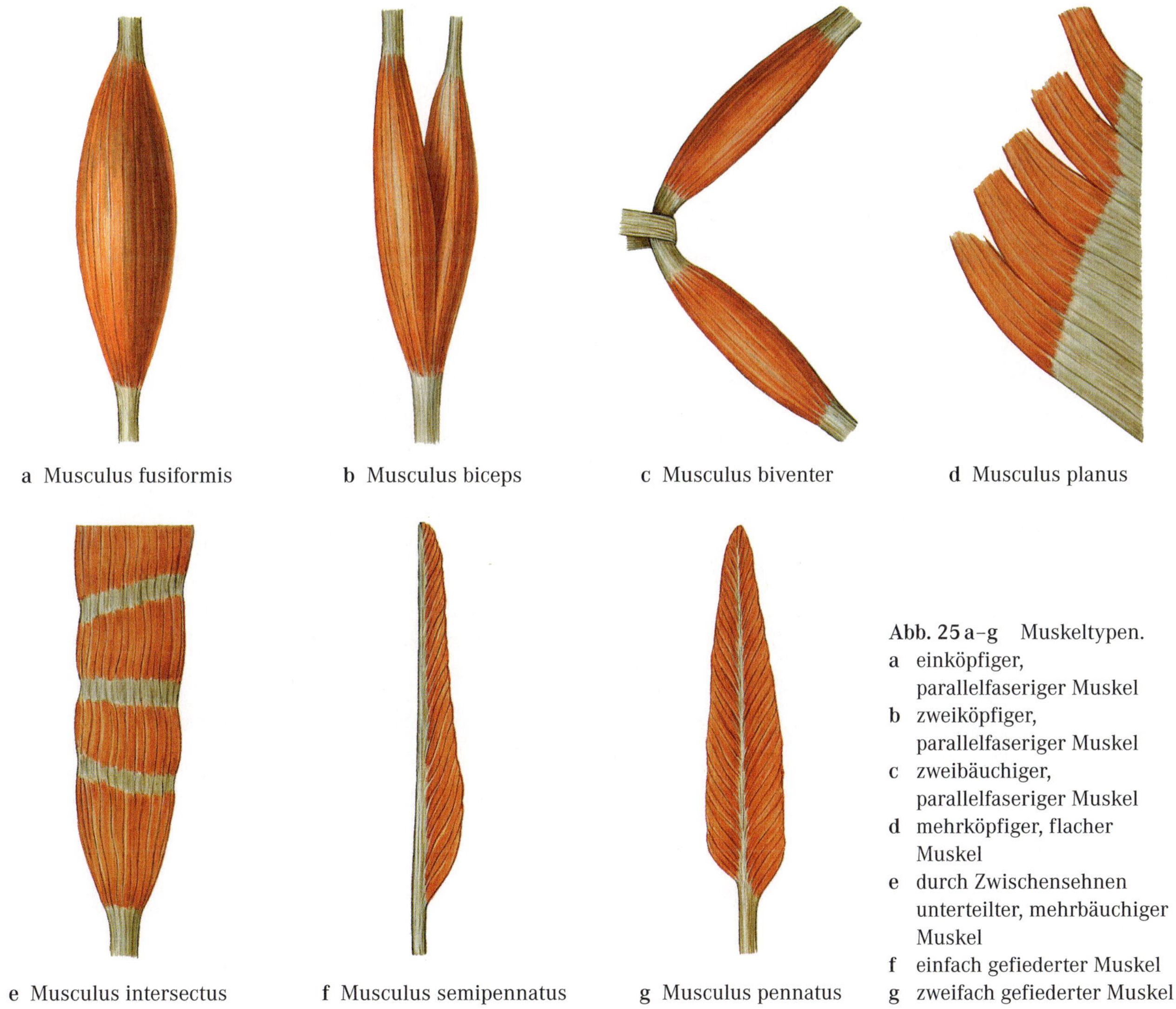

Abb. 25 a–g Muskeltypen.

- a einköpfiger, parallelfaseriger Muskel
- b zweiköpfiger, parallelfaseriger Muskel
- c zweibäuchiger, parallelfaseriger Muskel
- d mehrköpfiger, flacher Muskel
- e durch Zwischensehnen unterteilter, mehrbäuchiger Muskel
- f einfach gefiederter Muskel
- g zweifach gefiederter Muskel

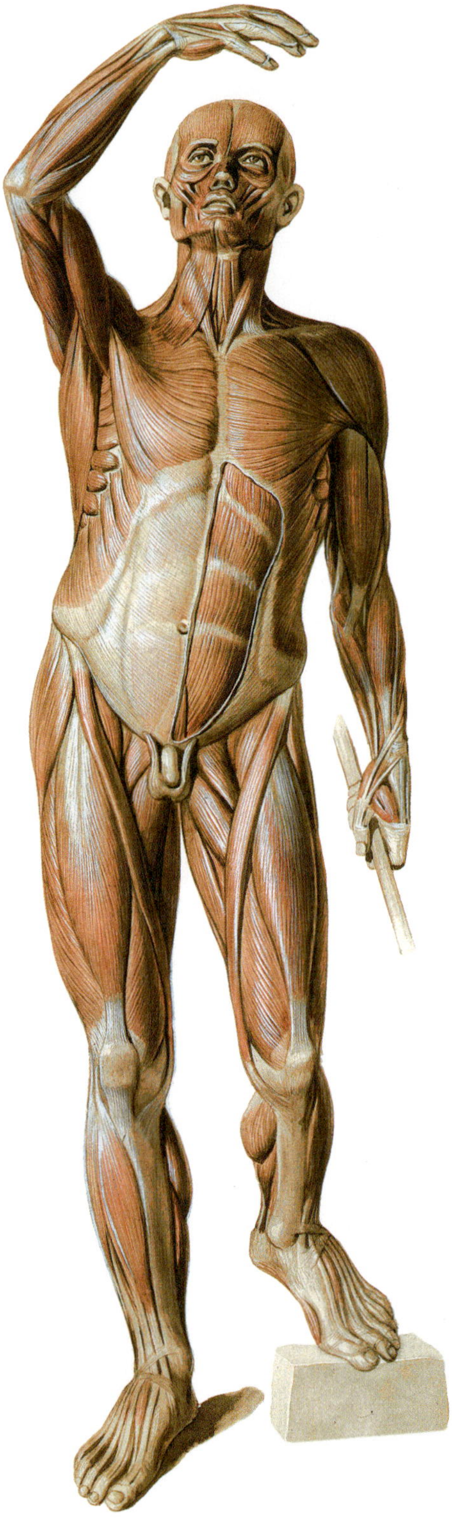

Abb. 26 Übersicht über die Skelettmuskulatur; von ventral.

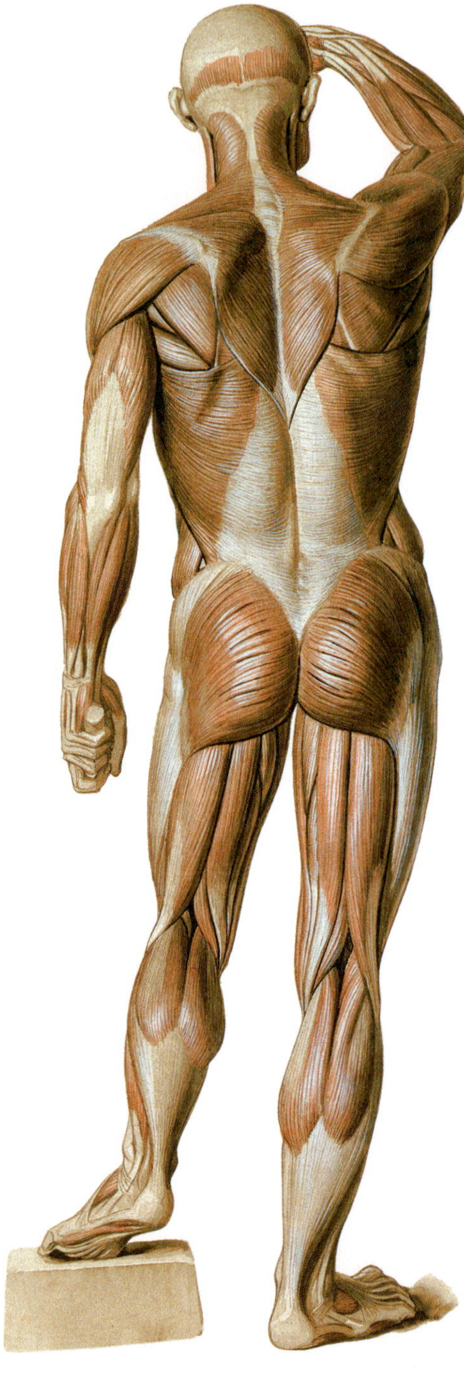

Abb. 27 Übersicht über die Skelettmuskulatur; von dorsal.

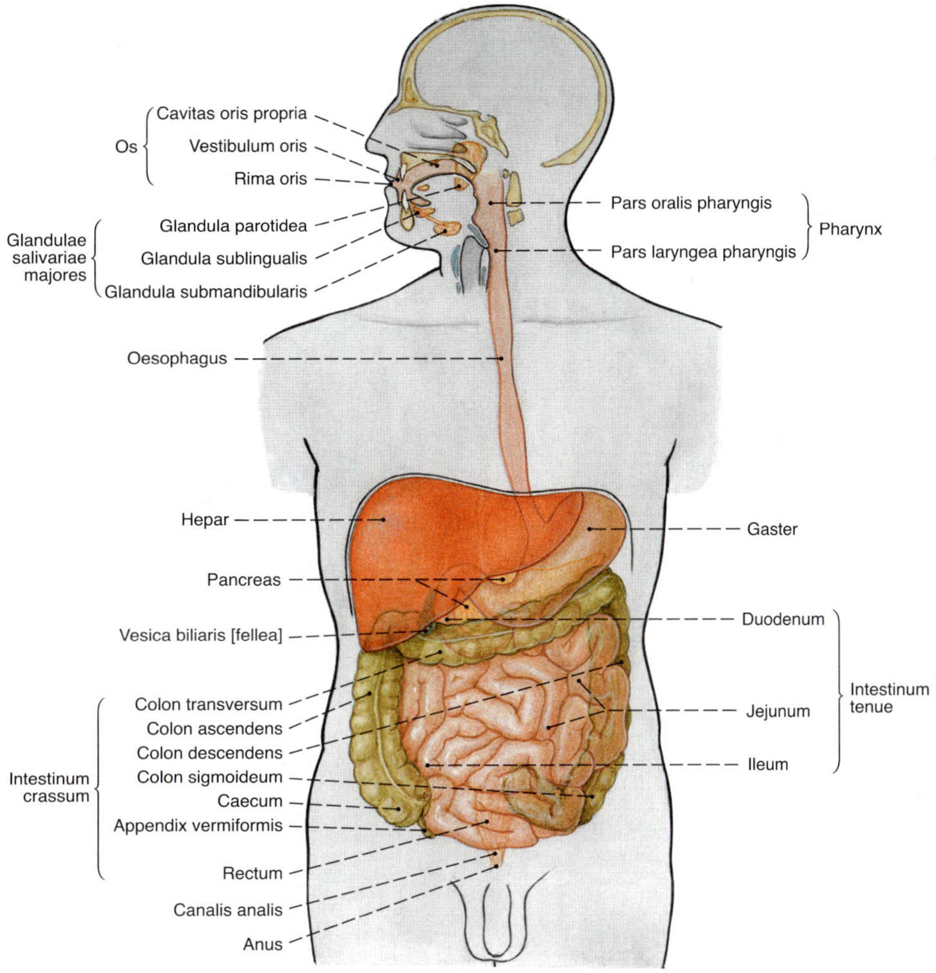

Abb. 28 Übersicht über den Verdauungsapparat; von medial bzw. ventral.

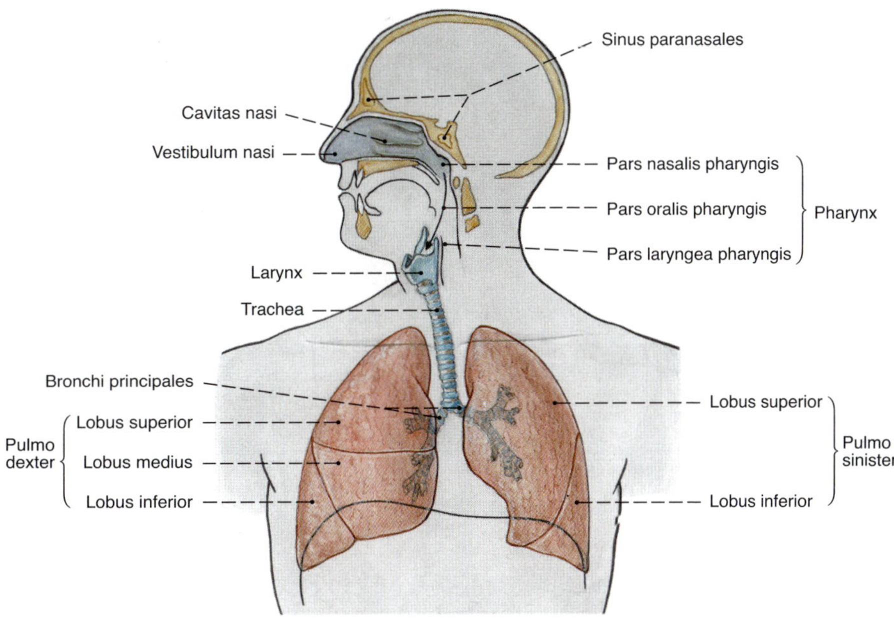

Abb. 29 Übersicht über den Atmungsapparat; von medial bzw. ventral.

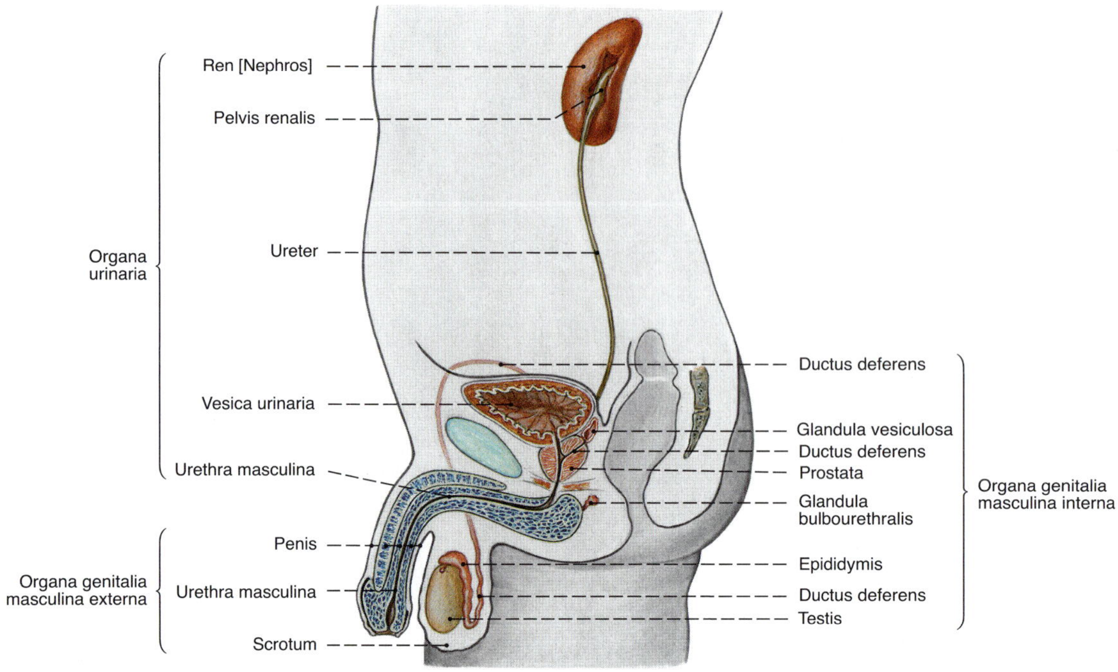

Abb. 30 Übersicht über den Harn- und Geschlechtsapparat des Mannes; von medial.

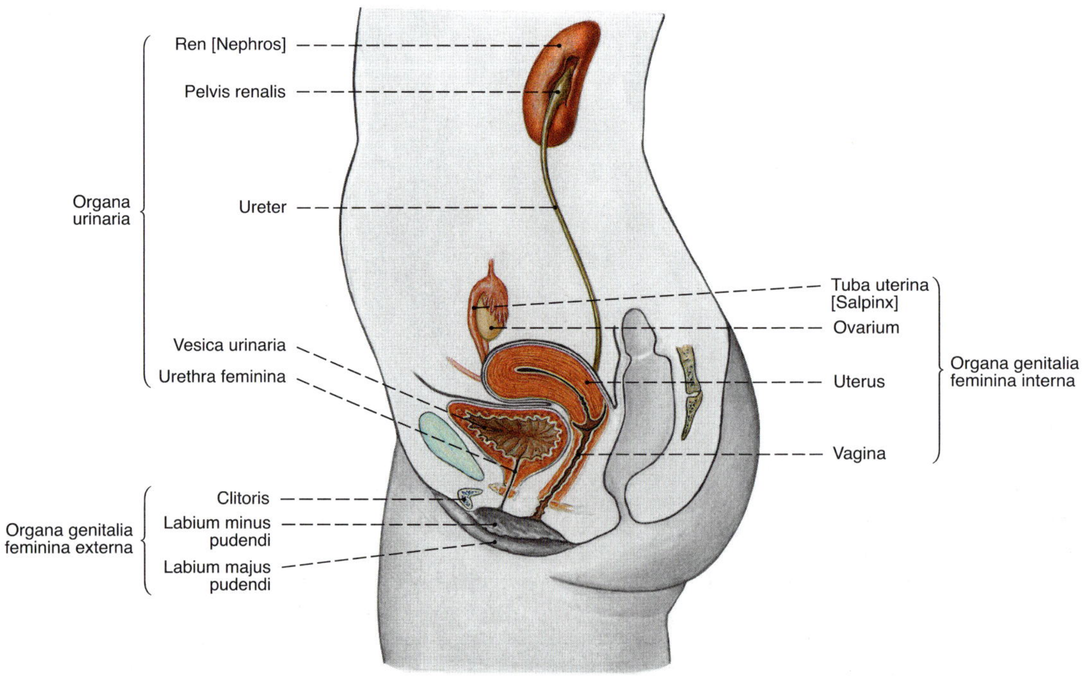

Abb. 31 Übersicht über den Harn- und Geschlechtsapparat der Frau; von medial.

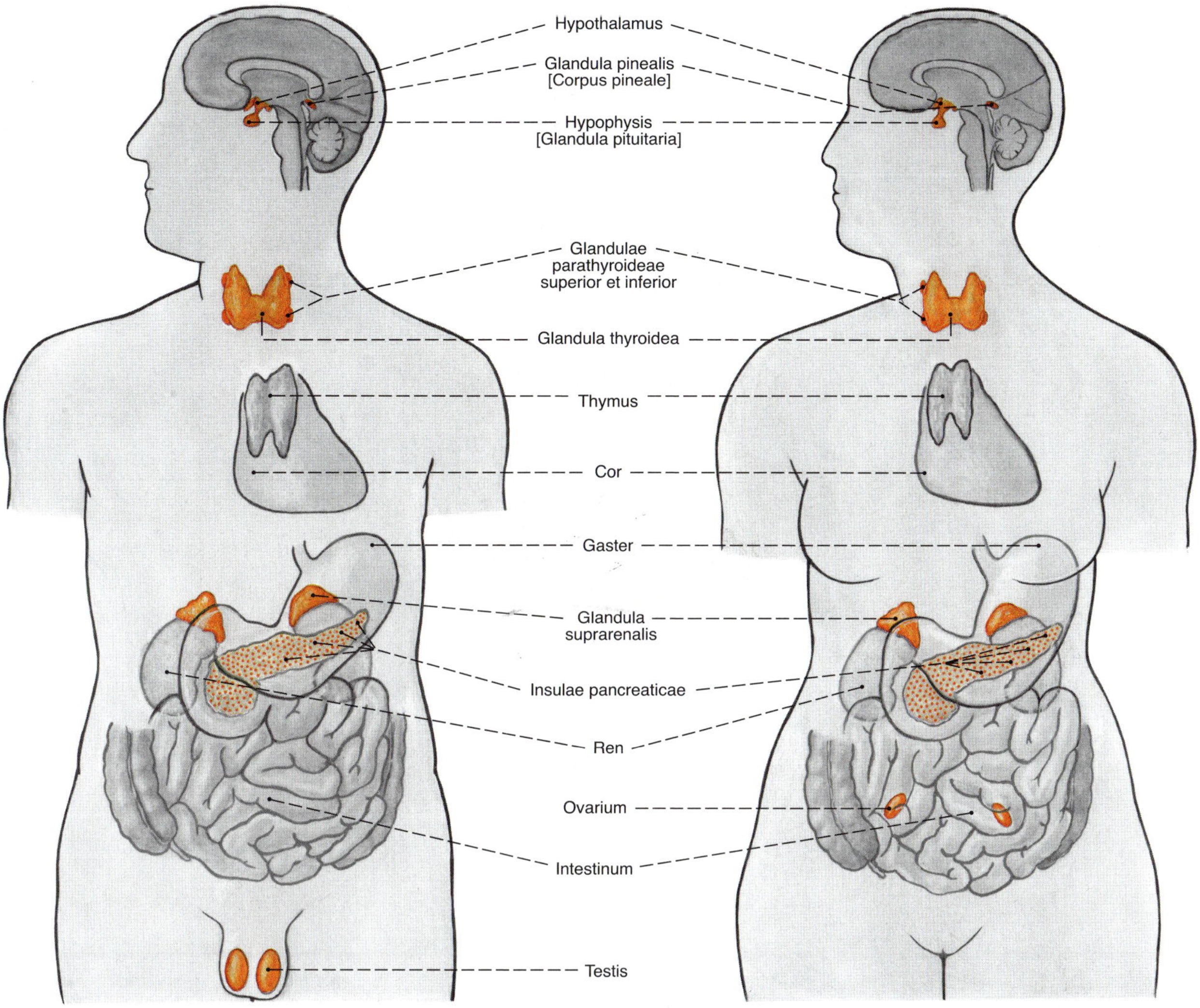

Abb. 32 Endokrine Organe des Mannes; von ventral.

Abb. 33 Endokrine Organe der Frau; von ventral.

Endokrine Organe

Als endokrine Organe werden alle die Organe bezeichnet, deren Hauptfunktion die Hormonproduktion ist. Dazu gehören Hypophysis, Glandula pinealis [Corpus pineale], Glandula thyroidea, Glandulae parathyroideae, Insulae pancreaticae und Testis bzw. Ovarium.

In einer Reihe anderer Organe werden ebenfalls Hormone gebildet, wie etwa im Gehirn die der Hypophyse übergeordneten Hormone, allerdings steht hier die Hormonproduktion nicht im Vordergrund. So wird z.B. in der Niere das Erythropoetin produziert, im rechten Vorhof des Herzens das atrionatriuretische Peptid (ANP). Zwischen den Epithelzellen des Magen-Darm-Traktes befinden sich vereinzelte hormonbildende Zellen, die als „diffuses neuroendokrines System" (APUD-System) zusammengefasst werden. Sie wirken hauptsächlich auf benachbarte Zellen („Parakrinie") und sind für die Steuerung verschiedener Organfunktionen verantwortlich.

Streng genommen werden in fast allen Organen „Gewebehormone" gebildet, so auch innerhalb des Immunsystems, wo sie die Produktion von Zellen des Immunsystems und ihre Funktion steuern.

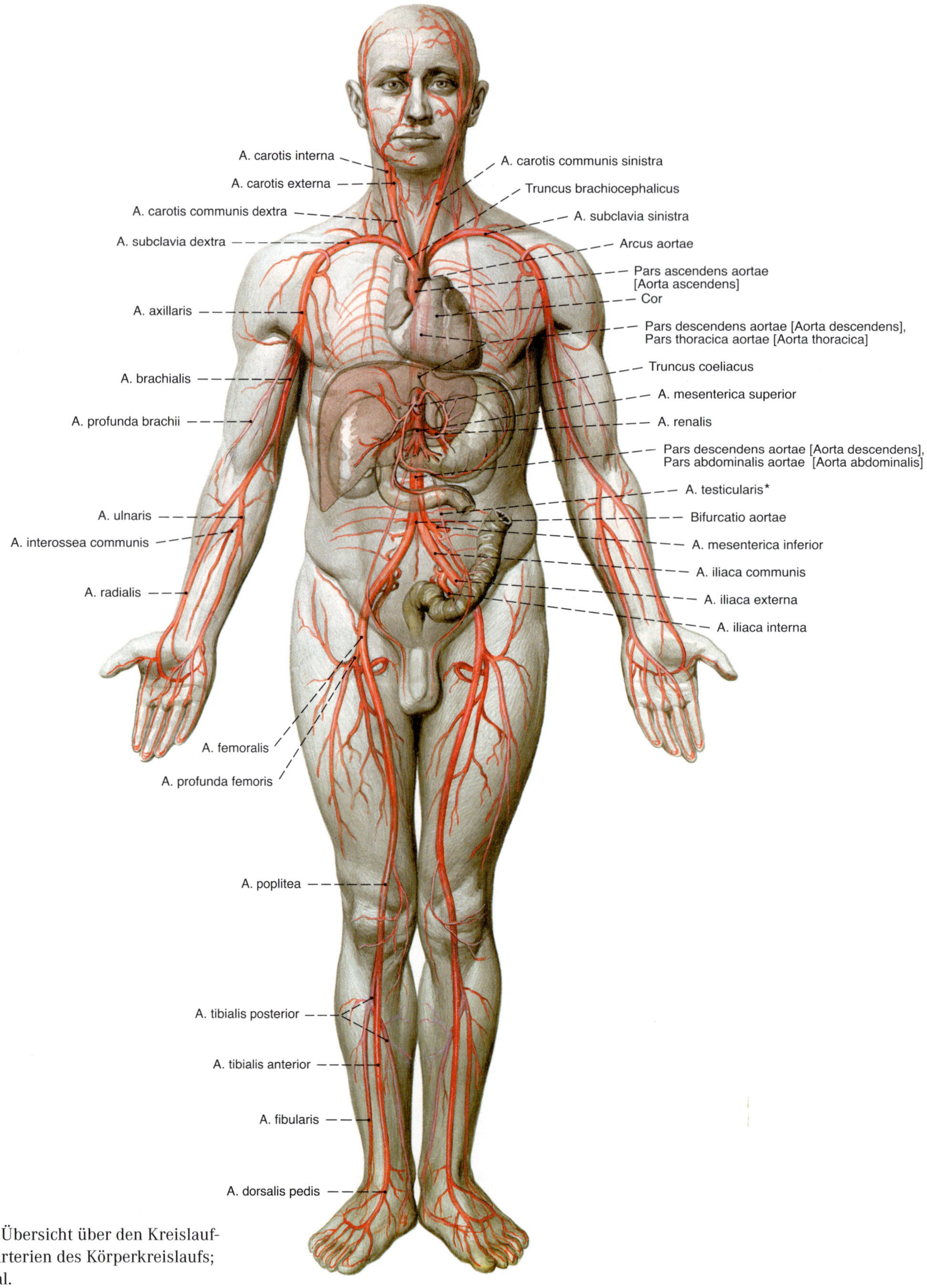

Abb. 34 Übersicht über den Kreislaufapparat: Arterien des Körperkreislaufs; von ventral.

* Bei der Frau: A. ovarica

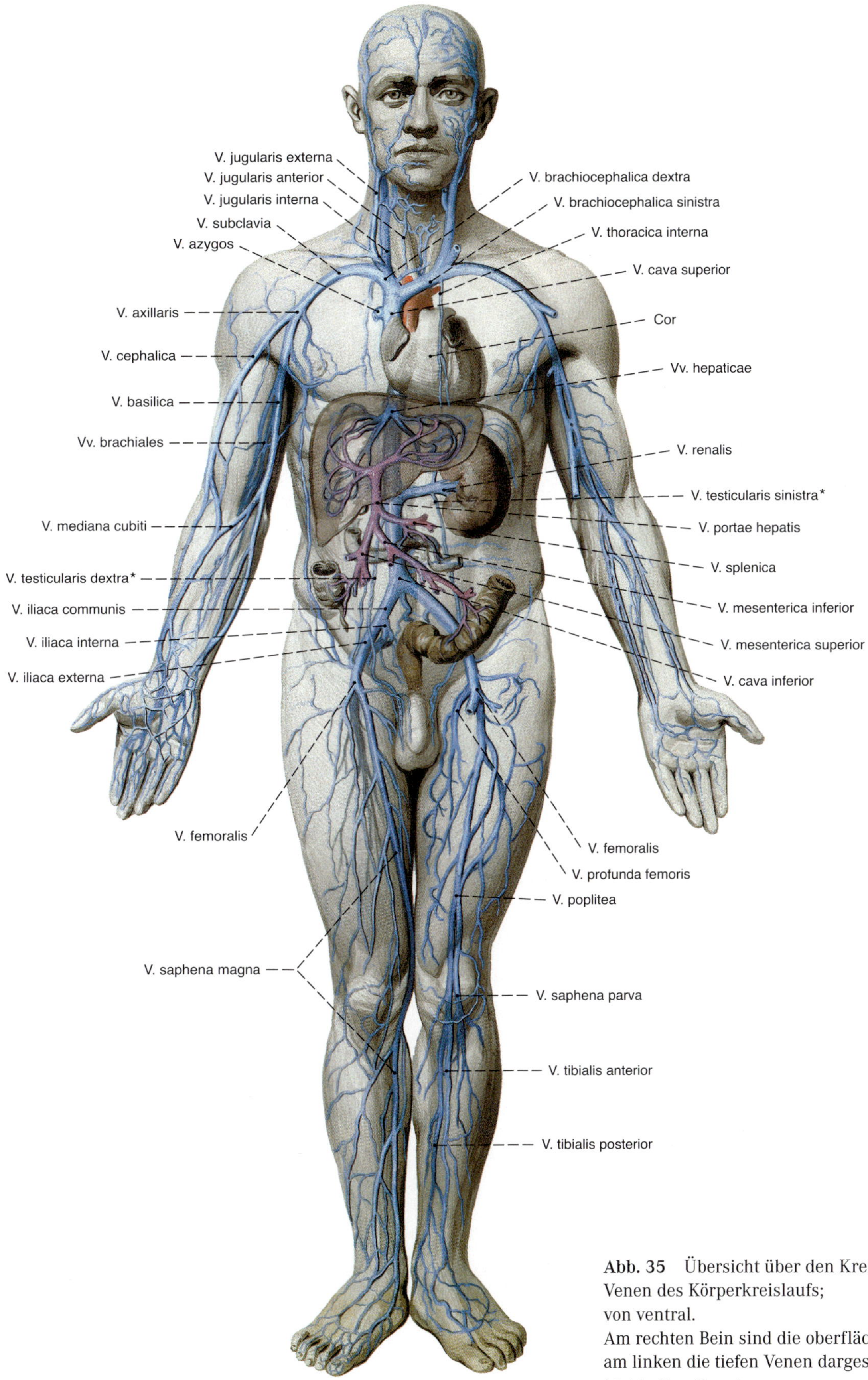

Abb. 35 Übersicht über den Kreislaufapparat: Venen des Körperkreislaufs; von ventral.
Am rechten Bein sind die oberflächlichen, am linken die tiefen Venen dargestellt.

* Bei der Frau: V. ovarica

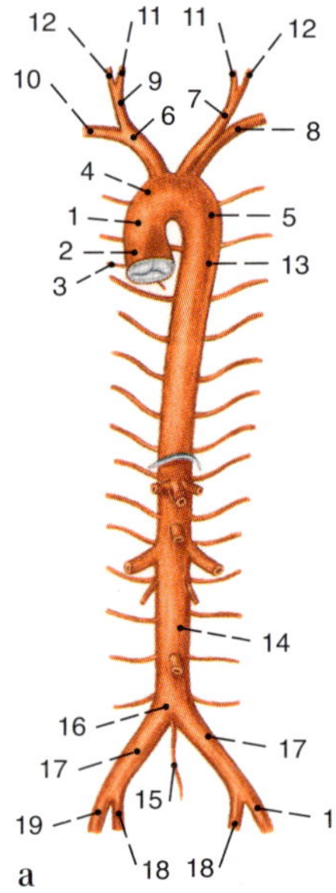

1 Pars ascendens aortae
2 Bulbus aortae
3 Aa. coronariae
4 Arcus aortae
5 Isthmus aortae
6 Truncus brachiocephalicus
7 A. carotis communis sinistra
8 A. subclavia sinistra
9 A. carotis communis dextra
10 A. subclavia dextra
11 A. carotis interna
12 A. carotis externa
13 Pars thoracica aortae
14 Pars abdominalis aortae
15 A. sacralis mediana
16 Bifurcatio aortae
17 A. iliaca communis
18 A. iliaca interna
19 A. iliaca externa

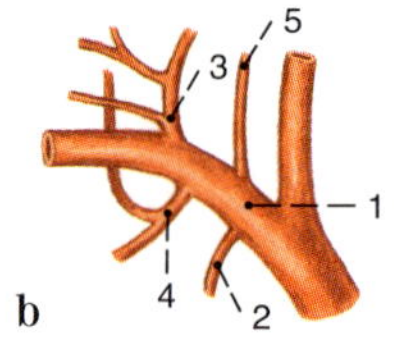

1 A. subclavia
2 A. thoracica interna
3 Truncus thyrocervicalis
4 Truncus costocervicalis
5 A. vertebralis

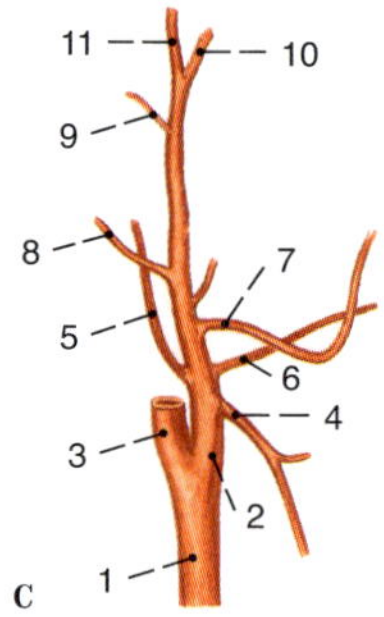

1 A. carotis communis
2 A. carotis externa
3 A. carotis interna
4 A. thyroidea superior
5 A. pharyngea ascendens
6 A. lingualis
7 A. facialis
8 A. occipitalis
9 A. auricularis posterior
10 A. temporalis superficialis
11 A. maxillaris

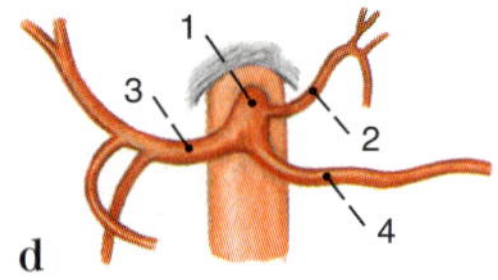

1 Truncus coeliacus
2 A. gastrica sinistra
3 A. hepatica communis
4 A. splenica

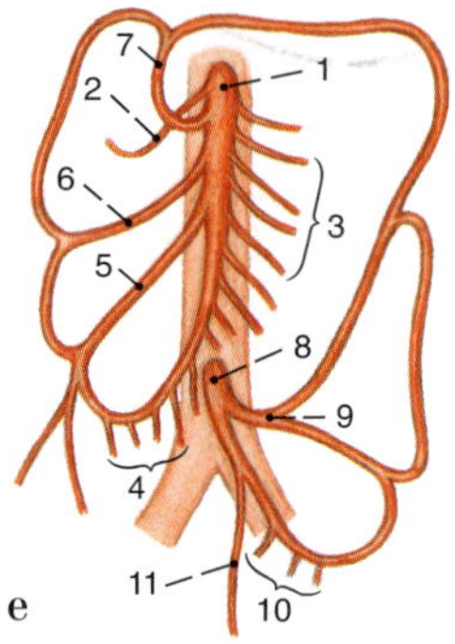

1 A. mesenterica superior
2 A. pancreaticoduodenalis inferior
3 Aa. jejunales
4 Aa. ileales
5 A. ileocolica
6 A. colica dextra
7 A. colica media
8 A. mesenterica inferior
9 A. colica sinistra
10 Aa. sigmoideae
11 A. rectalis superior

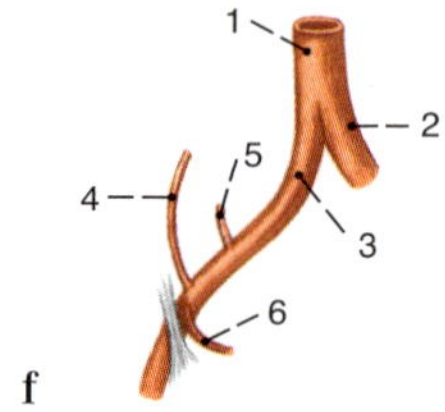

1 A. iliaca communis
2 A. iliaca interna
3 A. iliaca externa
4 A. epigastrica inferior
5 A. circumflexa ilium profunda
6 R. pubicus

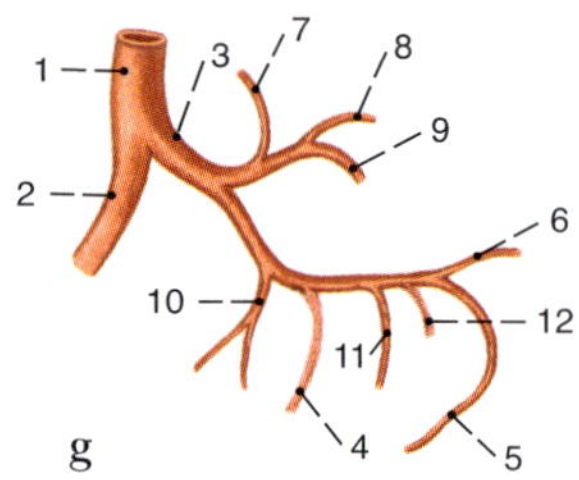

1 A. iliaca communis
2 A. iliaca externa
3 A. iliaca interna
4 A. obturatoria
5 A. pudenda interna
6 A. glutea inferior
7 A. iliolumbalis
8 Aa. sacrales laterales
9 A. glutea superior
10 A. umbilicalis, Pars patens
11 A. vesicalis inferior
12 A. rectalis media

Abb. 36 a–g Hauptschlagader, Aorta, und große Arterien; Schema der Astfolge.
a Aorta
b A. subclavia
c A. carotis externa
d Truncus coeliacus
e A. mesenterica superior und A. mesenterica inferior
f A. iliaca externa
g A. iliaca interna

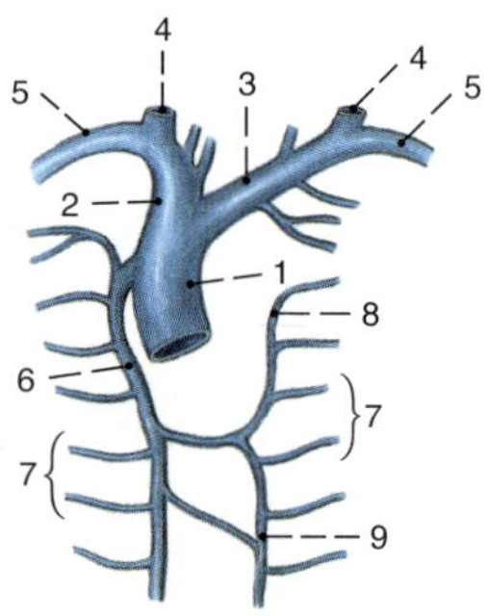

1 V. cava superior
2 V. brachiocephalica dextra
3 V. brachiocephalica sinistra
4 V. jugularis interna
5 V. subclavia
6 V. azygos
7 Vv. intercostales posteriores
8 V. hemiazygos accessoria
9 V. hemiazygos

Abb. 37 Obere Hohlvene, V. cava superior; Schema der Zuflüsse.

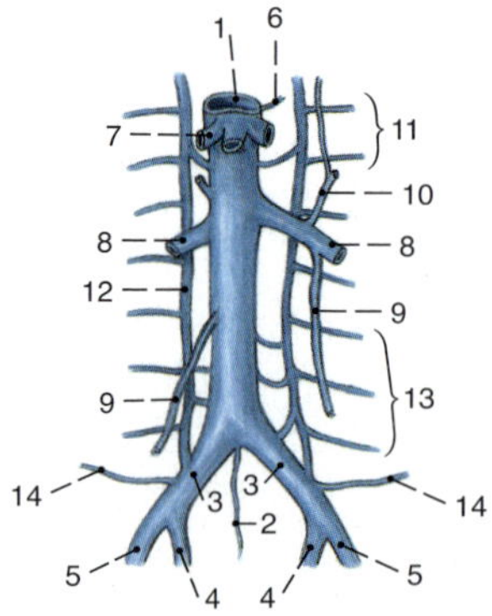

1 V. cava inferior
2 V. sacralis mediana
3 V. iliaca communis
4 V. iliaca interna
5 V. iliaca externa
6 V. phrenica inferior
7 Vv. hepaticae
8 V. renalis
9 V. testicularis/ovarica
10 V. suprarenalis
11 Vv. intercostales posteriores
12 V. lumbalis ascendens
13 Vv. lumbales
14 V. iliolumbalis

Abb. 38 Untere Hohlvene, V. cava inferior; Schema der Zuflüsse.

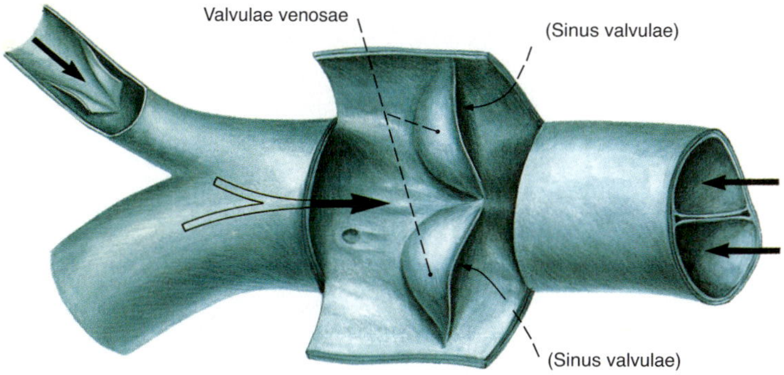

Abb. 39 Funktionsprinzip der Venenklappen. Die nach rechts gerichteten Pfeile weisen auf die Strömungsrichtung des Blutes hin. Bei Rückstau (nach links gerichtete Pfeile) kommt es zum Klappenschluss.

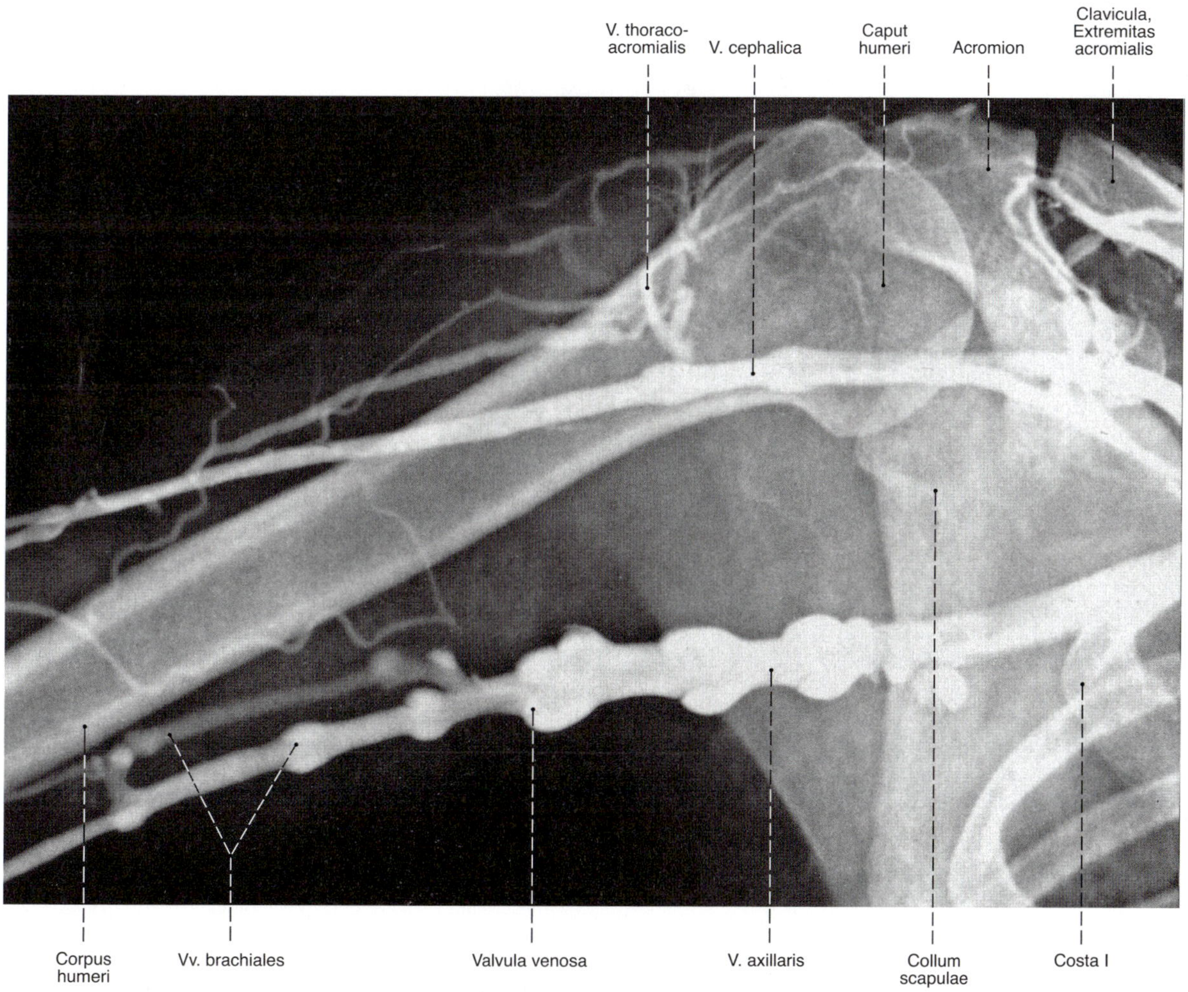

Abb. 40 Ap-Röntgenbild (Venogramm, Phlebogramm) der Vv. brachiales, axillaris und cephalica und einiger ihrer Wurzeln.
Vor allem im Bereich der V. axillaris treten die hintereinander geschalteten Klappensegmente deutlich hervor.

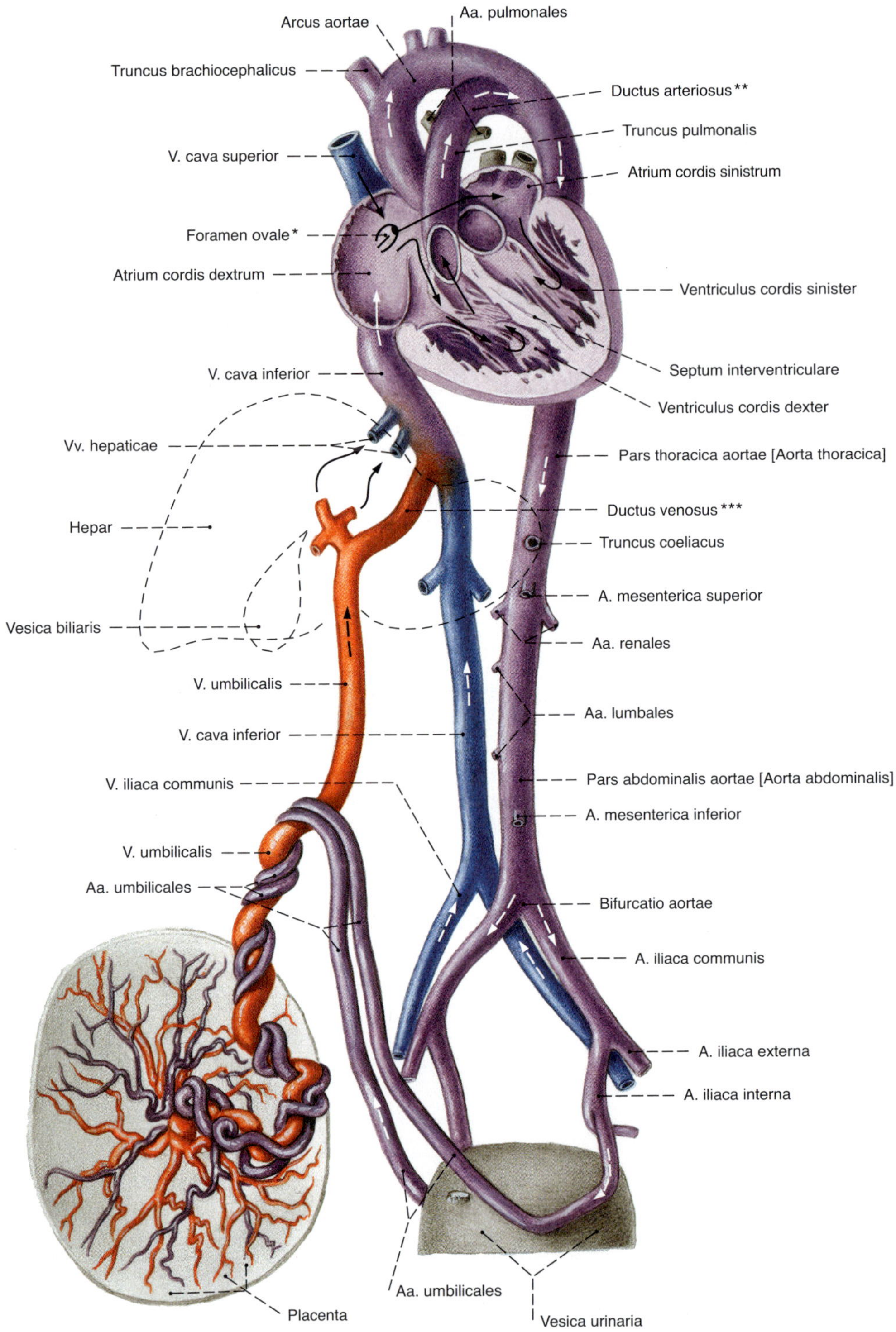

Abb. 41 Schema des fetalen Kreislaufs;
Mischblut führende Gefäße sind violett markiert.
Die Pfeile geben die Richtung des Blutstromes an.

- * Kurzschluss zwischen rechtem und linkem Vorhof
- ** Kurzschluss zwischen Truncus pulmonalis und Arcus aortae
- *** Kurzschluss zwischen V. umbilicalis und V. cava inferior

Umstellung des fetalen auf den postnatalen Kreislauf:

- * Die ventilartige Verbindung zwischen dem rechten und dem linken Vorhof durch das Foramen ovale wird mit dem Einsetzen der Lungenatmung passiv geschlossen.
- ** Der Ductus arteriosus (BOTALLI) hingegen schließt sich erst im Laufe der ersten Lebensmonate durch Änderung der Wandspannung und durch Epithelproliferation.
- *** Der Ductus venosus (ARANTII) obliteriert nach der Geburt zum Lig. venosum der Leberpforte.

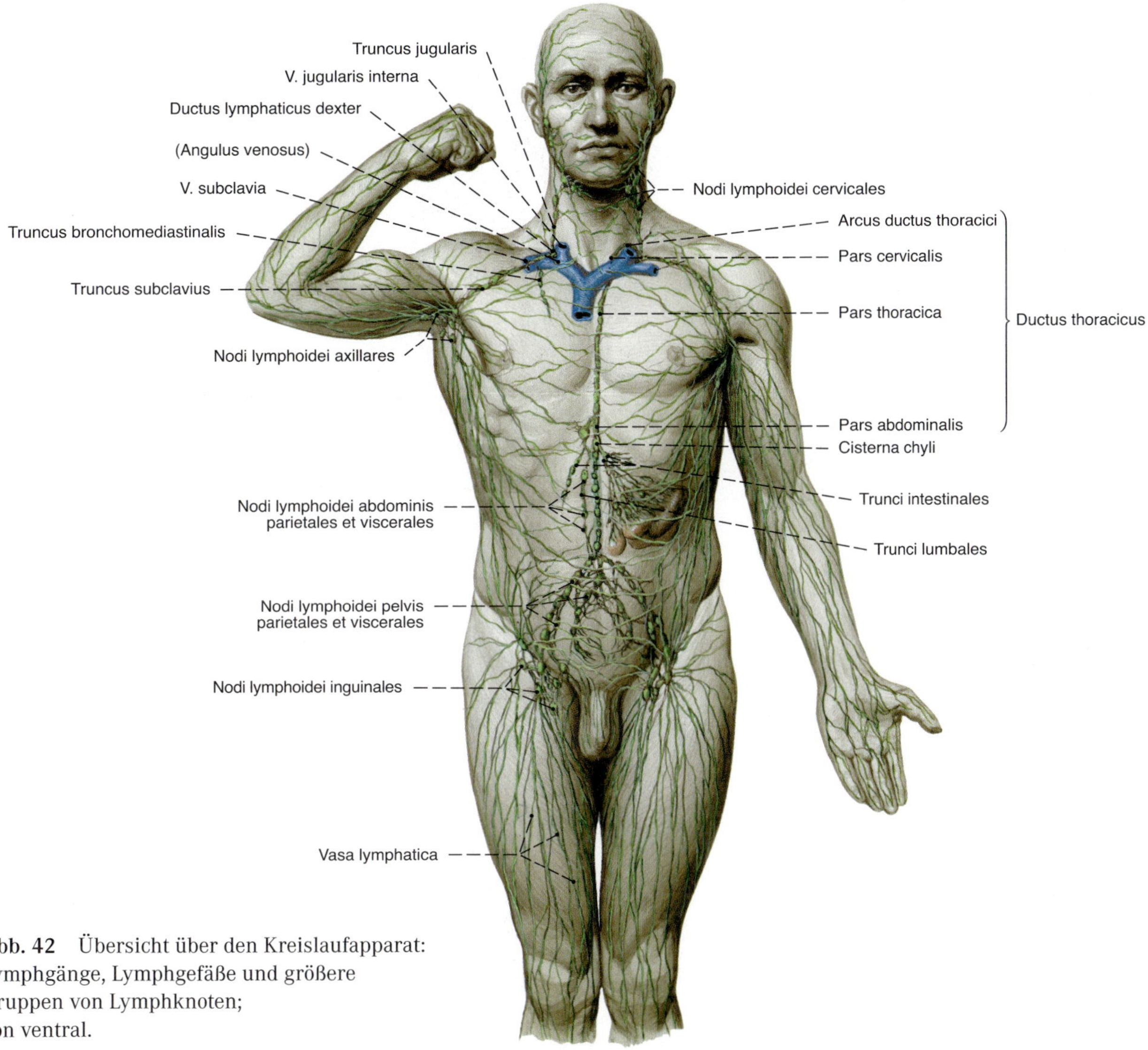

Abb. 42 Übersicht über den Kreislaufapparat: Lymphgänge, Lymphgefäße und größere Gruppen von Lymphknoten; von ventral.

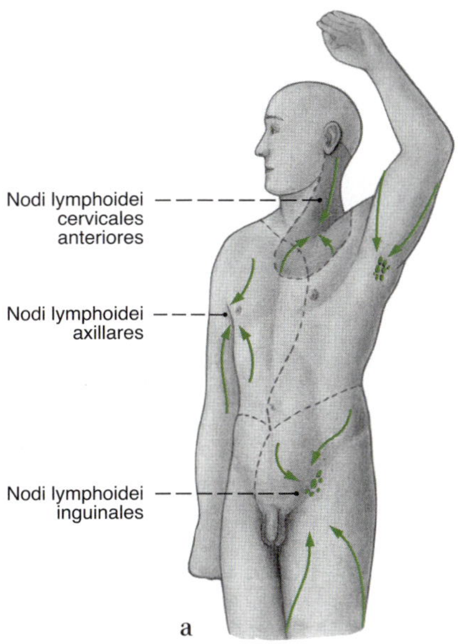

Abb. 43 a, b Einzugsgebiete regionärer Lymphknoten.

a von lateral ventral
b von lateral dorsal

Die Einzugsgebiete der regionären Lymphknoten variieren interindividuell beträchtlich. Sie überschneiden sich sowohl mit denen der Gegenseite als auch innerhalb einer Körperhälfte.

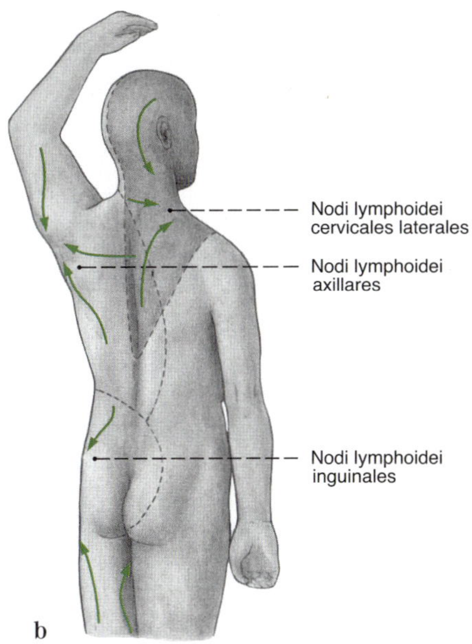

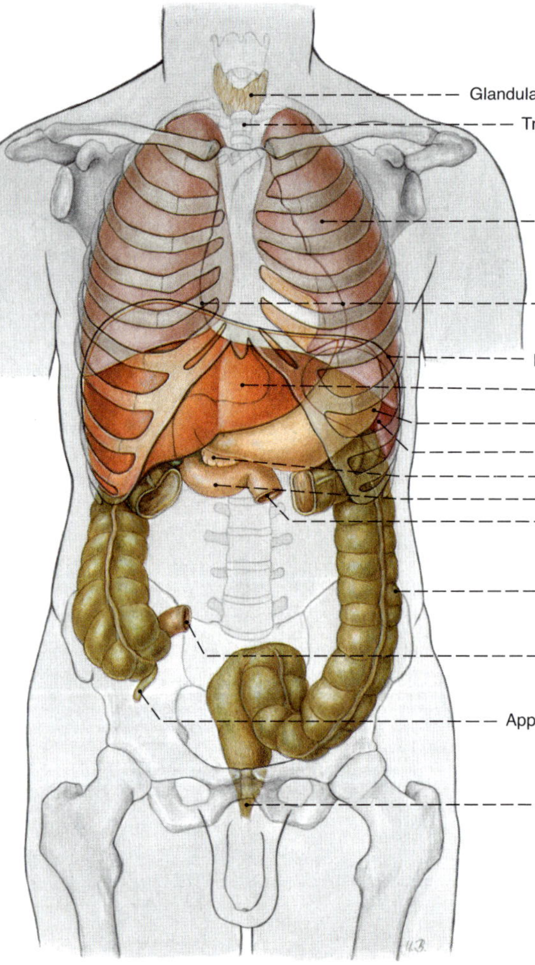

Abb. 44 Projektion der inneren Organe auf die Körperoberfläche; von ventral.

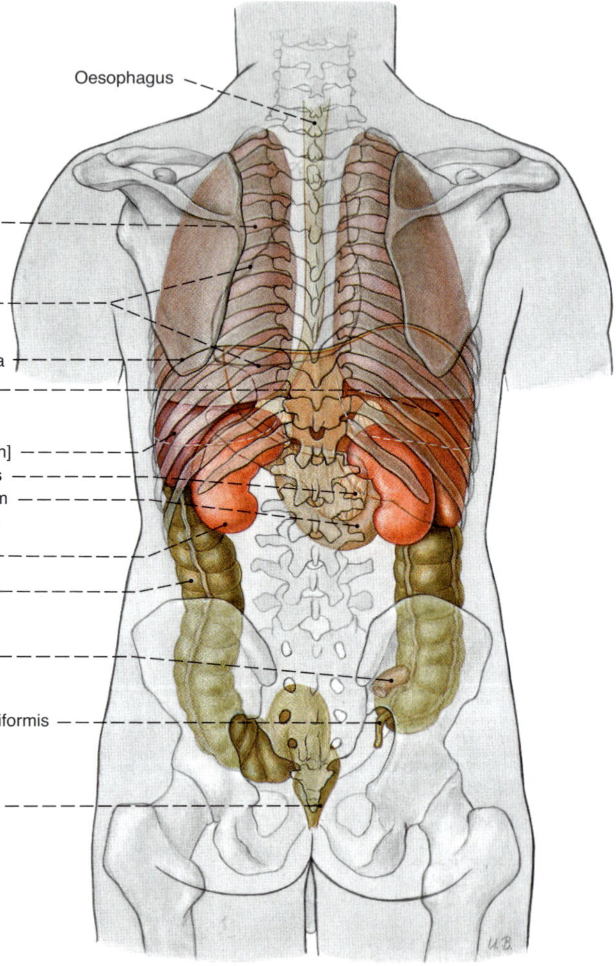

Abb. 45 Projektion der inneren Organe auf die Körperoberfläche; von dorsal.

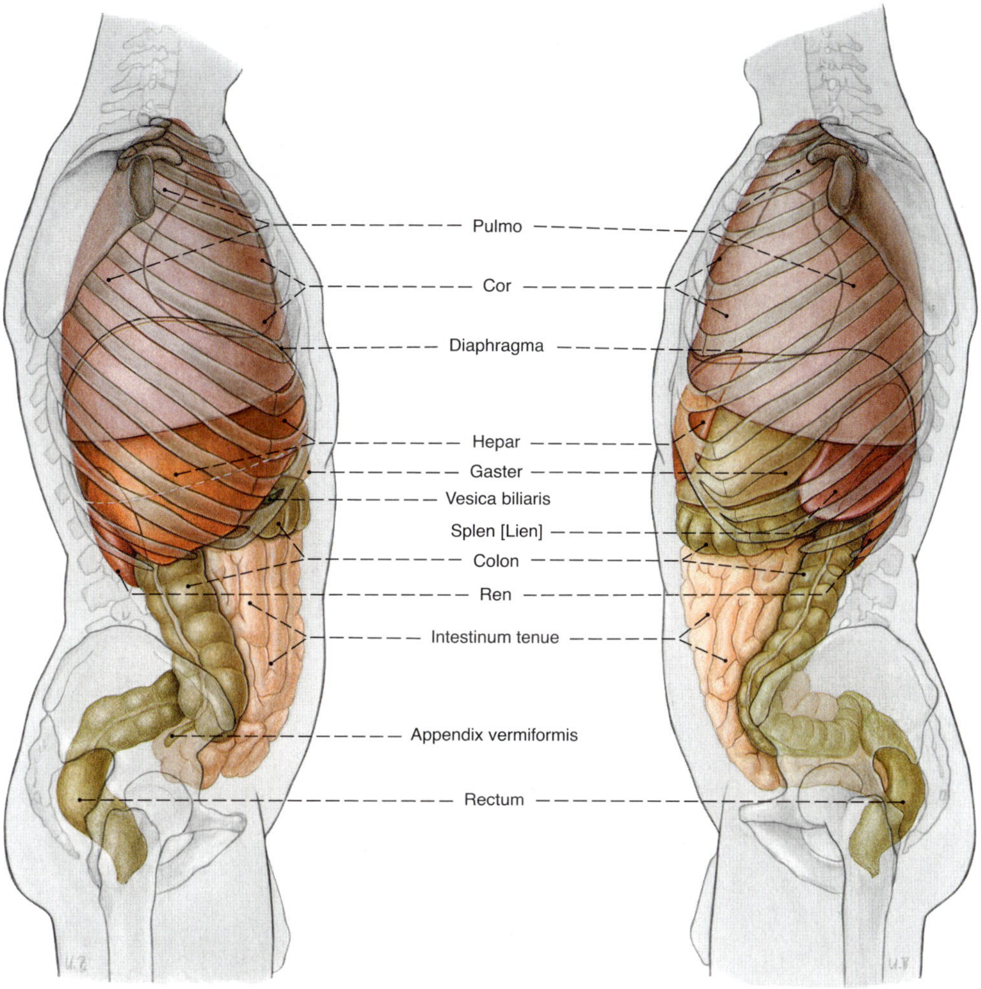

Abb. 46 Projektion der inneren Organe auf die Körperoberfläche;
von rechts.

Abb. 47 Projektion der inneren Organe auf die Körperoberfläche;
von links.

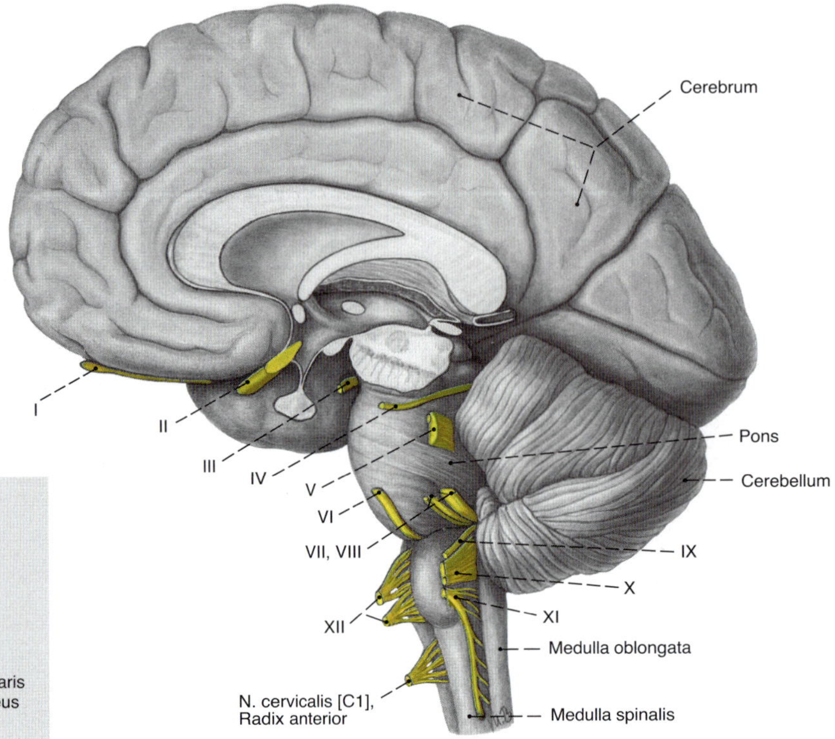

Nn. craniales

I Nn. olfactorii
II N. opticus
III N. oculomotorius
IV N. trochlearis
V N. trigeminus
VI N. abducens
VII N. facialis
VIII N. vestibulocochlearis
IX N. glossopharyngeus
X N. vagus
XI N. accessorius
XII N. hypoglossus

Abb. 48 Übersicht über das Zentralnervensystem und die Hirnnerven; von lateral.

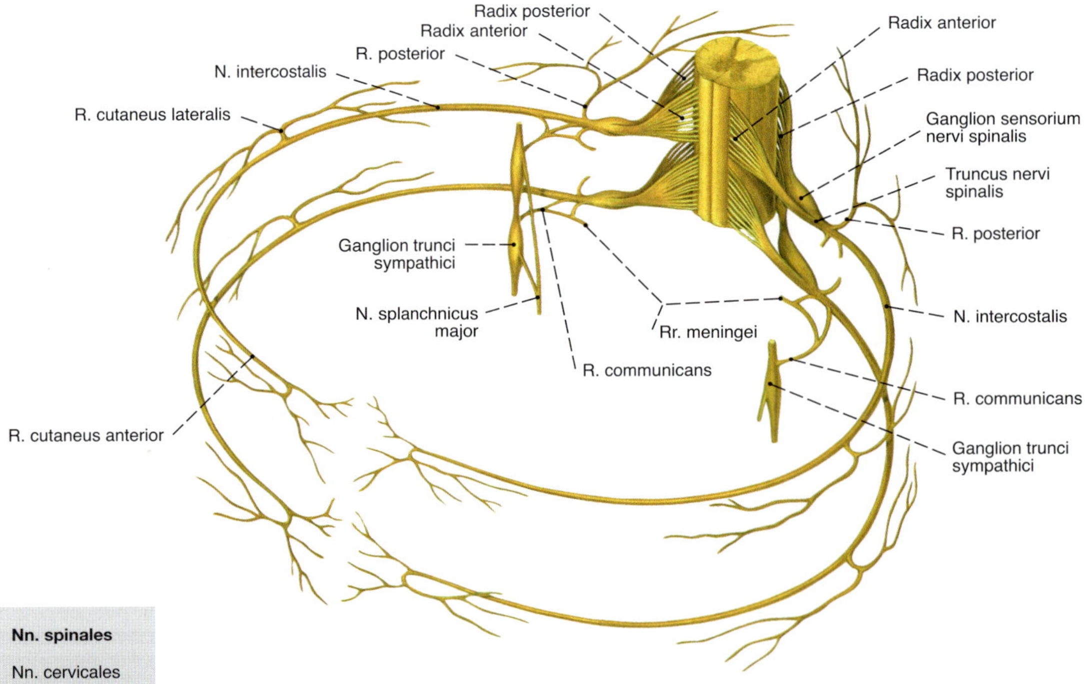

Nn. spinales

Nn. cervicales
Nn. thoracici
Nn. lumbales
Nn. sacrales
N. coccygeus

Abb. 49 Schema des Spinalnervs am Beispiel zweier Thorakalnerven.

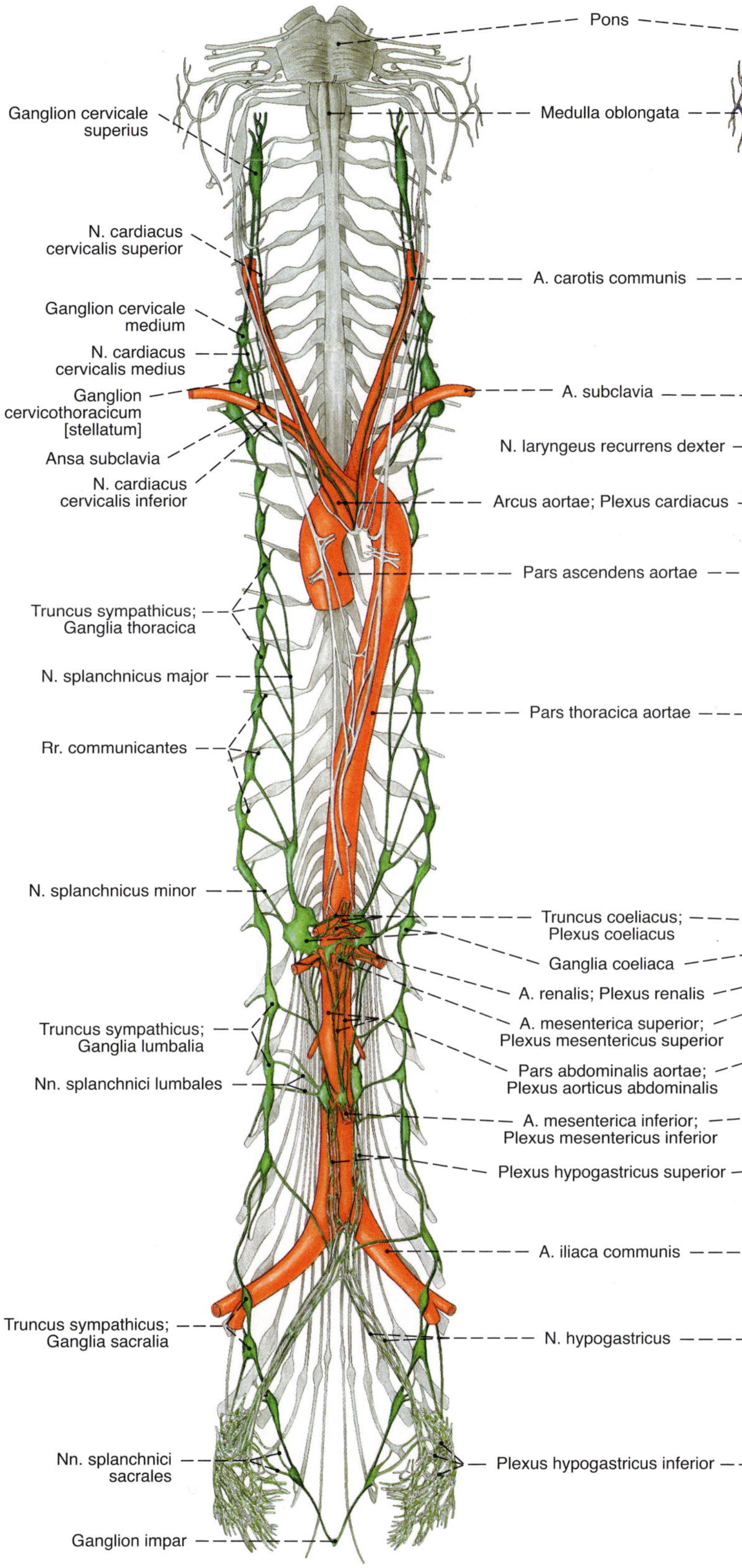

Abb. 50 Übersicht über das vegetative Nervensystem: Pars sympathica (Sympathikus).
Die Gesamtheit der neben der Wirbelsäule liegenden sympathischen Ganglien und ihrer Verbindungen wird als Grenzstrang, Truncus sympathicus, bezeichnet (grün).

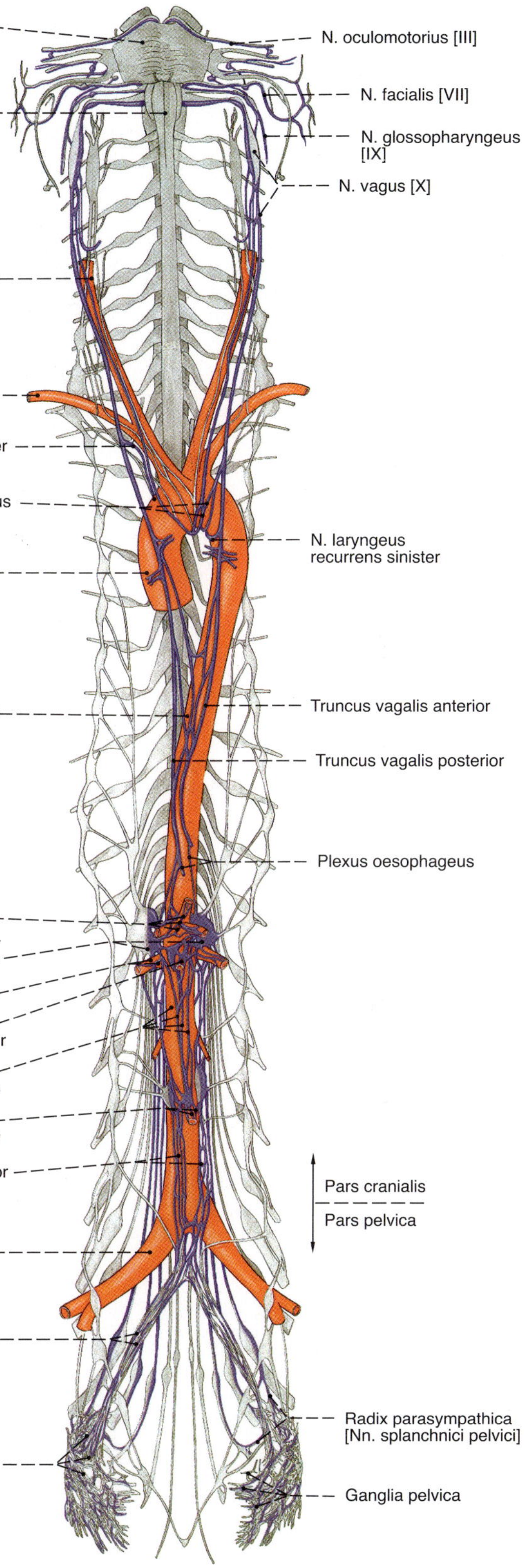

Abb. 51 Übersicht über das vegetative Nervensystem: Pars parasympathica (Parasympathikus).
Die parasympathischen Fasern (violett) verlaufen im Allgemeinen gemeinsam mit anderen Nervenfasern.

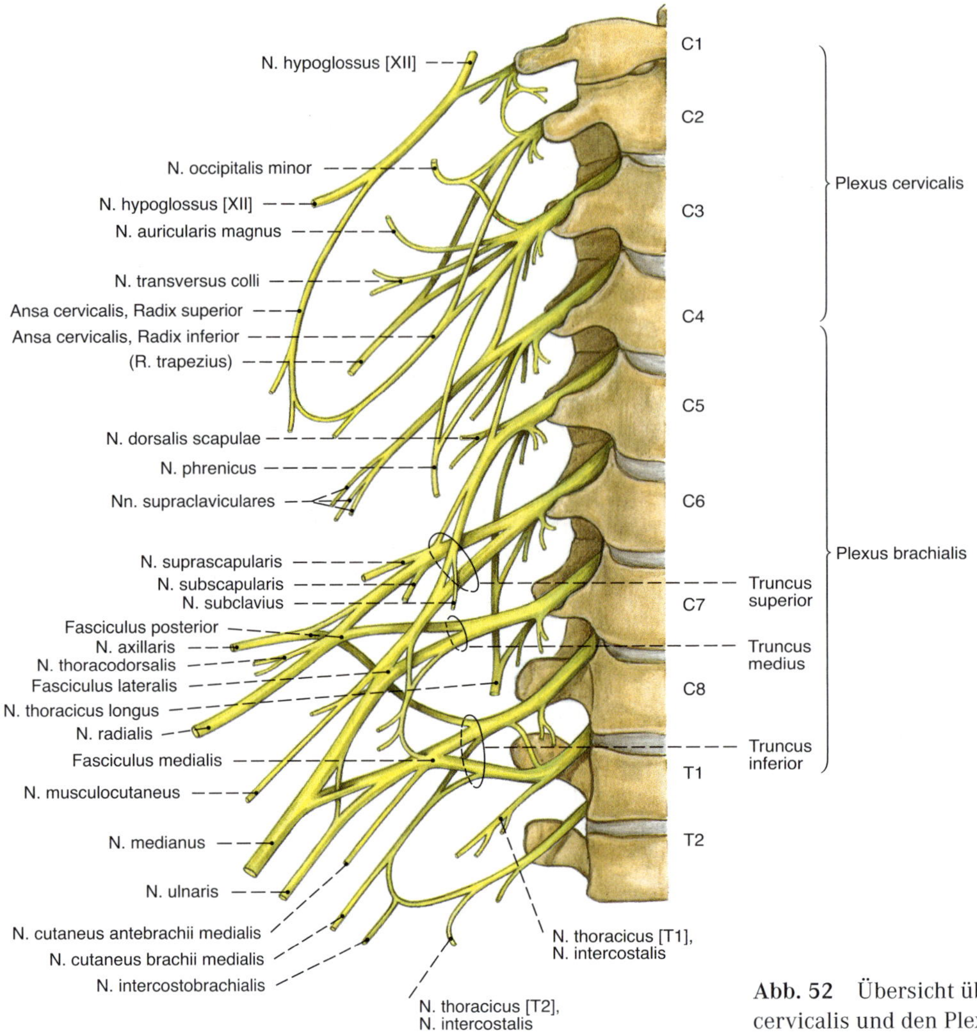

Abb. 52 Übersicht über den Plexus cervicalis und den Plexus brachialis.

Zweige des Plexus cervicalis und des Plexus brachialis

Plexus cervicalis (Nn. cervicales C1–C4, Rr. anteriores)

Ansa cervicalis
- Radix superior
- Radix inferior

(Punctum nervosum)
- N. occipitalis minor
- N. auricularis magnus
- N. transversus colli
- Nn. supraclaviculares mediales, intermedii, laterales

Rr. musculares (M. longus colli, M. longus capitis, M. rectus capitis anterior, Mm. intertransversarii, M. trapezius, M. levator scapulae, M. scalenus medius)

N. phrenicus

Plexus brachialis (Nn. cervicales C4/5–N. thoracicus T1, R. anterior)

Pars supraclavicularis:
- Truncus superior→ | Truncus medius → | Truncus inferior → } Divisiones anteriores et posteriores
  - N. dorsalis scapulae
  - N. suprascapularis
  - Nn. subscapulares (häufig aus Fasciculus posterior)
  - N. subclavius
  - N. thoracicus longus
  - Nn. pectorales (häufig aus Fasciculus lat. u. med.)
  - N. thoracodorsalis (häufig aus Fasciculus posterior)
  - Rr. musculares (M. longus colli, Mm. scaleni)

Pars infraclavicularis:
- Fasciculus lateralis (← Divisiones anteriores)
  - N. musculocutaneus
  - N. medianus, Radix lateralis
- Fasciculus medialis (← Divisiones anteriores)
  - N. medianus, Radix medialis
  - N. ulnaris
  - N. cutaneus brachii medialis
  - N. cutaneus antebrachii medialis
- Fasciculus posterior (← Divisiones posteriores)
  - N. axillaris
  - N. radialis

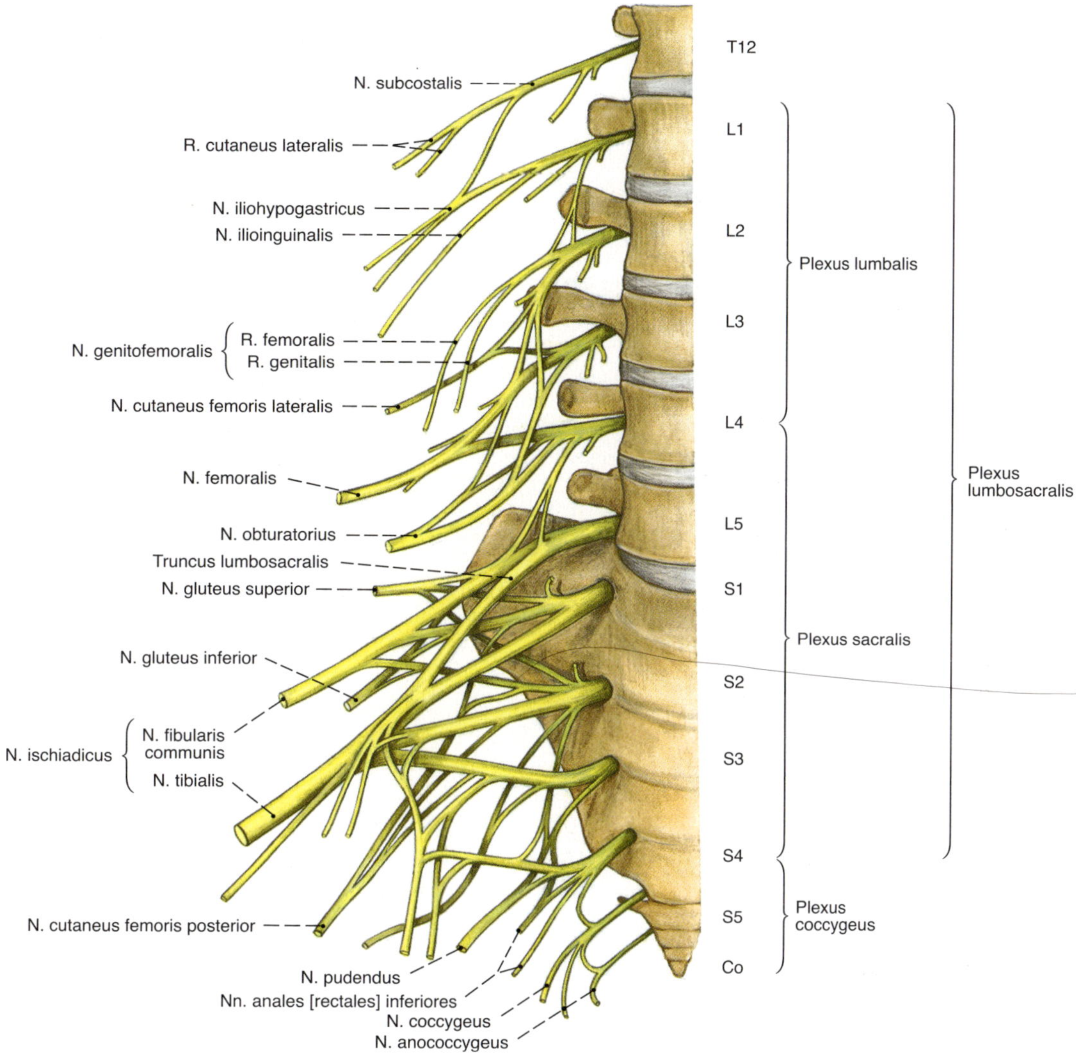

Abb. 53 Übersicht über den Plexus lumbosacralis (Plexus lumbalis, Plexus sacralis) und den Plexus coccygeus.

Zweige des Plexus lumbosacralis

Plexus lumbalis (Nn. lumbales L1–L4, Rr. anteriores)	**Plexus sacralis (Nn. lumbales L4–Nn. sacrales S4, Rr. anteriores)**
N. iliohypogastricus N. ilioinguinalis N. cutaneus femoris lateralis N. femoralis N. genitofemoralis N. obturatorius	N. gluteus superior N. gluteus inferior N. ischiadicus N. cutaneus femoris posterior N. pudendus Rr. musculares (Mm. gemelli, M. quadratus femoris, Mm. obturatorii, M. piriformis, M. levator ani)
	Plexus coccygeus (Nn. sacrales S4–N. coccygeus, Rr. anteriores)
	N. coccygeus, R. anterior N. anococcygeus

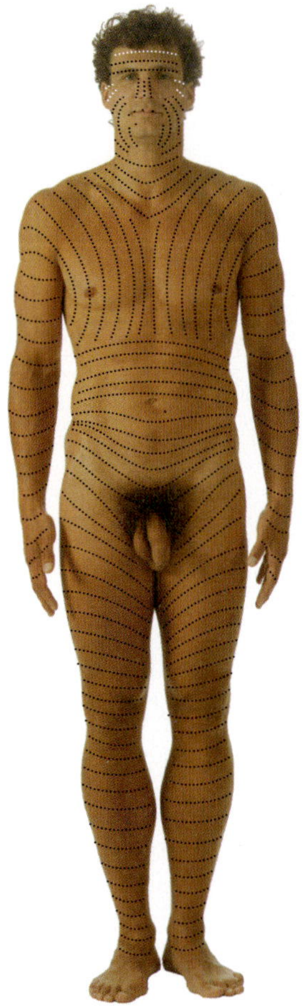

Abb. 54 Spannungslinien der Haut; von ventral.

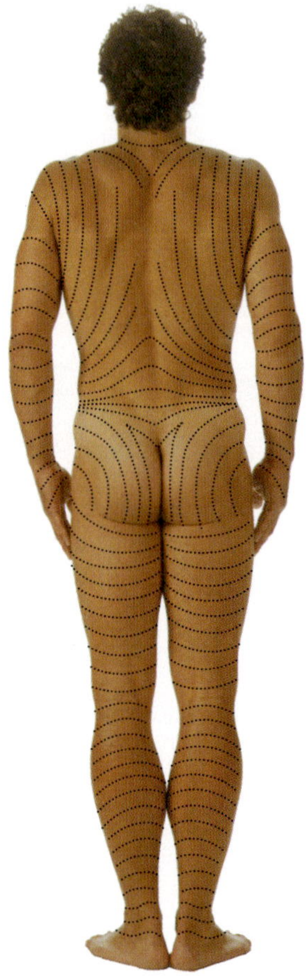

Abb. 55 Spannungslinien der Haut; von dorsal.

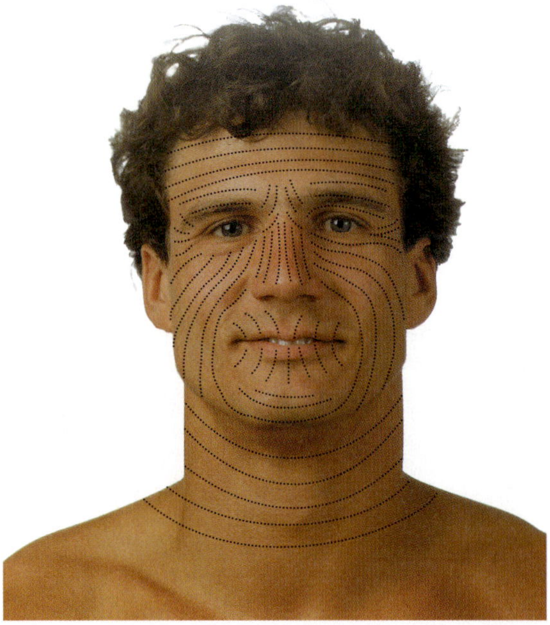

Abb. 56 Spannungslinien der Haut des Kopfes und des Halses; von ventral.

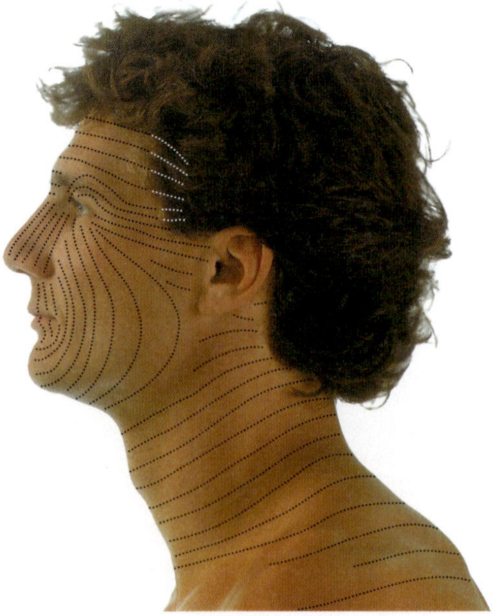

Abb. 57 Spannungslinien der Haut des Kopfes und des Halses; von lateral.

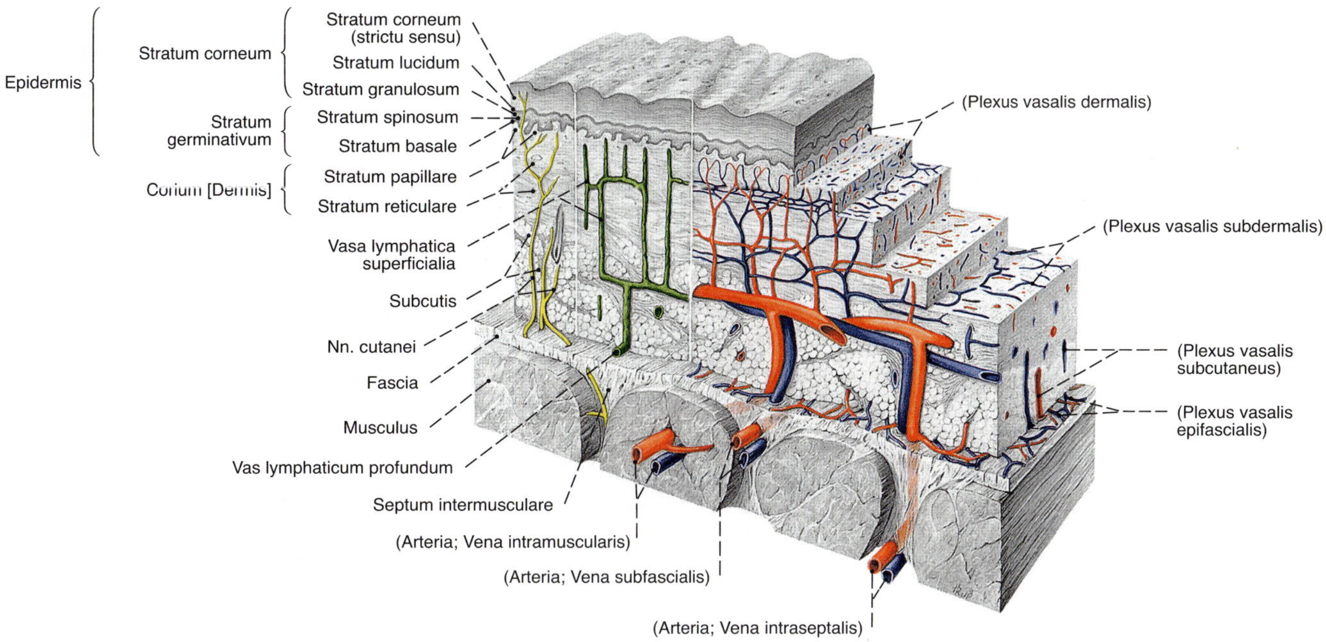

Abb. 58 Schnitt durch die Haut; ca. 10-fache Vergrößerung.

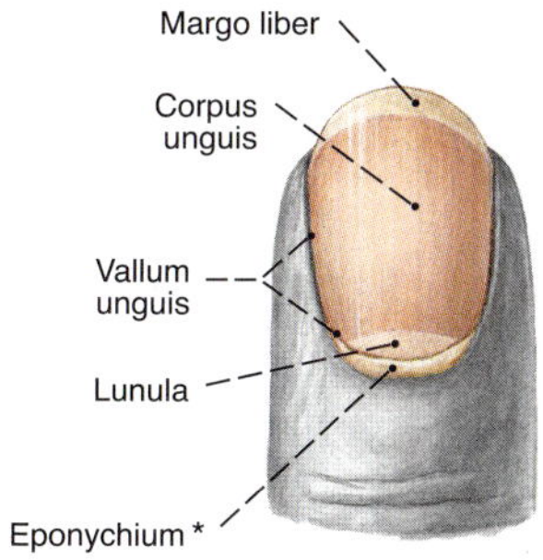

Abb. 59 Fingerendglied mit Nagel; von dorsal.

* Die Nagelhaut wird auch als Cuticula bezeichnet.

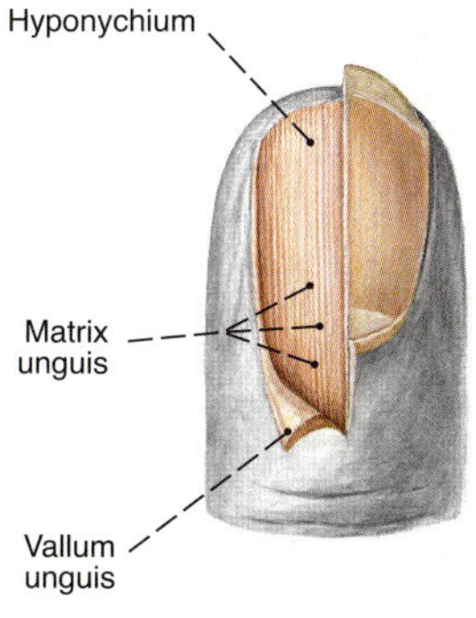

Abb. 60 Fingerendglied; Nagel teilweise entfernt; von dorsal.

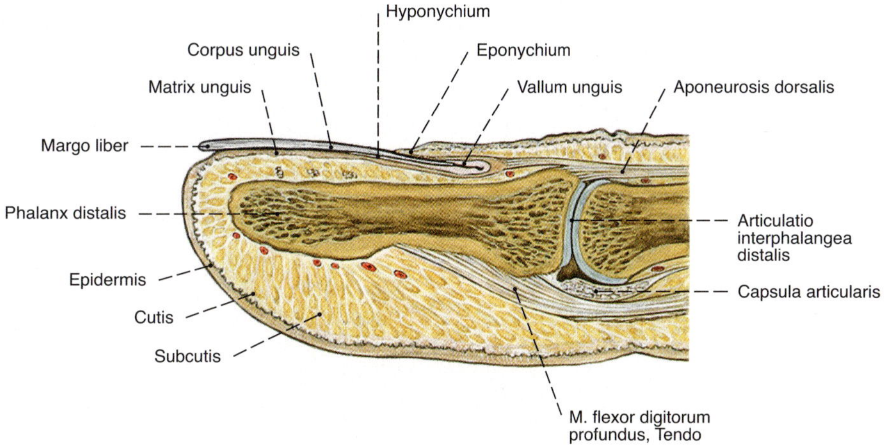

Abb. 61 Fingerendglied, Phalanx distalis; Sagittalschnitt.

Abb. 62 Kopf und Hals, Caput und Collum; von vorne (30%).

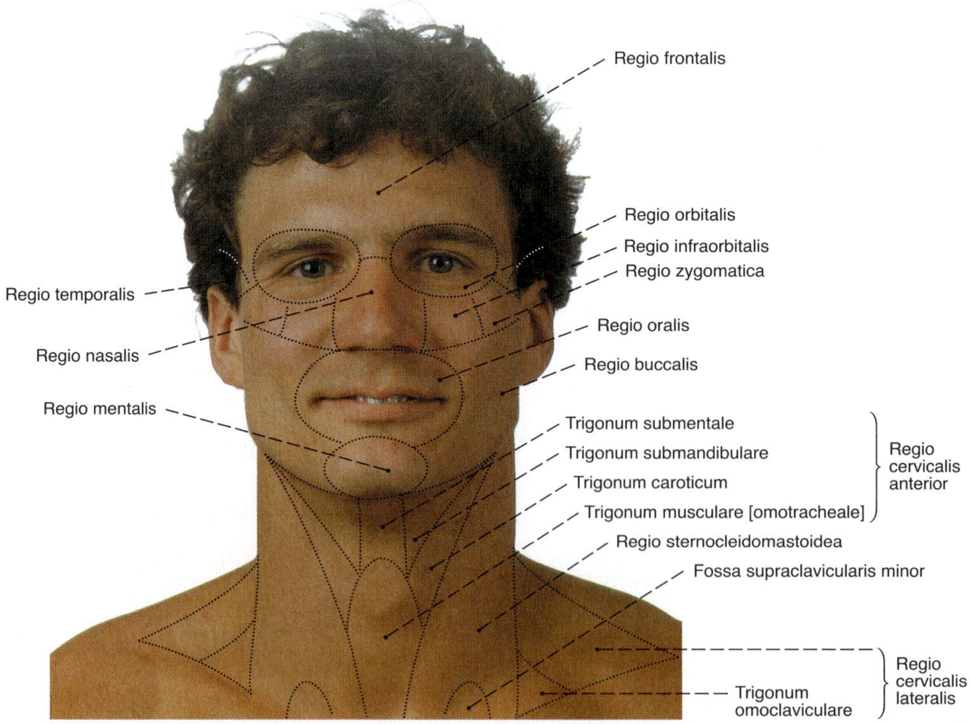

Abb. 63 Regionen von Kopf und Hals, Regiones capitis und colli; von vorne (30%).

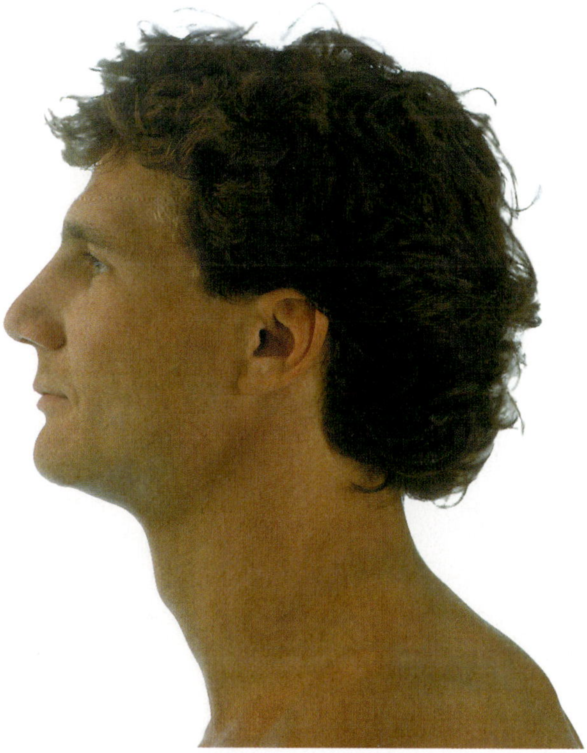

Abb. 64 Kopf und Hals, Caput und Collum; von lateral (30%).

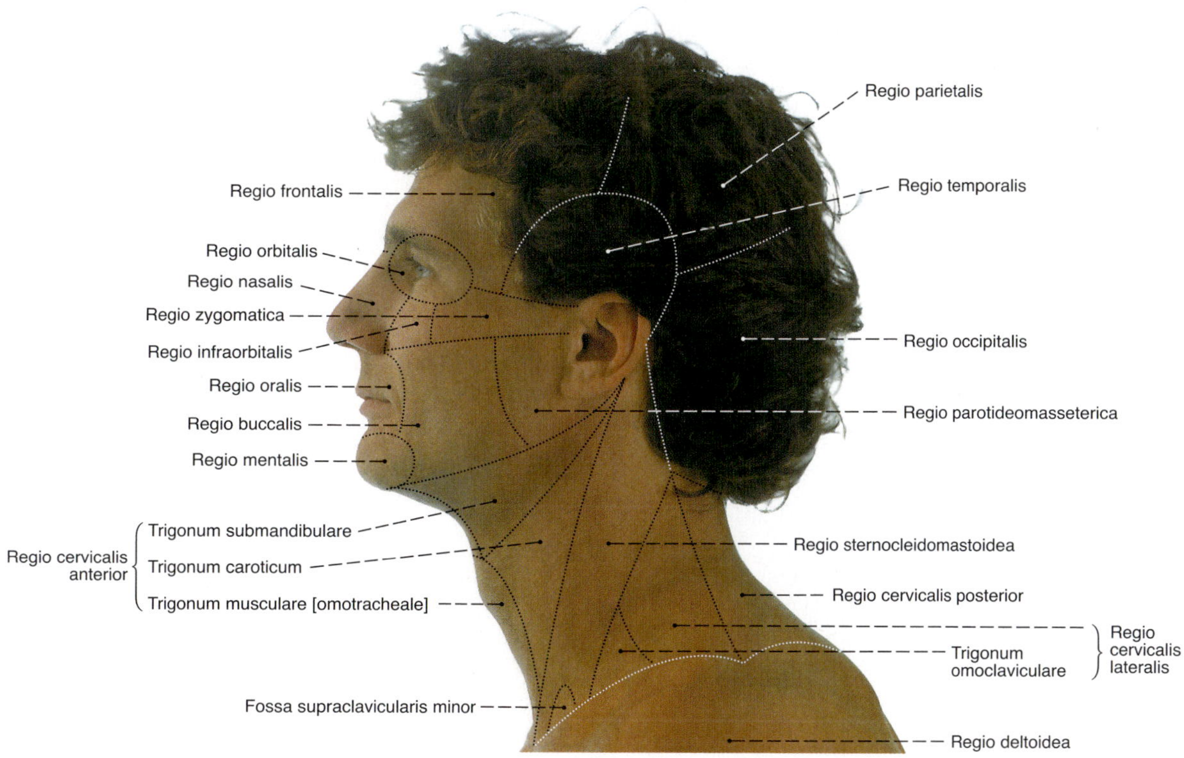

Abb. 65 Regionen von Kopf und Hals, Regiones capitis und colli; von lateral (30%).

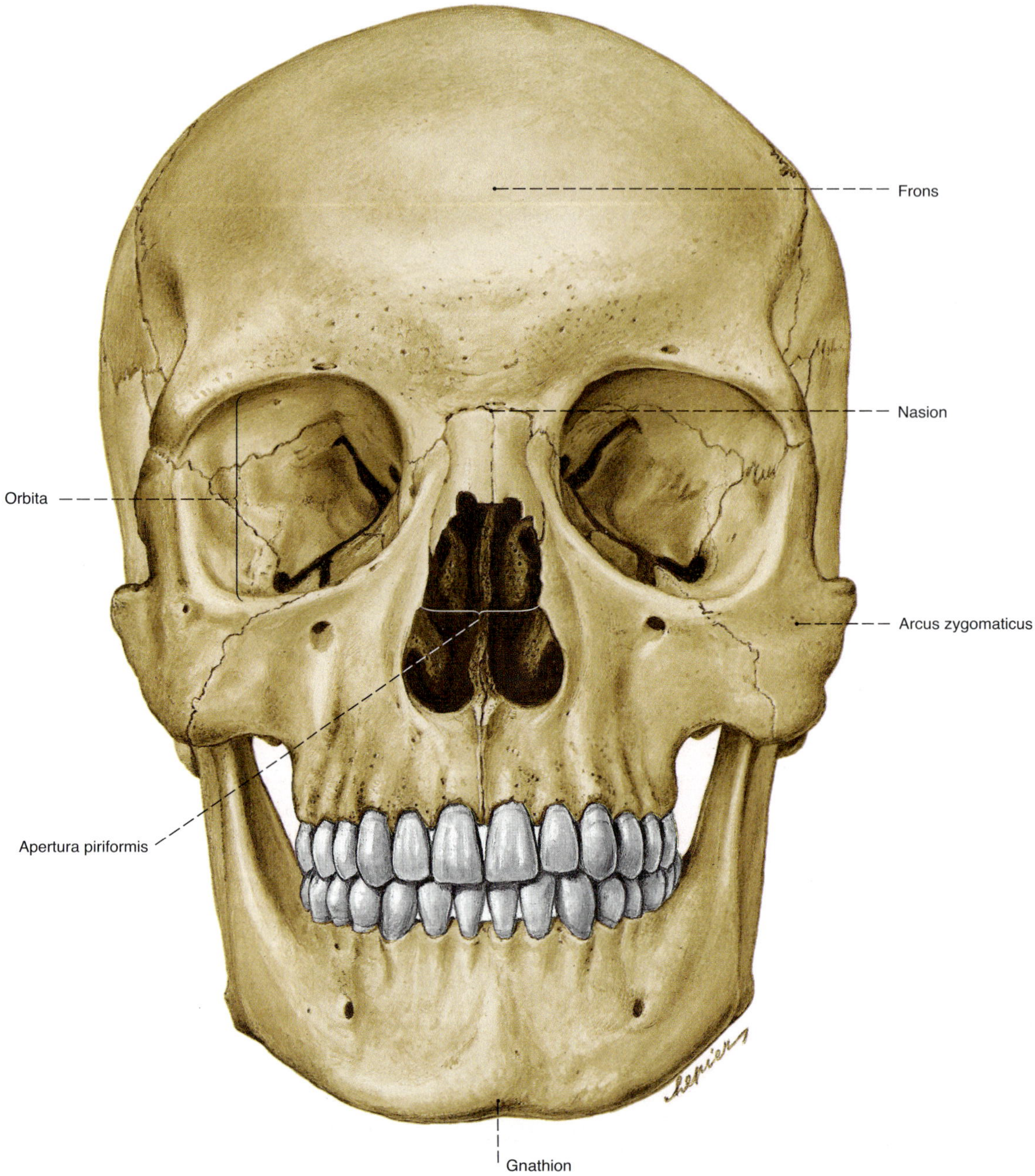

Abb. 66 Schädel, Cranium;
Einstellung in Ohr-Augen-Ebene (OAE oder Deutsche Horizontale);
von vorne (70%).

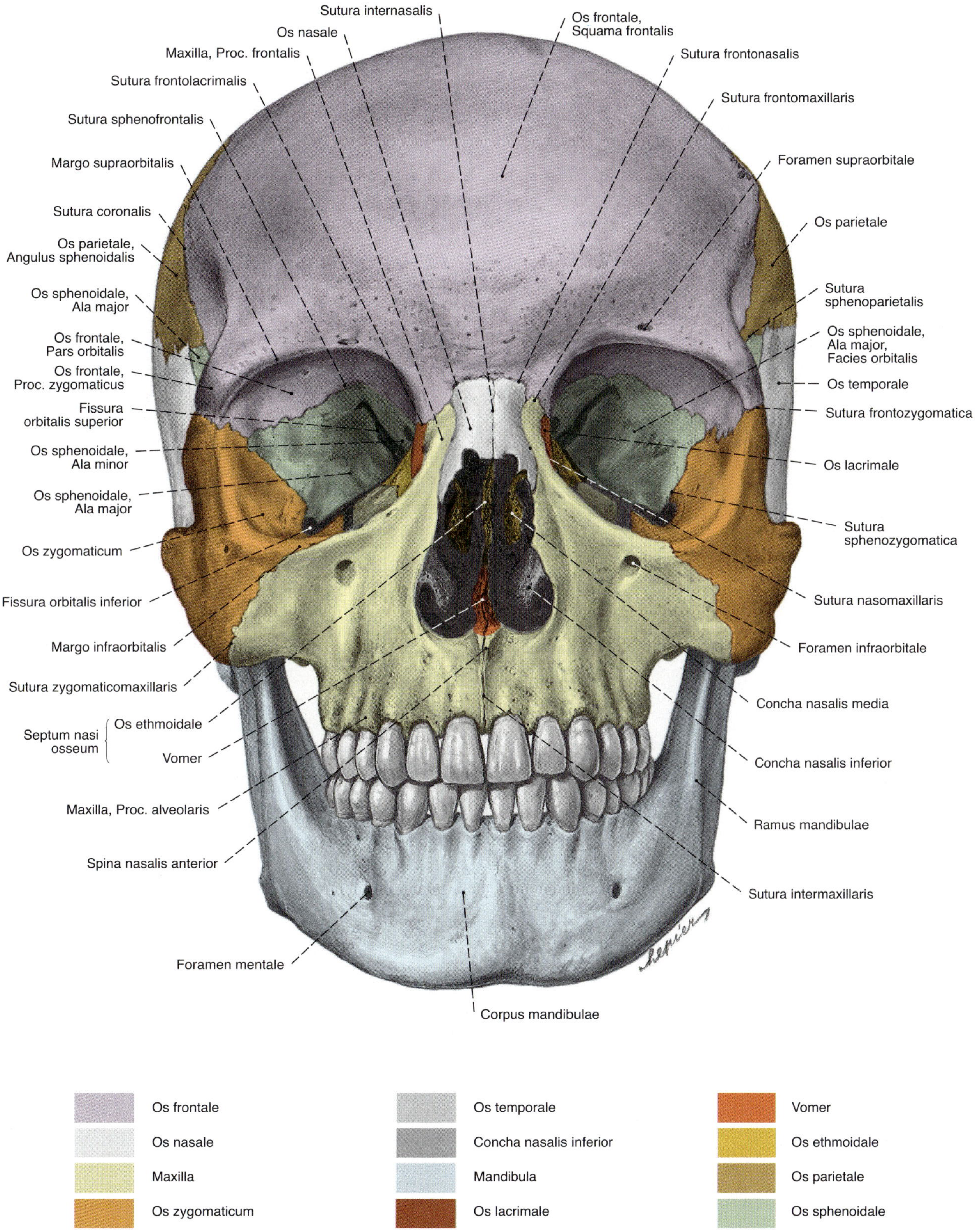
Sutura internasalis
Os nasale
Maxilla, Proc. frontalis
Sutura frontolacrimalis
Sutura sphenofrontalis
Margo supraorbitalis
Sutura coronalis
Os parietale, Angulus sphenoidalis
Os sphenoidale, Ala major
Os frontale, Pars orbitalis
Os frontale, Proc. zygomaticus
Fissura orbitalis superior
Os sphenoidale, Ala minor
Os sphenoidale, Ala major
Os zygomaticum
Fissura orbitalis inferior
Margo infraorbitalis
Sutura zygomaticomaxillaris
Septum nasi osseum
Os ethmoidale
Vomer
Maxilla, Proc. alveolaris
Spina nasalis anterior
Foramen mentale
Corpus mandibulae
Os frontale, Squama frontalis
Sutura frontonasalis
Sutura frontomaxillaris
Foramen supraorbitale
Os parietale
Sutura sphenoparietalis
Os sphenoidale, Ala major, Facies orbitalis
Os temporale
Sutura frontozygomatica
Os lacrimale
Sutura sphenozygomatica
Sutura nasomaxillaris
Foramen infraorbitale
Concha nasalis media
Concha nasalis inferior
Ramus mandibulae
Sutura intermaxillaris
Os frontale
Os nasale
Maxilla
Os zygomaticum
Os temporale
Concha nasalis inferior
Mandibula
Os lacrimale
Vomer
Os ethmoidale
Os parietale
Os sphenoidale

Abb. 67 Schädel, Cranium; von vorne (70%).

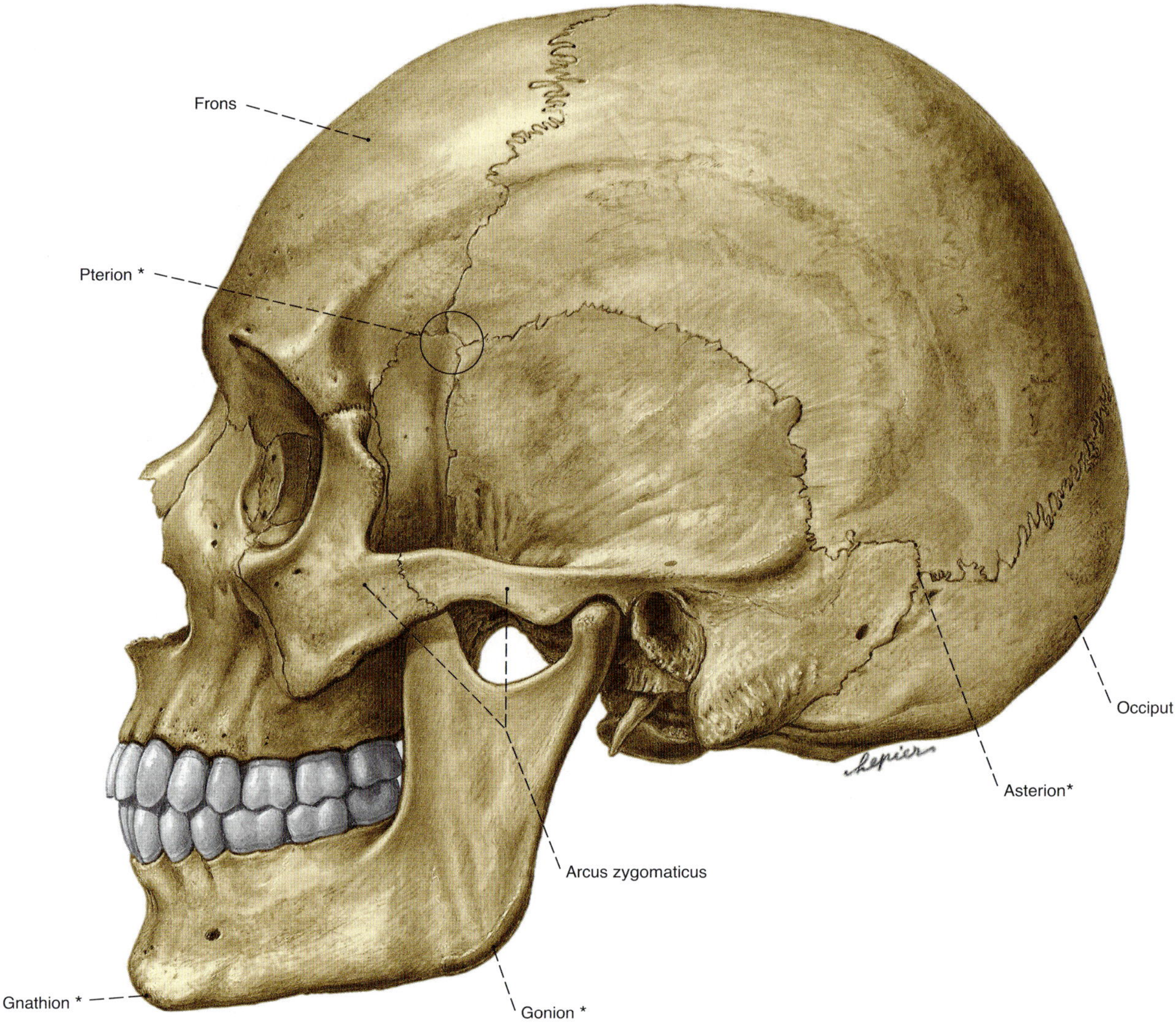

Abb. 68 Schädel, Cranium;
Einstellung in Ohr-Augen-Ebene (OAE oder Deutsche Horizontale);
von lateral (80%).

* In der Anthropologie verwendete Messpunkte sind benannt.

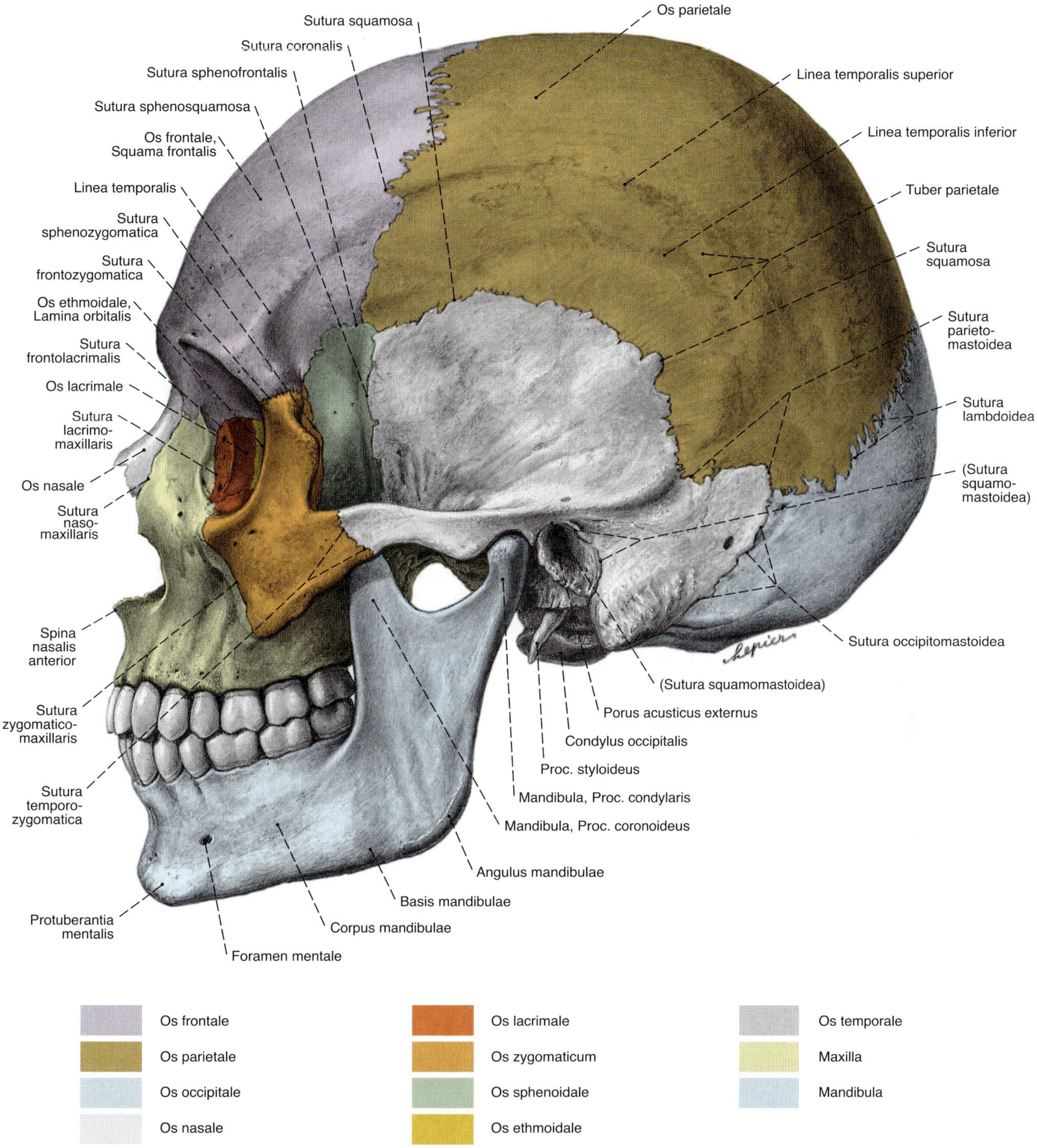
Os parietale
Sutura squamosa
Sutura coronalis
Sutura sphenofrontalis
Linea temporalis superior
Sutura sphenosquamosa
Linea temporalis inferior
Os frontale, Squama frontalis
Linea temporalis
Tuber parietale
Sutura sphenozygomatica
Sutura squamosa
Sutura frontozygomatica
Os ethmoidale, Lamina orbitalis
Sutura parieto-mastoidea
Sutura frontolacrimalis
Os lacrimale
Sutura lambdoidea
Sutura lacrimo-maxillaris
(Sutura squamo-mastoidea)
Os nasale
Sutura naso-maxillaris
Spina nasalis anterior
Sutura occipitomastoidea
(Sutura squamomastoidea)
Sutura zygomatico-maxillaris
Porus acusticus externus
Condylus occipitalis
Proc. styloideus
Sutura temporo-zygomatica
Mandibula, Proc. condylaris
Mandibula, Proc. coronoideus
Angulus mandibulae
Basis mandibulae
Protuberantia mentalis
Corpus mandibulae
Foramen mentale
Os frontale
Os parietale
Os occipitale
Os nasale
Os lacrimale
Os zygomaticum
Os sphenoidale
Os ethmoidale
Os temporale
Maxilla
Mandibula

Abb. 69 Schädel, Cranium; von lateral (80%).

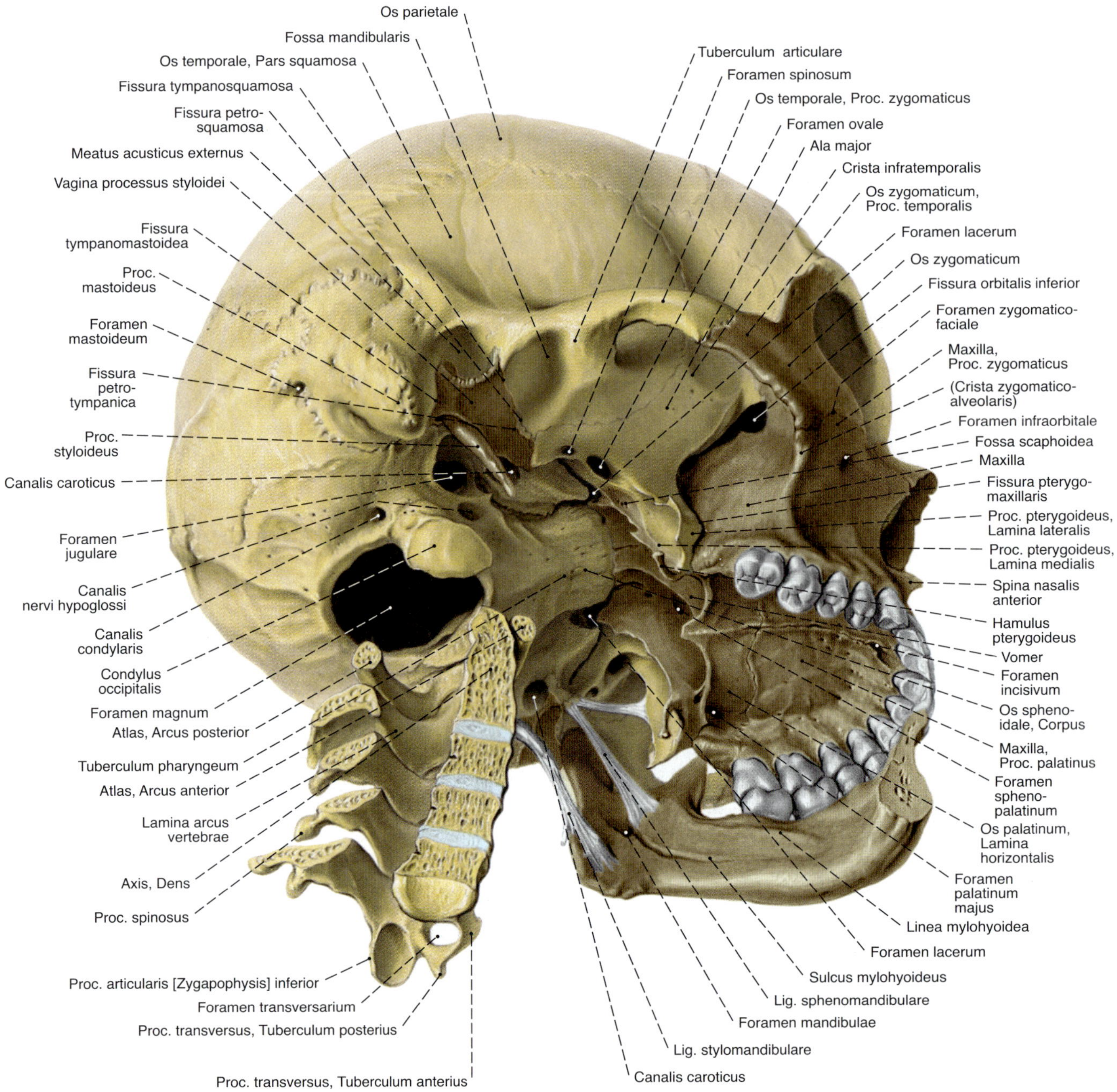

Abb. 70 Schädel, Cranium;
nach Entfernung des halbierten Unterkiefers und der halbierten oberen Halswirbelsäule;
von lateral unten (80%).

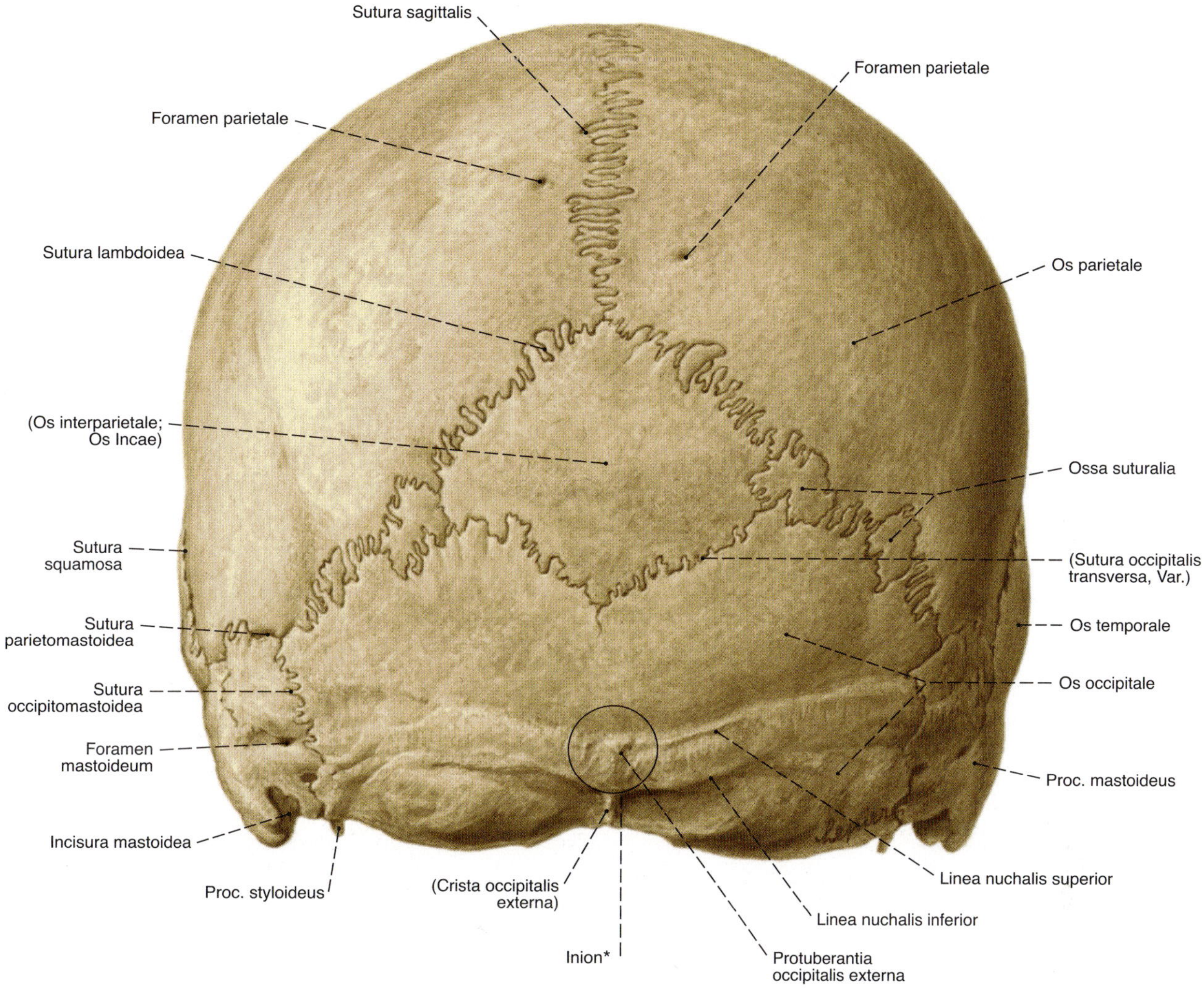

Abb. 71 Schädel, Cranium; von hinten (70%).

* In der Anthropologie verwendeter Messpunkt ist benannt.

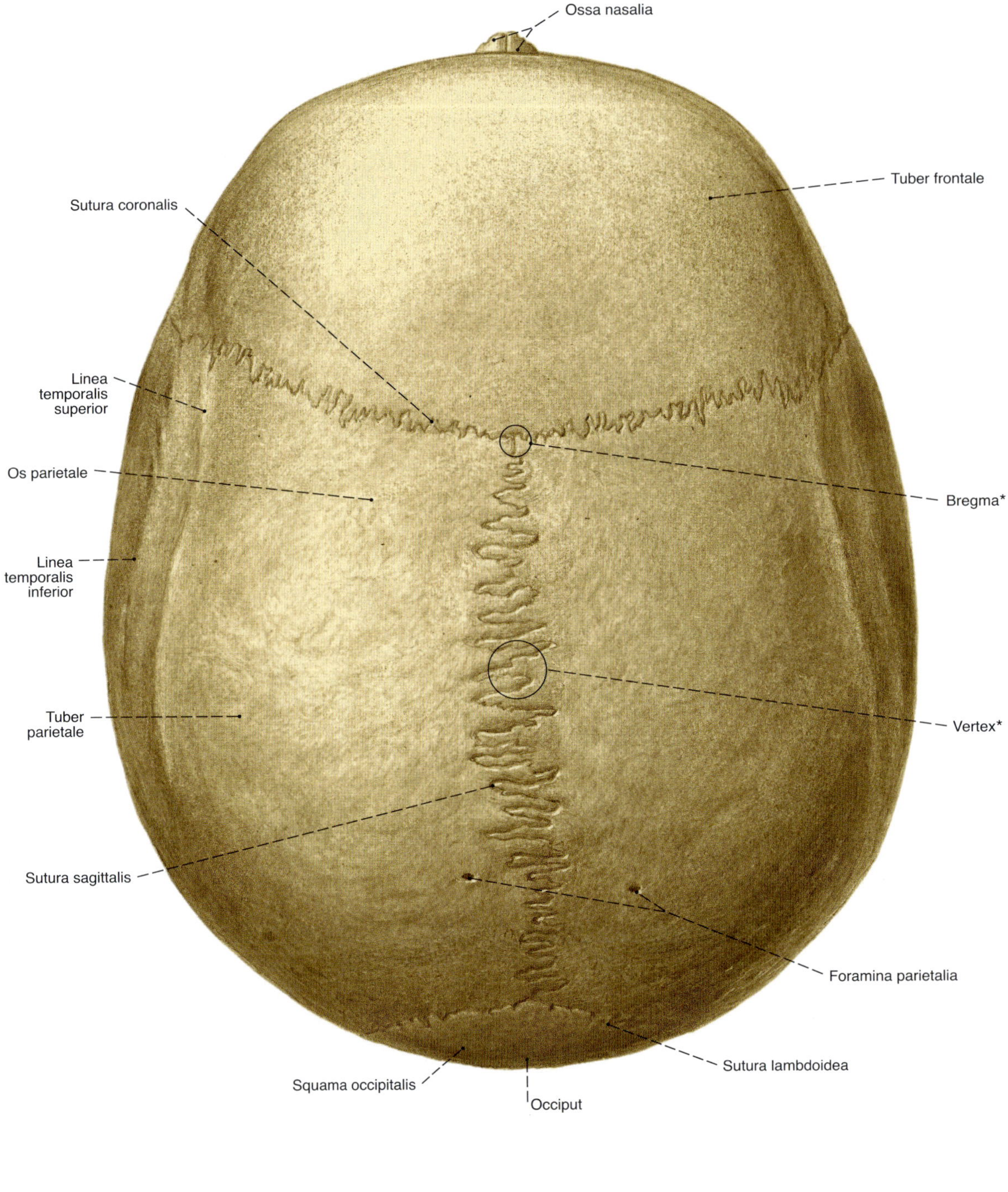

Abb. 72 Schädel, Cranium; von oben (80%).

* In der Anthropologie verwendete Messpunkte sind benannt.

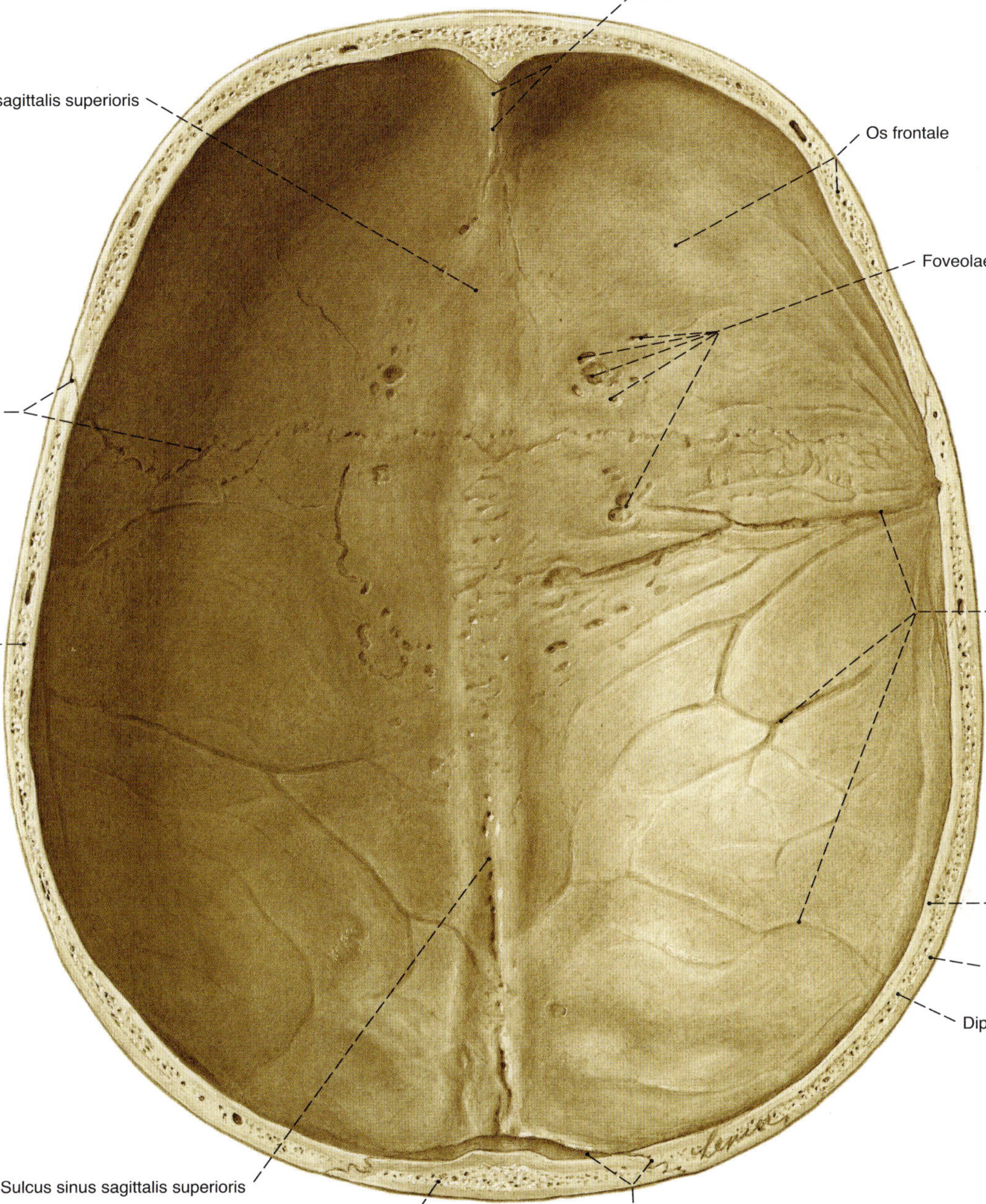
Crista frontalis
Sulcus sinus sagittalis superioris
Os frontale
Foveolae granulares
Sutura coronalis
Sulci arteriosi et venosi
Os parietale
Lamina interna
Lamina externa
Diploë
Sulcus sinus sagittalis superioris
Os occipitale
Sutura lambdoidea

Abb. 73 Schädeldach, Calvaria;
von unten (80%).

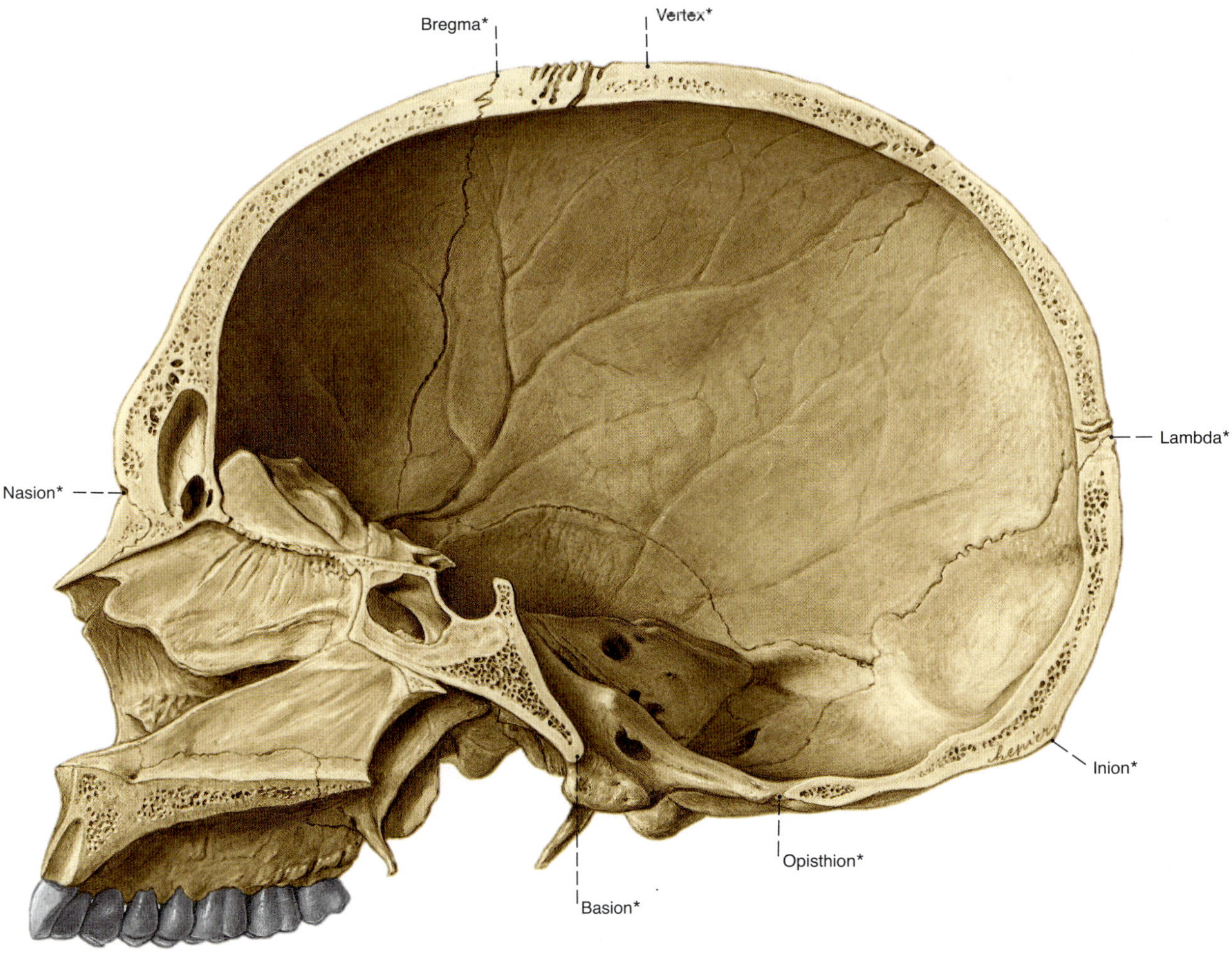

Abb. 74 Schädel, Cranium; Paramedianschnitt; von medial (80%).

* In der Anthropologie verwendete Messpunkte sind benannt.

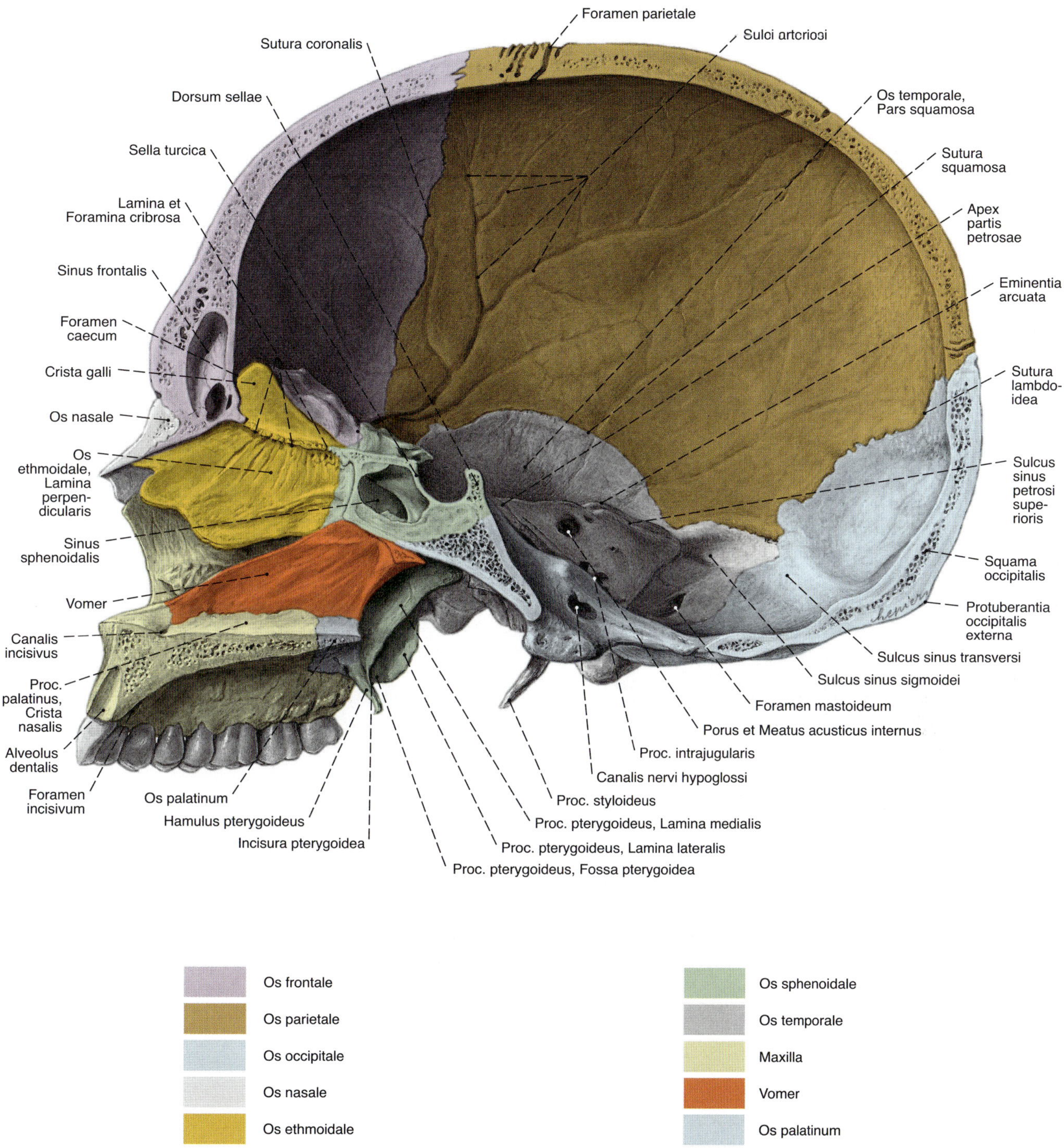

Abb. 75 Schädel, Cranium;
Paramedianschnitt;
von medial (80%).

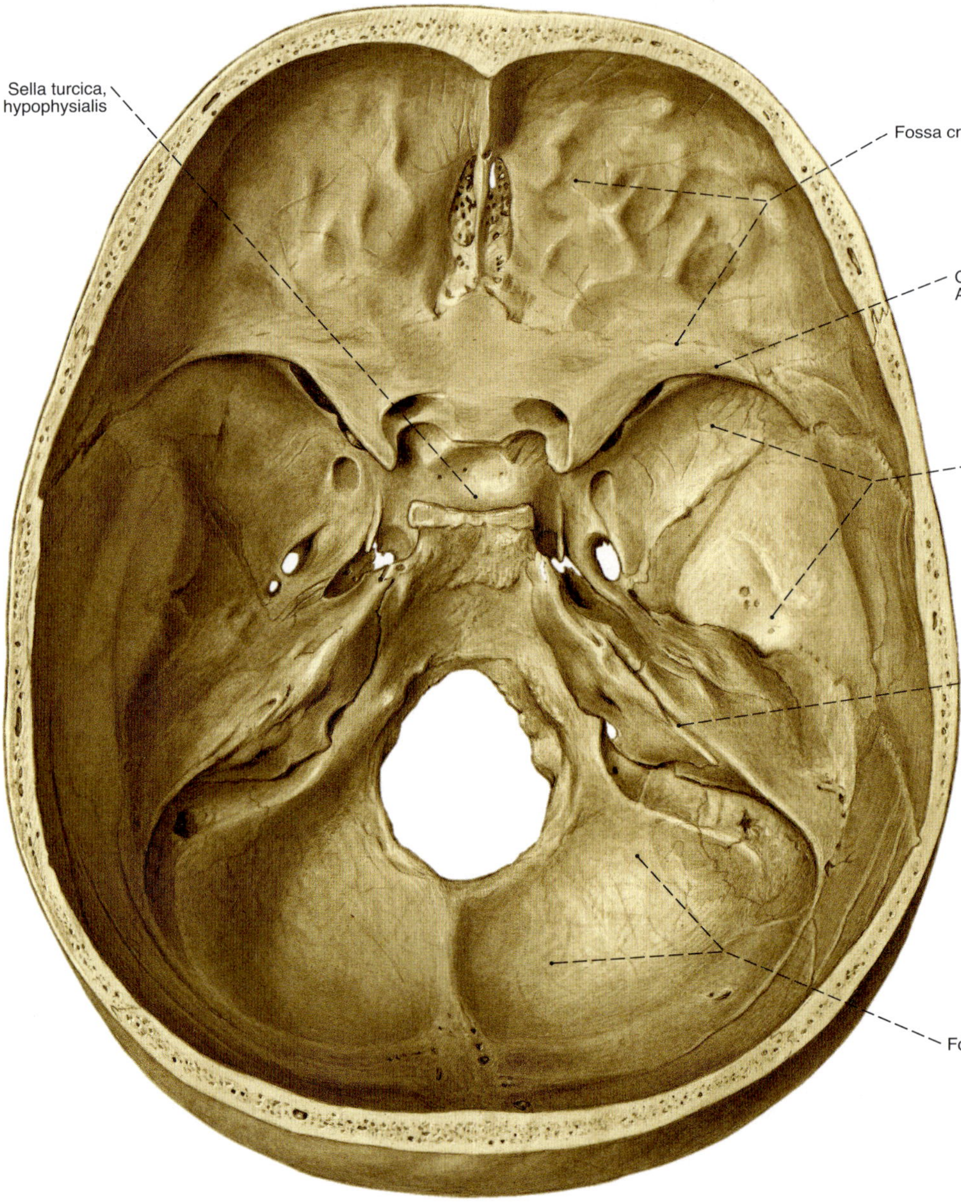

Abb. 76 Innere Schädelbasis, Basis cranii interna; von oben (80%).

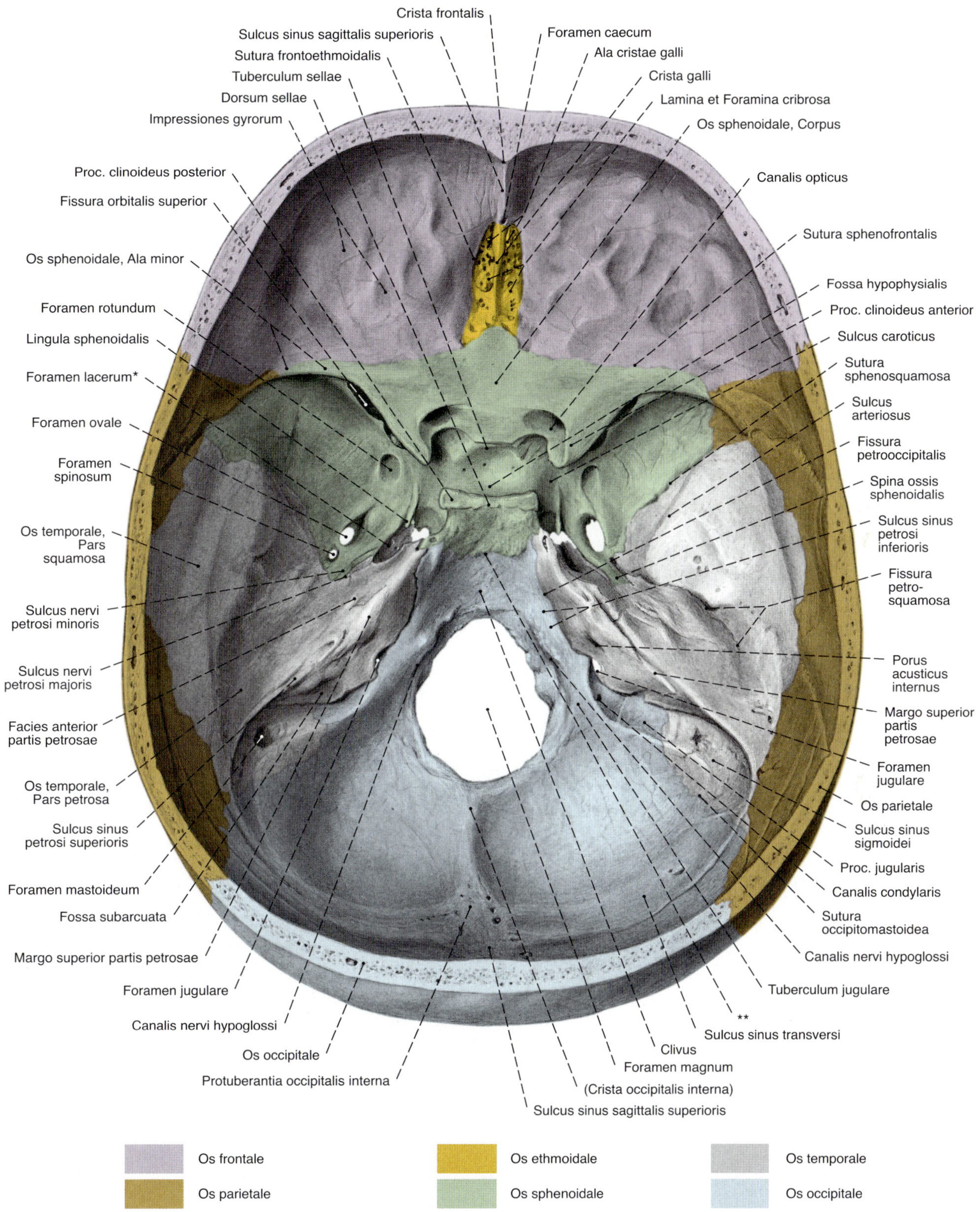

Abb. 77 Innere Schädelbasis, Basis cranii interna; von oben (80%).
Zu den Leitungsbahnen, die durch die Öffnungen an der Schädelbasis ziehen, siehe Abb. 454 und Tabelle S. 267.

* Das Foramen lacerum ist durch Faserknorpel (Fibrocartilago basalis) verschlossen.
** Während des Schädelwachstums werden die beiden Knochen durch die Synchondrosis sphenooccipitalis getrennt.

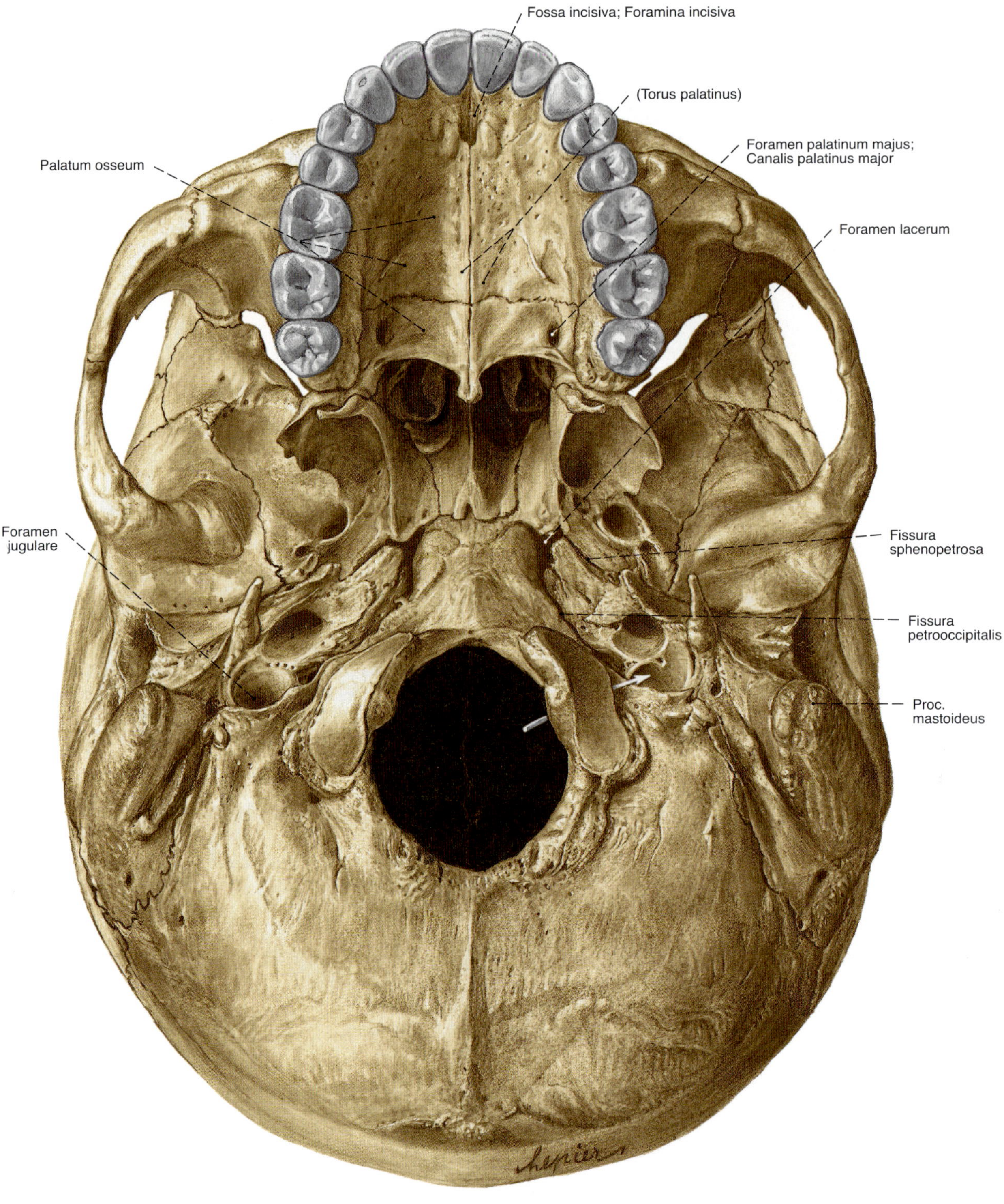

Abb. 78 Äußere Schädelbasis, Basis cranii externa; Pfeil im linken Canalis nervi hypoglossi; von unten (90%).

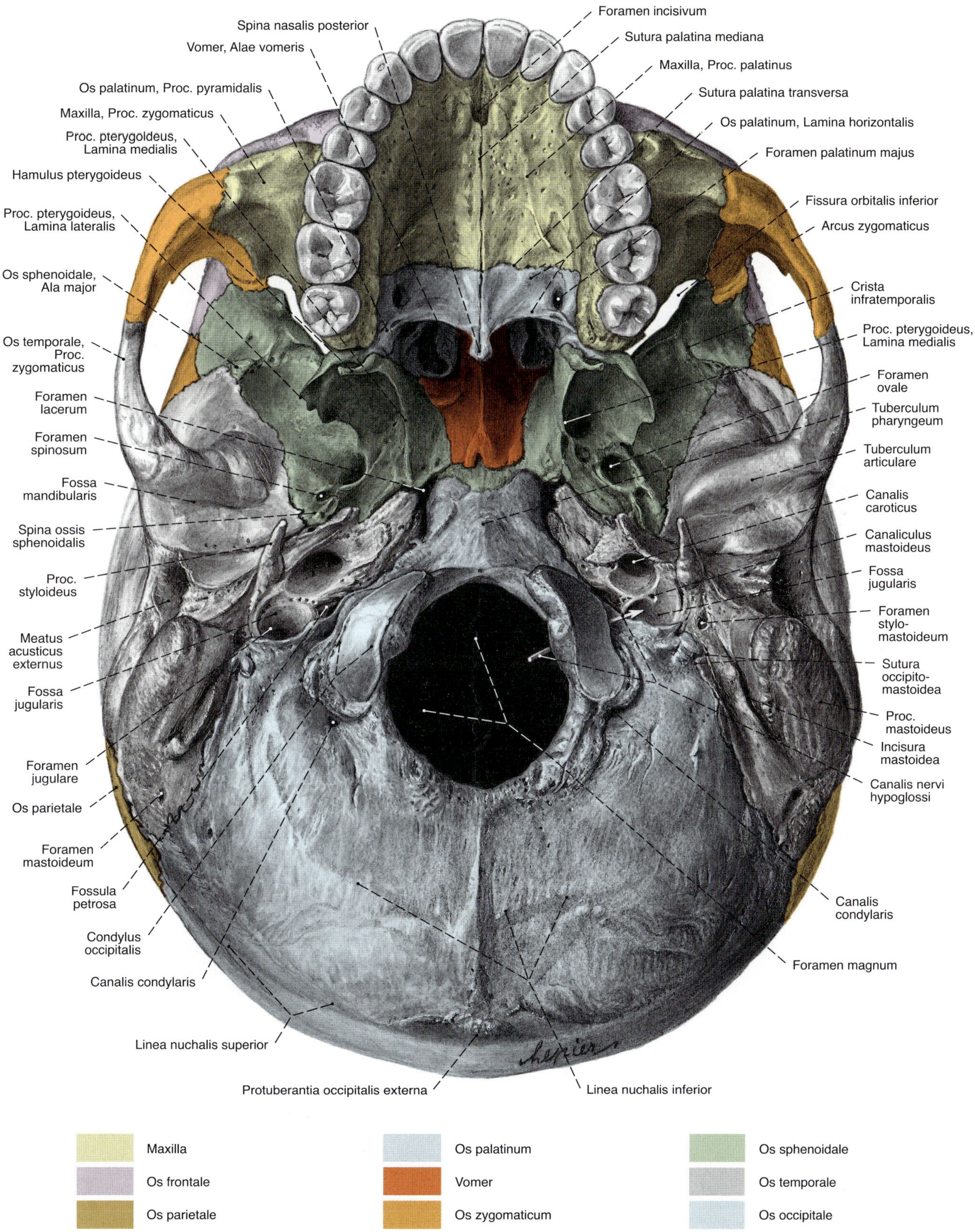

Abb. 79 Äußere Schädelbasis, Basis cranii externa; Pfeil im linken Canalis nervi hypoglossi; von unten (90%).

Zu den Leitungsbahnen, die durch die Öffnungen an der Schädelbasis ziehen, siehe Abb. 454 und Tabelle S. 267.

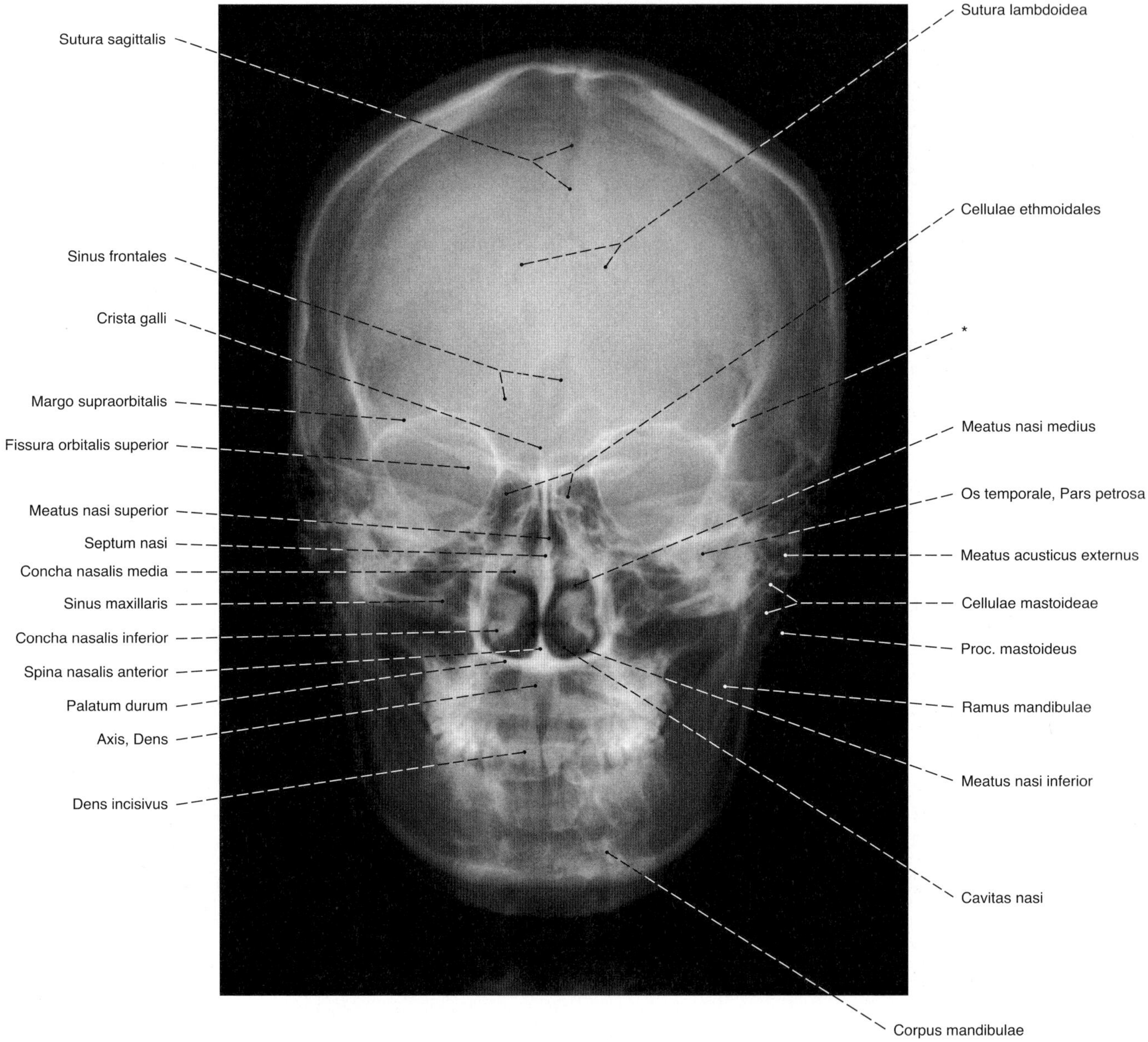

Abb. 80 Schädel, Cranium; Fernröntgenaufnahme; anteroposteriorer Strahlengang.

* Linea innominata, durch Überlagerung entstehende Linie ohne begriffliches anatomisches Korrelat

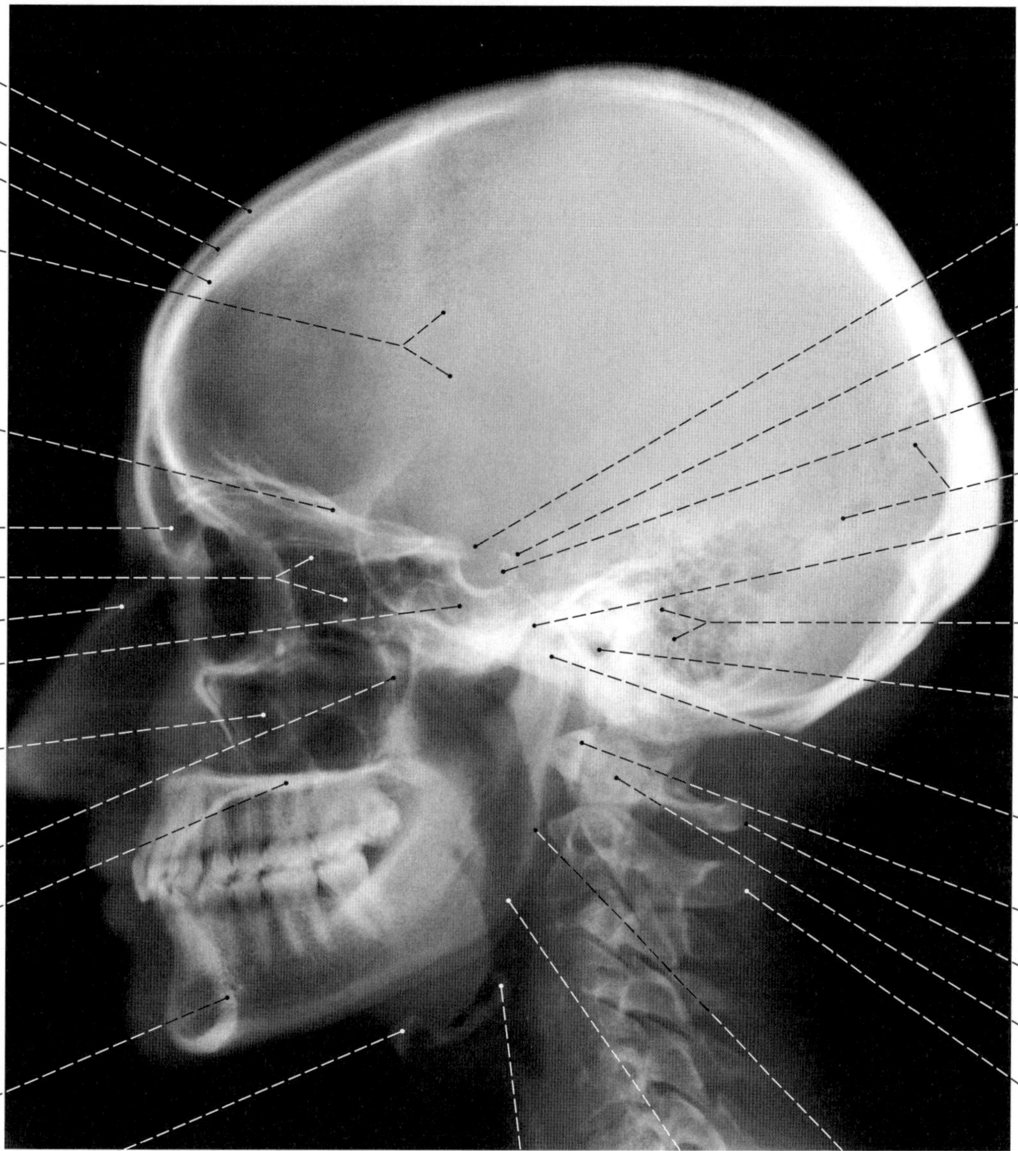

Abb. 81 Schädel, Cranium; Fernröntgenaufnahme; seitlicher Strahlengang. Bei dieser Einstellung ist zu beachten, dass die bilateralen Strukturen übereinander projiziert werden.

* Hinterwand des Sinus maxillaris
** charakteristischer Aufbau aller platten Schädelknochen

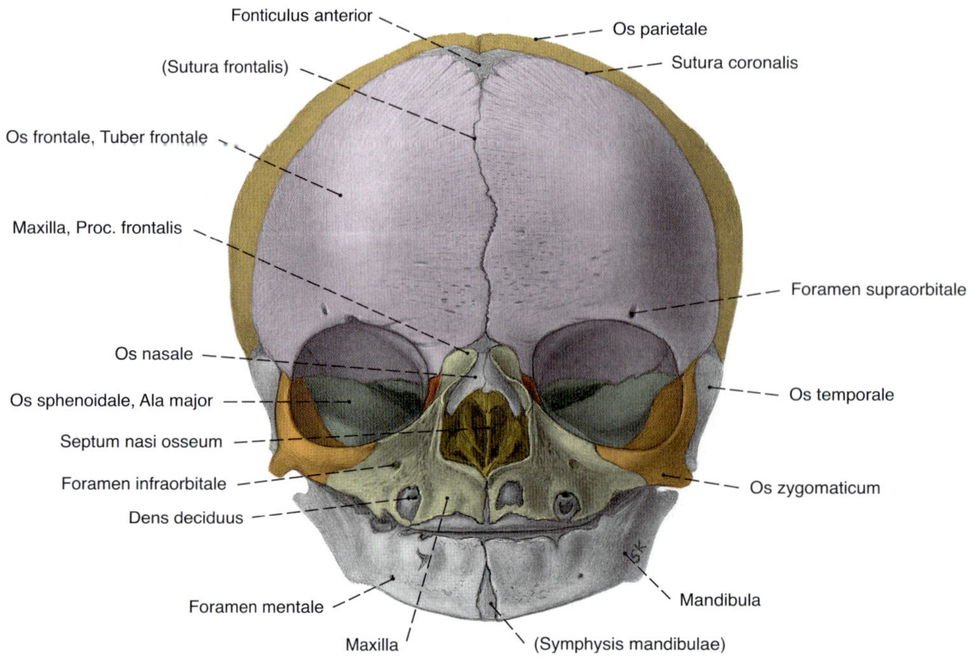

Abb. 82 Schädel, Cranium, eines Neugeborenen; von vorne (80%).

- Os lacrimale
- Os frontale
- Os parietale
- Os occipitale
- Maxilla, Os incisivum
- Os zygomaticum
- Os ethmoidale
- Os sphenoidale
- Os nasale, Os temporale, Mandibula

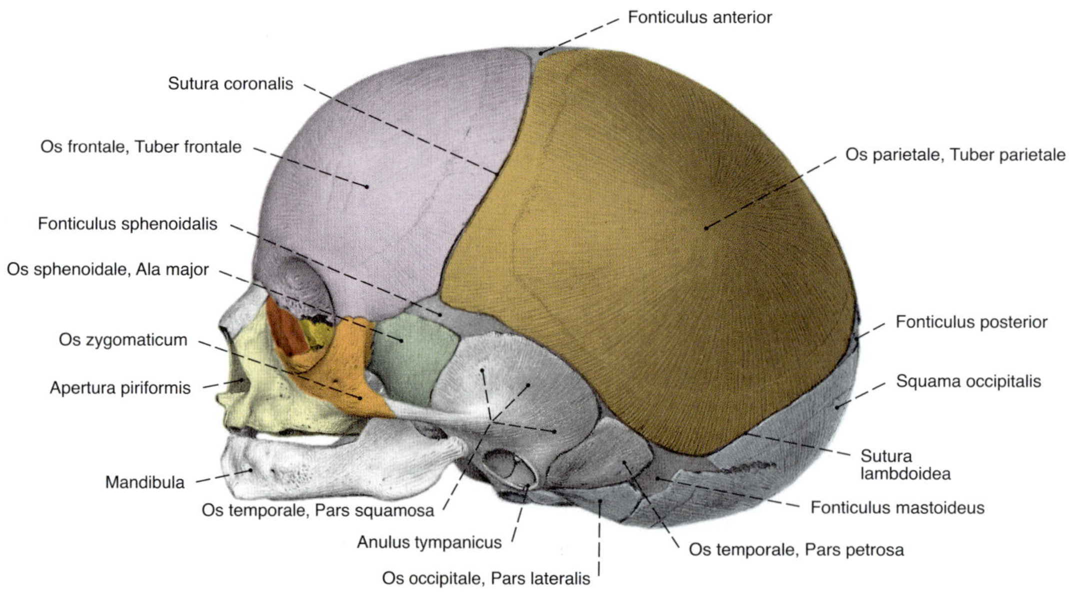

Abb. 83 Schädel, Cranium, eines Neugeborenen; von lateral (80%).

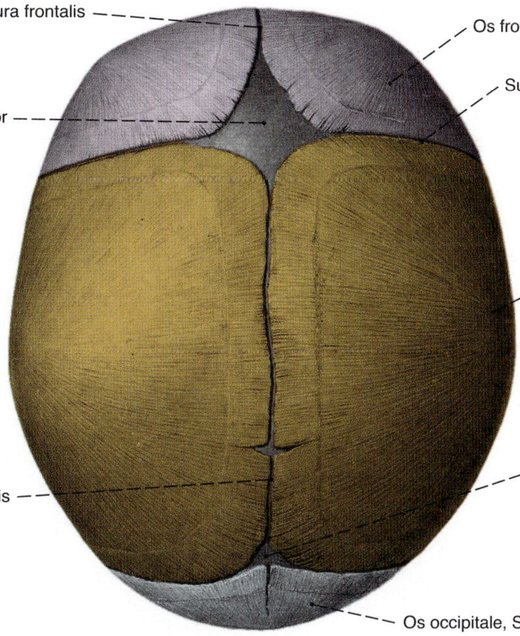

Abb. 84 Schädel, Cranium, eines Neugeborenen; von oben (80%).

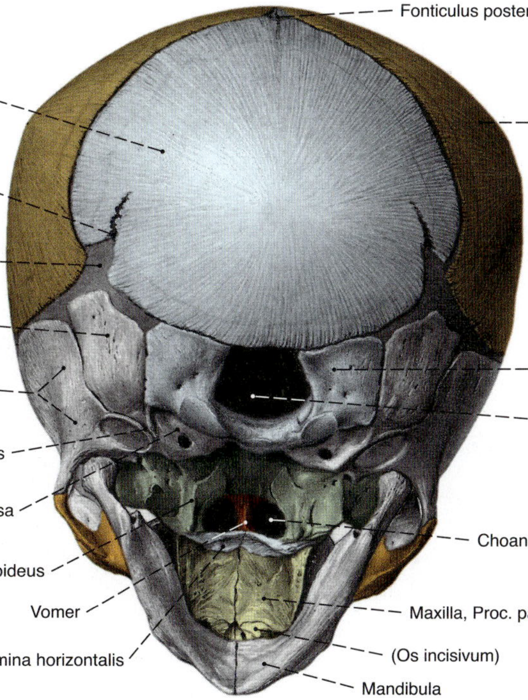

Abb. 85 Schädel, Cranium, eines Neugeborenen; von unten (80%).

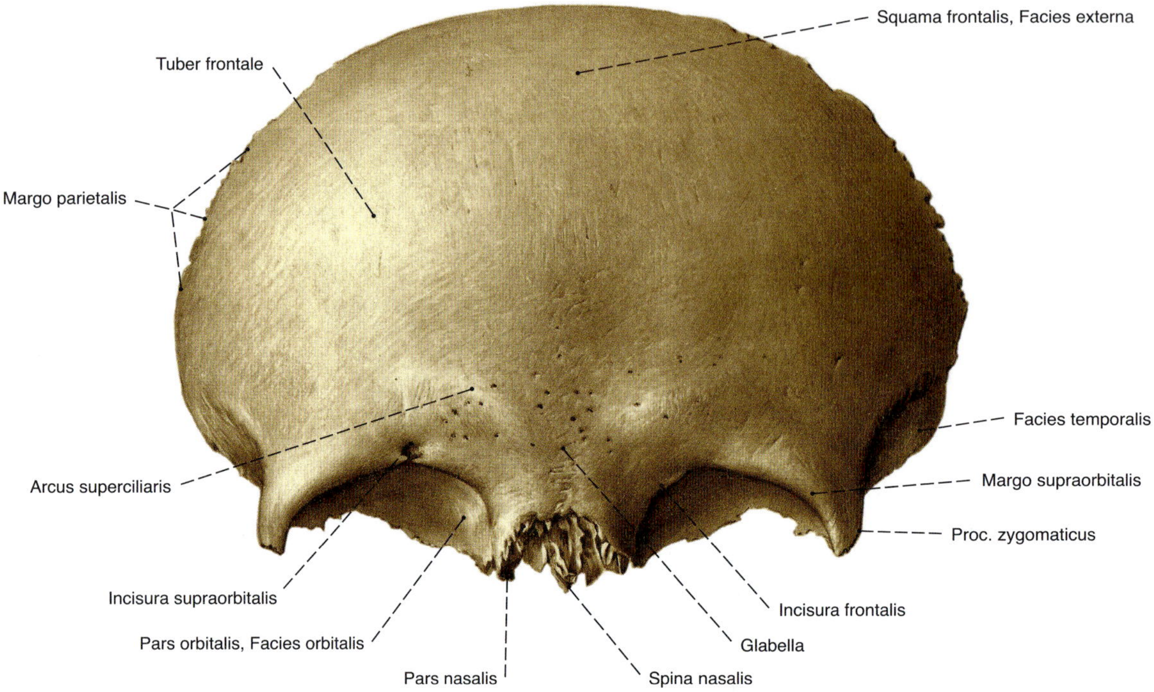

Abb. 86 Stirnbein, Os frontale; von vorne (80%).

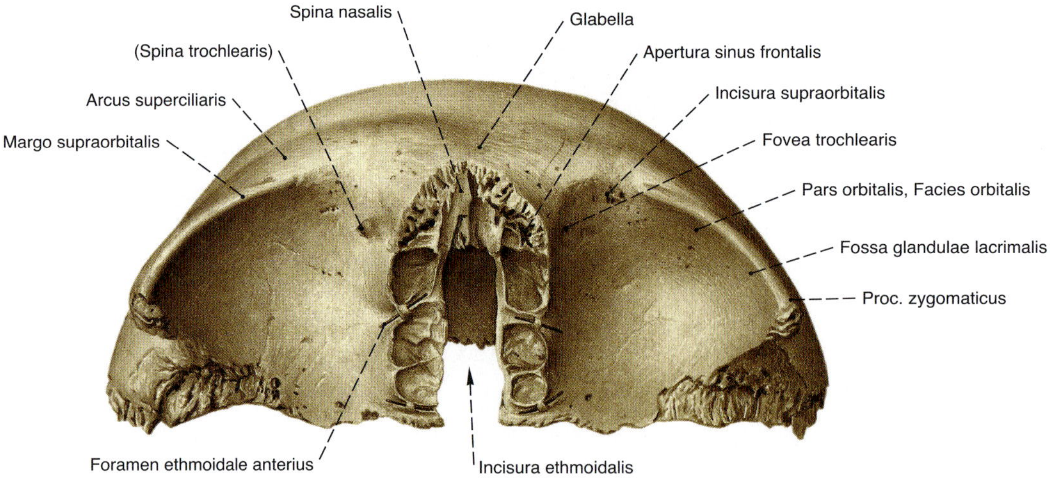

Abb. 87 Stirnbein, Os frontale; von unten (80%).

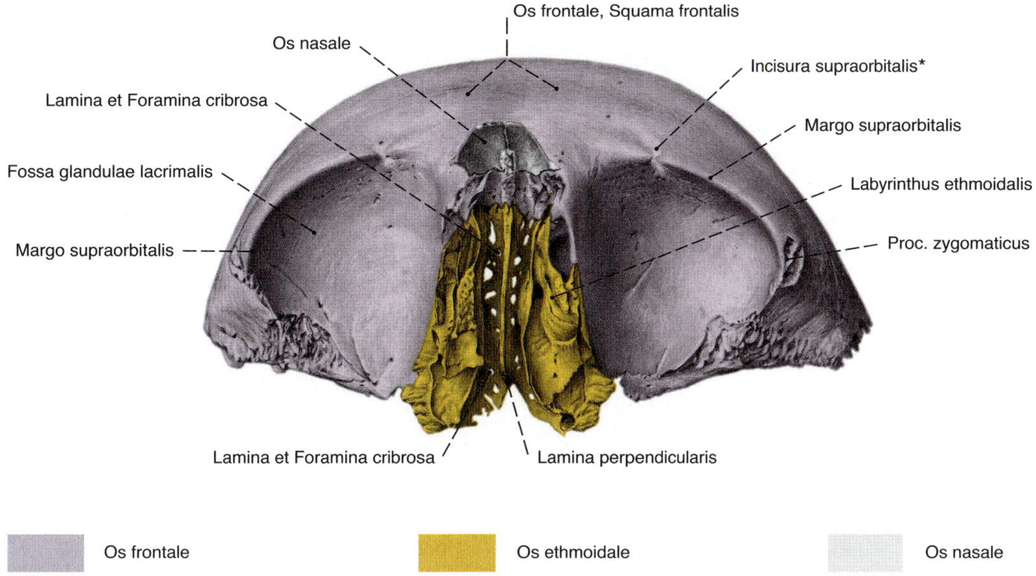

Abb. 88 Stirnbein, Os frontale; Siebbein, Os ethmoidale; Nasenbeine, Ossa nasalia; von unten (60%).

* Die Incisura supraorbitalis kann auch durch ein Foramen supraorbitale ersetzt sein.

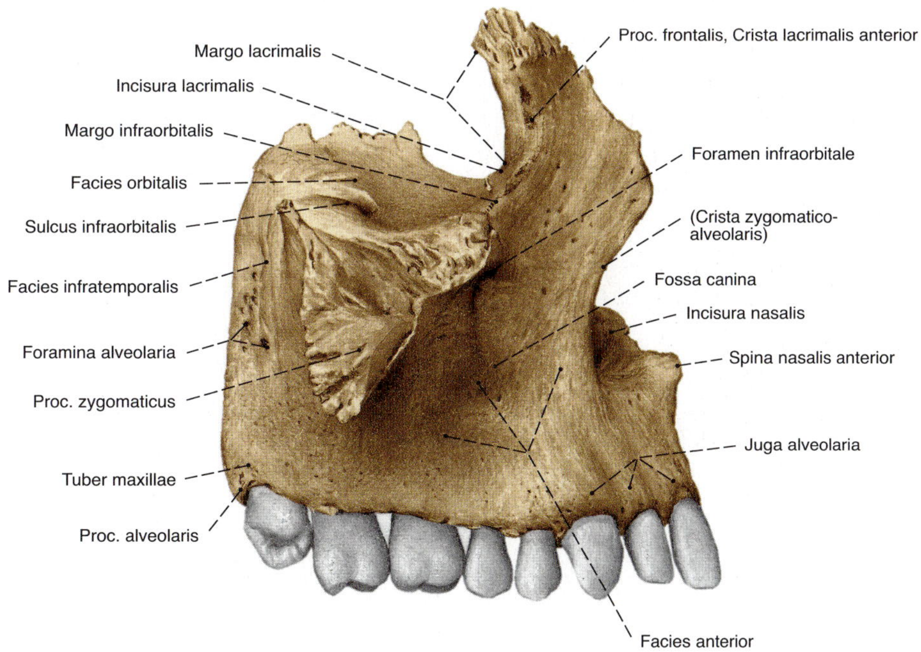

Abb. 89 Oberkieferknochen, Maxilla; von lateral (re, 120%).

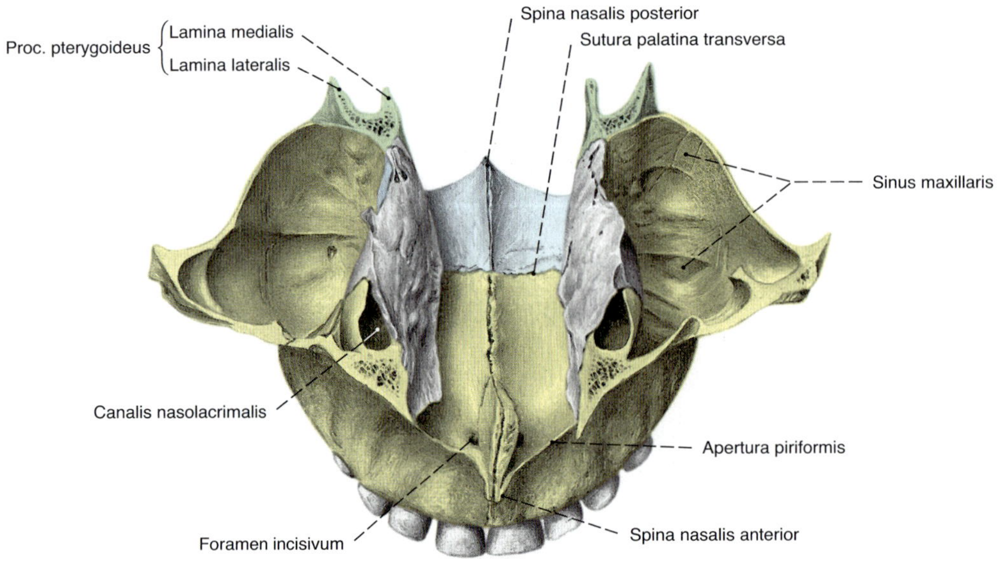

Abb. 90 Harter Gaumen, Palatum durum; Kieferhöhle, Sinus maxillaris; untere Nasenmuschel, Concha nasalis inferior;
Maxilla quer durchgetrennt;
von oben.

Maxilla	Os sphenoidale
Os palatinum	Concha nasalis inferior

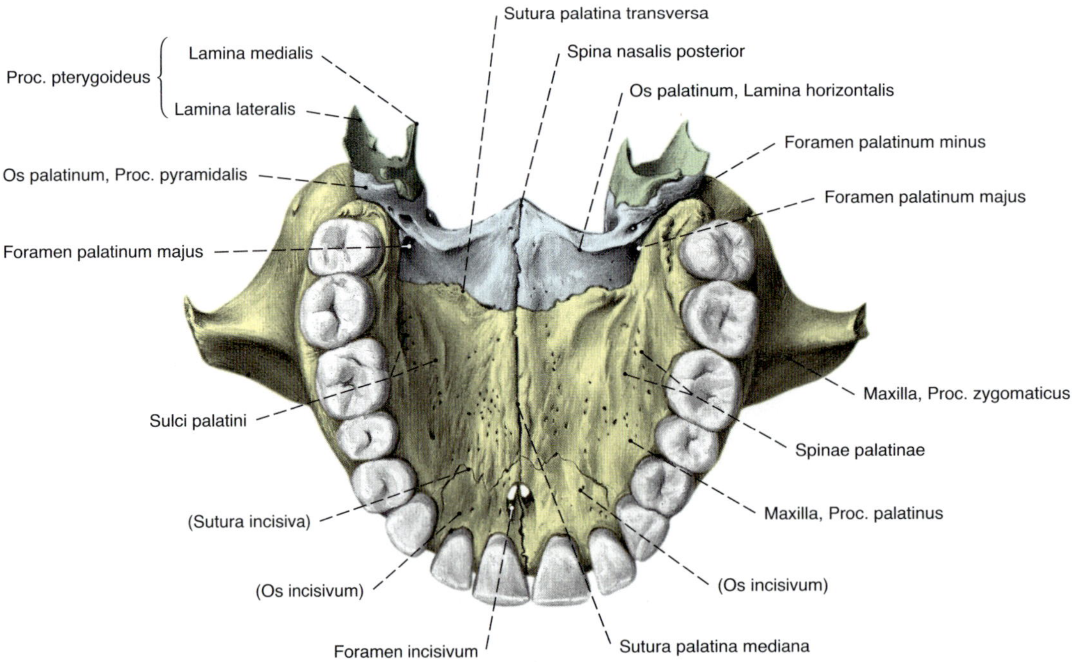

Abb. 91 Harter Gaumen, Palatum durum;
von unten.

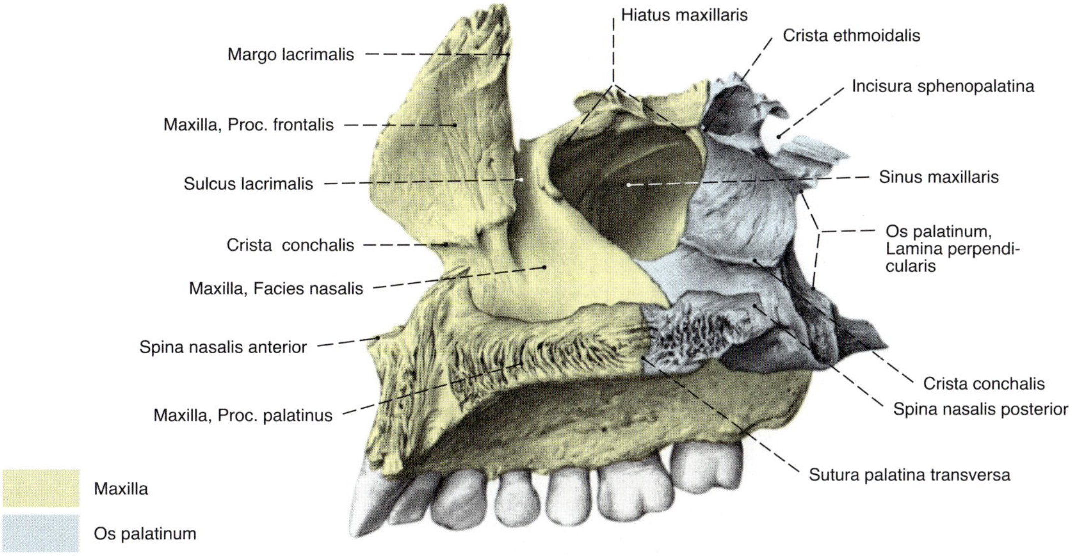

Abb. 92 Oberkieferknochen, Maxilla; Gaumenbein, Os palatinum; von medial (re).

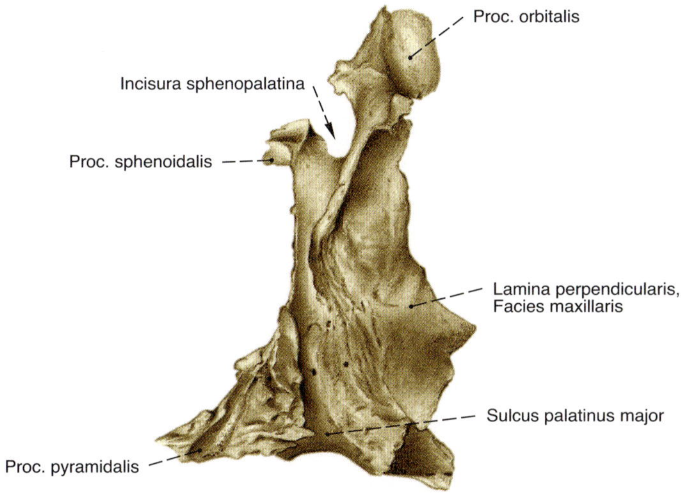

Abb. 93 Gaumenbein, Os palatinum; von lateral (re, 140%).

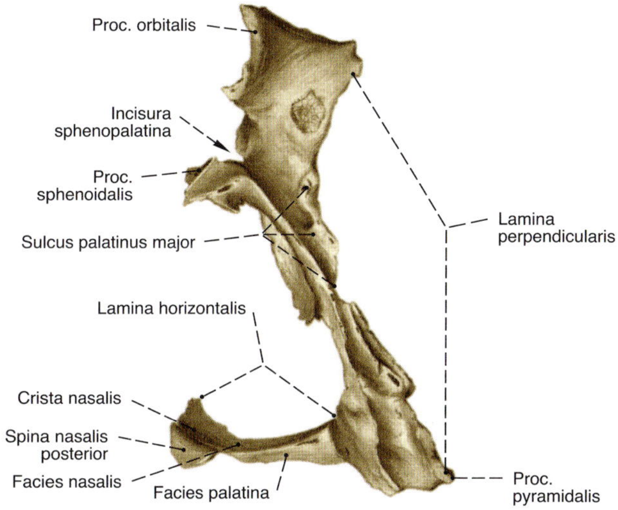

Abb. 94 Gaumenbein, Os palatinum; von hinten (re, 140%).

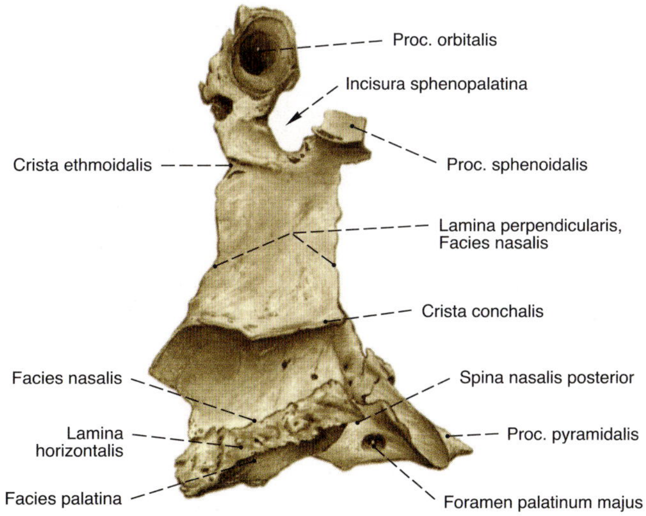

Abb. 95 Gaumenbein, Os palatinum; von medial (re, 140%).

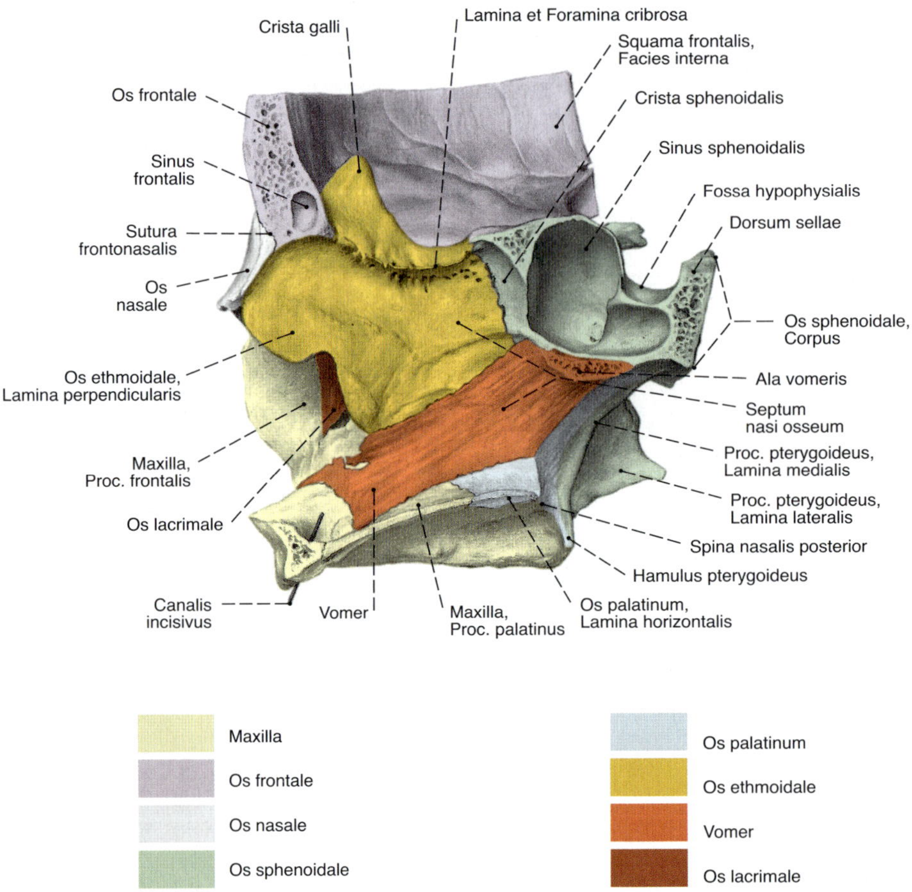

Abb. 96 Nasenscheidewand, Septum nasi osseum, mit angrenzenden Schädelknochen; Paramedianschnitt; nach Entfernung der mittleren Nasenmuschel; von medial (li).

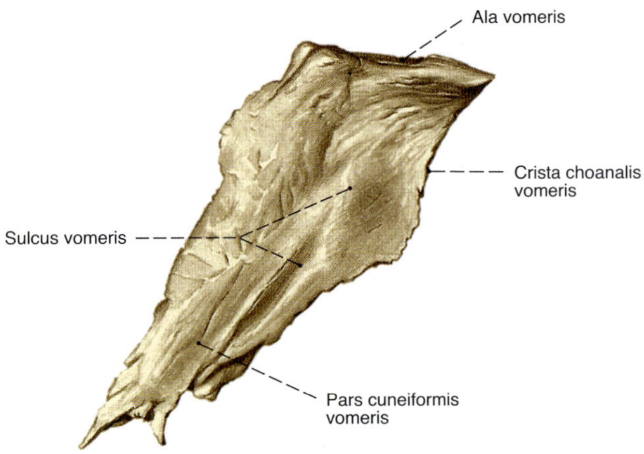

Abb. 97 Pflugscharbein, Vomer; von lateral (140%).

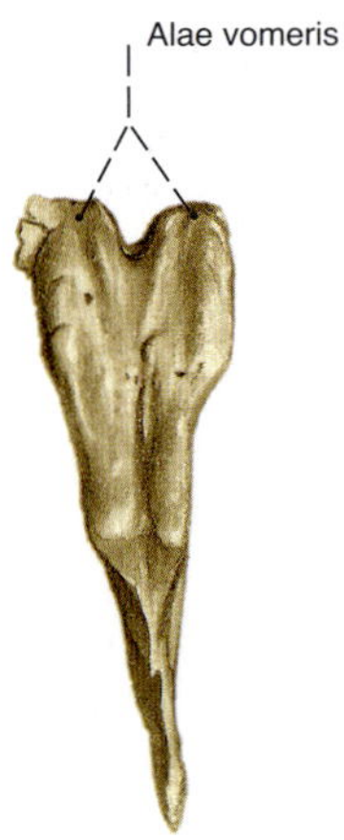

Abb. 98 Pflugscharbein, Vomer; von dorsal (140%).

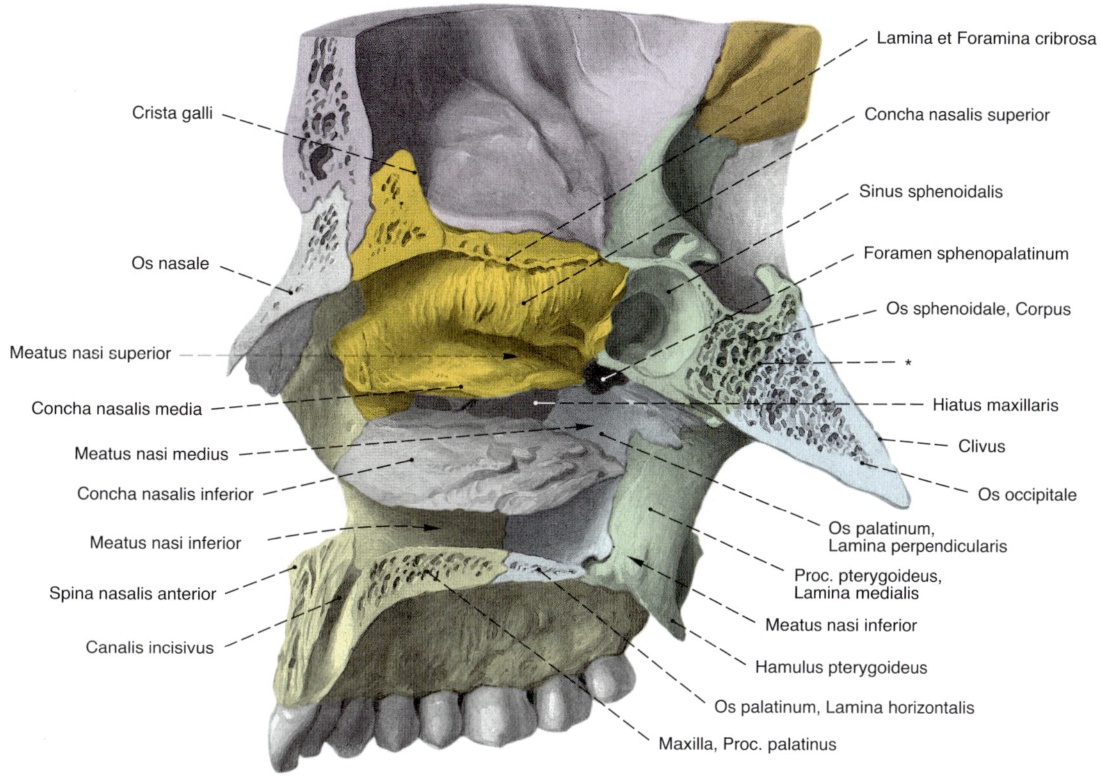

Abb. 99 Laterale Wand der Nasenhöhle, Cavitas nasi, mit angrenzenden Schädelknochen; paramedianer Sägeschnitt; von medial (re).

* Synostose der ehemaligen Synchondrosis sphenooccipitalis

Os parietale	Os sphenoidale
Maxilla	Os occipitale
Os frontale	Os palatinum
Os nasale	Os ethmoidale
Concha nasalis inferior	Os lacrimale

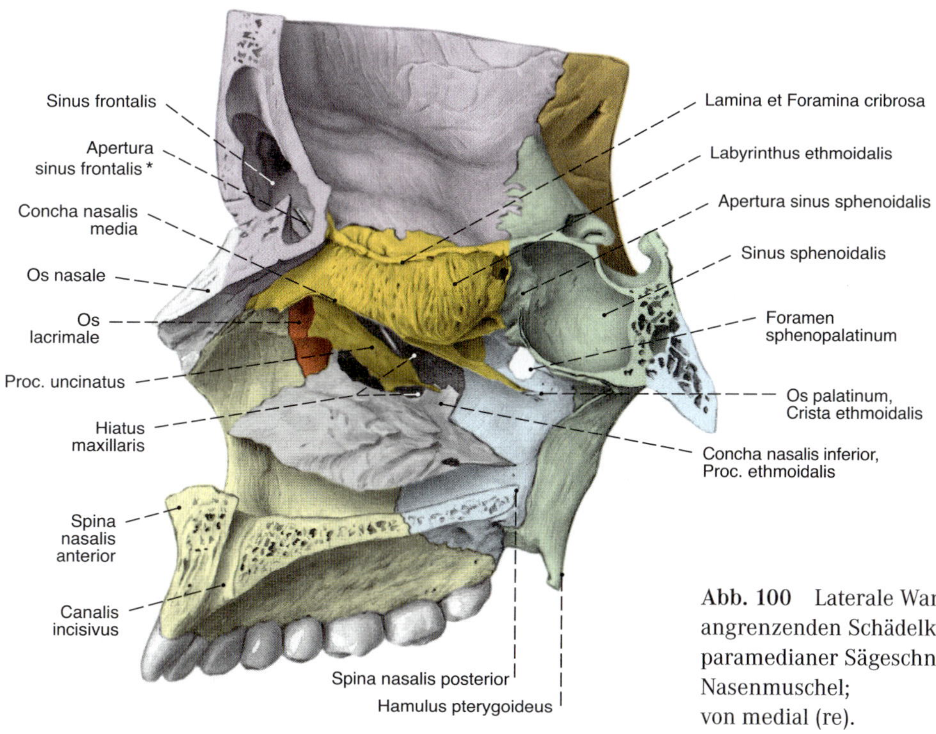

Abb. 100 Laterale Wand der Nasenhöhle, Cavitas nasi, mit angrenzenden Schädelknochen; paramedianer Sägeschnitt; nach Abtragung der mittleren Nasenmuschel; von medial (re).

* Sonde in der Verbindung von der Stirnhöhle zum mittleren Nasengang

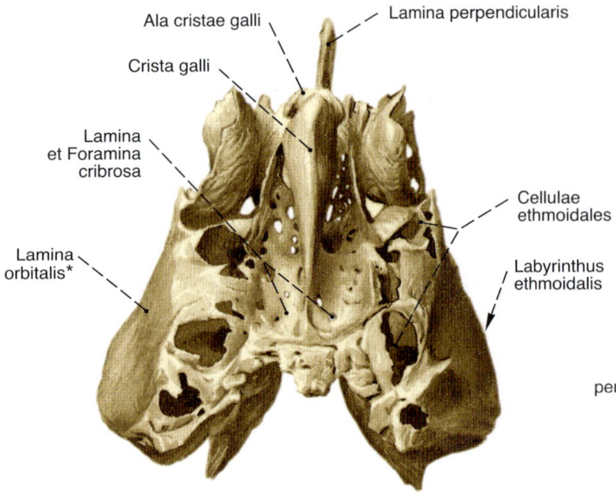

Abb. 101 Siebbein, Os ethmoidale; von oben (140%).

* Auch Lamina papyracea genannt wegen der oft papierdünnen Beschaffenheit dieses Knochenstücks

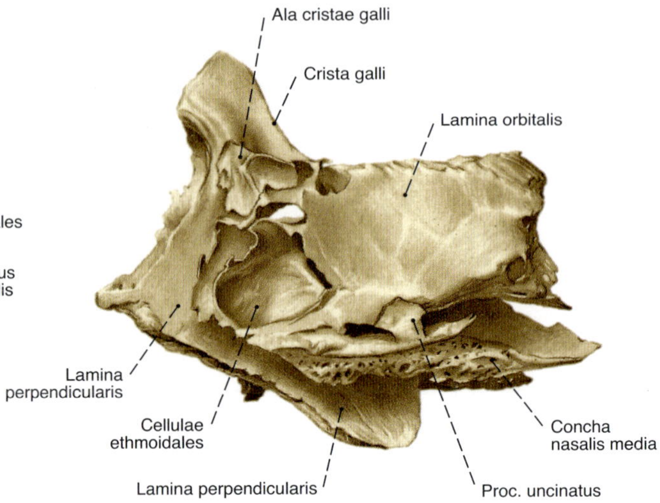

Abb. 102 Siebbein, Os ethmoidale; von lateral (140%).

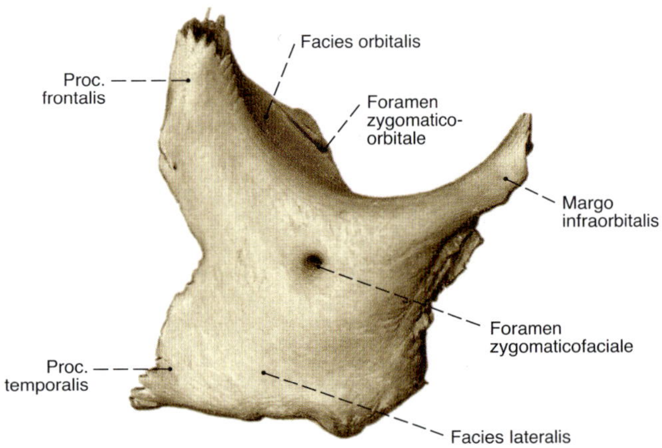

Abb. 103 Jochbein, Os zygomaticum; von lateral (re, 120%).

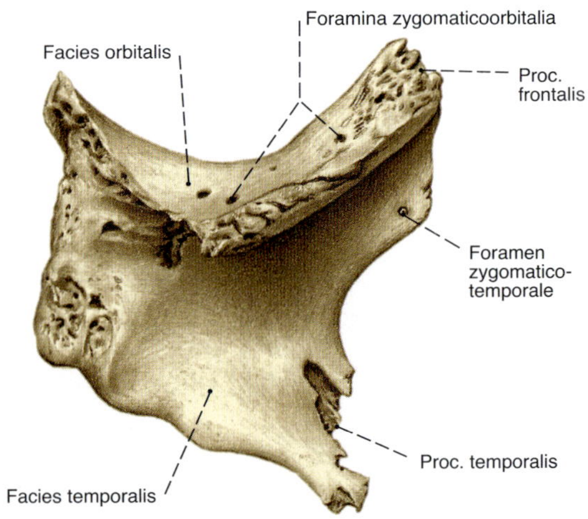

Abb. 104 Jochbein, Os zygomaticum; von medial oben (re, 120%).

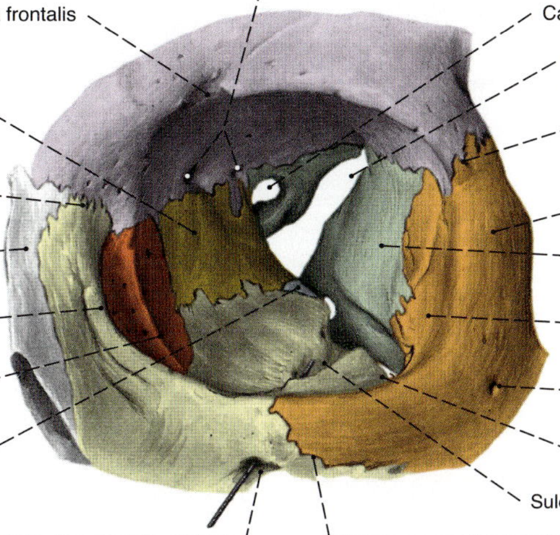

Abb. 105 Augenhöhle, Orbita; Sonde im Canalis infraorbitalis; von vorne lateral (li, 110%).

Os nasale	Vomer	Os temporale
Os frontale	Os zygomaticum	Concha nasalis inferior
Os palatinum	Maxilla	Os sphenoidale
Os ethmoidale		Os lacrimale

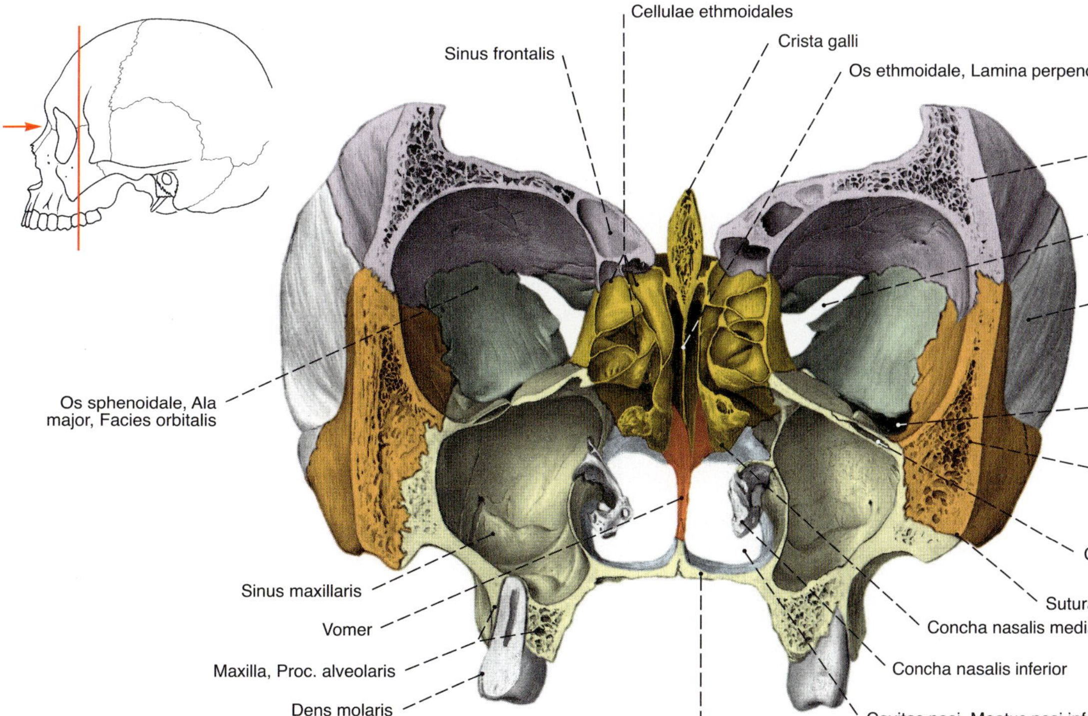

Abb. 106 Gesichtsschädel, Viscerocranium; frontaler Sägeschnitt durch die Mitte der Orbita; von vorne (90%).

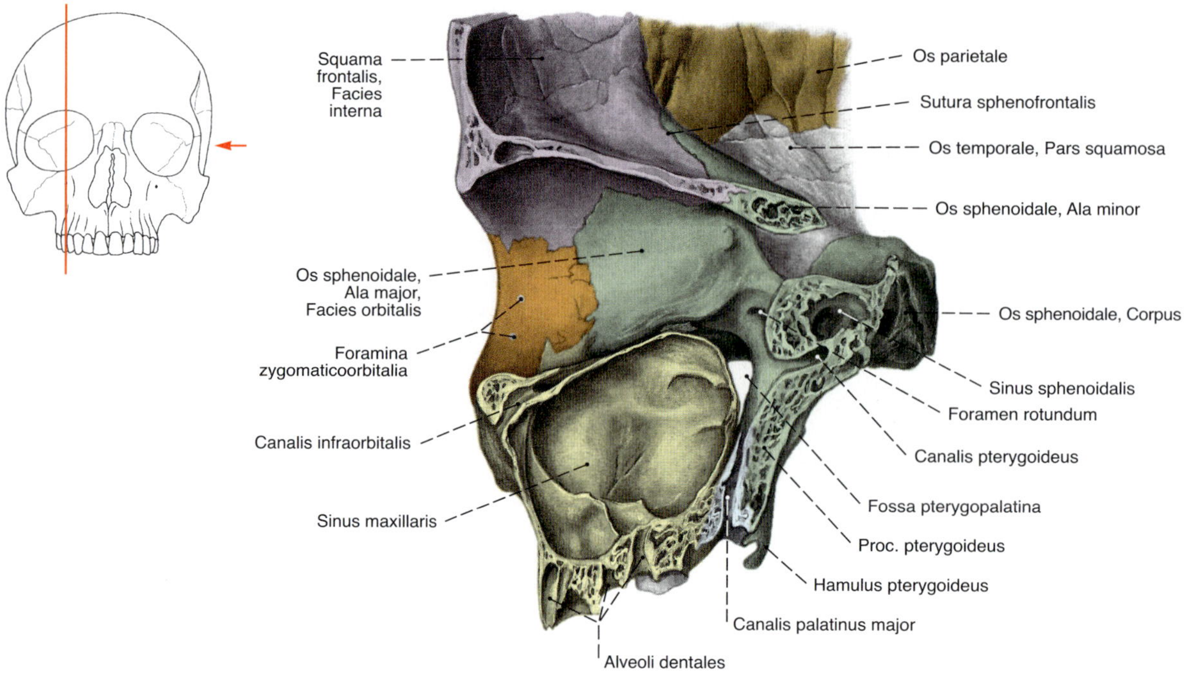

Abb. 107 Gesichtsschädel, Viscerocranium; sagittaler Sägeschnitt durch die Mitte der Orbita; von medial (re).

Os frontale
Os lacrimale
Os sphenoidale
Os nasale
Os palatinum
Os ethmoidale
Maxilla
Os temporale
Os zygomaticum

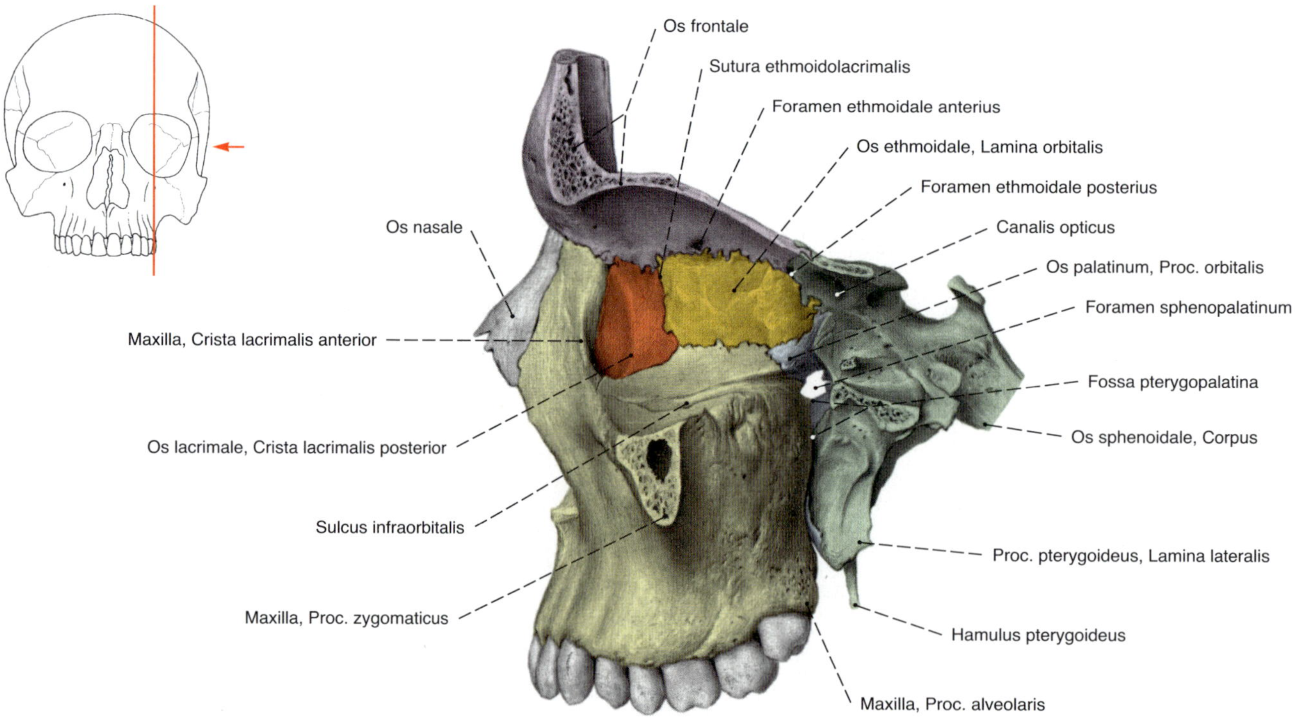

Abb. 108 Gesichtsschädel, Viscerocranium; sagittaler Sägeschnitt durch die Mitte der Orbita; von lateral (li).

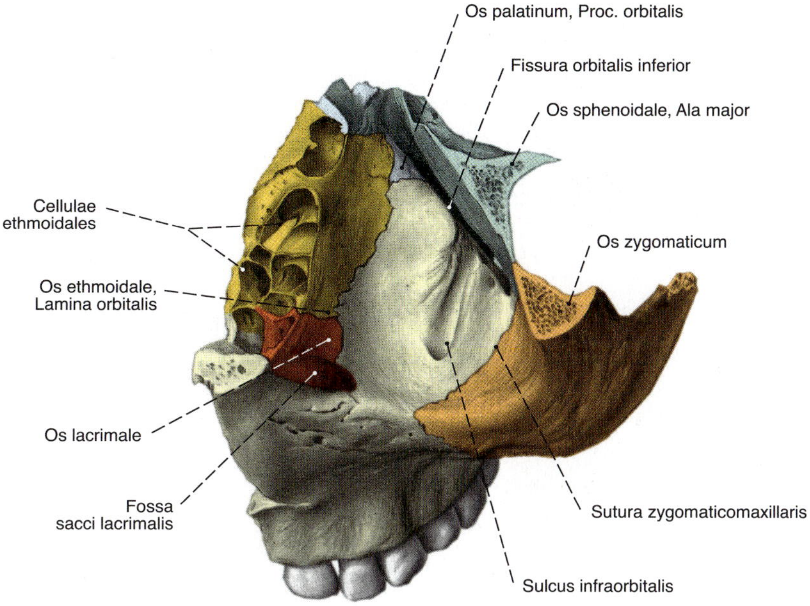

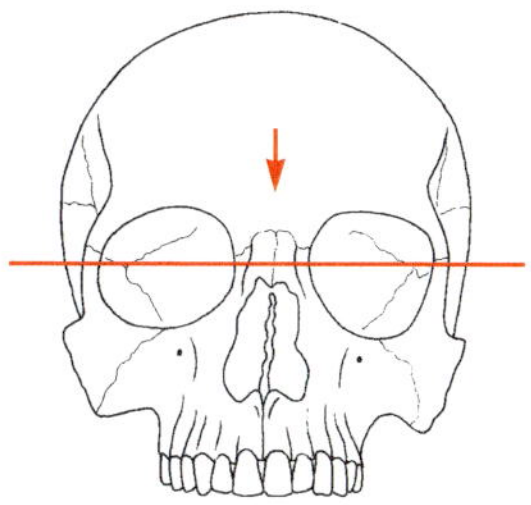

Abb. 109 Gesichtsschädel, Viscerocranium; transversaler Sägeschnitt durch die Mitte der Orbita; von oben (li).

	Os zygomaticum		Maxilla
	Os temporale		Os lacrimale
	Os palatinum		Os ethmoidale
	Os sphenoidale		

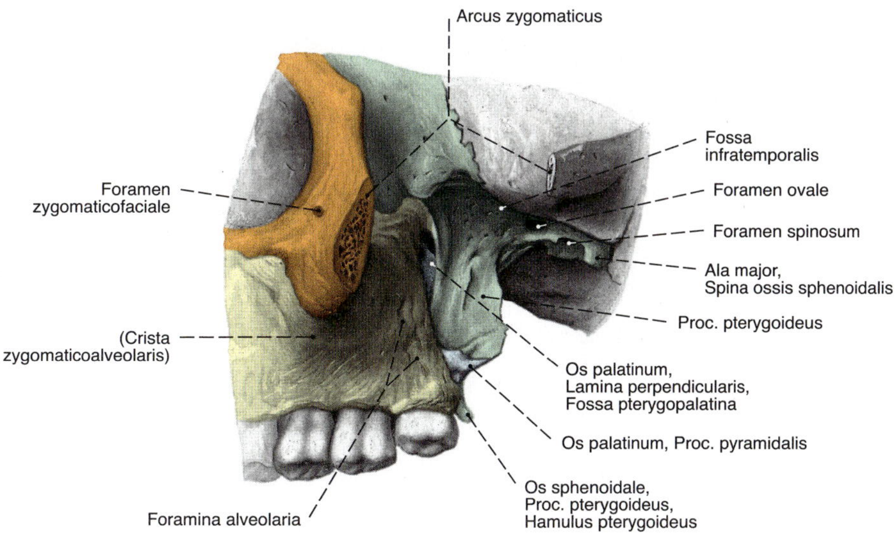

Abb. 110 Flügelgaumengrube, Fossa pterygopalatina; nach Entfernung des Jochbogens; von lateral (li).

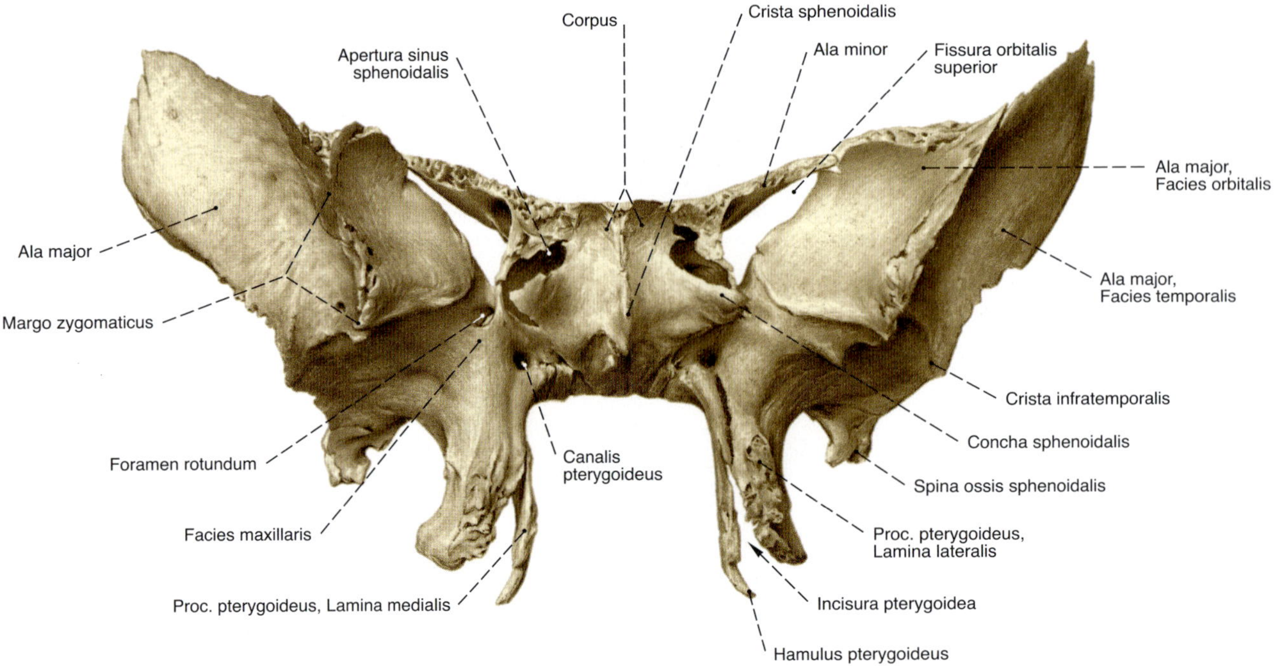

Abb. 111 Keilbein, Os sphenoidale; von vorne (100%).

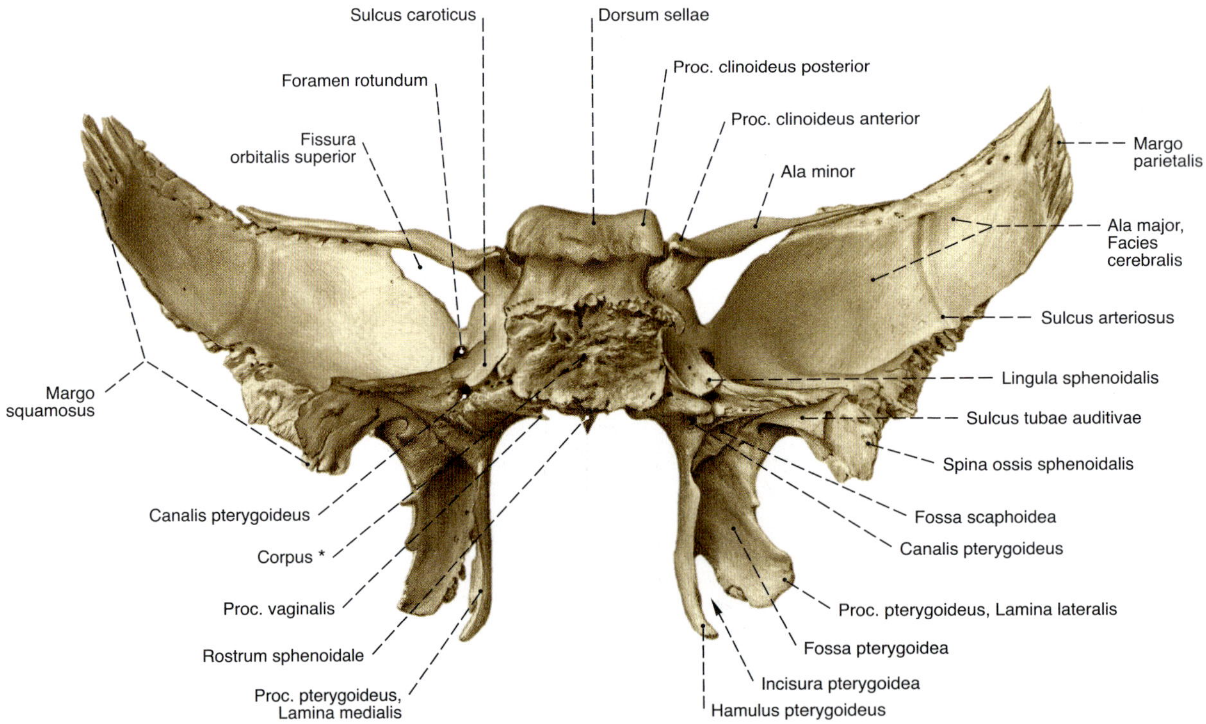

Abb. 112 Keilbein, Os sphenoidale; von hinten (100%).
Das Keilbein in Abb. 111 und 112 stammt von einem Jugendlichen. Deshalb liegt noch keine Verknöcherung zwischen dem Os occipitale und dem Os sphenoidale vor.

* Aufsicht auf die Grenzfläche zur Synchondrosis sphenooccipitalis

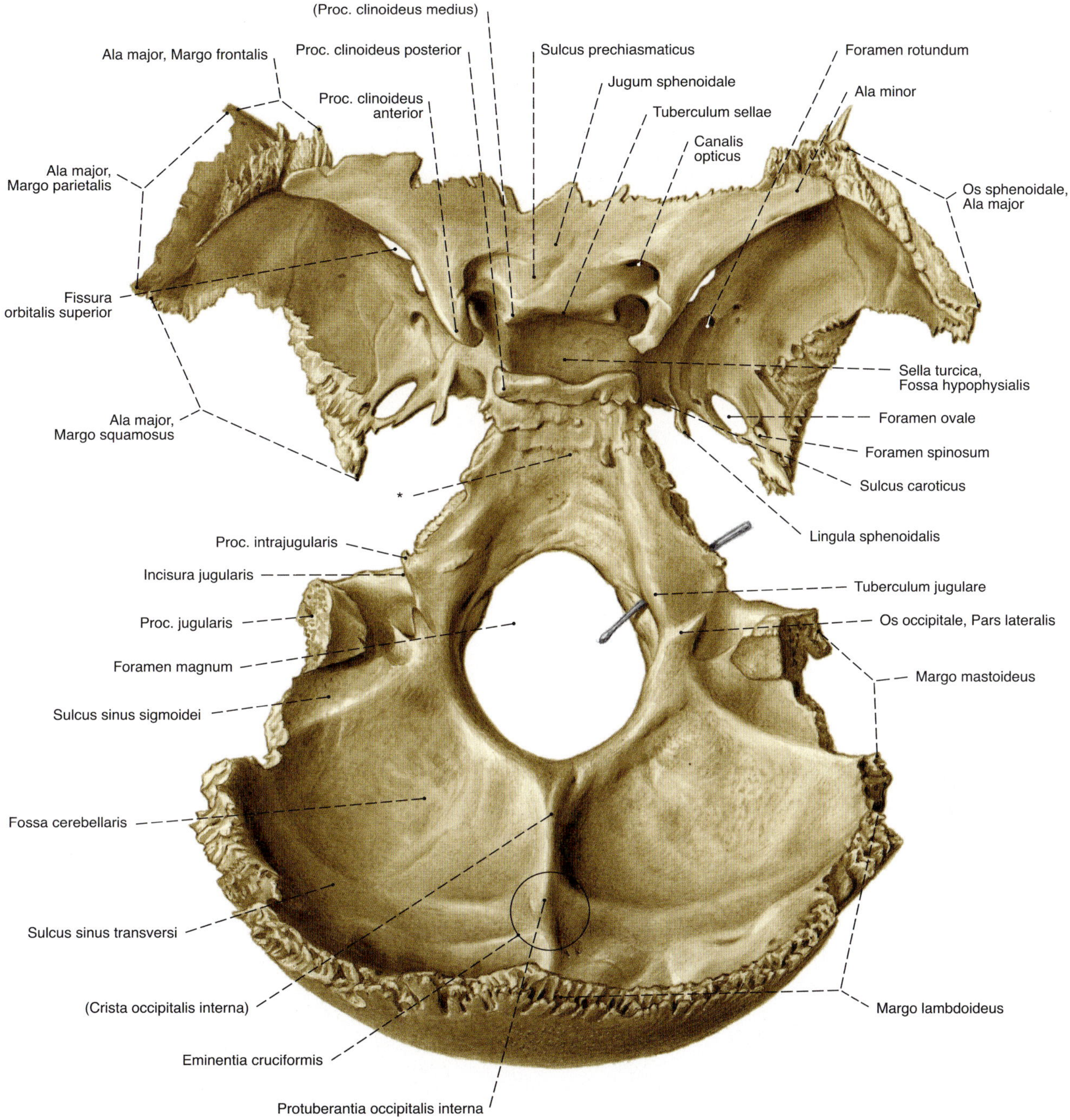

Abb. 113 Hinterhauptsbein, Os occipitale; Keilbein, Os sphenoidale, eines Erwachsenen; Sonde im rechten Canalis nervi hypoglossi; von oben.

* Die Synchondrosis sphenooccipitalis synostosiert gegen Ende des 2. Lebensjahrzehnts.

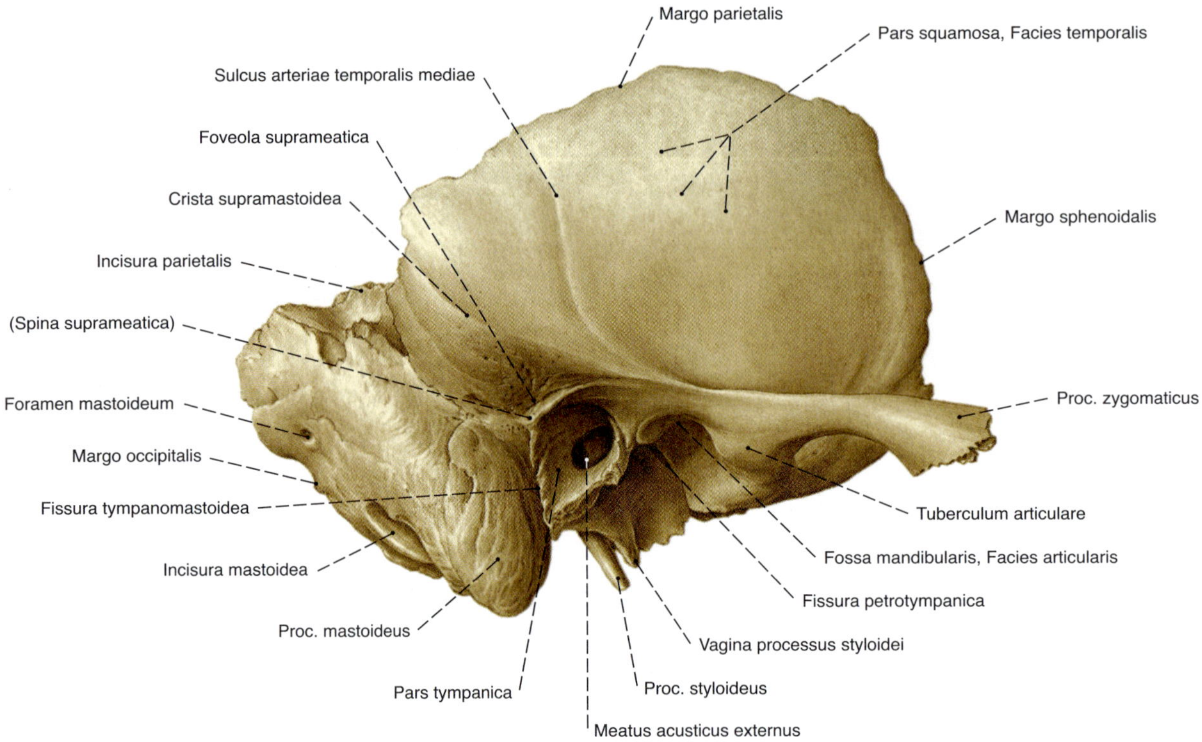

Abb. 114 Schläfenbein, Os temporale; von lateral (re, 120%).

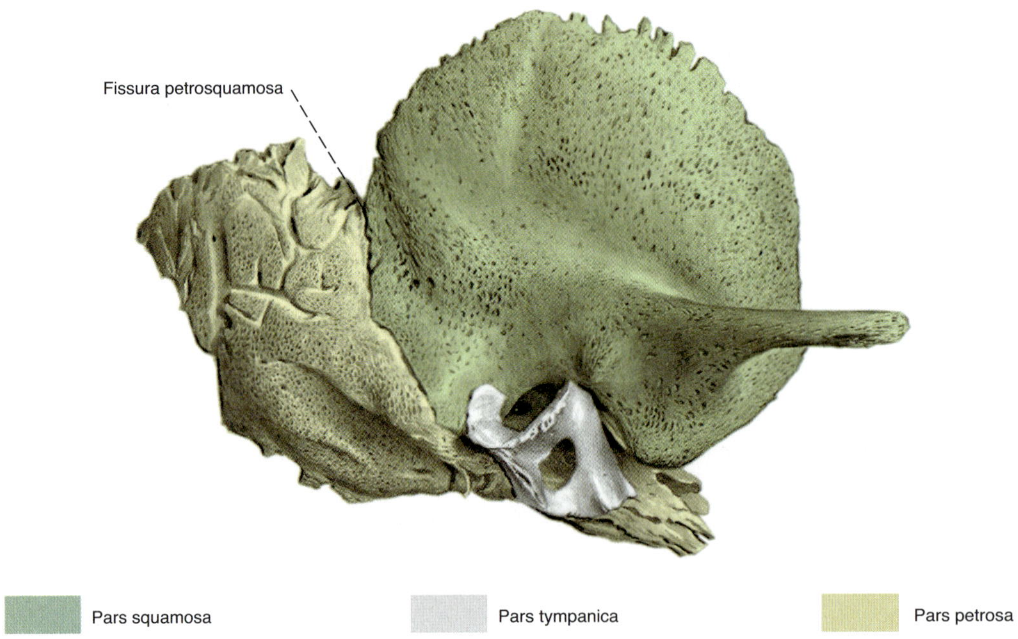

Abb. 115 Schläfenbein, Os temporale, eines Neugeborenen; von lateral (re, 240%).

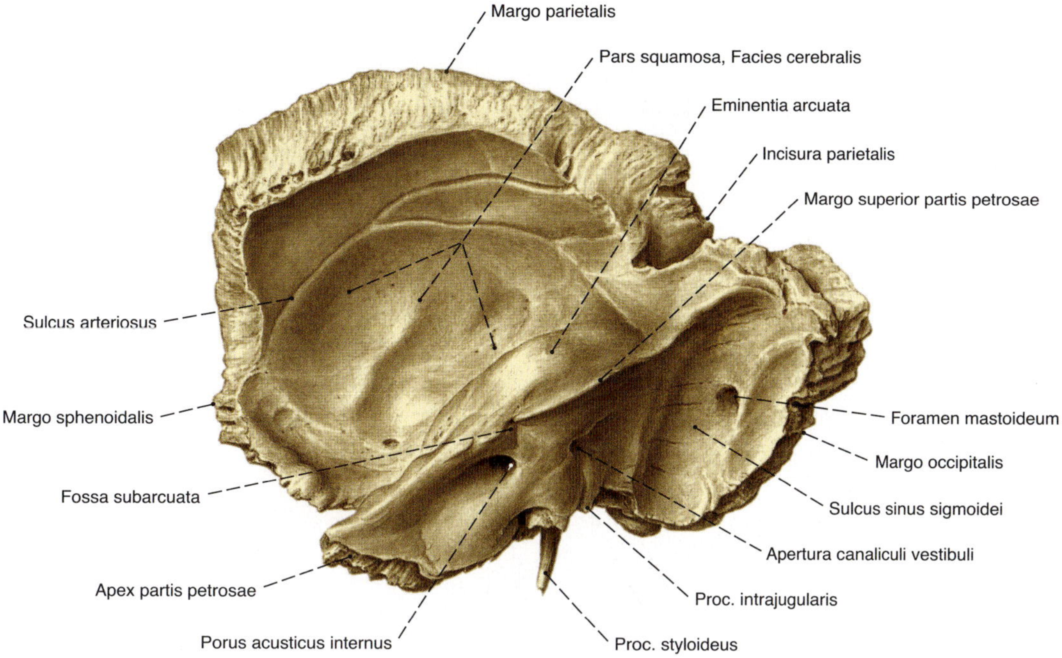

Abb. 116 Schläfenbein, Os temporale; von medial (re, 110%).

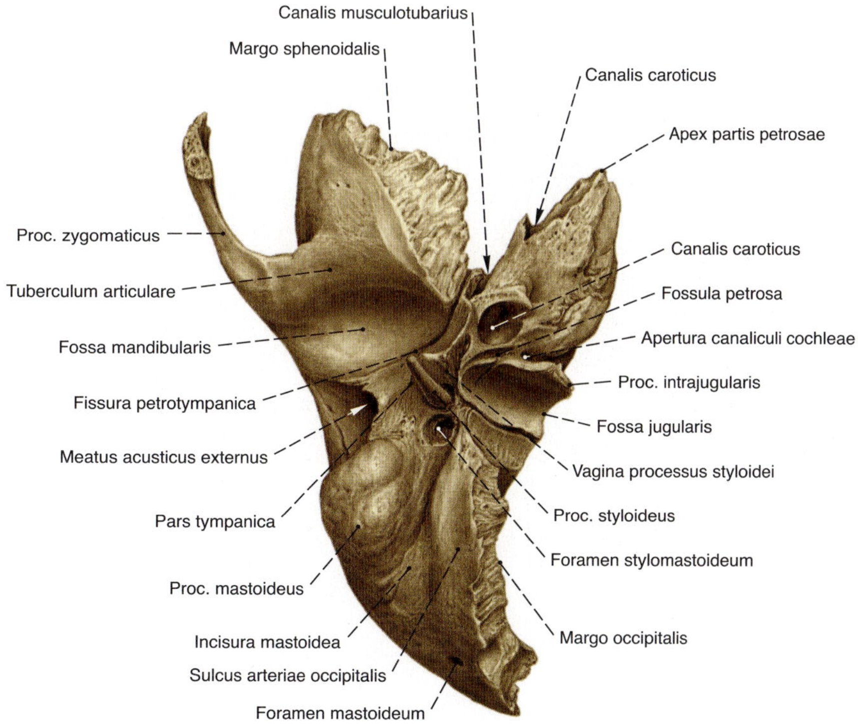

Abb. 117 Schläfenbein, Os temporale; von unten (re, 110%).

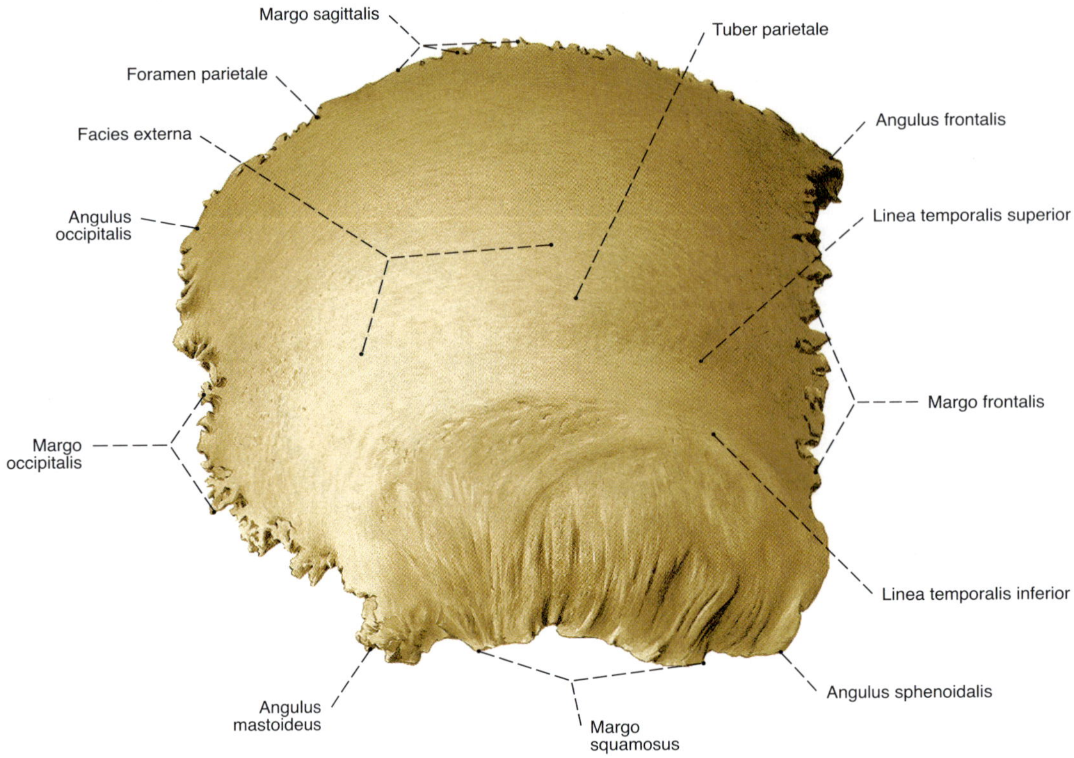

Abb. 118 Scheitelbein, Os parietale; von lateral (re, 80%).

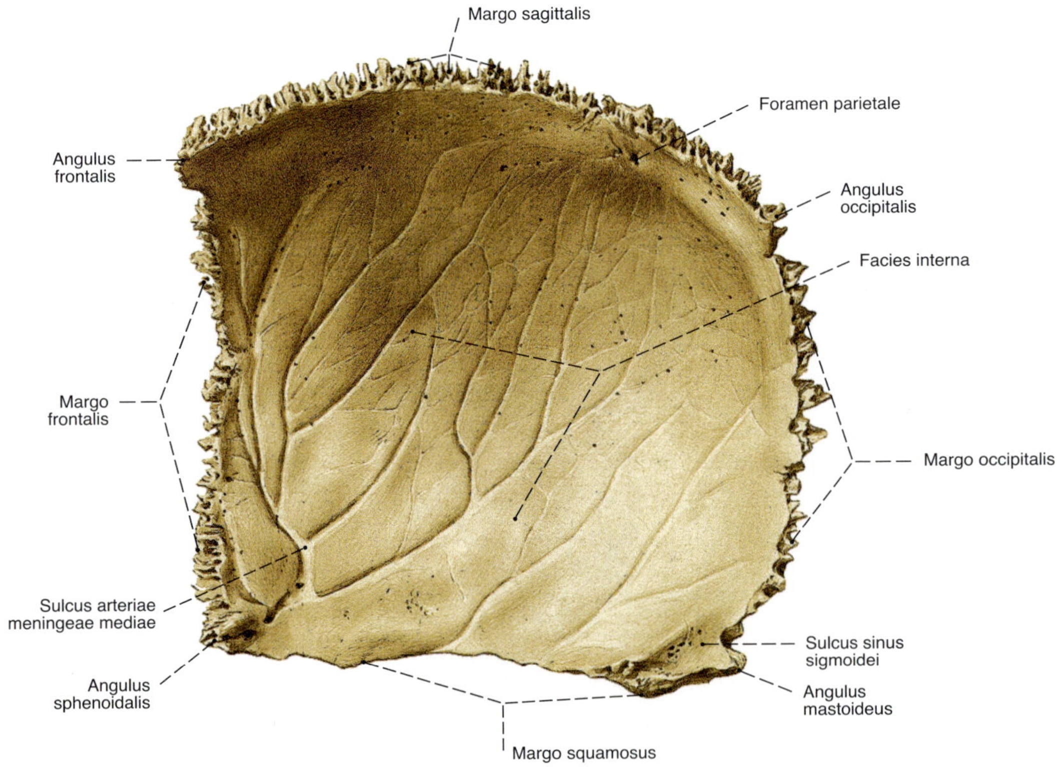

Abb. 119 Scheitelbein, Os parietale; von medial (re, 80%).

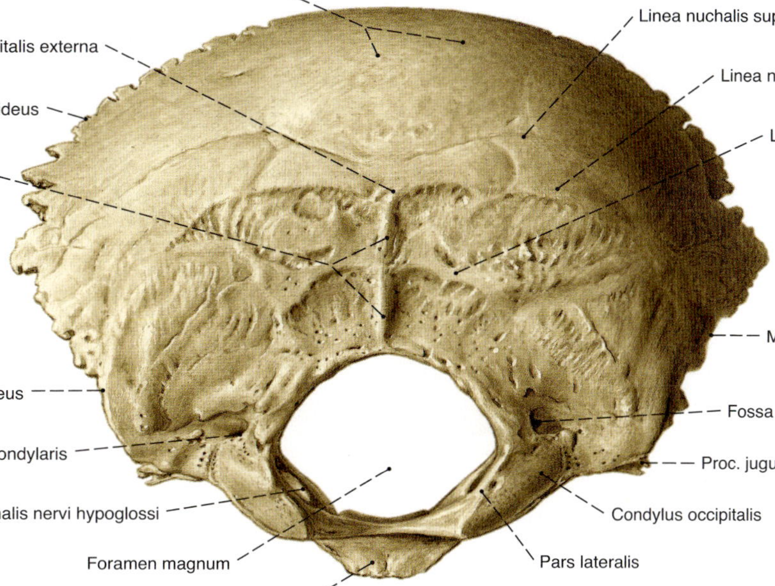

Abb. 120 Hinterhauptsbein, Os occipitale;
von unten (120%).

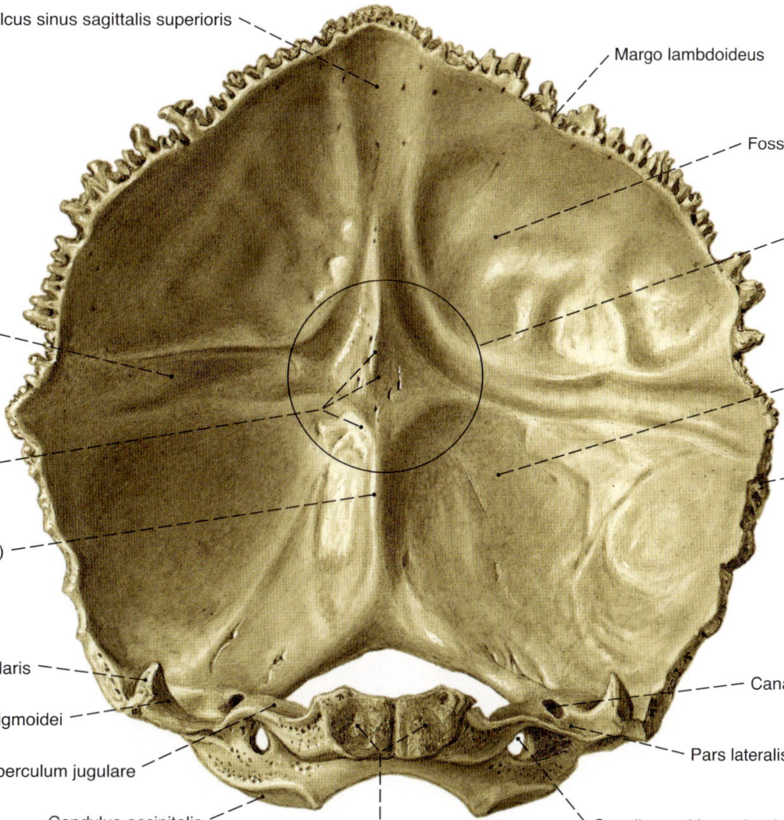

Abb. 121 Hinterhauptsbein, Os occipitale,
eines Jugendlichen;
von vorne (120%).

* Aufsicht auf die Grenzfläche zur Synchondrosis sphenooccipitalis

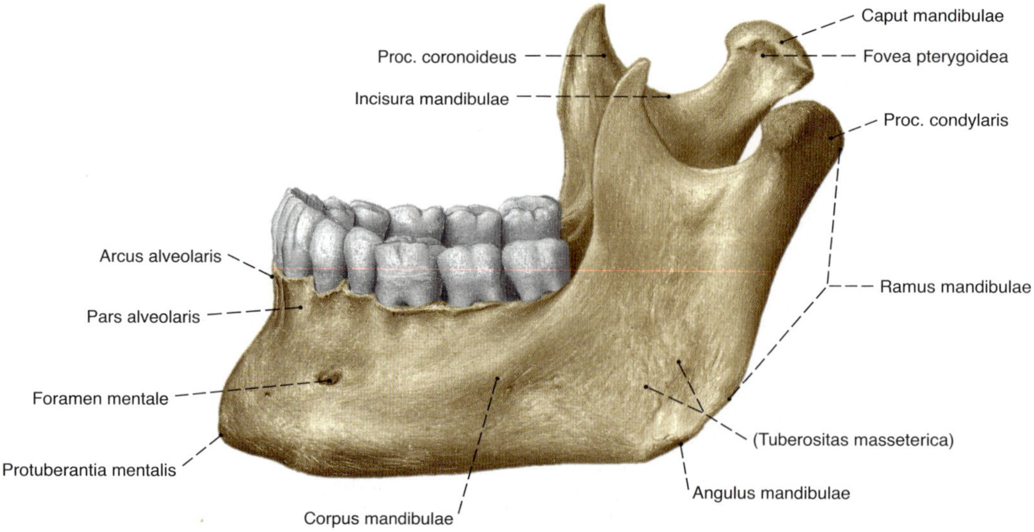

Abb. 122 Unterkiefer, Mandibula; von lateral oben (90%).

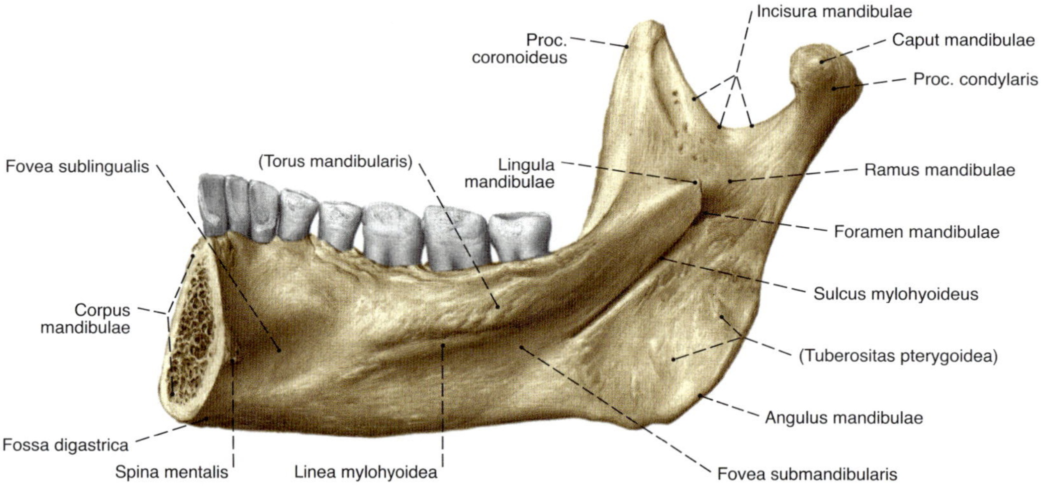

Abb. 123 Unterkiefer, Mandibula; von medial (rechte Hälfte, 100%).

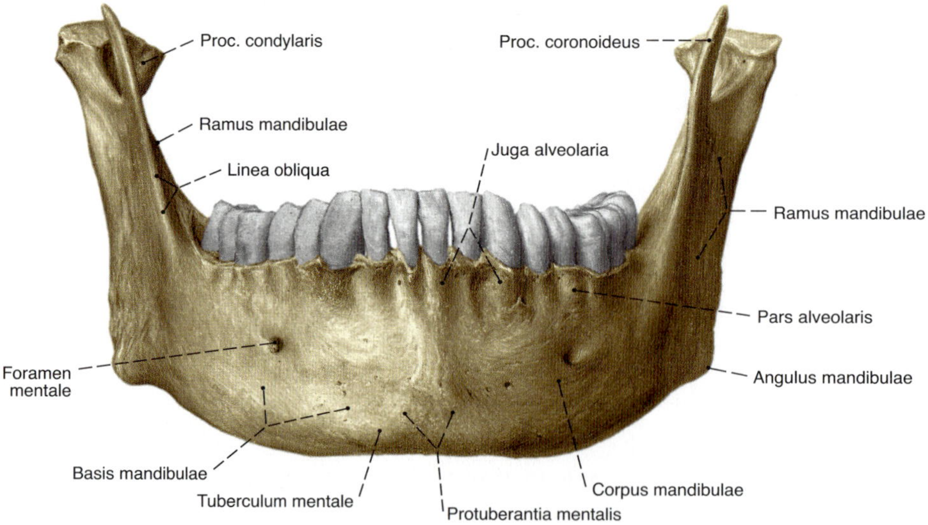

Abb. 124 Unterkiefer, Mandibula; von vorne (80%).

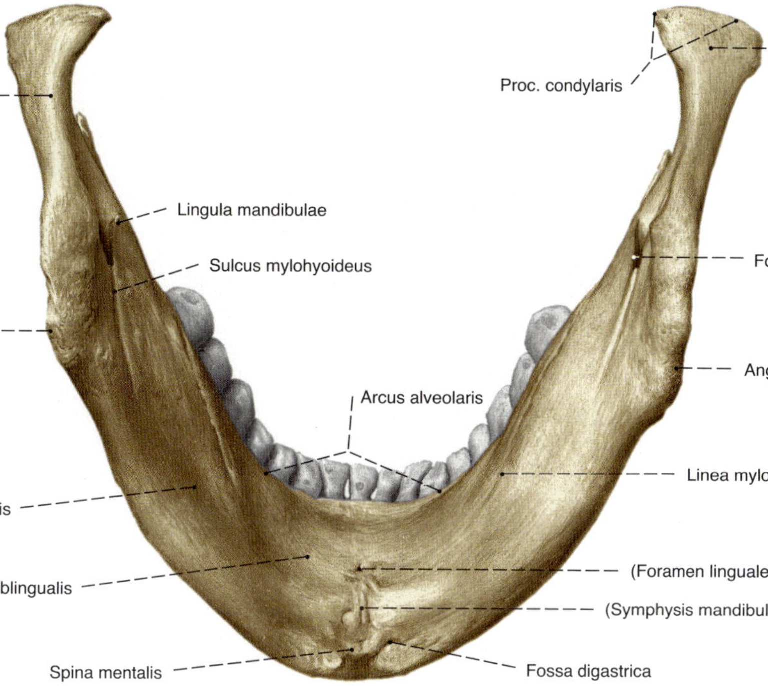

Abb. 125 Unterkiefer, Mandibula;
von unten (90%).

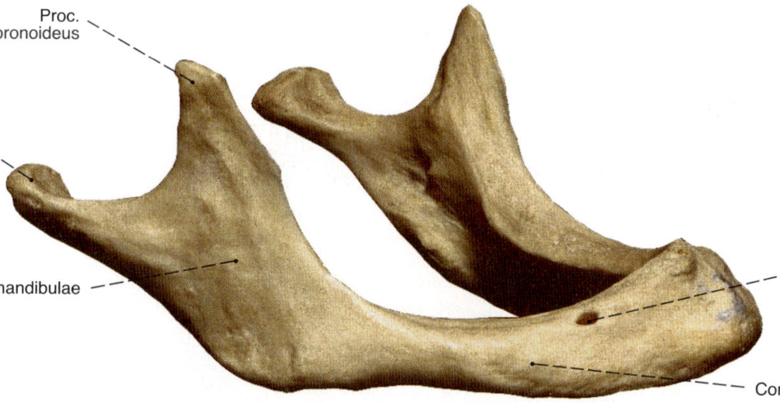

Abb. 126 Unterkiefer, Mandibula, eines Greises;
von lateral oben (90%).

Die Pars alveolaris ist völlig atrophiert, so dass die Öffnung des Foramen mentale und damit der Austritt des N. mentalis nach oben zu liegen kommt.

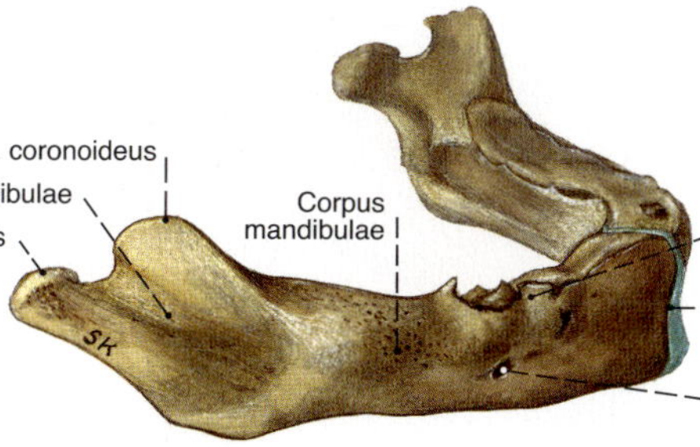

Abb. 127 Unterkiefer, Mandibula, eines Neugeborenen;
von lateral oben (140%).

Vergleiche Ramus mandibulae, Corpus mandibulae und Proc. coronoideus in Abb. 122 und 126.

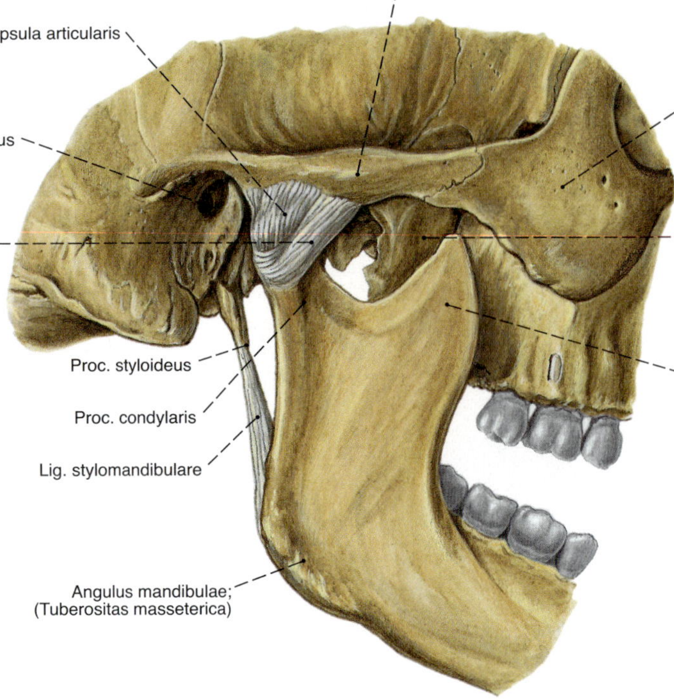

Abb. 128 Kiefergelenk, Articulatio temporomandibularis; von lateral.

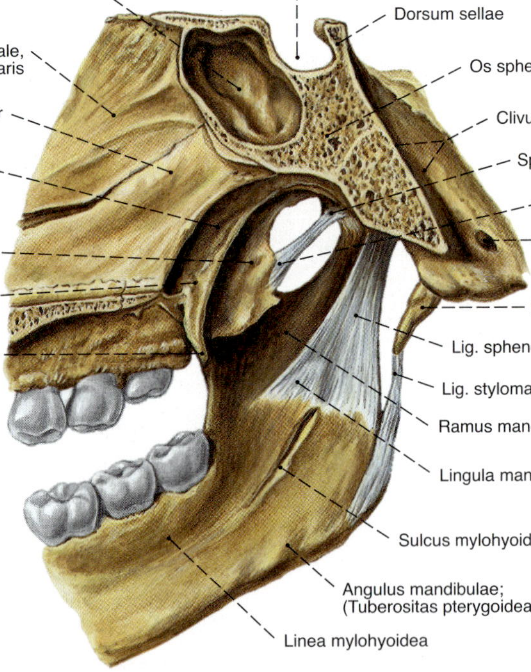

Abb. 129 Ligamentum pterygospinale und Ligamentum sphenomandibulare; paramedianer Sägeschnitt; von medial.

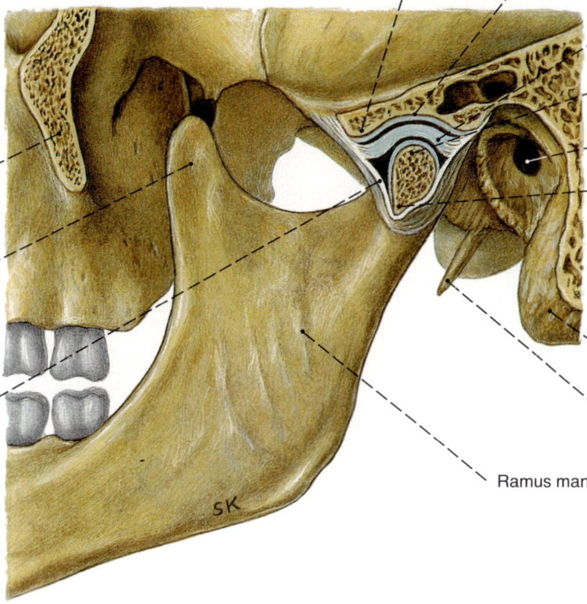

Abb. 130 Kiefergelenk, Articulatio temporomandibularis; sagittaler Schliff; Mund fast geschlossen; von lateral.

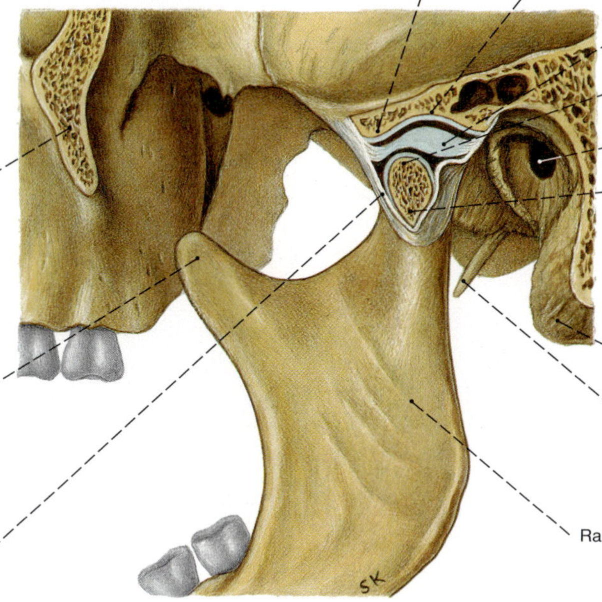

Abb. 131 Kiefergelenk, Articulatio temporomandibularis; sagittaler Schliff; Mund geöffnet; von lateral.
Vergleiche die Lage des Caput mandibulae und des Discus articularis in Abb. 130 und 131.

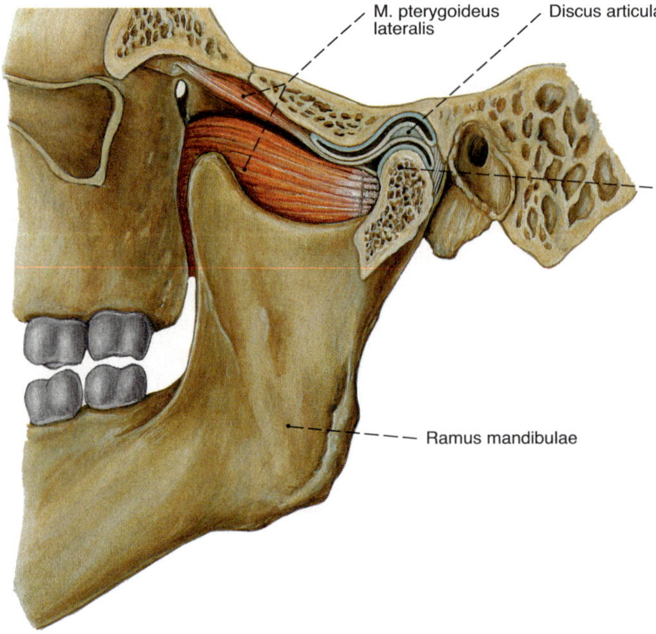

Abb. 132 Kiefergelenk, Articulatio temporomandibularis;
Sagittalschnitt;
von lateral (90%).

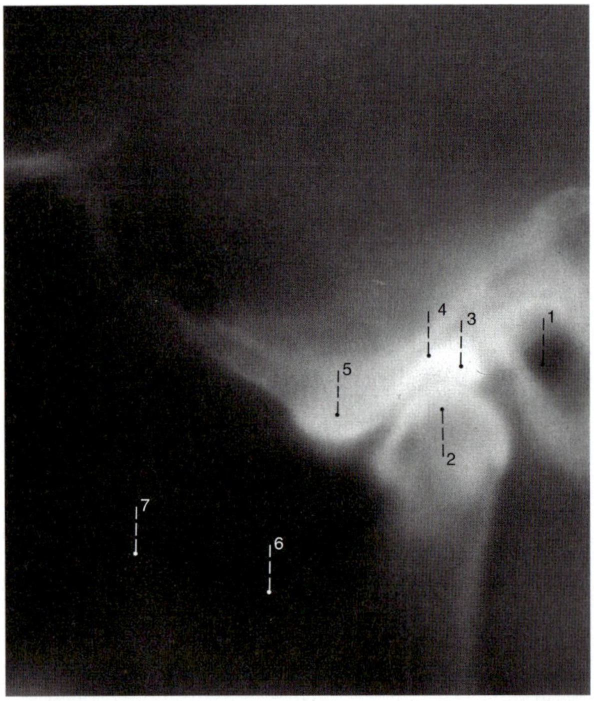

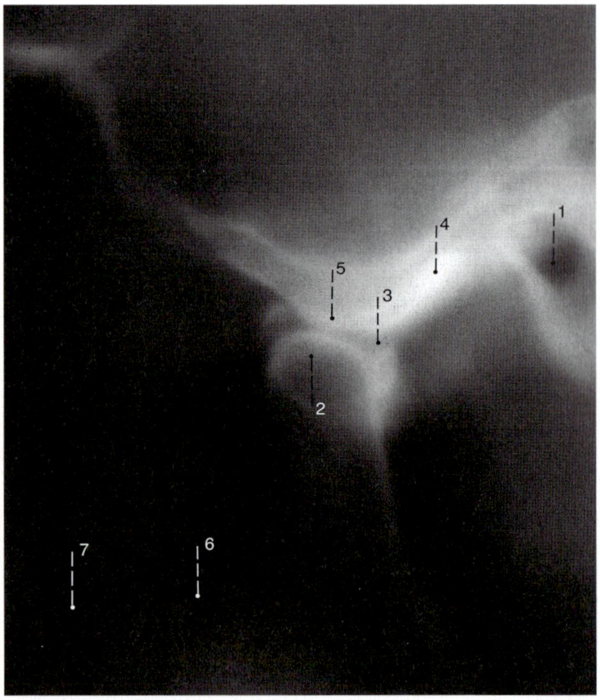

1 Meatus acusticus externus
2 Proc. condylaris
3 Discus articularis
4 Os temporale, Fossa mandibularis
5 Os temporale, Tuberculum articulare
6 Incisura mandibulae
7 Proc. coronoideus

Abb. 133 Kiefergelenk, Articulatio temporomandibularis;
Röntgenschichtbild; Einstellung: lateraler Strahlengang;
Mund geschlossen;
nach Injektion von Kontrastmittel in die Gelenkhöhle (Arthrographie).

Abb. 134 Kiefergelenk, Articulatio temporomandibularis;
Röntgenschichtbild; Einstellung: wie Abb. 133;
Mund geöffnet.
Vergleiche die unterschiedliche Lage des Caput mandibulae und des Discus articularis in Abb. 133 und 134.
Siehe auch Abb. 130 und 131.

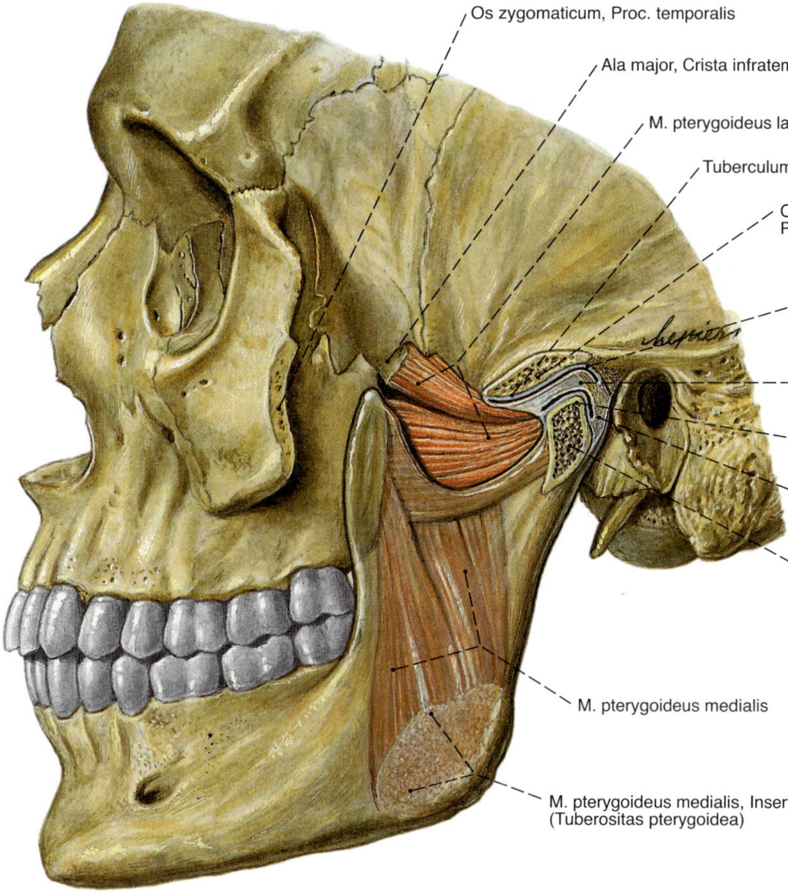

Abb. 135 Kiefergelenk, Articulatio temporomandibularis; Kaumuskulatur, Mm. masticatorii; sagittaler Sägeschnitt; Proc. condylaris und Proc. coronoideus durchscheinend gezeichnet; von lateral.

Kaumuskeln (Abb. 132, 135–138, 141, 142)

Der M. masseter ist in seinem Verlauf vom Kieferwinkel bis zum Jochbogen gut durch die Haut zu tasten. Beim Zusammenbeißen der Zähne spürt man auch den Bauch des M. temporalis in der Schläfengrube. Dem Kieferast liegt innen der M. pterygoideus medialis an. Vom Kiefergelenk nach vorne zieht der M. pterygoideus lateralis.

Muskel *Innervation*	**Ursprung**	**Ansatz**	**Funktion**
1. M. temporalis *Nn. temporales profundi (N. mandibularis [V/3])*	Os temporale unterhalb der Linea temporalis inferior und tiefes Blatt der Fascia temporalis	Spitze und mediale Fläche des Proc. coronoideus mandibulae	Schließen der Kiefer; hintere Portion: Zurückziehen des Unterkiefers (= Retrusion)
2. M. masseter *N. massetericus (N. mandibularis [V/3])*	Arcus zygomaticus **Pars superficialis:** Unterrand, vordere zwei Drittel (sehnig) **Pars profunda:** hinteres Drittel, Innenfläche	**Pars superficialis:** Angulus mandibulae, Tuberositas masseterica **Pars profunda:** Außenfläche des Ramus mandibulae	Schließen der Kiefer
3. M. pterygoideus medialis *N. pterygoideus medialis (N. mandibularis [V/3])*	Fossa pterygoidea und Lamina lateralis des Proc. pterygoideus, z.T. Proc. pyramidalis des Os palatinum	Mediale Fläche des Angulus mandibulae, Tuberositas pterygoidea	Schließen der Kiefer
4. M. pterygoideus lateralis *N. pterygoideus lateralis (N. mandibularis [V/3])*	**Caput superius:** Äußere Fläche der Lamina lateralis des Proc. pterygoideus, Tuber maxillae **Caput inferius** (akzessorisch): Facies temporalis der Ala major ossis sphenoidalis	Fovea pterygoidea des Proc. condylaris mandibulae, Discus und Kapsel der Articulatio temporomandibularis	Schließen der Kiefer und Vorwärtsbewegen (= Protrusion) des Unterkiefers **Caput inferius:** Öffnen der Kiefer

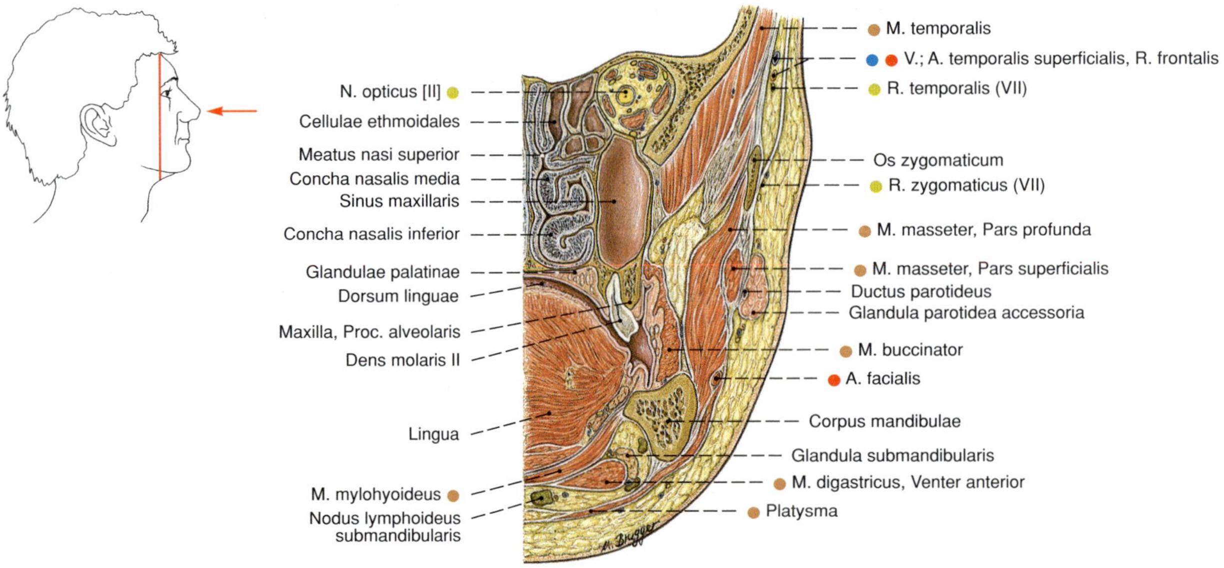

Abb. 136 Kaumuskulatur, Mm. masticatorii, Frontalschnitt; von vorne (60%).

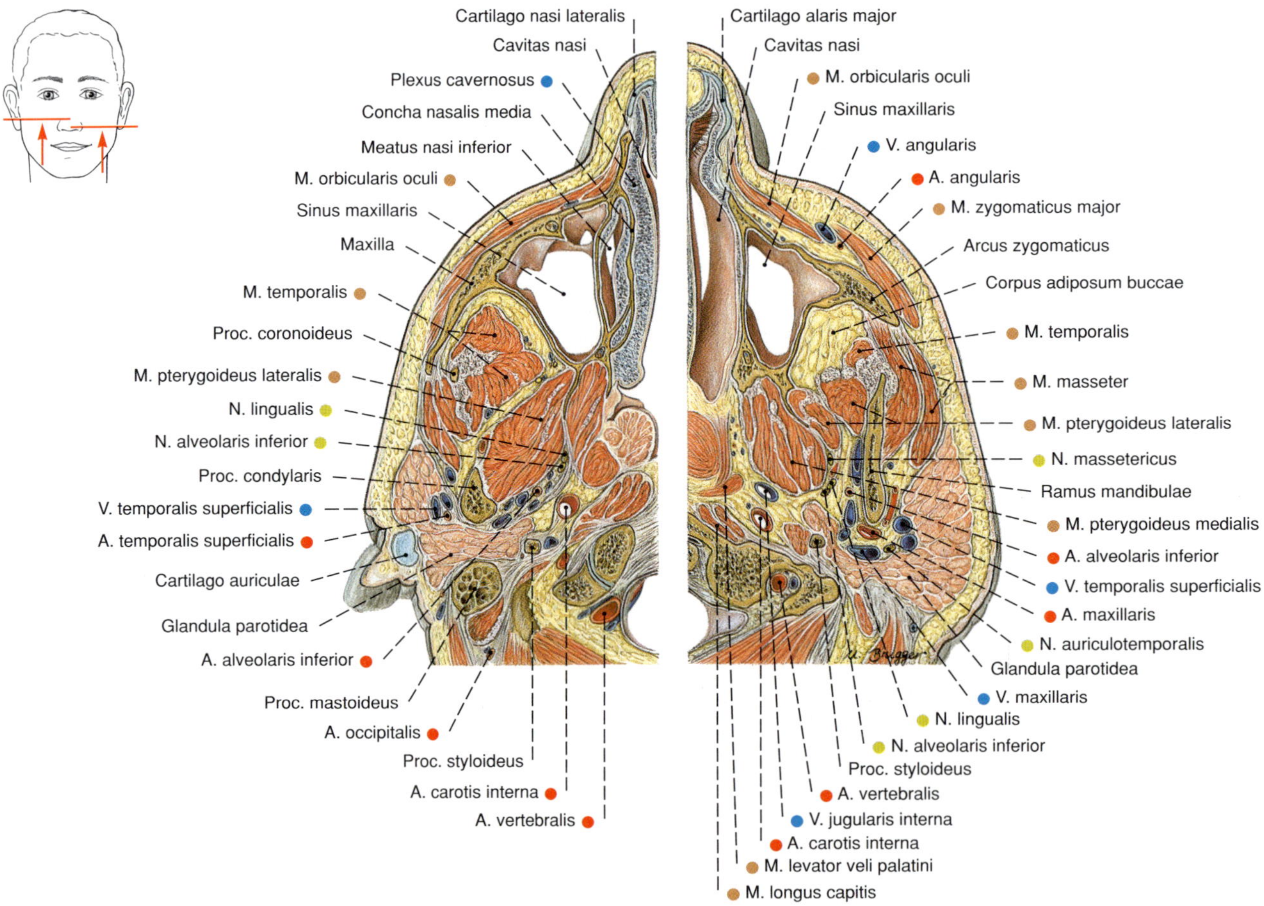

Abb. 137 Kaumuskulatur, Mm. masticatorii, Horizontalschnitte; von unten (60%).

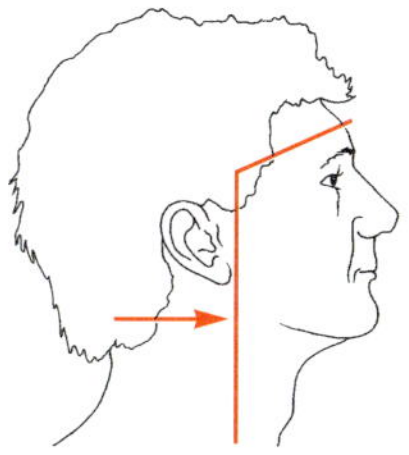

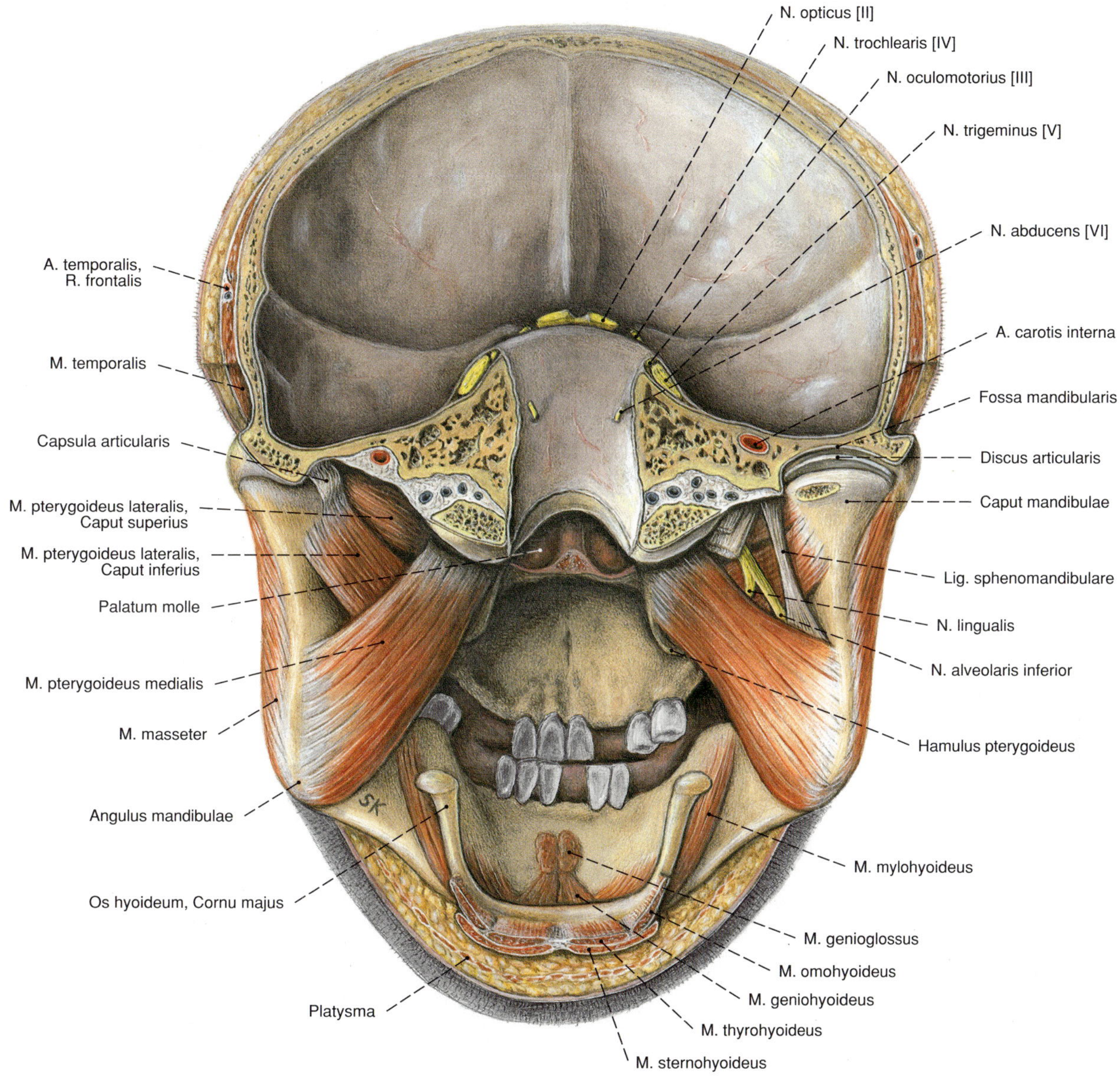

Abb. 138 Kaumuskulatur, Mm. masticatorii, frontaler Schnitt im Bereich des Kiefergelenks und horizontaler Schnitt des Schädeldachs; Zungenbein etwas nach dorsal gekippt, Gelenkkapsel des Kiefergelenks überwiegend entfernt; von dorsal.

Mimische Muskeln (Abb. 139–142)

Die mimischen Muskeln entspringen nur zum Teil an umschriebenen Knochenarealen. Sie strahlen allesamt in die Haut ein.

Muskel *Innervation*	Ursprung	Ansatz	Funktion
Stirn, Scheitel, Schläfe			
1. M. occipitofrontalis N. facialis [VII] M. occipitofrontalis und M. temporoparietalis werden zusammen als M. epicranius bezeichnet.	**Venter frontalis:** Haut der Stirn, gemeinsames Muskelgeflecht mit Mm. procerus, corrugator und depressor supercilii sowie M. orbicularis oculi **Venter occipitalis:** Linea nuchalis suprema	Galea aponeurotica	Bewegung der Kopfhaut
2. M. temporoparietalis *N. facialis [VII]*	Haut der Schläfe, Fascia temporalis	Galea aponeurotica	
3. M. auricularis anterior *N. facialis [VII]*	Fascia temporalis	Spina helicis	Bewegung der Ohrmuschel
4. M. auricularis superior *N. facialis [VII]*	Galea aponeurotica	Wurzel der Ohrmuschel	
5. M. auricularis posterior *N. facialis [VII]*	Proc. mastoideus, Sehne des M. sternocleidomastoideus	Wurzel der Ohrmuschel	
Lidspalte			
6. M. orbicularis oculi *N. facialis [VII]*	**Pars orbitalis:** Pars nasalis des Os frontale, Proc. frontalis der Maxilla, Os lacrimale, Lig. palpebrale mediale, Saccus lacrimalis **Pars palpebralis:** Lig. palpebrale mediale, Saccus lacrimalis **Pars lacrimalis:** Crista lacrimalis posterior des Os lacrimale	Umgibt sphinkterartig den Aditus orbitae **Pars orbitalis:** Lig. palpebrale laterale, seitlich davon Übergang in ringförmige Muskelschlinge **Pars palpebralis:** Lig. palpebrale laterale **Pars lacrimalis:** Tränenröhrchen, Lidränder	Schließen der Lider, Kompression des Tränensacks, Bewegung der Augenbrauen
7. M. depressor supercilii *N. facialis [VII]*	Pars nasalis des Os frontale, Abspaltung der Pars orbitalis des M. orbicularis oculi	Mediales Drittel der Haut der Augenbraue	Senken der Haut der Stirn und der Augenbrauen
8. M. corrugator supercilii *N. facialis [VII]*	Pars nasalis des Os frontale	Mittleres Drittel der Haut der Augenbraue, Galea aponeurotica	
9. M. procerus *N. facialis [VII]*	Os nasale, Cartilago nasi lateralis	Haut der Glabella	
Nasenmuskeln			
10. M. nasalis *N. facialis [VII]*	**Pars alaris:** Jugum alveolare des seitlichen Schneidezahns **Pars transversa:** Jugum alveolare des Eckzahns	**Pars alaris:** Nasenflügel, Rand des Nasenlochs **Pars transversa:** Cartilago nasi lateralis, Sehnenplatte des Nasenrückens	Bewegung der Nasenflügel und damit der Nase
11. M. depressor septi nasi *N. facialis [VII]*	Jugum alveolare des medialen Schneidezahns	Cartilago alaris major, Cartilago septi nasi	

Fortsetzung → S. 76

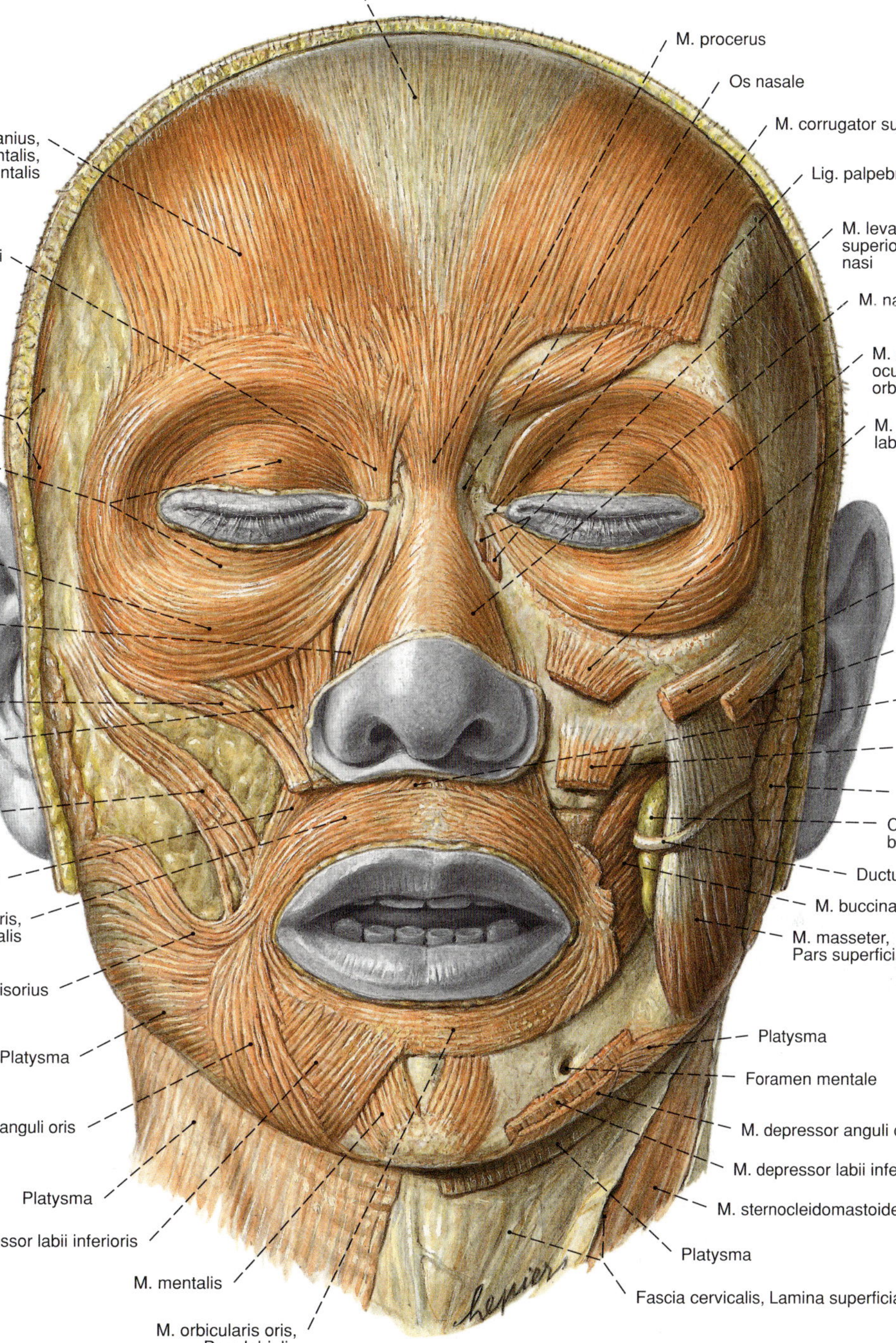

Abb. 139 Gesichtsmuskeln, Mm. faciei; Kaumuskulatur, Mm. masticatorii; rechte Seite oberflächliche, linke Seite tiefe Schicht; von ventral (80%).

* Klinisch: STENONscher Gang
** Klinisch: BICHATscher Fettpfropf

Mimische Muskeln (Fortsetzung)

Muskel *Innervation*	Ursprung	Ansatz	Funktion
Mundöffnung			
12. M. orbicularis oris *N. facialis [VII]*	**Pars marginalis** und **Pars labialis:** lateral des Angulus oris	Hauptbestandteil der Lippe	Bewegung der Lippen, der Nasenflügel, der Wangen und der Kinnhaut
13. M. buccinator *N. facialis [VII]*	Hinterer Teil des Proc. alveolaris der Maxilla, Raphe pterygomandibularis, hinterer Teil des Proc. alveolaris mandibulae	Angulus oris, Ober- und Unterlippe; bildet Grundlage der Wange	Unerlässlich als Synergist für die Erhöhung des Innendrucks der Mundhöhle, z.B. beim Blasen oder Kauen
14. M. depressor labii inferioris *N. facialis [VII]*	Basis mandibulae medial unterhalb des Foramen mentale	Unterlippe, Kinnwulst; tiefe Fasern zur Schleimhaut	Bewegung der Lippen, der Nasenflügel, der Wangen und der Kinnhaut
15. M. levator labii superioris *N. facialis [VII]*	Margo infraorbitalis und angrenzender Teil des Proc. zygomaticus der Maxilla; geht aus der Muskelmasse des M. orbicularis oculi hervor	Oberlippe	
16. M. mentalis *N. facialis [VII]*	Jugum alveolare des unteren lateralen Schneidezahns	Haut des Kinns	
17. M. transversus menti *N. facialis [VII]*	Quere Abspaltung aus dem M. mentalis	Haut des Kinnwulstes	
18. M. depressor anguli oris *N. facialis [VII]*	Basis mandibulae unterhalb des Foramen mentale	Unterlippe, Wange lateral des Angulus oris, Oberlippe	
19. M. risorius *N. facialis [VII]* (meist Teil des Platysmas oder des M. depressor anguli oris)	Fascia parotideomasseterica	Oberlippe, Angulus oris	
20. M. levator anguli oris *N. facialis [VII]*	Fossa canina der Maxilla	Angulus oris	
21. M. zygomaticus major *N. facialis [VII]*	Os zygomaticum nahe der Sutura zygomaticotemporalis	Oberlippe, Angulus oris	
22. M. zygomaticus minor *N. facialis [VII]*	Os zygomaticum nahe der Sutura zygomaticomaxillaris	Oberlippe, Angulus oris	
23. M. levator labii superioris alaeque nasi *N. facialis [VII]*	Proc. frontalis der Maxilla; geht aus der Muskelmasse des M. orbicularis oculi hervor	Nasenflügel und Oberlippe; tiefe Fasern: seitlicher und hinterer Umfang des Nasenlochs	
Hals			
24. Platysma *N. facialis [VII]*	Basis mandibulae, Fascia parotidea	Haut unterhalb der Clavicula, Fascia pectoralis	Spannen der Haut des Halses

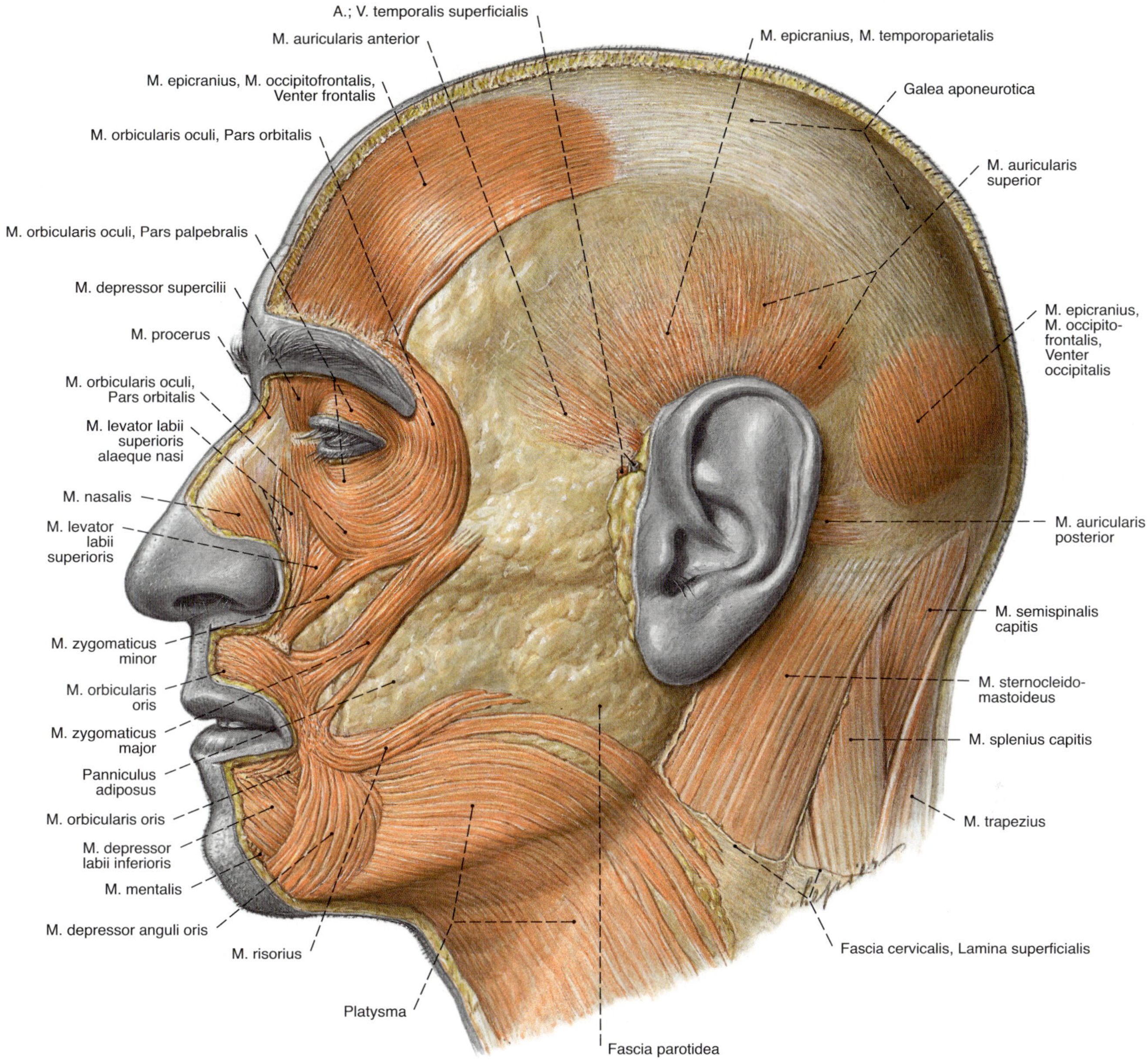

Abb. 140 Gesichtsmuskeln, Mm. faciei; von lateral (60%).

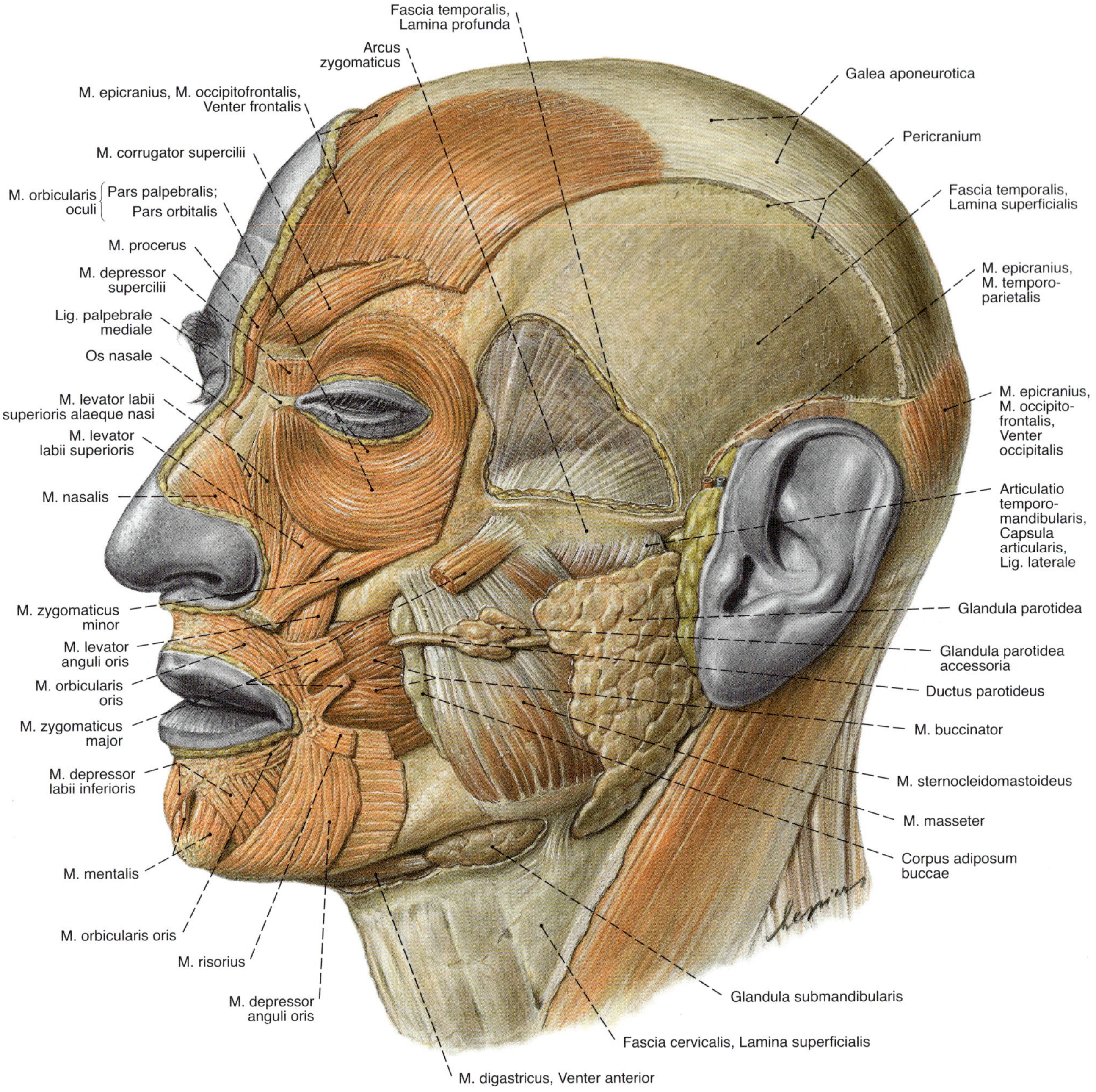

Abb. 141 Gesichtsmuskeln, Mm. faciei; Kaumuskeln, Mm. masticatorii;
nach teilweiser Abtragung der Lamina superficialis und der Lamina profunda der Fascia temporalis bzw. nach vollständiger Entfernung der Fascia masseterica und der Fascia parotidea; von lateral (60%).

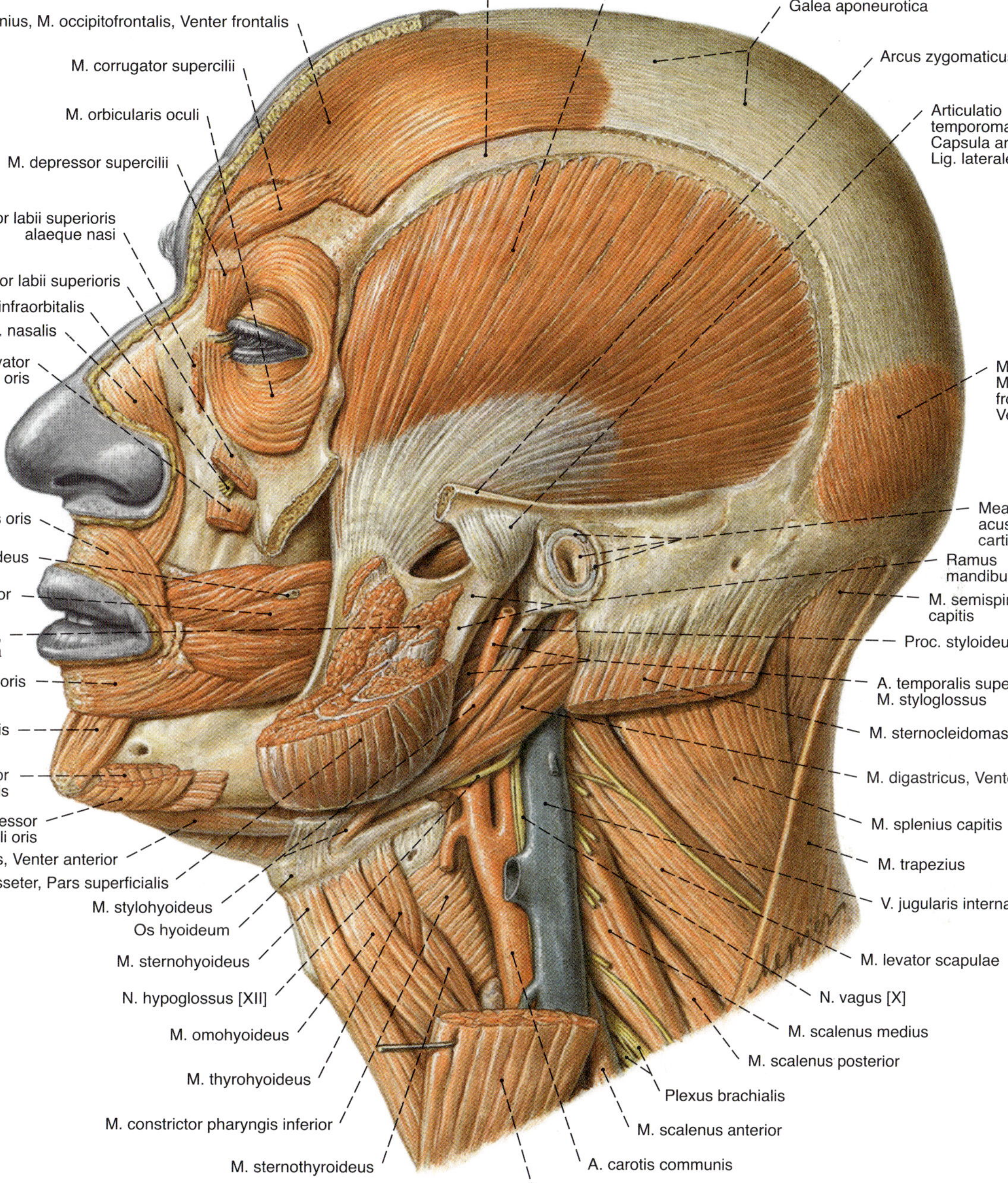

Abb. 142 Gesichtsmuskeln, Mm. faciei; Kaumuskeln, Mm. masticatorii; Ober- und Unterzungenbeinmuskeln, Mm. supra- und infrahyoidei; nach teilweiser Entfernung der Ohrmuschel, des Arcus zygomaticus, des M. masseter und einiger mimischer Muskeln; von lateral (60%).

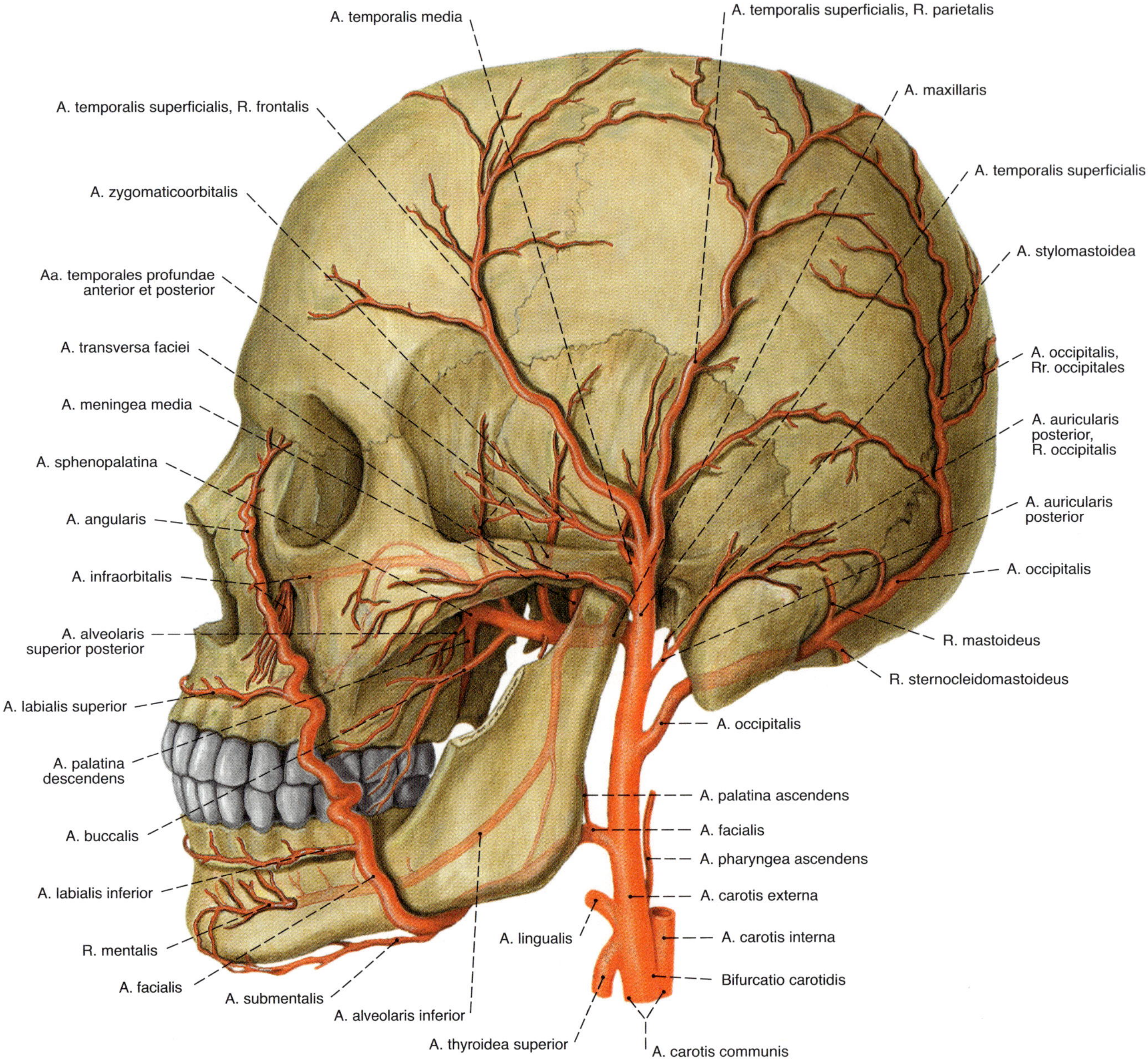

Abb. 143 Äußere Halsschlagader, A. carotis externa, und ihre Äste; von lateral (60%).

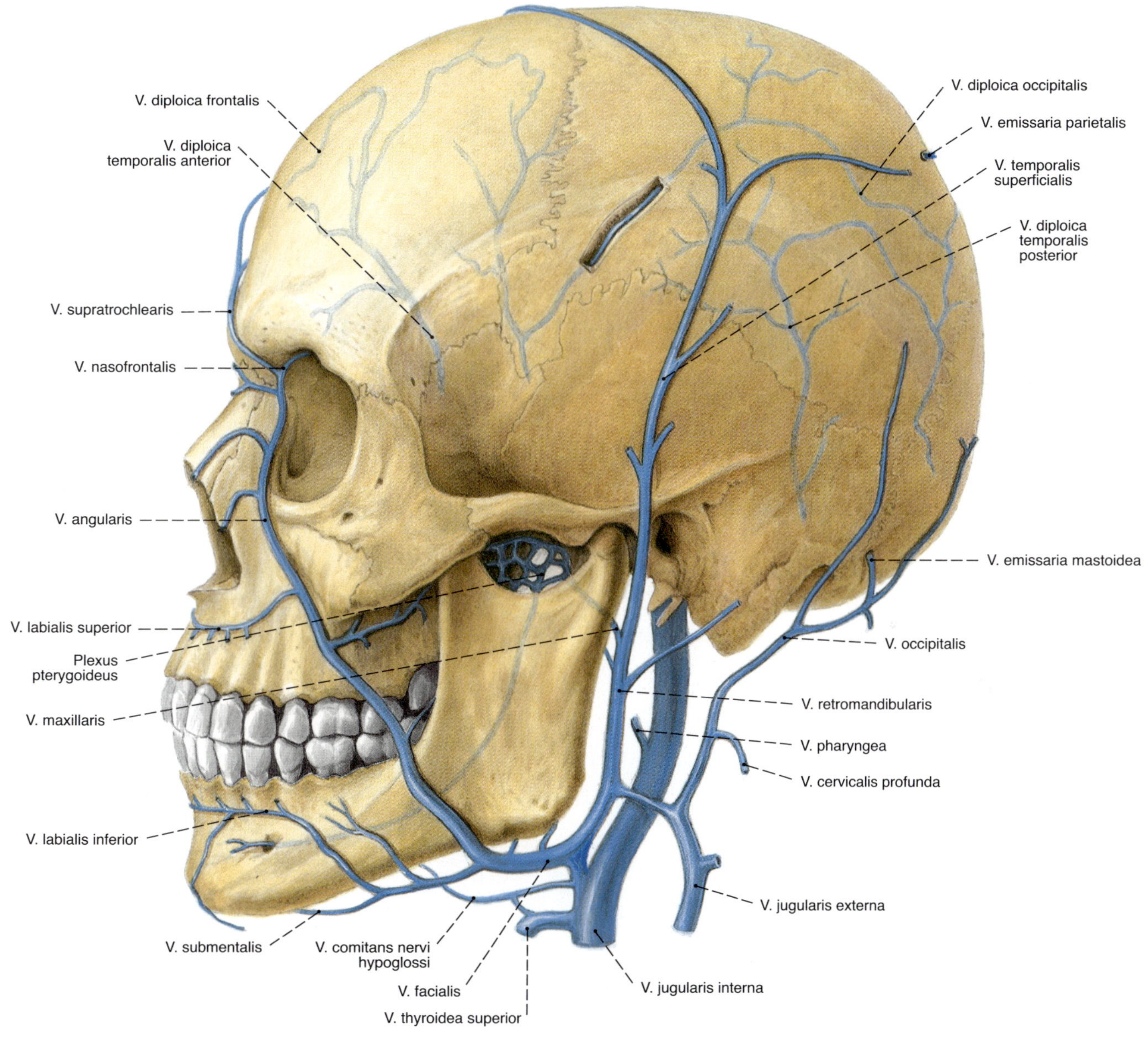

Abb. 144 Innere Drosselvene, V. jugularis interna, und ihre extrakraniellen Zuflüsse; von lateral (60%).

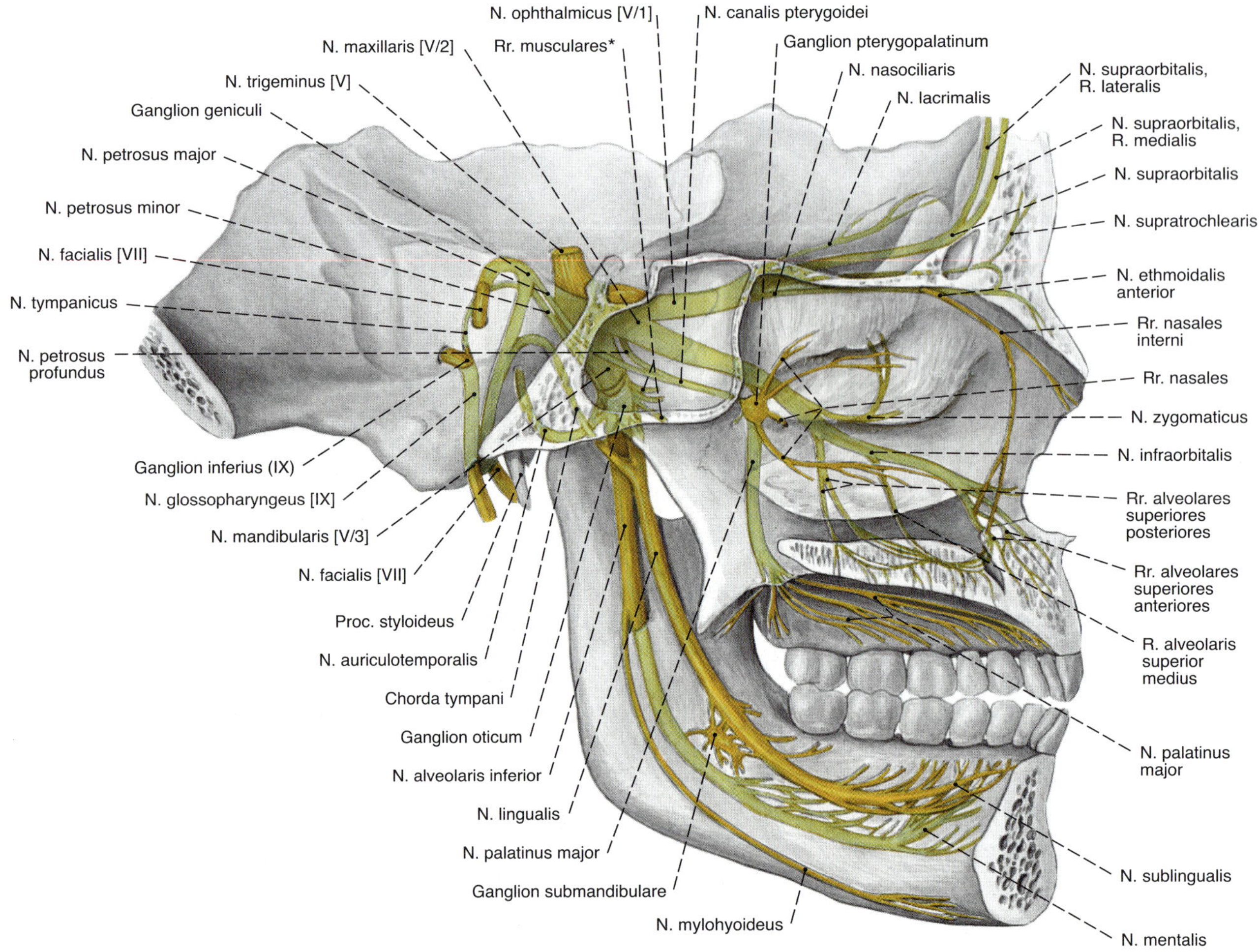

Abb. 145 Gesichtsnerven, N. trigeminus [V], N. facialis [VII], N. glossopharyngeus [IX], und ihre Verzweigungen; Medianschnitt; frei liegende Nervenabschnitte gelb, von Knochen bedeckte Abschnitte hellgelb; von medial (60%).

* Äste zur Kaumuskulatur

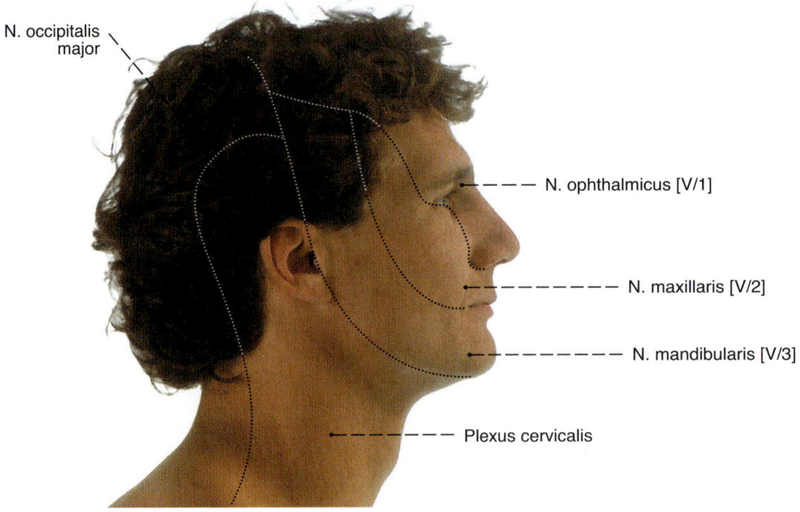

Abb. 146 Gesicht und Hals, Facies und Collum; sensible Innervation; von lateral (30%).

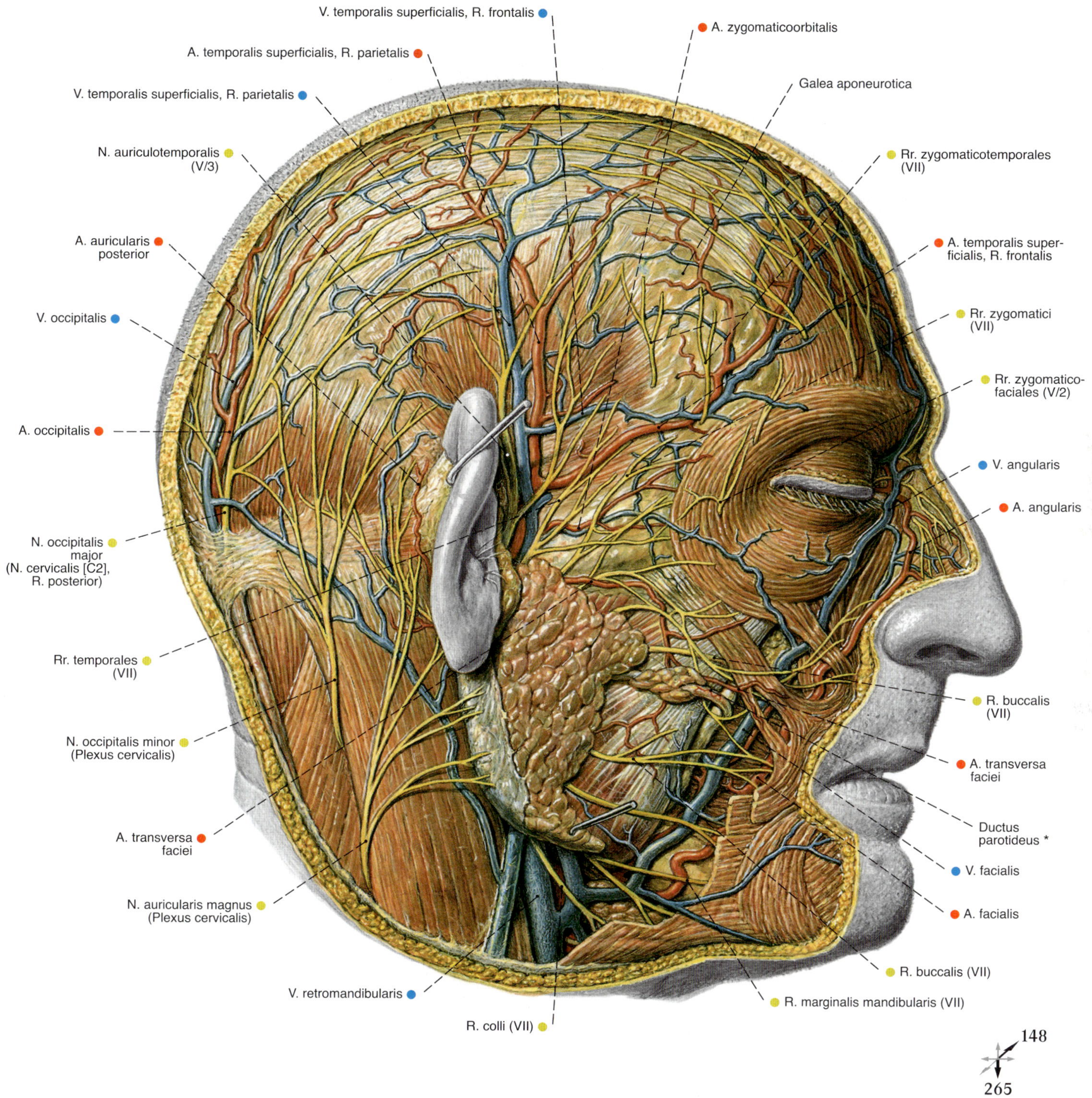

Abb. 147 Gefäße und Nerven des Kopfes;
oberflächliche Schicht;
von lateral (90%).

* Klinisch: STENONscher Gang

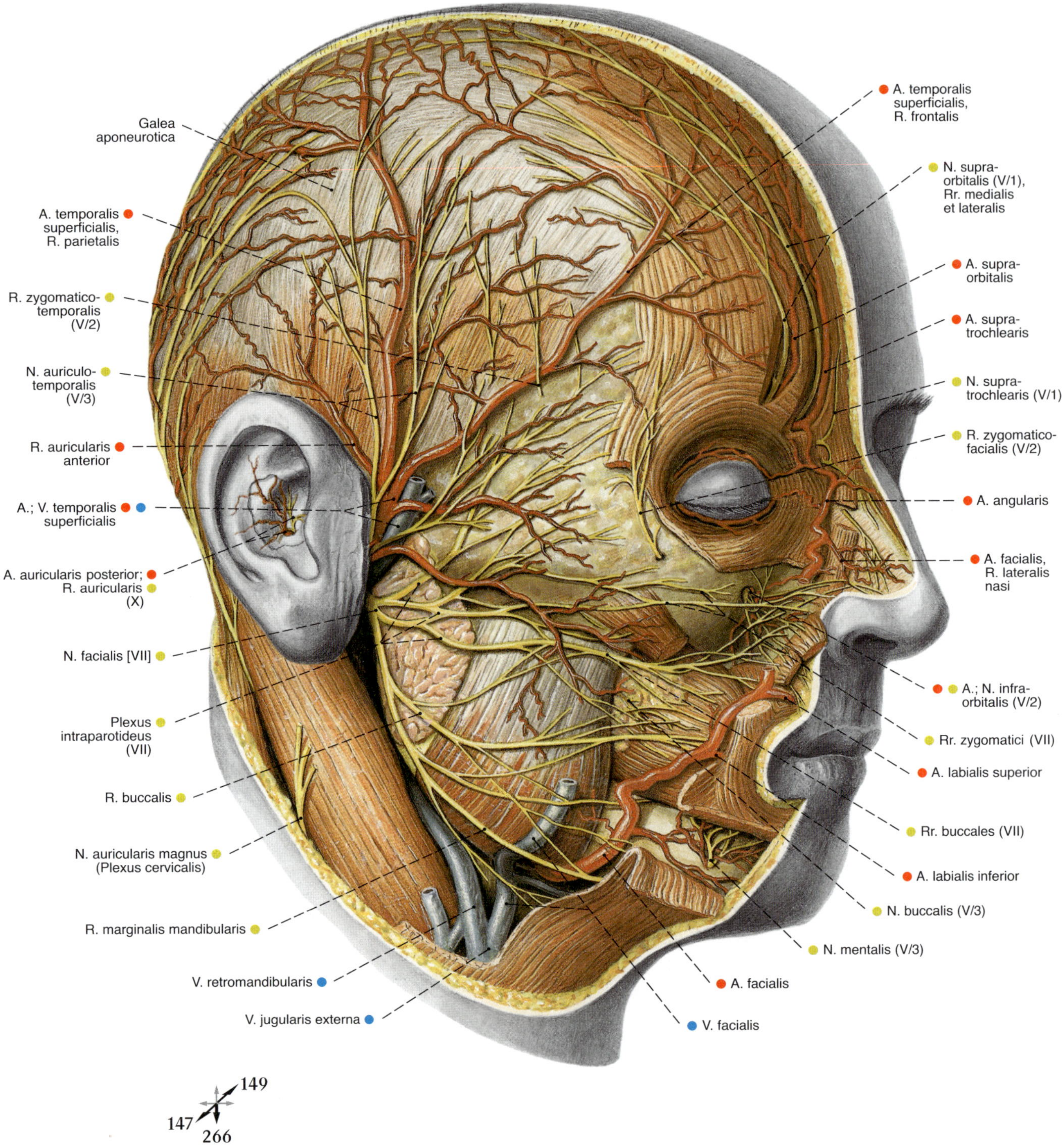

Abb. 148 Gefäße und Nerven des Kopfes;
mittlere Schicht nach Entfernung des oberflächlichen Teils der Ohrspeicheldrüse zur Darstellung des Plexus intraparotideus;
von lateral (90%).

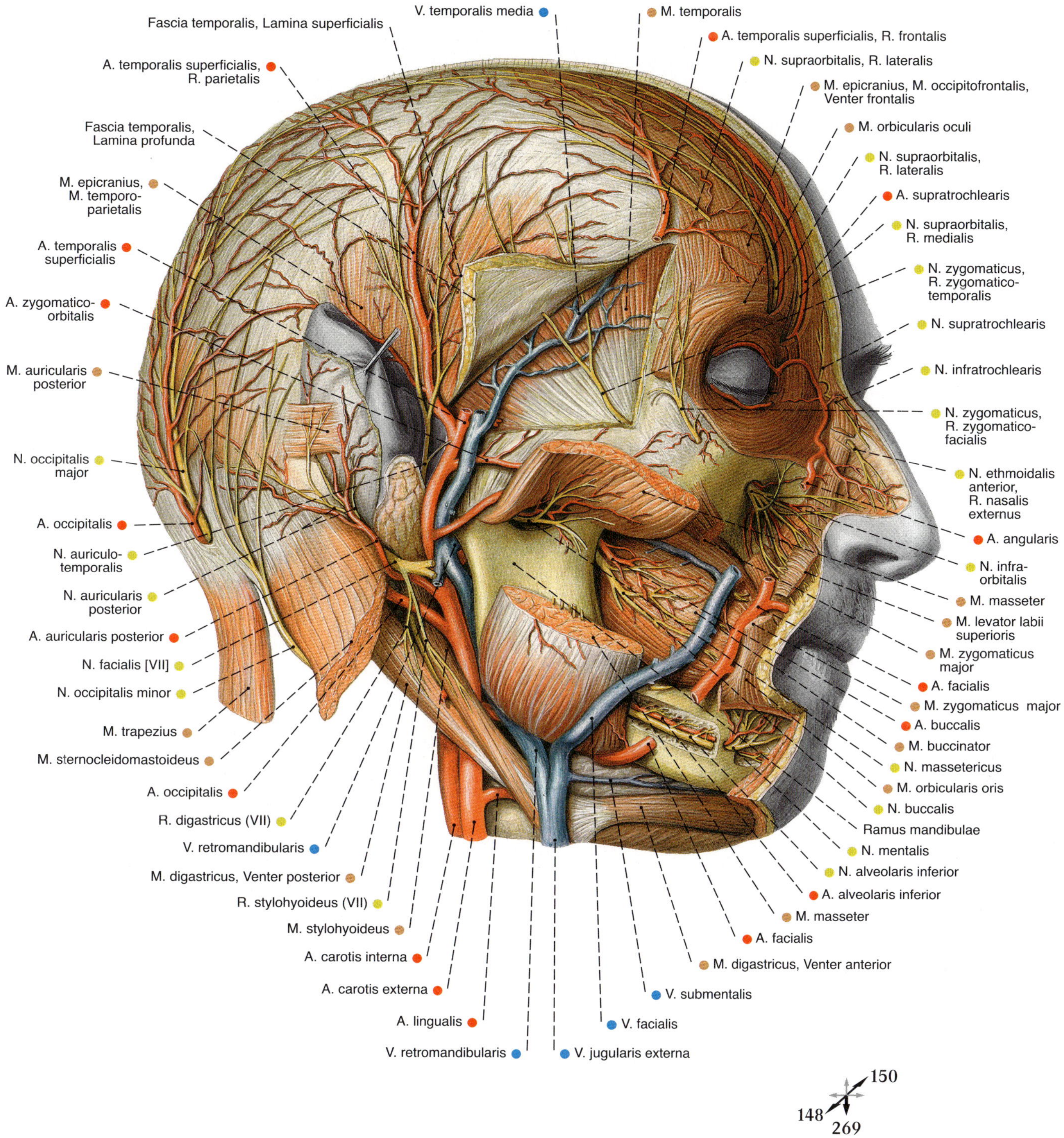

Abb. 149 Gefäße und Nerven des Kopfes;
nach überwiegender Entfernung der Gesichtsmuskeln, der Ohrspeicheldrüse und von Ästen des N. facialis;
M. masseter und Fascia temporalis durchgetrennt und aufgeklappt; Knochenkanal im Unterkiefer zum Teil eröffnet;
von lateral (90%).

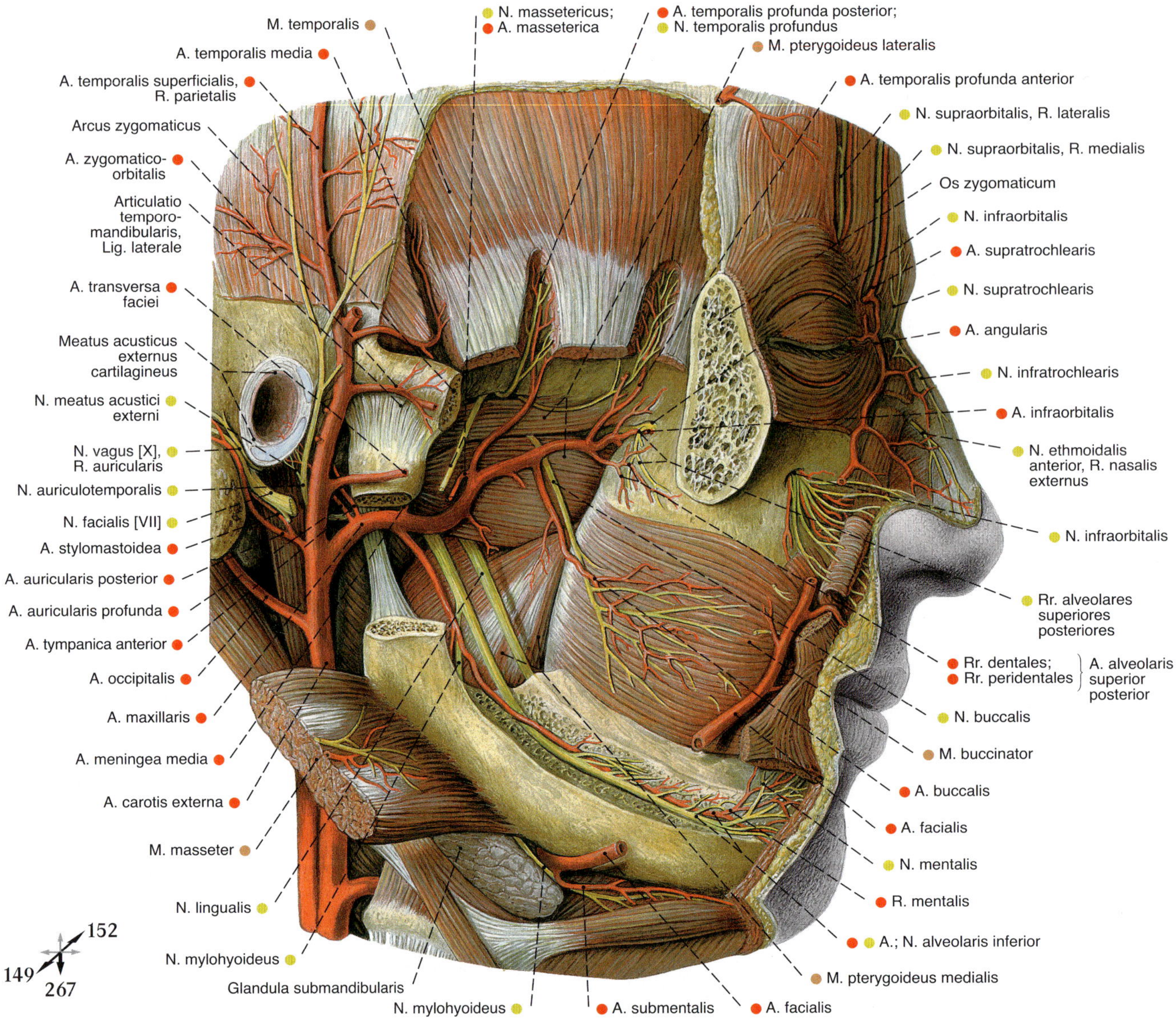

Abb. 150 Arterien und Nerven des Gesichts; tiefe Schicht nach teilweiser Entfernung des Arcus zygomaticus und des Ramus mandibulae bzw. des M. masseter und des M. temporalis; Canalis mandibularis eröffnet; von lateral.

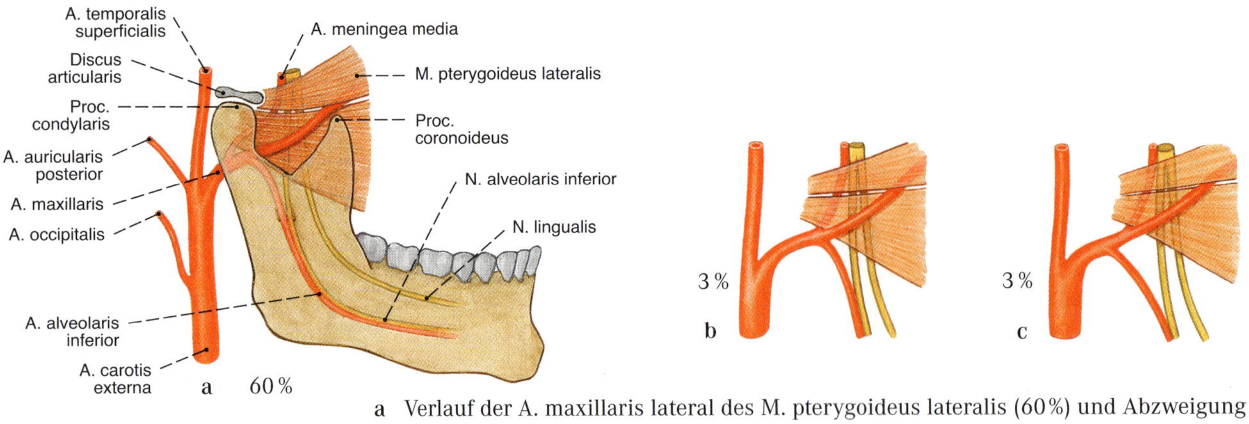

Abb. 151 a–c Varietäten im Bereich der A. maxillaris.

a Verlauf der A. maxillaris lateral des M. pterygoideus lateralis (60 %) und Abzweigung der A. meningea media proximal des Abgangs der A. alveolaris inferior
b Abzweigung der A. meningea media gegenüber dem Abgang der A. alveolaris inferior
c Abzweigung der A. meningea media distal des Abgangs der A. alveolaris inferior

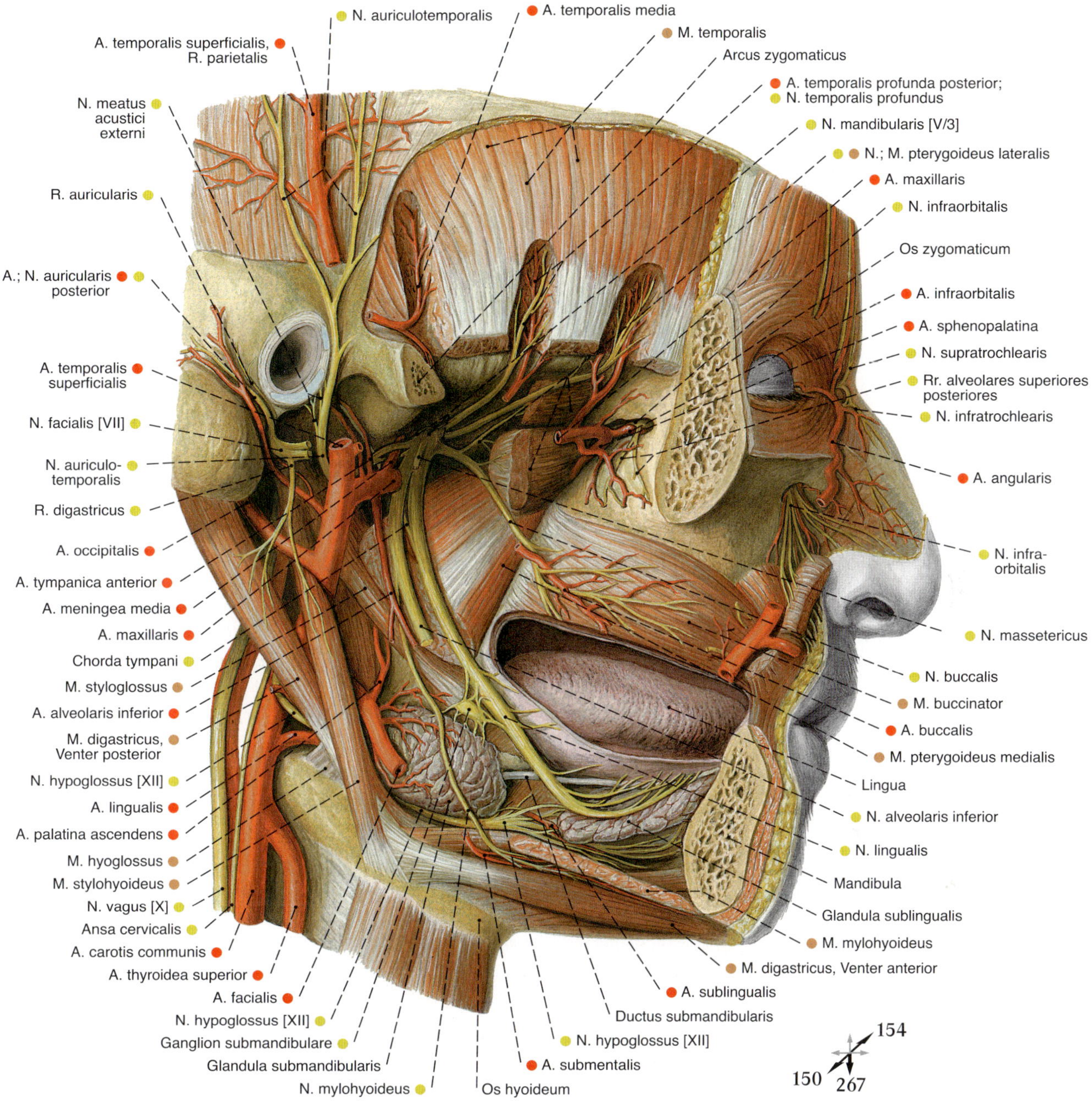

Abb. 152 Arterien und Nerven des Gesichts;
tiefe Schicht nach Entfernung des Arcus zygomaticus und des Großteils der rechten Unterkieferhälfte; Teile des M. buccinator mit Mundschleimhaut abgetragen; von lateral.

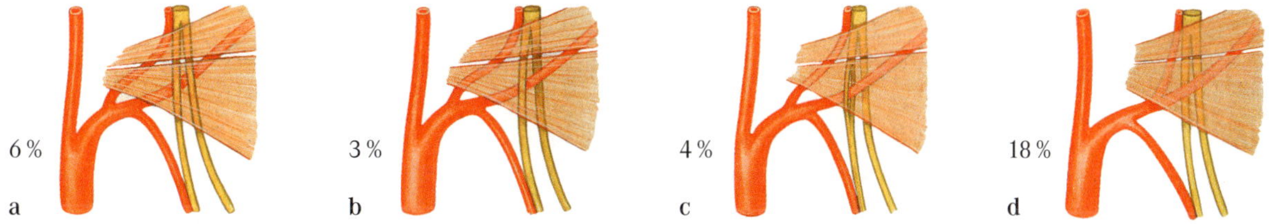

Abb. 153 a–d Varietäten im Bereich der A. maxillaris.

- a Verlauf der A. maxillaris medial des M. pterygoideus lateralis und medial von N. lingualis und N. alveolaris inferior
- b Verlauf der A. maxillaris zwischen N. lingualis und N. alveolaris inferior
- c Verlauf der A. maxillaris durch eine Schlinge des N. alveolaris inferior
- d Abzweigung der A. meningea media distal des Abgangs der A. alveolaris inferior

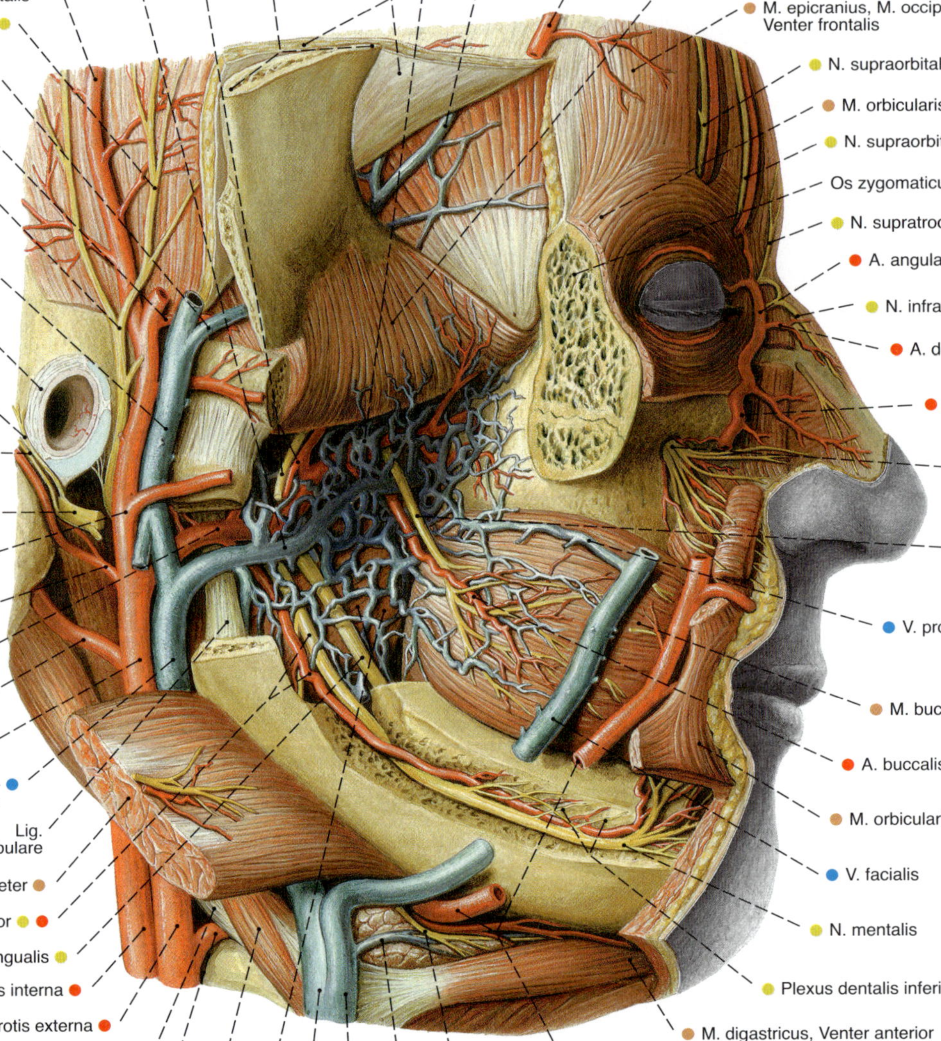

152
267

Abb. 154 Gefäße und Nerven des Gesichts; tiefe Schicht; Präparationsstand ähnlich Abb. 150; von lateral.

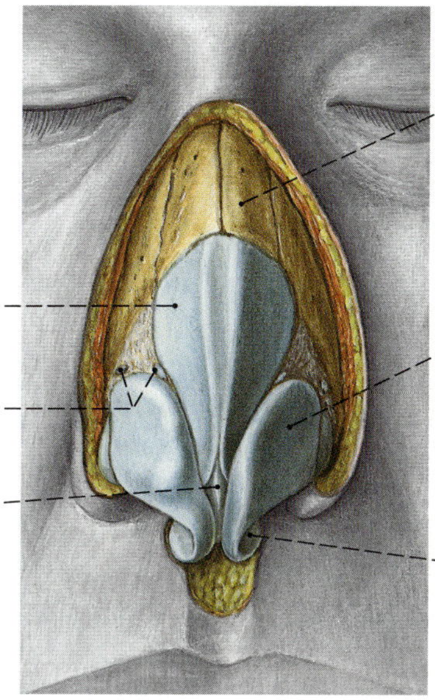

Abb. 155 Nasenskelett; von ventral (90%).

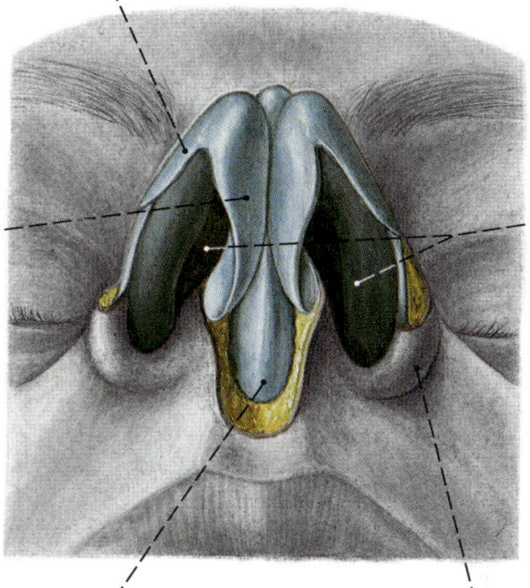

Abb. 156 Knorpel der Nase, Cartilagines nasi; von unten (90%).

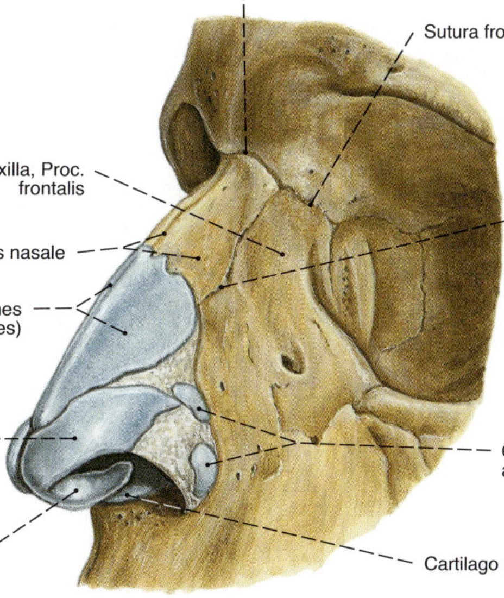

Abb. 157 Nasenskelett; von lateral (90%).

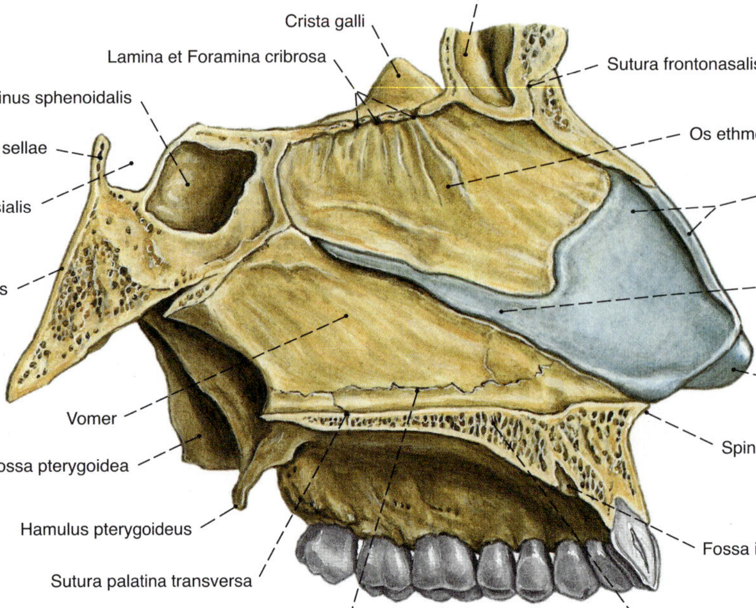

Abb. 158 Nasenscheidewand, Septum nasi; von lateral (re).

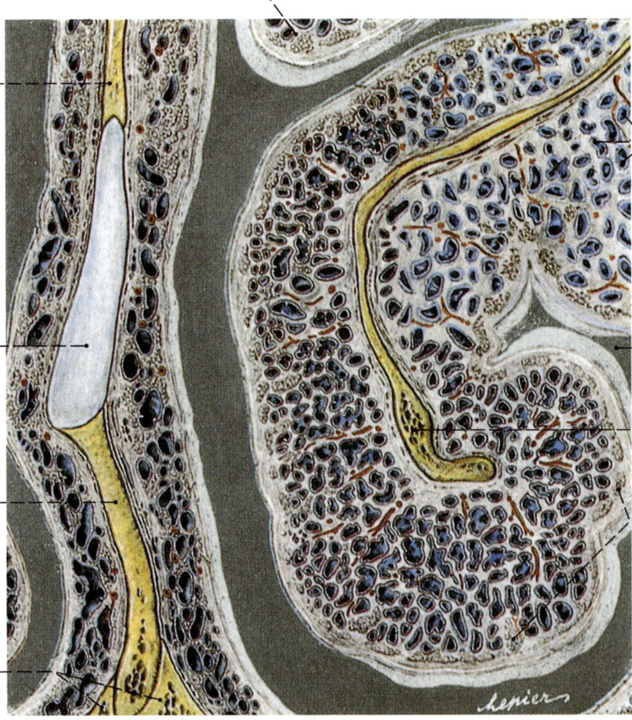

Abb. 159 Teil der unteren Nasenmuschel, Concha nasalis inferior, mit Schleimhaut und venösem Schwellkörper, Plexus cavernosus.

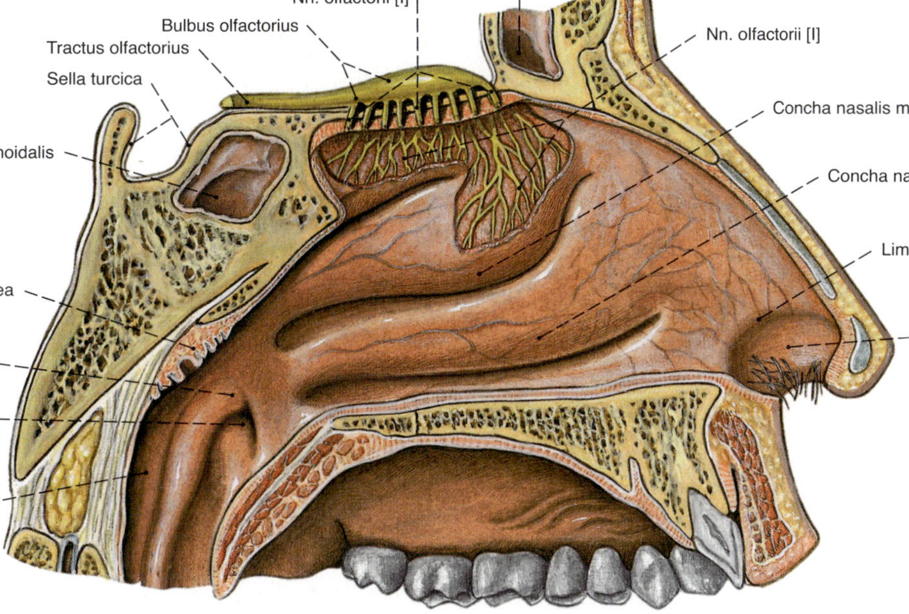

Abb. 160 Laterale Wand der Nasenhöhle, Cavitas nasi;
Paramedianschnitt; Schleimhaut z.T. entfernt;
von medial (li).

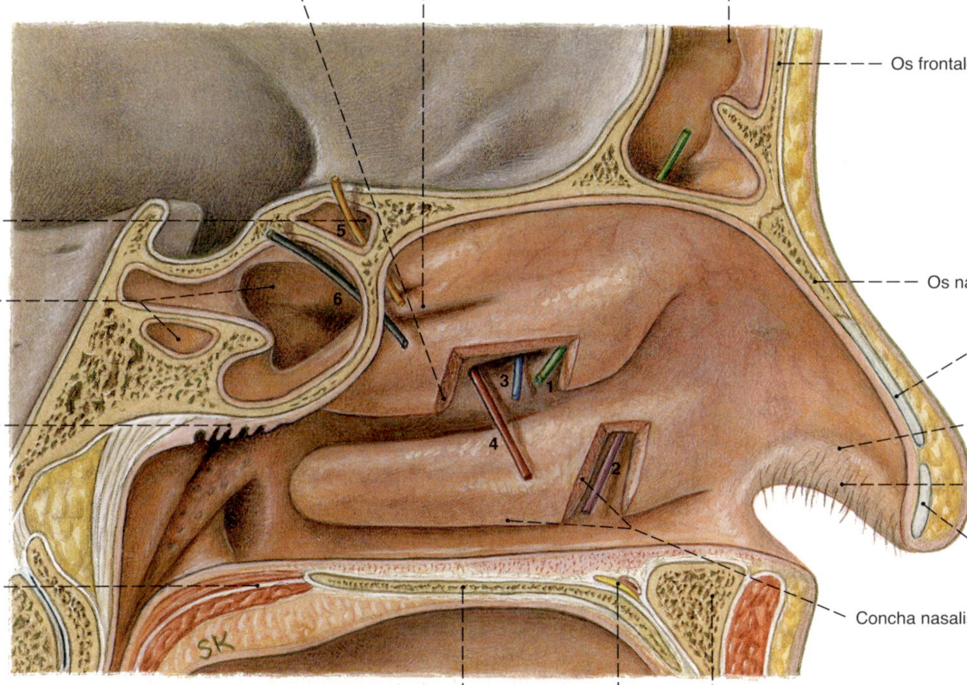

1 Sinus frontalis
2 Ductus nasolacrimalis
3 Cellulae ethmoidales anteriores
4 Sinus maxillaris
5 Cellulae ethmoidales posteriores
6 Sinus sphenoidalis

Abb. 161 Nasenhöhle, Cavitas nasi; Zugänge zu Nasennebenhöhlen, Sinus paranasales, und zum Tränennasengang, Ductus nasolacrimalis;
Paramedianschnitt; nach Entfernung von Teilen der mittleren und unteren Muschel;
von medial (li).
Farbige Sonden in den Ausführungsgängen der Nasennebenhöhlen und im Tränennasengang.

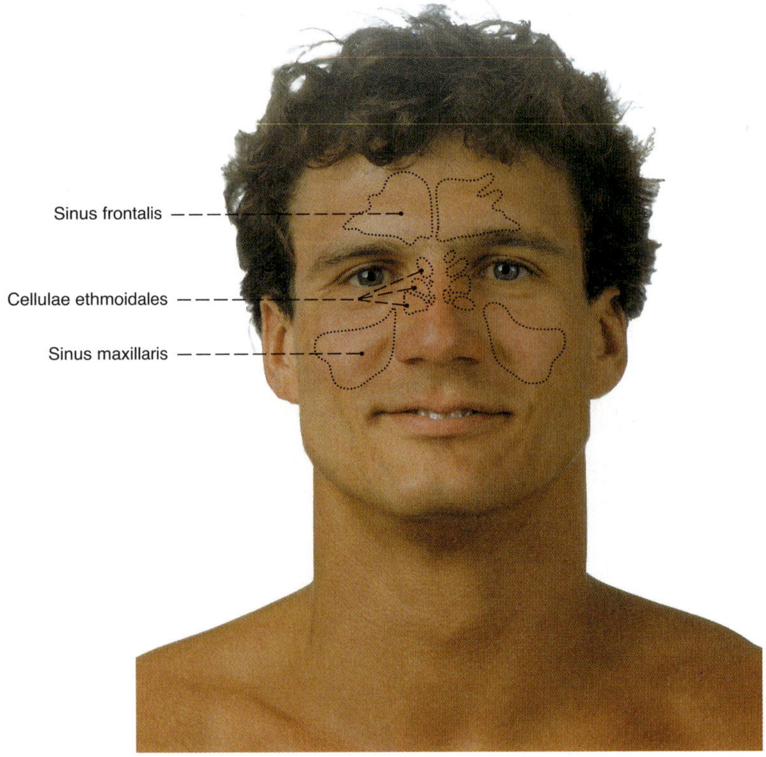

Abb. 162 Nasennebenhöhlen, Sinus paranasales;
Projektion auf das Gesicht;
von vorne.
Die Sinus sphenoidales sind nicht eingezeichnet.

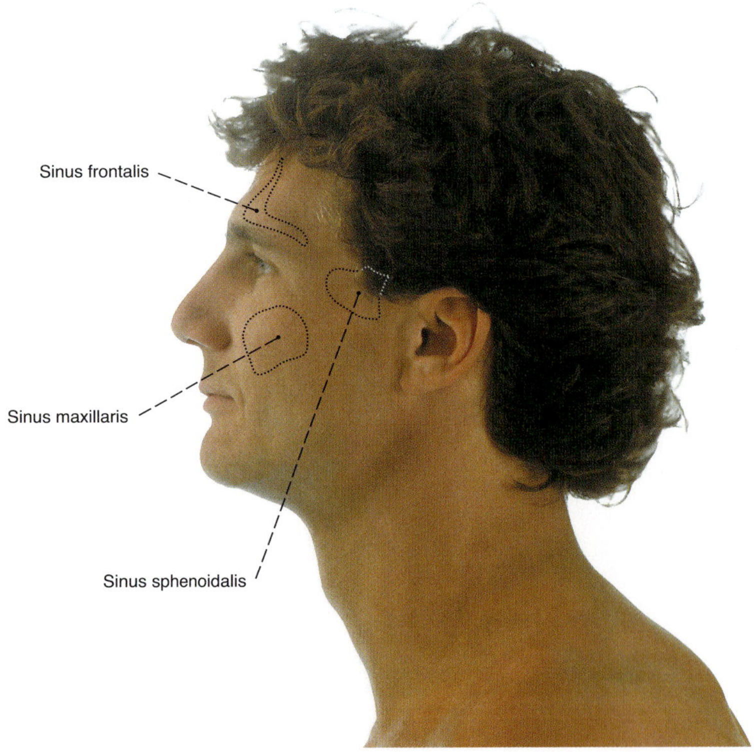

Abb. 163 Nasennebenhöhlen, Sinus paranasales;
Projektion auf das Gesicht;
von lateral.
Die Cellulae ethmoidales sind nicht eingezeichnet.

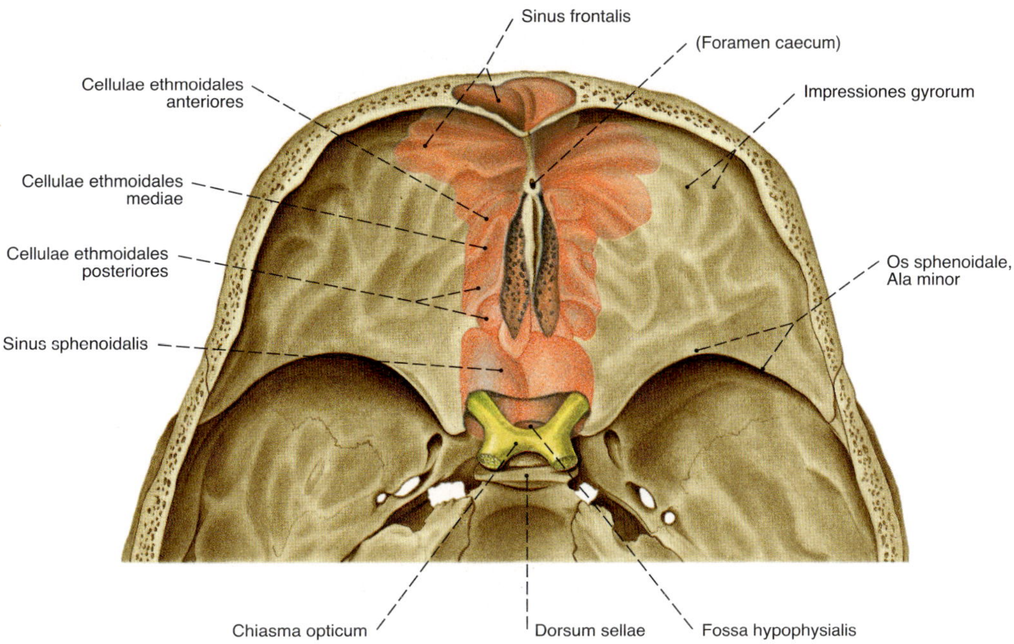

Abb. 164 Nasennebenhöhlen, Sinus paranasales; Projektionen der Sinus sphenoidales, der Sinus frontales und der Cellulae ethmoidales auf die vordere Schädelgrube; von oben (80%).

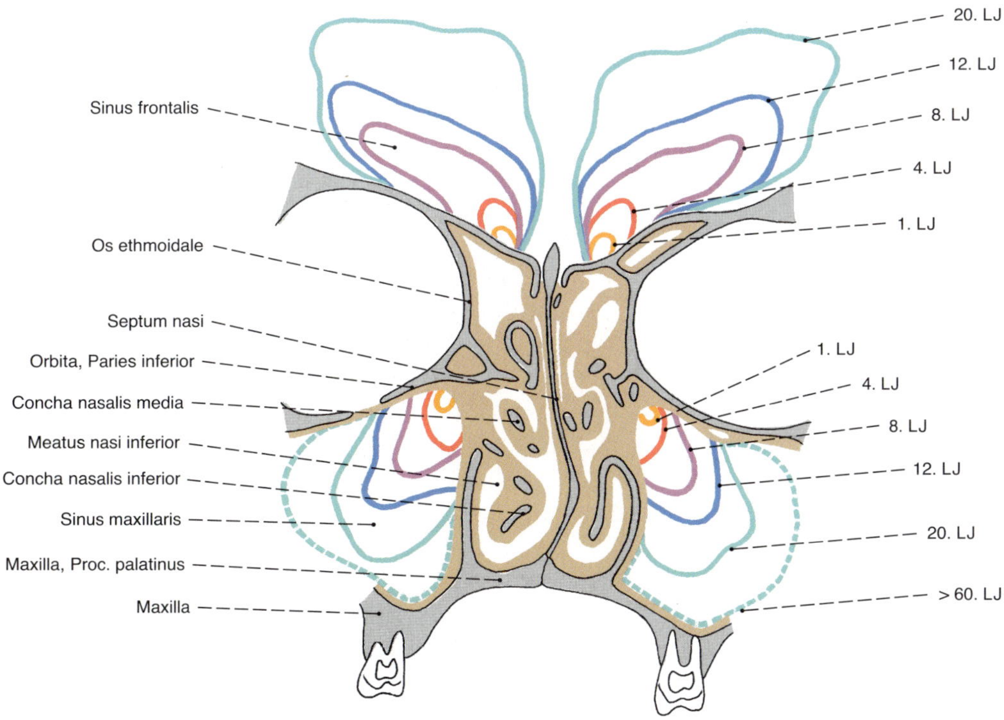

Abb. 165 Entwicklung der Kiefer- und der Stirnhöhle. LJ – Lebensjahr

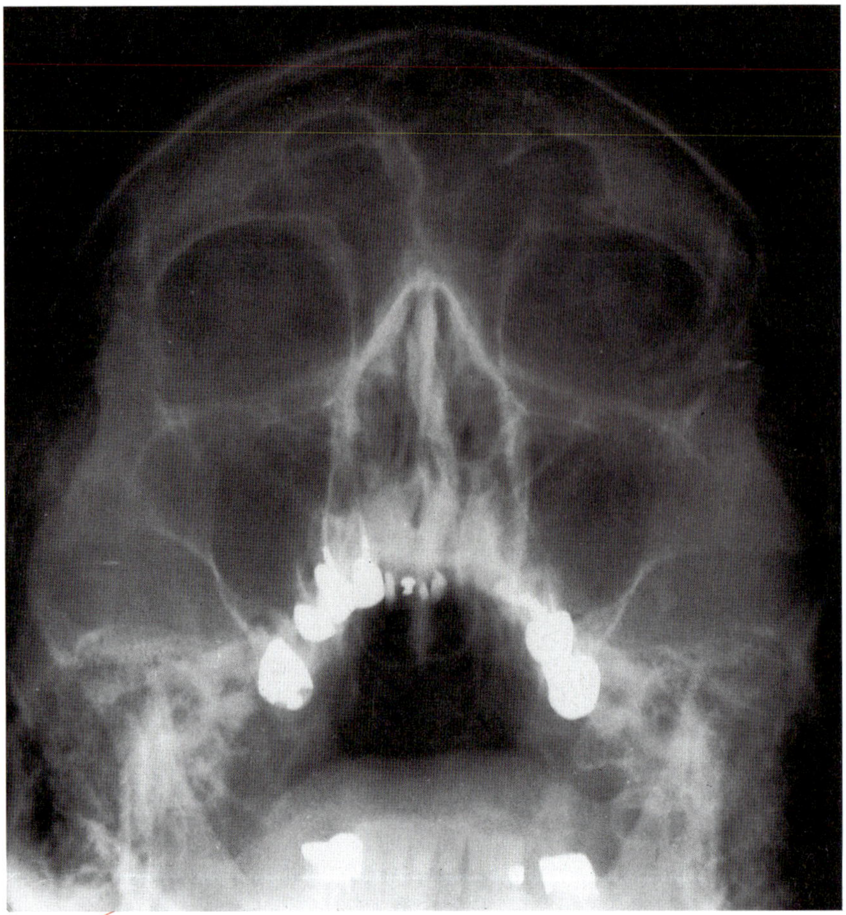

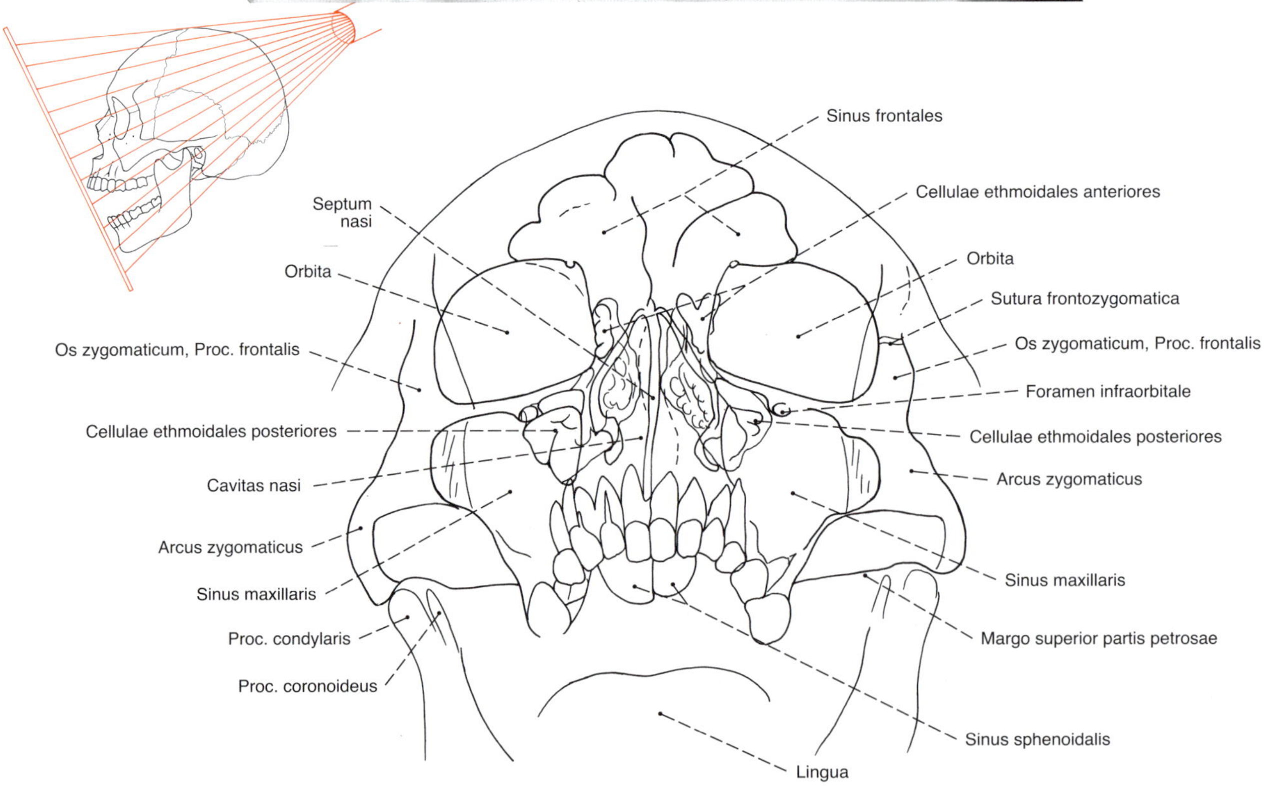

Abb. 166 Nasennebenhöhlen, Sinus paranasales; pa-Röntgenbild; Einstellung: okzipitooraler Strahlengang bei geöffnetem Mund; von vorne unten (80%).

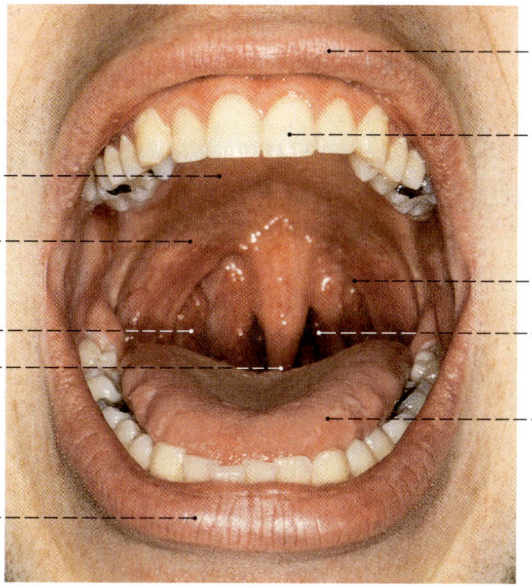

Abb. 167 Mundhöhle, Cavitas oris; von ventral.

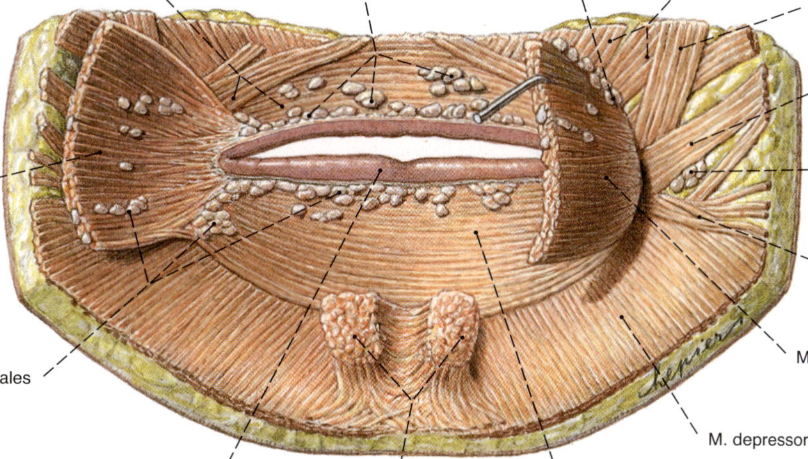

Abb. 168 Muskeln der Mundgegend, Regio oralis; nach Entfernung der Schleimhaut; kleine Speicheldrüsen z.T. erhalten; von innen (80%).

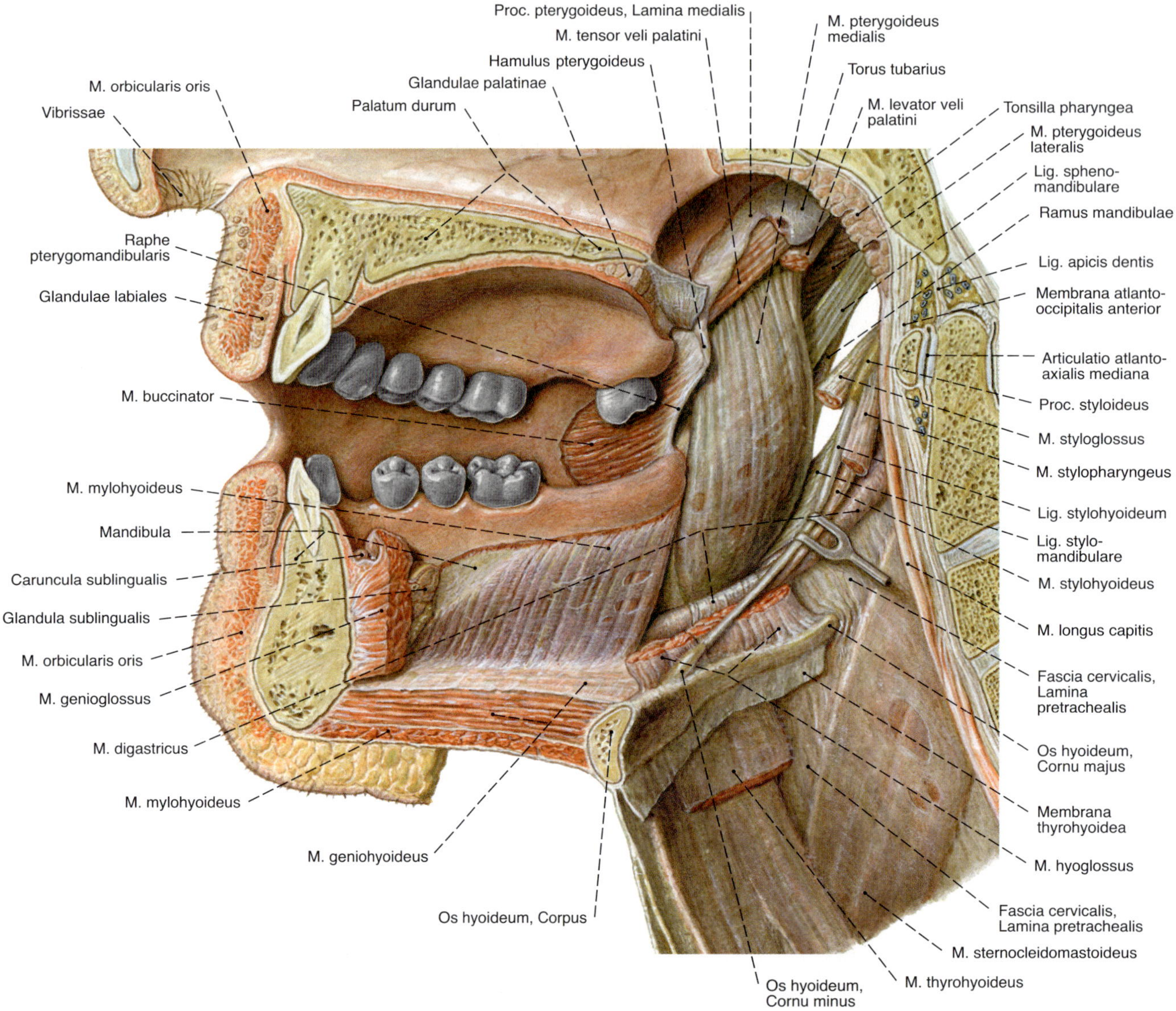

Abb. 169 Mundhöhle, Cavitas oris;
Paramedianschnitt; nach Entfernung von Rachen und Kehlkopf und Zunge;
von medial.
Im Alter ist die Tonsilla pharyngea viel kleiner und oft kaum identifizierbar.

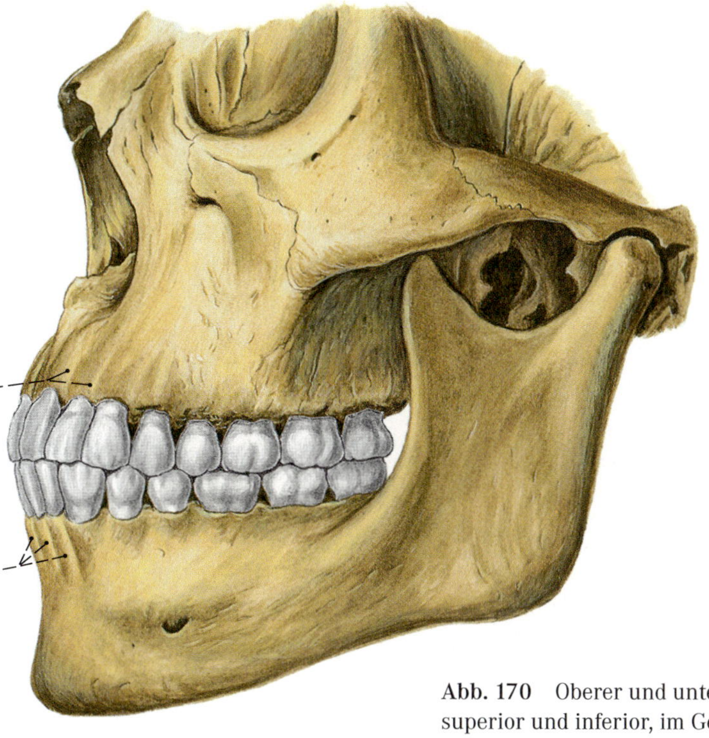

Abb. 170 Oberer und unterer Zahnbogen, Arcus dentalis superior und inferior, im Gesichtsschädel eines 28-Jährigen; Zähne in Okklusionsstellung; von lateral.

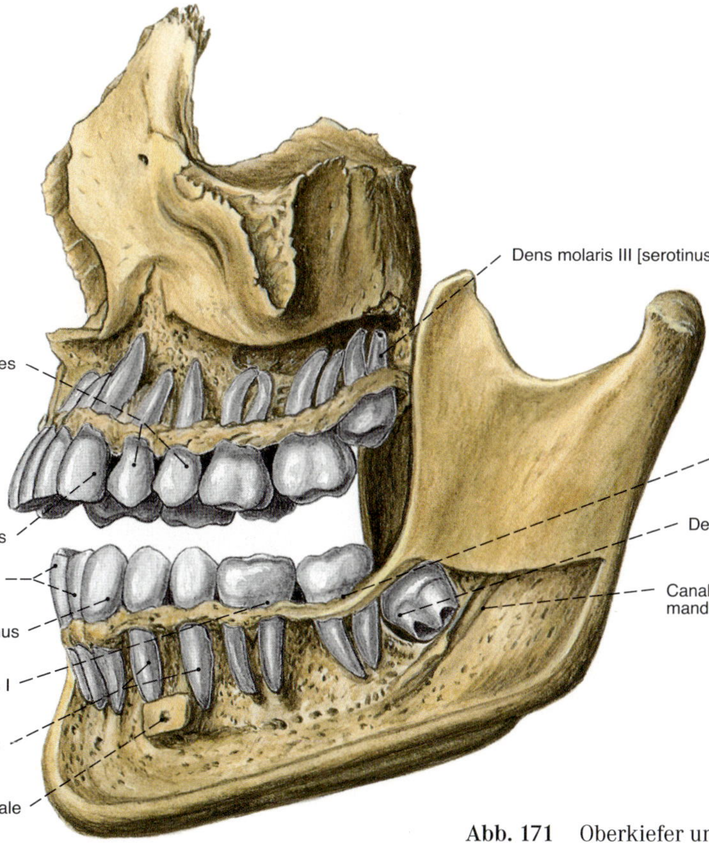

Abb. 171 Oberkiefer und Unterkiefer, Maxilla und Mandibula, eines 20-Jährigen; Zahnwurzeln durch Entfernung der Alveolarwände freigelegt; von lateral.

* 3. unterer Mahlzahn noch nicht durchgebrochen

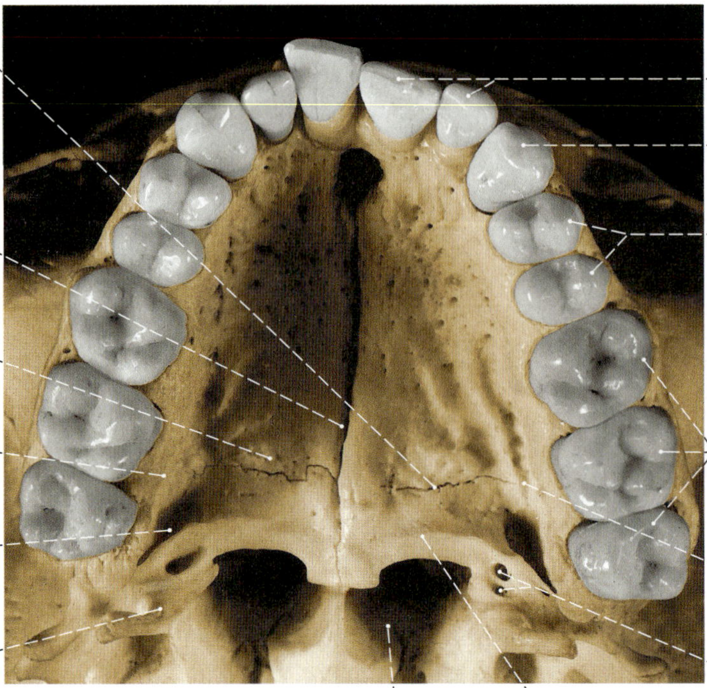

Abb. 172 Knöcherner Gaumen, Palatum osseum; Zahnbogen des Oberkiefers, Arcus dentalis superior;
Foto eines Präparats eines Erwachsenen;
von unten (150%).

Beachte die Abweichung der Stellung der vier Schneidezähne von der Normalsituation (Abb. 192).

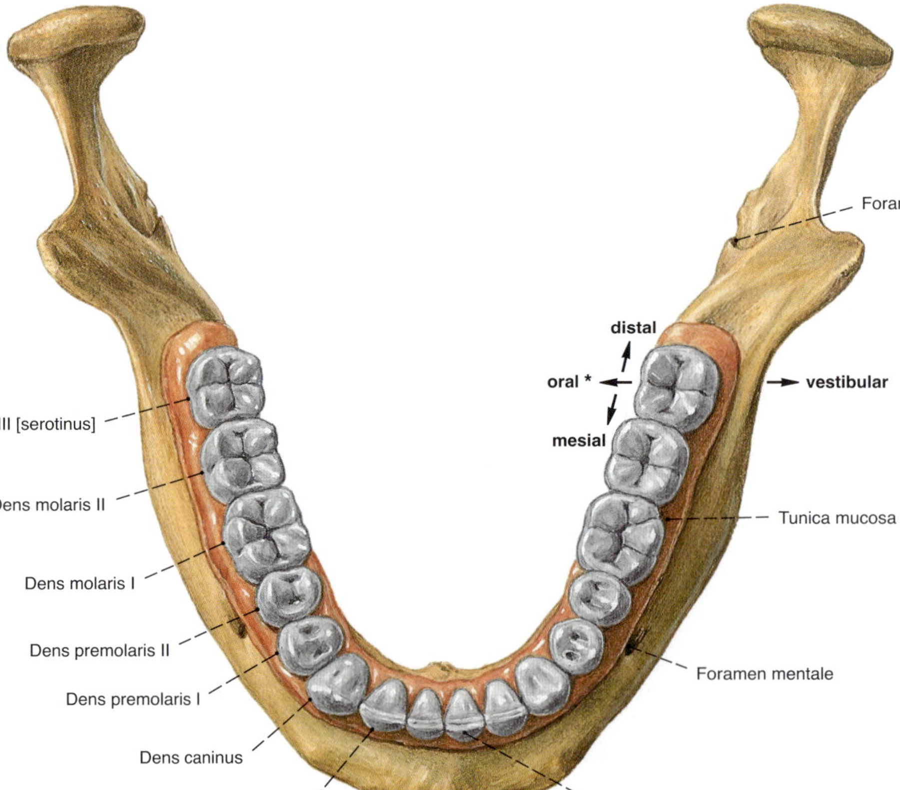

Abb. 173 Unterkiefer, Mandibula; Zahnbogen des Unterkiefers, Arcus dentalis inferior; Zahnfleisch, Gingiva; von oben (110%).

* Oral: Im Bereich des Unterkiefers: lingual; im Bereich des Oberkiefers: palatinal

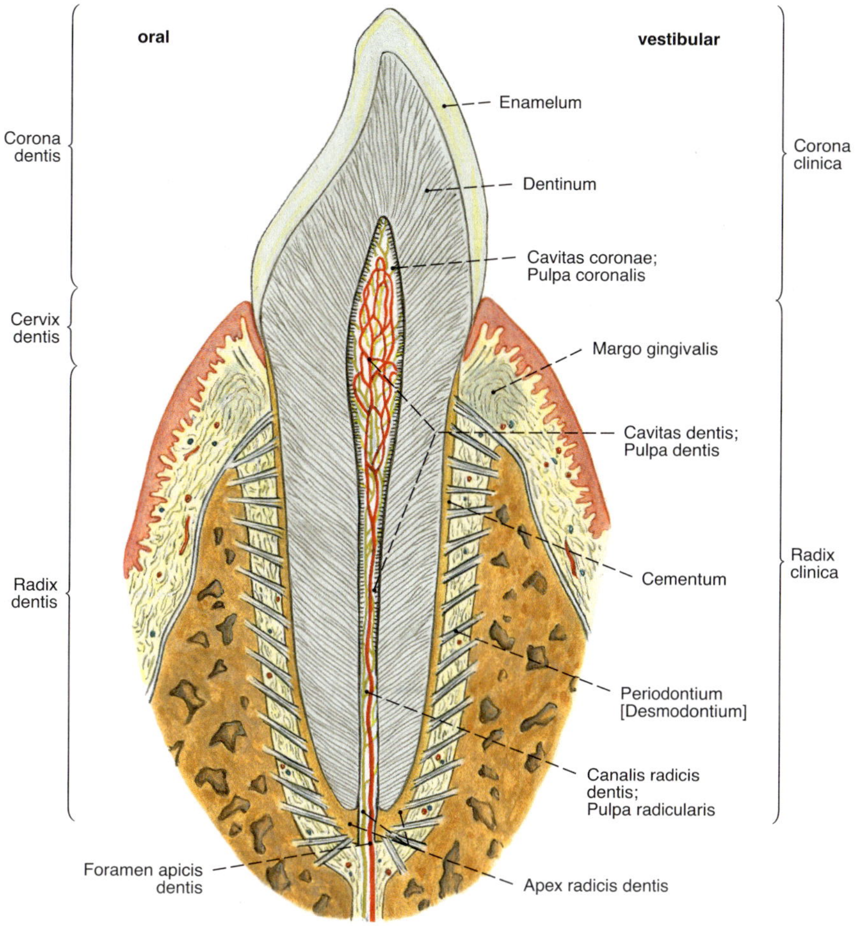

Abb. 174 Schneidezahn, Dens incisivus;
schematischer Längsschnitt mit Alveole und Halteapparat.

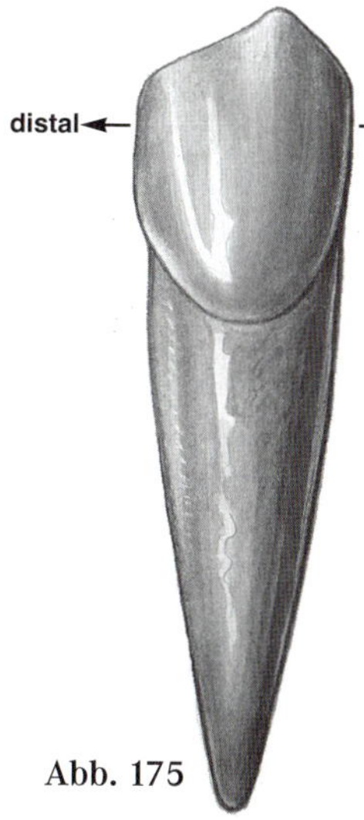

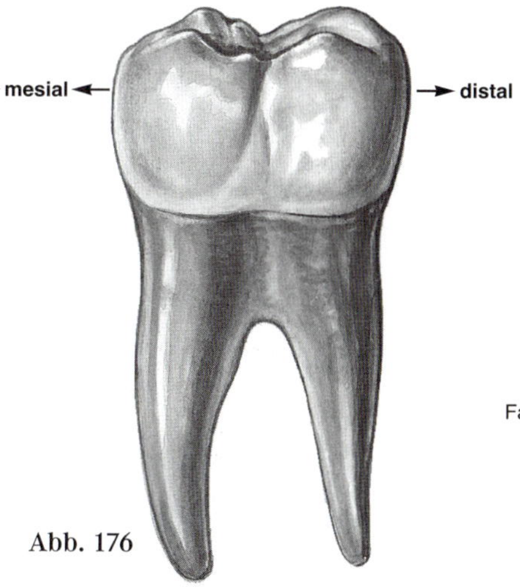

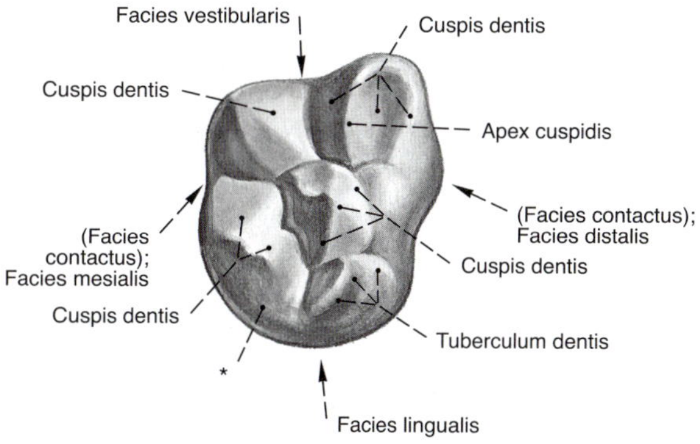

Abb. 175 Bleibender unterer Eckzahn, Dens caninus permanens;
von vestibular (re, 400%).

Abb. 176 Zweiter Milchmahlzahn, Dens molaris deciduus;
von vestibular (li, 400%).
Die zwei kräftigen Wurzeln verlaufen leicht nach distal gekrümmt (typisches Wurzelmerkmal).

Abb. 177 Erster oberer bleibender Mahlzahn, Dens molaris primus;
von okklusal (re, 250%).
Die Kaufläche, Facies occlusalis, hat stets zwei vestibuläre (bukkale) und zwei orale (linguale) Höcker, Cuspides.

* Gelegentlich (60%) kommt ein fünftes Höckerchen an der mesiolingualen Kronenfläche des oberen 1. Molaren vor, Tuberculum Carabelli.

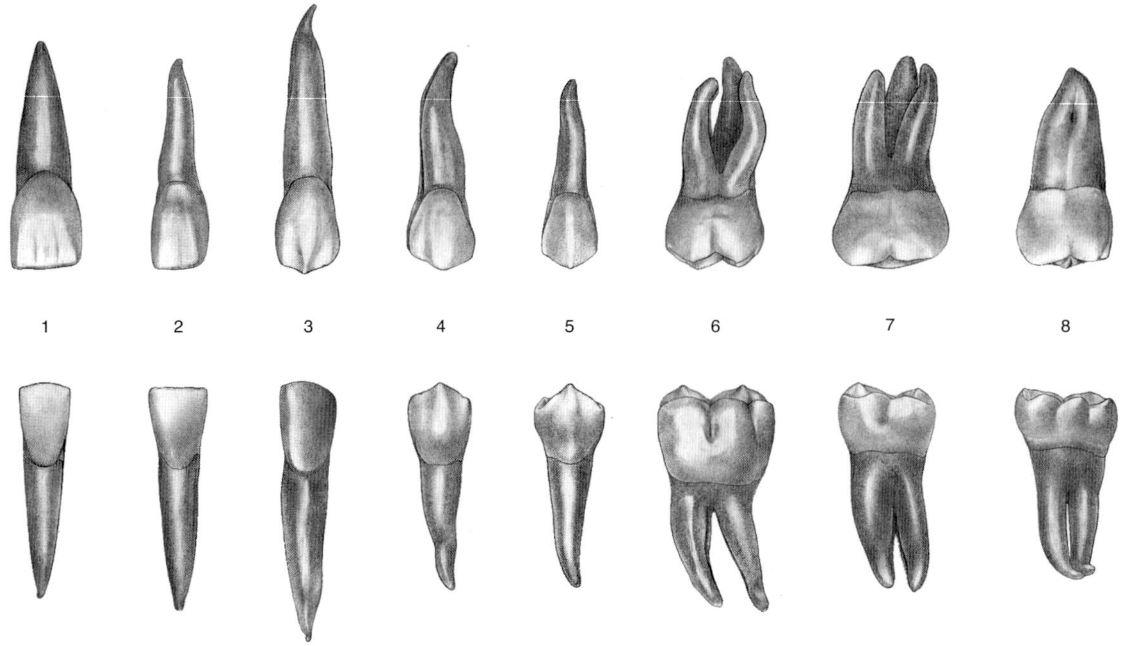

Abb. 178 Bleibende Zähne, Dentes permanentes; von vestibular (li, 120%).

1 Dens incisivus I
2 Dens incisivus II
3 Dens caninus
4 Dens premolaris I
5 Dens premolaris II
6 Dens molaris I
7 Dens molaris II
8 Dens molaris III [serotinus]

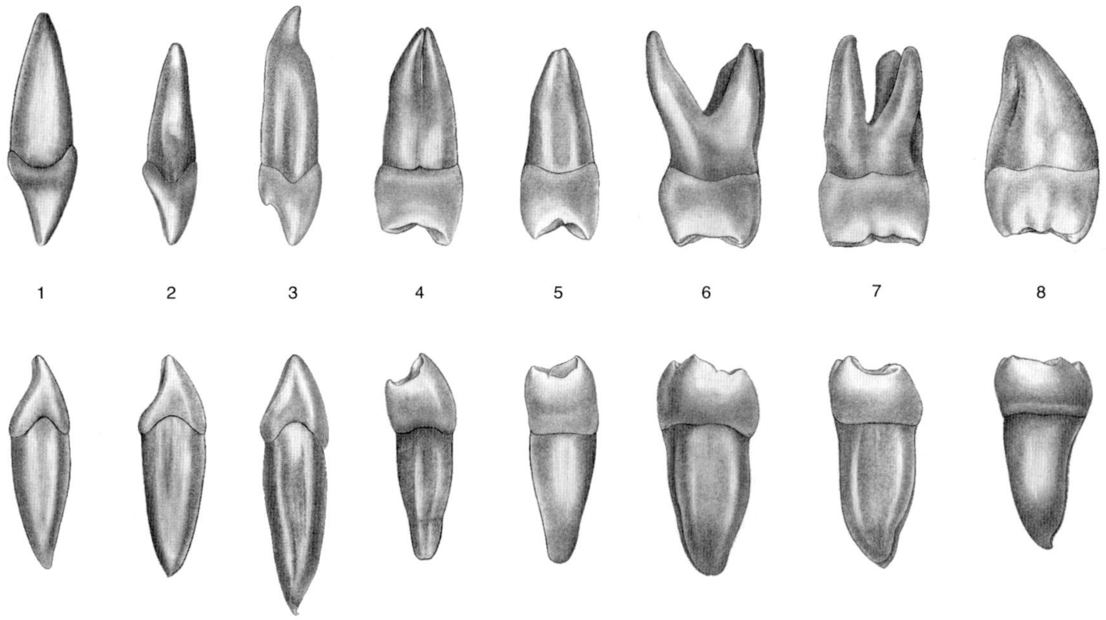

Abb. 179 Bleibende Zähne, Dentes permanentes; von mesial (li, 120%).

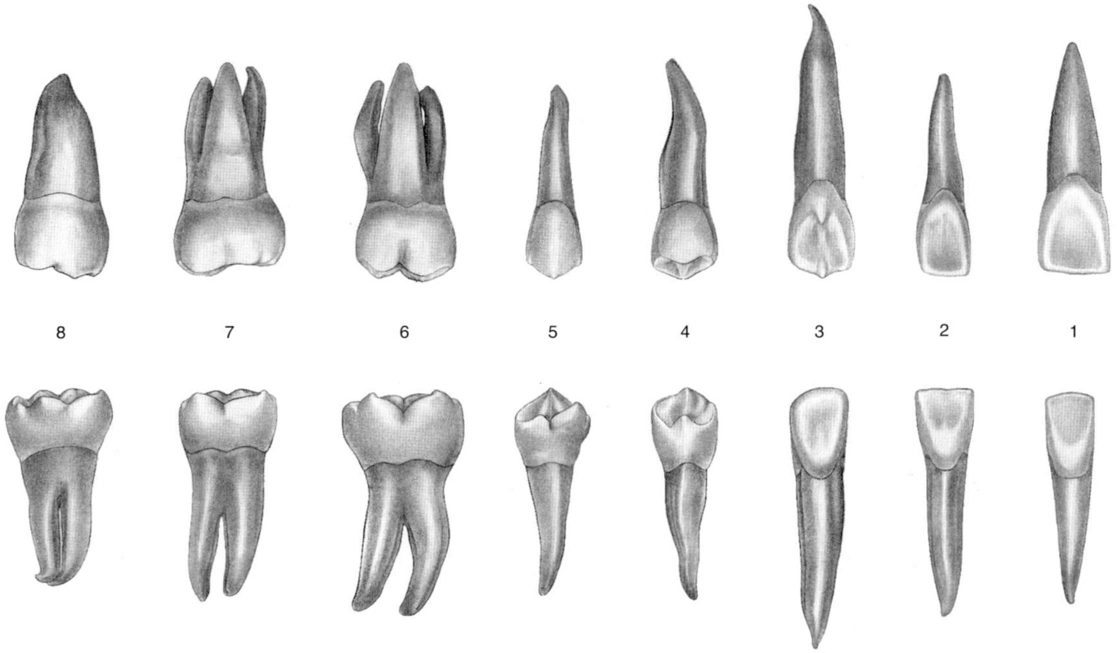

Abb. 180 Bleibende Zähne, Dentes permanentes; von oral (li, 120%).
(Erläuterung der Zahlen siehe S. 100)

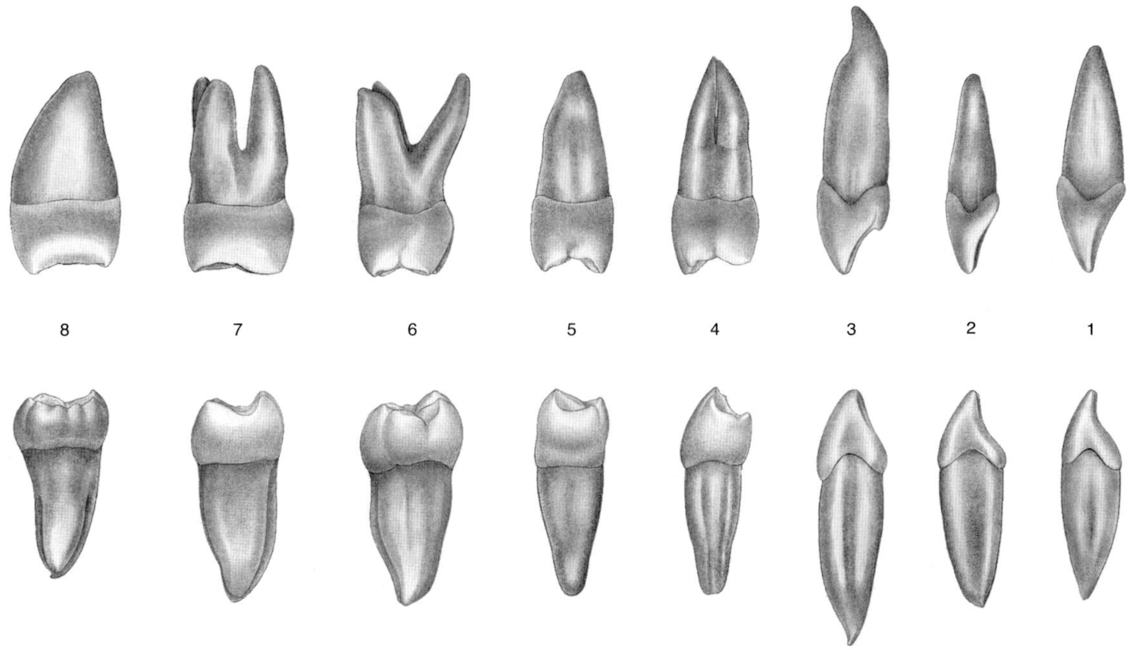

Abb. 181 Bleibende Zähne, Dentes permanentes; von distal (li, 120%).
(Erläuterung der Zahlen siehe S. 100)

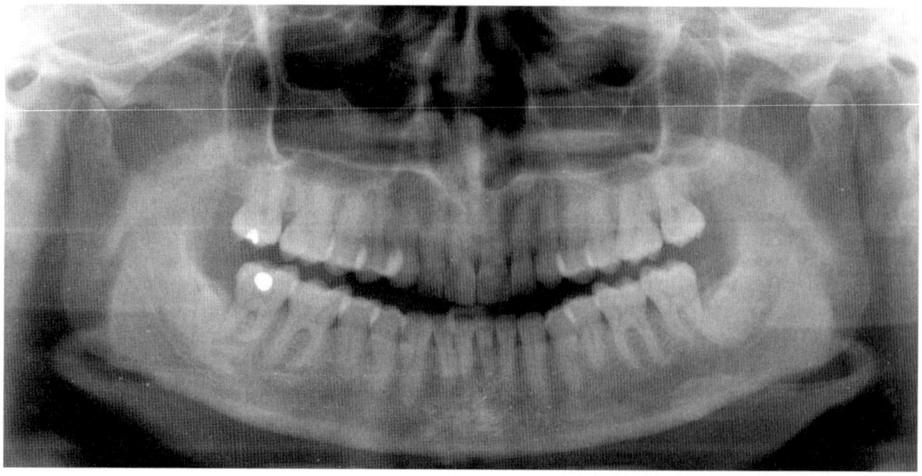

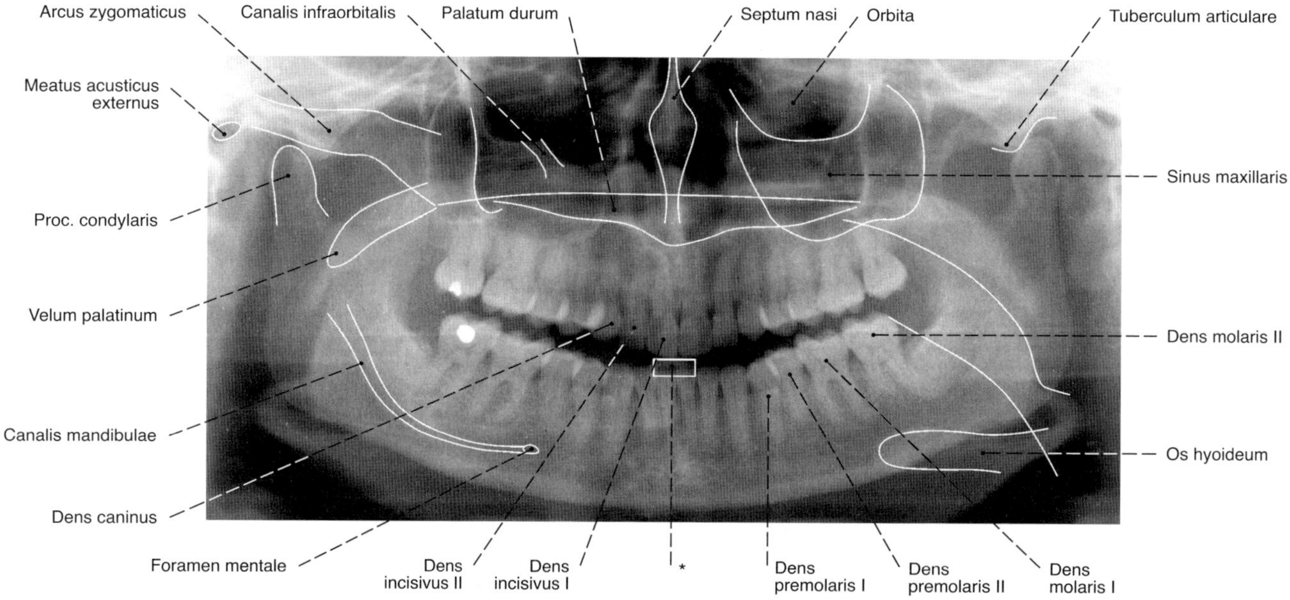

Abb. 182 Ober- und Unterkiefer, Maxilla und Mandibula;
Panoramaröntgenaufnahme;
ohne Weisheitszähne;
Zähne z.T. mit Füllungen versorgt.

* Aufbissstück des Panoramageräts

Oberkiefer

rechts	18	17	16	15	14	13	12	11	21	22	23	24	25	26	27	28	links
	48	47	46	45	44	43	42	41	31	32	33	34	35	36	37	38	

Unterkiefer

Zahnformel des Erwachsenen

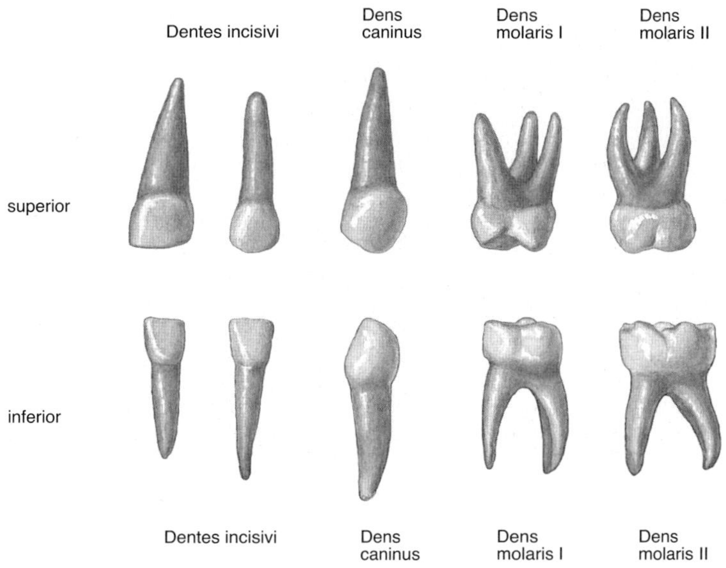

Abb. 183 Milchzähne, Dentes decidui, eines 3-jährigen Kindes;
von vestibular (li, 130%).

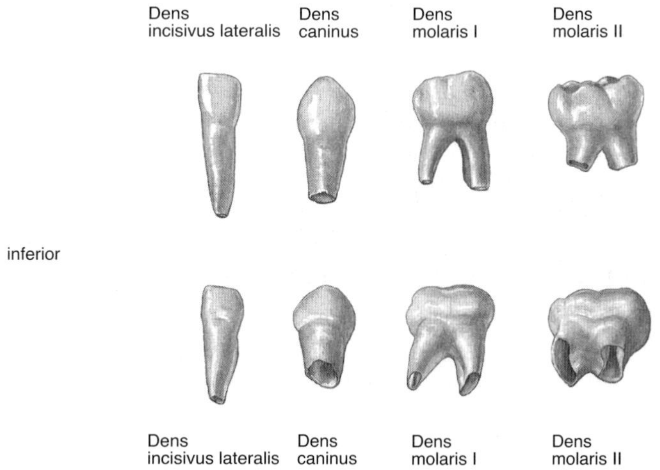

Abb. 184 Milchzähne, Dentes decidui, eines 2-jährigen Kindes;
obere Reihe von vestibular;
untere Reihe von schräg unten (li, 130%).
Die Zahnwurzeln sind noch nicht vollständig kalzifiziert.

Oberkiefer

rechts	55	54	53	52	51	61	62	63	64	65	links
	85	84	83	82	81	71	72	73	74	75	

Unterkiefer

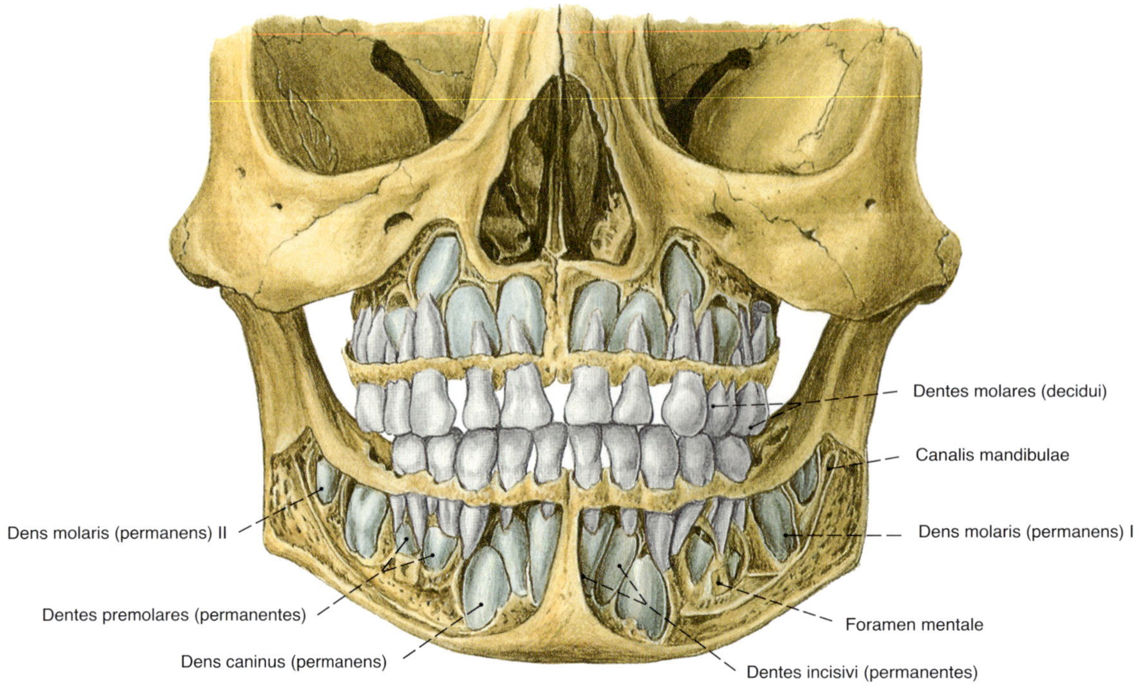

Abb. 185 Gesichtsschädel, Viscerocranium; Milchzähne, Dentes decidui, eines 5-jährigen Kindes; Anlagen der bleibenden Zähne hellblau gezeichnet; von vorne.

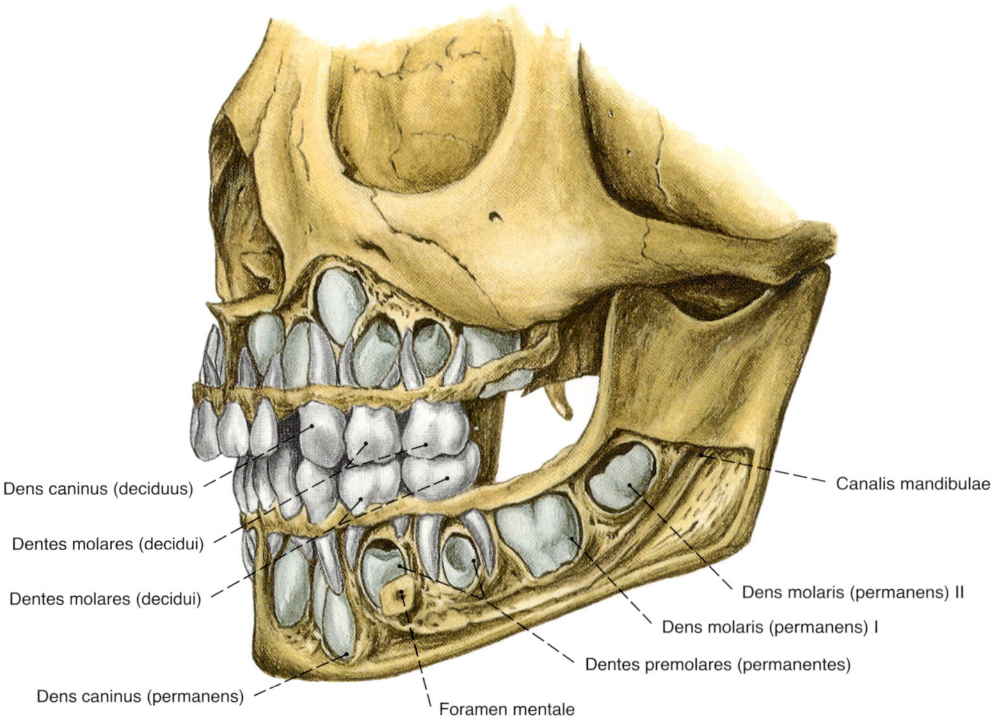

Abb. 186 Gesichtsschädel, Viscerocranium; Milchzähne, Dentes decidui; dasselbe Präparat wie Abb. 185; von lateral vorne.

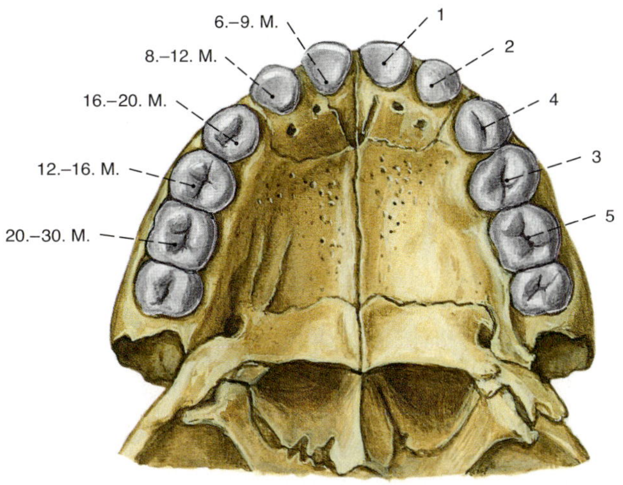

Abb. 187 Oberkiefer, Maxilla, mit Milchzähnen, Dentes decidui;
von unten.
Die links stehenden Zahlen geben die mittlere Durchbruchszeit in Monaten (M), die rechts stehenden die Reihenfolge des Durchbruchs an. Die Durchbruchszeiten schwanken sehr stark. Außerdem gibt es Unterschiede zwischen Jungen und Mädchen und zwischen dem Ober- und Unterkiefer.

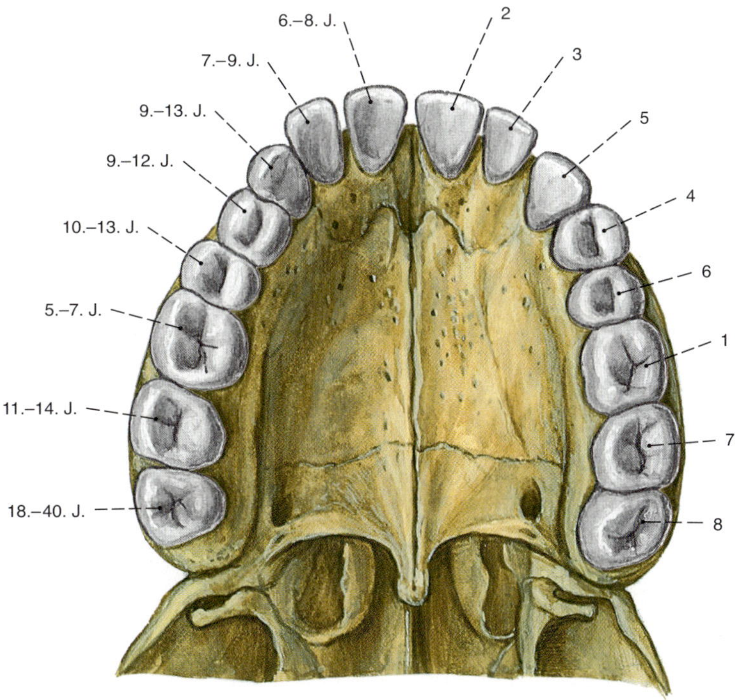

Abb. 188 Oberkiefer, Maxilla, mit bleibenden Zähnen, Dentes permanentes;
von unten.
Die links stehenden Zahlen geben die mittlere Durchbruchszeit in Jahren (J), die rechts stehenden die Reihenfolge des Durchbruchs an. Die Durchbruchszeiten schwanken sehr stark.

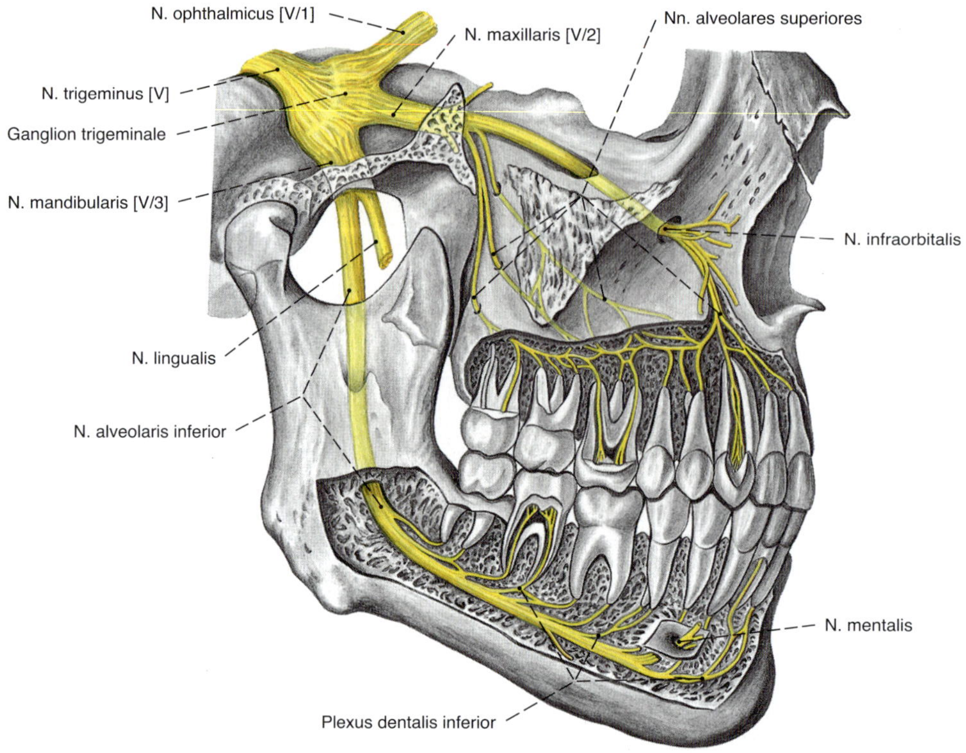

Abb. 189 N. maxillaris [V/2]; N. mandibularis [V/3]; nach Entfernung von Teilen des Ober- und Unterkiefers und Freilegung des Canalis mandibulae; von lateral.

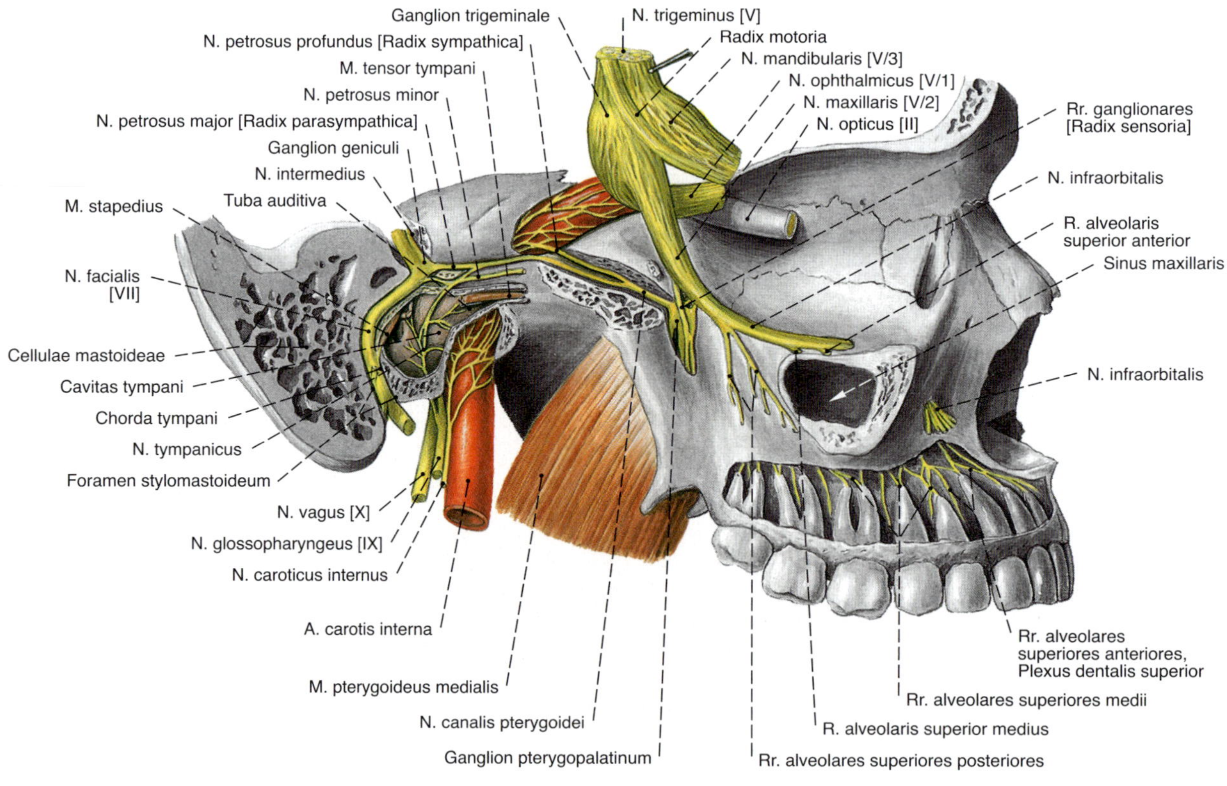

Abb. 190 Wurzeln des Ganglion pterygopalatinum; Sagittalschnitt; nach Freilegung des Canalis nervi facialis, der Paukenhöhle und des Canalis pterygoideus; Ganglion trigeminale nach lateral oben gezogen; von lateral.

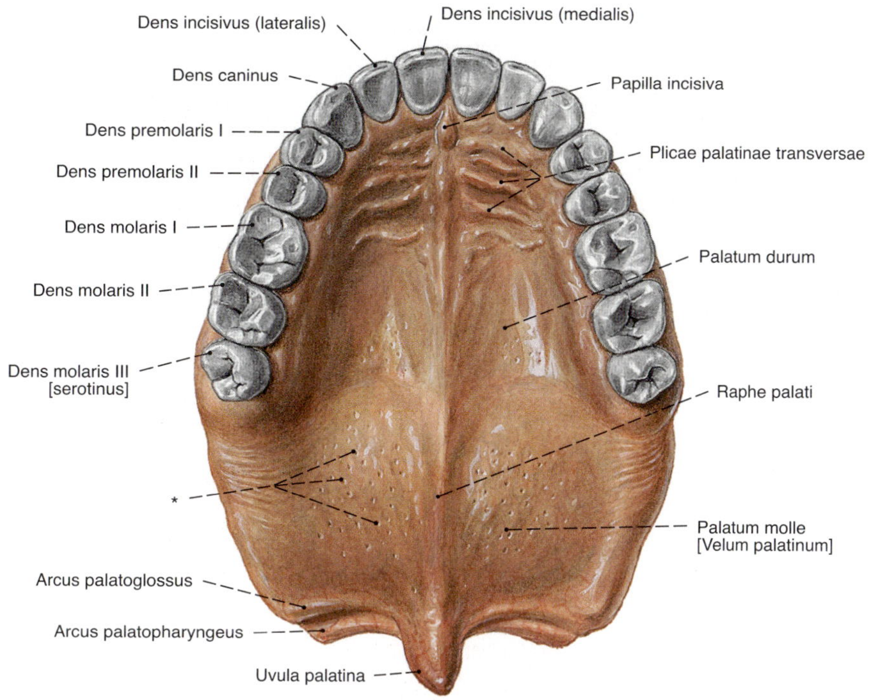

Abb. 191 Harter und weicher Gaumen, Palatum durum und Palatum molle; oberer Zahnbogen, Arcus dentalis superior; von unten.

* Öffnungen der Gaumendrüsen, Glandulae palatinae

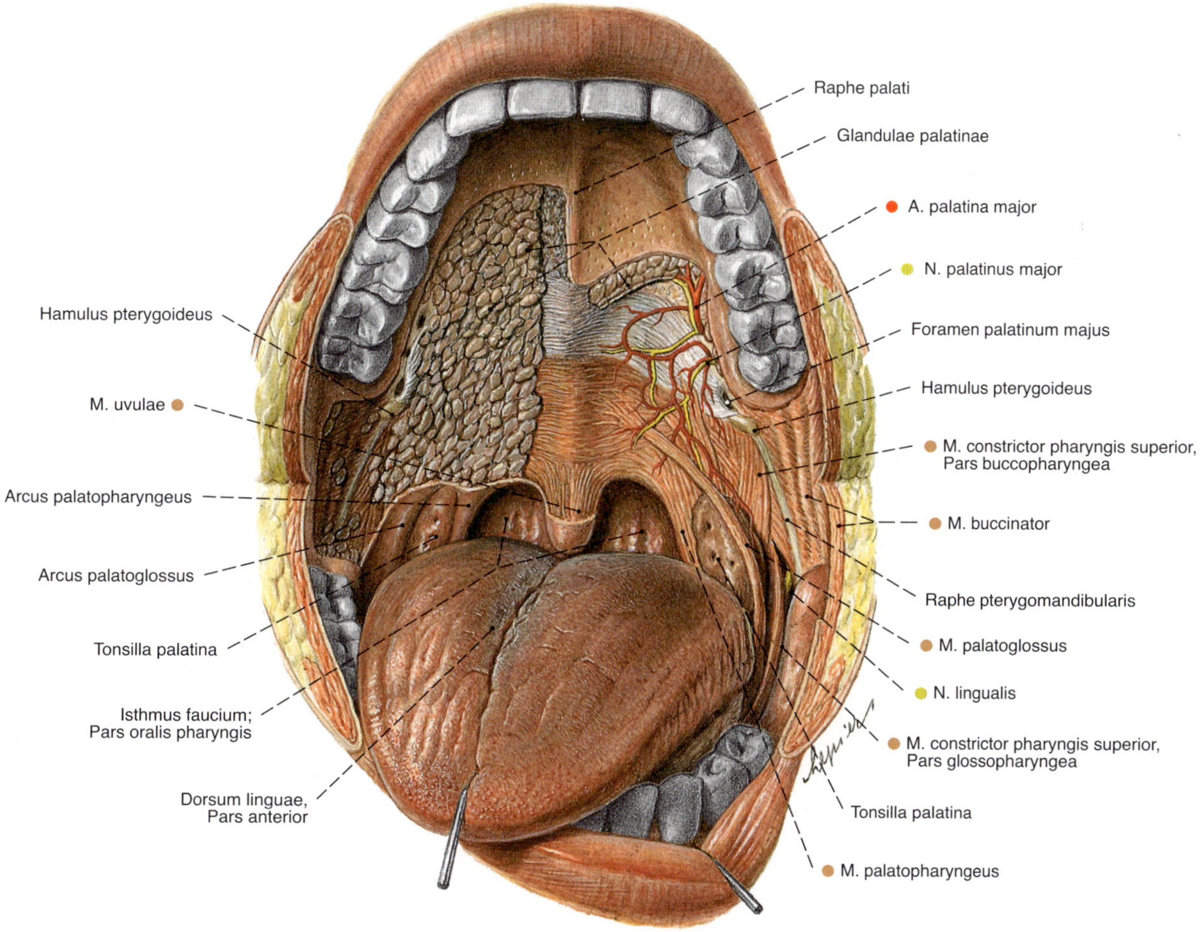

Abb. 192 Mundhöhle, Cavitas oris; Gaumenmuskeln, Mm. palati;
Zunge nach vorne gezogen; Schleimhaut am Gaumen überwiegend entfernt, um die Gaumendrüsen und die Verlaufsrichtung der Muskeln des weichen Gaumens zu zeigen;
von ventral.

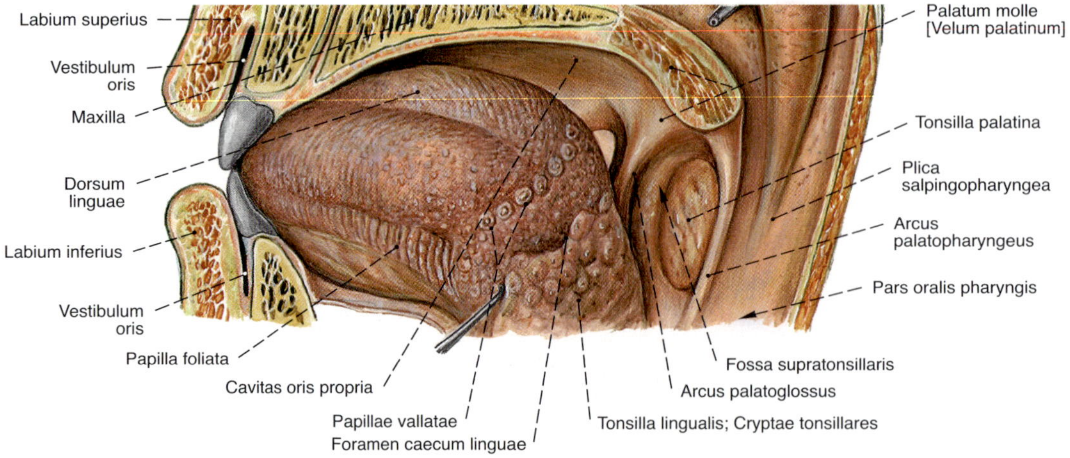

Abb. 193 Mundhöhle, Cavitas oris; Rachen, Pharynx; Paramedianschnitt; Zunge aber vollständig dargestellt und über die Schnittebene herausgezogen; von medial.

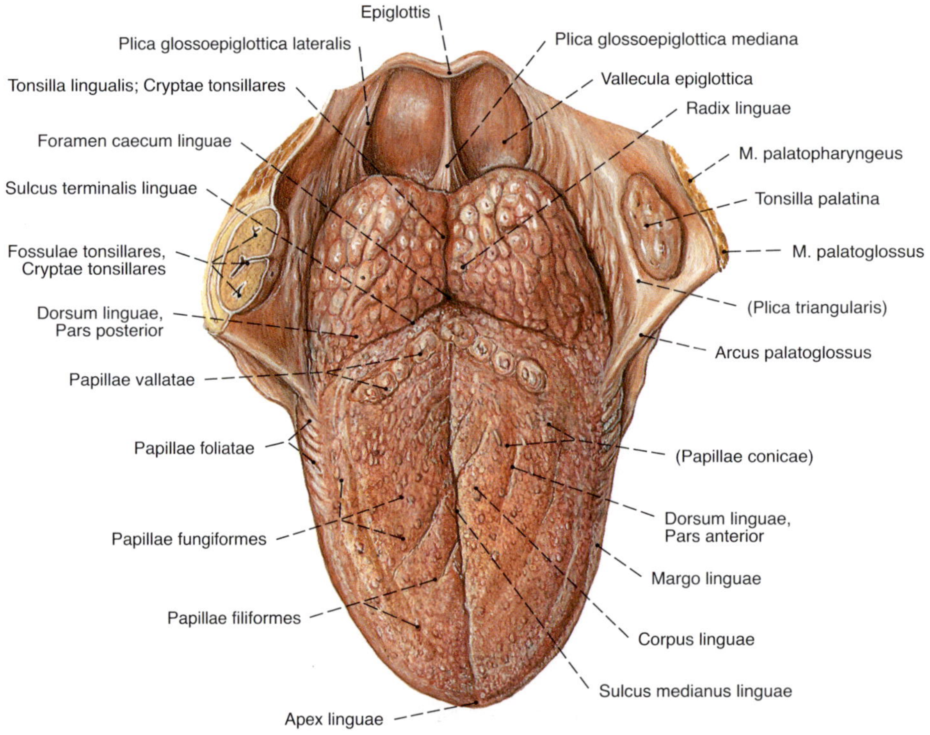

Abb. 194 Zungenrücken, Dorsum linguae; Zungenwurzel, Radix linguae; Gaumenmandeln, Tonsillae palatinae; rechte Gaumenmandel aufgeschnitten; von oben (80%).

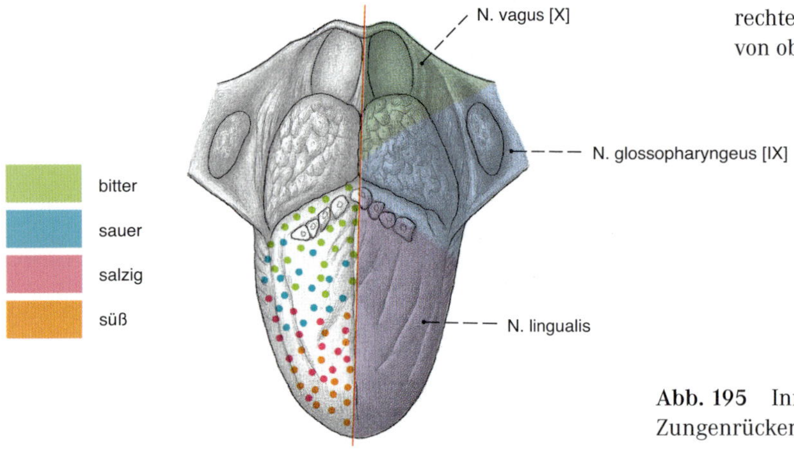

Abb. 195 Innervation und Geschmacksqualitäten des Zungenrückens, Dorsum linguae.

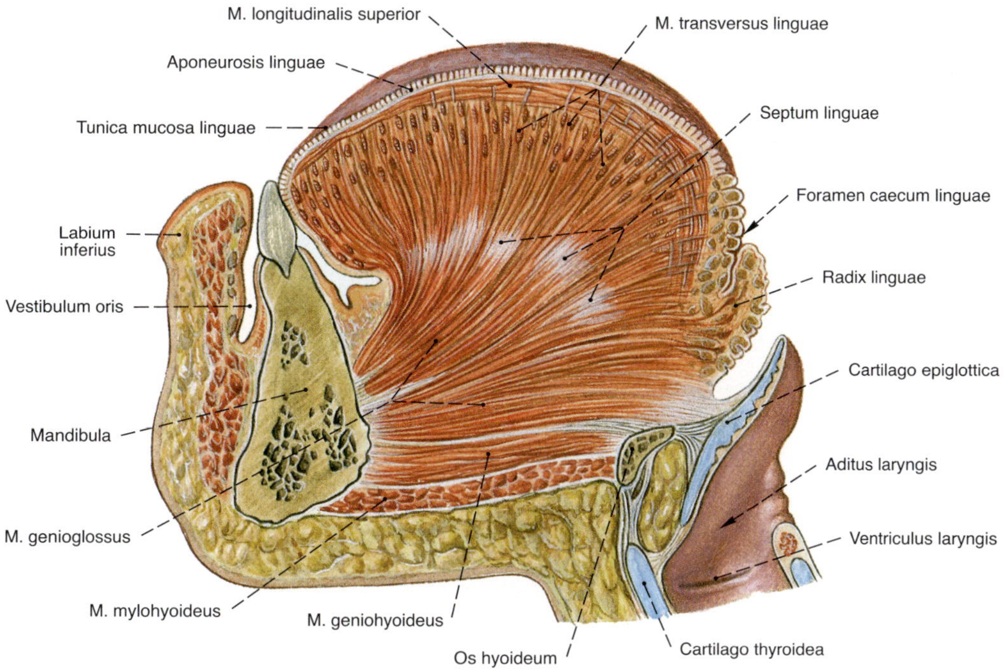

Abb. 196 Zunge, Lingua; Unterkiefer, Mandibula;
Teile des Kehlkopfs, Larynx;
Medianschnitt;
von lateral.

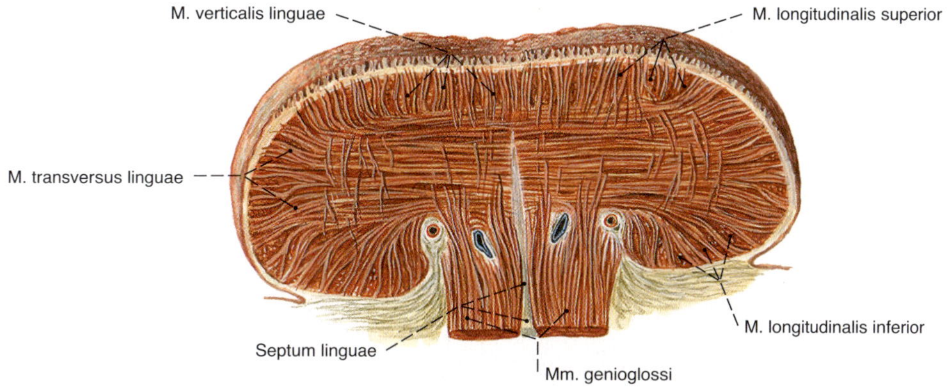

Abb. 197 Zunge, Lingua;
Querschnitt in Höhe des mittleren Abschnitts;
von vorne.

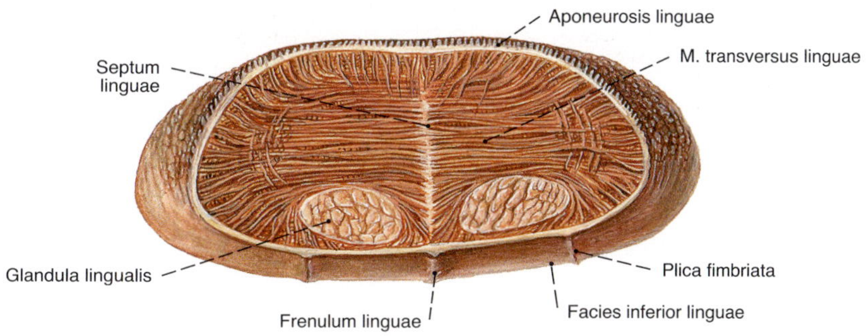

Abb. 198 Zunge, Lingua;
Querschnitt durch die Zungenspitze;
von vorne.

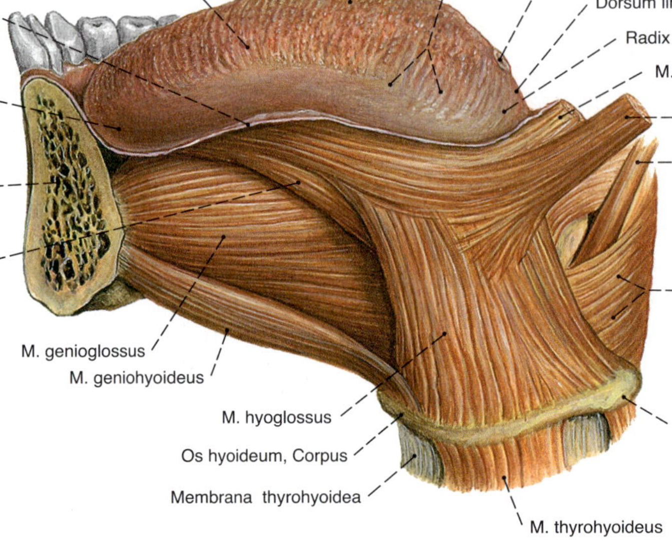

Abb. 199 Zungenmuskeln, Mm. linguae;
Unterkiefer durchgesägt;
von lateral (80%).

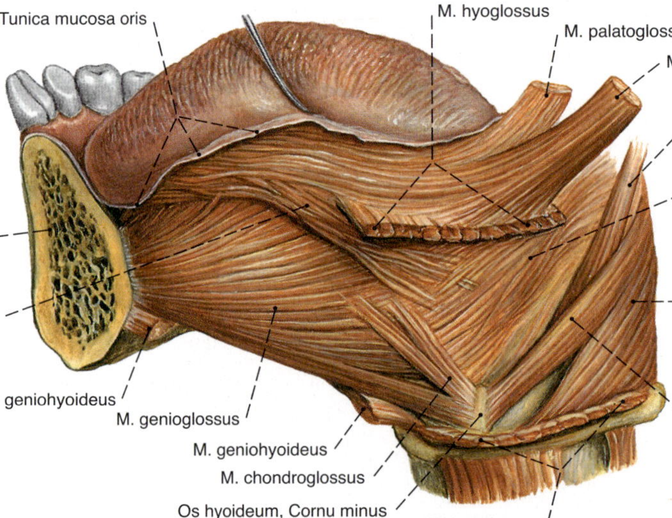

Abb. 200 Zungenmuskeln, Mm. linguae;
Unterkiefer durchgesägt; M. hyoglossus teilweise entfernt;
von lateral (80%).

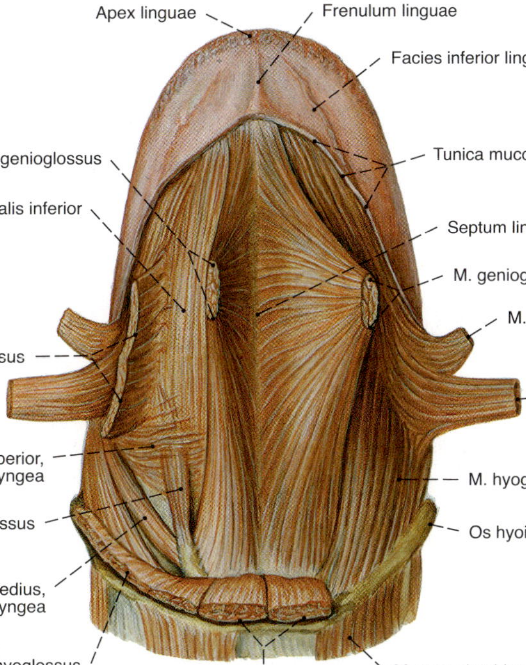

Abb. 201 Zungenmuskeln, Mm. linguae; Mm. genioglossi vom Unterkiefer abgetrennt; von unten vorne (80%).

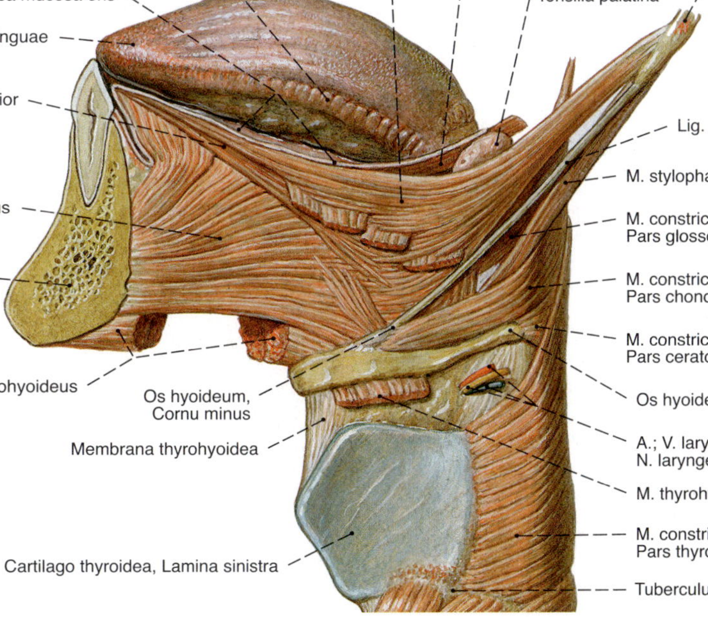

Abb. 202 Zungenmuskeln, Mm. linguae; Rachenmuskeln, Tunica muscularis pharyngis; Kehlkopf, Larynx; Mm. hyoglossus, geniohyoideus und thyrohyoideus durchgetrennt; von lateral (60%).

Muskeln der Zunge (Abb. 196–200)

Bei den Zungenmuskeln unterscheidet man innere Zungenmuskeln (Binnenmuskeln: Mm. longitudinales superior et inferior und M. transversus linguae) und äußere Zungenmuskeln (Außenmuskeln: M. genioglossus, M. hyoglossus, M. chondroglossus, M. styloglossus und M. palatoglossus).

Muskel *Innervation*	**Ursprung**	**Ansatz**	**Funktion**
1. M. longitudinalis superior *N. hypoglossus [XII]* Liegt nahe dem Dorsum linguae	Apex linguae	Radix linguae	Zurückziehen der Zunge und damit verbundene Verbreiterung
2. M. longitudinalis inferior *N. hypoglossus [XII]* Liegt nahe der Unterfläche der Zunge	Apex linguae	Radix linguae	Zurückziehen der Zunge und damit verbundene Verbreiterung
3. M. transversus linguae *N. hypoglossus [XII]*	Seitenrand der Zunge; Septum linguae	Seitenrand der Zunge; Aponeurosis linguae	Verschmälern der Zunge und damit verbundene Streckung
4. M. genioglossus *N. hypoglossus [XII]*	Spina mentalis der Mandibula	Aponeurosis linguae	Vorschieben der Zunge, Verlagerung nach unten; Bewegung der Zungenspitze
5. M. hyoglossus *N. hypoglossus [XII]*	Cornu majus und Corpus ossis hyoidei	Aponeurosis linguae (lateraler Bereich)	Zurückziehen der Zunge, Senken des Zungenrückens und des Zungengrundes
6. M. chondroglossus *N. hypoglossus [XII]*	Cornu minus ossis hyoidei	Aponeurosis linguae (lateraler Bereich)	
7. M. styloglossus *N. hypoglossus [XII]*	Proc. styloideus (Vorderkante) des Os temporale, Lig. stylomandibulare und Lig. stylohyoideum	Seitenrand der Zunge (von hinten oben einstrahlend)	Zurückziehen und Anheben der Zunge
8. M. palatoglossus *N. glossopharyngeus [IX], N. vagus [X] und N. accessorius, Radix cranialis [XI]*	Aponeurosis palatina	Ausstrahlung in Binnenmuskeln, insbesondere in den M. transversus linguae	Heben des Zungengrundes bzw. Senken des Gaumensegels; Verengung des Isthmus faucium

Muskeln des Gaumens (Abb. 192, 682)

Zu den Gaumenmuskeln werden der M. tensor veli palatini und der M. levator veli palatini sowie der unpaare M. uvulae gezählt.

Muskel *Innervation*	**Ursprung**	**Ansatz**	**Funktion**
1. M. levator veli palatini *Plexus pharyngeus [IX, X]*	Pars petrosa ossis temporalis (Unterfläche); Cartilago tubae auditivae	Aponeurosis palatina	Spannen und Heben des Gaumensegels; Verengung des Isthmus faucium; Erweitern des Lumens der Ohrtrompete
2. M. tensor veli palatini *N. musculi tensoris veli palatini des N. mandibularis [V/3]* Wird um den Hamulus ossis pterygoidei als Hypomochlion umgelenkt	Fossa scaphoidea an der Basis der Lamina medialis des Proc. pterygoideus; Spina ossis sphenoidalis; Tuba auditiva (membranöser Anteil)	Aponeurosis palatina	Spannen des Gaumensegels; Erweitern des Lumens der Ohrtrompete
3. M. uvulae *Plexus pharyngeus des N. vagus [X], (N. glossopharyngeus [IX])*	Aponeurosis linguae	Stroma der Uvula	Verkürzen und damit verbundene Verdickung des Zäpfchens

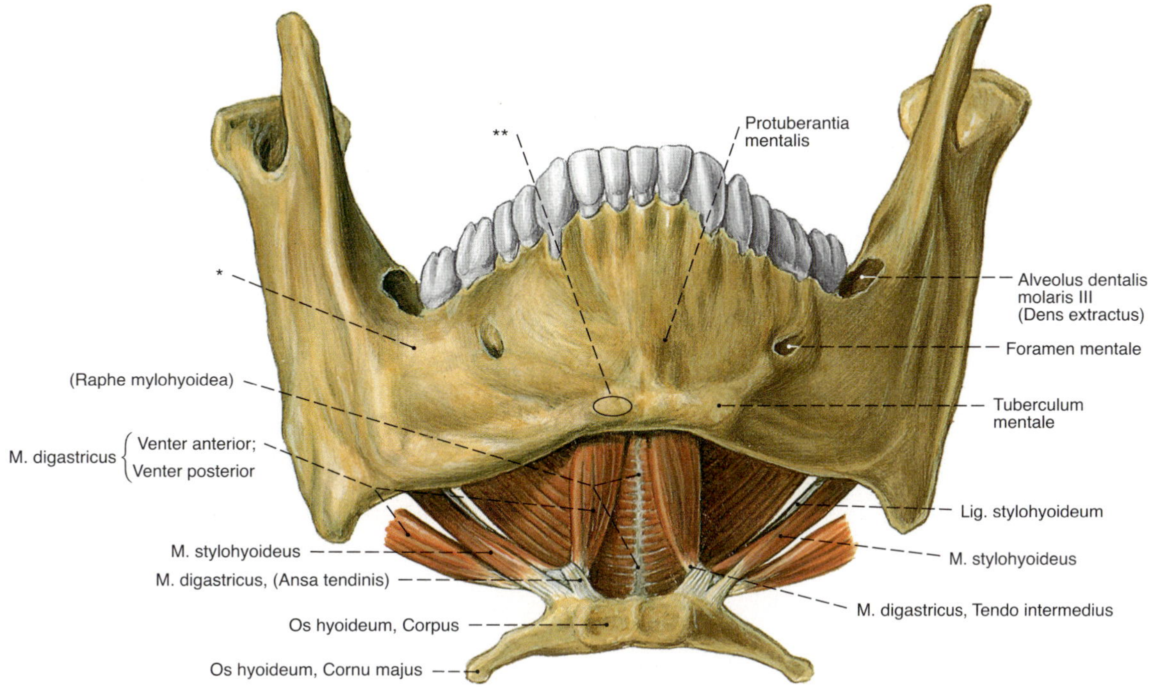

Abb. 203 Unterkiefer, Mandibula; Mundbodenmuskeln, Mm. suprahyoidei; von ventral unten.

* Ursprungslinie des M. mylohyoideus

** Ansatzbereich des vorderen Bauches des M. digastricus

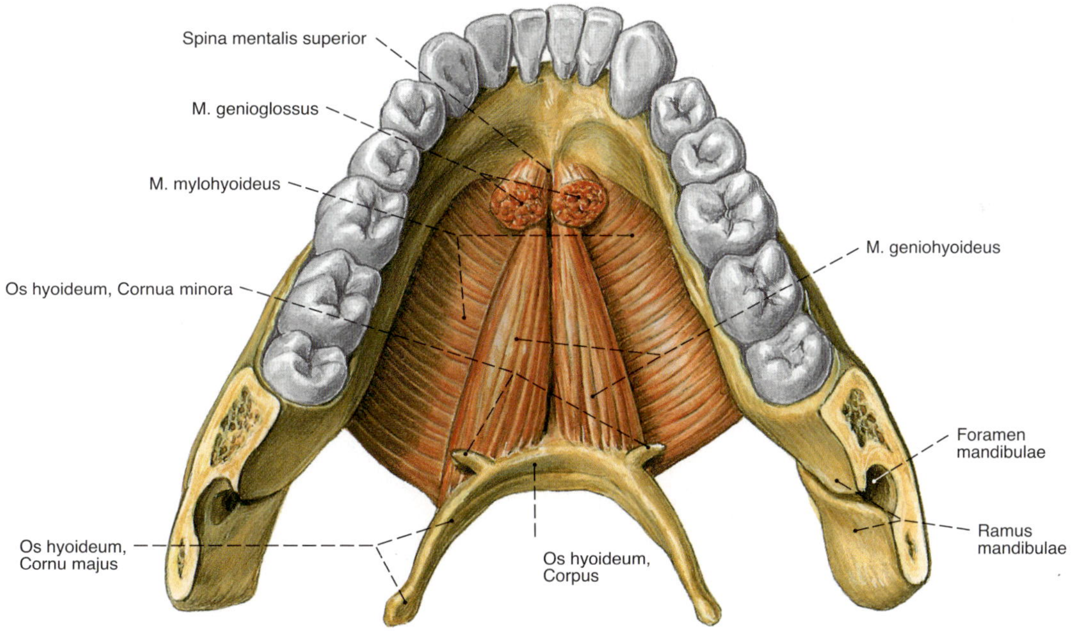

Abb. 204 Unterkiefer, Mandibula; Mundbodenmuskeln, Mm. suprahyoidei; Zungenbein, Os hyoideum; Mm. genioglossi durchgetrennt; Unterkieferast abgesägt; von oben.

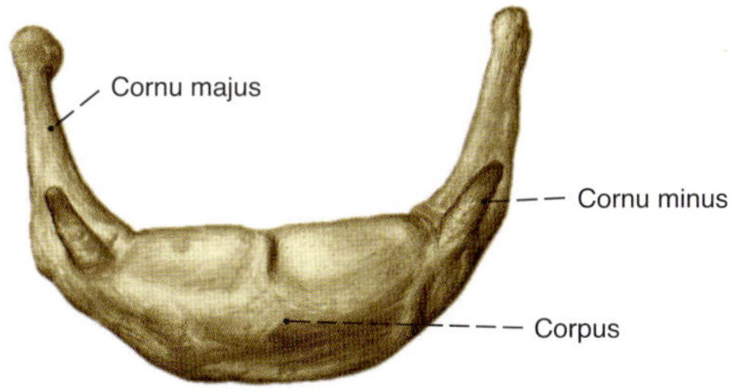

Abb. 205 Zungenbein, Os hyoideum; von vorne oben.

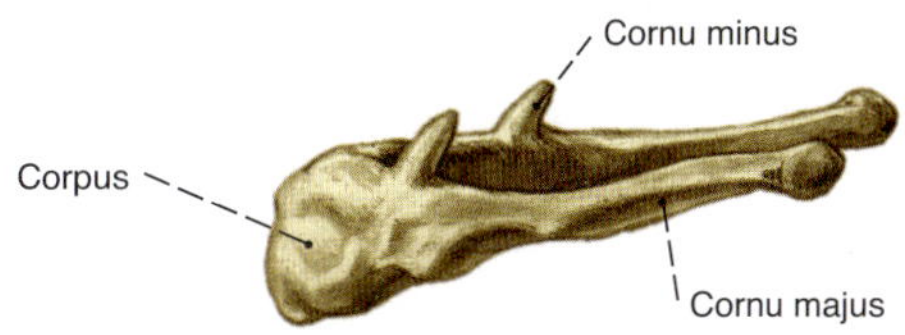

Abb. 206 Zungenbein, Os hyoideum; von schräg lateral.

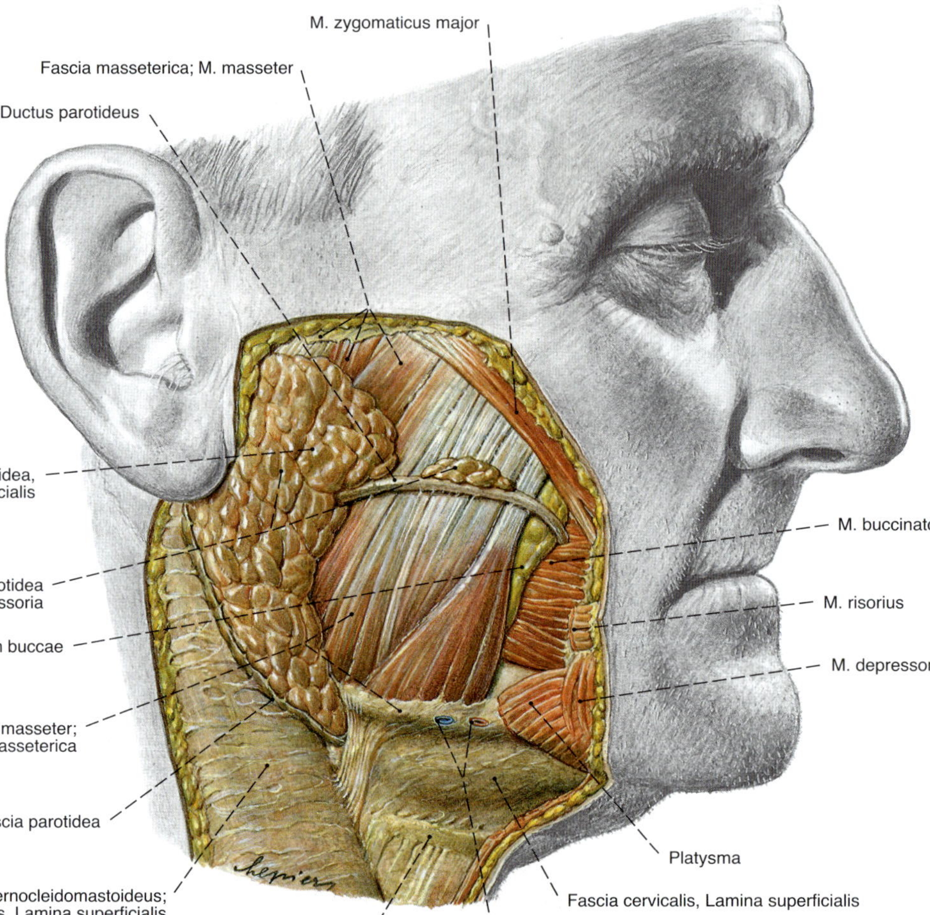

Abb. 207 Ohrspeicheldrüse, Glandula parotidea; von lateral (70%).
Beachte die Nebendrüse am Ausführungsgang.

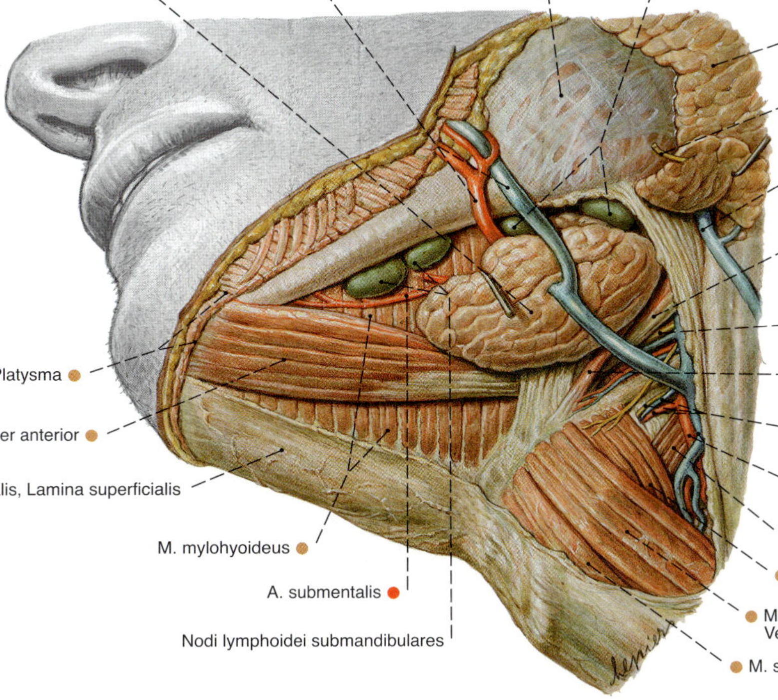

Abb. 208 Unterkieferspeicheldrüse, Glandula submandibularis; nach Entfernung des Platysmas; von unten lateral (80%).

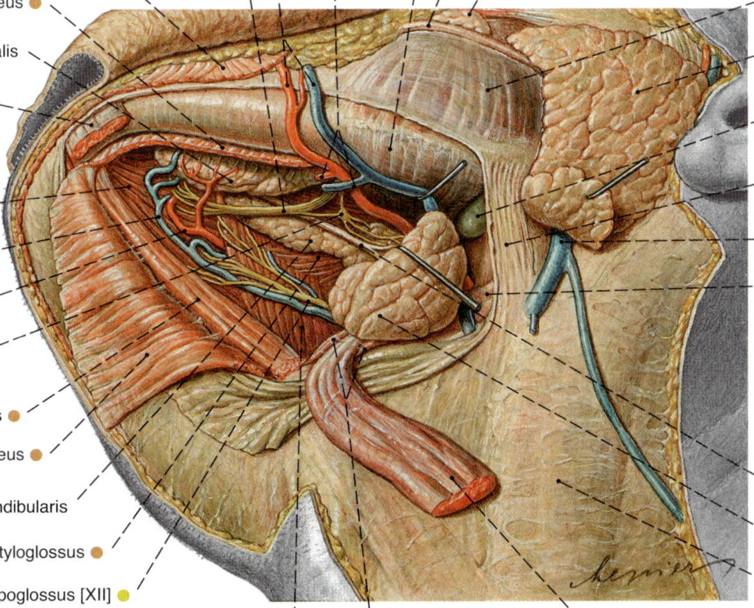

Abb. 209 Große Speicheldrüsen, Glandulae salivariae majores; nach Durchtrennung des M. mylohyoideus und des vorderen Bauches des M. digastricus; von unten lateral (80%).

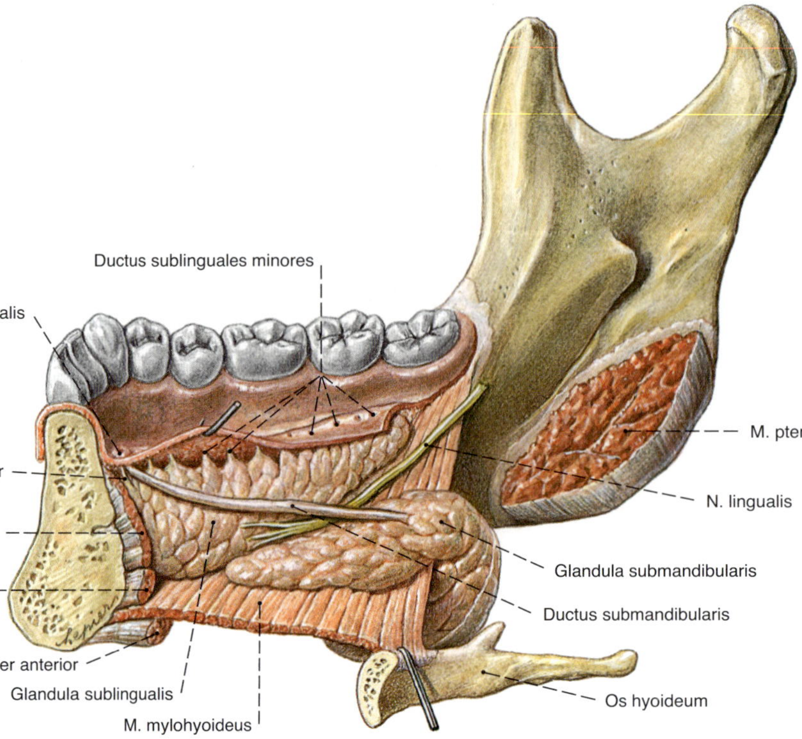

Abb. 210 Unterkieferspeicheldrüse, Glandula submandibularis; Unterzungenspeicheldrüse, Glandula sublingualis; Mediansschnitt durch Unterkiefer und Zungenbein; von medial.
Beachte die enge Lagebeziehung des N. lingualis zum Ductus submandibularis.

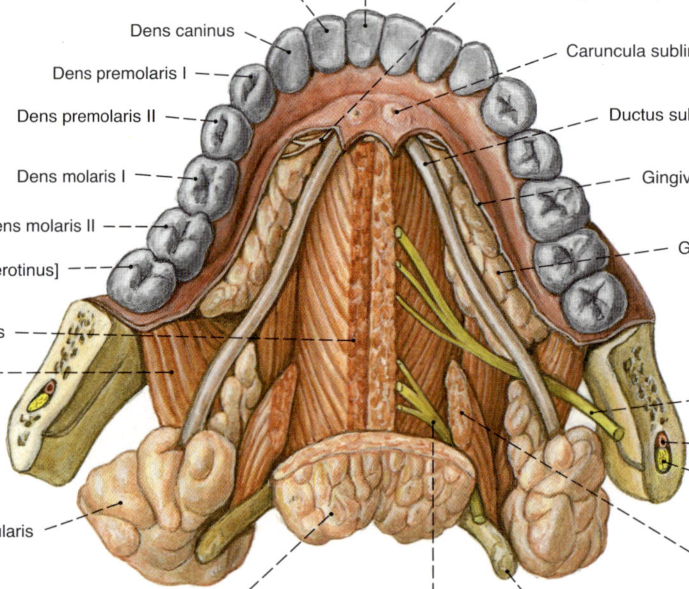

Abb. 211 Unterzungenspeicheldrüse, Glandula sublingualis; Unterkieferspeicheldrüse, Glandula submandibularis; nach Durchtrennung des M. genioglossus und des M. hyoglossus; Zunge entfernt; von oben.
Beachte die enge Lagebeziehung des N. lingualis zum Ductus submandibularis.

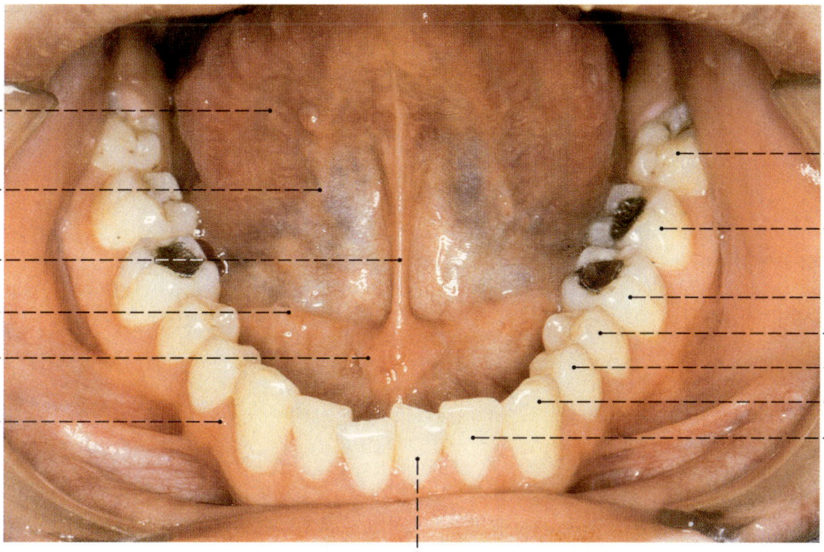

Abb. 212 Mundhöhle, Cavitas oris; Mündung des Ausführungsgangs der Unterkieferspeicheldrüse, Caruncula sublingualis;
von schräg oben (170%).

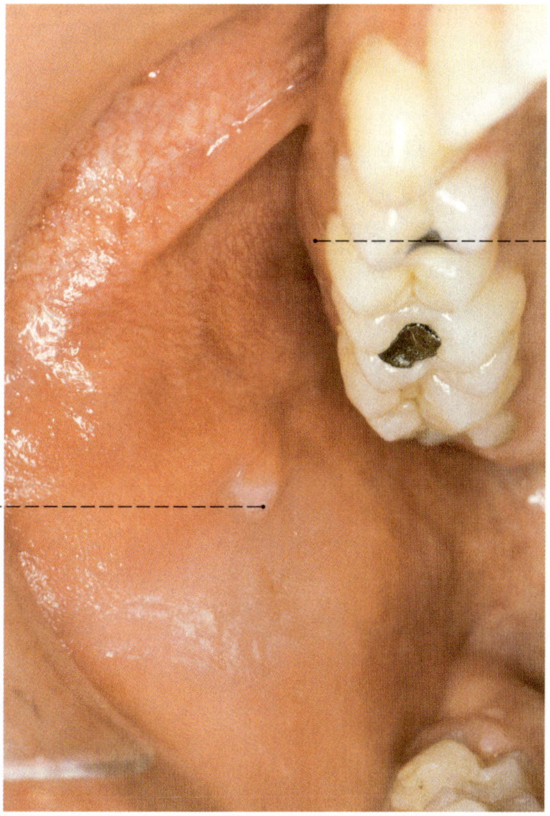

Abb. 213 Mündung des Ausführungsgangs der Ohrspeicheldrüse, Papilla ductus parotidei;
von vorne (300%).
Die Papille liegt dem 2. Molaren des Oberkiefers gegenüber.

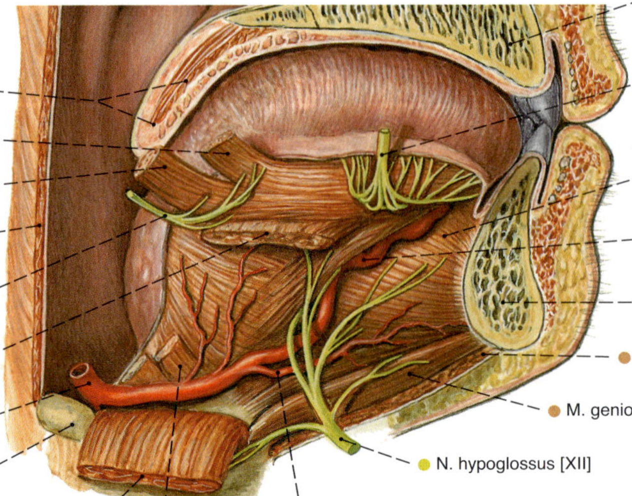

Abb. 214 Arterien und Nerven der Zunge, Lingua; Paramedianschnitt; nach Eröffnung des Pharynx und nach Durchtrennung des M. hyoglossus; von medial (80%).

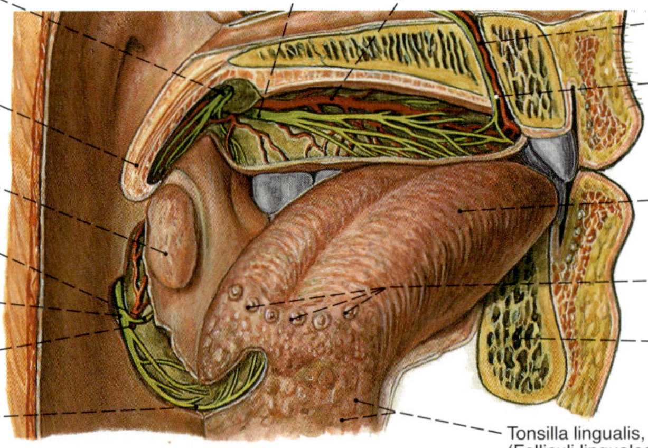

Abb. 215 Arterien und Nerven von Gaumen, Palatum, und Zungengrund, Radix linguae; Medianschnitt; Zunge herausgezogen; Schleimhaut zum Teil entfernt; von medial (80%).

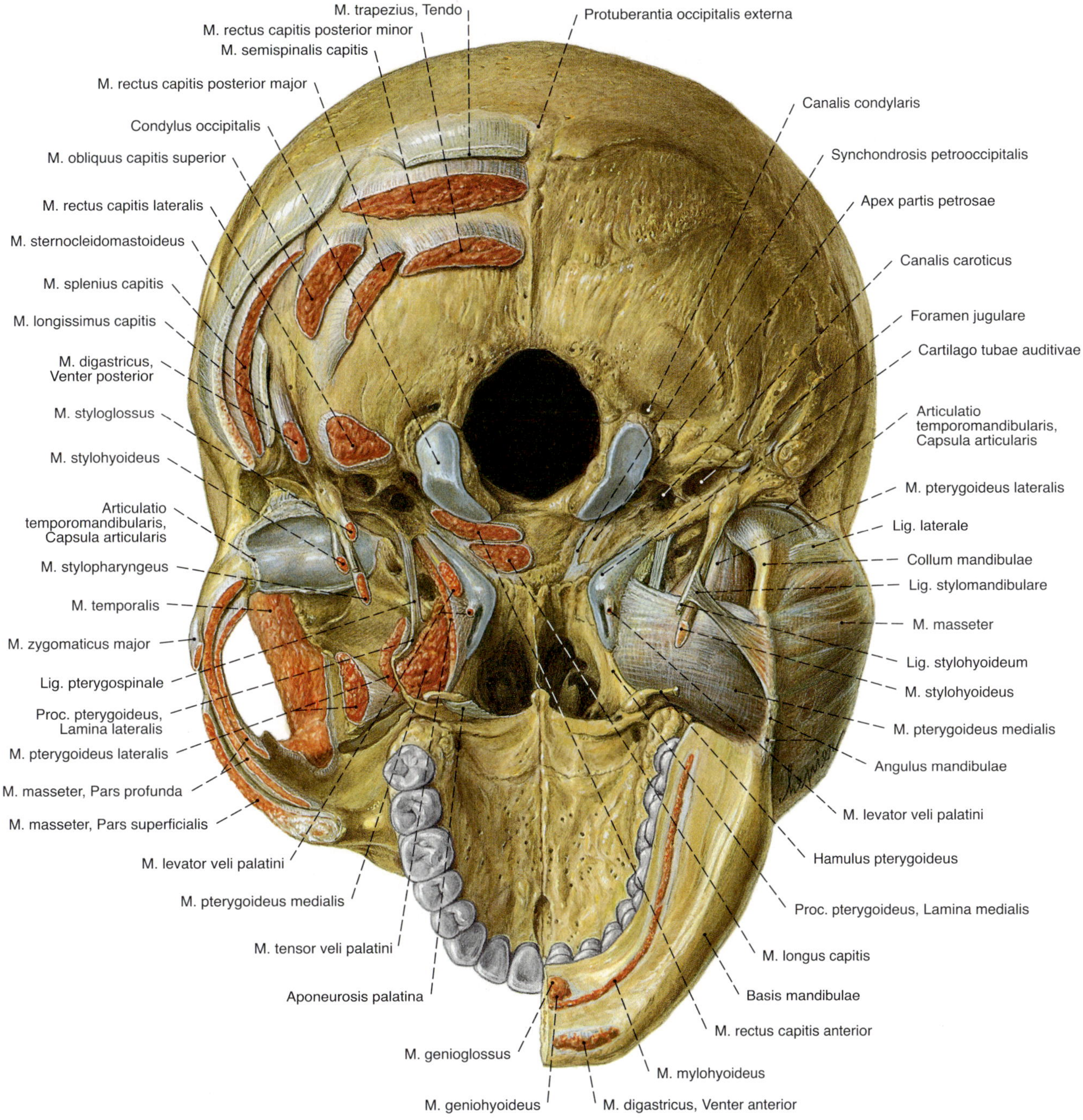

Abb. 216 Schädelbasis, Basis cranii, mit Muskelursprüngen; Kaumuskeln, Mm. masticatorii; nach Entfernung der linken Hälfte des Unterkiefers; von unten (80%).

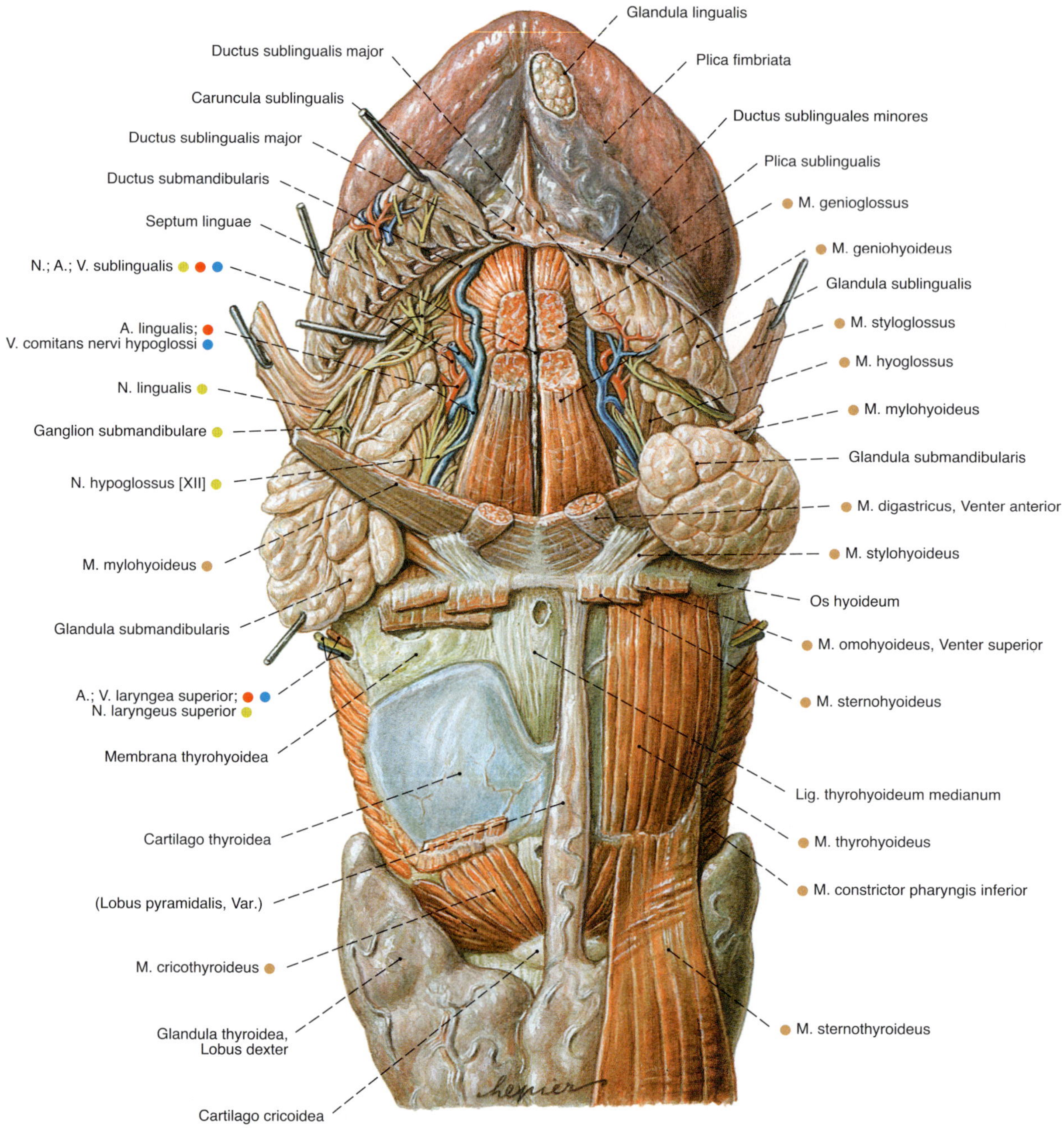

Abb. 217 Gefäße und Nerven der Zunge, Lingua; große Speicheldrüsen, Glandulae salivariae majores; Kehlkopf, Larynx; Schilddrüse, Glandula thyroidea; nach Durchtrennung der Mundbodenmuskeln und teilweiser Abtragung der infrahyalen Muskeln; von vorne unten (140%).

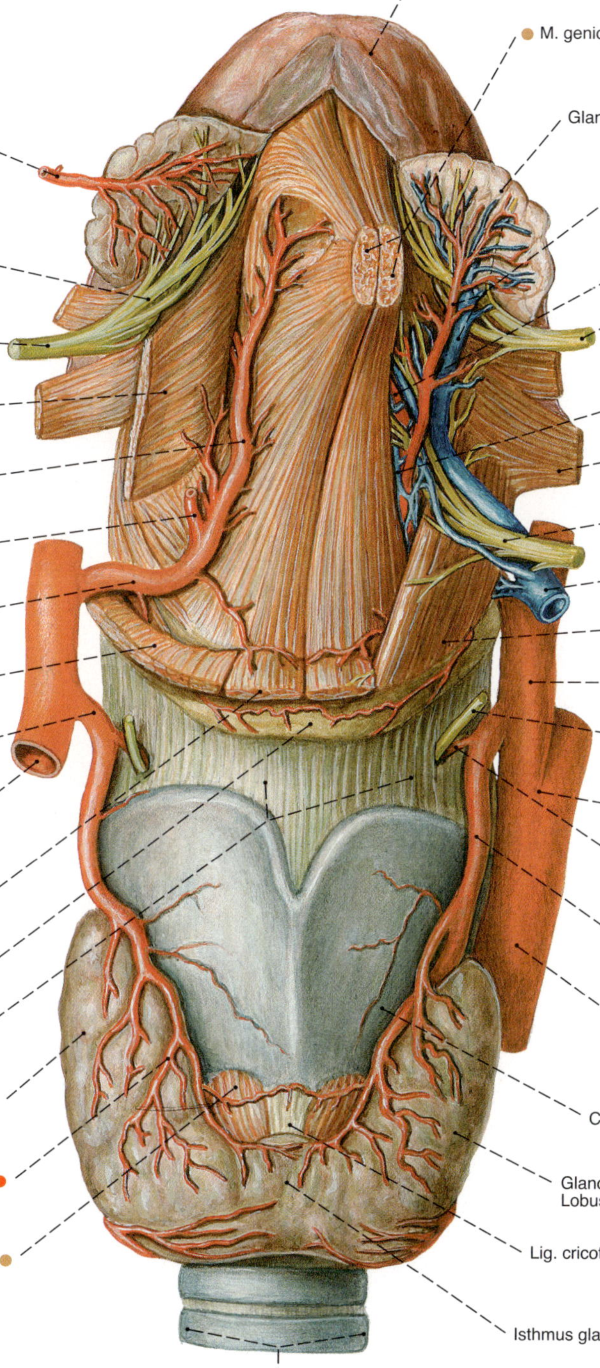

Abb. 218 Gefäße und Nerven der Zunge, Lingua; Kehlkopf, Larynx; Schilddrüse, Glandula thyroidea;
nach Durchtrennung der Mundbodenmuskeln und Abtragung der unteren Zungenbeinmuskeln;
von vorne unten (140%).

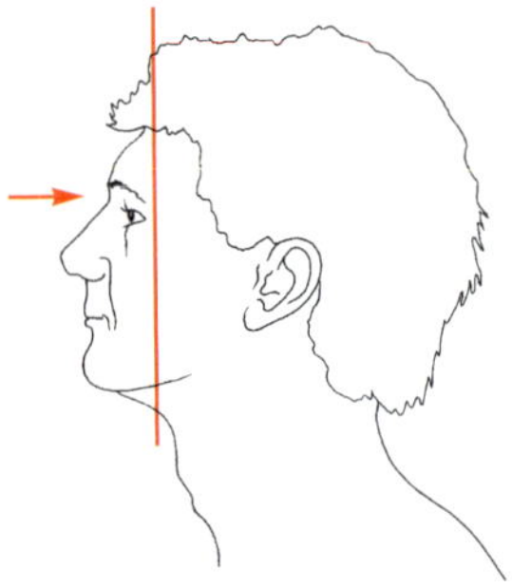

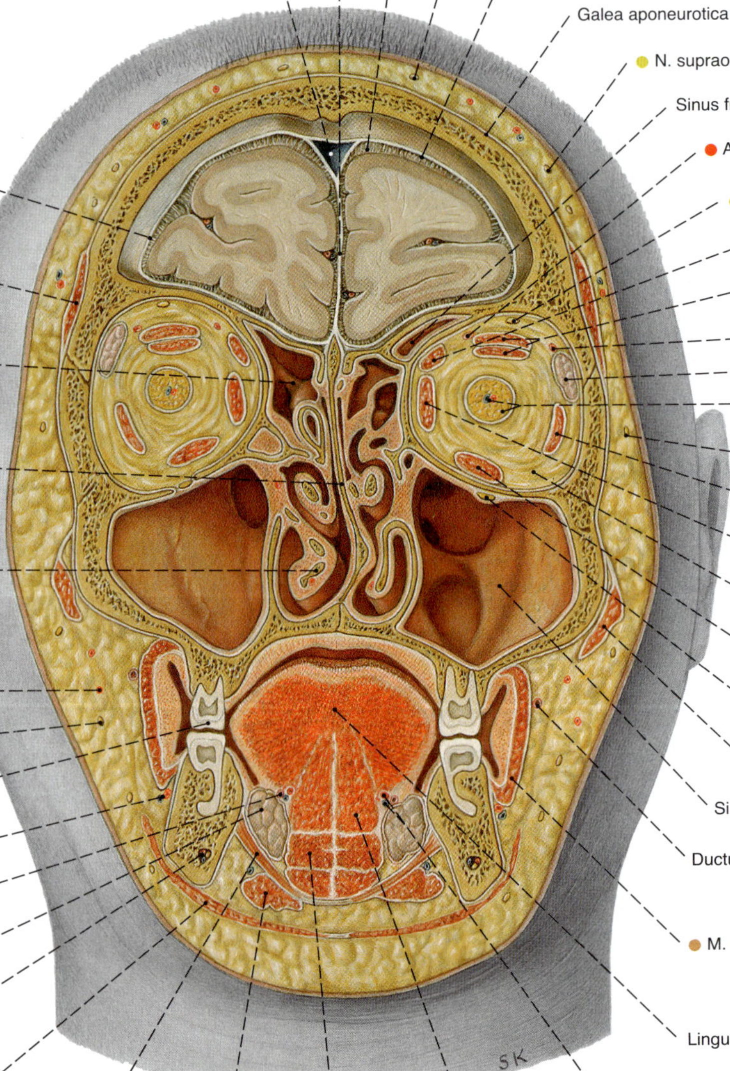

Abb. 219 Mundhöhle, Cavitas oris; Kieferhöhle, Sinus maxillaris; Augenhöhle, Orbita; Schädelhöhle, Cavitas cranii; Frontalschnitt durch den Kopf eines 48-Jährigen auf Höhe des 2. oberen Mahlzahns; Mundhöhle, Kieferhöhle und Schädelhöhle eröffnet;
von vorne.
Beachte die Größe der Kieferhöhle.

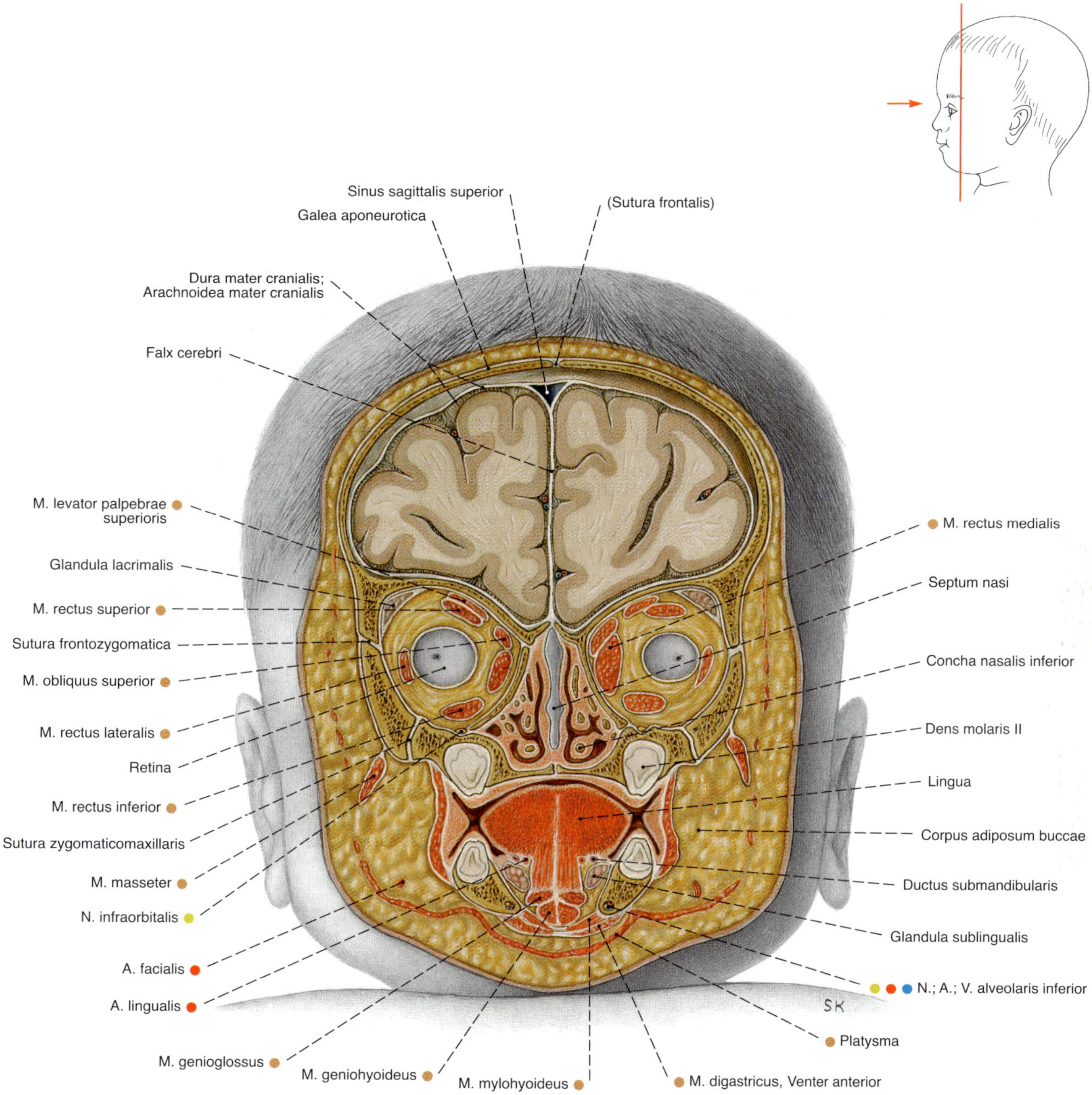

Abb. 220 Mundhöhle, Cavitas oris; Augenhöhle, Orbita; Schädelhöhle, Cavitas cranii;
Frontalschnitt durch den Kopf eines Neugeborenen auf Höhe des 2. oberen Mahlzahns; Mundhöhle und Schädelhöhle eröffnet;
von vorne.
Beachte das Fehlen der Kieferhöhle und die Nähe der Zahnanlagen zur Orbita. Vergleiche mit Abb. 219.

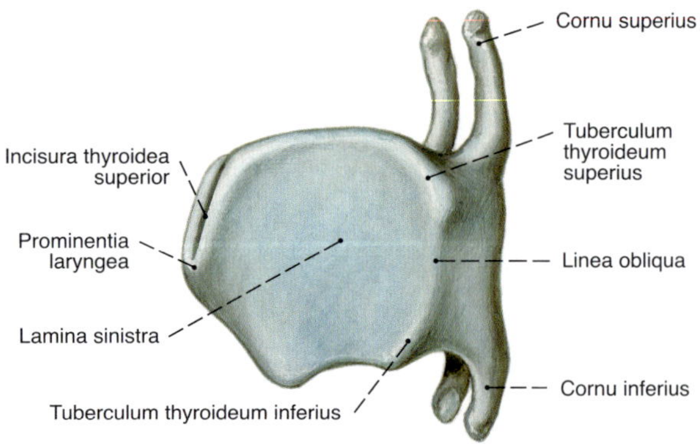

Abb. 221 Schildknorpel, Cartilago thyroidea; von lateral.

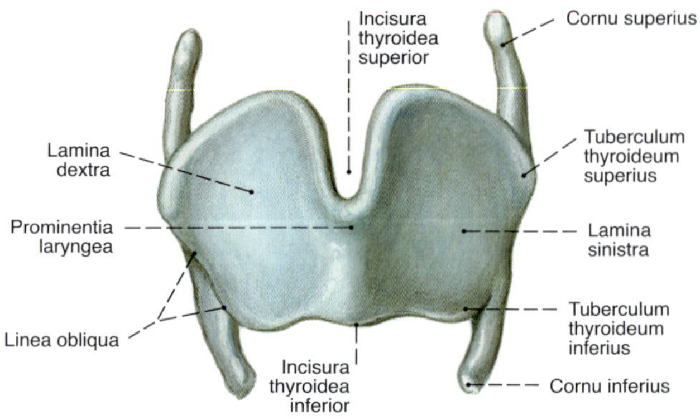

Abb. 222 Schildknorpel, Cartilago thyroidea; von ventral.

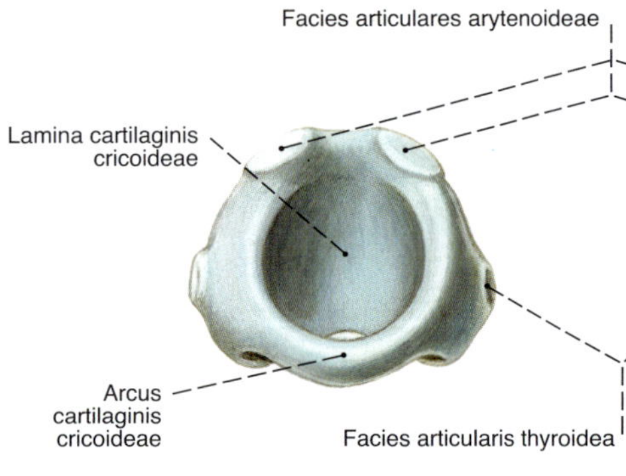

Abb. 223 Ringknorpel, Cartilago cricoidea; von oben ventral.

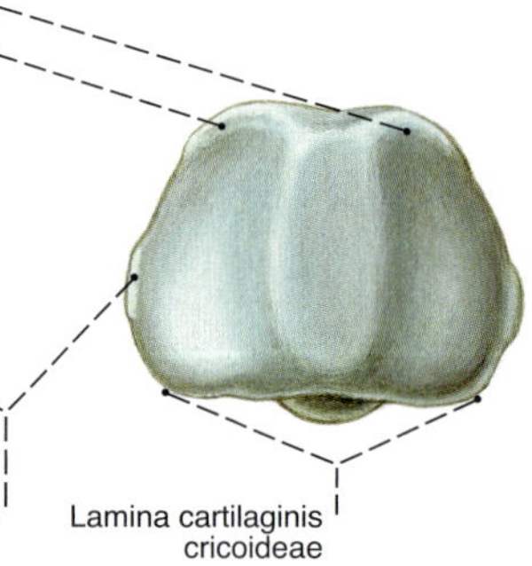

Abb. 224 Ringknorpel, Cartilago cricoidea; von dorsal.

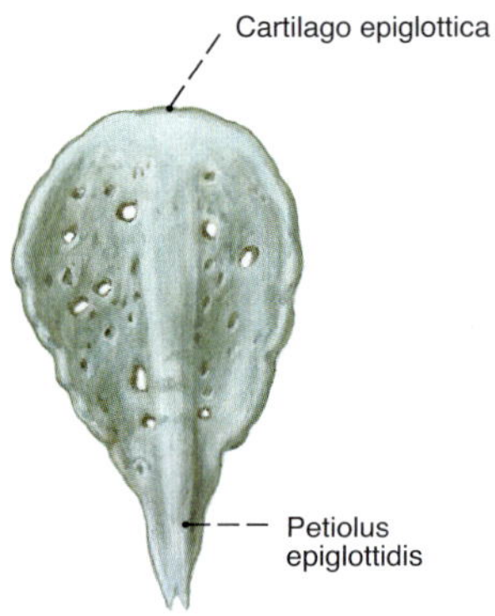

Abb. 225 Kehldeckelknorpel, Cartilago epiglottica; von dorsal.

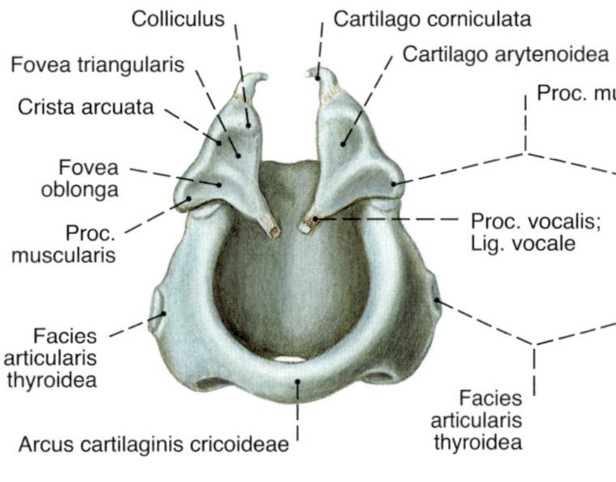

Abb. 226 Ringknorpel, Cartilago cricoidea; Stellknorpel, Cartilago arytenoidea; Spitzenknorpel, Cartilago corniculata; von oben ventral.

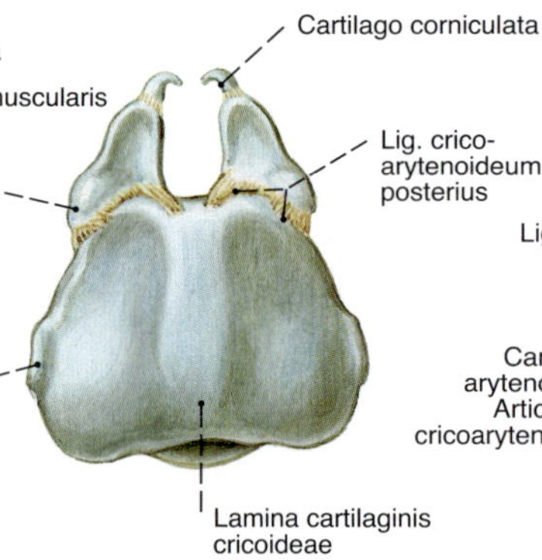

Abb. 227 Ringknorpel, Cartilago cricoidea; Stellknorpel, Cartilago arytenoidea; Spitzenknorpel, Cartilago corniculata; von dorsal.

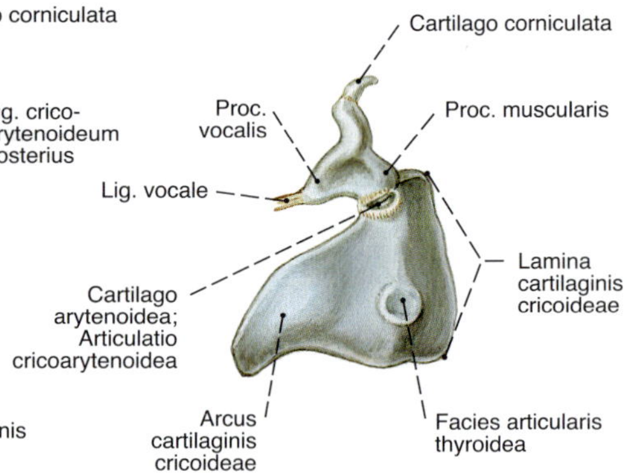

Abb. 228 Ringknorpel, Cartilago cricoidea; Stellknorpel, Cartilago arytenoidea; Spitzenknorpel, Cartilago corniculata; von lateral.

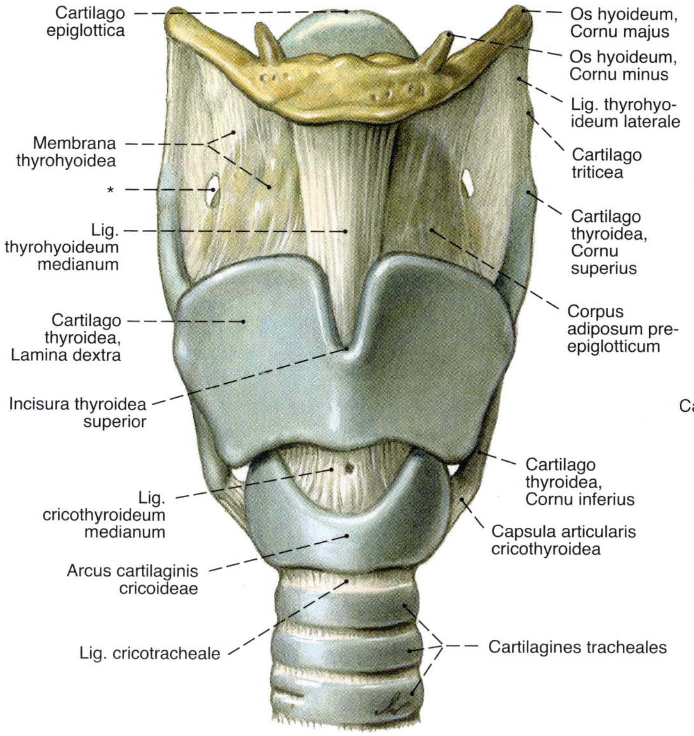

Abb. 229 Kehlkopf, Larynx; Zungenbein, Os hyoideum; Luftröhre, Trachea; von ventral.
Der Fettkörper des Kehlkopfs erfüllt den Raum zwischen der Membrana thyrohyoidea und der Epiglottis.

* Durchtrittsöffnung für die A.; V. laryngea superior und den R. internus des N. laryngeus superior

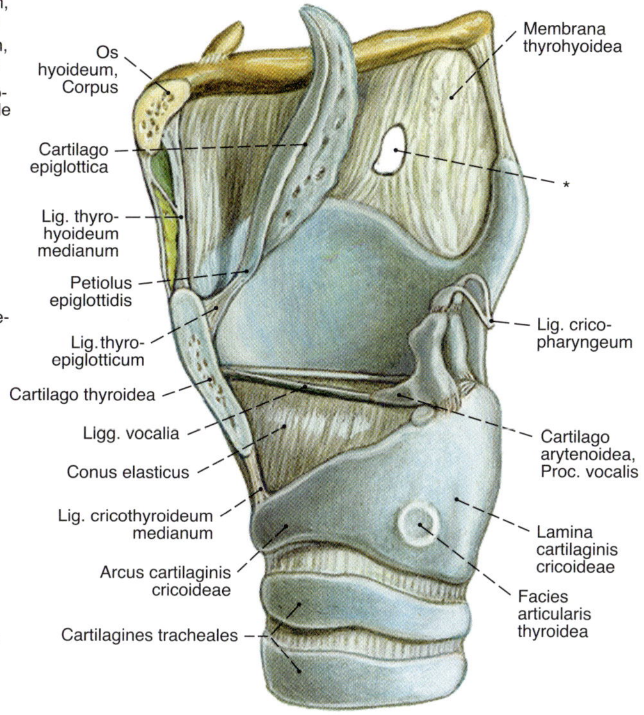

Abb. 230 Kehlkopf, Larynx; Zungenbein, Os hyoideum; oberer Teil des Kehlkopfs und das Zungenbein in der Medianebene durchgeschnitten; beide Stellknorpel, Ringknorpel und obere Luftröhrenknorpelspangen vollständig erhalten; von lateral.

* Durchtrittsöffnung für die A.; V. laryngea superior und den R. internus des N. laryngeus superior

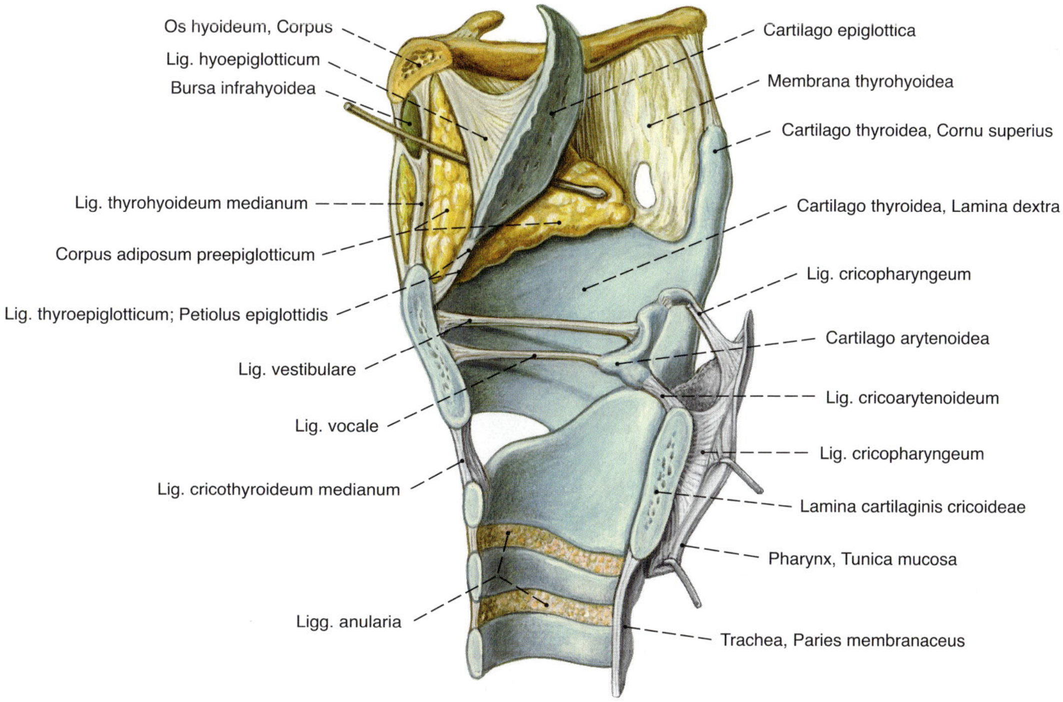

Abb. 231 Kehlkopf, Larynx; Zungenbein, Os hyoideum; Medianschnitt; von lateral (re).
Sonde zwischen Kehldeckel und dem Corpus adiposum laryngis

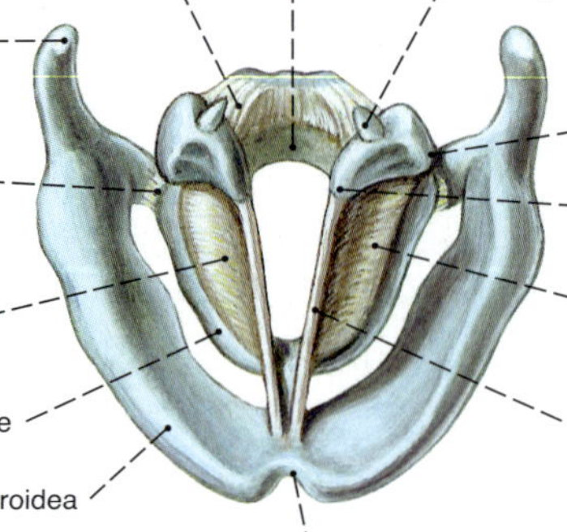

Abb. 232 Kehlkopfknorpel, Cartilagines laryngis; Stimmband, Lig. vocale; Conus elasticus; von oben ventral.

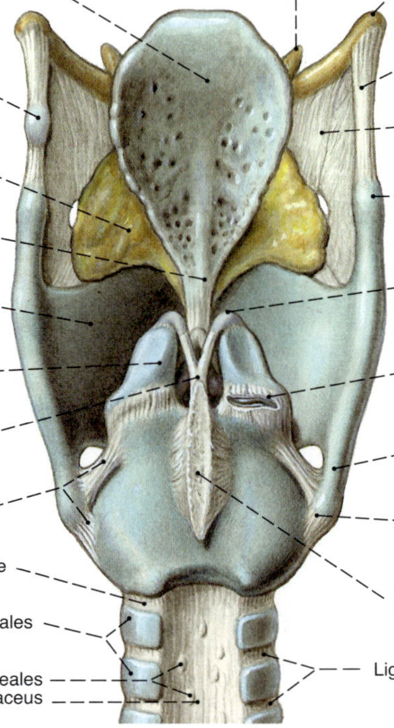

Abb. 233 Kehlkopfknorpel, Cartilagines laryngis; Kehlkopfgelenke, Articulationes laryngis; Zungenbein, Os hyoideum; Luftröhre, Trachea; Kehlkopf eines Jugendlichen; von hinten.
Beim Erwachsenen kommt es zu Verkalkungen und Verknöcherungen der Kehlkopfknorpel.

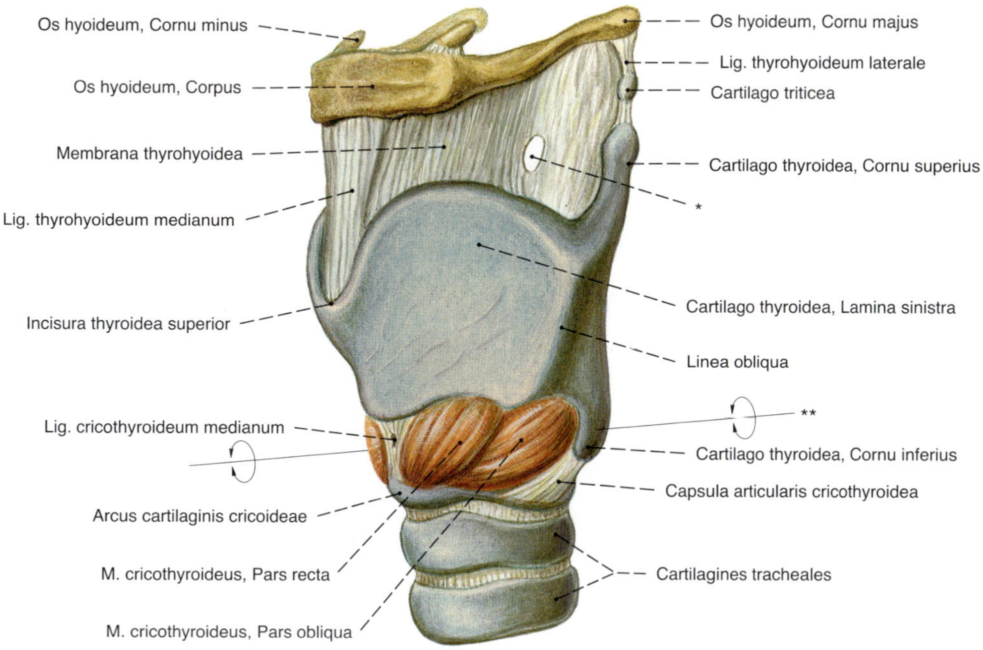

Abb. 234 Kehlkopf, Larynx; Zungenbein, Os hyoideum; äußerer Kehlkopfmuskel, M. cricothyroideus; von vorne lateral.

* Durchtrittsöffnung für die A.; V. laryngea superior und den R. internus des N. laryngeus superior
** Bewegungsachse der Articulatio cricothyroidea

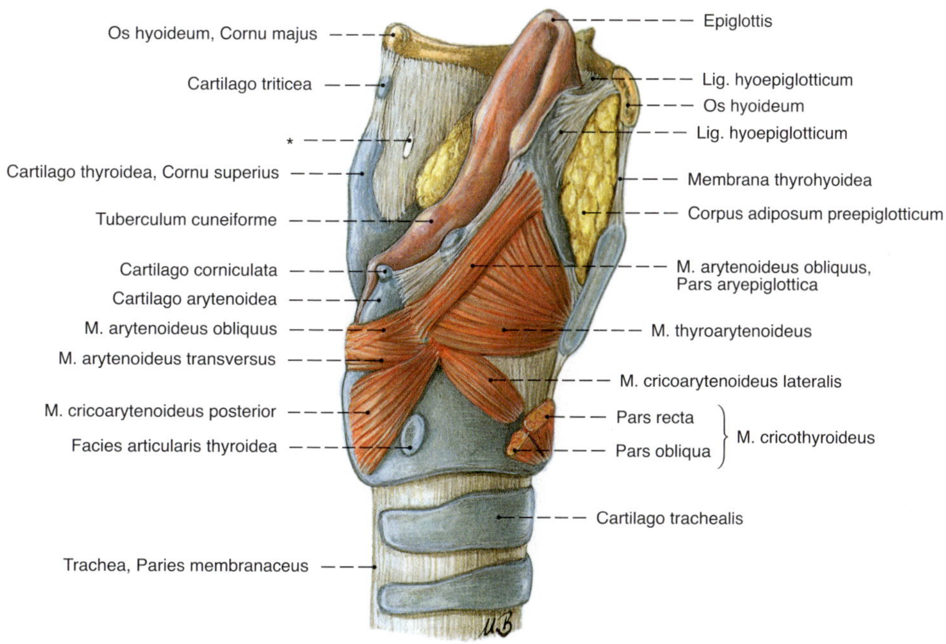

Abb. 235 Kehlkopfmuskeln, Mm. laryngis; Teile des rechten Schildknorpels und des rechten großen Horns vom Zungenbein entfernt; von schräg hinten.

* Durchtrittsöffnung für die A.; V. laryngea superior und den R. internus des N. laryngeus superior

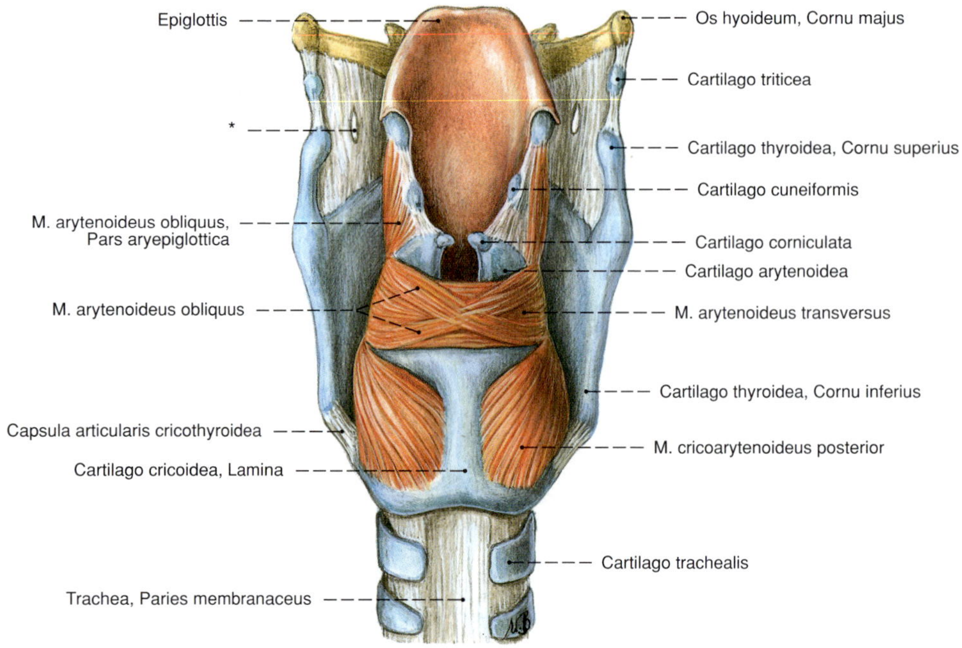

Abb. 236 Kehlkopfmuskeln, Mm. laryngis;
Schleimhaut auf der Epiglottis und auf den Kehlkopf-innenräumen belassen;
von hinten.

* Durchtrittsöffnung für die A.; V. laryngea superior und den R. internus des N. laryngeus superior

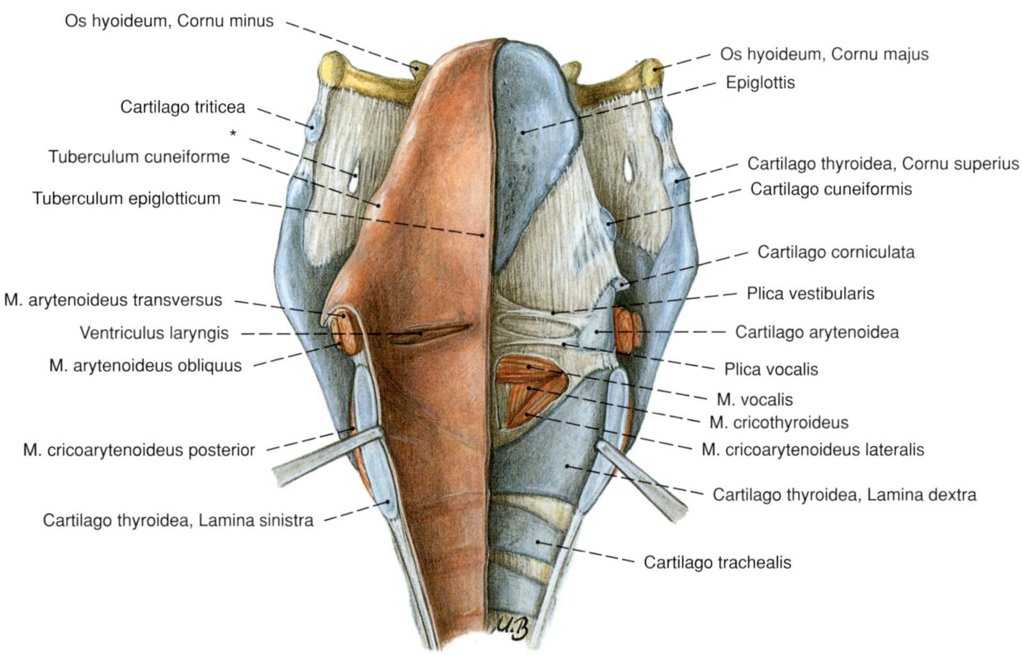

Abb. 237 Kehlkopf, Larynx;
dorsal in der Medianebene gespalten und durch Haken auseinander gezogen;
Schleimhaut rechts entfernt;
von dorsal.

* Durchtrittsöffnung für die A.; V. laryngea superior und den R. internus des N. laryngeus superior

Muskeln des Kehlkopfs (Abb. 234–237)

Die Kehlkopfmuskeln verbinden die knorpeligen Elemente des Kehlkopfs untereinander.

Muskel *Innervation*	**Ursprung**	**Ansatz**	**Funktion**
1. M. cricothyroideus *N. laryngeus superior des N. vagus [X]* Pars recta (oberflächlich) Pars obliqua (tief)	Arcus der Cartilago cricoidea (Außenfläche)	Lamina der Cartilago thyroidea (Unterkante bis zum Vorderrand des Cornu inferius)	Spannen der Stimmbänder durch Kippen des Ringknorpels um quere Achse
2. M. cricoarytenoideus posterior *N. laryngeus recurrens des N. vagus [X]*	Lamina der Cartilago cricoidea (Hinterfläche)	Proc. muscularis und Hinterfläche der Cartilago arytenoidea	Erweitern der Stimmritze durch Auswärtsdrehen des Stellknorpels um longitudinale Achse und Seitwärtskippen
3. M. cricoarytenoideus lateralis *N. laryngeus recurrens des N. vagus [X]*	Arcus der Cartilago cricoidea (seitlicher Oberrand)	Proc. muscularis der Cartilago arytenoidea	Schließen der Stimmritze (Pars intermembranacea) durch Einwärtsdrehen des Stellknorpels um longitudinale Achse
4. M. arytenoideus transversus *N. laryngeus recurrens des N. vagus [X]*	Cartilago arytenoidea (laterale Kante und Hinterfläche)	Cartilago arytenoidea der Gegenseite (laterale Kante und Hinterfläche)	Schließen der Stimmritze (Pars intercartilaginea) durch Annäherung beider Stellknorpel aneinander
5. M. arytenoideus obliquus *N. laryngeus recurrens des N. vagus [X]*	Cartilago arytenoidea (Basis der Hinterfläche) **Pars aryepiglottica:** Cartilago arytenoidea (Spitze)	Proc. muscularis der Gegenseite (Spitze und Hinterfläche) **Pars aryepiglottica:** Cartilago epiglottica (lateraler Rand)	Verengen der Stimmritze (Pars intercartilaginea) durch Einwärtskippen der Stellknorpel
6. M. vocalis *N. laryngeus recurrens des N. vagus [X]*	Cartilago thyroidea (Rückfläche der Incisura)	Proc. vocalis und Fovea oblonga der Cartilago arytenoidea	Spannen des Stimmbandes und Ausformen des Randes der Stimmlippe

Fortsetzung → S. 131

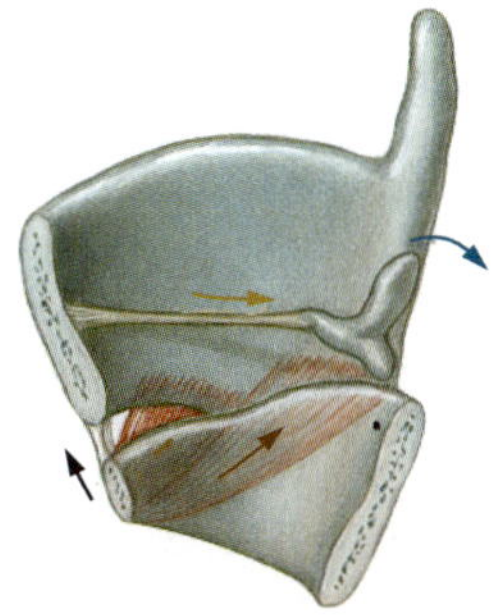

a M. cricothyroideus

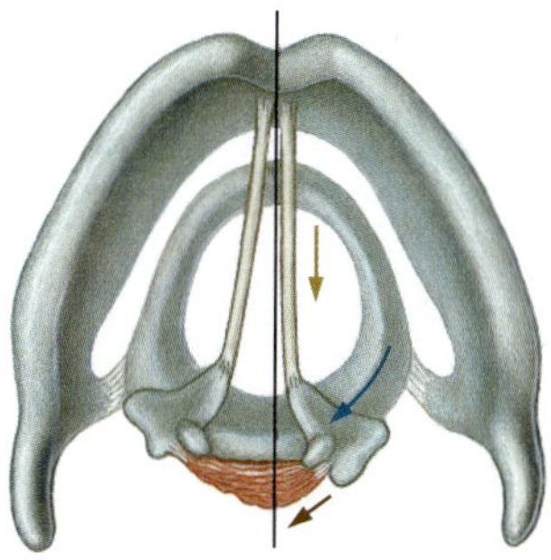

b Mm. arytenoidei obliquus und transversus

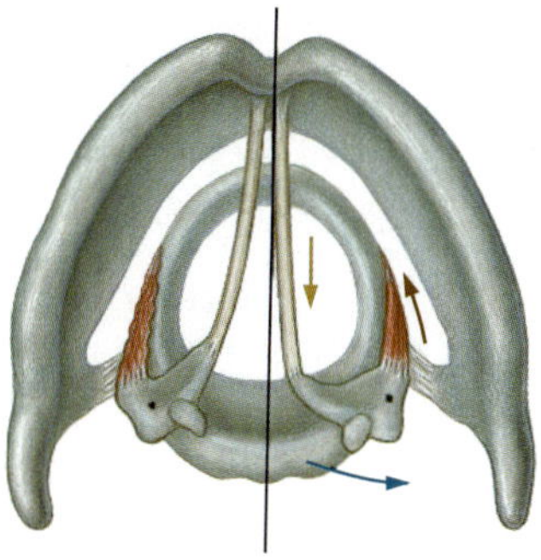

c M. cricoarytenoideus lateralis

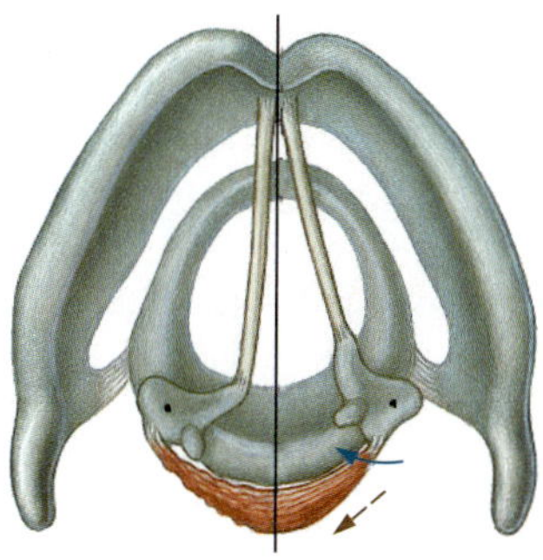

d M. cricoarytenoideus posterior

Abb. 238 a–d Schema der Funktion der Kehlkopfmuskeln, Mm. laryngis; Angabe der Bewegungsrichtung durch Pfeile; gelbe Pfeile: Spannung des Stimmbandes; rote Pfeile: Muskelkontraktion; blaue Pfeile: Drehrichtung; links Muskeln erschlafft; rechts Muskeln kontrahiert; von oben.

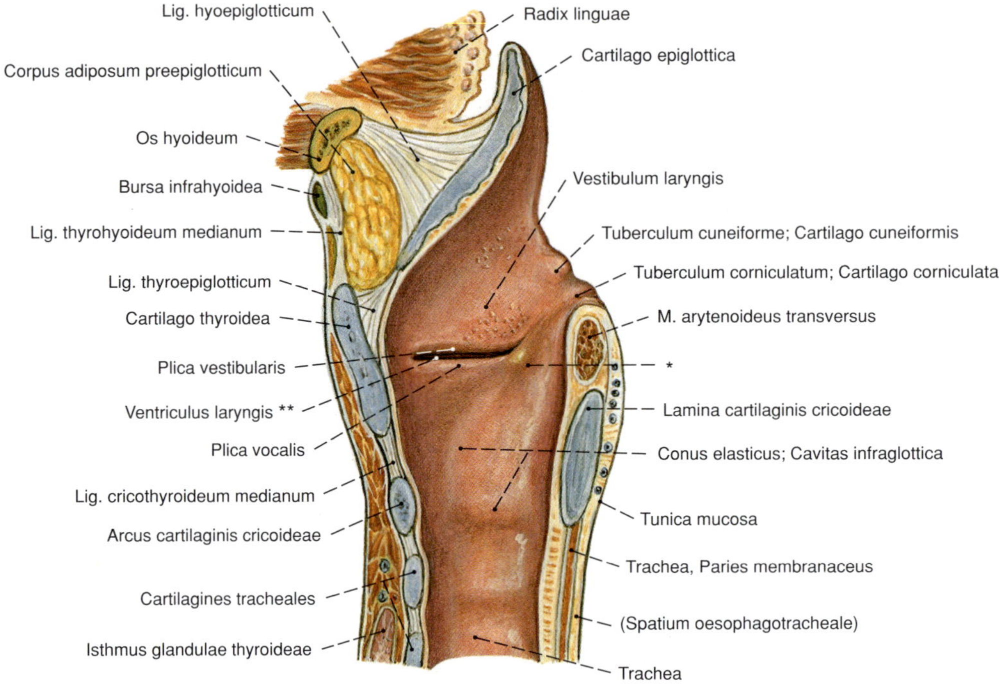

Abb. 239 Kehlkopf, Larynx; Medianschnitt; von medial (re, 90%).

* Klinisch Macula flava genannt, da das elastische Gewebe gelblich durch die Schleimhaut schimmert

** Klinisch: MORGAGNIsche Tasche

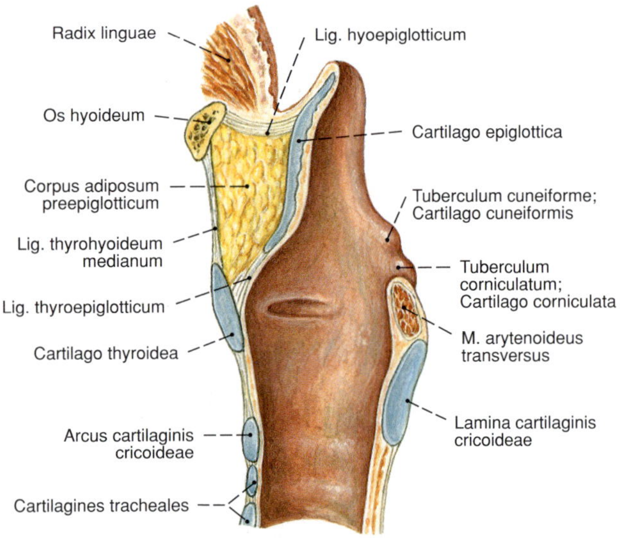

Abb. 240 Kehlkopf, Larynx; Medianschnitt; Stellung des Kehldeckels in Atemstellung; von medial (re, 80%).

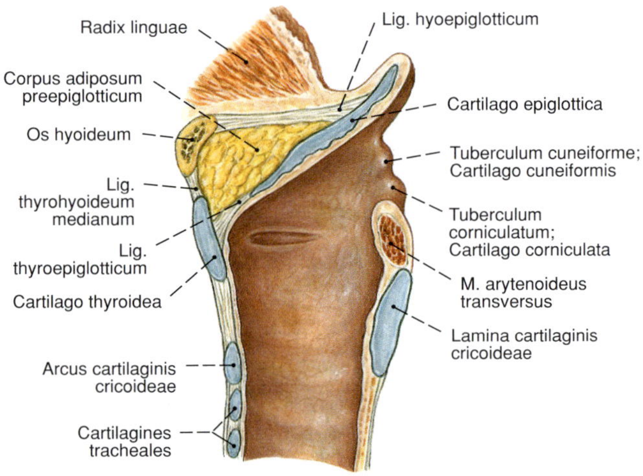

Abb. 241 Kehlkopf, Larynx; Medianschnitt; Stellung des Kehldeckels beim Schlucken; infolge der Anhebung des gesamten Kehlkopfs wird der Kehldeckel durch das Corpus adiposum preepiglotticum passiv nach hinten gedrängt; von medial (re, 80%).

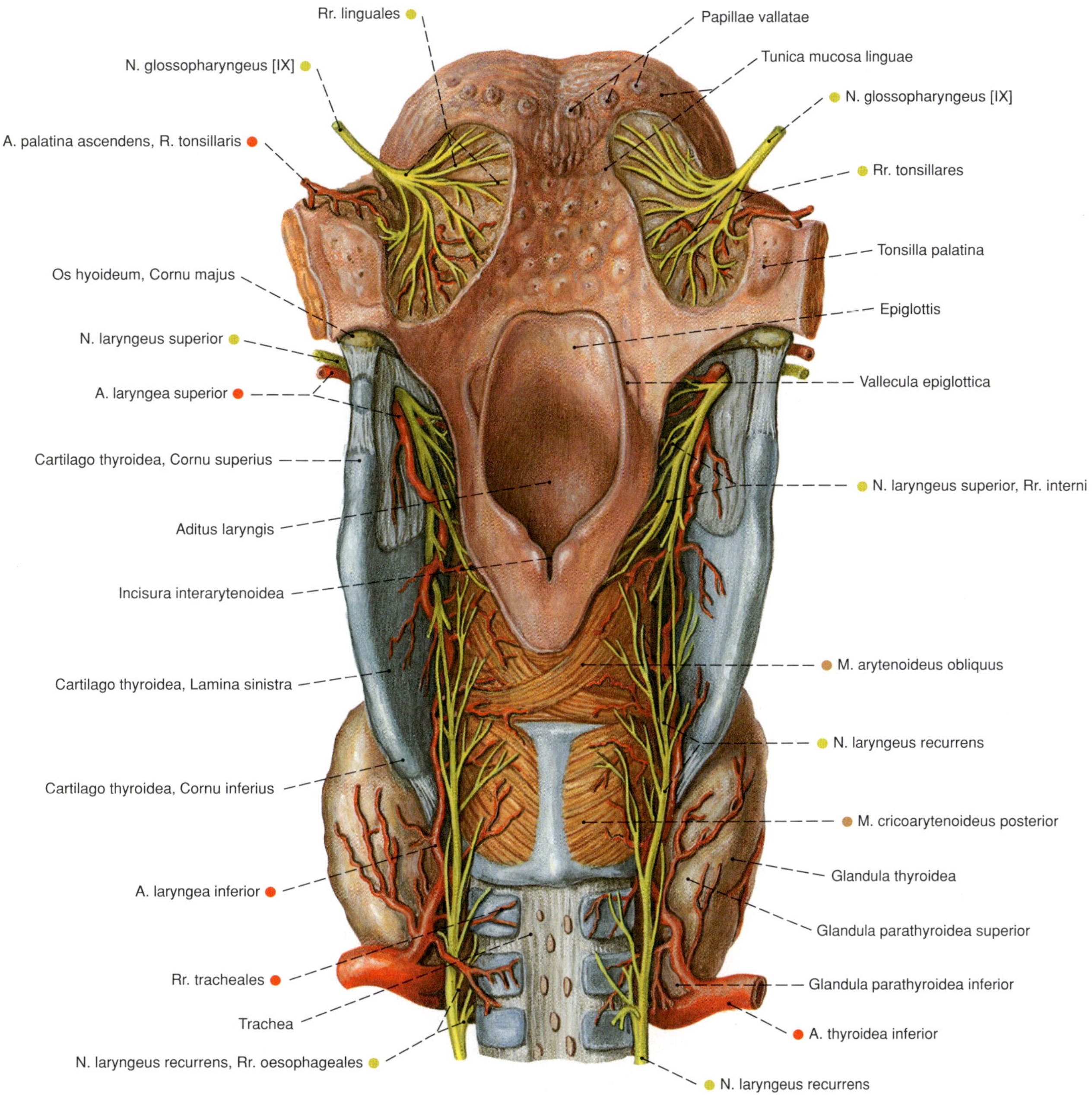

Abb. 242 Arterien und Nerven des Kehlkopfs, Larynx, und der Zungenwurzel, Radix linguae; Schleimhaut an der Zungenwurzel teilweise entfernt; von hinten (140%).

Muskeln des Kehlkopfs (Fortsetzung)

Muskel *Innervation*	**Ursprung**	**Ansatz**	**Funktion**
7. M. thyroarytenoideus *N. laryngeus recurrens des N. vagus [X]*	Lamina der Cartilago thyroidea (Innenfläche nahe dem Ursprung des M. vocalis)	Proc. muscularis (Vorderfläche), Cartilago arytenoidea (Vorderfläche)	Verengen der Stimmritze (Pars intermembranacea) durch Einwärtsdrehen des Stellknorpels um longitudinale Achse
Pars thyroepiglottica *N. laryngeus recurrens des N. vagus [X]*	Lamina der Cartilago thyroidea (Innenfläche nahe dem Ursprung des M. thyroarytenoideus)	Cartilago epiglottica (lateraler Rand)	Verengen des Kehlkopfeingangs

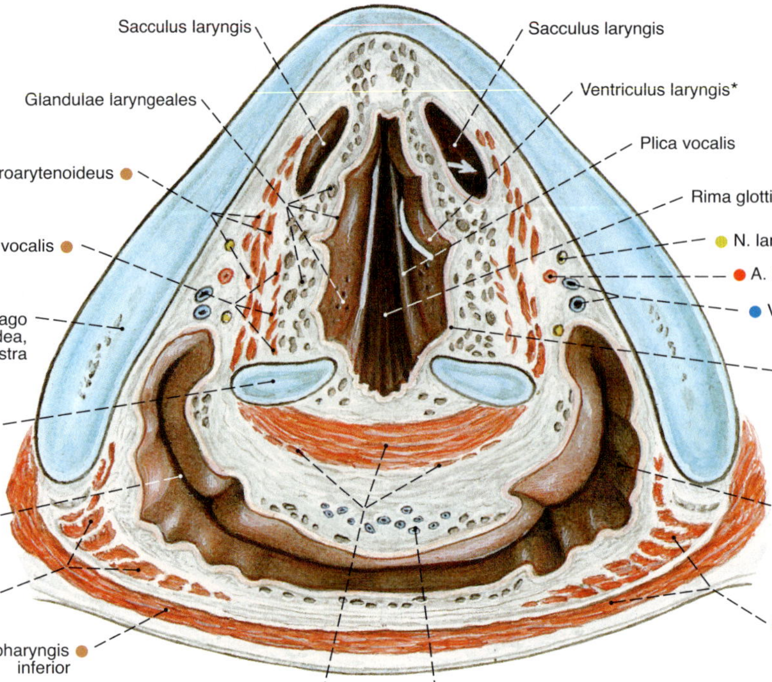

Abb. 243 Kehlkopf, Larynx; Querschnitt in Höhe der Taschenfalten; von oben (200%).

Der weiße Pfeil zeigt den Übergang vom Ventriculus laryngis zum Sacculus laryngis.

* Klinisch: MORGAGNIsche Tasche

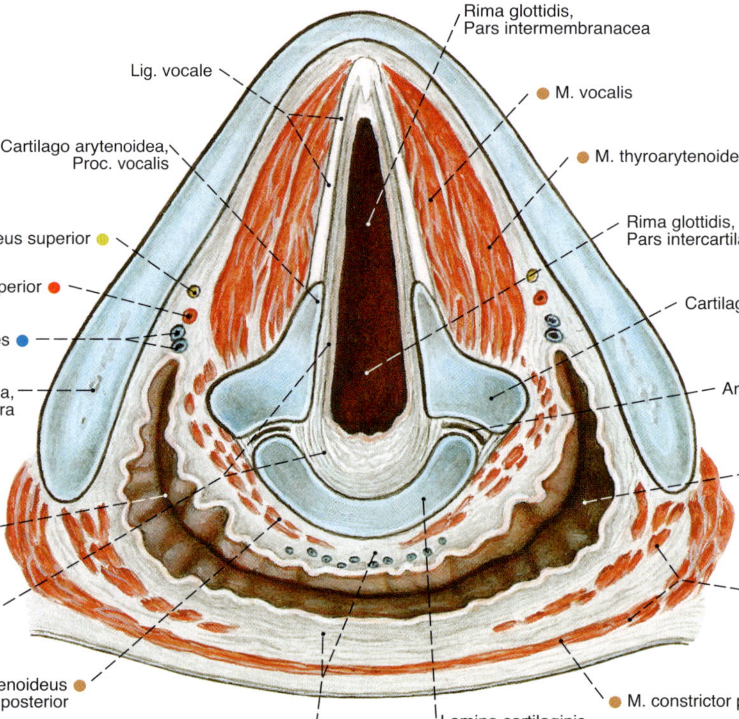

Abb. 244 Kehlkopf, Larynx; Querschnitt in Höhe der Stimmbänder; von oben (200%).

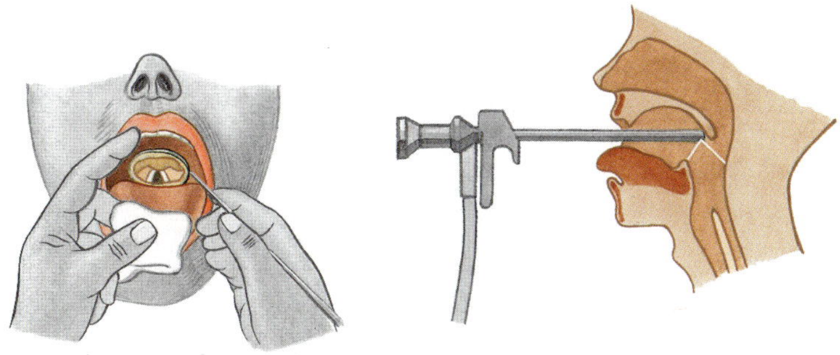
a b

Abb. 245 a, b Kehlkopfspiegelung, Laryngoskopie.
a Indirekte Kehlkopfspiegelung. Durch das Vorziehen der Zunge wird Raum für den Kehlkopfspiegel geschaffen, so dass die Stimmbänder sichtbar werden.
b Direkte, endoskopische Kehlkopfspiegelung.

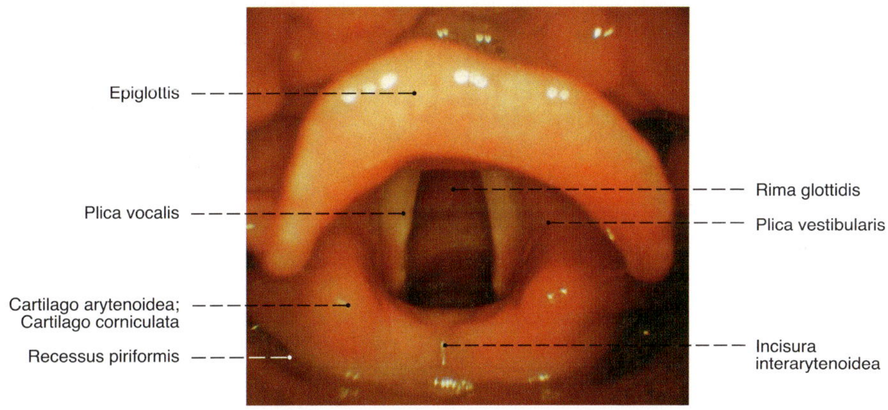

Abb. 246 Direkte Kehlkopfspiegelung, Laryngoskopie; Stimmbänder bei tiefem Atmen; Respirationsstellung.

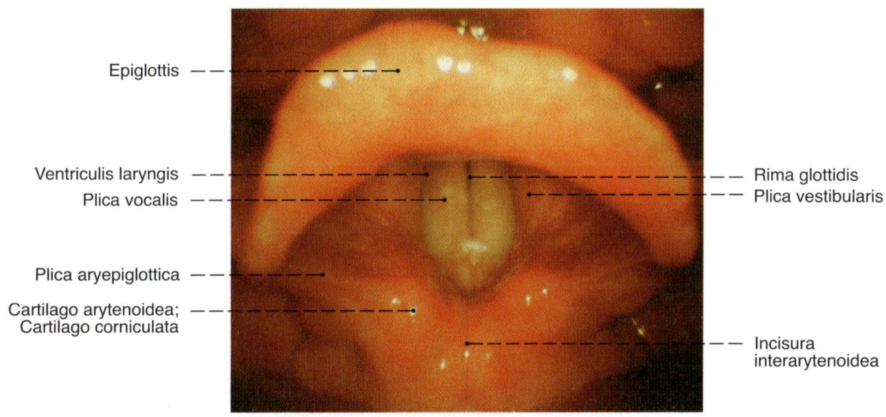

Abb. 247 Direkte Kehlkopfspiegelung, Laryngoskopie; Stimmbänder geschlossen; Phonationsstellung.

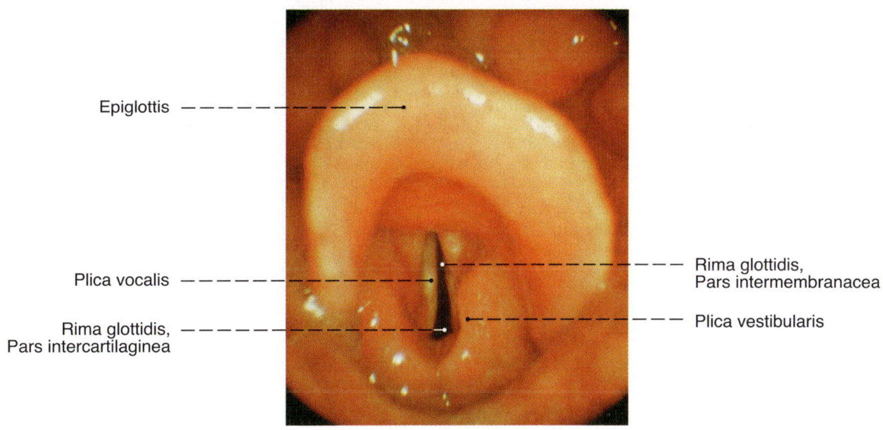

Abb. 248 Direkte Kehlkopfspiegelung, Laryngoskopie; interkartilaginärer Anteil der Stimmritze geöffnet; Flüsterstellung.
Beachte die Vorwölbung der Plica vestibularis.

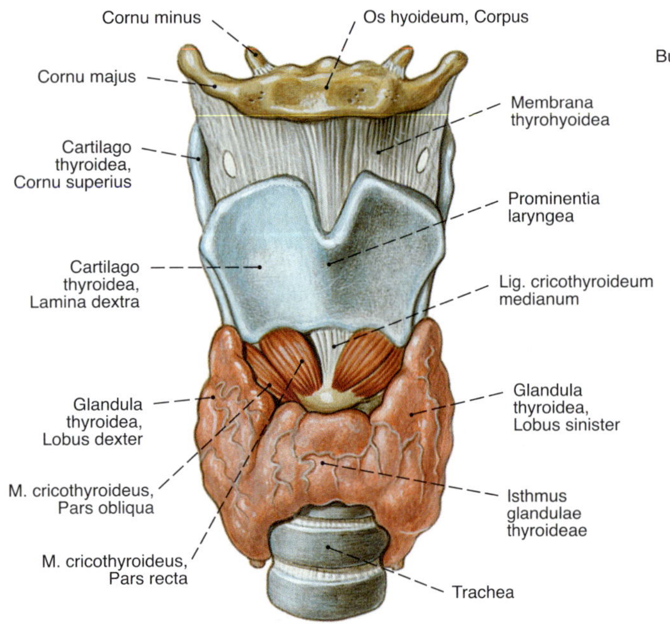

Abb. 249 Zungenbein, Os hyoideum; Kehlkopf, Larynx; Schilddrüse, Glandula thyroidea; Luftröhre, Trachea; von vorne (80%).

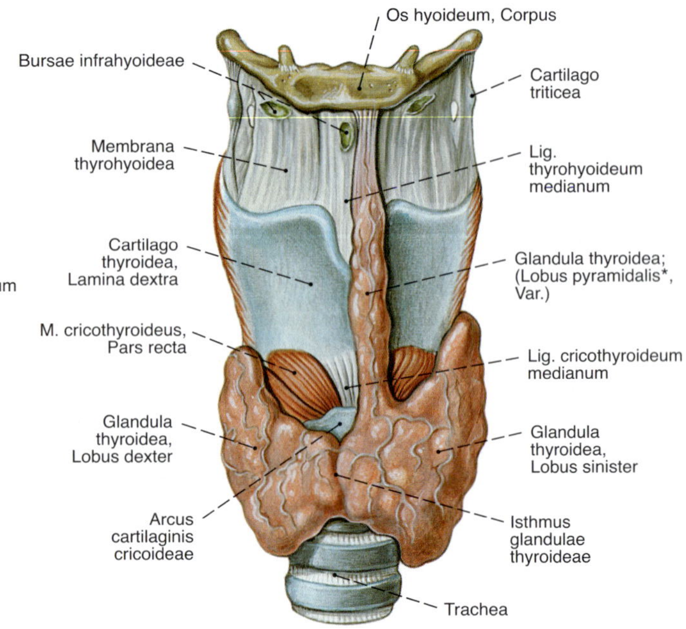

Abb. 250 Zungenbein, Os hyoideum; Kehlkopf, Larynx; Schilddrüse, Glandula thyroidea; Luftröhre, Trachea; von vorne (80%).

* Ein oft vorhandener Lobus pyramidalis ist als entwicklungsgeschichtlich bedingte Variante aufzufassen und kann bis zum Lig. thyrohyoideum medianum reichen.

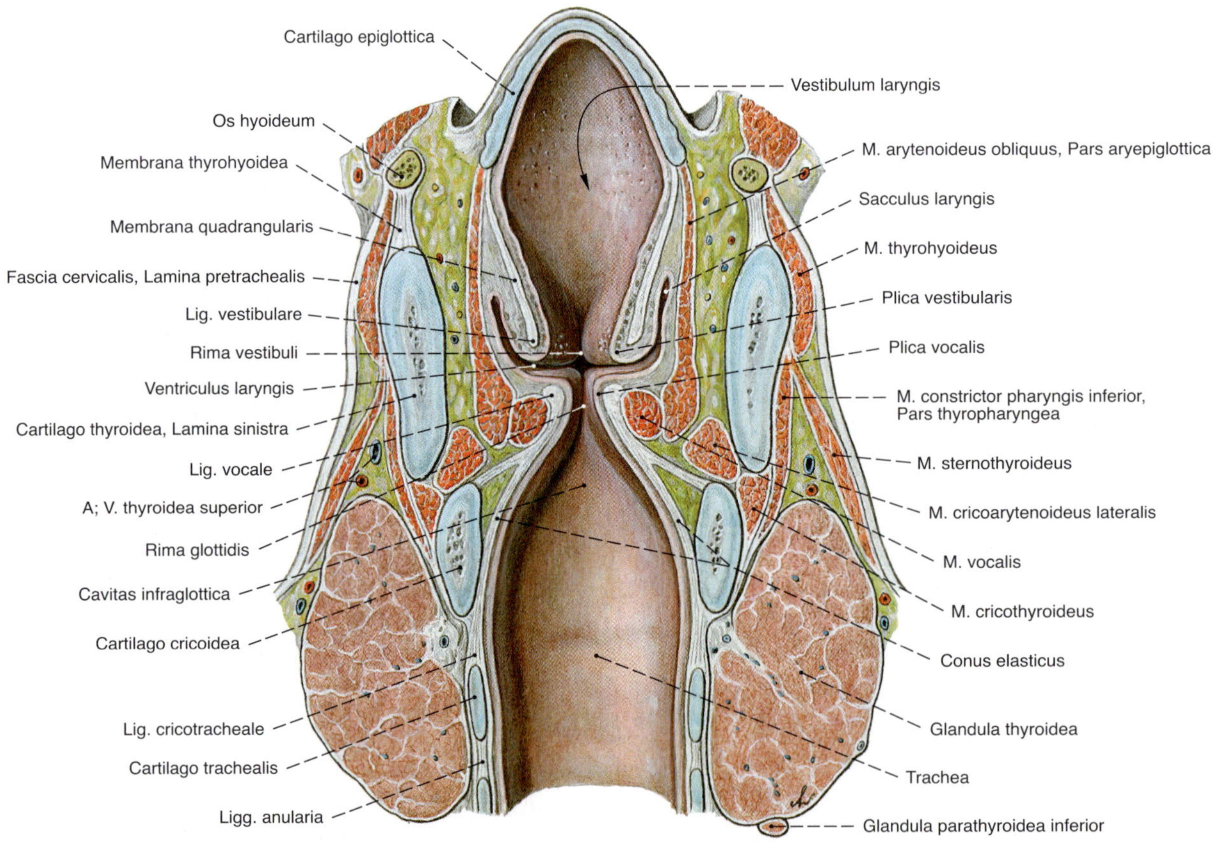

Abb. 251 Kehlkopf, Larynx; Schilddrüse, Glandula thyroidea; Frontalschnitt in der Mitte des Kehlkopfs; von hinten (120%).

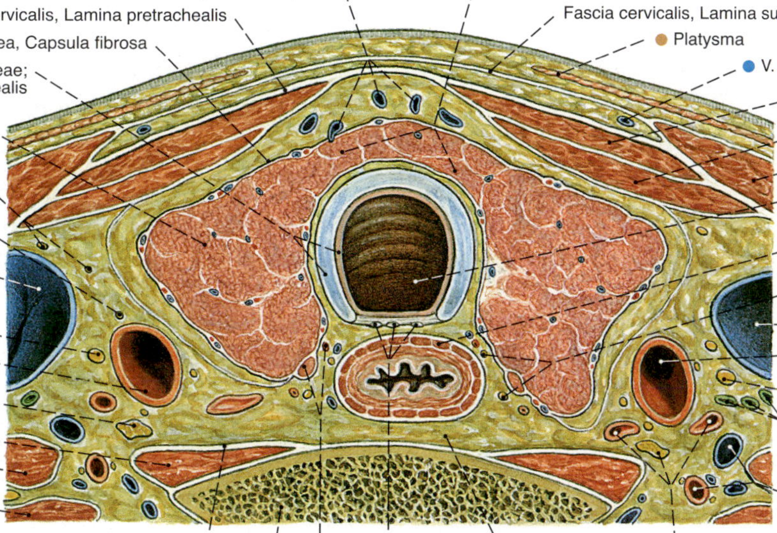

Abb. 252 Schilddrüse, Glandula thyroidea; Horizontalschnitt durch die Halseingeweide in Höhe des zweiten Trachealknorpels; von unten (90%).

* Klinisch: Spatium retrooesophageum

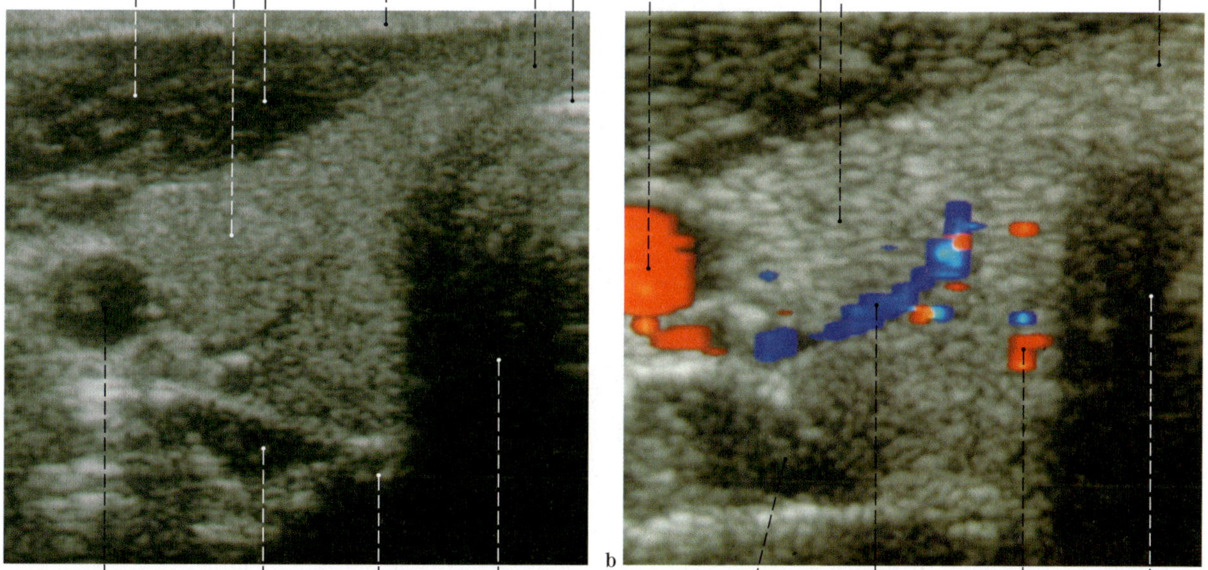

Abb. 253 a, b Schilddrüse, Glandula thyroidea.

a Queres Ultraschallbild; Schallrichtung von ventral nach dorsal; von unten (re, 200%).

* Schallschatten der Luftröhre

b Queres Ultraschallbild; Schallrichtung von ventral nach dorsal; von unten (re, 200%). Die Flussrichtung des Blutes ist in Farben umgesetzt (rot: auf den Schallkopf zu, Arterie; blau: vom Schallkopf weg, Vene; farbkodierte Dopplersonographie).

* Schallschatten der Luftröhre

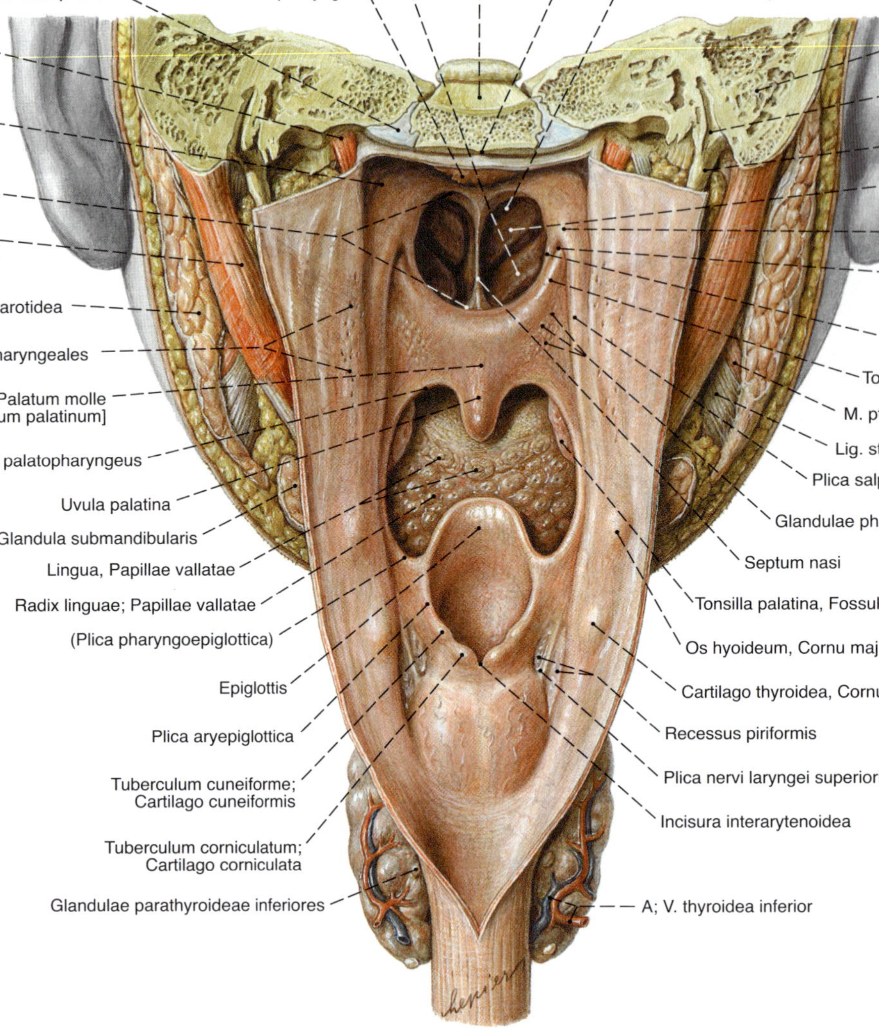

Abb. 254 Rachen, Pharynx; Frontalschnitt auf Höhe der Procc. mastoidei; Rachen durch einen Längsschnitt in der Mittellinie eröffnet; von hinten (80%).

Muskeln des Rachens, Pharynx (Abb. 255, 256, 258)

Die Rachenmuskeln werden unterteilt in Schlundschnürer (Konstriktoren: Mm. constrictores pharyngis superior, medius und inferior) und Schlundheber (Levatoren: M. stylopharyngeus, M. salpingopharyngeus und M. palatopharyngeus).

Muskel *Innervation*	**Ursprung**	**Ansatz**	**Funktion**
Schlundschnürer			
1. M. constrictor pharyngis superior *Rr. pharyngeales des N. glossopharyngeus [IX]*	**Pars pterygopharyngea:** Lamina medialis des Proc. pterygoideus (Hinterrand), Hamulus ossis pterygoidei **Pars buccopharyngea:** Raphe pterygomandibularis, M. buccinator **Pars mylopharyngea:** Linea mylohyoidea der Mandibula **Pars glossopharyngea:** M. transversus linguae	Membrana pharyngobasilaris, Raphe pharyngis (von Tuberculum pharyngeum des Os occipitale bis Höhe des Angulus mandibulae)	Die Schlundschnürer engen den Rachenraum von hinten her ein. Im Zusammenwirken mit den Gaumenmuskeln schließen sie beim Schluckvorgang den Epipharynx vom Mesopharynx ab. Durch wellenförmig ablaufende Kontraktion nach unten hin fördern sie den Transport des Bissens bis in die Speiseröhre.

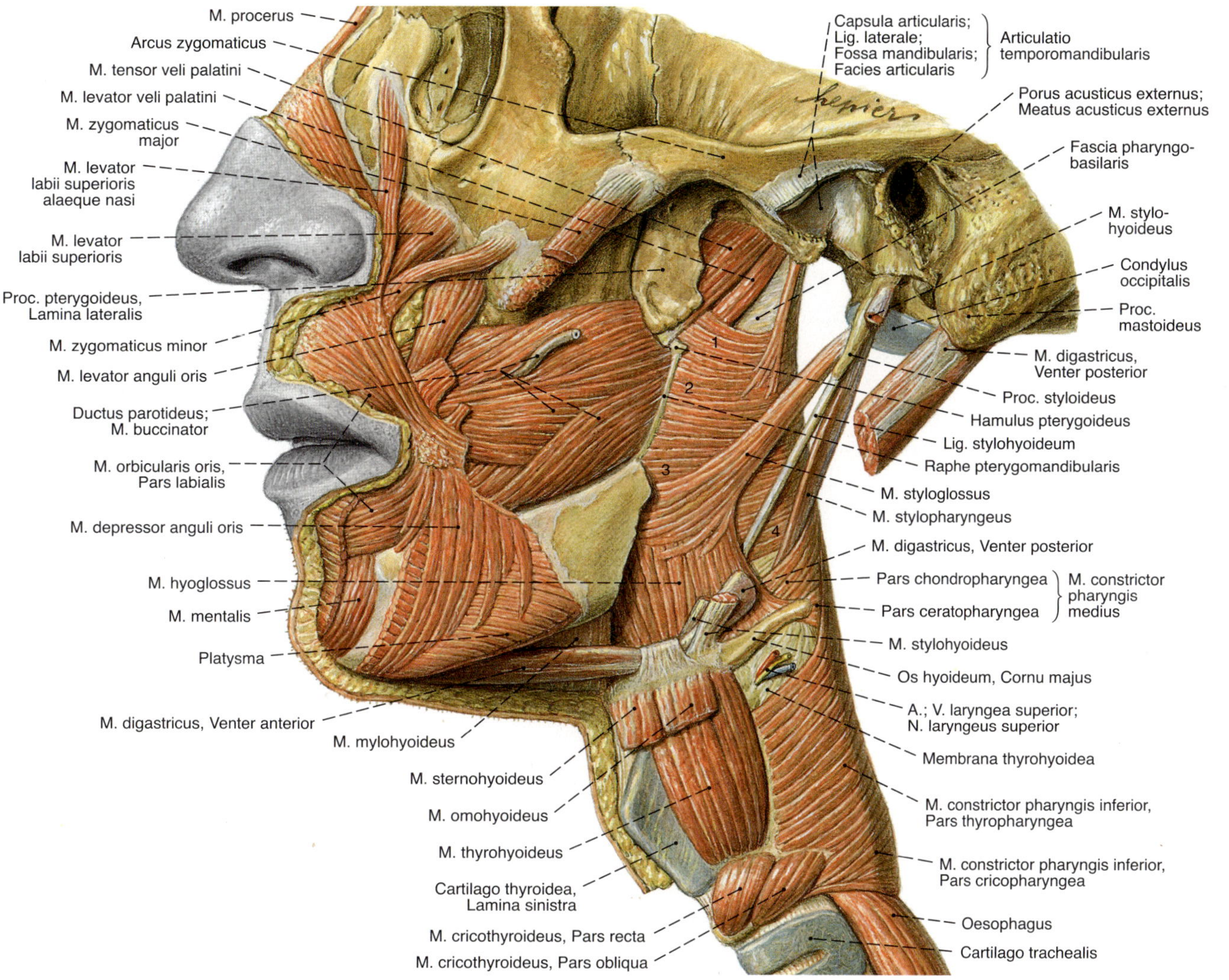

Abb. 255 Rachenmuskeln, Mm. pharyngis;
Gesichtsmuskeln, Mm. faciei;
nach teilweiser Abtragung der Mandibula;
von lateral (li).

Muskeln des Rachens, Pharynx (Fortsetzung)

Muskel *Innervation*	**Ursprung**	**Ansatz**	**Funktion**
Schlundschnürer			
2. M. constrictor pharyngis medius *Rr. pharyngeales des N. glossopharyngeus [IX] und des N. vagus [X]*	**Pars chondropharyngea:** Cornu minus ossis hyoidei **Pars ceratopharyngea:** Cornu majus ossis hyoidei	Raphe pharyngis (mittleres Drittel)	Die Schlundschnürer engen den Rachenraum von hinten her ein. Im Zusammenwirken mit den Gaumenmuskeln schließen sie beim Schluckvorgang den Epipharynx vom Mesopharynx ab. Durch wellenförmig ablaufende Kontraktion nach unten hin fördern sie den Transport des Bissens bis in die Speiseröhre.
3. M. constrictor pharyngis inferior *Rr. pharyngeales des N. vagus [X]*	**Pars thyropharyngea:** Cartilago thyroidea (Außenfläche hinter der Linea obliqua) **Pars cricopharyngea:** Cartilago cricoidea (Seitenfläche) **Pars tracheopharyngea:** Cartilago trachealis I (Seitenfläche)	Raphe pharyngis (mittleres und unteres Drittel)	

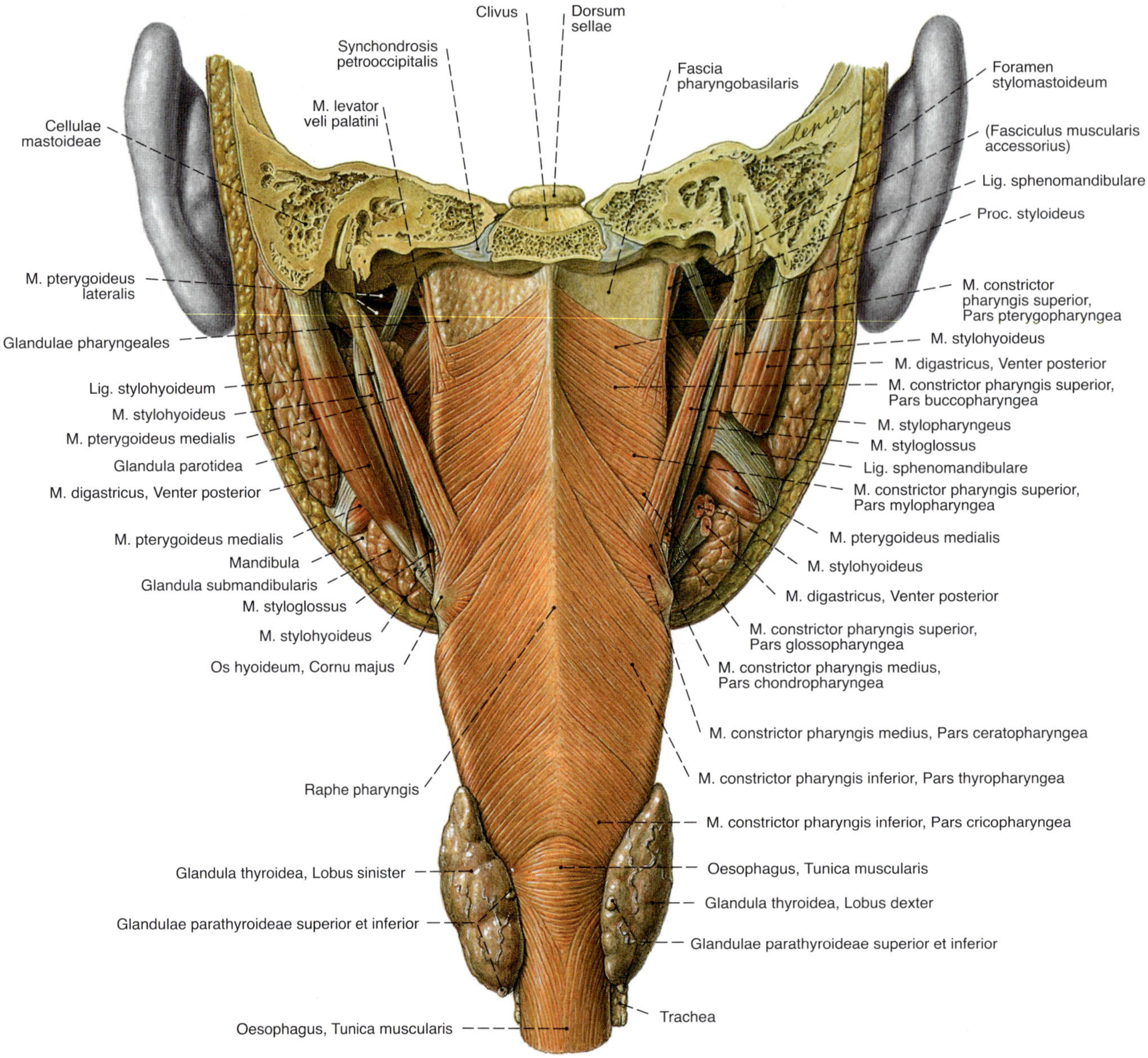

Abb. 256 Rachen, Pharynx;
Frontalschnitt auf Höhe der Procc. mastoidei;
Faszie abgetragen;
von hinten (80%).

Muskeln des Rachens, Pharynx (Fortsetzung)

Muskel *Innervation*	**Ursprung**	**Ansatz**	**Funktion**
Schlundheber			
1. M. palatopharyngeus *Rr. pharyngeales des N. glossopharyngeus [IX]*	Aponeurosis palatina, Hamulus ossis pterygoidei	Schräg absteigend, Einstrahlung in Seiten- und Hinterwand des Pharynx, Cartilago thyroidea	Verengen des Isthmus faucium, Senken des Gaumensegels
2. M. salpingopharyngeus *Rr. pharyngeales des N. glossopharyngeus [IX]*	Cartilago tubae auditivae (freier Rand, Unterfläche)	Schräg absteigend, Einstrahlung in die Seitenwand des Pharynx	Heben des Schlundes
3. M. stylopharyngeus *R. musculi stylopharyngei des N. glossopharyngeus [IX]*	Proc. styloideus des Os temporale	Schräg absteigend, Einstrahlung in die Seitenwand des Pharynx, (Cartilago thyroidea)	Heben des Schlundes

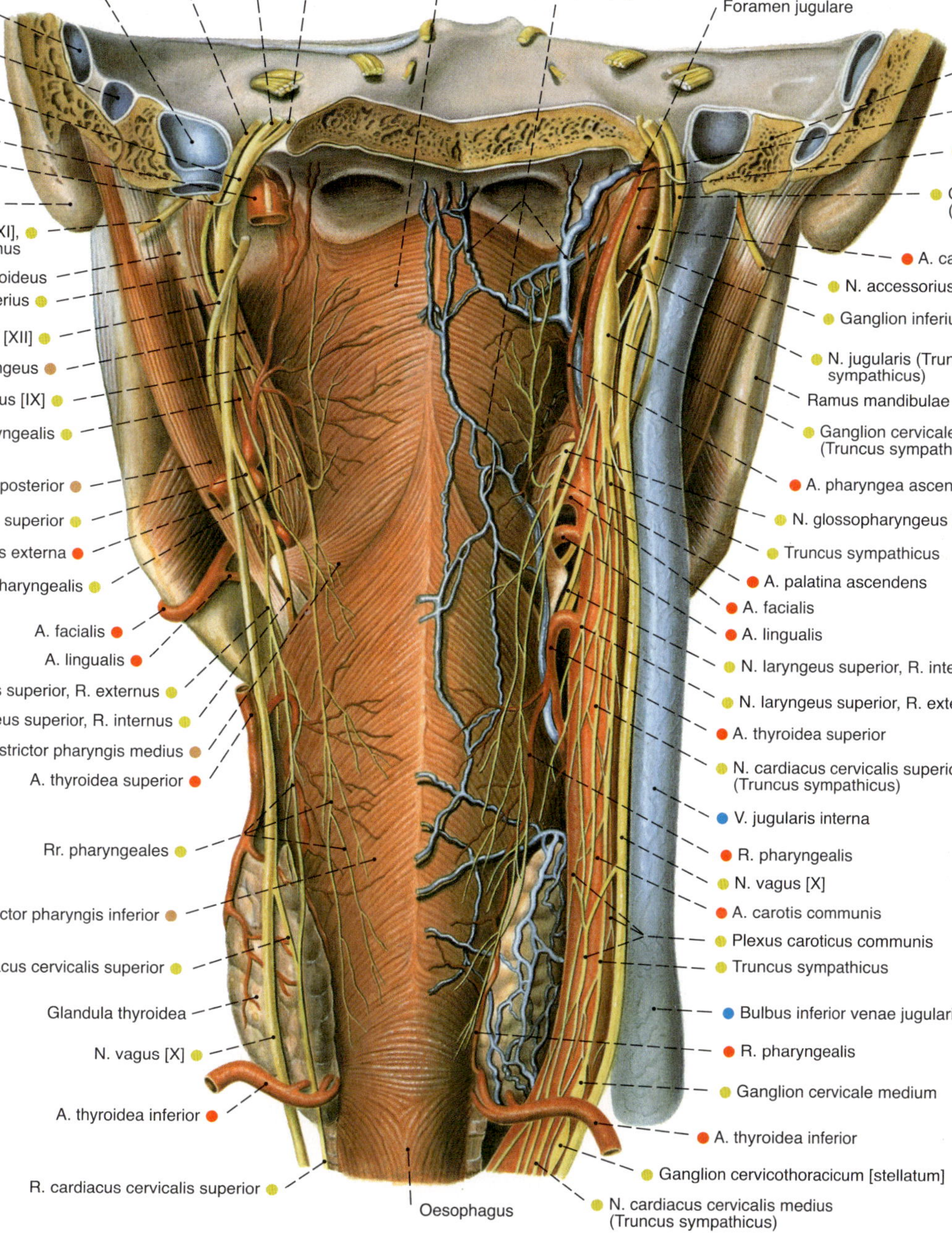

258
900

Abb. 257 Gefäße und Nerven des Rachens, Pharynx und des Parapharyngealraumes, Spatium lateropharyngeum; Frontalschnitt auf Höhe der Foramina jugularia; links A. carotis und V. jugularis interna entfernt; von hinten.
Die Schwachstelle am Übergang des M. constrictor pharyngis inferior zur Tunica muscularis des Oesophagus wird klinisch als LAIMERsches Dreieck bezeichnet.

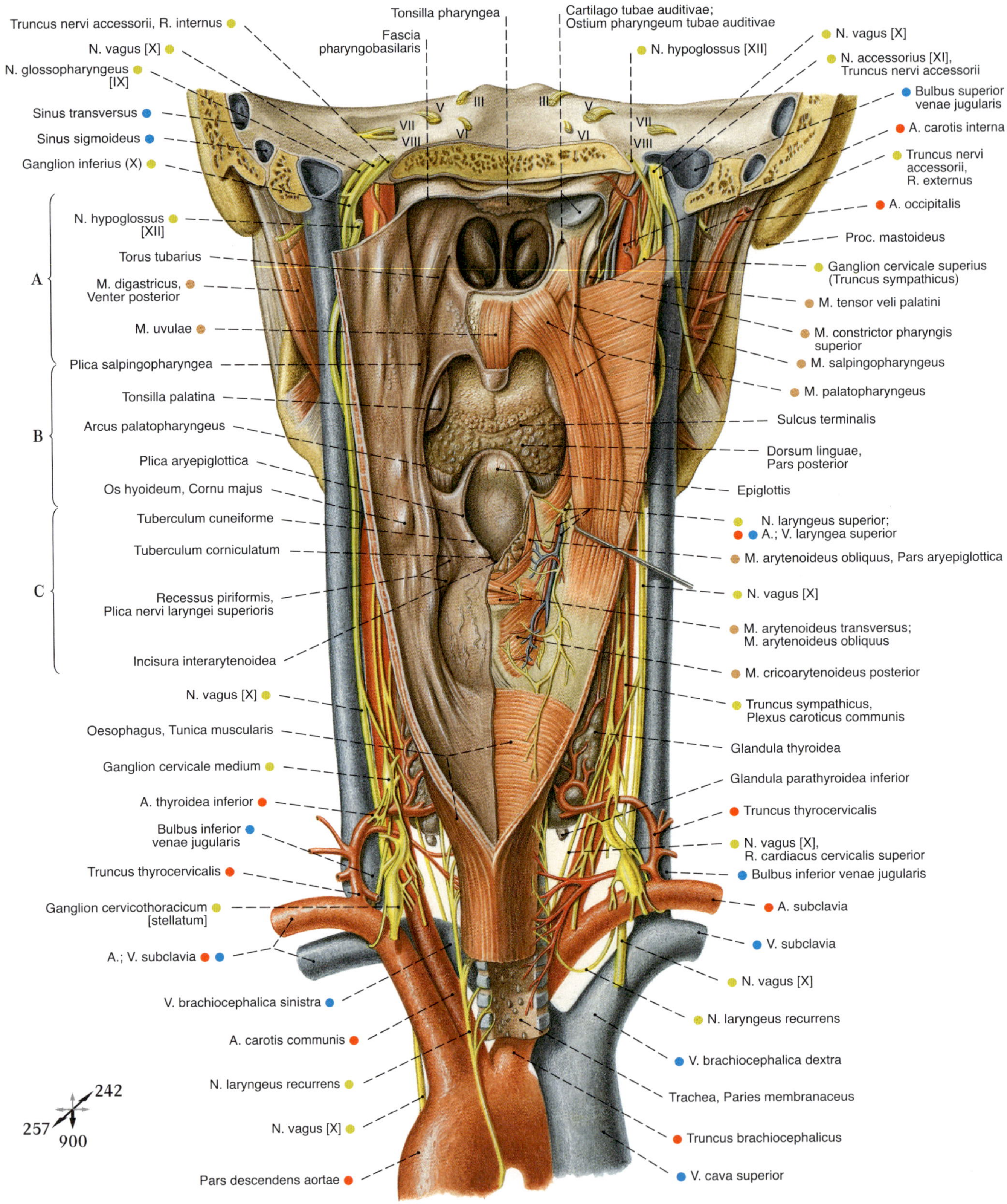

Abb. 258 Rachen, Pharynx; Kehlkopf, Larynx; Parapharyngealraum, Spatium lateropharyngeum; Frontalschnitt auf Höhe der Foramina jugularia; hintere Rachenwand in der Medianebene aufgeschnitten; rechts Schleimhaut entfernt; von hinten.

Die Ziffern III–VIII in der Abbildung entsprechen dem 3. bis 8. Hirnnerven.

Etagen des Rachens:

A Pars nasalis (Epipharynx, Nasopharynx)
B Pars oralis (Mesopharynx, Oropharynx)
C Pars laryngea (Hypopharynx, Laryngopharynx)

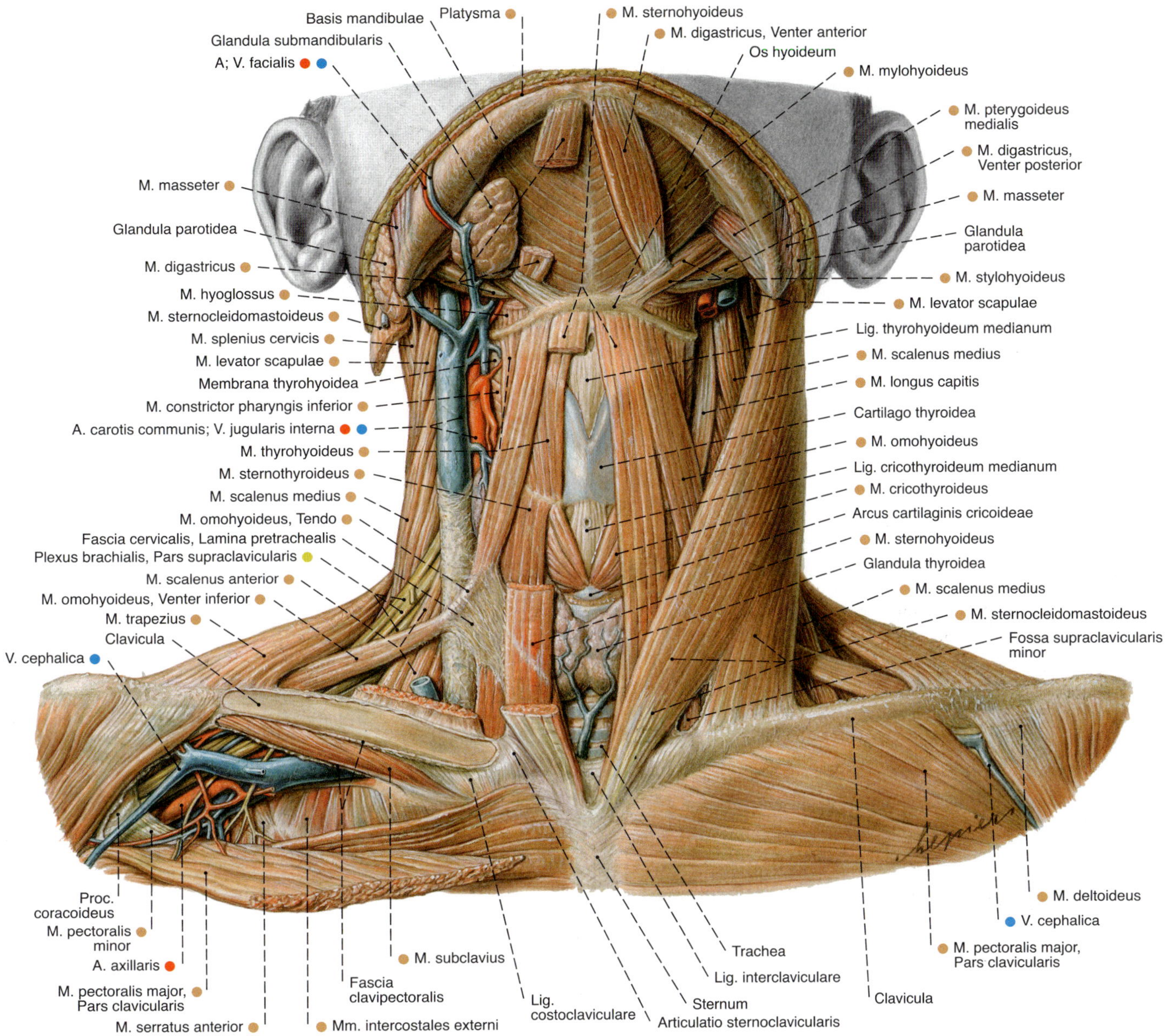

Abb. 259 Halsmuskeln, Mm. colli;
nach Entfernung des Gefäßnervenstrangs auf der linken Seite;
großer Brustmuskel rechts teilweise nach unten geklappt;
von vorne (70%).

Lateraler Halsmuskel (Abb. 259, 262, 267)

Der M. sternocleidomastoideus geht aus einer gemeinsamen Anlage mit dem M. trapezius hervor (gleiche Innervation). Er zieht schräg vom Proc. mastoideus nach vorne unten und ist in die Lamina superficialis der Fascia cervicalis integriert.

Muskel *Innervation*	**Ursprung**	**Ansatz**	**Funktion**
M. sternocleidomastoideus *N. accessorius [XI]; Plexus cervicalis*	**Caput sternale:** Langsehnig von der Ventralfläche des Sternums **Caput claviculare:** Kurzsehnig vom sternalen Drittel der Clavicula	Hinterer Umfang des Proc. mastoideus und laterale Hälfte der Linea nuchalis superior	Stellt den Kopf fest, richtet den Kopf auf; beugt die kaudalen, streckt die kranialen Halswirbel und die Kopfgelenke; einseitig innerviert neigt er den Kopf nach vorn und dreht ihn nach der entgegengesetzten Seite, hilft bei festgestelltem Kopf bei der Inspiration

Obere Zungenbeinmuskeln (Abb. 260)

Die oberen Zungenbeinmuskeln bilden den Boden der Mundhöhle und sind Gegenspieler der unteren Zungenbeinmuskeln. Oberflächlich liegt der vordere Bauch des M. digastricus. Als breite Platte schließt der M. mylohyoideus die Mundhöhle nach unten ab. Innen liegt ihm der M. geniohyoideus als runder Strang an. Der hintere Bauch des M. digastricus und der M. stylohyoideus liegen etwas tiefer und dorsal.

Muskel *Innervation*	**Ursprung**	**Ansatz**	**Funktion**
1. M. digastricus Venter anterior: *N. mylohyoideus (N. mandibularis [V/3]);* Venter posterior: *R. digastricus (N. facialis [VII])*	**Venter posterior:** Incisura mastoidea des Os temporale, Zwischensehne am kleinen Zungenbeinhorn	**Venter anterior:** Fossa digastrica der Mandibula	Senken des Unterkiefers, Heben bzw. Fixieren des Zungenbeins; unterstützt den M. mylohyoideus
2. M. stylohyoideus *R. stylohyoideus (N. facialis [VII])*	Proc. styloideus des Os temporale	Seitenrand des Corpus ossis hyoidei mit zwei Zipfeln am hinteren und vorderen Umfang; umgreift meist die Zwischensehne des M. digastricus	Fixieren des Zungenbeins, zieht dieses beim Schluckakt dorsokranialwärts
3. M. mylohyoideus *N. mylohyoideus (N. mandibularis [V/3])*	Kurzsehnig von der Linea mylohyoidea der Mandibula; beide Muskeln bilden eine den Unterkieferbogen ausfüllende Platte	Raphe mylohyoidea und oberer Rand des Corpus ossis hyoidei	Heben von Mundboden und Zunge (beim Schluckakt), Senken des Unterkiefers, Heben des Zungenbeins
4. M. geniohyoideus *Ansa cervicalis*	Kurzsehnig von der Spina mentalis der Mandibula. Die Muskeln beider Seiten liegen dicht nebeneinander, nur durch ein dünnes bindegewebiges Septum getrennt.	Vorderfläche des Corpus ossis hyoidei	Unterstützt M. mylohyoideus (Heben der Zunge), Fixieren des Zungenbeins, Senken des Unterkiefers; Heben des Zungenbeins

Untere Zungenbeinmuskeln (Abb. 259)

Die unteren Zungenbeinmuskeln werden nach ihren Anheftungsorten unterschieden in den M. sternohyoideus, den M. sternothyroideus, den M. thyrohyoideus und den M. omohyoideus. Die vier Muskeln sind in die Lamina pretrachealis der Fascia cervicalis eingescheidet.

Muskel *Innervation*	**Ursprung**	**Ansatz**	**Funktion**
1. M. sternohyoideus *Ansa cervicalis (Plexus cervicalis)*	Kranialer Rand der Cartilago costae I; Innenfläche des Manubrium sterni und des Sternoklavikulargelenks	Corpus ossis hyoidei	Feststellen des Zungenbeins, ziehen es kaudalwärts mit dem Kehlkopf; dienen als Hilfsmuskeln beim Schluckakt; wirken indirekt auch beugend auf die Kopf- und Halsgelenke; Hilfsmuskeln der Atmung; ziehen das Brustbein kranialwärts (Inspiration); (wirken zusammen mit M. thyrohyoideus und M. omohyoideus)
2. M. sternothyroideus *Ansa cervicalis (Plexus cervicalis)*	Innenfläche der Cartilago costae I; Innenfläche des Manubrium sterni, kaudal des M. sternohyoideus	Außenfläche der Schildknorpelplatte (gegenüber dem Ursprung des M. thyrohyoideus)	
3. M. thyrohyoideus *Ansa cervicalis (Plexus cervicalis)*	Außenfläche der Lamina der Cartilago thyroidea	Laterales Drittel des Corpus und Wurzel des Cornu majus des Os hyoideum	Feststellen des Zungenbeins, zieht es kaudalwärts bzw. den Kehlkopf kranialwärts; dient als Hilfsmuskel beim Schluckakt; hebt den Kehlkopf; (wirkt zusammen mit M. sternohyoideus, M. sternothyroideus und M. omohyoideus)
4. M. omohyoideus *Ansa cervicalis (Plexus cervicalis)* In der Mitte durch eine mit der Vagina carotica verbundene Zwischensehne in zwei Bäuche geteilt	**Venter inferior:** Margo superior der Scapula zwischen Angulus superior und Incisura scapulae	**Venter superior:** Kaudaler Rand der Außenfläche des seitlichen Abschnitts des Corpus ossis hyoidei	Feststellen des Zungenbeins, zieht es kaudalwärts; dient als Hilfsmuskel beim Schluckakt; wirkt indirekt auch beugend auf die Kopf- und Halsgelenke; spannt die Halsfaszie durch Verwachsung seiner Zwischensehne mit der Vagina carotica; (wirkt zusammen mit M. sternohyoideus, M. sternothyroideus und M. thyrohyoideus)

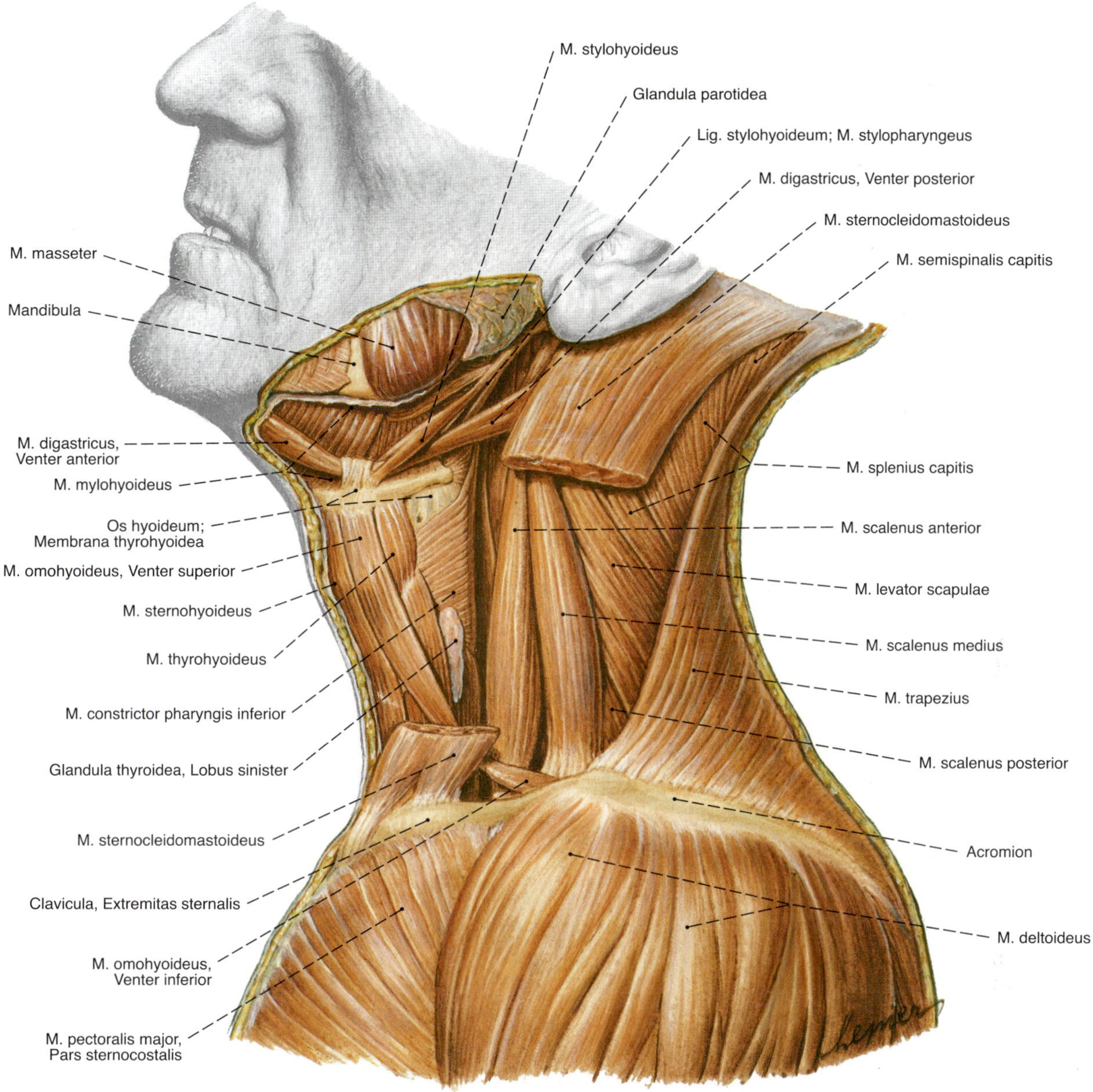

Abb. 260 Halsmuskeln, Mm. colli;
nach Entfernung des mittleren Teils des M. sternocleidomastoideus;
von lateral (li, 70%).

Skalenusmuskeln (Abb. 260)

Die drei Skalenusmuskeln, M. scalenus anterior, M. scalenus medius und M. scalenus posterior, formen seitlich der Halswirbelsäule eine dreiseitige Muskelplatte und ziehen bis zu den oberen Rippen.

Muskel *Innervation*	**Ursprung**	**Ansatz**	**Funktion**
1. M. scalenus anterior *Direkte Äste des Plexus cervicalis und Plexus brachialis*	Tubercula anteriora der Procc. transversi des 3. (4.) bis 6. Halswirbels	Kurzsehnig am Tuberculum musculi scaleni anterioris der Costa I	**Thorax** Heben der beiden kranialen Rippen (Atmungsmuskeln: Inspiration) **Wirbelsäule** Lateralflexion der Halswirbelsäule
2. M. scalenus medius *Direkte Äste des Plexus cervicalis und Plexus brachialis*	Tubercula anteriora der Procc. transversi aller Halswirbel	Kurzsehnig an der Costa I, lateral des M. scalenus anterior, hinter dem Sulcus arteriae subclaviae	
3. M. scalenus posterior *Direkte Äste des Plexus cervicalis und Plexus brachialis*	Tubercula posteriora der Procc. transversi des 5. und 6. Halswirbels	Kurz- und plattsehnig am oberen Rand der Costa II (III)	

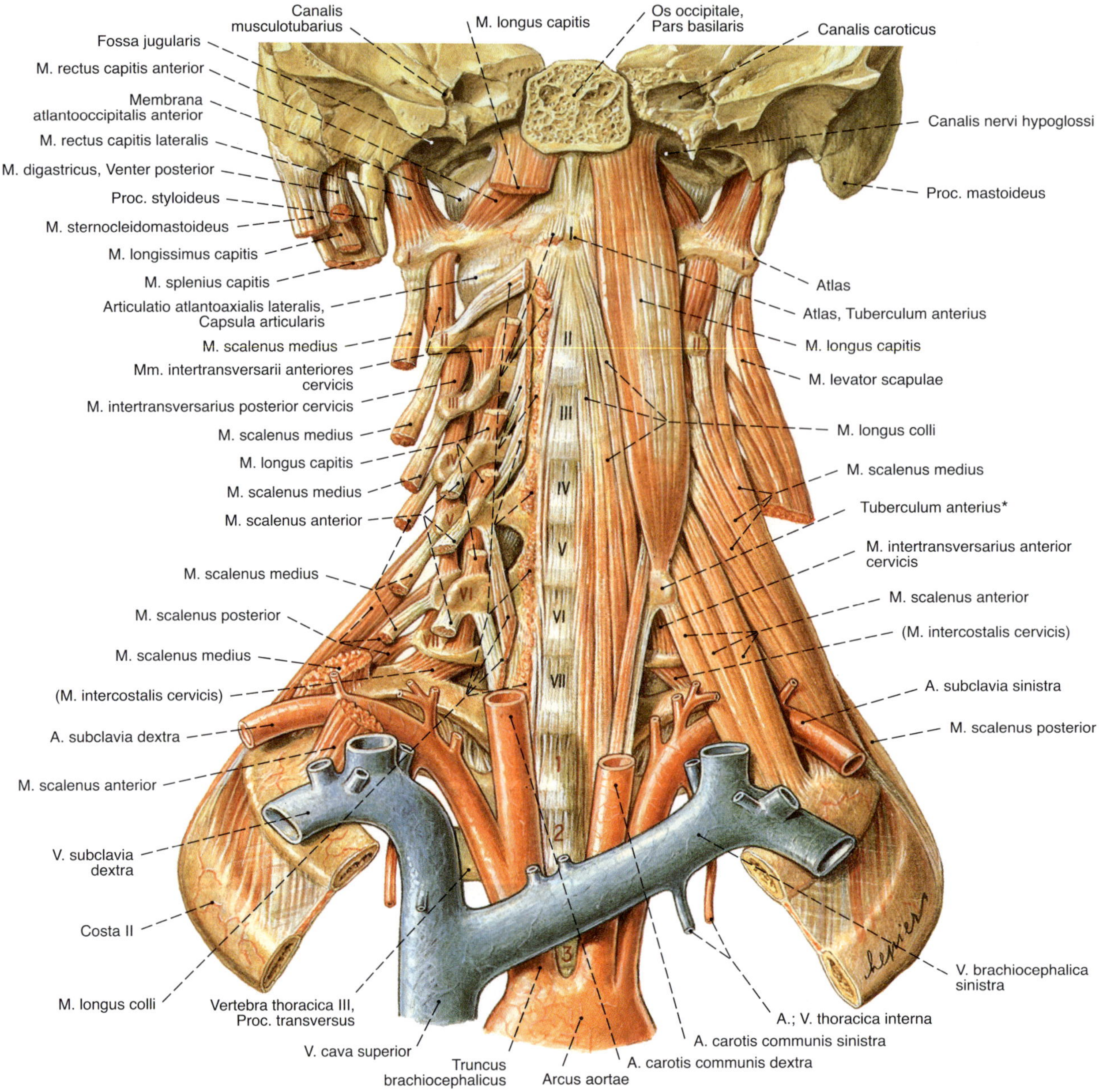

Abb. 261 Halsmuskeln, Mm. colli;
Frontalschnitt auf Höhe der Spitzen der Felsenbeinpyramiden; Halseingeweide entfernt;
Mm. scaleni links abgetragen;
von vorne (80%).

I – VII = 1. bis 7. Halswirbel;
1 – 3 = 1. bis 3. Brustwirbel

* Das Tuberculum anterius des 6. Halswirbels wird als Tuberculum caroticum bezeichnet.

Prävertebrale Muskeln (Abb. 261)

Die prävertebralen Muskeln liegen rechts und links der Wirbelkörper der Hals- und der oberen Brustwirbelsäule. Die vorderen seitlichen Anteile von Atlas und Axis verbindet der kurze M. rectus capitis anterior.
Die prävertebralen Muskeln werden an ihrer Vorderfläche von der Lamina prevertebralis der Fascia cervicalis bedeckt.

Muskel *Innervation*	**Ursprung**	**Ansatz**	**Funktion**
1. M. rectus capitis anterior *Rr. ventrales des Plexus cervicalis*	Proc. transversus des Atlas	Pars basilaris des Os occipitale	Beugt die Halswirbelsäule bzw. den Kopf ventralwärts; bei einseitiger Innervation neigt und dreht er den Kopf nach der gleichen Seite.
2. M. longus capitis *Direkte Äste des Plexus cervicalis*	Tubercula anteriora der Procc. transversi des 3. bis 6. Halswirbels	Außenfläche der Pars basilaris des Os occipitale	

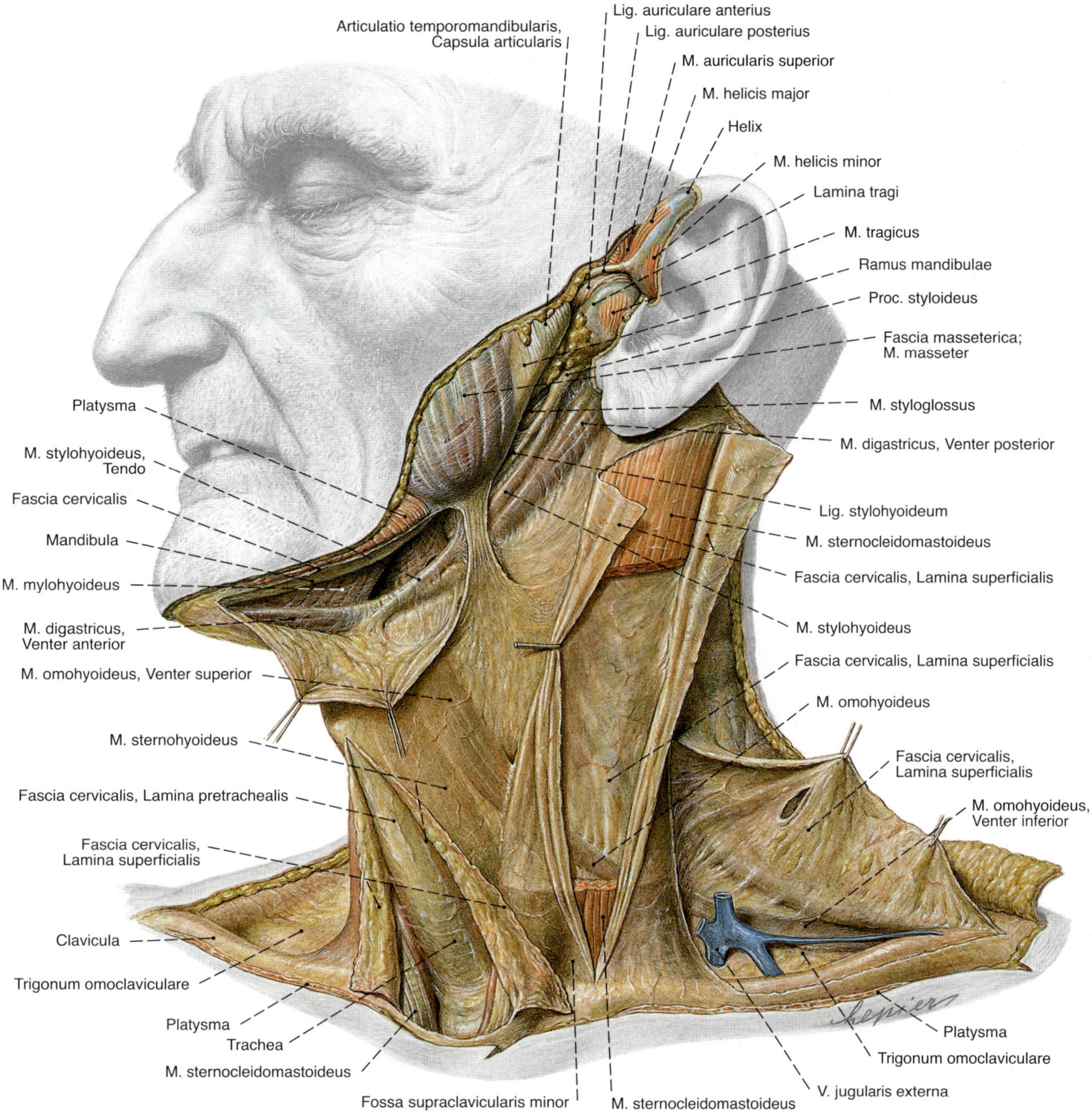

Abb. 262 Halsfaszie, Fascia cervicalis; Kopf nach rechts gedreht; Teile des M. sternocleidomastoideus entfernt; von vorne lateral (80%).

Prävertebrale Muskeln (Fortsetzung)

Muskel *Innervation*	**Ursprung**	**Ansatz**	**Funktion**
3. M. longus colli *Direkte Äste des Plexus cervicalis*	**Medialer Teil:** Sehnig von den Körpern der ersten Brust- und letzten Halswirbel **Kranialer lateraler Teil:** Tubercula anteriora der Procc. transversi der kranialen Halswirbel **Kaudaler lateraler Teil:** Seitenfläche der Körper der kranialen Brustwirbel	**Medialer Teil:** Körper der kranialen Halswirbel **Kranialer lateraler Teil:** Tuberculum anterius des Atlas und Körper der folgenden Halswirbel **Kaudaler lateraler Teil:** Sehnig an den Procc. transversi der kaudalen Halswirbel, namentlich des 6.	Beugt die Halswirbelsäule bzw. den Kopf ventralwärts; bei einseitiger Innervation neigt und dreht er den Kopf nach der gleichen Seite.

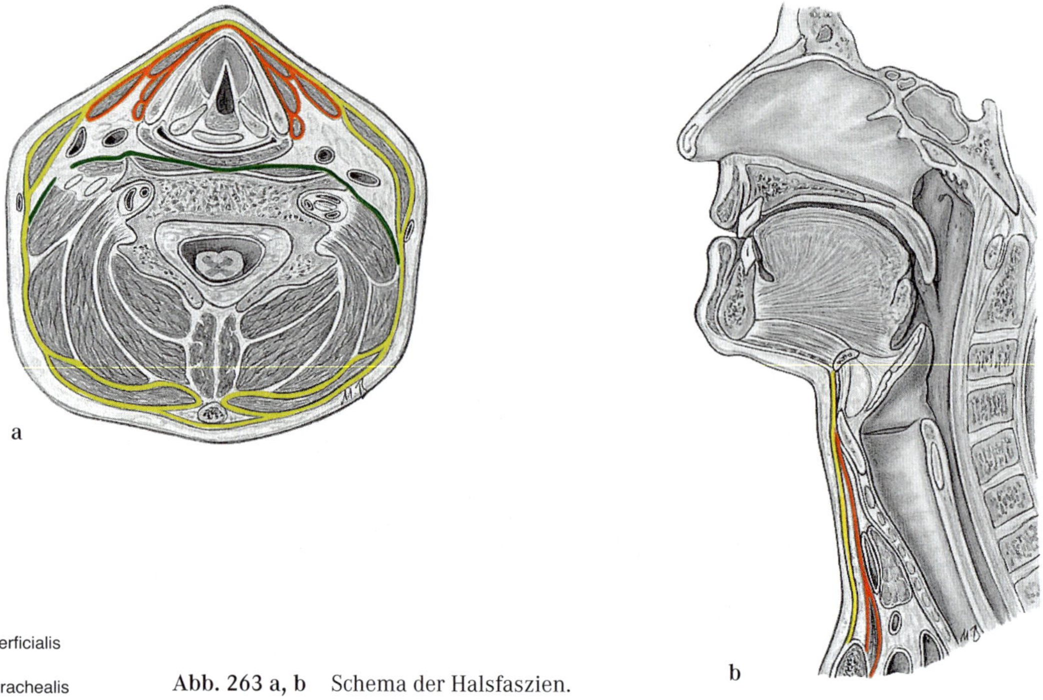

Fascia cervicalis

- Lamina superficialis
- Lamina pretrachealis
- Lamina prevertebralis

Abb. 263 a, b Schema der Halsfaszien.
a Transversalschnitt (vergleiche Abb. 285)
b Medianschnitt (vergleiche Abb. 282)

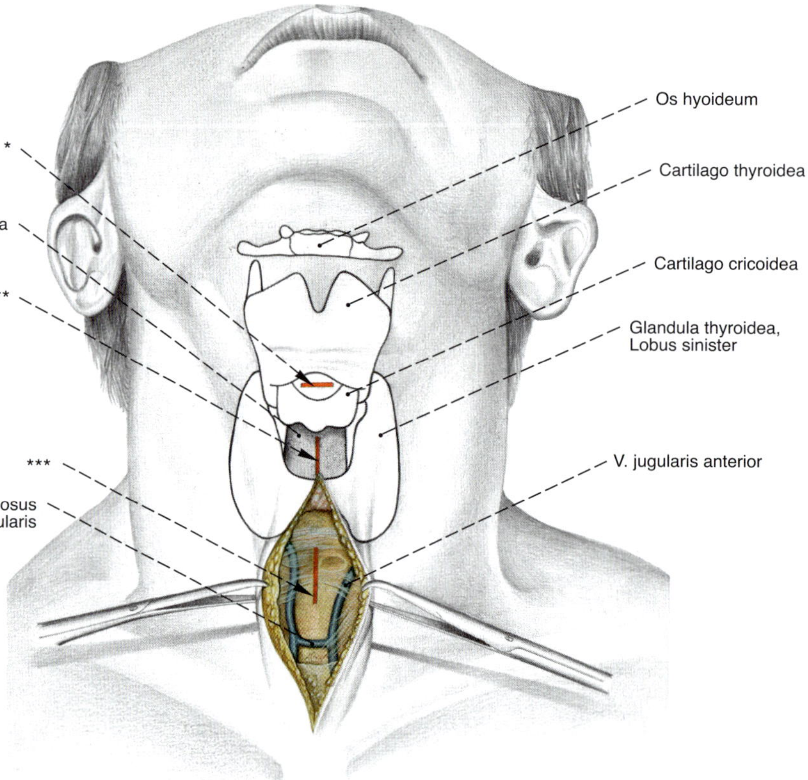

Abb. 264 Projektion der Halseingeweide auf die Oberfläche und chirurgischer Situs der unteren Tracheotomie;
Hals weit nach dorsal überstreckt;
von vorne.

Chirurgische Zugänge zur Eröffnung der Luftröhre sind rot eingezeichnet:

* Koniotomie
** obere Tracheotomie (oberhalb des Isthmus der Schilddrüse)
*** untere Tracheotomie (unterhalb des Isthmus der Schilddrüse)

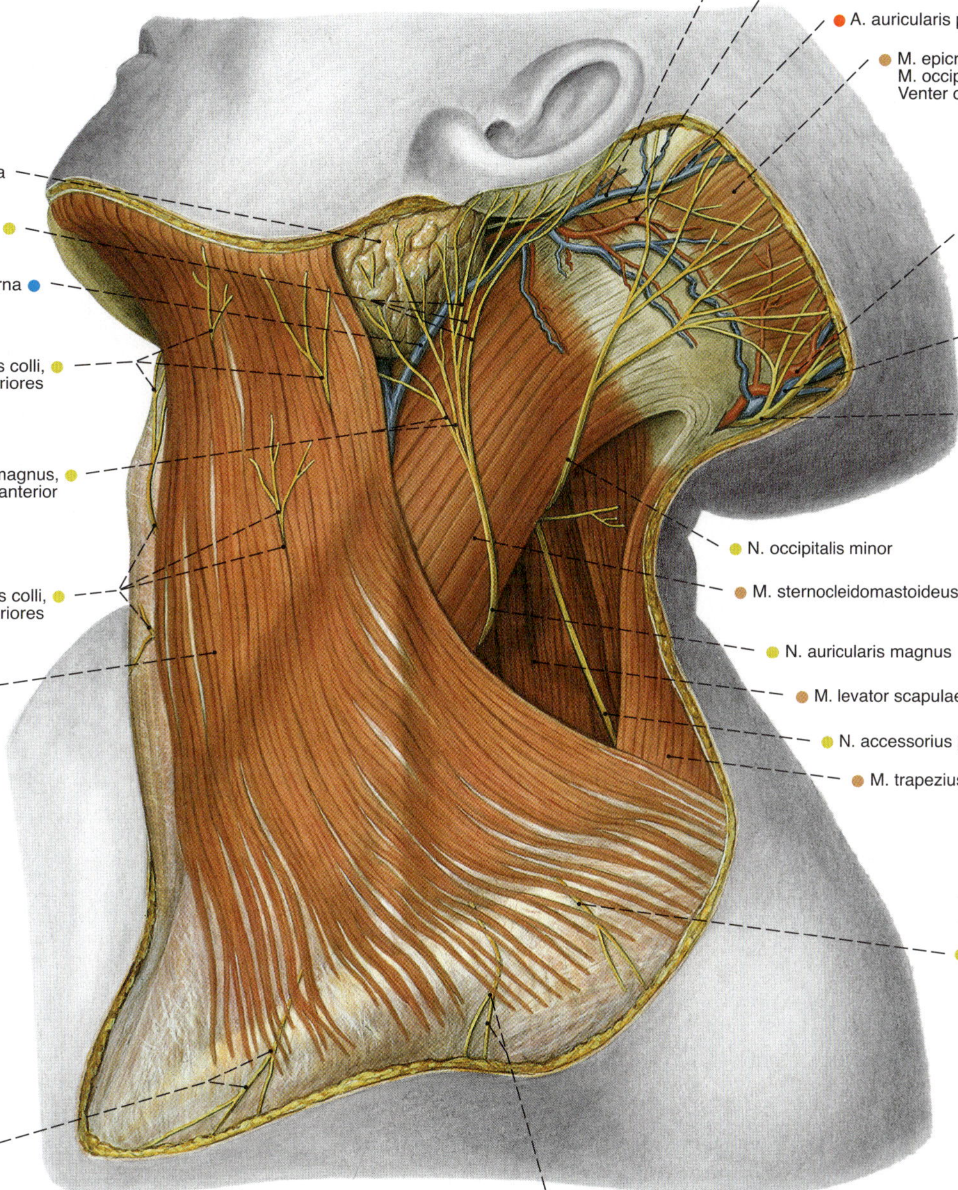

147 266

Abb. 265 Gefäße und Nerven der vorderen und der seitlichen Halsregion, Regiones cervicales anterior und lateralis; oberflächliche Schicht;
von lateral (li, 70%).

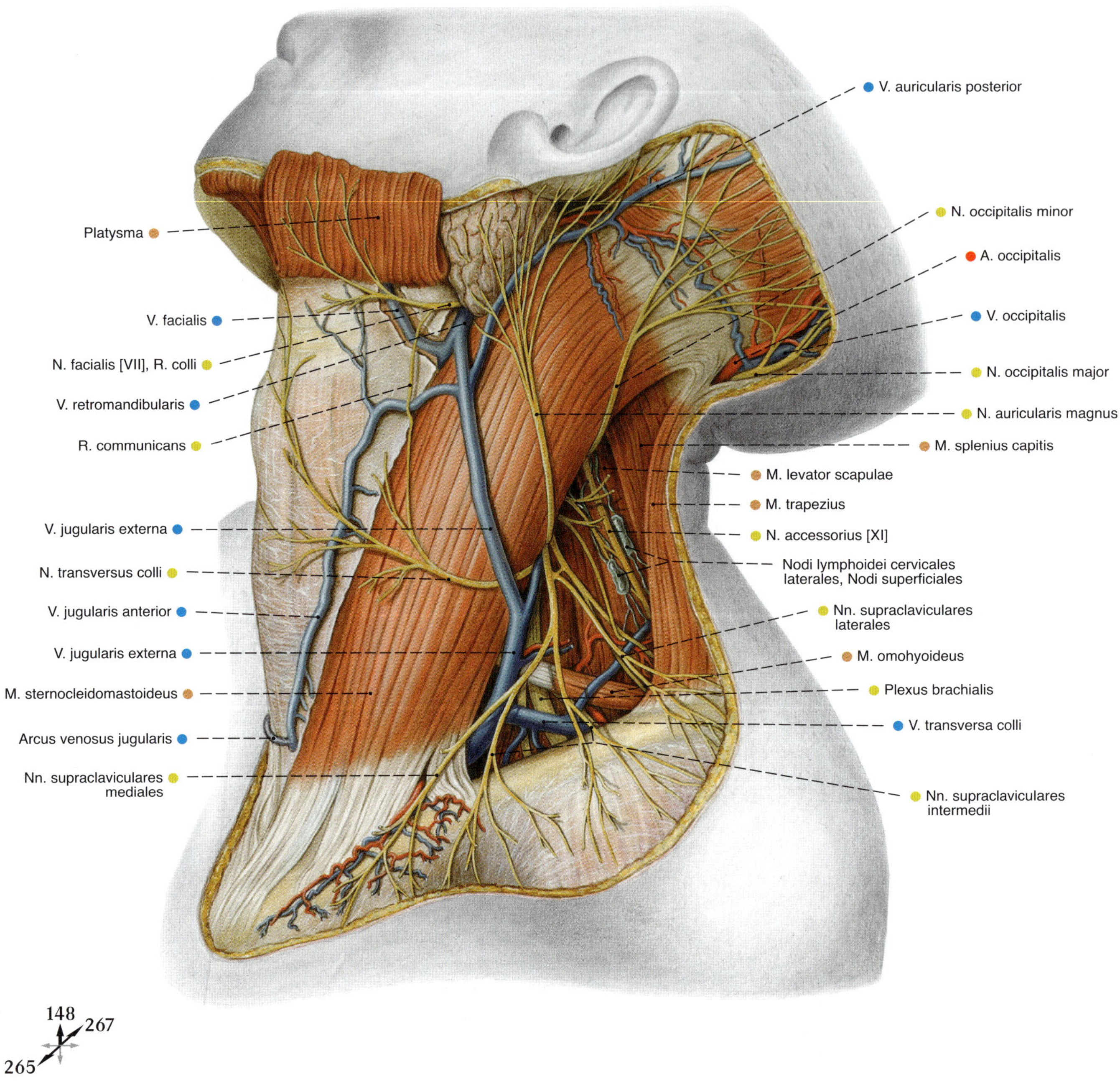

Abb. 266 Gefäße und Nerven der seitlichen Halsregion, Regio cervicalis lateralis;
Teile des Platysmas nach oben geschlagen; Lamina superficialis der Fascia cervicalis großteils entfernt;
von lateral (li, 70%).

Der Aufzweigungsbereich der Hautäste des Plexus cervicalis am Hinterrand des M. sternocleidomastoideus wird klinisch als Erbscher Punkt (auch Punctum nervosum) bezeichnet. Bei chirurgischer Entfernung von Lymphknoten in der seitlichen Halsregion ist der N. accessorius sehr gefährdet!

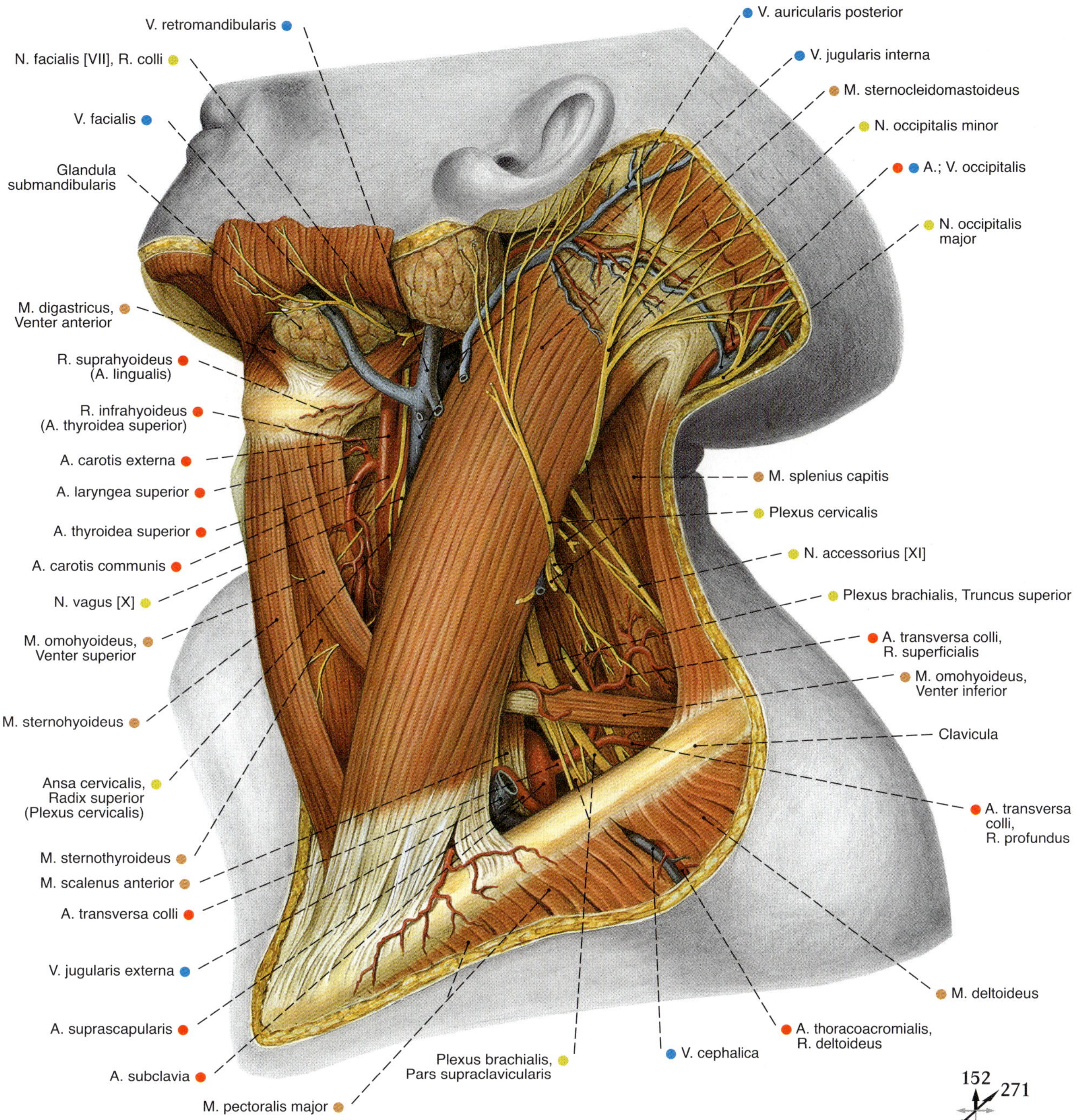

152
271
266

Abb. 267 Gefäße und Nerven der vorderen und der seitlichen Halsregion, Regiones cervicales anterior und lateralis; nach Entfernung der oberflächlichen und der mittleren Halsfaszie;
von lateral (li, 70%).

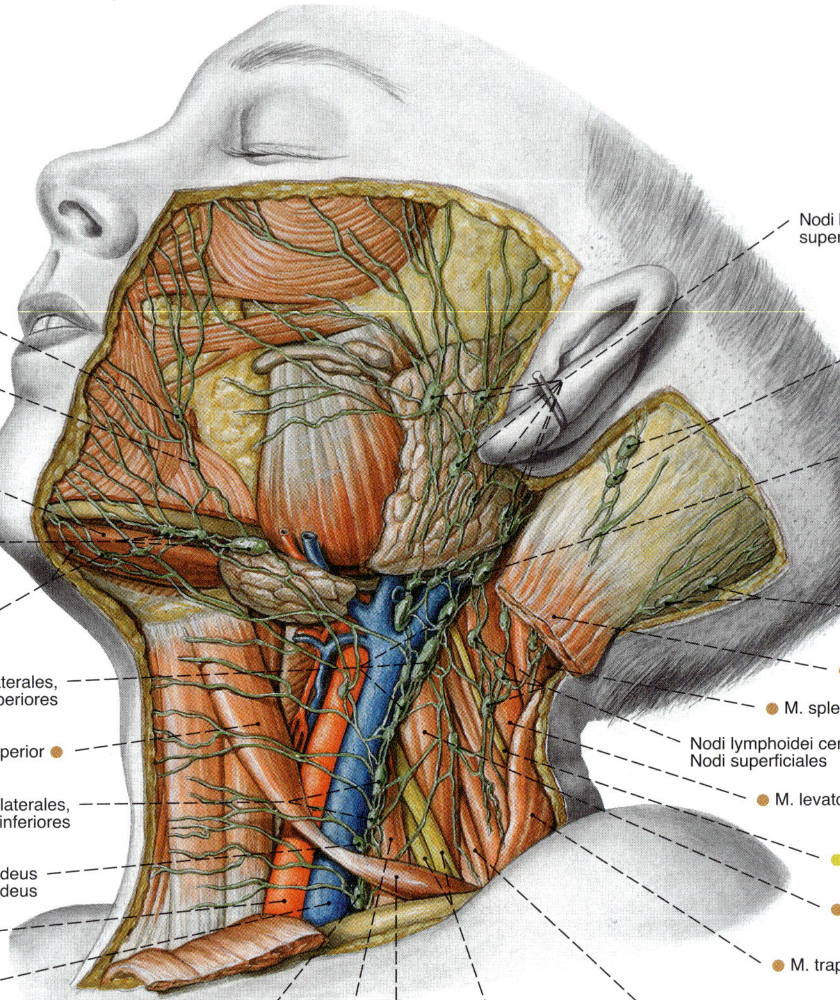

Abb. 268 Oberflächliche Lymphgefäße, Vasa lymphatica superficialia, und Lymphknoten, Nodi lymphoidei, des Kopfes und des Halses;
Präparat von einem 8-jährigen Jungen;
nach Abtragung des Platysmas und der oberflächlichen Halsfaszie; Plexus cervicalis zur Gänze, M. sternocleidomastoideus teilweise entfernt;
von lateral.
Bei chirurgischer Entfernung von Lymphknoten in der seitlichen Halsregion ist der N. accessorius sehr gefährdet!

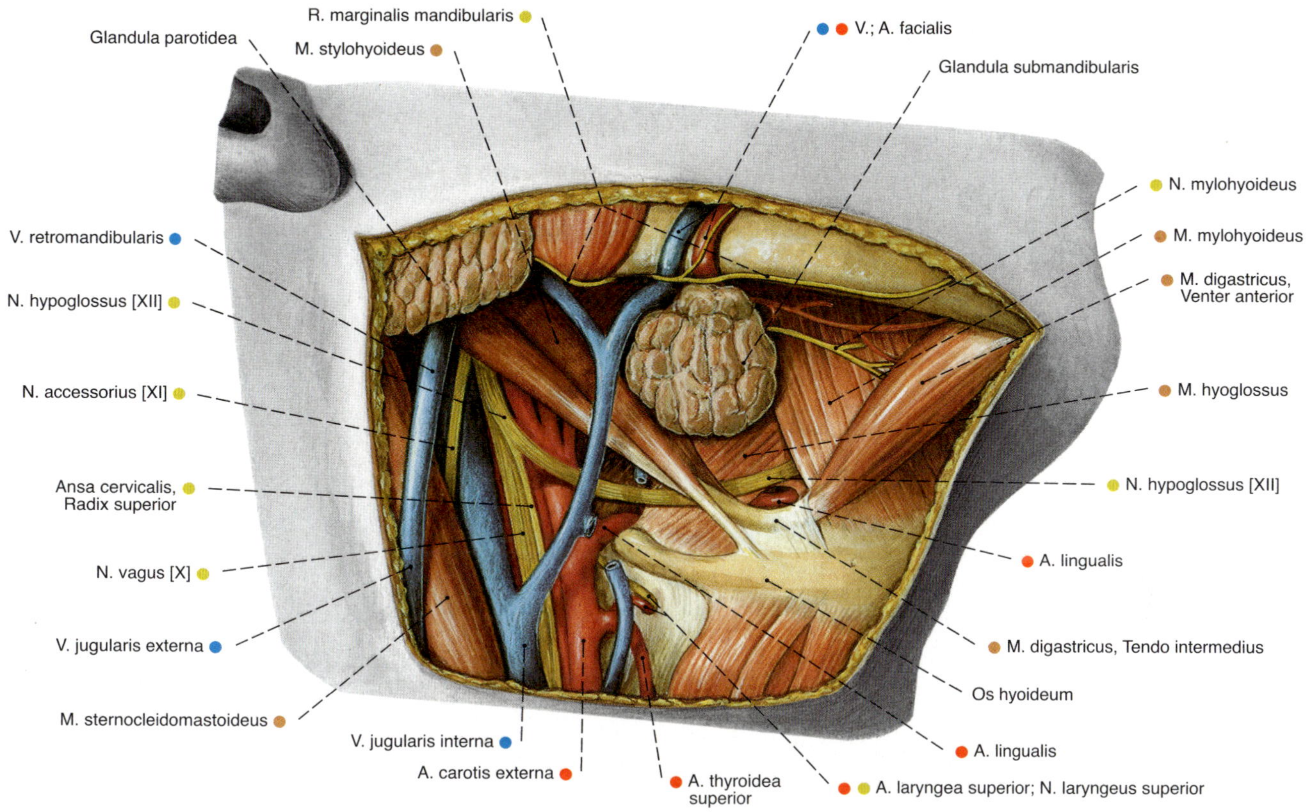

Abb. 269 Gefäße und Nerven des Trigonum submandibulare; von lateral unten.

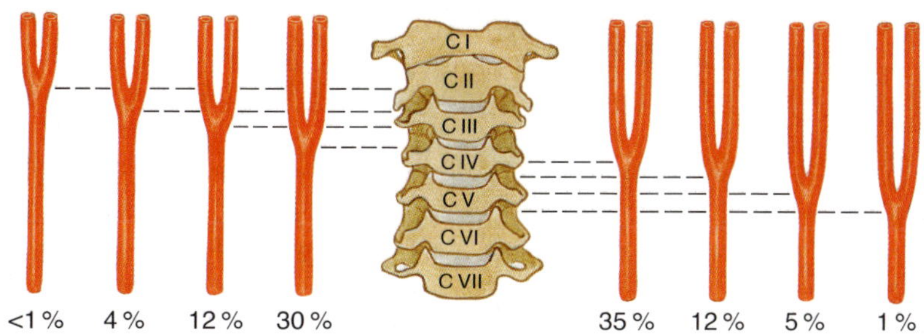

Abb. 270 Höhe der Aufzweigung der A. carotis communis, bezogen auf die Halswirbelsäule.

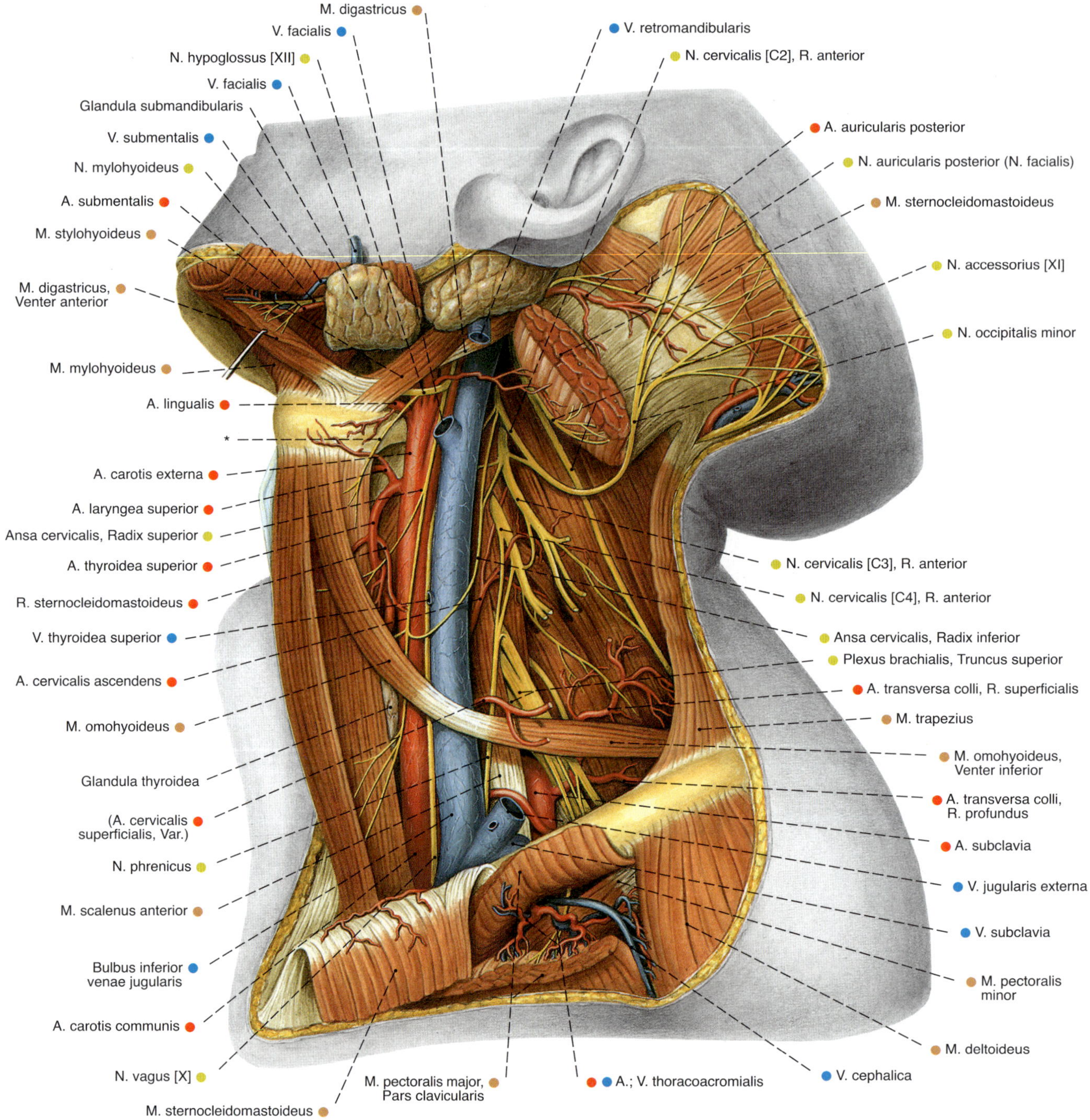

Abb. 271 Gefäße und Nerven der seitlichen Halsregion, Regio cervicalis lateralis; nach weitgehender Entfernung des M. sternocleidomastoideus; von lateral (li, 80%).

* Der R. thyrohyoideus schließt sich zwar dem N. hypoglossus ein Stück weit an, stammt aber aus der Radix anterior der Ansa cervicalis.

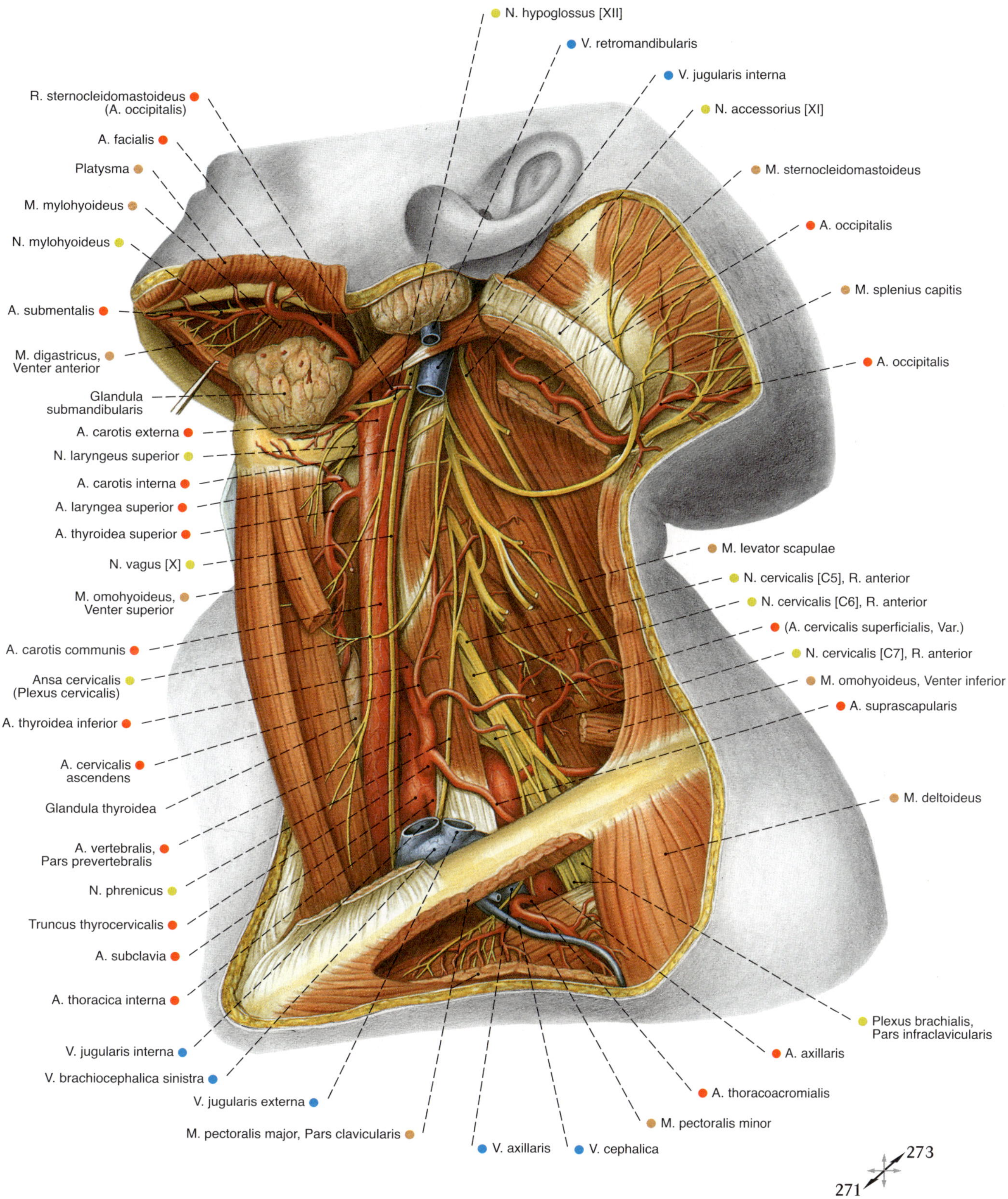

Abb. 272 Gefäße und Nerven der seitlichen Halsregion, Regio cervicalis lateralis, und des Trigonum clavipectorale; tiefe Schicht nach weitgehender Entfernung des M. sternocleidomastoideus, des M. omohyoideus und der Venen; von lateral (li, 80%).

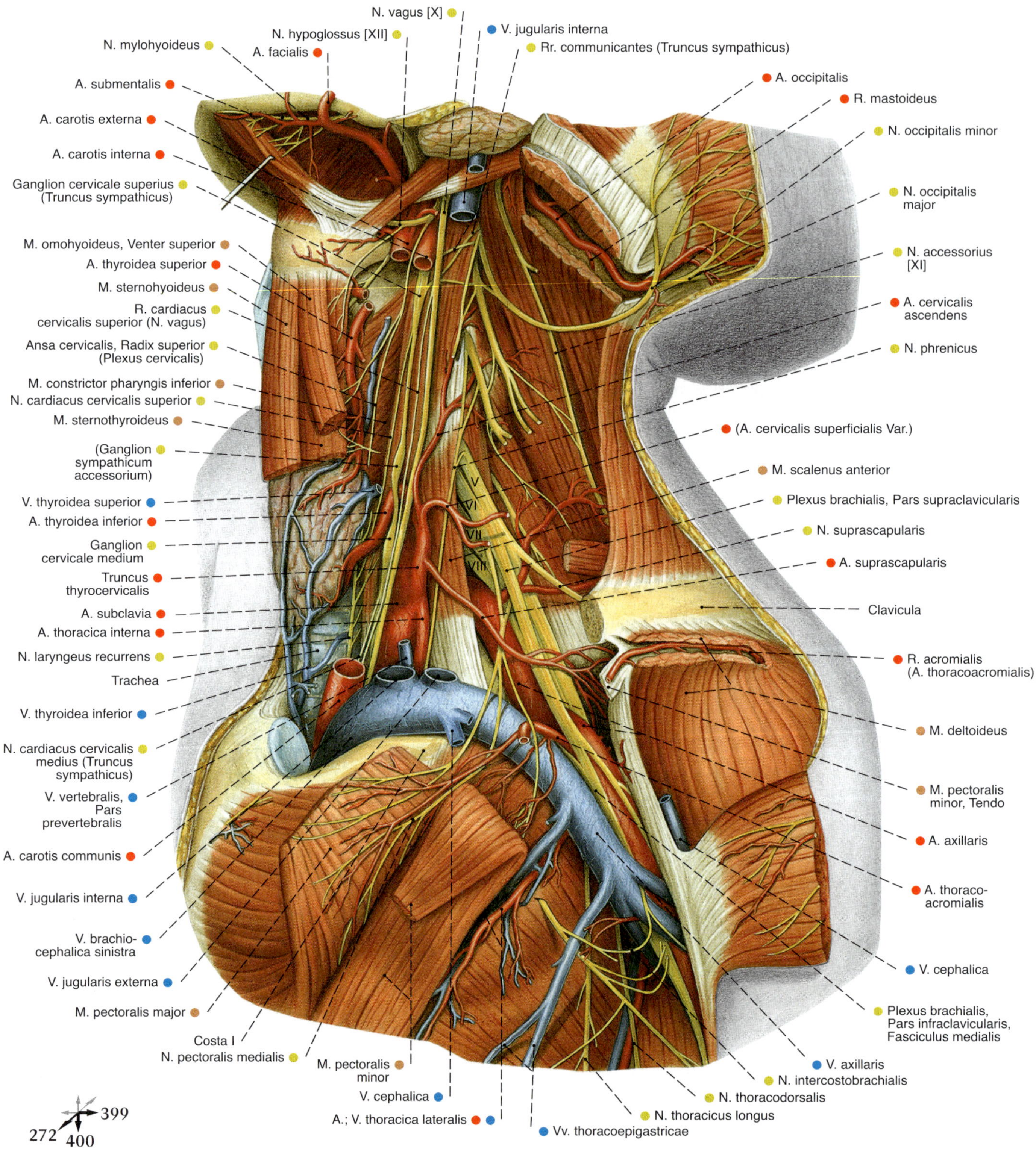

Abb. 273 Gefäße und Nerven der seitlichen Halsregion, Regio cervicalis lateralis, und des Trigonum clavipectorale; tiefe Schicht nach teilweiser Entfernung des Schlüsselbeins, des M. sternocleidomastoideus und der Gefäßstämme bzw. Abtragung des kaudalen Anteils der Unterzungenbeinmuskeln;
von lateral (li, 80%).
Die Zahlen V–VIII bezeichnen die ventralen Äste der entsprechenden Zervikalnerven.

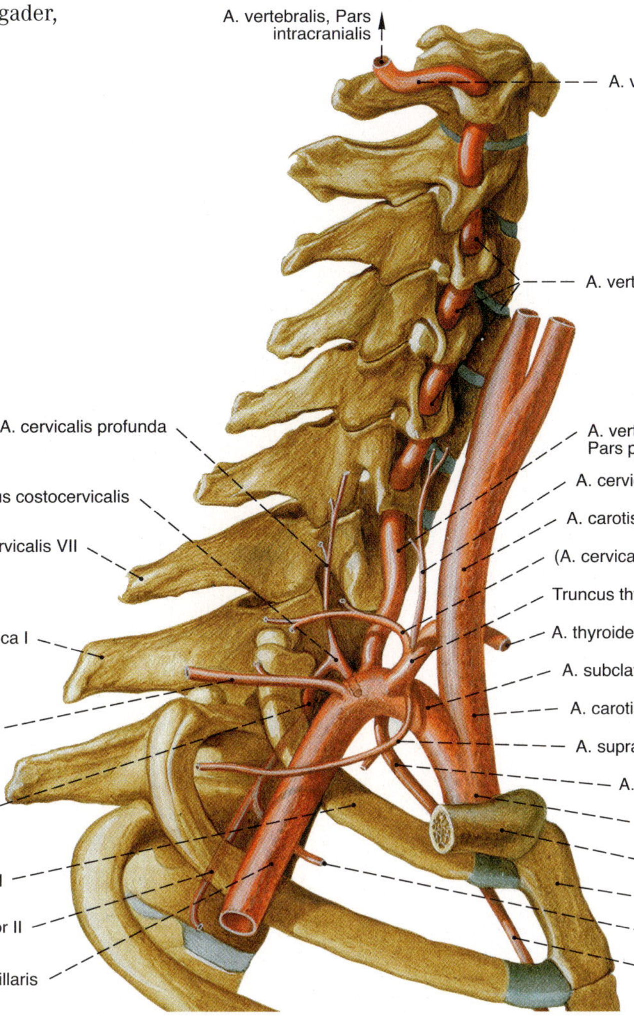

Abb. 274 Schlüsselbeinschlagader, A. subclavia, mit ihren Ästen; von lateral (re, 80%).

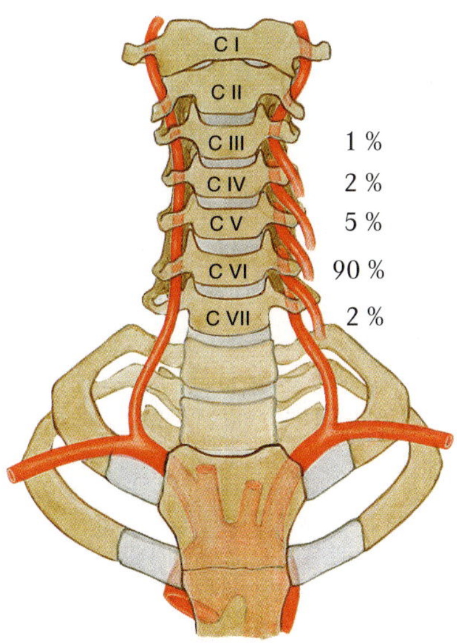

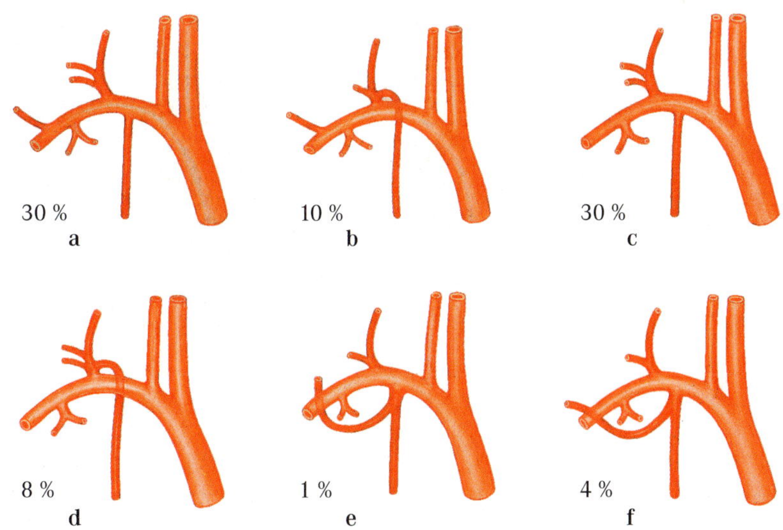

Abb. 275 Eintrittshöhe der A. vertebralis in die Foramina transversaria. Auf der rechten Seite ist der „Lehrbuchfall“, auf der linken Seite die Variabilität der Eintrittshöhe dargestellt. Die Prozentzahlen geben die Häufigkeit an.

Abb. 276 a–f Varietäten der Truncusbildung von A. thyroidea inferior, A. suprascapularis, A. transversa colli und A. thoracica interna bei getrenntem Abgang von A. vertebralis und Truncus costocervicalis.

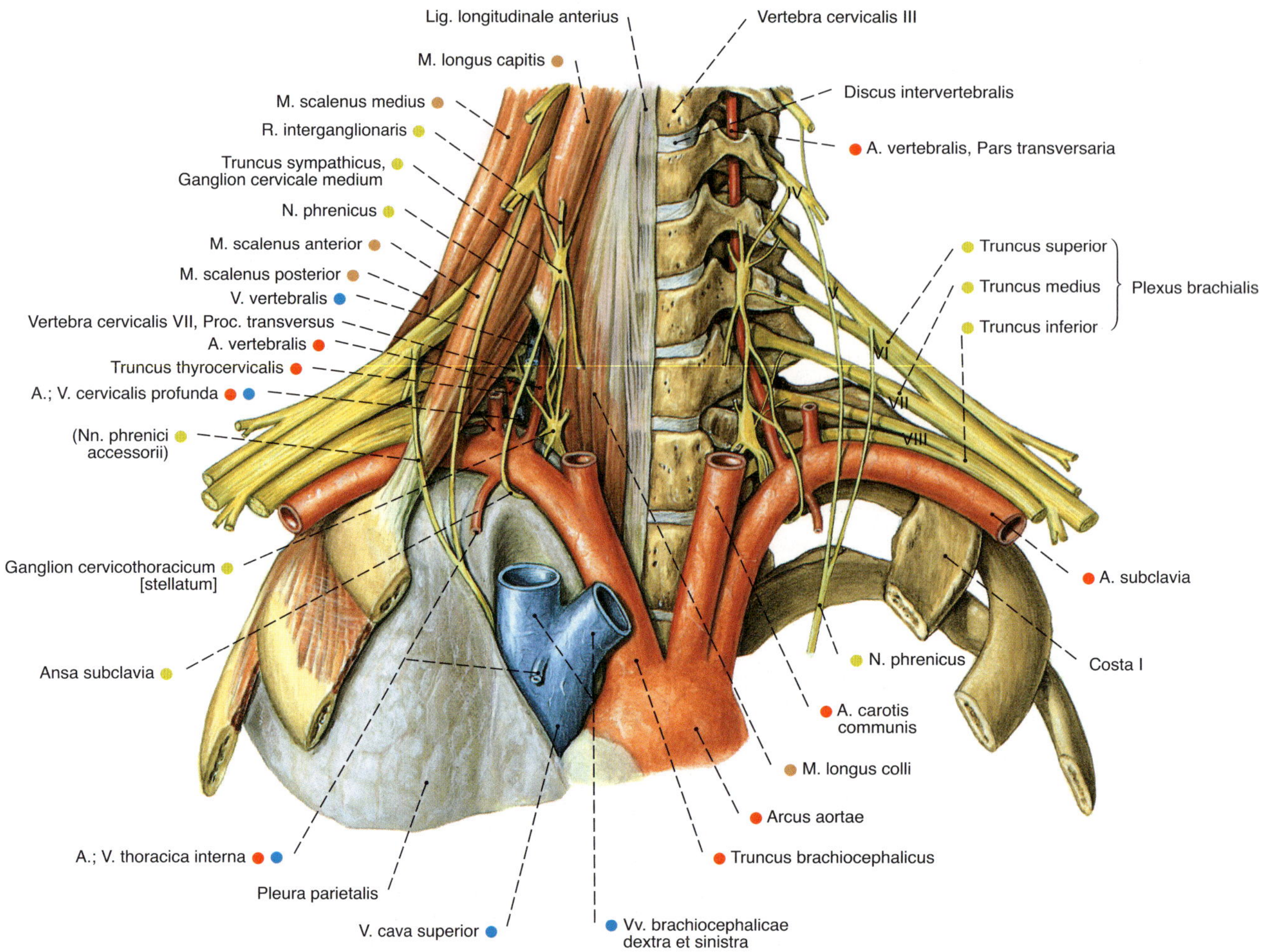

Abb. 277 Gefäße und Nerven am Übergang vom Hals zum Thorax;
tiefe Schicht nach Abtragung der Mm. scaleni und der prävertebralen Muskeln auf der rechten Seite;
von vorne (60%).
Beachte die enge Beziehung zwischen dem Grenzstrang des Sympathikus, dem Plexus brachialis und der Pleurakuppel.
Die Zahlen IV–VIII bezeichnen die ventralen Äste der entsprechenden Spinalnerven.

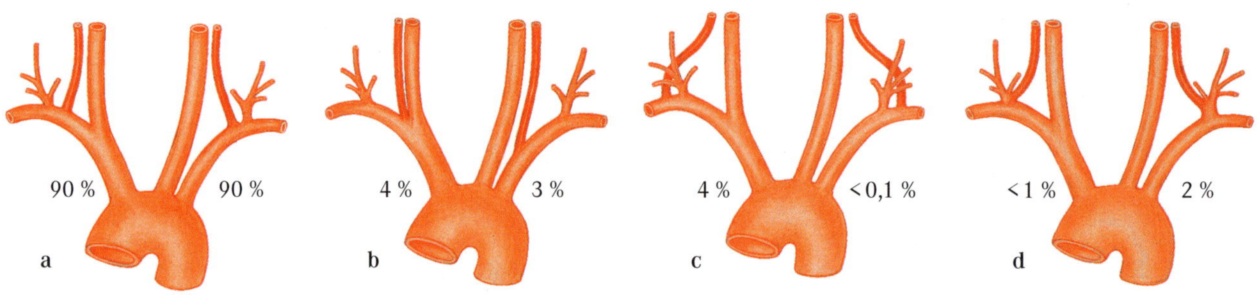

Abb. 278 a–d Varietäten des Abgangs der A. vertebralis. Die Prozentzahlen geben die Häufigkeit an.

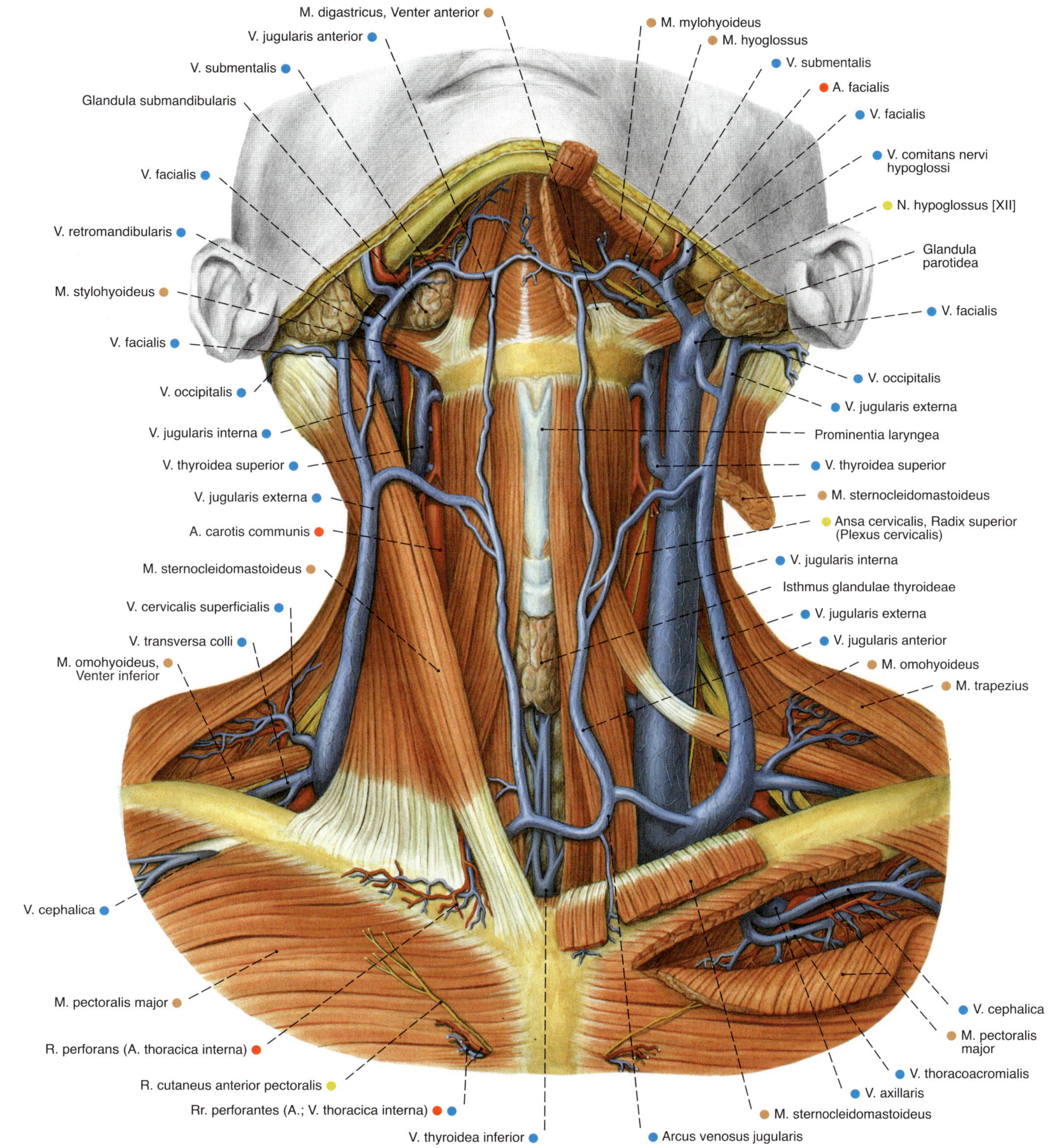

280

Abb. 279 Venen des Halses, Collum;
nach Entfernung der Halsfaszien; M. sternocleidomastoideus und M. pectoralis major auf der linken Seite zum Teil abgetragen;
von vorne (80%).

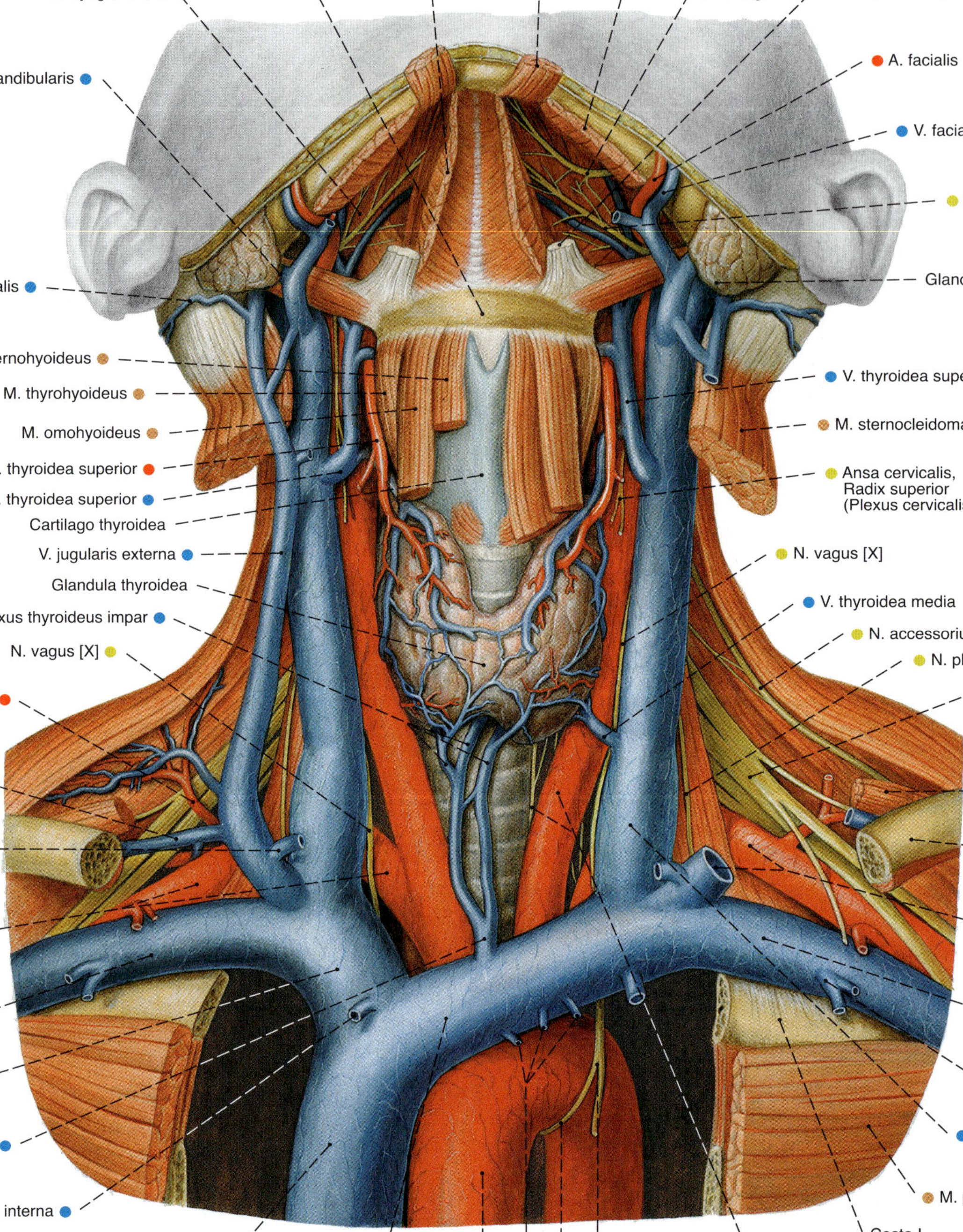

279 273

Abb. 280 Gefäße und Nerven des Halses, Collum, und der oberen Thoraxöffnung, Apertura thoracis superior; tiefe Schicht nach Entfernung der mittleren Anteile der Schlüsselbeine, der ersten beiden Rippen und des Brustbeins; von vorne (80%).

Der Zusammenfluss der V. jugularis interna mit der V. subclavia wird klinisch als Venenwinkel bezeichnet.

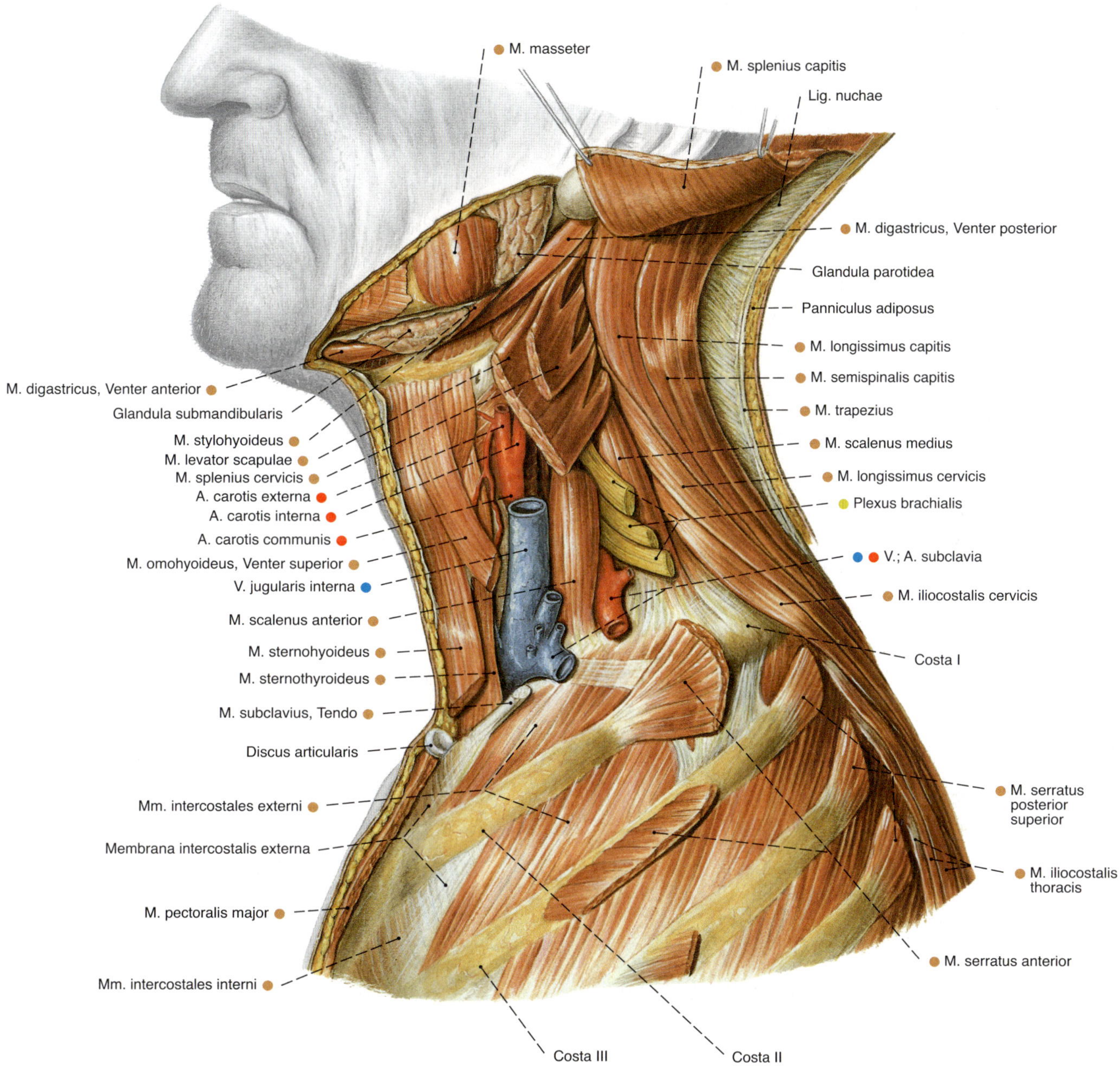

Abb. 281 Gefäße und Nerven der seitlichen Halsregion, Regio cervicalis lateralis;
tiefe Schicht nach Entfernung des Schultergürtels;
M. splenius capitis nach oben, M. splenius cervicis und M. levator scapulae nach vorne geklappt;
von lateral (re, 80%).
Beachte den Verlauf der V. subclavia vor dem M. scalenus anterior und der A. subclavia sowie des Plexus brachialis in der Skalenuslücke zwischen M. scalenus anterior und M. scalenus medius.

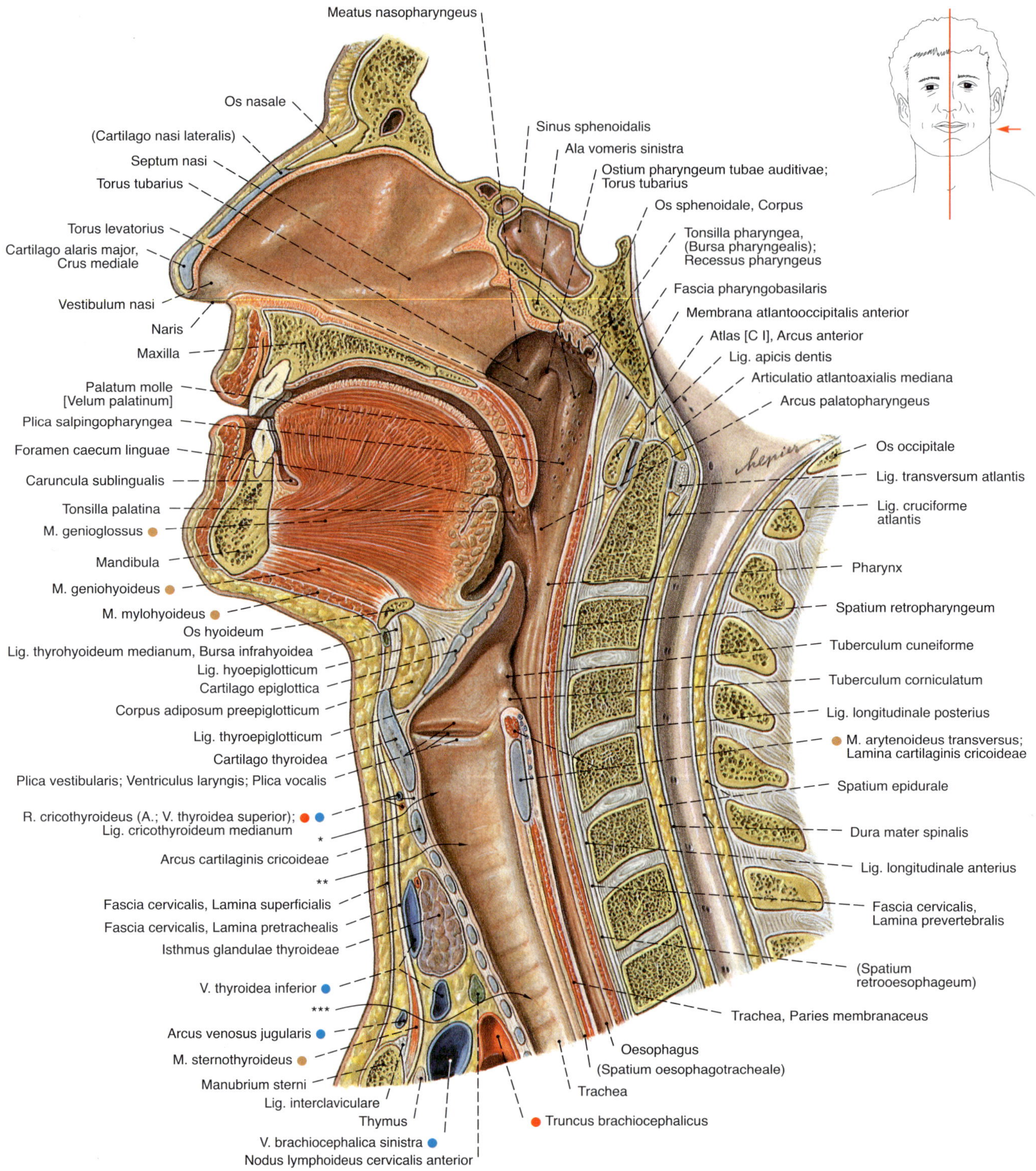

Abb. 282 Kopf und Hals, Caput und Collum; Paramedianschnitt; unter Erhaltung des Septum nasi; von medial bzw. lateral (li, 80%).
Die Pfeile zeigen die operativen Zugangswege zur Luftröhre an:

* Koniotomie: durch das Lig. cricothyroideum medianum
** Obere Tracheotomie: oberhalb des Isthmus der Schilddrüse
*** Untere Tracheotomie: unterhalb des Isthmus der Schilddrüse

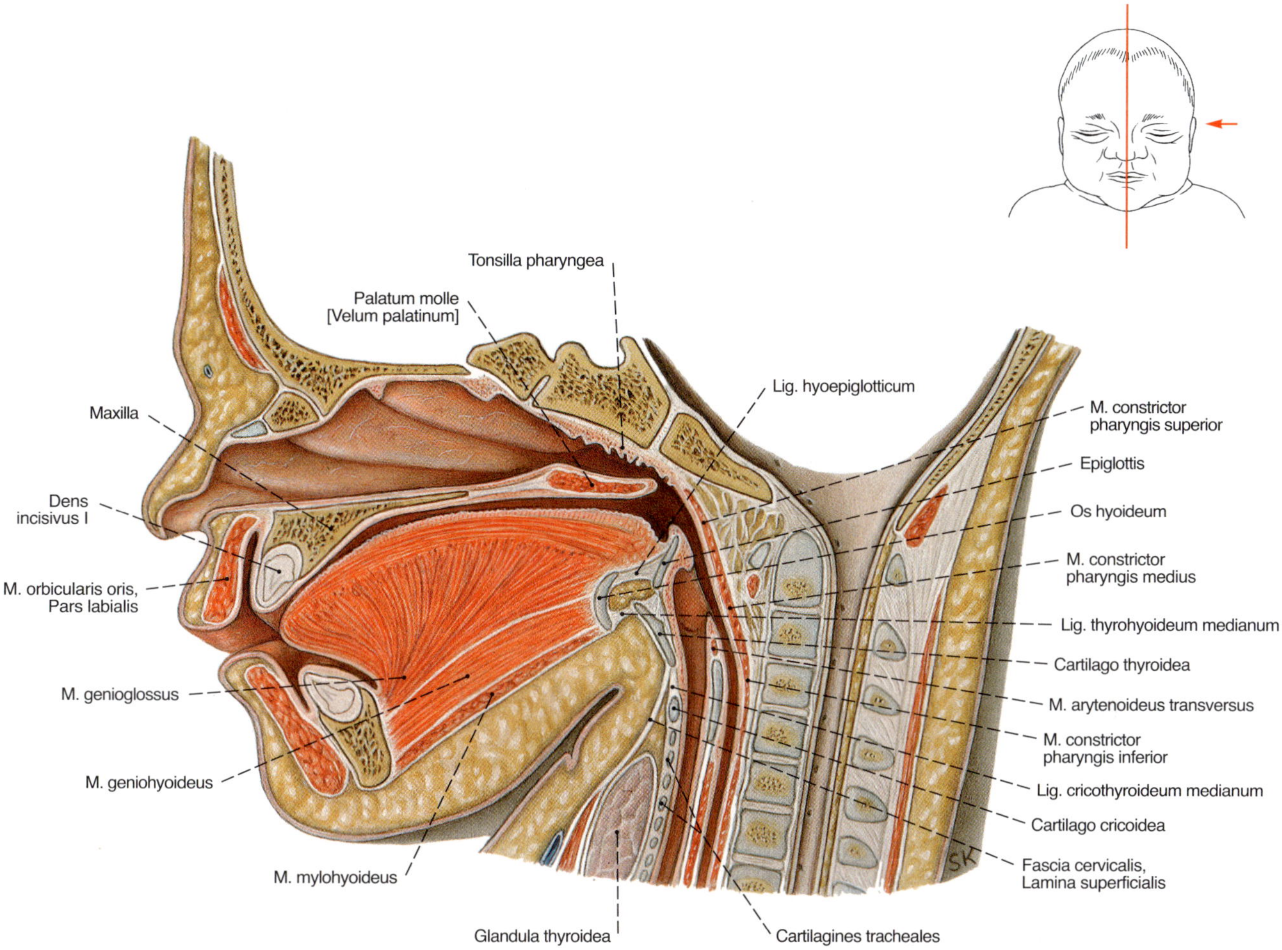

Abb. 283 Gesichtsteil des Kopfes und Hals, Collum; Medianschnitt durch den Kopf eines Neugeborenen; von medial (110%).

Der Kehlkopf steht beim Neugeborenen und beim Kleinkind wesentlich höher als beim Erwachsenen. Vergleiche dazu Abb. 282.

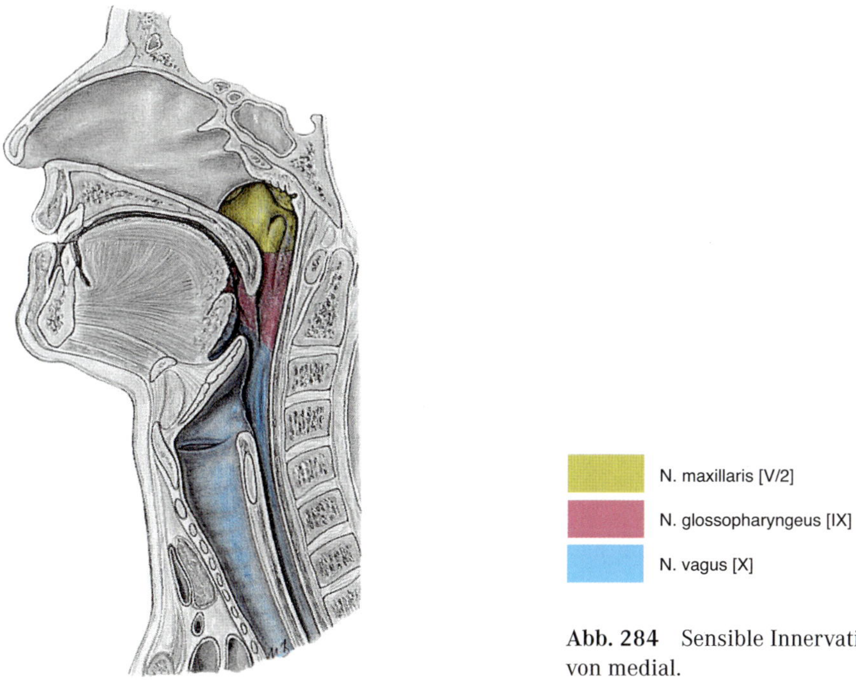

Abb. 284 Sensible Innervation des Rachens, Pharynx; von medial.

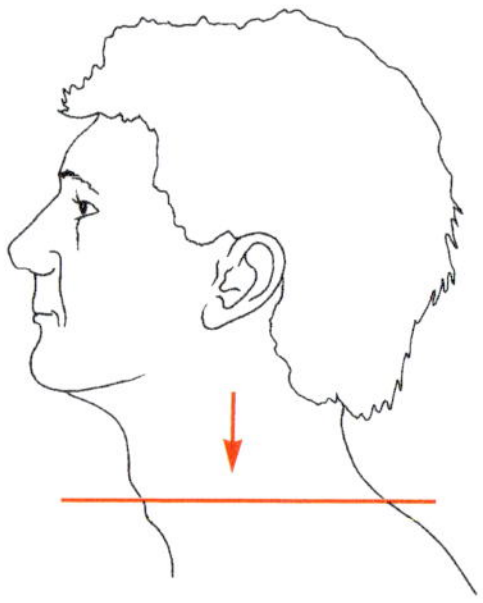

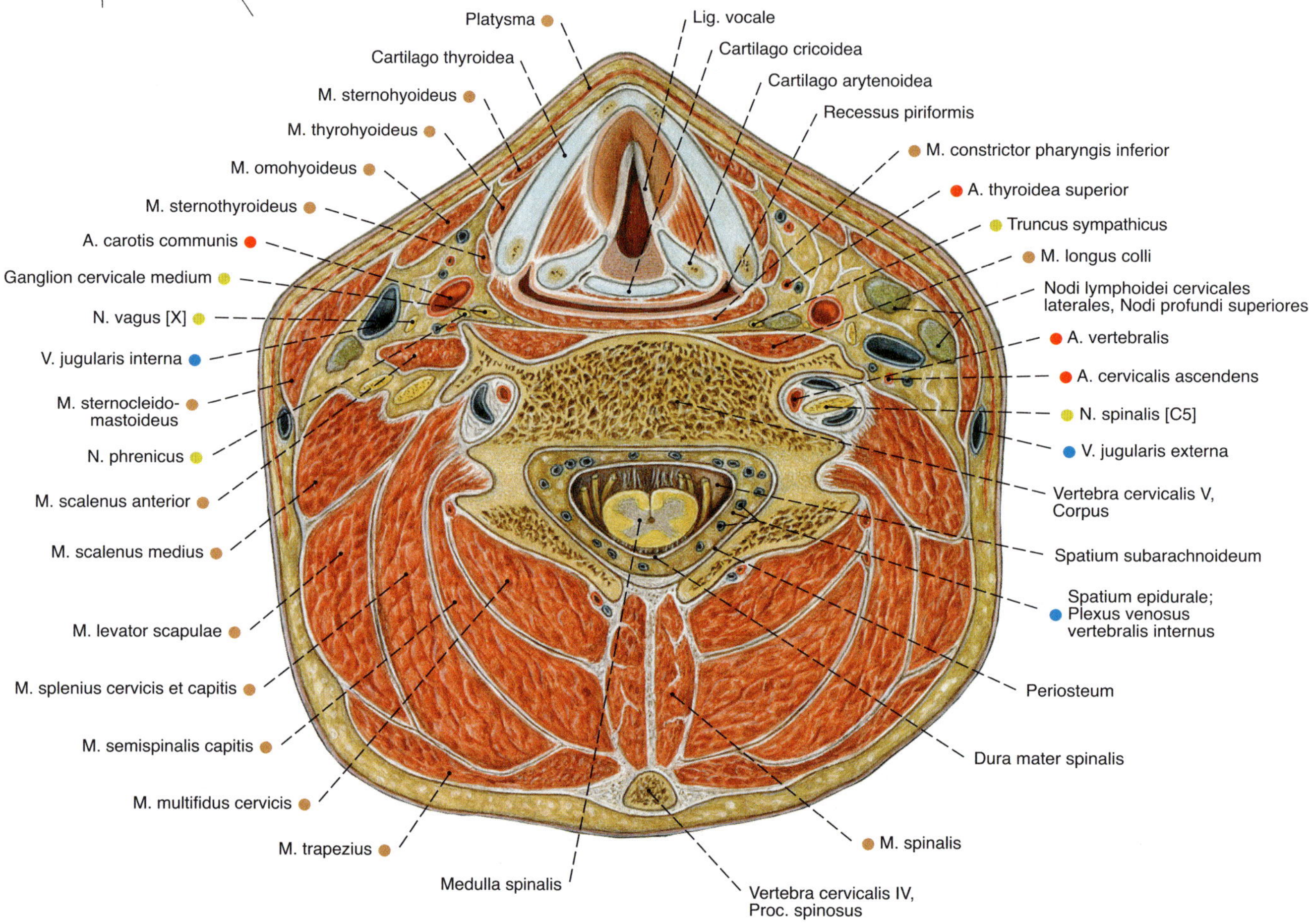

Abb. 285 Hals, Collum;
Transversalschnitt in Höhe der Stimmritze;
von oben.
Beachte die zentrale Lage des Spinalkanals
in der Mitte des Halses.

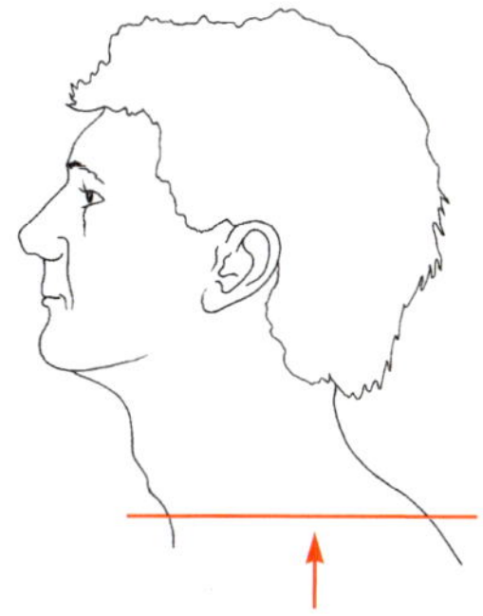

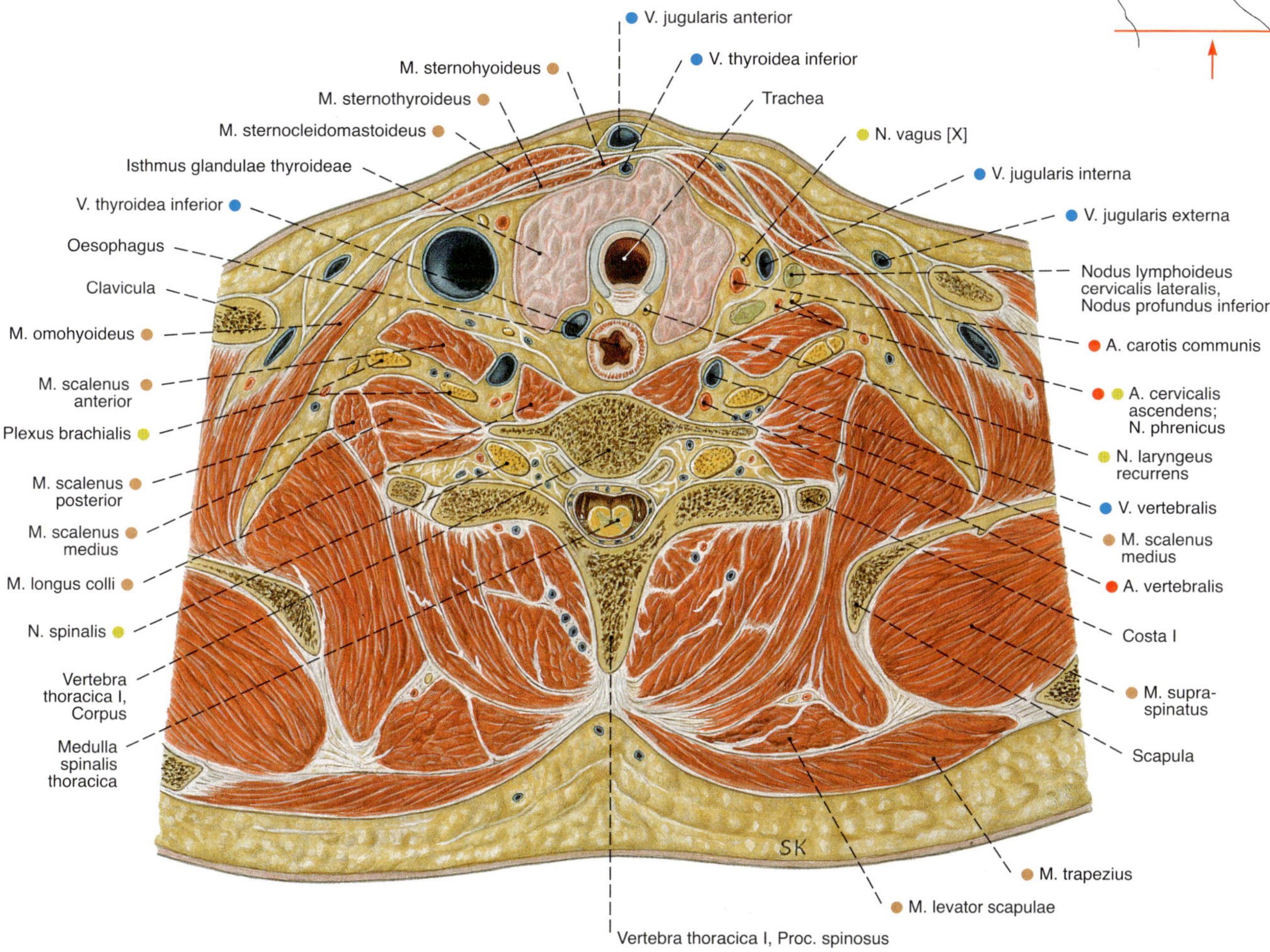

Abb. 286 Hals, Collum;
Transversalschnitt in Höhe des 1. Brustwirbels
beim alten Menschen;
von unten (80%).

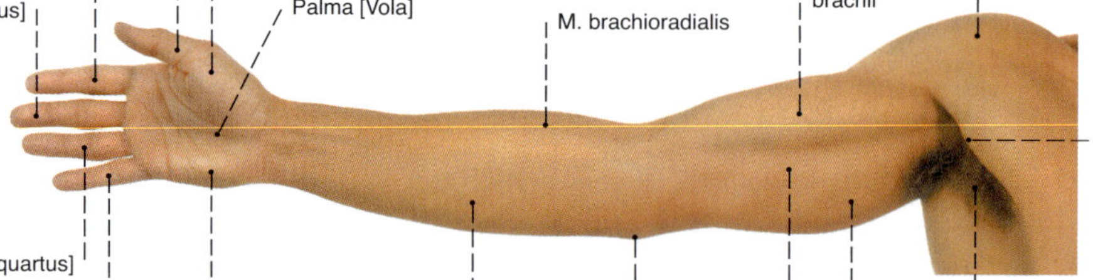

Abb. 287 Arm, Brachium; Oberflächenrelief; von vorne (re, 15%).

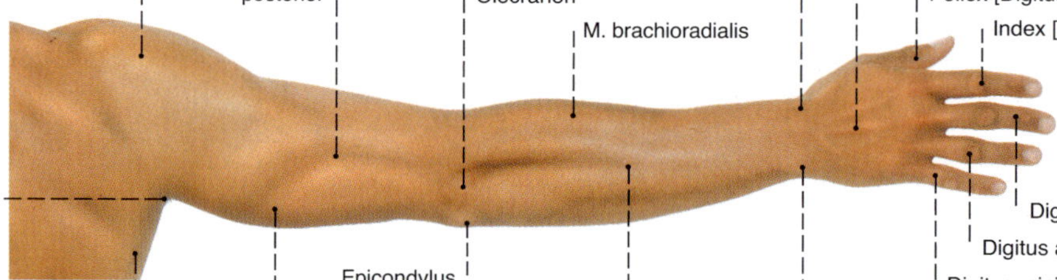

Abb. 288 Arm, Brachium; Oberflächenrelief; von hinten (re, 15%).

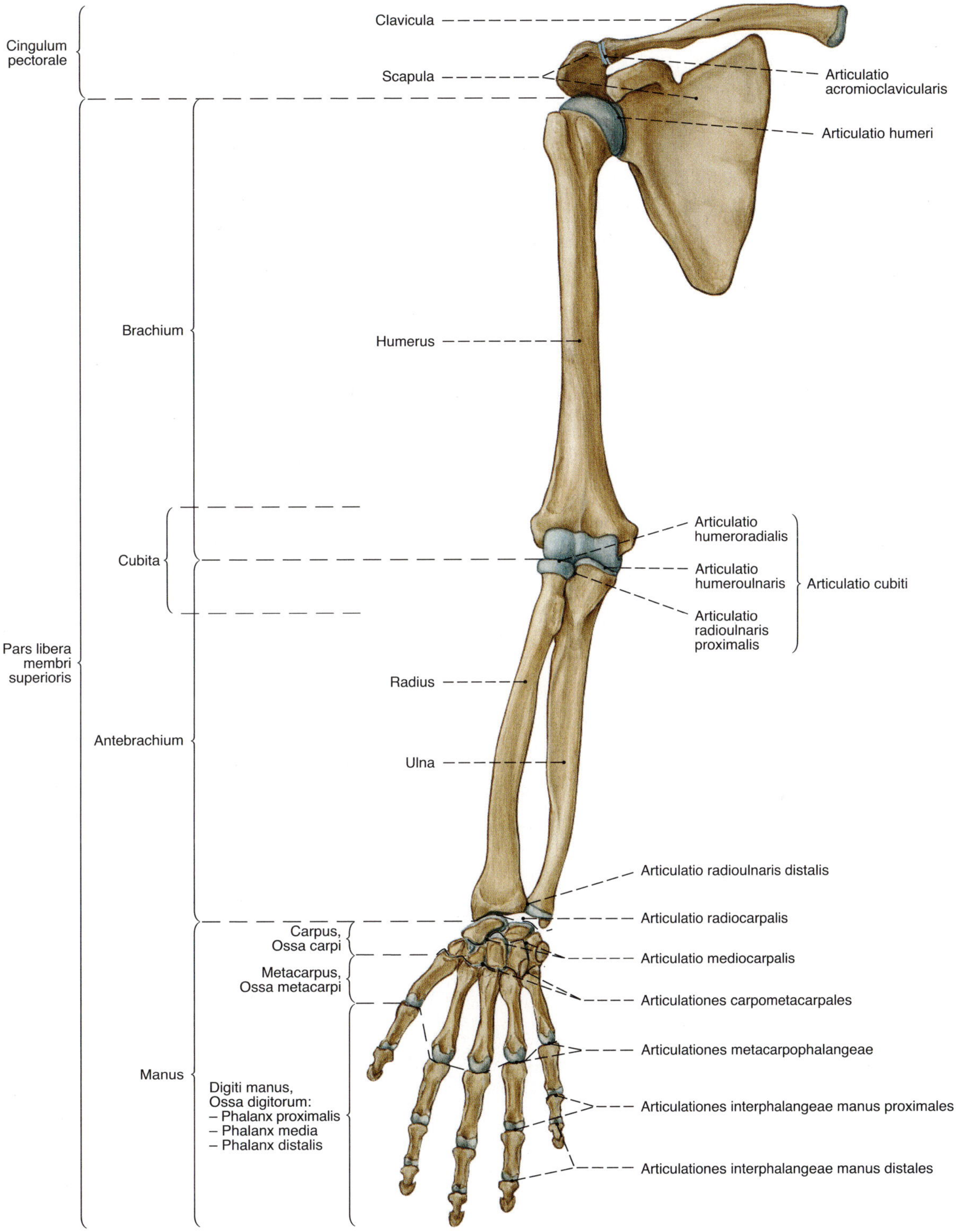

Abb. 289 Obere Gliedmaße, Membrum superius; Darstellung des Skeletts und der Gelenkbereiche; von vorne (re, 25%).

Gelenke der oberen Gliedmaße, Articulationes membri superioris (Abb. 289)

Gelenke des Schultergürtels, Articulationes cinguli membri superioris

Gelenk	Gelenkart	Bewegungsmöglichkeiten
Mediales Schlüsselbeingelenk, Articulatio sternoclavicularis	Unregelmäßiges Gelenk, Articulatio irregularis funktionell: Kugelgelenk (Besonderheit: Discus articularis)	Rotation um eine sagittale Achse (beim Heben der Schulter), Rotation um eine longitudinale Achse (beim Vor- und Rückführen der Schulter), Rotation um die Längsachse der Clavicula (beim Pendeln des Arms)
Laterales Schlüsselbeingelenk (= Schultereckgelenk), Articulatio acromioclavicularis	Planes Gelenk, Articulatio plana funktionell: Kugelgelenk (Besonderheit: variabler, meist unvollständiger Discus articularis)	Rotation um eine sagittale Achse (beim Heben der Schulter), Rotation um eine transversale Achse (beim Pendeln des Arms), Rotation um eine longitudinale Achse (beim Vor- und Rückführen der Schulter)

Gelenke der freien oberen Gliedmaße, Articulationes membri superioris liberi

Schultergelenk, Articulatio humeri	Kugelgelenk, Articulatio spheroidea	Vorführen (Beugung) Rückführen (Streckung) Seitheben Heranführen Innenkreiseln Außenkreiseln (Armkreisen, Zirkumduktion: Kombinationsbewegung aus Anteversion, Abduktion, Retroversion, Adduktion)	Anteversion (Flexion) Retroversion (Extension) Abduktion Adduktion Innenrotation Außenrotation
Ellbogengelenk, Articulatio cubiti			
a) Oberarmellengelenk, Articulatio humeroulnaris	Scharniergelenk, Ginglymus	Beugung Streckung	Flexion Extension
b) Oberarmspeichengelenk, Articulatio humeroradialis	Kugelgelenk, Articulatio spheroidea (funktionell eingeschränkt)	Beugung Streckung Kreiseln	Flexion Extension Rotation
c) Proximales Ellenspeichengelenk, Articulatio radioulnaris proximalis	Radgelenk, Articulatio trochoidea	Umwendebewegungen der Hand (gilt für c) und distales Ellenspeichengelenk)	Pronation Supination
Distales Ellenspeichengelenk, Articulatio radioulnaris distalis	Radgelenk, Articulatio trochoidea		
Handgelenke			
a) Proximales Handgelenk, Articulatio radiocarpalis	Eigelenk, Articulatio ellipsoidea	Randbewegungen der Hand	Abduktion nach ulnar Abduktion nach radial
b) Distales Handgelenk, Articulatio mediocarpalis	Verzahntes Scharniergelenk	Beugung Streckung	Palmarflexion Dorsalextension
Handwurzel-Mittelhand-Gelenke III–V, Articulationes carpometacarpales	Plane Gelenke, Articulationes planae	Sehr unterschiedliche Verschieblichkeit	
Daumensattelgelenk, Articulatio carpometacarpalis pollicis	Sattelgelenk, Articulatio sellaris	Abspreizen Heranführen Gegenüberstellen Rückstellen	Abduktion Adduktion Opposition Reposition
Fingergrundgelenke, Articulationes metacarpophalangeae	Kugelgelenke, Articulationes spheroideae (funktionell eingeschränkt)	Beugung Streckung Spreizen* Schließen* (* bezogen auf den Mittelfinger)	Flexion Extension Abduktion* Adduktion*
Fingergelenke, Articulationes interphalangeae manus	Scharniergelenke, Ginglymi	Beugung Streckung	Flexion Extension

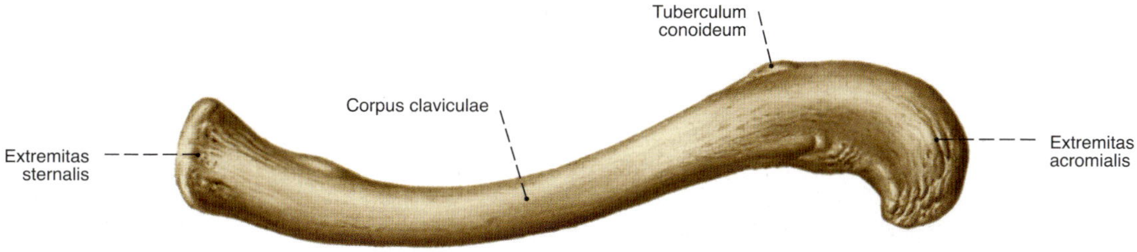

Abb. 290 Schlüsselbein, Clavicula;
von oben (li, 70%).

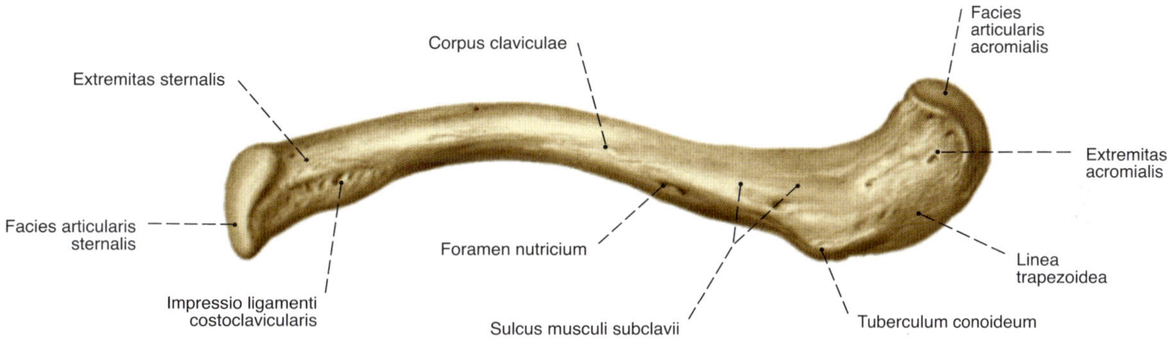

Abb. 291 Schlüsselbein, Clavicula;
von unten (li, 70%).

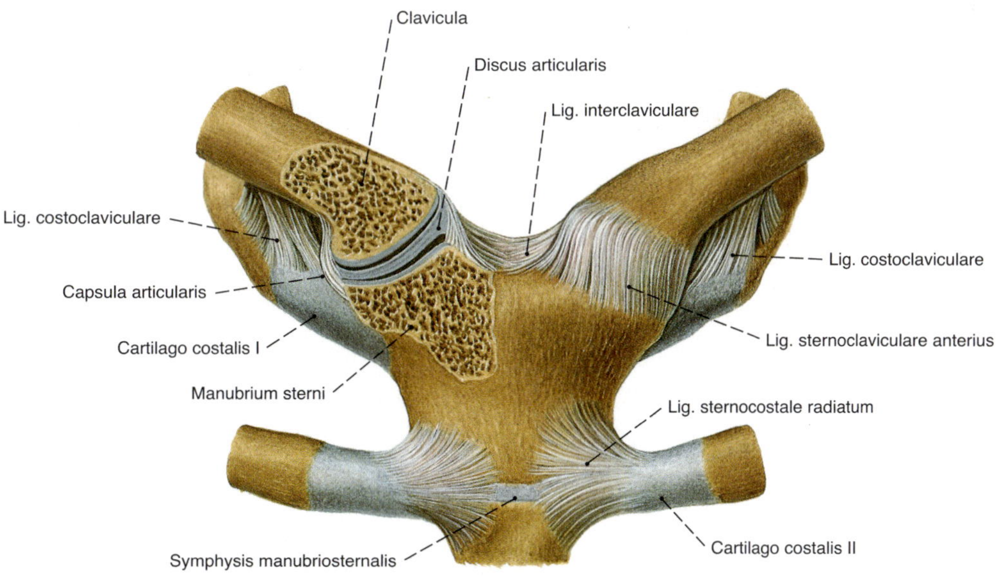

Abb. 292 Sternoklavikulargelenk, Articulatio sterno-clavicularis;
rechtes Gelenk durch einen frontalen Schnitt eröffnet;
von vorne (70%).

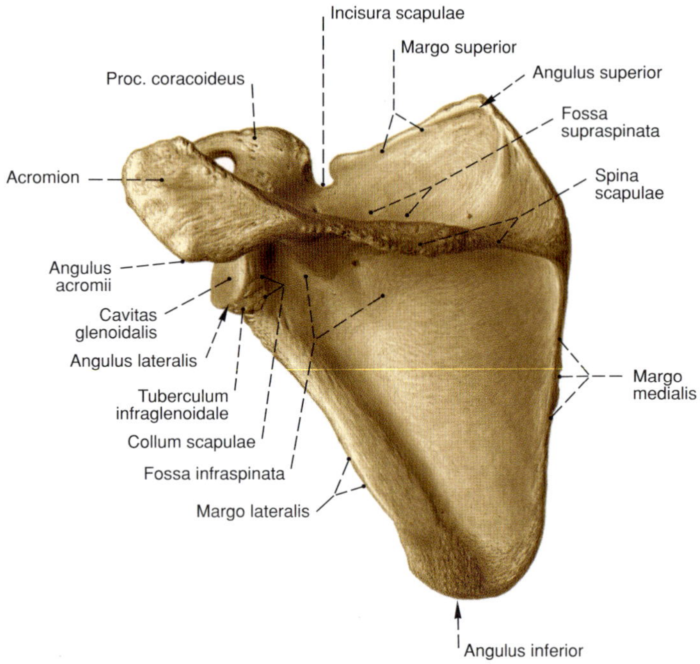

Abb. 293 Schulterblatt, Scapula; von hinten (li, 35%).

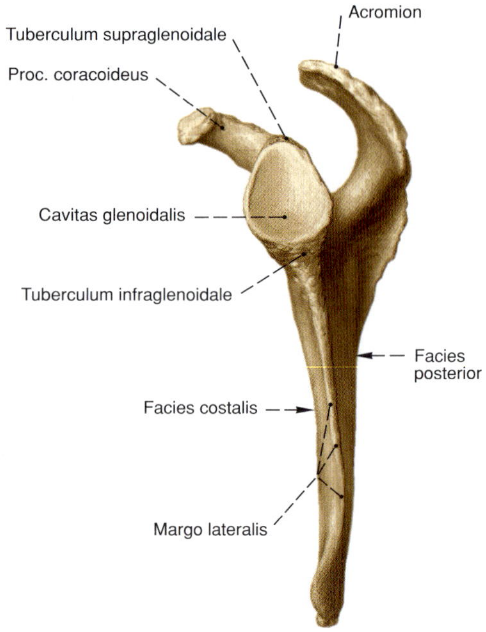

Abb. 294 Schulterblatt, Scapula; von lateral (li, 40%).

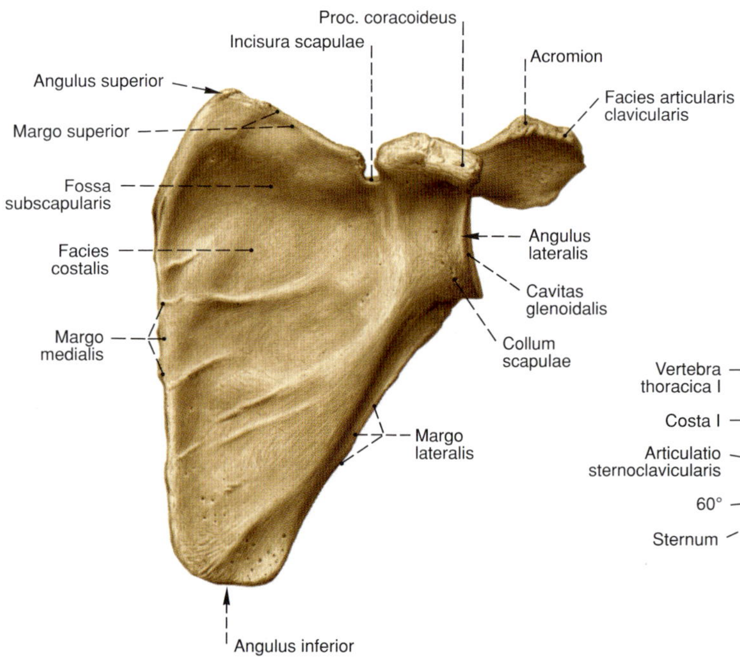

Abb. 295 Schulterblatt, Scapula; von vorne (li, 35%).

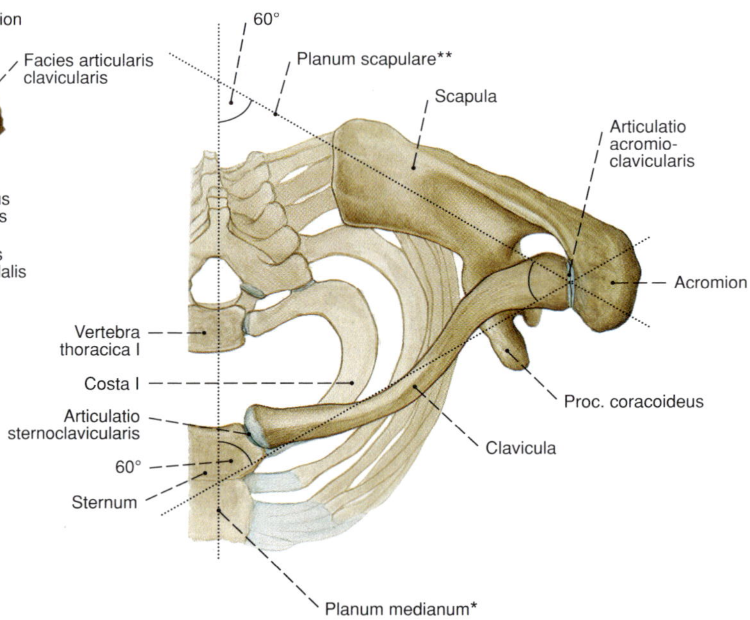

Abb. 296 Schultergürtel, Cingulum pectorale; von kranial (li).
Die Winkelangaben beziehen sich auf durchschnittliche Verhältnisse beim Erwachsenen.

* Medianebene
** Skapularebene

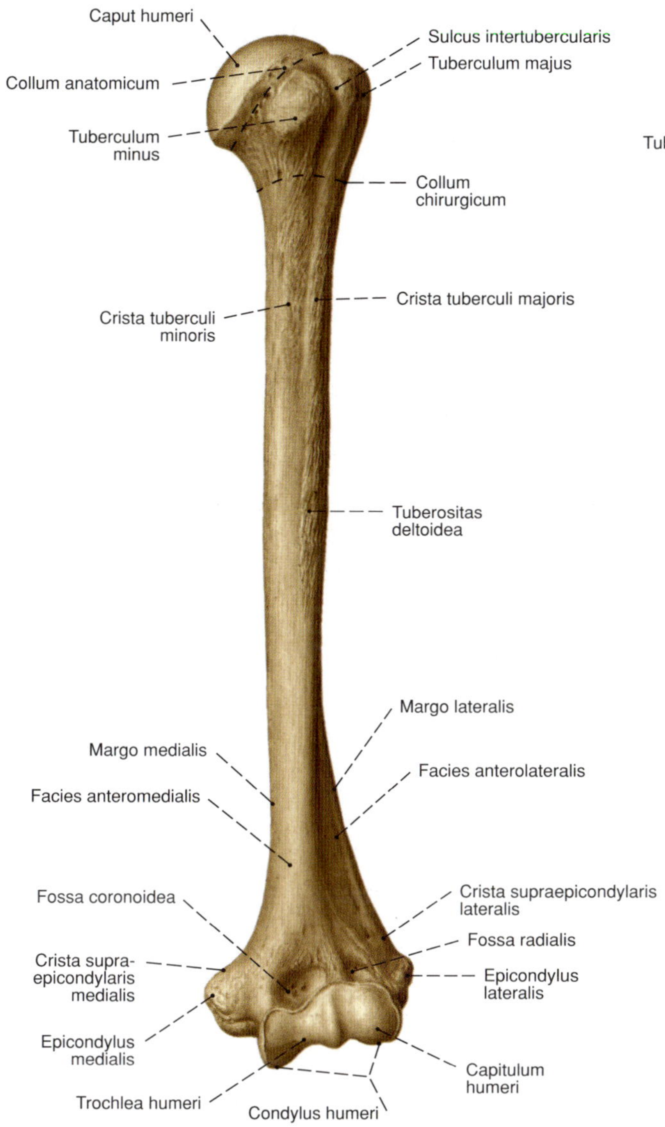

Abb. 297 Oberarmknochen, Humerus; von vorne (li, 45%).

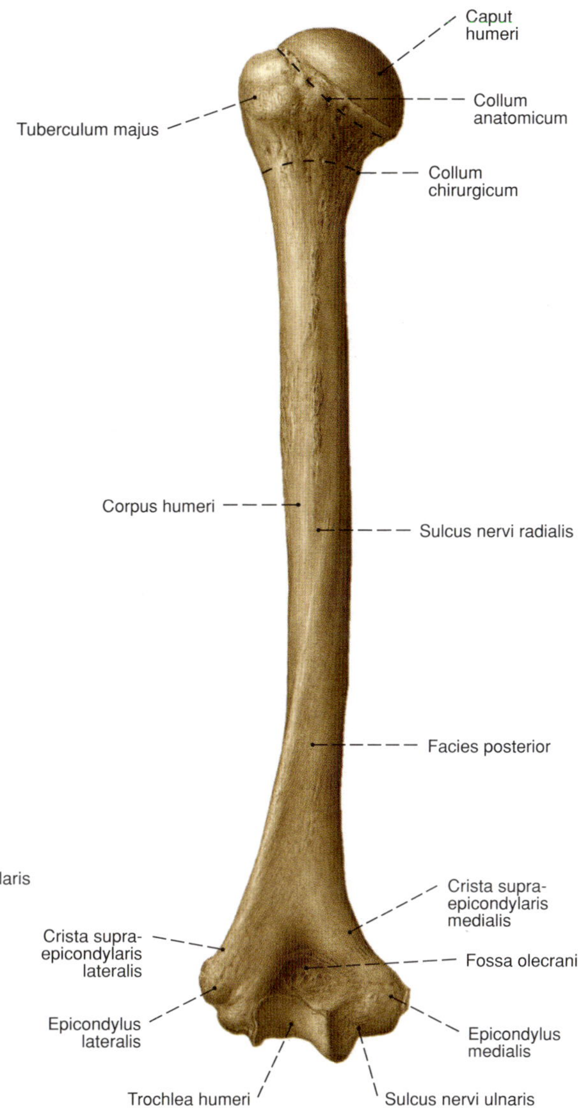

Abb. 298 Oberarmknochen, Humerus; von hinten (li, 45%).

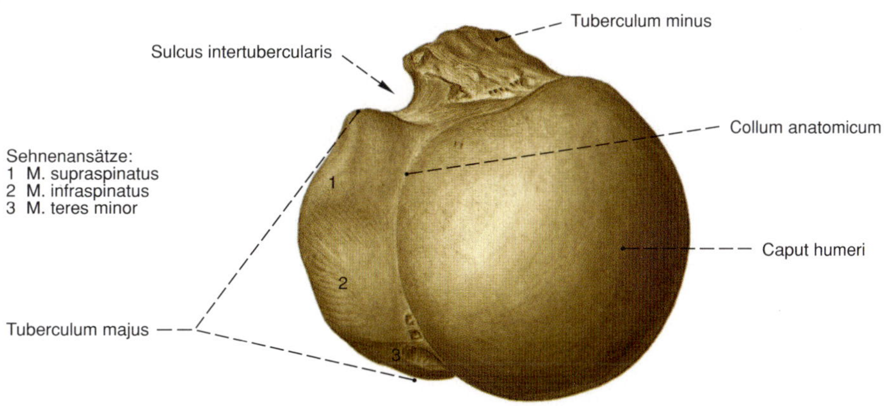

Abb. 299 Oberarmknochen, Humerus; von proximal (li, 100%).

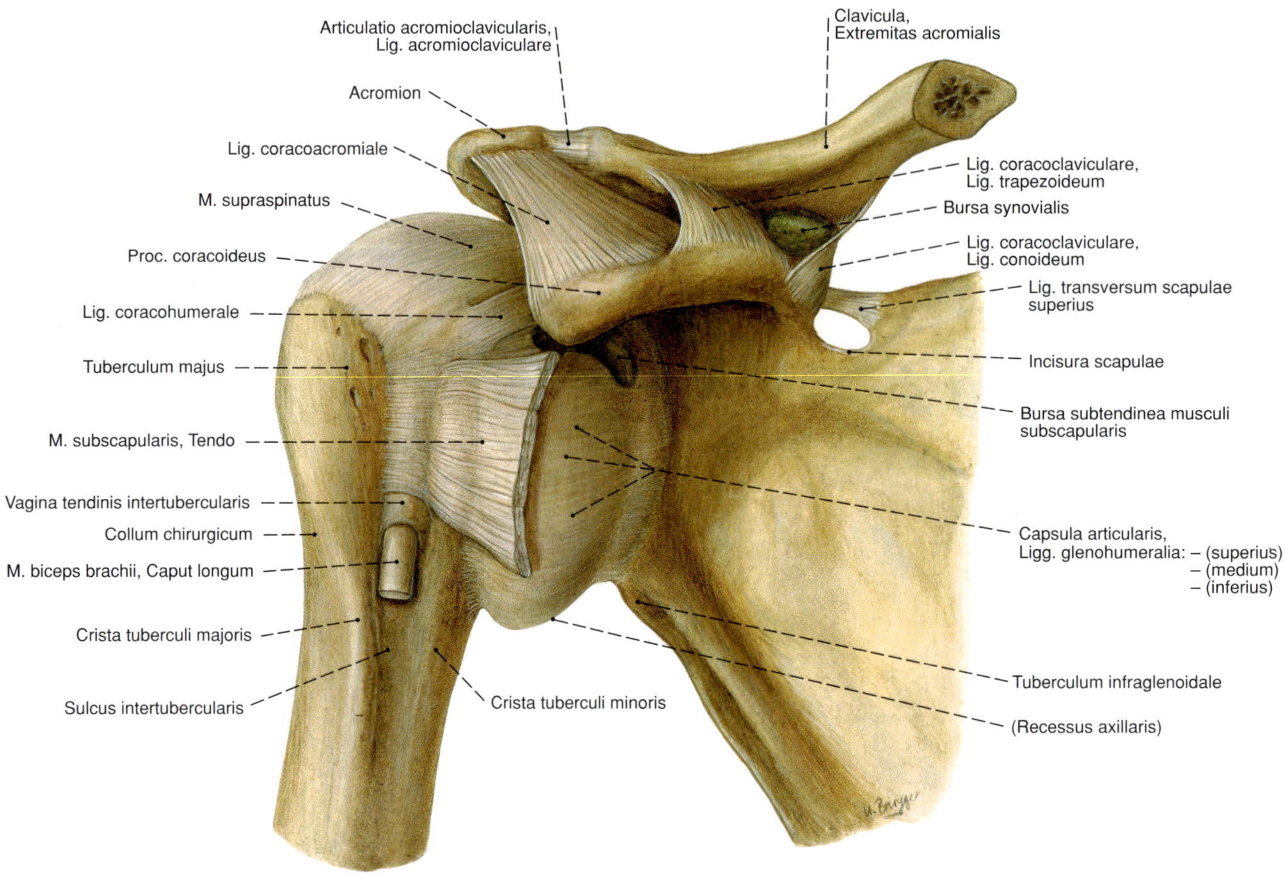

Abb. 300 Schultergelenk, Articulatio humeri;
von vorne (re, 85%).

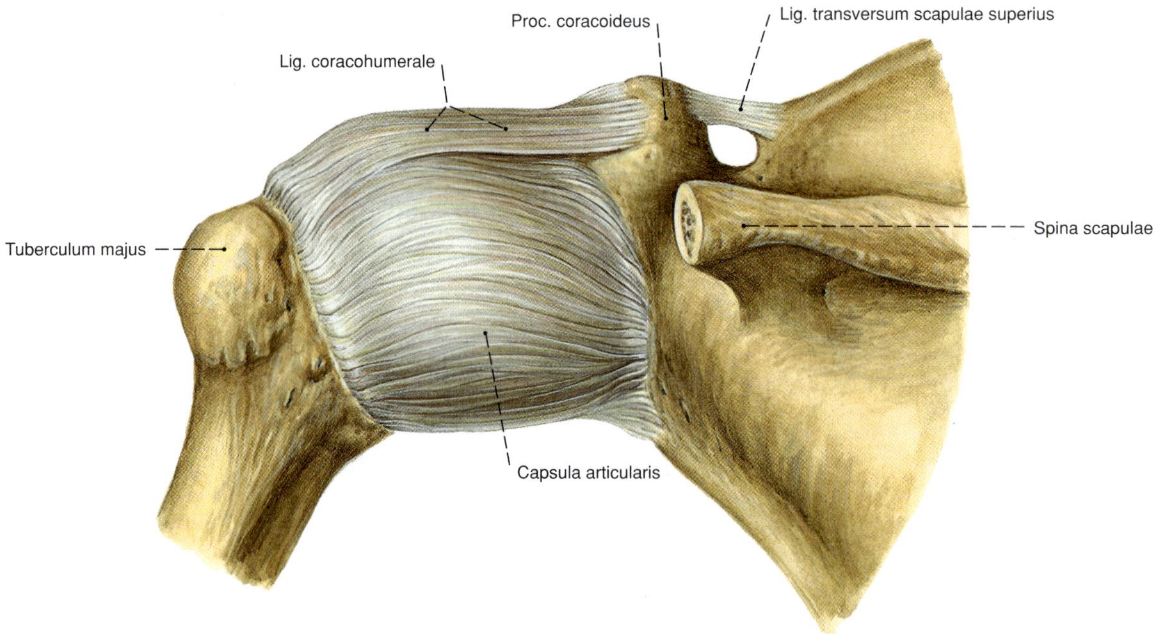

Abb. 301 Schultergelenk, Articulatio humeri;
nach Entfernung des Acromions;
von hinten (li, 85%).

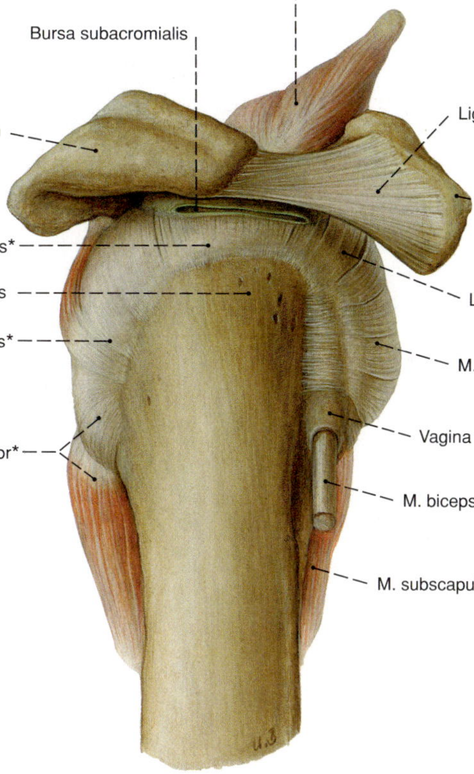

Abb. 302 Schultergelenk, Articulatio humeri; nach Abtragung des M. deltoideus; von lateral (re, 70%).

Die mit * gekennzeichneten Muskelsehnen bilden zusammen die sog. „Rotatorenmanschette“.

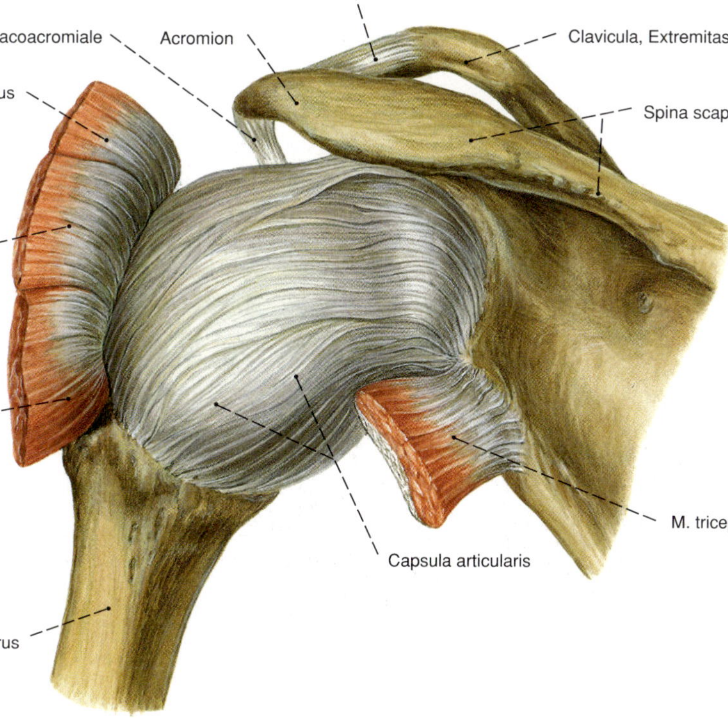

Abb. 303 Schultergelenk, Articulatio humeri; von hinten (li, 80%).

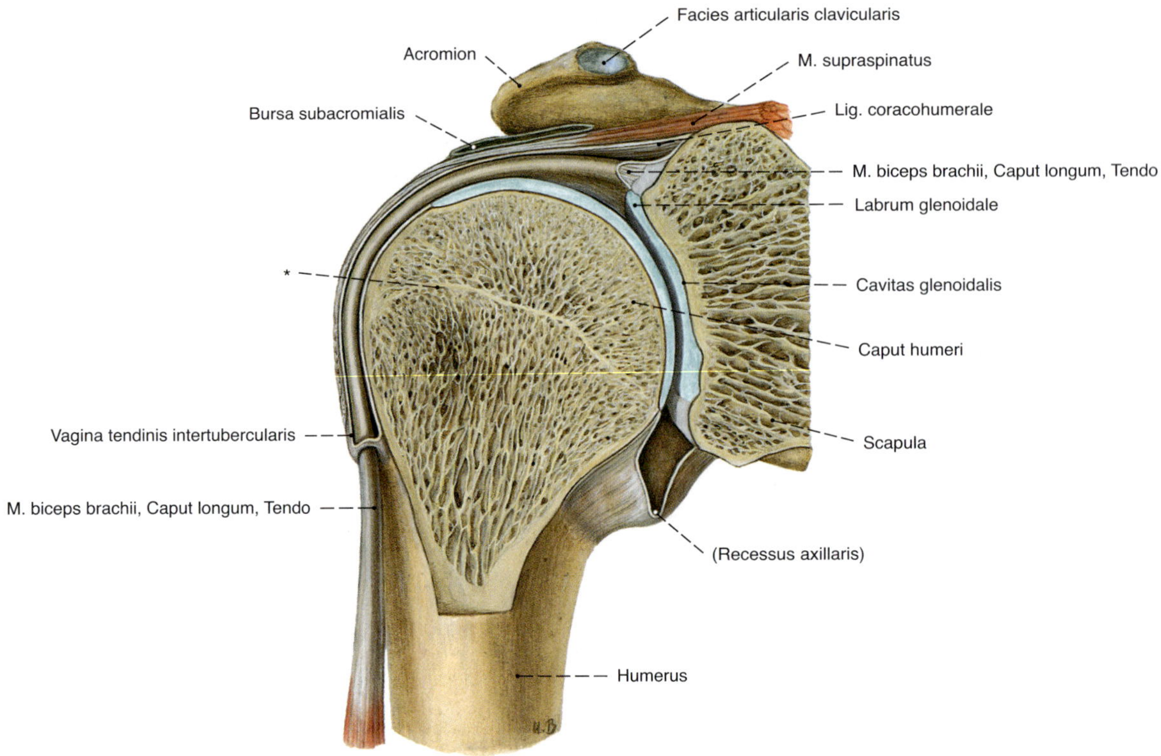

Abb. 304 Schultergelenk, Articulatio humeri;
Schnitt in der Skapularebene;
von vorne (re, 80%).

* Verknöcherte Epiphysenfuge

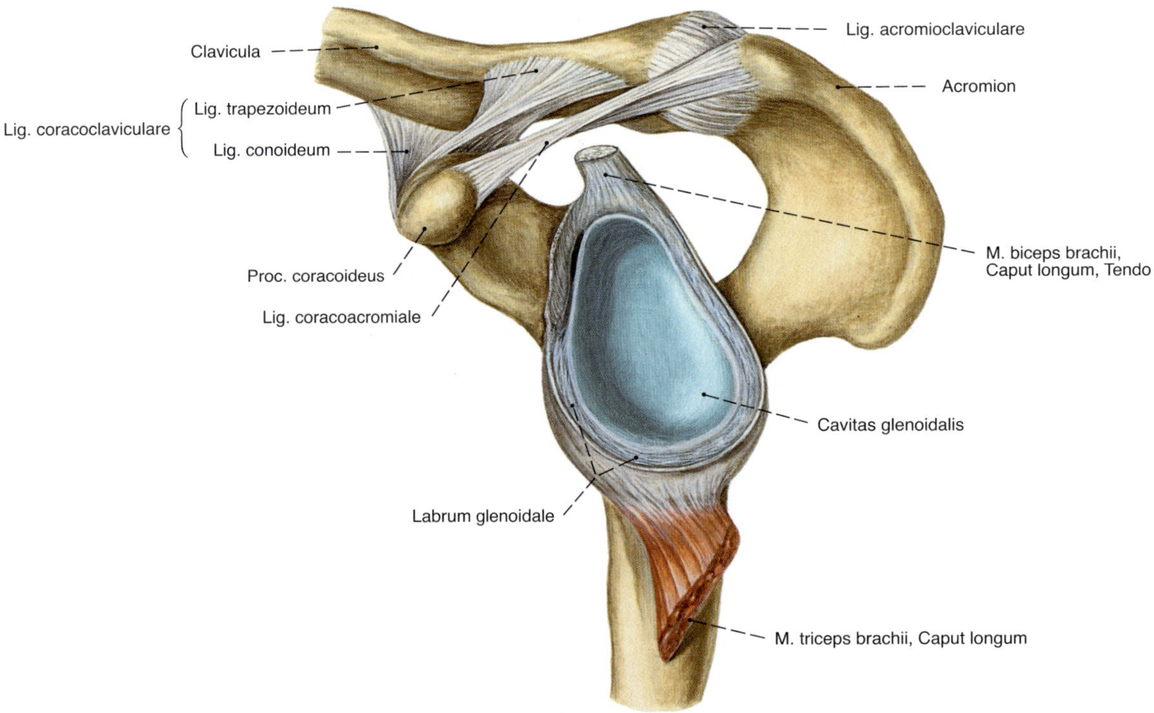

Abb. 305 Schultergelenk, Articulatio humeri;
nach Durchtrennung der Gelenkkapsel am Labrum glenoidale und Entfernung des Humeruskopfes;
von lateral (li, 80%).

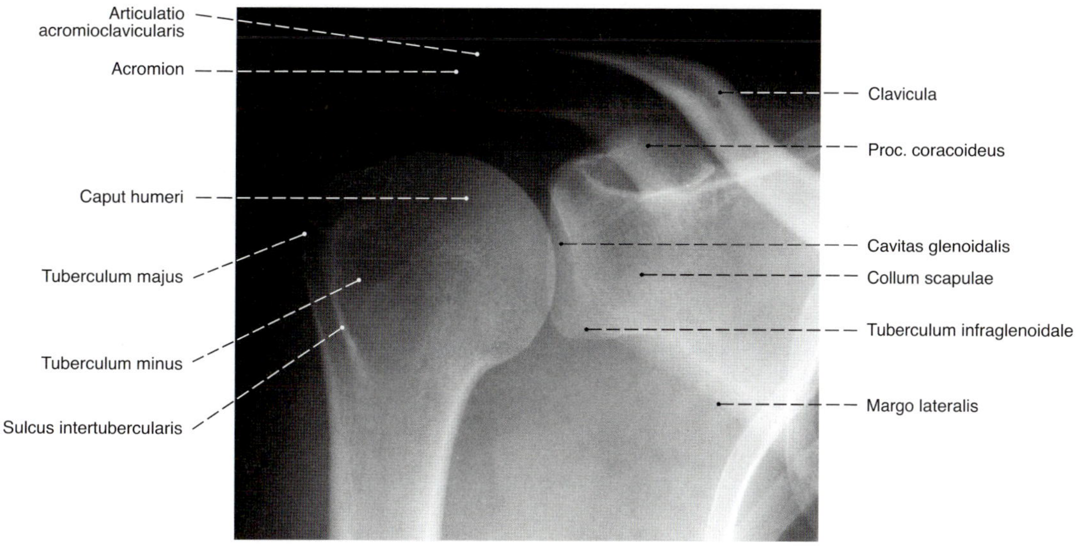

Abb. 306 Schultergelenk, Articulatio humeri; ap-Röntgenbild; Einstellung: aufrechter Stand mit locker hängendem Arm, Scapula annähernd parallel zur Filmebene (Gelenk in Bezug auf alle drei Hauptbewegungsebenen in 0-Stellung); von vorne (re).

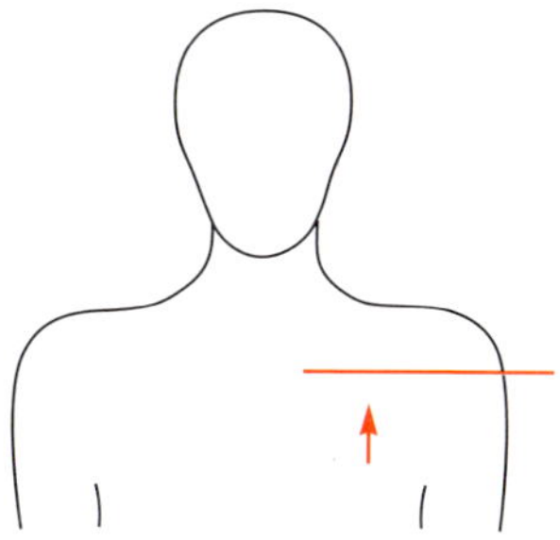

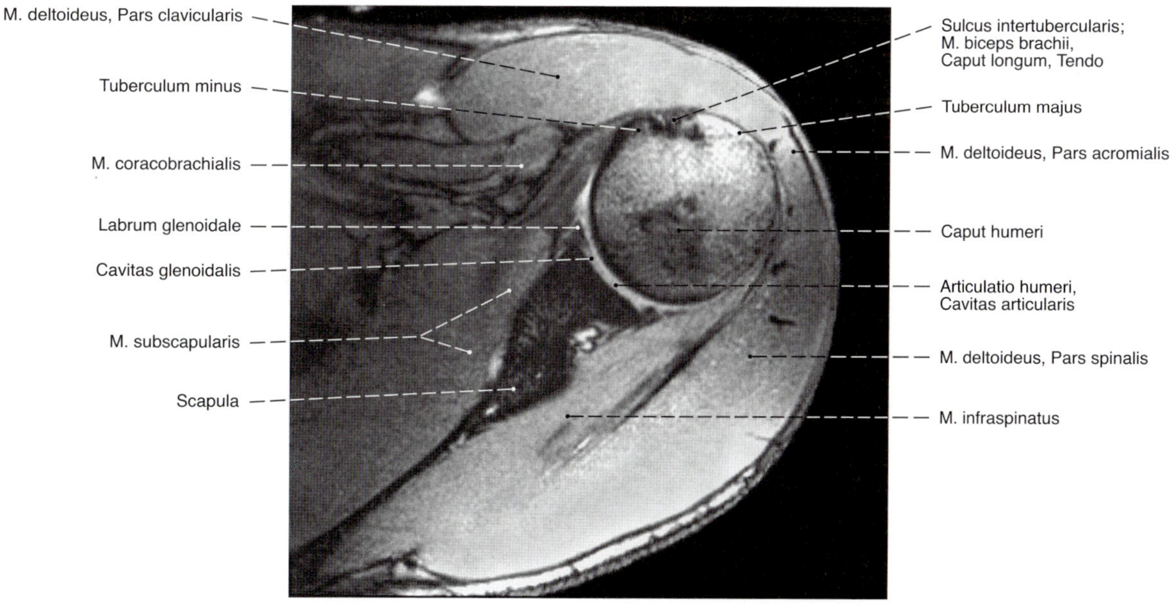

Abb. 307 Schultergelenk, Articulatio humeri; computertomographischer Querschnitt (CT) auf Höhe des Krümmungsmittelpunktes des Humeruskopfes; Einstellung: Oberarm in Mittelstellung; Luftfüllung der Gelenkhöhle (Pneumo-CT); von unten (li).

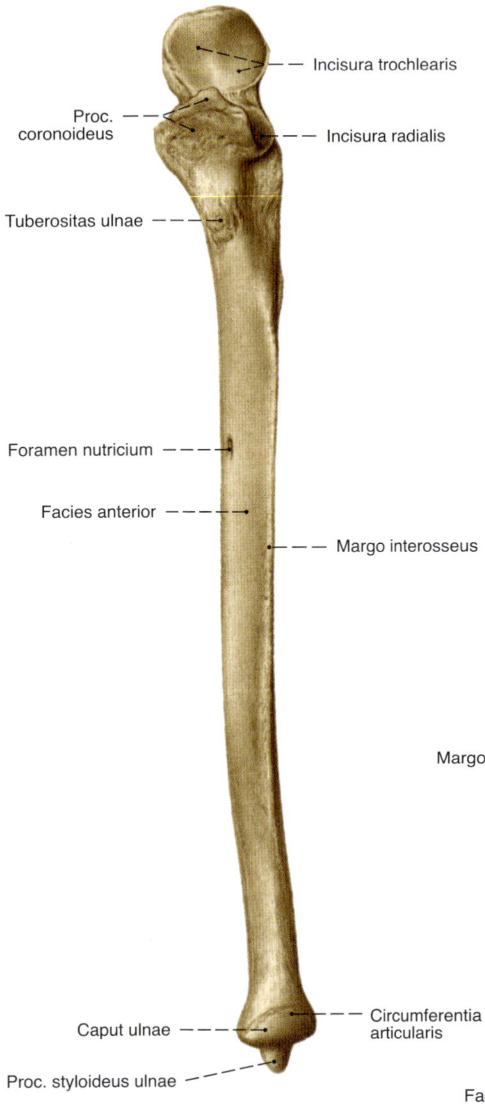

Abb. 308 Elle, Ulna; von vorne (li, 50%).

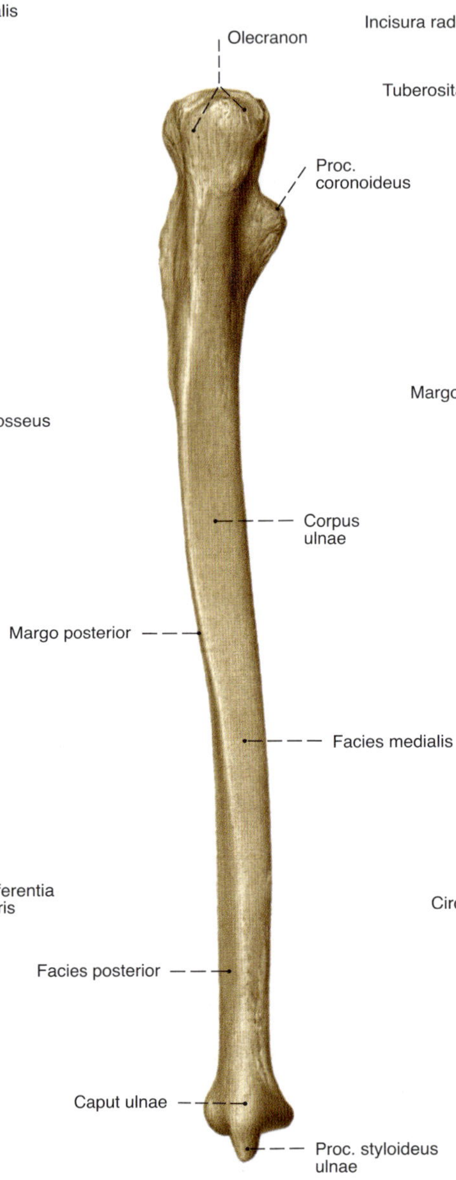

Abb. 309 Elle, Ulna; von hinten (li, 50%).

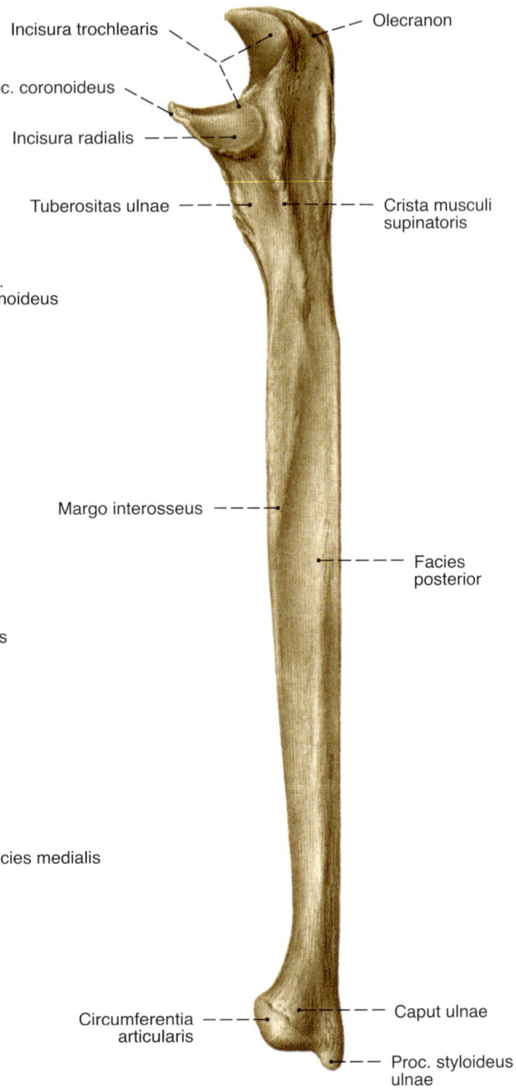

Abb. 310 Elle, Ulna; von radial (li, 50%).

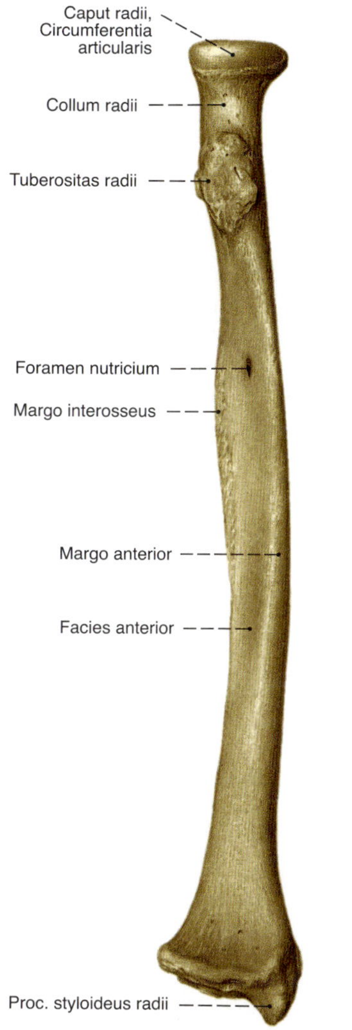

Abb. 311 Speiche, Radius; von vorne (li, 50%).

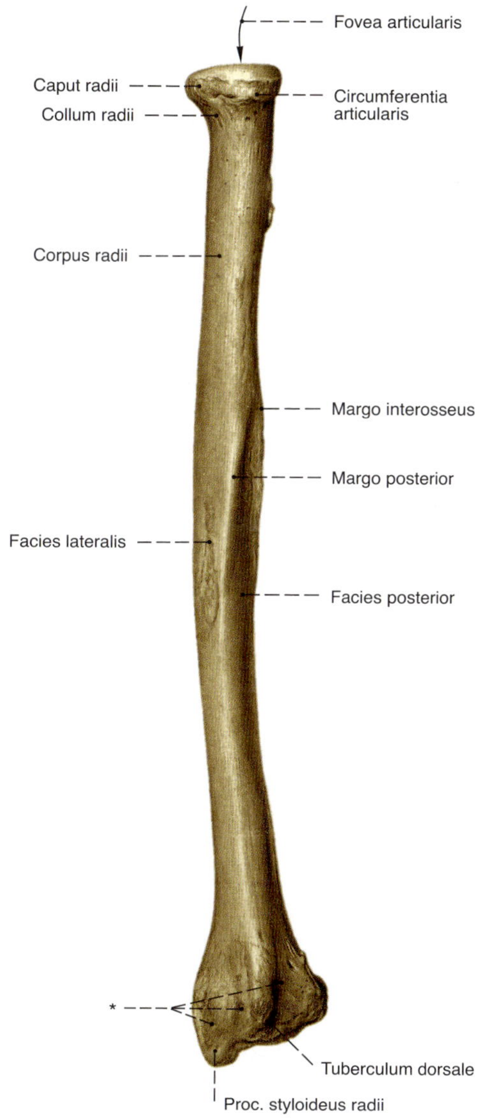

Abb. 312 Speiche, Radius; von hinten (li, 50%).

* Furchen und Knochenleisten für die Extensorensehnen

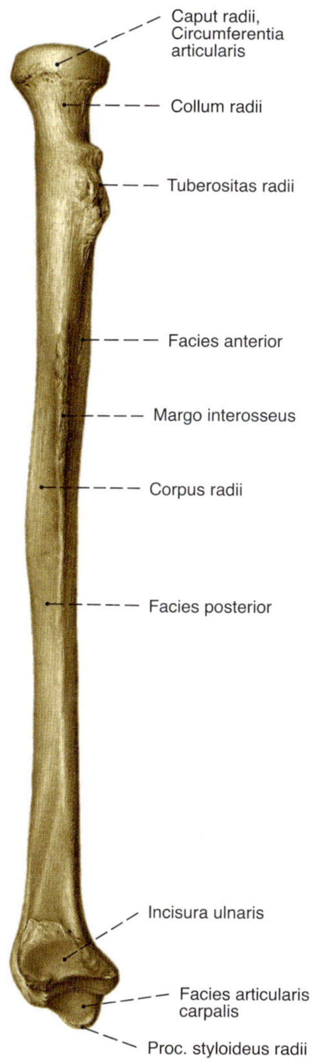

Abb. 313 Speiche, Radius; von ulnar (li, 50%).

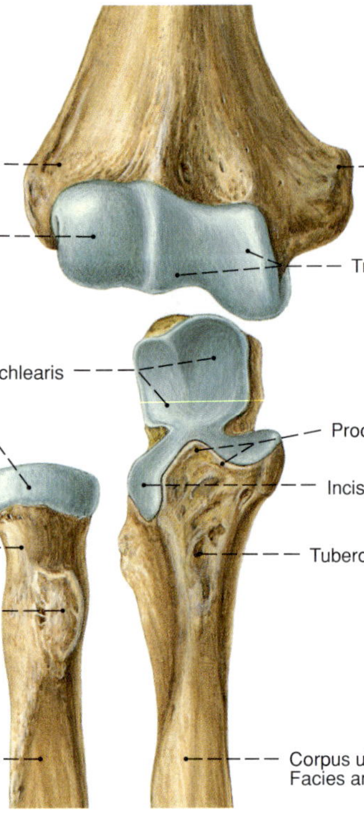

Abb. 314 Ellbogengelenk, Articulatio cubiti; Abstände zwischen den Gelenkkörpern aus didaktischen Gründen vergrößert; von vorne (re, 55%).

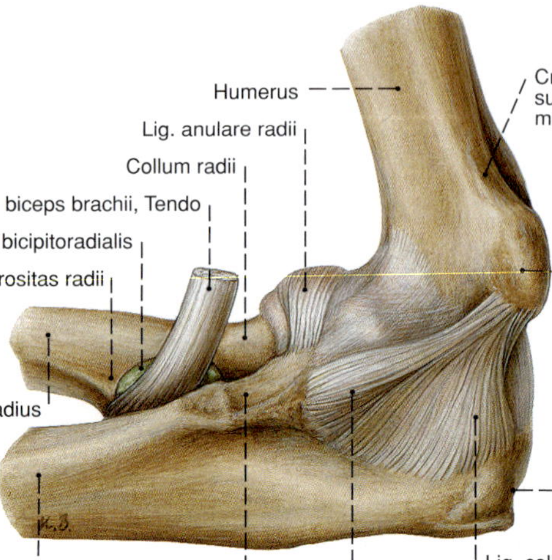

Abb. 315 Ellbogengelenk, Articulatio cubiti; Flexion 90°, Supination 90°; von medial (re, 55%).

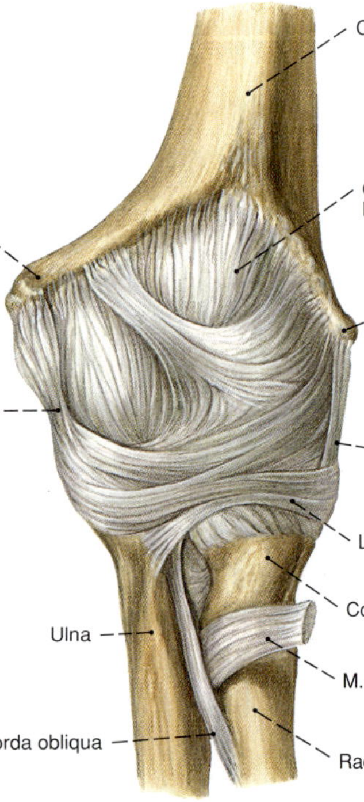

Abb. 316 Ellbogengelenk, Articulatio cubiti; von vorne (li, 55%).

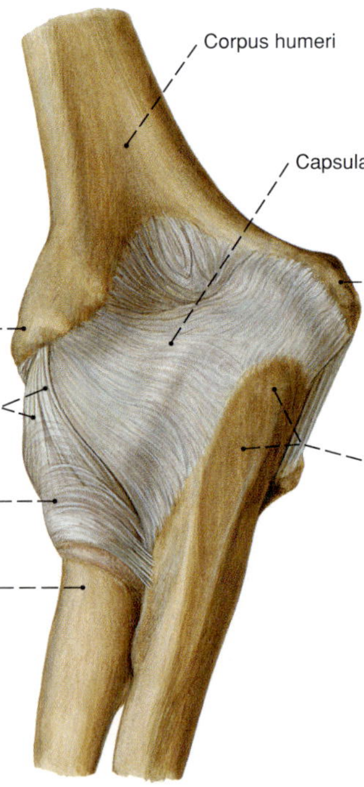

Abb. 317 Ellbogengelenk, Articulatio cubiti; von dorsal (li, 55%).

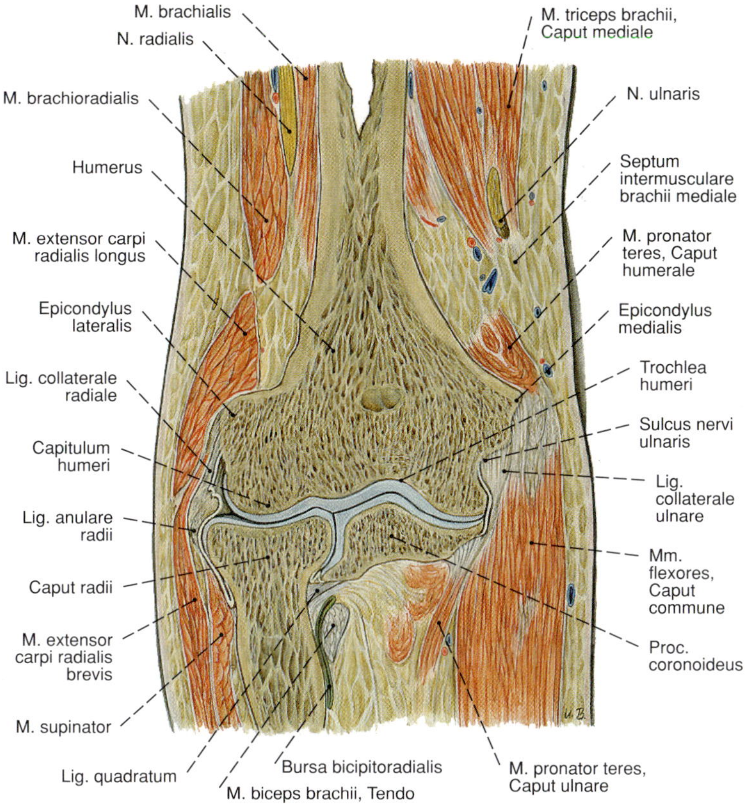

Abb. 318 Ellbogengelenk, Articulatio cubiti; Frontalschnitt; von vorne (re, 55%).

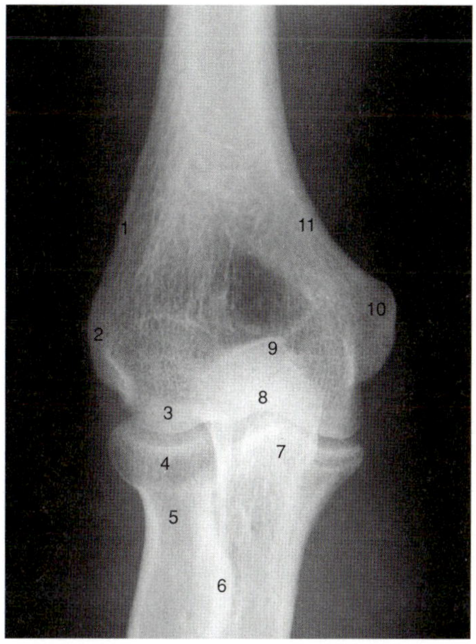

1 Crista supraepicondylaris lateralis
2 Epicondylus lateralis
3 Capitulum humeri
4 Caput radii
5 Collum radii
6 Tuberositas radii
7 Proc. coronoideus
8 Trochlea humeri
9 Olecranon
10 Epicondylus medialis
11 Crista supraepicondylaris medialis

Abb. 319 Ellbogengelenk, Articulatio cubiti; ap-Röntgenbild.

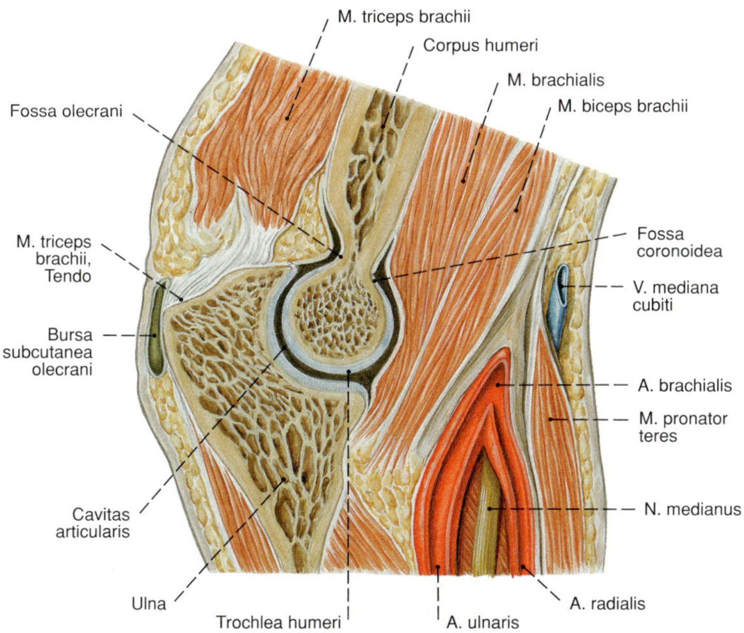

Abb. 320 Ellbogengelenk, Articulatio cubiti; Sagittalschnitt; von medial (li, 60%).

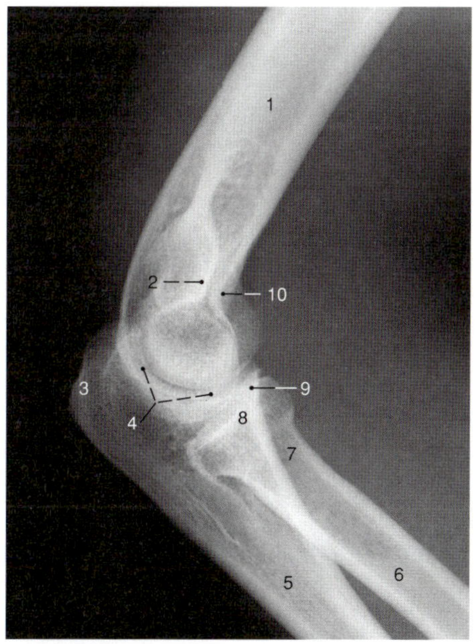

1 Humerus
2 Fossa olecrani
3 Olecranon
4 Incisura trochlearis
5 Ulna
6 Radius
7 Collum radii
8 Caput radii
9 Proc. coronoideus
10 Fossa coronoidea

Abb. 321 Ellbogengelenk, Articulatio cubiti; seitliches Röntgenbild.

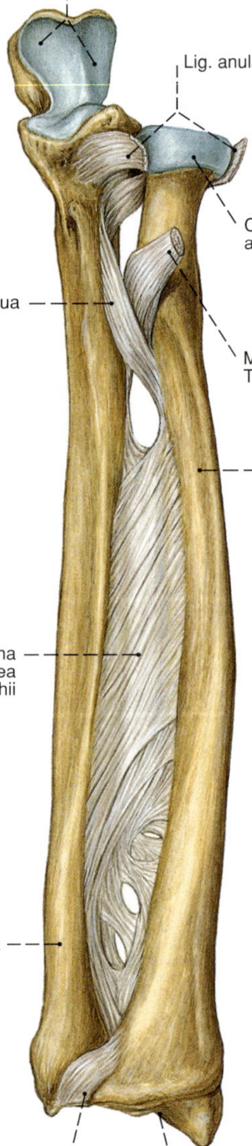

Abb. 322 Verbindungen der Knochen des Unterarms;
Lig. anulare durchgetrennt;
von vorne (li, 50%).

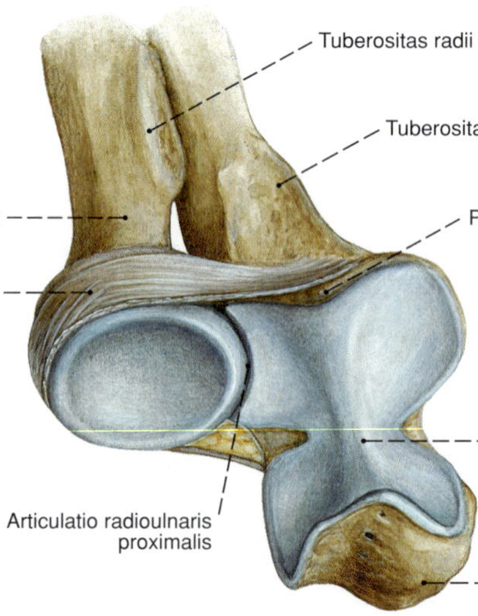

Abb. 323 Proximales Radioulnargelenk, Articulatio radioulnaris proximalis;
von proximal vorne (li, 85%).

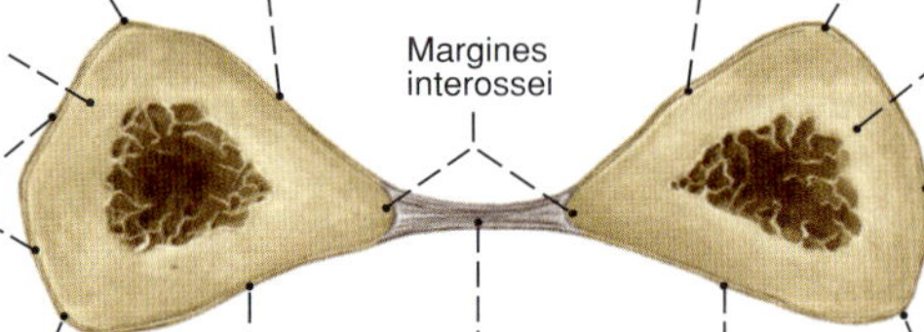

Abb. 324 Querschnitt durch die Unterarmknochen;
von distal (li, 115%).

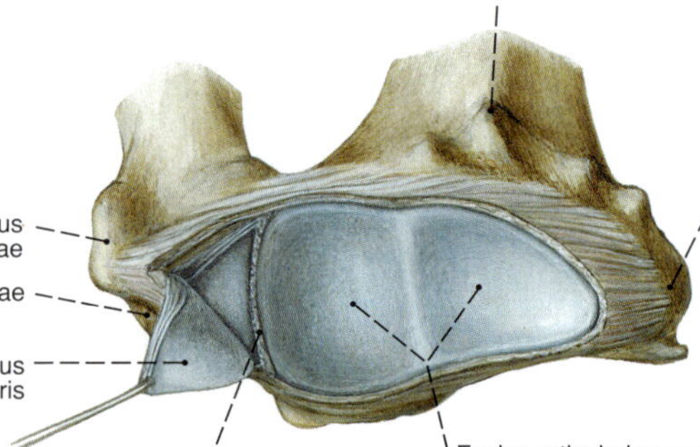

Abb. 325 Distales Radioulnargelenk, Articulatio radioulnaris distalis;
Discus articularis am Radius abgetrennt und nach ulnar gezogen;
von distal hinten (re, 85%).

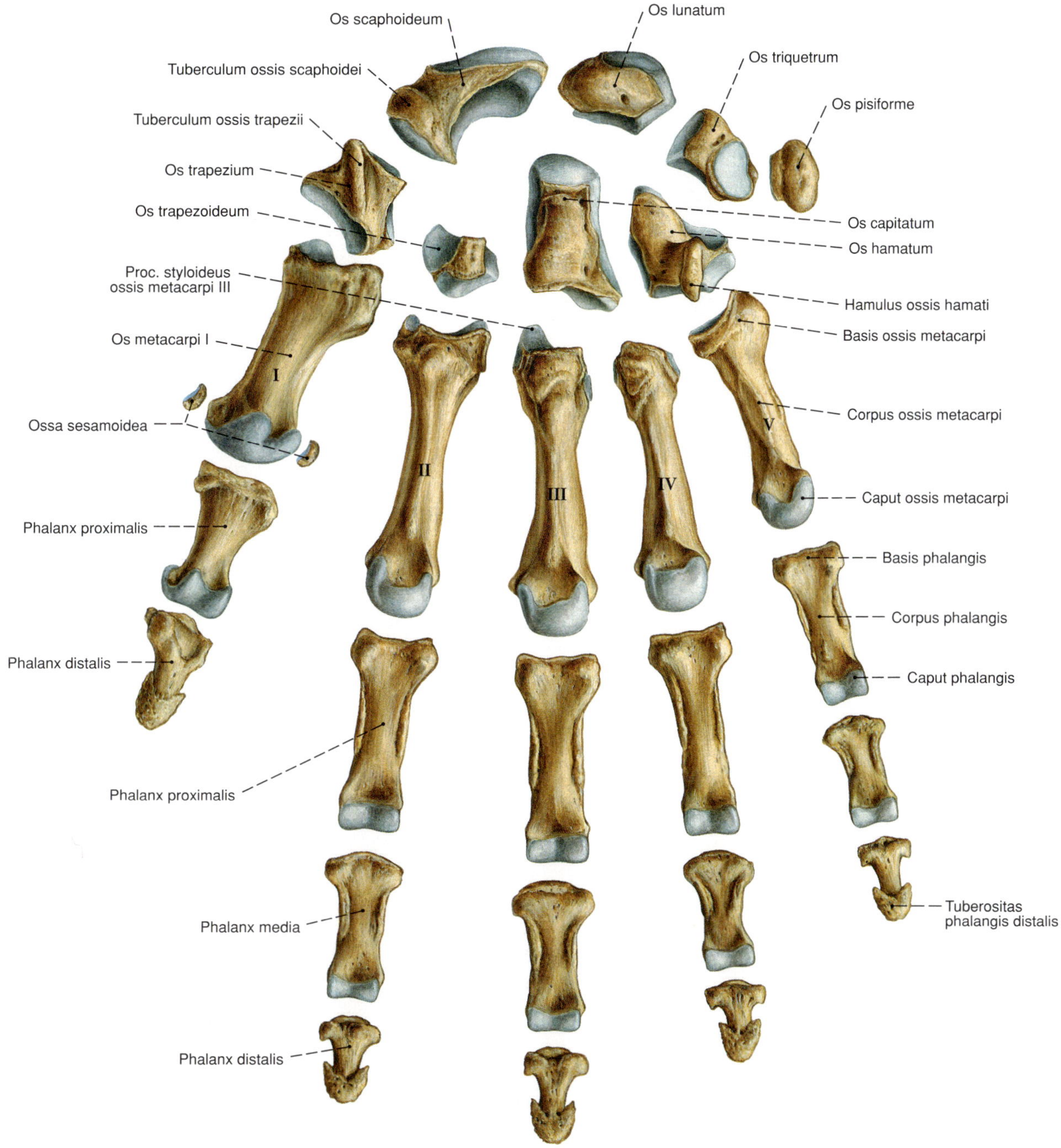

I Pollex [Digitus primus]
II Index [Digitus secundus]
III Digitus medius [tertius]
IV Digitus anularis [quartus]
V Digitus minimus [quintus]

Abb. 326 Knochen der Hand, Ossa manus;
Abstände zwischen den Knochen aus didaktischen Gründen vergrößert;
von palmar (re, 70%).

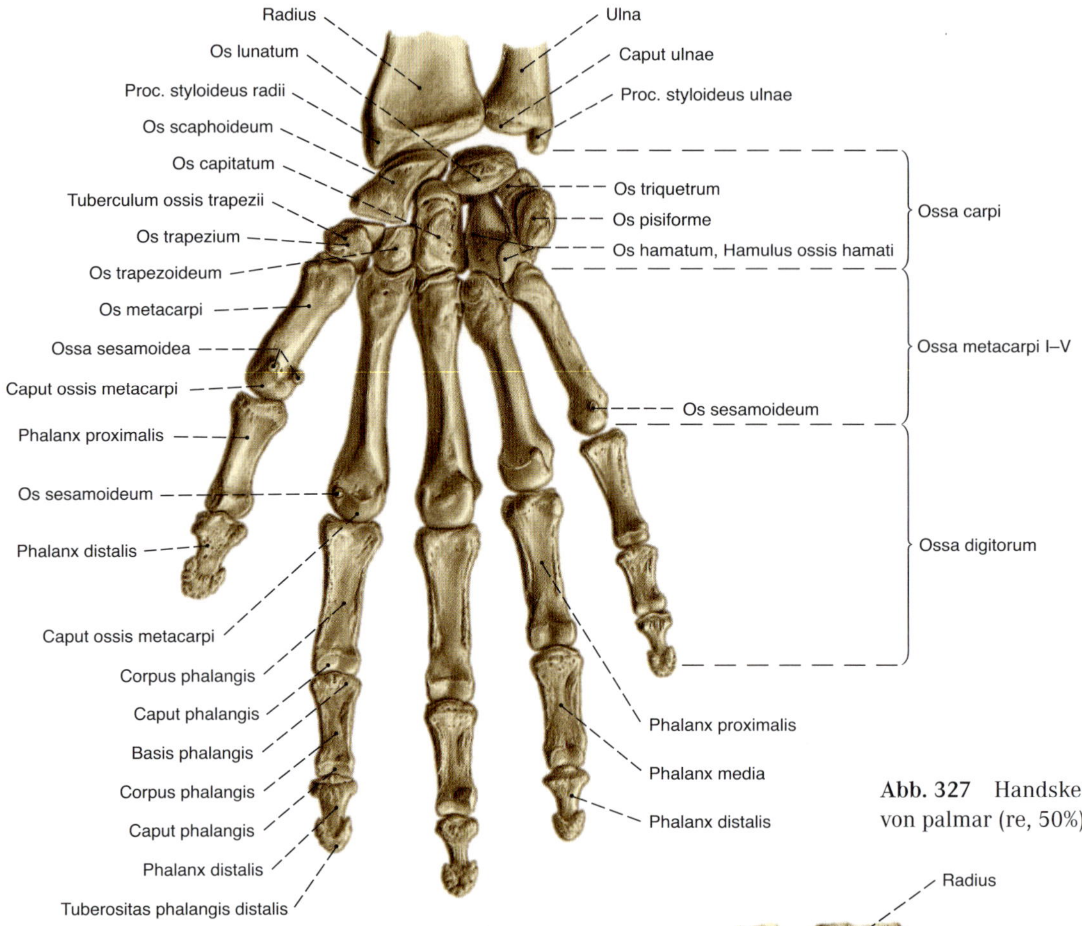

Abb. 327 Handskelett, Ossa manus; von palmar (re, 50%).

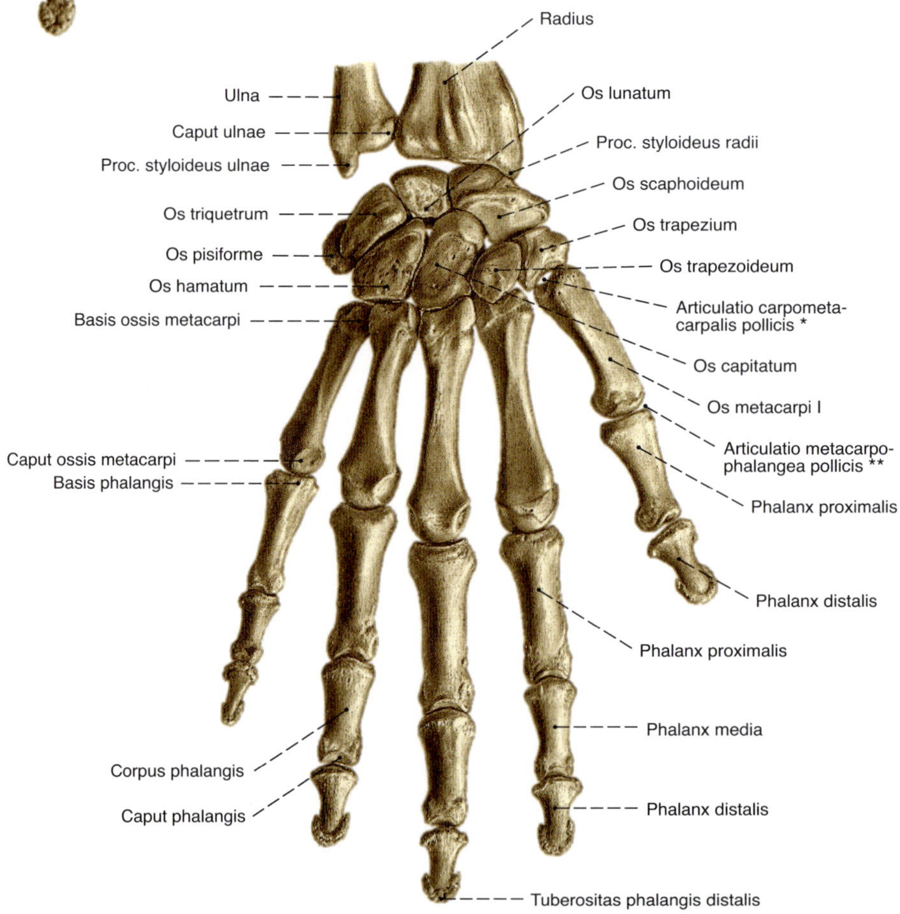

Abb. 328 Handskelett, Ossa manus; von dorsal (re, 50%).

* Auch: Daumensattelgelenk
** Auch: Daumengrundgelenk

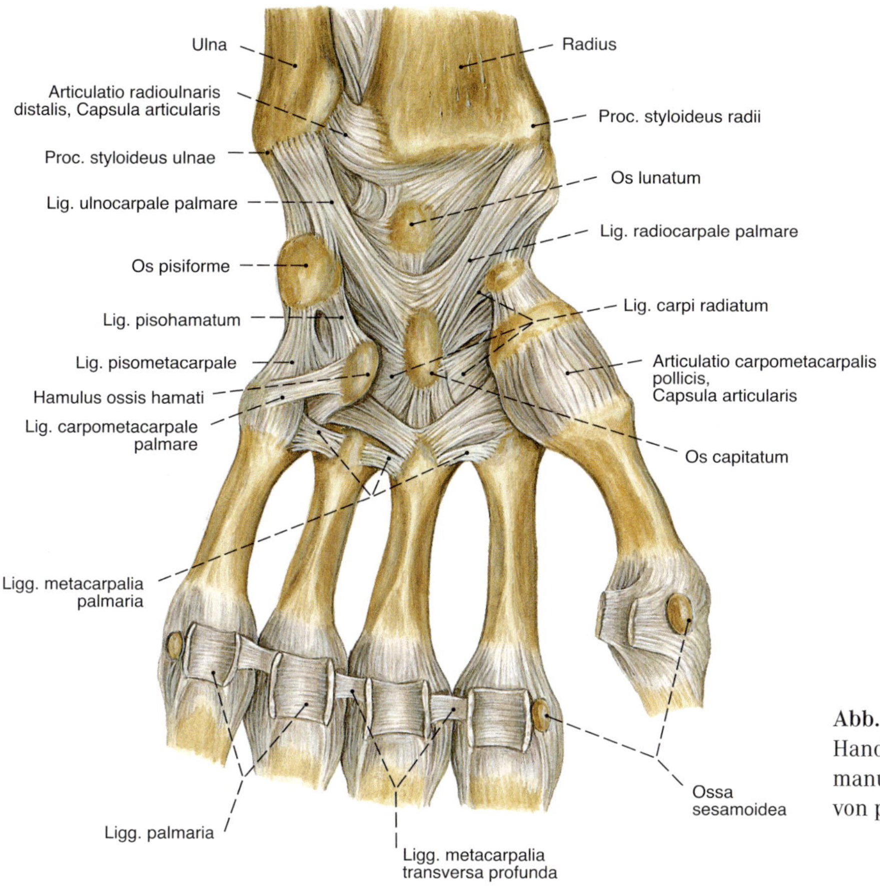

Abb. 329 Gelenke und Bänder der Hand, Articulationes und Ligamenta manus; von palmar (li, 75%).

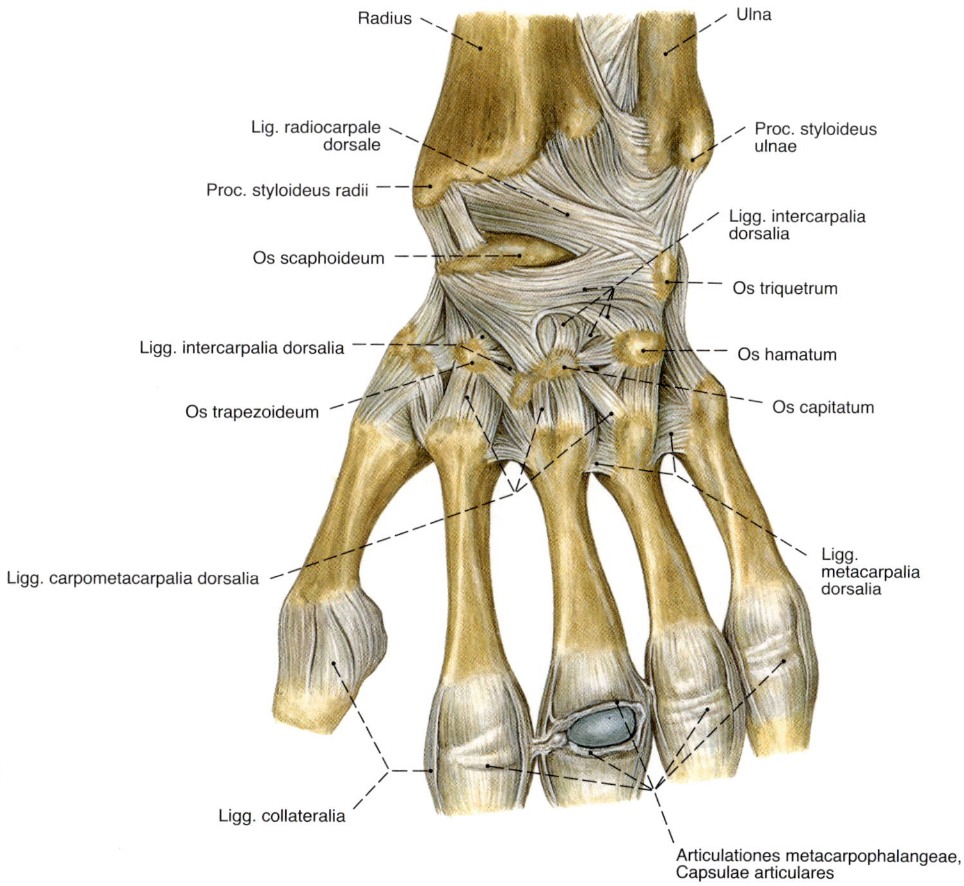

Abb. 330 Gelenke und Bänder der Hand, Articulationes und Ligamenta manus; von dorsal (li, 75%).

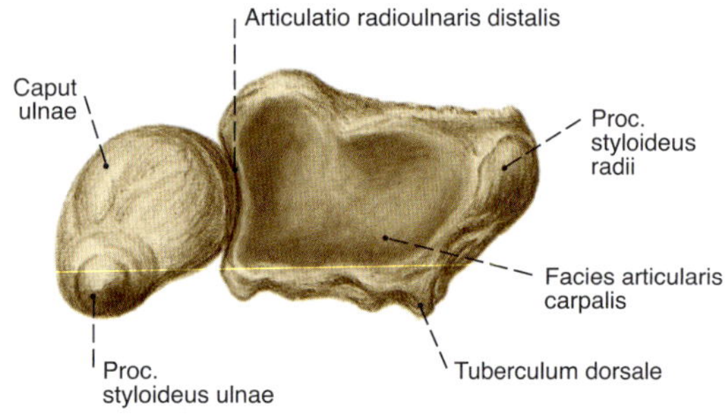

Abb. 331 Speiche und Elle, Radius und Ulna; von distal (li, 75%).

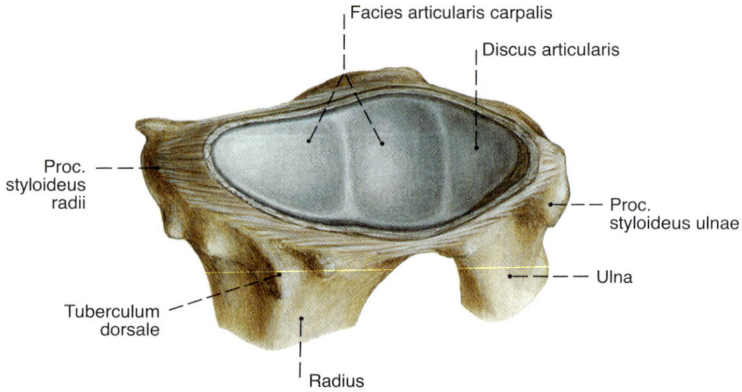

Abb. 332 Proximales Handgelenk, Articulatio radiocarpalis; proximaler Gelenkkörper von distal (re, 85%).

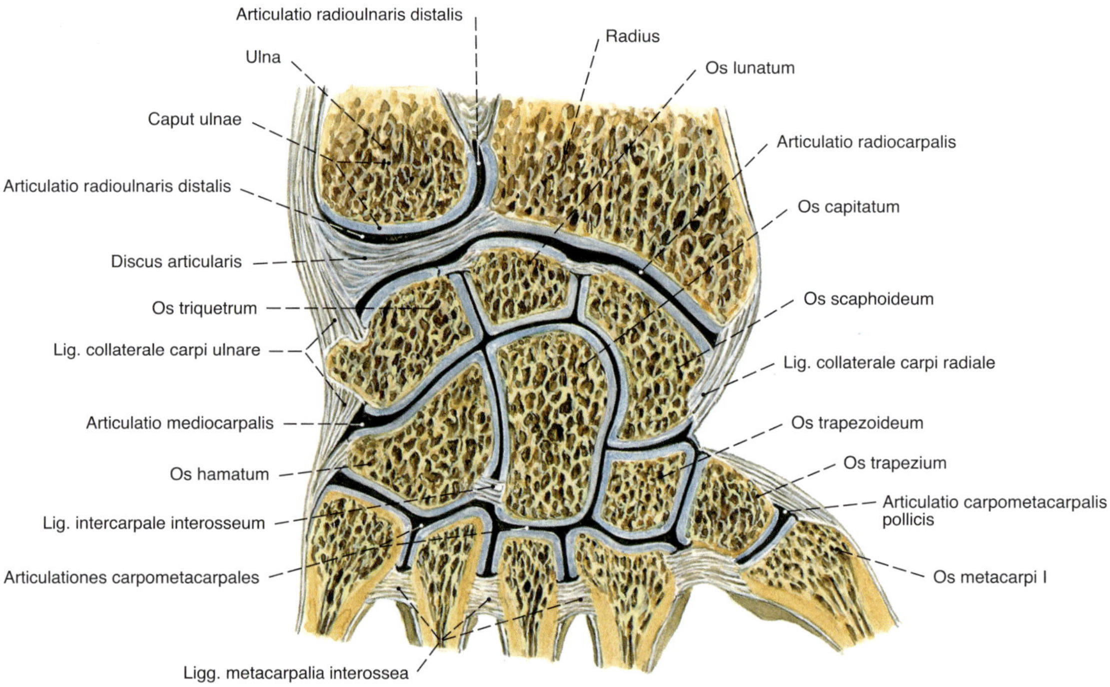

Abb. 333 Gelenke der Handwurzel, Articulationes carpi; Flächenschnitt parallel zum Handrücken.

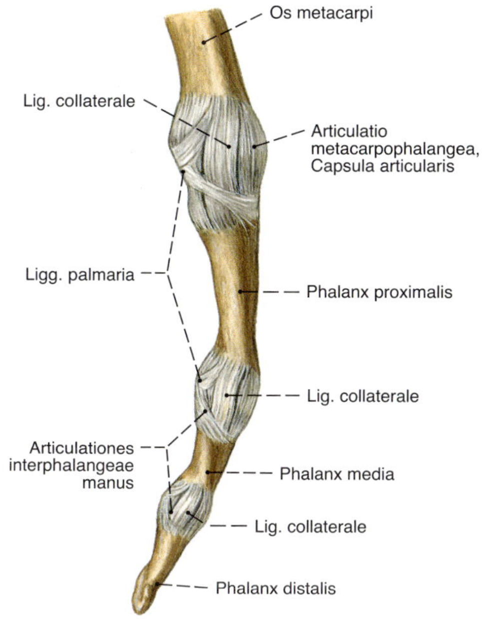

Abb. 334 Fingergelenke, Articulationes digiti; von lateral.

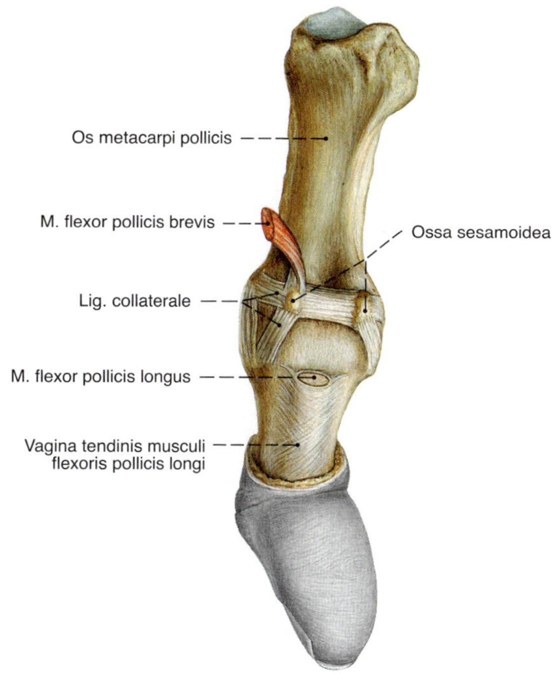

Abb. 335 Daumengrundgelenk, Articulatio metacarpophalangea pollicis; von radial palmar (re).
Über ein queres Band zwischen den Ossa sesamoidea sind sowohl das radiale als auch das ulnare Kollateralband in ein gemeinsames Verspannungssystem integriert, das die Extension im Gelenk begrenzt.

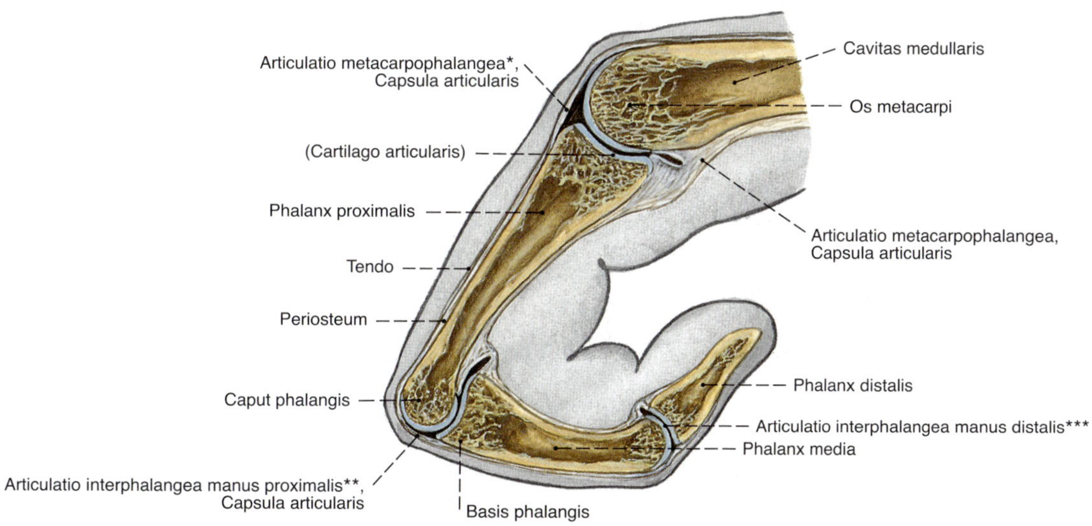

Abb. 336 Fingergelenke, Articulationes digiti; Sagittalschnitt von lateral.
Beachte: Die Beugefalten projizieren sich nicht genau auf die Gelenkspalte.

* Klinisch: MP (= Metacarpophalangealgelenk), Fingergrundgelenk
** Klinisch: PIP (= proximales Interphalangealgelenk)
*** Klinisch: DIP (= distales Interphalangealgelenk)

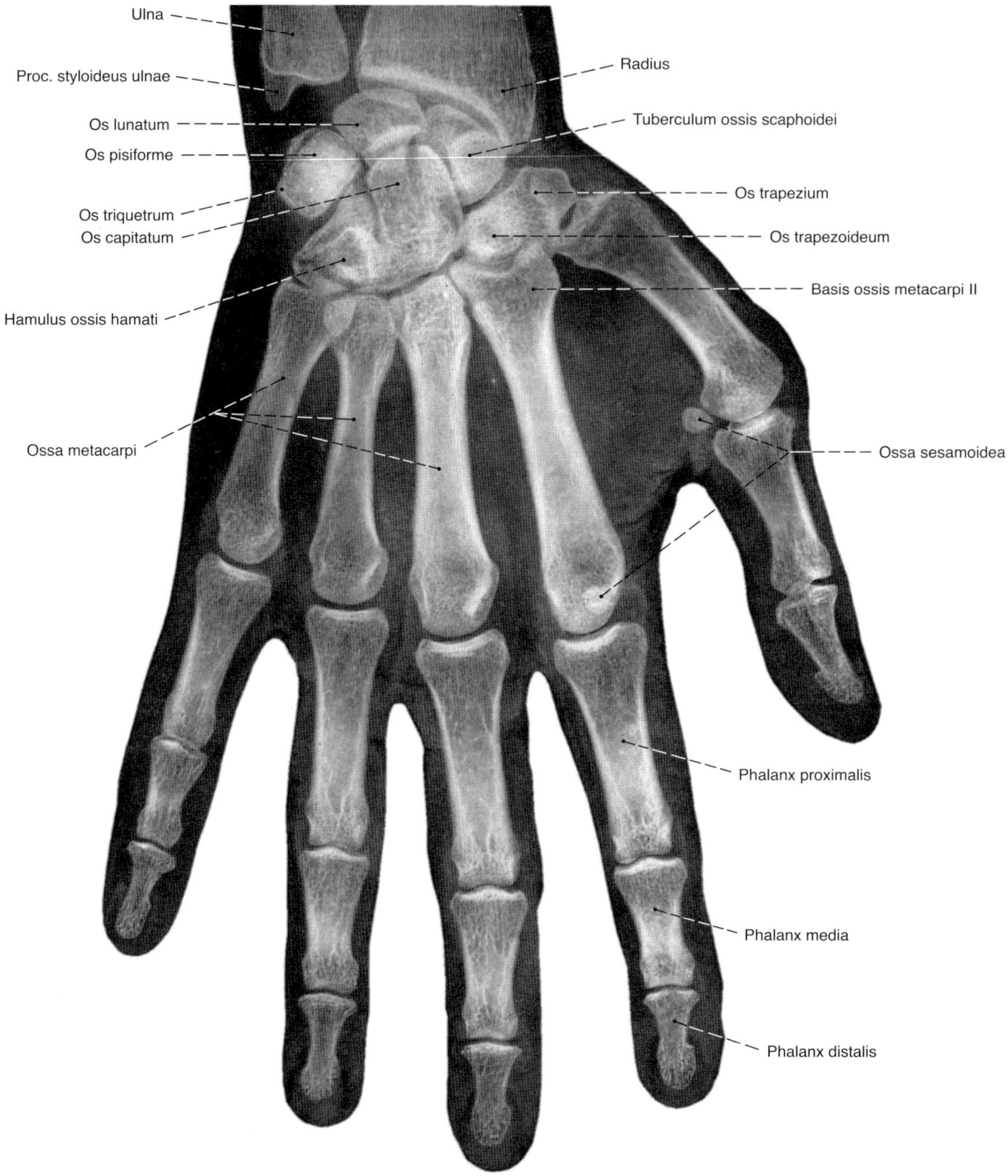

Abb. 337 Hand, Manus;
pa-Röntgenbild.
Beachte: Os pisiforme und
Os triquetrum sind übereinander projiziert.

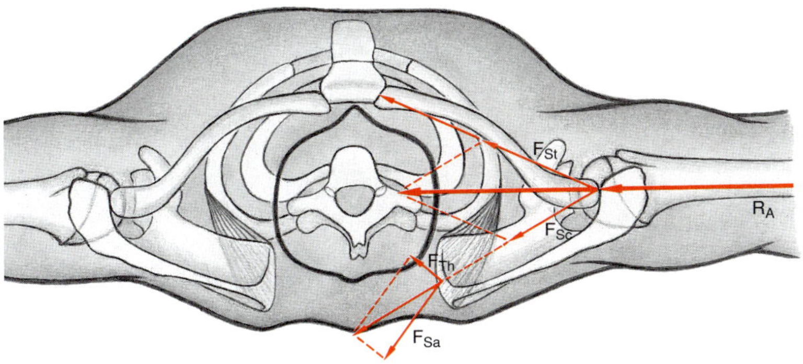

R_A auf das Schulterblatt wirkende Kraft
F_{Sc} auf die Auflage und die Aufhängung der Scapula wirkende Kraft
F_{St} auf das Sternoklavikulargelenk wirkende Kraft
F_{Th} Anpresskraft an den Thorax
F_{Sa} vom M. serratus anterior aufzunehmende Zugkraft

Abb. 338 Kräfteverhältnisse im Bereich des Schultergürtels bei abduziertem Arm.

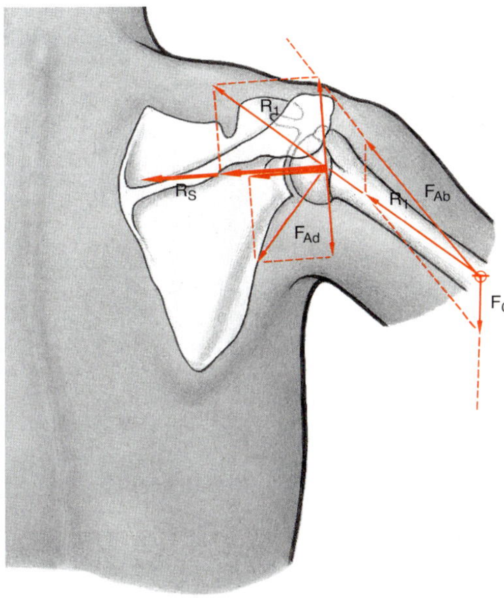

F_G Kraft des Armgewichtes
F_{Ab} Kraft der Abduktoren
R_1 Resultierende von F_G und F_{Ab}
F_{Ad} Kraft der Adduktoren
R_S resultierende Gelenkkraft im Schultergelenk

Abb. 339 Kräfteverhältnisse im Schultergelenk bei leicht abduziertem Arm.

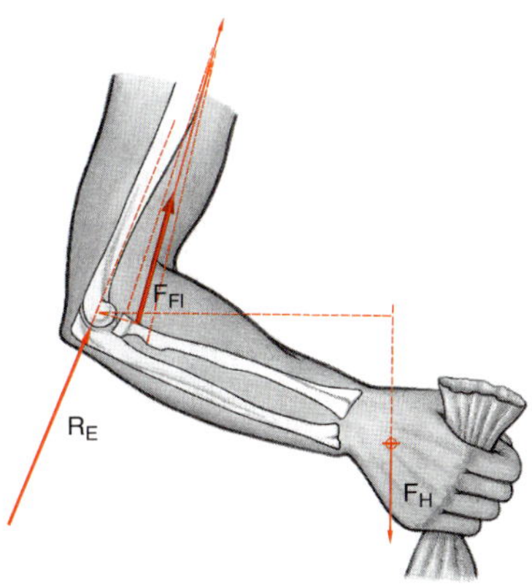

F_{Fl} Kraft der Beuger im Ellbogengelenk
F_H Kraft der gehaltenen Last
R_E resultierende Gelenkkraft im Ellbogengelenk

Abb. 340 Kräfteverhältnisse im Ellbogengelenk bei abgewinkeltem Unterarm.

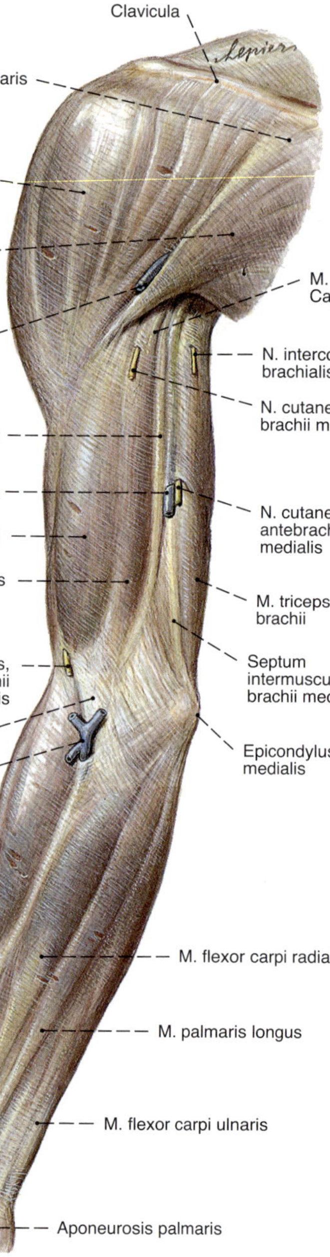

Abb. 341 Faszie der Beugerseite des Arms; von vorne (re, 25%).

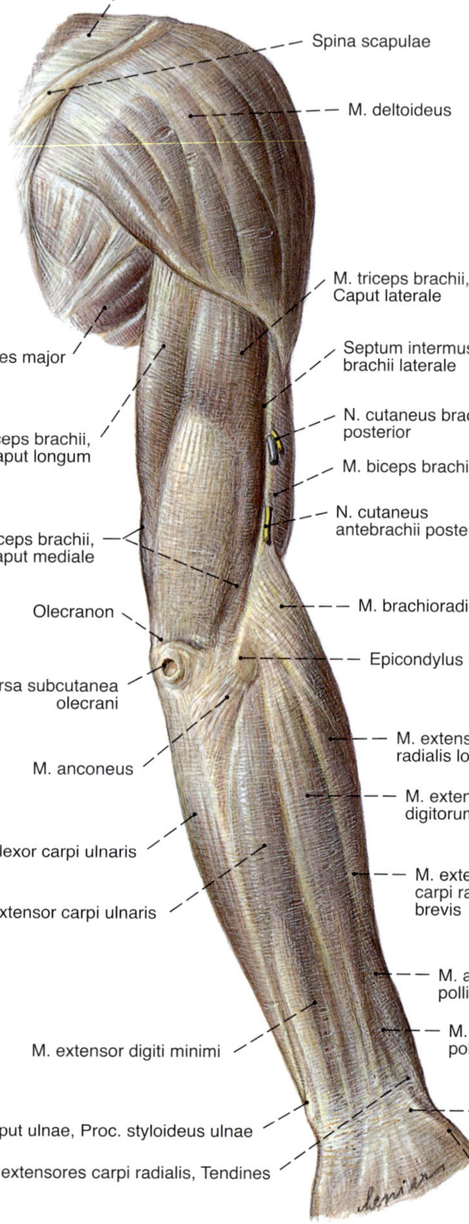

Abb. 342 Faszie der Streckerseite des Arms; von hinten (re, 25%).

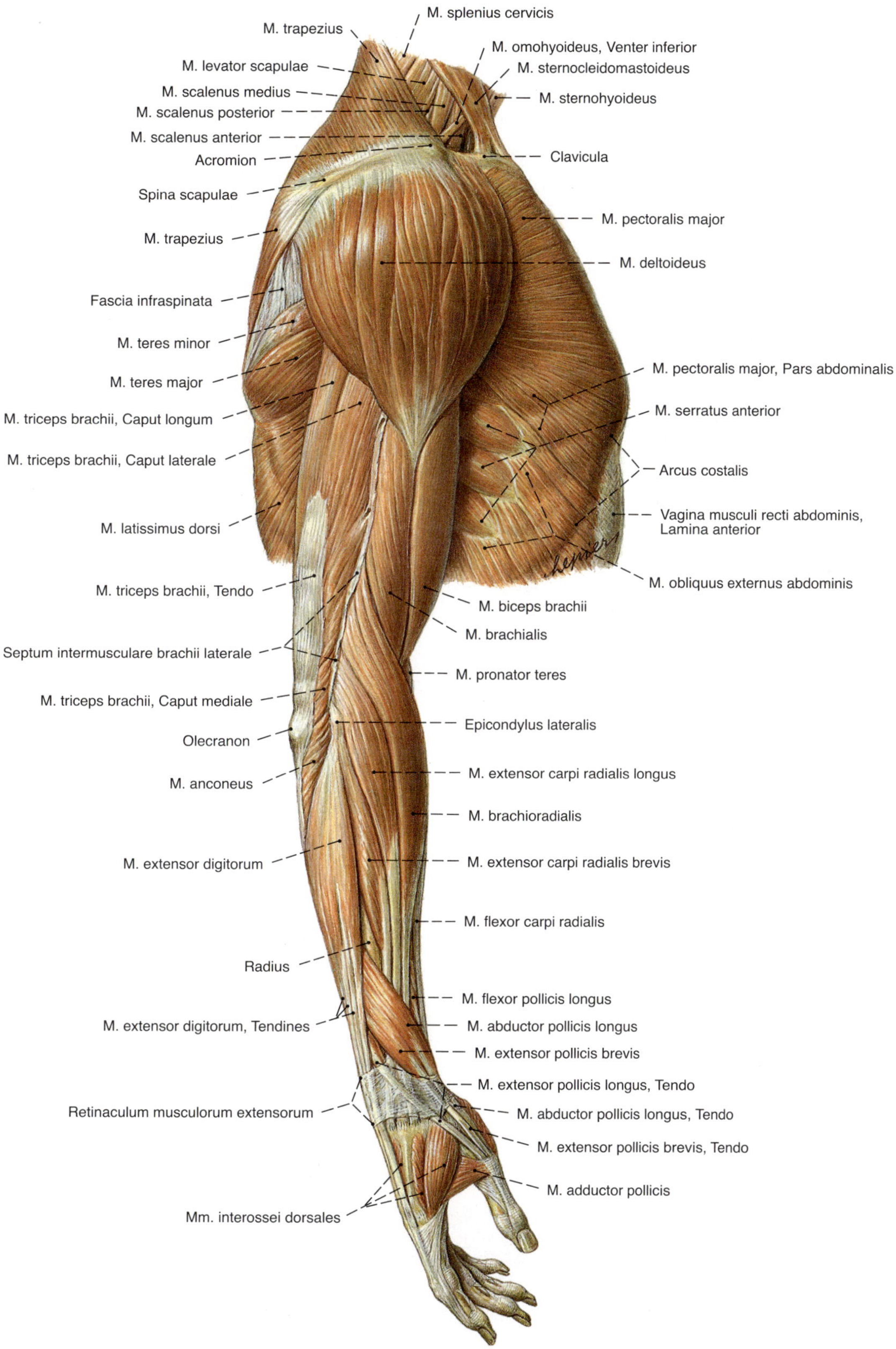

Abb. 343 Muskeln von Arm, Brustkorb und unterer Halsgegend;
von lateral (re, 23%).

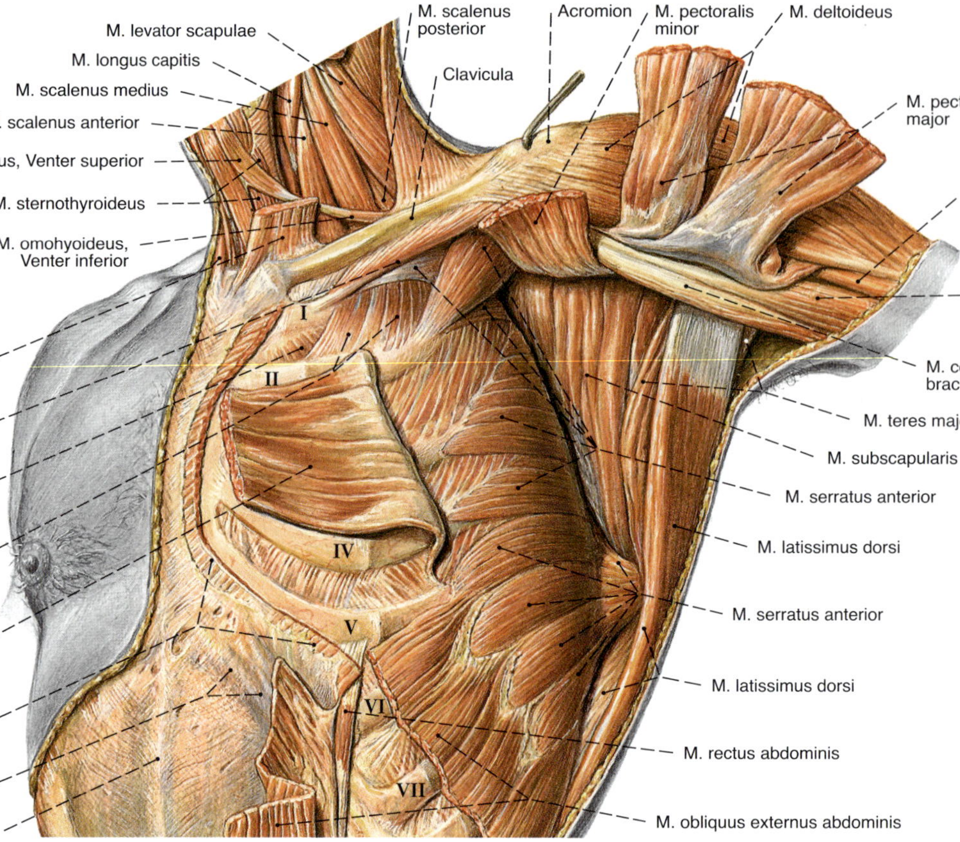

Abb. 344 Muskeln von Arm, Brustkorb und unterer Halsgegend;
linke Schulter durch einen Haken angehoben;
von ventral lateral (li, 30%).

I, II, IV–VII bezeichnen die entsprechenden Rippen.

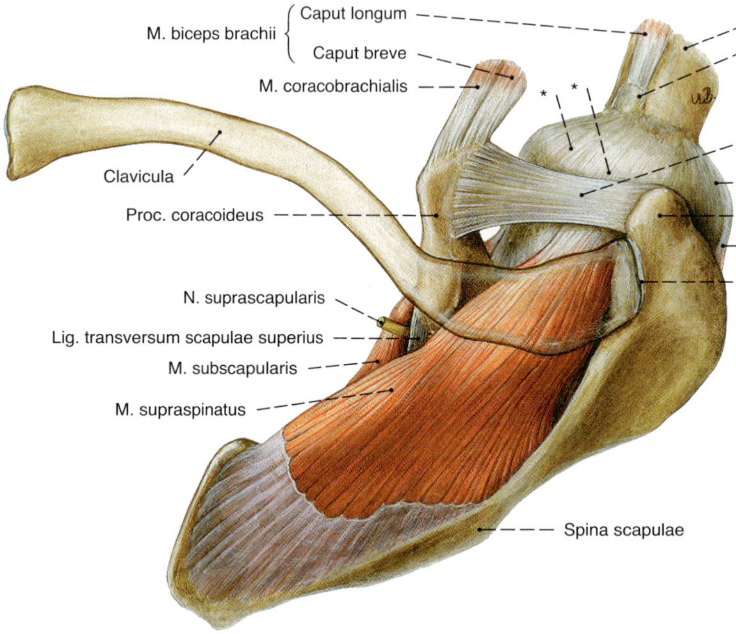

Abb. 345 Schulter und Schultermuskeln;
nach Abtragung des M. deltoideus, Schlüsselbein zum Teil durchscheinend gezeichnet;
von oben (re, 60%).

Die mit * gekennzeichneten Sehnen bilden die sog. „Rotatorenmanschette“ (vergleiche mit Abb. 302).

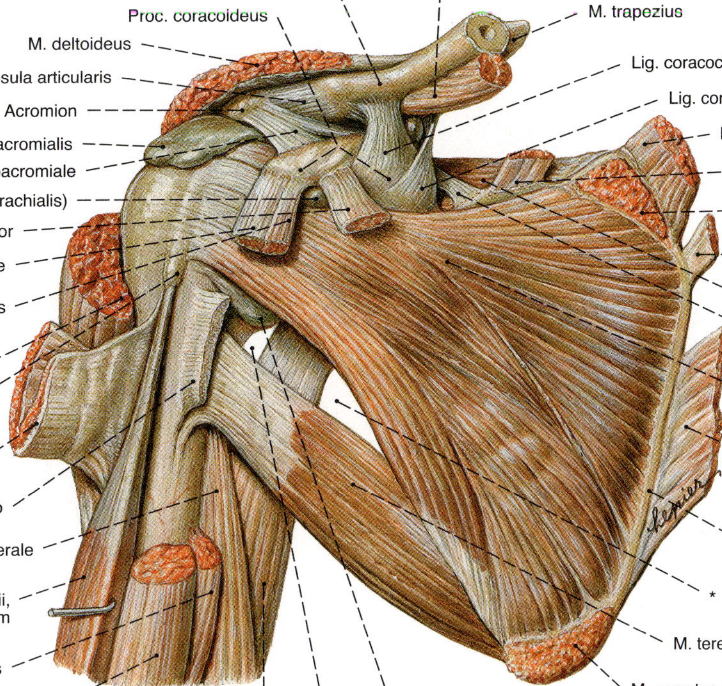

Abb. 346 Schulter und Schultermuskeln; nach Abtragung einiger oberflächlicher Muskeln; von vorne (re, 45%).

* Mediale Achsellücke, Spatium axillare mediale
** Laterale Achsellücke, Spatium axillare laterale

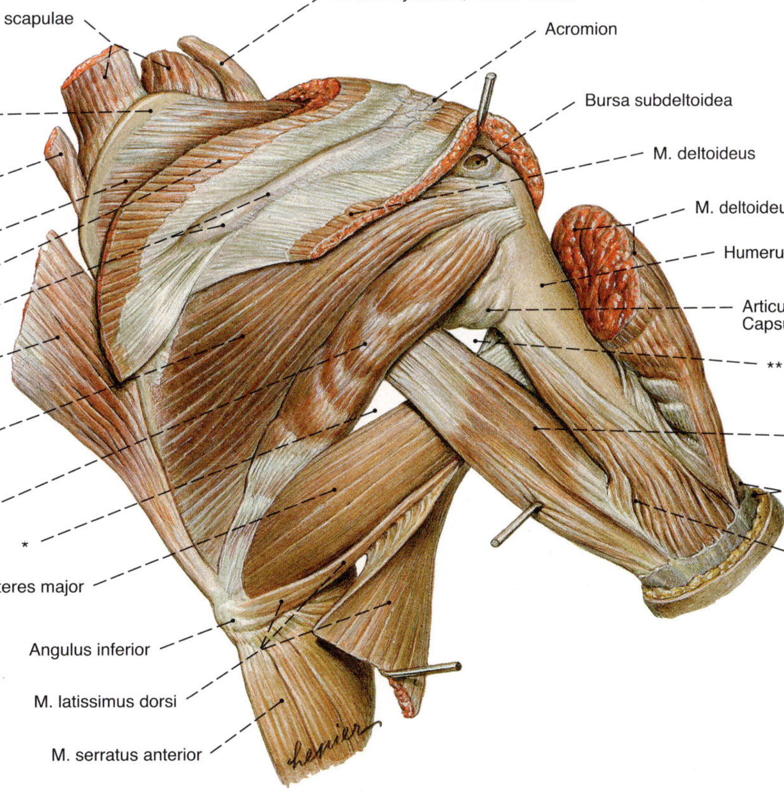

Abb. 347 Schulter und Schultermuskeln; von hinten (re, 45%).

* Mediale Achsellücke, Spatium axillare mediale
** Laterale Achsellücke, Spatium axillare laterale

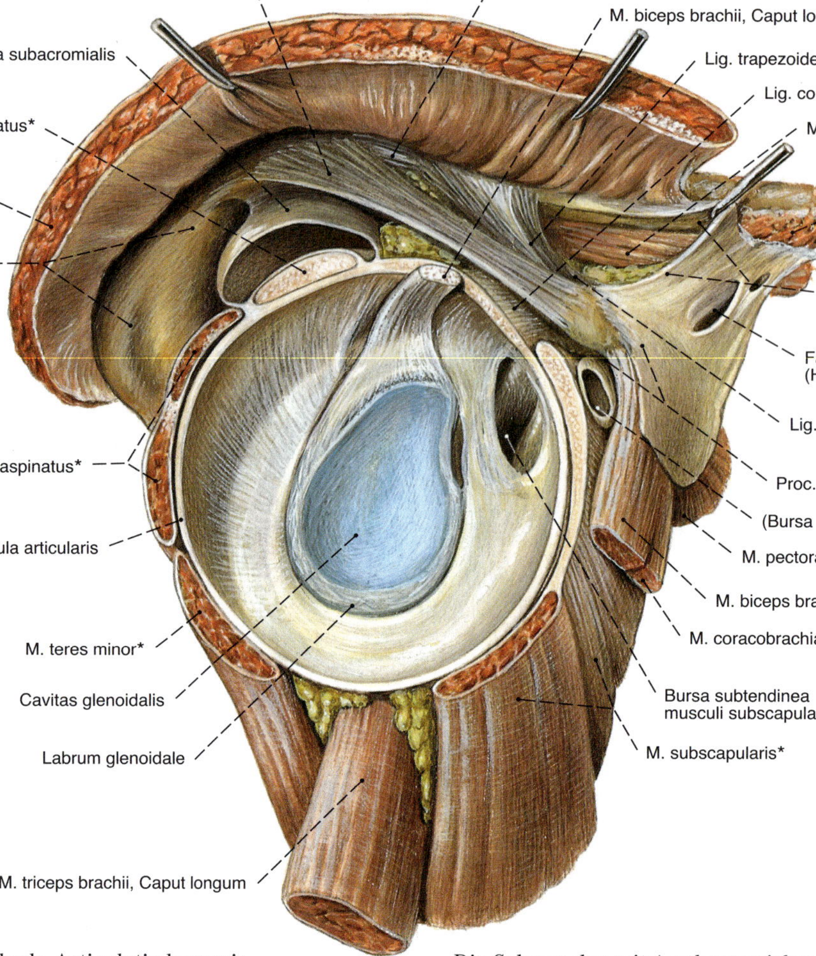

Abb. 348 Schultergelenk, Articulatio humeri; Einblick nach Entfernung des Humeruskopfes; von lateral (re, 90%).

Die Sehnen der mit * gekennzeichneten Muskeln bilden die sog. „Rotatorenmanschette“.

Ventrale Muskeln der Schulter (Abb. 344, 346, 348, 818, 819)

Der M. pectoralis major ist ein Rumpf-Arm-Muskel. Er prägt das Oberflächenrelief der vorderen oberen Brustwand. Unter ihm liegt als Rumpf-Schultergürtel-Muskel der M. pectoralis minor. Der M. subclavius ist ebenfalls ein Rumpf-Schultergürtel-Muskel.
Dem Schultergelenk selbst liegt als tiefster Muskel nur der M. subscapularis an, der von der Vorderfläche der Scapula zum Humerus zieht.

Muskel/*Innervation*	Ursprung	Ansatz	Funktion
1. **M. pectoralis major** *Nn. pectorales medialis et lateralis (Plexus brachialis, Pars infra-/supraclavicularis)* Die Fasern konvergieren zu einer breiten Sehne in Form einer nach oben offenen flachen Tasche.	**Pars clavicularis:** Clavicula (sternale Hälfte) **Pars sternocostalis:** Manubrium und Corpus sterni, Cartilago costalis der 1.–6. Rippe **Pars abdominalis:** Rektusscheide (vorderes Blatt).	Crista tuberculi majoris des Humerus	**Schultergelenk** Adduktion (besonders wirksam aus Elevationsstellung des Arms), Innenrotation, Pars clavicularis: Anteversion **Schultergürtel** Senken, Anteversion, Heben der oberen Rippen bei aufgestützten Armen und bei Fixierung des Schultergürtels **Thorax** Heben des Sternums und Erweitern des Thorax (Hilfsmuskel bei extremer Inspiration)
2. **M. pectoralis minor** *Nn. pectorales medialis et lateralis (Plexus brachialis, Pars infra-/supraclavicularis)*	(2.) 3.–5. Rippe (nahe der Knochen-Knorpel-Grenze)	Spitze des Proc. coracoideus der Scapula	**Schultergürtel** Senken, Heben der oberen Rippen bei aufgestützten Armen und Fixierung des Schultergürtels **Thorax** Erweitern des Thorax (Hilfsmuskel bei extremer Inspiration)
3. **M. subclavius** *N. subclavius (Plexus brachialis, Pars supraclavicularis)*	1. Rippe (Knorpel-Knochen-Grenze)	Clavicula (laterales Drittel), Faszie mit Adventitia der V. subclavia verwachsen	**Schultergürtel** Senken (geringer Wirkungsgrad), Widerstand gegen nach lateral gerichteten Zug auf die Clavicula
4. **M. subscapularis** *Nn. subscapulares (Plexus brachialis, Pars infraclavicularis)*	Facies costalis, Fossa subscapularis	Tuberculum minus und angrenzender Teil der Crista tuberculi minoris (unter dem Ansatz liegt die Bursa subtendinea musculi subscapularis)	**Schultergelenk** Innenrotation, Abduktion in der Skapularebene (kranialer Teil), Adduktion in der Skapularebene (kaudaler Teil)

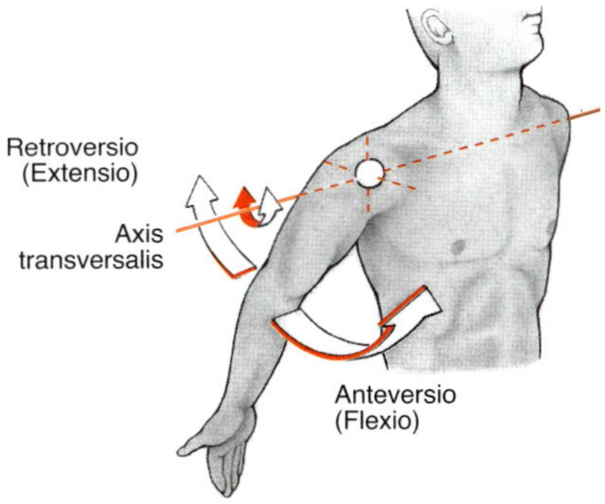

Abb. 349 Schultergelenk; Bewegung in der Sagittalebene.

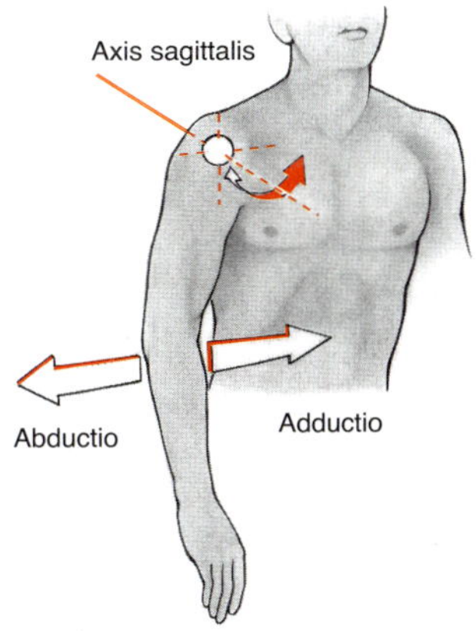

Abb. 350 Schultergelenk; Bewegung in der Frontalebene.

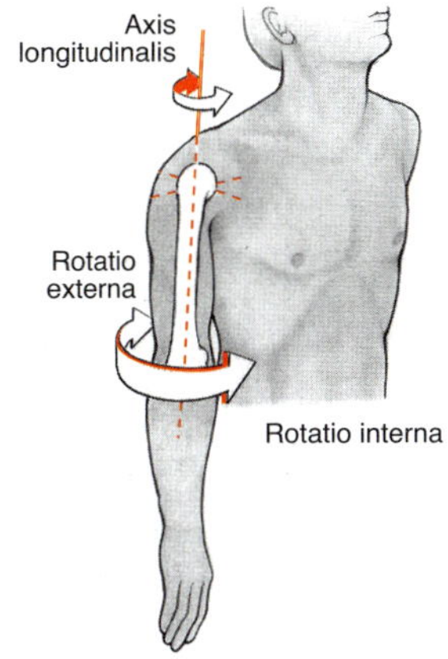

Abb. 351 Schultergelenk; Bewegung in der Transversalebene.

Laterale Muskeln der Schulter (Abb. 343, 345, 347, 348)

Der M. deltoideus bestimmt maßgeblich das Relief der Schulter. Der M. supraspinatus liegt von ihm durch die Bursa subdeltoidea getrennt tiefer und verläuft unterhalb des Fornix humeri über das Schultergelenk hinweg zum Humerus.

Muskel/*Innervation*	Ursprung	Ansatz	Funktion
1. M. deltoideus *N. axillaris (Plexus brachialis, Pars infraclavicularis)*	**Pars clavicularis:** akromiales Drittel der Clavicula **Pars acromialis:** Acromion **Pars spinalis:** Unterrand der Spina scapulae	Tuberositas deltoidea (Bursa subdeltoidea zwischen Muskel und Tuberculum majus)	**Schultergelenk** Pars clavicularis: Adduktion (ab ca. 60 Grad zunehmend Abduktion), Innenrotation, Anteversion Pars acromialis: Abduktion bis zur Horizontalen Pars spinalis: Adduktion (ab ca. 60 Grad zunehmend Abduktion), Außenrotation, Retroversion alle Teile: Tragen des Armgewichts
2. M. supraspinatus *N. suprascapularis (Plexus brachialis, Pars supraclavicularis)*	Fossa supraspinata, Fascia supraspinata	Proximale Facette des Tuberculum majus	**Schultergelenk** Abduktion in der Skapularebene bis zur Horizontalen, Außenrotation

Dorsale Muskeln der Schulter (Abb. 347, 348)

Am weitesten kranial liegt der M. infraspinatus. Ihm schließen sich nach kaudal hin der M. teres minor und der M. teres major an. Der M. latissimus dorsi kommt vom Rücken (Rumpf-Arm-Muskel) und schließt sich dem M. teres major an.

Muskel/*Innervation*	Ursprung	Ansatz	Funktion
1. M. infraspinatus *N. suprascapularis (Plexus brachialis, Pars supraclavicularis)*	Kaudaler Rand der Spina scapulae, Fossa infraspinata, Fascia infraspinata	Mittlere Facette des Tuberculum majus	**Schultergelenk** kranialer Teil: Außenrotation, Abduktion in der Skapularebene kaudaler Teil: Außenrotation, Adduktion in der Skapularebene
2. M. teres minor *N. axillaris (Plexus brachialis, Pars infraclavicularis)*	Kaudaler Abschnitt der Fossa infraspinata, mittleres Drittel des Margo lateralis	Distale Facette des Tuberculum majus	**Schultergelenk** Außenrotation, Adduktion in der Skapularebene
3. M. teres major *Nn. subscapulares oder N. thoracodorsalis (Plexus brachialis, Pars infraclavicularis)*	Margo lateralis, Angulus inferior	Crista tuberculi minoris (medial vom M. latissimus dorsi, von ihm durch die Bursa subtendinea musculi latissimi dorsi getrennt)	**Schultergelenk** Innenrotation, Adduktion in der Skapularebene
4. M. latissimus dorsi *N. thoracodorsalis (Plexus brachialis, Pars infraclavicularis)*	Procc. spinosi der sechs unteren Brustwirbel, der Lendenwirbel (über Fascia thoracolumbalis), Facies dorsalis des Os sacrum, Labium externum der Crista iliaca (dorsales Drittel), (9.), 10.–12. Rippe; häufig weitere Ursprungszacke vom Angulus inferior der Scapula	Crista tuberculi minoris (mit platter, den M. teres major spiralig umgreifender Sehne; dazwischen Bursa subtendinea musculi latissimi dorsi)	**Schultergelenk** Adduktion, Innenrotation, Retroversion **Schultergürtel** Adduktion und Senken der Scapula

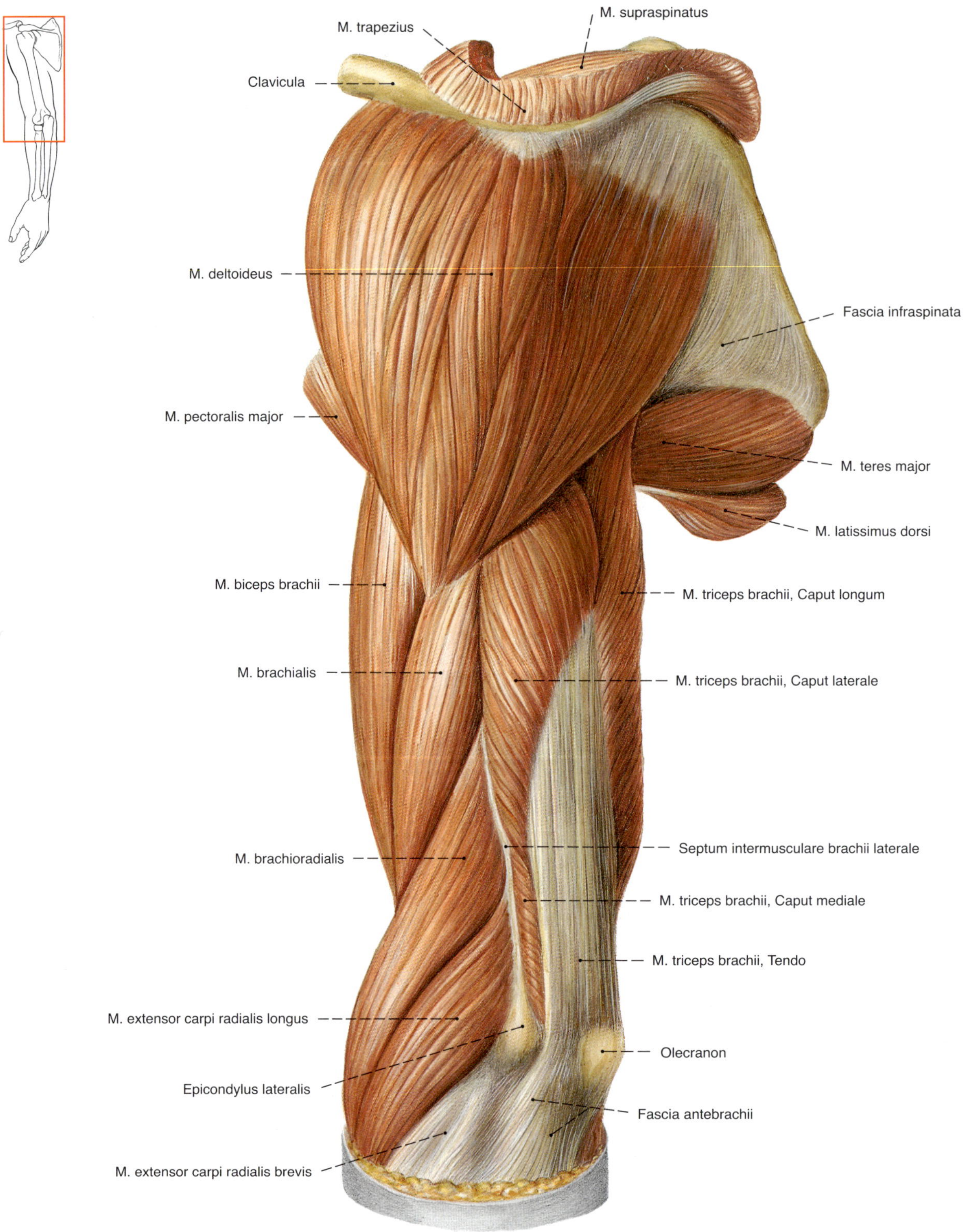

Abb. 352 Muskeln des Oberarms; von lateral hinten (li, 45%).

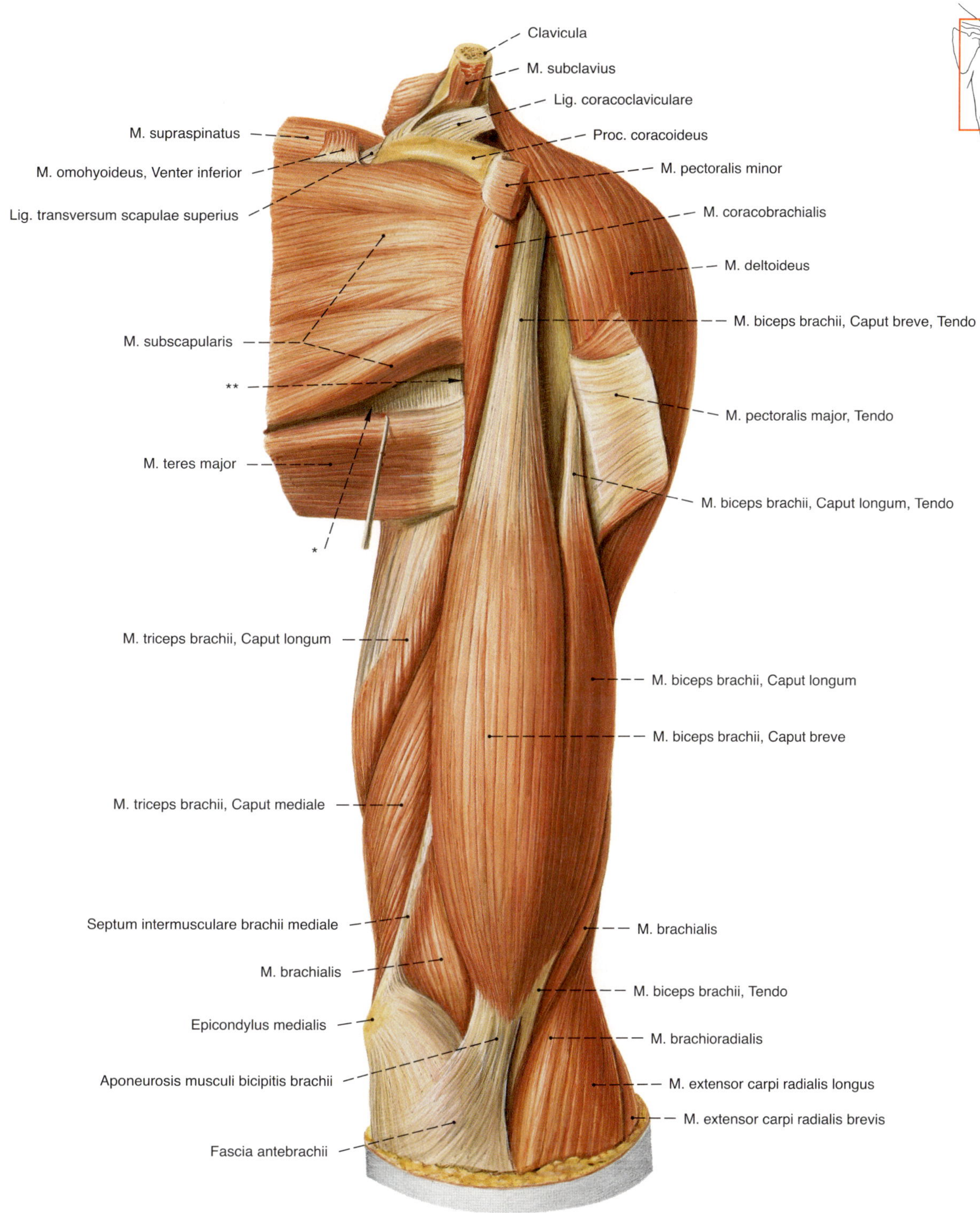

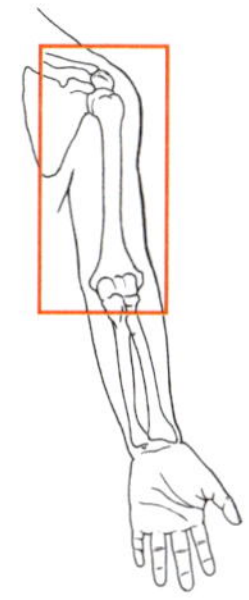

Abb. 353 Muskeln des Oberarms; von vorne (li, 40%).

* Mediale Achsellücke, Spatium axillare mediale
** Laterale Achsellücke, Spatium axillare laterale

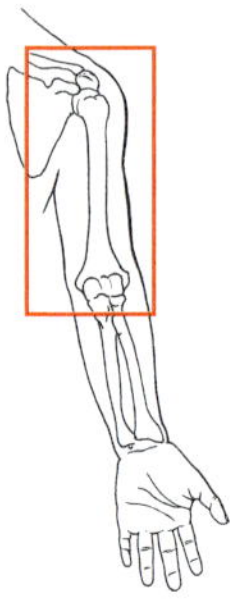

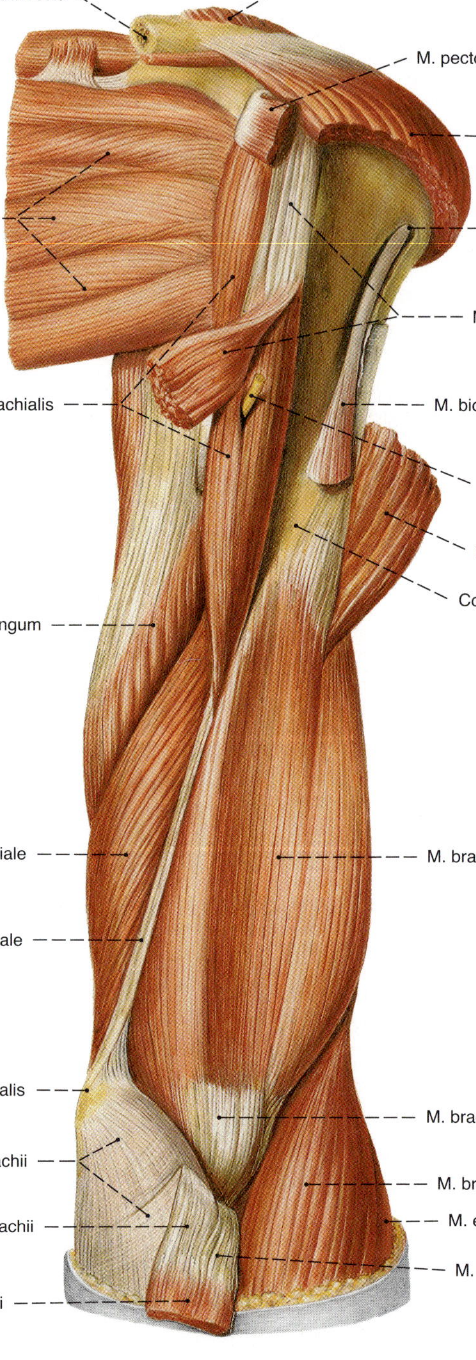

Abb. 354 Muskeln des Oberarms;
tiefe Schicht nach teilweiser Abtragung des M. deltoideus
und des M. biceps brachii;
von vorne (li, 40%).

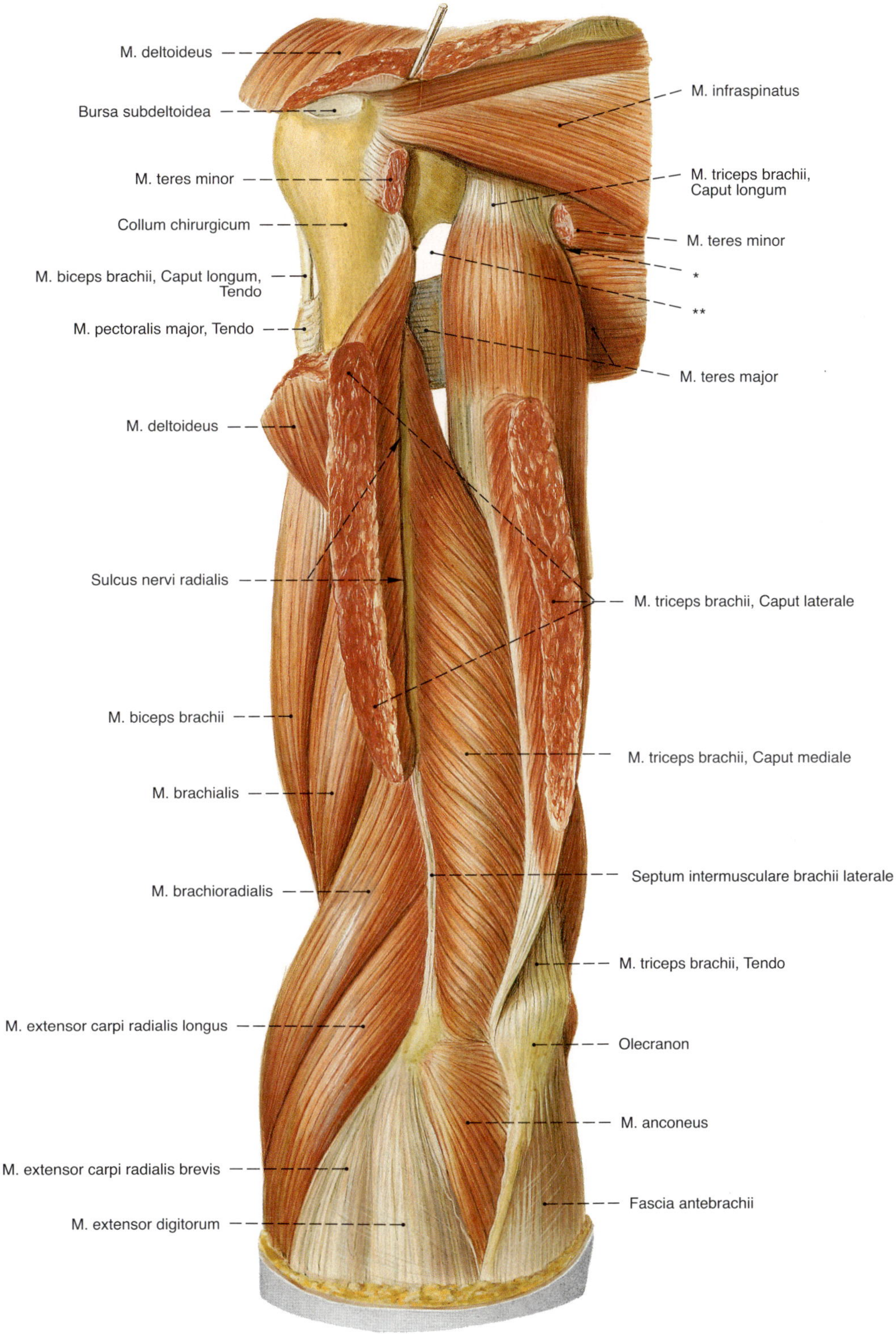

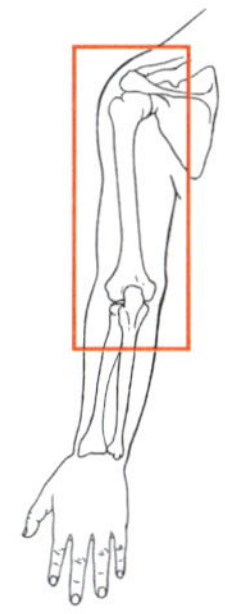

Abb. 355 Muskeln des Oberarms;
tiefe Schicht nach teilweiser Abtragung des M. deltoideus;
von hinten (li, 45%).

* Mediale Achsellücke, Spatium axillare mediale
** Laterale Achsellücke, Spatium axillare laterale

Ventrale Muskeln des Oberarms (Abb. 352–354)

Der M. biceps brachii prägt das Relief der Ventralseite des Oberarms. In enger Verbindung mit seinem Caput breve steht der M. coracobrachialis. Am tiefsten liegt der M. brachialis.

Muskel *Innervation*	**Ursprung**	**Ansatz**	**Funktion**
1. M. biceps brachii *N. musculocutaneus (Plexus brachialis, Pars infraclavicularis)*	**Caput longum:** Tuberculum supraglenoidale, Labrum glenoidale (Sehne zieht frei durch das Schultergelenk) **Caput breve:** Spitze des Proc. coracoideus (lateral des M. coracobrachialis)	Tuberositas radii (Bursa bicipitoradialis) und über die Aponeurosis musculi bicipitis brachii an der Fascia antebrachii	**Schultergelenk** Caput longum: Abduktion, Anteversion, Innenrotation Caput breve: Adduktion, Anteversion, Innenrotation beide Teile: Tragen des Armgewichts **Ellbogengelenk** Flexion, Supination
2. M. coracobrachialis *N. musculocutaneus (Plexus brachialis, Pars infraclavicularis)* Der N. musculocutaneus durchbricht im Normalfall den M. coracobrachialis.	Spitze des Proc. coracoideus (medial des Caput breve des M. biceps brachii)	Facies anterior des Humerus (medial, distal der Crista tuberculi minoris)	**Schultergelenk** Innenrotation, Adduktion, Anteversion
3. M. brachialis *N. musculocutaneus (Plexus brachialis, Pars infraclavicularis)*	Facies anterior des Humerus (distal der Tuberositas deltoidea, zwischen den Septa intermuscularia mediale und laterale)	Tuberositas ulnae	**Ellbogengelenk** Flexion

Dorsale Muskeln des Oberarms (Abb. 352, 355)

Die Muskelmasse der Dorsalseite des Oberarms wird von den drei Köpfen des M. triceps brachii gebildet. Der M. anconeus schließt sich ihm am Übergang zum Unterarm nach ulnar hin an und stellt eine Fortsetzung des Caput mediale dar.

Muskel *Innervation*	**Ursprung**	**Ansatz**	**Funktion**
1. M. triceps brachii *N. radialis (Plexus brachialis, Pars infraclavicularis)* Caput longum: zweigelenkig; Caput laterale und Caput mediale: eingelenkig	**Caput longum:** Tuberculum infraglenoidale, unterer Umfang des Labrum glenoidale **Caput mediale:** Facies posterior des Humerus (medial, distal des Sulcus nervi radialis), Septum intermusculare brachii mediale **Caput laterale:** Facies posterior des Humerus (lateral, proximal des Sulcus nervi radialis), proximale zwei Drittel des Septum intermusculare brachii laterale	Olecranon (Die Fasern des Caput longum verlaufen longitudinal, die von Caput mediale und laterale jeweils schräg; gemeinsamer breiter Sehnenspiegel.)	**Schultergelenk** Adduktion (nur Caput longum), Tragen des Armgewichts **Ellbogengelenk** Extension
2. M. anconeus *N. radialis (Plexus brachialis, Pars infraclavicularis)*	Epicondylus lateralis, dem lateralen Anteil des Caput mediale des M. triceps brachii anliegend	Facies posterior der Ulna etwas distal vom Olecranon	**Ellbogengelenk** Extension

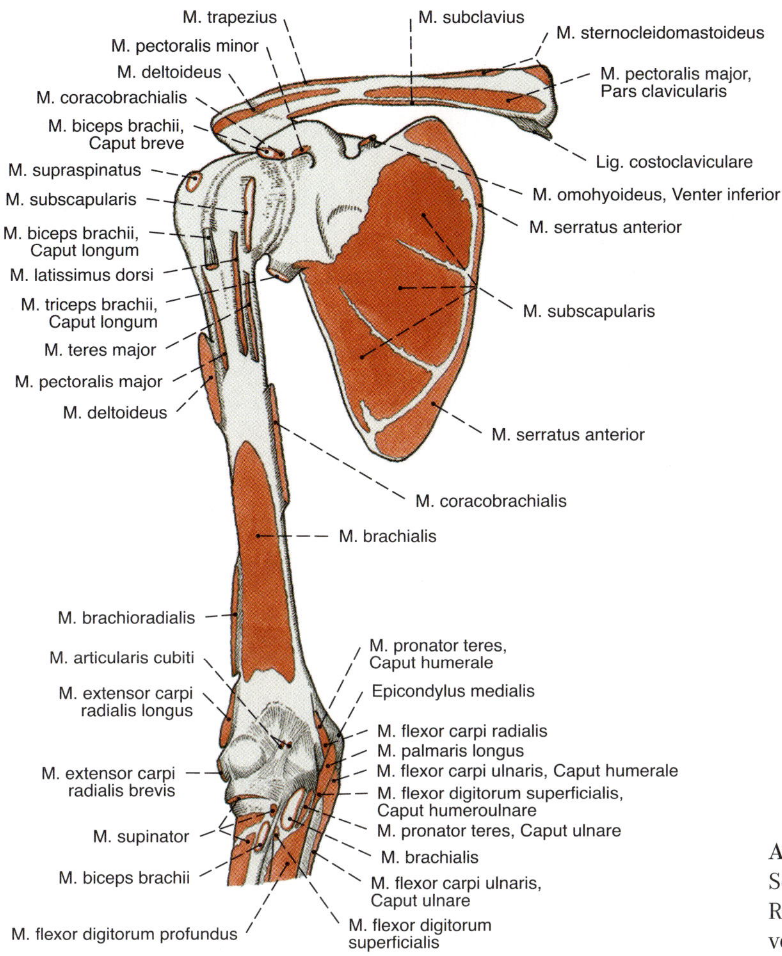

Abb. 356 Muskelursprünge und -ansätze an Clavicula, Scapula, Humerus und den proximalen Anteilen von Radius und Ulna; von vorne (re).

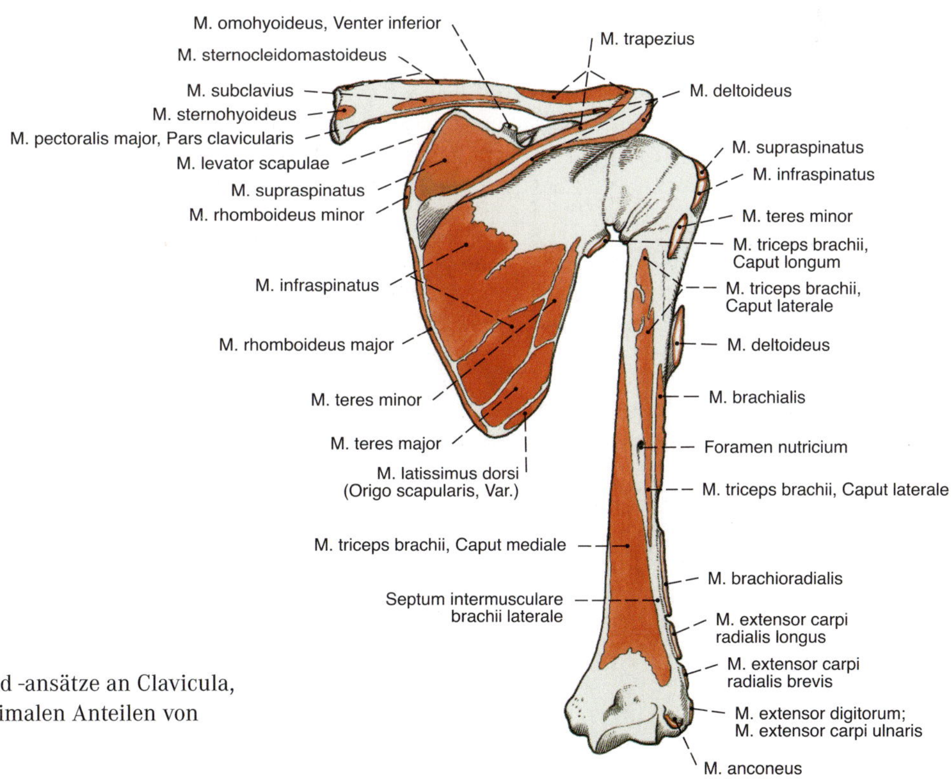

Abb. 357 Muskelursprünge und -ansätze an Clavicula, Scapula, Humerus und den proximalen Anteilen von Radius und Ulna; von hinten (re).

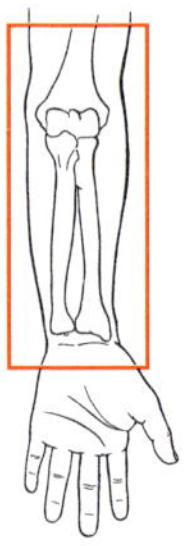

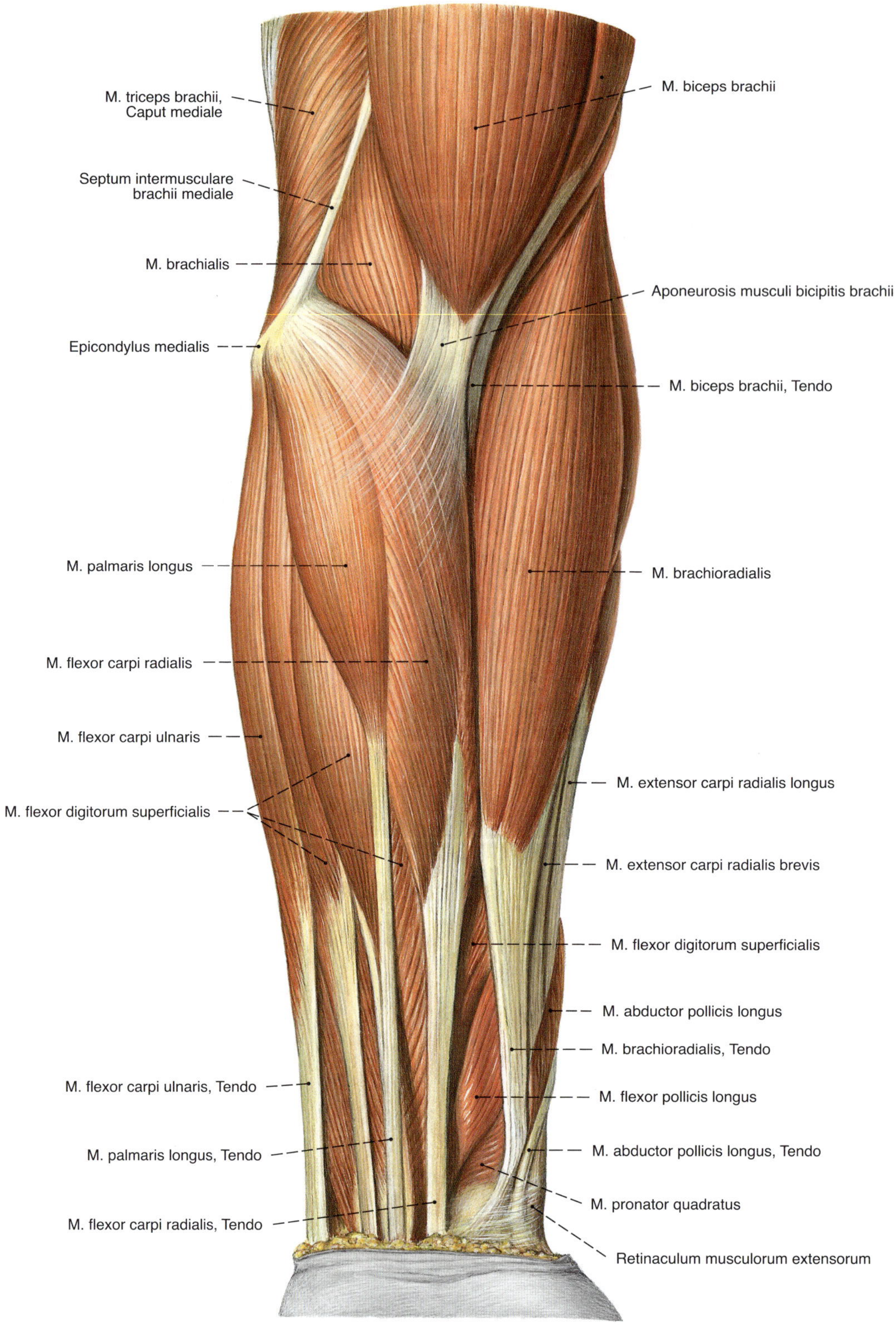
M. triceps brachii,
Caput mediale
Septum intermusculare
brachii mediale
M. brachialis
Epicondylus medialis
M. palmaris longus
M. flexor carpi radialis
M. flexor carpi ulnaris
M. flexor digitorum superficialis
M. flexor carpi ulnaris, Tendo
M. palmaris longus, Tendo
M. flexor carpi radialis, Tendo
M. biceps brachii
Aponeurosis musculi bicipitis brachii
M. biceps brachii, Tendo
M. brachioradialis
M. extensor carpi radialis longus
M. extensor carpi radialis brevis
M. flexor digitorum superficialis
M. abductor pollicis longus
M. brachioradialis, Tendo
M. flexor pollicis longus
M. abductor pollicis longus, Tendo
M. pronator quadratus
Retinaculum musculorum extensorum

Abb. 358 Muskeln des Unterarms;
von vorne (li, 50%).

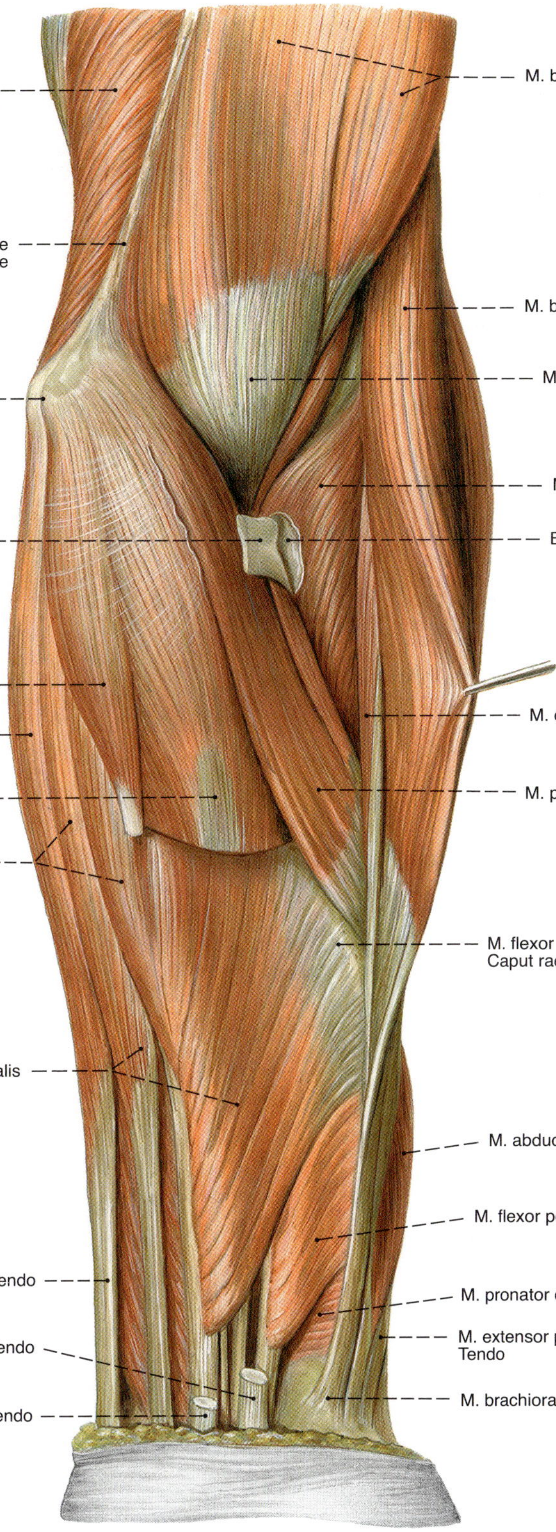

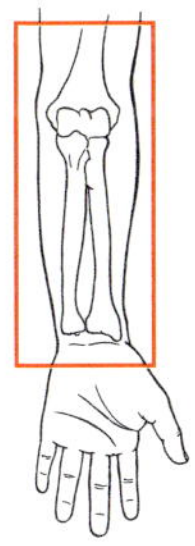

Abb. 359 Muskeln des Unterarms;
mittlere Schicht nach teilweiser Abtragung von M. palmaris longus und M. flexor carpi radialis;
von vorne (li, 50%).

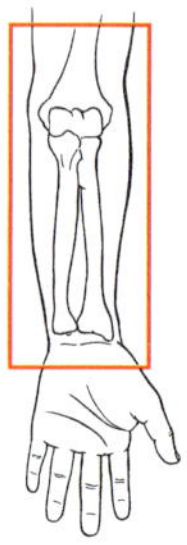

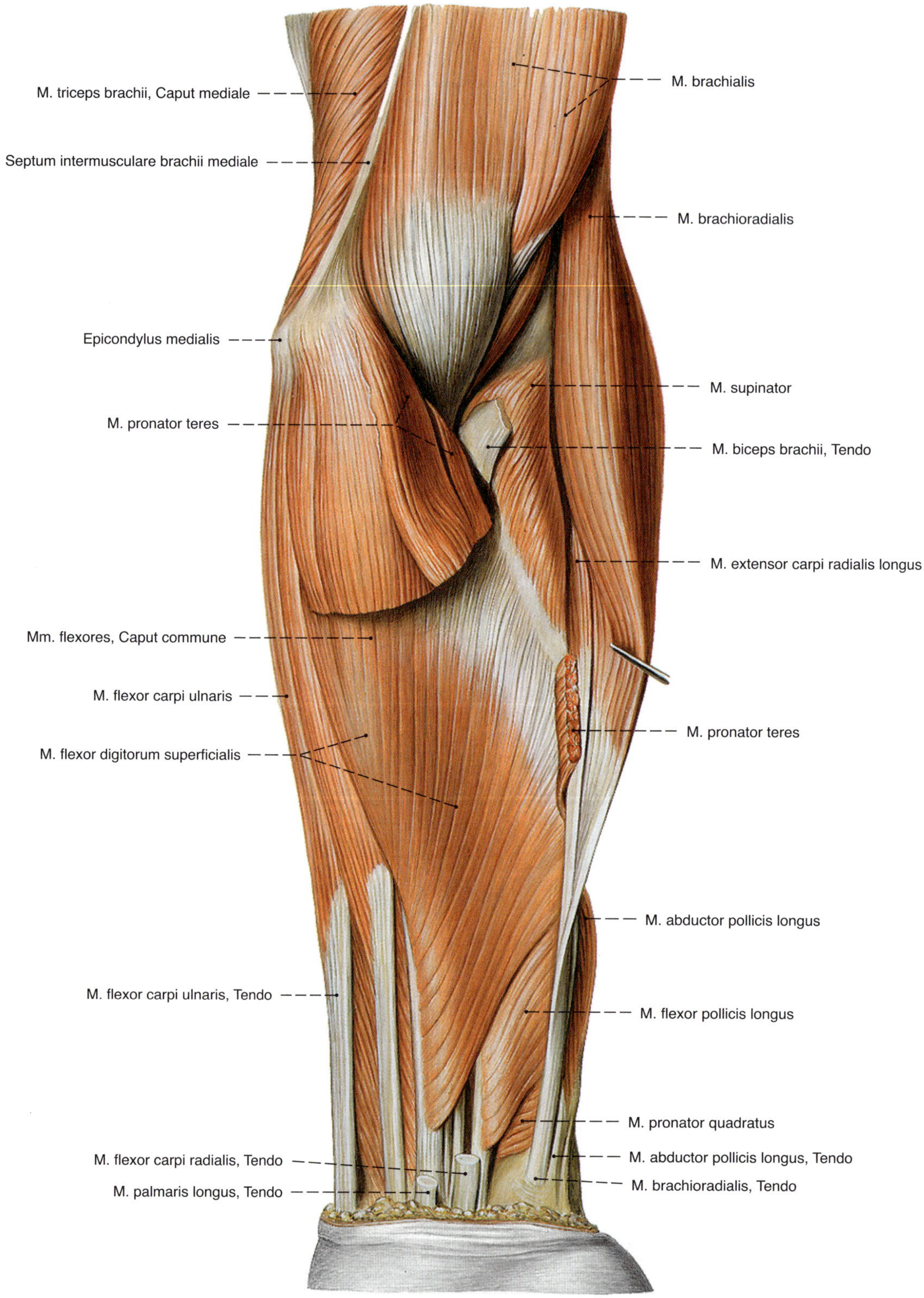

Abb. 360 Muskeln des Unterarms;
mittlere Schicht nach teilweiser Abtragung der oberflächlichen Beuger;
von vorne (li, 50%).

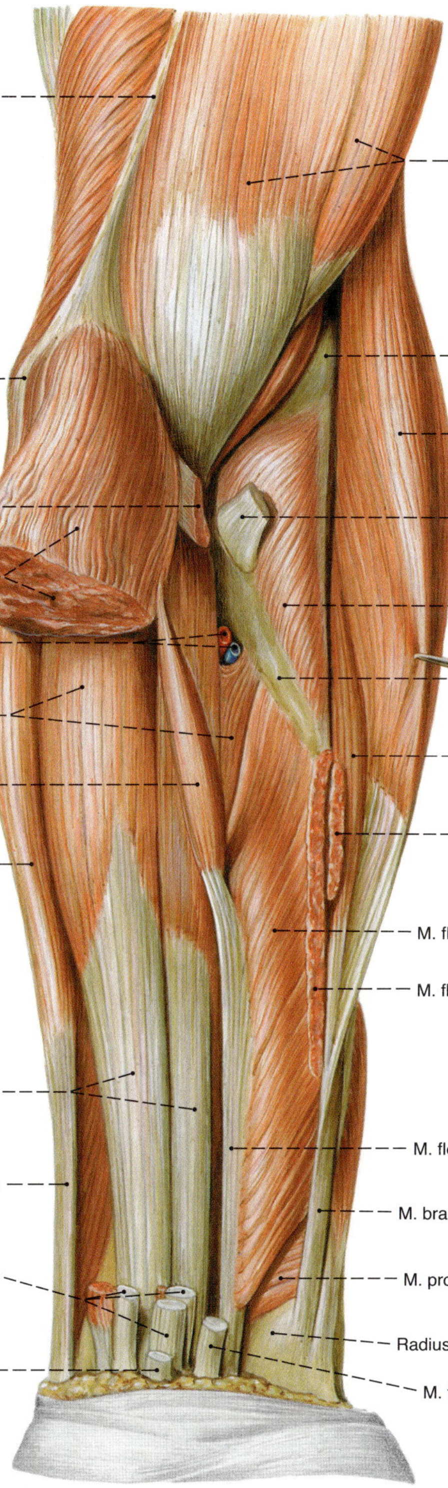

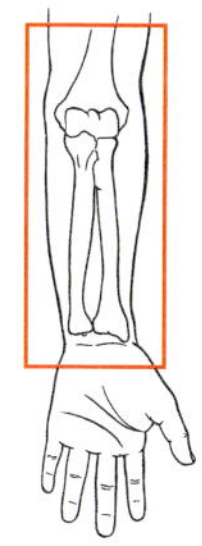

Abb. 361 Muskeln des Unterarms;
tiefe Schicht nach teilweiser Abtragung der oberflächlichen Beuger;
von vorne (li, 50%).

* Gemeinsamer Ursprungskopf der oberflächlichen Beugemuskeln (Mm. flexores, Caput commune)

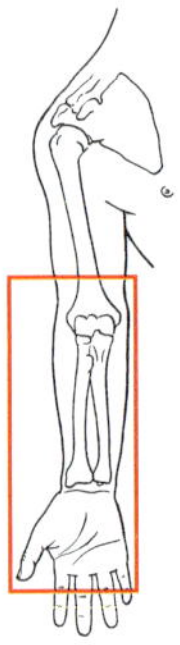

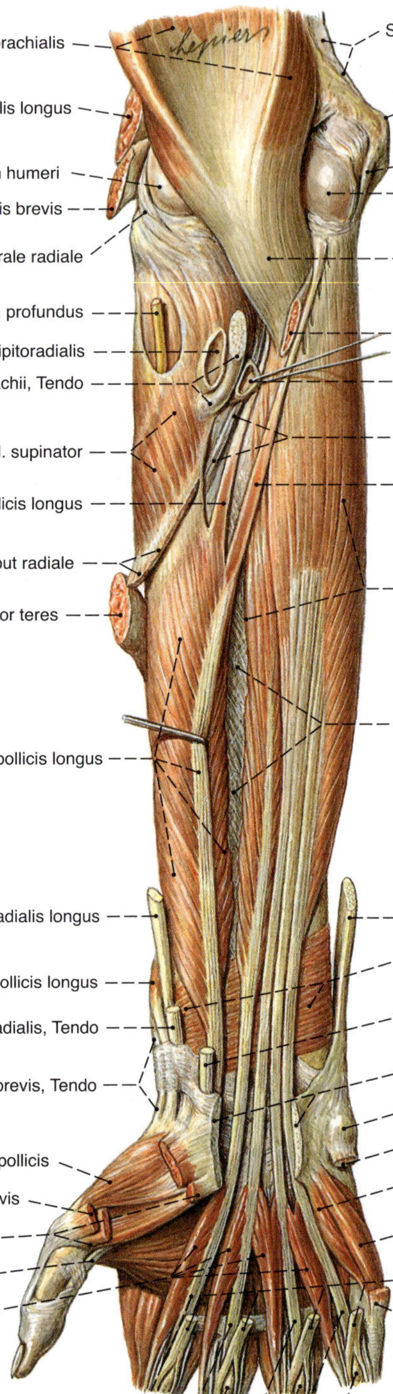

Abb. 362 Muskeln des Unterarms und der Hand;
tiefe Schicht nach Abtragung der oberflächlichen Beuger;
von vorne (re, 45%).

Ventrale oberflächliche Muskeln des Unterarms (Abb. 358–360)

Die Gruppe der ventralen oberflächlichen Muskeln des Unterarms wird von radial nach ulnar hin von M. pronator teres, M. flexor carpi radialis, M. palmaris longus, M. flexor digitorum superficialis und M. flexor carpi ulnaris aufgebaut.

Muskel *Innervation*	**Ursprung**	**Ansatz**	**Funktion***
1. M. pronator teres *N. medianus (Plexus brachialis, Pars infraclavicularis)*	**Caput humerale:** Epicondylus medialis des Humerus, Septum intermusculare brachii mediale **Caput ulnare:** Facies medialis der Ulna (distal des Proc. coronoideus)	Facies lateralis des Radius (mittleres Drittel)	**Ellbogengelenk** Caput humerale: Pronation, Flexion Caput ulnare: Pronation
2. M. flexor carpi radialis *N. medianus (Plexus brachialis, Pars infraclavicularis)*	Epicondylus medialis des Humerus, Fascia antebrachii	Palmare Fläche der Basis des Os metacarpi II (häufig auch III)	**Ellbogengelenk** Flexion, Pronation **Handgelenk** Palmarflexion, Abduktion nach radial
3. M. palmaris longus *N. medianus (Plexus brachialis, Pars infraclavicularis)* (inkonstanter Muskel)	Epicondylus medialis, Fascia antebrachii	Aponeurosis palmaris	**Ellbogengelenk** Flexion **Handgelenk** Palmarflexion, Spannung der Palmaraponeurose
4. M. flexor digitorum superficialis *N. medianus (Plexus brachialis, Pars infraclavicularis)*	**Caput humeroulnare:** Epicondylus medialis des Humerus, Proc. coronoideus **Caput radiale:** Facies anterior des Radius (distal des M. pronator teres)	Mit vier langen Sehnen an den Basen der Phalanx media des 2. bis 5. Fingers	**Ellbogengelenk** Flexion **Handgelenk** Palmarflexion, Abduktion nach ulnar **Fingergrundgelenke (II–V)** Flexion, Adduktion **Proximale Fingergelenke (II–V)** Flexion
5. M. flexor carpi ulnaris *N. ulnaris (Plexus brachialis, Pars infraclavicularis)*	**Caput humerale:** Epicondylus medialis des Humerus, Septum intermusculare brachii mediale **Caput ulnare:** Olecranon, Margo posterior der Ulna (obere zwei Drittel), Fascia antebrachii	Os pisiforme, Basis des Os metacarpi V und Os hamatum (über Ligg. pisometacarpale und pisohamatum)	**Ellbogengelenk** Flexion **Handgelenk** Palmarflexion, Abduktion nach ulnar

* Beim Handgelenk wird die Palmarflexion auch als Flexion, die Dorsalflexion als Extension bezeichnet.

Ventrale tiefe Muskeln des Unterarms (Abb. 361, 362)

Medial liegt der M. flexor digitorum profundus, lateral von ihm der M. flexor pollicis longus. Der M. pronator quadratus bedeckt das distale Viertel der Unterarmknochen.

Muskel *Innervation*	**Ursprung**	**Ansatz**	**Funktion***
1. M. flexor digitorum profundus *N. ulnaris für den ulnaren Teil, N. medianus für den radialen Teil (Plexus brachialis, Pars infraclavicularis)*	Facies anterior der Ulna (proximale zwei Drittel), Membrana interossea	Basis der Phalanx distalis des 2. bis 5. Fingers	**Handgelenk** Palmarflexion **Fingergrundgelenke (II–V)** Flexion, Adduktion **Fingergelenke (II–V)** Flexion
2. M. flexor pollicis longus *N. medianus (Plexus brachialis, Pars infraclavicularis)*	**Caput humerale:** Epicondylus medialis des Humerus **Caput radiale:** Facies anterior des Radius (distal der Tuberositas radii)	Basis der Phalanx distalis des Daumens	**Handgelenk** Palmarflexion **Daumensattelgelenk** Adduktion, Opposition **Daumengelenke** Flexion
3. M. pronator quadratus *N. interosseus anterior (N. medianus, Plexus brachialis, Pars infraclavicularis)*	Margo anterior der Ulna (distales Viertel)	Margo und Facies anterior des Radius	**Radioulnare Gelenke** Pronation

* Beim Handgelenk wird die Palmarflexion auch als Flexion, die Dorsalflexion als Extension bezeichnet.

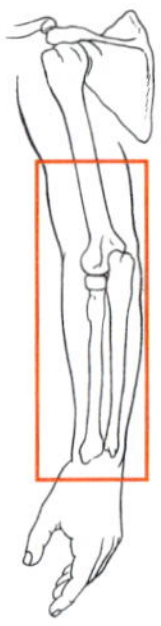

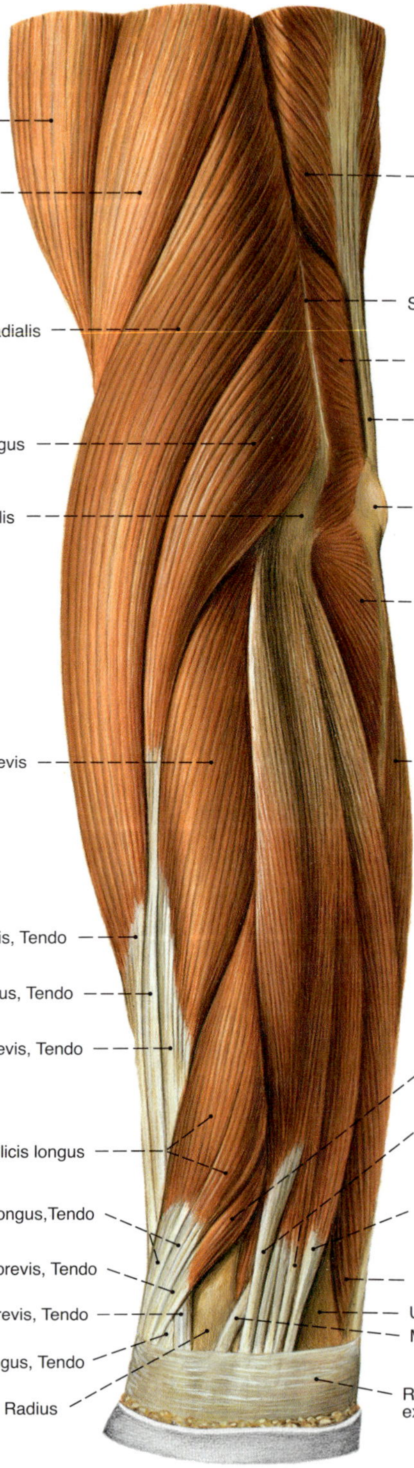

Abb. 363 Muskeln des Unterarms und des distalen Anteils des Oberarms;
von lateral (radial) (li, 45%).
Der Unterarm befindet sich in Mittelstellung zwischen Supination und Pronation.

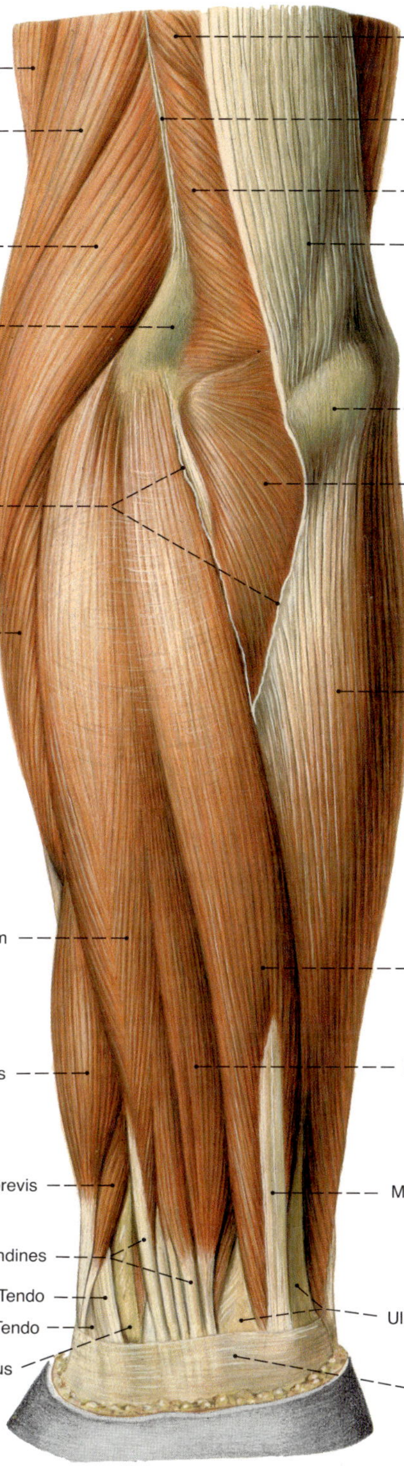

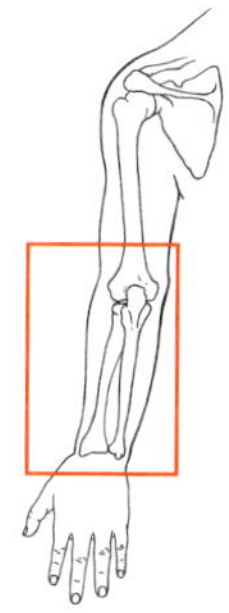

Abb. 364 Muskeln des Unterarms und des distalen Anteils des Oberarms;
von lateral hinten (li, 50%).
Der Unterarm befindet sich in Mittelstellung zwischen Supination und Pronation.

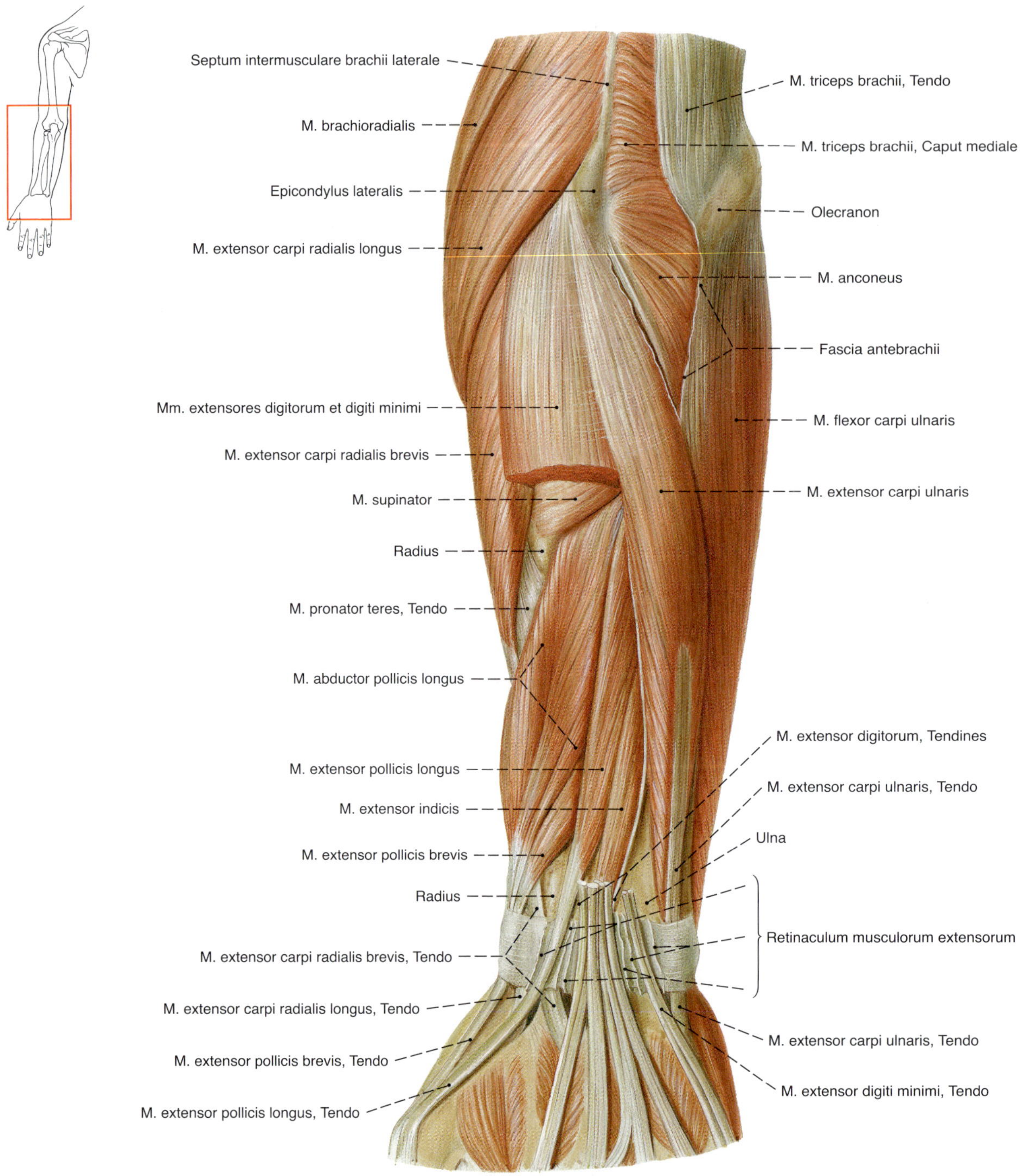

Abb. 365 Muskeln des Unterarms;
nach teilweiser Abtragung von M. extensor digitorum und M. extensor digiti minimi;
von lateral hinten (li, 45%).
Der Unterarm befindet sich in Mittelstellung zwischen Supination und Pronation.

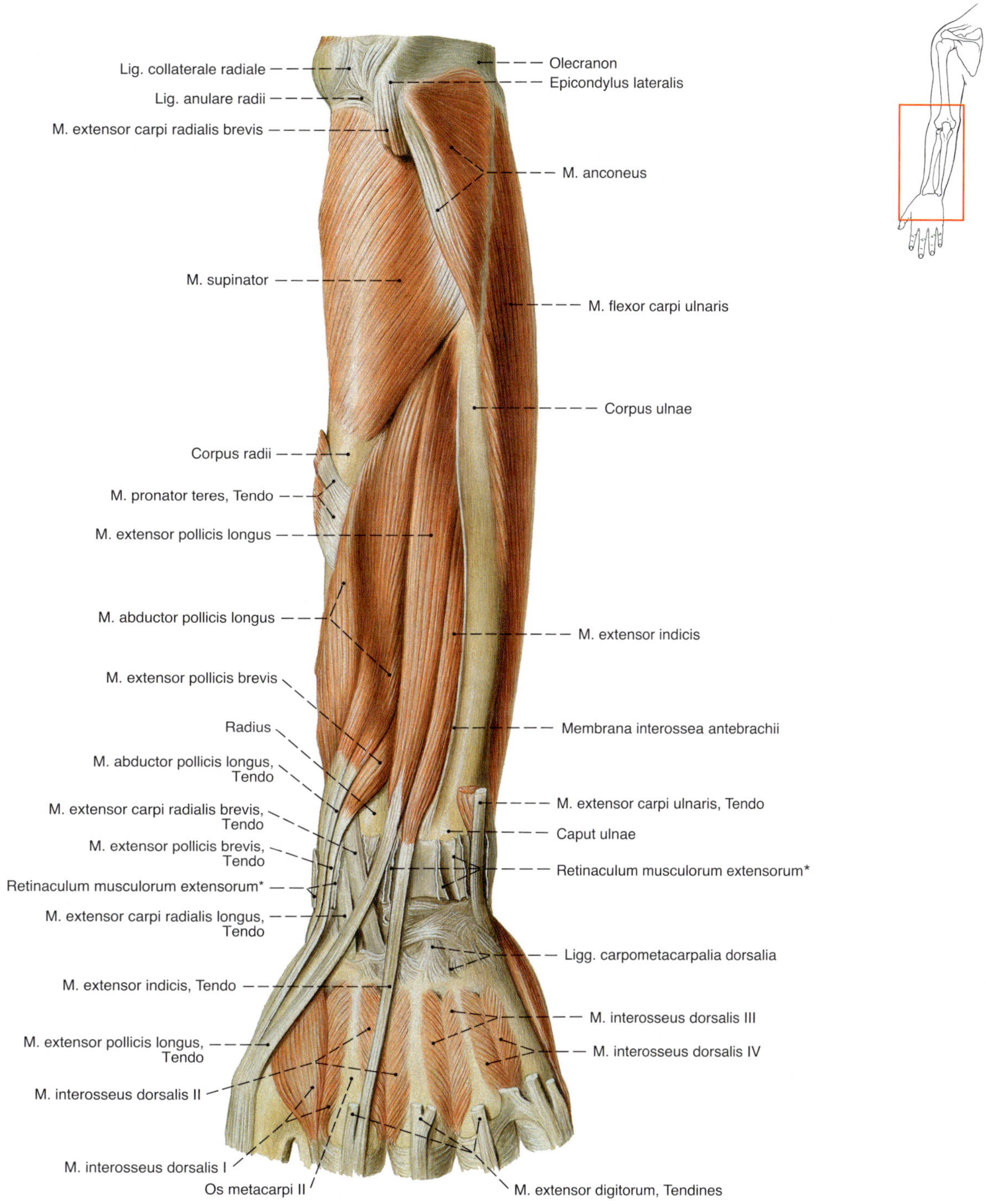

Abb. 366 Muskeln des Unterarms und der Hand; tiefe Schicht nach Abtragung der oberflächlichen Strecker; von lateral hinten (li, 45%).
Der Unterarm befindet sich in Mittelstellung zwischen Supination und Pronation.

* Die vom Retinaculum musculorum extensorum gebildeten Sehnenscheidenfächer sind der Länge nach eröffnet.

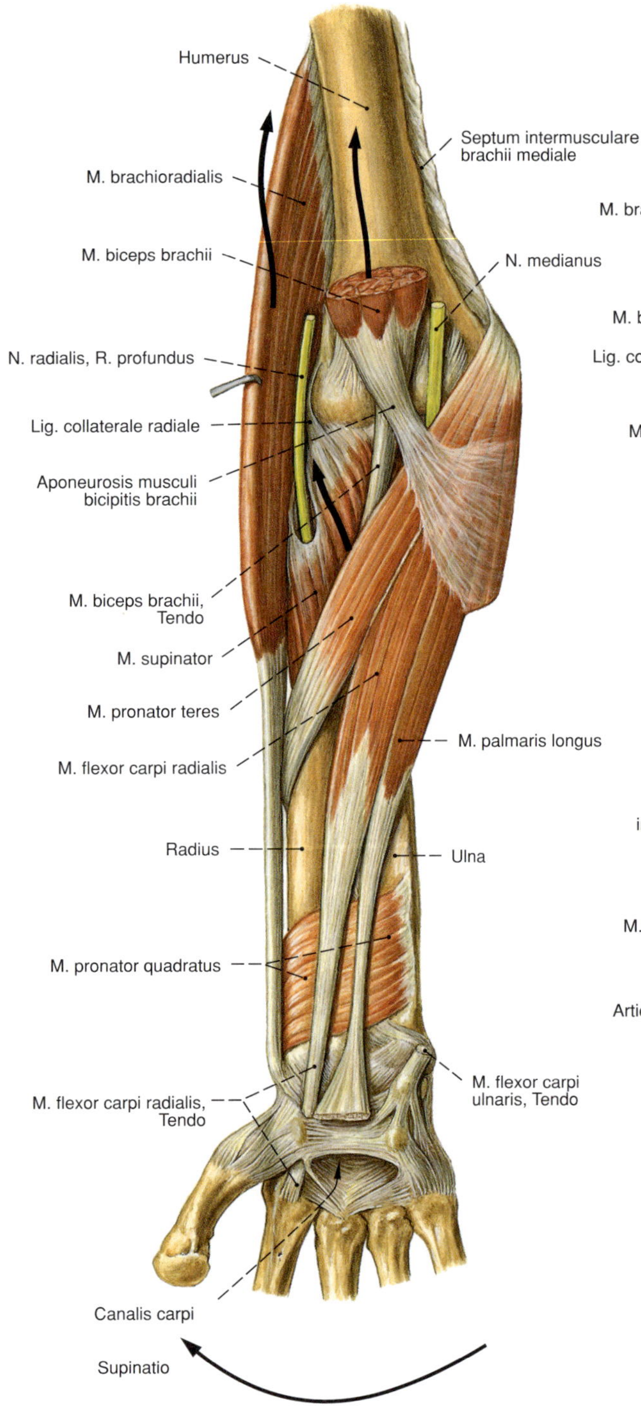

Abb. 367 Unterarm in Supinationsstellung; von vorne (palmar) (re, 40%).
Die Pfeile geben die Zugrichtung der wichtigsten Supinatoren an.

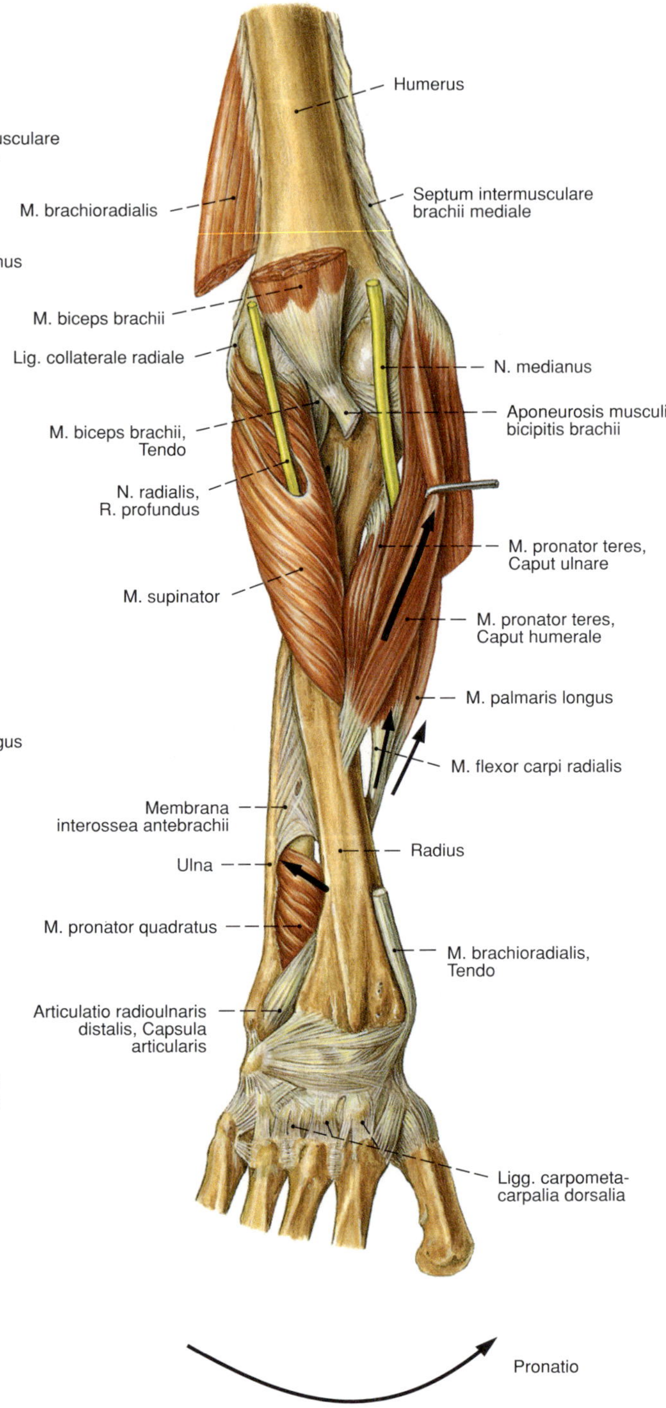

Abb. 368 Unterarm in Pronationsstellung; Ellbogenbereich von vorne, Handbereich von dorsal (re, 40%).
Die Pfeile geben die Zugrichtung der wichtigsten Pronatoren an.

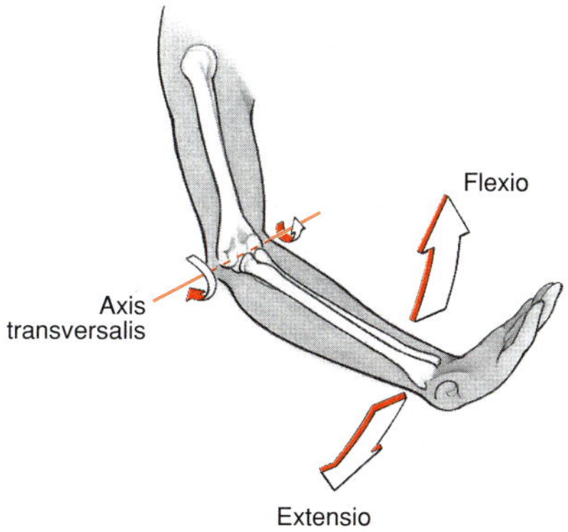

Abb. 369 Ellbogengelenk;
Bewegung in der Sagittalebene.

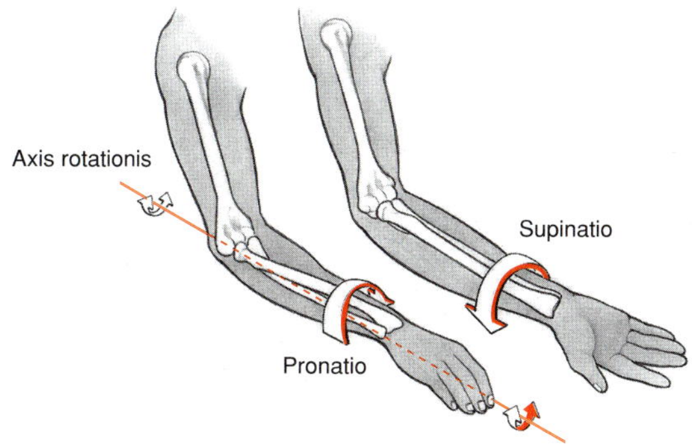

Abb. 370 Ellbogengelenk;
Umwendebewegung der Hand.

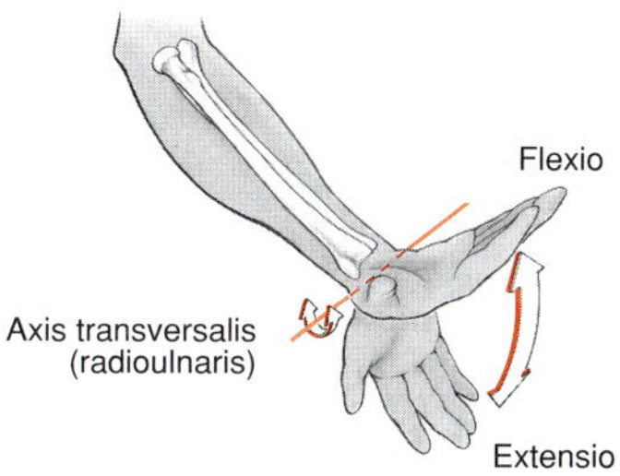

Abb. 371 Handgelenke;
Bewegung in der Sagittalebene (Flächenbewegungen).

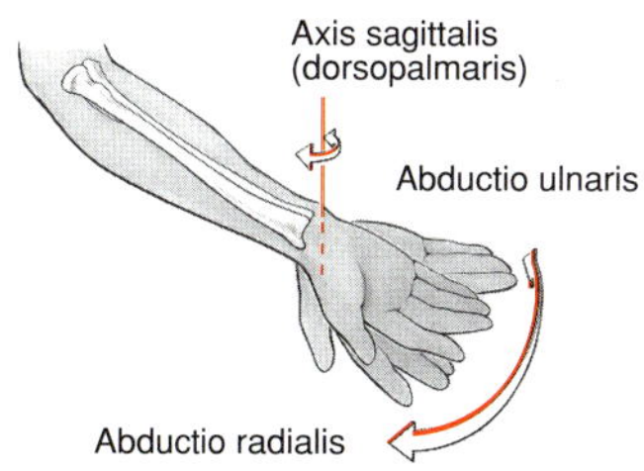

Abb. 372 Handgelenke;
Bewegung in der Frontalebene (Randbewegungen).

Radiale Muskeln des Unterarms (Abb. 343, 352, 355, 358–361, 363)

Die Gruppe der radialen Muskeln des Unterarms wird von außen nach innen vom M. brachioradialis, M. extensor carpi radialis longus und M. extensor carpi radialis brevis gebildet.

Muskel *Innervation*	**Ursprung**	**Ansatz**	**Funktion***
1. M. brachioradialis *N. radialis* *(Plexus brachialis, Pars infraclavicularis)*	Margo lateralis des Humerus, Septum intermusculare brachii laterale	Proc. styloideus des Radius	**Ellbogengelenk** Flexion (wegen des großen virtuellen Hebelarms besonders kräftig aus mittlerer Beugestellung heraus), Pronation oder Supination (aus den gegensätzlichen Endstellungen heraus bis in Mittelstellung der Umwendebewegung)
2. M. extensor carpi radialis longus *N. radialis* *(Plexus brachialis, Pars infraclavicularis)*	Margo lateralis des Humerus (distales Ende), Epicondylus lateralis, Septum intermusculare brachii laterale	Dorsale Fläche der Basis des Os metacarpi II	**Ellbogengelenk** Flexion, Pronation oder Supination (aus den gegensätzlichen Endstellungen heraus bis in Mittelstellung der Umwendebewegung – in Abhängigkeit vom Beugegrad) **Handgelenk** Dorsalflexion, Abduktion nach radial
3. M. extensor carpi radialis brevis *N. radialis* *(Plexus brachialis, Pars infraclavicularis)*	Epicondylus lateralis des Humerus, Lig. anulare radii	Dorsale Fläche der Basis des Os metacarpi III	

* Beim Handgelenk wird die Palmarflexion auch als Flexion, die Dorsalflexion als Extension bezeichnet.

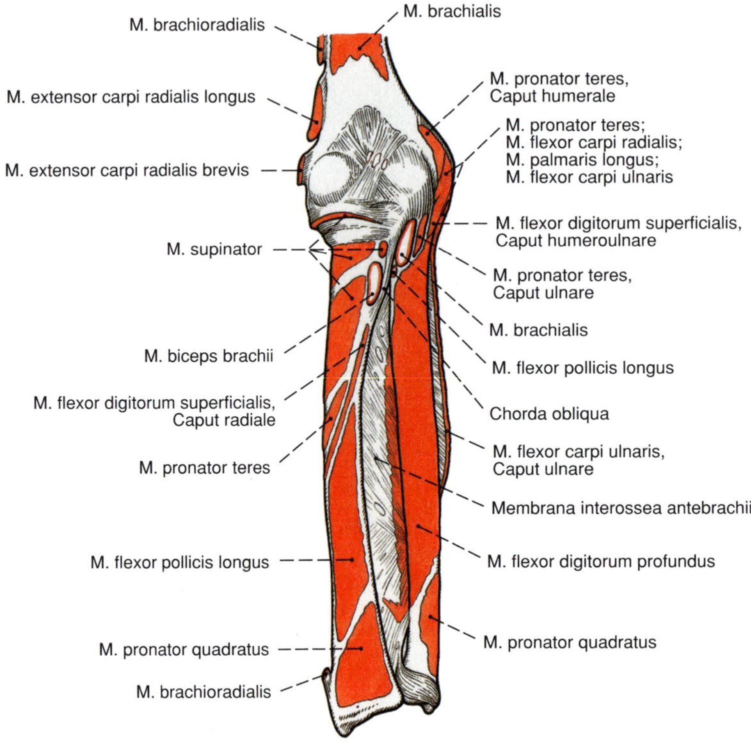

Abb. 373 Muskelursprünge und -ansätze an Radius, Ulna und am distalen Ende des Humerus; von vorne (re).

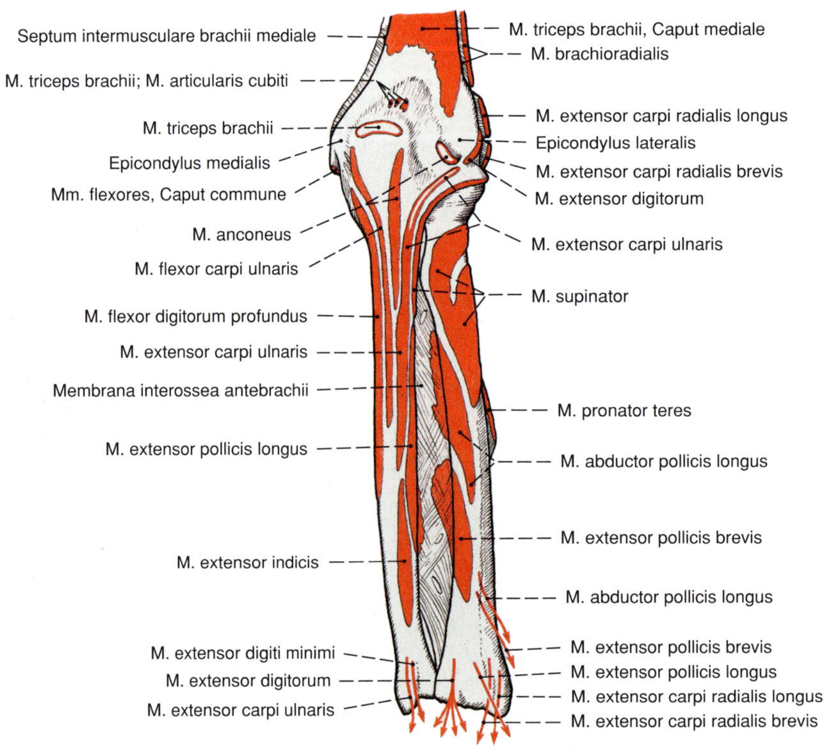

Abb. 374 Muskelursprünge und -ansätze an Radius, Ulna und am distalen Ende des Humerus; von hinten (re).

Dorsale oberflächliche Muskeln des Unterarms (Abb. 363–365)

Die Gruppe der dorsalen oberflächlichen Muskeln des Unterarms wird von radial nach ulnar hin von M. extensor digitorum, M. extensor digiti minimi und M. extensor carpi ulnaris aufgebaut.

Muskel/*Innervation*	Ursprung	Ansatz	Funktion*
1. M. extensor digitorum (communis) *N. radialis (Plexus brachialis, Pars infraclavicularis)*	Epicondylus lateralis des Humerus, Ligg. collaterale radiale und anulare radii, Fascia antebrachii	Sog. Dorsalaponeurosen des 2. bis 5. Fingers	**Ellbogengelenk** Extension **Handgelenk** Dorsalflexion, Abduktion nach ulnar **Fingergrundgelenke (II–V)/ Fingergelenke (II–V)** Extension
2. M. extensor digiti minimi *N. radialis (Plexus brachialis, Pars infraclavicularis)*	Epicondylus lateralis des Humerus, Ligg. collaterale radiale und anulare radii, Fascia antebrachii	Sog. Dorsalaponeurose des 5. Fingers	**Ellbogengelenk** Extension **Handgelenk** Dorsalflexion, Abduktion nach ulnar **Fingergrundgelenk (V)/ Fingergelenk (V)** Extension
3. M. extensor carpi ulnaris *N. radialis (Plexus brachialis, Pars infraclavicularis)* Meist durch ein angedeutetes Septum intermusculare von M. extensor digitorum und M. extensor digiti minimi getrennt	**Caput humerale:** Epicondylus lateralis des Humerus, Lig. collaterale radiale **Caput ulnare:** Facies posterior der Ulna (proximale zwei Drittel), Fascia antebrachii	Dorsale Fläche der Basis des Os metacarpi V	**Ellbogengelenk** Extension **Handgelenk** Dorsalflexion, Abduktion nach ulnar

* Beim Handgelenk wird die Palmarflexion auch als Flexion, die Dorsalflexion als Extension bezeichnet.

Dorsale tiefe Muskeln des Unterarms (Abb. 365, 366)

Der Radius wird in seinem oberen Drittel vom M. supinator lateral umwickelt. Nach distal schließen sich von lateral nach medial M. extensor pollicis longus, M. extensor indicis, M. abductor pollicis longus und M. extensor pollicis brevis an.

Muskel/*Innervation*	Ursprung	Ansatz	Funktion*
1. M. supinator *N. radialis (Plexus brachialis, Pars infraclavicularis)* Sog. Supinatortunnel für R. profundus des N. radialis	Epicondylus lateralis des Humerus, Ligg. collaterale radiale und anulare radii, Crista musculi supinatoris der Ulna	Facies anterior des Radius (proximal und distal der Tuberositas radii)	**Radioulnare Gelenke** Supination
2. M. extensor pollicis longus *N. radialis (Plexus brachialis, Pars infraclavicularis)*	Facies posterior der Ulna (distales Viertel), Membrana interossea	Phalanx distalis des Daumens	**Handgelenk** Dorsalflexion, Abduktion nach radial **Daumensattelgelenk** Adduktion, Reposition **Daumengrundgelenk/ Daumengelenk** Extension
3. M. extensor indicis *N. radialis (Plexus brachialis, Pars infraclavicularis)*	Facies posterior der Ulna (distales Viertel), Membrana interossea	Sog. Dorsalaponeurose des Zeigefingers	**Handgelenk** Dorsalflexion, Abduktion nach radial **Fingergrundgelenk (II)** Extension, Adduktion **Fingergelenk (II)** Extension

Fortsetzung → S. 212

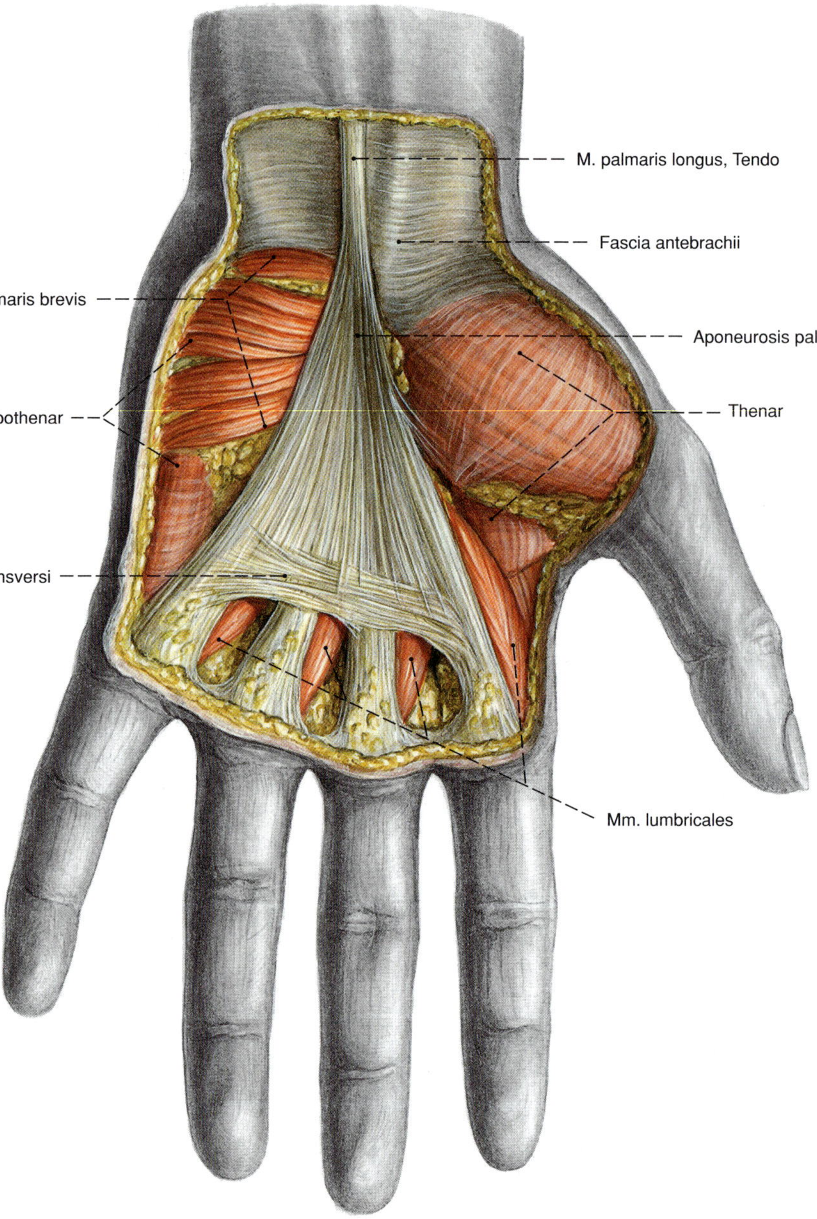

Abb. 375 Muskeln der Hand; von palmar (li, 70%).
Ist kein M. palmaris longus vorhanden (20%), so ist die Palmaraponeurose proximal nur mit dem Retinaculum musculorum flexorum verwachsen.

Dorsale tiefe Muskeln des Unterarms (Fortsetzung)

Muskel/*Innervation*	Ursprung	Ansatz	Funktion*
4. M. abductor pollicis longus *N. radialis (Plexus brachialis, Pars infraclavicularis)*	Facies posterior der Ulna, Membrana interossea, Facies posterior des Radius	Basis des Os metacarpi I	**Radioulnare Gelenke** Supination **Handgelenk** Palmarflexion, Abduktion nach radial **Daumensattelgelenk** Extension
5. M. extensor pollicis brevis *N. radialis (Plexus brachialis, Pars infraclavicularis)*	Facies posterior des Radius, Membrana interossea	Basis der Phalanx proximalis des Daumens	**Handgelenk** Palmarflexion, Abduktion nach radial **Daumensattelgelenk** Abduktion, Reposition **Daumengrundgelenk** Extension

* Beim Handgelenk wird die Palmarflexion auch als Flexion, die Dorsalflexion als Extension bezeichnet.

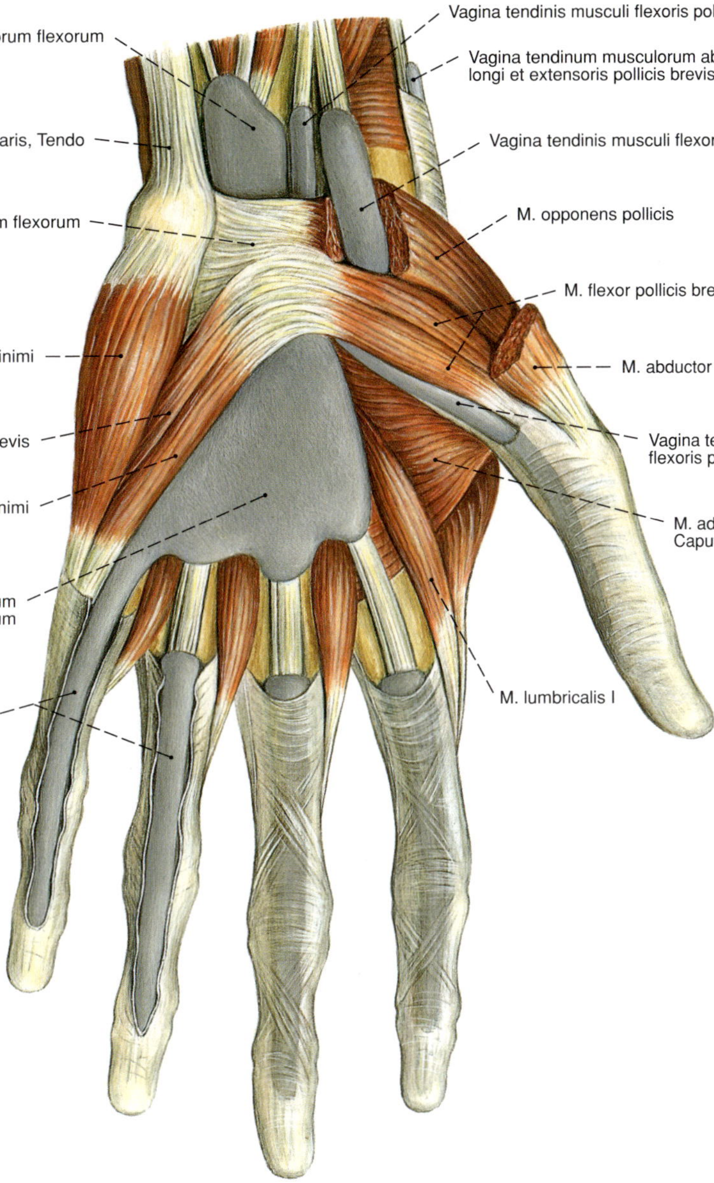

Abb. 376 Sehnenscheiden, Vaginae tendinum, der Hand;
von palmar (li, 70%).

Muskeln des Hypothenars (Abb. 375, 376, 379, 381, 382)

Von außen nach innen wird der Hypothenar von M. abductor digiti minimi, M. flexor digiti minimi brevis und M. opponens digiti minimi gebildet. Als Hautmuskel gehört dazu der M. palmaris brevis.

Muskel *Innervation*	**Ursprung**	**Ansatz**	**Funktion**
1. M. palmaris brevis *N. ulnaris, R. superficialis (Plexus brachialis, Pars infraclavicularis)* (mehrere getrennte Bündel)	Medialer Rand der Aponeurosis palmaris, selten Os trapezium	Haut des Hypothenars	Spannen der Haut im Bereich des Hypothenars

Fortsetzung → S. 214

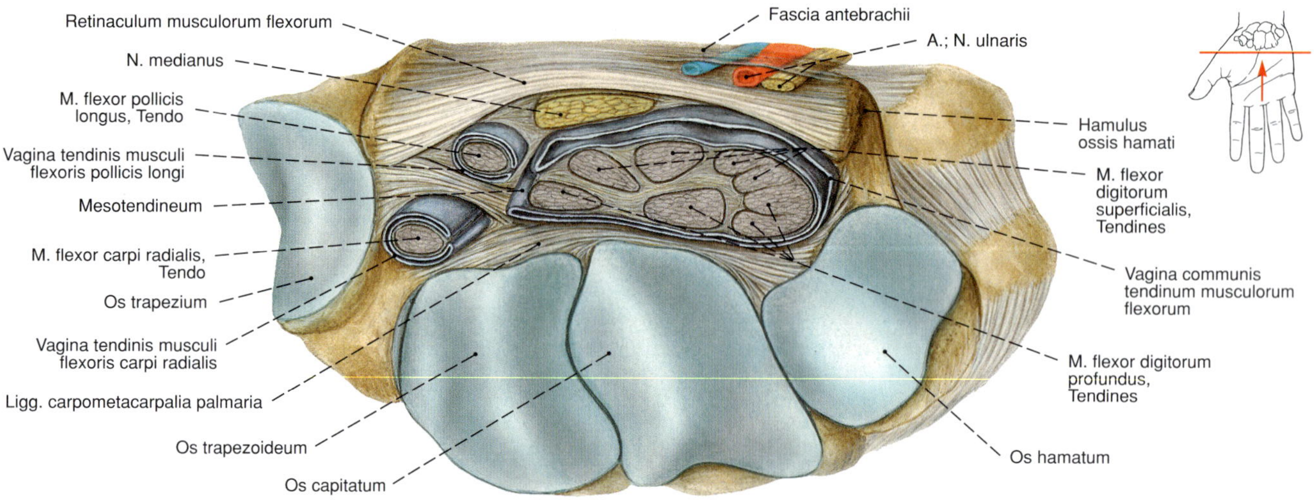

Abb. 377 Palmare karpale Sehnenscheiden; Transversalschnitt durch den Karpalkanal auf Höhe der Karpometakarpalgelenke; von distal (re, 175%).

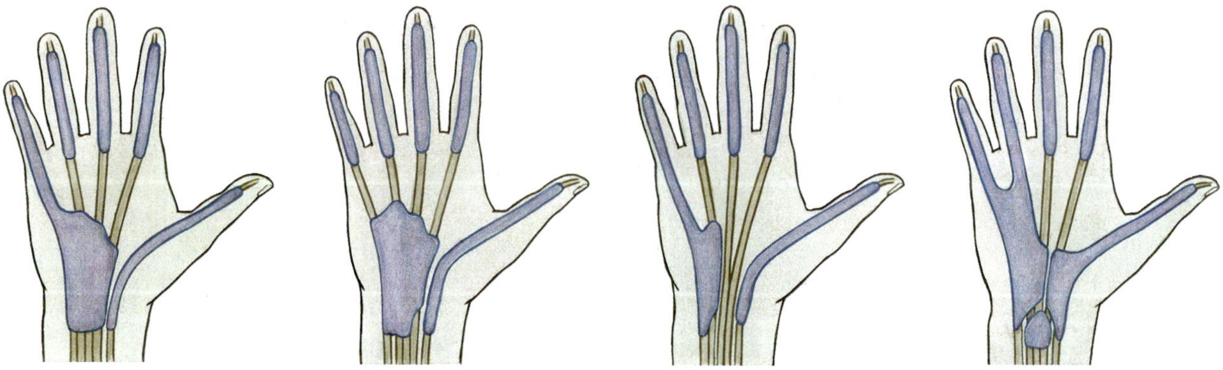

Abb. 378 a–d Häufige Varianten der palmaren Sehnenscheiden. Innerhalb der Sehnenscheiden können sich entzündliche Prozesse besonders rasch ausbreiten. Sie sind deshalb bei chirurgischen Eingriffen nach Möglichkeit zu schonen.

Muskeln des Hypothenars (Fortsetzung)

Muskel *Innervation*	**Ursprung**	**Ansatz**	**Funktion**
2. M. abductor digiti minimi *N. ulnaris, R. profundus (Plexus brachialis, Pars infraclavicularis)*	Os pisiforme, Lig. pisohamatum, Retinaculum musculorum flexorum	Sog. Dorsalaponeurose des 5. Fingers	**Karpometakarpalgelenk (V)** Opposition **Fingergrundgelenk (V)** Abduktion **Fingergelenke (V)** Extension
3. M. flexor digiti minimi brevis *N. ulnaris, R. profundus (Plexus brachialis, Pars infraclavicularis)* (inkonstanter Muskel)	Retinaculum musculorum flexorum, Hamulus ossis hamati	Basis der Phalanx proximalis des 5. Fingers	**Karpometakarpalgelenk (V)** Opposition **Fingergrundgelenk (V)** Flexion, Abduktion
4. M. opponens digiti minimi *N. ulnaris, R. profundus (Plexus brachialis, Pars infraclavicularis)*	Retinaculum musculorum flexorum, Hamulus ossis hamati	Ulnare Fläche des Os metacarpi V	**Karpometakarpalgelenk (V)** Opposition

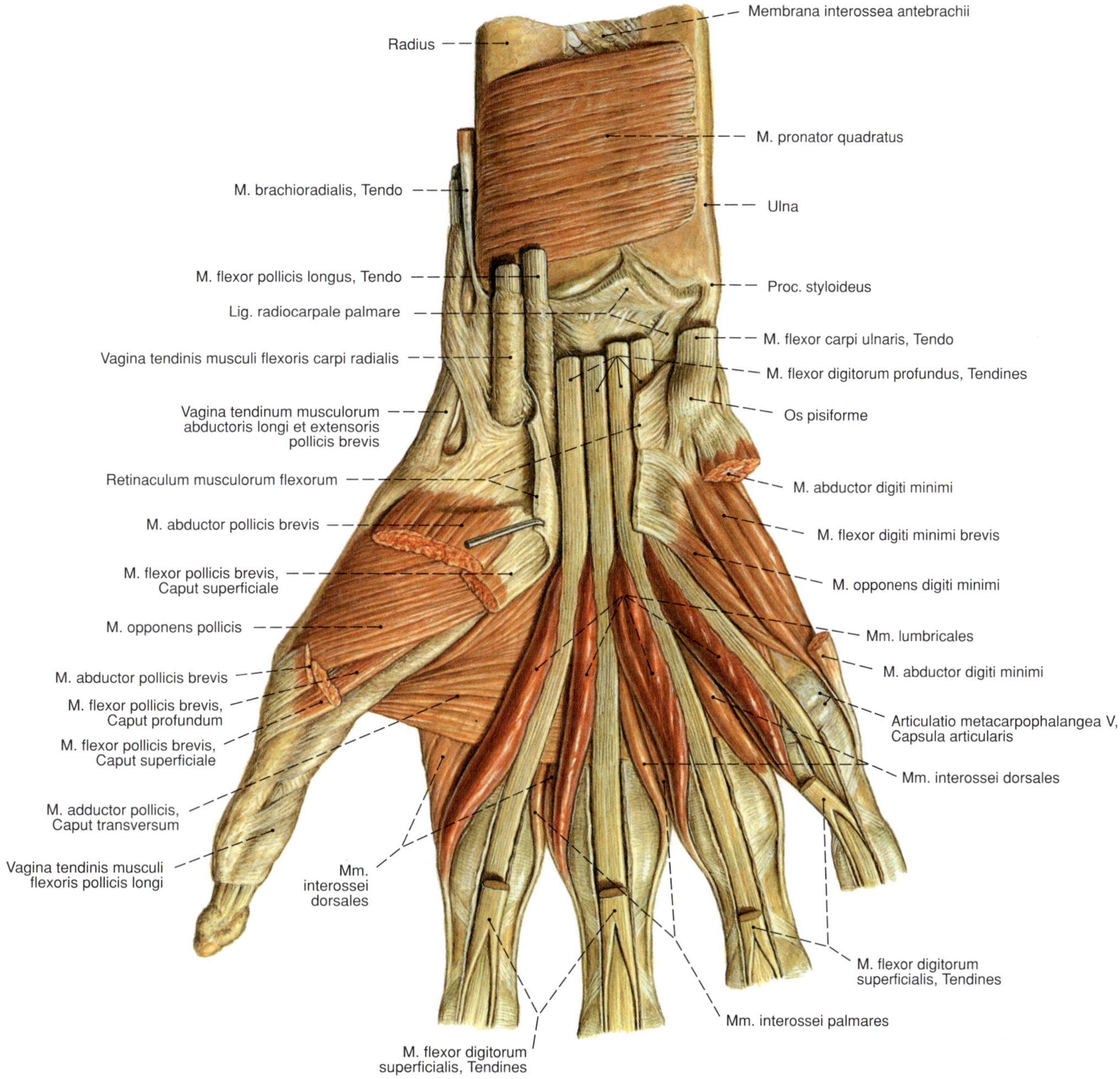

Abb. 379 Muskeln der Hand;
tiefe Schicht nach Durchtrennung des Retinaculum musculorum flexorum und teilweiser Abtragung einiger oberflächlicher Muskeln;
von palmar (re, 90%).

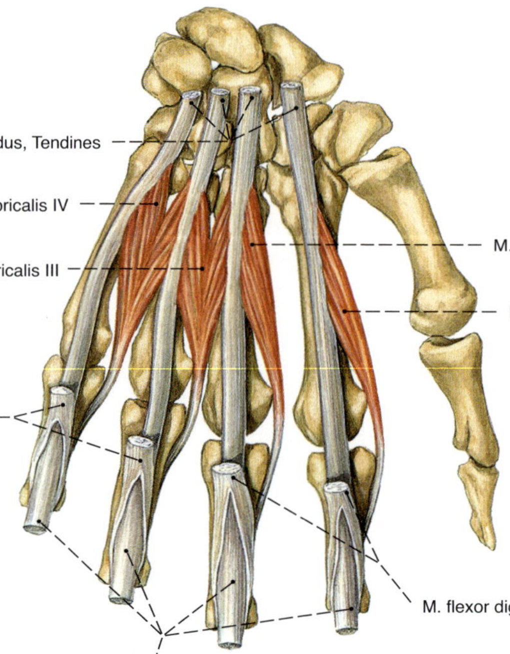

Abb. 380 Mm. lumbricales; von palmar (li, 55%).

Muskeln des Thenars (Abb. 375, 376, 379, 381, 382)

Der Thenar wird von der Oberfläche zur Tiefe hin von M. abductor pollicis brevis, M. flexor pollicis brevis, M. opponens pollicis und M. adductor pollicis aufgebaut.

Muskel *Innervation*	**Ursprung**	**Ansatz**	**Funktion**
1. M. abductor pollicis brevis *N. medianus* *(Plexus brachialis, Pars infraclavicularis)*	Retinaculum musculorum flexorum, Tuberositas ossis scaphoidei	Radiales Sesambein des Daumengrundgelenks, radialer Rand der Basis der proximalen Phalanx des Daumens und Einstrahlung in die sog. Dorsalaponeurose des Daumens	**Daumensattelgelenk** Abduktion, Opposition **Daumengrundgelenk** Flexion
2. M. flexor pollicis brevis Caput superficiale: *N. medianus;* Caput profundum: *N. ulnaris, R. profundus* *(Plexus brachialis, Pars infraclavicularis)*	**Caput superficiale:** Retinaculum musculorum flexorum **Caput profundum:** Ossa capitatum, trapezium, trapezoideum und Basis des Os metacarpi I	Radiales Sesambein des Daumengrundgelenks, radialer Rand der Basis der proximalen Phalanx des Daumens und Einstrahlung in die sog. Dorsalaponeurose des Daumens	**Daumensattelgelenk** Opposition, Adduktion **Daumengrundgelenk** Flexion
3. M. opponens pollicis *N. medianus und N. ulnaris* *(Plexus brachialis, Pars infraclavicularis)*	Retinaculum musculorum flexorum, Tuberculum ossis trapezii	Ganze Länge des radialen Randes des Os metacarpi I	**Daumensattelgelenk** Opposition, Adduktion
4. M. adductor pollicis *N. ulnaris, R. profundus* *(Plexus brachialis, Pars infraclavicularis)*	**Caput obliquum:** Os capitatum und Basis des Os metacarpi II, Lig. carpi radiatum **Caput transversum:** Palmare Fläche des Os metacarpi III	Ulnares Sesambein des Daumengrundgelenks, ulnarer Rand der Basis der proximalen Phalanx des Daumens und Einstrahlung in die sog. Dorsalaponeurose des Daumens	**Daumensattelgelenk** Adduktion, Opposition **Daumengrundgelenk** Flexion

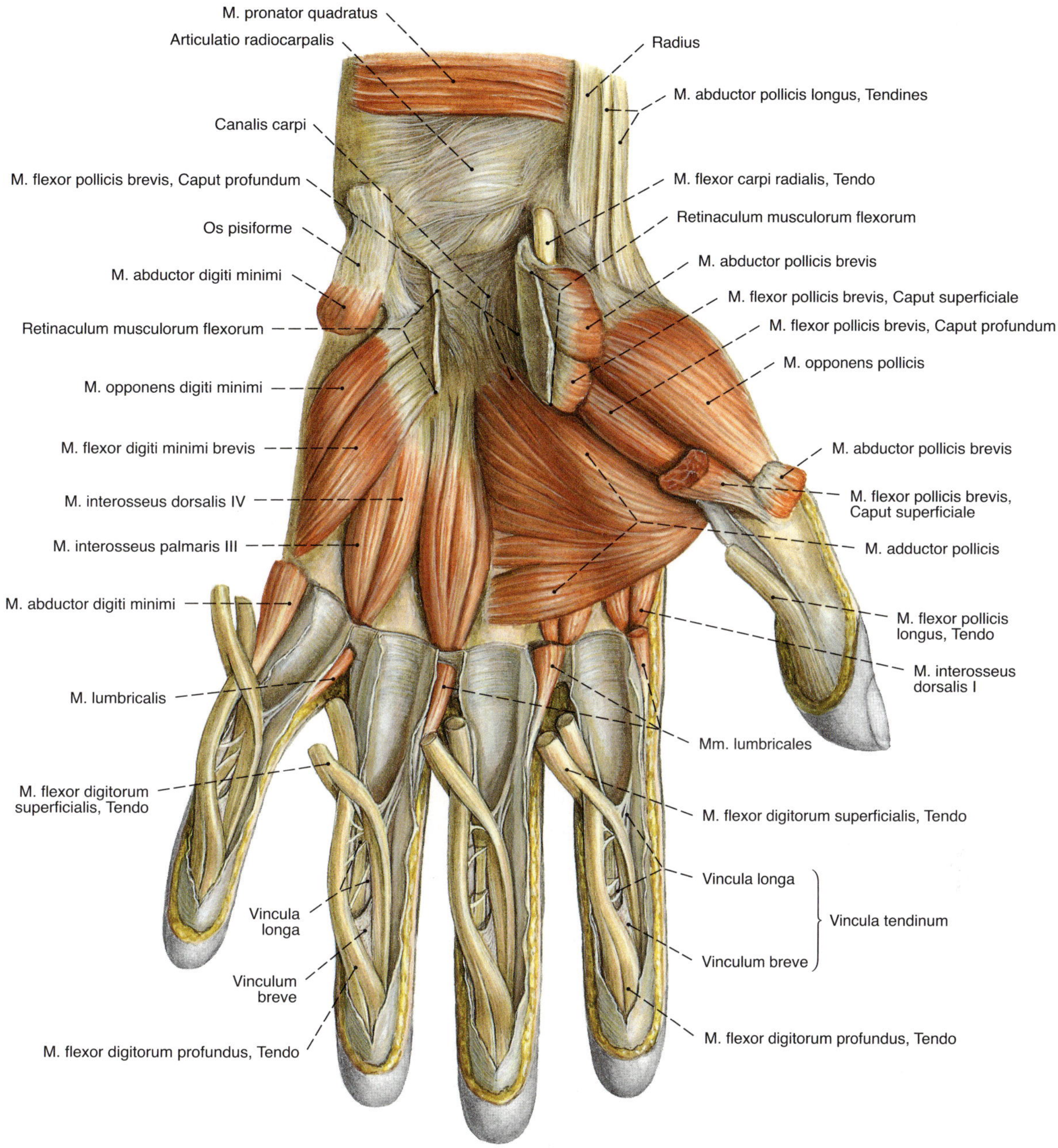

Abb. 381 Muskeln der Hand;
tiefe Schicht nach Abtragung des oberflächlichen und des tiefen Fingerbeugers sowie einiger Thenar- und Hypothenarmuskeln;
von palmar (li, 70%).

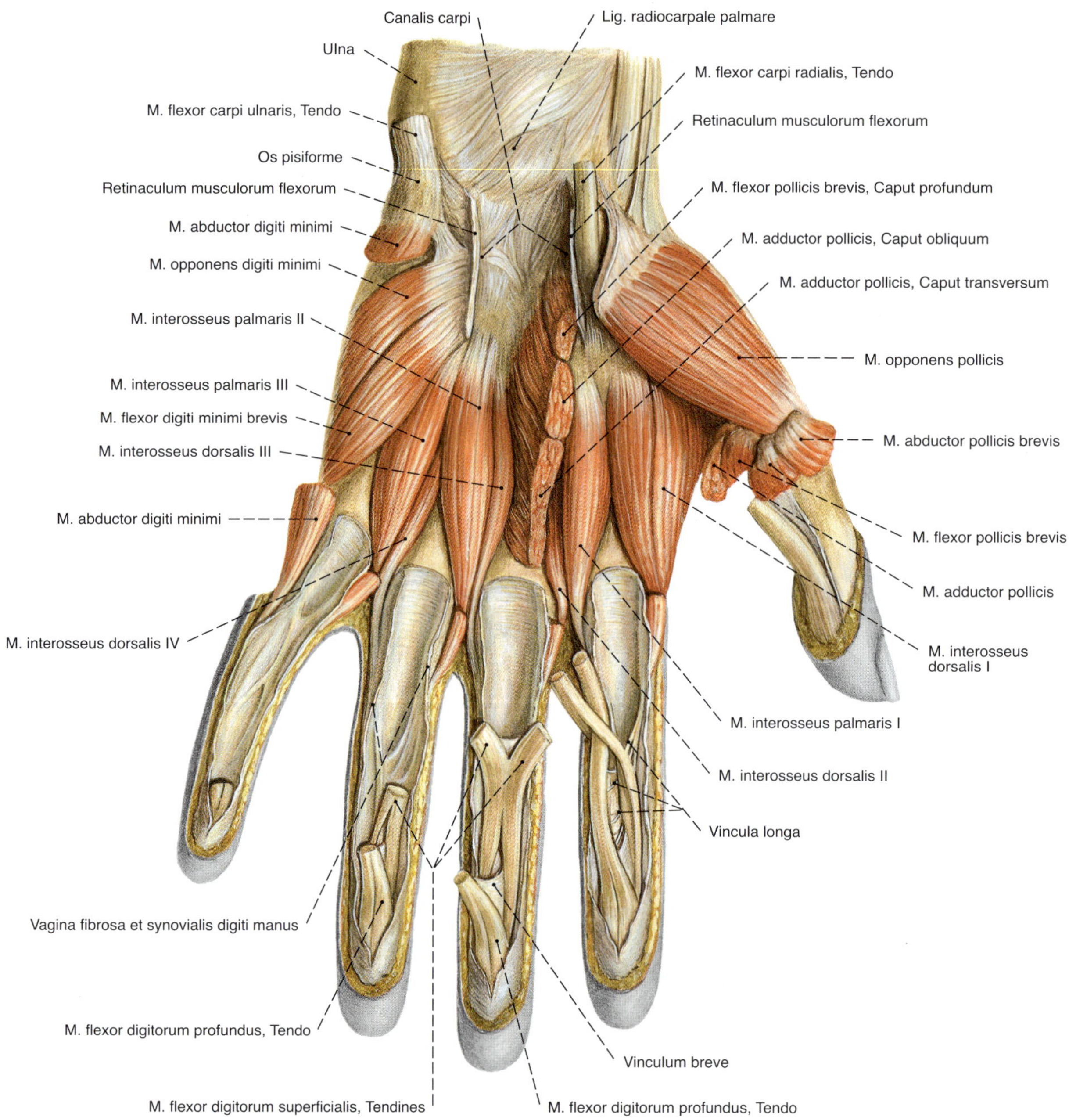

Abb. 382 Muskeln der Hand;
tiefste Schicht nach Durchtrennung beider Köpfe des
M. adductor pollicis;
von palmar (li, 70%).

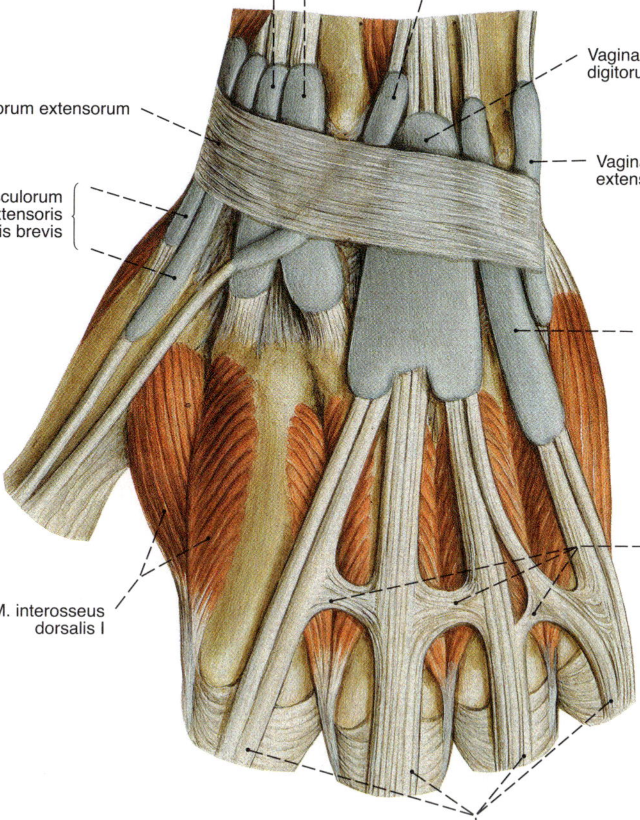

Abb. 383 Dorsale karpale Sehnenscheiden;
von dorsal (li, 80%).

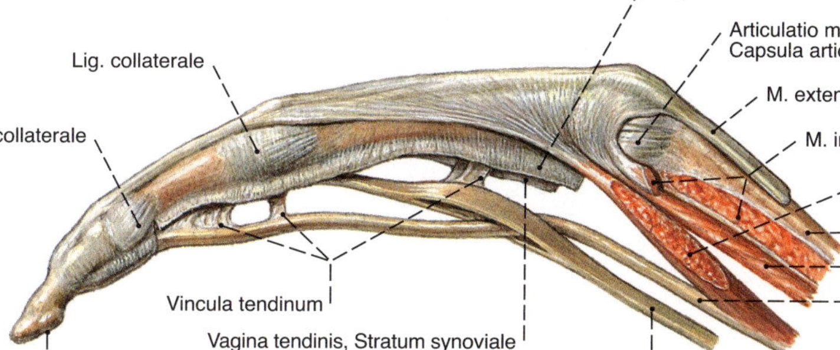

Abb. 384 Sehnenansätze am Zeigefinger;
Sehnen der beiden Fingerbeuger aus der Sehnenscheide herausgelöst;
von lateral (radial) (re, 85%).

Sowohl die Sehnen der eigentlichen Fingerstrecker als auch die von Mm. interossei und lumbricales strahlen in die sog. Dorsalaponeurosen der Finger ein. Beachte den Verlauf dieser Sehnen in Bezug auf die Achse des Fingergrundgelenks.

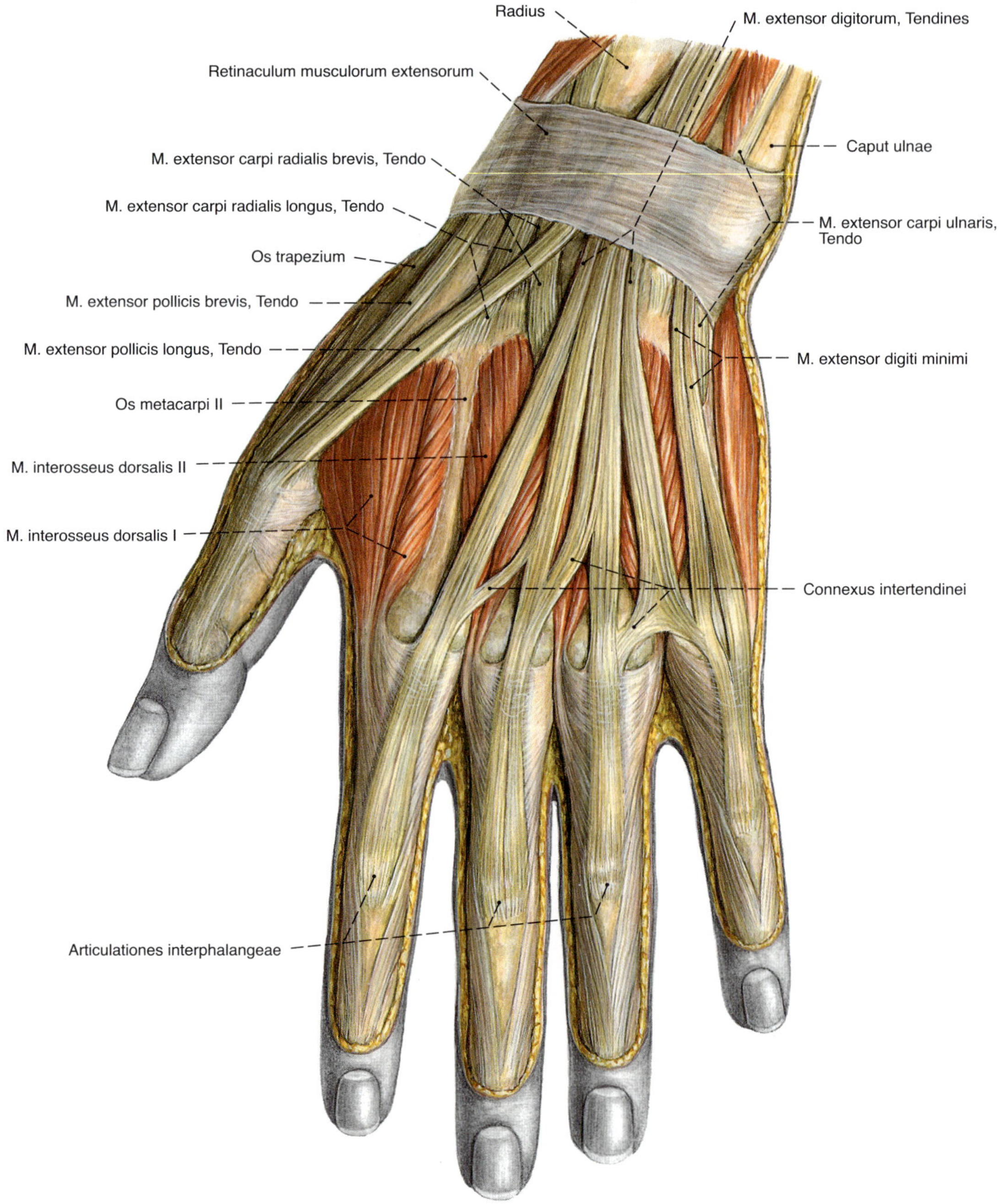
Radius
M. extensor digitorum, Tendines
Retinaculum musculorum extensorum
Caput ulnae
M. extensor carpi radialis brevis, Tendo
M. extensor carpi radialis longus, Tendo
M. extensor carpi ulnaris, Tendo
Os trapezium
M. extensor pollicis brevis, Tendo
M. extensor pollicis longus, Tendo
M. extensor digiti minimi
Os metacarpi II
M. interosseus dorsalis II
M. interosseus dorsalis I
Connexus intertendinei
Articulationes interphalangeae

Abb. 385 Muskeln der Hand; von dorsal (li, 80%).

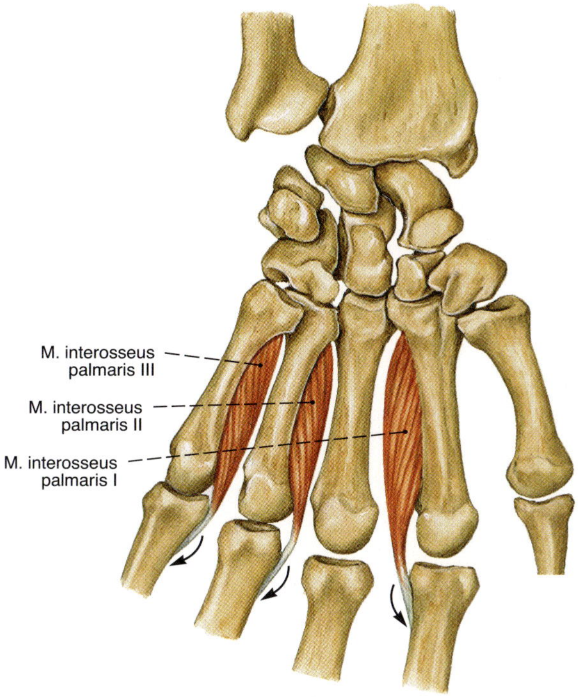

Abb. 386 Mm. interossei palmares; von palmar (li, 55%).
Auch die Mm. interossei palmares strahlen in die sog. Dorsalaponeurosen der Finger ein (Pfeile).

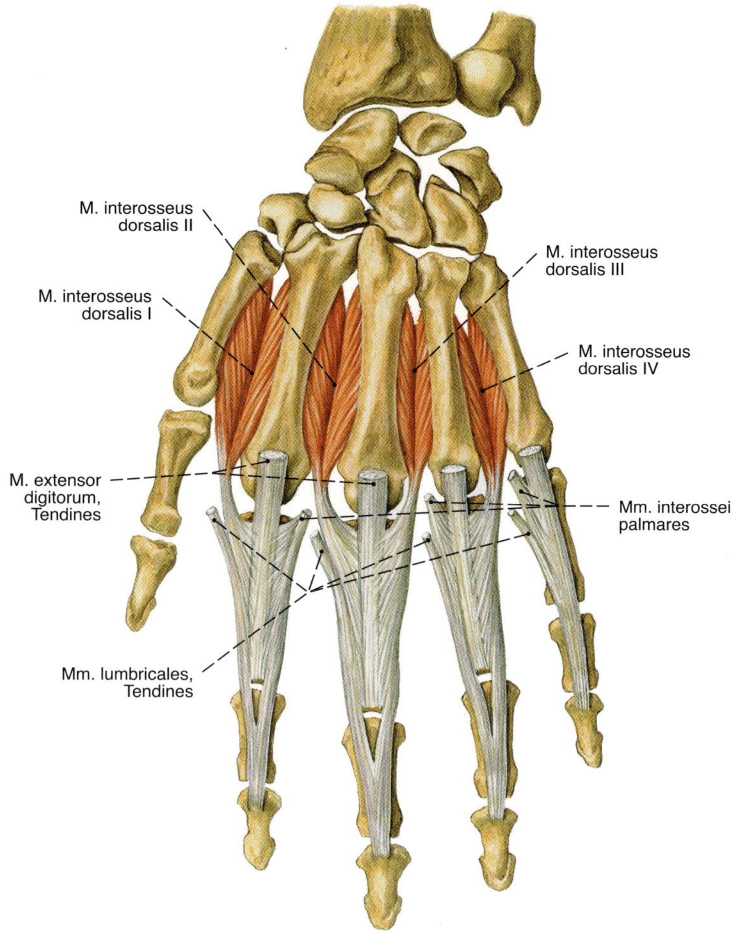

Abb. 387 Mm. interossei dorsales; von dorsal (li, 55%).
In die sog. Dorsalaponeurosen der Finger strahlen sowohl die eigentlichen Fingerstrecker als auch alle Mm. interossei und lumbricales ein.

Muskeln der Hohlhand (Abb. 375, 379–387)

Die Muskeln der Hohlhand stellen keine einheitliche Gruppe dar.
Die Mm. lumbricales hängen eng mit den Sehnen des M. flexor digitorum profundus zusammen.
Die Mm. interossei palmares und die Mm. interossei dorsales füllen die Räume zwischen den Ossa metacarpi.

Muskel *Innervation*	**Ursprung**	**Ansatz**	**Funktion**
1. Mm. lumbricales I–IV *N. medianus (I, II);* *N. ulnaris (III, IV)* *(Plexus brachialis, Pars infraclavicularis)*	Radiale Seite der Sehnen I und II sowie einander zugewandte Seiten der Sehnen II–IV des M. flexor digitorum profundus	Gehen von radial her in die sog. Dorsalaponeurosen der Finger II–V über	**Fingergrundgelenke (II–V)** Flexion, Abduktion nach radial **Fingergelenke (II–V)** Extension
2. Mm. interossei palmares I–III *N. ulnaris (Plexus brachialis, Pars infraclavicularis)*	Ulnare Seite des Os metacarpi II, radiale Seite der Ossa metacarpi IV und V	Gehen in die sog. Dorsalaponeurosen der Finger II, IV, V über	**Fingergrundgelenke (II, IV, V)** Flexion, Adduktion (bezogen auf Mittelfinger) **Fingergelenke (II, IV, V)** Extension
3. Mm. interossei dorsales I–IV *N. ulnaris (Plexus brachialis, Pars infraclavicularis)*	Einander zugewandte Seiten der Ossa metacarpi I–V (zweiköpfig)	Gehen in die sog. Dorsalaponeurosen der Finger II–IV über	**Fingergrundgelenke (II–IV)** Flexion, Abduktion (bezogen auf Mittelfinger) **Fingergelenke (II–IV)** Extension

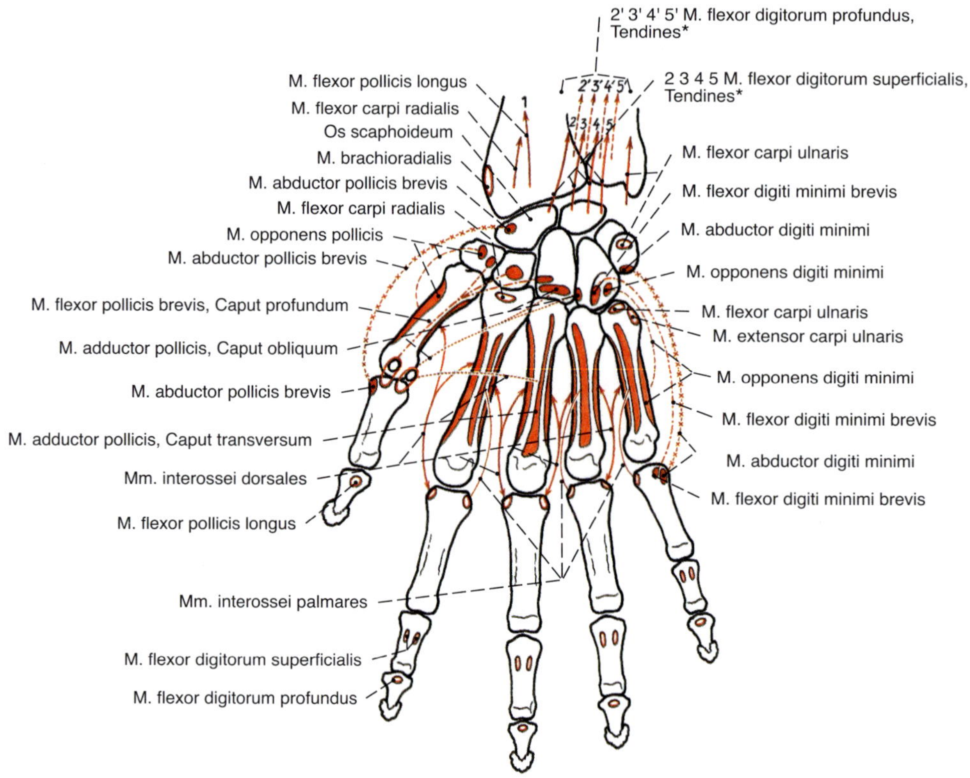

Abb. 388 Muskelursprünge und -ansätze an den Knochen der Hand; von palmar (re).

* Die Fingerbeuger ziehen zum 2.–5. Finger

Muskelinnervation der oberen Extremität

N. thoracodorsalis	M. latissimus dorsi M. teres major (Var.)	*N. medianus*	M. pronator teres M. flexor carpi radialis M. palmaris longus M. flexor digitorum superficialis M. flexor digitorum profundus (radialer Teil) M. flexor pollicis longus M. pronator quadratus M. flexor pollicis brevis M. opponens pollicis M. abductor pollicis brevis Mm. lumbricales I, II
N. suprascapularis	M. supraspinatus M. infraspinatus		
Nn. subscapulares	M. subscapularis M. teres major		
N. axillaris	M. deltoideus M. teres minor		
N. radialis	M. triceps brachii M. anconeus M. brachioradialis M. extensor carpi radialis longus M. extensor carpi radialis brevis M. extensor carpi ulnaris M. extensor digitorum M. extensor digiti minimi M. extensor pollicis longus M. abductor pollicis longus M. extensor pollicis brevis M. supinator	*N. ulnaris*	Mm. lumbricales III, IV Mm. interossei dorsales Mm. interossei palmares M. flexor carpi ulnaris M. flexor digitorum profundus (ulnarer Teil) M. palmaris brevis M. abductor digiti minimi M. flexor digiti minimi brevis M. opponens digiti minimi M. opponens pollicis M. flexor pollicis brevis M. adductor pollicis
N. musculocutaneus	M. biceps brachii M. brachialis M. coracobrachialis		

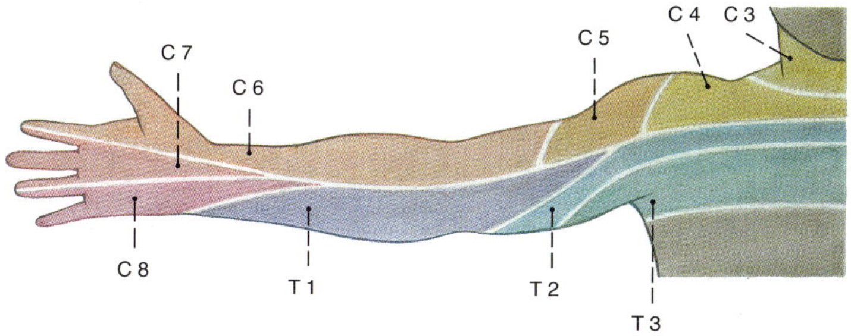

Abb. 389 Segmentale Hautinnervation (Dermatome) der oberen Extremität; von vorne.

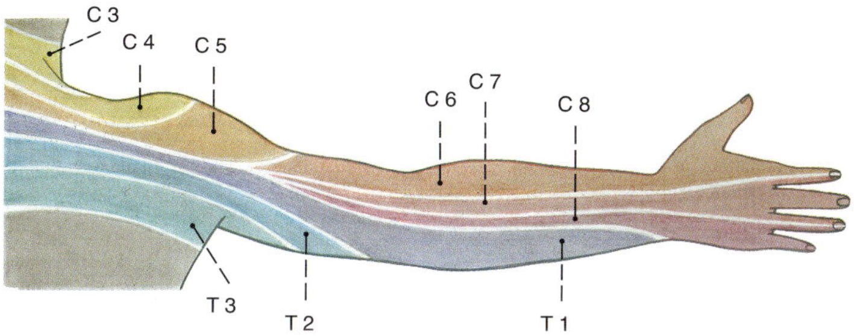

Abb. 390 Segmentale Hautinnervation (Dermatome) der oberen Extremität; von hinten.

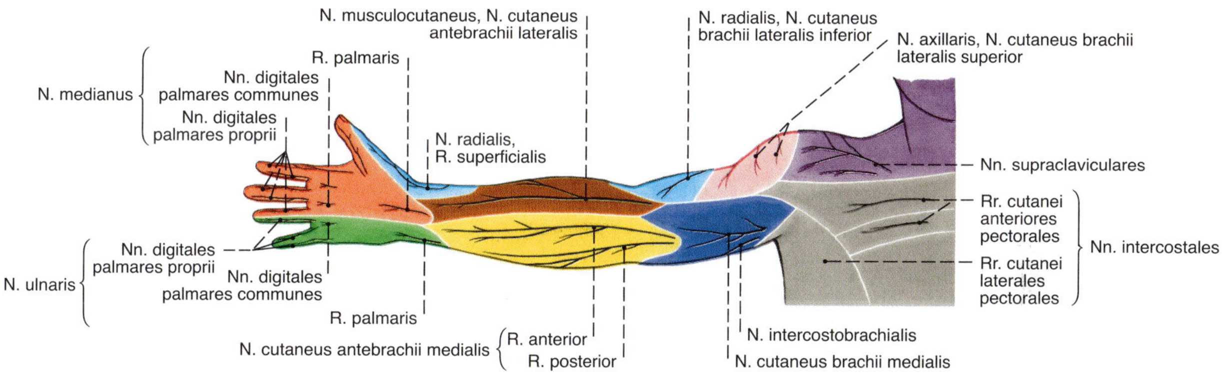

Abb. 391 Hautnerven der oberen Extremität; von vorne.

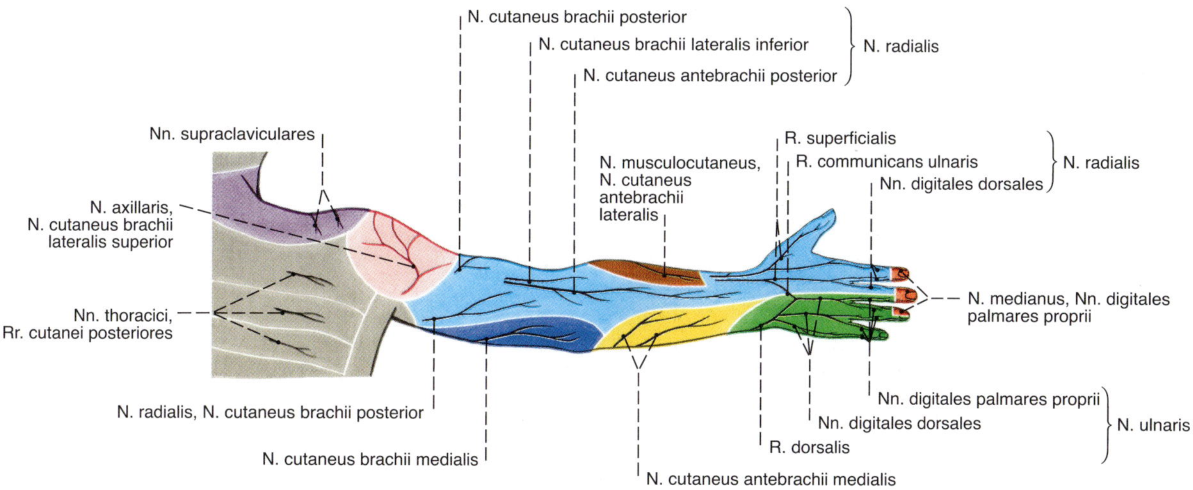

Abb. 392 Hautnerven der oberen Extremität; von hinten.

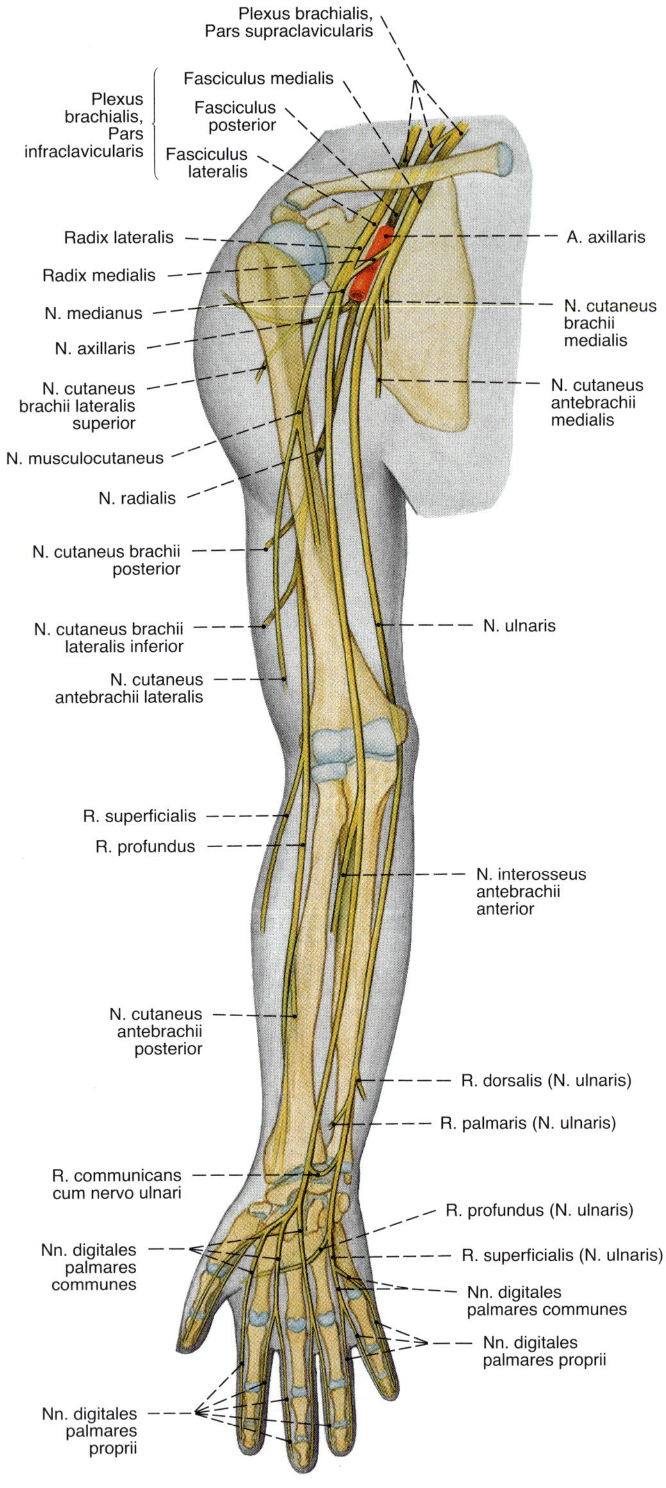

Abb. 393 Nerven der oberen Extremität; Übersicht; von vorne.

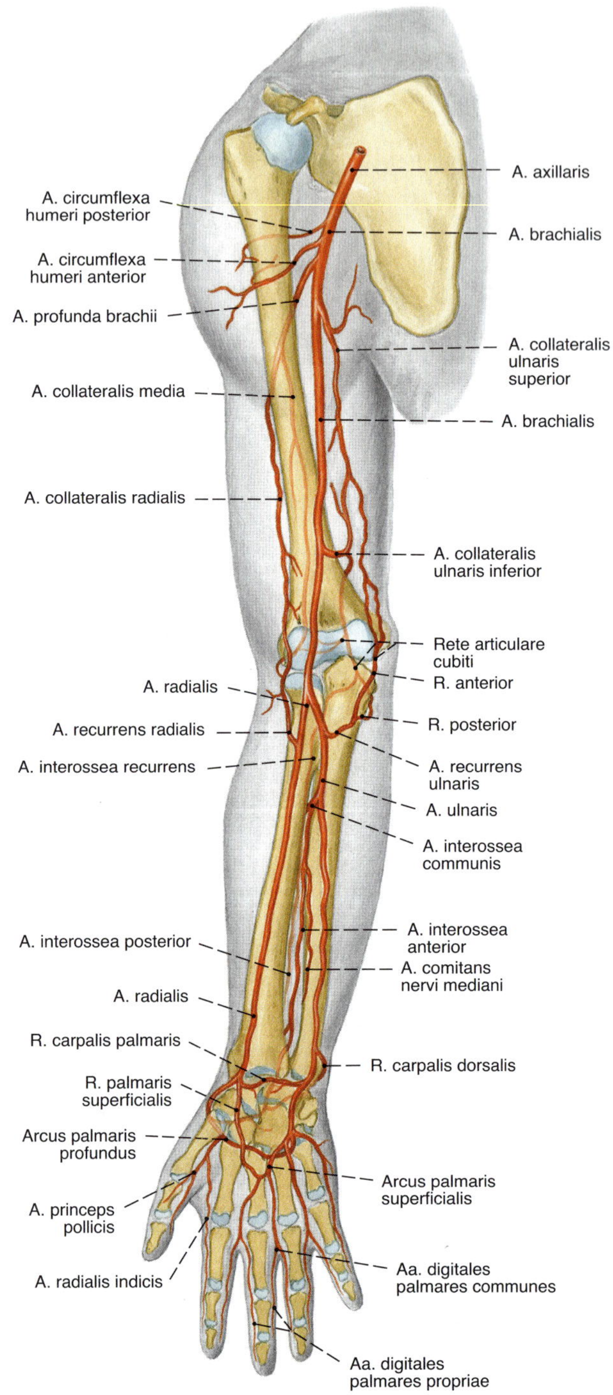

Abb. 394 Arterien der oberen Extremität; Übersicht; von vorne.

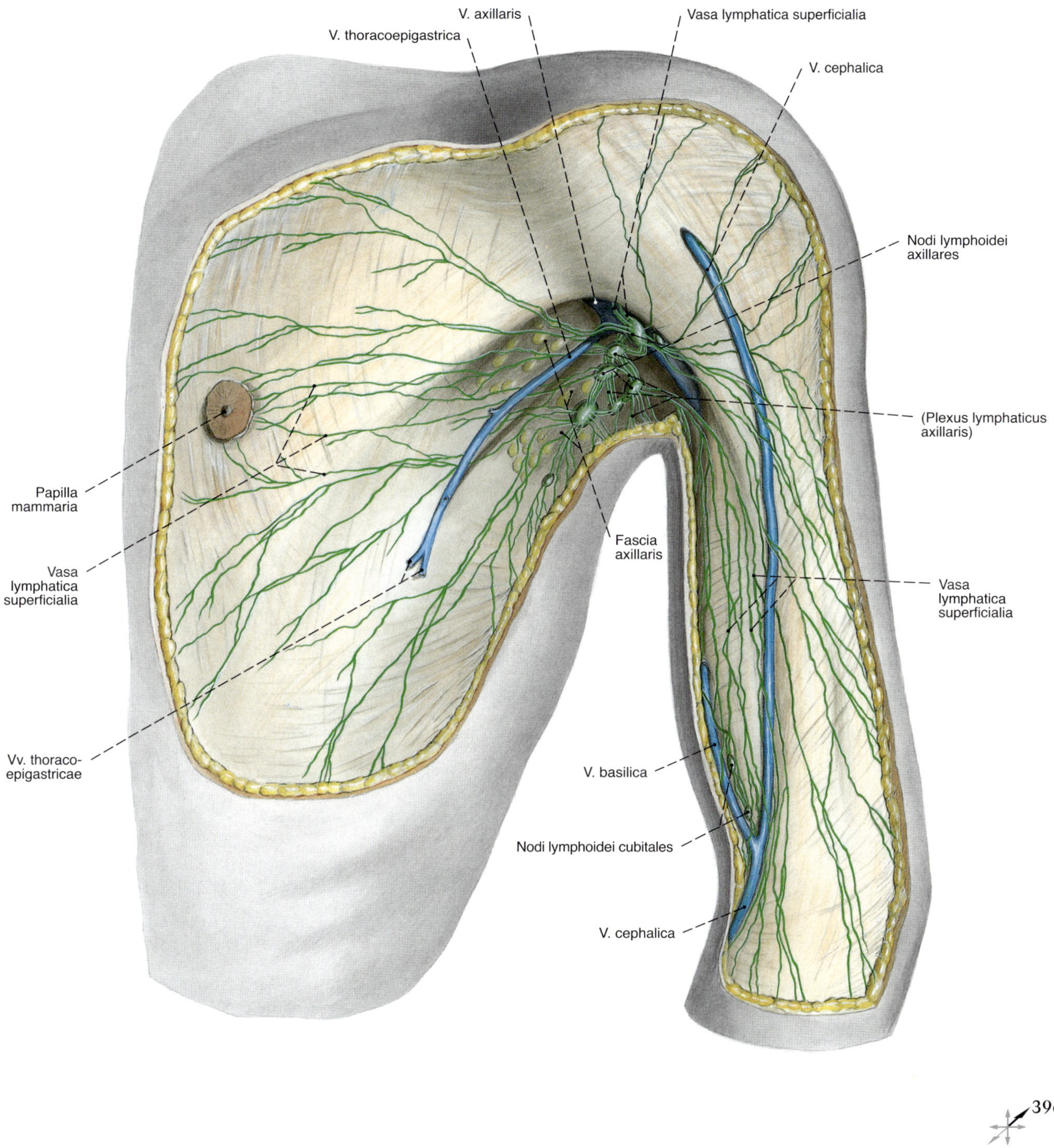

396

Abb. 395 Oberflächliche Lymphgefäße, Lymphknoten und Venenstämme im Arm-, seitlichen Brustwand- und Achselhöhlenbereich;
von vorne (li, 50%).

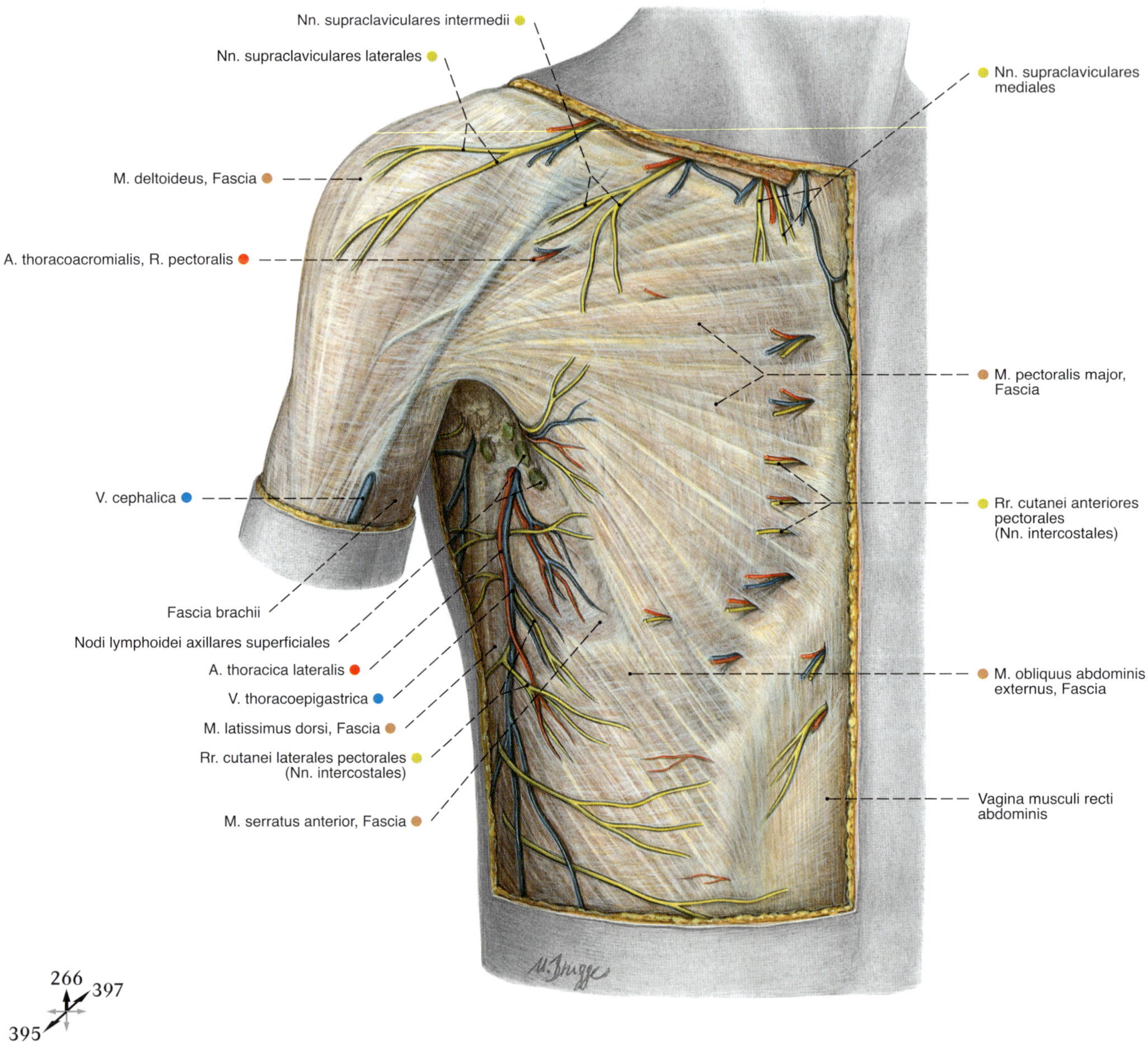

Abb. 396 Gefäße und Nerven im oberen Arm- und Schulterbereich und im Trigonum clavipectorale; von lateral (re, 50%).

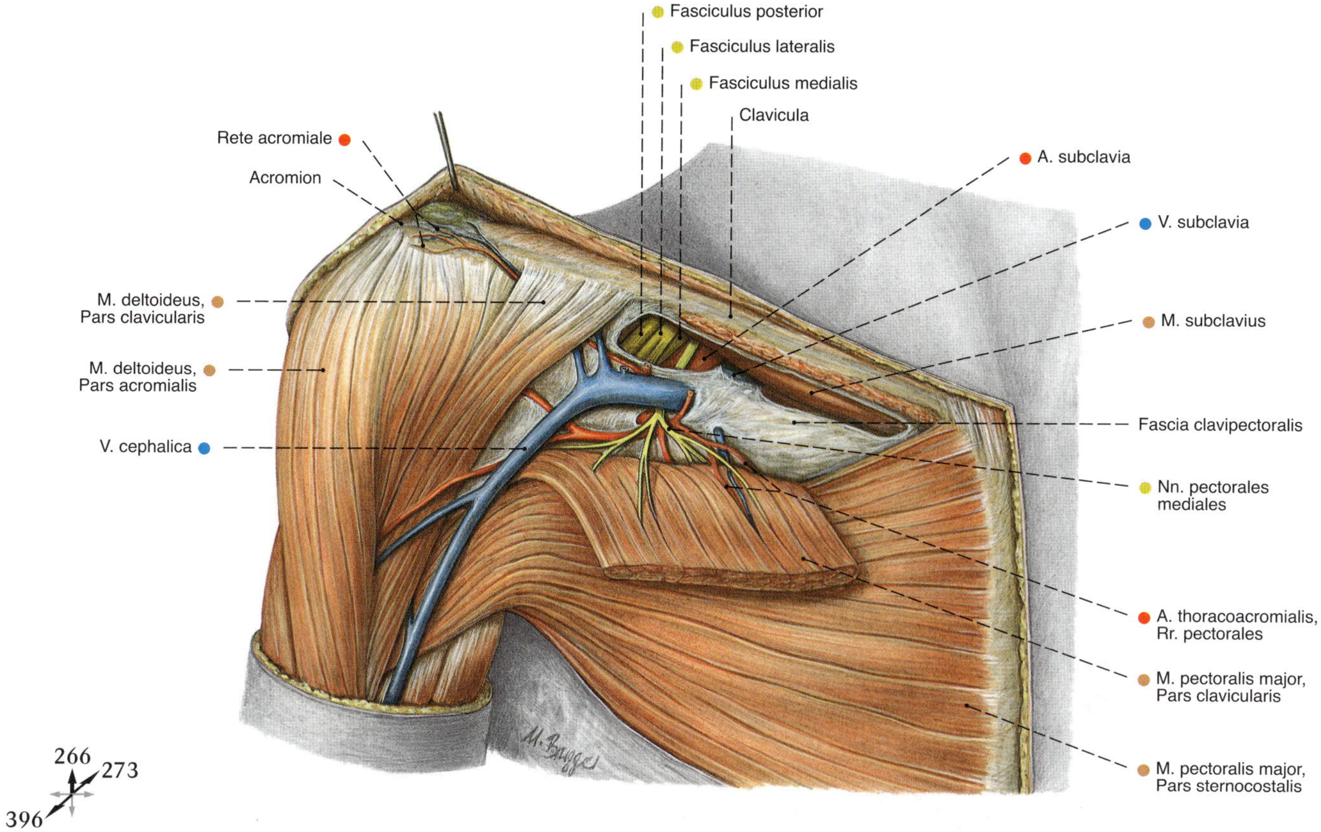

Abb. 397 Trigonum clavipectorale;
nach Ablösung der Pars clavicularis des M. pectoralis major;
von vorne (re, 50%).

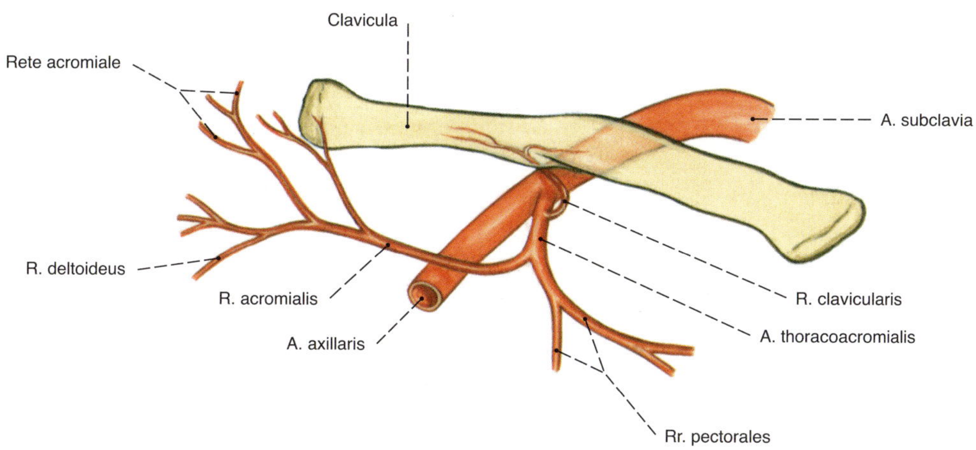

Abb. 398 Verzweigung der A. thoracoacromialis;
von vorne.

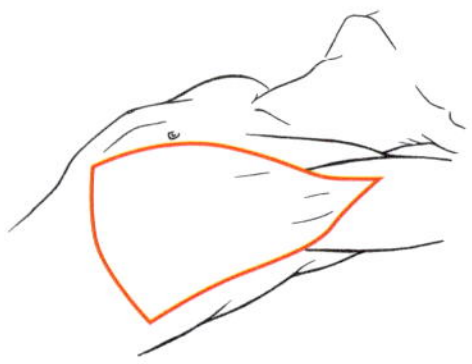

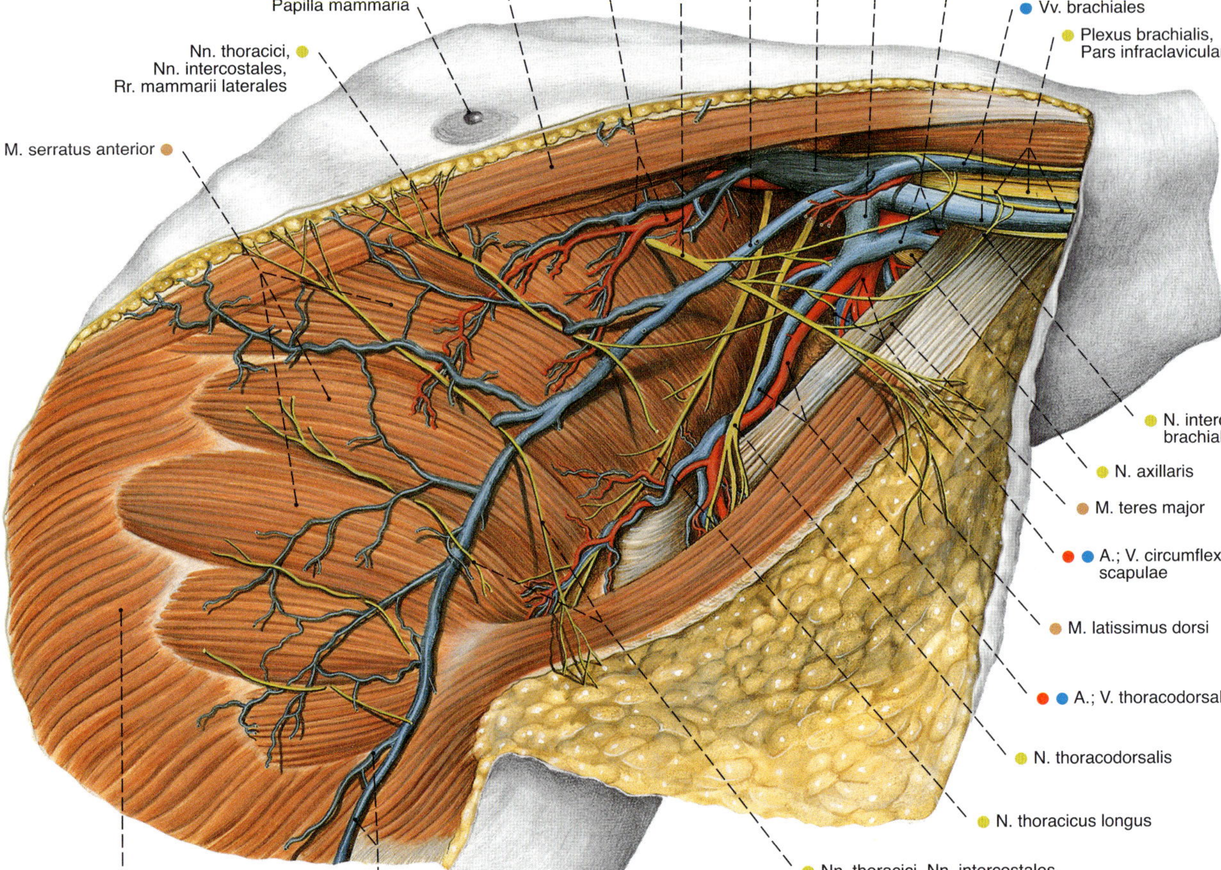

267 400 815 407 396

Abb. 399 Achselhöhle, Fossa axillaris; nach Entfernung der Fascia axillaris und der Faszien der lateralen Brustwand; von unten (li, 50%).

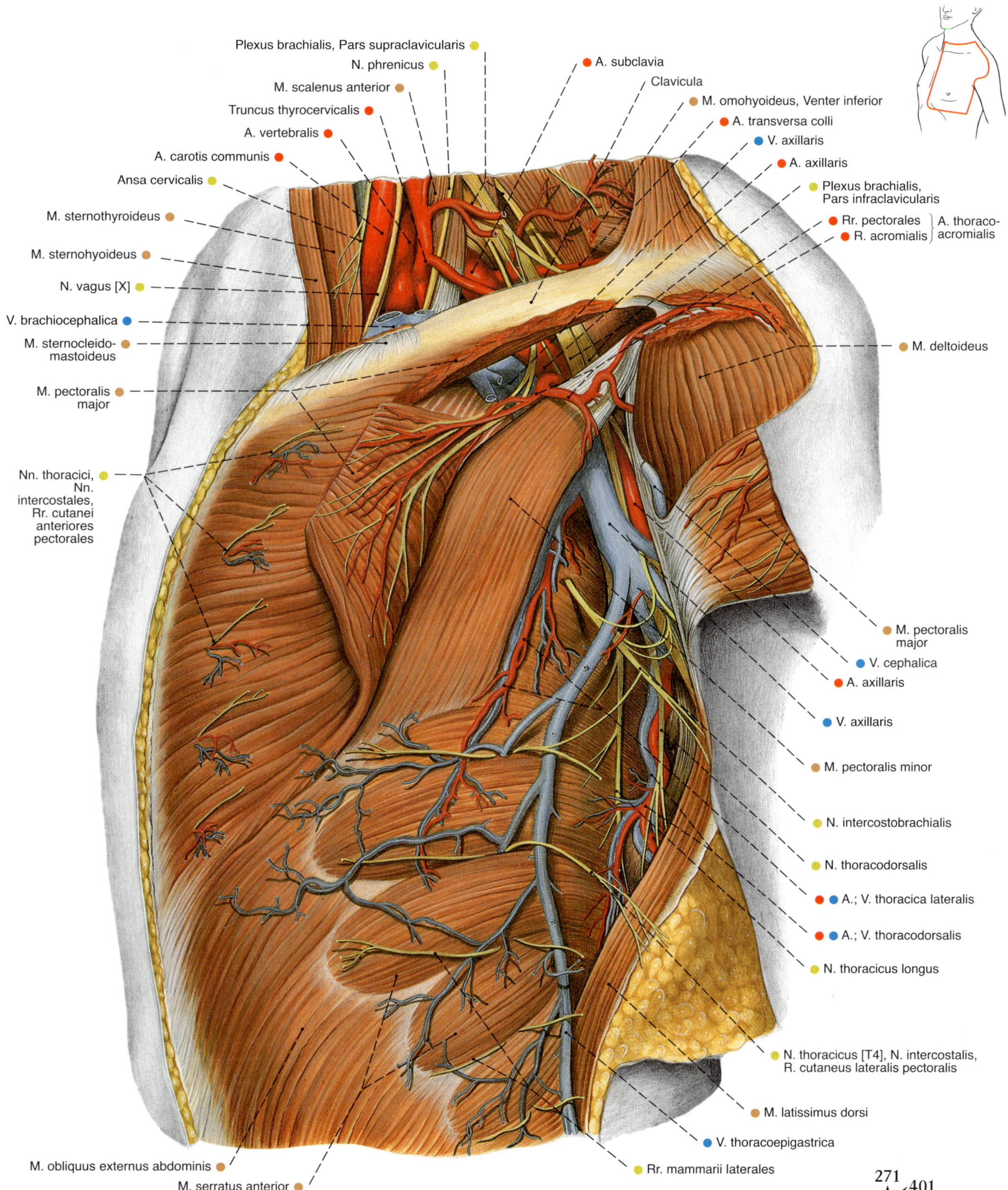

271
401
399
407

Abb. 400 Laterale Brustwand, Fossa infraclavicularis und Achselhöhle, Fossa axillaris; nach Durchtrennung des M. pectoralis major; von lateral (li, 60%).

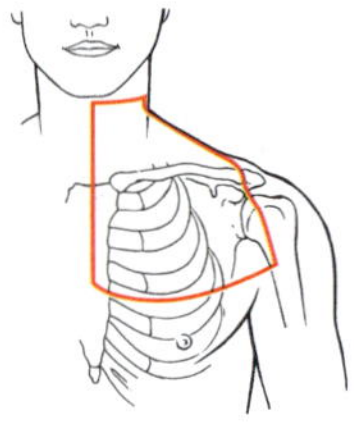

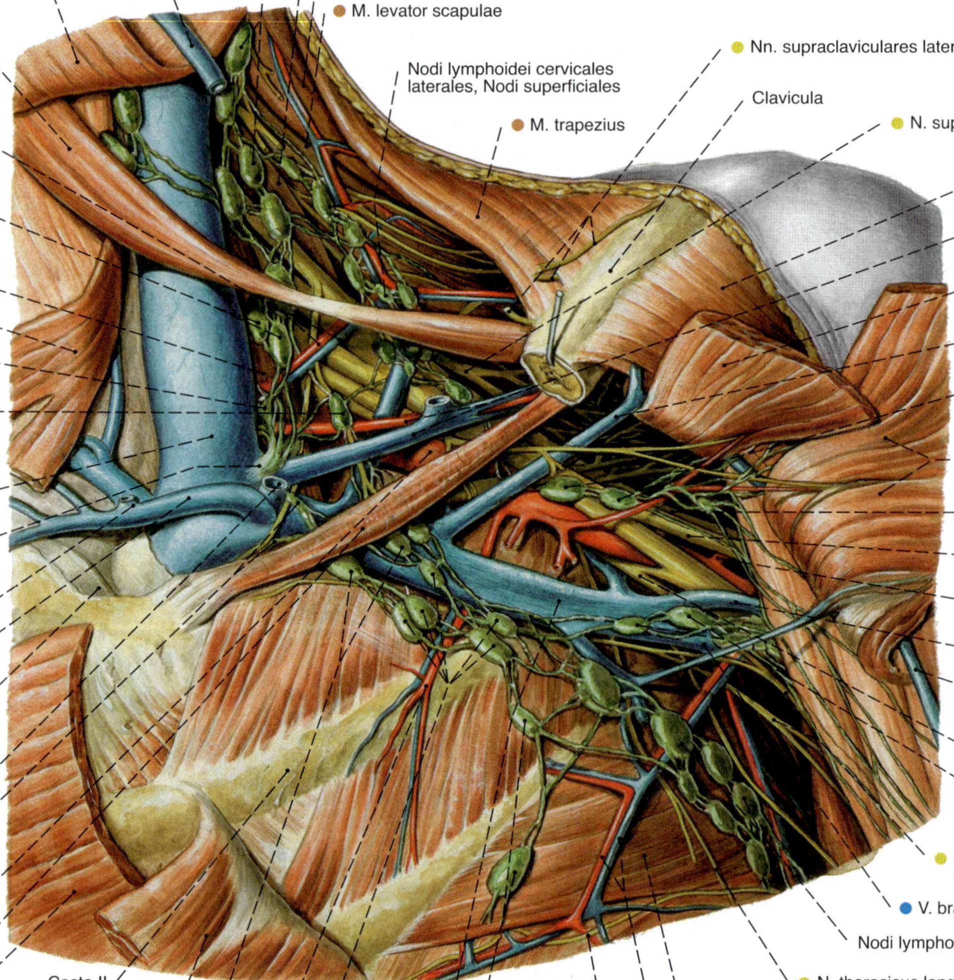

268 273 400 407

Abb. 401 Achselhöhle, Fossa axillaris, und tiefer Halsbereich;
nach teilweiser Entfernung der Clavicula und Durchtrennung der Mm. pectorales;
von vorne (li, 60%).
Vergleiche Abb. 814.

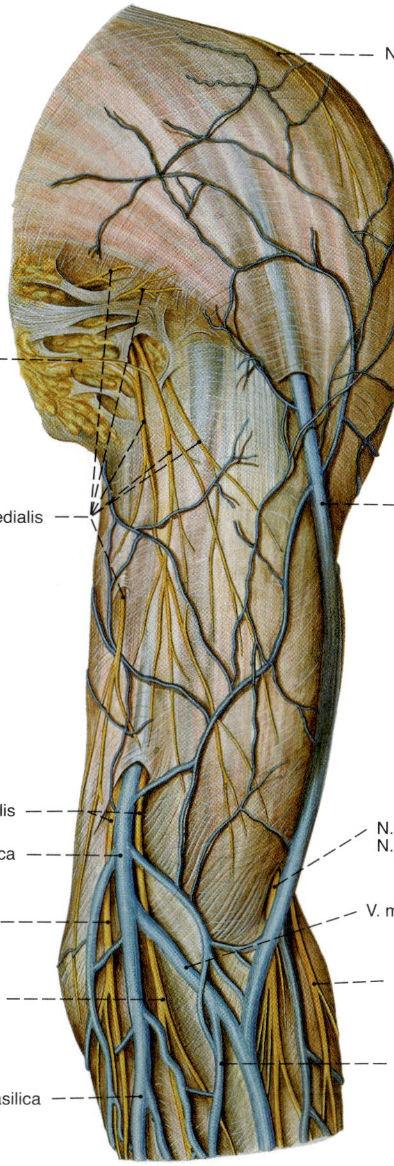

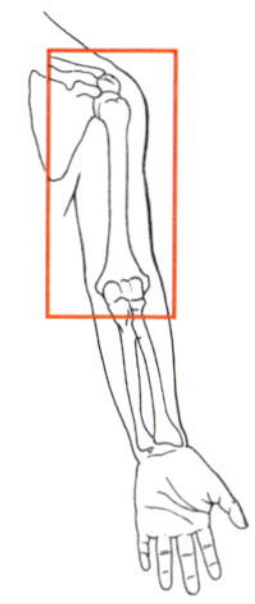

Abb. 402 Epifasziale Gefäße und Nerven von Oberarm, Regio brachii anterior, und Ellenbeuge, Regio cubitalis anterior; von vorne (li, 35%).

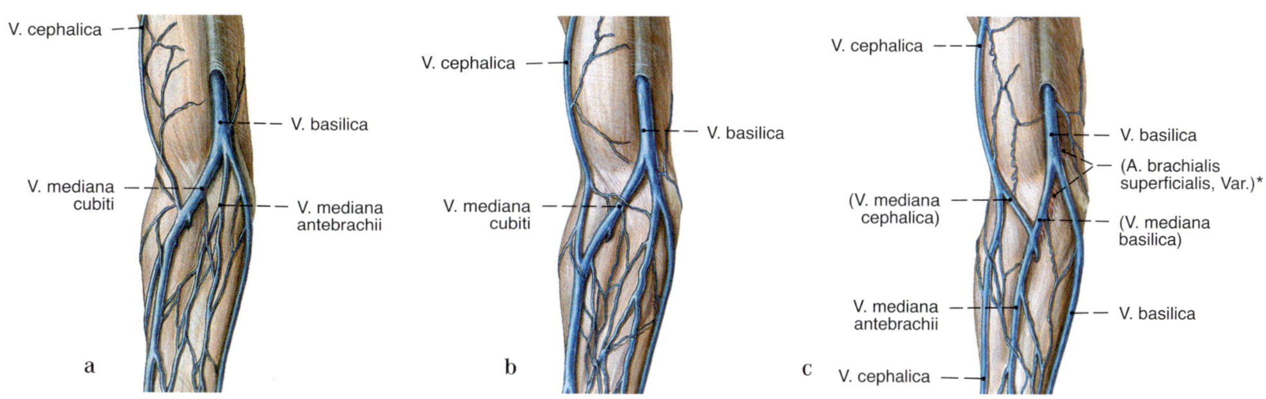

Abb. 403 a–c Varietäten der epifaszialen Venen der rechten Ellenbeuge.
Die Venen der Ellenbeuge werden in der Praxis wegen ihrer leichten Erreichbarkeit für Blutentnahme und intravenöse Injektionen gegenüber den Venen anderer Körperregionen bevorzugt.

* Im Hinblick auf eine intravenöse Injektion eine zwar seltene, aber dann wegen der Gefahr einer versehentlich intraarteriellen Injektion besonders wichtige Variation.

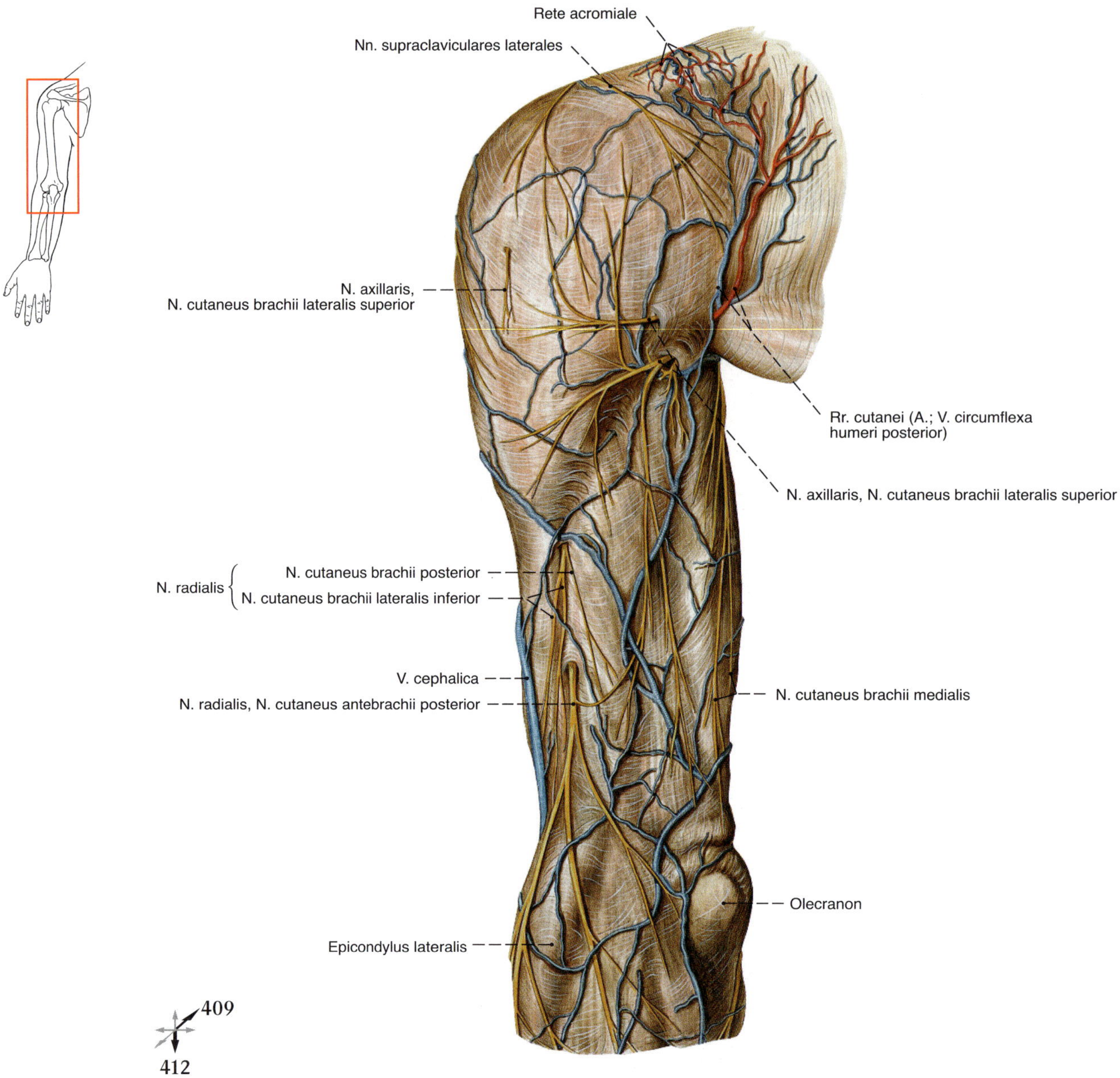

Abb. 404 Epifasziale Gefäße und Nerven von Oberarm, Regio brachii posterior, und Ellbogen, Regio cubitalis posterior; von hinten (li, 35%).

Epifasziale Venen des Arms

Die V. cephalica entwickelt sich auf der radialen Seite des Handrückens aus dem Rete venosum dorsale manus, erhält Zufluss von der Handfläche her durch die Vv. intercapitulares und zieht an der radialen Seite des Unterarms nach proximal zur Ellenbeuge. Dort anastomosiert sie mit der V. basilica und setzt sich im Allgemeinen etwas schwächer im Sulcus bicipitalis lateralis bis in das Trigonum clavipectorale fort, wo sie die Faszie durchbohrt und in die V. axillaris einmündet.

Die V. basilica entsteht auf der ulnaren Seite des Handrückens, läuft im ulnaren Bereich der Vorderfläche des Unterarms nach proximal zur Ellenbeuge und verbindet sich hier durch die V. mediana cubiti mit der V. cephalica, wodurch sie meist stärker wird als diese. Unterhalb der Mitte des Oberarms durchbohrt sie die Fascia brachii im Sulcus bicipitalis medialis und mündet in den medialen Zweig der V. brachialis.

Als V. mediana cubiti wird eine sehr variable schräge Anastomose zwischen V. basilica und V. cephalica bezeichnet, die über die V. mediana antebrachii Zuflüsse von der Vorderseite des Unterarms erhält.

Die V. mediana basilica und die V. mediana cephalica stellen Verbindungen sowohl der V. basilica als auch der V. cephalica mit der V. mediana antebrachii dar.

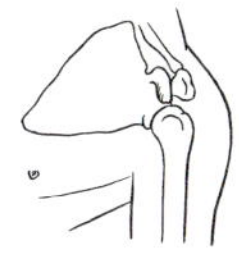

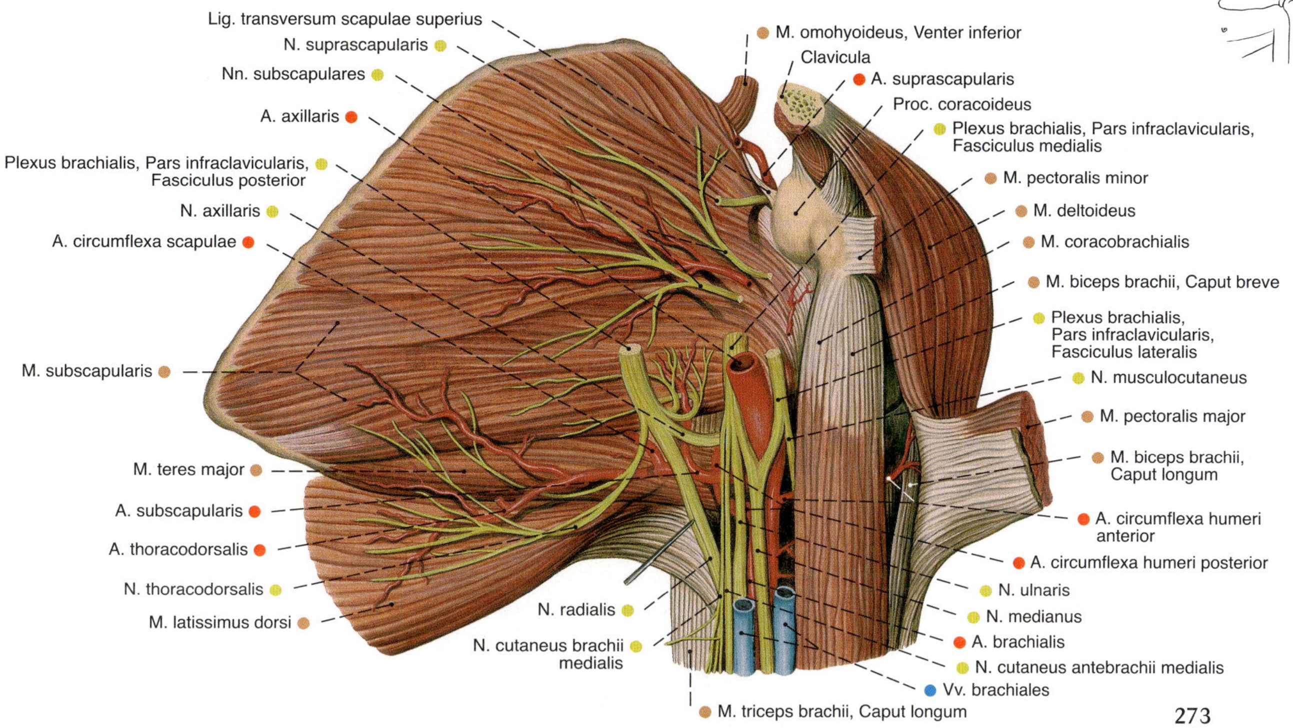

273 400 407

Abb. 405 Gefäße und Nerven der Achselhöhle und der Schulter; nach Durchtrennung der Clavicula und Ablösung des Arms vom Rumpf; von vorne (li, 60%).

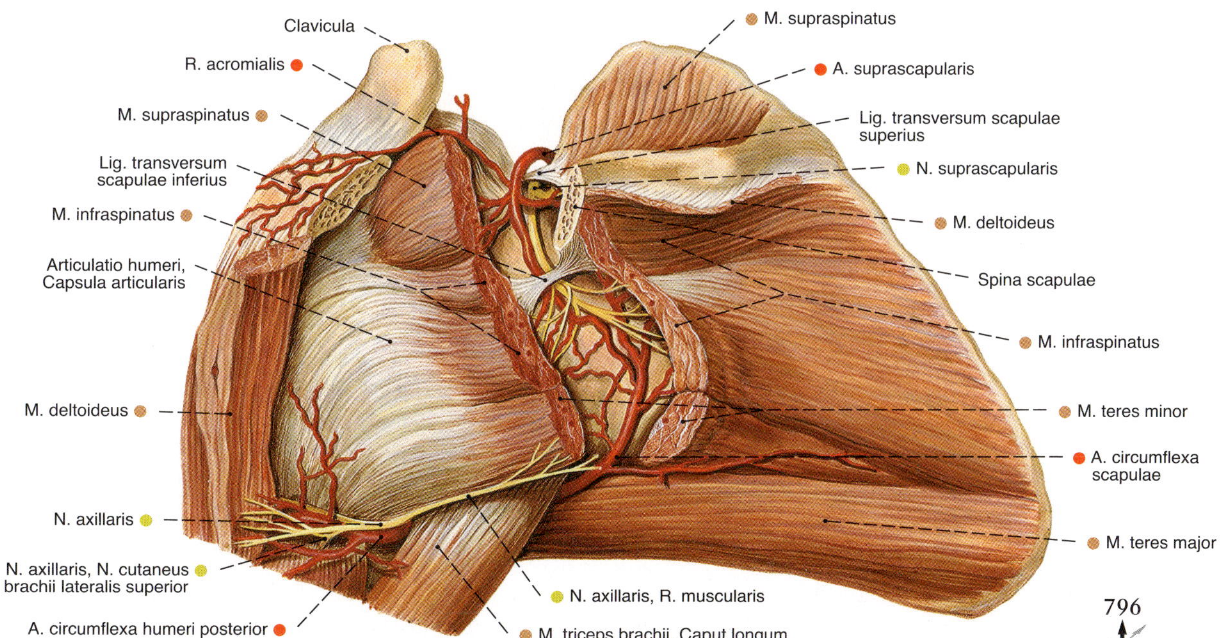

796 794 410

Abb. 406 Gefäße und Nerven der Schulter; nach teilweiser Abtragung von M. deltoideus und M. trapezius; von hinten (li, 60%).

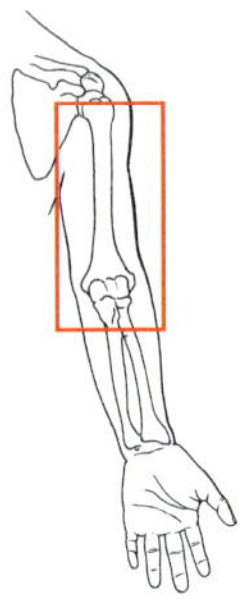

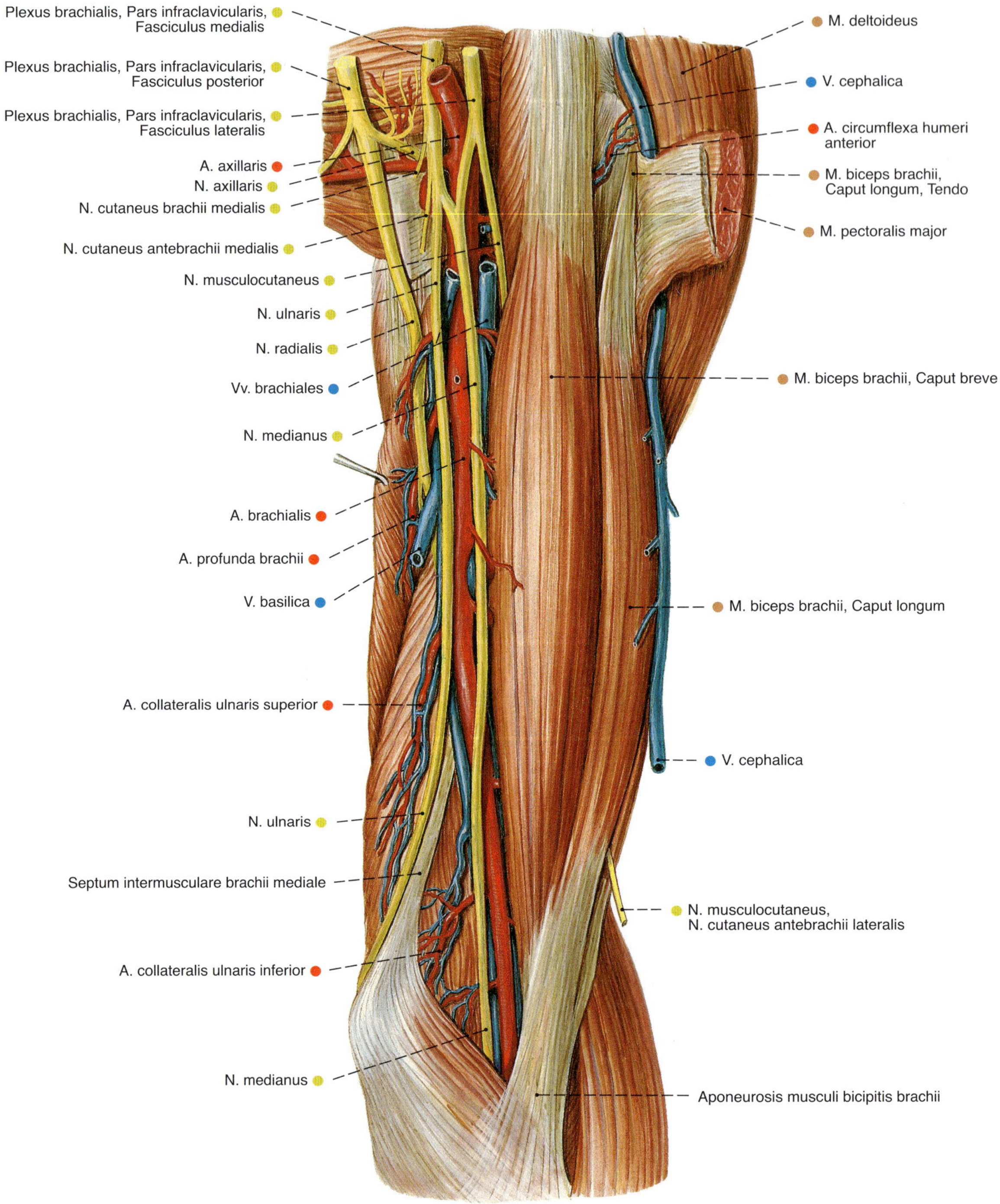

405 408 402 413

Abb. 407 Gefäße und Nerven des Oberarms, Regio brachii anterior; von vorne (li, 45%).

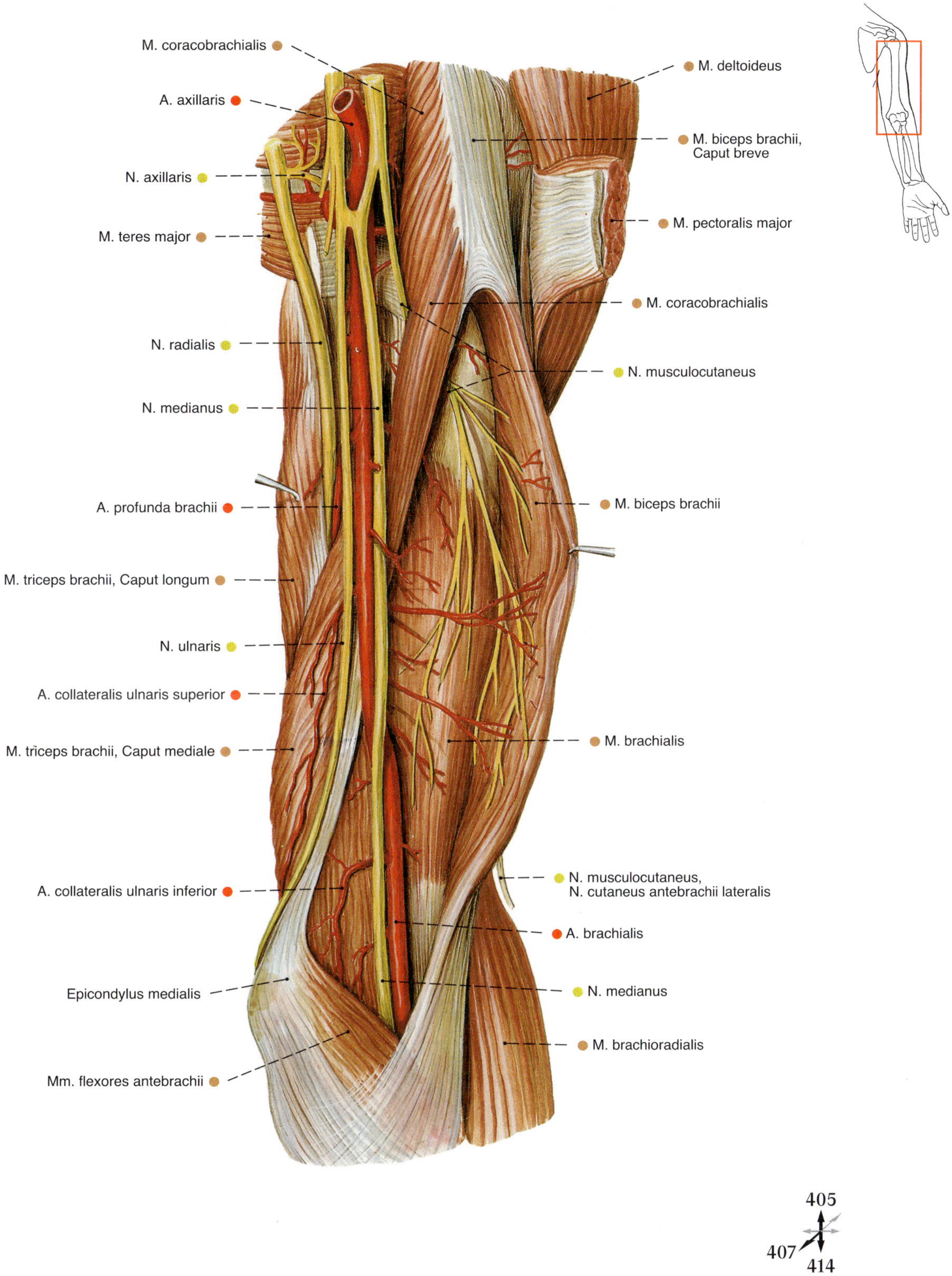

Abb. 408 Arterien und Nerven des Oberarms, Regio brachii anterior; von vorne (li, 45%).

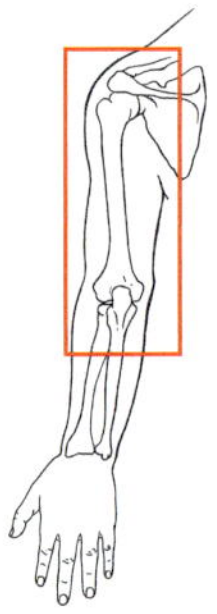

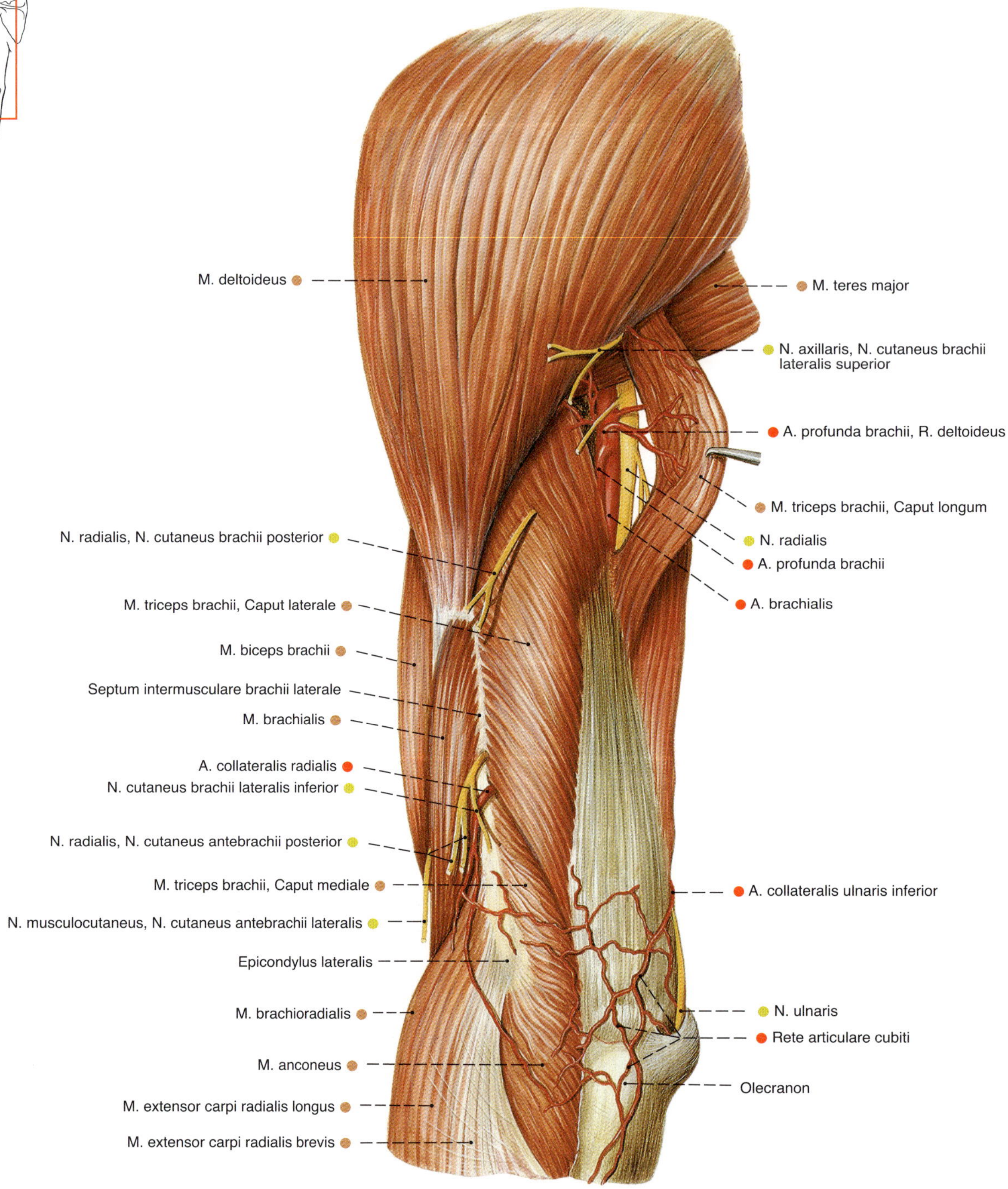

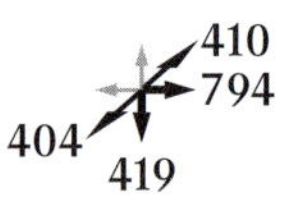

Abb. 409 Arterien und Nerven des Oberarms, Regio brachii posterior; von hinten (li, 40%).

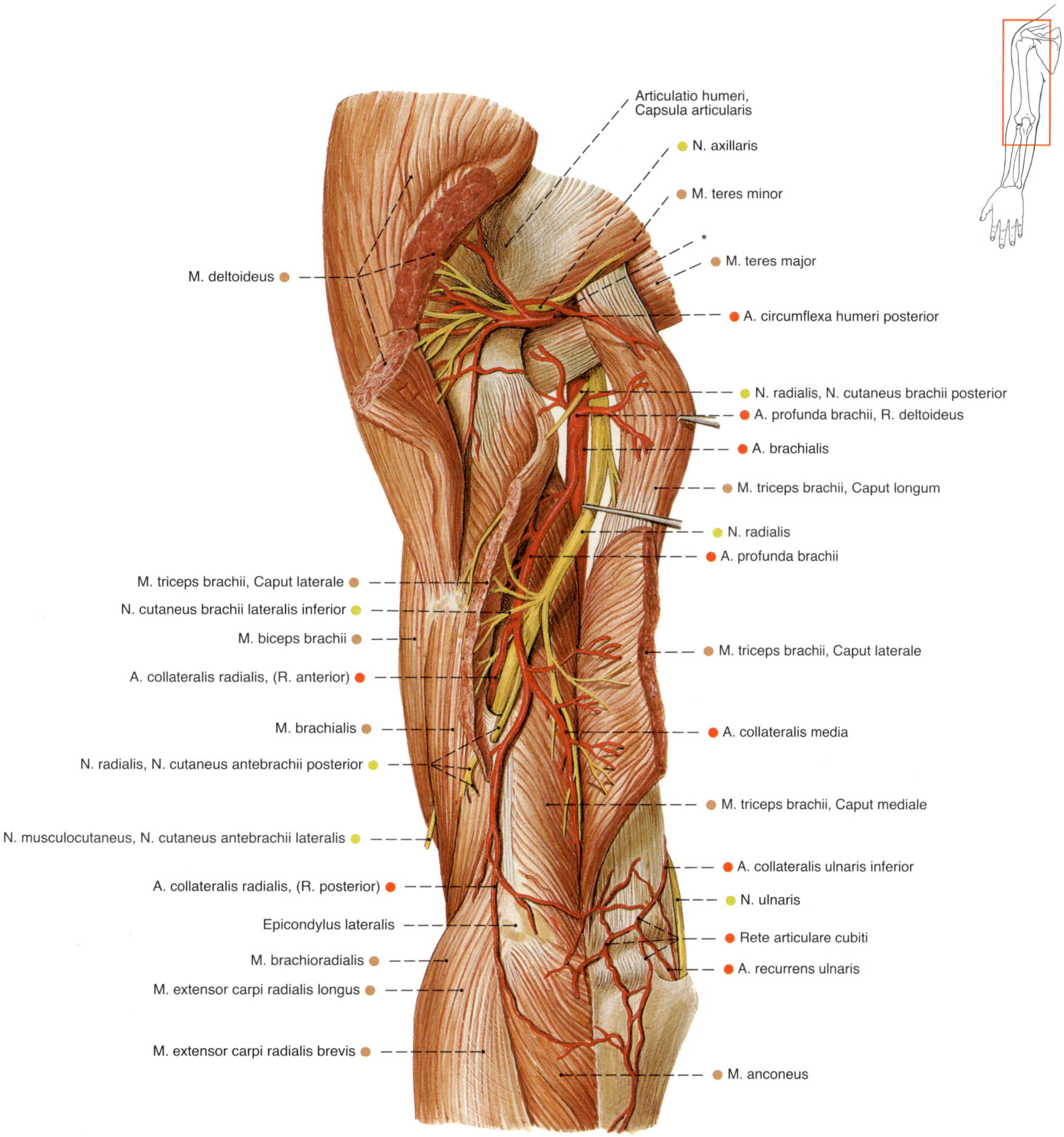

406
409
420

Abb. 410 Arterien und Nerven des Oberarms, Regio brachii posterior; von hinten (li, 45%).

* Laterale Achsellücke, Spatium axillare laterale

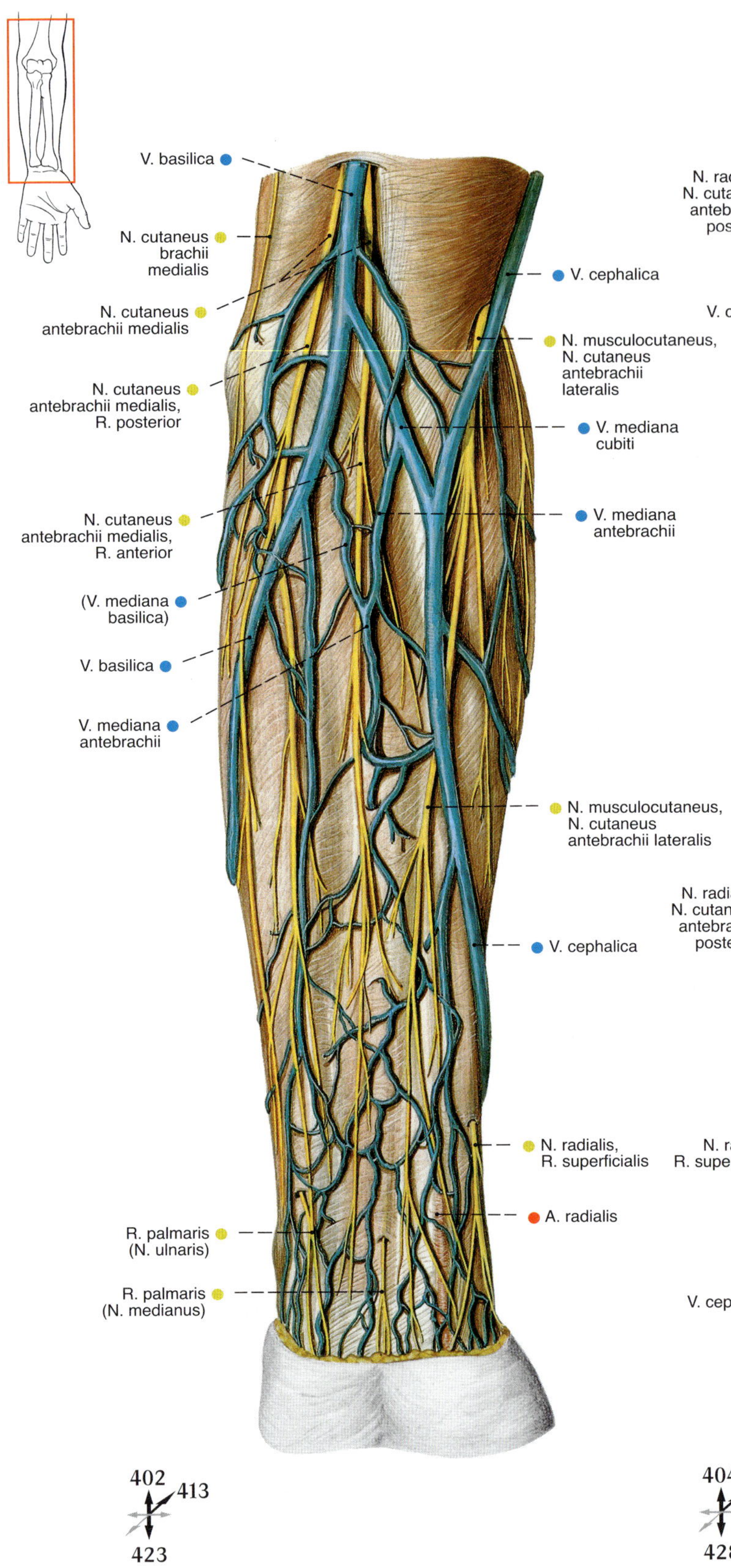

Abb. 411 Epifasziale Venen und Nerven des Unterarms, Regio antebrachii anterior; von vorne (li, 45%).

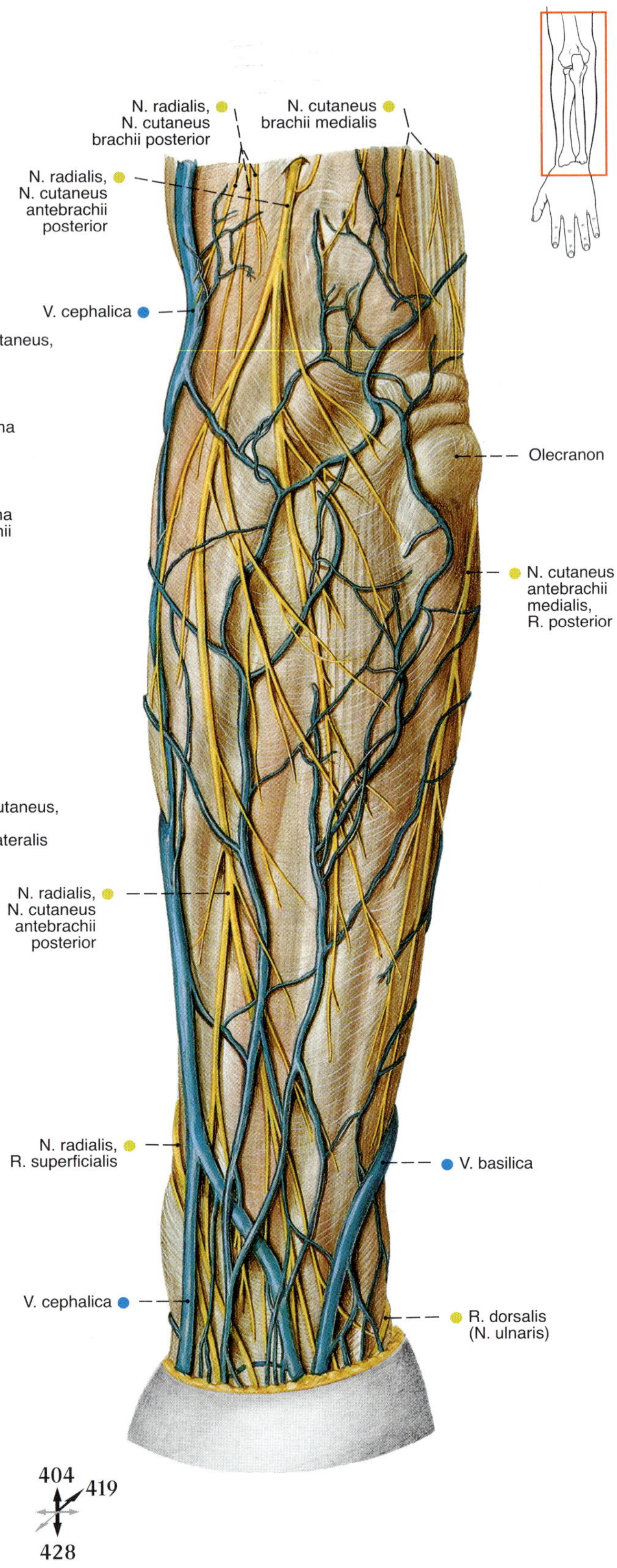

Abb. 412 Epifasziale Venen und Nerven des Unterarms, Regio antebrachii posterior; von hinten (li, 45%).

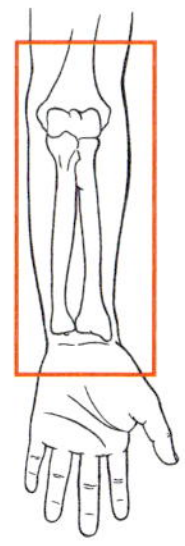

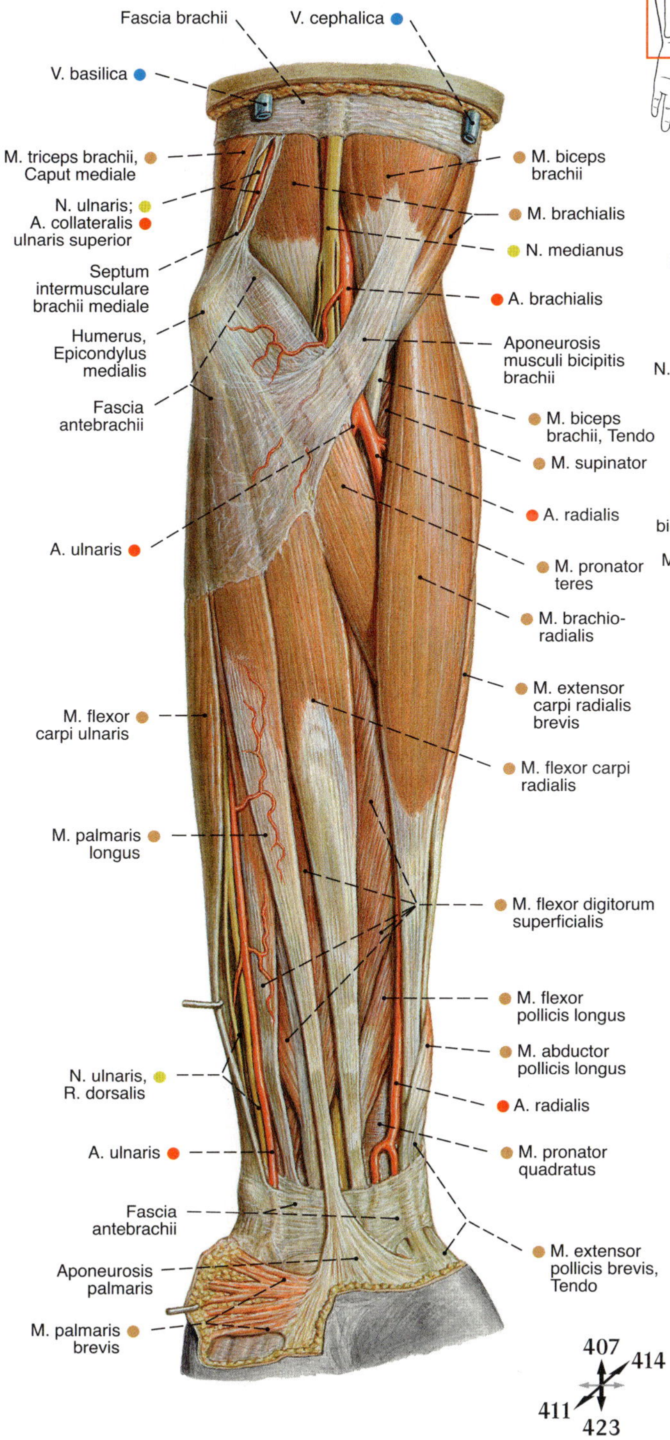

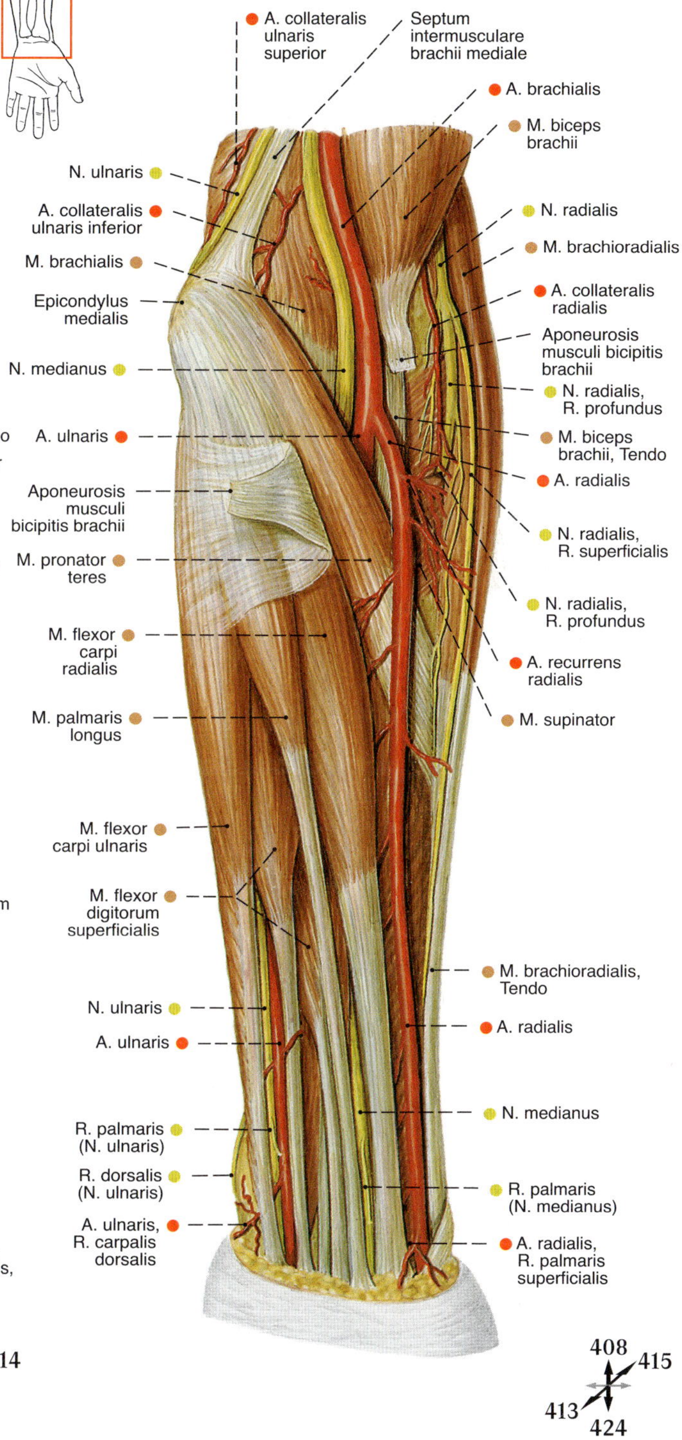

Abb. 413 Arterien und Nerven des Unterarms, Regio antebrachii anterior; von vorne (li, 45%).

Abb. 414 Arterien und Nerven des Unterarms, Regio antebrachii anterior; von vorne (li, 45%).

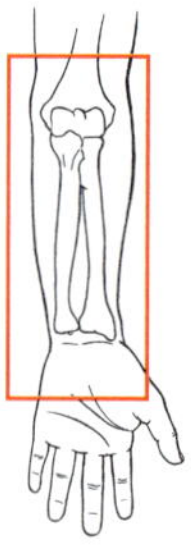

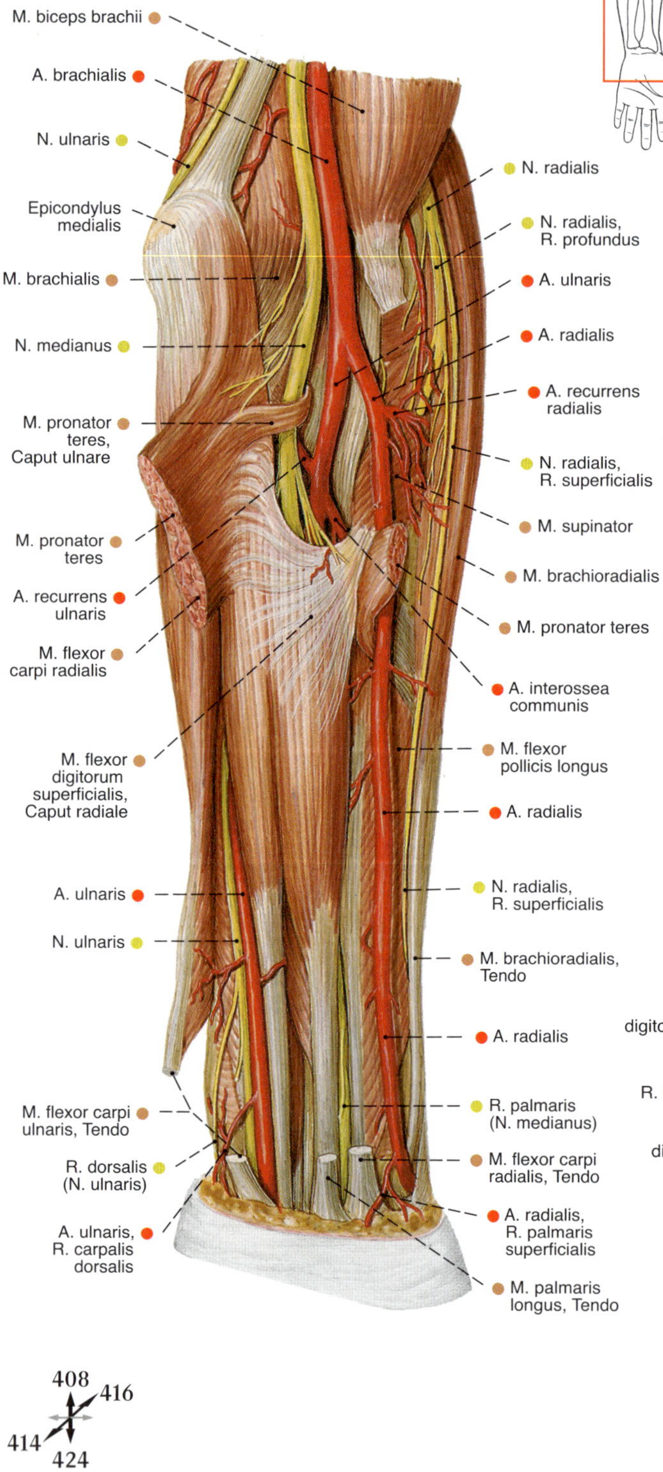

Abb. 415 Arterien und Nerven des Unterarms, Regio antebrachii anterior; tiefe Schicht; von vorne (li, 45%).

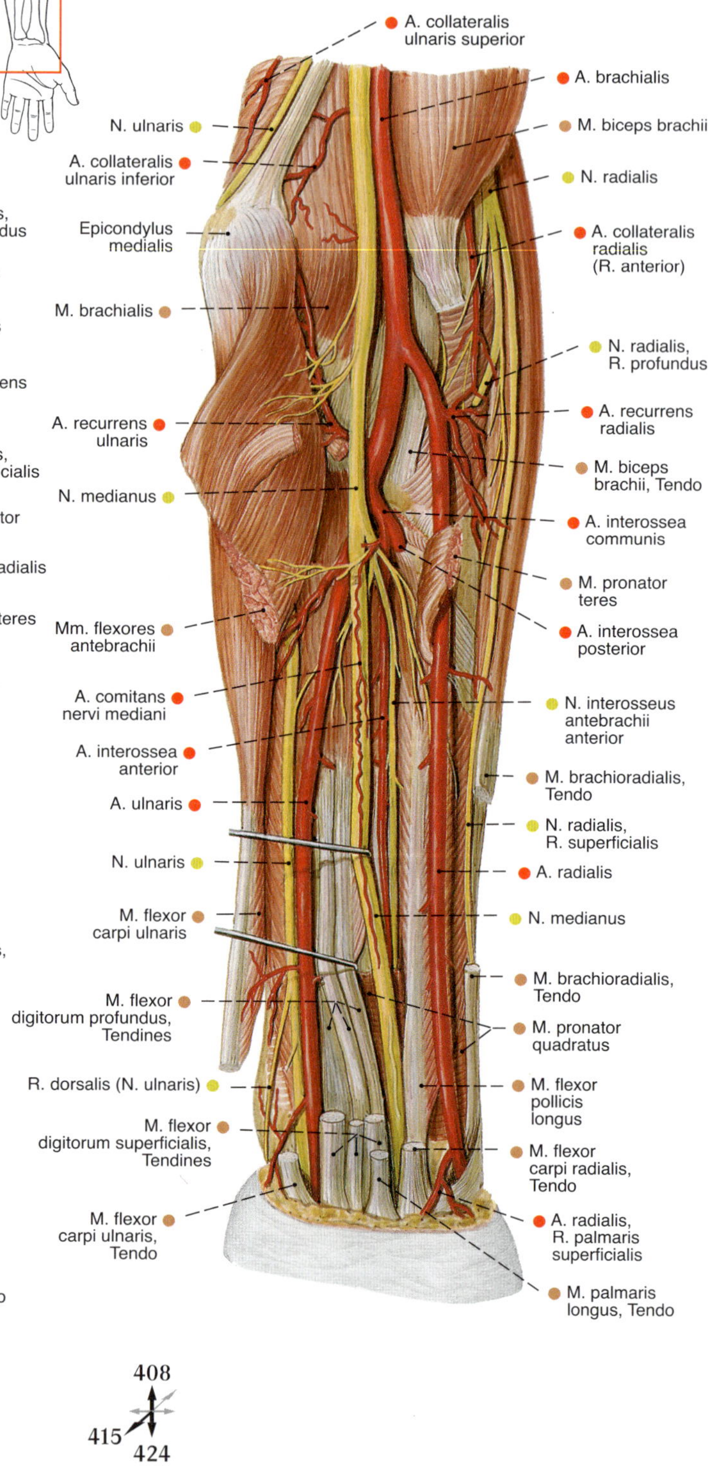

Abb. 416 Arterien und Nerven des Unterarms, Regio antebrachii anterior; tiefe Schicht nach teilweiser Abtragung des M. flexor digitorum superficialis; von vorne (li, 45%).

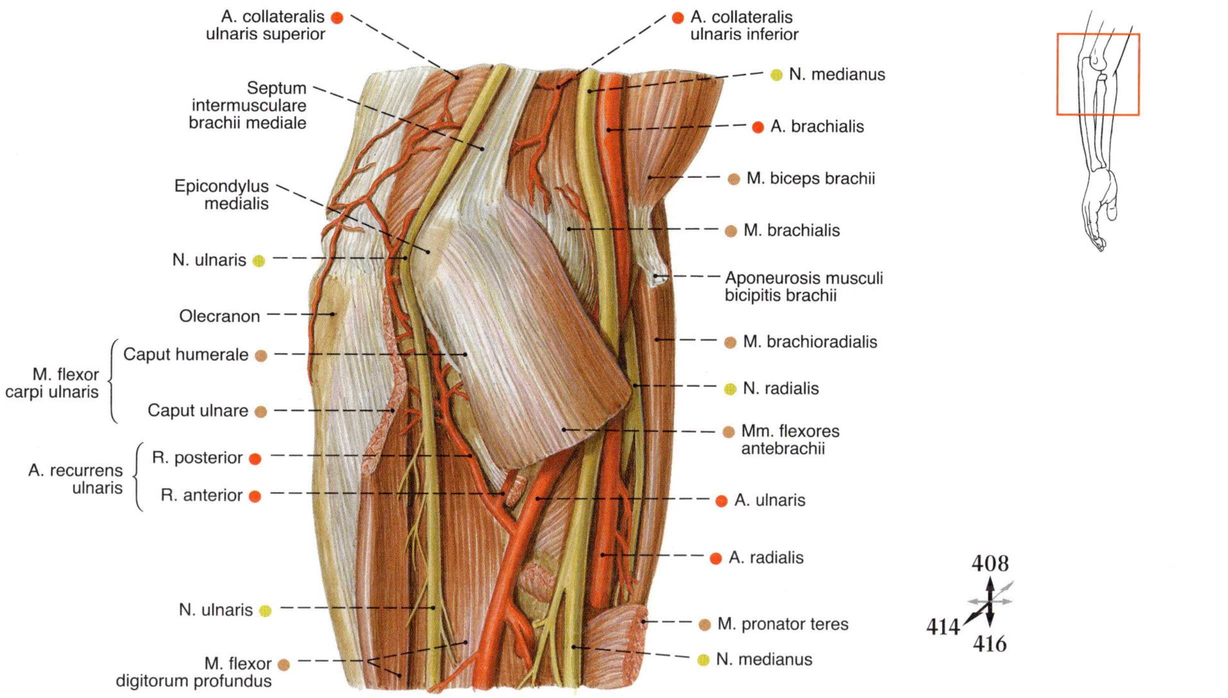

Abb. 417 Arterien und Nerven des ulnaren und vorderen Ellbogenbereichs, Regio cubitalis anterior; nach teilweiser Abtragung der Unterarmbeuger; von medial (ulnar) (li, 60%).

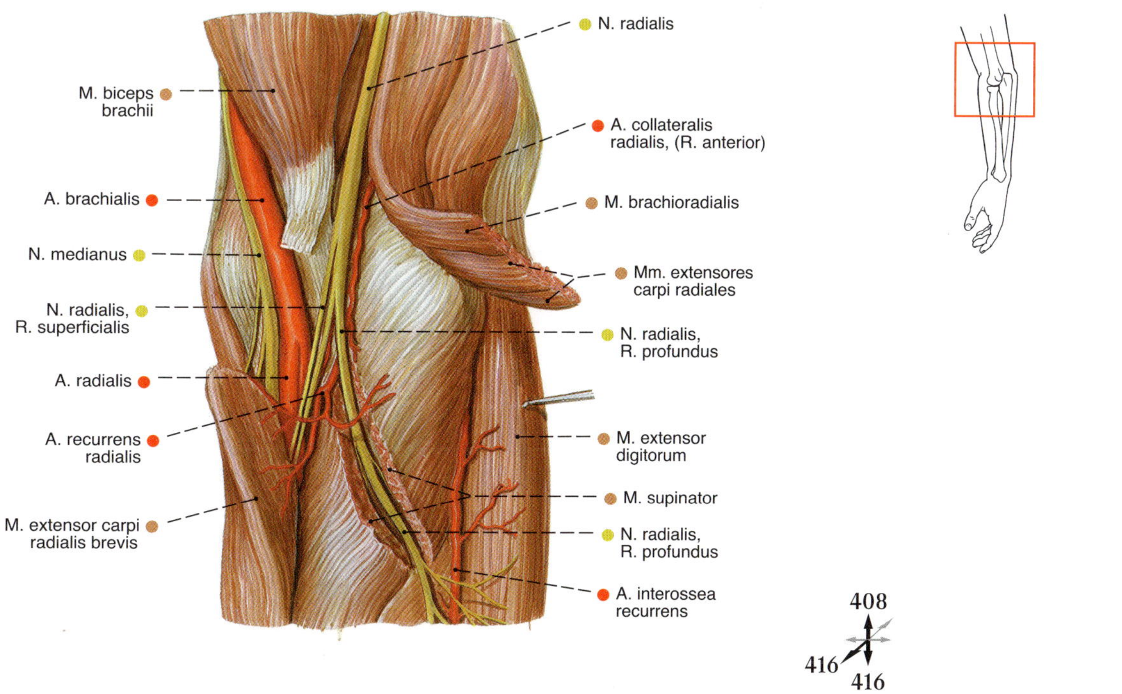

Abb. 418 Arterien und Nerven des vorderen Ellbogenbereichs, Regio cubitalis anterior; nach Durchtrennung der radialen Unterarmmuskeln; von lateral (radial) (li, 60%).

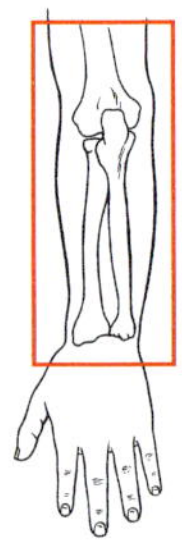

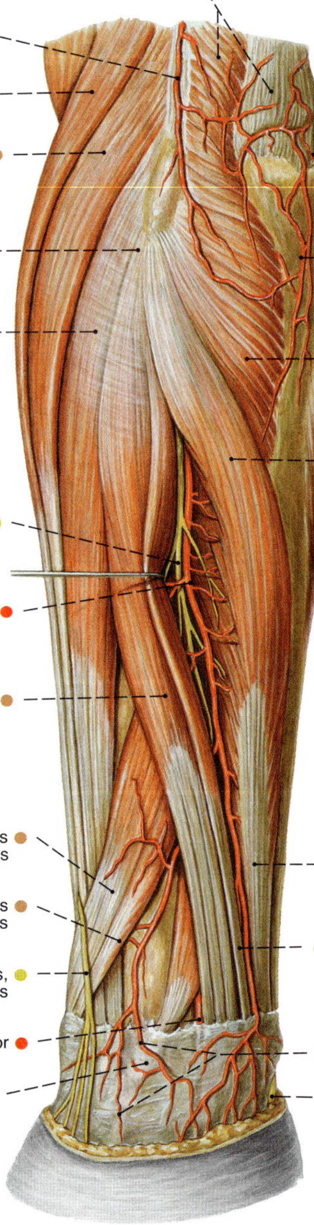

409 420 412 429

Abb. 419 Arterien und Nerven des Unterarms, Regio antebrachii posterior; von hinten (li, 45%).

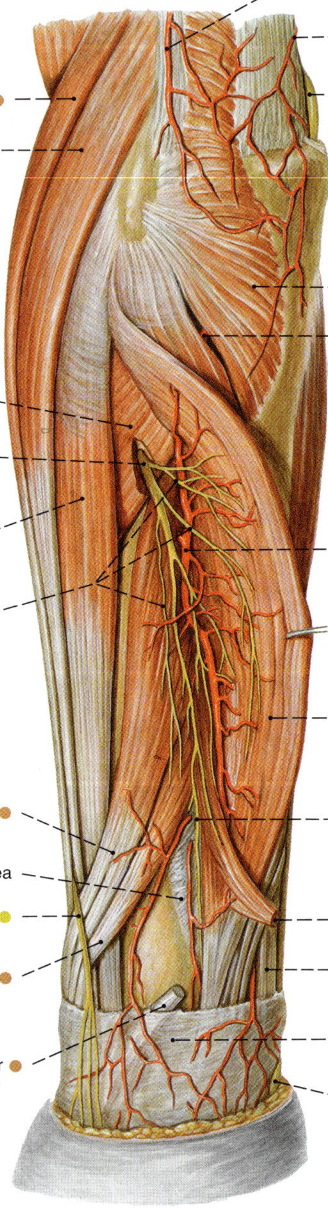

410 419 429

Abb. 420 Arterien und Nerven des Unterarms, Regio antebrachii posterior; tiefe Schicht; von hinten (li, 45%).

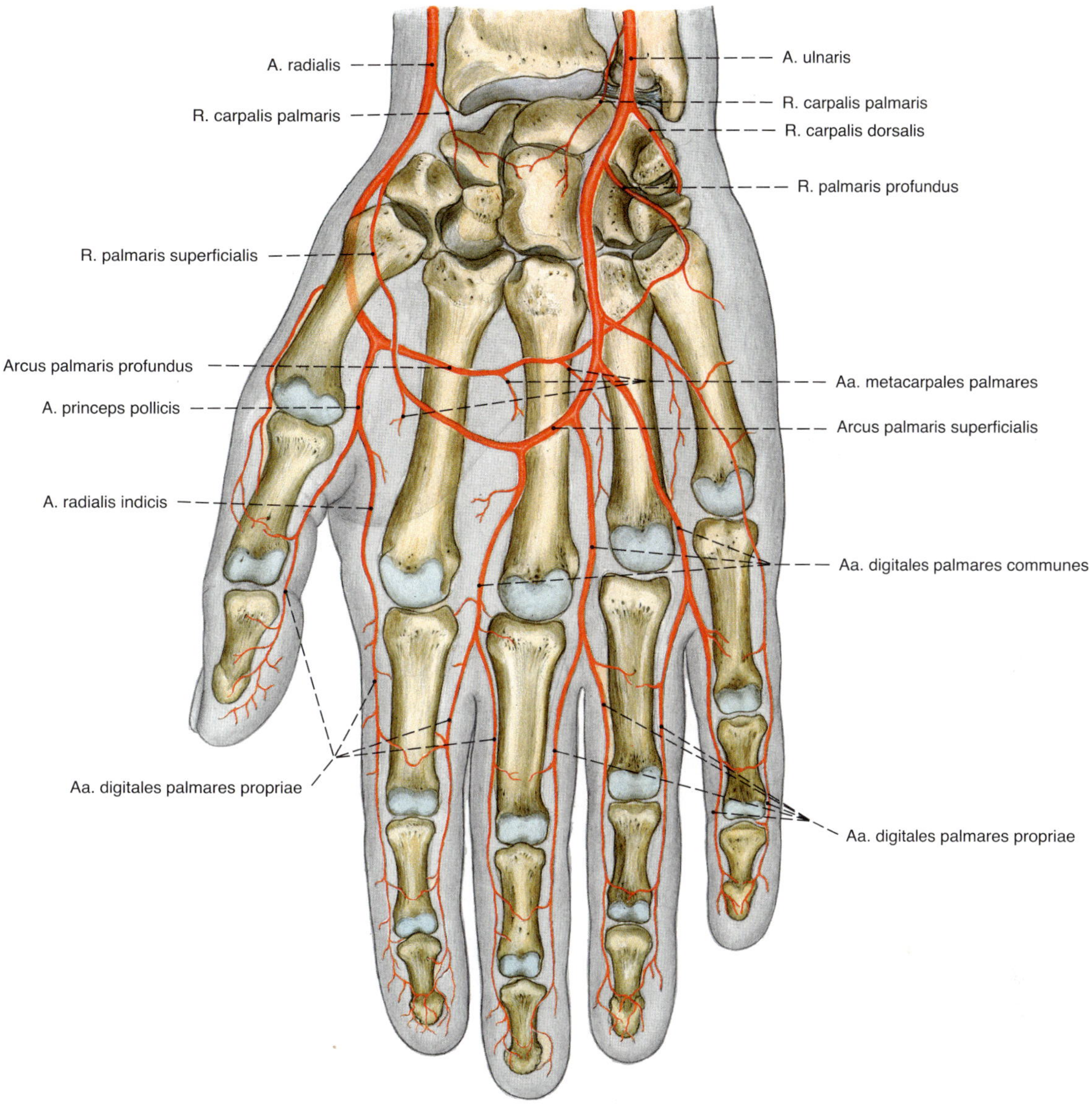

Abb. 421 Arterien der Hand, Übersicht; von palmar (re, 70%).

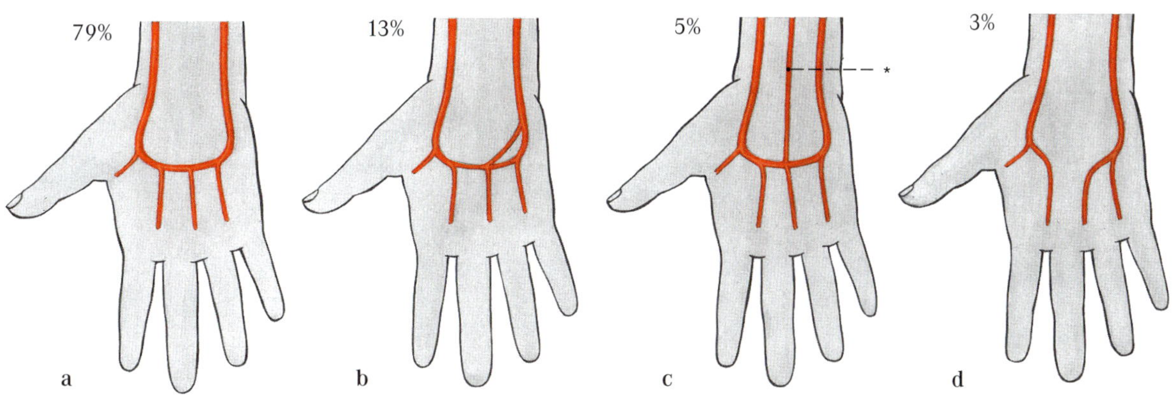

Abb. 422 a–d Varietäten des Arcus palmaris profundus.

a einfacher, geschlossener Arcus palmaris profundus (Lehrbuchfall)

b Verdoppelung des ulnaren Anteils

c Anastomose mit der A. interossea anterior (*)

d Versorgung der beiden radialen Finger aus der A. radialis, der drei ulnaren aus der A. ulnaris

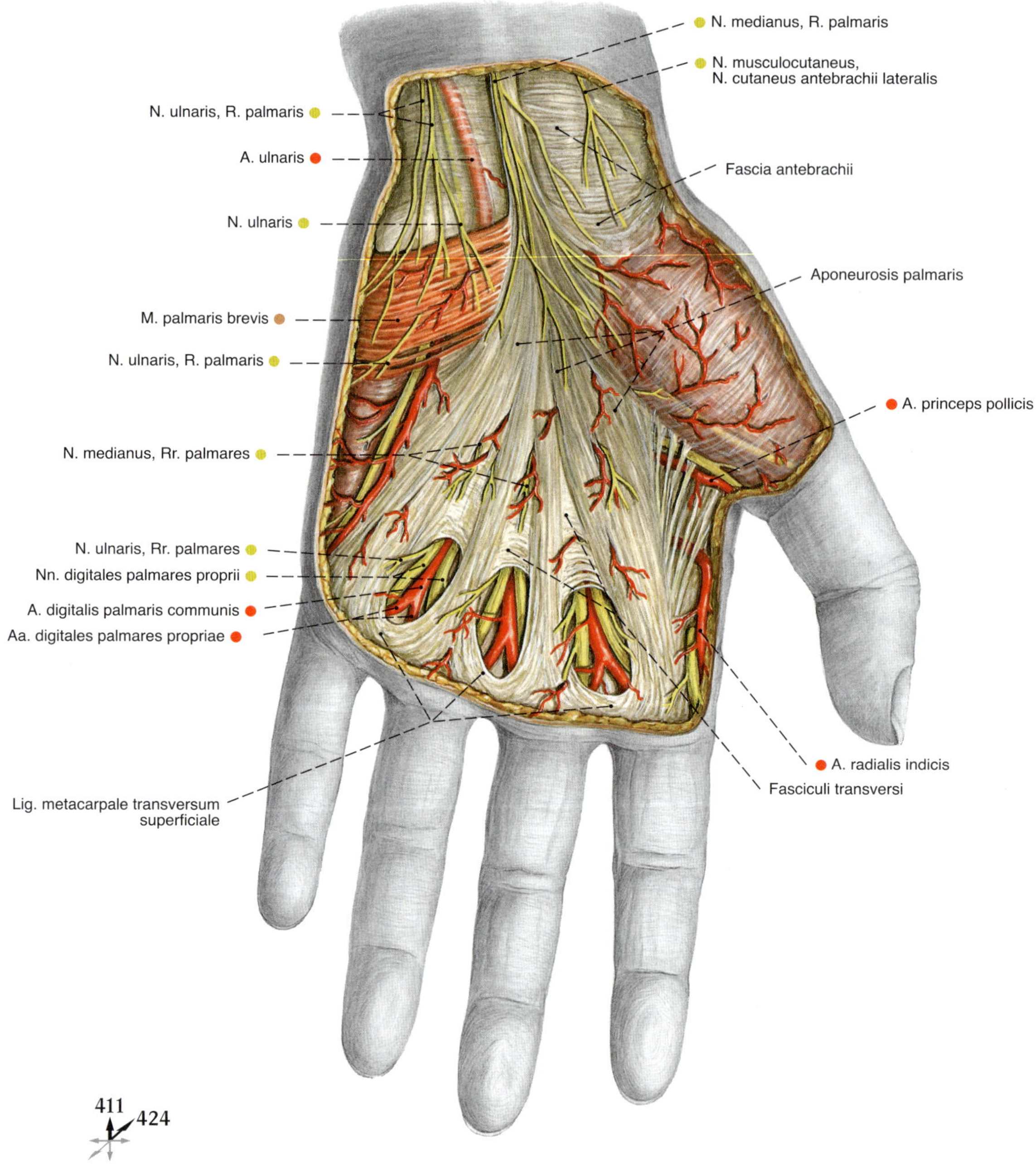

Abb. 423 Arterien und Nerven der Hohlhand, Palma; von palmar (li, 70%).

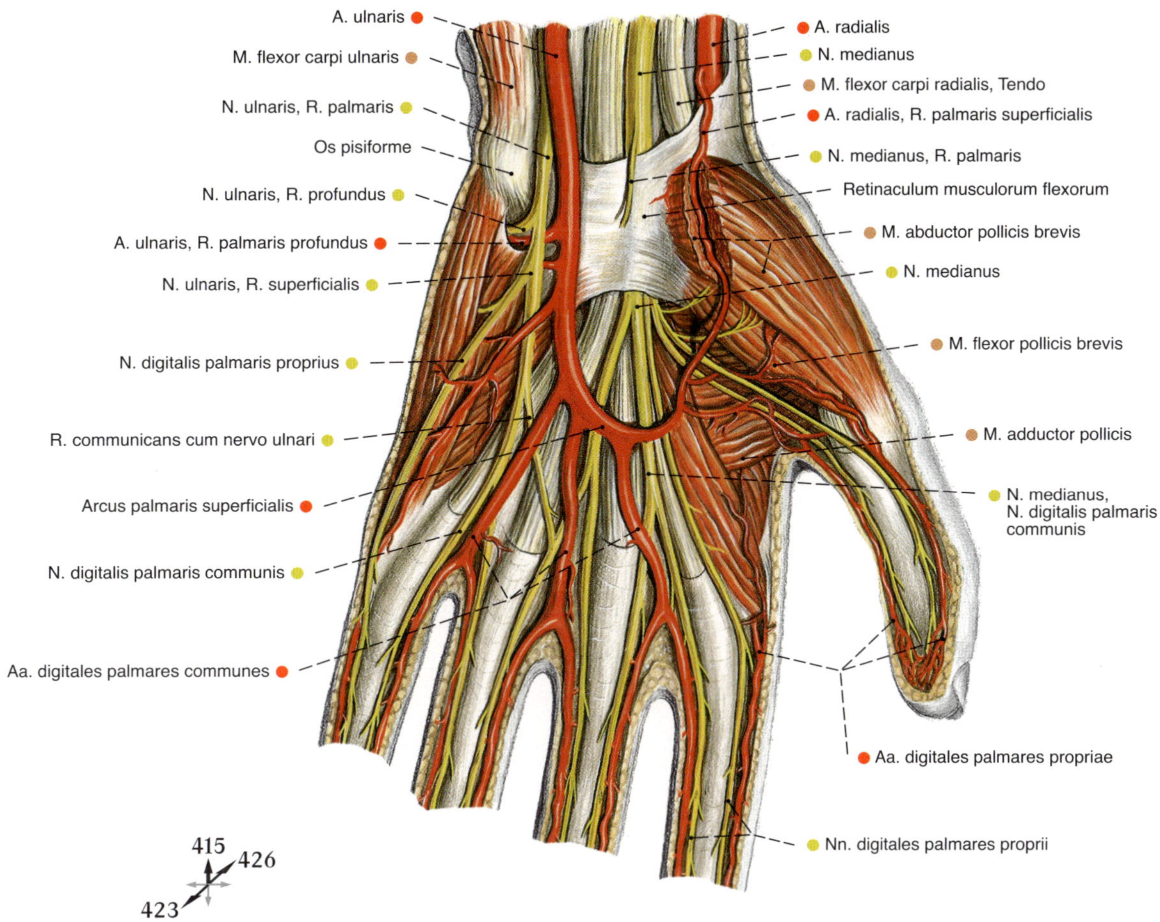

Abb. 424 Arterien und Nerven der Hohlhand, Palma; tiefe Schicht nach Abtragung der Palmaraponeurose; von palmar (li, 70%).

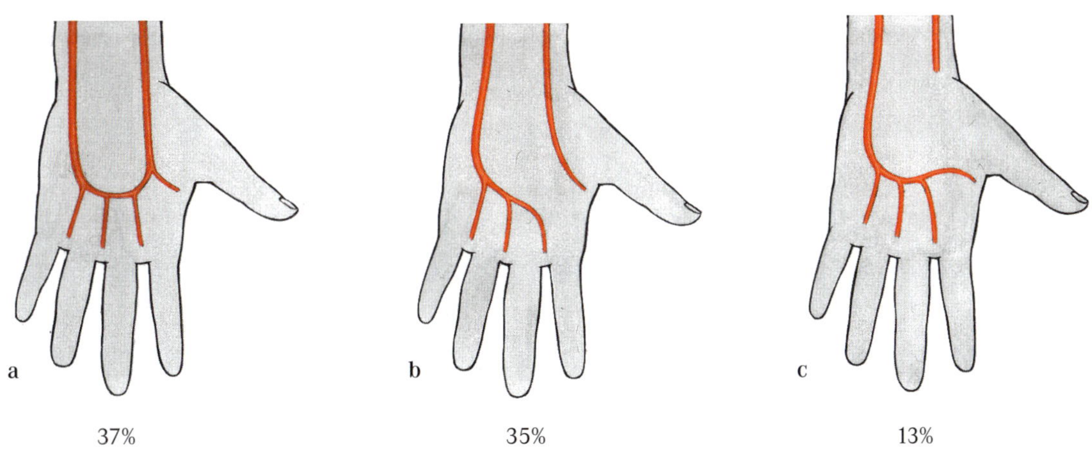

Abb. 425 a–c Varietäten des Arcus palmaris superficialis.
a geschlossener Arcus palmaris superficialis (Lehrbuchfall)
b Versorgung der drei ulnaren Finger über die A. ulnaris
c Versorgung aller Finger über die A. ulnaris

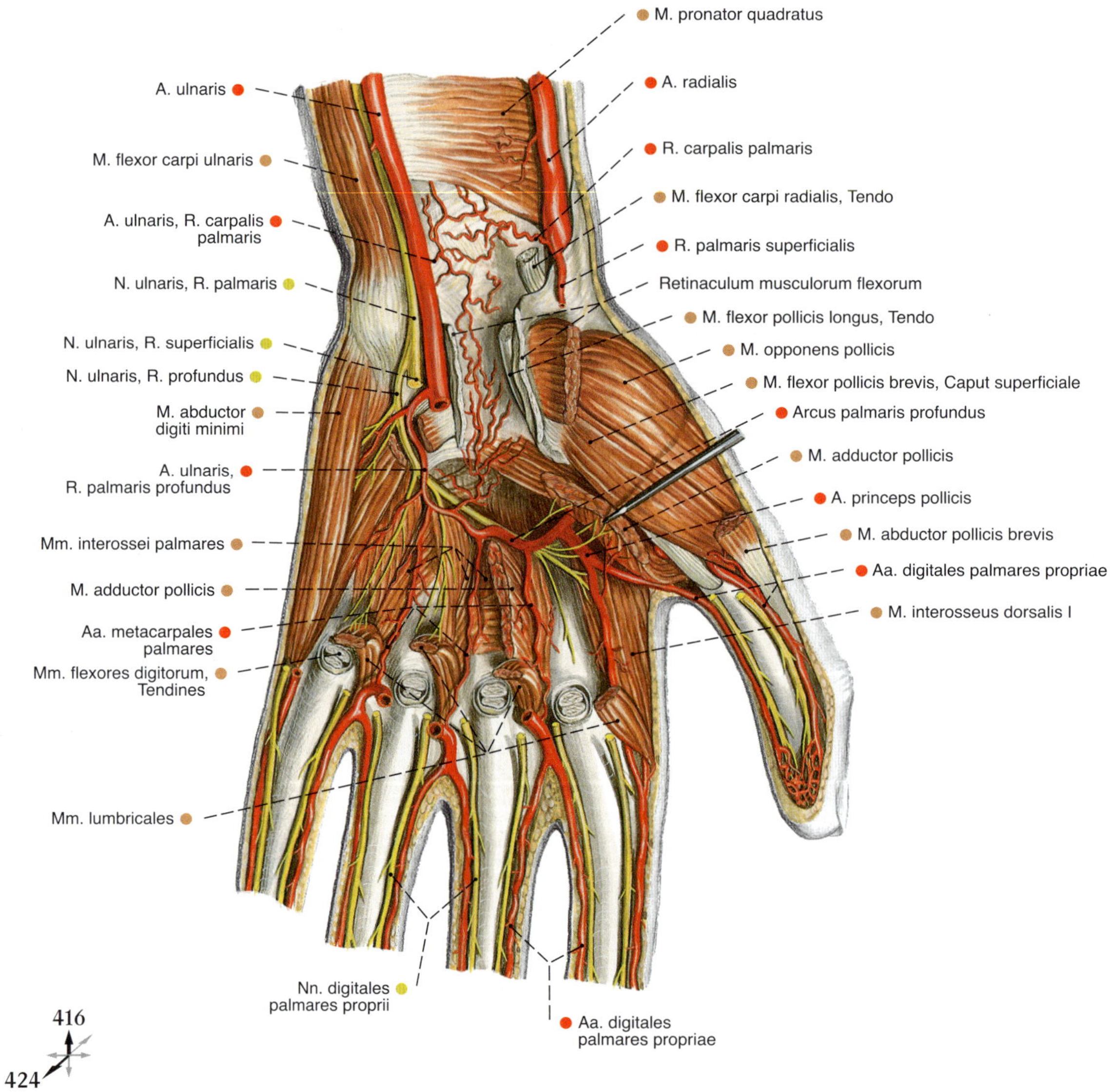

Abb. 426 Arterien und Nerven der Hohlhand, Palma; tiefe Schicht nach Durchtrennung des Caput transversum des M. adductor pollicis; von palmar (li, 75%).

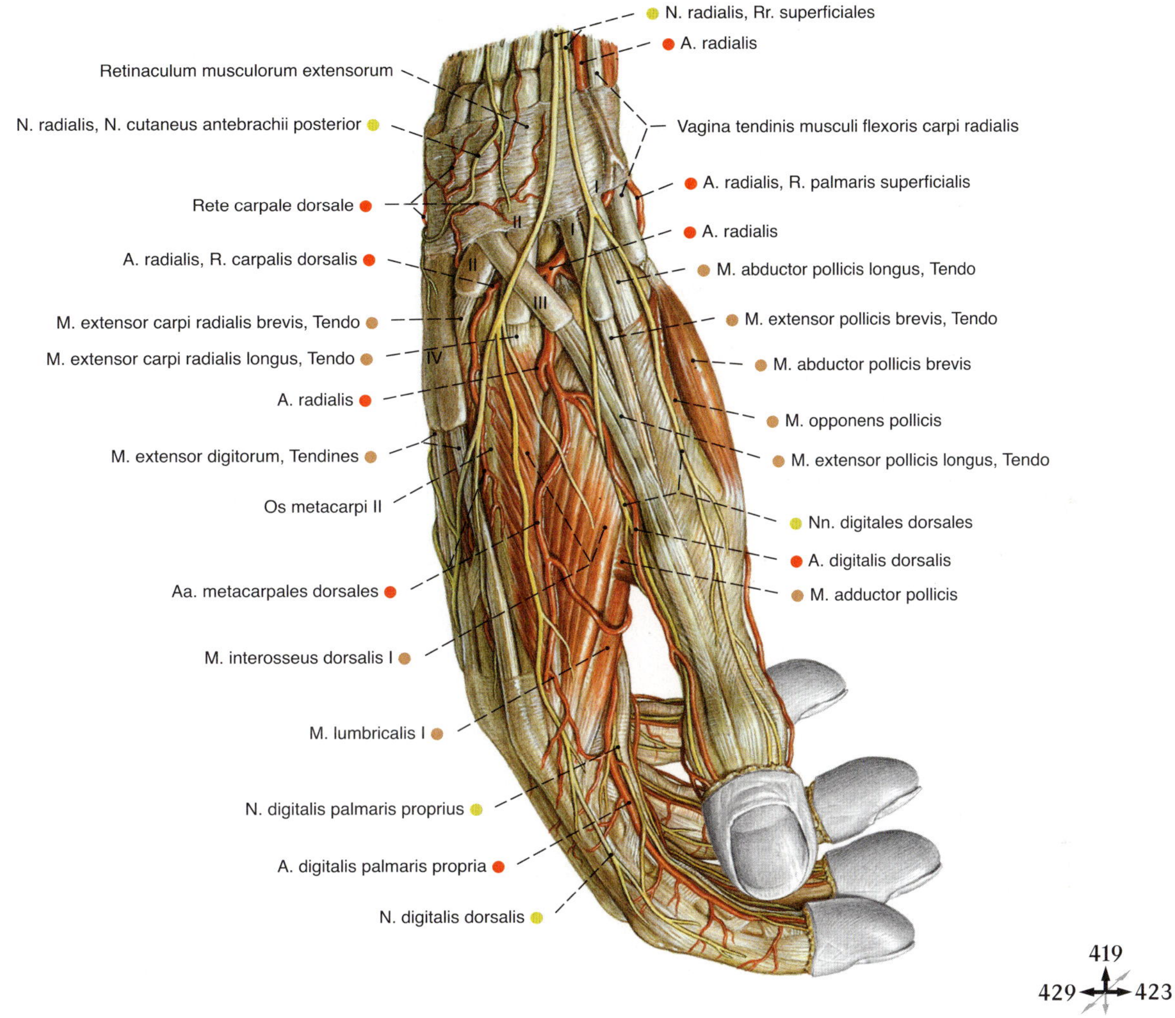

I–IV Vaginae tendinum musculorum extensorum:
I Vagina tendinum musculorum abductoris longi et extensoris pollicis brevis
II Vagina tendinum musculorum extensorum carpi radialium
III Vagina tendinis musculi extensoris pollicis longi
IV Vagina tendinum musculorum extensoris digitorum et extensoris indicis

Abb. 427 Arterien und Nerven der Hand; von lateral (radial) (re, 65%).

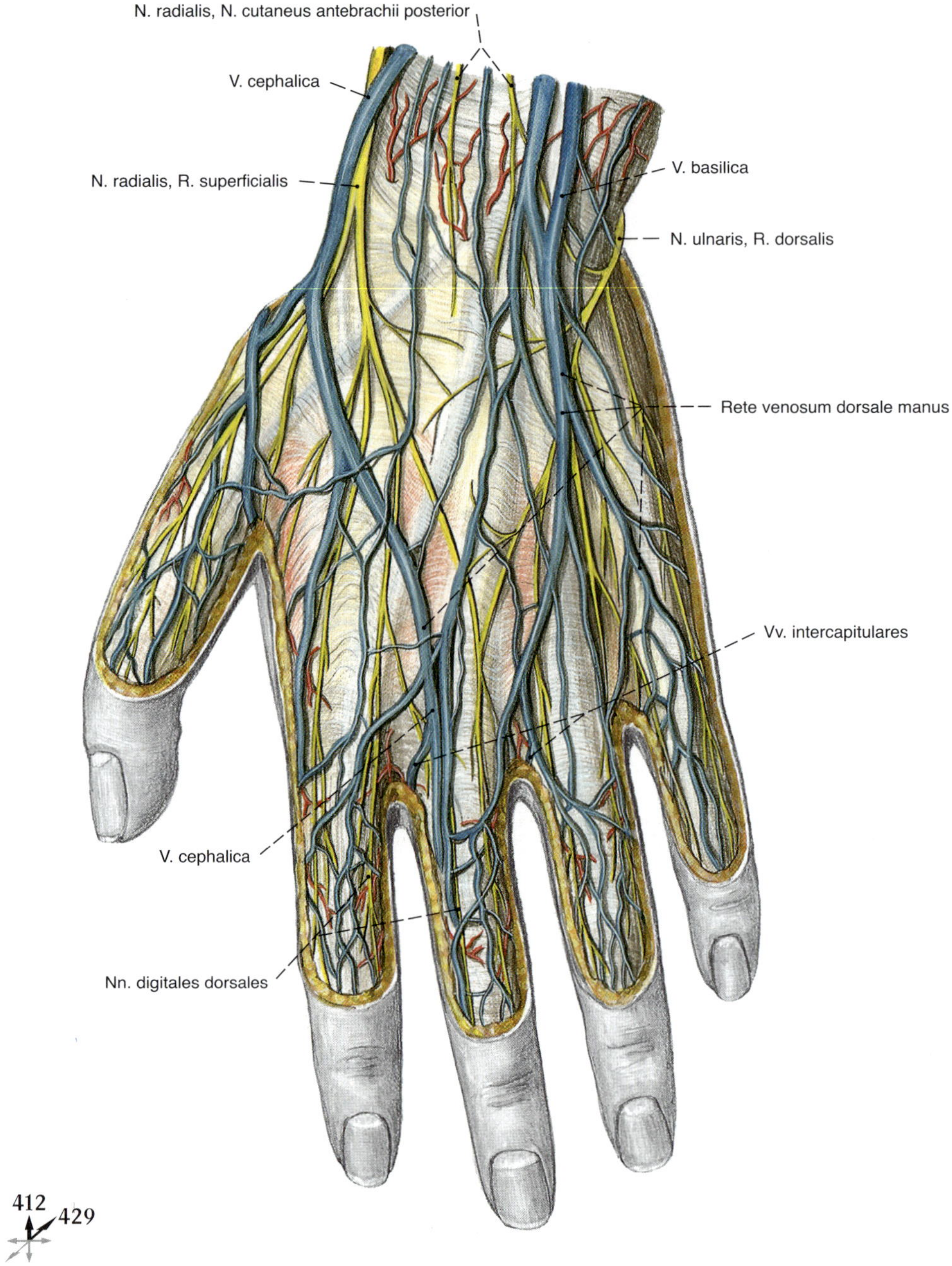

Abb. 428 Gefäße und Nerven des Handrückens, Dorsum manus; von dorsal (li, 70%).

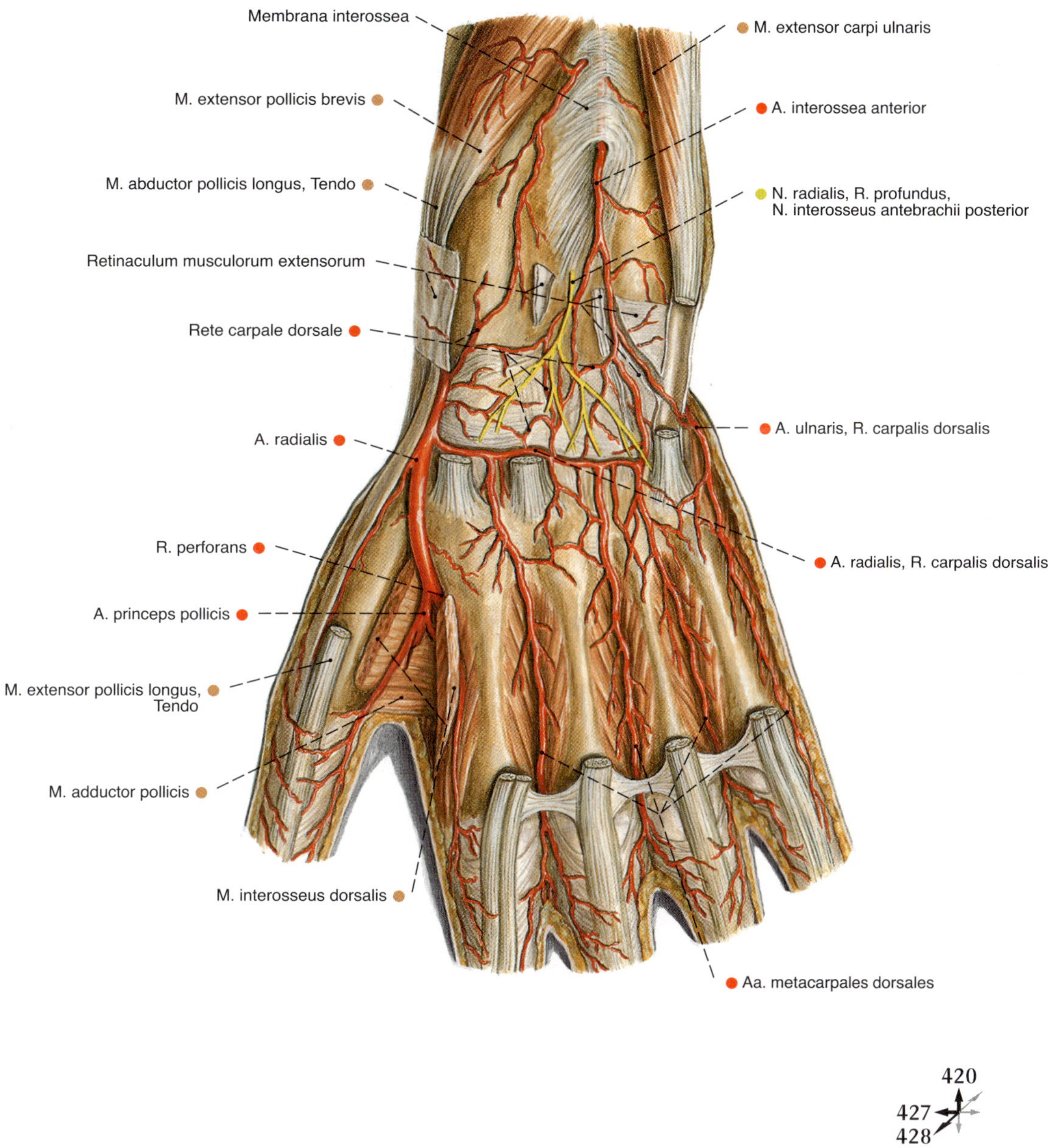

Abb. 429 Arterien und Nerven des Handrückens,
Dorsum manus;
tiefe Schicht;
von dorsal (li, 70%).

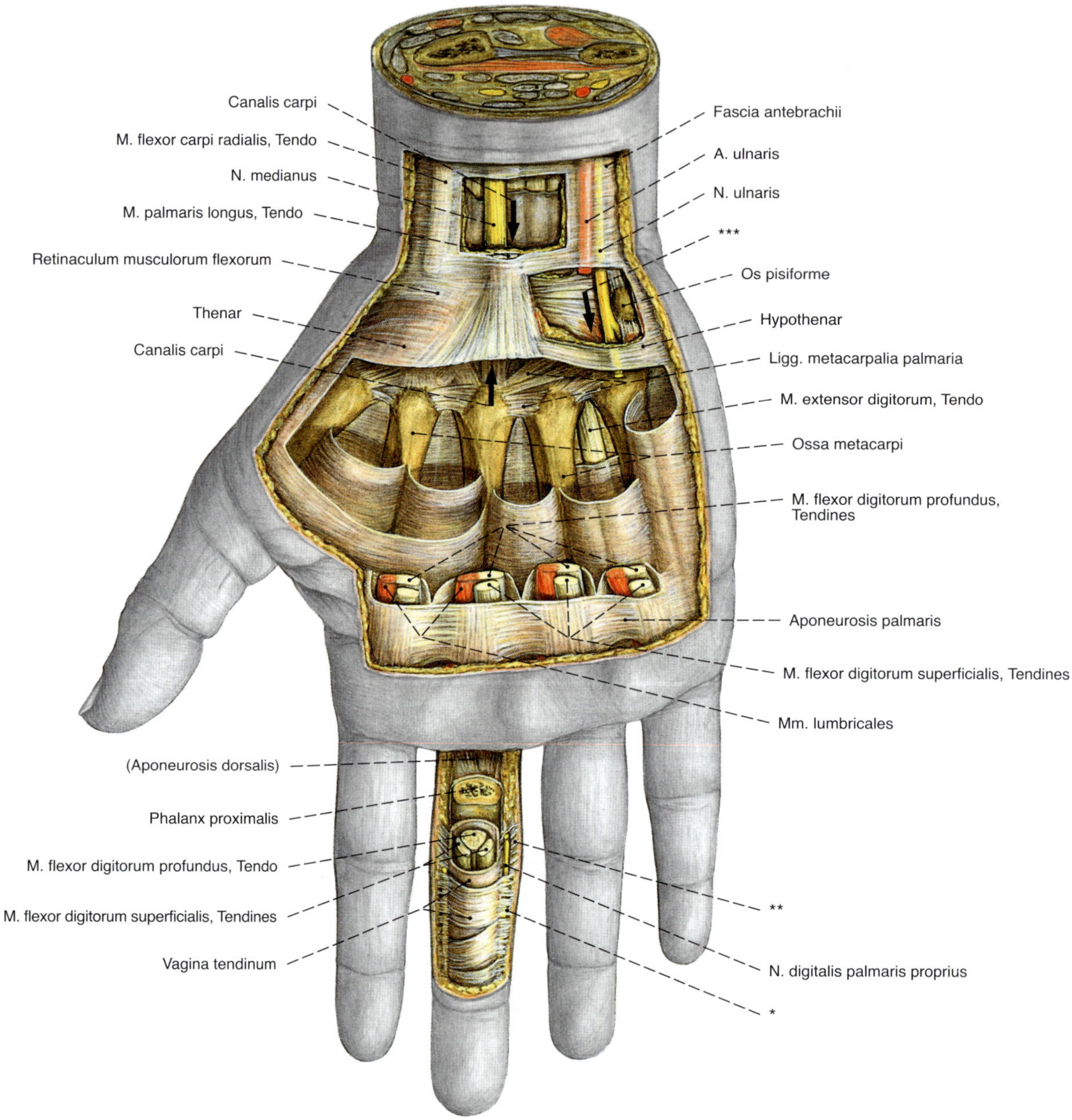

Abb. 430 Faszienlogen der Hand;
nach teilweiser Eröffnung der Kompartimente;
von palmar.

* Klinisch: GRAYSONsches Band
** Klinisch: CLELANDsches Band
*** Klinisch: Canalis ulnocarpalis (GUYONsche Loge)

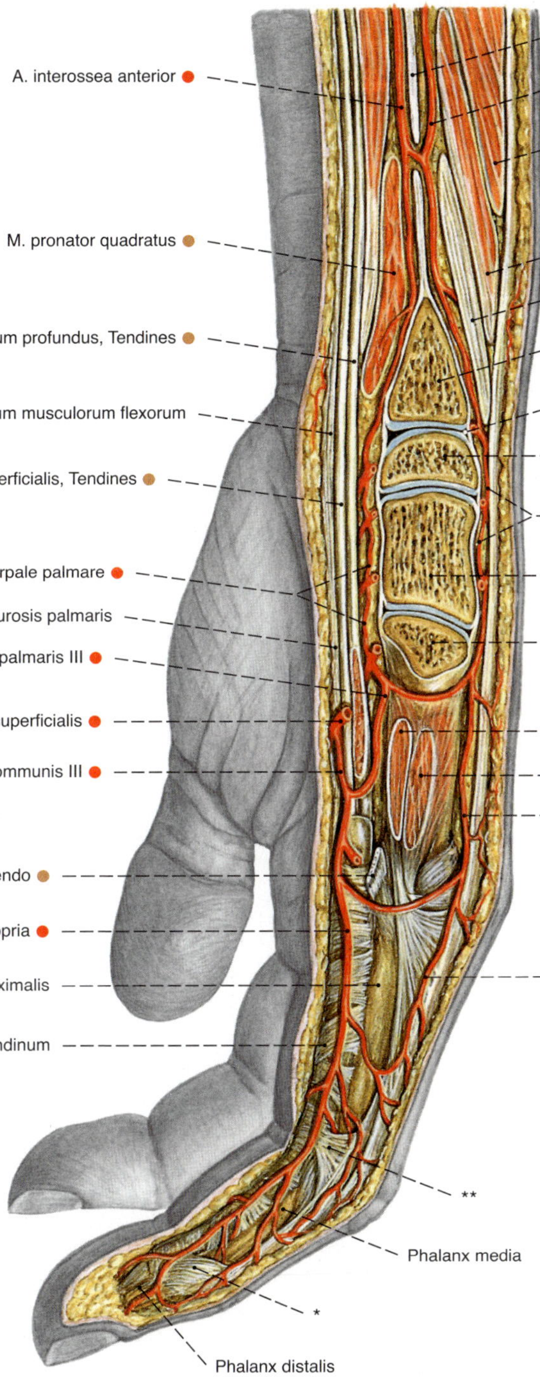

Abb. 431 Hand, Manus;
Sagittalschnitt auf Höhe der ulnaren Fläche des Mittelfingers;
von ulnar.

* Klinisch: CLELANDsches Band
** Klinisch: GRAYSONsches Band

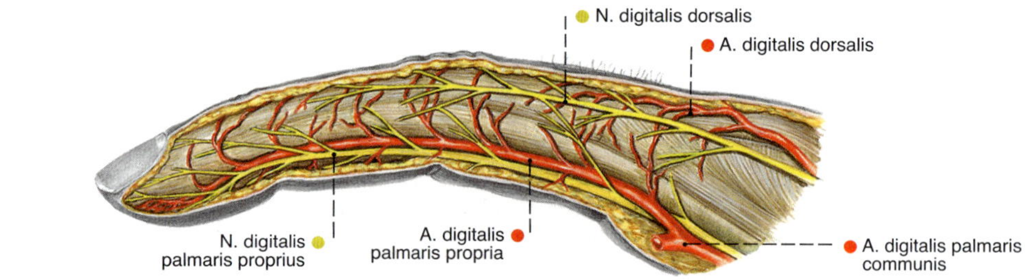

Abb. 432 Arterien und Nerven des Zeigefingers, Index; von lateral (radial) (re, 80%).

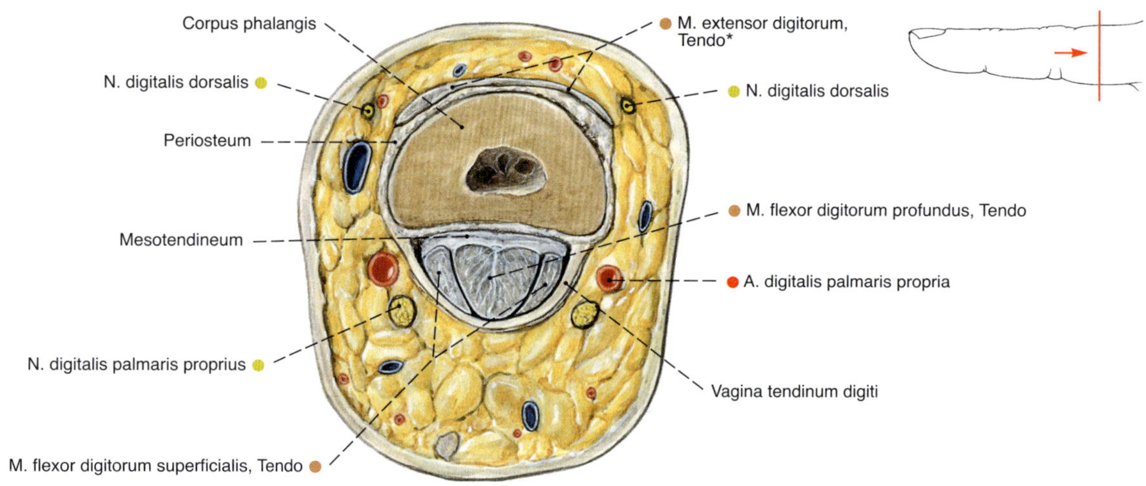

Abb. 433 Mittelfinger, Digitus medius [III]; Querschnitt durch den Schaft der Grundphalanx; von distal.

* Sog. Dorsalaponeurose, in die die entsprechende Zweigsehne des M. extensor digitorum sowie die Sehnen der Mm. interossei und lumbricales einstrahlen.

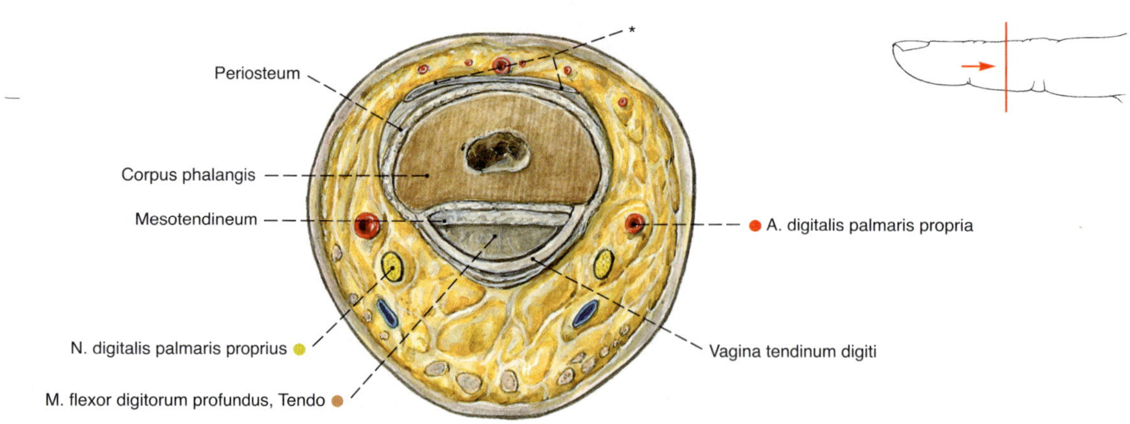

Abb. 434 Mittelfinger, Digitus medius [III]; Querschnitt durch den Schaft der Mittelphalanx; von distal.

* Sog. Dorsalaponeurose
Arterien und Nerven der Finger haben eine weitgehend konstante Lage und können leicht für eine Leitungsanästhesie oder zur Blutstillung erreicht werden.

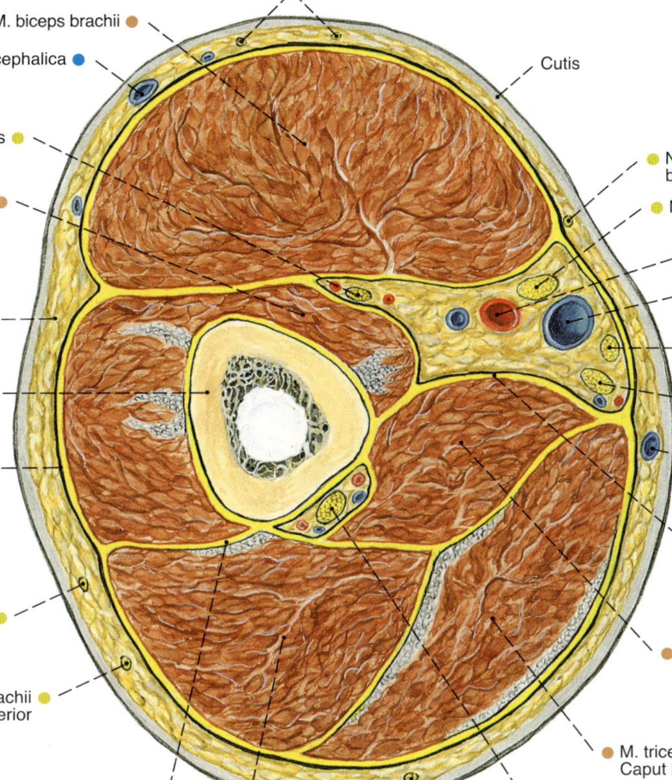

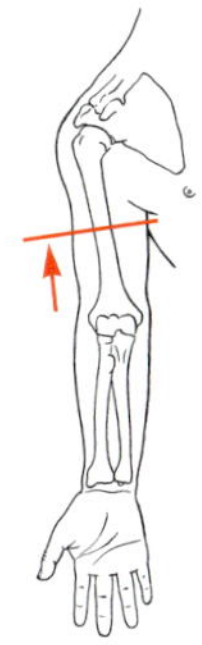

Abb. 435 Oberarm, Brachium; Querschnitt auf Höhe der Mitte des Oberarms; von distal (re, 120%).

Aufgrund seiner Nähe zum Humerusschaft ist der N. radialis bei Oberarmfrakturen in seinem Verlauf im Sulcus nervi radialis gefährdet.

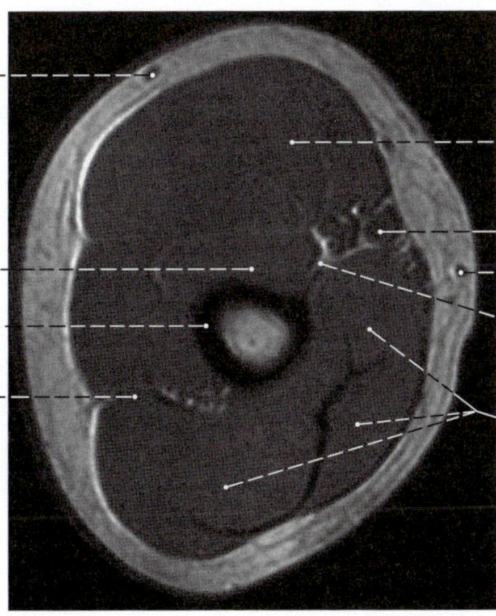

Abb. 436 Oberarm, Brachium; magnetresonanztomographischer Querschnitt (MRT) auf Höhe der Mitte des Oberarms; von distal (re).

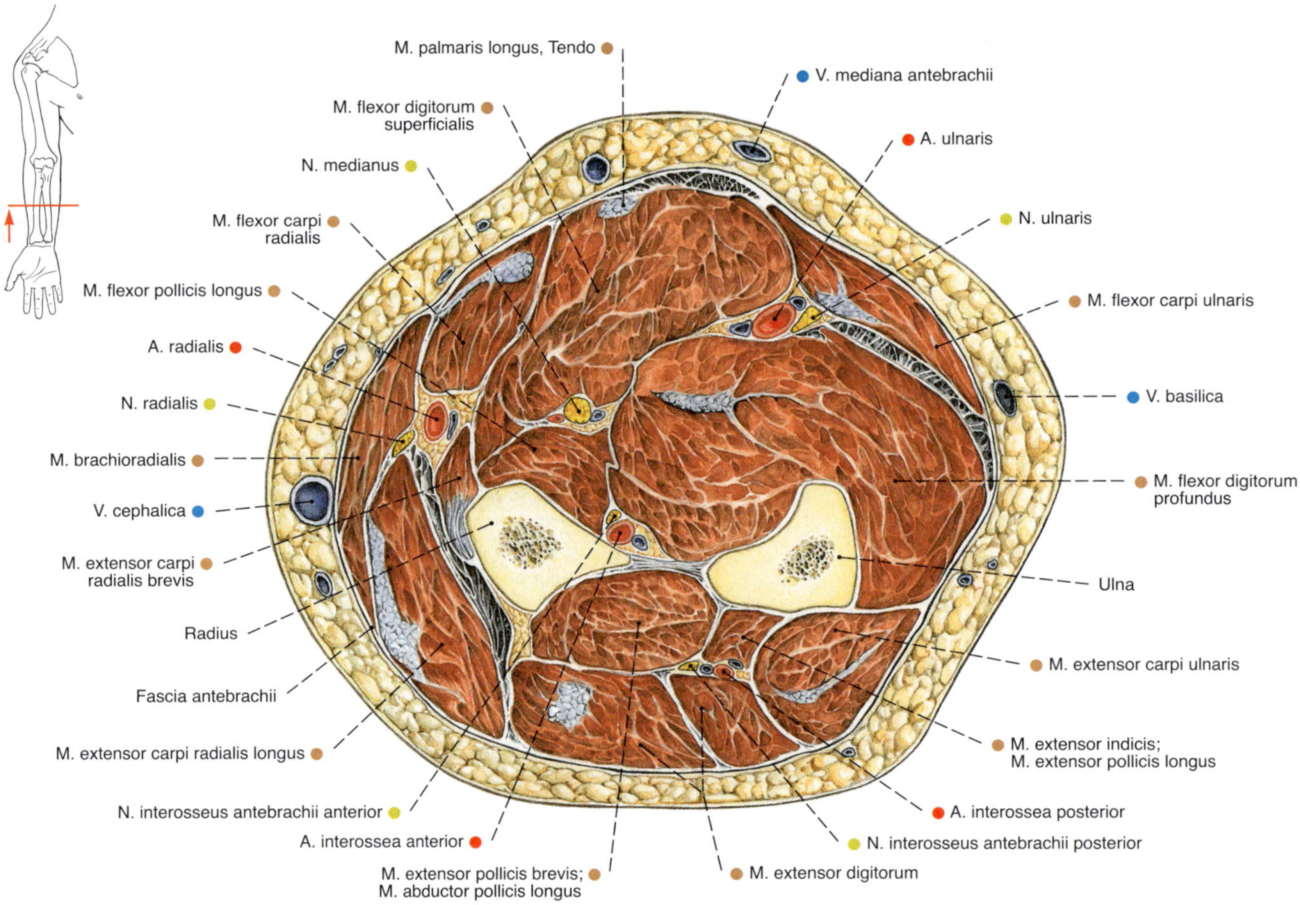

Abb. 437 Unterarm, Antebrachium;
Querschnitt auf Höhe der Mitte des Unterarms;
von distal (re, 120%).

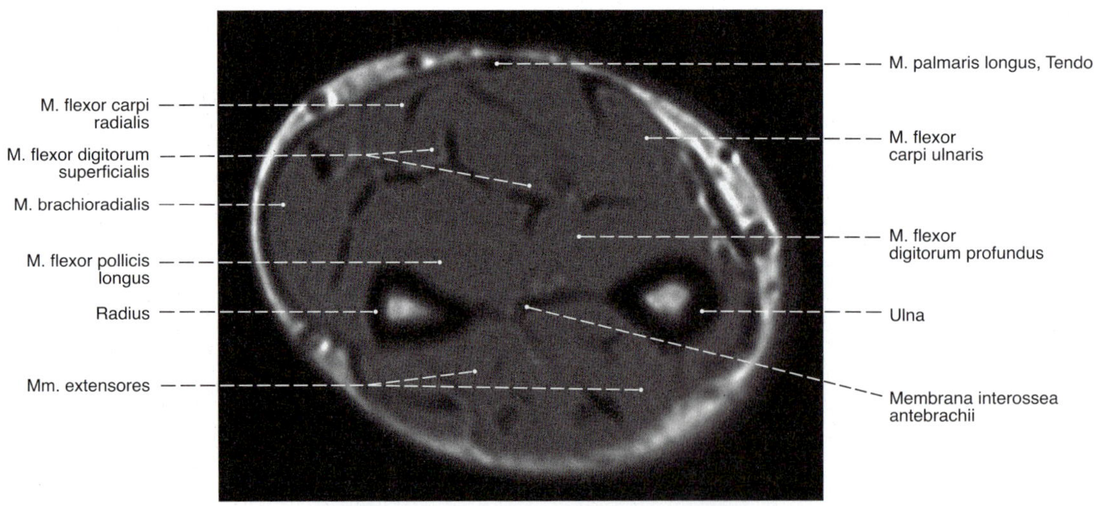

Abb. 438 Unterarm, Antebrachium;
magnetresonanztomographischer Querschnitt (MRT)
auf Höhe der Mitte des Unterarms;
von distal (re).

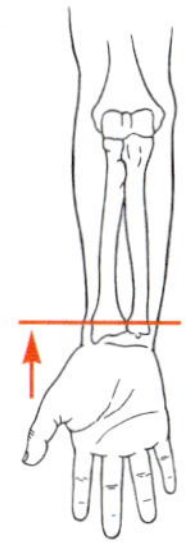

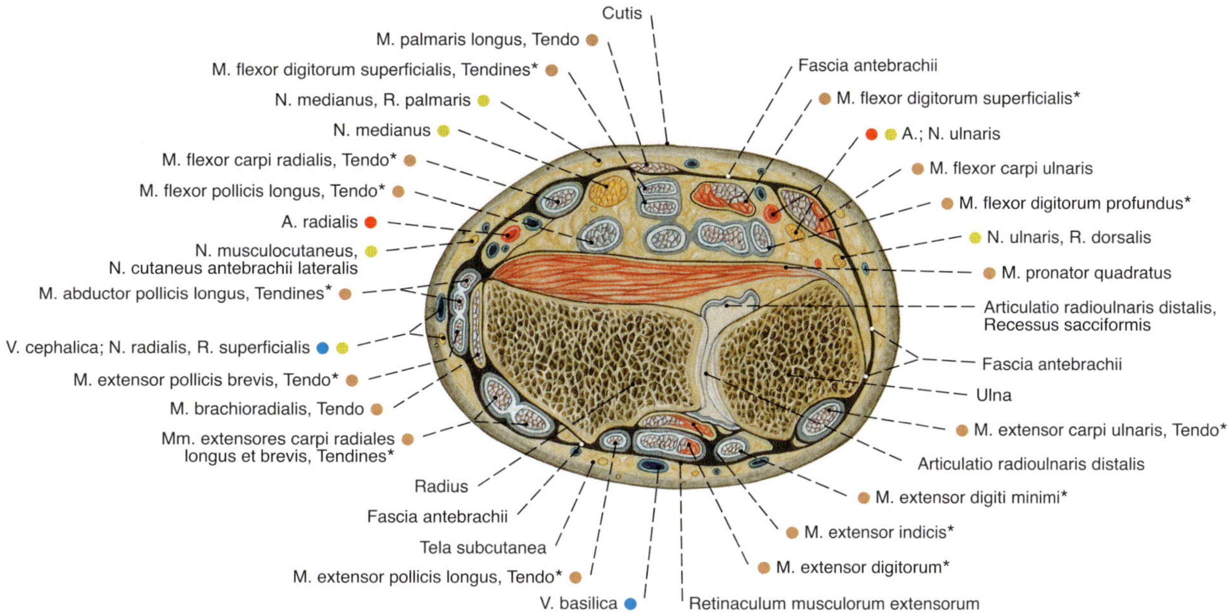

Abb. 439 Unterarm, Antebrachium;
Querschnitt auf Höhe des distalen Radioulnargelenks;
von distal (re, 90%).
Die mit * bezeichneten Muskelsehnen verlaufen auf dieser Schnitthöhe in Sehnenscheiden, Vaginae tendinum.

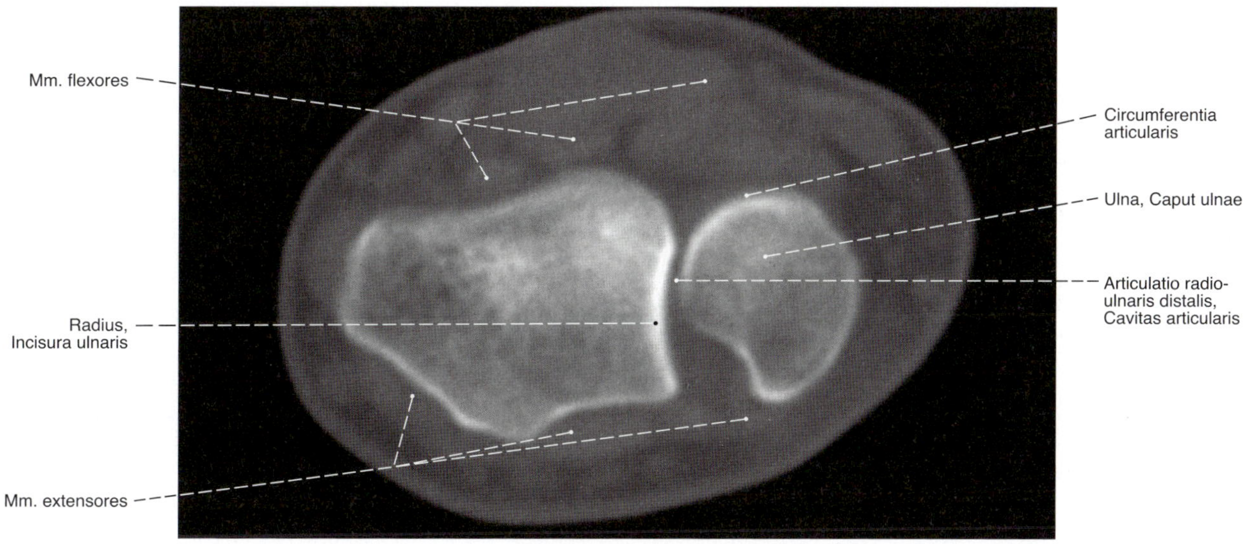

Abb. 440 Unterarm, Antebrachium;
computertomographischer Querschnitt (CT) auf Höhe des distalen Radioulnargelenks;
von distal (re).

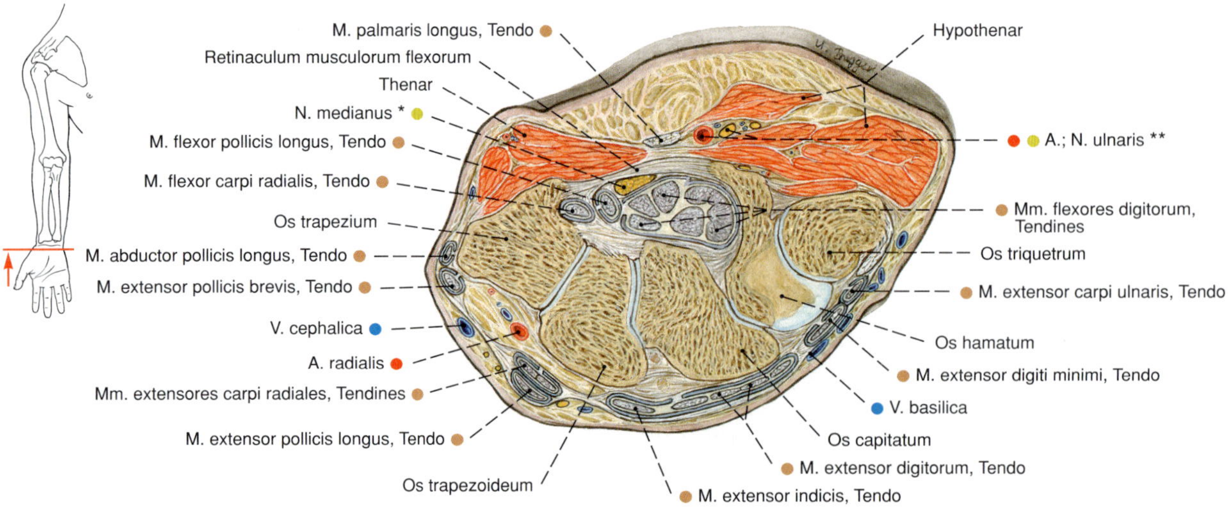

Abb. 441 Handwurzel, Carpus; Querschnitt auf Höhe des Hamulus ossis hamati mit Darstellung der Sehnenscheiden, Vaginae tendinum;
von distal (re, 100%).

Karpaltunnelsyndrom: Kompression des N. medianus im Karpaltunnel (*); Ulnaristunnelsyndrom: Kompression des N. ulnaris im sog. Ulnaristunnel (Guyonsche Loge **)

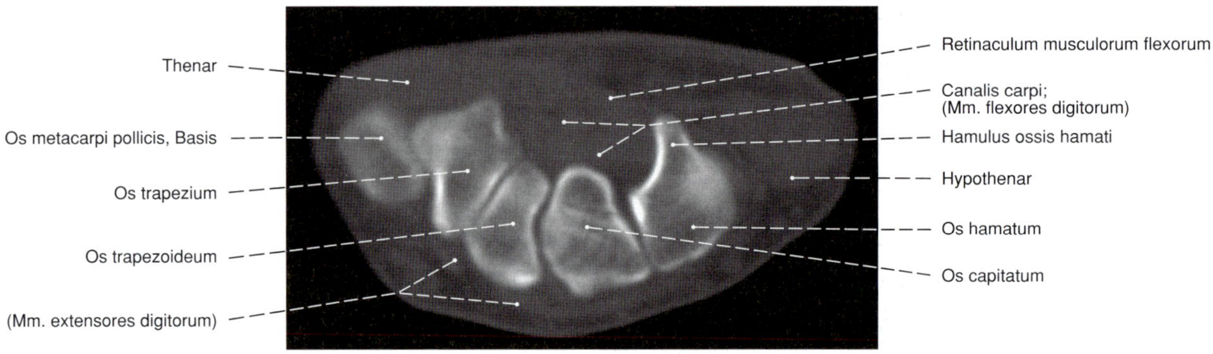

Abb. 442 Handwurzel, Carpus; computertomographischer Querschnitt (CT) auf Höhe des Hamulus ossis hamati; von distal (re).

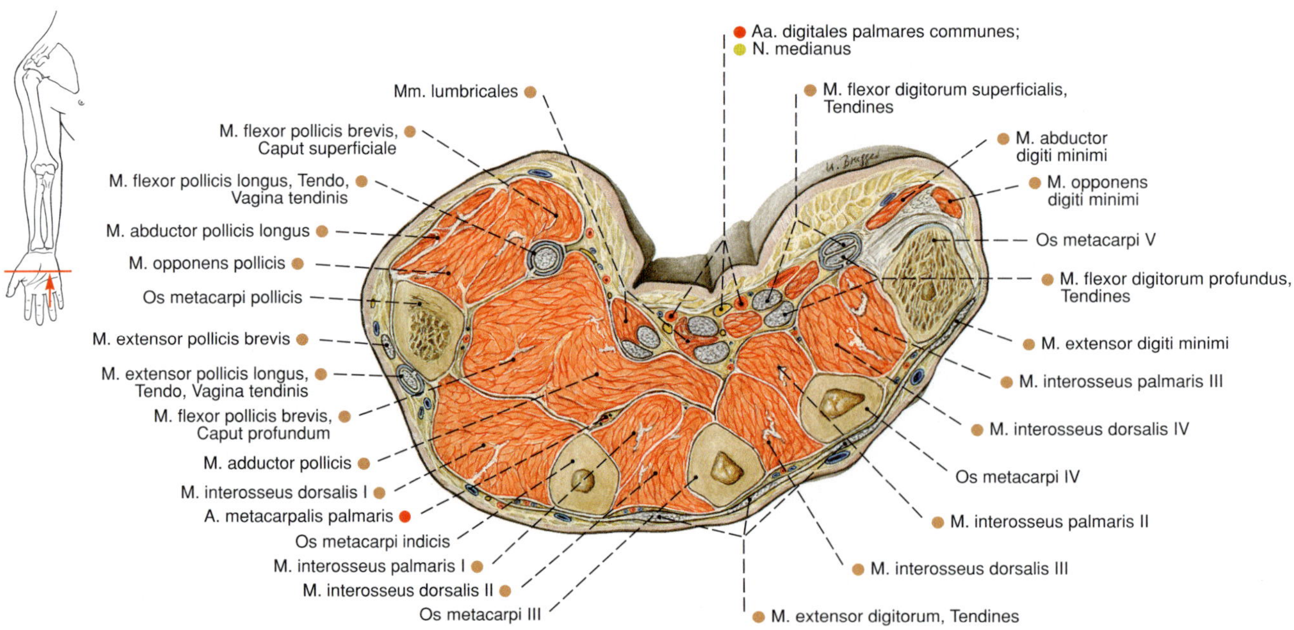

Abb. 443 Mittelhand, Metacarpus; Querschnitt auf Höhe der Mitte des 3. Mittelhandknochens; von distal (re, 95%).

Versorgungsgebiete der Nerven von Plexus cervicalis und Plexus brachialis

	motorisch	sensibel
Plexus cervicalis C1–C4 (C5)		
Ansa cervicalis Radix superior Radix inferior	Mm. infrahyoidei	
N. occipitalis minor		Haut oberhalb des Proc. mastoideus
N. auricularis magnus		Haut von Ohrmuschel und Umgebung
N. transversus colli		Haut der vorderen Halsregion
Nn. supraclaviculares mediales		Haut der seitlichen Halsregion und des infraklavikulären Bereichs von Brust und Schulter
Nn. supraclaviculares intermedii		
Nn. supraclaviculares laterales		
Rr. musculares	M. longus colli, M. longus capitis, M. rectus capitis anterior, Mm. intertransversarii, (M. trapezius), M. levator scapulae, M. scalenus medius	
N. phrenicus (C3) C4 (C5)	Diaphragma	Vorderfläche des Herzbeutels, Pleura diaphragmatica, Peritoneum der zentralen Anteile des Zwerchfells
Plexus brachialis (C5) C4–T1 (T2)		
N. dorsalis scapulae C4, C5	M. levator scapulae, Mm. rhomboidei	
N. suprascapularis C4–C6	M. supraspinatus, M. infraspinatus	
Nn. subscapulares C5–C7	M. subscapularis, (M. teres major)	
N. subclavius (C4) C5, C6	M. subclavius	
N. thoracicus longus C5–C7 (C8)	M. serratus anterior	
Nn. pectorales C8–T1	M. pectoralis major, M. pectoralis minor	
N. thoracodorsalis C6–C8	M. latissimus dorsi, M. teres major	
Rr. musculares	M. longus colli, M. longus capitis	
N. musculocutaneus C5–C7	M. coracobrachialis, M. biceps brachii, M. brachialis	Haut an der radialen Seite des Unterarms
N. medianus C6–T1	M. pronator teres, M. flexor carpi radialis, M. palmaris longus, M. flexor digitorum superficialis, M. flexor pollicis longus, M. flexor digitorum profundus (radialer Teil), M. pronator quadratus, M. flexor pollicis brevis (Caput superficiale), M. opponens pollicis, Mm. lumbricales I, II	Haut des radialen Anteils der Handfläche (3 ½ Finger)
N. ulnaris C6–T1	M. flexor carpi ulnaris, M. flexor digitorum profundus (ulnarer Teil), M. palmaris brevis, M. flexor digiti minimi, M. opponens digiti minimi, M. abductor digiti minimi, M. flexor pollicis brevis (Caput profundum), M. adductor pollicis, Mm. lumbricales III, IV, Mm. interossei	Haut der ulnaren Seite der Hand (palmar: 1 ½ Finger, dorsal 2 ½ Finger)
N. cutaneus brachii medialis T1–T2		Haut der medialen Seite des Oberarms
N. cutaneus antebrachii medialis C8–T1		Haut der ulnaren Seite des Unterarms
N. axillaris C5, C6	M. deltoideus, M. teres minor	
N. radialis C6–T1	M. triceps brachii, M. anconeus, M. brachioradialis, M. extensor carpi radialis longus, M. extensor carpi radialis brevis, M. supinator, M. extensor digitorum, M. extensor pollicis longus, M. abductor pollicis longus, M. extensor pollicis brevis, M. extensor indicis, M. extensor carpi ulnaris	Haut der dorsalen Seite von Oberarm, Unterarm und Hand (2 ½ radiale Finger, mit Ausnahme der Endglieder)

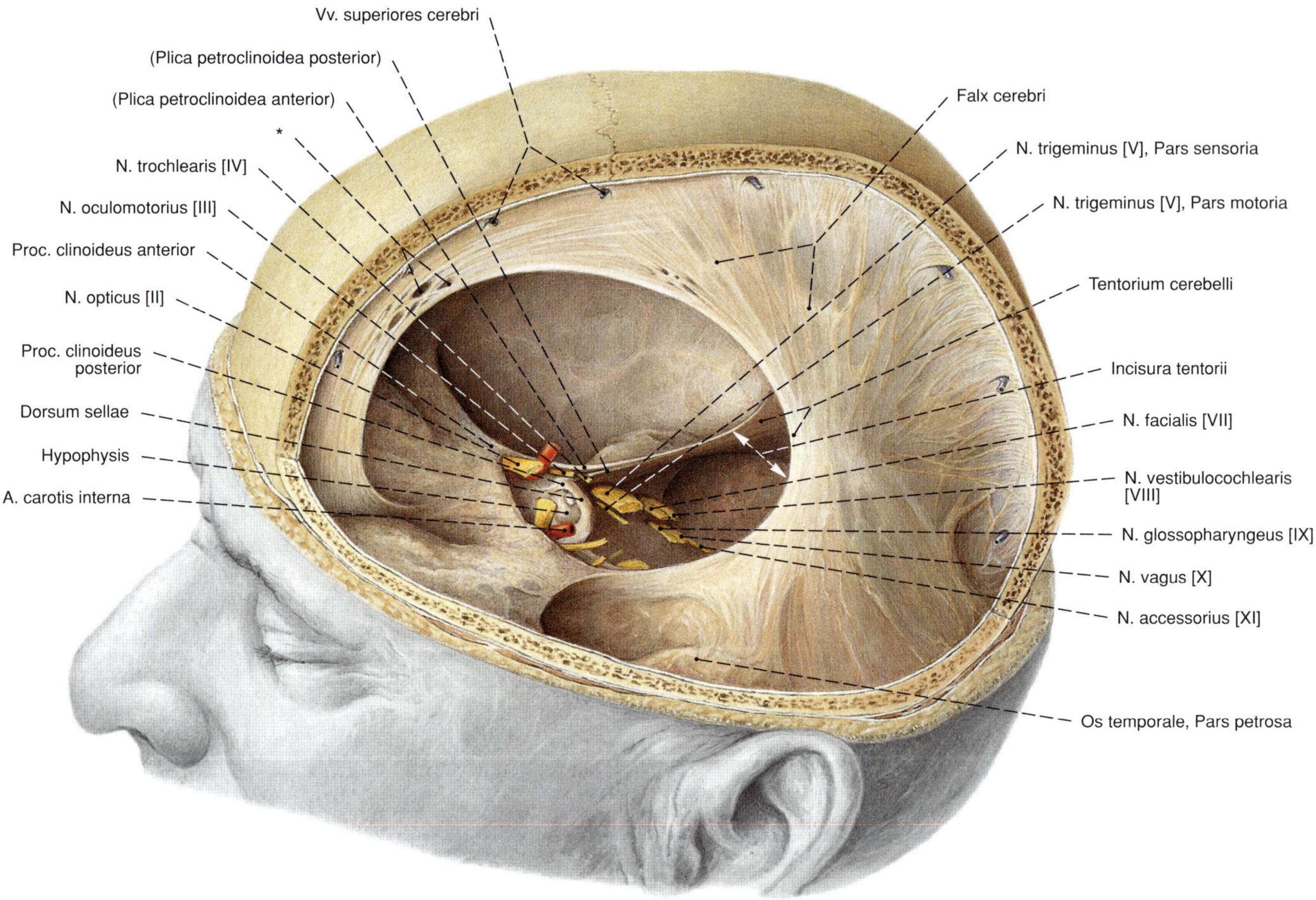

Abb. 444 Harte Hirnhaut, Dura mater cranialis; Schädel seitlich eröffnet; von links oben.

* Lücken in der Falx cerebri

Dura mater cranialis

Die Dura mater cranialis kleidet die Schädelhöhle vollständig aus und ist mit den Schädelknochen fest verwachsen. Die Falx cerebri ragt in der Sagittalebene sichelförmig vor und zieht von der Crista galli bis zum First des Tentorium cerebelli. Dieses wiederum überspannt die hintere Schädelgrube und ist entlang des Sinus transversus und der Pyramidenkante befestigt. Die Ränder der Incisura tentorii umfassen das Mittelhirn und laufen seitlich in die Plicae petroclinoideae anterior und posterior aus, die zu den Procc. clinoidei anterior und posterior ziehen.
Durch die Falx cerebri und das Tentorium cerebelli wird die Schädelhöhle in drei unvollständig voneinander getrennte Räume für die beiden Großhirnhemisphären und das Kleinhirn unterteilt.

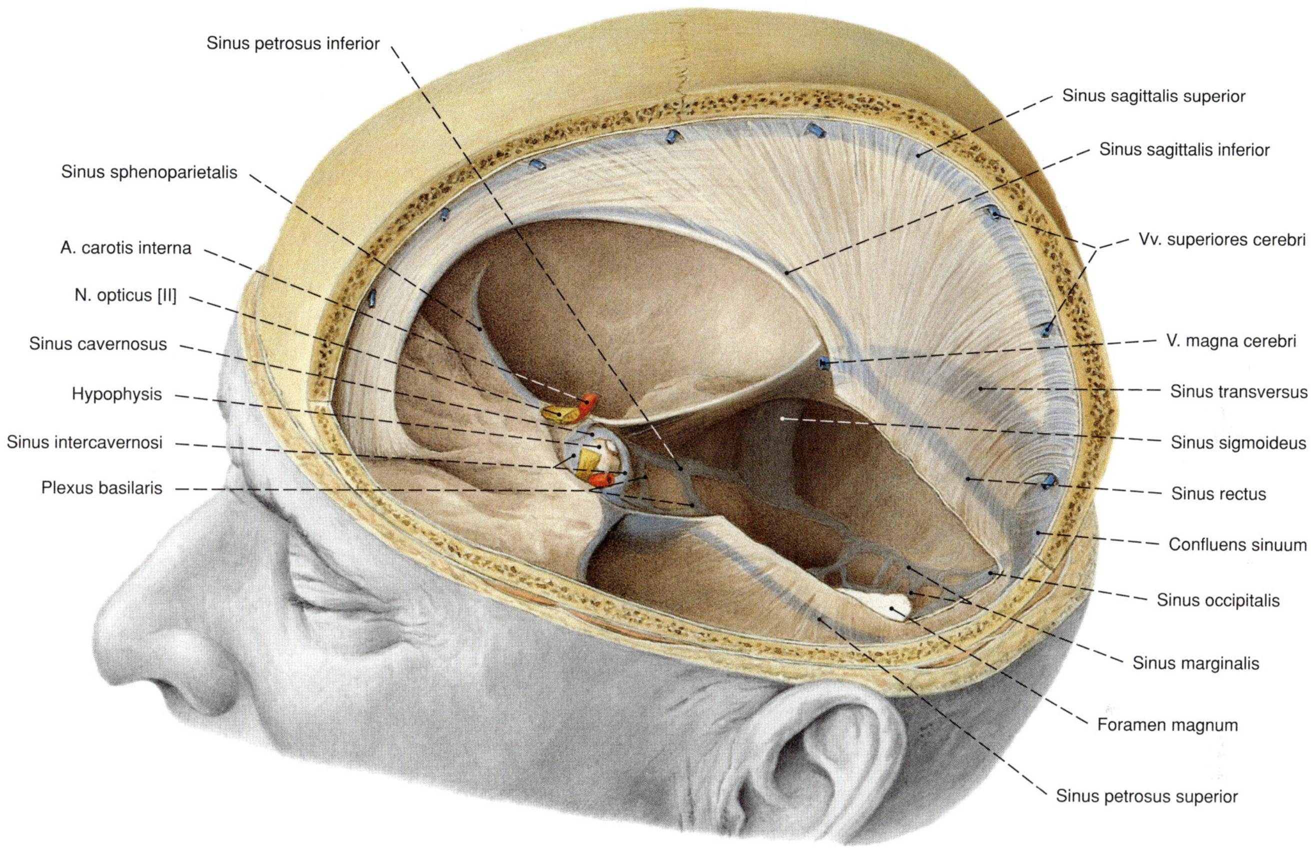

Abb. 445 Harte Hirnhaut, Dura mater cranialis, und Sinus durae matris;
Schädel seitlich eröffnet, Tentorium cerebelli teilweise entfernt;
von links oben.

Lage der Sinus durae matris (siehe auch S. 263)

Schädeldach, Falx cerebri und Tentorium cerebelli	Vordere und mittlere Schädelgrube	Hintere Schädelgrube
Sinus sagittalis superior Sinus sagittalis inferior Sinus rectus	Sinus sphenoparietalis Sinus cavernosus Sinus intercavernosi Sinus petrosus superior Sinus petrosquamosus	Confluens sinuum Sinus transversus Sinus sigmoideus Sinus marginalis Sinus occipitalis Plexus basilaris Sinus petrosus inferior

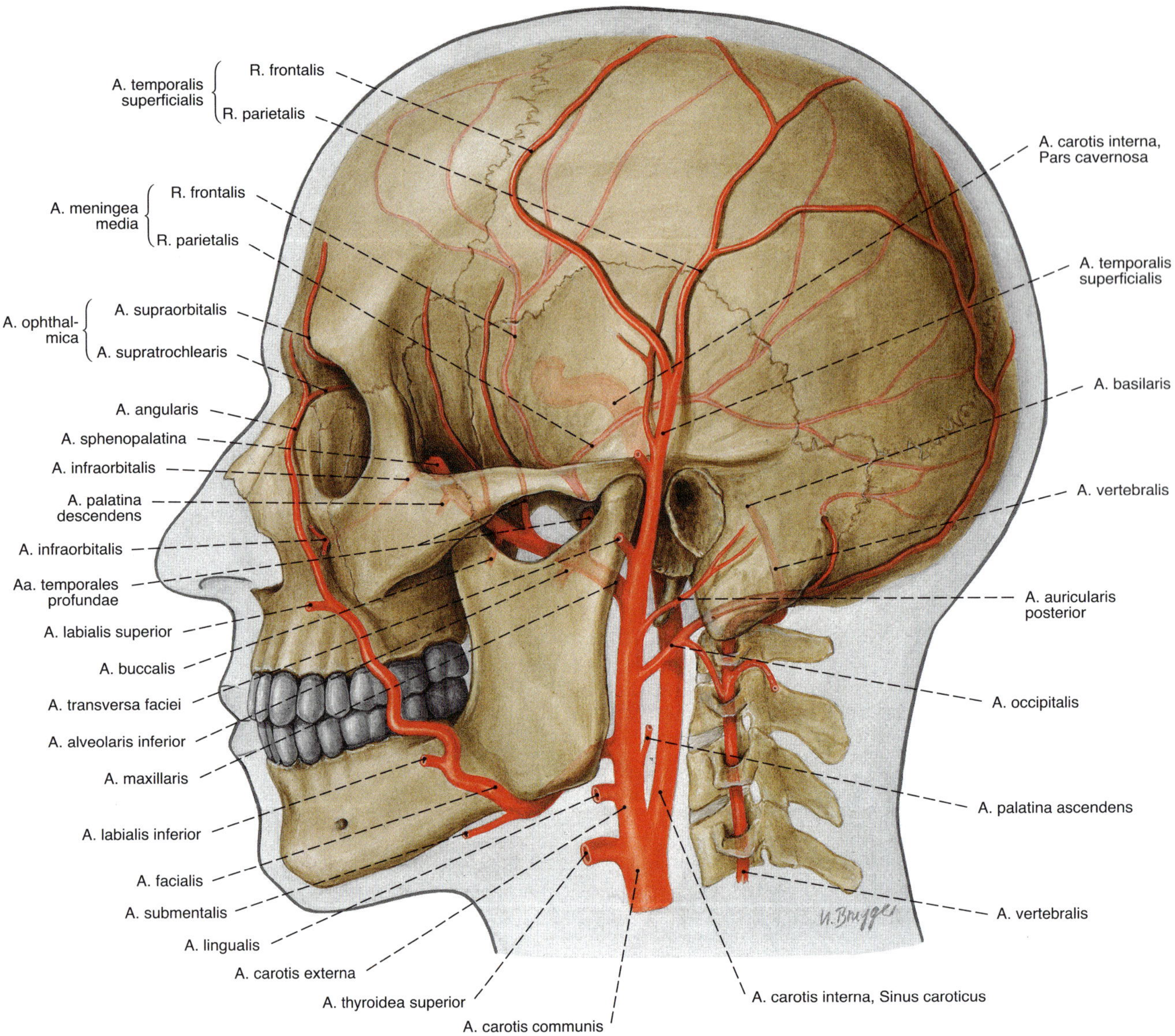

Abb. 446 Äußere Arterien des Kopfes; von links.

Innere Halsschlagader, A. carotis interna

Der Stamm der A. carotis interna wird in vier Abschnitte unterteilt.

Die **Pars cervicalis** geht aus der A. carotis communis hervor und zieht innerhalb des Trigonum caroticum bis zur Schädelbasis.

Innerhalb des Os petrosum verläuft die **Pars petrosa** im Canalis caroticus gemeinsam mit dem (sympathischen) Plexus caroticus internus und dem Plexus venosus caroticus internus. Nach Verlassen des Kanals an der Vorderseite der Pyramidenspitze ist sie nur durch ein dünnes knöchernes oder bindegewebiges Septum vom lateral gelegenen Ganglion trigeminale getrennt.

Die **Pars cavernosa** durchzieht den Sinus cavernosus in einer meist stark gekrümmten S-förmigen Schleife, dem sog. „Karotissiphon". Medial liegt sie dem Körper des Keilbeins in einer flachen Rinne an, die bis zur Basis des Proc. clinoideus anterior zieht. Hier ist mitunter ein knöcherner Canalis caroticoclinoideus ausgebildet. Im Sinus cavernosus gibt sie eine Reihe von kleinen Arterien zu den umliegenden Gebilden ab.

Mit einer weiteren scharfen Krümmung, die als „Karotisknie" bezeichnet wird, durchbricht sie die innere Lamelle der Dura mater cranialis, gibt die A. ophthalmica ab und geht in die **Pars cerebralis** über. Sie kommt damit in den Subarachnoidealraum zu liegen und teilt sich innerhalb des seitlichen Bereiches der Cisterna chiasmatica in die A. cerebri anterior und die A. cerebri media auf. Nach hinten stellt die A. communicans posterior die Verbindung zur A. cerebri posterior her.

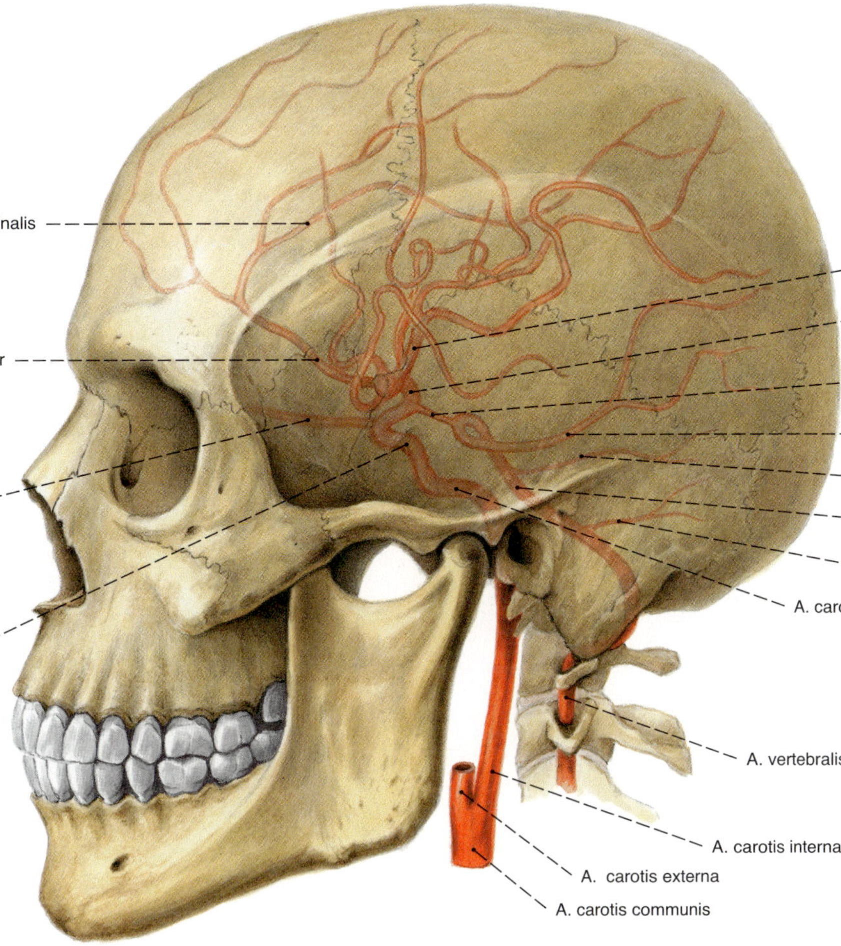

Abb. 447 Innere Arterien des Kopfes; von links.

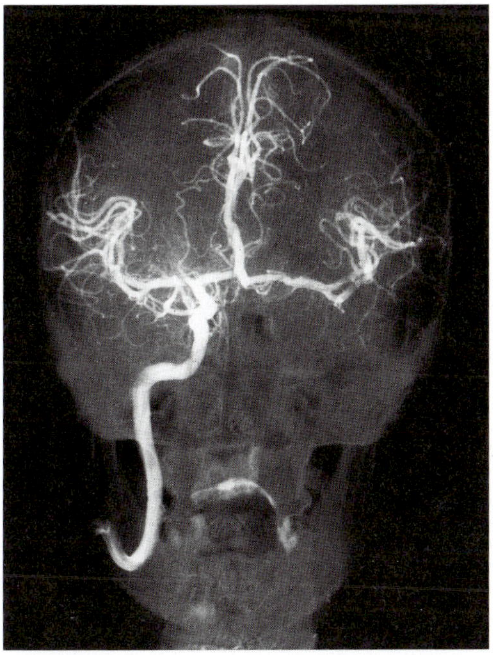
a

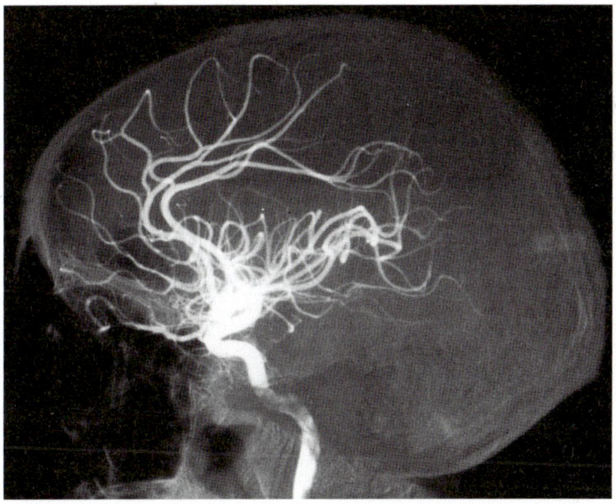
b

Abb. 448 a, b Innere Halsschlagader, A. carotis interna; Röntgenbilder nach Injektion von Kontrastmittel (Angiogramme).

a ap-Röntgenbild, digitale Subtraktionsangiographie (DSA)
b seitliches Röntgenbild, digitale Subtraktionsangiographie (DSA)

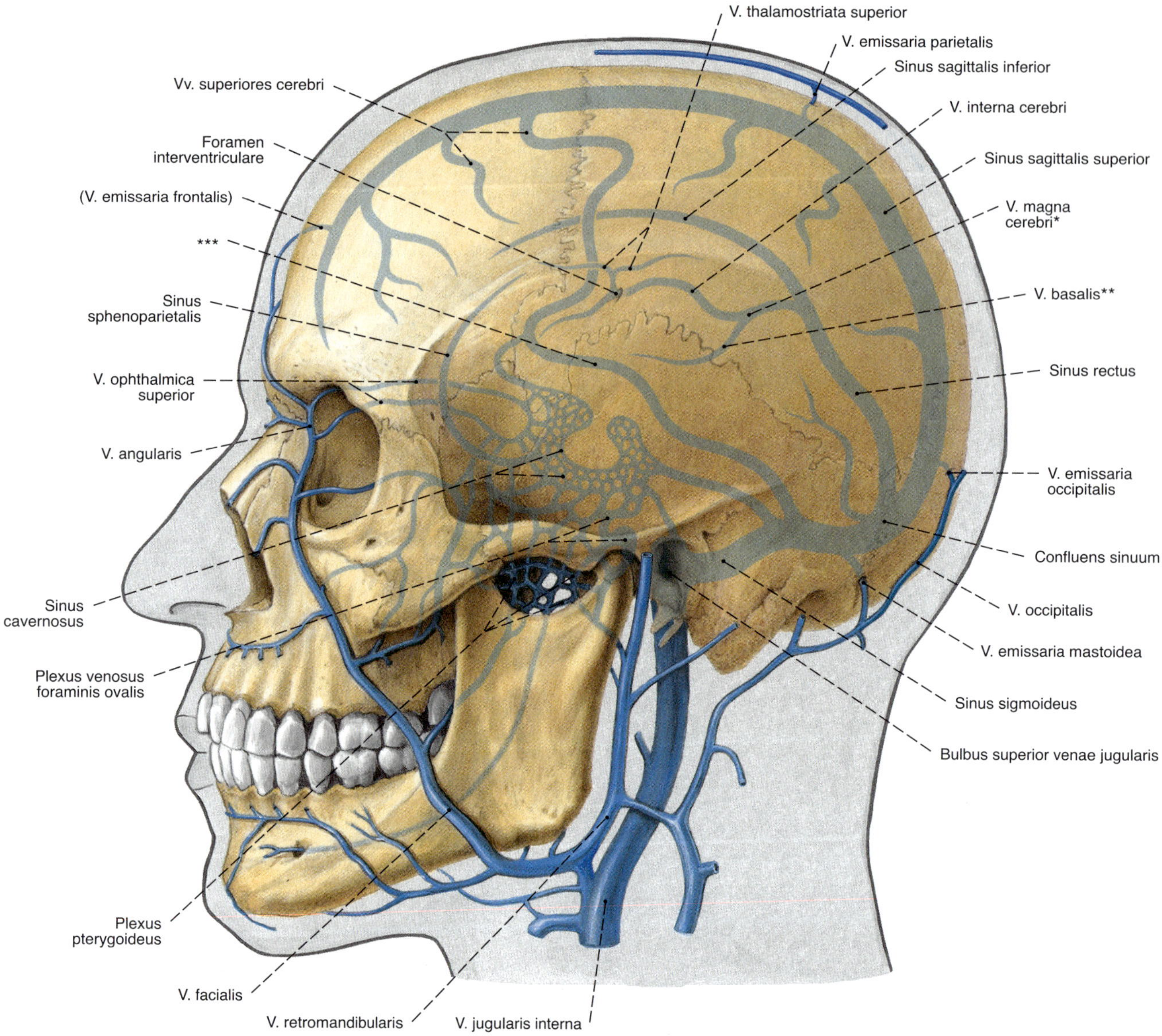

Abb. 449 Venen des Kopfes; von links.

* Galensche Vene
** Rosenthalsche Vene
*** Labbésche Anastomose

Vv. emissariae – Durchtrittsstellen durch den Schädel

V. emissaria parietalis – Foramen parietale
V. emissaria mastoidea – Foramen mastoideum
V. emissaria occipitalis – Öffnung im Bereich der Protuberantia occipitalis externa
V. emissaria condylaris – Canalis condylaris
Plexus venosus canalis nervi hypoglossi – Canalis nervi hypoglossi
Plexus venosus foraminis ovalis – Foramen ovale
Plexus venosus caroticus internus – Canalis caroticus

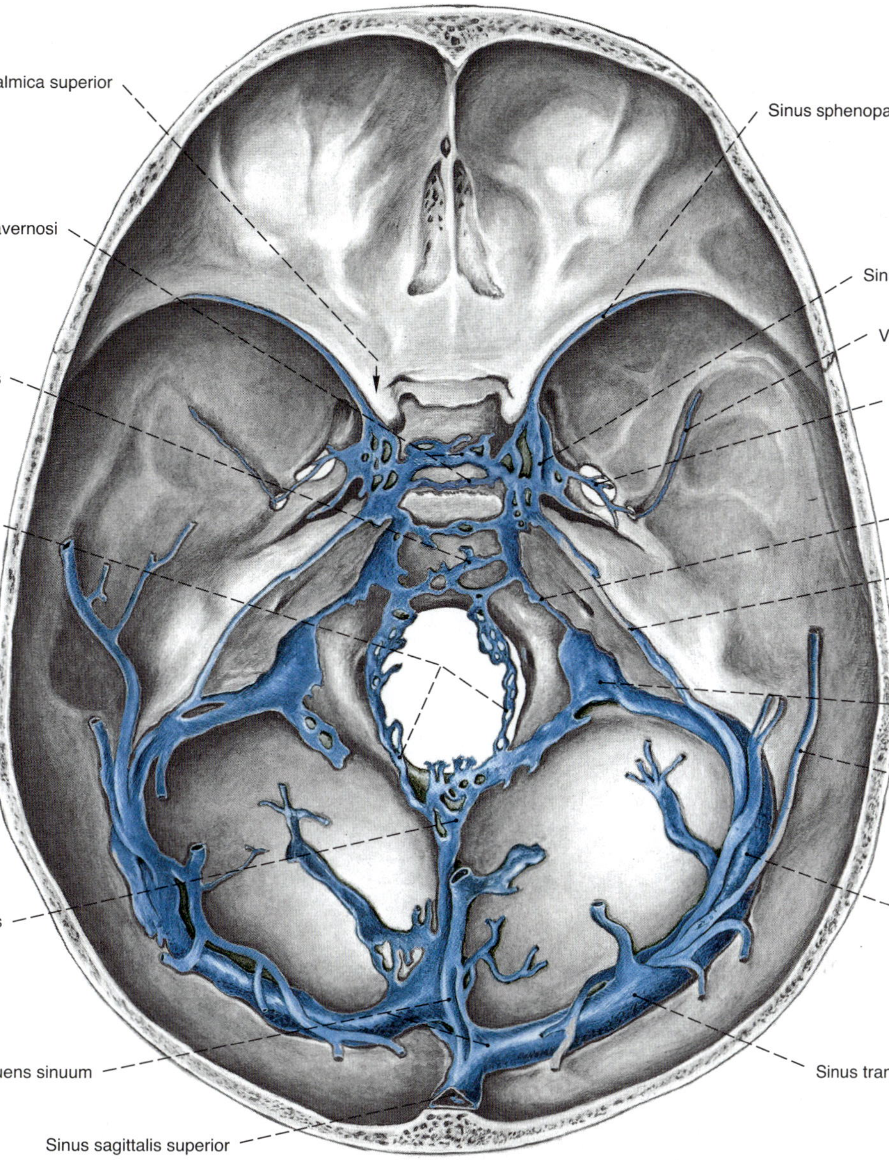

Abb. 450 Blutleiter der harten Hirnhaut, Sinus durae matris; nach Abtragung des Schädeldaches; Ausgusspräparat; von oben.

* LABBÉsche Anastomose zu den Vv. mediae superficiales cerebri

Blutleiter der harten Hirnhaut, Sinus durae matris

Die Sinus durae matris sind klappenlose, starrwandige Blutleiter, die über sog. Brückenvenen das Blut aus dem Gehirn aufnehmen.
Der Hauptabfluss aus dem Schädelinneren erfolgt über die Sinus sigmoidei in die Vv. jugulares internae. Daneben gibt es jedoch eine Reihe kleinerer, ebenfalls klappenloser Verbindungen zwischen intra- und extrakraniellem venösem Stromgebiet, zu denen die Vv. ophthalmicae superiores und die sehr variabel ausgebildeten Emissarien gehören.

Eine zentrale Stellung nehmen die beiden Sinus cavernosi ein, die in der mittleren Schädelgrube rechts und links neben der Sella turcica liegen und durch die Sinus intercavernosi miteinander kommunizieren. Sie stehen direkt oder indirekt sowohl mit den meisten Sinus als auch mit den Venen der Orbitae und der Fossae infratemporales in Beziehung.

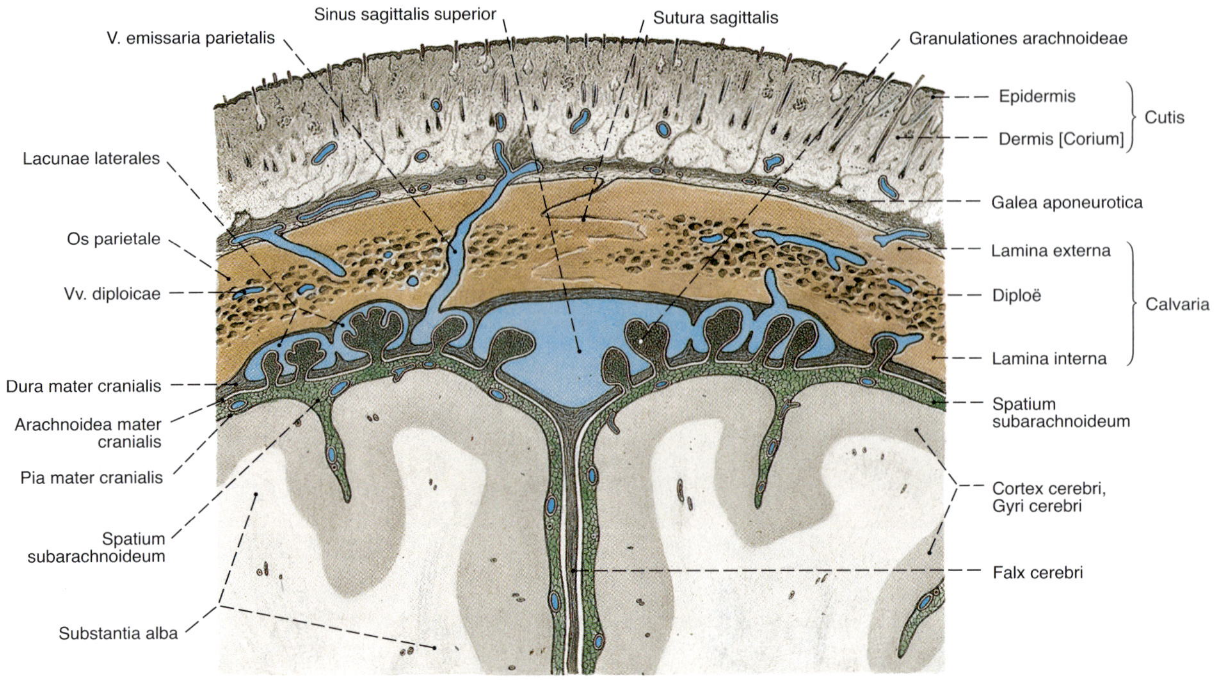

Abb. 451 Schädeldach, Calvaria, und Hirnhäute, Meninges; Frontalschnitt auf Höhe des Scheitels.
Die Rückresorption des Liquor cerebrospinalis erfolgt beim Erwachsenen zum Großteil über die Granulationes arachnoideae, darüber hinaus auch über die Lymphscheiden der kleinen Gefäße der Pia mater und über die Perineuralscheiden der Hirn- und Rückenmarksnerven.

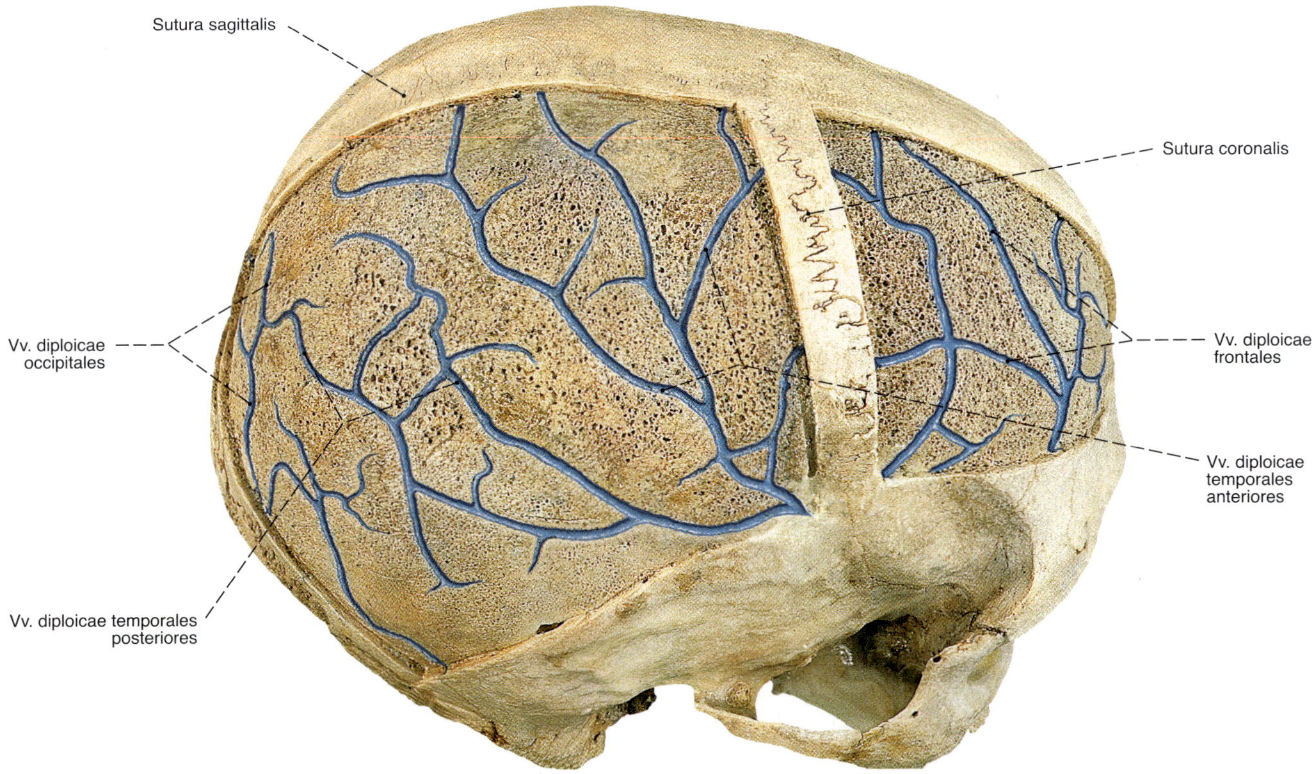

Abb. 452 Kanäle, Canales diploici, und Venen, Vv. diploicae, des Schädeldaches; nach Abtragung der Außenschicht der Knochen des Schädeldaches;
von rechts oben.

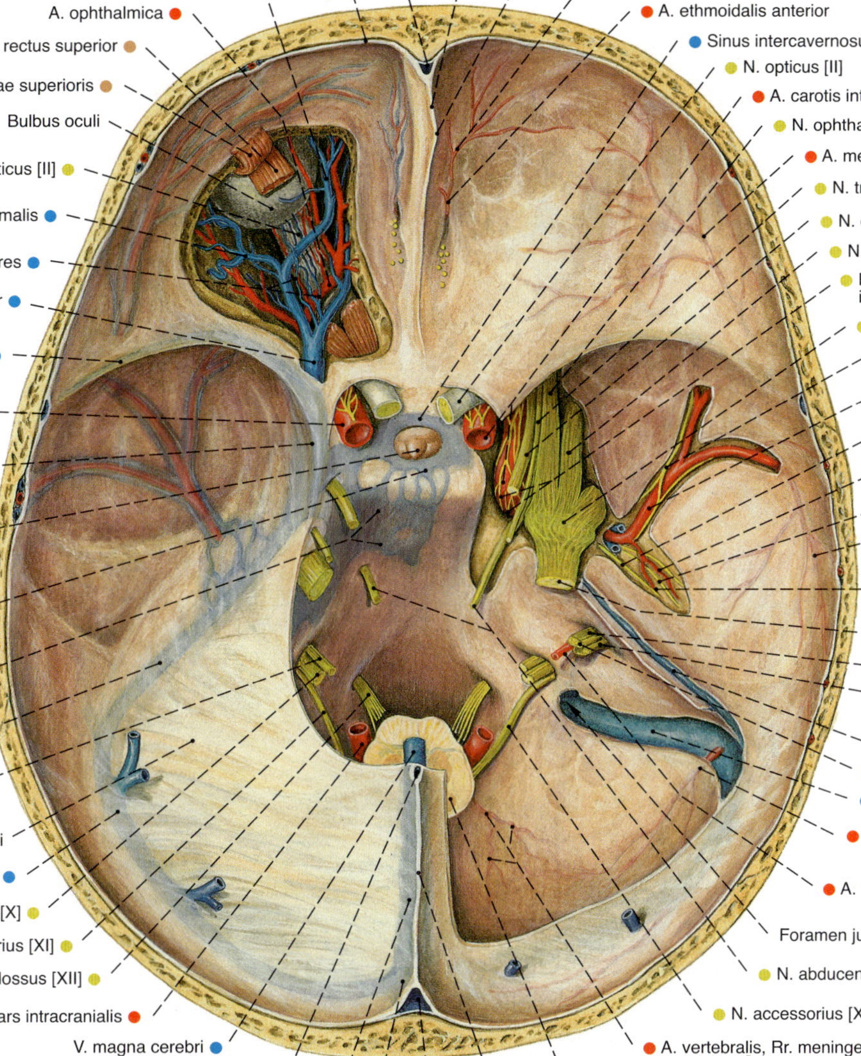

450, 71
454

Abb. 453 Innere Schädelbasis, Basis cranii interna, mit harter Hirnhaut, Dura mater cranialis, venösen Blutleitern, Sinus durae matris, und Hirnnerven, Nervi craniales; nach Abtragung des Daches der linken Augenhöhle und der Falx cerebri mit dem rechten Teil des Tentorium cerebelli;
von oben.

* Klinisch: Ganglion GASSERI

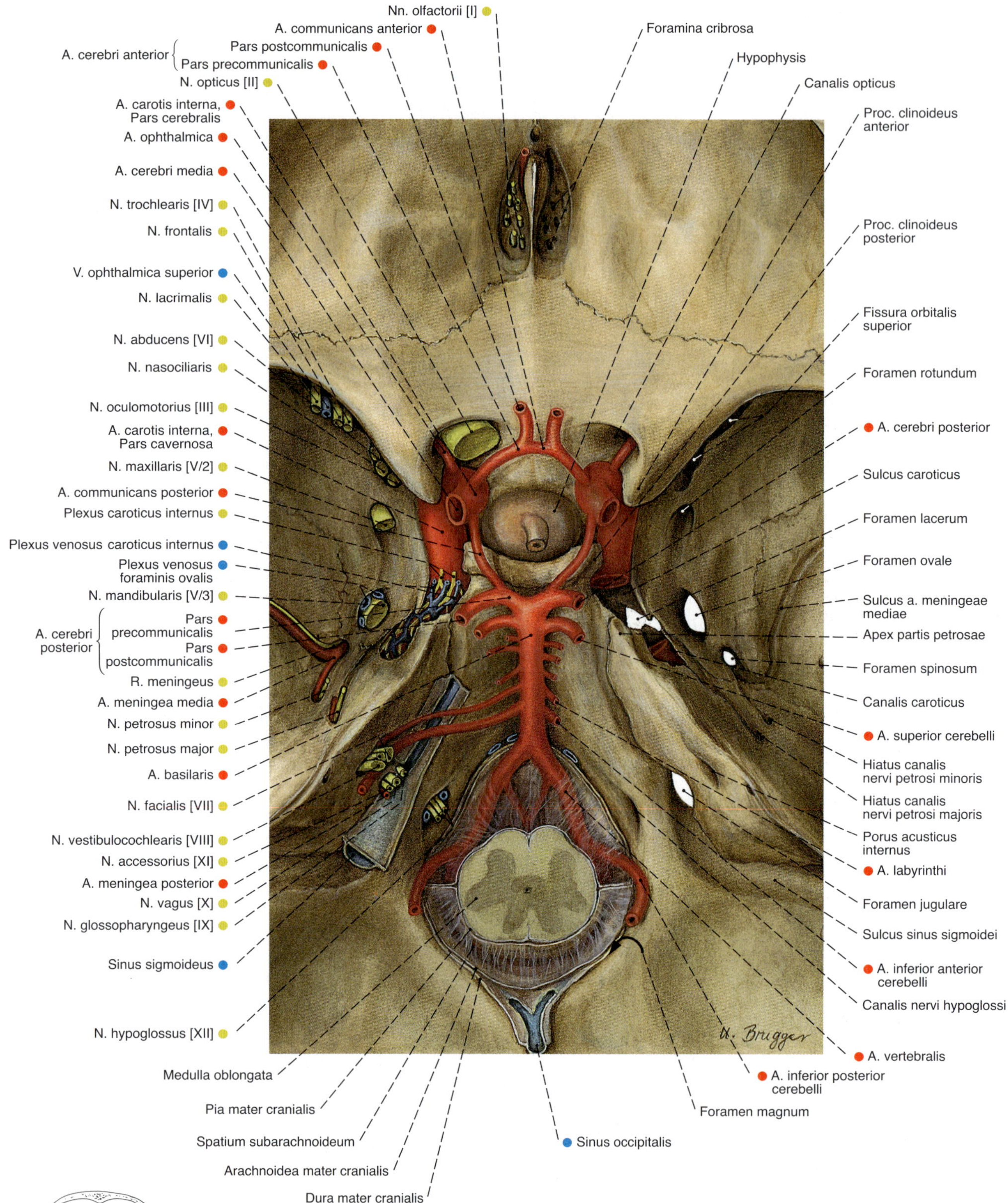

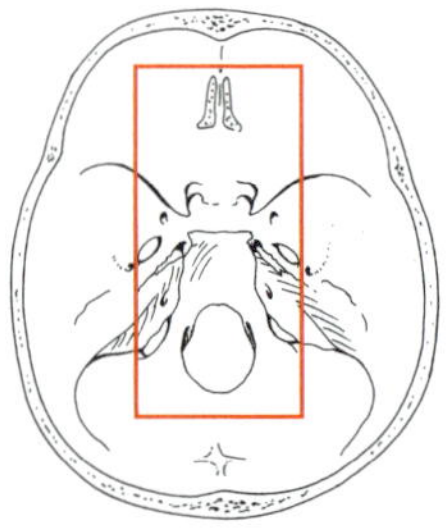

Abb. 454 Durchtrittsstellen von Gefäßen und Nerven durch die innere Schädelbasis, Basis cranii interna, und Arterienring des Gehirns, Circulus arteriosus cerebri (WILLIS); von oben.

Inhalt der Foramina der Schädelbasis

Lamina cribrosa
- Nn. olfactorii [I]
- A. ethmoidalis anterior
- Nn. ethmoidales anteriores

Canalis opticus
- N. opticus [II]
- A. ophthalmica
- Meninges; Vaginae n. optici

Fissura orbitalis superior
- Medialer Bereich:
  - N. nasociliaris (N. ophthalmicus [V/1])
  - N. oculomotorius [III]
  - N. abducens [VI]
- Lateraler Bereich:
  - N. trochlearis [IV]
  - N. frontalis (N. ophthalmicus [V/1])
  - N. lacrimalis (N. ophthalmicus [V/1])
  - R. orbitalis (A. meningea media)
  - V. ophthalmica superior

Foramen rotundum
- N. maxillaris [V/2]

Foramen ovale
- N. mandibularis [V/3]
- Plexus venosus foraminis ovalis

Foramen spinosum
- R. meningeus (N. mandibularis [V/3])
- A. meningea media

Fissura sphenopetrosa
- N. petrosus minor (N. glossopharyngeus [IX])

Foramen lacerum
- N. petrosus major (N. facialis [VII])
- N. petrosus profundus (Plexus caroticus internus)

Canalis caroticus
- Plexus caroticus internus (Truncus sympathicus, Ganglion cervicale superius)
- Plexus venosus caroticus internus
- A. carotis interna, Pars petrosa

Meatus acusticus internus
- N. facialis [VII]
- N. vestibulocochlearis [VIII]
- A. labyrinthi
- Vv. labyrinthi

Foramen jugulare
- Vorderer Bereich:
  - N. glossopharyngeus [IX]
  - Sinus petrosus inferior
- Hinterer Bereich:
  - N. vagus [X]
  - N. accessorius [XI]
  - Sinus sigmoideus; Bulbus superior venae jugularis
  - A. meningea posterior (A. pharyngea ascendens)

Canalis nervi hypoglossi
- N. hypoglossus [XII]
- Plexus venosus canalis nervi hypoglossi

Canalis condylaris
- V. emissaria condylaris

Foramen magnum
- Medulla oblongata; Medulla spinalis
- N. accessorius [XI], Radices spinales
- Sinus marginalis; Plexus venosus vertebralis internus
- A. vertebralis
- A. spinalis anterior
- Meninges

Hirnnerven, Nn. craniales

	Austritt bzw. Eintritt am Gehirn
1. Nn. olfactorii [I]	Bulbus olfactorius
2. N. opticus [II]	Chiasma opticum
3. N. oculomotorius [III]	Pedunculus cerebri, Sulcus oculomotorius
4. N. trochlearis [IV]	dorsal des Tectum mesencephali
5. N. trigeminus [V]	Seitenrand des Pons
– N. ophthalmicus [V/1] – N. maxillaris [V/2] – N. mandibularis [V/3]	Ganglion trigeminale
6. N. abducens [VI]	zwischen Pons und Pyramis
7. N. facialis [VII] 8. N. vestibulocochlearis [VIII]	Kleinhirnbrückenwinkel
9. N. glossopharyngeus [IX] 10. N. vagus [X] 11. N. accessorius [XI]	Medulla oblongata, Sulcus posterolateralis (retroolivaris)
12. N. hypoglossus [XII]	Medulla oblongata, Sulcus anterolateralis

Hirnnervenfunktionen

(ASE)	Allgemeine Somato-Efferenz: Innervation der Skelettmuskulatur des Körperstammes und der Extremitäten (III, IV, VI, XII)
(AVE)	Allgemeine Viszero-Efferenz: Innervation von Eingeweide- und Gefäßmuskulatur (III, VII, IX, X)
(SVE)	Spezielle Viszero-Efferenz: Innervation von mimischer Muskulatur, Kaumuskulatur, Pharynx, Teilen des Oesophagus, M. sternocleidomastoideus, M. trapezius (V, VII, IX, X, XI)
(AVA)	Allgemeine Viszero-Afferenz: Information aus Eingeweiden und Blutgefäßen etc. (IX, X)
(SVA)	Spezielle Viszero-Afferenz: Riechen, Schmecken (I, VII, IX, X)
(ASA)	Allgemeine Somato-Afferenz: Information von Mechanorezeptoren aus Haut und Bewegungsapparat (V, VII, IX, X)
(SSA)	Spezielle Somato-Afferenz: Sehen, Hören, Gleichgewichtsempfindung (II, VIII)

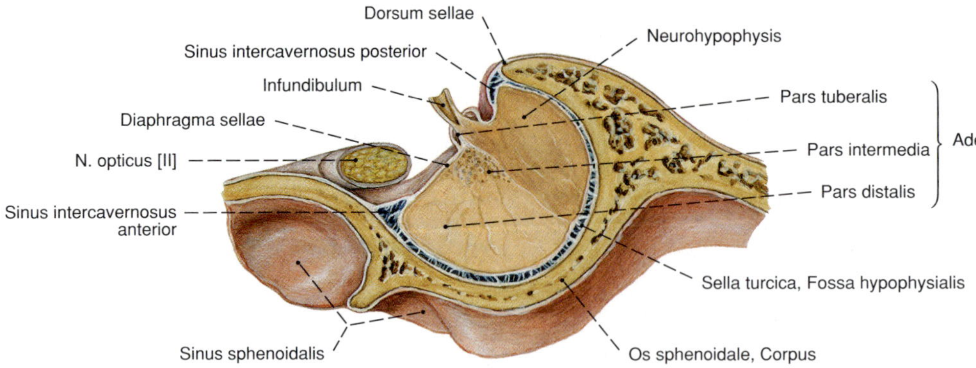

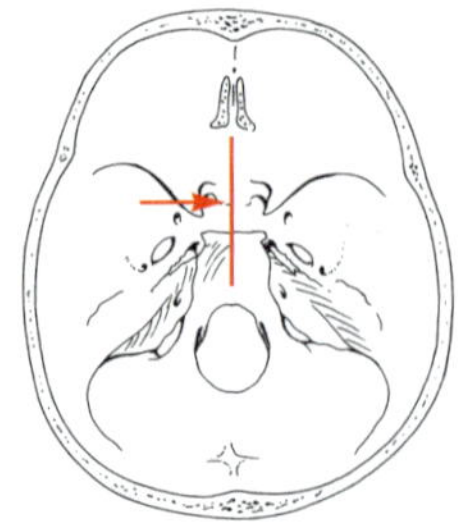

Abb. 455 Hirnanhangsdrüse, Hypophysis [Glandula pituitaria];
Medianschnitt;
von links.

Die Hypophyse ist in das venöse Blutleitersystem der harten Hirnhaut eingebettet. Rechter und linker Sinus cavernosus werden durch die Sinus intercavernosi (anterior und posterior) verbunden.

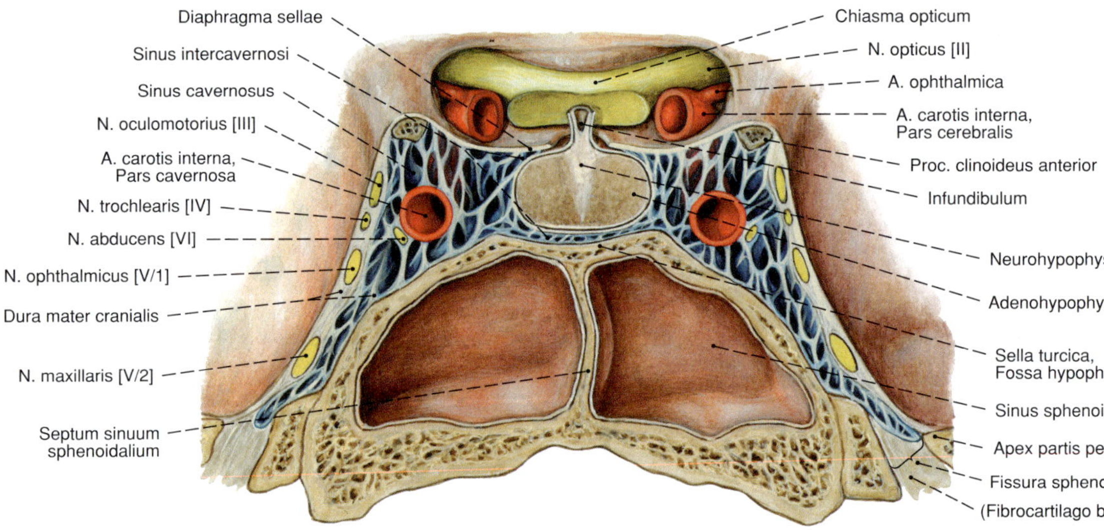

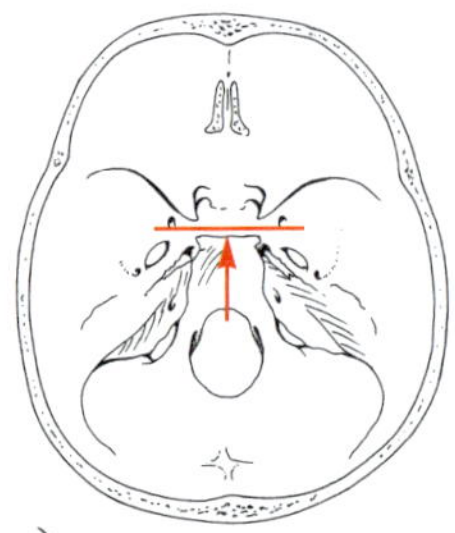

Abb. 456 Hirnanhangsdrüse, Hypophysis [Glandula pituitaria], und Sinus cavernosus;
Frontalschnitt;
von hinten.

Die beiden Sinus sphenoidales sind meist ungleich groß, das Septum ist im Allgemeinen in sich schraubig verdreht.

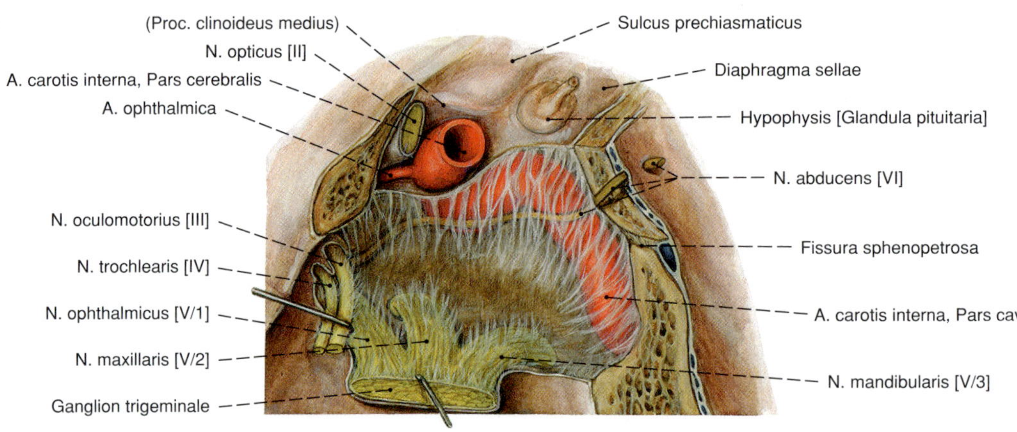

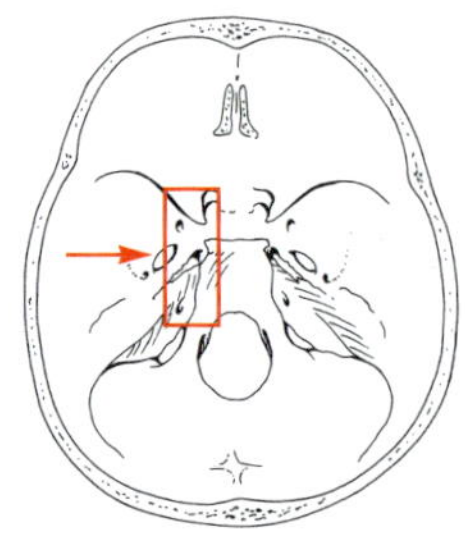

Abb. 457 Sinus cavernosus;
nach Abtragung des lateral wandbildenden Anteils der harten Hirnhaut; Ganglion trigeminale nach lateral geklappt;
von links.

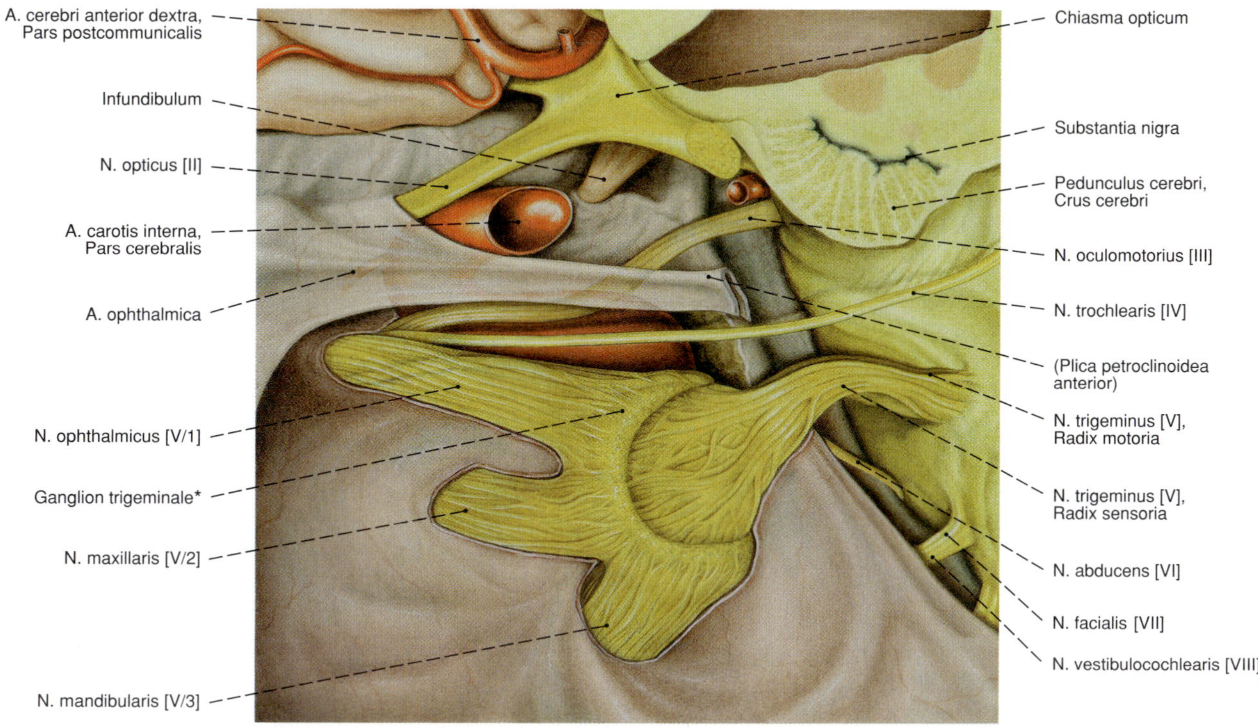

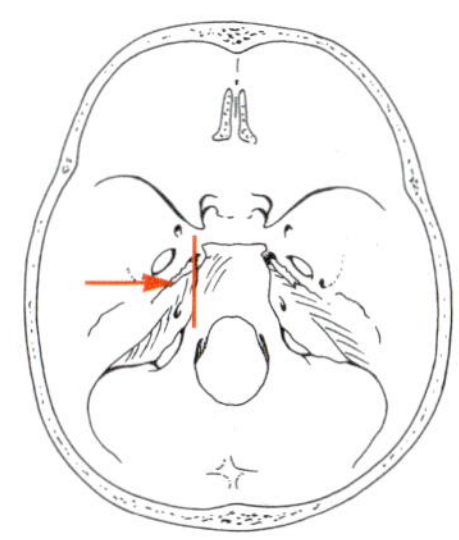

Abb. 458 Arterien und Nerven im Bereich der Sella turcica und des Sinus cavernosus; nach teilweiser Abtragung der harten Hirnhaut; von lateral oben.

* Klinisch: Ganglion GASSERI

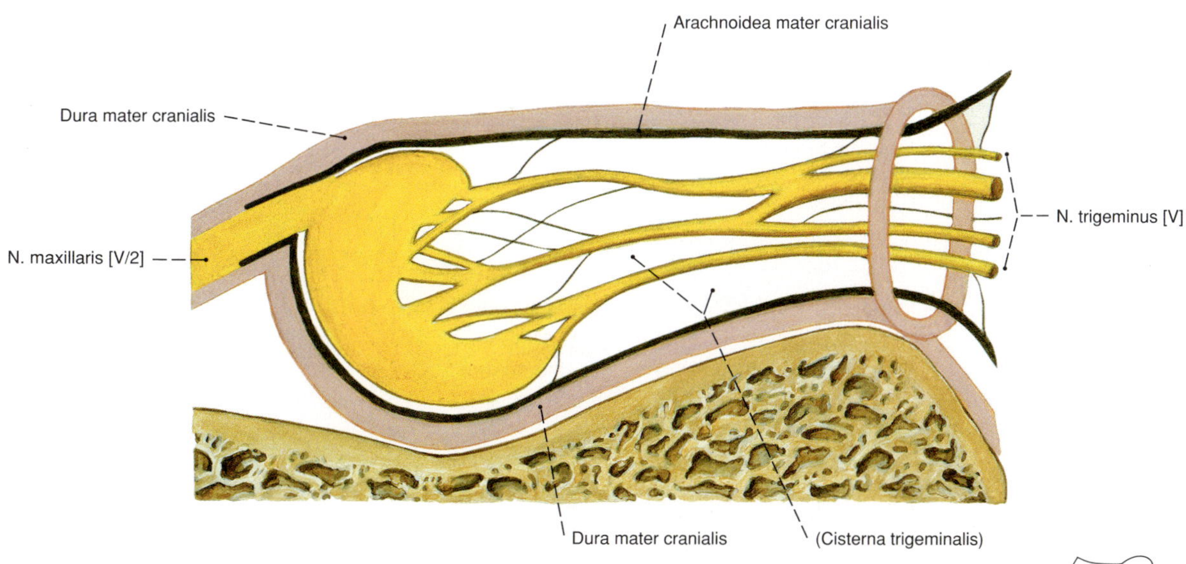

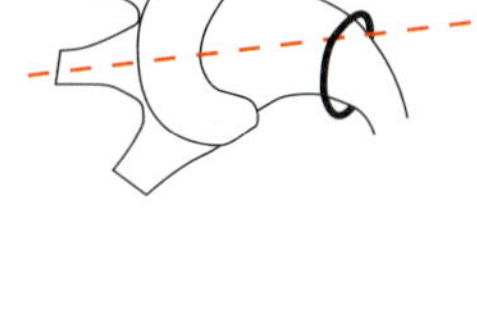

Abb. 459 Cisterna trigeminalis und Ganglion trigeminale; Querschnitt auf Höhe des Abgangs des N. maxillaris.

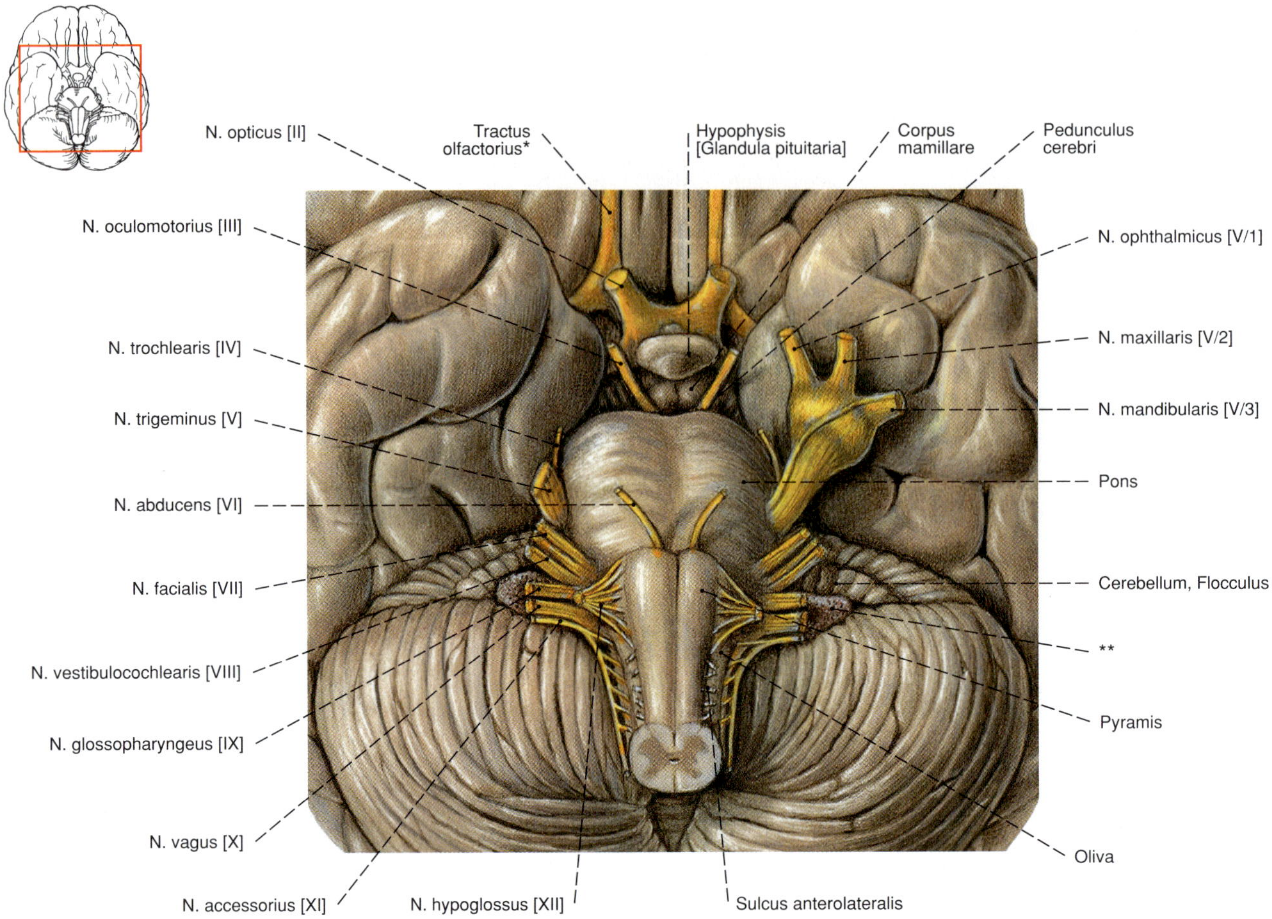

Abb. 460 Austrittsstellen der Hirnnerven, Nn. craniales; von unten.

* Der N. olfactorius [I] tritt in das rostrale Ende des Tractus olfactorius, den Bulbus olfactorius, ein. Vergleiche Abb. 160 und 454.

** Klinisch: BOCHDALEKsches Blumenkörbchen

N. oculomotorius [III]

Kerne (Qualität)	• Nucl. n. III, paariger Haupt- und unpaarer Nebenkern (ASE) • Nucl. accessorius nervi oculomotorii (AVE) → Ggl. ciliare
Austrittsstelle am Gehirn	Innenseite des Pedunculus cerebri
Lage im Subarachnoidealraum	Cisterna basalis, Cisterna interpeduncularis
Eintritt in die Dura mater	Dach des Sinus cavernosus
Durchtritt durch die Schädelbasis	Fissura orbitalis superior
Versorgungsgebiet	• motorisch: – M. levator palpebrae sup., Mm. recti sup., med., inf., M. obliquus inferior • parasympathisch: – M. ciliaris, M. sphincter pupillae
Nervenanlagerungen	• sensible Fasern aus N. nasociliaris (V/1) • sympathische Fasern aus Plexus ophthalmicus

N. trochlearis [IV]

Kerne (Qualität)	Nucl. n. IV (ASE)
Austrittsstelle am Gehirn	unterhalb des Colliculus inf.
Lage im Subarachnoidealraum	Cisterna ambiens, Cisterna basalis
Eintritt in die Dura mater	Zwickel zwischen Plica petroclinoidea ant. und post.
Verlauf in der Dura mater	laterale Wand des Sinus cavernosus
Durchtritt durch die Schädelbasis	Fissura orbitalis superior
Versorgungsgebiet	• motorisch: – M. obliquus superior

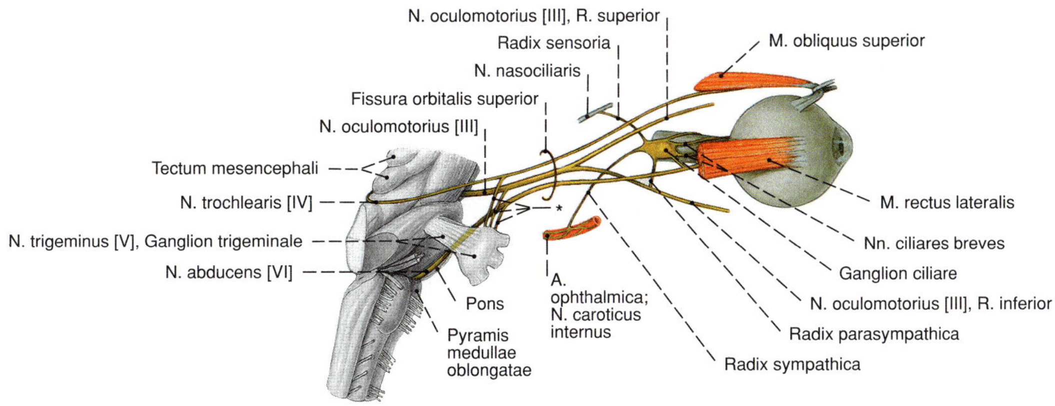

Abb. 461 N. oculomotorius [III], N. trochlearis [IV] und N. abducens [VI]; von lateral [re].
* Verbindungen mit dem Ganglion trigeminale

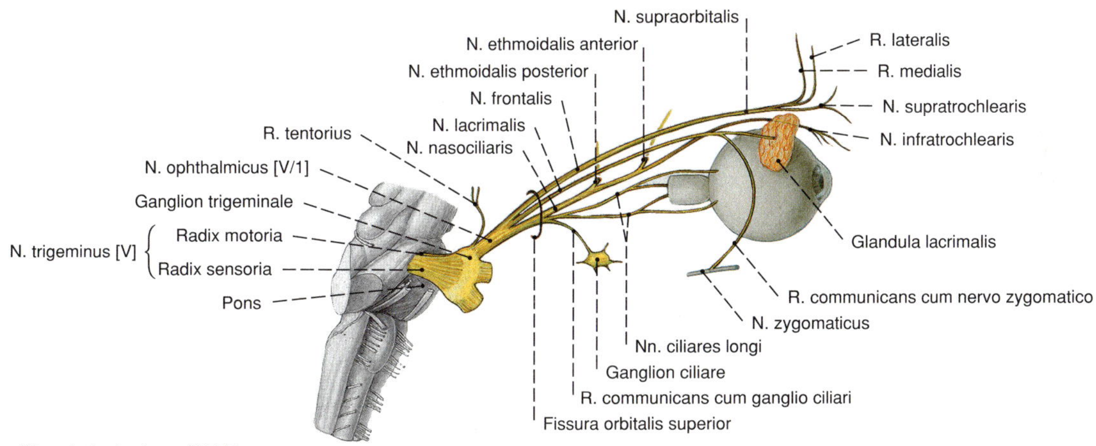

Abb. 462 N. ophthalmicus [V/1]; von lateral (re).

N. abducens [VI]

Kerne (Qualität)	• Nucl. n. VI (ASE)
Austrittsstelle am Gehirn	zwischen Pons und Pyramis
Lage im Subarachnoidealraum	Cisterna basalis
Eintritt in die Dura mater	oberes Drittel des Clivus
Verlauf in der Dura mater	über Apex partis petrosae, frei durch Sinus cavernosus, lateral der A. carotis interna
Durchtritt durch die Schädelbasis	Fissura orbitalis superior
Versorgungsgebiet	• motorisch: - M. rectus lateralis

N. trigeminus [V]

Kerne (Qualität)	• Nucl. mesencephalicus n. V und Nucl. spinalis n. V (ASA und AVA) • Nucl. motorius n. V (SVE)
Austrittsstelle am Gehirn	Seitenrand des Pons
Lage im Subarachnoidealraum	Cisterna basalis, Cavum trigeminale
Eintritt in die Dura mater	Ggl. trigeminale: laterale Wand des Sinus cavernosus

N. ophthalmicus [V/1]

Verlauf in der Dura mater	laterale Wand des Sinus cavernosus
Austritt aus der Schädelbasis	Fissura orbitalis superior
Versorgungsgebiete	• sensibel: - Tentorium cerebelli - Stirn, Oberlid, Nasenrücken, Sclera, Cornea - Cellulae ethmoidales, Sinus sphenoidalis, Nasenhöhle (vorderer Teil)
Nervenanlagerungen	• parasympathisch: - R. communicans cum n. zygomatico (Glandula lacrimalis)

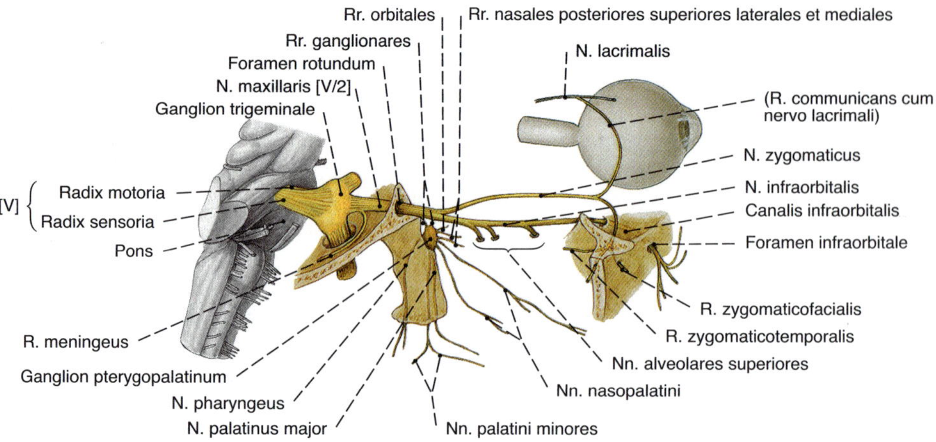

Abb. 463 N. maxillaris [V/2]; von lateral (re).

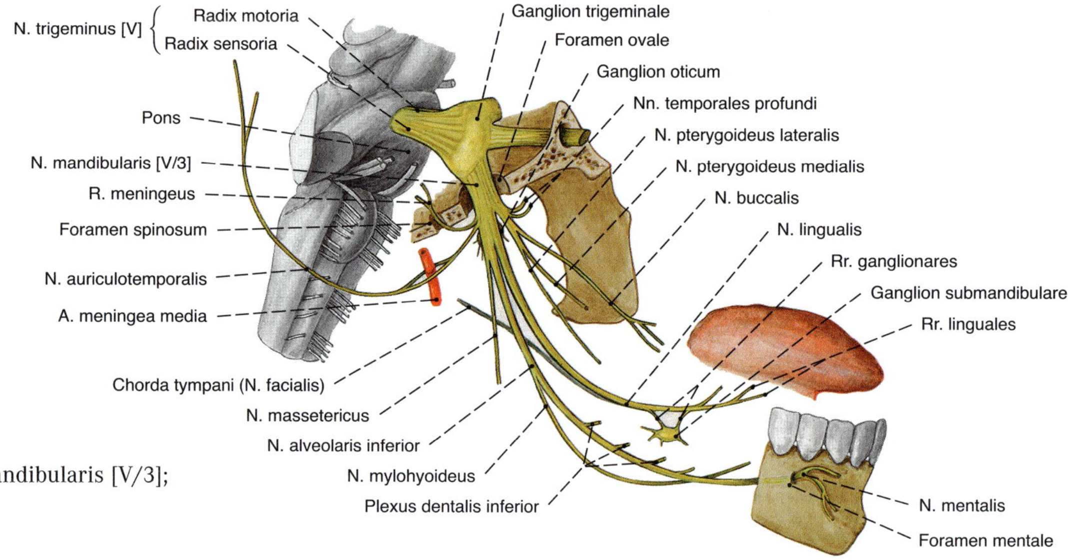

Abb. 464 N. mandibularis [V/3]; von lateral (re).

N. maxillaris [V/2]

Verlauf in der Dura mater	laterale Wand des Sinus cavernosus
Austritt aus der Schädelbasis	Foramen rotundum
Versorgungsgebiete	• sensibel: – Dura der Fossa cranii media – Wange, Unterlid, Seitenfläche der Nase, Oberlippe – Zähne und Gingiva des Oberkiefers, Cellulae ethmoidales posteriores, Sinus sphenoidalis, Sinus maxillaris, Conchae nasales superior u. media, Palatum, Tonsilla palatina, Pharynx (Dach)
Nervenanlagerungen	• parasympathisch: – Rr. ganglionares aus Ggl. pterygopalatinum für Glandulae nasales und palatinae sowie Glandula lacrimalis

N. mandibularis [V/3]

Austritt aus der Schädelbasis	Foramen ovale
Versorgungsgebiete	• motorisch: – Kaumuskeln, M. tensor veli palatini, M. mylohyoideus, M. digastricus (Venter anterior) • sensibel: – Dura der Fossa cranii media, Cellulae mastoideae – Haut des Unterkiefers, Schläfe, Wange, Ohrmuschel (oberer Teil), Gehörgang, Trommelfell (außen) – Zähne u. Zahnfleisch des Unterkiefers, Zunge (vordere 2/3), Isthmus faucium • sensorisch: – Zunge (vordere 2/3)
Nervenanlagerungen	• parasympathisch: – Chorda tympani (aus Nucl. salivatorius sup. für Ggl. submandibulare: Glandulae submandibularis und sublingualis) – Fasern aus Ggl. oticum (Glandula parotidea)

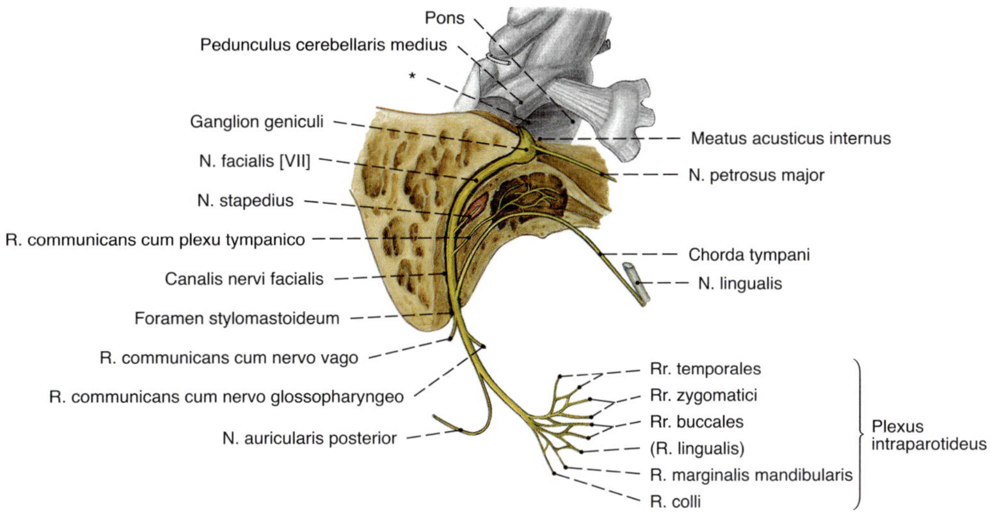

Abb. 465 N. facialis [VII]; Fazialiskanal und Paukenhöhle eröffnet; von lateral (re).
* Klinisch: Kleinhirnbrückenwinkel

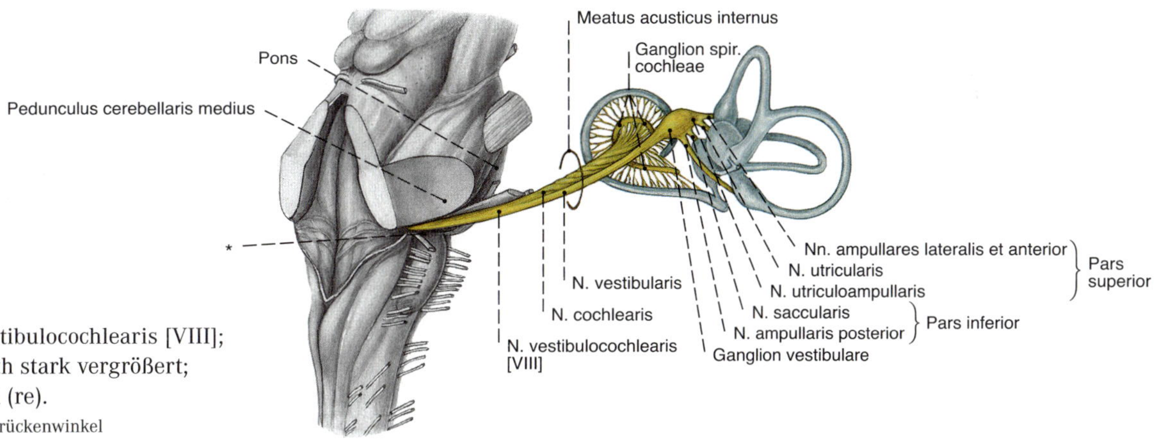

Abb. 466 N. vestibulocochlearis [VIII]; häutiges Labyrinth stark vergrößert; von lateral hinten (re).
* Klinisch: Kleinhirnbrückenwinkel

N. facialis [VII]

Kerne (Qualität)	• Nucl. n. VII (SVE) • Nucl. salivatorius superior (AVE) • Nucl. solitarius (SVA)
Austrittsstelle am Gehirn	Kleinhirnbrückenwinkel
Lage im Subarachnoidealraum	Cisterna basalis, Cisterna pontocerebellaris
Austritt aus der Dura mater und Eintritt in die Schädelbasis	Fundus meatus acustici interni
Verlauf innerhalb der Schädelbasis	Canalis nervi facialis
Austritt aus der Schädelbasis	Foramen stylomastoideum
Versorgungsgebiete	• motorisch: – mimische Muskulatur, Mm. auriculares – M. digastricus (Venter posterior), M. stylohyoideus – M. stapedius • sensorisch: – Zunge (vordere 2/3) • parasympathisch: Glandula lacrimalis, Glandulae nasales, palatinae (über Ggl. pterygopalatinum), Glandulae submandibularis u. sublingualis (über Ggl. submandibulare)
Nervenanlagerungen	• sensibel aus N. trigeminus an die Gesichtsäste

N. vestibulocochlearis [VIII]

Kerne (Qualität)	• Nucll. cochleares und vestibulares (SSA)
Austrittsstelle am Gehirn	Kleinhirnbrückenwinkel
Lage im Subarachnoidealraum	Cisterna basalis, Cisterna pontocerebellaris
Austritt aus der Dura mater und Eintritt in die Schädelbasis	Fundus meatus acustici interni
Verlauf innerhalb der Schädelbasis	zum Labyrinth des Felsenbeins
Versorgungsgebiete	• CORTIsches Organ • Gleichgewichtsorgan

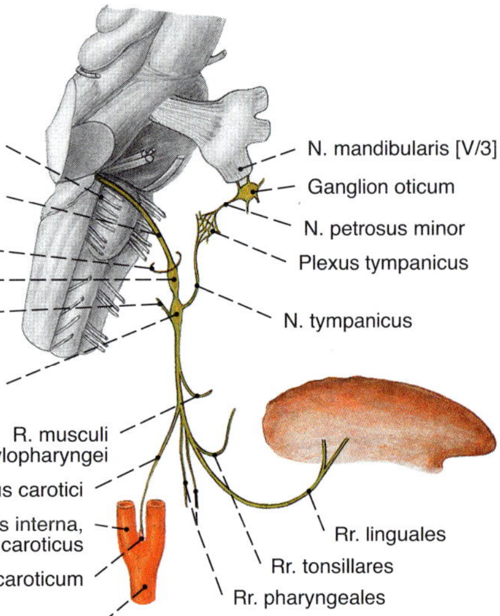

Abb. 467 N. glossopharyngeus [IX]; von lateral (re).

N. glossopharyngeus [IX]

Kerne (Qualität)	• Nucl. ambiguus (SVE) • Nucl. spinalis n. V (AVA) • Nucl. solitarius (SVA) • Nucl. salivatorius inferior (AVE)
Austrittsstelle am Gehirn	zwischen Olive und Tuberculum cuneatum
Lage im Subarachnoidealraum	Cisterna basalis
Durchtritt durch die Schädelbasis	Foramen jugulare
Versorgungsgebiete	• motorisch: – Pharynxmuskeln (kranialer Anteil), M. levator veli palatini, M. uvulae, M. palatoglossus, M. palatopharyngeus, M. stylopharyngeus • sensibel: – Pharynxschleimhaut (kranialer Anteil), Tonsilla palatina, Zunge (hinteres Drittel) – Plexus tympanicus, Tuba auditiva – Sinus caroticus • sensorisch: – Zunge (hinteres Drittel) • parasympathisch: – Glandula parotidea (über Ggl. oticum), Glandulae linguales (hintere)

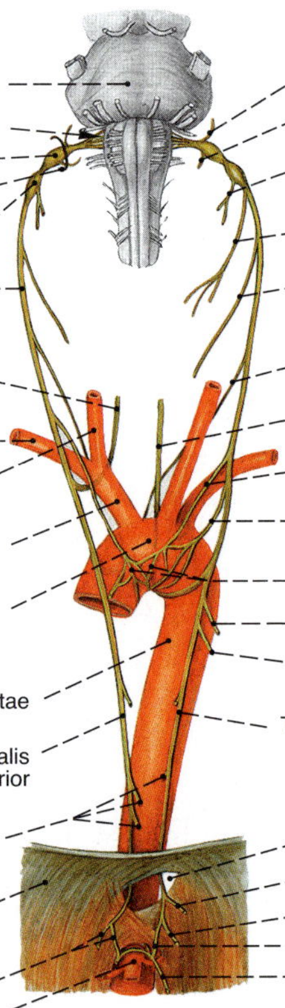

Abb. 468 N. vagus [X]; beide Nerven; von vorne.

N. vagus [X]

Kerne (Qualität)	• Nucl. ambiguus (SVE) • Nucl. spinalis n. V (AVA) • Nucl. solitarius (SVA) • Nucl. dorsalis n. X (AVE)
Austrittsstelle am Gehirn	Sulcus posterolateralis
Lage im Subarachnoidealraum	Cisterna basalis
Durchtritt durch die Schädelbasis	Foramen jugulare
Versorgungsgebiete	• motorisch: – Pharynxmuskeln (kaudaler Anteil), M. levator veli palatini, M. uvulae – Larynxmuskeln • sensorisch: – Zungengrund • sensibel: – Dura der Fossa cranialis posterior – Meatus acusticus externus (sichelförmiger tiefer Anteil) • parasympathisch: – Hals-, Thorax- und Bauchorgane bis CANNON-BÖHMscher Punkt

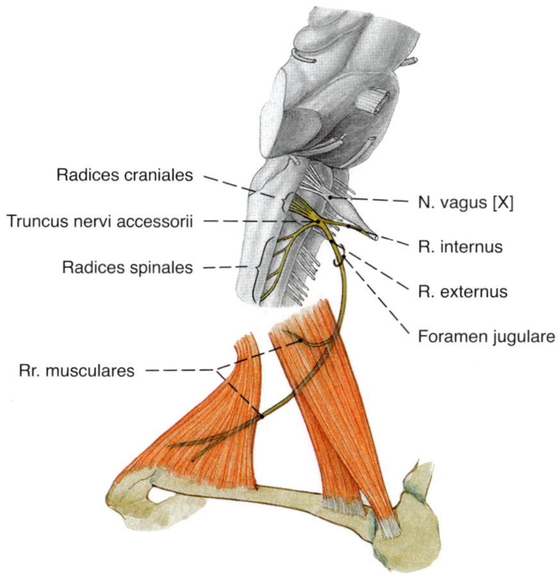

Abb. 469 N. accessorius [XI]; von lateral (re).

N. accessorius [XI]

Kerne (Qualität)	• Nucl. ambiguus und Nucl. n. XI (SVE)
Austrittsstelle am Gehirn	• Radices craniales (dorsal der Olive) • Radices spinales (Medulla cervicalis – lateral)
Lage im Subarachnoidealraum	Cisterna basalis
Eintritt in die Schädelhöhle	Foramen magnum (Radices spinales)
Durchtritt durch die Schädelbasis	Foramen jugulare
Versorgungsgebiete	• motorisch: – M. sternocleidomastoideus – M. trapezius

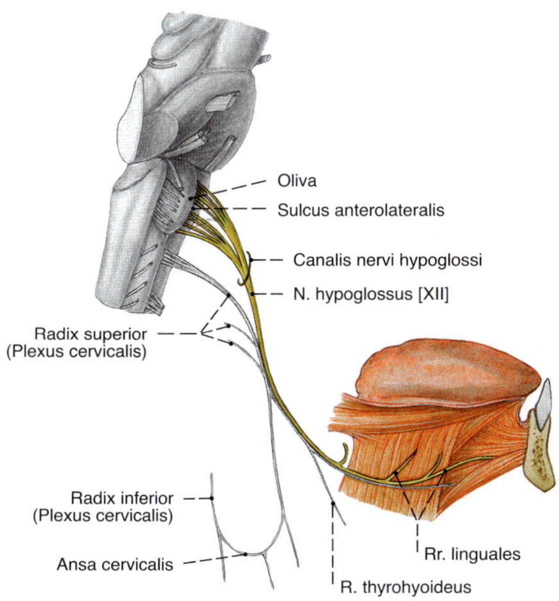

Abb. 470 N. hypoglossus [XII]; von lateral (re).

N. hypoglossus [XII]

Kerne (Qualität)	• Nucl. n. XII (ASE)
Austrittsstelle am Gehirn	Sulcus anterolateralis
Lage im Subarachnoidealraum	Cisterna basalis
Durchtritt durch die Schädelbasis	Canalis nervi hypoglossi
Versorgungsgebiete	• motorisch: – Zungenmuskeln – M. styloglossus, M. hyoglossus, M. genioglossus

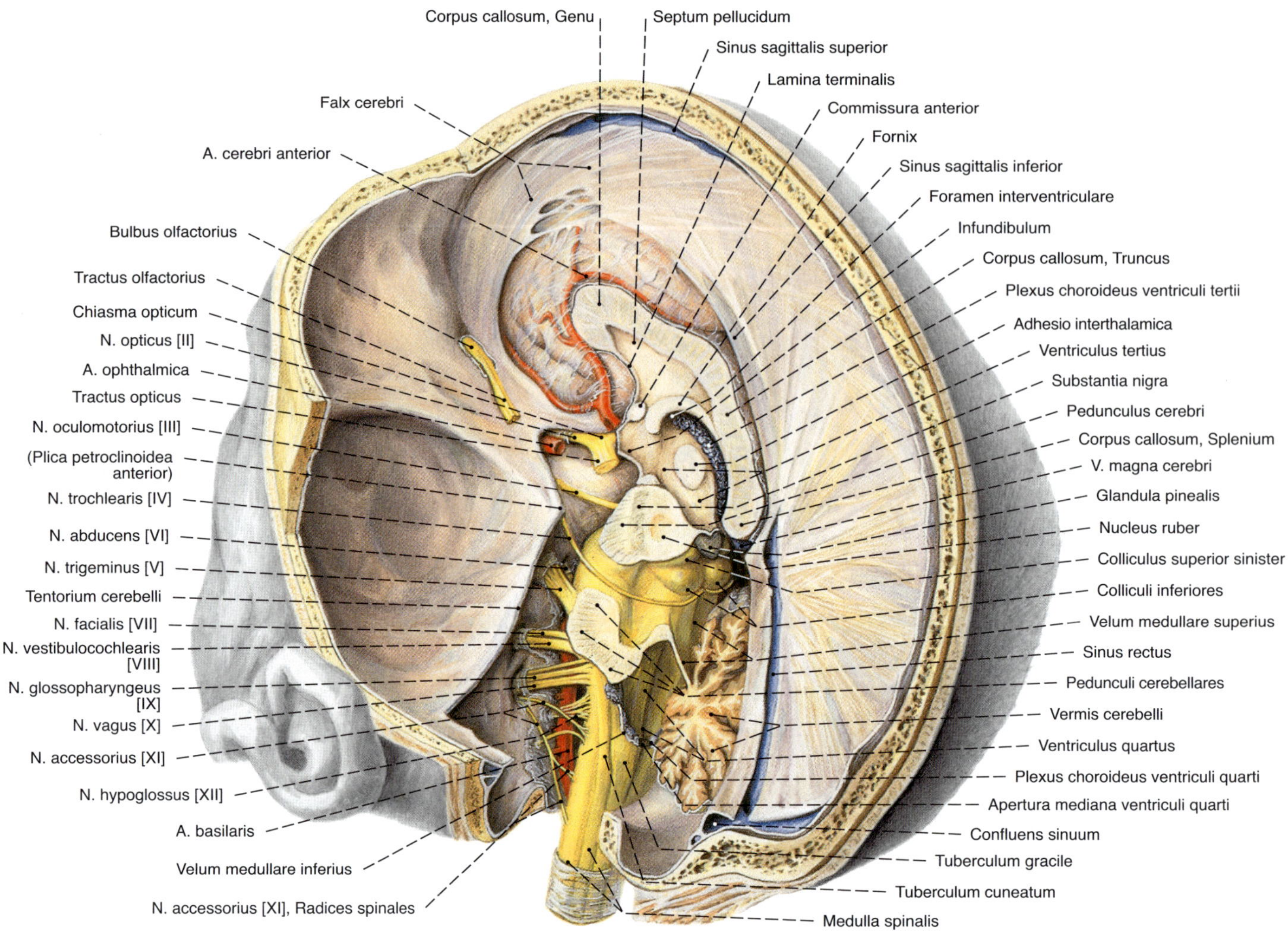

Abb. 471 Verlauf der Hirnnerven, Nn. craniales, im Subarachnoidealraum; nach Abtragung der linken Hälften von Groß- und Kleinhirn und des Tentorium cerebelli; von hinten oben (li).

Parasympathische Ganglien des Kopfes

Diese Ganglien enthalten in erster Linie Perikaryen postganglionärer parasympathischer Nervenzellen. An ihnen enden präganglionäre Zellen aus dem Nucleus accessorius nervi oculomotorii sowie den Nuclei salivatorii superior und inferior.

Im **Ganglion ciliare** werden Fasern aus dem Nucleus accessorius nervi oculomotorii , die das Ganglion über den N. oculomotorius (Radix parasympathica) erreichen, umgeschaltet. Sensible Fasern aus dem N. nasociliaris (Radix sensoria) und sympathische Fasern aus dem Plexus caroticus internus (Radix sympathica) ziehen ohne Umschaltung hindurch. Über die Nn. ciliares breves ziehen die parasympathischen Fasern zum M. ciliaris (Akkommodation) und zum M. sphincter pupillae (Pupillenverengung).

Vom Nucleus salivatorius superior ziehen parasympathische Fasern über den Stamm des N. facialis zum N. petrosus major, weiter in den N. canalis pterygoidei zum **Ganglion pterygopalatinum.** Sensorische Fasern aus dem N. maxillaris und sympathische Fasern aus dem Ganglion cervicale superius ziehen ohne Unterbrechung hindurch. Über eine Reihe von kleinen Ästen des Ganglions werden die Glandula lacrimalis sowie u. a. die Schleimhäute bzw. Drüsen der Nasennebenhöhlen, der Nasenhöhle und des Gaumens sekretorisch versorgt.

Das **Ganglion submandibulare** erhält über den N. facialis und die davon ausgehende Chorda tympani, die sich dem N. lingualis anschließt, ebenfalls parasympathische Fasern aus dem Nucleus salivatorius superior. Sympathische Wurzeln stammen aus dem Ganglion cervicale superius. Die postganglionären Fasern erreichen mit dem N. lingualis die Glandulae submandibularis und sublingualis.

Zum **Ganglion oticum** gelangen parasympathische Fasern aus dem Nucleus salivatorius inferior über den Stamm des N. glossopharyngeus und den daraus hervorgehenden N. tympanicus. Die sympathischen Wurzeln stammen wiederum aus dem Ganglion cervicale superius. Über den R. communicans gelangen die postganglionären Fasern in den N. auriculotemporalis und weiter zur Glandula parotidea.

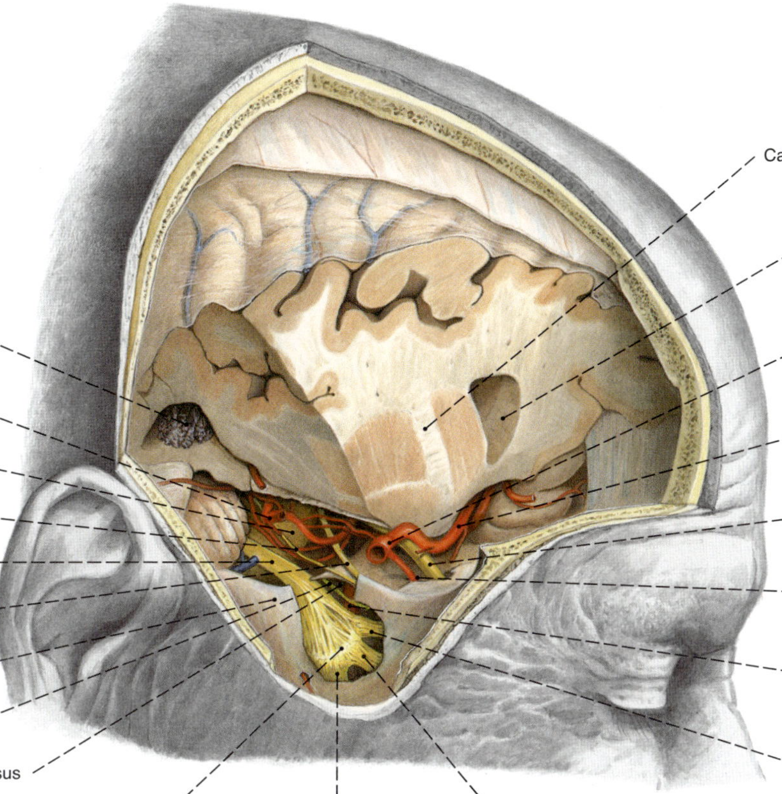

Abb. 472 Verlauf der Hirnnerven, Nn. craniales, in der mittleren Schädelgrube, Fossa cranii media; nach teilweiser Abtragung und Anhebung des Temporallappens; von lateral.

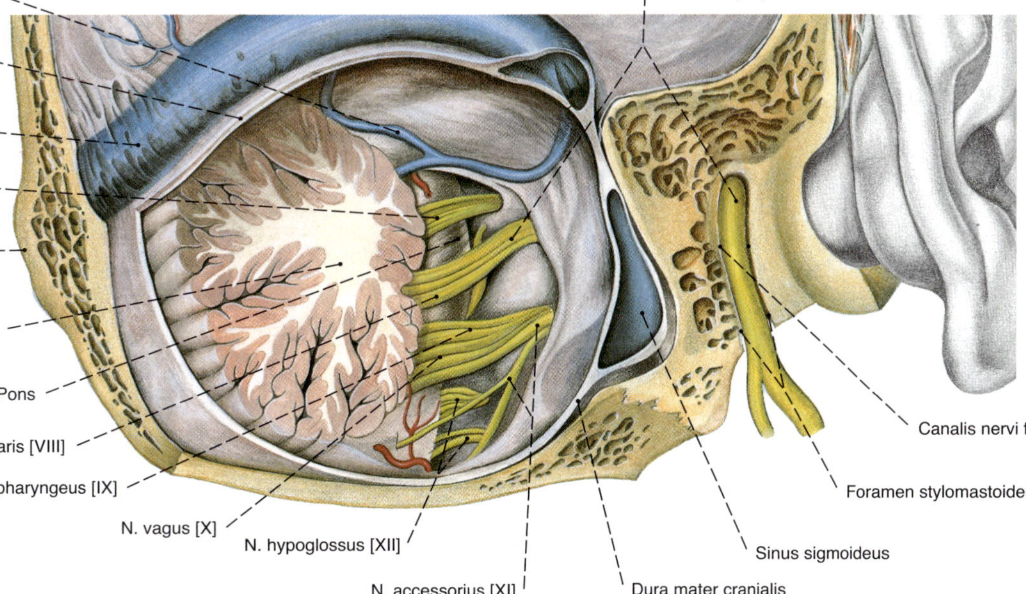

Abb. 473 Verlauf der Hirnnerven, Nn. craniales, in der hinteren Schädelgrube, Fossa cranii posterior; nach teilweiser Abtragung der linken Kleinhirnhemisphäre und des Tentorium cerebelli; von rechts hinten.

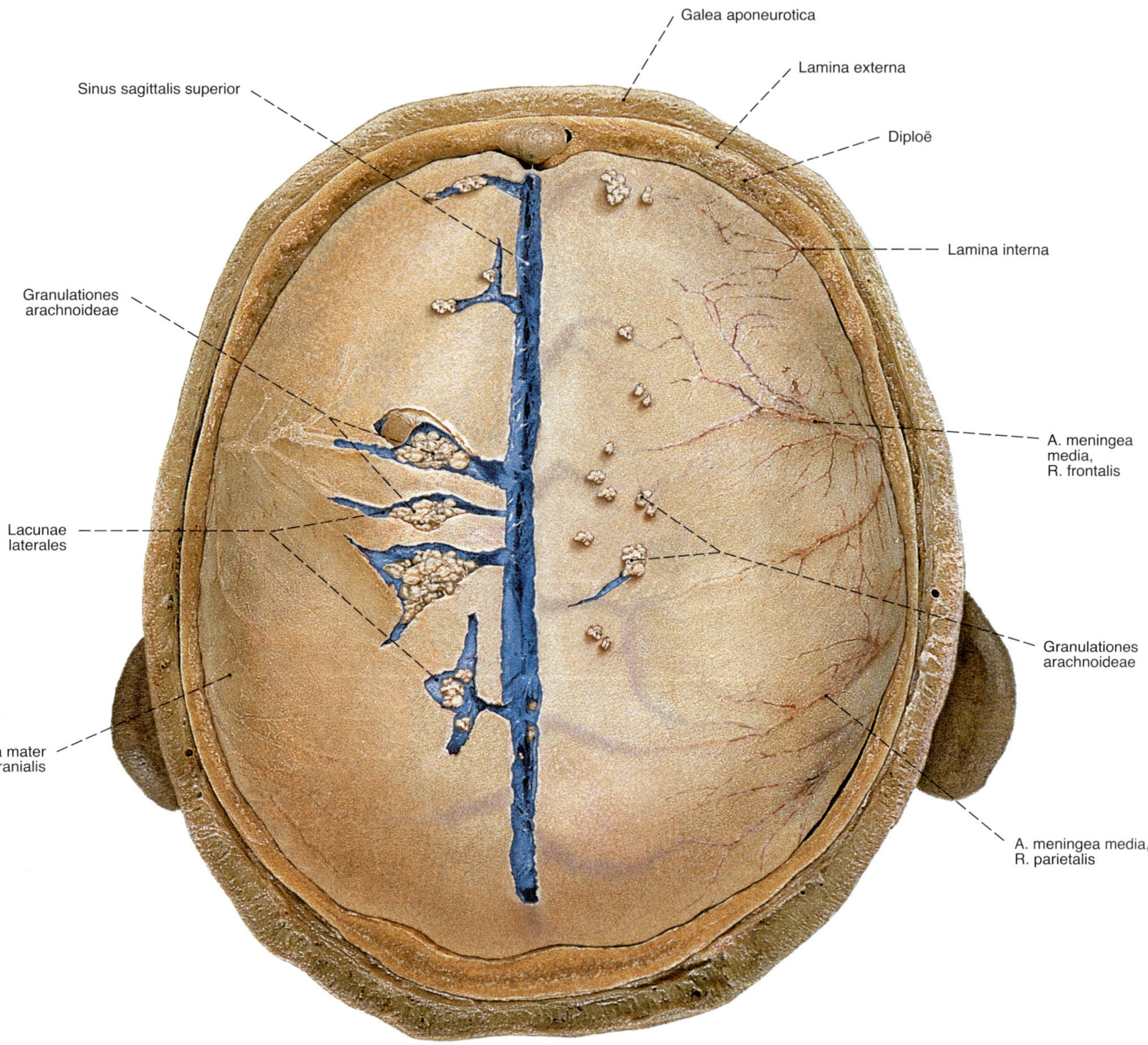

Abb. 474 Harte Hirnhaut, Dura mater cranialis; nach Abtragung des Schädeldaches und Eröffnung des Sinus sagittalis superior mit einigen Lacunae laterales; von oben.

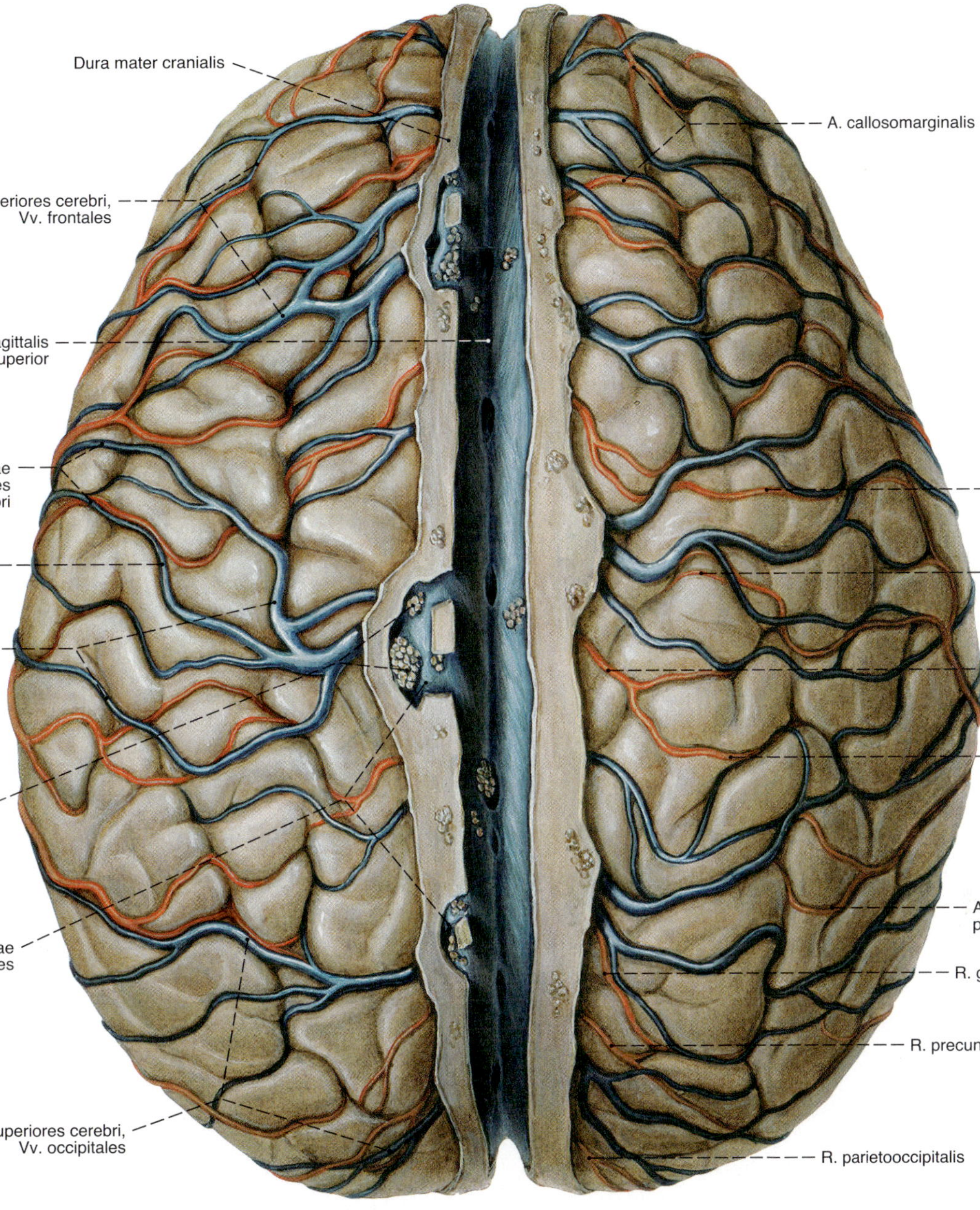

Abb. 475 Oberflächliche Arterien und Venen des Gehirns; nach Abtragung der harten Hirnhaut und Eröffnung des Sinus sagittalis superior; von oben.
Die Granulationes arachnoideae sind Resorptionsstellen der Hirnflüssigkeit.

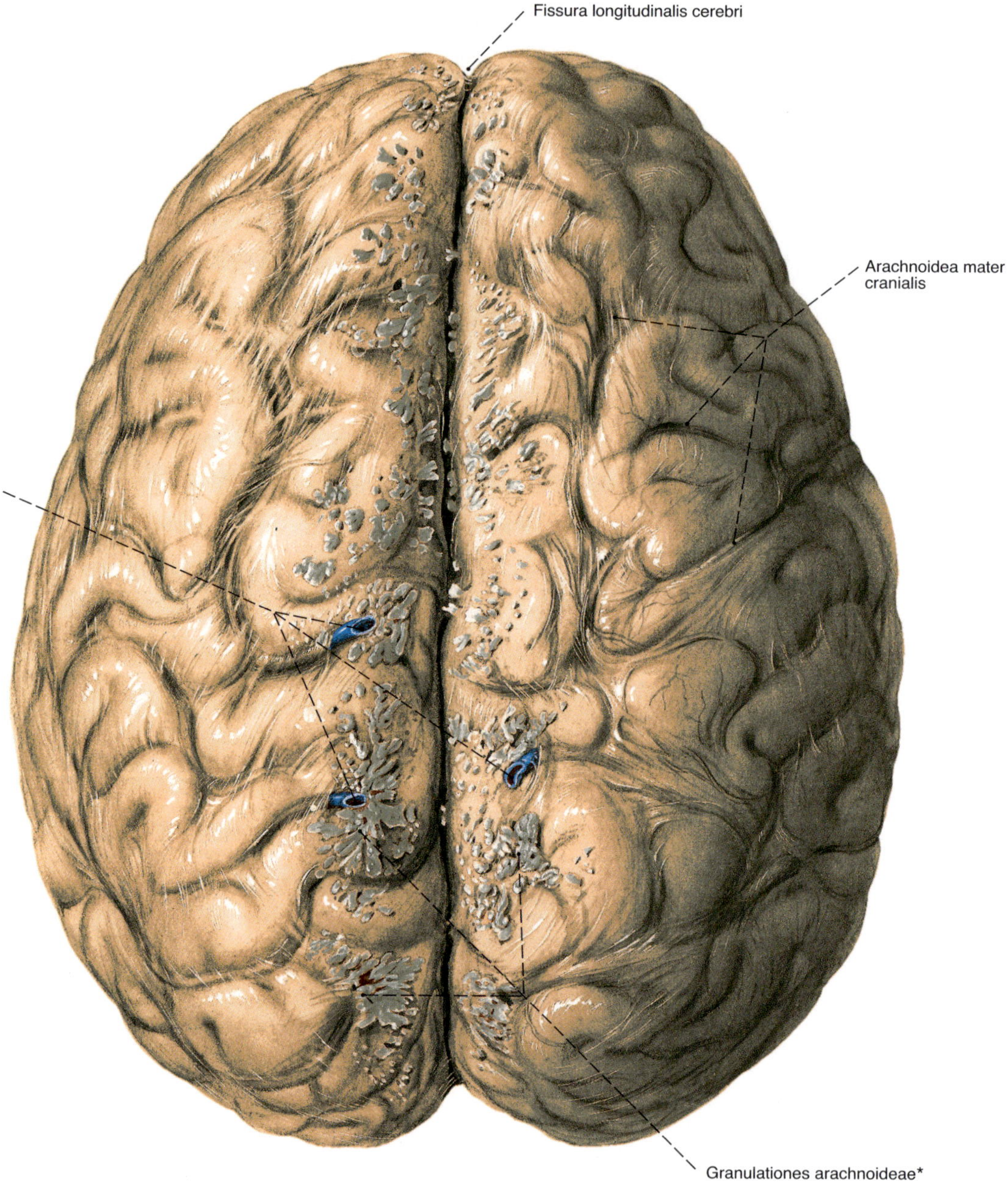

Abb. 476 Gehirn, Encephalon, mit Spinnwebenhaut, Arachnoidea mater cranialis; von oben.

* Auch: PACCHIONISCHE Granulationen

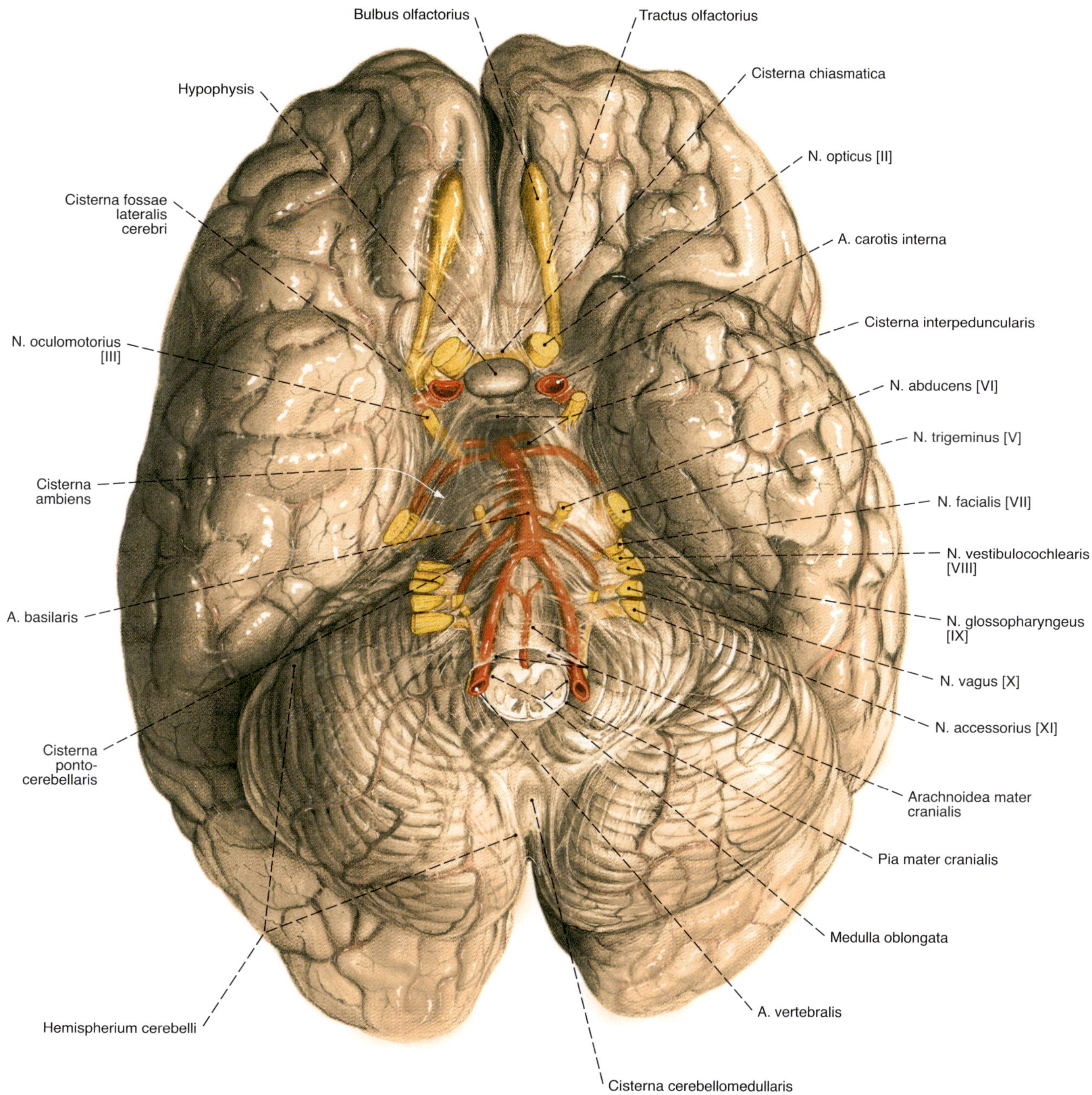

Abb. 477 Gehirn, Encephalon, mit Spinnwebenhaut, Arachnoidea mater cranialis; von unten.

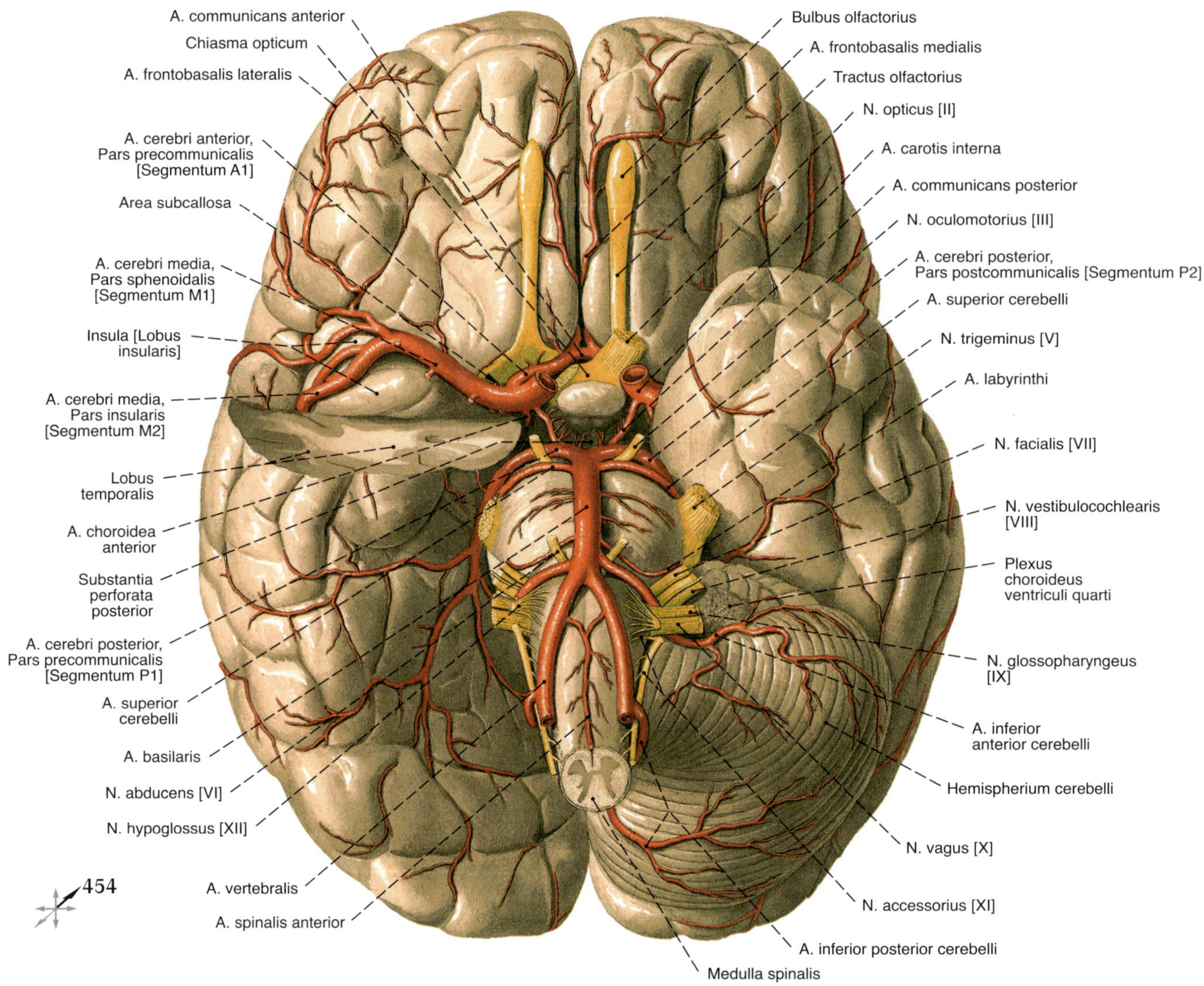

Abb. 478 Arterien des Gehirns; nach teilweiser Abtragung des Temporallappens; von unten.

Bezüglich der Segmente der Arterien des Gehirns siehe auch Abb. 482.

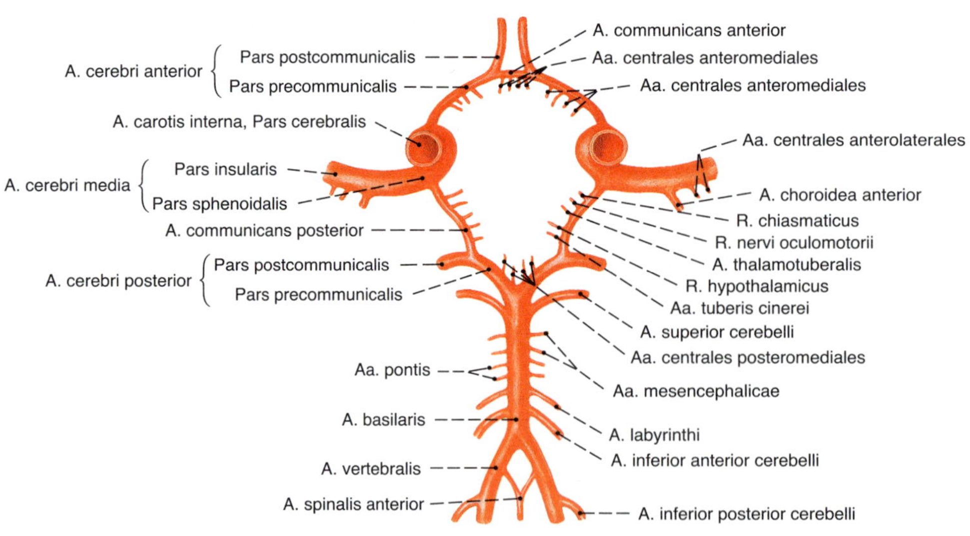

Abb. 479 Arterienring des Gehirns, Circulus arteriosus cerebri (WILLIS).

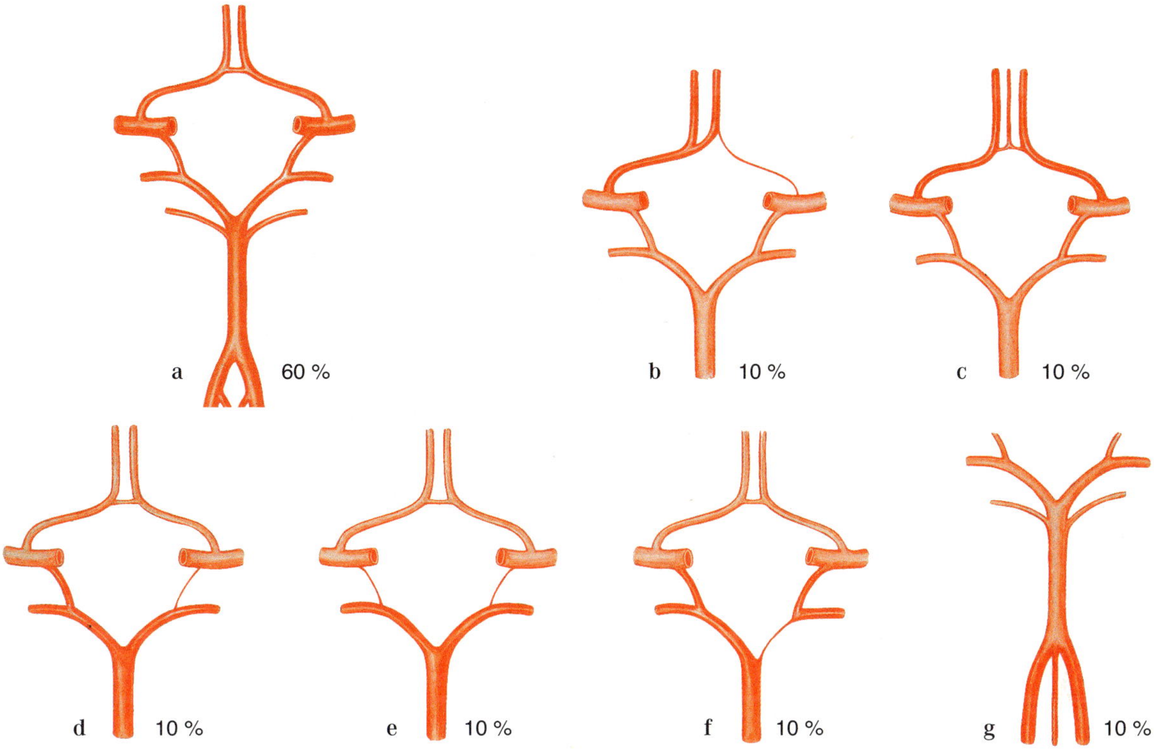

Abb. 480 a–g Circulus arteriosus cerebri.
a–c Varietäten des vorderen Anteils
d–f Varietäten des hinteren Anteils
g weit kaudale Vereinigung der Aa. vertebrales

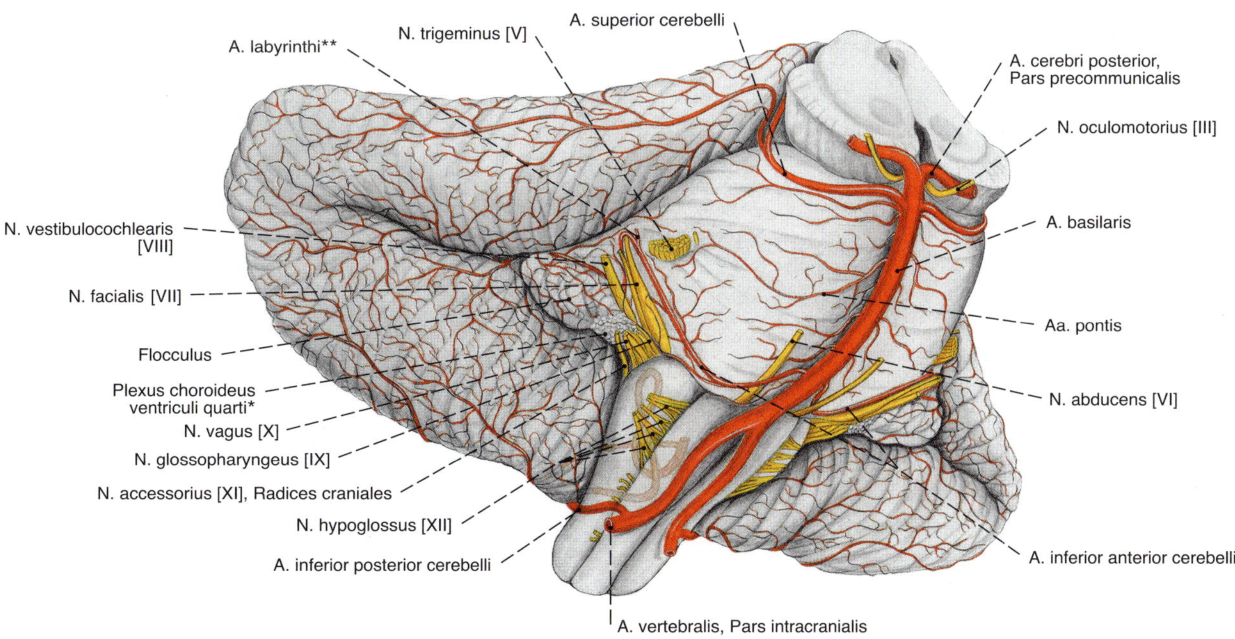

Abb. 481 Arterien des Rautenhirns, Rhombencephalon; nach Durchtrennung des Mittelhirns; von rechts unten.
Die A. inferior anterior cerebelli verläuft zumeist (~80%) über dem N. abducens, links im Bild liegt sie unter ihm.

* Klinisch: BOCHDALEKsches Blumenkörbchen
** In ca. 15 % geht die A. labyrinthi direkt aus der A. basilaris hervor.

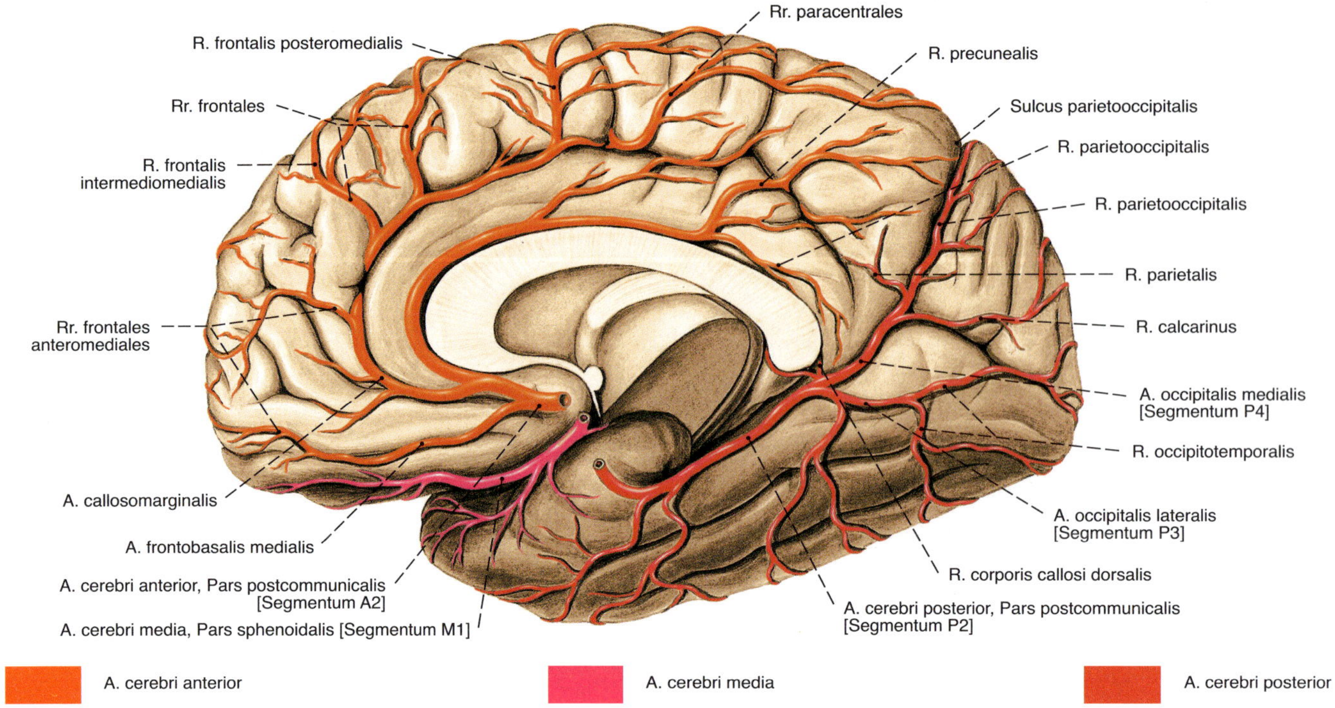

Abb. 482 Arterien der medialen und der basalen Großhirnfläche; von medial.

Bezüglich der Segmente der Arterien des Gehirns siehe auch Abb. 478.

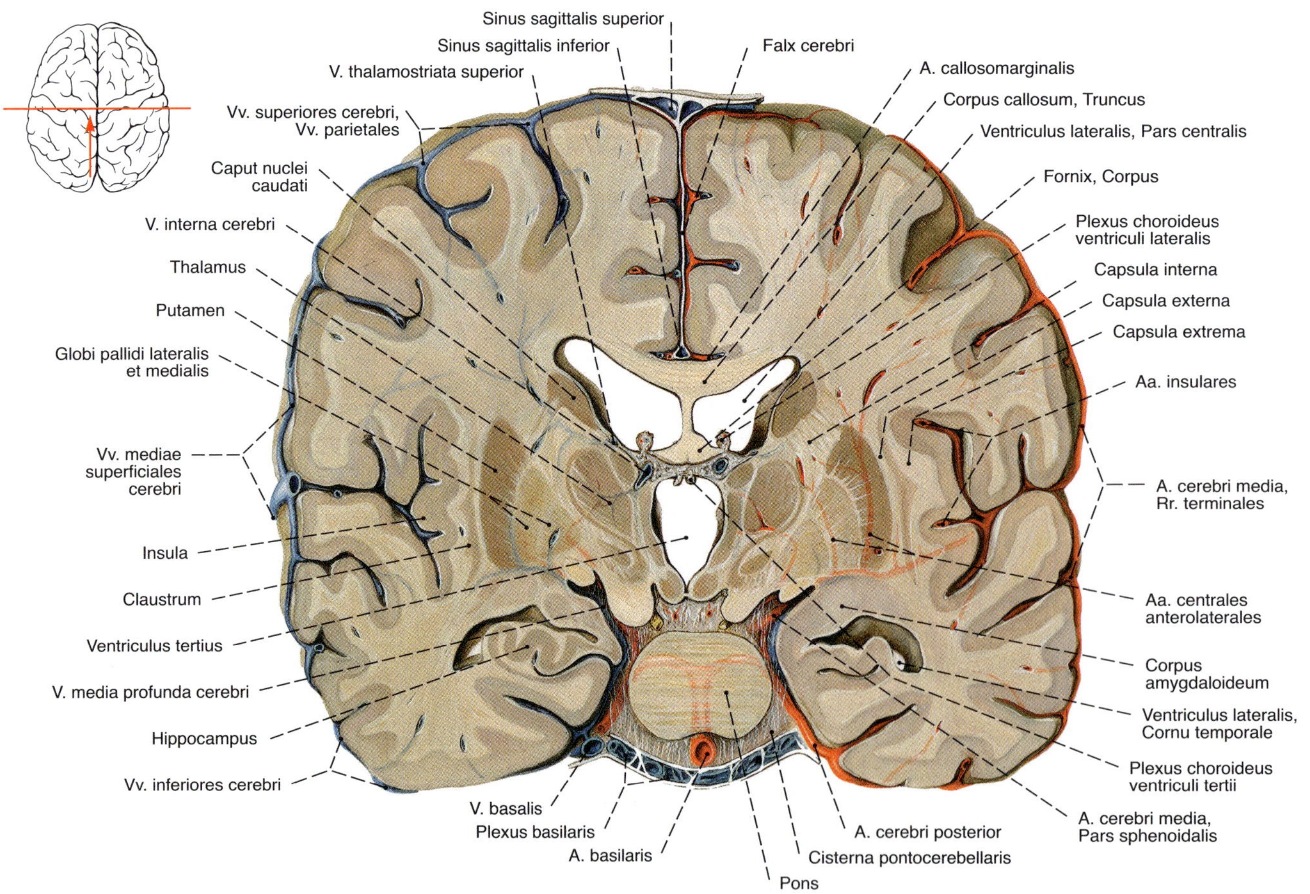

Abb. 483 Arterien und Venen des Gehirns, Arteriae und Venae cerebri; Frontalschnitt; rechts Arterien, links Venen dargestellt; von hinten.

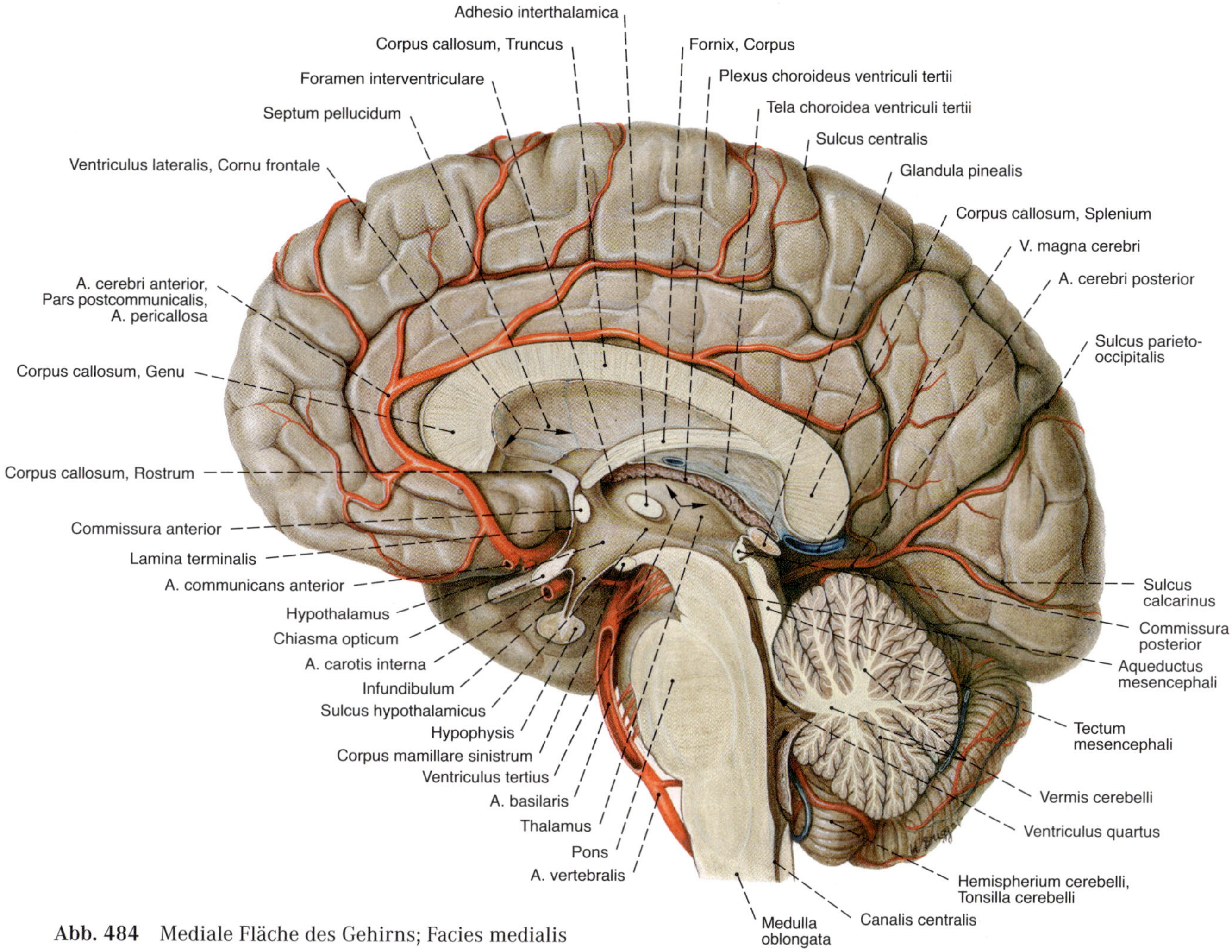

Abb. 484 Mediale Fläche des Gehirns; Facies medialis hemispherii cerebri; Zwischenhirn, Diencephalon, und Hirnstamm, Truncus encephali; vorne gestufter Medianschnitt; von links.

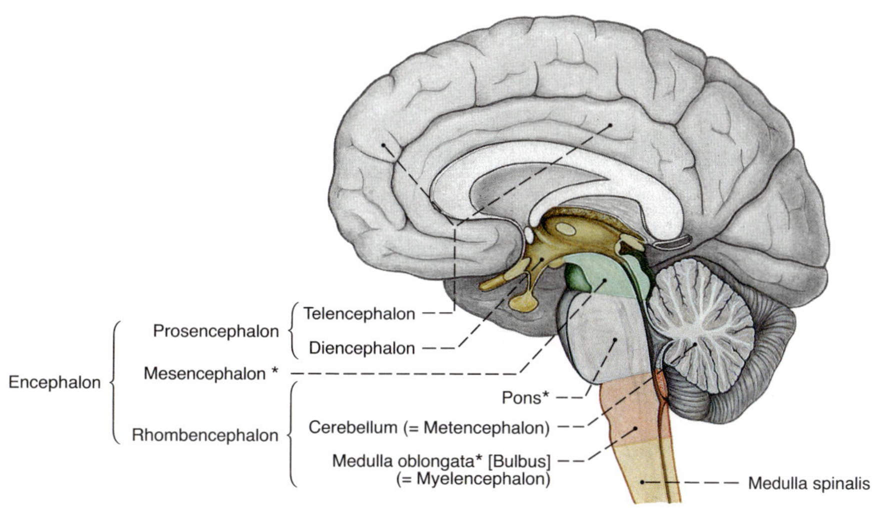

Abb. 485 Gliederung des zentralen Nervensystems; Medianschnitt; Schema.

Die mit * bezeichneten Teile des Gehirns bilden zusammen den Hirnstamm, Truncus encephali.

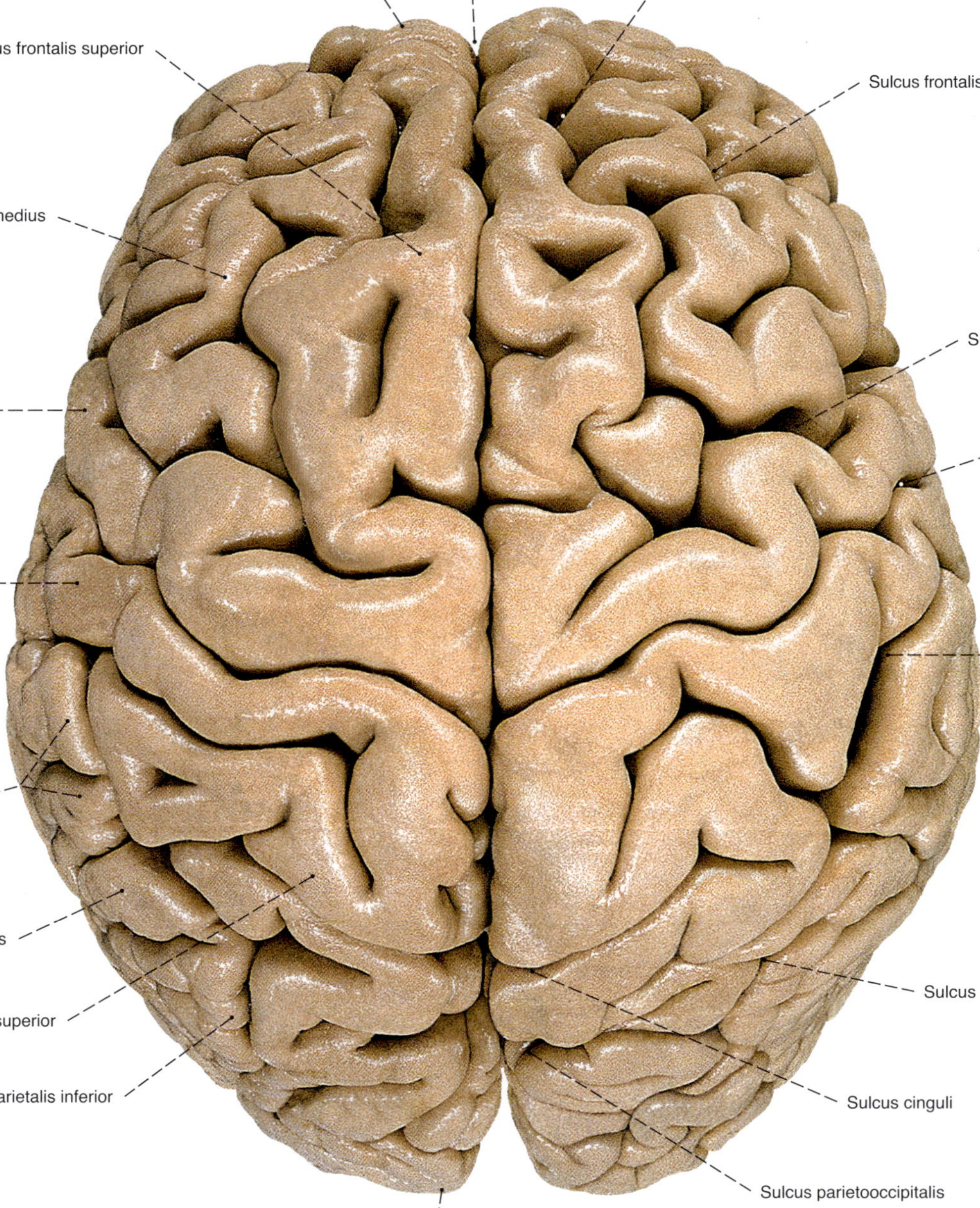

Abb. 486 Großhirn, Cerebrum;
nach Ablösung der weichen Hirnhäute;
von oben.
Die Ausbildung der Gyri ist sehr variabel.
Bei diesem Gehirn eines alten Menschen
weisen die beiden Gyri frontales superiores
besonders deutliche Varianten auf.

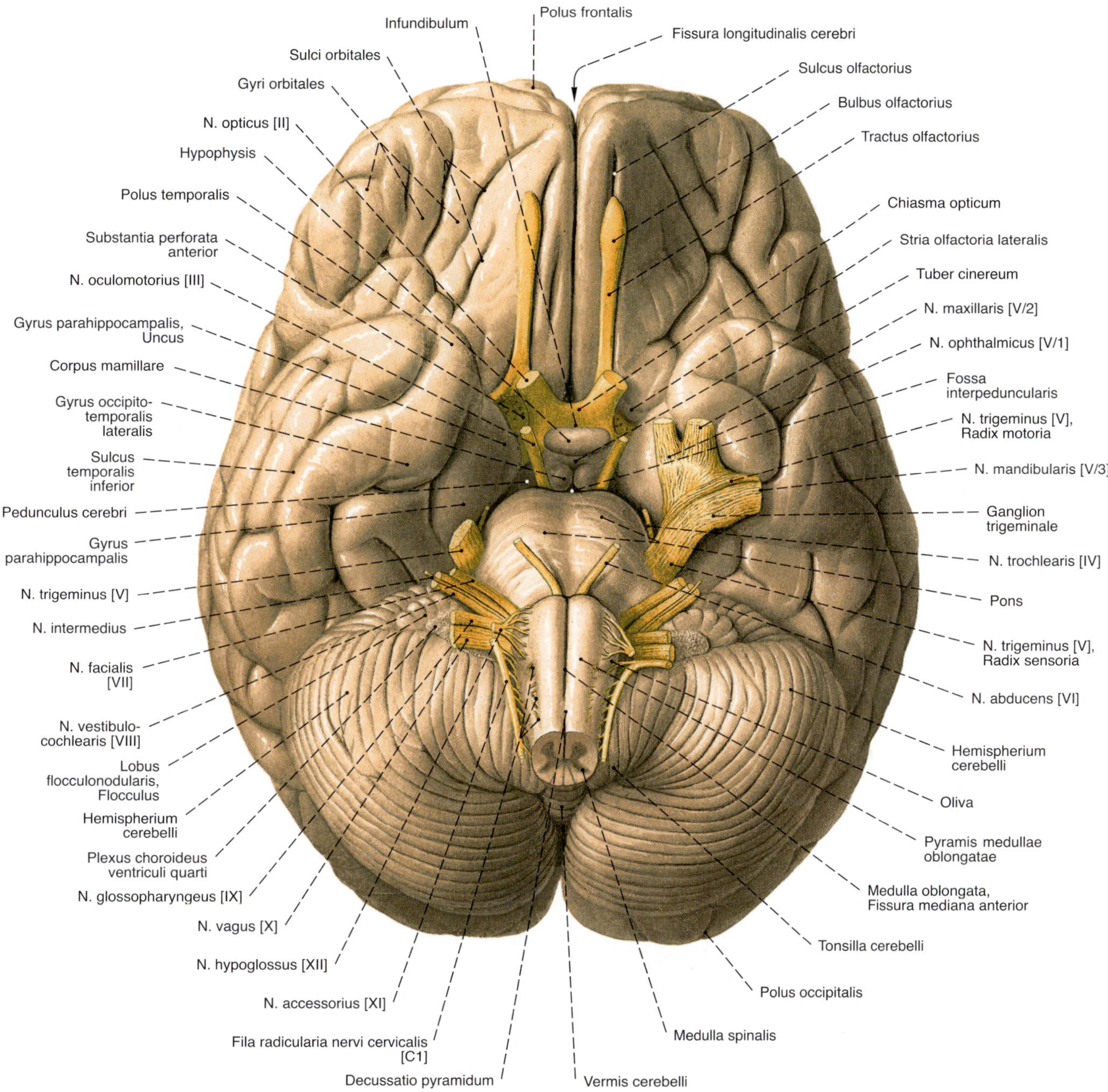

Abb. 487 Großhirn, Cerebrum, Hirnstamm, Truncus encephali, mit Kleinhirn, Cerebellum, sowie Hirnnerven, Nervi craniales;
nach Abtragung der weichen Hirnhäute;
von unten.

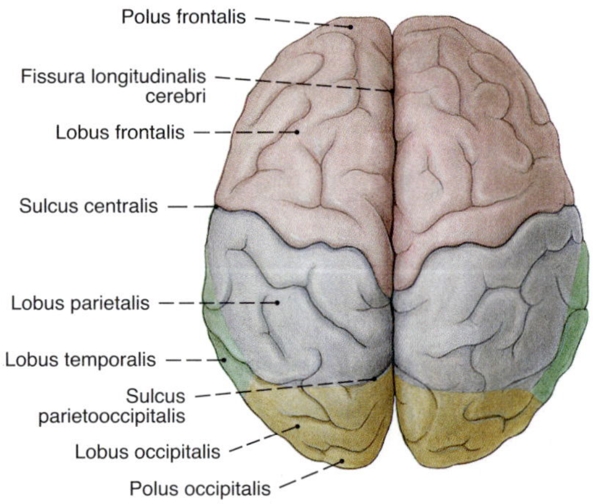

Abb. 488 Lappen des Großhirns, Lobi cerebri; von oben.

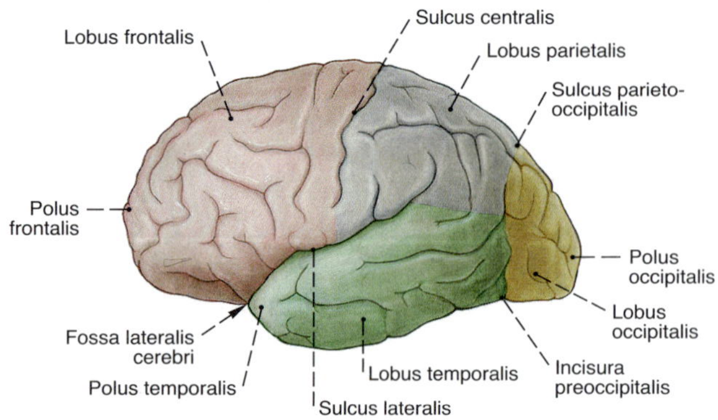

Abb. 489 Lappen des Großhirns, Lobi cerebri; von lateral.

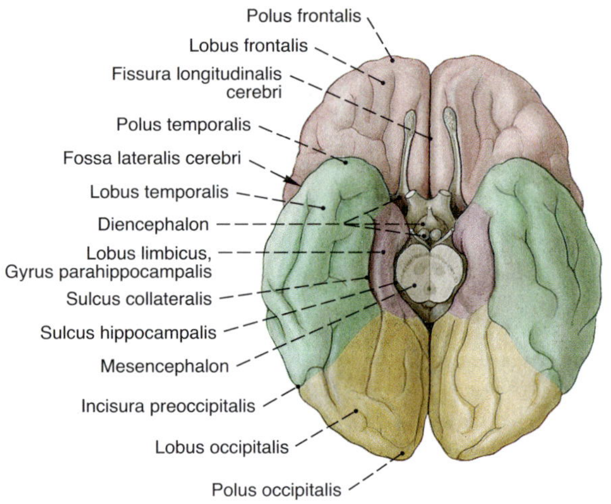

Abb. 490 Lappen des Großhirns, Lobi cerebri; von unten.

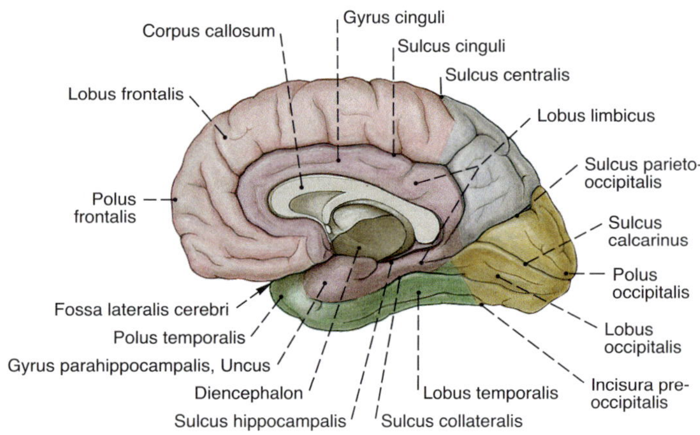

Abb. 491 Lappen des Großhirns, Lobi cerebri; von medial.

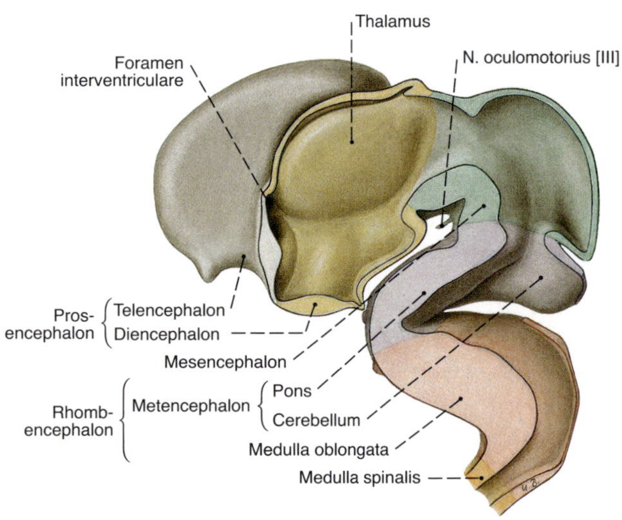

Abb. 492 Entwicklung des Gehirns;
Modell des Gehirns eines ca. 2 Monate alten Embryos;
Medianschnitt;
Vergleiche Abb. 485.

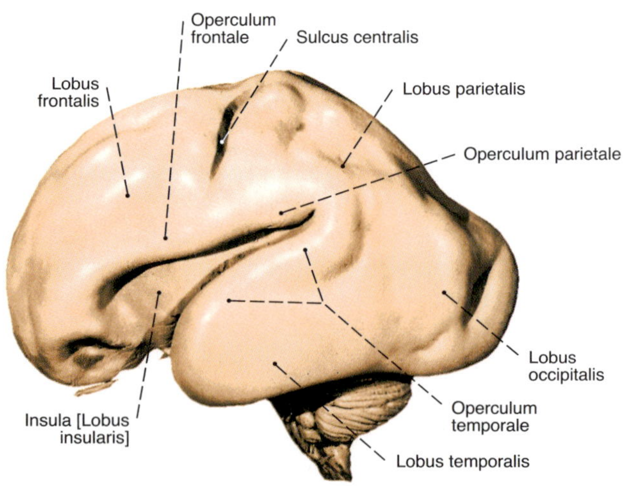

Abb. 493 Entwicklung des Gehirns;
Gehirn eines ca. 4 Monate alten Fetus (SSL 20 cm);
von lateral.

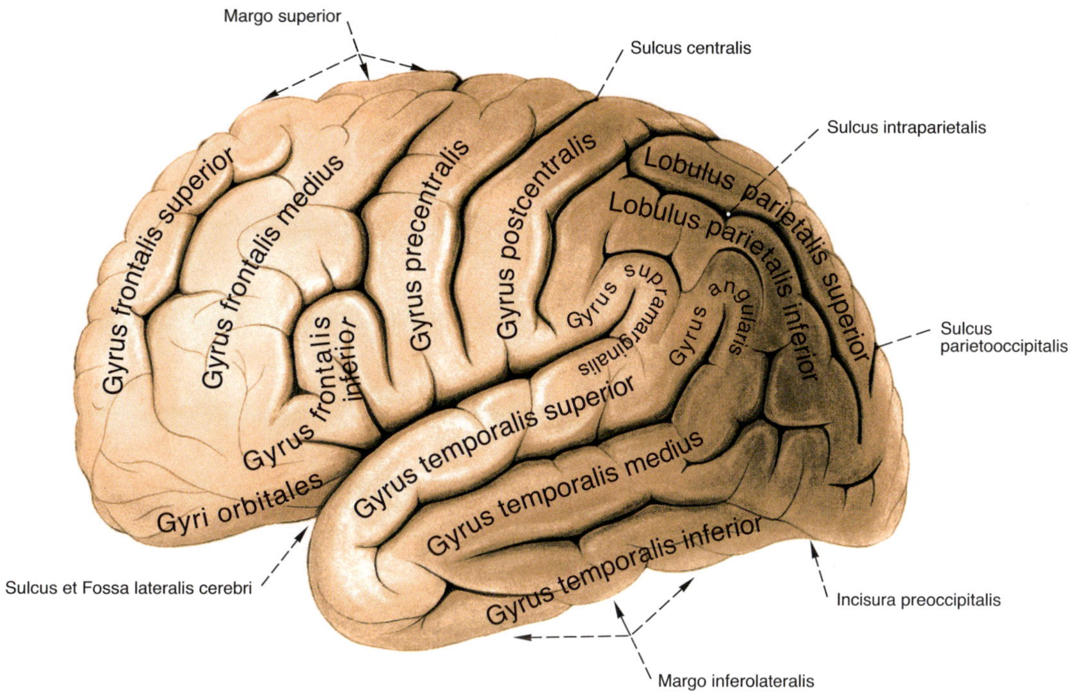

Abb. 494 Windungen, Gyri, der Großhirnhemisphären; von lateral (li).

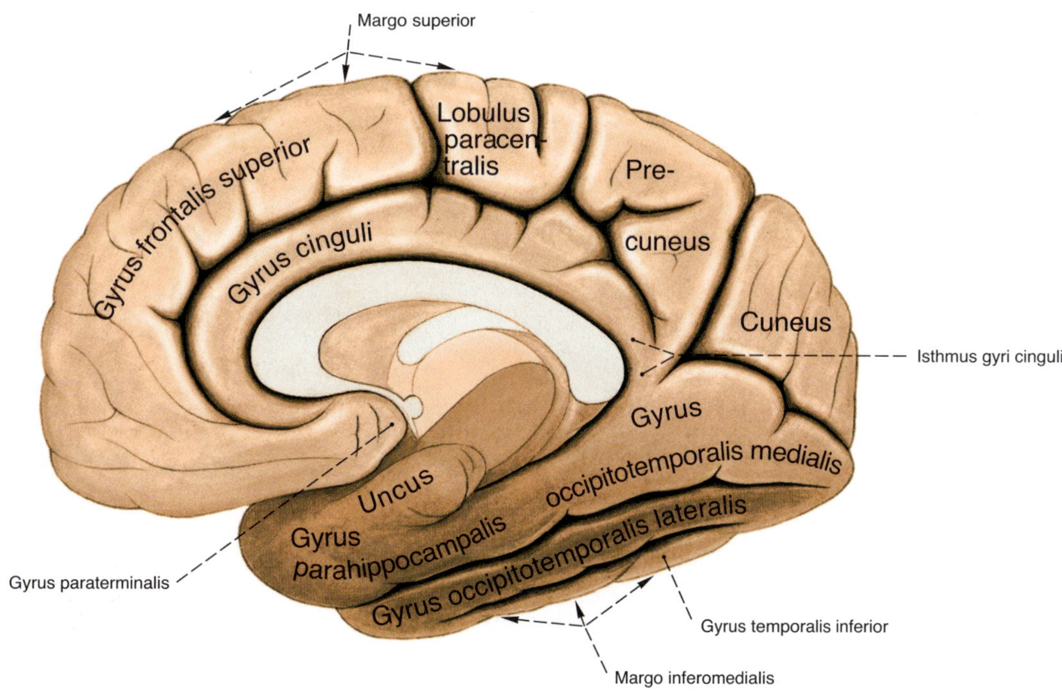

Abb. 495 Windungen, Gyri, der Großhirnhemisphären; von medial (re).

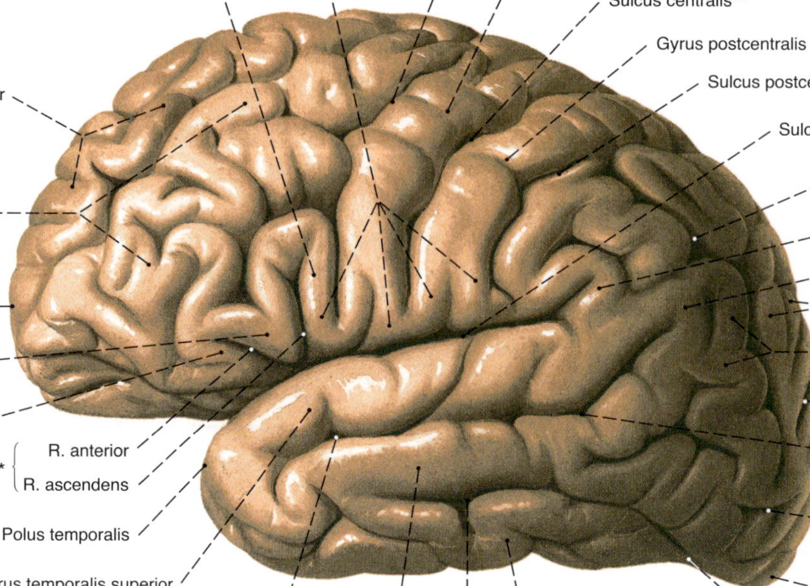

Abb. 496 Windungen, Gyri, und Furchen, Sulci, der Großhirnhemisphären; von lateral (li).

* Sylviussche Furche
** Rolando-Furche

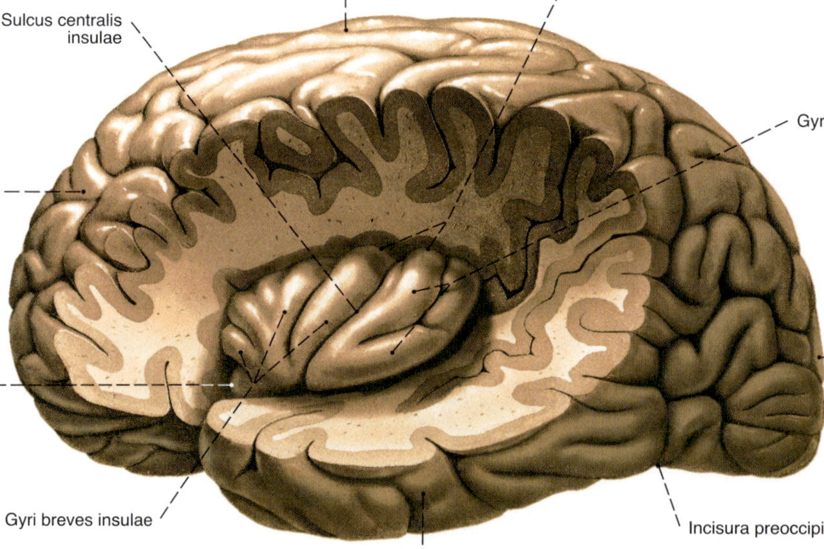

Abb. 497 Windungen, Gyri, und Furchen, Sulci, der Großhirnhemisphären; nach Abtragung der die Insel bedeckenden Anteile, Opercula, von Stirn-, Scheitel- und Schläfenlappen; von lateral (re).

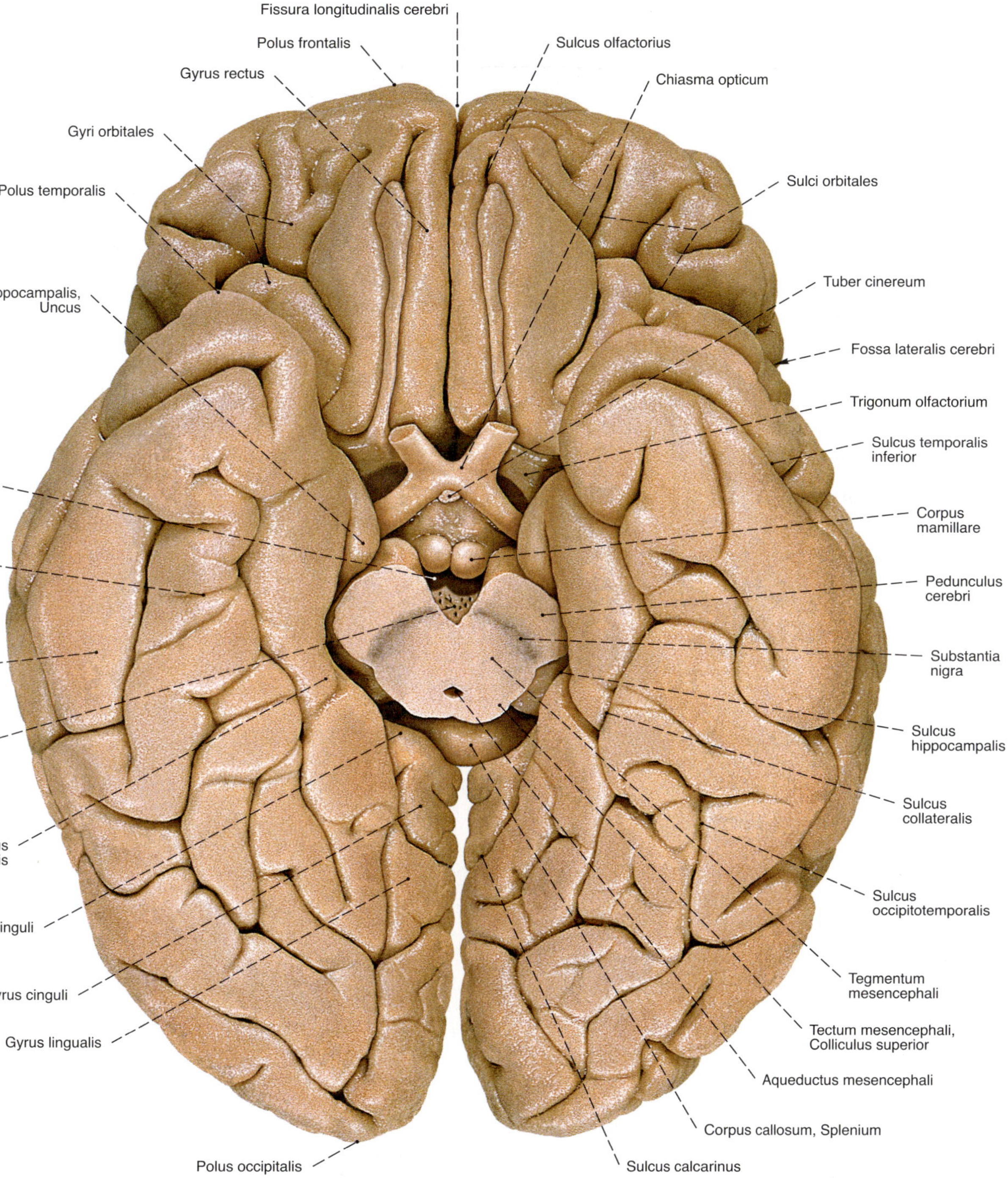

Abb. 498 Windungen, Gyri, und Furchen, Sulci, der Großhirnhemisphären; nach Durchtrennung des Mittelhirns; von unten.

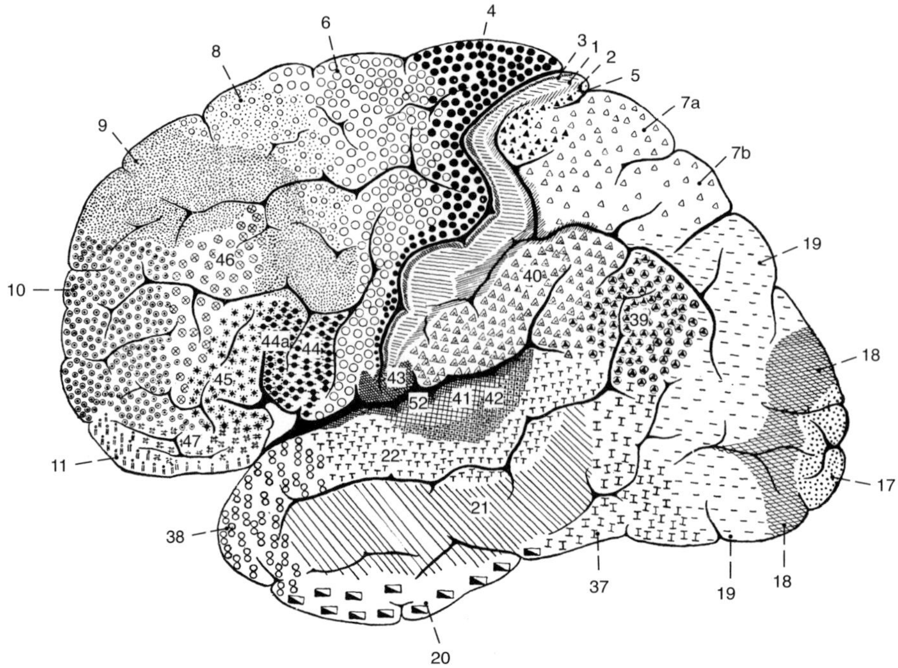

Abb. 499 Zytoarchitektonische Rindenfelder der Großhirnhemisphären nach BRODMANN;
einzelne Areale sind numeriert; die verschiedenen Zeichen beziehen sich auf unterschiedliche Zelltypen;
von lateral (li).

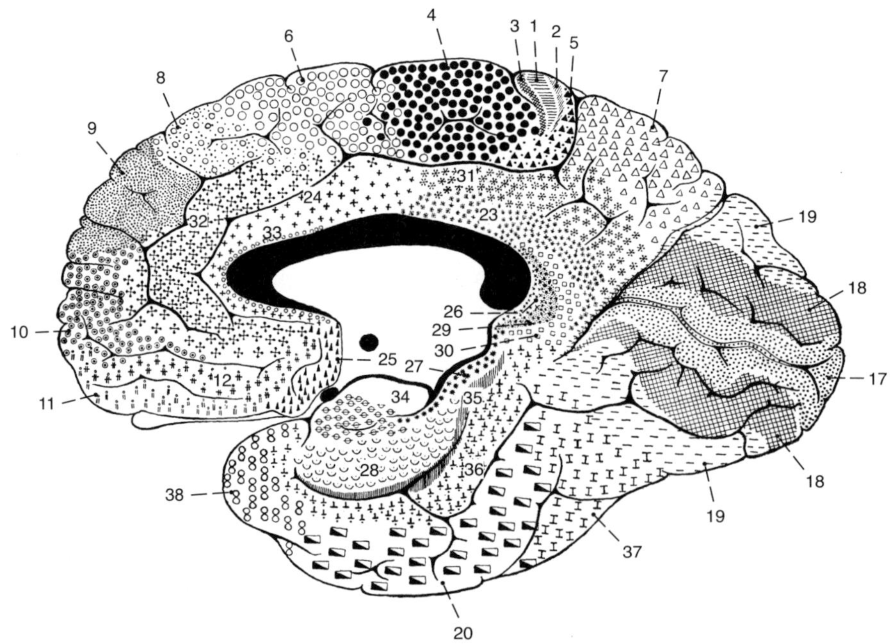

Abb. 500 Zytoarchitektonische Rindenfelder der Großhirnhemisphären nach BRODMANN;
einzelne Areale sind numeriert; die verschiedenen Zeichen beziehen sich auf unterschiedliche Zelltypen;
von medial (re).

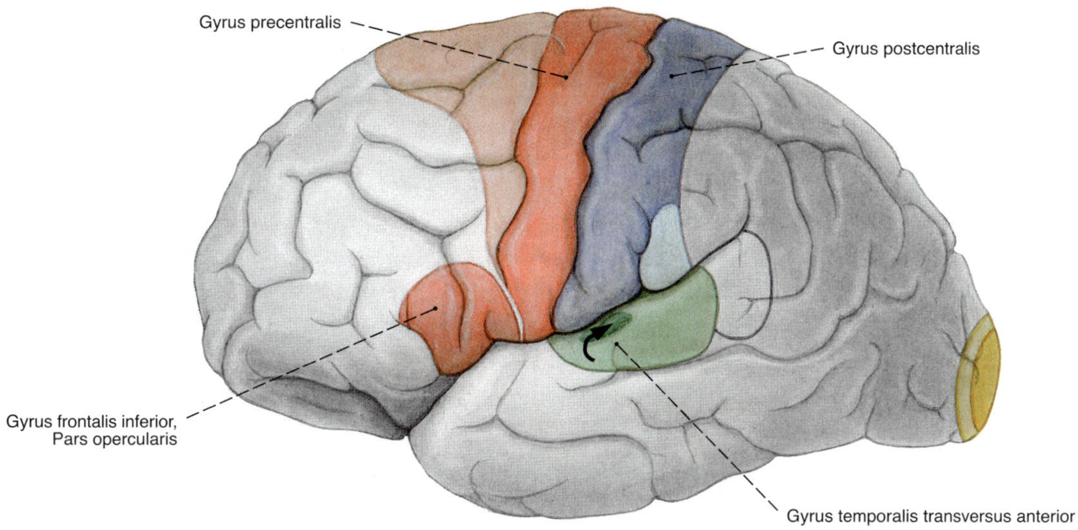

Abb. 501 Funktionelle Rindenfelder der Großhirnhemisphären nach FOERSTER; von lateral.

Das Projektionsfeld des Hörens (↶) erstreckt sich über die Oberkante des Temporallappens hinweg auf dessen Innenfläche.

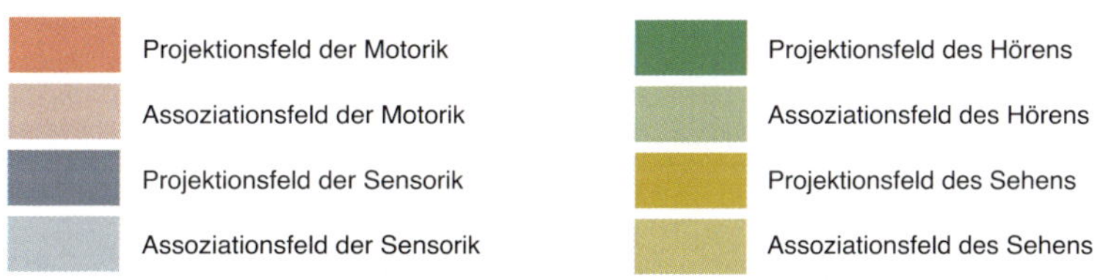

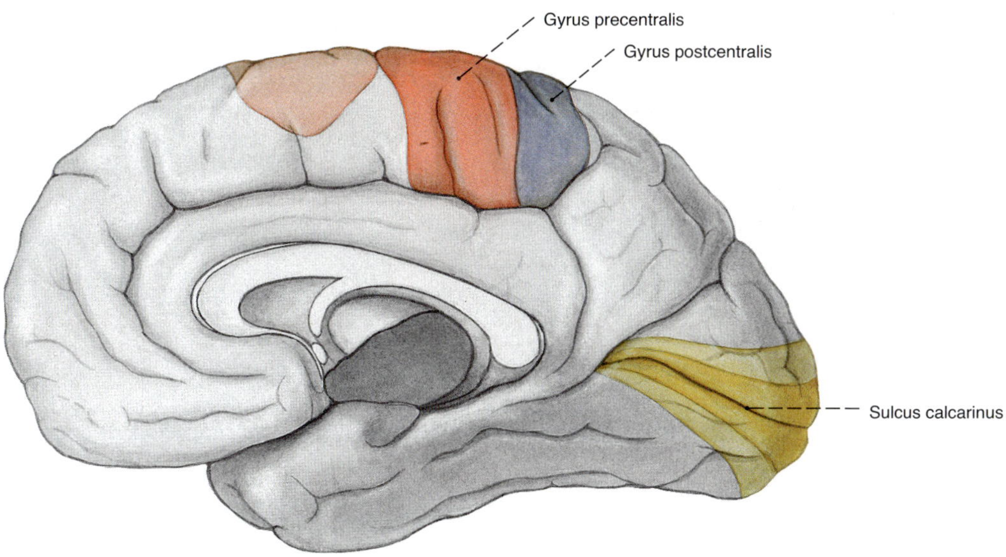

Abb. 502 Funktionelle Rindenfelder der Großhirnhemisphären nach FOERSTER; von medial.

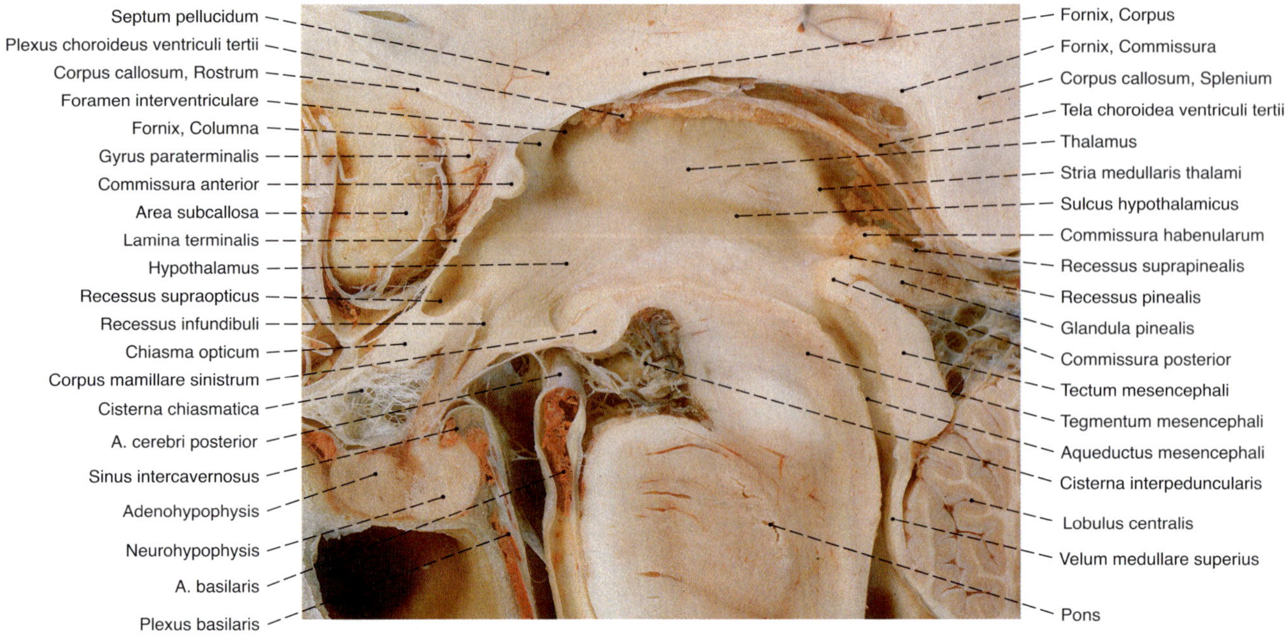

Abb. 503 Dritter Ventrikel, Ventriculus tertius;
Medianschnitt;
von medial.

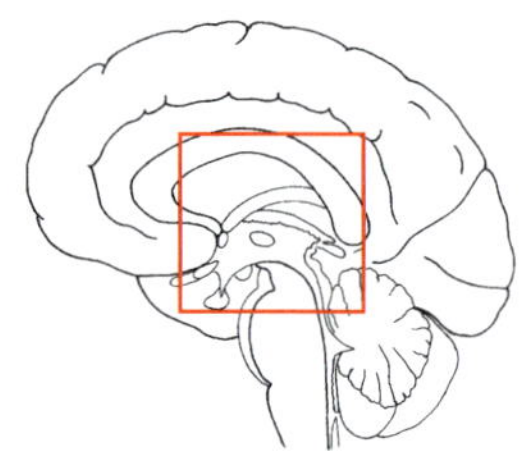

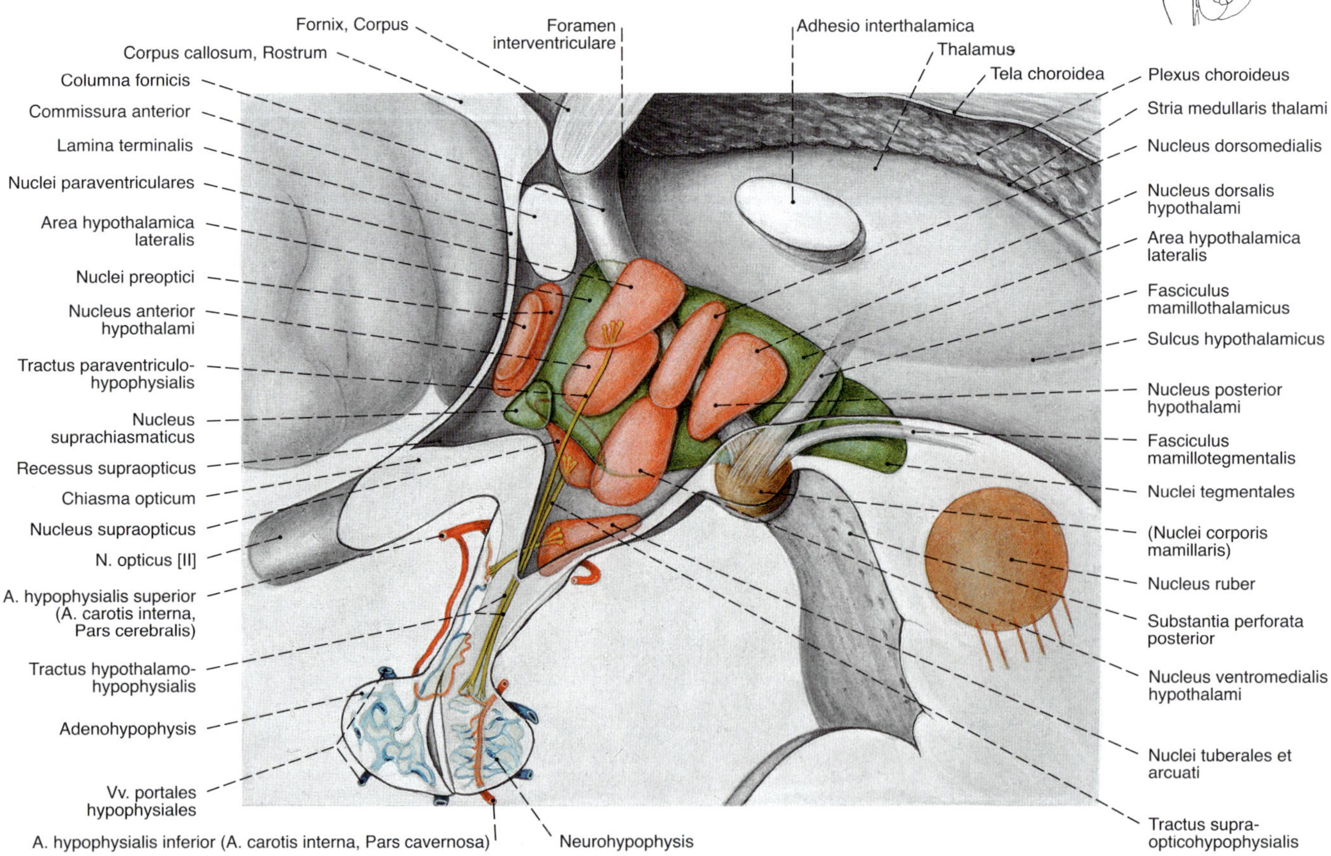

Abb. 504 Hypothalamus;
Übersicht; Kerngebiete durchscheinend gezeichnet;
von medial.

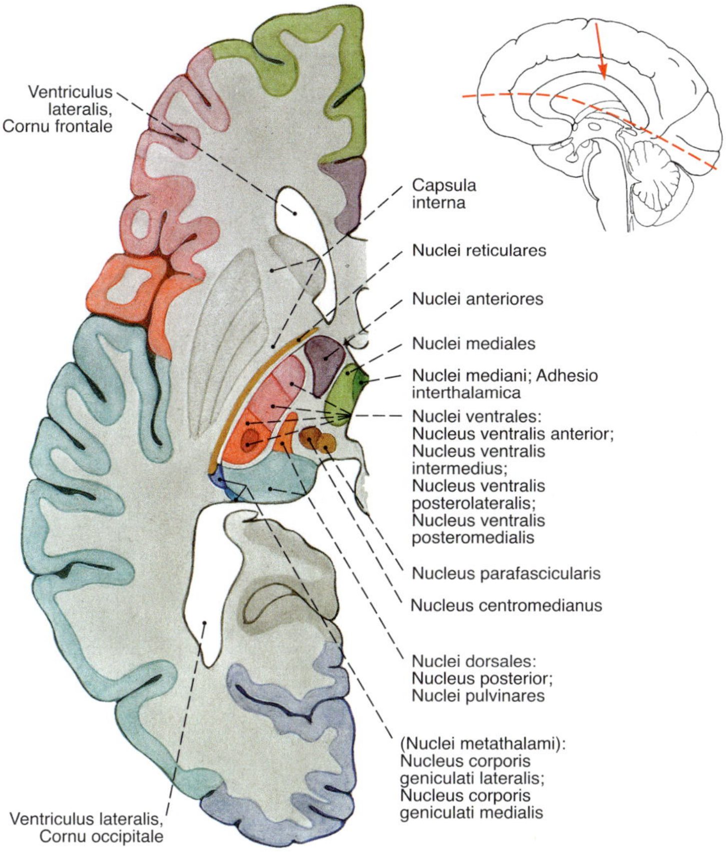

a Horizontalschnitt durch die linke Großhirnhemisphäre; von oben.

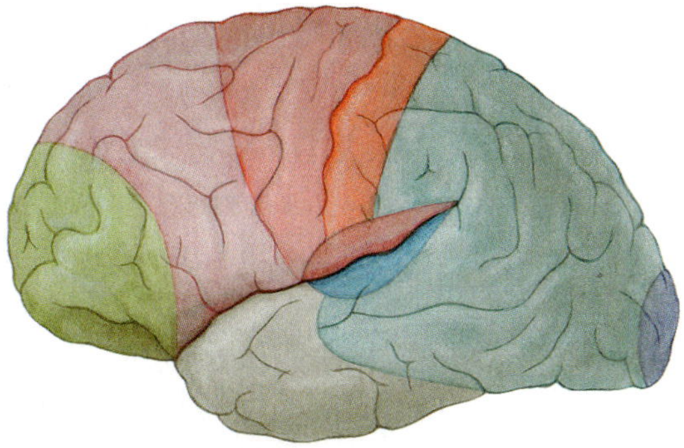

b Linke Großhirnhemisphäre; von lateral.

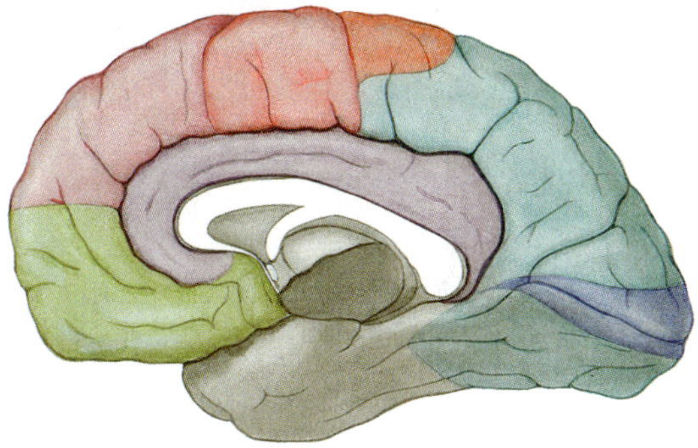

c Rechte Großhirnhemisphäre; von medial.

Abb. 505 a–c Kerne und Rindenprojektion des Thalamus. Die zusammengehörigen Kern- und Rindengebiete sind jeweils durch dieselben Farben gekennzeichnet.

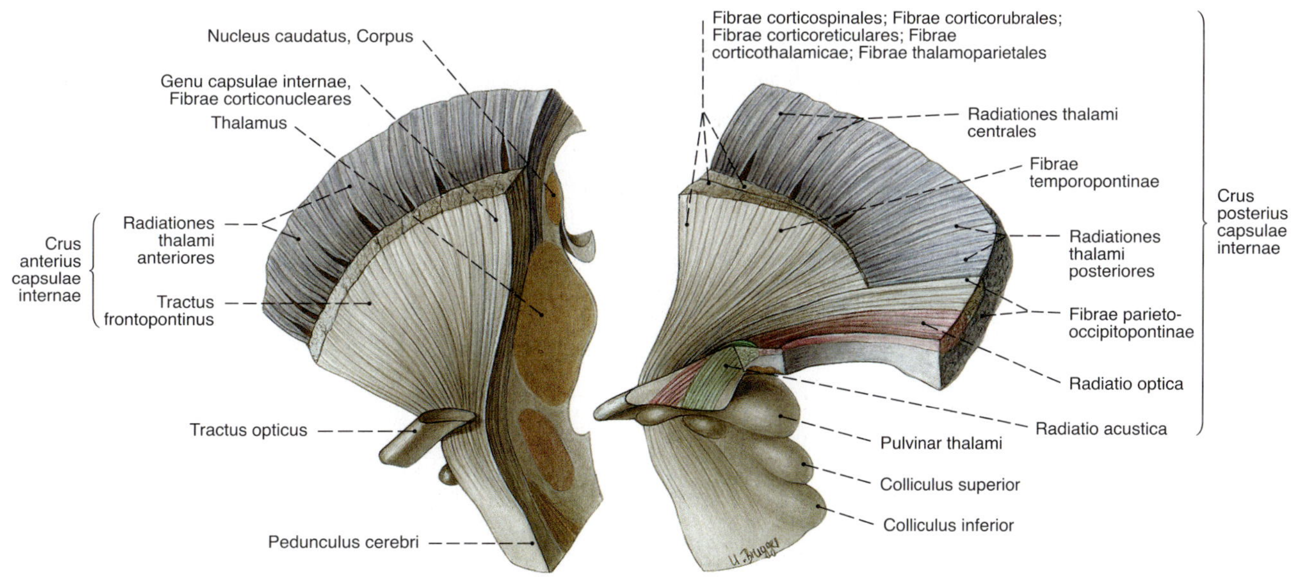

Abb. 506 Thalamusstrahlung, Radiationes thalami, und innere Kapsel, Capsula interna; durch einen Frontalschnitt in zwei Anteile getrennt; von lateral (li).

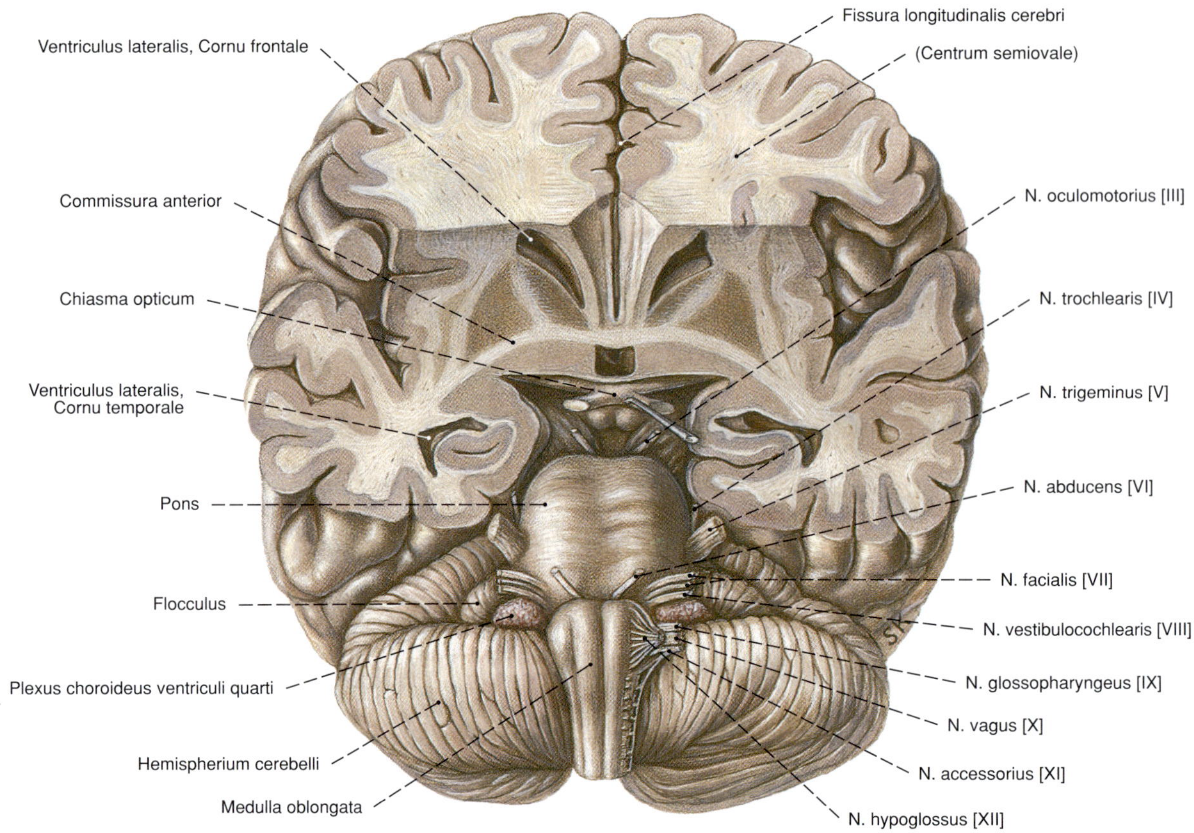

Abb. 507 Commissura anterior und Hirnstamm, Truncus encephali; nach teilweiser Abtragung der basalen Teile des Großhirns; von unten.

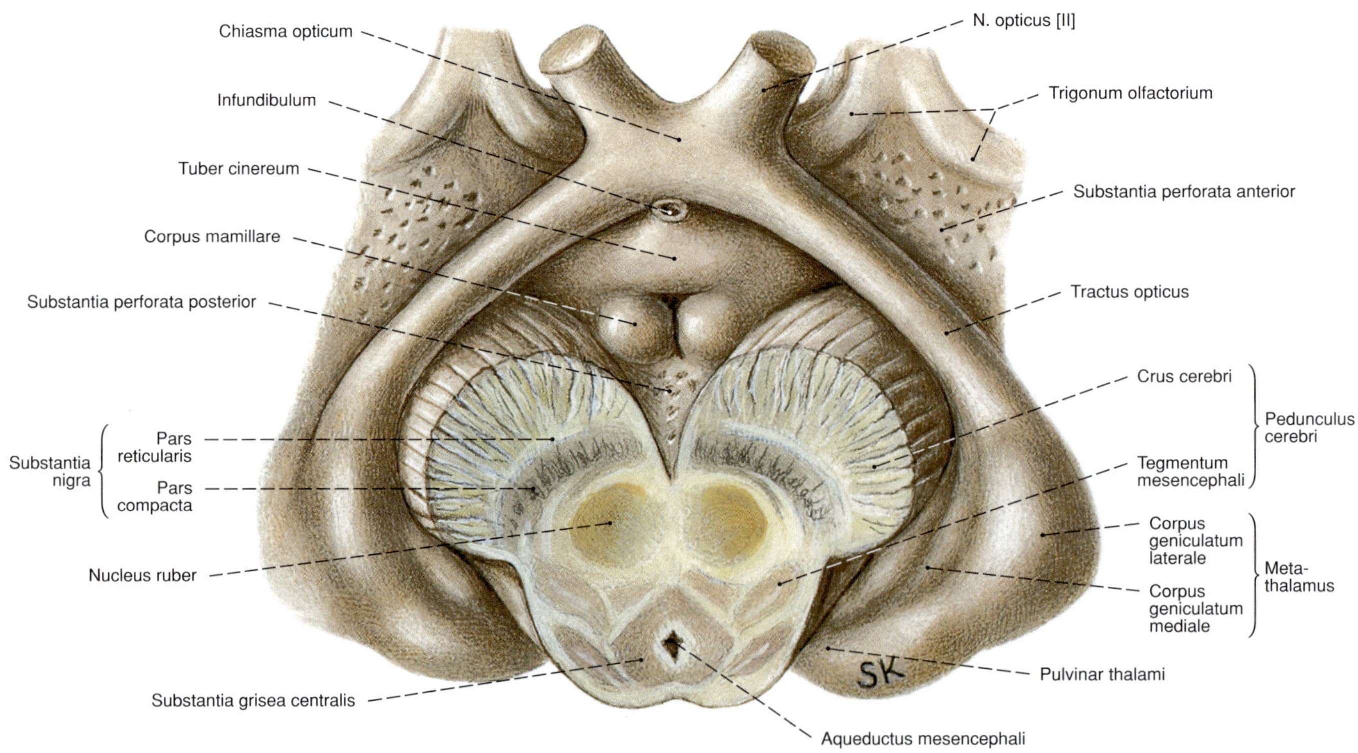

Abb. 508 Mittelhirn, Mesencephalon, und Zwischenhirn, Diencephalon; nach querer Durchtrennung des Mittelhirns; von unten.

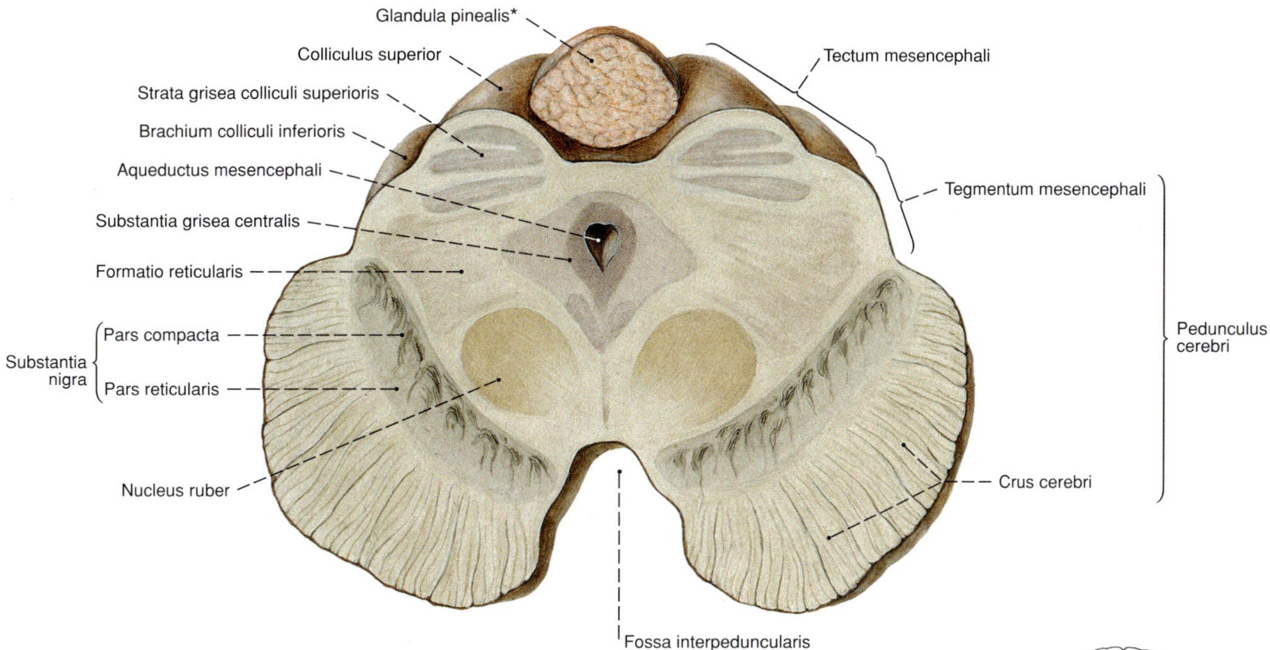

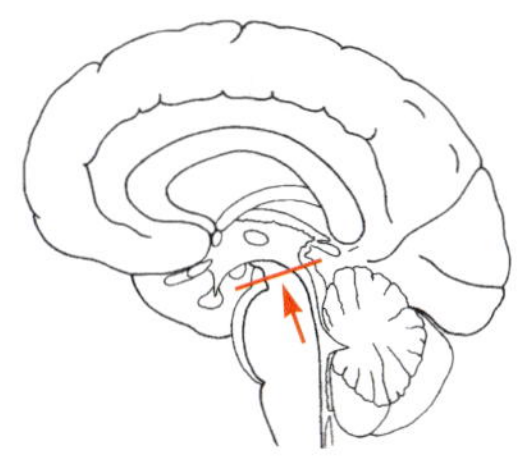

Abb. 509 Mittelhirn, Mesencephalon; Querschnitt auf Höhe der Colliculi superiores; von unten.

* Auch: Epiphysis cerebri

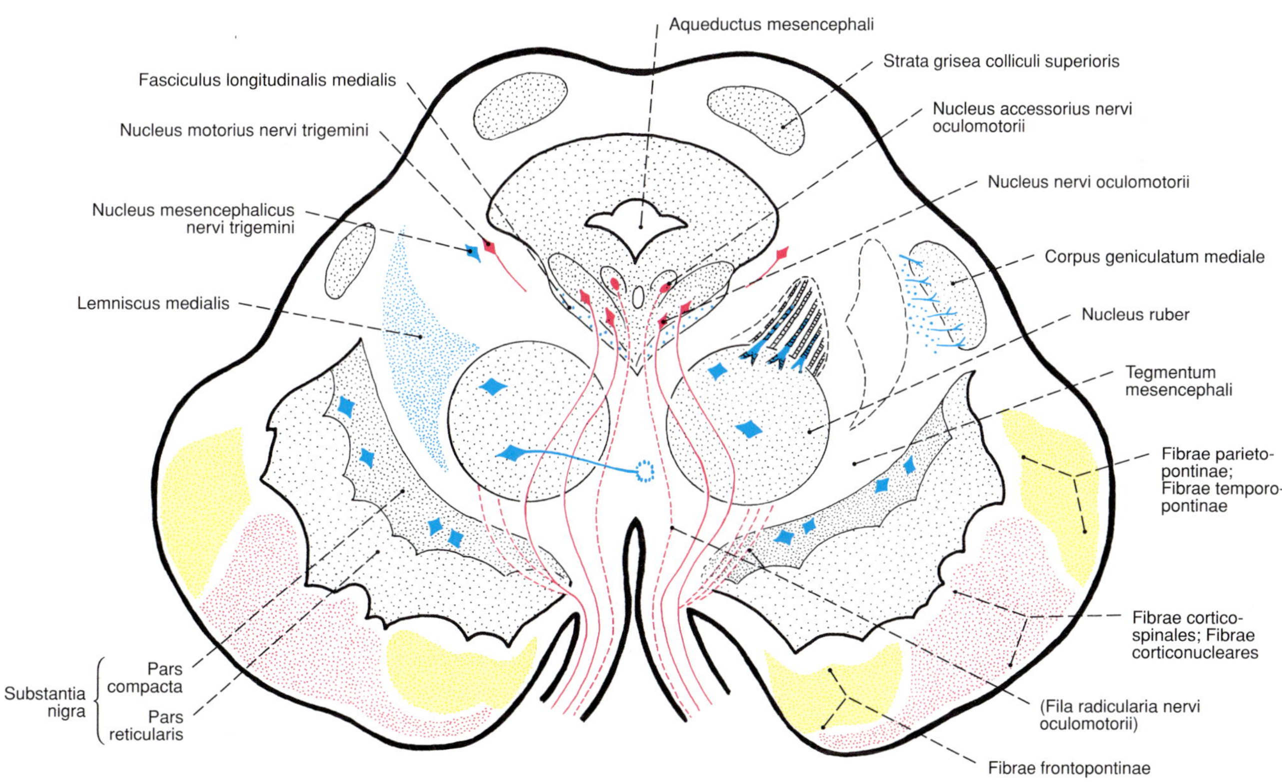

Abb. 510 Kerngebiete und Fasern des Mittelhirns, Mesencephalon; schematisierter Querschnitt auf Höhe der Colliculi superiores.

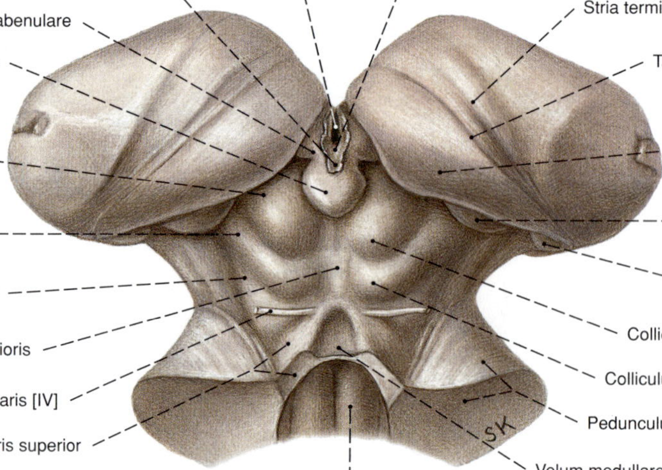

Abb. 511 Mittelhirn, Mesencephalon, und Zirbeldrüse, Glandula pinealis;
von hinten oben.

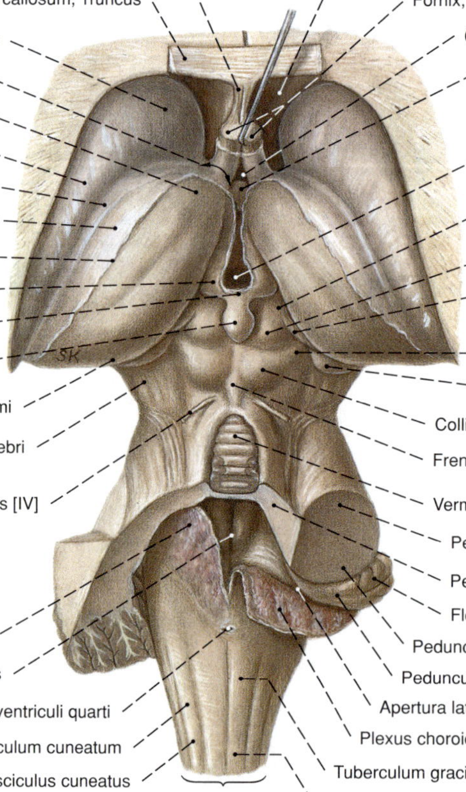

Abb. 512 Hirnstamm, Truncus encephali;
nach Entfernung des Balkens und des Großteils des Kleinhirns;
Tela choroidea des vierten Ventrikels in der Mitte gespalten und rechts zurückgeklappt;
von hinten oben.

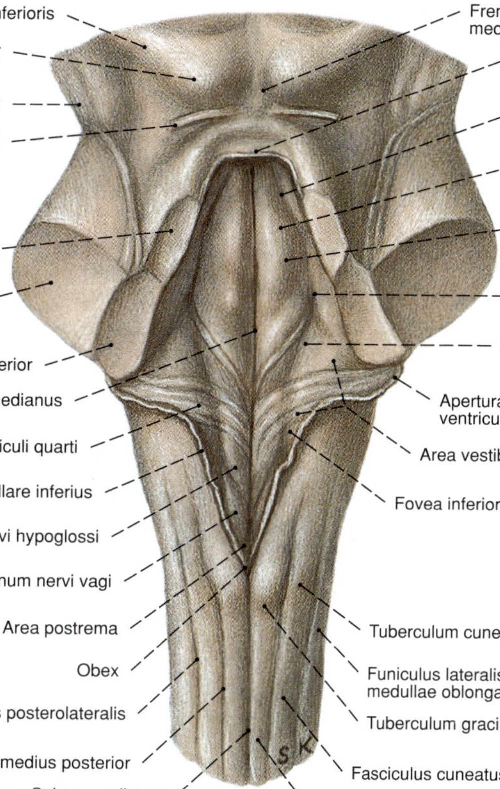

Abb. 513 Rautengrube, Fossa rhomboidea; Blick auf den Boden des vierten Ventrikels nach Durchtrennung der Kleinhirnstiele; von hinten oben.

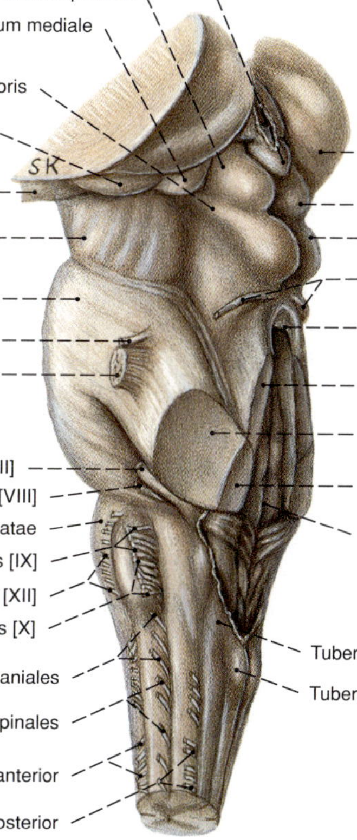

Abb. 514 Hirnstamm, Truncus encephali; mit schrägem Einblick auf den Boden des vierten Ventrikels nach Durchtrennung der Kleinhirnstiele; von lateral.

Wände des vierten Ventrikels

Dach/Vorderwand	Velum medullare superius
Boden	Fossa rhomboidea
Dach/Hinterwand	Velum medullare inferius; Plexus choroideus
Öffnungen	Aqueductus mesencephali ← Ventriculus III Aperturae laterales → Cisterna basalis Apertura mediana → Cisterna cerebellomedullaris Canalis centralis

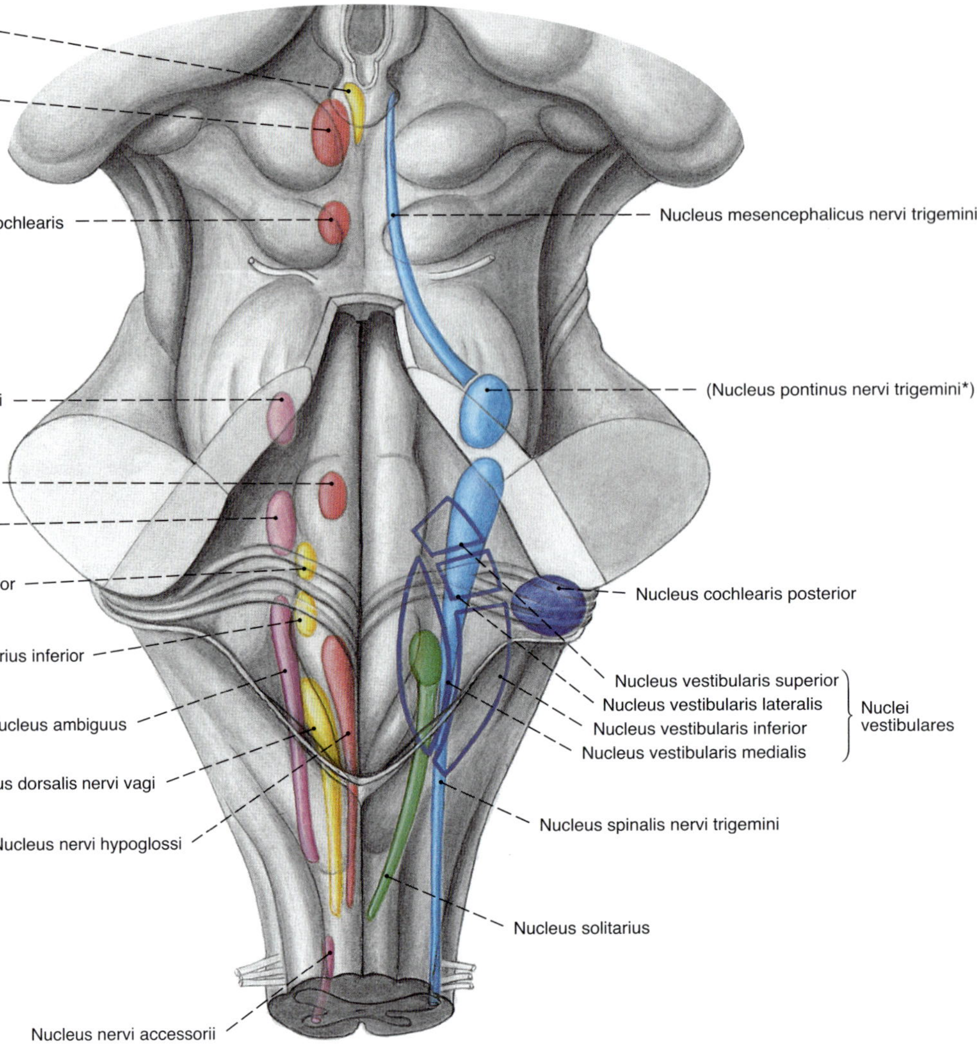

Abb. 515 Hirnnerven, Nervi craniales; räumliche Übersicht der Kerne; von hinten.

Links sind Ursprungskerne, rechts Endkerne dargestellt.

* Klinisch: Nucleus sensorius principalis nervi trigemini

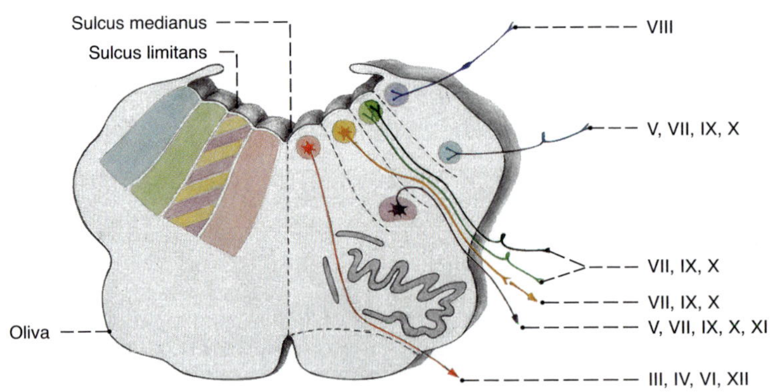

Abb. 516 Hirnnerven, Nervi craniales; schematischer Querschnitt durch die Rautengrube zur Darstellung der Kerngebiete.

Siehe auch Tabelle S. 267

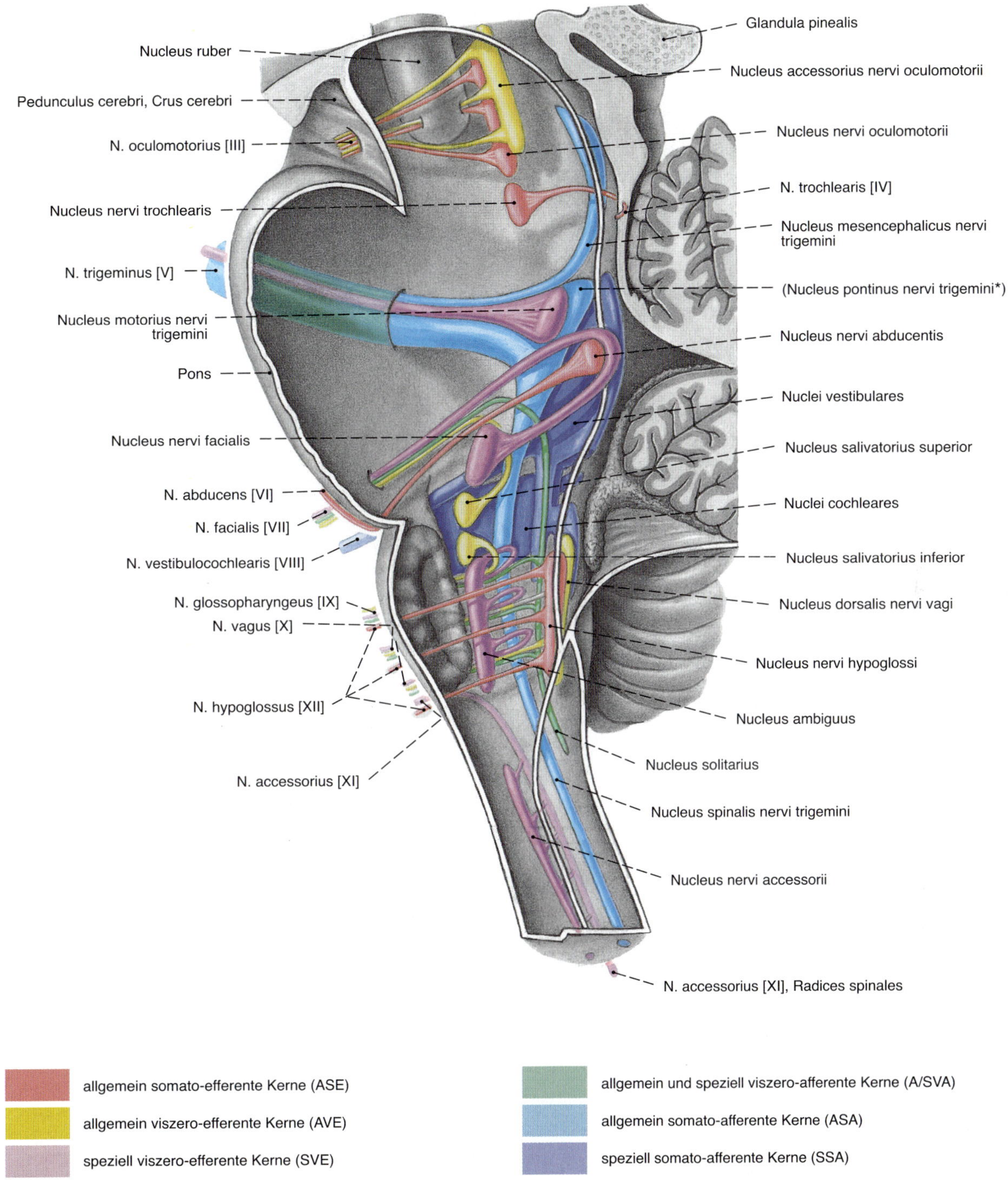

Abb. 517 Hirnnerven, Nervi craniales;
räumliche Übersicht der Kerne von der Medianebene aus.

* Klinisch: Nucleus sensorius principalis nervi trigemini

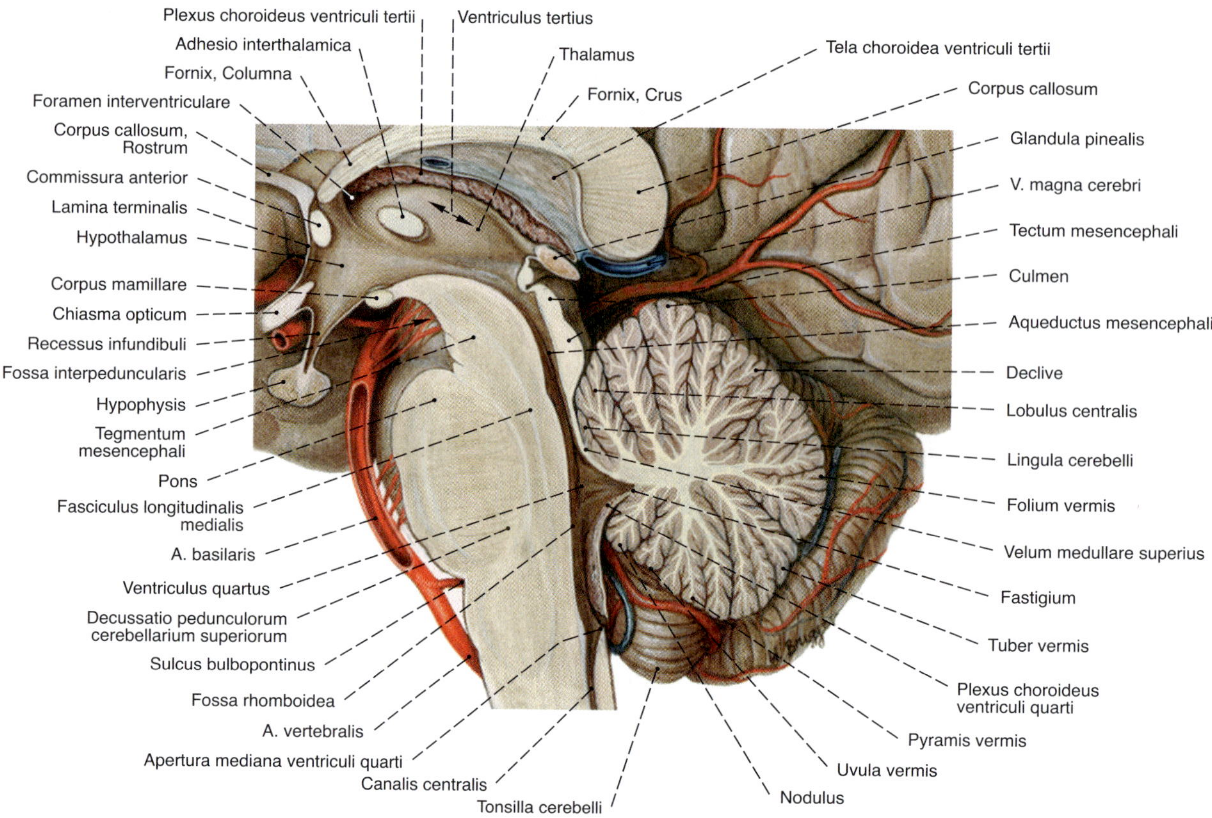

Abb. 518 Dritter und vierter Ventrikel, Ventriculi tertius und quartus; Medianschnitt durch den Hirnstamm; von medial.

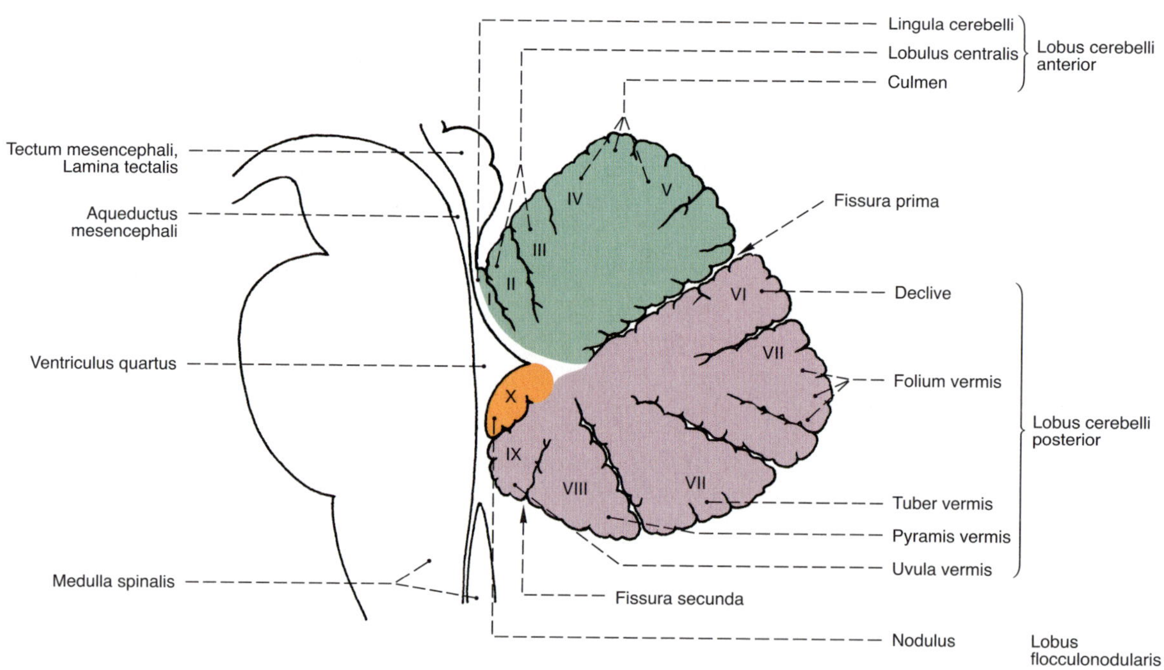

Abb. 519 Teile des Kleinhirnwurms, Vermis cerebelli; Medianschnitt, Übersicht.

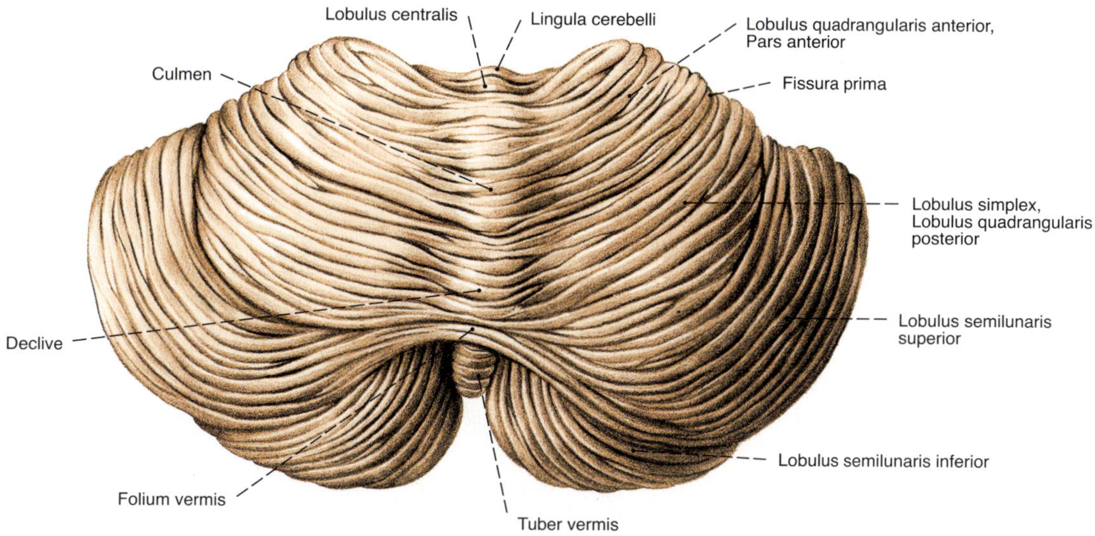

Abb. 520 Kleinhirn, Cerebellum; von hinten oben.

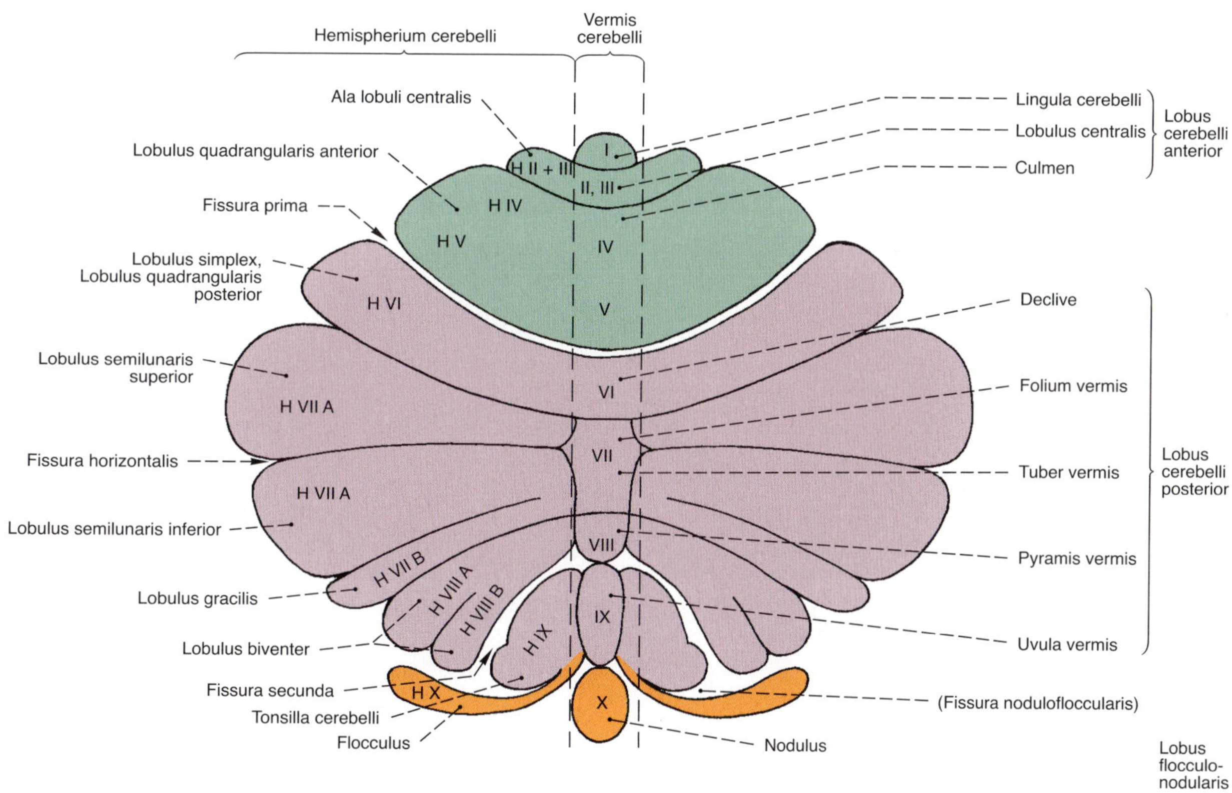

Abb. 521 Kleinhirn, Cerebellum; Kleinhirnrinde ausgebreitet; Übersicht.

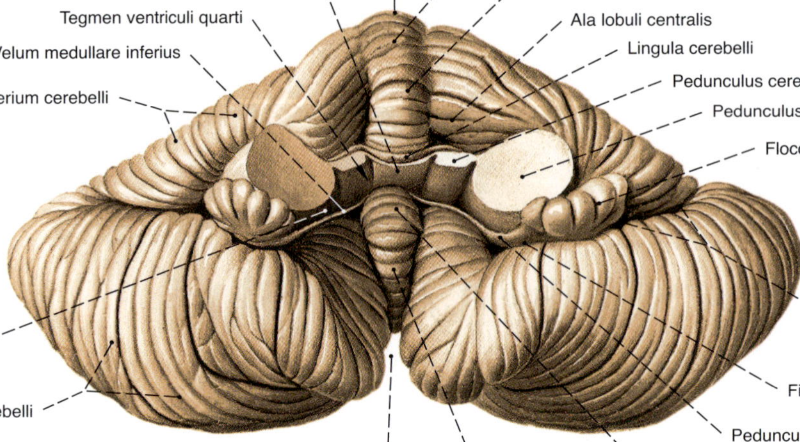

Abb. 522 Kleinhirn, Cerebellum; nach Durchtrennung der Kleinhirnstiele; von vorne.

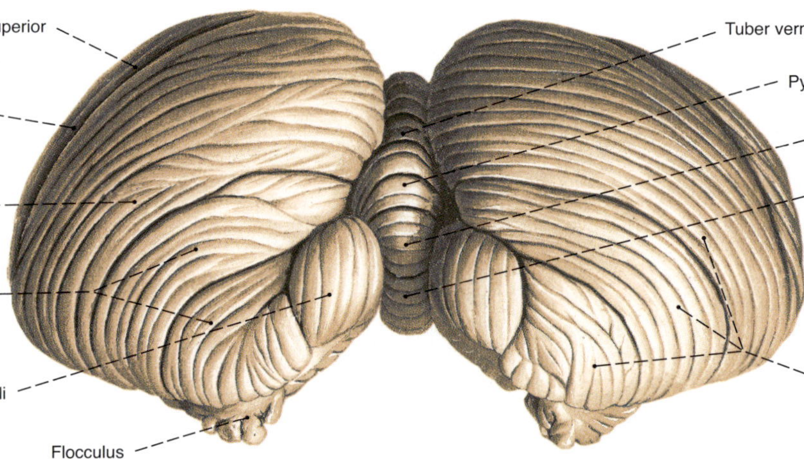

Abb. 523 Kleinhirn, Cerebellum; von hinten unten.

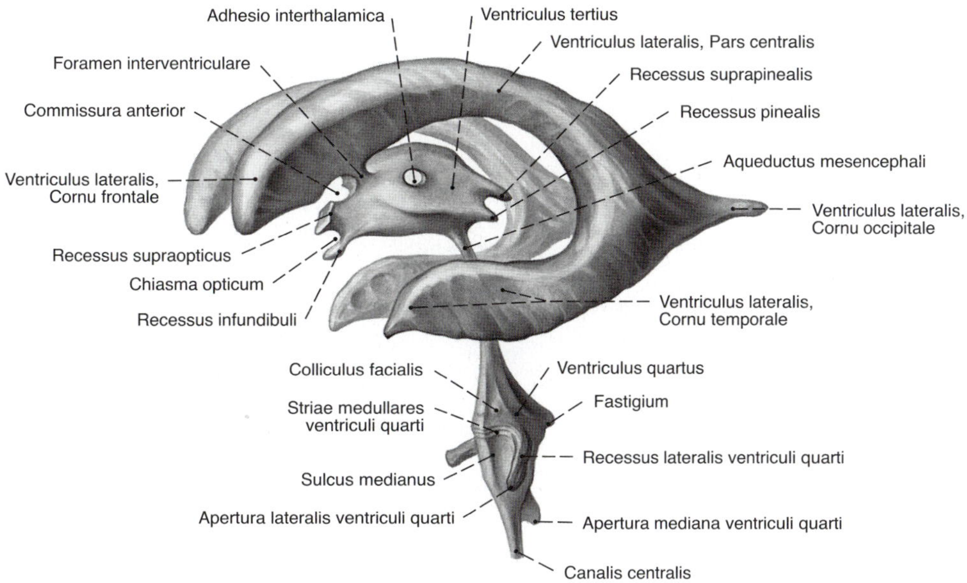

Abb. 528 Innere Liquorräume, Ventriculi encephali; Ausgusspräparat; von schräg links.

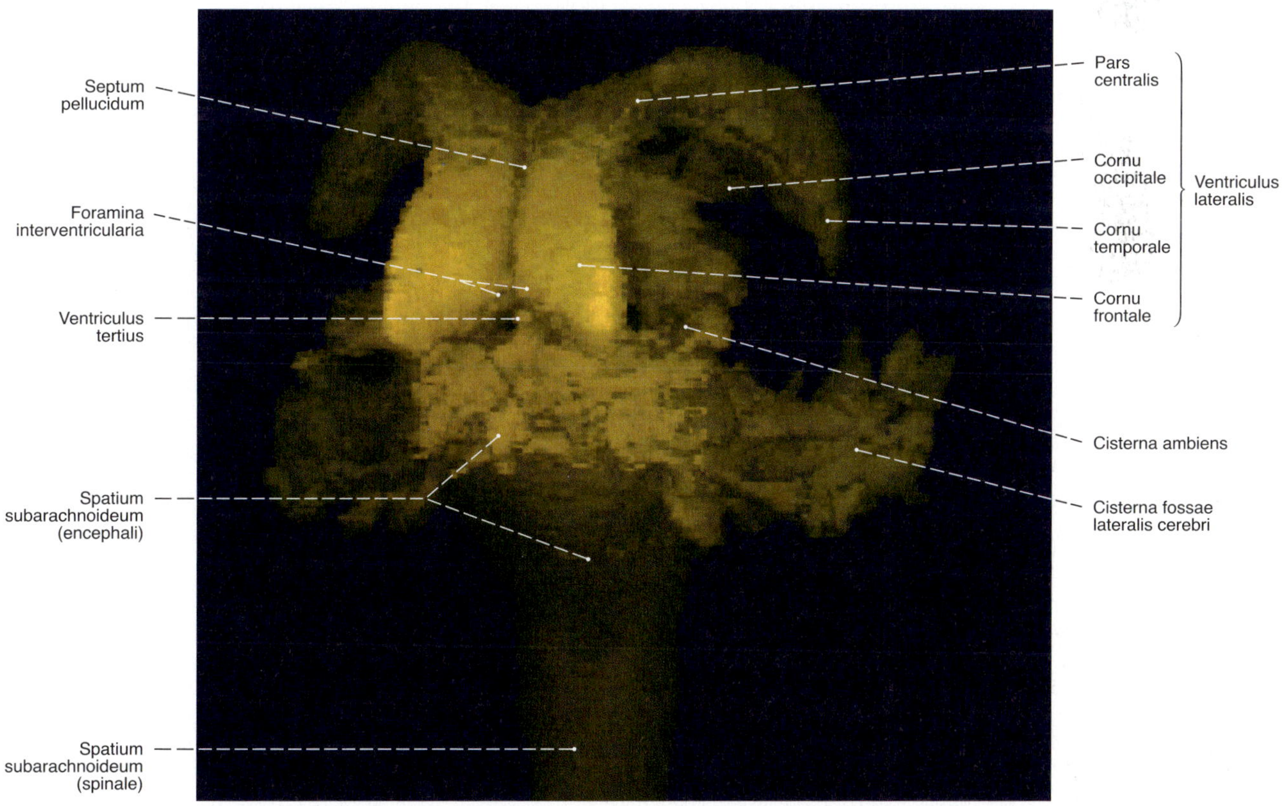

Abb. 529 Innere Liquorräume, Ventriculi encephali, und äußere Liquorräume, Spatium subarachnoideum; dreidimensionale Rekonstruktion aus dem magnetresonanztomographischen Datensatz (MRT) eines Lebenden; von vorne links.

Von den äußeren Liquorräumen sind nur die basalen Zisternen und der Liquorraum um das Rückenmark dargestellt.

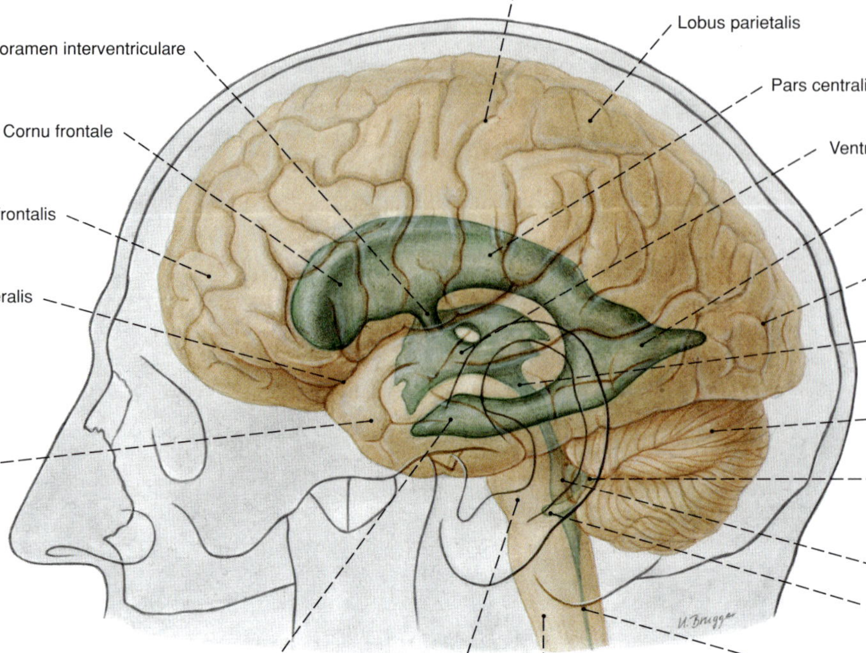

Abb. 530 Ventrikel des Gehirns, Ventriculi encephali; Projektion auf Gehirn- und Schädeloberfläche; von lateral.

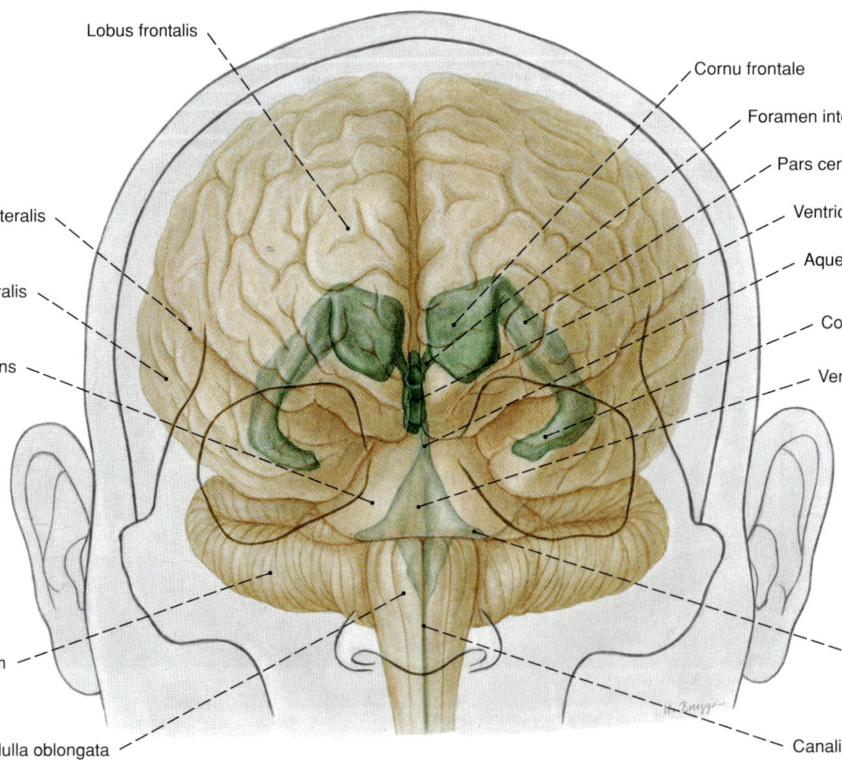

Abb. 531 Ventrikel des Gehirns, Ventriculi encephali; Projektion auf Gehirn- und Schädeloberfläche; von vorne.

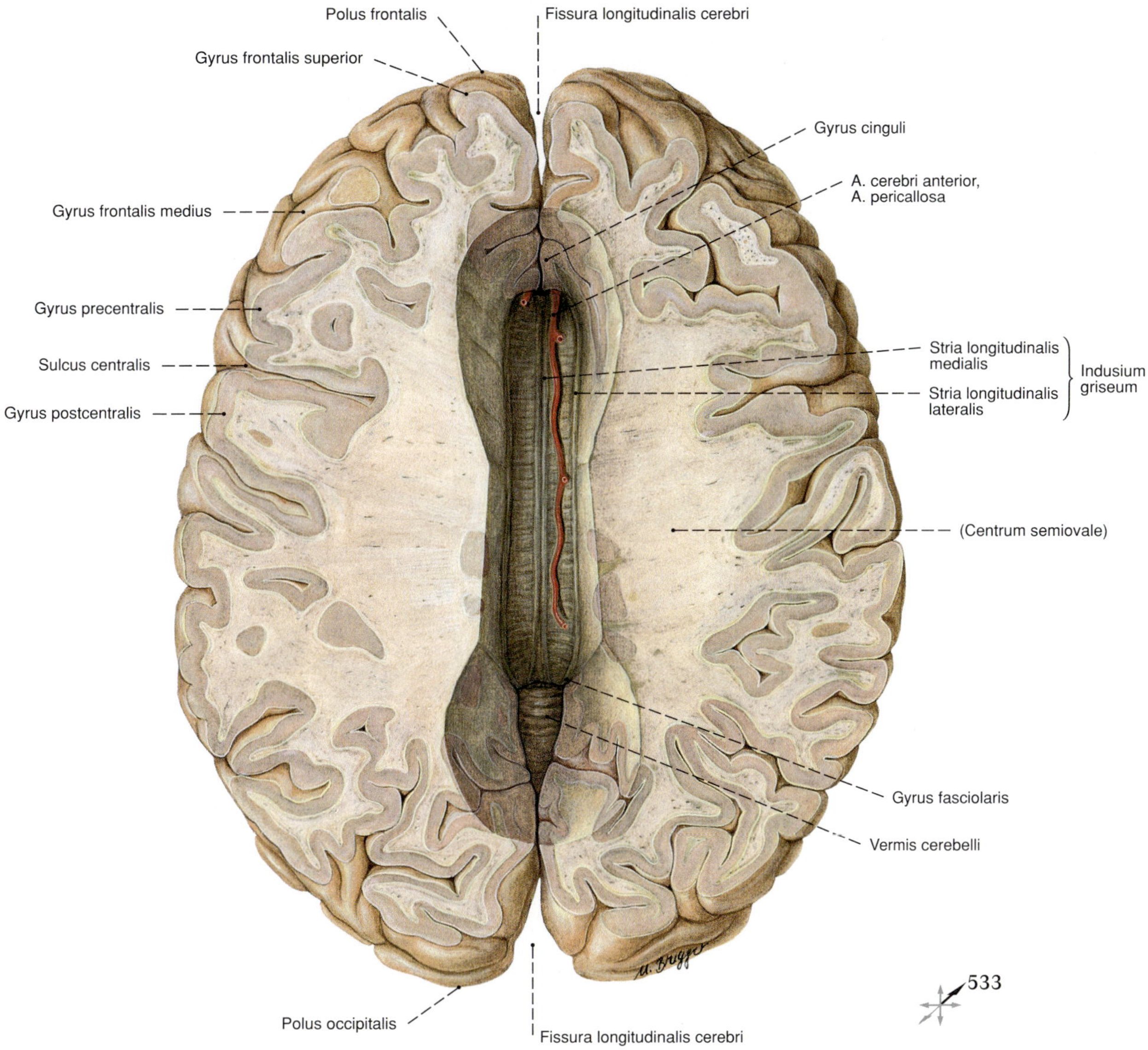

Abb. 532 Balken (Corpus callosum); nach Abtragung der oberen Anteile der Großhirnhemisphären; von oben.

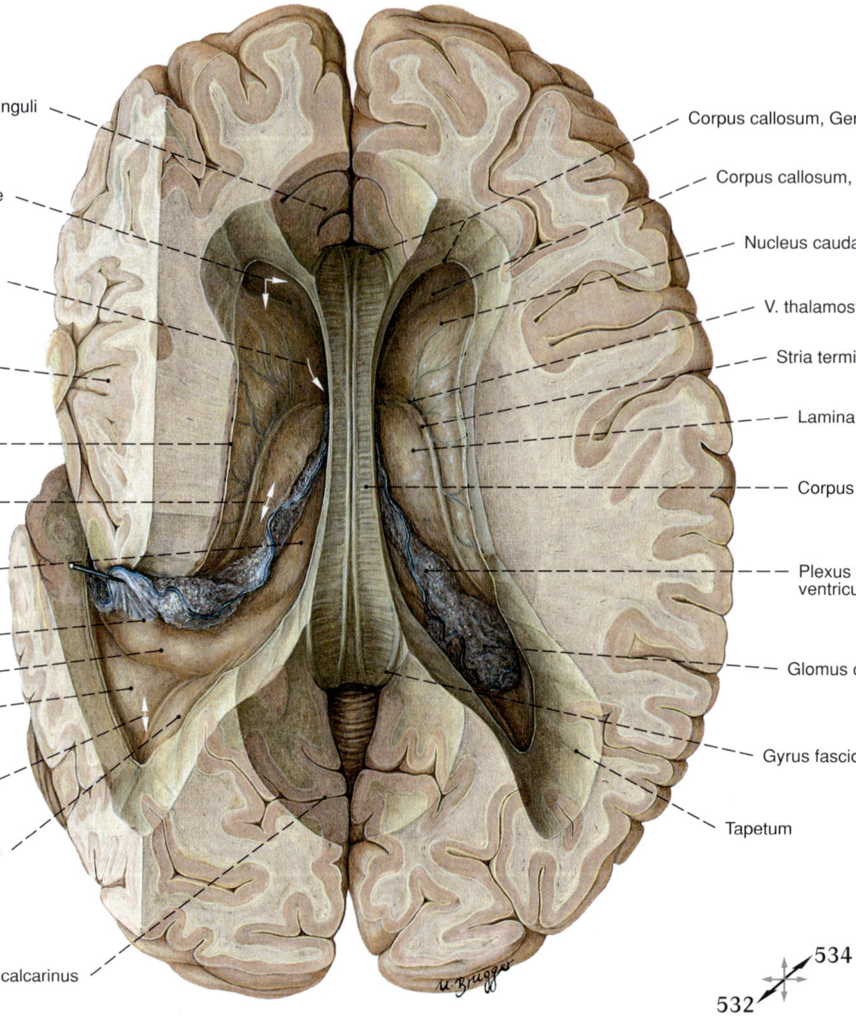

Abb. 533 Seitenventrikel, Ventriculi laterales; nach Abtragung der oberen Teile der Großhirnhemisphären; von oben.

Wände der Seitenventrikel

Cornu frontale	
Vorderwand	Corpus callosum, Genu
Dach	Corpus callosum, Truncus
mediale Wand	Septum pellucidum
laterale Wand	Nucleus caudatus, Caput
Boden	Corpus callosum, Rostrum
Öffnung	Foramen interventriculare → Ventriculus tertius

Pars centralis	
Dach	Corpus callosum, Truncus
mediale Wand	Fornix, Crus; Septum pellucidum
laterale Wand	Nucleus caudatus, Corpus
Boden	Stria terminalis; Lamina affixa, Plexus choroideus; Fornix, Crus

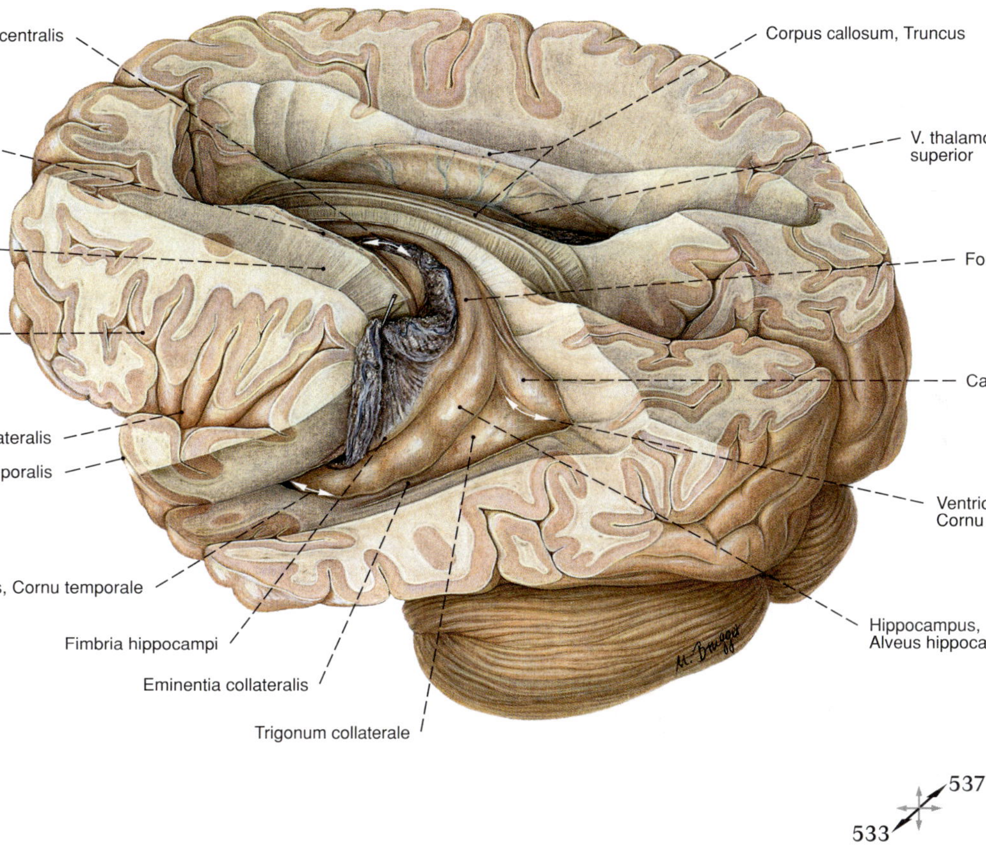

Abb. 534 Seitenventrikel, Ventriculi laterales; nach Abtragung der oberen Teile der Großhirnhemisphären; von links hinten.

Wände der Seitenventrikel

Cornu occipitale	
Dach/laterale Wand	Tapetum (Radiatio corporis callosi; Radiatio optica)
mediale Wand	Calcar avis
Boden	Trigonum collaterale; Eminentia collateralis

Cornu temporale	
Dach/laterale Wand	Nucleus caudatus, Cauda; Tapetum (Radiatio corporis callosi; Radiatio acustica)
mediale Wand	Fimbria hippocampi; Plexus choroideus
Boden	Eminentia collateralis; Alveus hippocampi

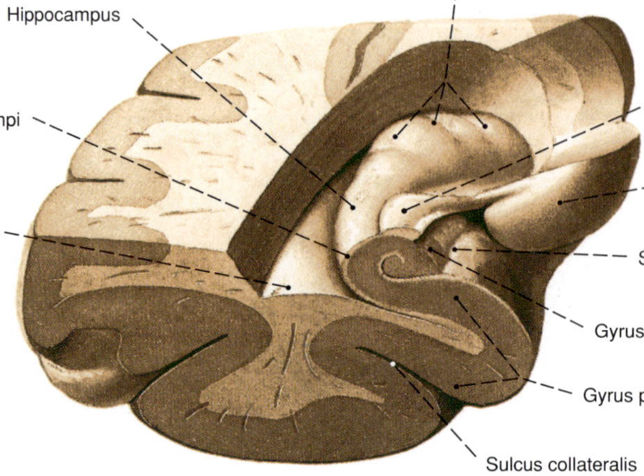

Abb. 535 Unterhorn, Cornu temporale, des Seitenventrikels, Ventriculus lateralis;
Frontalschnitt nach Abtragung des Daches;
von hinten oben (li).

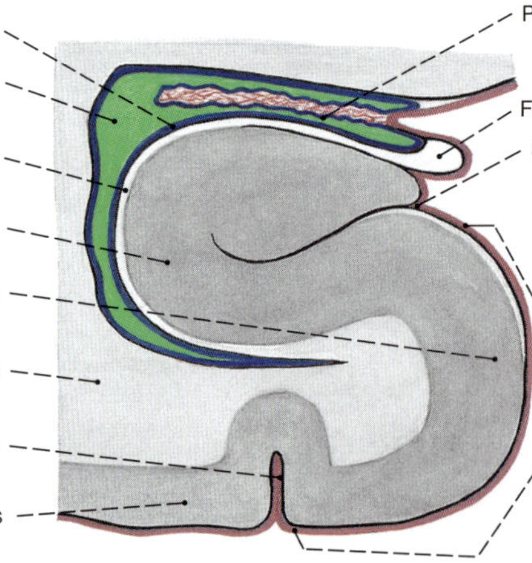

Abb. 536 Unterhorn, Cornu temporale, des Seitenventrikels, Ventriculus lateralis;
schematisierter Frontalschnitt.

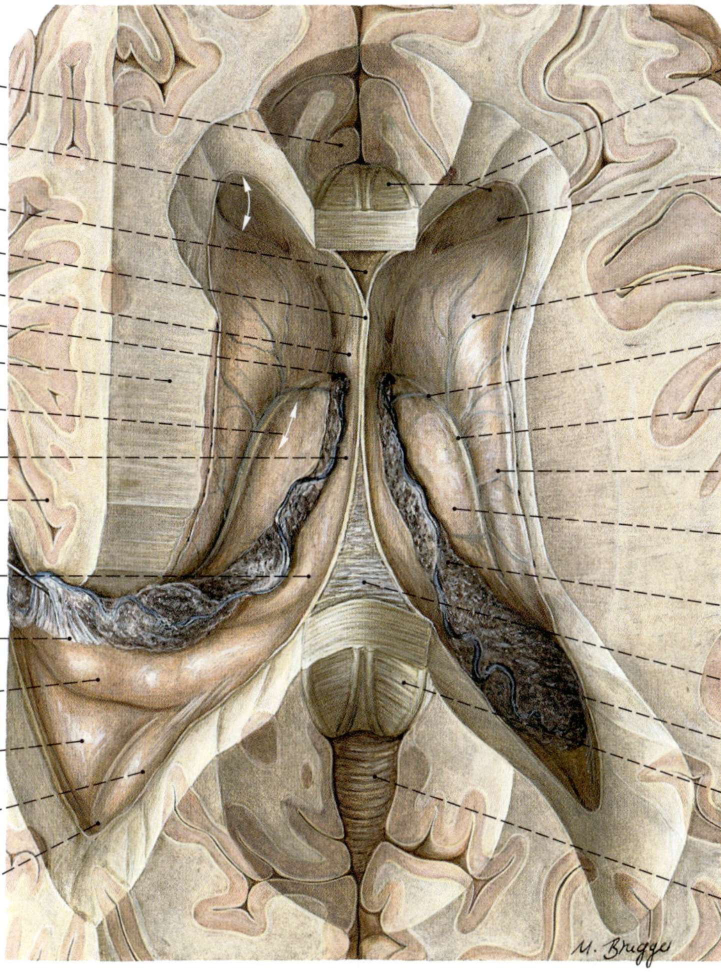

Abb. 537 Seitenventrikel, Ventriculi laterales; nach Abtragung des oberen Anteils der Großhirnhemisphären und des Balkenkörpers; von oben.

539
534

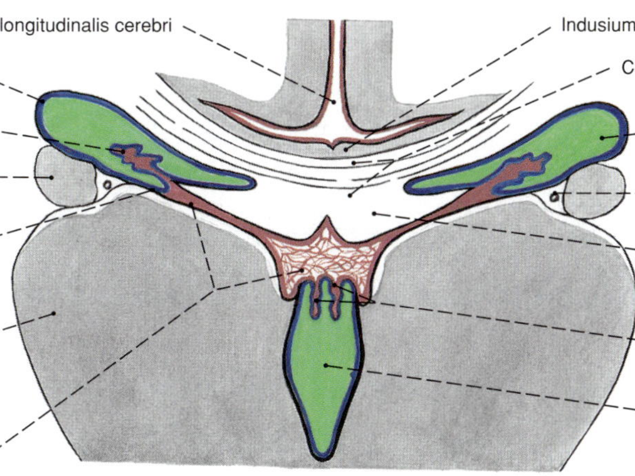

Abb. 538 Mittelteile, Partes centrales, der Seitenventrikel und dritter Ventrikel, Ventriculus tertius; schematisierter Frontalschnitt.

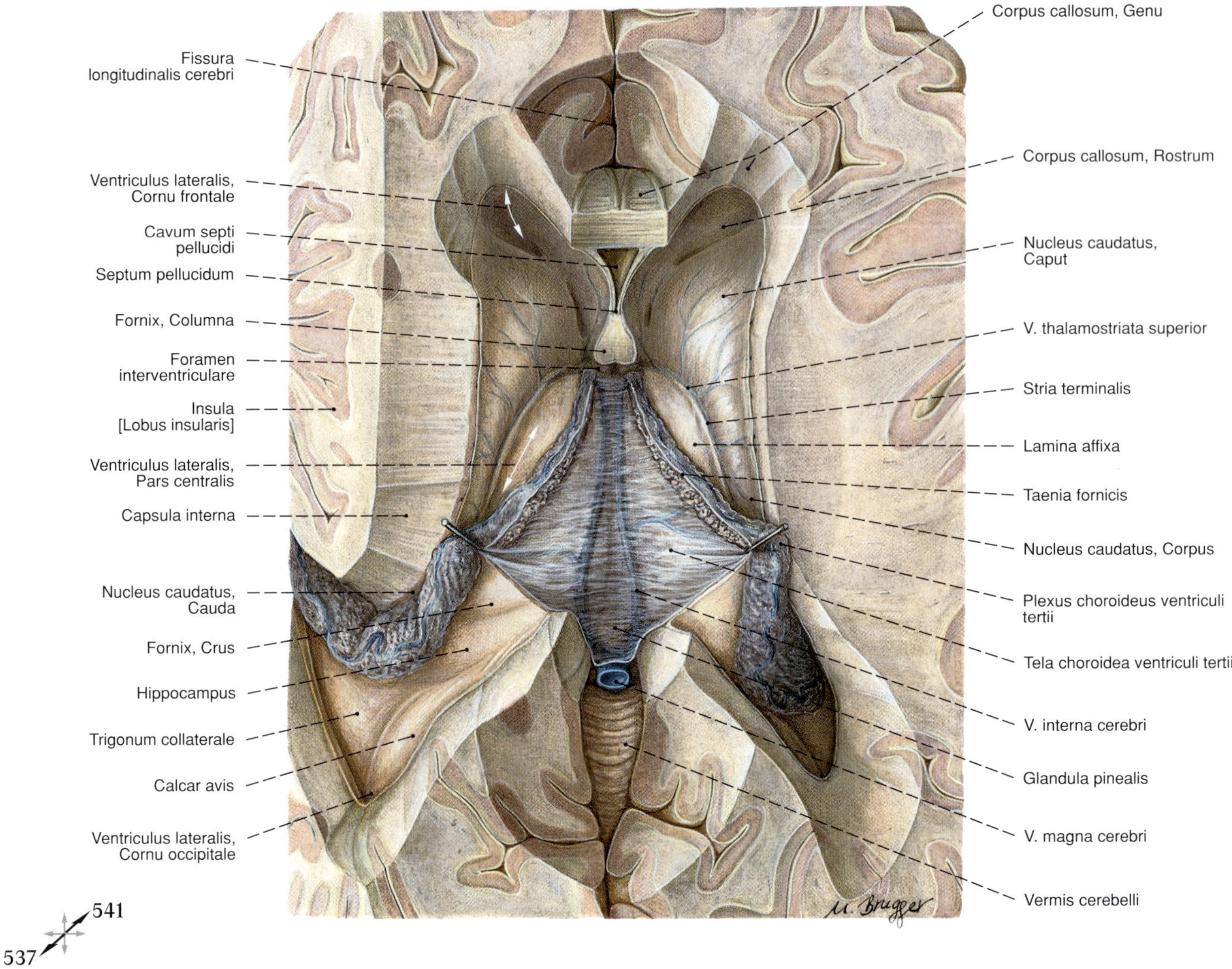

Abb. 539 Seitenventrikel, Ventriculi laterales; nach Entfernen des Balkenkörpers und der Schenkel des Fornix; von oben.

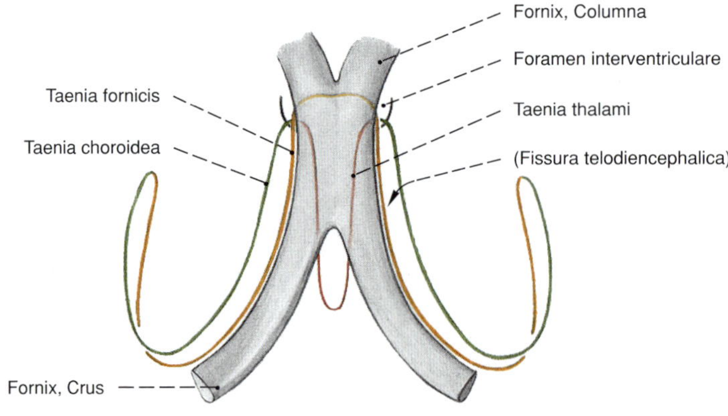

Abb. 540 Anheftungslinien, Taeniae, des Plexus choroideus des Großhirns; von oben.

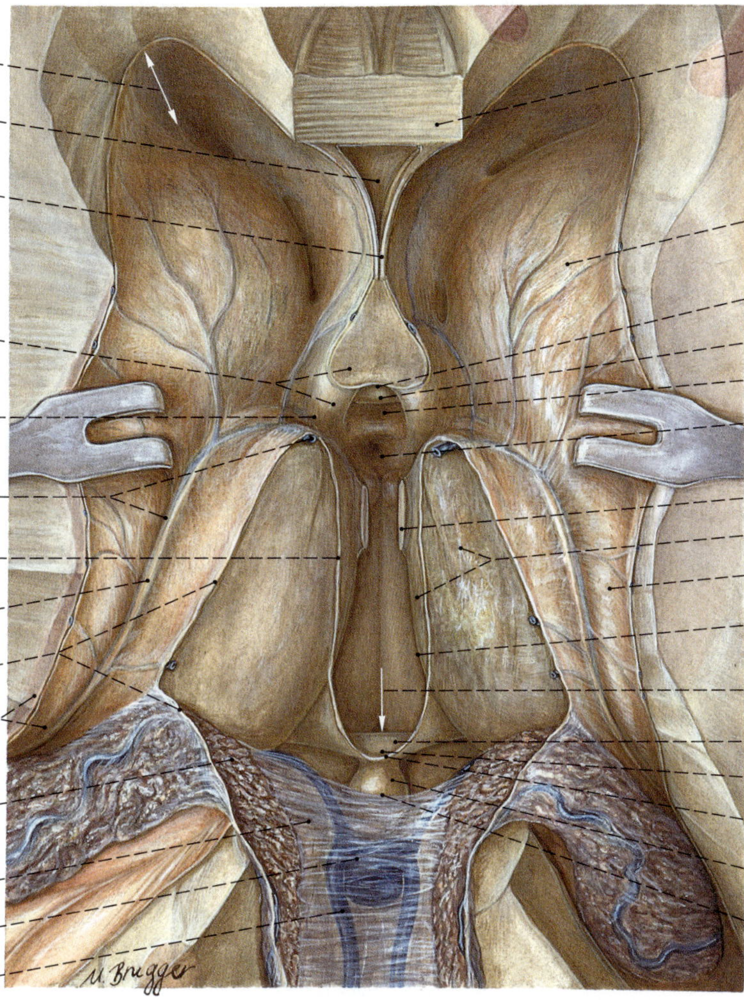

Abb. 541 Seitenventrikel, Ventriculi laterales, und dritter Ventrikel, Ventriculus tertius;
nach Abtragung eines Teils der Großhirnhemisphären, des Balkenkörpers, des Fornix sowie des Plexus choroideus und nach Zurückklappen der Tela choroidea des dritten Ventrikels;
von oben.

* Adhesio interthalamica in der Medianebene durchgetrennt

Wände des dritten Ventrikels

Dach	Tela choroidea ventriculi tertii; Plexus choroideus
Vorderwand	Fornix, Columnae; Commissura anterior; Lamina terminalis Recessus triangularis; Recessus opticus
laterale Wand	Thalamus; Stria medullaris thalami; Adhesio interthalamica; Sulcus hypothalamicus; Hypothalamus
Hinterwand	Commissura habenularum; Commissura posterior Recessus suprapinealis; Recessus pinealis
Boden	Recessus infundibuli
Öffnungen	Foramina interventricularia ← Ventriculi laterales Aqueductus mesencephali → Ventriculus quartus

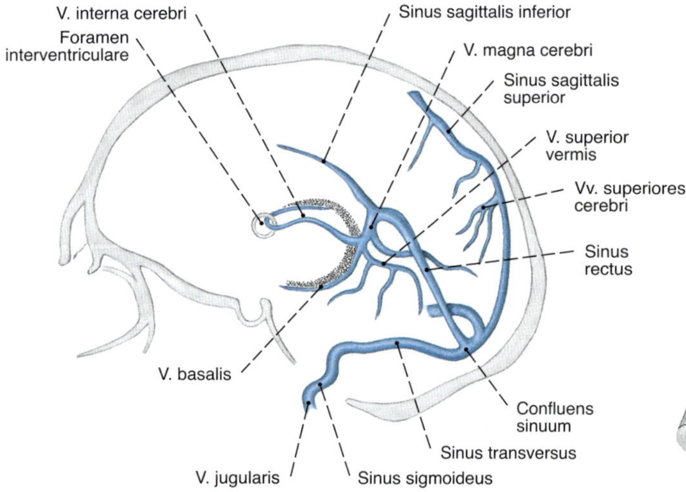

Abb. 542 Tiefe Hirnvenen, Venae profundae cerebri, und Blutleiter der harten Hirnhaut, Sinus durae matris; Zeichnung nach einem Sinu-Phlebogramm; von lateral.

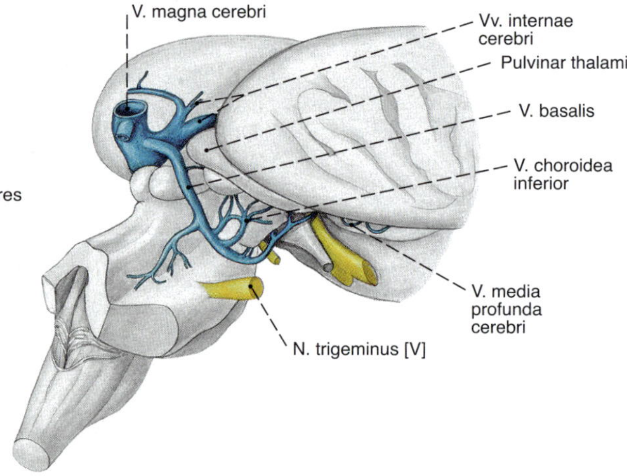

Abb. 543 Tiefe Hirnvenen, Venae profundae cerebri; von lateral hinten.

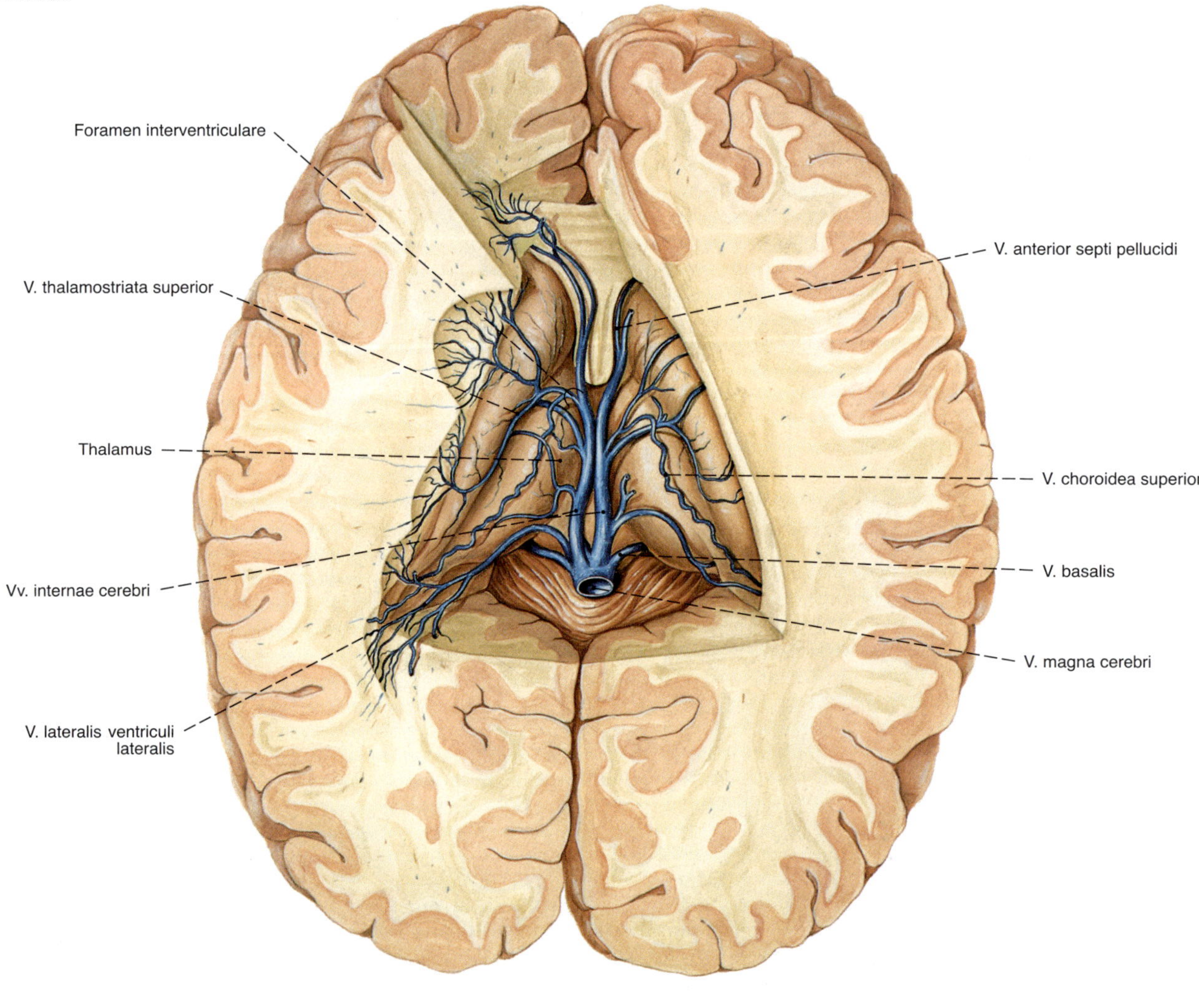

Abb. 544 Tiefe Hirnvenen, Venae profundae cerebri; nach Abtragung der oberen Lamelle der Tela choroidea des dritten Ventrikels; von oben.

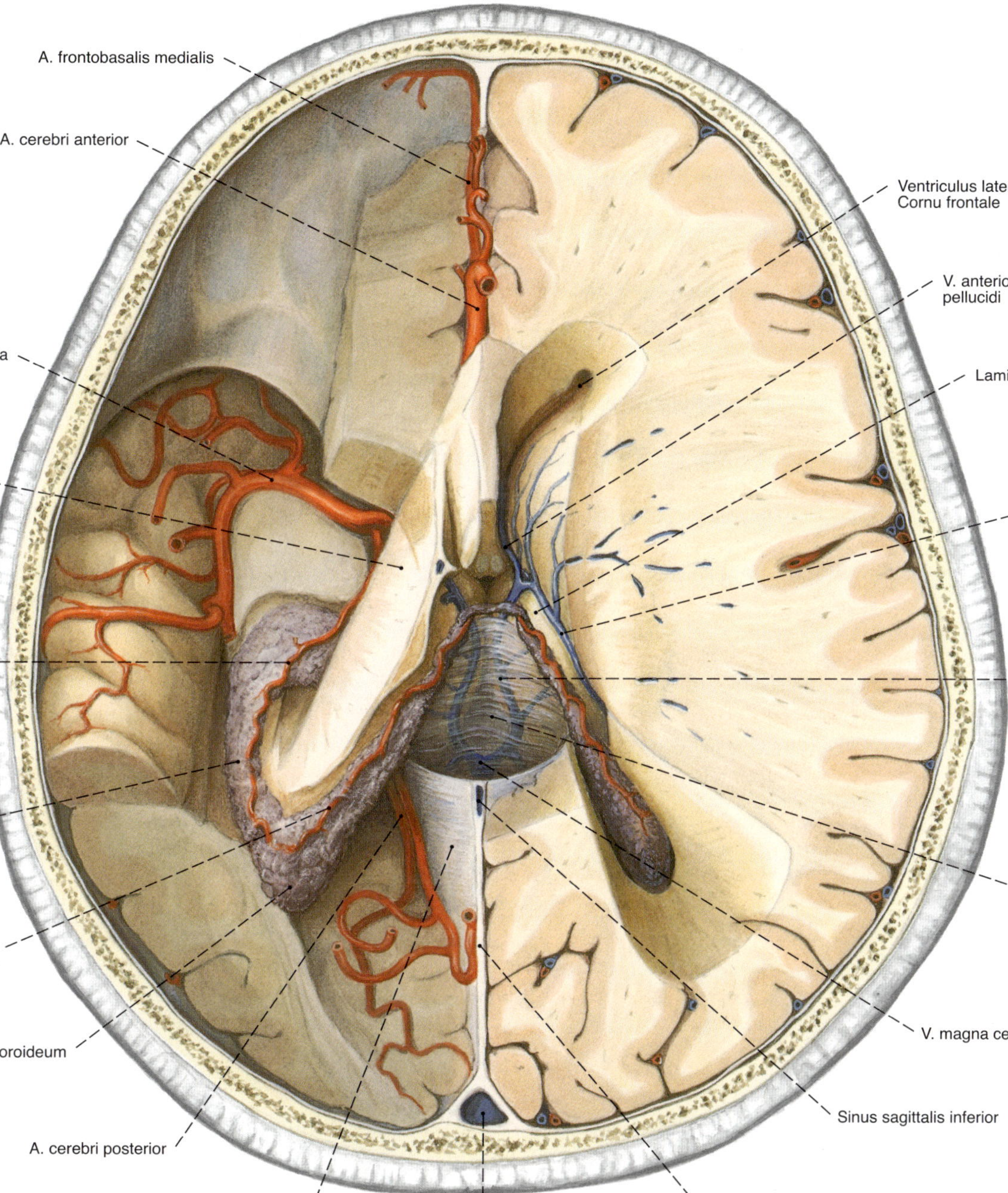

Abb. 545 Arterien und Venen des Gehirns,
Arteriae und Venae cerebri;
nach Abtragung eines Teils der Großhirnhemisphären,
des Balkens und des Fornix;
von oben.

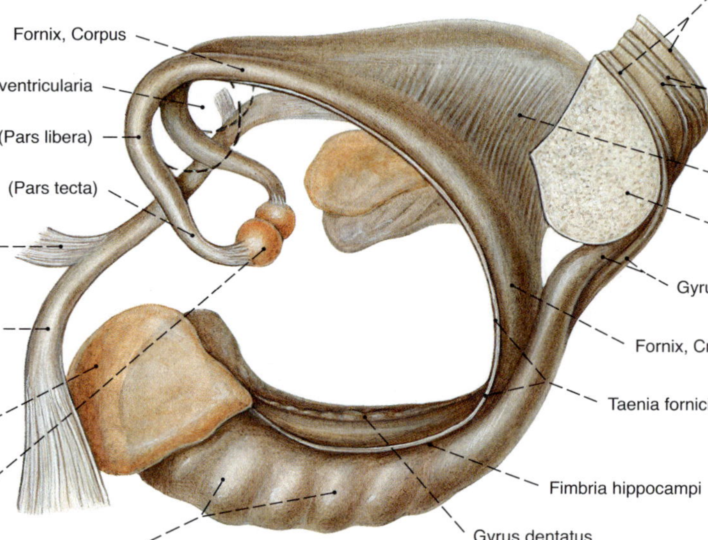

Abb. 546 Beide Gewölbe, Fornices, und vordere Kommissur, Commissura anterior;
räumliches Schema;
von links hinten.

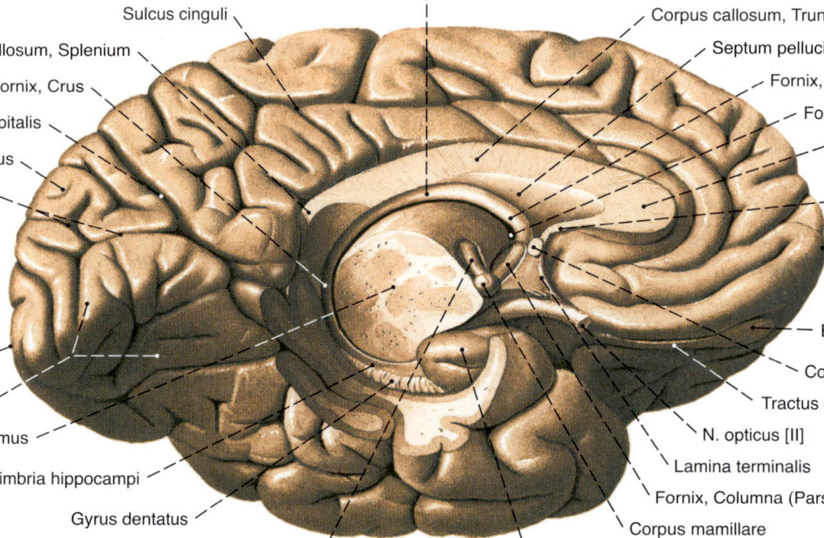

Abb. 547 Gewölbe, Fornix;
nach Durchtrennung des Balkens und der Commissura anterior in der Medianebene; nach Abtragung des unteren Teils des Zwischenhirns und teilweiser Entfernung der medialen Anteile des Gyrus parahippocampalis;
von medial unten (li).

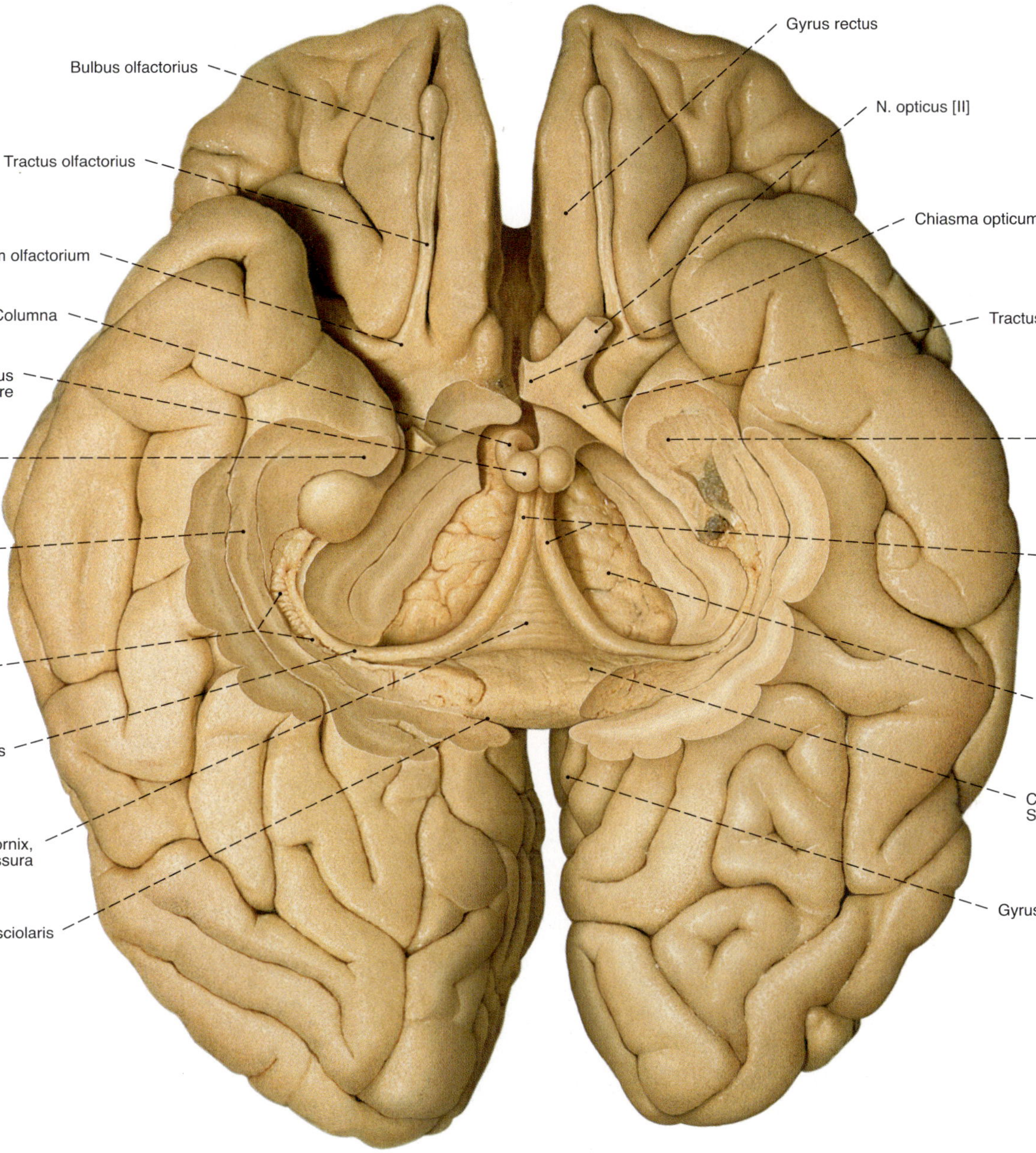

Abb. 548 Gewölbe, Fornix;
nach Abtragung der basalen Gehirnanteile;
von unten.
Die Fissura longitudinalis ist etwas auseinander gezogen und der Lobus frontalis erscheint perspektivisch etwas verkürzt.

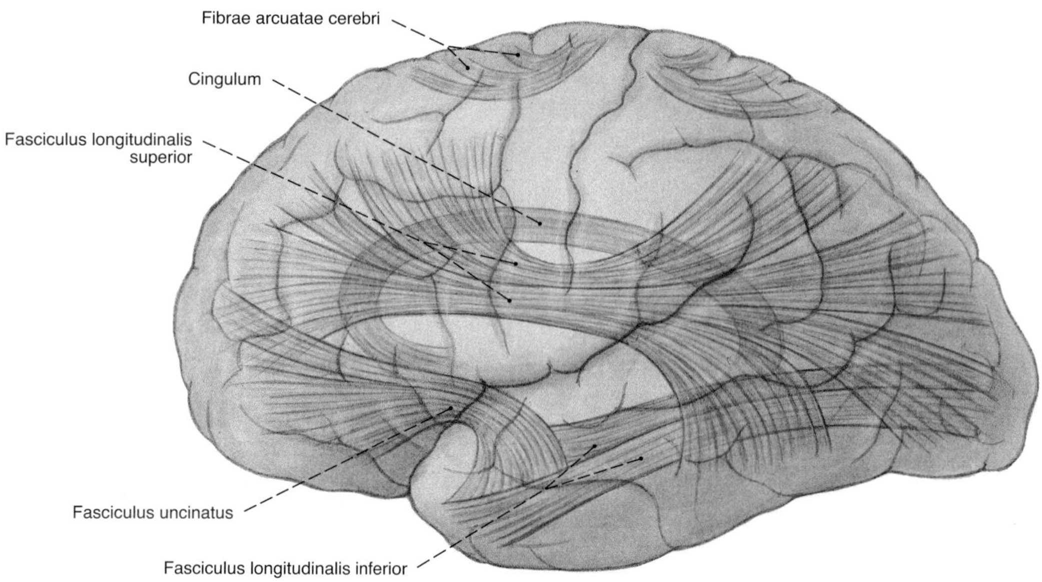

Abb. 549 Assoziationsbahnen, Neurofibrae associationis; Projektion auf die Großhirnhemisphäre; Übersicht; von links.

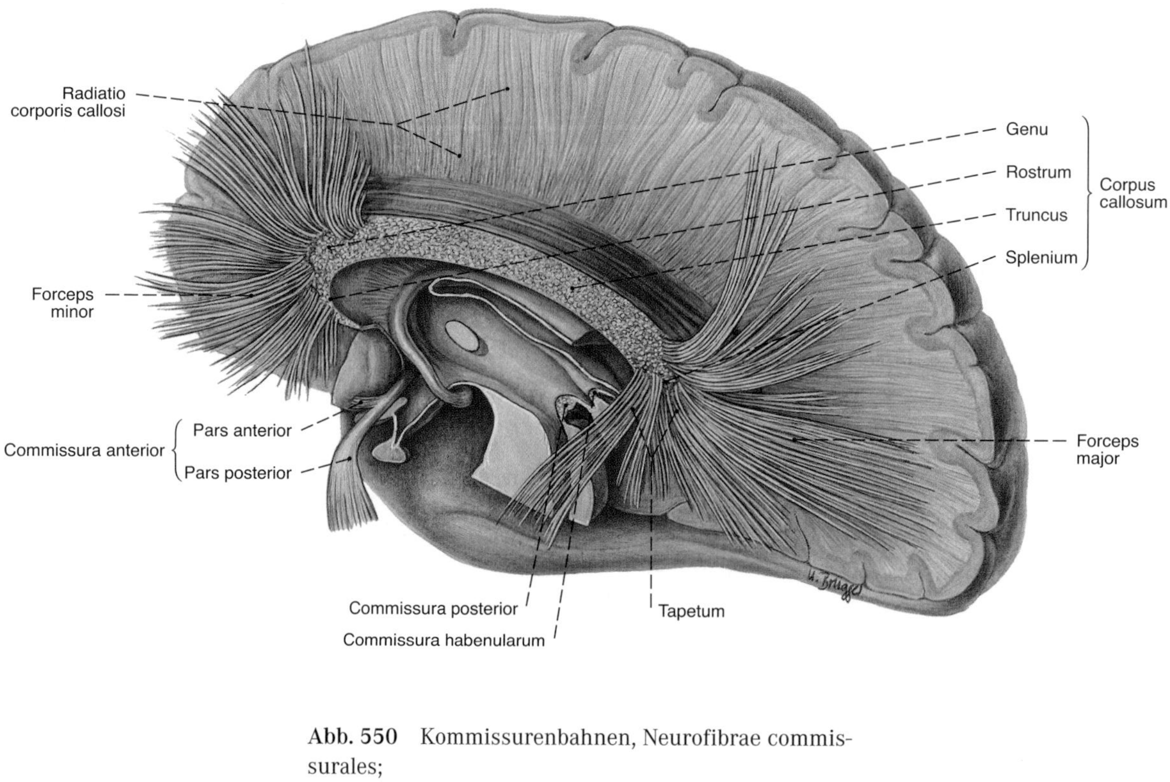

Abb. 550 Kommissurenbahnen, Neurofibrae commissurales; räumliche Übersicht nach weitgehender Durchtrennung des Balkens neben der Medianebene; einzelne Balkenfasern dargestellt; von links.

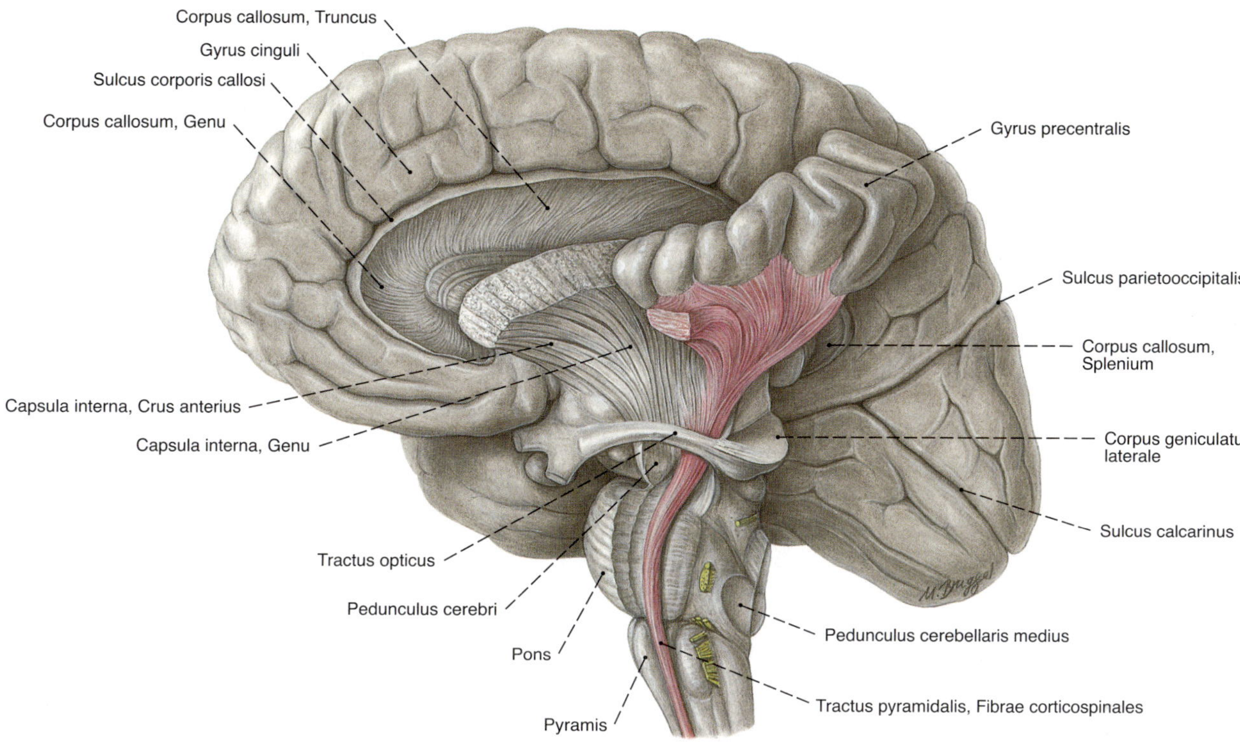

Abb. 551 Projektionsbahnen, Neurofibrae projectionis; Freilegung der inneren Kapsel, Capsula interna, und der Pyramidenbahn, Tractus pyramidalis; von links.

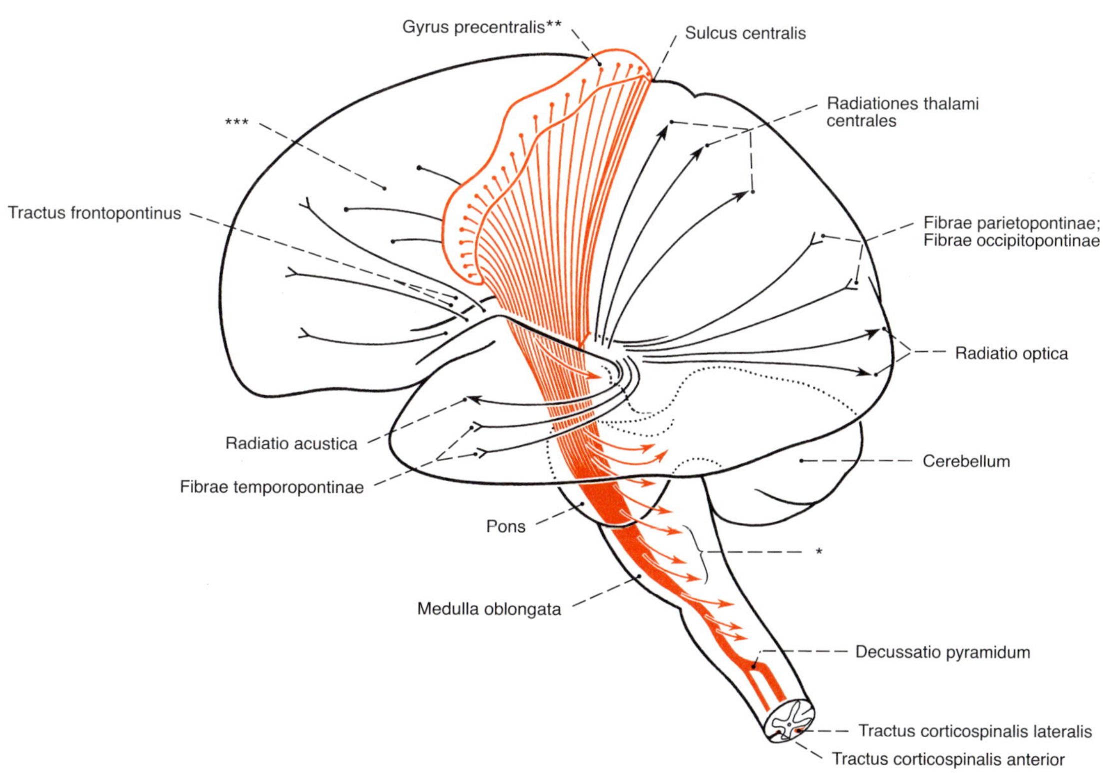

Abb. 552 Innere Kapsel, Capsula interna, und Pyramidenbahn, Tractus pyramidalis; funktionelle Übersicht; von rechts.

* Fasern zur Vierhügelplatte und zu den Kernen des Rhombencephalons
** Perikaryen der Pyramidenbahn
*** Perikaryen der Area 6 und 8 (prämotorisches Rindenfeld)

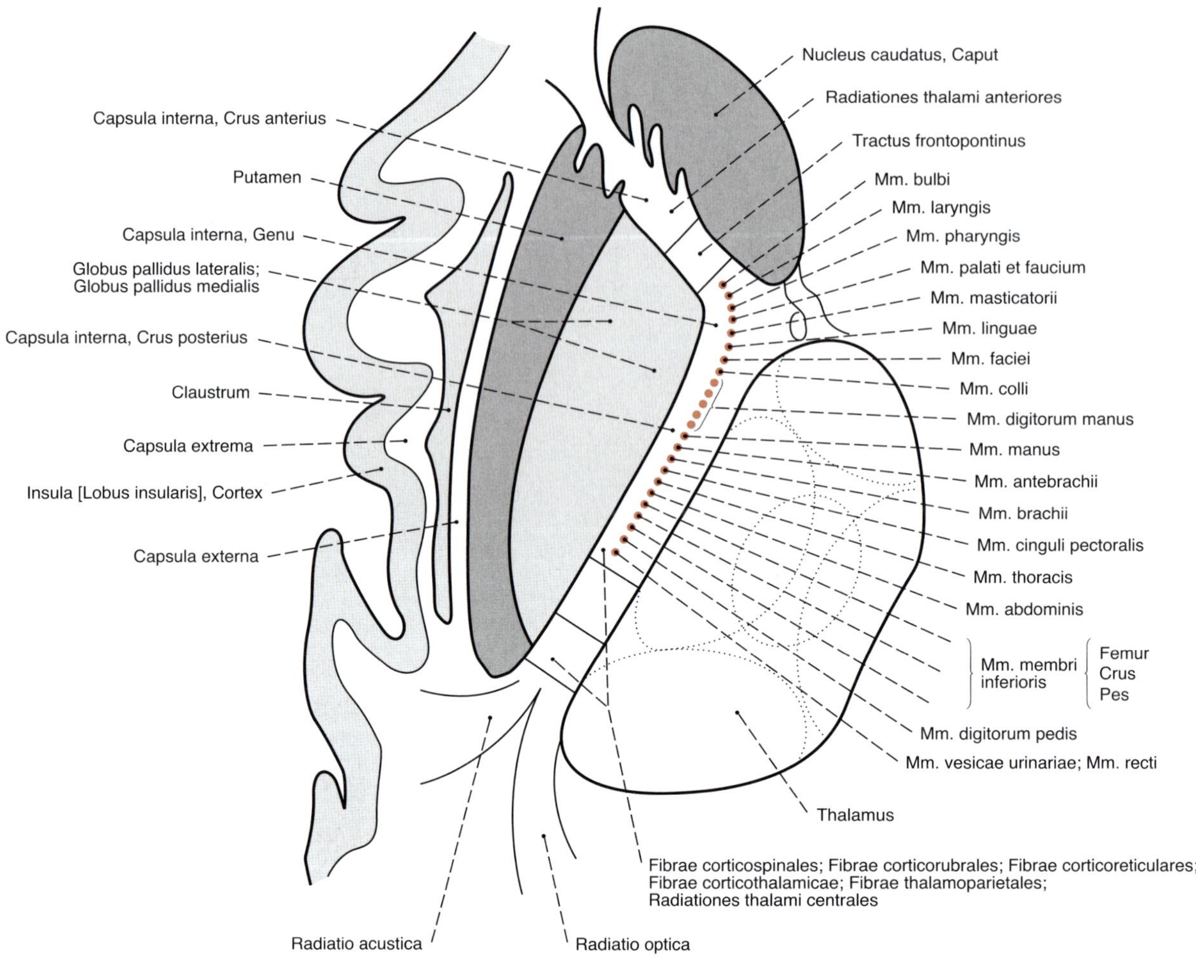

Abb. 553 Innere Kapsel, Capsula interna; funktionelle Gliederung.

Gliederung der Capsula interna und arterielle Versorgung

	versorgende Arterie
Crus anterius	
Radiationes thalami anteriores*	A. centralis anteromedialis
Tractus frontopontinus	(A. cerebri anterior, Pars precommunicalis)
Genu	
Fibrae corticonucleares	
Crus posterius	
(Pars thalamolentiformis)	
Fibrae corticospinales	
Fibrae corticorubrales	
Fibrae corticoreticulares	
Fibrae corticothalamici	Aa. centrales anterolaterales
Fibrae thalamoparietales*	(A. cerebri media, Pars sphenoidalis);
Radiationes thalami centrales*	A. choroidea anterior
Pars sublentiformis	(A. carotis interna, Pars cerebralis)
Radiatio optica	
Radiatio acustica	
Fibrae corticotectales	
Fibrae temporopontinae	
Pars retrolentiformis	
Radiationes thalami posteriores*	
Fibrae occipitopontinae	

* Die Gesamtheit dieser Fasern wird als Stabkranz, Corona radiata, bezeichnet.

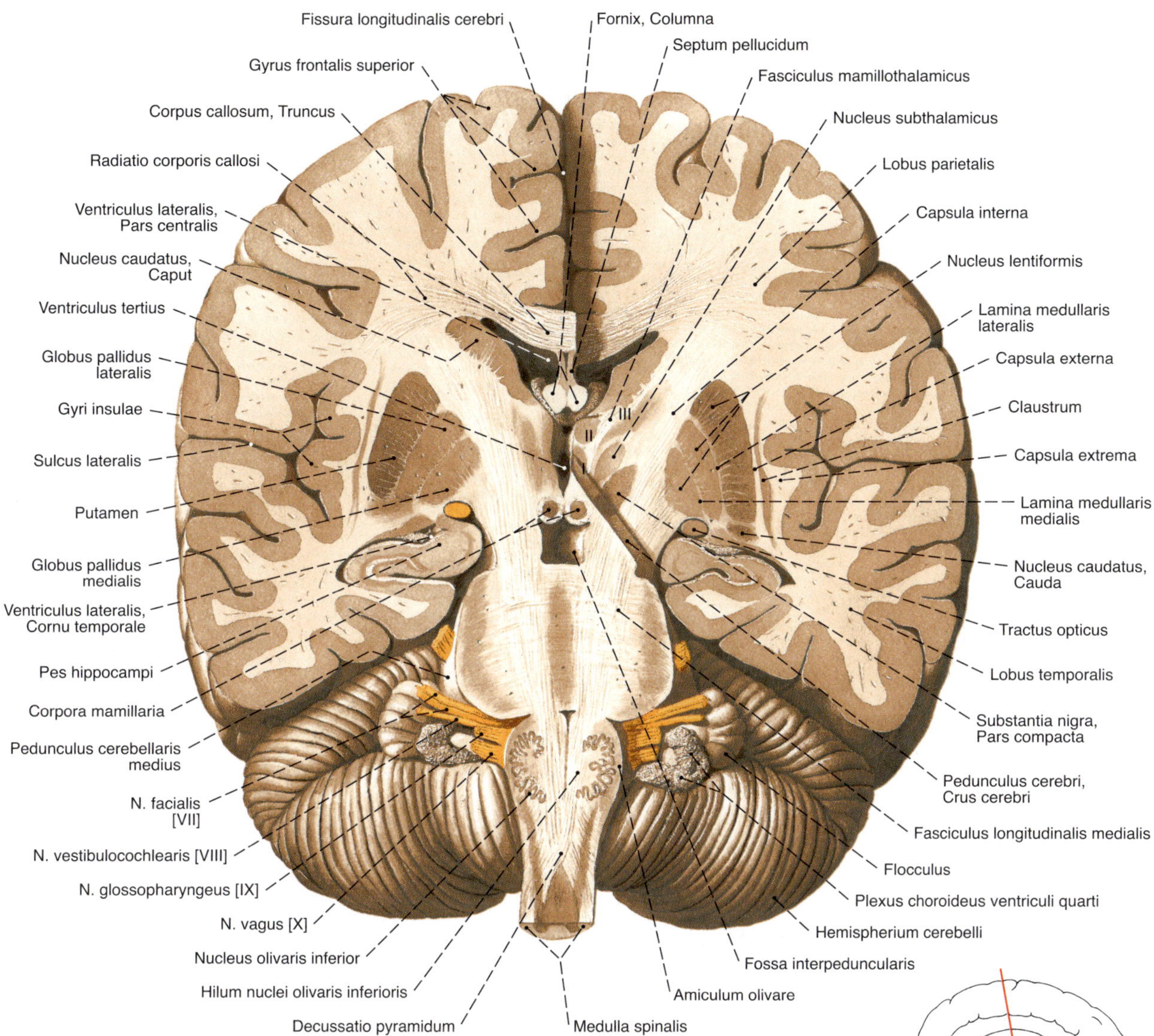

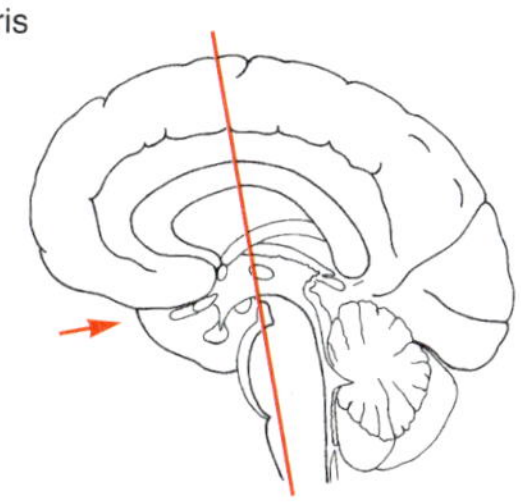

Abb. 554 Pyramidenbahn, Tractus pyramidalis, und Basalganglien, Nuclei basales;
schräger Stufenschnitt durch den hinteren Schenkel der inneren Kapsel, die Großhirnstiele und das verlängerte Mark; von vorne.

I–III = Thalamuskerne, Nuclei thalami:
I = Nuclei mediani
II = Nuclei anteriores
III = Nuclei ventrales

Basalganglien, Nuclei basales

	Nucleus caudatus	Corpus striatum (Nucleus caudatus + Putamen)
Nucleus lentiformis (Putamen + Globus pallidus)	Putamen	
	Globus pallidus lateralis/medialis (= Pallidum)	
	Claustrum	
	Corpus amygdaloideum	

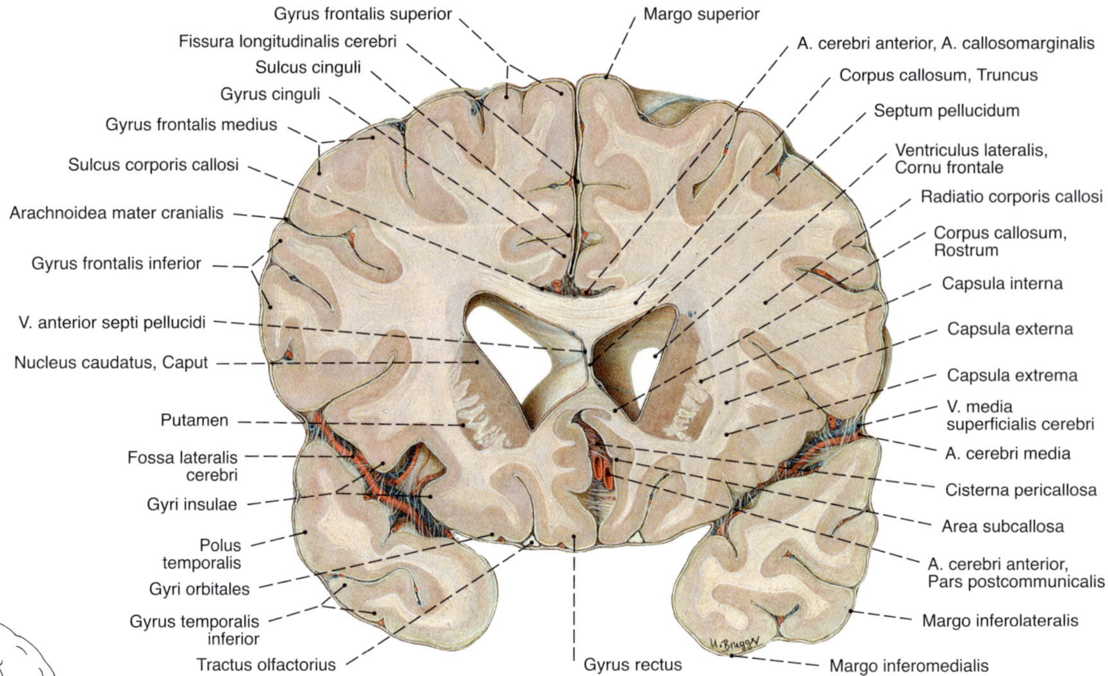

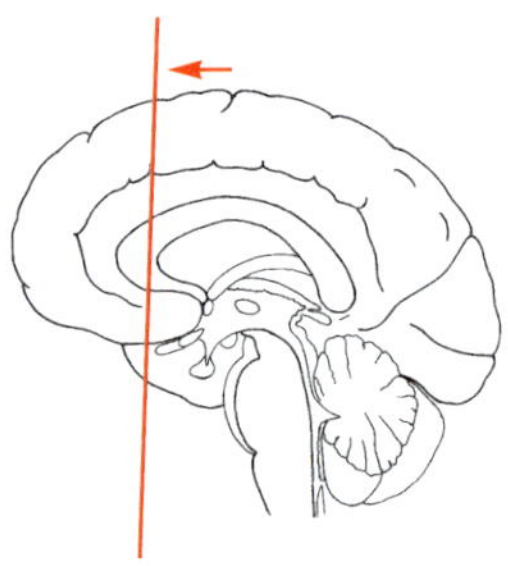

Abb. 555 Gehirn, Encephalon;
Frontalschnitt auf Höhe des vorderen Anteils der Vorderhörner der Seitenventrikel;
von hinten.

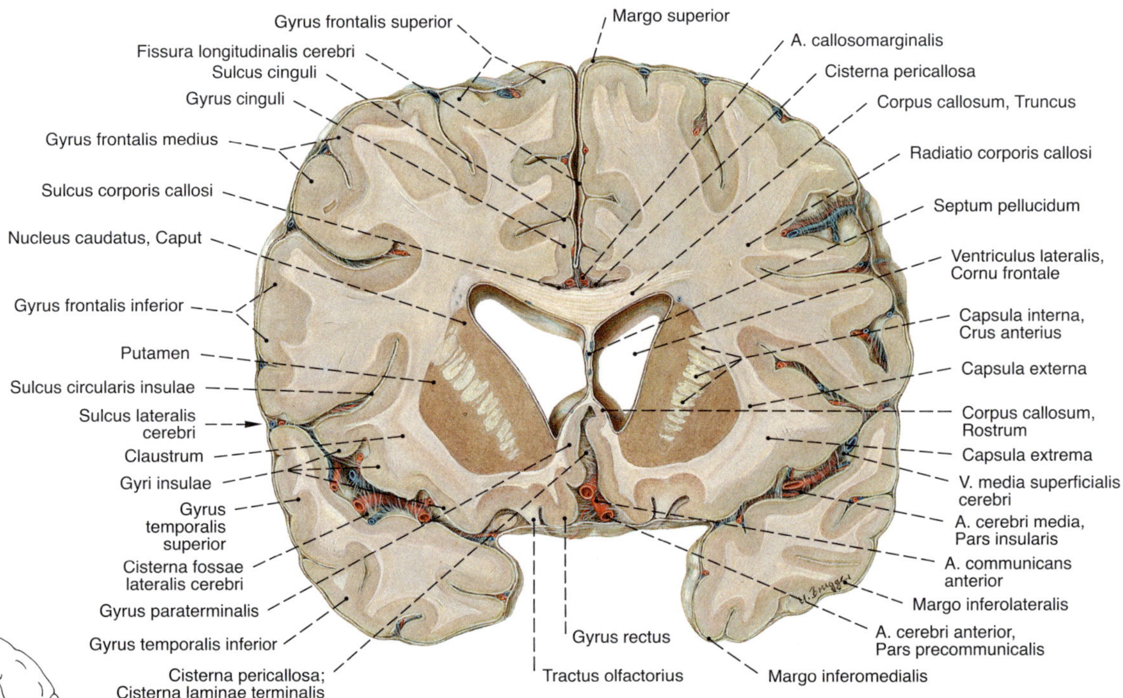

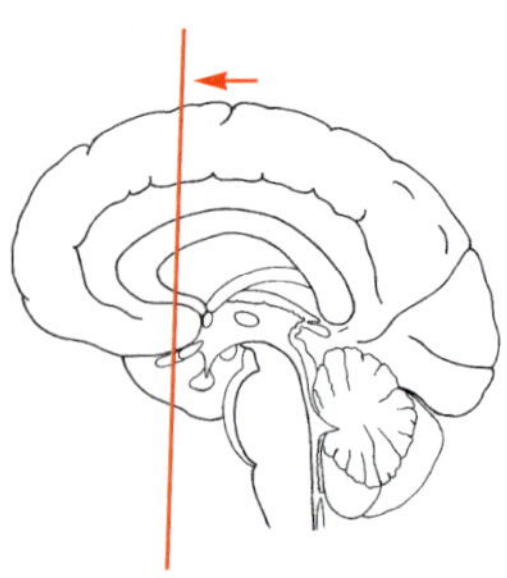

Abb. 556 Gehirn, Encephalon;
Frontalschnitt auf Höhe des hinteren Anteils der Vorderhörner der Seitenventrikel;
von hinten.

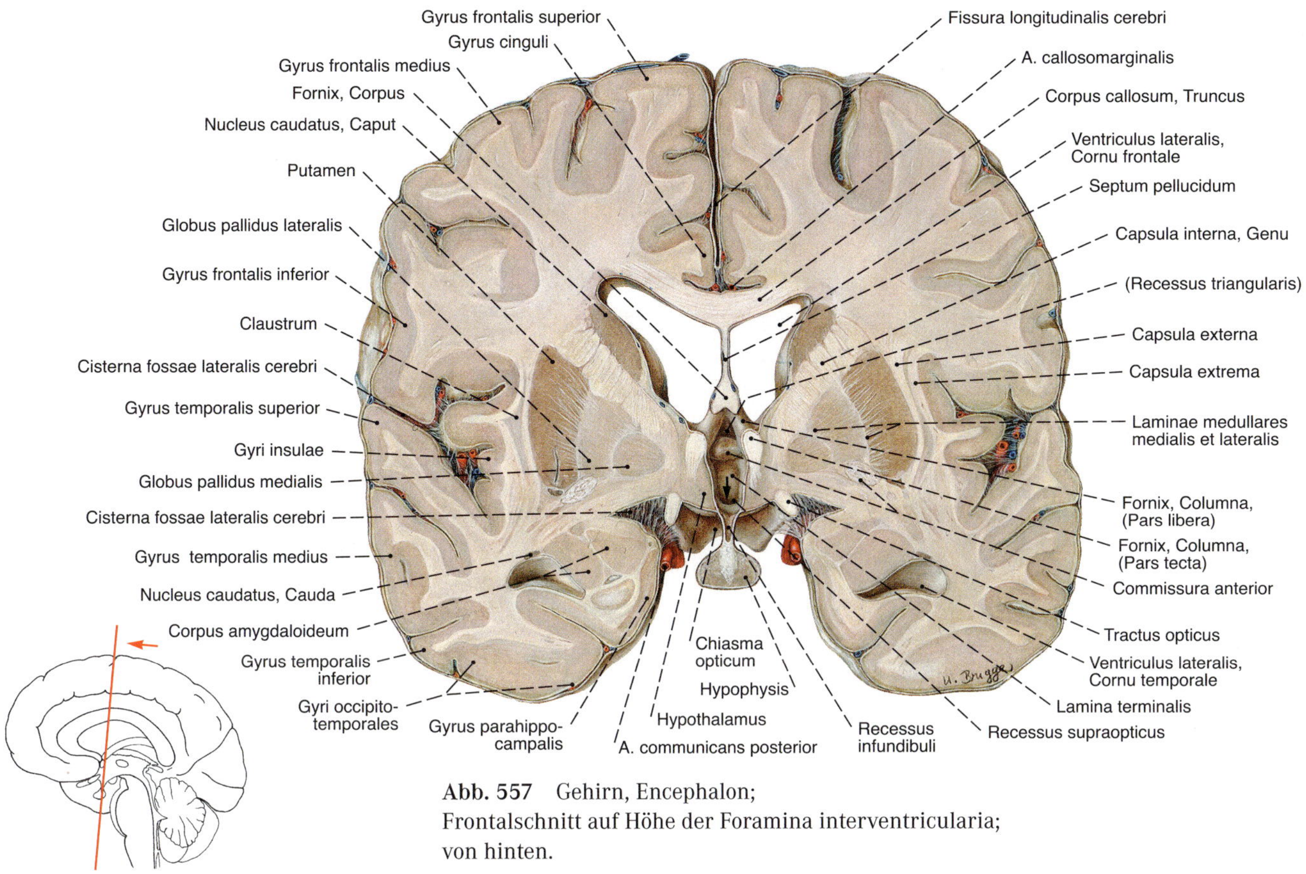

Abb. 557 Gehirn, Encephalon;
Frontalschnitt auf Höhe der Foramina interventricularia;
von hinten.

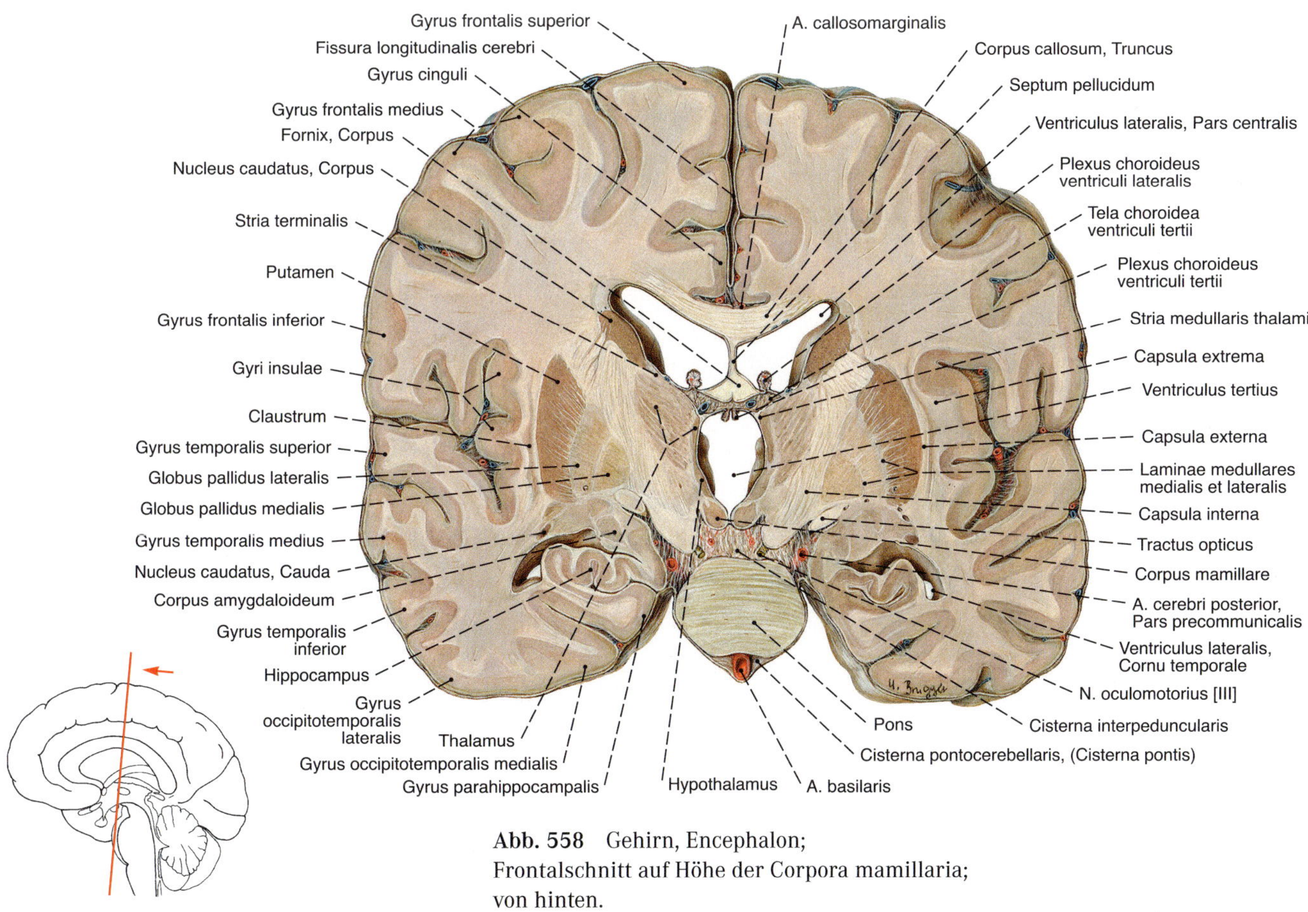

Abb. 558 Gehirn, Encephalon;
Frontalschnitt auf Höhe der Corpora mamillaria;
von hinten.

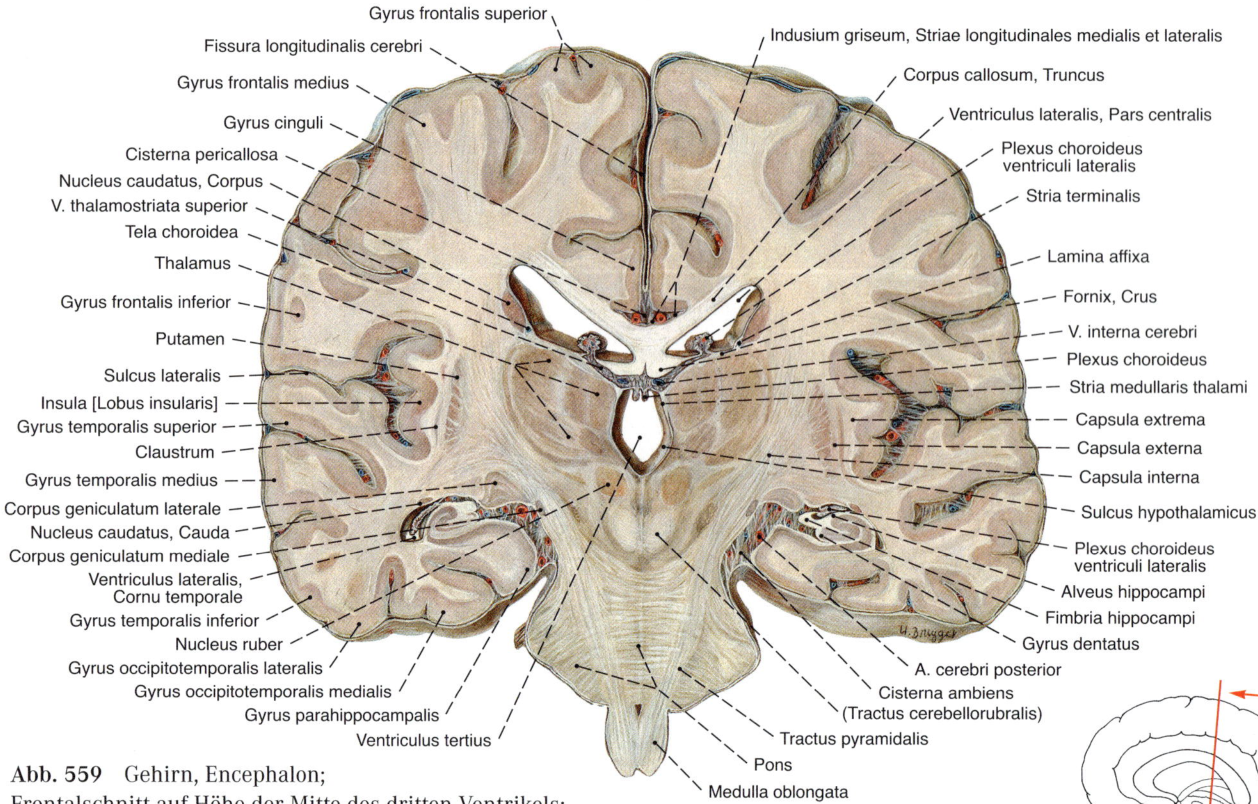

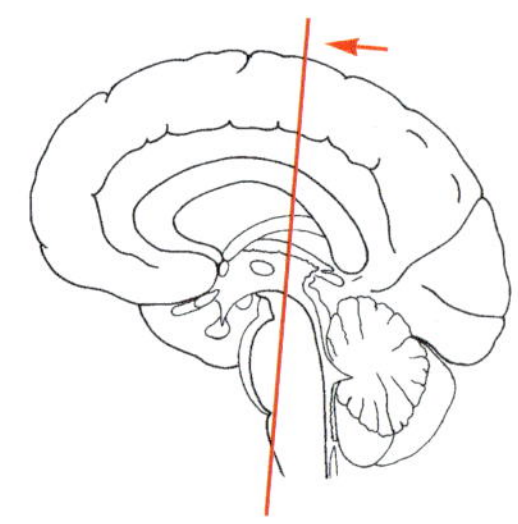

Abb. 559 Gehirn, Encephalon;
Frontalschnitt auf Höhe der Mitte des dritten Ventrikels;
von hinten.
In vielen Fällen sind rechter und linker Thalamus auf dieser Höhe durch die Adhesio interthalamica quer miteinander verbunden.

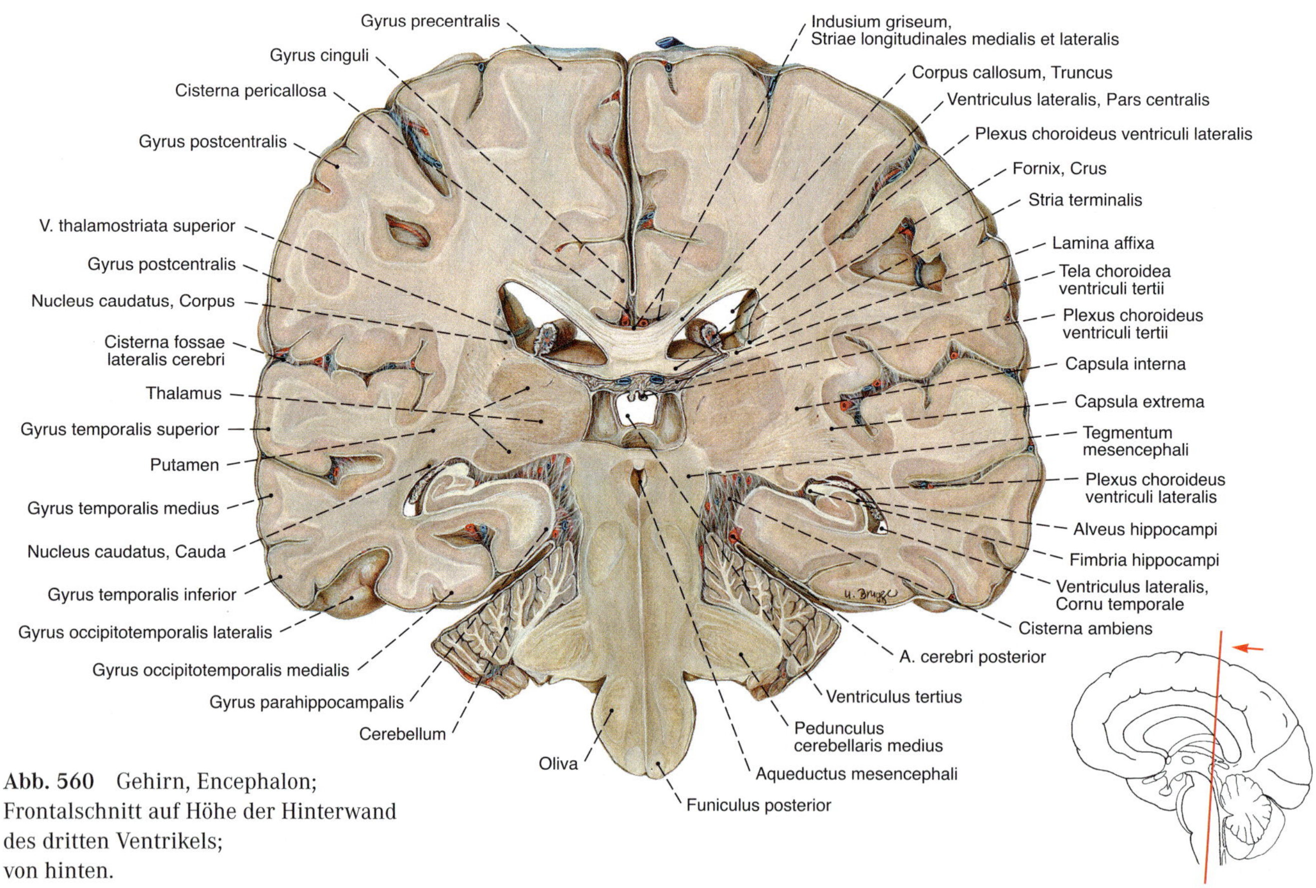

Abb. 560 Gehirn, Encephalon;
Frontalschnitt auf Höhe der Hinterwand des dritten Ventrikels;
von hinten.

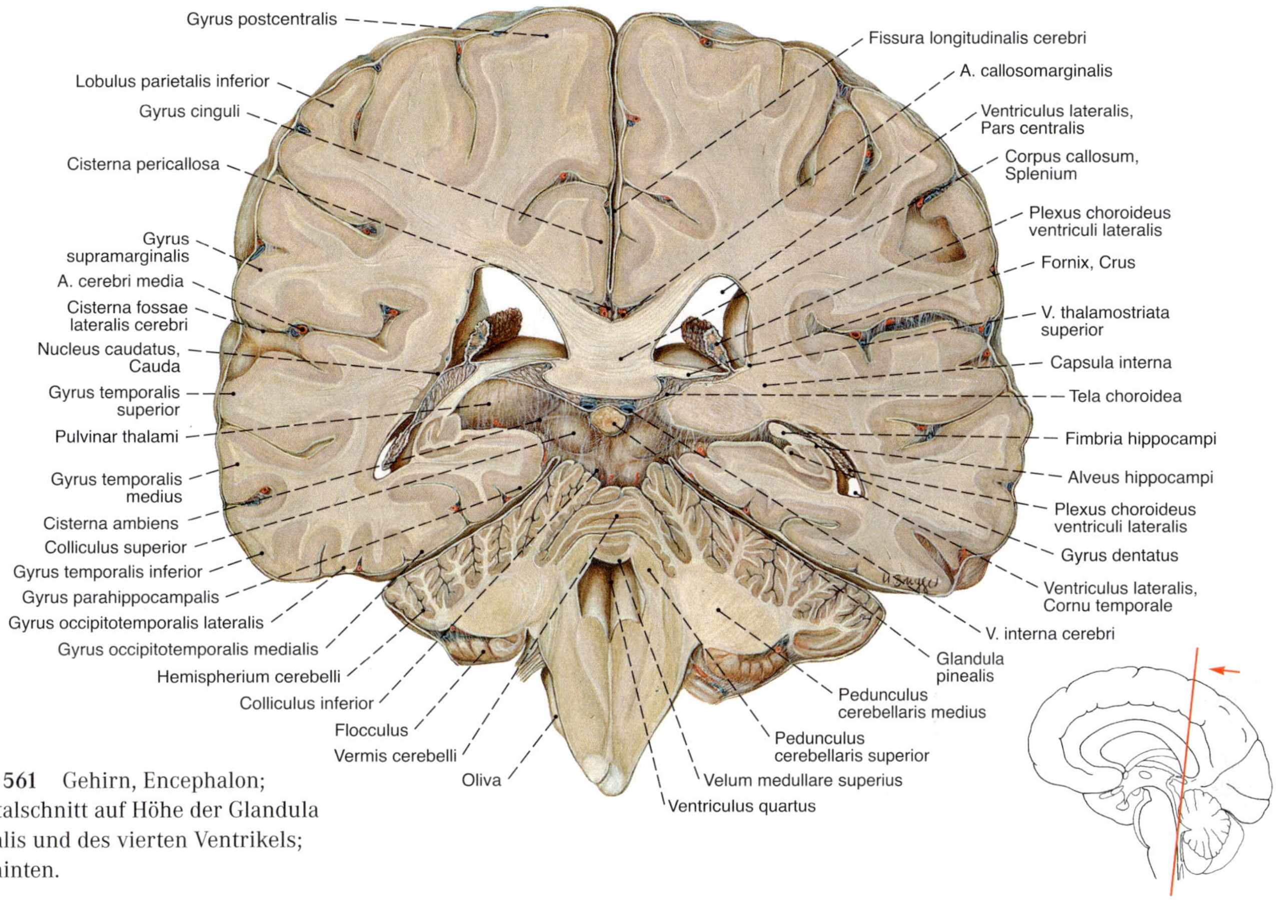

Abb. 561 Gehirn, Encephalon; Frontalschnitt auf Höhe der Glandula pinealis und des vierten Ventrikels; von hinten.

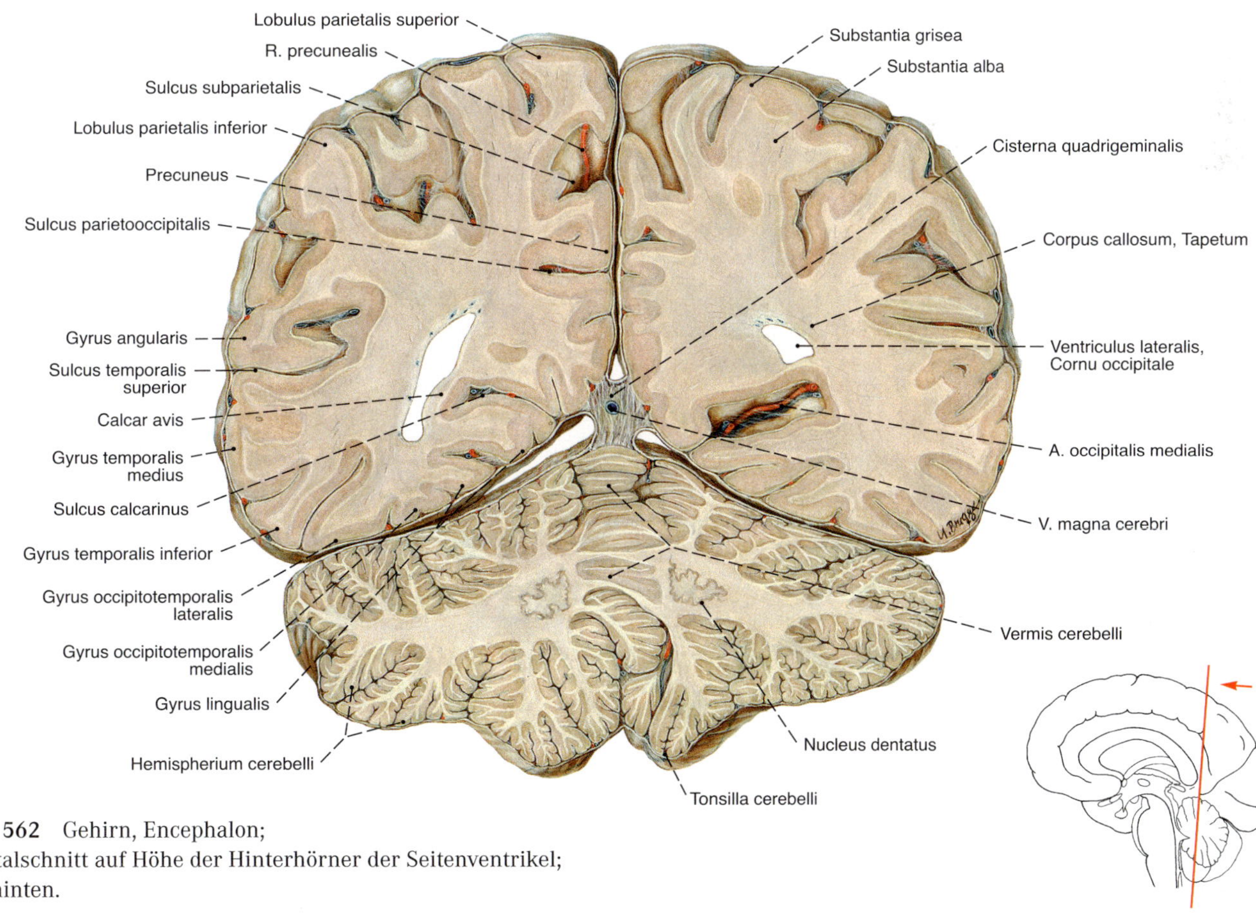

Abb. 562 Gehirn, Encephalon; Frontalschnitt auf Höhe der Hinterhörner der Seitenventrikel; von hinten.

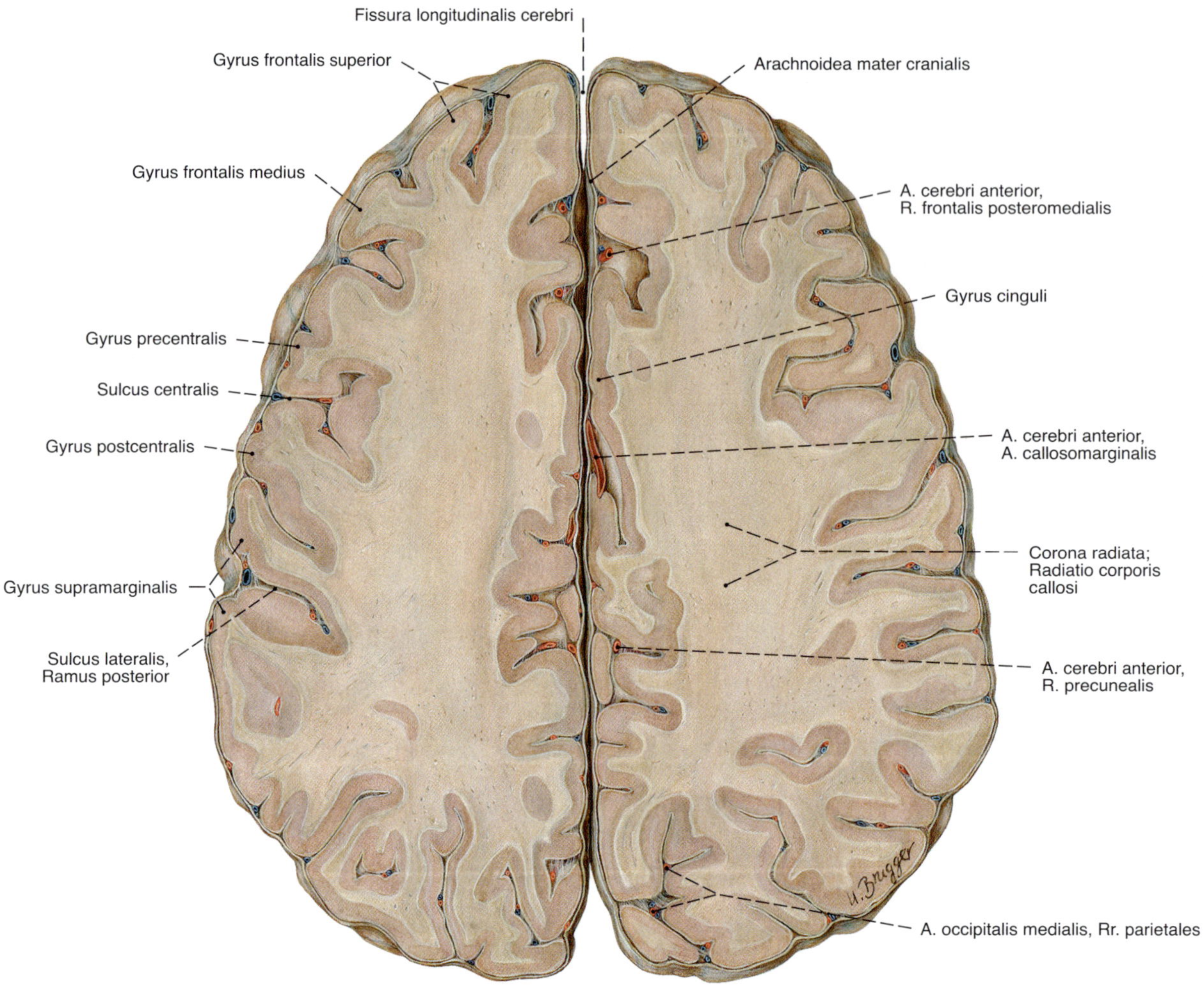

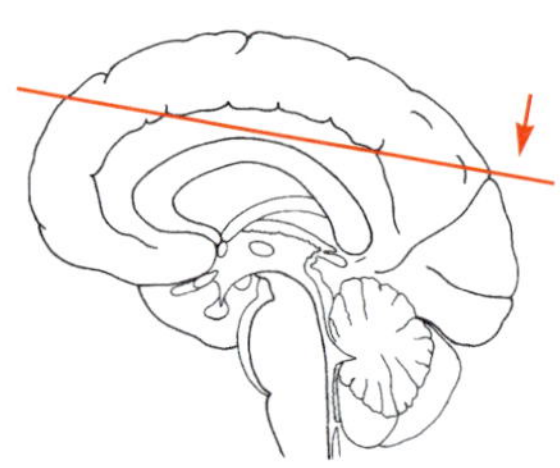

Abb. 563 Gehirn, Encephalon;
Horizontalschnitt knapp oberhalb des Balkens;
von oben.
Der Subarachnoidealraum erscheint in den Abbildungen 555 bis 577 vor allem im Bereich der Furchen der Hemisphären etwas erweitert, da als Vorlage für die Schnittserien Präparate von älteren Menschen benutzt wurden.

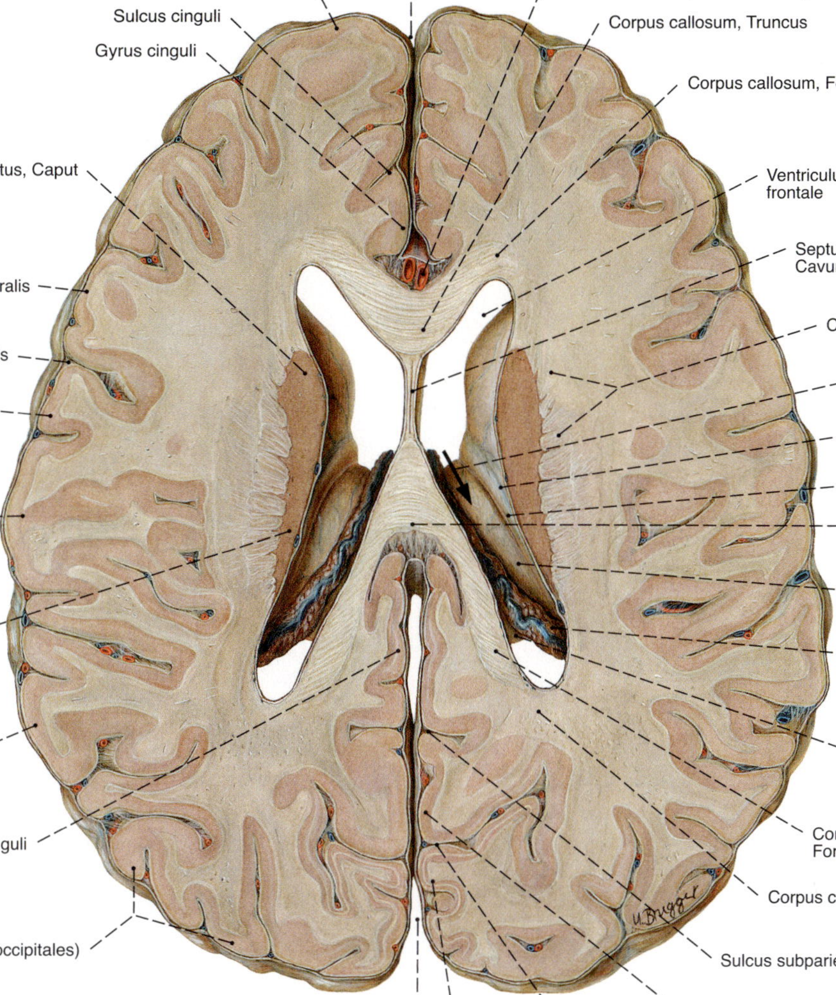

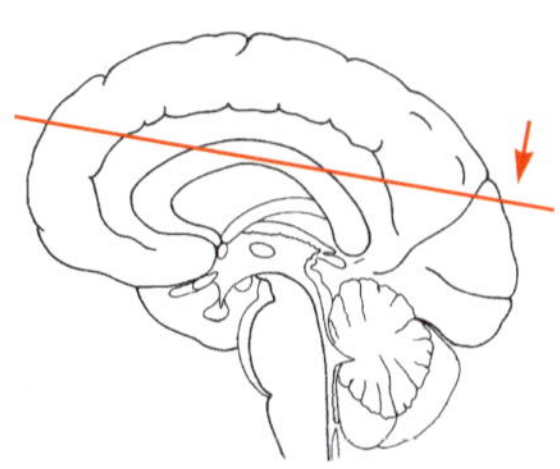

Abb. 564 Gehirn, Encephalon;
Horizontalschnitt auf Höhe des Mittelteils der Seitenventrikel;
von oben.

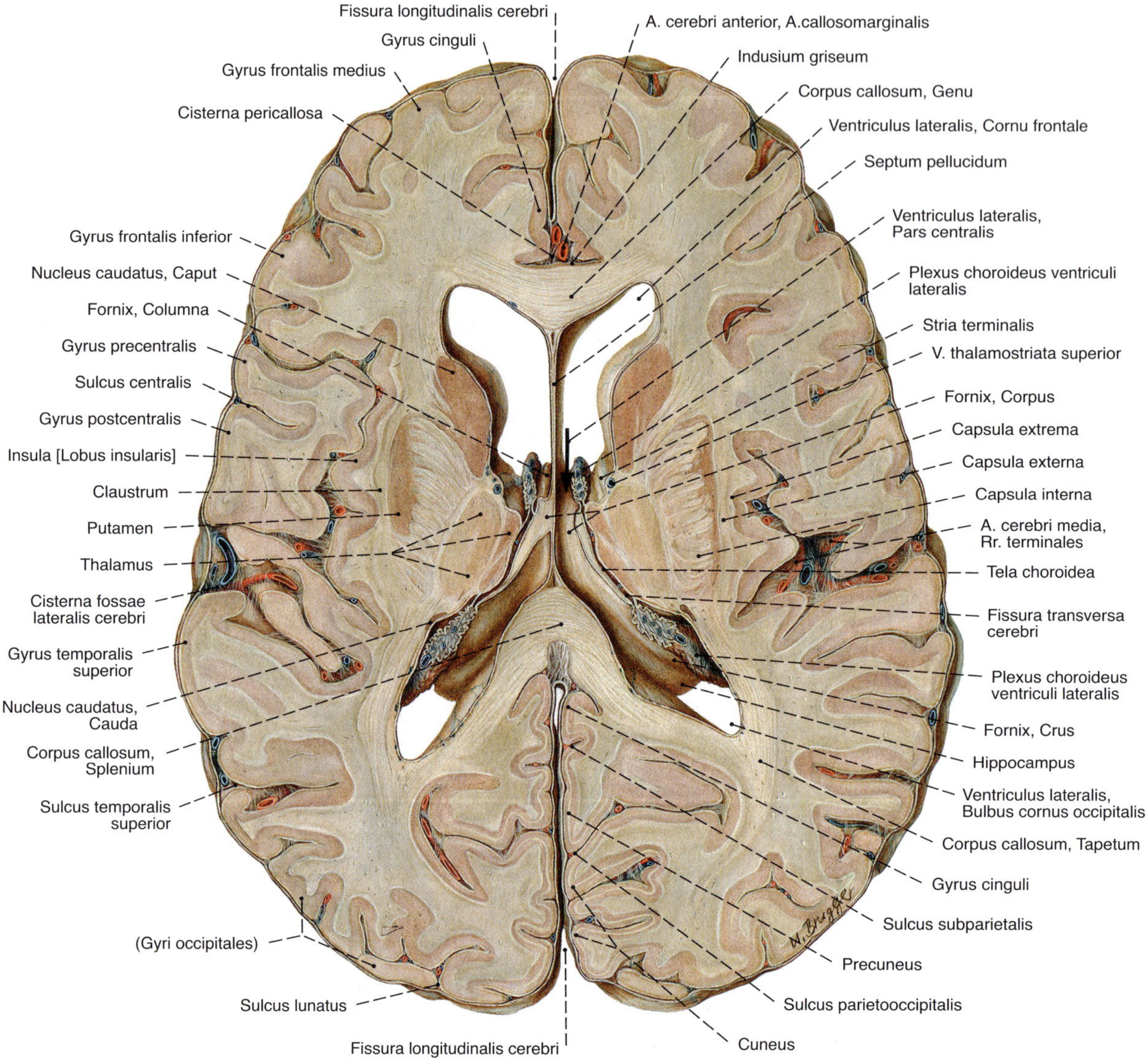

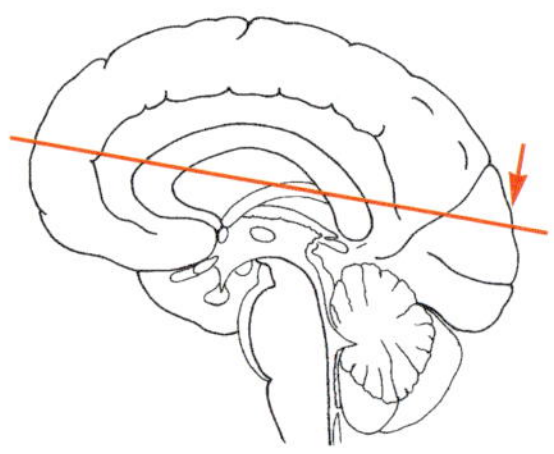

Abb. 565 Gehirn, Encephalon;
Horizontalschnitt auf Höhe des Bodens des Mittelteils der Seitenventrikel;
von oben.

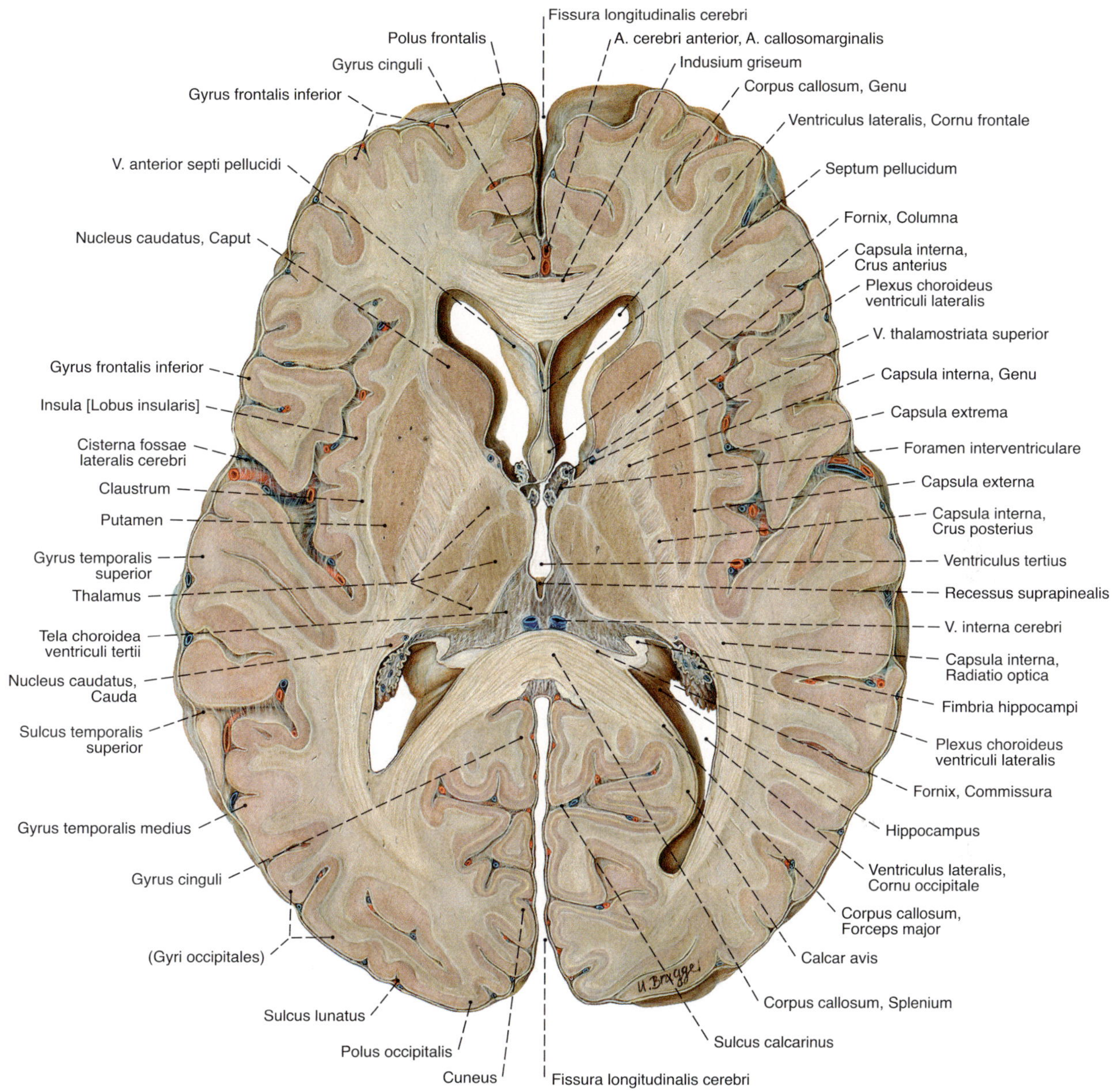

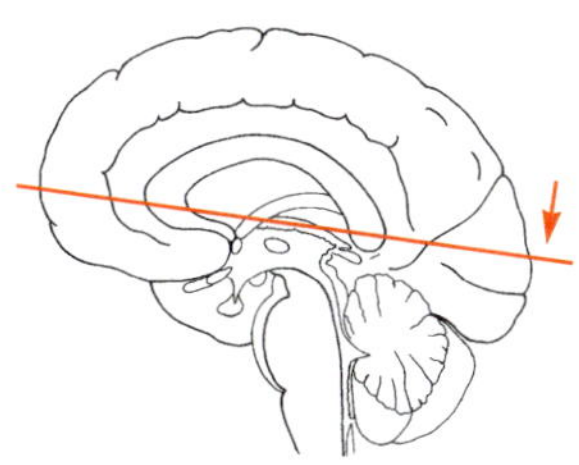

Abb. 566 Gehirn, Encephalon;
Horizontalschnitt auf Höhe der oberen Zone
des dritten Ventrikels;
von oben.

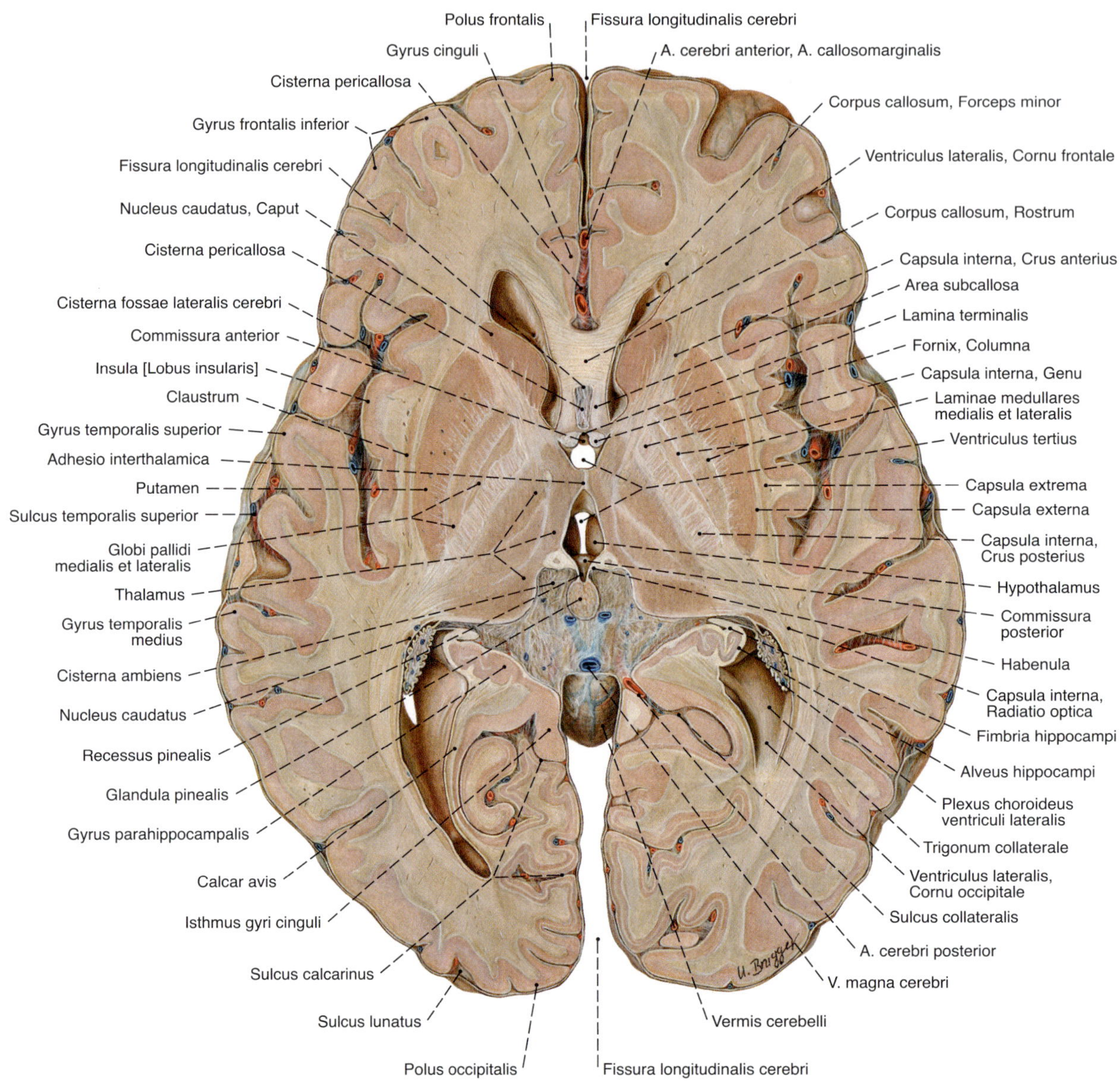

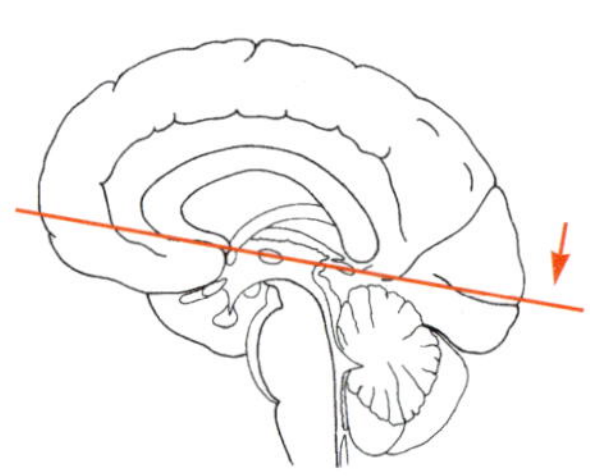

Abb. 567 Gehirn, Encephalon;
Horizontalschnitt durch die Mitte des dritten Ventrikels auf Höhe der Adhesio interthalamica; von oben.

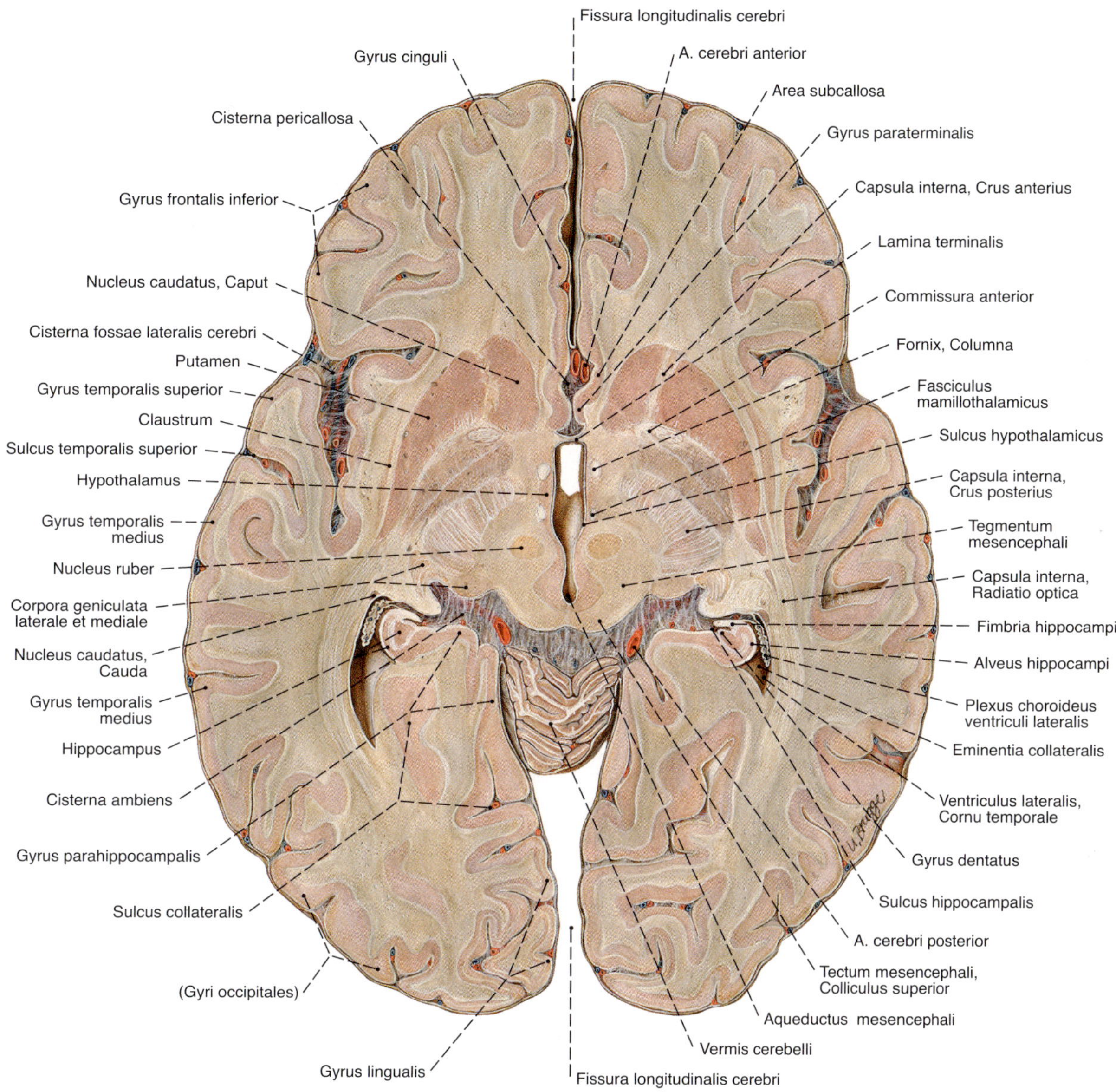

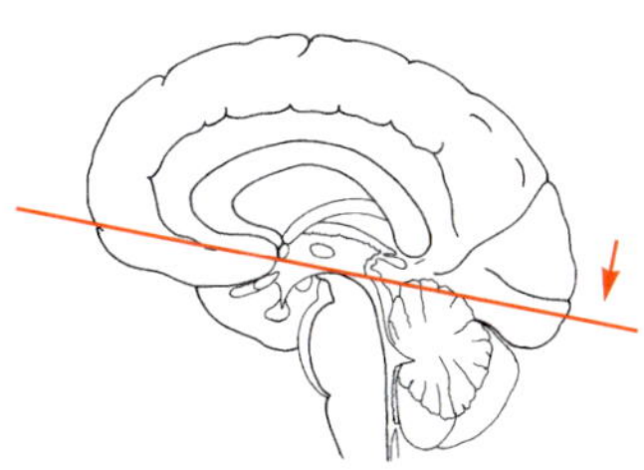

Abb. 568 Gehirn, Encephalon;
Horizontalschnitt durch den dritten Ventrikel auf Höhe des Abgangs des Aqueductus mesencephali;
von oben.

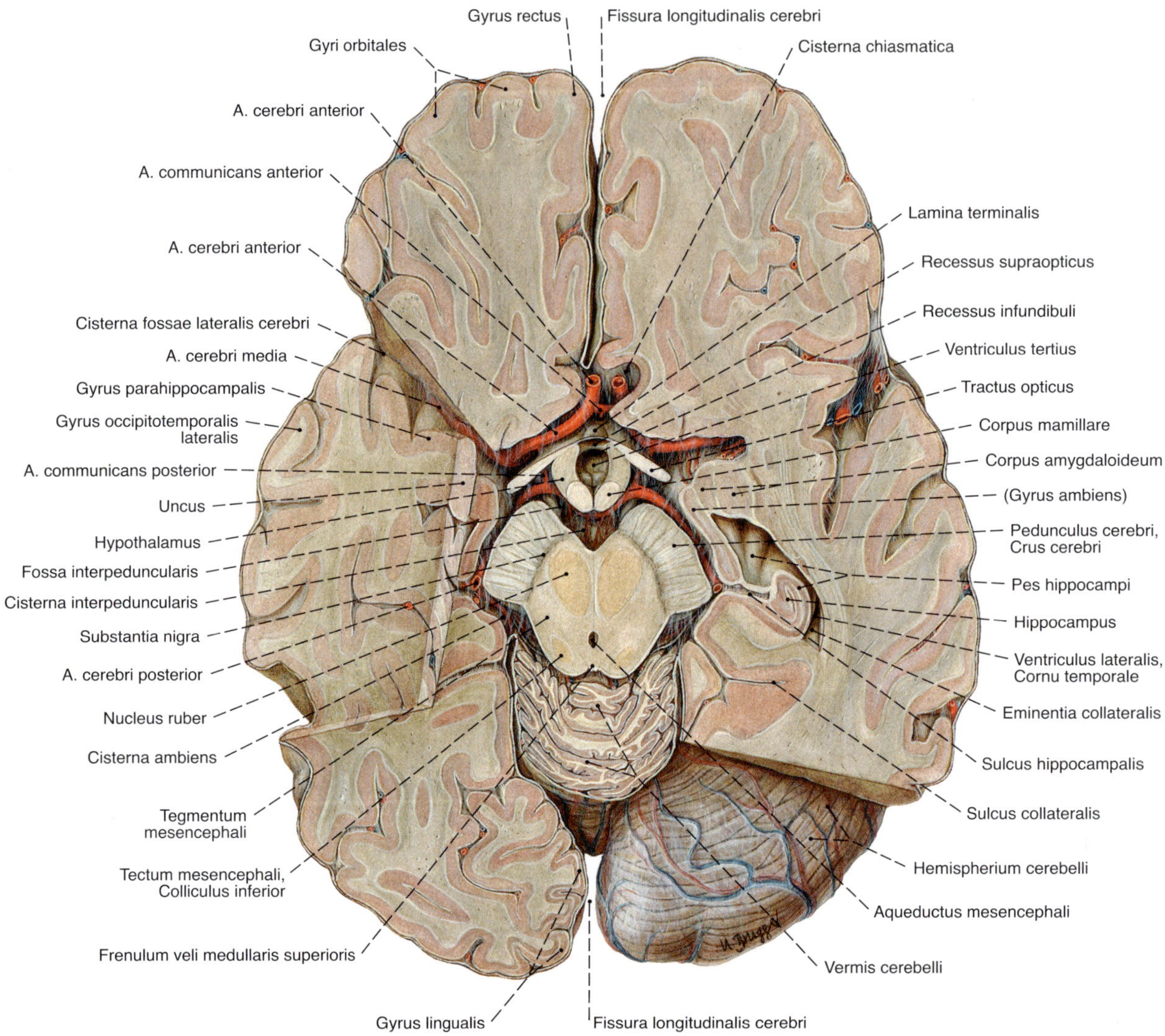

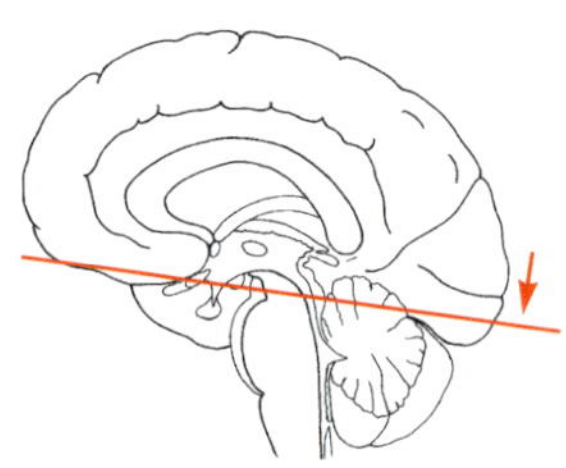

Abb. 569 Gehirn, Encephalon;
gestufter Horizontalschnitt durch den Boden des dritten Ventrikels auf Höhe der Corpora mamillaria;
von oben.

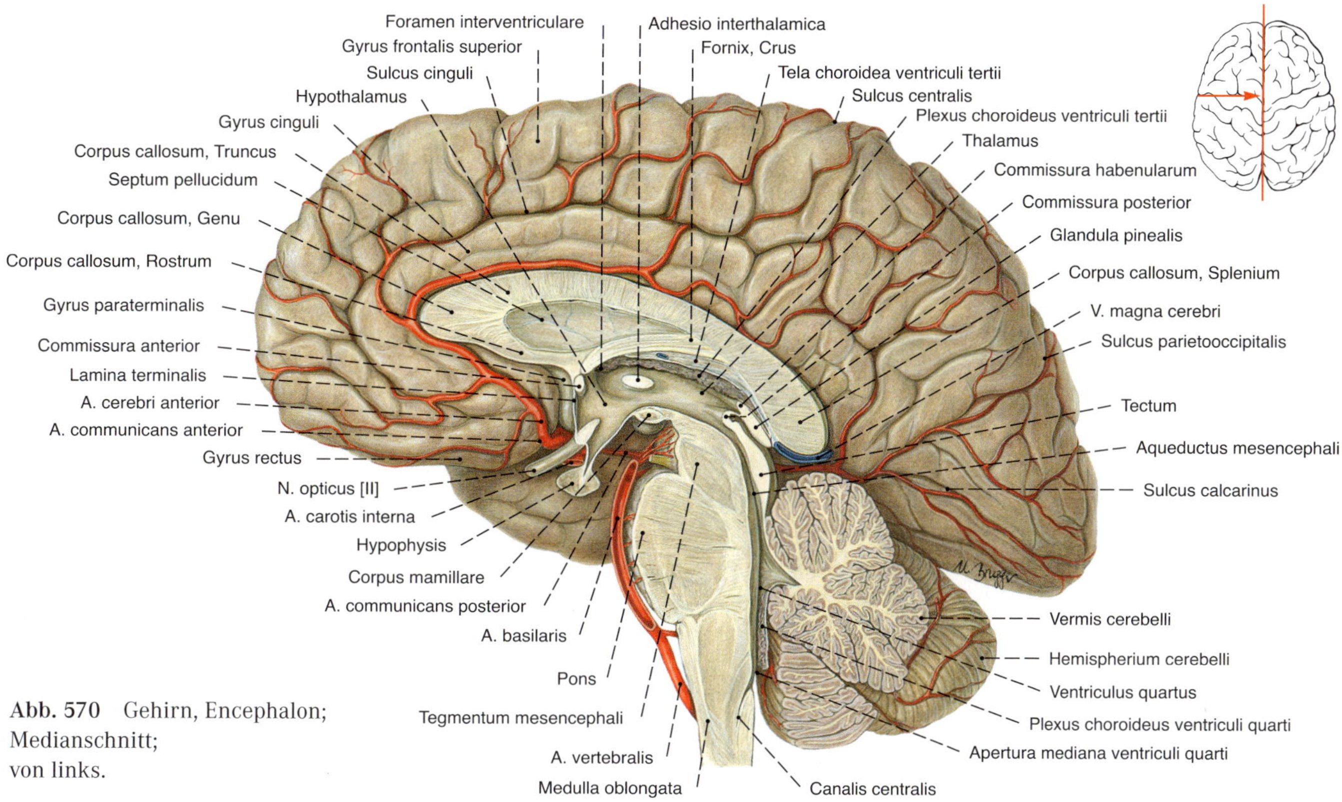

Abb. 570 Gehirn, Encephalon; Medianschnitt; von links.

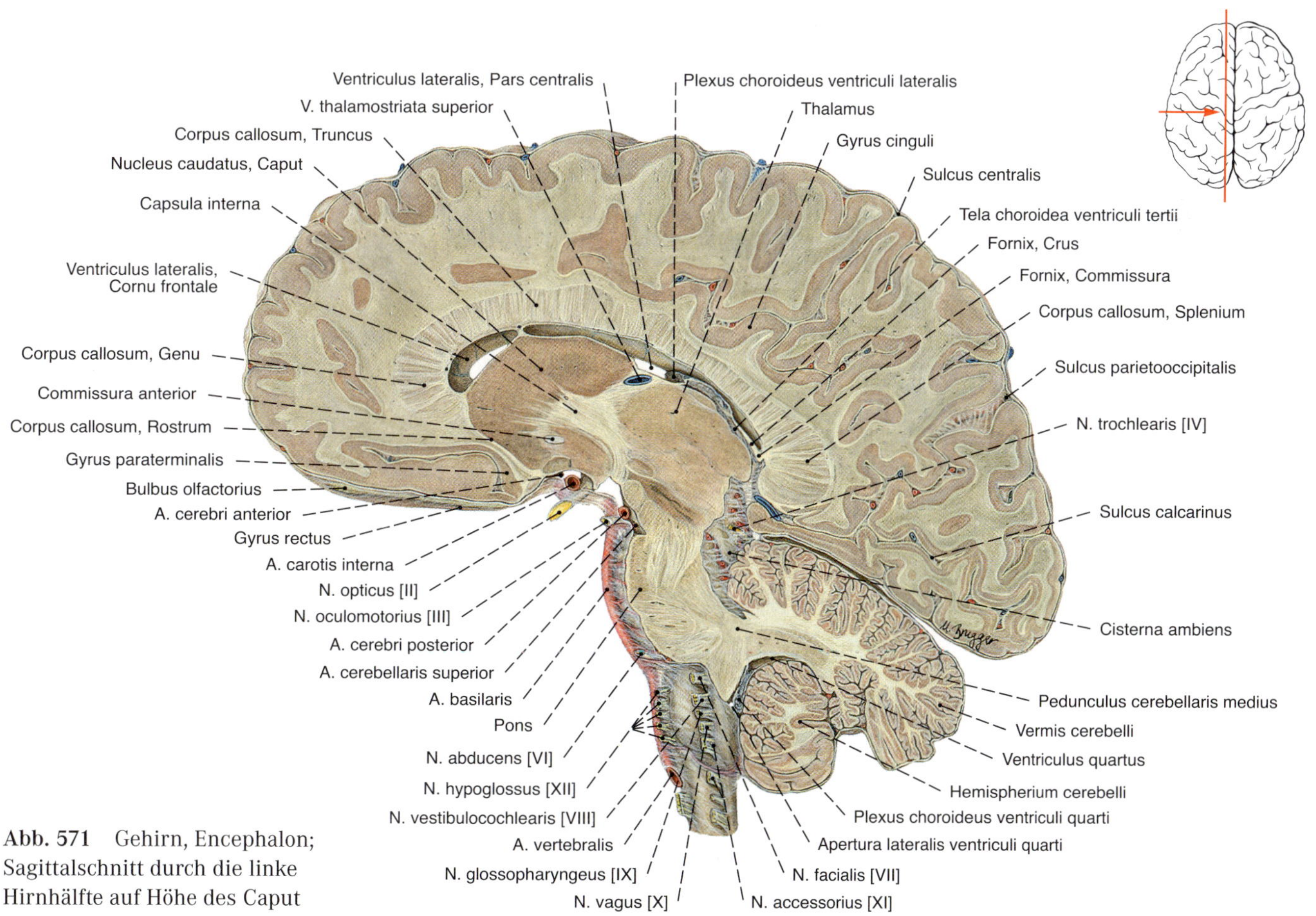

Abb. 571 Gehirn, Encephalon; Sagittalschnitt durch die linke Hirnhälfte auf Höhe des Caput nuclei caudati; von links.

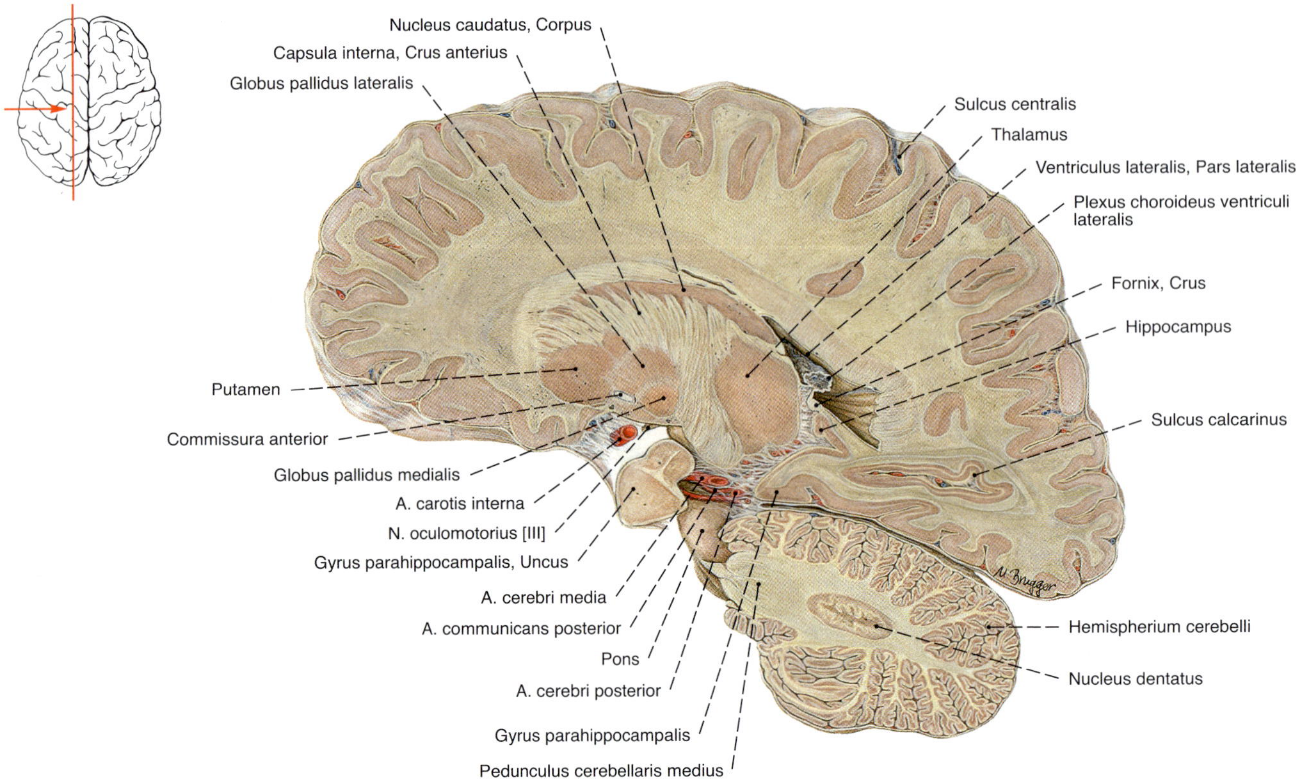

Abb. 572 Gehirn; Encephalon;
Sagittalschnitt durch die linke Hirnhälfte auf Höhe des Corpus nuclei caudati;
von links.

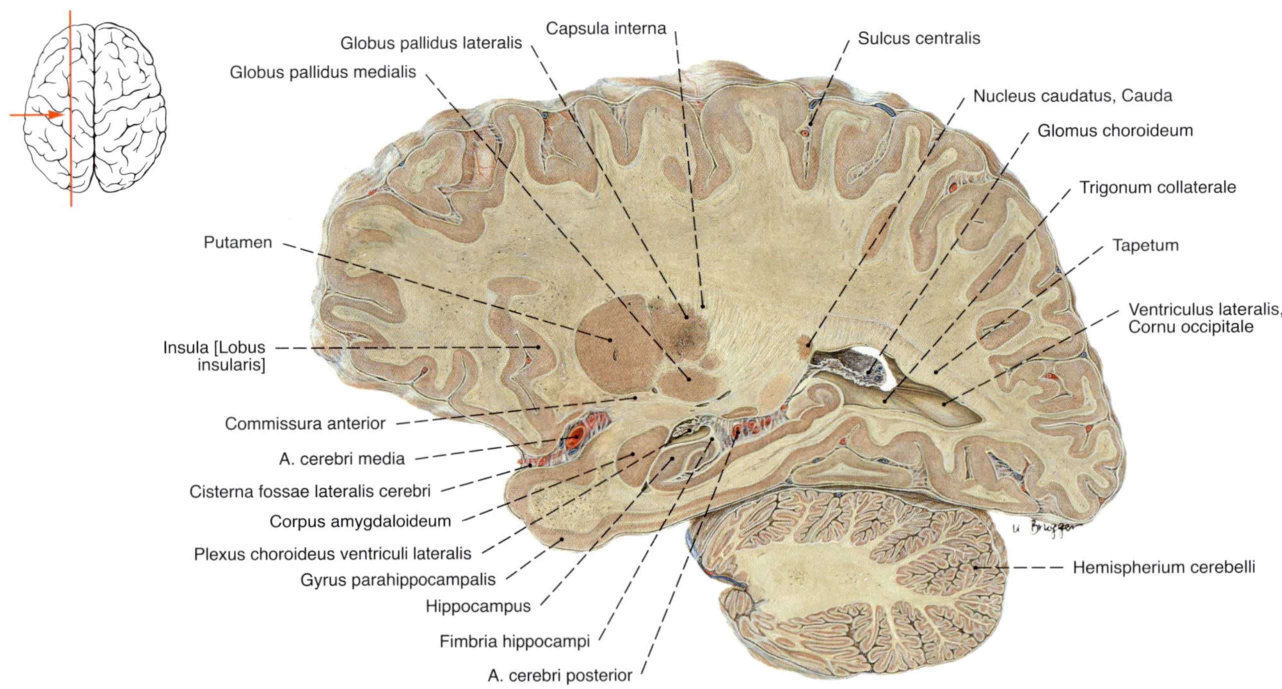

Abb. 573 Gehirn, Encephalon;
Sagittalschnitt durch die linke Hirnhälfte auf Höhe des Corpus amygdaloideum;
von links.

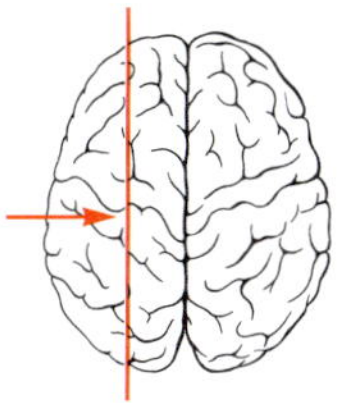

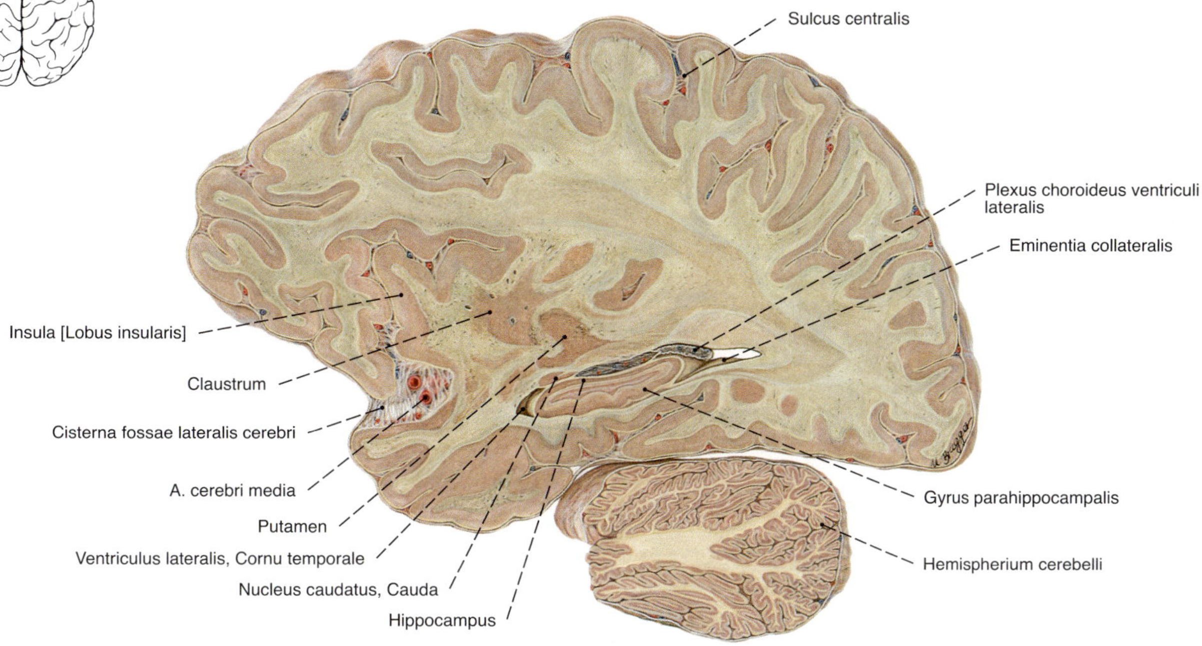

Abb. 574 Gehirn, Encephalon;
Sagittalschnitt durch die linke Hirnhälfte auf Höhe der Spitze des Cornu temporale;
von links.

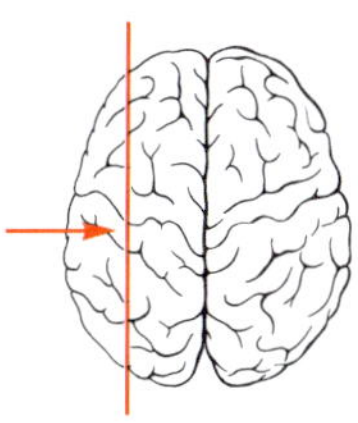

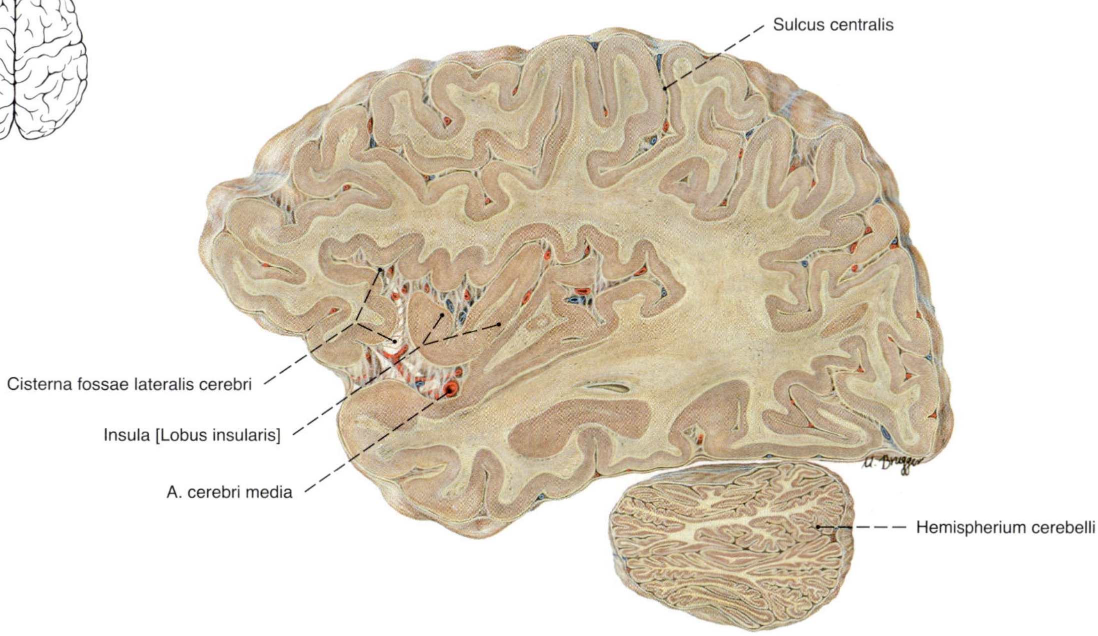

Abb. 575 Gehirn, Encephalon;
Sagittalschnitt durch die linke Hirnhälfte auf Höhe der Insula;
von links.

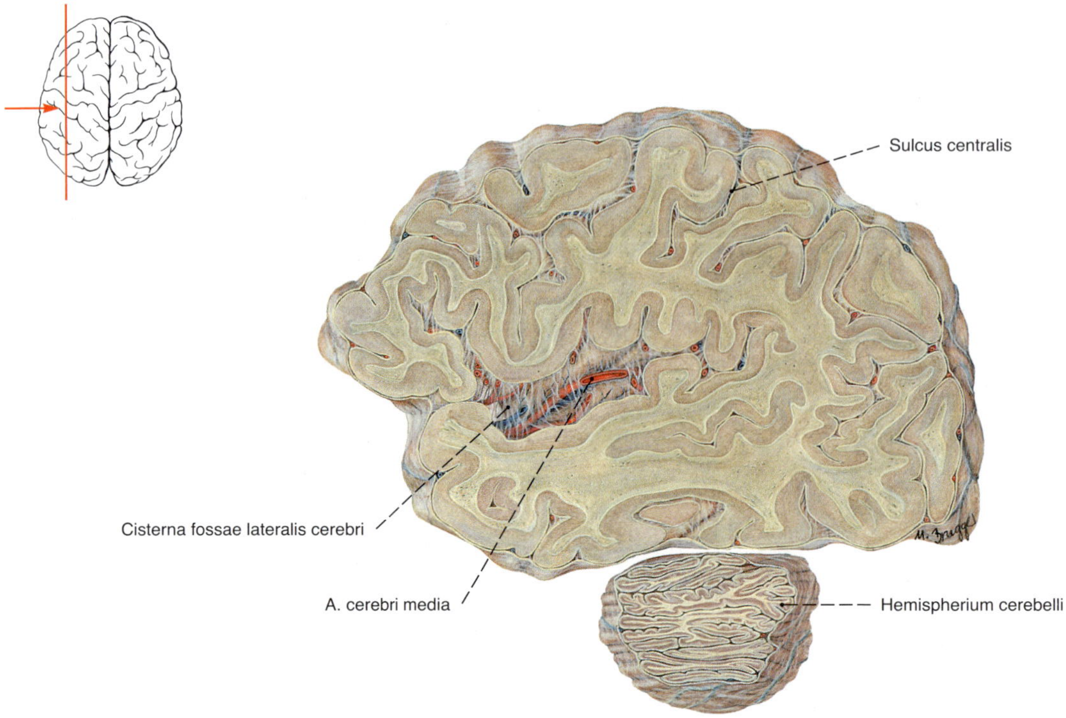

Abb. 576 Gehirn, Encephalon;
Sagittalschnitt durch die linke Hirnhälfte auf Höhe des Polus temporalis;
von links.

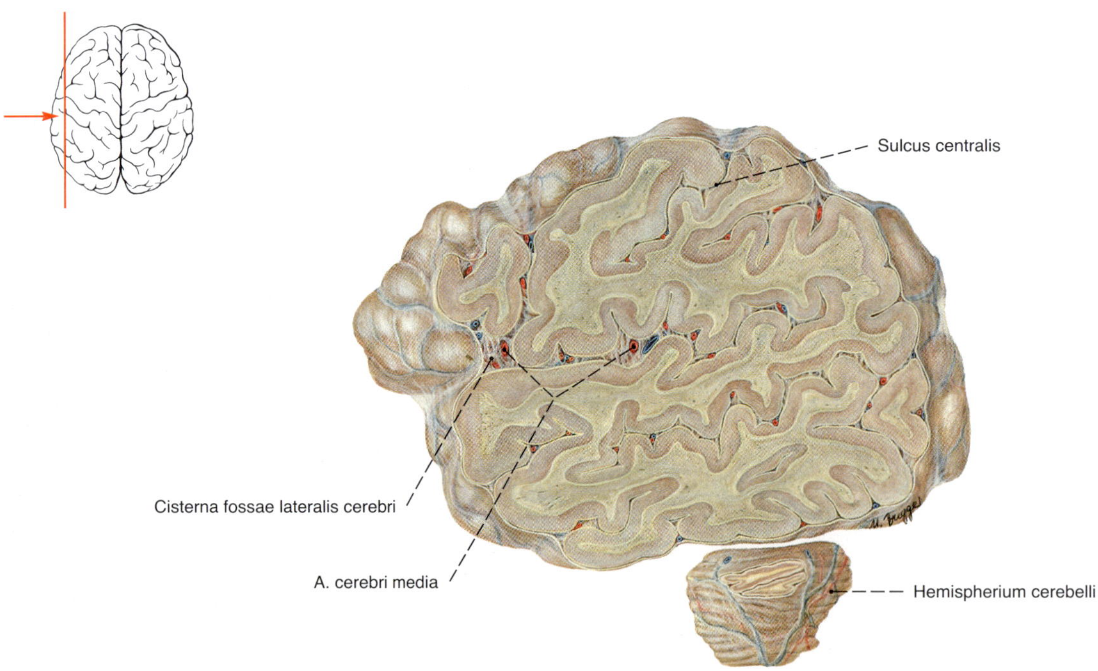

Abb. 577 Gehirn, Encephalon;
Sagittalschnitt durch die linke Hirnhälfte auf Höhe der Fossa lateralis cerebri;
von links.

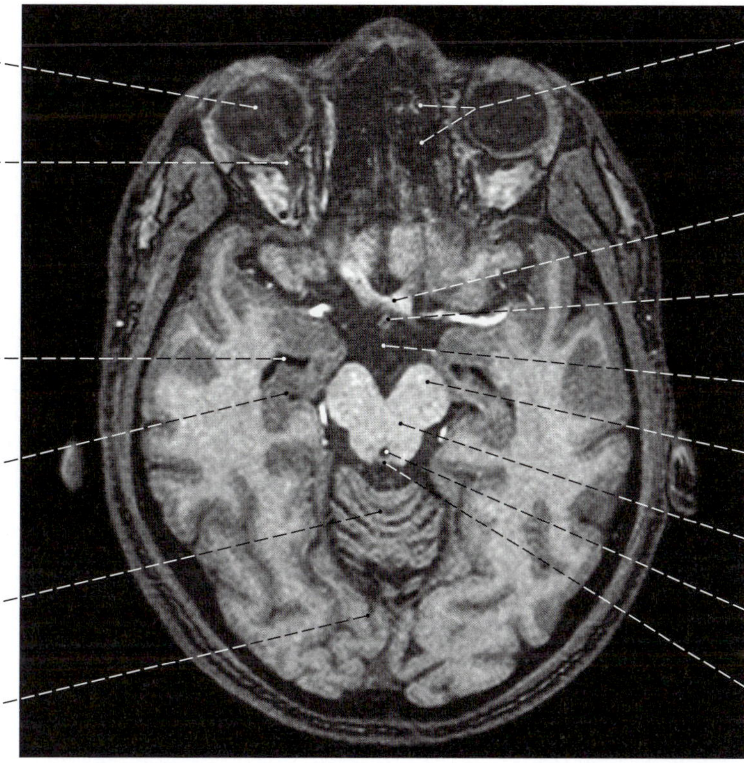

Abb. 578 Gehirn, Encephalon; magnetresonanztomographischer Horizontalschnitt (MRT) auf Höhe des Mittelhirns und der Unterhörner der Seitenventrikel; von oben.

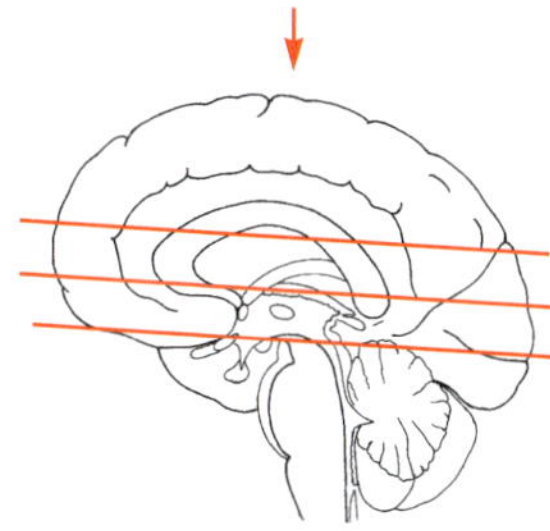

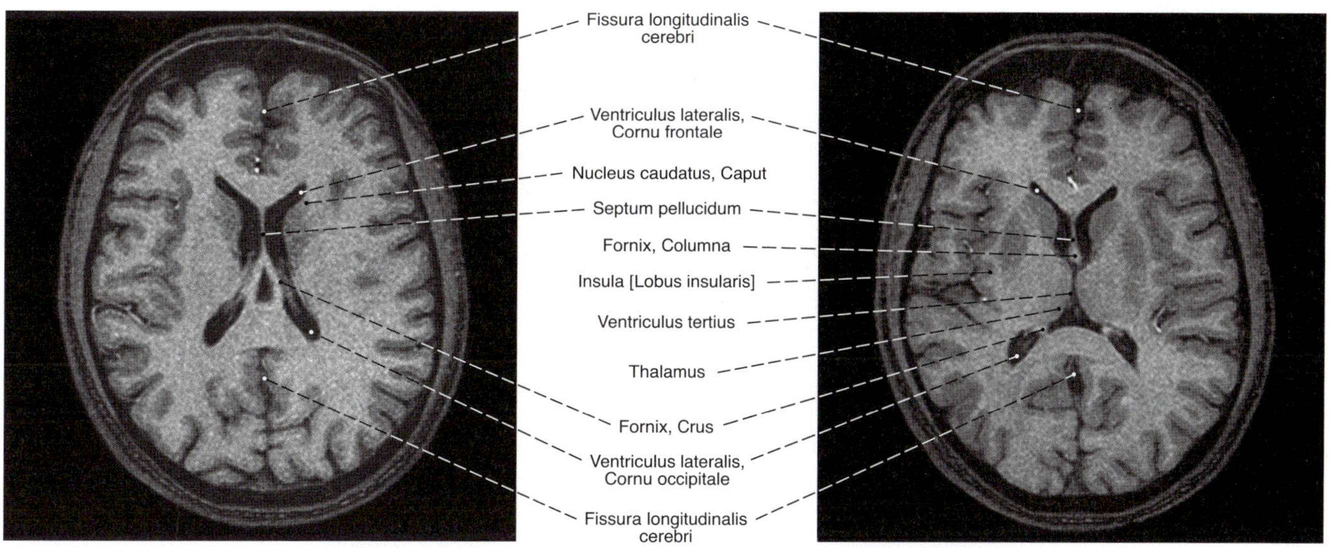

Abb. 579 Gehirn, Encephalon; computertomographischer Horizontalschnitt (T1-gewichtetes MRT) auf Höhe des Bodens der Mittelteile der Seitenventrikel; von oben.

Abb. 580 Gehirn, Encephalon; computertomographischer Horizontalschnitt (T1-gewichtetes MRT) auf Höhe des dritten Ventrikels und des Abgangs der Unterhörner der Seitenventrikel; von oben.

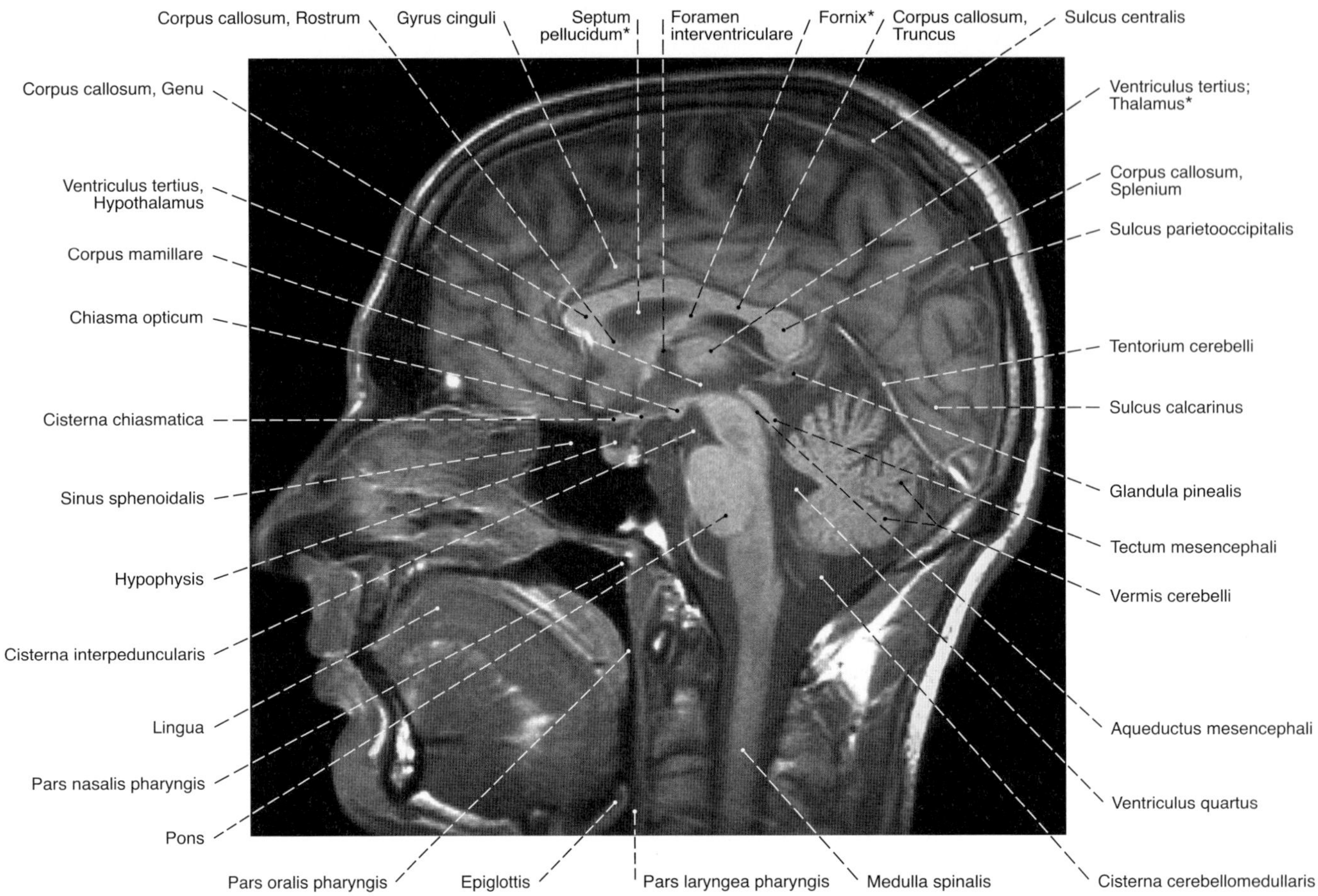

Abb. 581 Gehirn, Encephalon; magnetresonanztomographischer Medianschnitt (MRT). Aufgrund des „Partial-Volume-Effektes" ist die Kontur der mit * gekennzeichneten Strukturen etwas verfälscht.

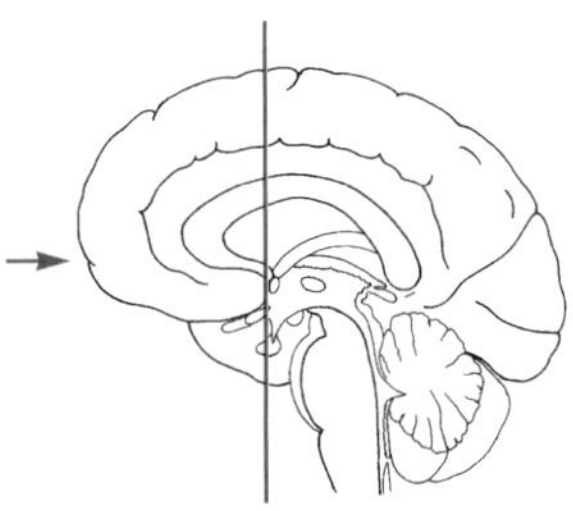

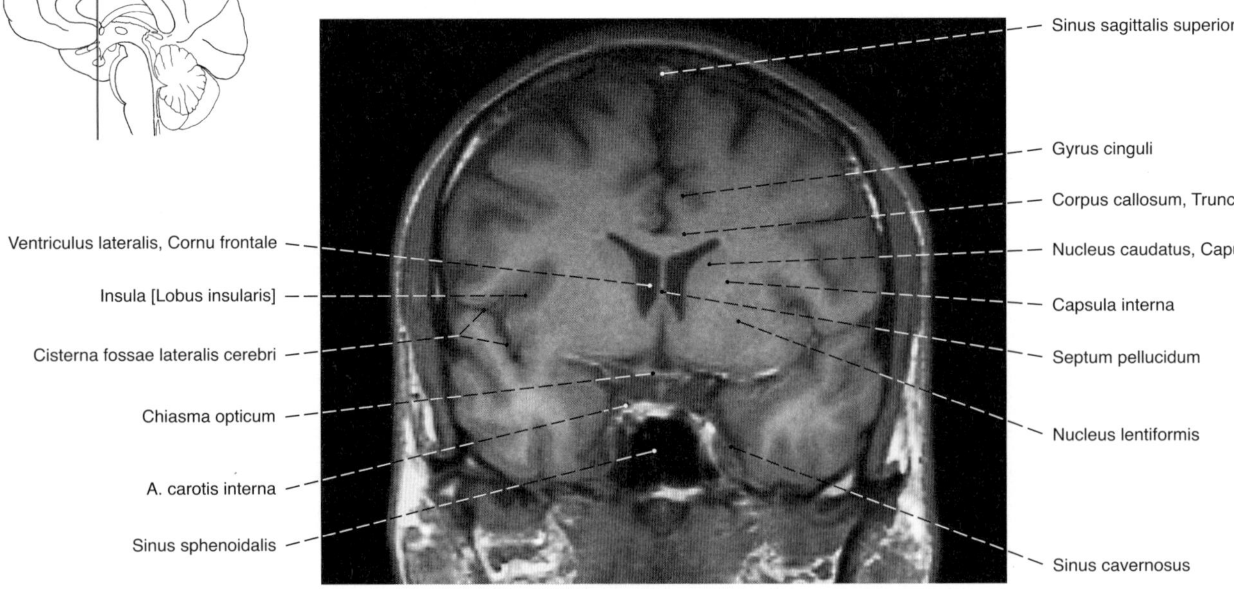

Abb. 582 Gehirn, Encephalon; magnetresonanztomographischer Frontalschnitt (MRT) auf Höhe des vorderen Anteils des dritten Ventrikels.

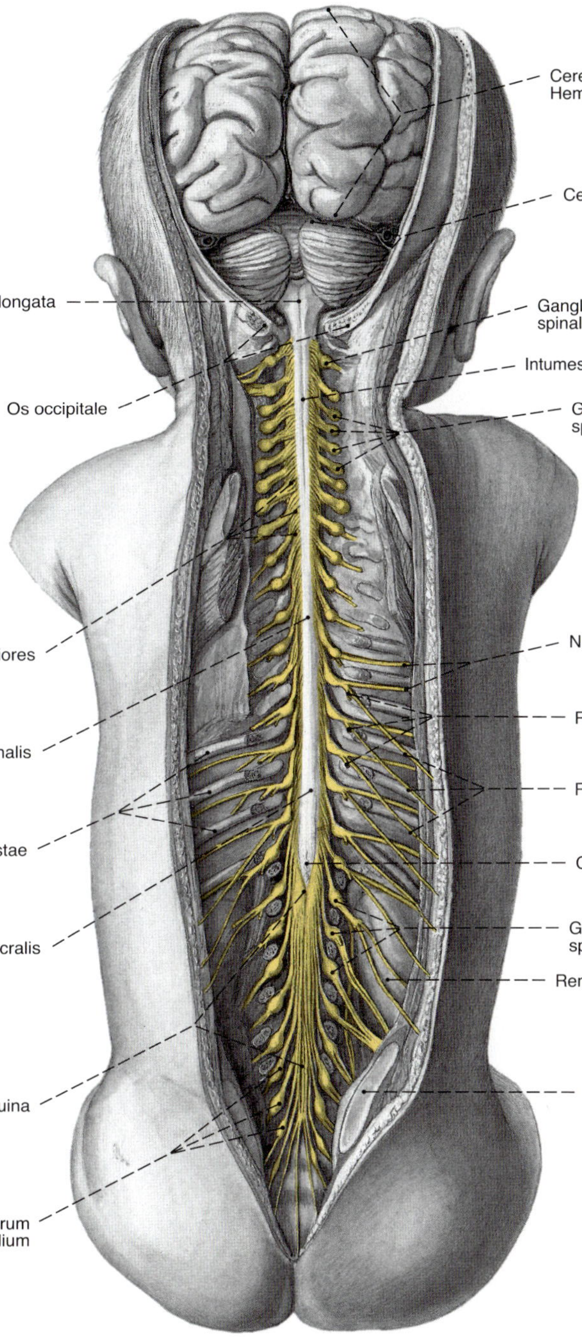

Abb. 583 Gehirn, Encephalon, Rückenmark, Medulla spinalis, und Spinalnerven, Nervi spinales;
Hirn- und Rückenmarksitus bei einem Neugeborenen nach Abtragung der hinteren Wand des Wirbelkanals, Eröffnung der Foramina intervertebralia und Entfernung der Dura mater spinalis;
von hinten.
Beim Neugeborenen reicht das Rückenmark zwei Wirbelsegmente weiter nach kaudal als beim Erwachsenen.

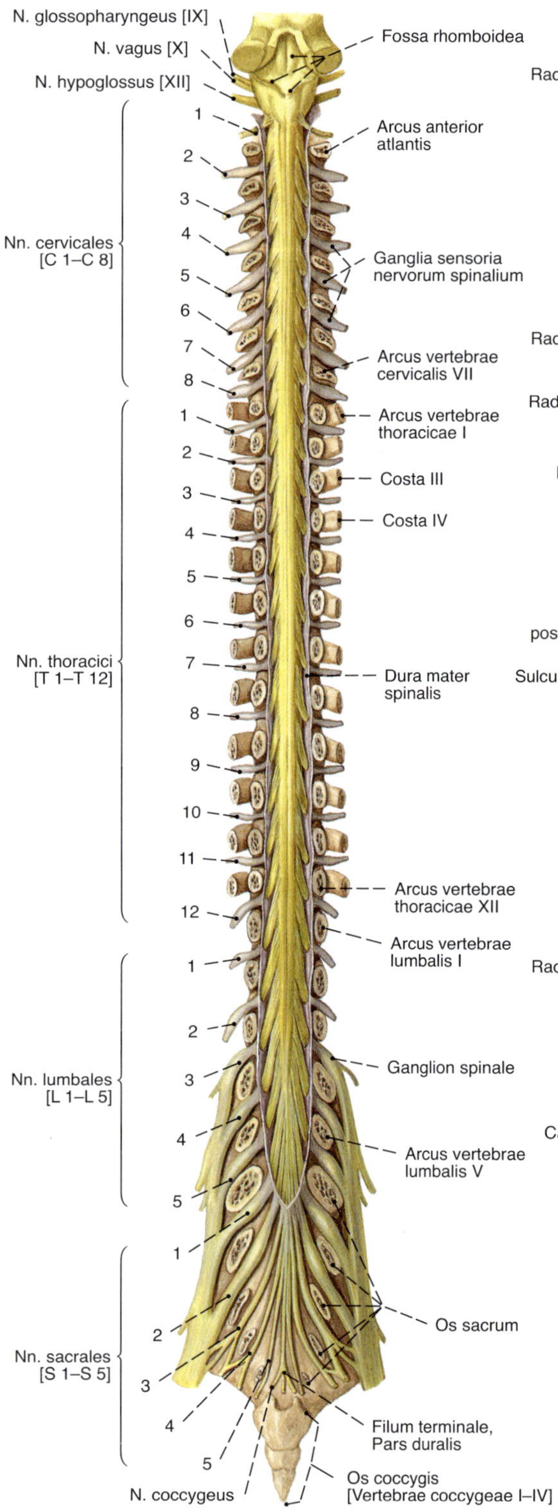

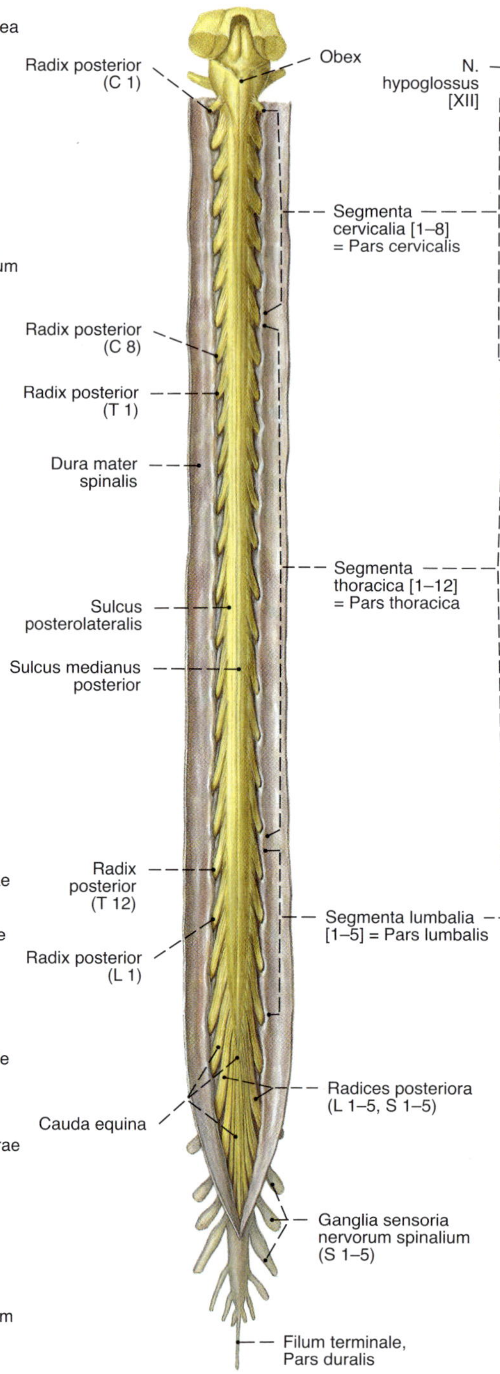

Abb. 585

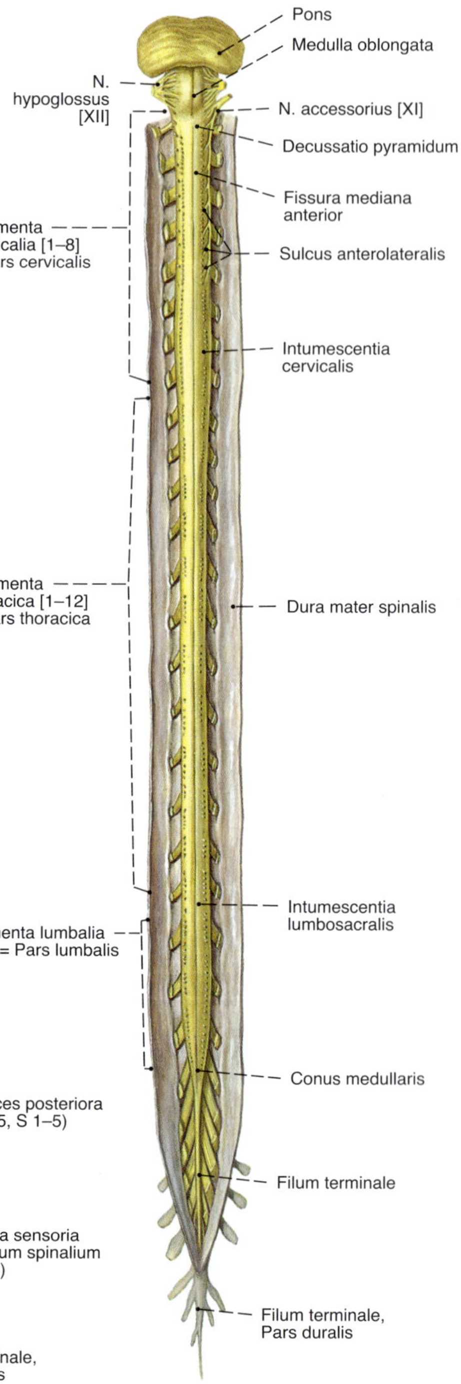

Abb. 586

Abb. 584 Rückenmark, Medulla spinalis, und Spinalnerven, Nervi spinales;
Rückenmarksitus nach Eröffnung des Wirbelkanals, der Foramina intervertebralia und des Duralsackes; von hinten.
Da sich die Benennung der Rückenmarksegmente nach den Spinalnerven richtet und der oberste Spinalnerv als erster Halsnerv gezählt wird, werden acht Halssegmente unterschieden.

Abb. 585 Rückenmark, Medulla spinalis, und Spinalnerven, Nervi spinales;
nach Eröffnung des Wirbelkanals und des Duralsackes; von hinten.

Abb. 586 Rückenmark, Medulla spinalis, und Spinalnerven, Nervi spinales;
nach Eröffnung des Wirbelkanals und des Duralsackes; von vorne.

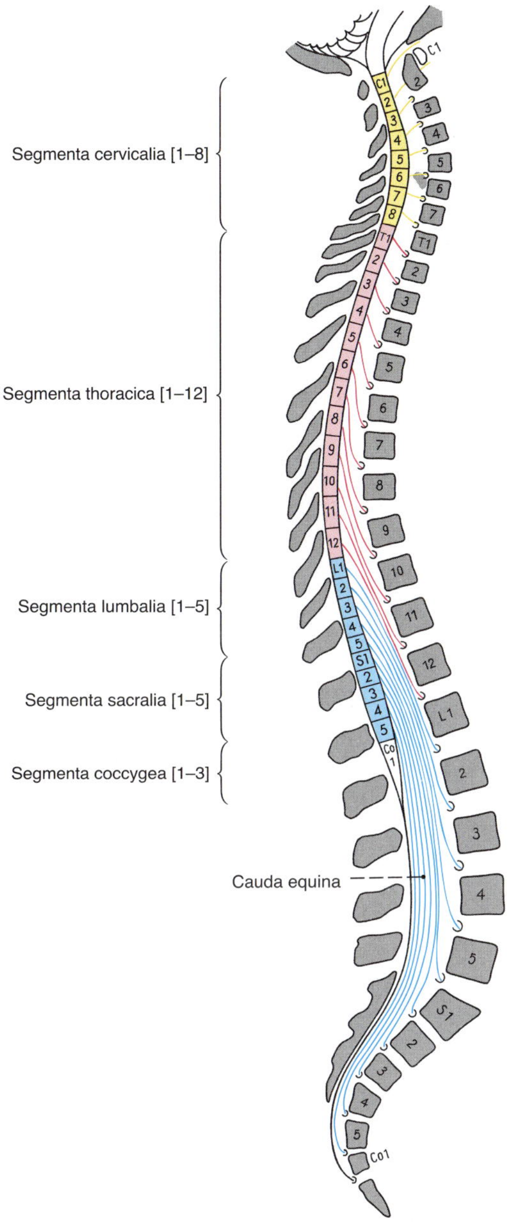

Abb. 587 Rückenmarksegmente, Segmenta medullae spinalis; schematischer Medianschnitt; regionale Abschnitte durch Farben hervorgehoben; von links.

Segmentale Innervation der Muskeln des Arms, diagnostisch wichtige Kennmuskeln

(nach MUMENTHALER und SCHLIACK)

M. supraspinatus	C4–C5
M. teres minor	C4–C5
M. deltoideus: C5	C5–C6
M. infraspinatus	C4–C6
M. subscapularis	C5–C6
M. teres major	C5–C7
M. biceps: C6	C5–C6
M. brachialis	C5–C6
M. coracobrachialis	C5–C7
M. triceps brachii: C7	C6–C8
M. brachioradialis	C5–C6
M. extensor carpi radialis longus	C5–C7
M. extensor carpi radialis brevis	C5–C7
M. supinator	C5–C6
M. pronator teres	C6–C7
M. flexor carpi radialis	C6–C7
M. flexor pollicis longus	C6–C8
M. abductor pollicis longus	C6–C8
M. extensor pollicis brevis	C7–T1
M. extensor pollicis longus	C6–C8
M. extensor digitorum	C6–C8
M. extensor indicis	C6–C8
M. extensor carpi ulnaris	C6–C8
M. extensor digiti minimi	C6–C8
M. flexor digitorum superficialis	C7–T1
M. flexor digitorum profundus	C7–T1
M. flexor carpi ulnaris	C7–T1
M. abductor pollicis brevis	C7–T1
M. flexor pollicis brevis	C7–T1
M. opponens pollicis	C6–C7
M. flexor digiti minimi	C7–T1
M. adductor pollicis	C8–T1
M. abductor digiti minimi: C8	C8–T1
Mm. interossei: C8	C8–T1

Segmentale Innervation der Muskeln des Beins, diagnostisch wichtige Kennmuskeln

(nach MUMENTHALER und SCHLIACK)

M. iliopsoas: L1, L2	T12–L3
M. tensor fasciae latae	L4–L5
M. gluteus medius	L4–S1
M. gluteus minimus	L4–S1
M. gluteus maximus	L4–S2
M. obturatorius internus	L5–S1
M. piriformis	L5–S1
M. sartorius	L2–L3
M. pectineus	L2–L3
M. adductor longus	L2–L3
M. quadriceps: L3	L2–L4
M. gracilis	L2–L4
M. adductor brevis	L2–L4
M. obturatorius externus	L3–L4
M. adductor magnus	L3–L4
M. semitendinosus	L4–S1
M. semimembranosus	L4–S1
M. biceps femoris	L4–S2
M. tibialis anterior: L4	L4–L5
M. extensor hallucis longus	L4–S1
M. popliteus	L4–S1
M. extensor digitorum longus	L4–S1
M. soleus / **M. gastrocnemius** } **L5**	L4–S2
M. fibularis longus	L5–S1
M. fibularis brevis	L5–S1
M. tibialis posterior: S1	L5–S2
M. flexor digitorum longus	L5–S3
M. flexor hallucis longus	L5–S3
M. extensor hallucis brevis	L4–S1
M. extensor digitorum brevis	L4–S1
M. flexor digitorum brevis	L5–S1
M. abductor hallucis	L5–S1
M. flexor hallucis brevis	L5–S3
M. adductor hallucis	S1–S2

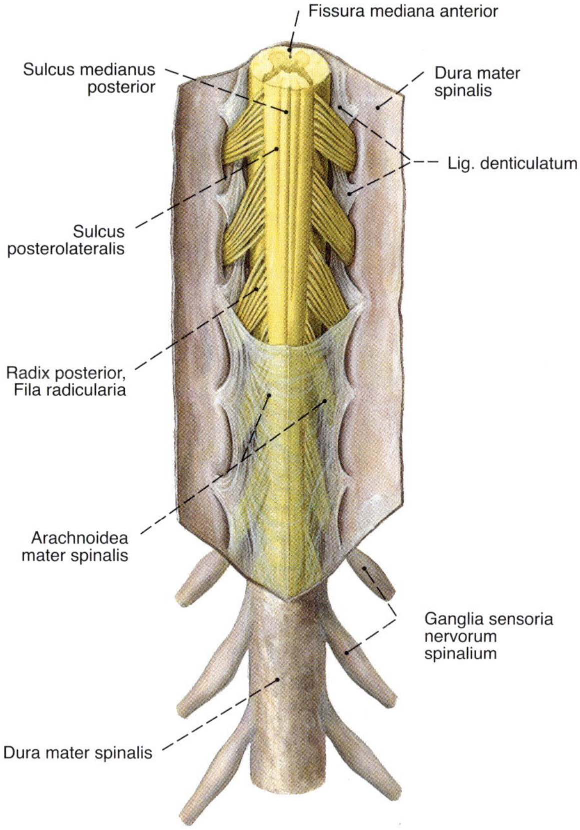

Abb. 588 Rückenmark, Medulla spinalis, und Rückenmarkshäute, Meninges spinales; nach Eröffnung des Duralsackes; von hinten.

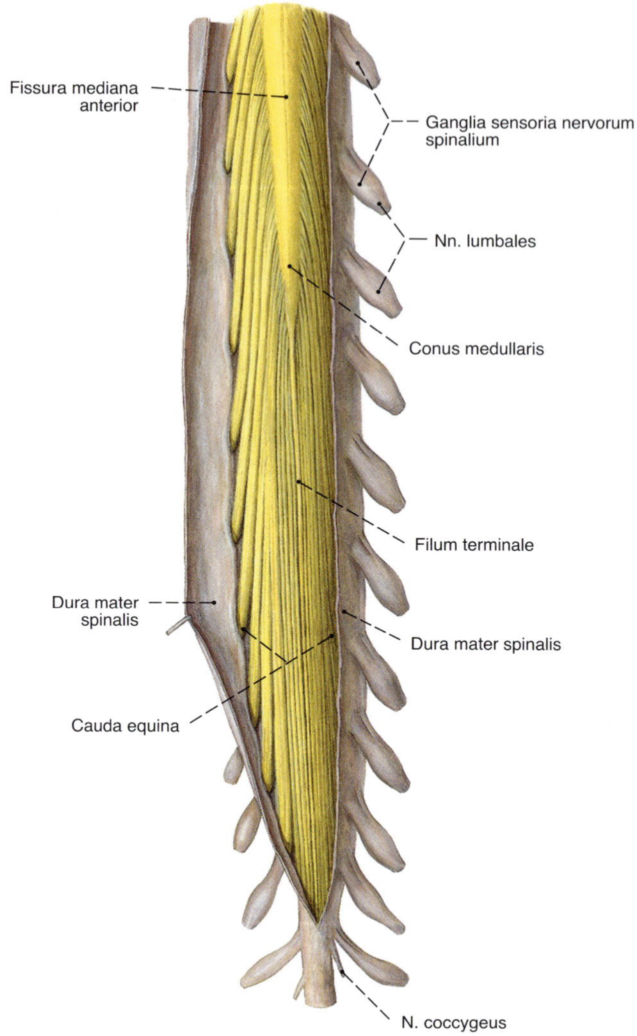

Abb. 589 Rückenmark, Medulla spinalis; kaudaler Anteil mit Cauda equina nach Eröffnung des Duralsackes; von vorne.

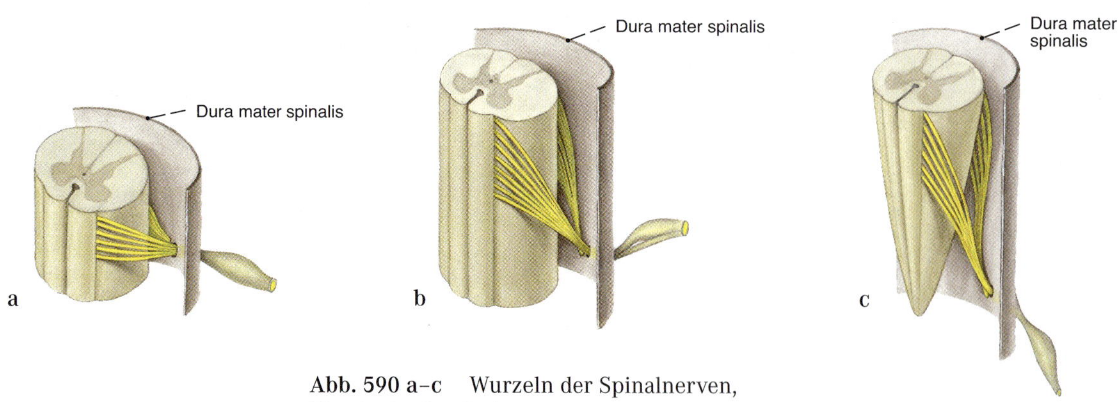

Abb. 590 a–c Wurzeln der Spinalnerven, Nervi spinales, Radices; typischer Verlauf innerhalb des Duralsackes.

a Zervikalsegment, Segmentum cervicale
b Thorakalsegment, Segmentum thoracicum
c Lumbalsegment, Segmentum lumbale

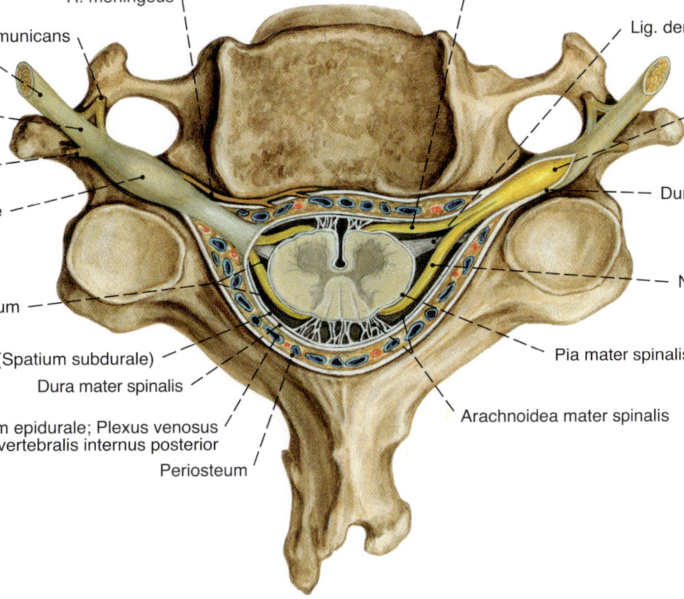

Abb. 591 Inhalt des Wirbelkanals, Canalis vertebralis; Querschnitt auf Höhe des fünften Halswirbels; von oben.

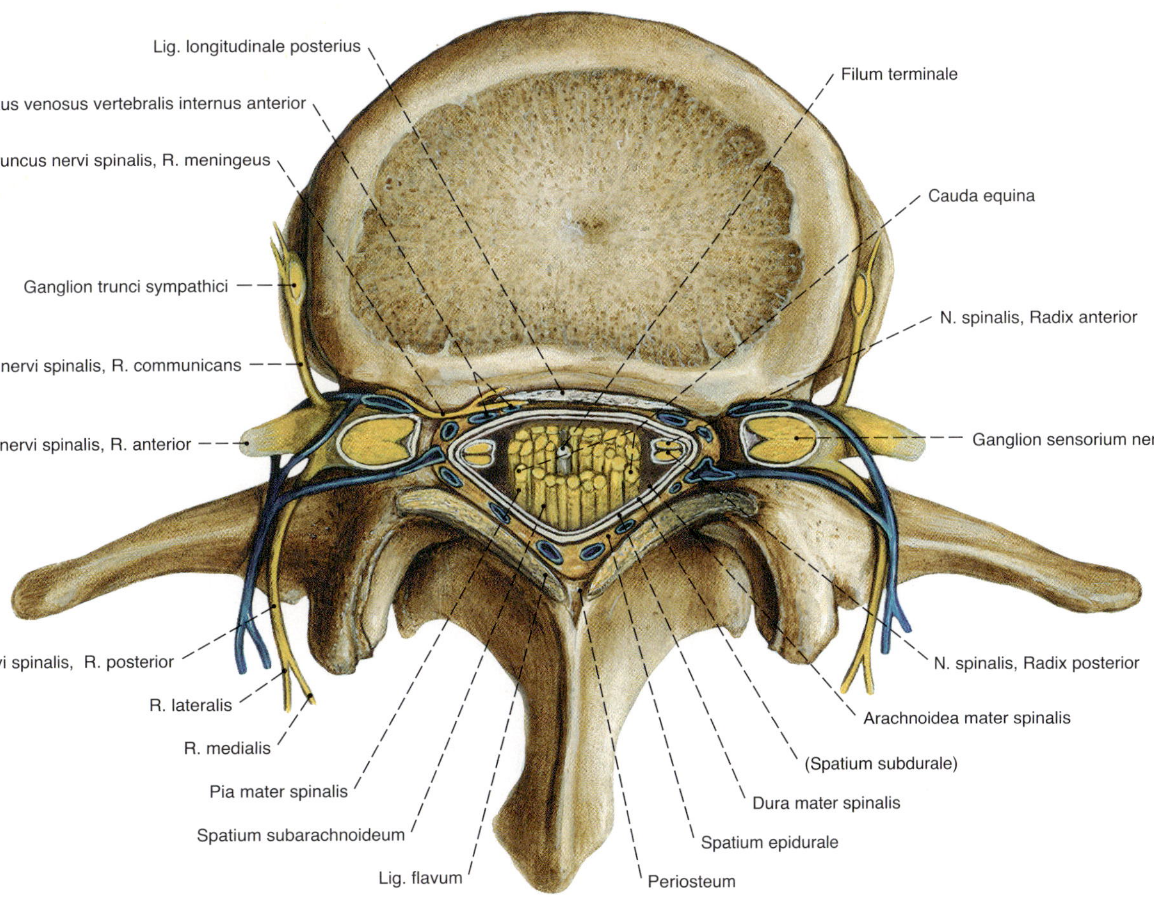

Abb. 592 Inhalt des Wirbelkanals, Canalis vertebralis; Querschnitt auf Höhe des dritten Lendenwirbels; von oben.

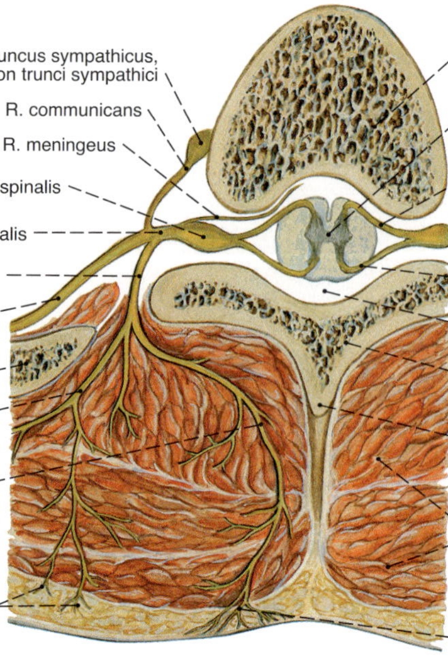

Abb. 593 Spinalnerv, Nervus spinalis; Thorakalbereich; Schema.

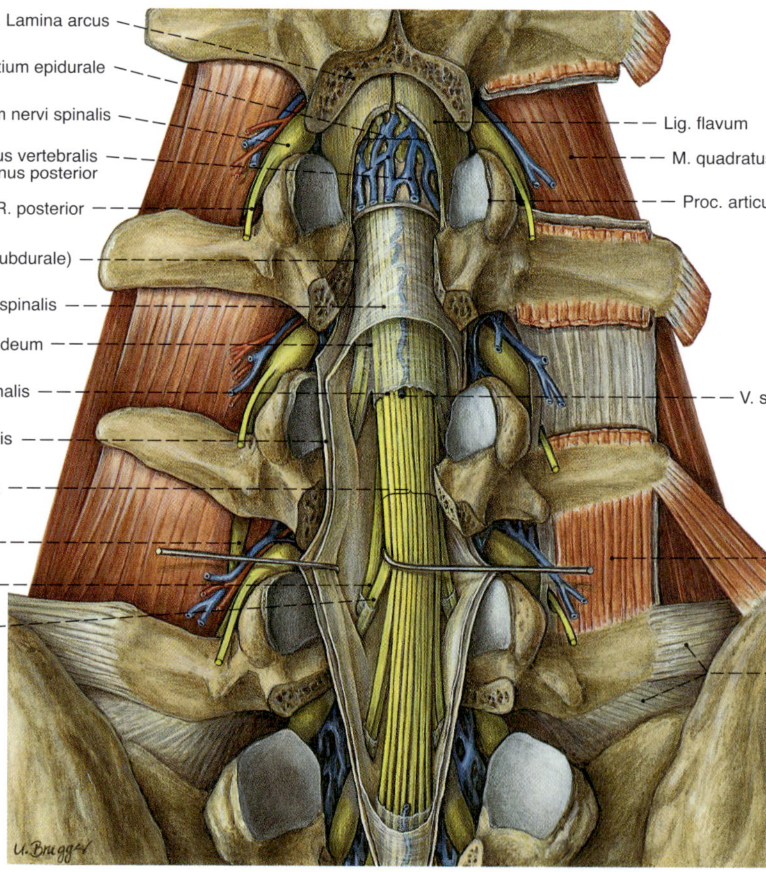

Abb. 594 Inhalt des Wirbelkanals, Canalis vertebralis; lumbaler und lumbosakraler Anteil nach Abtragung der Wirbelbögen;
von hinten.

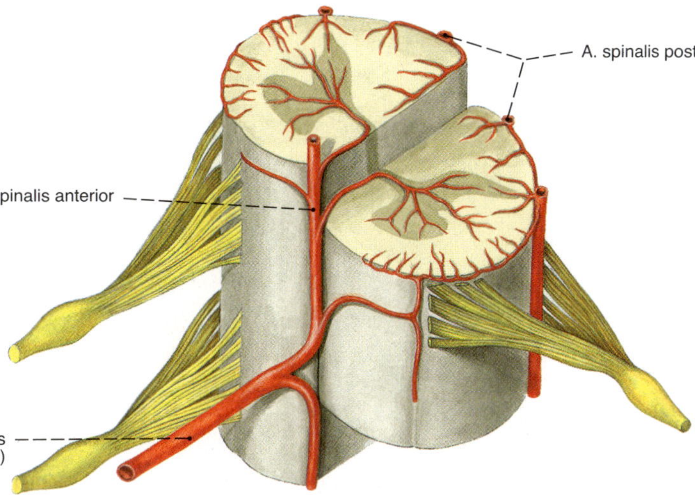

Abb. 595 Arterien des Rückenmarks, Medulla spinalis; Schema.

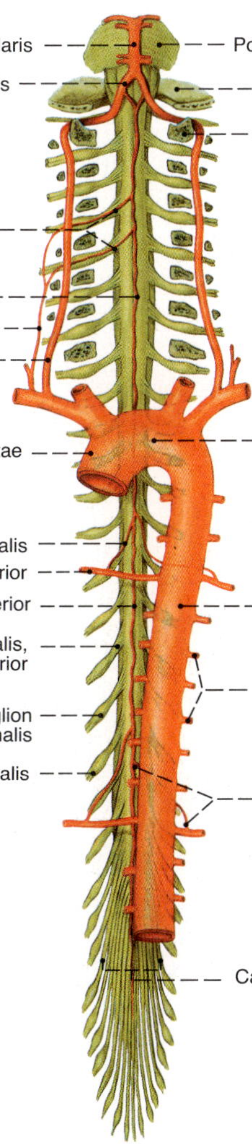

Abb. 596 Arterien des Rückenmarks, Medulla spinalis; Schema.

* Klinisch: ADAMKIEWICZsche Arterie

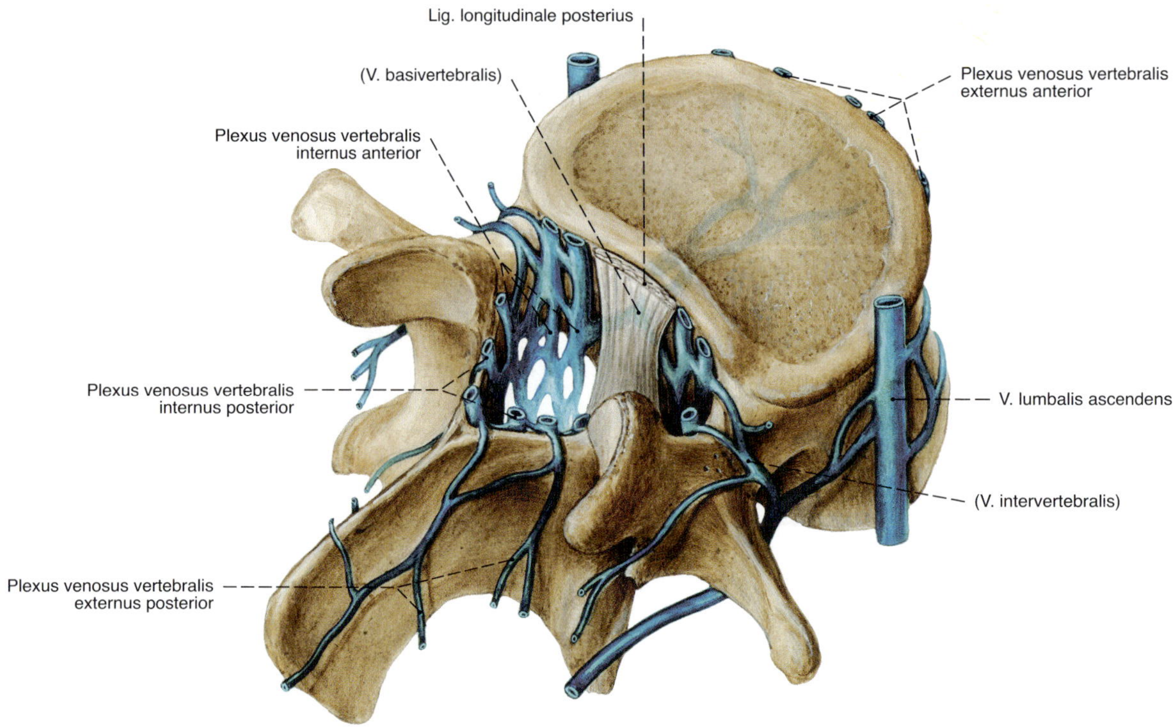

Abb. 597 Venen des Wirbelkanals, Canalis vertebralis; isolierte Darstellung der Venenplexus.

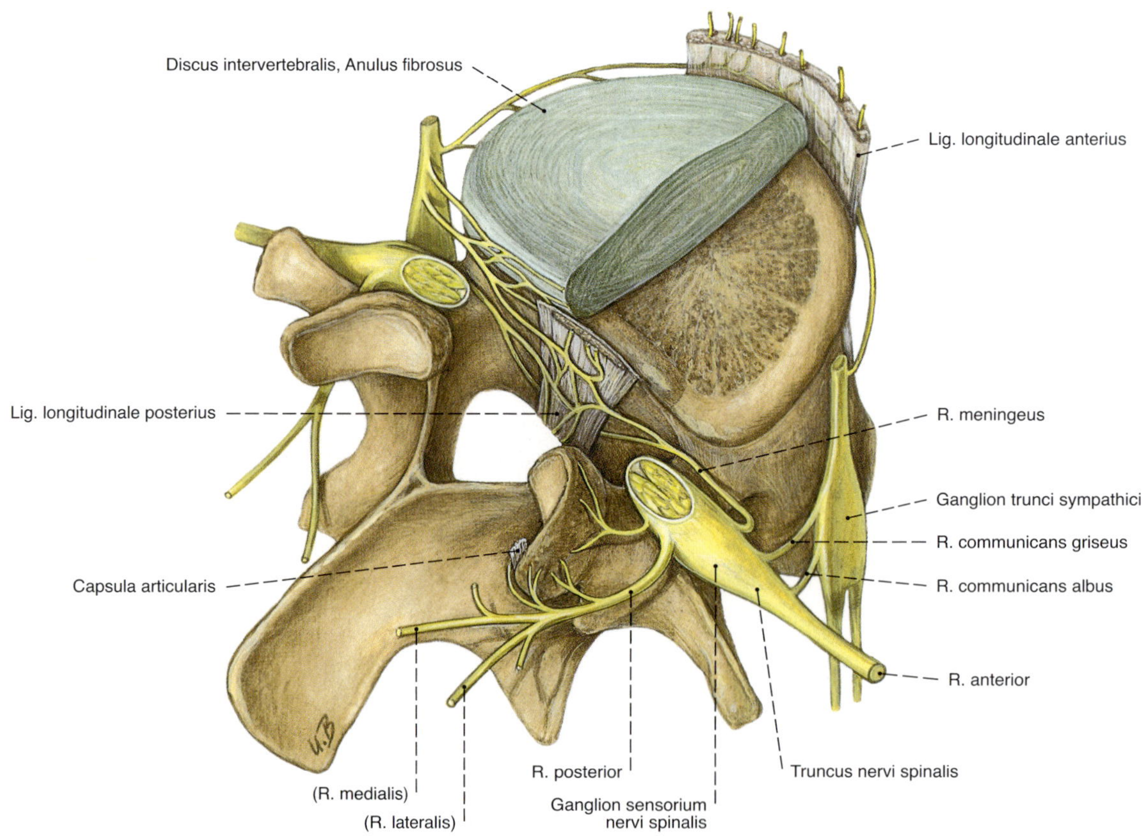

Abb. 598 Nerven der Wirbelsäule, Columna vertebralis; somatische und vegetative Innervation.

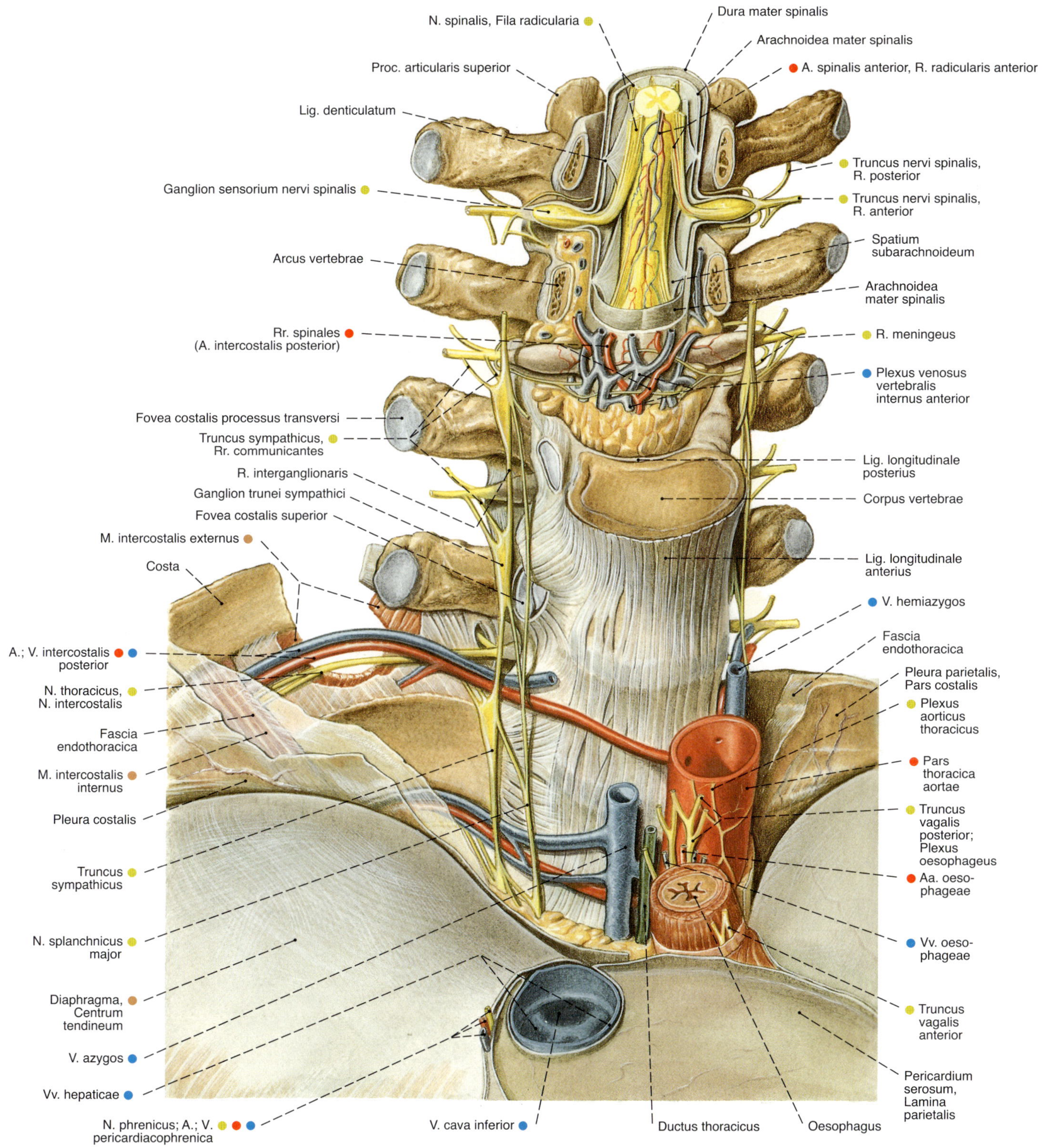

Abb. 599 Inhalt des Wirbelkanals, Canalis vertebralis; thorakaler Anteil nach stufenweiser Freilegung; von vorne.

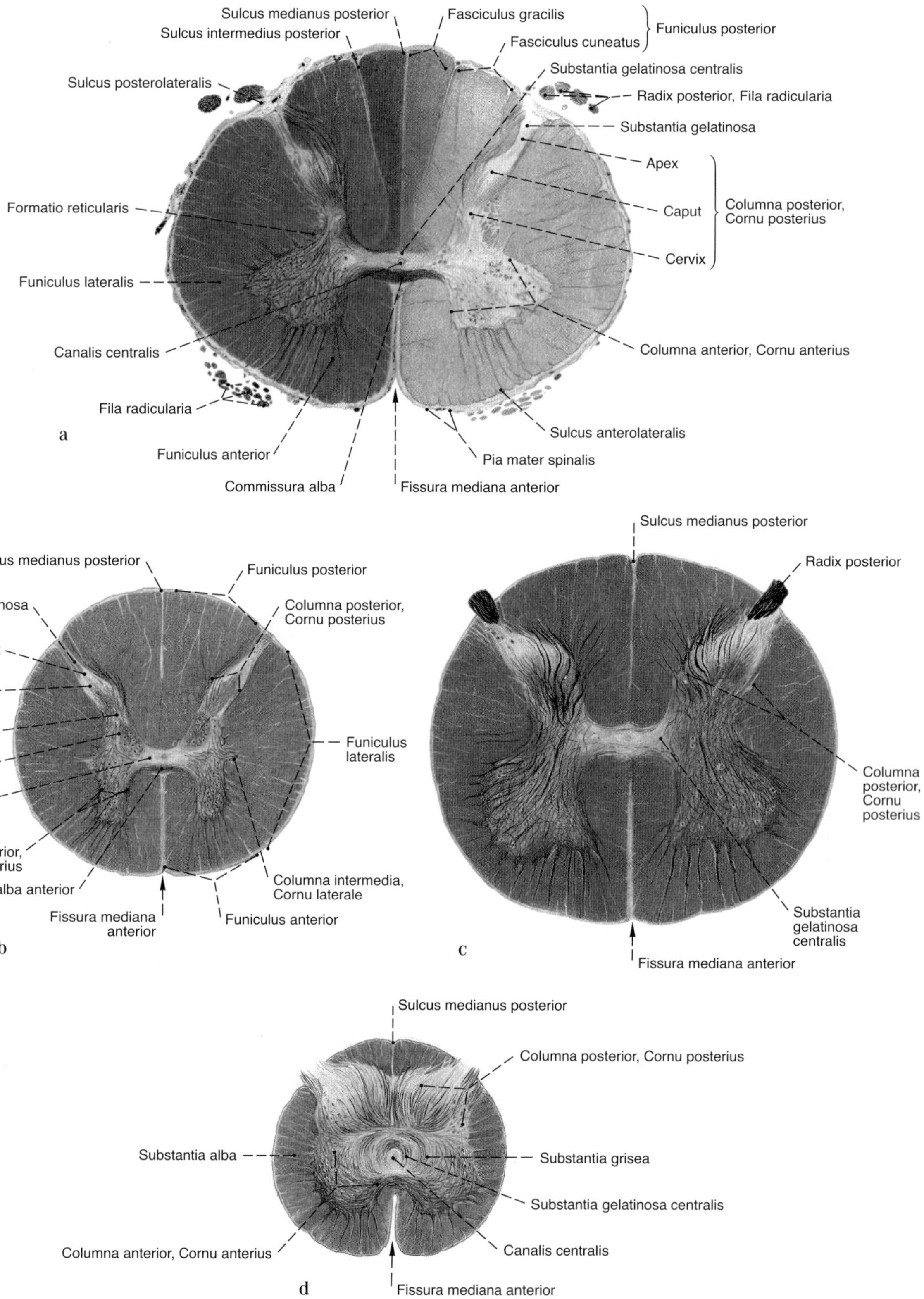

Abb. 600 a–d Rückenmark, Medulla spinalis; Querschnitte; Markscheidenfärbung.

a Pars cervicalis
b Pars thoracica
c Pars lumbalis
d Pars sacralis

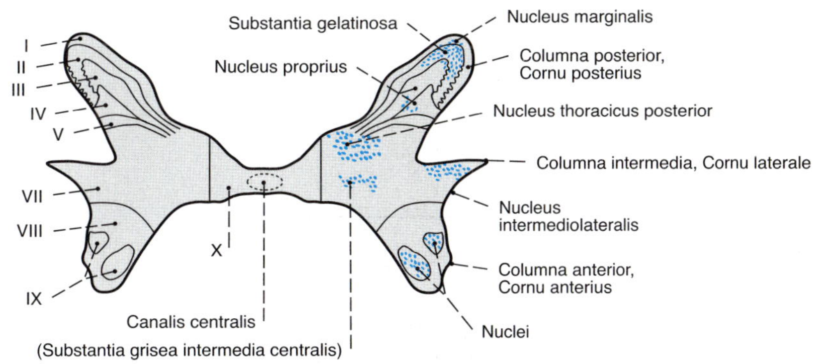

Abb. 601 Rückenmark, Medulla spinalis;
laminäre Gliederung der grauen Substanz nach zytoarchitektonischen Gesichtspunkten (nach REXED, 1952) am Beispiel eines Brustsegments (T 10).
Die Ausbildung und Anzahl der Laminae variiert in den einzelnen Rückenmarkabschnitten.

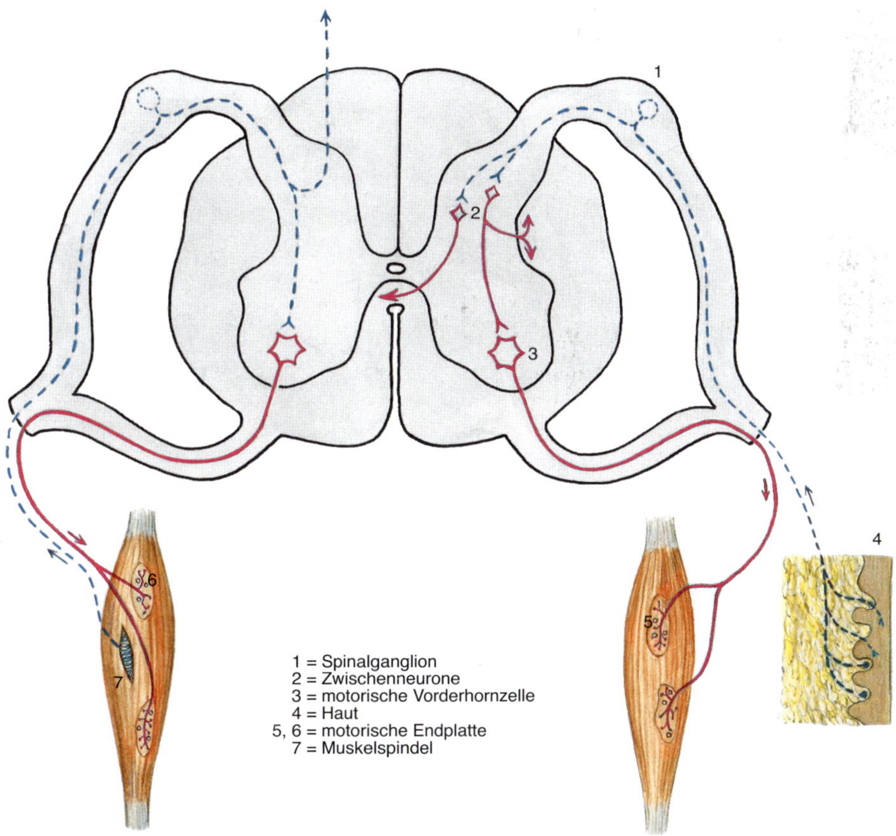

Abb. 602 Reflexe des Rückenmarks;
im Bild links: Eigenreflex (monosynaptisch, bineuronal, propriozeptiv; z.B. Patellarsehnenreflex, Achillessehnenreflex etc.);
im Bild rechts: Fremdreflex (polysynaptisch, polyneuronal; z.B. Bauchdeckenreflex, Kremasterreflex, Fußsohlenreflex etc.).

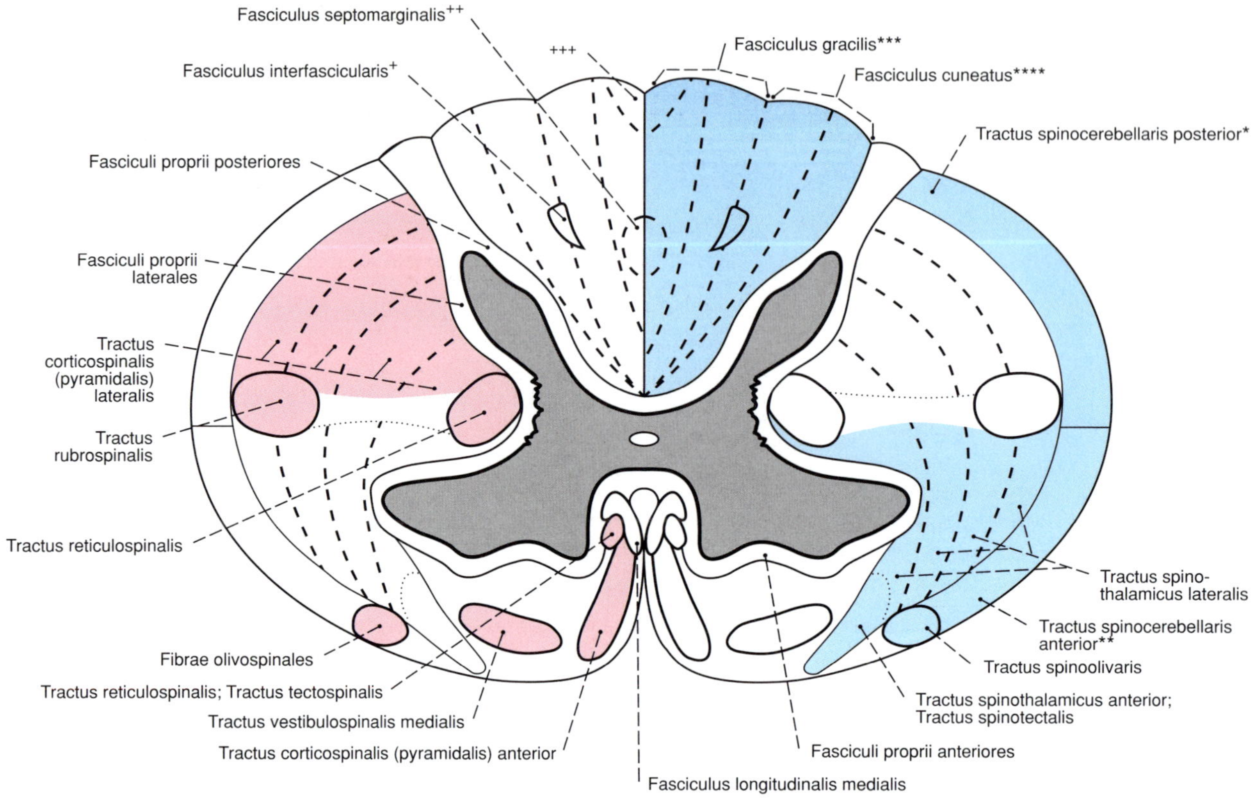

Abb. 603 Rückenmark, Medulla spinalis; schematisierte Gliederung der weißen Substanz am Beispiel eines unteren Halssegments. Afferente (= aufsteigende) Bahnen sind blau, efferente (= absteigende) rot dargestellt.

* Klinisch: Flechsigsches Bündel
** Klinisch: Gowerssches Bündel
*** Klinisch: Gollscher Strang
**** Klinisch: Burdachscher Strang

In den mit +–+++ gekennzeichneten Bereichen liegen absteigende Kollateralen der Hinterstrangbahnen.

\+ Schultzesches Komma (Pars cervicalis)
++ Flechsigsches ovales Feld (Pars thoracica)
+++ Philippe-Gombaultsches Triangel (Pars lumbalis; Pars sacralis)

Zellulärer Aufbau des Rückenmarks

Wurzelzellen

Efferente Wurzelzellen (Perikaryen in der Substantia grisea, Axone in der Radix anterior)
- multipolare, motorische Wurzelzellen (Motoneurone)
- multipolare, vegetative Wurzelzellen (C8–L3: Verbindung zum Truncus sympathicus; S2–S5: Verbindung zu den Ganglia pelvica des Parasympathicus)

Afferente Wurzelzellen (Perikaryen in den Spinalganglien, Axone in der Radix posterior)
- pseudounipolare, sensorische Wurzelzellen (Bildung des Funiculus posterior, Verbindung zu Vorder-, Seiten- und Hintersäule)

Schaltzellen

Interneurone (multipolare Zellen in der Substantia grisea)
- Schaltzellen im engeren Sinn (homolaterale Verbindungen)
- Kommissurenzellen (kontralaterale Verbindungen)
- Assoziationszellen (kurze segmentale Verbindungen in den Fasciculi proprii)

Strangzellen (multipolare Zellen; Perikaryen in der Substantia grisea, Axone lang aufsteigend oder absteigend, bilden die Bahnen in den Funiculi)

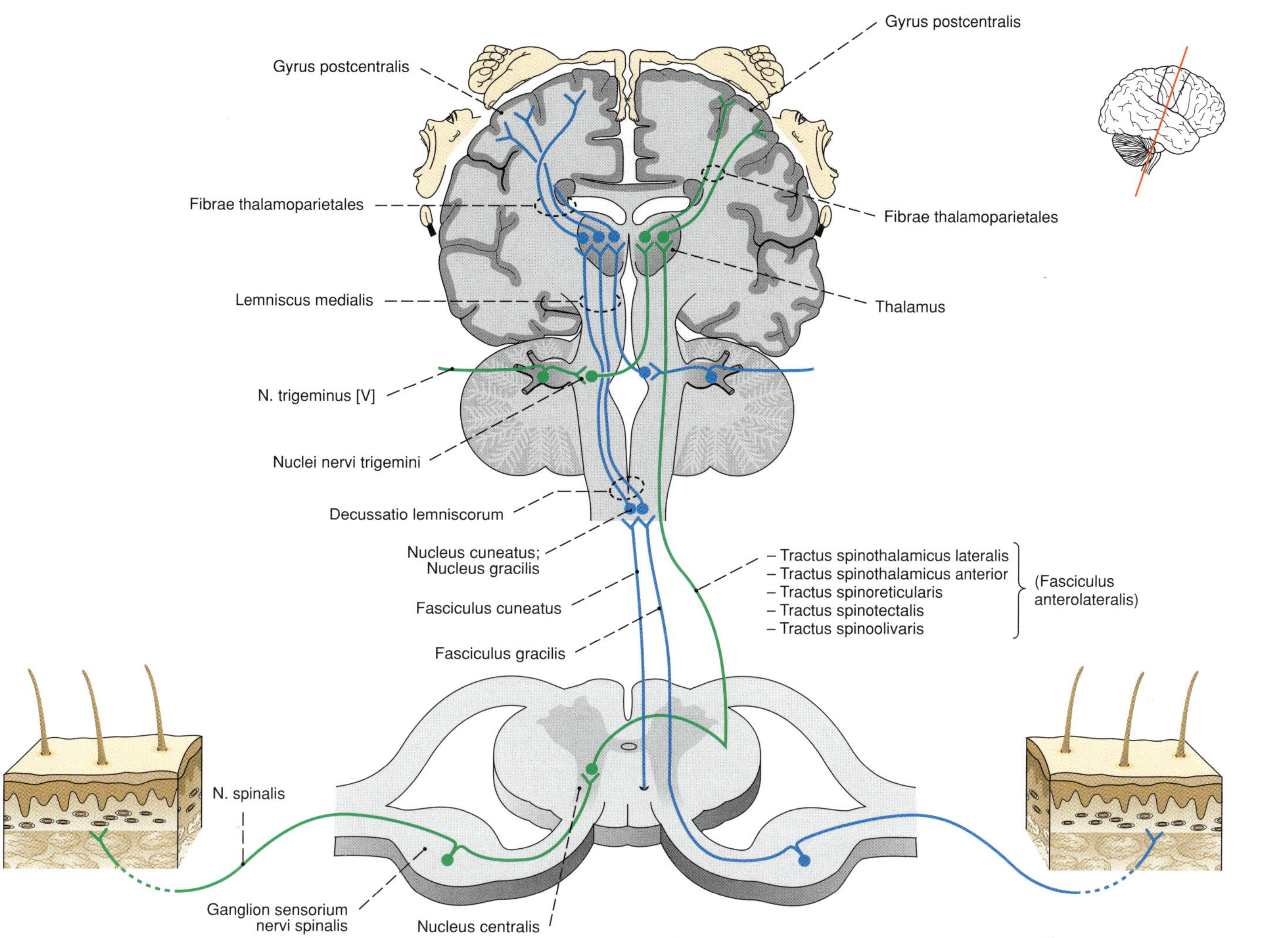

Abb. 604 Leitung der epikritischen (blau) und der protopathischen (grün) Sensibilität; Übersicht.

Lange Verbindungen innerhalb des Rückenmarks

Afferente Leitungen

Leitung der epikritischen Sensibilität (Tastbahn)
(genaue Differenzierung von Druck und Berührung, Vibration, Lagesinn)

1. Neuron (ungekreuzt)
   Von Rezeptoren (Exterozeptoren) der Haut und der Schleimhäute, des Periosts, der Gelenke sowie von Muskelspindeln etc. zum Nucleus cuneatus und Nucleus gracilis in der Medulla oblongata: Fasciculus cuneatus und Fasciculus gracilis (Wurzelzellen, Perikaryen in den Spinalganglien); absteigende Kollateralen (siehe Abb. 603).
2. Neuron (gekreuzt)
   Von der Medulla oblongata (Nucleus cuneatus, Nucleus gracilis) zum Thalamus (Lemniscus medialis, Perikaryen im Nucleus cuneatus und im Nucleus gracilis). Abzweigung von Fasern in das Kleinhirn (Fibrae cuneocerebellares).
3. Neuron (ungekreuzt)
   Vom Thalamus zur Großhirnrinde, besonders zum Gyrus postcentralis (thalamokortikale Fasern, Perikaryen im Thalamus).

Leitung der protopathischen Sensibilität (Schmerzbahn)
(Schmerz, Temperatur, allgemeine Druckempfindung)

1. Neuron (ungekreuzt)
   Von Rezeptoren (Exterozeptoren) der Haut, der Schleimhäute etc. zum Nucleus centralis der Hintersäule, Laminae I, IV, VII und VIII (Wurzelzellen, Perikaryen in den Spinalganglien).
2. Neuron (gekreuzt, einige Fasern evtl. ungekreuzt)
   Vom Hinterhorn zum Thalamus, in die Formatio reticularis und zum Tectum mesencephali (Tractus spinothalamicus anterior und lateralis, Tractus spinoreticularis, Tractus spinotectalis; Perikaryen in der Hintersäule).
3. Neuron (ungekreuzt)
   Vom Thalamus u.a. zur Großhirnrinde, besonders zum Gyrus postcentralis (thalamokortikale Fasern, Perikaryen im Thalamus), aber auch zu Anteilen des Corpus geniculatum mediale.

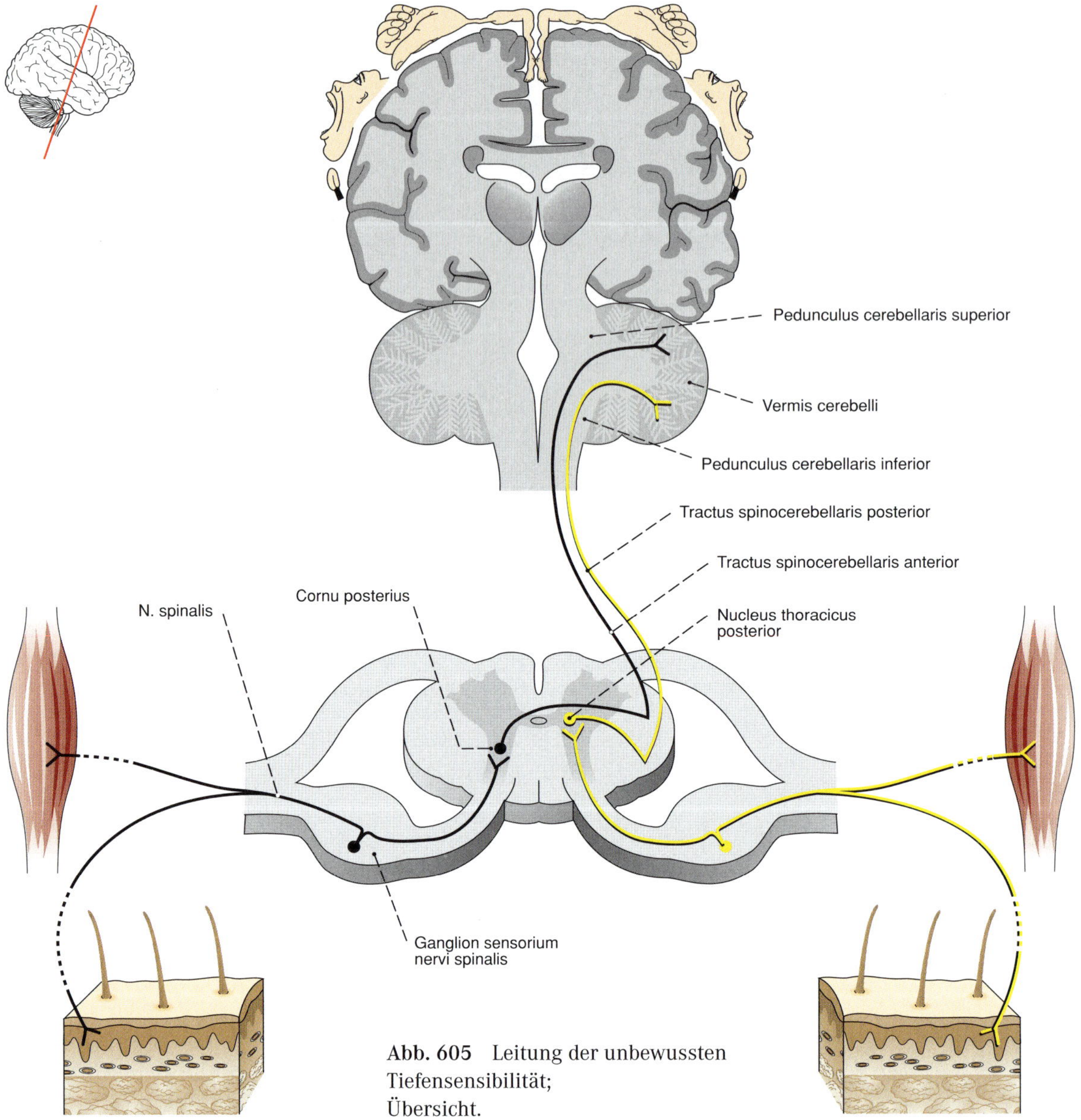

Abb. 605 Leitung der unbewussten Tiefensensibilität; Übersicht.

Lange Verbindungen innerhalb des Rückenmarks (Fortsetzung)

Afferente Leitungen

Leitung der unbewussten Tiefensensibilität

(unbewusste, aber exakte räumliche Differenzierung als Voraussetzung für die Bewegungskoordination durch das Kleinhirn)

Zur vorderen Kleinhirnseitenstrangbahn

1. Neuron (ungekreuzt)
   Von Rezeptoren (Propriozeptoren) in Muskeln, Sehnen und im Bindegewebe zum Nucleus thoracicus der Hintersäule (Wurzelzellen, Perikaryen in den Spinalganglien).
2. Neuron (großteils gekreuzt)
   Vom Hinterhorn zum Kleinhirn, insbesondere zum vorderen Anteil des Vermis cerebelli durch den Pedunculus cerebellaris superior (Tractus spinocerebellaris anterior, Perikaryen im Nucleus thoracicus).

Zur hinteren Kleinhirnseitenstrangbahn

1. Neuron (ungekreuzt)
   Von den Endorganen (Propriozeptoren) in Muskeln, Sehnen und im Bindegewebe zu den Kernen der Hinter- und der Vordersäule (Wurzelzellen, Perikaryen in den Spinalganglien).
2. Neuron (wahrscheinlich ungekreuzt)
   Vom Hinterhorn zum Kleinhirn durch den Pedunculus cerebellaris inferior (Tractus spinocerebellaris posterior, Perikaryen im Hinterhorn).

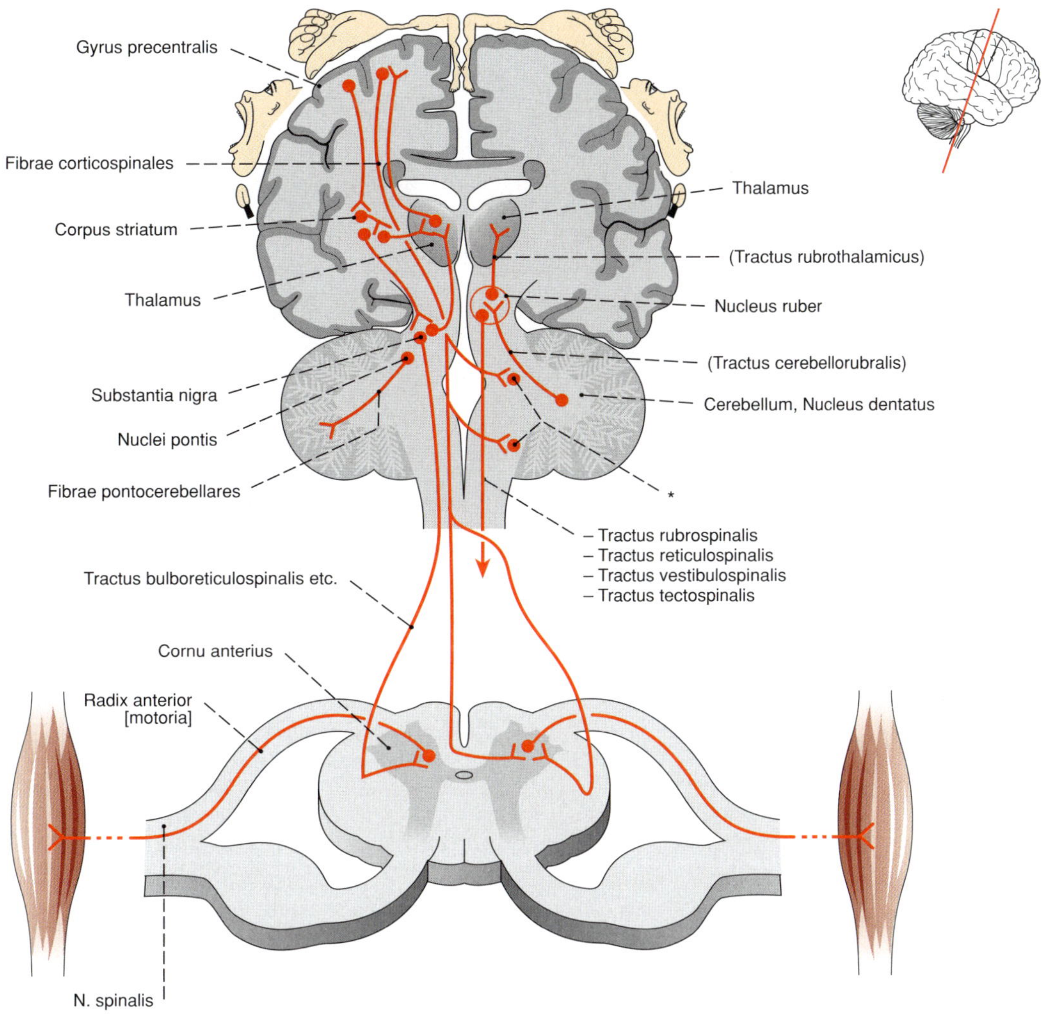

Abb. 606 Leitungen der Motorik; Übersicht.

* Motorische Kerne der Hirnnerven

Lange Verbindungen innerhalb des Rückenmarks (Fortsetzung)

Efferente Leitungen

Das motorische System umfasst eine Vielzahl von Kerngebieten und Bahnen. Die „letzte gemeinsame Strecke" (motorische Endstrecke) stellen schließlich die Motoneurone dar. Aus didaktischen Gründen wird hier trotz der außerordentlichen Komplexität an der traditionellen Gliederung festgehalten.

(Sog.) Pyramidenbahn

1. (Zentrales) Neuron (gekreuzt)
   Von der Großhirnrinde durch die Capsula interna und die Großhirnstiele zu Interneuronen der Vordersäule und der Hintersäule (Tractus corticospinalis lateralis, Tractus corticospinalis anterior, Perikaryen im Gyrus precentralis).
   Abzweigung von Fasern für die Hirnnervenkerne (Fibrae corticonucleares und Fibrae corticonucleares bulbi).
2. (Peripheres) Neuron (motorische Endstrecke, α-Motoneurone)
   Vom Vorderhorn zu den motorischen Endplatten in der Skelettmuskulatur (Motoneurone, Perikaryen im Vorderhorn).

(Sog.) extrapyramidalmotorisches System

1. Zentrale Neurone (gekreuzt und ungekreuzt)
   Von der Großhirnrinde, insbesondere dem Gyrus precentralis und den davor liegenden Rindengebieten unter Einschaltung von Endhirnkernen, Thalamus, Nucleus subthalamicus, Nucleus ruber, Substantia nigra, Kleinhirn etc. und der Ausbildung von steuernden Rückkoppelungen zu Interneuronen der Vordersäule (Tractus rubrospinalis, Tractus vestibulospinales medialis et lateralis, Tractus reticulospinalis, Tractus tectospinalis).
2. Peripheres Neuron (motorische Endstrecke, α-Motoneurone)
   Vom Vorderhorn zu den motorischen Endplatten in der Skelettmuskulatur (Motoneurone, Perikaryen im Vorderhorn).

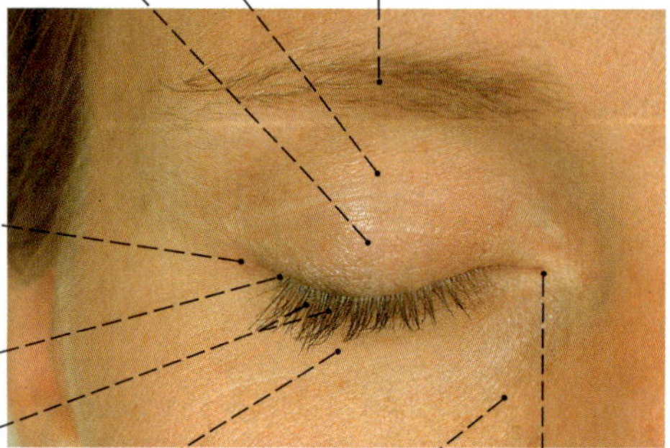

Abb. 607 Augenlider, Palpebrae; in geschlossenem Zustand; von vorne (re).

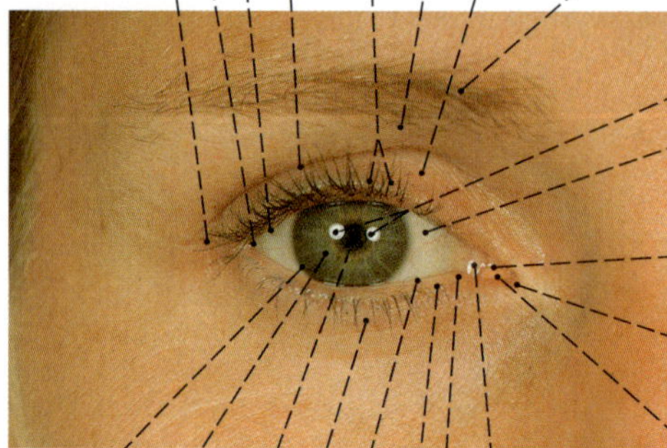

Abb. 608 Auge, Oculus, und Augenlider, Palpebrae; in geöffnetem Zustand; von vorne (re).

* Beleuchtungsbedingte Lichtreflexe

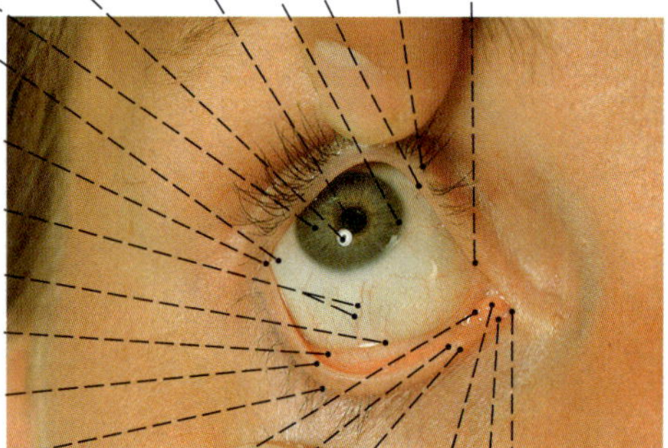

Abb. 609 Auge, Oculus, und Augenlider, Palpebrae; Lidspalte durch Auseinanderziehen der Lider stark geöffnet; Blickachse nach lateral oben gerichtet; von vorne (re).

* Beleuchtungsbedingter Lichtreflex

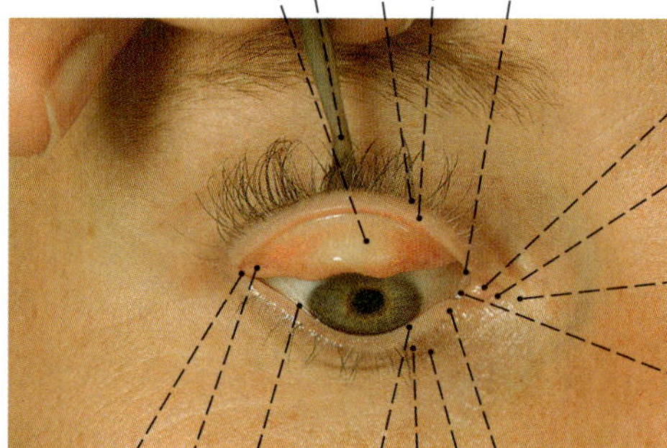

Abb. 610 Auge, Oculus, und Augenlider, Palpebrae; Oberlid umgestülpt; Blickachse nach unten gerichtet; von vorne (re).
Die Umstülpung des Oberlids (Ektropionieren) wird durch die Steifheit des Tarsus (**) gelegentlich erschwert. Sie ist u. a. zur Entfernung von Fremdkörpern notwendig und wird am besten unter Zuhilfenahme eines kleinen, vorne gerundeten Hakens (*) durchgeführt.

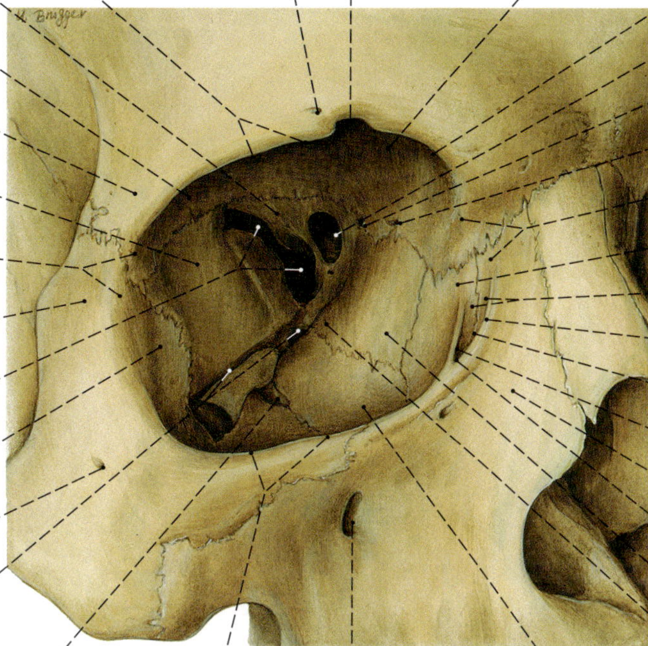

Abb. 611 Augenhöhle, Orbita; von lateral vorne (re).

* Diese Stellen können als Foramina oder als Incisurae ausgebildet sein.

Als Wände der Augenhöhle werden unterschieden: Paries superior, Paries lateralis, Paries inferior und Paries medialis.

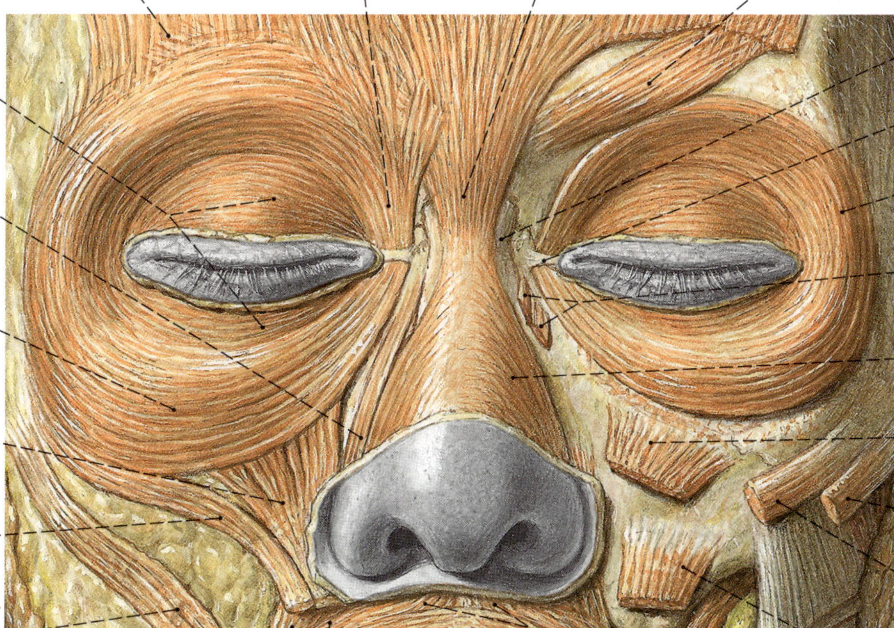

Abb. 612 Gesichtsmuskeln, Mm. faciei, in der Umgebung des Auges; von vorne.

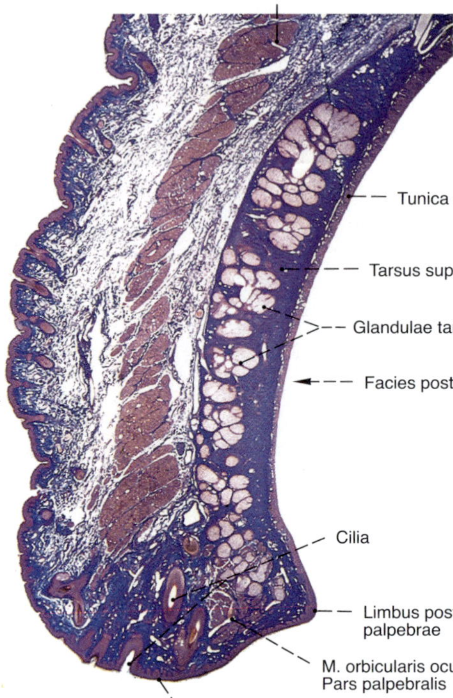

Abb. 613 Oberlid, Palpebra superior;
Fotografie eines mikroskopischen Präparates; Azanfärbung;
Sagittalschnitt, Lupenvergrößerung.

* Klinisch: MEIBOMsche Drüsen

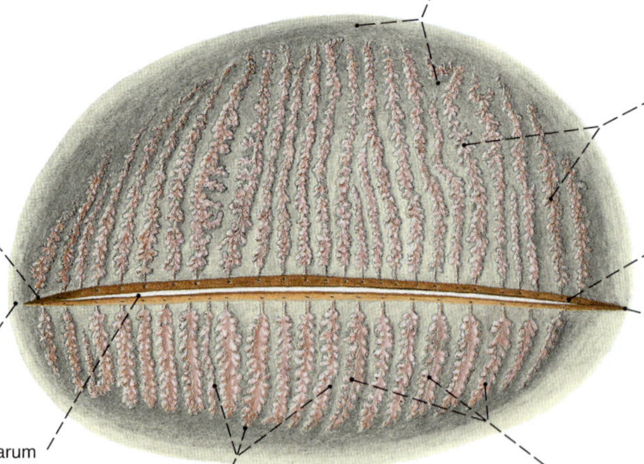

Abb. 614 Augenlider, Palpebrae;
Drüsenschläuche der Glandulae tarsales in aufgehelltem Präparat;
von hinten (li).

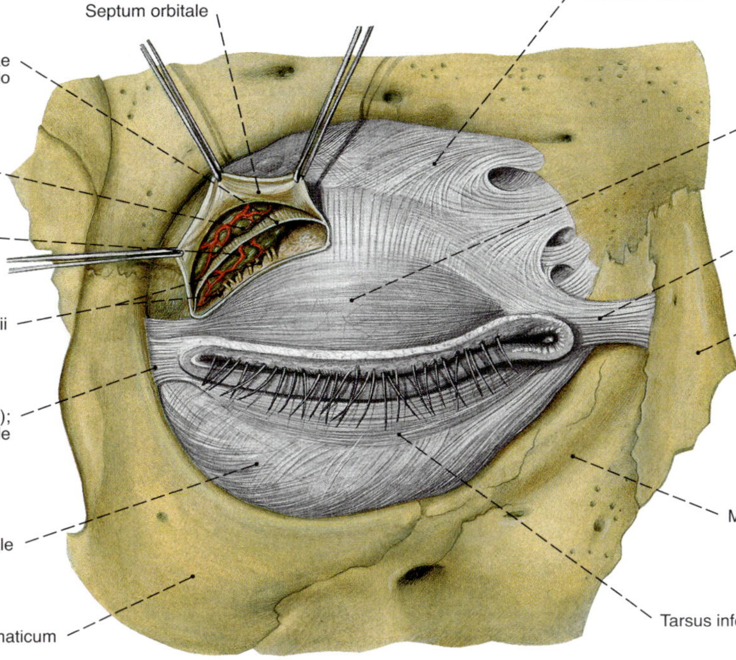

Abb. 615 Eingang in die Augenhöhle, Aditus orbitalis, mit Augenlidern, Palpebrae, und Tränendrüse, Glandula lacrimalis;
nach Abtragung des M. orbicularis oculi und Freilegung des Septum orbitale; Sehnenplatte des M. levator palpebrae superioris zur Darstellung der Pars palpebralis der Tränendrüse lateral durchgetrennt;
von vorne (re).

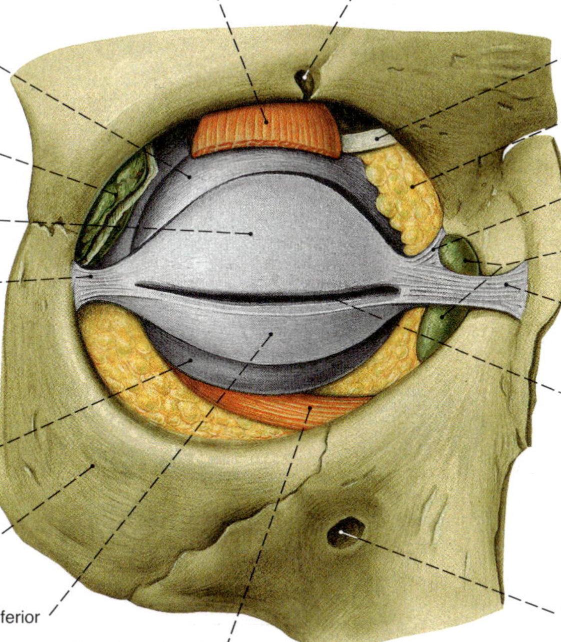

Abb. 616 Eingang in die Augenhöhle, Aditus orbitalis, mit Augenlidern, Palpebrae;
nach Abtragung des Septum orbitale und Durchtrennung des M. levator palpebrae superioris;
von vorne (re).

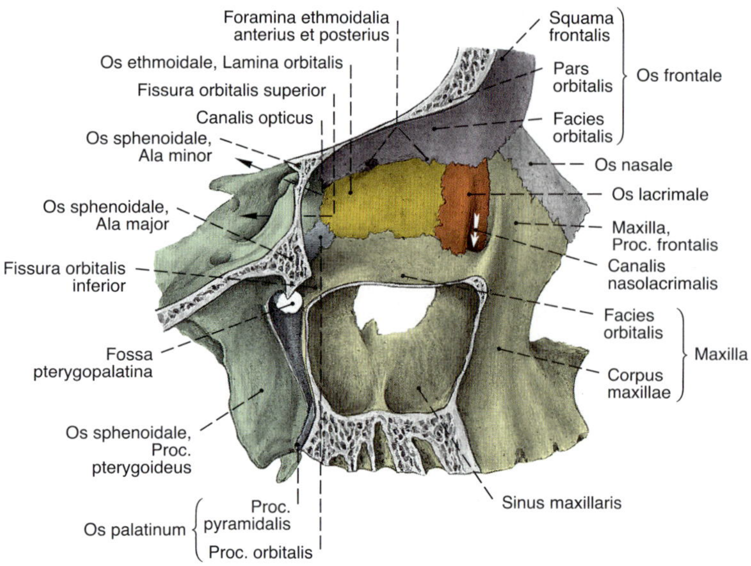

Abb. 617 Mediale Wand, Paries medialis, der Augenhöhle, Orbita;
nach Freilegung durch einen vertikalen Schnitt in der Ebene der Achse der Augenhöhle;
von lateral (re).

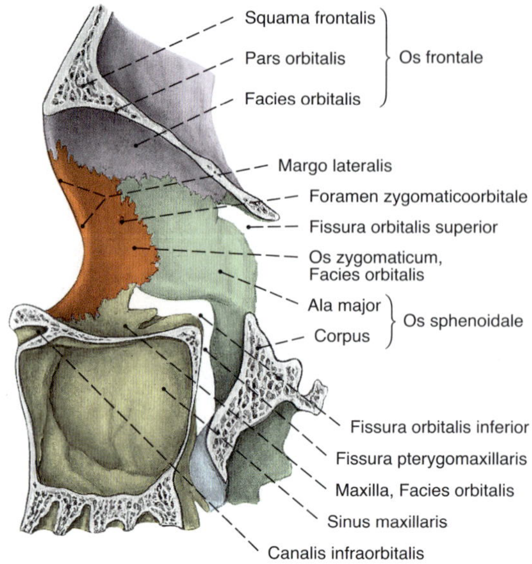

Abb. 618 Laterale Wand, Paries lateralis, der Augenhöhle, Orbita;
nach Freilegung durch einen vertikalen Schnitt in der Ebene der Achse der Augenhöhle;
von medial (re).

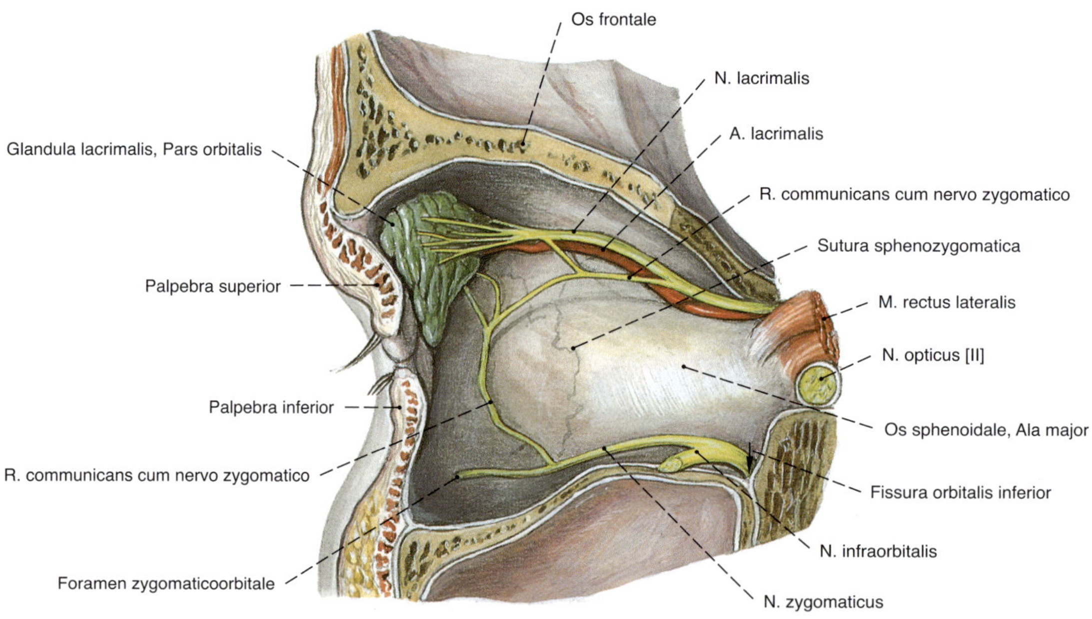

Abb. 619 Innervation der Tränendrüse, Glandula lacrimalis;
nach Freilegung der lateralen Wand der Augenhöhle durch einen vertikalen Schnitt;
von medial (re).

Tränenapparat, Apparatus lacrimalis

Die Tränenflüssigkeit wird von der Glandula lacrimalis über Ductuli excretorii in den Konjunktivalsack abgegeben. Sie wird mit dem Lidschlag über die Cornea verteilt und sammelt sich im Tränensee, Lacus lacrimalis, entlang der Hinterkante des Unterlids. Durch das Eintauchen der Puncta lacrimalia in den Tränensee können die Canaliculi lacrimales teils saugend, teils durch Kapillarwirkung die Tränenflüssigkeit in den Tränensack, Saccus lacrimalis, transportieren.

Der etwa 20 mm lange und 5 mm weite Tränen-Nasenkanal enthält den Tränen-Nasengang, Ductus nasolacrimalis. Er beginnt an der Fossa sacci lacrimalis und mündet, geschützt durch die Plica lacrimalis, in den unteren Nasengang unter der Concha nasalis inferior. Beim Neugeborenen kann die nasale Mündung des Tränen-Nasenganges noch durch eine Membran verschlossen sein.

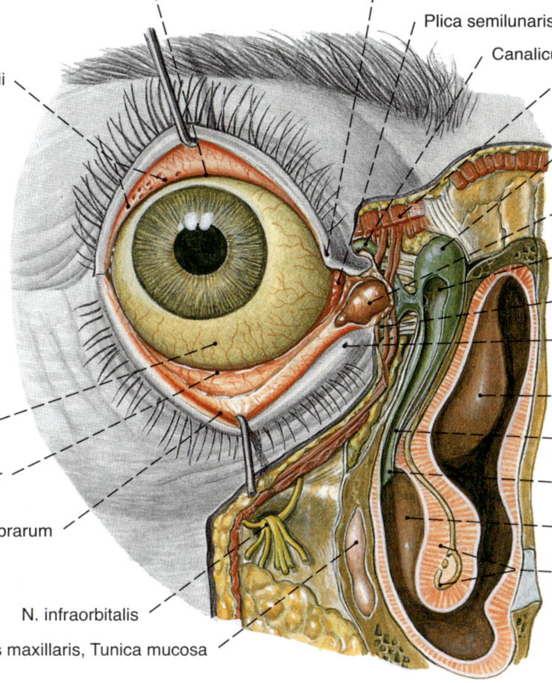

Abb. 620 Tränenapparat, Apparatus lacrimalis; Augenlider vom Augapfel weggezogen; Tränen-Nasengang bis zu seiner Mündung in den Meatus nasalis inferior eröffnet; von vorne (re).

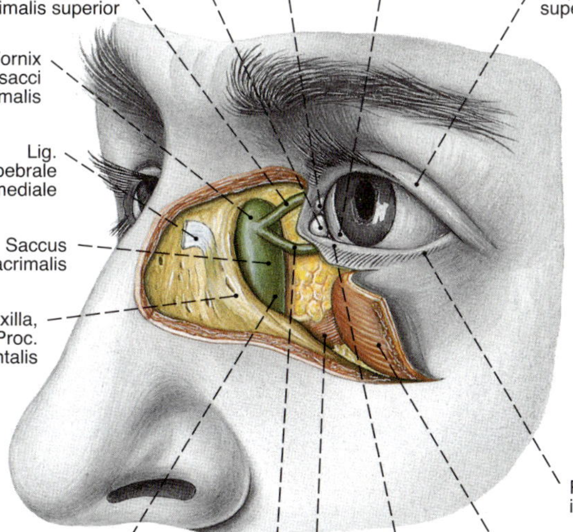

Abb. 621 Tränenapparat, Apparatus lacrimalis; nach Ablösung des M. orbicularis oculi vom Oberkieferknochen und Durchtrennung des Lig. palpebrale mediale; von lateral vorne (li).

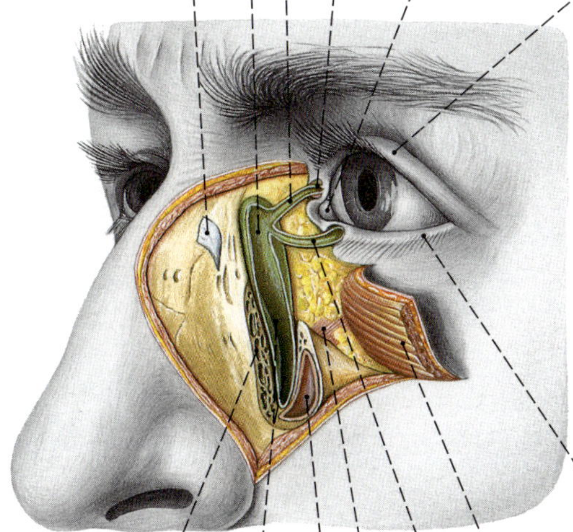

Abb. 622 Tränenapparat, Apparatus lacrimalis; Tränen-Nasengang und Tränenkanälchen eröffnet; von lateral vorne (li).

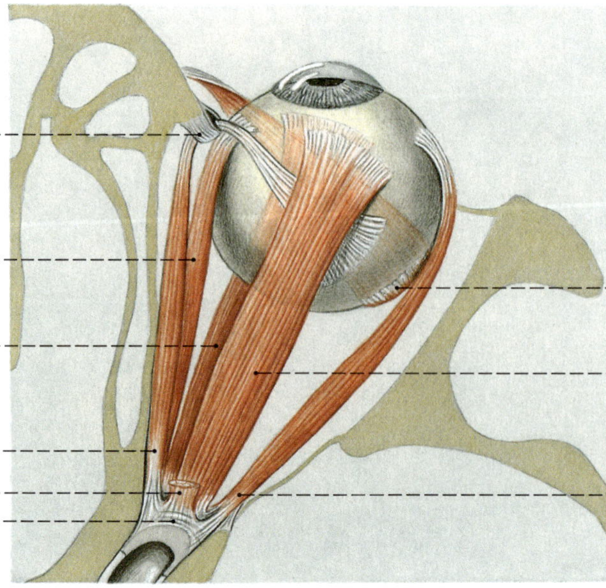

Abb. 623 Äußere Augenmuskeln, Mm. bulbi;
Schema;
von oben (re).
Die Achse des Augapfels ist sagittal ausgerichtet, während sich die Muskeln nach der Achse der Augenhöhle orientieren.

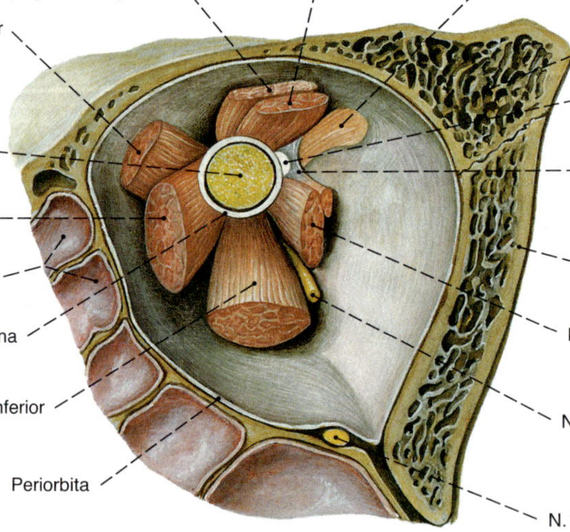

Abb. 624 Äußere Augenmuskeln, Mm. bulbi;
Darstellung der Ursprünge am gemeinsamen Sehnenring nach Frontalschnitt durch die Augenhöhle und nach Durchtrennung des Sehnervs;
von vorne (li).

Innervation der äußeren Augenmuskeln

N. oculomotorius [III]
- M. levator palpebrae superioris
- M. rectus superior
- M. rectus medialis
- M. rectus inferior
- M. obliquus inferior

N. trochlearis [IV]
- M. obliquus superior

N. abducens [VI]
- M. rectus lateralis

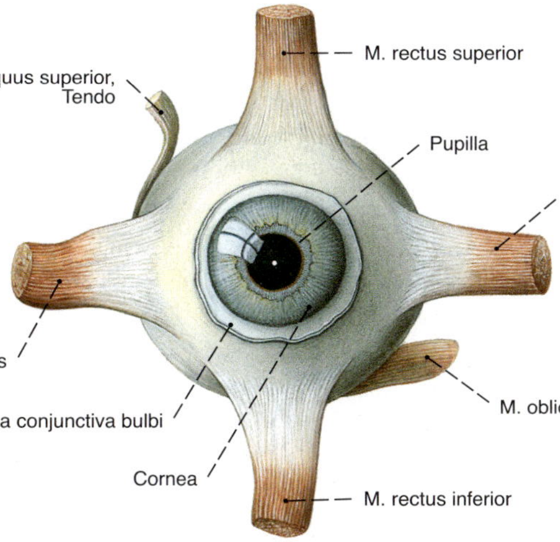

Abb. 625 Äußere Augenmuskeln, Mm. bulbi; ansatznahe Muskelanteile vom Augapfel weggezogen; von vorne (re).

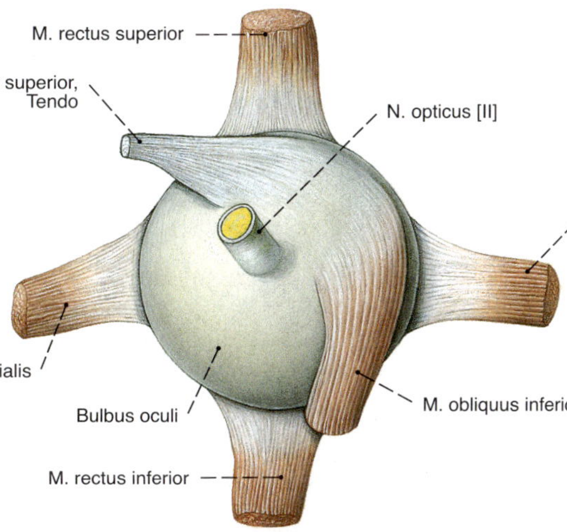

Abb. 626 Äußere Augenmuskeln, Mm. bulbi; ansatznahe Muskelanteile vom Augapfel weggezogen; von hinten (re).

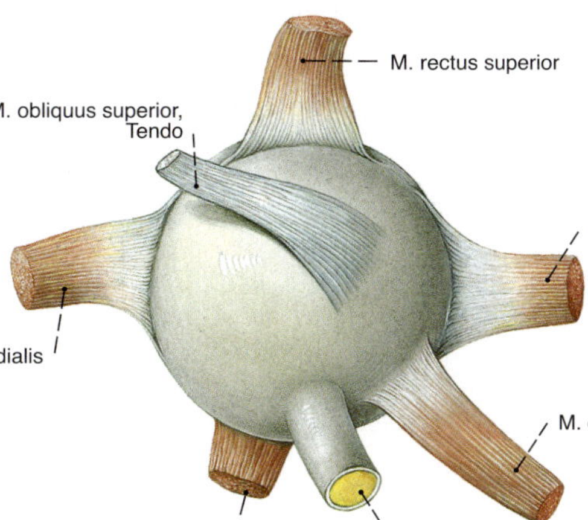

Abb. 627 Äußere Augenmuskeln, Mm. bulbi; ansatznahe Muskelanteile vom Augapfel weggezogen; von hinten oben (re).

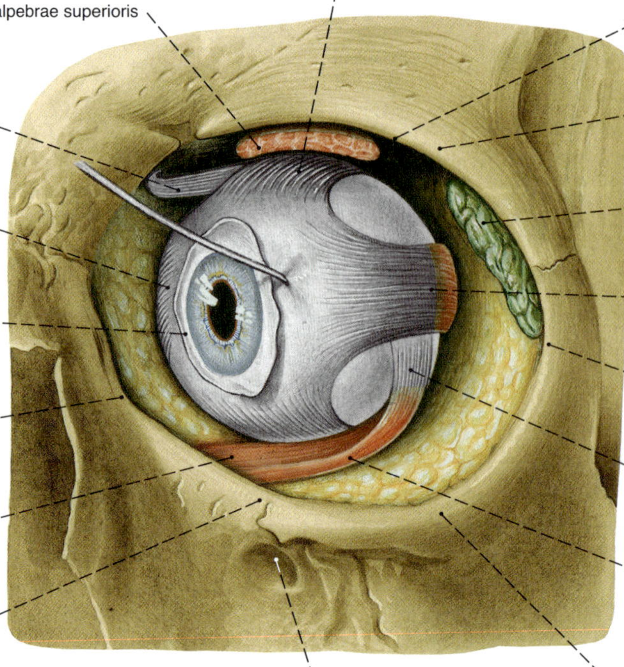

Abb. 628 Äußere Augenmuskeln, Mm. bulbi; nach Abtragung der Augenlider, des M. orbicularis oculi und des Septum orbitale; Augapfel nach medial abduziert; von vorne (li).

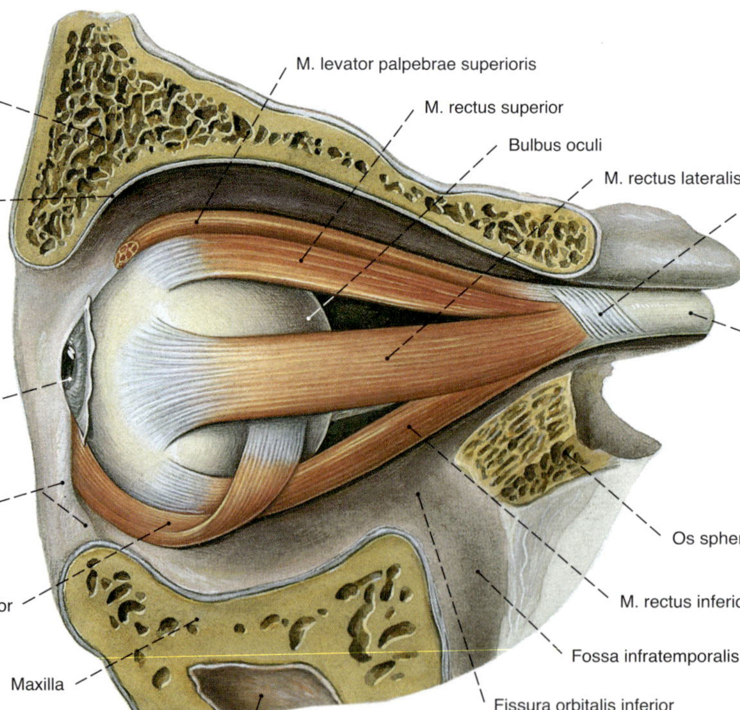

Abb. 629 Äußere Augenmuskeln, Mm. bulbi; nach Abtragung der lateralen Wand der Augenhöhle; von lateral (li).

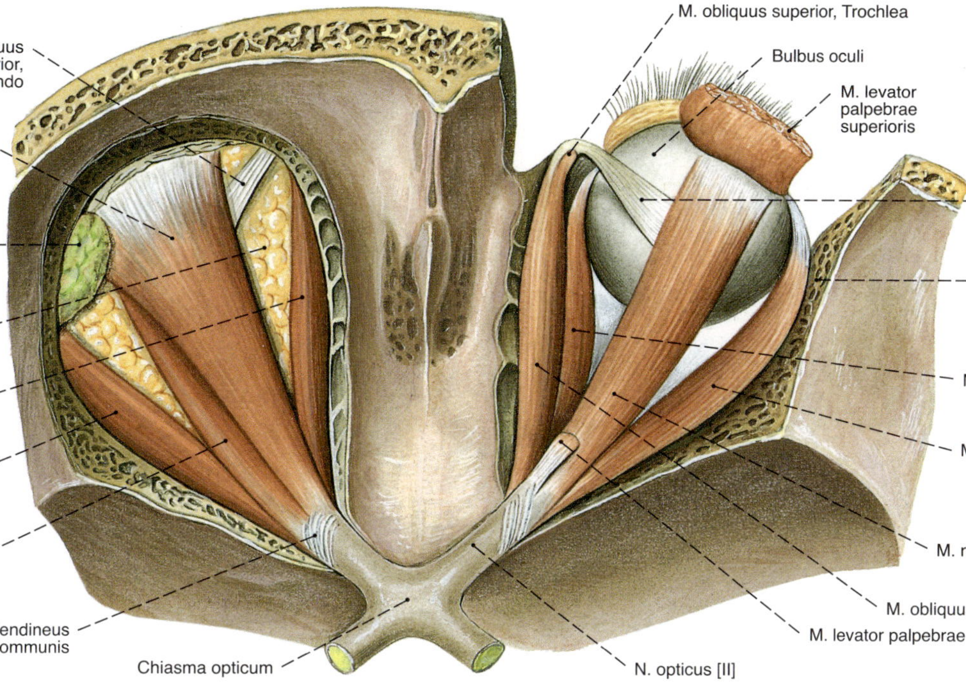

Abb. 630 Äußere Augenmuskeln, Mm. bulbi;
nach Abtragung der Dächer beider Augenhöhlen, Eröffnung der Canales optici und teilweiser Entfernung des M. levator palpebrae superioris auf der rechten Seite; von oben.

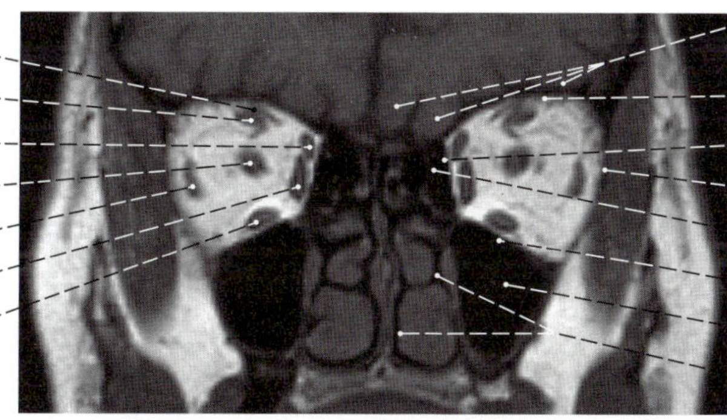

Abb. 631 Äußere Augenmuskeln, Mm. bulbi;
magnetresonanztomographischer Frontalschnitt (MRT) auf Höhe der Mitte der Augenhöhle; von vorne.

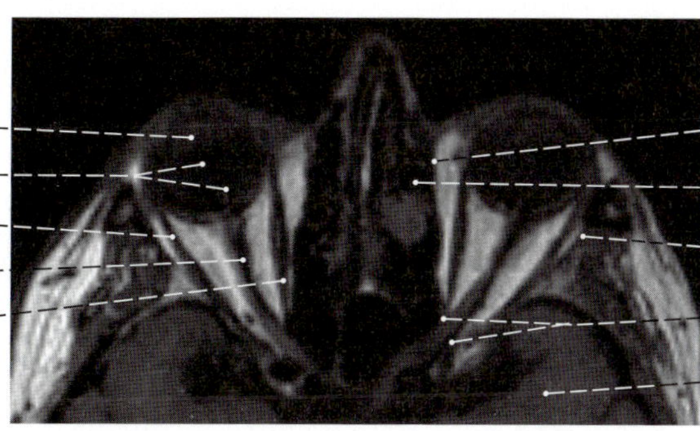

Abb. 632 Augapfel, Bulbus oculi, und äußere Augenmuskeln, Mm. bulbi;
magnetresonanztomographischer Querschnitt (MRT) auf Höhe des Sehnervs; von oben.

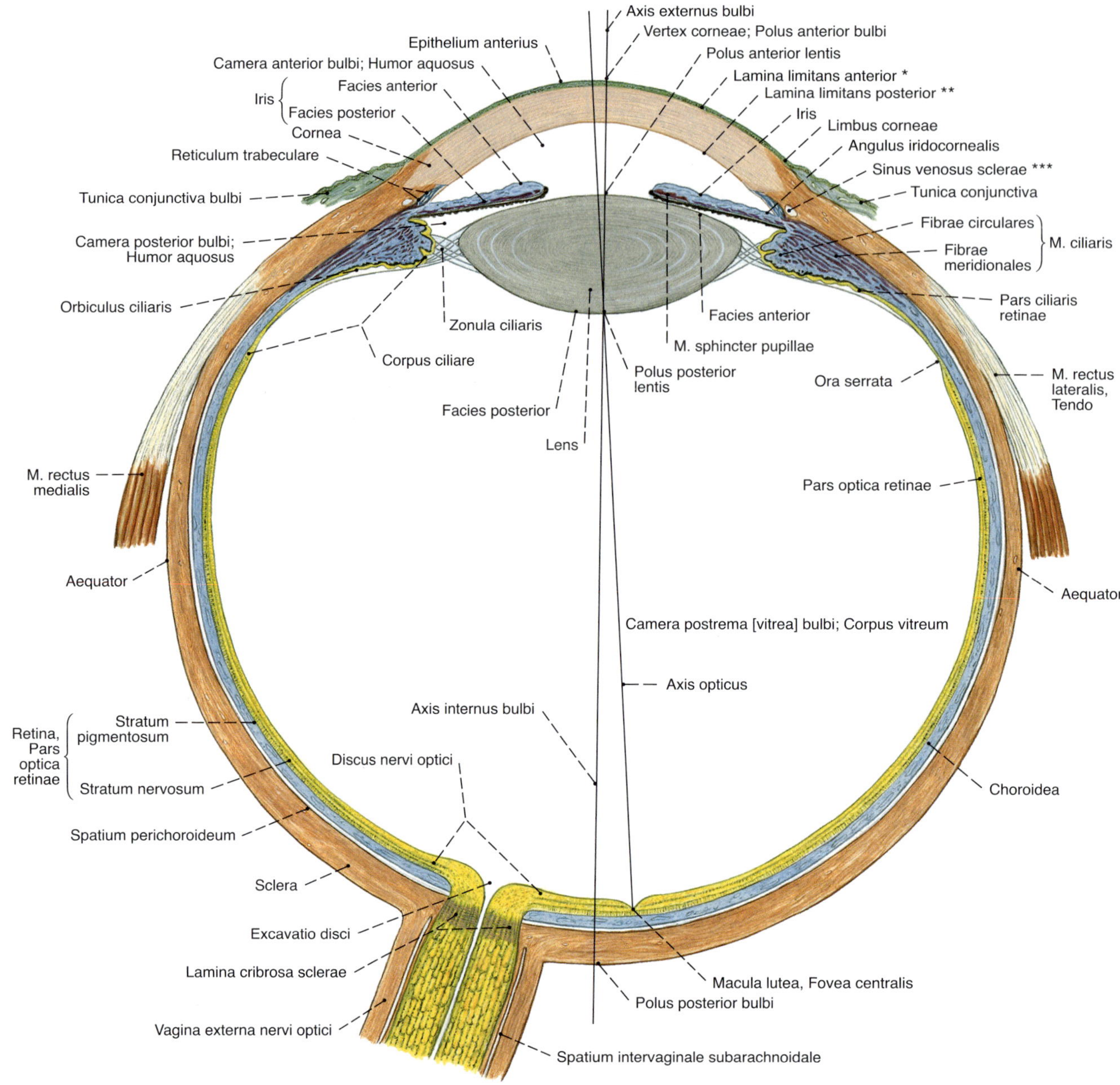

Abb. 633 Augapfel, Bulbus oculi; schematisierter Horizontalschnitt in Höhe des Abgangs des Sehnervs.

* Klinisch: BOWMANsche Membran
** Klinisch: DESCEMETsche Membran
*** Klinisch: SCHLEMMscher Kanal

Maße des Augapfels

(Durchschnittswerte nach anatomischer und ophthalmologischer Literatur)

Äußerer Bulbusdurchmesser, Axis externus bulbi	24,0 mm	Krümmungsradius der Sclera	13,0 mm
		Krümmungsradius der Cornea	7,8 mm
Innerer Bulbusdurchmesser, Axis internus bulbi	22,5 mm	Brechwert des gesamten Auges (Fernsicht)	59 Dioptrien
Dicke der Cornea	0,5 mm	Brechwert der Cornea	43 Dioptrien
Tiefe der vorderen Augenkammer	3,6 mm	Brechwert der Linse (Fernsicht)	19 Dioptrien
Dicke der Linse	3,6 mm		
Abstand zwischen Linse und Netzhaut	15,6 mm	Abstand beider Pupillen	61–69 mm
Dicke der Netzhaut	0,3 mm		

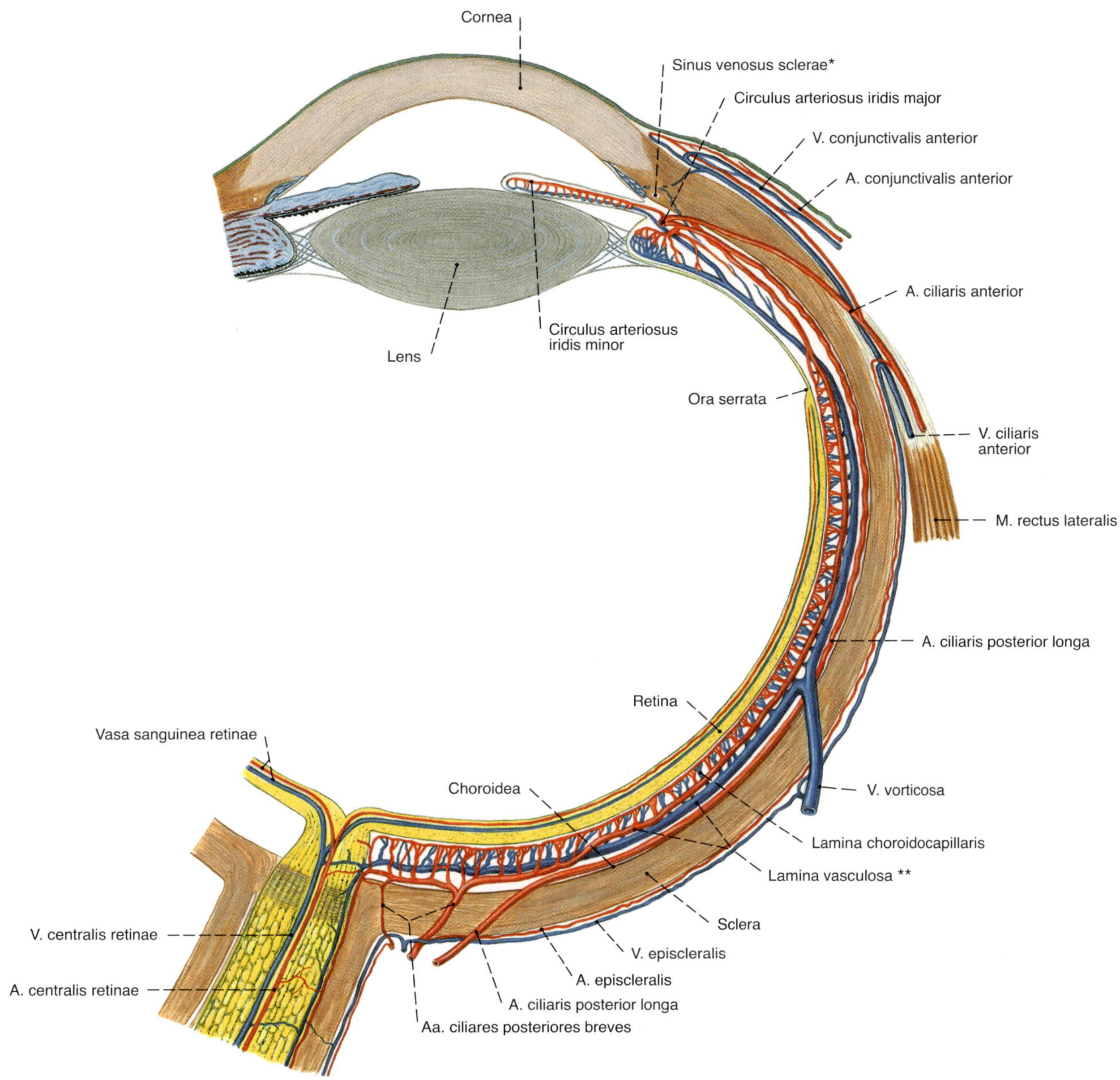

Abb. 634 Blutgefäße des Augapfels, Bulbus oculi; schematische Übersicht.

* Klinisch: SCHLEMMscher Kanal
** Klinisch: Uvea

Augenhäute, Tunicae bulbi

Äußere Augenhaut, Tunica fibrosa bulbi
- Hornhaut, Cornea (stärker gewölbt, glasklar)
- Lederhaut, Sclera (weniger gewölbt, undurchsichtig; beim Kind bläulich-weiß, im Alter gelblich-weiß)

Mittlere Augenhaut, Tunica vasculosa bulbi
- Regenbogenhaut, Iris, mit zentraler runder Öffnung, Pupille, Pupilla
- Ziliarkörper, Corpus ciliare, mit M. ciliaris, Proc. ciliaris, Zonula ciliaris mit Fibrae zonulares und Spatia zonularia
- Aderhaut, Choroidea

Innere Augenhaut (Netzhaut), Tunica interna bulbi
- Blinder Anteil, Pars caeca retinae (vom Margo pupillaris iridis bis zur Ora serrata)
  Pars iridica retinae (einschichtig, stark pigmentiert)
  Pars ciliaris retinae (einschichtig, unpigmentiert)
- Sehender Anteil, Pars optica retinae (mehrschichtig)
  1. Neuron: Sehzellen (Stäbchenzellen – Helligkeitssehen; Zapfenzellen – Farbsehen)
  2. Neuron: Bipolare Ganglienzellen innerhalb der Retina (Ganglion retinae)
  3. Neuron: Multipolare Ganglienzellen (Ganglion opticum), deren lange Axone den N. opticus aufbauen und über die Tractus optici zu den Schaltzentren im Gehirn ziehen.

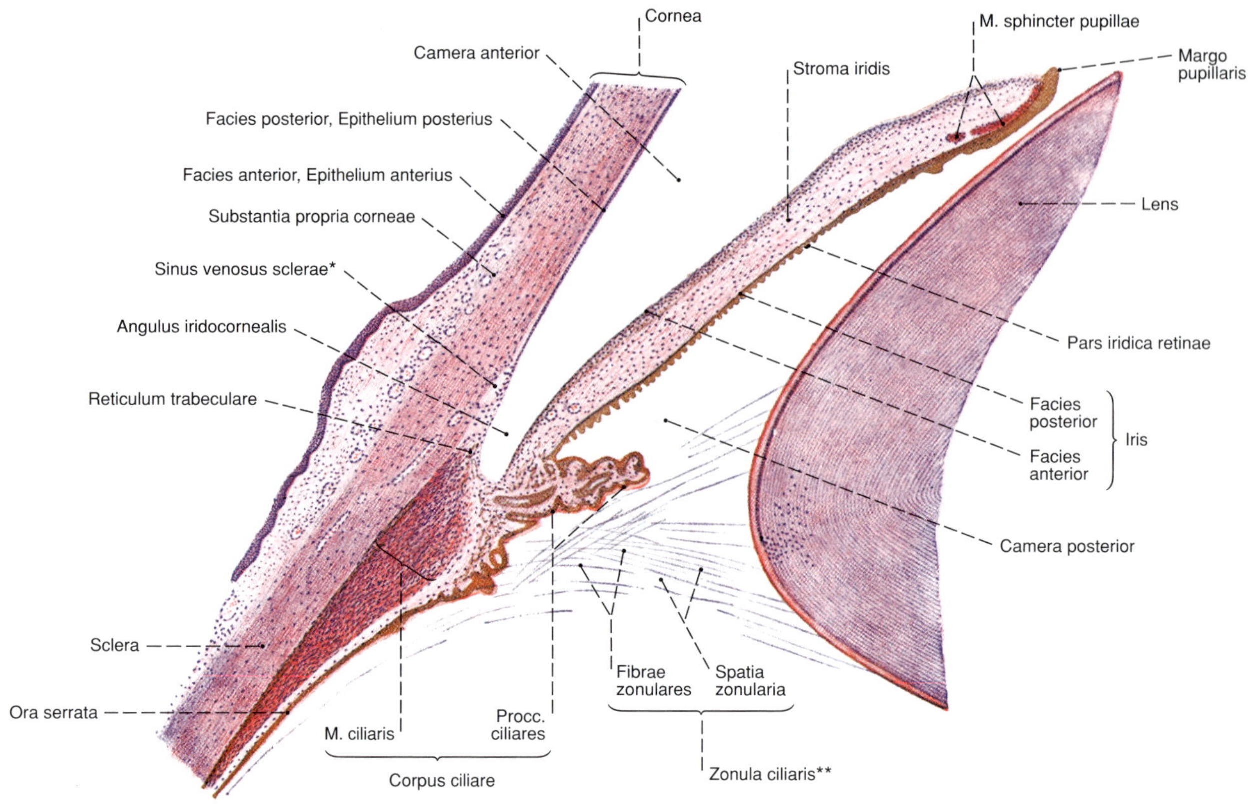

Abb. 635 Augapfel, Bulbus oculi; schematisierter Horizontalschnitt auf Höhe der Mitte der Pupille.

* Klinisch: SCHLEMMscher Kanal
** Klinisch: Zonula ZINNI

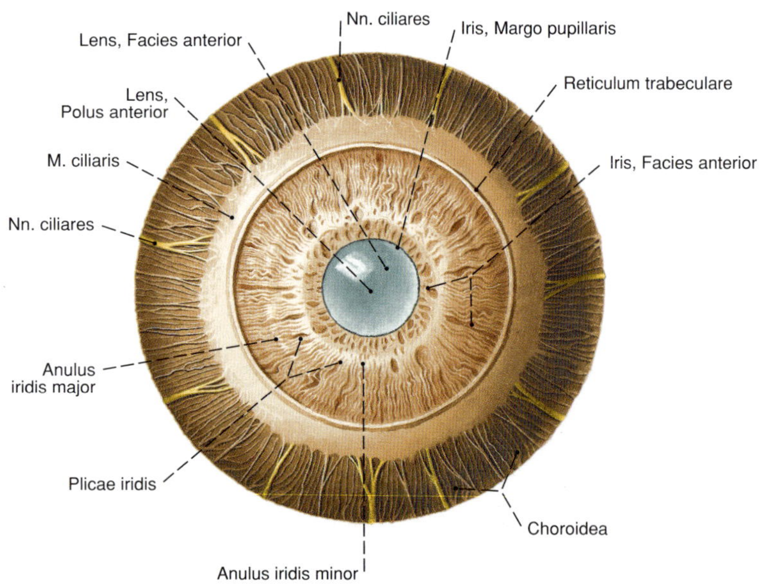

Abb. 636 Regenbogenhaut, Iris, und Pupille, Pupilla; nach Abtrennung der äußeren Augenhaut samt der Hornhaut; von vorne (400%).

Der ringförmig angeordnete Aufhängeapparat der Linse, **Zonula ciliaris (Zonula ZINNI),** besteht aus zarten, unelastischen Fasern, die einerseits von der Eigenelastizität der Linse und andererseits vom Musculus ciliaris unter Spannung gehalten werden.

Das **Kammerwasser, Humor aquosus,** wird in der hinteren Augenkammer vom Epithel der Procc. ciliares produziert und strömt durch die Pupille in die vordere Augenkammer, wo es im Bereich des Iridokornealwinkels (Kammerwinkel) in den SCHLEMMschen Kanal aufgenommen wird. Hier bildet das Reticulum trabeculare, auch als Lig. pectinatum bezeichnet, ein dichtes Maschenwerk mit Spalträumen, Spatia anguli iridocornealis. Eine Verengung des Iridokornealwinkels kann zu einer Abflussstörung des Kammerwassers und damit zu einer Erhöhung des Innendruckes des Augapfels (Glaukom) führen.

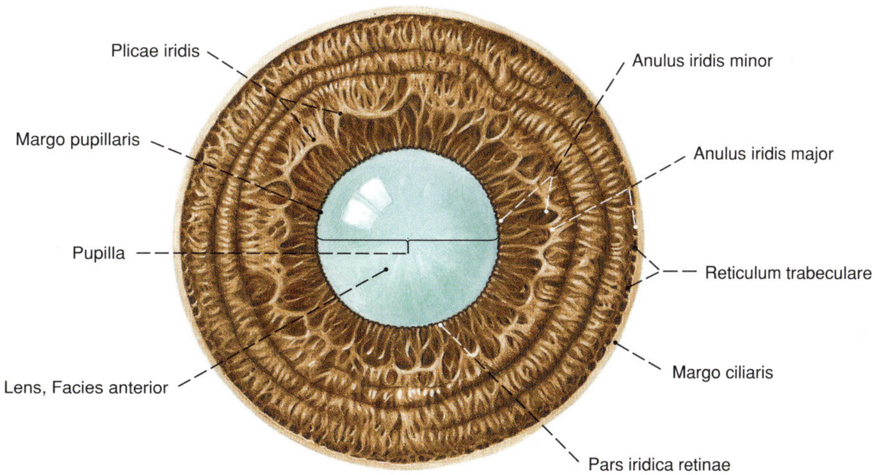

Abb. 637 Regenbogenhaut, Iris; nach Ablösung der Hornhaut; von vorne (500%).

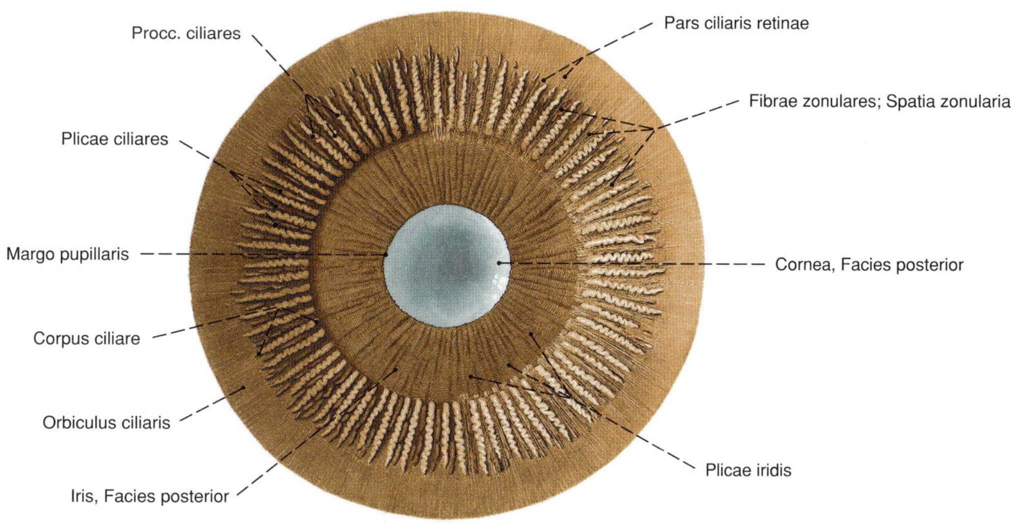

Abb. 638 Regenbogenhaut, Iris; nach Abtrennung am Margo ciliaris; von hinten (300%).

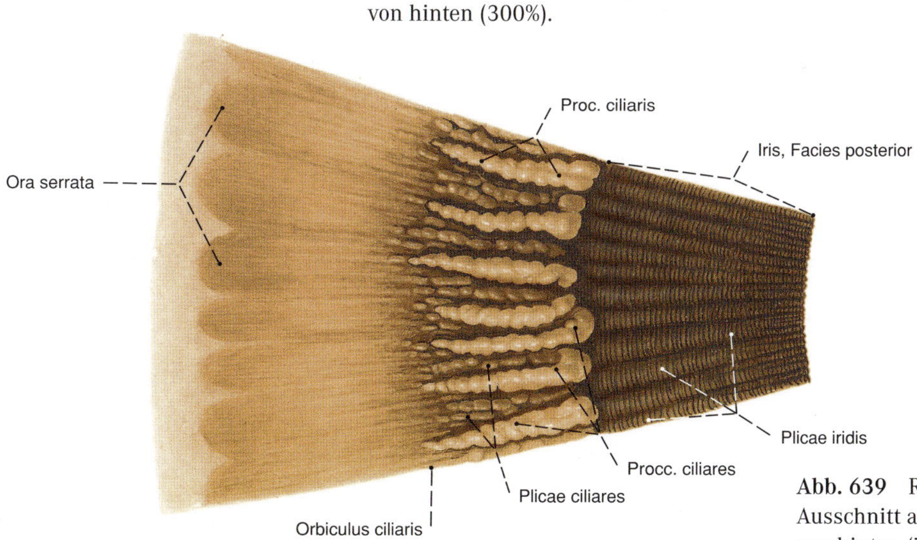

Abb. 639 Regenbogenhaut, Iris; Ausschnitt aus Abb. 638; von hinten (700%).

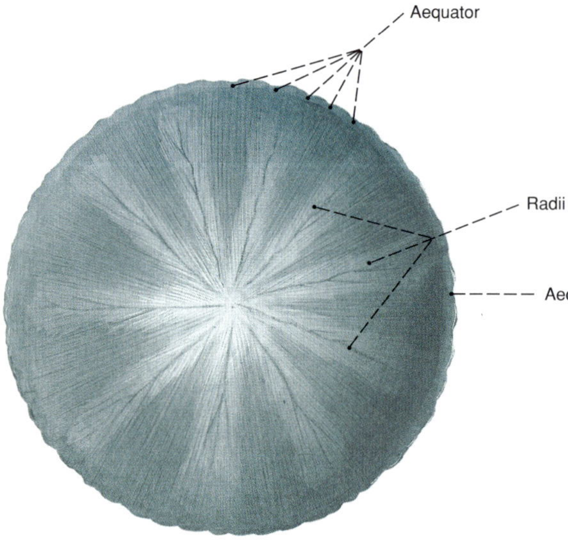

Abb. 640 Augenlinse, Lens;
von vorne (600%).
Unter bestimmten optischen Bedingungen kann beim Präparat eines Erwachsenen ein „mehrstrahliger Linsenstern“ dargestellt werden, während bei der Linse des Neugeborenen ein „dreistrahliger Linsenstern“ zu finden ist.

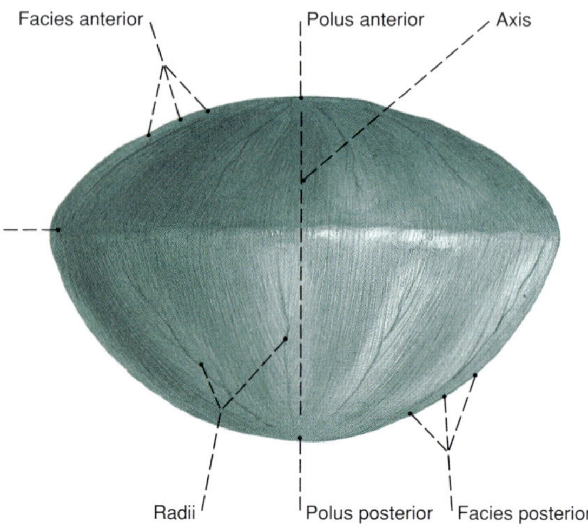

Abb. 641 Augenlinse, Lens;
vom Äquator her (600%).

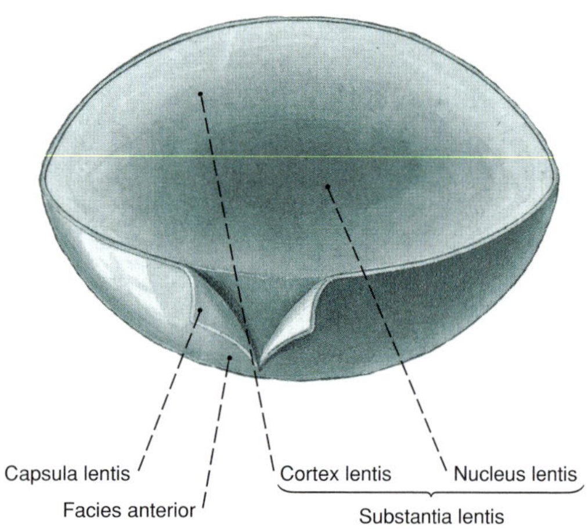

Abb. 642 Augenlinse, Lens;
nach meridionaler Halbierung und teilweiser Abhebung der Capsula;
vom Äquator her (600%).

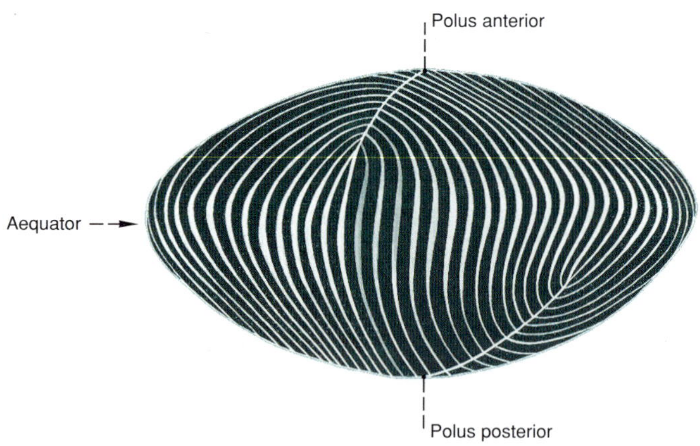

Abb. 643 Augenlinse, Lens;
schematische Darstellung der Linsenfasern beim Neugeborenen;
vom Äquator her (800%).
Vorderer und hinterer Linsenstern sind gegeneinander um 60° versetzt.

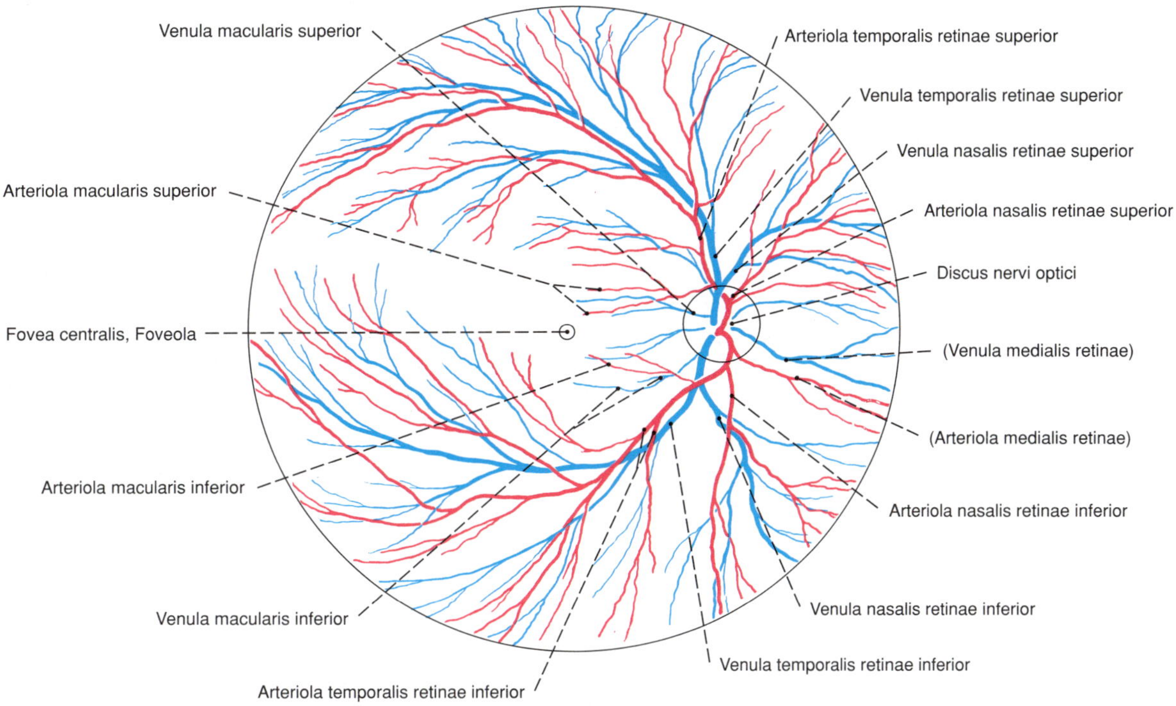

Abb. 644 Blutgefäße der Netzhaut, Vasa sanguinea retinae; Blick auf den Augenhintergrund; von vorne (re, 400%).

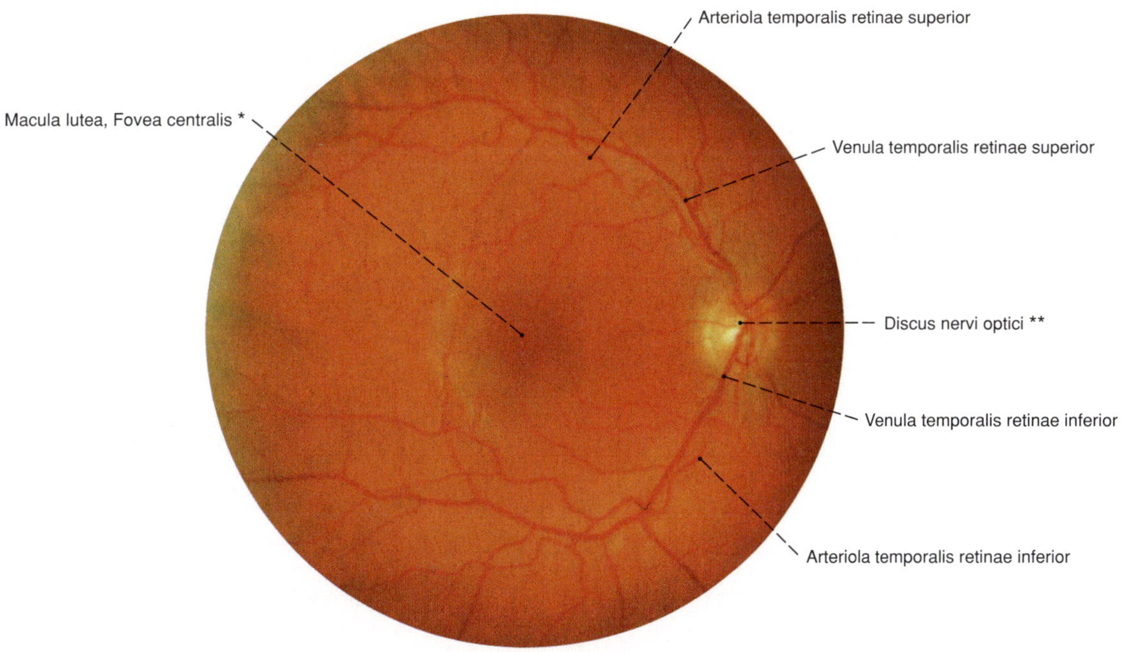

Abb. 645 Augenhintergrund, Fundus oculi; ophthalmoskopisches Bild des zentralen Bereichs; von vorne (re, 600%).

* Klinisch: Gelber Fleck
** Klinisch: Papille oder Blinder Fleck

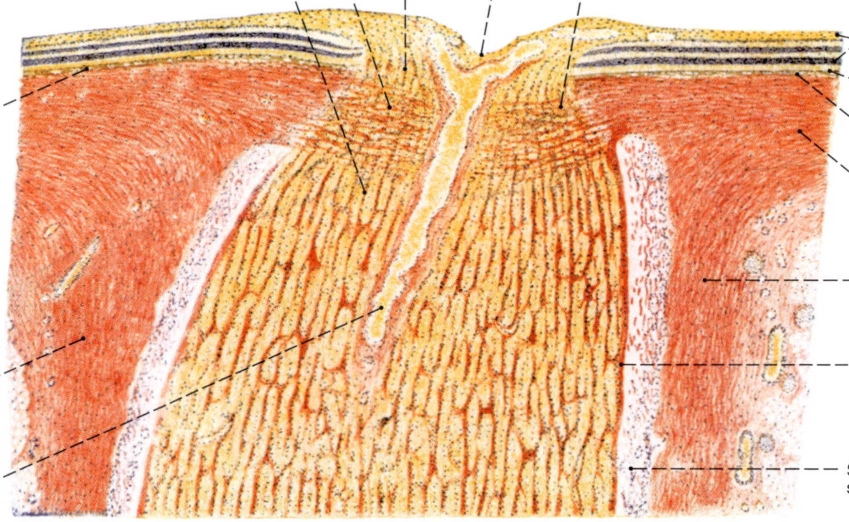

Abb. 646 Sehnerv, N. opticus [II];
Horizontalschnitt durch die Austrittsstelle aus dem Augapfel; (1000%).

Sowohl Dura mater cranialis* als auch Arachnoidea und Pia mater cranialis** begleiten den N. opticus bis zum Bulbus oculi.

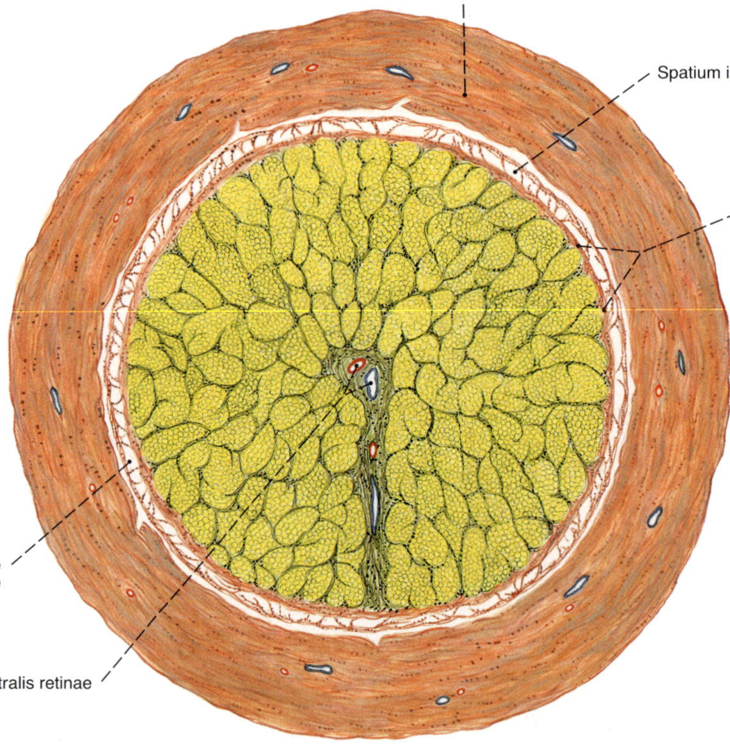

Abb. 647 Sehnerv, N. opticus [II];
Querschnitt in der Nähe des Augapfels; (1500%).

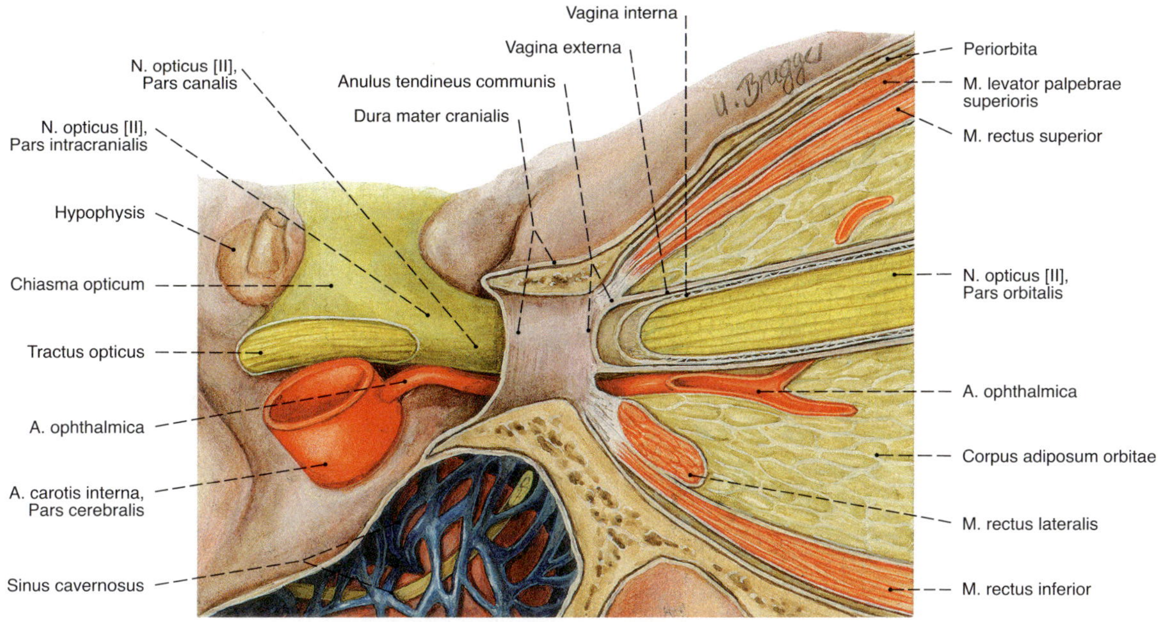

Abb. 648 Sehnerv, N. opticus [II];
nach Eröffnung des Canalis opticus;
von lateral (200%, re).

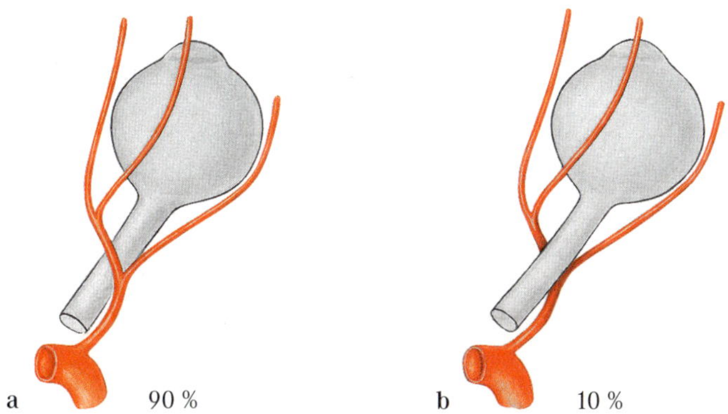

Abb. 649 a, b Variabilität der A. ophthalmica;
von oben (re).

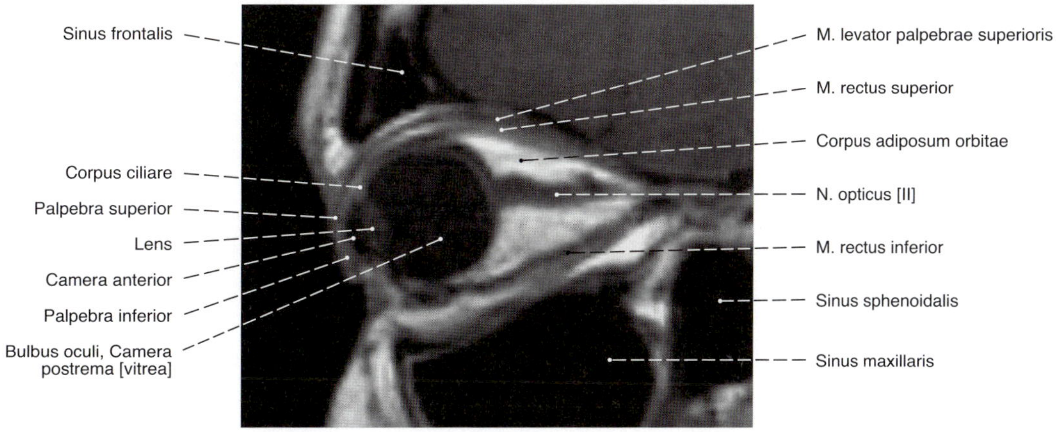

Abb. 650 Augenhöhle, Orbita;
vertikaler magnetresonanztomographischer Schnitt (MRT)
entlang des Sehnervs;
von lateral (re).

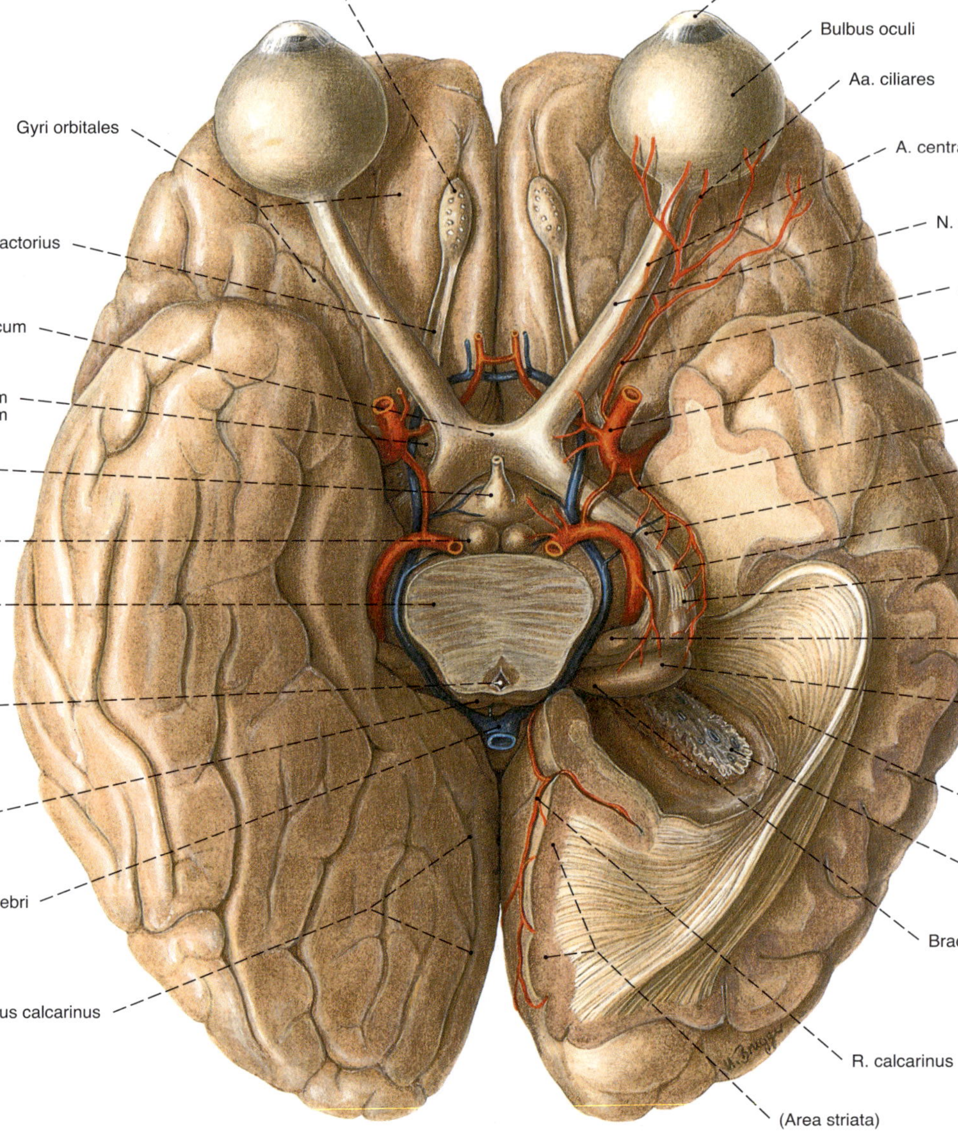

Abb. 651 Gehirn, Cerebrum, und Sehbahn;
nach schräger Durchtrennung des Mittelhirns und der Brücke sowie teilweiser Entfernung des linken Temporal- und des Okzipitallappens;
von unten.

Sehbahn

1. Neuron: Stäbchen- und Zapfenzellen der Netzhaut
2. Neuron: Bipolare Ganglienzellen der Netzhaut (Perikaryen im Ganglion retinae)
3. Neuron: Multipolare Ganglienzellen der Netzhaut (Perikaryen im Ganglion opticum). Die Axone des Ganglion opticum erreichen in erster Linie das Corpus geniculatum laterale (Radix lateralis), einige Fasern ziehen allerdings auch in das Corpus geniculatum mediale (Radix medialis), in den Hypothalamus und direkt zur Großhirnrinde. Sie verlaufen im N. opticus zum Chiasma opticum, wo die Fasern vom nasalen Anteil des Augenhintergrundes zur Gegenseite kreuzen. In jedem Tractus opticus ziehen diejenigen Fasern, die Informationen aus den kontralateralen Gesichtsfeldhälften vermitteln.
4. Neuron: Diese Axone ziehen vor allem vom Corpus geniculatum laterale aus zur Area 17 und Area 18 der Großhirnrinde in das Gebiet um den Sulcus calcarinus (Area striata).

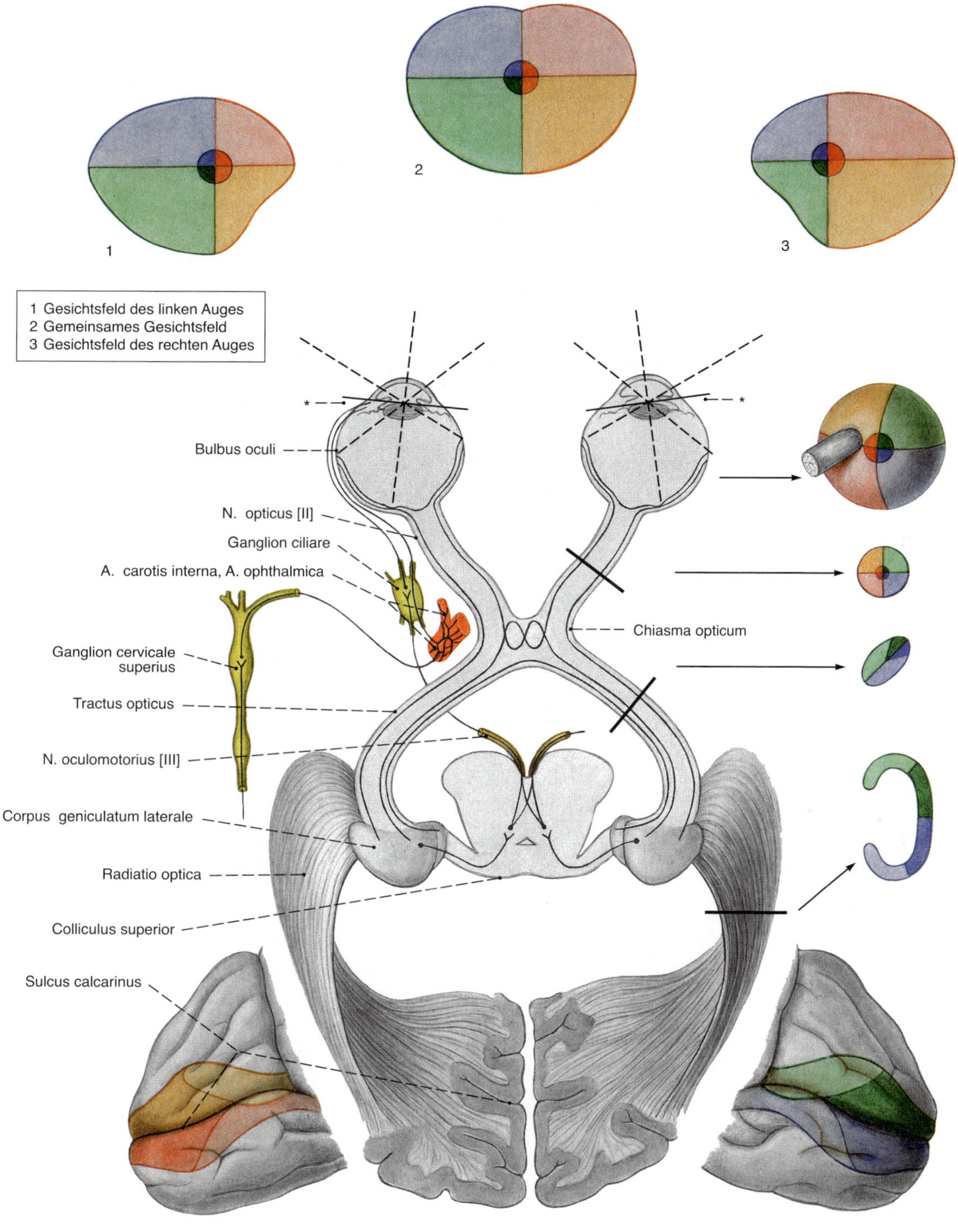

Abb. 652 Sehbahn; schematische Übersicht; mediale Flächen der Okzipitallappen in die Bildebene gewendet; von oben.

Der zentrale Gesichtsfeldanteil besitzt ein überproportionales Projektionsgebiet. Die Farben beziehen sich auf die Quadranten des Gesichtsfeldes.

* Brechungsebene des Lichtes

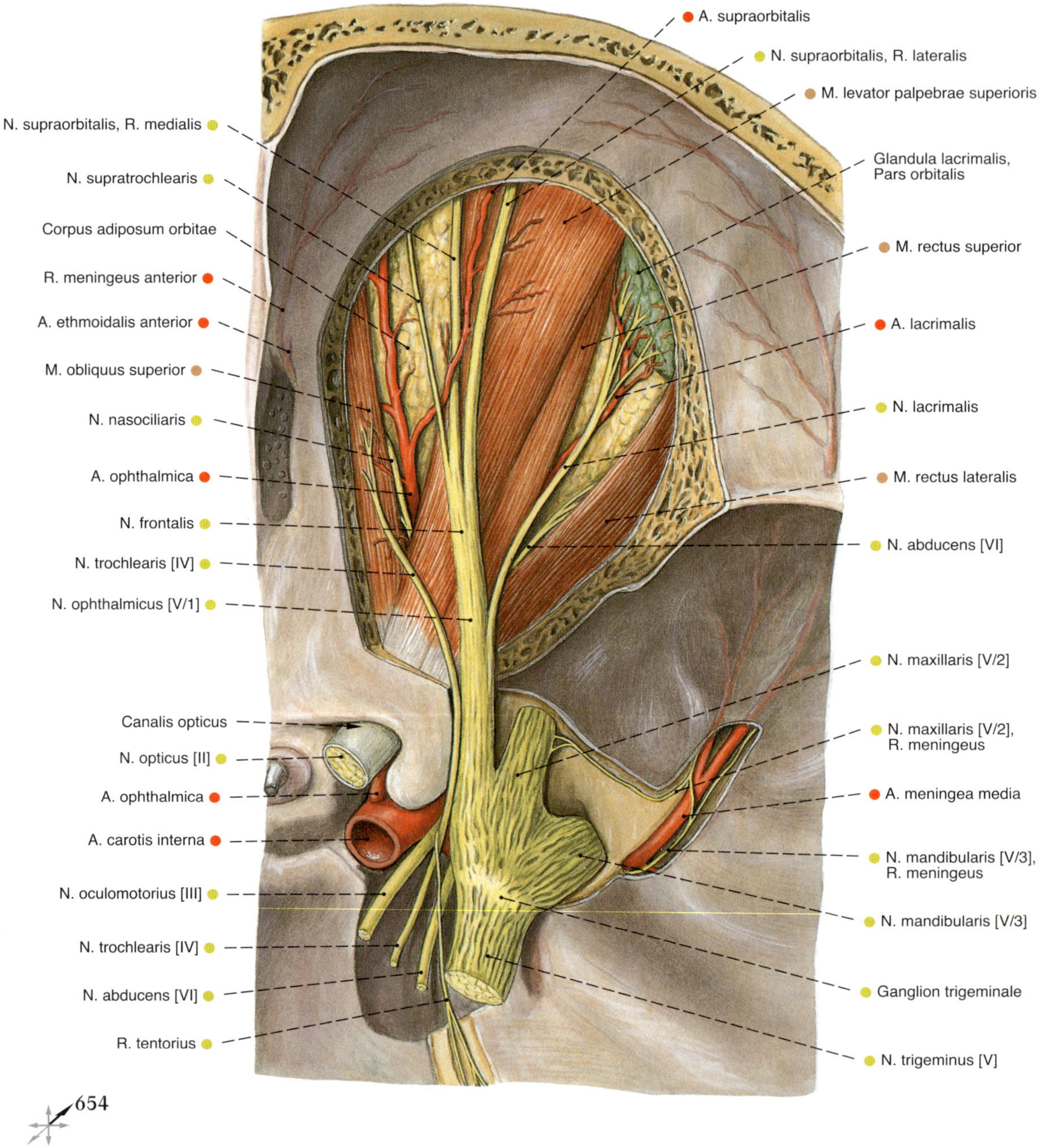

Abb. 653 Arterien und Nerven der Augenhöhle, Orbita; nach Abtragung des Daches der Augenhöhle und Eröffnung der Fissura orbitalis superior; von oben (re).

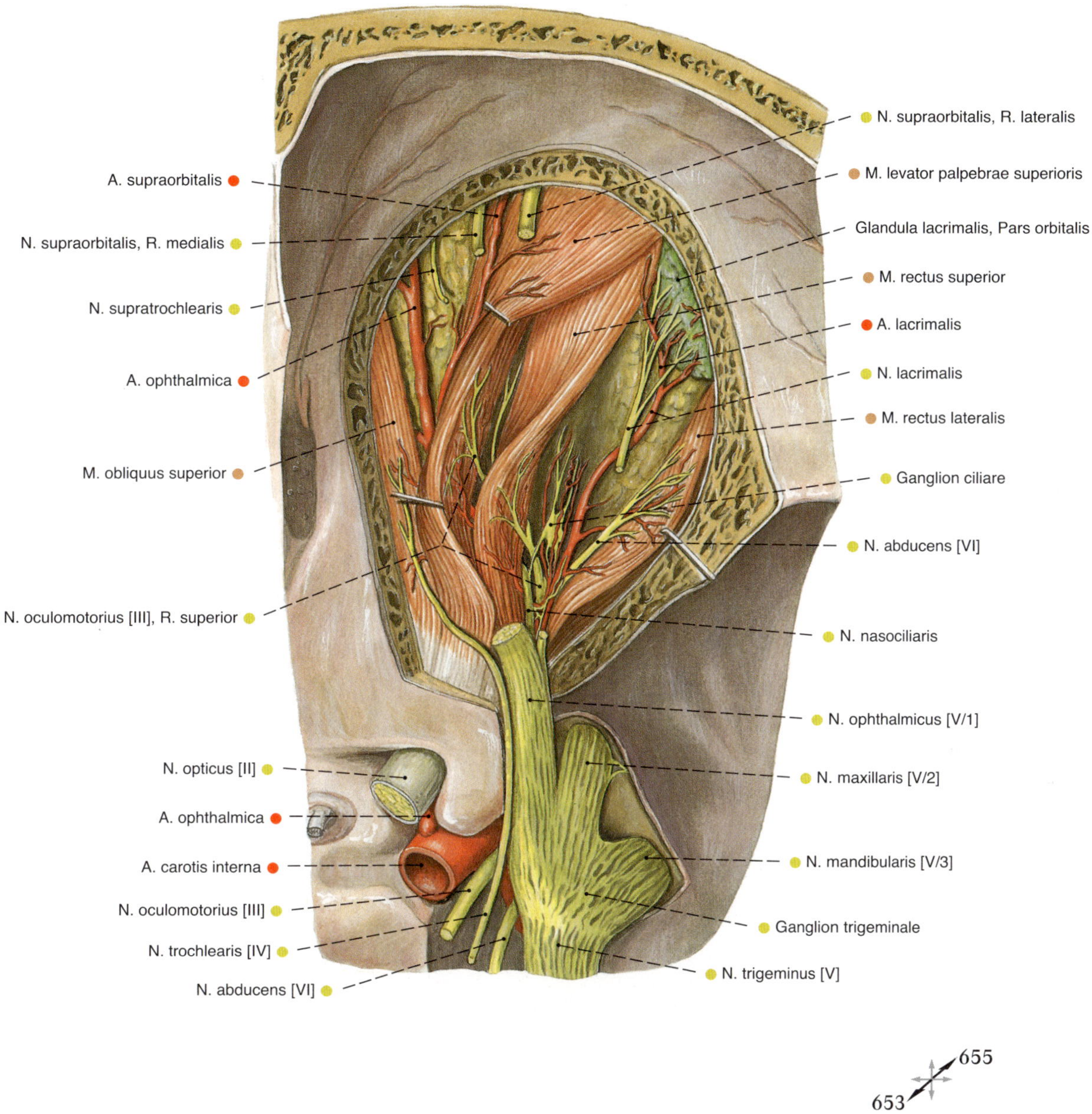

Abb. 654 Arterien und Nerven der Augenhöhle, Orbita; nach Abtragung des Daches der Augenhöhle, Eröffnung der Fissura orbitalis superior und teilweiser Entfernung des N. frontalis; Darstellung des Ganglion ciliare durch Wegziehen des M. levator palpebrae superioris und des M. rectus superior;
von oben (re).

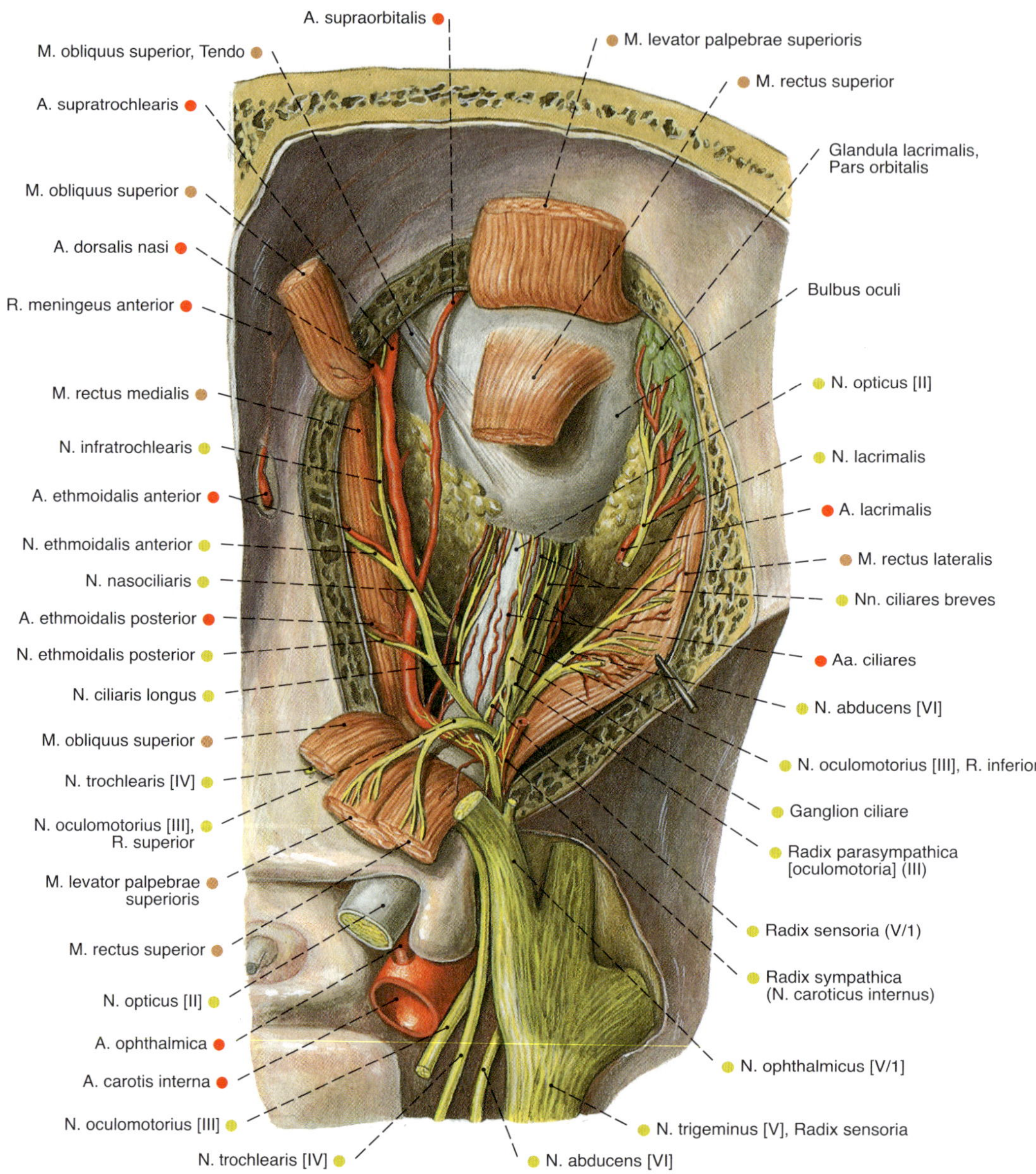

656
654

Abb. 655 Arterien und Nerven der Augenhöhle, Orbita; nach Abtragung des Daches der Augenhöhle, Eröffnung der Fissura orbitalis superior und teilweiser Entfernung der Mm. levator palpebrae superioris, rectus superior und obliquus superior; M. rectus lateralis nach lateral gezogen; von oben (re).

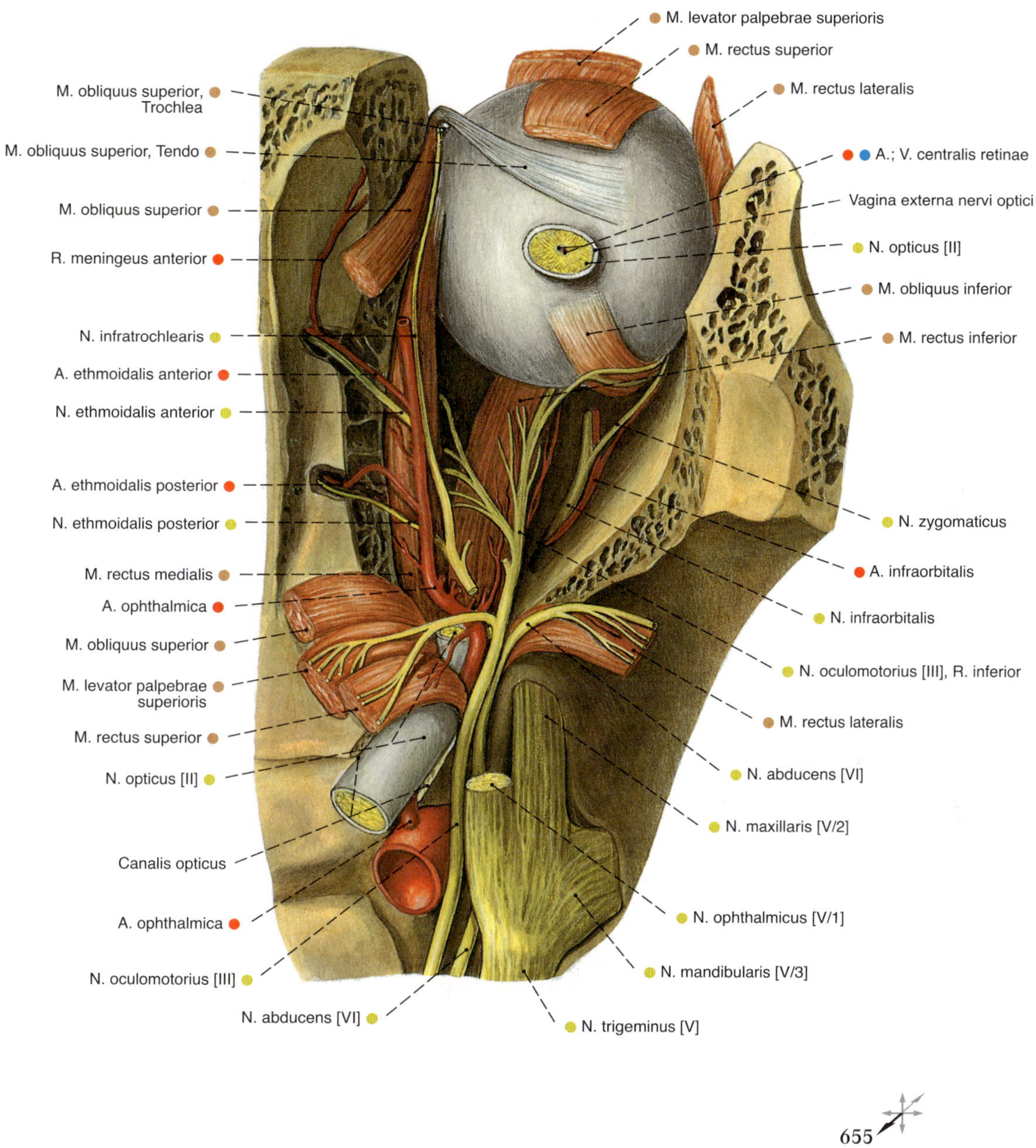

Abb. 656 Arterien und Nerven der Augenhöhle, Orbita; nach Abtragung des Daches der Augenhöhle, Eröffnung der Fissura orbitalis superior und des Canalis opticus sowie teilweiser Entfernung des N. ophthalmicus und der äußeren Augenmuskeln bis auf den M. obliquus inferior; von oben (re).

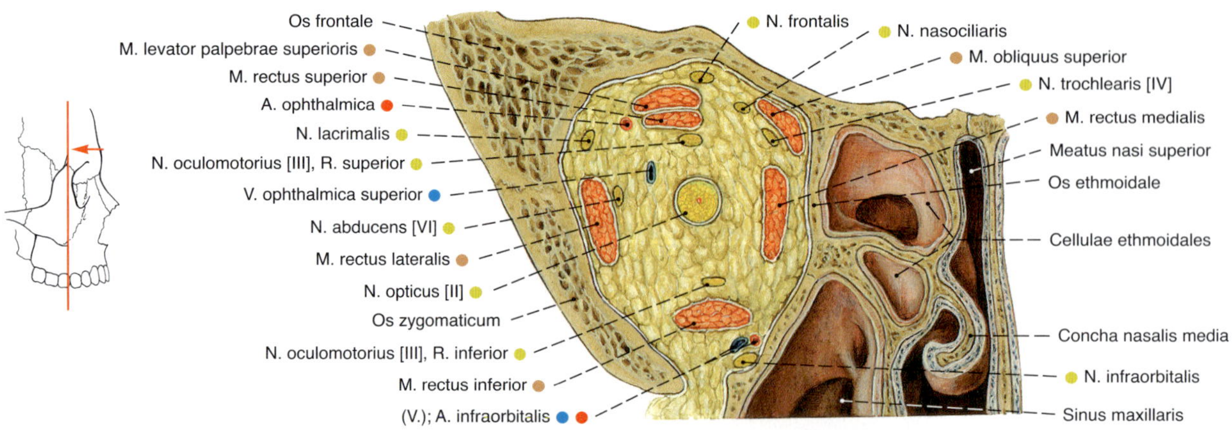

Abb. 657 Augenhöhle, Orbita; Frontalschnitt auf Höhe der Mitte der extrakraniellen Verlaufsstrecke des Nervus opticus; von vorne (re).

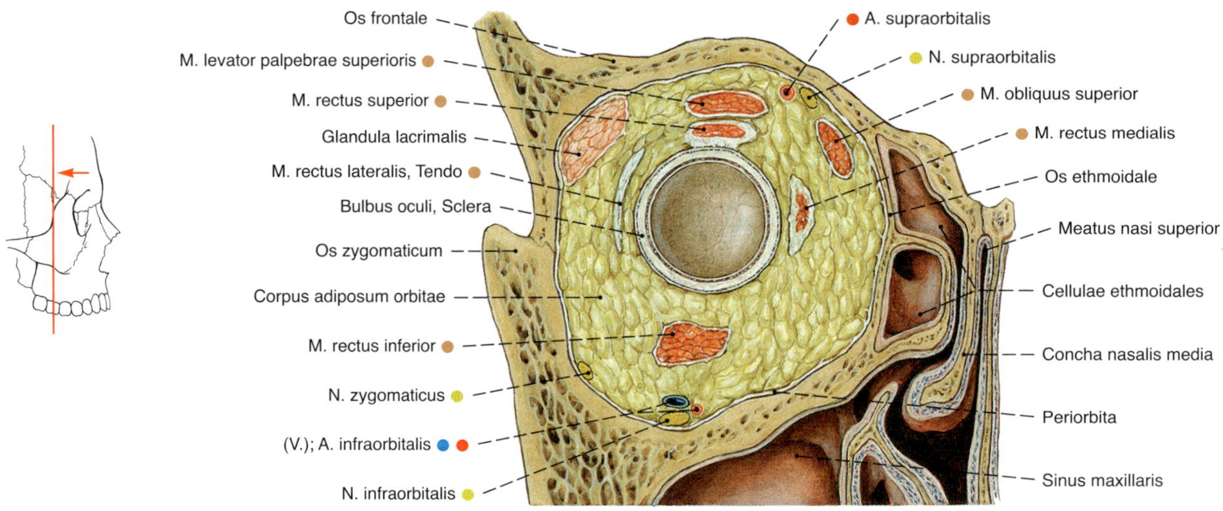

Abb. 658 Augenhöhle, Orbita; Frontalschnitt auf Höhe des hinteren Abschnittes des Augapfels hinter der sehnigen Einstrahlung des M. obliquus inferior; von vorne (re).

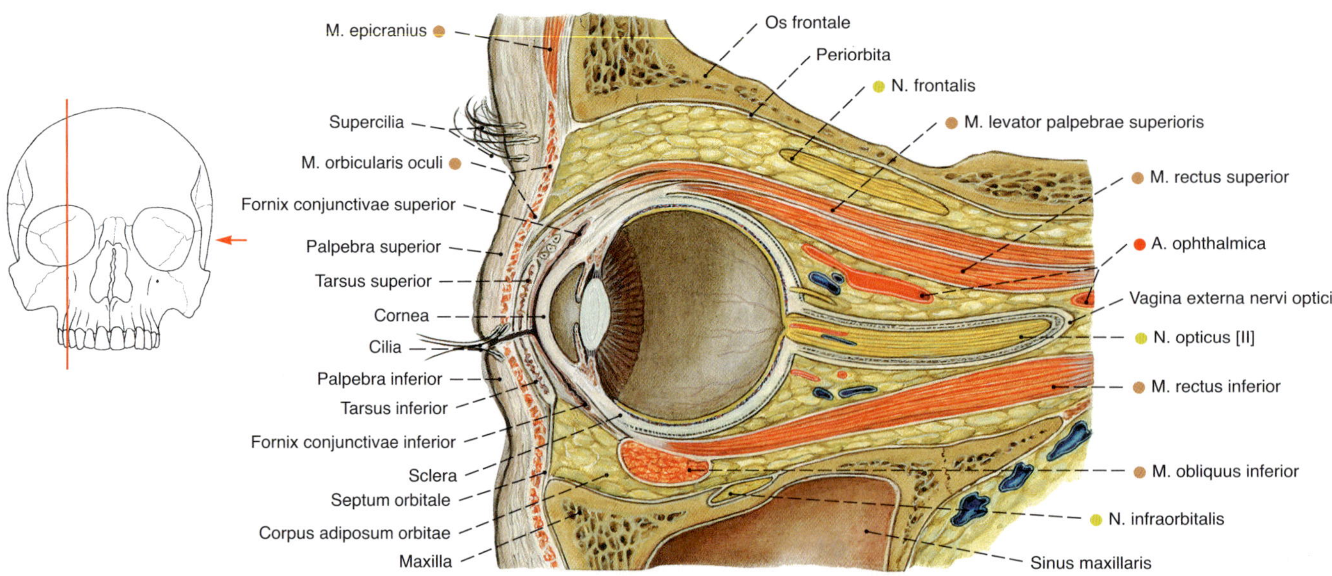

Abb. 659 Augenhöhle, Orbita; Vertikalschnitt durch Augapfel und Sehnerv; von lateral (li).

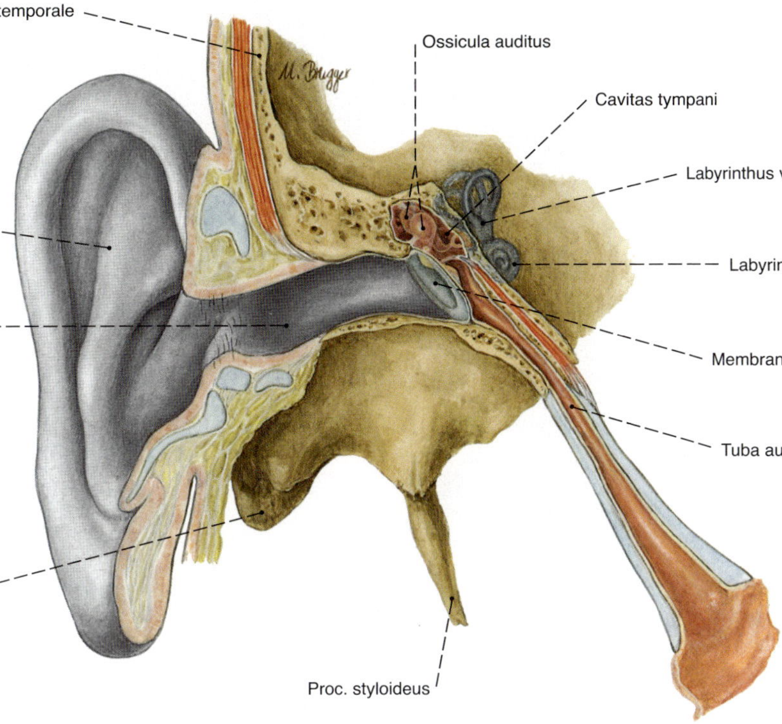

Abb. 660 Ohr, Auris;
halbschematische Übersicht; äußerer Gehörgang, Paukenhöhle, Ohrtrompete sowie Teile des Felsenbeins eröffnet; von vorne (re, 110%).

Übersicht über die Teile des Ohrs, Auris

Auris externa
- Auricula
- Meatus acusticus externus

Auris media
- Cavitas tympani
- Membrana tympanica
- Ossicula auditus
- Tuba auditiva

Auris interna
- Labyrinthus membranaceus
  - Labyrinthus vestibularis
  - Labyrinthus cochlearis
- Labyrinthus osseus
  - Vestibulum
  - Canales semicirculares ossei
  - Cochlea
  - Meatus acusticus internus

Übersicht über die Teile des häutigen Labyrinths, Labyrinthus membranaceus (Abb. 694, 695)

Labyrinthus vestibularis
- Spatium perilymphaticum
- Utriculus
- Ductus semicirculares
  - Ductus semicircularis anterior
  - Ductus semicircularis posterior
  - Ductus semicircularis lateralis
- Ductus utriculosaccularis
- Ductus endolymphaticus
- Saccus endolymphaticus
- Sacculus
- Ductus reuniens

Labyrinthus cochlearis
- Spatium perilymphaticum
  - Scala tympani
  - Scala vestibuli
- Aqueductus vestibuli
- Aqueductus cochleae
- Ductus cochlearis

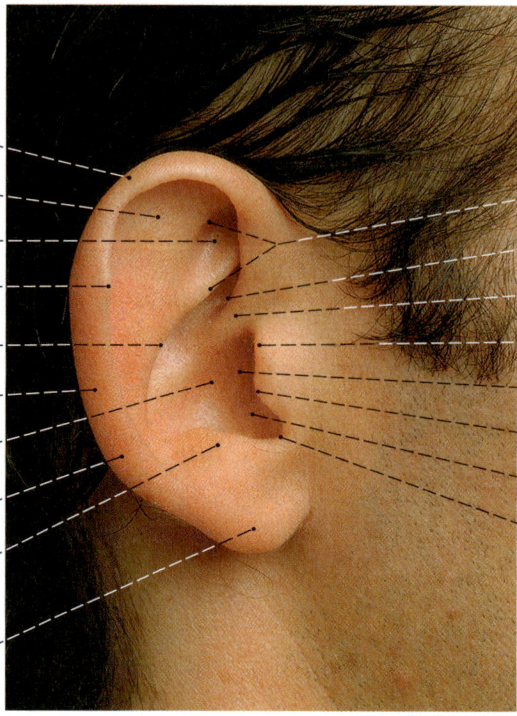

Abb. 661 Ohrmuschel, Auricula; von lateral (re).

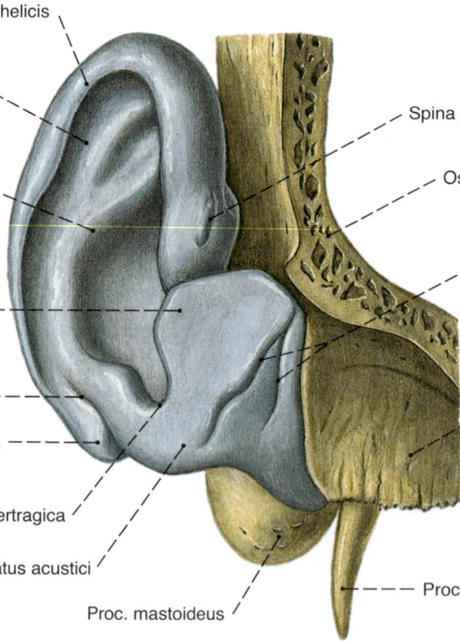

Abb. 662 Ohrknorpel, Cartilago auricularis; mit Teilen des Schläfenbeins; nach Entfernung aller Weichteile; von schräg vorne (re).

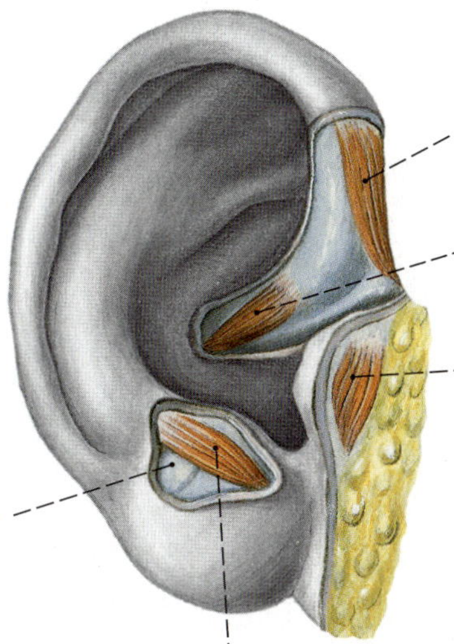

Abb. 663 Ohrmuskeln, Mm. auriculares; von vorne (re).

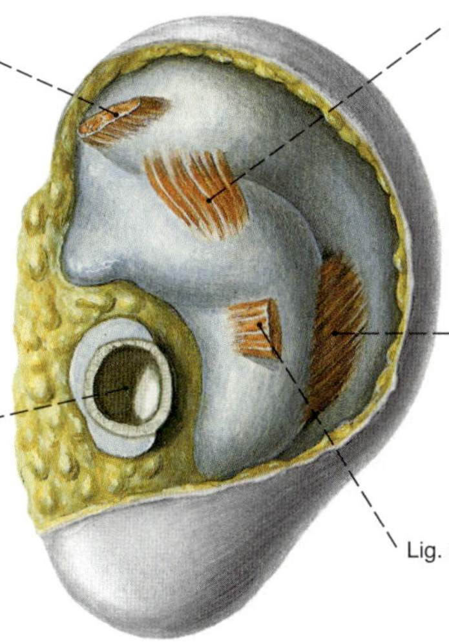

Abb. 664 Ohrmuskeln, Mm. auriculares; von hinten (re).

Innervation der Ohrmuschel, Auricula

N. vagus [X], R. auricularis:
Fundus des äußeren Gehörgangs und hinterer sichelförmiger Anteil der Außenfläche des Trommelfells

N. auricularis magnus, R. posterior (C2/C3):
Hinterfläche der Ohrmuschel

N. auricularis magnus, R. anterior (C2/C3):
Vorderfläche der Ohrmuschel

N. mandibularis [V/3], N. auriculotemporalis, N. meatus acustici externi und Rr. membranae tympani:
Vordere Wurzel der Ohrmuschel, Boden, Vorderwand und Dach des äußeren Gehörgangs sowie Großteil des Trommelfells

N. facialis [VII], N. auricularis posterior, R. auricularis:
Alle Muskeln der Ohrmuschel

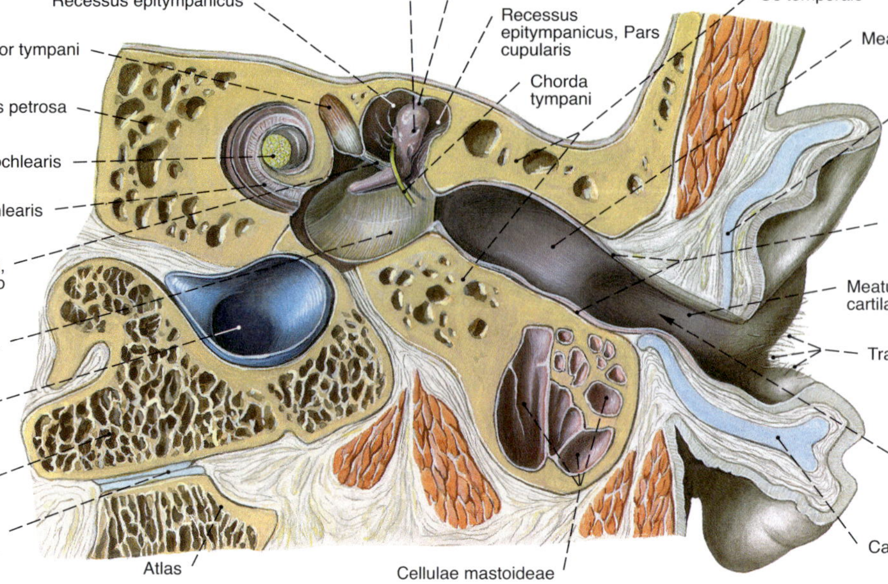

Abb. 665 Äußerer Gehörgang, Meatus acusticus externus; Paukenhöhle, Cavitas tympani, und Schnecke, Cochlea; Frontalschnitt; von hinten (re).

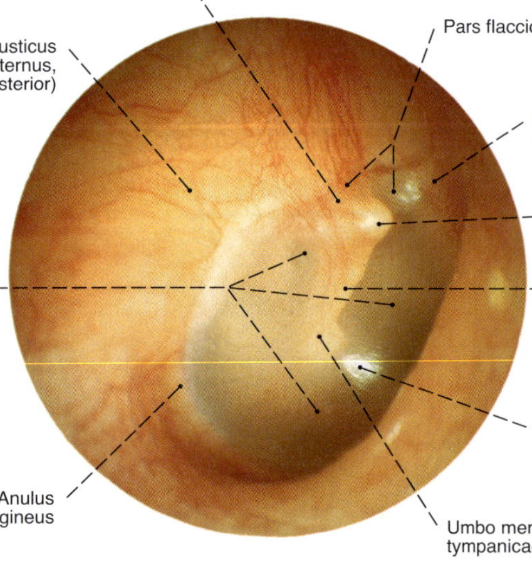

Abb. 666 Trommelfell, Membrana tympanica; Ohrspiegelbild; schräge Aufsicht; von lateral (re, 600%).

* Klinisch: SHRAPNELLsche Membran
** Typisch gelegener Lichtreflex

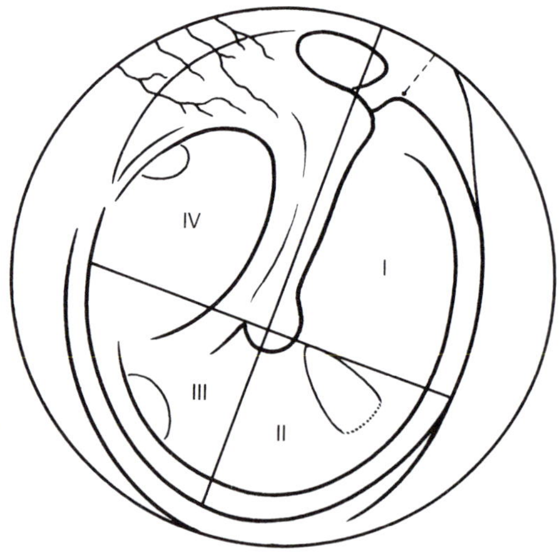

Abb. 667 Trommelfell, Membrana tympanica; Quadrantenschema; von lateral (re).

Um mit dem Ohrspiegel (Otoskop) eine vollständige Übersicht über die kutane Fläche des Trommelfells zu erhalten, muss der äußere Gehörgang gestreckt werden. Dies wird erreicht, indem das Ohrläppchen nach hinten und unten gezogen wird.
Zur Erleichterung der Orientierung teilt man das Trommelfell üblicherweise in die Quadranten I–IV ein.

Der längere Durchmesser des Trommelfells beträgt beim Erwachsenen 10–11 mm, der kürzere ca. 9 mm.
Charakteristischerweise spiegelt sich die Lichtquelle des Untersuchers als dreieckiger Lichtreflex vor dem Umbo im Bereich des II. Quadranten.

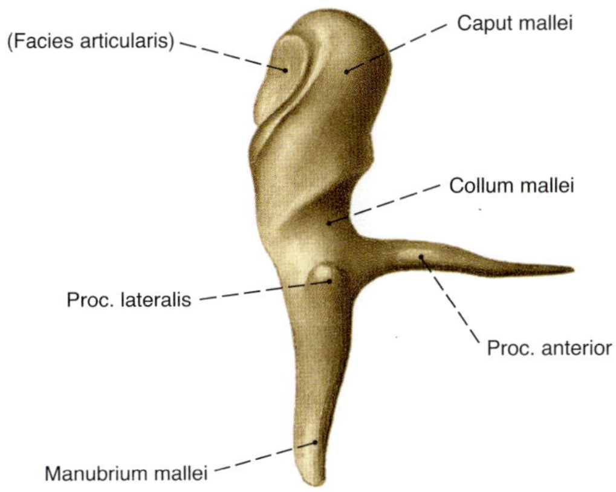

Abb. 668 Hammer, Malleus; von lateral (re, 700%).

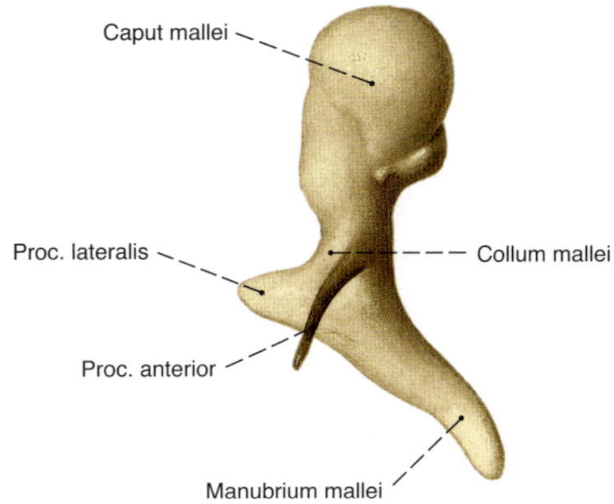

Abb. 669 Hammer, Malleus; von vorne (re, 700%).

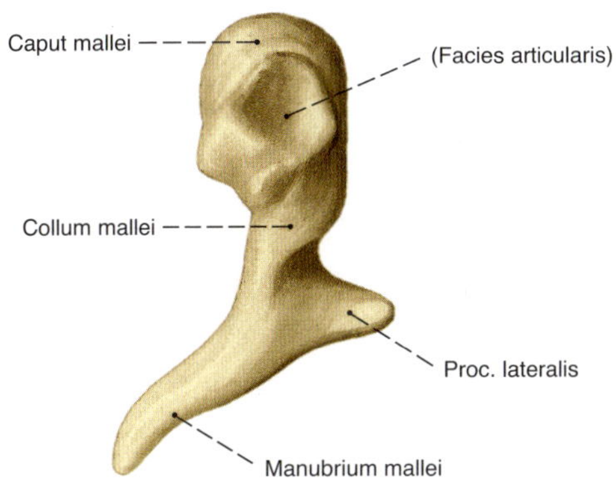

Abb. 670 Hammer, Malleus; von hinten (re, 700%).

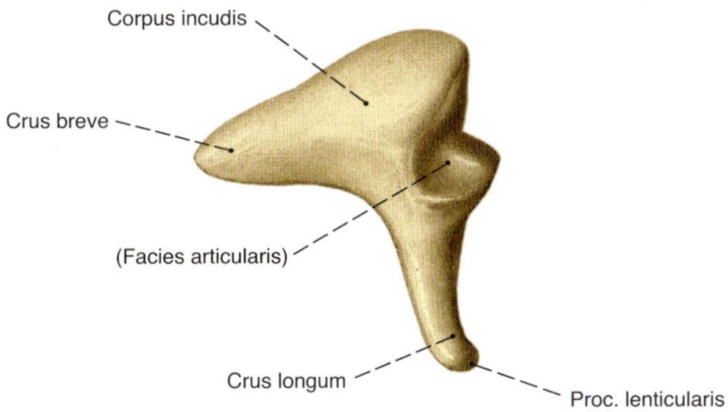

Abb. 671 Amboss, Incus; von lateral (re, 700%).

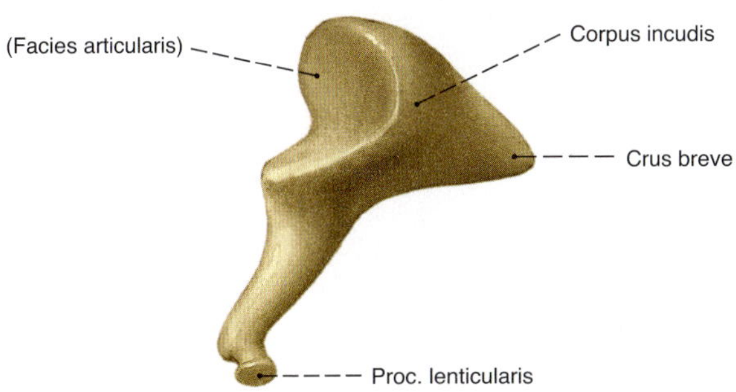

Abb. 672 Amboss, Incus; von medial (re, 700%).

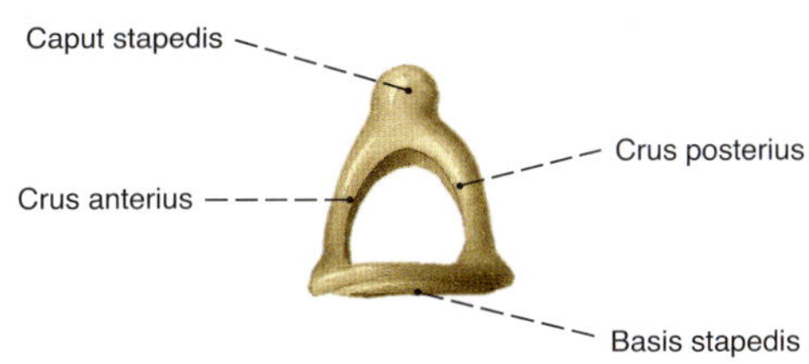

Abb. 673 Steigbügel, Stapes; von oben (re, 700%).

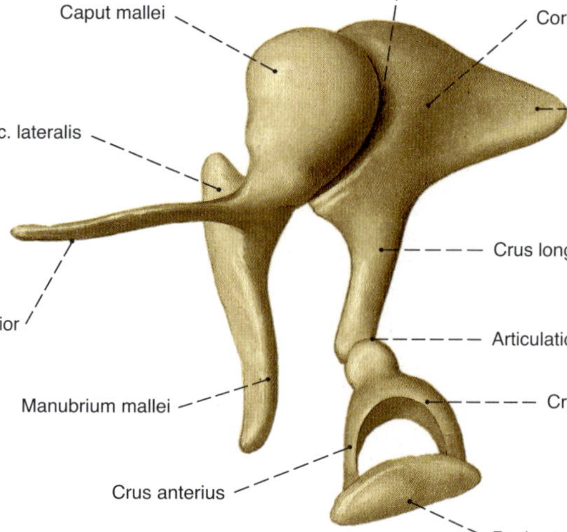

Abb. 674 Gehörknöchelchen, Ossicula auditus; in ihrer natürlichen Lage; von oben medial (re, 600%).

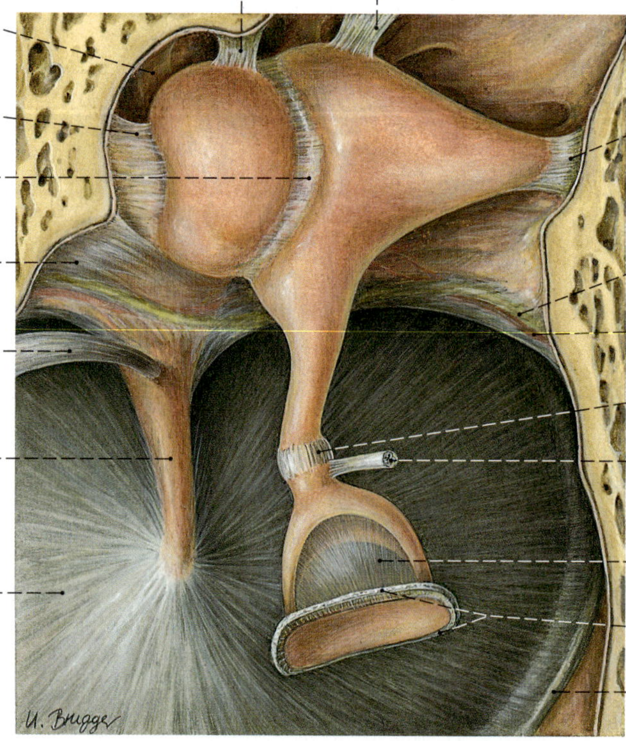

Abb. 675 Gelenke und Bänder der Gehörknöchelchen, Articulationes und Ligamenta ossiculorum auditus; von Schleimhaut bedeckt in situ; von oben medial (re, 800%).

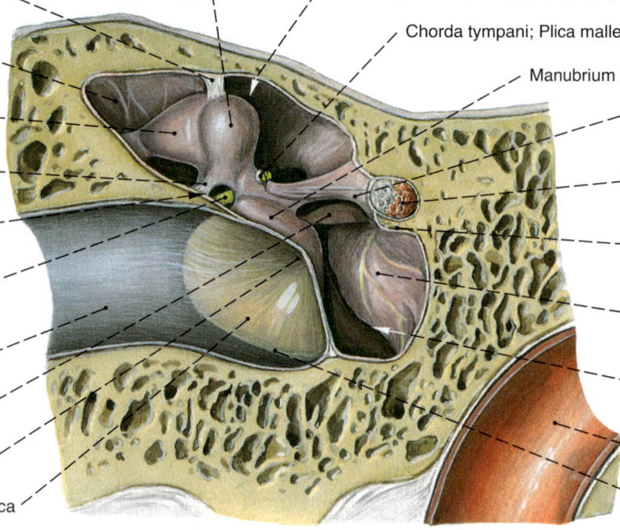

Abb. 676 Paukenhöhle, Cavitas tympani;
Frontalschnitt;
von vorne (re).

Begrenzungen der Paukenhöhle, Cavitas tympani

Name	Bestandteile	Nachbarorgane	Besonderheiten	klinische Komplikationen
Paries tegmentalis (Dach)	Recessus epitympanicus, Tegmen tympani (Os temporale), Sutura petrosquamosa	Fossa cranii media, Meninges, Lobus temporalis	Gefäßkanälchen im Tegmen und in der Sutur: Infektionsweg	Meningitis, Schläfenlappenabszess
Paries jugularis (Boden)	Prominentia styloidea	Fossa jugularis, Bulbus superior venae jugularis	Wechselnde Ausbildung und Größe der Cellulae tympanicae, Knochenplatte kann teilweise fehlen	Septische Thrombose der V. jugularis interna → Pyämie
Paries labyrinthicus (mediale Wand)	Promontorium, Fenestra cochleae, Fenestra vestibuli, Prominentia canalis facialis, Membrana tympanica secundaria	Labyrinthus membranaceus, N. facialis [VII]		Labyrinthinfektion (Taubheit), Fazialisparese
Paries membranaceus (laterale Wand)	Membrana tympanica, Manubrium mallei (Chorda tympani)	Meatus acusticus externus, Kiefergelenk		Perforation des Trommelfells (z.B. durch unsachgemäße Reinigung)
Paries mastoideus (hintere Wand)	Antrum mastoideum, Cellulae mastoideae, Prominentia canalis semicircularis lateralis, Prominentia canalis facialis	N. facialis [VII], Sinus sigmoideus, Fossa cranii posterior, Cerebellum	Unterschiedliche Pneumatisation des Warzenfortsatzes (Cellulae mastoideae)	Mastoiditis, Sinusthrombose, Meningitis, Kleinhirnabszess, Fazialisparese
Paries caroticus (vordere Wand)	Ostium tympanicum tubae auditivae, Canalis musculotubarius	Canalis caroticus, Sinus cavernosus, N. abducens [VI], Ganglion trigeminale	Apikale Pneumatisation der Pyramide (Cellulae tympanicae)	Tube als Infektionsweg der apikalen Cellulae pneumaticae, Abduzensparese, Otitis media häufig tubogen

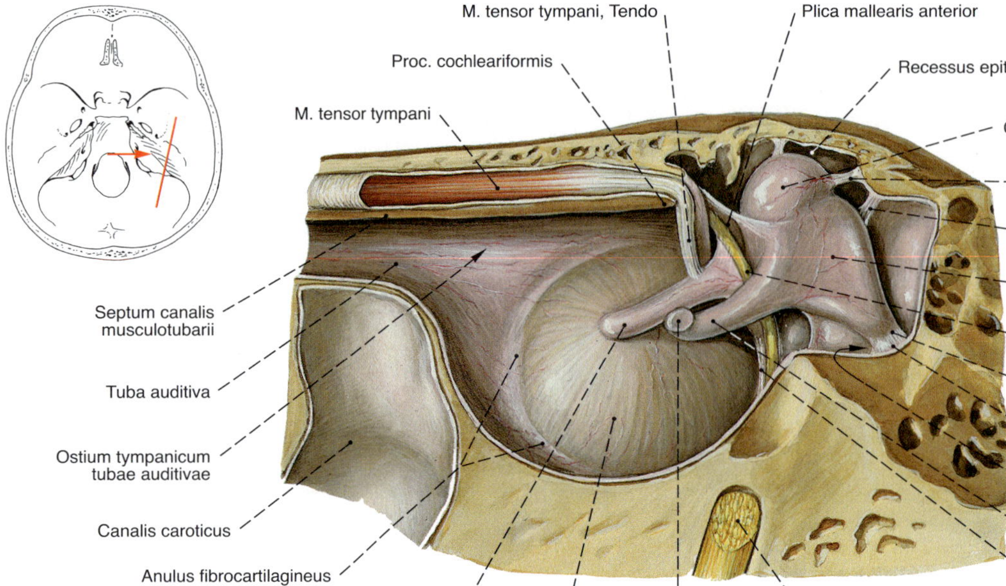

Abb. 677 Laterale Wand, Paries membranaceus, der Paukenhöhle, Cavitas tympani;
Sagittalschnitt nach weitgehender Abtragung der Ohrtrompete und Entfernung der Faszie des M. tensor tympani;
von medial (re, 400%).

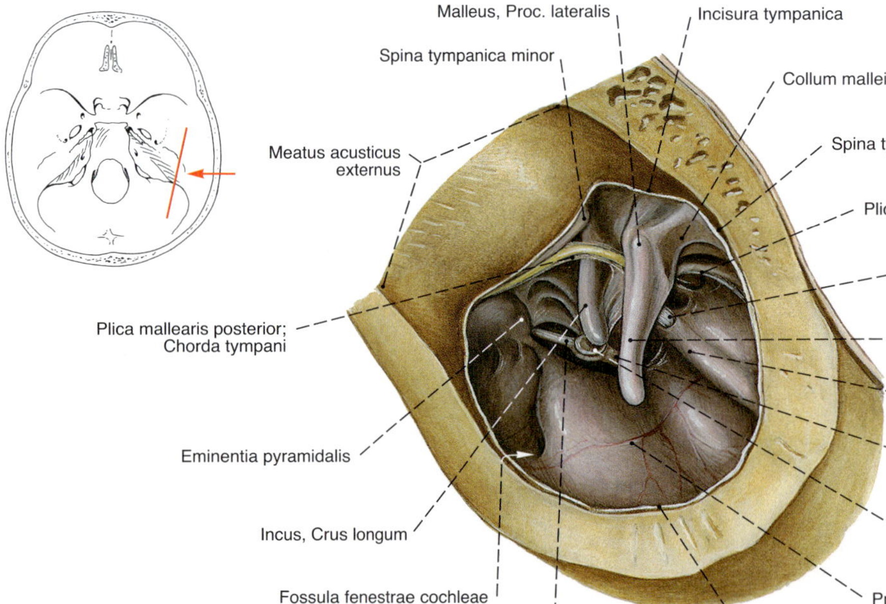

Abb. 678 Paukenhöhle, Cavitas tympani;
nach Entfernung des Trommelfells;
von lateral (re, 400%).

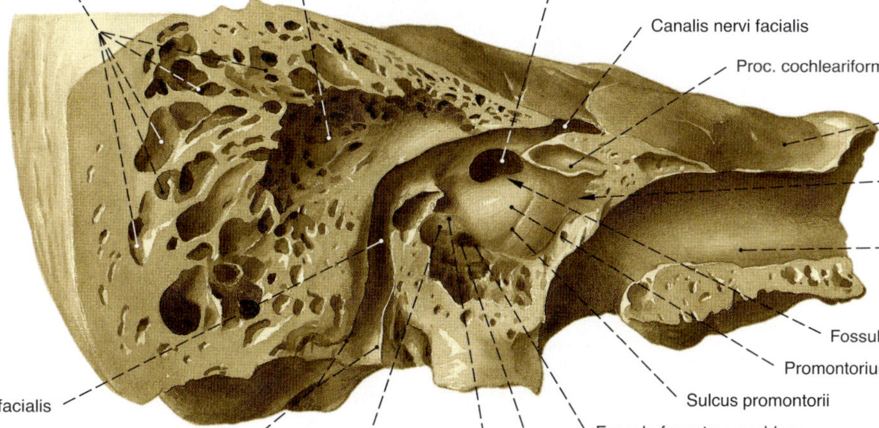

Abb. 679 Mediale Wand, Paries labyrinthicus, der Paukenhöhle, Cavitas tympani;
nach Abtragung der lateralen Wand und der angrenzenden Teile der vorderen und der oberen Wand; Canalis nervi facialis und Canalis caroticus eröffnet;
von lateral vorne (re, 170%).

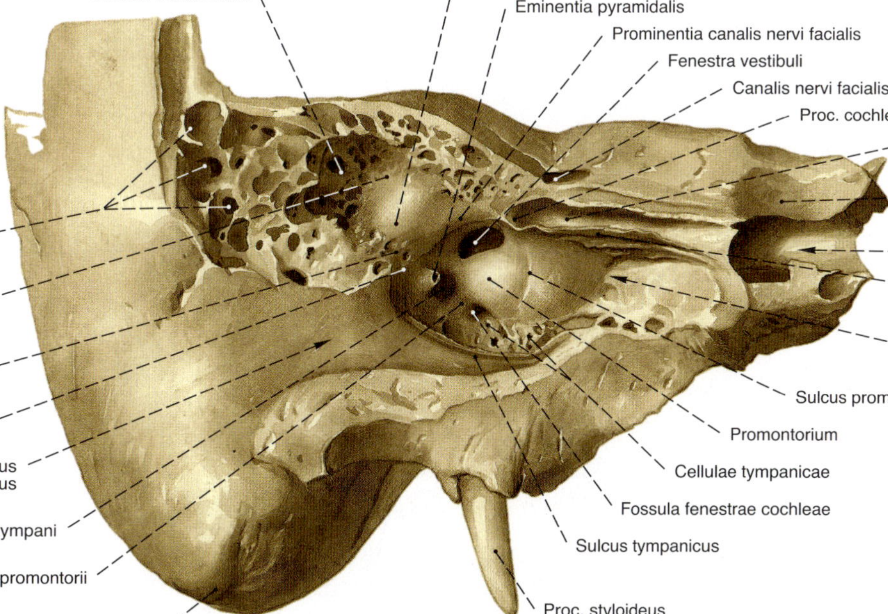

Abb. 680 Mediale Wand, Paries labyrinthicus, der Paukenhöhle, Cavitas tympani;
vertikaler Schnitt in der Längsachse des Felsenbeins;
von lateral vorne (re, 170%).

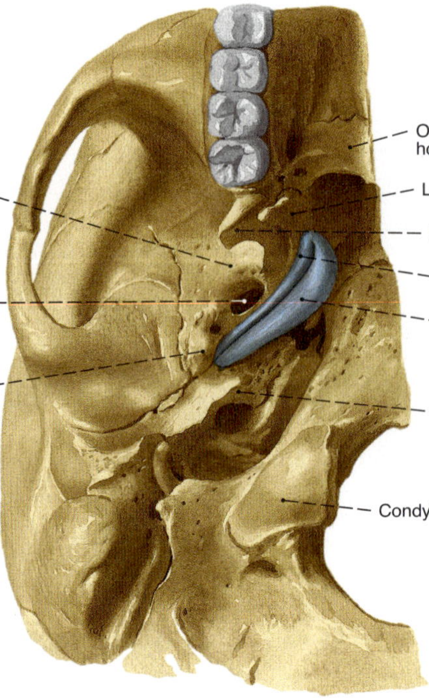

Abb. 681 Tubenknorpel, Cartilago tubae auditivae; an der Schädelbasis freipräpariert; von unten (re).

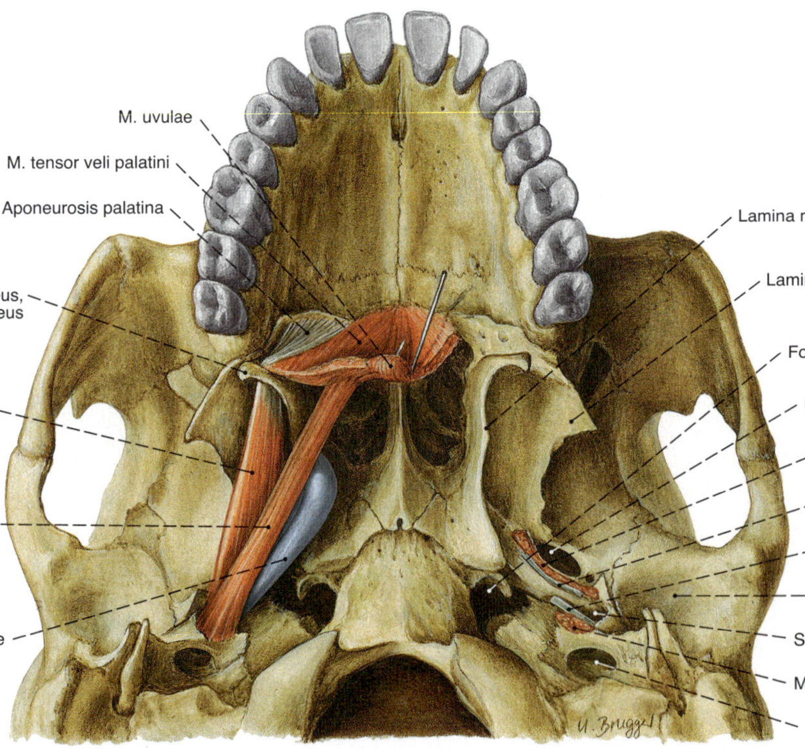

Abb. 682 Mm. levator et tensor veli palatini und Tubenknorpel, Cartilago tubae auditivae; links Ursprünge dargestellt; Gaumensegel nach vorne weggezogen; von unten.

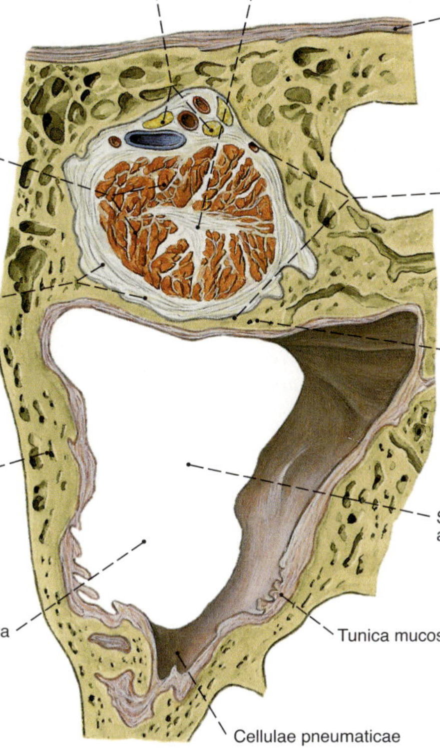

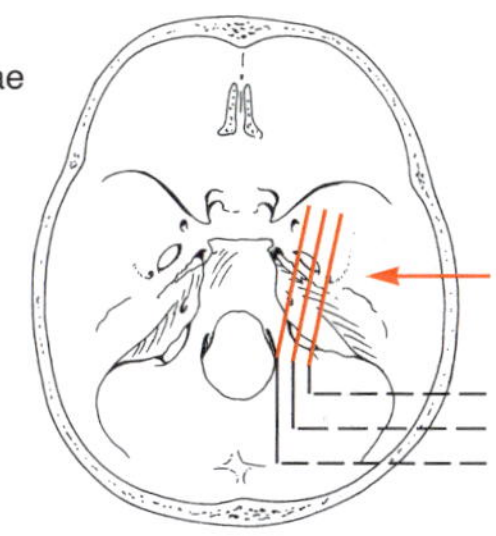

Abb. 683 Ohrtrompete, Tuba auditiva; Querschnitt auf Höhe der Pars ossea; von lateral (re, 1500%).

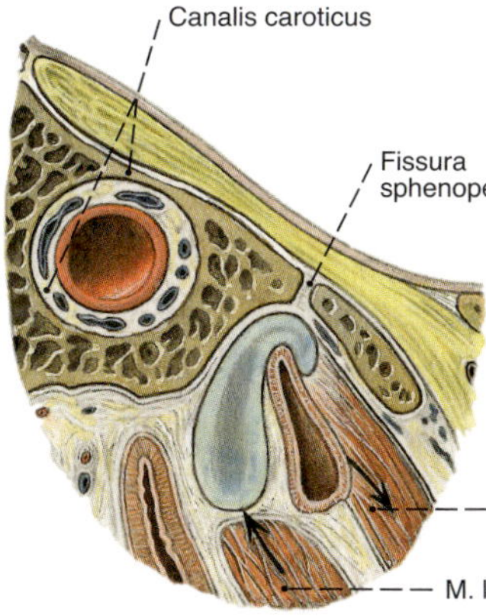

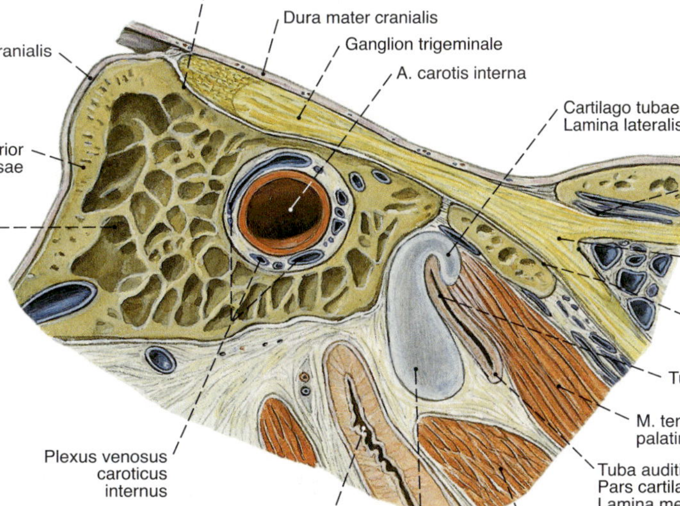

Abb. 684 Ohrtrompete, Tuba auditiva; Querschnitt auf Höhe des lateralen Anteils der Pars cartilaginea; von lateral (re, 400%).

Abb. 685 Ohrtrompete, Tuba auditiva; Querschnitt auf Höhe des medialen Anteils der Pars cartilaginea; von lateral (re, 400%).

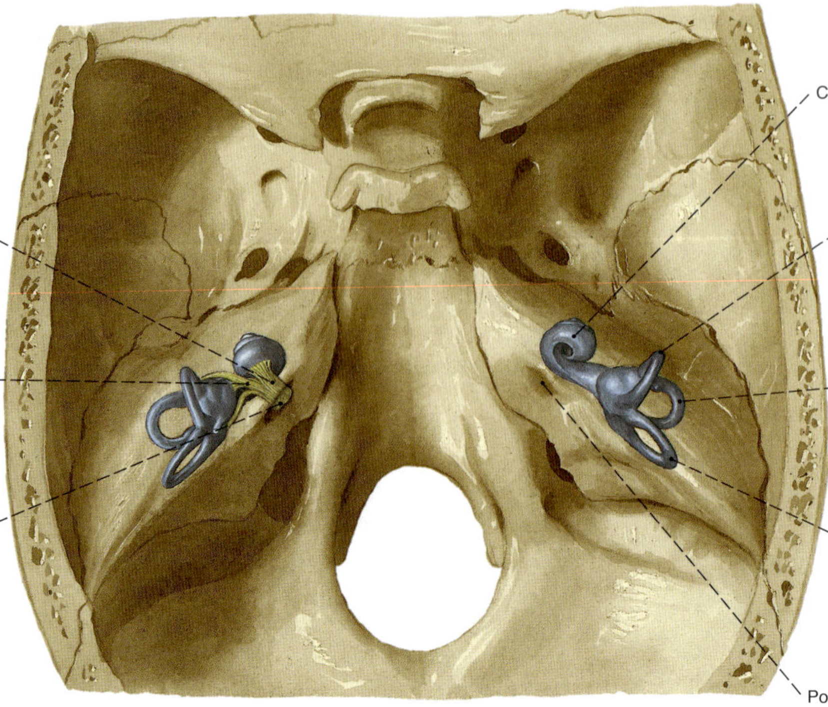

Abb. 686 Innenohr, Auris interna, und N. vestibulocochlearis [VIII];
Ausgussmodelle in ihrer natürlichen Position auf das Felsenbein projiziert;
von oben.

Die Schneckenachse ist von medial-hinten-oben nach lateral-vorne-unten eingestellt.

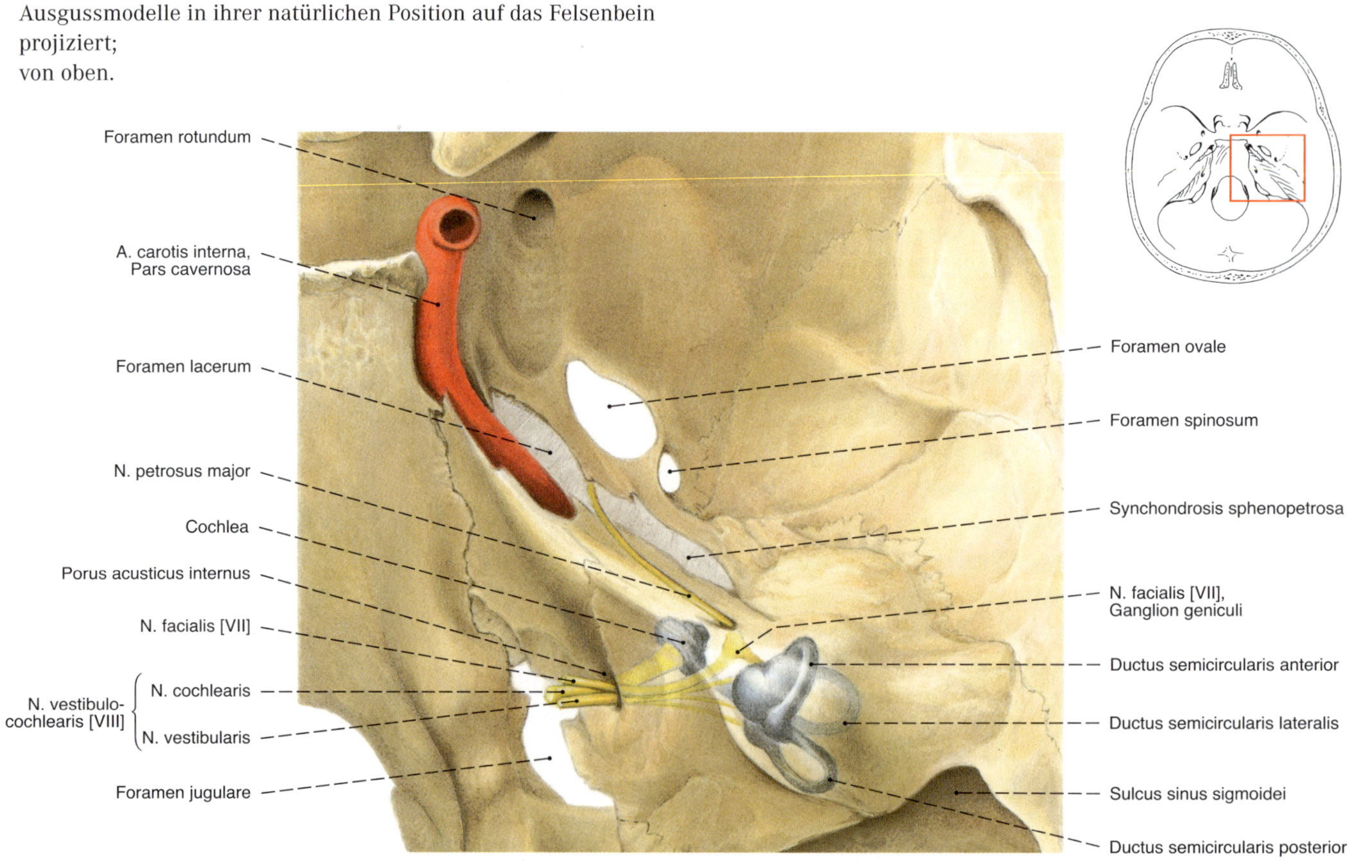

Abb. 687 Innenohr, Auris interna, mit N. facialis [VII] und N. vestibulocochlearis [VIII];
Projektion nach innen;
von oben (re).

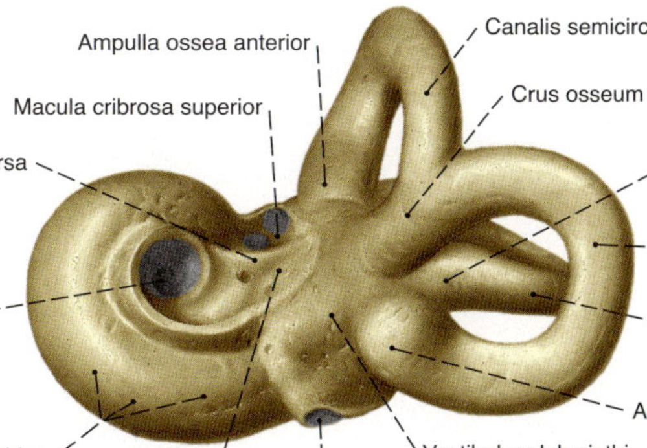

Abb. 688 Knöchernes Labyrinth, Labyrinthus osseus; knöcherne Umhüllung des häutigen Labyrinths aus dem Felsenbein herausgefräst; von hinten oben (re, 300%).

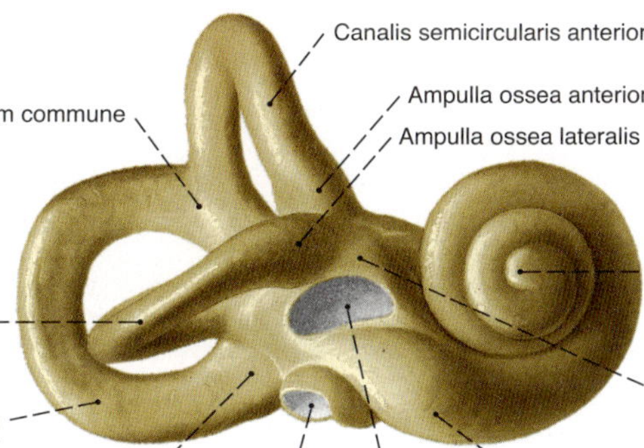

Abb. 689 Knöchernes Labyrinth, Labyrinthus osseus; knöcherne Umhüllung des häutigen Labyrinths aus dem Felsenbein herausgefräst; von lateral vorne (re, 300%).

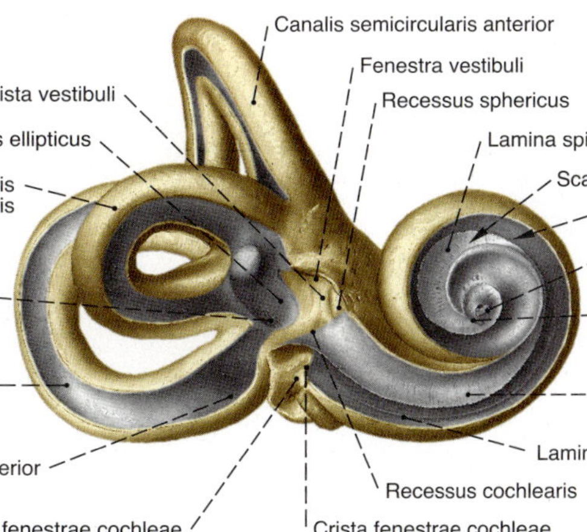

Abb. 690 Knöchernes Labyrinth, Labyrinthus osseus; Hohlräume aufgefräst; von lateral vorne (re, 300%).

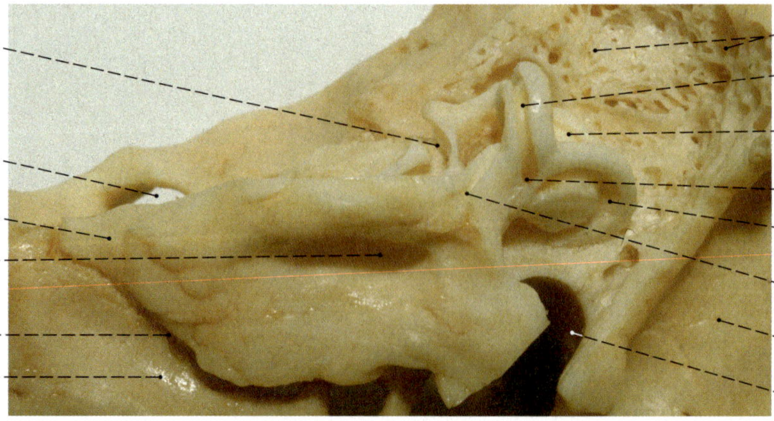

a

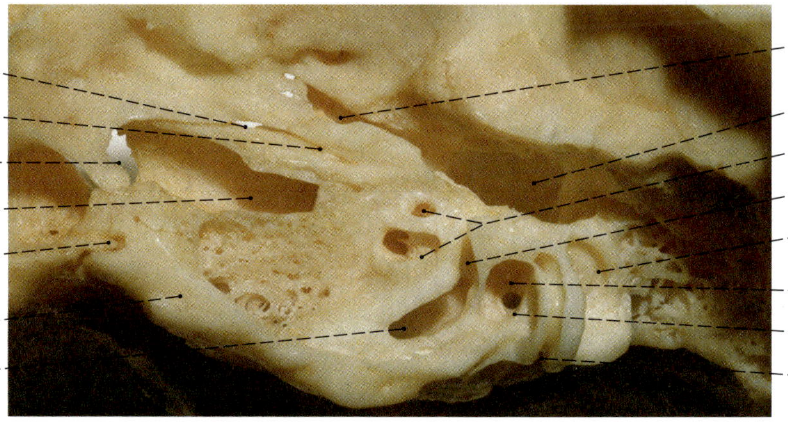

b

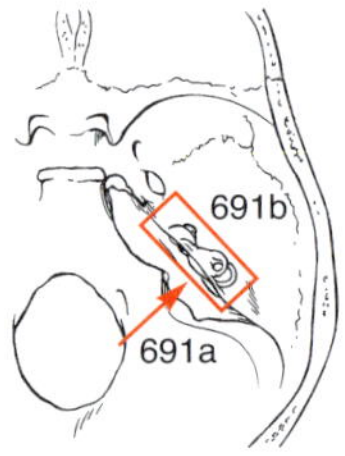

Abb. 691 a, b Knöchernes Labyrinth, Labyrinthus osseus; aus dem Felsenbein herausgefräst.
a von hinten oben (re, 300%)
b von oben (re, 300%)

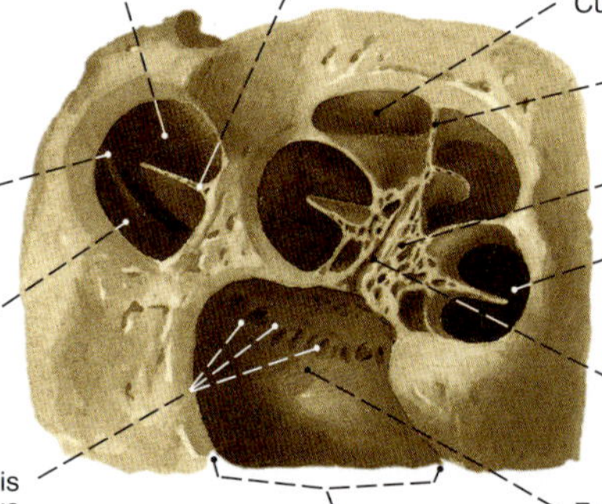

Abb. 692 Schneckengang, Canalis spiralis cochleae; in der Achse des Modiolus aufgefräst; von oben (li, 400%).

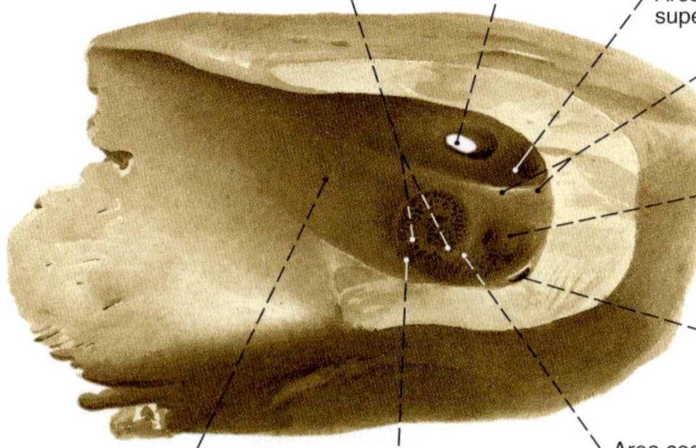

Abb. 693 Innerer Gehörgang, Meatus acusticus internus, und Boden des inneren Gehörgangs, Fundus meatus acustici interni; nach teilweiser Abtragung der Hinterwand; von medial (re, 500%).

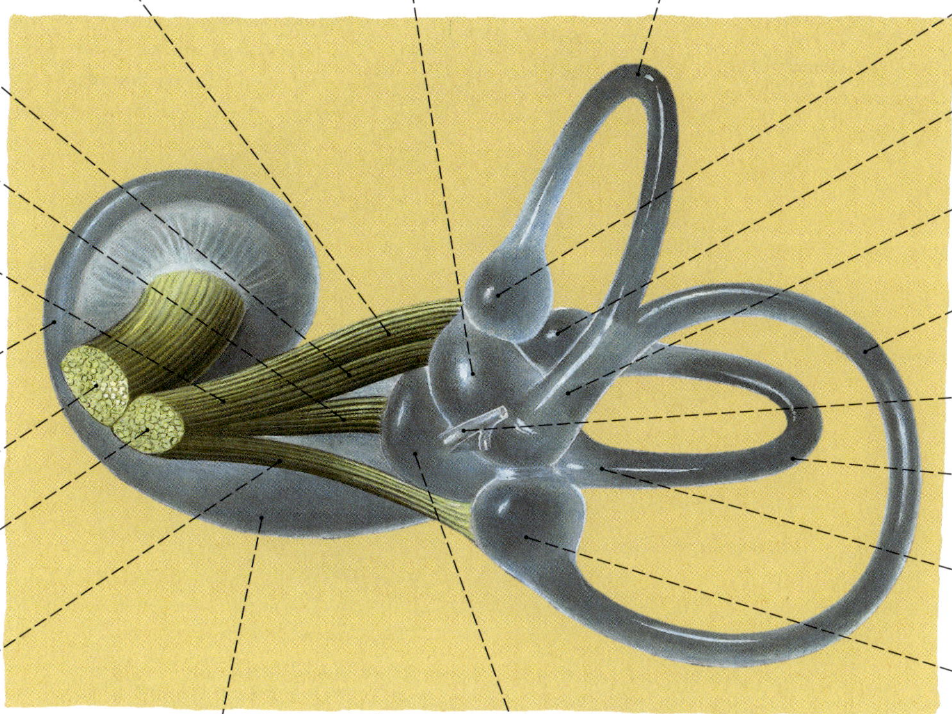

Abb. 694 N. vestibulocochlearis [VIII] und häutiges Labyrinth, Labyrinthus membranaceus; halbschematische Übersicht; von hinten (re, 700%).

Abb. 695 Häutiges Labyrinth, Labyrinthus membranaceus; Übersicht.

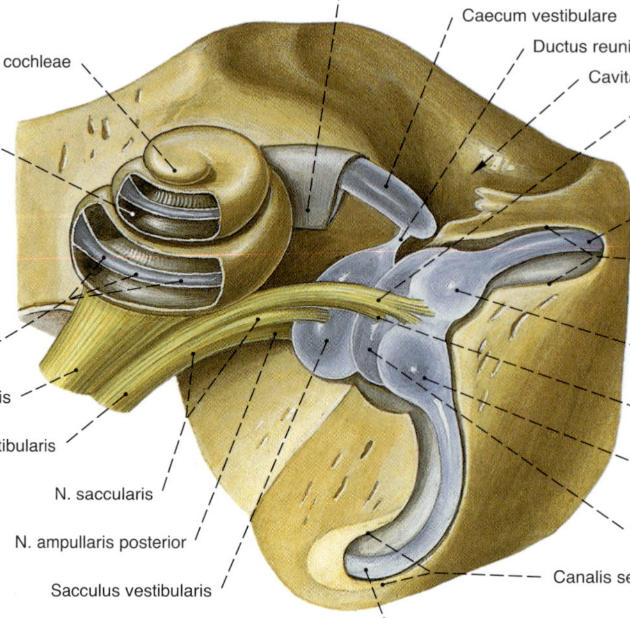

Abb. 696 N. vestibulocochlearis [VIII] und häutiges Labyrinth, Labyrinthus membranaceus;
leicht schematisierte Übersicht nach teilweiser Abfräsung der kortikalen Knochenhülle;
von oben (re, 300%).

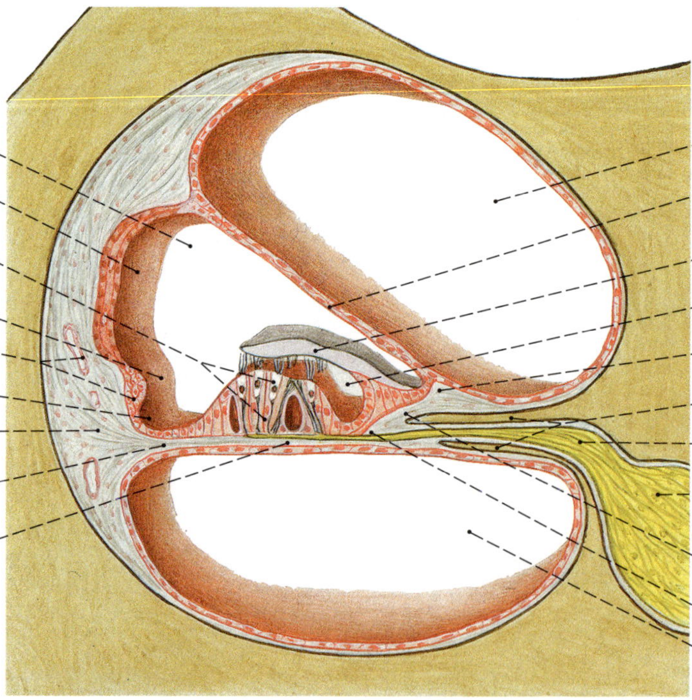

Abb. 697 Schnecke, Cochlea, mit Gehörorgan, Organum spirale;
etwas schematisierter Querschnitt durch eine Windung;
(2000%).

* Klinisch: Cortisches Organ
** Klinisch: Reissnersche Membran

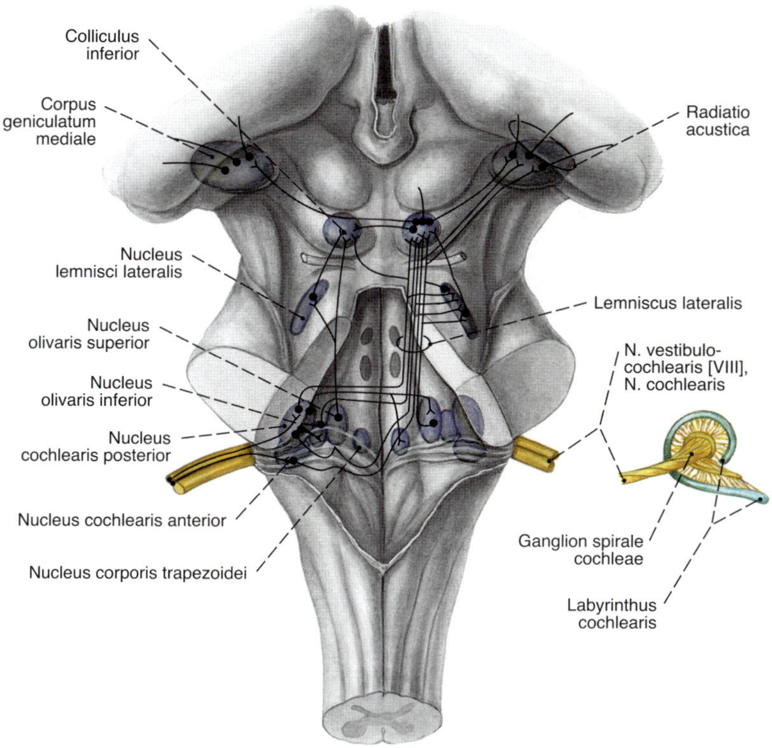

Abb. 698 Hörbahn; Übersicht.

Hörbahn (zum größeren Teil gekreuzt)

1. Neuron: Bipolare Zellen des Ganglion spirale cochleae. Die Neuriten vereinigen sich zum N. cochlearis des N. vestibulocochlearis. Fasern aus den basalen Schneckenanteilen verlaufen zum Nucleus cochlearis posterior, diejenigen aus den apikalen Anteilen zum Nucleus cochlearis anterior.
2. Neuron: Multipolare Ganglienzellen der Nuclei cochleares. Die Fasern aus dem Nucleus cochlearis anterior ziehen großteils im Corpus trapezoideum (teilweise Umschaltung auf ein weiteres Neuron im Nucleus corporis trapezoidei) zur Gegenseite und bauen den Lemniscus lateralis auf, der eine Verbindung zum Colliculus inferior herstellt. Nur wenige schließen sich dem Lemniscus lateralis derselben Seite an. Die Neuriten des Nucleus cochlearis posterior kreuzen oberflächlich die Fossa rhomboidea und treten in den Lemniscus lateralis der Gegenseite ein.
3. oder 4. Neuron: Vom Colliculus inferior aus werden Verbindungen zum Colliculus superior, zum Kleinhirn, vor allem aber zum Corpus geniculatum mediale hergestellt.
4. oder 5. Neuron: Die Radiatio acustica verbindet das Corpus geniculatum mediale mit der HESCHLschen Querwindung und dem WERNICKEschen Zentrum des Schläfenlappens.

Gleichgewichtsbahn

1. Neuron: Bipolare Zellen des Ganglion vestibulare. Die Neuriten bilden am Boden des inneren Gehörgangs den N. vestibularis des N. vestibulocochlearis und ziehen zu den Nuclei vestibulares.
2. und folgende Neurone: Vom Nucleus vestibularis lateralis (DEITERSscher Kern) aus ziehen Fasern zur Formatio reticularis, zu den motorischen Kernen des III., IV. und VI. Hirnnerven (über den Fasciculus longitudinalis medialis), zum Nucleus ruber und als Tractus vestibulospinalis in die Vordersäule des Rückenmarks.
   Aus dem Nucleus vestibularis medialis (SCHWALBEscher Kern) und dem Nucleus vestibularis inferior (ROLLERscher Kern) gehen Anteile des Tractus vestibulospinalis und Verbindungen in die Formatio reticularis hervor.
   Der Nucleus vestibularis superior (BECHTEREWscher Kern) liefert u.a. Fasern für das Kleinhirn.

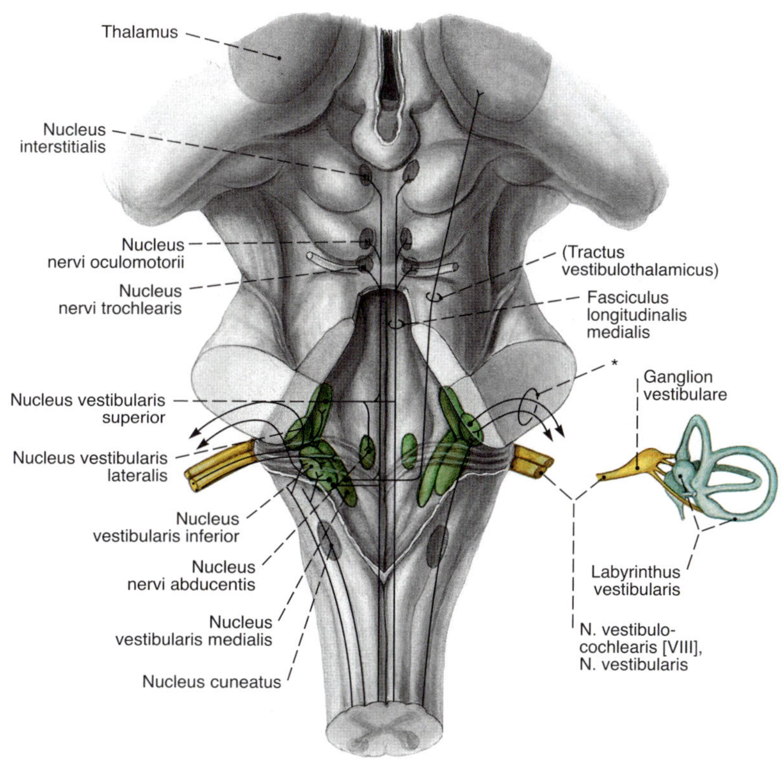

Abb. 699 Gleichgewichtsbahn; Übersicht.

* Verbindungen zum Kleinhirn

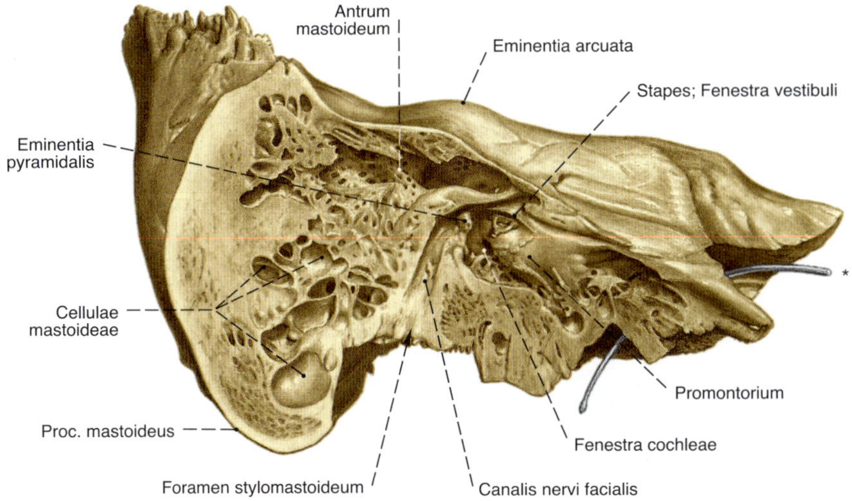

Abb. 700 Felsenbein, Os temporale, Pars petrosa; vertikaler Schnitt in der Längsachse; von vorne (li).
* Sonde im Canalis caroticus

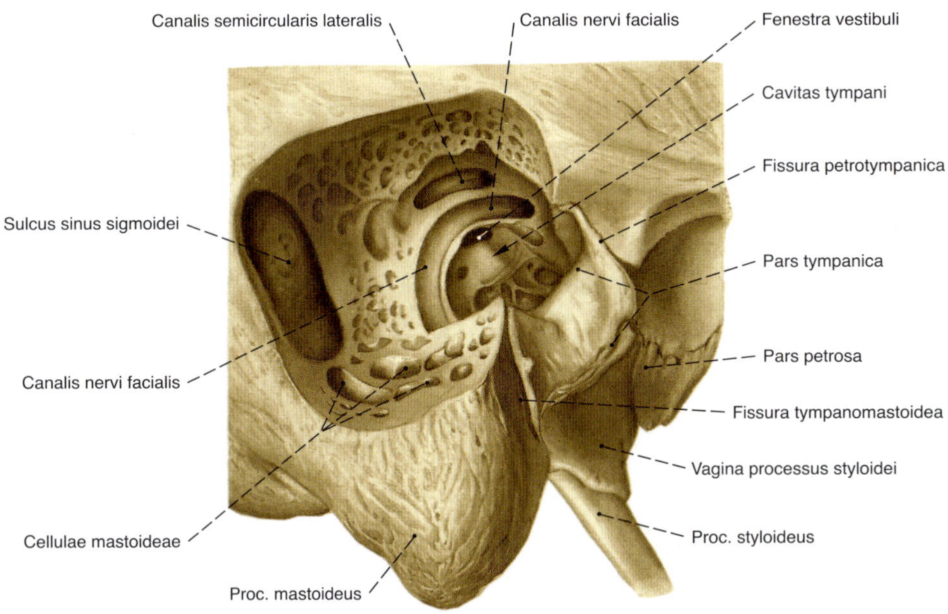

Abb. 701 Schläfenbein, Os temporale; Binnenräume und Sulcus sinus sigmoidei aufgefräst; von lateral (re).

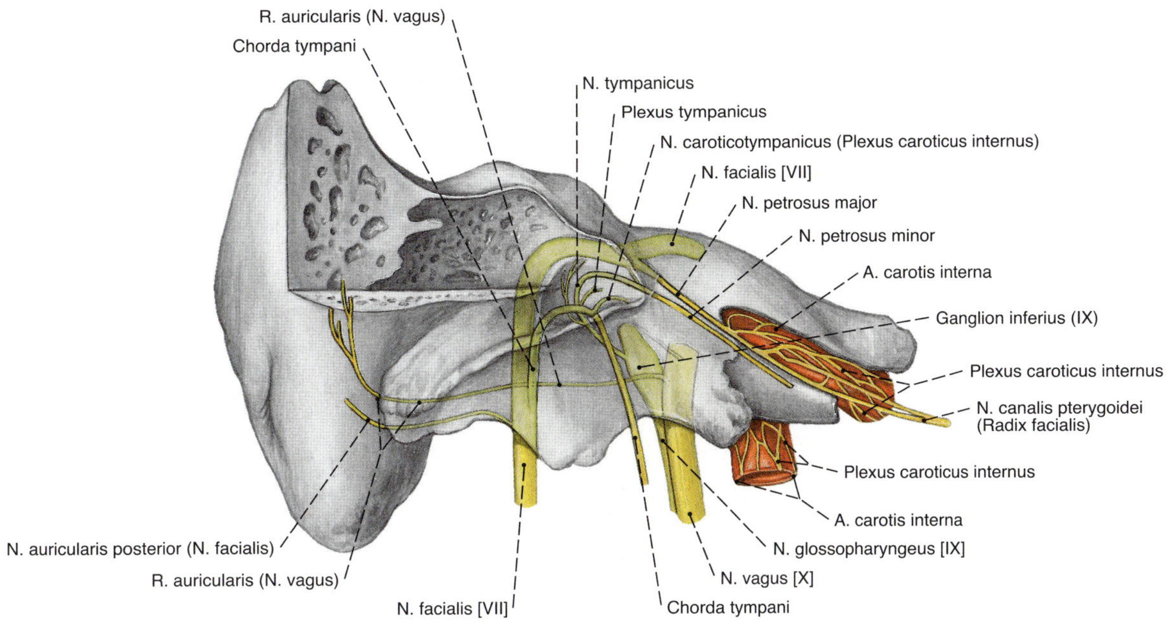

Abb. 702 Nn. facialis [VII], glossopharyngeus [IX] und vagus [X];
Felsenbein teilweise ausgeschnitten; Nerven durchscheinend dargestellt;
von vorne (re).

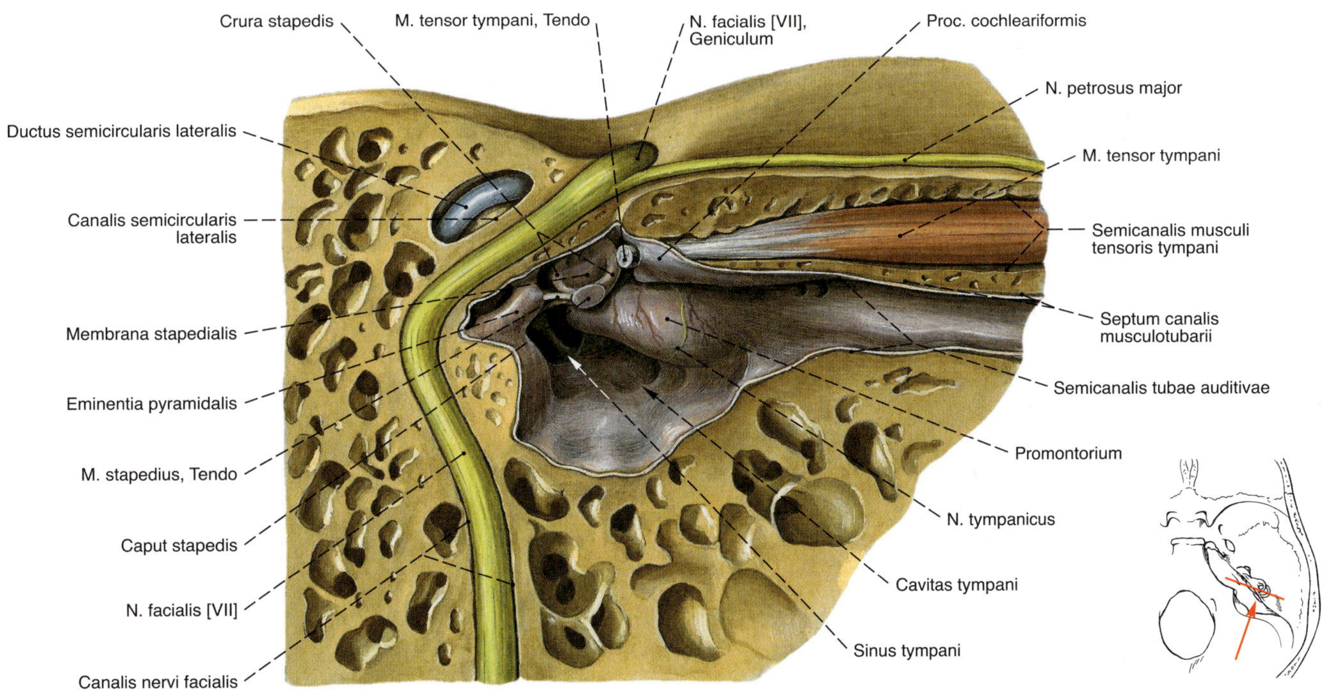

Abb. 703 N. facialis [VII] und Paukenhöhle, Cavitas tympani;
vertikaler Schnitt in Längsachse des Felsenbeins;
Fazialiskanal eröffnet;
von vorne (re).

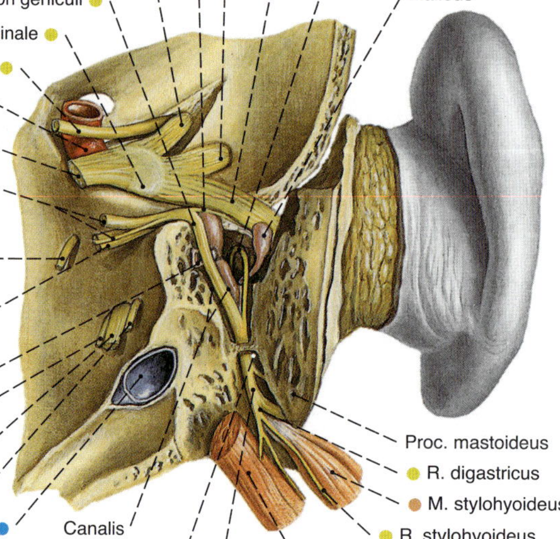

Abb. 704 N. facialis [VII] im Felsenbein, Os temporale, Pars petrosa;
Felsenbein teilweise ausgesägt; Fazialiskanal und Paukenhöhle eröffnet;
von hinten (li).

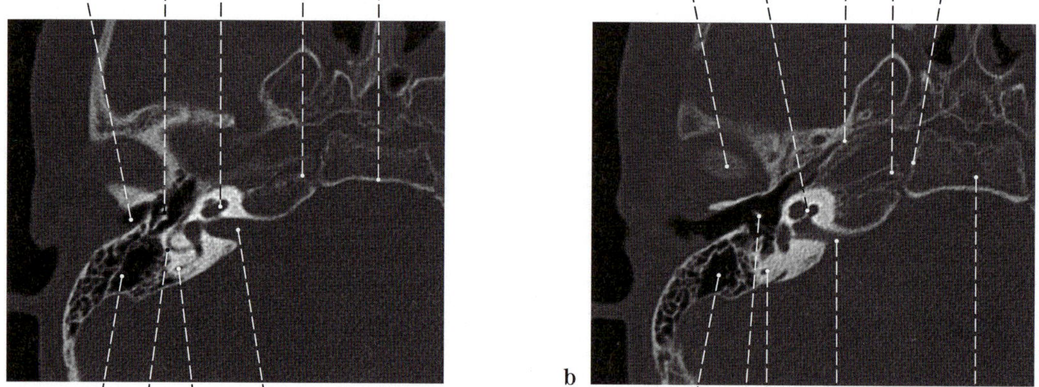

Abb. 705 a, b Felsenbein, Os temporale, Pars petrosa;
(hochauflösende) computertomographische Horizontalschnitte (HRCT);
von kaudal (re).

a durch den Canalis semicircularis lateralis

b kaudal des Canalis semicircularis lateralis

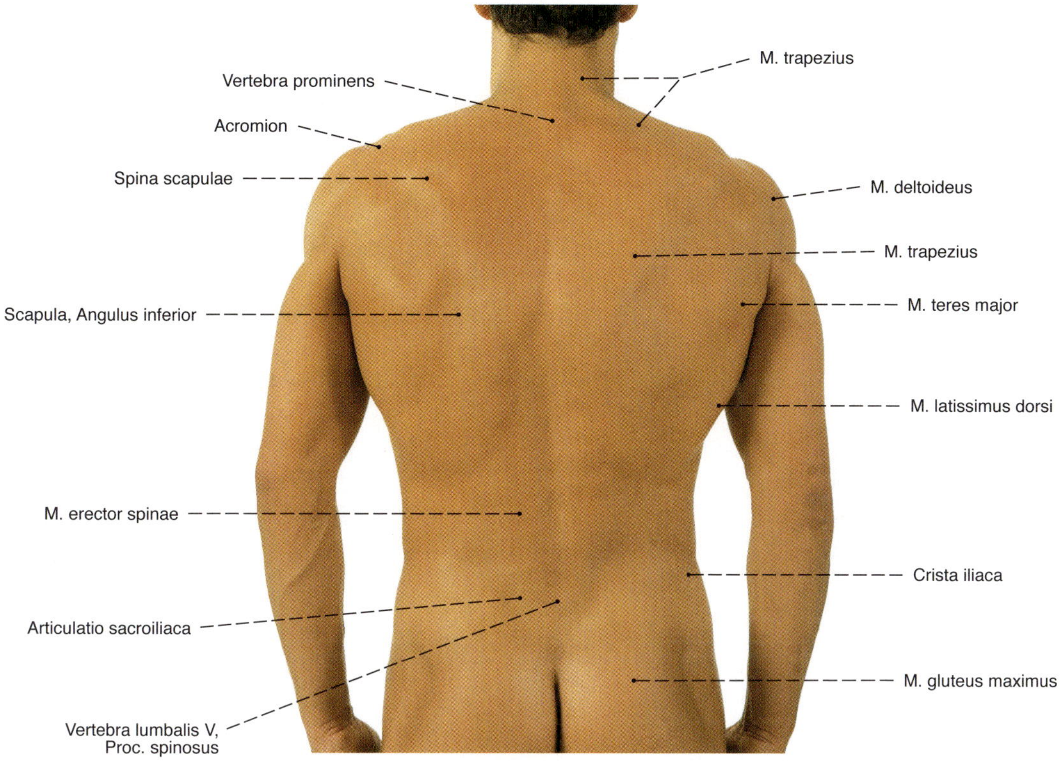

Abb. 706 Rücken, Dorsum; Oberflächenrelief.

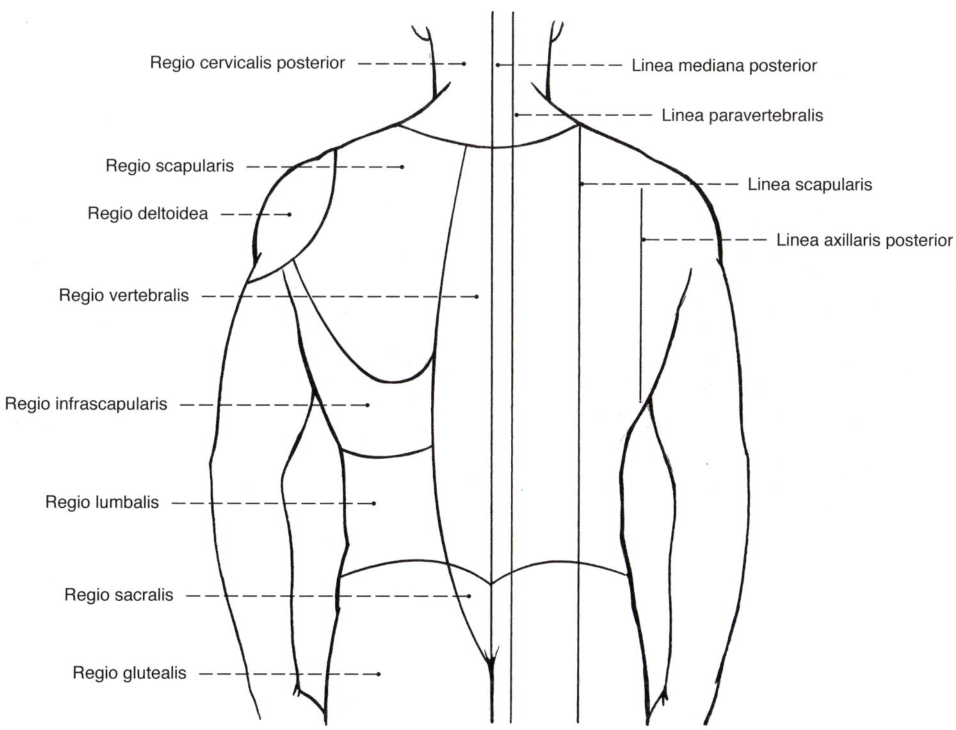

Abb. 707 Regionen und Orientierungslinien am Rücken.

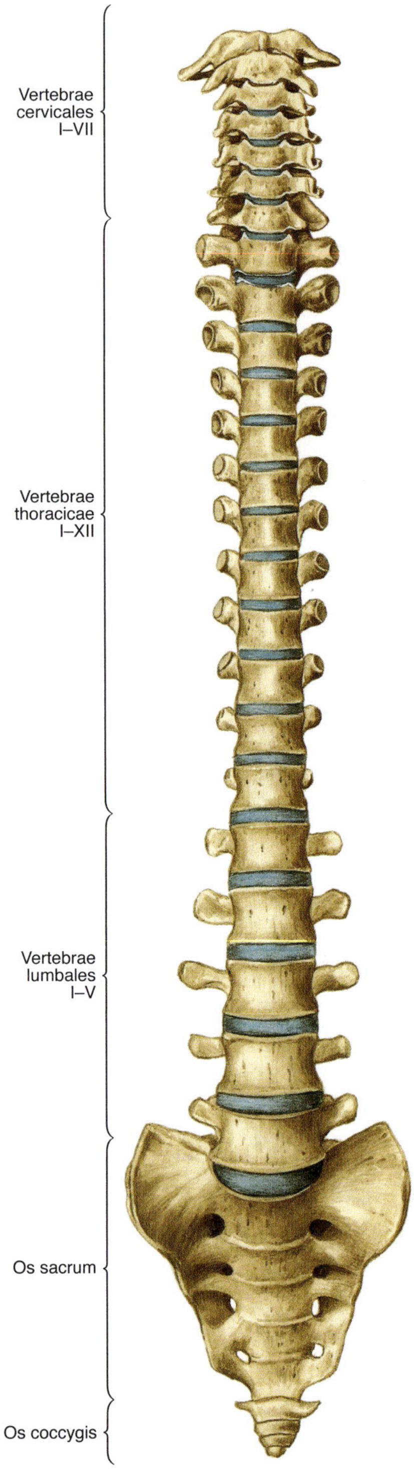

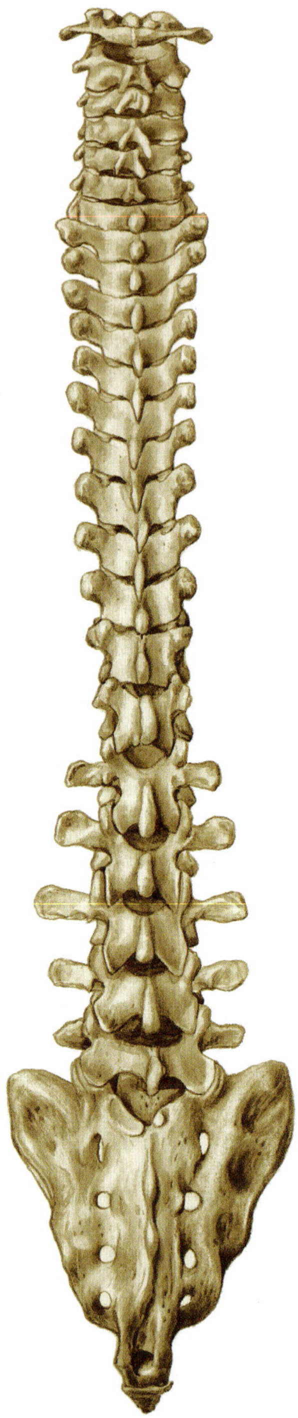

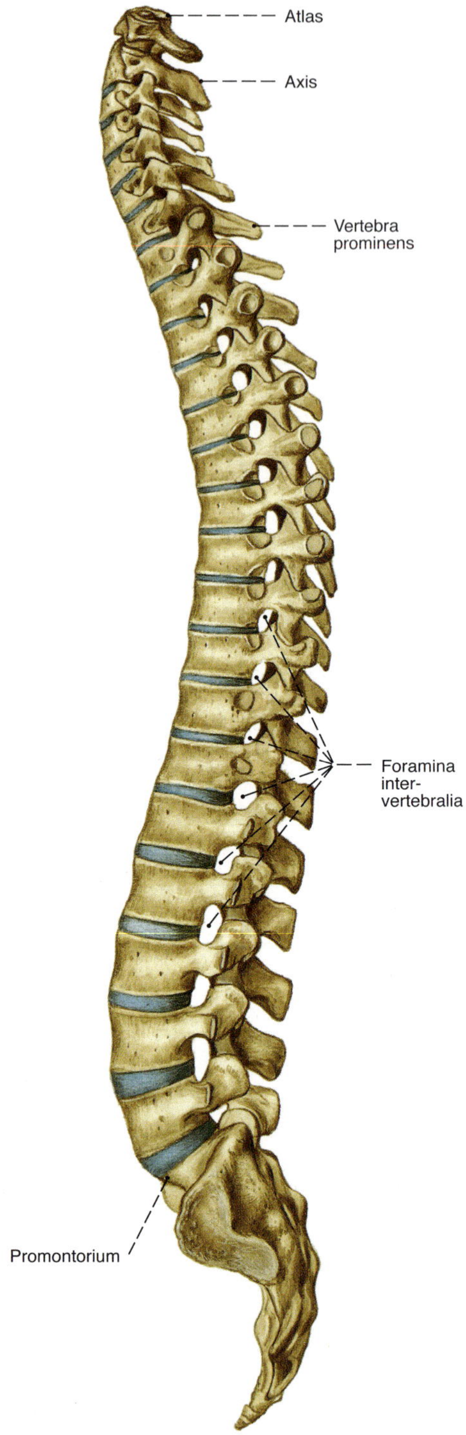

Abb. 708 Wirbelsäule, Columna vertebralis; Zwischenwirbelscheiben blau dargestellt; von ventral (30%).

Abb. 709 Wirbelsäule, Columna vertebralis; von dorsal (30%).

Abb. 710 Wirbelsäule, Columna vertebralis; Zwischenwirbelscheiben blau dargestellt; von lateral (li, 30%).

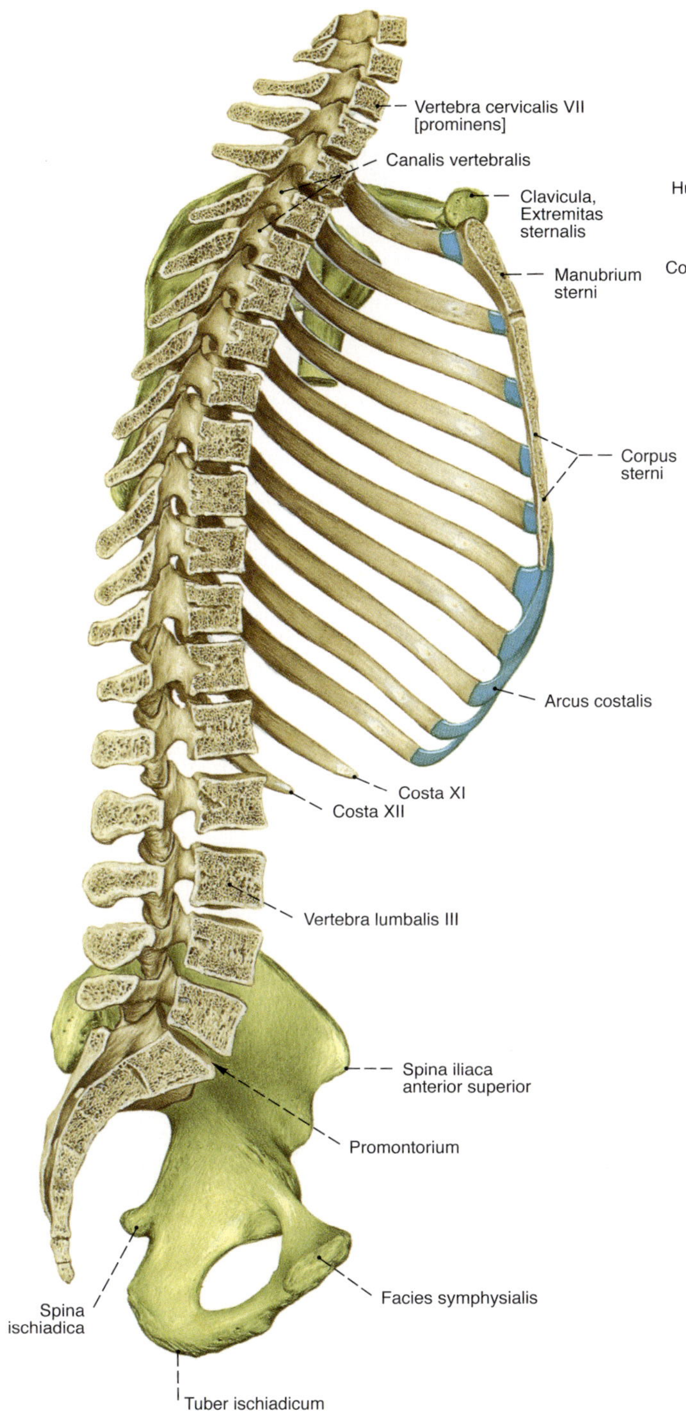

Abb. 711 Wirbelsäule, Columna vertebralis; Schultergürtel, Cingulum pectorale; Beckengürtel, Cingulum pelvicum;
Wirbelsäule median gespalten;
von medial (li, 25%).

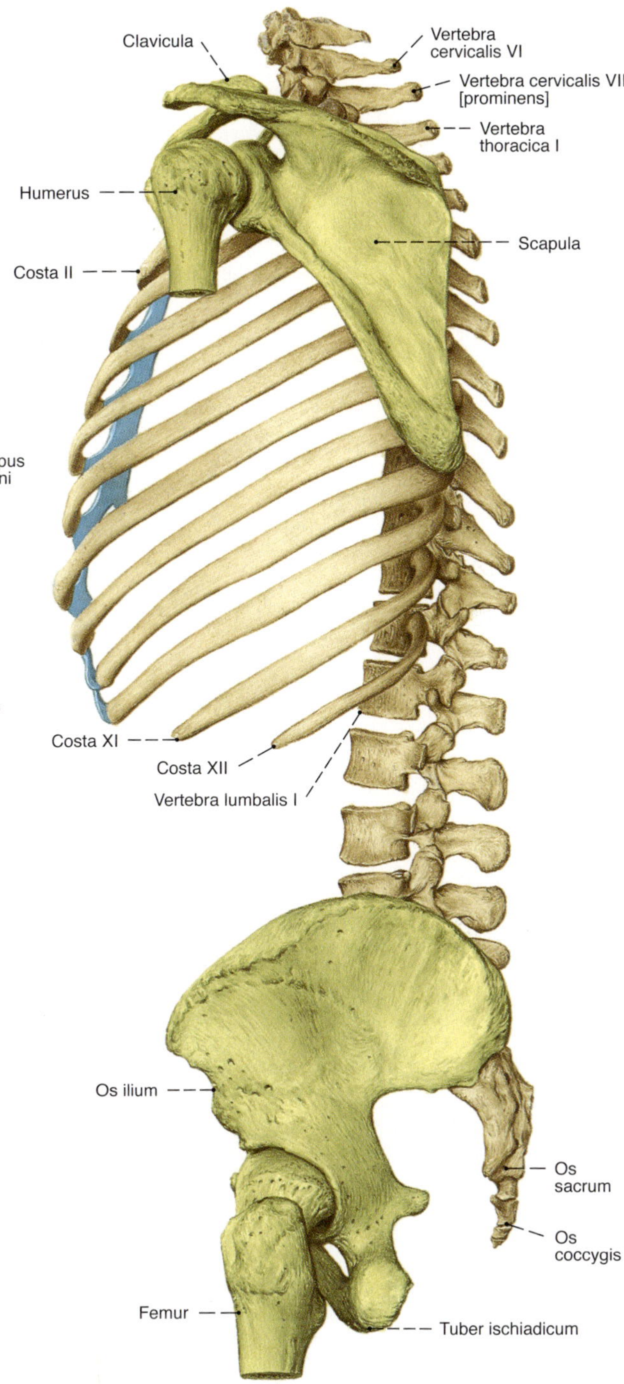

Abb. 712 Wirbelsäule, Columna vertebralis; Schultergürtel, Cingulum pectorale; Beckengürtel, Cingulum pelvicum;
Wirbelsäule median gespalten;
von lateral (li, 25%).

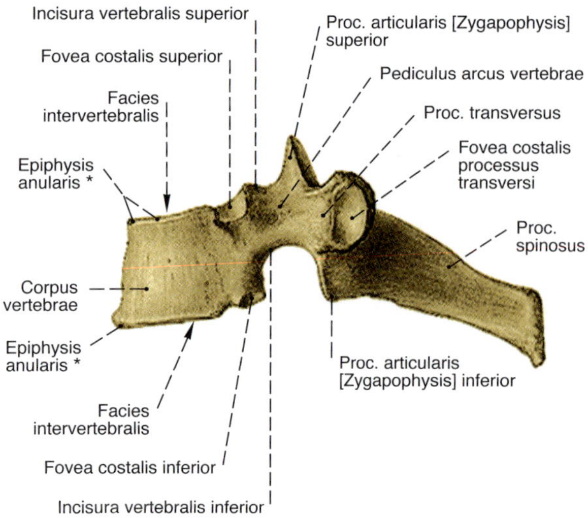

Abb. 713 Wirbel, Vertebra;
Baumerkmale am Beispiel eines 5. Brustwirbels; von lateral (80%).

* Auch: Randleiste

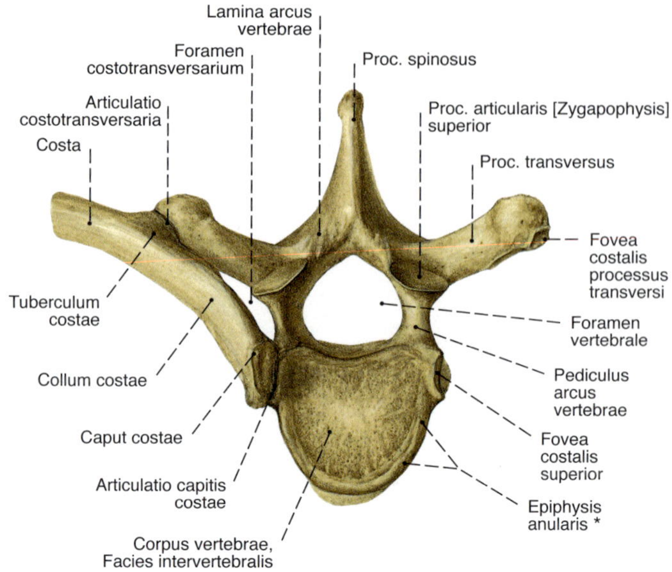

Abb. 714 Wirbel, Vertebra;
Baumerkmale am Beispiel eines 5. Brustwirbels; von kranial (80%).

* Auch: Randleiste

Baumerkmale typischer Wirbel (ausgenommen Atlas und Axis)

	7 Halswirbel, Vertebrae cervicales I–VII	**12 Brustwirbel, Vertebrae thoracicae I–XII**	**5 Lendenwirbel, Vertebrae lumbales I–V**	**Kreuzbein, Os sacrum aus 5 Wirbeln [Vertebrae sacrales I–V]**
Endflächen der Wirbelkörper (Deckplatte bzw. Grundplatte)	Rechteckig, klein mit Unci corporum an den oberen Endflächen	Dreieckige Grundform, nach kaudal hin Abrundung	Bohnenförmig, groß	
Wirbelloch, Foramen vertebrale	Groß, dreieckiger Querschnitt	Runder Querschnitt	Klein, dreieckiger Querschnitt	Kanal, Canalis sacralis, ovaler Querschnitt
Gelenkflächen, Procc. articulares [Zygapophyses]	Schräg nach dorsal abdachend	Frontal eingestellt, nach hinten abdachend	Lateraler Anteil: sagittal eingestellt; medialer Anteil: frontal eingestellt	Verschmolzen zur Crista sacralis medialis
Querfortsätze, Procc. transversi	Besitzen ein Tuberculum anterius, ein Tuberculum posterius und einen Sulcus nervi spinalis sowie ein Foramen transversarium	Keulenförmig mit Foveae costales	Procc. mamillares et accessorii	Verschmolzen zur Crista sacralis lateralis
Dornfortsätze, Procc. spinosi	Horizontal, kurz, in zwei Spitzen auslaufend	Unterschiedlich steil kaudalwärts gerichtet	Horizontal, seitlich abgeplattet, massiv ausgebildet	Verschmolzen zur Crista sacralis mediana
Einbau von Rippenrudimenten (Parietalspangen)	Ventraler Teil des Proc. transversus und Tuberculum dorsale	Keine, da die Rippen ausgebildet sind	Procc. costales	Partes laterales
Kennzeichnendes Merkmal	Foramen transversarium	Foveae costales superior et inferior	Procc. mamillares et accessorii	Wirbel synostotisch verbunden

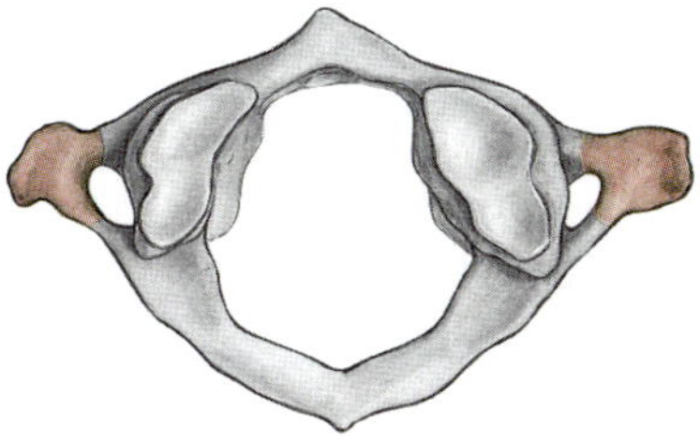

a

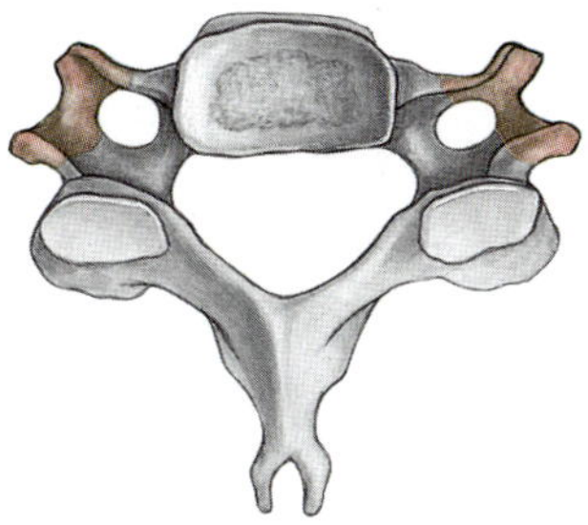

b

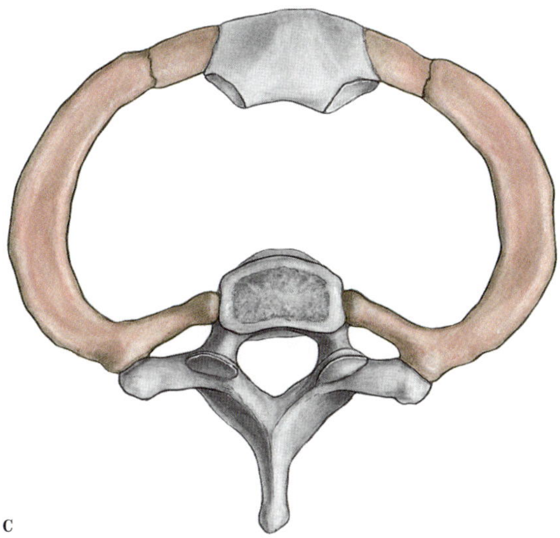

c

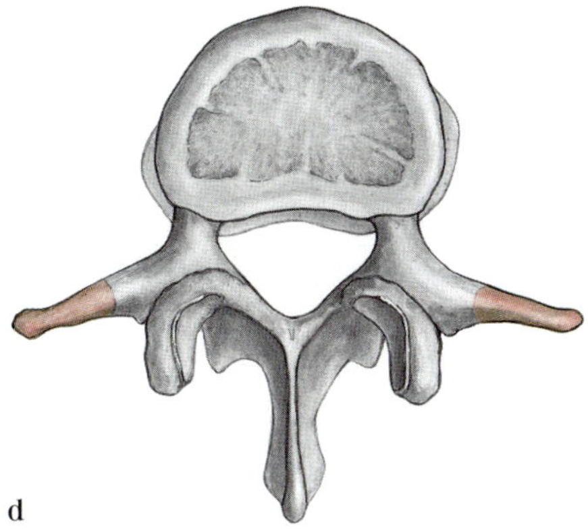

d

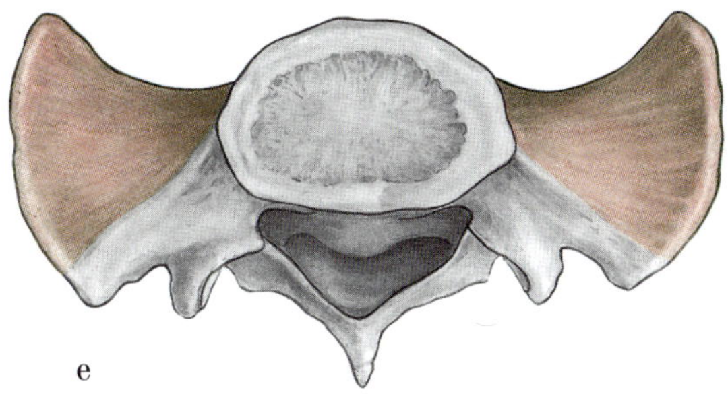

e

Abb. 715 a–e Regionale Charakteristika der Wirbel. Nur im Bereich der Brustwirbelsäule ist das aus den Parietalspangen stammende Material (dunkler dargestellt) in Form der Rippen selbständig geblieben.

a 1. Halswirbel, Atlas
b 4. Halswirbel, Vertebra cervicalis IV
c 1. Brustwirbel, Vertebra thoracica I, zugehörige Rippen, Costae, und Brustbein, Sternum
d 3. Lendenwirbel, Vertebra lumbalis III
e Kreuzbein, Os sacrum

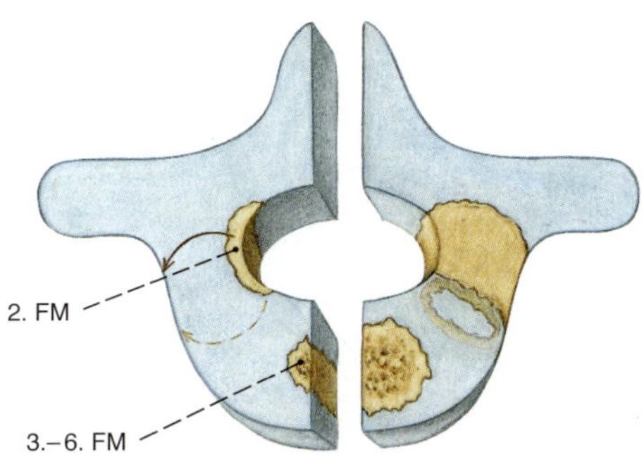

Abb. 716 Wirbelentwicklung.
Auftreten der primären Knochenkerne (Pediculus, 2. Fetalmonat; Corpus, 3.–6. Fetalmonat) am Beispiel eines Lendenwirbels. Die Synostosierung der Wirbelbogenkerne mit dem Wirbelkörperkern erfolgt zwischen dem 3. und dem 6. Lebensjahr.

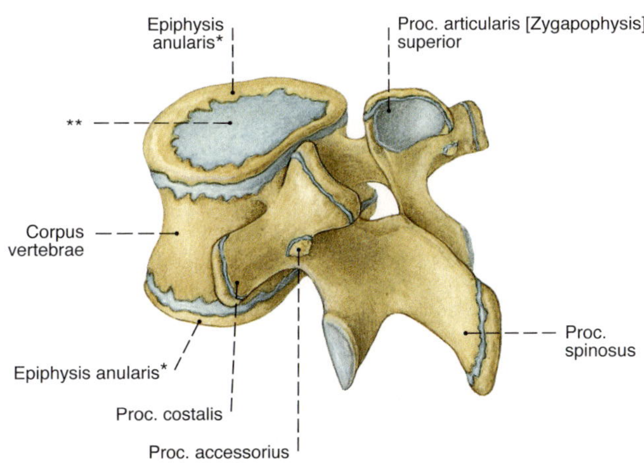

Abb. 717 Wirbelentwicklung.
In den Wirbelkörperepiphysen treten um das 8. Lebensjahr ringförmige Knochenkerne (= Randleisten*) auf, die bis zum 18. Lebensjahr mit den Wirbelkörpern synostosieren. Die zentralen Anteile der Epiphysen bleiben zeitlebens als hyalinknorpelige Platten** erhalten.
An den Fortsätzen bilden sich sekundäre Knochenkerne (Apophysen) aus.

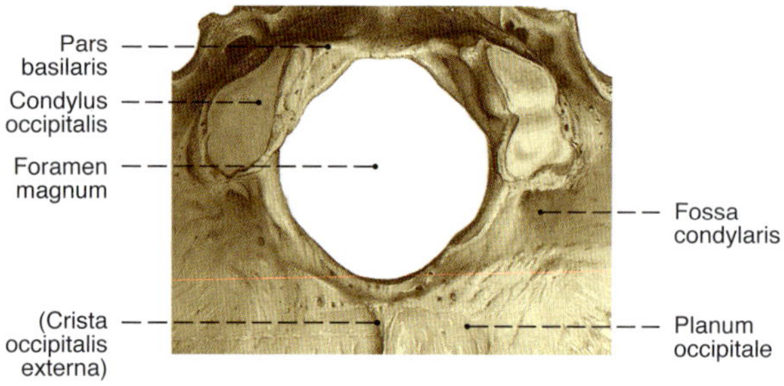

Abb. 718 Hinterhauptsbein, Os occipitale; Ausschnitt mit dem Hinterhauptsloch und den Gelenkkörpern für das obere Kopfgelenk; von kaudal (80%).

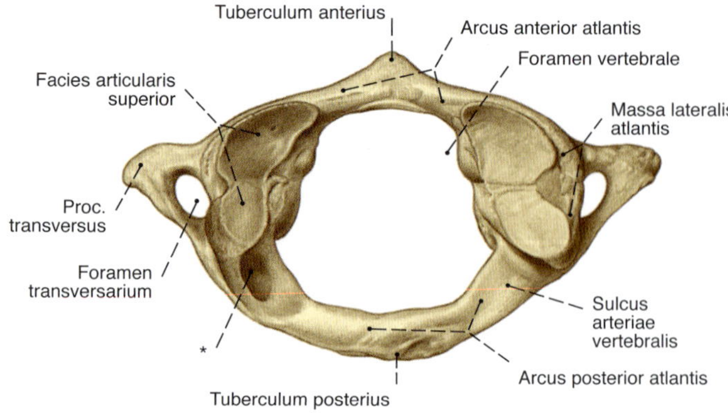

Abb. 719 1. Halswirbel, Atlas; von kranial (85%). Die oberen Gelenkflächen des Atlas sind häufig unterteilt.

* Variante: Canalis arteriae vertebralis

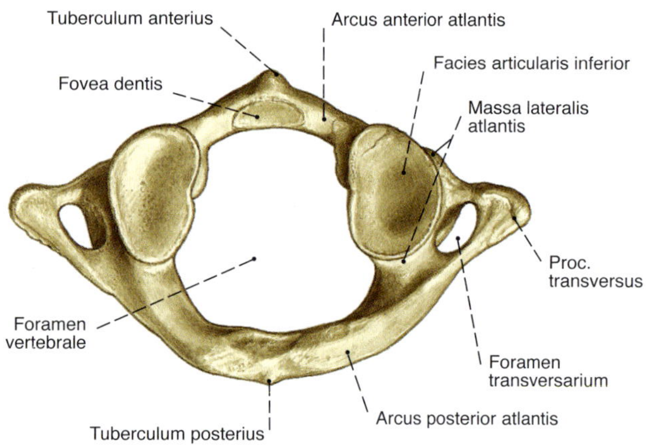

Abb. 720 1. Halswirbel, Atlas; von kaudal (85%).

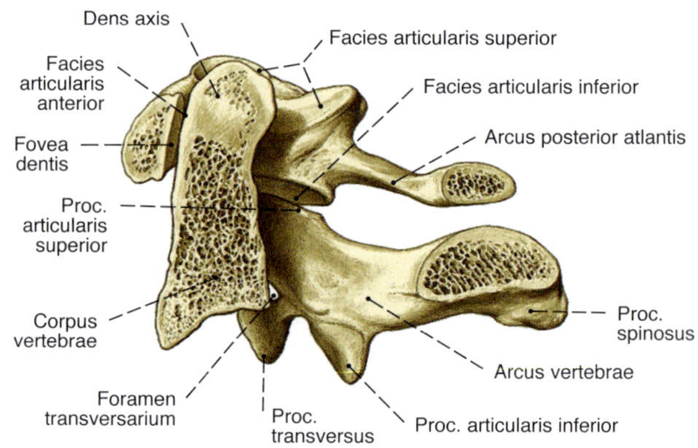

Abb. 721 1. und 2. Halswirbel, Atlas und Axis; Medianschnitt; von medial (90%).

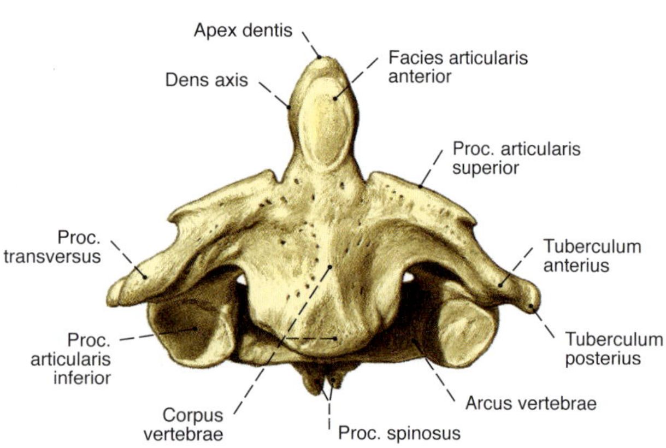

Abb. 722 2. Halswirbel, Axis; von ventral (90%).

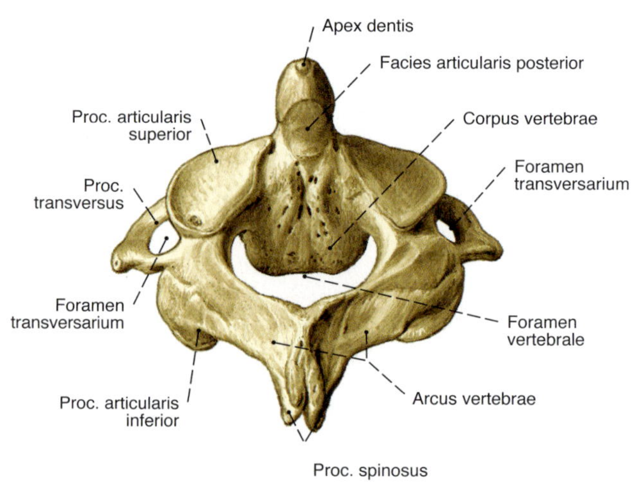

Abb. 723 2. Halswirbel, Axis; von dorsal kranial (90%).

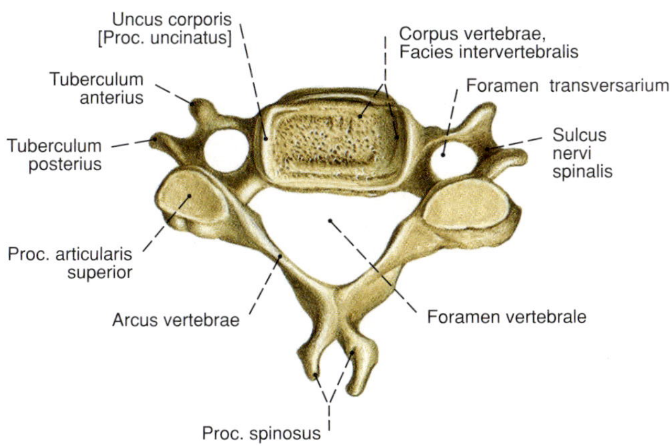

Abb. 724 5. Halswirbel, Vertebra cervicalis V; von kranial (100%).
Die Spitzen der Dornfortsätze des 2.–6. Halswirbels sind meist gespalten.

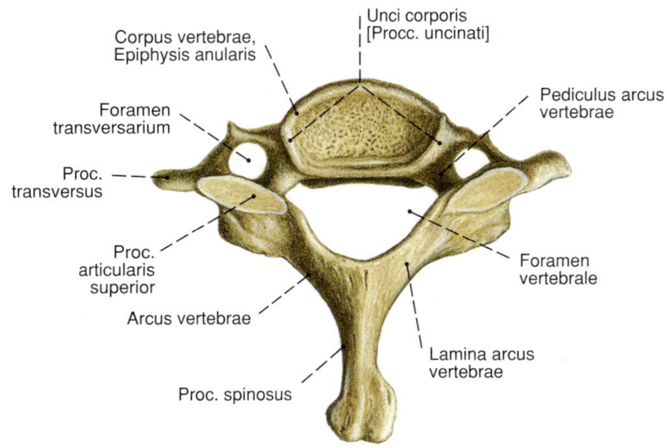

Abb. 725 7. Halswirbel, Vertebra cervicalis VII; von kranial (100%).
Der 7. Halswirbel kann im Allgemeinen aufgrund seines weit vorspringenden Dornfortsatzes sicher bestimmt werden und wird als Vertebra prominens bezeichnet. Allerdings springt der Dornfortsatz des 1. Brustwirbels meist noch weiter vor.

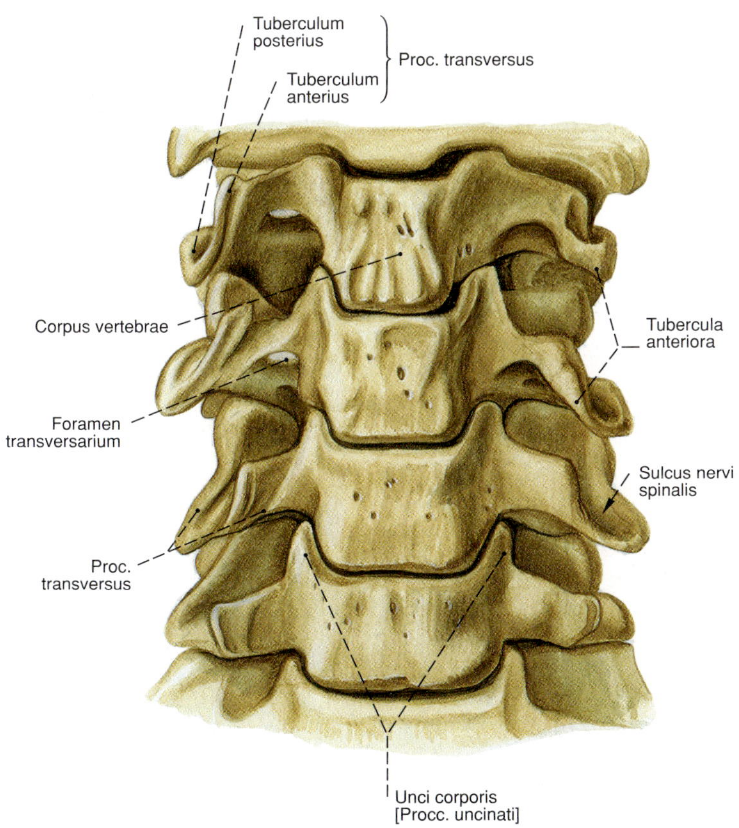

Abb. 726 2.–7. Halswirbel, Vertebrae cervicales II–VII; von ventral (120%).

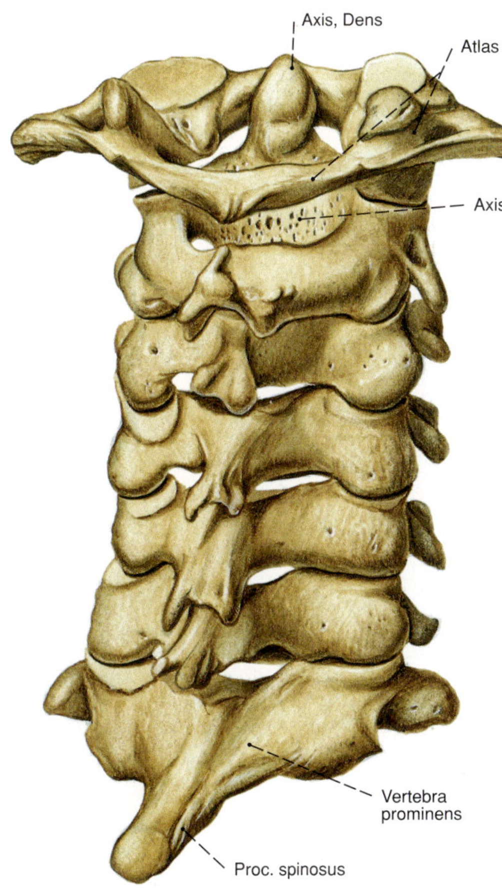

Abb. 727 1.–7. Halswirbel, Vertebrae cervicales I–VII; von lateral dorsal (110%).

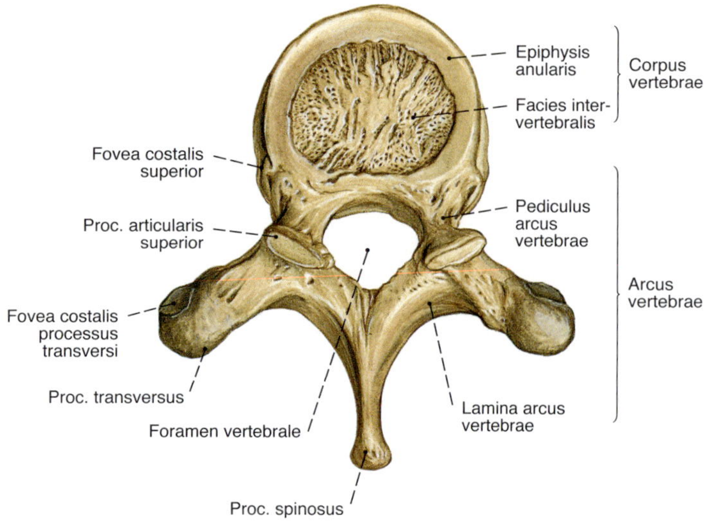

Abb. 728 10. Brustwirbel, Vertebra thoracica X; von kranial (90%).

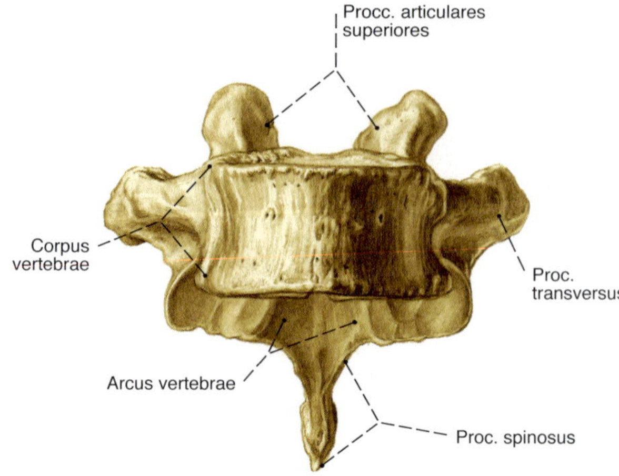

Abb. 729 10. Brustwirbel, Vertebra thoracica X; von ventral (90%).

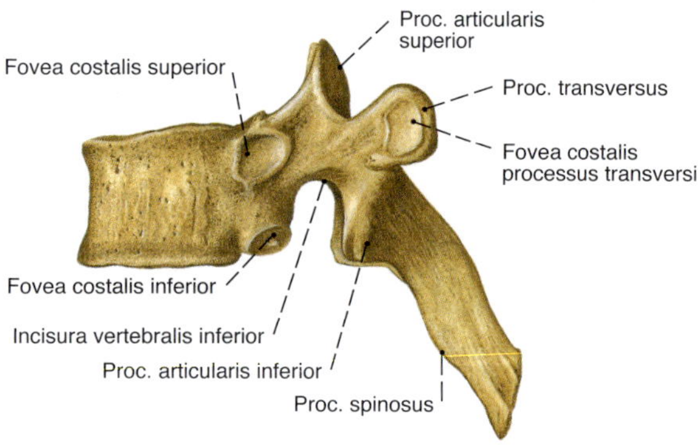

Abb. 730 6. Brustwirbel, Vertebra thoracica VI; von lateral (li, 90%).

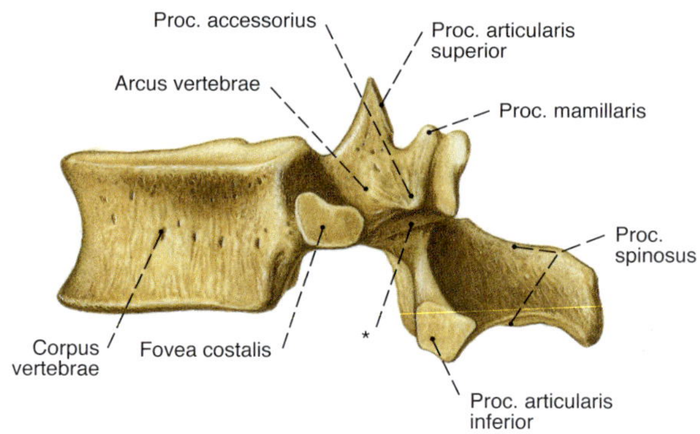

Abb. 731 12. Brustwirbel, Vertebra thoracica XII; von lateral (li, 80%).

* Bereich des Wirbelbogens zwischen oberem und unterem Gelenkfortsatz (sog. Isthmus = Interartikularportion)

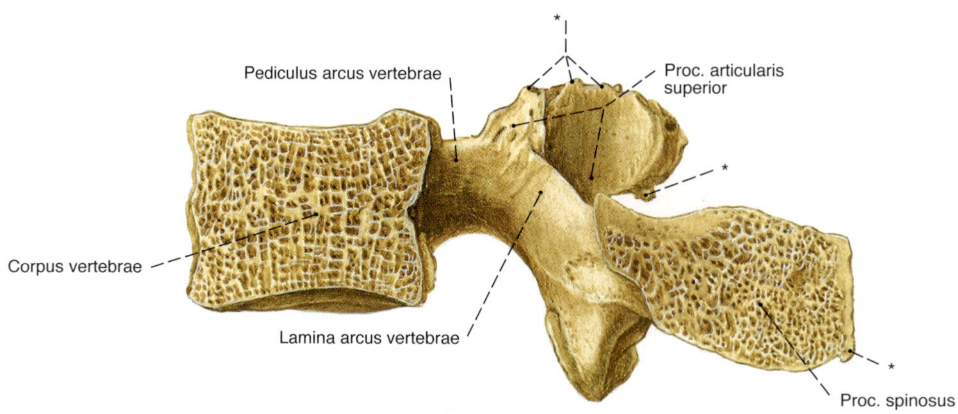

Abb. 732 3. Lendenwirbel, Vertebra lumbalis III; Medianschnitt; Präparat von einem älteren Menschen; von medial (110%).

* Verknöcherungen von Bandansätzen

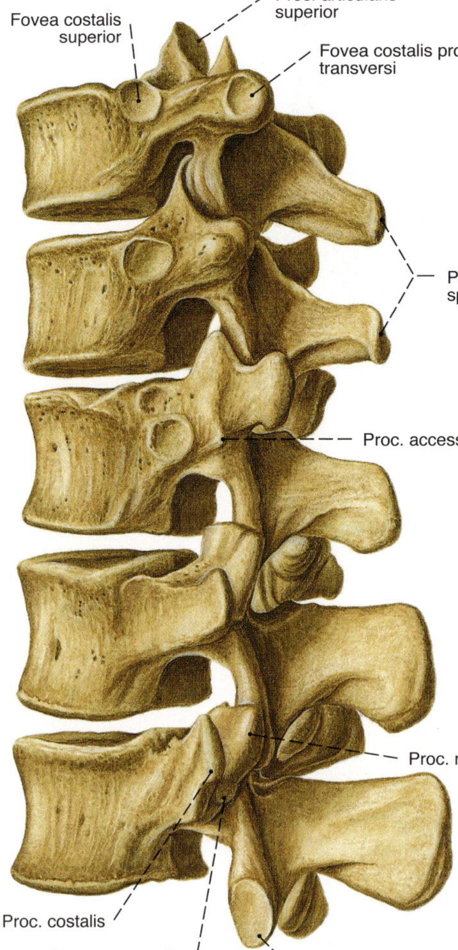

Abb. 733 10.–12. Brustwirbel, Vertebrae thoracicae X–XII, und 1.–2. Lendenwirbel, Vertebrae lumbales I–II; von lateral dorsal (70%).

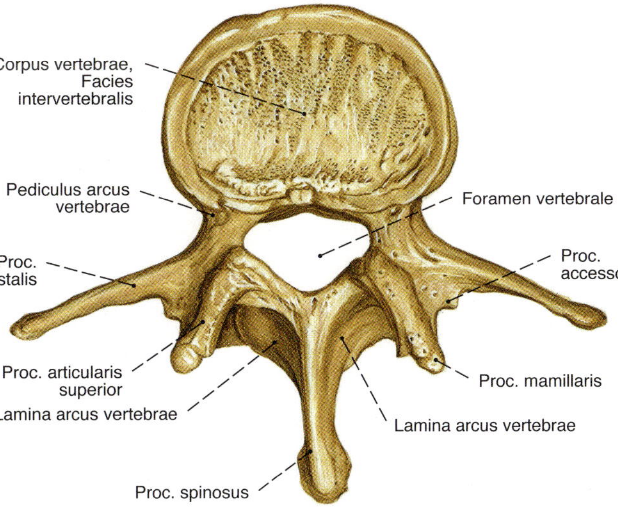

Abb. 734 4. Lendenwirbel, Vertebra lumbalis IV; von kranial (100%).

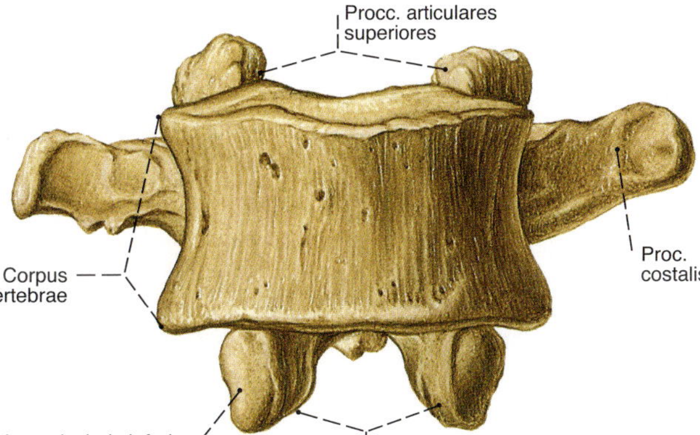

Abb. 735 4. Lendenwirbel, Vertebra lumbalis IV; von ventral (100%).

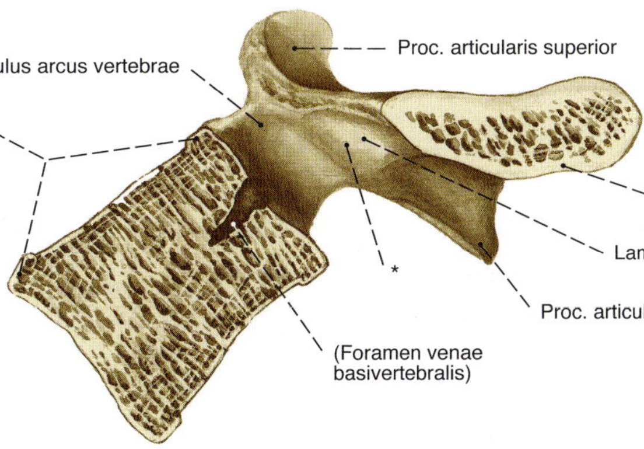

Abb. 736 5. Lendenwirbel, Vertebra lumbalis V; Medianschnitt; von medial (100%).
Beachte die für den Körper des 5. Lendenwirbels charakteristische Keilform.

* Bereich des Wirbelbogens zwischen oberem und unterem Gelenkfortsatz. Hier kann sich beim 5., seltener beim 4. Lendenwirbel – wahrscheinlich aufgrund übermäßiger lokaler Biegebeanspruchung – ein bindegewebig überbrückter Spalt ausbilden (Spondylolyse) und in der weiteren Folge ein Abgleiten (= Olisthesis) des kranialen auf dem kaudalen Wirbel (Spondylolisthesis).

** Bei diesem Präparat ist die Vorderkante pathologisch abgeschrägt.

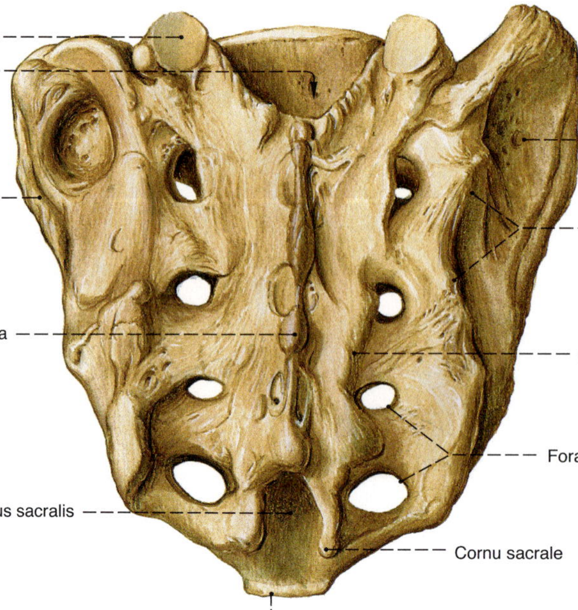

Abb. 737 Kreuzbein, Os sacrum; von dorsal (60%).

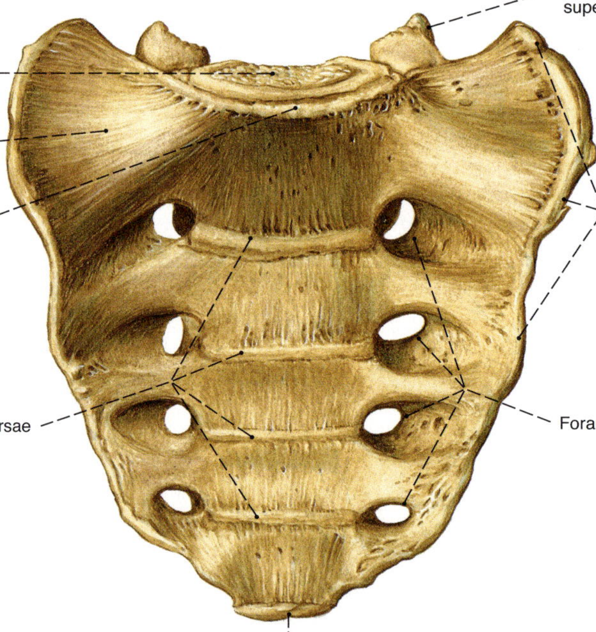

Abb. 738 Kreuzbein, Os sacrum; von ventral kaudal (60%).

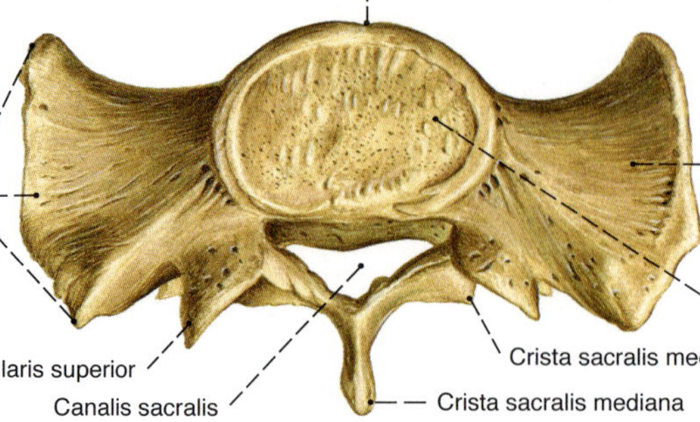

Abb. 739 Kreuzbein, Os sacrum; nach Durchtrennung auf Höhe des 2. Sakralwirbels; von kranial (55%).

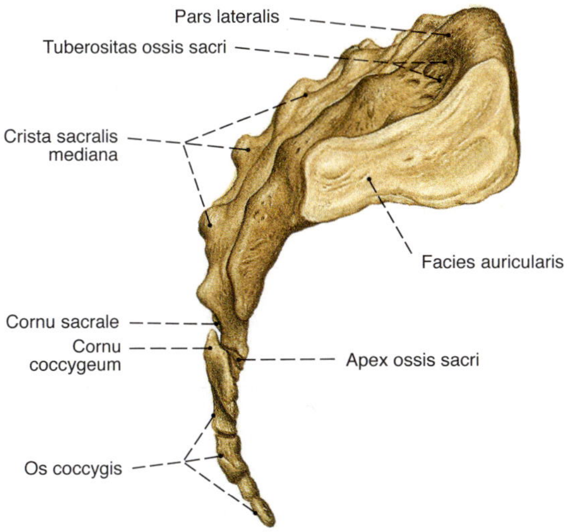

Abb. 740 Kreuzbein, Os sacrum; von lateral (re, 45%).

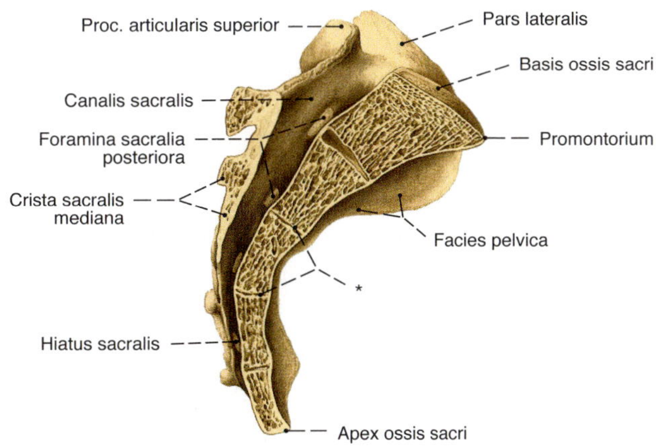

Abb. 741 Kreuzbein, Os sacrum; Medianschnitt; von medial (45%).

* Auch beim Erwachsenen bleiben Reste von Bandscheibengewebe erhalten.

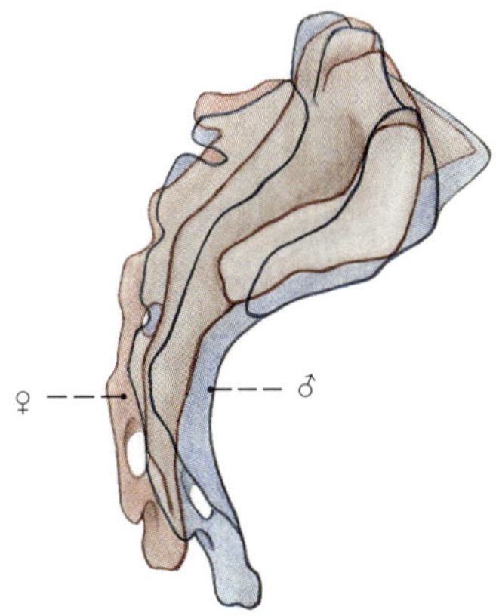

Abb. 742 Kreuzbein, Os sacrum; Geschlechtsunterschiede; von lateral.

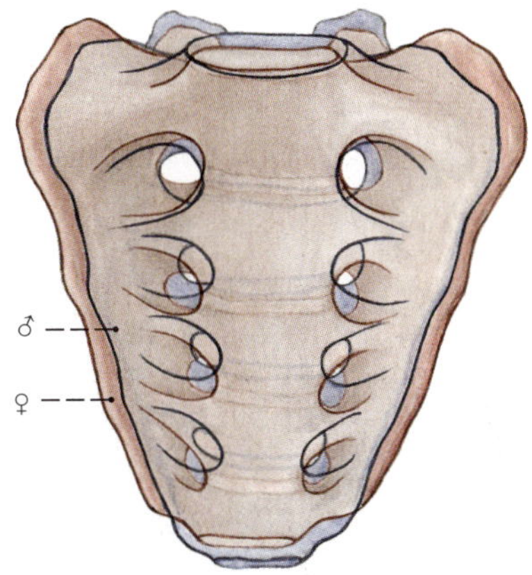

Abb. 743 Kreuzbein, Os sacrum; Geschlechtsunterschiede; von ventral.

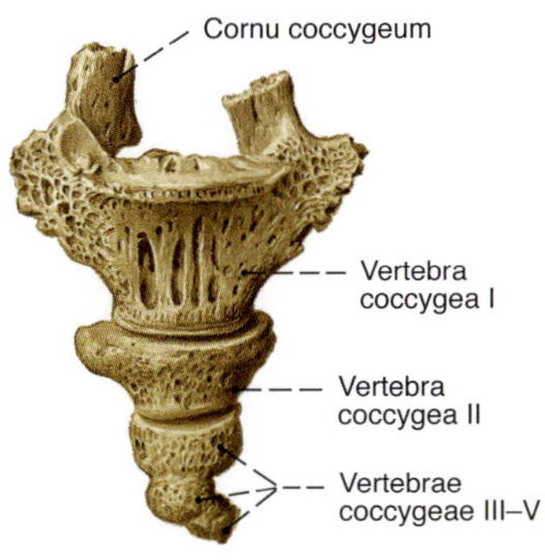

Abb. 744 Steißbein, Os coccygis; von ventral kranial (105%).
Trotz variabler Ausbildung von Zwischenwirbelscheiben wird die Gesamtheit der postsakralen Wirbelrudimente als Steißbein bezeichnet.

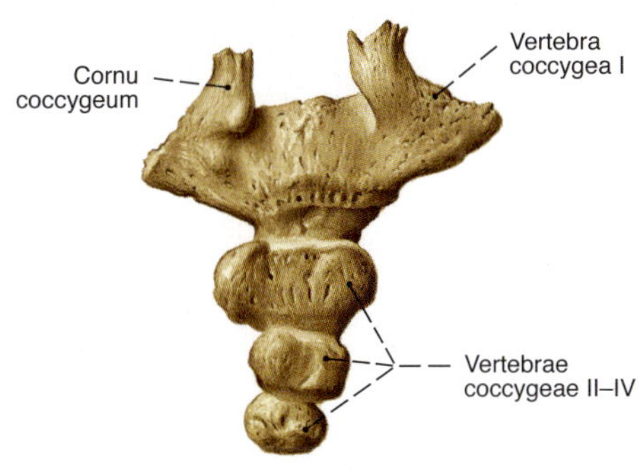

Abb. 745 Steißbein, Os coccygis; von dorsal kaudal (105%).

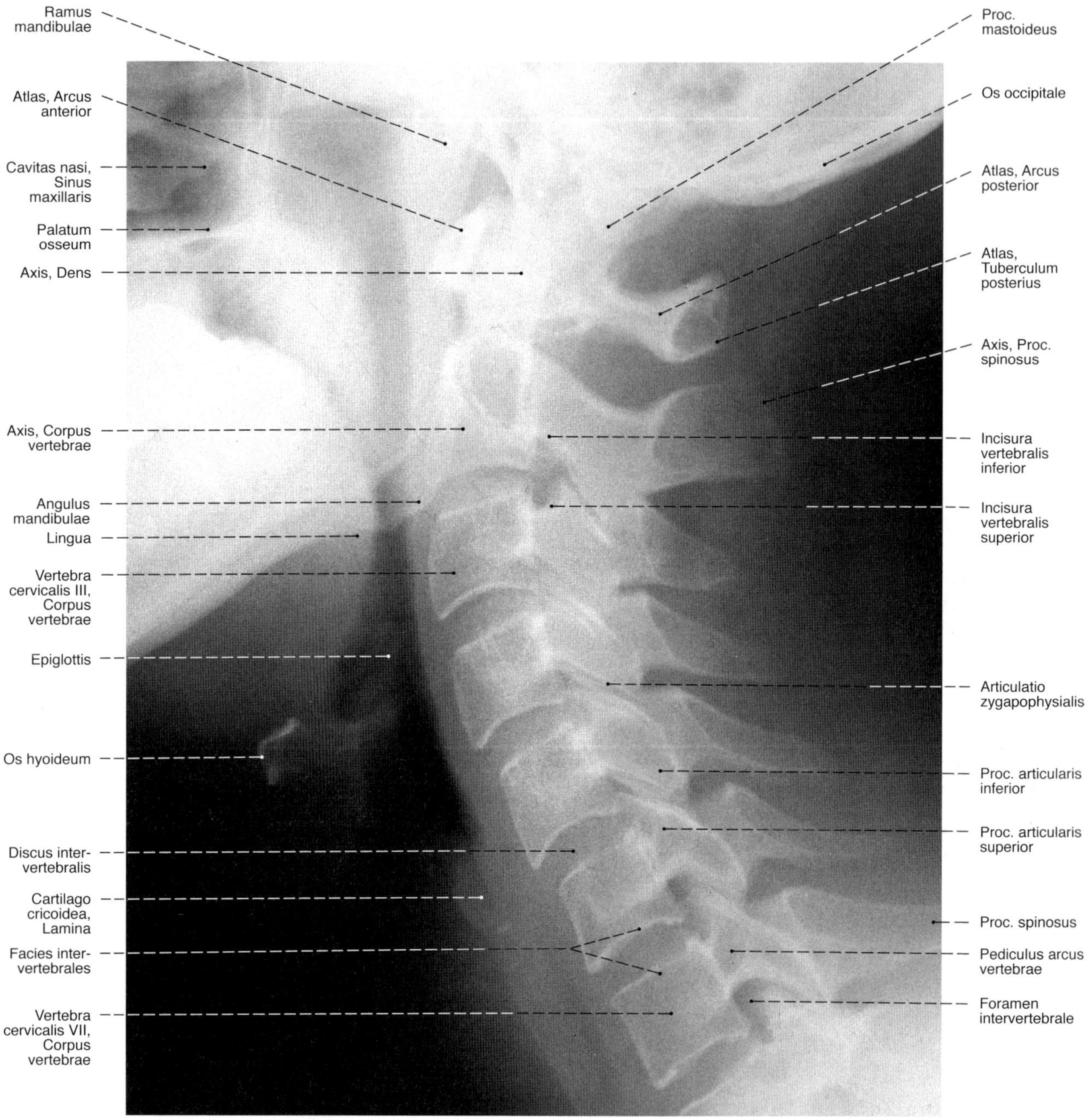

Abb. 746 Halswirbel, Vertebrae cervicales; laterales Röntgenbild der Halswirbelsäule; Einstellung: aufrechte Haltung; Zentralstrahl auf den 3. Halswirbel eingestellt; Schultern nach unten gezogen.

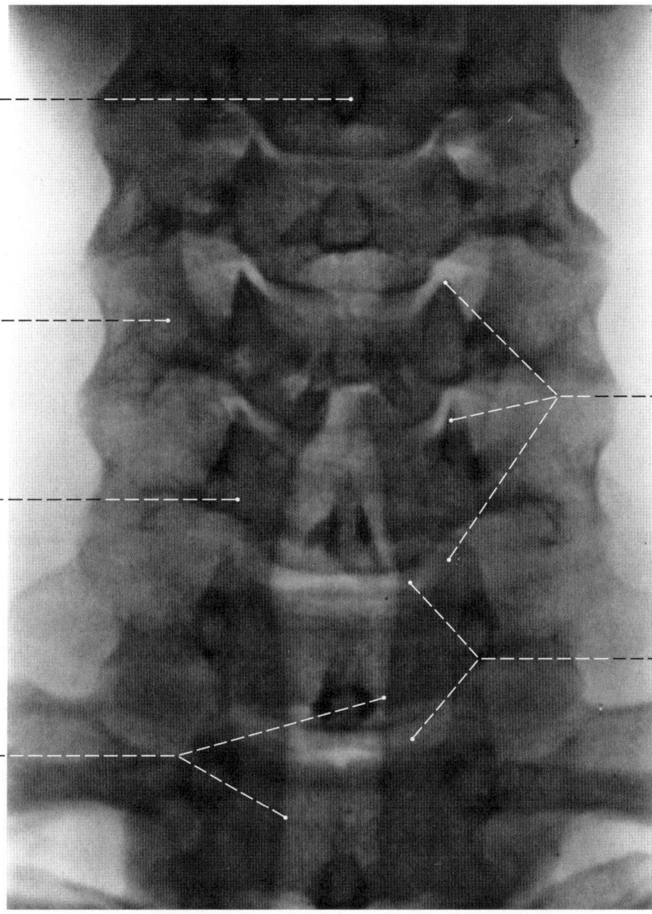

Abb. 747 Halswirbel, Vertebrae cervicales; ap-Röntgenbild der Halswirbelsäule; Einstellung: aufrechte Haltung; Zentralstrahl auf den 3. Halswirbel eingestellt.

* Räume der Zwischenwirbelscheiben

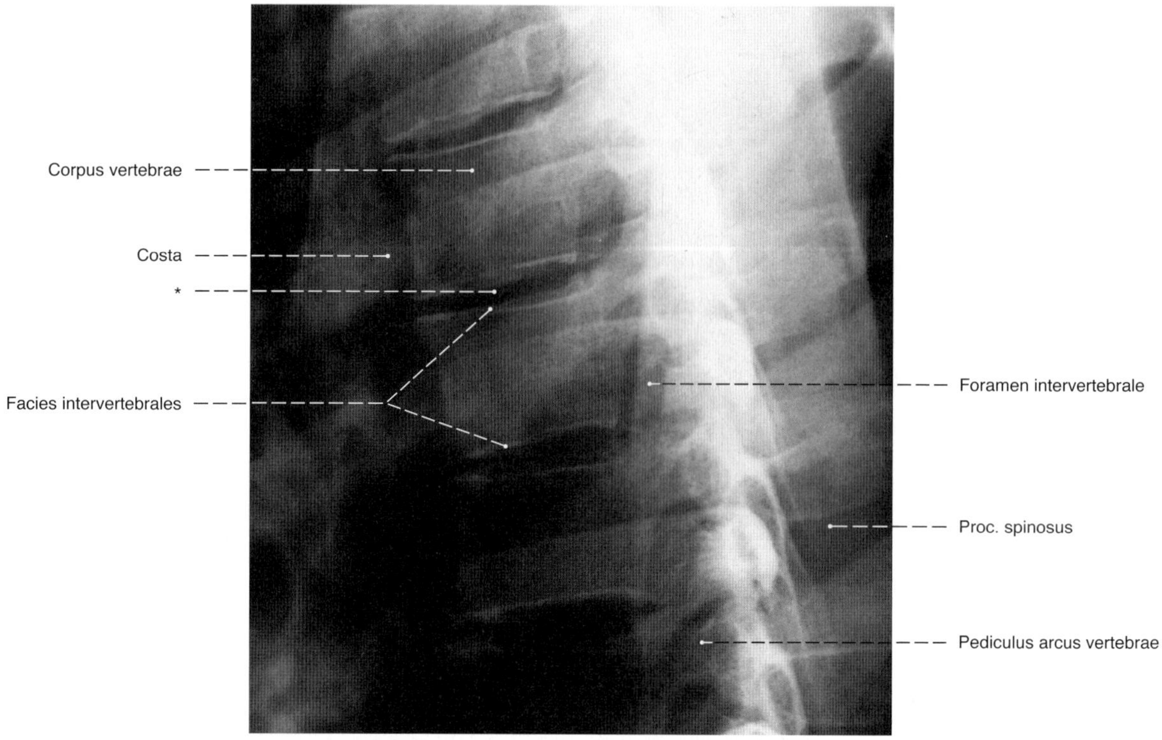

Abb. 748 Brustwirbel, Vertebrae thoracicae; laterales Röntgenbild der Brustwirbelsäule; Einstellung: aufrechte Haltung, Thorax in Einatmungsstellung; Zentralstrahl auf den 6. Brustwirbel eingestellt.

* Raum einer Zwischenwirbelscheibe

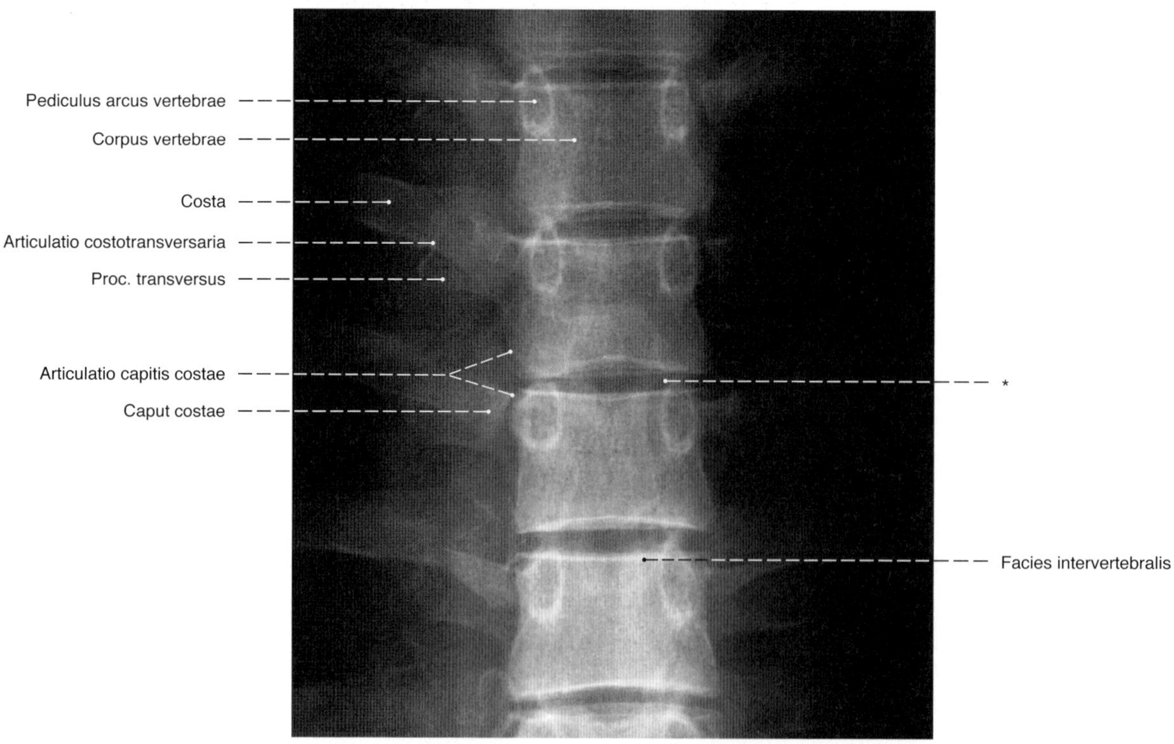

Abb. 749 Brustwirbel, Vertebrae thoracicae; ap-Röntgenbild der Brustwirbelsäule; Einstellung: aufrechte Haltung, Thorax in Einatmungsstellung; Zentralstrahl auf den 6. Brustwirbel eingestellt.

* Raum einer Zwischenwirbelscheibe

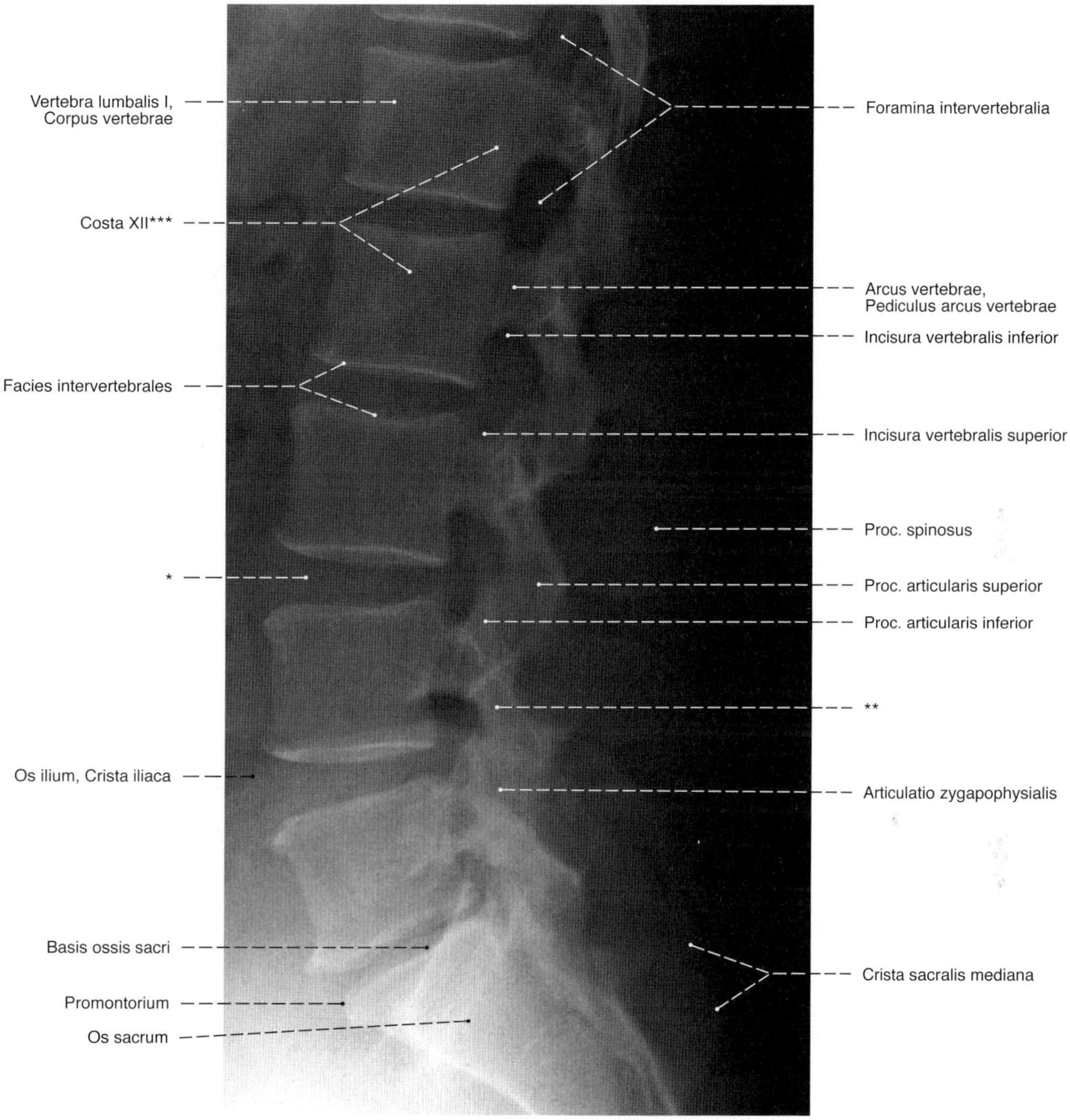

Abb. 750 Lendenwirbel, Vertebrae lumbales; laterales Röntgenbild der Lendenwirbelsäule; Einstellung: aufrechte Haltung; Zentralstrahl auf den 2. Lendenwirbel eingestellt.

Die Abschrägung der Vorderkanten der unteren Lendenwirbel ist eine pathologische Veränderung.

* Raum einer Zwischenwirbelscheibe
** Bereich des Wirbelbogens zwischen oberem und unterem Gelenkfortsatz (sog. Isthmus = Interartikularportion)
*** Die Endpunkte geben den Verlauf der in der Reproduktion schlecht sichtbaren 12. Rippe an.

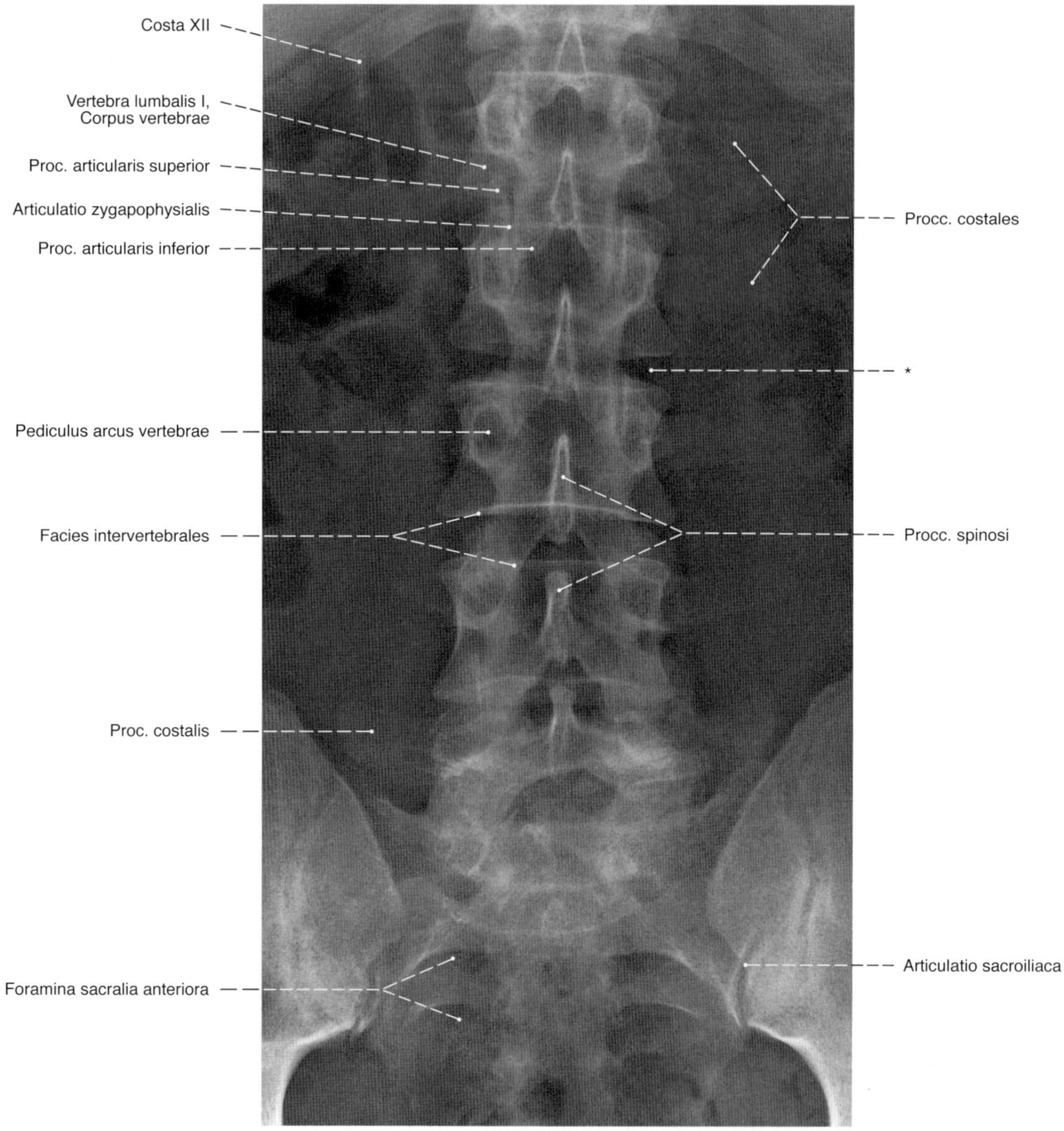

Abb. 751 Lendenwirbel, Vertebrae lumbales; ap-Röntgenbild der Lendenwirbelsäule und des Kreuzbeins; Einstellung: aufrechte Haltung; Zentralstrahl auf den 2. Lendenwirbel eingestellt.

* Raum einer Zwischenwirbelscheibe

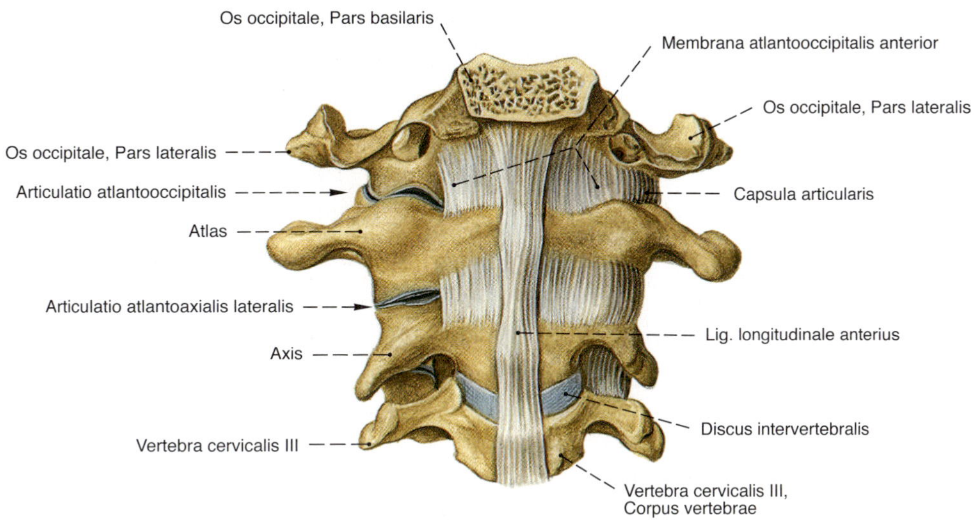

Abb. 752 Kopfgelenke und obere Halswirbelsäule;
nach Entfernung der Gelenkkapseln auf der rechten Seite;
von ventral.

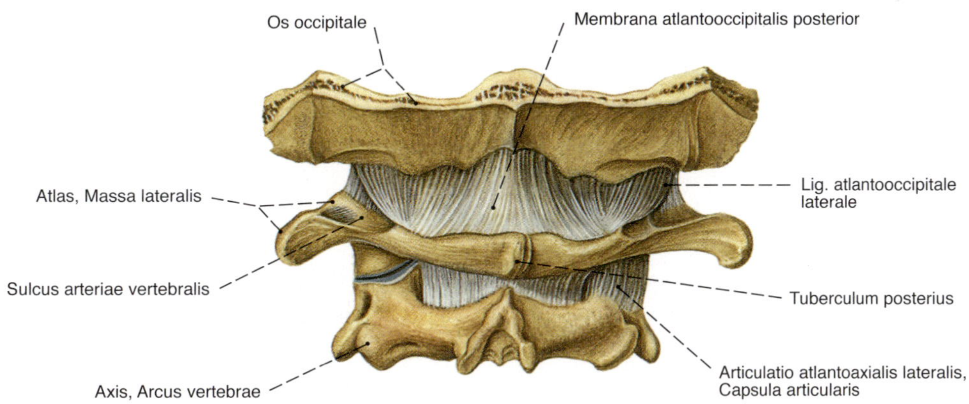

Abb. 753 Kopfgelenke;
nach Entfernung der Gelenkkapsel der Articulatio atlantoaxialis lateralis auf der linken Seite;
von dorsal.

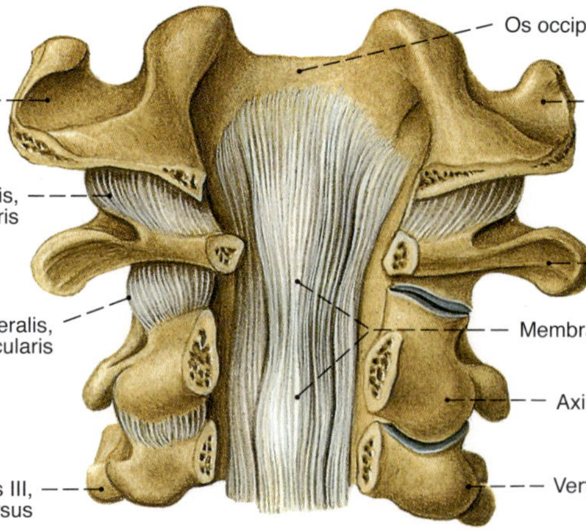

Abb. 754 Kopfgelenke;
tiefe Bänder nach Eröffnung des Hinterhauptslochs und des Wirbelkanals; Gelenkkapseln auf der rechten Seite zum Teil entfernt;
von dorsal.

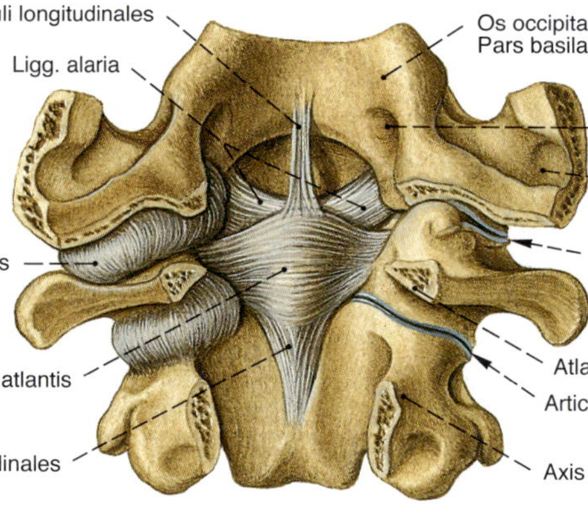

Abb. 755 Kopfgelenke;
tiefe Bänder nach Eröffnung des Hinterhauptslochs und des Wirbelkanals; Gelenkkapseln auf der rechten Seite zum Teil entfernt;
von dorsal.

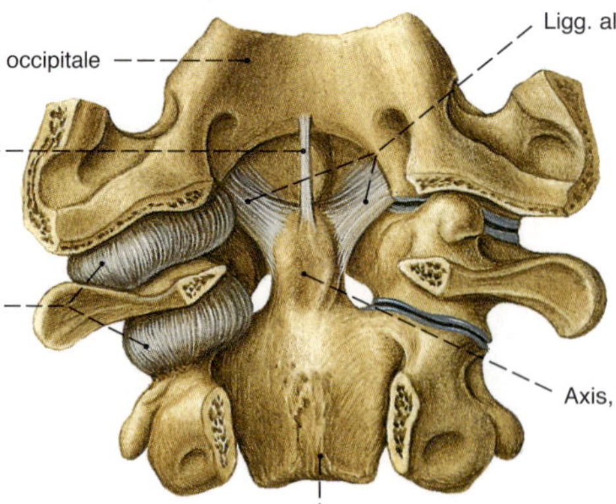

Abb. 756 Kopfgelenke;
tiefe Bänder nach Eröffnung des Hinterhauptslochs und des Wirbelkanals; Gelenkkapseln auf der rechten Seite entfernt;
von dorsal.

Die Ligamenta alaria strahlen häufig auch zu den Massae laterales des Atlas aus.

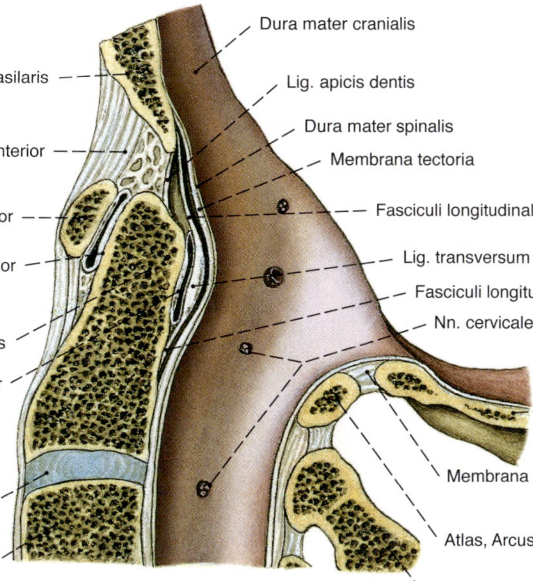

Abb. 757 Kopfgelenke; Medianschnitt; von medial.

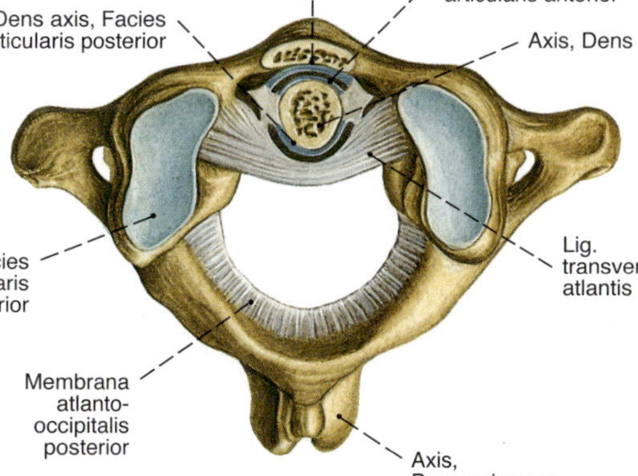

Abb. 758 Kopfgelenke; nach Ablösung des Hinterhauptsbeins; von kranial.

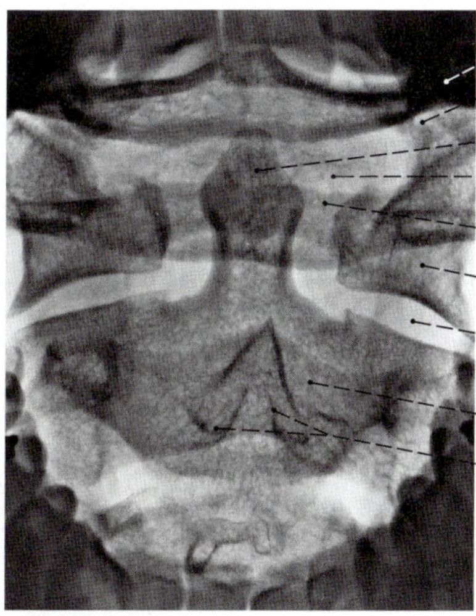

Abb. 759 Kopfgelenke; ap-Röntgenbild; Einstellung: Aufnahme durch den geöffneten Mund.

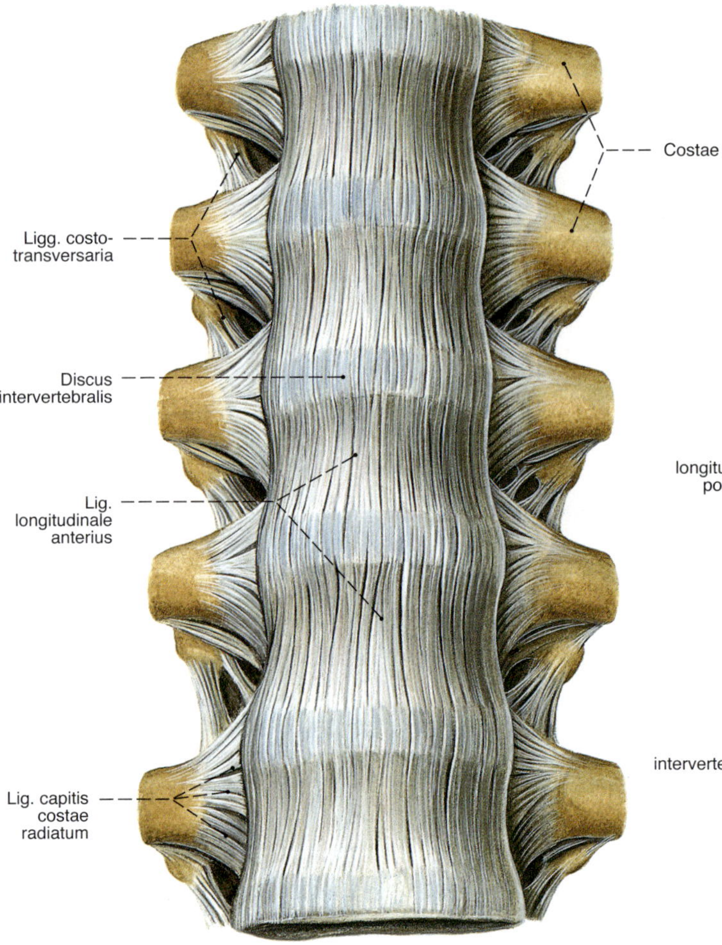

Abb. 760 Bänder der Wirbelsäule; am Beispiel der unteren Brustwirbelsäule; von ventral.

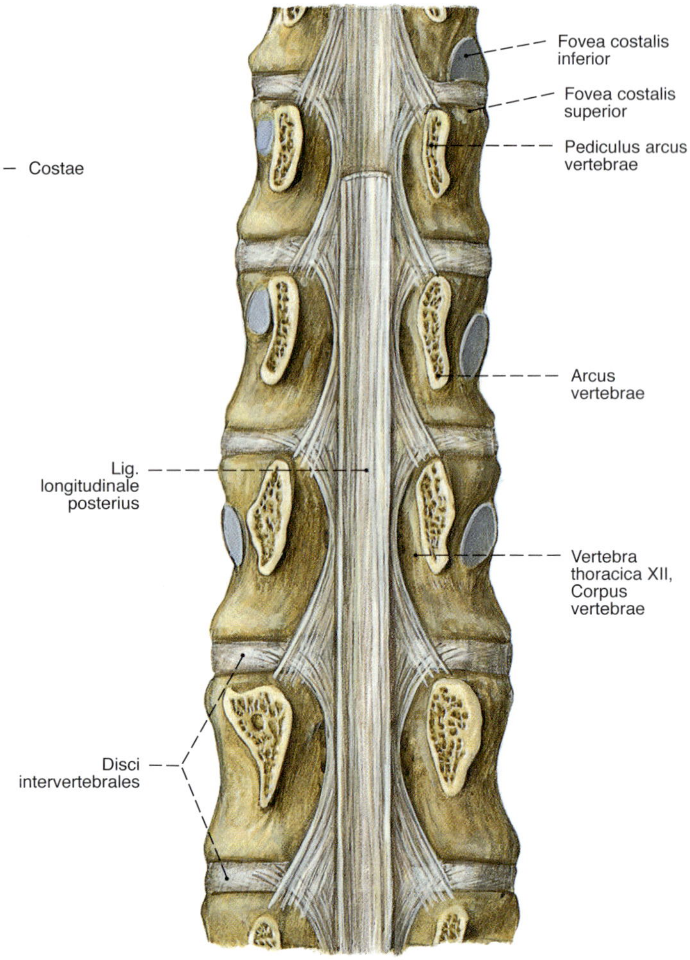

Abb. 761 Bänder der Wirbelsäule; am Beispiel der unteren Brust- und der oberen Lendenwirbelsäule; nach Eröffnung des Wirbelkanals durch einen Frontalschnitt durch die Pediculi; von dorsal.

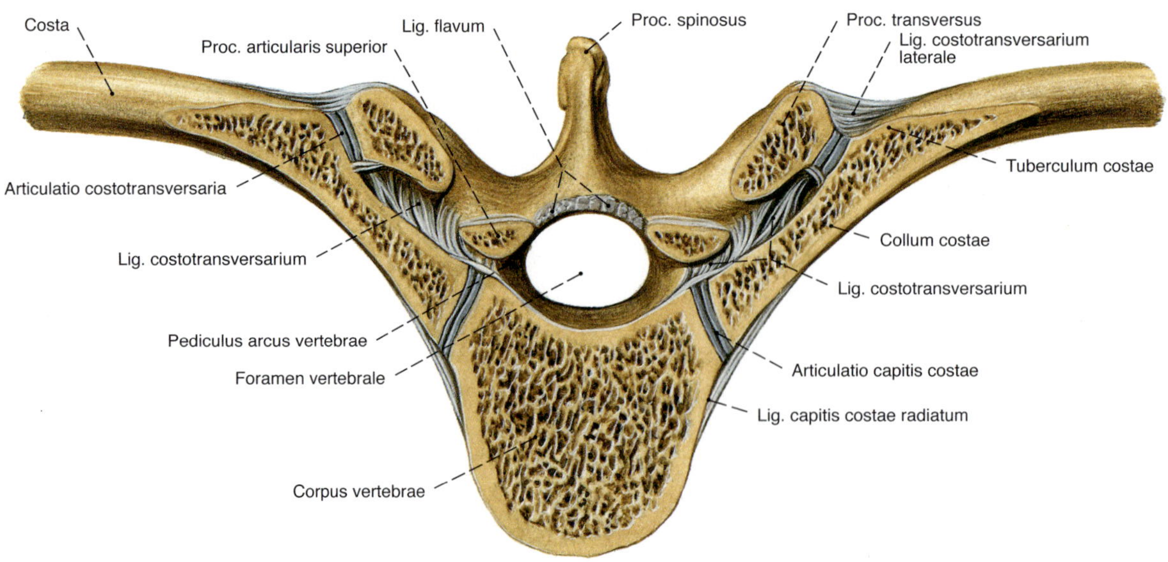

Abb. 762 Rippenwirbelgelenke, Articulationes costovertebrales; Querschnitt auf Höhe des unteren Anteils eines Rippenköpfchengelenks; von kranial.

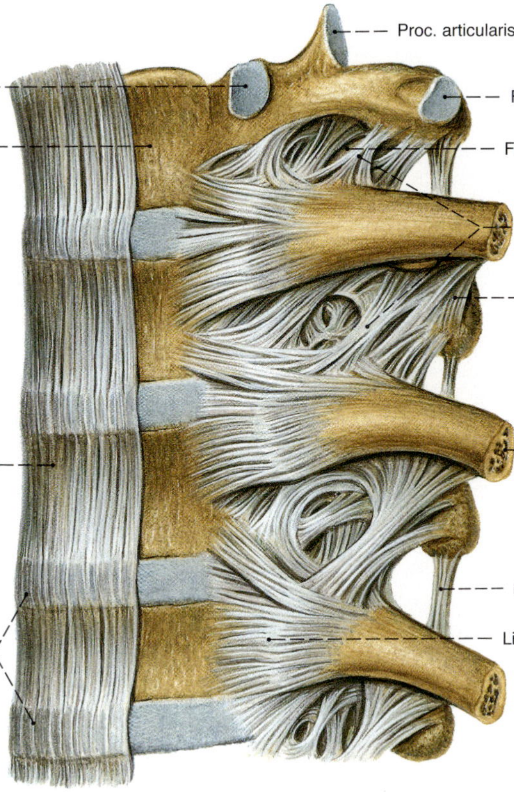

Abb. 763 Bänder der Wirbelsäule und der Rippenwirbelverbindungen, Articulationes costovertebrales; seitliche Anteile des vorderen Längsbandes abgetragen; von lateral (li).

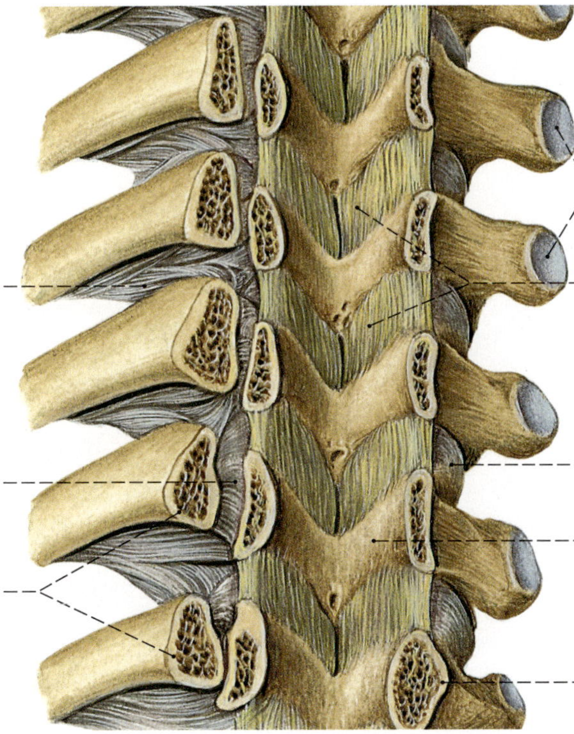

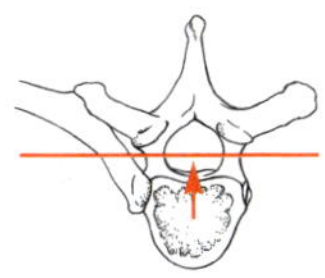

Abb. 764 Verbindungen der Wirbelbögen; nach Eröffnung des Wirbelkanals durch einen Frontalschnitt durch die Pediculi; von ventral.

Die Ligamenta flava der Lendenwirbelsäule umfassen die Wirbelgelenke auch ventral und bilden damit zugleich die Hinterwände der Foramina intervertebralia.

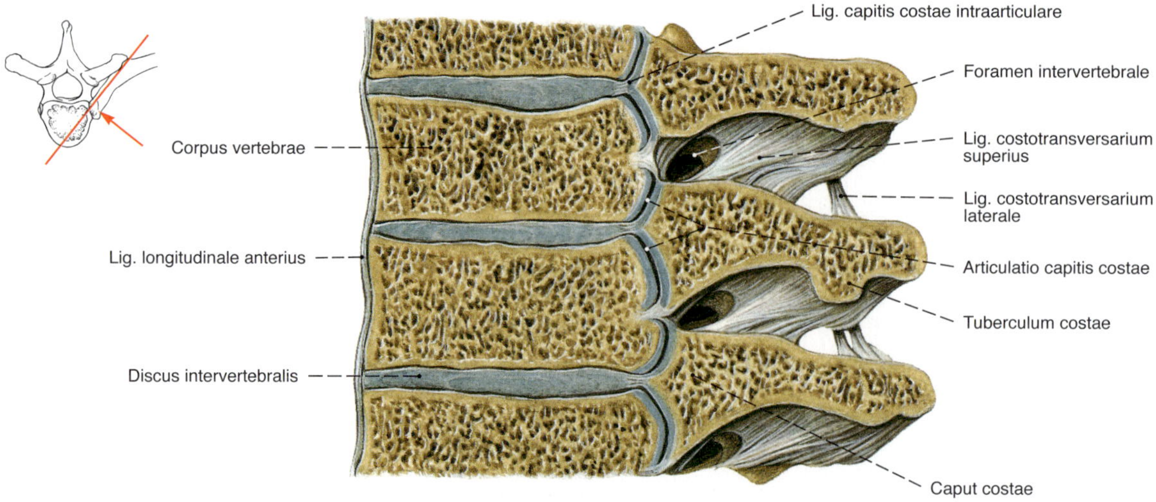

Abb. 765 Rippenwirbelverbindungen, Articulationes costovertebrales;
schräger Vertikalschnitt durch die Rippenköpfchengelenke;
von lateral (li).

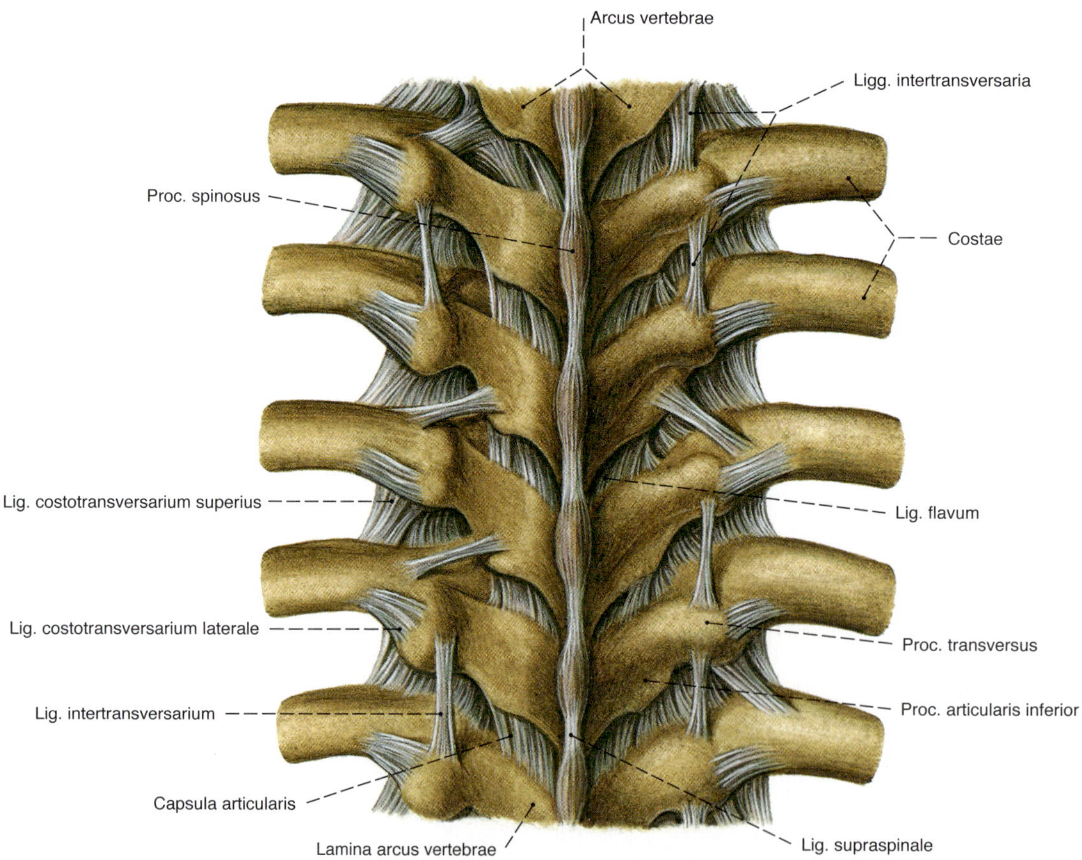

Abb. 766 Bänder der Wirbelbögen und der Rippenwirbelverbindungen, Articulationes costovertebrales;
von dorsal.

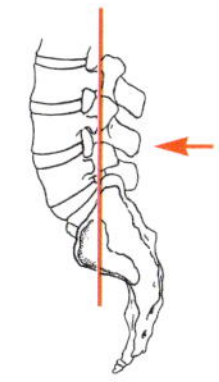

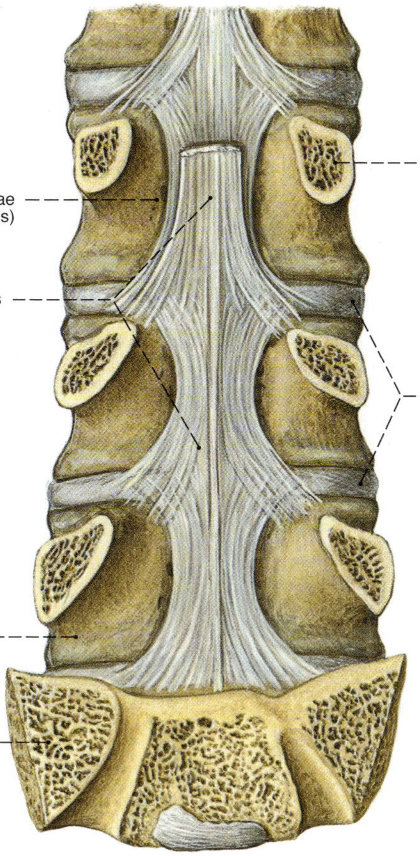

Abb. 767 Bänder der Lendenwirbelsäule; nach Eröffnung des Wirbelkanals; von dorsal.

Unterhalb des 2.–3. Lendenwirbels geht die oberflächliche Schicht des hinteren Längsbandes in einen dünnen Strang über. Die tiefe Schicht strahlt nach lateral in den Anulus fibrosus ein.

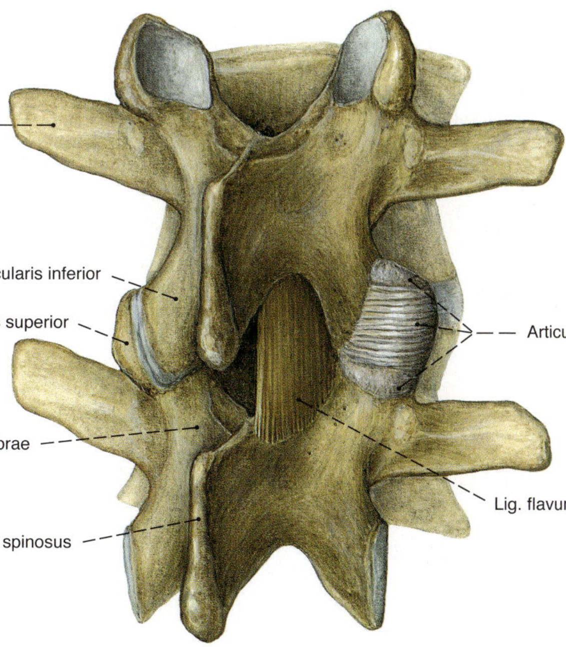

Abb. 768 Wirbelgelenke der Lendenwirbelsäule, Articulationes zygapophysiales lumbales; nach Entfernung des Lig. flavum auf der linken Seite; von rechts dorsal.

* Nur in der Lendenwirbelsäule sind die Wirbelgelenke durch feste, quer ausgerichtete Faserzüge („quere Bänder“) verstärkt.

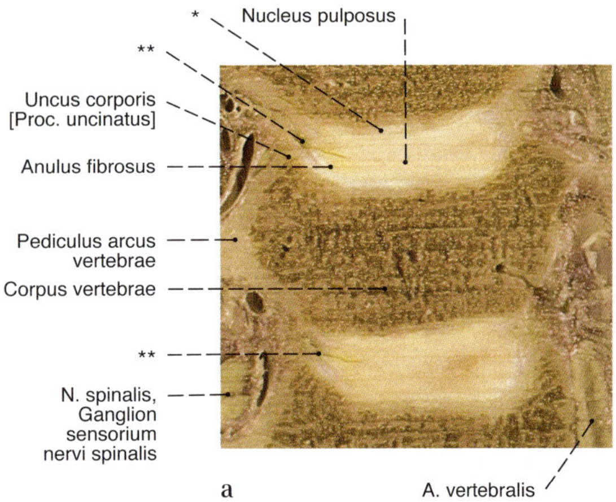

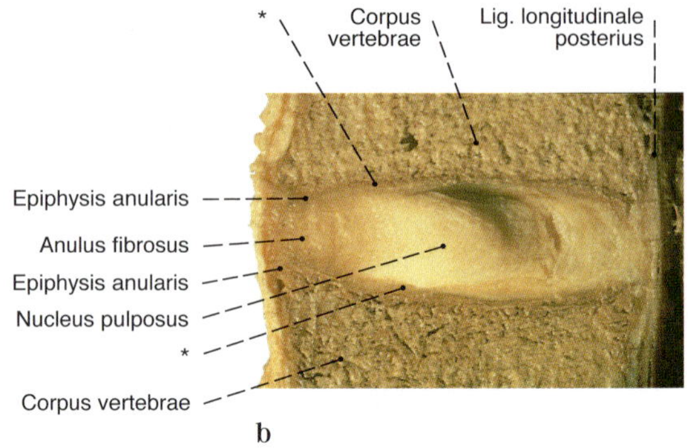

Abb. 769 a, b Zwischenwirbelscheiben, Disci intervertebrales.

a Zervikale Zwischenwirbelscheiben, Disci intervertebrales cervicales;
Frontalschnitt auf Höhe der Mitte der Wirbelkörper;
von ventral (115%).

b Lumbale Zwischenwirbelscheibe, Discus intervertebralis lumbalis;
Medianschnitt (115%).

* Hyalinknorpelige Bedeckungen der Endplatten der Wirbelkörper als nicht verknöcherte Anteile der Wirbelkörperepiphysen

** Schon im 1. Lebensjahrzehnt bilden sich in den seitlichen Zonen der zervikalen Zwischenwirbelscheiben sog. unkovertebrale Spalte aus, die in den folgenden Lebensjahrzehnten individuell unterschiedlich weit nach medial durchreißen.

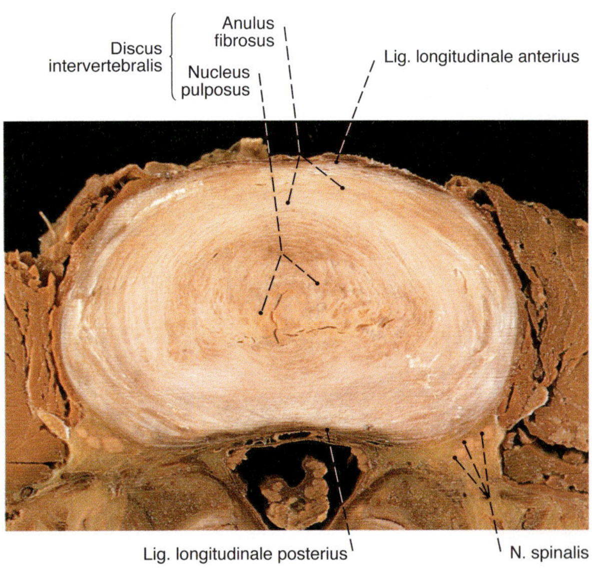

Abb. 770 Lumbale Zwischenwirbelscheibe, Discus intervertebralis lumbalis;
von ventral kranial (115%).

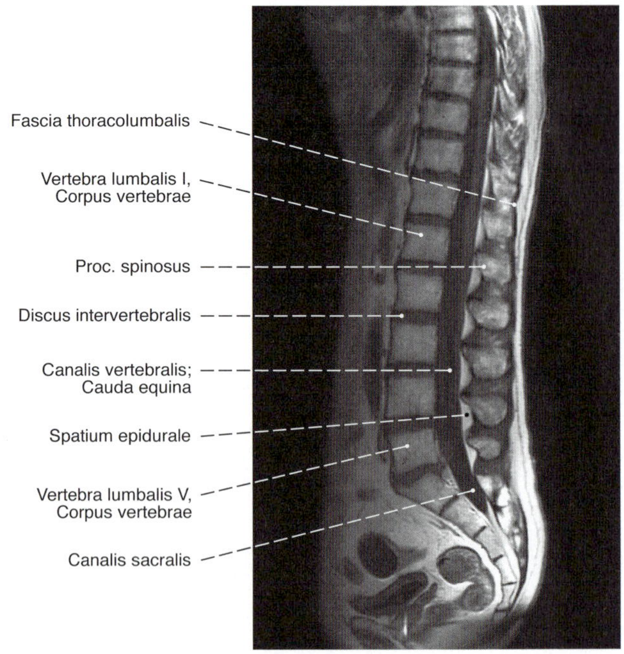

Abb. 771 Lendenwirbelsäule;
magnetresonanztomographischer Medianschnitt (MRT).

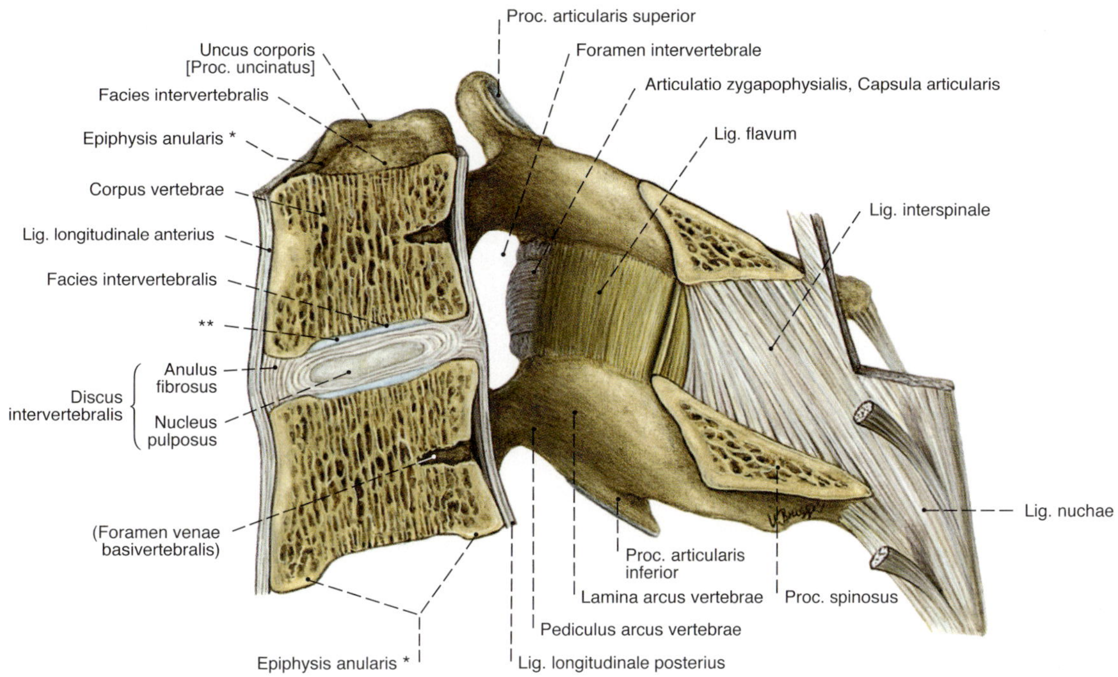

Abb. 772 Zervikales Bewegungssegment; Schema, Medianschnitt (160%).

* Auch: Randleiste
** Hyalinknorpelige Bedeckungen der Endplatte als nicht verknöcherter Anteil der Wirbelkörperepiphyse

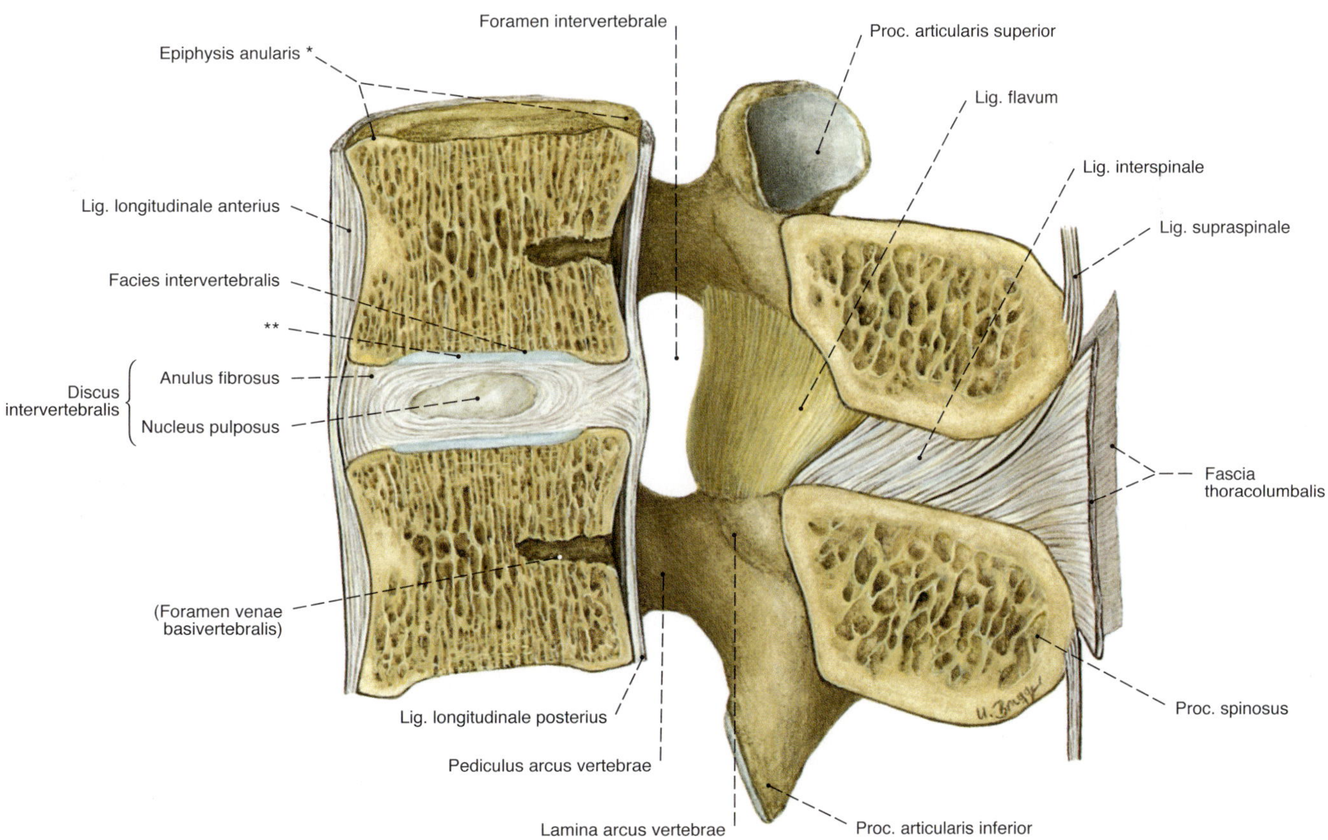

Abb. 773 Lumbales Bewegungssegment; Schema, Medianschnitt (120%).

* Auch: Randleiste
** Hyalinknorpelige Bedeckung der Endplatte als nicht verknöcherter Rest der Wirbelkörperepiphyse

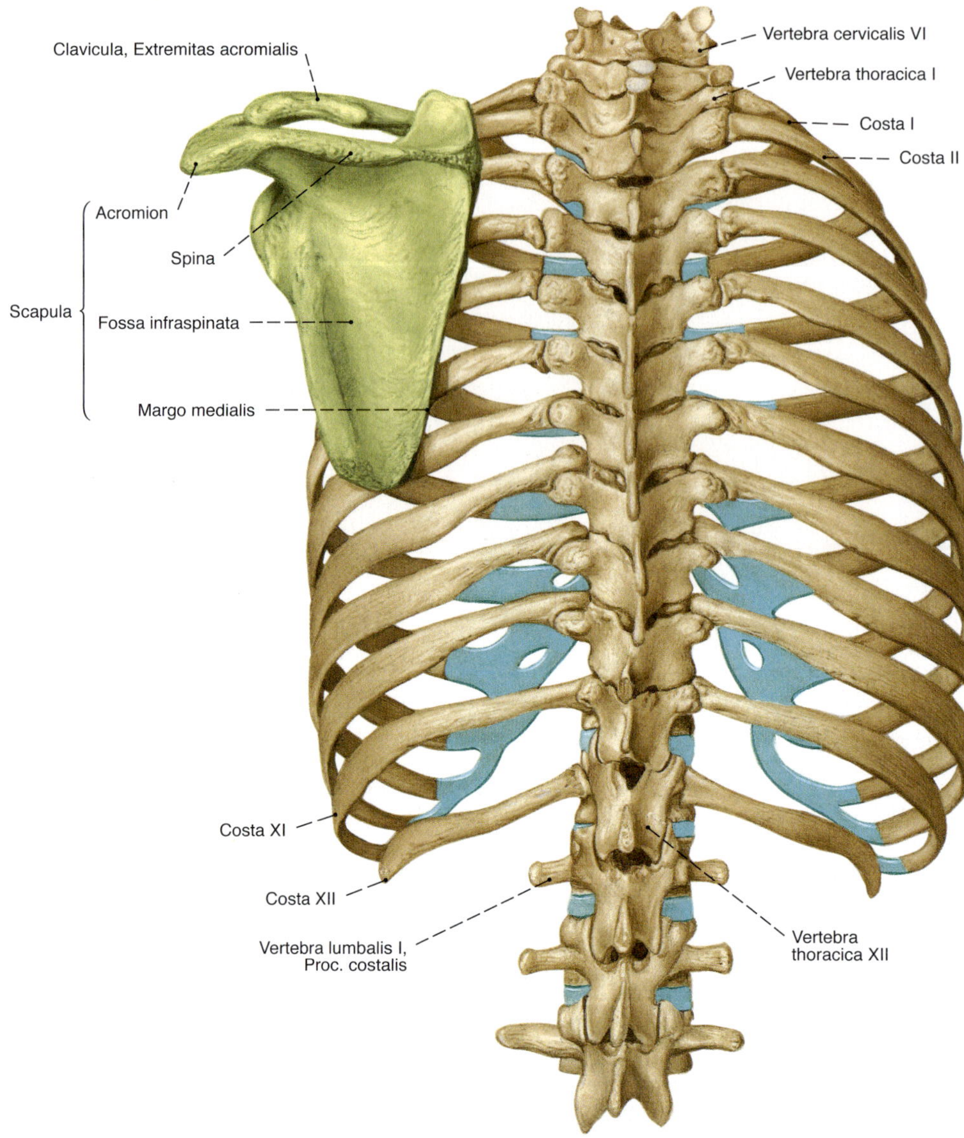

Abb. 774 Brustkorb, Cavea thoracis, und linker Schultergürtel, Cingulum pectorale; von dorsal.

Rumpf-Schultergürtel-Muskeln (Abb. 775, 776)

Die dorsalen Muskeln dieser Gruppe, M. trapezius, M. levator scapulae, M. rhomboideus major und M. rhomboideus minor, gehören ihrer Lage nach zu den oberflächlichen Rückenmuskeln, ihrer Herkunft und Innervation nach werden sie als eingewanderte Rückenmuskeln bezeichnet. Der M. serratus anterior liegt der seitlichen Brustwand an und zieht verdeckt von der Scapula nach dorsal.
Von der vorderen Brustwand entspringen der M. pectoralis minor und der M. subclavius. Beide werden innerhalb der Gruppe der ventralen Muskeln der Schulter behandelt.

Muskel *Innervation*	**Ursprung**	**Ansatz**	**Funktion**
1. M. trapezius *N. accessorius [XI] und direkte Äste des Plexus cervicalis* Im Ursprungsgebiet zwischen mittleren und unteren Brustwirbeln ist ein charakteristischer Sehnenspiegel ausgebildet.	**Pars descendens:** Squama ossis occipitalis (zwischen Linea nuchalis suprema und superior), Procc. spinosi der oberen Halswirbel (über Lig. nuchae) **Pars transversa:** Procc. spinosi der unteren Hals- und oberen Brustwirbel **Pars ascendens:** Procc. spinosi der mittleren und unteren Brustwirbel	**Pars descendens:** Clavicula (akromiales Drittel) **Pars transversa:** Acromion **Pars ascendens:** Spina scapulae **Wirbelsäule:** bei beidseitiger Aktion von Pars transversa und Pars ascendens Abflachung der Kyphose der Brustwirbelsäule	**Schultergürtel:** Pars descendens: Halten des Schultergürtels und des Arms (z.B. Koffertragen), Heben der Scapula (z.B. Inspiration) und Rotation nach oben (zur Elevation des Arms über die Horizontale – M. serratus anterior), bei festgestellter Schulter Rotation des Kopfes zur Gegenseite, bei beidseitiger Aktion Extension der Halswirbelsäule Pars transversa: Adduktion der Scapula Pars ascendens: Senken der Scapula und Rotation nach unten

Fortsetzung → S. 28

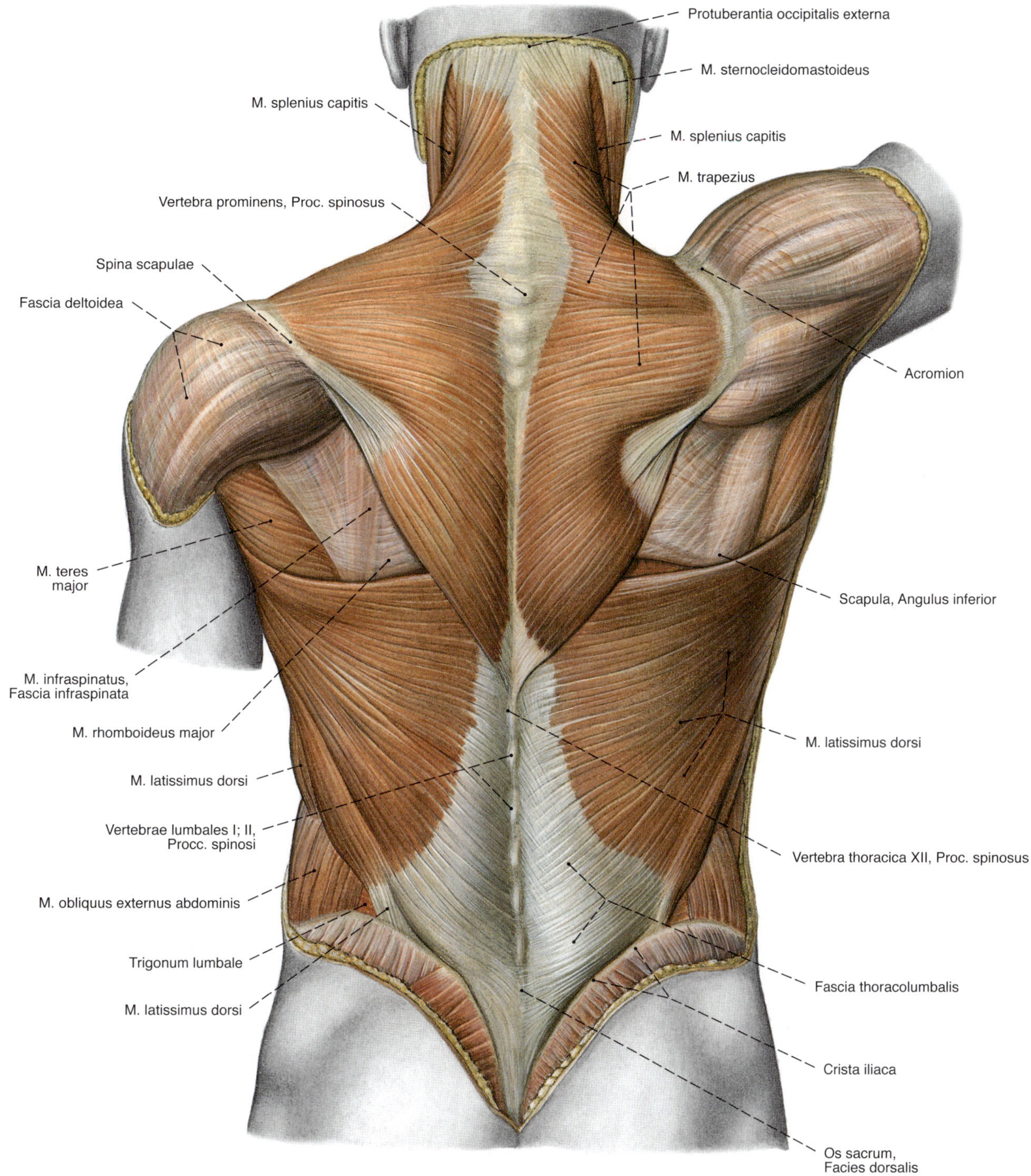

Abb. 775 Rückenmuskeln, Mm. dorsi;
oberflächliche Schicht der Rumpf-Arm- und Rumpf-Schultergürtel-Muskeln;
von dorsal.

Rumpf-Schultergürtel-Muskeln (Fortsetzung)

Muskel *Innervation*	**Ursprung**	**Ansatz**	**Funktion**
2. M. levator scapulae *Direkte Äste des Plexus cervicalis und N. dorsalis scapulae (Plexus brachialis, Pars supraclavicularis)*	Tubercula posteriora der Procc. transversi des 1.–4. Halswirbels	Angulus superior und unmittelbar angrenzende Ränder der Scapula	**Schultergürtel:** Heben der Scapula und Rotation nach oben
3. M. rhomboideus major *N. dorsalis scapulae (Plexus brachialis, Pars supraclavicularis)*	Proc. spinosus der vier oberen Brustwirbel	Margo medialis der Scapula (kaudal der Spina scapulae)	**Schultergürtel:** mit M. rhomboideus minor Adduktion und Heben der Scapula; gemeinsam mit dem M. serratus anterior Fixieren der Scapula am Rumpf
4. M. rhomboideus minor *N. dorsalis scapulae (Plexus brachialis, Pars supraclavicularis)*	Proc. spinosus des 6. und 7. Halswirbels	Margo medialis der Scapula (kranial der Spina scapulae)	**Schultergürtel:** mit M. rhomboideus major Adduktion und Heben der Scapula; gemeinsam mit dem M. serratus anterior Fixieren der Scapula am Rumpf
5. M. serratus anterior *N. thoracicus (Plexus brachialis, Pars supraclavicularis)*	**Pars superior:** 1., 2. Rippe (mäßig konvergierend) **Pars media:** 2.–4. Rippe (divergierend) **Pars inferior:** 5.–(8.) 9. Rippe (stark konvergierend); verzahnt mit Ursprungszacken des M. obliquus abdominis externus	**Pars superior:** Angulus superior der Scapula **Pars media:** Margo medialis der Scapula **Pars inferior:** Angulus inferior der Scapula	**Schultergürtel:** alle Teile: Abduktion der Scapula; zusammen mit den Mm. rhomboidei Anpressen der Scapula an den Thorax (Scapula alata bei Ausfall eines der Antagonisten) Pars superior: Heben Pars media: Senken Pars inferior: Senken, Rotation nach außen (zur Elevation des Armes über die Horizontale) **Thorax:** bei festgestellter Scapula Heben der Rippen (Inspiration)

Rumpf-Arm-Muskeln (Abb. 775)

Zu dieser Gruppe gehören der M. latissimus dorsi und der M. pectoralis major. Beide haben ihren Ursprung am Rumpf und ziehen zum Arm. Aufgrund der Lage seines Muskelbauches wird der M. latissimus dorsi in die Gruppe der oberflächlichen Rückenmuskeln einbezogen; er ist wie diese ebenfalls von ventral eingewandert.
Der M. pectoralis major entspringt von der Brustwand und wird innerhalb der Gruppe der ventralen Muskeln der Schulter behandelt.

Muskel *Innervation*	**Ursprung**	**Ansatz**	**Funktion**
M. latissimus dorsi *N. thoracodorsalis (Plexus brachialis, Pars supraclavicularis)*	Proc. spinosus der sechs unteren Brustwirbel, der Lendenwirbel (über Fascia thoracolumbalis), Facies dorsalis des Os sacrum, Labium externum der Crista iliaca (dorsales Drittel), (9.), 10.–12. Rippe; häufig weitere Ursprungszacke vom Angulus inferior der Scapula	Crista tuberculi minoris (mit platter, den M. teres major spiralig umgreifender Sehne; dazwischen Bursa subtendinea musculi latissimi dorsi)	**Schultergelenk:** Adduktion, Innenrotation, Retroversion **Schultergürtel:** Adduktion und Senken der Scapula

Spinokostale Muskeln (Abb. 776)

Die spinokostalen Muskeln, M. serratus posterior superior und M. serratus posterior inferior, liegen in der Tiefe den autochthonen Rückenmuskeln auf.

Muskel *Innervation*	**Ursprung**	**Ansatz**	**Funktion**
1. M. serratus posterior superior *Ventrale Äste vom N. cervicalis [C6] bis zum N. thoracicus [T2]*	Proc. spinosus des 6., 7. Hals- und 1., 2. Brustwirbels	2.–5. Rippe (jeweils lateral des Angulus costae)	Heben der 2.–5. Rippe (Inspiration)
2. M. serratus posterior inferior *Ventrale Äste vom N. thoracicus [T11] bis zum N. lumbalis [L2]*	Proc. spinosus des 11., 12. Brust- und 1., 2. Lendenwirbels	9.–12. Rippe (kaudaler Rand)	Senken der 9.–12. Rippe (Exspiration); als Antagonist der Zugwirkung des Zwerchfells auch bei der forcierten Inspiration aktiv

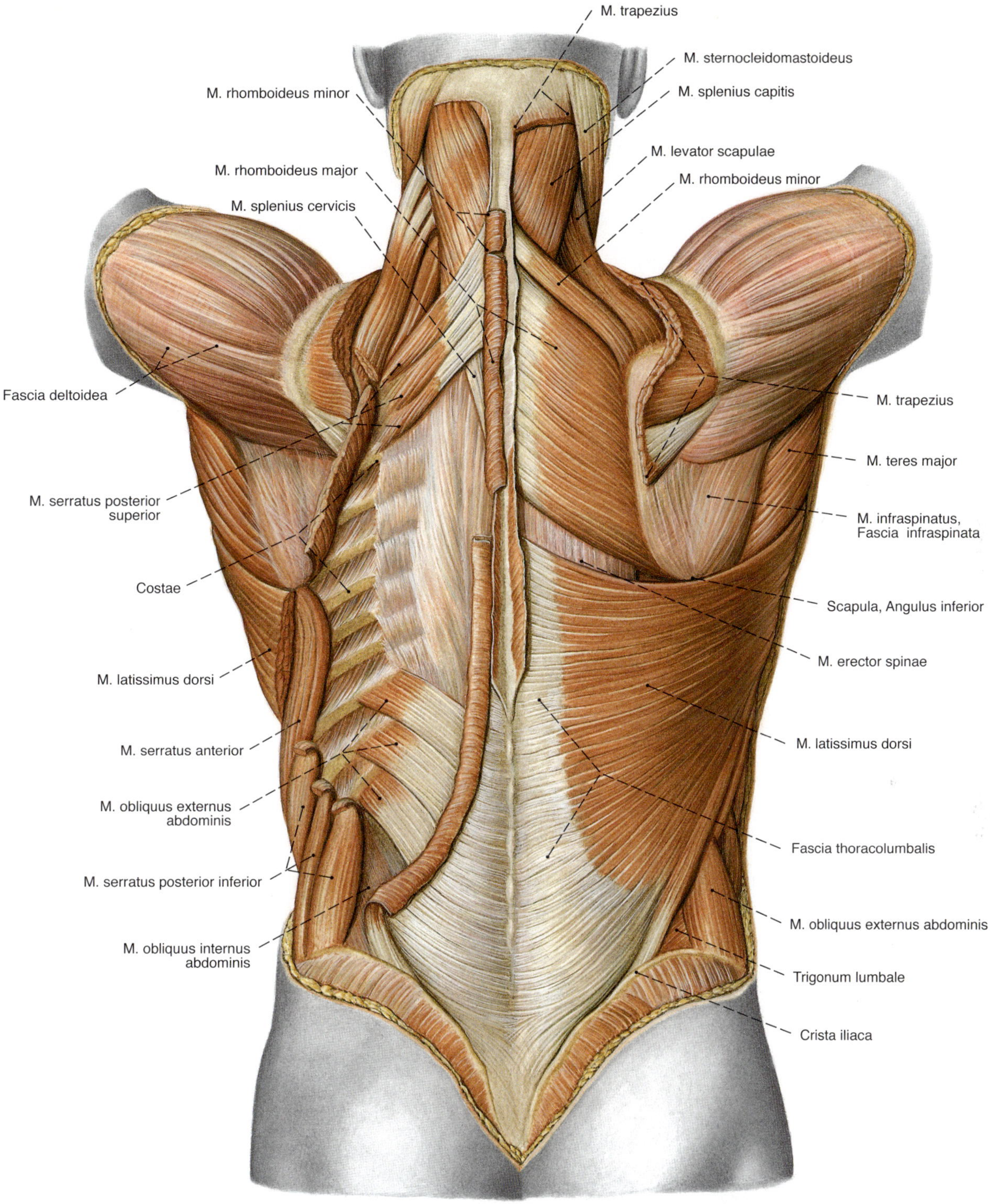

Abb. 776 Rückenmuskeln, Mm. dorsi;
tiefe Schicht der Rumpf-Arm- und der Rumpf-Schultergürtel-Muskeln nach weitgehender Abtragung der oberflächlichen Muskeln auf der linken Seite;
von dorsal.

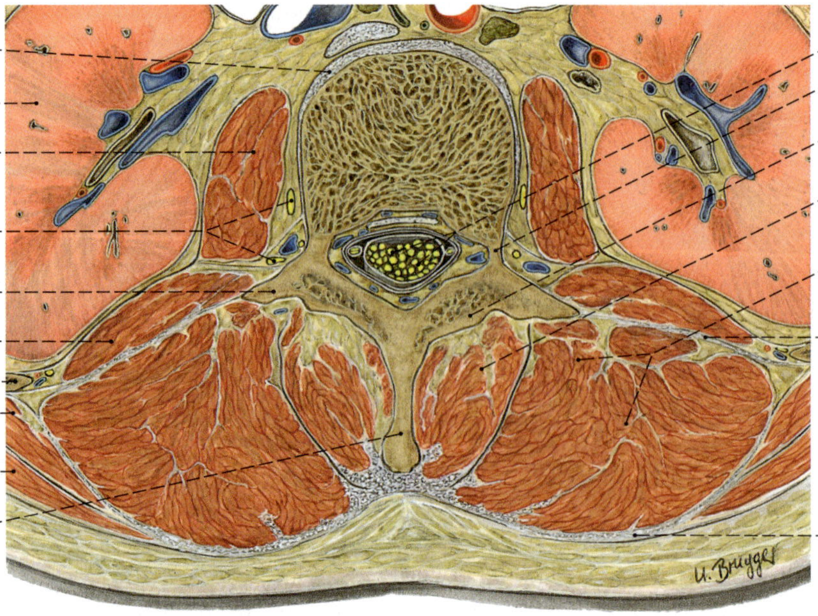

Abb. 777 Rückenmuskeln, Mm. dorsi; Querschnitt auf Höhe des 2. Lendenwirbels; von kaudal.

Die autochthone Rückenmuskulatur liegt in einer osteofibrösen Röhre, die innen von den dorsalen Wirbelanteilen und außen von der aponeurotischen Fascia thoracolumbalis umschlossen wird. Sie gliedert sich in einen lateralen Trakt * und einen medialen Trakt **.

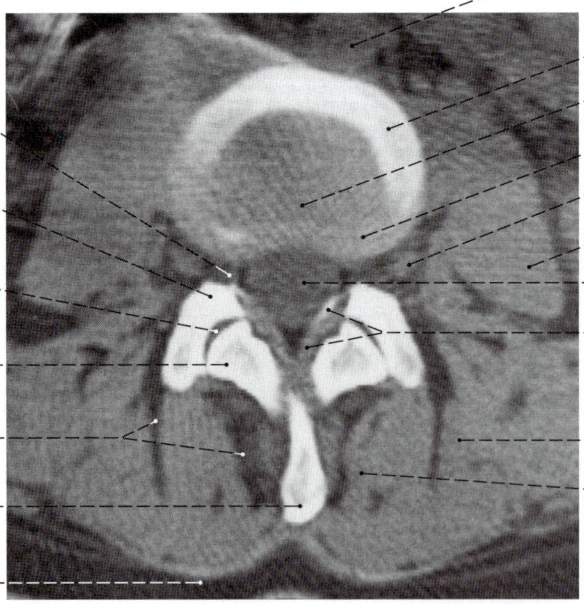

Abb. 778 Rückenmuskeln, Mm. dorsi; computertomographischer Querschnitt (CT) auf Höhe der Zwischenwirbelscheibe zwischen 3. und 4. Lendenwirbel; von kaudal.

* Im Anheftungsbereich der Ligamenta flava treten häufig auch schon beim jüngeren Menschen Verkalkungen bzw. Verknöcherungen auf.
** Fetteinlagerungen

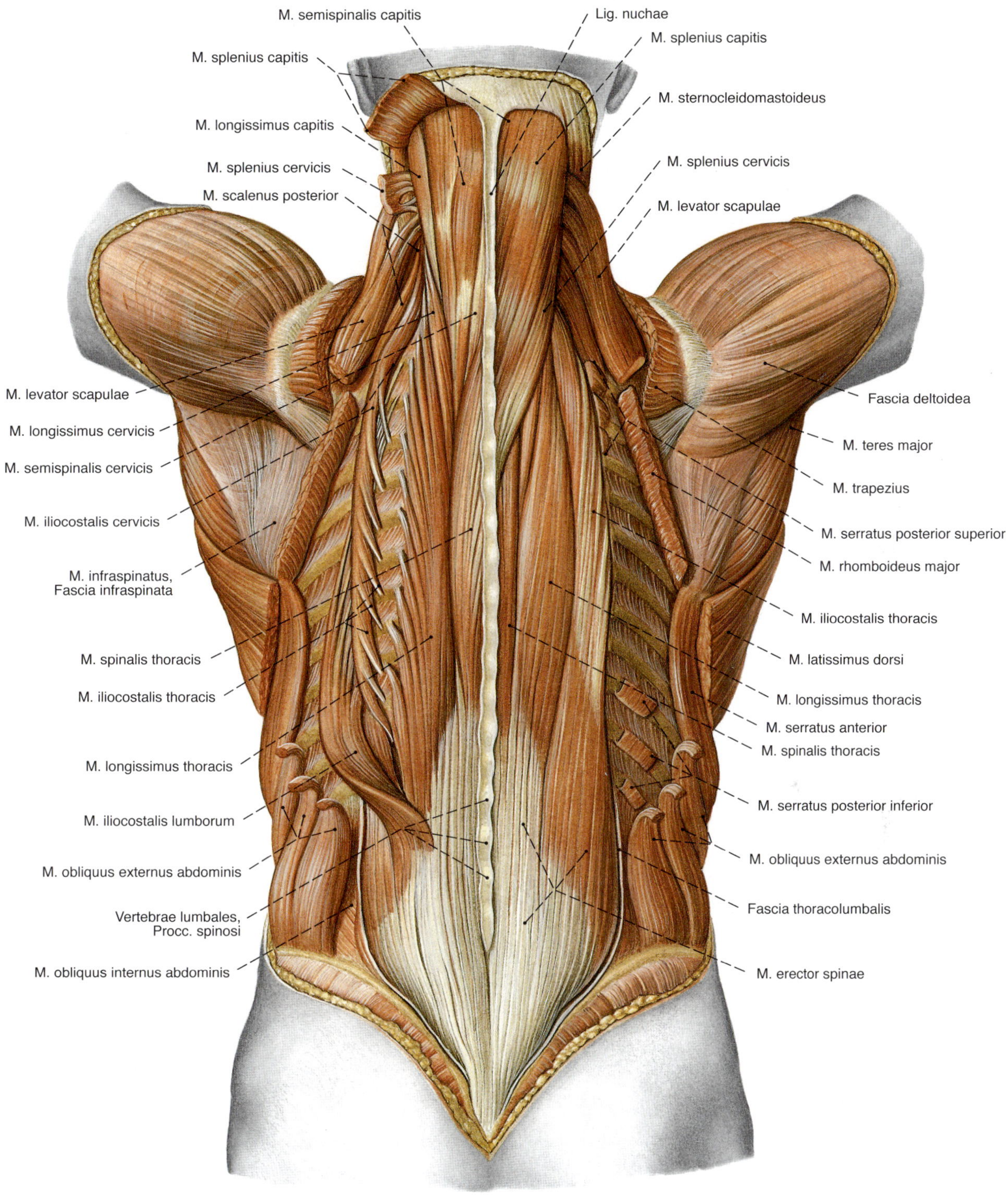

Abb. 779 Rückenmuskeln, Mm. dorsi;
oberflächliche Schicht der autochthonen Muskeln nach Abtragung des oberflächlichen Blattes der Fascia thoracolumbalis und der darüber liegenden Rumpf-Arm- sowie der Rumpf-Schultergürtel-Muskeln;
von dorsal.

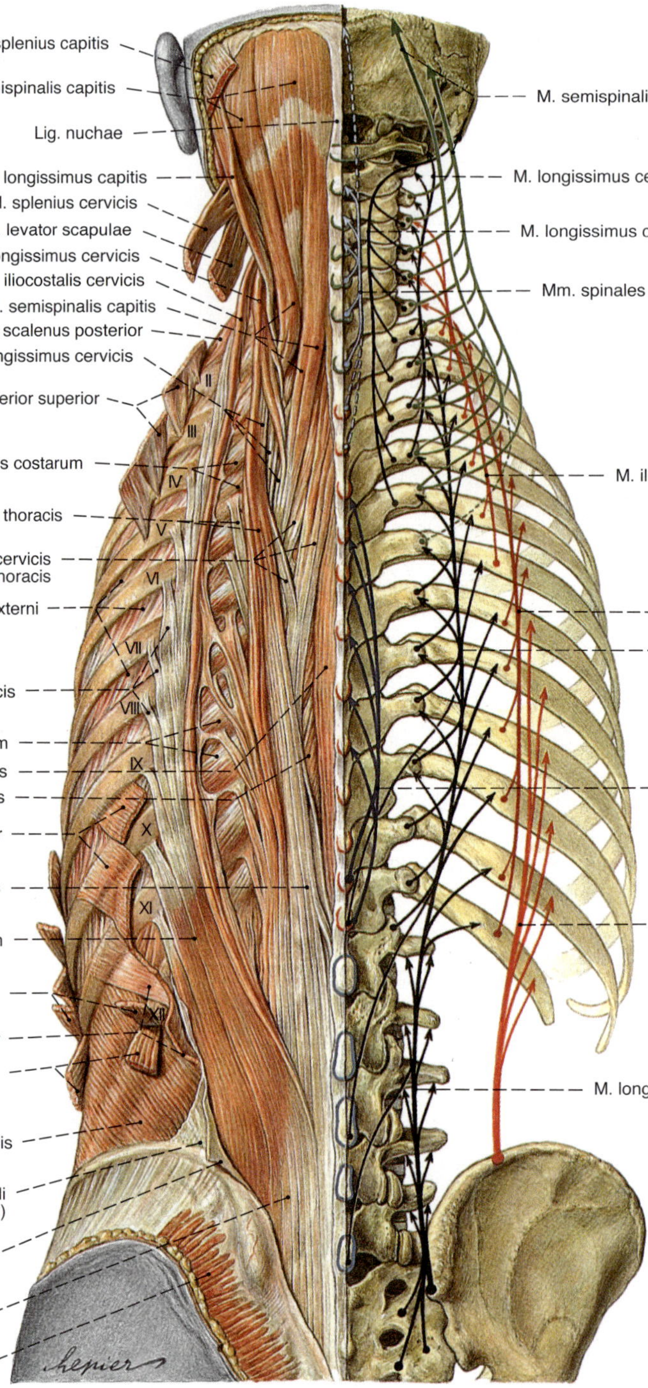

Abb. 780 Rückenmuskeln, Mm. dorsi;
lange Züge der autochthonen Muskeln nach Abtragung des oberflächlichen Blattes der Fascia thoracolumbalis und der darüber liegenden Rumpf-Arm- sowie der Rumpf-Schultergürtel-Muskeln; rechts schematische Reduktion der Verläufe; Dornfortsätze der Halswirbel grün, der Brustwirbel rot und der Lendenwirbel blau markiert; II–XII = Rippen; von dorsal.

Autochthone laterale Muskeln des Rückens (Abb. 779, 780)

Der laterale Trakt der autochthonen Rückenmuskulatur überdeckt den medialen Trakt und wird deshalb auch als oberflächlicher Anteil der autochthonen Rückenmuskulatur bezeichnet. Dazu gehören als gerade verlaufende Muskelstränge der M. iliocostalis, der M. longissimus und die Mm. intertransversarii. Schräg nach kranial divergierend (spinotransversal) verlaufen die Mm. splenii. Die Mm. levatores costarum ziehen schräg nach kaudal zu den Rippen.

Muskel/*Innervation*	**Ursprung**	**Ansatz**	**Funktion**
1. **M. iliocostalis lumborum** *Rr. posteriores der Nn. lumbales*	Gemeinsam mit M. longissimus thoracis von Procc. spinosi der Lendenwirbel, Facies dorsalis des Os sacrum, Crista iliaca (dorsales Drittel), Fascia thoracolumbalis	5.–12. Rippe (am Angulus costae)	Einseitig aktiv: Lateralflexion; beidseitig aktiv: Extension
2. **M. iliocostalis thoracis** *Rr. posteriores der Nn. thoracici*	12.–7. Rippe (medial des Angulus costae)	(6.) 7.–1. Rippe (am Angulus costae)	
3. **M. iliocostalis cervicis** *Rr. posteriores der Nn. cervicales*	7.–(4.) 3. Rippe (medial des Angulus costae)	Tubercula posteriora der Procc. transversi des 6.–(4.) 3. Halswirbels	
4. **M. longissimus thoracis** *Rr. posteriores der Nn. spinales* Der M. longissimus thoracis hängt eng mit M. longissimus cervicis und M. spinalis zusammen.	Gemeinsam mit M. iliocostalis lumborum von Procc. spinosi der Lendenwirbel, Facies dorsalis des Os sacrum; häufig von Proc. mamillaris des 2. und 1. Lenden- und Proc. transversus des 12.–6. Brustwirbels	Medialer Anteil: Proc. mamillaris des 5. Lendenwirbels, Proc. accessorius des 4.–1. Lendenwirbels, Procc. transversi der Brustwirbel; Lateraler Anteil: Proc. costalis des 4.–1. Lendenwirbels, Fascia thoracolumbalis (tiefes Blatt), 12.–2. Rippe (medial des Angulus costae)	
5. **M. longissimus cervicis** *Rr. posteriores der Nn. spinales*	Proc. transversus des 6.–1. Brust- und 7.–3. Halswirbels	Tuberculum posterius des Proc. transversus des 5.–2. Halswirbels	
6. **M. longissimus capitis** *Rr. posteriores der Nn. spinales*	Proc. transversus des 3. Brust- bis 3. Halswirbels	Proc. mastoideus (Hinterrand)	
7. **Mm. intertransversarii laterales lumborum** *Rr. posteriores und anteriores der Nn. spinales*	Tuberositas iliaca, Proc. costalis und accessorius des 5. bis 1. Lendenwirbels, Proc. transversus des 12. Brustwirbels	Proc. costalis des 5. Lendenwirbels, Proc. transversus des 1. Brustwirbels	
8. **Mm. intertransversarii mediales lumborum** *(siehe Nr. 7)*	Proc. accessorius des 4.–1. Lendenwirbels	Proc. mamillaris des 4.–2. Lendenwirbels	
9. **Mm. intertransversarii thoracis** *(siehe Nr. 7)*	Proc. transversus des 12.–10. Brustwirbels	Proc. accessorius und mamillaris des 1. Lendenwirbels bis Proc. transversus des 11. Brustwirbels	
10. **Mm. intertransversarii posteriores cervicis** *(siehe Nr. 7)*	Tuberculum posterius des Proc. transversus des 6.–1. Halswirbels	Tuberculum posterius des Proc. transversus des 7.–2. Halswirbels	
11. **Mm. intertransversarii anteriores cervicis** *(siehe Nr. 7)*	Tuberculum anterius der Procc. transversi des 6.–1. Halswirbels	Tuberculum anterius des Proc. transversus des 7.–2. Halswirbels	
12. **M. splenius cervicis** *Rr. posteriores der Nn. cervicales*	Proc. spinosus des 3. Brust- bis 7. Halswirbels, Lig. nuchae (ab 3. Halswirbel)	Proc. mastoideus, Linea nuchalis superior	Einseitig aktiv: Lateralflexion, Rotation von Halswirbelsäule und Kopf zur gleichen Seite; beidseitig aktiv: Extension der Halswirbelsäule
13. **M. splenius capitis** *Rr. posteriores der Nn. cervicales*	Proc. spinosus des 6.–3. Halswirbels, Lig. supraspinale	Tuberculum posterius des Proc. transversus des (3.) 2.–1. Halswirbels	
14. **Mm. levatores costarum** *Rr. posteriores des N. cervicalis [C8] und der Nn. thoracici* Die Mm. levatores costarum longi fehlen im mittleren Thorakalbereich.	Proc. transversus des 11. Brust- bis 7. Halswirbels (Mm. levatores costarum longi überspringen jeweils eine Rippe, Mm. levatores costarum breves ziehen zur nächsten kaudalen Rippe)	12.–1. Rippe (jeweils lateral des Angulus costae)	Heben der Rippen; Lateralflexion und Rotation der Wirbelsäule

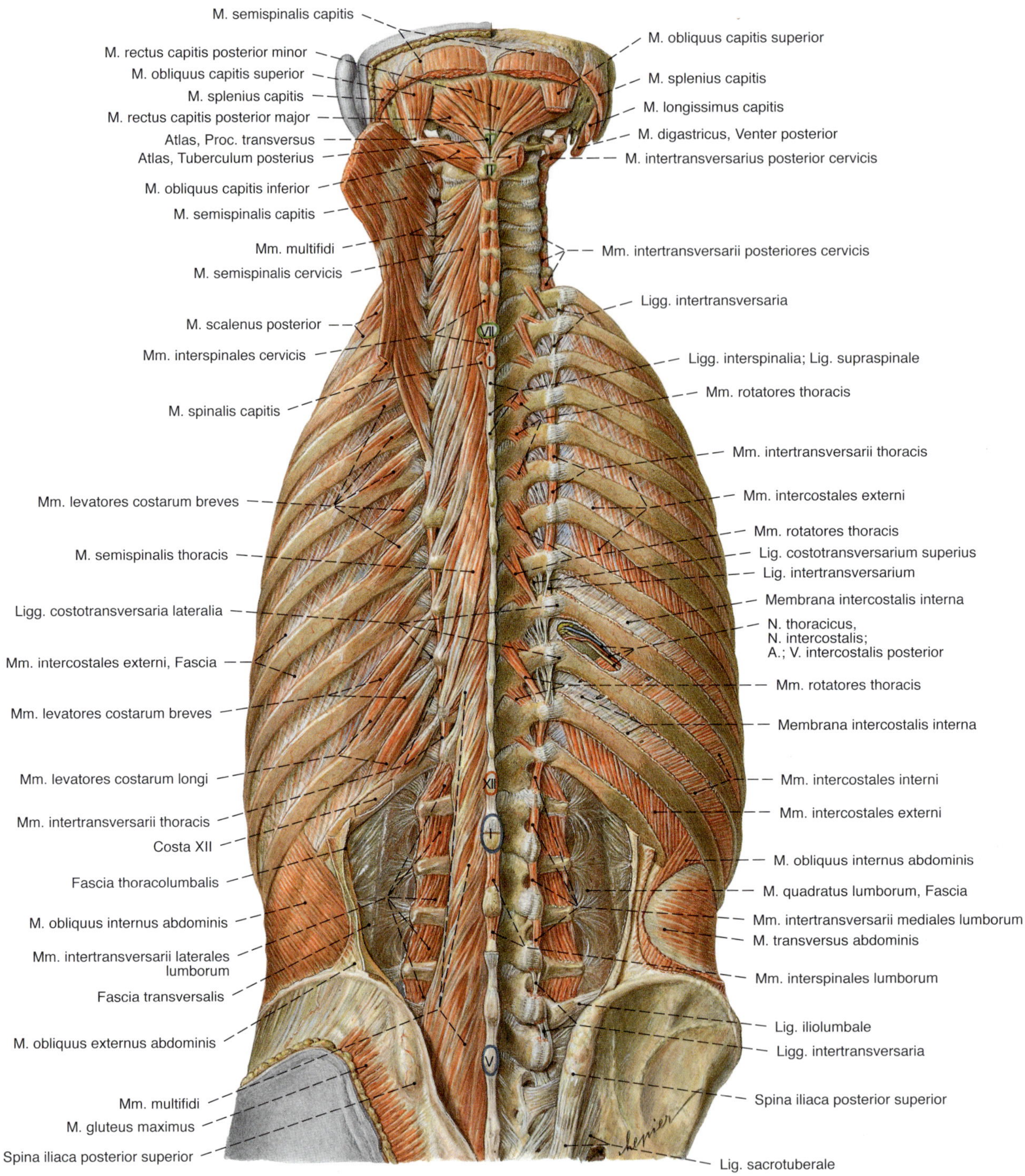

Abb. 781 Rückenmuskeln, Mm. dorsi, und Nackenmuskeln, Mm. suboccipitales;
tiefste Schicht nach Abtragung aller oberflächlichen Muskeln und der Fascia thoracolumbalis; 9. Interkostalraum zum Teil eröffnet;
von dorsal.
Mit römischen Ziffern sind die Dornfortsätze der entsprechenden Wirbel bezeichnet.

Autochthone mediale Muskeln des Rückens (Abb. 780, 781)

Der mediale Trakt der autochthonen Rückenmuskulatur liegt unter dem lateralen Trakt und wird deshalb auch als tiefer Anteil der autochthonen Rückenmuskulatur bezeichnet. Dazu gehören als gerade verlaufende Muskelstränge die Mm. interspinales und der M. spinalis. Schräg nach kranial konvergierend (transversospinal) ziehen die Mm. rotatores, die Mm. multifidi und der M. semispinalis.

Muskel *Innervation*	**Ursprung**	**Ansatz**	**Funktion**
1. Mm. interspinales lumborum *Rr. posteriores der Nn. spinales*	Proc. spinosus des 5.–1. Lendenwirbels	Crista sacralis mediana (oberster Rand), Proc. spinosus des 5.–2. Lendenwirbels	Segmentale Extension
2. Mm. interspinales thoracis *Rr. posteriores der Nn. spinales*	Proc. spinosus des (12.) 11.–2. (1.) Brustwirbels	Proc. spinosus des (1. Lenden-) 12.–3. (2.) Brustwirbels	
3. Mm. interspinales cervicis *Rr. posteriores der Nn. spinales*	Proc. spinosus des 7.–2. Halswirbels	Proc. spinosus des 1. Brust- bis 3. Halswirbels	
4. M. spinalis thoracis *Rr. posteriores der Nn. spinales*	Proc. spinosus des (3.) 2., 1. Lenden- und 12.–10. Brustwirbels (hängt eng mit M. longissimus thoracis zusammen)	Proc. spinosus des (10.) 9.–2. Brustwirbels (hängt eng mit Mm. multifidi zusammen)	Einseitig aktiv: Lateralflexion; beidseitig aktiv: Extension
5. M. spinalis cervicis *Rr. posteriores der Nn. spinales*	Proc. spinosus des (4.) 3.–1. Brust- und 7.–6. Halswirbels	Proc. spinosus des (6.) 5.–2. Halswirbels	
6. M. spinalis capitis *Rr. posteriores der Nn. spinales* (inkonstanter Muskel)	Proc. spinosus des 3.–1. Brust- und 7.–6. Halswirbels	Squama ossis occipitalis (zwischen Lineae nuchales suprema und superior nahe der Protuberantia occipitalis externa; hängt eng mit M. semispinalis capitis zusammen)	
7. Mm. rotatores *Rr. posteriores der Nn. spinales* Zu den Mm. rotatores werden gezählt: Mm. rotatores cervicis, Mm. rotatores thoracis und Mm. rotatores lumborum (inkonstant).	Procc. mamillares der Lendenwirbel, Procc. transversi der Brustwirbel, Procc. articulares inferiores der Halswirbel (Mm. rotatores longi überspringen jeweils einen Wirbel, Mm. rotatores breves ziehen zum nächsthöheren Wirbel)	Proc. spinosus (Wurzeln) des 3.–1. Lenden-, 12.–1. Brust- und 7.–2. Halswirbels	Einseitig aktiv: segmentale Lateralflexion, Rotation; beidseitig aktiv: Extension
8. Mm. multifidi *Rr. posteriores der Nn. spinales*	Facies dorsalis des Os sacrum, Lig. sacroiliacum posterius, Crista iliaca (dorsaler Anteil), Procc. mamillares der Lendenwirbel, Procc. transversi der Brustwirbel, Proc. articularis inferior des 7.–4. Halswirbels (Die Muskelfasern überspringen 2–4 Wirbel.)	Proc. spinosus des 5.–1. Lenden-, 12.–1. Brust- und 7.–2. Halswirbels	
9. M. semispinalis thoracis *Rr. posteriores der Nn. spinales*	Proc. transversus des (12.) 11.–7. (6.) Brustwirbels	Proc. spinosus des (4.) 3. Brust- bis 6. Halswirbels	Einseitig aktiv: Rotation von Wirbelsäule und Kopf nach der Gegenseite; beidseitig aktiv: Extension
10. M. semispinalis cervicis *Rr. posteriores der Nn. spinales*	Proc. transversus des (7.) 6. Brust- bis 7. Halswirbels	Proc. spinosus des 6.–2. Halswirbels	
11. M. semispinalis capitis *Rr. posteriores der Nn. spinales*	Proc. transversus des (8.) 7. Brust- bis 3. Halswirbels	Squama ossis occipitalis (zwischen Linea nuchalis suprema und Linea nuchalis superior, medialer Bereich)	

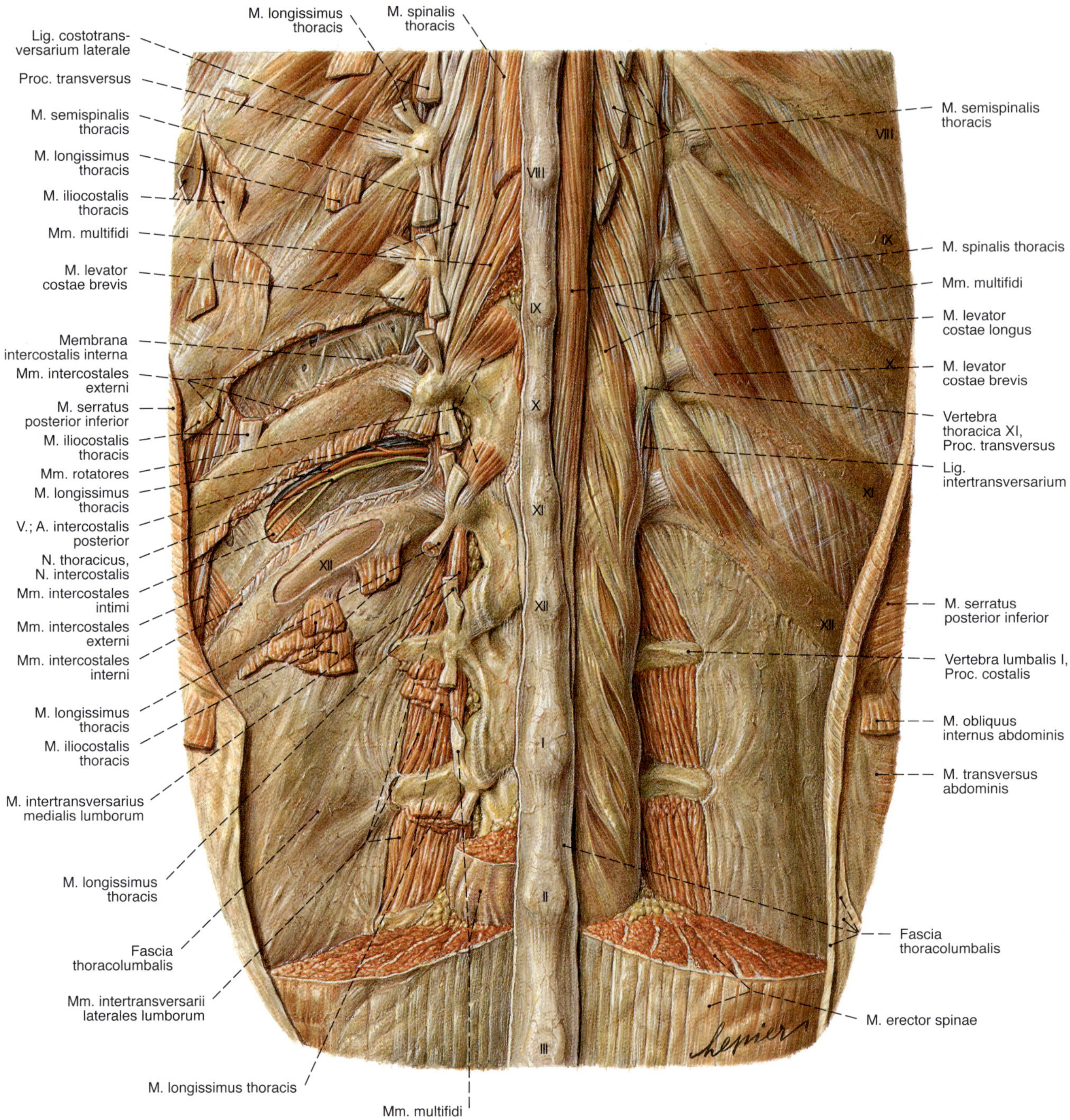

Abb. 782 Rückenmuskeln, Mm. dorsi;
schichtweise Darstellung der autochthonen Rückenmuskeln und der Rumpfwandmuskeln im Bereich zwischen 8. und 12. Brustwirbel (VIII–XII) und 1.–3. Lendenwirbel (I–III); 11. Interkostalraum zum Teil eröffnet;
von dorsal.

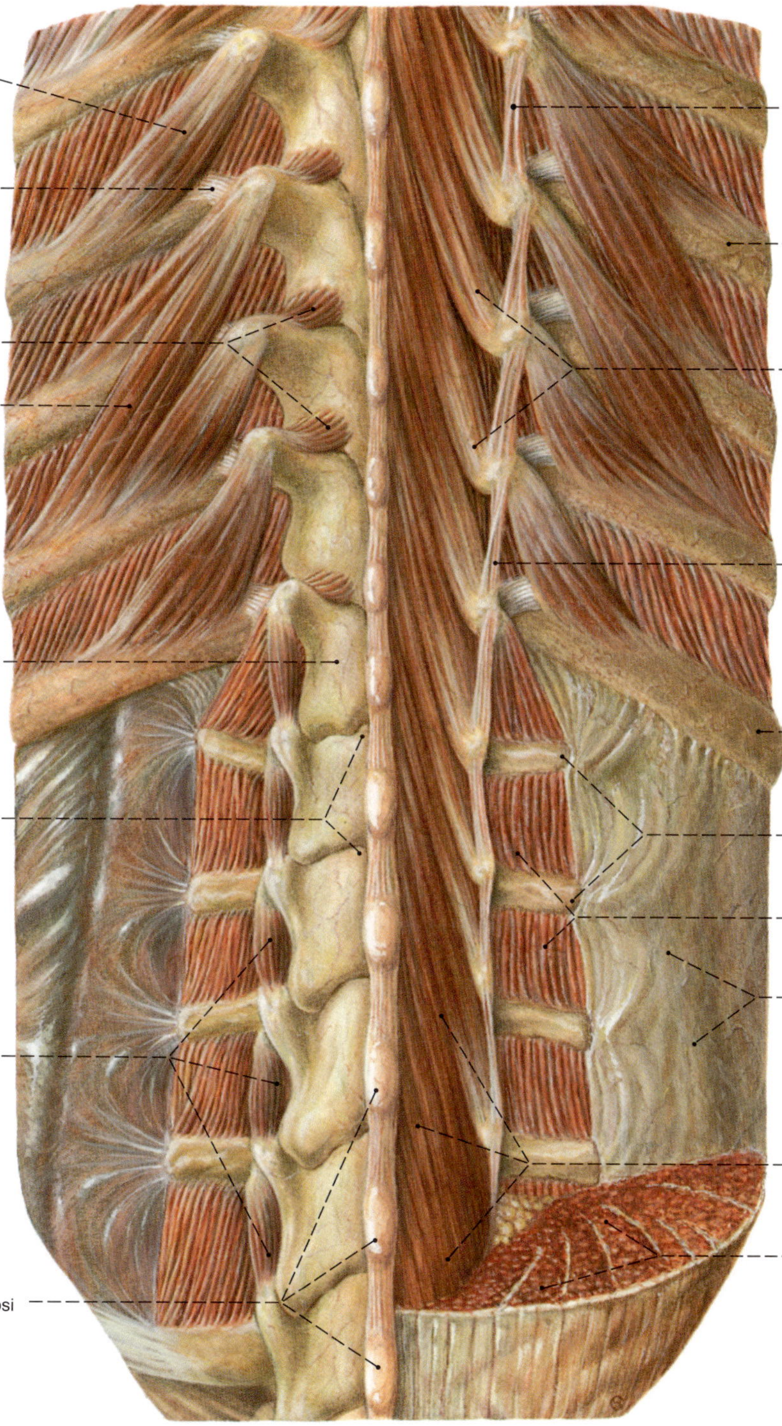

Abb. 783 Rückenmuskeln, Mm. dorsi;
tiefste Schicht im Bereich der unteren Brust- und der Lendenwirbelsäule nach Abtragung der Fascia thoracolumbalis;
von dorsal.

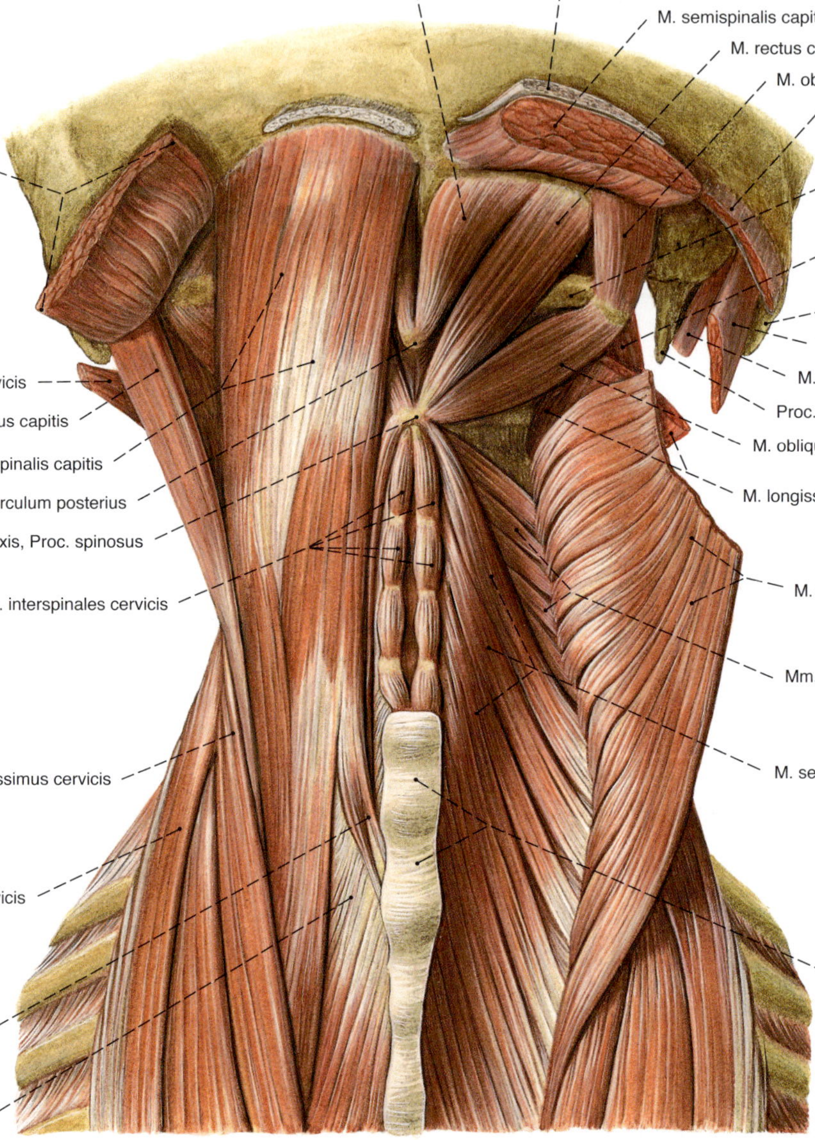

Abb. 784 Rückenmuskeln, Mm. dorsi, und Nackenmuskeln, Mm. suboccipitales;
nach Abtragung einzelner oberflächlicher Muskeln;
von dorsal.

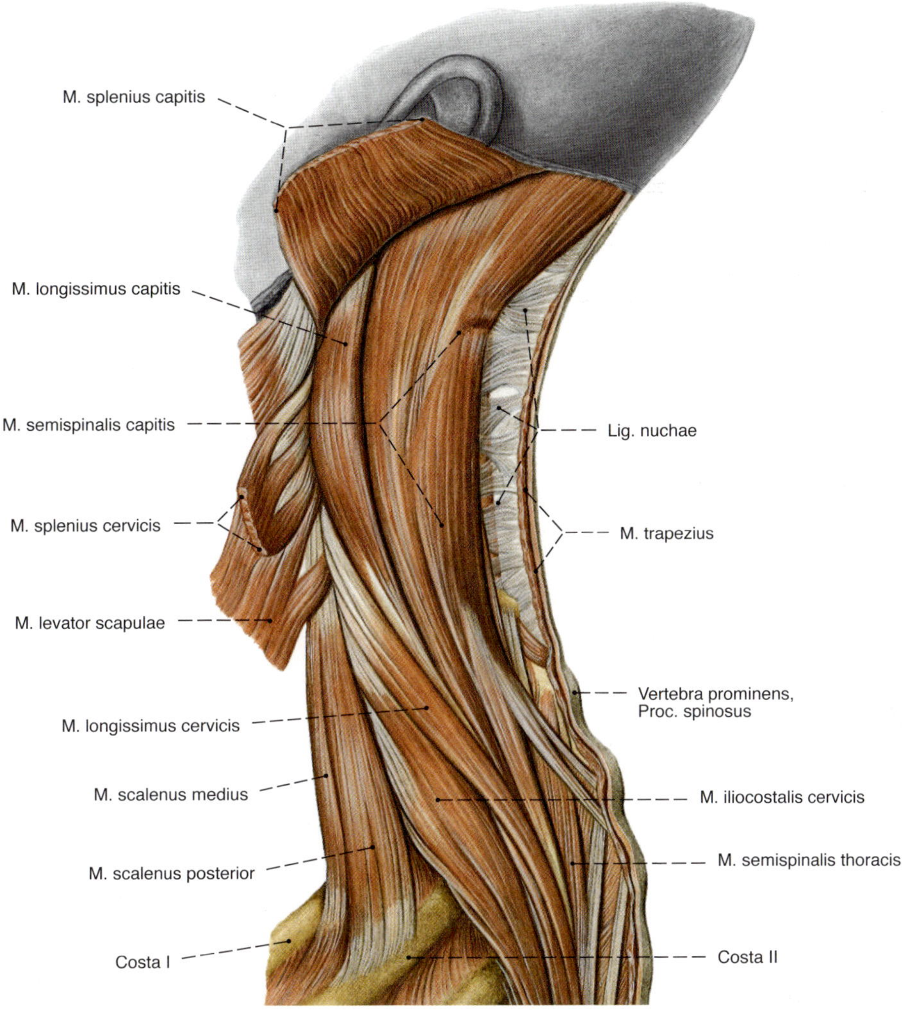

Abb. 785 Rückenmuskeln, Mm. dorsi, und Halsmuskeln, Mm. colli;
nach Abtragung der oberflächlichen Rückenmuskeln; von lateral (li).

Autochthone tiefe Muskeln des Nackens (Abb. 784, 786)

Zum medialen Trakt der autochthonen Rückenmuskulatur gehören die Mm. recti capitis posterior minor et major und die Mm. obliqui capitis superior et inferior, zum lateralen Trakt der M. rectus capitis lateralis.

Muskel/*Innervation*	**Ursprung**	**Ansatz**	**Funktion**
1. M. rectus capitis posterior major *N. suboccipitalis (dorsaler Ast des N. cervicalis [C1])*	Proc. spinosus des Axis	Linea nuchalis inferior (mittleres Drittel)	Zusammenwirken bei der Feinabstimmung der Position und der Kinematik der Kopfgelenke
2. M. rectus capitis posterior minor *N. suboccipitalis (siehe Nr. 1)*	Tuberculum posterius des Arcus posterior des Atlas	Linea nuchalis inferior (mediales Drittel)	
3. M. obliquus capitis superior *N. suboccipitalis (siehe Nr. 1)*	Tuberculum posterius des Proc. transversus des Atlas	Linea nuchalis inferior (laterales Drittel)	
4. M. obliquus capitis inferior *N. suboccipitalis (siehe Nr. 1)*	Proc. spinosus des Axis	Proc. transversus des Atlas (Hinterrand)	
5. M. rectus capitis lateralis *N. cervicalis (ventrale Äste des N. cervicalis [C1])*	Proc. transversus des Atlas (Vorderrand)	Proc. jugularis des Os occipitale	

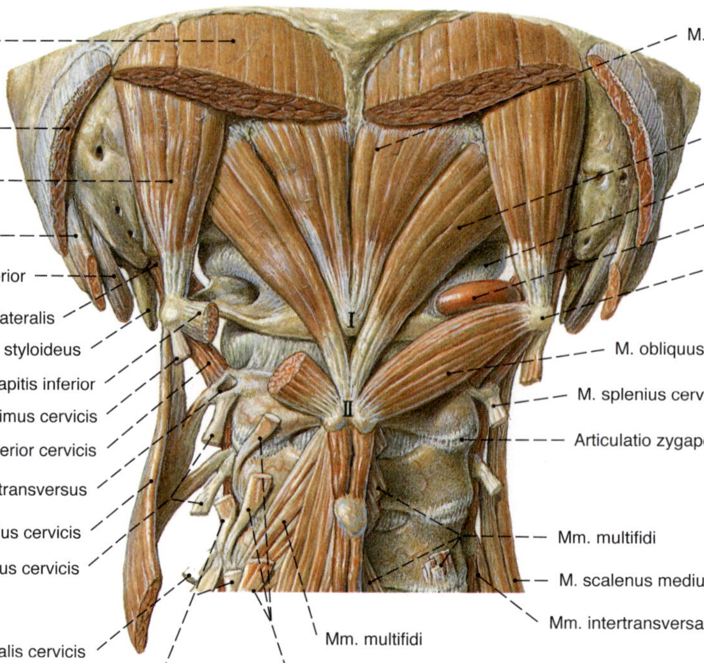

Abb. 786 Nackenmuskeln, Mm. suboccipitales; von dorsal.
I = Tuberculum posterius des Atlas
II = Proc. spinosus des Axis

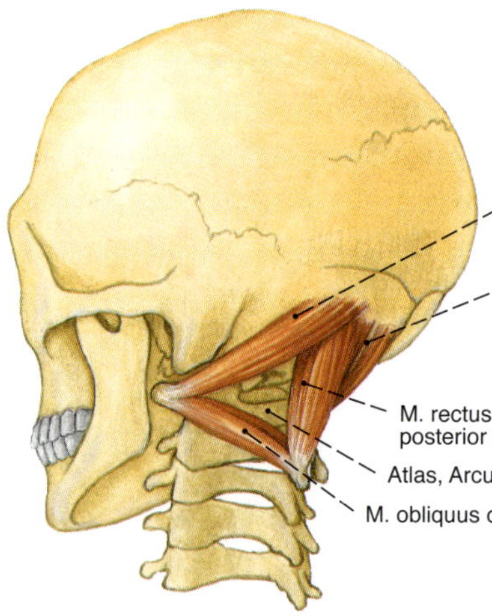

Abb. 787 Nackenmuskeln, Mm. suboccipitales; halbschematische Darstellung; von lateral dorsal (li).

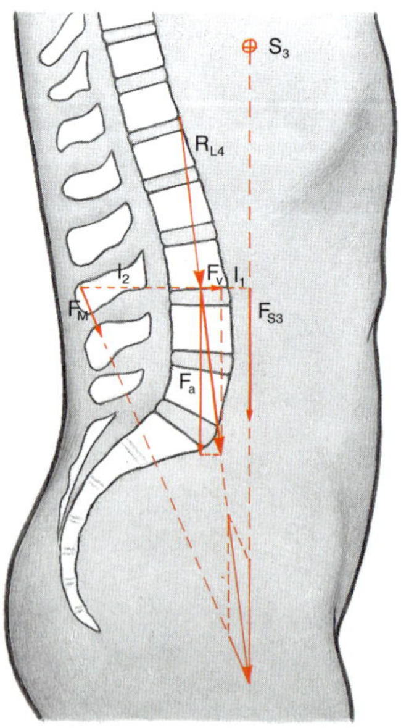

S_3 Schwerpunkt des 3/6 Teilgewichtes des Körpers
F_{S3} Kraft des auf die Lendenwirbelsäule wirkenden Anteils des Körpergewichtes
R_{L4} resultierende Lagerkraft im Bewegungssegment LW3/LW4
F_M Kraft der Rückenmuskulatur
F_v nach ventral gerichtete, von den Wirbelgelenken aufzunehmende Scherkomponente
F_a axiale, von Bandscheibe und Wirbelkörper aufzunehmende Druckkomponente
l_1 Hebelarm des in aufrechter Haltung auf die Lendenwirbelsäule wirkenden Teilgewichtes des Körpers
l_2 Hebelarm der Rückenmuskulatur

Abb. 788 Belastung der Lendenwirbelsäule im aufrechten Stand.

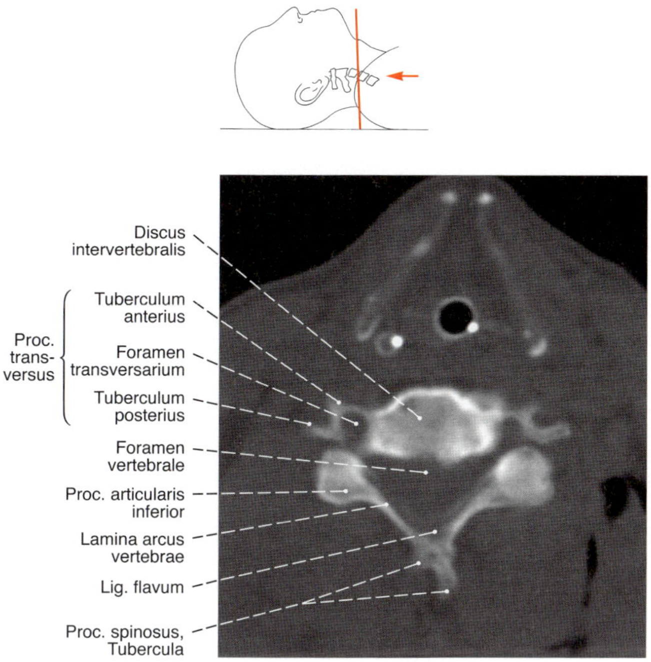

Abb. 789 Halswirbelsäule;
computertomographischer Querschnitt (CT) auf Höhe der Bandscheibe zwischen 4. und 5. Halswirbel;
von kaudal.

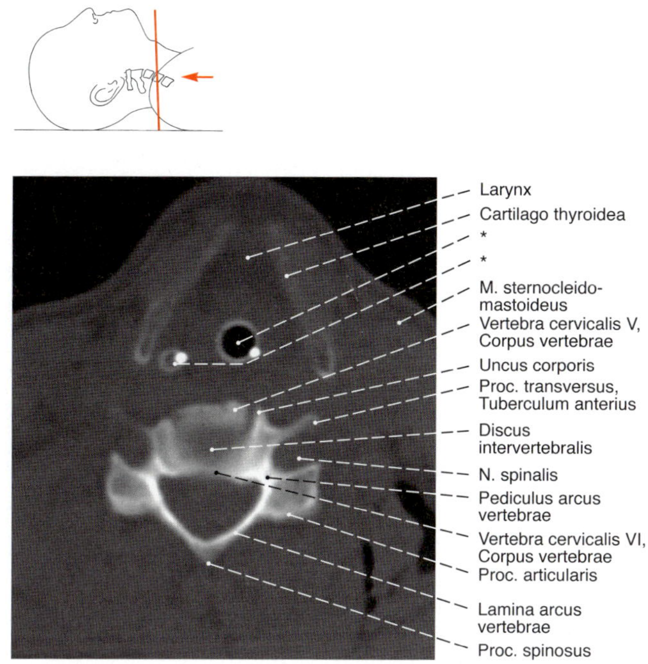

Abb. 790 Halswirbelsäule;
computertomographischer Querschnitt (CT) auf Höhe des 5./6. Halswirbels;
von kaudal.

* Beatmungstubus und endoskopisches Instrument

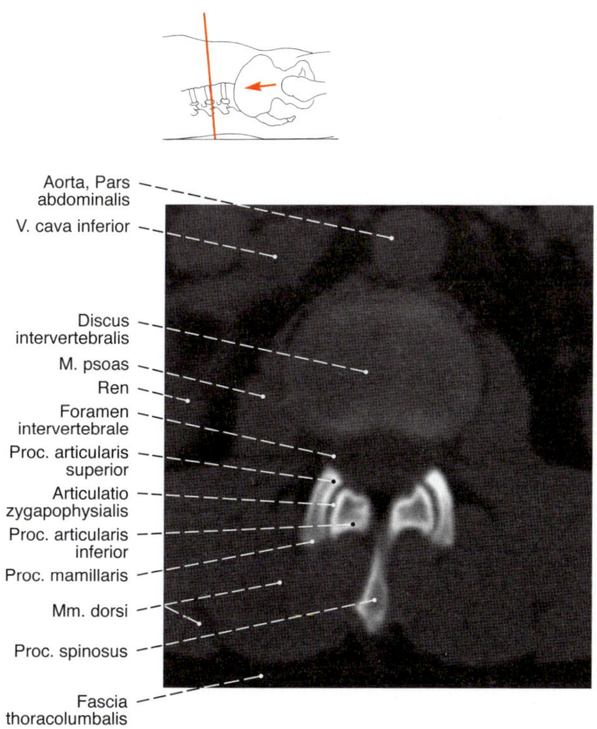

Abb. 791 Lendenwirbelsäule;
computertomographischer Querschnitt (CT) auf Höhe der Bandscheibe zwischen 2. und 3. Lendenwirbel;
von kaudal.

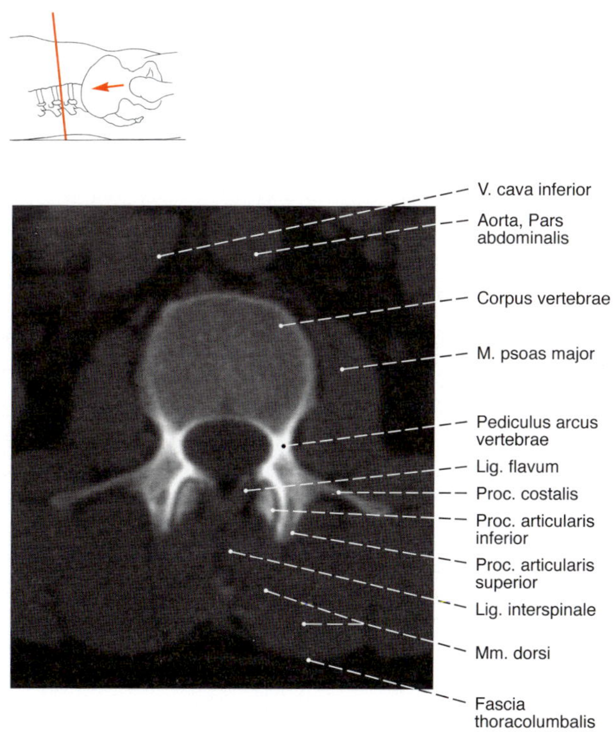

Abb. 792 Lendenwirbelsäule;
computertomographischer Querschnitt (CT) auf Höhe der Pediculi des 3. Lendenwirbels;
von kaudal.

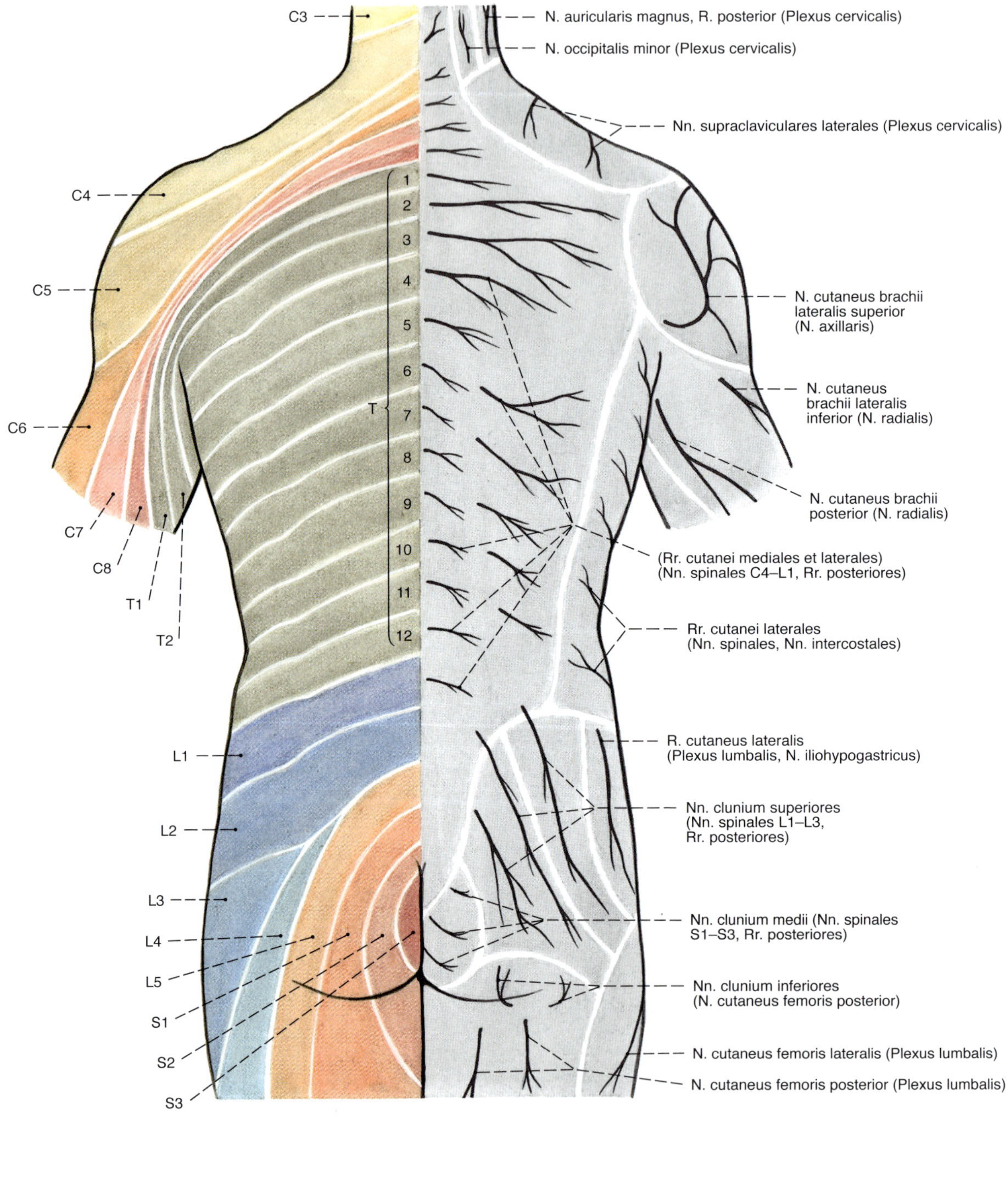

Abb. 793 Segmentale Hautinnervation (Dermatome) und Hautnerven des Rückens; von dorsal.

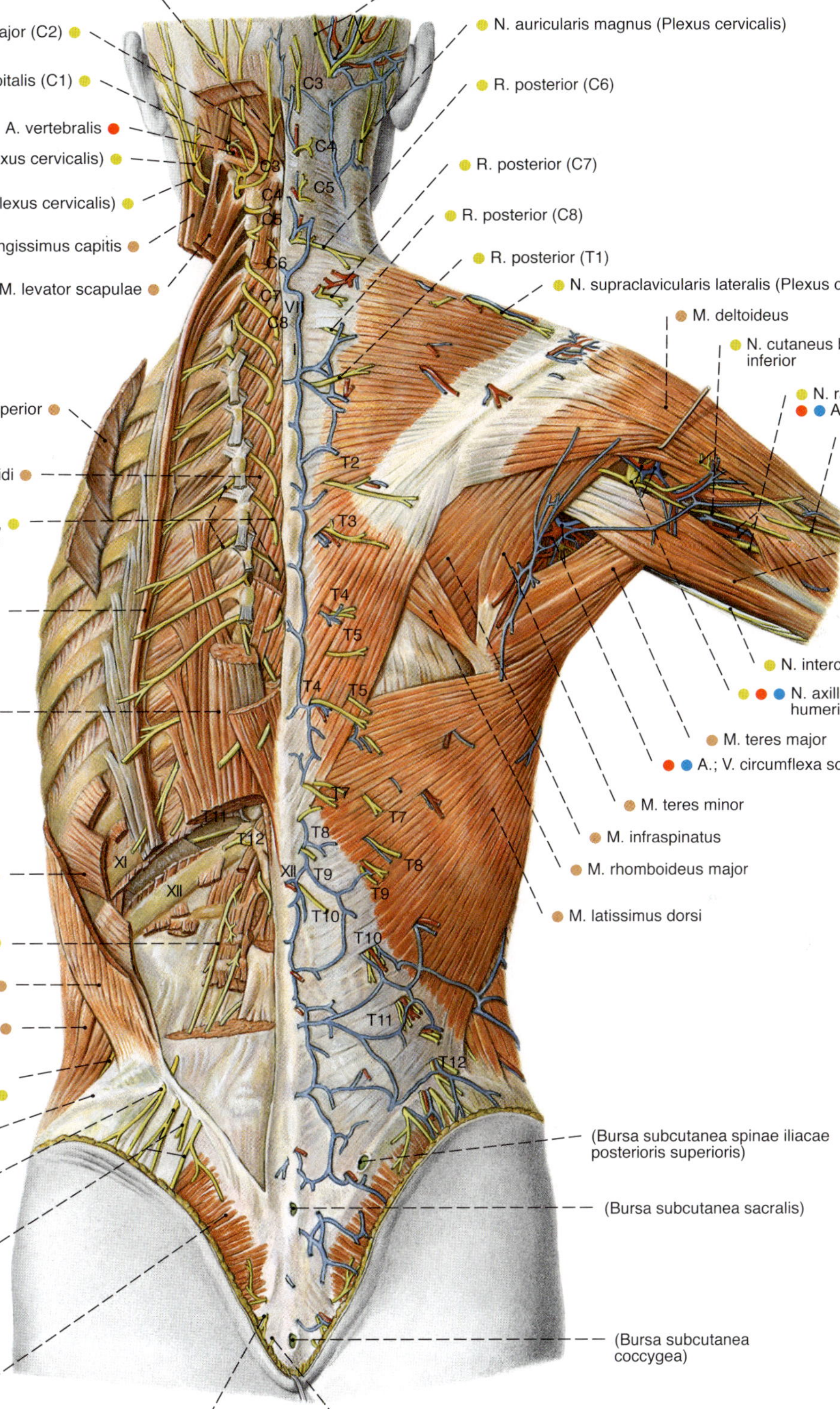

Abb. 794 Gefäße und Nerven des Rückens; nach Abtragung der oberflächlichen Muskeln und des Schultergürtels auf der linken Seite; von dorsal.

* Gefäße und Nerven in der medialen Achsellücke
** Gefäße und Nerven in der lateralen Achsellücke

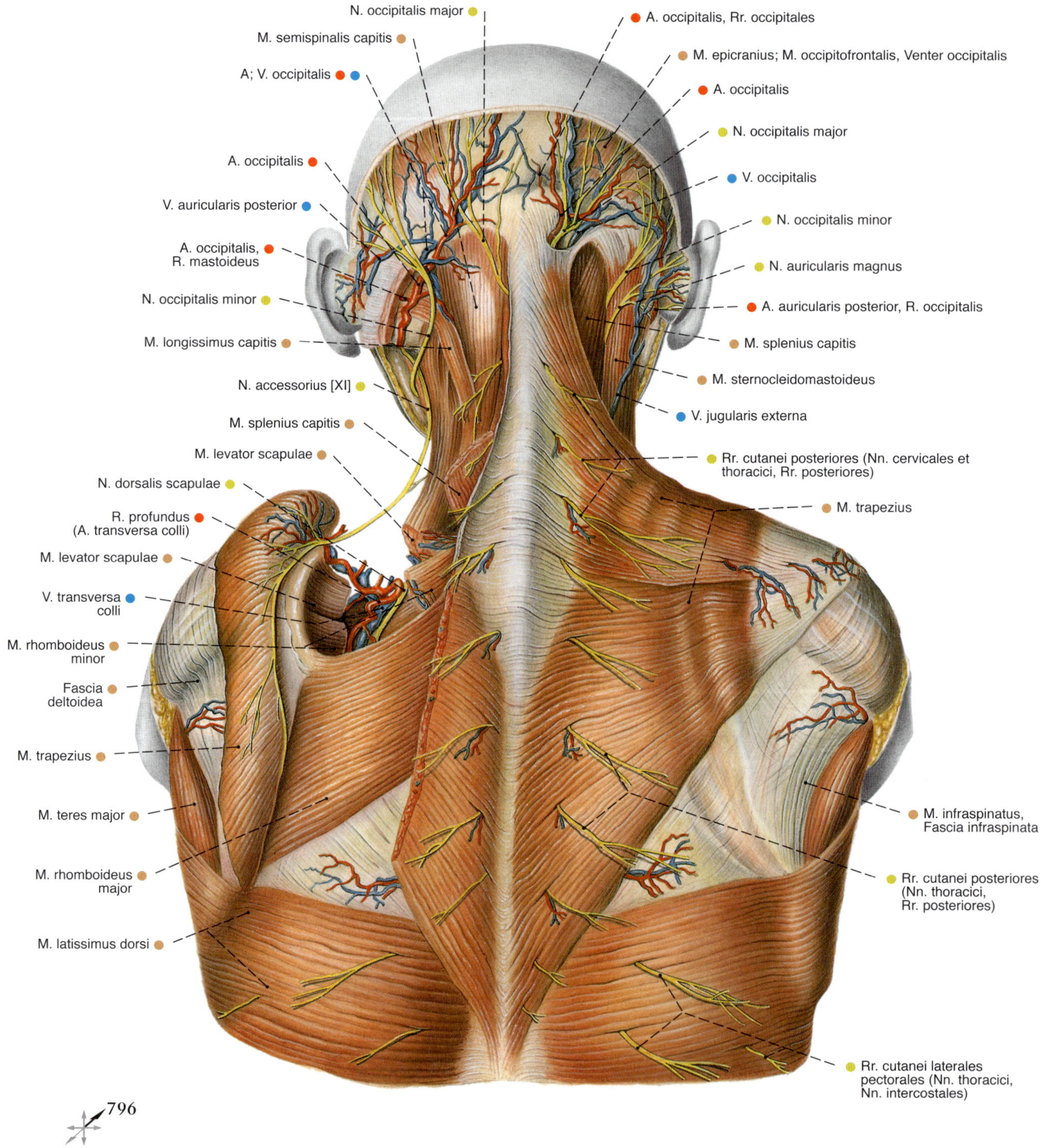

Abb. 795 Gefäße und Nerven von Hinterhauptsregion, Regio occipitalis, und Nacken, Regio cervicalis posterior, und oberem Rückenbereich;
nach teilweiser Abtragung oberflächlicher Rückenmuskeln auf der linken Seite;
von dorsal.

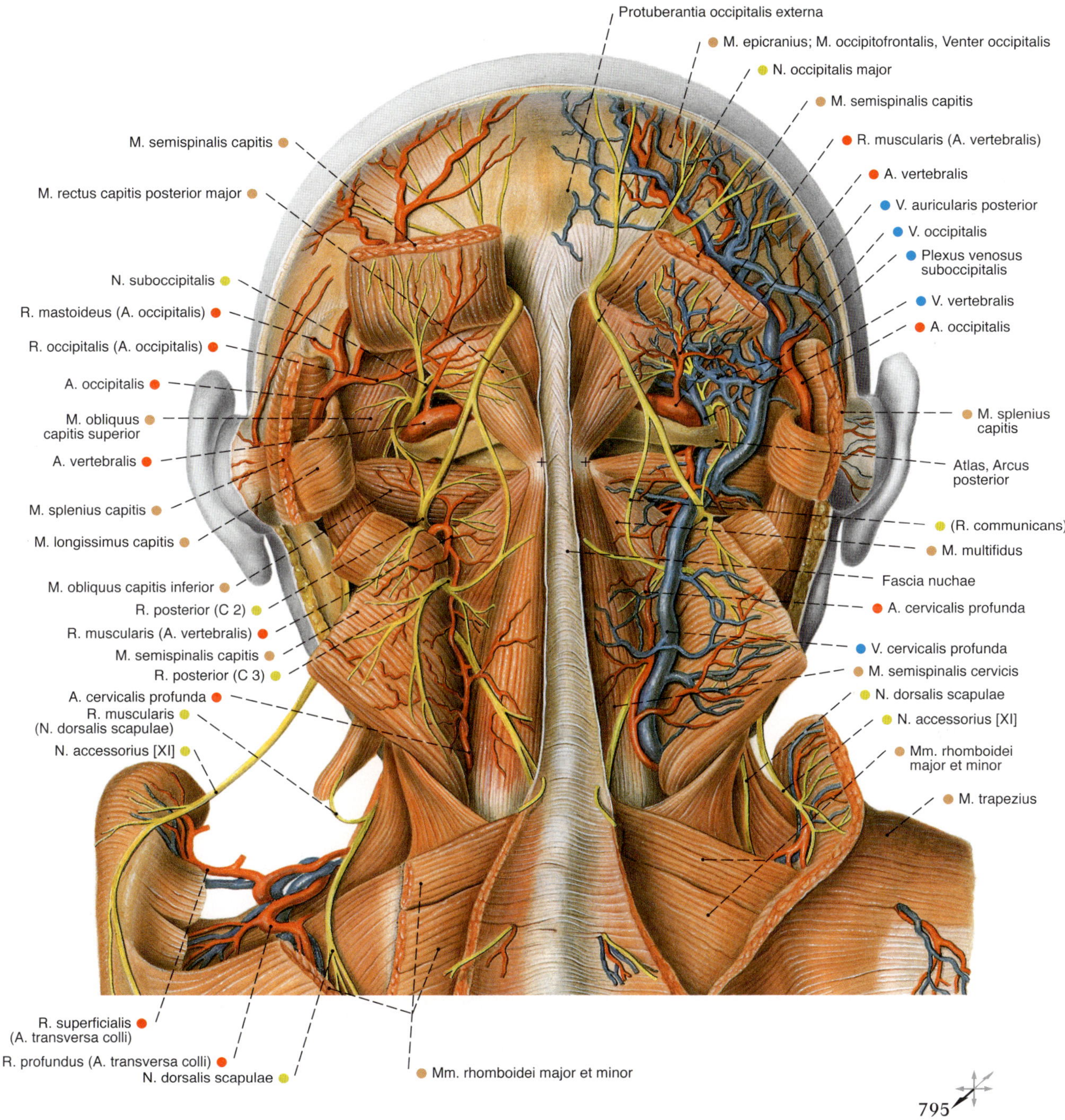

Abb. 796 Gefäße und Nerven von Hinterhauptsregion, Regio occipitalis, und Nacken, Regio cervicalis posterior; von dorsal.

+ Tubercula des Proc. spinosus des Axis

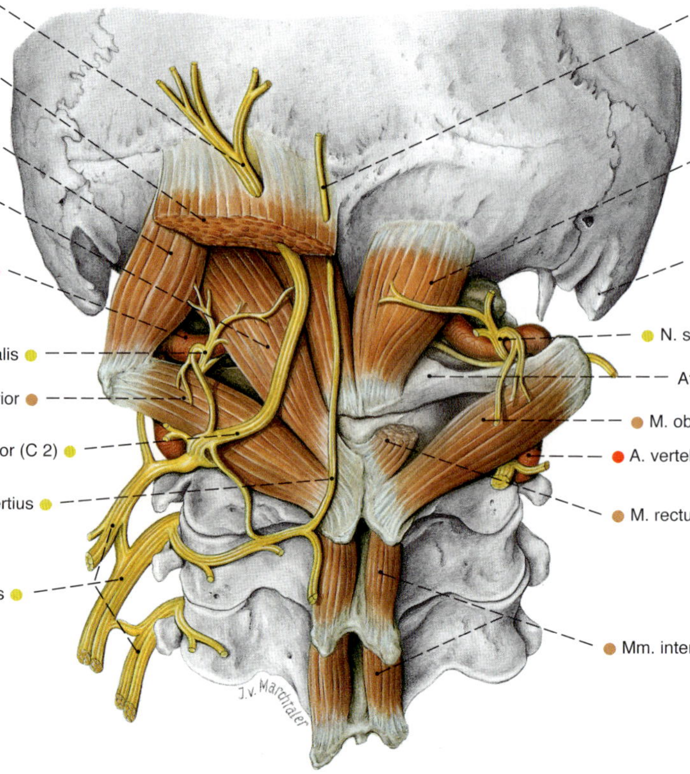

Abb. 797 Nerven des Nackens, Regio cervicalis posterior, und A. vertebralis; von dorsal.

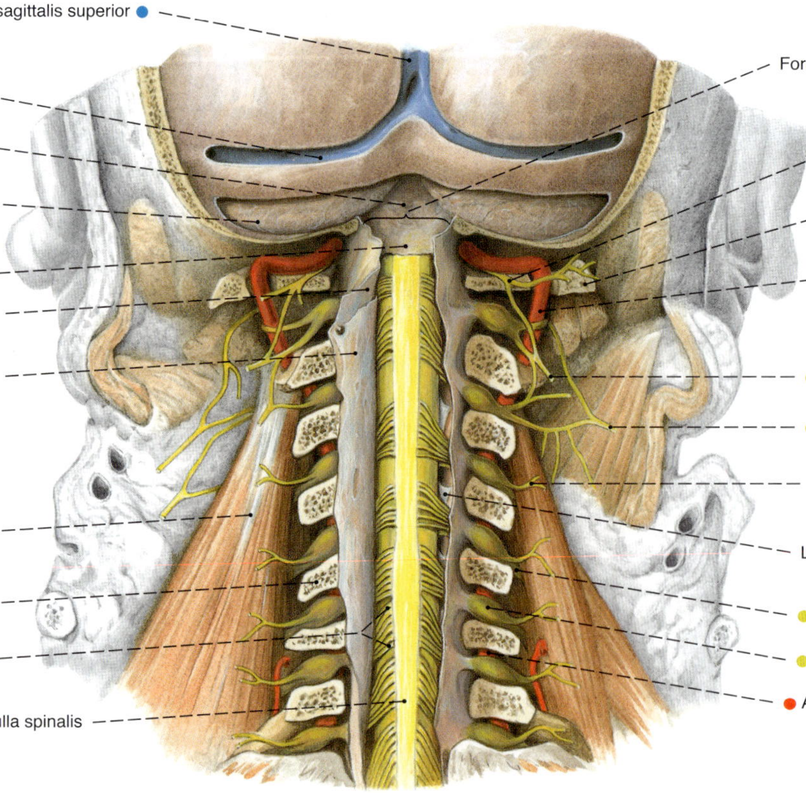

Abb. 798 Gefäße und Nerven der tiefen hinteren Halsregion, Regio cervicalis posterior, und Inhalt des Wirbelkanals; nach teilweiser Entfernung des Hinterhauptbeins und nach Abtragung der Wirbelbögen mit schichtweiser Darstellung der Rückenmarkshäute; von dorsal.

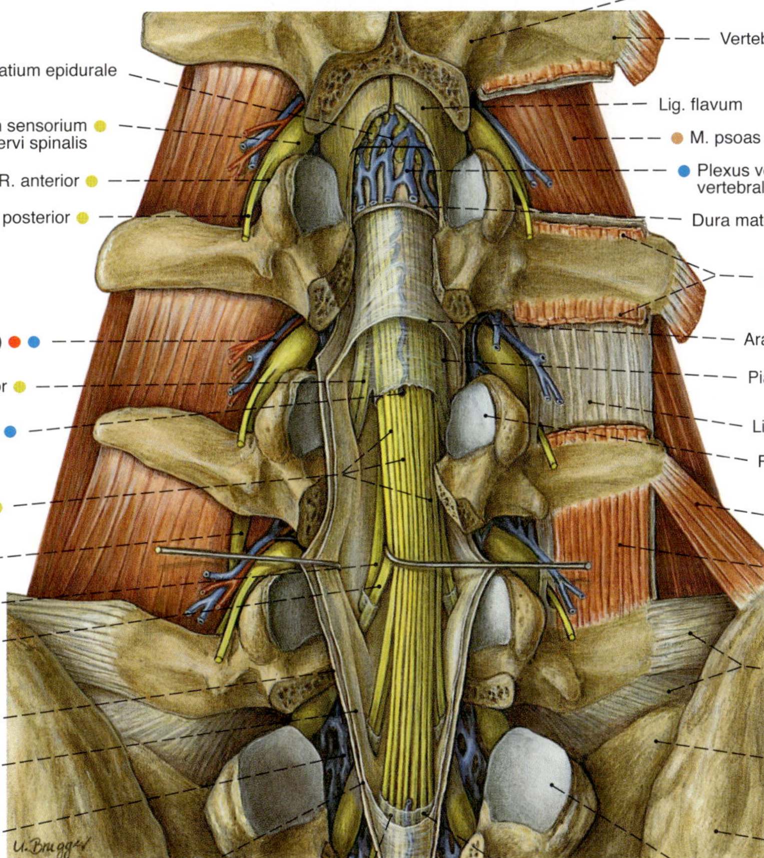

Abb. 799 Gefäße und Nerven des Wirbelkanals der Lendenwirbelsäule, Regio lumbalis;
nach Abtragung der Wirbelbögen mit schichtenweiser Darstellung der Rückenmarkshäute;
von dorsal.

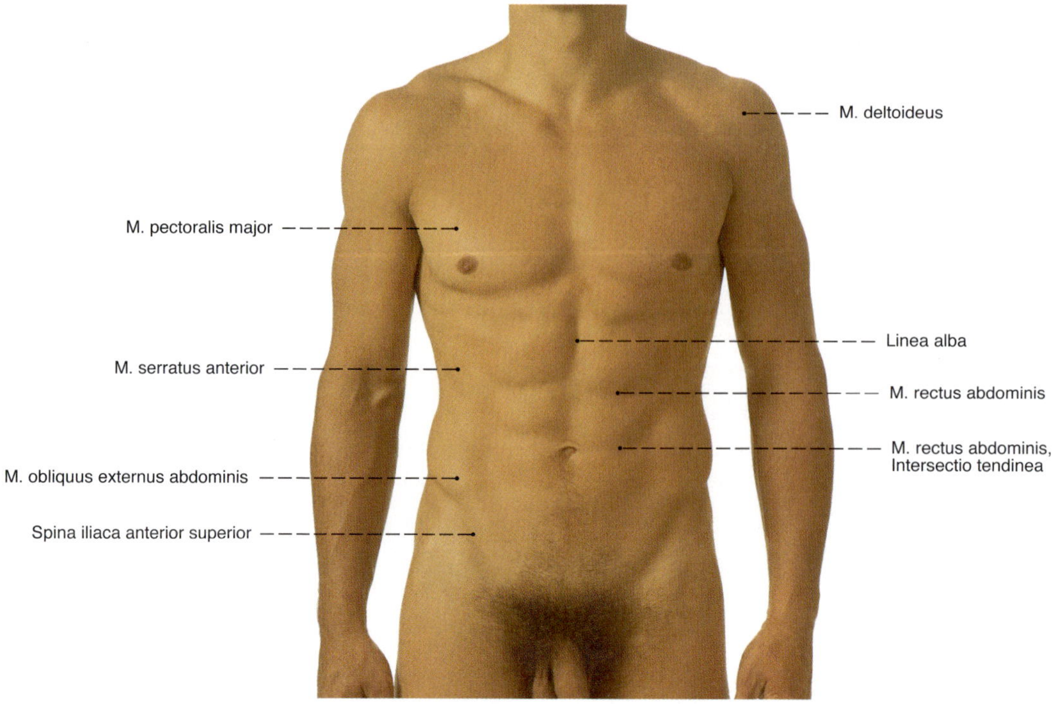

Abb. 800 Oberflächenrelief der Brust- und Bauchwand eines jungen Mannes mit Benennung der prominenten Muskeln.

Beachte die obere Begrenzung der Schambehaarung, die beim Mann dreieckig bis zum Nabel aufsteigt und bei der Frau eine horizontale Grenze hat (Abb. 801).
Die Regionen der Brust- und Bauchwand sind in Abb. 7 eingezeichnet.

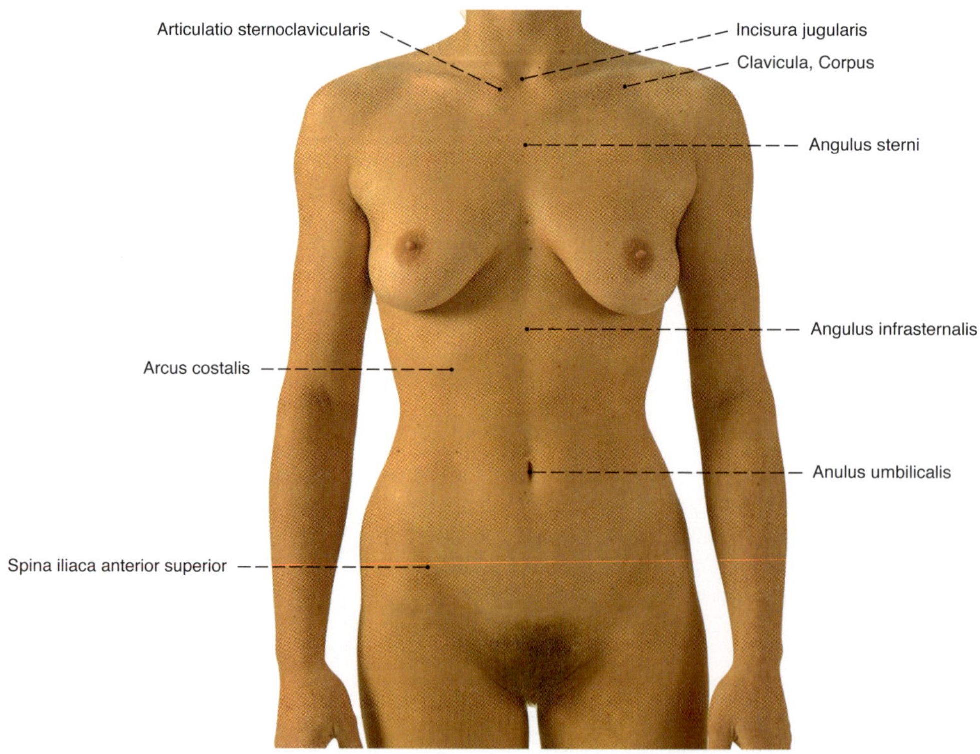

Abb. 801 Oberflächenrelief der Brust- und Bauchwand einer jungen Frau mit Benennung der prominenten Knochenvorsprünge.

Die Orientierungslinien an der Brust- und Bauchwand sind in Abb. 2 eingezeichnet.

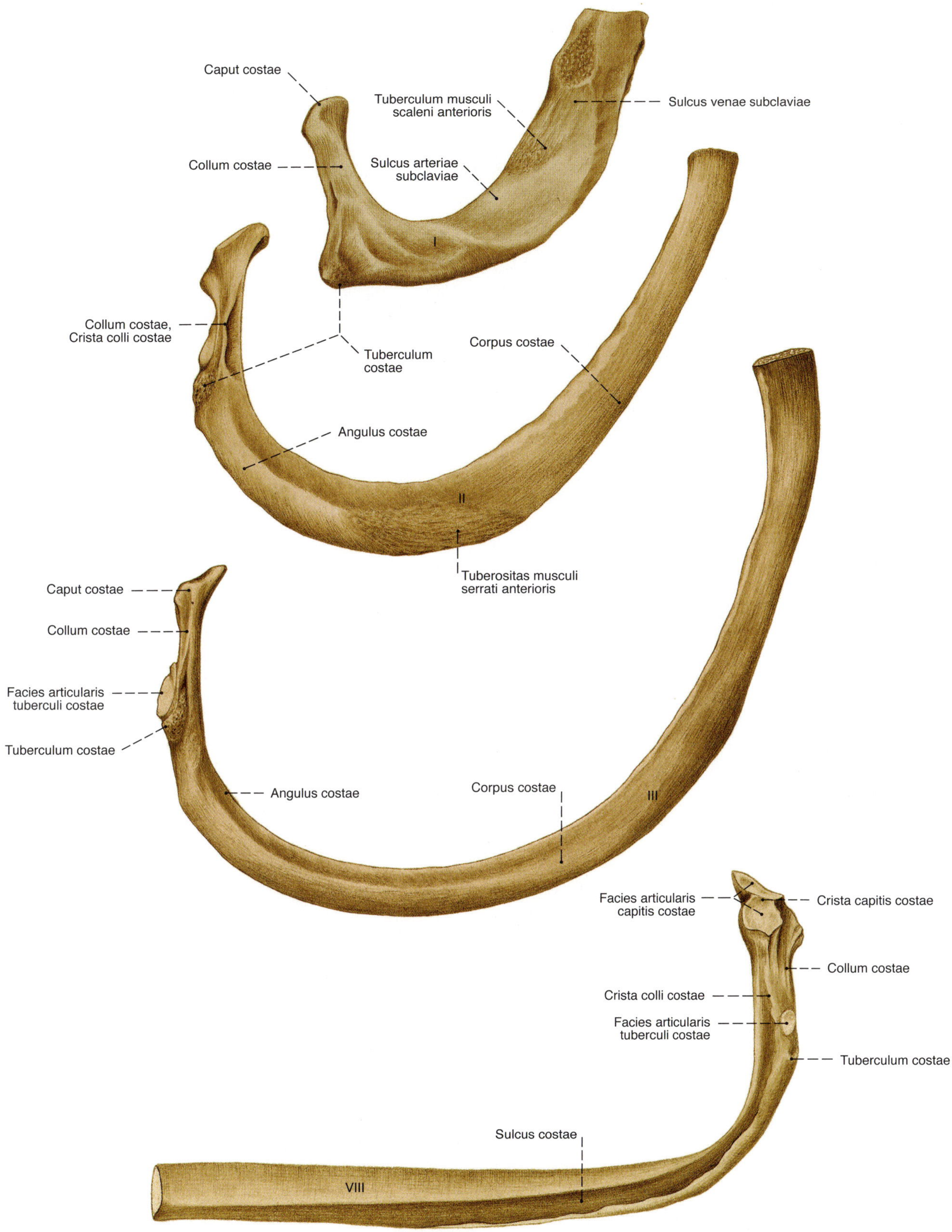

Abb. 802 Rippen, Costae;
I.–III. Rippe; von oben.
VIII. Rippe; von unten.

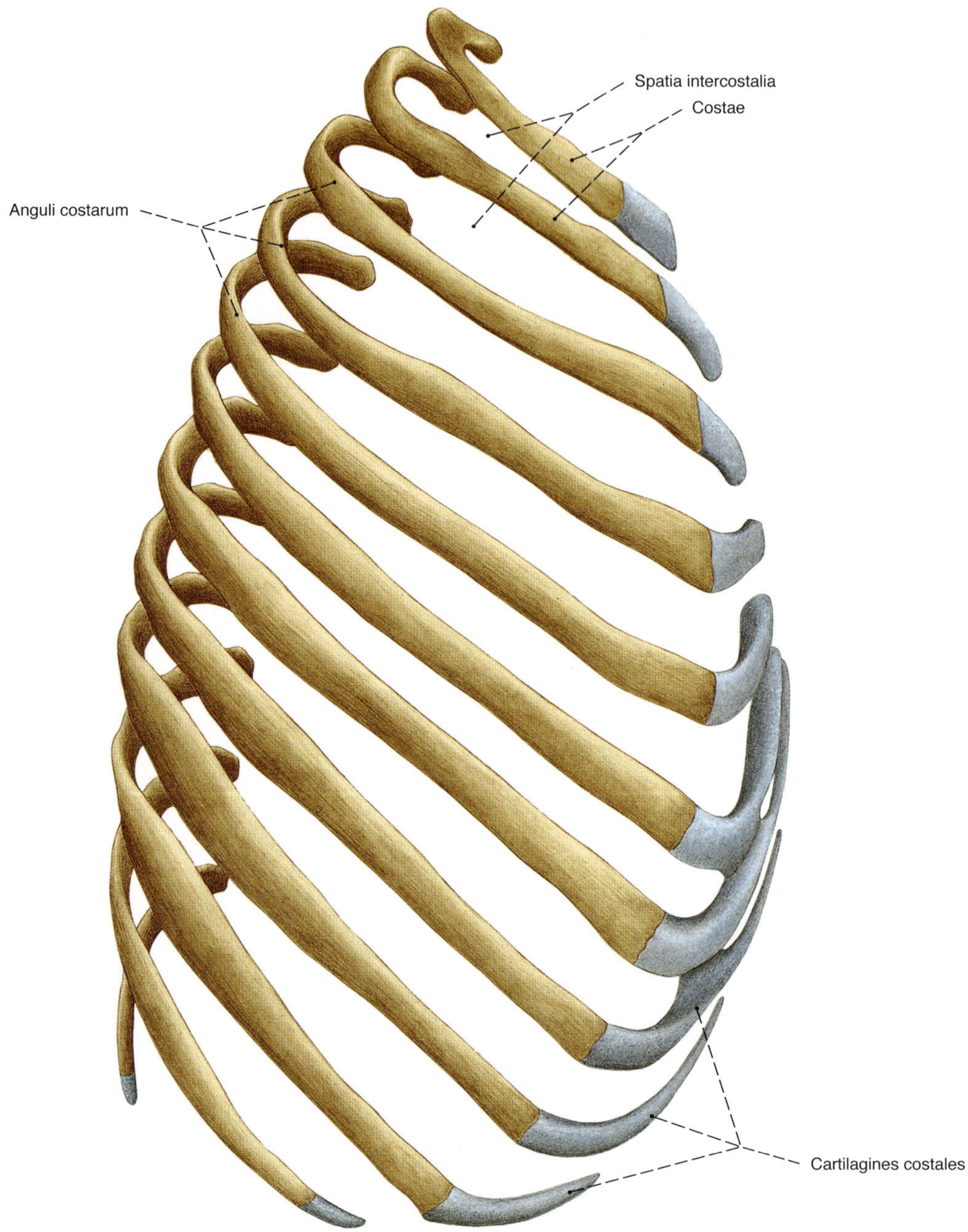

Abb. 803 Rippen, Costae;
von rechts.
Die Rippen haben ihre natürlichen Abstände.

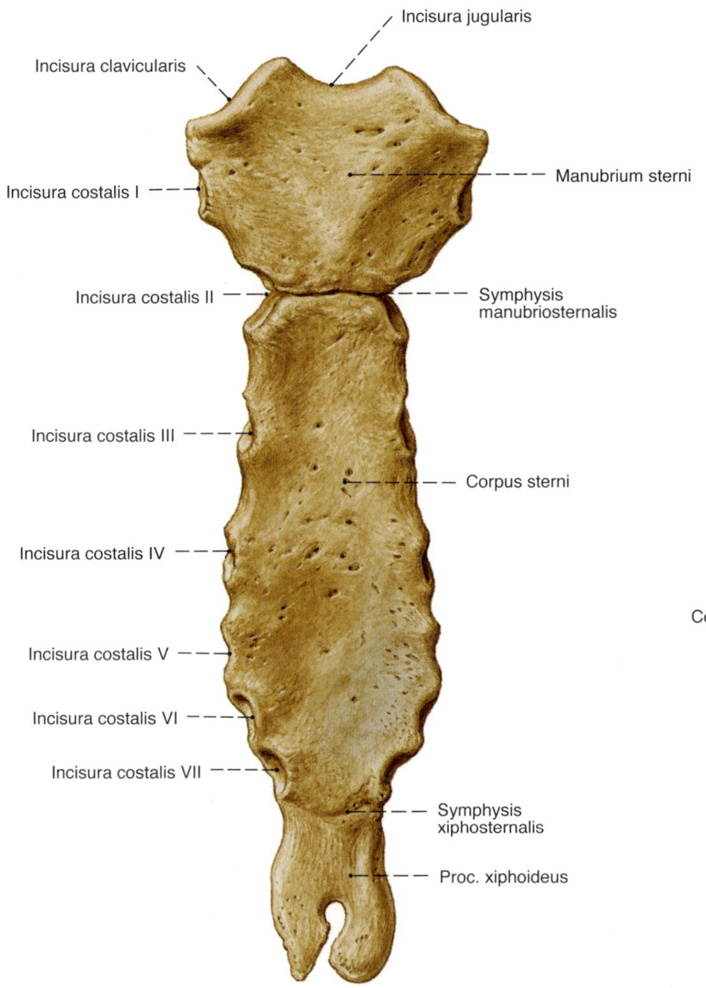

Abb. 804 Brustbein, Sternum;
von vorne.
Form, Länge und Richtung (nach dorsal oder ventral) des Proc. xiphoideus variieren stark.

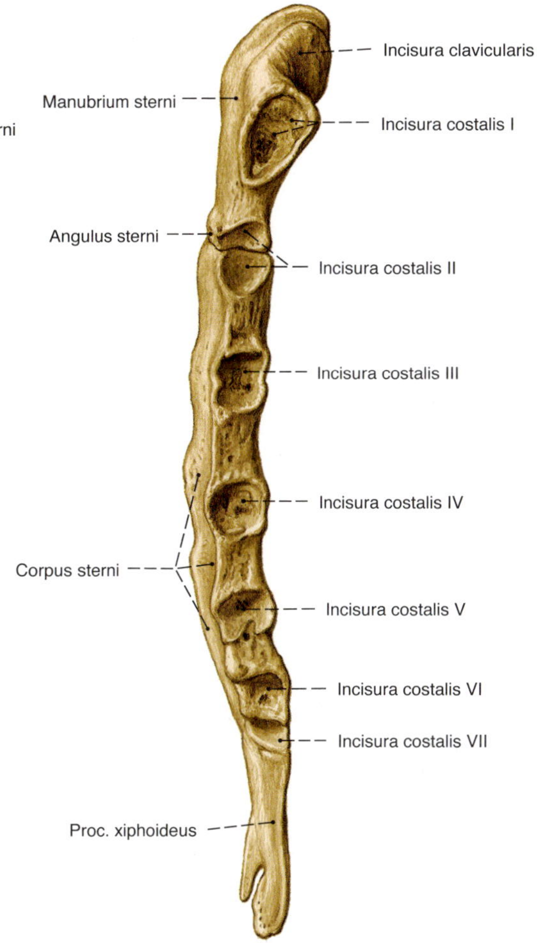

Abb. 805 Brustbein, Sternum;
von links lateral.
Zur Orientierung über die Rippen und Interkostalräume an der vorderen Brustwand ist der Angulus sterni hilfreich, weil hier die 2. Rippe artikuliert.

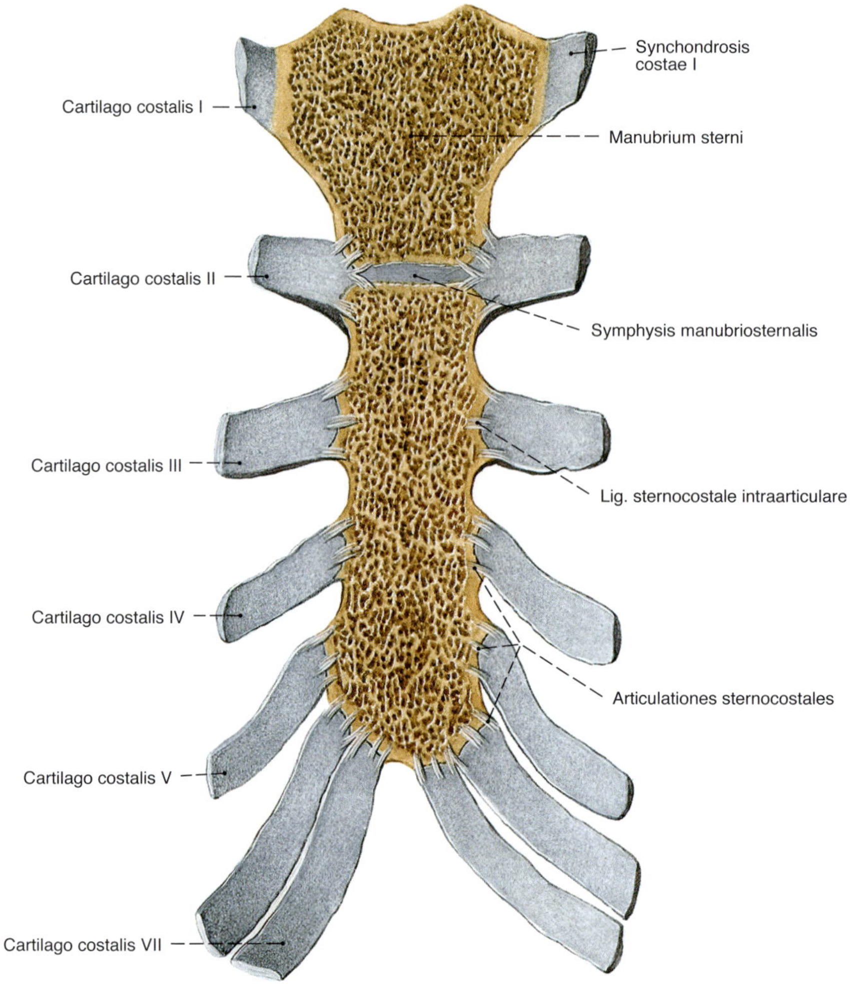

Abb. 806 Brustbein, Sternum; Rippenknorpel, Cartilagines costales; Sägeschnitt; von vorne.

Beachte, dass der Schwertfortsatz wegen der Krümmung des Brustbeins in der sagittalen Achse nicht getroffen ist.

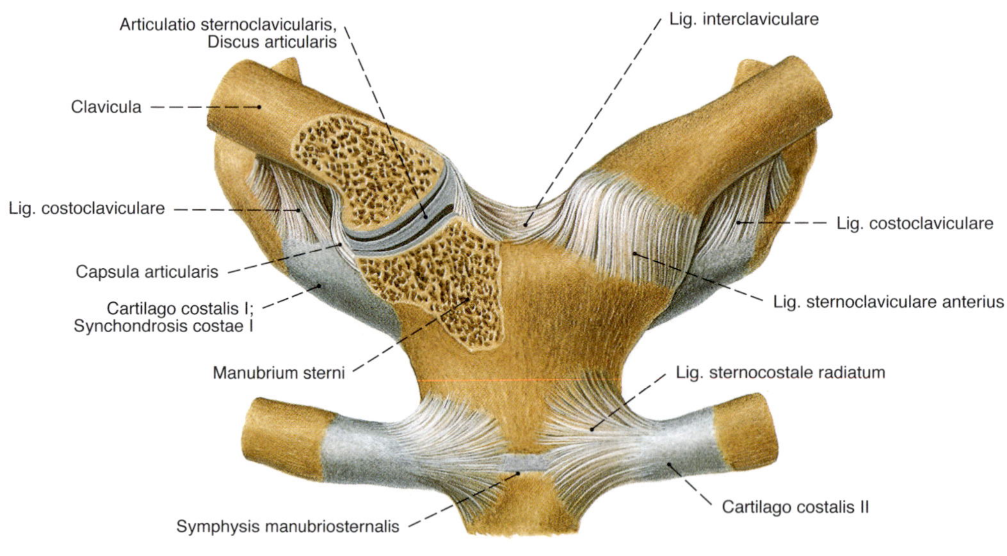

Abb. 807 Brustbein-Schlüsselbein-Gelenk, Articulatio sternoclavicularis; rechtes Gelenk durch einen frontalen Sägeschnitt eröffnet, um den Discus articularis darzustellen; von vorne.

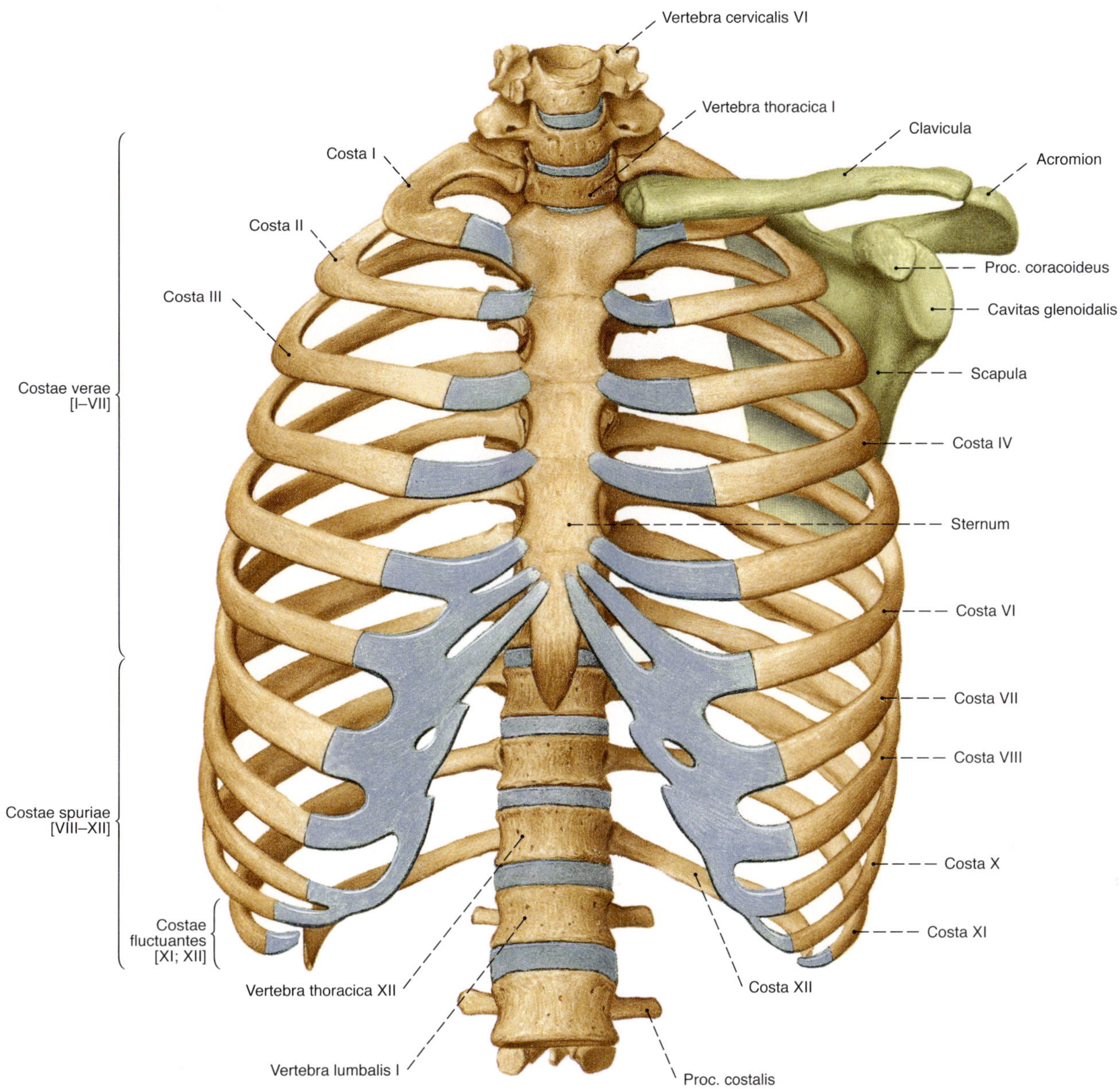

Abb. 808 Brustkorb, Cavea thoracis; linker Schulter-
gürtel, Cingulum pectorale;
von vorne.
Der Brustkorb ist in leichter Inspirationsstellung gezeich-
net. Die Knochen des Schultergürtels sind grün und die
Knorpel blau hervorgehoben.
Die Länge der 11. und 12. Rippe ist sehr variabel.

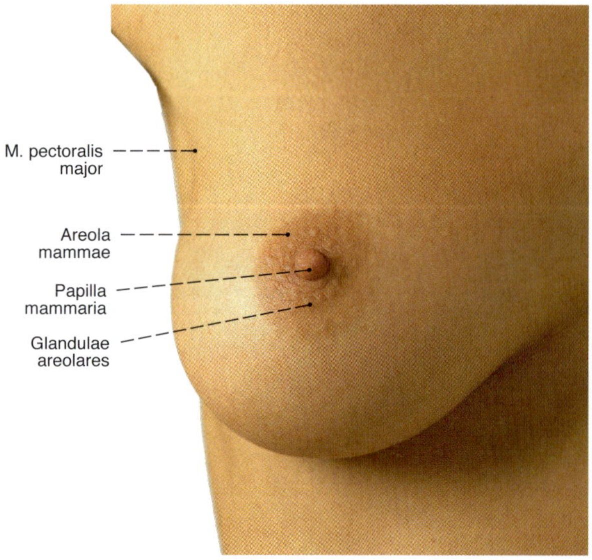

Abb. 809 Brustdrüse, Mamma; von vorne.

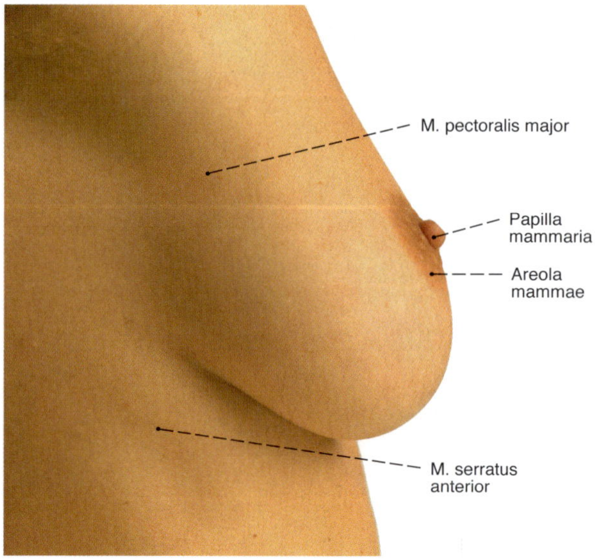

Abb. 810 Brustdrüse, Mamma; von lateral (re).

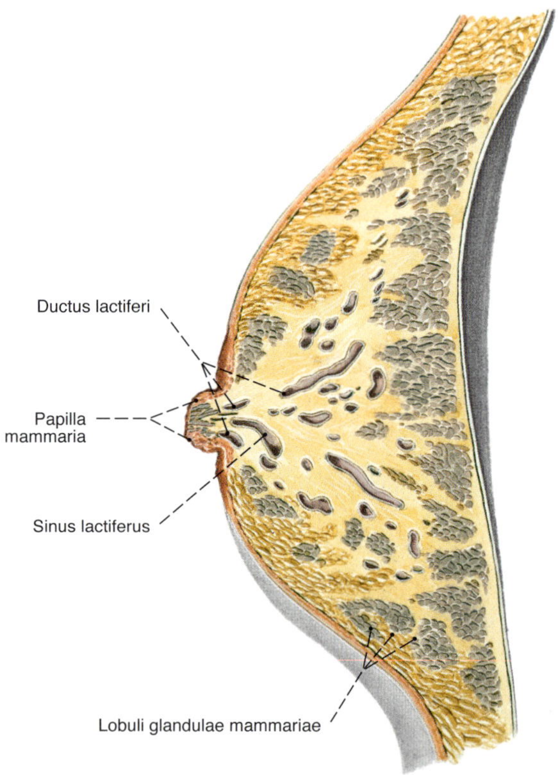

Abb. 811 Brustdrüse, Mamma, einer Schwangeren; durch Sagittalschnitt halbiert; von lateral.

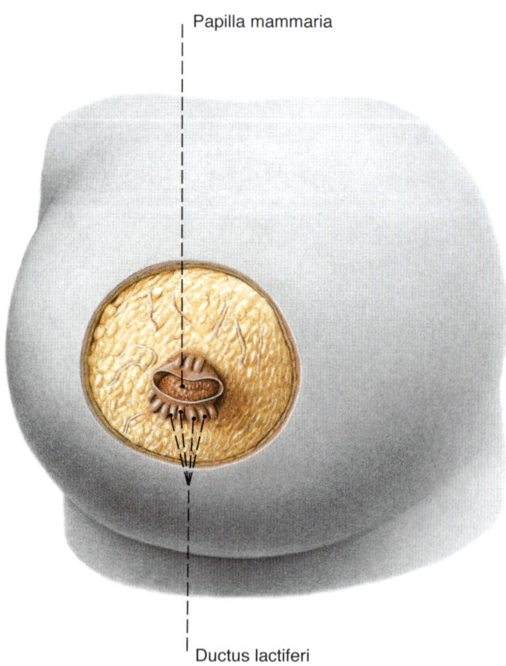

Abb. 812 Brustdrüse, Mamma, einer Schwangeren; Haut des Warzenhofs, Areola mammae, entfernt und Haut um die Brustwarze umgeschlagen; von vorne.

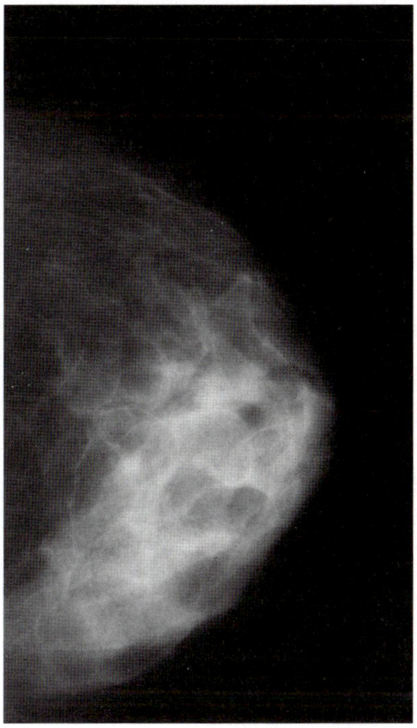

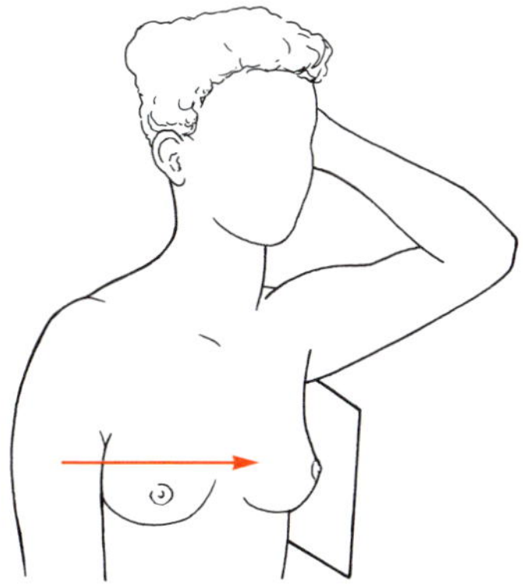

Abb. 813 Röntgenaufnahme der Brustdrüse, Mammographie, einer 47-jährigen Frau; Einstellung: seitlicher Strahlengang.

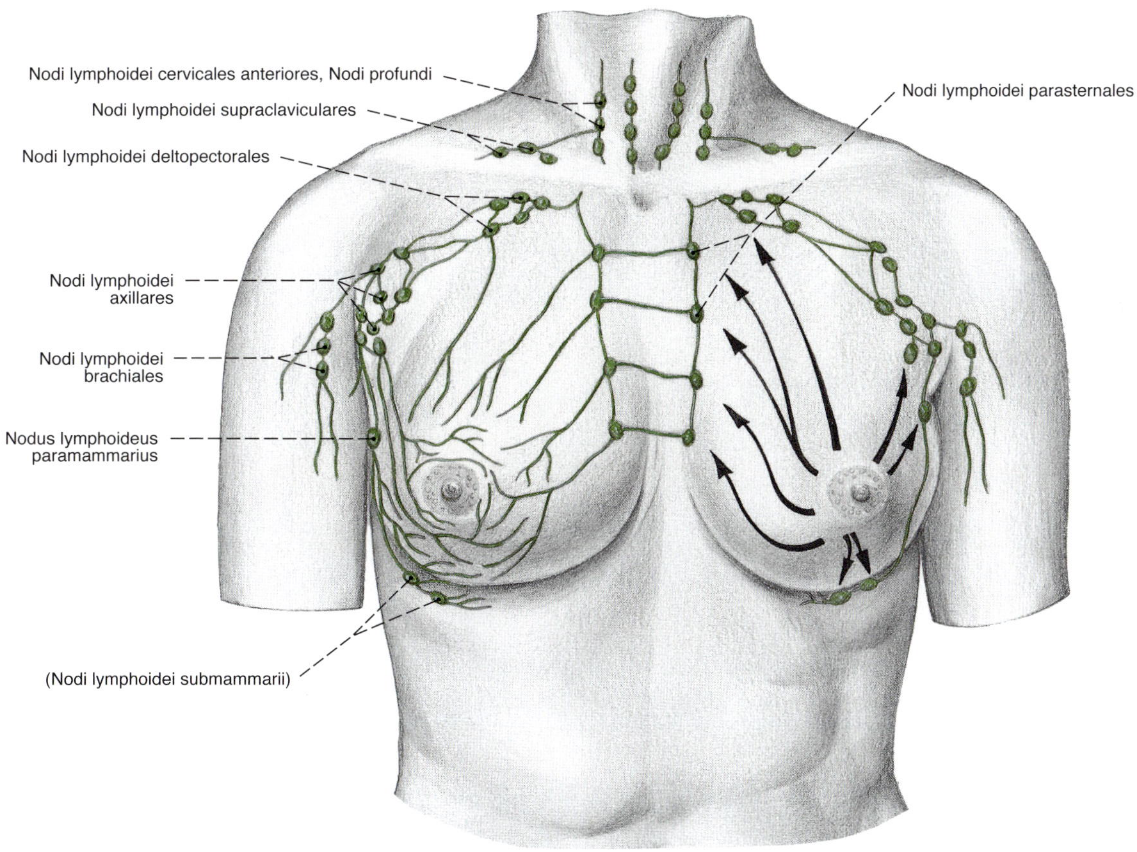

Abb. 814 Abflusswege der Lymphe der weiblichen Brustdrüse und Lage der regionären Lymphknoten.
(Nach BENNINGHOFF/GOERTTLER: Lehrbuch der Anatomie des Menschen, Band 2, 12. Auflage, Urban & Schwarzenberg, München 1979).

Beachte die Verbindungen der Lymphgefäße von einer Seite zur anderen und den Lymphabfluss in intrathorakale Lymphknoten.

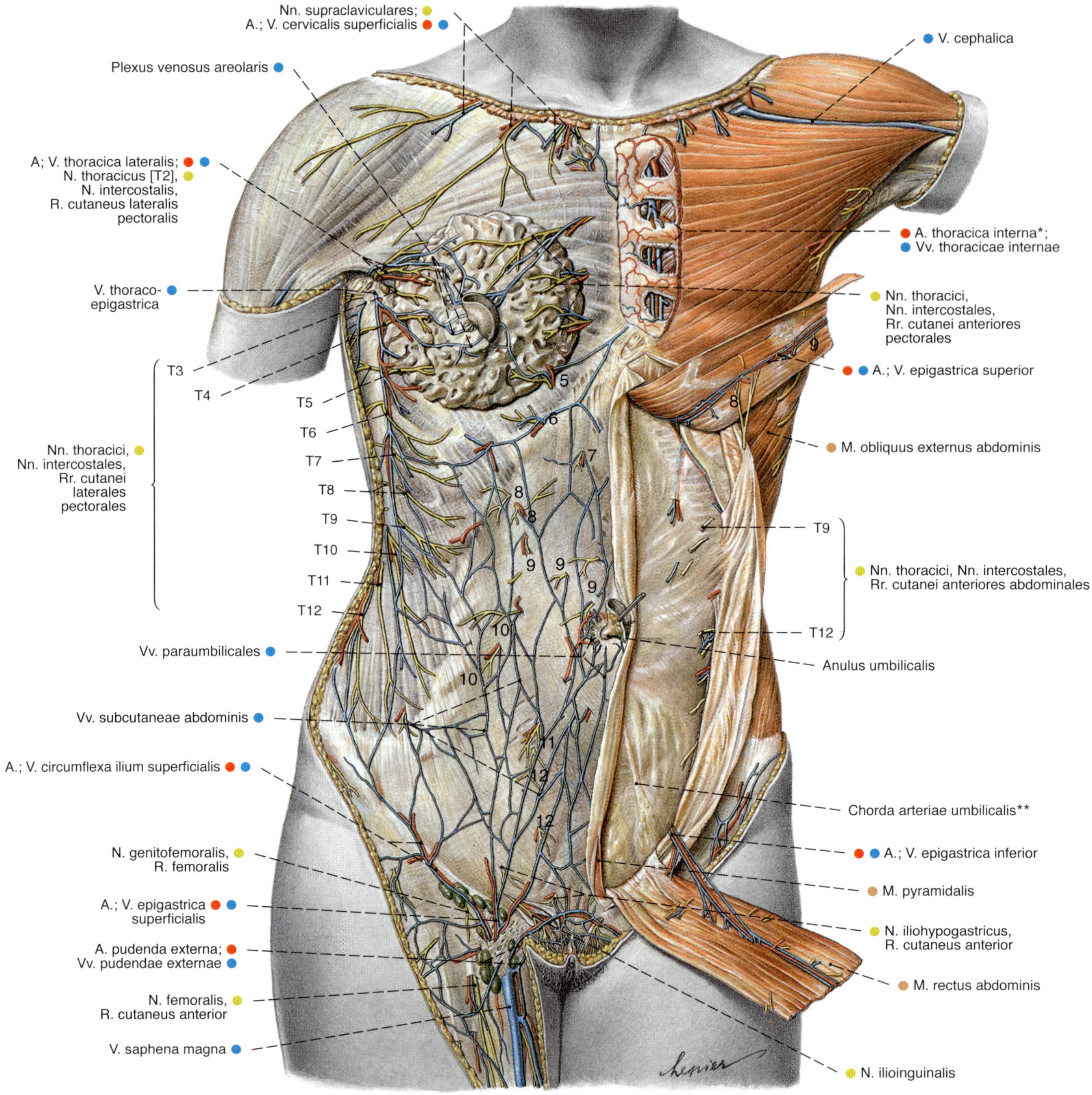

Abb. 815 Gefäße und Nerven der Brust- und Bauchwand; auf der rechten Körperseite ist die oberflächliche Schicht dargestellt;
von vorne.

Die arabischen Zahlen weisen auf die Hautäste der entsprechenden Interkostalnerven hin.

* Klinisch: A. mammaria interna

** Die Chorda arteriae umbilicalis wirft im Inneren die Plica umbilicalis medialis auf.

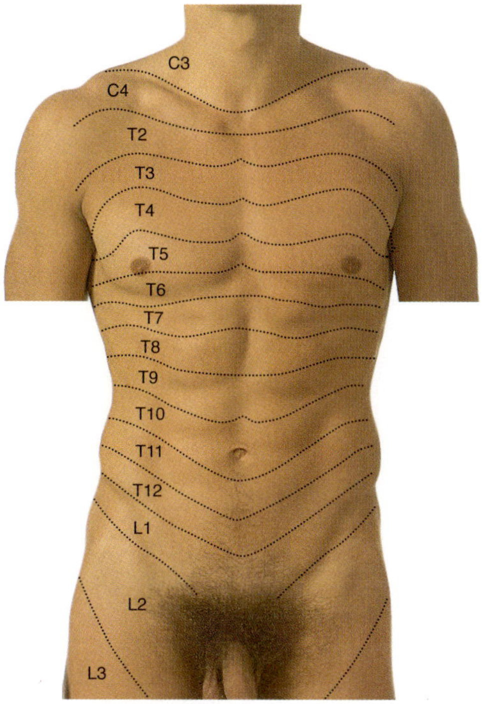

Abb. 816 Segmentale sensible Innervation der vorderen Brust- und Bauchwand (Dermatome).
Die Buchstaben und Zahlen geben die Zuordnung zu den Rückenmarksegmenten an.

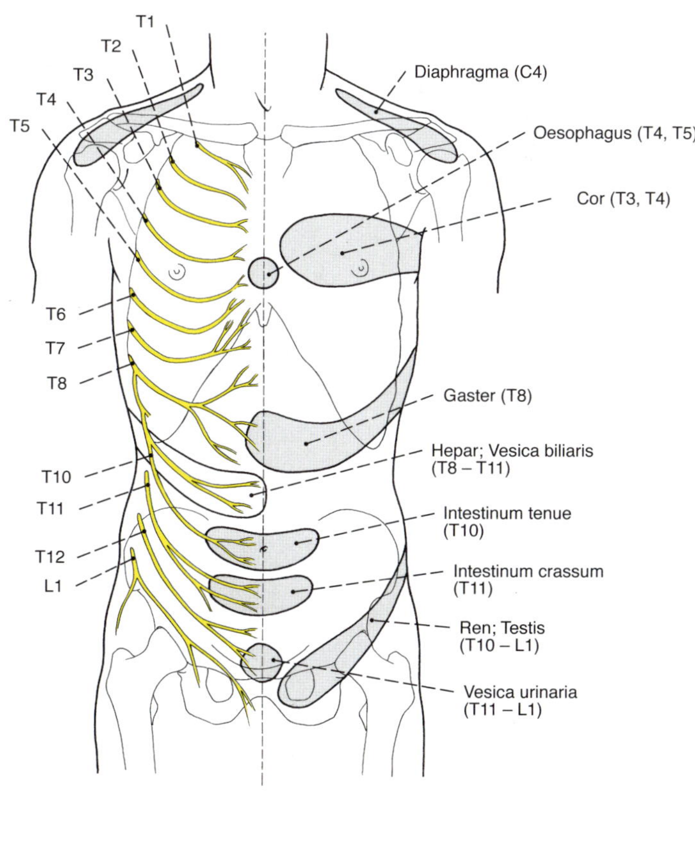

Abb. 817 Segmentale sensible Innervation der Brust- und Bauchwand.
Auf der linken Körperhälfte sind die Regionen eingezeichnet, in die bei Erkrankungen innerer Organe Schmerzen projiziert werden (HEADsche Zonen).

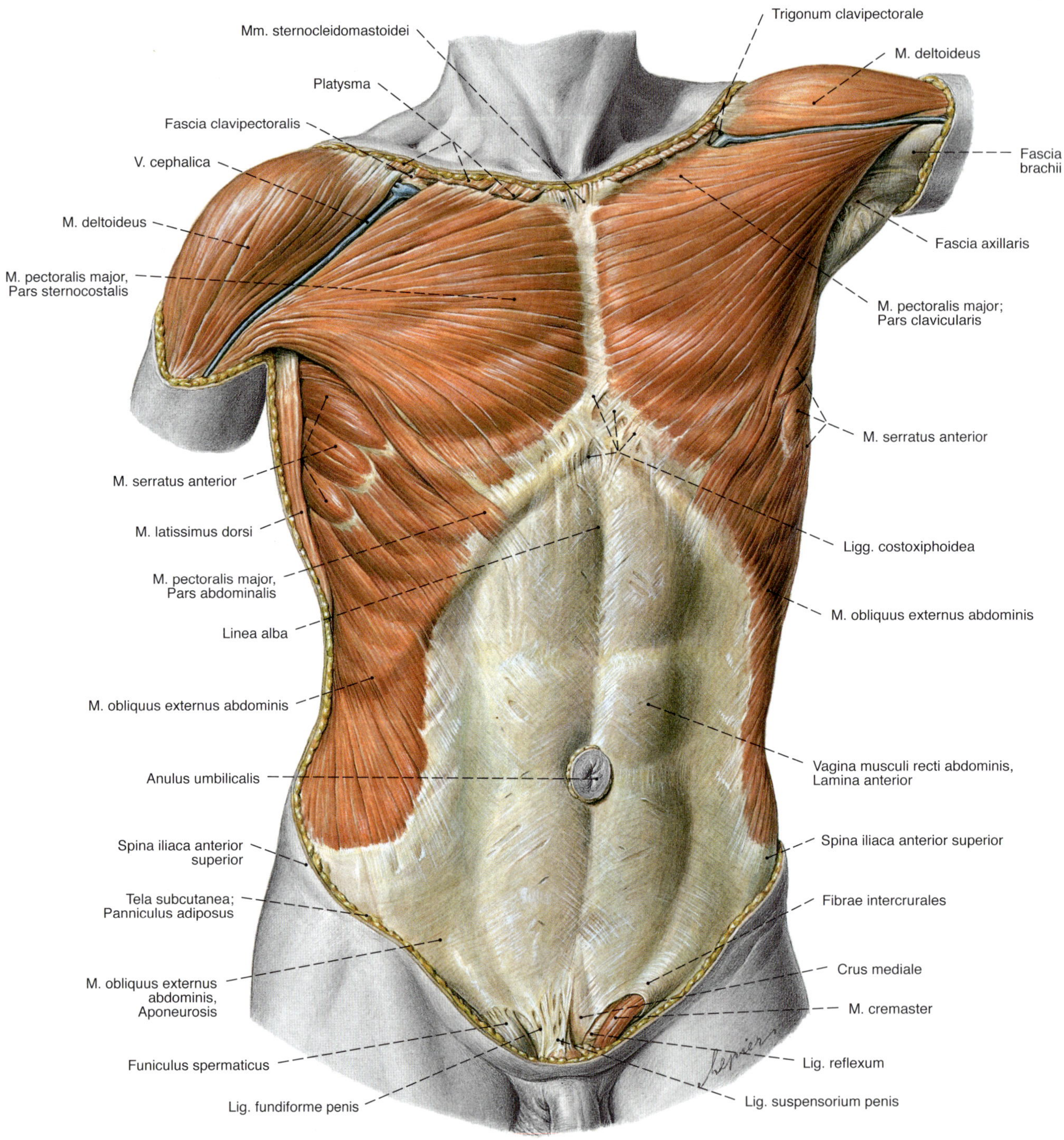

Abb. 818 Muskeln der Brust- und Bauchwand;
oberflächliche Schicht;
von vorne.

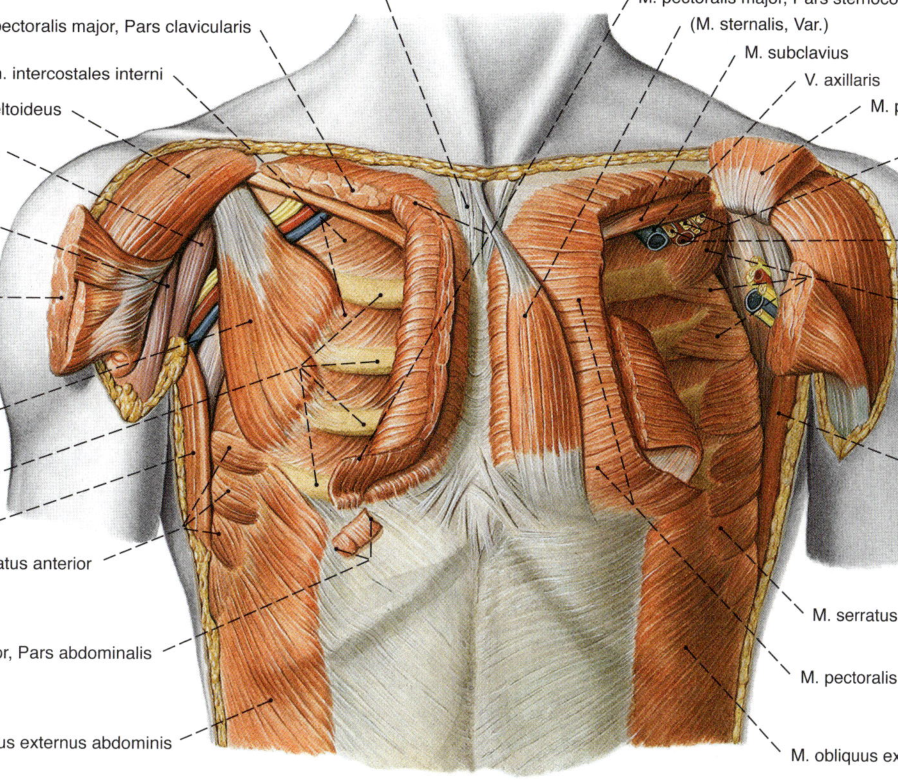

Abb. 819 Brustmuskeln, Mm. thoracis; rechts M. pectoralis major teilweise entfernt, links M. pectoralis minor durchgetrennt und aufgeklappt; Membrana intercostalis externa entfernt; von vorne.

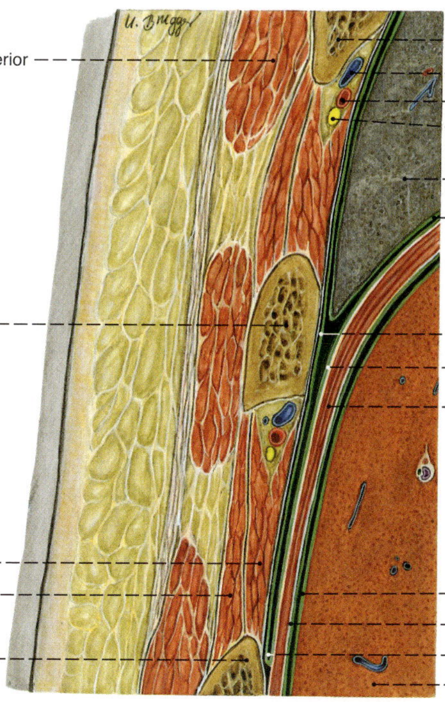

Abb. 820 Brustmuskeln, Mm. thoracis; Schnitt in der Frontalebene zur Darstellung der Brustwand mit Brust- und Bauchhöhle; von ventral (re).

Bei der Punktion einer Flüssigkeitsansammlung in der Pleurahöhle oder der Leber müssen der Verlauf der Interkostalnerven und Interkostalgefäße, die Lage des Zwerchfells und die Ausdehnung der Lunge in den Recessus costodiaphragmaticus berücksichtigt werden.

Ventrale Muskeln der Schulter (Abb. 818, 819)

Der M. pectoralis major ist ein Rumpf-Arm-Muskel. Er prägt das Oberflächenrelief der vorderen oberen Brustwand. Unter ihm liegt als Rumpf-Schultergürtel-Muskel der M. pectoralis minor. Der M. subclavius ist ebenfalls ein Rumpf-Schultergürtel-Muskel. Er tritt an die Clavicula von kaudal heran.
Dem Schultergelenk liegt als tiefster Muskel nur der M. subscapularis an, der von der Vorderfläche der Scapula zum Humerus zieht.

Muskel/*Innervation*	**Ursprung**	**Ansatz**	**Funktion**
1. M. pectoralis major *Nn. pectorales medialis et lateralis (Plexus brachialis, Pars infra-/supra-clavicularis)* Die Fasern konvergieren zu einer breiten Sehne in Form einer nach oben offenen flachen Tasche.	**Pars clavicularis:** Clavicula (sternale Hälfte) **Pars sternocostalis:** Manubrium und Corpus sterni, Cartilago costalis der 1.–6. Rippe **Pars abdominalis:** Rektusscheide (vorderes Blatt)	Crista tuberculi majoris des Humerus	**Schultergelenk:** Adduktion (besonders wirksam aus Elevationsstellung des Arms), Innenrotation; Pars clavicularis: Anteversion **Schultergürtel:** Senken, Anteversion **Thorax:** Heben des Sternums und Erweitern des Thorax (bei aufgestützten Armen Hilfsmuskel bei extremer Inspiration)
2. M. pectoralis minor *Nn. pectorales medialis et lateralis (Plexus brachialis, Pars infra-/supraclavicularis)*	(2.) 3.–5. Rippe (nahe der Knochen-Knorpel-Grenze)	Spitze des Proc. coracoideus der Scapula	**Schultergürtel:** Senken, Anteversion **Thorax:** Heben der oberen Rippen, Erweitern des Thorax (bei aufgestützten Armen und Fixierung des Schultergürtels Hilfsmuskel bei extremer Inspiration)
3. M. subclavius *N. subclavius (Plexus brachialis, Pars supraclavicularis)*	1. Rippe (Knochen-Knorpel-Grenze)	Clavicula (laterales Drittel), Faszie mit Adventitia der V. subclavia verwachsen	**Schultergürtel:** Senken (geringer Wirkungsgrad), Widerstand gegen nach lateral gerichteten Zug auf die Clavicula
4. M. subscapularis *Nn. subscapulares (Plexus brachialis, Pars infraclavicularis)*	Facies costalis, Fossa subscapularis	Tuberculum minus und angrenzender Teil der Crista tuberculi minoris (unter dem Ansatz Bursa subtendinea musculi subscapularis)	**Schultergelenk:** Innenrotation, Abduktion in der Skapularebene (kranialer Teil), Adduktion in der Skapularebene (kaudaler Teil)

Muskeln der Brustwand (Abb. 819)

Die Zwischenrippenräume werden von den Mm. intercostales externi und interni ausgefüllt. Innen liegen der Brustwand die Mm. subcostales und der M. transversus thoracis an. Als Variante findet sich gelegentlich oberflächlich der M. sternalis.
Der das Relief der oberen Brustwand dominierende M. pectoralis major ist ein Rumpf-Arm-Muskel. Er überdeckt den M. pectoralis minor, der eigentlich ein Rumpf-Schultergürtel-Muskel ist. Beide Muskeln werden bei den ventralen Muskeln der Schulter beschrieben.

Muskel/*Innervation*	**Ursprung**	**Ansatz**	**Funktion**
1. M. sternalis *Äste der Nn. pectorales (Plexus brachialis, Pars supraclavicularis) oder Nn. intercostales (Nn. thoracici)* (inkonstanter Muskel, ca. 5%)	Sternalrand (auf Fascia pectoralis)	Strahlt in die Faszie aus	Kontraktion der Brusthaut
2. Mm. intercostales externi *Nn. intercostales (Nn. thoracici)*	1.–11. Rippe (Unterrand, vom Tuberculum costae bis vor die Knochen-Knorpel-Grenze)	2.–12. Rippe (Oberrand der nächsttieferen Rippe)	Heben der Rippen, Verspannen der Interkostalräume (Inspiration)
3. Mm. intercostales interni *Nn. intercostales (Nn. thoracici)*	2.–12. Rippe (Oberrand, vom sternalen Ende der Cartilago costalis bis zum Angulus costae)	Abgrenzung der Mm. intercostales intimi nach innen durch Vasa intercostalia posteriora und N. intercostalis	Senken und Verspannen der Interkostalräume (Exspiration)
4. Mm. subcostales *Nn. intercostales (Nn. thoracici)* (inkonstanter Muskel)	Untere Rippen (Oberrand, zwischen Tuberculum und Angulus costae)	Untere Rippen (Unterrand, jeweils eine Rippe überspringend)	Verspannen der Thoraxwand (Exspiration)
5. M. transversus thoracis *Nn. intercostales (Nn. thoracici)* (inkonstanter Muskel)	Corpus sterni, Proc. xiphoideus (dorsaler Seitenrand), Cartilago costalis der (6.) 7. Rippe	Cartilago costalis der 2.–6. Rippe (nahe der Knochen-Knorpel-Grenze)	

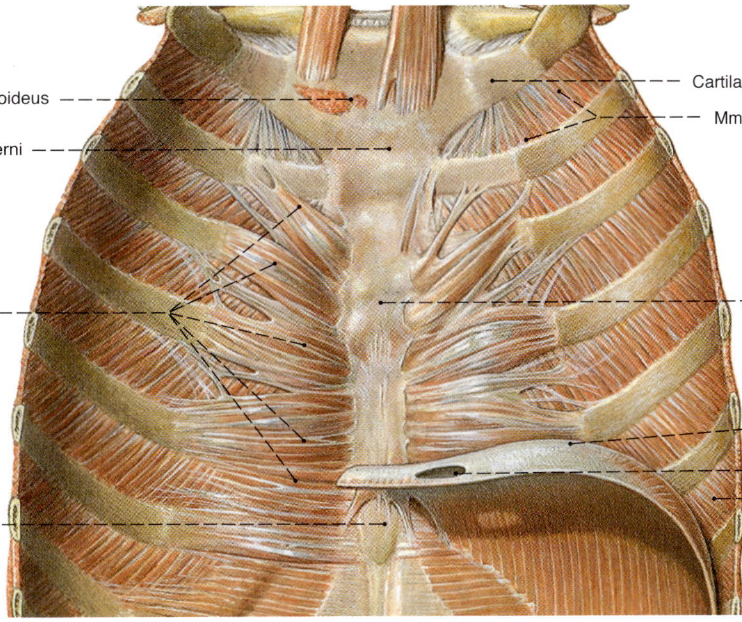

Abb. 821 Brustkorb, Cavea thoracis;
vorderer Teil unter Belassung des Zwerchfells auf der rechten Seite;
von hinten.

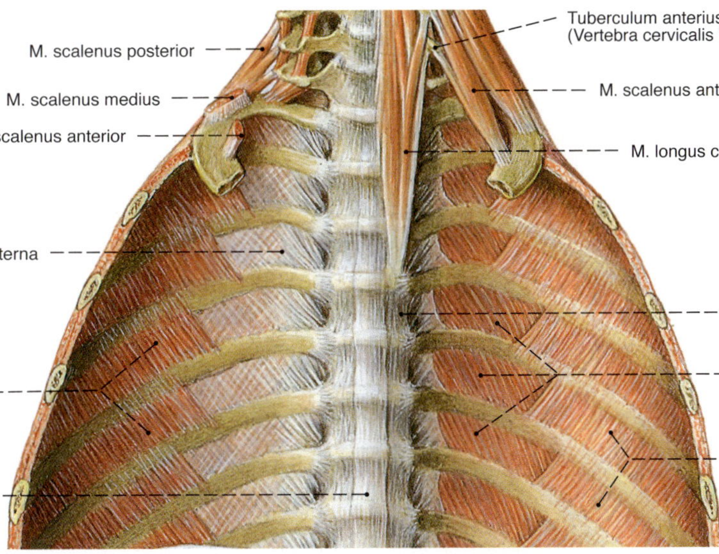

Abb. 822 Brustkorb, Cavea thoracis;
hinterer Teil im Frontalschnitt; Halsmuskulatur z.T. belassen;
von vorne.

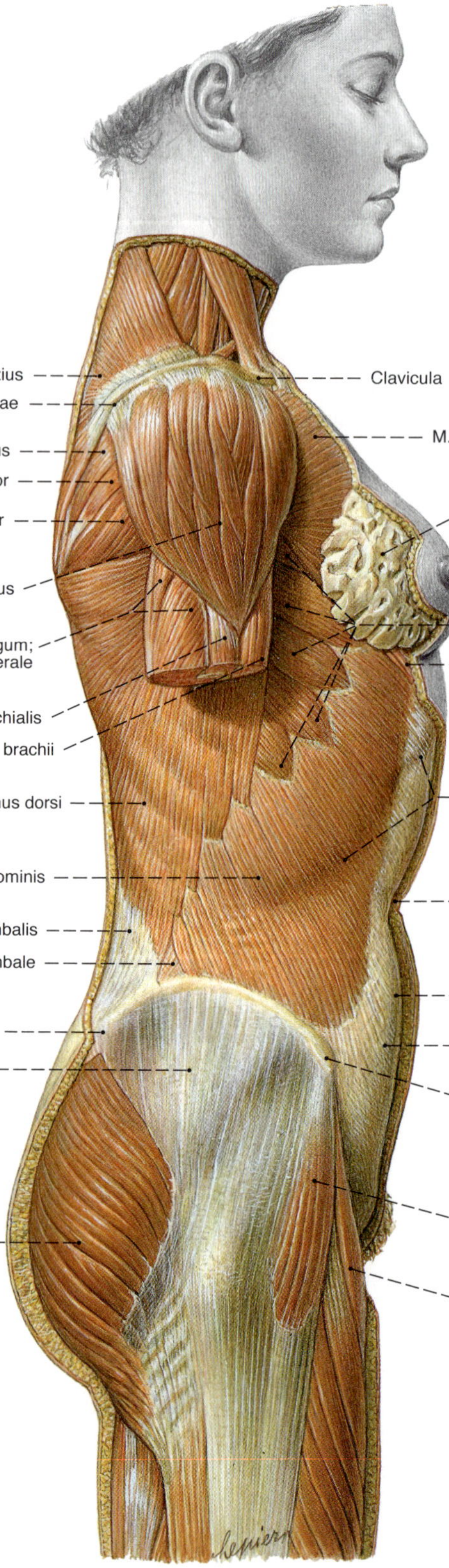

Abb. 823 Muskeln der Brust- und Bauchwand,
Mm. thoracis und Mm. abdominis;
mit präparierter Brustdrüse;
von lateral.

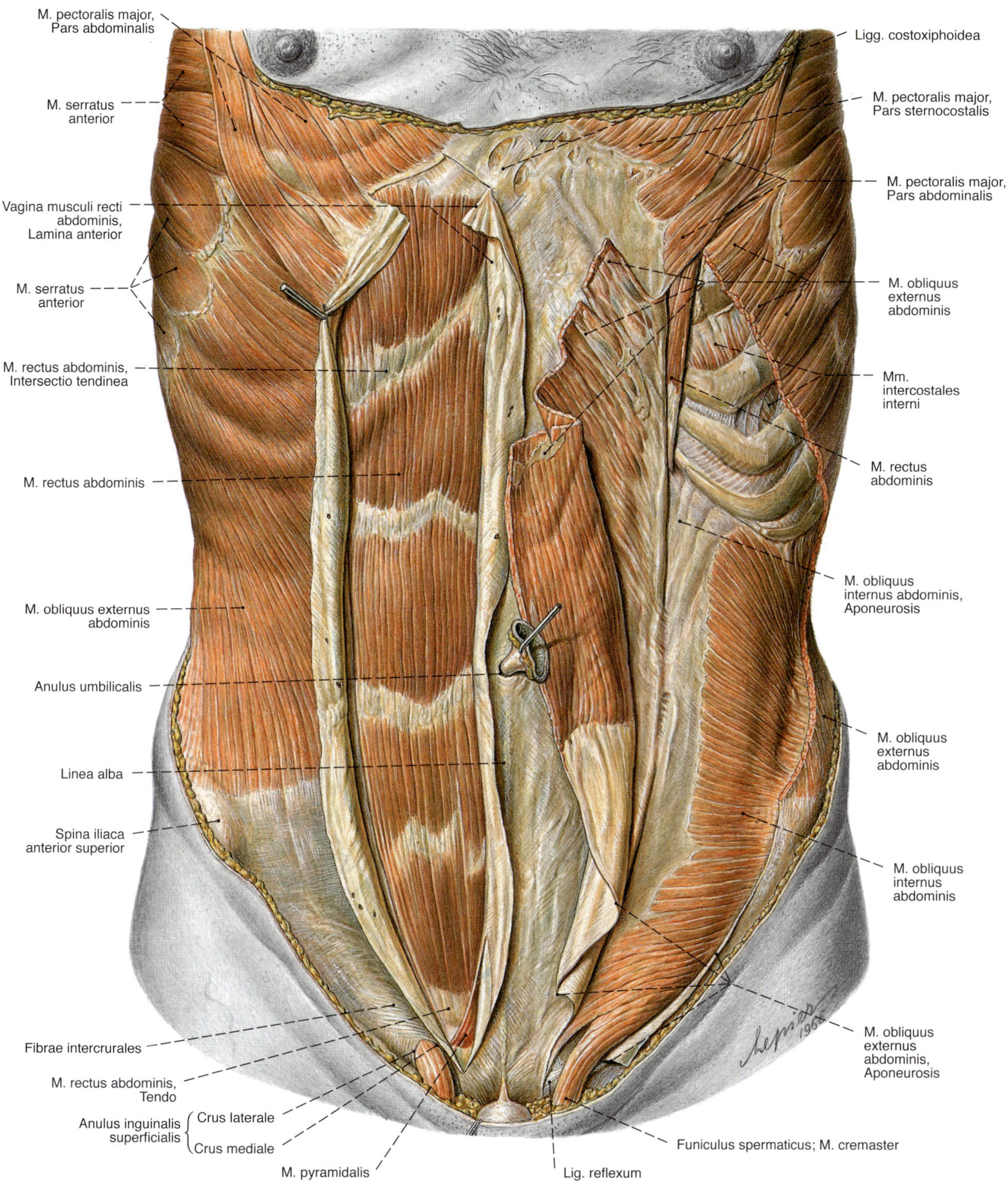

Abb. 824 Bauchmuskeln, Mm. abdominis; auf der rechten Körperseite äußeres Blatt der Rektusscheide in der Längsrichtung gespalten, M. rectus abdominis und M. pyramidalis freigelegt; auf der linken Körperseite M. obliquus externus abdominis durchgetrennt, um den M. obliquus internus abdominis darzustellen; von vorne.

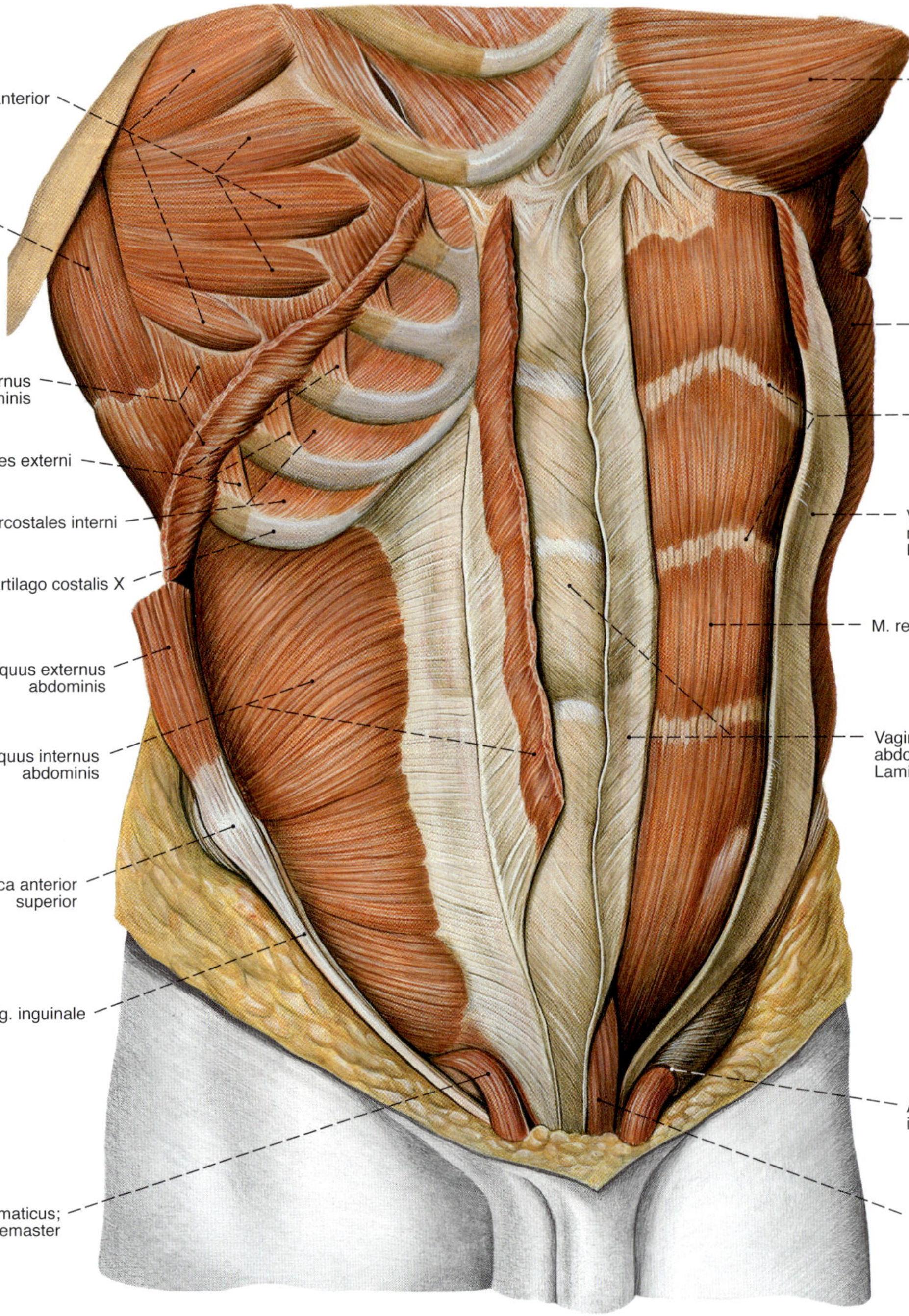

Abb. 825 Bauchmuskeln, Mm. abdominis;
auf der linken Körperseite vorderes Blatt der Rektusscheide eröffnet; auf der rechten Körperseite M. obliquus externus abdominis durchgetrennt; Membrana intercostalis externa entfernt;
von seitlich vorne.

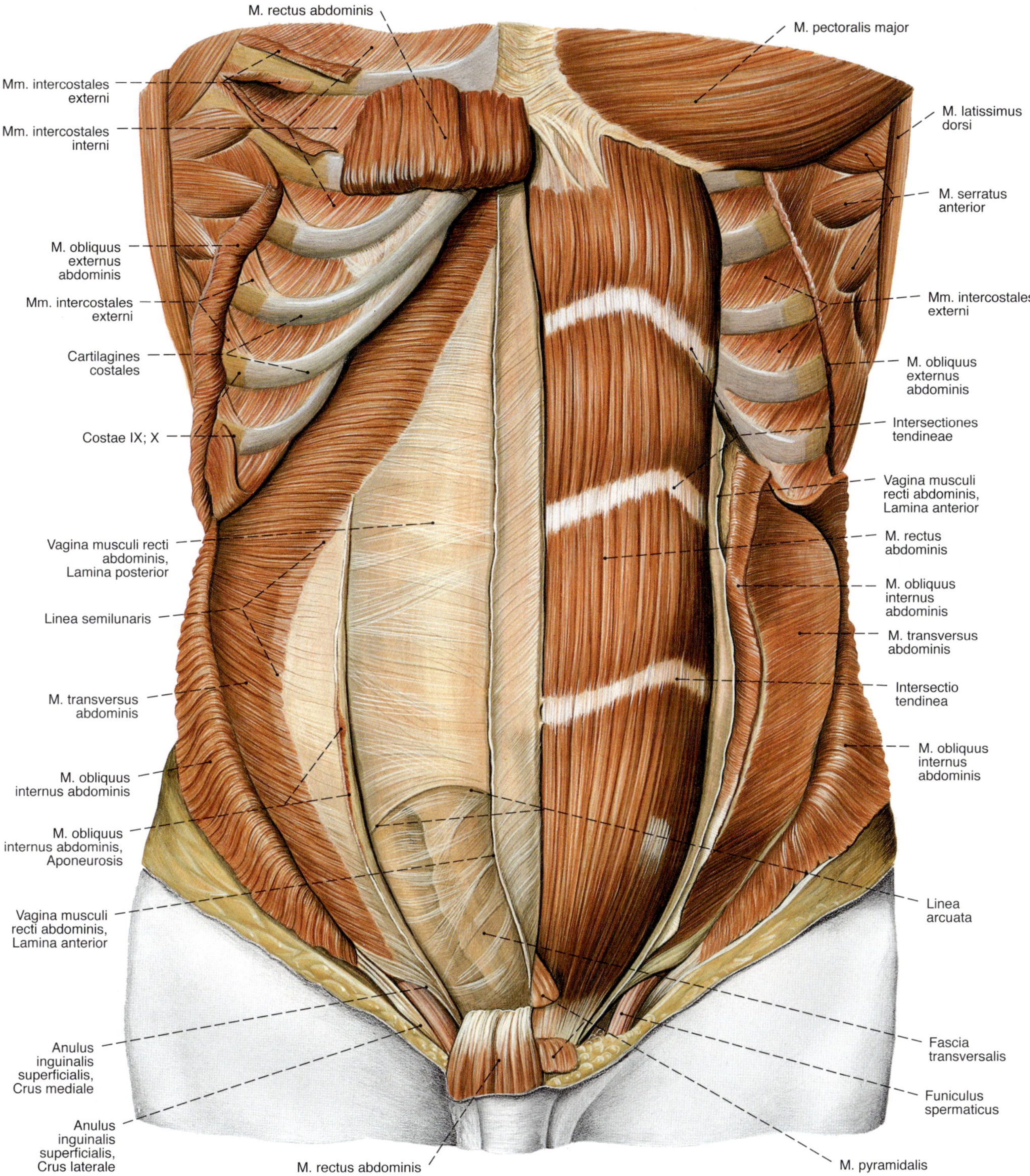

Abb. 826 Bauchmuskeln, Mm. abdominis;
auf der linken Körperseite M. pyramidalis durchgeschnitten;
auf der rechten Seite M. rectus abdominis nach oben und unten geklappt und M. obliquus externus abdominis aufgeschnitten; Lamina anterior der linken Rektusscheide über die Mittellinie nach rechts geklappt;
von vorne.

Vordere Muskeln der Bauchwand (Abb. 826)

Die vorderen Muskeln der Bauchwand, der M. rectus abdominis und der M. pyramidalis, liegen innerhalb der Rektusscheide.

Muskel *Innervation*	**Ursprung**	**Ansatz**	**Funktion**
1. M. rectus abdominis *Nn. intercostales (Nn. thoracici); seltener ventrale Äste der oberen Nn. lumbales*	Cartilago costalis der 5.–7. Rippe (Außenfläche), Proc. xiphoideus, Ligg. costoxiphoidea	Crista pubica des Os coxae, Symphysis pubica	Ziehen des Thorax gegen das Becken, Bauchpresse, Bauchatmung (Exspiration)
2. M. pyramidalis *Kaudale Nn. intercostales (Nn. thoracici)* (inkonstanter Muskel)	Crista pubica des Os coxae, Symphysis pubica (ventral des M. rectus abdominis)	Linea alba	Spannen der Linea alba

Laterale Muskeln der Bauchwand (Abb. 824, 826)

Als laterale Muskeln der Bauchwand werden der M. obliquus externus abdominis, der M. obliquus internus abdominis und der M. transversus abdominis zusammengefasst.
Beim Mann spaltet sich vom M. obliquus abdominis internus und vom M. transversus der M. cremaster ab.

Muskel *Innervation*	**Ursprung**	**Ansatz**	**Funktion**
1. M. obliquus externus abdominis *Kaudale Nn. intercostales (Nn. thoracici); N. iliohypogastricus; N. ilioinguinalis (Plexus lumbalis)*	5.–12. Rippe (Außenfläche, verzahnt mit Ursprungszacken des M. serratus anterior)	Labium externum der Crista iliaca, Lig. inguinale, Tuberculum pubicum, Crista pubica, Linea alba (nimmt am Aufbau des vorderen Blattes der Rektusscheide teil)	Einseitig aktiv: Rotation des Thorax zur Gegenseite, Lateralflexion der Wirbelsäule; beidseitig aktiv: Ziehen des Thorax gegen das Becken, Bauchpresse, Bauchatmung (Exspiration)
2. M. obliquus internus abdominis *Kaudale Nn. intercostales (Nn. thoracici); N. iliohypogastricus; N. ilioinguinalis (Plexus lumbalis)*	Fascia thoracolumbalis (oberflächliches Blatt), Linea intermedia der Crista iliaca, Lig. inguinale (laterale zwei Drittel)	Cartilago costalis der (9.) 10. bis 12. Rippe (Unterrand), Linea alba (nimmt oberhalb der Linea arcuata am Aufbau des vorderen und des hinteren Blattes der Rektusscheide teil, darunter ziehen alle Sehnenfasern in das vordere Blatt). Beim Mann spalten sich die untersten Fasern als M. cremaster ab und ziehen in den Samenstrang.	Einseitig aktiv: Rotation des Thorax zur gleichen Seite, Lateralflexion der Wirbelsäule; beidseitig aktiv: Ziehen des Thorax gegen das Becken, Bauchpresse, Bauchatmung (Exspiration). M. cremaster zieht Hoden mit Hodenhüllen aufwärts.
3. M. transversus abdominis *Kaudale Nn. intercostales (Nn. thoracici); N. iliohypogastricus; N. ilioinguinalis (Plexus lumbalis); N. genitofemoralis*	Cartilago costalis der (5., 6.) 7.–12. Rippe (Innenfläche), Procc. costales der Lendenwirbel (über tiefes Blatt der Fascia thoracolumbalis), Labium internum der Crista iliaca, Lig. inguinale (laterales Drittel)	Linea alba (nimmt oberhalb der Linea arcuata am Aufbau des hinteren Blattes der Rektusscheide teil, darunter am Aufbau des vorderen Blattes). Beim Mann spalten sich die untersten Fasern als M. cremaster ab und ziehen in den Samenstrang.	Bauchpresse, Bauchatmung (Exspiration)

Hintere Muskeln der Bauchwand (Abb. 829)

Die muskuläre Grundlage der hinteren Bauchwand bildet im oberen Teil die Pars lumbalis des Diaphragmas, im unteren Teil der M. quadratus lumborum. Nach medial schließt sich der M. psoas major an.

Muskel *Innervation*	**Ursprung**	**Ansatz**	**Funktion**
M. quadratus lumborum *Rr. musculares (Plexus lumbalis); N. intercostalis (N. thoracicus [T12])*	Labium internum der Crista iliaca (hinteres Drittel), Lig. iliolumbale	12. Rippe (medialer Bereich), Proc. costalis des 4.–1. Lendenwirbels	Senken der Rippen (Exspiration), Lateralflexion der Wirbelsäule

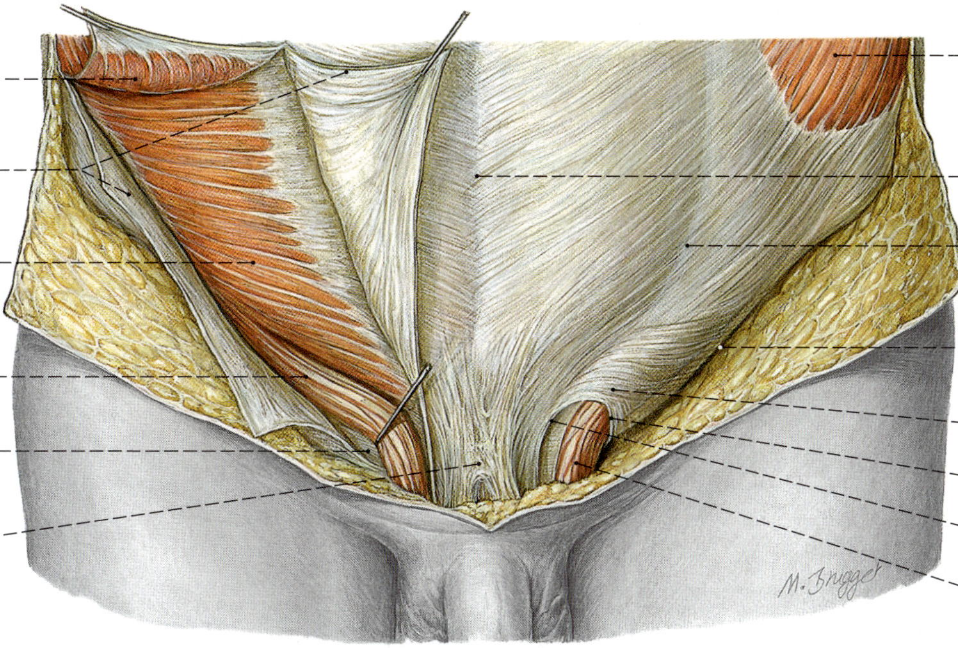

Abb. 827 Äußerer Leistenring, Anulus inguinalis superficialis; Samenstrang, Funiculus spermaticus, auf der rechten Körperseite durch einen Haken angehoben; Aponeurose des M. obliquus externus abdominis rechts eröffnet; von vorne.
Vergleiche Abb. 835.

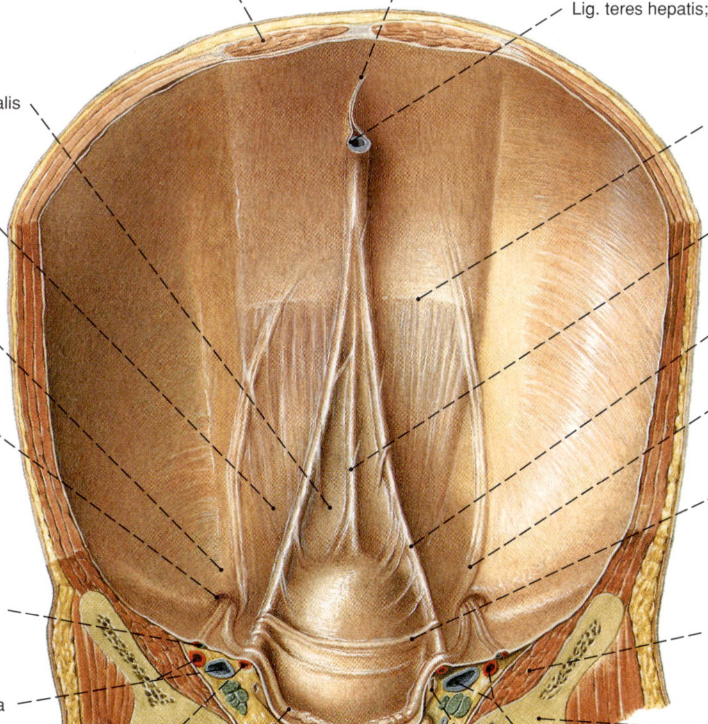

Abb. 828 Vordere Bauchwand eines Neugeborenen; von hinten.

Die V. umbilicalis verödet nach der Geburt. Bei Pfortaderhochdruck kann sich die Vene wieder vergrößern.
Vergleiche Abb. 1029, portokavale Anastomosen.

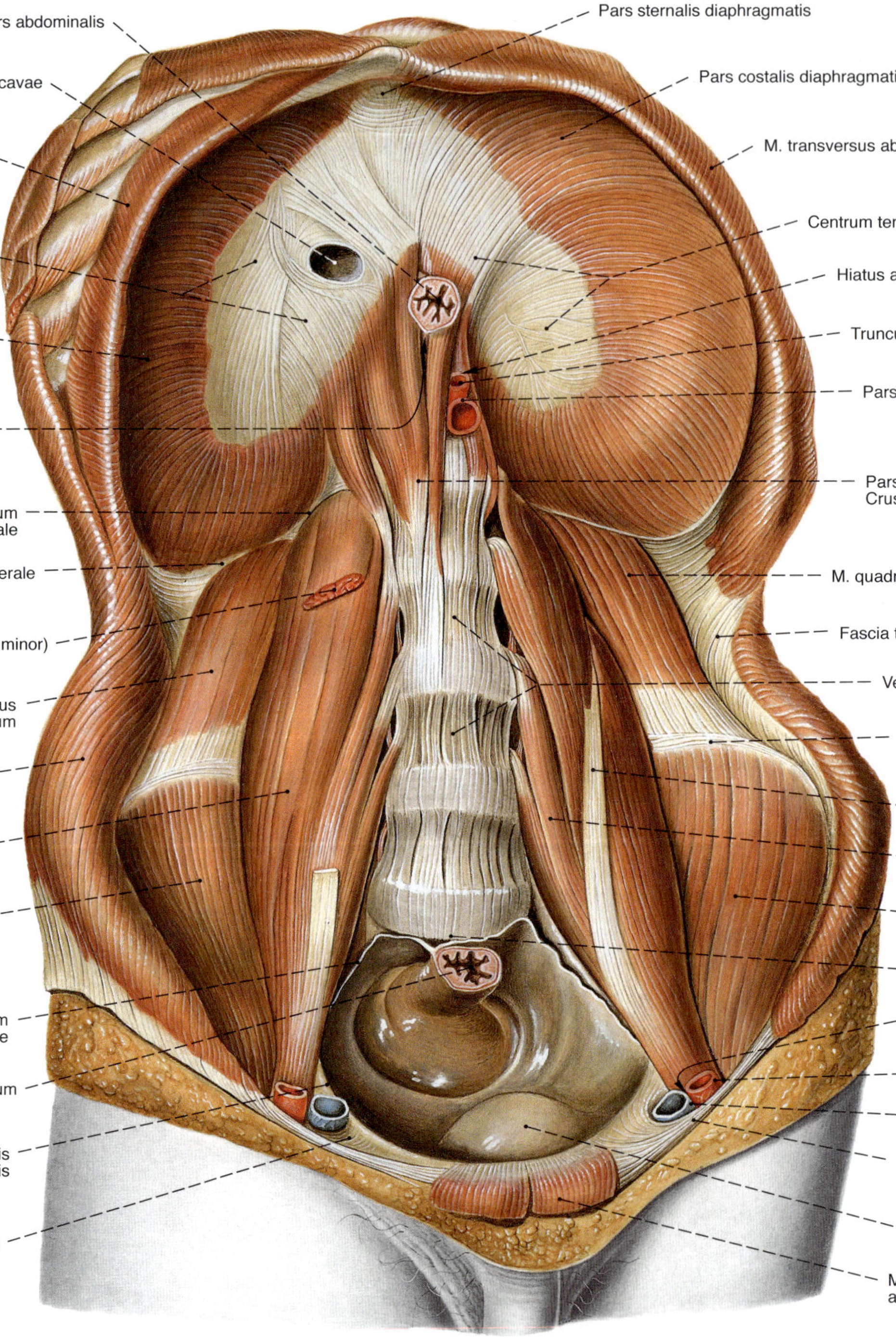

Abb. 829 Zwerchfell, Diaphragma; Bauchmuskeln, Mm. abdominis; von vorne.

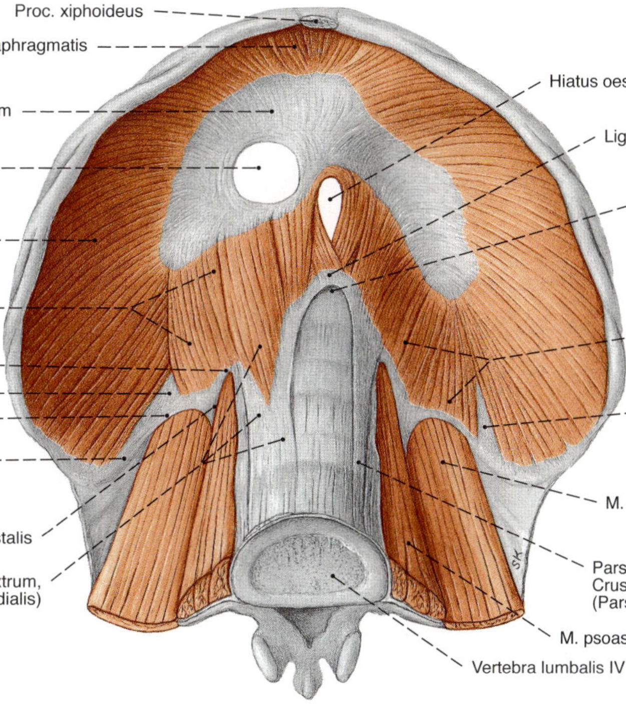

Abb. 830 Zwerchfell, Diaphragma, und hintere Bauchwand;
von vorne.

Das Crus dextrum, Pars medialis besteht häufig aus drei Anteilen und reicht meist weiter nach kaudal als das Crus sinistrum.

* Klinisch: BOCHDALEKsches Dreieck

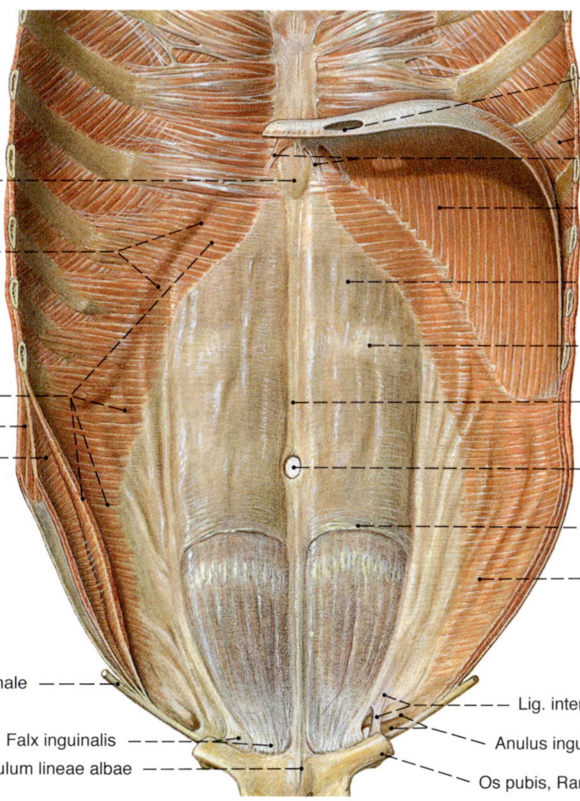

Abb. 831 Vordere Bauchwand und Teile des Zwerchfells, Diaphragma;
von hinten.

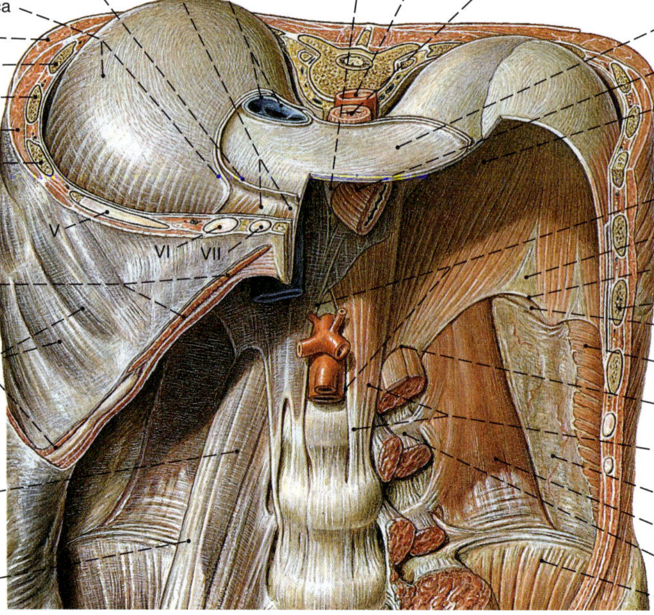

Abb. 832 Zwerchfell, Diaphragma, mit Durchtrittspforten und hintere Bauchwandmuskeln; Rumpf in Höhe des 10. Brustwirbels durchgetrennt; von vorne.

* Klinisch: BOCHDALEKsches Dreieck, Trigonum lumbocostale diaphragmatis, ein von Muskeln freier Bereich
** Auch Psoasarkade, Arcus musculi psoatis, und Quadratusarkade, Arcus musculi quadrati, oder HALLERsche Bögen
V, VI, VII – Rippen 5, 6 und 7

Zwerchfell, Diaphragma (Abb. 832)

Das Diaphragma trennt die Brust- von der Bauchhöhle. Seine Kuppeln bilden den Boden der rechten bzw. linken Pleurahöhle. Die Pars lumbalis begrenzt dorsal das Retroperitoneum und stellt streng genommen einen Anteil der hinteren Bauchwand dar.

Muskel *Innervation*	**Ursprung**	**Ansatz**	**Funktion**
Diaphragma *N. phrenicus (Plexus cervicalis)*	**Pars sternalis:** Proc. xiphoideus (Innenfläche), Rektusscheide (Aponeurose des M. transversus abdominis) **Pars costalis:** Cartilago costalis der 12.–6. Rippe (Innenfläche, verzahnt mit Ursprungszacken des M. transversus abdominis) **Pars lumbalis, Crus dextrum,** – Pars medialis: Corpus des 1.–3. Lendenwirbels, Disci intervertebrales – Pars lateralis: Ligg. arcuata mediale (Psoasarkade) und laterale (Quadratusarkade) **Pars lumbalis, Crus sinistrum,** – Pars medialis: Corpus des 1.–4. Lendenwirbels, Disci intervertebrales – Pars lateralis: Ligg. arcuata mediale (Psoasarkade) und laterale (Quadratusarkade)	Alle Teile vereinigen sich im Centrum tendineum. Schwachstellen bzw. Durchtrittsstellen: Trigonum sternocostale, Trigonum lumbocostale, Foramen venae cavae, Hiatus oesophageus, Hiatus aorticus	Bauchatmung (Inspiration), Bauchpresse

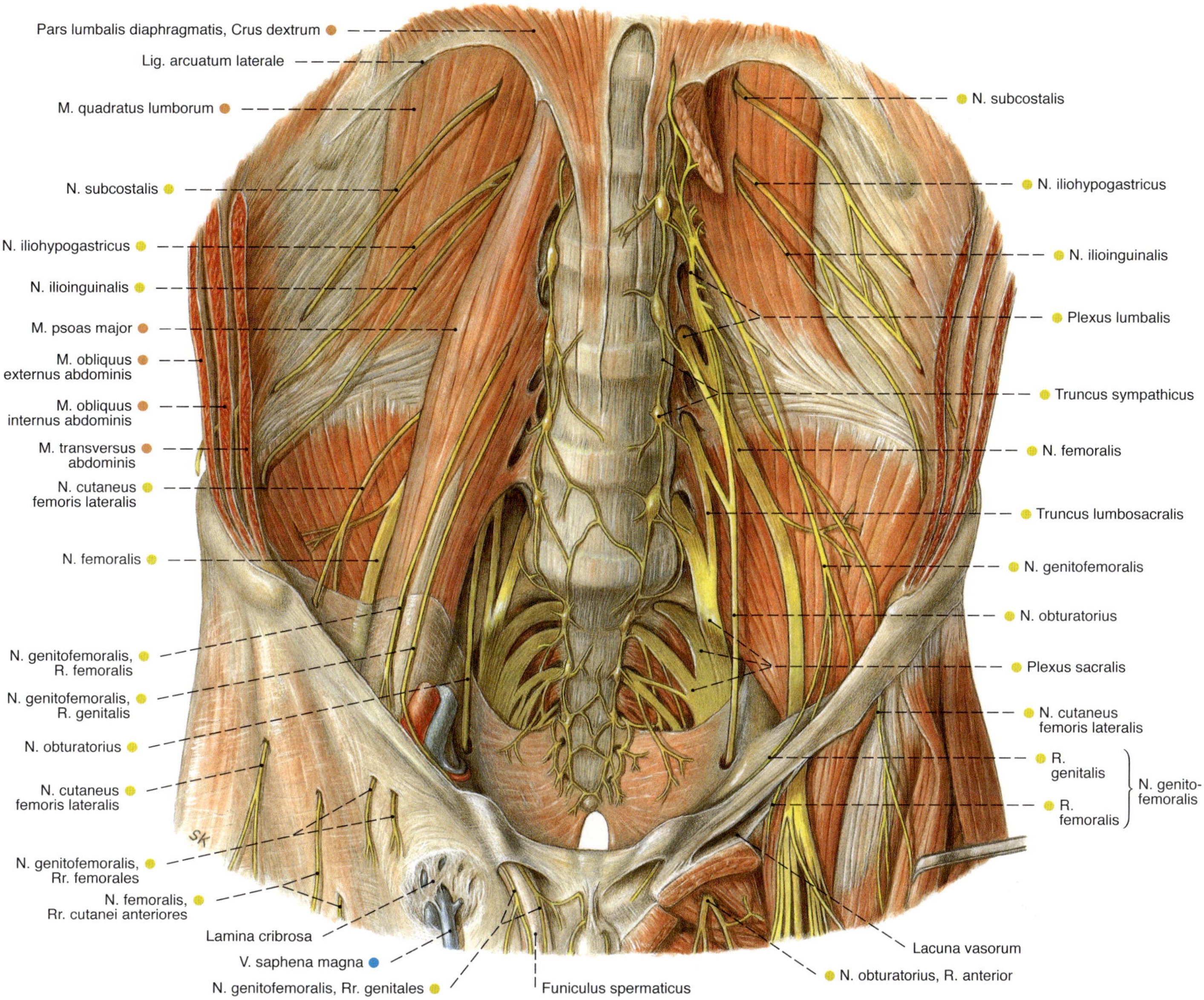

Abb. 833 Plexus lumbosacralis;
nach Entfernen des M. psoas major, M. pectineus und M. adductor longus auf der linken Körperseite; von vorne.

Durchtrittsstellen im Zwerchfell

Name	Lage	Strukturen
Hiatus aorticus	Pars lumbalis, zwischen Crus dextrum und Crus sinistrum	Aorta; Ductus thoracicus
Hiatus oesophageus	Pars lumbalis, Crus dextrum	Oesophagus; Nn. vagi; N. phrenicus, R. phrenicoabdominalis sinister
Foramen venae cavae	Centrum tendineum	V. cava inferior; N. phrenicus, R. phrenicoabdominalis dexter
LARREYsche Spalte	zwischen Pars sternalis und Pars costalis	A.; V. epigastrica superior
ohne Namen	Pars lumbalis, Crus dextrum/sinistrum, (Pars medialis)	N. splanchnicus major und minor; V. azygos; V. hemiazygos
ohne Namen	Pars lumbalis, zwischen (Pars medialis) und Pars lateralis	Truncus sympathicus

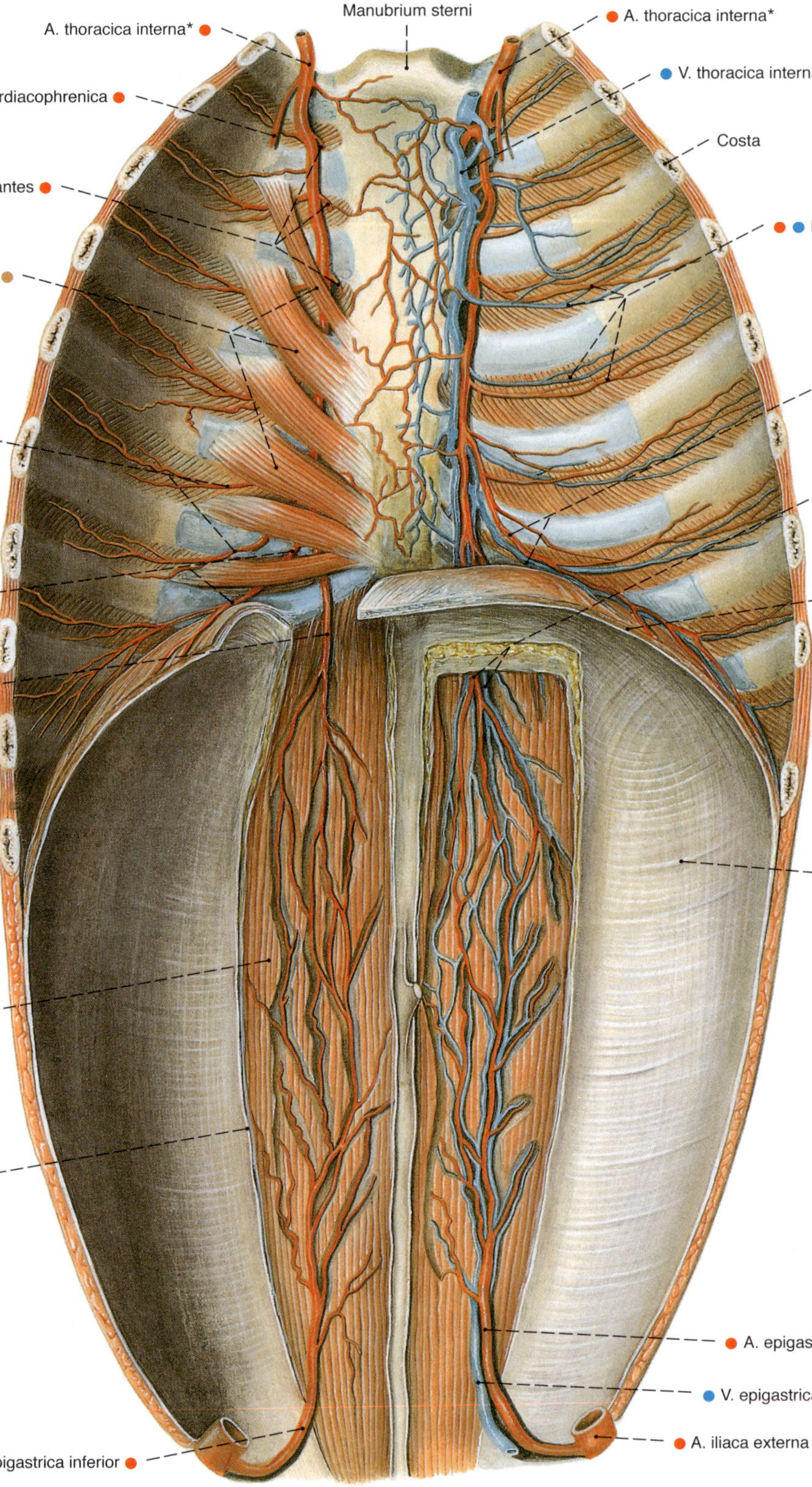

Abb. 834 Gefäße der vorderen Brust- und Bauchwand; auf der linken Körperseite M. transversus thoracis entfernt; von hinten.

* Klinisch: A. mammaria interna

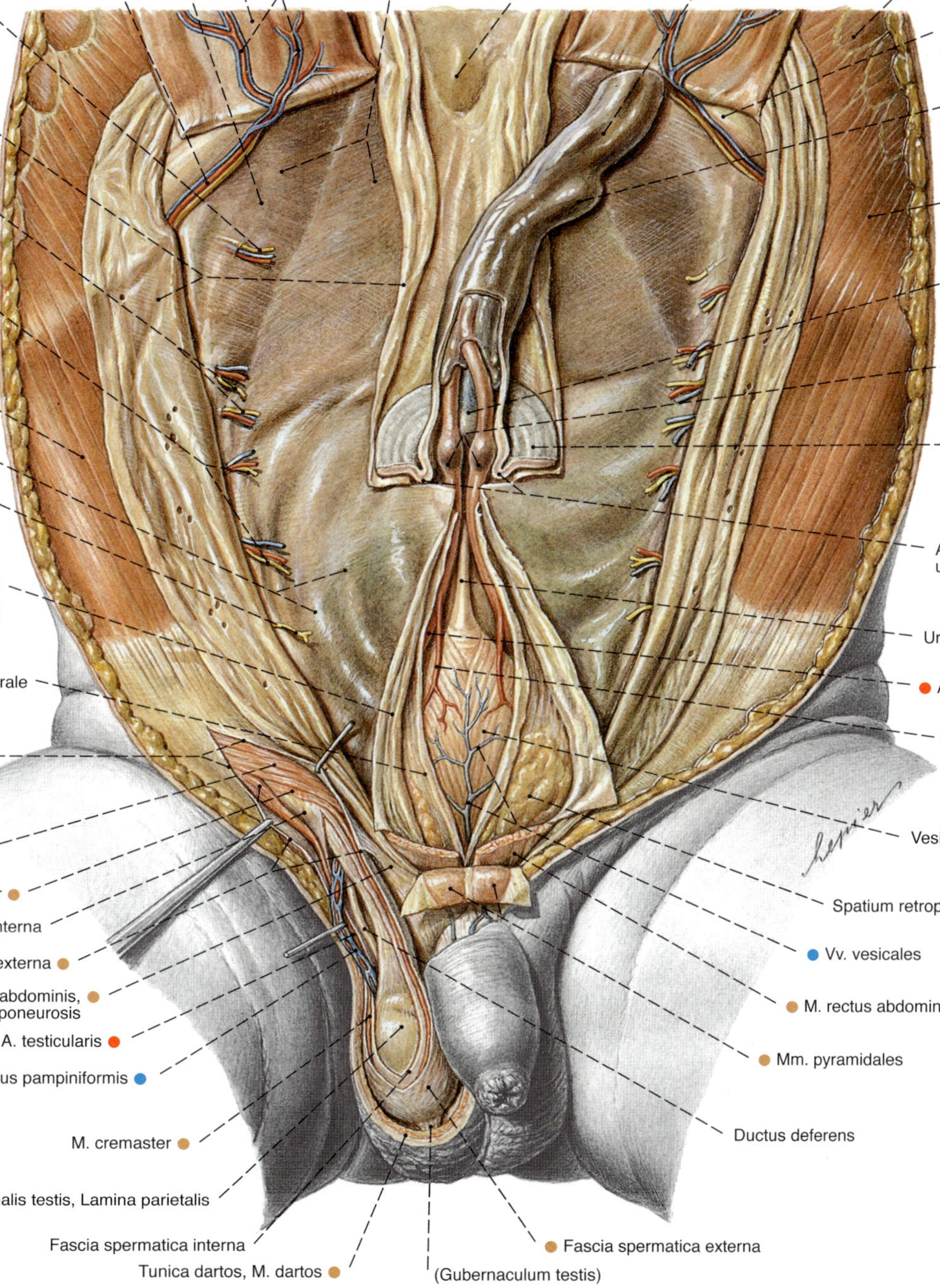

Abb. 835 Vordere Bauchwand eines Neugeborenen; Mm. recti abdominis nach oben geklappt und die Bauchhöhle in der Medianebene eröffnet, um die Harnblase und den Urachus darzustellen; auf der rechten Körperseite Leistenkanal präpariert; von vorne.

* Durch Schlingen der Umbilikalgefäße gebildete Verdickung (falscher Nabelschnurknoten)

** Gerinnsel, Thrombus, in den Aa. umbilicales

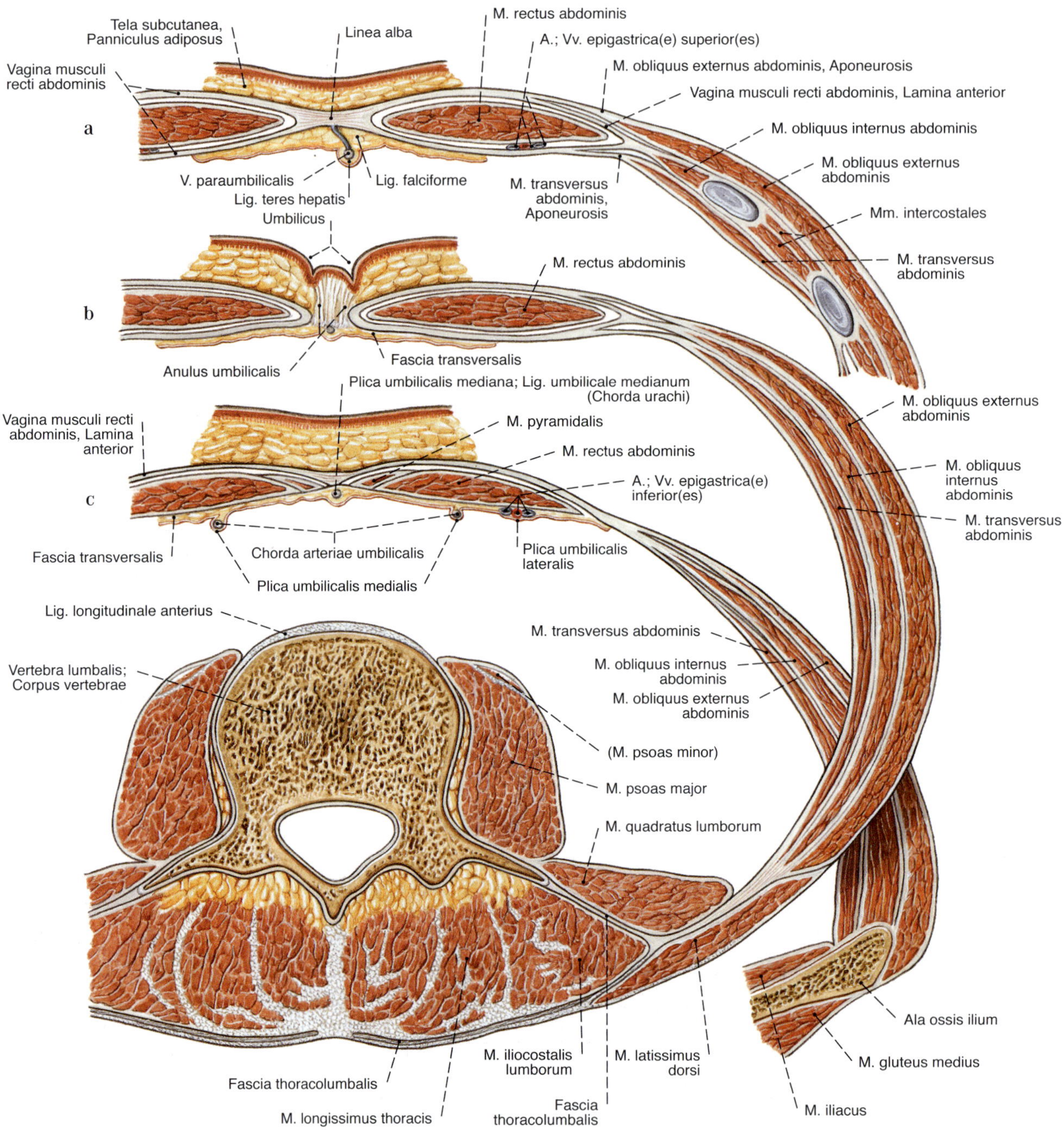

Abb. 836 a–c Bauchmuskeln, Mm. abdominis; Horizontalschnitte.

a oberhalb des Nabels
b in Höhe des Nabels
c unterhalb des Nabels und der Linea arcuata

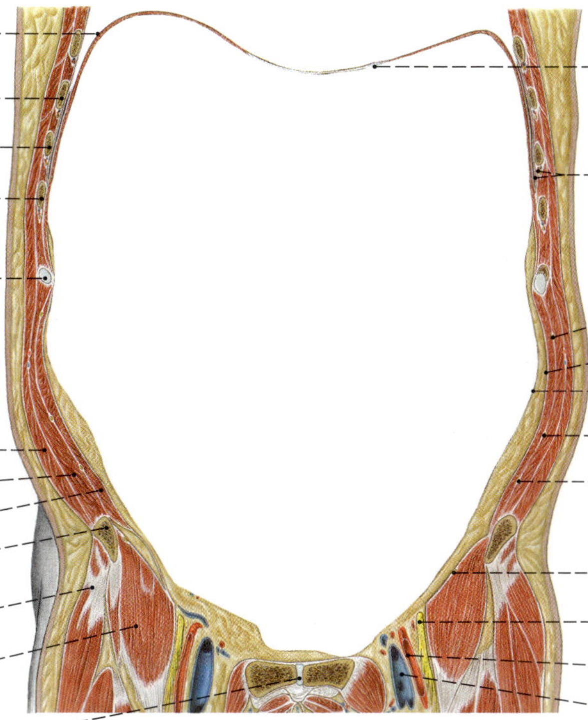

Abb. 837 Bauchmuskeln, Mm. abdominis;
Frontalschnitt;
von ventral.
Vergleiche Abb. 1134.

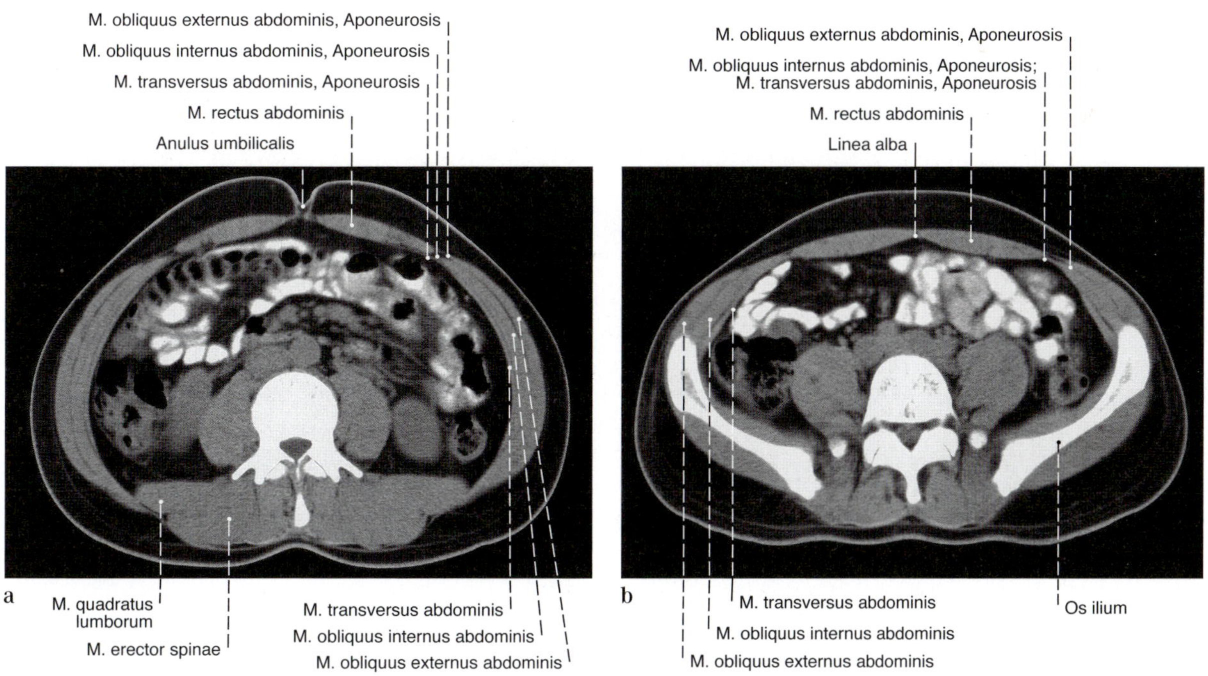

Abb. 838 a, b Bauchmuskeln, Mm. abdominis;
computertomographische Querschnitte (CT).

a in Höhe des Nabels
b in Höhe des 5. Lendenwirbels

Die Beteiligung der Aponeurosen an der Rektusscheide ist deutlich erkennbar (vgl. Abb. 837, Abb. 1148).

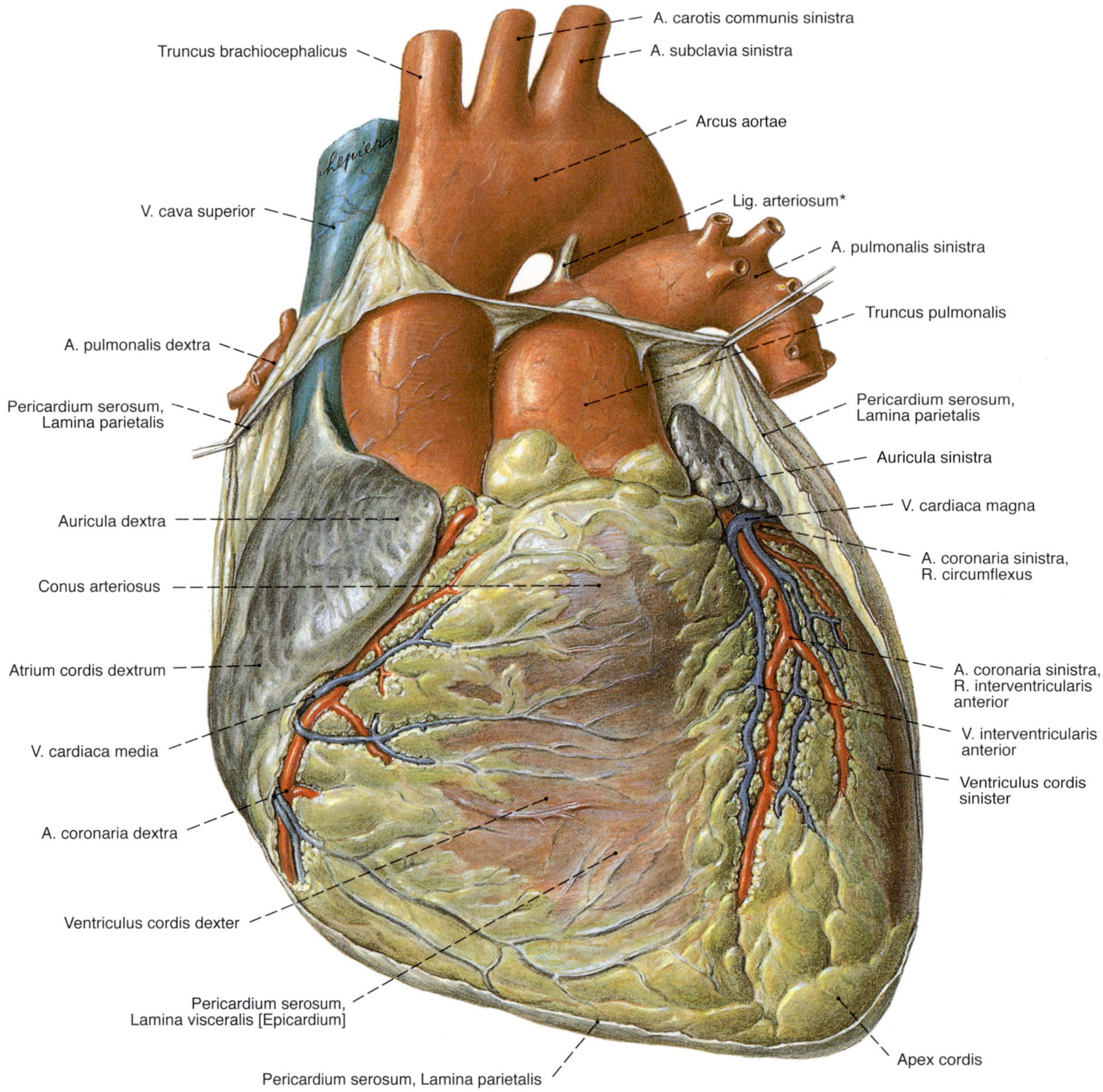

Abb. 839 Herz, Cor;
Herzbeutel eröffnet und parietales Blatt des Perikards weitgehend entfernt; größere Äste der Herzkranzgefäße freipräpariert;
Epikard auf der Aorta ascendens und dem Truncus pulmonalis nicht gezeichnet;
von ventral.

* Aus dem fetalen Ductus arteriosus (BOTALLO) zurückgebildete ligamentäre Struktur

Pericardium fibrosum	}	Perikard
Pericardium serosum		
Lamina parietalis		
Lamina visceralis	=	Epikard

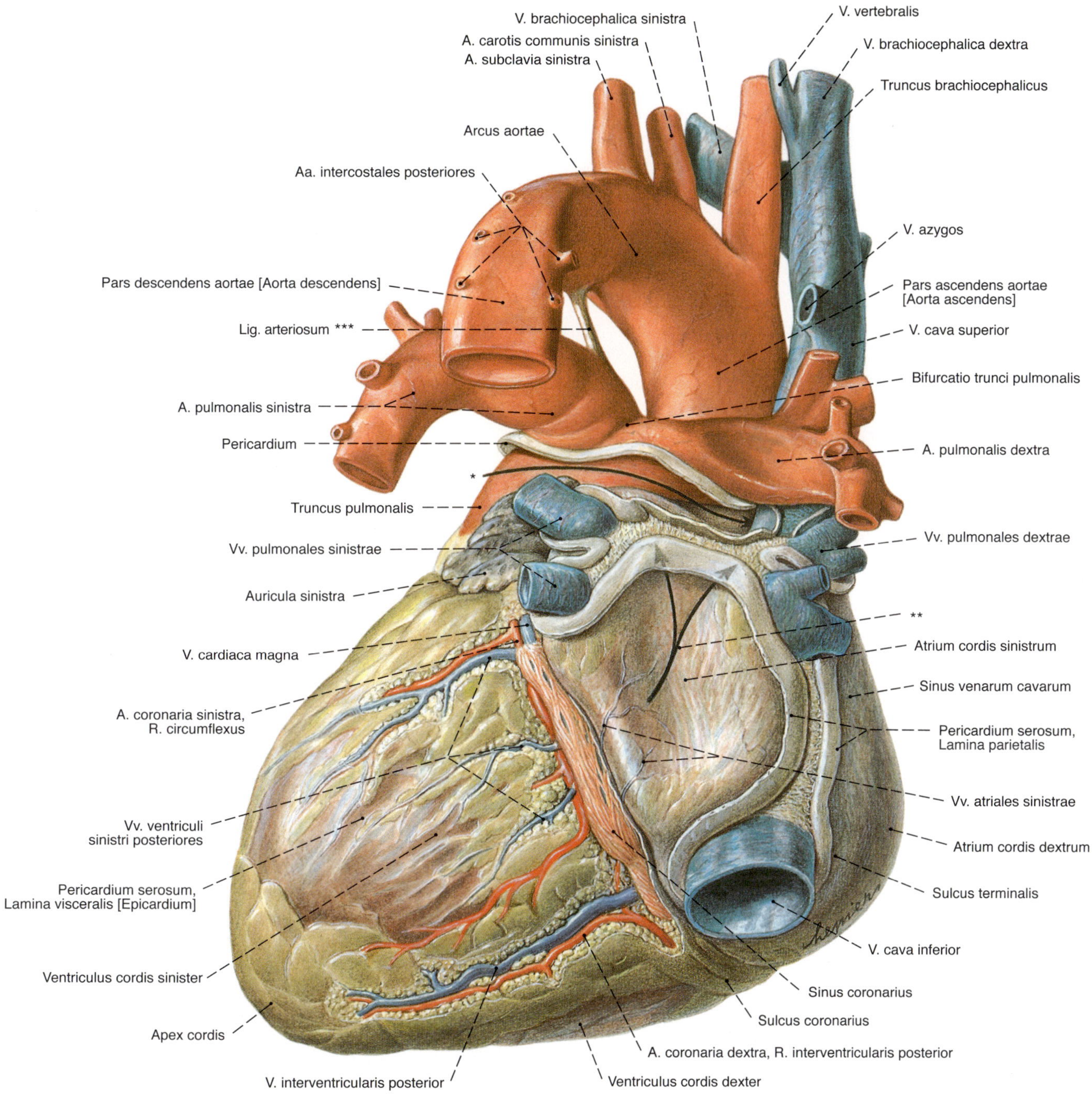

Abb. 840 Herz, Cor, und herznahe Gefäße;
Herzbeutel nahe den Umschlagstellen an den großen Gefäßen durchgetrennt; größere Herzkranzgefäße freipräpariert;
von dorsal.

* Pfeil im Sinus transversus pericardii
** Doppelpfeil im Sinus obliquus pericardii
*** Aus dem fetalen Ductus arteriosus (BOTALLO) zurückgebildete ligamentäre Struktur

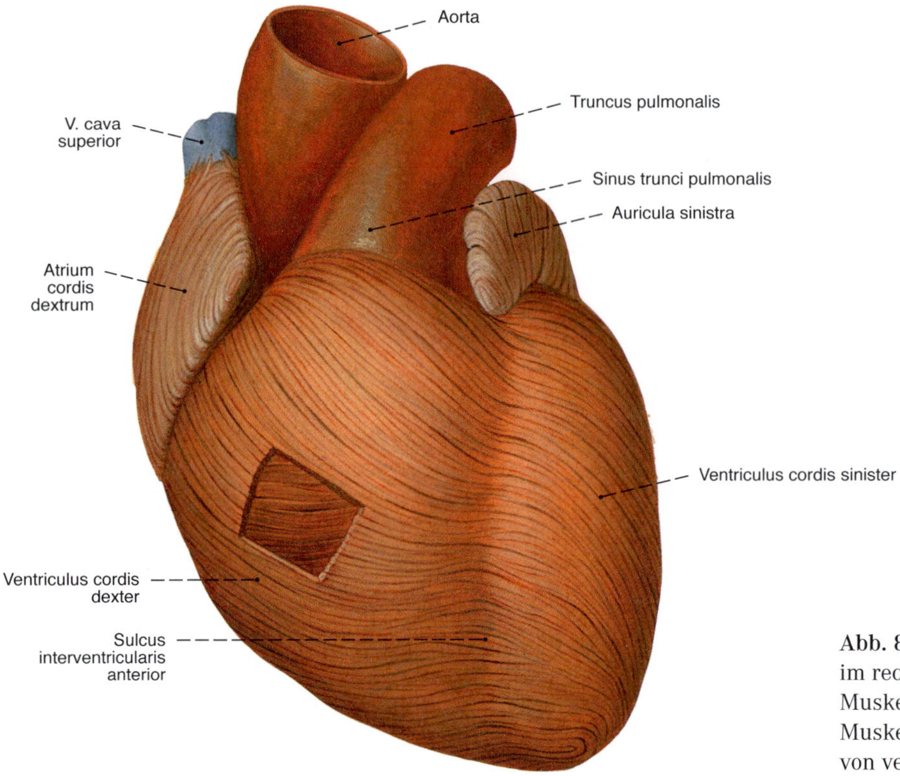

Abb. 841 Herzmuskulatur, Myocardium; im rechten Ventrikel ein Teil der oberflächlichen Muskelschicht zur Darstellung der tiefen Muskelschicht entfernt; von ventral.

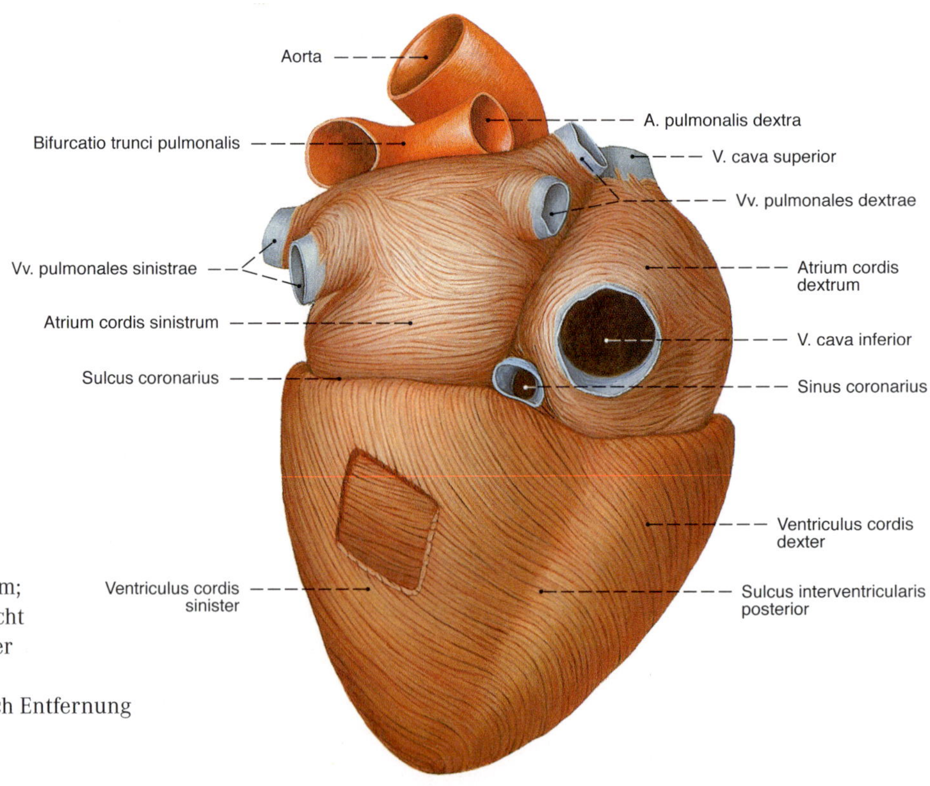

Abb. 842 Herzmuskulatur, Myocardium; ein Teil der oberflächlichen Muskelschicht des linken Ventrikels zur Darstellung der tiefen Muskelschicht entfernt; Schnittflächen des Myokardmantels nach Entfernung des Sinus coronarius nicht gezeichnet; von dorsal kaudal.

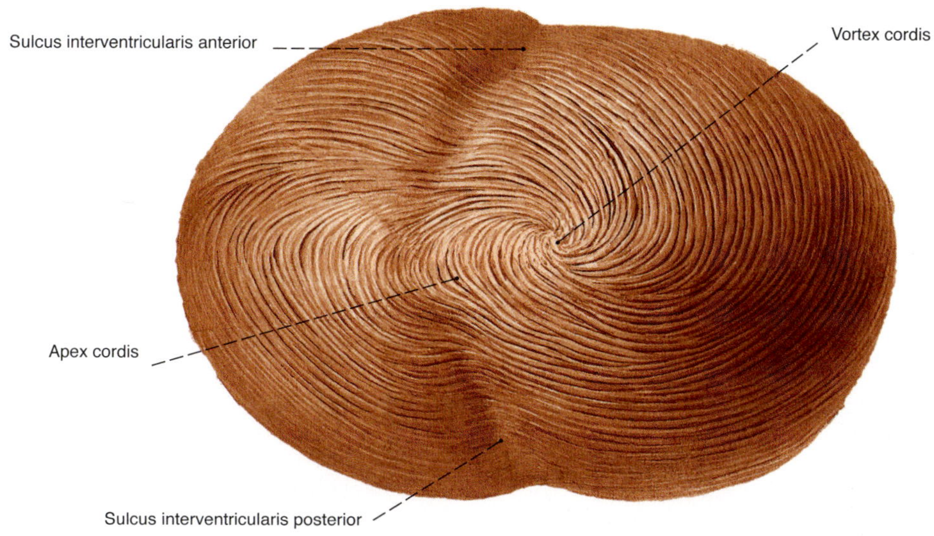

Abb. 843 Herzmuskulatur, Myocardium; von der Herzspitze her.

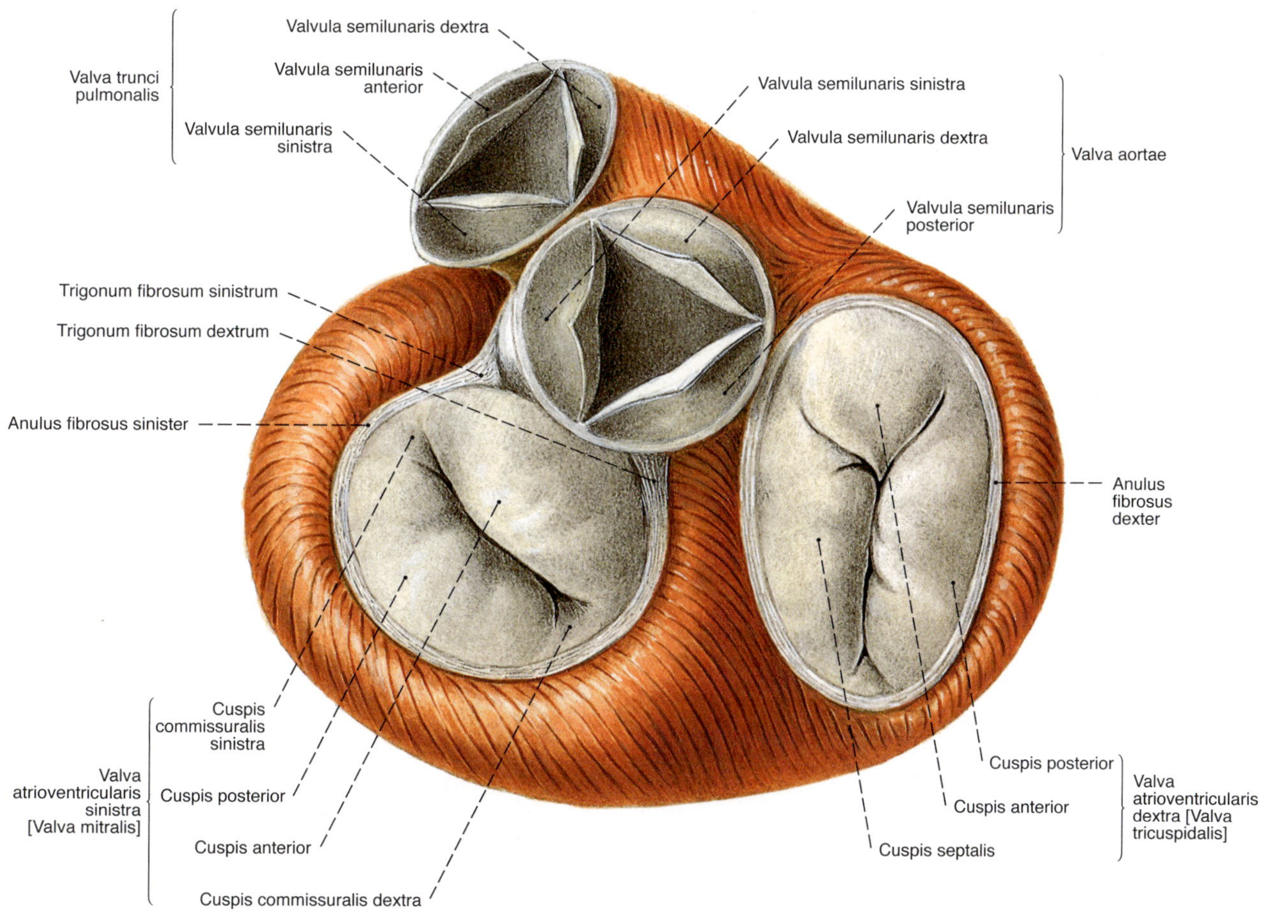

Abb. 844 Herzmuskulatur, Myocardium; Herzklappen, Valvae cordis, ohne Schnittfläche des abgetragenen Vorhofseptums und ohne Durchtrittsstelle für HISsches Bündel; in der Austreibungsphase (Systole) mit geöffneten arteriellen und geschlossenen atrioventrikulären Klappen; von kranial.

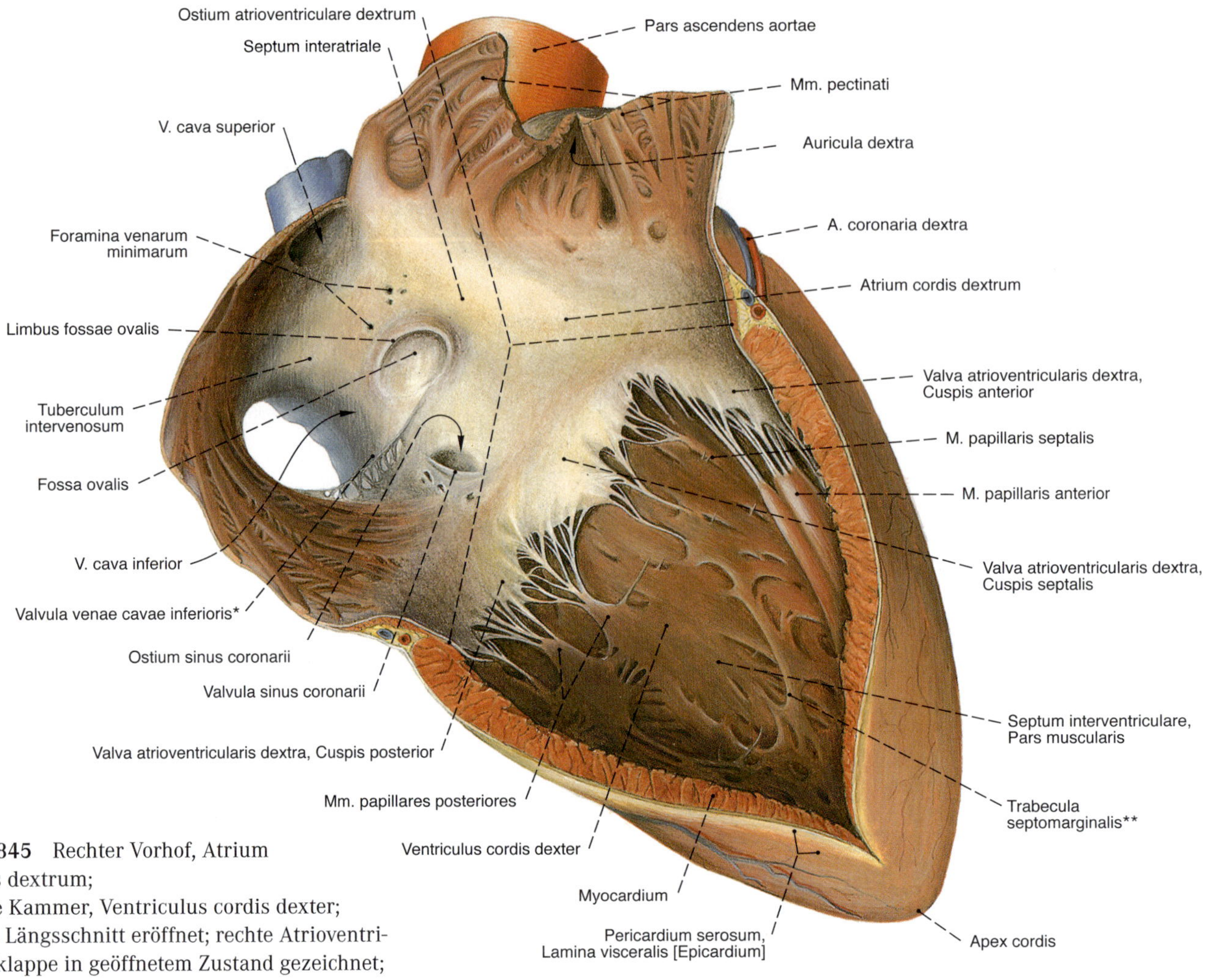

Abb. 845 Rechter Vorhof, Atrium cordis dextrum; rechte Kammer, Ventriculus cordis dexter; durch Längsschnitt eröffnet; rechte Atrioventrikularklappe in geöffnetem Zustand gezeichnet; von ventral.

* Auch: Valvula EUSTACHII
** Auch: Moderatorband

Abb. 846 Rechter Vorhof, Atrium cordis dextrum, beim Neugeborenen; die Vorderwand des Vorhofs zur Darstellung des Foramen ovale aufgeklappt; von ventral rechts. Zur Bedeutung des Foramen ovale vor der Geburt siehe Abb. 41.

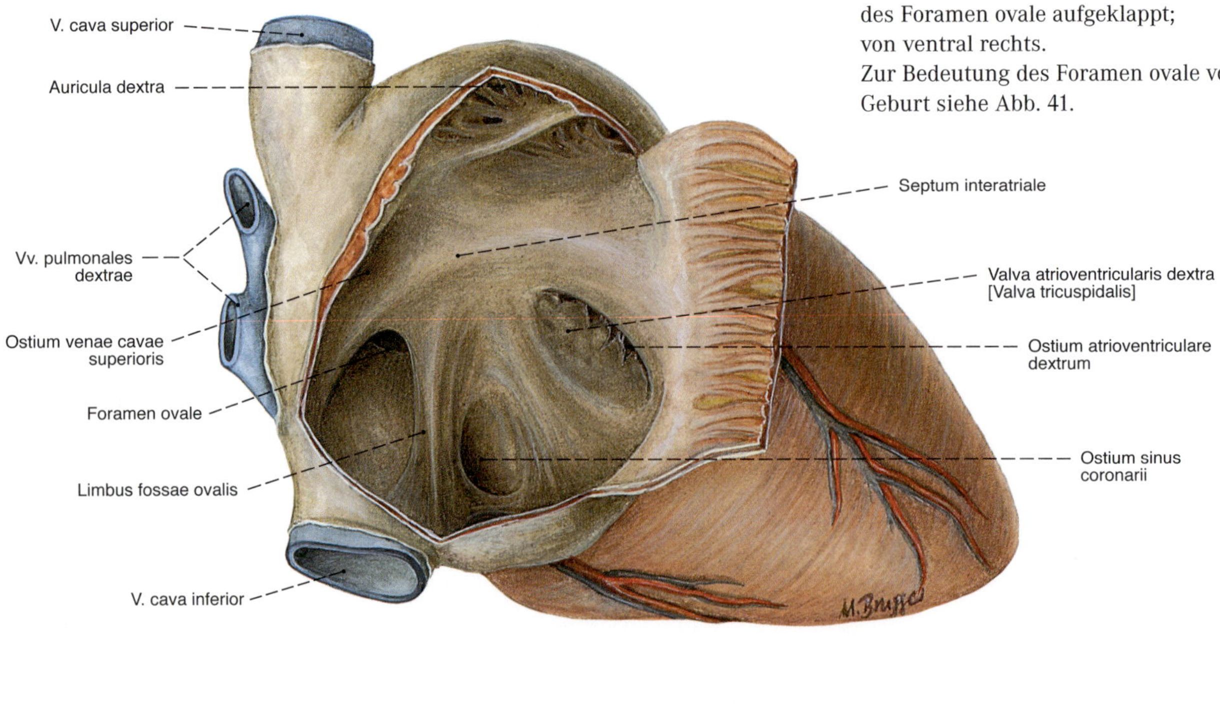

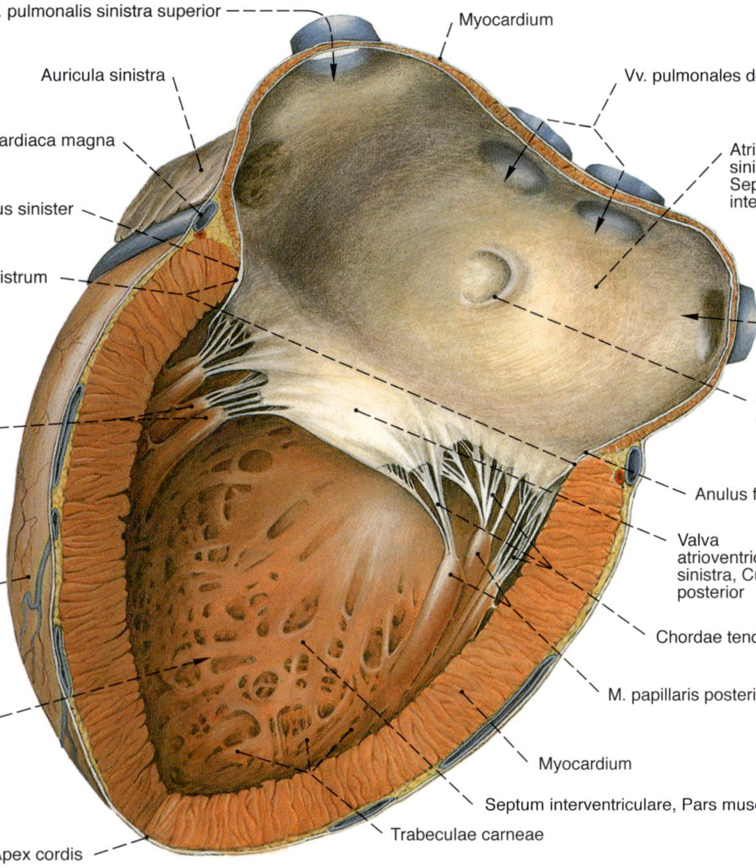

Abb. 847 Linker Vorhof, Atrium cordis sinistrum; linke Kammer, Ventriculus cordis sinister; durch Längsschnitt eröffnet; von lateral.

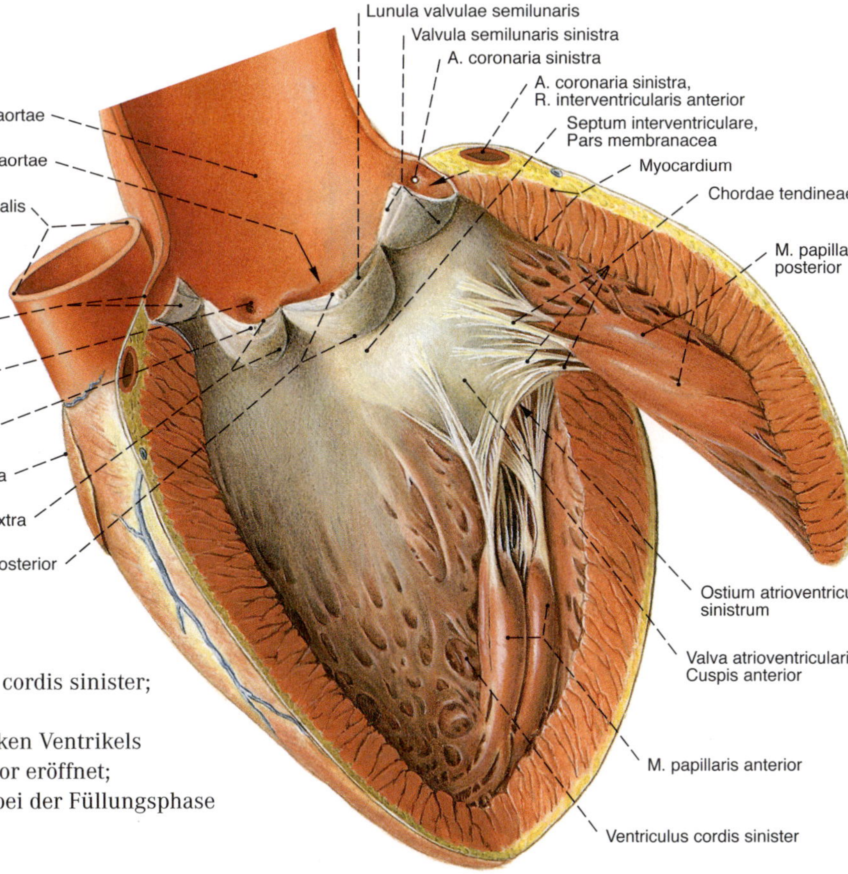

Abb. 848 Linke Kammer, Ventriculus cordis sinister; Aorta ascendens; durch Längsschnitt in der Mitte des linken Ventrikels und im Sulcus interventricularis anterior eröffnet; Taschen der Aortenklappe (Pfeile) wie bei der Füllungsphase des Herzens (Diastole) dargestellt; von lateral.

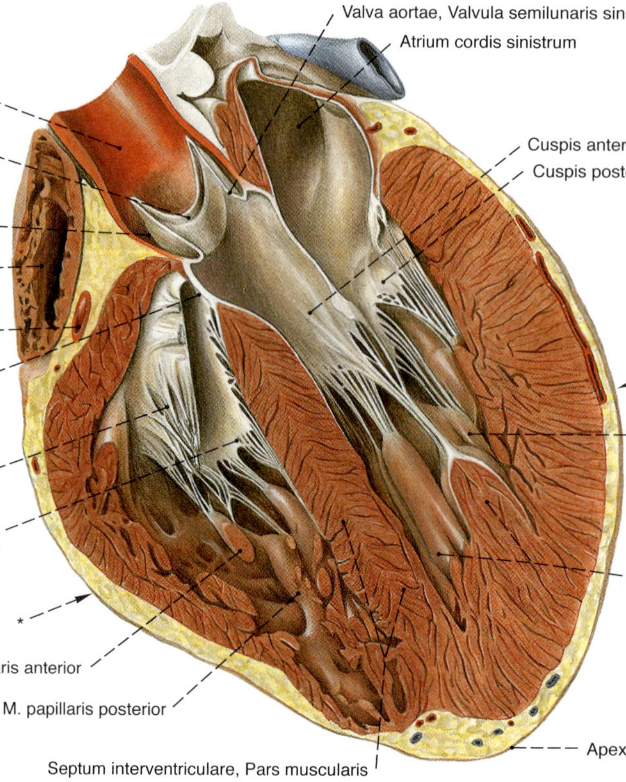

Abb. 849 Linke und rechte Kammer, Ventriculus cordis sinister und dexter;
Kammern durch Längsschnitt in der Herzachse eröffnet;
von links ventral, lateral.

Beachte die unterschiedliche Dicke des Myokards der rechten und linken Kammer.

* Schnittebene von Abb. 850

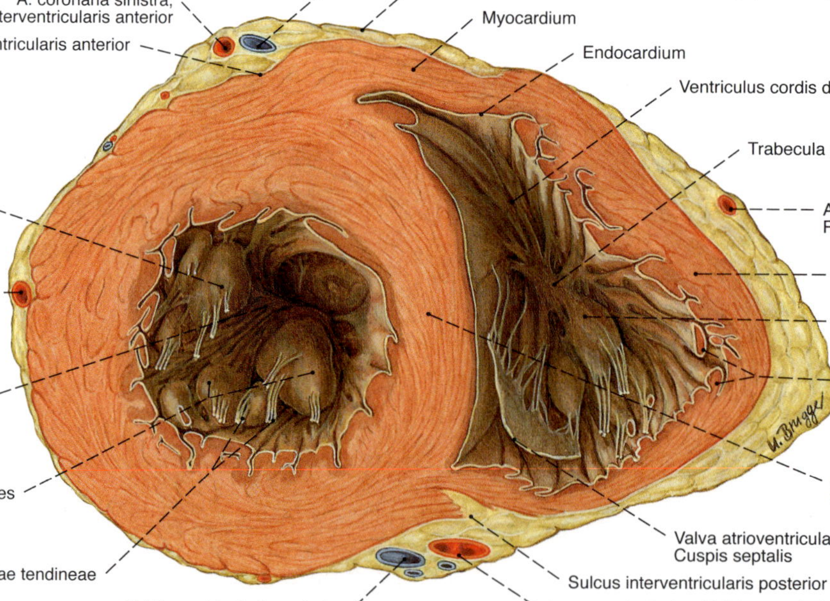

Abb. 850 Linke und rechte Kammer, Ventriculus cordis sinister und dexter;
Querschnitt im rechten Winkel zur Herzachse;
von oben.

Beachte die unterschiedliche Dicke des Myokards der rechten und linken Kammer.

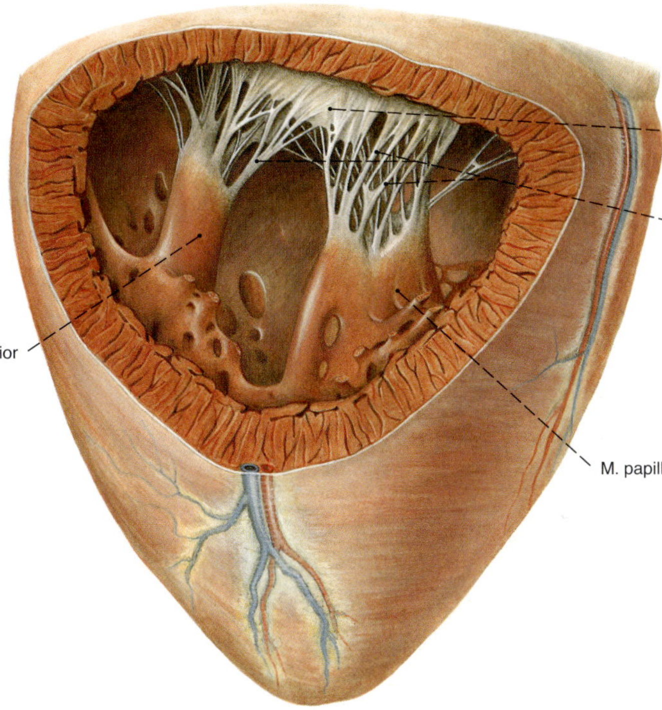

Abb. 851 Linke Kammer, Ventriculus cordis sinister; durch Fensterschnitt Blick auf Papillarmuskeln und Sehnenfäden;
von links ventral, kranial.

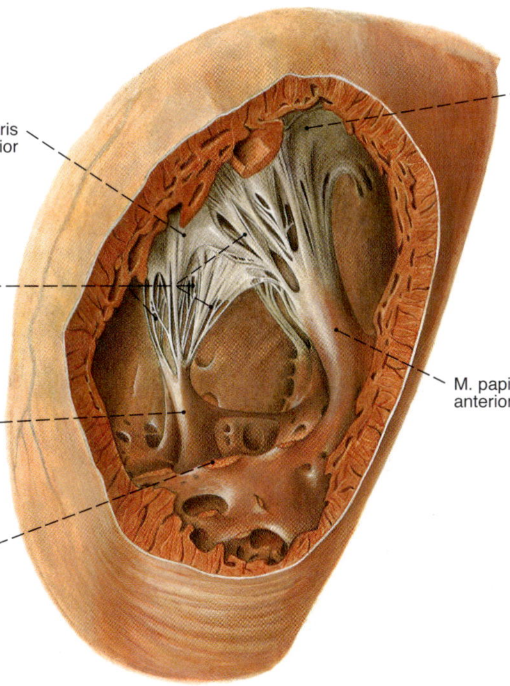

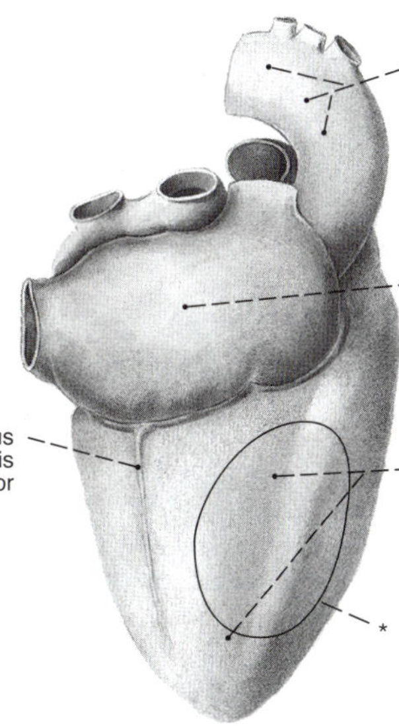

Abb. 852 Rechte Kammer, Ventriculus cordis dexter; durch Fensterschnitt Blick auf Papillarmuskeln und Sehnenfäden;
von dorsal.

* Kontur des Fensterschnitts

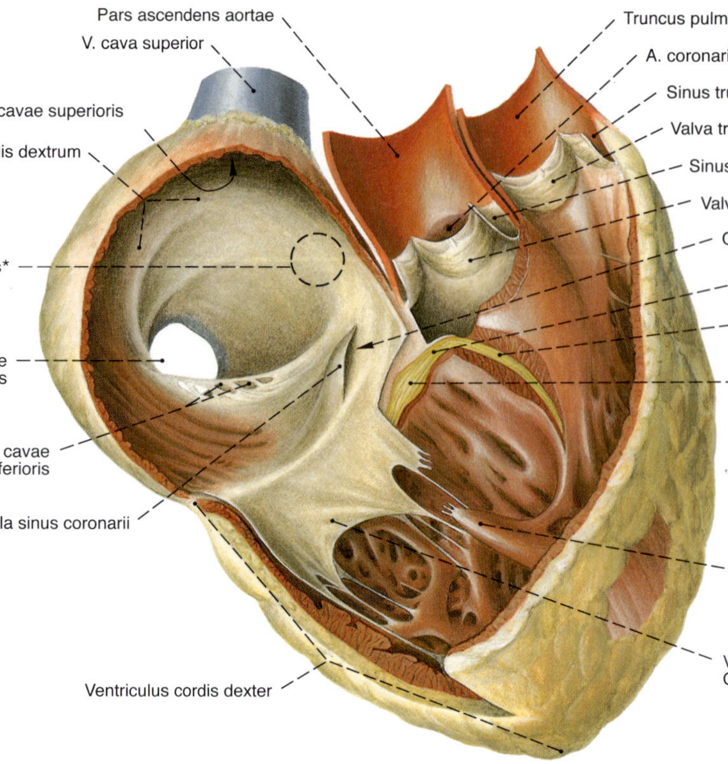

Abb. 853 Rechter Vorhof, Atrium cordis dextrum; rechte Kammer, Ventriculus cordis dexter, mit Erregungsleitungssystem; Vorhof, Kammer und arterielle Ausstrombahnen eröffnet; Erregungsleitungssystem gelb hervorgehoben; von ventral.

* Klinisch: KEITH-FLACKscher Knoten, Sinusknoten
** Klinisch: ASCHOFF-TAWARA-Knoten, AV-Knoten
*** Klinisch: HISsches Bündel

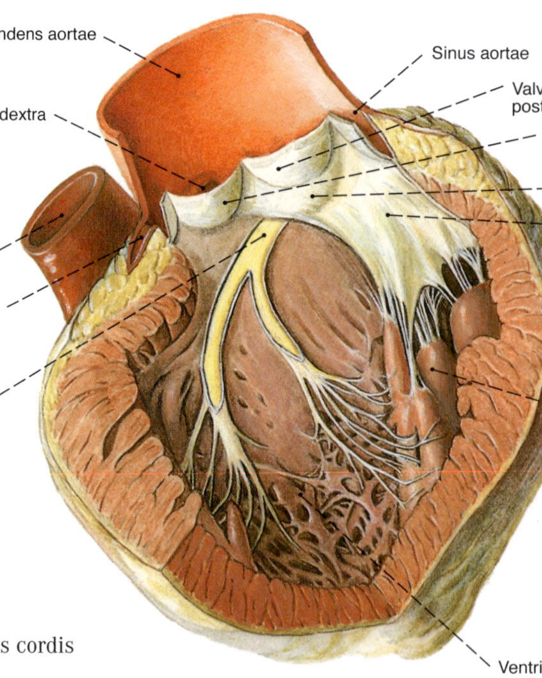

Abb. 854 Linke Kammer, Ventriculus cordis sinister; durch Längsschnitt eröffnet; linker Schenkel des Erregungsleitungssystems gelb hervorgehoben; von links ventral.

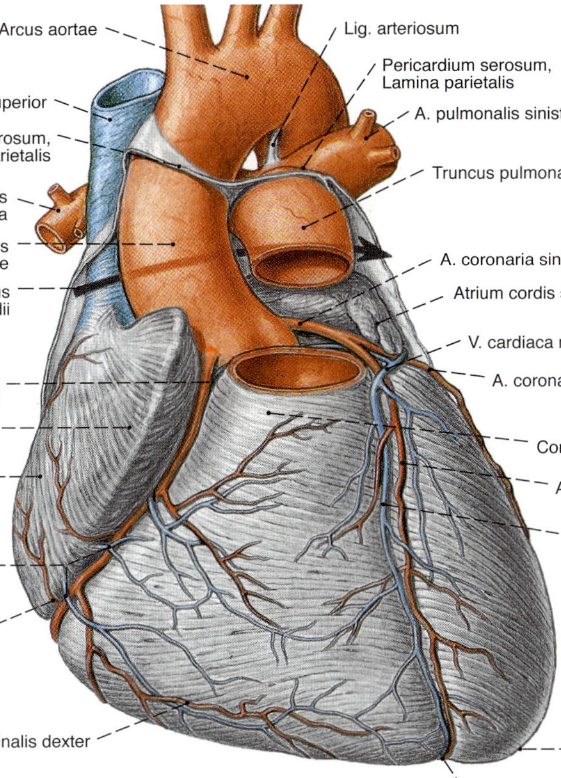

Abb. 855 Herzkranzarterien, Aa. coronariae; Herzvenen, Vv. cordis; halbschematisch; von ventral. Pfeil im Sinus transversus pericardii

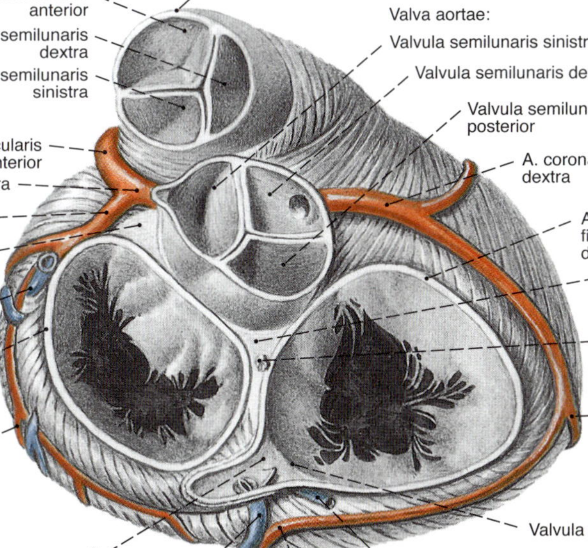

Abb. 856 Herzklappen, Valvae cordis; Herzkranzarterien, Aa. coronariae; nach Abtrennung der Vorhöfe und Durchschneidung des Truncus pulmonalis und der Aorta ascendens; Herzklappen bei Füllung der Ventrikel (Diastole) dargestellt; von kranial.

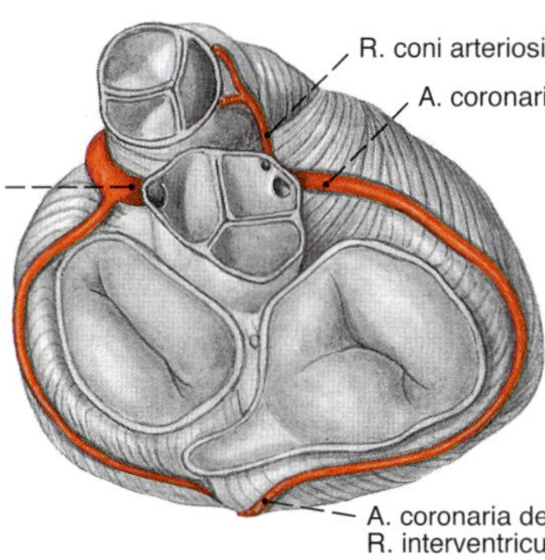

Abb. 857 Variabilität der Herzkranzarterien. Der R. coni arteriosi entspringt als selbständige Arterie aus der Aorta (≈37%).

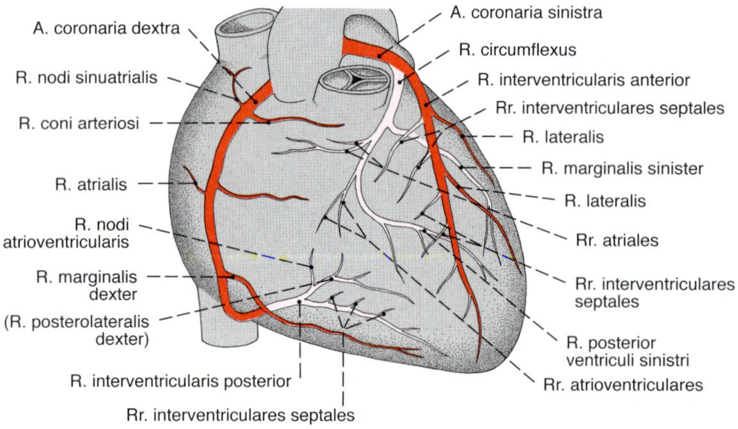

Abb. 858 Herzkranzarterien, Aa. coronariae; dorsal verlaufende Gefäße heller gezeichnet; der R. interventricularis posterior entspringt aus der A. coronaria dextra (ausgeglichener Versorgungstyp); von ventral. Vergleiche Abb. 861a.

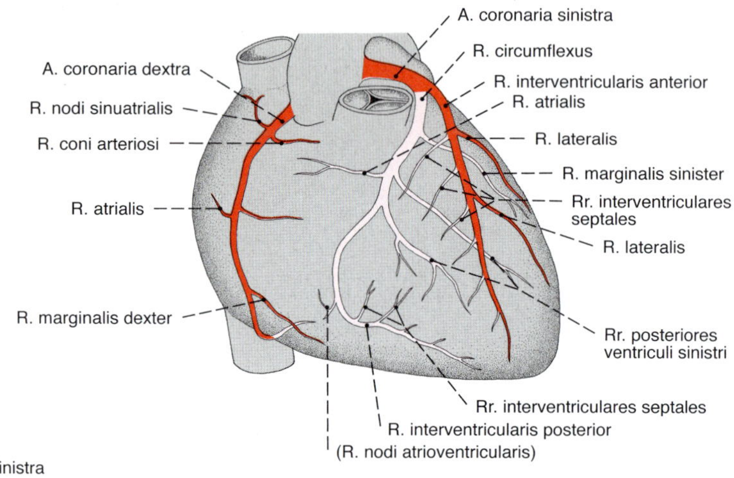

Abb. 859 Herzkranzarterien, Aa. coronariae; Der R. interventricularis posterior entspringt aus der A. coronaria sinistra (Linksversorgungstyp); von ventral. Vergleiche Abb. 861b.

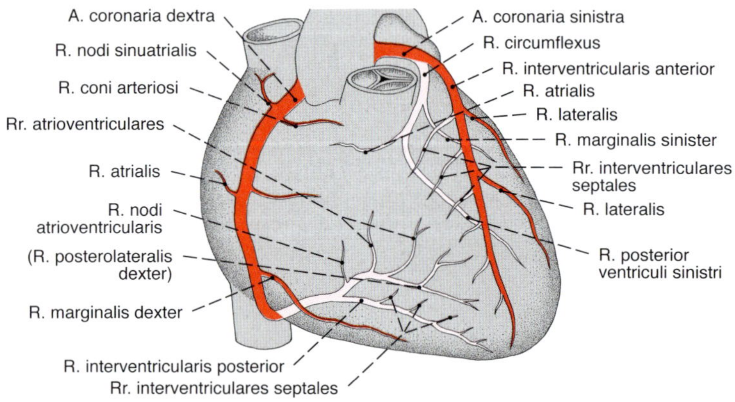

Abb. 860 Herzkranzarterien, Aa. coronariae; Rückwand der Ventrikel wird überwiegend von Ästen der A. coronaria dextra versorgt (Rechtsversorgungstyp); von ventral. Vergleiche Abb. 861c.

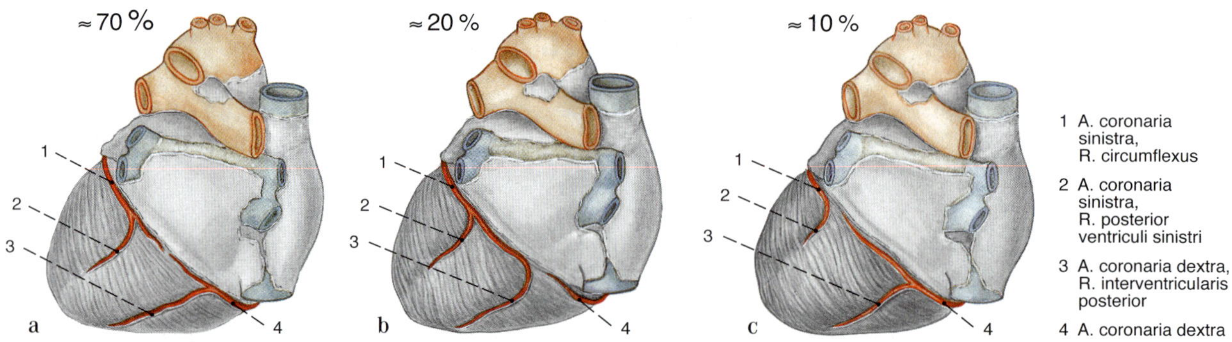

Abb. 861 a–c Arterielle Versorgung der Herzrückseite und ihre Variabilität; von dorsal.

a ausgeglichener Versorgungstyp
b Linksversorgungstyp
c Rechtsversorgungstyp

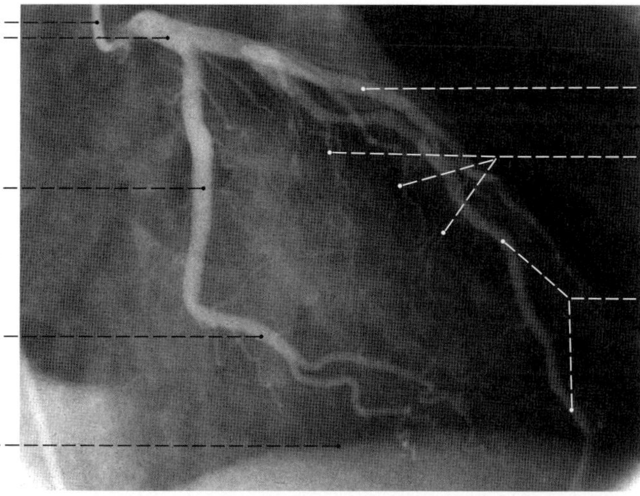

* Katheter in der Aorta und im Ostium der A. coronaria sinistra

Abb. 862 Linke Herzkranzarterie, A. coronaria sinistra; Koronarangiographie (Röntgendarstellung nach selektiver Injektion eines Kontrastmittels); Einstellung: schräger Strahlengang von rechts anterior nach links posterior (RAO).

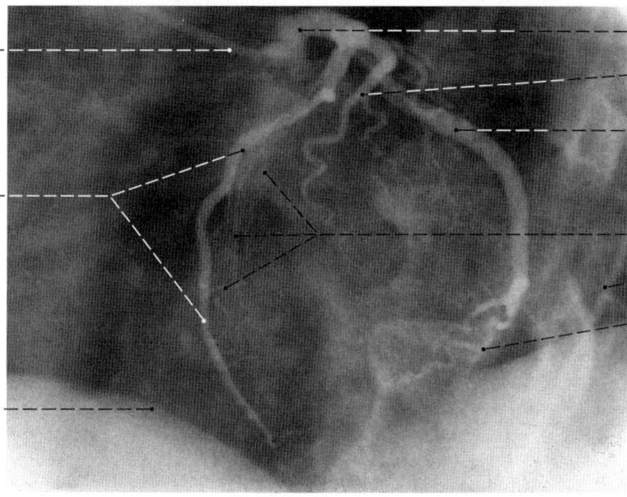

* Katheter im Bulbus aortae und im Ostium der A. coronaria sinistra
** Katheterschatten in der Aorta thoracica, Pars descendens

Abb. 863 Linke Herzkranzarterie, A. coronaria sinistra; Koronarangiographie (Röntgendarstellung nach selektiver Injektion eines Kontrastmittels); Einstellung: schräger Strahlengang von links anterior nach rechts posterior (LAO). Gleicher Patient wie in Abb. 862.

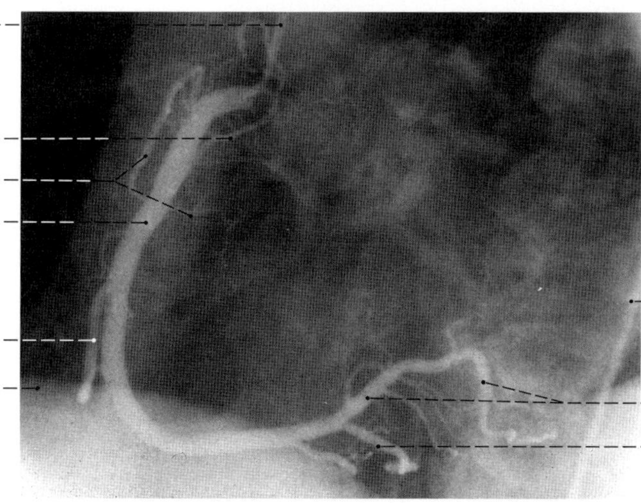

* Katheter in der Aorta und im Ostium der A. coronaria dextra
** Katheterschatten in der Aorta thoracica, Pars descendens

Abb. 864 Rechte Herzkranzarterie, A. coronaria dextra; Koronarangiographie (Röntgendarstellung nach selektiver Injektion eines Kontrastmittels); Einstellung: schräger Strahlengang von links anterior nach rechts posterior (LAO). Gleicher Patient wie in Abb. 862 und 863.

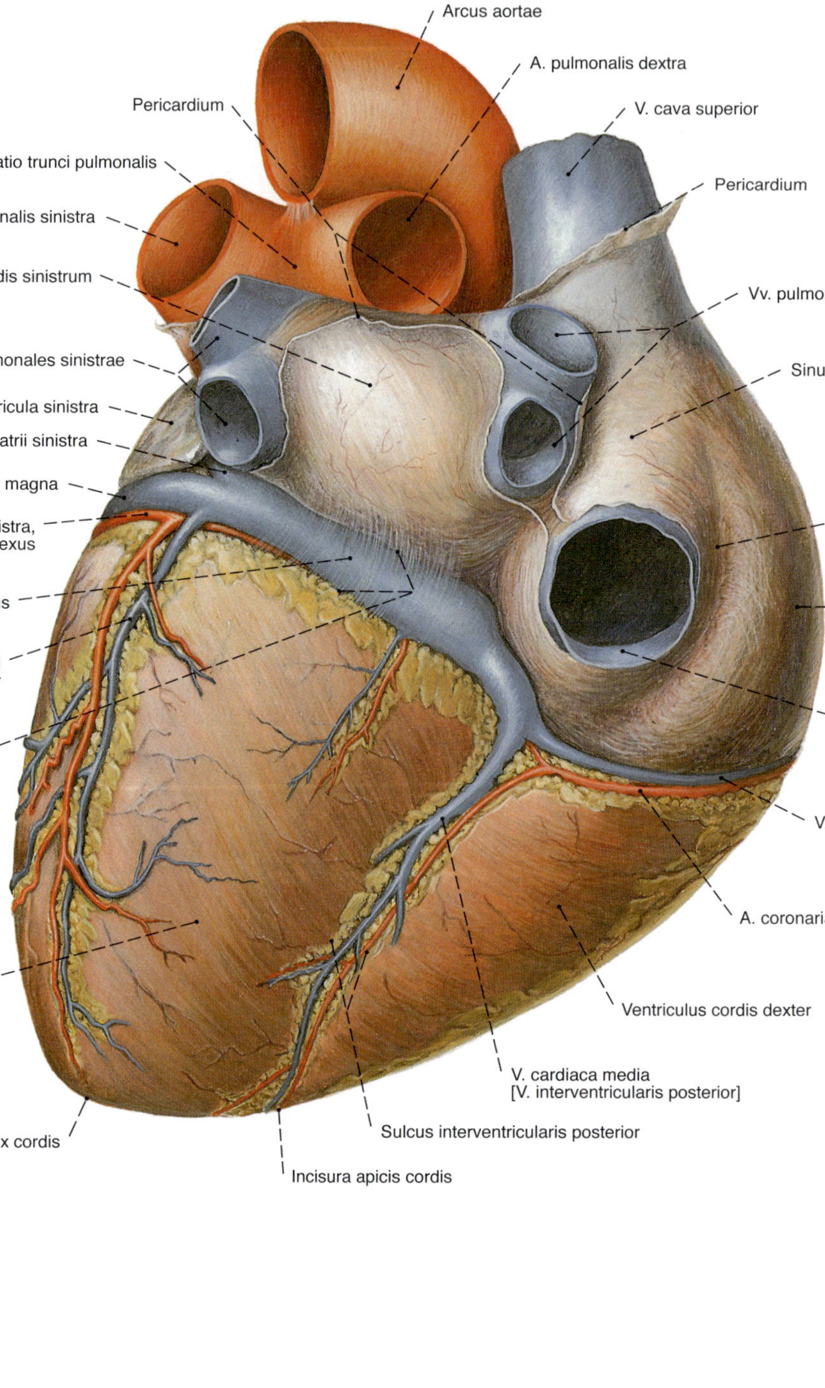

Abb. 865 Herzvenen, Vv. cordis;
Herzbeutel bis auf die Umschlagfalten an den großen Gefäßen entfernt;
von kaudal dorsal.
Der Sinus coronarius ist oft von dünnen Muskelzügen bedeckt (vergleiche Abb. 840).

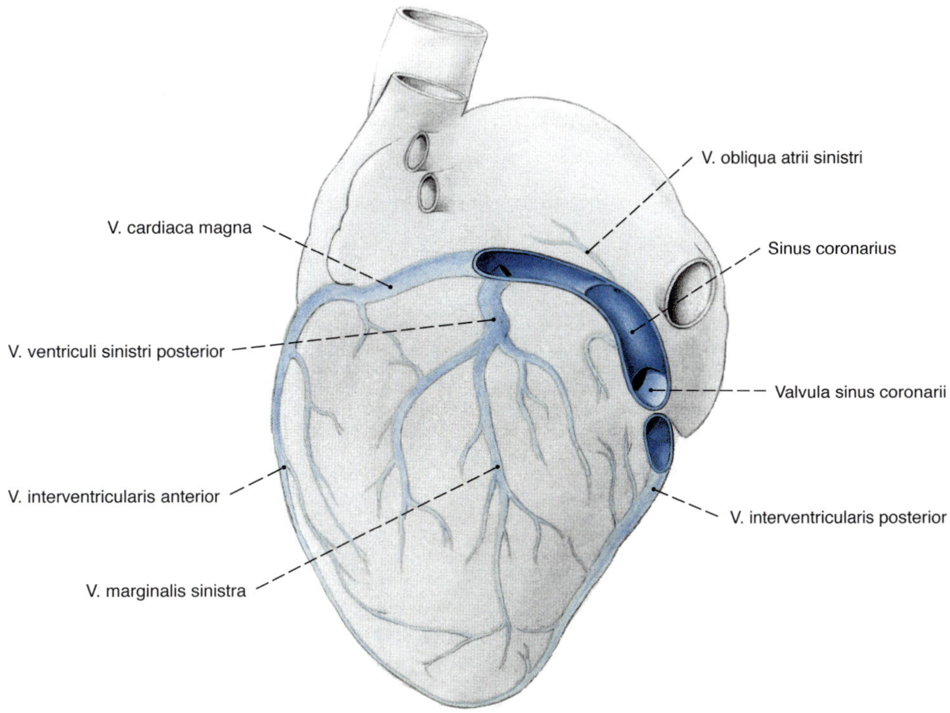

Abb. 866 Herzvenen, Vv. cordis;
Zuflüsse zu den großen Herzvenen schematisch dargestellt (nach v. LÜDINGHAUSEN);
von links kaudal.
Größe und Verlauf der Herzvenen variieren sehr.

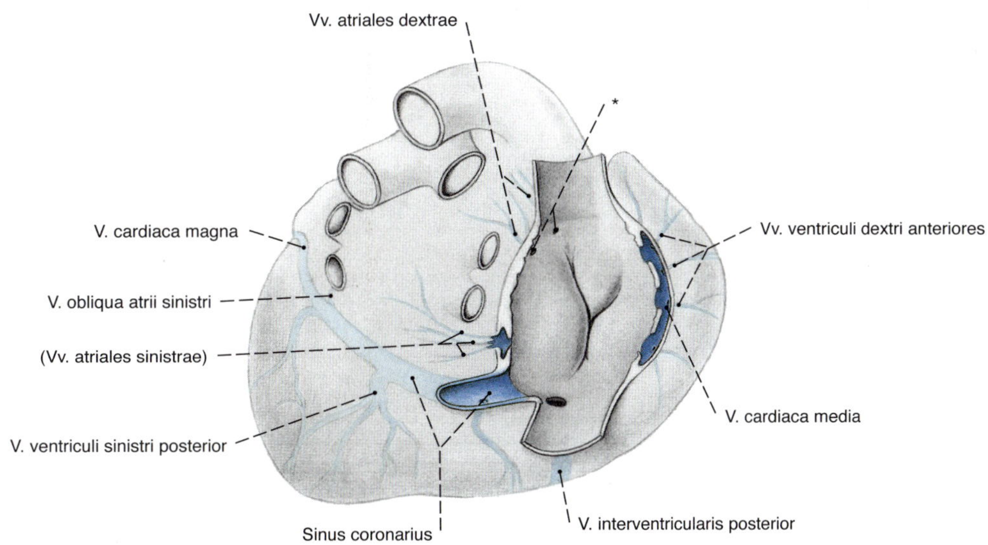

Abb. 867 Herzvenen, Vv. cordis;
rechter Vorhof entfernt zur Darstellung der Mündung der Herzvenen (nach v. LÜDINGHAUSEN);
von kranial.

* Mündungen der Vv. atriales anteriores = LANNELONGUEsche Krypten.
Die Einmündung der Herzvenen zeigt eine große Variabilität.

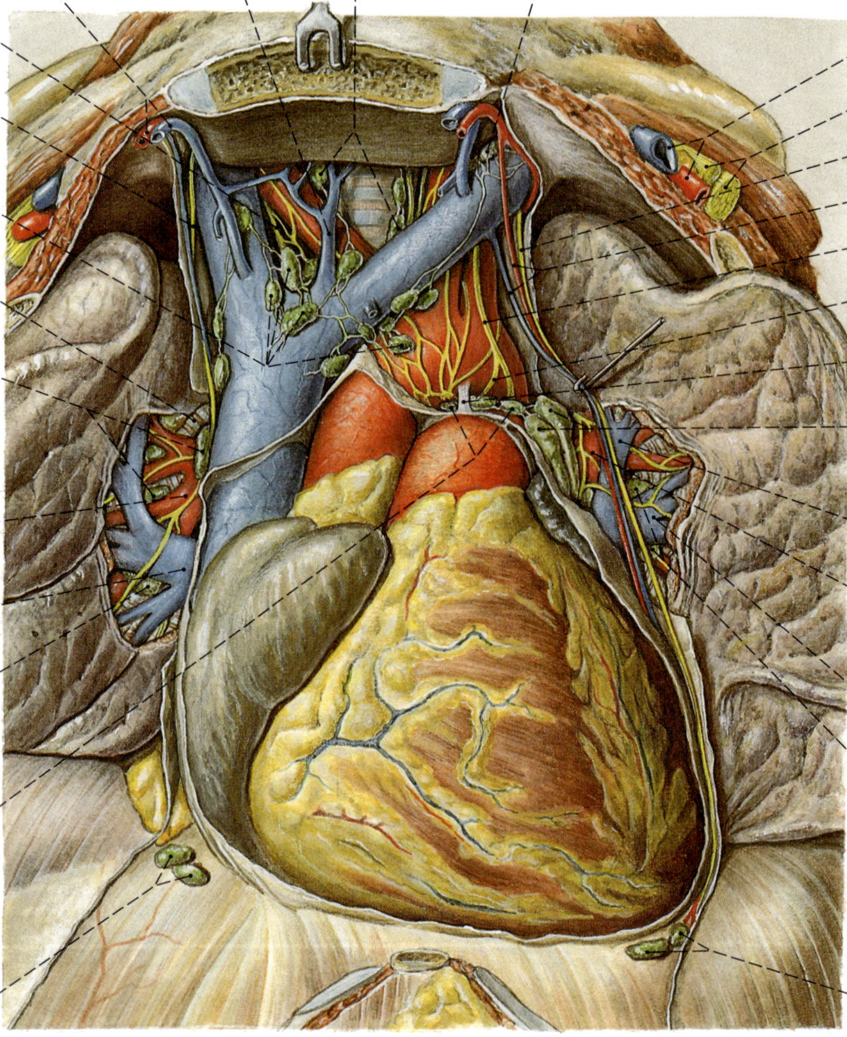

Abb. 868 Lage des Herzens im Thorax, Situs cordis; Thymus entfernt; Manubrium sterni nach kranial gezogen; Herzbeutel teilweise entfernt und Lungenhilum zur Darstellung der mediastinalen Lymphknoten präpariert; von ventral.

* Klinisch: Hilumlymphknoten

** Aus dem fetalen Ductus arteriosus (BOTALLO) zurückgebildete ligamentäre Struktur

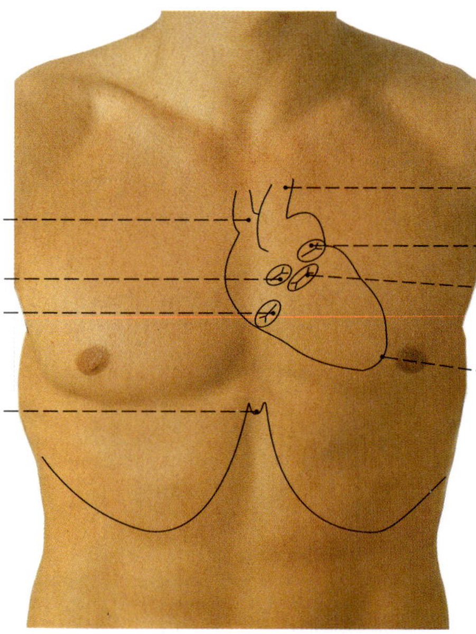

Abb. 869 Projektion der Herzkontur und der Herzklappen auf die vordere Brustwand beim Lebenden.

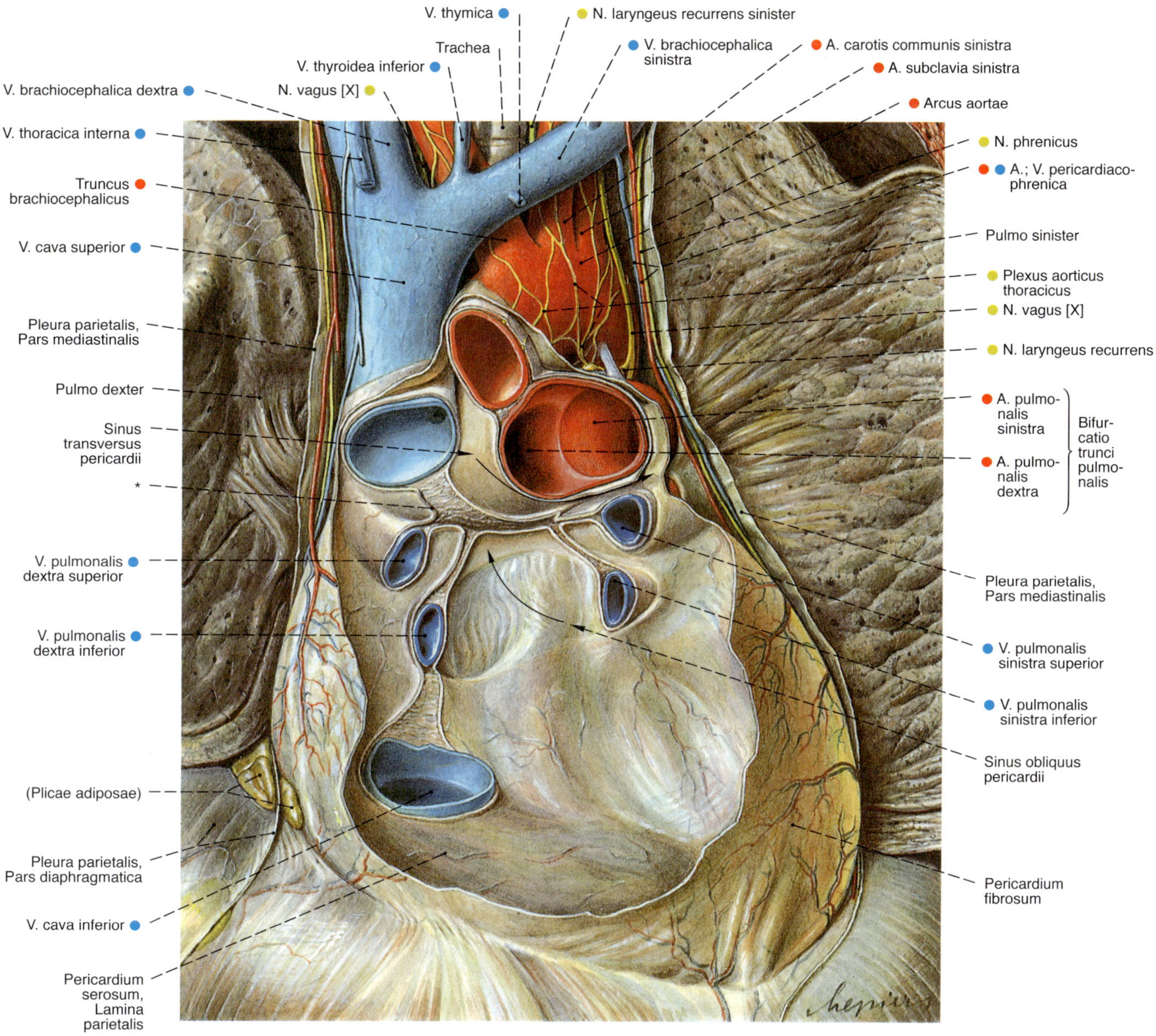

Abb. 870 Herzbeutel, Pericardium; vordere Anteile des Herzbeutels entfernt und Herz mit den großen Gefäßen entnommen; von ventral.

* Umschlagstelle der Lamina visceralis [Epicardium] in die Lamina parietalis des Pericardium serosum

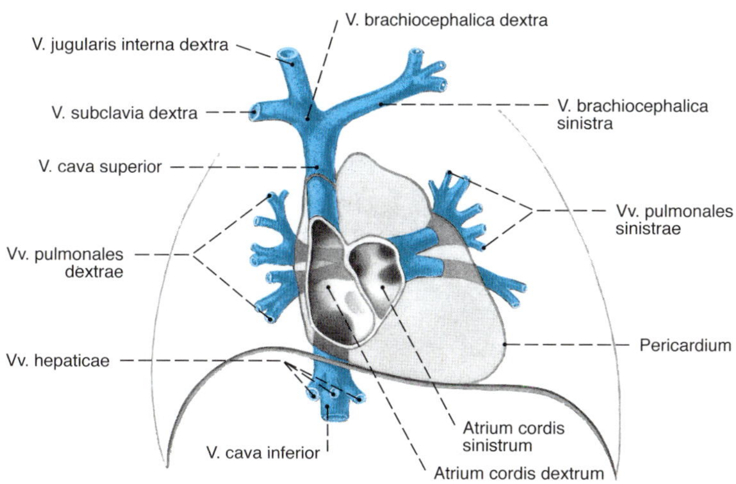

Abb. 871 In das Herz einmündende große Venen; von ventral.

Sog. „Venenkreuz"; horizontal die Lungenvenen, vertikal die obere und untere Hohlvene

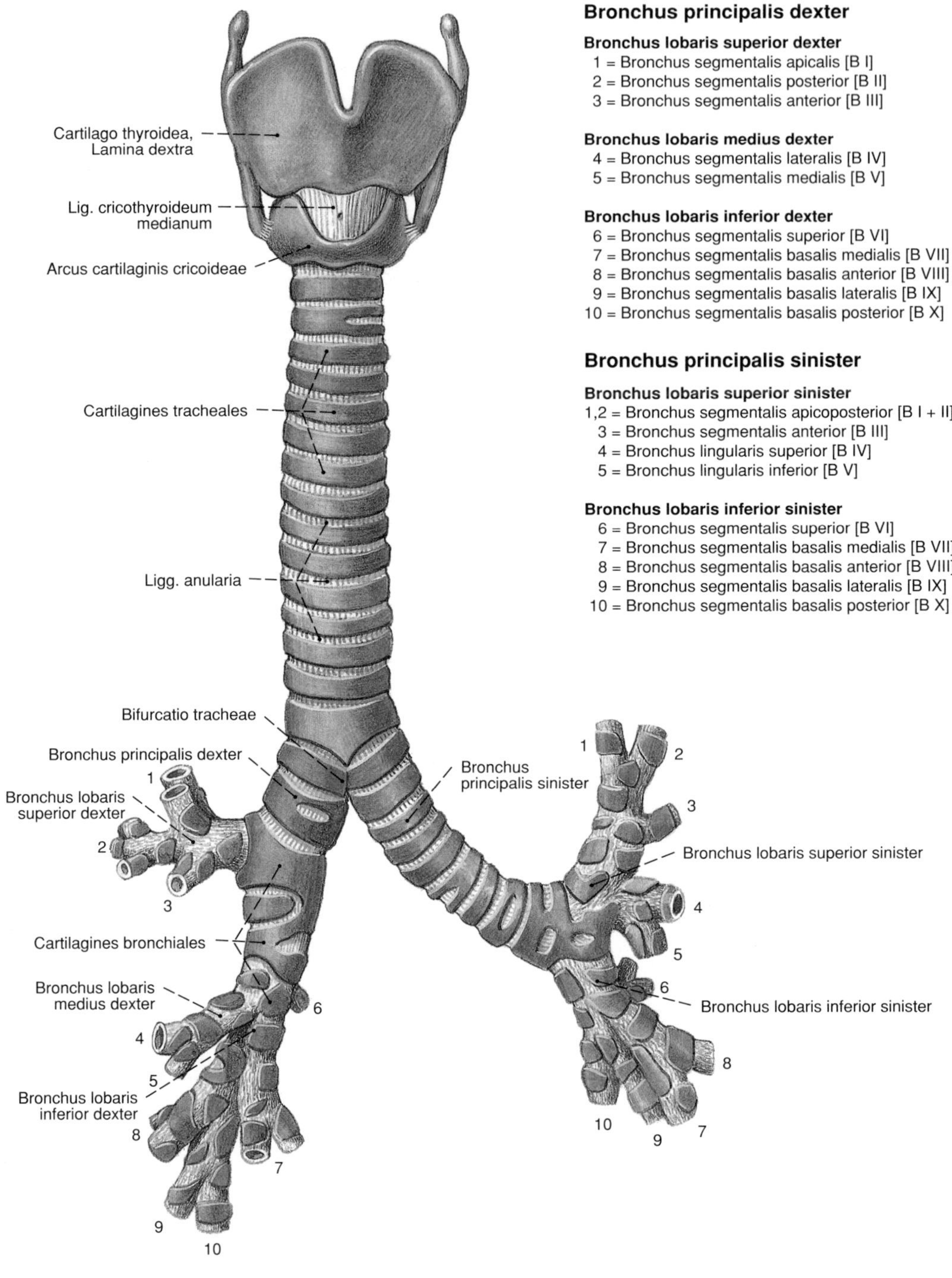

Bronchus principalis dexter

Bronchus lobaris superior dexter
1 = Bronchus segmentalis apicalis [B I]
2 = Bronchus segmentalis posterior [B II]
3 = Bronchus segmentalis anterior [B III]

Bronchus lobaris medius dexter
4 = Bronchus segmentalis lateralis [B IV]
5 = Bronchus segmentalis medialis [B V]

Bronchus lobaris inferior dexter
6 = Bronchus segmentalis superior [B VI]
7 = Bronchus segmentalis basalis medialis [B VII]
8 = Bronchus segmentalis basalis anterior [B VIII]
9 = Bronchus segmentalis basalis lateralis [B IX]
10 = Bronchus segmentalis basalis posterior [B X]

Bronchus principalis sinister

Bronchus lobaris superior sinister
1,2 = Bronchus segmentalis apicoposterior [B I + II]
3 = Bronchus segmentalis anterior [B III]
4 = Bronchus lingularis superior [B IV]
5 = Bronchus lingularis inferior [B V]

Bronchus lobaris inferior sinister
6 = Bronchus segmentalis superior [B VI]
7 = Bronchus segmentalis basalis medialis [B VII]
8 = Bronchus segmentalis basalis anterior [B VIII]
9 = Bronchus segmentalis basalis lateralis [B IX]
10 = Bronchus segmentalis basalis posterior [B X]

Abb. 872 Kehlkopf, Larynx; Luftröhre, Trachea;
Bronchien, Bronchi;
von ventral.
Links ist häufig kein Bronchus segmentalis basalis medialis [B VII] ausgebildet.

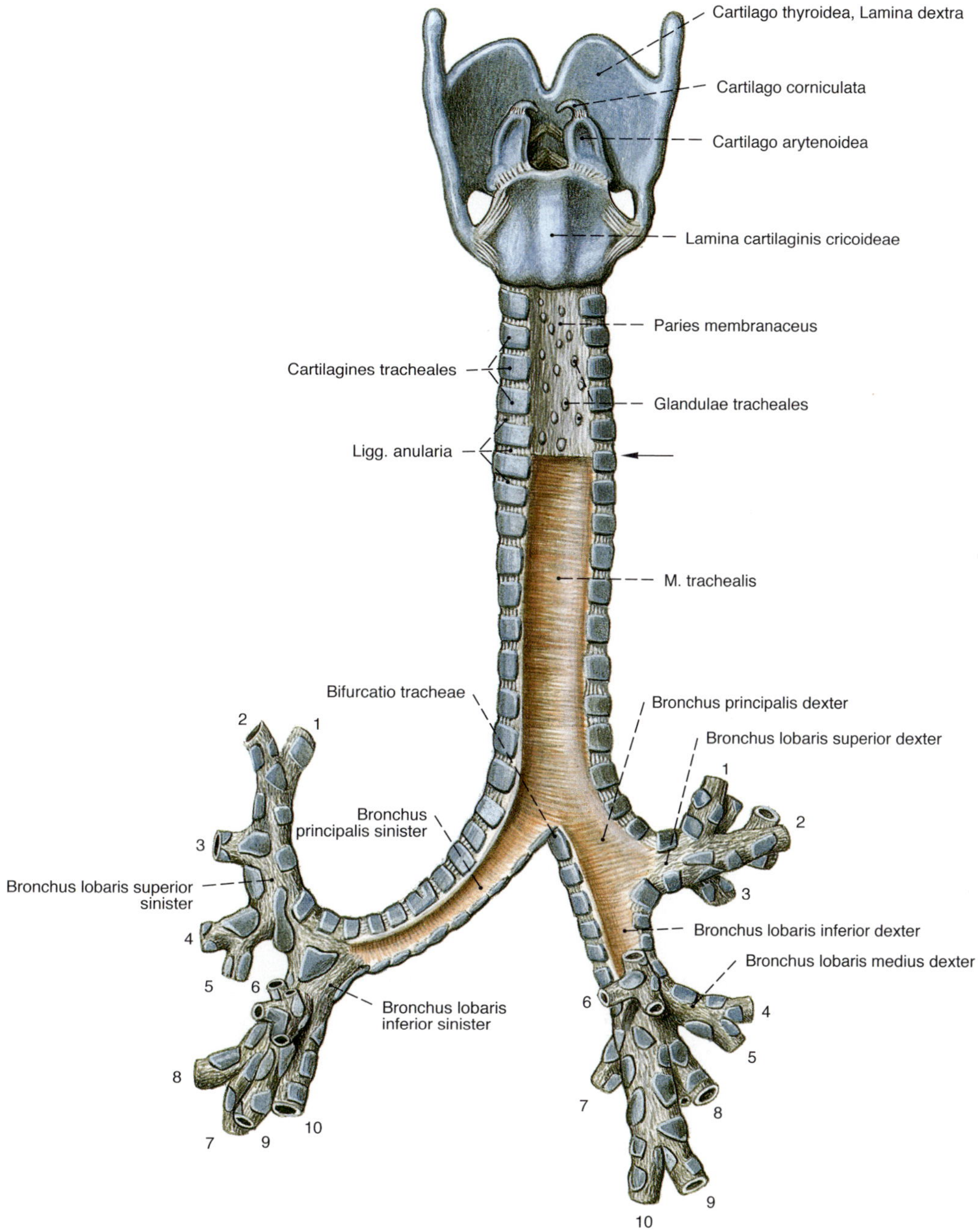

Abb. 873 Kehlkopf, Larynx; Luftröhre, Trachea; Bronchien, Bronchi;
unterhalb des Pfeils oberflächliche Schicht des Paries membranaceus entfernt zur Darstellung der Muskeln der Luftröhre;
von dorsal.
Die Zahlen geben die Segmentbronchien an (siehe S. 92).

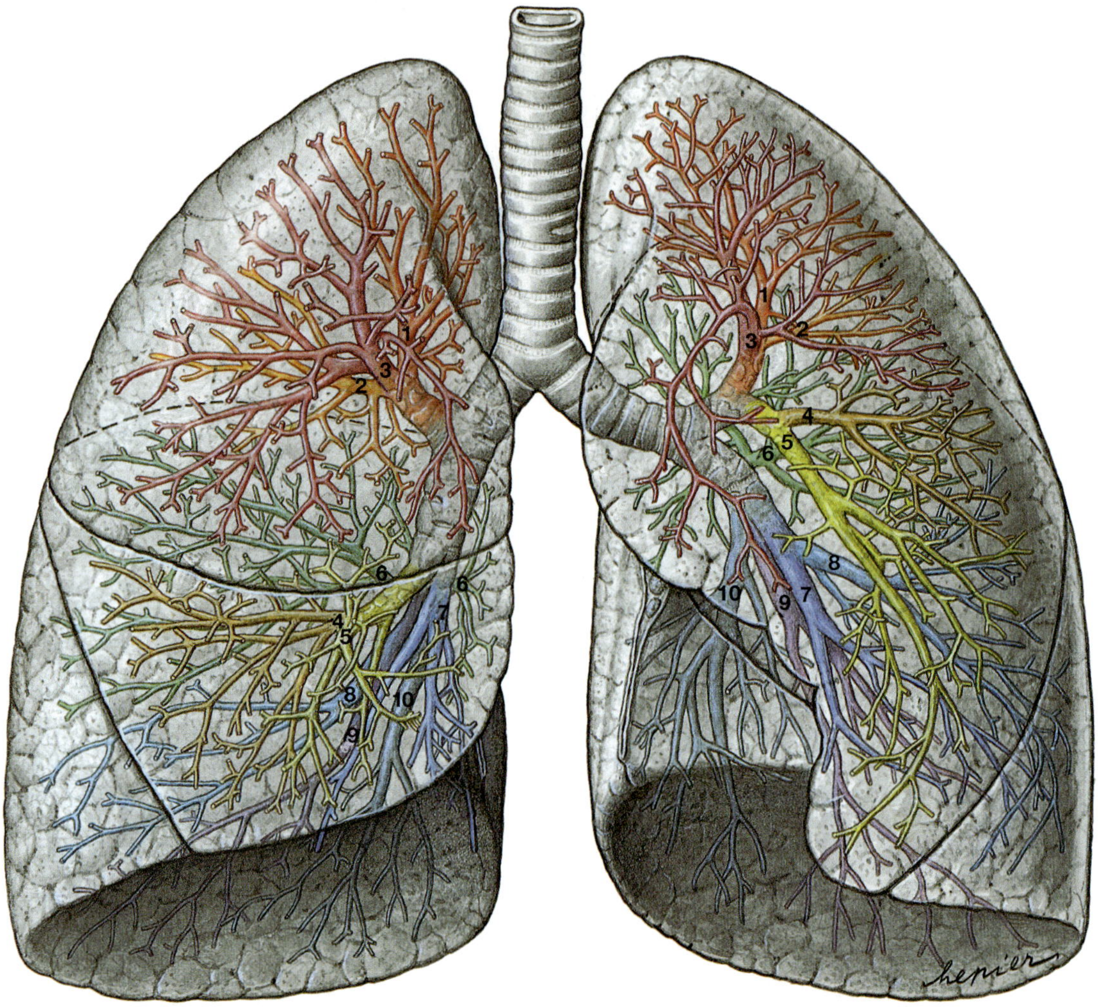

Abb. 874 Lungen, Pulmones; Bronchien, Bronchi; Lappen- und Segmentbronchien in unterschiedlichen Farben auf die Lunge projiziert; von ventral.
Die Zahlen geben die Segmentbronchien an (siehe S. 92). Auf der linken Seite haben die Segmente S I und S II oft einen gemeinsamen Bronchus; das mediobasale Segment S VII fehlt häufig.

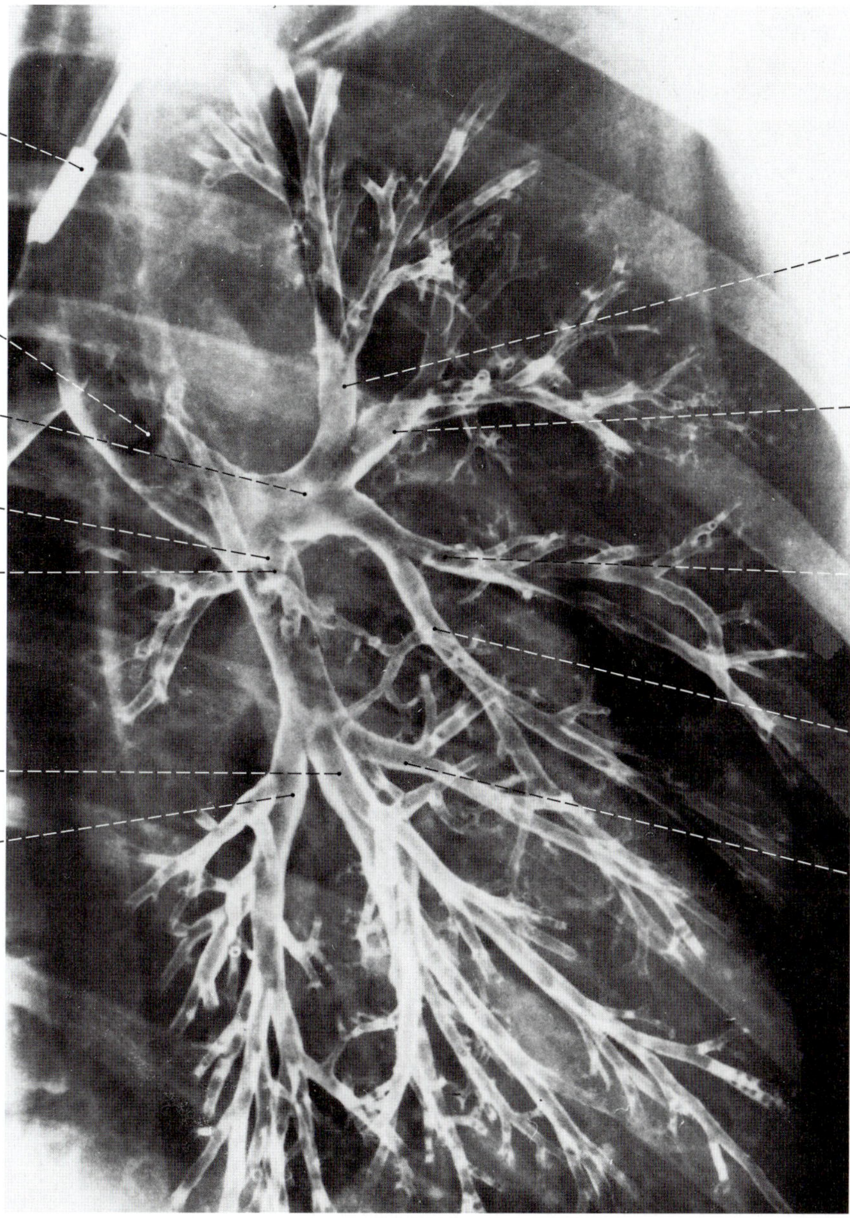

Abb. 875 Bronchien, Bronchi;
ap-Röntgenbild; Bronchographie
(Aufteilung der Bronchien durch Einblasen eines Kontrastmittel enthaltenden Staubs sichtbar gemacht);
von ventral (li).

* Bronchographiekatheter in der Trachea

Abb. 876 Rechte Lunge, Pulmo dexter; von lateral.
Beachte die grau-schwarze, fleckenartige Zeichnung der Lunge, die durch Ablagerung von im Laufe des Lebens eingeatmeten Staubpartikeln unter der Pleura visceralis bedingt ist („anthrakotisches Pigment").

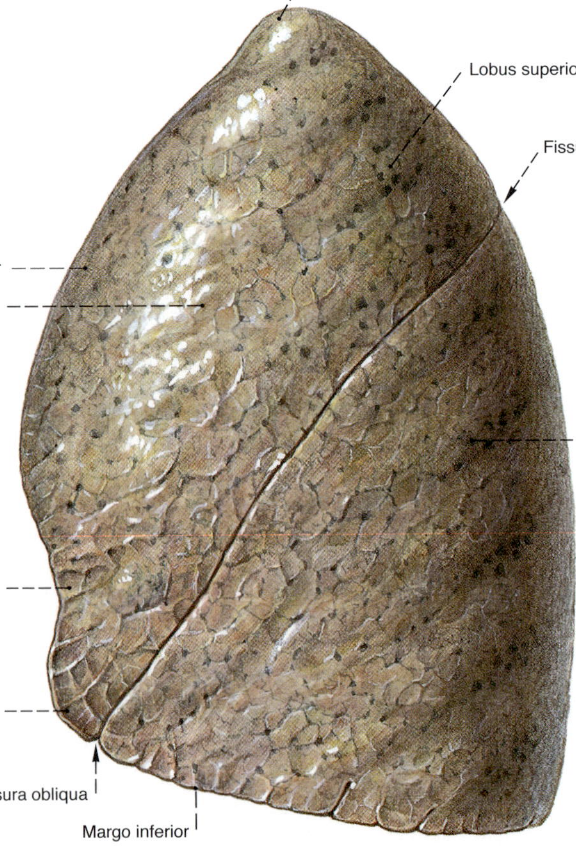

Abb. 877 Linke Lunge, Pulmo sinister; von lateral.

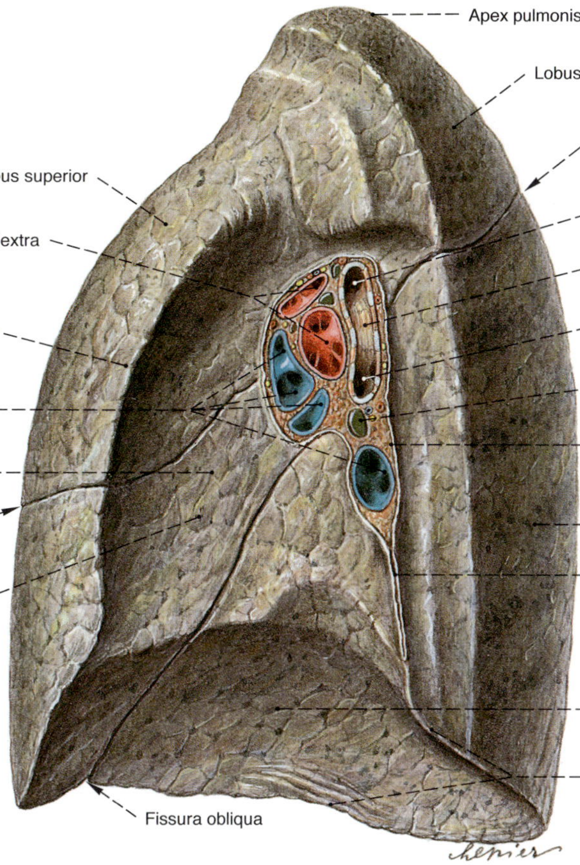

Abb. 878 Rechte Lunge, Pulmo dexter; von medial.
Bei alten oder beruflich stark Staub exponierten Menschen sind die Lymphknoten im Hilumbereich durch Einlagerung von Ruß- und anderen Partikeln schwarz („anthrakotische Lymphknoten“).

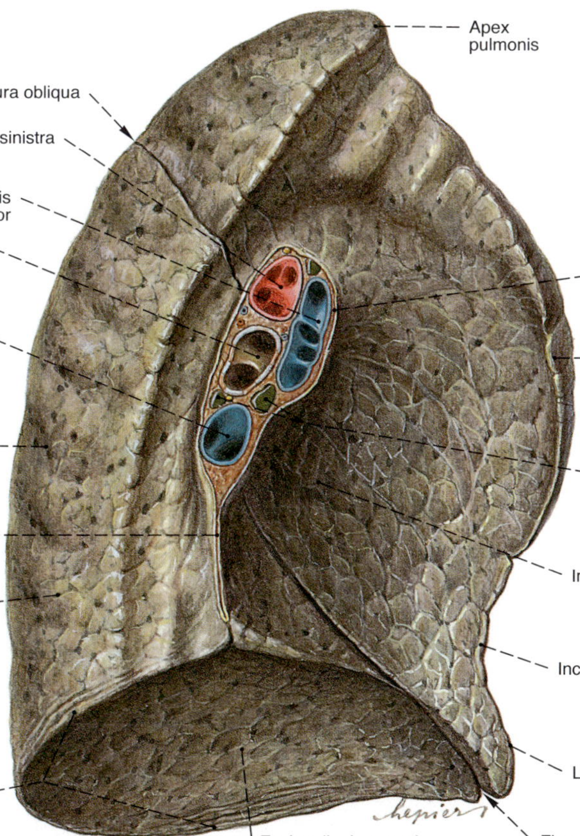

Abb. 879 Linke Lunge, Pulmo sinister; von medial.

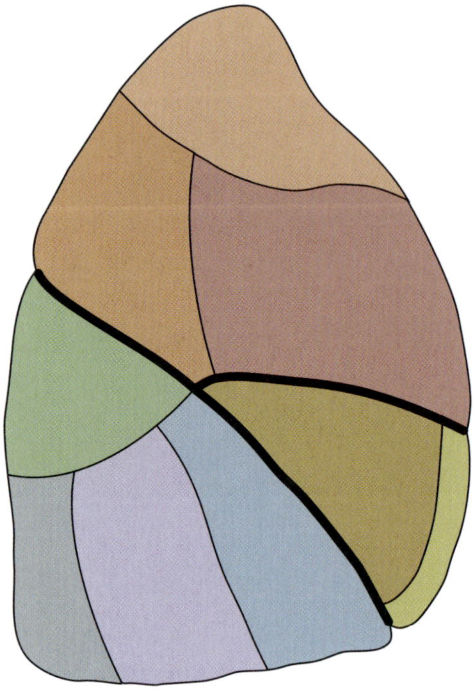

Pulmo dexter

Pulmo dexter, Lobus superior

- Segmentum apicale [S I]
- Segmentum posterius [S II]
- Segmentum anterius [S III]

Pulmo dexter, Lobus medius

- Segmentum laterale [S IV]
- Segmentum mediale [S V]

Pulmo dexter, Lobus inferior

- Segmentum superius [S VI]
- Segmentum basale mediale [cardiacum] [S VII]
- Segmentum basale anterius [S VIII]
- Segmentum basale laterale [S IX]
- Segmentum basale posterius [S X]

Abb. 880 Rechte Lunge, Pulmo dexter; bronchopulmonale Segmente, Segmenta bronchopulmonalia; von lateral.

Pulmo sinister

Pulmo sinister, Lobus superior

- Segmentum apicoposterius [S I + II]
- Segmentum anterius [S III]
- Segmentum lingulare superius [S IV]
- Segmentum lingulare inferius [S V]

Pulmo sinister, Lobus inferior

- Segmentum superius [S VI]
- Segmentum basale mediale [cardiacum] [S VII] *
- Segmentum basale anterius [S VIII]
- Segmentum basale laterale [S IX]
- Segmentum basale posterius [S X]

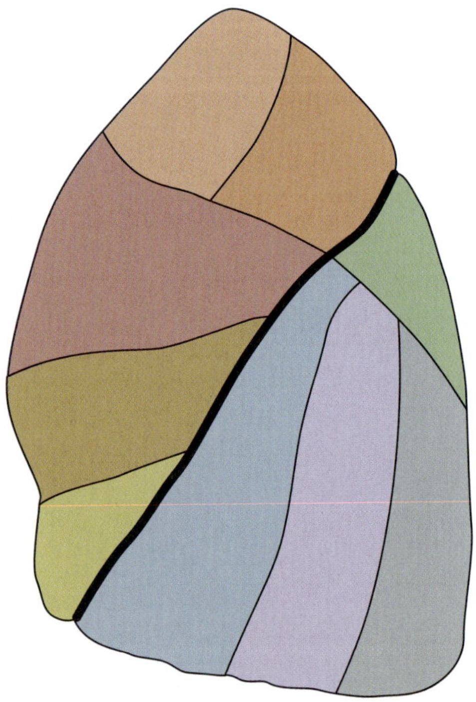

Abb. 881 Linke Lunge, Pulmo sinister; bronchopulmonale Segmente, Segmenta bronchopulmonalia; von lateral.

* Dieses Segment ist meist keine selbständige Einheit, sondern ist mit dem Segmentum basale anterius [S VIII] verschmolzen.

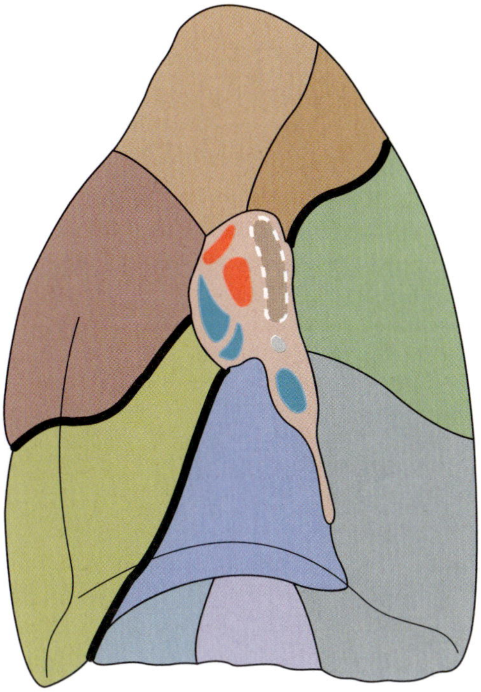

Abb. 882 Rechte Lunge, Pulmo dexter;
bronchopulmonale Segmente,
Segmenta bronchopulmonalia;
von medial.
Farbkode und Namen der Segmente siehe S. 98.

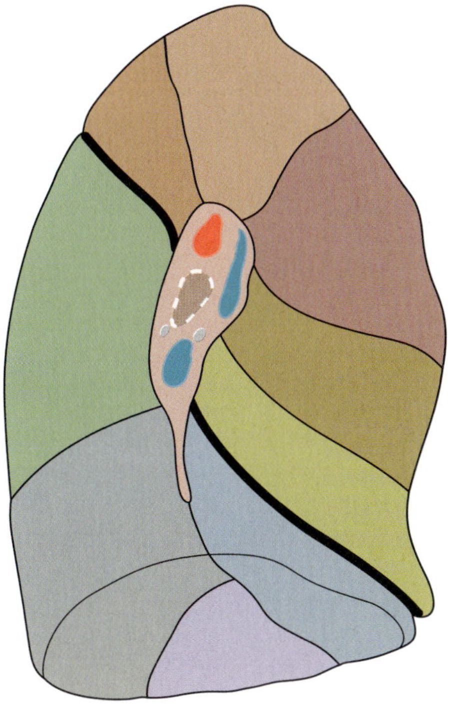

Abb. 883 Linke Lunge, Pulmo sinister;
bronchopulmonale Segmente,
Segmenta bronchopulmonalia;
von medial.
Farbkode und Namen der Segmente siehe S. 98.

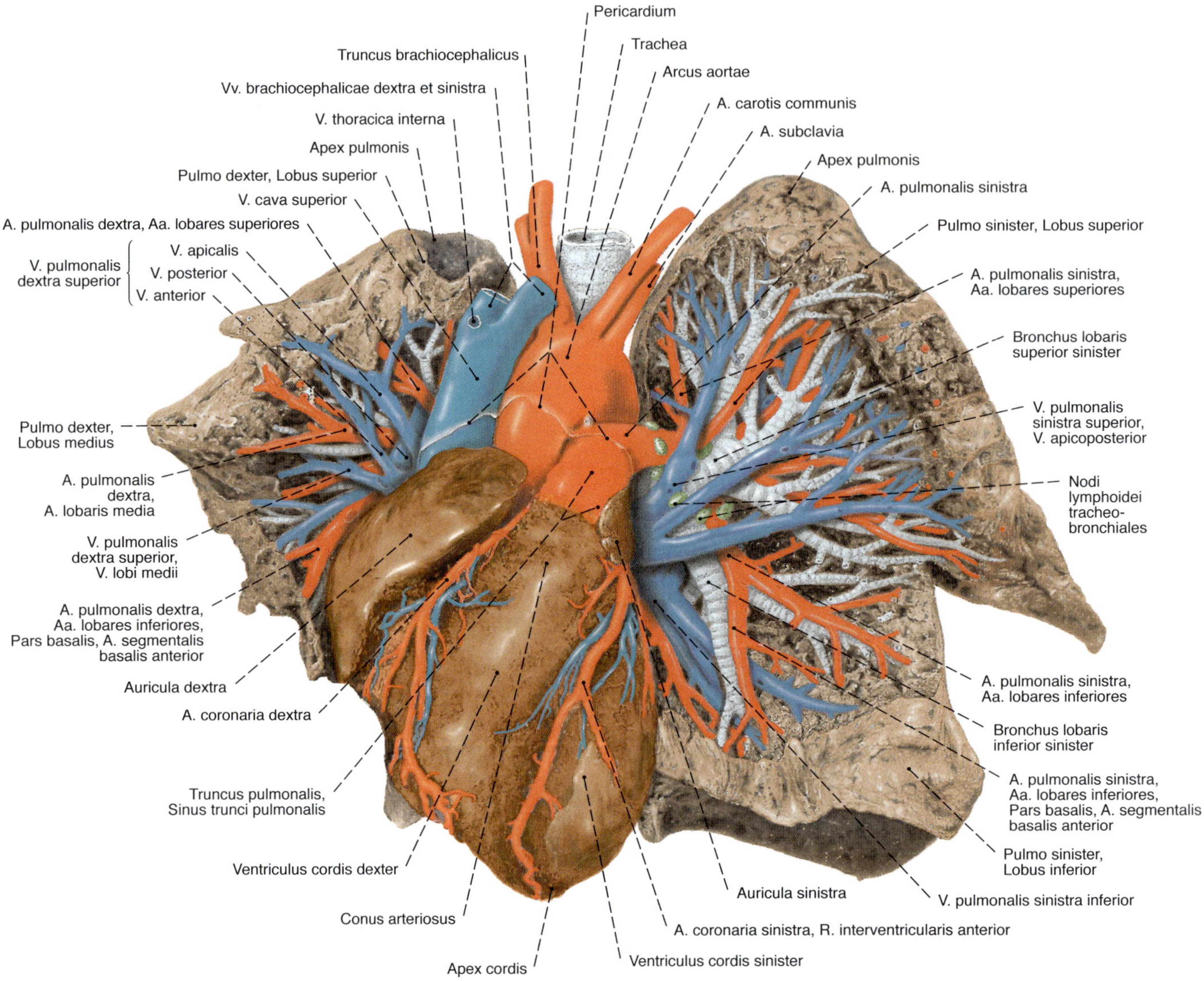

Abb. 884 Herz, Cor; Lungen, Pulmones;
Arterien, Venen und Bronchien der Lungen bis zum Lungenmantel präpariert; Herzspitze zur besseren Übersicht der Strukturen der linken Lunge nach rechts gezogen;
von ventral.

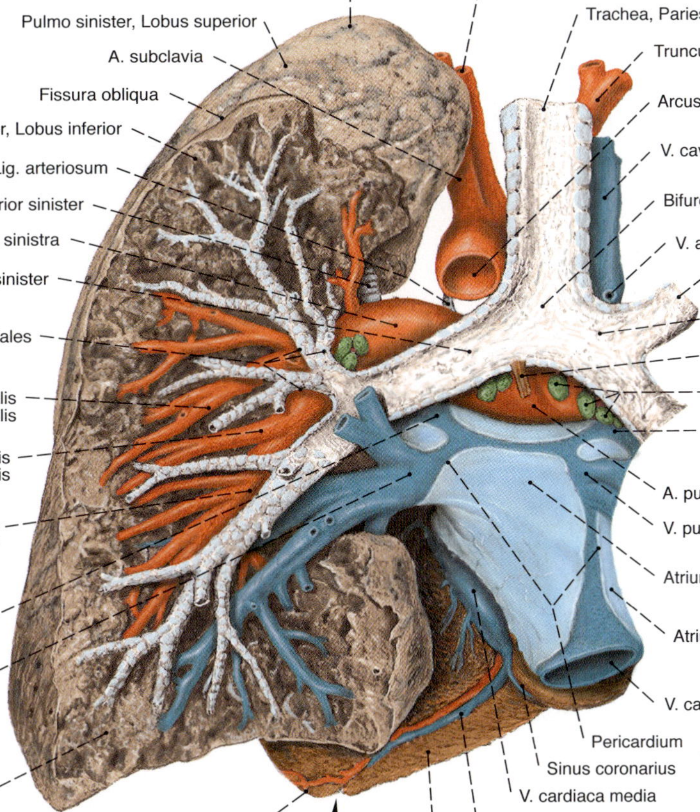

Abb. 885 Linke Lunge, Pulmo sinister;
große Bronchien, Lungenvenen und -arterien sowie
Hilumlymphknoten präpariert;
von dorsal.

* Klinisch: Hilumlymphknoten

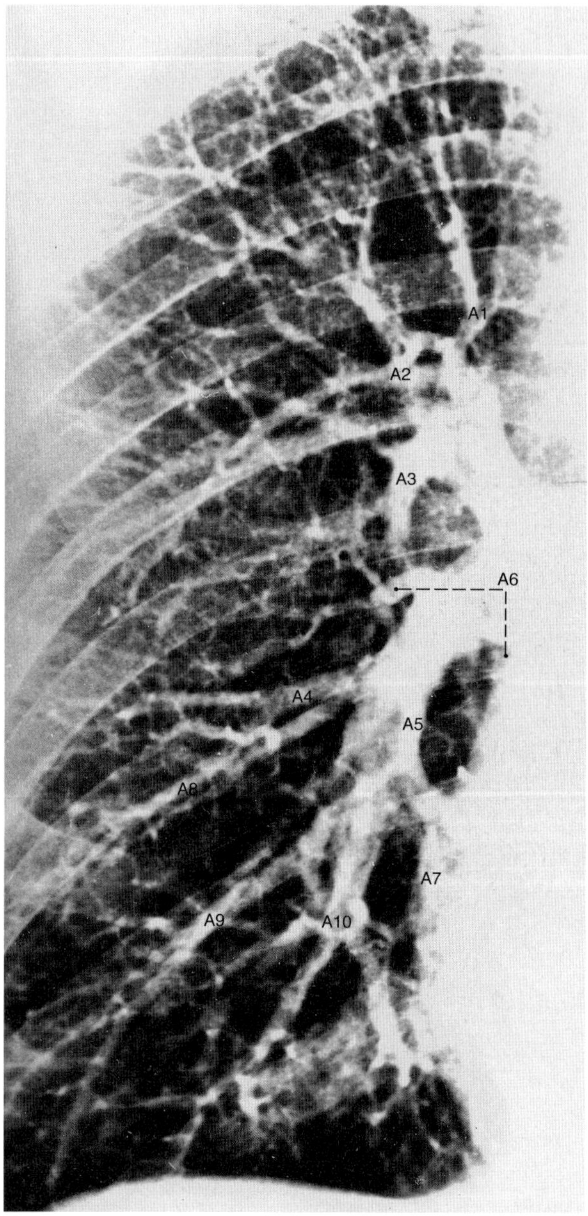

Abb. 886 Arterien der rechten Lunge, Aa. pulmonales dextrae; ap-Röntgenbild (Pulmonalisangiographie); Injektion eines Kontrastmittels in den rechten Ventrikel; von ventral.
Beachte den ähnlichen Verlauf von Arterien und Bronchien (Abb. 874, 875). Die Zahlen bezeichnen die Arterienstämme der Segmente (vergleiche S. 98).

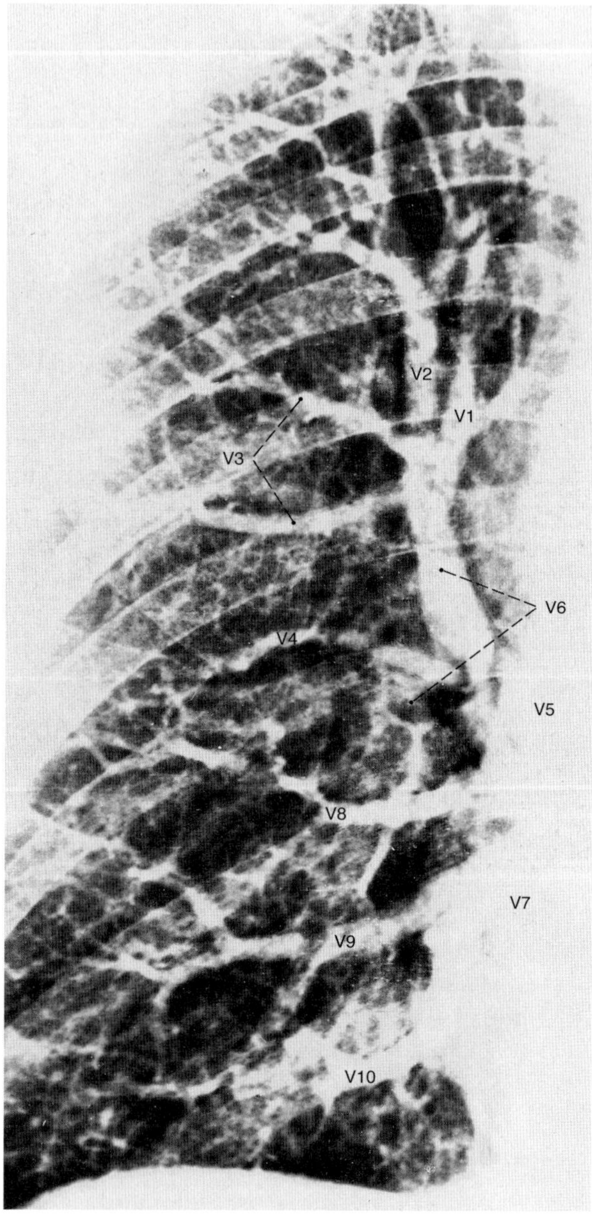

Abb. 887 Venen der rechten Lunge, Vv. pulmonales dextrae; ap-Röntgenbild (Rückstrom eines in den rechten Ventrikel injizierten Kontrastmittels aus der Lunge); von ventral.
Beachte den im Vergleich zu den Lungenarterien unterschiedlichen Verlauf (Abb. 886).

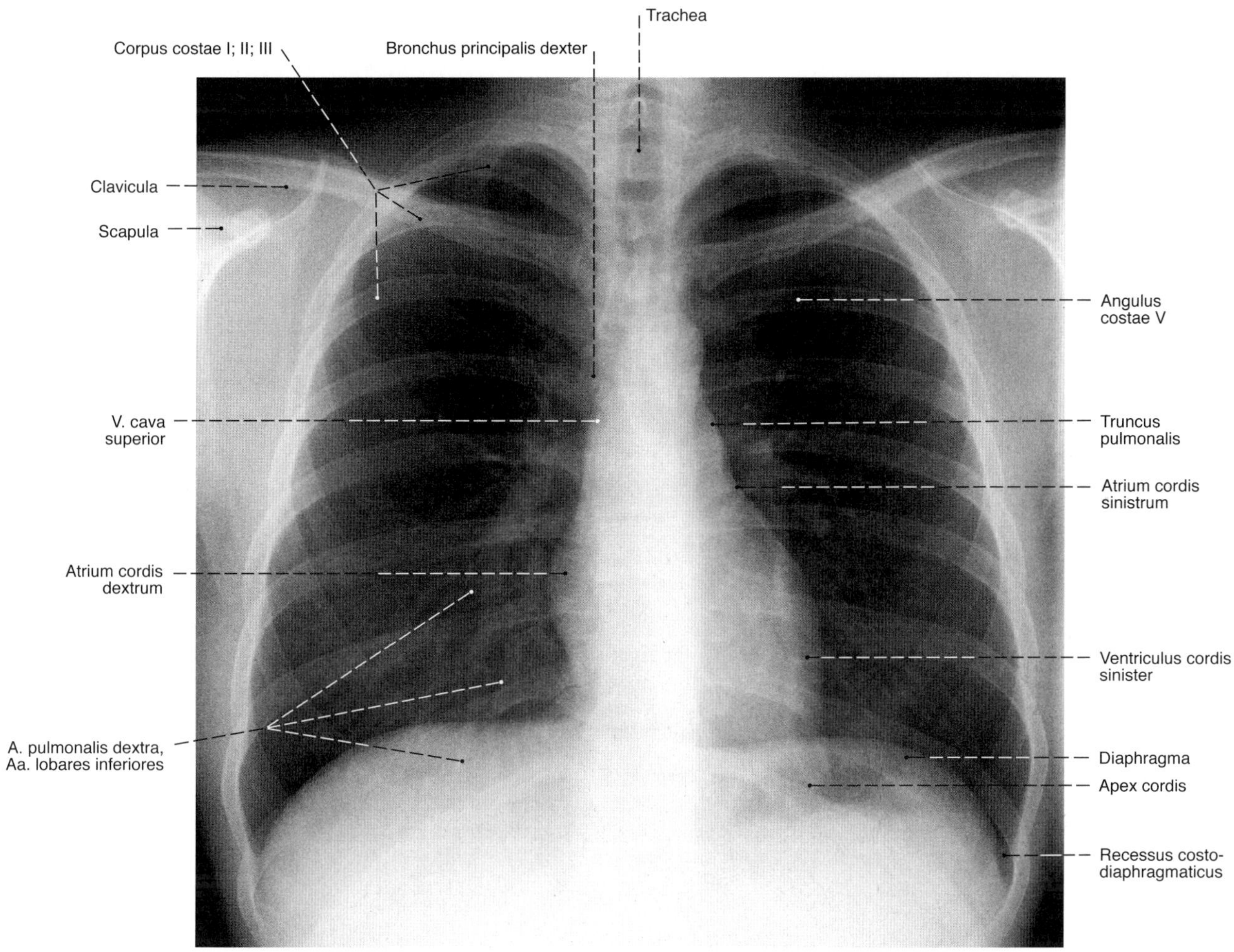

Abb. 888 Brustkorb, Cavea thoracis, und Brusteingeweide;
pa-Röntgenbild eines 27-jährigen Mannes; Einstellung: sagittaler Strahlengang; Zentralstrahl auf die Mitte des Brustbeins gerichtet.
Es können die Lage und Größe des Herzens, die Lunge und die knöchernen Anteile des Brustkorbs sowie die Wirbelsäule und die Rippen beurteilt werden.

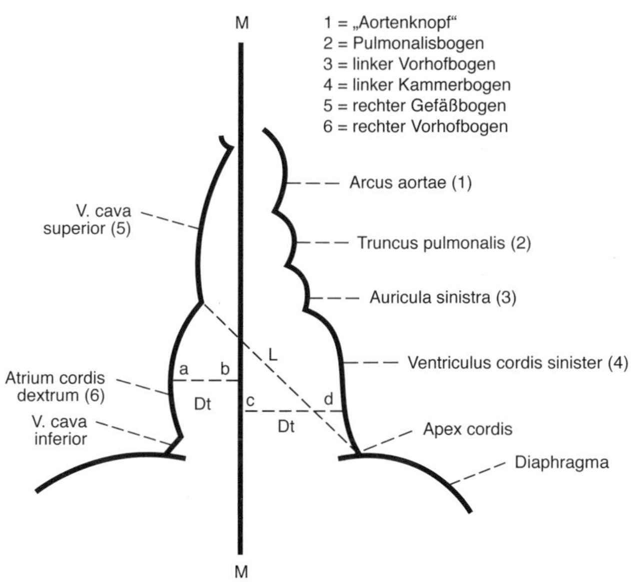

Abb. 889 Schema des Herzschattens im Röntgenbild;
Dt = Diameter transversa (Transversaldurchmesser), ab + cd = 13–14 cm
L = Längsachse des Herzens (vom oberen Ende des rechten Vorhofbogens bis zur Herzspitze) = 15–16 cm
M = Medianebene des Körpers

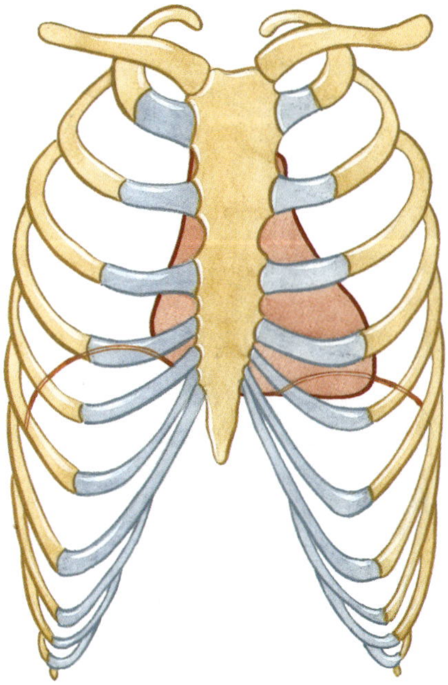

Abb. 890 Lage des Herzens bei Exspirationsstellung des Thorax;
von ventral.

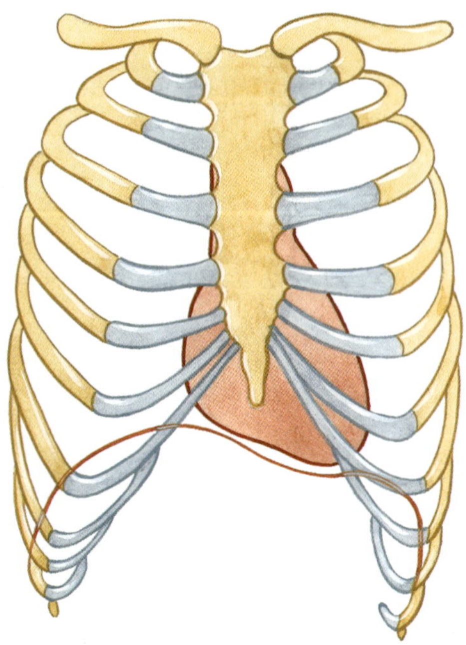

Abb. 891 Lage des Herzens bei Inspirationsstellung des Thorax;
von ventral.
Das Herz steht steiler, die Herzspitze wandert nach medial und kaudal.

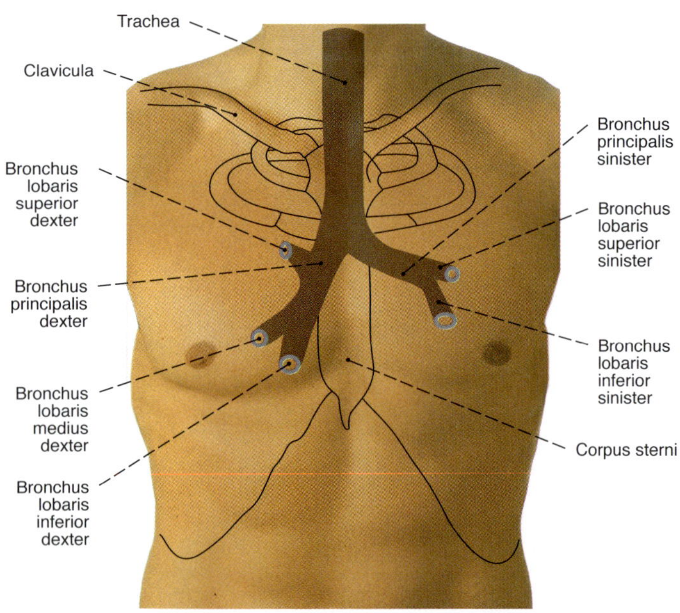

Abb. 892 Luftröhre, Trachea, und Bronchien, Bronchi, beim Lebenden;
Projektion auf die vordere Brustwand.

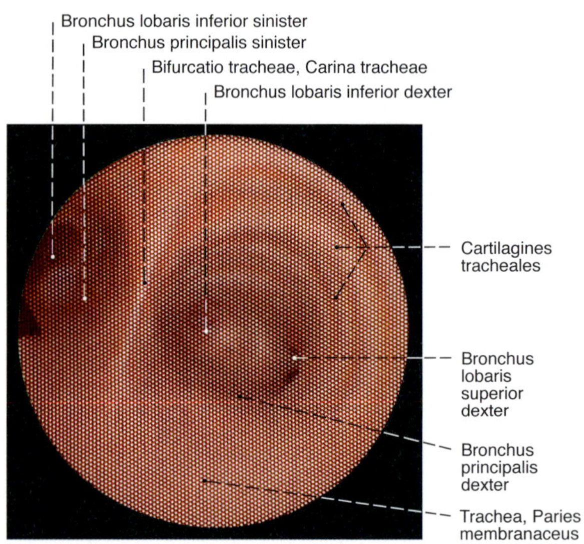

Abb. 893 Bifurkation der Luftröhre, Trachea;
endoskopisches Bild (Bronchoskopie).

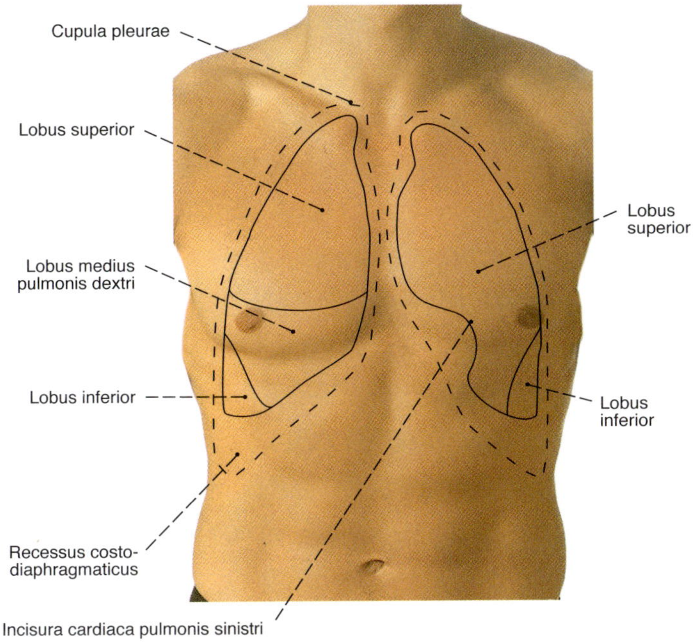

Abb. 894 Projektion von Lungen- und Pleuragrenzen auf die vordere Brustwand;
von ventral.
Lungengrenzen durchgezogene Linie; Pleuragrenzen gestrichelte Linie.

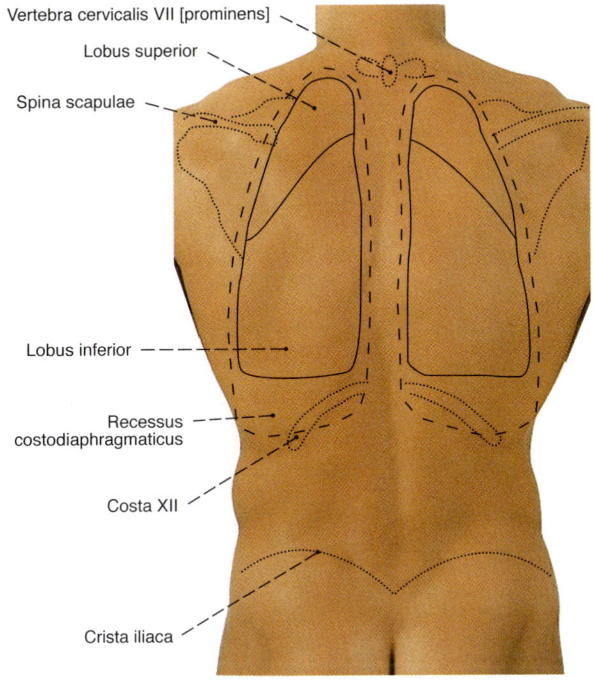

Abb. 895 Projektion von Lungen- und Pleuragrenzen auf den Rücken;
von dorsal.
Lungengrenzen durchgezogene Linie; Pleuragrenzen gestrichelte Linie.

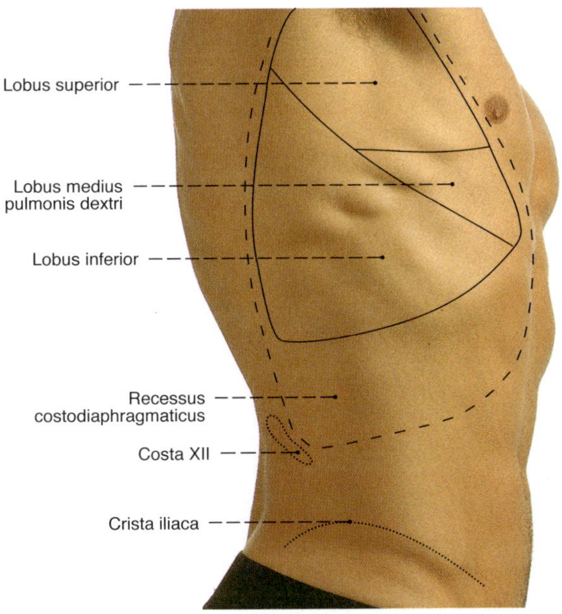

Abb. 896 Projektion von Lungen- und Pleuragrenzen auf die seitliche Brustwand;
von rechts.
Lungengrenzen durchgezogene Linie; Pleuragrenzen gestrichelte Linie.

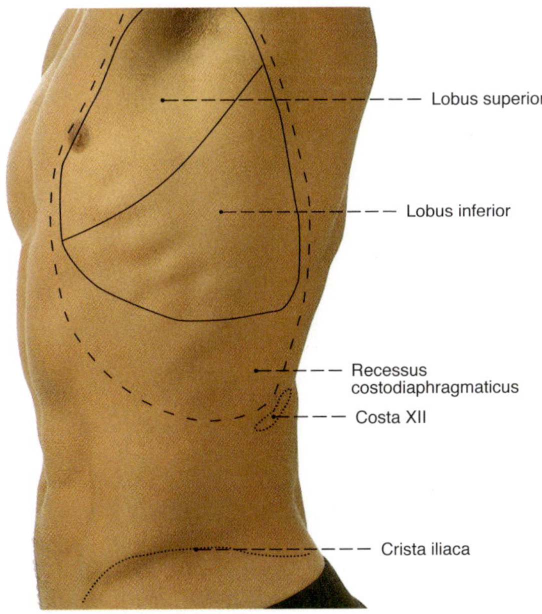

Abb. 897 Projektion von Lungen- und Pleuragrenzen auf die seitliche Brustwand;
von links.
Lungengrenzen durchgezogene Linie; Pleuragrenzen gestrichelte Linie.

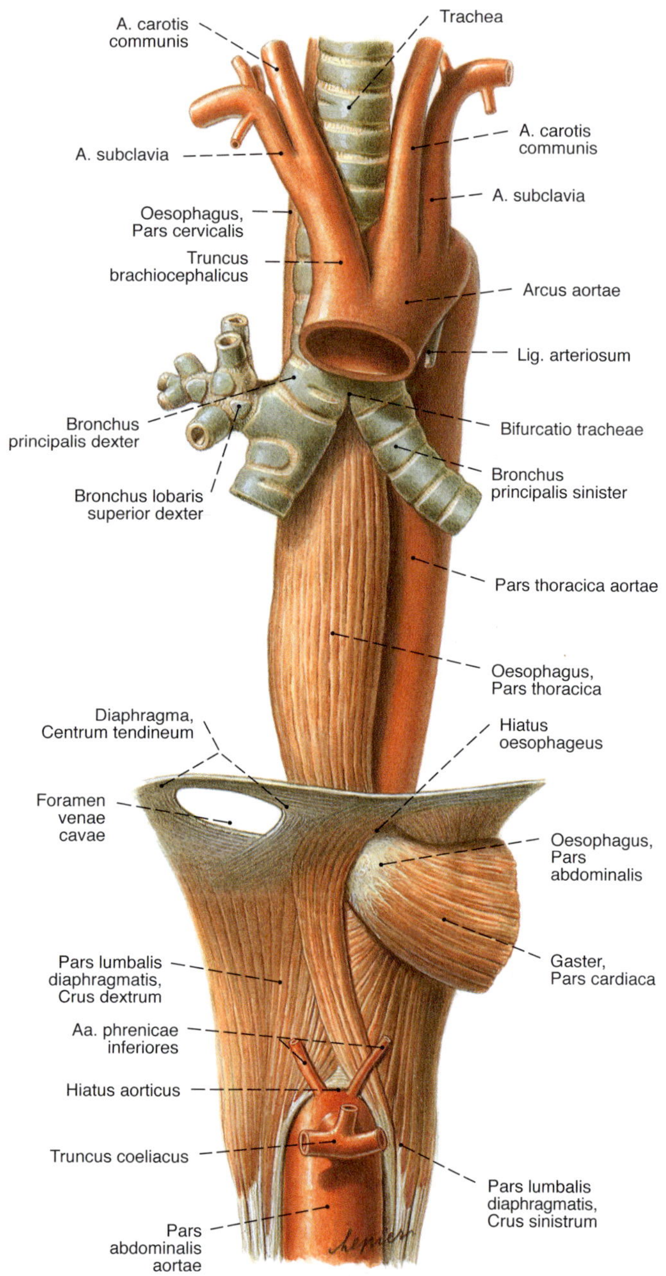

Abb. 898 Speiseröhre, Oesophagus; Luftröhre, Trachea; Brustaorta, Pars thoracica aortae;
Teile des Zwerchfells belassen zur Darstellung der Durchtrittsöffnungen für Aorta, V. cava inferior und Oesophagus; von ventral.

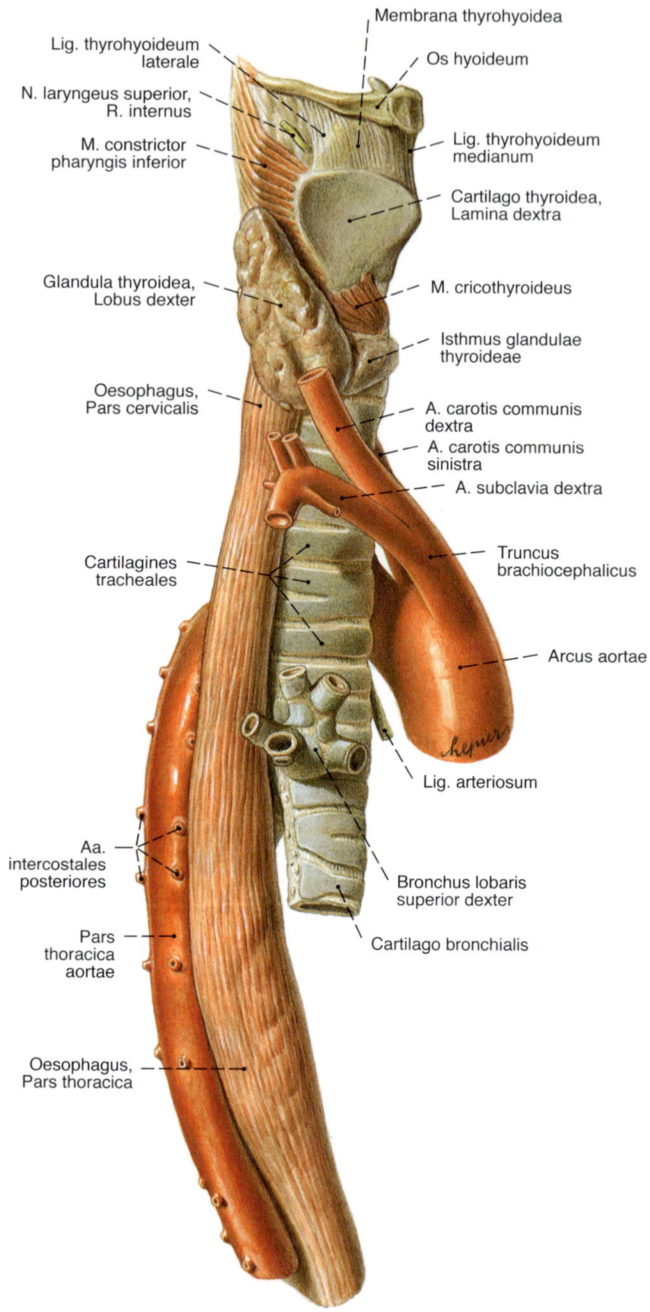

Abb. 899 Speiseröhre, Oesophagus; Luftröhre, Trachea; Brustaorta, Pars thoracica aortae;
von rechts.

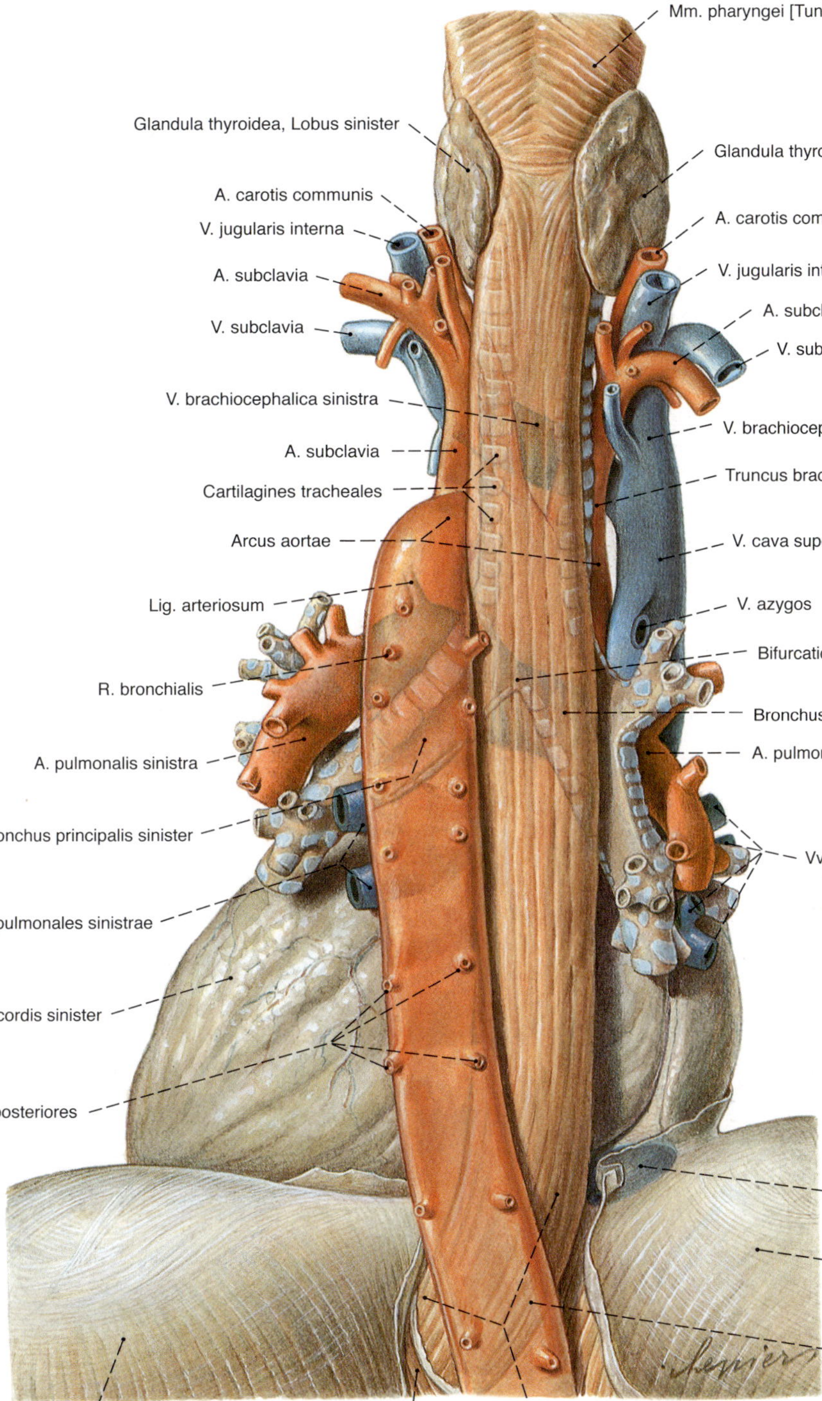

Abb. 900 Speiseröhre, Oesophagus; Brustaorta, Pars thoracica aortae; Herzbeutel, Pericardium; von dorsal.

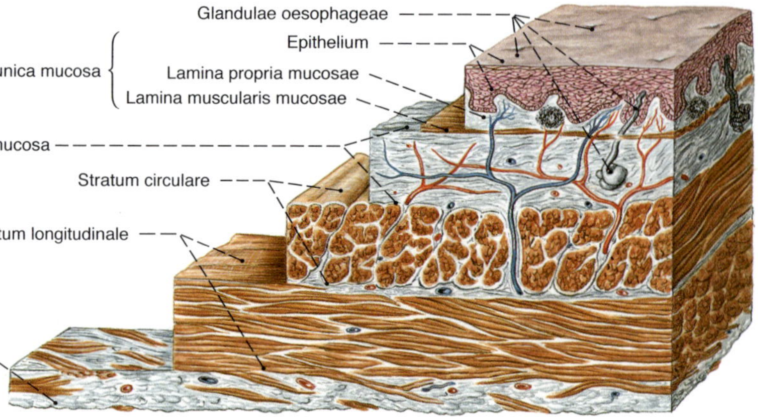

Abb. 901 Speiseröhre, Oesophagus; Schichten der Oesophaguswand stufenweise abgetragen (ca. 400%).

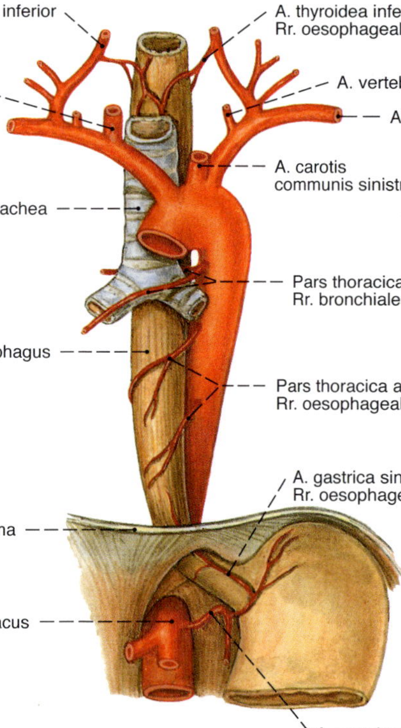

Abb. 902 Speiseröhre, Oesophagus; versorgende Arterien; von ventral.

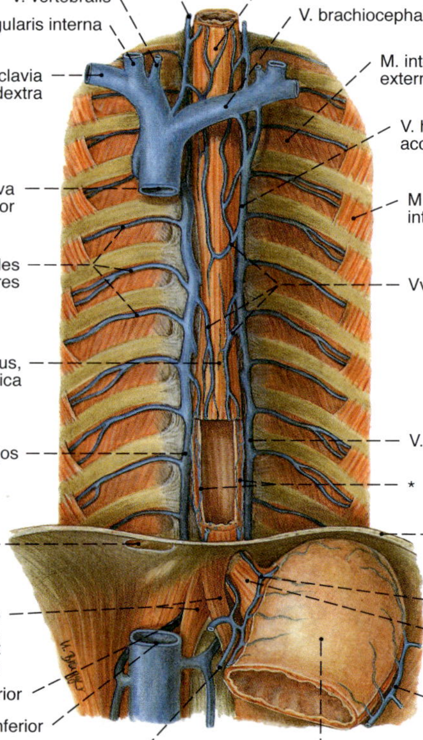

Abb. 903 Venen der Speiseröhre, Vv. oesophageae; zur Darstellung der Oesophagusvenen Teile von Zwerchfell und Magen entfernt; im unteren thorakalen Oesophagus Vorderwand aufgeschnitten.
* Venen in der Oesophagusschleimhaut
** Verbindungsast zwischen Venen des Magens und des Oesophagus

Venöser Abfluss der Speiseröhre, Oesophagus

Die Venen des abdominellen Oesophagus verbinden die Einzugsgebiete von Pfortader und oberer Hohlvene (portokavale Anastomose). Bei Pfortaderhochdruck gelangen sie zu großer klinischer Bedeutung, da sie dann einen Blutabfluss über die Magenvenen (**) und die unteren thorakalen Venen des Oesophagus erlauben. Allerdings kommt es dabei neben einer Ausweitung der Vv. oesophageae in der Adventitia auch zur Erweiterung der Venen der Schleimhaut (*). Das Platzen dieser sog. Oesophagusvarizen führt zu massiven Blutungen in die Speiseröhre. Portokavale Anastomosen – siehe Abb. 1029.

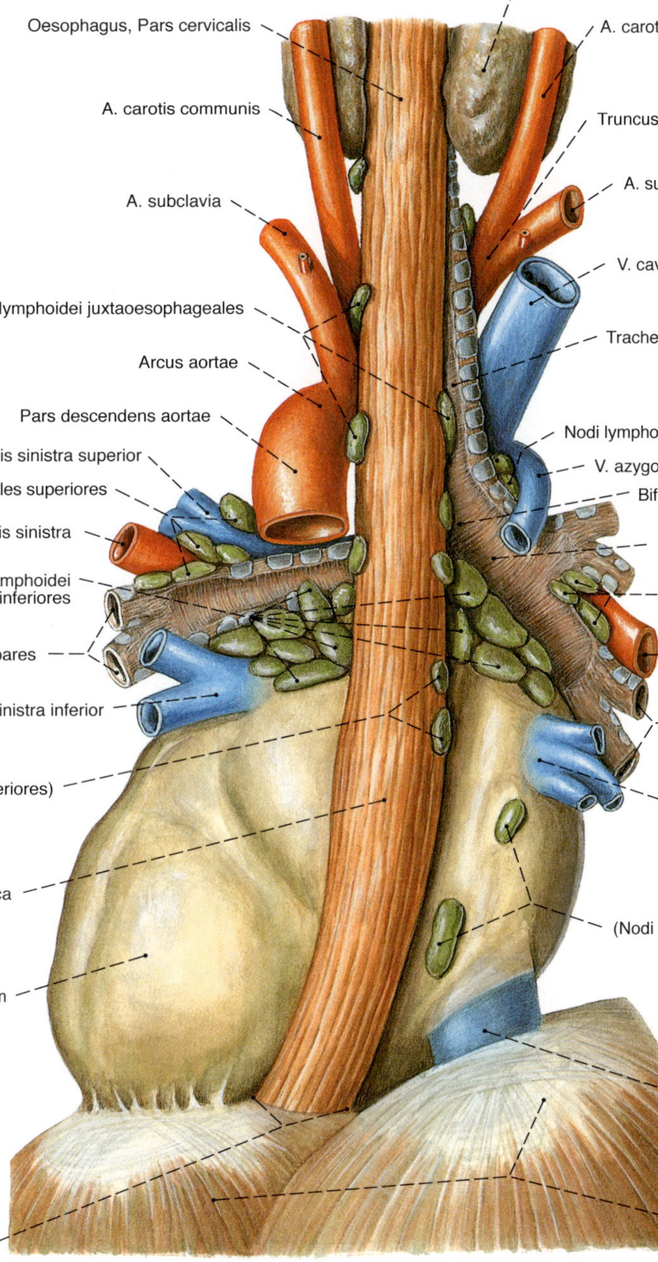

Abb. 904 Lymphknoten der Brustorgane,
Nodi lymphoidei thoracis;
Bronchien an der Aufzweigung in die Lappenbronchien entfernt; große Gefäße im Mediastinum belassen;
von dorsal.
Die Lymphknoten sind beim gesunden Erwachsenen meist kleiner als hier gezeichnet.

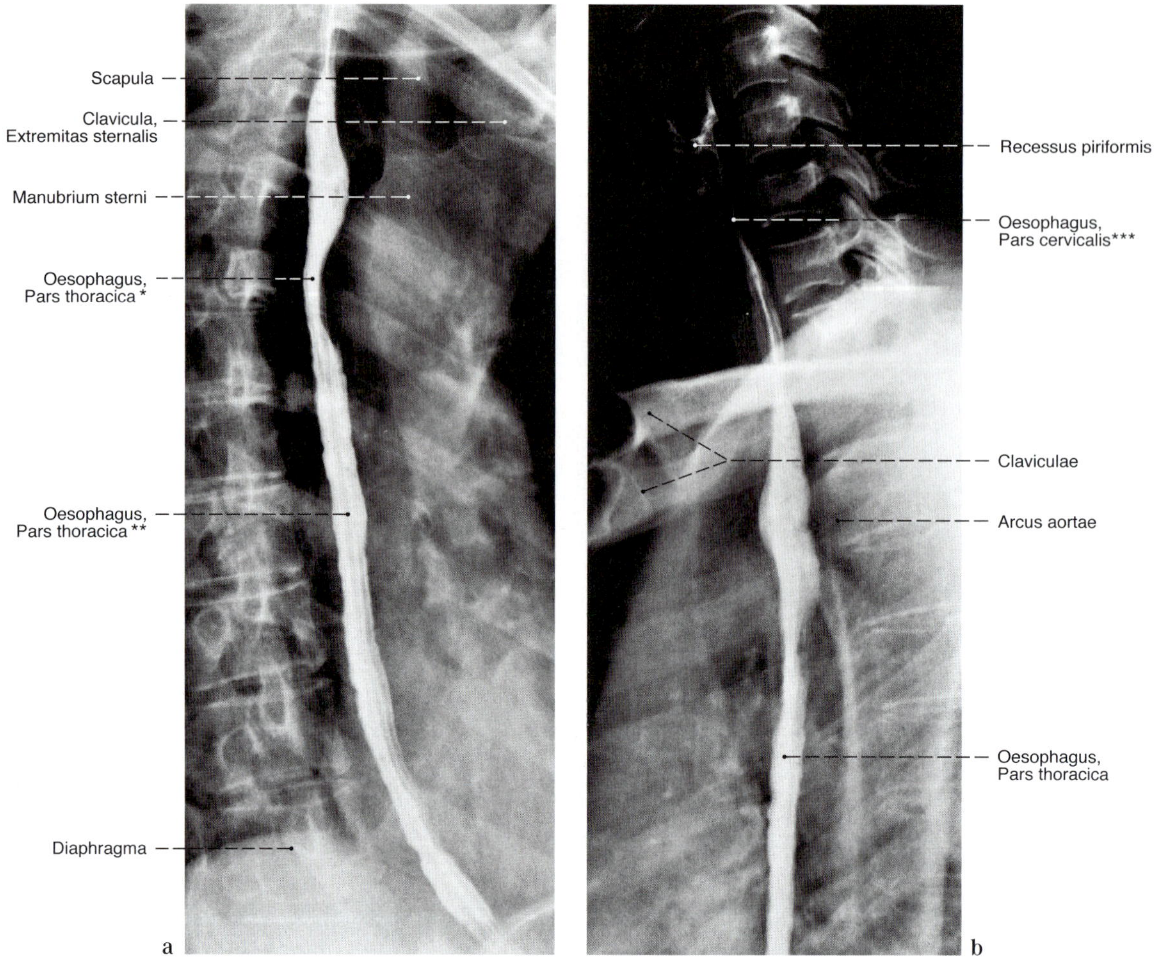

Abb. 905 a, b Speiseröhre, Oesophagus;
Röntgenbild (nach Schlucken von Kontrastmittel);
Einstellung: **a)** im I. schrägen Durchmesser (von links vorne nach rechts hinten); **b)** im II. schrägen Durchmesser (von rechts vorne nach links hinten).

* Oesophagusenge durch den Arcus aortae
** Retrokardial gelegener Abschnitt
*** Oesophagusenge am Beginn des Oesophagus

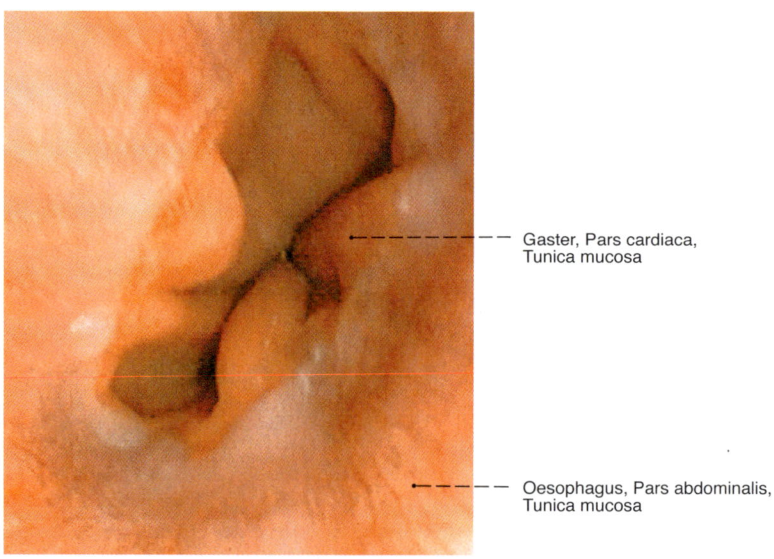

Abb. 906 Speiseröhre, Oesophagus;
Darstellung der Schleimhaut durch ein Endoskop (Oesophagoskopie);
von oben.

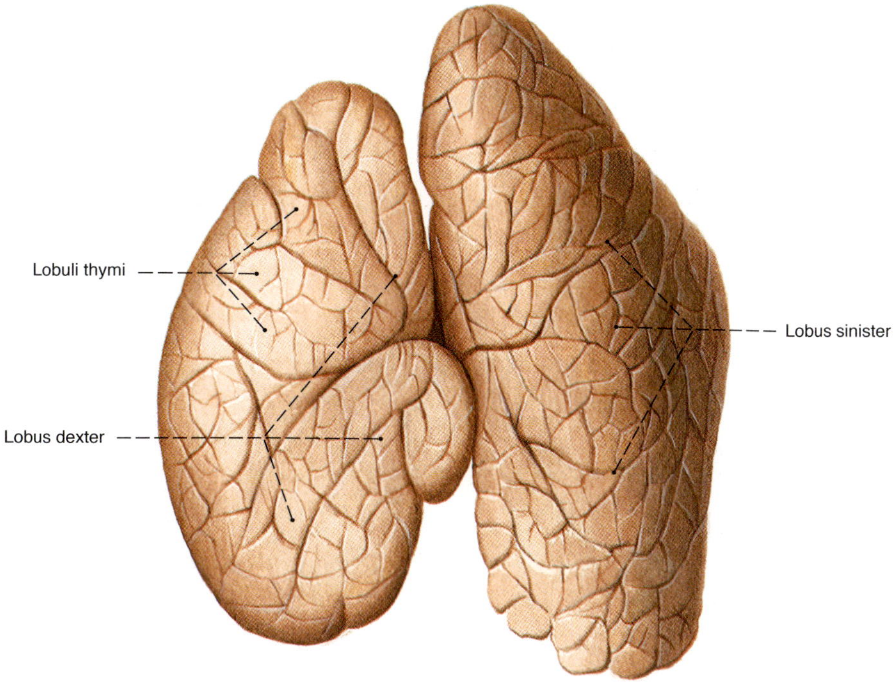

Abb. 907 Bries, Thymus, eines 2-jährigen Kindes; von ventral.

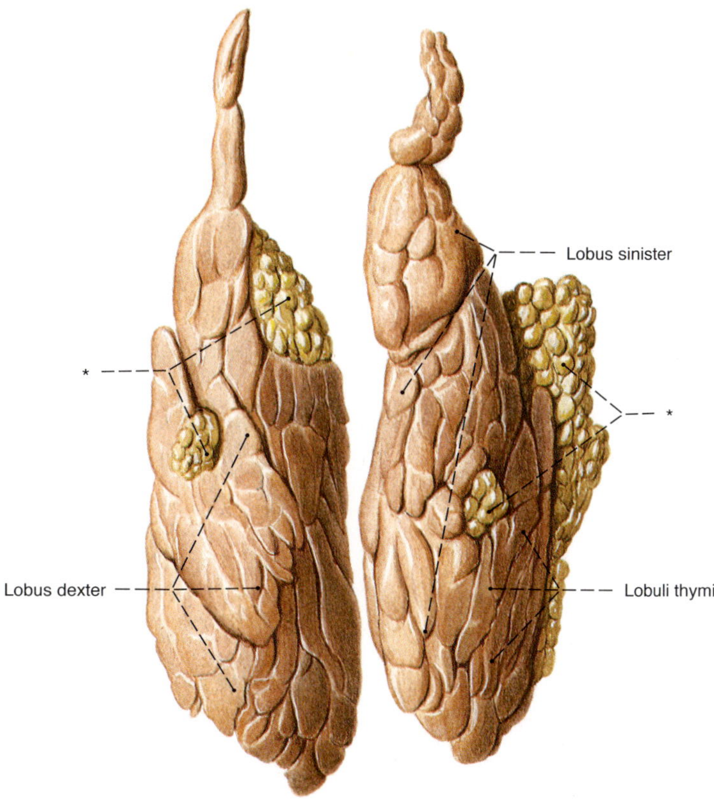

Abb. 908 Bries, Thymus, eines 24-Jährigen; Fettgewebe weitgehend entfernt; von ventral.

* Parathymisches Fettgewebe
An diesem Präparat war der Thymus in Form und Größe ungewöhnlich gut erhalten.

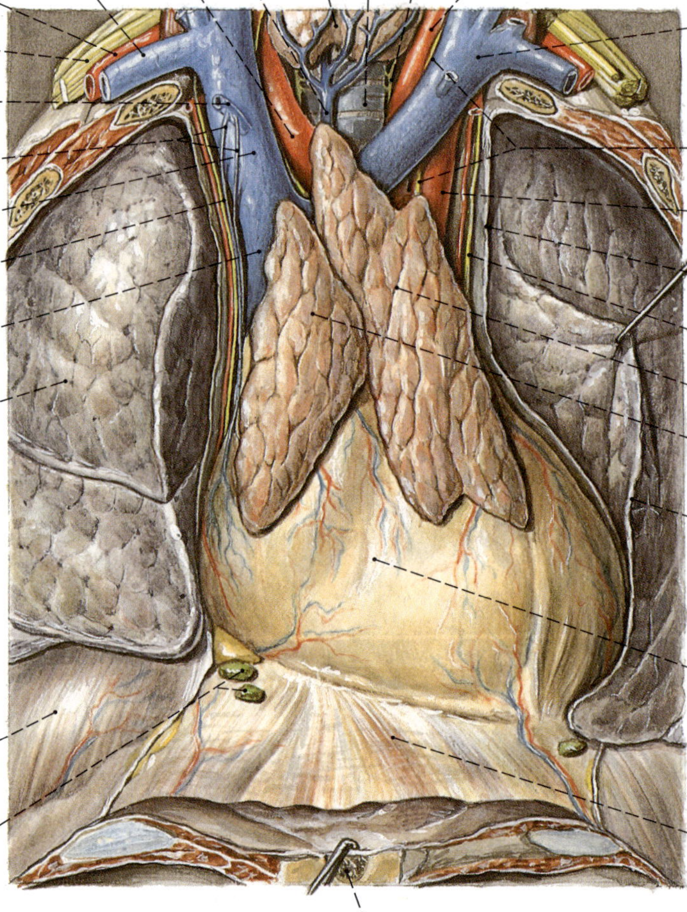

Abb. 909 Bries, Thymus, beim Jugendlichen; vordere Brustwand entfernt, Pleurahöhle eröffnet und linke Lunge zur Seite gezogen; von ventral.
Vergleiche die Größe des Thymus beim Neugeborenen (Abb. 999) und beim 2-jährigen Kind (Abb. 907).

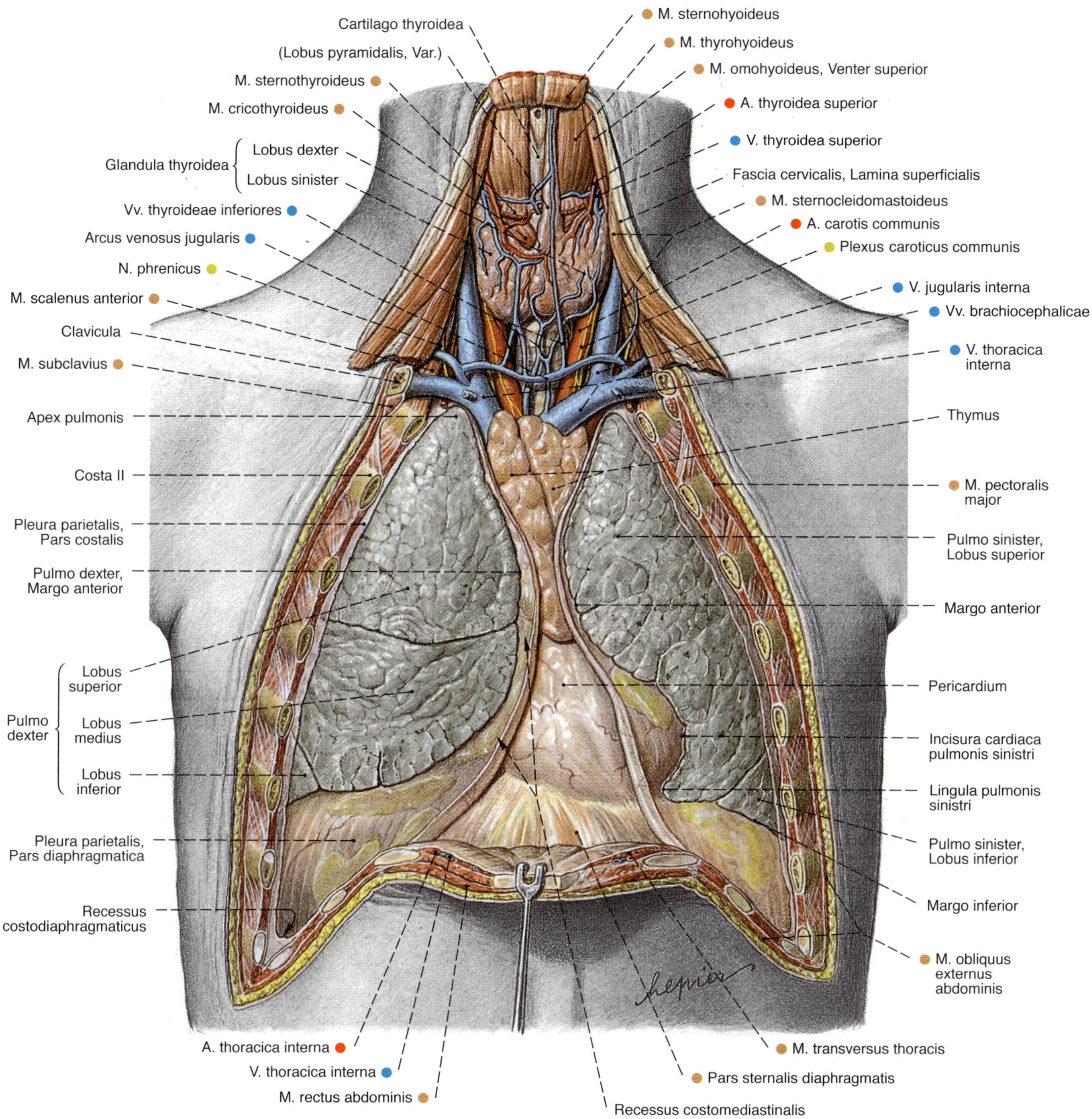

Abb. 910 Bries, Thymus; Herzbeutel, Pericardium; Lungen, Pulmones;
vordere Brustwand entfernt; Pleurahöhle eröffnet;
von ventral.
Beachte die Größe des Thymus beim jungen Erwachsenen. Beim alten Menschen ist das Thymusgewebe fast vollständig durch Fettgewebe ersetzt.

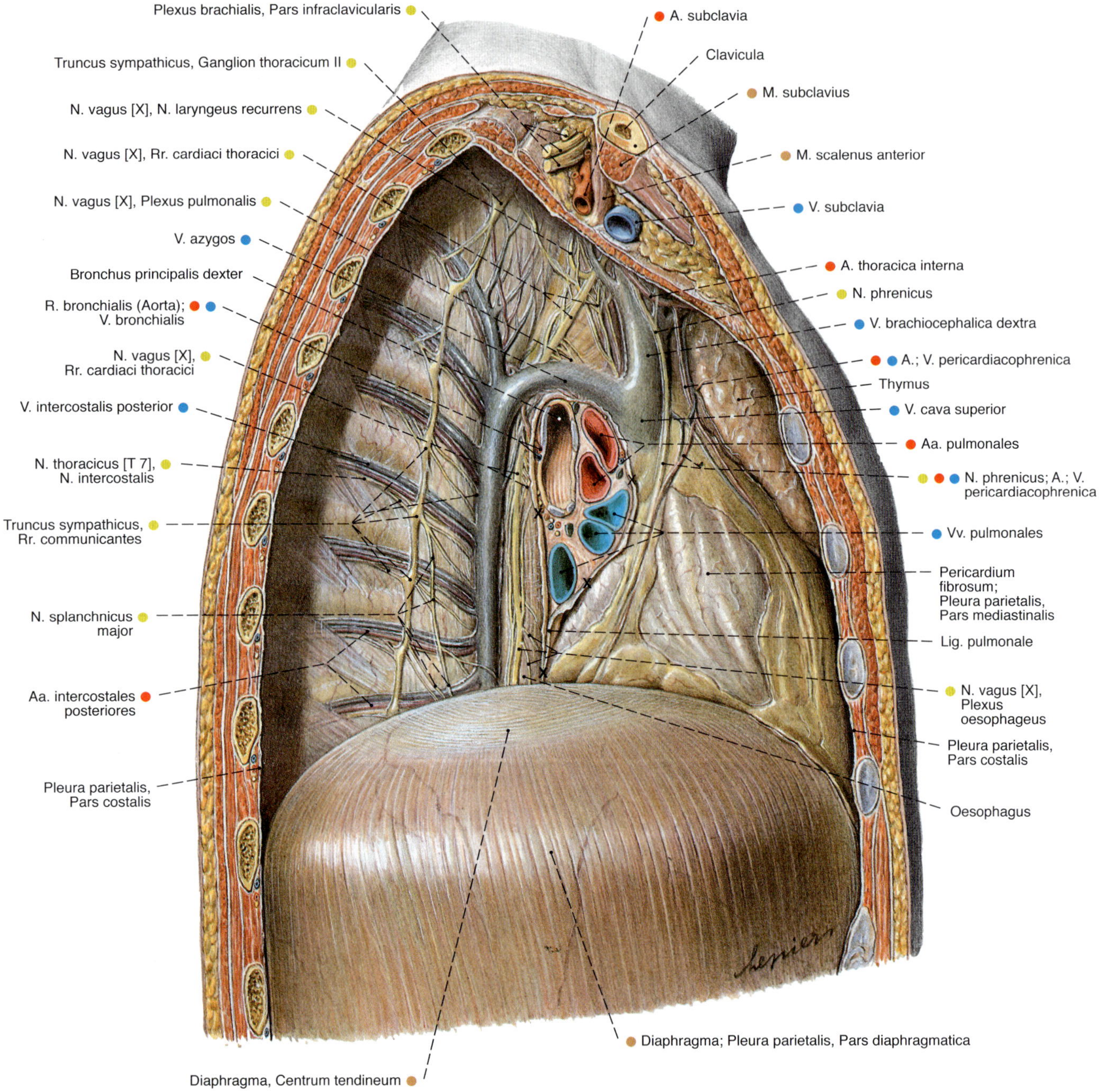

Abb. 911 Pleurahöhle, Cavitas pleuralis; Mediastinum; seitliche Brustwand und rechte Lunge entfernt; Teile der mediastinalen und kostalen Pleura zur Darstellung der Gefäße und Nerven abpräpariert; von rechts.
Die mit x gekennzeichneten Stellen markieren den Umschlagrand der Pleura visceralis in die Pleura parietalis an der Lungenwurzel und am Lig. pulmonale.

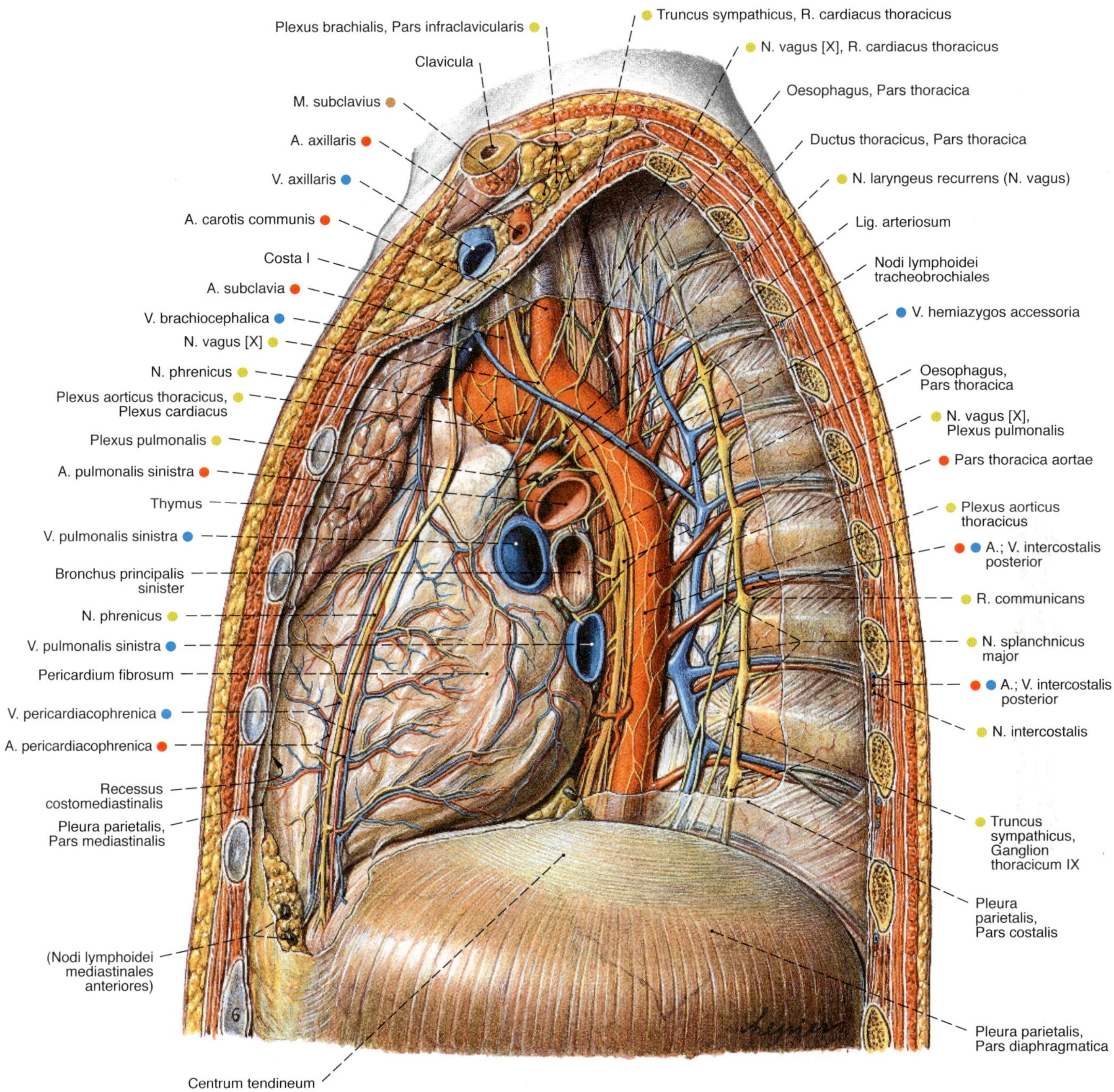

Abb. 912 Pleurahöhle, Cavitas pleuralis; Mediastinum; seitliche Brustwand und linke Lunge entfernt; Teile der mediastinalen und kostalen Pleura zur Darstellung der Gefäße und Nerven abpräpariert; von links.

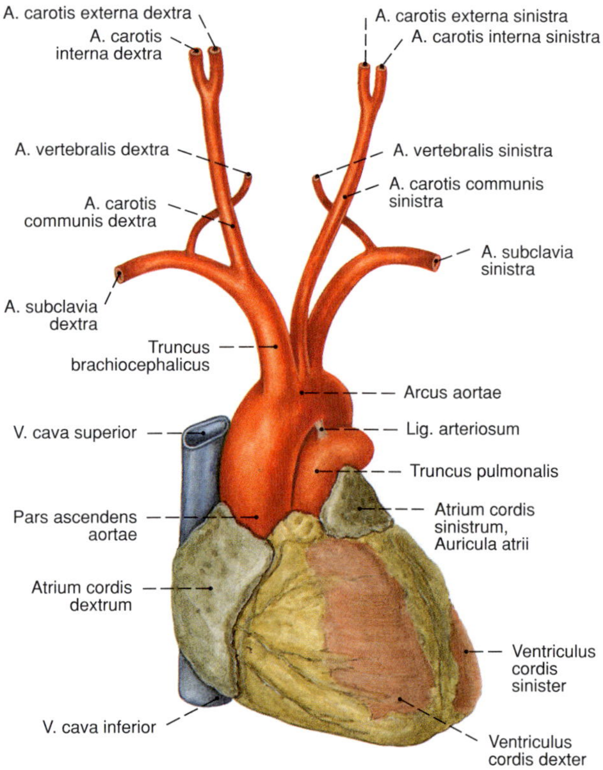

Abb. 913 Herz, Cor; Aortenbogen, Arcus aortae, mit Abgängen der großen Arterien; von ventral.

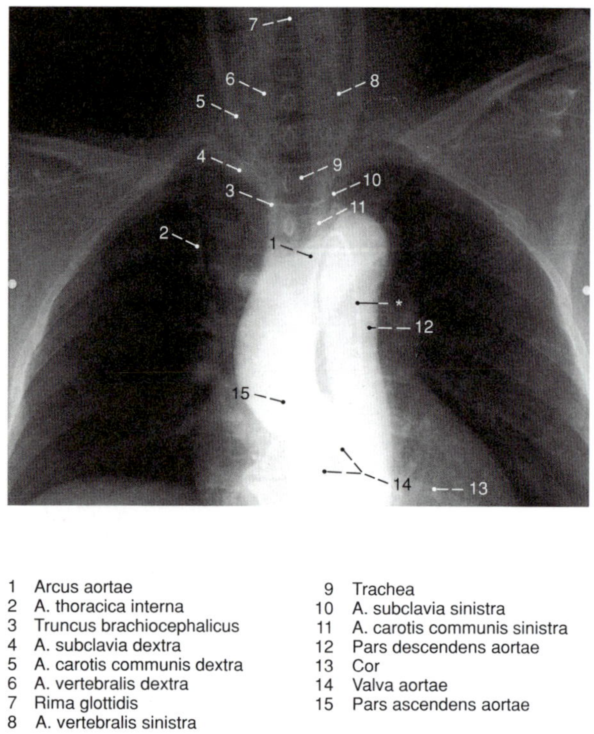

Abb. 914 Aortenbogen, Arcus aortae, und Äste; ap-Röntgenbild (nach Injektion eines Kontrastmittels in den Bulbus aortae); von ventral.

* Katheter

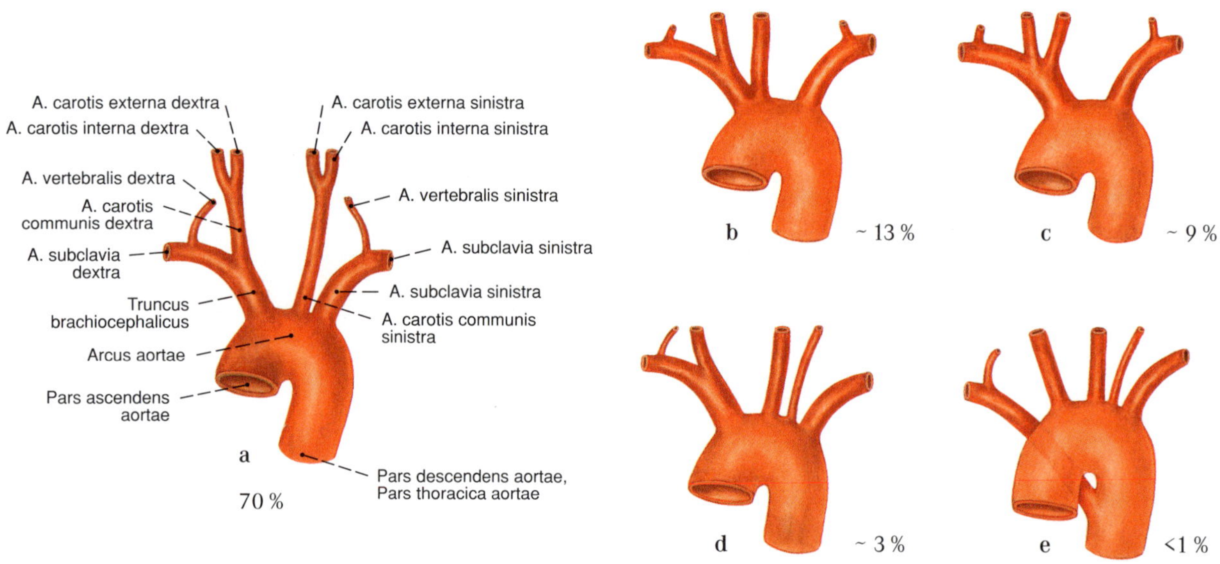

Abb. 915 a–e Varietäten der Abgänge der großen Arterien vom Arcus aortae.

a „Lehrbuchfall"

b gemeinsamer Ursprung von Truncus brachiocephalicus und A. carotis communis sinistra

c gemeinsamer Stamm für Truncus brachiocephalicus und A. carotis communis sinistra

d selbständiger Abgang der A. vertebralis sinistra aus dem Arcus aortae

e Abgang der A. subclavia dextra als letzter Ast aus dem Arcus aortae
Diese abnorme Arterie verläuft meist hinter dem Oesophagus nach rechts und kann Schluckbeschwerden hervorrufen (Dysphagia lusoria).

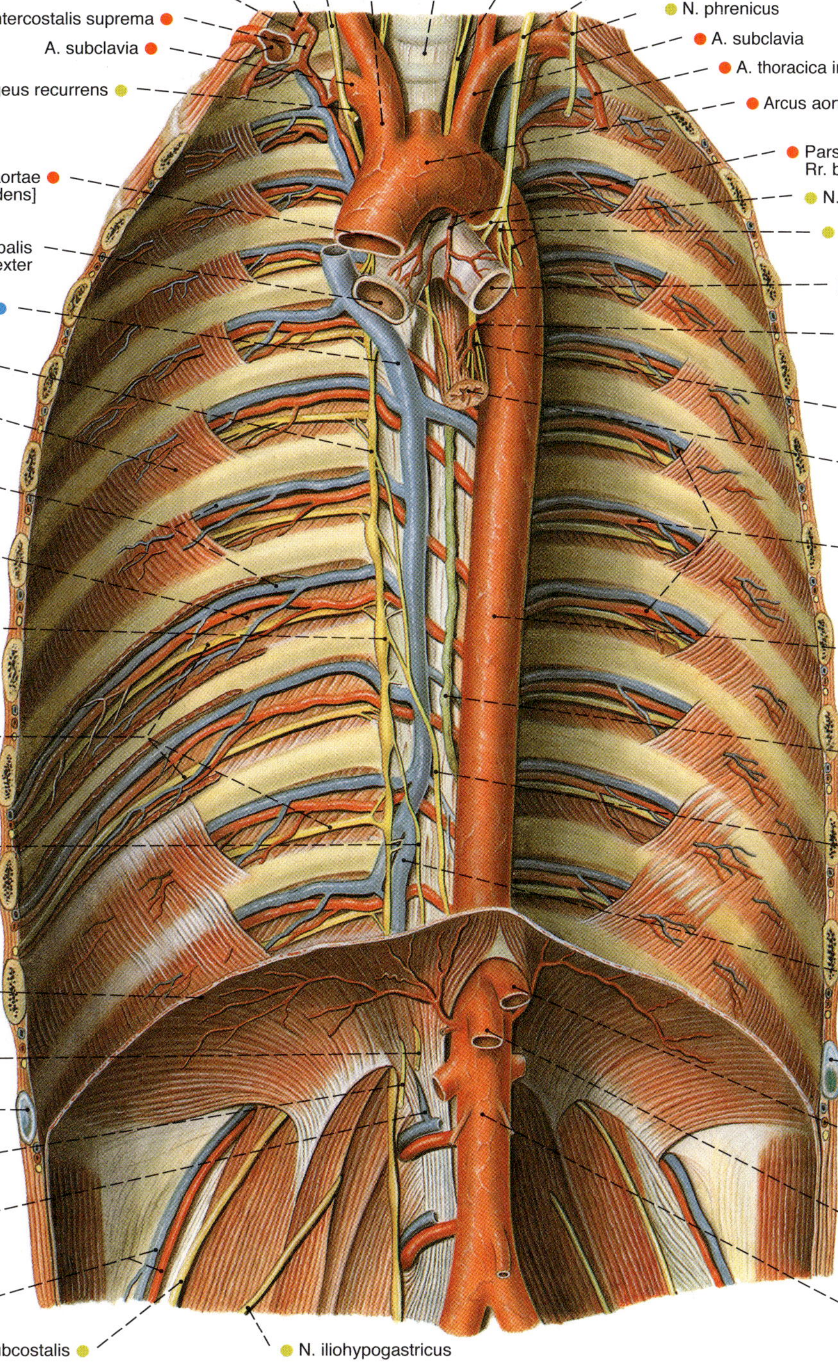

Abb. 916 Brust- und Bauchaorta, Pars thoracica aortae und Pars abdominalis aortae; hinteres Mittelfell, Mediastinum posterius;
Pleura zur Darstellung der Interkostalnerven und des Grenzstranges des Sympathikus entfernt;
von ventral.

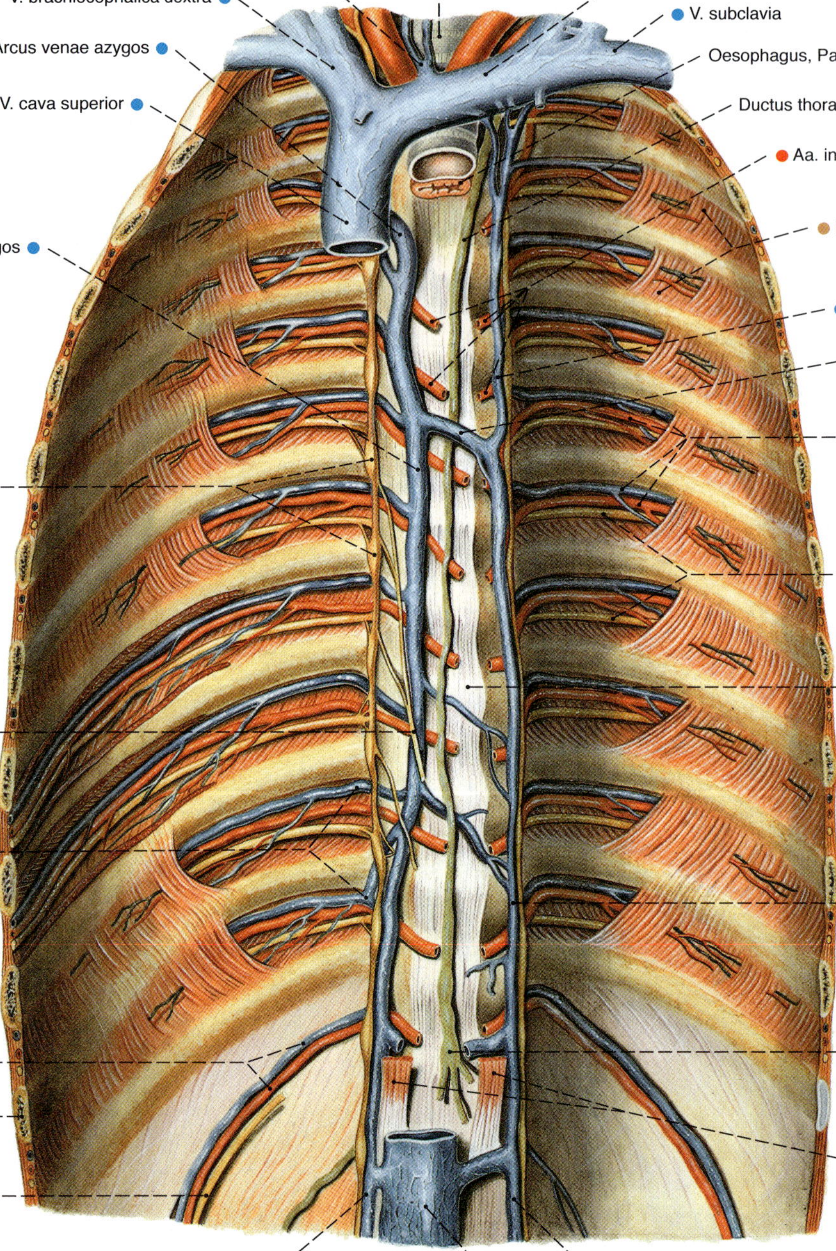

Abb. 917 Gefäße und Nerven des hinteren Mittelfells, Mediastinum posterius;
Pleura, Aorta und Oesophagus zur Darstellung von Ductus thoracicus, V. azygos und den Leitungsbahnen in den Interkostalräumen entfernt;
von ventral.

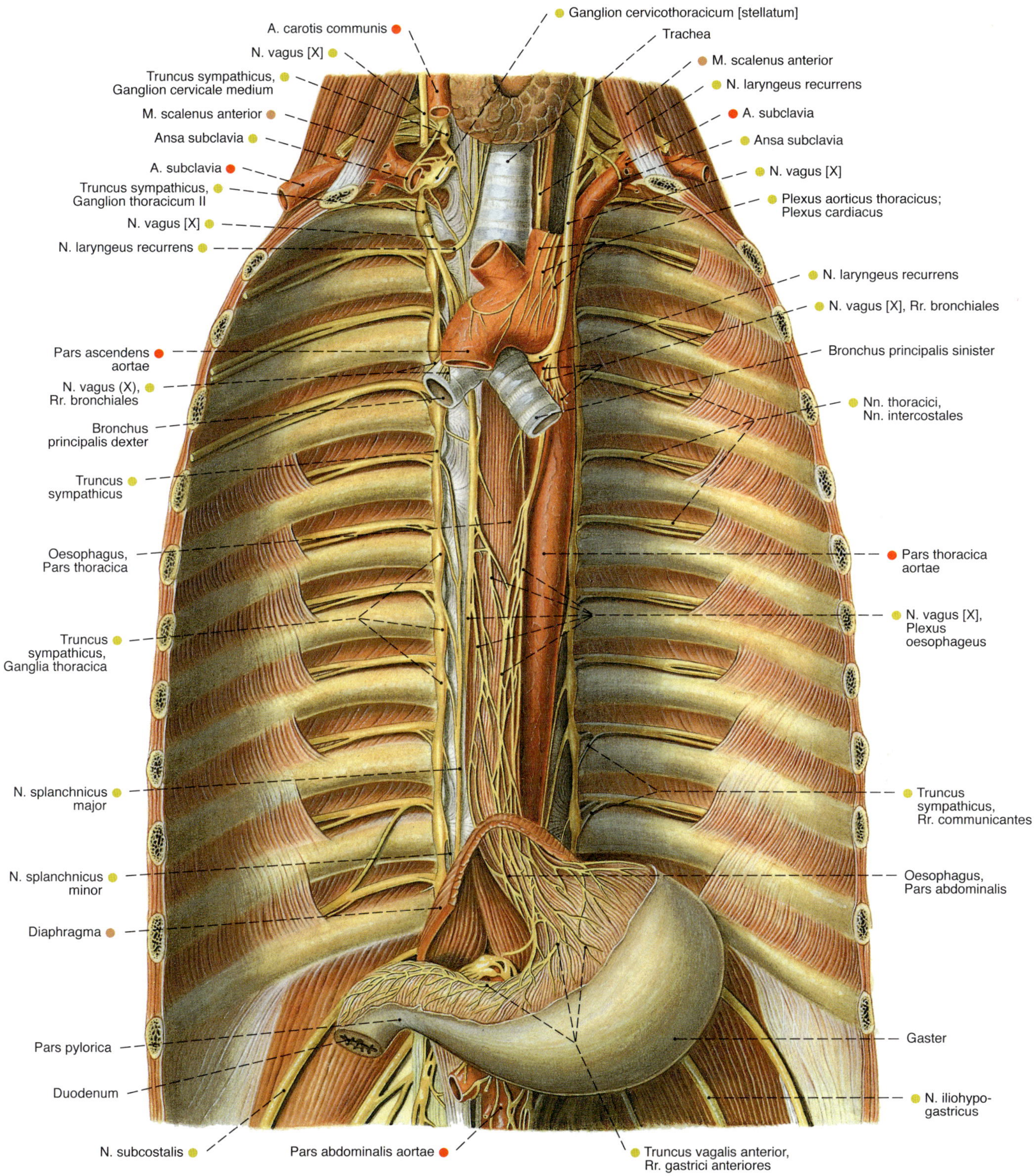

Abb. 918 Speiseröhre, Oesophagus; Aorta; vegetatives Nervensystem der Brusthöhle, Pars thoracica autonomica; Magen, Gaster;
nur dorsale Anteile des Zwerchfells belassen; Pleura zur Darstellung des Truncus sympathicus und der Verbindungen zu den Interkostalnerven entfernt;
von ventral.

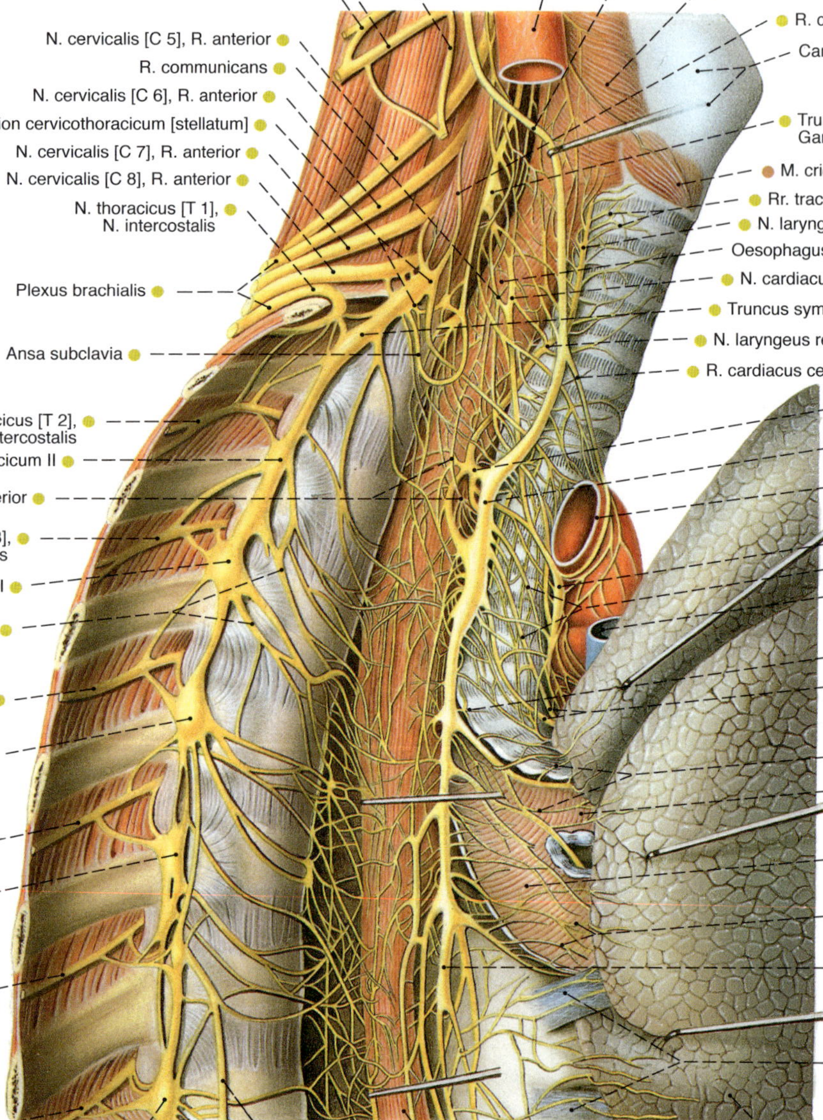

Abb. 919 Unterer Hals- und oberer Brustabschnitt des vegetativen Nervensystems, Pars thoracica autonomica; N. vagus und rechte Lunge zur Darstellung des Oesophagus nach vorne gezogen; von rechts.

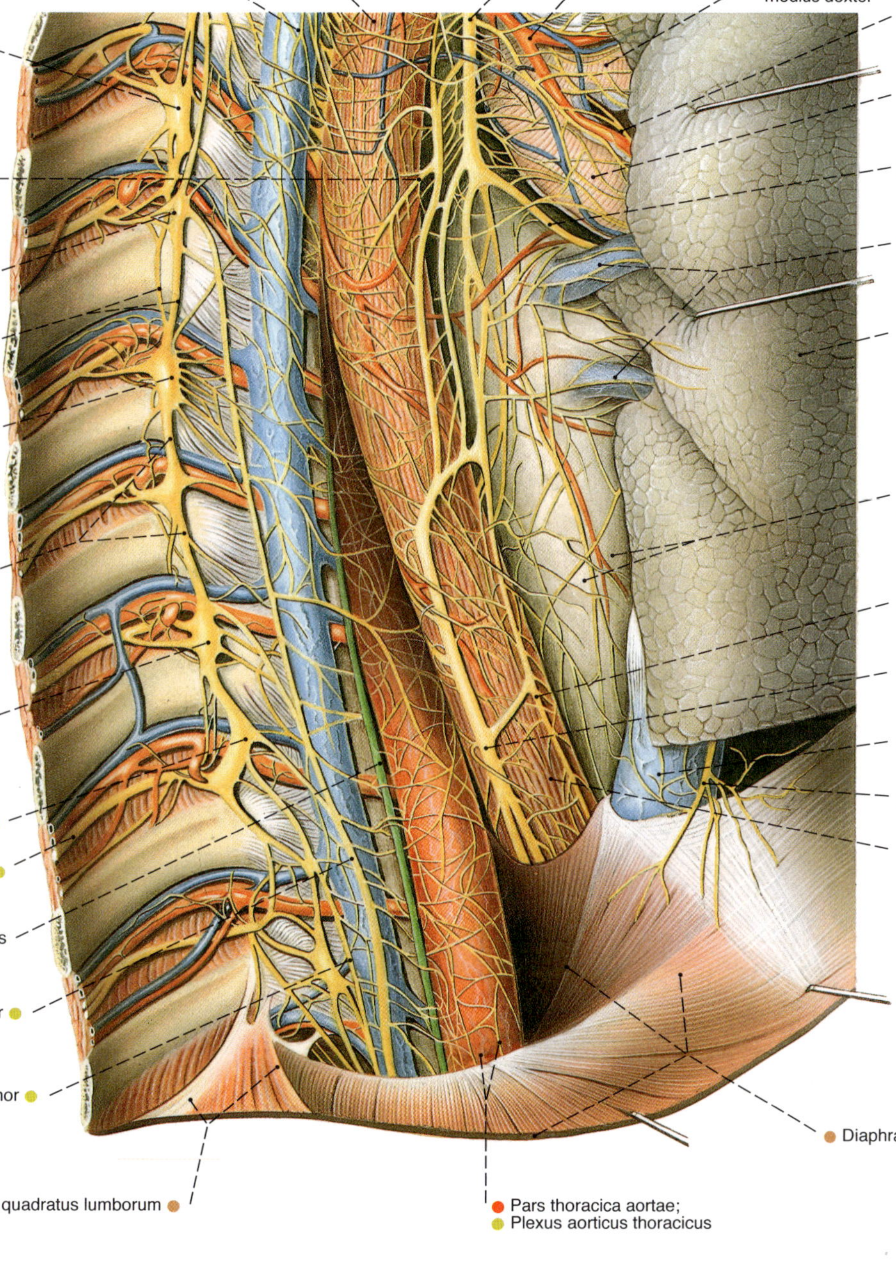

Abb. 920 Unterer Brustteil des vegetativen Nervensystems, Pars thoracica autonomica; Präparation ähnlich wie Abb. 919, aber Aorta, Ductus thoracicus und V. azygos belassen; von rechts.

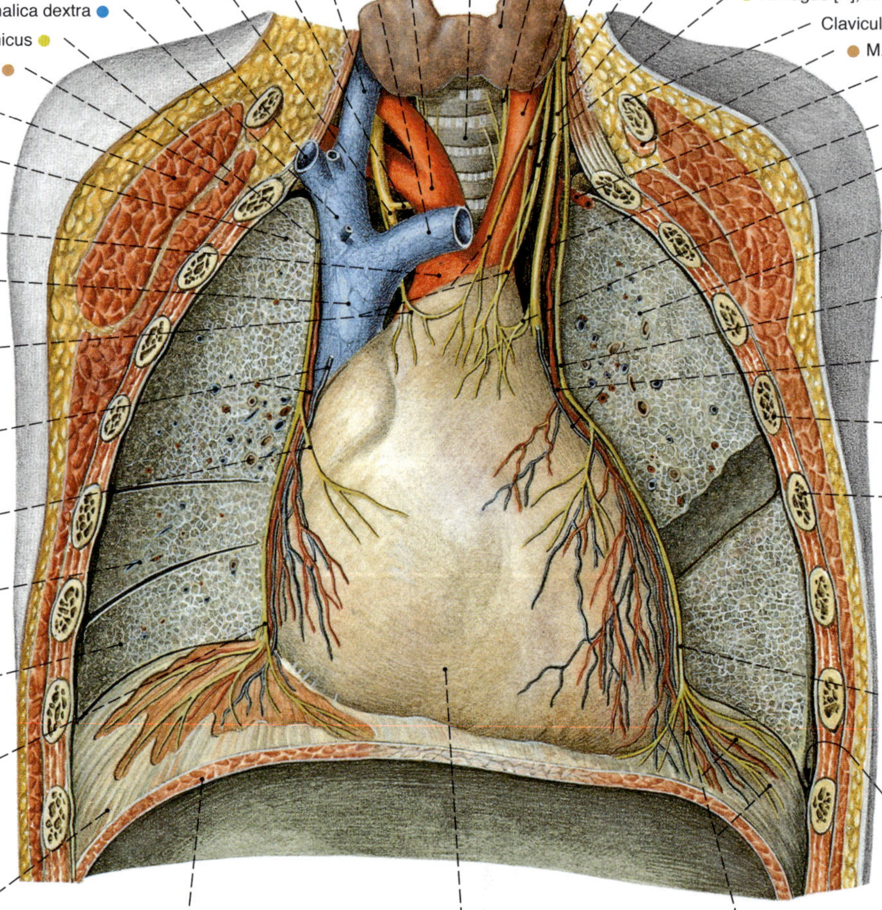

Abb. 921 Brusthöhle, Cavitas thoracis, eines Erwachsenen; vordere Brustwand entfernt; rechte und linke Lunge in der Frontalebene durchgeschnitten; Pleura mediastinalis und diaphragmatica zur Darstellung der A. pericardiacophrenica und der Äste des N. phrenicus entfernt; von ventral.

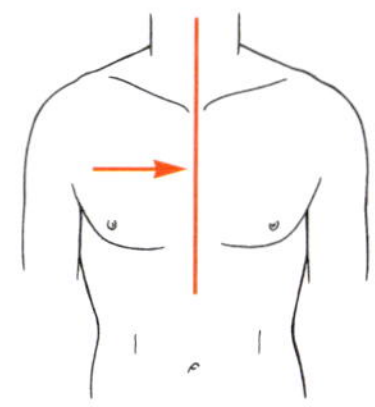

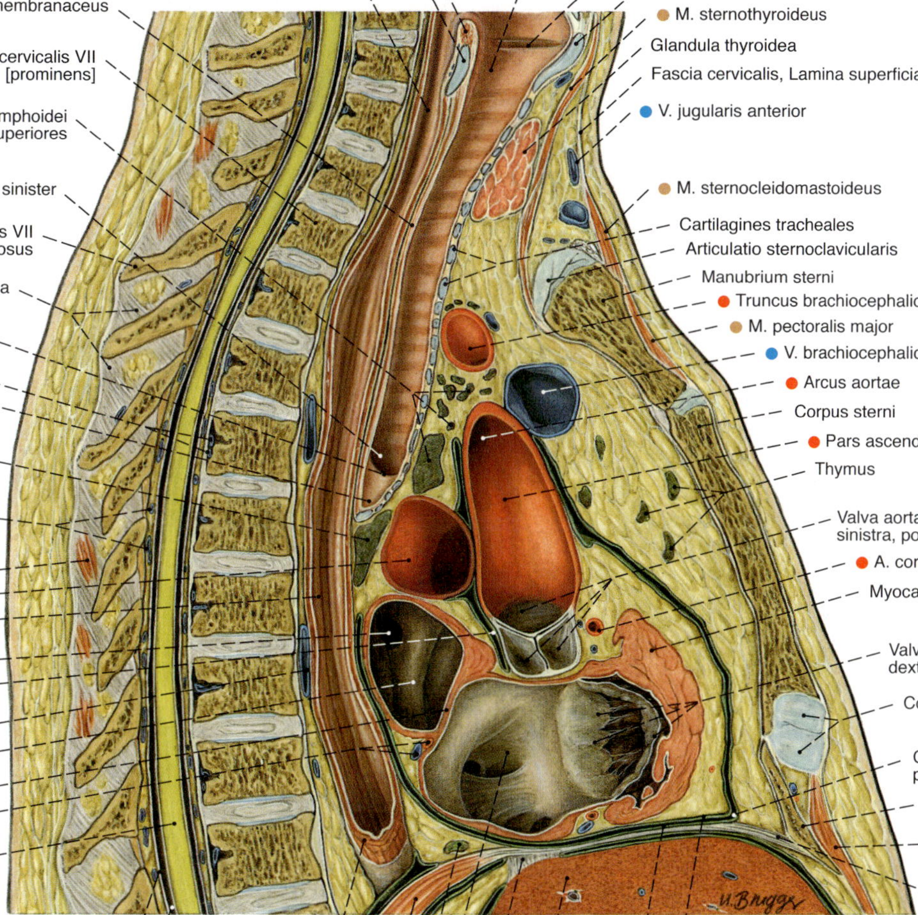

Abb. 922 Brusthöhle, Cavitas thoracis; Mediastinum; Mediansagittalschnitt durch Hals und Thorax; wegen einer leichten Asymmetrie des Brustkorbs ist oberhalb des Manubrium sterni das Sternoklavikulargelenk angeschnitten; von lateral rechts.

Wegen der Nähe des linken Vorhofs zur Speiseröhre kann eine Vergrößerung des linken Vorhofs durch die Verdrängung der Speiseröhre im Röntgenbild beurteilt werden. Von der Speiseröhre aus kann das Herz mit Ultraschall untersucht werden (transösophageale Sonographie).

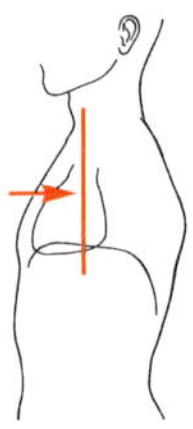

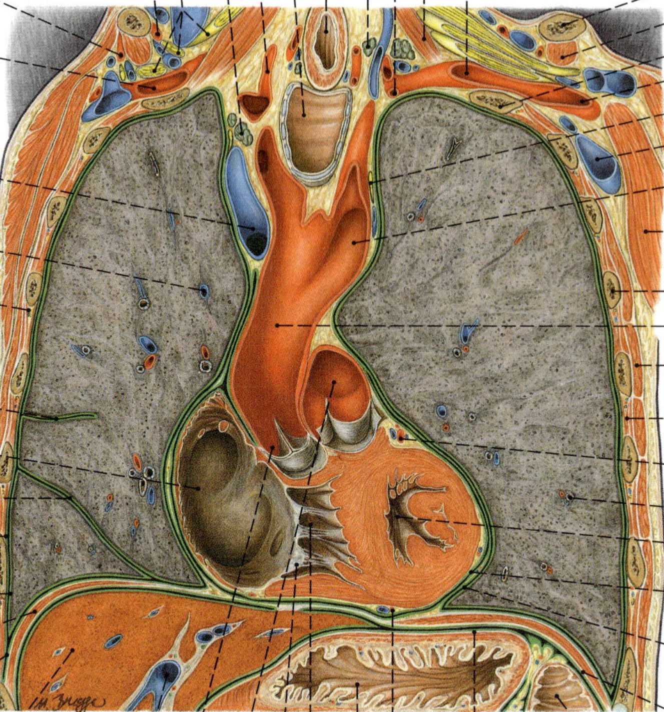

Abb. 923 Brusthöhle, Cavitas thoracis; Frontalschnitt; von ventral.

* Pericardium serosum

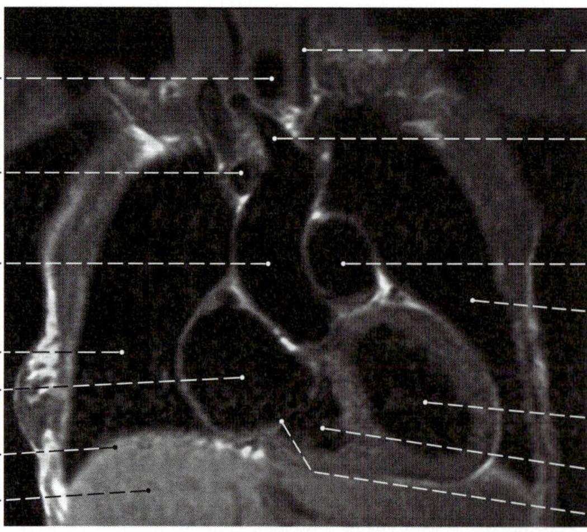

Abb. 924 Brusthöhle, Cavitas thoracis; magnetresonanztomographischer Frontalschnitt (MRT) in Höhe der V. cava superior; von ventral. Vergleiche Abb. 913.

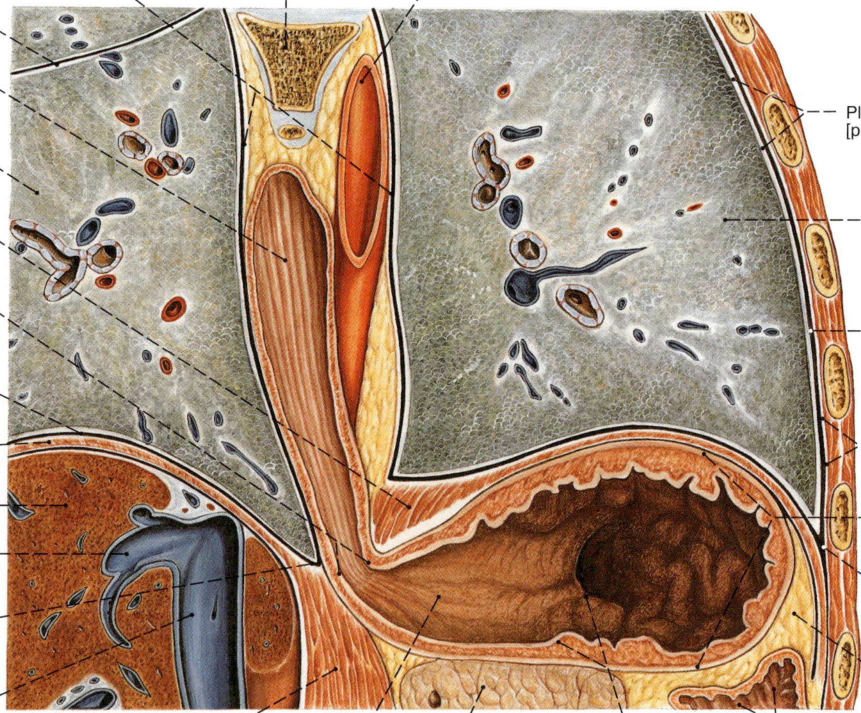

Abb. 925 Zwerchfell, Diaphragma; Speiseröhre, Oesophagus, mit Übergang in den Magen, Gaster; Frontalschnitt durch den unteren Teil der Brust- und den oberen Teil der Bauchhöhle; von ventral.

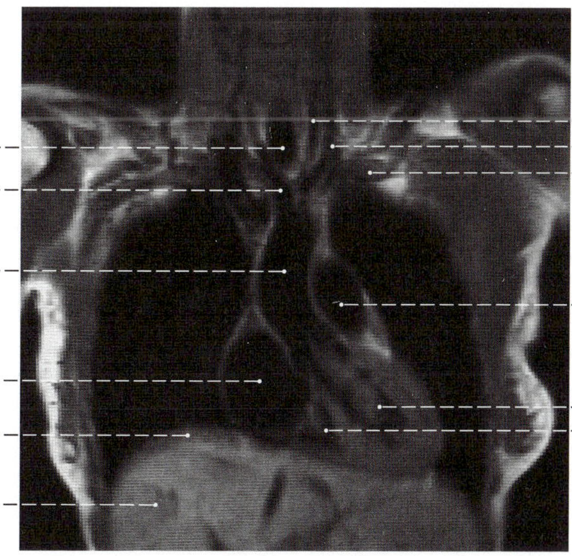

Abb. 926 Brusthöhle, Cavitas thoracis; magnetresonanztomographischer Frontalschnitt (MRT) in Höhe der Valva aortae; von ventral. Vergleiche Abb. 913 und 923.

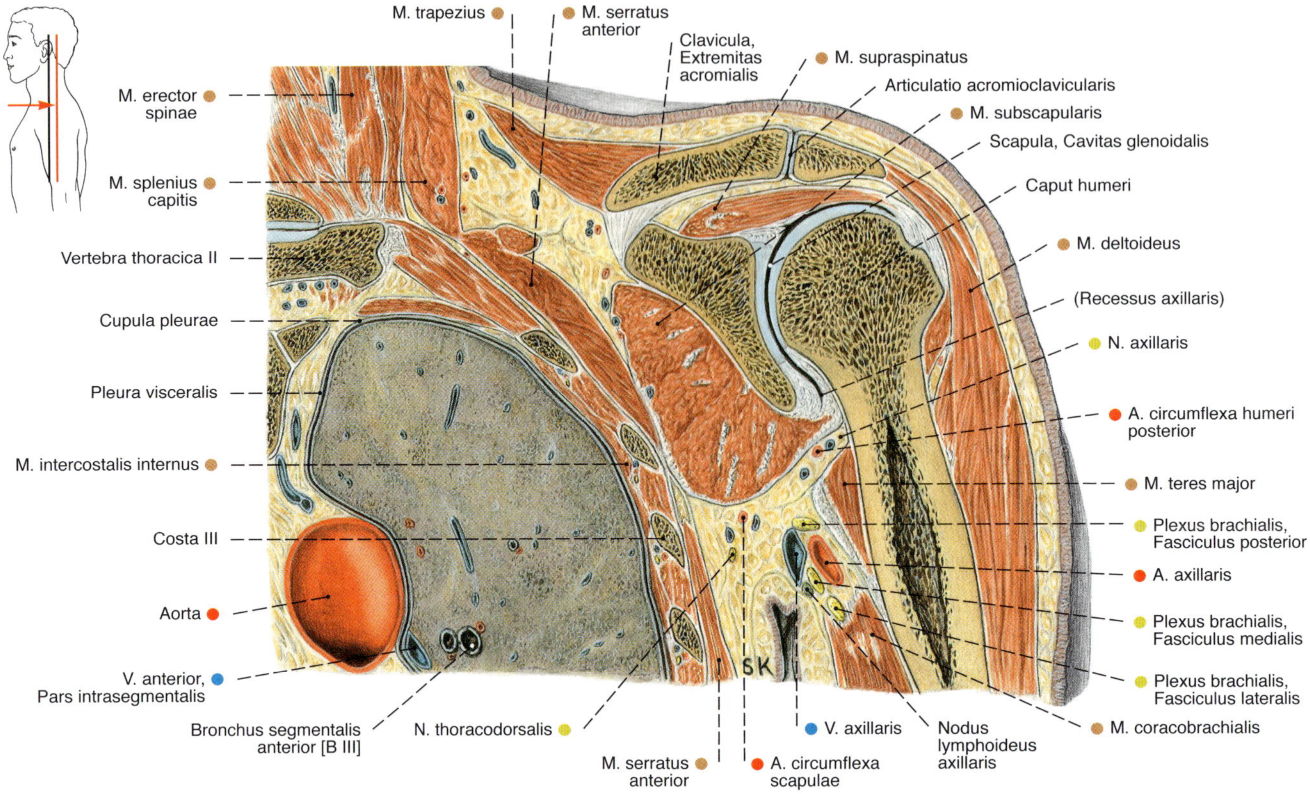

Abb. 927 Hals, Collum; Achselhöhle, Axilla; Brusthöhle, Cavitas thoracis; Frontalschnitt; von ventral (li).

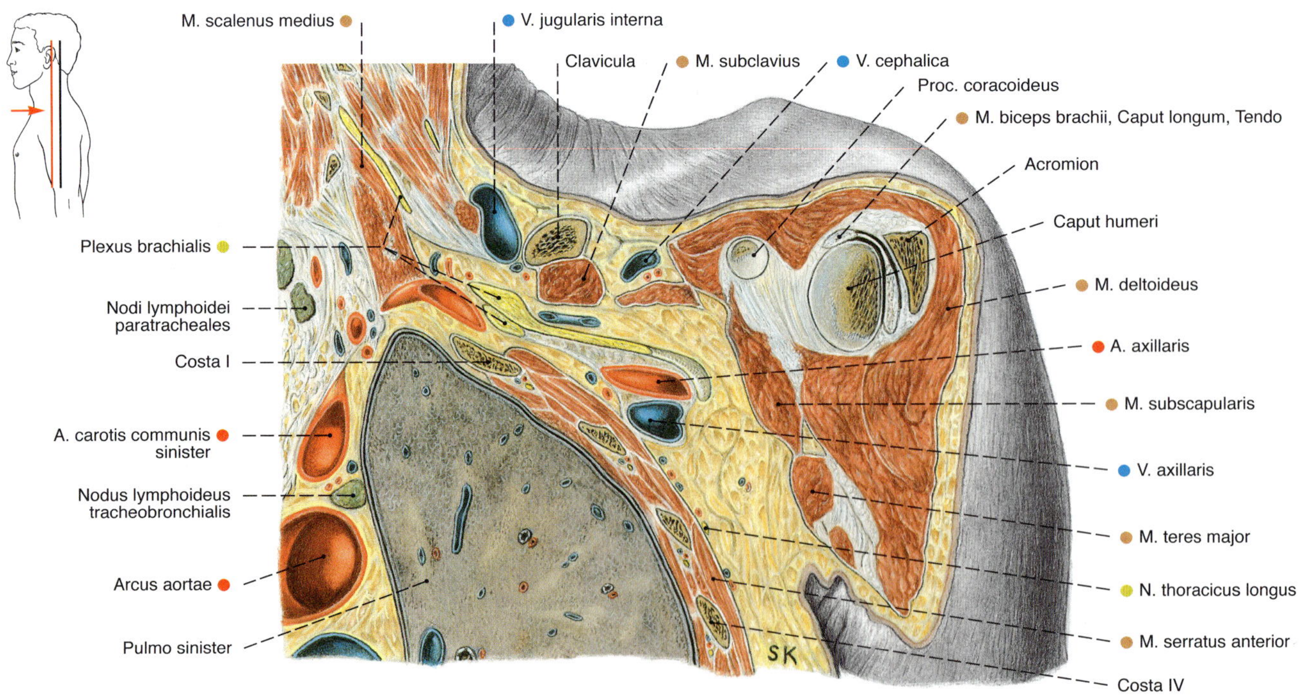

Abb. 928 Hals, Collum; Achselhöhle, Axilla; Brusthöhle, Cavitas thoracis; Frontalschnitt; von ventral (li).

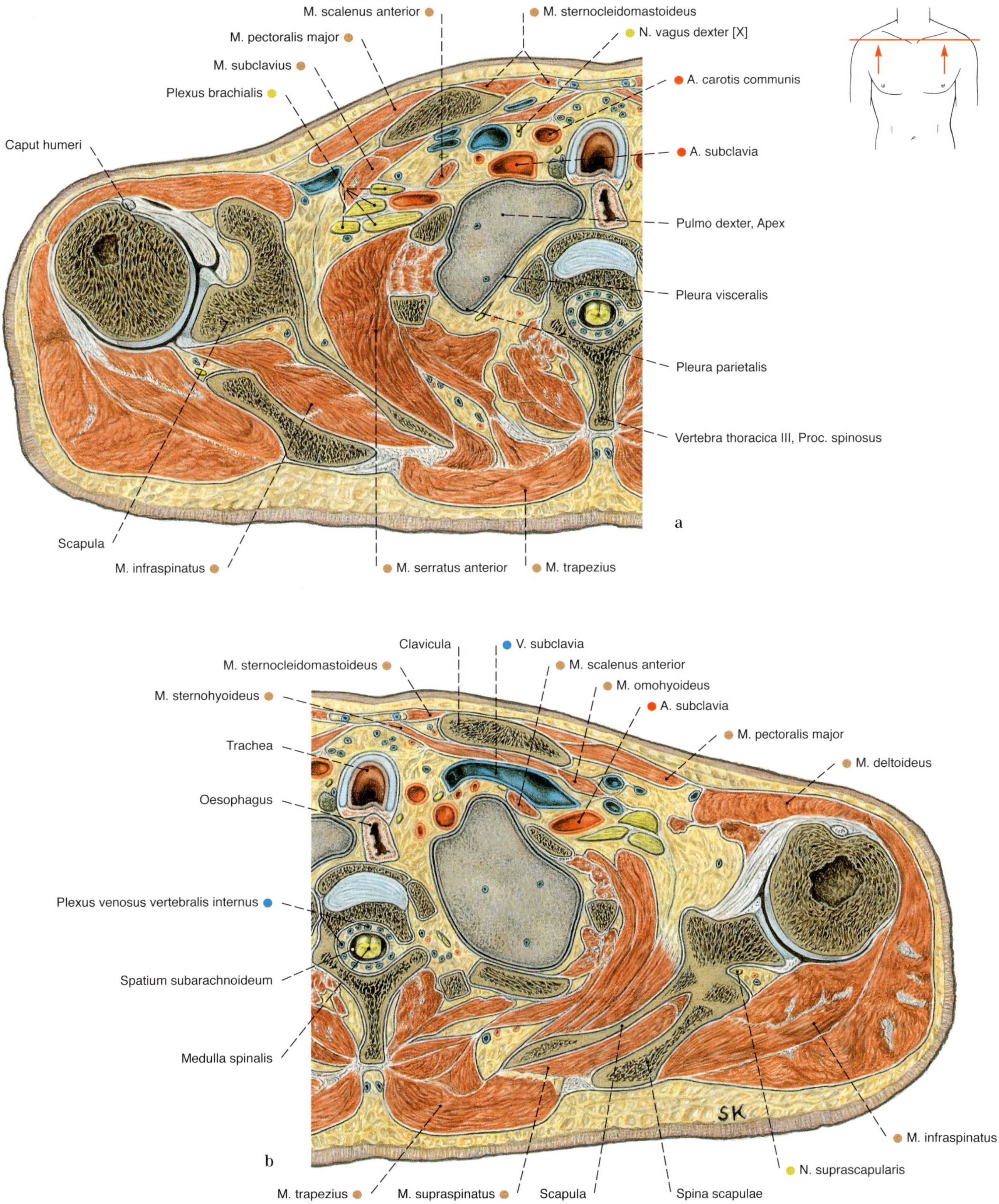

Abb. 929 a, b Brusthöhle, Cavitas thoracis; Schnitt in der Transversalebene zur Darstellung der Pleurakuppeln und Lungenspitzen; von kaudal.

a rechte Körperhälfte
b linke Körperhälfte

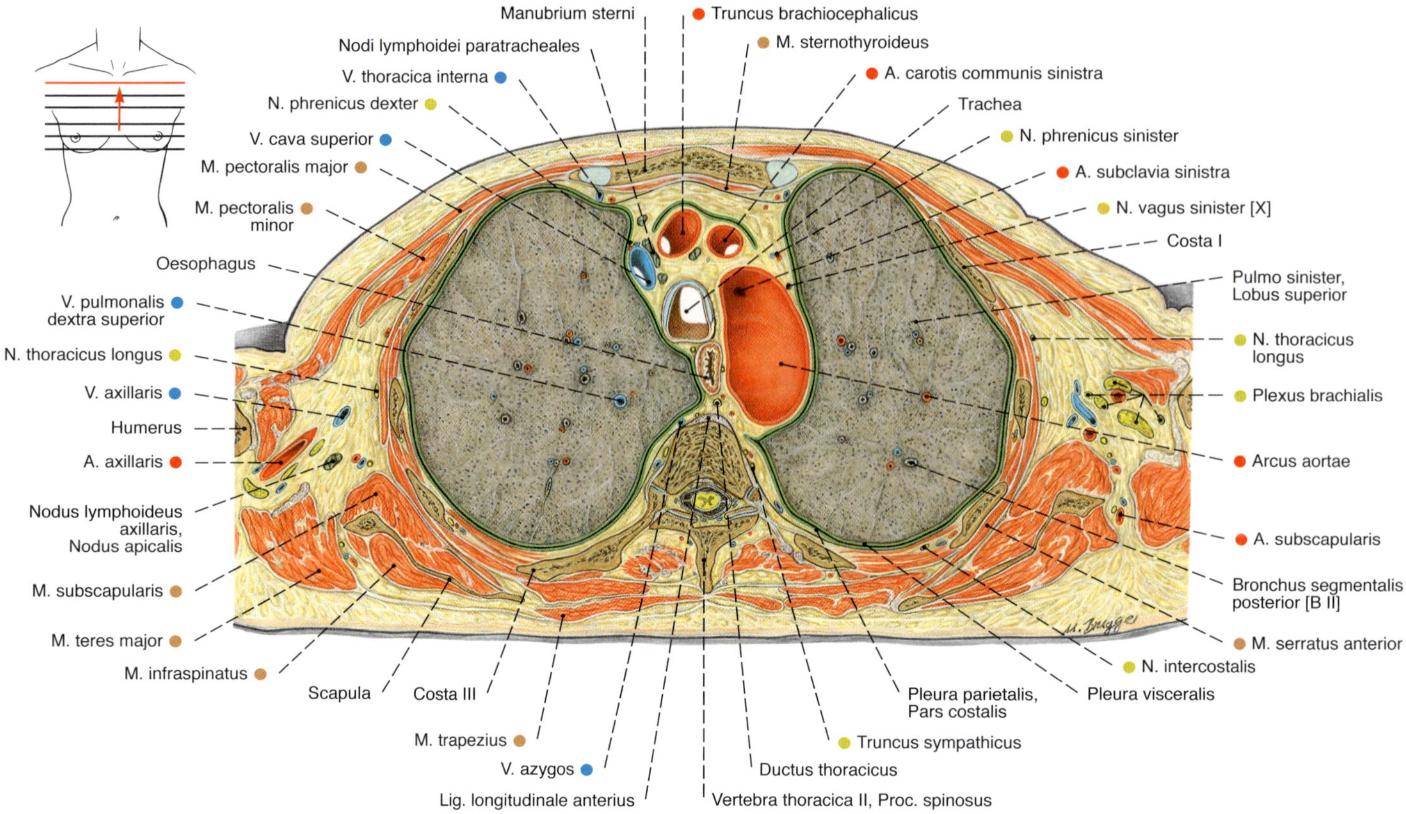

Abb. 930 Brusthöhle, Cavitas thoracis;
Schnitt in der Transversalebene in Höhe des Aortenbogens;
von kaudal.

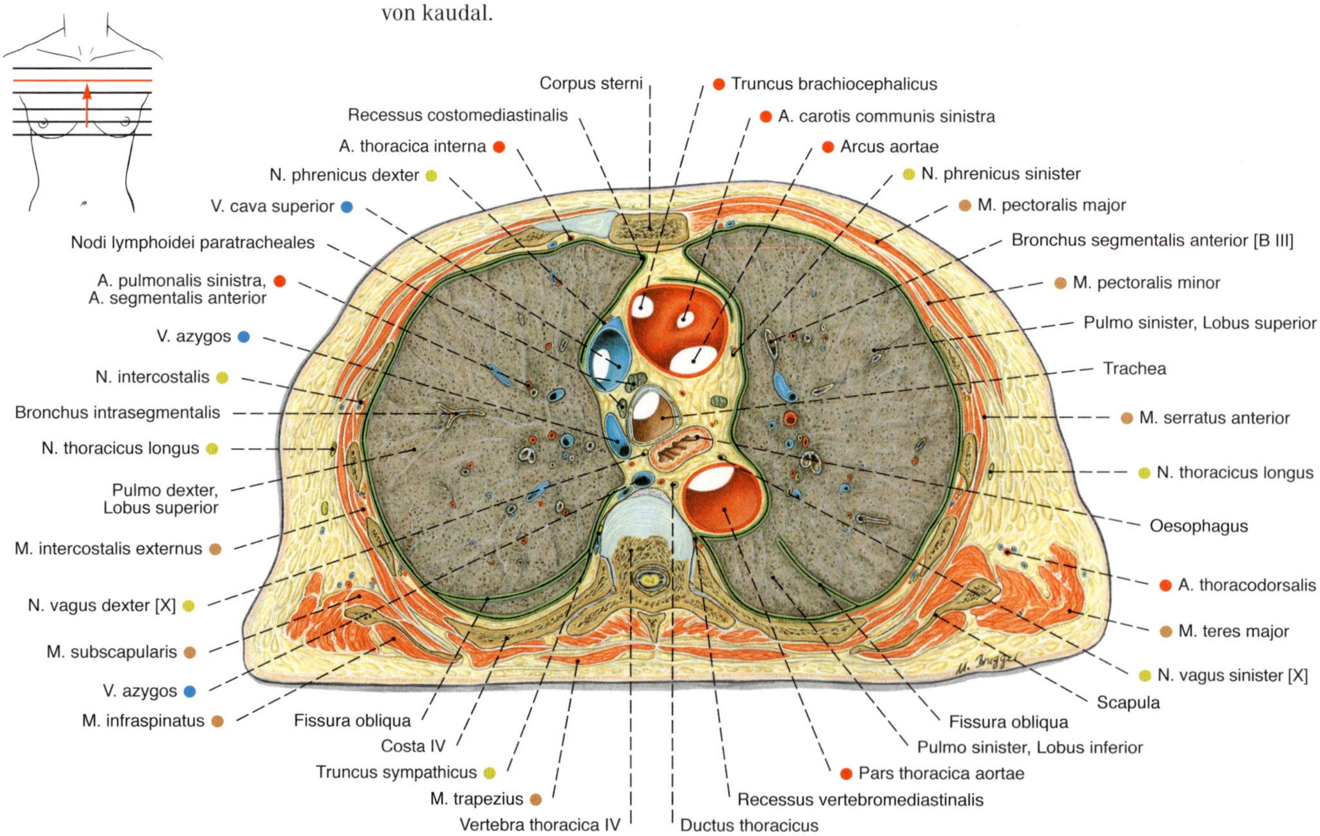

Abb. 931 Brusthöhle, Cavitas thoracis;
Schnitt in der Transversalebene in Höhe des 4. Brustwirbels;
von kaudal.

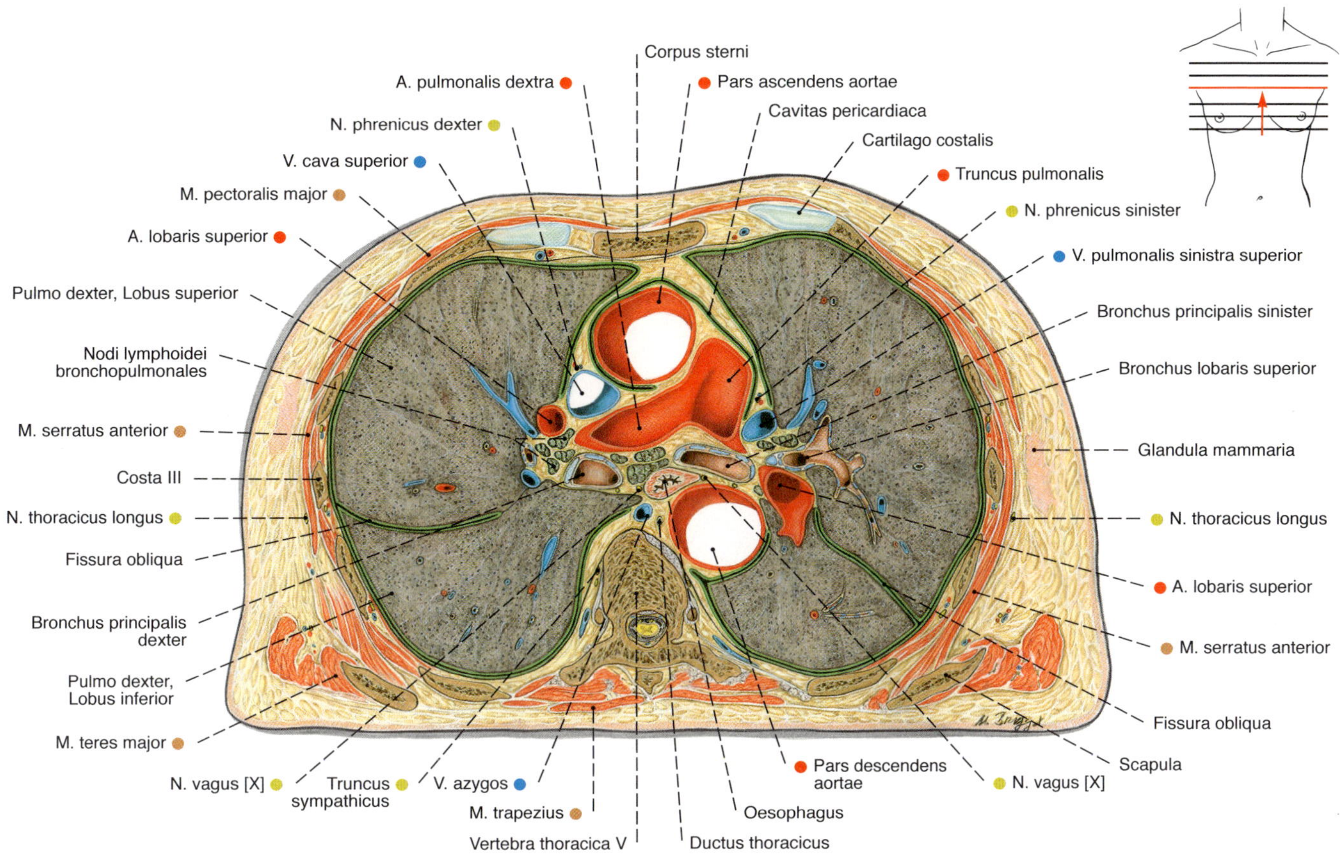

Abb. 932 Brusthöhle, Cavitas thoracis;
Schnitt in der Transversalebene in Höhe der Aufzweigung des Truncus pulmonalis;
von kaudal.

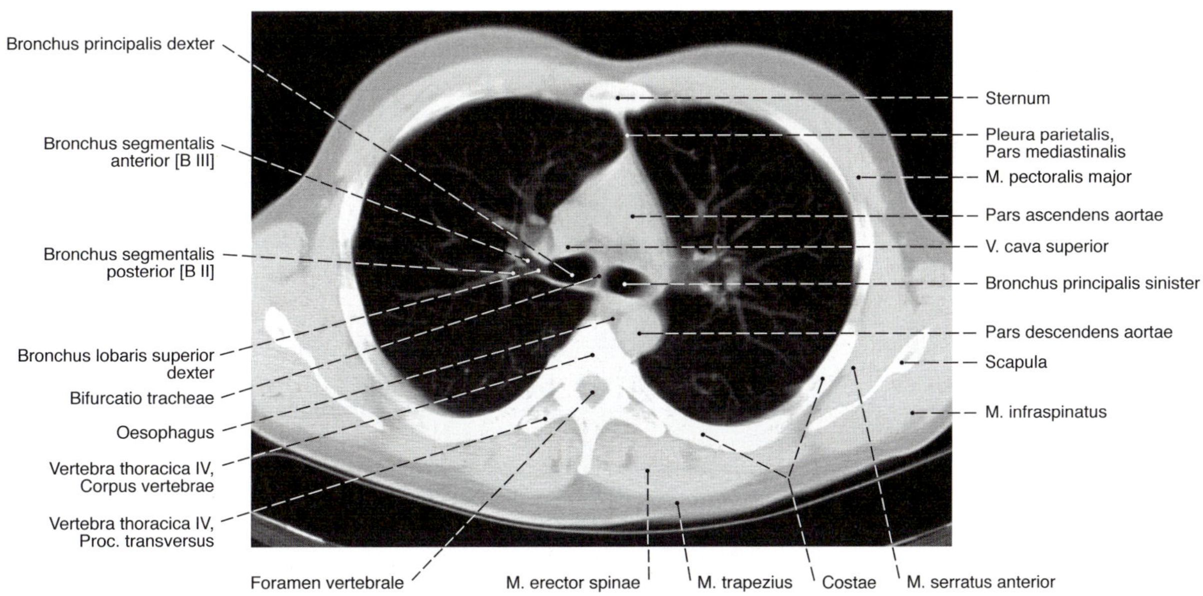

Abb. 933 Brusthöhle, Cavitas thoracis; computertomographischer Querschnitt (CT) auf Höhe der Bifurkation der Trachea; von kaudal.

Je nach elektronischer Verarbeitung des Röntgenbildes kann bevorzugt die Lunge oder das Skelettsystem dargestellt werden.

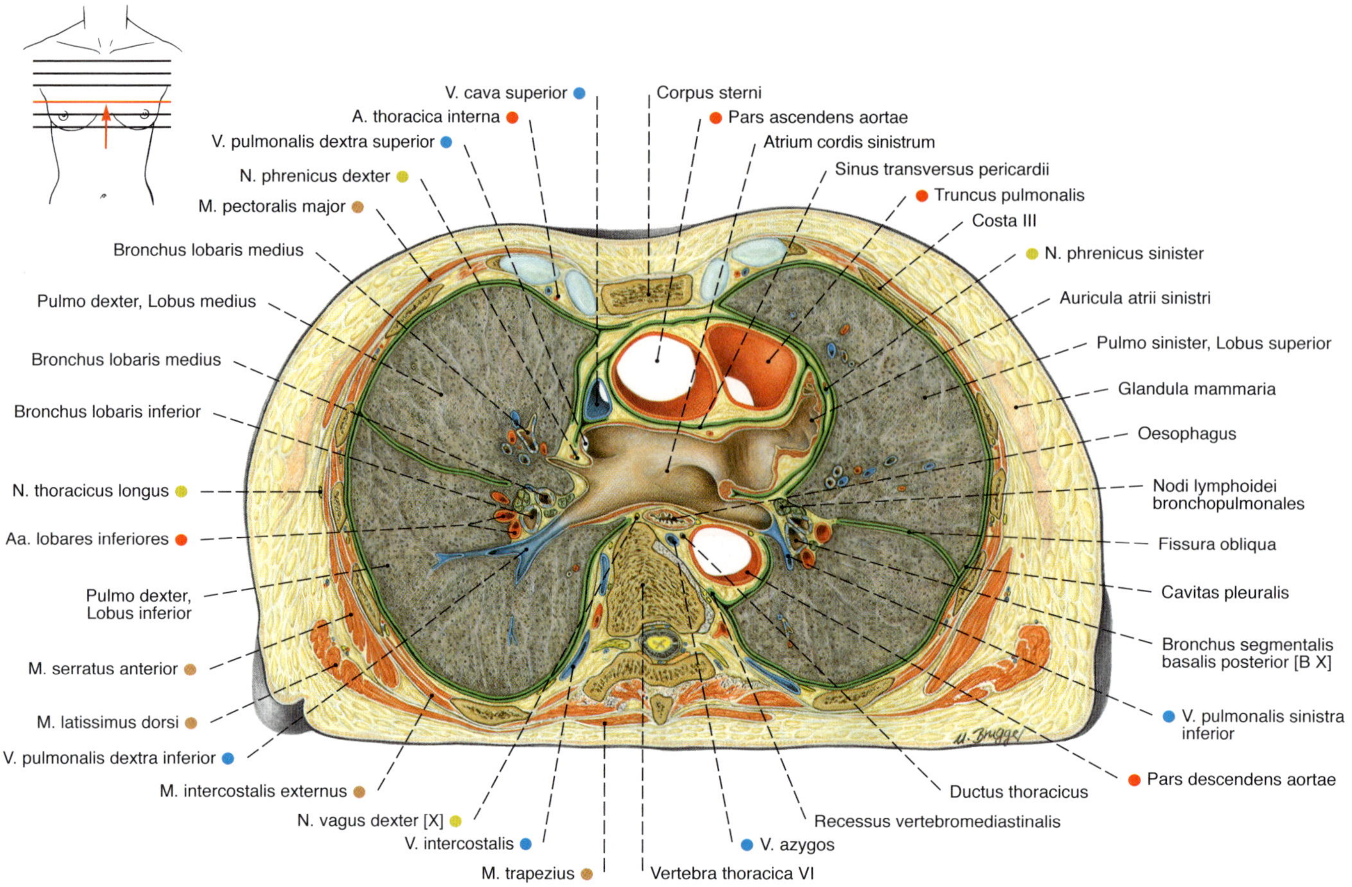

Abb. 934 Brusthöhle, Cavitas thoracis;
Schnitt in der Transversalebene in Höhe des linken Vorhofs;
von kaudal.

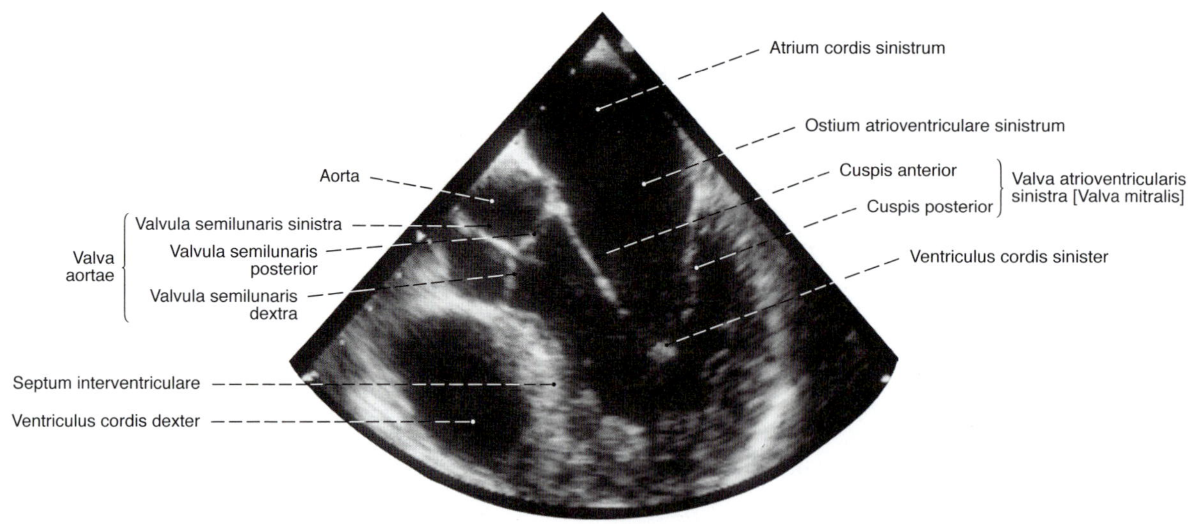

Abb. 935 Herz, Cor;
Ultraschallbild; Schallkopf über ein Endoskop in den Oesophagus eingeführt insbesondere zur Darstellung des linken Herzens mit seinen Klappen;
Schallkopf befindet sich an der Spitze des Dreiecks;
von oben links.

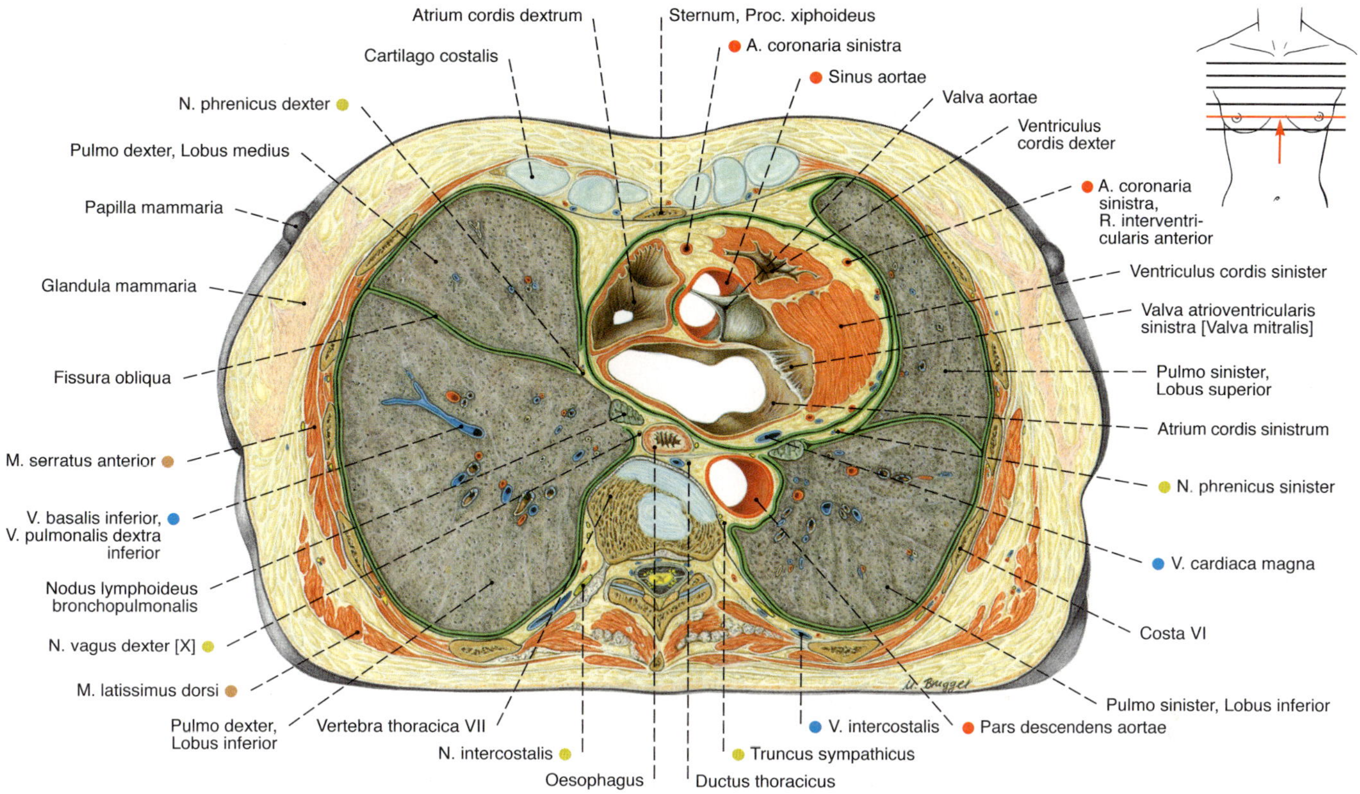

Abb. 936 Brusthöhle, Cavitas thoracis;
Schnitt in der Transversalebene in Höhe des 7. Brustwirbels;
von kaudal.

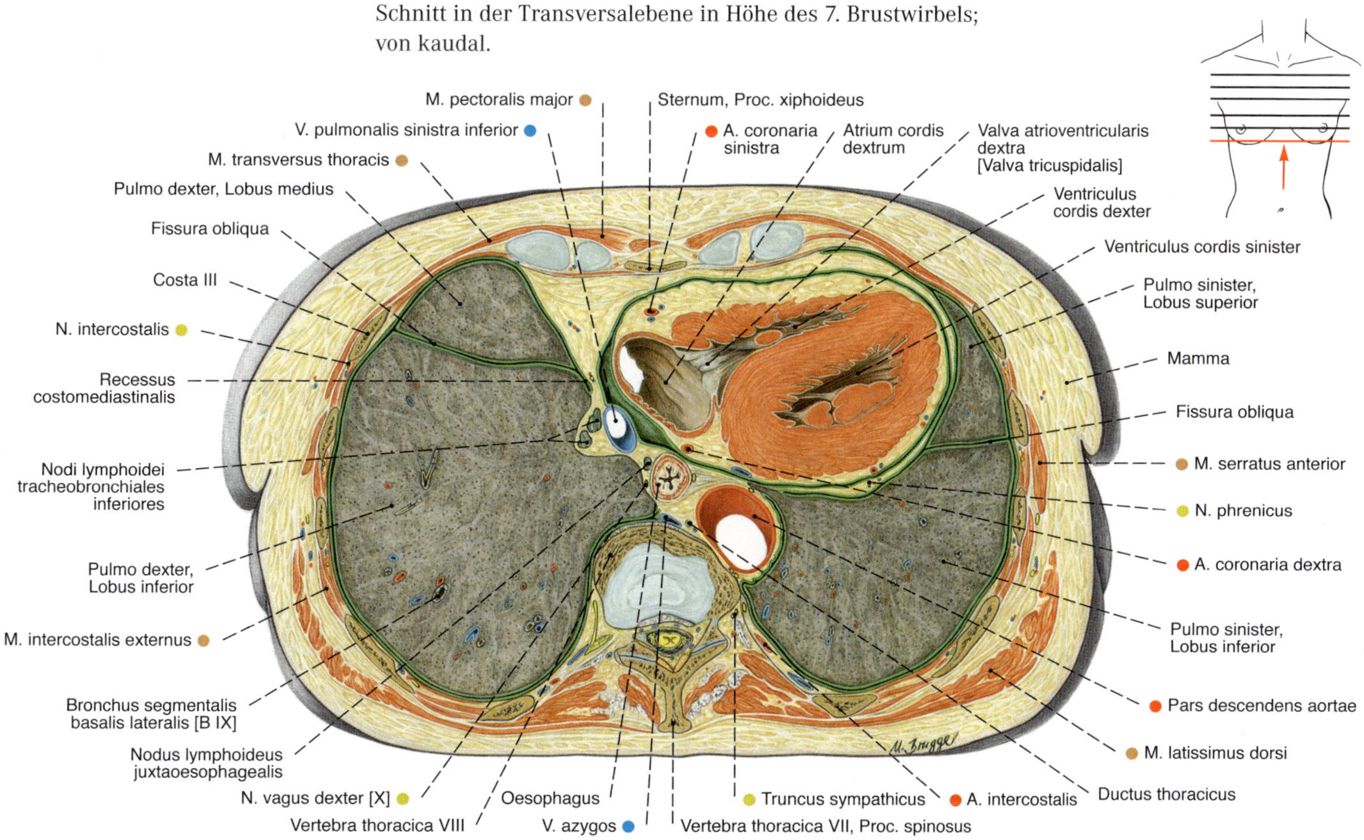

Abb. 937 Brusthöhle, Cavitas thoracis;
Schnitt in der Transversalebene in Höhe des 8. Brustwirbels;
von kaudal.

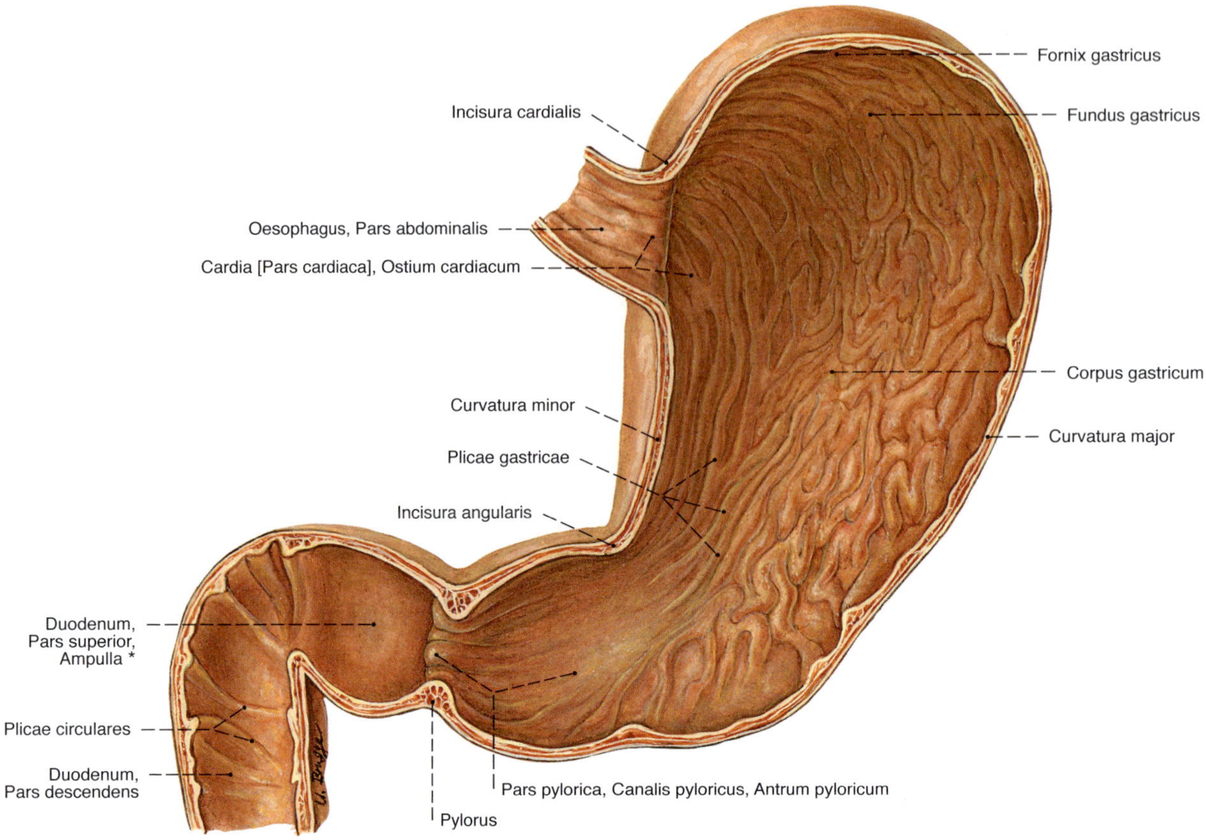

Abb. 938 Magen, Gaster; Zwölffingerdarm, Duodenum; Vorderwand zur Darstellung des Faltenreliefs der Magen- und Darmschleimhaut entfernt;
von ventral.
Die Ringmuskulatur ist am Pylorus besonders ausgeprägt.
* Klinisch: Bulbus duodeni

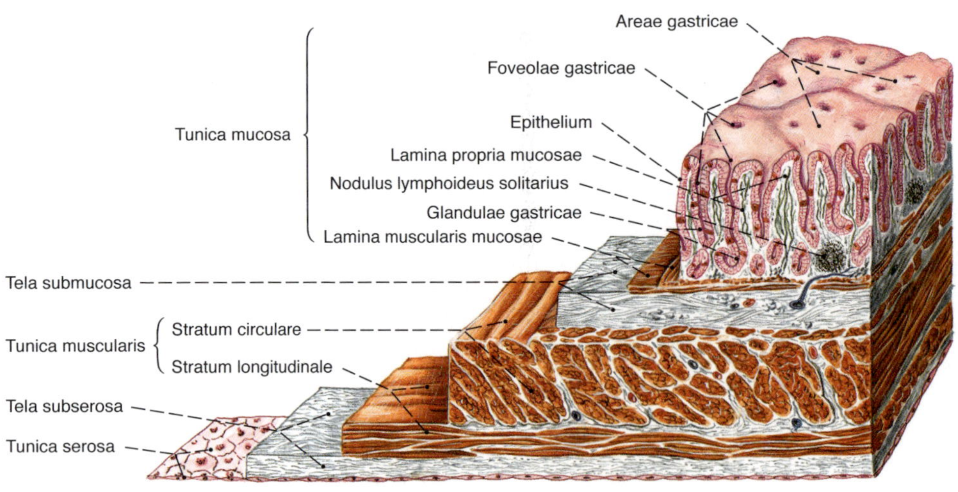

Abb. 939 Schema der Magenwand; Wandschichten stufenweise abgetragen; Lupenvergrößerung.

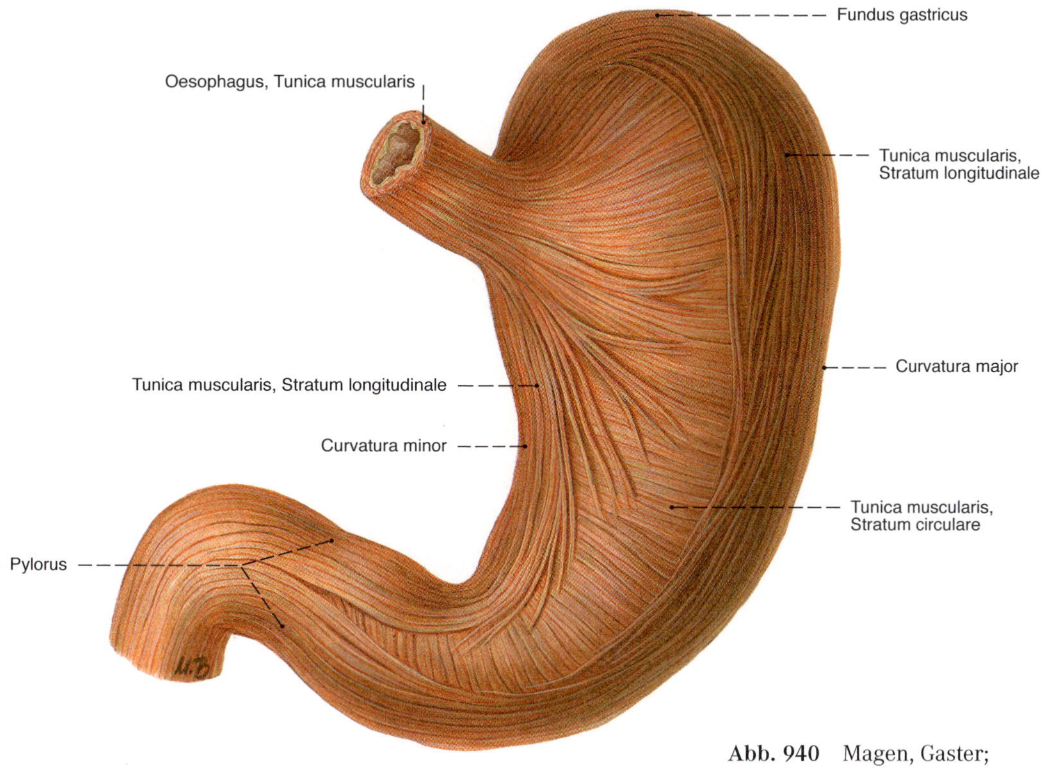

Abb. 940 Magen, Gaster;
Peritoneum zur Darstellung der äußeren Muskelschichten der Magenvorderwand entfernt;
von ventral.

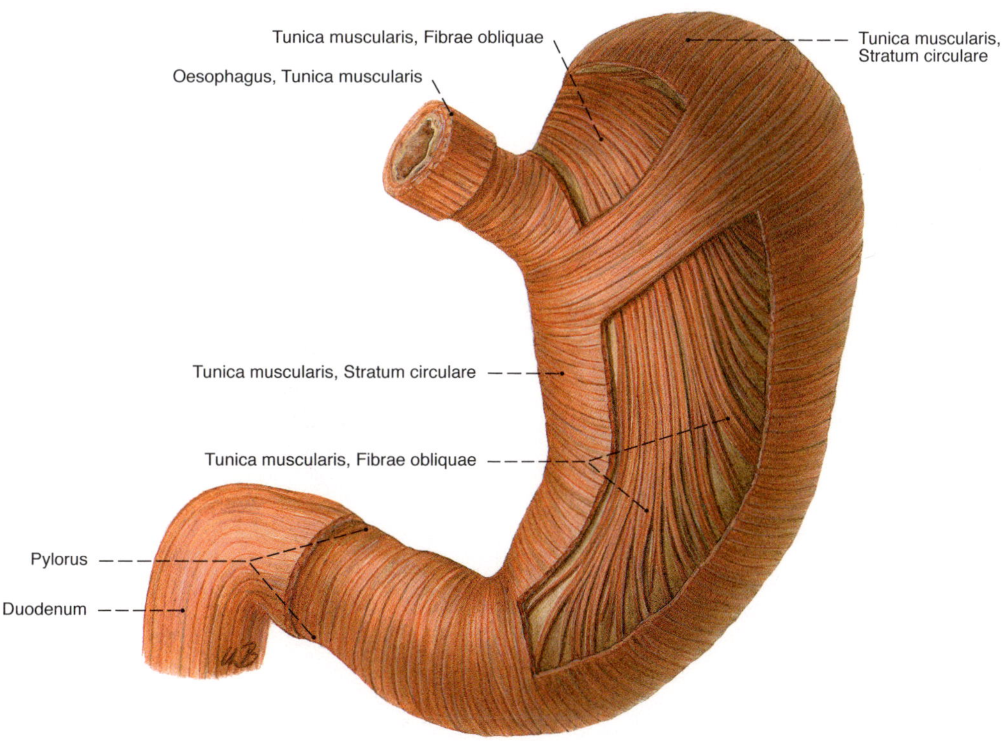

Abb. 941 Magen, Gaster;
Peritoneum entfernt;
äußere Muskelschicht z.T. zur Darstellung der inneren, schräg verlaufenden Muskelschichten abpräpariert;
von ventral.

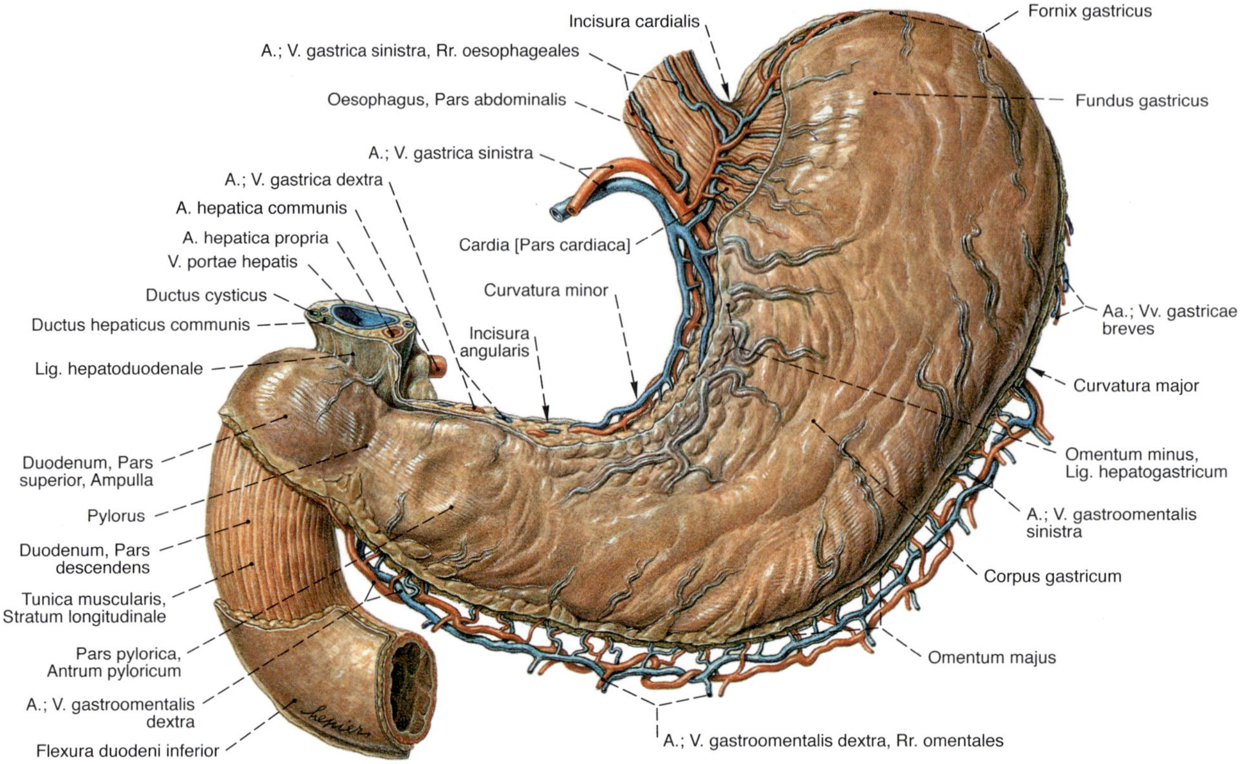

Abb. 942 Magen, Gaster; Zwölffingerdarm, Duodenum; Teile des Peritoneums entfernt; von ventral.

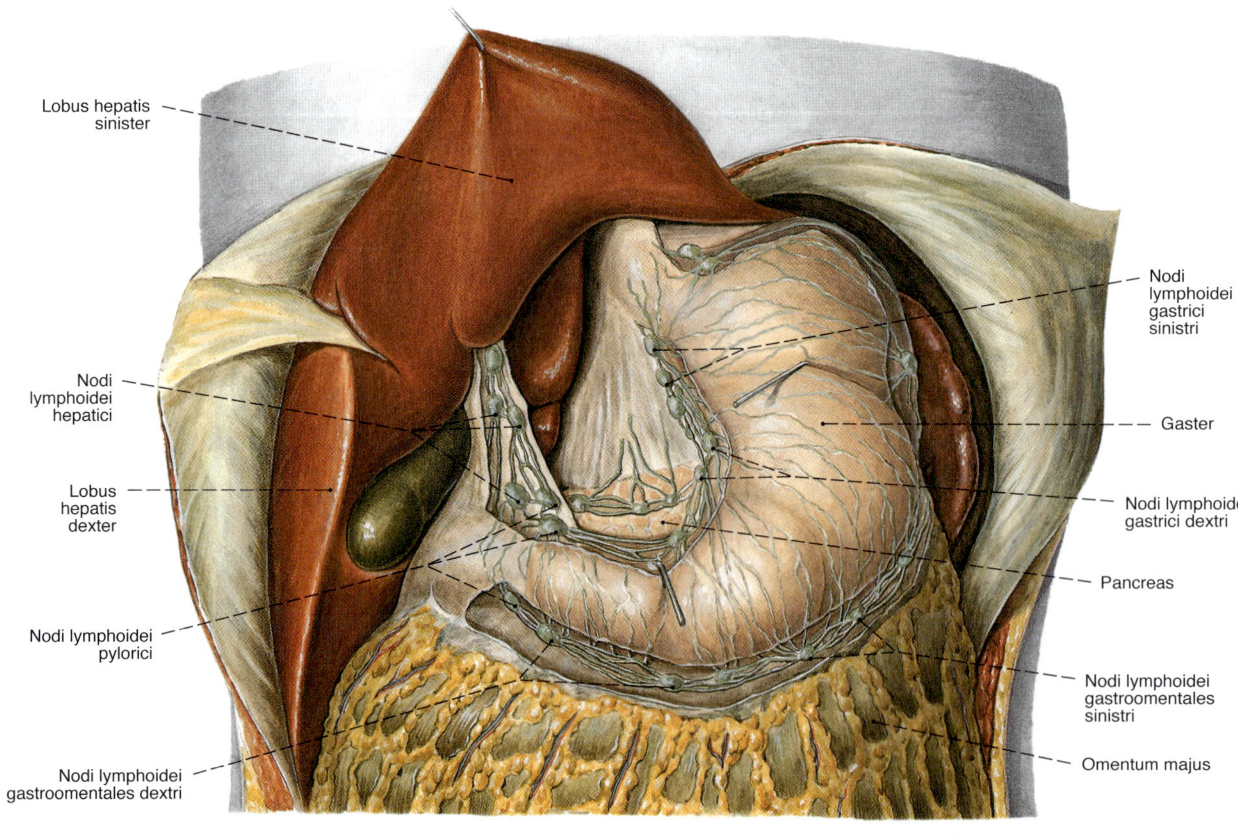

Abb. 943 Magen, Gaster, und Leber, Hepar, mit Lymphknoten, Nodi lymphoidei;
linker Leberlappen nach oben gezogen; Bauchfell an der kleinen und der großen Kurvatur zur Darstellung der Lymphknoten entfernt;
von ventral.
Anzahl und Größe der Lymphknoten des Magens variieren erheblich.

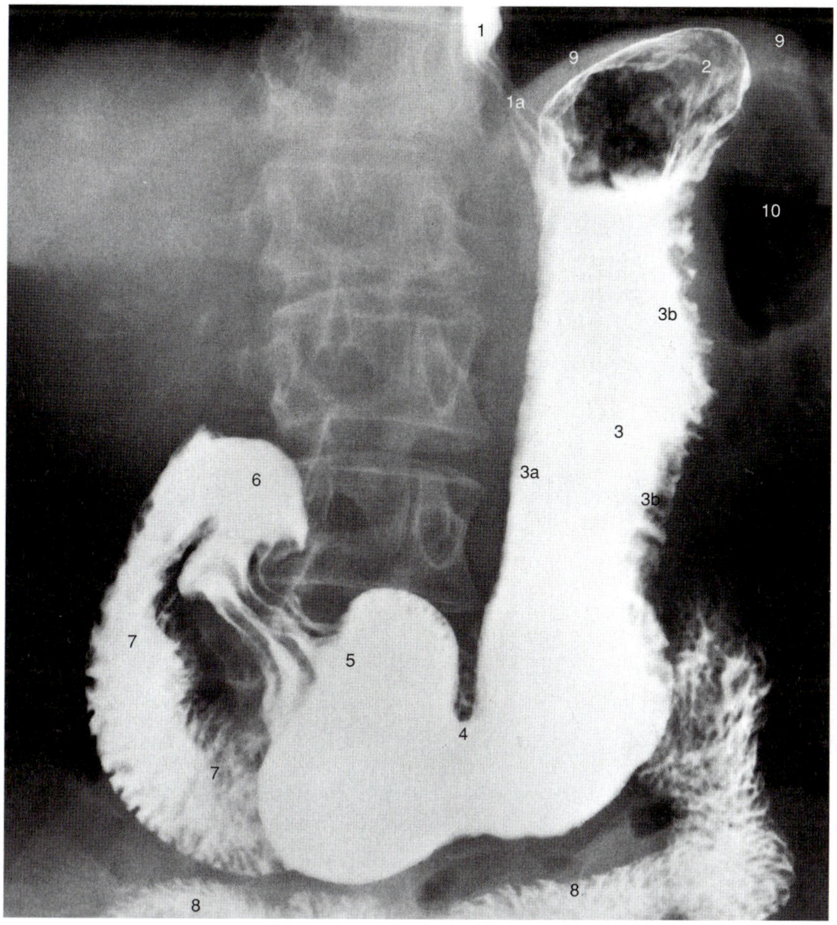

1 = Oesophagus mit Kontrastbrei. Am Übergang (1a) in den Fundus gastricus sind die Rinnen zwischen den Falten als dunkle Streifen sichtbar.
2 = Fundus gastricus mit Luftblase
3 = Corpus gastricum
3a = Curvatura minor
3b = Curvatura major. In der Begrenzung der letzteren werden Aussparungen entsprechend dem Relief der Schleimhautfalten sichtbar.
4 = peristaltische Einschnürung an der Incisura angularis
5 = Pars pylorica vor der Weitergabe einer Portion Mageninhalts
6 = Ampulla duodeni
7 = Pars descendens duodeni mit Plicae circulares
8 = Jejunum
9 = linke Zwerchfellkuppel
10 = Flexura coli sinistra (luftgefüllt)

Abb. 944 Magen, Gaster;
Zwölffingerdarm, Duodenum;
ap-Röntgenbild nach oraler Gabe eines Kontrastmittels;
Einstellung: aufrechte Haltung;
von ventral.

Bei der Röntgenaufnahme am stehenden Patienten stellt sich im Fundus eine Gasblase dar, die nach unten durch einen Flüssigkeitsspiegel abgegrenzt wird.
Die Streifen am Übergang der Speiseröhre in den Magen und im Pylorus entstehen durch Längsfalten der Schleimhaut.

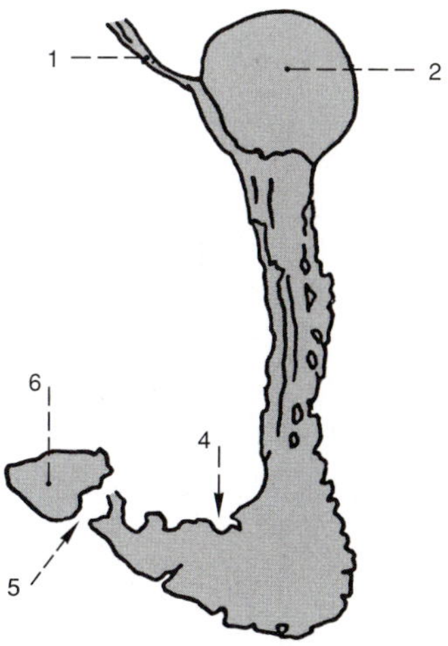

Abb. 945 Magen, Gaster;
Umrisszeichnung des Schleimhautreliefs nach einem ap-Röntgenbild am stehenden Patienten;
von ventral.
Die Pars pylorica ist eingeschnürt, die Wand des Antrum pyloricum erschlafft.

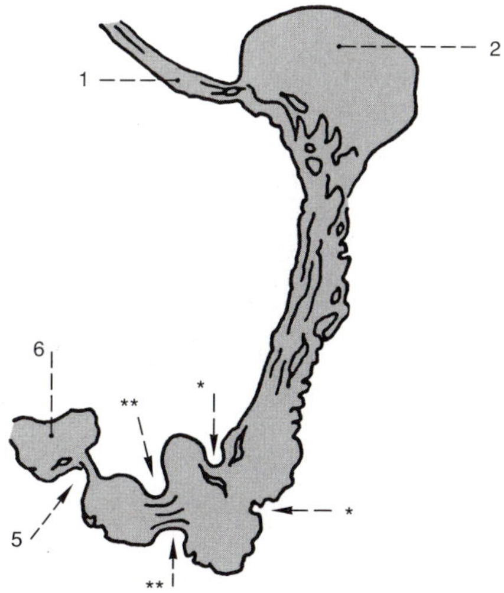

Abb. 946 Magen, Gaster;
Umrisszeichnung des Schleimhautreliefs nach einem ap-Röntgenbild am stehenden Patienten;
von ventral.
Die zwei Einschnürungen an der Incisura angularis (*) und im Bereich des Antrums (**) sind Zeichen einer ablaufenden peristaltischen Welle.

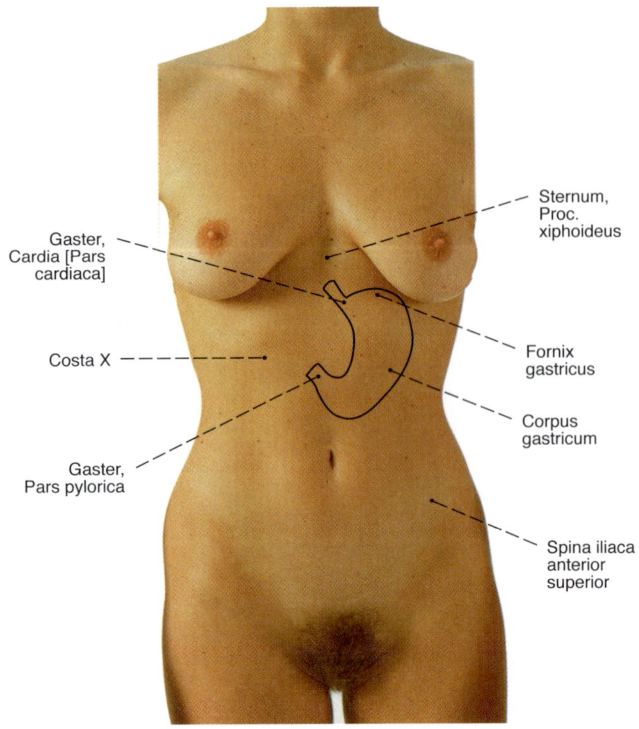

Abb. 947 Magen, Gaster;
Projektion eines „normalen" Magens auf die vordere Bauchwand im Stehen.

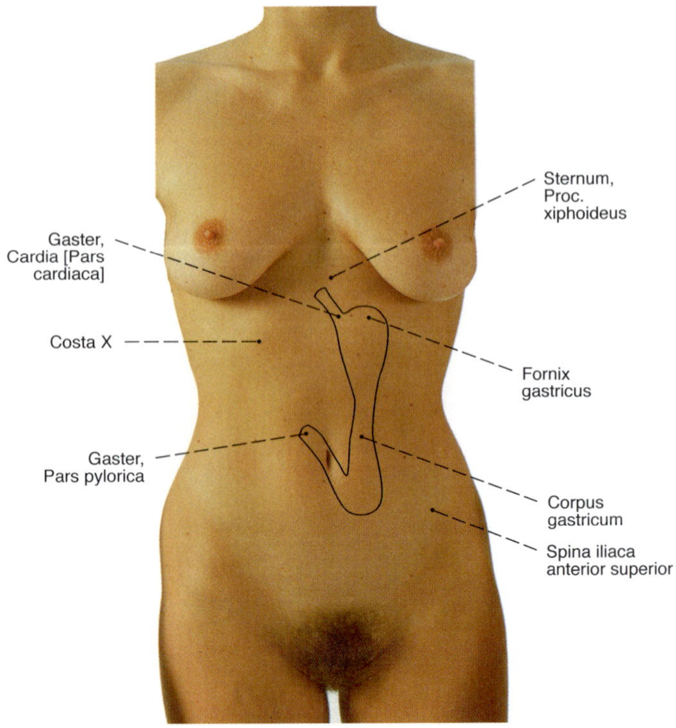

Abb. 948 Magen, Gaster;
Projektion eines „Langmagens" auf die vordere Bauchwand im Stehen.
Der Magen ist am Eingang und Ausgang in der Lage fixiert. Die Größe und die Lage der anderen Abschnitte des Magens sind wesentlich vom Füllungszustand und von der Körperstellung abhängig. Außerdem gibt es starke Schwankungen zwischen einzelnen Menschen.

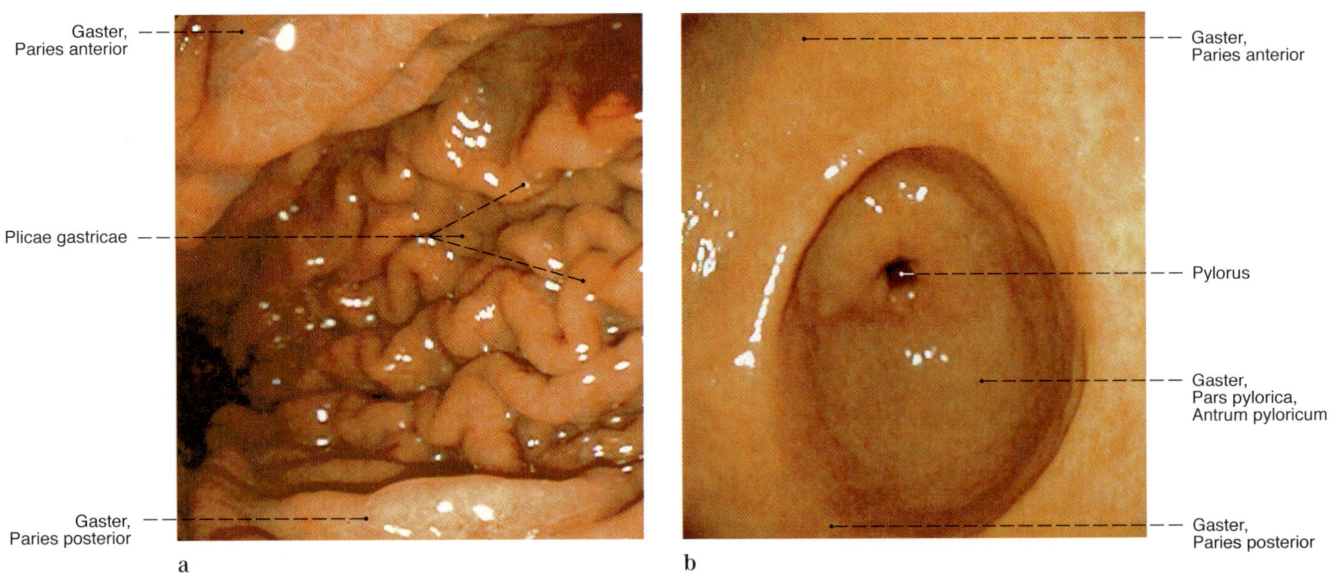

Abb. 949 a, b Magen, Gaster;
Blick durch ein Endoskop in den Magen (Gastroskopie); von oben.

a Ansicht vom Corpus mit den ausgeprägten Längsfalten der Schleimhaut (Plicae gastricae)
b Ansicht vom Antrum mit überwiegend glatter Schleimhaut

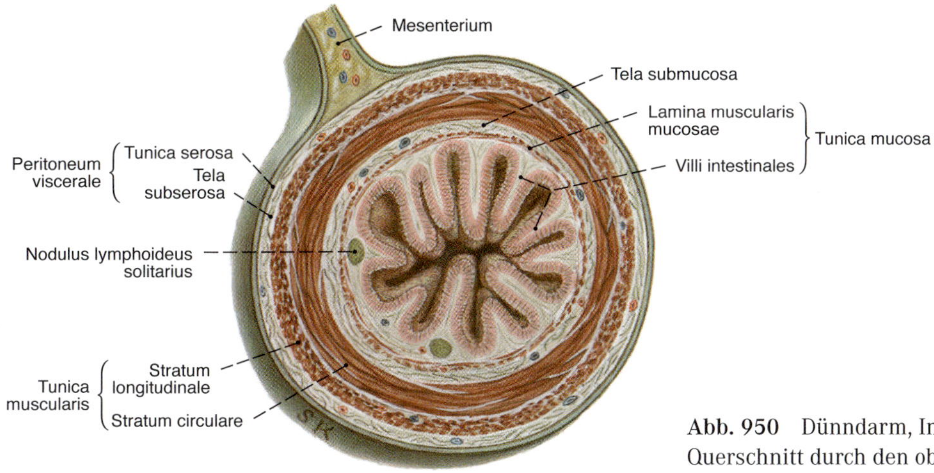

Abb. 950 Dünndarm, Intestinum tenue; Querschnitt durch den oberen Dünndarm.

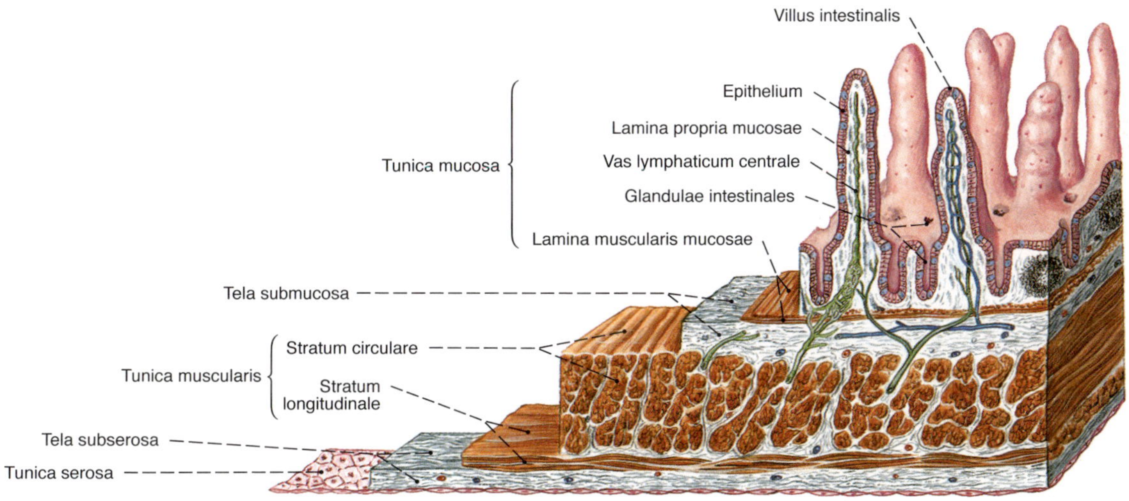

Abb. 951 Dünndarm, Intestinum tenue; Wandschichten stufenweise abgetragen; Lupenvergrößerung.

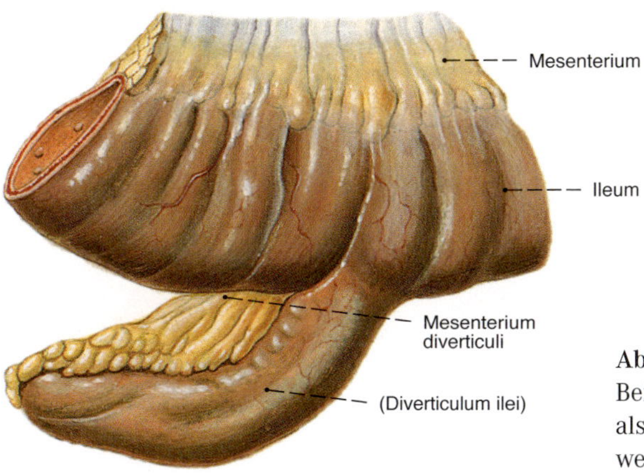

Abb. 952 MECKELsches Divertikel (Diverticulum ilei). Bei 1–3% der Menschen findet sich ein derartiges Divertikel als Rest des Ductus omphaloentericus. In 90% dieser Fälle weist es eine Länge von 1–10 cm auf und liegt 30–70 cm oral der Ileozäkalklappe.

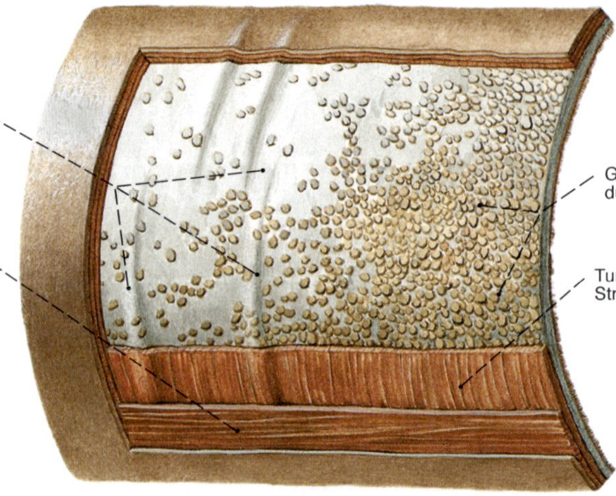

Abb. 953 Zwölffingerdarm, Duodenum, Pars superior; Wandschichten stufenweise zur Darstellung der Duodenaldrüsen (rechte Seite Pylorusnähe) abgetragen.

* Klinisch: BRUNNERsche Drüsen

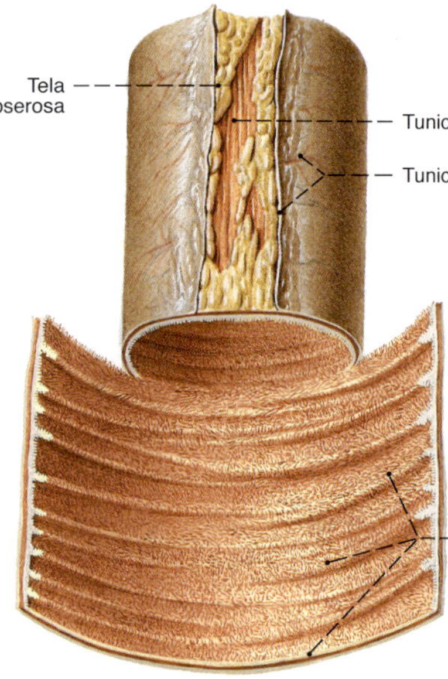

Abb. 954 Oberer Dünndarm, Jejunum; Wand am Mesenterialansatz zur Darstellung der Schleimhaut teilweise aufgeschnitten. Vergleiche die Anzahl der Falten in Abb. 955.

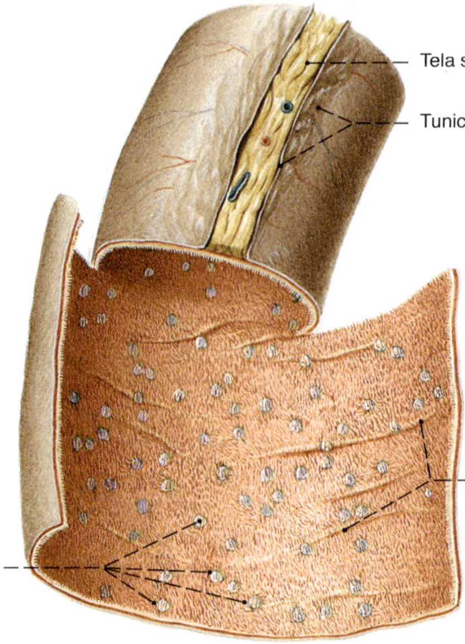

Abb. 955 Unterer Dünndarm, Ileum; Wand am Mesenterialansatz zur Darstellung der Schleimhaut teilweise aufgeschnitten. Vergleiche mit Abb. 954.

Abb. 956 Unterster Dünndarmabschnitt, Ileum, Pars terminalis; Darmstück am Mesenterialansatz eröffnet.

PEYERsche Platten finden sich auch im Duodenum und Jejunum und sind kein Charakteristikum des Ileums.

* Klinisch: PEYERsche Platten

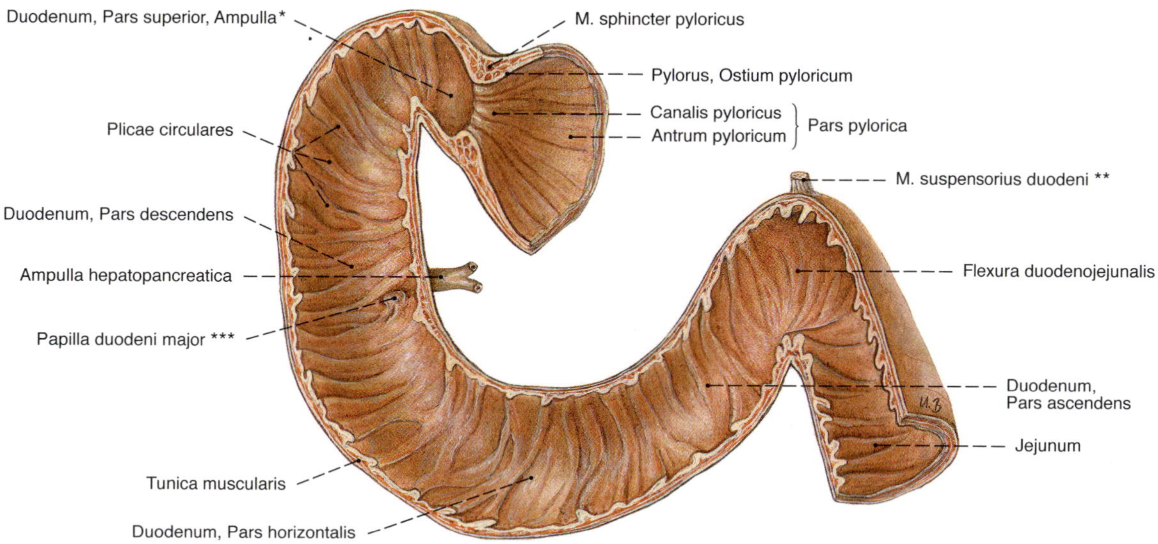

Abb. 957 Zwölffingerdarm, Duodenum;
Vorderwand zur Darstellung der Schleimhaut entfernt;
von ventral.
Die Pars superior zieht vom Magen nach rechts dorsokranial, an der Flexura duodenojejunalis schwenkt das Duodenum nach ventrokaudal.

* Klinisch: Bulbus duodeni
** Klinisch: TREITZscher Muskel
*** Klinisch: VATERsche Papille

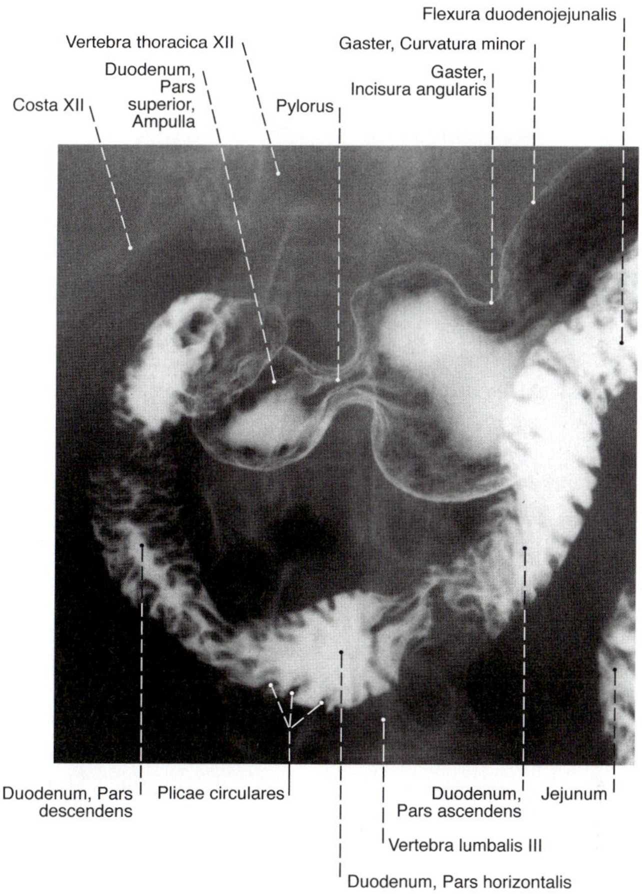

Abb. 958 Zwölffingerdarm, Duodenum;
ap-Röntgenbild nach oraler Gabe eines Kontrastmittels;
Einstellung: aufrechte Haltung;
von ventral.

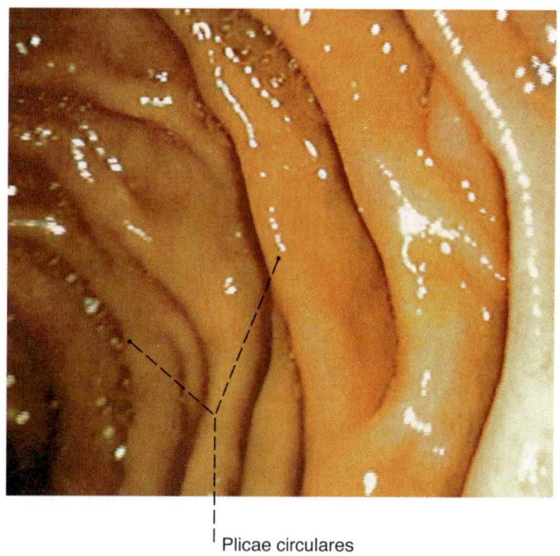

Abb. 959 Zwölffingerdarm, Duodenum;
endoskopische Aufnahme zur Beurteilung der Schleimhaut mit den Plicae circulares;
von oben.

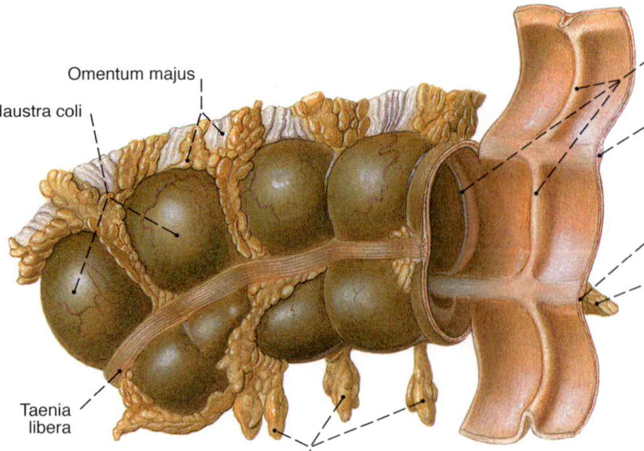

Abb. 960 Querkolon, Colon transversum; großes Netz zur Darstellung der Taenia libera nach oben geschlagen; die Schleimhautfalten sind im eröffneten Darmabschnitt deutlich zu erkennen; von ventral kaudal.

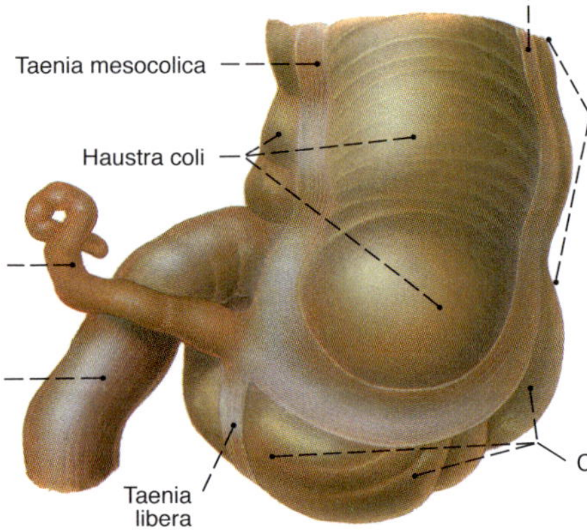

Abb. 961 Blinddarm, Caecum; Wurmfortsatz, Appendix vermiformis; Ende vom Dünndarm, Pars terminalis ilei; von dorsal.

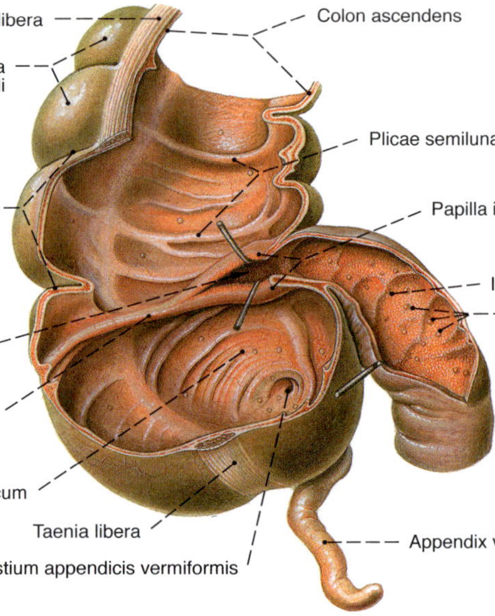

Abb. 962 Aufsteigender Dickdarm, Colon ascendens; Blinddarm, Caecum; Wurmfortsatz, Appendix vermiformis; Darmabschnitte durch Frontalschnitt zur Darstellung der Ileozäkalklappe (Bauhinsche Klappe) eröffnet; Haken halten die Mündung auseinander; von ventral.

* Peyersche Platten

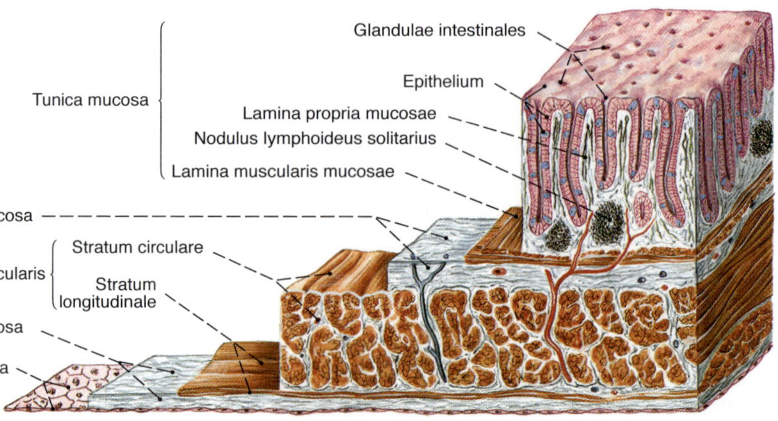

Abb. 963 Dickdarm, Colon; Wandschichten stufenweise abgetragen; Lupenvergrößerung.

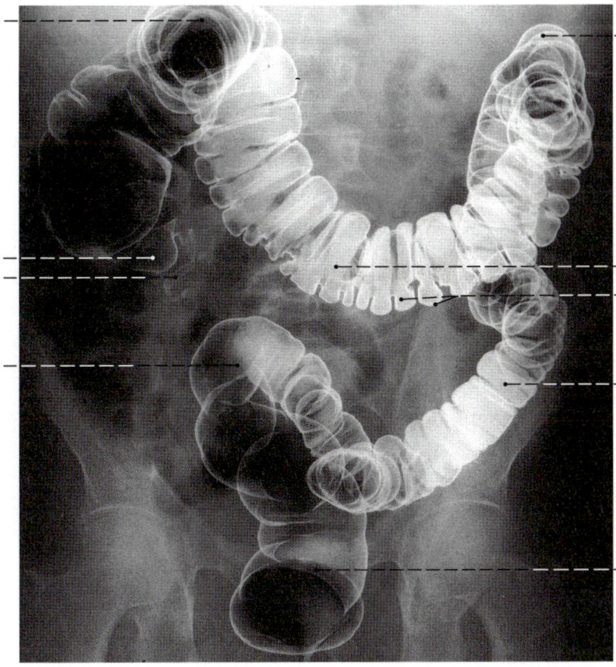

Abb. 964 Dickdarm, Colon; Enddarm, Rectum; ap-Röntgenbild; nach Füllung mit Kontrastmittel und Luft (Doppelkontrastmethode).
Vergleiche die Topographie des Kolons in Abb. 1005 und 1008.

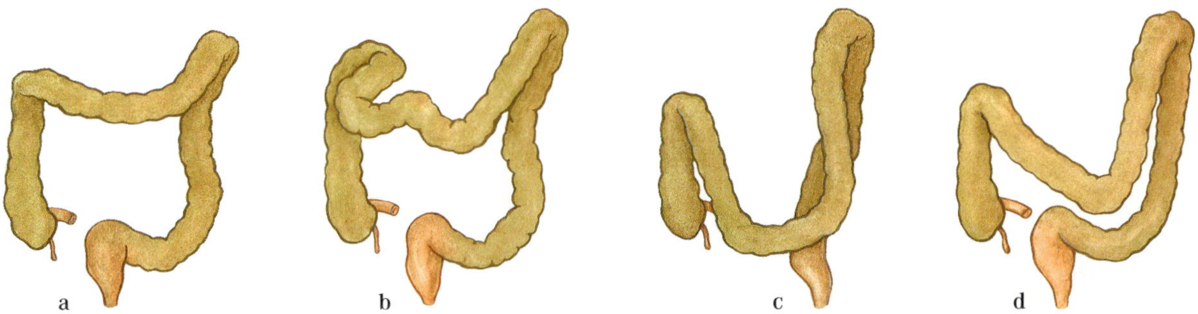

Abb. 965 a–d Querkolon, Colon transversum; häufige Lagevarianten.
a normale Lage, **b** Schlängelung, **c** U-förmig, **d** V-förmig

Die Lage des Querkolons hängt auch vom Füllungszustand und von der Haltung des Körpers ab; von ventral.

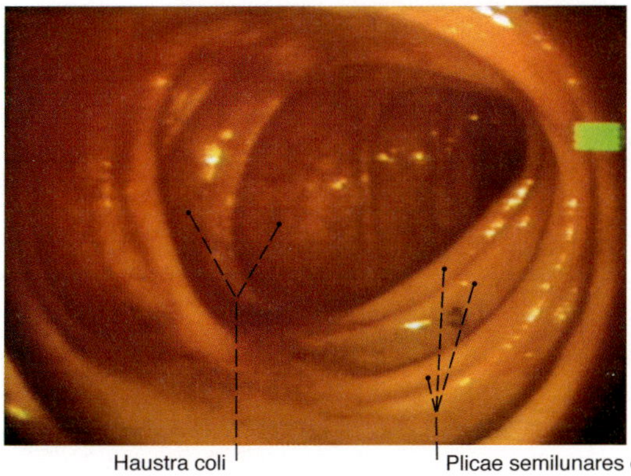

Abb. 966 Aufsteigender Dickdarm, Colon ascendens; Blick durch ein über das Rektum, Sigmoid, Colon descendens und Querkolon eingeführtes Endoskop (Koloskopie).

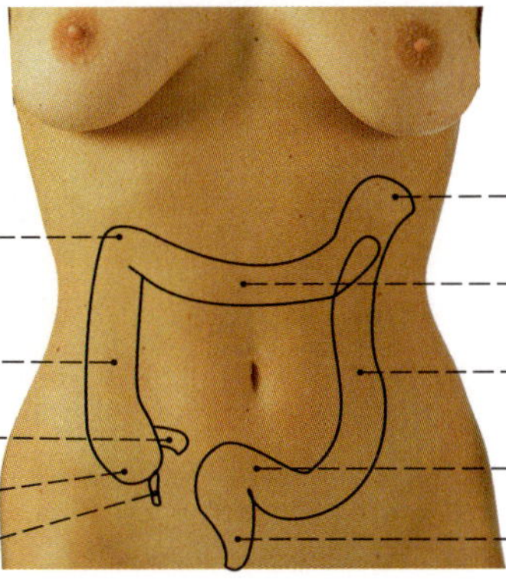

Abb. 967 Dickdarm, Colon; Projektion auf die vordere Bauchwand.
Die Lage des Querkolons und des Sigmoids ist sehr variabel (siehe Abb. 965).

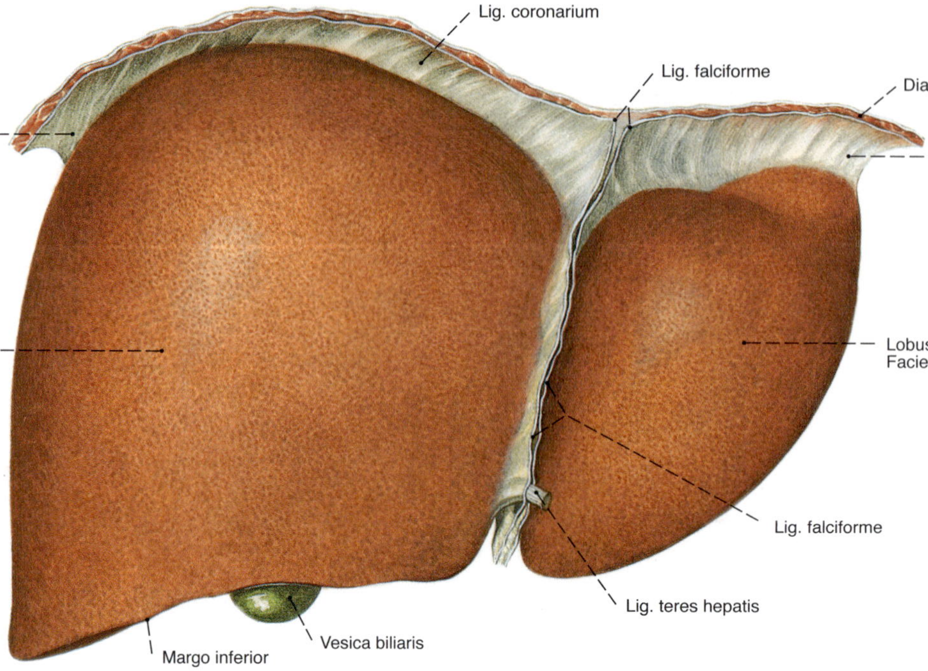

Abb. 968 Leber, Hepar;
Teile des Zwerchfells zur Darstellung der Verwachsung der Leber mit dem Zwerchfell belassen;
Lig. falciforme hepatis und Lig. teres hepatis durchgeschnitten;
von ventral.

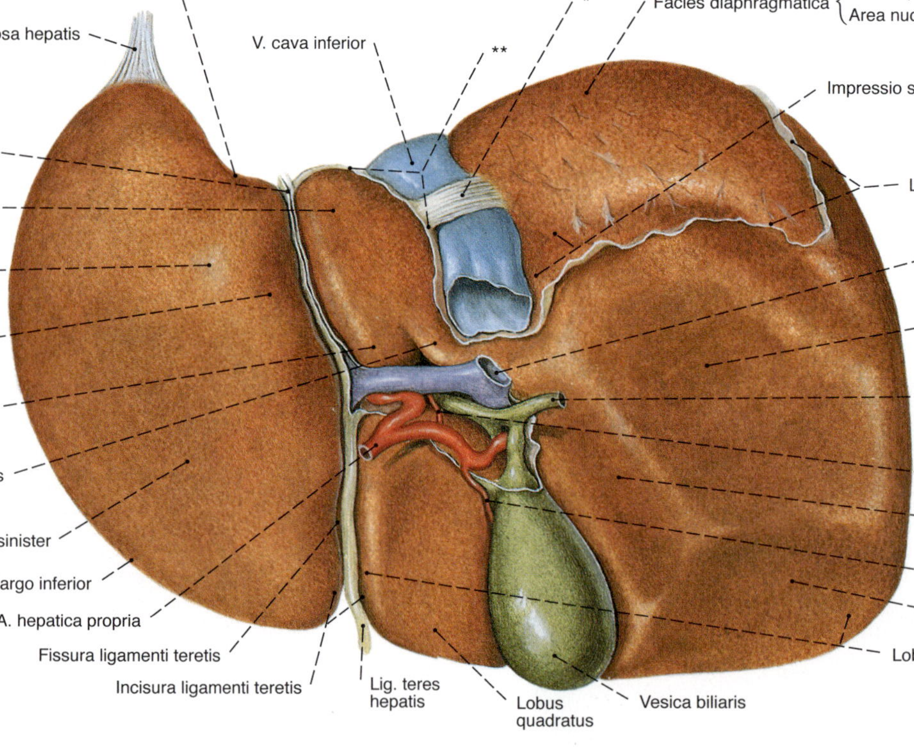

Abb. 969 Leber, Hepar; Leberpforte, Porta hepatis;
Fixierungsbänder der Leber und Gefäße durchgeschnitten;
von dorsal.

* Auch: Lig. venae cavae
** Begrenzung des Recessus superior der Bursa omentalis

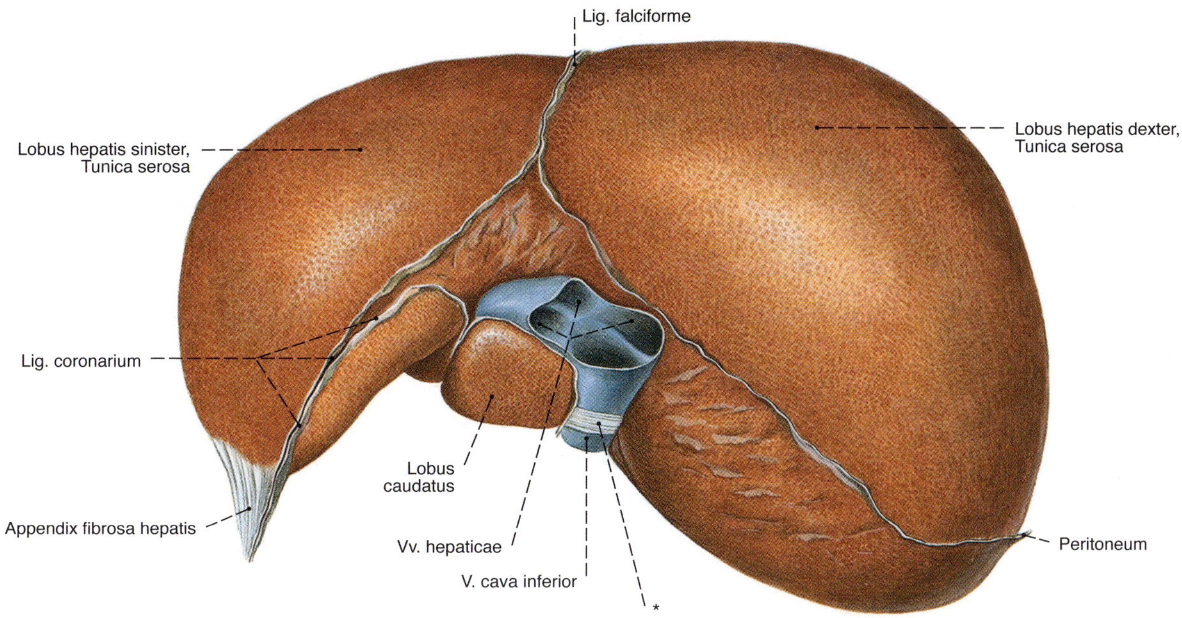

Abb. 970 Leber, Hepar;
Umschlagfalten des Bauchfells durchgetrennt;
von kranial.

Der bauchfellfreie Bereich der Leberoberfläche, Area nuda, ist an der raueren Oberfläche zu erkennen.

* Auch: Lig. venae cavae

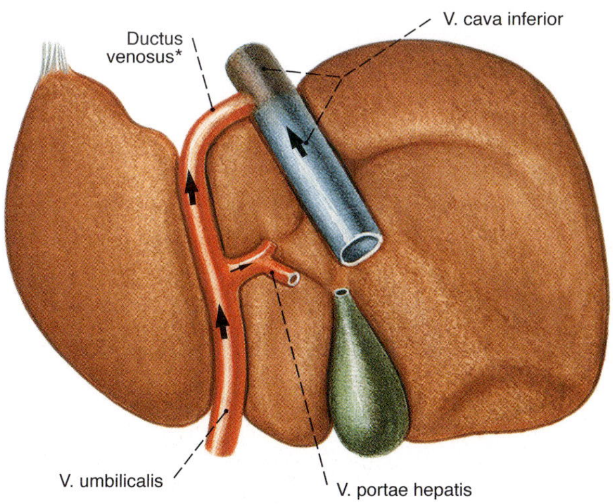

Abb. 971 Leber, Hepar;
Verhältnisse beim Feten; Sauerstoffgehalt des Blutes durch Farben, die Flussrichtung durch Pfeile angegeben;
von dorsal.
Das Leberparenchym wird durch den Ductus venosus umgangen, der sauerstoffreiches Blut von der Plazenta zur V. cava inferior führt.

* Auch: Ductus ARANTII

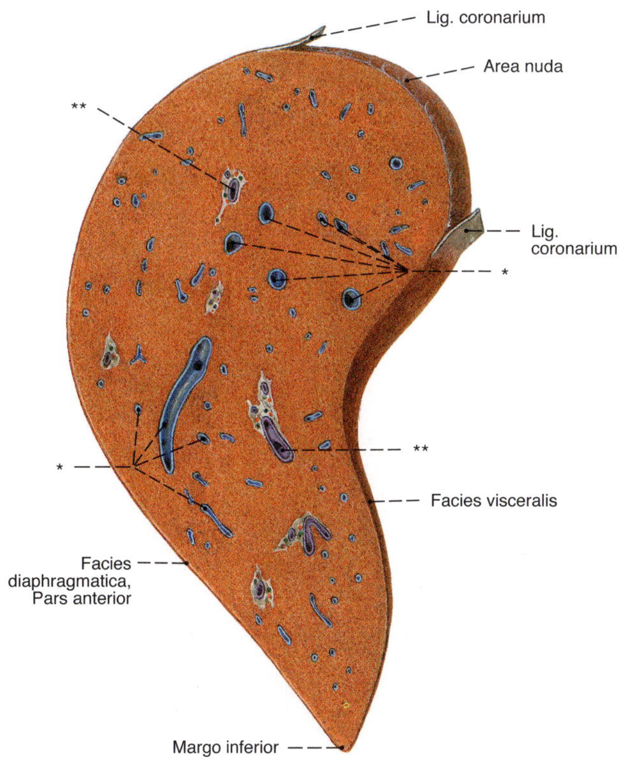

Abb. 972 Leber, Hepar;
Sagittalschnitt durch den rechten Leberlappen zur Darstellung der Lebervenen- und der Pfortaderäste.

* Intrahepatische Äste der Lebervenen
** Intrahepatische Äste der Pfortader und der Leberarterie

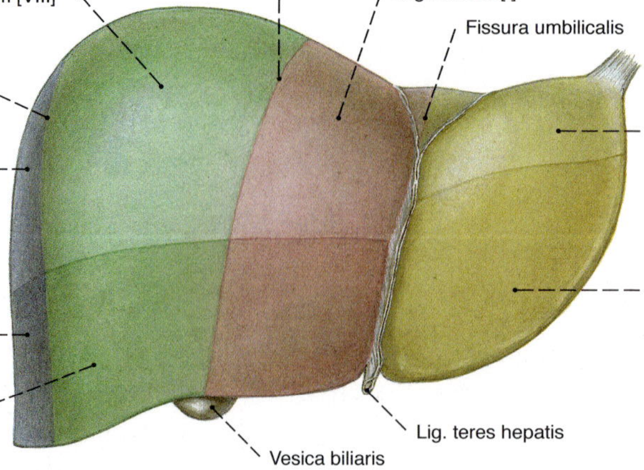

Abb. 973 Leber, Hepar;
Segmente der Leberlappen farblich hervorgehoben;
von ventral.

Unter chirurgischen Gesichtspunkten wird das Segment IV in ein oberes Subsegment IV a und in ein unteres Subsegment IV b untergliedert.

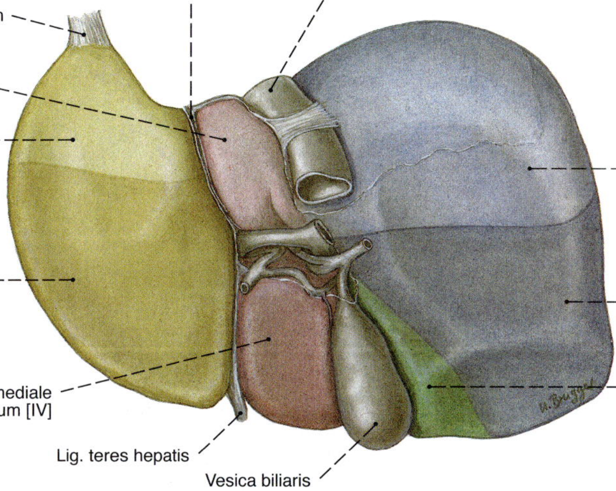

Abb. 974 Leber, Hepar;
Segmente der Leberlappen wie in Abb. 973 farblich hervorgehoben;
von dorsal.

Gliederung der Leber, Hepar

Pars hepatis sinistra	Pars posterior hepatis, Lobus caudatus	Segmentum [I]
	Divisio lateralis sinistra	Segmentum posterius laterale sinistrum [II]
		Segmentum anterius laterale sinistrum [III]
	Divisio medialis sinistra	Segmentum mediale sinistrum [IV]
Pars hepatis dextra	Divisio medialis dextra	Segmentum anterius mediale dextrum [V]
		Segmentum posterius mediale dextrum [VIII]
	Divisio lateralis dextra	Segmentum anterius laterale dextrum [VI]
		Segmentum posterius laterale dextrum [VII]

Traditionell wird die Leber nach der Beziehung zum Lig. falciforme in einen rechten und einen linken Leberlappen (Lobi hepatis dexter und sinister) unterteilt. Dagegen entspricht die Gliederung in Partes und Divisiones, die auf der Verzweigung der Äste von A. hepatis, V. portae und Ductus hepaticus beruht, besser praktischen Gesichtspunkten, wie z.B. den Erfordernissen von chirurgischen Teilresektionen, und berücksichtigt überdies auch entwicklungsgeschichtliche Gesichtspunkte.
Die einzelnen Teile werden durch Fissuren getrennt, die aber nicht durch äußerlich sichtbare Spalten erkennbar sind.

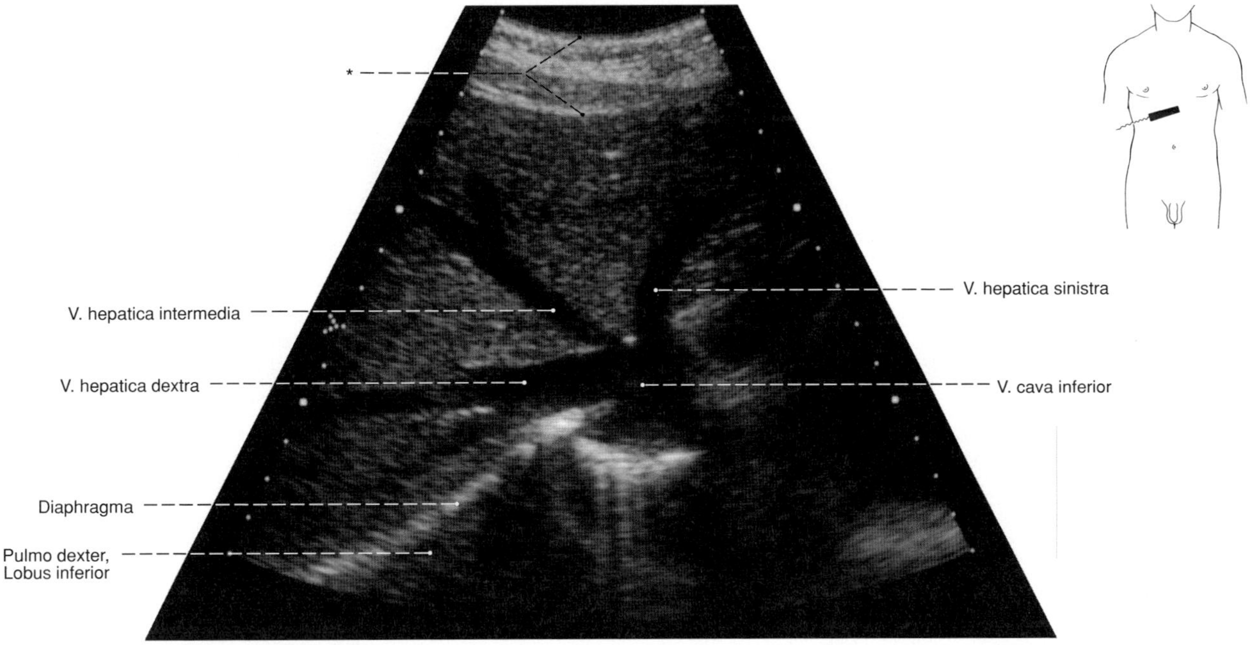

Abb. 975 Lebervenen, Vv. hepaticae;
Ultraschallbild der Einmündung der Lebervenen in die untere Hohlvene;
von unten.
* Bauchwand

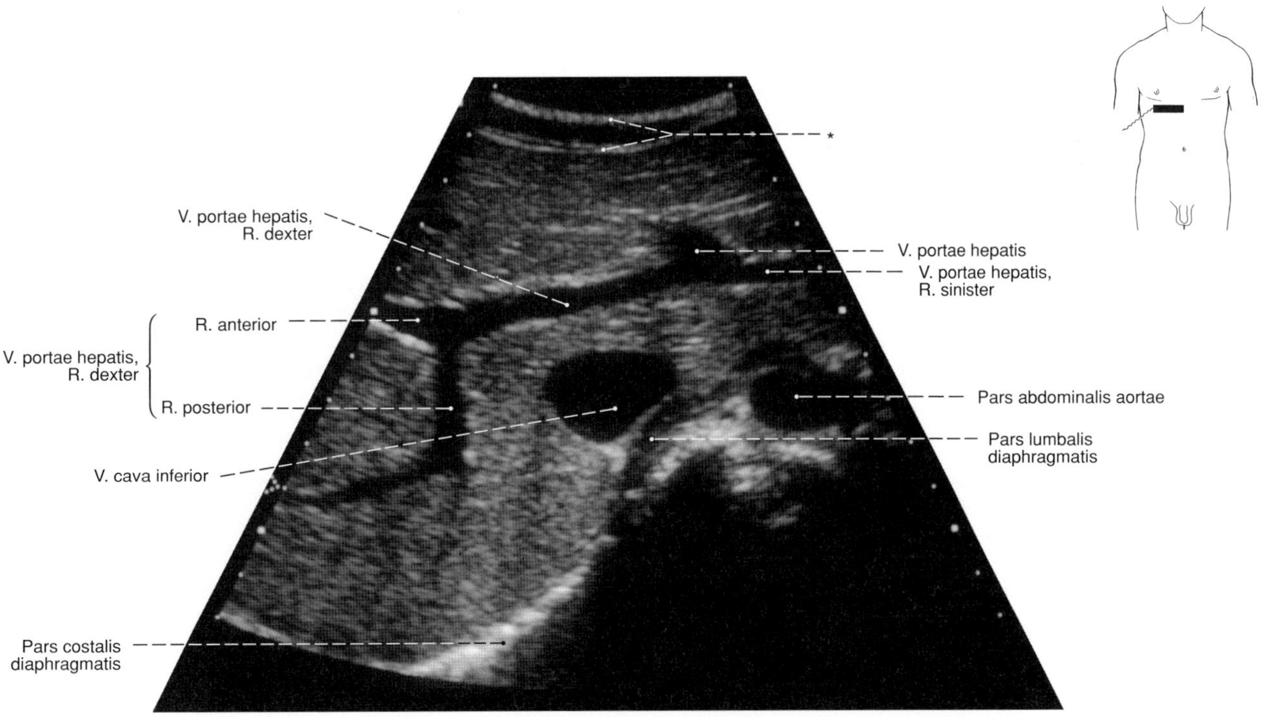

Abb. 976 Pfortader, V. portae hepatis;
Ultraschallbild der Aufzweigung der Pfortader in ihre Hauptäste;
von unten.
Vergleiche Abb. 982.
* Bauchwand

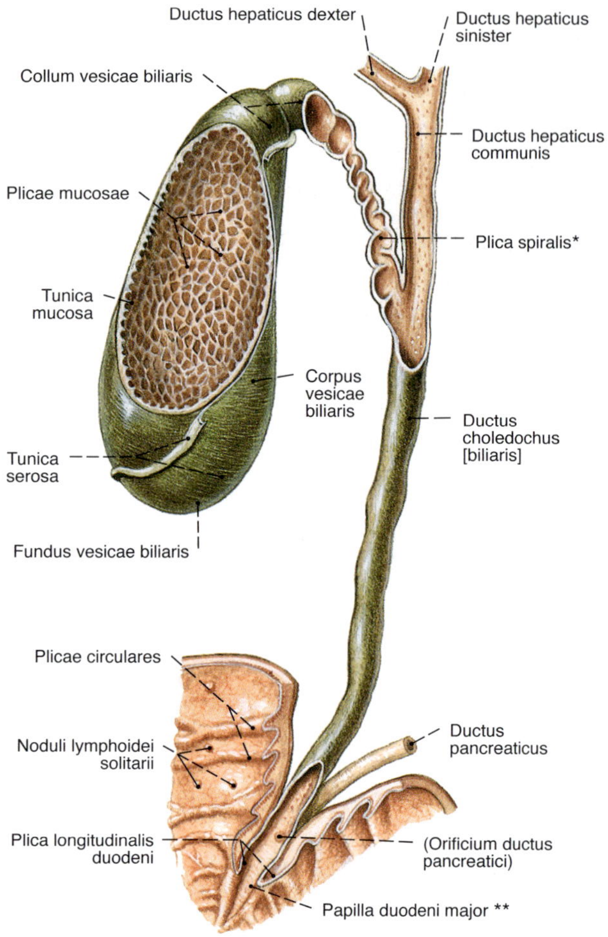

Abb. 977 Gallenblase, Vesica biliaris [fellea], Gallengänge;
Teile der Vorderwand der Gallenblase, der Gallenwege und des Zwölffingerdarms zur Darstellung der Schleimhaut entfernt;
von ventral.

* Klinisch: HEISTERsche Klappe
** Klinisch: VATERsche Papille

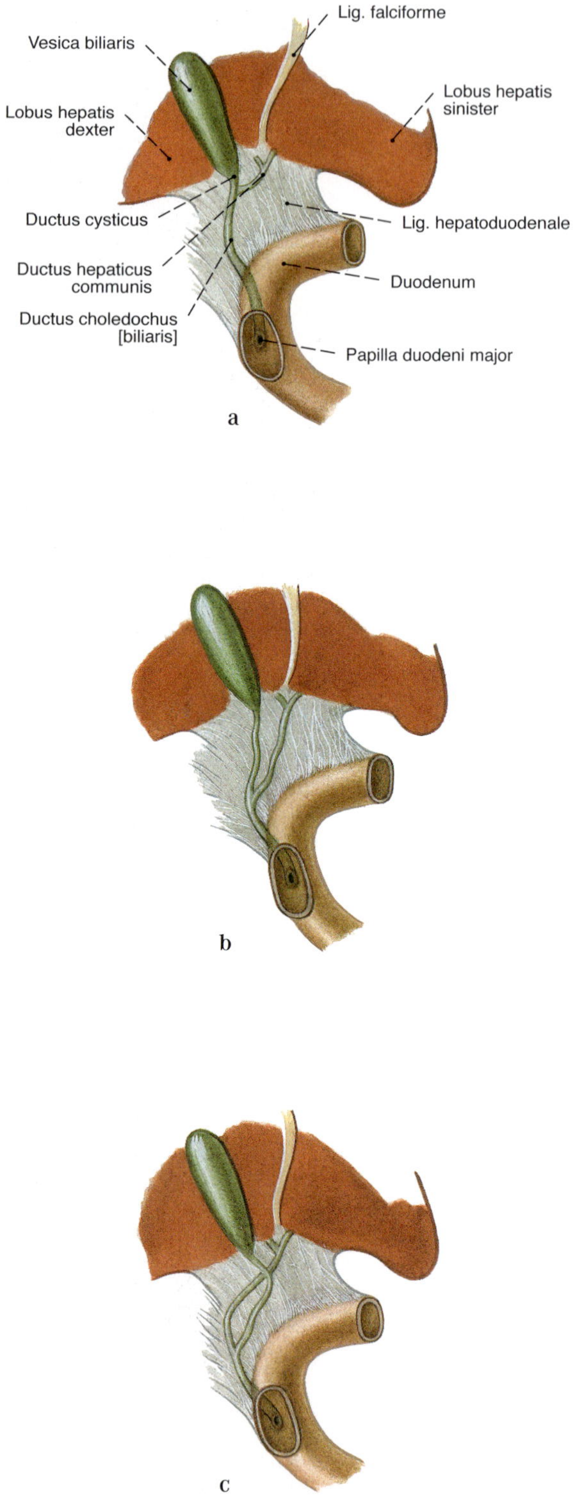

Abb. 978 a–c Variabilität der Gallengänge, Ductus hepaticus communis, Ductus choledochus.

- **a** hohe Vereinigung von Ductus hepaticus communis mit Ductus cysticus
- **b** tiefe Vereinigung von Ductus hepaticus communis mit Ductus cysticus
- **c** tiefe Vereinigung mit Überkreuzung von Ductus cysticus und Ductus hepaticus communis

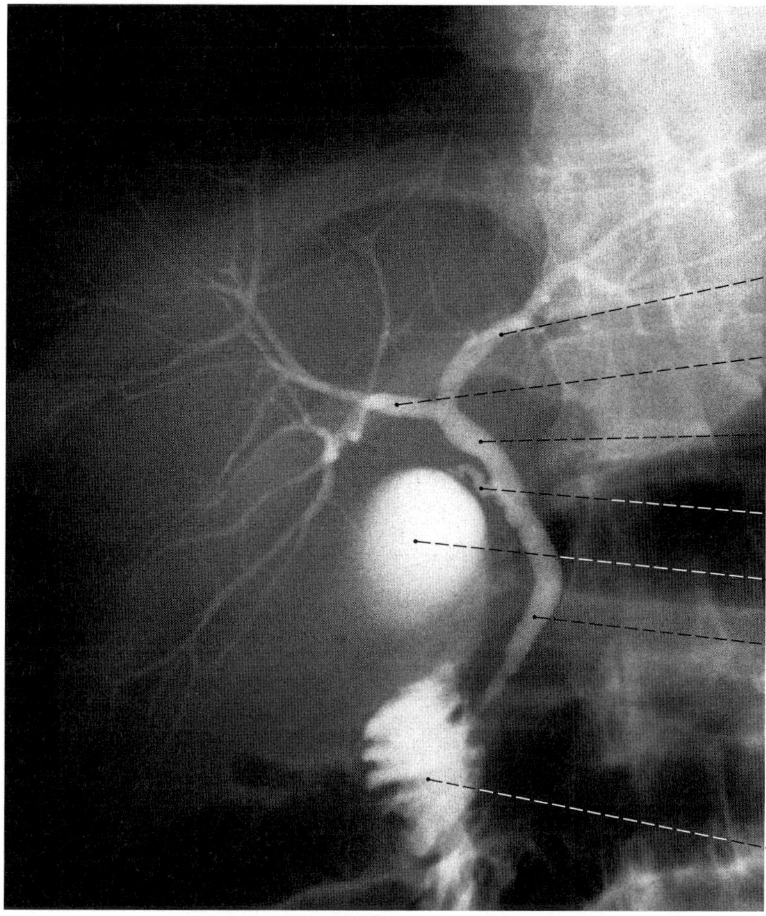

Abb. 979 Gallengänge;
ap-Röntgenbild nach Gabe eines Kontrastmittels;
aufrechte Haltung;
von ventral.

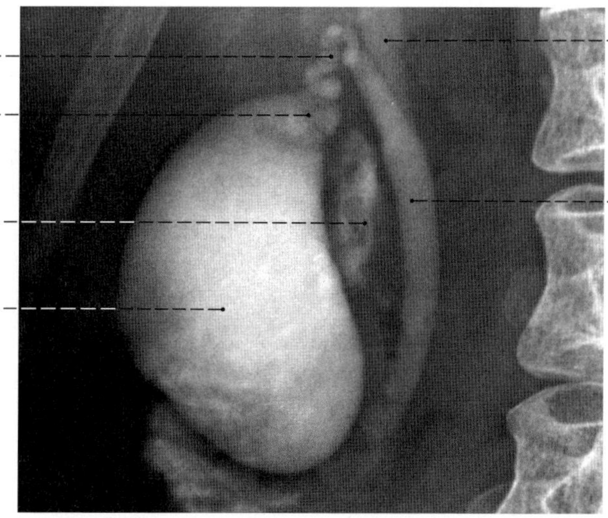

Abb. 980 Gallenblase, Vesica biliaris [fellea];
Gallengänge;
ap-Röntgenbild nach Gabe eines Kontrastmittels;
aufrechte Haltung;
von ventral.

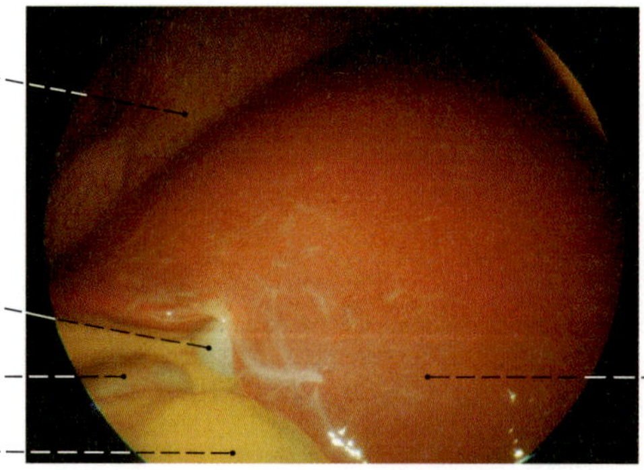

Abb. 981 Leber, Hepar; Gallenblase, Vesica biliaris; durch ein Endoskop kann die Leber in Farbe, Oberfläche und Form beurteilt werden (Laparoskopie); von ventral, links unten.

Durch Einblasen von Gas in die Bauchhöhle entsteht ein Zwischenraum zwischen dem Zwerchfell und der Leber, wodurch eine umfassende Beurteilung der Leber und der Gallenblase möglich ist.

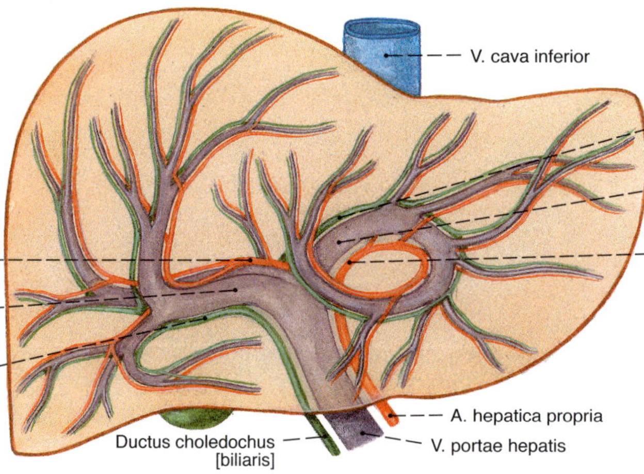

Abb. 982 Leber, Hepar; Pfortader, V. portae hepatis; Schema der Pfortaderverzweigung in der Projektion auf die Leberoberfläche; von ventral.

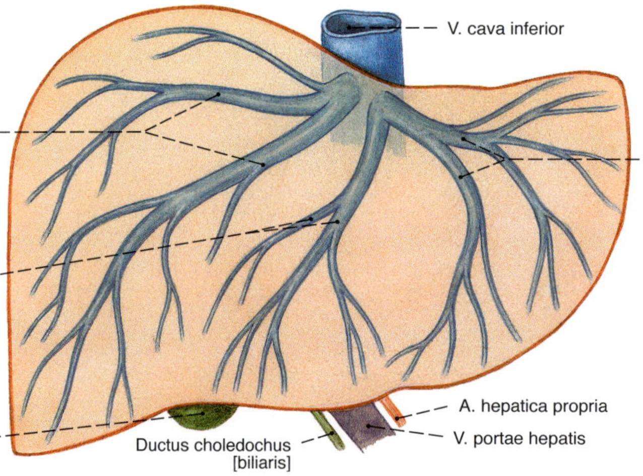

Abb. 983 Leber, Hepar; Lebervenen, Vv. hepaticae; Schema der Verzweigung der Lebervenen in der Projektion auf die Leberoberfläche; von ventral.

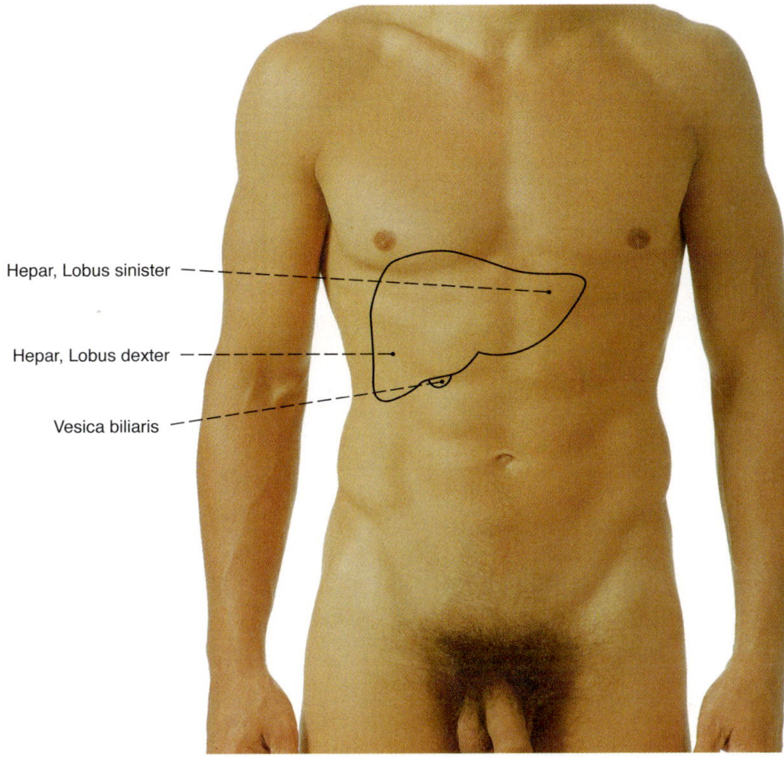

Abb. 984 Leber, Hepar;
Projektion auf die vordere Bauchwand;
in Atemmittelstellung.
Die Lage der Leber hängt wesentlich vom Atemzyklus ab.
Bei der Einatmung flacht das Zwerchfell ab, und die Zwerchfellkuppel tritt deutlich weiter nach kaudal. Dadurch wird die gesunde Leber bis zum Rippenbogen nach kaudal gedrängt, und der untere Rand wird tastbar.

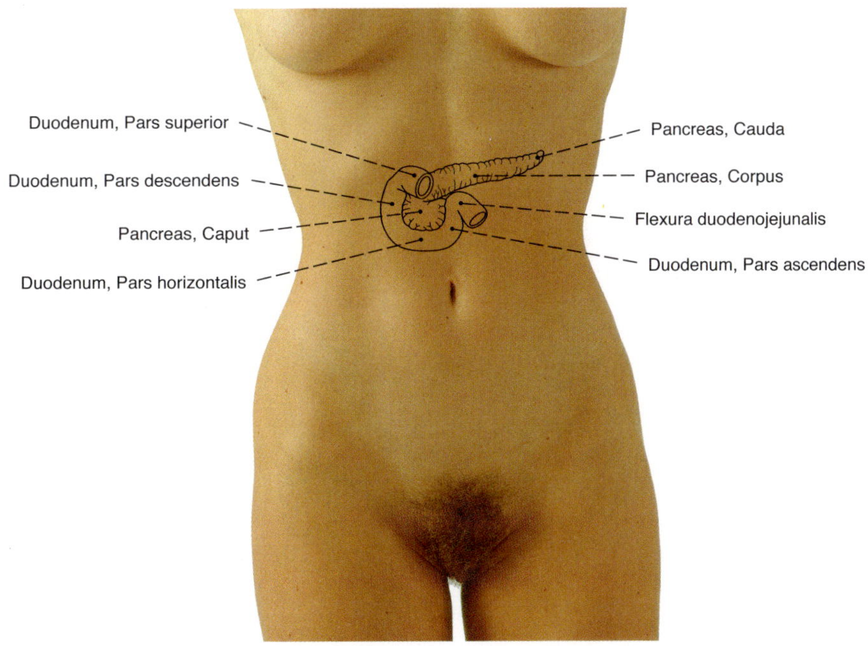

Abb. 985 Zwölffingerdarm, Duodenum;
Bauchspeicheldrüse, Pancreas;
Projektion auf die vordere Bauchwand.

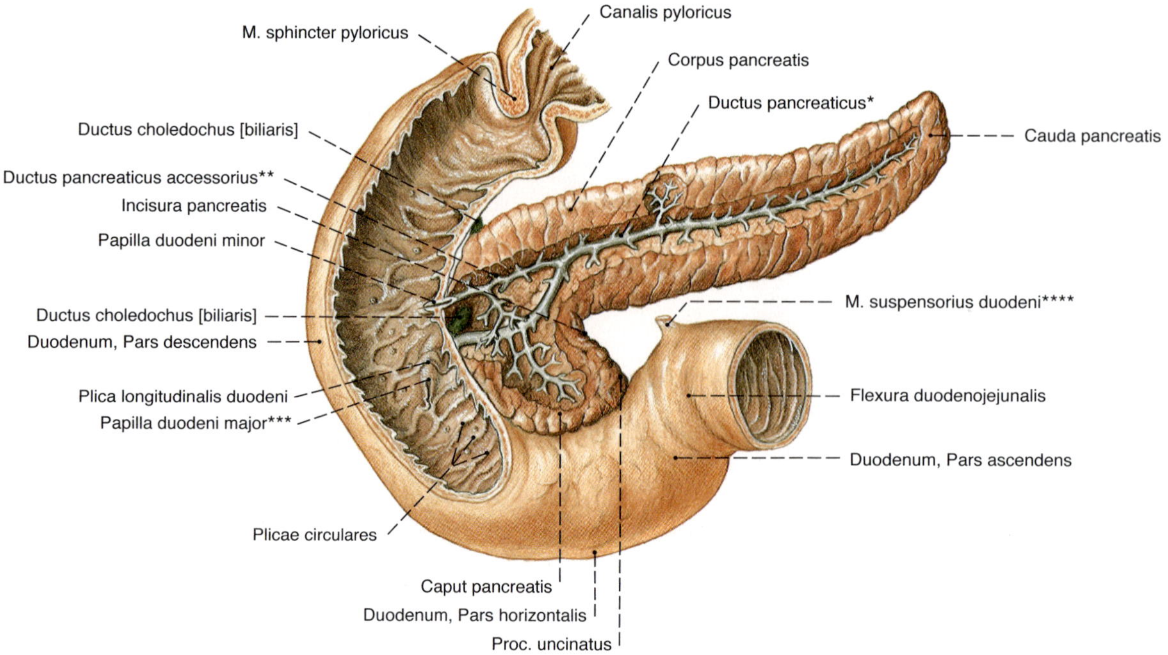

Abb. 986 Zwölffingerdarm, Duodenum; Bauchspeicheldrüse, Pancreas;
Teile der Vorderwand des Duodenums zur Darstellung der Einmündung des Pankreasgangs entfernt; Pankreasgang präpariert;
von ventral.

Ausbildung und Größe des Ductus pancreaticus accessorius schwanken stark (~30% Nebenast und in weniger als 10% Hauptausführungsgang).

* Klinisch: WIRSUNGscher Gang
** Klinisch: SANTORINIscher Gang
*** Klinisch: VATERsche Papille
**** Klinisch: TREITZscher Muskel

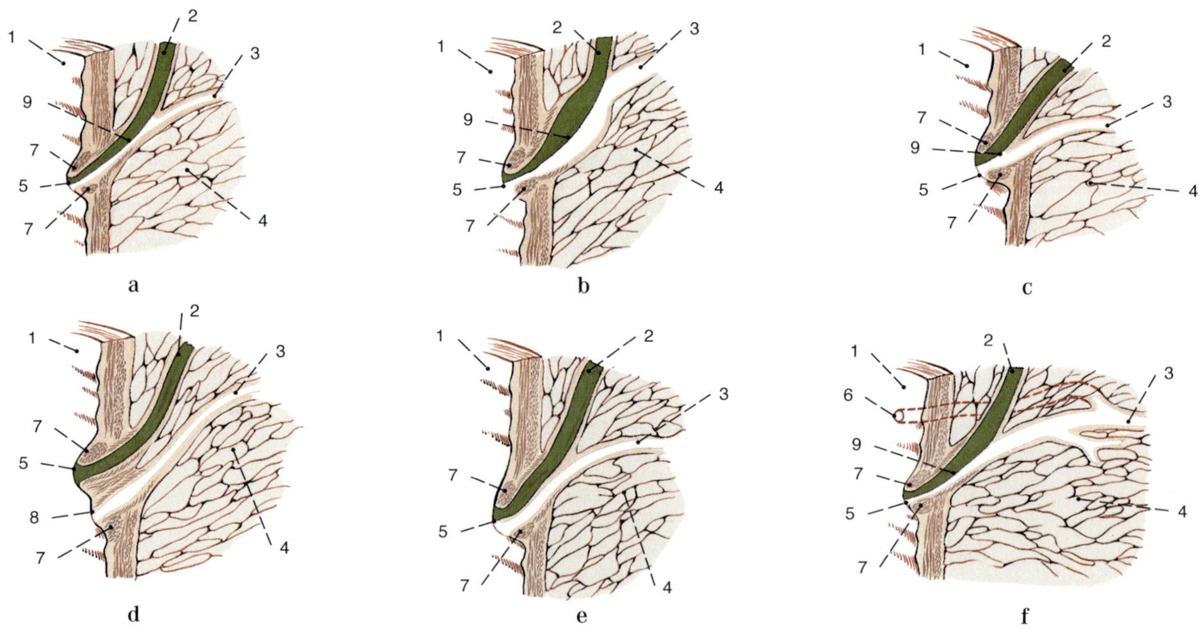

Abb. 987 a–f Variabilität der Mündung von Ductus choledochus und Ductus pancreaticus.

- a langer gemeinsamer Abschnitt
- b ampulläre Erweiterung des Endstücks
- c kurzer gemeinsamer Abschnitt
- d getrennte Mündung
- e einheitliche Mündung mit Septierung des gemeinsamen Gangs
- f zusätzlicher Gang, Ductus pancreaticus accessorius

1 = Duodenum
2 = Ductus choledochus [biliaris]
3 = Ductus pancreaticus
4 = Pancreas
5 = Papilla duodeni major
6 = Papilla duodeni minor, Ductus pancreaticus accessorius
7 = M. sphincter ampullae hepatopancreaticae
8 = Ductus pancreaticus (auf „Papilla bipartita")
9 = Ampulla hepatopancreatica

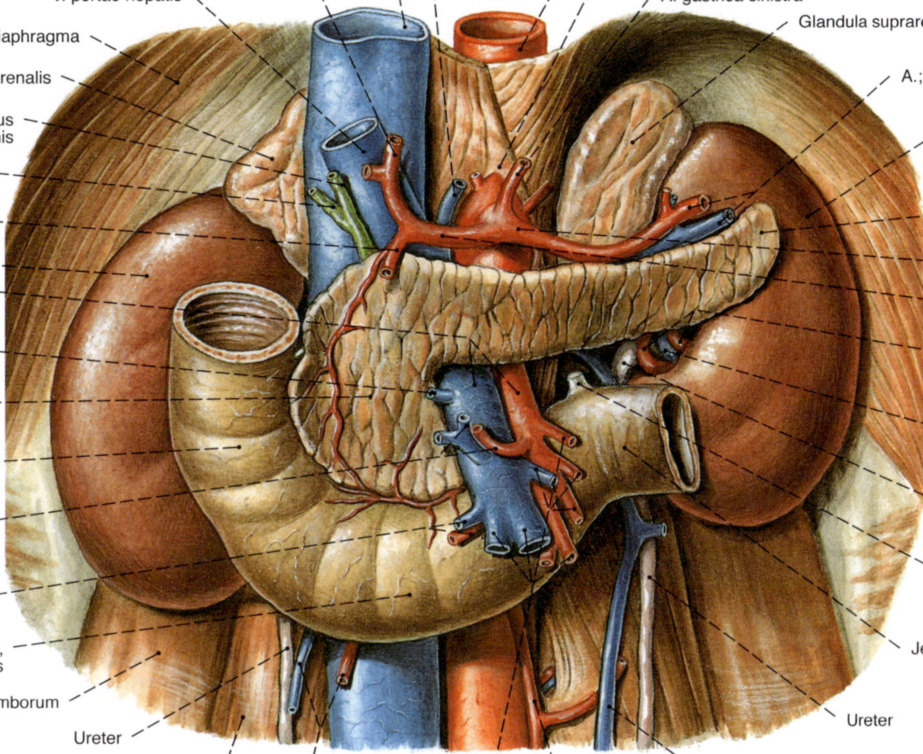

Abb. 988 Retroperitoneale Organe und Gefäße des Oberbauchs; von ventral.
Lymphknoten sind nicht gezeichnet.

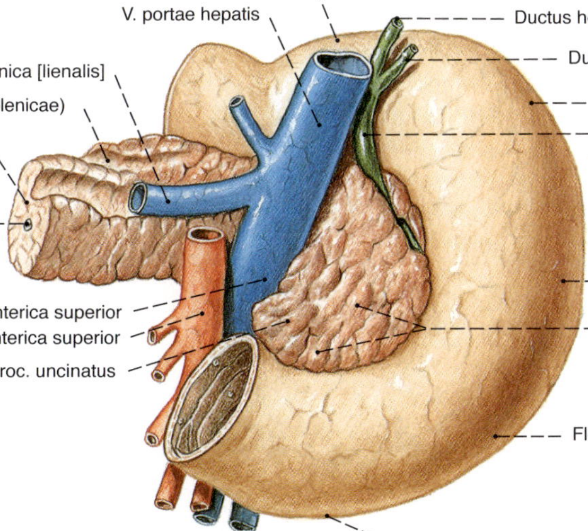

Abb. 989 Zwölffingerdarm, Duodenum;
Bauchspeicheldrüse, Pancreas;
Pankreaskörper zur Darstellung des Ausführungsgangs durchgetrennt;
von dorsal.

Der Ductus choledochus zieht durch das Pankreas; der Pankreaskopf umgreift die V. mesenterica superior.

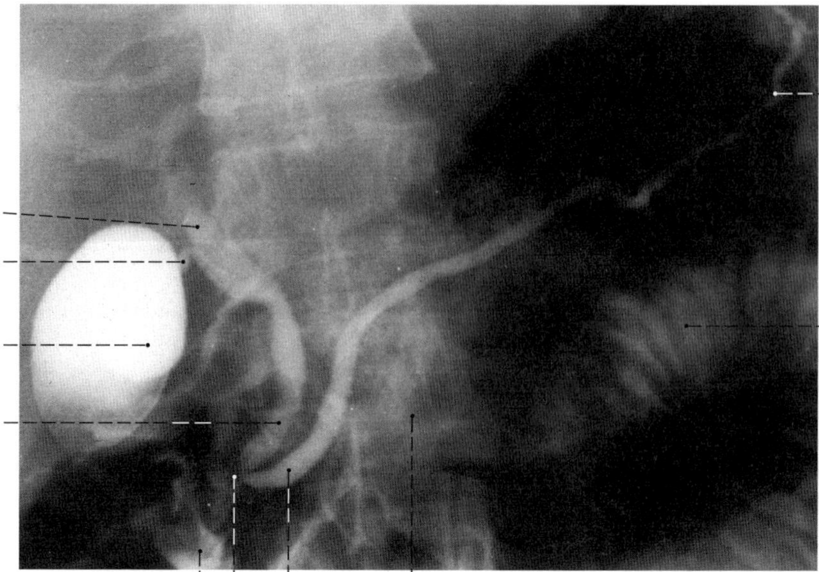

Abb. 990 Gang der Bauchspeicheldrüse, Ductus pancreaticus; Gallengang, Ductus choledochus; Gallenblase, Vesica biliaris;
ap-Röntgenbild; Einstellung: Rückenlage; nach endoskopischer Kanülierung des gemeinsamen Ausführungsgangs der Bauchspeicheldrüse und der Leber sowie Injektion eines Röntgenkontrastmittels;
von ventral.

Klinisch: ERCP (endoskopische retrograde Cholangio-Pankreatikographie). Der Pankreasgang ist in seiner ganzen Ausdehnung bis zum Milzhilum zu erkennen und zeigt einen typischen schrägen Verlauf nach links oben. Etwas Kontrastmittel ist in den Dünndarm geflossen und lässt deshalb Teile des Duodenums und Jejunums erkennen. Bei Injektion des Kontrastmittels unter höherem Druck sind auch die Seitenäste des Ductus pancreaticus darstellbar (vergleiche Abb. 986). Dabei besteht aber die Gefahr einer Schädigung der Bauchspeicheldrüse.

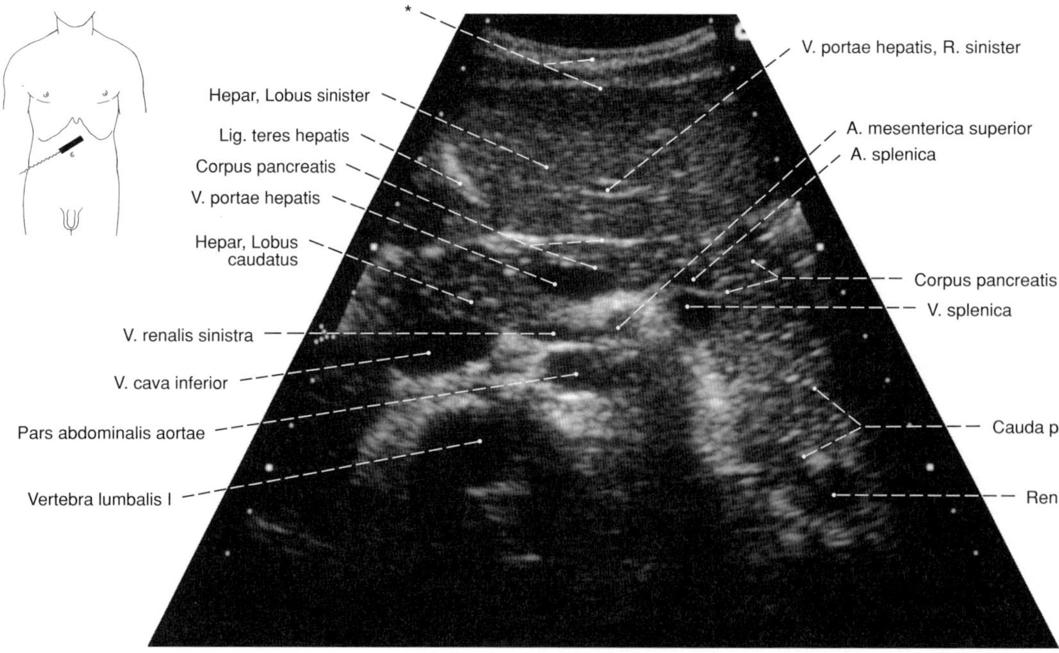

Abb. 991 Bauchspeicheldrüse, Pancreas;
Ultraschallbild zur Darstellung der Bauchspeicheldrüse und der benachbarten großen Gefäße bei tiefer Inspiration des Patienten; der Pankreasschwanz reicht weit nach dorsal;
von unten.

* Bauchwand

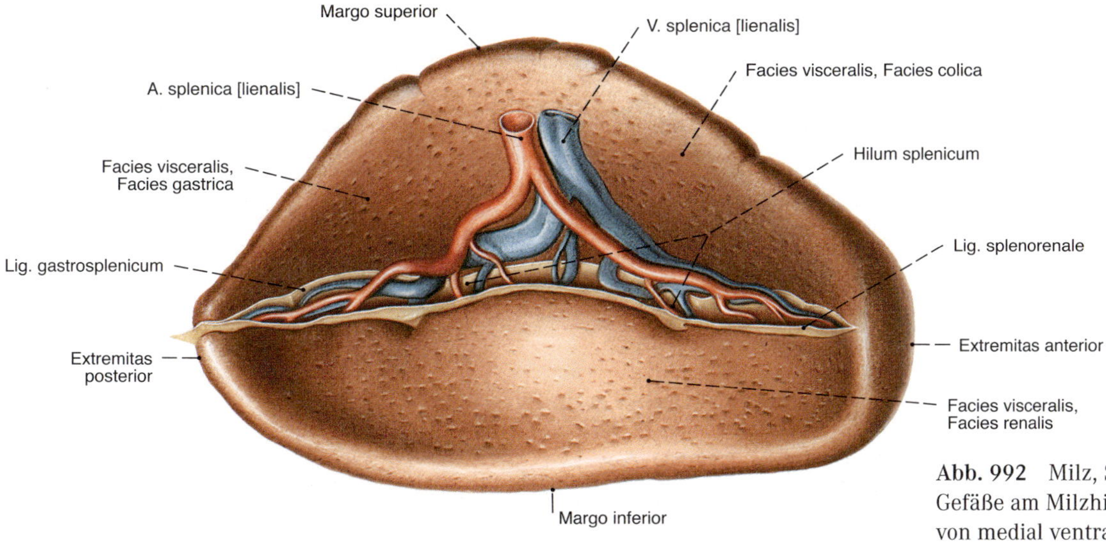

Abb. 992 Milz, Splen [Lien]; Gefäße am Milzhilum präpariert; von medial ventral.

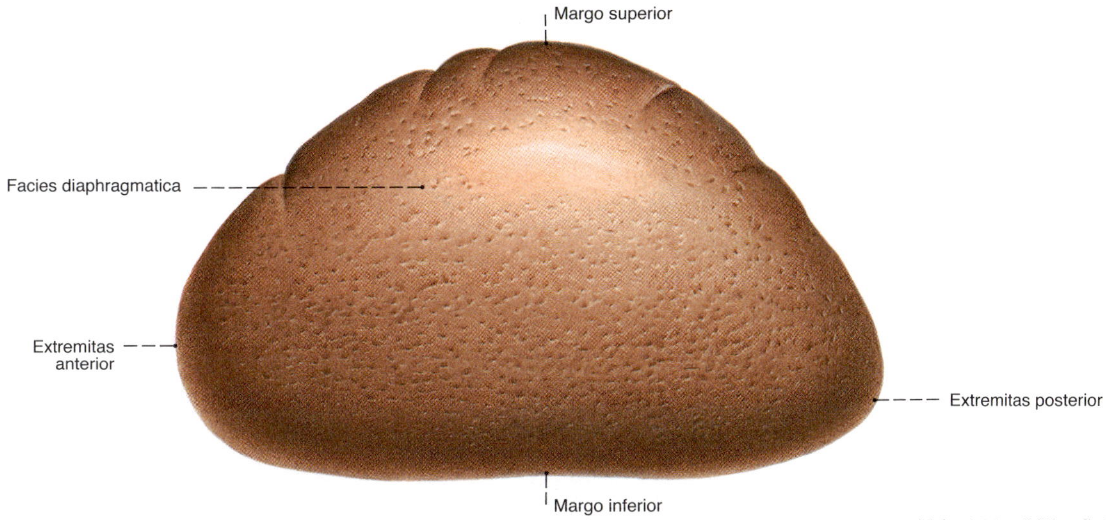

Abb. 993 Milz, Splen [Lien]; von lateral kranial.

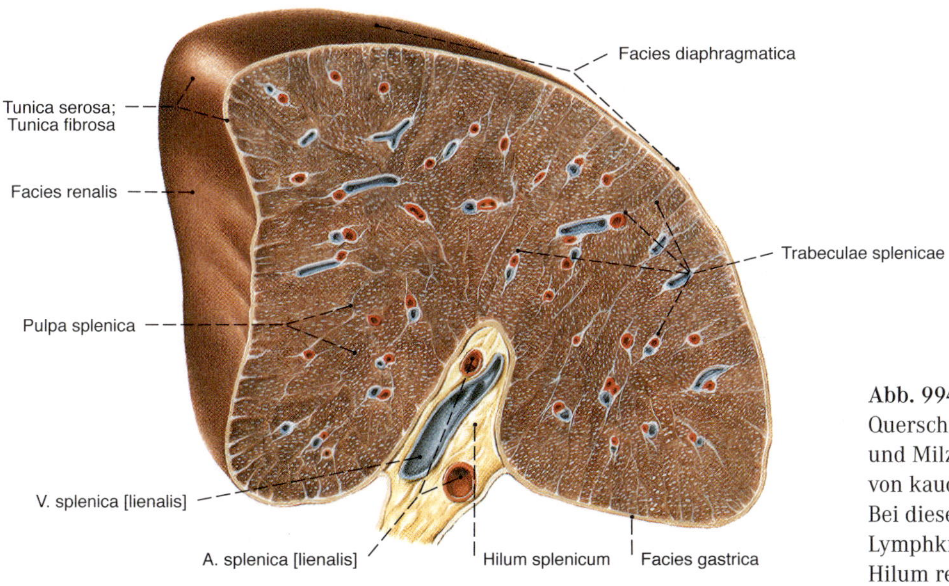

Abb. 994 Milz, Splen [Lien]; Querschnitt zur Darstellung von Milzaufbau und Milzhilum; von kaudal.
Bei diesem Schnitt sind am Hilum keine Lymphknoten getroffen, obwohl solche am Hilum regelmäßig vorkommen und Teile des Magens und den Pankreasschwanz drainieren.

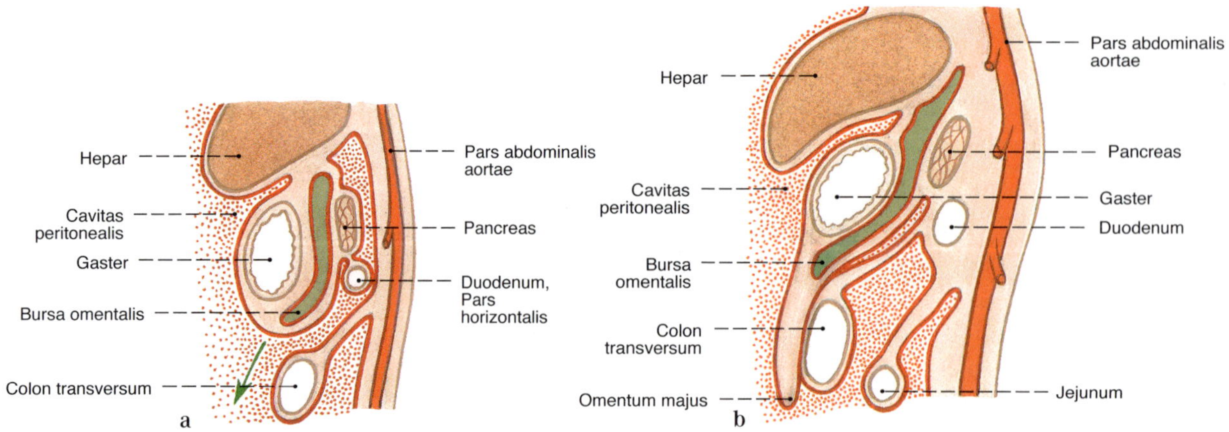

Abb. 995 a, b Entwicklung der Bauchhöhle, Cavitas peritonealis, und der Peritonealverhältnisse; schematischer Medianschnitt; von lateral.

a frühe Entwicklung

b beim Auswachsen des großen Netzes

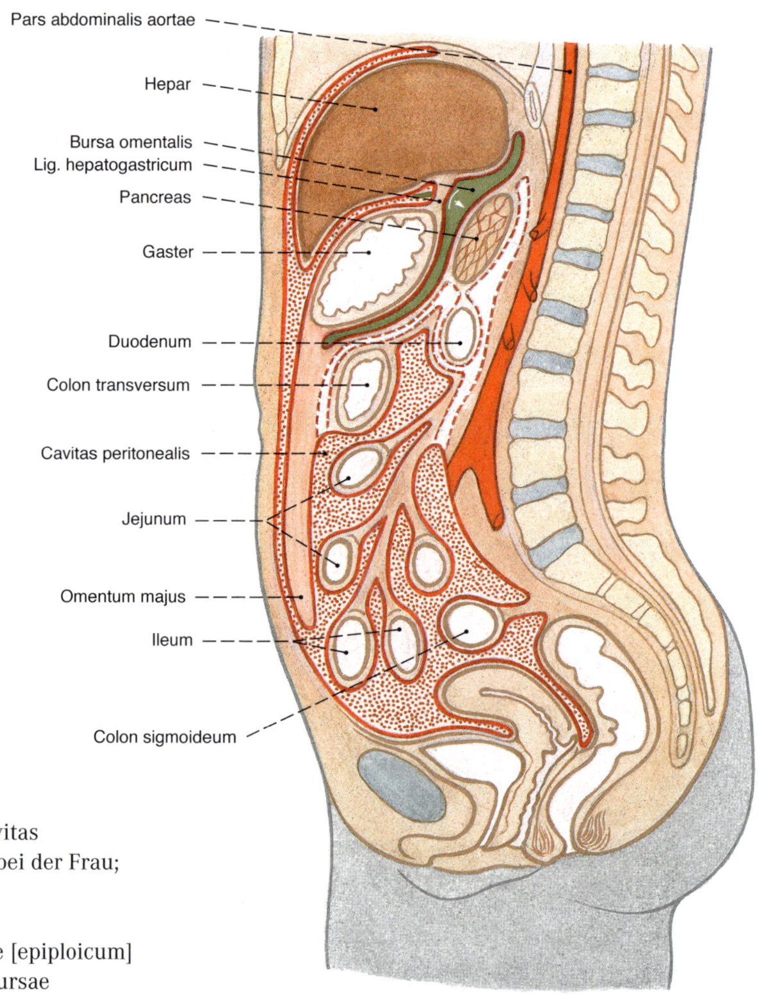

Abb. 996 Entwicklung der Bauchhöhle, Cavitas peritonealis, und der Peritonealverhältnisse bei der Frau; schematischer Medianschnitt; von lateral.
Der Pfeil gibt die Lage des Foramen omentale [epiploicum] an. Seine weiße Spitze liegt im Vestibulum bursae omentalis.

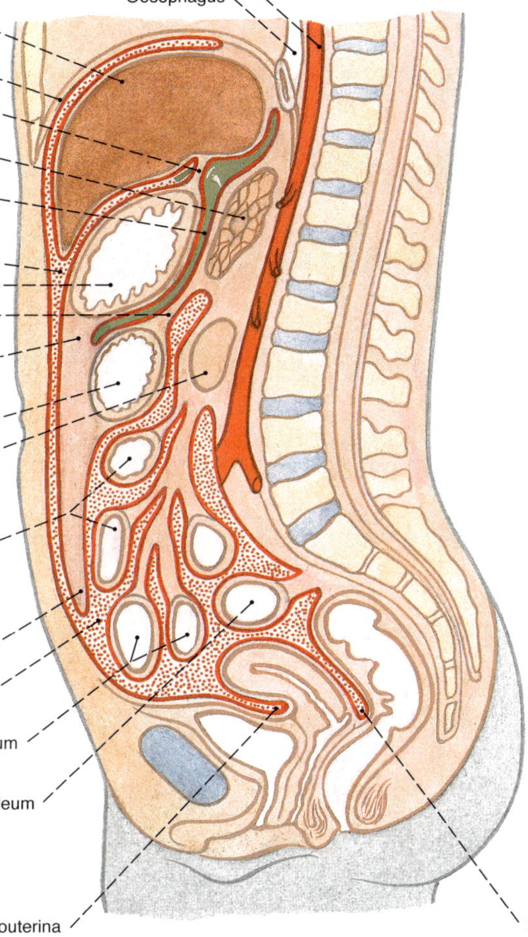

Abb. 997 Entwicklung der Bauchhöhle, Cavitas peritonealis, und der Peritonealverhältnisse bei der Frau; Endzustand der Bauchhöhle mit Verklebung des Omentum majus am Colon transversum; schematischer Medianschnitt; von lateral.

* Klinisch: DOUGLASscher Raum

Abb. 995–997 Die Darmentwicklung ist hier sehr schematisch dargestellt; viele Entwicklungsschritte verlaufen in Wirklichkeit parallel. Der Peritonealspalt (Cavitas peritonealis) ist aus didaktischen Gründen übergroß gezeichnet. In Wirklichkeit liegen die Organe einander dicht an und sind durch einen kapillären Spalt getrennt. Das Volumen der Peritonealflüssigkeit beträgt nur wenige Milliliter. Cavitas peritonealis: rot punktiert; Bursa omentalis: oliv; rot gestrichelte Linie: ursprünglicher Verlauf des Peritoneums. Pfeil im Foramen omentale [epiploicum].

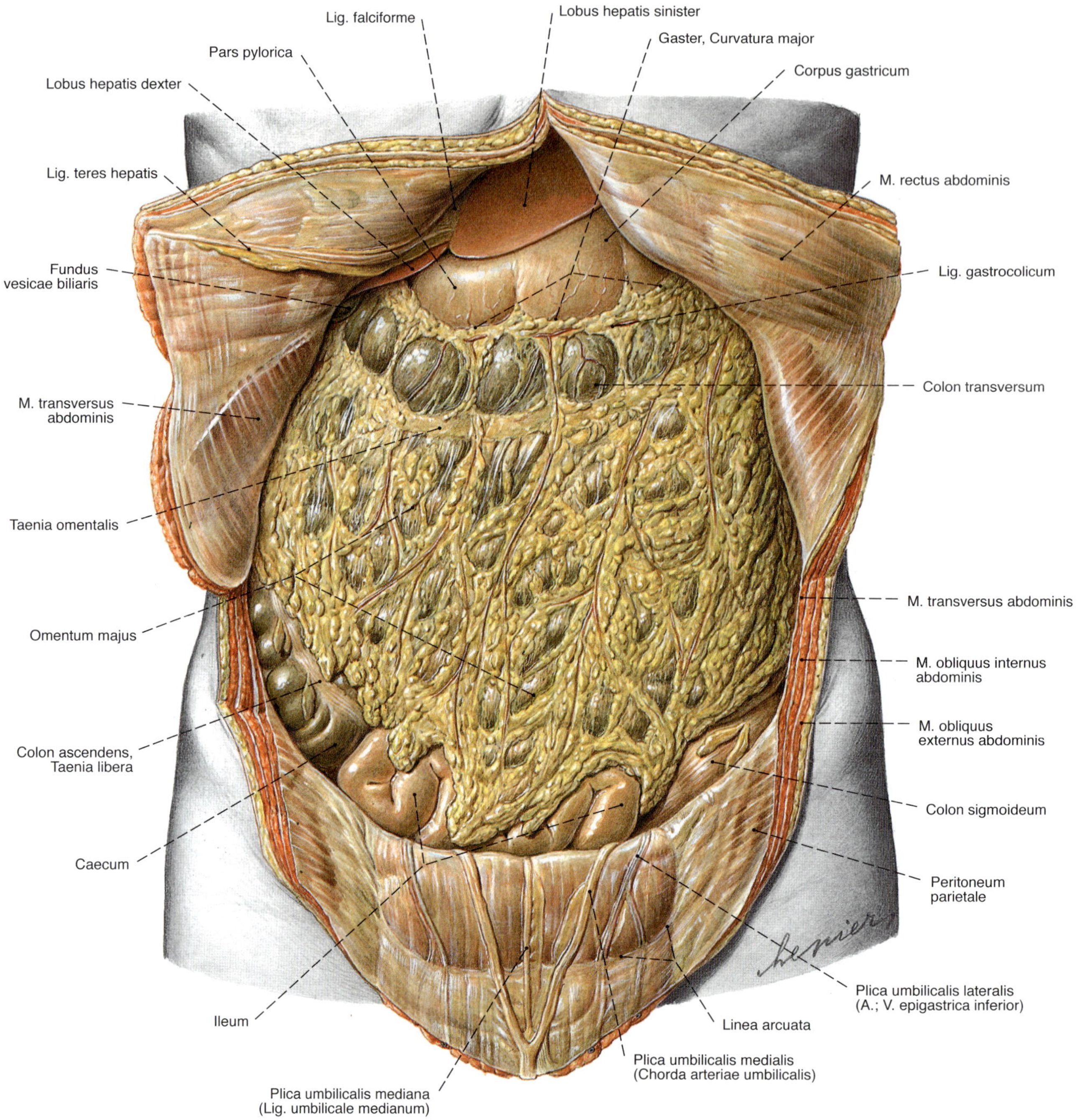

Abb. 998 Lage der Baucheingeweide, Situs viscerum;
großes Netz, Omentum majus;
von ventral.
Der untere Teil der Bauchhöhle wird auch „Darmbauch“
genannt.

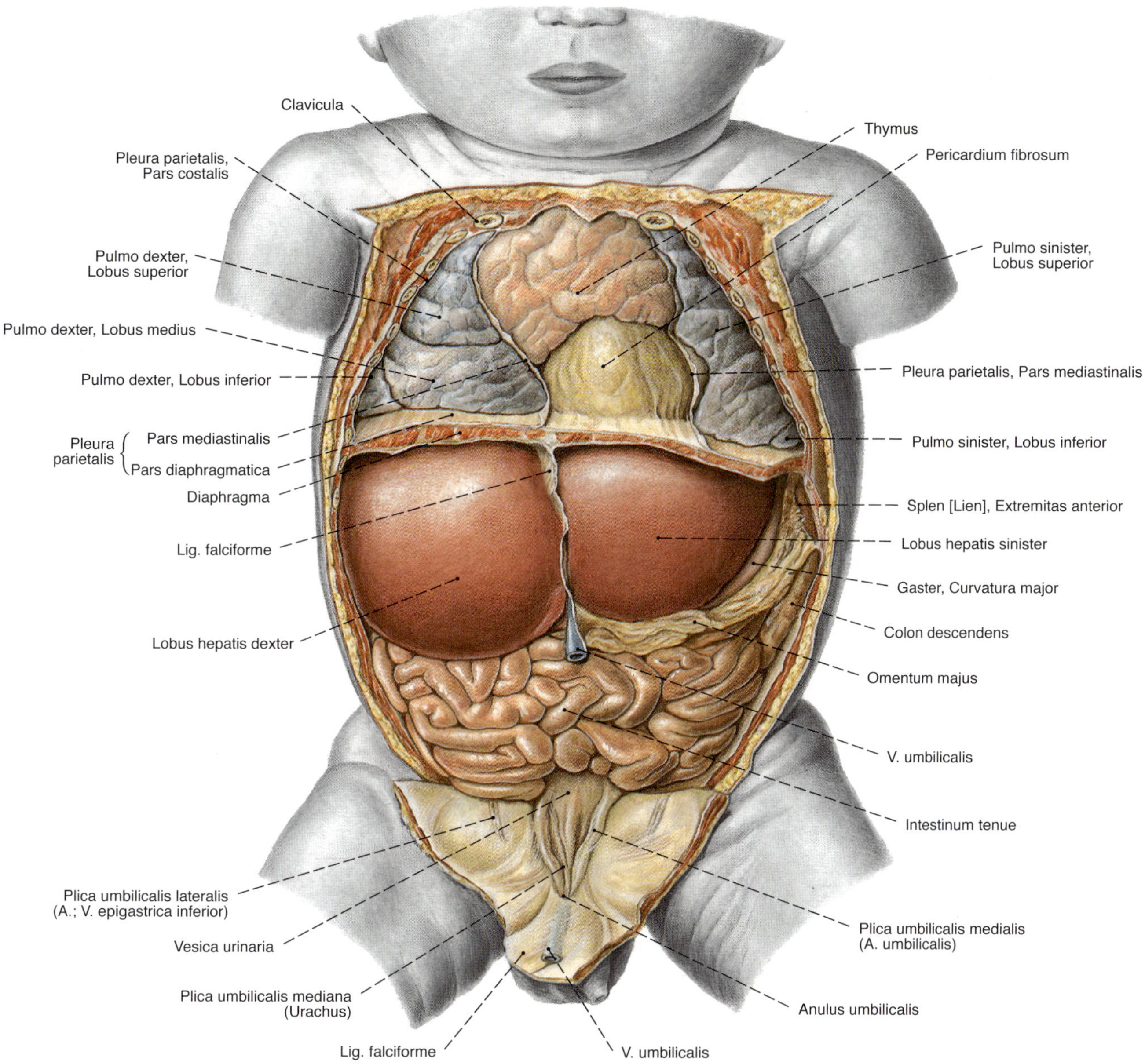

Abb. 999 Lage der Eingeweide beim Neugeborenen; vordere Brust- und Bauchwand und Teile des Zwerchfells entfernt;
von ventral.
Beachte die relative Größe der Leber, die geringe Ausdehnung des großen Netzes und die Größe der Plicae umbilicales mediales und der V. umbilicalis im Vergleich zum Erwachsenen (Abb. 998).

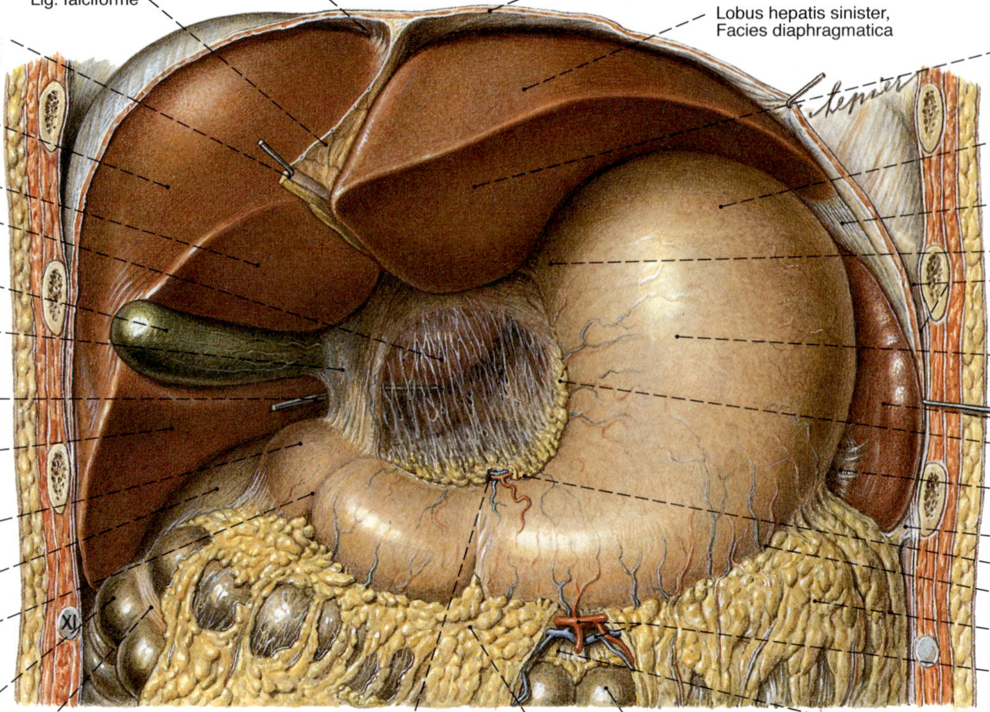

Abb. 1000 Lage der Eingeweide im Oberbauch; Teile des Zwerchfells und vordere Brust- und Bauchwand entfernt; von ventral.

Dieser Teil der Bauchhöhle wird auch „Drüsenbauch" genannt.

* Auch: Foramen WINSLOWI
** Bursa omentalis etwas eröffnet

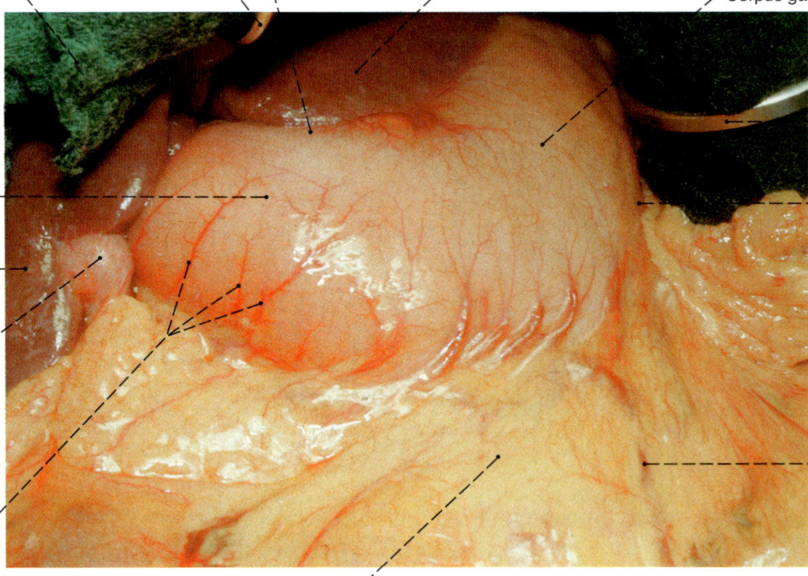

Abb. 1001 Magen, Gaster; großes Netz, Omentum majus; intraoperatives Foto; Organe in natürlicher Lage; von ventral.

* Operationstuch
** Operationshaken

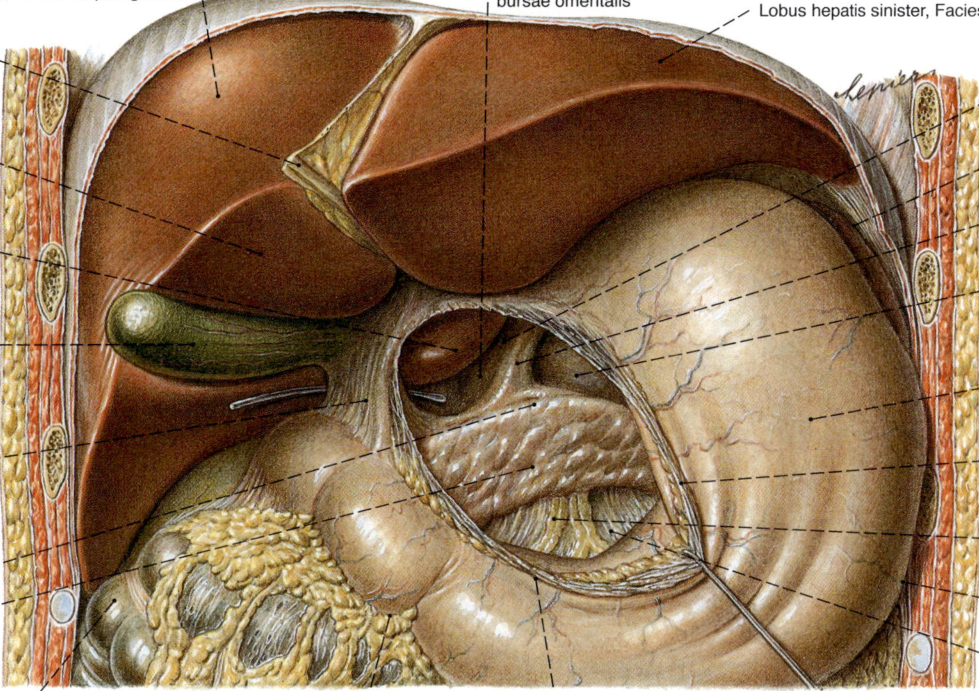

Abb. 1002 Oberbauchorgane;
Teile des Omentum minus (Lig. hepatogastricum) zur Darstellung der Bursa omentalis und des Körpers der Bauchspeicheldrüse entfernt; kleine Kurvatur des Magens nach rechts unten gezogen;
von ventral.

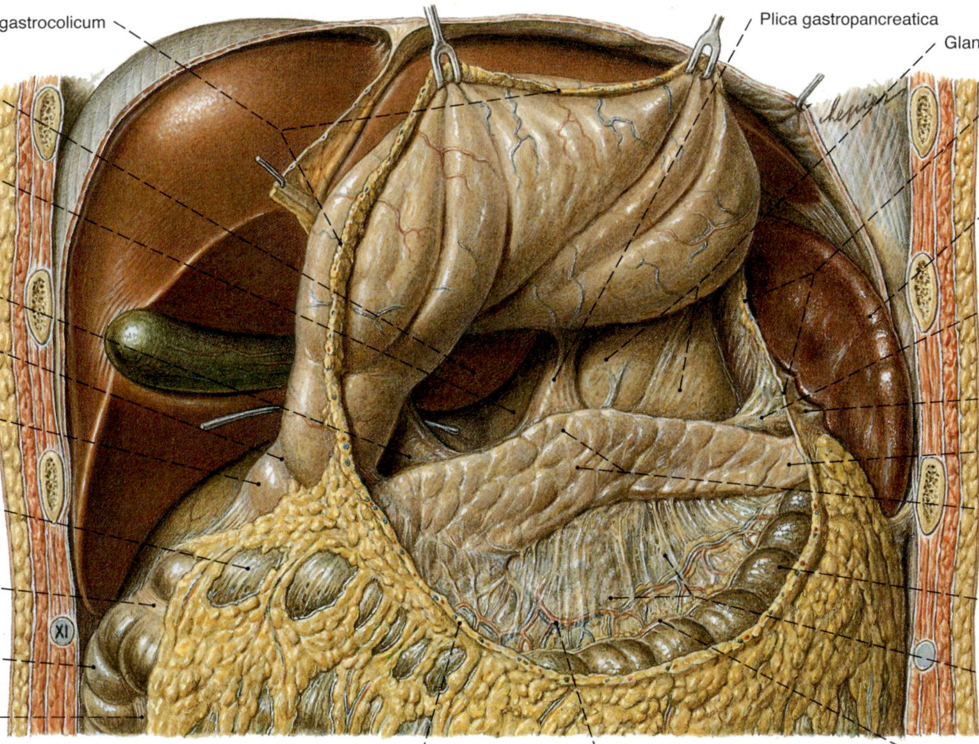

Abb. 1003 Leber, Hepar; Magen, Gaster;
Bauchspeicheldrüse, Pancreas; Milz, Splen;
großes Netz im Lig. gastrocolicum durchgetrennt;
große Kurvatur des Magens mit Haken nach kranial gezogen, Einblick in die Bursa omentalis;
von ventral.

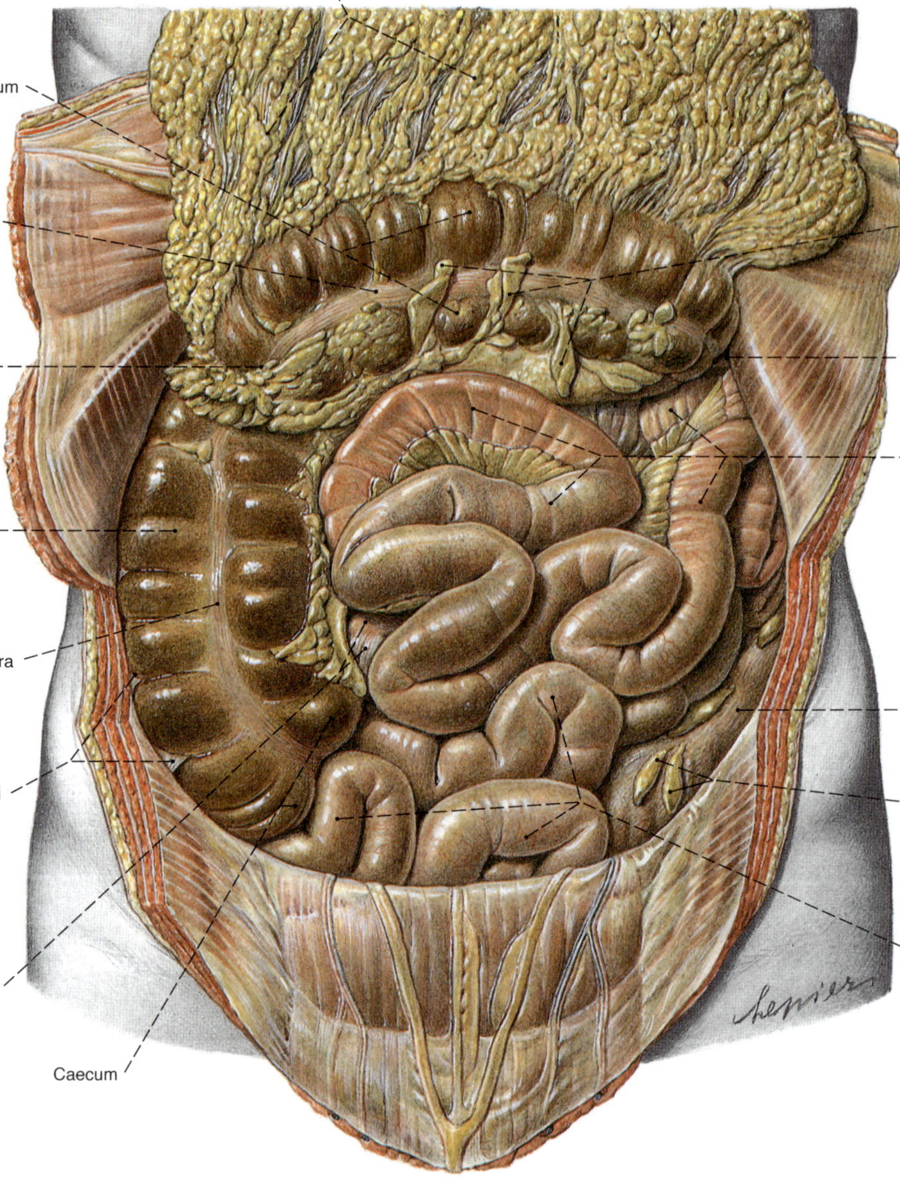

Abb. 1004 Lage der Baucheingeweide, Situs viscerum; großes Netz und Querkolon nach kranial gezogen; von ventral.

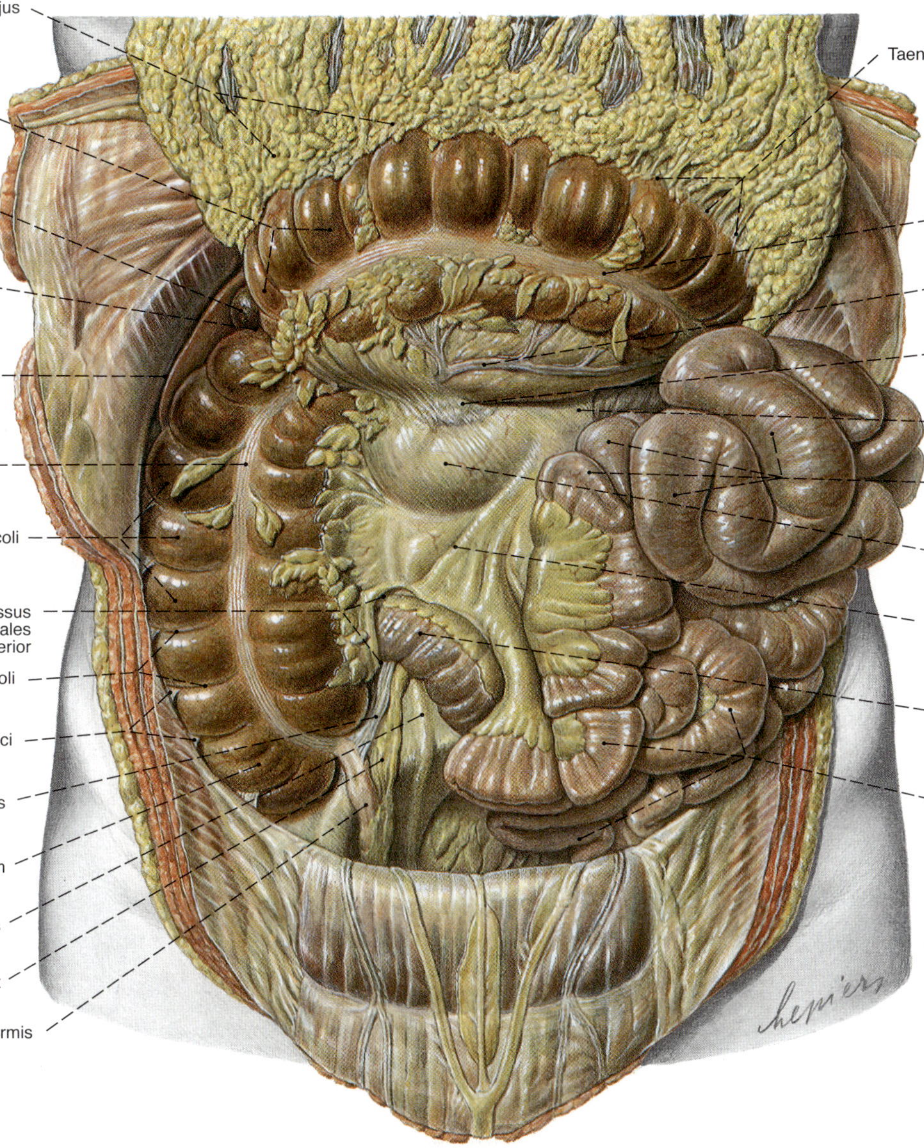

Abb. 1005 Dünndarm, Intestinum tenue;
Dickdarm, Intestinum crassum;
großes Netz und Querkolon nach kranial geschlagen, Dünndarm nach links aus der Bauchhöhle zur Darstellung von Caecum und Appendix vermiformis herausverlagert; von ventral.
Beachte die dünne subkutane Fettschicht und die entsprechenden dünnen Fetteinlagerungen im Mesenterium.

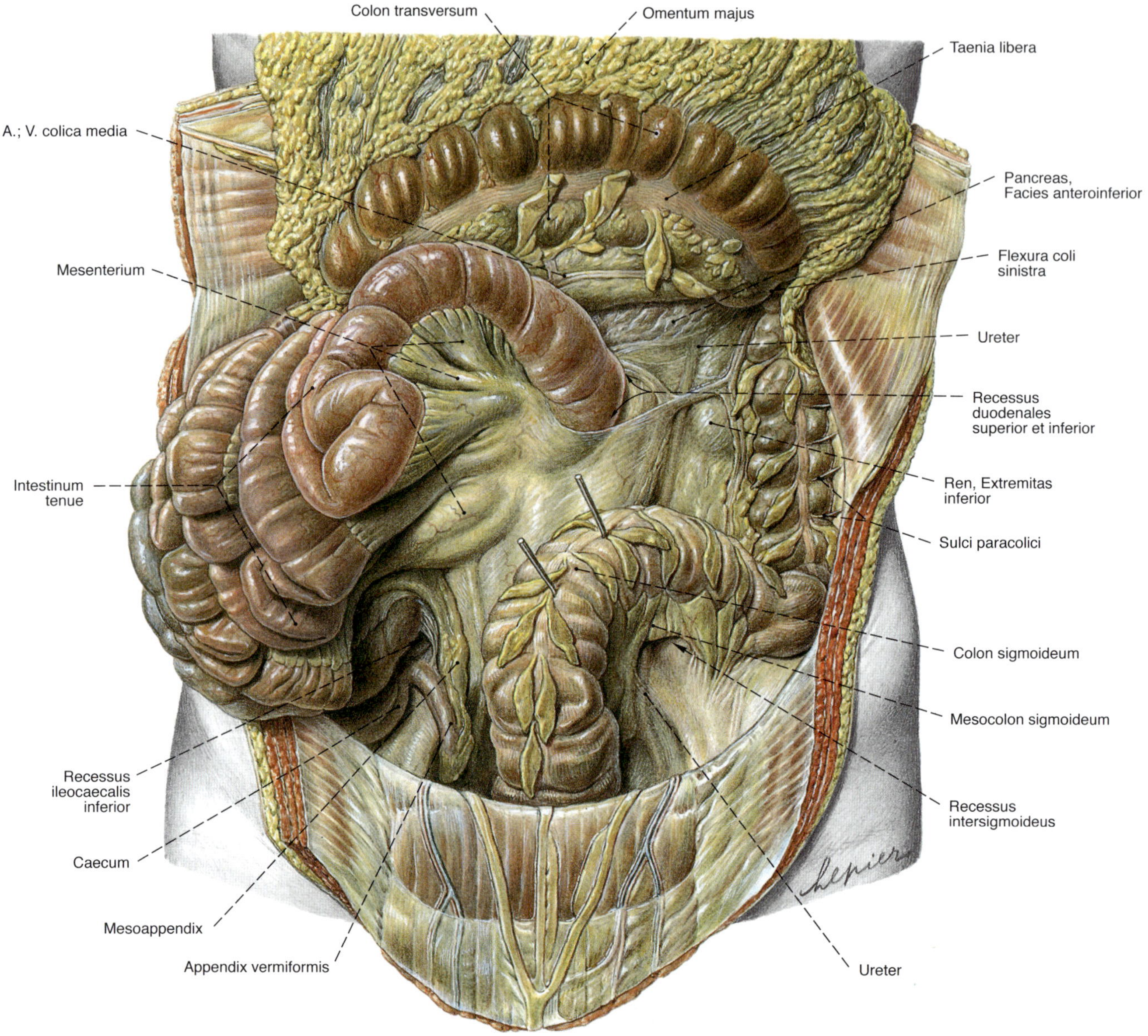

Abb. 1006 Dünndarm, Intestinum tenue;
Dickdarm, Intestinum crassum;
großes Netz und Querkolon nach kranial geschlagen;
Dünndarm nach rechts aus der Bauchhöhle gelagert;
Sigmoid durch Haken nach rechts gezogen;
von ventral.
Die Recessus am Übergang von retroperitonealen zu intraperitonealen Darmabschnitten sind individuell sehr variabel ausgebildet.

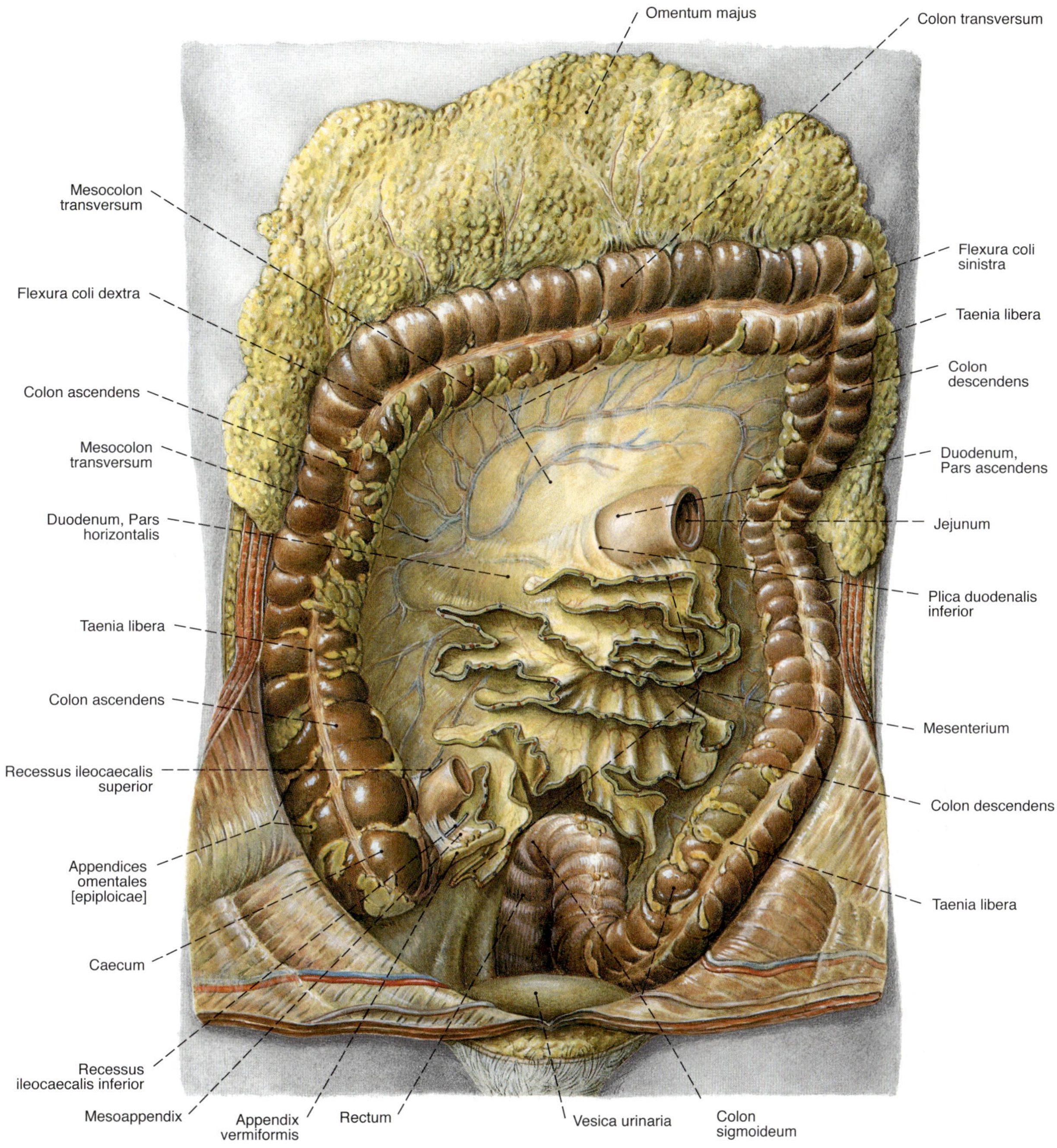

Abb. 1007 Dünndarmgekröse, Mesenterium;
Dickdarm, Intestinum crassum;
großes Netz und Querkolon nach kranial geschlagen;
Dünndarm nahe der Flexura duodenojejunalis, am terminalen Ileum und am Mesenterium durchgetrennt und entnommen;
von ventral.

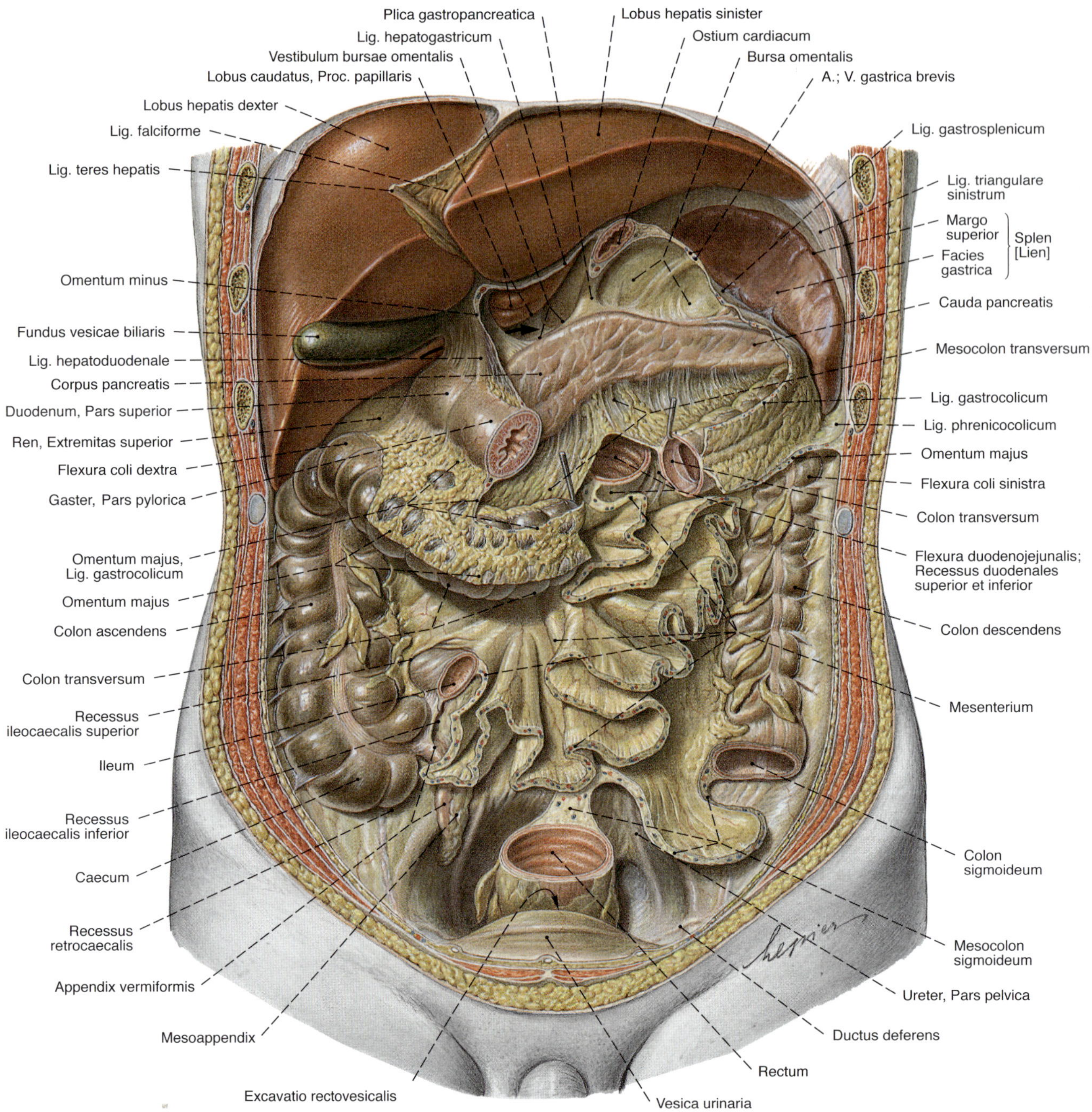

Abb. 1008 Lage der Baucheingeweide, Situs viscerum; Magen zwischen Cardia und Pylorus, Dünndarm zwischen Flexura duodenojejunalis und terminalem Ileum, ein Stück des Querkolons und des Sigmoids entfernt; Bursa omentalis mit allen Recessus einsehbar; von ventral.
Pfeil im Foramen omentale [epiploicum]

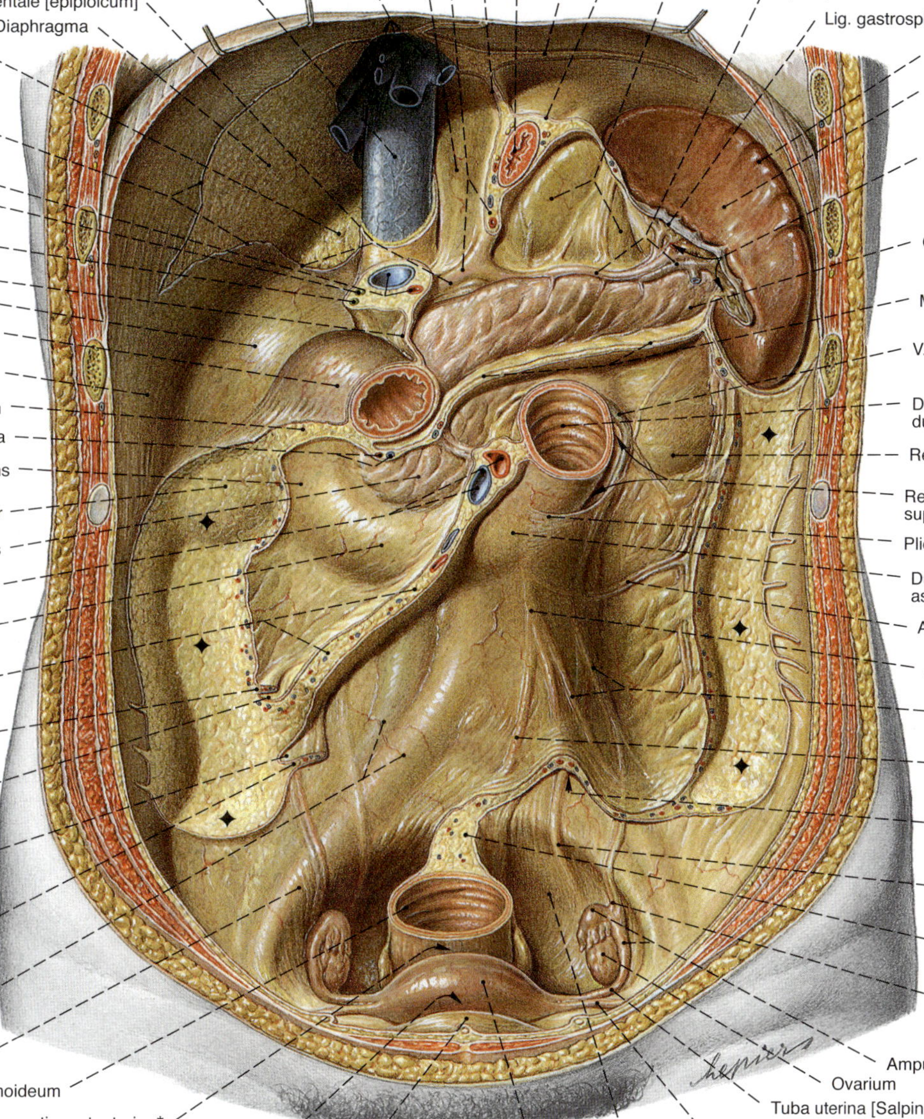

Abb. 1009 Dorsale Wand der Bauchhöhle, Cavitas peritonealis, und Milz, Splen [Lien], bei der Frau; nach Entfernung von Leber und Magen; Dünndarm bis auf Duodenum und Kolon zur Darstellung von Pankreas, Mesenterialwurzel und Anheftungsstellen des Colon ascendens und descendens entfernt; von ventral.
Die Verklebungsstellen des aufsteigenden und absteigenden Kolons sind gekennzeichnet (✦).

* Klinisch: DOUGLASscher Raum
** Klinisch: Lig. rotundum

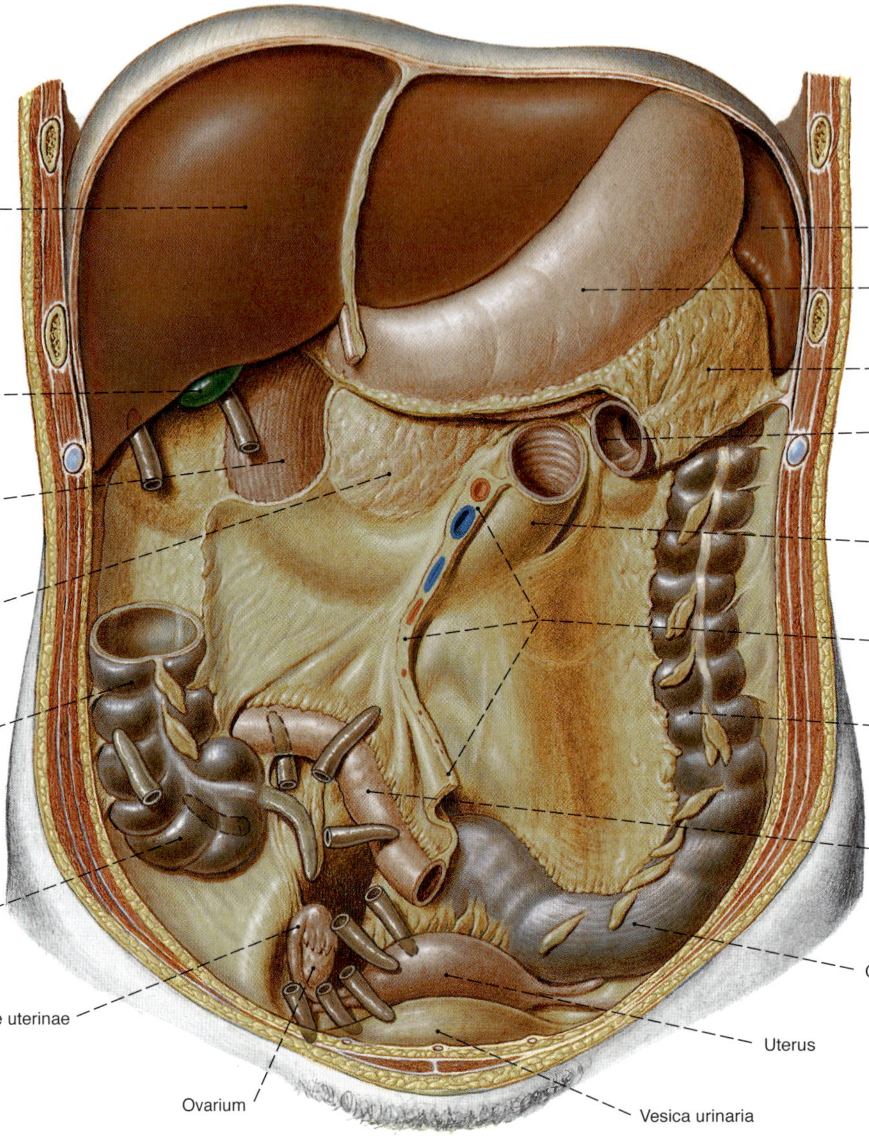

Abb. 1010 Wurmfortsatz, Appendix vermiformis; Lagevarianten;
von ventral.
Größere Abweichungen von der normalen Lage sind meist durch eine atypische Lage des Caecums (z.B. Caecumhochstand) oder geringe peritoneale Fixierung des Caecums bedingt (z.B. Caecum mobile).

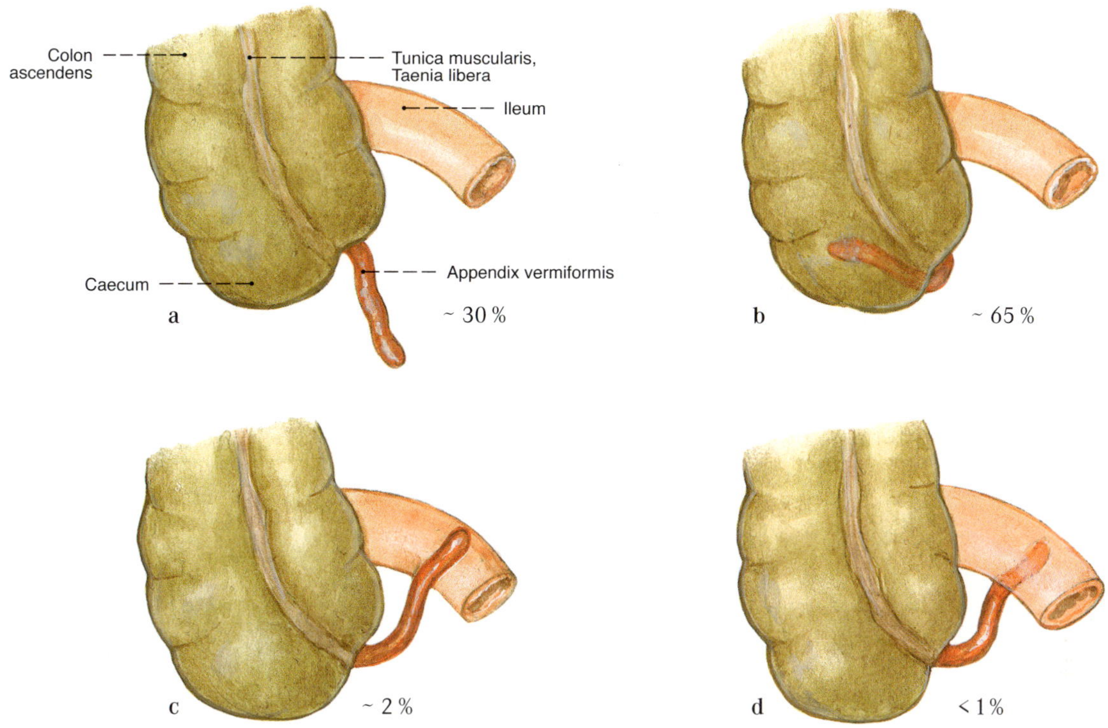

Abb. 1011 a–d Wurmfortsatz, Appendix vermiformis; Lagevarianten.

a in das kleine Becken absteigend
b retrozäkal
c präileal
d retroileal

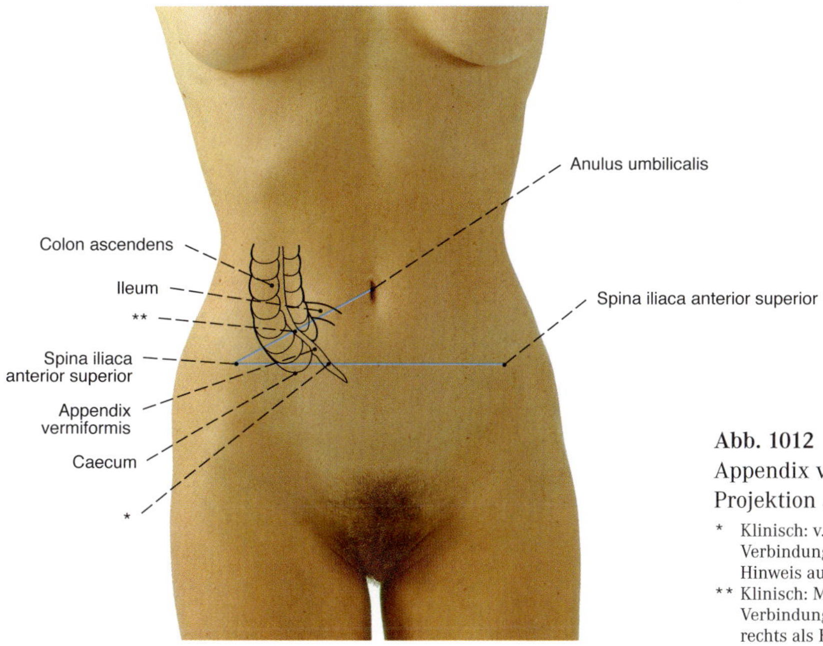

Abb. 1012 Blinddarm, Caecum, und Wurmfortsatz, Appendix vermiformis; Projektion auf die vordere Bauchwand.

* Klinisch: v. LANZscher Punkt, rechter Drittelpunkt der Verbindungslinien der vorderen oberen Darmbeinstacheln als Hinweis auf die Spitze des herabhängenden Wurmfortsatzes

** Klinisch: MCBURNEYscher Punkt, äußerer Drittelpunkt der Verbindungslinie Nabel – vorderer oberer Darmbeinstachel rechts als Hinweis auf die Basis des Wurmfortsatzes

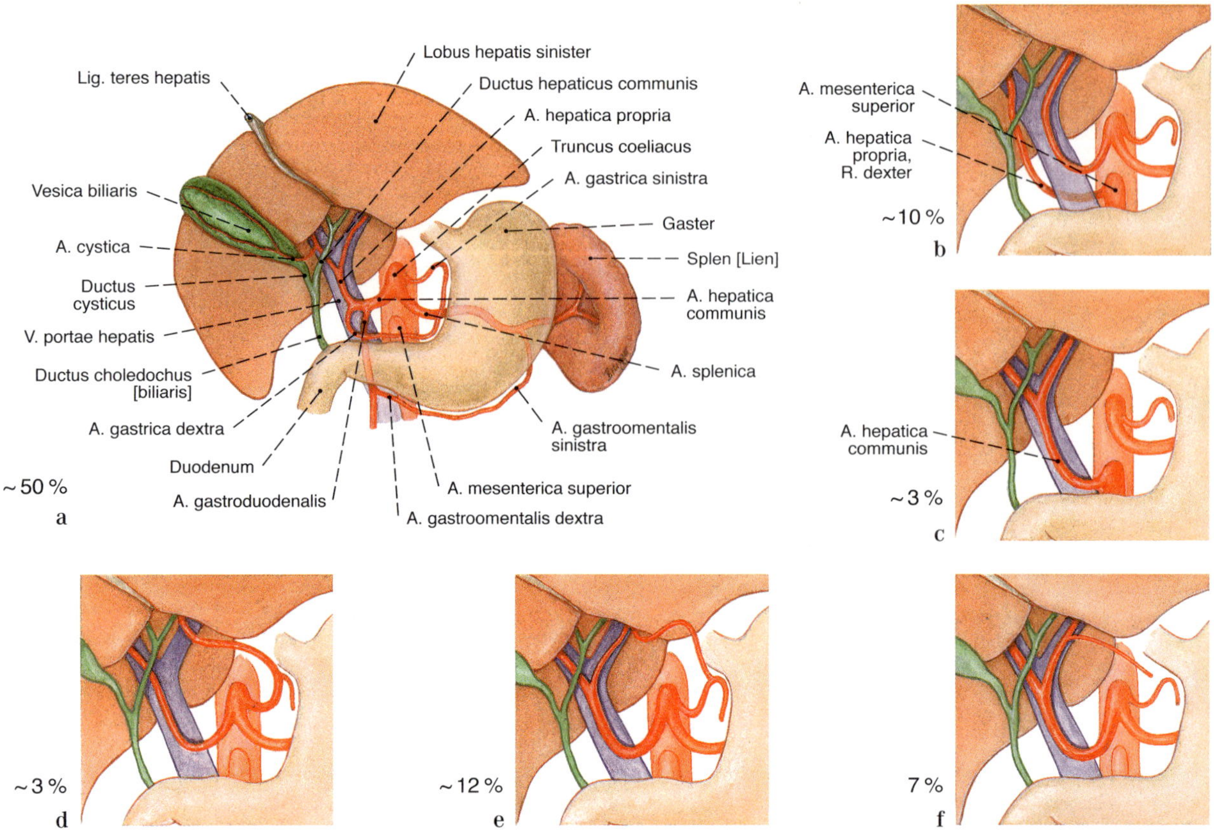

Abb. 1013 a–f Varietäten der Blutversorgung der Leber.

- a Lehrbuchfall
- b Beteiligung der A. mesenterica superior an der Versorgung des rechten Leberlappens
- c Ursprung der A. hepatica communis aus der A. mesenterica superior
- d Versorgung des linken Leberlappens durch die A. gastrica sinistra
- e Beteiligung eines Astes der A. gastrica sinistra an der Versorgung des linken Leberlappens zusätzlich zum R. sinister der A. hepatica propria
- f Versorgung der kleinen Kurvatur des Magens durch einen akzessorischen Ast der A. hepatica propria

In ~25% ist die A. mesenterica superior an der arteriellen Blutversorgung der Leber beteiligt.

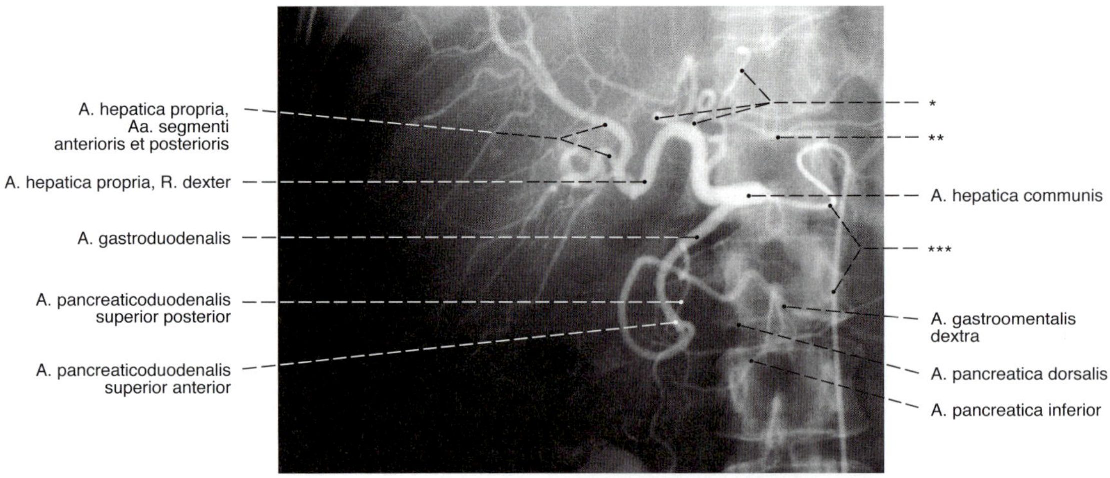

Abb. 1014 A. hepatica communis; ap-Röntgenbild nach selektiver Injektion eines Kontrastmittels in die A. hepatica communis; von ventral.

* Äste zum linken Leberlappen anstelle eines R. sinister der A. hepatica propria
** Akzessorischer Ast aus der A. hepatica zur kleinen Kurvatur des Magens
*** Katheter in der Aorta

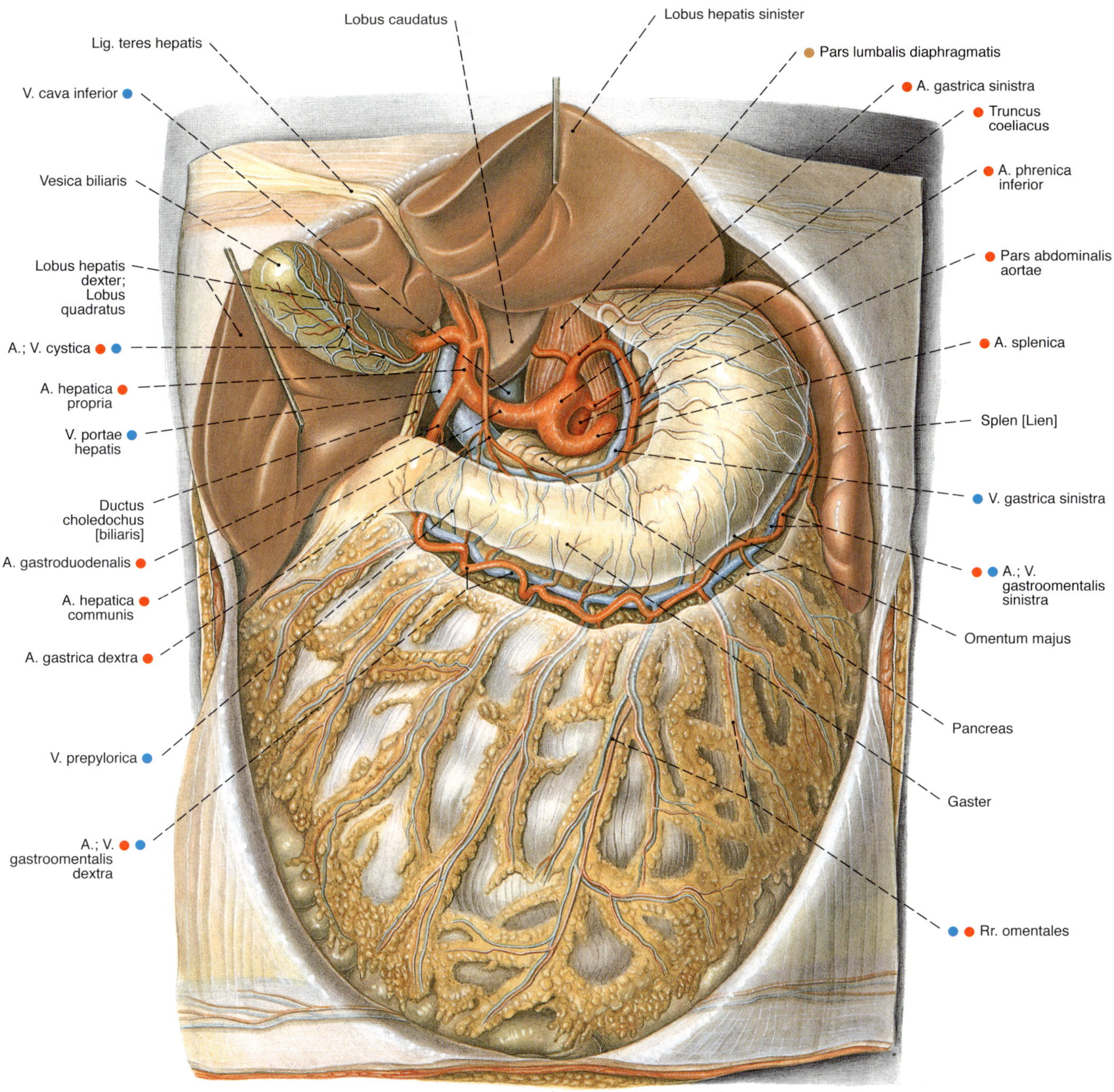

Abb. 1015 Gefäße des Oberbauchs;
kleines Netz zur Darstellung des Truncus coeliacus und seiner Äste entfernt; an der großen Kurvatur des Magens Lig. gastrocolicum, Aa. und Vv. gastroomentales präpariert; Vestibulum der Bursa omentalis eröffnet;
von ventral.
Der Abstand der Arterien an der kleinen und großen Kurvatur von der Magenwand ist variabel.

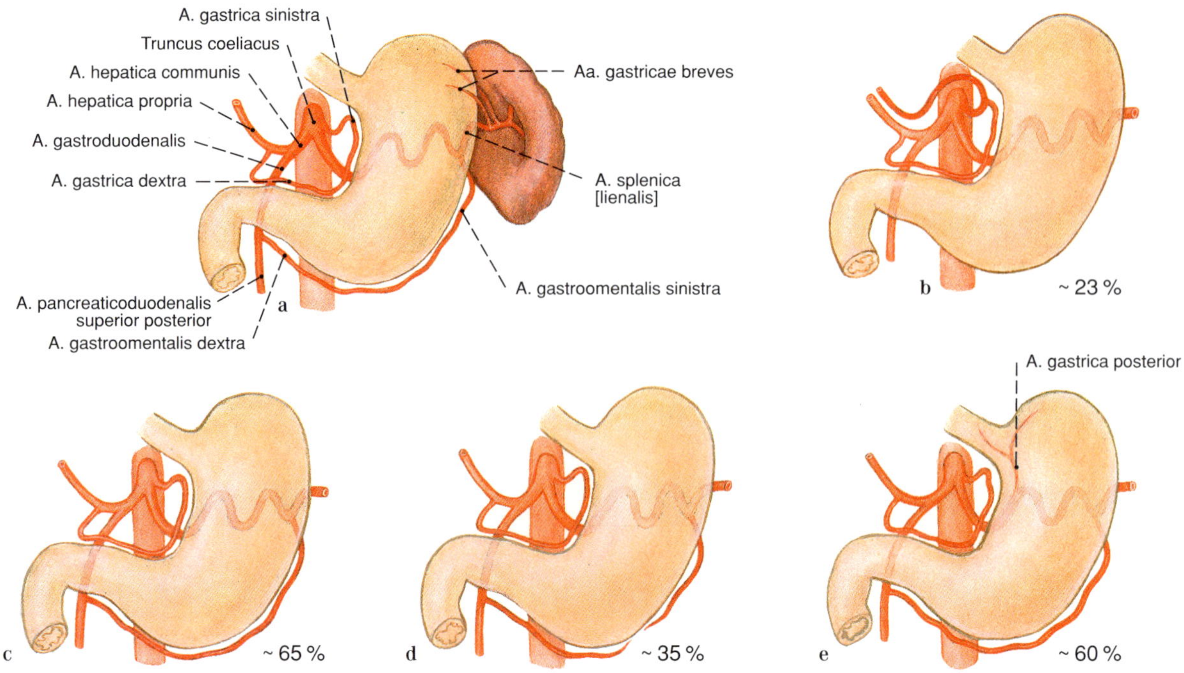

Abb. 1016 a–e Variabilität der arteriellen Blutversorgung des Magens.

a Lehrbuchfall, geschlossene Gefäßarkade an der kleinen und an der großen Kurvatur

b Beteiligung der A. gastrica sinistra an der Versorgung des linken Leberlappens

c Anastomose der Aa. gastroomentales dextra und sinistra an der großen Kurvatur (geschlossene Gefäßarkade)

d keine Anastomose der Aa. gastroomentales dextra und sinistra an der großen Kurvatur (nicht geschlossene Gefäßarkade)

e zusätzliche A. gastrica posterior als Ast der A. splenica zur Versorgung der Magenhinterwand

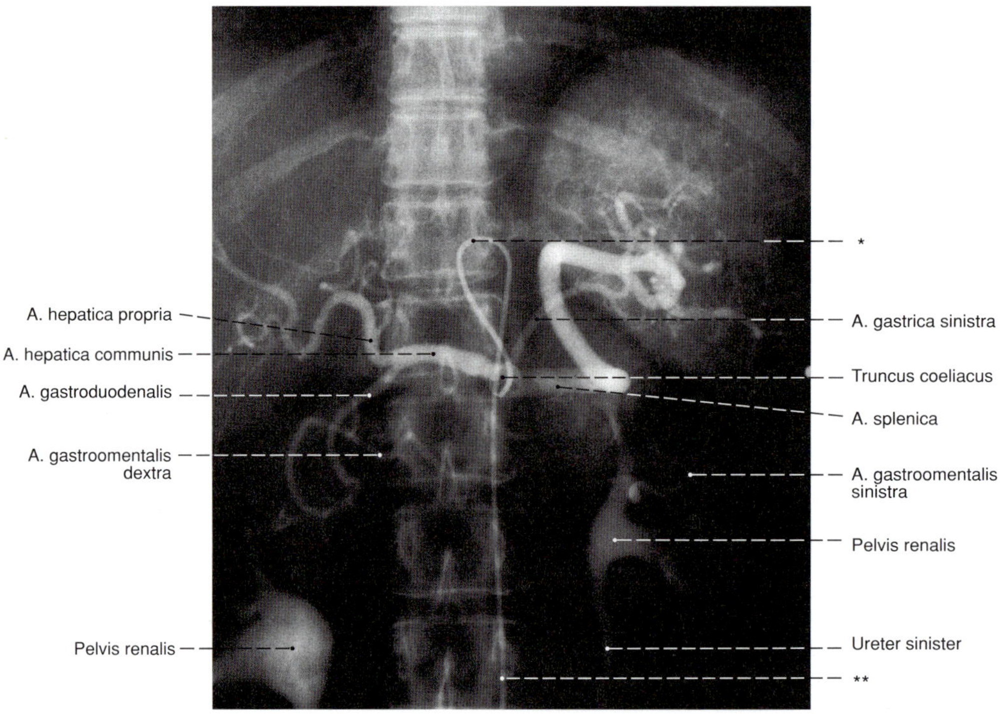

Abb. 1017 Arterien von Magen, Gaster; Milz, Splen [Lien], und Leber, Hepar;
ap-Röntgenbild nach selektiver Injektion von Kontrastmittel in den Truncus coeliacus (Zöliakographie) mit gleichzeitiger Darstellung der Nierenbecken nach i.v. Injektion eines durch die Nieren ausscheidbaren Kontrastmittels; von ventral.

* Katheterschlinge in der Aorta
** Katheter in der Aorta

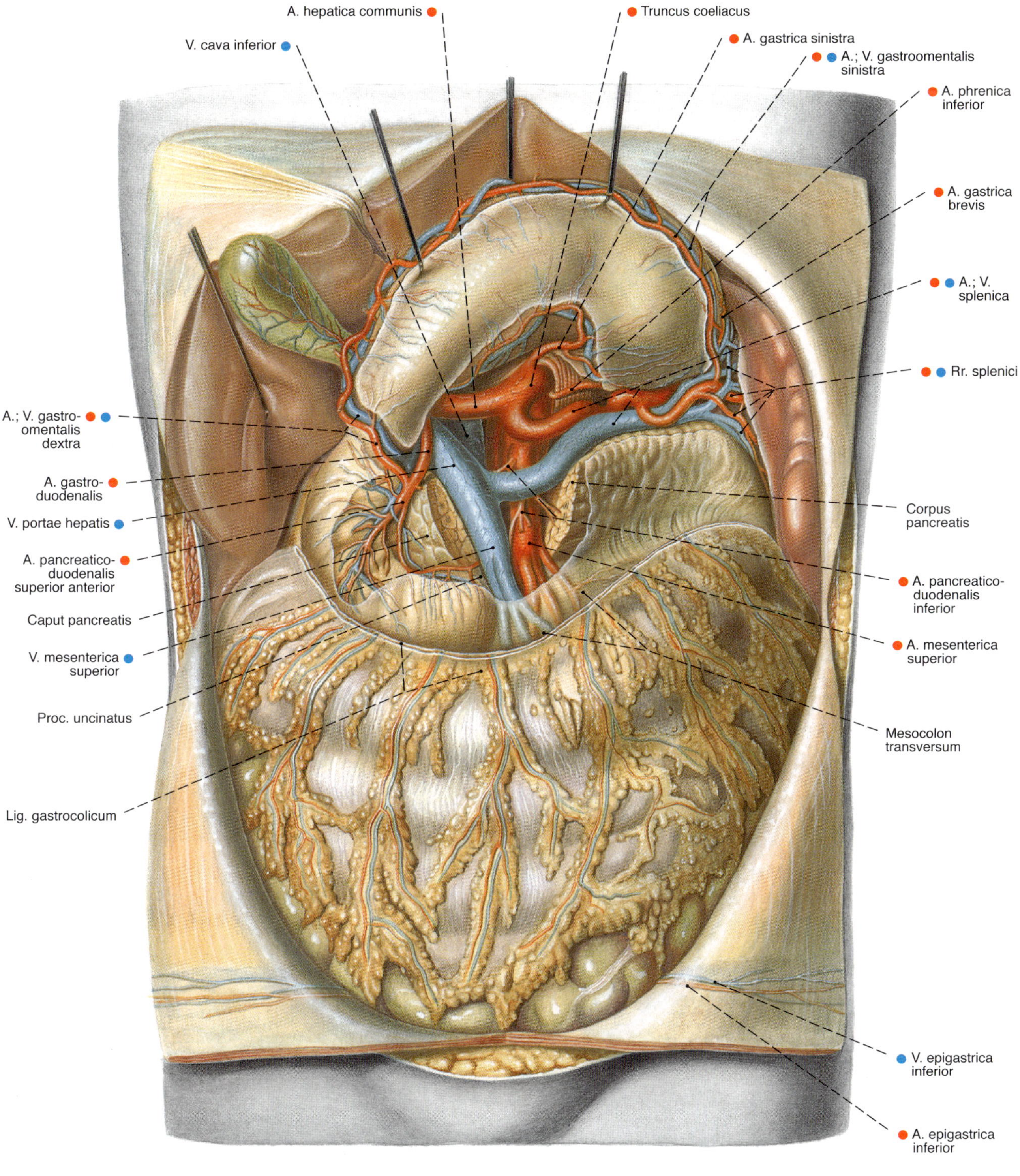

Abb. 1018 Gefäße des Oberbauchs;
Lig. gastrocolicum durchgetrennt; Magen mit Haken zur Darstellung des Truncus coeliacus nach kranial gezogen; Pankreaskörper zur Darstellung des Zusammenflusses von V. splenica und V. mesenterica superior teilweise entfernt; Bursa omentalis eröffnet;
von ventral.
Der Proc. uncinatus des Pankreas schiebt sich oft weit hinter die Mesenterialgefäße.

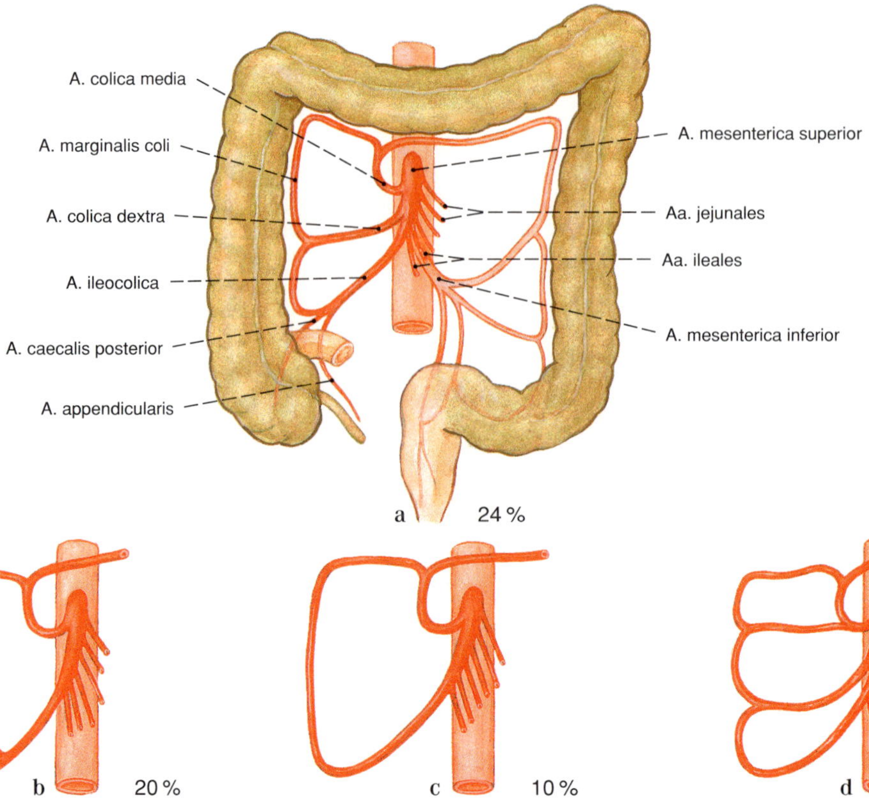

Abb. 1019 a–d Varietäten der Äste der A. mesenterica superior zum Dickdarm.

a Lehrbuchfall, Versorgung von Colon ascendens und transversum durch drei Äste

b Stammbildung von A. ileocolica und A. colica dextra

c Ausbildung von nur zwei Ästen bei Fehlen einer A. colica dextra

d Verdopplung der A. colica dextra

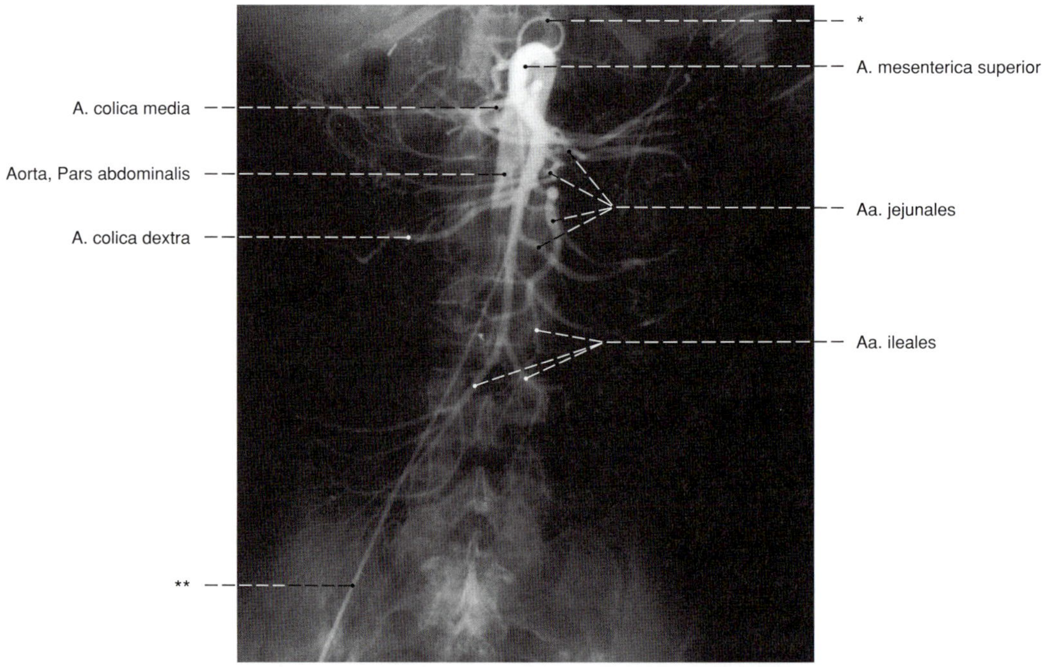

Abb. 1020 A. mesenterica superior; ap-Röntgenbild nach Injektion eines Kontrastmittels in den Beginn der A. mesenterica superior; von ventral.

* Katheter in der Aorta
** Katheter in der A. iliaca communis

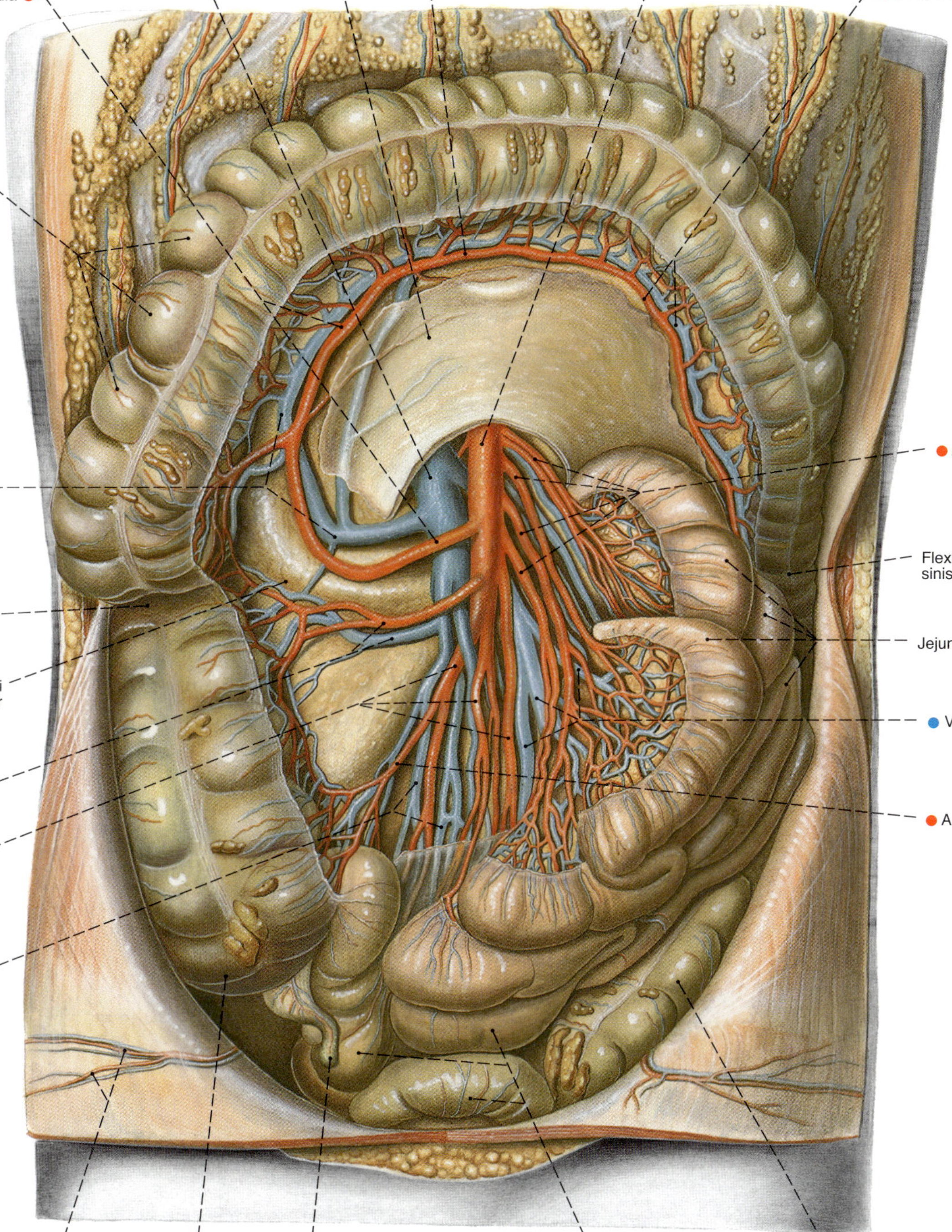

Abb. 1021 Gefäße des Unterbauchs;
großes Netz und Querkolon nach kranial gezogen;
Dünndarm nach links gedrängt und viszerales Peritoneum
zur Darstellung der Gefäßäste teilweise entfernt;
von ventral.
Die Dünndarmarterien bilden Arkaden.

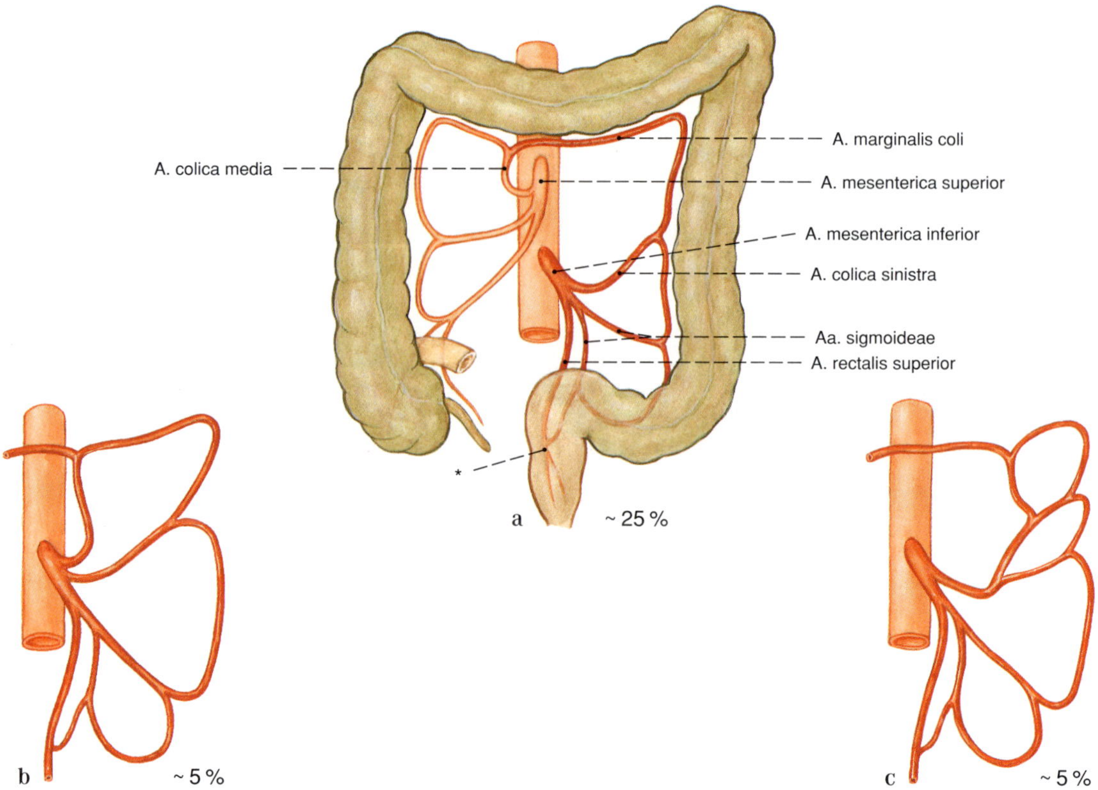

Abb. 1022 a–c Varietäten der A. mesenterica inferior.
a Dreiteilung des Hauptstamms zur Versorgung von Colon descendens, Colon sigmoideum und Rectum
b akzessorische A. colica media aus der A. mesenterica inferior
c akzessorische A. colica media aus der A. colica sinistra
* Klinisch: SUDECKscher Punkt

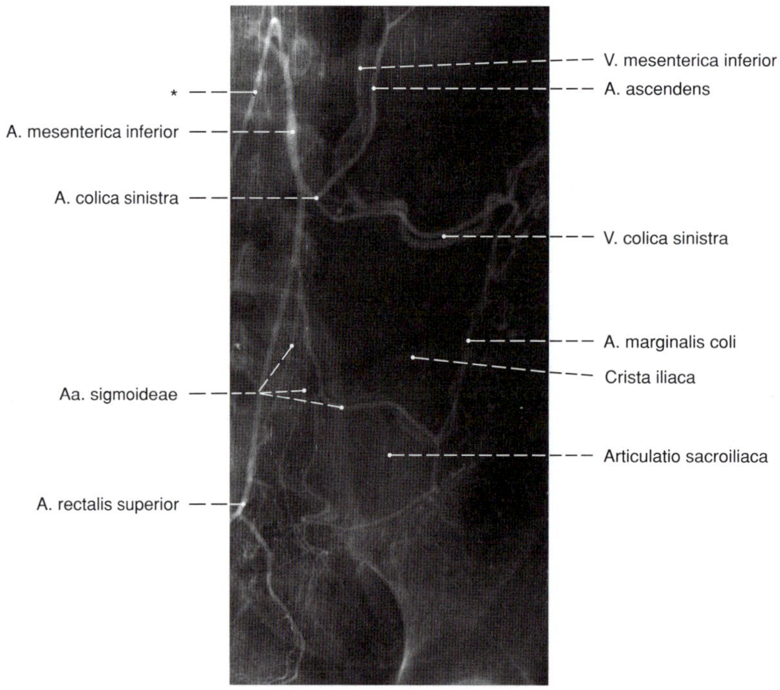

Abb. 1023 A. mesenterica inferior; ap-Röntgenbild nach selektiver Injektion eines Kontrastmittels in den Beginn der A. mesenterica inferior; von ventral.

Das Kontrastmittel fließt teilweise schon wieder aus dem Kolon ab; deshalb sind auch schon Venen erkennbar.
* Katheter in der Aorta

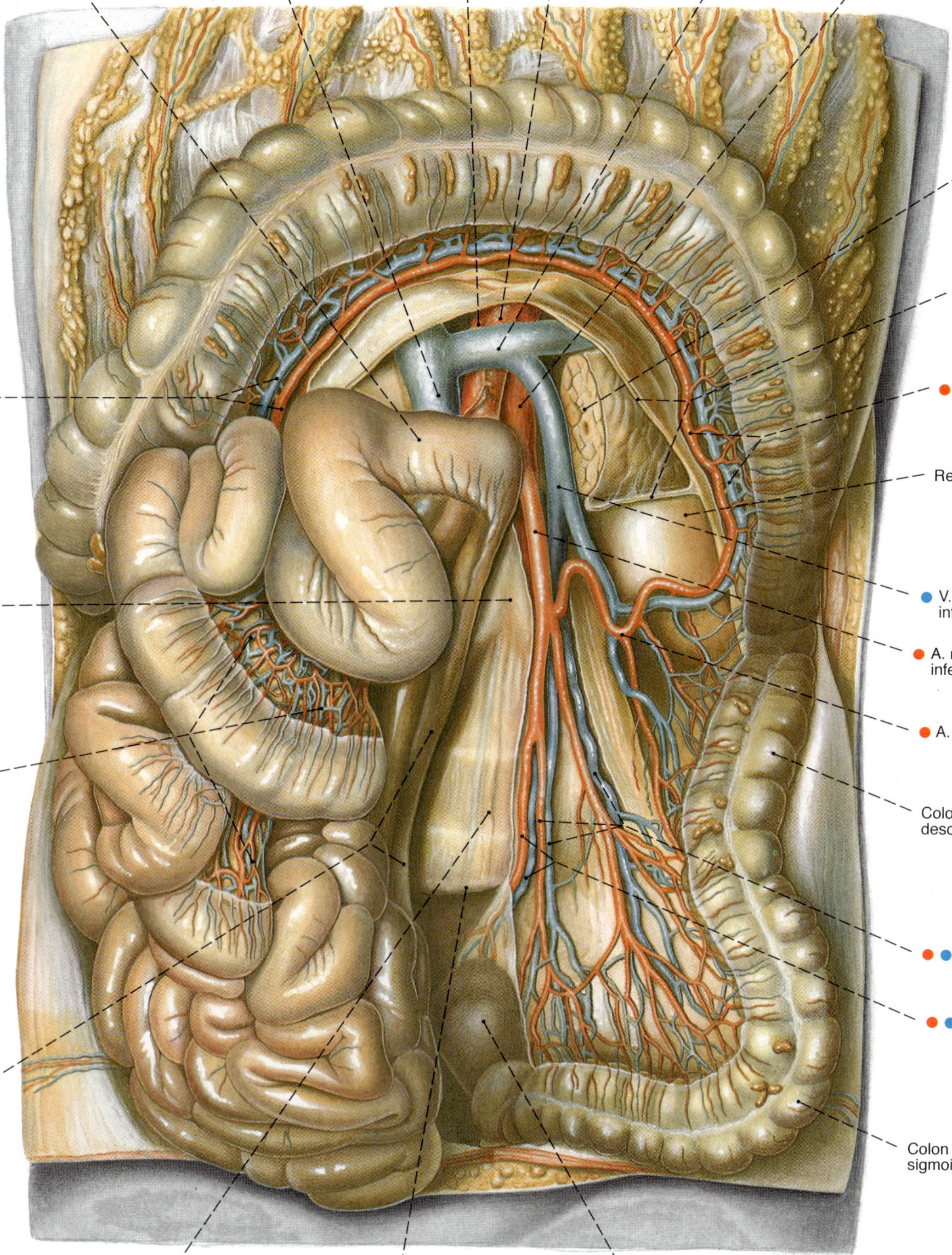

Abb. 1024 A.; V. mesenterica inferior;
Dünndarm nach rechts verlagert; Querkolon nach kranial gezogen; Peritoneum zur Darstellung der Blutgefäße von Colon descendens und Colon sigmoideum entfernt; von ventral.
Die Verbindung der A. colica sinistra mit der A. colica media erfolgt über die A. marginalis coli.

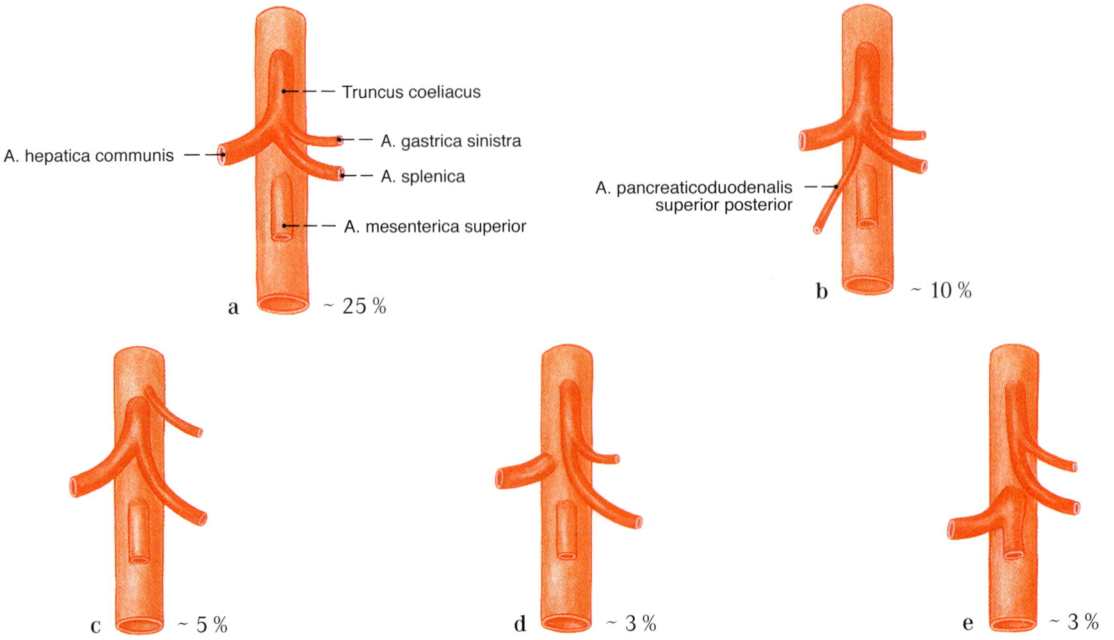

Abb. 1025 a–e Varietäten des Truncus coeliacus.
- **a** Lehrbuchfall, Aufteilung des Truncus in drei Äste
- **b** Aufteilung des Truncus in vier Äste
- **c** Ausbildung eines Truncus hepatosplenicus
- **d** Ausbildung eines Truncus gastrosplenicus
- **e** Ausbildung eines Truncus gastrosplenicus und eines Truncus hepatomesentericus

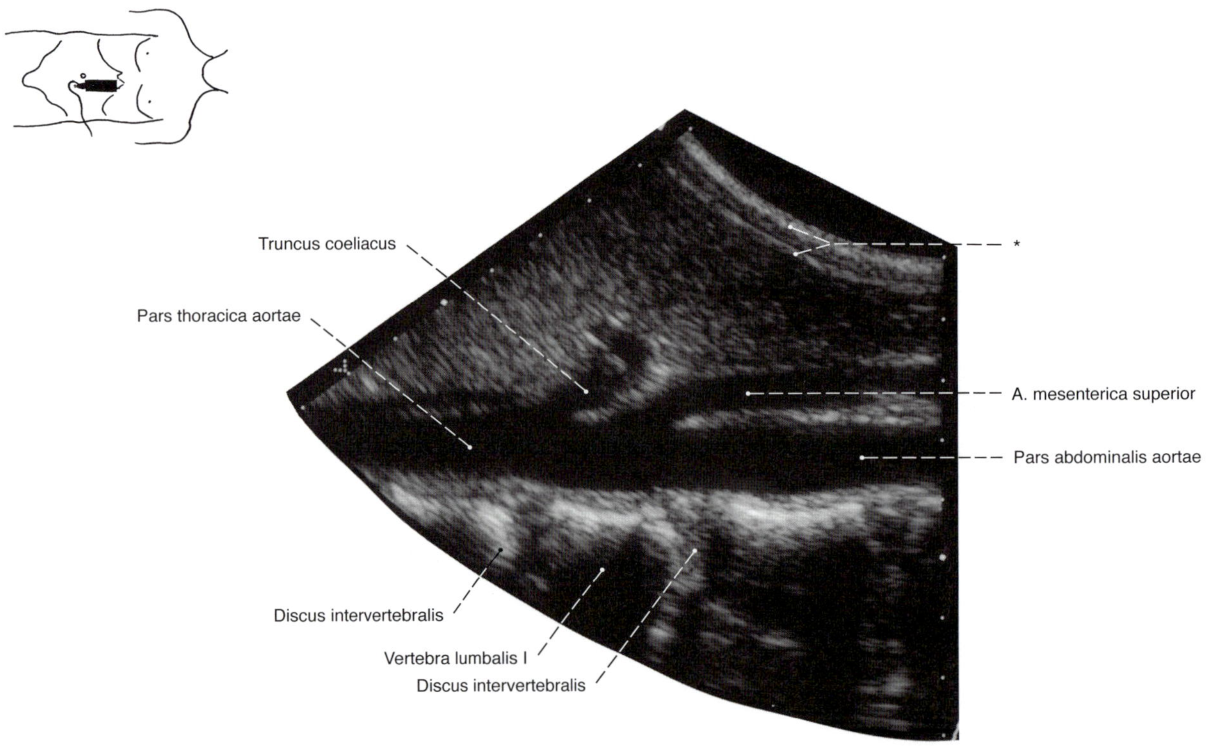

Abb. 1026 Bauchschlagader, Pars abdominalis aortae; Ultraschallbild; annähernd sagittale Schallebene. Auffallend ist der geringe Abstand zwischen dem Abgang des Truncus coeliacus und der A. mesenterica superior, die ein Stück parallel zur Bauchaorta verläuft.

* Bauchwand

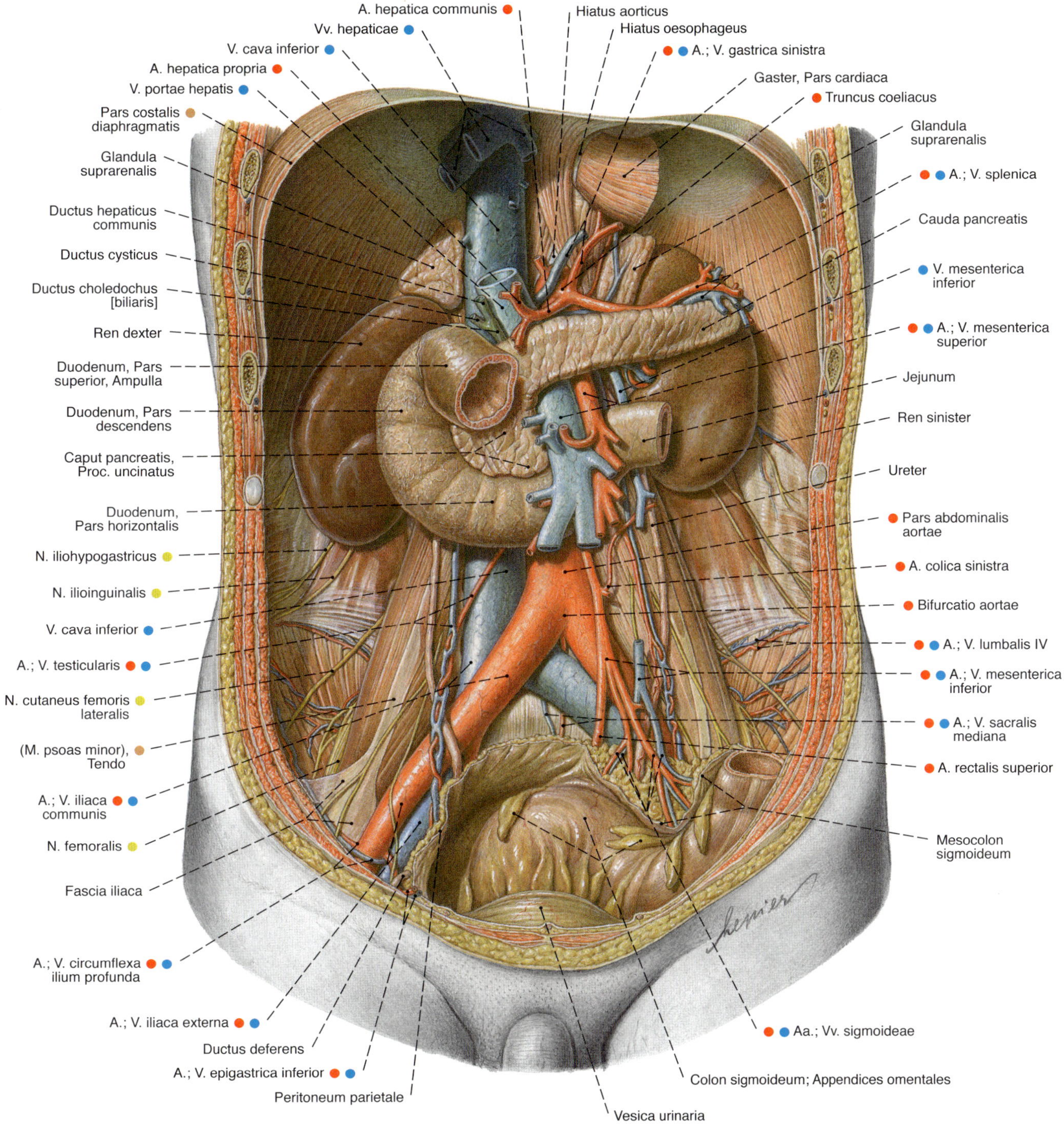

Abb. 1027 Retroperitonealraum, Situs retroperitonealis, beim Mann;
nach weitgehender Entfernung des Peritoneum parietale;
von ventral.

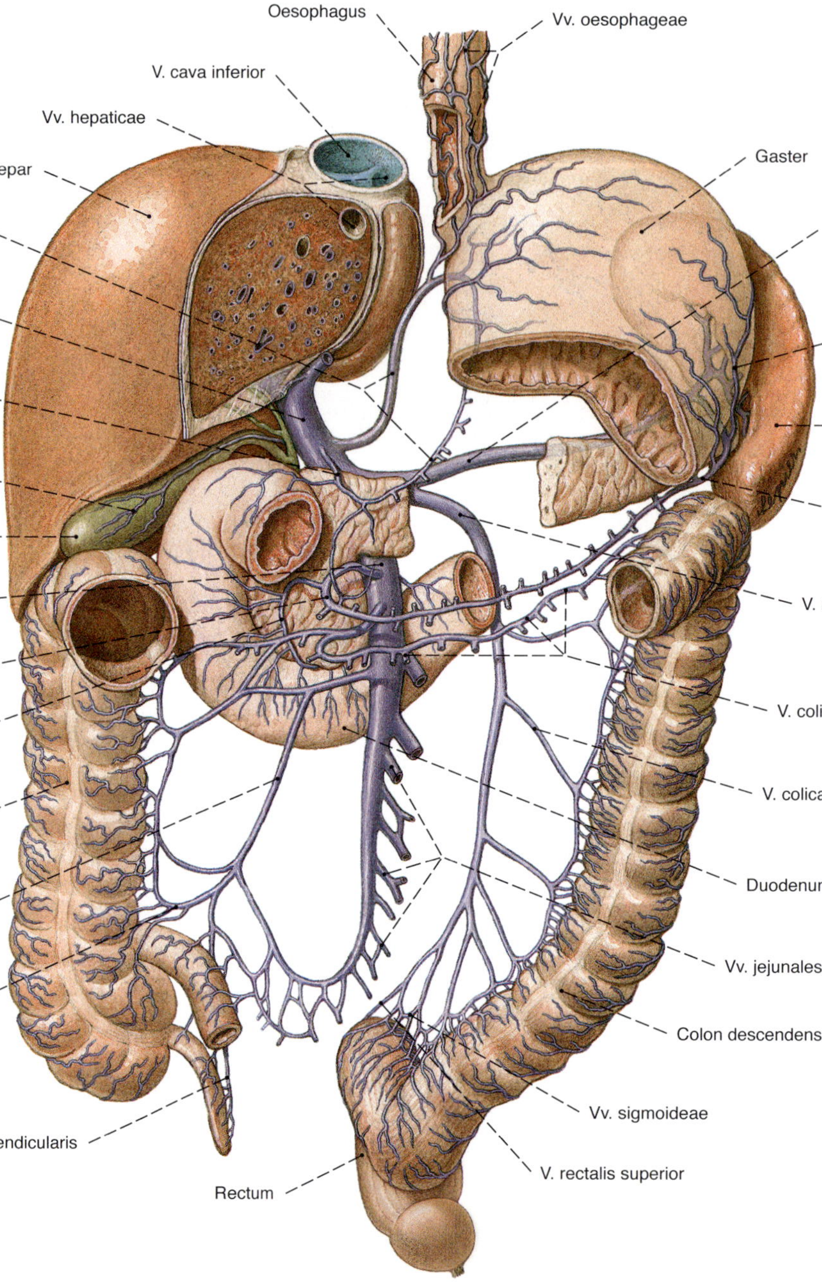

Abb. 1028 Zuflüsse zur Pfortader, V. portae hepatis; Teile des Magens und Querkolons sowie größere Teile von Jejunum und Ileum entfernt; von ventral.

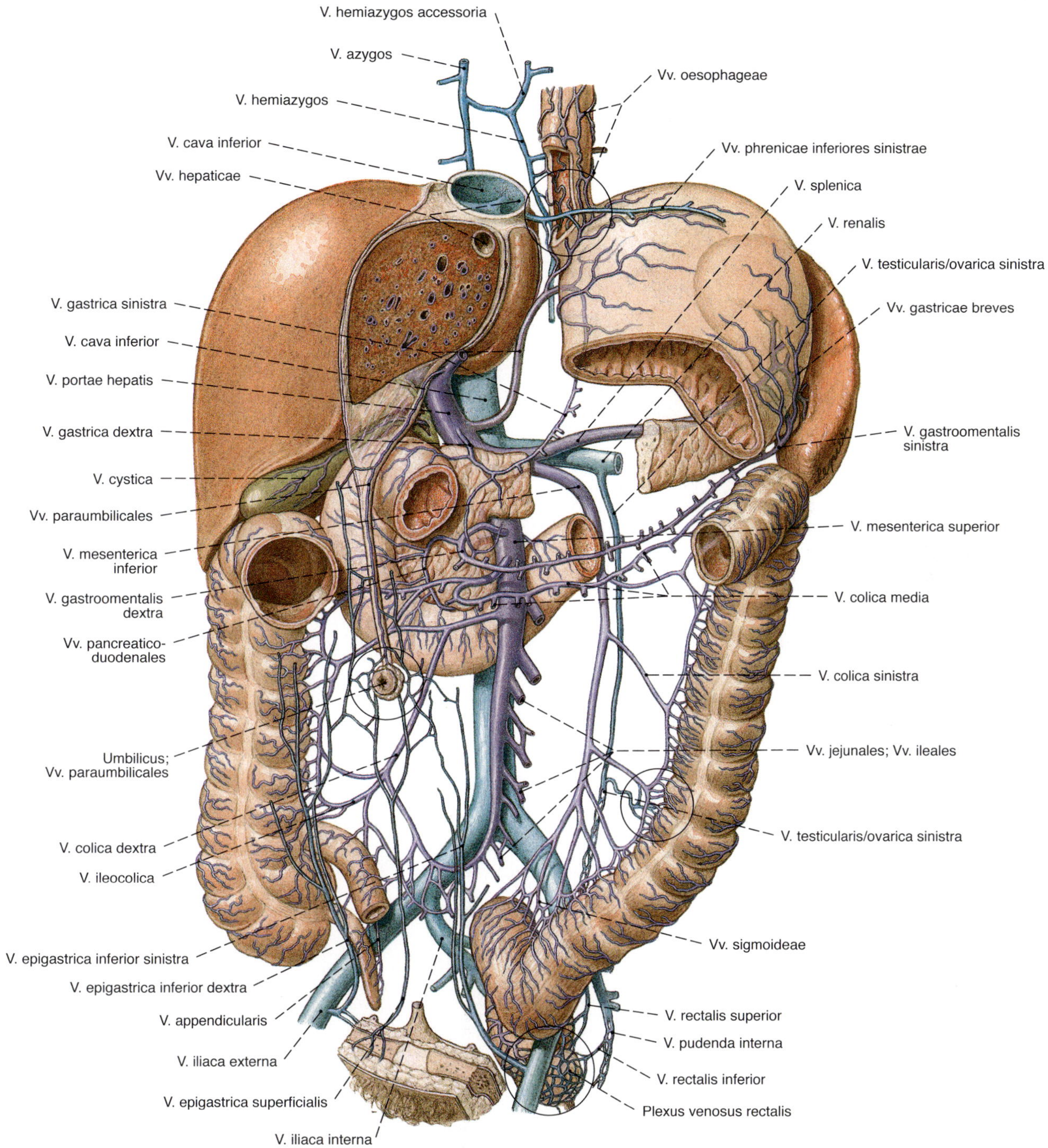

Abb. 1029 Verbindungen zwischen den Einzugsgebieten der Pfortader, V. portae hepatis, und der unteren Hohlvene, V. cava inferior;
von ventral.
Diese Verbindungen werden „portokavale Anastomosen" genannt. Sie sind durch Kreise hervorgehoben.

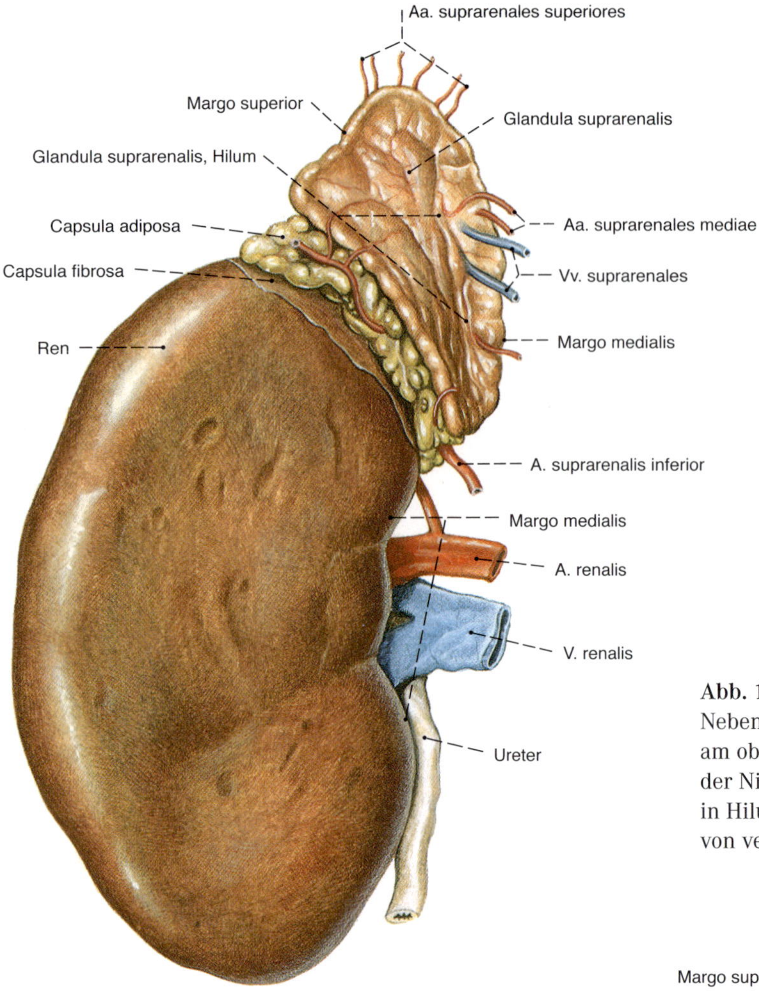

Abb. 1030 Niere, Ren [Nephros]; Nebenniere, Glandula suprarenalis; am oberen Pol Teile der Fett- und Bindegewebskapsel der Niere belassen; A. und V. renalis sowie Harnleiter in Hilumnähe durchgetrennt; von ventral (re).

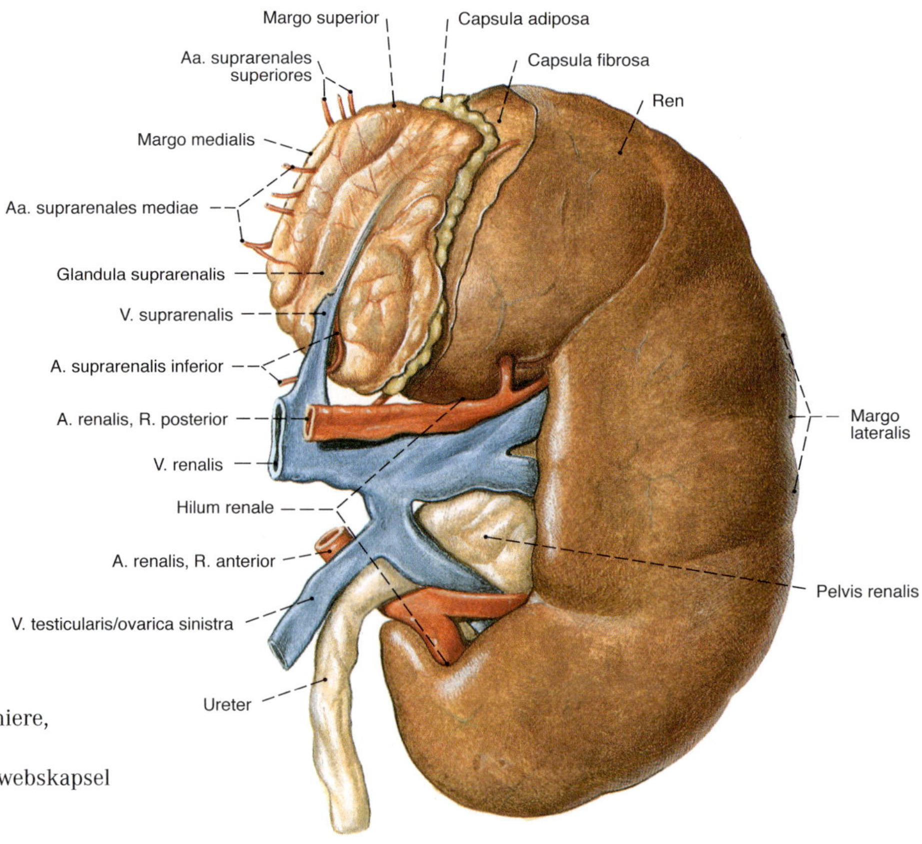

Abb. 1031 Niere, Ren [Nephros]; Nebenniere, Glandula suprarenalis; am oberen Pol Teile der Fett- und Bindegewebskapsel der Niere belassen; von ventral (li).

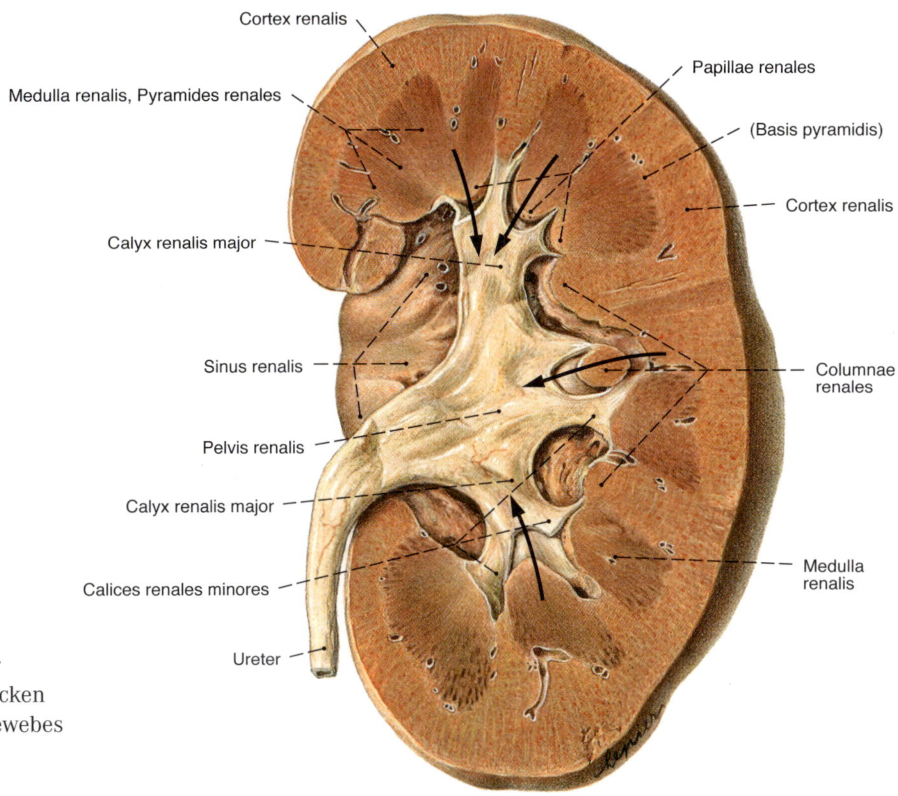

Abb. 1032 Niere, Ren [Nephros];
schräger, vertikaler Halbierungsschnitt zur Darstellung von Rinde, Mark und Nierenbecken nach Entfernung der Gefäße und des Fettgewebes im Nierensinus;
von ventral (li).
Von den Pyramiden zeigen Pfeile in die Nierenkelche.

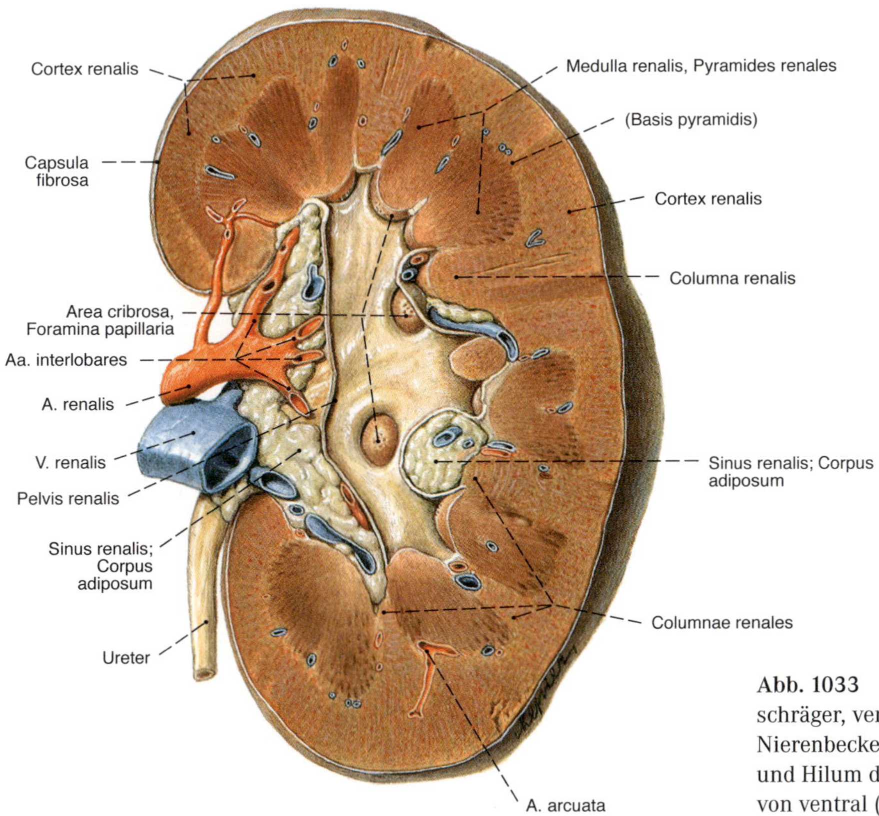

Abb. 1033 Niere, Ren [Nephros];
schräger, vertikaler Halbierungsschnitt mit Eröffnung des Nierenbeckens zur Darstellung von Rinde, Mark, Becken und Hilum der Niere;
von ventral (li).

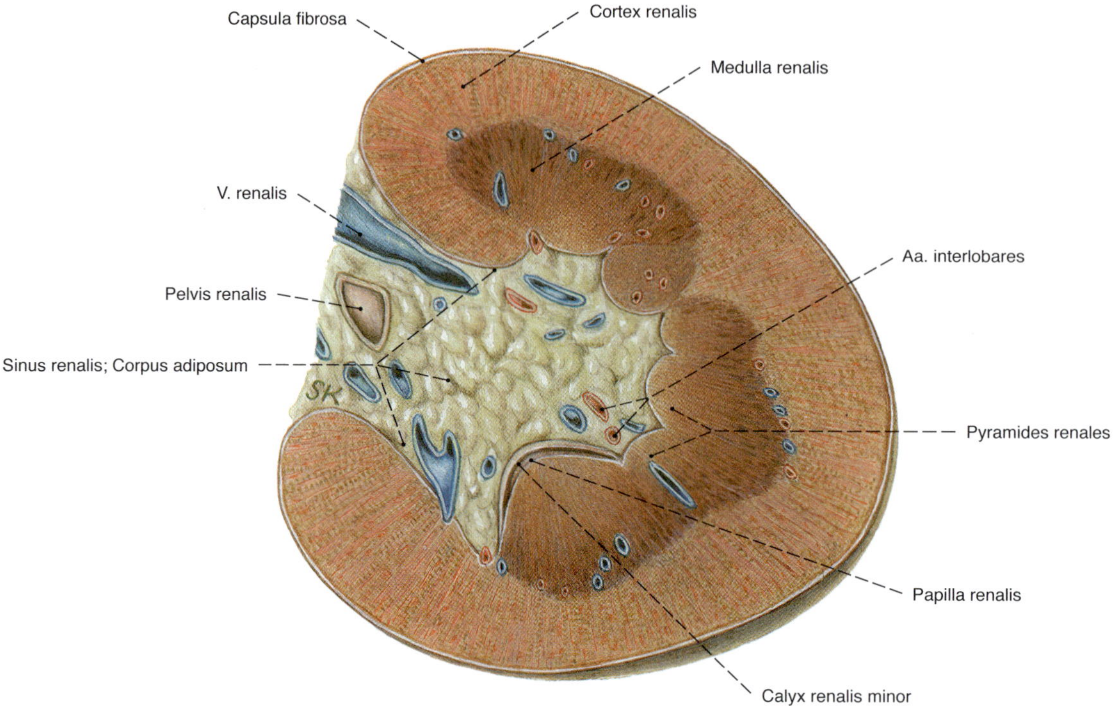

Abb. 1034 Niere, Ren [Nephros];
Transversalschnitt zur Darstellung der Nierenbucht,
Sinus renalis;
von kaudal (li).

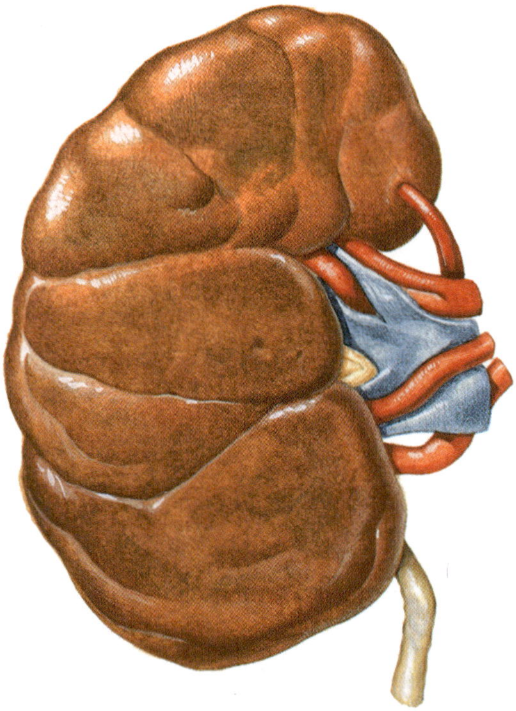

Abb. 1035 Niere, Ren [Nephros];
von ventral (re).
An diesem Präparat eines Erwachsenen ist die fetale Lappung als Varietät erhalten geblieben.
Vergleiche mit Abb. 1037.

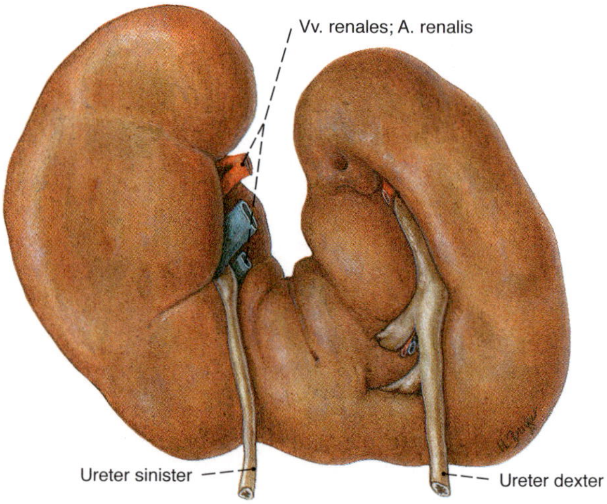

Abb. 1036 Niere, Ren [Nephros];
von dorsal.
Die unteren Pole beider Nieren sind verschmolzen (= Hufeisenniere).

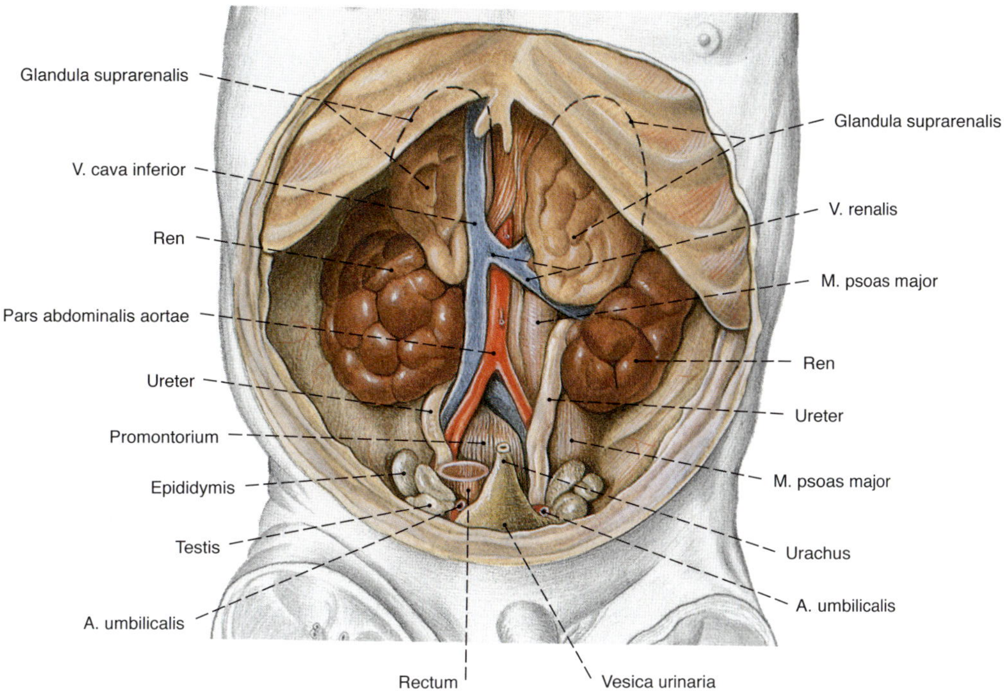

Abb. 1037 Niere, Ren [Nephros];
Nebenniere, Glandula suprarenalis, eines ≈ 5 Monate alten Fetus;
Bauchwand, Magen, Darm und Leber entfernt;
von ventral.

Typisch für dieses Entwicklungsstadium sind die Lappungen der Nieren, die Größenverhältnisse von Nebennieren zu Nieren, die Lage von Hoden und Nebenhoden im kleinen Becken und der nach kranial kegelförmige Übergang der Harnblase in den Urachus.

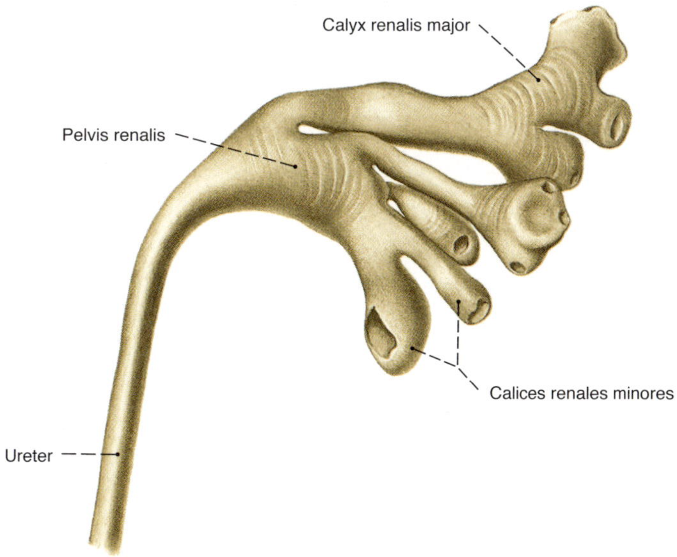

Abb. 1038 Nierenbecken, Pelvis renalis;
Ausgusspräparat;
von ventral (li).
Das Nierenbecken kann sehr unterschiedliche Formen haben.

Neben langen, sich baumartig aufzweigenden Kelchen (dendritischer Typ) in dieser Abb. können die Kelche kurz sein und in ein weites, sackartiges Nierenbecken münden (ampullärer Typ). Dazwischen gibt es viele Übergangsformen.

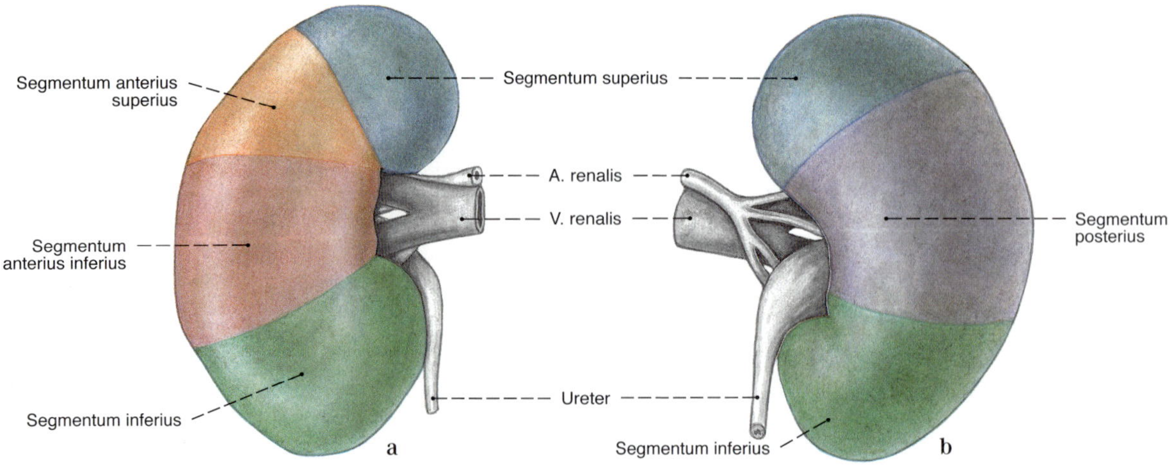

Abb. 1039 a, b Nierensegmente, Segmenta renalia; einzelne Segmente durch gleiche Farben hervorgehoben.

a von ventral (re)
b von dorsal (re)

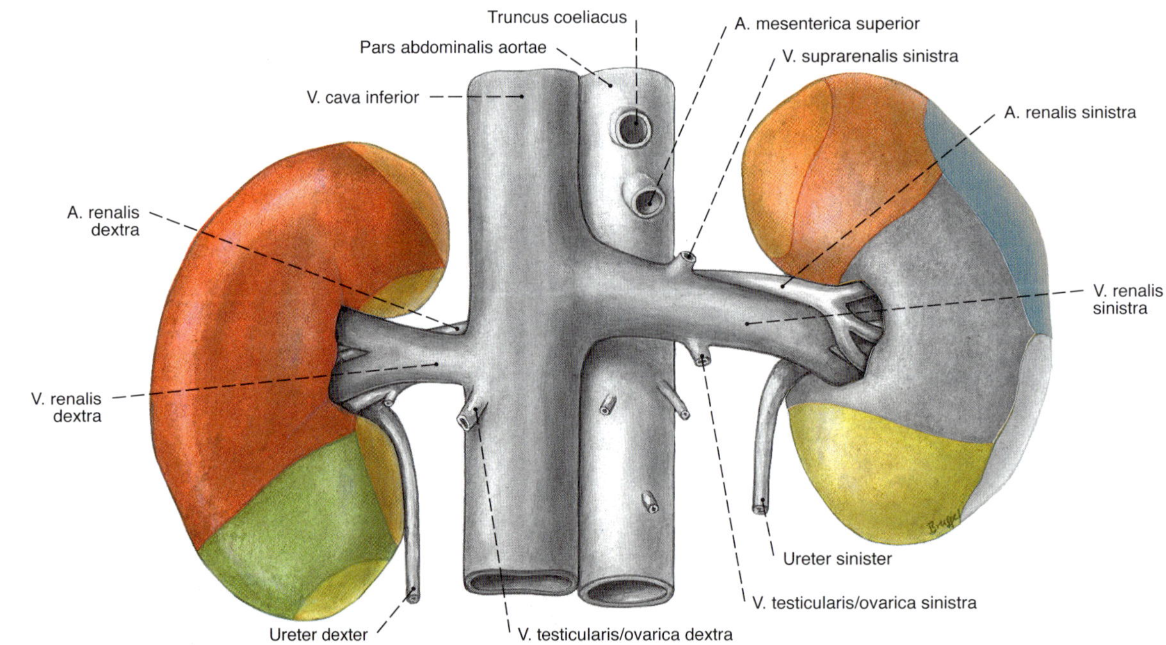

Abb. 1040 Niere, Ren, und benachbarte Organe an der Ventralseite; von ventral.

Berührungsfelder der Nieren

- Glandulae suprarenales
- Hepar
- Duodenum, Pars descendens
- Colon, Flexura dextra
- Jejunum
- Gaster
- Splen [Lien]
- Pancreas
- Colon descendens

Abb. 1041 Nierenarterien, Aa. renales; Nierenvenen, Vv. renales; Nierenbecken, Pelvis renalis;
Korrosionspräparat nach Injektion unterschiedlich gefärbter Kunststoffe in die Nierengefäße und in das Nierenbecken (Arterien: rot, Venen: blau, Nierenbecken: gelb);
von ventral (re).

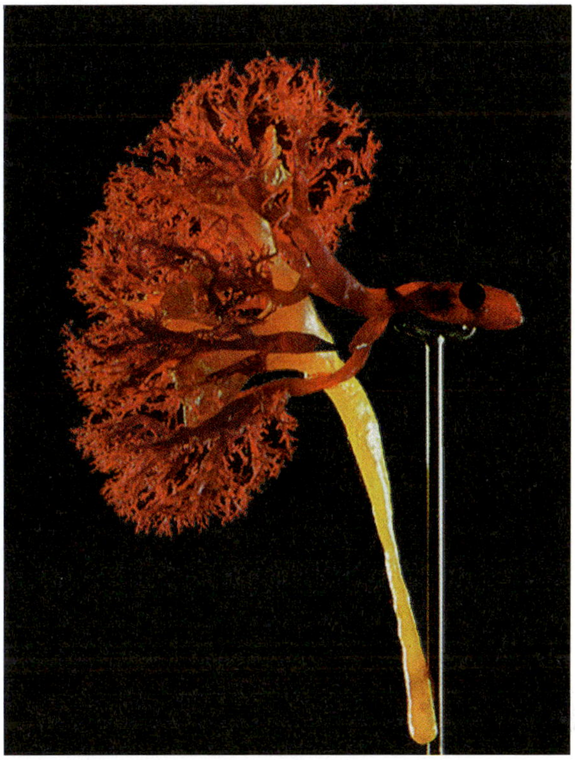

Abb. 1042 Nierenarterien, Aa. renales; Nierenbecken, Pelvis renalis;
Korrosionspräparat nach Injektion eines roten Kunststoffs in die A. renalis und eines gelben Kunststoffs in den Ureter;
von ventral (re).

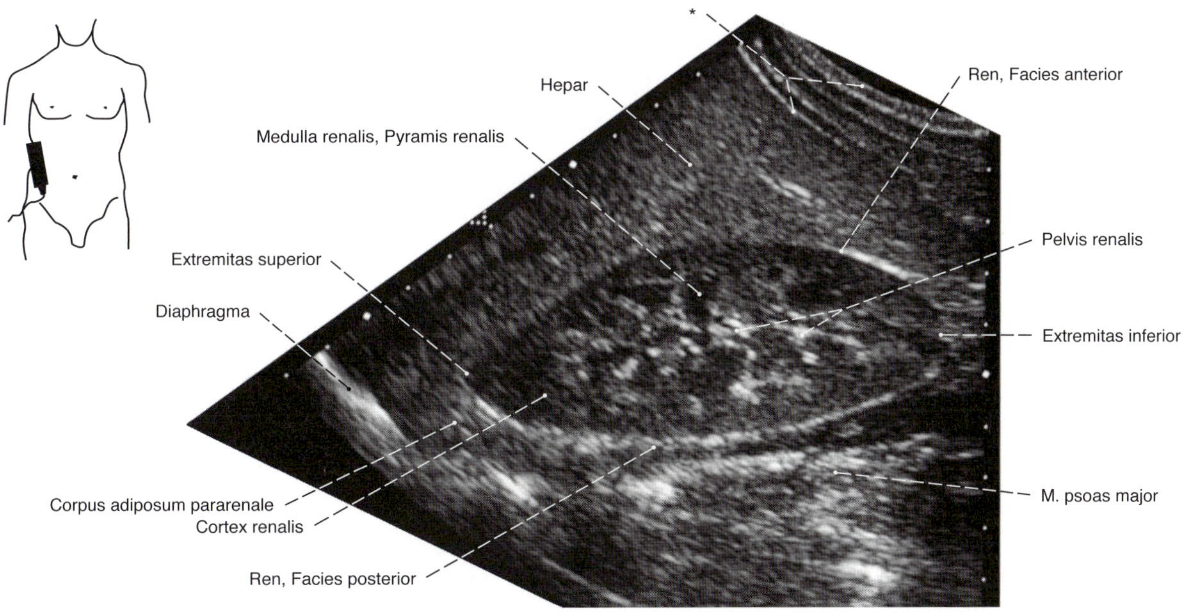

Abb. 1043 Niere, Ren [Nephros];
Ultraschallbild der Niere;
Schallkopf von ventrokaudal nach dorsokranial gerichtet;
von lateral (re).

Neben dem Nierenbecken können auch Rinde und Mark voneinander abgegrenzt werden.

* Bauchwand

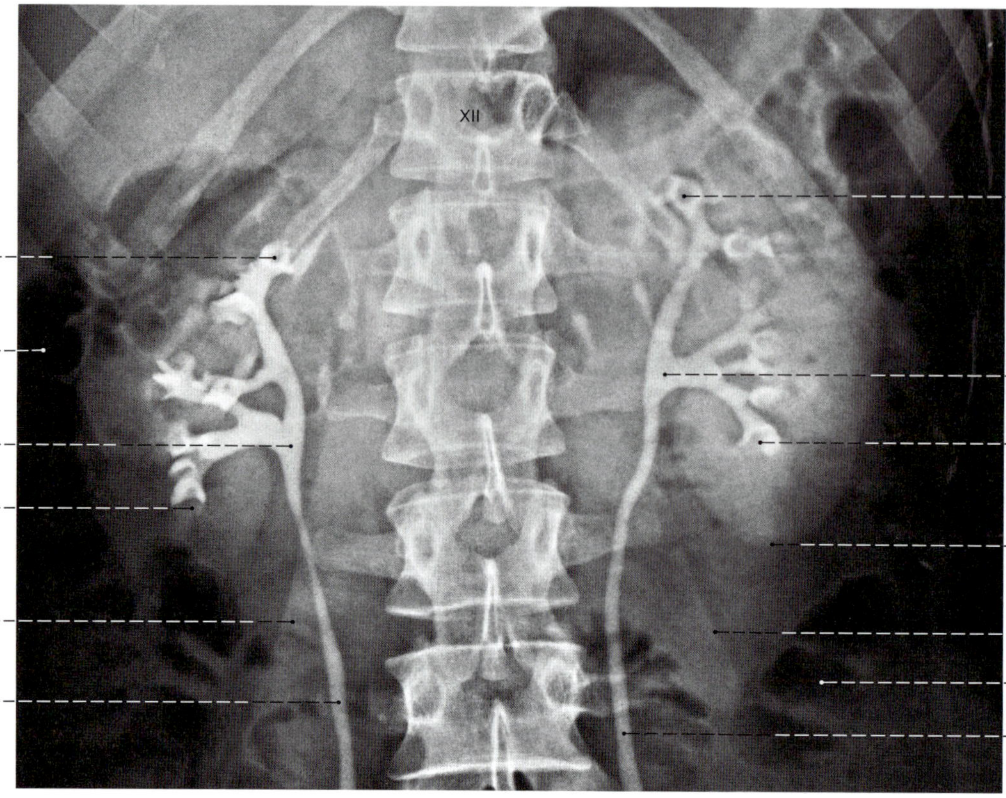

Abb. 1044 Niere, Ren [Nephros]; Nierenbecken, Pelvis renalis; Harnleiter, Ureter; ap-Röntgenbild nach retrograder Injektion eines Röntgenkontrastmittels über beide Ureteren; damit kommen auch die harnableitenden Anteile der Nieren zur Darstellung; von ventral.
XII = Vertebra thoracica XII

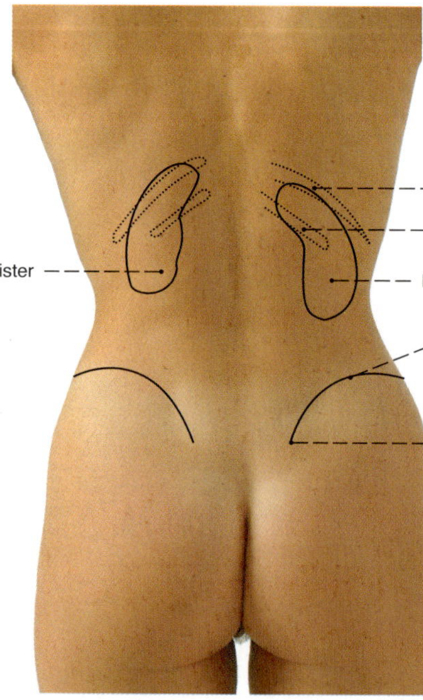

Abb. 1045 Projektion der Nieren auf den Rücken. Die Längsachsen der Nieren divergieren nach kaudal lateral. Die rechte Niere steht meist weiter kaudal als die linke.
Vergleiche Abb. 1092.

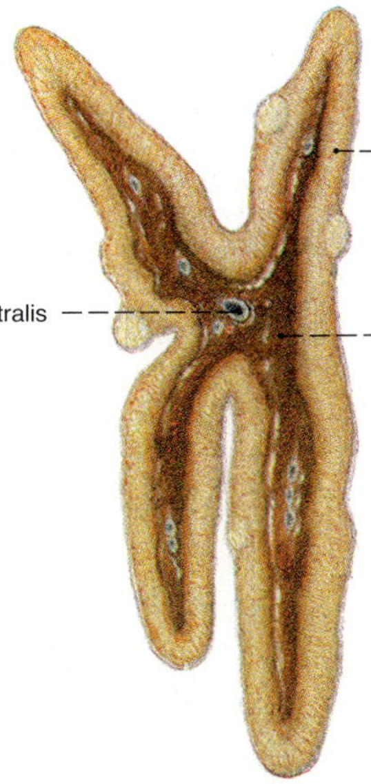

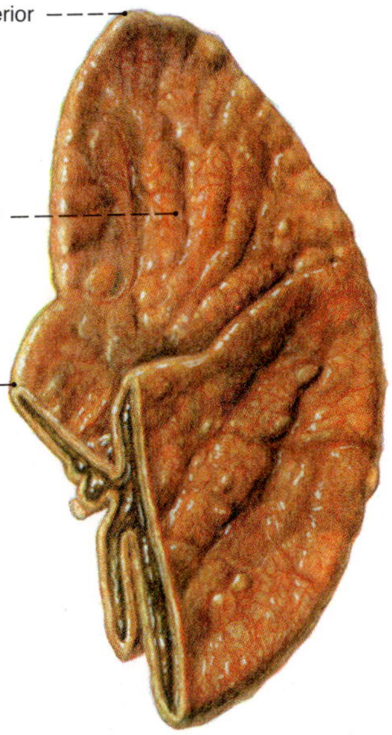

Abb. 1046 Nebenniere, Glandula suprarenalis;
Sagittalschnitt;
von lateral (re).
Die Zeichnung ist von einem frischen Präparat angefertigt worden. Bei konservierten Präparaten sind die Farbunterschiede zwischen Rinde und Mark weniger deutlich.

Abb. 1047 Nebenniere, Glandula suprarenalis;
im unteren Teil sagittal durchgeschnitten;
von ventral (re).
Siehe Hinweis zu Abb. 1046.

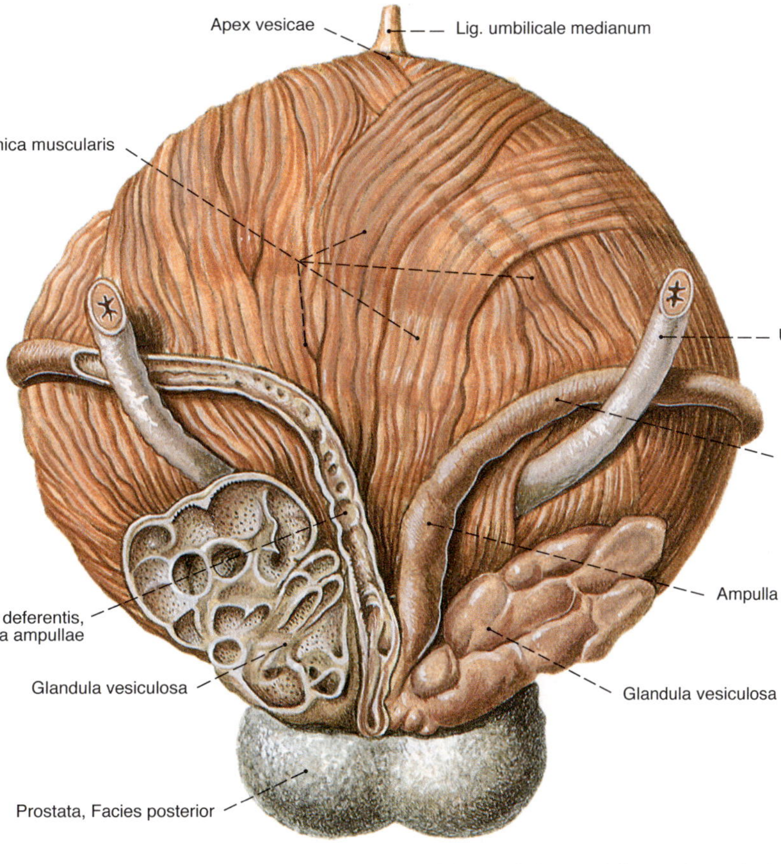

Abb. 1048 Harnblase, Vesica urinaria; Samenleiter, Ductus deferentes; Samenbläschen, Glandulae vesiculosae; Vorsteherdrüse, Prostata;
äußere Schicht der Harnblasenmuskulatur präpariert;
Bläschendrüse und Samenleiter links durch Flachschnitt eröffnet;
von dorsal.

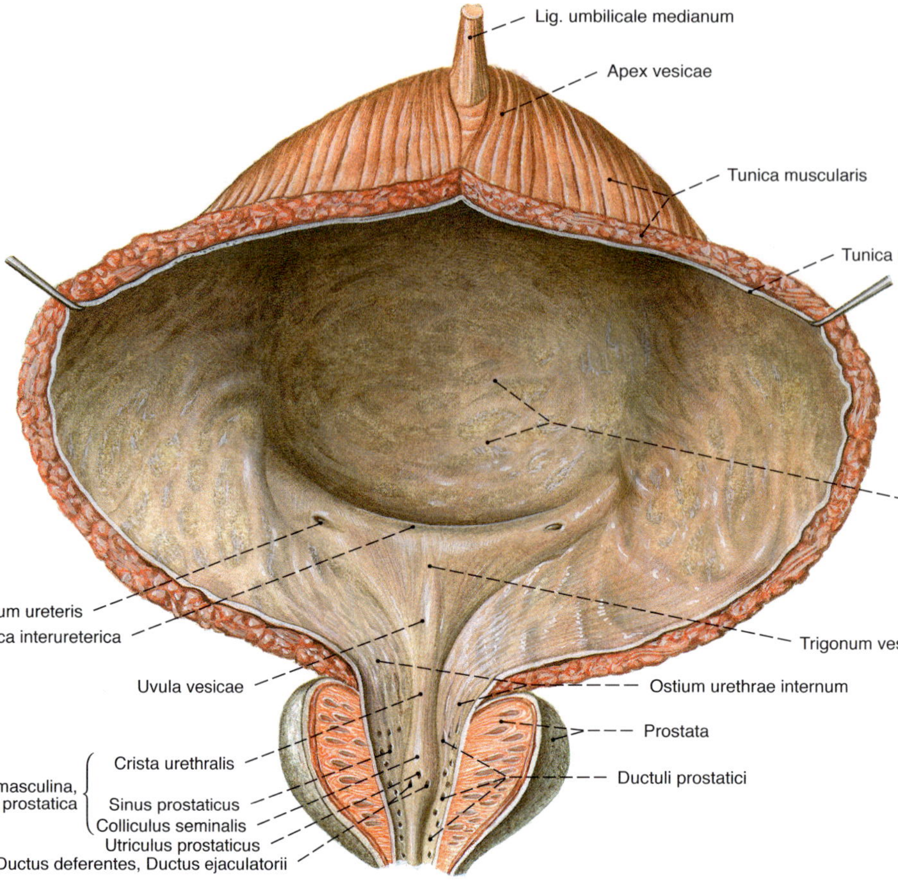

Abb. 1049 Harnblase, Vesica urinaria; Vorsteherdrüse, Prostata; Harnröhre, Urethra; in der Medianebene durch Längsschnitt eröffnet und äußere Muskelschicht der Harnblase präpariert; von ventral.

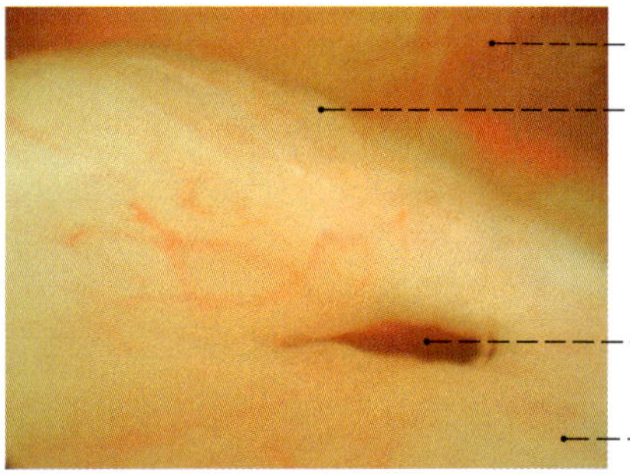

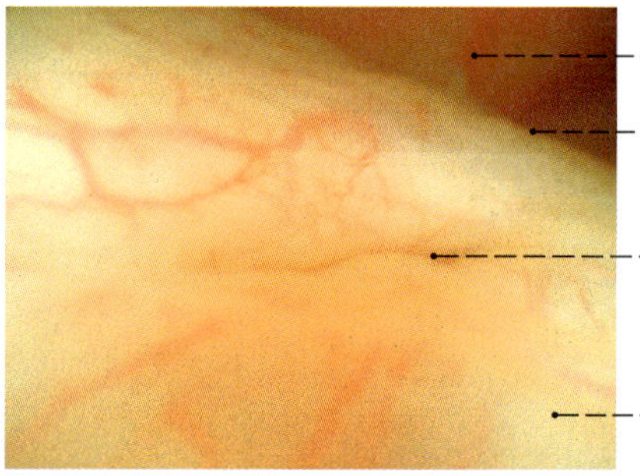

Abb. 1050 a, b Harnblase, Vesica urinaria; Darstellung der Ureteröffnung mit einem durch die Harnröhre eingeführten Endoskop (Zystoskopie).

a Uretermündung geöffnet, eine peristaltische Welle hat Urin in die Harnblase transportiert

b Uretermündung geschlossen

Abb. 1051 Harnblase, Vesica urinaria; Aufnahme der Schleimhaut im Corpus vesicae durch ein Endoskop (Zystoskopie); von unten.
Bei der gefüllten, gesunden Harnblase sind keine Schleimhautfalten zu sehen.

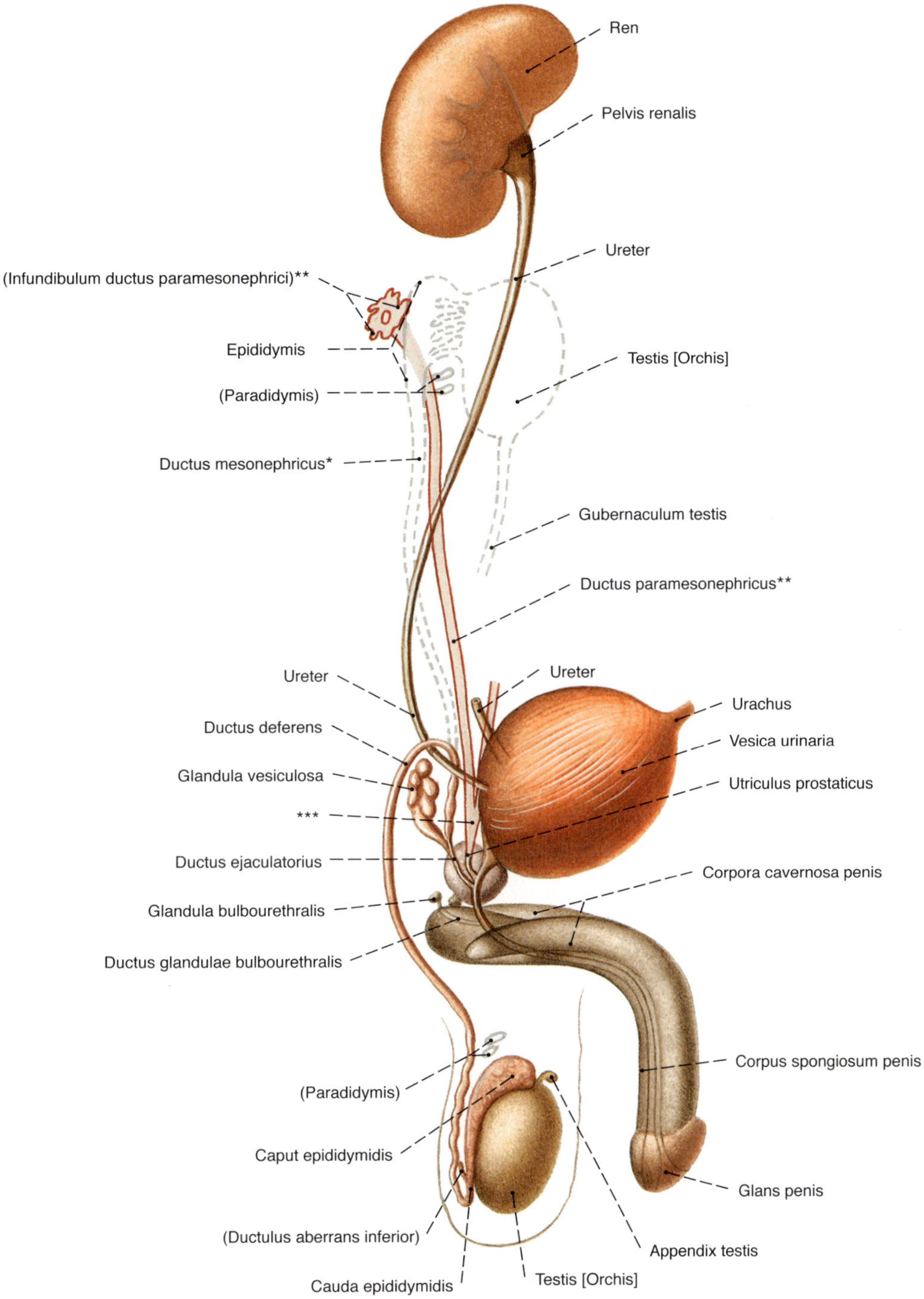

Abb. 1052 Männliche Harn- und Geschlechtsorgane, Organa urogenitalia masculina;
schematische Darstellung der Entwicklung:
zugrunde gehende Anteile in Blassrosa,
Lage vor dem Descensus testis in gestrichelten Konturen;
von lateral.

Epididymis = Geschlechtsteil der Urniere;
Paradidymis = Nierenteil der Urniere

* WOLFFscher Gang
** MÜLLERscher Gang
*** Vereinigungsstelle der MÜLLERschen Gänge, Ductus paramesonephrici

Vergleiche Abb. 1062, Entwicklung bei der Frau.

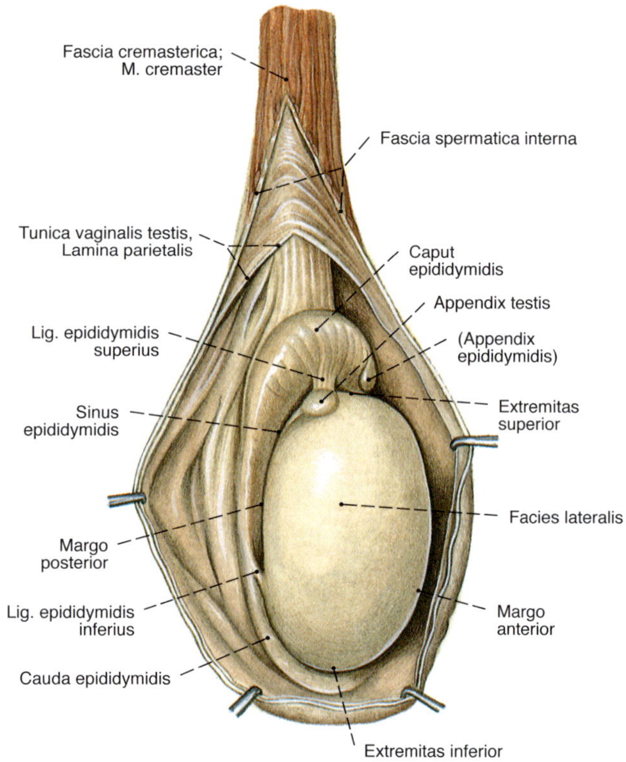

Abb. 1053 Hoden, Testis [Orchis];
Nebenhoden, Epididymis;
Darstellung durch schichtweise Eröffnung des Skrotums;
von lateral (re).

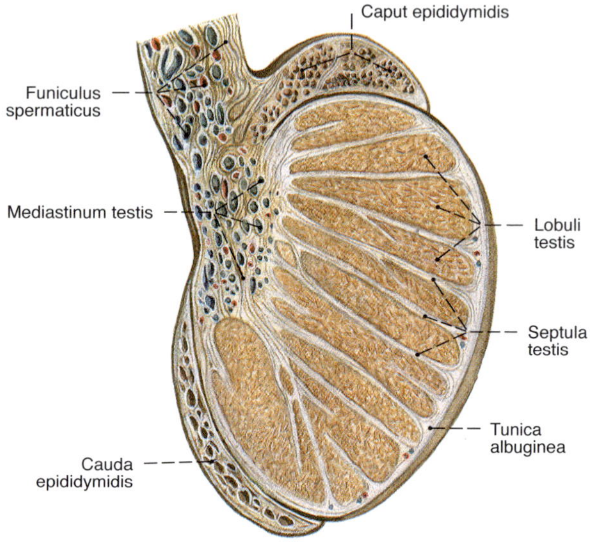

Abb. 1054 Hoden, Testis [Orchis];
Nebenhoden, Epididymis;
Sagittalschnitt;
von lateral (re).

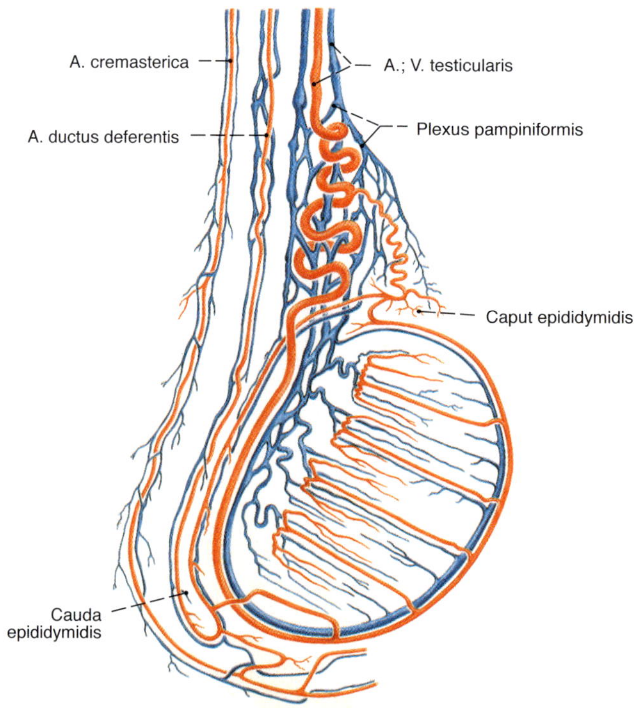

Abb. 1055 Blutgefäße von Hoden, Testis [Orchis];
Nebenhoden, Epididymis, und Samenstrang,
Funiculus spermaticus;
von lateral.
Die Arterien bilden Anastomosen.

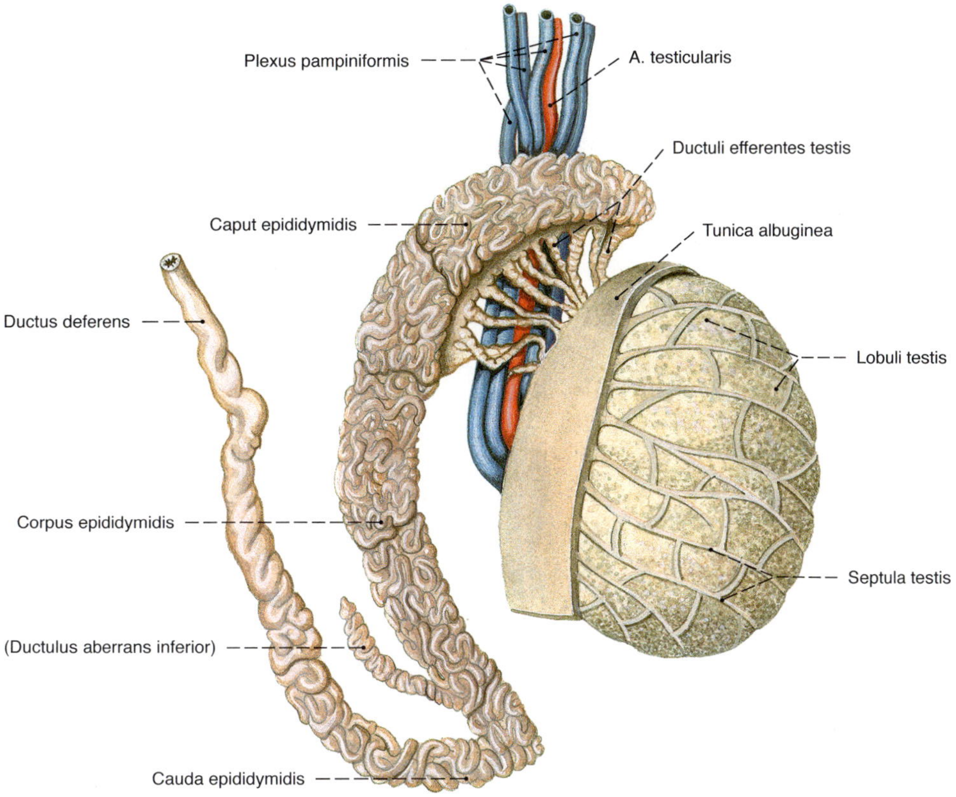

Abb. 1056 Hoden, Testis [Orchis]; Nebenhoden, Epididymis; Samenleiter, Ductus deferens; Tunica albuginea überwiegend entfernt zur Darstellung der Septierung des Hodens; Nebenhoden vom Hoden weggezogen und Gang (Ductus epididymidis) präpariert zur Verdeutlichung des gewundenen Verlaufs (Länge 5–6 m); von lateral.

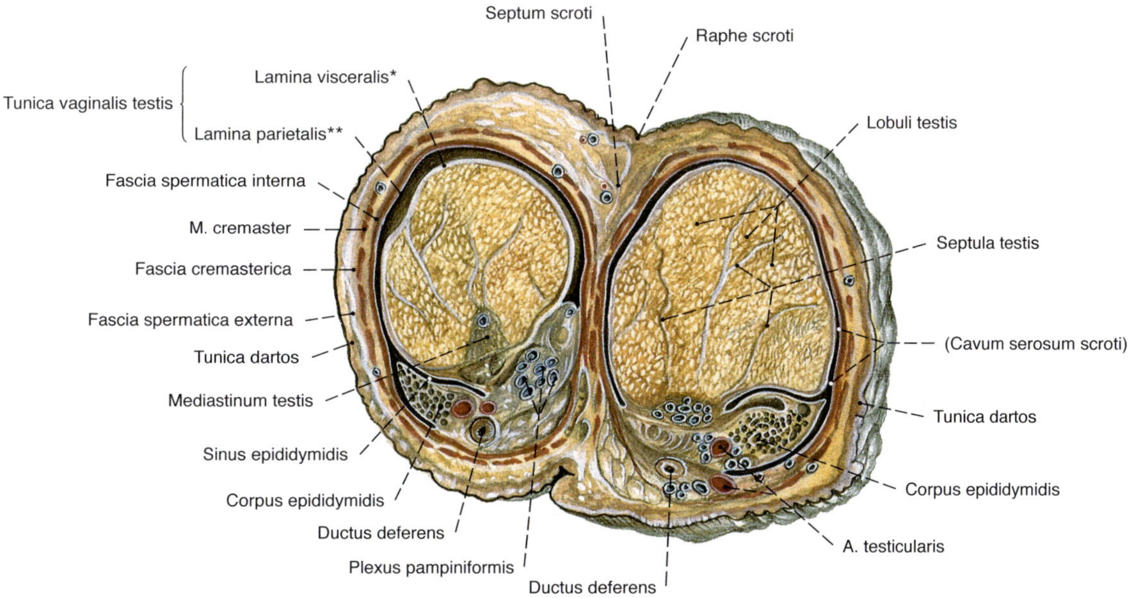

Abb. 1057 Hoden, Testis [Orchis]; Nebenhoden, Epididymis; Hodensack, Scrotum; Transversalschnitt zur Darstellung der Schichten des Skrotums und der Hodenhüllen; von kranial.

Die Querschnittsflächen der Hoden sind unterschiedlich groß, da die Hoden meist nicht in gleicher Höhe im Skrotum liegen.

* Auch: Epiorchium
** Auch: Periorchium

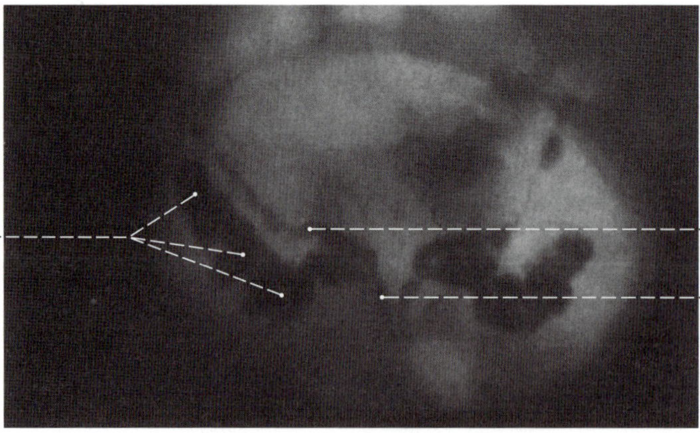

Abb. 1058 Samenleiter, Ductus deferentes; Samenbläschen, Glandulae vesiculosae; ap-Röntgenbild nach Injektion von Kontrastmittel über die Ductus ejaculatorii; von ventral.

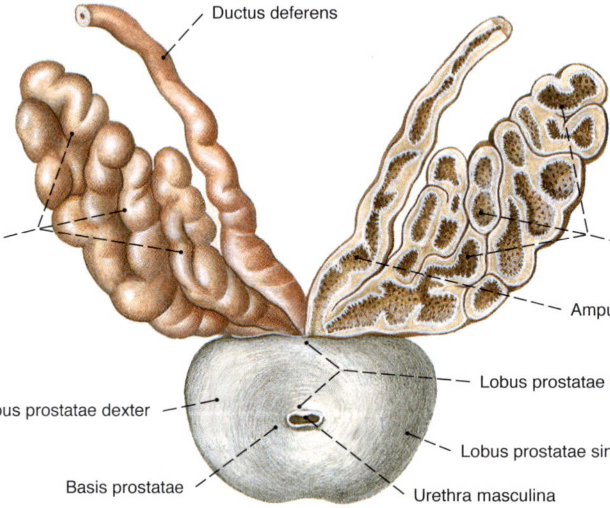

Abb. 1059 Samenleiter, Ductus deferentes; Samenbläschen, Glandulae vesiculosae; Vorsteherdrüse, Prostata; Darstellung der Prostata durch Abtrennen der Harnröhre unterhalb der Harnblase; Samenleiter und Samenbläschen links durch Flachschnitt eröffnet; von kranial.

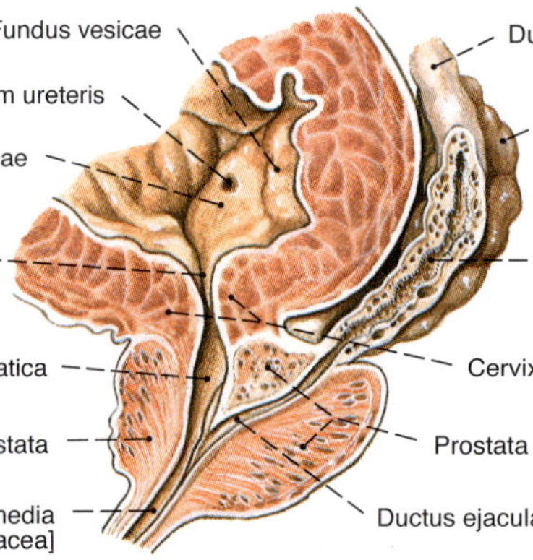

Abb. 1060 Harnblase, Vesica urinaria; Vorsteherdrüse, Prostata; Samenleiter, Ductus deferens; Samenbläschen, Glandula vesiculosa; Schrägschnitt zur Darstellung der Einmündung des linken Ductus ejaculatorius in die Harnröhre; von lateral (re).
Die Dicke der Blasenmuskulatur weist auf eine kontrahierte, entleerte Blase hin.

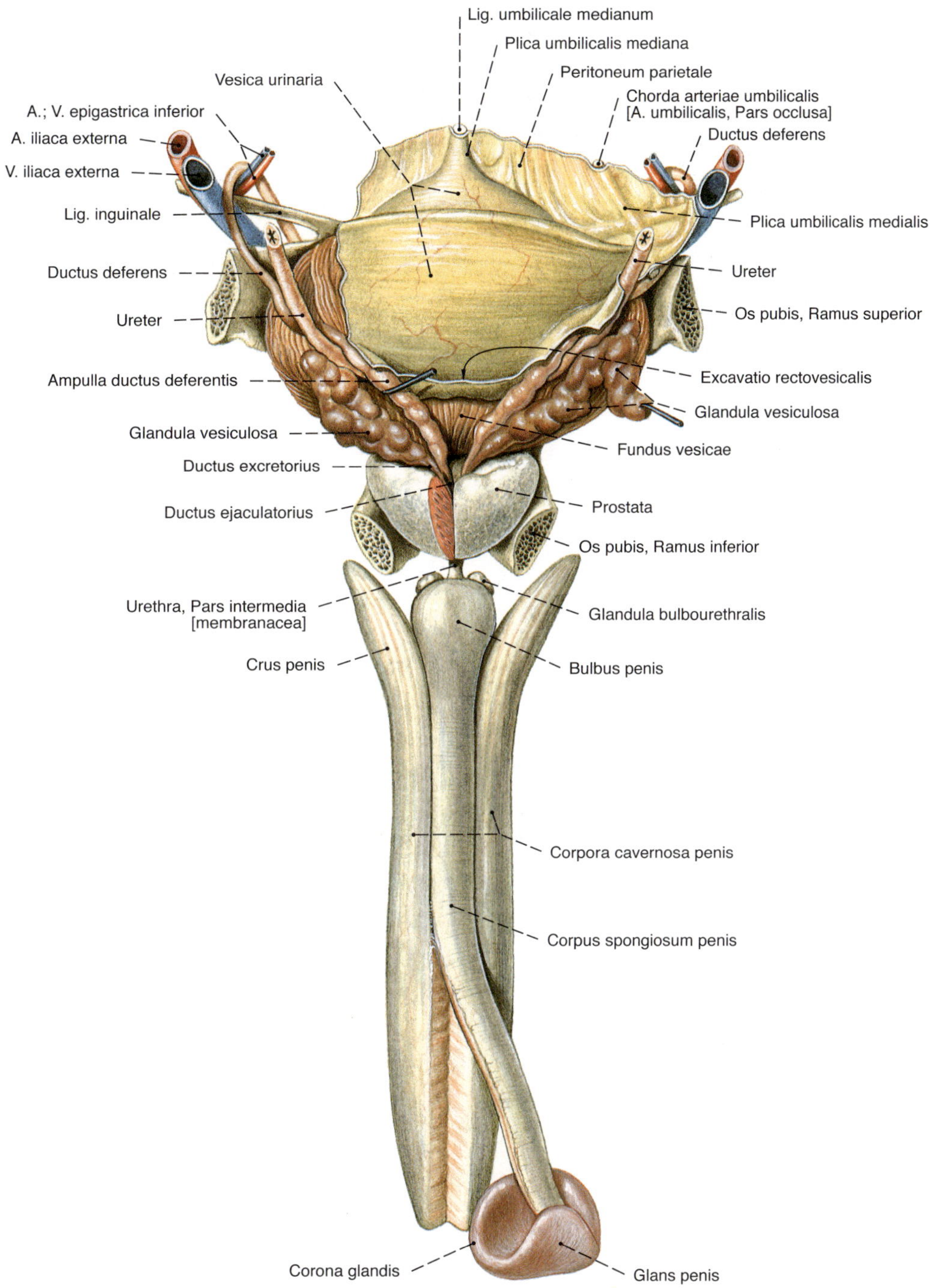

Abb. 1061 Harnblase, Vesica urinaria; Samenleiter, Ductus deferentes; Samenbläschen, Glandulae vesiculosae; Vorsteherdrüse, Prostata; Harnröhre, Urethra masculina; Teile des Schambeins belassen; Samenbläschen rechts mit Haken auseinandergezogen; keilförmiges Segment der Prostata zur Darstellung des linken Ductus ejaculatorius entfernt; distaler Anteil des Corpus spongiosum penis nach dorsal gezogen; von dorsal.

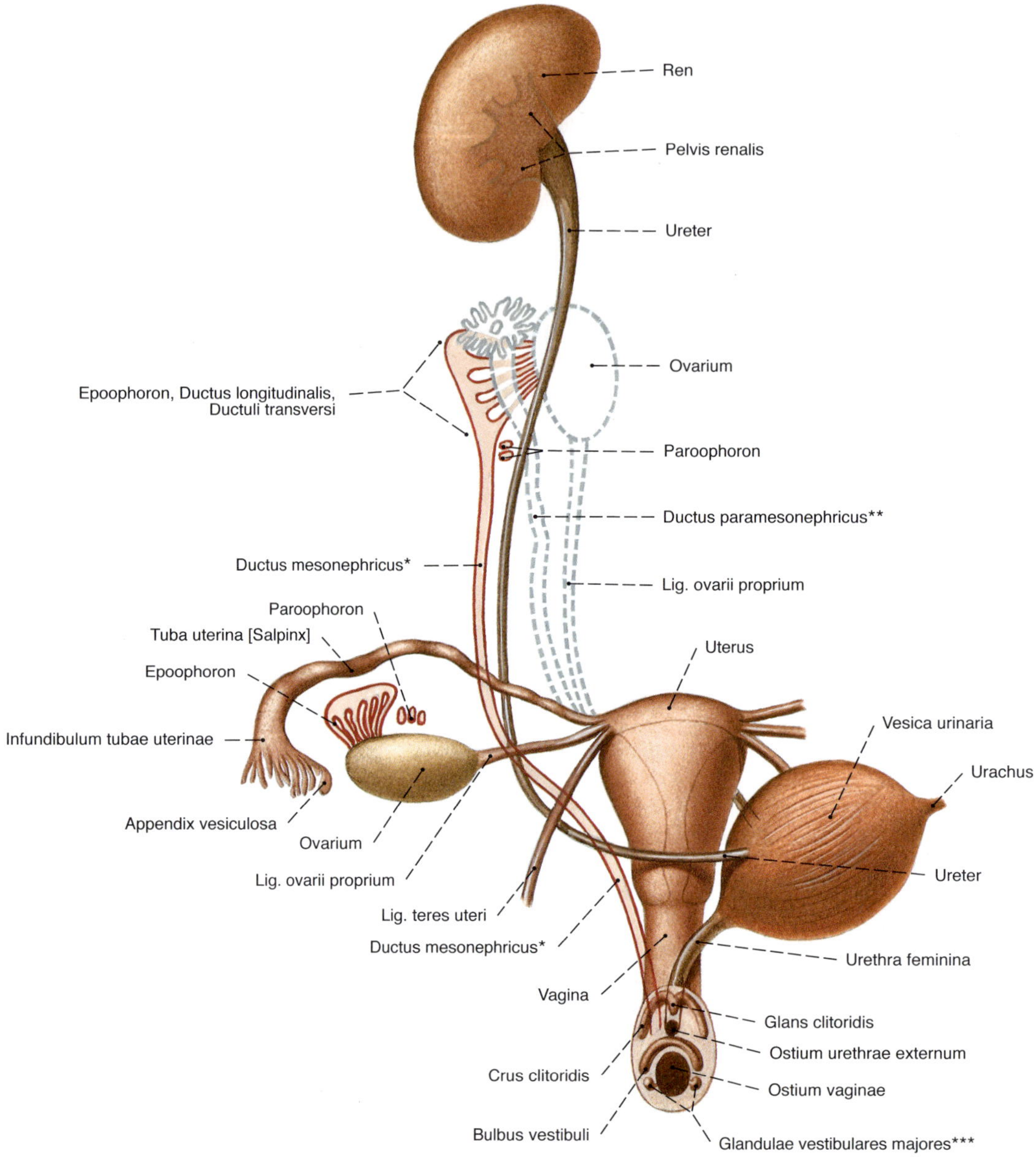

Abb. 1062 Weibliche Harn- und Geschlechtsorgane,
Organa urogenitalia feminina;
schematische Darstellung der Entwicklung:
zugrunde gehende Anteile in Blassrosa,
Lage vor dem Descensus ovarii in gestrichelten Konturen;
Harnblase nach links gezogen;
von ventral.

Epoophoron = Geschlechtsteil der Urniere;
Paroophoron = Nierenteil der Urniere

* Wolffscher Gang
** Müllerscher Gang
*** Bartholinsche Drüsen

Vergleiche Abb. 1052, Entwicklung beim Mann.

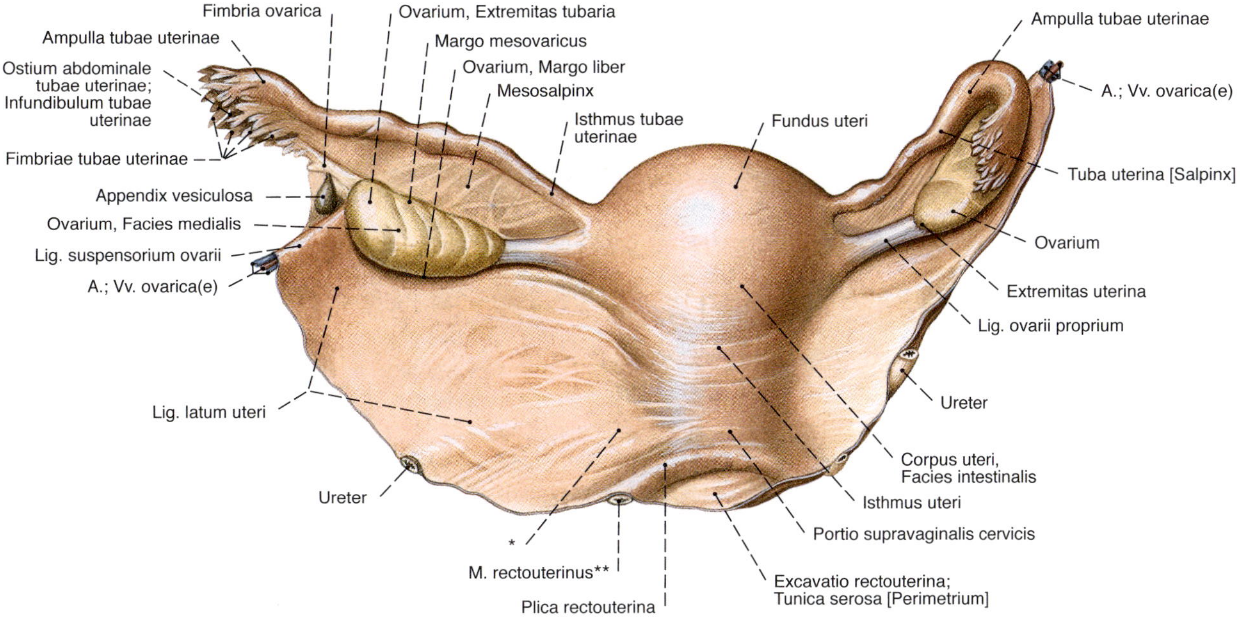

Abb. 1063 Innere weibliche Geschlechtsorgane, Organa genitalia feminina interna; von dorsal.

* Klinisch: Lig. cardinale; siehe Abb. 1070
** Klinisch: Lig. sacrouterinum

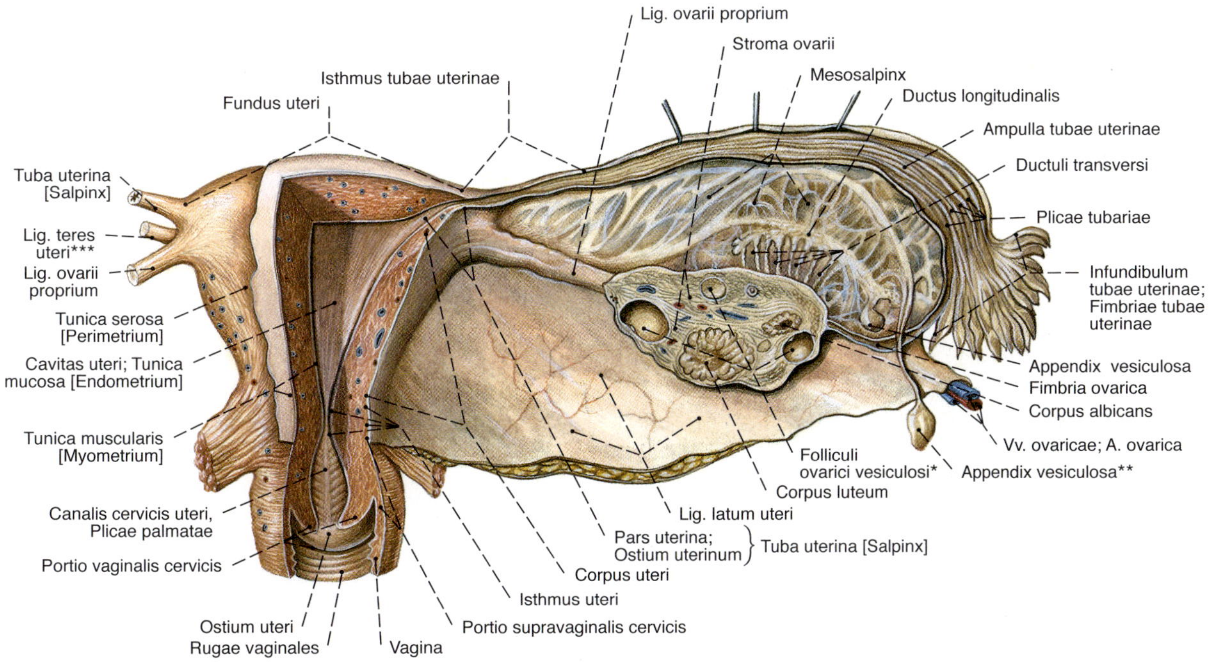

Abb. 1064 Innere weibliche Geschlechtsorgane, Organa genitalia feminina interna, einer Frau in fortpflanzungsfähigem Alter;
Darstellung des Lumens von Scheide, Gebärmutter und Eileiter auf der rechten Seite; Ovar frontal durchgeschnitten und Peritoneum auf der Mesosalpinx entfernt;
von dorsal.

* Klinisch: GRAAFsche Follikel
** Gestielte Hydatide
*** Klinisch: Lig. rotundum

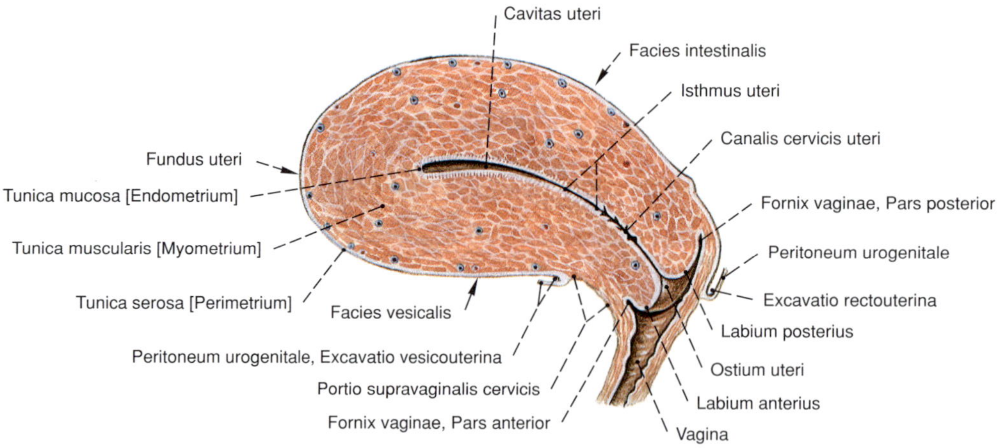

Abb. 1065 Gebärmutter, Uterus; Scheide, Vagina, einer Frau in fortpflanzungsfähigem Alter; Medianschnitt zur Darstellung des Lumens; von lateral.

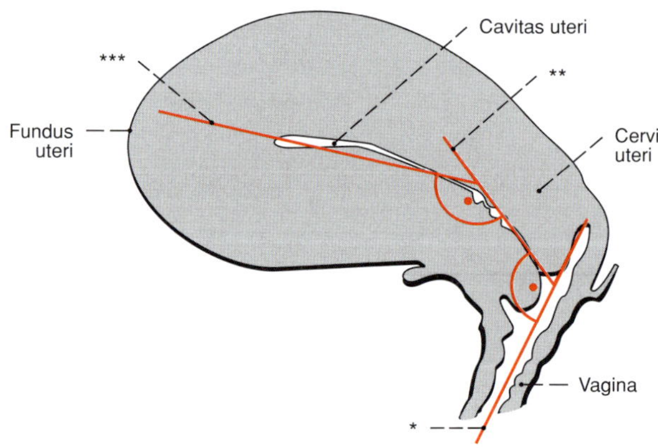

Abb. 1066 Gebärmutter, Uterus; Scheide, Vagina; normale Winkel zwischen Vagina, Cervix uteri und Corpus uteri im schematischen Medianschnitt; von lateral.

* Längsachse der Vagina
** Längsachse der Cervix uteri
*** Längsachse des Corpus uteri

Winkel zwischen Vagina und Cervix uteri = Versio
Winkel zwischen Cervix und Corpus uteri = Flexio
Normale Verhältnisse des Uterus: Anteversio, Anteflexio
Stellung zur Medianebene = Positio
(vergleiche Abb. 1067, Uterus in Dextropositio)

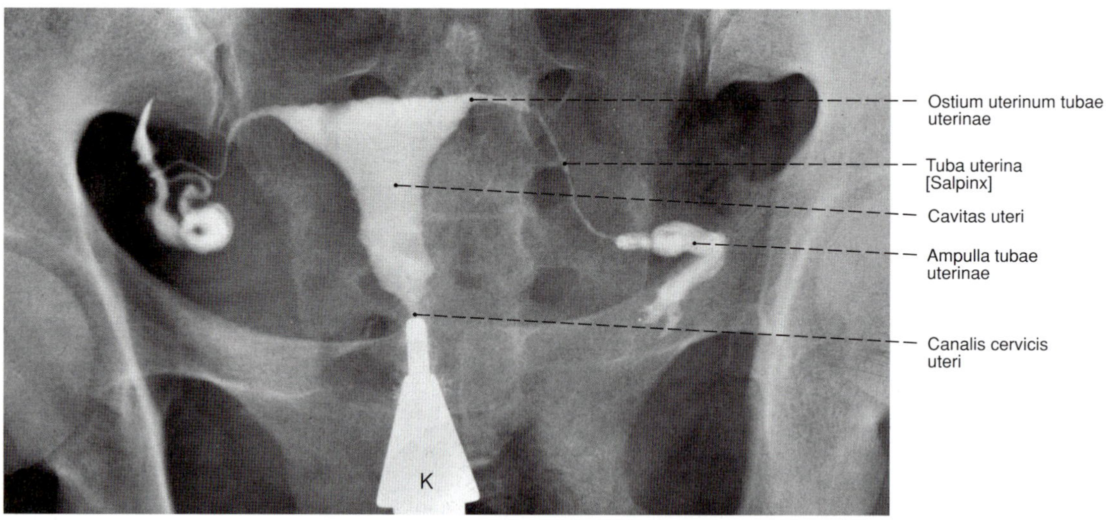

Abb. 1067 Gebärmutter, Uterus; Eileiter, Tuba uterina; ap-Röntgenbild nach Injektion eines Kontrastmittels über die Cervix uteri (Hysterosalpingographie); von ventral.

Mit dieser früher eingesetzten klinischen Methode konnte die Durchgängigkeit der Eileiter überprüft werden.
K = Portioadapter des Injektionstubus für das Kontrastmittel

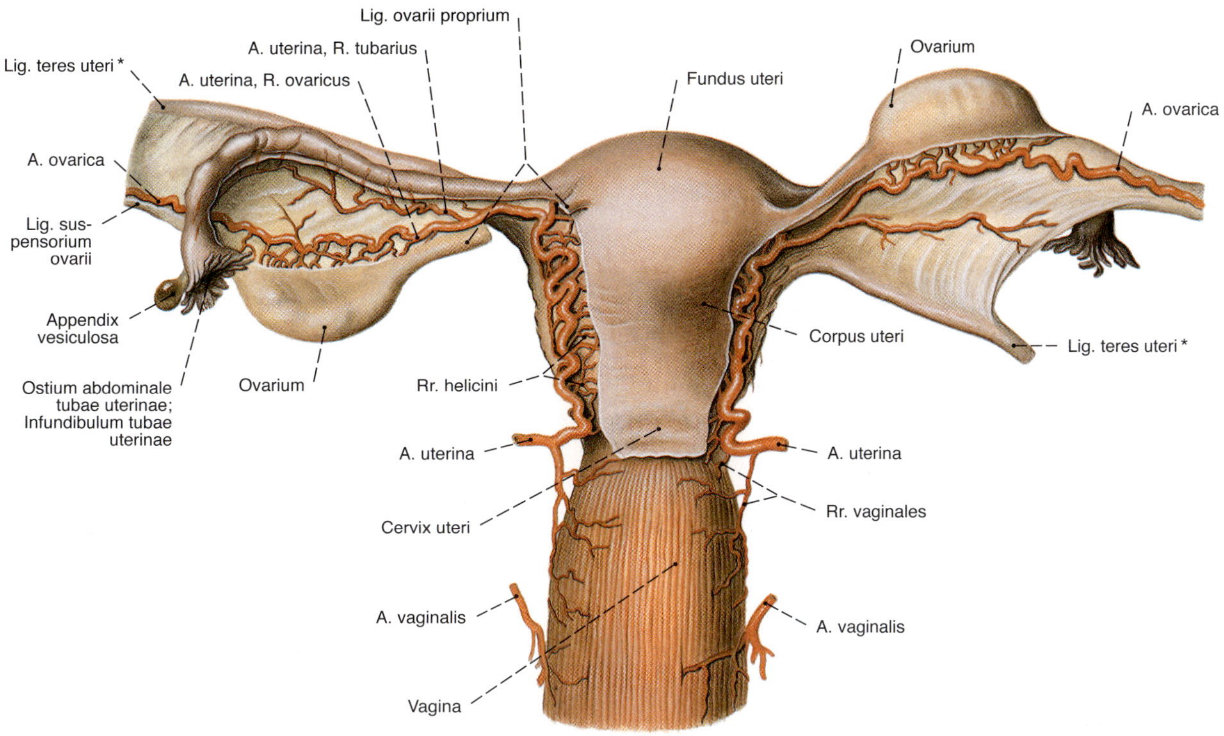

Abb. 1068 Arterien der inneren weiblichen Geschlechtsorgane, Organa genitalia feminina interna; Lig. latum weitgehend und Peritoneum teilweise entfernt; Teil des Lig. ovarii proprium links herausgeschnitten; von dorsal.

* Klinisch: Lig. rotundum

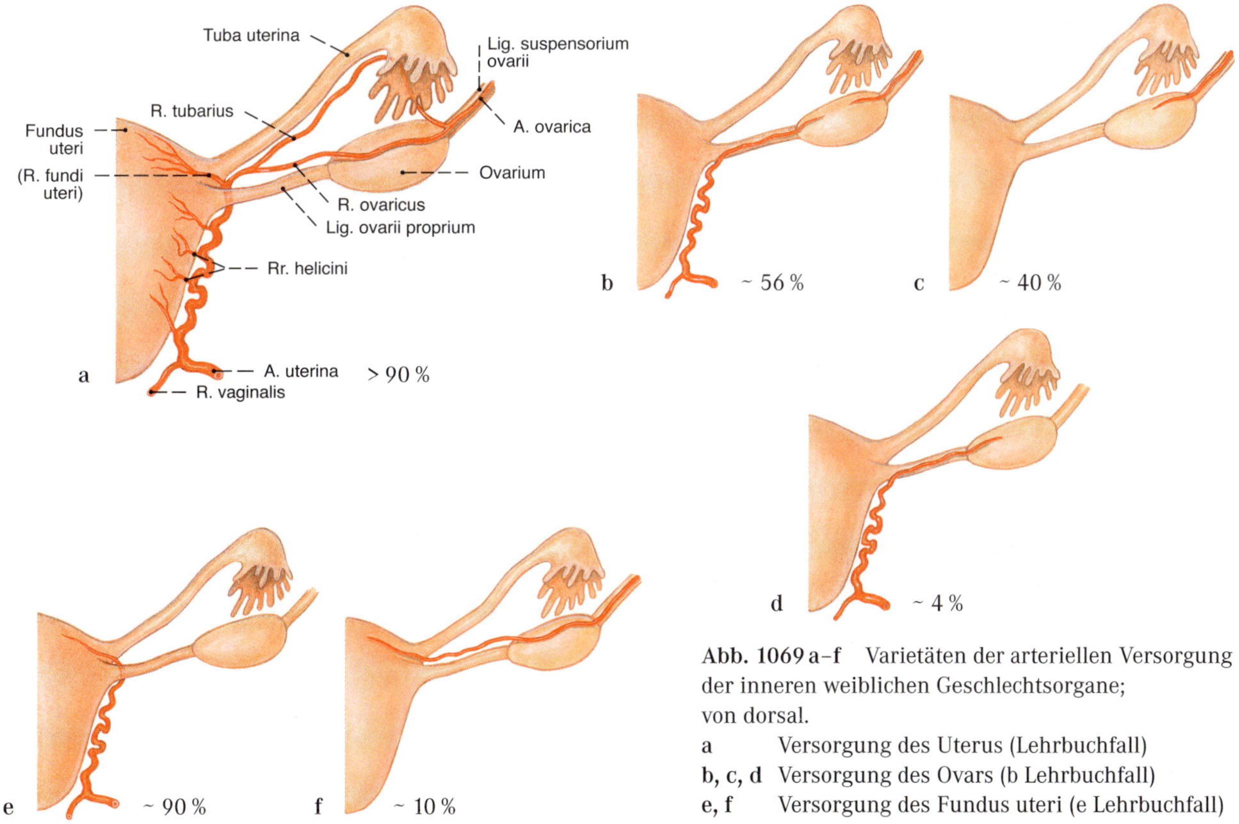

Abb. 1069 a–f Varietäten der arteriellen Versorgung der inneren weiblichen Geschlechtsorgane; von dorsal.

a	Versorgung des Uterus (Lehrbuchfall)
b, c, d	Versorgung des Ovars (b Lehrbuchfall)
e, f	Versorgung des Fundus uteri (e Lehrbuchfall)

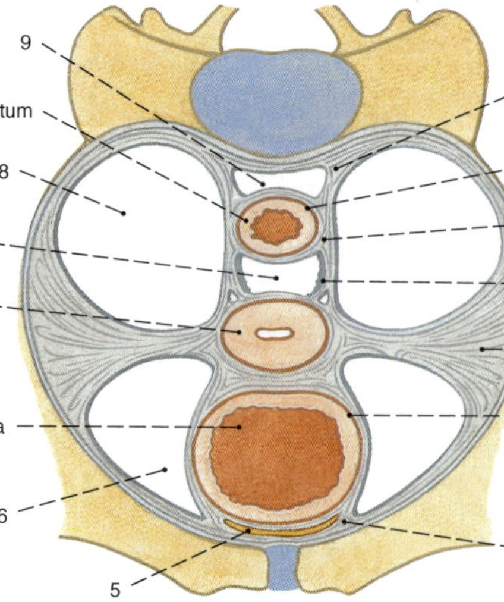

Abb. 1070 Gebärmutter, Uterus;
Schema der Fixierungsbänder und Bindegewebsräume im kleinen Becken;
Transversalschnitt in Höhe der Cervix uteri;
von oben.

Neuere anatomische Studien stellen die Existenz von festen Bindegewebszügen vom Uterus nach lateral zur Beckenwand, die bisher als Lig. cardinale zusammengefasst wurden, in Frage.

Klinische Begriffe:
1 = Fascia rectalis
2 = Lig. sacrouterinum
3 = Lig. cardinale, Parametrium
4 = Fascia vesicalis
5 = Spatium retropubicum (= Spatium prevesicale = RETZIUSscher Raum)
6 = Spatium paravesicale, Paracystium
7 = Excavatio rectouterina (= DOUGLASscher Raum)
8 = Spatium pararectale, Paraproctium
9 = Spatium retrorectale

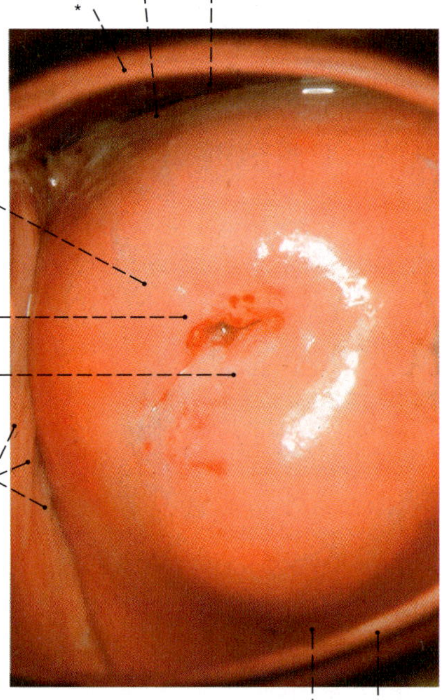

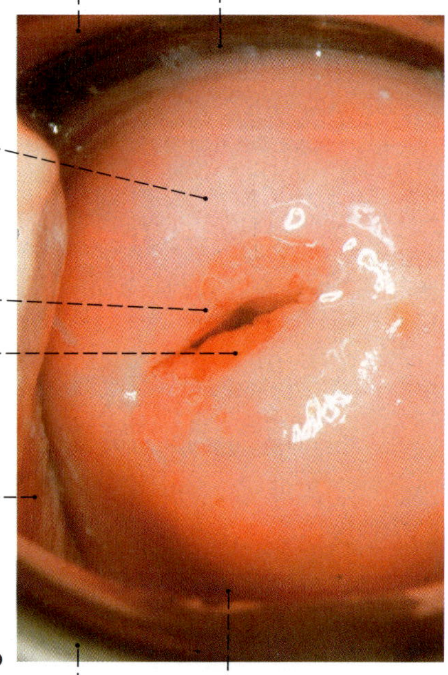

Abb. 1071 a, b Gebärmutterhals, Portio vaginalis cervicis.
a Foto bei einer jungen Frau, die noch kein Kind geboren hat (Nullipara),
b bei einer jungen Frau, die zwei Kinder geboren hat.

Zur Inspektion der Portio ist die Vagina durch zwei Spekula (*) aus der normalen spaltförmigen Form breit auseinandergezogen; von kaudal.
Die Portio ragt deutlich sichtbar in die Vagina.

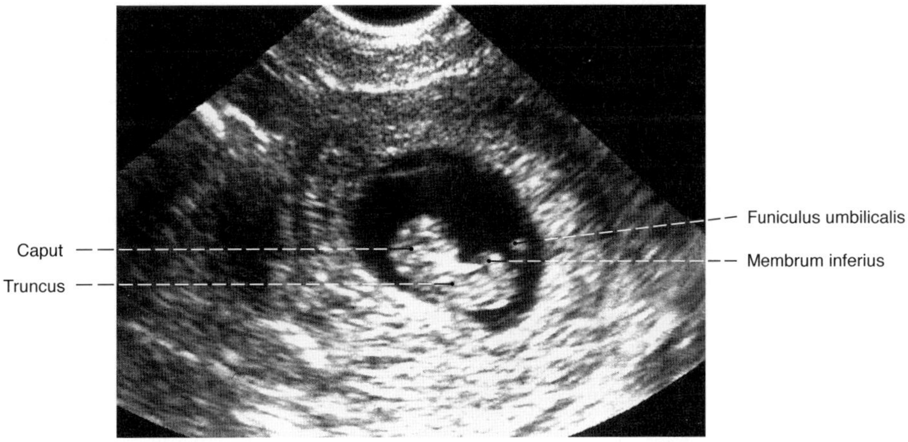

Abb. 1072 Gebärmutter, Uterus, mit Embryo; Ultraschallaufnahme in der 10. Schwangerschaftswoche, durch die Bauchwand geschallt.

Der Embryo schwimmt im Fruchtwasser in der Chorionhöhle; von lateral (re).

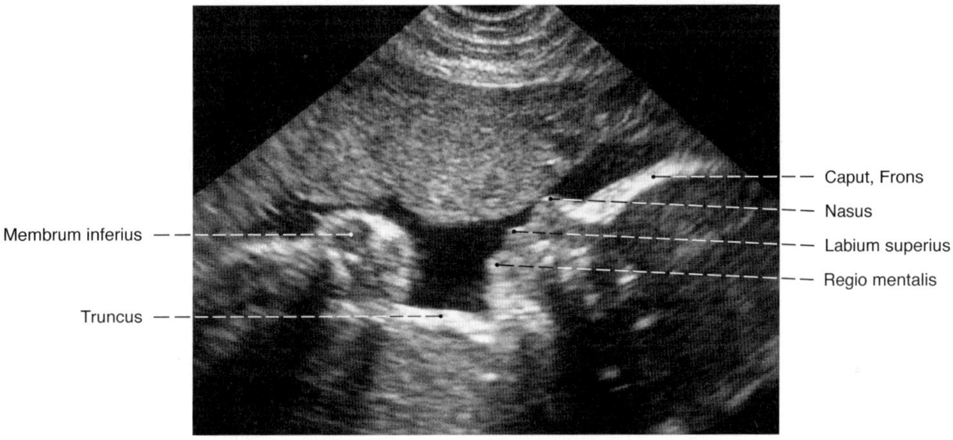

Abb. 1073 Gebärmutter, Uterus, mit Fetus; Ultraschallaufnahme in der 28. Schwangerschaftswoche; von lateral (li).

Bei der Ultraschalluntersuchung können u.a. Bewegungen der Extremitäten und das Öffnen des Mundes beurteilt werden.

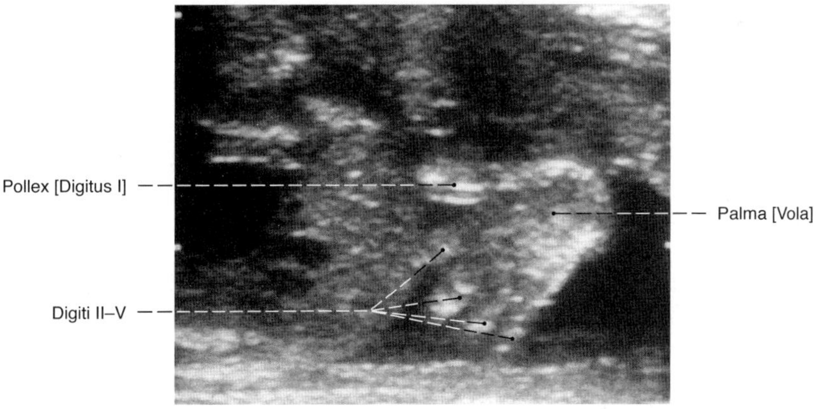

Abb. 1074 Hand, Manus, eines Feten; Ultraschallaufnahme in der 24. Schwangerschaftswoche;

Einzelheiten, wie die Finger, können beurteilt werden; von lateral.

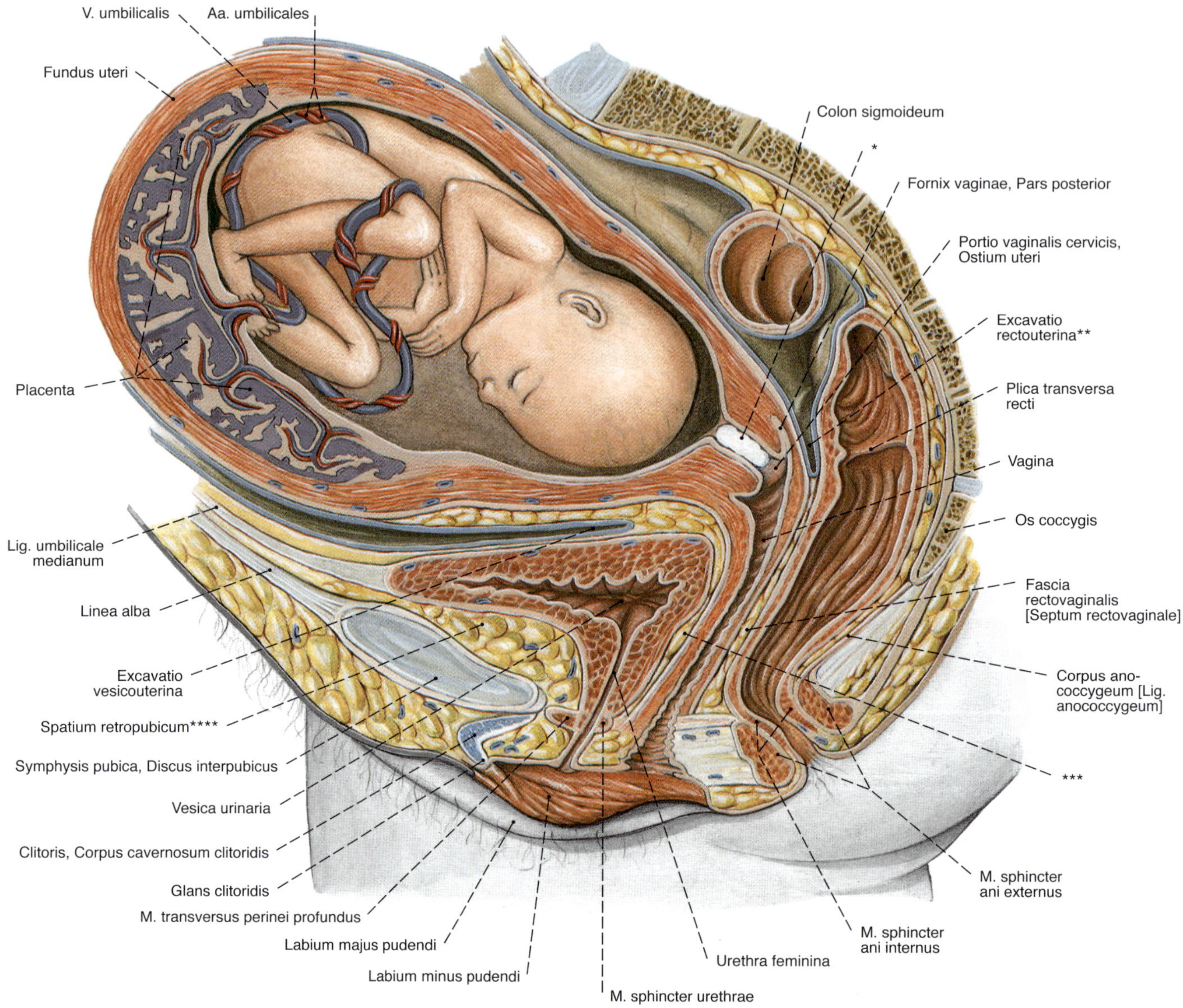

Abb. 1075 Gebärmutter, Uterus, mit Fetus; Becken in der Medianebene durchgetrennt; von lateral (li).
Die Uteruswand ist am Ende der Schwangerschaft noch dünner.

* KRISTELLERscher Schleimpfropf im Zervikalkanal des Uterus
** Klinisch: DOUGLASscher Raum
*** Klinisch: Septum vesicovaginale
**** Klinisch: RETZIUSscher Raum

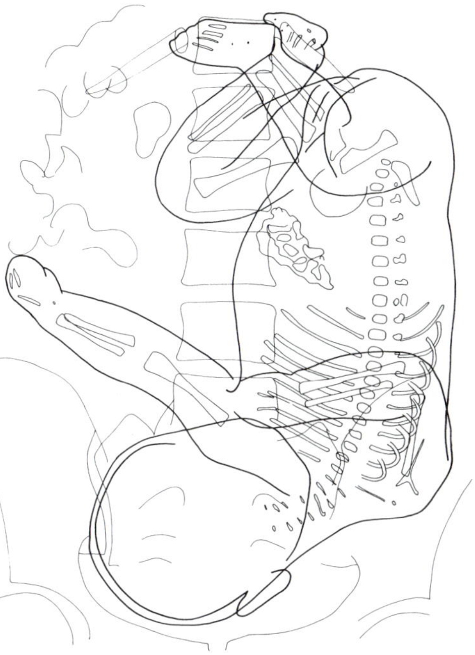

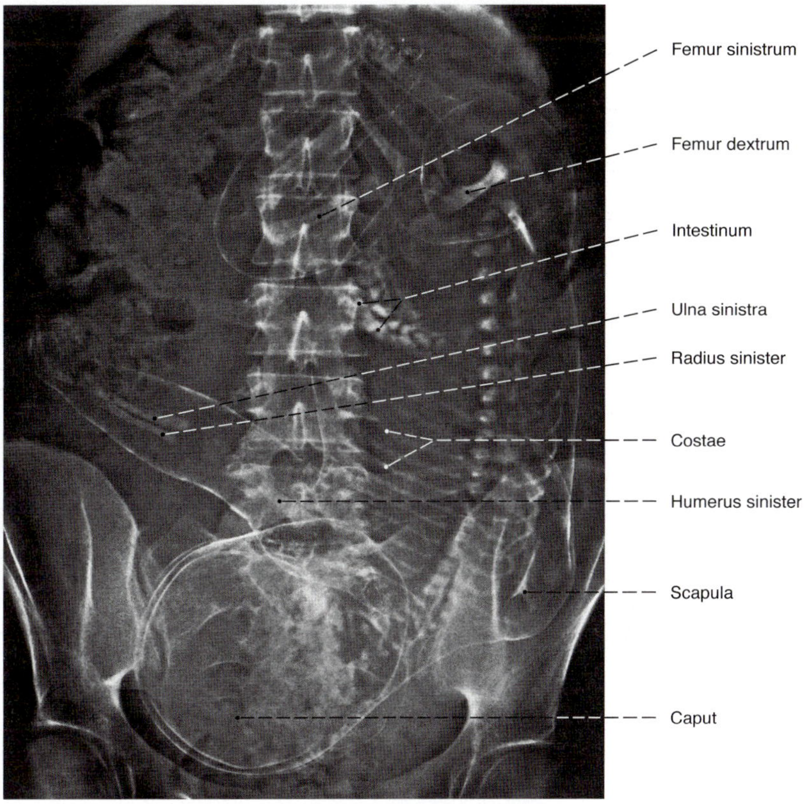

Abb. 1076 Fetus;
ap-Röntgenbild kurz vor der Geburt;
von ventral.

Diese Methode wurde früher gelegentlich zur Größenbestimmung des kindlichen Kopfes im Verhältnis zum Becken der Frau benützt.

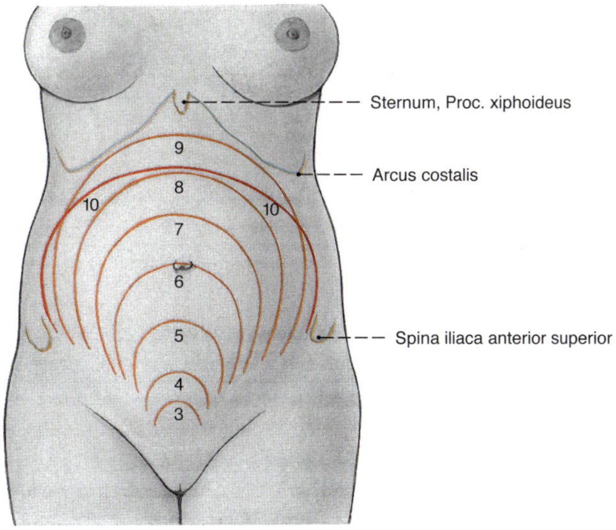

Abb. 1077 Gebärmutter, Uterus;
Stand des Fundus uteri in der Schwangerschaft;
die Zahlen geben das Ende des jeweiligen Schwangerschaftsmonats (= 28 Tage) an, im letzten Monat sinkt der Fundus des Uterus wieder.

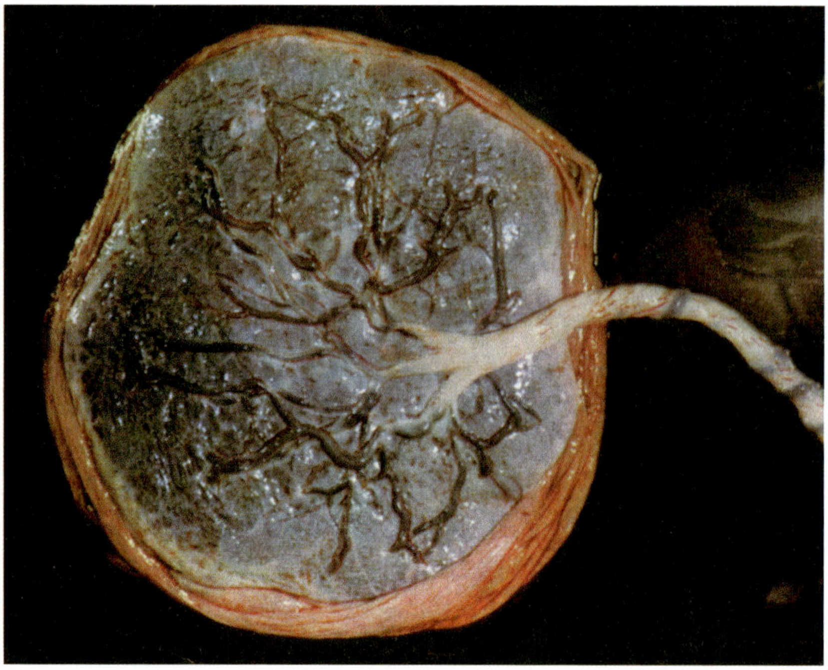

a

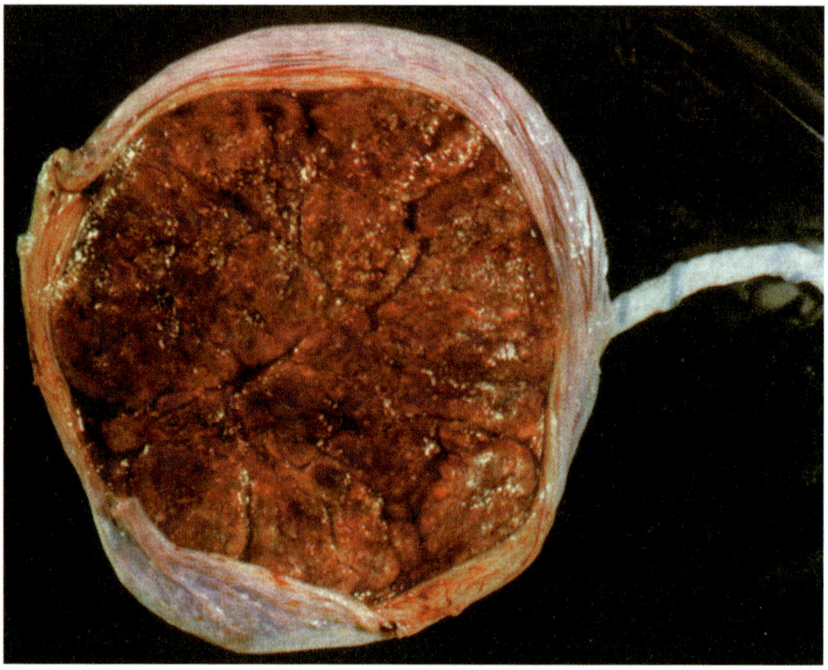

b

Abb. 1078 a, b Mutterkuchen, Placenta; Nabelschnur, Funiculus umbilicalis.

a Ansicht der kindlichen Seite
b Ansicht der mütterlichen Seite einer geburtsreifen Placenta

Die kindliche Seite ist durch das Amnion spiegelnd glatt, die mütterliche Seite wegen der durch Furchen abgegrenzten Lappen, Kotyledonen, gegliedert und blutig rot gefärbt.

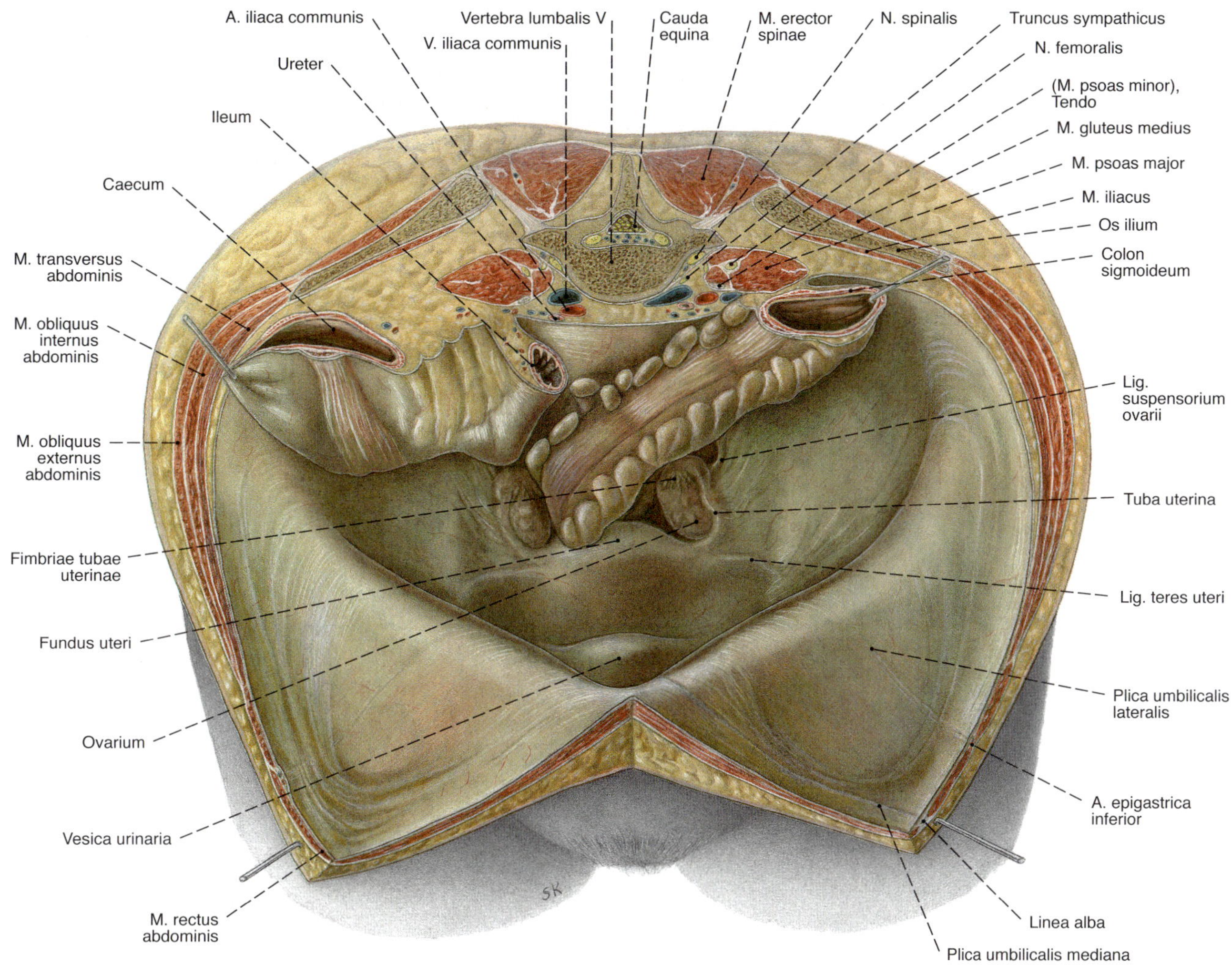

Abb. 1079 Innere weibliche Geschlechtsorgane, Organa genitalia feminina interna; Horizontalschnitt in Höhe des 5. Lumbalwirbels; vordere Bauchwand im rechten M. rectus abdominis längs aufgeschnitten und mit Haken zur Seite gehalten; Caecum und Sigmoid mit Haken nach kranial gezogen; von ventral oben.

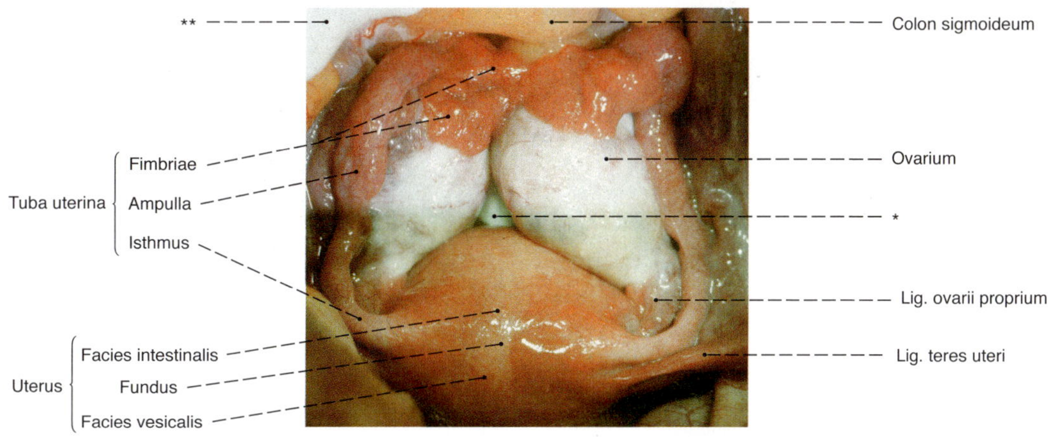

Abb. 1080 Innere weibliche Geschlechtsorgane, Organa genitalia feminina interna; Operationssitus einer jungen Frau; die Ovarien sind durch Kompressen (*) im DOUGLASschen Raum nach medial oben gedrängt; von ventral oben.

** Tupfer

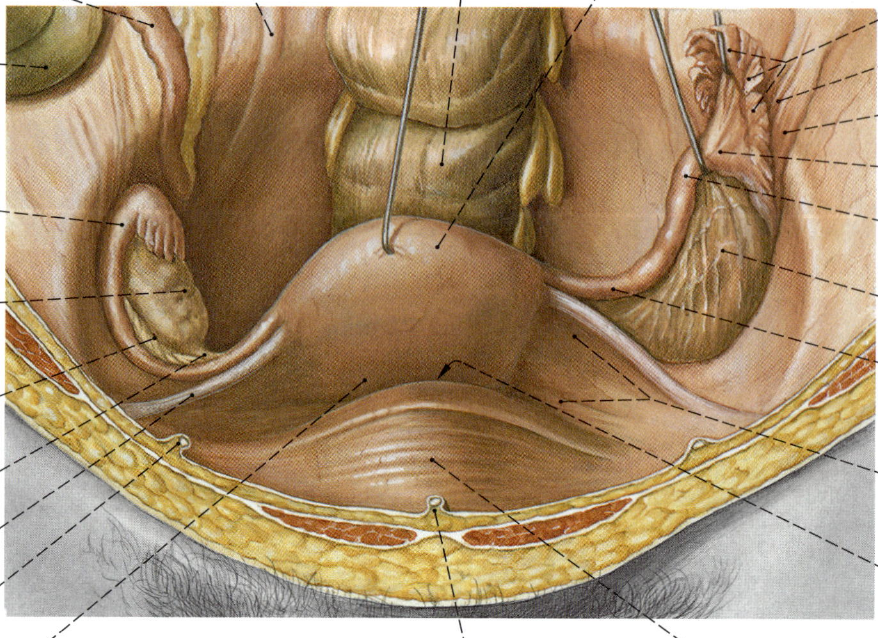

Abb. 1081 Innere weibliche Geschlechtsorgane, Organa genitalia feminina interna; Gebärmutter mit Haken angehoben zur Darstellung der Excavatio vesicouterina und des Lig. latum uteri; linker Eileiter nach kranial gezogen zur Verdeutlichung der Mesosalpinx; von ventral.

Die enge topographische Nachbarschaft der rechten Adnexe (Ovar und Tuba uterina) mit der Appendix vermiformis kann bei Entzündungen eines der Organe differentialdiagnostische Probleme machen.

* Klinisch: Lig. infundibulopelvicum

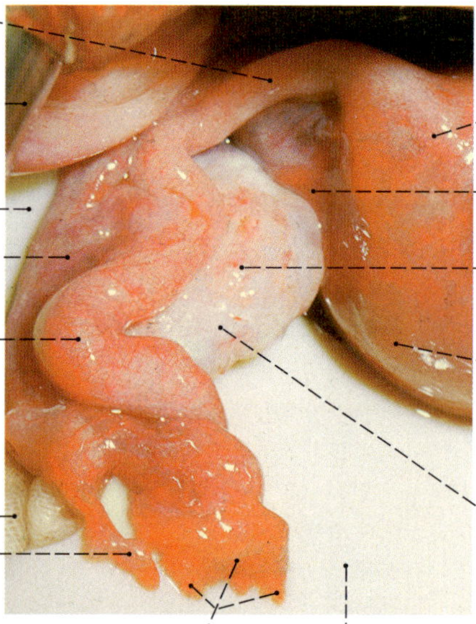

Abb. 1082 Eileiter, Tuba uterina; Eierstock, Ovarium; Operationssitus bei einer jungen Frau; von dorsal oben.

* Kunststoffplatte zum Anheben von Ovar und Tube
** Tupfer
*** Operationshaken

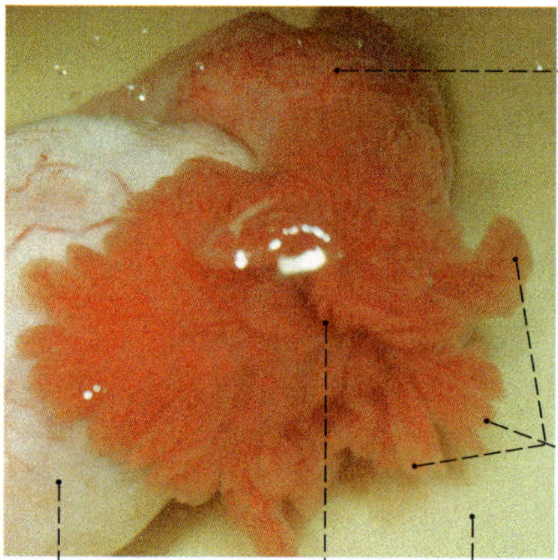

Abb. 1083 Eileiteröffnung, Ostium abdominale tubae uterinae; Operationssitus bei einer jungen Frau; zur Darstellung der Fimbrien Beckenhöhle mit Kochsalzlösung angefüllt; von dorsal oben.

* Kunststoffplatte zum Anheben der Tube

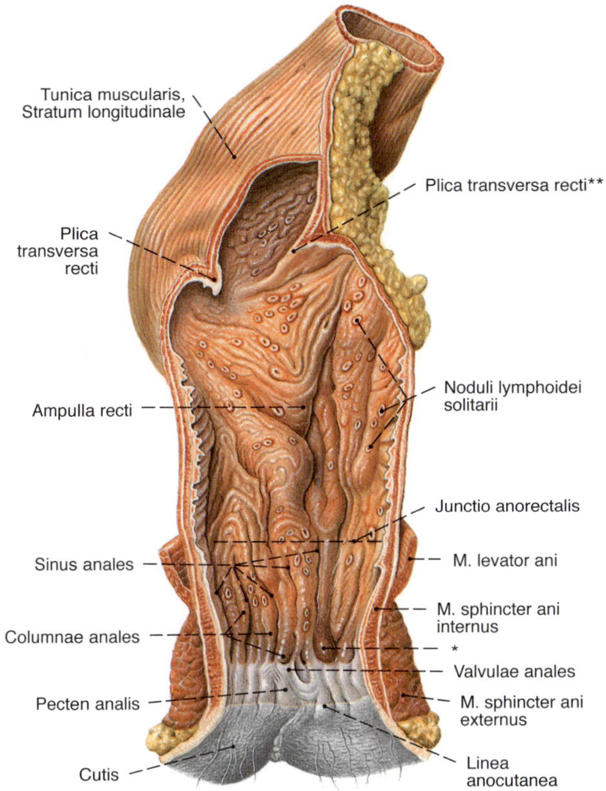

Abb. 1084 Mastdarm, Rectum; Enddarm, Anus; Frontalschnitt zur Darstellung der Schleimhaut und Schließmuskulatur; von ventral.

* Nodus haemorrhoidalis
** KOHLRAUSCHsche Falte

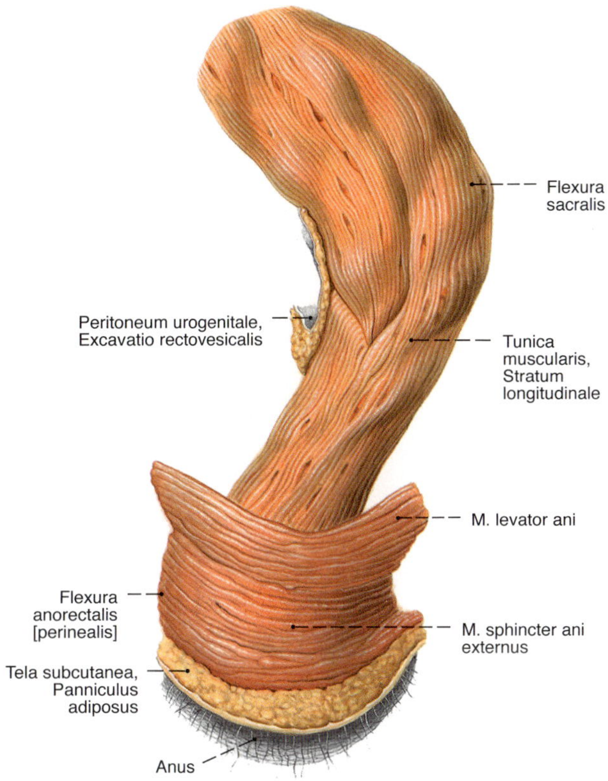

Abb. 1085 Mastdarm, Rectum; umliegendes Gewebe zur Darstellung der Muskulatur weitgehend entfernt; von lateral (li).

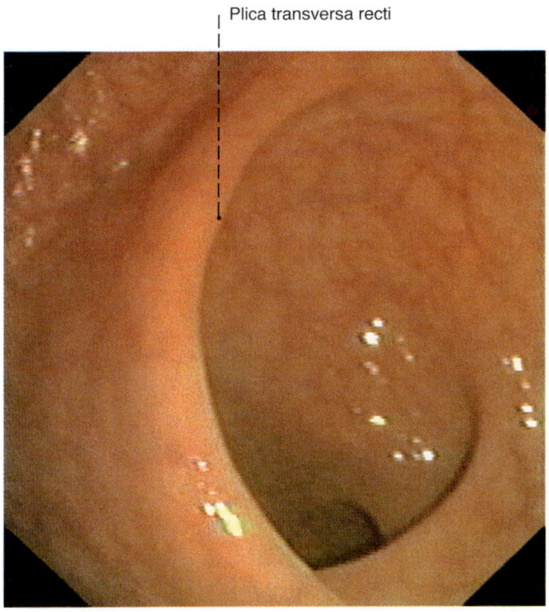

Abb. 1086 Mastdarm, Rectum; Blick durch ein durch den Analkanal in die Ampulla recti eingeführtes Endoskop (Rektoskopie) zur Beurteilung der Schleimhaut; von unten.

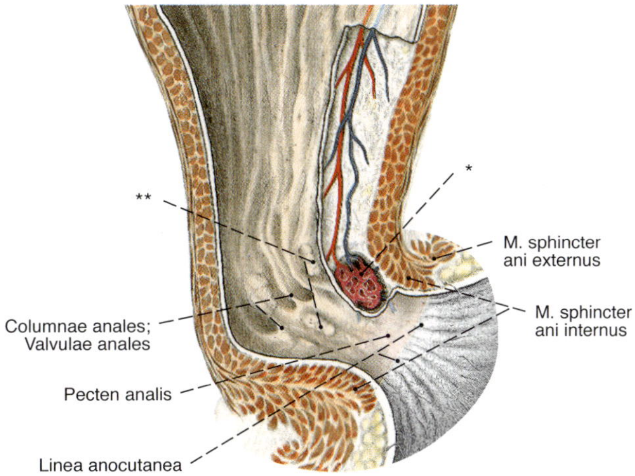

Abb. 1087 Mastdarm, Rectum; Medianschnitt zur Darstellung der arteriovenösen Anastomose in den Analfalten; Schleimhaut teilweise entfernt; von lateral (li).
Der Verschluss des Anus wird durch Muskulatur (Mm. sphincter ani internus et externus, M. levator ani), Schleimhautfalten und schwellkörperartige arteriovenöse Anastomosen ermöglicht.

* Glomerulus rectalis, zahlreiche arteriovenöse Anastomosen im Corpus cavernosum recti
** Klinisch: Zona haemorrhoidalis

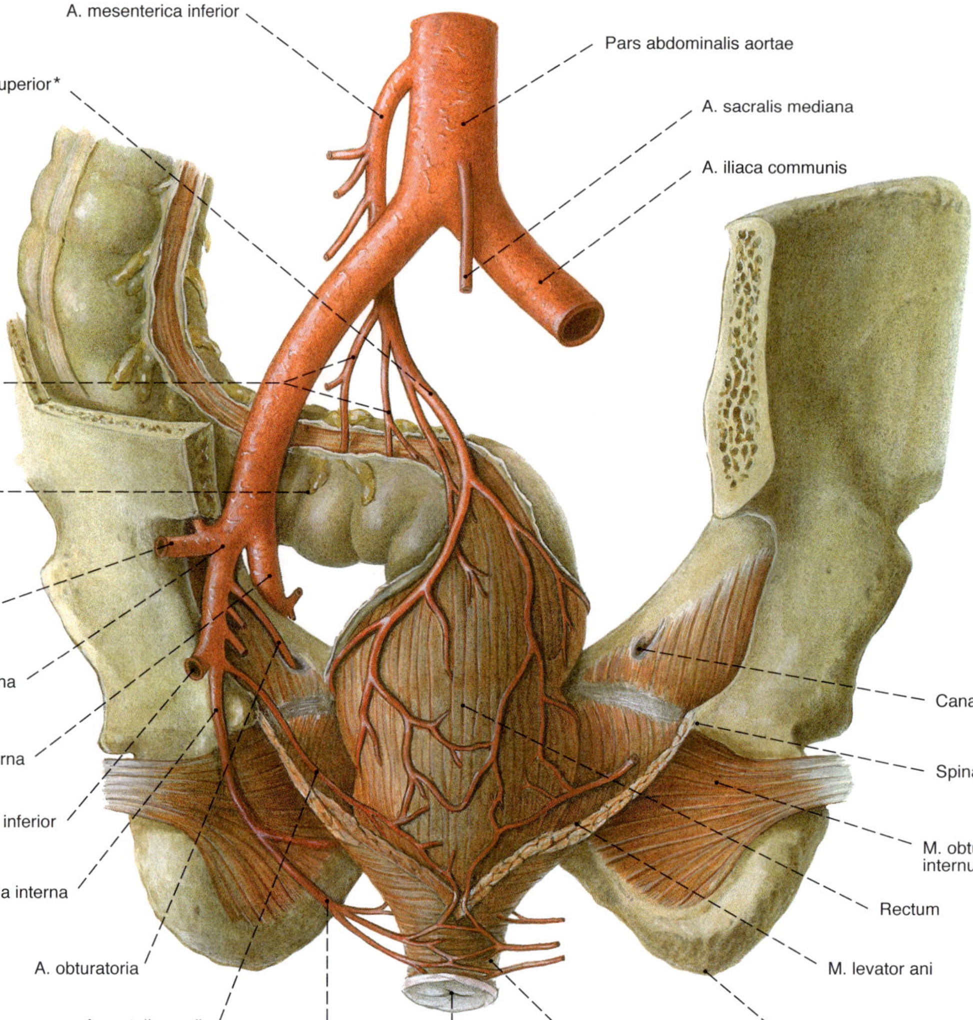

Abb. 1088 Arterien des Mastdarms, Aa. rectales; Zeichnung der A. iliaca mit wichtigsten Ästen nur links; von dorsal.

* Klinisch: Sudeckscher Punkt (ab hier keine Anastomosen mehr zu den Aa. sigmoideae)

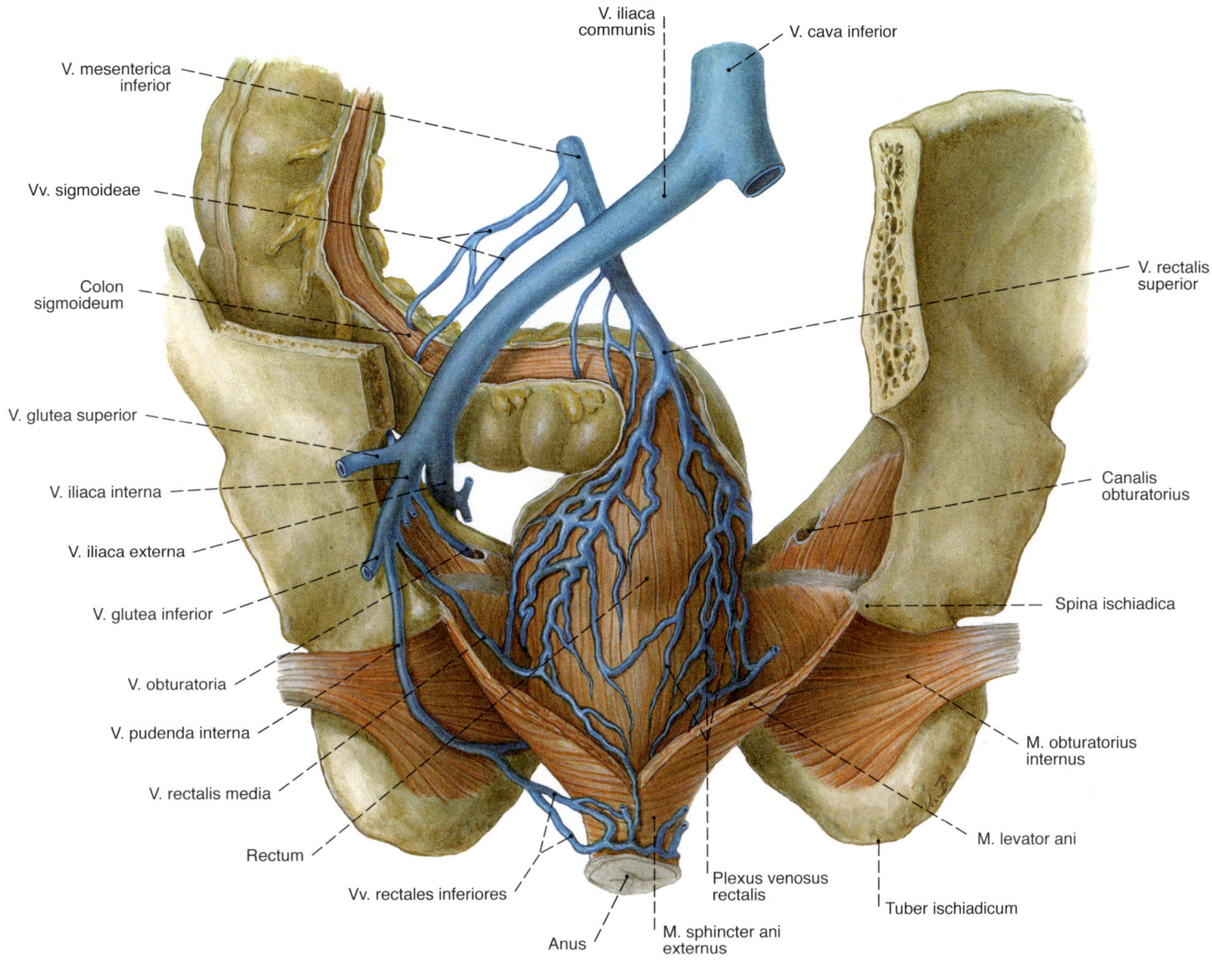

Abb. 1089 Venen des Mastdarms, Vv. rectales; Schema mit Teilen des Beckens und Beckenbodens; von dorsal.
Viele der kleinen Venen sind paarig angelegt und hier nur wegen der Übersichtlichkeit als ein Gefäß gezeichnet. Das Venengeflecht unter der Rektumschleimhaut ist nicht dargestellt. Es bestehen zahlreiche Verbindungen zwischen den zur Pfortader ziehenden Venen (V. rectalis superior) und Venen, die in die V. cava inferior drainieren (Vv. rectales mediae et inferiores), die zu den portokavalen Anastomosen gehören und klinische Bedeutung haben.

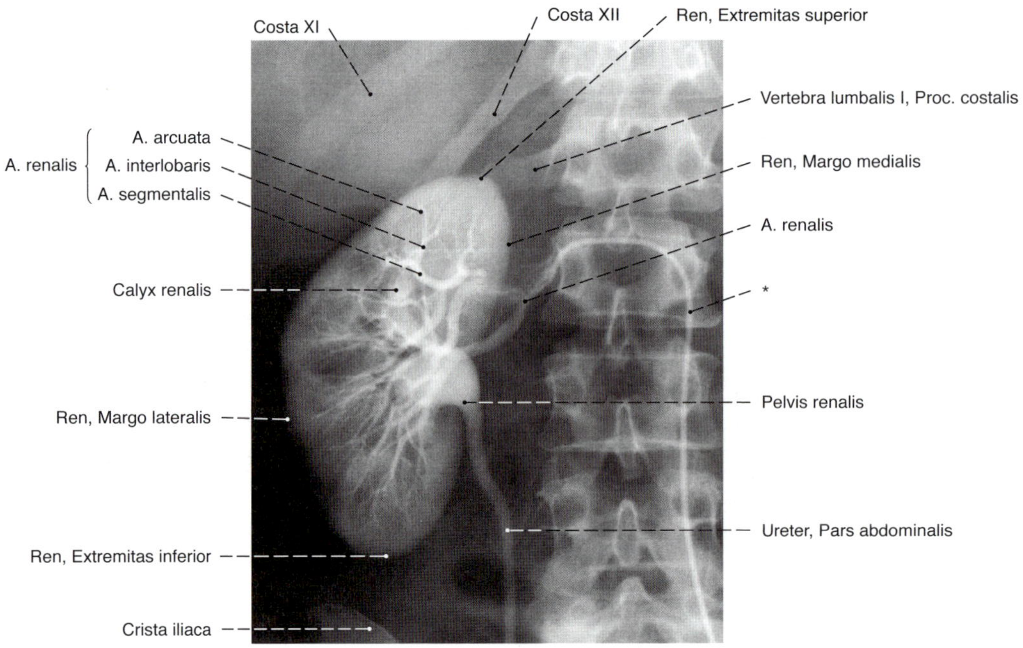

Abb. 1090 Niere, Ren;
ap-Röntgenbild; nach intravenöser Injektion eines Kontrastmittels, das über die Niere ausgeschieden wird (i.v. Pyelographie), zur Darstellung des Nierenbeckens und des Ureters; gleichzeitige Darstellung der Arterien durch Injektion eines Kontrastmittels in die A. renalis über einen in die Aorta eingeführten Katheter* (Arteriographie).

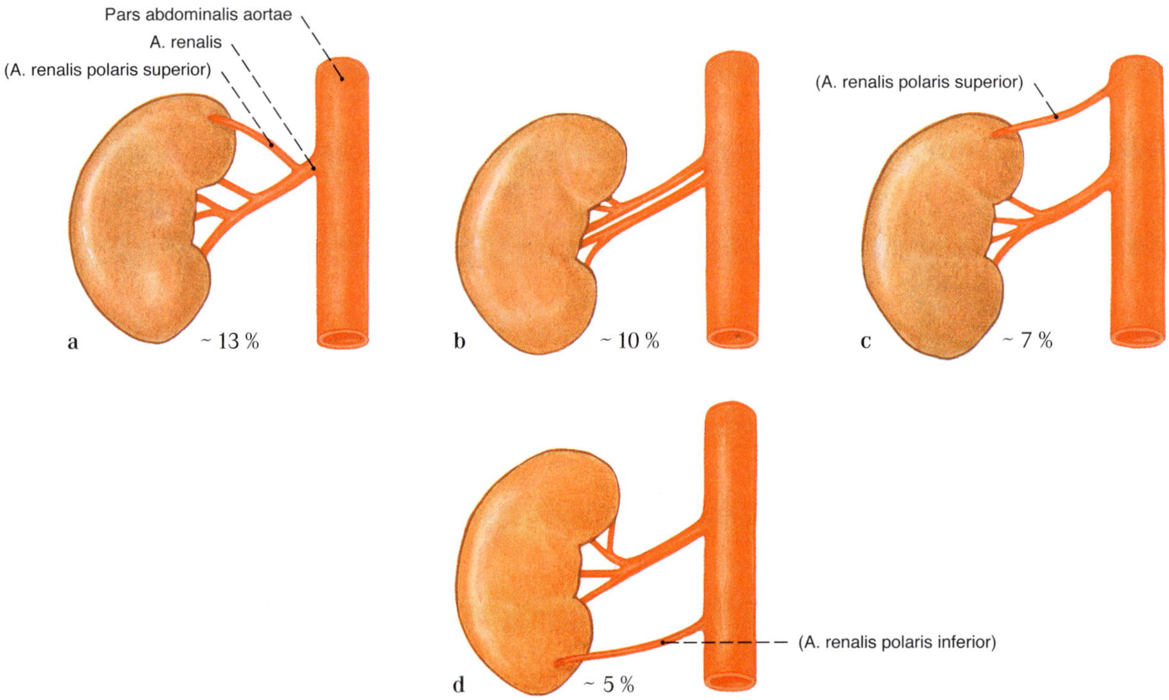

Abb. 1091 a–d Varietäten der arteriellen Nierenversorgung.

a A. renalis mit einem Ast als oberer Polarterie
b zwei Aa. renales zum Nierenhilum
c akzessorische obere Polarterie
d akzessorische untere Polarterie

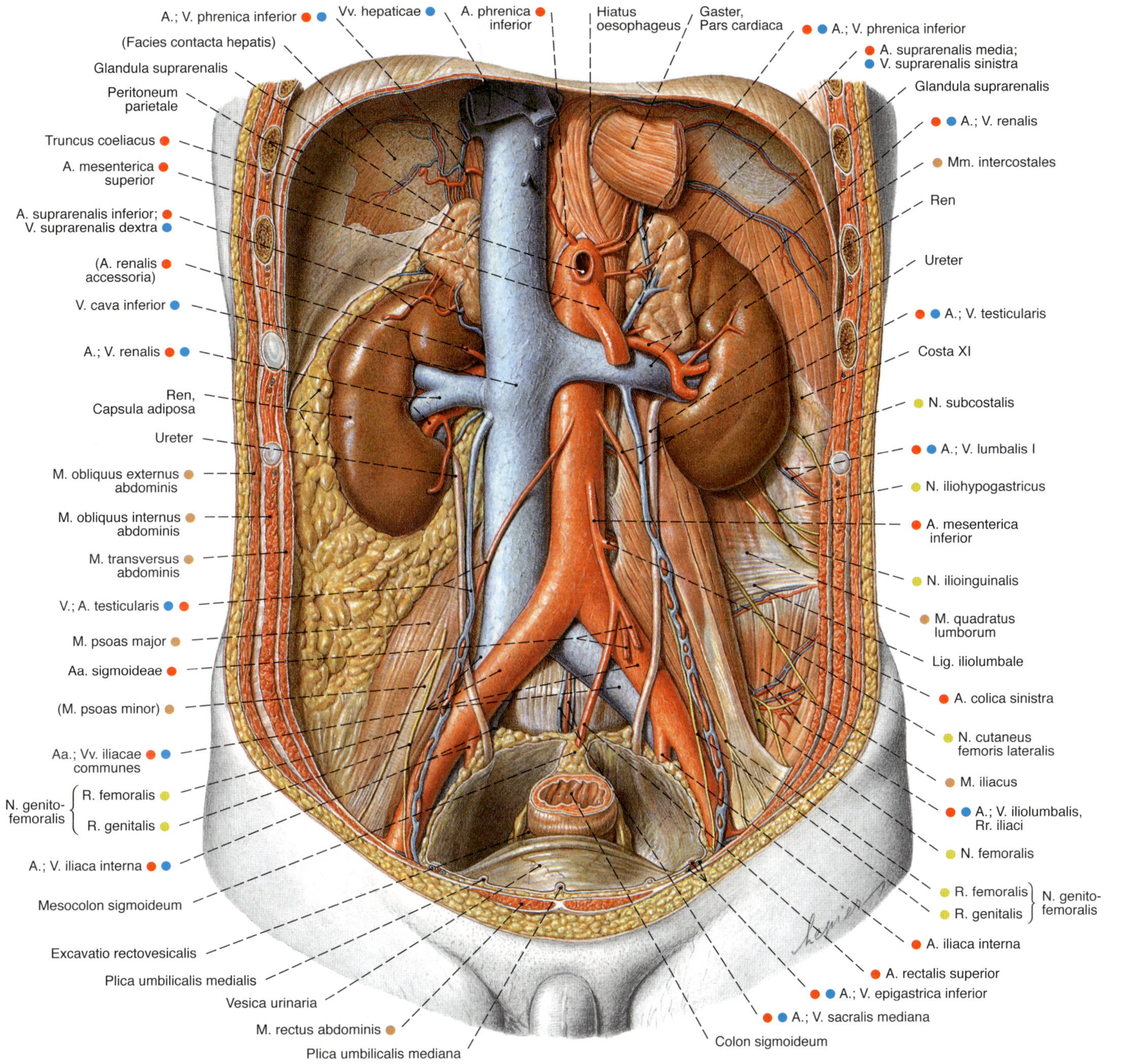

Abb. 1092 Lage der Eingeweide hinter dem Bauchfell, Situs retroperitonealis, beim Mann; Darmtrakt, Leber, Pankreas und Milz entfernt; von ventral.
Während die V. testicularis sinistra in die V. renalis sinistra mündet, fließt die V. testicularis dextra direkt in die V. cava inferior ab. Entsprechende Verhältnisse gelten für die Vv. ovaricae.

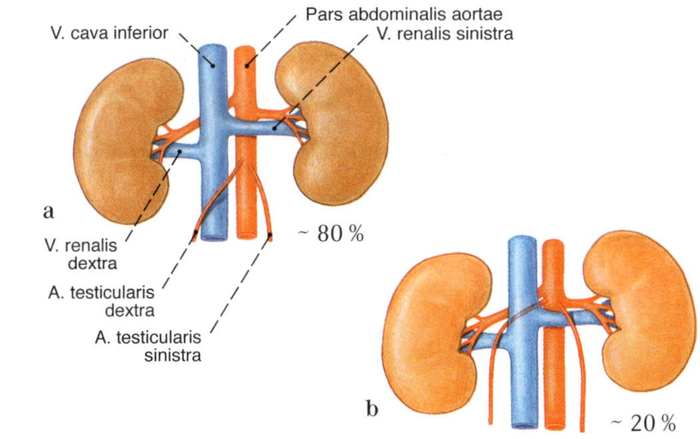

Abb. 1093 a, b Varietäten des Verlaufs der Aa. testiculares.

- a Lehrbuchfall
- b Abgang beider Aa. testiculares oberhalb der Vv. renales; weiterer Verlauf rechts dorsal der V. cava inferior, links ventral der V. renalis

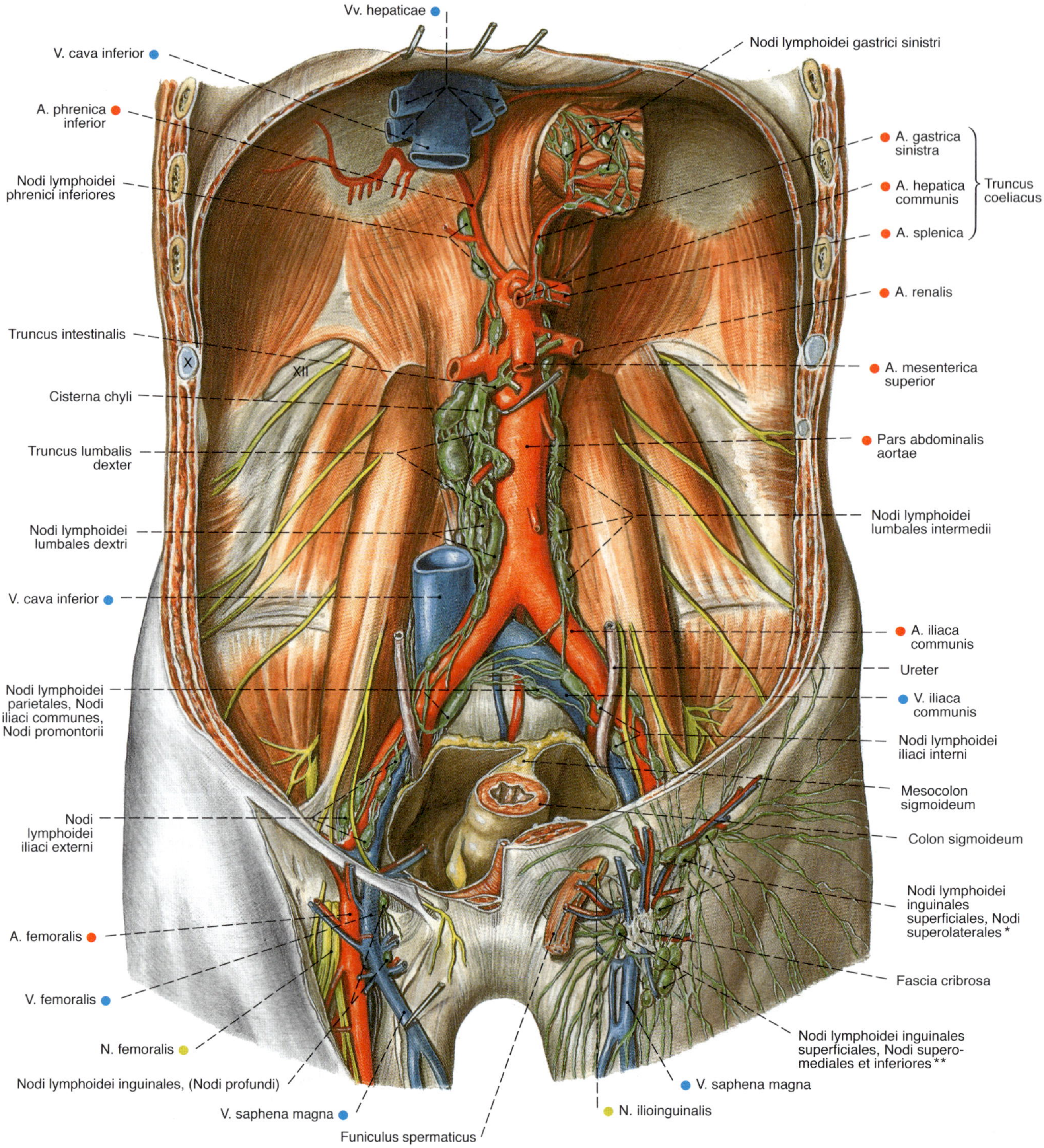

Abb. 1094 Lymphknoten, Nodi lymphoidei; Lymphgefäße, Vasa lymphatica, der hinteren Bauchwand und Leistengegend; alle Organe des Bauchraums, retroperitoneales Fett und Haut der Oberschenkel teilweise entfernt; von ventral.

Die Ziffern X und XII bezeichnen Rippen.

* Klinisch: „horizontale Kette"; Einzugsgebiet: untere Bauchwand, Gesäßgegend, Damm und äußeres Genitale

** Klinisch: „vertikale Kette"; Einzugsgebiet: untere Extremität

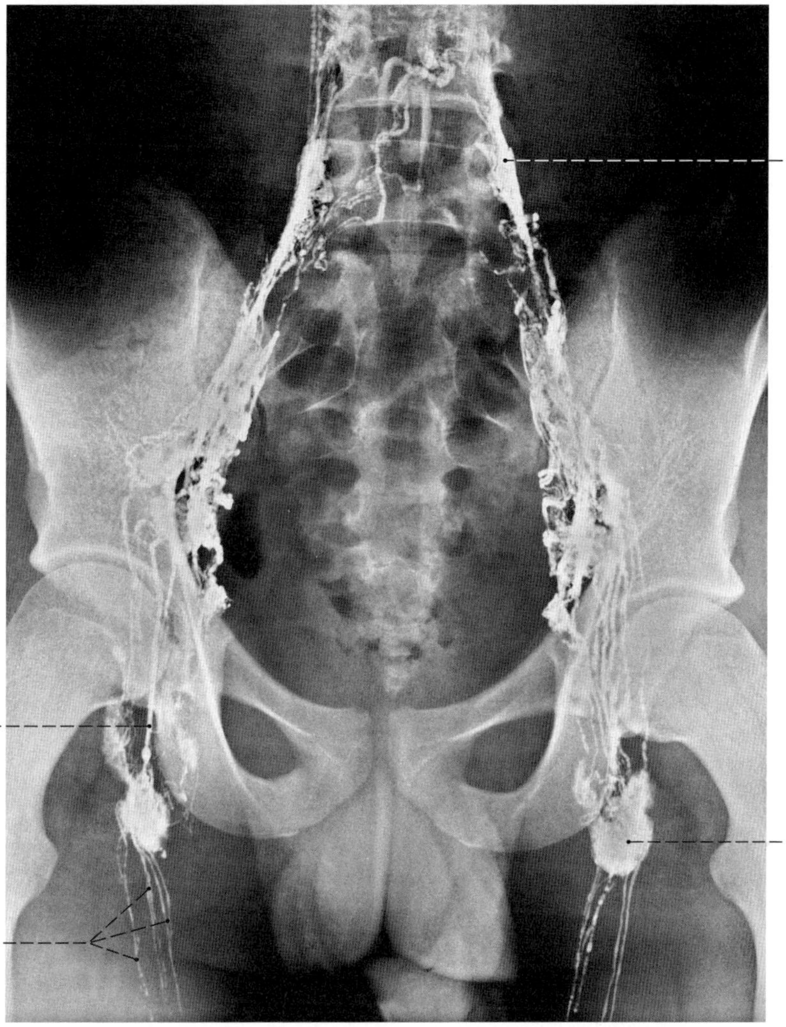

Abb. 1095 Lymphgefäße, Vasa lymphatica;
Lymphknoten, Nodi lymphoidei, der Leisten-, Becken- und Lendenregion;
ap-Röntgenbild nach Injektion eines Kontrastmittels in Fußlymphgefäße beiderseits (Lymphographie).
Die perlschnurartigen Auftreibungen im Verlauf der Lymphgefäße sind Klappensegmente. Die Speicherung des Kontrastmittels beginnt in den inguinalen Lymphknoten.

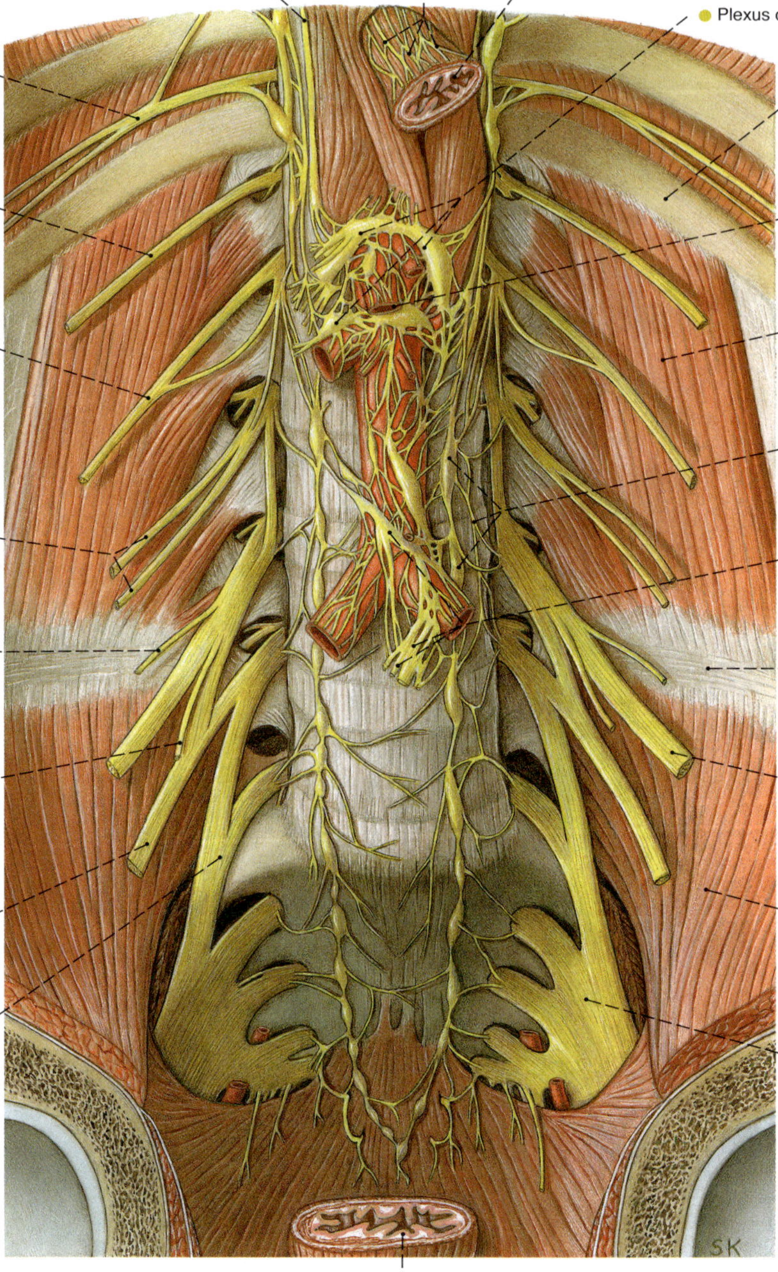

Abb. 1096 Nerven der hinteren Bauchwand,
Plexus lumbosacralis und Pars abdominalis autonomica;
Eingeweide, Gefäße und M. psoas entfernt;
von ventral.

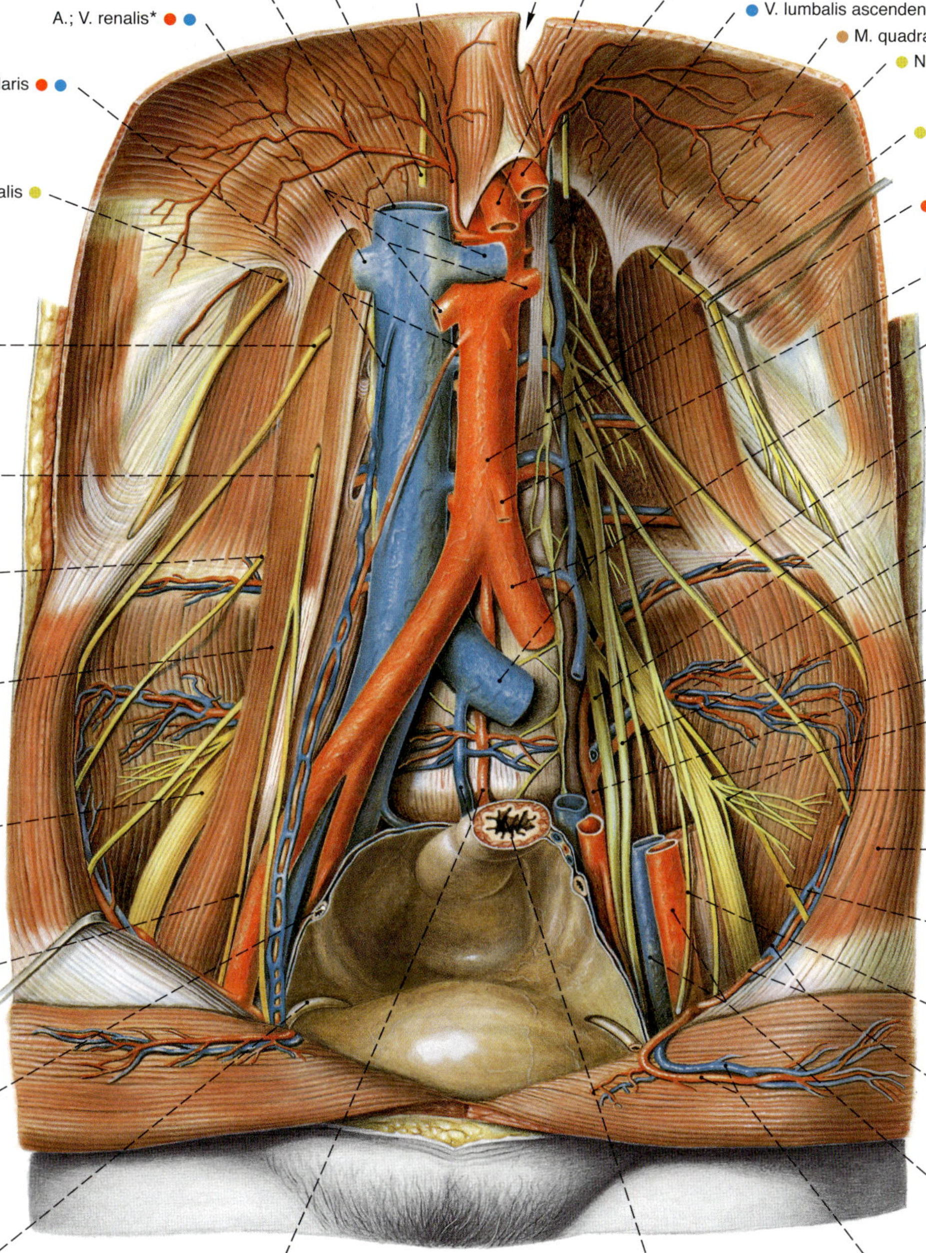

Abb. 1097 Gefäße und Nerven der hinteren Bauchwand beim Mann;
links M. psoas major, A. und V. iliaca zur Darstellung des Plexus lumbalis weitgehend entfernt;
von ventral.

* In ≈ 10% verläuft die V. renalis sinistra dorsal der Aorta.

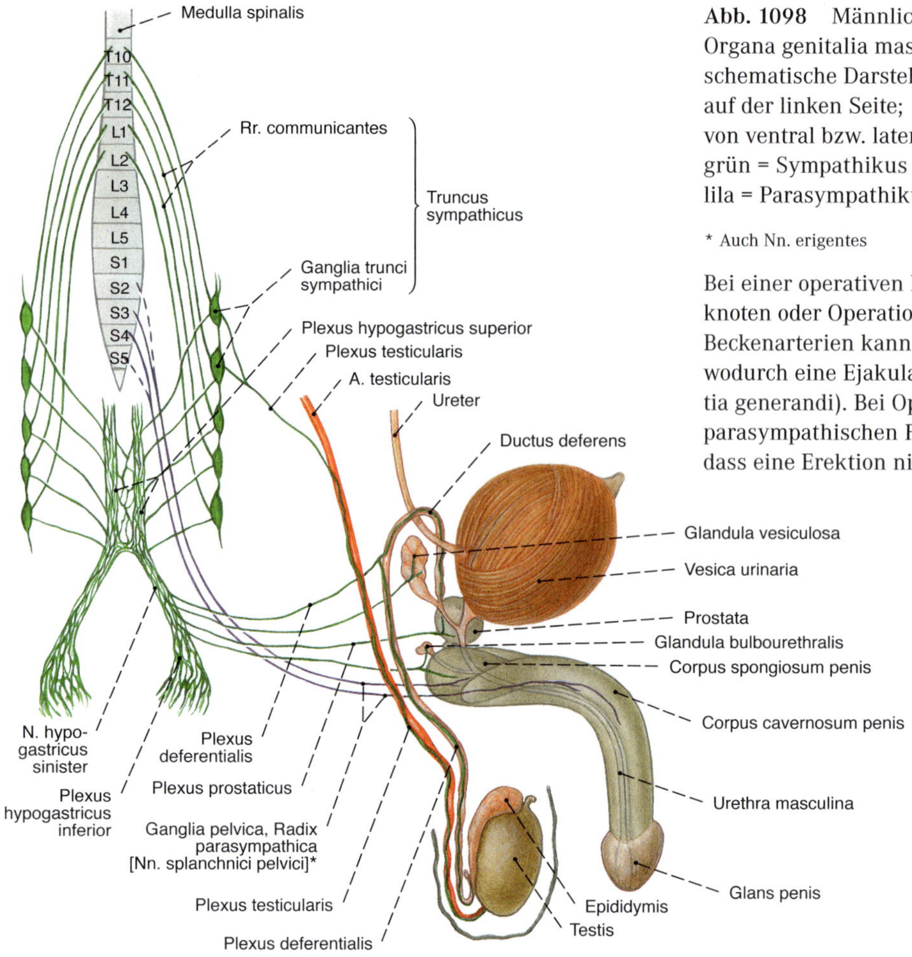

Abb. 1098 Männliche Geschlechtsorgane, Organa genitalia masculina; schematische Darstellung der vegetativen Innervation auf der linken Seite; von ventral bzw. lateral.
grün = Sympathikus
lila = Parasympathikus

* Auch Nn. erigentes

Bei einer operativen Entfernung der paraaortalen Lymphknoten oder Operationen an der Bauchaorta und den großen Beckenarterien kann der Sympathikus geschädigt werden, wodurch eine Ejakulation unmöglich werden kann (Impotentia generandi). Bei Operationen der Prostata können die parasympathischen Fasern zum Penis durchtrennt werden, so dass eine Erektion nicht mehr möglich ist (Impotentia coeundi).

Innervation der männlichen Geschlechtsorgane

	Herkunft	Verlauf	Organ	Funktion
Parasympathikus	Sakralmark (S2 – S4)	Ganglia pelvica, Radix parasympathica [Nn. splanchnici pelvici]	Penis Schwellkörper	Vasodilatation Erektion
Sympathikus	Thorakalmark (T10 – T12)	Plexus mesenterici superior et inferior ↓ Truncus sympathicus ↓ Plexus testicularis ↓	Testis	Steuerung der Durchblutung
	Lumbalmark (L1 – L2)	Plexus hypogastricus superior ↓ N. hypogastricus ↓ Plexus hypogastricus inferior	Glandula bulbourethralis	Abgabe des Sekrets
			Ductus deferens	Kontraktion, Transport der Spermien in die Harnröhre
			Glandula vesiculosa Prostata	Ausstoßung des Inhalts in die Harnröhre
Somatomotorisch Somatosensibel	Sakralmark (S2 – S4)	N. pudendus	(M. sphincter vesicae)	Verschluss der Harnblase verhindert retrograde Ejakulation in die Harnblase
			M. ischiocavernosus M. bulbospongiosus	Expulsion des Ejakulats aus der Harnröhre
		Nn. scrotales posteriores N. dorsalis penis	Skrotumhaut Penishaut	

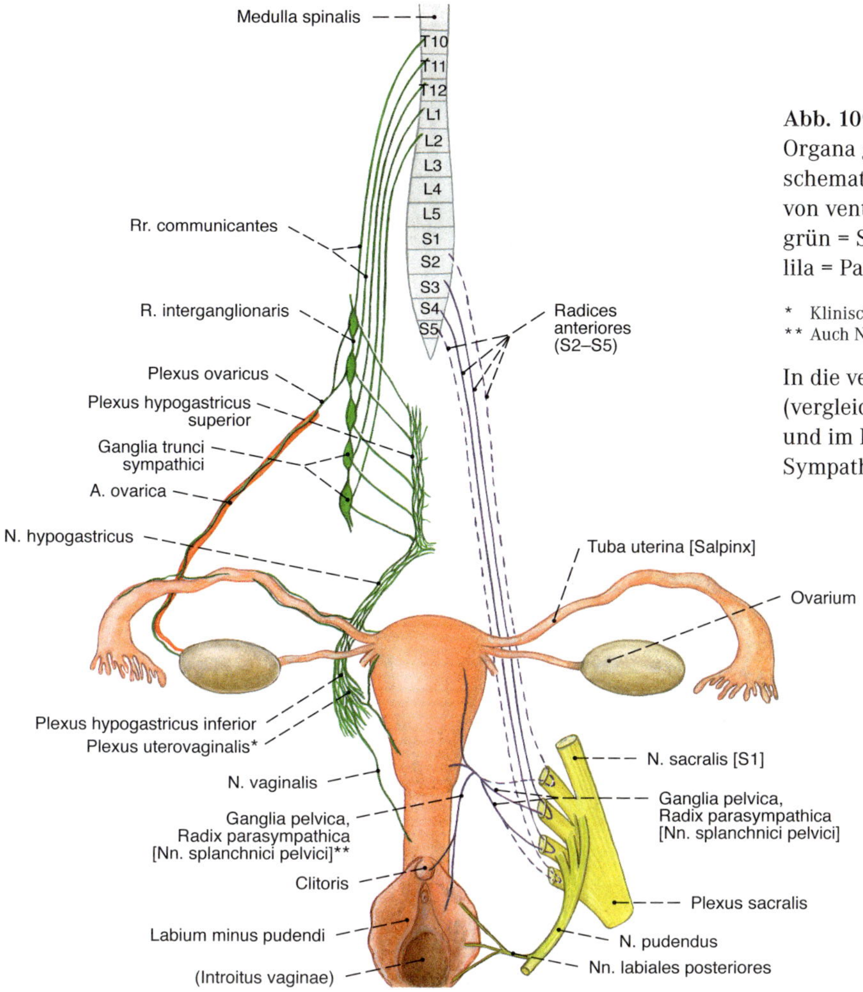

Abb. 1099 Weibliche Geschlechtsorgane, Organa genitalia feminina; schematische Darstellung der vegetativen Innervation; von ventral.
grün = Sympathikus
lila = Parasympathikus

* Klinisch: FRANKENHÄUSERscher Plexus
** Auch Nn. erigentes

In die vegetativen Plexus sind Ganglien eingestreut (vergleiche Abb. 50 und 51). Im Plexus hypogastricus und im Plexus uterovaginalis befinden sich Fasern des Sympathikus und des Parasympathikus.

Innervation der weiblichen Geschlechtsorgane

	Herkunft	Verlauf	Organ	Funktion
Parasympathikus	Sakralmark (S2 – S4)	Ganglia pelvica, Radix parasympathica [Nn. splanchnici pelvici]	Tuba uterina Uterus	Vasodilatation Vasodilatation
		↓ Nn. cavernosi clitoridis	Vagina Clitoris	Transsudation Erektion
Sympathikus	Thorakalmark (T10 – T12)	Plexus mesentericus superior ↘ Plexus ovaricus; Plexus renalis ↗	Ovar	Vasokonstriktion
		Truncus sympathicus		
	Lumbalmark (L1 – L2)	↓ Plexus hypogastricus superior ↓ N. hypogastricus Plexus hypogastricus inferior	-	
		↓ Plexus uterovaginalis (FRANKENHÄUSERscher Plexus)	Tuba uterina Uterus Vagina	Kontraktion
Somatomotorisch Somatosensibel	Sakralmark (S2 – S4)	N. pudendus ↗ N. dorsalis clitoridis	Clitoris	
		N. pudendus ↘ Nn. labiales posteriores	große Schamlippen M. ischiocavernosus M. bulbospongiosus	Kontraktion

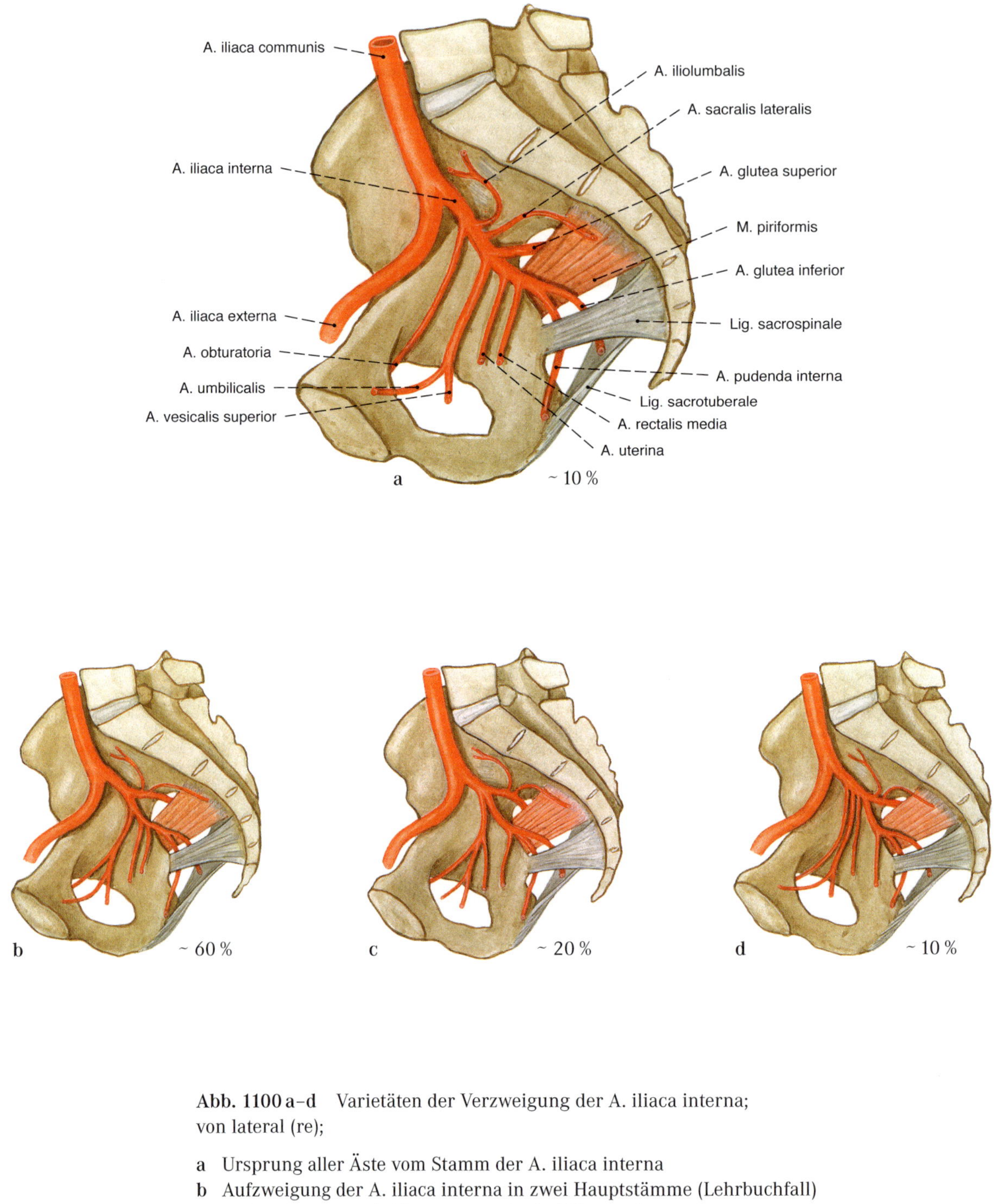

Abb. 1100 a–d Varietäten der Verzweigung der A. iliaca interna; von lateral (re);

a Ursprung aller Äste vom Stamm der A. iliaca interna
b Aufzweigung der A. iliaca interna in zwei Hauptstämme (Lehrbuchfall)
c Aufzweigung der A. iliaca interna in drei Hauptstämme
d Aufzweigung der A. iliaca interna in mehr als drei Hauptstämme

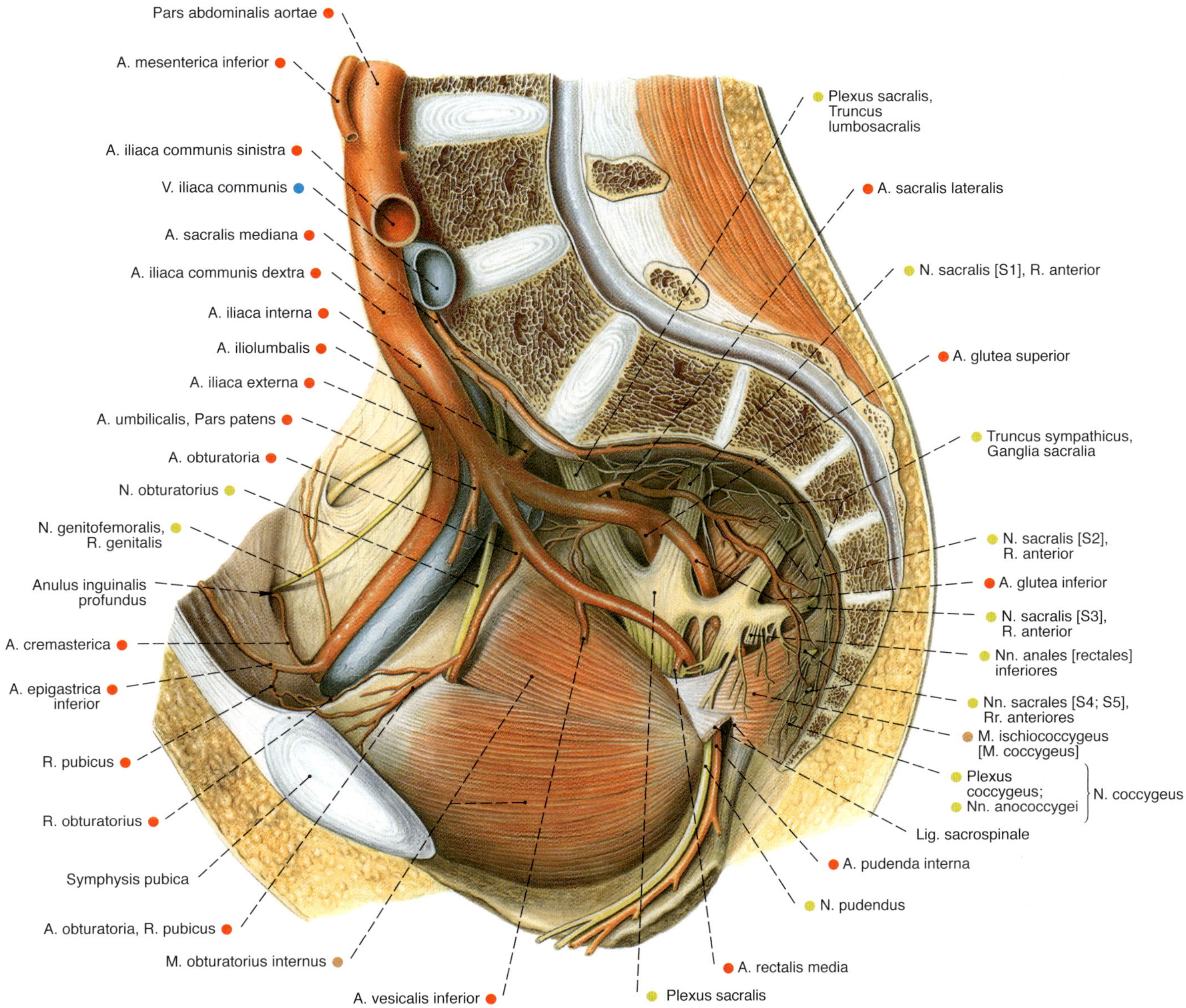

Abb. 1101 Innere Beckenarterie, A. iliaca interna; Kreuzbeinnervengeflecht, Plexus sacralis; Darstellung der Aufzweigung nach Entfernung aller Beckenorgane und Faszien am median durchgetrennten Becken; Lig. sacrospinale eingeschnitten zur Verdeutlichung des Verlaufs der A. pudenda interna; von lateral (re). Vergleiche Abb. 1100.

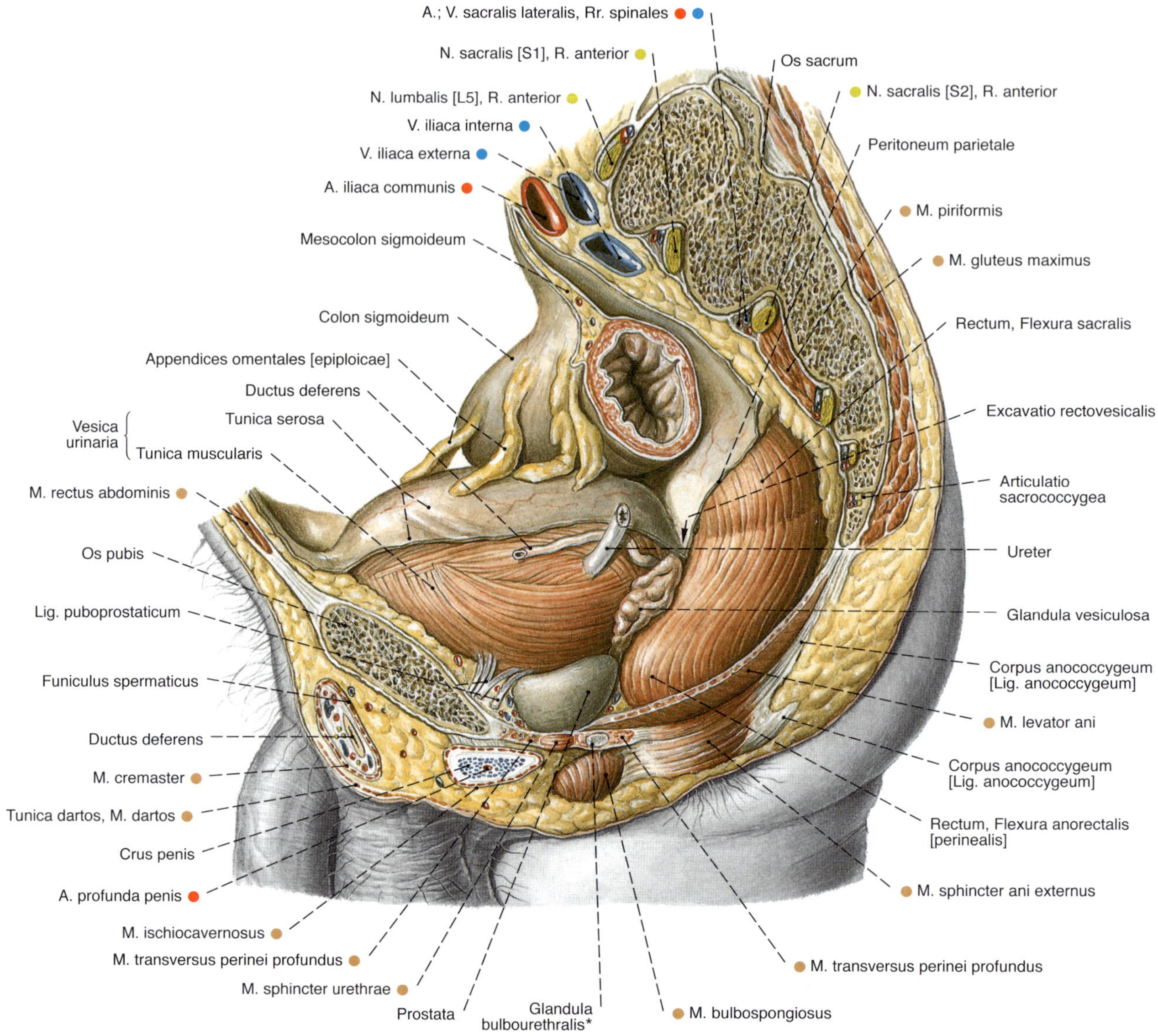

Abb. 1102 Beckenorgane beim Mann;
Becken links paramedian durchgetrennt; Peritoneum von der Seitenfläche der Harnblase teilweise abpräpariert zur Darstellung des Verlaufs von Harnleiter und Samenleiter;
von lateral (re).

* Klinisch auch: COWPERsche Drüse

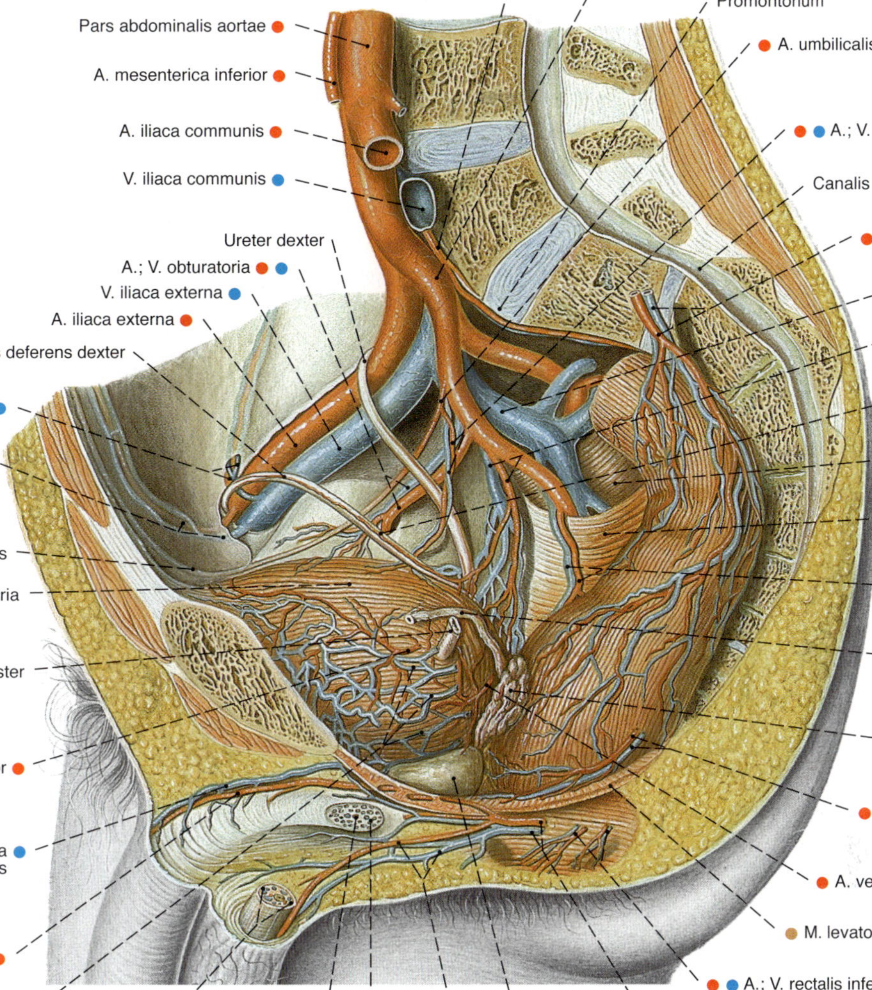

Abb. 1103 Blutversorgung der Beckenorgane beim Mann; Becken links paramedian durchgetrennt, Bauchfell weitgehend entfernt; von lateral rechts.

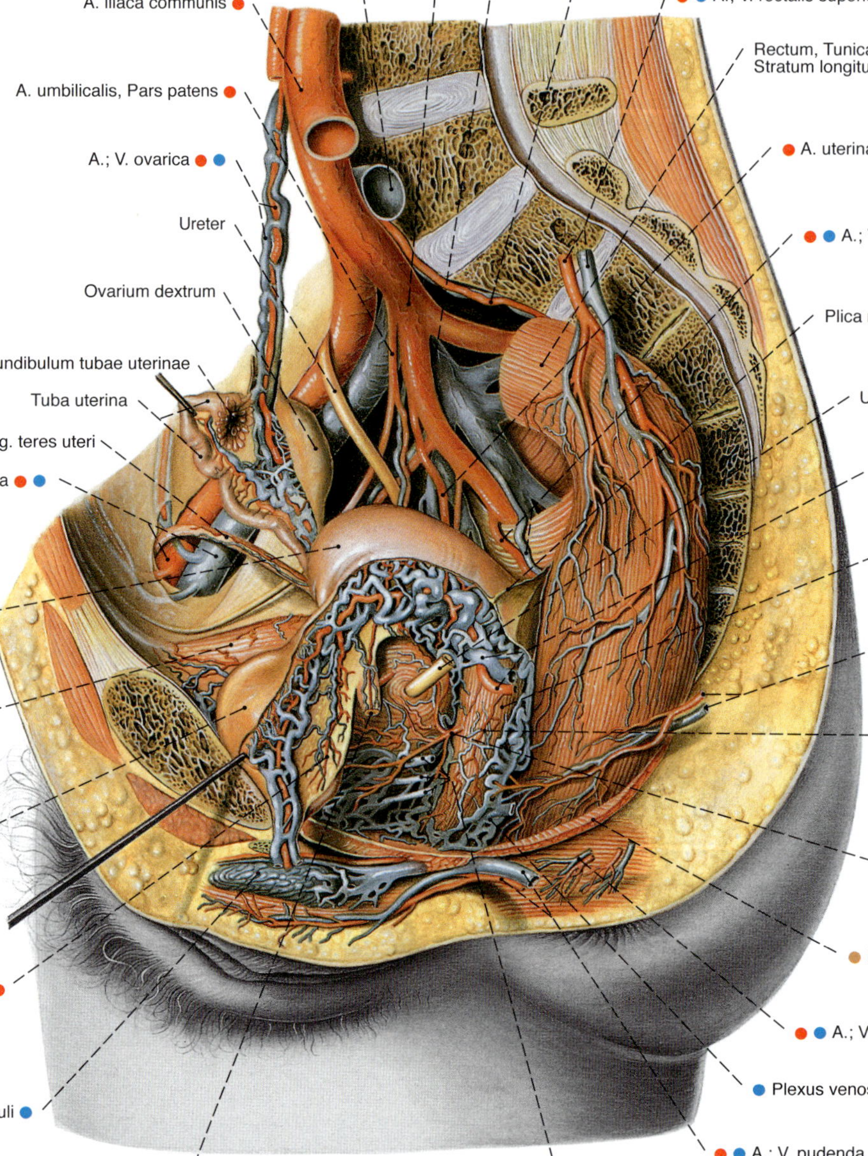

Abb. 1104 Blutversorgung der Beckenorgane bei der Frau;
Becken links paramedian durchgetrennt und Darm überwiegend entfernt; Bauchfell teilweise abpräpariert; rechtes Ovar nach kranial, linkes Ovar zur Darstellung der Gefäße nach ventral und kaudal gezogen;
von lateral (re).
Es bestehen ausgeprägte Geflechte der Venen um die Beckenorgane. Bei der alten Frau ist die A. ovarica oft atrophiert und kaum präparierbar.

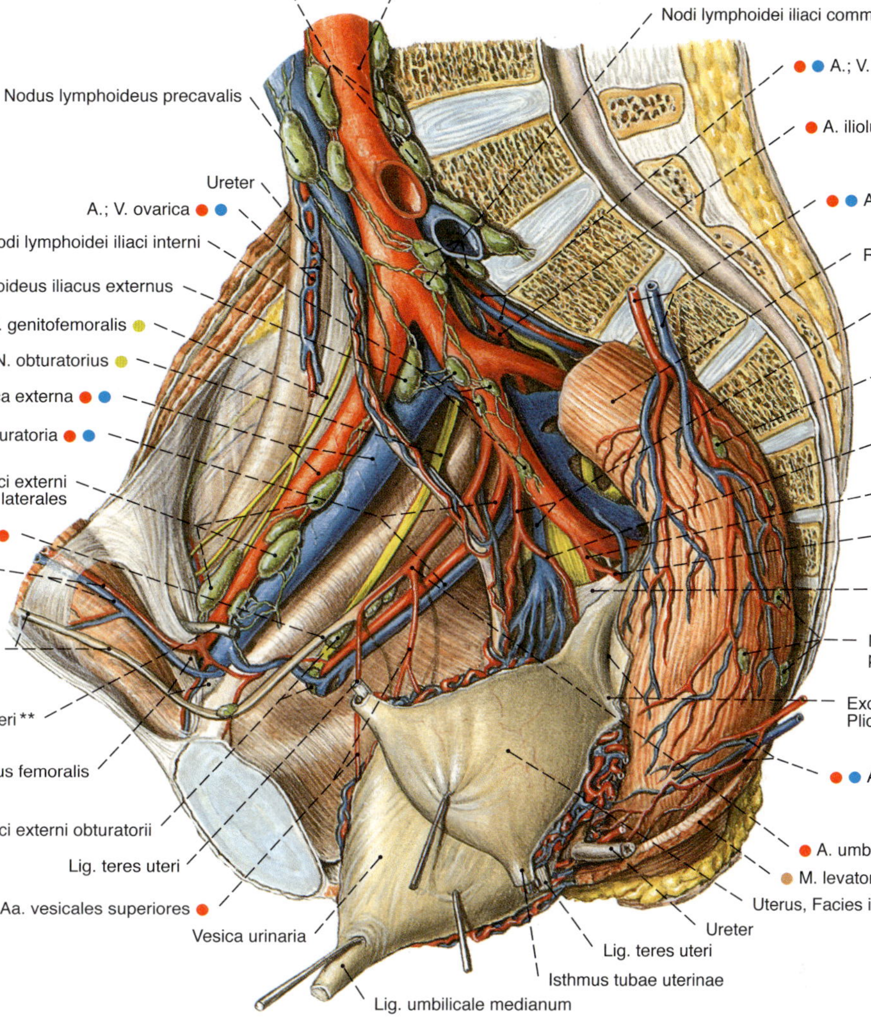

Abb. 1105 Lymphgefäße, Vasa lymphatica; Lymphknoten, Nodi lymphoidei, der Beckenwand bei der Frau;
Becken in der Medianebene durchgetrennt;
Uterus nach links vorne herausgezogen und Bauchfell weitgehend abpräpariert;
von lateral (re).

Die gezeichneten Lymphknoten sind oft viel kleiner, aber stets vorhanden. Über Lymphbahnen im Lig. teres uteri können Tumorzellen vom Uterus in oberflächliche inguinale Lymphknoten gelangen.

* Klinisch: DOUGLASscher Raum
** Klinisch: Lig. rotundum

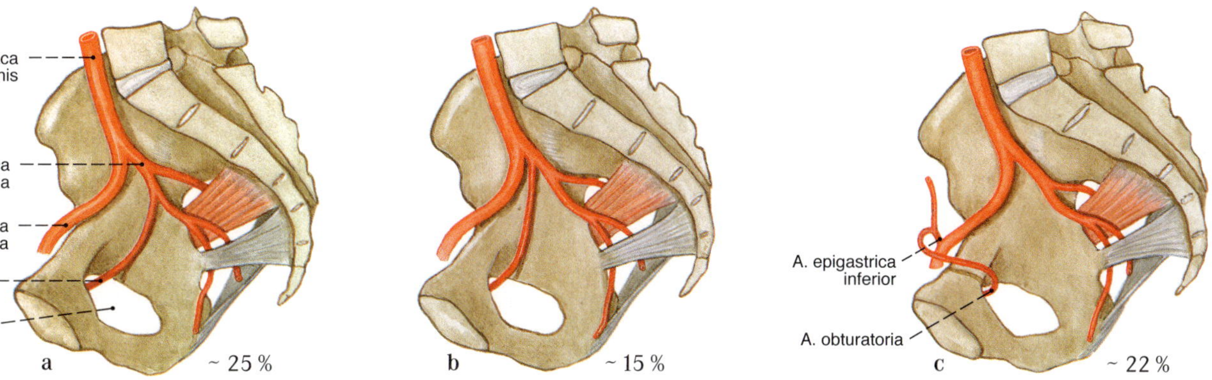

Abb. 1106 a–c Varietäten des Ursprungs der A. obturatoria; von lateral (re).

a Ursprung vom vorderen Ast der A. iliaca interna (Lehrbuchfall)

b Ursprung als selbständiger Ast der A. iliaca interna

c Ursprung aus der A. iliaca externa

Nur in 75% entspringt die A. obturatoria als Ast des Stamms der A. iliaca interna.

Diaphragma pelvis und urogenitale (Abb. 1107, 1108, 1115–1118, 1126, 1128)

Der Boden des Beckenraumes wird von zwei sich zum Teil überlagernden Muskellagen aufgebaut. Das Diaphragma pelvis wird vom M. levator ani und vom M. ischiococcygeus gebildet.
Zwischen den beiden unteren Schambeinästen erstreckt sich als dreieckige Platte das Diaphragma urogenitale.
Seine Fasern sind transversal orientiert und sichern das Levatortor. Zu ihm gehören u.a. der M. transversus perinei profundus, der M. sphincter urethrae (gemeinsam als M. compressor urethrae bezeichnet) und der M. transversus perinei superficialis.
Beim Mann tritt durch das Diaphragma urogenitale nur die Urethra hindurch, bei der Frau die Urethra und die Vagina.

Muskel / *Innervation*	**Ursprung**	**Ansatz**	**Funktion**
1. M. levator ani *Äste des N. sacralis [S3 und S4]* Besteht aus folgenden Teilmuskeln: M. pubococcygeus, M. levator prostatae, M. pubovaginalis, M. puborectalis, M. iliococcygeus	**M. pubococcygeus:** Os pubis (Innenfläche nahe der Symphyse), Arcus tendineus musculi levatoris ani, Spina ischiadica **M. iliococcygeus:** Arcus tendineus musculi levatoris ani (hinteres Drittel)	Centrum tendineum perinei (prärektale Fasern), beim Mann Faszie der Prostata (M. levator prostatae), bei der Frau Wand der Vagina (M. pubovaginalis), Einstrahlung in den M. sphincter ani externus, Schlingenbildung mit Fasern der Gegenseite hinter dem Anus (M. puborectalis), Corpus anococcygeum, Os coccygis	Umfasst das Rectum von hinten; medialer freier Rand bildet das Levatortor beim Mann für den Durchtritt der Urethra, bei der Frau von Urethra und Vagina; Traggurtung für den Beckenboden
2. M. ischiococcygeus *Äste des N. sacralis [S4 und S5]*	Spina ischiadica (Innenfläche; überwiegend mit dem Lig. sacrospinale verwachsen)	Os sacrum (Seitenrand der unteren Segmente), Os coccygis	Verstärkt den Beckenboden
3. M. sphincter ani externus *N. pudendus (Plexus sacralis)*	**Pars subcutanea:** Dermis und Subcutis rund um den Anus **Pars superficialis:** Centrum tendineum perinei **Pars profunda:** ringförmige hohe Muskelschlinge bis zum M. levator ani	Dermis und Subcutis rund um den Anus, Lig. anococcygeum	Äußerer Schließmuskel des Anus
4. M. transversus perinei profundus *N. pudendus (Plexus sacralis)*	Ramus ossis ischii, Bindegewebshülle der Vasa pudenda interna (quer über den Arcus pubis bzw. Angulus subpubicus gespannt, ergänzt durch Lig. pubicum inferius und Lig. transversum perinei profundum)	Tragende, trapezförmige Muskelplatte mit Durchtrittsöffnungen für Urethra beim Mann bzw. Urethra und Vagina bei der Frau	Sicherung des Levatortors
5. M. transversus perinei superficialis *N. pudendus (Plexus sacral.)* (inkonstanter Muskel)	Oberflächliche Abspaltung des M. transversus perinei profundus	Einstrahlung in das Centrum tendineum perinei	Unterstützt M. transversus perinei profundus
6. M. sphincter urethrae *N. pudendus (Plexus sacral.)* Die Pars membranacea urethrae ringförmig umfassender Muskelzug	Ringmuskel	Ringmuskel	Sicherung des Levatortors; Teil des Kontinenzorgans der Vesica urinaria; Verschluss der Harnblase bei der Ejakulation
7. M. ischiocavernosus *N. pudendus (Plexus sacralis)*	Ramus ossis ischii	Tunica albuginea corporum cavernosorum	Fixiert beim Mann die Crura penis, bei der Frau die Crura clitoridis am Ramus inferior ossis pubis und am Ramus ossis ischii sowie am Diaphragma urogenitale; Mitwirkung bei Ejakulation bzw. Orgasmus
8. M. bulbospongiosus *N. pudendus (Plexus sacralis)* Umgreift beim Mann den Bulbus penis, bei der Frau den Bulbus vestibuli	Am Centrum tendineum, beim Mann zusätzlich an der Unterseite des Corpus spongiosum penis (Raphe penis)	Zieht beim Mann seitlich des Corpus spongiosum penis an die Fascia urogenitalis inferior und den Penisrücken; bei der Frau heften sich die Fasern am Corpus cavernosum clitoridis und an der Fascia diaphragmatis urogenitalis inferior an.	Fixiert beim Mann den Bulbus penis, bei der Frau den Bulbus clitoridis am Diaphragma urogenitale; wirkt beim Mann an der Ejakulation mit, bei der Frau am Orgasmus

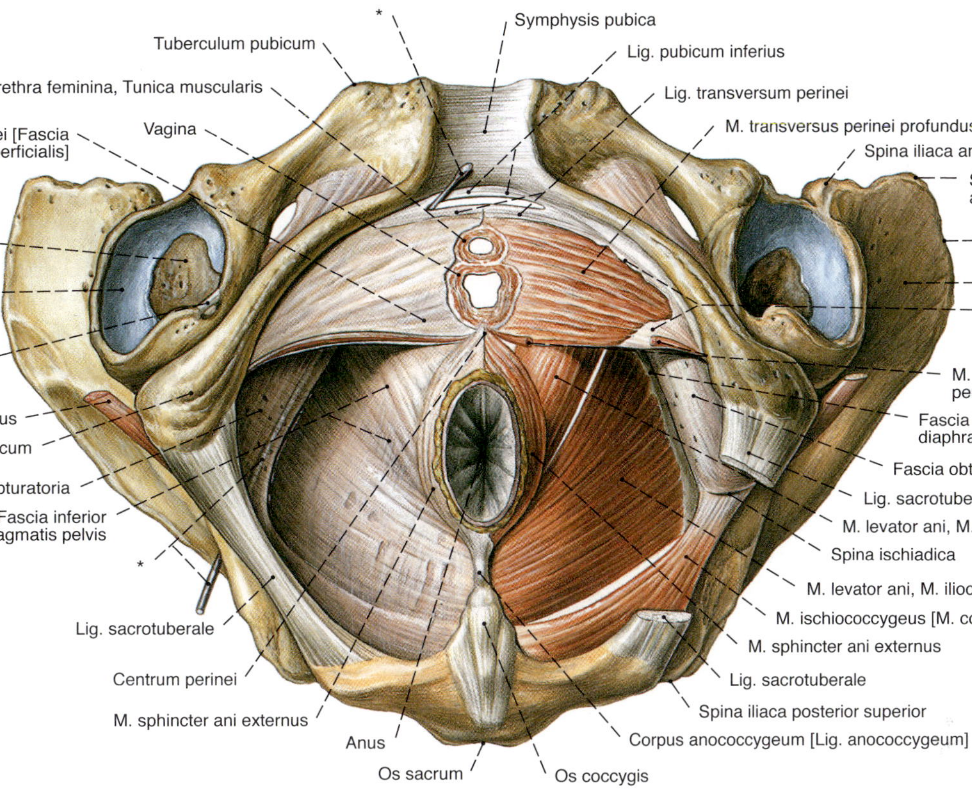

Abb. 1107 Muskeln des Damms, Mm. perinei; Beckenboden, Diaphragma pelvis, bei der Frau;
Lig. sacrotuberale links zur Darstellung des M. ischiococcygeus teilweise entfernt;
von kaudal.

Der M. transversus perinei superficialis besteht bei der alten Frau oft nur aus wenigen Muskelzügen.

* Sonde im Canalis pudendalis (ALCOCKscher Kanal)

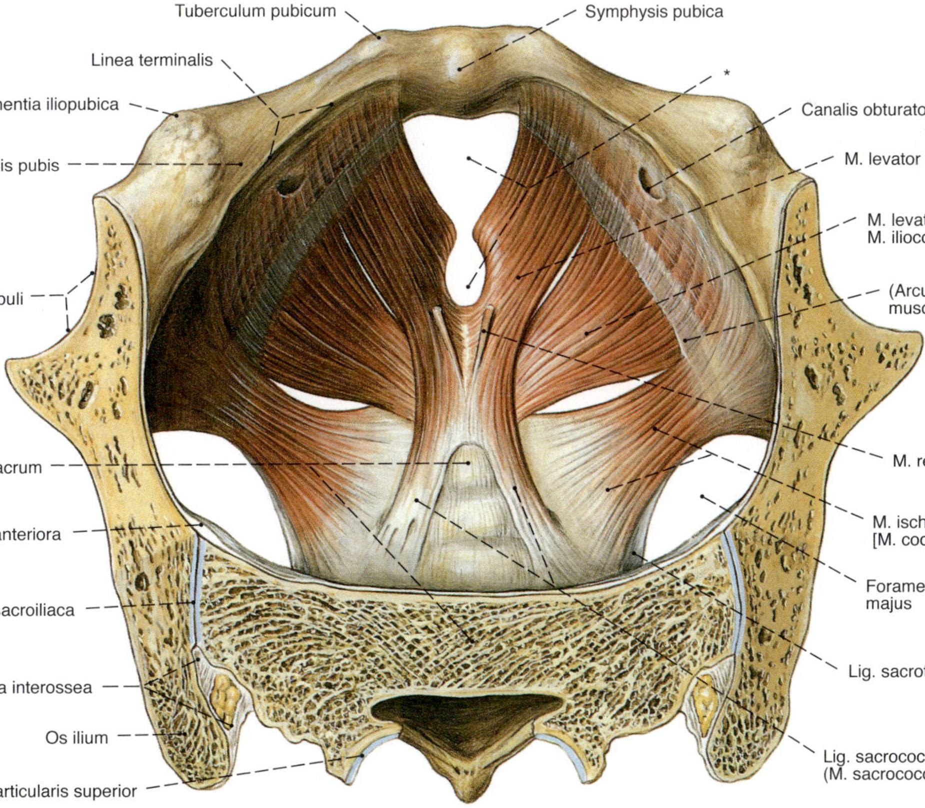

Abb. 1108 Beckenboden, Diaphragma pelvis, bei der Frau;
oberer Teil der Beckenknochen in der Transversalebene abgesägt;
von kranial.

M. ischiococcygeus und M. sacrococcygeus bestehen oft nur aus wenigen Muskelfasern, die den entsprechenden Bändern aufgelagert sind.

* Klinisch: Levatortor (Hiatus urogenitalis et ani)

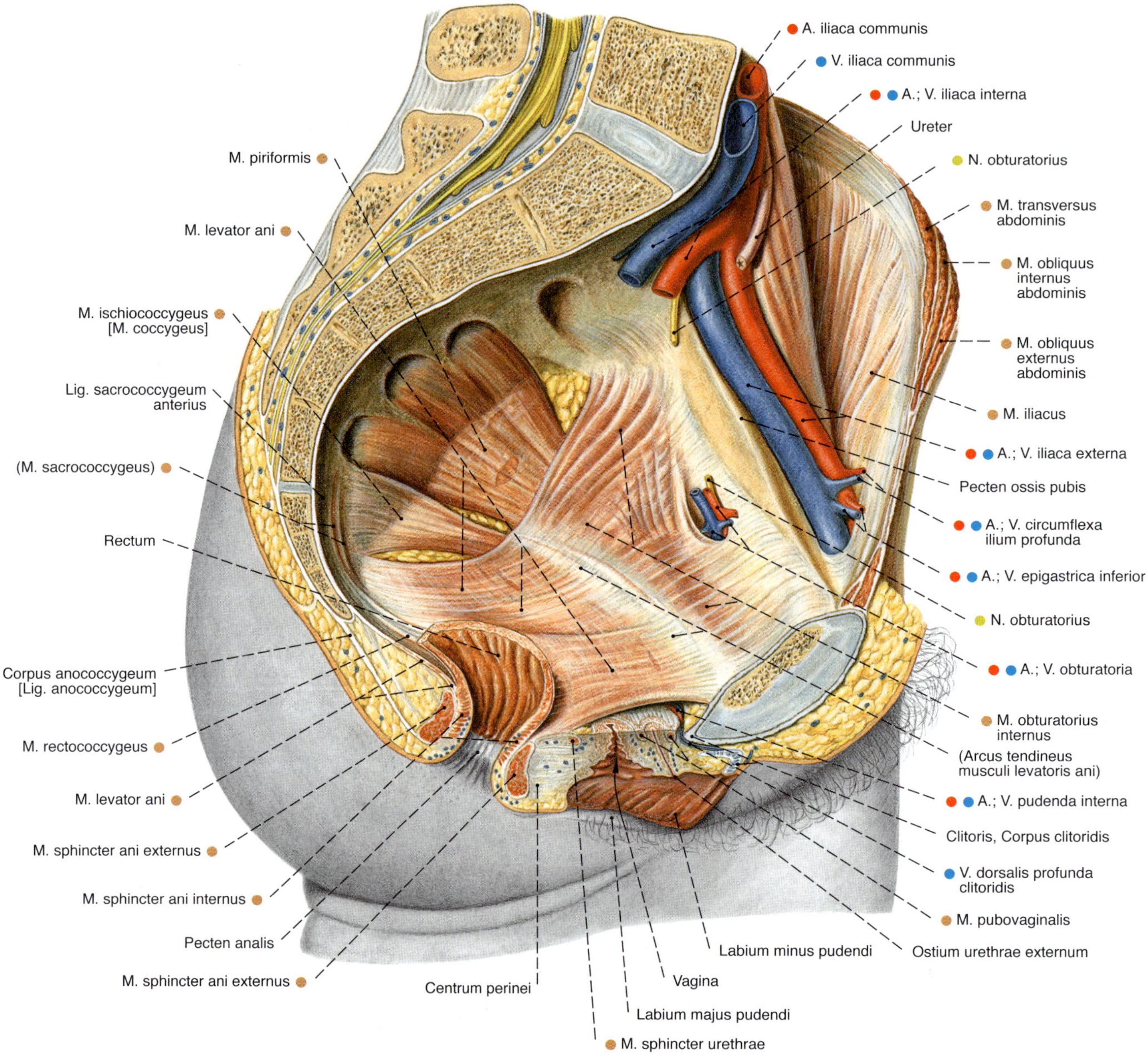

Abb. 1109 Muskeln des Beckenbodens, Diaphragma pelvis, bei der Frau; Medianschnitt des Beckens; Organe vollständig, Leitungsbahnen weitgehend zur Darstellung der Muskulatur entfernt; von lateral (li).

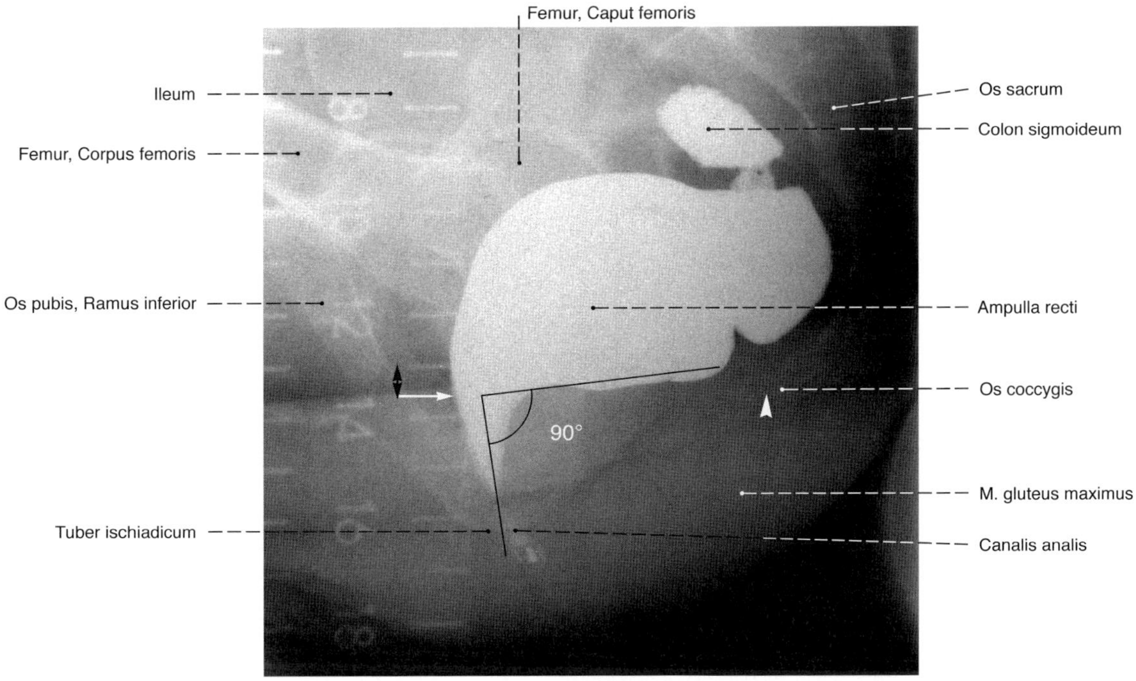

Abb. 1110 Mastdarm, Rectum;
seitliches Röntgenbild nach Füllung mit einem Kontrastmittel bei willkürlichem Verschluss des Anus (Defäkographie).

Der Übergang vom Anus ins Rektum (Pfeil) steht in Höhe der Spitze des Steißbeins (Dreieck).
Der Winkel zwischen Anus- und Rektumachse (∡) beträgt 90°. Diese Abknickung ist durch die Schlinge des M. levator ani (M. puborectalis) bedingt. Maßstab in cm.

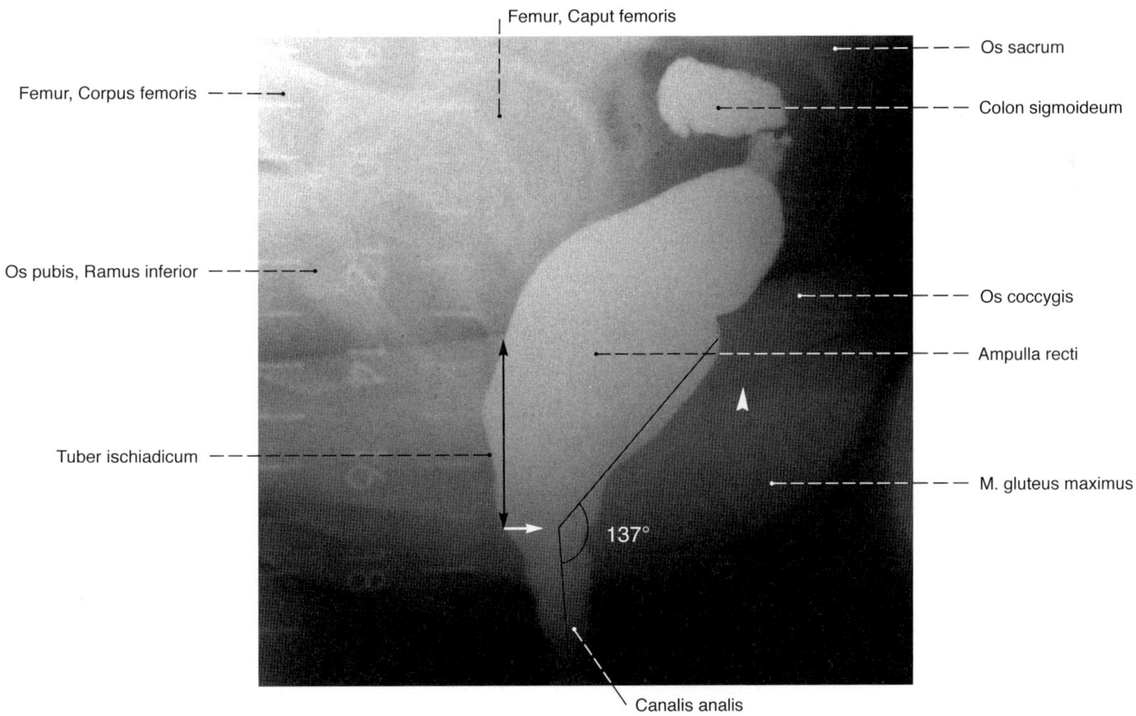

Abb. 1111 Mastdarm, Rectum;
seitliches Röntgenbild nach Füllung mit einem Kontrastmittel im seitlichen Strahlengang bei der Entleerung (Defäkographie).

Im Vergleich zu Abb. 1110 ist der anorektale Übergang tiefer getreten, und der Winkel (∡) hat sich auf 137° vergrößert, weil die Schlinge des M. levator ani entspannt ist. Die wie eine Klappe wirkende Abknickung ist nun verstrichen, und die Kotsäule lastet zur Entleerung (Defäkation) ungehindert auf dem Analkanal.

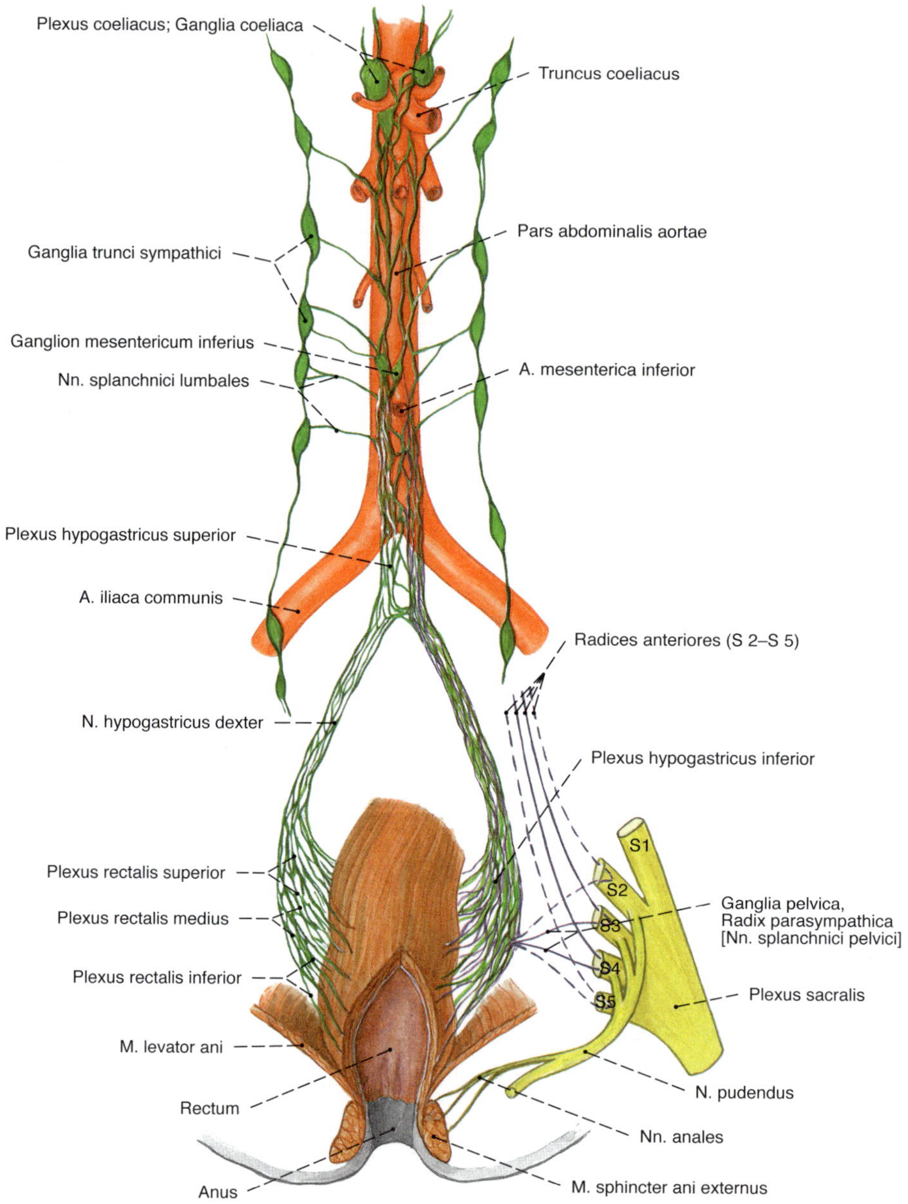

Abb. 1112 Mastdarm, Rectum;
schematische Darstellung der Innervation;
von ventral.
grün = Sympathikus
lila = Parasympathikus

Die Fasern des Parasympathikus ziehen durch den Plexus hypogastricus zu den Beckenorganen und im N. hypogastricus auch nach kranial. Im Plexus hypogastricus inferior befinden sich Fasern des Sympathikus und des Parasympathikus mit eingestreuten Ganglien (Ganglia pelvica).

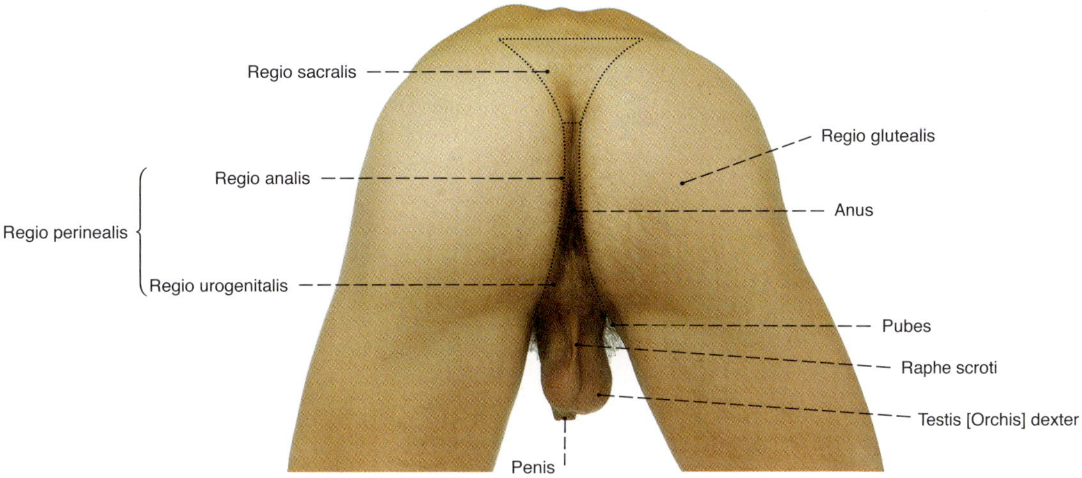

Abb. 1113 Gesäß; Regio glutealis; Damm, Regio perinealis, eines Mannes; von dorsal.
Bei Kälte zieht der M. cremaster das Skrotum an den Damm heran.

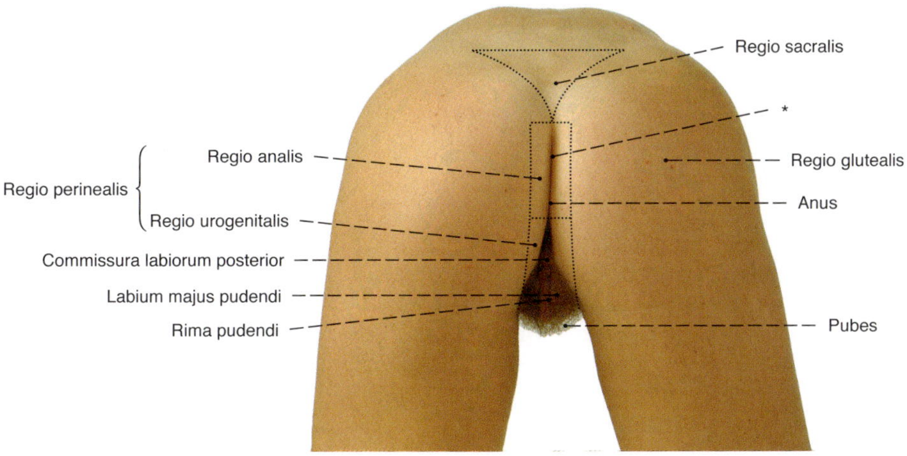

Abb. 1114 Gesäß; Regio glutealis; Damm, Regio perinealis, einer Frau; von dorsal.
* Klinisch: Rima ani

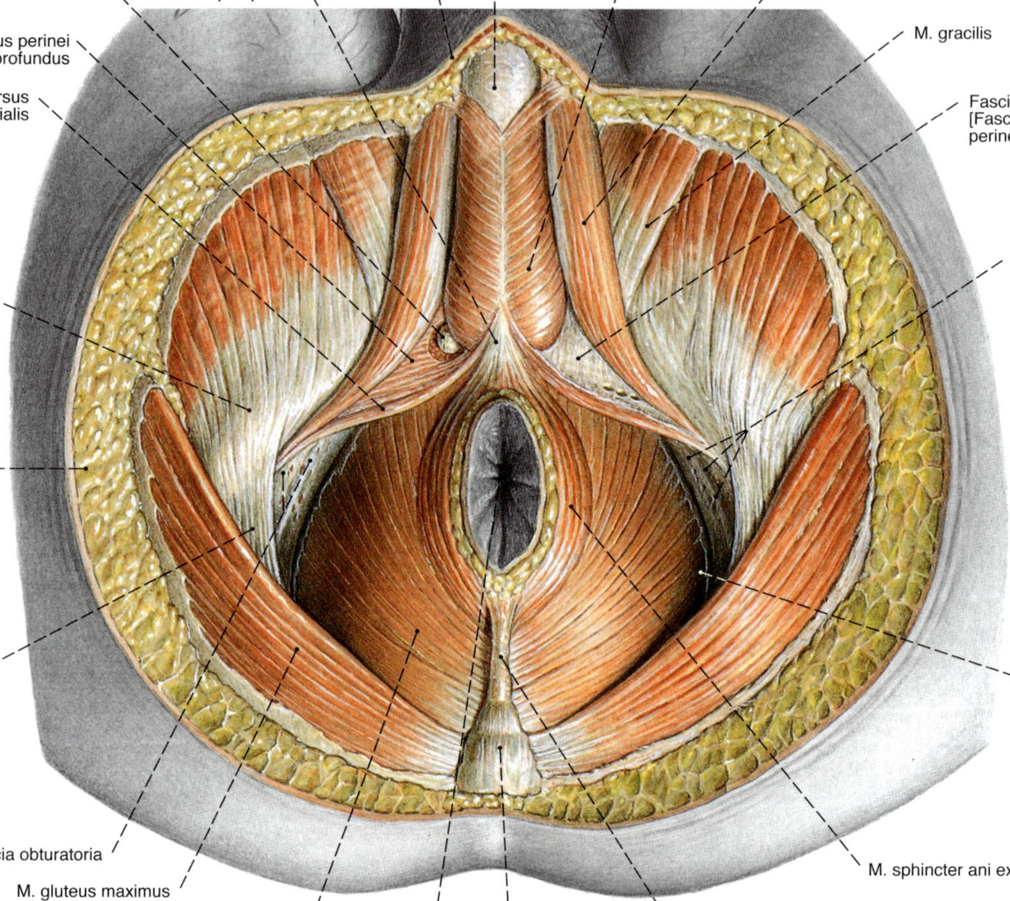

Abb. 1115 Damm, Perineum;
Beckenboden, Diaphragma pelvis, beim Mann;
Fett aus der Fossa ischioanalis entfernt; untere Faszie des Diaphragma urogenitale rechts abpräpariert und Glandula bulbourethralis dargestellt; von kaudal.

* Auch: COWPERsche Drüse

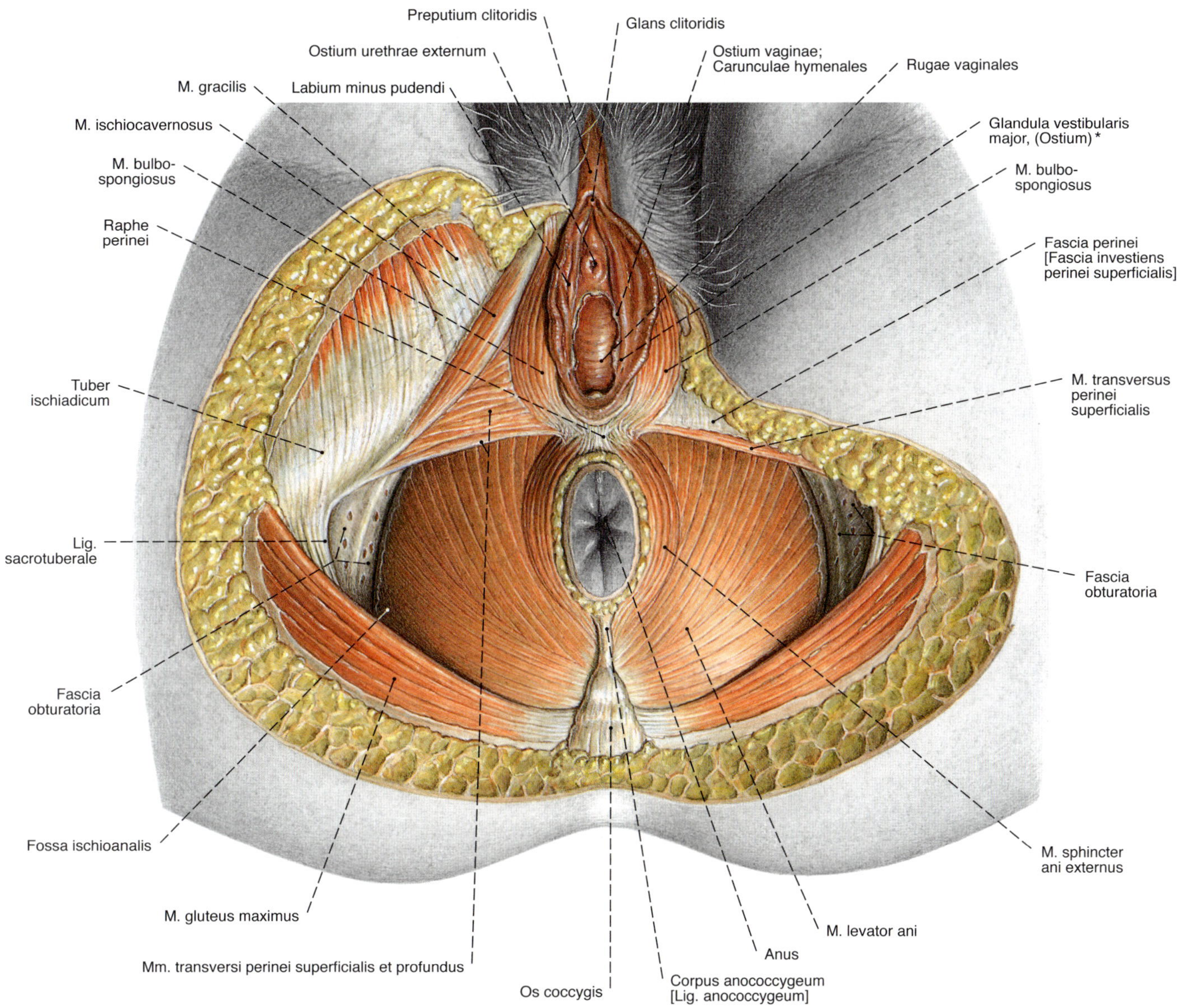

Abb. 1116 Damm, Perineum; Beckenboden, Diaphragma pelvis; äußere weibliche Geschlechtsorgane, Organa genitalia feminina externa; Fett aus der Fossa ischioanalis entfernt; von kaudal.

* Auch: Bartholinsche Drüse

Es besteht eine enge topographische Nähe von Ostium vaginae und Anus. Während der Geburt kann es zu Einrissen der Haut und der Muskulatur des Damms bis zur Schließmuskulatur des Anus kommen (Dammrisse I. – III. Grades), denen gegebenenfalls durch gezielten Einschnitt nach lateral oder in der Medianebene vorgebeugt werden kann (Dammschnitt = laterale oder mediale Episiotomie).

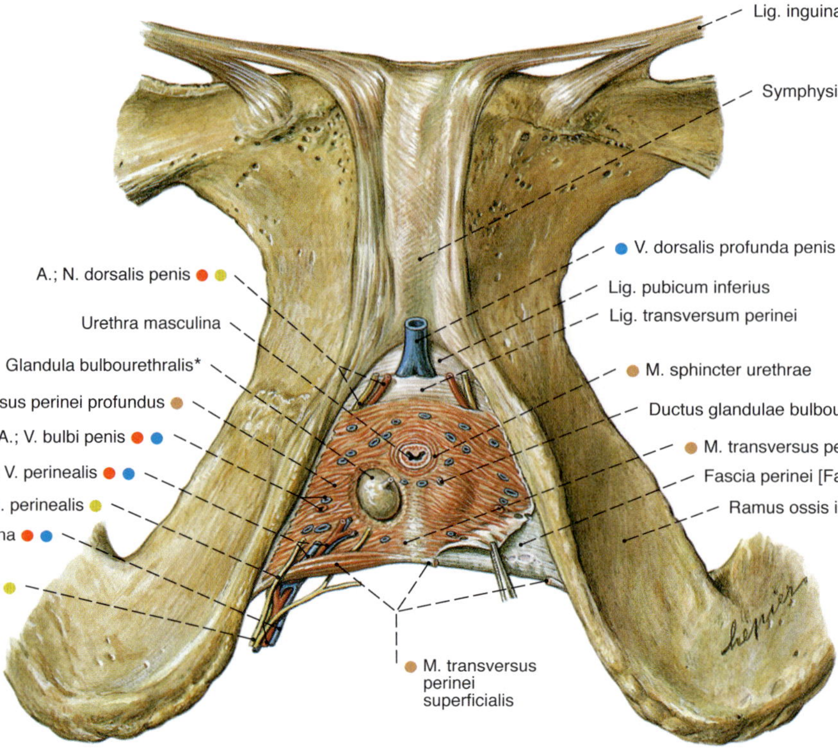

Abb. 1117 Vorderer Teil des Beckenbodens, Diaphragma urogenitale, beim Mann; untere Faszie weitgehend entfernt; rechts Glandula bulbourethralis präpariert; von kaudal.
Vergleiche mit Abb. 1118.

* Klinisch: COWPERsche Drüse

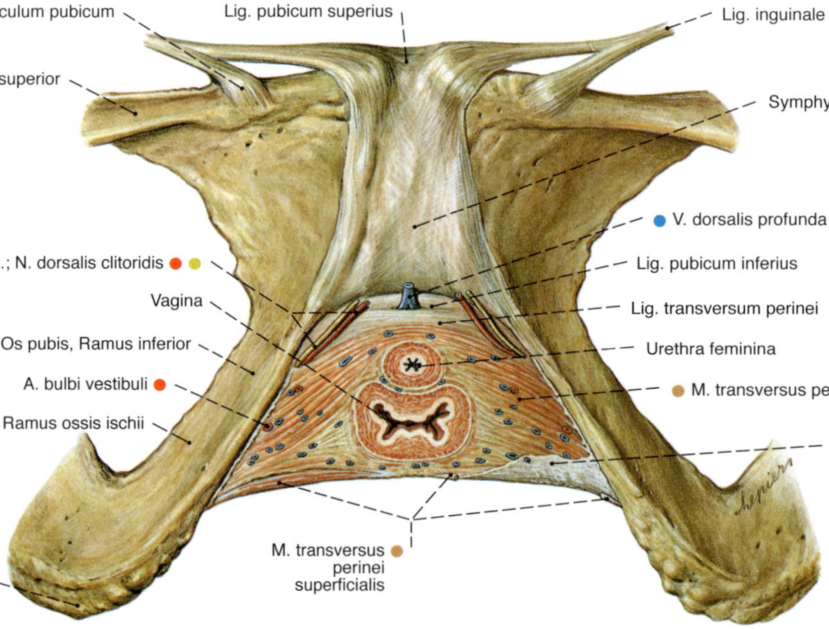

Abb. 1118 Vorderer Teil des Beckenbodens, Diaphragma urogenitale, bei der Frau; untere Faszie weitgehend entfernt; von kaudal.
Vergleiche mit Abb. 1117.

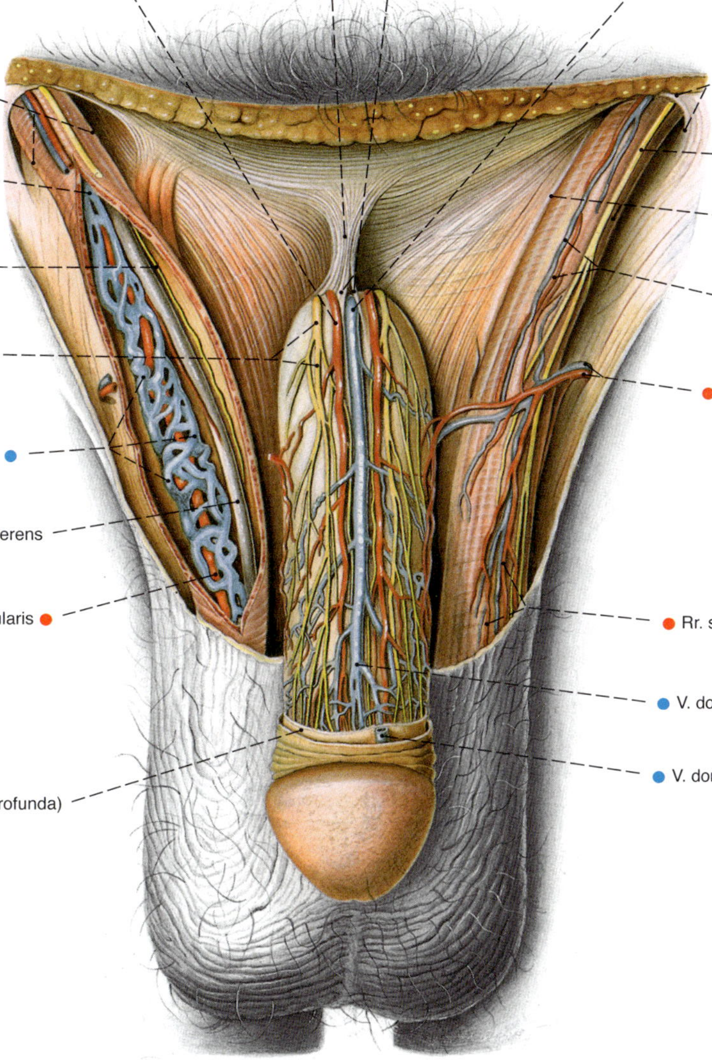

Abb. 1119 Äußere männliche Geschlechtsorgane, Organa genitalia masculina externa; Darstellung der Nerven und Gefäße durch weitgehende Abtragung von Haut und Fascia penis superficialis; Hüllen des Samenstrangs rechts gespalten; von ventral. Das Venengeflecht (Plexus pampiniformis) um die A. testicularis ist stets ausgeprägt.

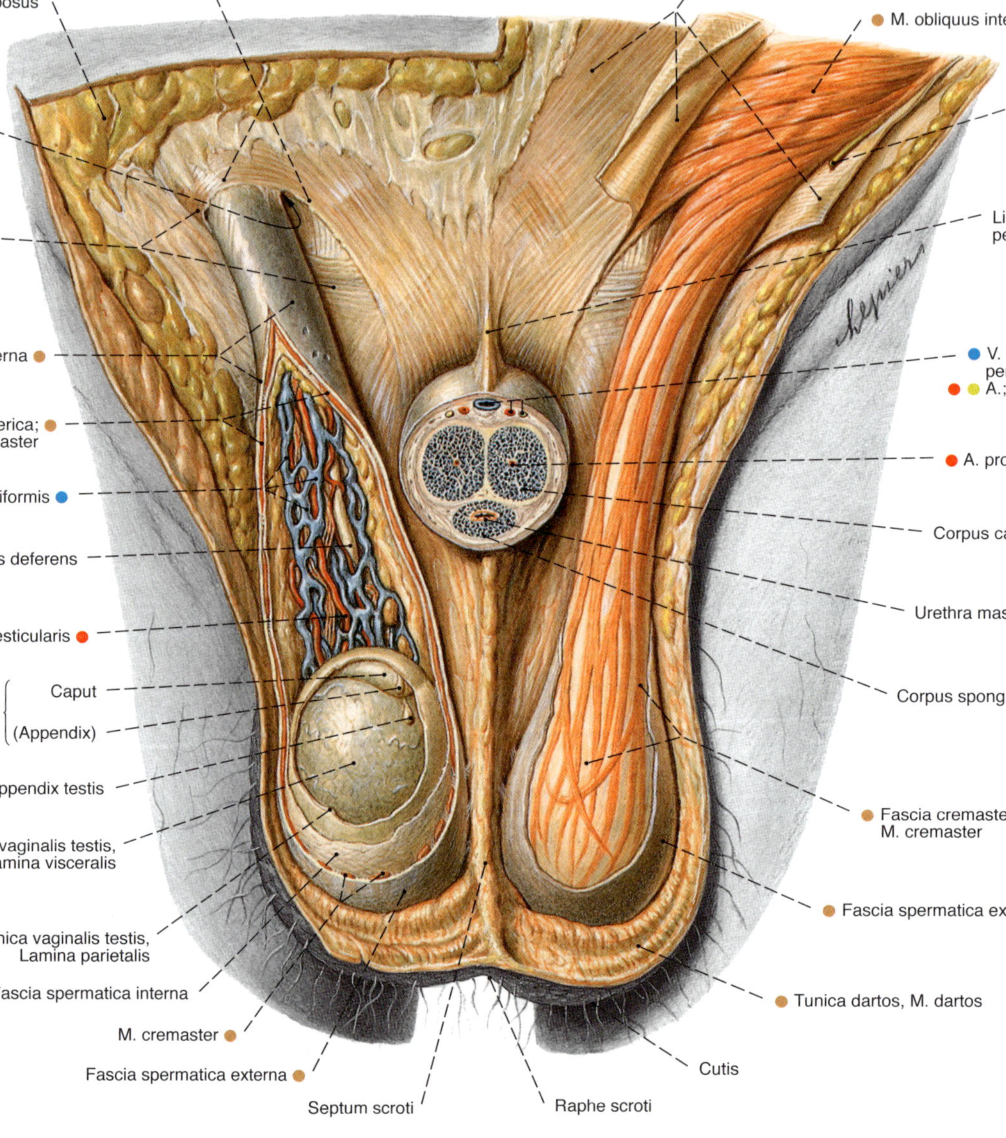

Abb. 1120 Männliche Geschlechtsorgane,
Organa genitalia masculina;
Bauchhaut und Teile der Skrotalhaut entfernt;
Corpus penis durchgetrennt; rechts Hüllen des Samenstrangs und Hodenhüllen schichtweise präpariert;
von ventral.
Vergleiche Abb. 824 bis 827, Ursprung des M. cremaster und der Faszien aus der Bauchwandmuskulatur.

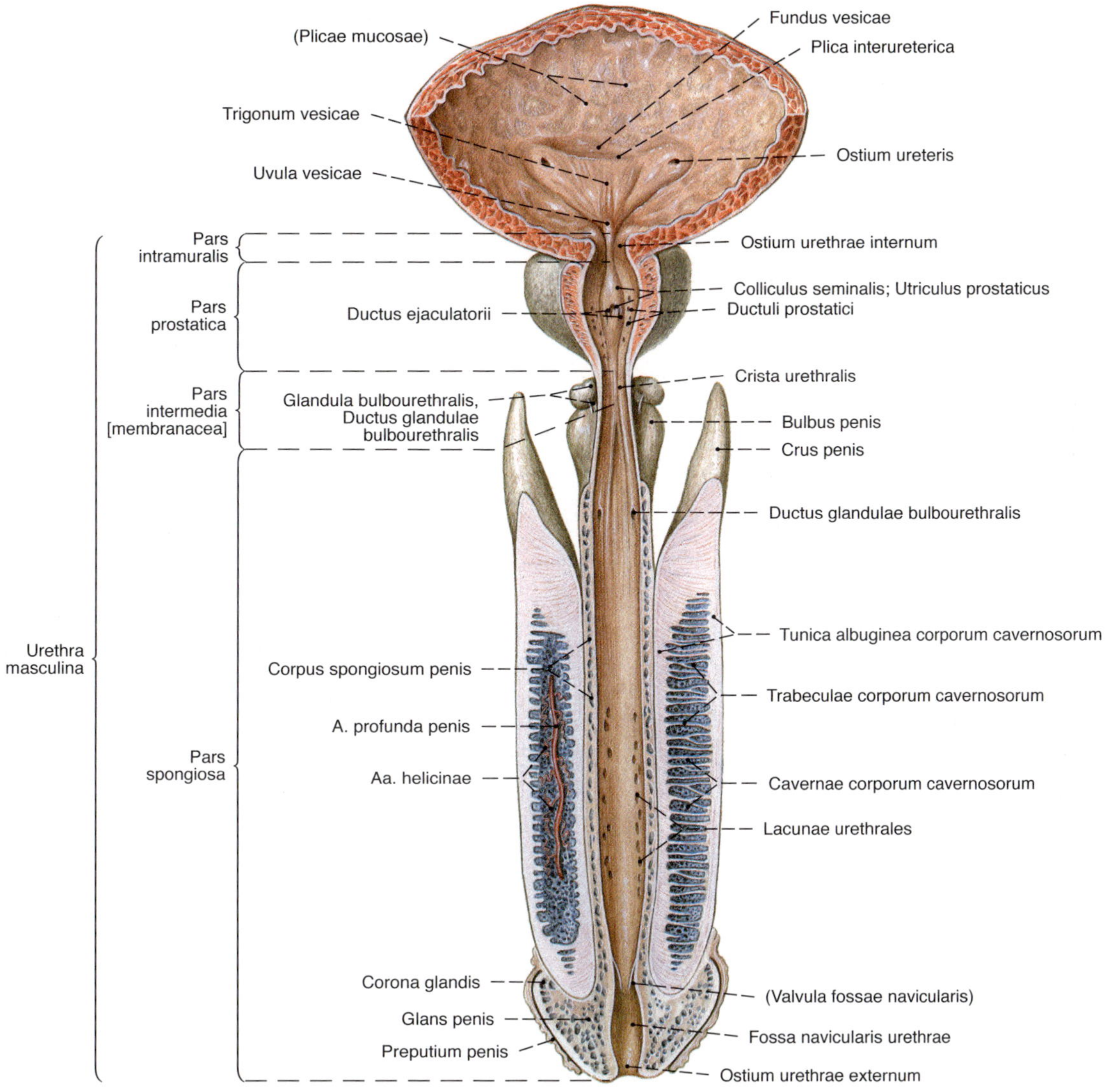

Abb. 1121 Harnblase, Vesica urinaria;
Vorsteherdrüse, Prostata; Harnröhre, Urethra masculina;
Eröffnung der Harnblase und der Harnröhre zur
Darstellung des Lumens; Haut des Penis weitgehend
entfernt;
von ventral.
In der normalen Lage hat die Urethra einen bogenförmigen
Verlauf (siehe Abb. 1145).

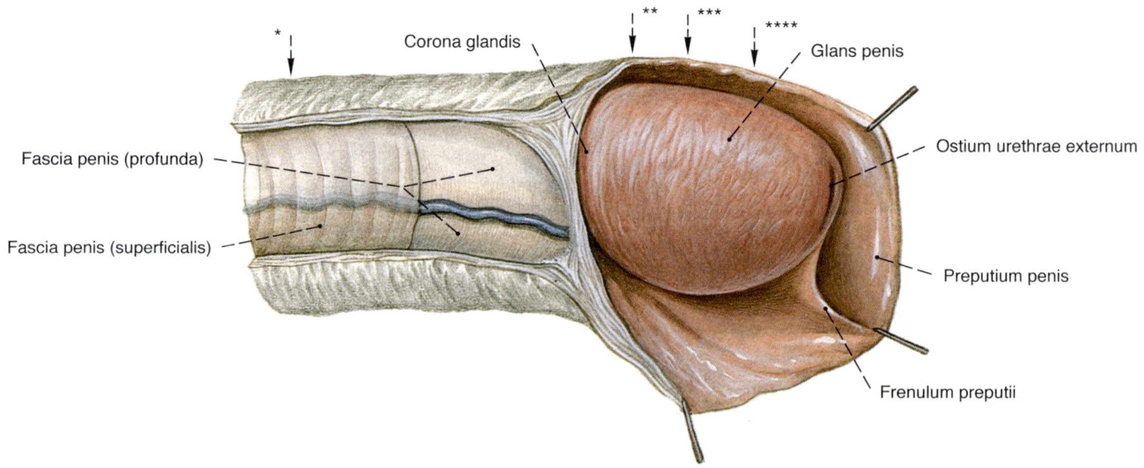

Abb. 1122 Männliches Glied, Penis, mit Eichel, Glans, und Vorhaut, Preputium;
Haut und Fascia penis superficialis schichtweise abgetragen;
von lateral.

* Schnittebene von Abb. 1123a
** Schnittebene von Abb. 1123b
*** Schnittebene von Abb. 1123c
**** Schnittebene von Abb. 1123d

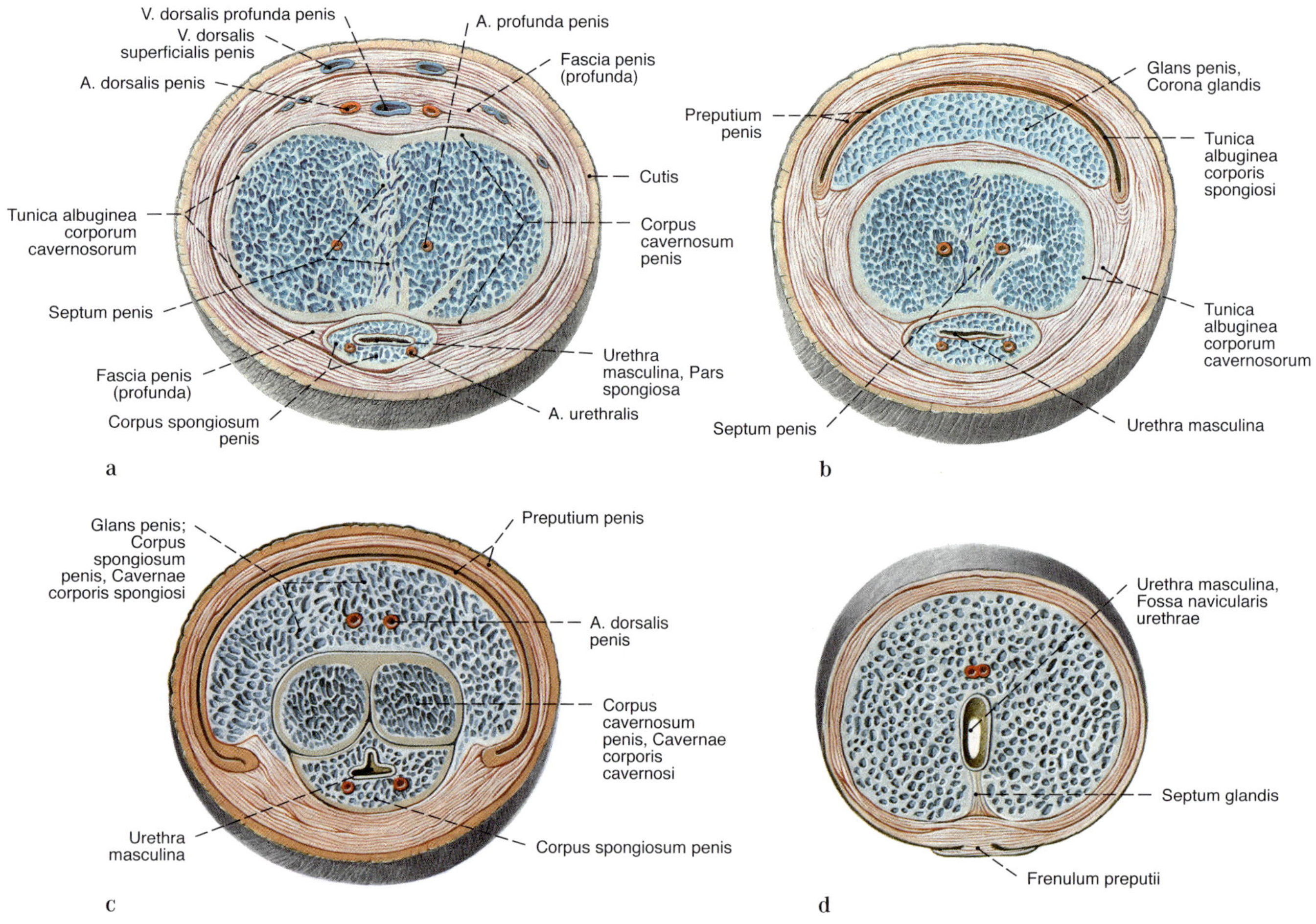

Abb. 1123 a–d Männliches Glied, Penis;
Querschnitte; Schnittebenen in Abb. 1122 eingetragen;
von ventral.

- **a** Querschnitt durch die Mitte des Schaftes
  Die beiden Corpora cavernosa sind durch das Septum penis nur unvollständig getrennt.
- **b** Querschnitt auf Höhe des proximalen Umfangs der Glans penis
- **c** Querschnitt durch die Mitte der Glans penis
- **d** Querschnitt auf Höhe des distalen Endes der Glans penis

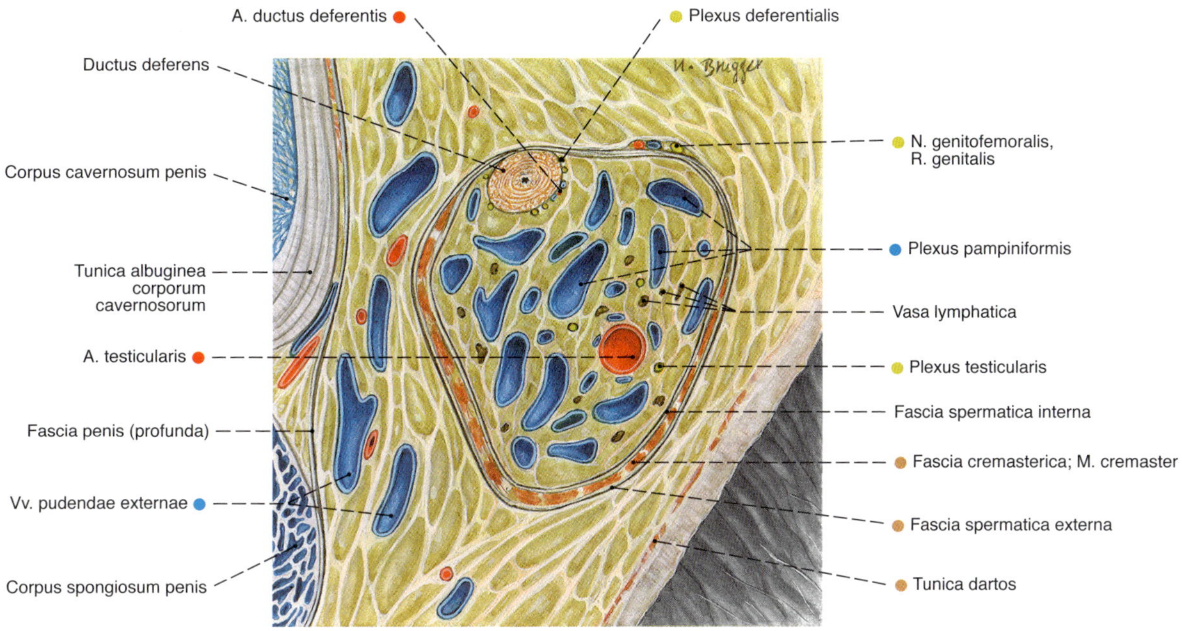

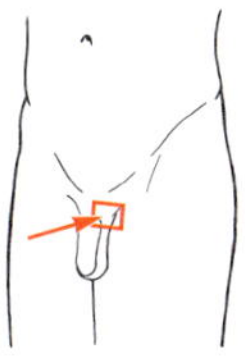

Abb. 1124 Samenstrang, Funiculus spermaticus; Frontalschnitt;
von ventral (li, 250%).
Die Ausbildung des M. cremaster, des Plexus pampiniformis und die Lage des Ductus deferens im Samenstrang sind sehr variabel.

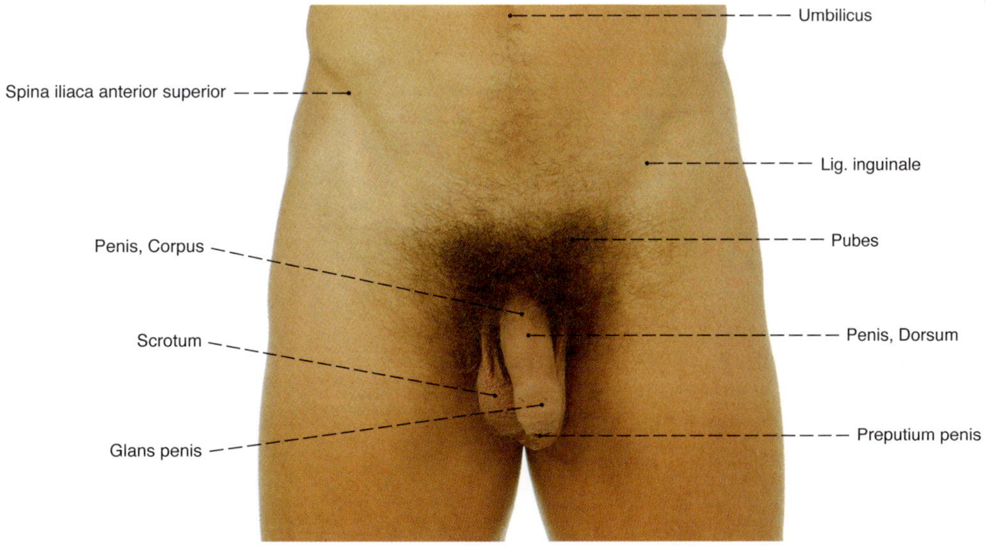

Abb. 1125 Äußere männliche Geschlechtsorgane, Organa genitalia masculina externa;
von ventral.

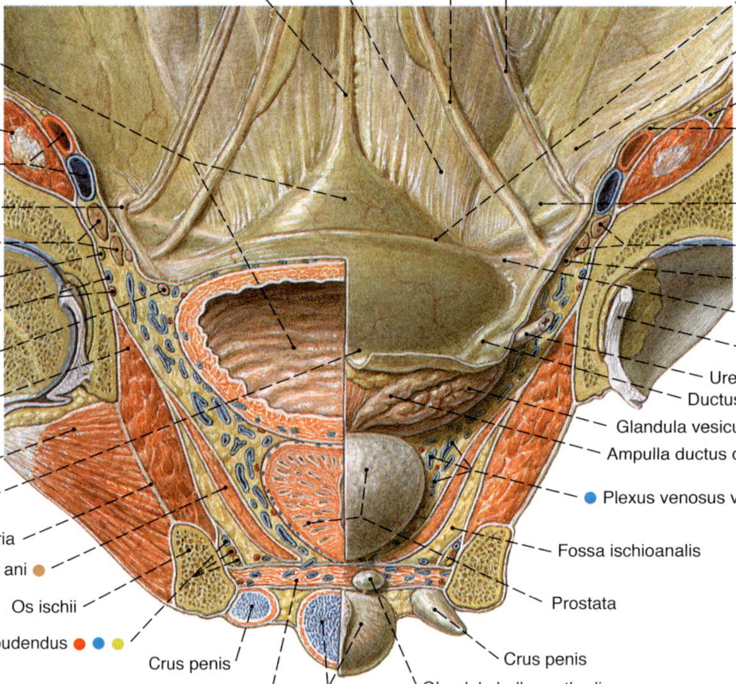

Abb. 1126 Beckenboden, Diaphragma pelvis; Beckenorgane und vordere Bauchwand, Organa abdominis et pelvis, beim Mann; links Frontalschnitt durch Hüftkopf und Harnblase; rechts Harnblase und Prostata nicht durchgetrennt; von dorsal.

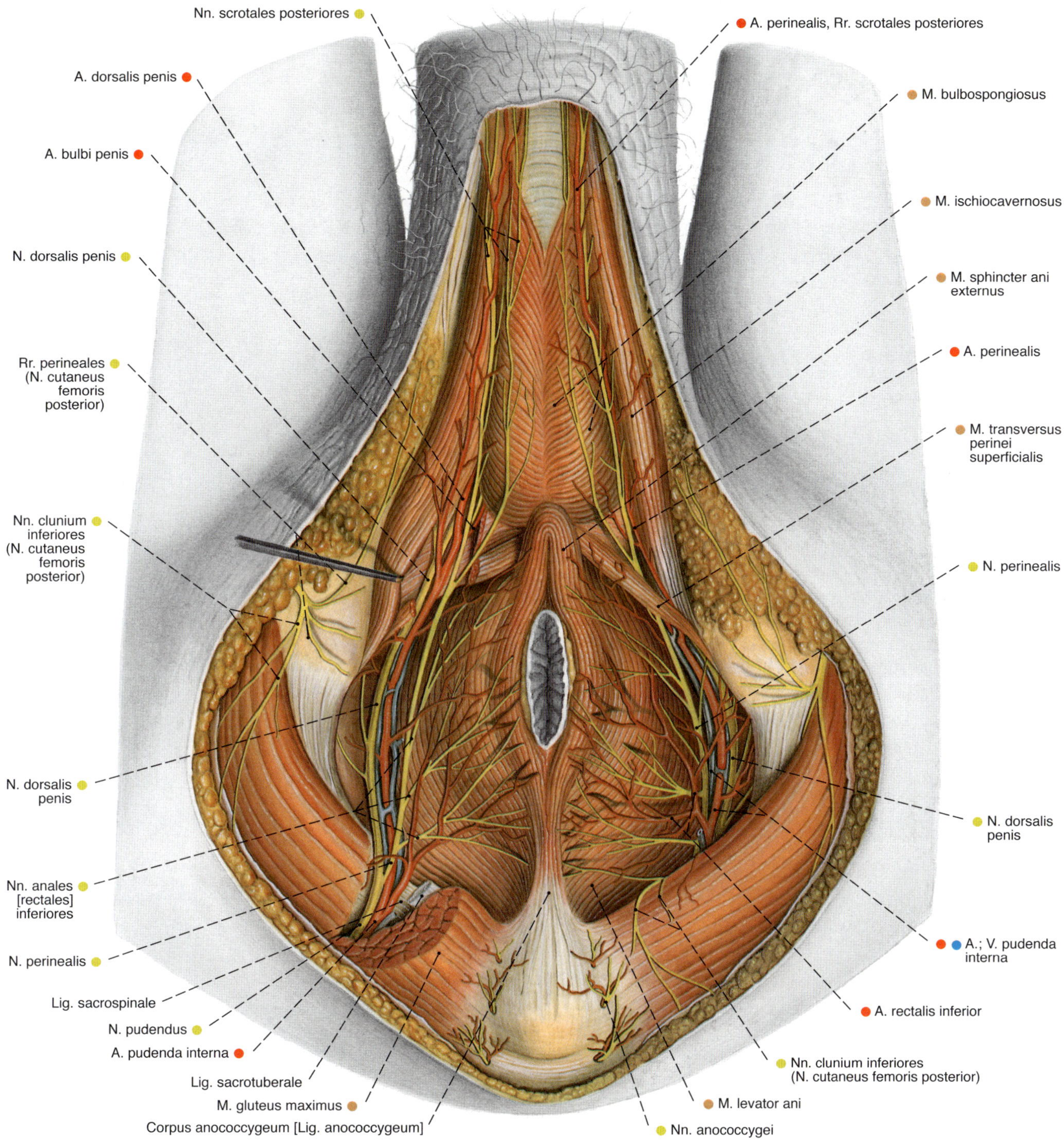

Abb. 1127 Gefäße und Nerven der Dammregion, Regio perinealis, und der äußeren männlichen Geschlechtsorgane, Organa genitalia masculina externa; nach Entfernung des Fettgewebes aus der Fossa ischioanalis und Einschneiden des M. gluteus maximus zur Darstellung des Verlaufs des N. pudendus und der A. pudenda interna; von kaudal.

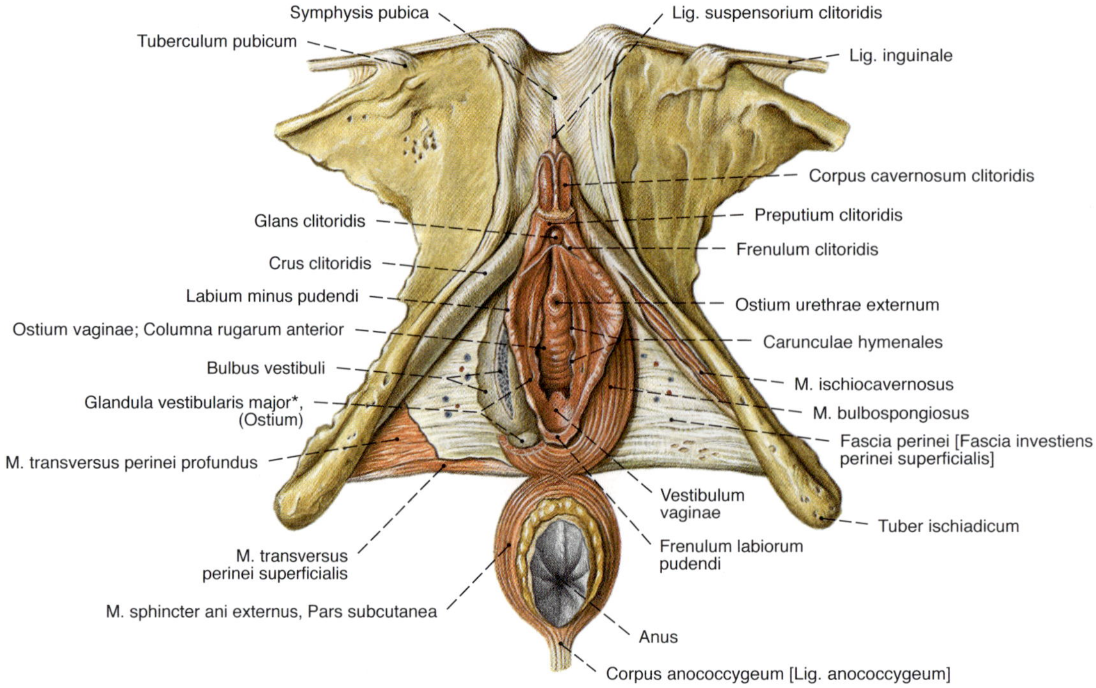

Abb. 1128 Äußere weibliche Geschlechtsorgane, Organa genitalia feminina externa; Teile des Beckenbodens, Diaphragma urogenitale; Fascia diaphragmatis urogenitalis inferior weitgehend entfernt; links M. ischiocavernosus präpariert; rechts M. bulbospongiosus zur Darstellung des Schwellgewebes des Bulbus vestibuli abpräpariert; von kaudal ventral.

* Klinisch: BARTHOLINsche Drüse

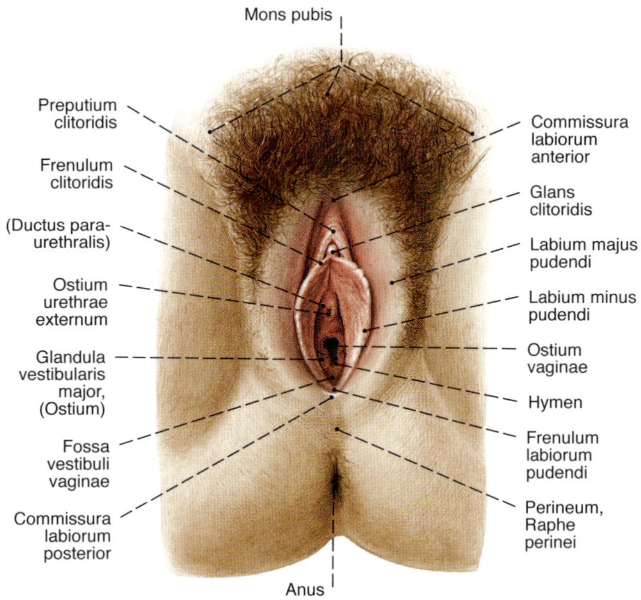

Abb. 1129 Äußere weibliche Geschlechtsorgane, Organa genitalia feminina externa; von kaudal.
Der Einblick in den Scheidenvorhof ist nur möglich, wenn die großen und kleinen Schamlippen mit Spateln oder den Fingern des Untersuchers gespreizt werden (nicht eingezeichnet).

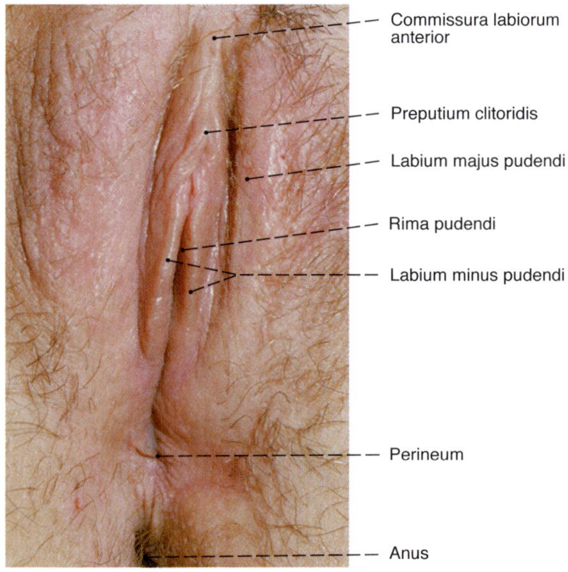

Abb. 1130 Äußere weibliche Geschlechtsorgane, Organa genitalia feminina externa; von kaudal.
Auch bei gespreizten Beinen verschließen die kleinen Schamlippen den Vaginaleingang wie bei dieser 26-jährigen Frau.

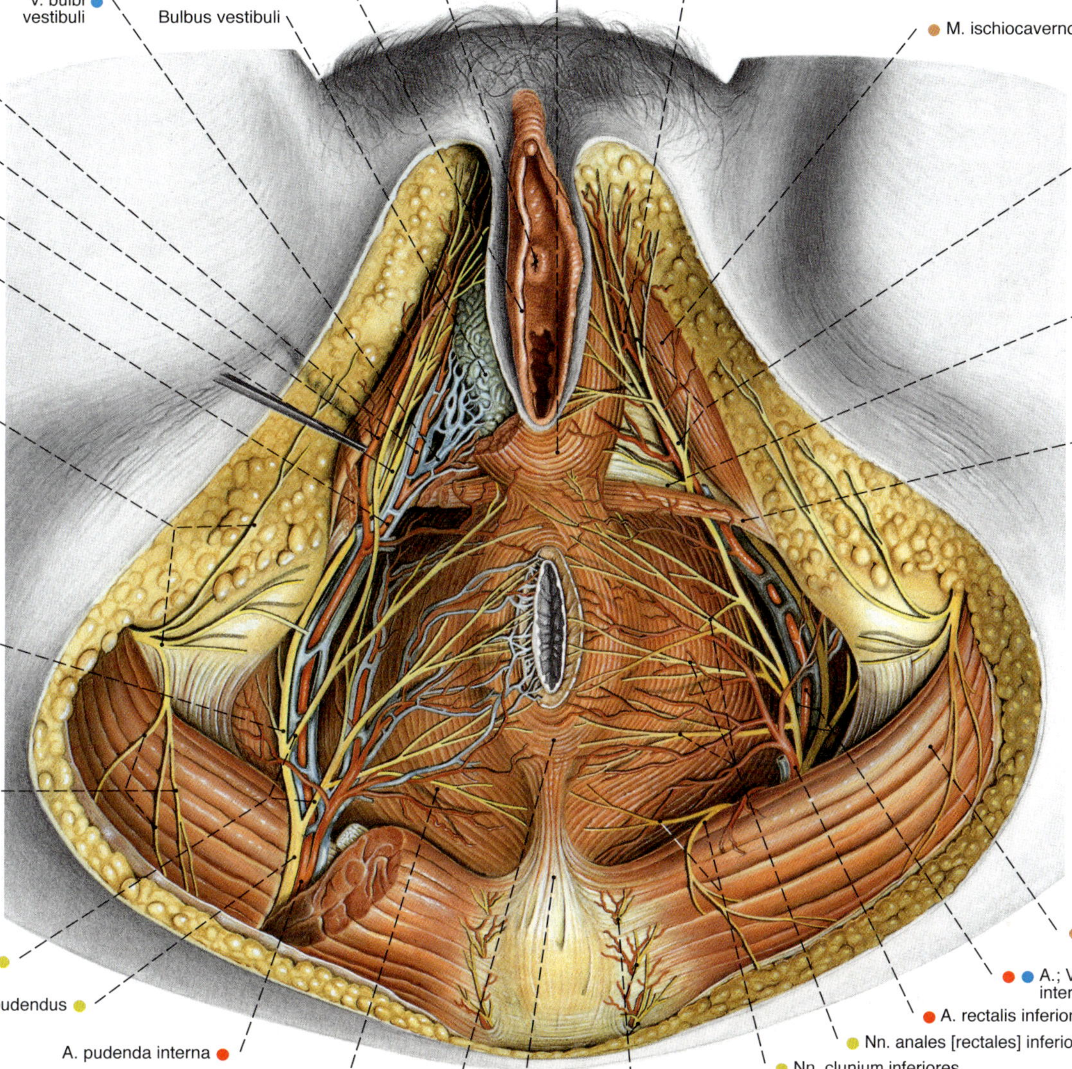

Abb. 1131 Gefäße und Nerven der Dammregion, Regio perinealis, und der äußeren weiblichen Geschlechtsorgane, Organa genitalia feminina externa; Unterhautfettgewebe und Fett aus der Fossa ischioanalis zur Darstellung der Leitungsbahnen entfernt; rechter M. gluteus maximus und M. transversus perinei profundus zur Verdeutlichung des Verlaufs der Nerven und Gefäße eingeschnitten; rechter M. bulbospongiosus zur Darstellung des Schwellkörpers des Bulbus vestibuli abgetragen; von kaudal.

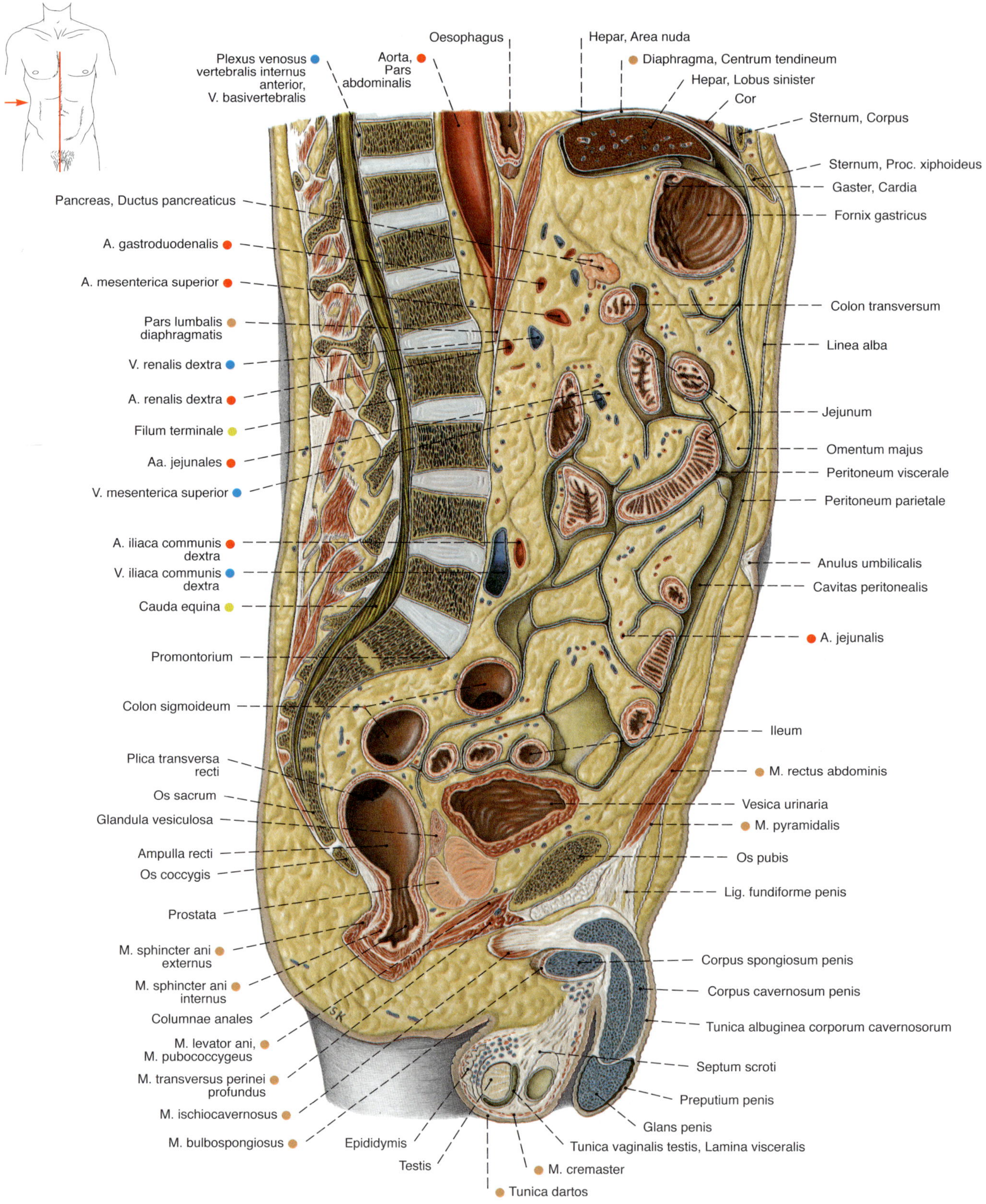

Abb. 1132 Bauch, Abdomen, und Becken, Pelvis, eines Mannes; Medianschnitt; von lateral.
Die äußeren Geschlechtsorgane und die vorderen Anteile des Beckens sind links von der Medianebene getroffen.

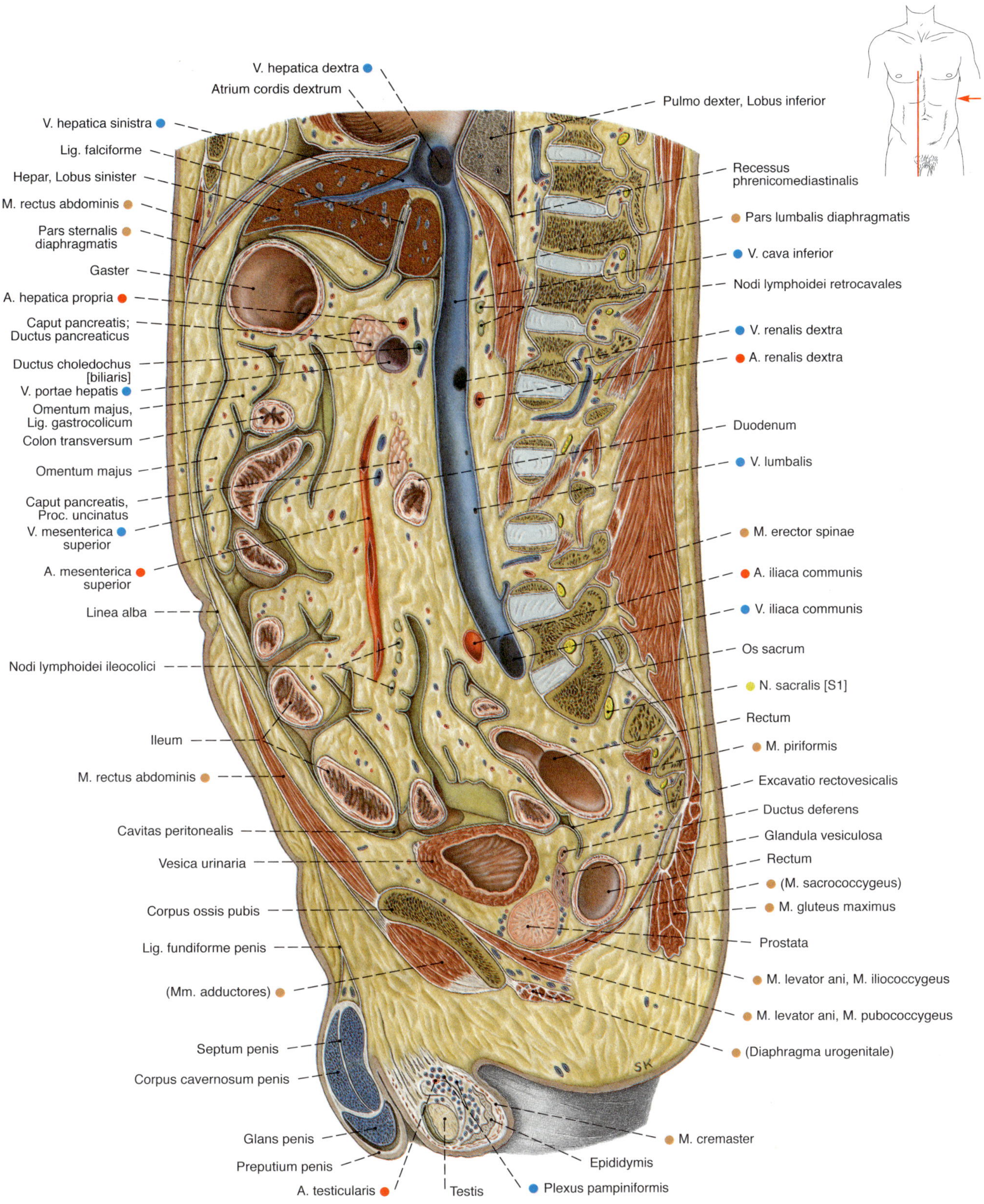

Abb. 1133 Bauch, Abdomen, und Becken, Pelvis, eines Mannes; Sagittalschnitt rechts der Medianebene; von medial (re).

Wegen einer seitlichen Krümmung der Lendenwirbelsäule (Skoliose) ist diese weiter lateral getroffen als die Brustwirbelsäule. Im Vergleich zum subkutanen Fettgewebe ist im Mesenterium und im großen Netz viel Fett eingelagert.

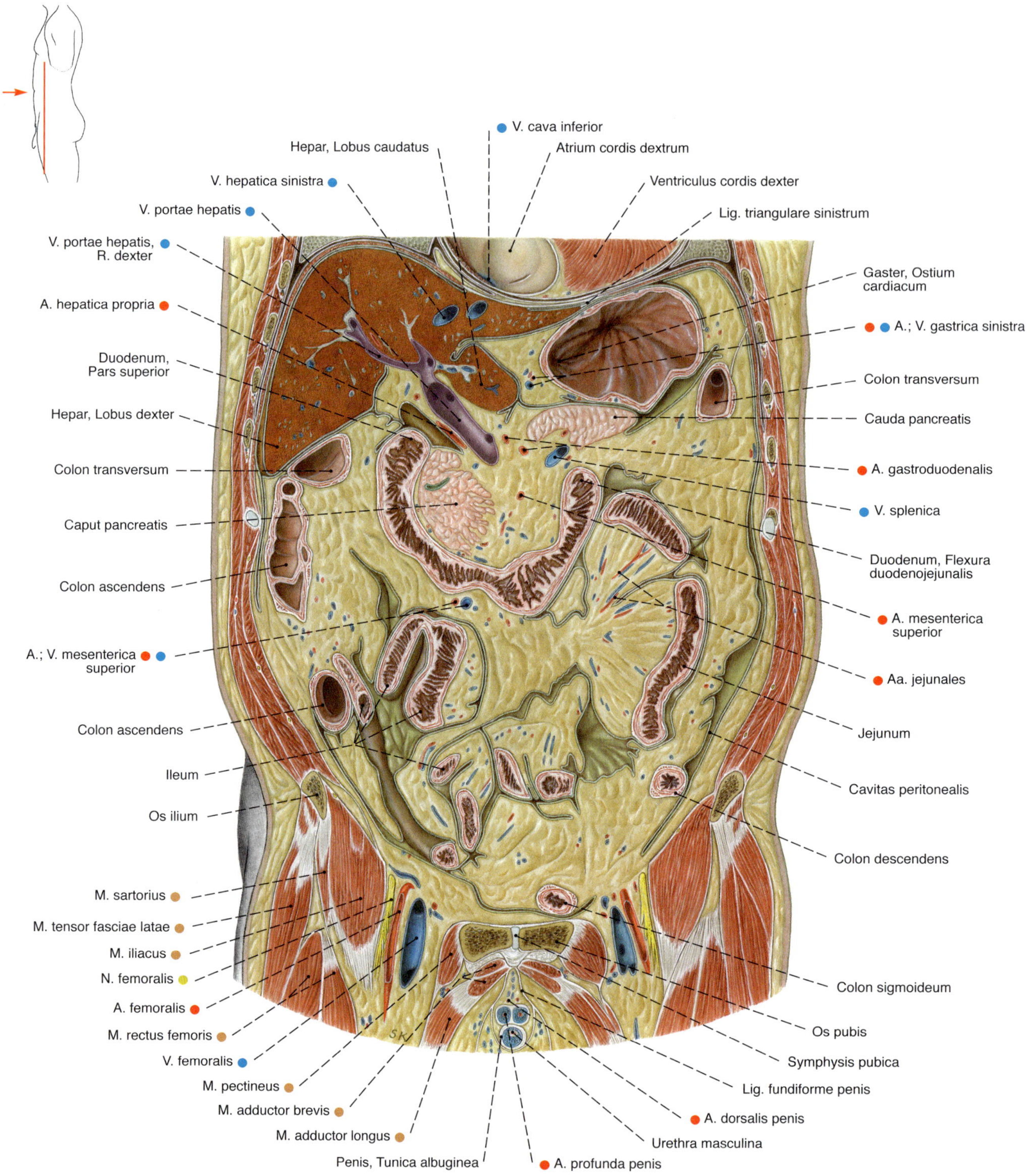

Abb. 1134 Bauch, Abdomen;
Frontalschnitt durch den vordersten Teil der Bauchhöhle;
von ventral.
Die Muskeln und Leitungsbahnen sind in Abb. 837
beschriftet.

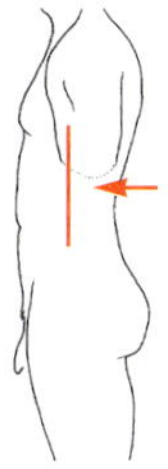

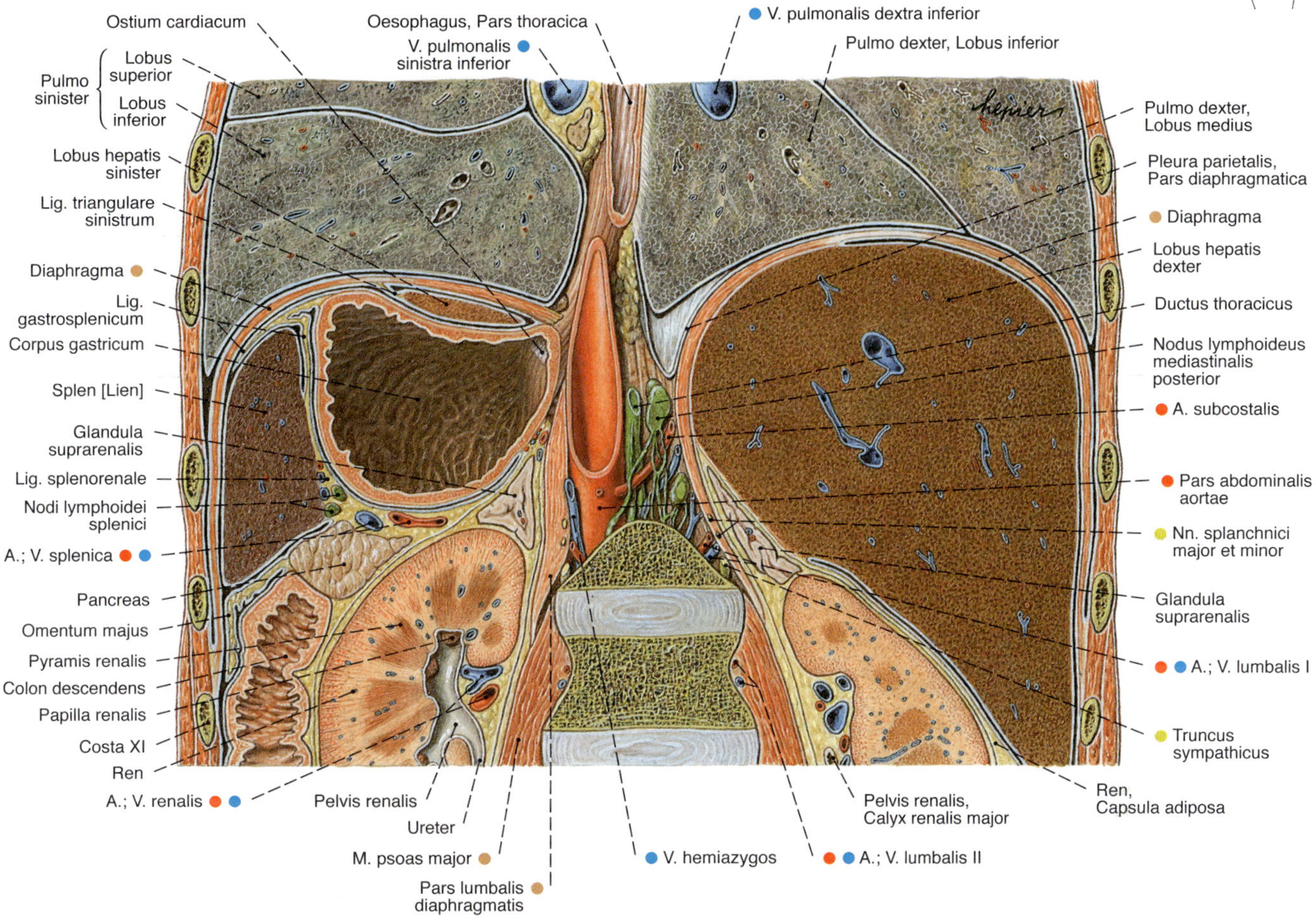

Abb. 1135 Bauch, Abdomen;
Frontalschnitt zur Darstellung des Zwerchfells, der Oberbauchorgane und Nieren;
von dorsal.
Wegen der Lendenlordose sind der 1. und 2. Lendenwirbelkörper angeschnitten.

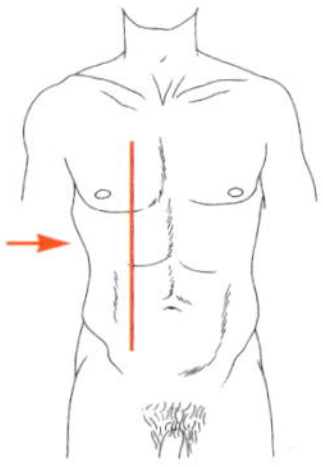

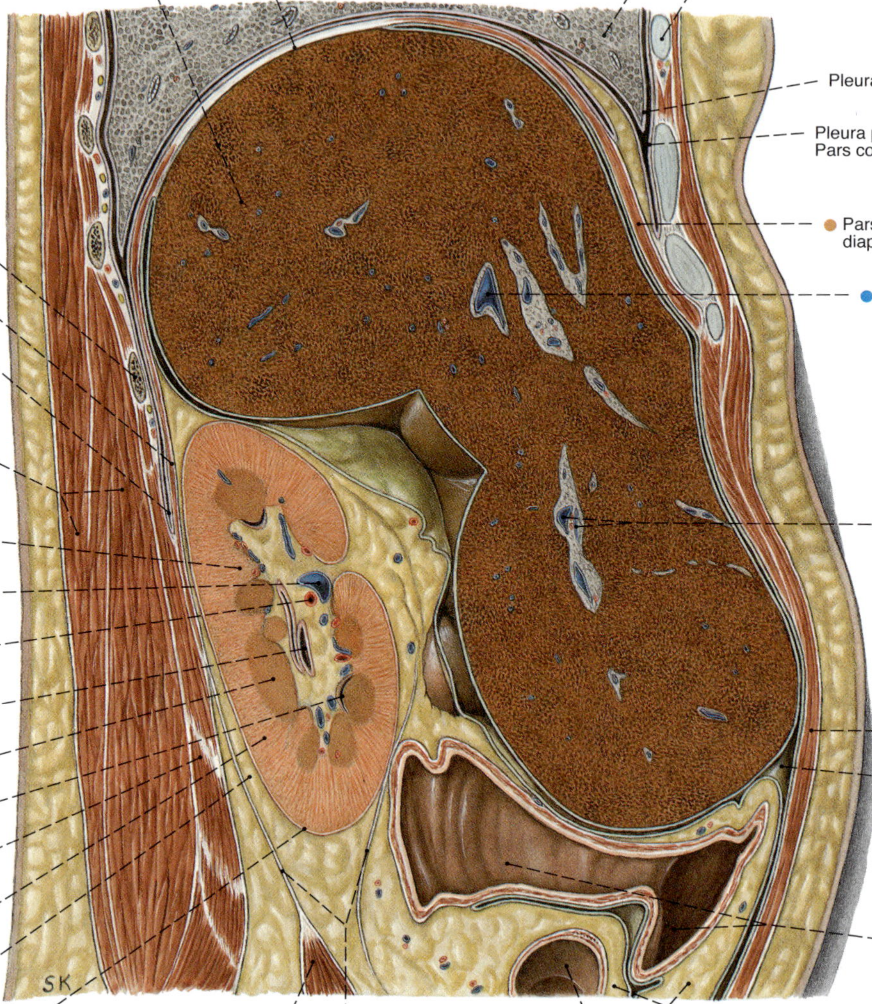

Abb. 1136 Bauch, Abdomen;
Sagittalschnitt durch den Oberbauch auf
Höhe der rechten Niere;
von rechts.

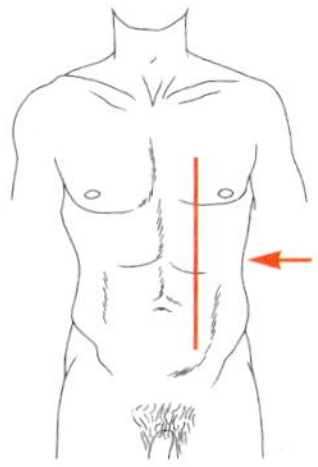

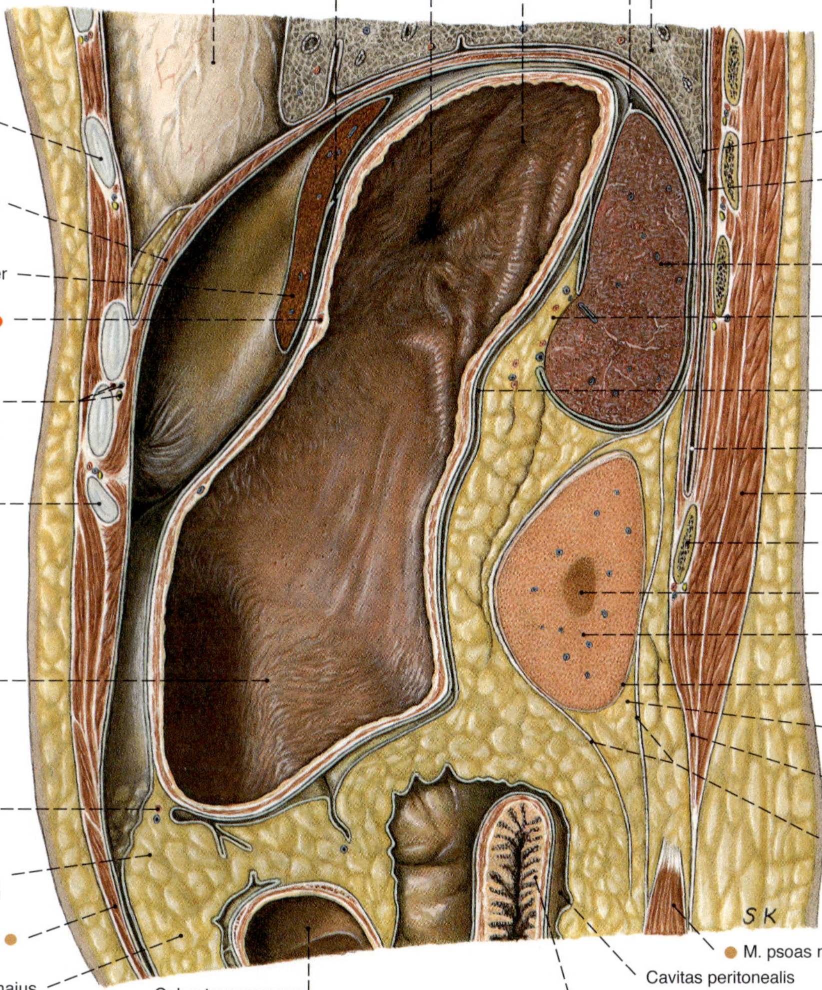

Abb. 1137 Bauch, Abdomen;
Sagittalschnitt durch den Oberbauch auf Höhe der Milz;
von links.
Die Leberkapsel ist pathologisch verdickt.

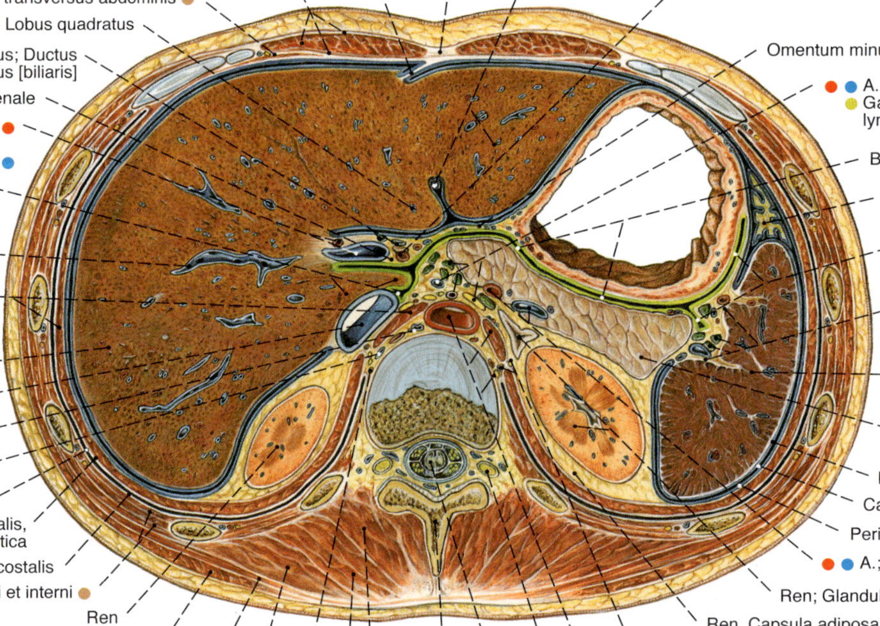

Abb. 1138 Bauch, Abdomen;
Transversalschnitt in Höhe der Bandscheibe zwischen dem 12. Brust- und 1. Lendenwirbel;
Bauchfell in Blau, im Bereich der Bursa omentalis in Gelbgrün hervorgehoben;
von kaudal.
Bei diesem Präparat war das Fettgewebe gering ausgeprägt.

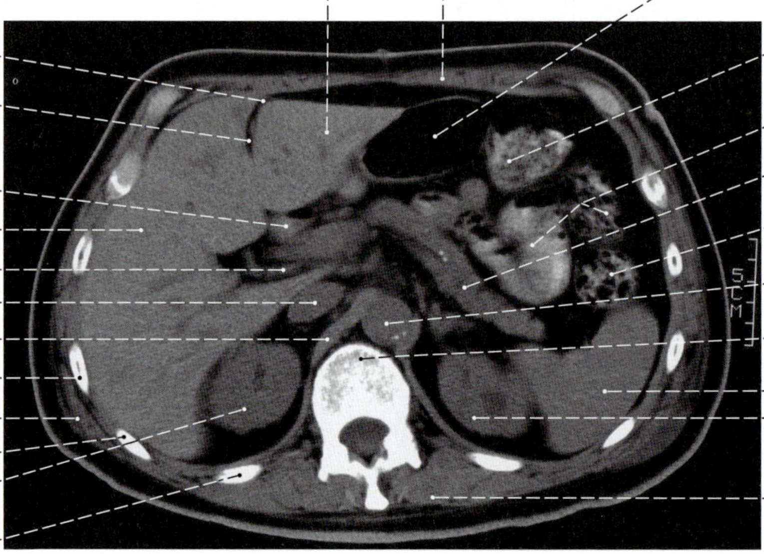

Abb. 1139 Bauch, Abdomen;
computertomographischer Querschnitt (CT)
auf Höhe des 1. Lendenwirbels;
von kaudal.
Der Darm ist z.T. mit Kontrastmittel angefüllt.

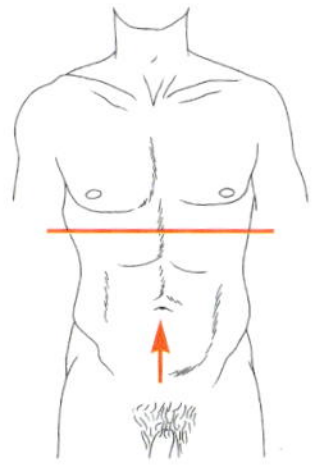

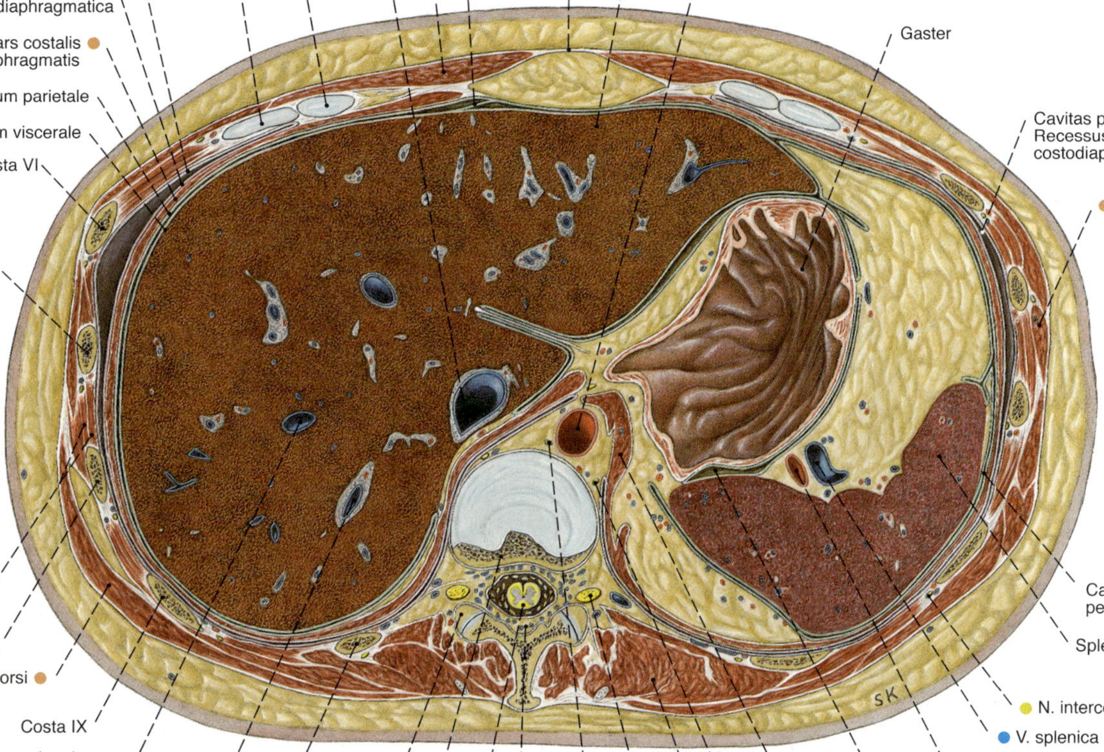

Abb. 1140 Bauch, Abdomen;
Transversalschnitt durch den Oberbauch
auf Höhe des 11. Brustwirbels;
von kaudal.

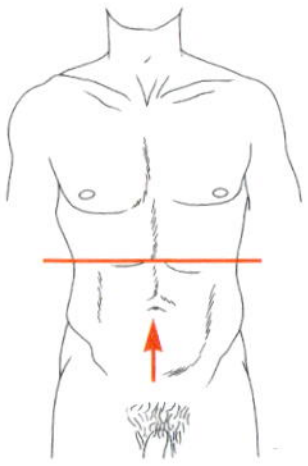

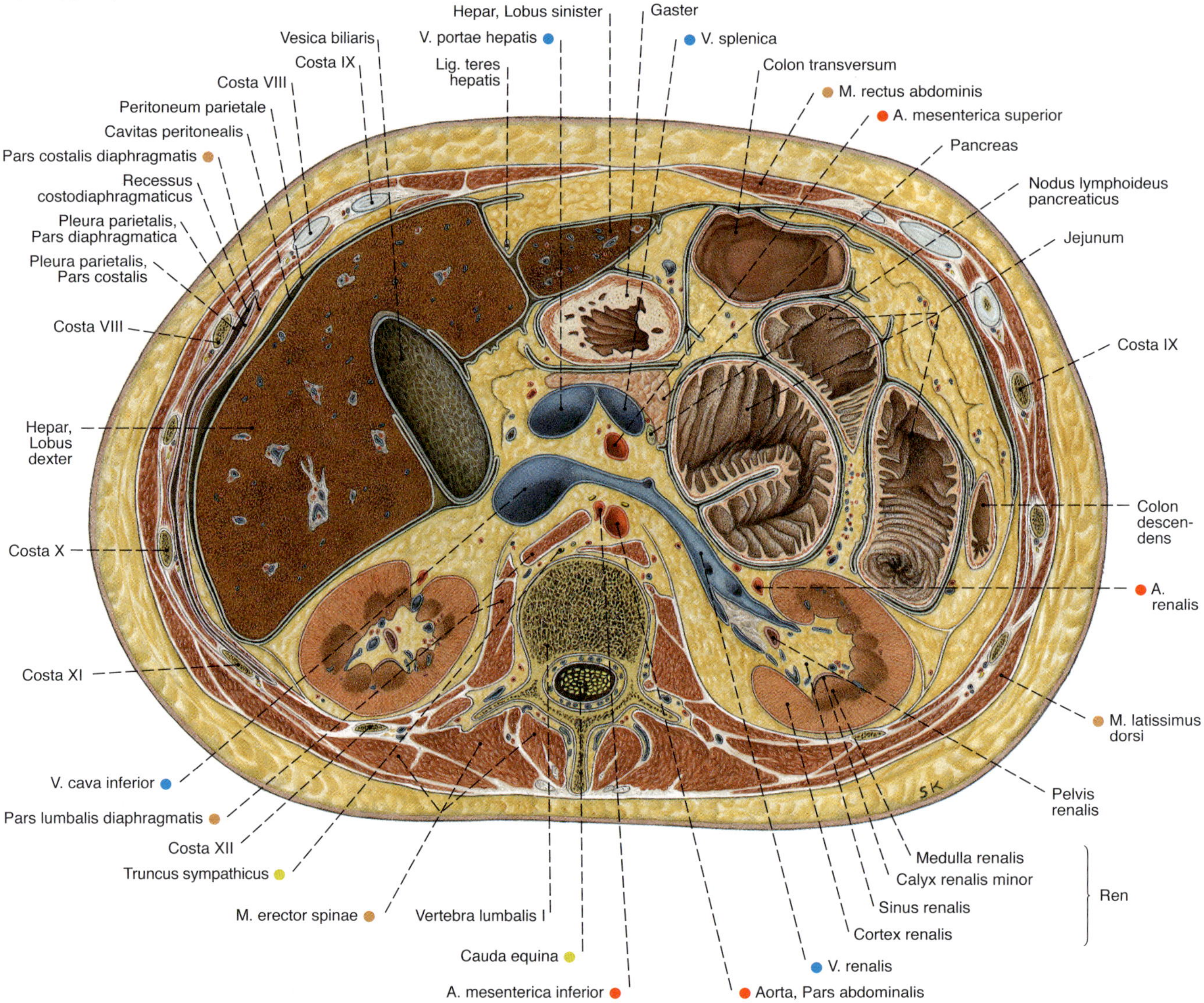

Abb. 1141 Bauch, Abdomen;
Transversalschnitt durch den Oberbauch
auf Höhe des 1. Lendenwirbels;
von kaudal.
Das Rückenmark ist in diesem Fall schon in die Cauda equina übergegangen. Der Magen ist stark kontrahiert, weshalb die Schleimhaut verdickt erscheint.

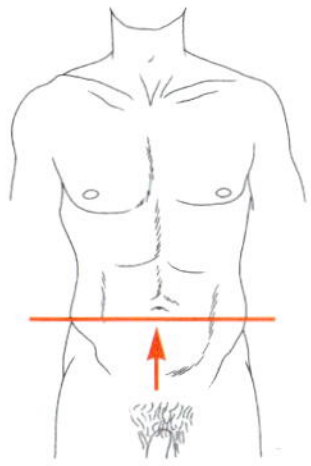

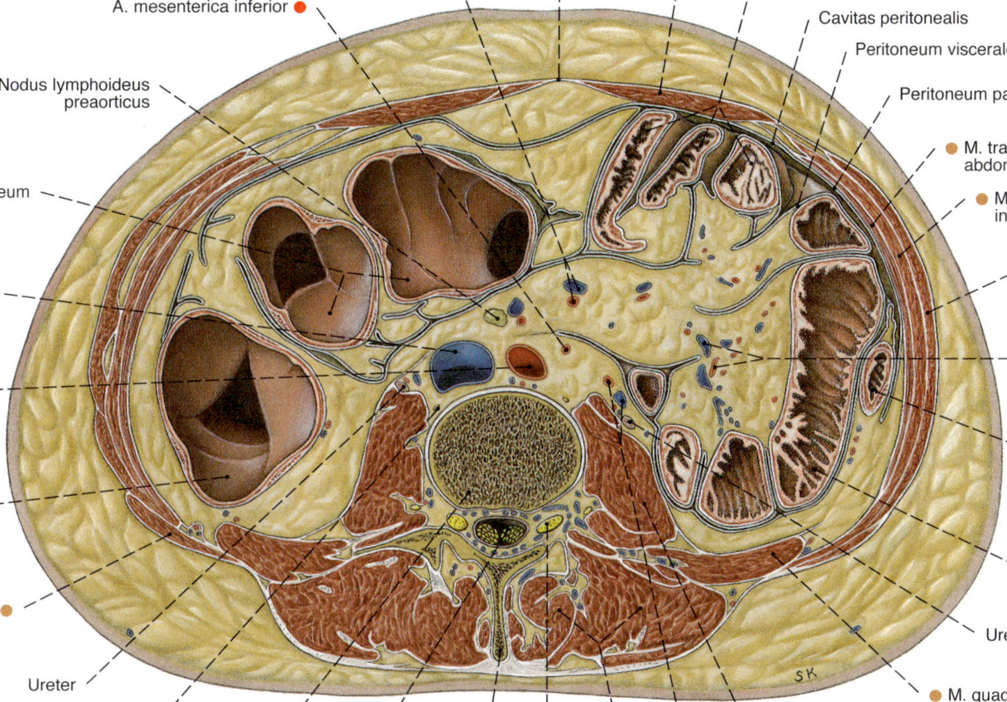

Abb. 1142 Bauch, Abdomen;
Transversalschnitt durch den Unterbauch auf Höhe des Körpers des 3. Lendenwirbels; von unten.
In diesem Fall lag eine weit nach kranial reichende Schlinge des Sigmoids vor, deren auf- und absteigender Schenkel getroffen sind.

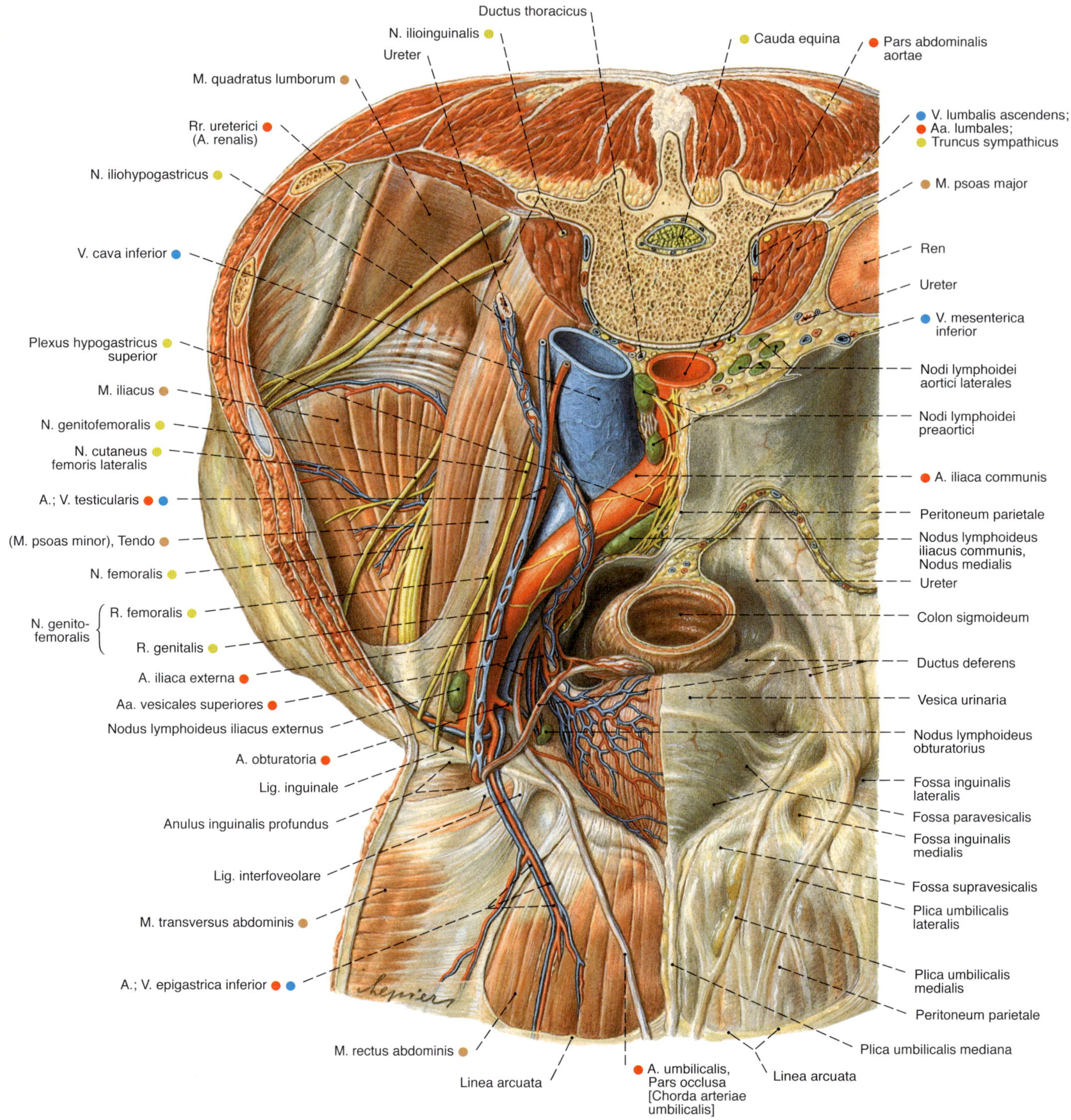

Abb. 1143 Bauchwand und Beckenorgane beim Mann; hintere Bauchwand in der Transversalebene durchgetrennt; vordere Bauchwand herausgeklappt; rechts Bauchfell zur Darstellung der Leitungsbahnen entfernt; von kranial.

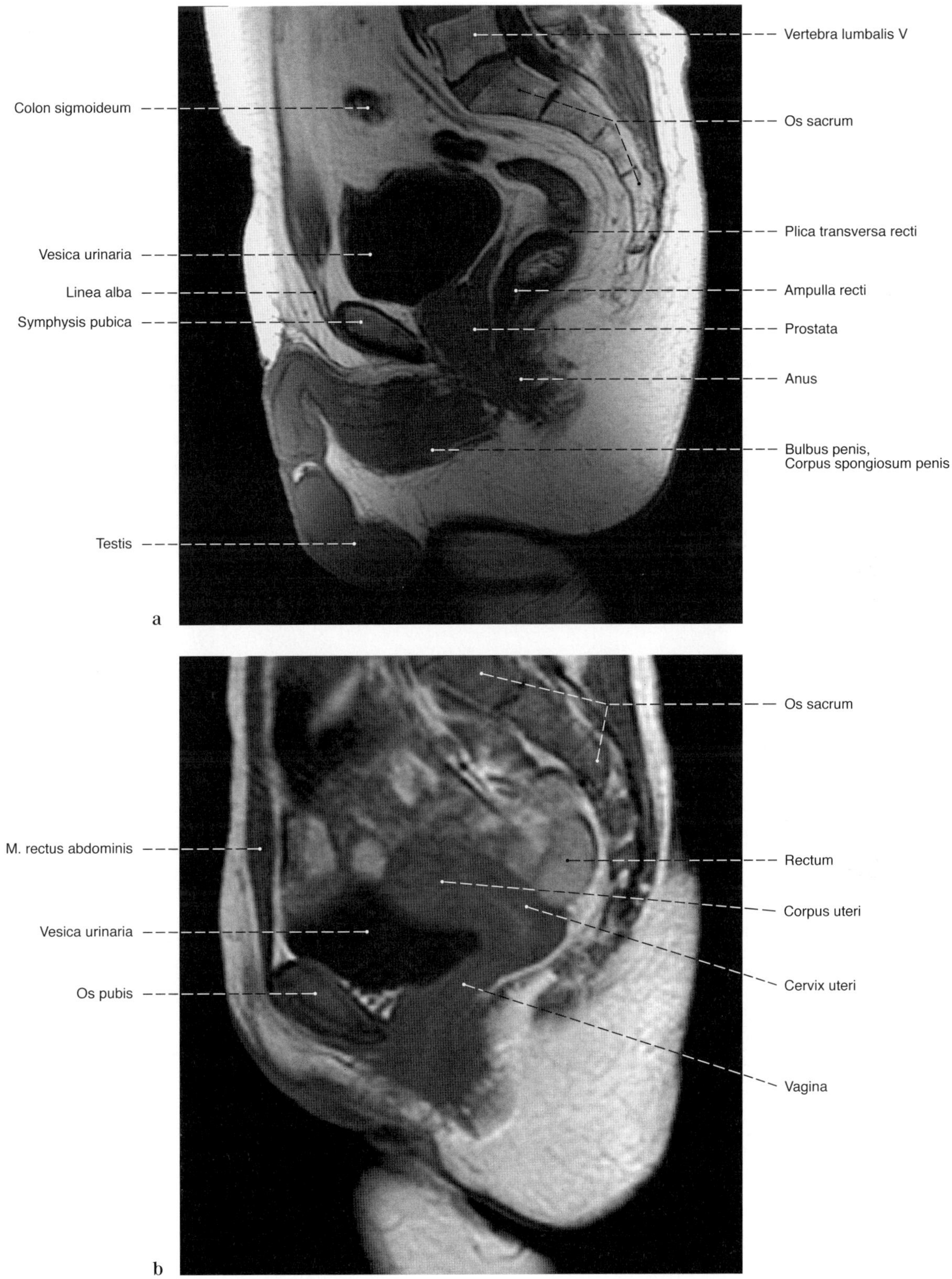

Abb. 1144 a, b Becken, Pelvis; magnetresonanztomographische Paramedianschnitte (MRT); von links.

a bei einem Mann

b bei einer Frau

Vergleiche mit Abb. 1145 und 1146.

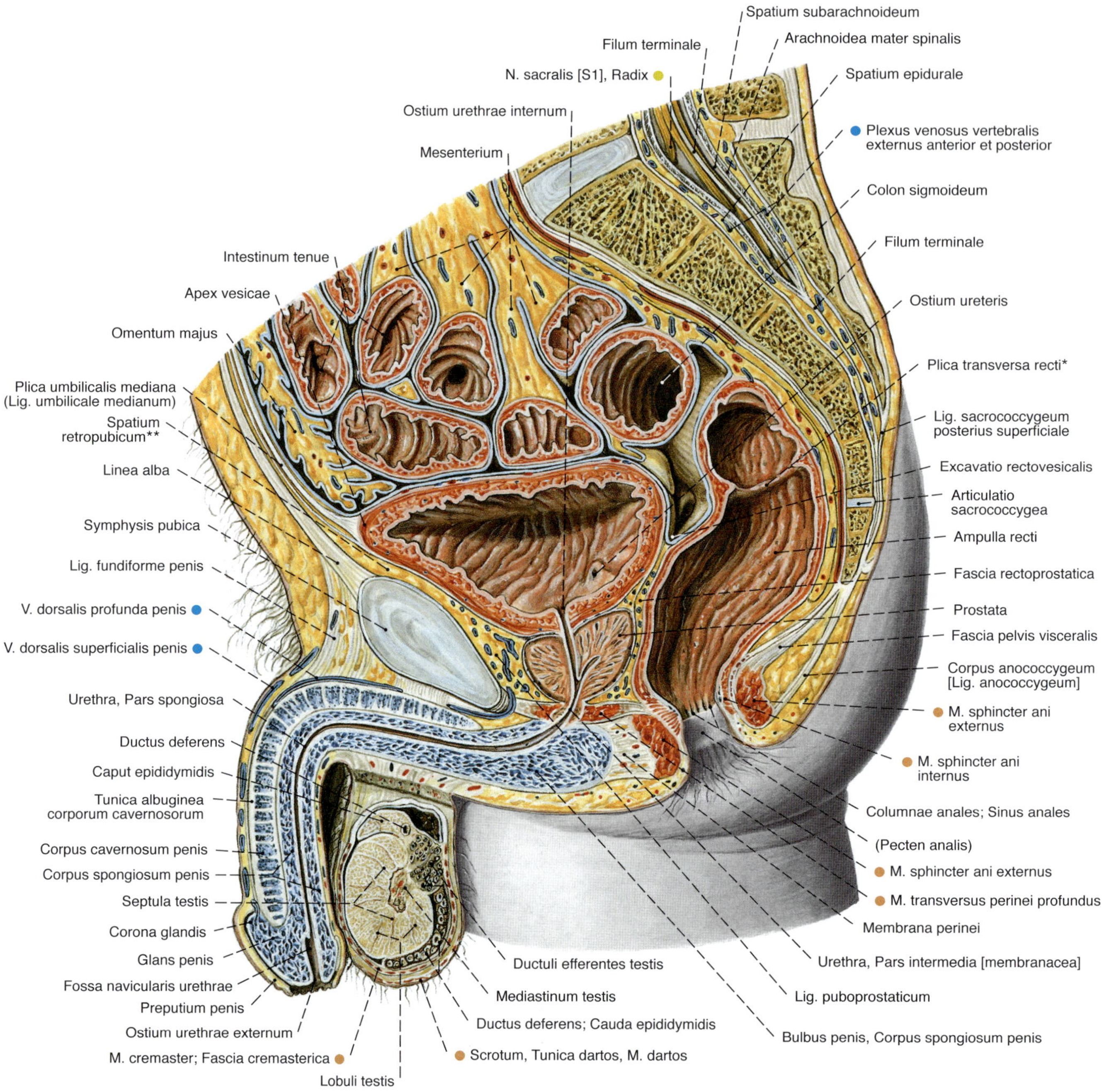

Abb. 1145 Becken, Pelvis, beim Mann;
Medianschnitt;
von lateral (re).

* Klinisch: KOHLRAUSCHsche Falte
** Klinisch: RETZIUSscher Raum

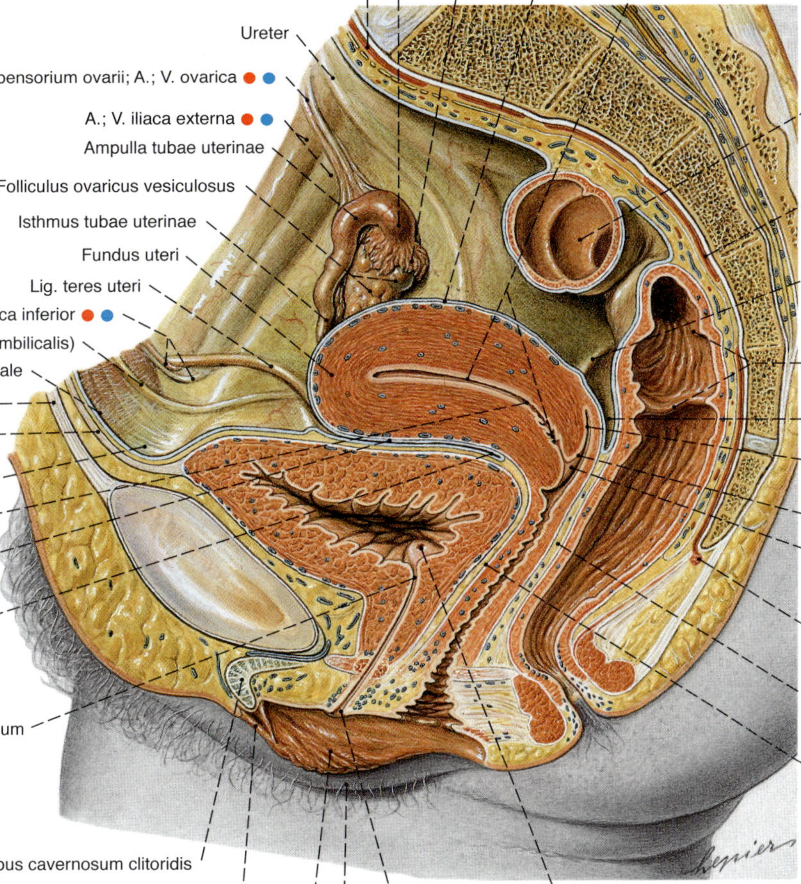

Abb. 1146 Becken, Pelvis, bei der Frau; Medianschnitt; Darm bis auf Reste von Sigmoid und Rektum entfernt; von lateral (re).

* Klinisch: Septum vesicovaginale
** Klinisch: Lig. sacrouterinum
*** Klinisch: DOUGLASscher Raum

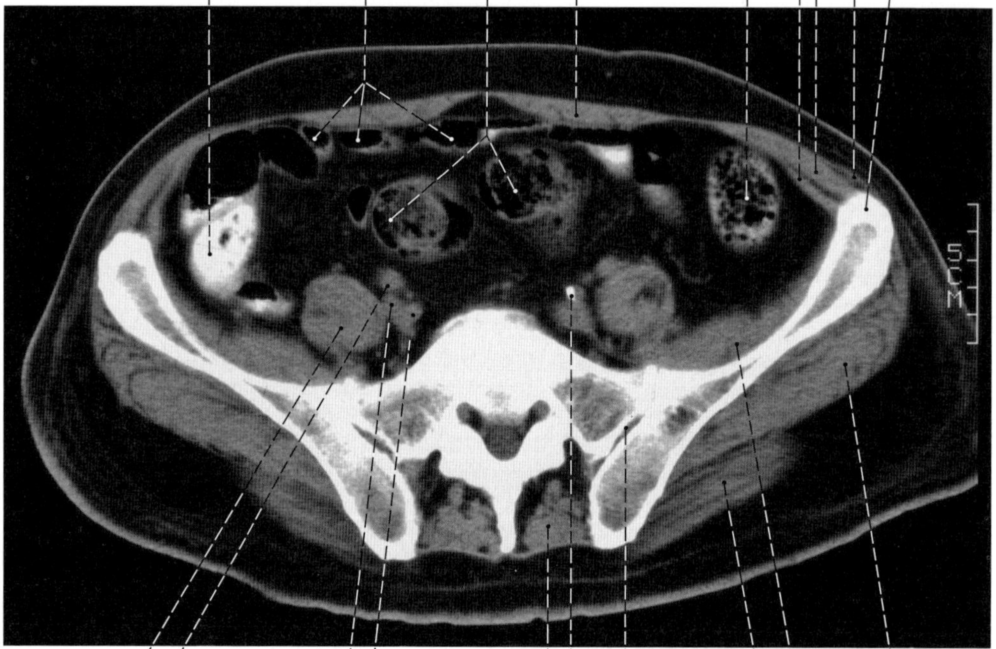

Abb. 1147 Becken, Pelvis; computertomographischer Querschnitt auf Höhe des 1. Sakralsegmentes nach Einführen von Kontrastmittel in das Colon in Rückenlage des Patienten; von kaudal.

* Verkalkung in der Wand der A. iliaca communis

In Colon sigmoideum und Colon descendens hat sich das Kontrastmittel mit Darminhalt vermischt, während das Caecum fast völlig mit Kontrastmittel gefüllt ist.
Die Dicke des subkutanen Fettgewebes in der Gesäßregion ist bei diesem Patienten ausgeprägt und muss bei der intramuskulären Injektion von Medikamenten beachtet werden, weil viele Medikamente nur in die Muskulatur, aber nicht in das Fettgewebe injiziert werden dürfen (vgl. Abb. 1342, 1343).

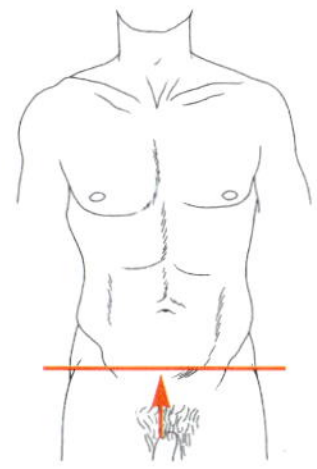

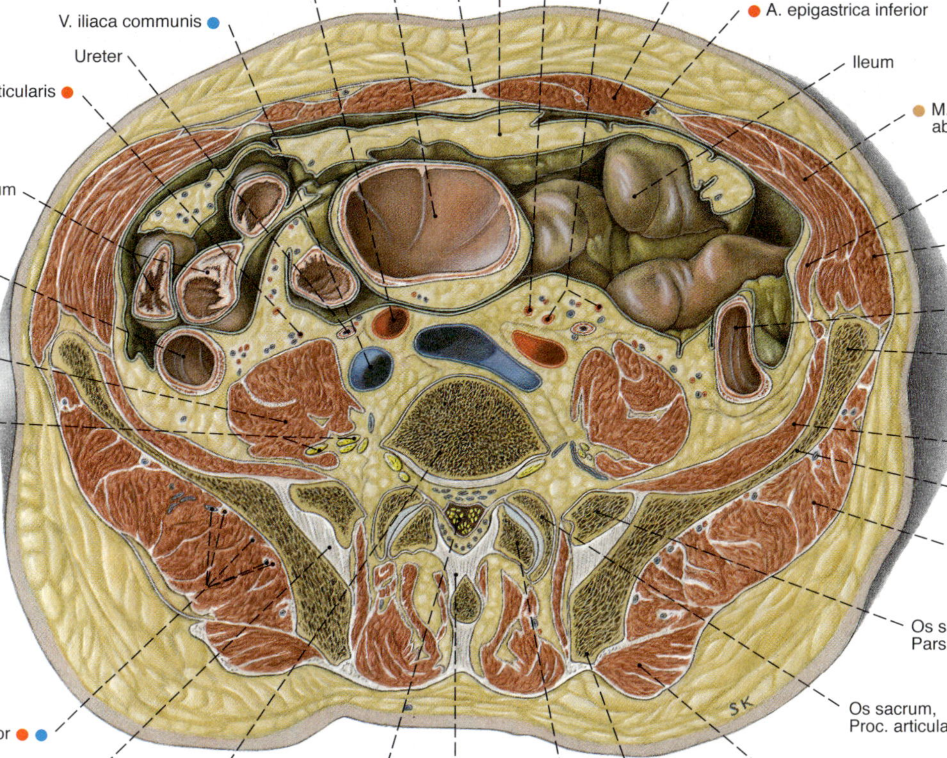

Abb. 1148 Becken, Pelvis;
Transversalschnitt auf Höhe des 5. Lendenwirbels; von kaudal.
Dieser Schnitt stammt von einem anderen Mann als die Schnitte in Abb. 1140–1142. Das Sigmoid reicht weit nach kranial, die Kuppe der Flexur ist deshalb angeschnitten. Die Dicke des subkutanen Fettgewebes über dem M. gluteus medius muss bei intramuskulären Injektionen berücksichtigt werden.

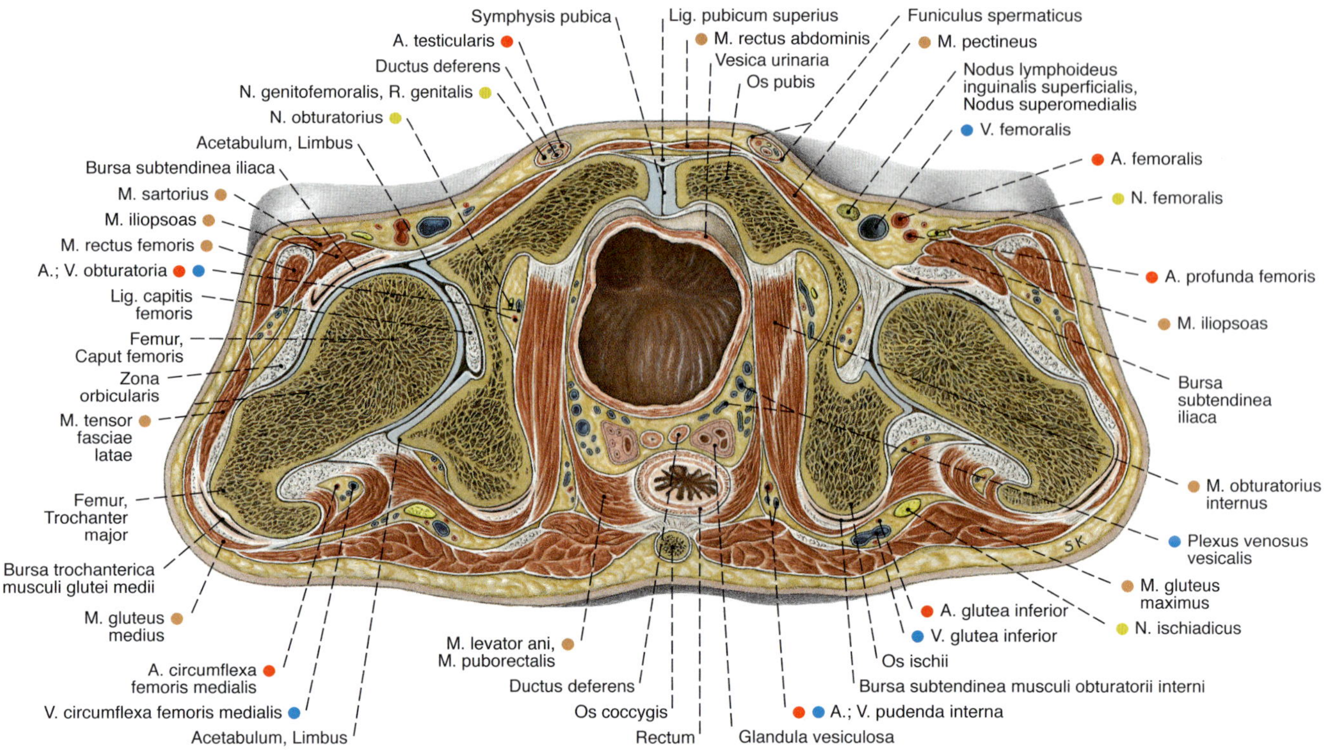

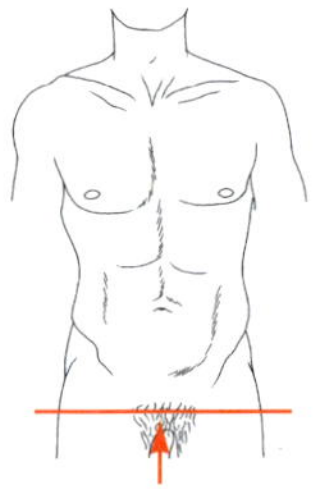

Abb. 1149 Becken, Pelvis, eines Mannes;
Transversalschnitt durch das kleine Becken;
von kaudal.
Wegen einer leichten Asymmetrie des Beckens ist das Hüftgelenk links und rechts etwas unterschiedlich getroffen.

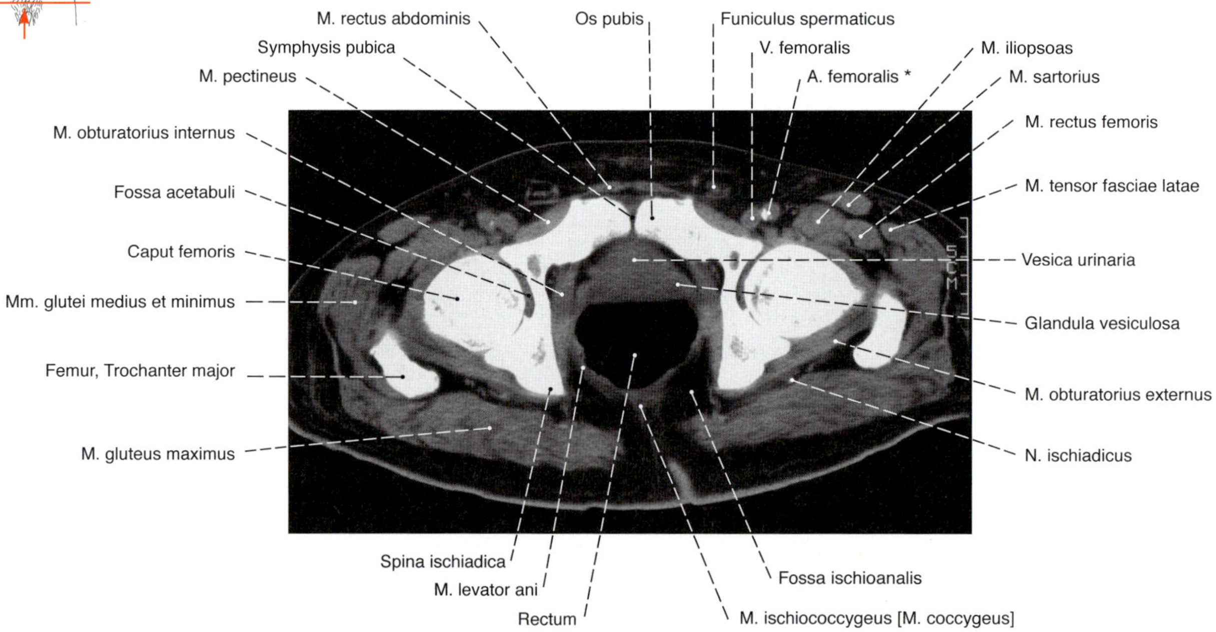

Abb. 1150 Becken, Pelvis, eines Mannes;
computertomographischer Querschnitt (CT) durch das kleine Becken in Rückenlage des Patienten in vergleichbarer Höhe wie in Abb. 1149;
von kaudal.

* mit einer Verkalkung im medialen Anteil der A. femoralis

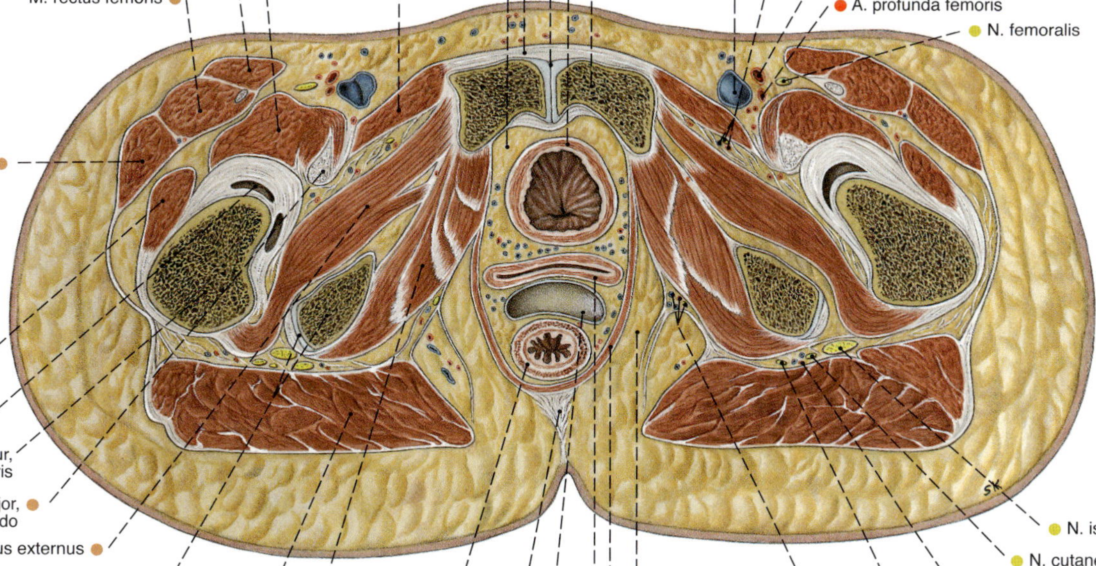

Abb. 1151 Becken, Pelvis, einer Frau;
Transversalschnitt durch das kleine Becken auf Höhe der Symphyse;
von kaudal.

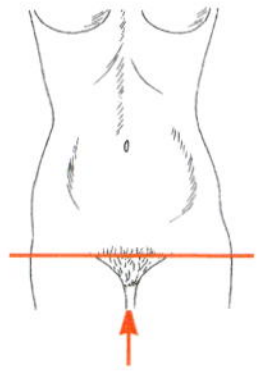

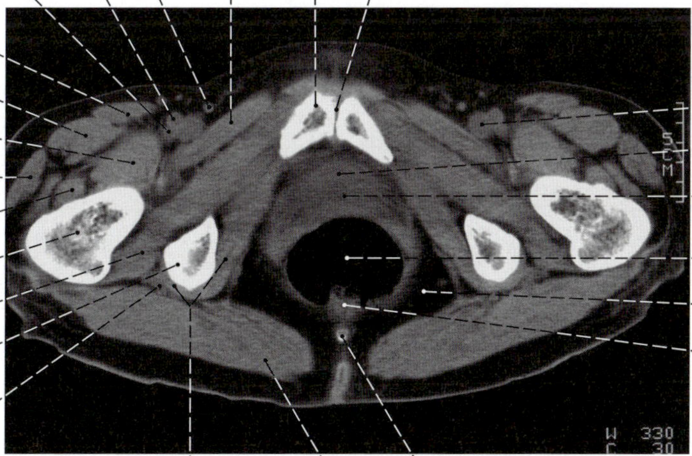

Abb. 1152 Becken, Pelvis, einer Frau;
computertomographischer Querschnitt (CT) durch das kleine Becken in Rückenlage der Patientin in vergleichbarer Höhe wie in Abb. 1151;
von kaudal.

* Reste von kontrastgebendem Darminhalt

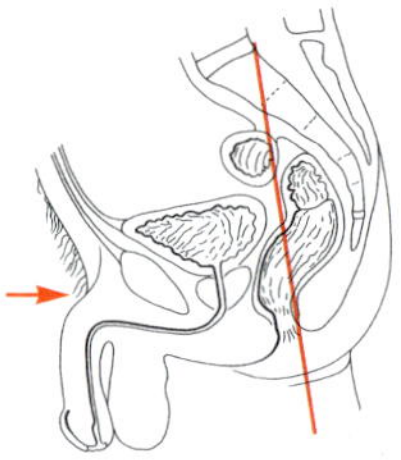

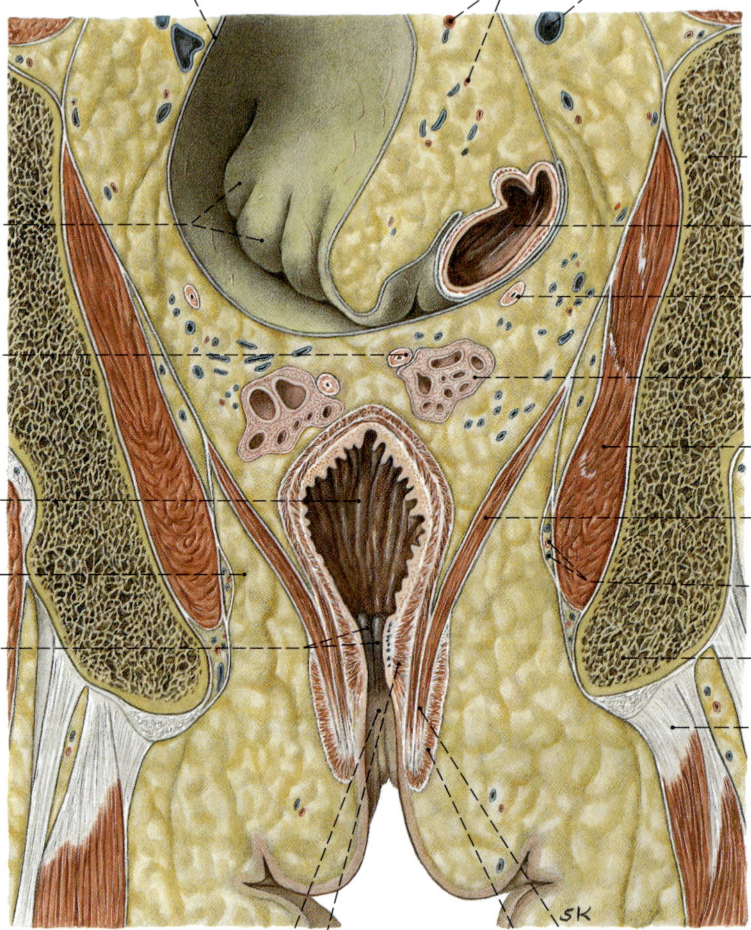

Abb. 1153 Becken, Pelvis, eines Mannes; Frontalschnitt durch das kleine Becken; von ventral.

* Klinisch: ALCOCKscher Kanal

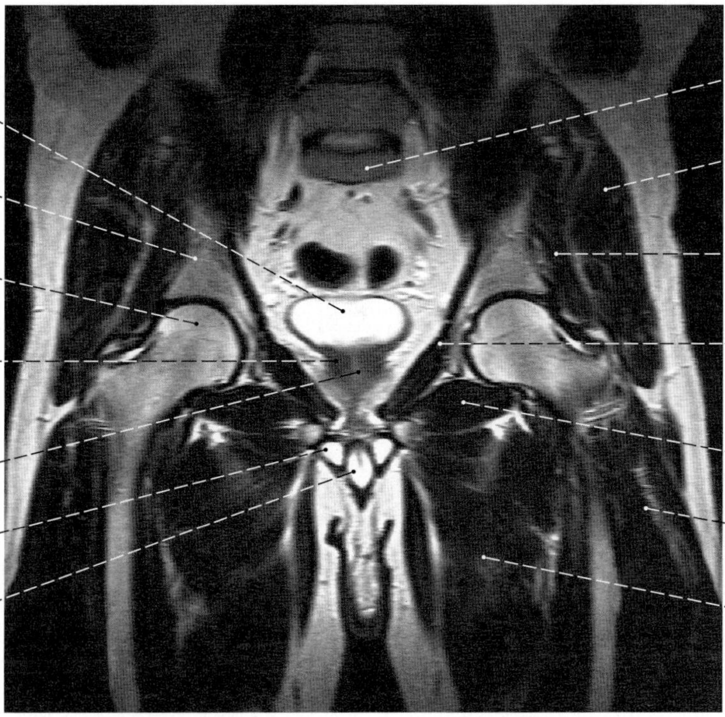

Abb. 1154 Becken, Pelvis, eines Mannes; magnetresonanztomographischer Frontalschnitt (MRT) auf Höhe der Hüftgelenke; von ventral.

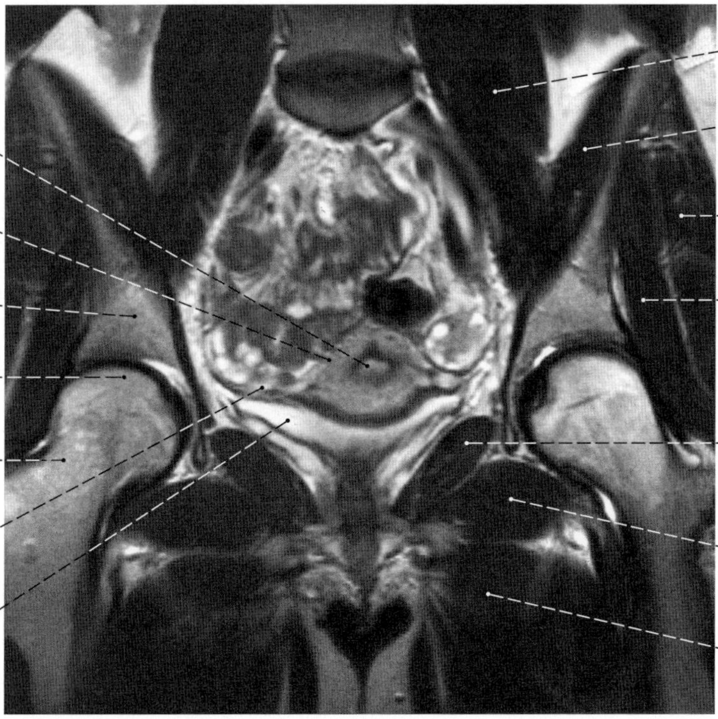

Abb. 1155 Becken, Pelvis, einer Frau; magnetresonanztomographischer Frontalschnitt (MRT) auf Höhe der Hüftgelenke; von ventral.

Bei entleerter Harnblase liegt der Uterus wegen der Anteflexion auf dem Blasendach.

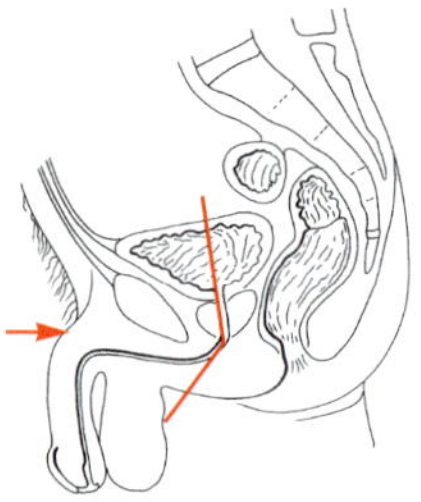

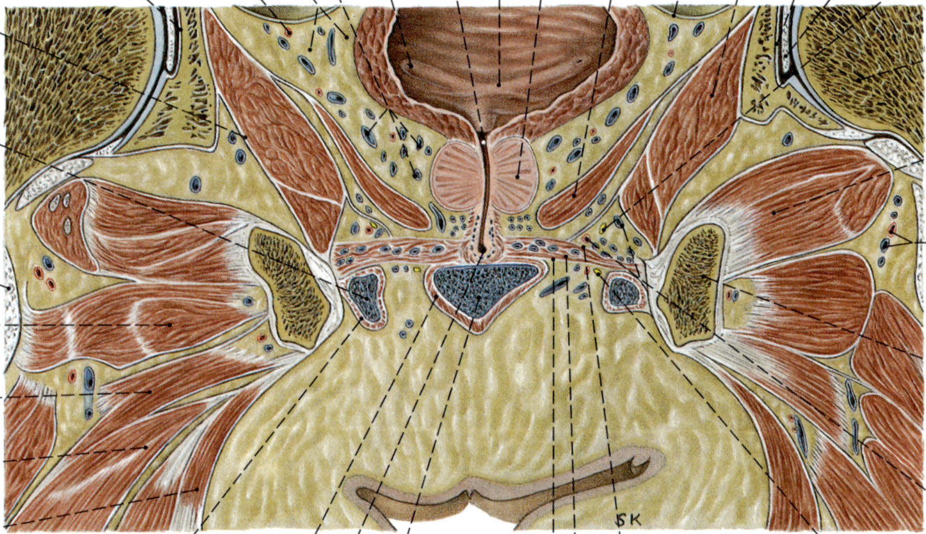

Abb. 1156 Becken, Pelvis, eines Mannes; gewinkelter Schnitt durch die Harnblase; von ventral.

* Klinisch: Paracystium

** Klinisch: Plexus venosus prostaticus

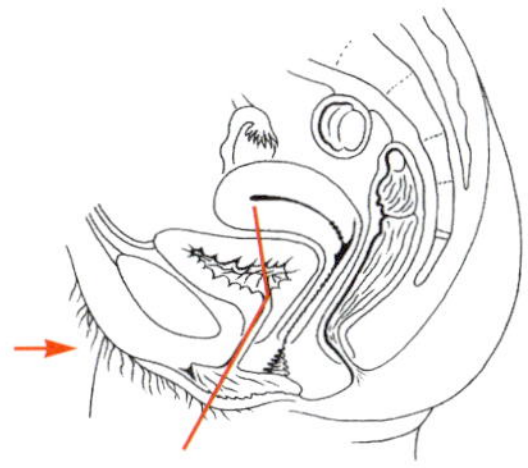

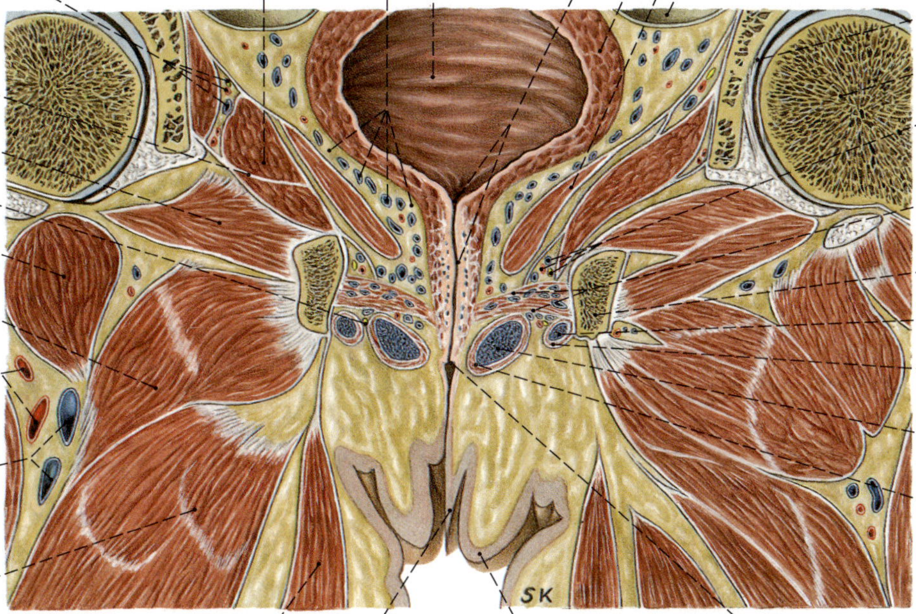

Abb. 1157 Becken, Pelvis, einer Frau; gewinkelter Schnitt durch die Harnblase; von ventral.

* Paracystium mit Venenplexus

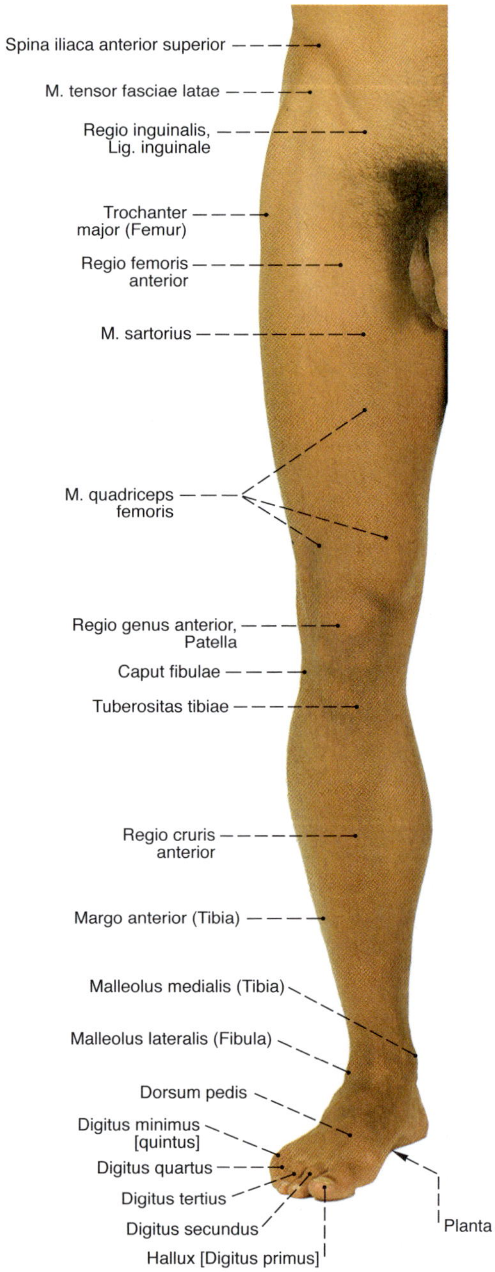

Abb. 1158 Bein, Membrum inferius; Oberflächenrelief; von vorne (re).

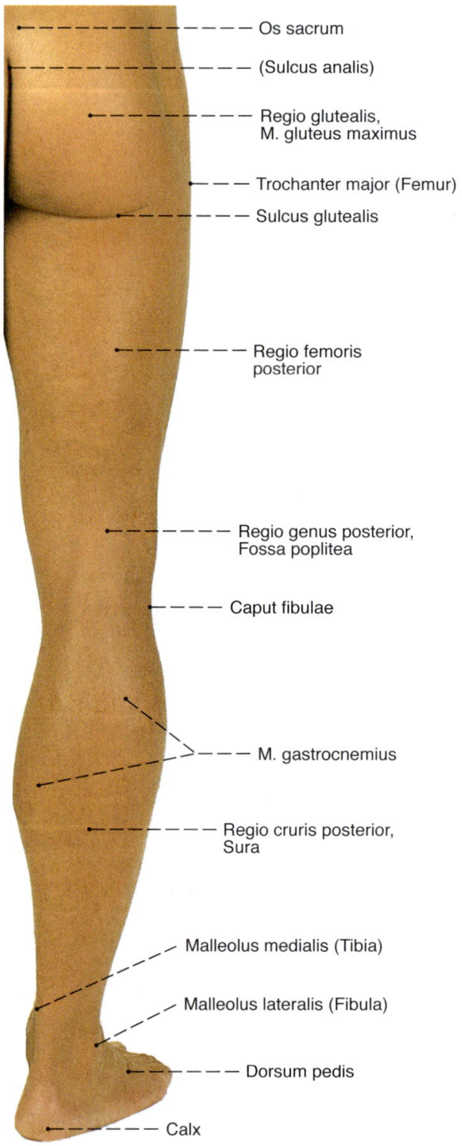

Abb. 1159 Bein, Membrum inferius; Oberflächenrelief; von hinten (re).

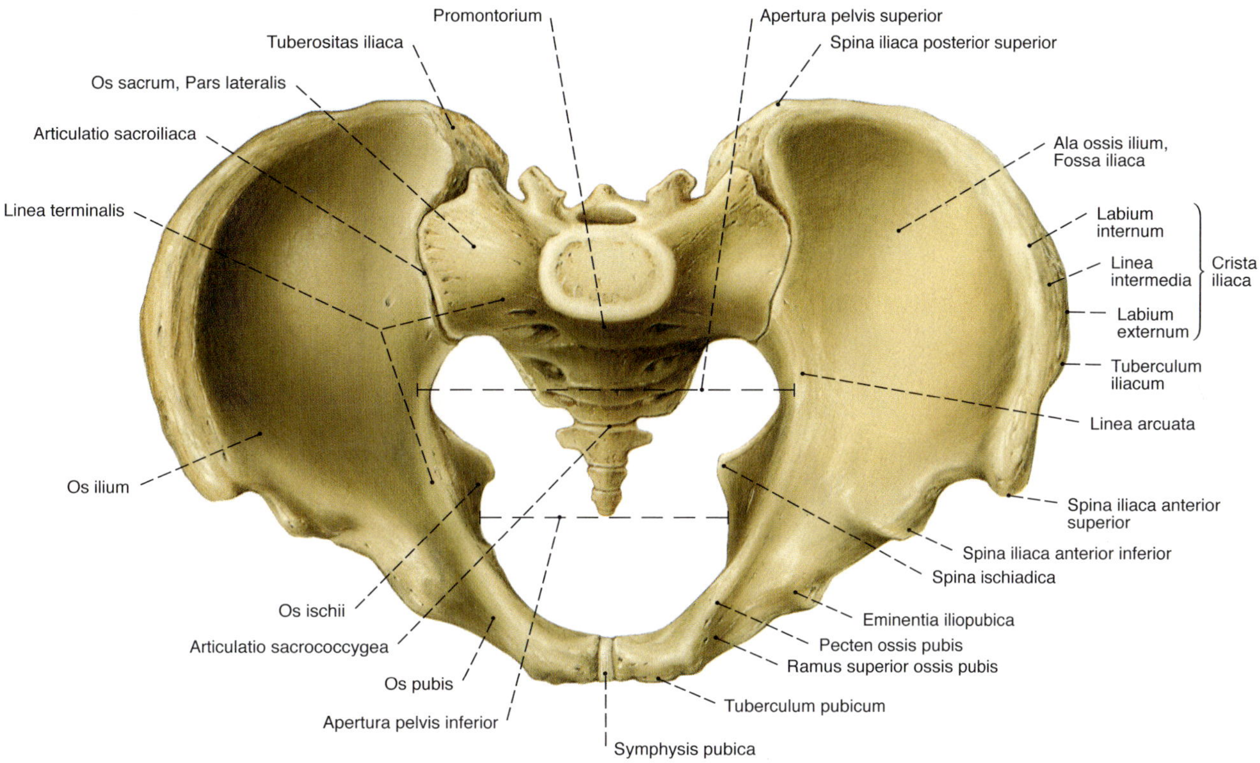

Abb. 1160 Kreuzbein, Os sacrum, und Beckengürtel, Cingulum pelvicum;
von vorne oben (40%).
Der Bereich kranial der Linea terminalis wird als großes Becken, Pelvis major, der Bereich kaudal davon als kleines Becken, Pelvis minor, bezeichnet.

Verbindungen der Knochen des Beckengürtels, Juncturae cinguli pelvici

Bezeichnung	Art	Bewegungsmöglichkeiten
Schambeinfuge, Symphysis pubica	Knorpelhaft, Synchondrosis mit Discus interpubicus	Verschieblichkeit und Rotation um wenige Millimeter im Zusammenhang mit der Verformung des Beckens als Ganzheit bei vielfältigen Belastungen
Kreuzbein-Darmbein-Gelenk, Articulatio sacroiliaca	Straffes Gelenk, Amphiarthrosis	
Ligg. sacroiliaca anteriora Ligg. sacroiliaca posteriora Ligg. sacroiliaca interossea Lig. sacrotuberale Lig. sacrospinale Lig. pubicum superius Lig. pubicum inferius	Bandhaften, Articulationes fibrosae	

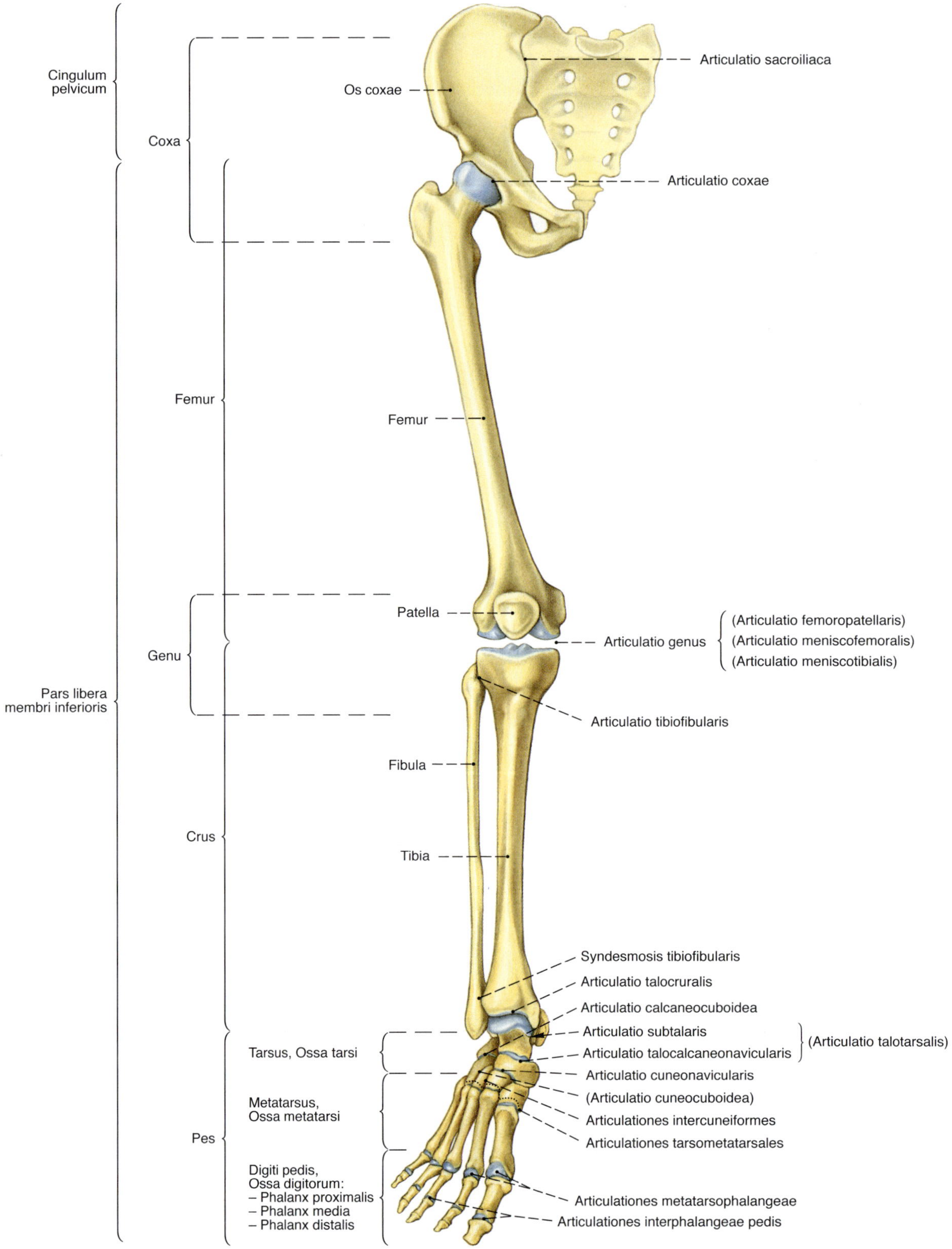

Abb. 1161 Untere Gliedmaße, Membrum inferius; Darstellung des Skeletts und der Gelenkbereiche; von vorne (re).

Gelenke der freien unteren Gliedmaße, Articulationes membri inferioris liberi (Abb. 1161)

Gelenk	Gelenkart	Bewegungsmöglichkeiten
Hüftgelenk Articulatio coxae	Kugelgelenk, Articulatio spheroidea	Beugung, Flexion (Anteversion) Streckung, Extension (Retroversion) Beiziehen (Anziehen), Adduktion Abspreizen (Abziehen), Abduktion Innendrehung, Innenrotation Außendrehung, Außenrotation
Kniegelenk Articulatio genus	Drehwinkelgelenk (Radscharniergelenk), Articulatio trochoidea/Ginglymus	Beugung, Flexion Streckung, Extension Innendrehung (nur in Beugestellung möglich) Außendrehung (nur in Beugestellung möglich)
Oberes Schienbein-Wadenbein-Gelenk Articulatio tibiofibularis	Straffes Gelenk, Amphiarthrosis	Geringe Verschiebungen in transversaler und vertikaler Richtung sowie geringe Rotation möglich
Untere Schienbein-Wadenbein-Verbindung Syndesmosis tibiofibularis	Bandhaft, Articulatio fibrosa	Verklammerung der Malleolengabel; bei Dorsalextension im oberen Sprunggelenk weicht Malleolengabel etwas auseinander
Oberes Sprunggelenk (OSG) Articulatio talocruralis	Scharniergelenk, Ginglymus	Beugung (Senken des Fußrückens), Plantarflexion Streckung (Heben des Fußrückens), Dorsalflexion
Unteres Sprunggelenk (USG) (Articulatio talotarsalis) a) Articulatio talocalcaneonavicularis (= vordere Abteilung) b) Articulatio subtalaris (= hintere Abteilung)	Kombiniertes Zapfen-Kugel-Gelenk	Heben des medialen Fußrandes (= Supination) Heben des lateralen Fußrandes (= Pronation)
Queres Fußwurzelgelenk Articulatio tarsi transversa (Gelenklinie nach CHOPART) a) Articulatio talonavicularis b) Articulatio calcaneocuboidea	Straffe Gelenke, Amphiarthroses	Geringe Plantar-, Dorsal- und Drehbewegungen; Sicherung des Längsgewölbes (Schlüsselgelenk des Plattfußes)
Fußwurzelgelenke a) Articulatio cuneonavicularis b) Articulationes intercuneiformes c) Articulatio cuneocuboidea	Straffe Gelenke, Amphiarthroses	Geringe Bewegungen bei der Verformung des Fußes bei seiner Anpassung an den Boden, z.B. beim Gehen
Fußwurzel-Mittelfuß-Gelenke Articulationes tarsometatarsales (Gelenklinie nach LISFRANC)	Straffe Gelenke, Amphiarthroses	Geringe Plantar- und Dorsalbewegungen und Verdrehung des Vorderfußes
Zwischen-Mittelfuß-Gelenke Articulationes intermetatarsales	Straffe Gelenke, Amphiarthroses	Mitbewegungen bei Verdrehung des Vorderfußes
Zehengrundgelenke Articulationes metatarsophalangeae	Funktionell eingeschränkte Kugelgelenke	Beugung, Flexion Streckung, Extension der Zehen
Zehengelenke Articulationes interphalangeae pedis	Scharniergelenke, Ginglymi	

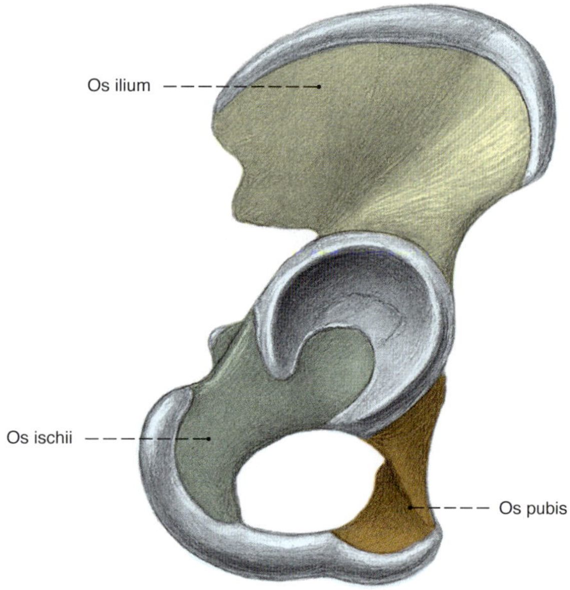

Abb. 1162 Hüftbein, Os coxae;
Ausdehnung der drei knöchernen Anteile beim Neugeborenen;
von lateral (re, 110%).

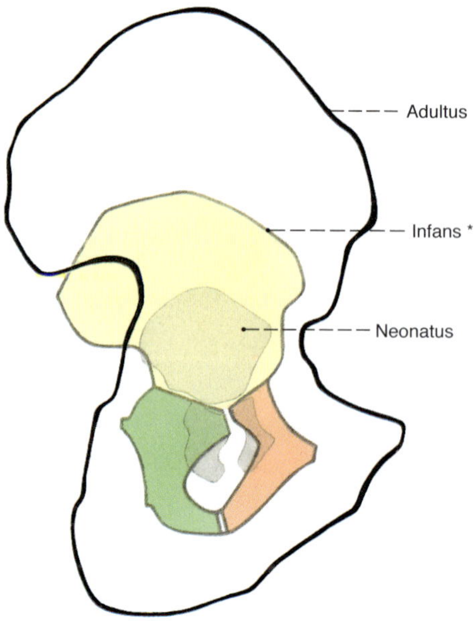

Abb. 1163 Hüftbein, Os coxae;
Ausdehnung der drei knöchernen Anteile in verschiedenen Altersstufen;
von lateral (re).

* Ca. 6. Lebensjahr

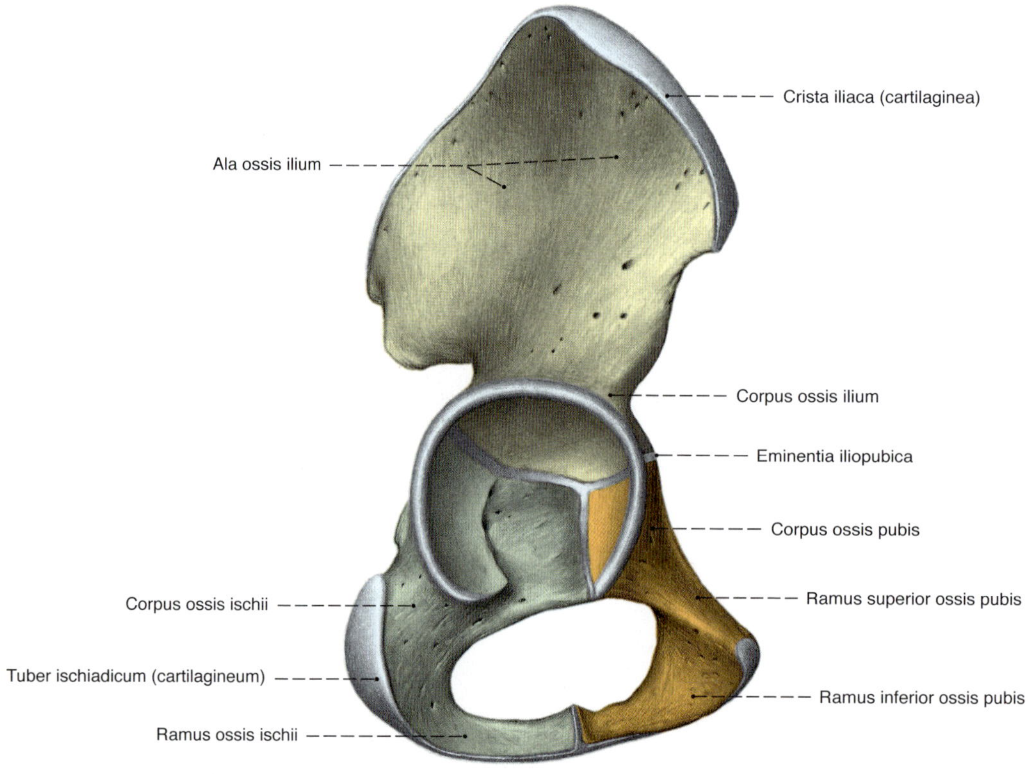

Abb. 1164 Hüftbein, Os coxae;
Entwicklungsstadium eines 6-jährigen Kindes;
von lateral (re, 90%).

Die drei Anteile des Hüftbeins sind im Bereich der Hüftpfanne in einer Y-förmigen Knorpelfuge miteinander verbunden, die um das 13.–18. Lebensjahr synostosiert.

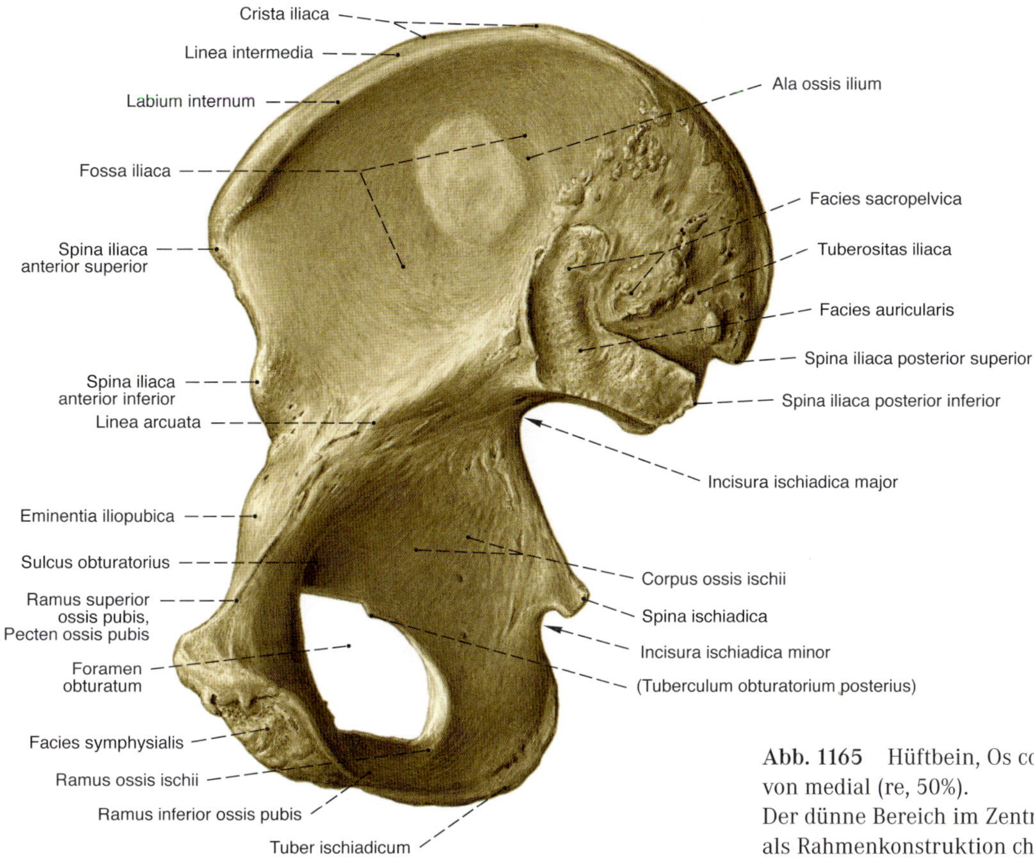

Abb. 1165 Hüftbein, Os coxae; von medial (re, 50%).
Der dünne Bereich im Zentrum ist für die Ala ossis ilium als Rahmenkonstruktion charakteristisch.

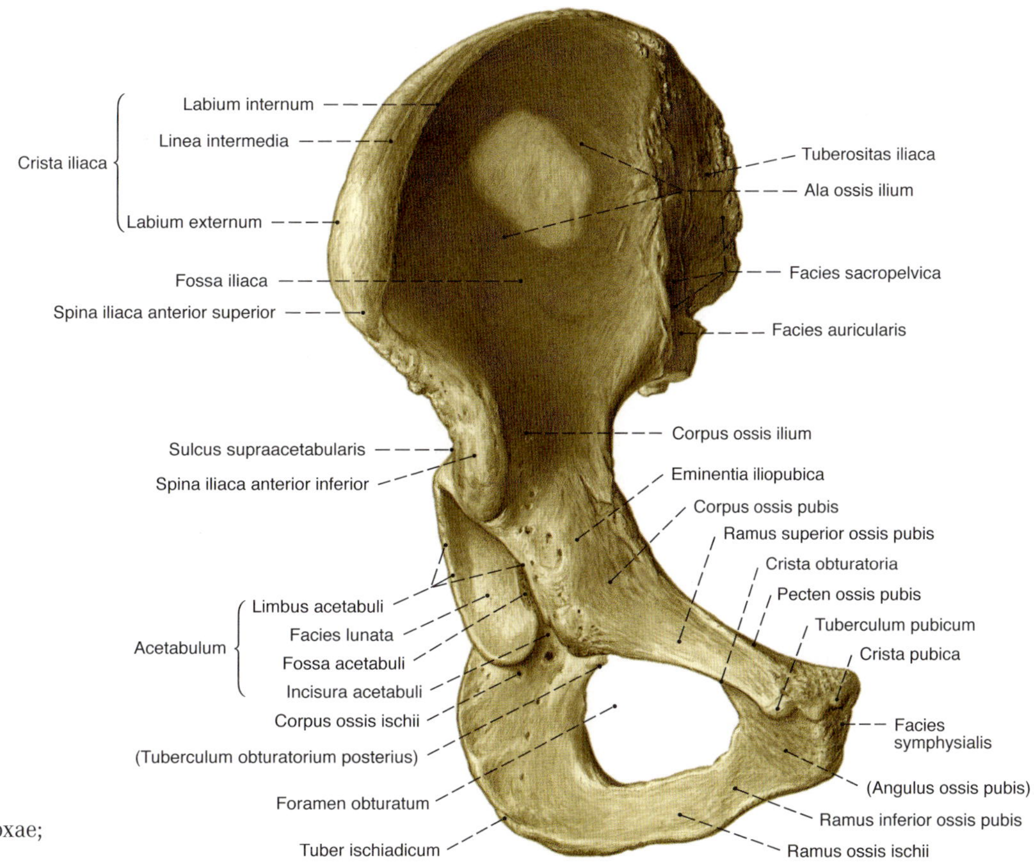

Abb. 1166 Hüftbein, Os coxae; von ventral (re, 50%).

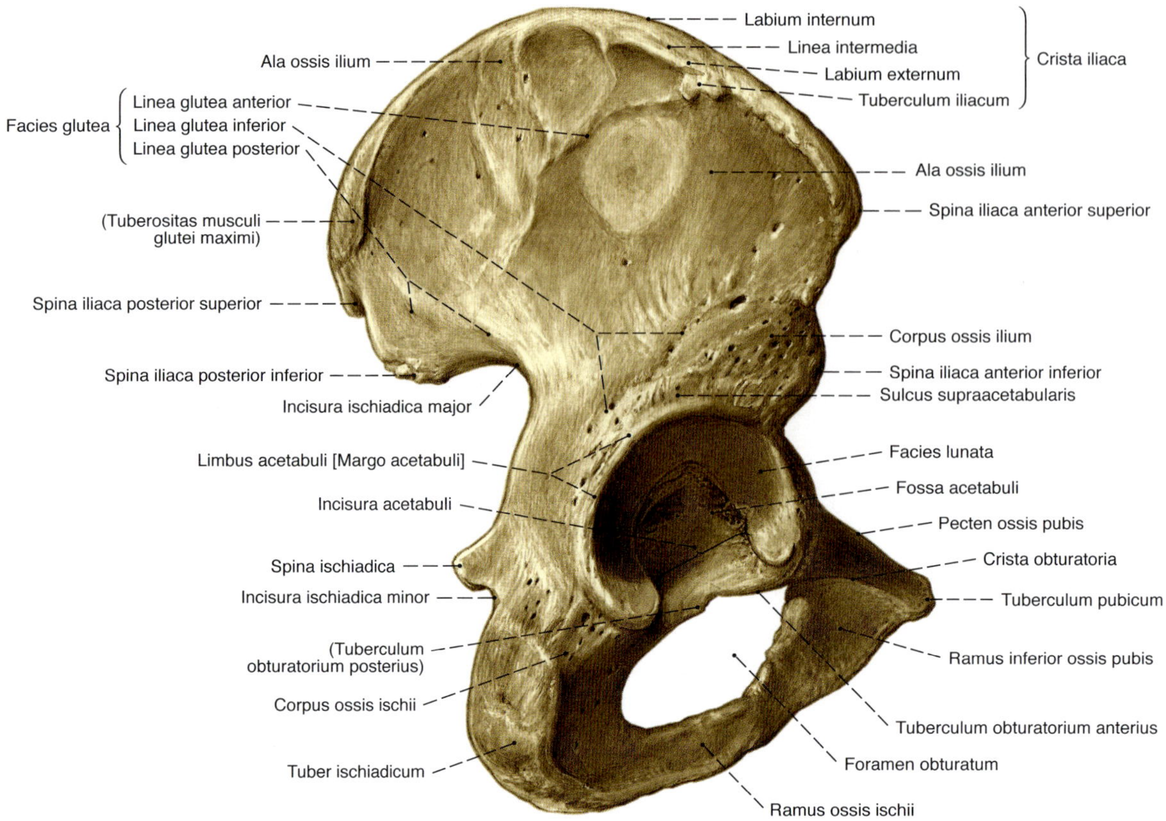

Abb. 1167 Hüftbein, Os coxae; von lateral dorsal (re, 50%).

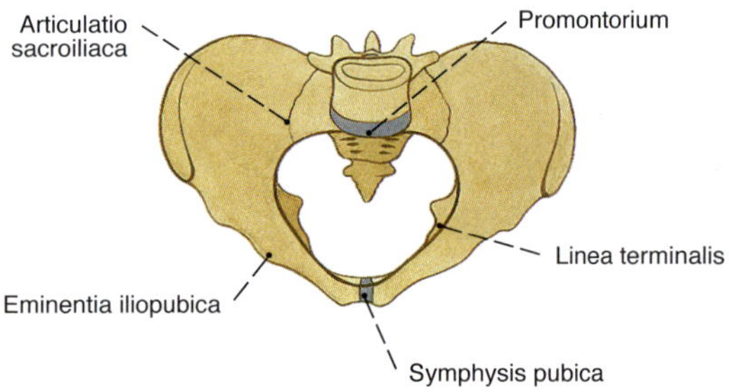

Abb. 1168 Becken, Pelvis; Form des Beckeneingangs beim männlichen Becken; von oben.

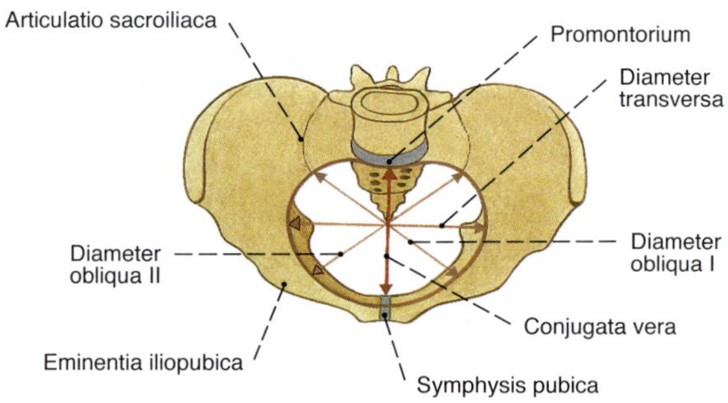

Abb. 1169 Becken, Pelvis; Form und Maße des Beckeneingangs beim weiblichen Becken; von oben.

Geschlechtsunterschiede des Beckens

Gegenüber dem männlichen Becken, bei dem der Beckeneingang durch das Promontorium des Kreuzbeins deutlich eingeengt wird, besitzt das weibliche Becken einen eher rundlichen, querovalen Beckeneingang. Die Schambeinäste bilden beim Mann einen rechten Winkel, Angulus subpubicus, bei der Frau einen Bogen, Arcus pubicus. Die Darmbeinschaufeln des weiblichen Beckens laden weiter aus. Der größte Durchmesser des Foramen obturatum liegt beim weiblichen Becken in einer Transversalebene, während er beim männlichen Becken vertikal ausgerichtet ist.

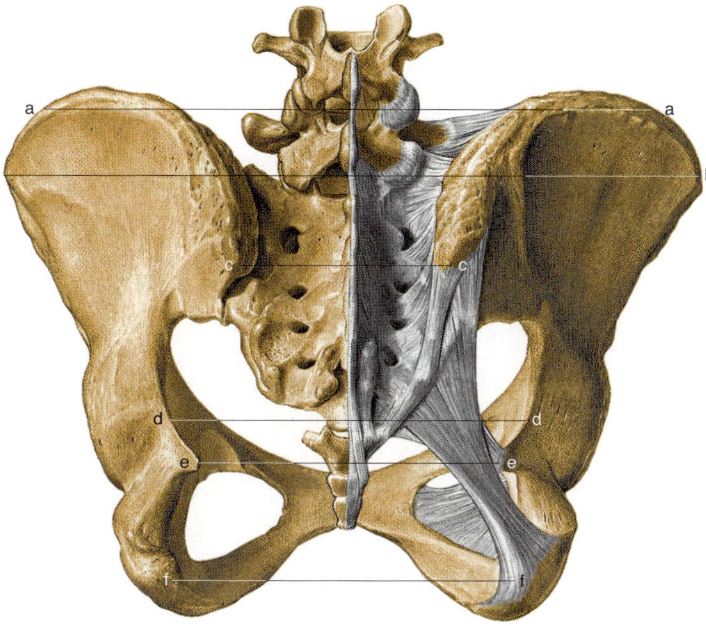

a–a = Distantia intercristalis 28–29 cm*
b–b = Distantia interspinosa anterior 25–26 cm*
c–c = Distantia interspinosa posterior (Sakrumbreite) 10 cm
* Aus perspektivischen Gründen wirkt die Distantia intercristalis kürzer als die Distantia interspinosa anterior.

Abb. 1170 Becken, Pelvis;
Darstellung der Beckenmaße bei der Frau;
von dorsal.

d–d = Diameter transversa der Beckenweite (= Interacetabularlinie) 12–12,5 cm
e–e = Diameter transversa der Beckenenge (= Interspinallinie) 10,5 cm
f–f = Diameter transversa des Beckenausgangs (= Diameter tuberalis) 11–12 cm

k–k = Axis pelvis
a–b = Klinisch: Conjugata anatomica
a–e = Klinisch: Conjugata diagonalis 12,5–13 cm
a–c = Klinisch: Conjugata vera 10,4–11 cm

h–d = Klinisch: Diameter sagittalis der Beckenweite 12–12,5 cm
e–g = Klinisch: Diameter sagittalis der Beckenenge 11–11,5 cm
e–f = Diameter sagittalis des Beckenausgangs (= Distantia pubococcygea) 9–10 cm

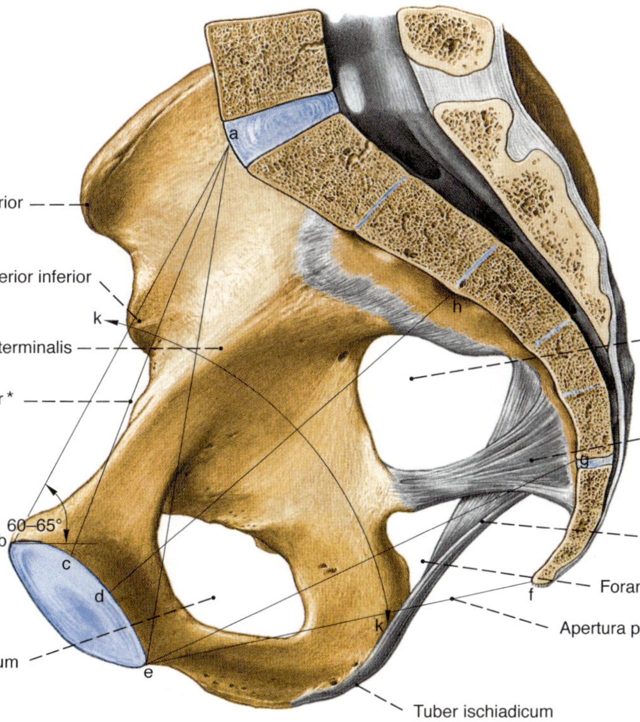

Abb. 1171 Becken, Pelvis;
Darstellung der Beckenmaße bei der Frau, Medianschnitt;
von medial (re).

* Die Apertura pelvis superior wird durch die Linea terminalis begrenzt. Die Linie a–c gibt die Beckeneingangsebene an. Steißbeinspitze, Sitzbeinhöcker, Sitzbeinäste und untere Schambeinäste umgrenzen die Apertura pelvis inferior.

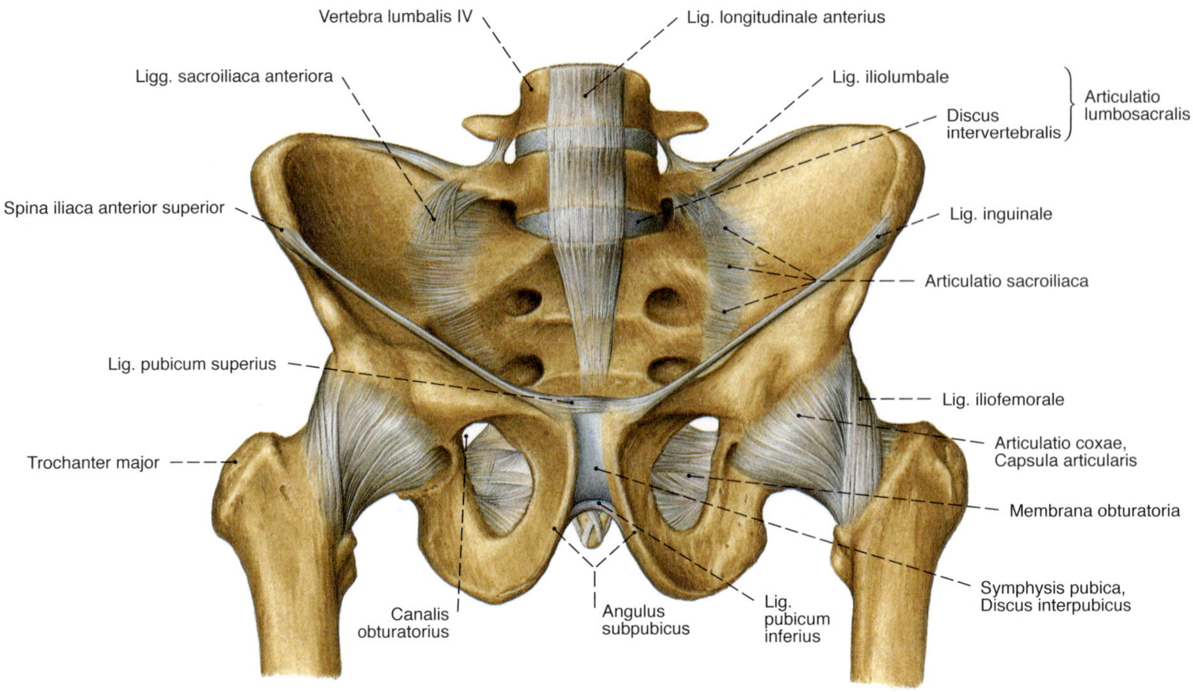

Abb. 1172 Knochenverbindungen des Beckens, Juncturae cinguli pelvici, und des lumbosakralen Übergangs, Articulatio lumbosacralis, beim Mann; von vorne unten (30%).

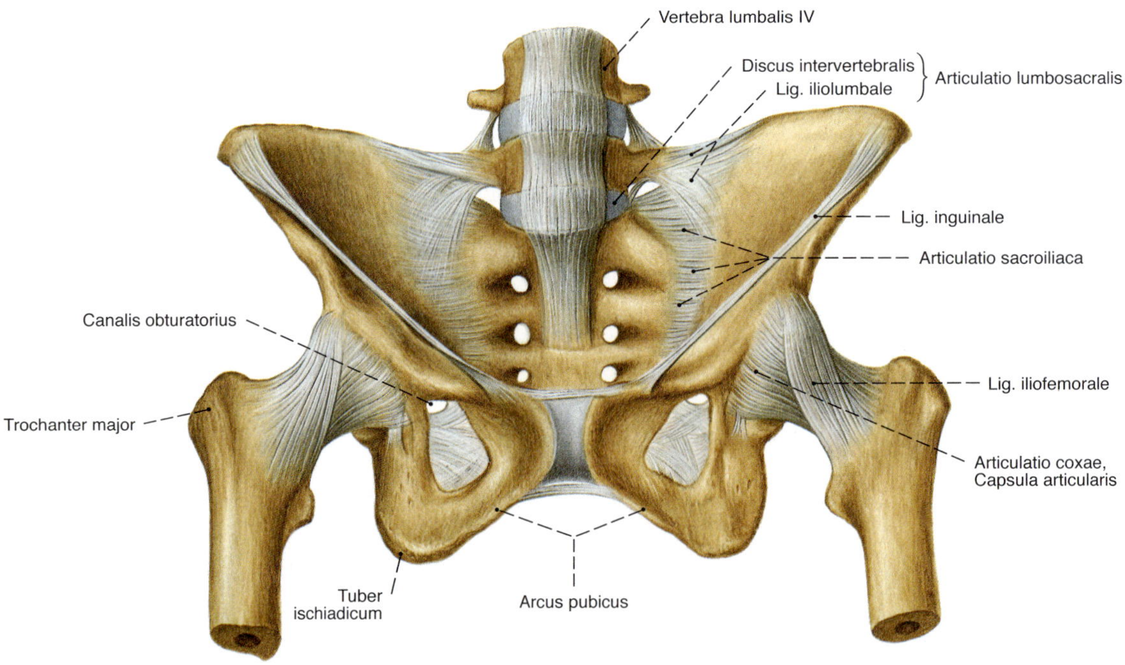

Abb. 1173 Knochenverbindungen des Beckens, Juncturae cinguli pelvici, und des lumbosakralen Übergangs, Articulatio lumbosacralis, bei der Frau; von vorne unten (30%).

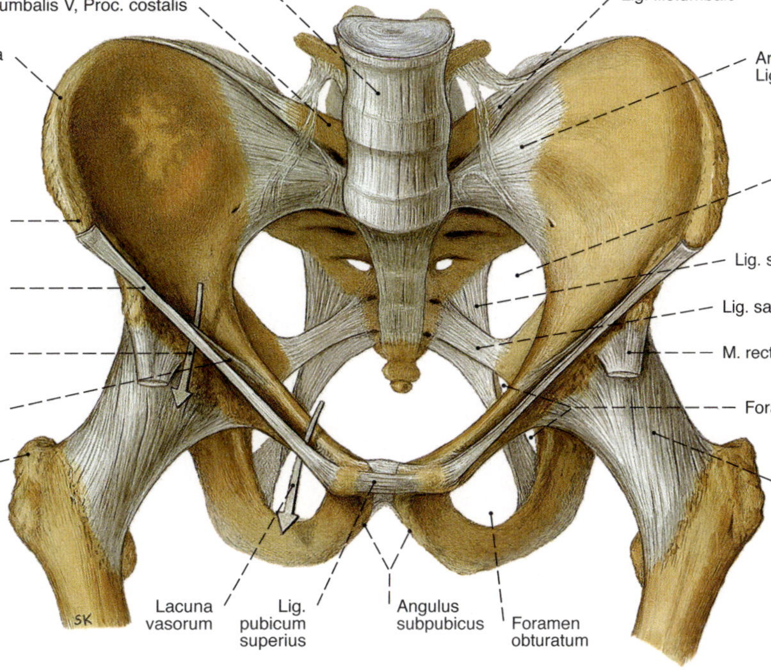

Abb. 1174 Knochenverbindungen des Beckens, Juncturae cinguli pelvici, und des lumbosakralen Übergangs, Articulatio lumbosacralis, beim Mann; von vorne oben (30%).

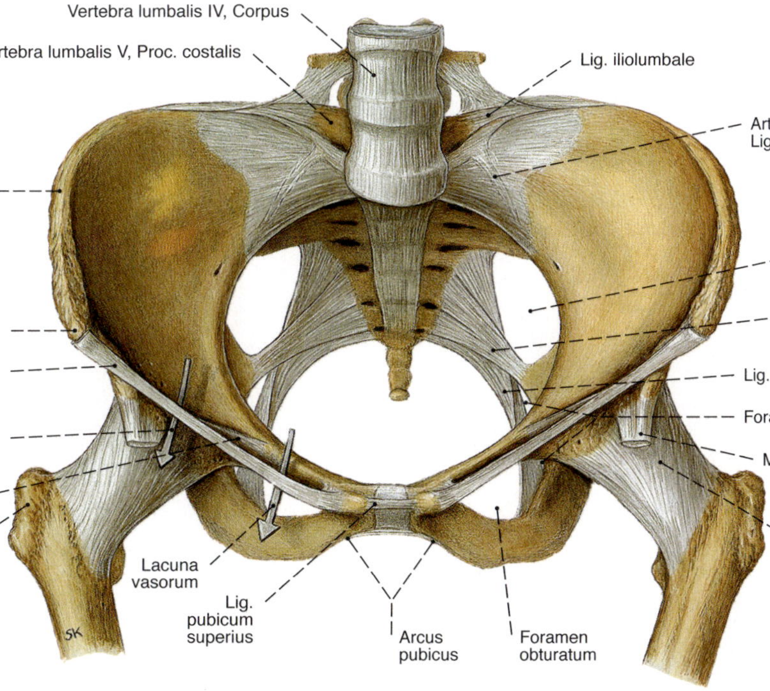

Abb. 1175 Knochenverbindungen des Beckens, Juncturae cinguli pelvici, und des lumbosakralen Übergangs, Articulatio lumbosacralis, bei der Frau; von vorne oben (30%).

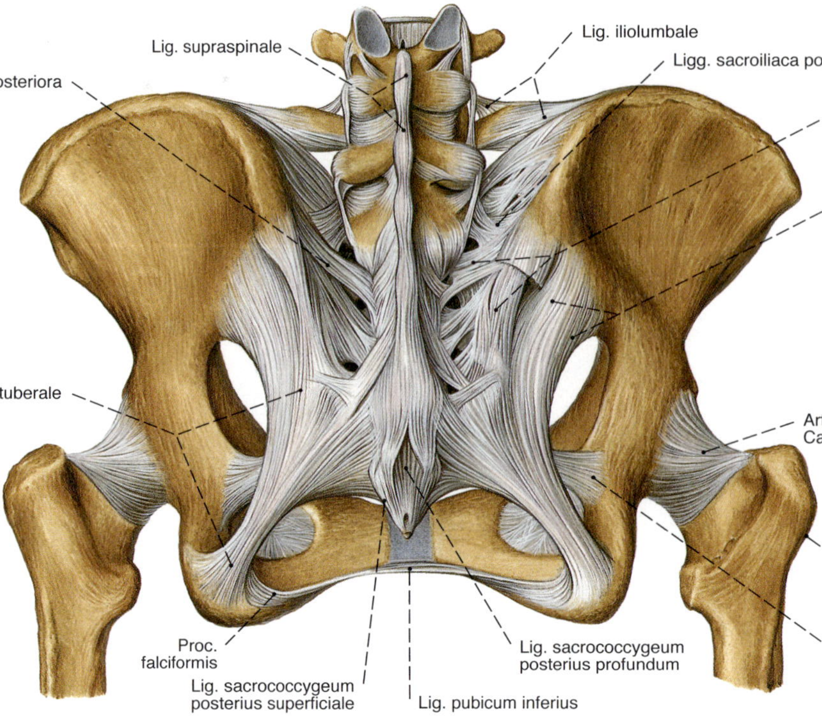

Abb. 1176 Knochenverbindungen des Beckens, Juncturae cinguli pelvici, und des lumbosakralen Übergangs, Articulatio lumbosacralis, bei der Frau; von hinten (30%).

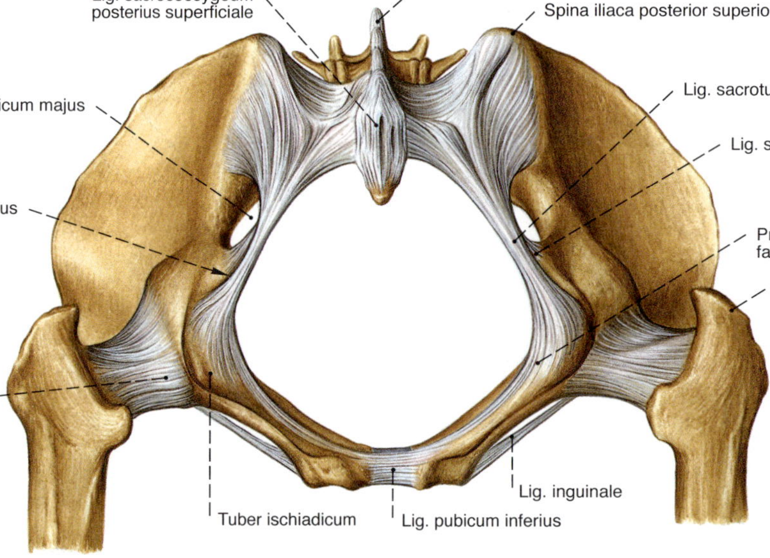

Abb. 1177 Knochenverbindungen des Beckens, Juncturae cinguli pelvici, bei der Frau; von unten (30%).

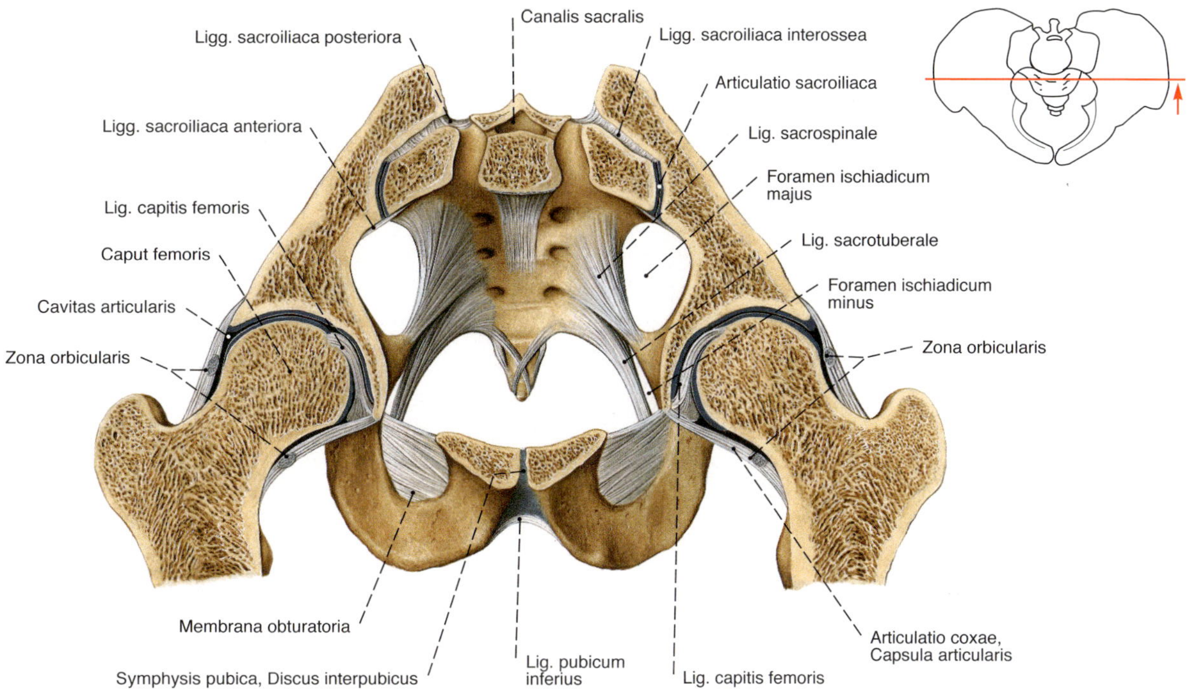

Abb. 1178 Knochenverbindungen des Beckens, Juncturae cinguli pelvici, bei der Frau; Frontalschnitt auf Höhe der Mitte der Hüftpfanne; von vorne (30%).

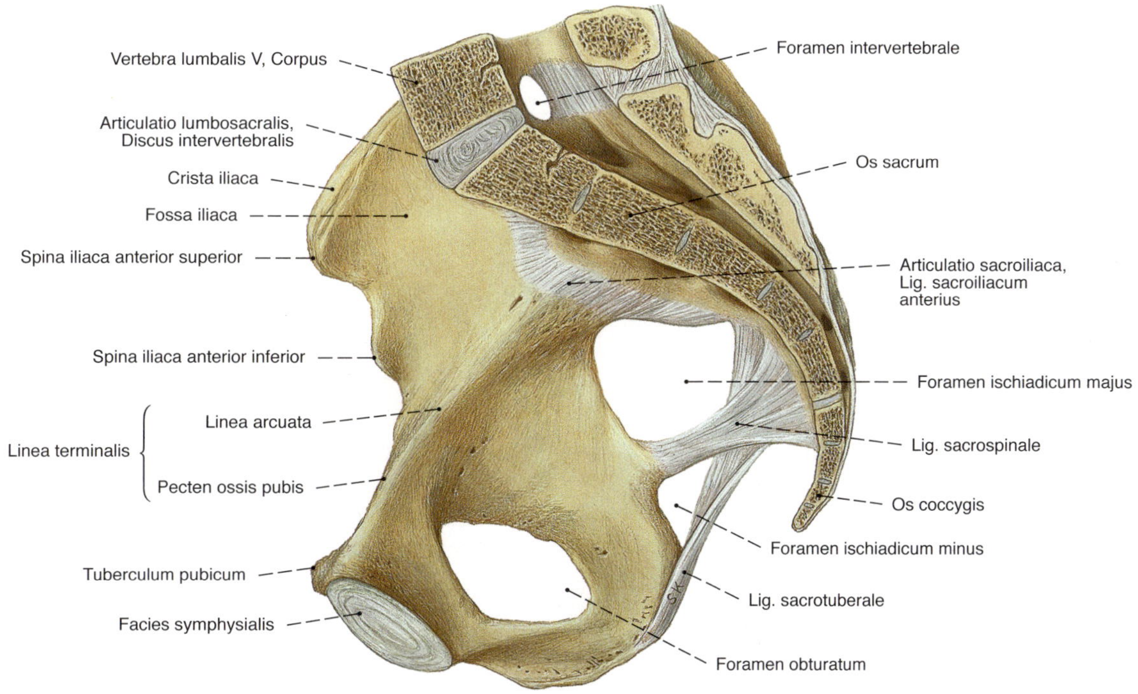

Abb. 1179 Knochenverbindungen des Beckens, Juncturae cinguli pelvici, und des lumbosakralen Übergangs, Articulatio lumbosacralis, bei der Frau; Mediansschnitt; von medial (35%).

Normalerweise bildet der Vorderrand der untersten Zwischenwirbelscheibe den am weitesten vorspringenden Punkt des hinteren Umfangs der oberen Beckenöffnung. Als Promontorium wird der auch im Röntgenbild sichtbare vorderste Punkt des Kreuzbeins bezeichnet.

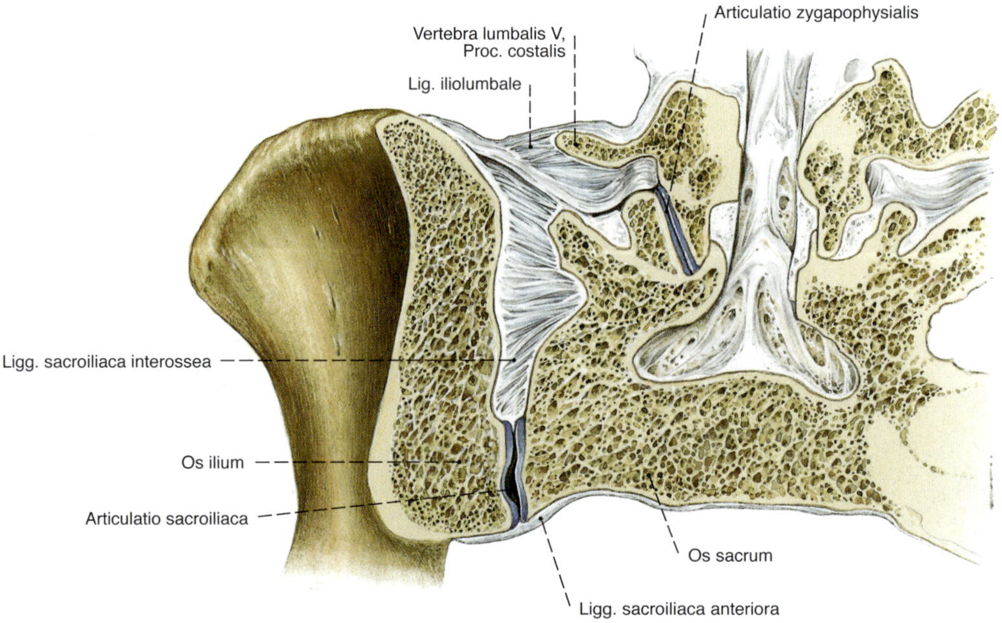

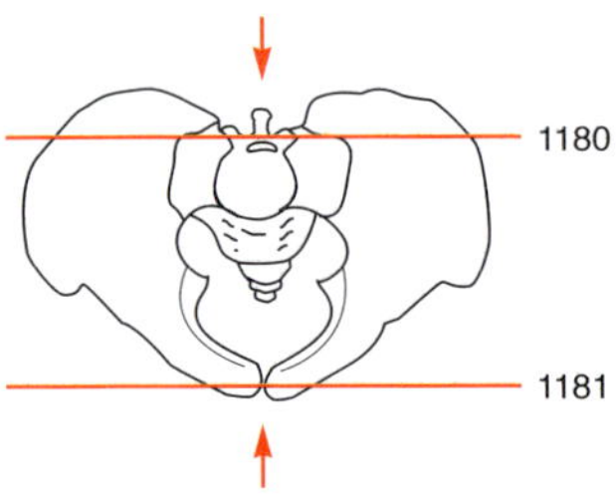

Abb. 1180 Kreuzbein-Darmbein-Gelenk, Articulatio sacroiliaca (SIG);
Frontalschnitt;
von vorne (li, 45%).

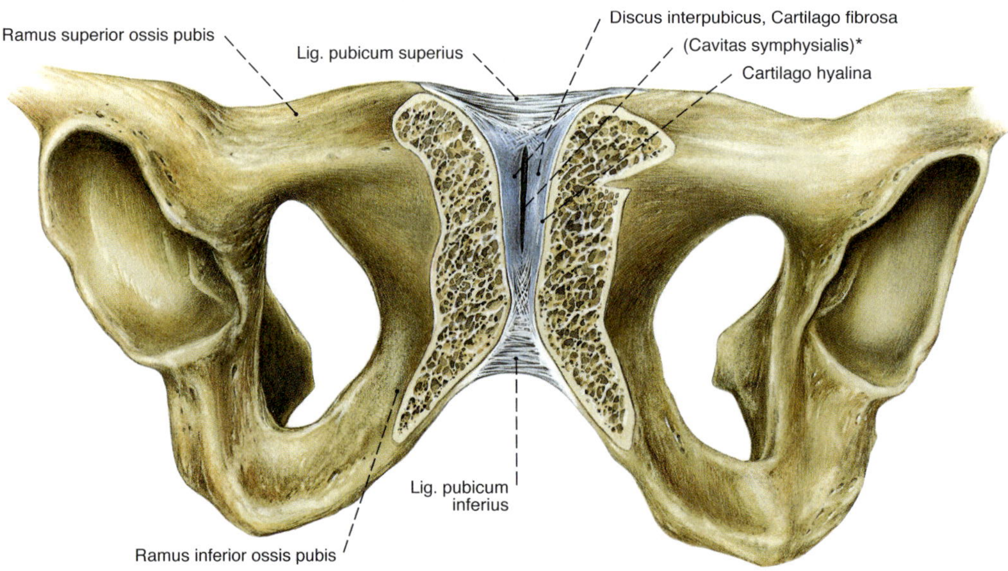

Abb. 1181 Schambeinfuge, Symphysis pubica;
Schrägschnitt in Richtung der Längsachse der Schambeinfuge, etwas zur Frontalebene geneigt;
von unten vorne (60%).
Der Discus interpubicus ist aus Faserknorpel aufgebaut, nur die Grenzflächen zu den Facies symphysiales der beiden Schambeine bestehen aus hyalinem Knorpel. Ab dem 1. Lebensjahrzehnt findet sich ein länglich flächenhafter Spalt (*).

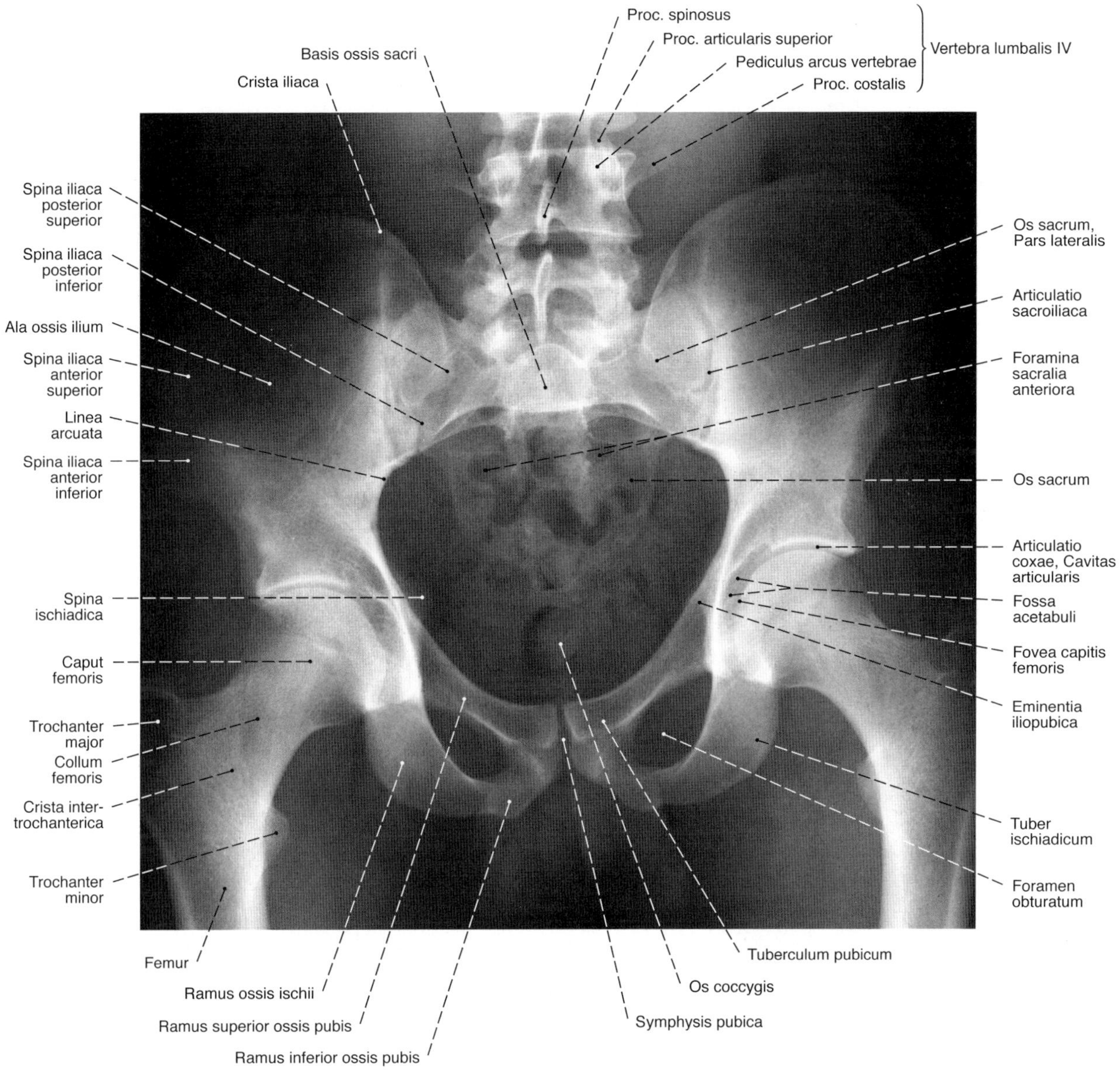

Abb. 1182 Becken, Pelvis, eines Mannes; ap-Röntgenbild; Einstellung: aufrechter Stand, Zentralstrahl auf das 3. Sakralsegment gerichtet.

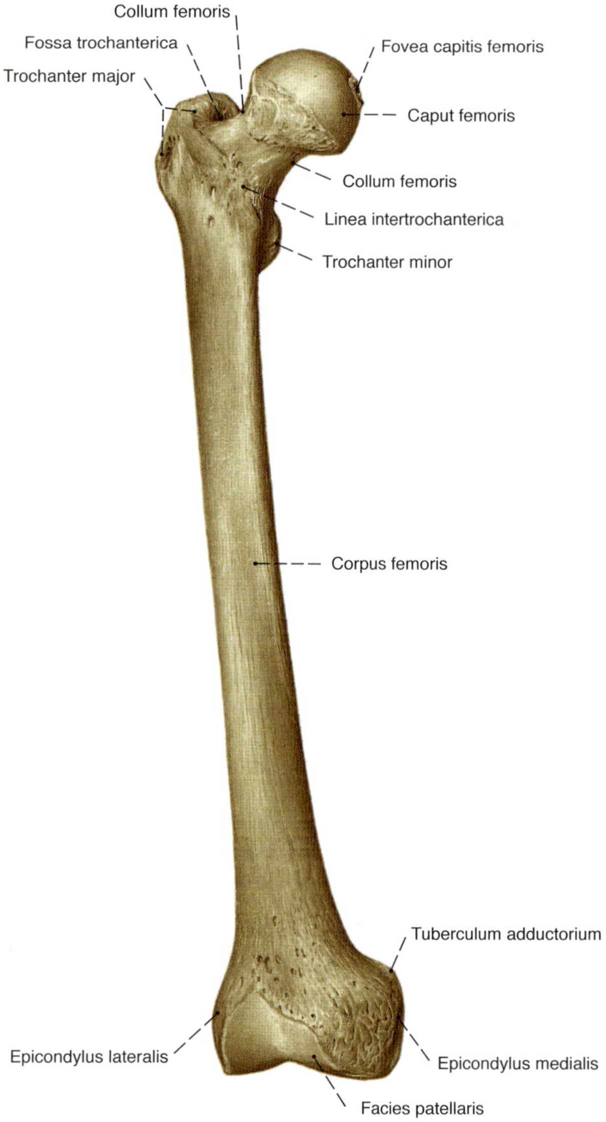

Abb. 1183 Oberschenkelknochen, Femur; von vorne (re, 30%).

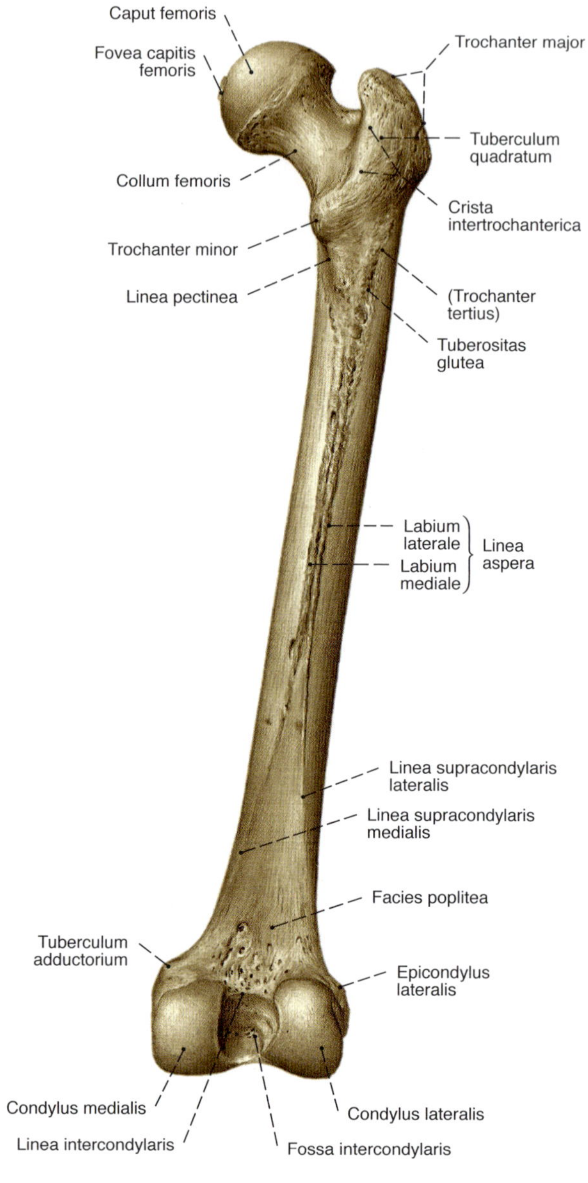

Abb. 1184 Oberschenkelknochen, Femur; von hinten (re, 30%).

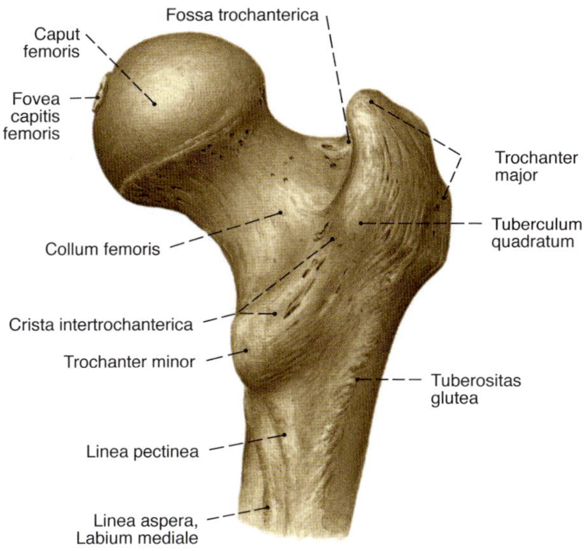

Abb. 1185 Oberschenkelknochen, Femur; proximales Ende; von hinten (re, 60%).

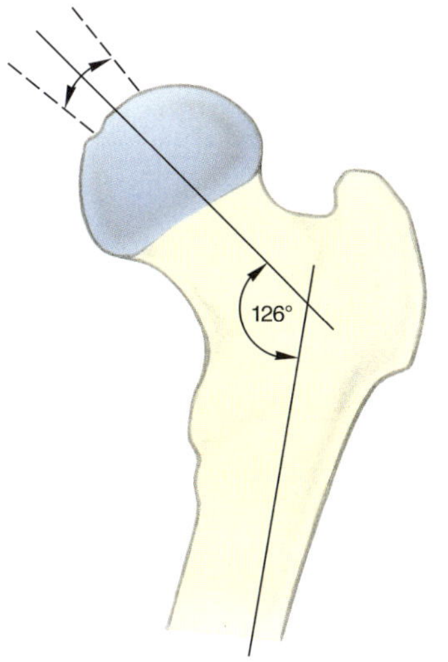

Abb. 1186 Oberschenkelknochen, Femur; Variabilität des Schenkelhalswinkels; von hinten (re). Der Schenkelhalswinkel wird auch als Kollodiaphysenwinkel bezeichnet. Er beträgt beim Neugeborenen 150°, beim Erwachsenen ca. 126°.

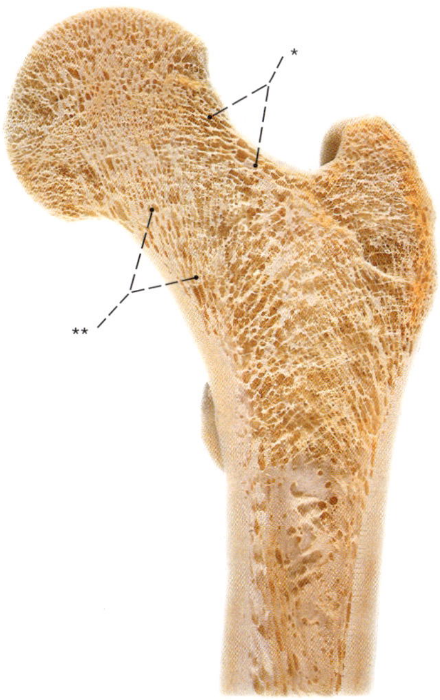

Abb. 1187 Oberschenkelknochen, Femur; Spongiosastruktur bei großem Schenkelhalswinkel (Coxa valga); Schnitt in der Ebene des Antetorsionswinkels (60%). Das lateral gelegene „Zugbündel" (*) der Spongiosa ist vermindert, das medial gelegene „Druckbündel" (**) verstärkt ausgebildet.

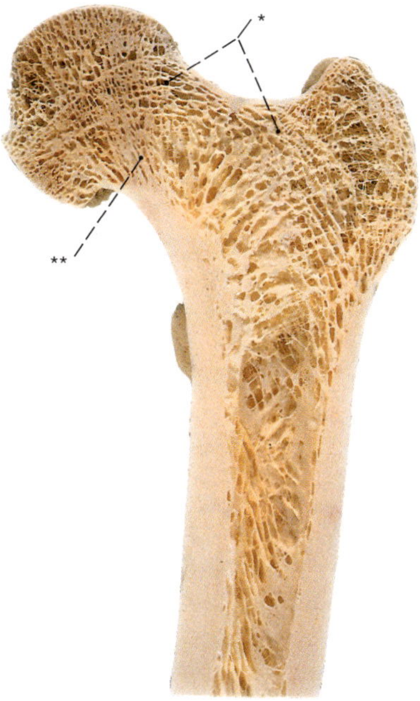

Abb. 1188 Oberschenkelknochen, Femur; Spongiosastruktur bei kleinem Schenkelhalswinkel (Coxa vara); Schnitt in der Ebene des Antetorsionswinkels (60%). Das lateral gelegene „Zugbündel" (*) der Spongiosa ist verstärkt, das medial gelegene „Druckbündel" (**) vermindert ausgebildet. Als Ausdruck einer hohen Biegebeanspruchung ist die Kortikalis an der Innenseite des Schenkelhalses besonders kräftig entwickelt.

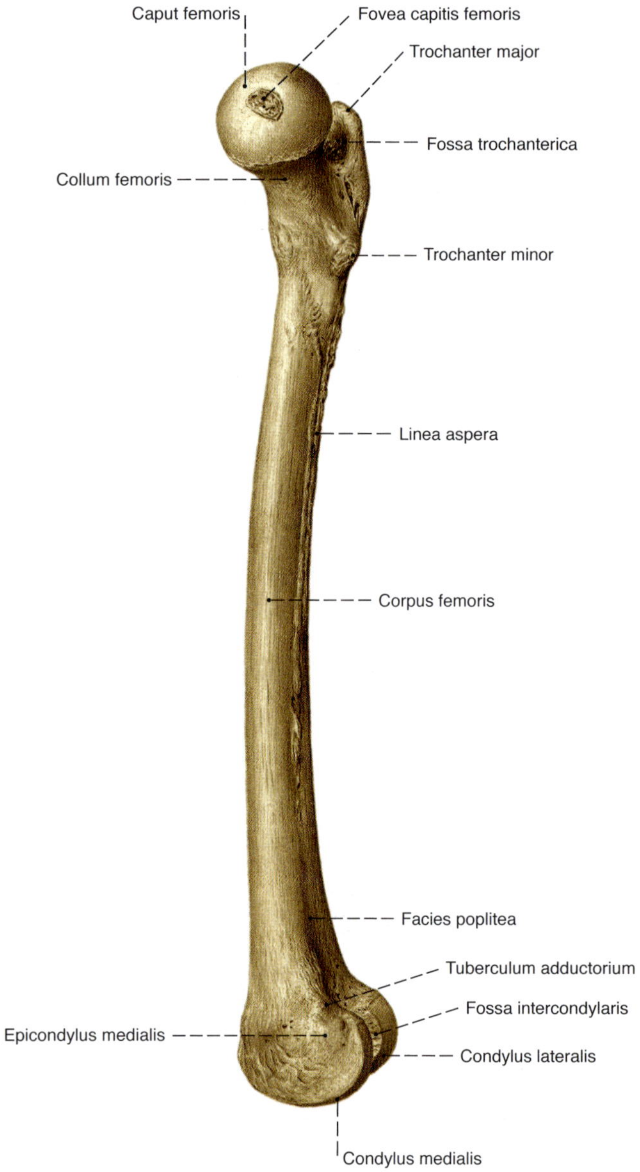

Abb. 1189 Oberschenkelknochen, Femur; von medial (re, 30%).

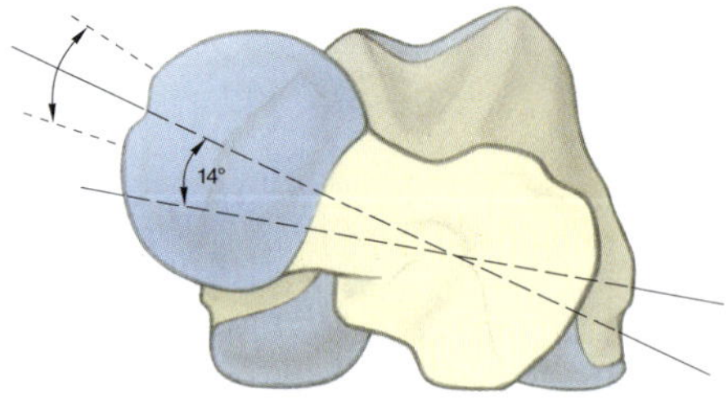

Abb. 1190 Oberschenkelknochen, Femur; Variabilität des Antetorsionswinkels; proximales und distales Femurende übereinander projiziert; von proximal (re, 70%).
Beim Kleinkind beträgt der Antetorsionswinkel ca. 30°, beim Erwachsenen ca. 14°.

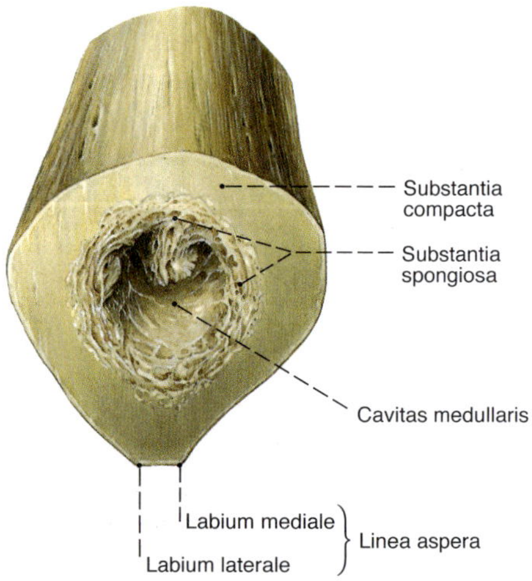

Abb. 1191 Oberschenkelknochen, Femur; Querschnitt durch die Mitte des Femurschafts; von distal (re).

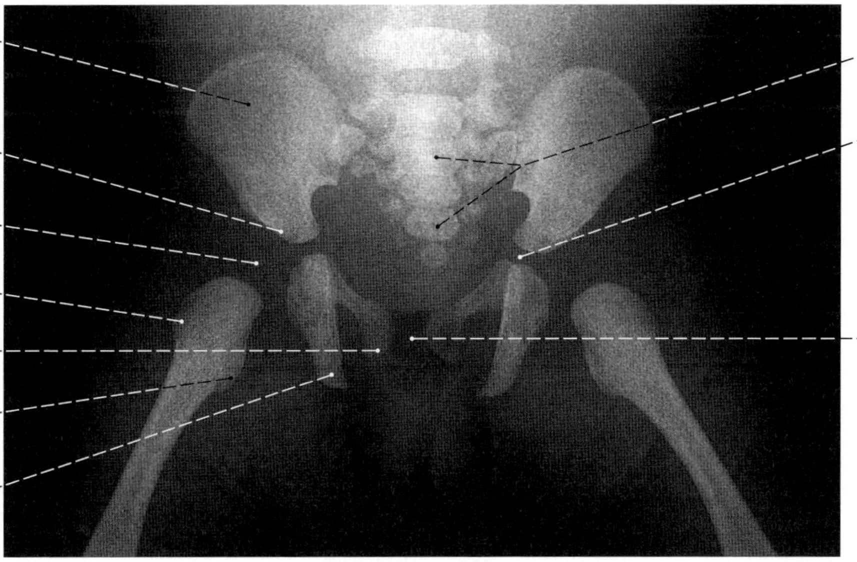

Abb. 1192 Becken, Pelvis, und Oberschenkelknochen, Femur;
ap-Röntgenbild eines weiblichen Frühgeborenen (Fetus im 8. Schwangerschaftsmonat).

* Knöchernes Dach der Hüftpfanne (Pfannendach)
** Y-Fuge des Pfannenbodens
*** Der Knochenkern im Femurkopf tritt erst zwischen dem 3. und 5. Lebensmonat auf.
\+ Die beiden Trochanteren sind in dieser Altersstufe nur als diaphysäre Knochenvorsprünge angedeutet.

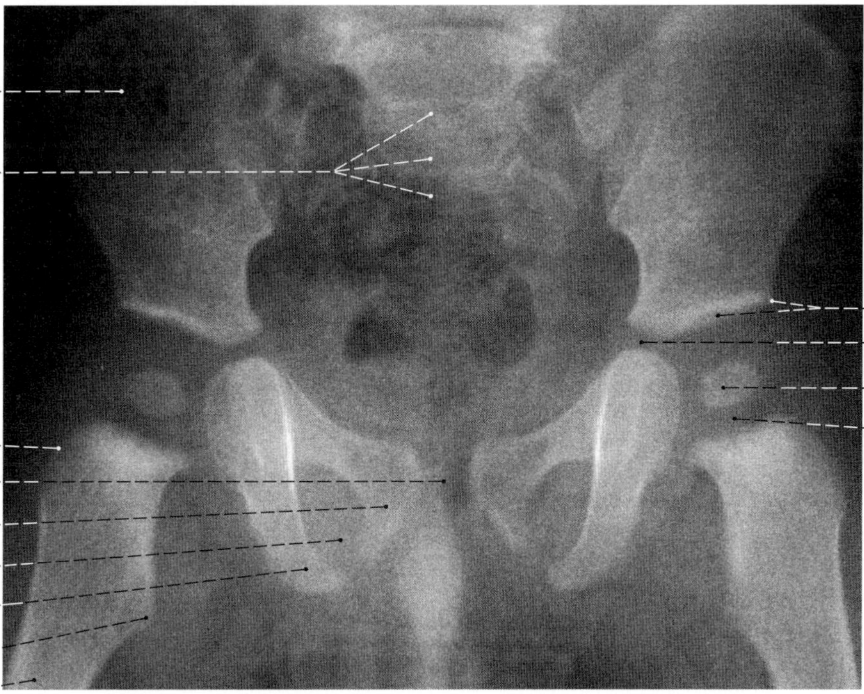

Abb. 1193 Becken, Pelvis, und Oberschenkelknochen, Femur;
ap-Röntgenbild eines 12 Monate alten Jungen.

* Knöchernes Dach der Hüftpfanne (Pfannendach und Pfannendacherker)
** Y-Fuge des Pfannenbodens
*** Knochenkern der Femurkopfepiphyse
\+ Die beiden Trochanteren sind in dieser Altersstufe nur als diaphysäre Knochenvorsprünge angedeutet.

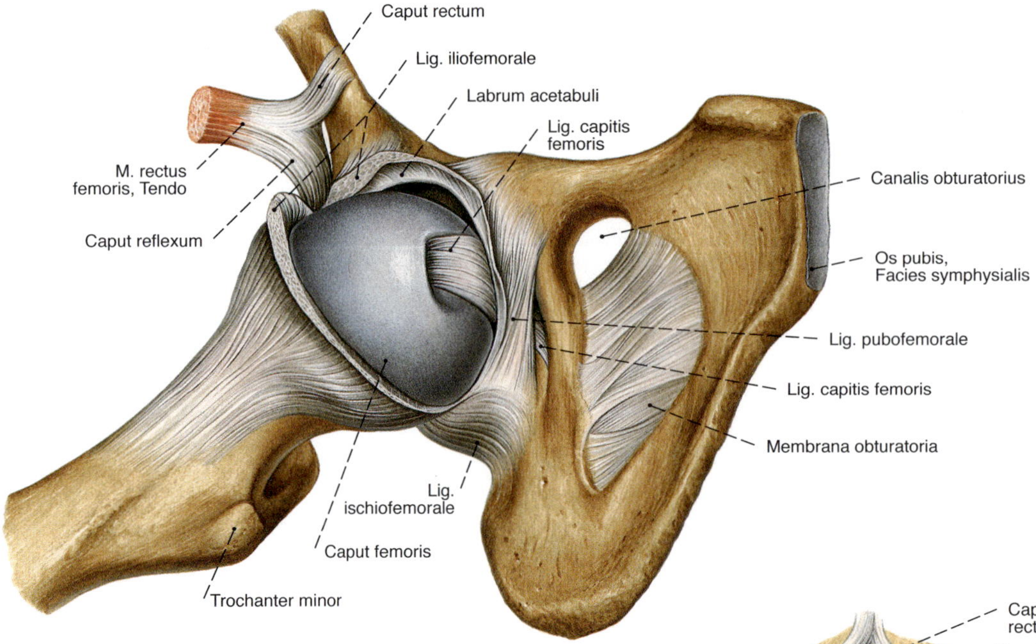

Abb. 1194 Hüftgelenk, Articulatio coxae; nach Eröffnung der Gelenkkapsel und teilweiser Exartikulation des Femurkopfes; von lateral distal (re, 70%).

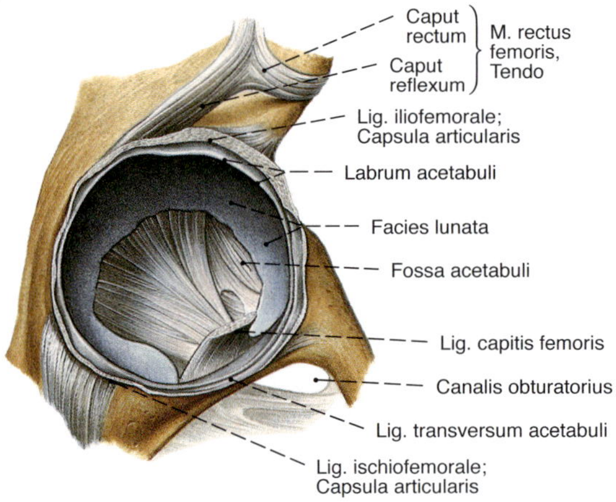

Abb. 1195 Hüftgelenk, Articulatio coxae; Hüftpfanne nach Durchtrennung der Gelenkkapsel und Exartikulation des Femurkopfes; von lateral distal (re, 50%).

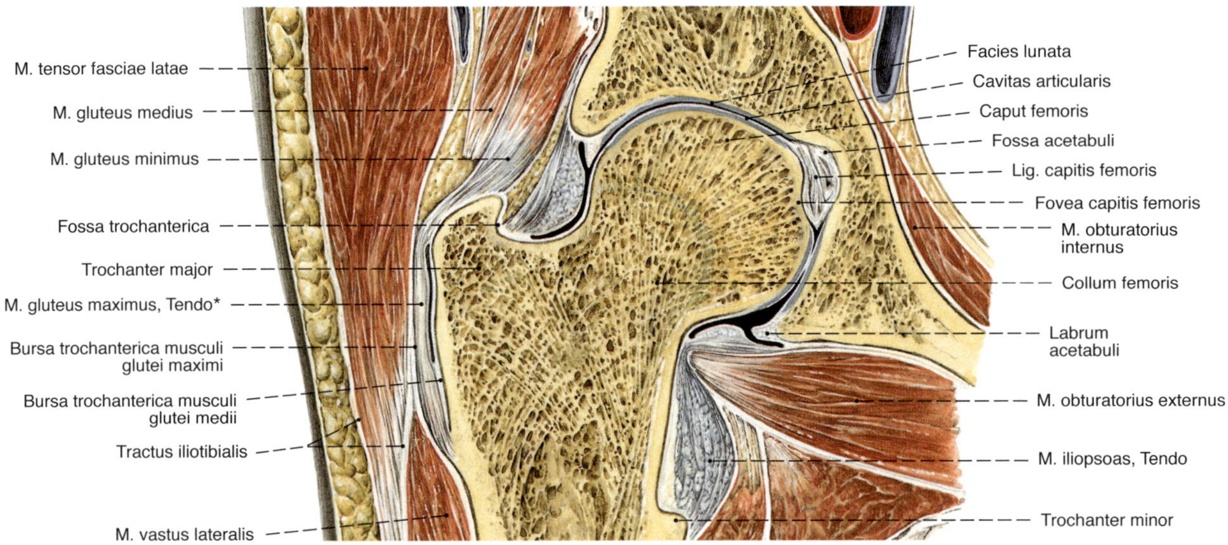

Abb. 1196 Hüftgelenk, Articulatio coxae; vertikaler Schnitt in der Ebene des Antetorsionswinkels; von vorne (re, 65%).

* Einstrahlung in den Tractus iliotibialis

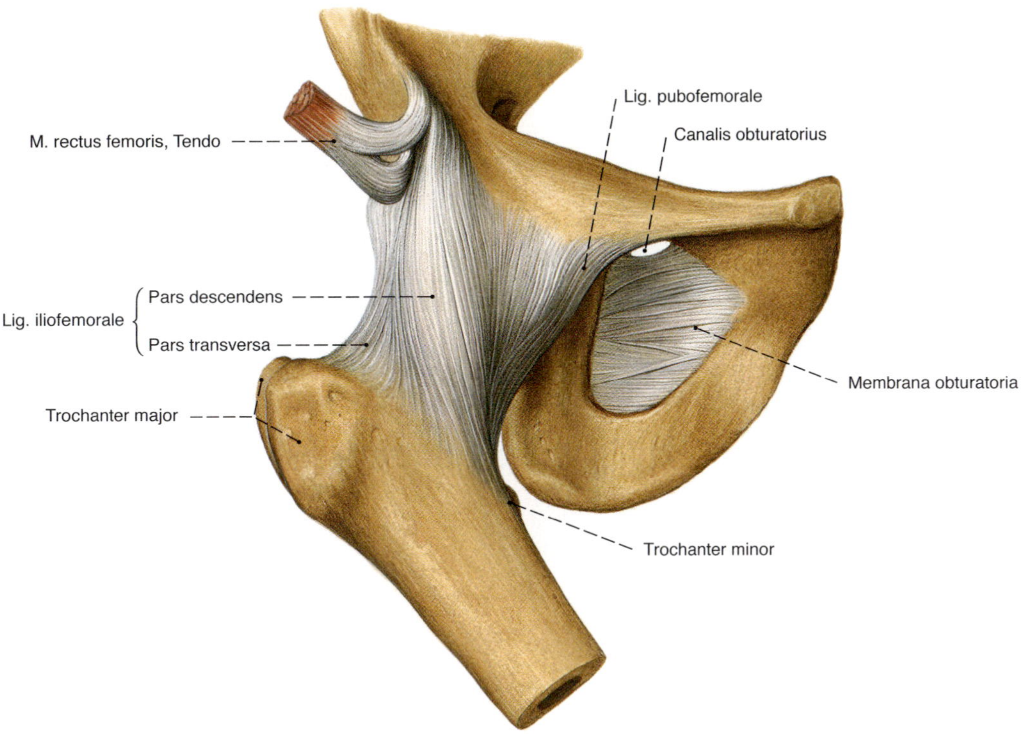

Abb. 1197 Hüftgelenk, Articulatio coxae; von vorne distal (re, 50%).

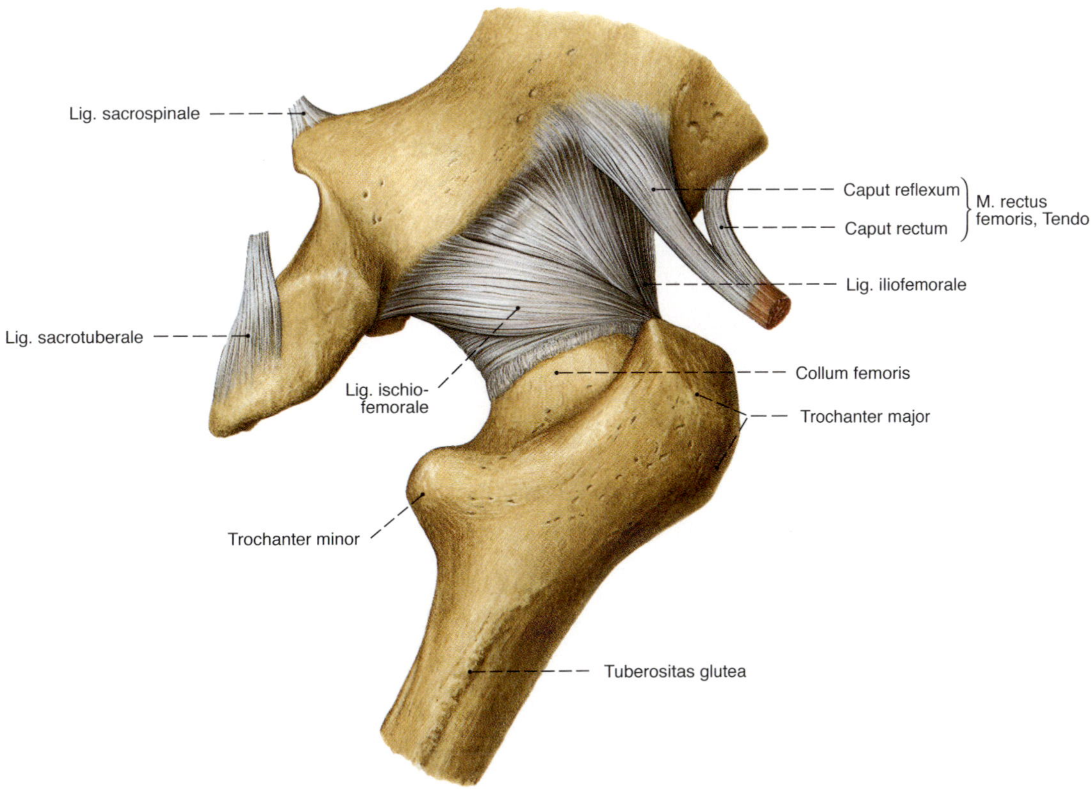

Abb. 1198 Hüftgelenk, Articulatio coxae; von hinten (re, 50%).

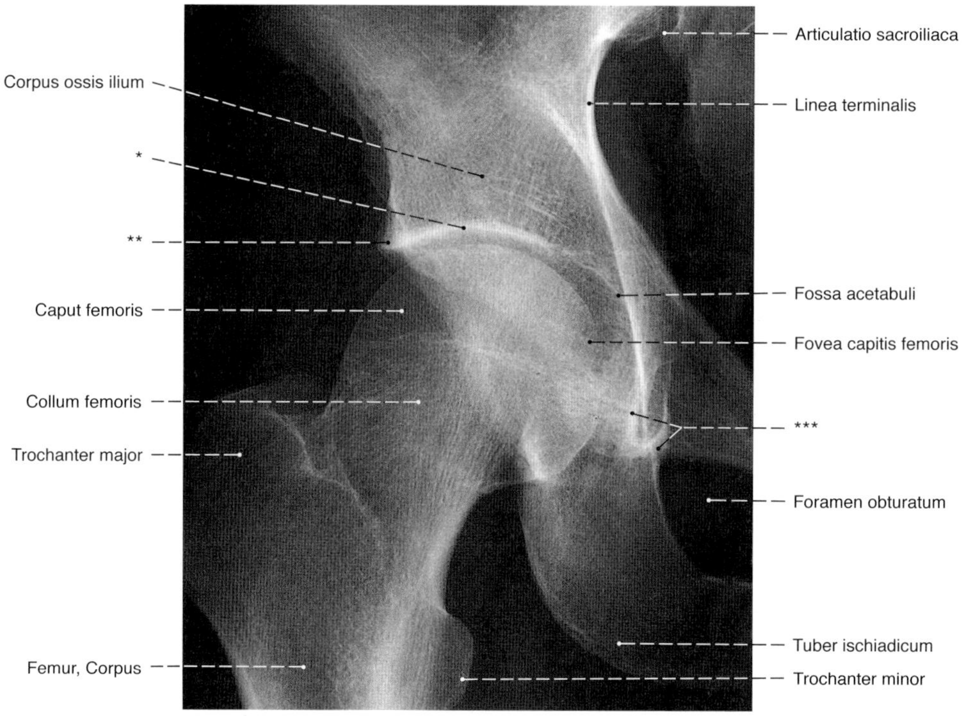

Abb. 1199 Hüftgelenk, Articulatio coxae; ap-Röntgenbild; Einstellung: aufrechter Stand auf beiden Beinen.

* Klinisch: Pfannendach = die tangentiale Projektion der Facies lunata
** Klinisch: Pfannendacherker = der am weitesten nach lateral vorspringende Anteil der Hüftpfanne
*** Klinisch: KÖHLERsche Tränenfigur = die Projektion des Pfannenbodens

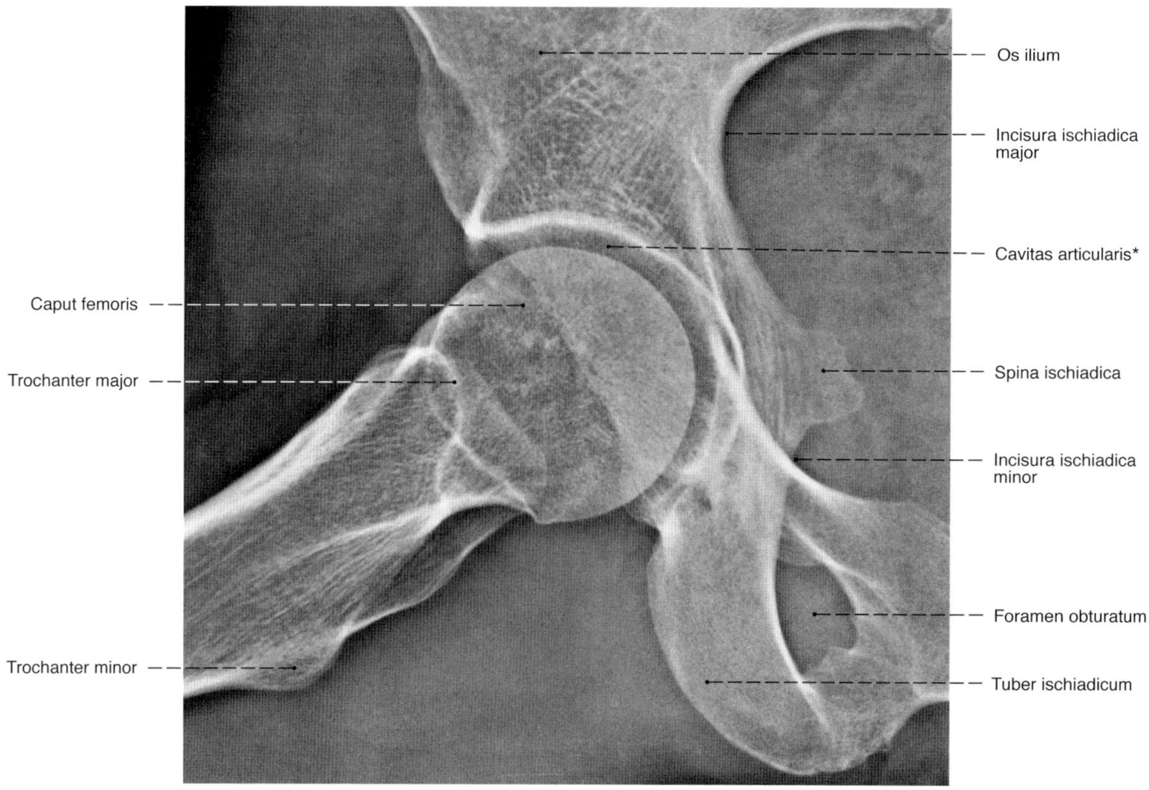

Abb. 1200 Hüftgelenk, Articulatio coxae; ap-Röntgenbild; Einstellung: Abduktion und Flexion des Oberschenkels im Liegen (sog. LAUENSTEIN-Projektion).

* Radiologischer Gelenkspalt, der auf Grund der geringen Röntgenabsorption durch den Gelenkknorpel relativ breit erscheint

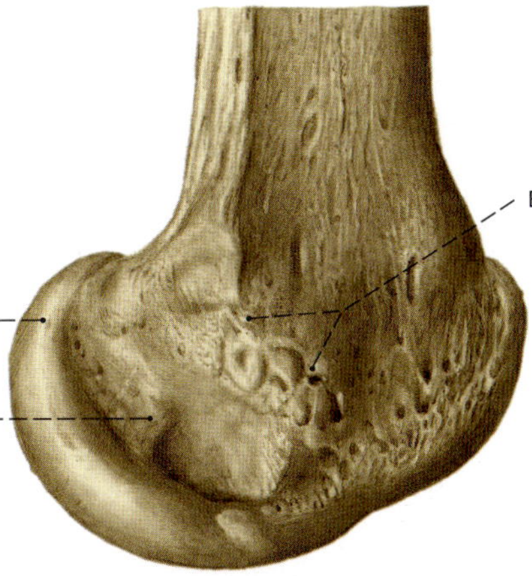

Abb. 1201 Oberschenkelknochen, Femur; distales Ende; von lateral (re, 80%).

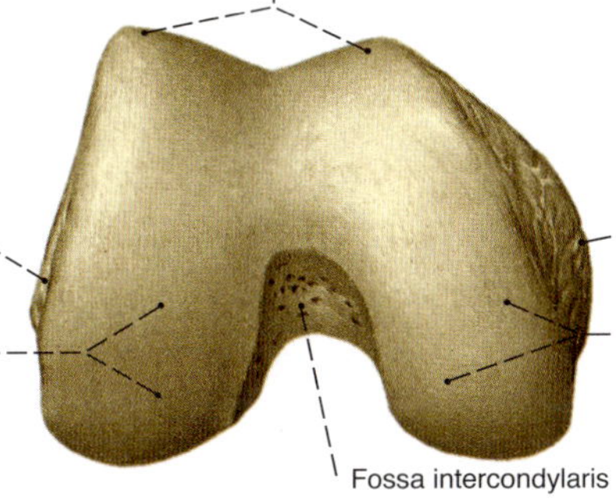

Abb. 1202 Oberschenkelknochen, Femur; distales Ende; von distal (re, 50%).

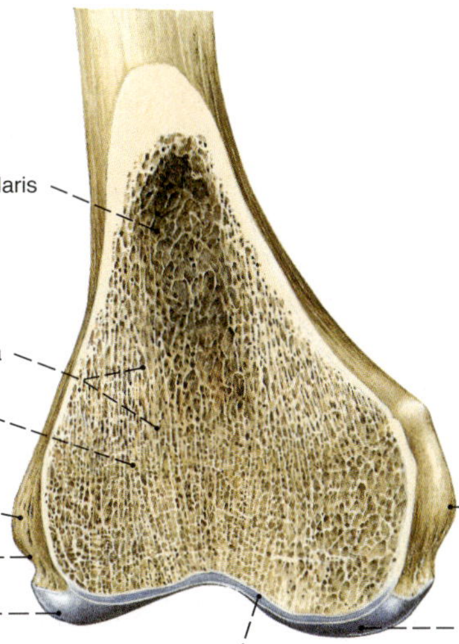

Abb. 1203 Oberschenkelknochen, Femur; Frontalschnitt durch die distalen Gelenkkörper; von vorne (re, 50%).

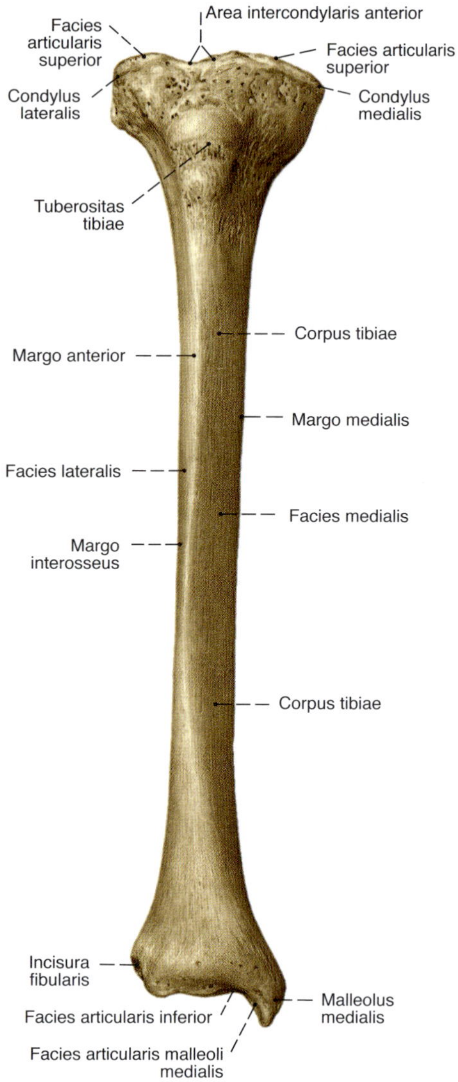

Abb. 1204 Schienbein, Tibia; von vorne (re, 35%).

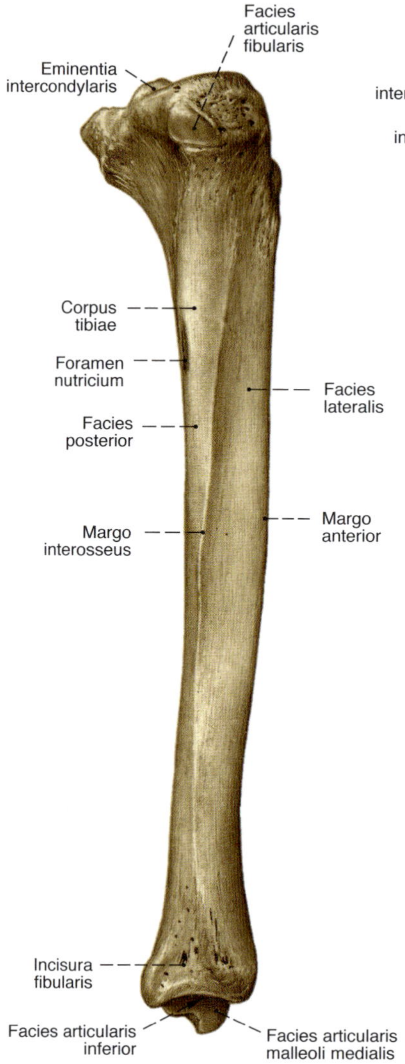

Abb. 1205 Schienbein, Tibia; von lateral (re, 35%).

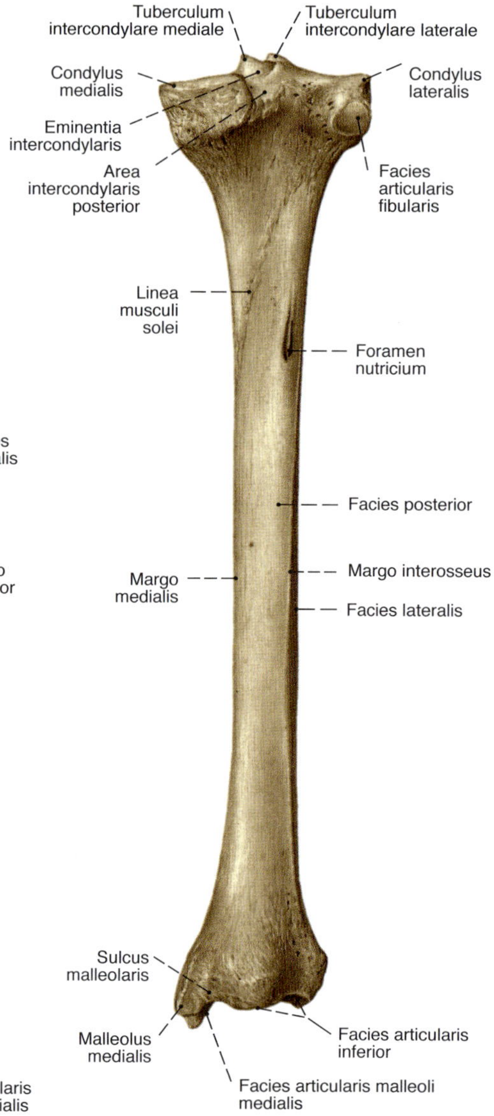

Abb. 1206 Schienbein, Tibia; von hinten (re, 35%).

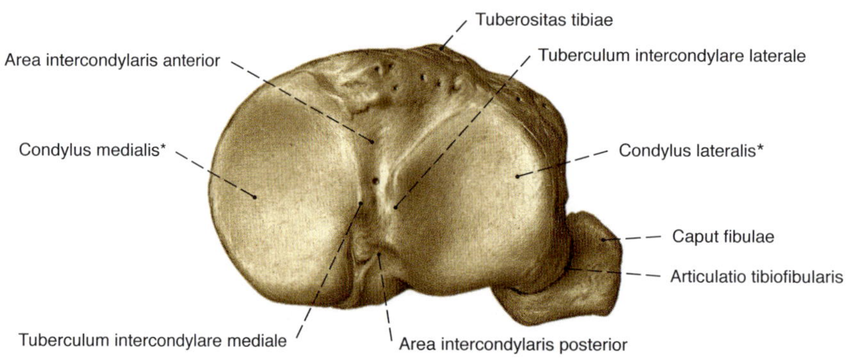

Abb. 1207 Schienbein, Tibia, und Wadenbein, Fibula; von proximal (re, 70%).

* Die Gelenkflächen der Kondylen werden zusammen als Facies articularis superior bezeichnet.

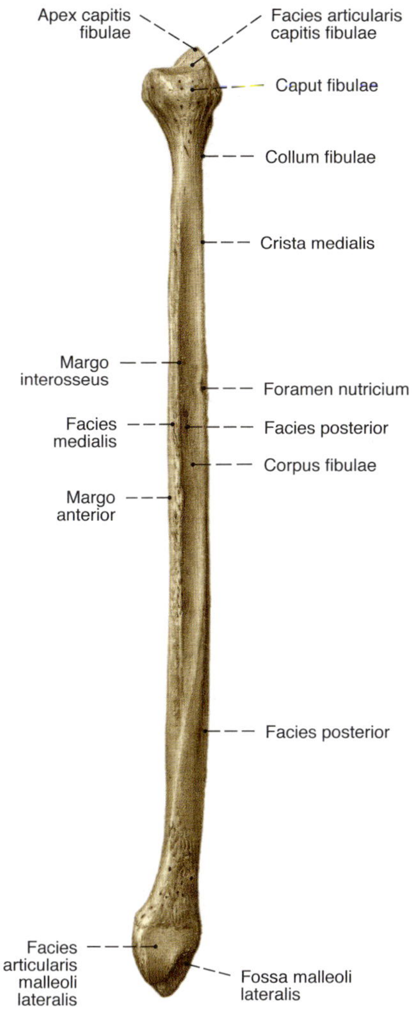

Abb. 1208 Wadenbein, Fibula; von medial (re, 35%).

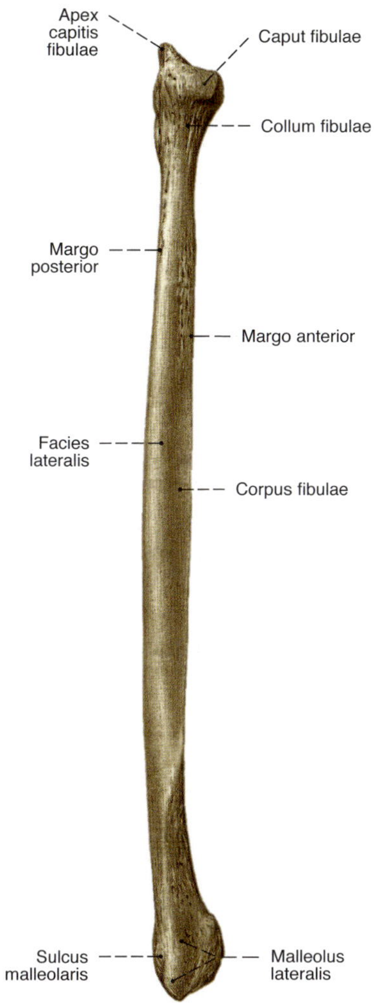

Abb. 1209 Wadenbein, Fibula; von lateral (re, 35%).

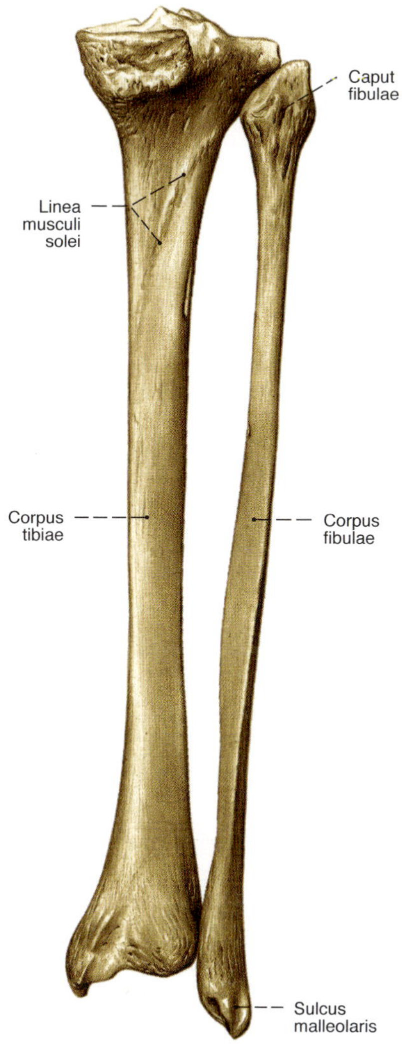

Abb. 1210 Schienbein, Tibia, und Wadenbein, Fibula; von hinten (re, 35%).

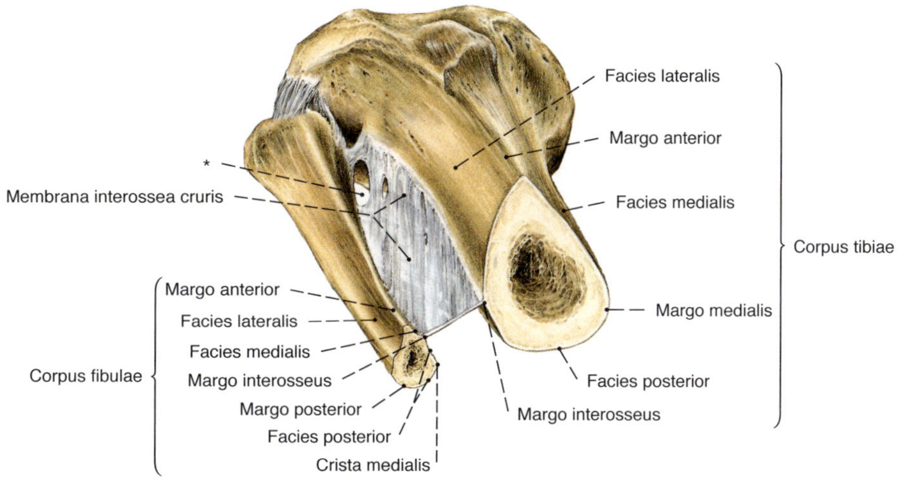

Abb. 1211 Schienbein, Tibia, und Wadenbein, Fibula; Querschnitt mit Membrana interossea cruris; von distal (re, 60%).

* Durchtrittsöffnung für die A. tibialis anterior

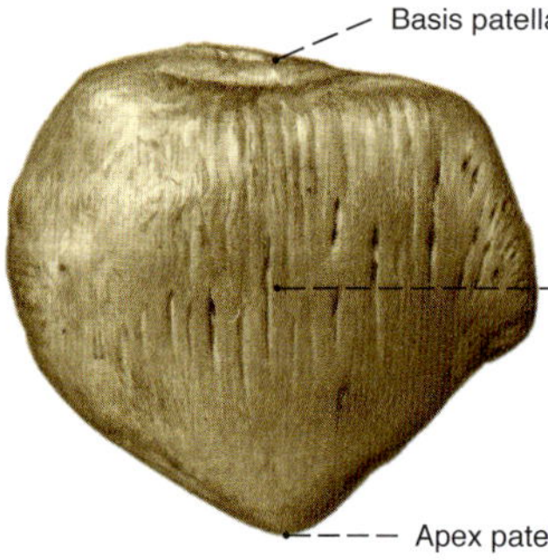

Abb. 1212 Kniescheibe, Patella;
von vorne (re, 80%).

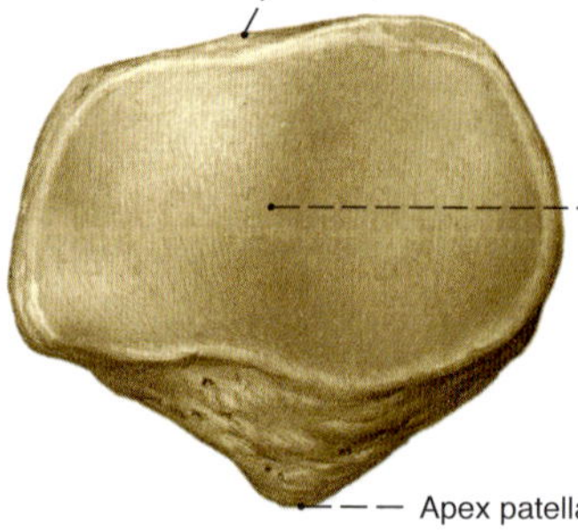

Abb. 1213 Kniescheibe, Patella;
von hinten (re, 80%).

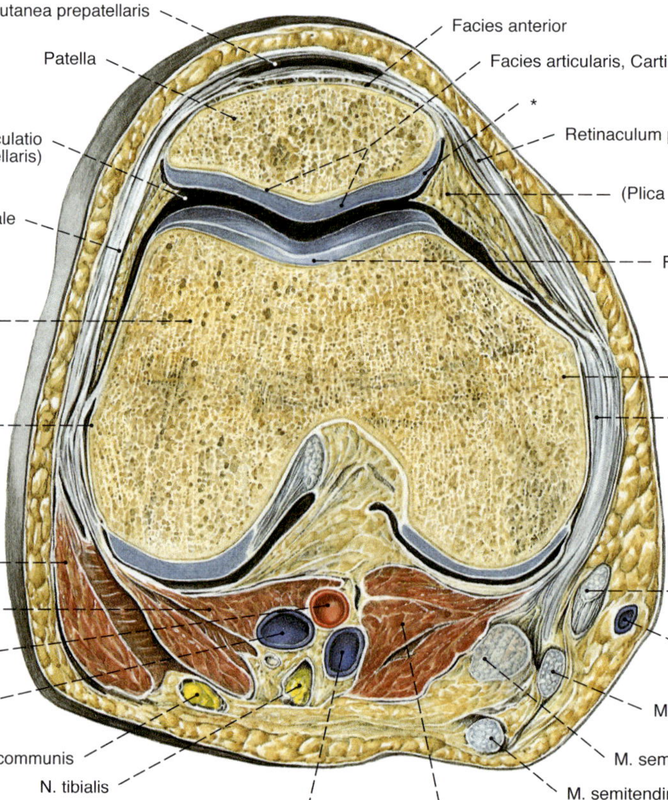

Abb. 1214 Kniescheibe, Patella, und Oberschenkelknochen, Femur;
Querschnitt durch das Kniegelenk auf Höhe der Mitte des Femoropatellargelenks in Streckstellung;
von distal (re, 70%).

* Mediale Randfacette

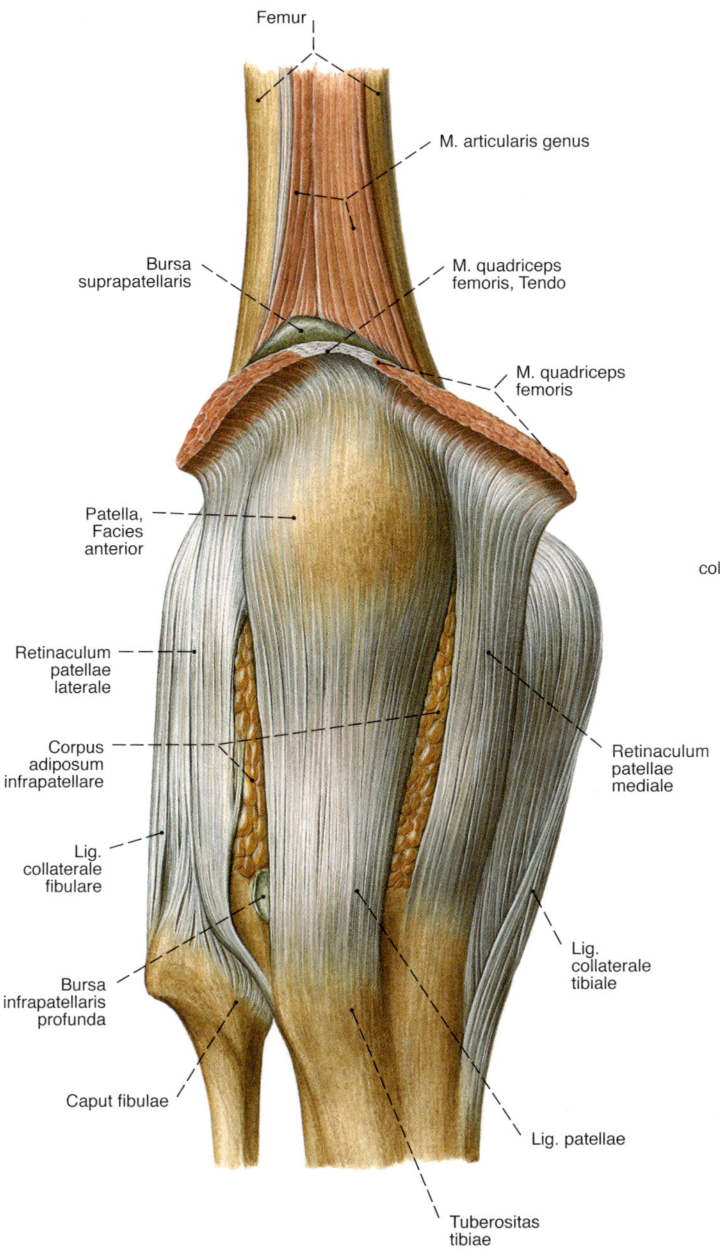

Abb. 1215 Kniegelenk, Articulatio genus; mit geschlossener Gelenkkapsel; von vorne (re, 65%).

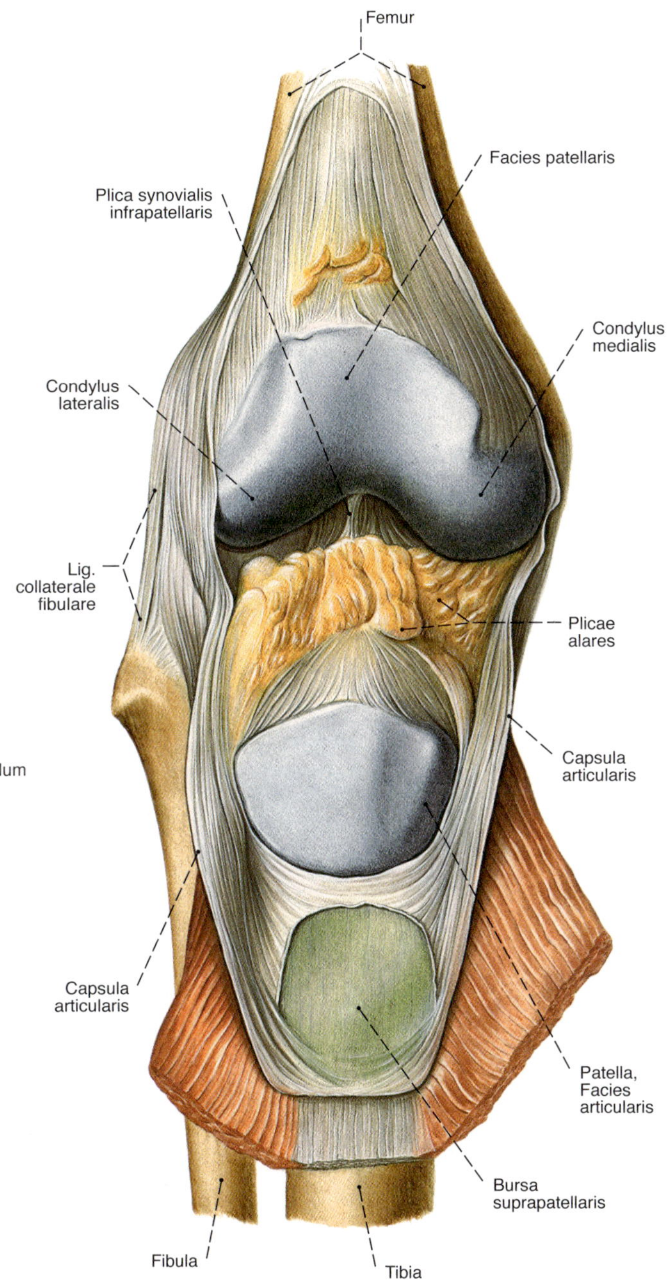

Abb. 1216 Kniegelenk, Articulatio genus; vorderer Kapselanteil nach Durchtrennung des M. quadriceps nach distal geklappt; Bursa suprapatellaris eröffnet; von vorne (re, 65%).

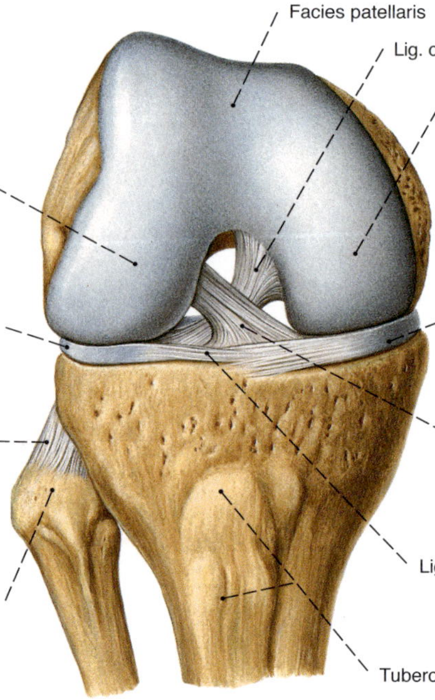

Abb. 1217 Kniegelenk, Articulatio genus;
in 90°-Beugestellung; nach Entfernung der Gelenkkapsel und der Seitenbänder;
von vorne (re, 65%).

* Klinisch: LCA
** Klinisch: LCP

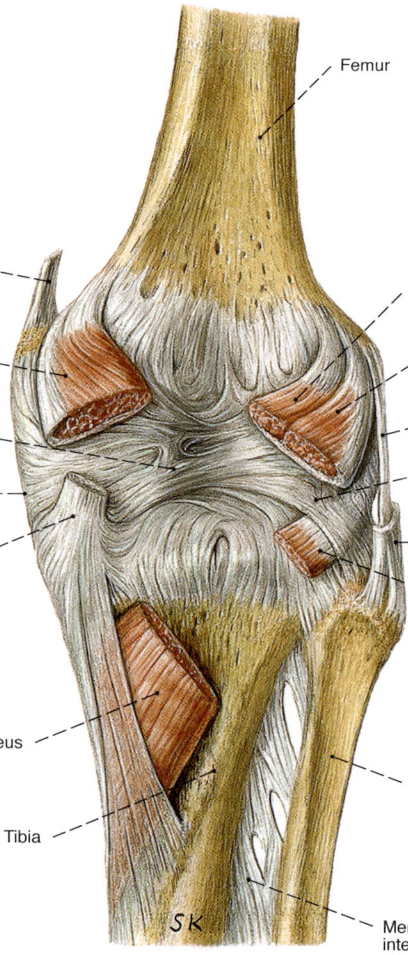

Abb. 1218 Kniegelenk, Articulatio genus;
mit geschlossener Gelenkkapsel und Muskelursprüngen;
von hinten (re, 65%).

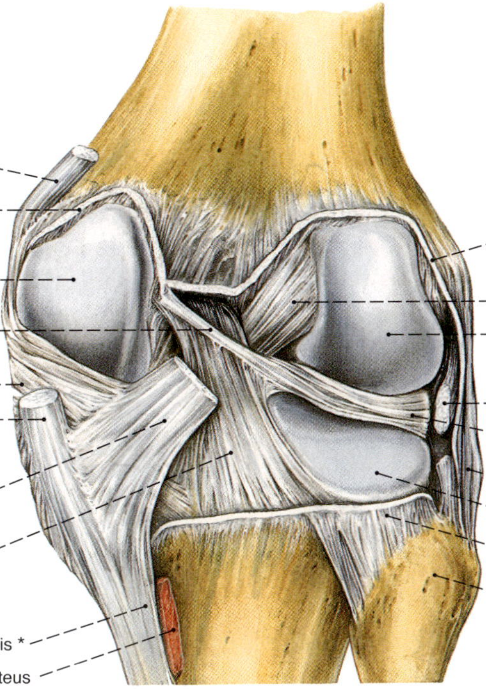

Abb. 1219 Kniegelenk, Articulatio genus; nach Freilegung der Kreuzbänder und der Menisci; von hinten (re, 65%).

* Neben dem knöchernen Ansatz an der Innenseite der Tibia unterhalb des medialen Kondylus strahlt die Sehne des M. semimembranosus auch in das Lig. popliteum obliquum und in eine Aponeurose aus, die das Ursprungsgebiet des M. popliteus überspannt.

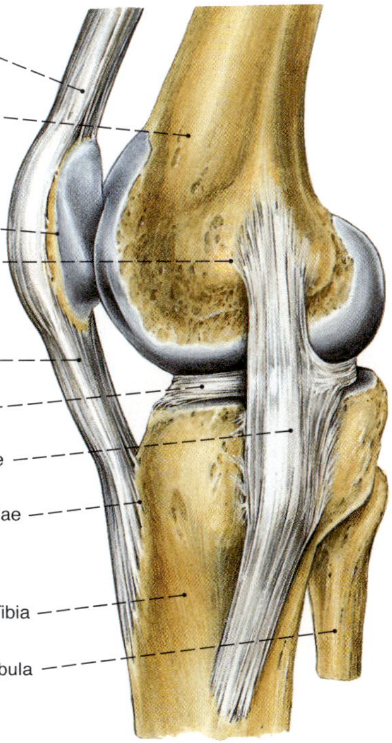

Abb. 1220 Kniegelenk, Articulatio genus; Faseranordnung des inneren Seitenbandes in gestreckter Stellung; von medial (re, 60%). Nur die hinteren Fasern des medialen Seitenbandes sind mit dem Meniscus medialis verwachsen.

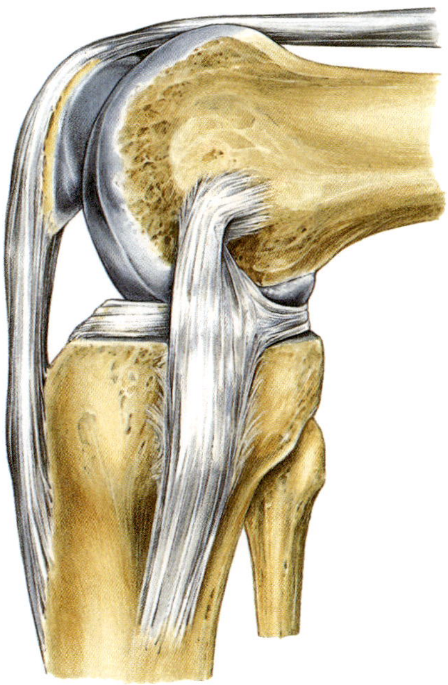

Abb. 1221 Kniegelenk, Articulatio genus; Faseranordnung des inneren Seitenbandes in gebeugter Stellung; von medial (re, 60%). Im Ablauf der Beugung kommt es zu einer Verdrehung der hinteren und der proximalen Fasern des inneren Seitenbandes, wodurch der Meniscus medialis stabilisiert wird.

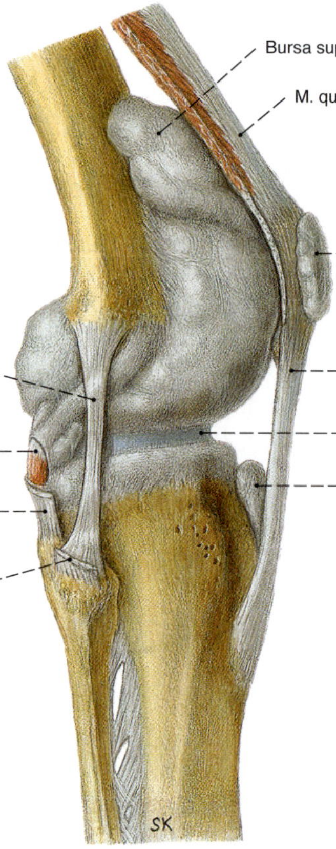

Abb. 1222 Kniegelenk, Articulatio genus; Gelenkhöhle durch Injektionsmasse prall gefüllt; von lateral (re, 65%). Recessus subpopliteus nicht dargestellt (vgl. mit Abb. 1223).

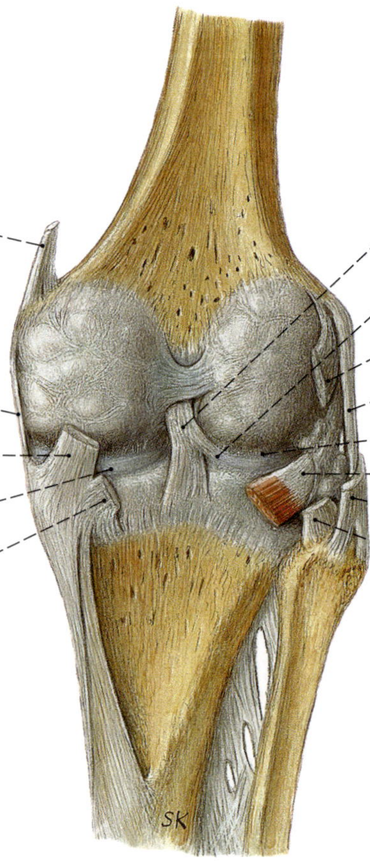

Abb. 1223 Kniegelenk, Articulatio genus; Gelenkhöhle durch Injektionsmasse prall gefüllt; von hinten (re, 65%).

* Klinisch: LCM (= Lig. collaterale mediale)
** Klinisch: LCL (= Lig. collaterale laterale)

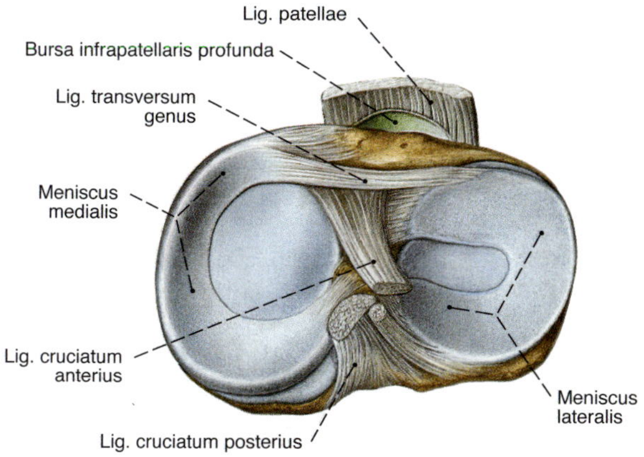

Abb. 1224 Kniegelenk, Articulatio genus;
Menisci nach querer Durchtrennung von Gelenkkapsel, Kreuz- und Seitenbändern;
von proximal (re, 65%).

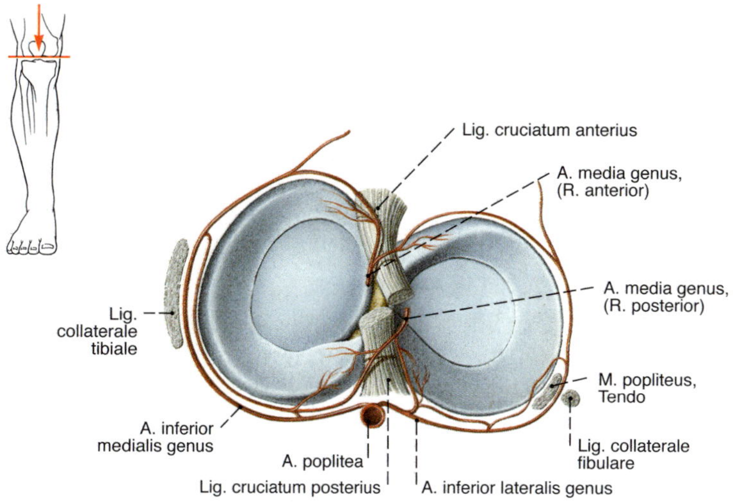

Abb. 1225 Kniegelenk, Articulatio genus;
arterielle Versorgung der Menisci nach querer Durchtrennung von Gelenkkapsel, Kreuz- und Seitenbändern;
von proximal (re, 65%).

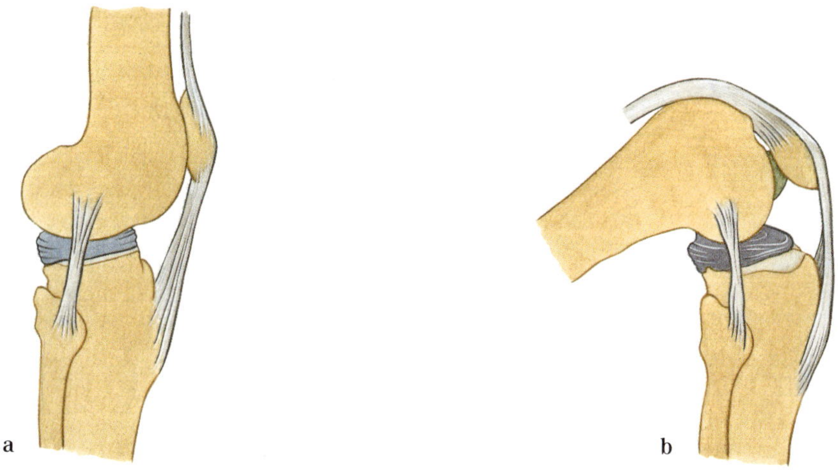

Abb. 1226 a, b Kniegelenk, Articulatio genus;
Verschiebung der Menisci bei der Beugung;
von lateral (re).

a Streckstellung
b Beugestellung

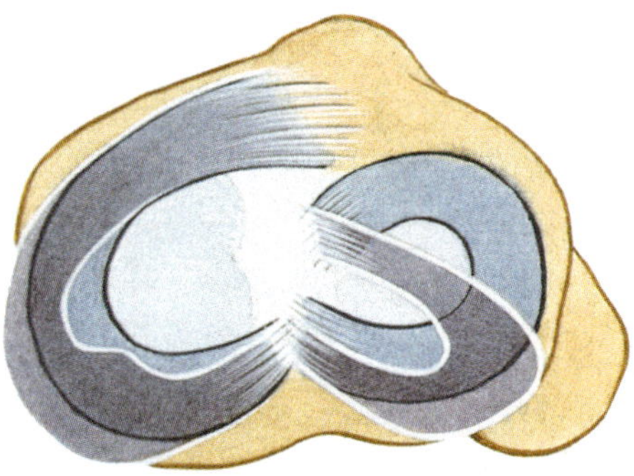

Abb. 1227 Kniegelenk, Articulatio genus;
Verschieblichkeit der Menisci bei der Beugung;
von proximal (re).
Bei der Beugung werden beide Menisci über die Kanten der Tibiakondylen nach hinten gedrängt. Die geringere Verletzungsgefahr für den lateralen Meniskus wird mit seiner größeren Verschieblichkeit erklärt.

Unterteilung des Kniegelenks

Der komplexe Aufbau aus drei Gelenkkörpern und die unvollständige quere Trennung durch die Menisci haben dazu geführt, dass das Kniegelenk vor allem unter funktionellen Gesichtspunkten in drei Bereiche unterteilt wird, die **Articulatio femoropatellaris,** die **Articulatio meniscofemoralis** und die **Articulatio meniscotibialis.** Die Menisci wirken als verschiebliche Gelenkkörper und erlauben eine günstigere Druckübertragung auf die Kondylen der Tibia.

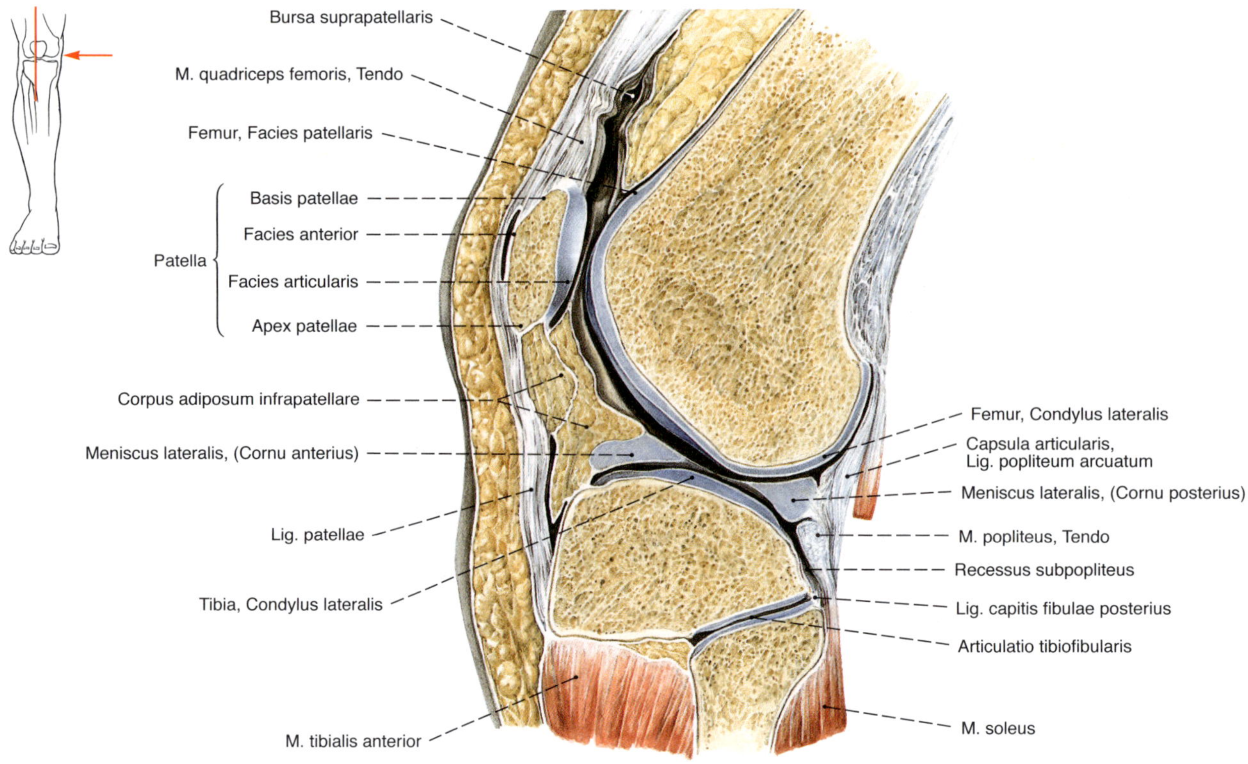

Abb. 1228 Kniegelenk, Articulatio genus; Sagittalschnitt durch den lateralen Gelenkanteil; von lateral (re, 65%).

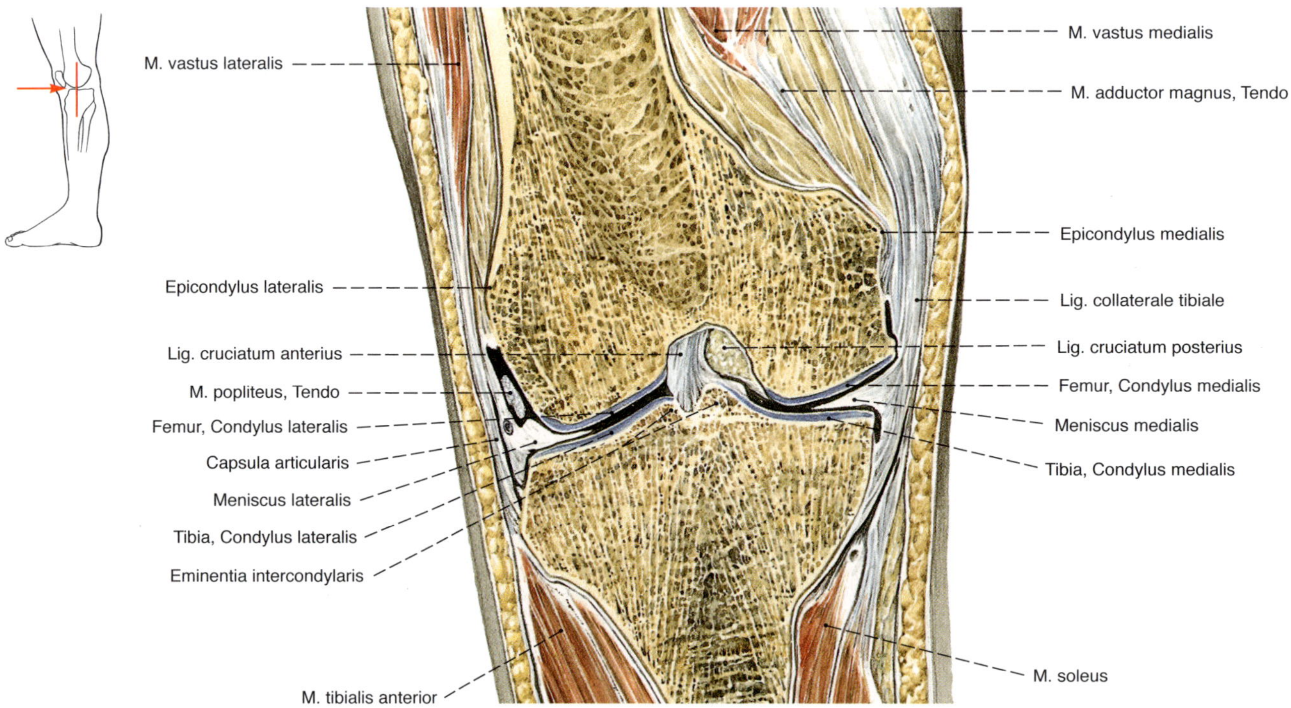

Abb. 1229 Kniegelenk, Articulatio genus; Frontalschnitt durch die Gelenkmitte; von vorne (re, 65%).

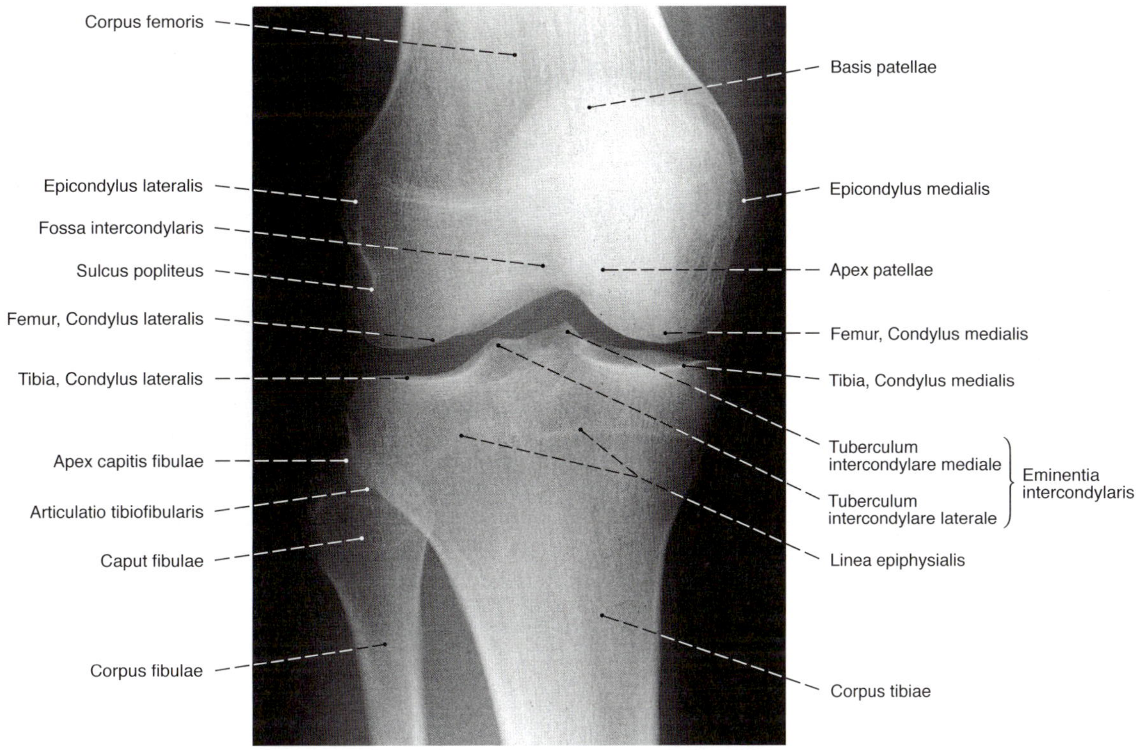

Abb. 1230 Kniegelenk, Articulatio genus; ap-Röntgenbild; Einstellung: Aufnahme im Liegen, Zentralstrahl auf die Gelenkmitte gerichtet.

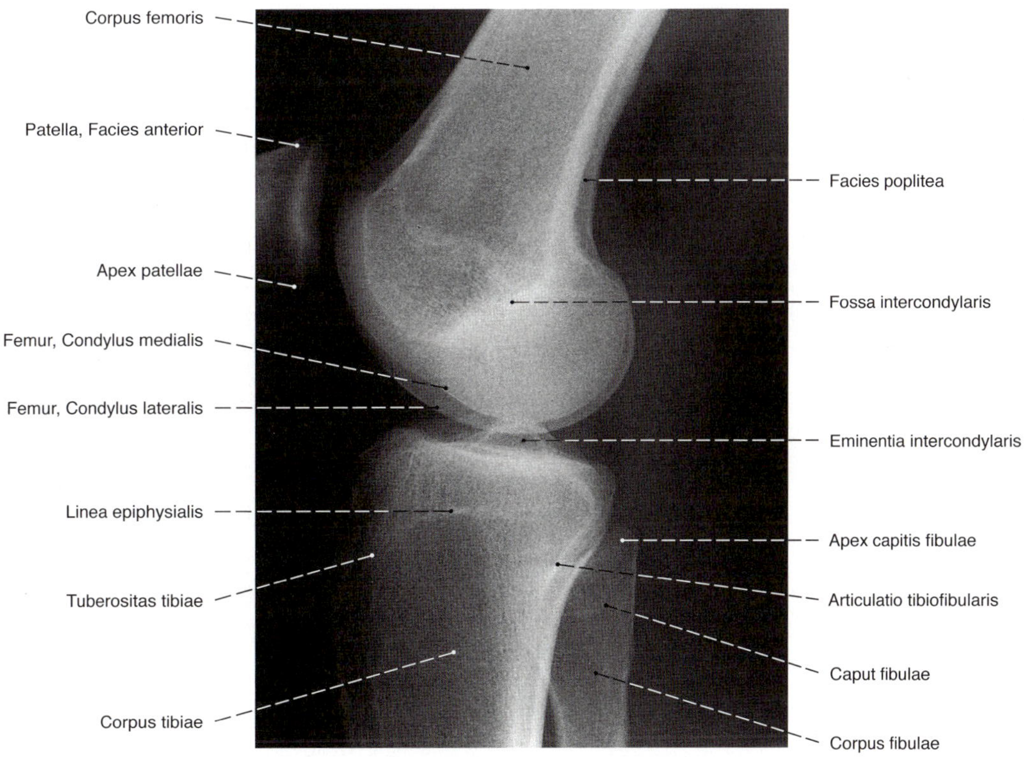

Abb. 1231 Kniegelenk, Articulatio genus; laterales Röntgenbild; Einstellung: Aufnahme im Liegen, Zentralstrahl auf die Gelenkmitte gerichtet.

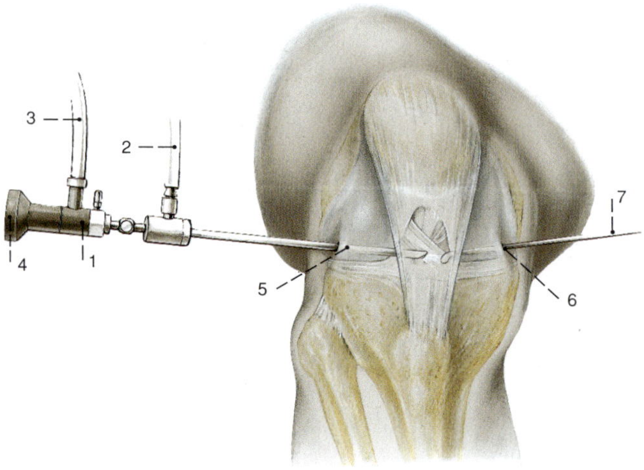

1 Arthroskop
2 Zu- bzw. Ableitung der Spülflüssigkeit
3 Kaltlichtquelle
4 Okular bzw. Ansatz für Videosystem
5 anterolateraler Zugang
6 anteromedialer Zugang
7 zusätzliches Instrument

Abb. 1232 Zugänge bei der Arthroskopie.

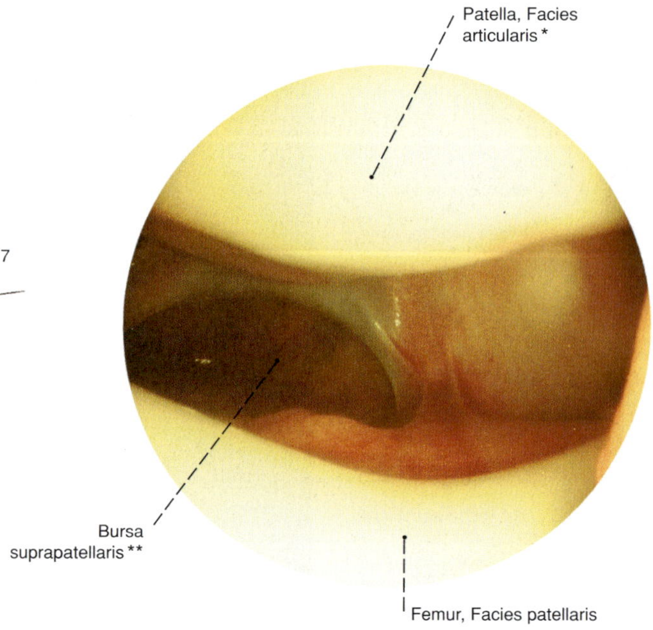

Abb. 1233 a–c Kniegelenk, Articulatio genus; Arthroskopie.

a Blick von unten in das Femoropatellargelenk (re)

* Patellafirst: First zwischen medialer und lateraler Gelenkfläche
** Klinisch: Recessus suprapatellaris

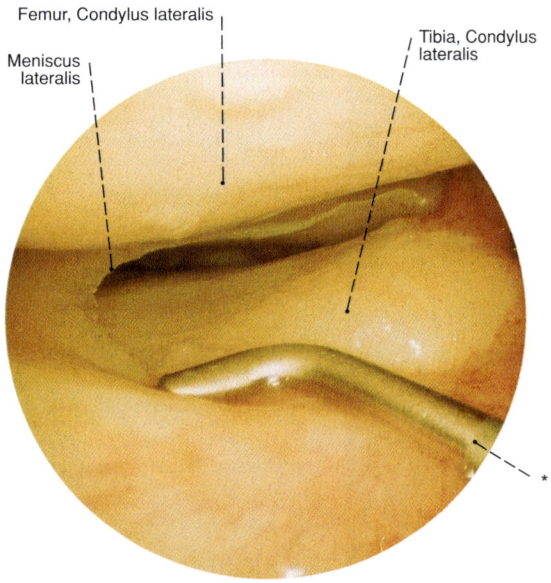

b Blick von medial auf den freien Innenrand des lateralen Meniskus (re).
Mit dem Tasthaken (*) wird der vordere Teil des Meniskus etwas hinuntergedrückt.

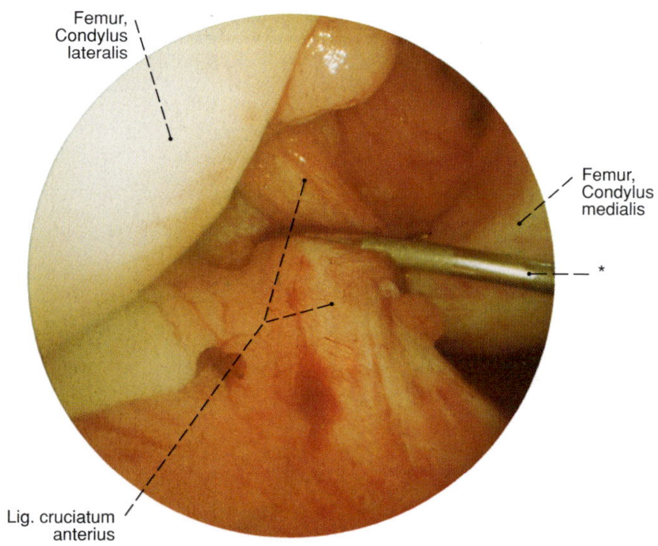

c Blick von anterolateral auf den distalen Anteil des vorderen Kreuzbandes (re).
Das Band ist mit gefäßreicher Synovialmembran bedeckt; es wird mit dem Tasthaken (*) etwas nach medial gezogen.

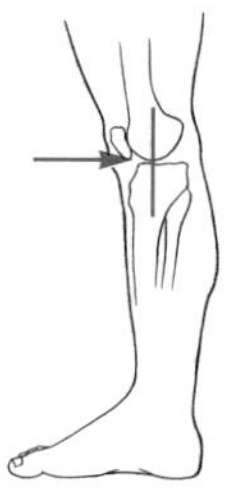

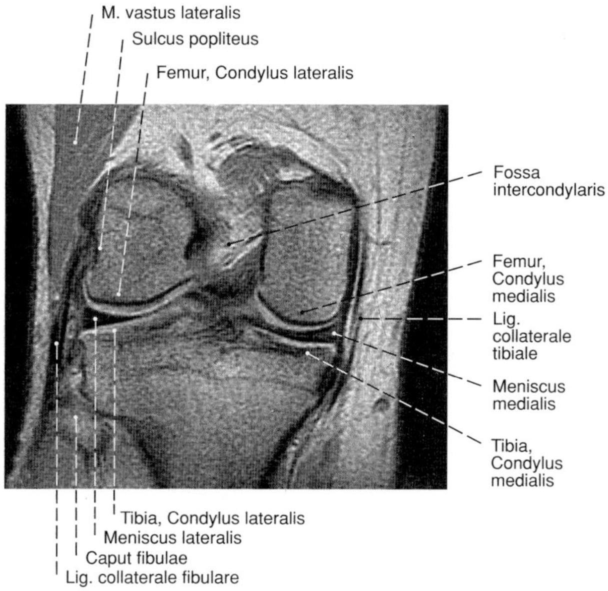

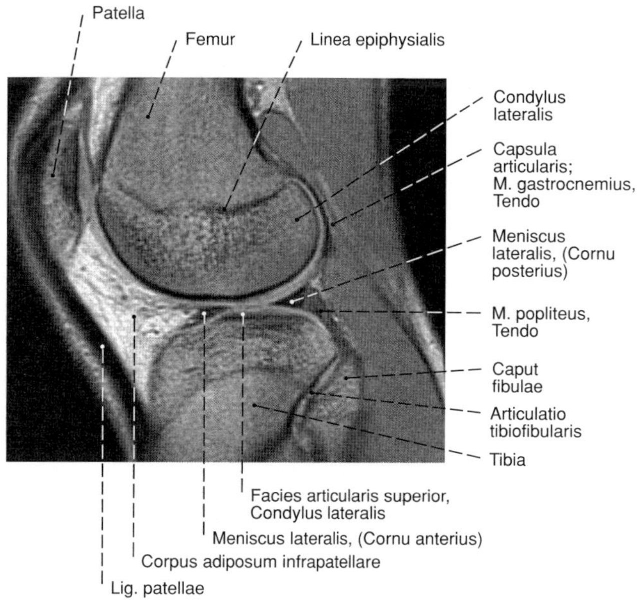

Abb. 1234 Kniegelenk, Articulatio genus; magnetresonanztomographischer Frontalschnitt (MRT) durch die Mitte der Eminentia intercondylaris; Einstellung: Knie in gestreckter Stellung. Kompakter Knochen stellt sich bei dieser Aufnahmetechnik im MRT schwarz dar.

Abb. 1235 Kniegelenk, Articulatio genus; magnetresonanztomographischer Sagittalschnitt (MRT) durch den lateralen Gelenkanteil; Einstellung: Knie in gestreckter Stellung.

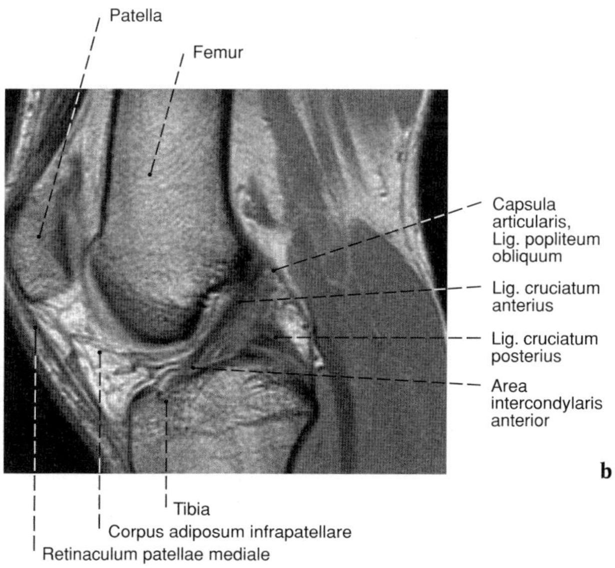

a

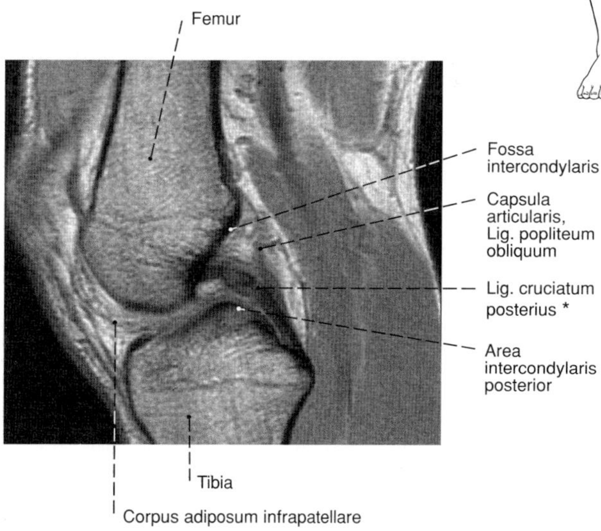

b

Abb. 1236 a, b Kniegelenk, Articulatio genus; magnetresonanztomographische Sagittalschnitte (MRT); Einstellung: Knie in gestreckter Stellung.

a Vorderes Kreuzband, Lig. cruciatum anterius
b Hinteres Kreuzband, Lig. cruciatum posterius

* Die Inhomogenität ist durch schräge Anschnitte der Faserbündel zu erklären.

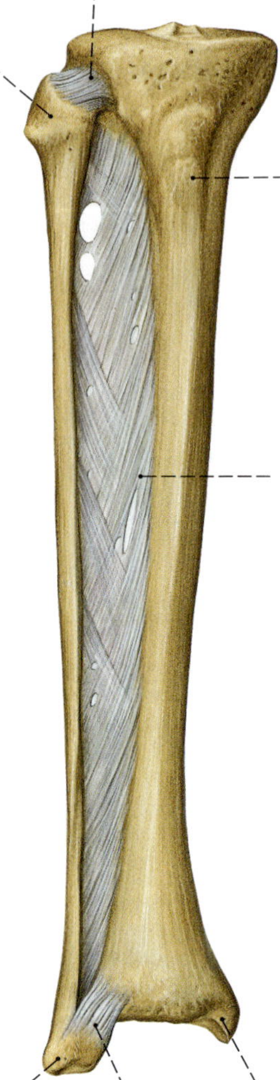

Abb. 1237 Verbindungen der Knochen des Unterschenkels; von vorne (re, 30%).

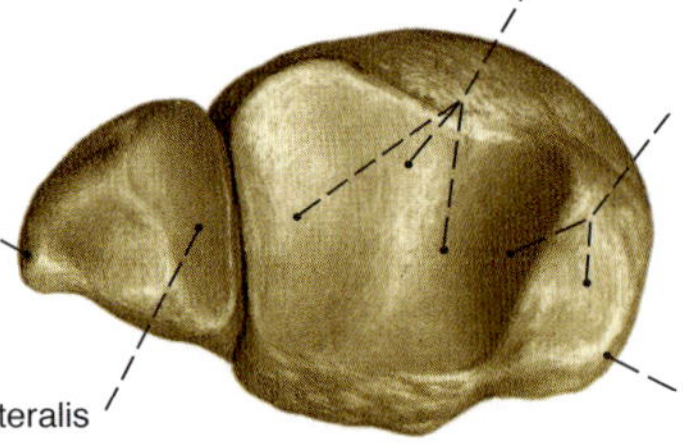

Abb. 1238 Schienbein, Tibia, und Wadenbein, Fibula; von distal (re, 55%).

Abb. 1239 Fußskelett, Ossa pedis; von proximal (re, 50%).

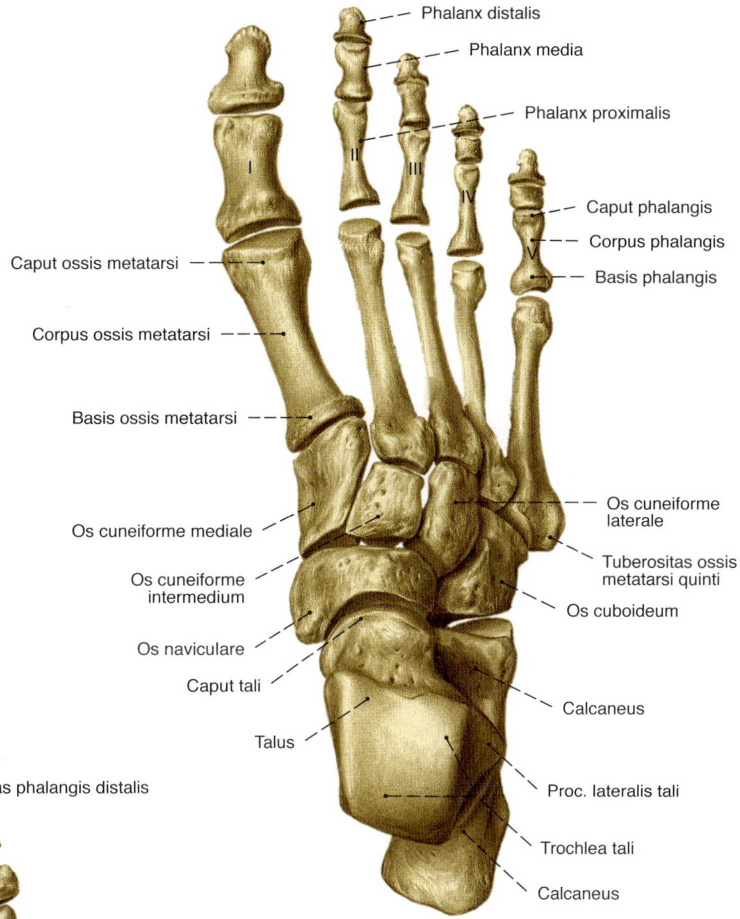

I Hallux [Digitus primus]
II Digitus secundus
III Digitus tertius
IV Digitus quartus
V Digitus minimus [quintus]

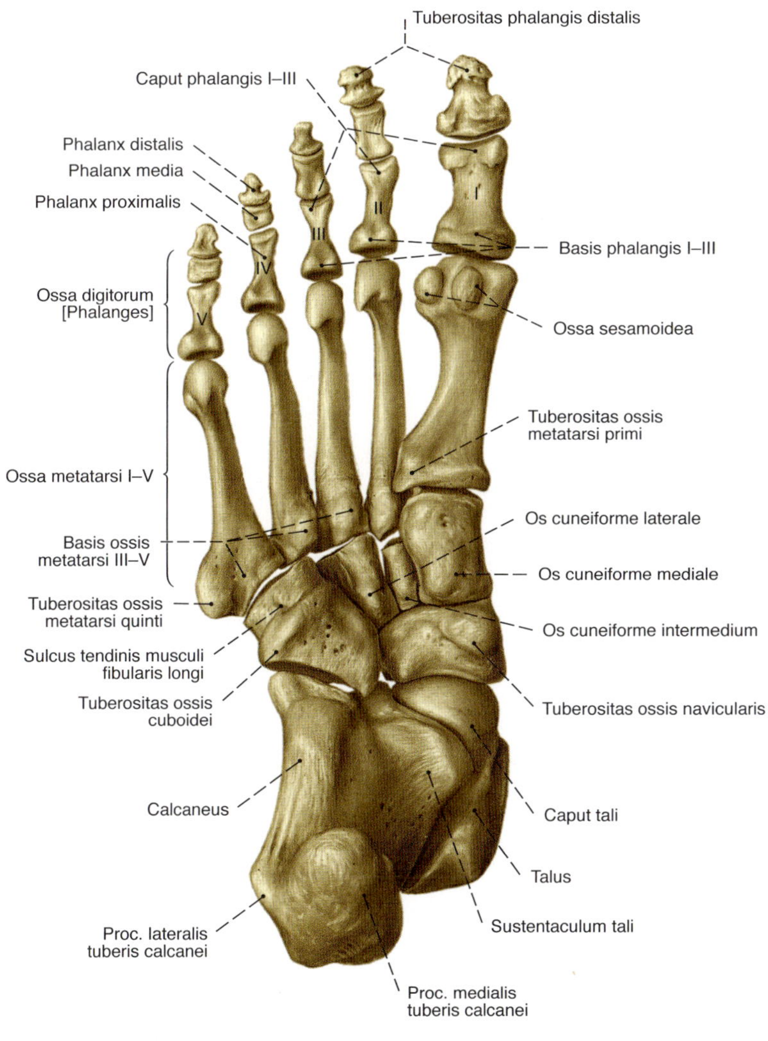

Abb. 1240 Fußskelett, Ossa pedis; von plantar (re, 50%).

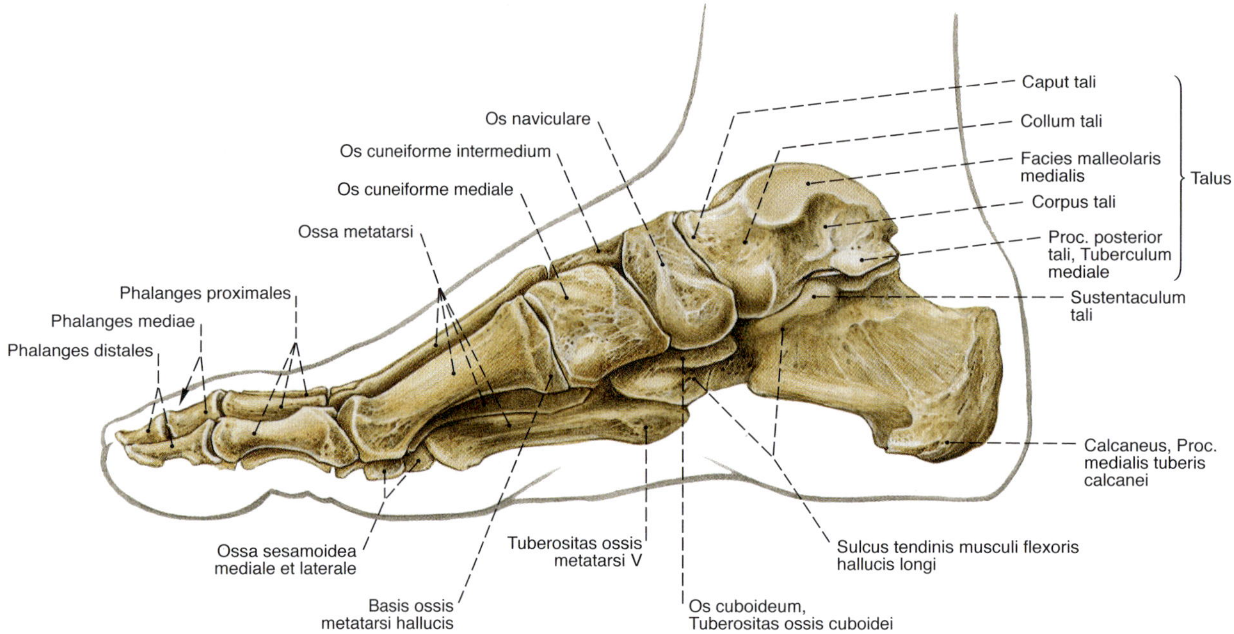

Abb. 1241 Fußskelett, Ossa pedis;
von medial (re, 45%).

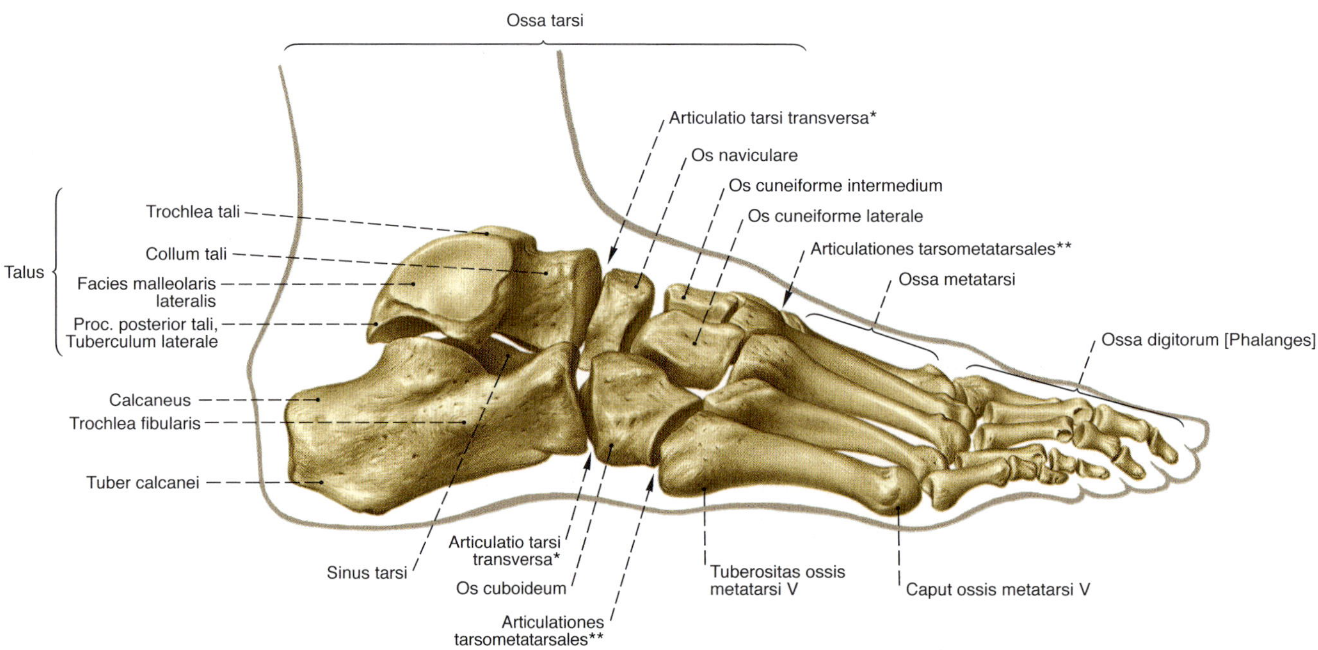

Abb. 1242 Fußskelett, Ossa pedis;
von lateral (re, 45%).

* Auch: CHOPARTsche Gelenklinie
** Auch: LISFRANCsche Gelenklinie

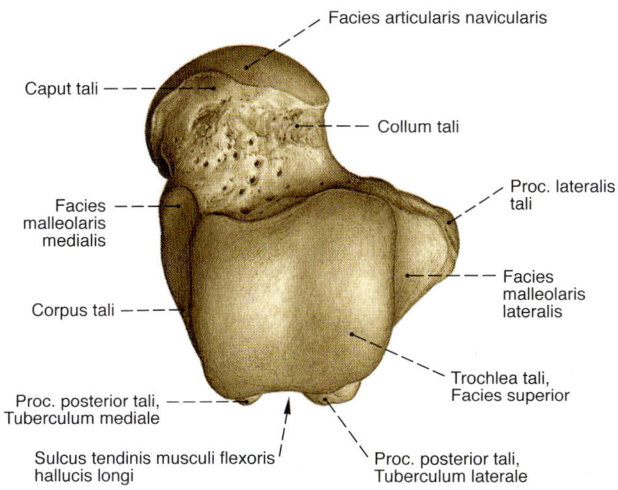

Abb. 1243 Sprungbein, Talus; von proximal (re, 85%).

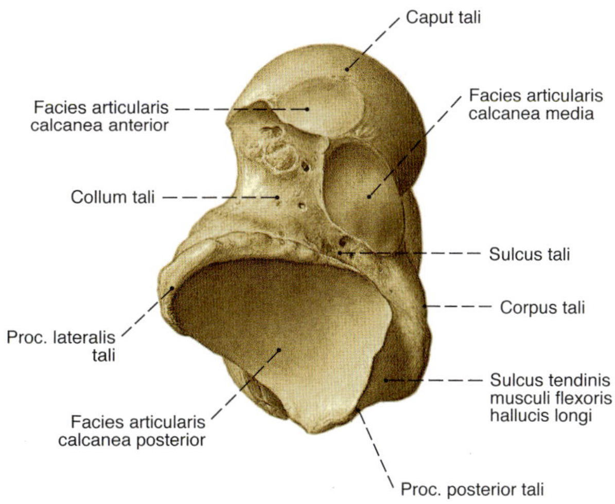

Abb. 1244 Sprungbein, Talus; von plantar (re, 85%).

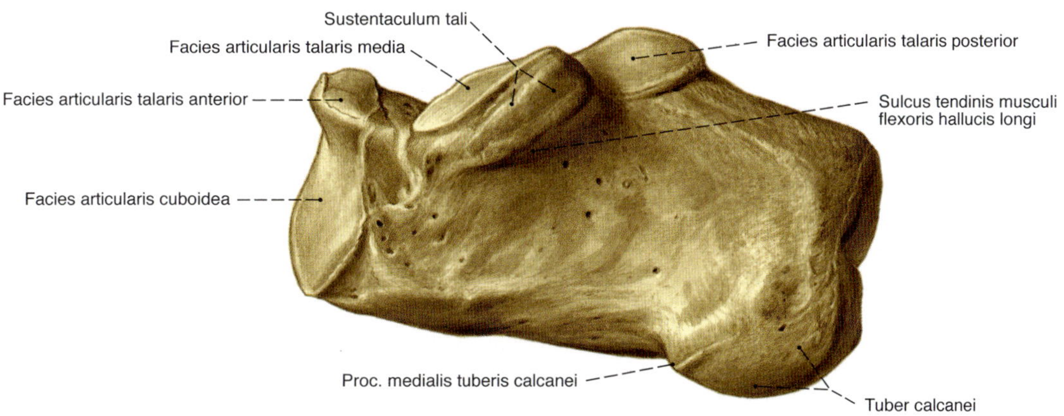

Abb. 1245 Fersenbein, Calcaneus; von medial (re, 90%).

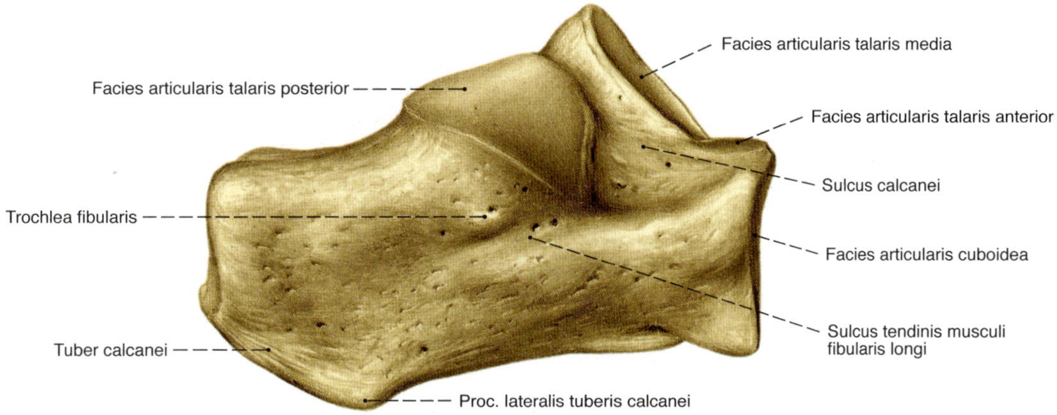

Abb. 1246 Fersenbein, Calcaneus; von lateral (re, 90%).

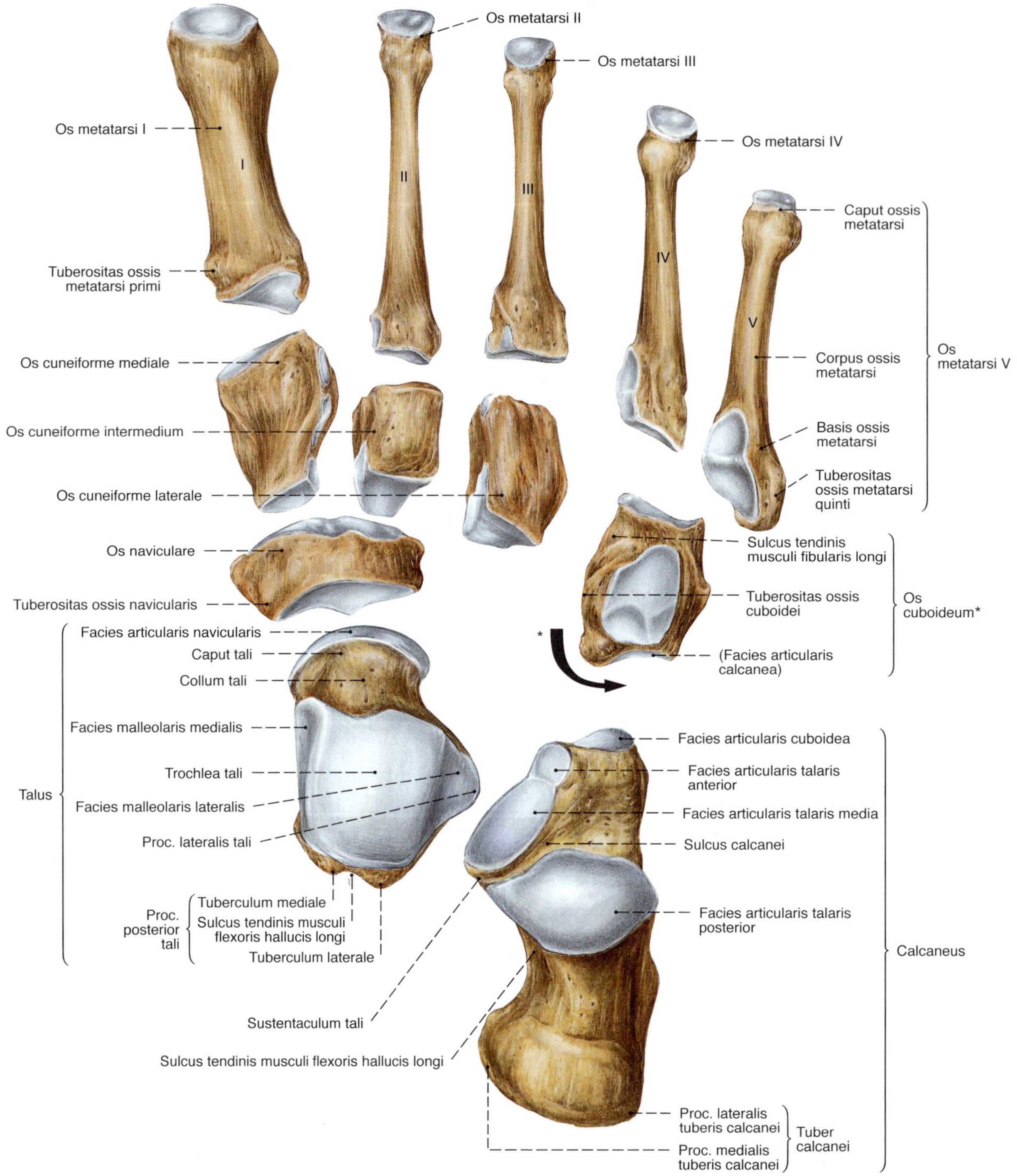

Abb. 1247 Knochen der Fußwurzel, Ossa tarsi, und des Mittelfußes, Ossa metatarsi; Abstände zwischen den Knochen aus didaktischen Gründen vergrößert; von proximal (re, 80%).

* Das Os cuboideum ist von medial dargestellt.

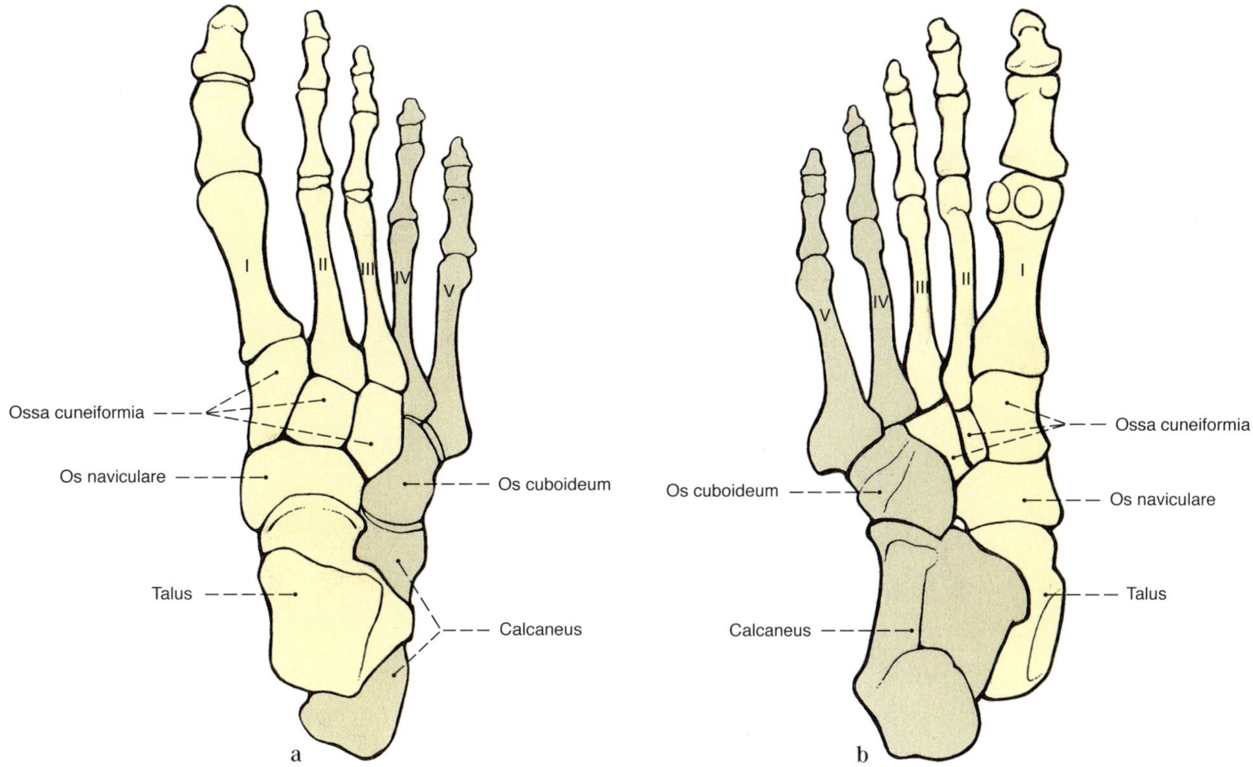

Abb. 1248 a, b Fußskelett, Ossa pedis; Bauplan.
a von proximal (re)
b von plantar (re)

Während die Köpfchen aller Mittelfußknochen in der Plantarebene liegen, lagern sich Keilbeine, Kahnbein und Sprungbein nach hinten zunehmend über die lateralen Skelettanteile, so dass das Sprungbein über dem Fersenbein zu liegen kommt. Nach medial öffnet sich dadurch das Längsgewölbe.
Der keilförmige Querschnitt der Keilbeine und der Basen der Mittelfußknochen führt zum Aufbau des Quergewölbes.

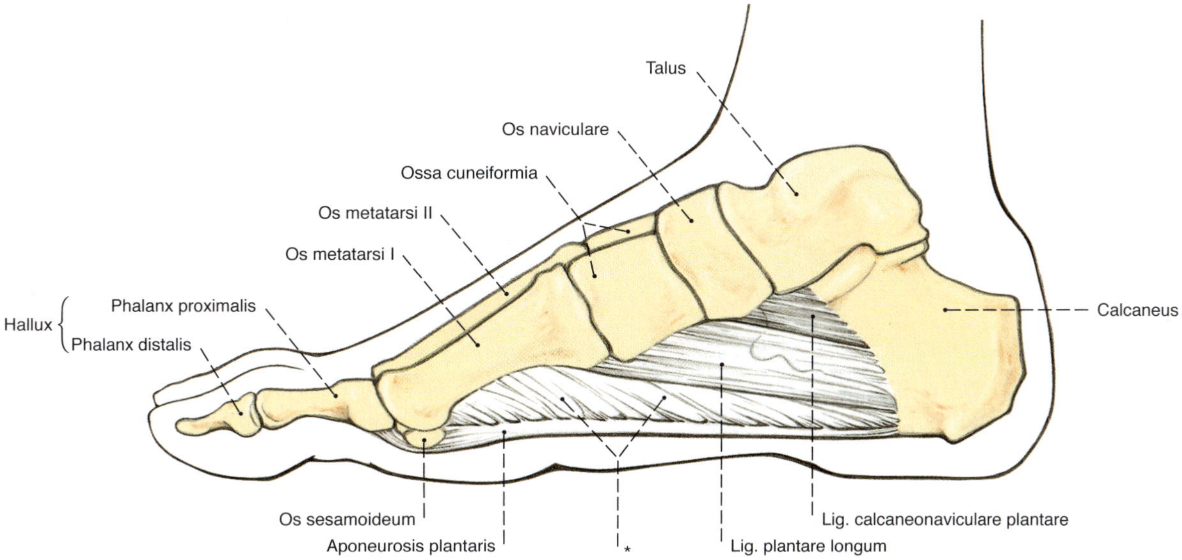

Abb. 1249 Verspannung des Längsgewölbes des Fußes; von medial (re).
* Mediales intermuskuläres Septum

Die in der Abbildung dargestellten, im Wesentlichen in der Längsachse des Fußes ausgerichteten Bandstrukturen verspannen passiv das Längsgewölbe. Sie werden vor allem durch die kurzen Muskeln des Fußes in ihrer Funktion unterstützt.

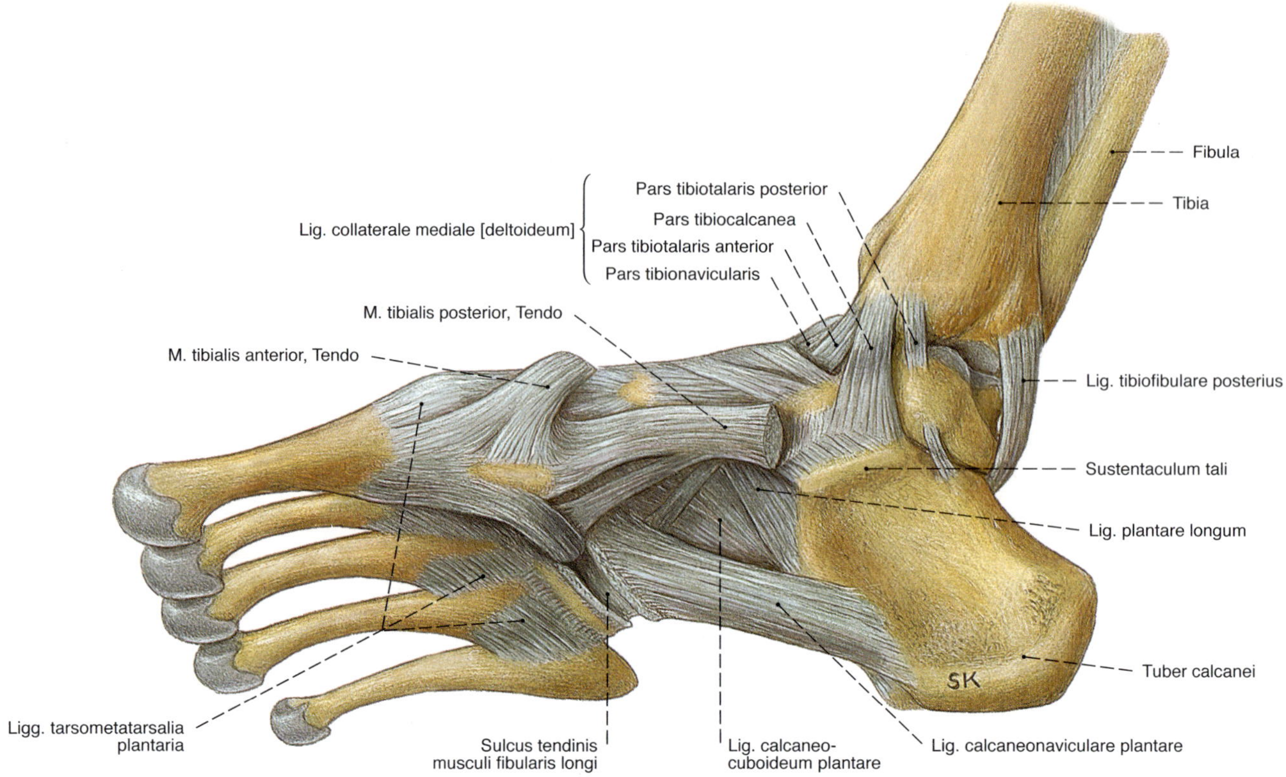

Abb. 1250 Gelenke des Fußes, Articulationes pedis; Bänder und Sehnen im Bereich des Rückfußes und der Sprunggelenke; von medial (re, 70%).

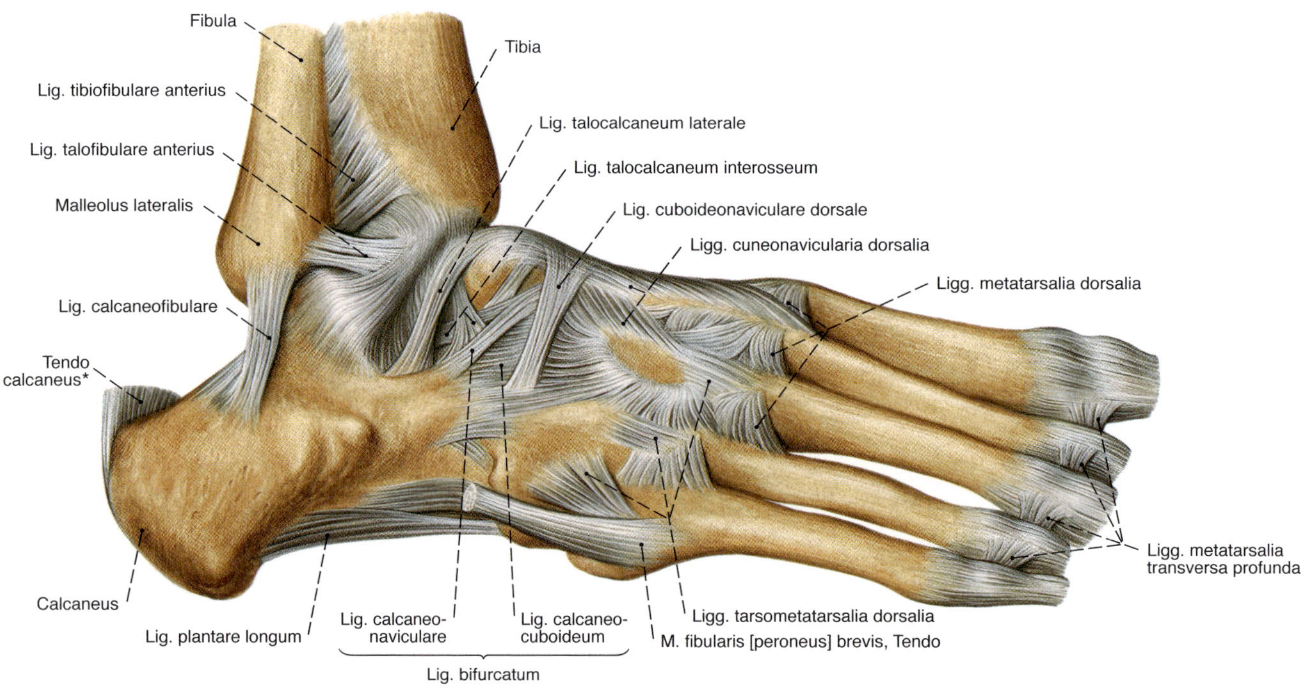

Abb. 1251 Gelenke des Fußes, Articulationes pedis; Bänder und Sehnen im Bereich des Rück- und des Mittelfußes; von lateral (re, 70%).

* Auch: Achillessehne

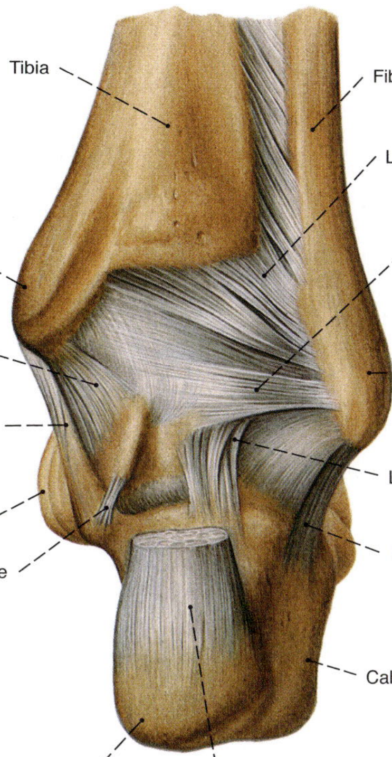

Abb. 1252 Gelenke des Fußes, Articulationes pedis;
Bänder und Sehnen im Bereich des Rückfußes;
von hinten (re, 70%).

* Auch: Achillessehne

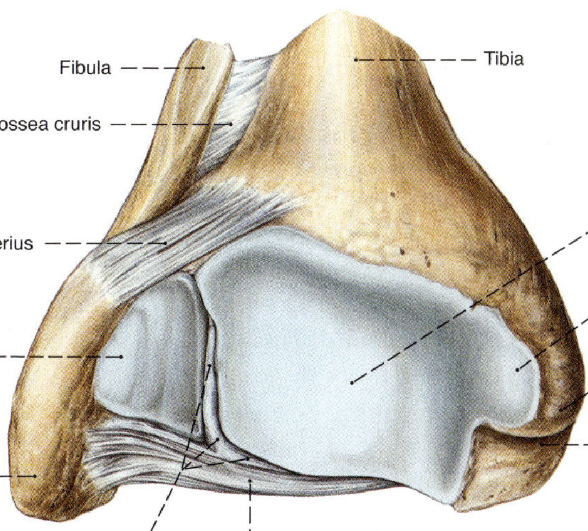

Abb. 1253 Oberes Sprunggelenk, Articulatio talocruralis;
proximale Gelenkkörper;
von distal (re, 120%).

Abb. 1254 Gelenke des Fußes, Articulationes pedis; von plantar (re, 55%).

* Das Lig. plantare longum schließt den Sulcus zu einem Kanal für die Sehne des M. fibularis [peroneus] longus.

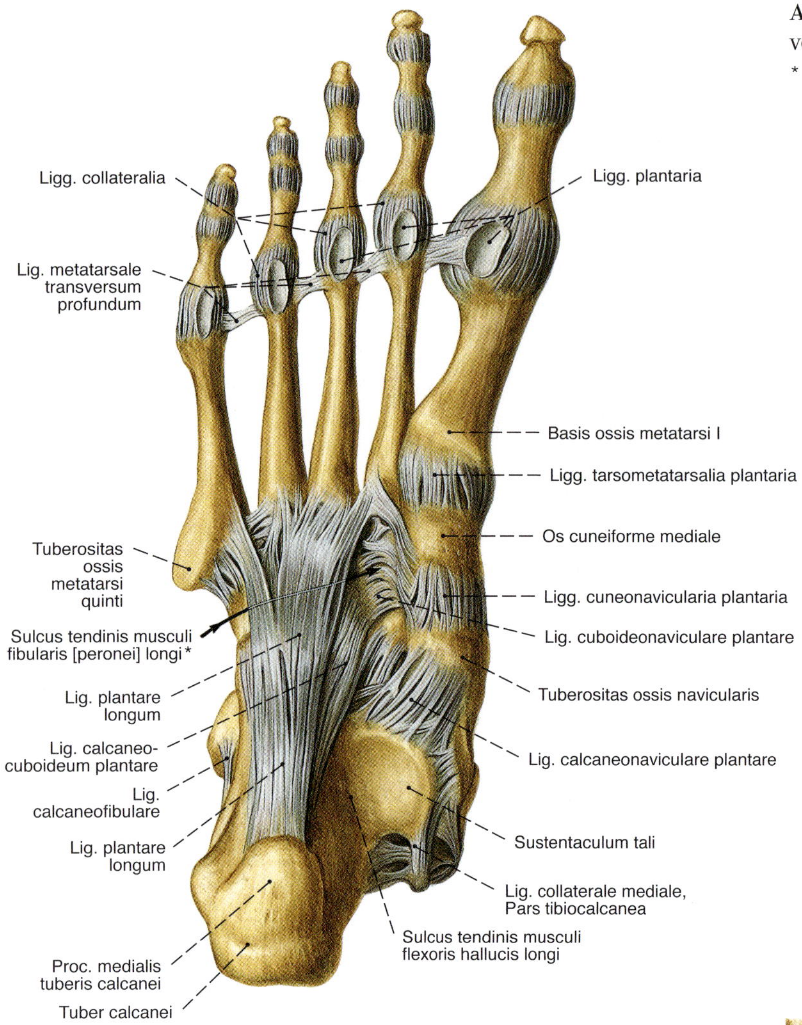

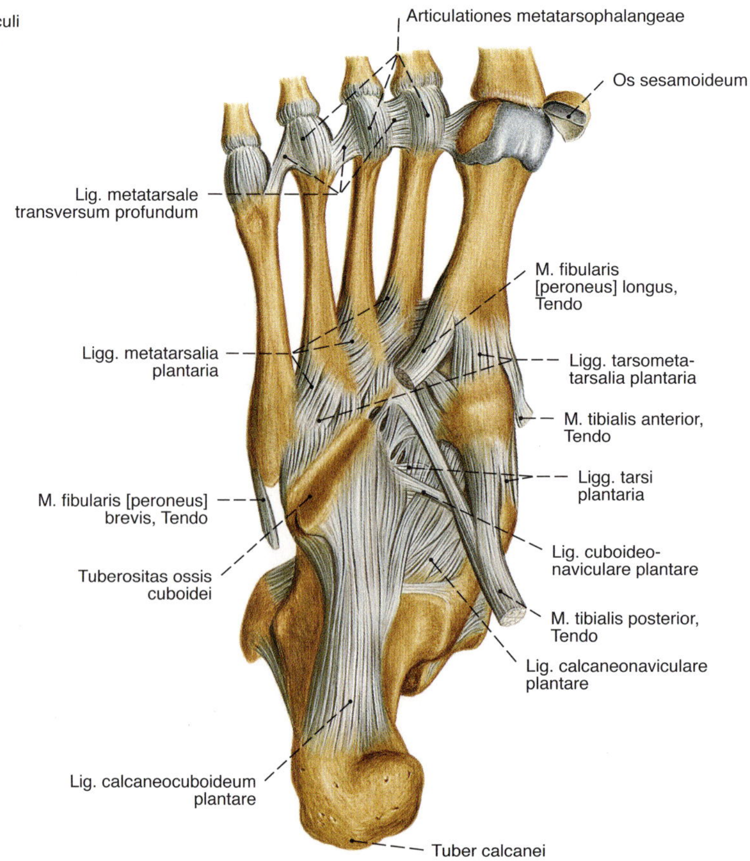

Abb. 1255 Gelenke des Fußes, Articulationes pedis; Bänder und Sehnen im Bereich des Rück- und des Mittelfußes; von plantar (re, 55%).

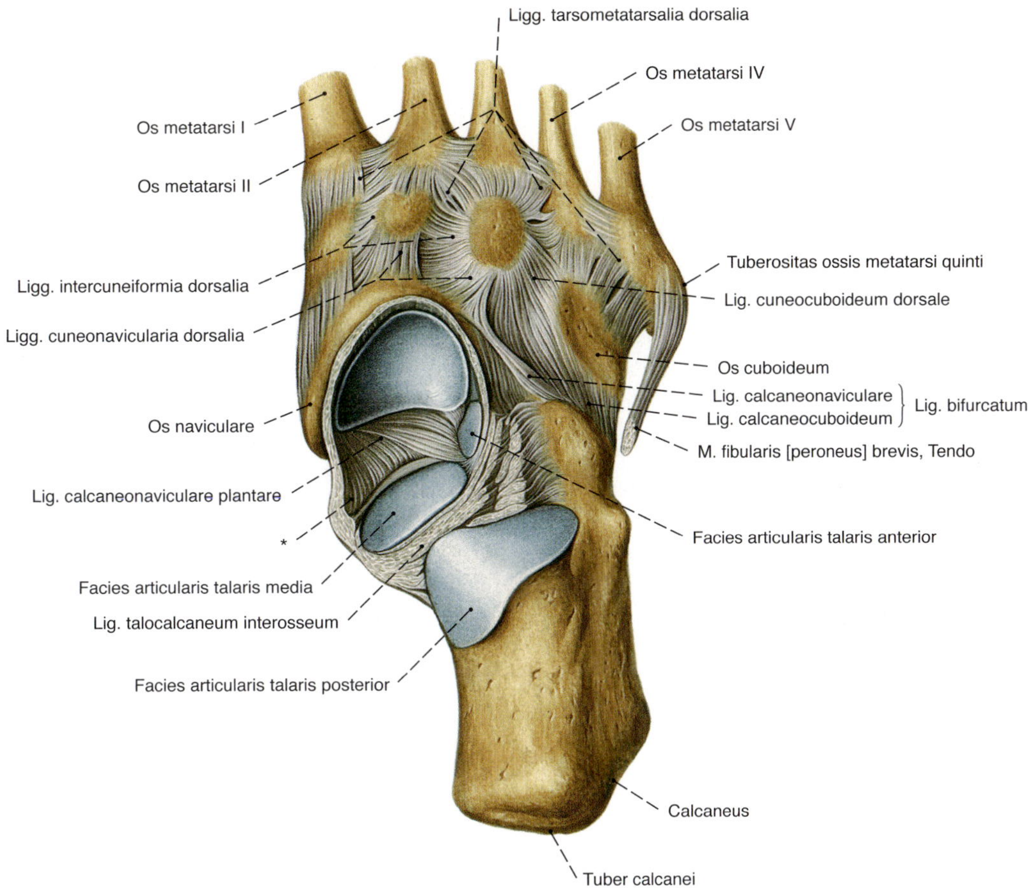

Abb. 1256 Gelenke des Fußes, Articulationes pedis; nach Exartikulation im unteren Sprunggelenk; von proximal (re, 70%).

* Siehe Abb. 1257

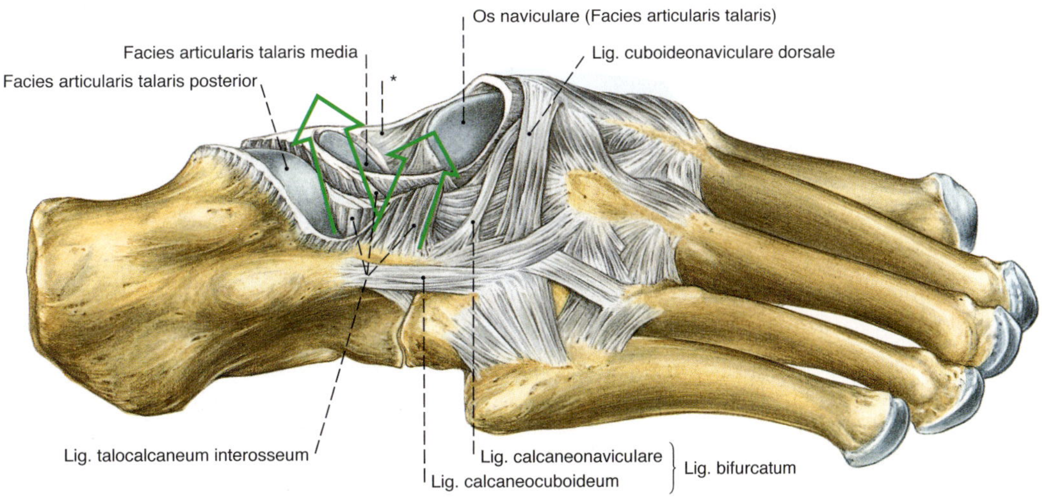

Abb. 1257 Unteres Sprunggelenk, Articulatio talocalcaneonavicularis; nach Abtragung des Talus und der lateralen Bänder; von lateral (re, 70%).
Die beiden Pfeile weisen auf die schraubige Verdrehung des Lig. talocalcaneum interosseum hin.

* Straffe Bindegewebsplatte zwischen Lig. calcaneonaviculare plantare und Pars tibionavicularis des Lig. deltoideum, die den nach medial gerichteten Schub des Taluskopfes aufnimmt.
Ihr Nachgeben führt zur Abflachung des Längsgewölbes (Senk-, Platt- und Knickfuß).

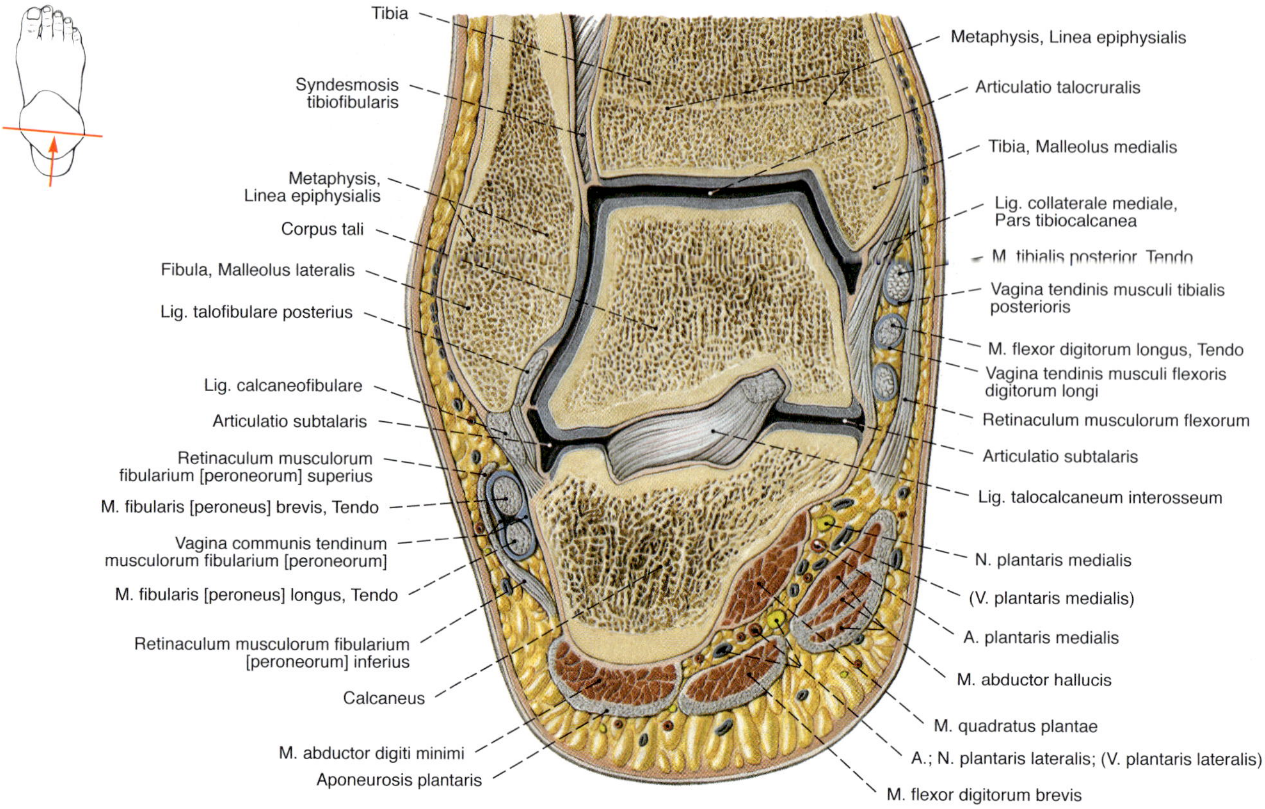

Abb. 1258 Sprunggelenke, Articulationes talocruralis und talocalcaneonavicularis;
Frontalschnitt durch die Knöchel;
von distal (re, 90%).

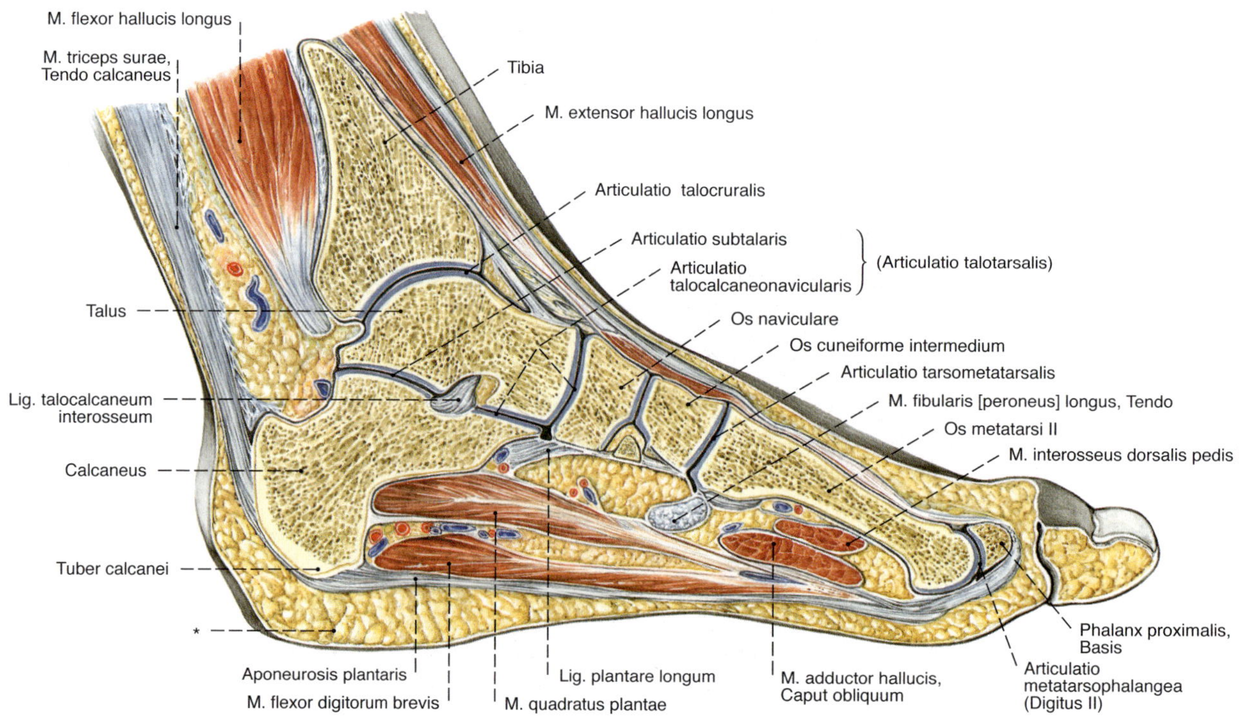

Abb. 1259 Sprunggelenke, Articulationes talocruralis und talocalcaneonavicularis;
Sagittalschnitt durch die Mitte der Trochlea tali;
von lateral (re, 50%).

* Fettpolster der Ferse

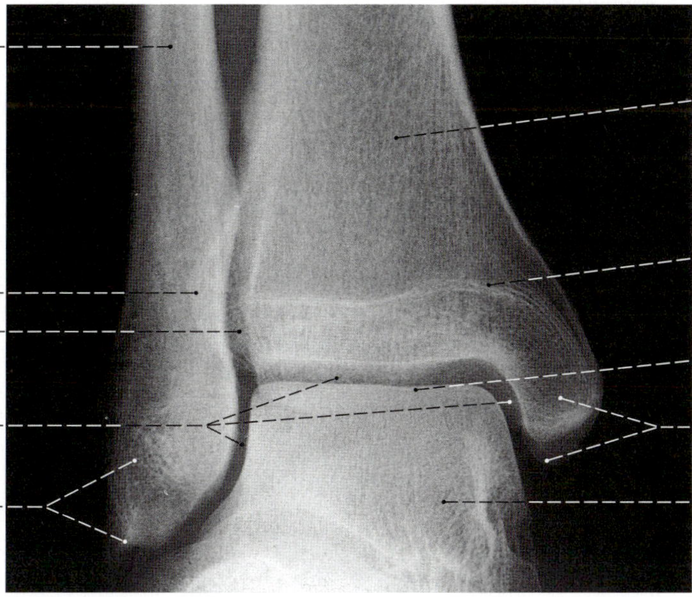

Abb. 1260 Sprunggelenke, Articulationes talocruralis und talocalcaneonavicularis;
ap-Röntgenbild; Einstellung: Aufnahme im Liegen, Zentralstrahl tangential auf die Trochlea tali gerichtet.

* Der Hinterrand der Incisura fibularis wird klinisch auch als Malleolus tertius bezeichnet.

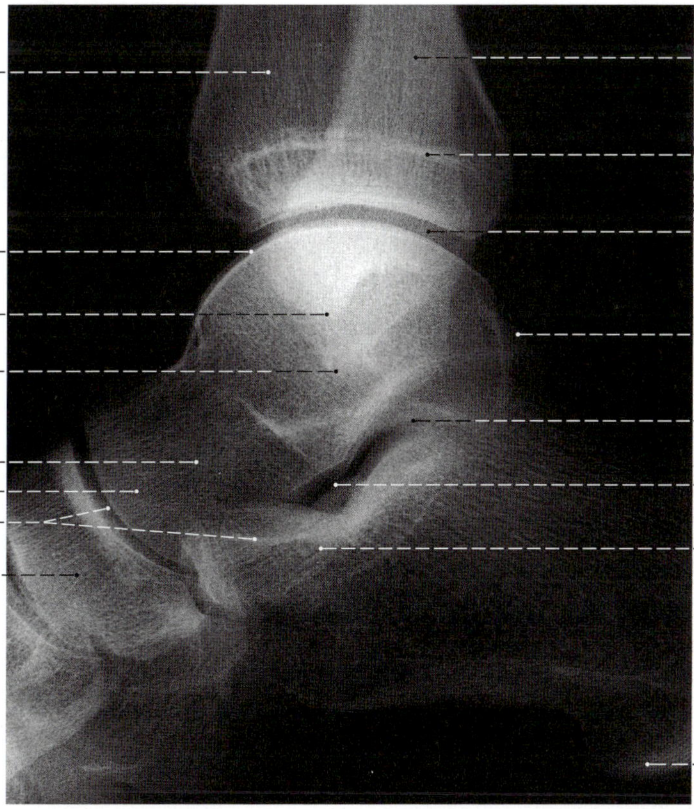

Abb. 1261 Sprunggelenke, Articulationes talocruralis und talocalcaneonavicularis;
seitliches Röntgenbild; Einstellung: Aufnahme im Liegen, Zentralstrahl auf den Scheitel der Trochlea tali gerichtet.

* Auf Grund ihrer schraubigen Verdrehung sind die Gelenkspalte nicht orthograd getroffen.
** Überlagerung der Lineae epiphysiales von Tibia und Fibula

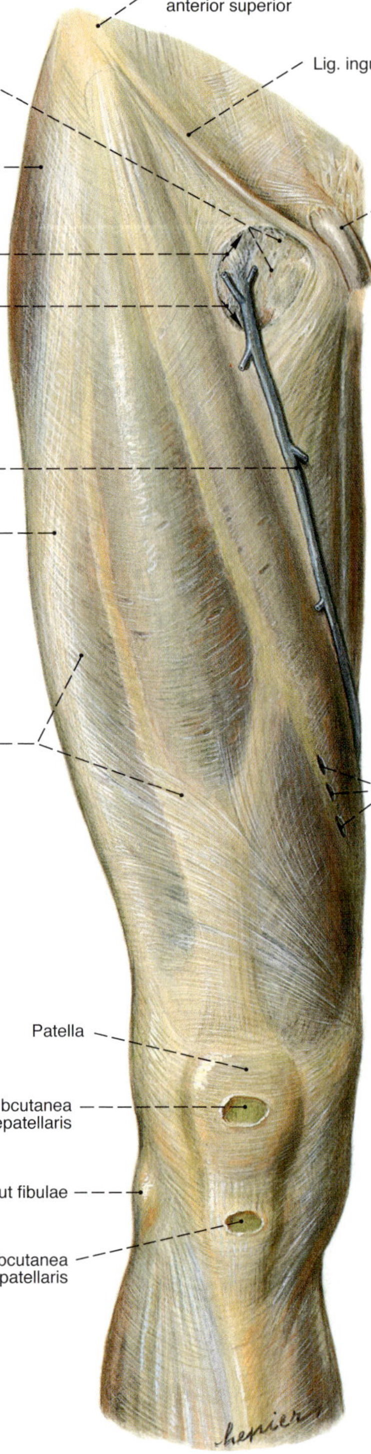

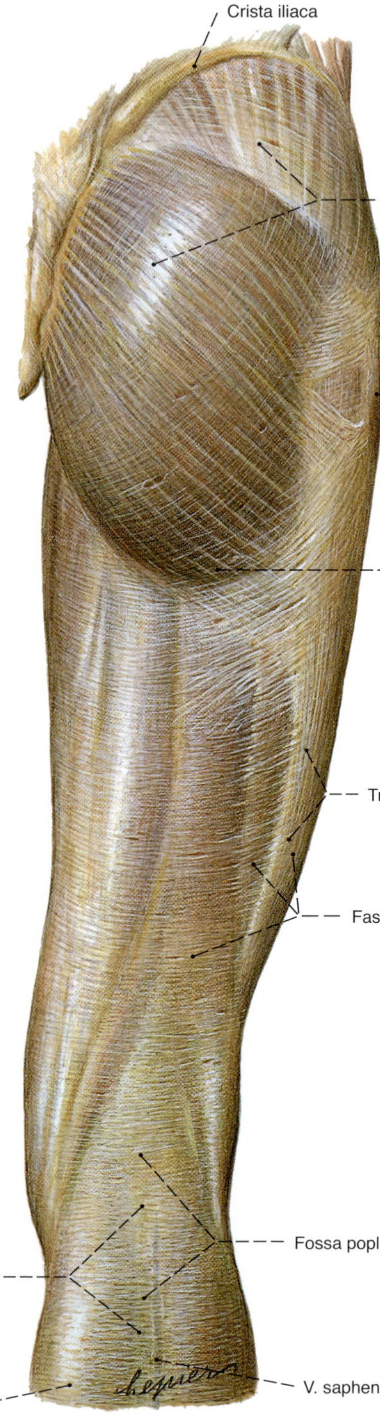

Abb. 1262 Faszie des Oberschenkels, Fascia lata; von vorne (re).
Als Leistenband, Lig. inguinale, wird die Übergangszone zwischen der Aponeurose des M. obliquus externus abdominis und der Fascia lata bezeichnet, die lateral an der Spina iliaca anterior superior und medial am Tuberculum pubicum angeheftet ist.

* Faszienlücken für Venae perforantes (DODDsche Venen)

Abb. 1263 Faszie des Oberschenkels, Fascia lata; von hinten (re).

* Sub- bzw. intrafaszialer Verlauf der V. saphena parva

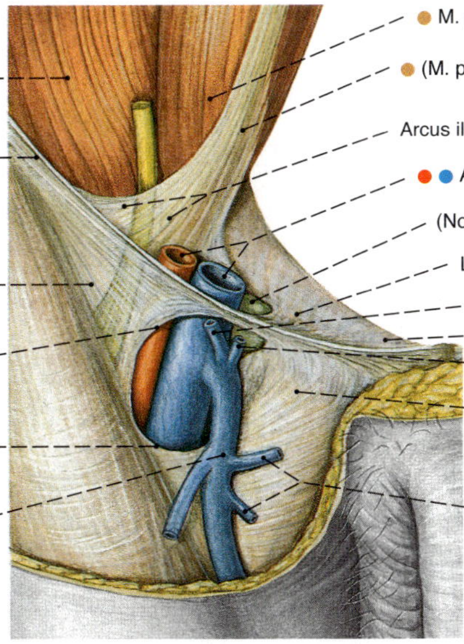

Abb. 1264 Hiatus saphenus und Lacuna vasorum; nach Entfernung der vorderen Bauchwand und des Bauchinhalts sowie Abtragung der Fascia iliaca und des Septum femorale (CLOQUET); von vorne (re).

* Auch: ROSENMÜLLERscher Lymphknoten
** Auch: GIMBERNATisches Band

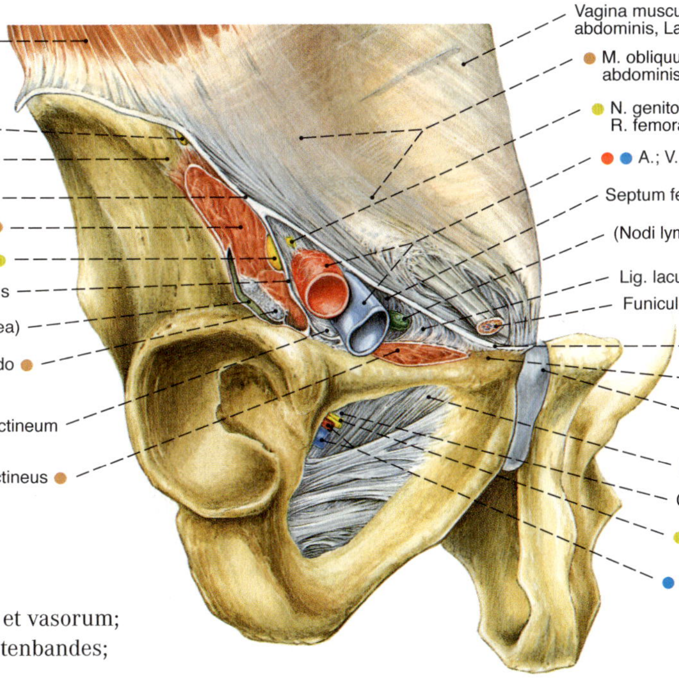

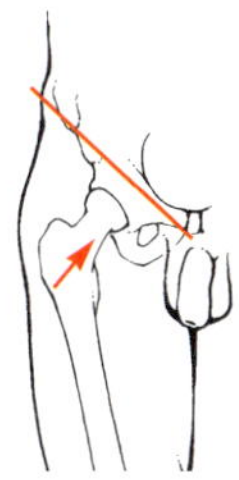

Abb. 1265 Lacunae musculorum et vasorum; schräger Schnitt auf Höhe des Leistenbandes; von distal (re).

Unter dem Leistenband gelegene Pforten, Lacunae

Der Raum unter dem Leistenband wird durch den Arcus iliopectineus in zwei Durchtrittspforten, die lateral gelegene Lacuna musculorum und die medial gelegene Lacuna vasorum, unterteilt. Durch die Lacuna musculorum ziehen der M. iliopsoas, der N. cutaneus femoris lateralis und der N. femoralis zum Oberschenkel. In der Lacuna vasorum liegen A. und V. femoralis, der R. femoralis des N. genitofemoralis, die Nodi lymphoidei lacunares (lateralis, medialis und intermedius) sowie Lymphgefäße. Der Raum zwischen der V. femoralis (lateral), dem scharfrandigen Lig. lacunare (medial), dem Lig. inguinale (ventral) und dem Lig. pectineum (dorsal) ist von lockerem Bindegewebe, dem Septum femorale (CLOQUET), erfüllt und wird als Anulus femoralis bzw. als Canalis femoralis bezeichnet.

Hier kann sich eine Schenkelhernie, Hernia femoralis, entwickeln, wobei der Anulus femoralis zur inneren, der Hiatus saphenus zur äußeren Bruchpforte wird.

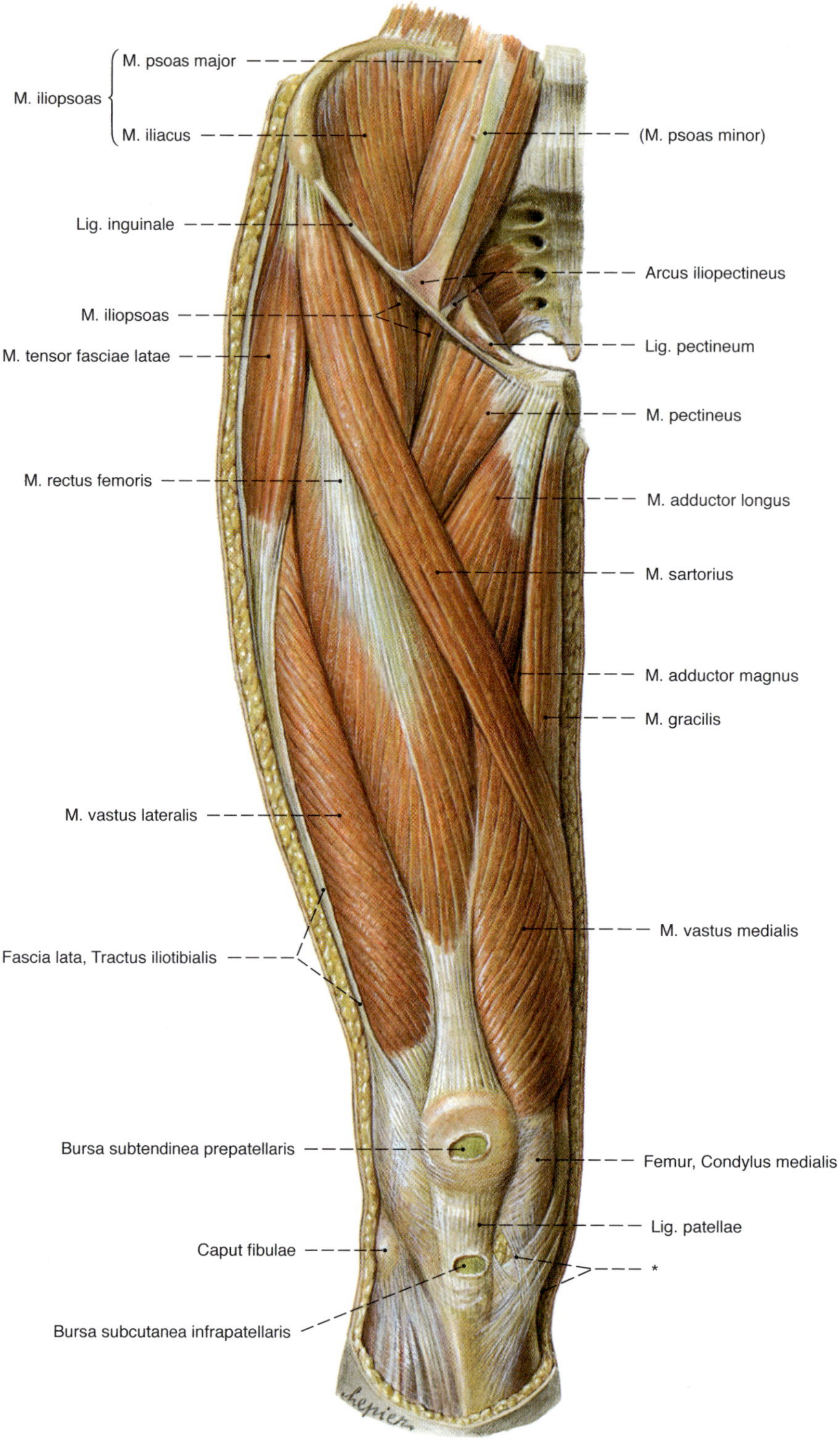

Abb. 1266 Muskeln des Oberschenkels und der Hüfte; nach Abtragung der Fascia lata bis auf den Tractus iliotibialis; von vorne (re).

* Gemeinsamer Ansatz der Mm. sartorius, gracilis und semitendinosus unterhalb des medialen Tibiakondylus (früher als Pes anserinus superficialis bezeichnet)

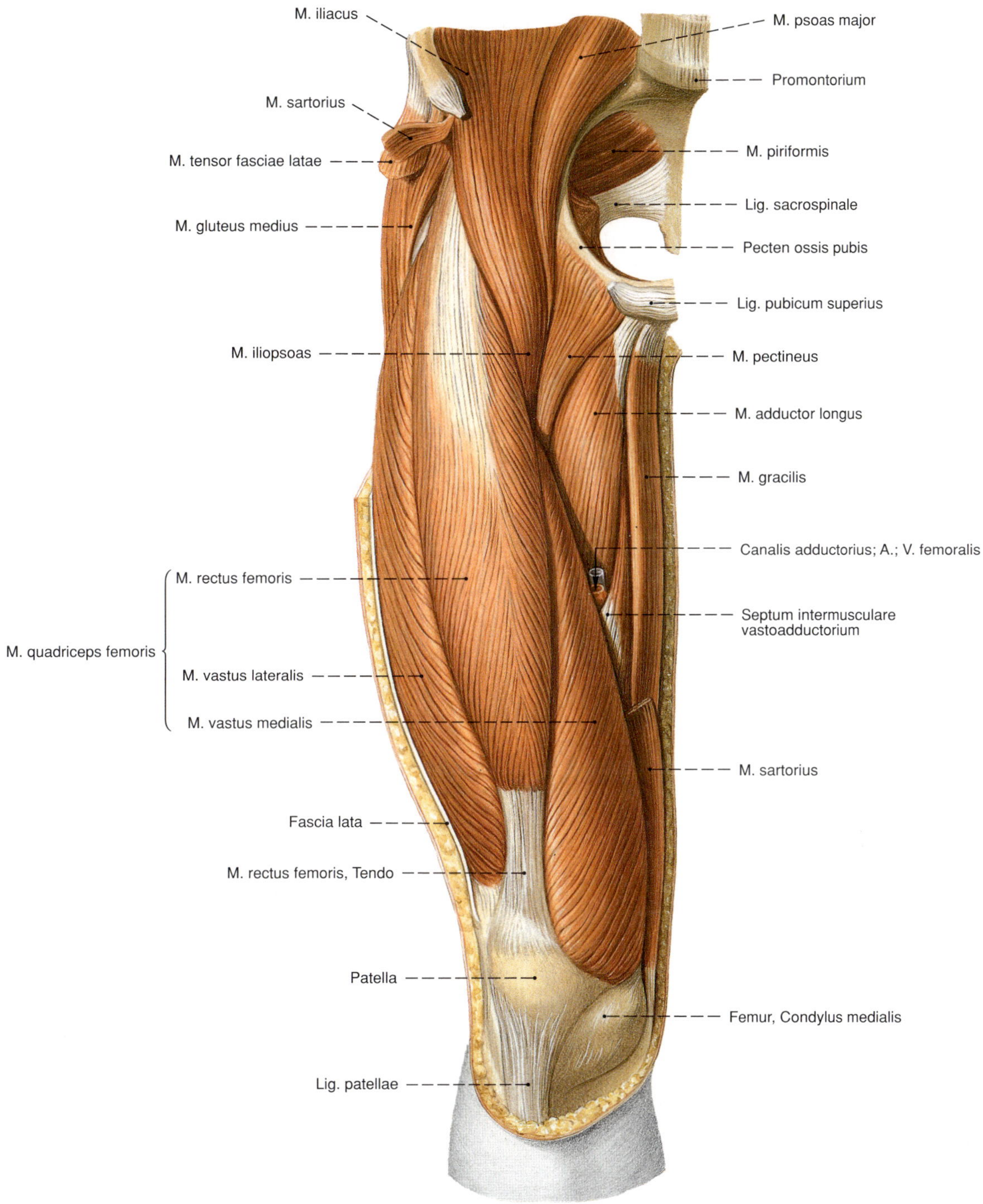

Abb. 1267 Muskeln des Oberschenkels und der Hüfte; nach Abtragung der Fascia lata und der Mm. tensor fasciae latae und sartorius; von vorne (re).

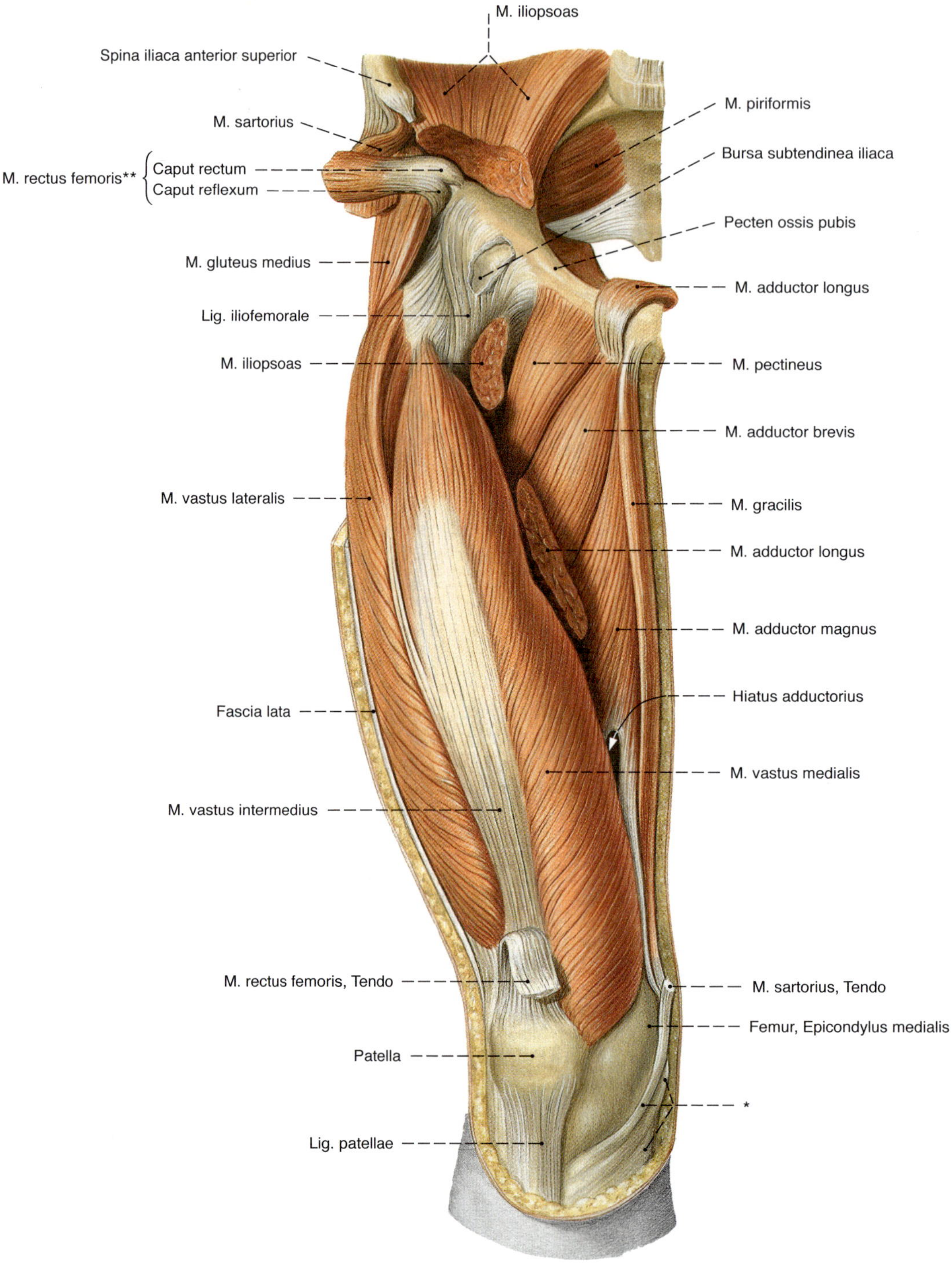

Abb. 1268 Muskeln des Oberschenkels und der Hüfte; tiefe Schicht nach Abtragung der Mm. sartorius, rectus femoris und adductor longus sowie teilweiser Entfernung des M. iliopsoas im Gelenkbereich; Vorder- bzw. Seitenwand des Canalis adductorius, Septum intermusculare vastoadductorium, entfernt, so dass die Öffnung in die Kniekehle, Hiatus adductorius, sichtbar wird; von vorne (re).

* Gemeinsamer Ansatz der Mm. sartorius, gracilis und semitendinosus unterhalb des medialen Tibiakondylus

** Der Ursprungsbereich des M. rectus femoris ist zur Seite weggeklappt.

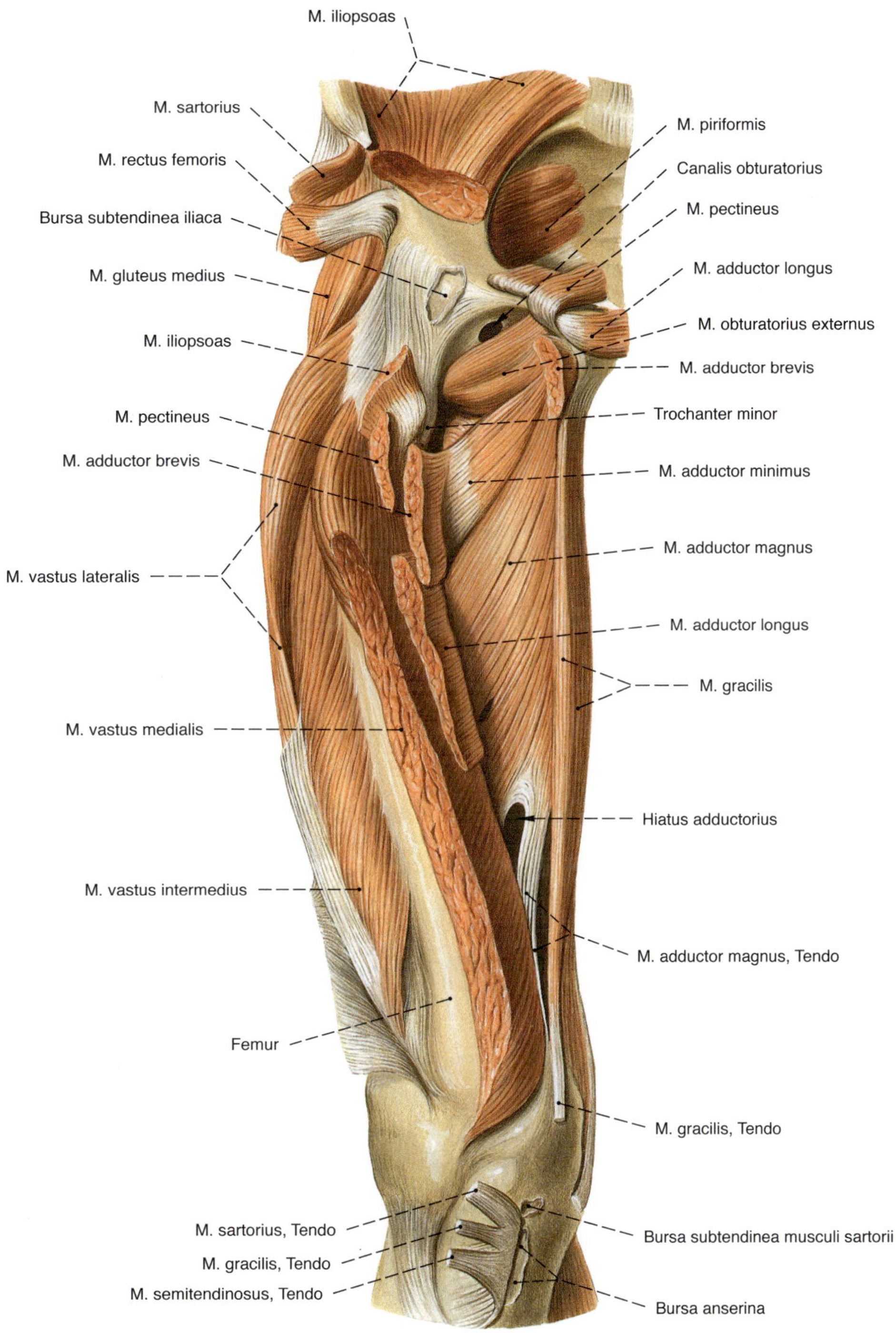

Abb. 1269 Muskeln des Oberschenkels und der Hüfte; nach weitgehender Abtragung der oberflächlichen und einiger tiefer gelegenen Muskeln; vordere bzw. seitliche Wand des Adduktorenkanals entfernt; von vorne (re).

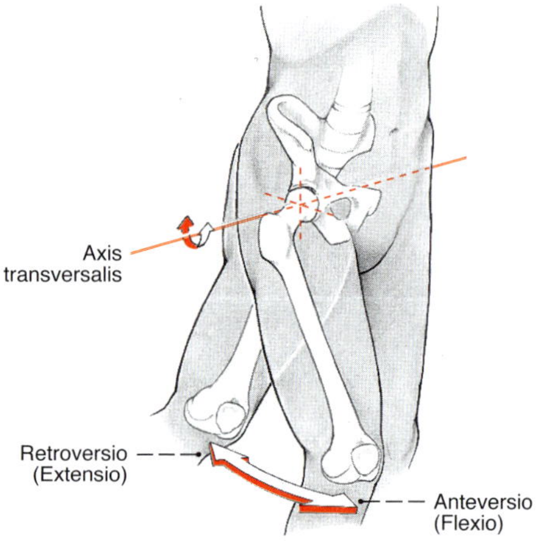

Abb. 1270 Hüftgelenk; Bewegung in der Sagittalebene.

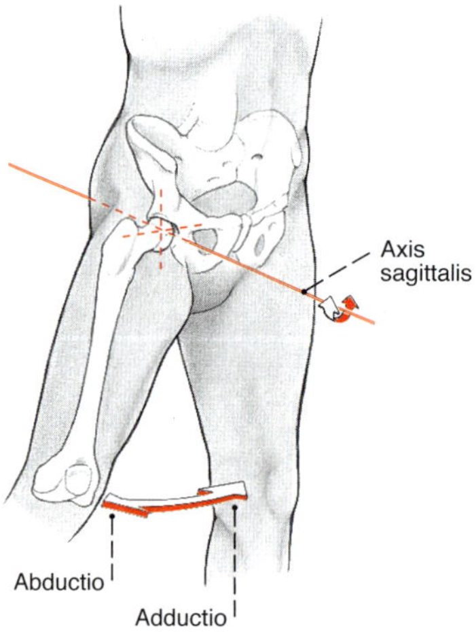

Abb. 1271 Hüftgelenk; Bewegung in der Frontalebene.

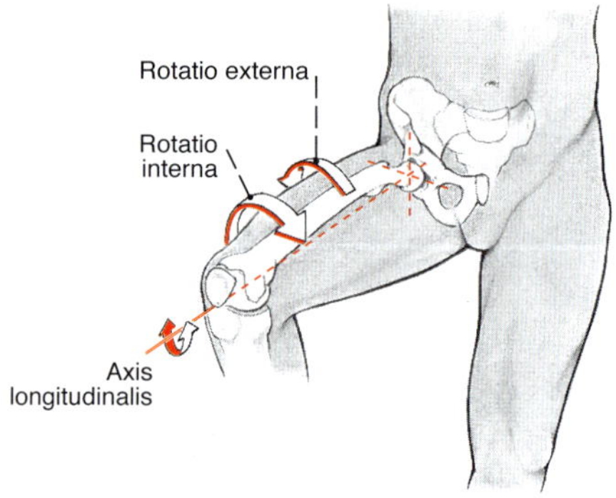

Abb. 1272 Hüftgelenk; Bewegung in der Transversalebene.

Ventrale Muskeln der Hüfte (Abb. 1266–1268, 1285)

Zu dieser Gruppe wird hier nur der aus M. iliacus und M. psoas major bestehende M. iliopsoas gezählt, da er in Bezug auf das Beinskelett als einziger nur über das Hüftgelenk vorne hinwegzieht. Die anderen vor dem Hüftgelenk liegenden Muskeln überspannen auch das Kniegelenk und werden daher als Oberschenkelmuskeln zusammengefasst.

Muskel *Innervation*	**Ursprung**	**Ansatz**	**Funktion**
1. M. iliacus *Rr. musculares* *(Plexus lumbalis)*	Fossa iliaca und Spina iliaca anterior inferior des Os coxae, vordere Kapsel des Hüftgelenks	Trochanter minor und angrenzender Bereich des Labium mediale der Linea aspera	**Lendenwirbelsäule:** Lateralflexion, Extension (Hyperlordosierung) **Hüftgelenk:** Flexion, Innenrotation, (Außenrotation bei gleichzeitiger Kontraktion der Mm. glutei)
2. M. psoas major *Rr. musculares* *(Plexus lumbalis)*	**Oberflächliche Schicht:** Körper des 12. Brust- bis 4. Lendenwirbels (Seitenflächen), Disci intervertebrales **tiefe Schicht:** Proc. costalis des 1.–4. Lendenwirbels	Trochanter minor	
3. M. psoas minor *Rr. musculares* *(Plexus lumbalis)* (inkonstanter Muskel)	Körper des 12. Brust- und 1. Lendenwirbels (Seitenflächen)	Faszie des M. iliopsoas, Arcus iliopectineus (oft eine lange platte Sehne)	

Ventrale Muskeln des Oberschenkels (Abb. 1266, 1267, 1285)

Von proximal lateral zieht der M. sartorius spiralig über den Oberschenkel nach distal medial. Am weitesten lateral liegt mit seinem kurzen Muskelbauch der M. tensor fasciae latae, der in den Tractus iliotibialis übergeht. Den größten Anteil der vorderen Muskelmasse des Oberschenkels macht der M. quadriceps femoris aus.

Muskel *Innervation*	**Ursprung**	**Ansatz**	**Funktion**
1. M. quadriceps femoris *N. femoralis* *(Plexus lumbalis)* M. rectus femoris: zweigelenkig; Mm. vasti medialis, lateralis und intermedius: eingelenkig	**M. rectus femoris, Caput rectum:** Spina iliaca anterior inferior **M. rectus femoris, Caput reflexum:** kranialer Rand des Acetabulums **M. vastus medialis:** Labium mediale der Linea aspera (untere zwei Drittel)	Patella (proximaler Rand und Seitenränder), Tuberositas tibiae (über Lig. patellae), proximales Tibiaende (Bereiche seitlich der Tuberositas tibiae über Retinacula patellae)	**Hüftgelenk** (nur M. rectus femoris): Flexion **Kniegelenk:** Extension

	M. vastus lateralis: Trochanter major (distaler Umfang), Labium laterale der Linea aspera **M. vastus intermedius:** Facies anterior des Femurs (obere zwei Drittel) **M. articularis genus:** Facies anterior des Femurs (distales Viertel)		
2. M. sartorius *N. femoralis (Plexus lumbalis)*	Spina iliaca anterior superior	Tuberositas tibiae (mediale Fläche)	**Hüftgelenk:** Flexion, Außenrotation, Abduktion **Kniegelenk:** Flexion, Innenrotation
3. M. tensor fasciae latae *N. gluteus superior (Plexus lumbalis)*	Spina iliaca anterior superior	Laterales Tibiaende (über Tractus iliotibialis unterhalb des Condylus lateralis)	**Hüftgelenk:** Flexion, Abduktion, Innenrotation **Kniegelenk:** Stabilisierung in der Streckstellung

Mediale Muskeln des Oberschenkels (Abb. 1266, 1268, 1269, 1285, 1286)

Die mediale Gruppe der Muskeln des Oberschenkels wird wegen ihrer Hauptfunktion auch als Adduktorengruppe bezeichnet. In der Ansicht von ventral stellt sie sich als dreiseitiger Block dar. Am weitesten medial liegt der M. gracilis. Von proximal nach distal sind M. pectineus, M. adductor brevis, M. adductor longus und M. adductor magnus angeordnet. Der M. obturatorius externus versteckt sich unter dem M. pectineus und legt sich dem Schenkelhals von unten an.

Muskel *Innervation*	**Ursprung**	**Ansatz**	**Funktion**
1. M. gracilis *N. obturatorius (Plexus lumbalis)*	Ramus inferior ossis pubis (mediale Kante, längs der Symphyse)	proximales Tibiaende (medial der Tuberositas tibiae)	**Hüftgelenk:** Adduktion, Flexion, Außenrotation **Kniegelenk:** Flexion, Innenrotation
2. M. pectineus *N. femoralis und N. obturatorius (Plexus lumbalis)*	Pecten ossis pubis	Linea pectinea des Femurs	**Hüftgelenk:** Adduktion, Außenrotation, Flexion
3. M. adductor brevis *N. obturatorius (Plexus lumbalis)*	Ramus inferior ossis pubis (näher dem Foramen obturatum als M. adductor longus)	Labium mediale der Linea aspera (proximales Drittel)	**Hüftgelenk:** Adduktion, Flexion, Außenrotation
4. M. adductor longus *N. obturatorius (Plexus lumbalis)*	Os pubis (unterhalb der Crista pubica bis zur Symphyse)	Labium mediale der Linea aspera (mittleres Drittel)	**Hüftgelenk:** Adduktion, Flexion, Außenrotation (vorderste Fasern Innenrotation)
5. M. adductor magnus *N. obturatorius (Plexus lumbalis) und N. ischiadicus (tibialer Anteil – Plexus sacralis)* Der M. adductor minimus stellt eine proximale unvollständige Abspaltung des M. adductor magnus dar.	Ramus inferior ossis pubis, Ramus und Tuber ossis ischii (medialer Rand)	Labium mediale der Linea aspera (proximale zwei Drittel), Tuberositas, Tuberculum adductorium (Hiatus adductorius zwischen beiden Ansätzen)	**Hüftgelenk:** Adduktion, Außenrotation, Flexion (vorderer Anteil), Extension (hinterer Anteil)
6. M. obturatorius externus *N. obturatorius (Plexus lumbalis)*	Umfang des Foramen obturatum (laterale Fläche), Membrana obturatoria	Sehnig in der Fossa trochanterica	**Hüftgelenk:** Außenrotation, Adduktion, Flexion

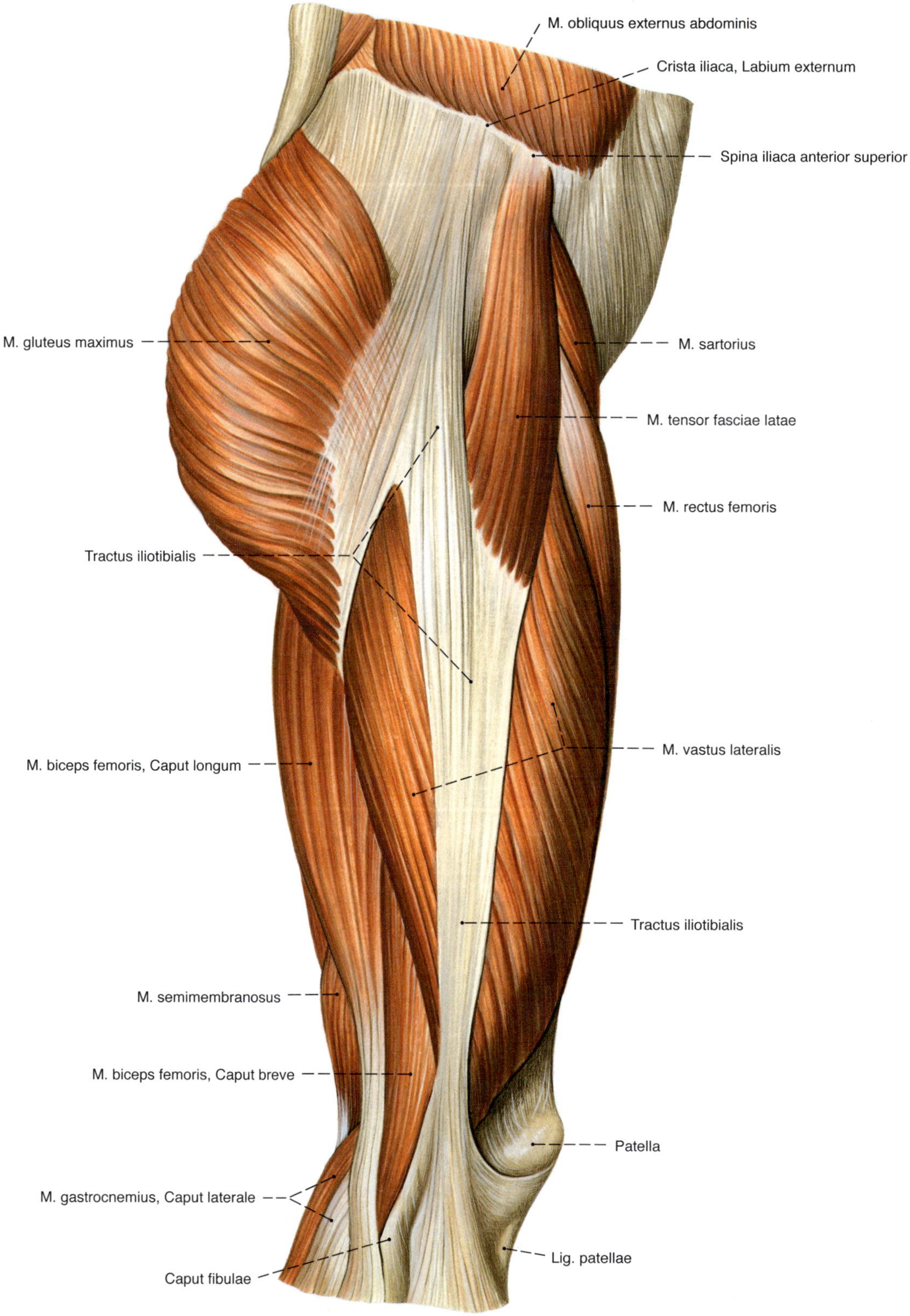

Abb. 1273 Muskeln des Oberschenkels und der Hüfte; nach Abtragung der Fascia lata bis auf den Tractus iliotibialis; von lateral (re).

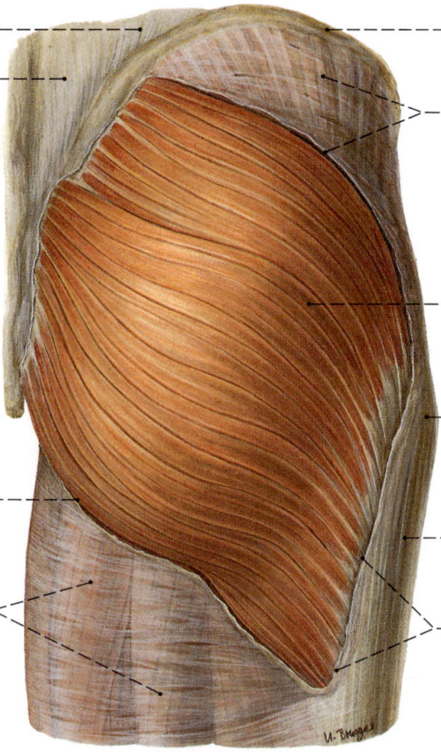

Abb. 1274 Muskeln des Oberschenkels und der Hüfte; äußere Hüftmuskeln nach Abtragung der Faszie auf dem M. gluteus maximus; von hinten (re).

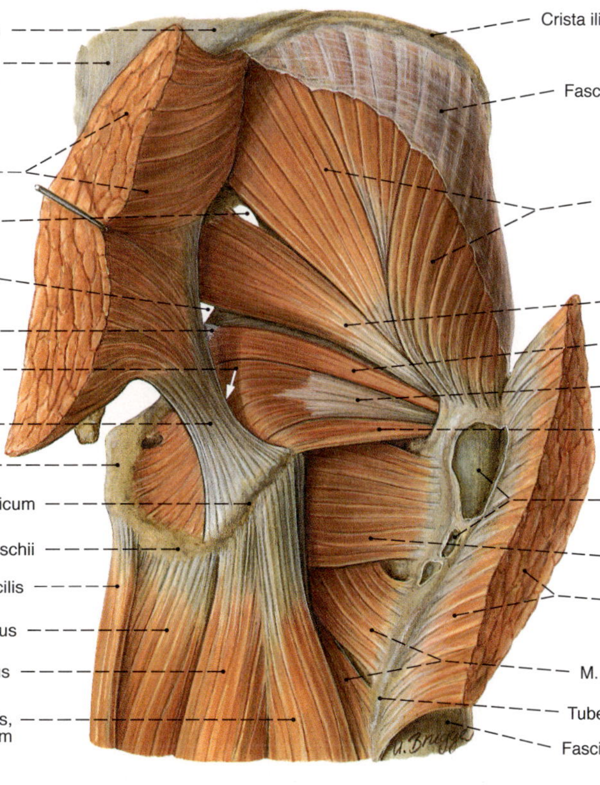

Abb. 1275 Muskeln des Oberschenkels und der Hüfte; äußere Hüftmuskeln nach Durchtrennung des M. gluteus maximus; von hinten (re).

* Der Anteil des M. obturatorius internus zwischen Umlenkpunkt in der Incisura ischiadica minor und Ansatz in der Fossa trochanterica ist häufig sehnig ausgebildet.

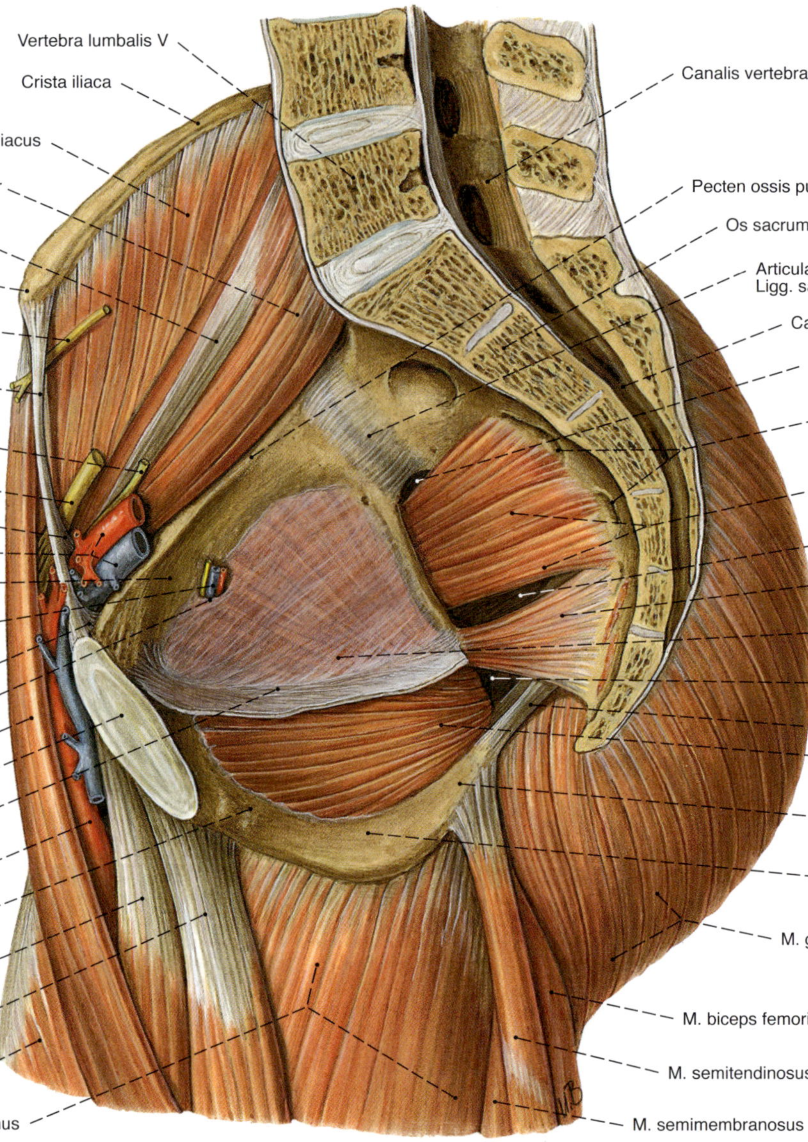

Abb. 1276 Muskeln des Oberschenkels und der Hüfte; Hüftmuskeln nach Durchtrennung des Beckens und der Lendenwirbelsäule in der Medianebene; von medial (re).

Das **Foramen ischiadicum majus** wird von der Incisura ischiadica major des Os ischii, vom Unterrand der Articulatio sacroiliaca, vom Seitenrand des Os sacrum und vom Lig. sacrospinale begrenzt. Es wird durch den zum Femur ziehenden M. piriformis in das **Foramen suprapiriforme** und in das **Foramen infrapiriforme** unterteilt.

Das kleinere **Foramen ischiadicum minus** wird von der Incisura ischiadica des Os ischii und von den beiden Ligg. sacrospinale und sacrotuberale gebildet.

Der **Canalis obturatorius** stellt eine Lücke der Membrana obturatoria im Bereich des Sulcus obturatorius dar.

(Vergleiche Abb. 1171 und 1175.)

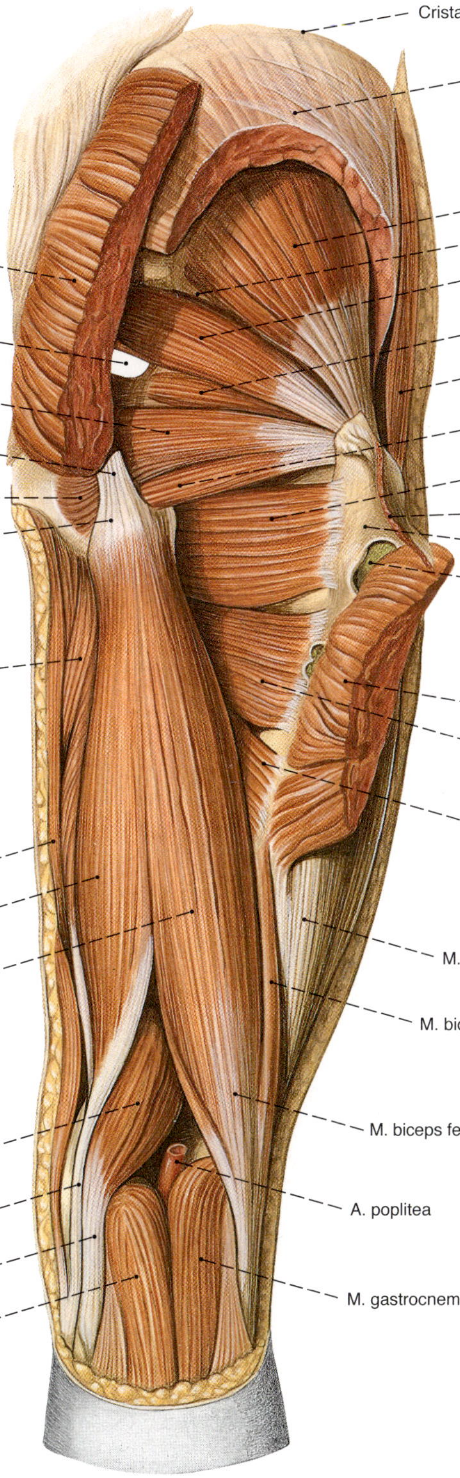

Abb. 1277 Muskeln des Oberschenkels und der Hüfte; nach teilweiser Entfernung der Mm. glutei maximus und medius; von hinten (re).

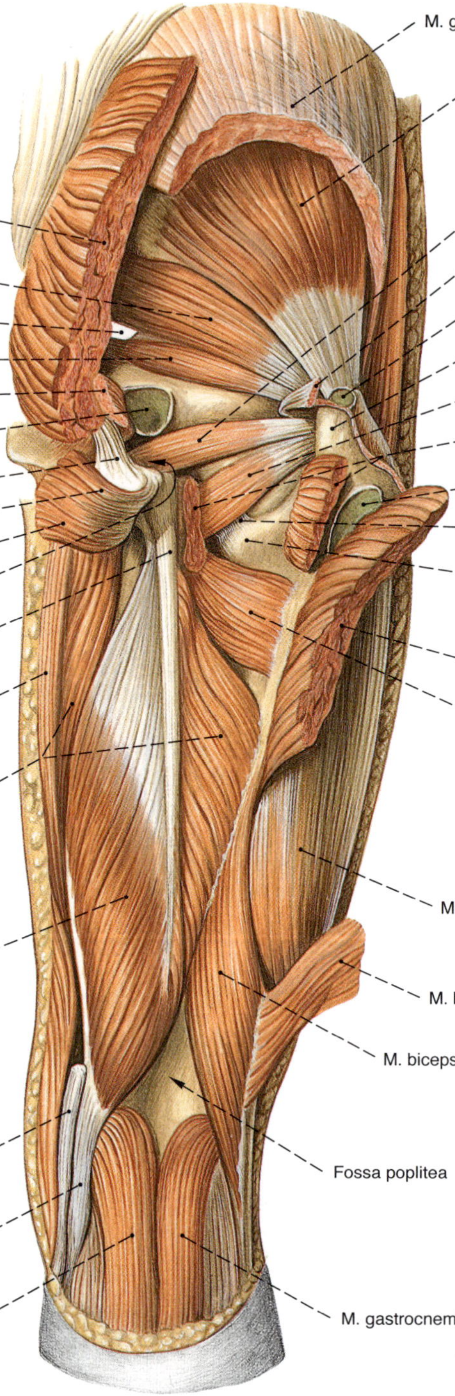

Abb. 1278 Muskeln des Oberschenkels und der Hüfte; tiefe Schicht nach weitgehender Entfernung der oberflächlichen glutealen und der ischiokruralen Muskeln; von hinten (re).

Dorsale Muskeln der Hüfte (Abb. 1274, 1275, 1277, 1285, 1286)

Der M. gluteus maximus prägt maßgeblich das Relief der Gesäßregion und überdeckt fast vollständig die übrigen Muskeln dieser Gruppe. Nach ventral kranial schaut ein wenig der M. gluteus medius heraus, der seinerseits den M. gluteus minimus bedeckt. Nach kaudal folgen in der Tiefe der M. piriformis, der M. gemellus superior, der M. obturatorius internus, der M. gemellus inferior und der M. quadratus femoris.

Muskel *Innervation*	**Ursprung**	**Ansatz**	**Funktion**
1. M. gluteus maximus *N. gluteus inferior* *(Plexus sacralis)*	Facies glutea der Ala ossis ilium (dorsal der Linea glutea posterior), Facies posterior des Os sacrum, Fascia thoracolumbalis, Lig. sacrotuberale	**Kranialer Anteil:** Tibia unterhalb des Condylus lateralis (über Tractus iliotibialis). Zwischen Trochanter major und Tractus iliotibialis liegt die Bursa trochanterica musculi glutei maximi. **Kaudaler Anteil:** Tuberositas glutea, Septum intermusculare femoris laterale	**Hüftgelenk:** kranialer Anteil: Extension, Außenrotation, Abduktion; kaudaler Anteil: Extension, Außenrotation, Adduktion **Kniegelenk** (über Tractus iliotibialis): Extension
2. M. gluteus medius *N. gluteus superior* *(Plexus sacralis)*	Facies glutea der Ala ossis ilium (zwischen Lineae gluteae anterior und posterior)	Trochanter major (Spitze und lateraler Rand)	**Hüftgelenk:** ventraler Anteil: Abduktion, Flexion, Innenrotation; dorsaler Anteil: Abduktion, Extension, Außenrotation
3. M. gluteus minimus *N. gluteus superior* *(Plexus sacralis)*	Facies glutea der Ala ossis ilium (zwischen Lineae gluteae anterior und inferior)	Trochanter major (Spitze und lateraler Rand)	**Hüftgelenk:** ventraler Anteil: Abduktion, Flexion, Innenrotation; dorsaler Anteil: Abduktion, Extension, Außenrotation
4. M. piriformis *N. ischiadicus und/oder N. musculi piriformis* *(Plexus sacralis)*	Facies pelvica des Os sacrum (lateral und zwischen den Foramina sacralia pelvica des 3. und 4. Sakralsegments), Incisura ischiadica major (nahe dem Os sacrum)	Trochanter major (Innenfläche der Spitze)	**Hüftgelenk:** Außenrotation, Extension, Adduktion
5. M. obturatorius internus *N. musculi obturatorii interni und Rr. musculares* *(Plexus sacralis)*	Umfang des Foramen obturatum (mediale Fläche)	Fossa trochanterica	**Hüftgelenk** (5.–8.): Außenrotation, Adduktion, Extension
6. M. gemellus superior *N. musculi obturatorii interni und Rr. musculares* *(Plexus sacralis)*	Spina ischiadica	Fossa trochanterica	
7. M. gemellus inferior *N. musculi obturatorii interni und Rr. musculares* *(Plexus sacralis)*	Tuber ischiadicum	Fossa trochanterica	
8. M. quadratus femoris *N. musculi quadrati femoris* *(Plexus sacralis)*	Tuber ischiadicum (lateraler Rand)	Crista intertrochanterica	

Dorsale Muskeln des Oberschenkels (Abb. 1277, 1286)

Zu den dorsalen Muskeln des Oberschenkels gehören in der Reihenfolge von außen nach innen der M. biceps femoris, der M. semitendinosus und der M. semimembranosus.

Muskel *Innervation*	**Ursprung**	**Ansatz**	**Funktion**
1. M. biceps femoris Caput longum: *N. ischiadicus, tibialer Anteil (Plexus sacralis)* Caput breve: *N. ischiadicus, fibularer Anteil (Plexus sacralis)* Caput longum: zweigelenkig Caput breve: eingelenkig	**Caput longum:** Tuber ischiadicum (verwachsen mit M. semitendinosus) **Caput breve:** Labium laterale der Linea aspera (mittleres Drittel)	Caput fibulae (umscheidet Lig. collaterale fibulare), Ausstrahlung in Fascia cruris	**Hüftgelenk:** Extension, Adduktion, Außenrotation **Kniegelenk:** Flexion, Außenrotation
2. M. semitendinosus *N. ischiadicus, tibialer Anteil (Plexus sacralis)*	Tuber ischiadicum (verwachsen mit Caput longum musculi bicipitis femoris)	Tuberositas tibiae (mediale Fläche)	**Hüftgelenk:** Extension, Adduktion, Innenrotation **Kniegelenk:** Flexion, Innenrotation
3. M. semimembranosus *N. ischiadicus, tibialer Anteil (Plexus sacralis)*	Tuber ischiadicum	Proximales Tibiaende (unterhalb des Condylus medialis), hintere Kapsel des Kniegelenks, Lig. popliteum obliquum, Faszie des M. popliteus. Der dreistrahlige Ansatz des M. semimembranosus wurde früher als Pes anserinus profundus bezeichnet.	**Hüftgelenk:** Extension, Adduktion, Innenrotation **Kniegelenk:** Flexion, Innenrotation

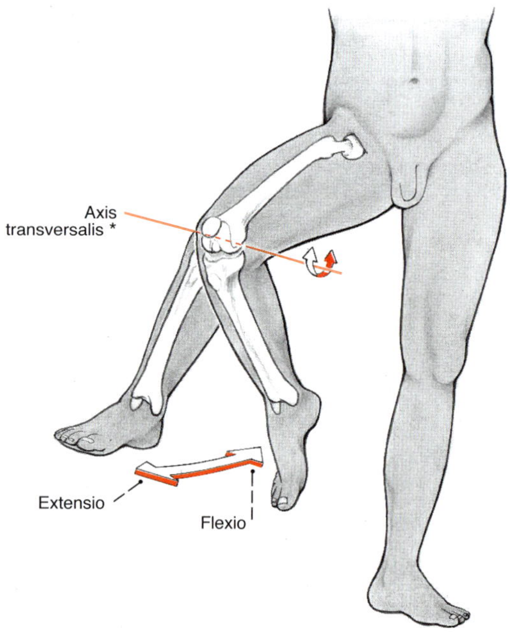

Abb. 1279 Kniegelenk;
Bewegung in der Sagittalebene.

* Entsprechend der ungleichförmigen Krümmung der Femurkondylen ändert gerade diese Achse ihre Lage im Bewegungsablauf besonders (instantane Achse).

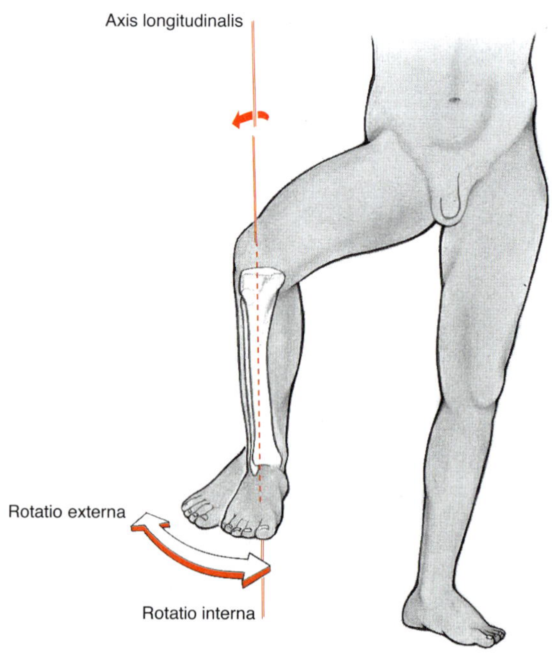

Abb. 1280 Kniegelenk;
Bewegung in der Transversalebene.

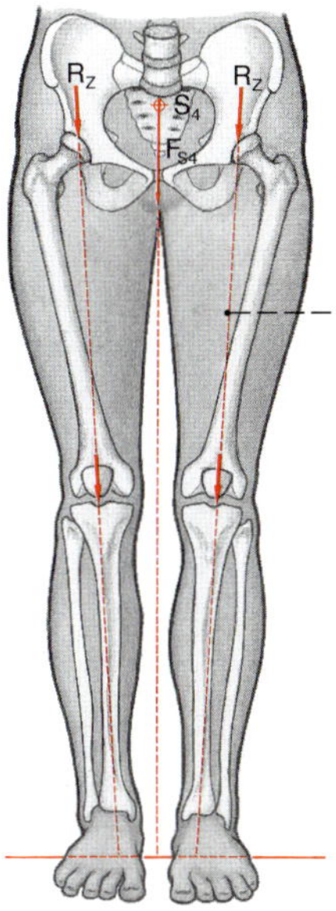

Abb. 1281 Belastung der Hüftgelenke beim Stehen auf beiden Beinen.

S_4 Schwerpunkt des 4/6 Teilgewichtes des Körpers
F_{S4} Kraft des auf die Hüftgelenke wirkenden Anteils des Körpergewichtes
R_Z resultierende Lagerkraft in jedem Hüftgelenk beim Stehen auf beiden Beinen
S_5 Schwerpunkt des 5/6 Teilgewichtes des Körpers
F_{S5} Kraft des auf das Hüftgelenk wirkenden Anteils des Körpergewichtes
R_E resultierende Lagerkraft im Hüftgelenk beim Stehen auf einem Bein
F_{Ab} Kraft der Abduktoren
l_1 Hebelarm von F_{S5}
l_2 Hebelarm von F_{Ab}
* sog. Traglinie
** Schenkelhalswinkel (ca. 125°)

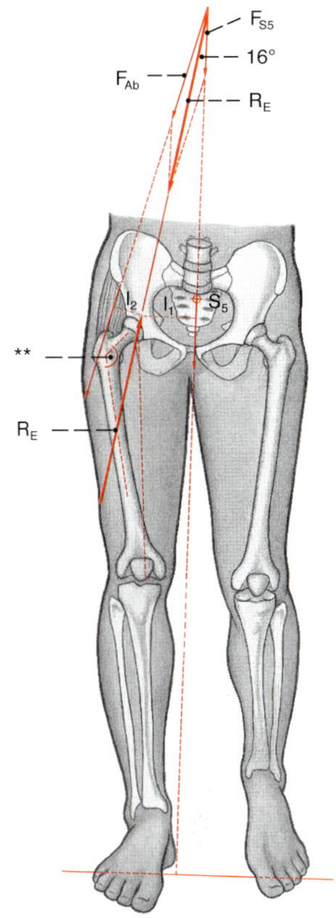

Abb. 1282 Einseitige Belastung des Hüftgelenks in der Standphase des Gehens.

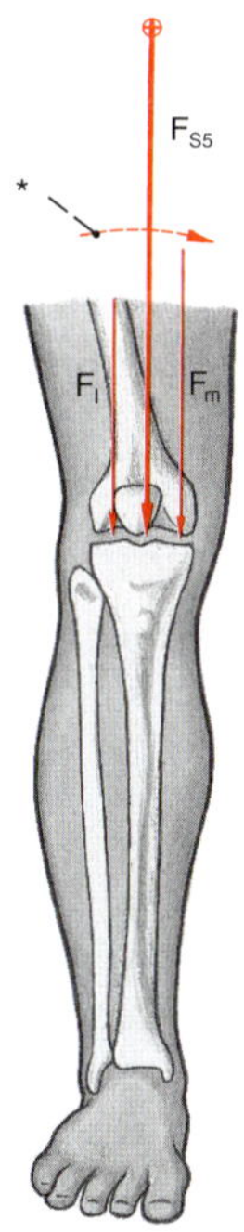

F_l auf das laterale Kompartiment wirkende Teilkraft
F_m auf das mediale Kompartiment wirkende Teilkraft
F_{S5} Kraft des auf das Kniegelenk wirkenden Anteils von ca. 5/6 des Körpergewichtes

Abb. 1283 Belastung des Kniegelenks in der Frontalebene.

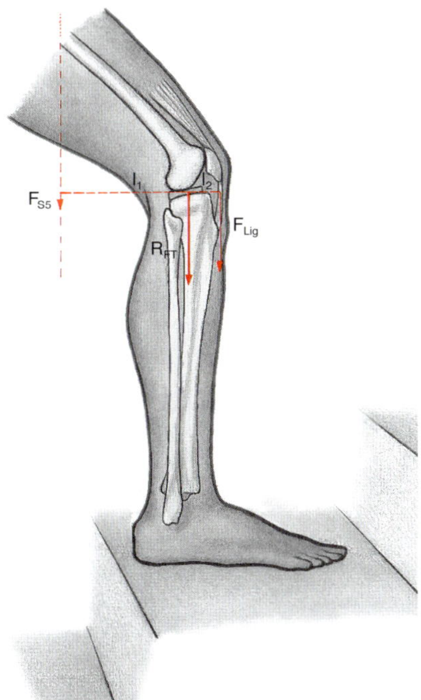

a

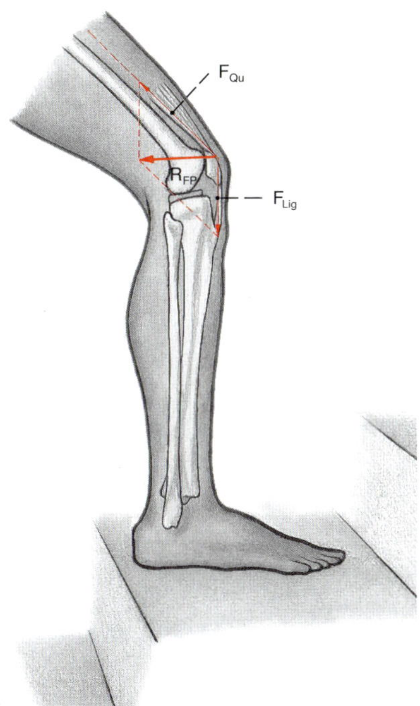

b

F_{Qu} Kraft des M. quadriceps femoris
F_{Lig} Kraft des Lig. patellae
R_{FP} resultierende Lagerkraft im Femoropatellargelenk
R_{FT} resultierende Lagerkraft im Femorotibialgelenk

l_1 Hebelarm des in dieser Stellung auf das Kniegelenk wirkenden Anteiles von ca. 5/6 des Körpergewichtes
l_2 Hebelarm der Zugkraft des Lig. patellae
* Körpermoment

Abb. 1284 a, b Belastung des Kniegelenks in der Sagittalebene.
a Femorotibialgelenk b Femoropatellargelenk

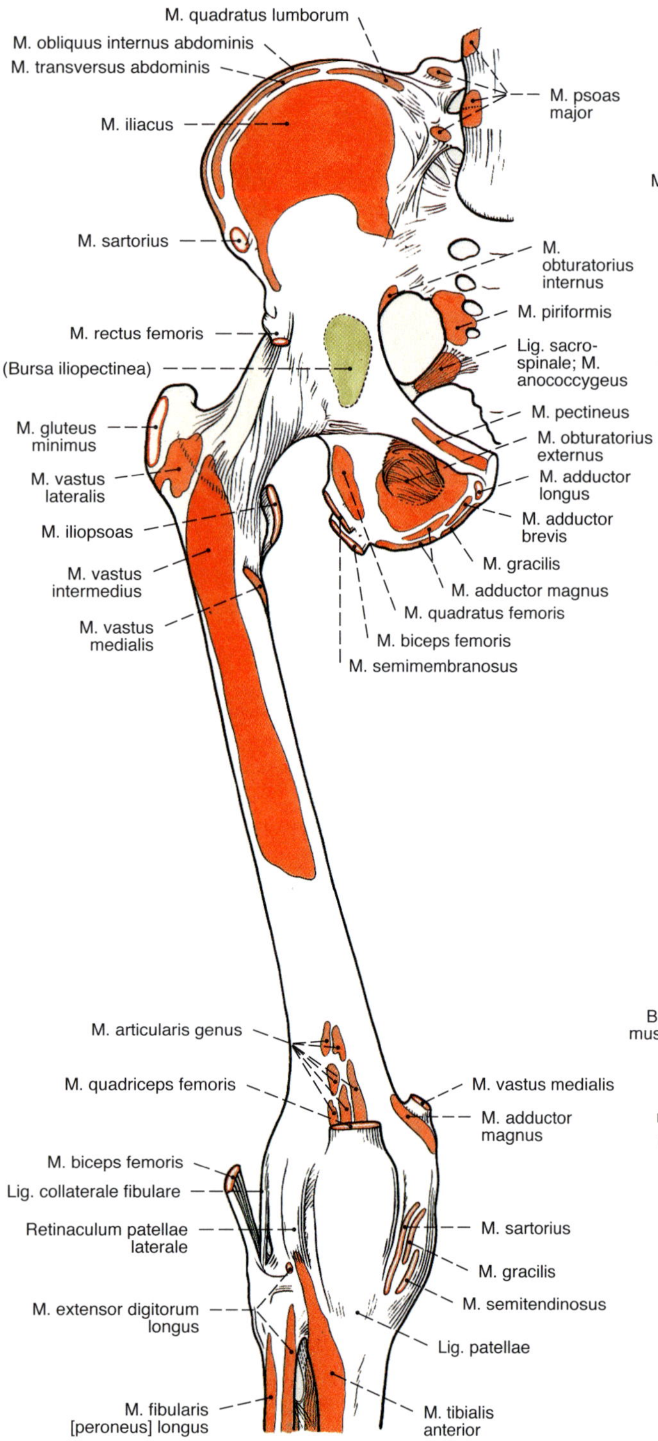

Abb. 1285 Muskelursprünge und -ansätze an den unteren Lendenwirbeln, den Beckenknochen, dem Femur und den proximalen Enden der Unterschenkelknochen; von vorne (re).

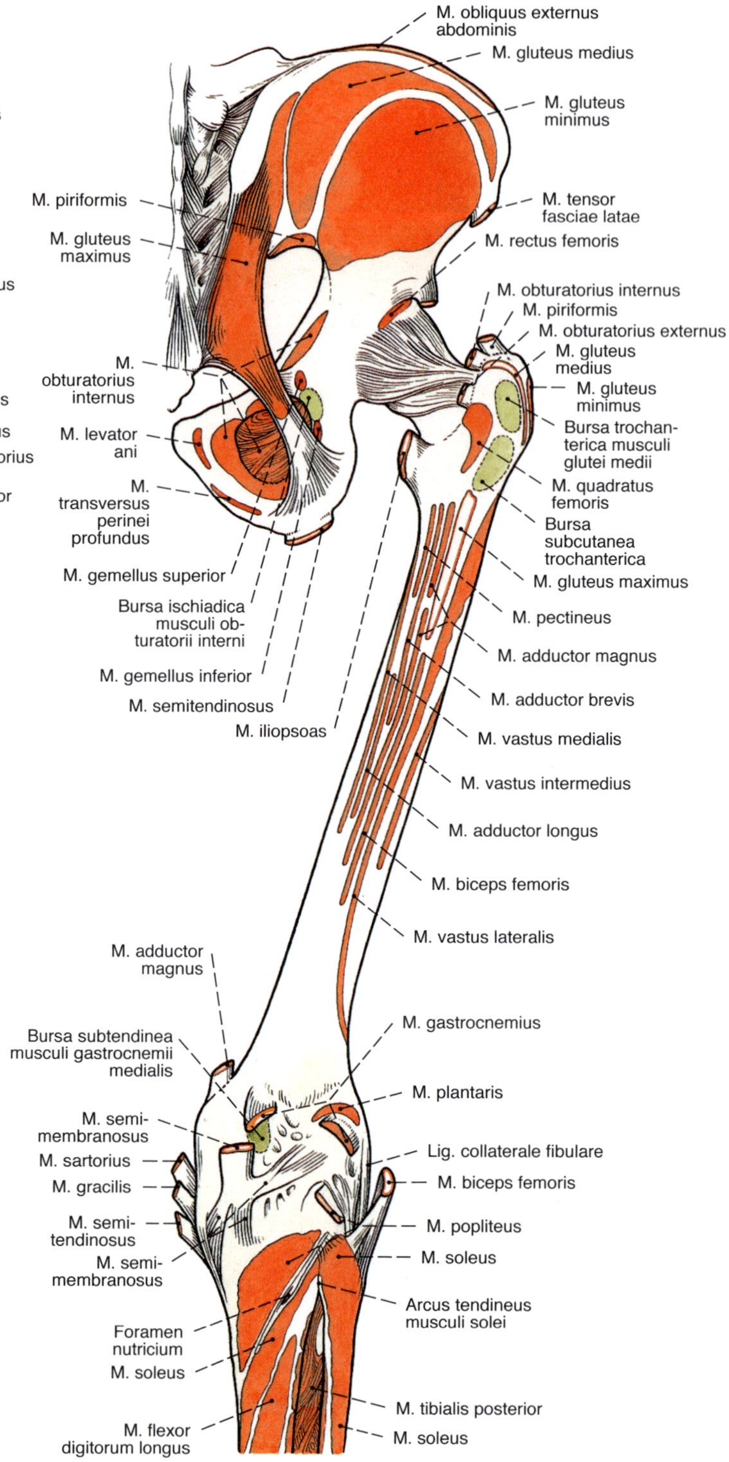

Abb. 1286 Muskelursprünge und -ansätze an den Beckenknochen, dem Femur und den proximalen Enden der Unterschenkelknochen; von hinten (re).

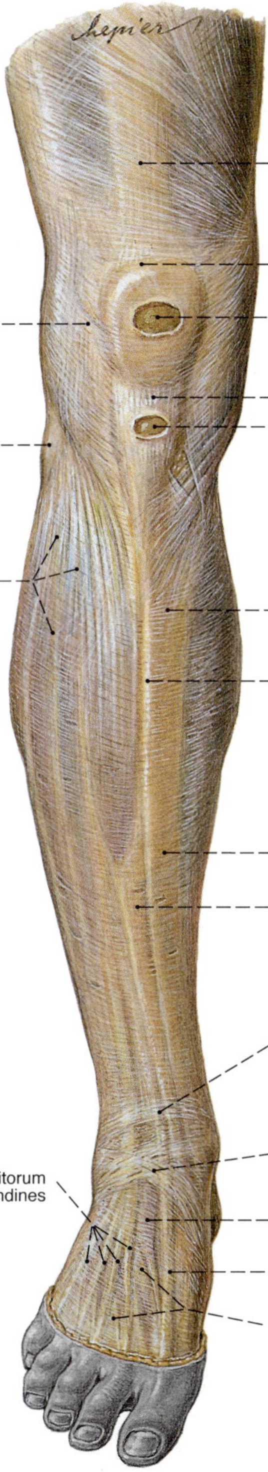

Abb. 1287 Faszien des Knies und des Unterschenkels; von vorne (re).

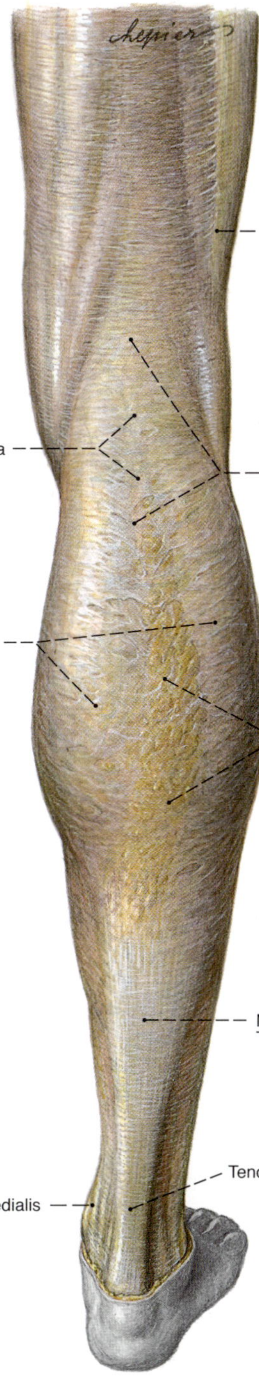

Abb. 1288 Faszien des Knies und des Unterschenkels; von hinten (re).

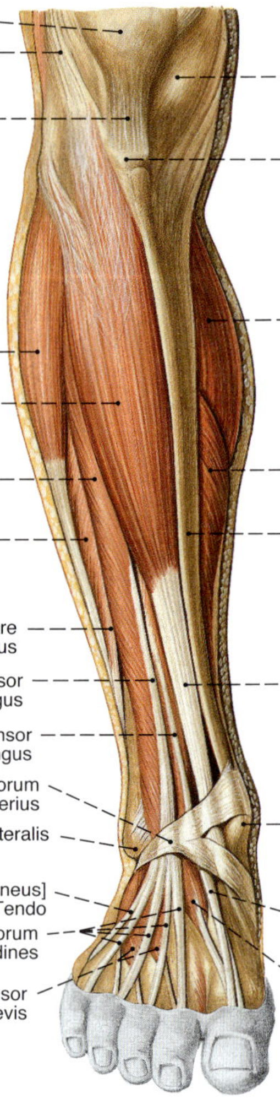

Abb. 1289 Muskeln des Unterschenkels und des Fußes; nach Abtragung der Faszien; von vorne (re).

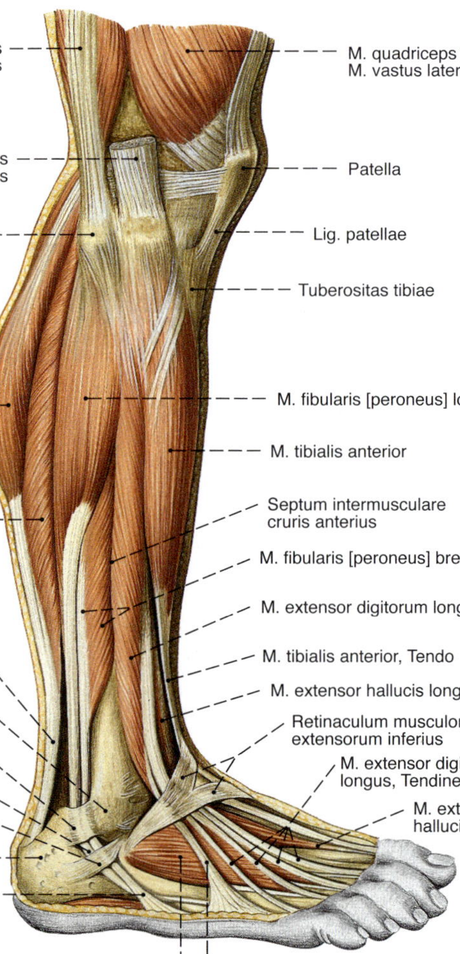

Abb. 1290 Muskeln des Unterschenkels und des Fußes; nach Abtragung der Faszien; von lateral (re).

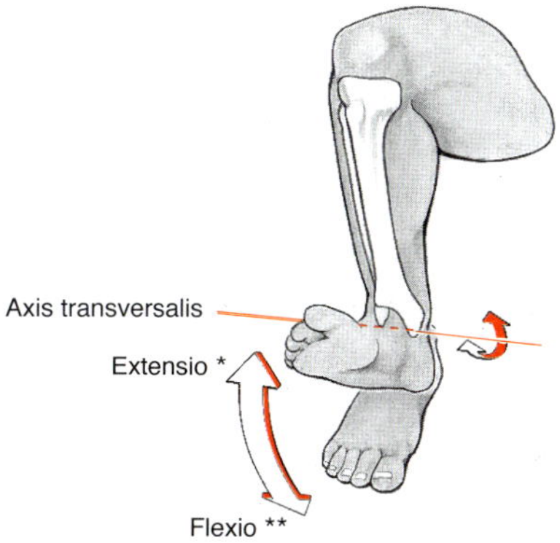

Abb. 1291 Oberes Sprunggelenk (OSG);
Bewegung in der Sagittalebene.
Beuge- und Streckbewegung finden vornehmlich im oberen Sprunggelenk statt.
Um Missverständnisse zu vermeiden, wird die Flexio** auch als Plantarflexion, die Extensio* als Dorsalflexion bezeichnet.

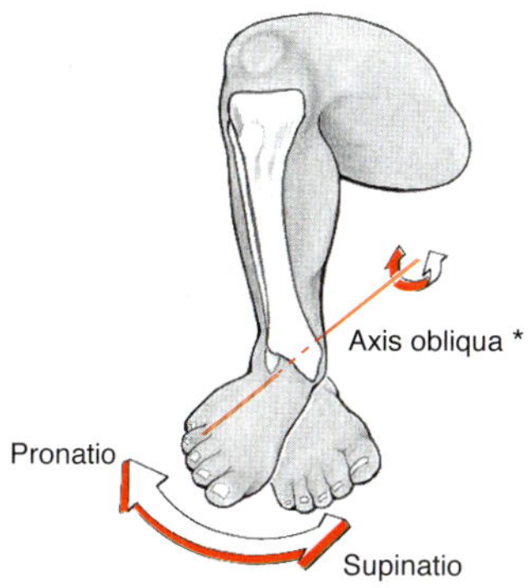

Abb. 1292 Unteres Sprunggelenk (USG);
Umwendebewegung des Fußes.
Von der Endstellung der Plantarflexion aus wird die Pronation im unteren Sprunggelenk auch als Abduktion nach lateral, die Supination als Abduktion nach medial bezeichnet.

* Diese Achse verläuft von der Innenseite des Talushalses nach hinten unten zum Proc. lateralis des Tuber calcanei etwas steiler als hier aus didaktischen Gründen dargestellt (siehe Abb. 1310).

Ventrale Muskeln des Unterschenkels (Abb. 1289, 1300, 1308, 1310)

Am weitesten oberflächlich und medial wölbt der M. tibialis anterior die Fascia cruris vor. Nach innen folgt als nächster der M. extensor digitorum longus, aus dessen lateralem Rand häufig der M. fibularis tertius hervorgeht. Am tiefsten liegt der M. extensor hallucis longus.

Muskel *Innervation*	**Ursprung**	**Ansatz**	**Funktion**
1. M. tibialis anterior *N. fibularis profundus* *(N. ischiadicus)*	Proximales Tibiaende (unterhalb des Condylus lateralis), Facies lateralis der Tibia (obere zwei Drittel), Membrana interossea, Fascia cruris	Basis des Os metatarsi I (medialer Rand), Os cuneiforme mediale (plantare Fläche)	**Oberes Sprunggelenk:** Dorsalflexion **Unteres Sprunggelenk:** Supination
2. M. extensor hallucis longus *N. fibularis profundus* *(N. ischiadicus)*	Facies medialis der Fibula (distale zwei Drittel), Membrana interossea, Fascia cruris	Basis der Phalanx distalis des Hallux, Grundphalanx	**Oberes Sprunggelenk:** Dorsalflexion **Unteres Sprunggelenk:** Supination **Gelenke der Großzehe:** Extension
3. M. extensor digitorum longus *N. fibularis profundus* *(N. ischiadicus)*	Proximales Tibiaende (unterhalb des Condylus lateralis), Margo anterior der Fibula, Membrana interossea cruris, Septum intermusculare cruris anterius, Fascia cruris	Dorsalaponeurosen der vier lateralen Zehen	**Oberes Sprunggelenk:** Dorsalflexion **Unteres Sprunggelenk:** Pronation **Zehengelenke:** Extension
4. M. fibularis [peroneus] tertius *N. fibularis profundus* *(N. ischiadicus)* (inkonstant)	Abspaltung des M. extensor digitorum longus	Basis des Os metatarsi V	

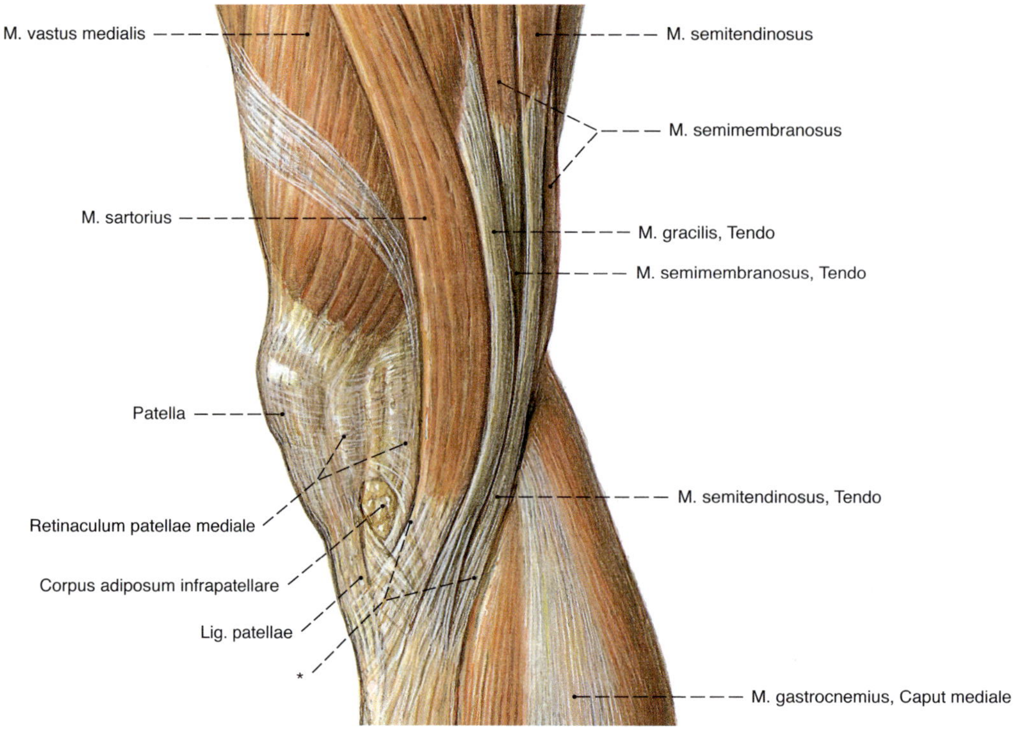

Abb. 1293 Muskeln im Bereich des Kniegelenks; nach Abtragung der Faszien; von medial (re).

* Gemeinsamer Ansatz unterhalb des medialen Tibiakondylus (früher als Pes anserinus superficialis bezeichnet)

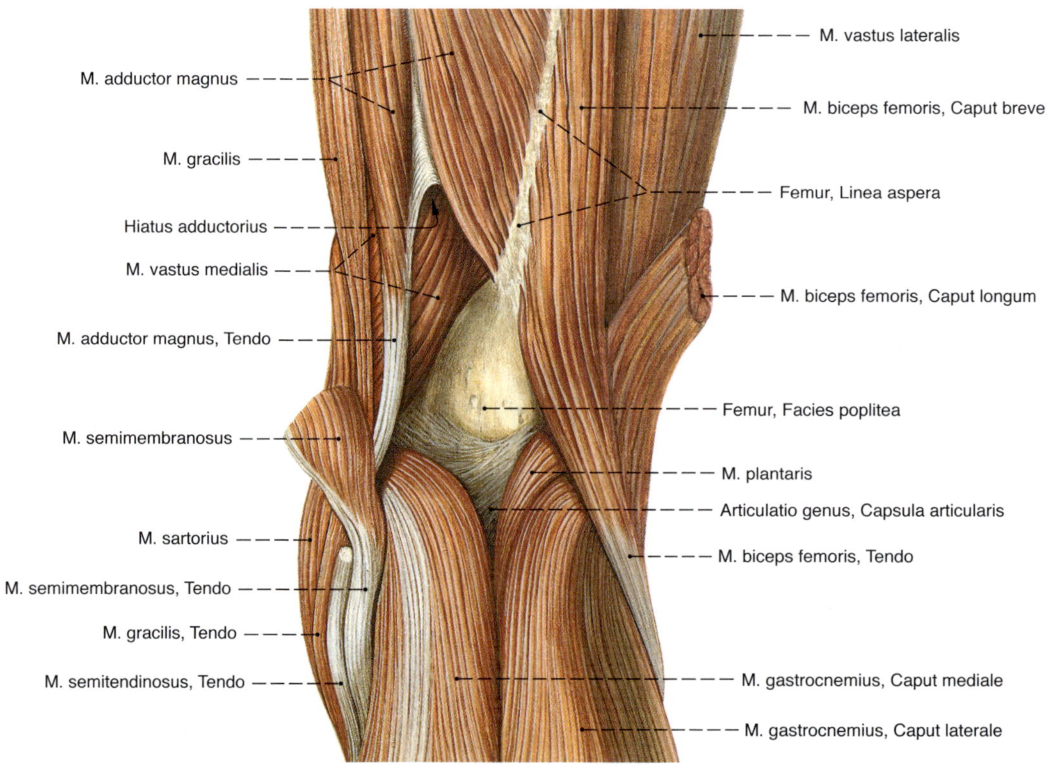

Abb. 1294 Muskeln im Bereich des Kniegelenks; nach Abtragung der Faszien und weitgehender Entfernung der ischiokruralen Muskeln; von hinten (re).

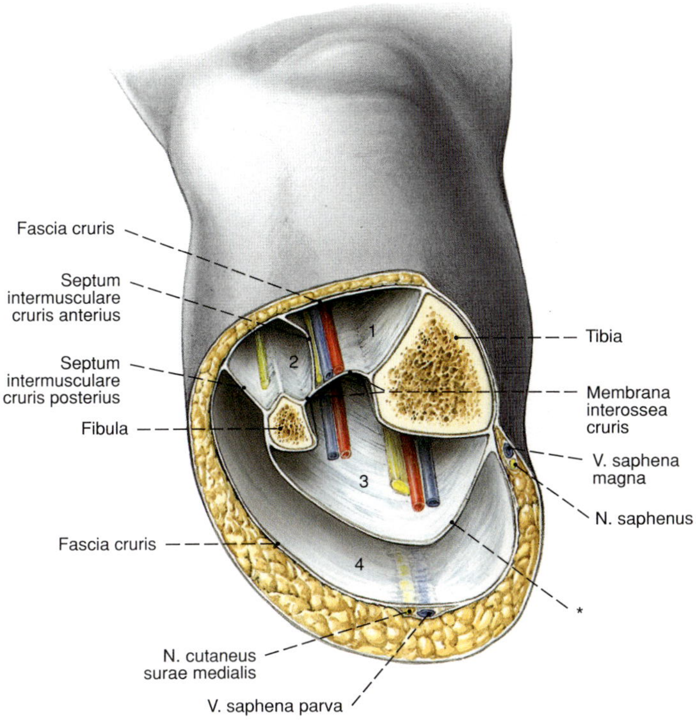

1 Compartimentum cruris anterius:
A.; V. tibialis anterior
N. fibularis profundus
M. tibialis anterior
M. extensor digitorum longus
M. extensor hallucis longus
M. fibularis [peroneus] tertius

2 Compartimentum cruris laterale:
N. fibularis superficialis
M. fibularis [peroneus] longus
M. fibularis [peroneus] brevis

3 Compartimentum cruris posterius, Pars profunda:
A.; V. tibialis posterior
A.; V. fibularis
N. tibialis
M. flexor digitorum longus
M. tibialis posterior
M. flexor hallucis longus

4 Compartimentum cruris posterius, Pars superficialis:
M. triceps surae
M. plantaris

Abb. 1295 Osteofibröse Röhren des Unterschenkels; Querschnitt oberhalb der Mitte des Unterschenkels; von distal (re).

Die osteofibrösen Röhren werden mit ihrem Inhalt klinisch auch als Kompartimente bezeichnet.

* Tiefer Anteil der Fascia cruris

Die sehr derbe Unterschenkelfaszie und die ebenfalls festen Septa intermuscularia cruris bilden gemeinsam mit der Membrana interossea cruris und den Unterschenkelknochen osteofibröse Röhren, die auch als **Kompartimente** bezeichnet werden. Es wird ein **vorderes**, ein **laterales**, ein **oberflächliches hinteres** und ein **tiefes hinteres Kompartiment** unterschieden.
Neben einer gewissen Zuggurtung zur Minderung der Biegebeanspruchung der Unterschenkelknochen ermöglichen sie bei der Muskelaktion den Aufbau eines leichten Überdrucks. Bei intakten Klappen der tiefen Venen wird dadurch der Rückfluss des Blutes wesentlich unterstützt.
Ist der physiologische Druckausgleich gestört, etwa in der Folge eines Blutergusses, so kann es durch Kompression der innerhalb der osteofibrösen Röhre liegenden Nerven und Gefäße zum sog. Kompartmentsyndrom kommen.

Laterale Muskeln des Unterschenkels (Abb. 1290)

Lateral liegt oberflächlich der M. fibularis longus, unter ihm der M. fibularis brevis.

Muskel *Innervation*	**Ursprung**	**Ansatz**	**Funktion***
1. M. fibularis [peroneus] longus *N. fibularis profundus (N. ischiadicus)*	Caput fibulae, Facies lateralis und Margo posterior der Fibula (proximale zwei Drittel), Septa intermuscularia cruris anterius und posterius, Fascia cruris	Tuberositas ossis metatarsi I (II), Os cuneiforme intermedium (Plantarfläche)	**Oberes Sprunggelenk** Plantarflexion **Unteres Sprunggelenk** Pronation
2. M. fibularis [peroneus] brevis *N. fibularis profundus (N. ischiadicus)*	Facies lateralis und Margo anterior der Fibula (distale Hälfte), Septa intermuscularia cruris anterius und posterius	Tuberositas ossis metatarsi V, Sehnenstreifen zur kleinen Zehe	**Oberes Sprunggelenk** Plantarflexion **Unteres Sprunggelenk** Pronation

* Am Fuß wird die Plantarflexion auch als Flexion, die Dorsalflexion als Extension bezeichnet.

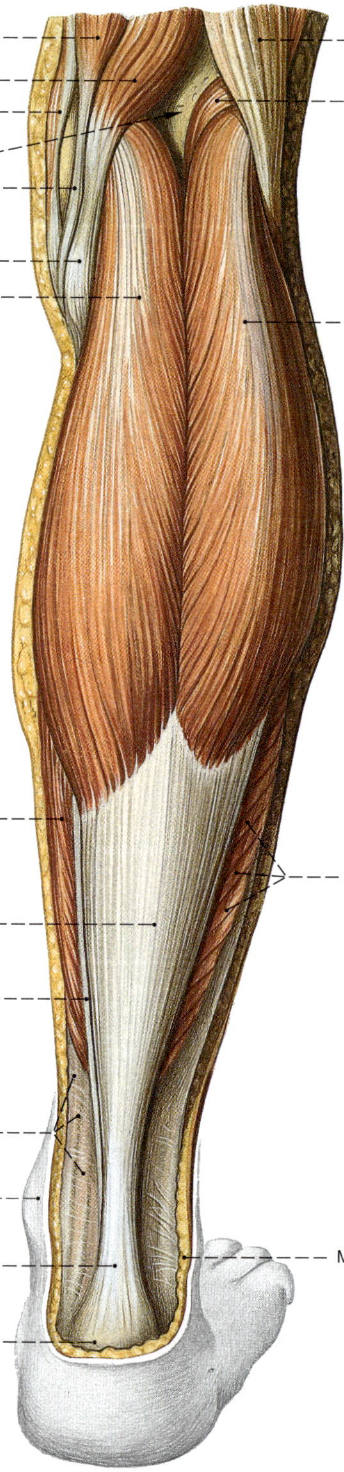

Abb. 1296 Muskeln des Unterschenkels; nach Abtragung der Fascia cruris; von hinten (re).

* Auch: Achillessehne

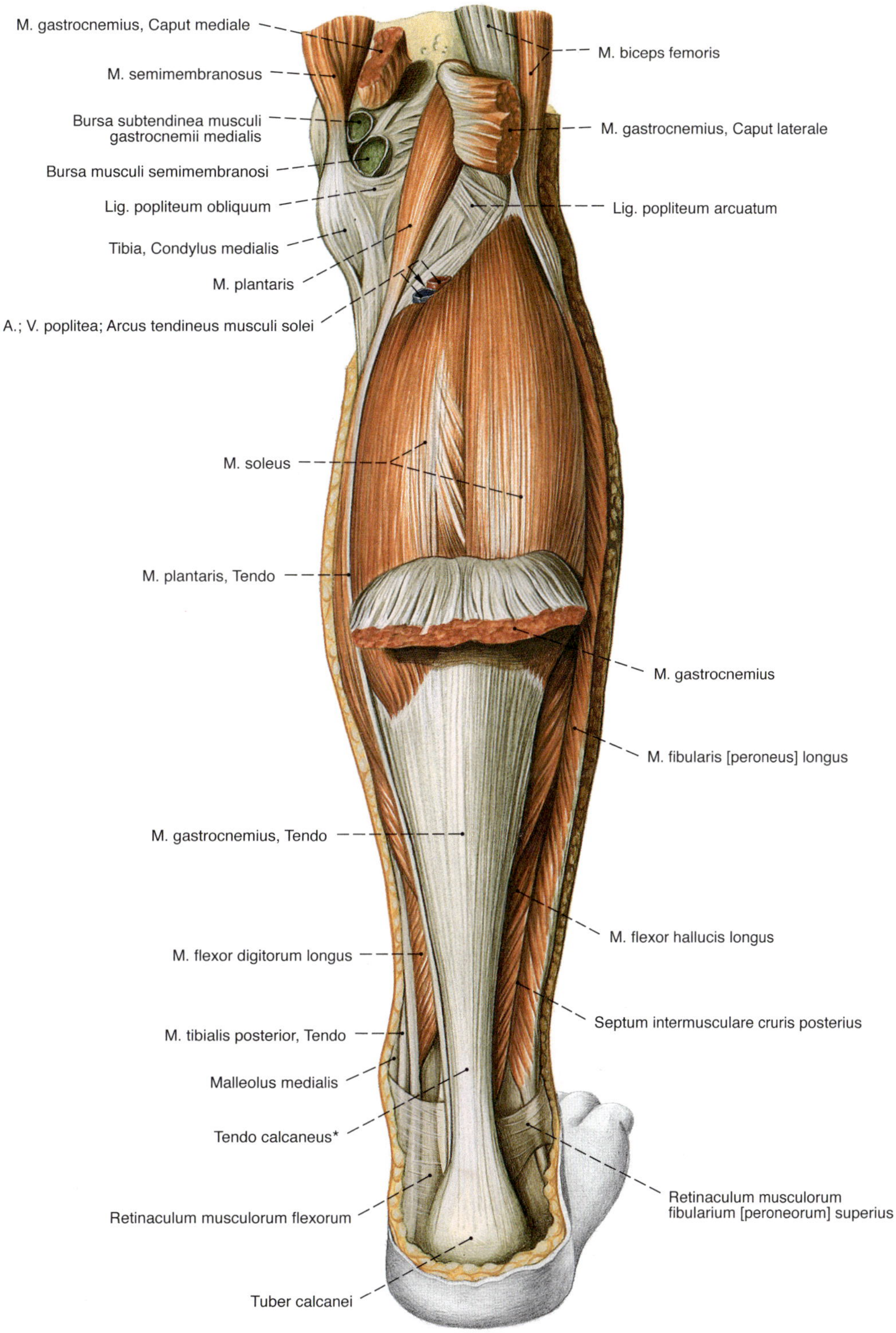

Abb. 1297 Muskeln des Unterschenkels;
nach teilweiser Abtragung des M. gastrocnemius;
von hinten (re).

* Auch: Achillessehne

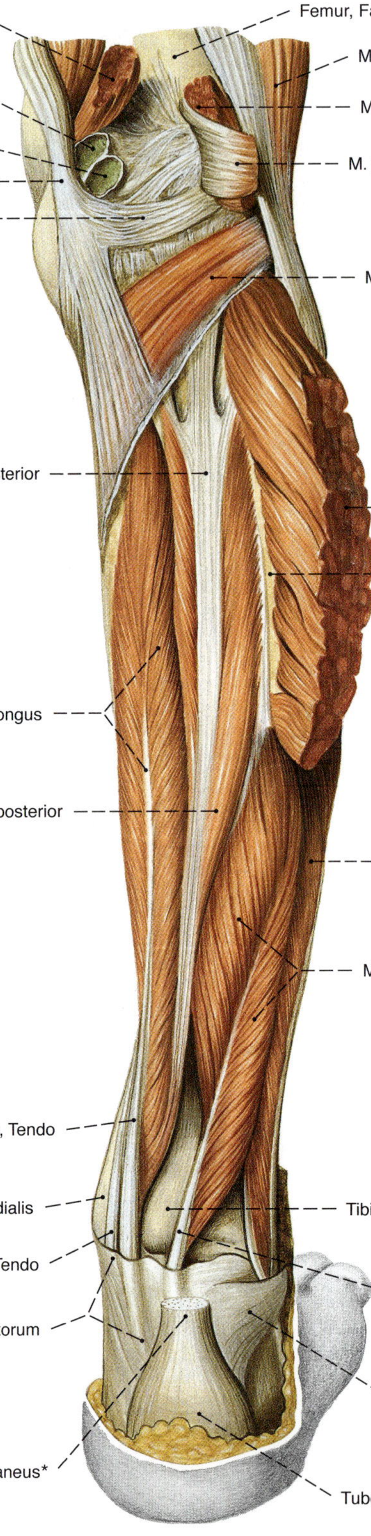

Abb. 1298 Muskeln des Unterschenkels; nach weitgehender Abtragung der oberflächlichen Muskeln; von hinten (re).

* Auch: Achillessehne

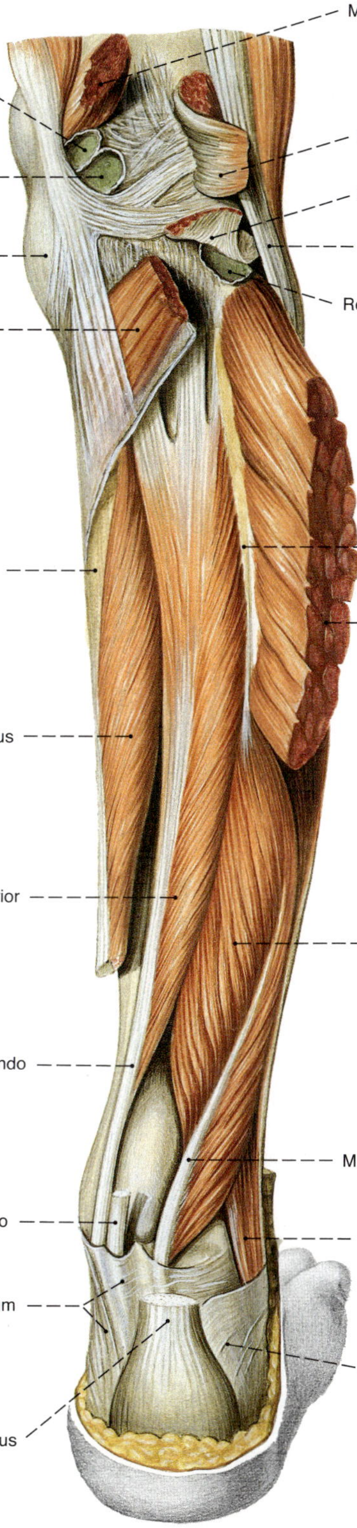

Abb. 1299 Muskeln des Unterschenkels;
nach weitgehender Abtragung der oberflächlichen Muskeln; M. popliteus durchgetrennt und Sehne des M. flexor digitorum longus im Bereich der Überkreuzung der Sehne des M. tibialis posterior (sog. Chiasma crurale) entfernt; von hinten (re).

Dorsale oberflächliche Muskeln des Unterschenkels (Abb. 1296, 1297, 1301)

Das Relief der Wade wird von den Köpfen des M. gastrocnemius geprägt. Er liegt dem M. soleus auf und bildet mit diesem zusammen den M. triceps surae. Der sehr kleine M. plantaris kann als vierter Kopf dieses Muskels aufgefasst werden.

Muskel *Innervation*	**Ursprung**	**Ansatz**	**Funktion***
M. triceps surae *N. tibialis (N. ischiadicus)*	**M. gastrocnemius, Caput mediale:** Facies poplitea des Femurs (proximal des Condylus medialis) **M. gastrocnemius, Caput laterale:** Facies poplitea des Femurs (proximal des Condylus lateralis) **M. soleus:** Caput fibulae, Facies posterior und Margo posterior der Fibula (proximales Drittel), Facies posterior der Tibia (an und unterhalb der Linea musculi solei), Arcus tendineus musculi solei **M. plantaris:** Facies poplitea femoris (proximal des Condylus lateralis)	Tuber calcanei über Tendo calcaneus (Achillessehne)	**Kniegelenk** (nur M. gastrocnemius und M. plantaris): Flexion **Oberes Sprunggelenk:** Plantarflexion **Unteres Sprunggelenk:** Supination

* Am Fuß wird die Plantarflexion auch als Flexion, die Dorsalflexion als Extension bezeichnet.

Dorsale tiefe Muskeln des Unterschenkels (Abb. 1298, 1301, 1313, 1314, 1318)

Am weitesten proximal zieht der M. popliteus schräg nach lateral zum Kniegelenk. Von den zum Fuß verlaufenden Muskeln liegt der M. tibialis posterior zuoberst. Unter ihm befinden sich nebeneinander medial der M. flexor digitorum longus und lateral der M. flexor hallucis longus.

Muskel *Innervation*	**Ursprung**	**Ansatz**	**Funktion***
1. M. popliteus *N. tibialis (N. ischiadicus)*	Epicondylus lateralis des Femurs	Facies posterior der Tibia oberhalb der Linea musculi solei	**Kniegelenk:** Innenrotation, Beugung
2. M. tibialis posterior *N. tibialis (N. ischiadicus)*	Membrana interossea, Facies posterior von Tibia und Fibula (proximale Hälfte angrenzend an Membrana interossea)	Tuberositas ossis navicularis, Ossa cuneiformia I–III (Plantarfläche), Basis der Ossa metatarsi II–IV	**Oberes Sprunggelenk:** Plantarflexion **Unteres Sprunggelenk:** Supination
3. M. flexor digitorum longus *N. tibialis (N. ischiadicus)*	Facies posterior der Tibia (distal der Linea musculi solei), Sehnenarkade zwischen Tibia und Fibula (proximal des Chiasma crurale)	Phalanx distalis der 2.–5. Zehe	**Oberes Sprunggelenk:** Plantarflexion **Unteres Sprunggelenk:** Supination **Zehengelenke:** Flexion
4. M. flexor hallucis longus *N. tibialis (N. ischiadicus)*	Facies posterior der Fibula (distale zwei Drittel), Membrana interossea, Septum intermusculare cruris posterius	Phalanx distalis der großen Zehe	**Oberes Sprunggelenk:** Plantarflexion **Unteres Sprunggelenk:** Supination **Gelenke der Großzehe:** Flexion

* Am Fuß wird die Plantarflexion auch als Flexion, die Dorsalflexion als Extension bezeichnet.

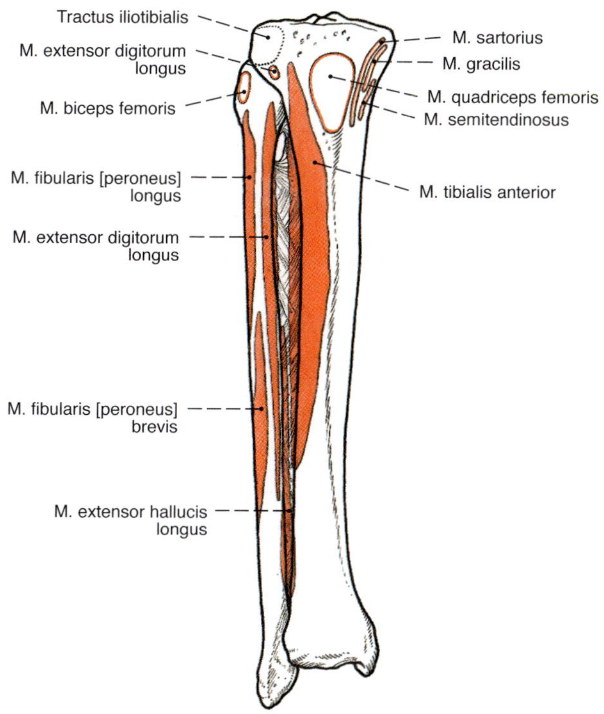

Abb. 1300 Muskelursprünge und -ansätze an den Unterschenkelknochen;
von vorne (re).

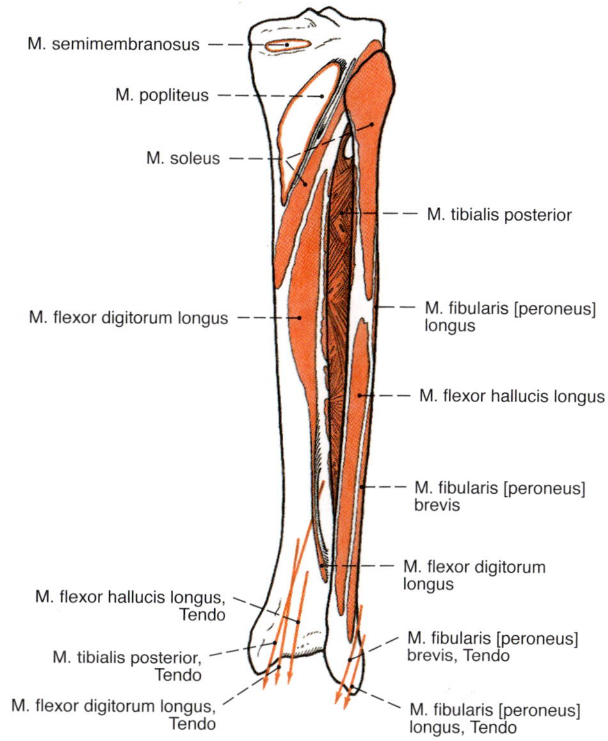

Abb. 1301 Muskelursprünge und -ansätze an den Unterschenkelknochen;
von hinten (re).

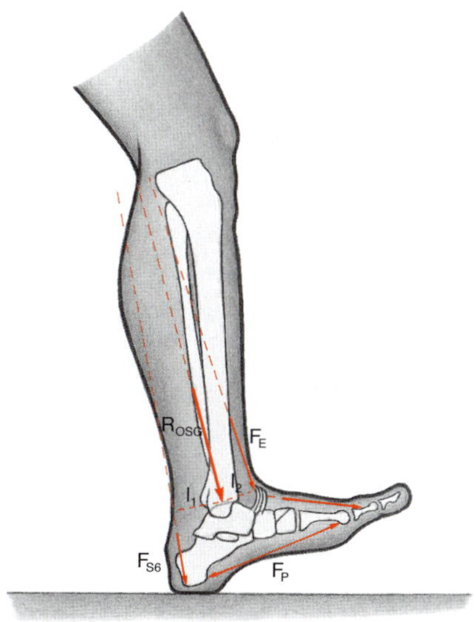

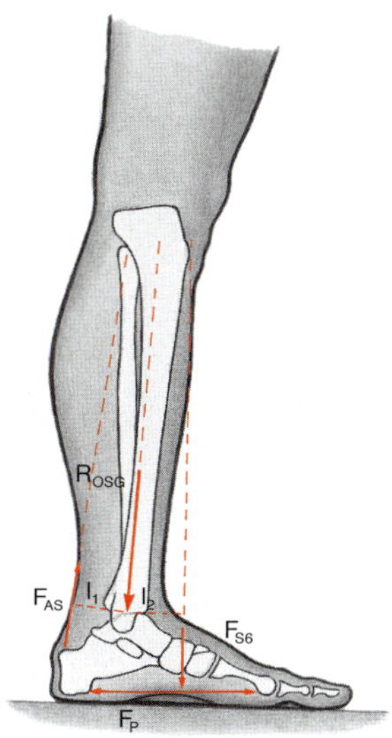

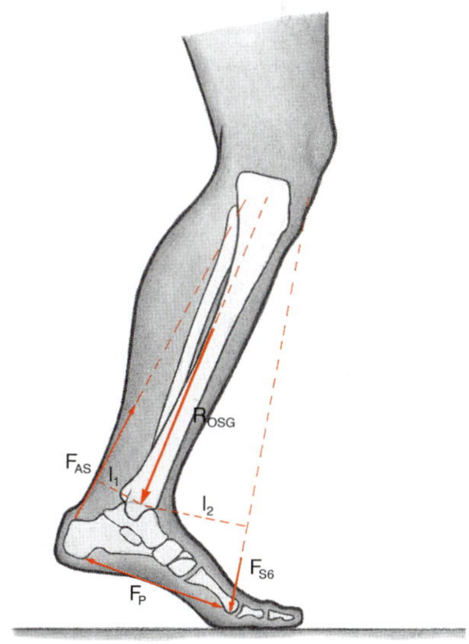

F_{S6} Kraft des Körpergewichtes (6/6)
R_{OSG} resultierende Lagerkraft im oberen Sprunggelenk

F_{AS} Zugkraft der Achillessehne
F_E Zugkraft der Extensoren
F_P Zugbeanspruchung der Plantaraponeurose

l_1 Hebelarm
l_2 Hebelarm

Abb. 1302 Kräfteverhältnisse im Fuß beim Aufsetzen der Ferse.

Abb. 1303 Kräfteverhältnisse im Fuß bei statischer Belastung der Fußsohle.

Abb. 1304 Kräfteverhältnisse im Fuß beim Abstoßen vom Zehenballen.

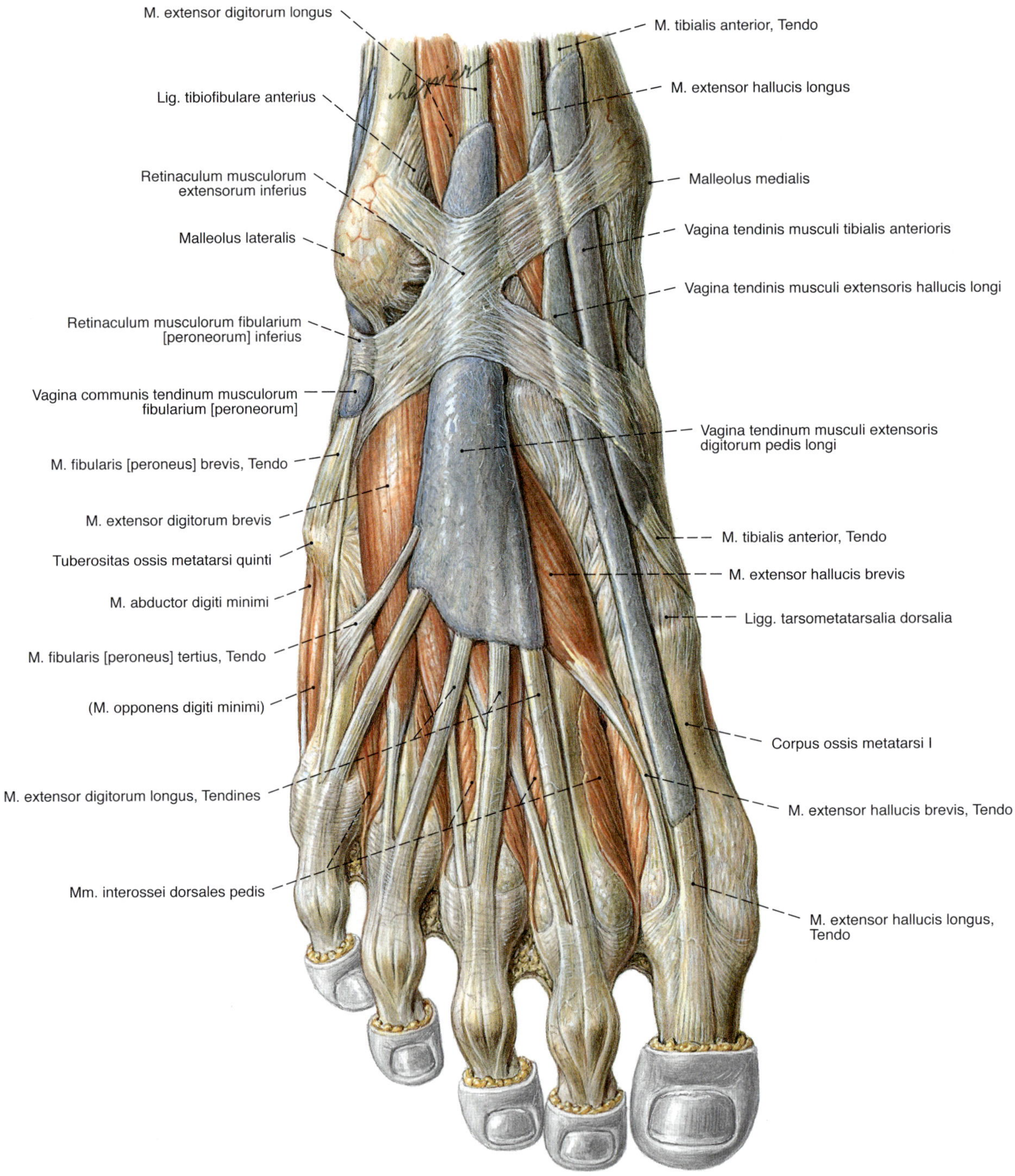

Abb. 1305 Sehnenscheiden, Vaginae tendinum, des Fußes; von dorsal (re).

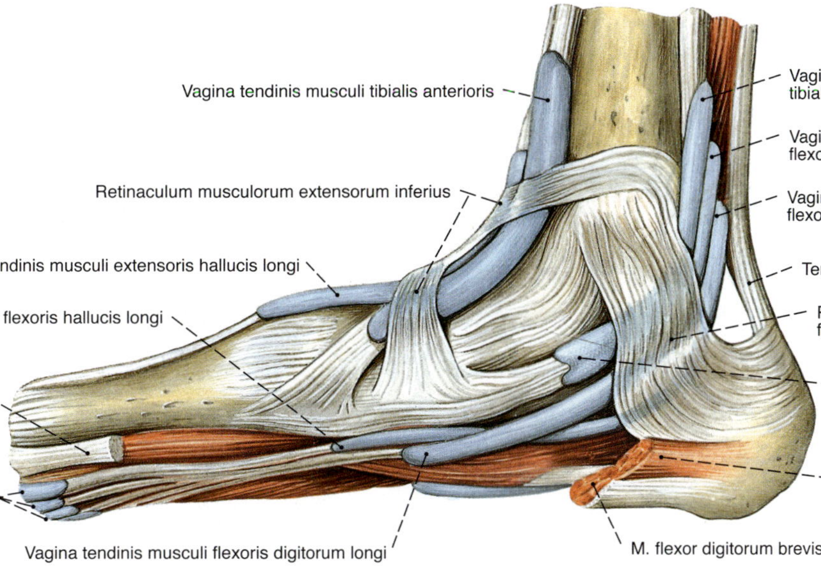

Abb. 1306 Sehnenscheiden, Vaginae tendinum, des Fußes; von medial (re).

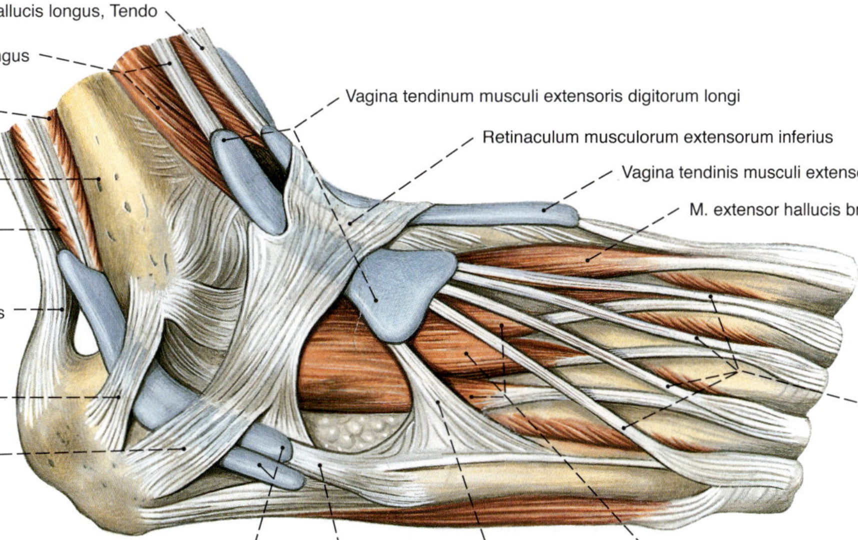

Abb. 1307 Sehnenscheiden, Vaginae tendinum, des Fußes; von lateral (re).

Sehnenscheiden des Fußes, Vaginae tendinum pedis

Tarsale dorsale Sehnenscheiden: Am Fußrücken unter den Retinacula musculorum extensorum superius und inferius für die Sehnen des M. tibialis anterior, des M. extensor hallucis longus und des M. extensor digitorum longus.

Tarsale mediale Sehnenscheiden: Hinter dem Malleolus medialis und unter dem Retinaculum musculorum flexorum für die Sehnen des M. tibialis posterior, des M. flexor digitorum longus und des M. flexor hallucis longus.

Tarsale laterale Sehnenscheide(n): Hinter dem Malleolus lateralis und unter den Retinacula musculorum fibularium superius und inferius meist eine gemeinsame Sehnenscheide für die Sehnen des M. fibularis [peroneus] longus und des M. fibularis [peroneus] brevis. Die Sehnenscheide setzt sich auf der Sehne des M. fibularis [peroneus] longus unter dem Lig. plantare longum bis zum Ansatz an der Unterseite der Basis des Os metatarsi I und des Os cuneiforme mediale fort.

Digitale plantare Sehnenscheiden: An der Plantarseite der Zehen für die Sehnen des M. flexor digitorum longus und des M. flexor digitorum brevis.

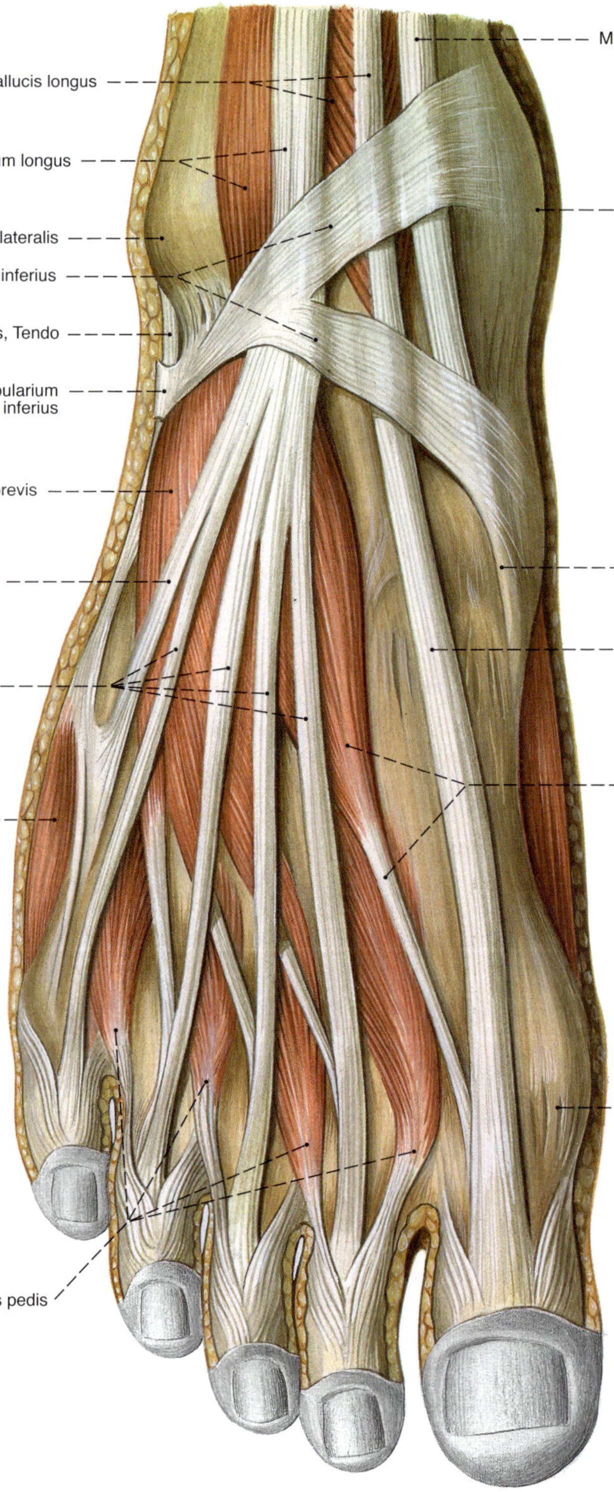

Abb. 1308 Muskeln des Fußes; nach Abtragung der Sehnenscheiden; von dorsal (re).

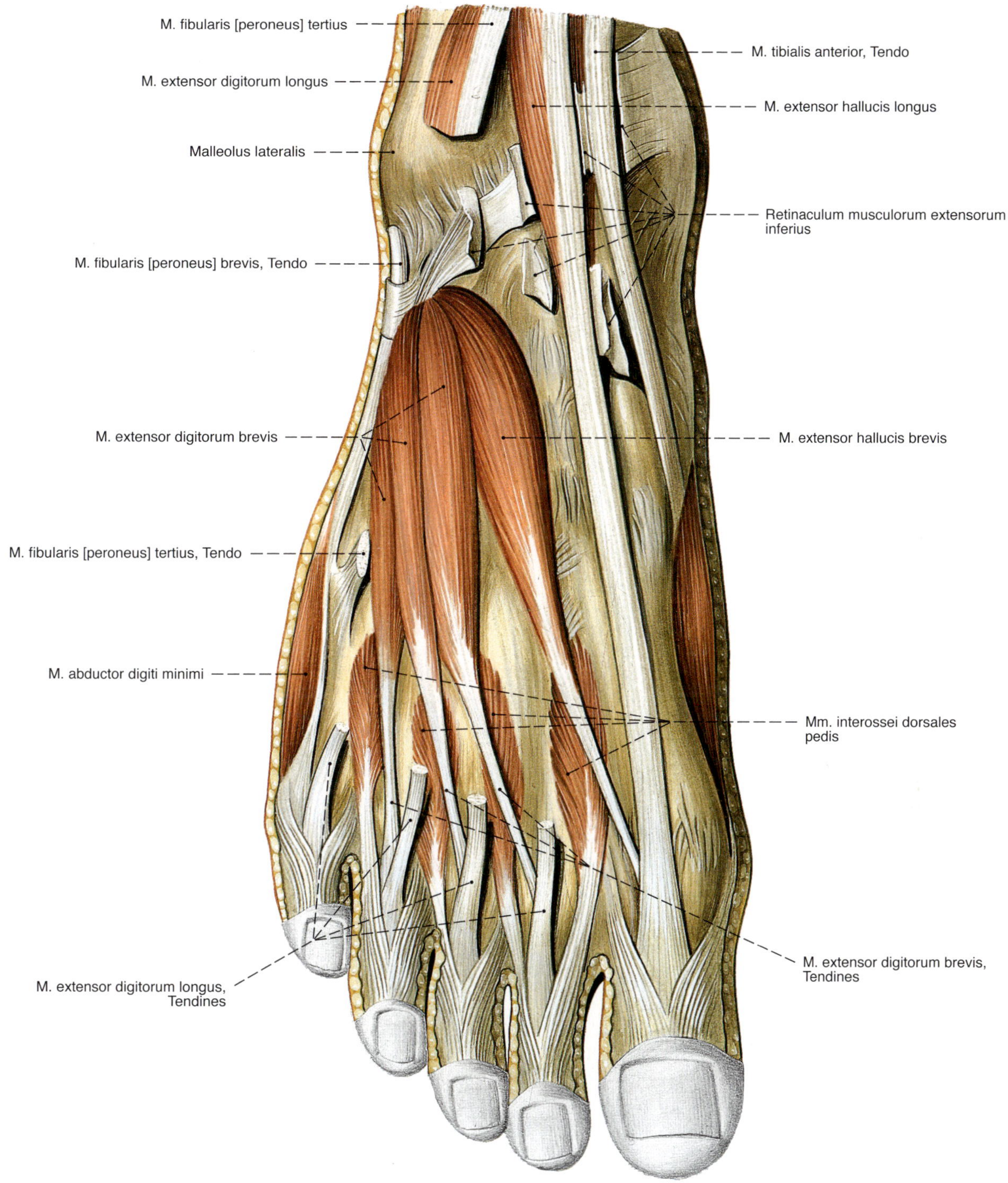

Abb. 1309 Muskeln des Fußes;
nach Spaltung des Retinaculum musculorum extensorum inferius und weitgehender Abtragung des M. extensor digitorum longus;
von dorsal (re).

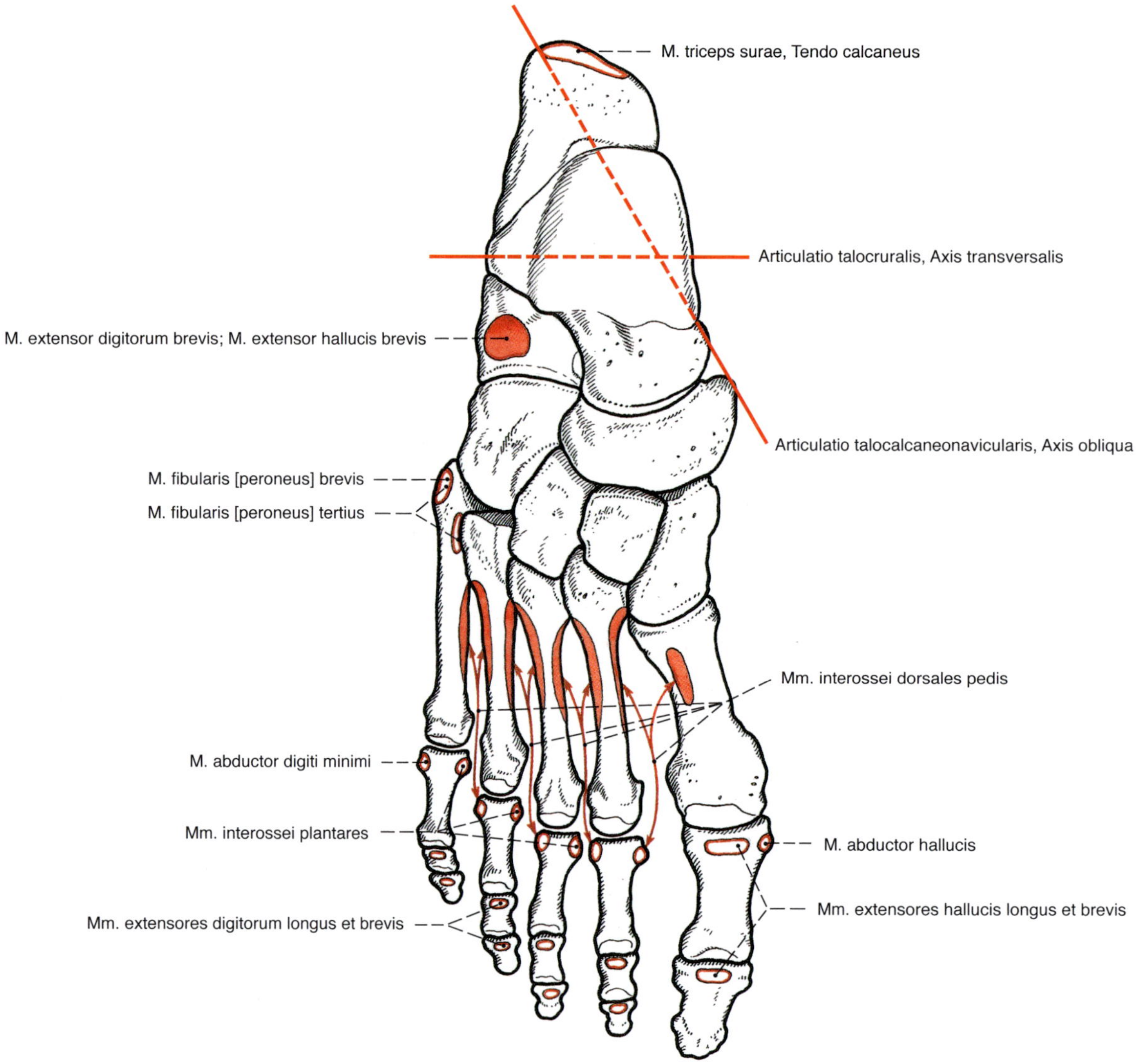

Abb. 1310 Muskelursprünge und -ansätze an den Knochen des Fußes; von dorsal (re).
Die Achsen des oberen und des unteren Sprunggelenks sind eingezeichnet.

Muskeln des Fußrückens (Abb. 1308)

Die beiden Muskeln des Fußrückens springen nur wenig durch die Haut vor. Von einem kleinen Ursprungsgebiet zieht der M. extensor hallucis brevis zur Großzehe, der M. extensor digitorum brevis zu den übrigen Zehen.

Muskel *Innervation*	**Ursprung**	**Ansatz**	**Funktion***
1. M. extensor digitorum brevis *N. fibularis profundus (N. fibularis communis)*	Calcaneus (dorsale und laterale Fläche)	Dorsalaponeurose der 2.–4. Zehe	**Zehengelenke:** Extension
2. M. extensor hallucis brevis *N. fibularis profundus (N. fibularis communis)*	Calcaneus (dorsale Fläche), Sinus tarsi	Phalanx proximalis der Großzehe	**Großzehengrundgelenk:** Extension

* Am Fuß wird die Plantarflexion auch als Flexion, die Dorsalflexion als Extension bezeichnet.

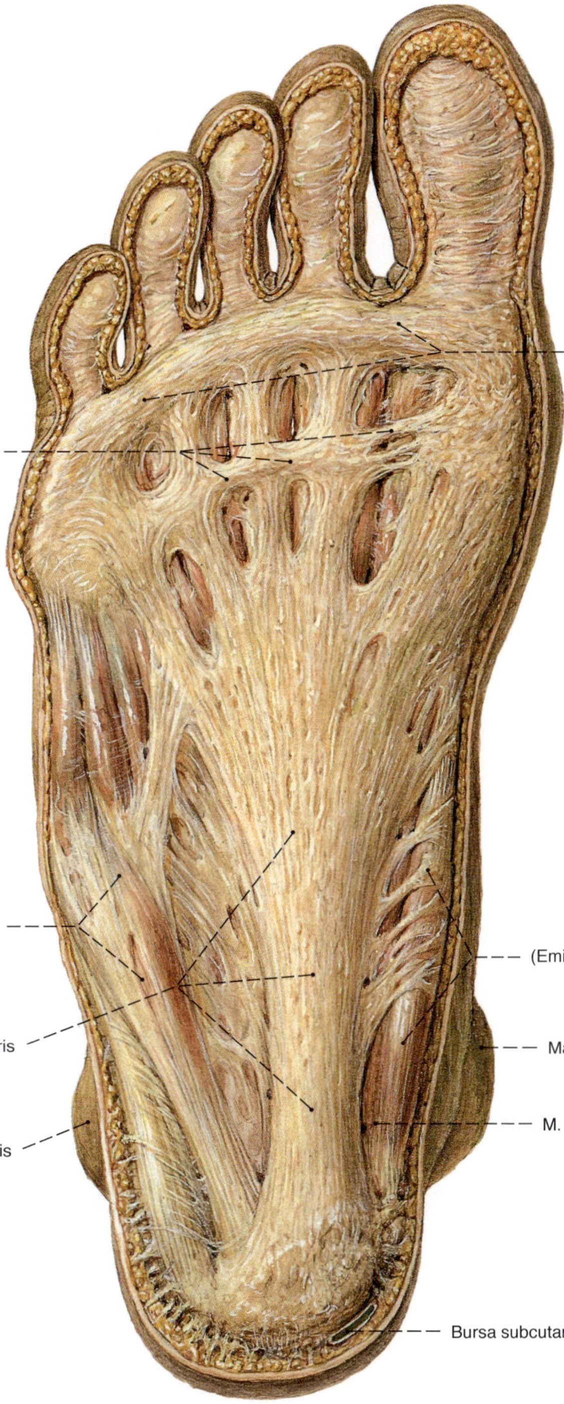

Abb. 1311 Muskeln des Fußes; Darstellung der Plantaraponeurose; von plantar (re).

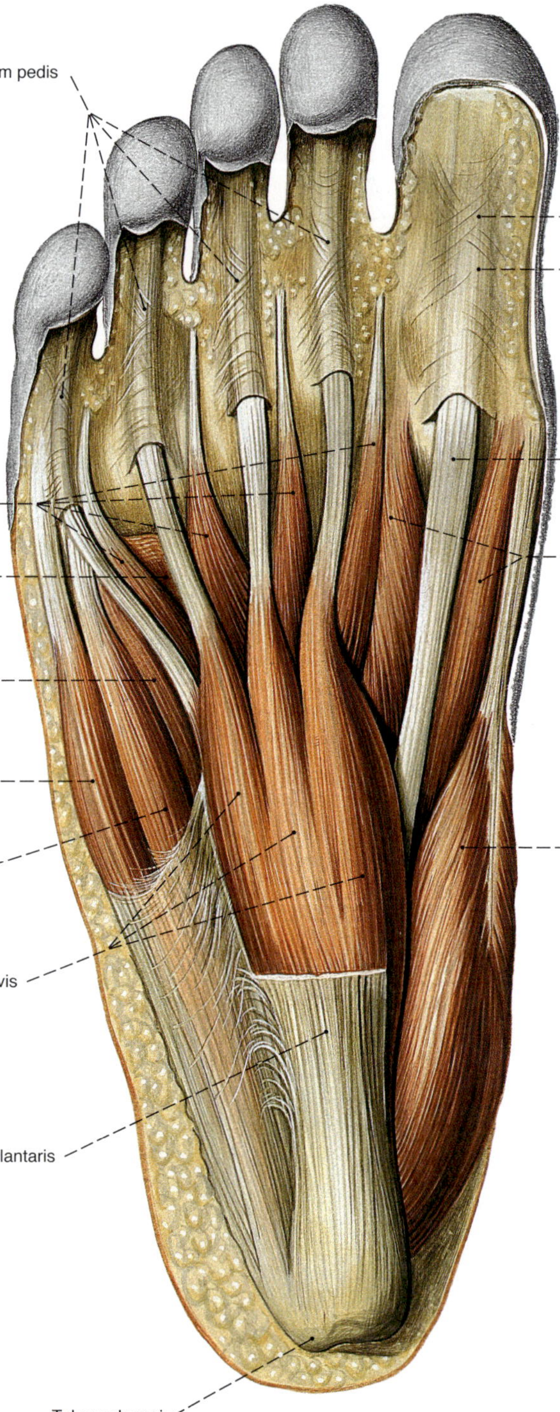

Abb. 1312 Muskeln des Fußes;
nach weitgehender Abtragung der Plantaraponeurose;
von plantar (re).

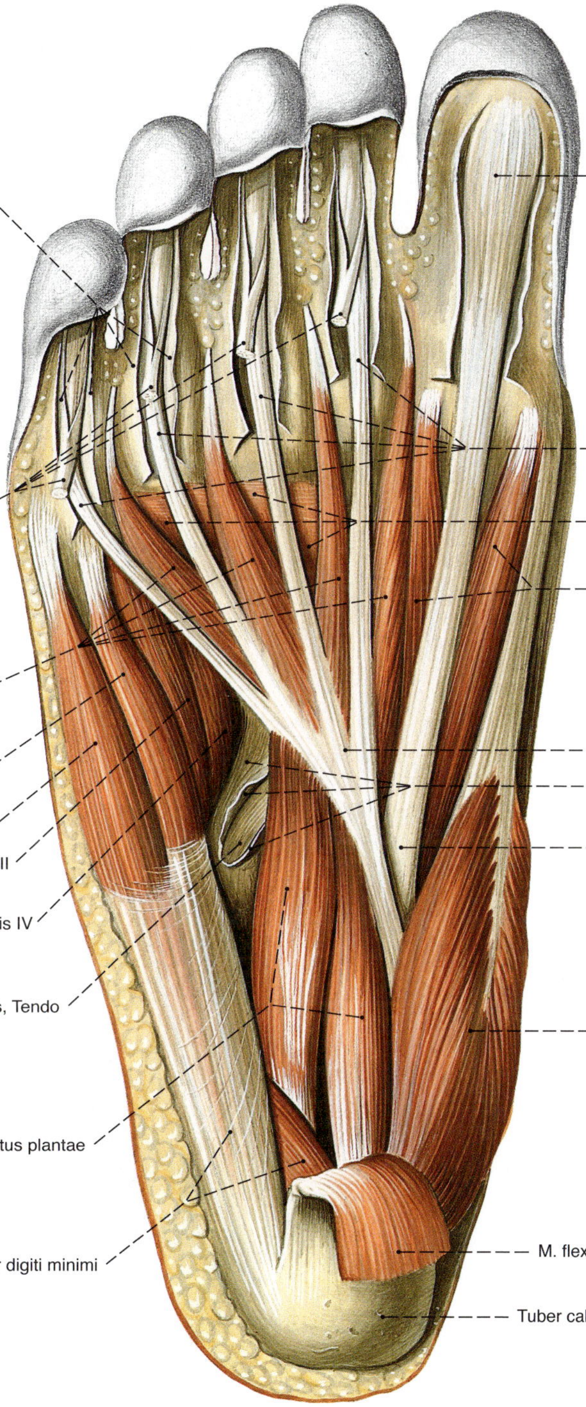

Abb. 1313 Muskeln des Fußes;
mittlere Schicht nach weitgehender Abtragung der Plantaraponeurose und des mit ihr verwachsenen M. flexor digitorum brevis;
von plantar (re).

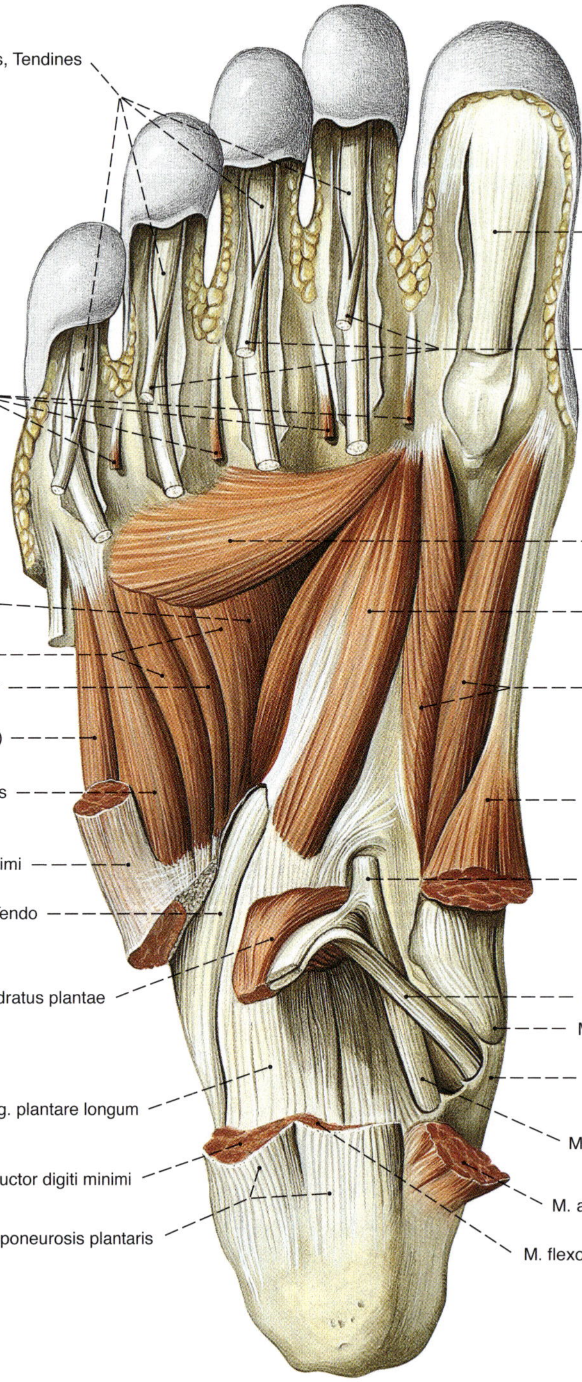

Abb. 1314 Muskeln des Fußes;
tiefe Schicht nach weitgehender Entfernung der oberflächlichen Muskeln sowie des M. flexor digitorum und des M. hallucis longus;
von plantar (re).

* Die Kreuzung der Sehne des M. flexor digitorum longus über die Sehne des M. flexor hallucis longus wird auch als Chiasma plantare bezeichnet.

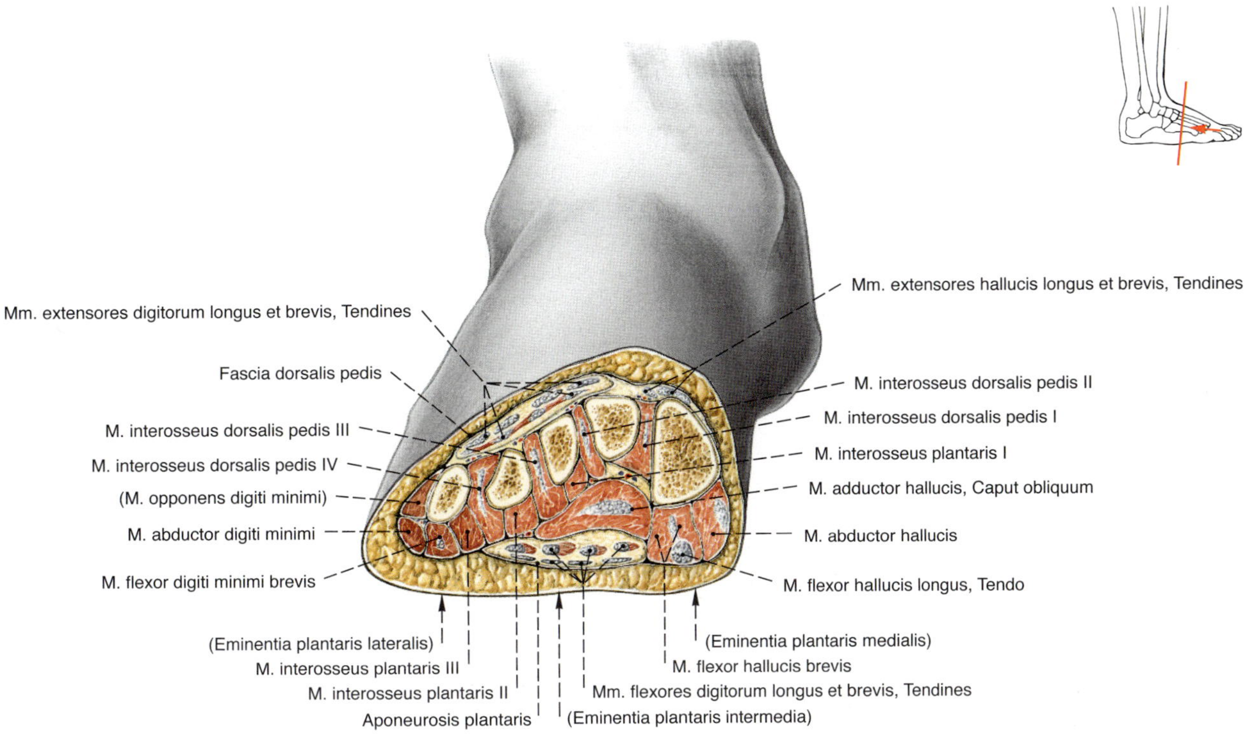

Abb. 1315 Osteofibröse Röhren des Fußes; Frontalschnitt durch den Mittelfuß; von distal (re).

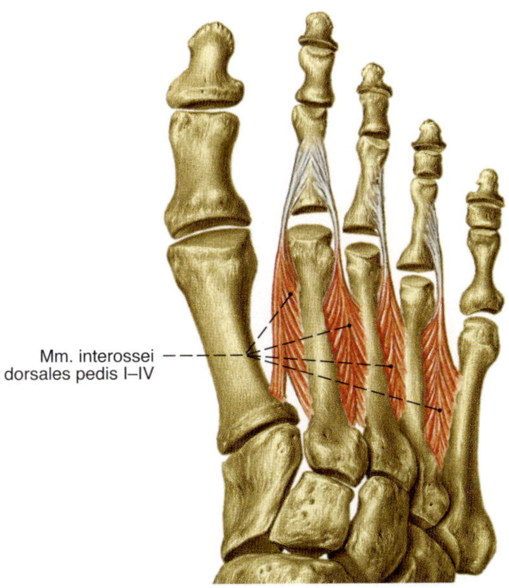

Abb. 1316 Muskeln des Fußes; isolierte Darstellung der Mm. interossei dorsales pedis; von dorsal (re).

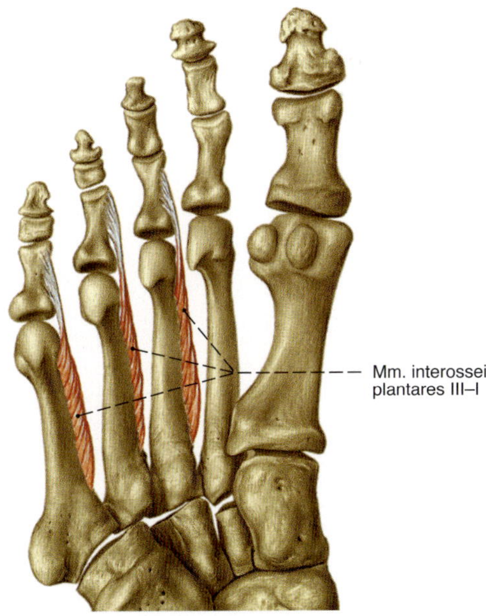

Abb. 1317 Muskeln des Fußes; isolierte Darstellung der Mm. interossei plantares; von plantar (re).

Mediale Muskeln der Fußsohle (Abb. 1312, 1318)

Die Kontur des medialen Fußrandes, der Eminentia plantaris medialis, wird in erster Linie vom M. abductor hallucis geformt. Ihm schließt sich der M. flexor hallucis brevis an, nach lateral folgt der M. adductor hallucis.

Muskel *Innervation*	**Ursprung**	**Ansatz**	**Funktion***
1. M. abductor hallucis *N. plantaris medialis (N. tibialis)*	Proc. medialis des Tuber calcanei, Aponeurosis plantaris, Retinaculum musculorum flexorum	Mediales Sesambein der Kapsel des Großzehengrundgelenks, Basis der Phalanx proximalis der Großzehe (mediale Seite)	**Großzehengrundgelenk:** Abduktion, Flexion
2. M. flexor hallucis brevis *N. plantaris medialis (N. tibialis)*	Ossa cuneiformia (Plantarfläche), Lig. calcaneocuboideum plantare, Lig. plantare longum, Sehne des M. tibialis posterior	**Medialer Anteil:** mediales Sesambein der Kapsel des Großzehengrundgelenks, Basis der Phalanx proximalis der Großzehe **Lateraler Anteil:** laterales Sesambein des Großzehengrundgelenks, Basis der Phalanx proximalis der Großzehe	**Großzehengrundgelenk:** Flexion
3. M. adductor hallucis *N. plantaris lateralis (N. tibialis)*	**Caput obliquum:** Os cuboideum, Os cuneiforme laterale, Lig. plantare longum, Lig. calcaneocuboideum plantare **Caput transversum:** Kapseln der Grundgelenke der 3.–5. Zehe, Lig. metatarsale transversum profundum	Laterales Sesambein der Kapsel des Großzehengrundgelenks, Basis der Phalanx proximalis der Großzehe	**Großzehengrundgelenk:** Adduktion zur 2. Zehe, Flexion

* (Erklärung S. 347)

Muskeln der Fußsohlenmitte (Abb. 1312, 1318)

In der Tiefe der Fußwölbung liegen einige kleine Muskeln. Mit der Plantaraponeurose proximal verwachsen ist der M. flexor digitorum brevis. Unter ihm geht der M. quadratus plantae mit der Hauptsehne des M. flexor digitorum longus eine Verbindung ein. Von dessen vier Sehnenzweigen entspringen die Mm. lumbricales pedis I–IV. Die Mm. interossei plantares I–III und die Mm. interossei dorsales pedis I–IV füllen die Räume zwischen den Ossa metatarsi.

Muskel/*Innervation*	**Ursprung**	**Ansatz**	**Funktion***
1. M. flexor digitorum brevis *N. plantaris medialis (N. tibialis)*	Tuber calcanei (Plantarfläche), Aponeurosis plantaris	Phalanx media der 2.–4. Zehe (durchbohrt von den Sehnen des M. flexor digitorum longus)	**Zehnengrundgelenke:** Flexion **Zehengelenke:** Flexion
2. M. quadratus plantae *N. plantaris lateralis (N. tibialis)* (Auch als M. flexor accessorius bezeichnet)	Calcaneus (Plantarfläche), Lig. plantare longum	Sehne des M. flexor digitorum longus (lateraler Rand vor ihrer Aufteilung)	Änderung der Zugrichtung des M. flexor digitorum longus
3. Mm. lumbricales pedis I–IV *Nn. plantares medialis (I) und lateralis (II–IV) (N. tibialis)*	**M. lumbricalis pedis I:** Sehne des M. flexor digitorum longus zur 2. Zehe (mediale Seite) **Mm. lumbricales pedis II–IV:** Sehnen des M. flexor digitorum longus zur 3.–5. Zehe (einander zugekehrte Seiten)	Phalanx proximalis der 2.–5. Zehe (mediale Seite), gelegentlich Einstrahlung in die Dorsalaponeurose	**Grundgelenke der Zehen:** Flexion
4. Mm. interossei plantares I–III *N. plantaris lateralis (N. tibialis)*	Ossa metatarsi III–V (Plantarfläche), Lig. plantare longum	Basis der Grundphalanx der 3.–5. Zehe (mediale Seite)	**Grundgelenke der Zehen:** Flexion, Adduktion zur 2. Zehe
5. Mm. interossei dorsales pedis I–IV *N. plantaris lateralis (N. tibialis)*	Einander zugewandte Seiten der Ossa metatarsi I–V (zweiköpfig), Lig. plantare longum	**M. interosseus dorsalis I:** Basis der Phalanx proximalis der 2. Zehe (mediale Seite) **Mm. interossei dorsales II–IV:** Basis der Phalanx proximalis der 3.–4. Zehe (laterale Seite); Einstrahlung in Streckaponeurosen	**Grundgelenke der Zehen:** Flexion, Adduktion der 3. und 4. Zehe nach lateral, der 2. Zehe nach medial **Zehengelenke:** Extension

* (Erklärung S. 347)

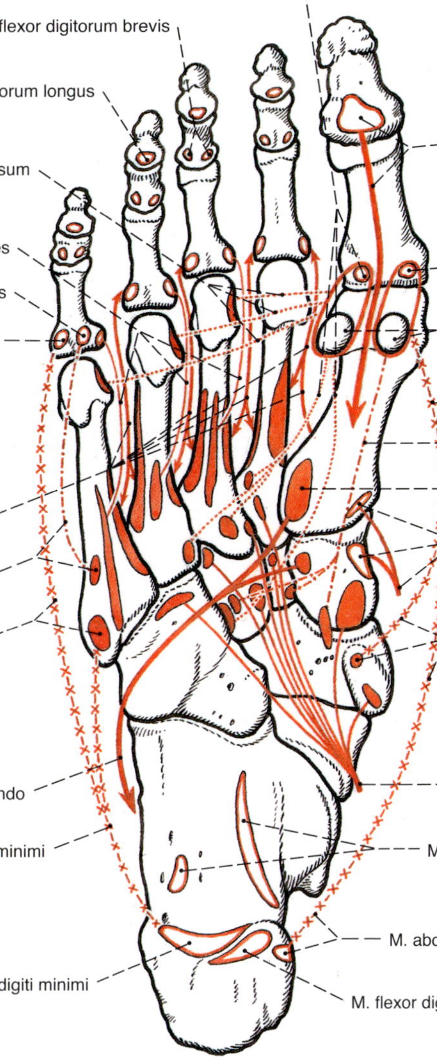

Abb. 1318 Muskelursprünge und -ansätze an den Knochen des Fußes; von plantar (re).

Laterale Muskeln der Fußsohle (Abb. 1312)

Entlang des lateralen Fußrandes, der Eminentia plantaris lateralis, zieht der M. abductor digiti minimi. Unter seiner plantaren Fläche erstrecken sich der M. flexor digiti minimi brevis und der M. opponens digiti minimi.

Muskel/*Innervation*	Ursprung	Ansatz	Funktion*
1. M. abductor digiti minimi *N. plantaris lateralis (N. tibialis)*	Proc. lateralis und Proc. medialis (tiefer Kopf) des Tuber calcanei, Aponeurosis plantaris	Basis der Phalanx proximalis der 5. Zehe, Tuberositas ossis metatarsi V	**Grundgelenk der 5. Zehe:** Abduktion, Flexion, Opposition
2. M. flexor digiti minimi brevis *N. plantaris medialis (N. tibialis)*	Basis des Os metatarsi V, Lig. plantare longum, Sehnenscheide des M. fibularis longus	Phalanx proximalis der 5. Zehe	**Grundgelenk der 5. Zehe:** Abduktion, Flexion, Opposition
3. M. opponens digiti minimi *N. plantaris medialis (N. tibialis)* (inkonstanter Muskel)	Basis des Os metatarsi V, Lig. plantare longum, Sehnenscheide des M. fibularis longus	Os metatarsi V (lateraler Rand)	**Grundgelenk der 5. Zehe:** Abduktion, Flexion, Opposition

* Am Fuß wird die Plantarflexion auch als Flexion, die Dorsalflexion als Extension bezeichnet.

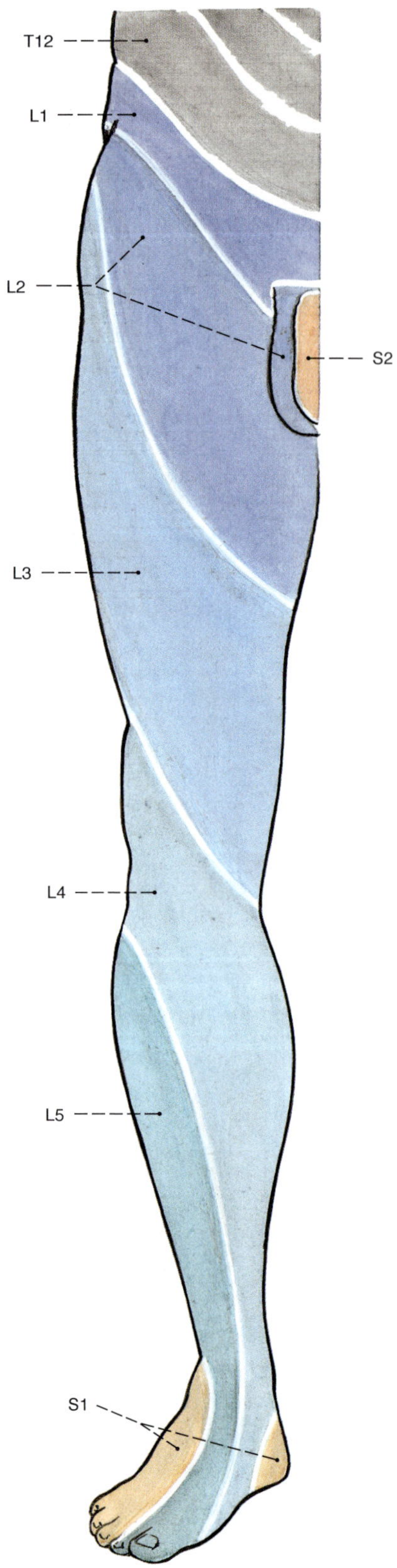

Abb. 1319 Segmentale Hautinnervation (Dermatome) der unteren Extremität; von vorne (re).

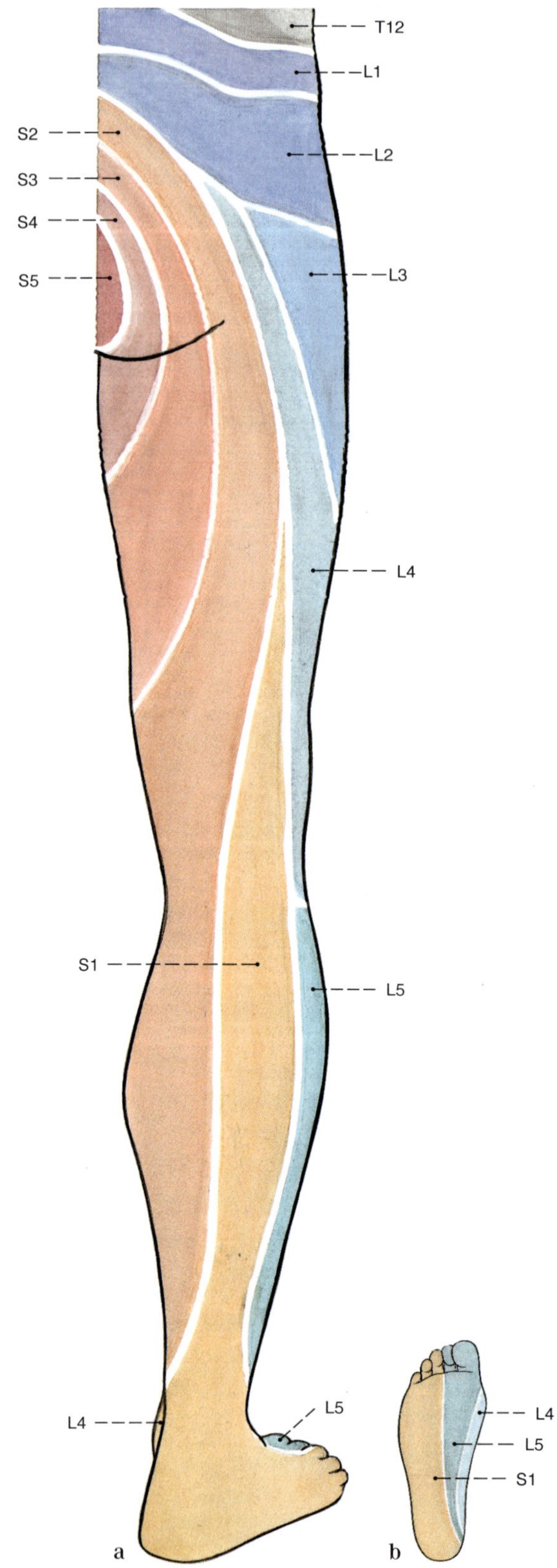

Abb. 1320 a, b Segmentale Hautinnervation (Dermatome) der unteren Extremität.

a von hinten (re)

b von plantar (re)

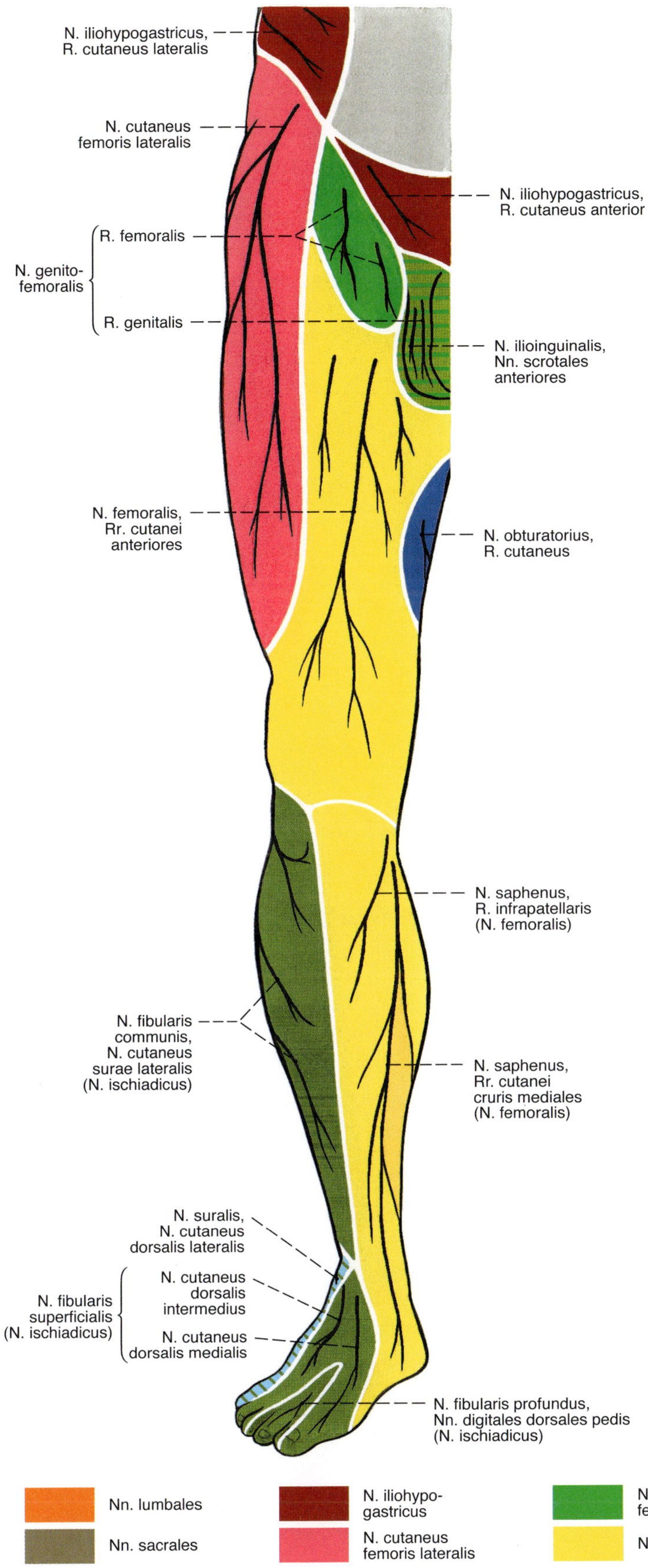

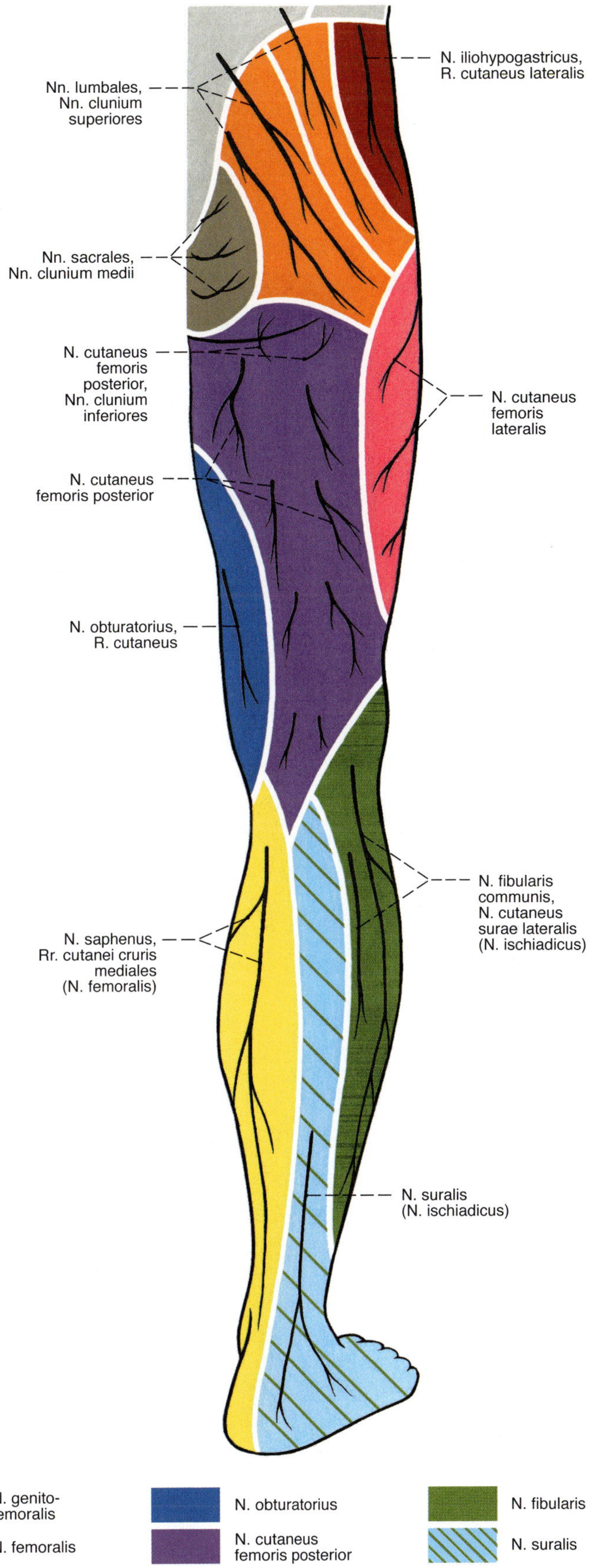

Abb. 1321 Hautnerven der unteren Extremität; von vorne (re).

Abb. 1322 Hautnerven der unteren Extremität; von hinten (re).

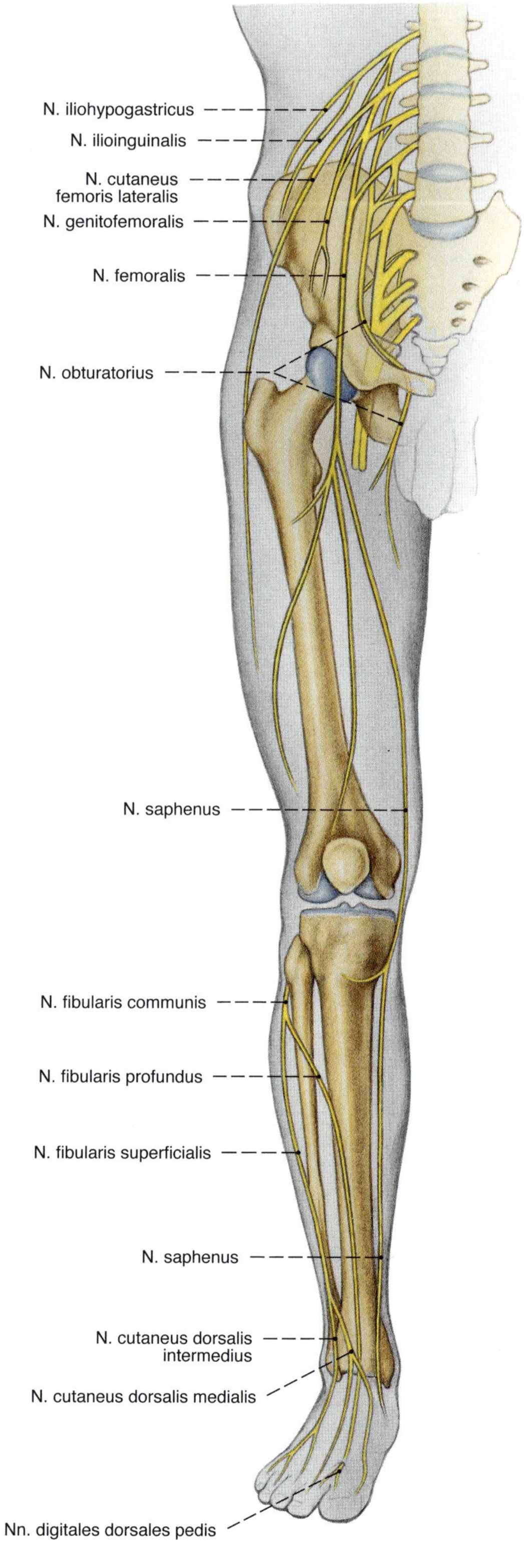

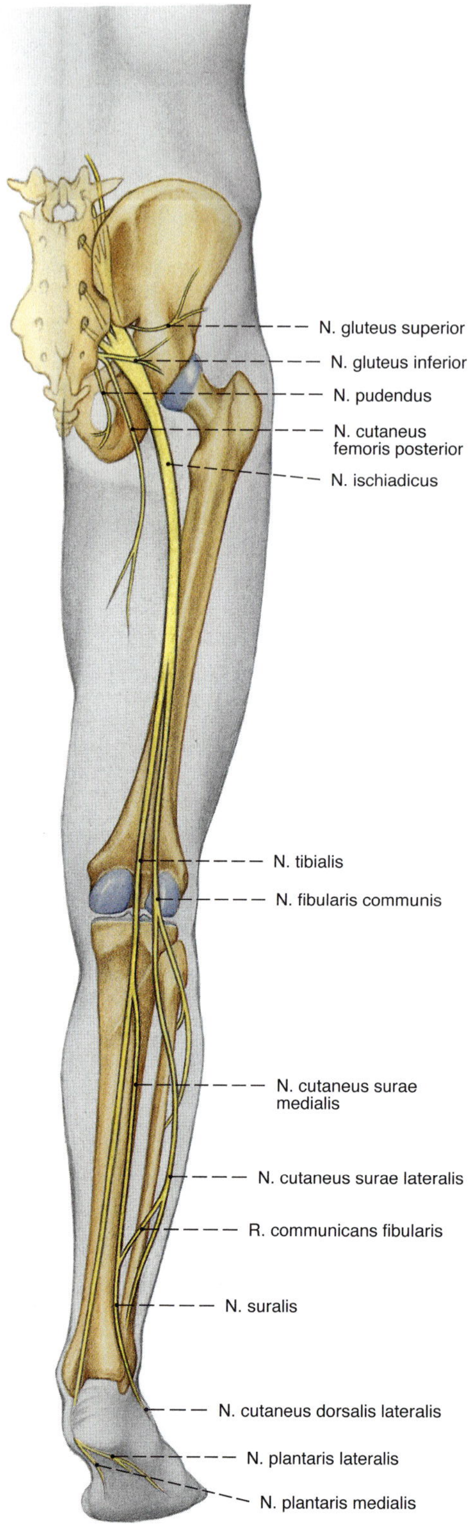

Abb. 1323 Nerven der unteren Extremität; Übersicht; von vorne (re).

Abb. 1324 Nerven der unteren Extremität; Übersicht; von hinten (re).

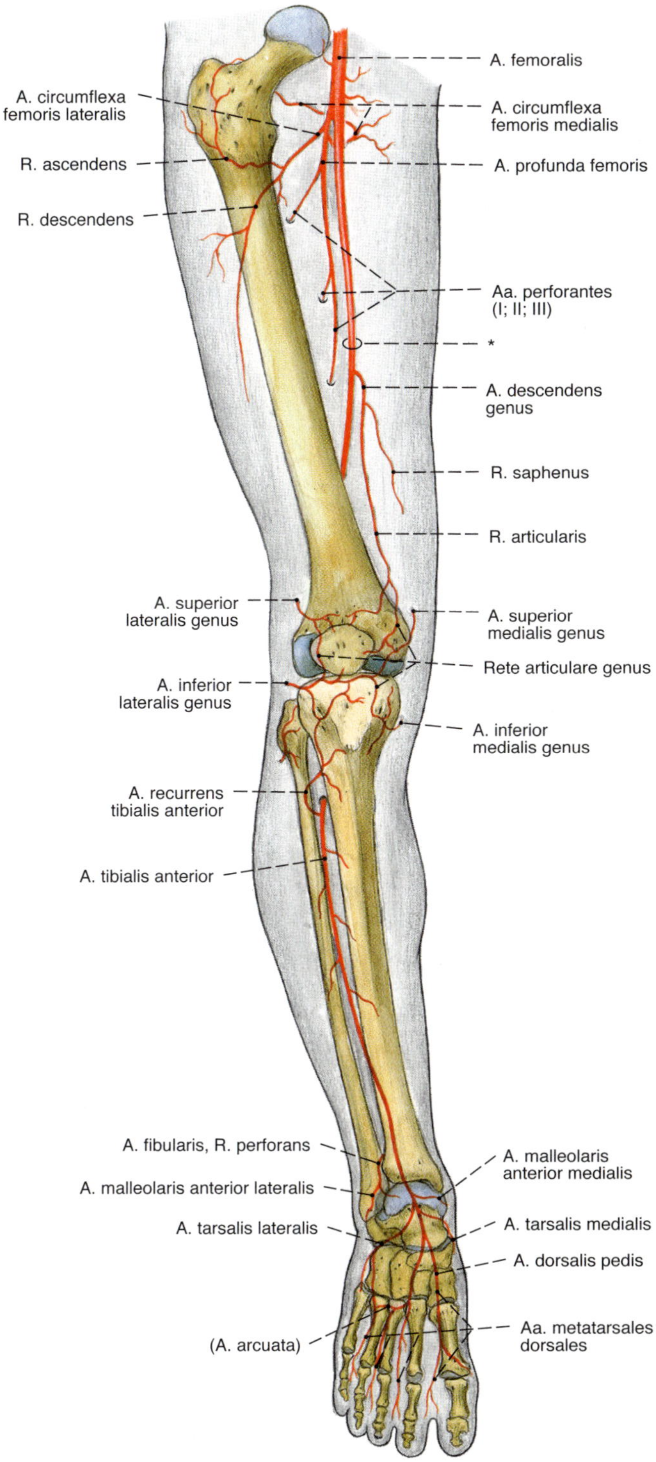

Abb. 1325 Arterien der unteren Extremität;
Übersicht;
von vorne (re).
Das Teilstück der A. femoralis zwischen dem Abgang der A. profunda femoris und dem Eintritt in den Canalis adductorius (*) wird klinisch auch als A. femoralis superficialis bezeichnet.

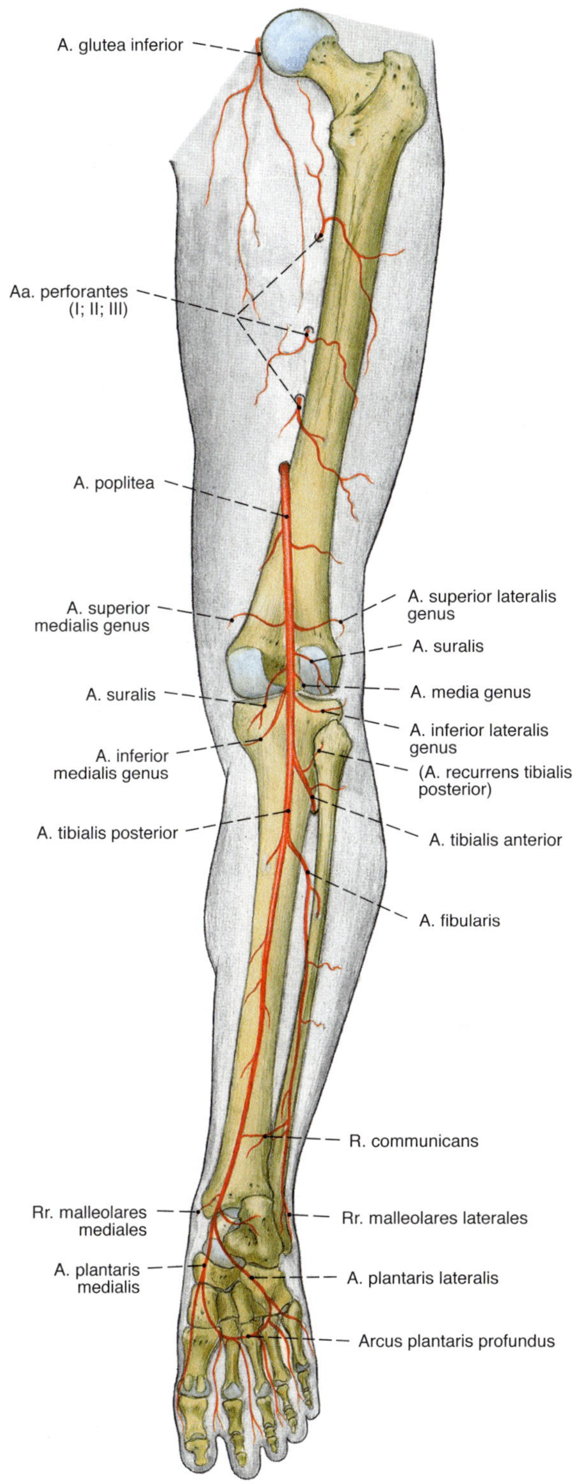

Abb. 1326 Arterien der unteren Extremität;
Übersicht;
von hinten (re).

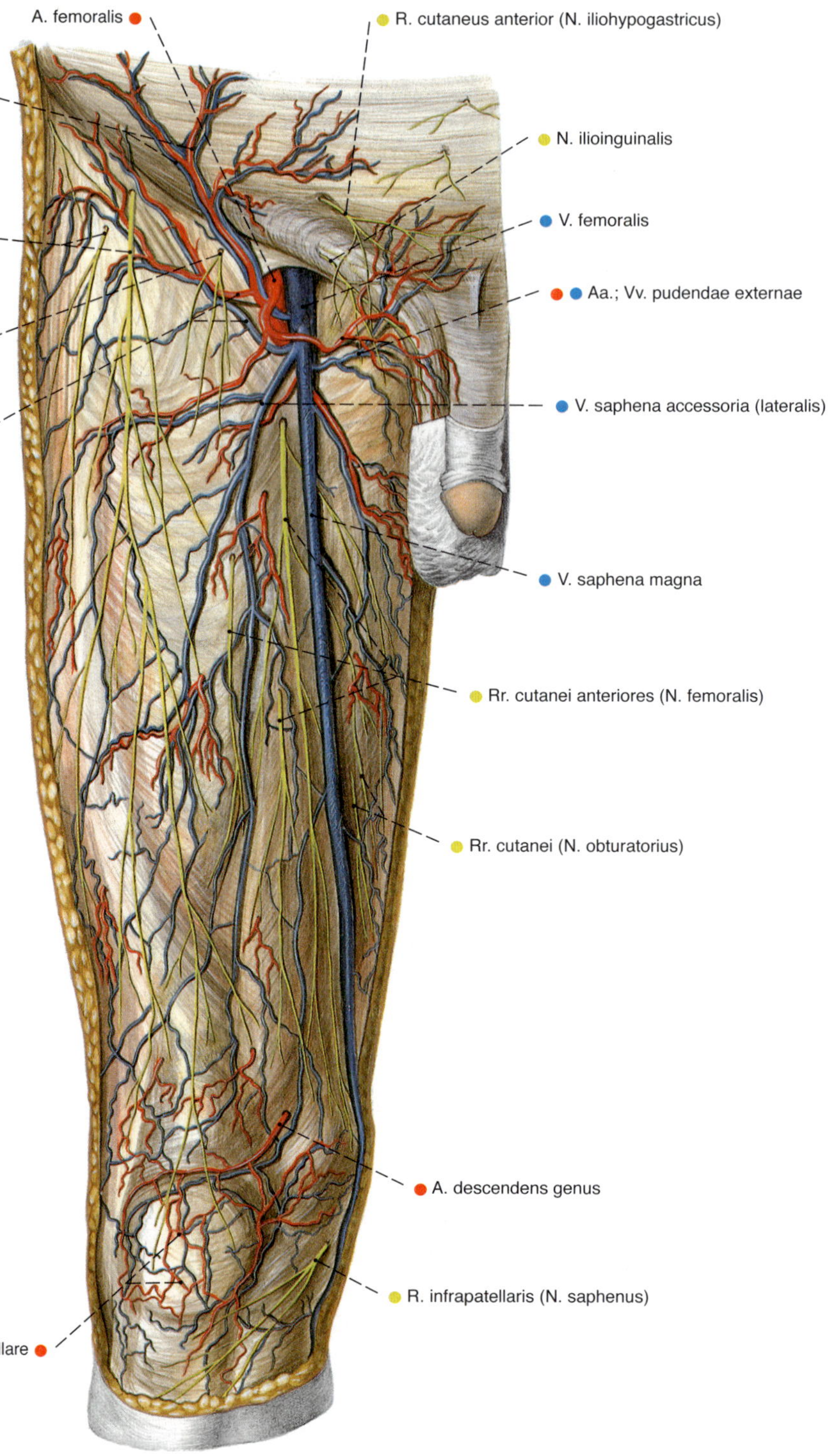

815
1330
1345

Abb. 1327 Epifasziale Gefäße und Nerven von Leistenregion, Regio inguinalis, Oberschenkel, Regio femoris anterior, und Knie, Regio genus anterior; von vorne (re).

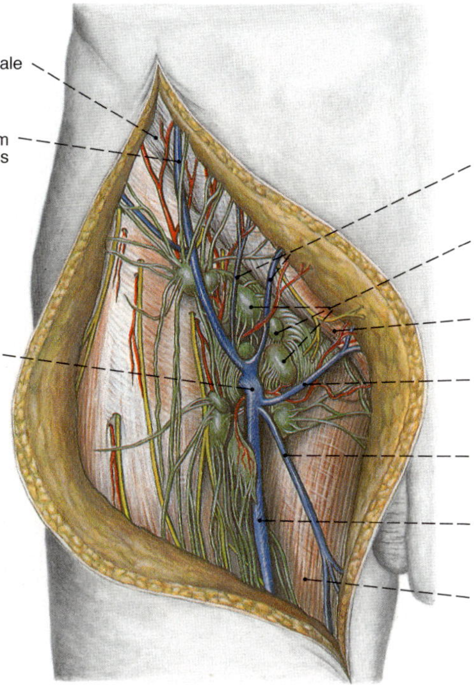

Abb. 1328 Oberflächliche Lymphgefäße, Lymphknoten und Venenstämme der Leistenregion, Regio inguinalis; von vorne (re).

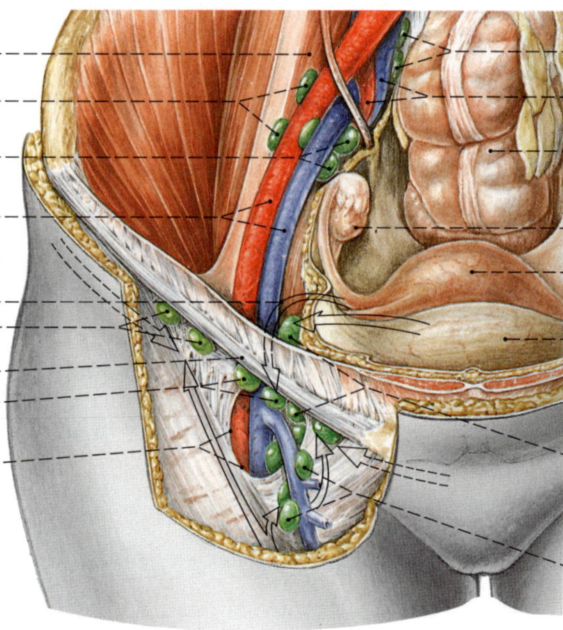

Abb. 1329 Einzugsgebiete der Lymphknoten der Leistenregion, Regio inguinalis, bei der Frau;
Übersicht;
von vorne (re).
Die Pfeile geben mögliche Flussrichtungen der Lymphe an.

* Aus dem Bereich des medialen Tubenabschnitts und des Fundus uteri kann Lymphe auch über das Lig. teres uteri zu den oberflächlichen Lymphknoten der Leistenregion abfließen.

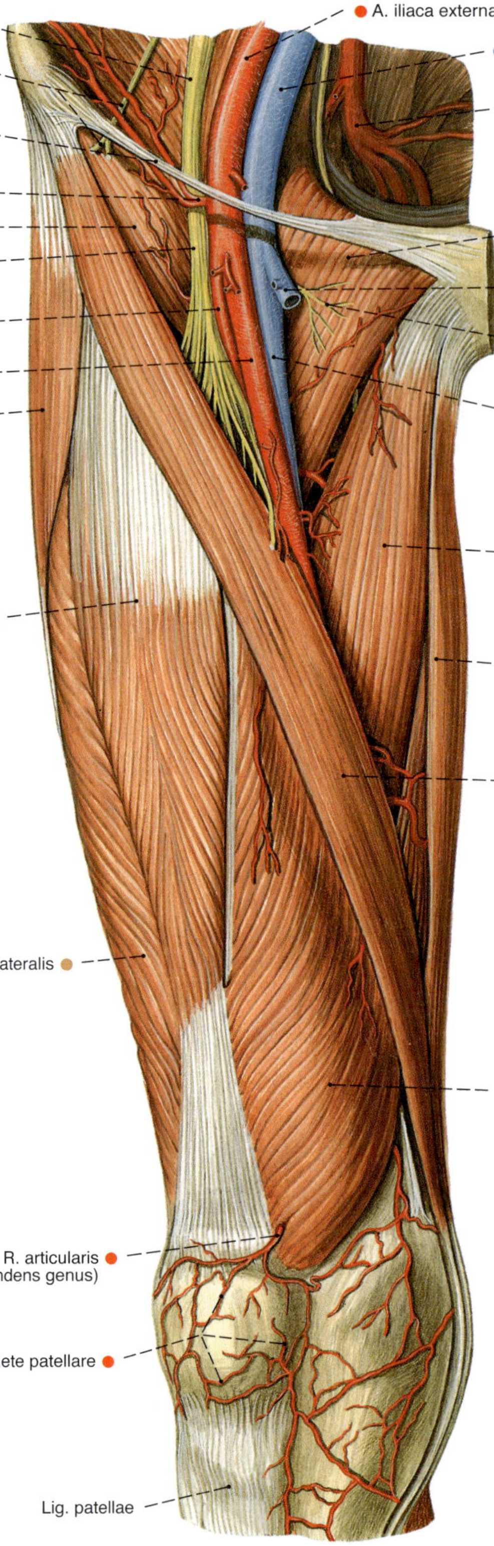

1092
1094
1097
1331
1327

Abb. 1330 Gefäße und Nerven des Oberschenkels, Regio femoris anterior;
nach Abtragung der Fascia lata bis auf den Tractus iliotibialis;
von vorne (re).

* In Gegenüberstellung zur A. profunda femoris wird die A. femoralis im klinischen Sprachgebrauch häufig als A. femoralis superficialis bezeichnet.

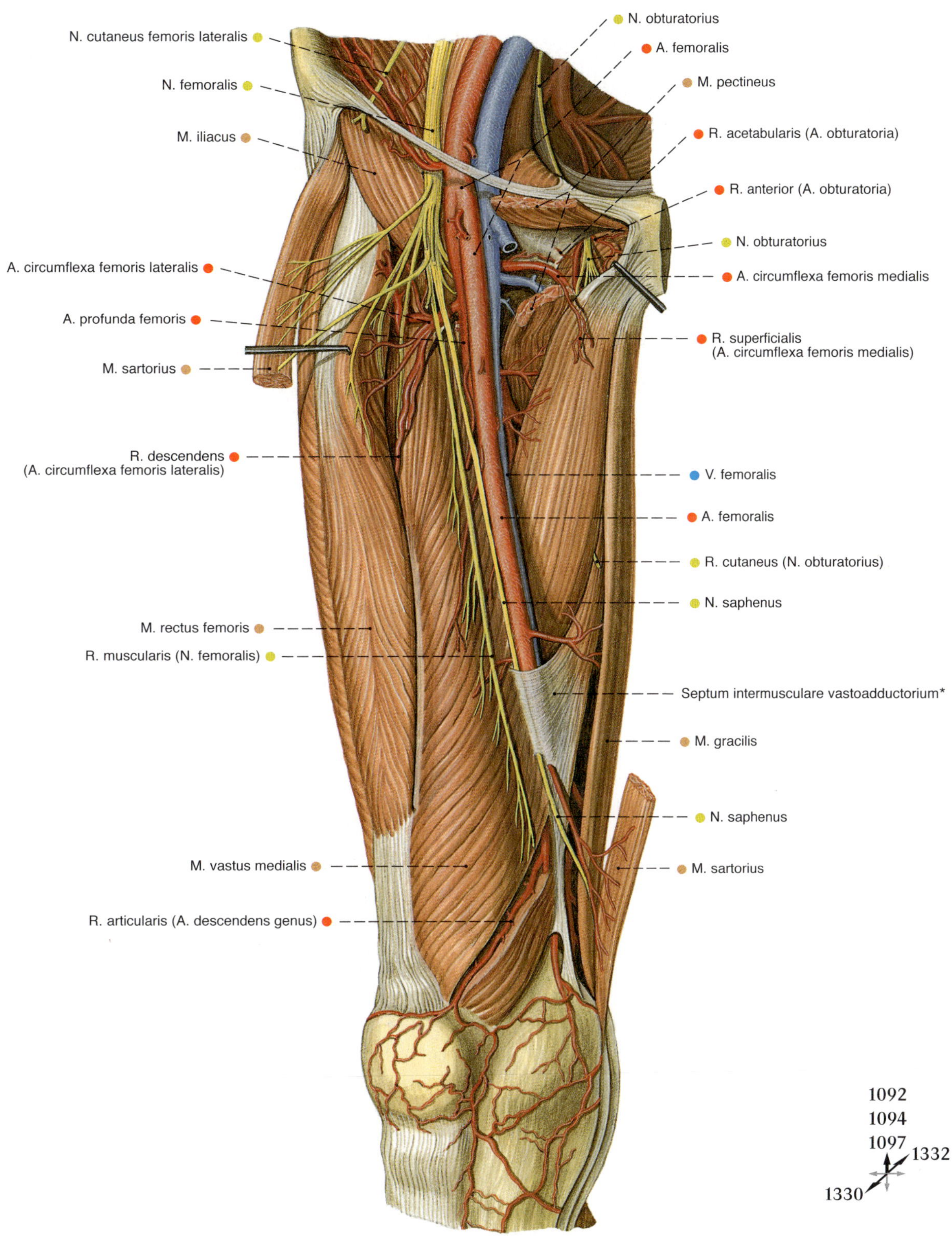

Abb. 1331 Gefäße und Nerven des Oberschenkels, Regio femoris anterior;
nach teilweiser Entfernung des M. sartorius und Durchtrennung des M. pectineus;
von vorne (re).

* Der Eingang in den Adduktorenkanal wird von den Mm. vastus medialis und adductor longus sowie vom Septum intermusculare vastoadductorium gebildet, das sich zwischen ihnen ausspannt.

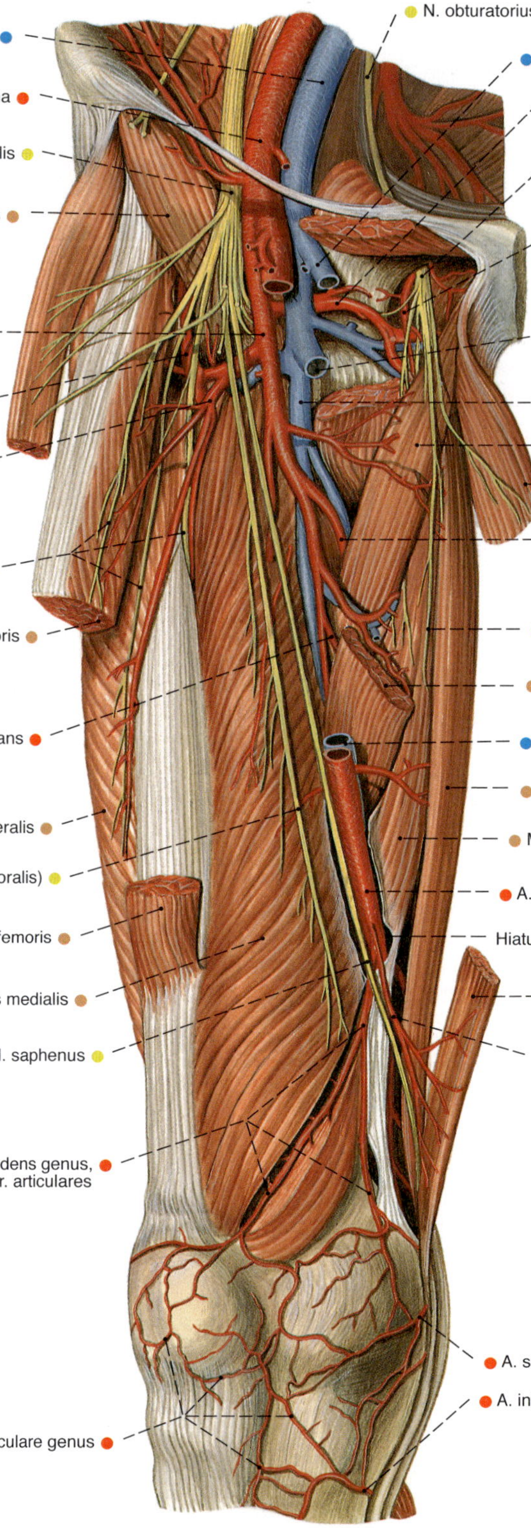

1092
1094
1097
1331

Abb. 1332 Gefäße und Nerven des Oberschenkels; Regio femoris anterior; tiefe Schicht nach teilweiser Entfernung der Mm. sartorius und rectus femoris sowie Durchtrennung der Mm. pectineus und adductor longus; Septum intermusculare vastoadductorium der Länge nach gespalten, damit Adduktorenkanal fast zur Gänze eröffnet; von vorne (re).

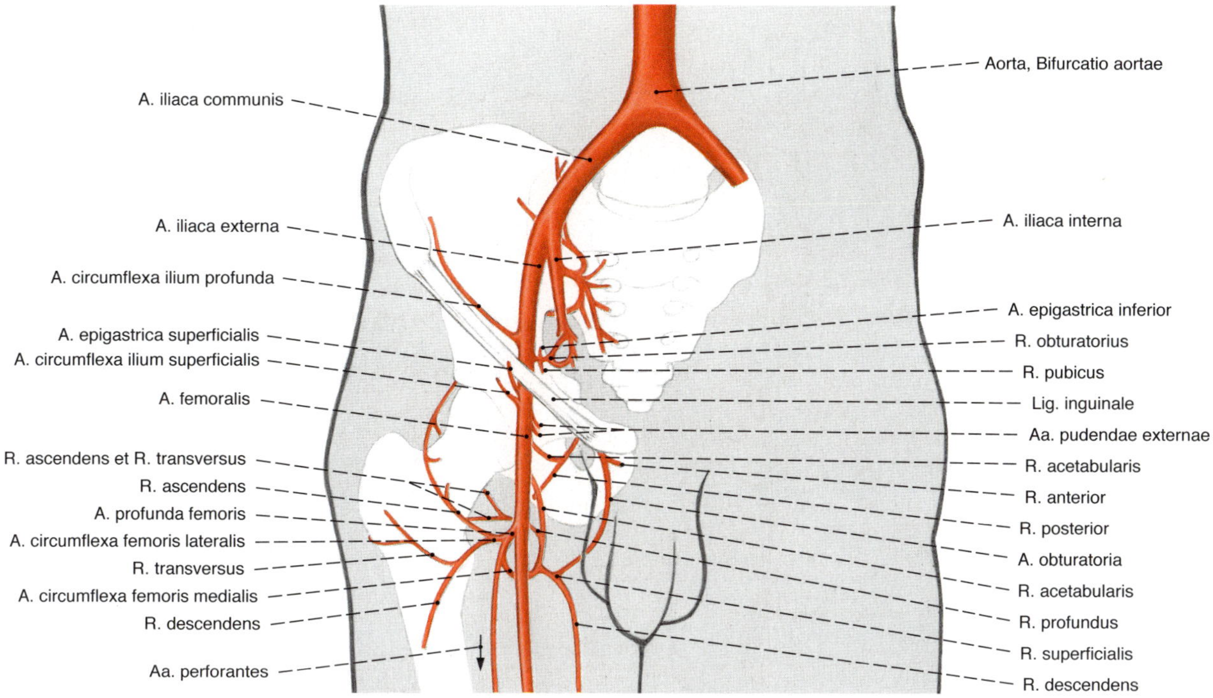

Abb. 1333 Arterien der Hüfte und des Oberschenkels; Übersicht; von vorne (re).
Diese Art des Abgangs und der Verzweigung der A. profunda femoris findet sich in etwa 58% der Fälle.

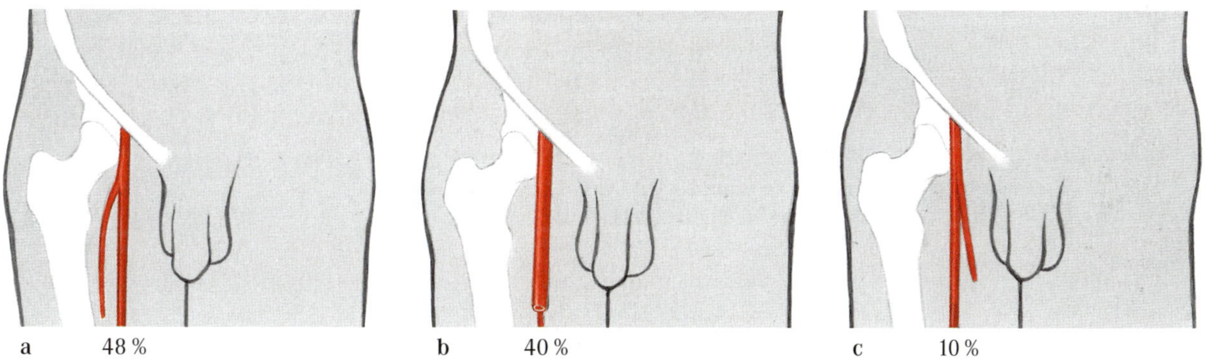

Abb. 1334 a–c Varietäten der Lage der A. profunda femoris.
a lateral oder laterodorsal der A. femoralis
b dorsal der A. femoralis
c medial der A. femoralis

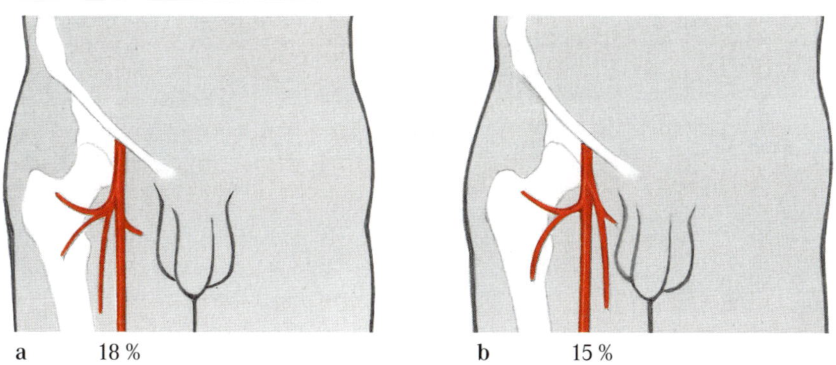

Abb. 1335 a, b Varietäten des Abgangs der Aa. circumflexae femoris.
a selbständiger Abgang der A. circumflexa femoris medialis aus der A. femoralis
b selbständiger Abgang der A. circumflexa femoris lateralis aus der A. femoralis

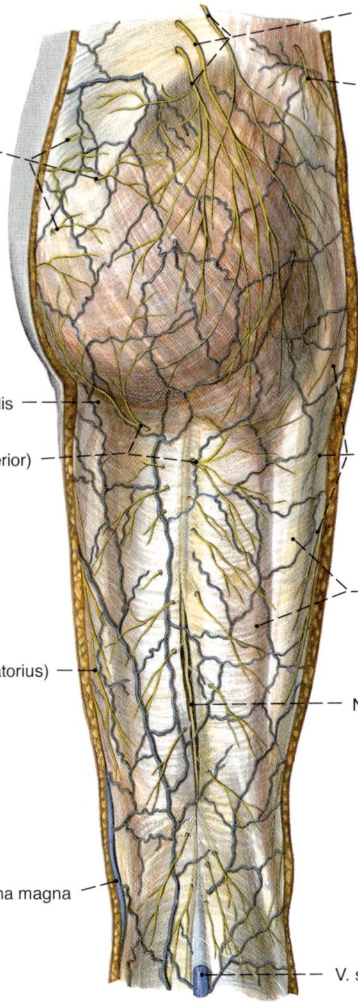

794
1346

Abb. 1336 Epifasziale Venen und Nerven des Oberschenkels, Regio femoris posterior, der Gesäßregion, Regio glutealis, und der Kniekehle, Fossa poplitea; von hinten (re).

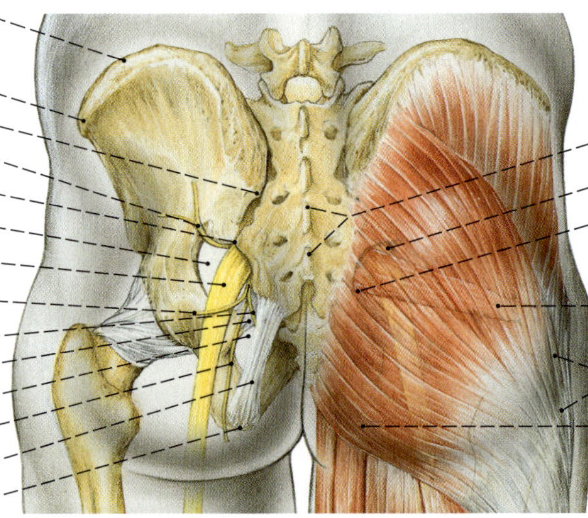

Abb. 1337 Projektion der Skelettkontur und des N. ischiadicus auf die Oberfläche der Gesäßregion, Regio glutealis; von hinten.

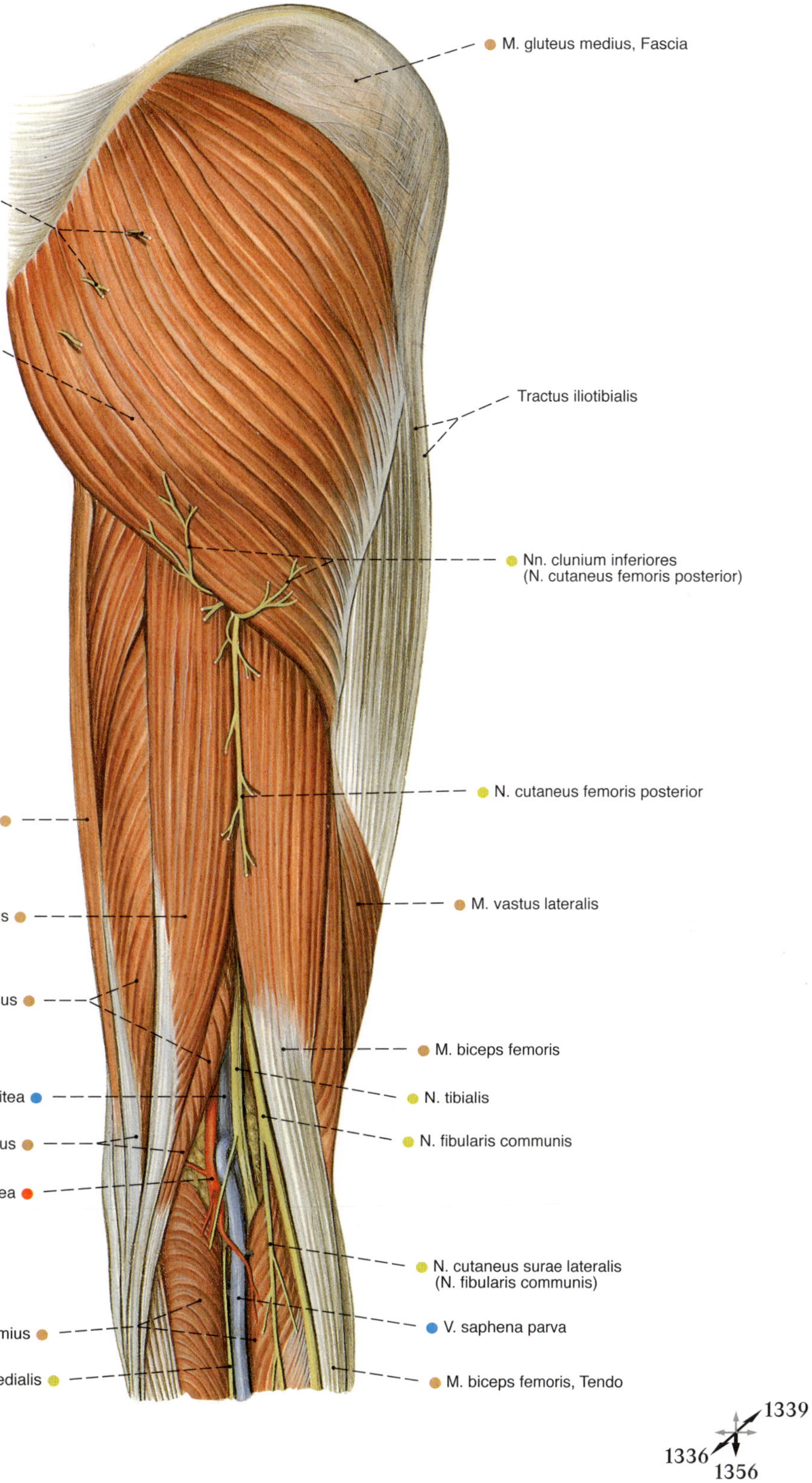

Abb. 1338 Gefäße und Nerven der Gesäßregion,
Regio glutealis, des Oberschenkels, Regio femoris posterior,
und der Kniekehle, Fossa poplitea;
nach Abtragung der Fascia lata bis auf den Tractus iliotibialis;
von hinten (re).

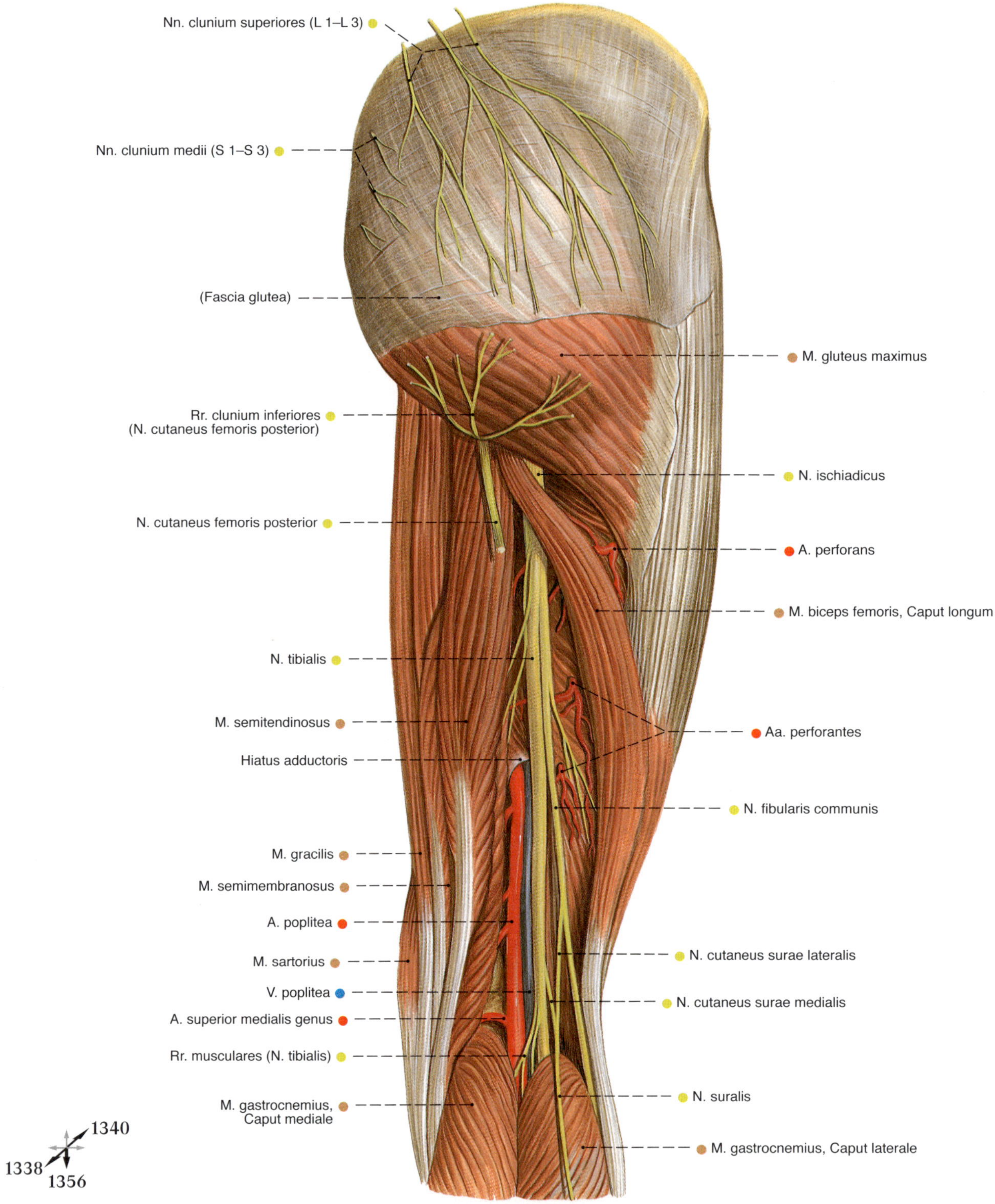

Abb. 1339 Gefäße und Nerven der Gesäßregion, Regio glutealis, des Oberschenkels, Regio femoris posterior, und der Kniekehle, Fossa poplitea;
nach Abtragung der Fascia lata; Caput longum des M. biceps femoris nach lateral weggezogen;
von hinten (re).
Bei diesem Präparat zweigen die Nn. cutanei surae medialis und lateralis relativ weit proximal ab.

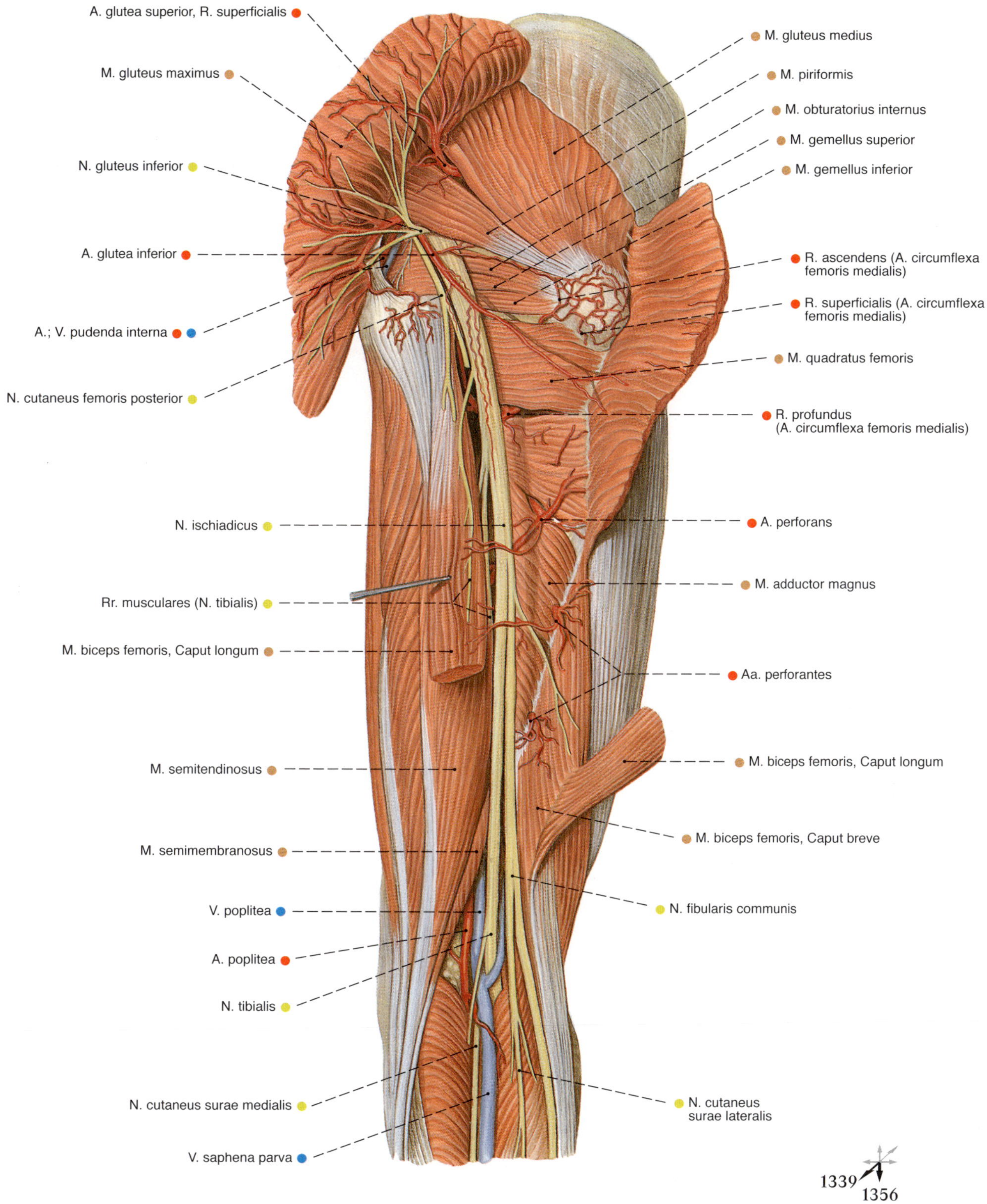

Abb. 1340 Gefäße und Nerven der Gesäßregion, Regio glutealis, des Oberschenkels, Regio femoris posterior, und der Kniekehle, Fossa poplitea;
nach Durchtrennung des M. gluteus maximus und des Caput longum des M. biceps femoris;
von hinten (re).

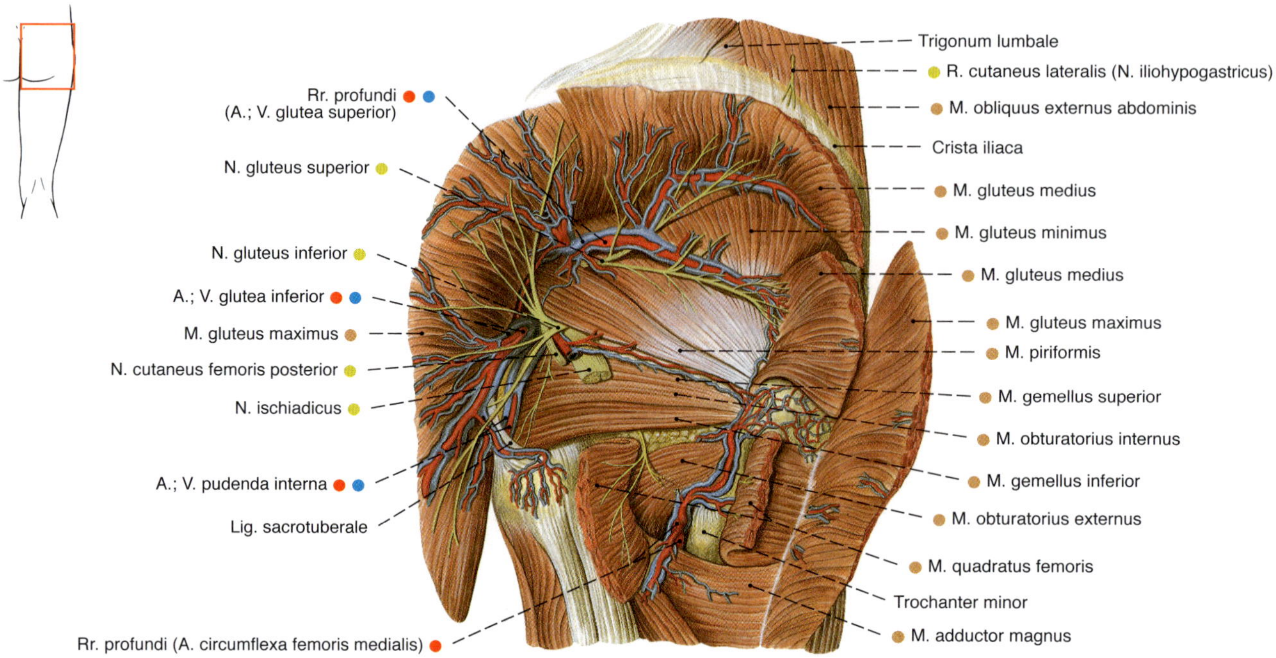

Abb. 1341 Gefäße und Nerven der Gesäßregion, Regio glutealis; nach Durchtrennung und teilweiser Ablösung der Mm. glutei maximus und medius; N. ischiadicus nach seinem Durchtritt durch das Foramen infrapiriforme entfernt; von hinten (re).

Das **Foramen ischiadicum majus** wird durch den M. piriformis in zwei Gefäßnervenstraßen unterteilt.
Im **Foramen suprapiriforme** liegen der N. gluteus superior sowie die A. und V. glutea superior; im **Foramen infrapiriforme** die Nn. ischiadicus, gluteus inferior, pudendus, cutaneus femoris posterior, die A. und V. glutea inferior sowie die A. und V. pudenda interna.
Durch das **Foramen ischiadicum minus** ziehen die Sehne des M. obturatorius internus, der N. pudendus sowie die A. und V. pudenda interna.

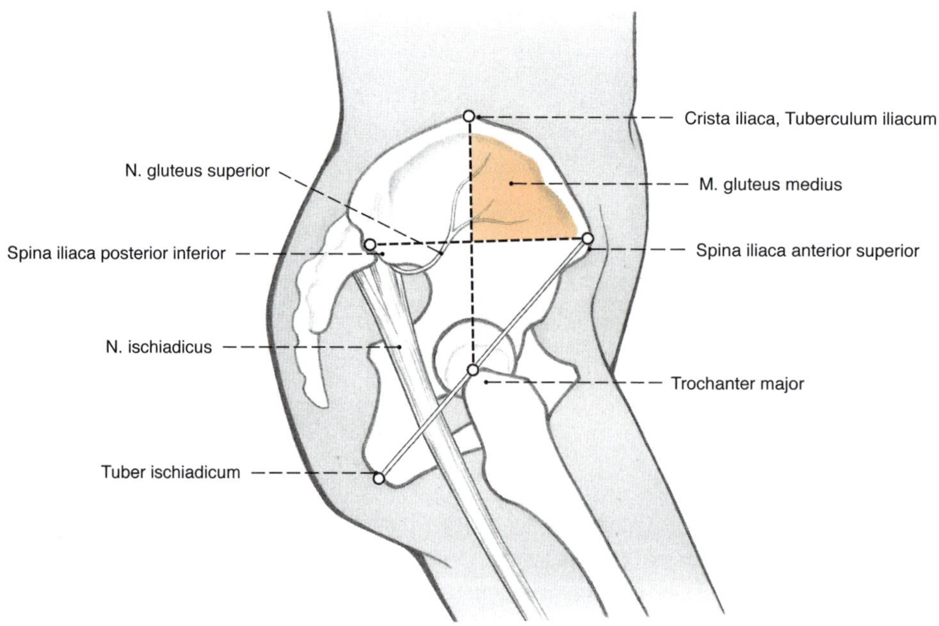

Abb. 1342 Projektion der für eine Injektion in den M. gluteus medius wesentlichen Skelettkonturen; von lateral (re).

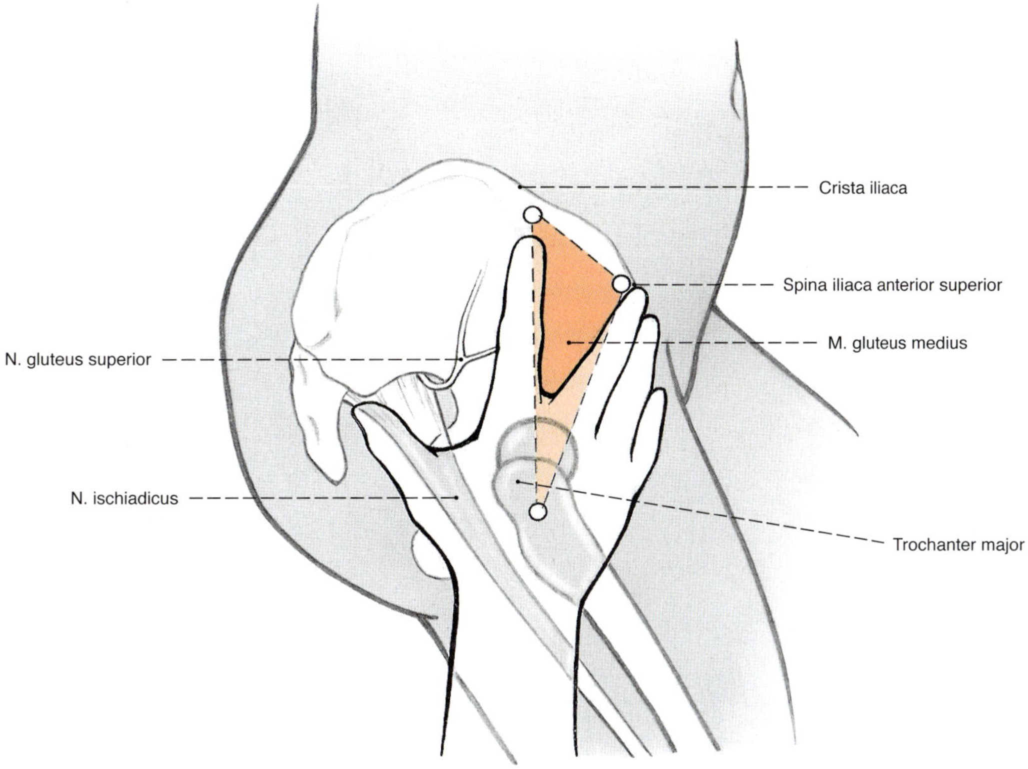

Abb. 1343 Intragluteale Injektion (nach A. v. HOCHSTETTER). Um mit größtmöglicher Sicherheit dem N. gluteus superior und besonders der A. glutea superior auszuweichen, wird in das dreieckige Feld injiziert, das sich aus den beiden gespreizten Fingern und der Crista iliaca ergibt. Der Mittelfinger – oder bei Verwendung der linken Hand der Zeigefinger – liegt dabei der Spina iliaca anterior superior, die Handfläche dem Trochanter major an. Da das Injektionsmittel möglichst gefäßfern im Bauch des M. gluteus medius deponiert werden soll, darf die Richtung der Injektionsnadel die Finger nicht unterkreuzen. Eine gewisse Gefahr bleibt allerdings für den Nervenast bestehen, der aus dem N. gluteus superior zum M. tensor fasciae latae zieht.

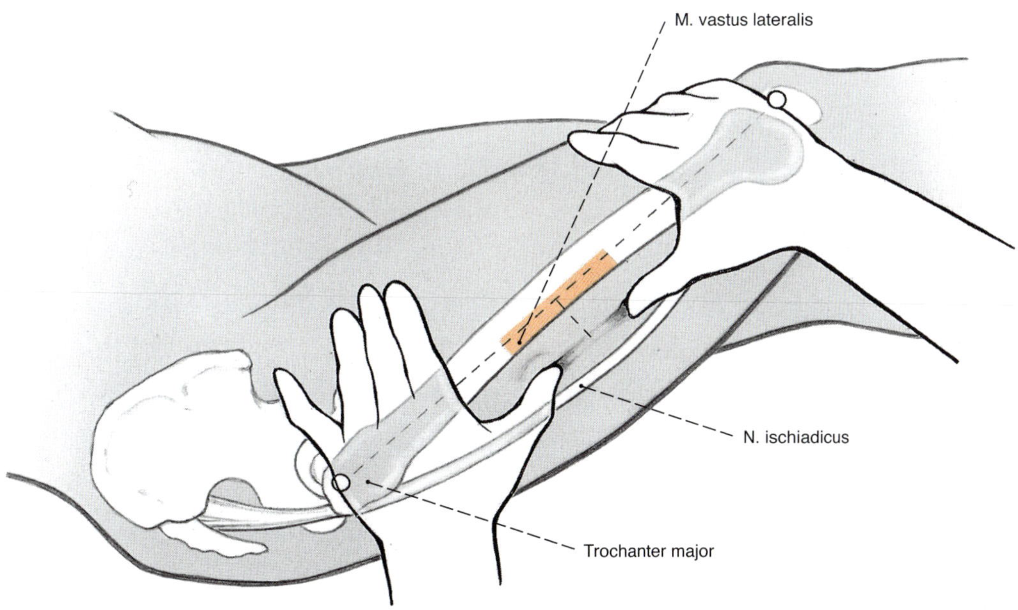

Abb. 1344 Intramuskuläre Injektion in den M. vastus lateralis (nach A. v. HOCHSTETTER).
Von den feineren Aufzweigungen des N. cutaneus femoris lateralis abgesehen, finden sich in der Mitte der Außenseite des Oberschenkels keine größeren Nerven oder Gefäße. Nach der Orientierung über die Position des Femurs wird die Injektionsnadel in transversaler Richtung auf den Knochen hin bis in den Bauch des M. vastus lateralis eingestochen.

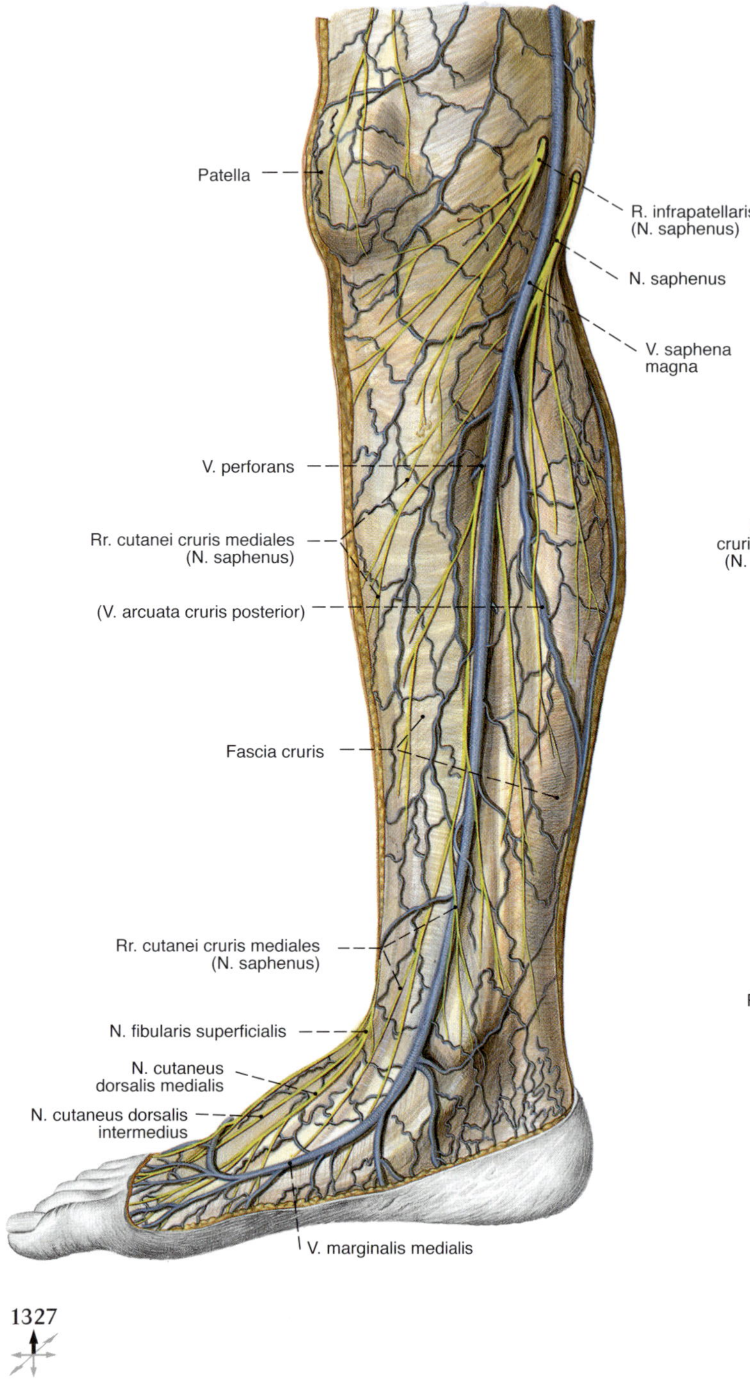

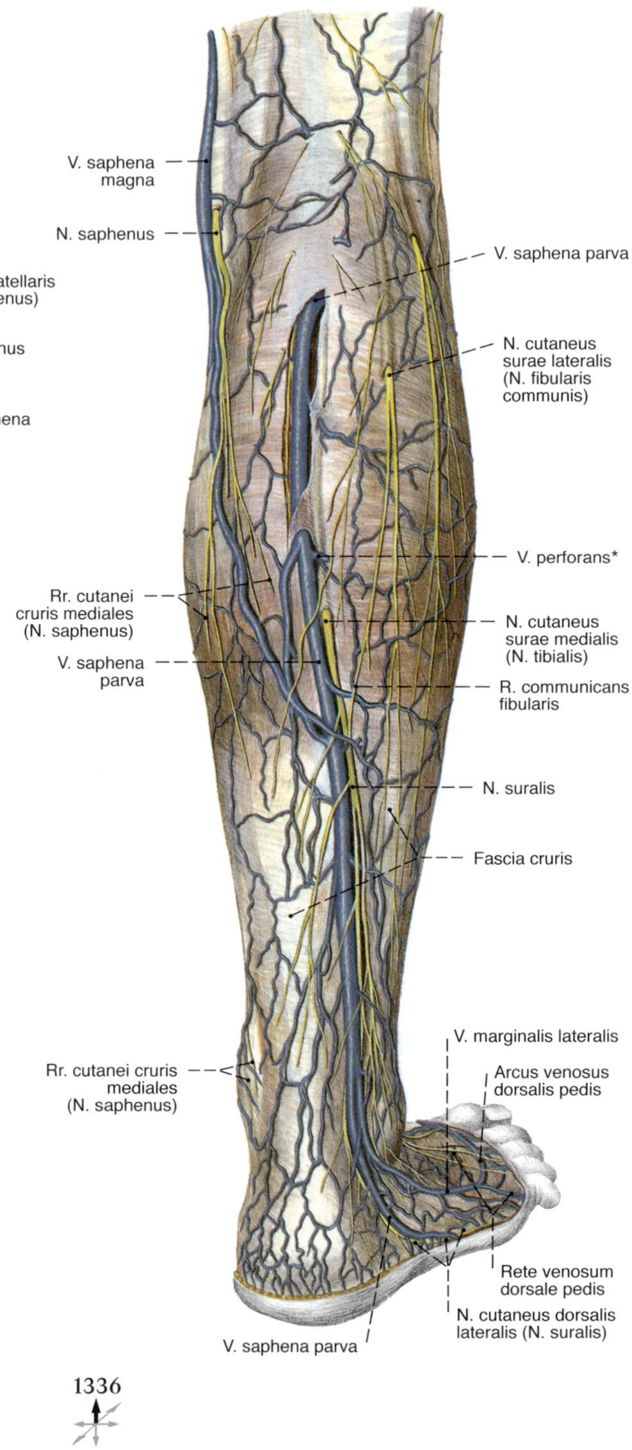

Abb. 1345 Epifasziale Venen und Nerven des Unterschenkels, Regiones cruris und pedis; von medial (re).

Abb. 1346 Epifasziale Venen und Nerven des Unterschenkels, Regiones cruris und pedis; Fascia cruris proximal gespalten; von hinten (re).

* Klinisch auch: MAYsche Vene

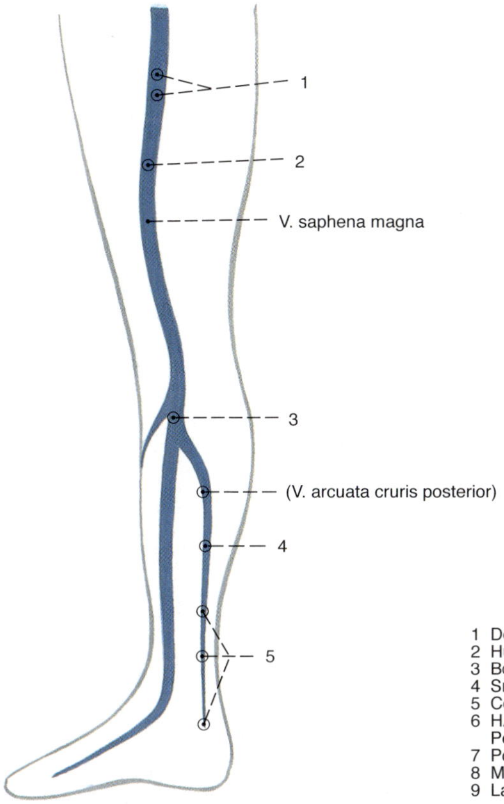

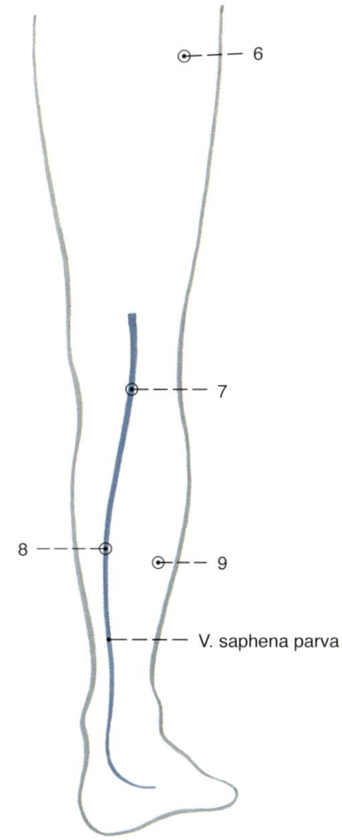

Abb. 1347 Verbindungen zwischen epifaszialen und tiefen Venen im Einzugsgebiet der V. saphena magna, Vv. perforantes; Übersicht (nach HACH, 1986);
von medial (re).

Abb. 1348 Verbindungen zwischen epifaszialen und tiefen Venen im Einzugsgebiet der V. saphena parva, Vv. perforantes; Übersicht (nach HACH, 1986);
von hinten (re).

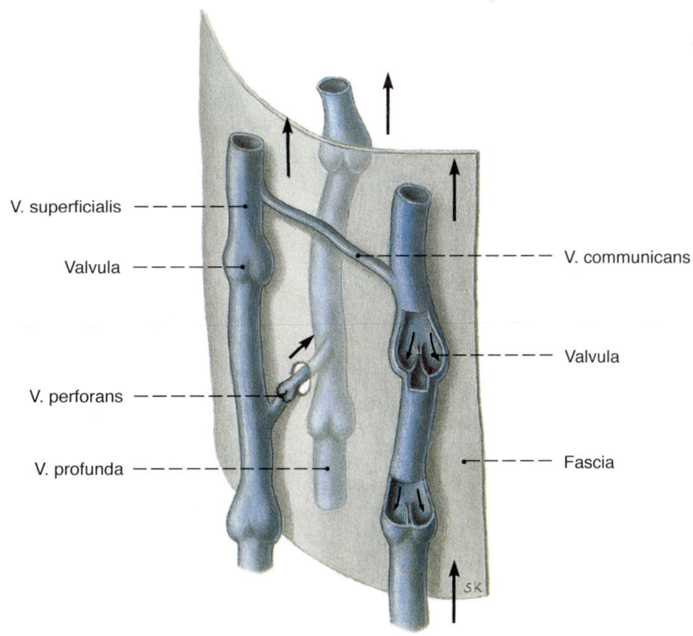

Abb. 1349 Venen der unteren Extremität;
Gliederungsprinzip.
Abflussstörungen der Venen der unteren Extremität, insbesondere die Varikosis, gehören zu den häufigen Gefäßerkrankungen. Ist eines der Venensysteme vollständig verschlossen, so kommt den Vv. perforantes zur Gewährleistung der Drainage eine entscheidende Bedeutung zu.

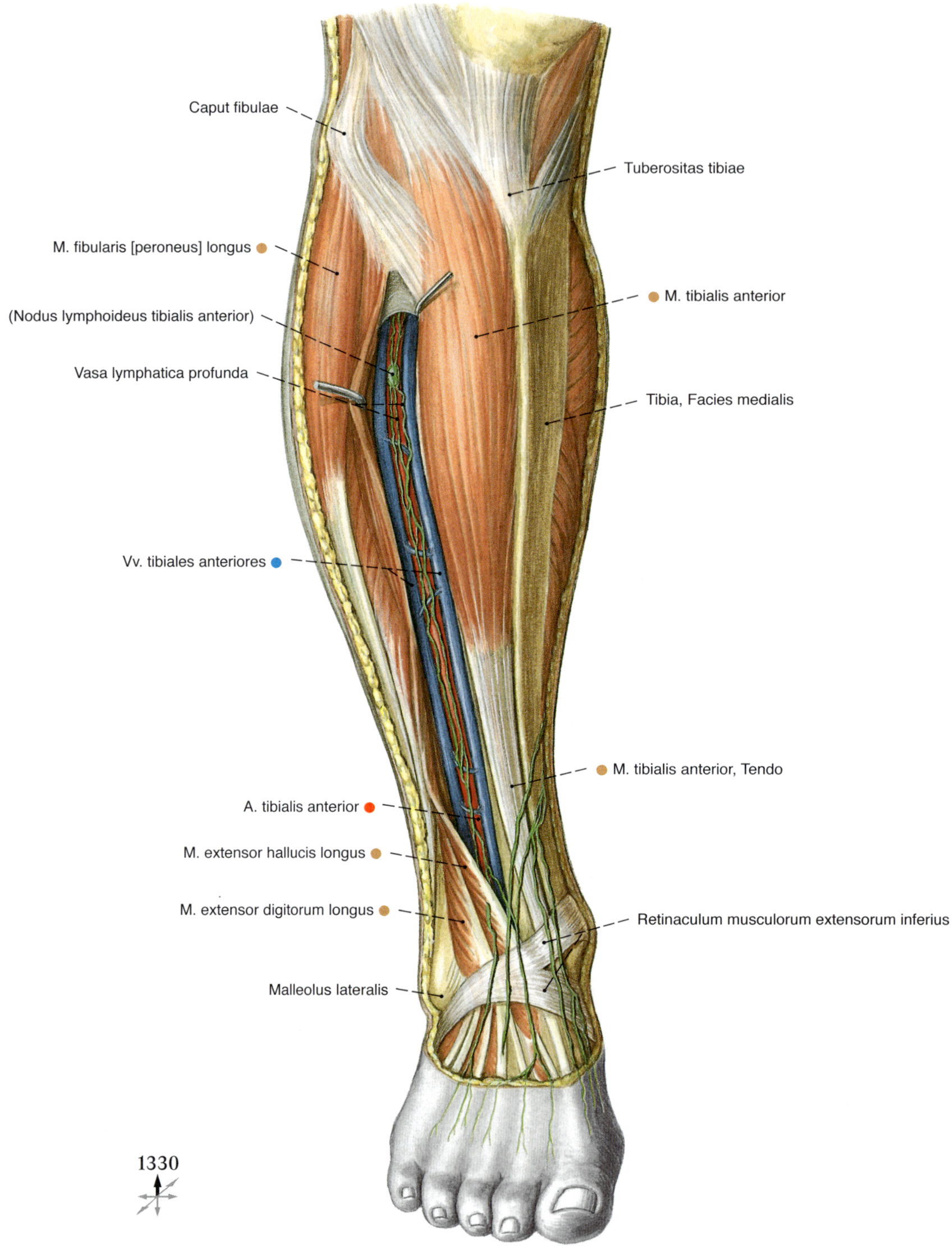

Abb. 1350 Gefäße des Unterschenkels, Regio cruris anterior;
nach Abtragung der Fascia cruris und Spreizung der Strecker;
von vorne (re).

Die oberflächlichen Lymphgefäße orientieren sich an den großen epifaszialen Venen. Sie sammeln sich entlang der V. saphena magna zur medialen Seite des Unterschenkels hin. Die tiefen Lymphgefäße verlaufen in den bindegewebigen Scheiden der tiefen Unterschenkelvenen und -arterien.

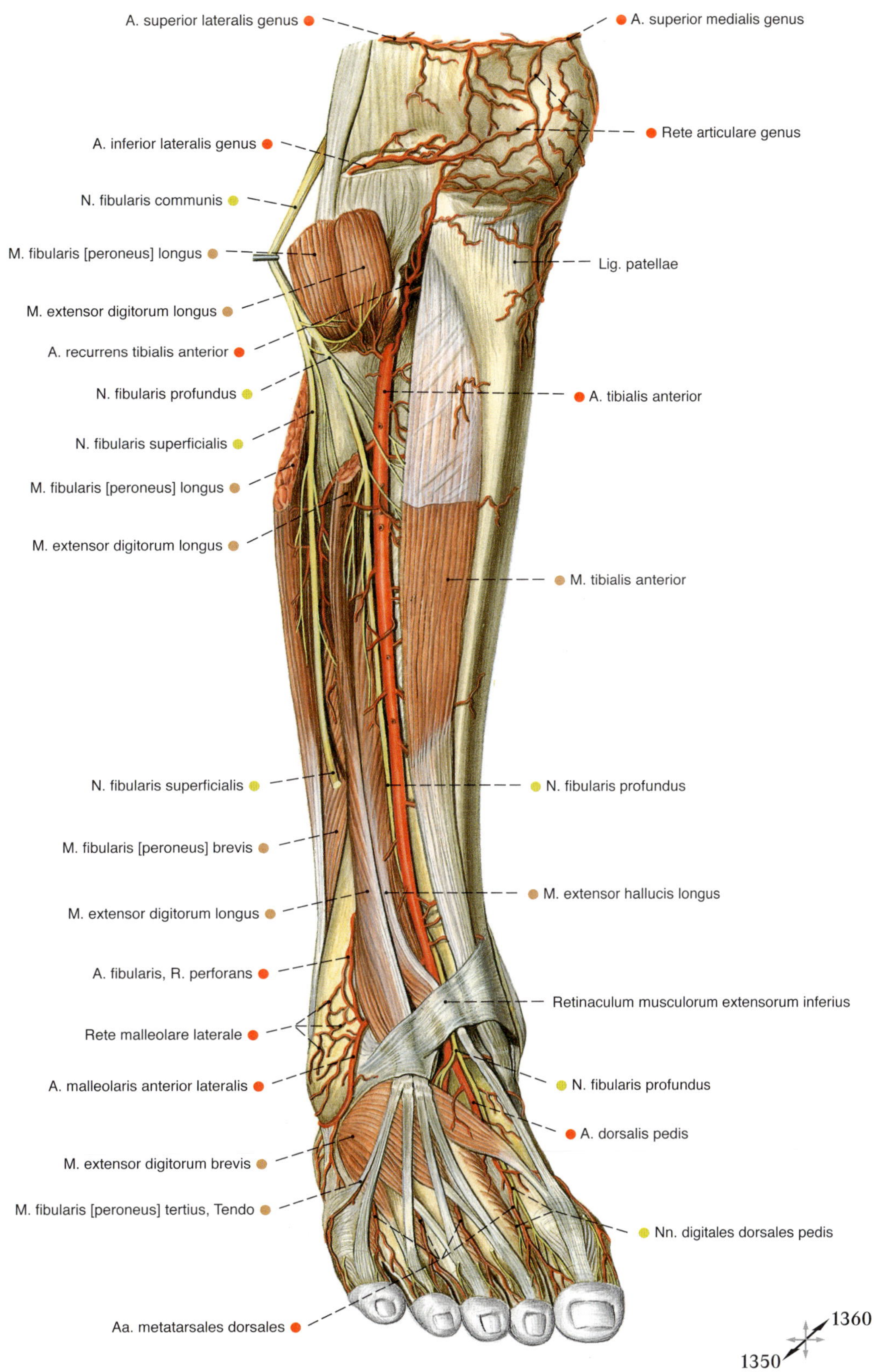

Abb. 1351 Arterien und Nerven des Unterschenkels, Regio cruris anterior, und des Fußes, Dorsum pedis; nach Abtragung der Fascia cruris und Durchtrennung der Mm. extensor digitorum longus und fibularis [peroneus] longus; von vorne (re).

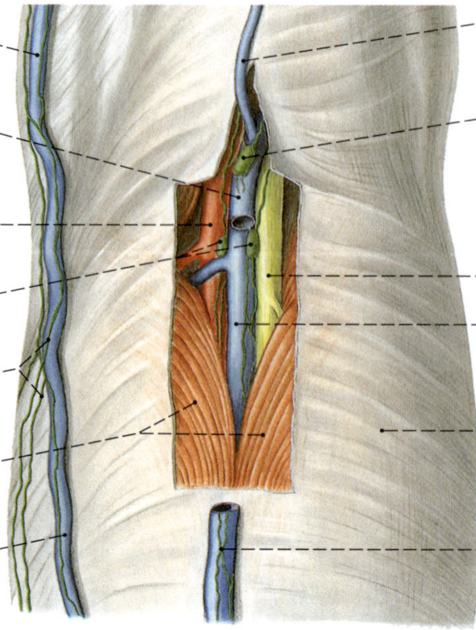

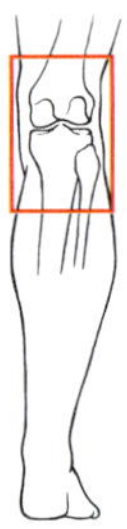

Abb. 1352 Gefäße und Nerven der Kniekehle,
Fossa poplitea;
nach Spaltung der Fascia cruris und teilweiser Entfernung
der V. saphena parva;
von hinten (re).

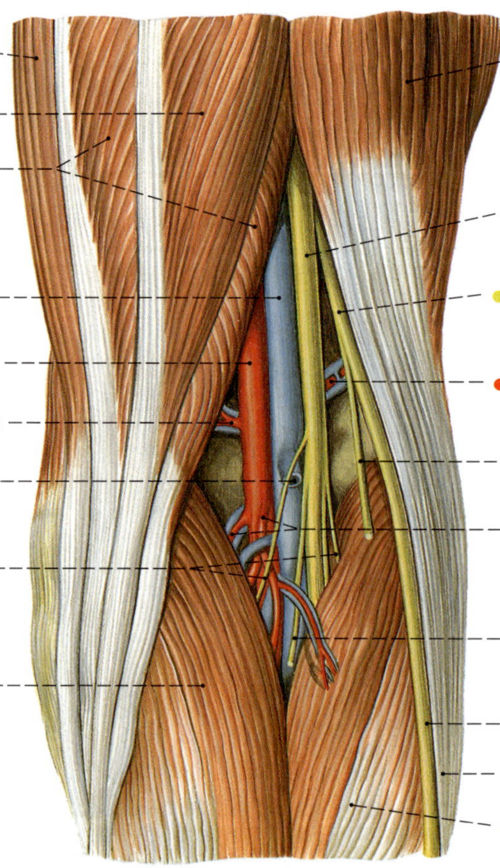

Abb. 1353 Gefäße und Nerven der Kniekehle, Fossa poplitea;
nach Abtragung der Fasciae lata und cruris;
von hinten (re).

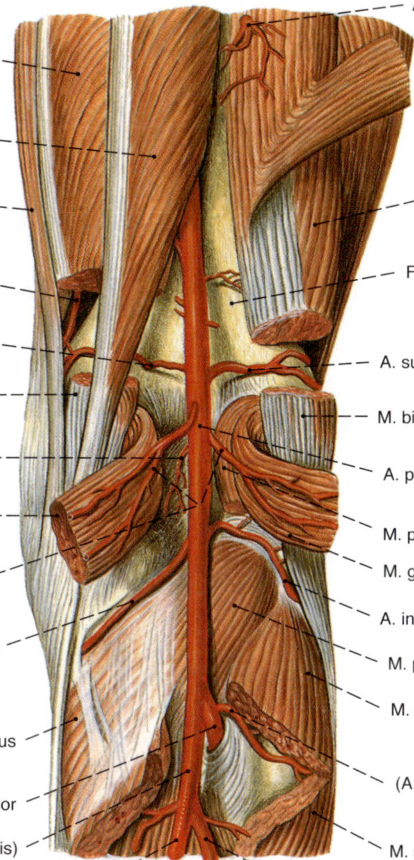

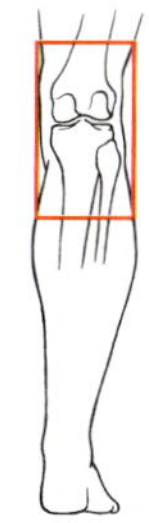

Abb. 1354 Arterien der Kniekehle, Fossa poplitea; Darstellung der arteriellen Versorgung nach teilweiser Entfernung der bedeckenden Muskeln; von hinten (re). Dieses Verzweigungsmuster trifft in ca. 90% zu.

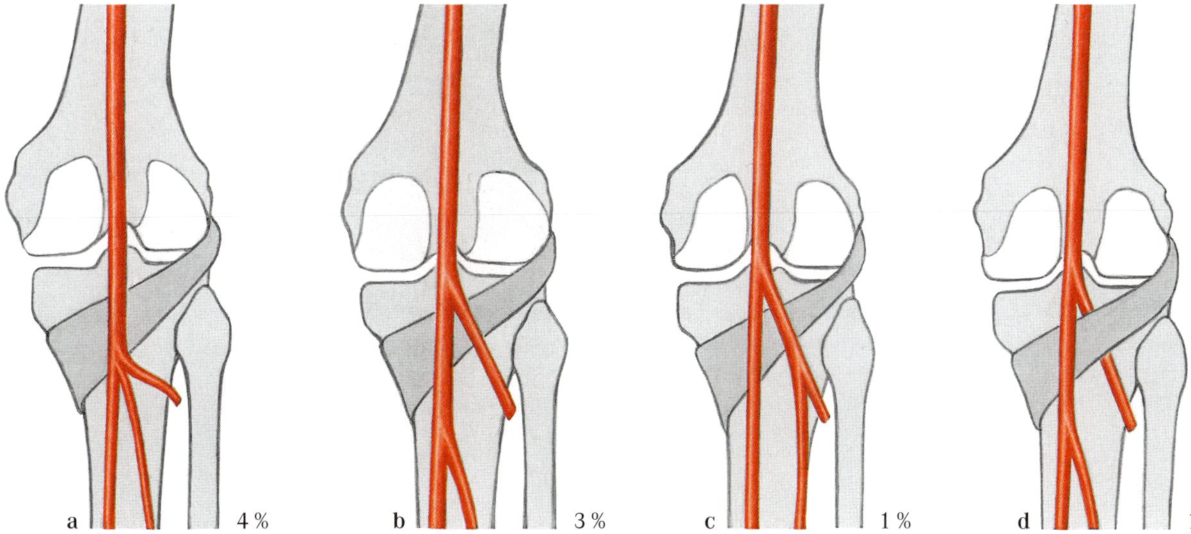

Abb. 1355 a–d Varietäten der Aufzweigung der A. poplitea.
a gemeinsamer Stamm der Aa. tibiales anterior und posterior mit der A. fibularis
b Aufzweigung der A. poplitea proximal des Oberrandes des M. popliteus
c proximale Truncusbildung von A. tibialis posterior und A. fibularis
d ventraler Verlauf der A. tibialis anterior in Bezug auf den M. popliteus

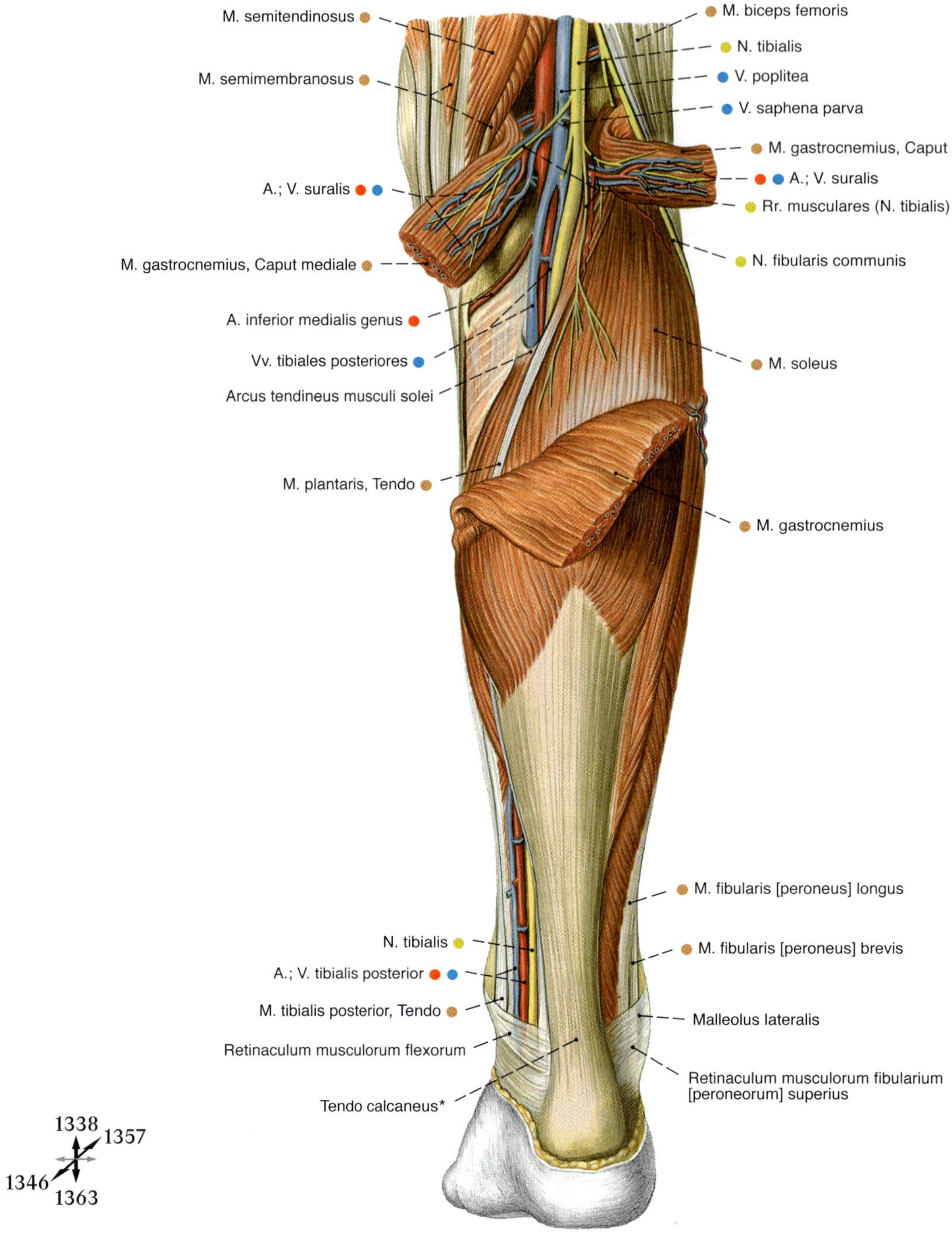

Abb. 1356 Gefäße und Nerven der Kniekehle, Fossa poplitea, und des Unterschenkels, Regio cruris posterior; nach Abtragung der Fascia cruris und Durchtrennung des M. gastrocnemius; von hinten (re).

* Auch: Achillessehne

Der **mediale Retromalleolarraum** wird durch das Retinaculum musculorum flexorum zu einem Kanal geschlossen, der die tiefe Wadenregion mit der tiefen Schicht der Fußsohle verbindet. Er enthält von vorne nach hinten die Sehnen der Mm. tibialis posterior und flexor digitorum longus, die Vasa tibialia, die Sehne des M. flexor hallucis longus sowie den N. tibialis. Die Fortsetzung des Kanals nach distal unter den M. abductor hallucis wird als Tarsaltunnel bezeichnet (siehe Abb. 1364).

Der **laterale Retromalleolarraum** wird durch die Retinacula musculorum fibularium [peroneorum] superius und inferius gedeckt und enthält von vorne nach hinten die Sehnen der Mm. fibulares [peronei] brevis und longus.

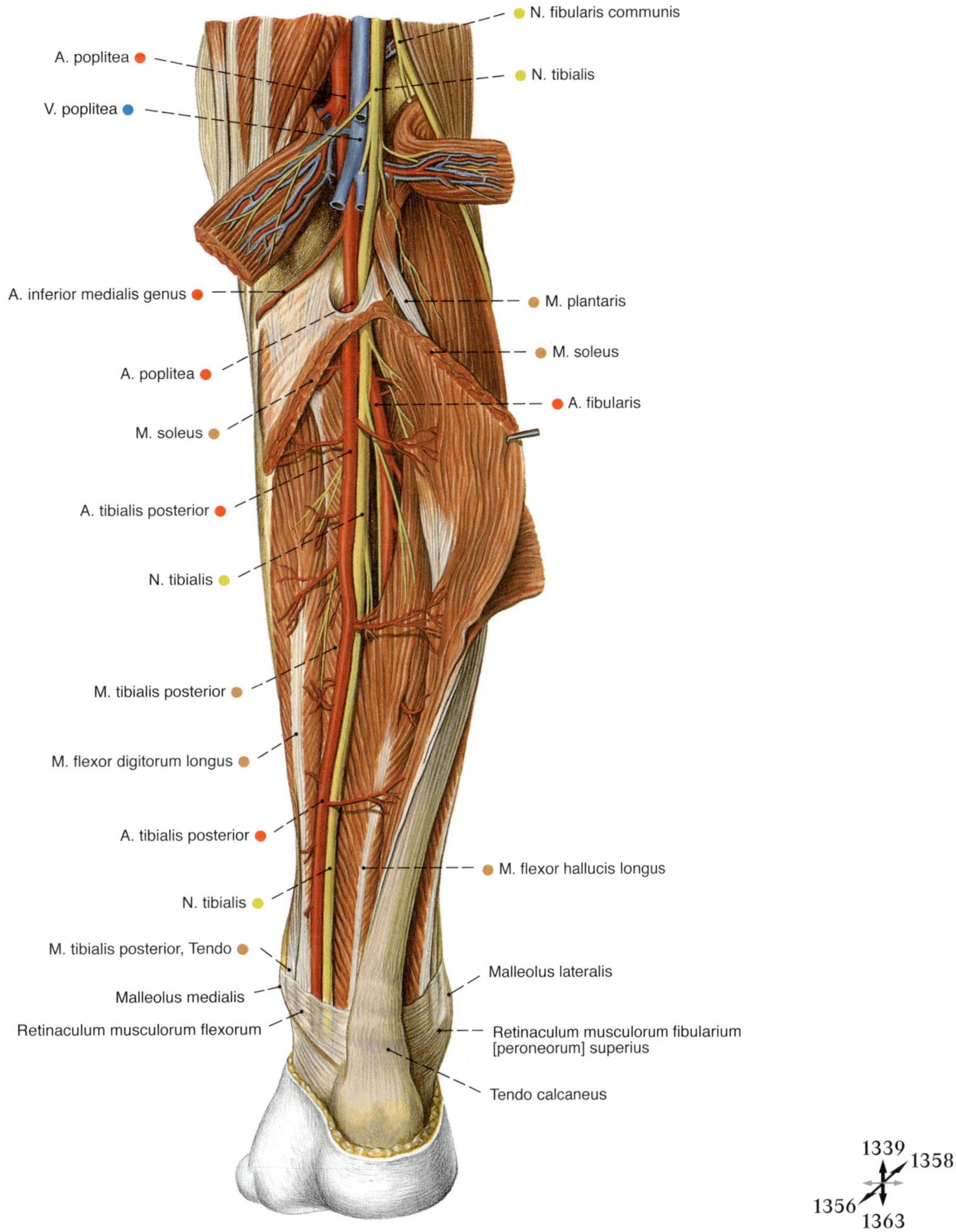

Abb. 1357 Gefäße und Nerven der Kniekehle, Fossa poplitea, und des Unterschenkels, Regio cruris posterior; tiefe Schicht nach weitgehender Abtragung des M. gastrocnemius und Spaltung des M. soleus; von hinten (re).

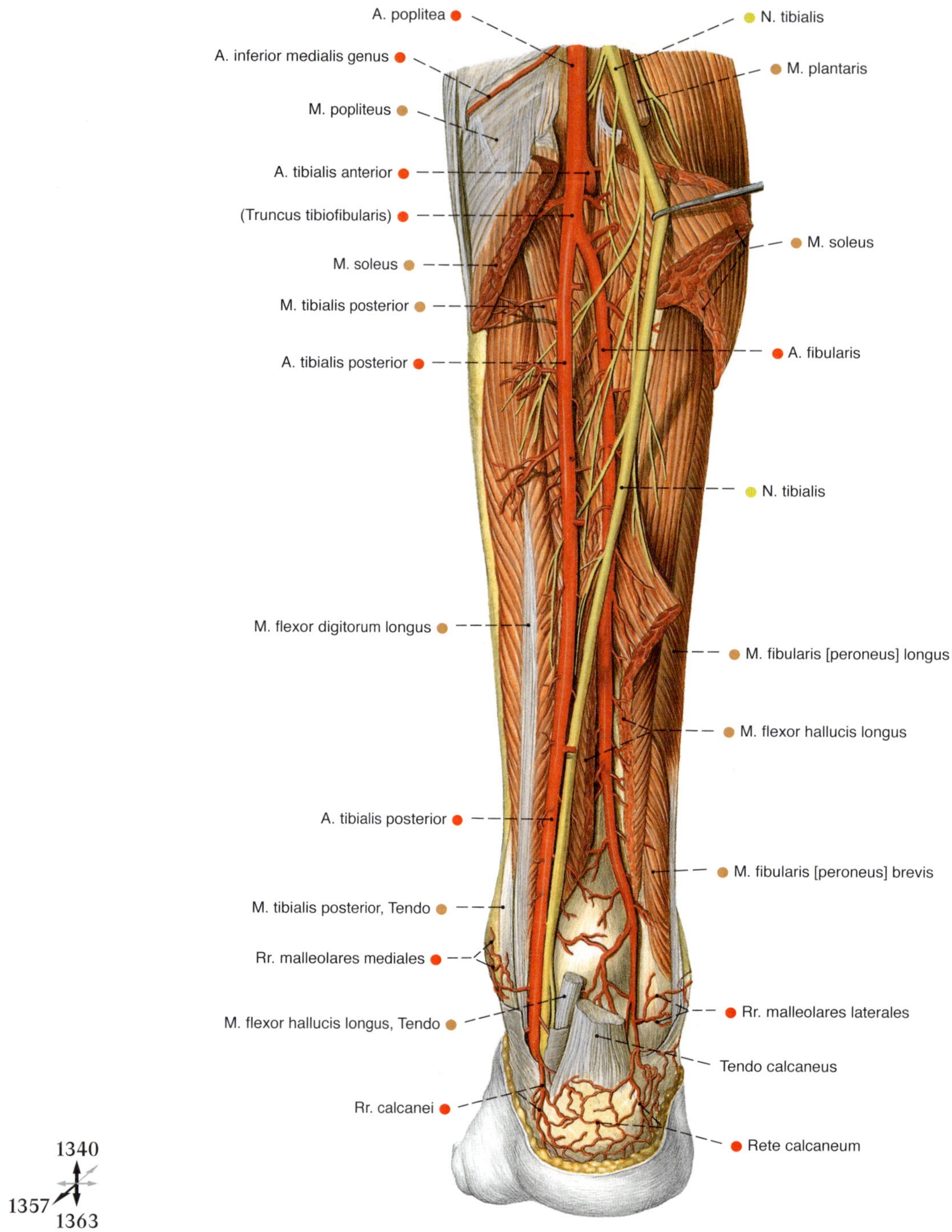

Abb. 1358 Arterien und Nerven der Kniekehle, Fossa poplitea, und des Unterschenkels, Regio cruris posterior; nach weitgehender Abtragung der Mm. triceps surae und extensor hallucis longus; von hinten (re).

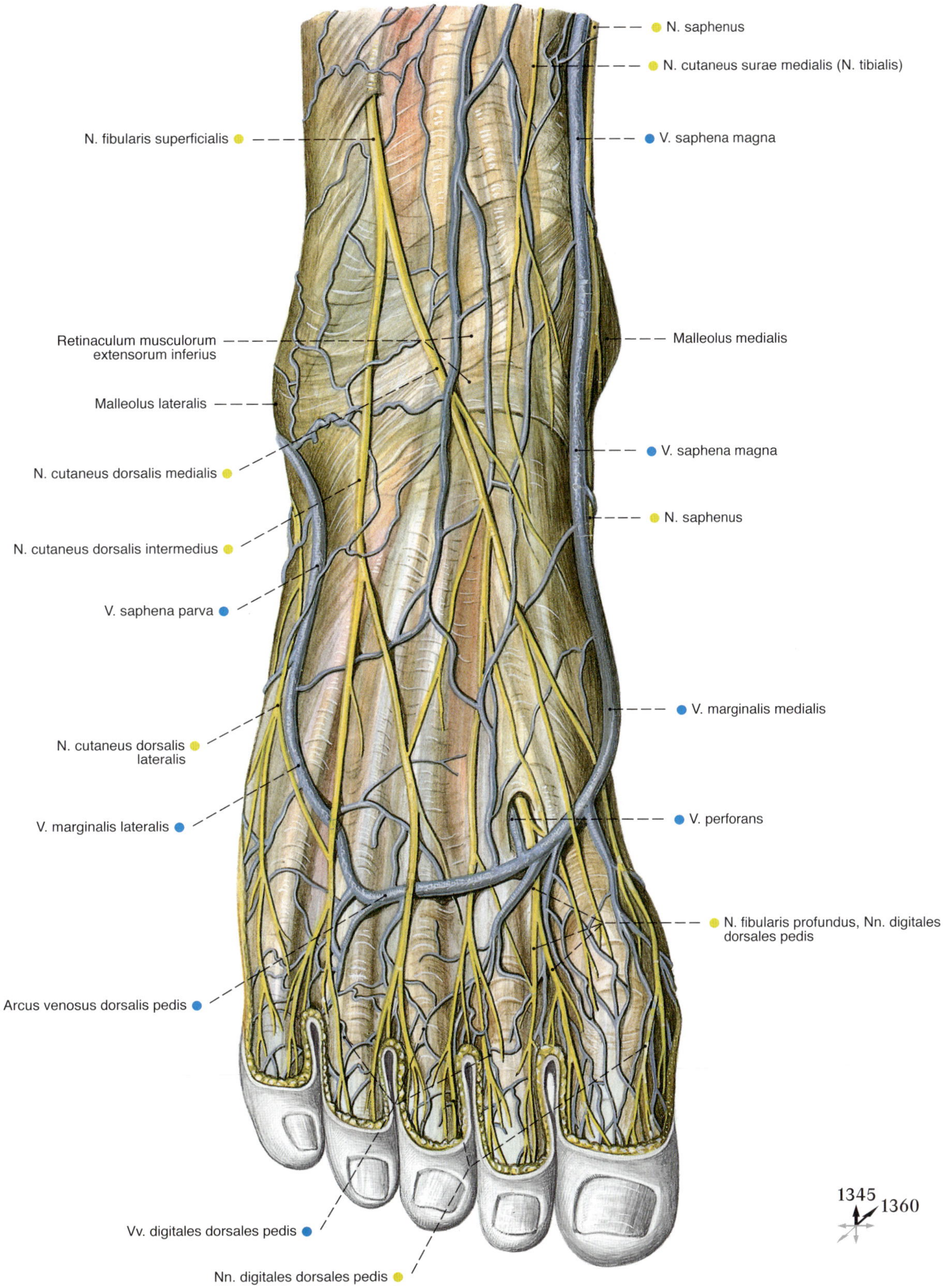

Abb. 1359 Epifasziale Venen und Nerven des Fußrückens, Dorsum pedis; von dorsal (re).

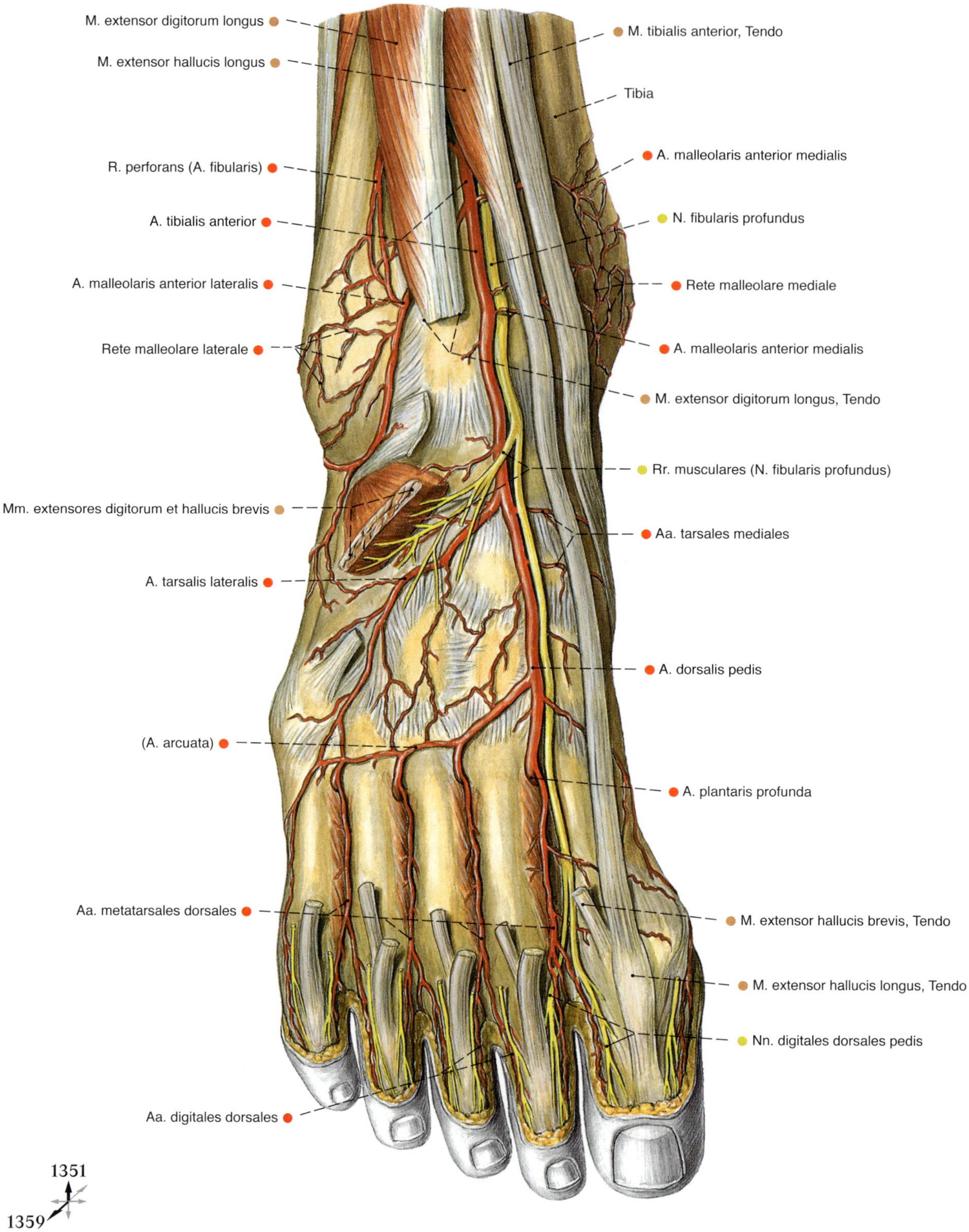

Abb. 1360 Arterien und Nerven des Fußrückens, Dorsum pedis;
nach Entfernung der Fascia dorsalis pedis und teilweiser Abtragung der Mm. extensores digitorum und hallucis;
von dorsal (re).

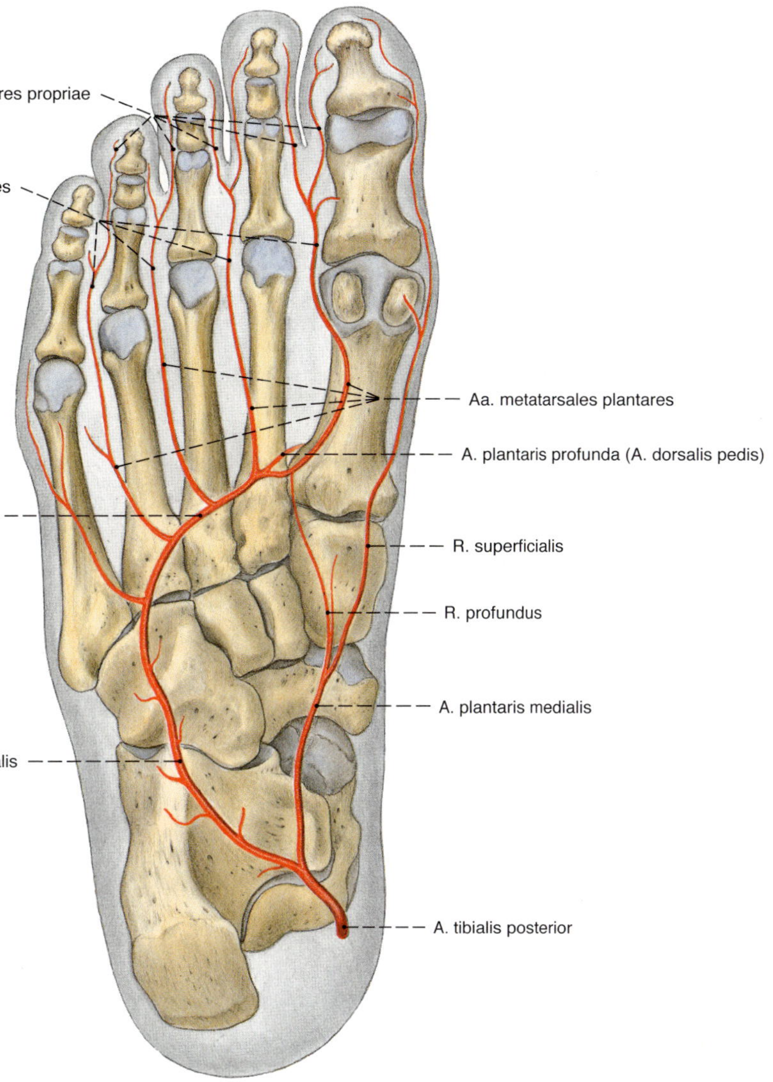

Abb. 1361 Arterien der Fußsohle, Planta; Übersicht; von plantar (re).

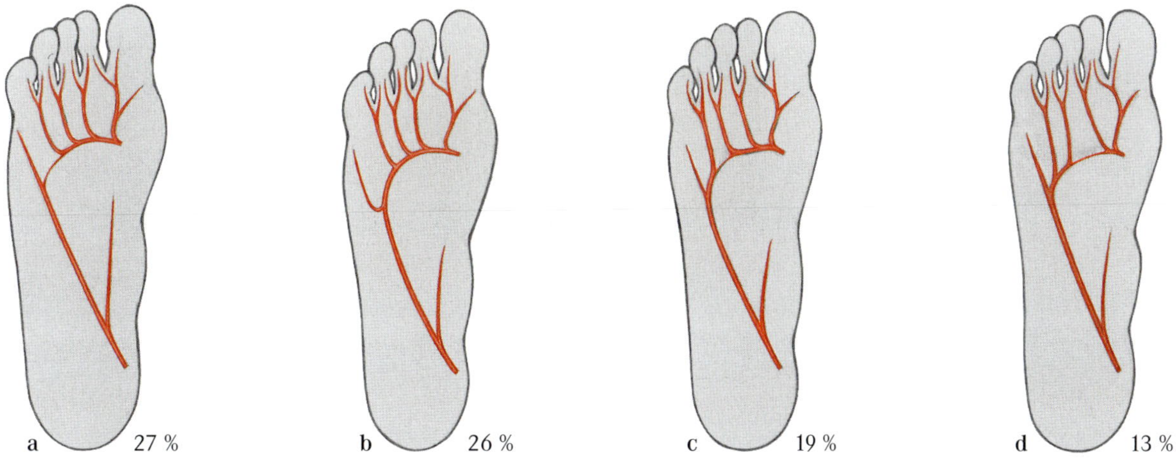

Abb. 1362 a–d Varietäten der Arterien der Fußsohle, Planta.

a Versorgung des Arcus plantaris profundus vornehmlich aus der A. dorsalis pedis

b Versorgung des Arcus plantaris profundus vornehmlich aus der A. tibialis posterior

c Versorgung der Arterien des 5. und des lateralen Anteils des 4. Zehenstrahls aus der A. tibialis posterior, der medial davon gelegenen Zehen aus der A. dorsalis pedis

d Versorgung der Arterien des 5., 4. und des lateralen Anteils des 3. Zehenstrahls aus der A. tibialis posterior, der medial davon gelegenen Zehen aus der A. dorsalis pedis

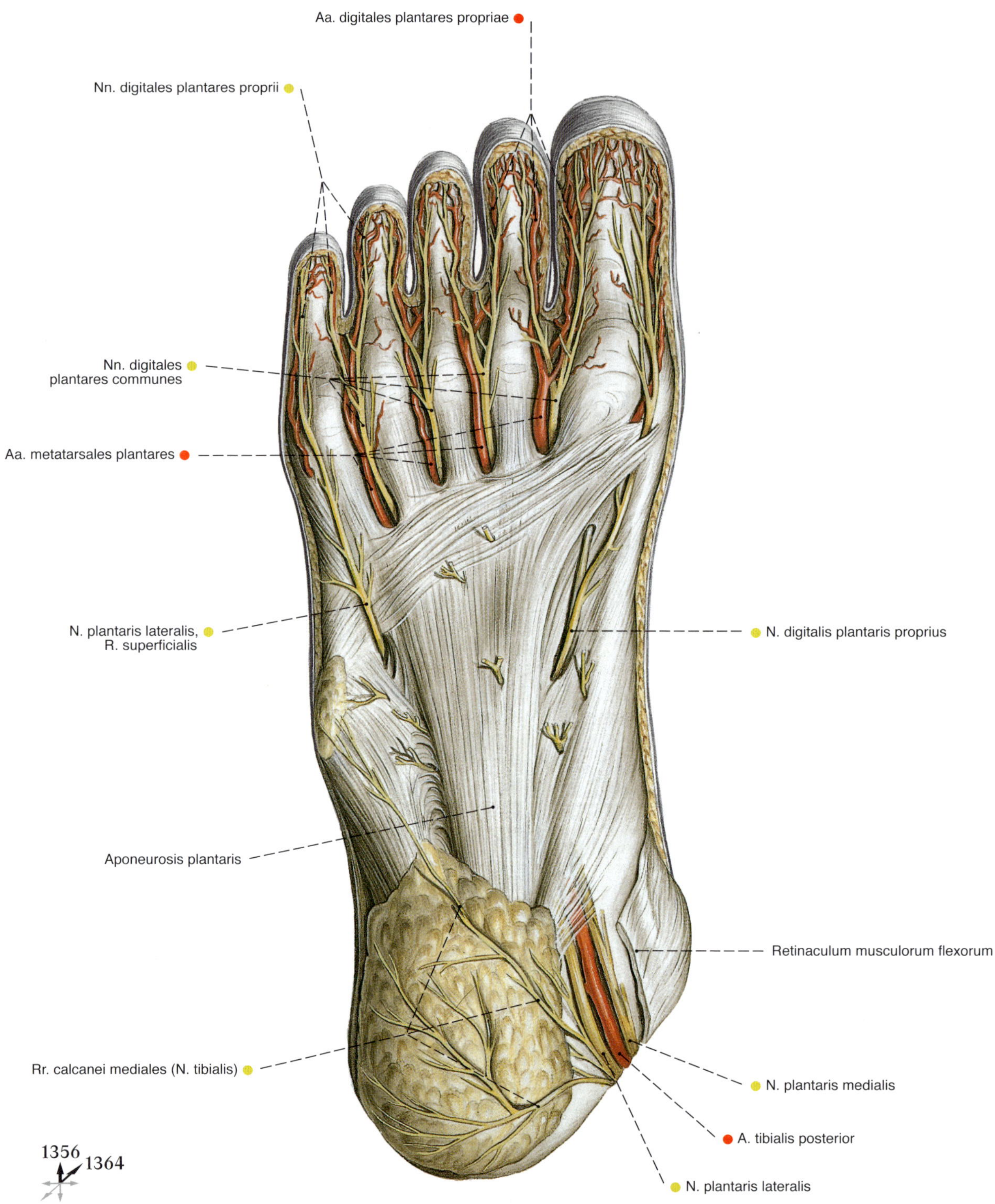

Abb. 1363 Arterien und Nerven der Fußsohle, Planta; nach Spaltung des Retinaculum musculorum flexorum; von plantar (re).

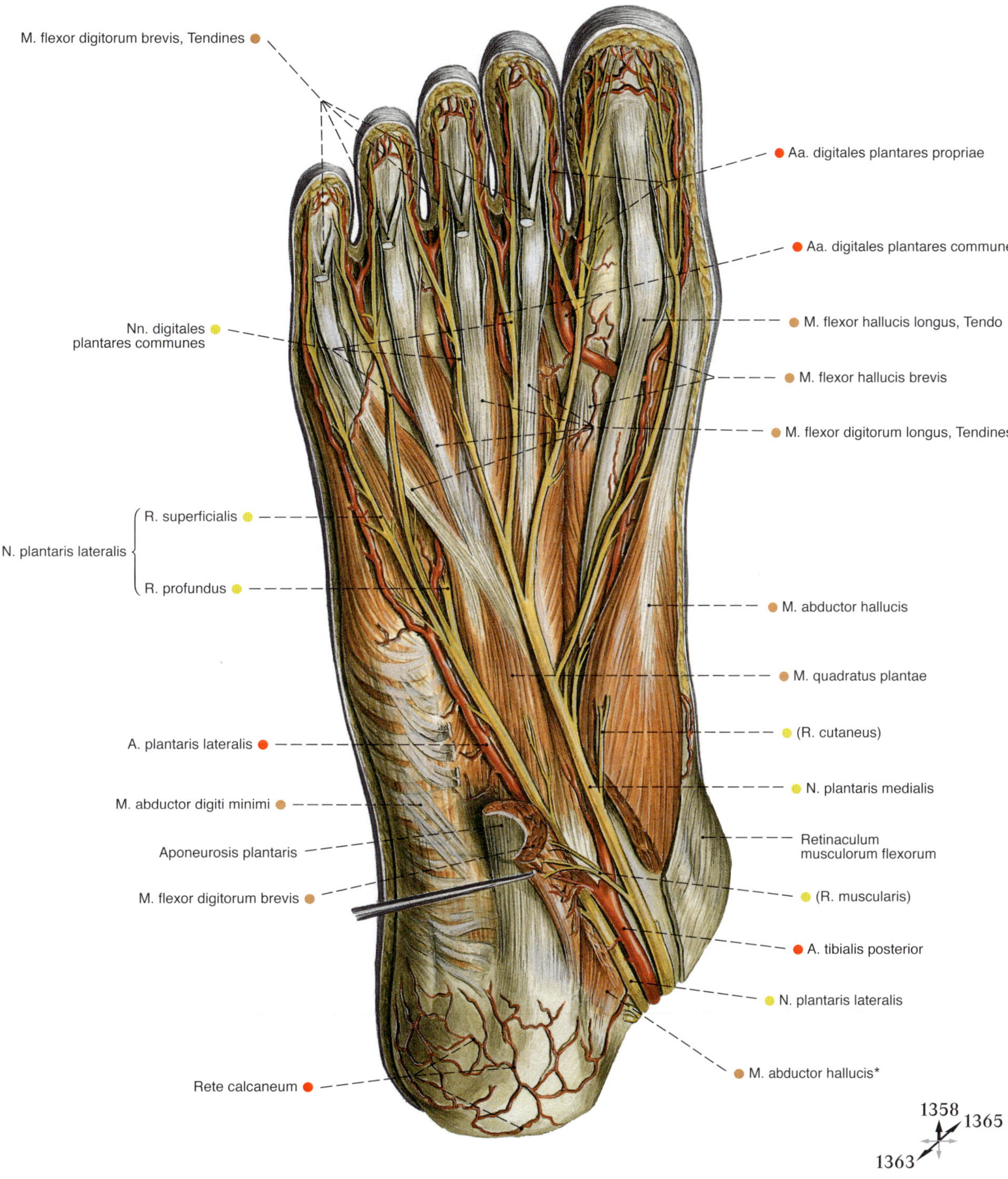

Abb. 1364 Arterien und Nerven der Fußsohle, Planta; nach weitgehender Abtragung der Plantaraponeurose und des M. flexor digitorum brevis sowie Spaltung des M. abductor hallucis; von plantar (re).

* Die distale Fortsetzung des medialen Retromalleolarraumes unter den M. abductor hallucis wird auch als Tarsaltunnel bezeichnet (siehe auch S. 370).

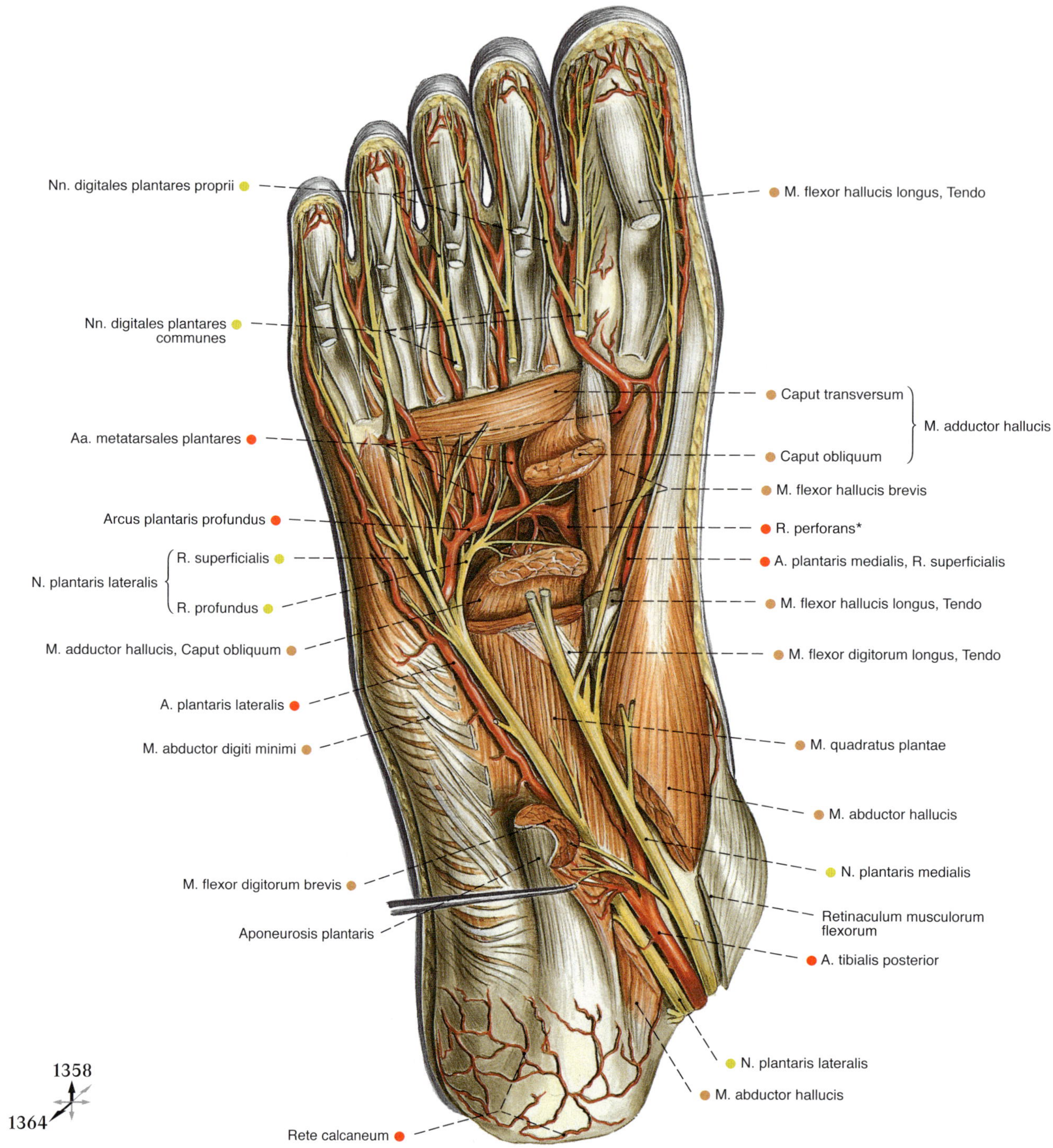

Abb. 1365 Arterien und Nerven der Fußsohle, Planta; nach weitgehender Abtragung der Mm. flexores digitorum brevis, digitorum longus und hallucis longus sowie Durchtrennung des M. abductor hallucis und des Caput obliquum des M. adductor hallucis;
von plantar (re).

* Anastomose mit der A. dorsalis pedis

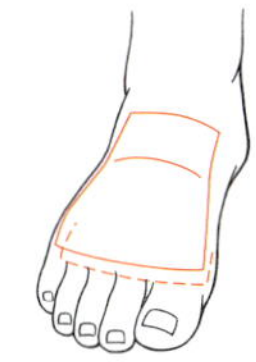

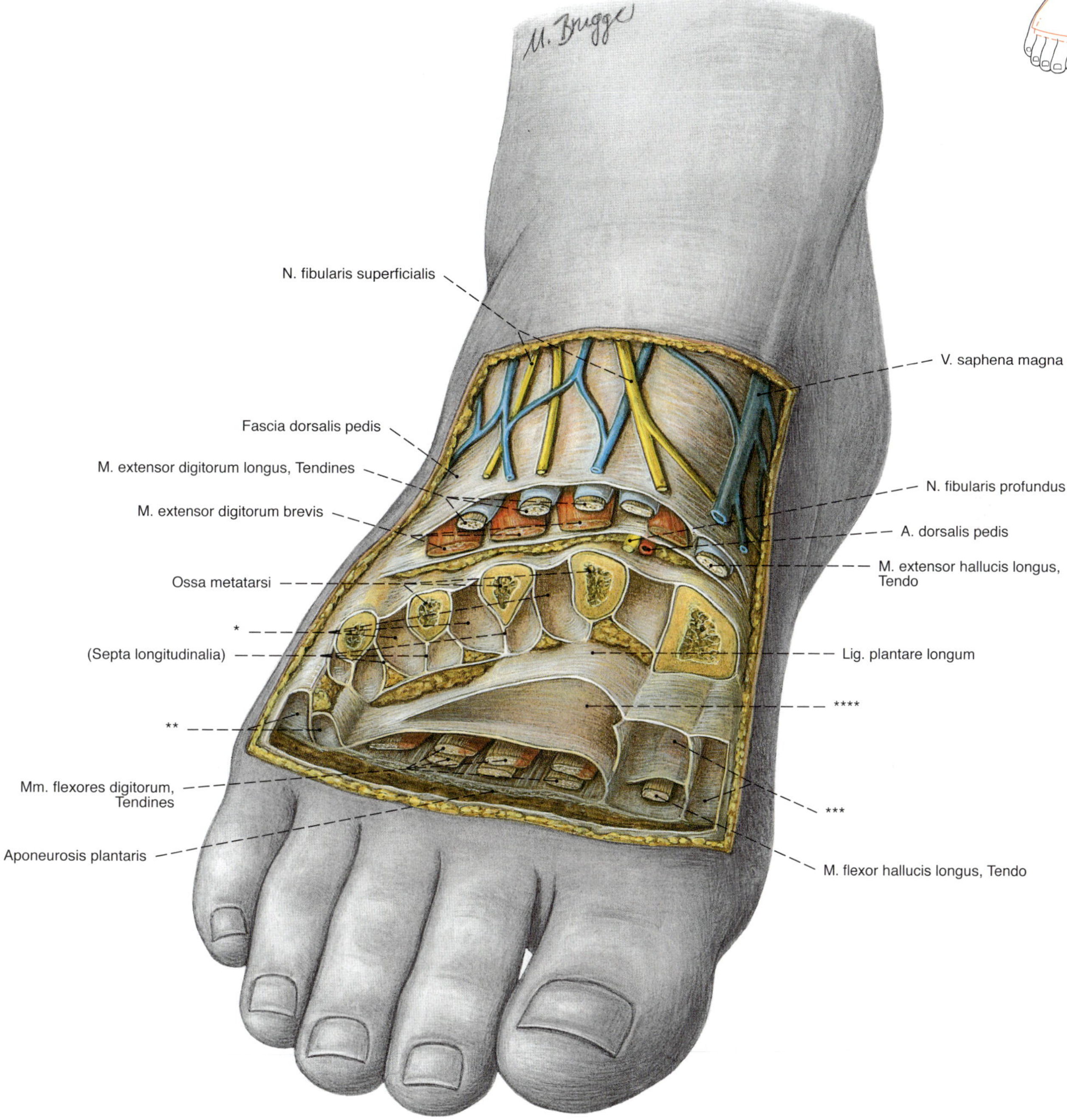

Abb. 1366 Kompartimente des Fußes; schichtenweise Eröffnung; von vorne dorsal (re, 30%).

*	Räume der Mm. interossei
**	Laterales Kompartiment
***	Mediales Kompartiment
****	Mittleres Kompartiment

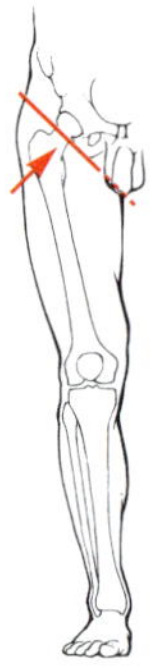

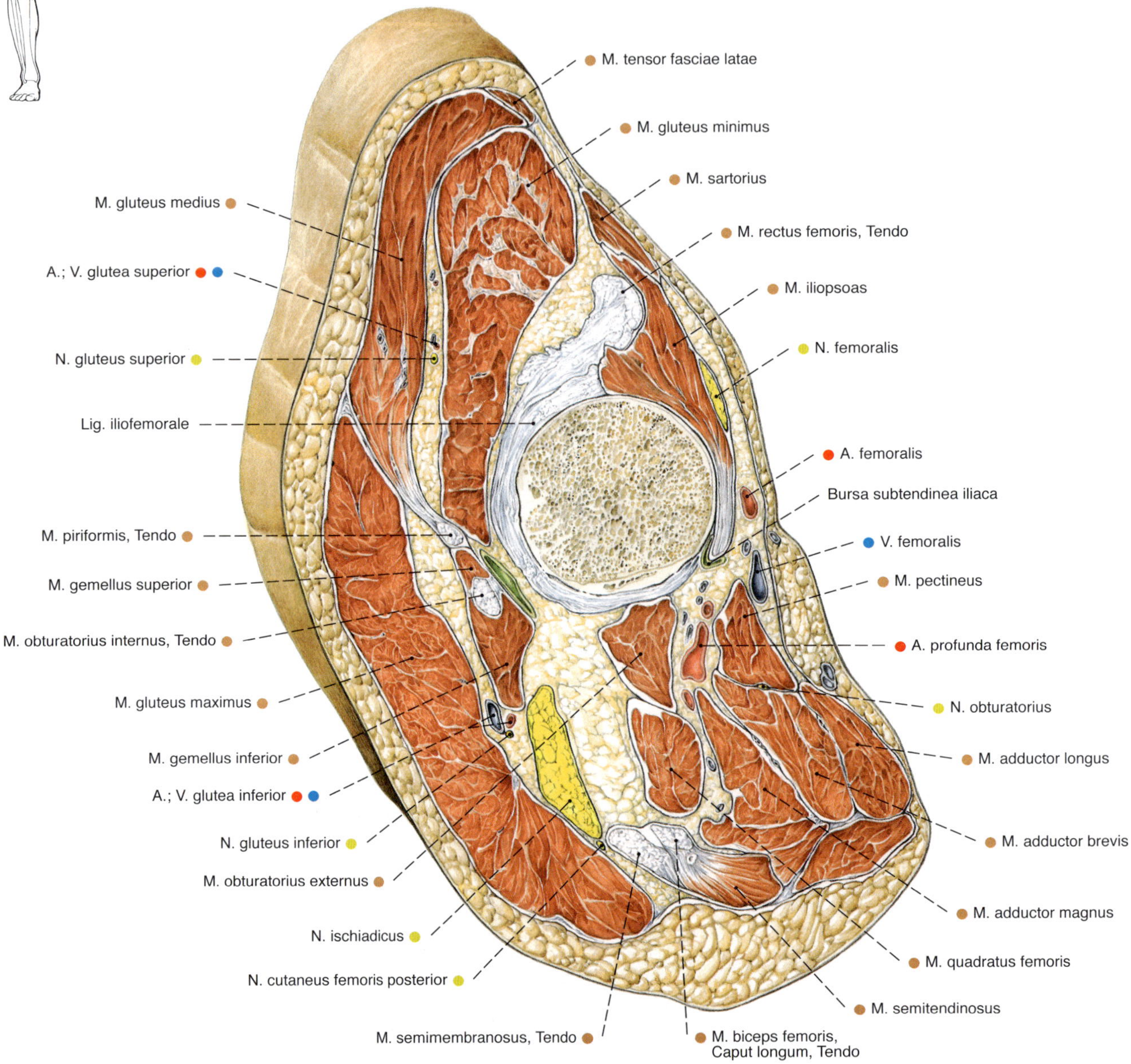

Abb. 1367 Oberschenkel, Femur; schräger Schnitt durch das Hüftgelenk; von distal (re).

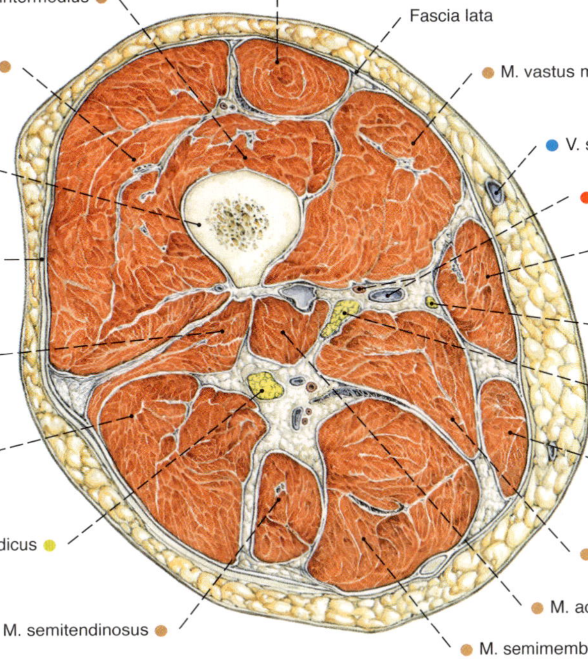

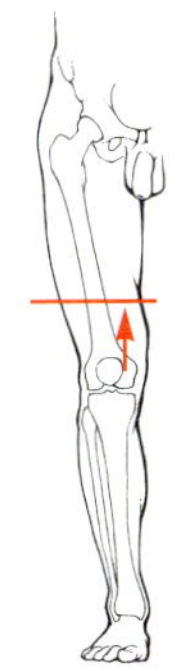

Abb. 1368 Oberschenkel, Femur;
Querschnitt durch die Mitte des Oberschenkels;
von distal (re).

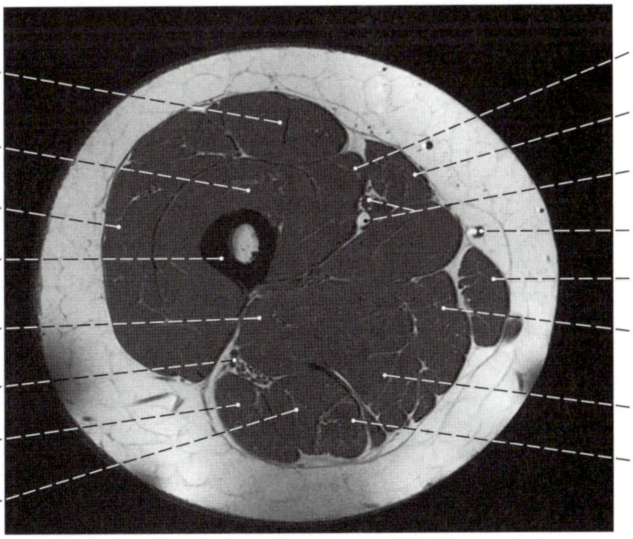

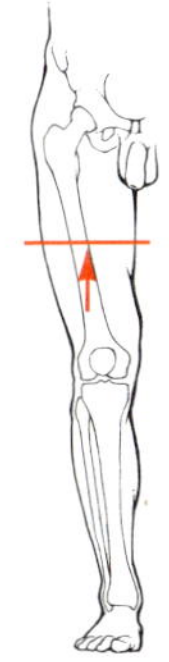

Abb. 1369 Oberschenkel, Femur;
magnetresonanztomographischer Querschnitt (MRT)
etwas oberhalb der Mitte des Oberschenkels;
von distal (re).

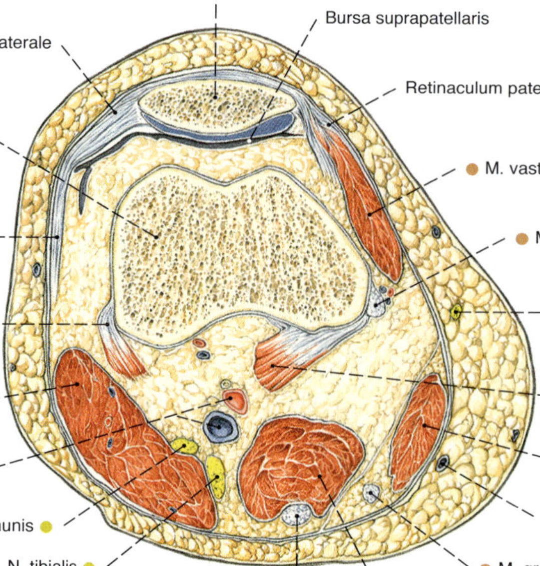

Abb. 1370 Oberschenkel, Femur;
Querschnitt durch das distale Ende mit Anschnitt der Basis patellae;
von distal (re).

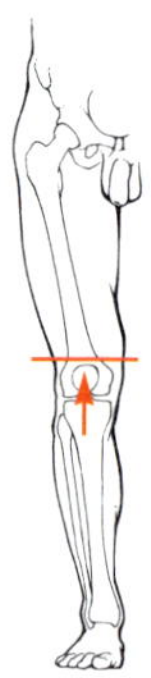

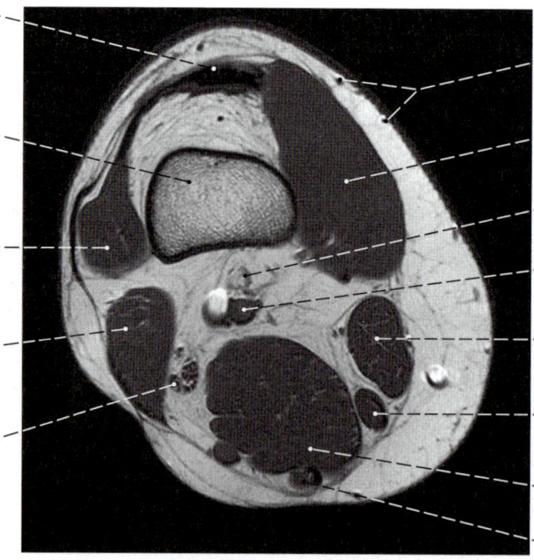

Abb. 1371 Oberschenkel, Femur;
magnetresonanztomographischer Querschnitt (MRT) durch das untere Drittel des Oberschenkels knapp oberhalb der Patella;
von distal (re).

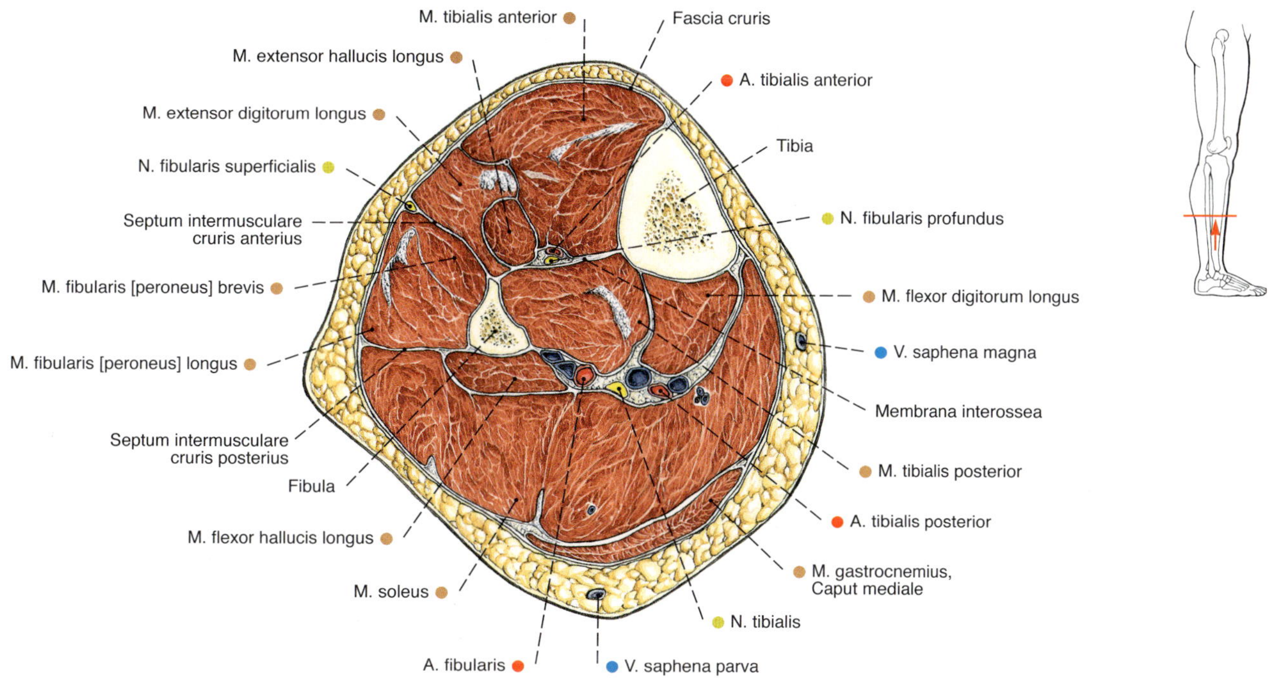

Abb. 1372 Unterschenkel, Crus;
Querschnitt durch die Mitte des Unterschenkels;
von distal (re).
Vgl. Abb. 1295.

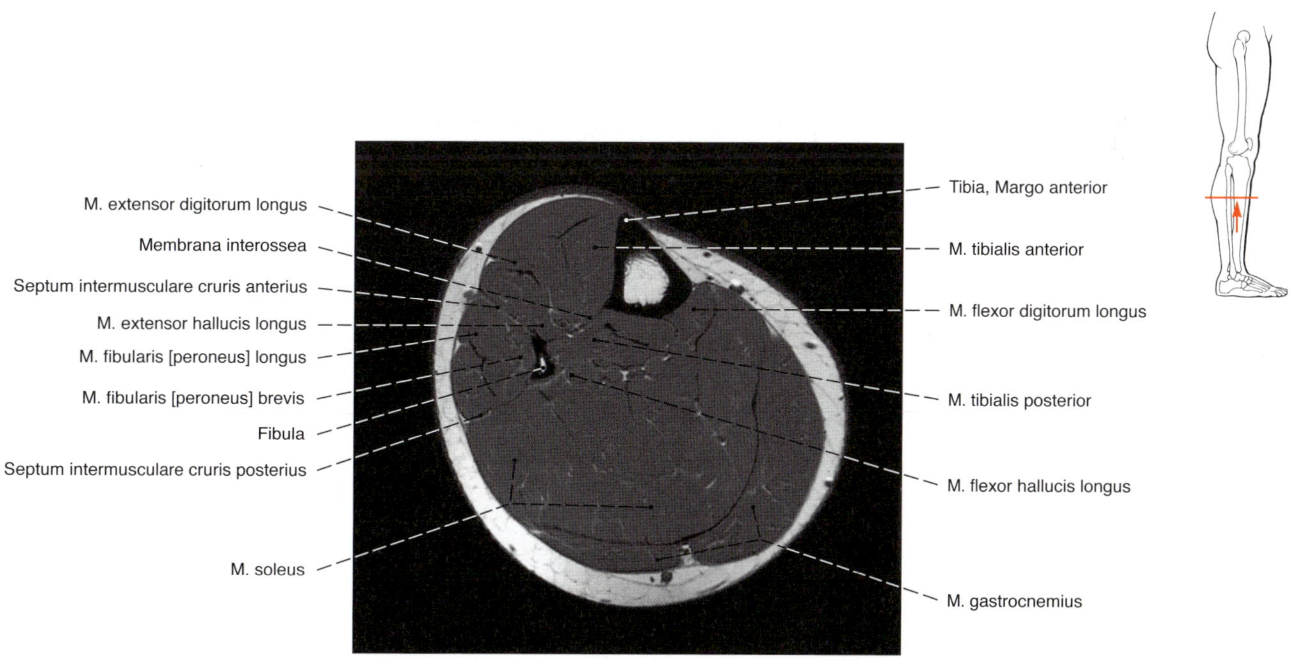

Abb. 1373 Unterschenkel, Crus;
magnetresonanztomographischer Querschnitt
(MRT) durch die Mitte des Unterschenkels;
von distal (re).

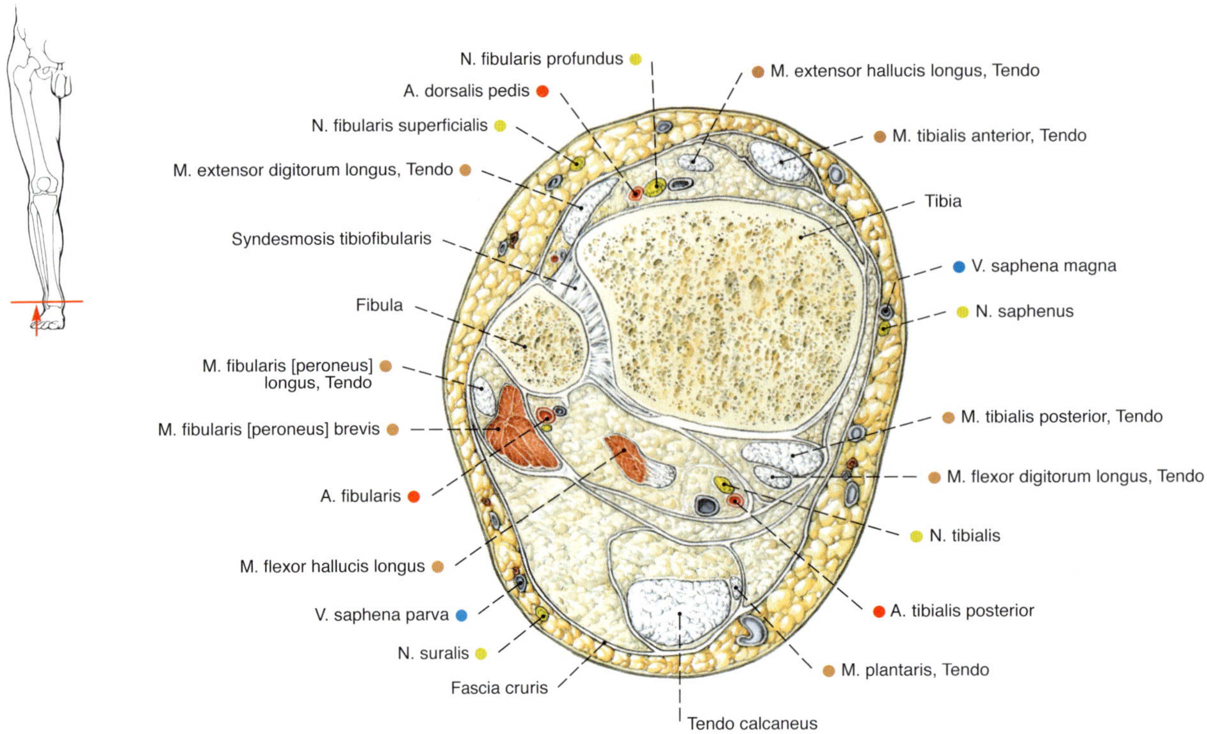

Abb. 1374 Unterschenkel, Crus;
Querschnitt knapp oberhalb des oberen Sprunggelenks;
von distal (re).

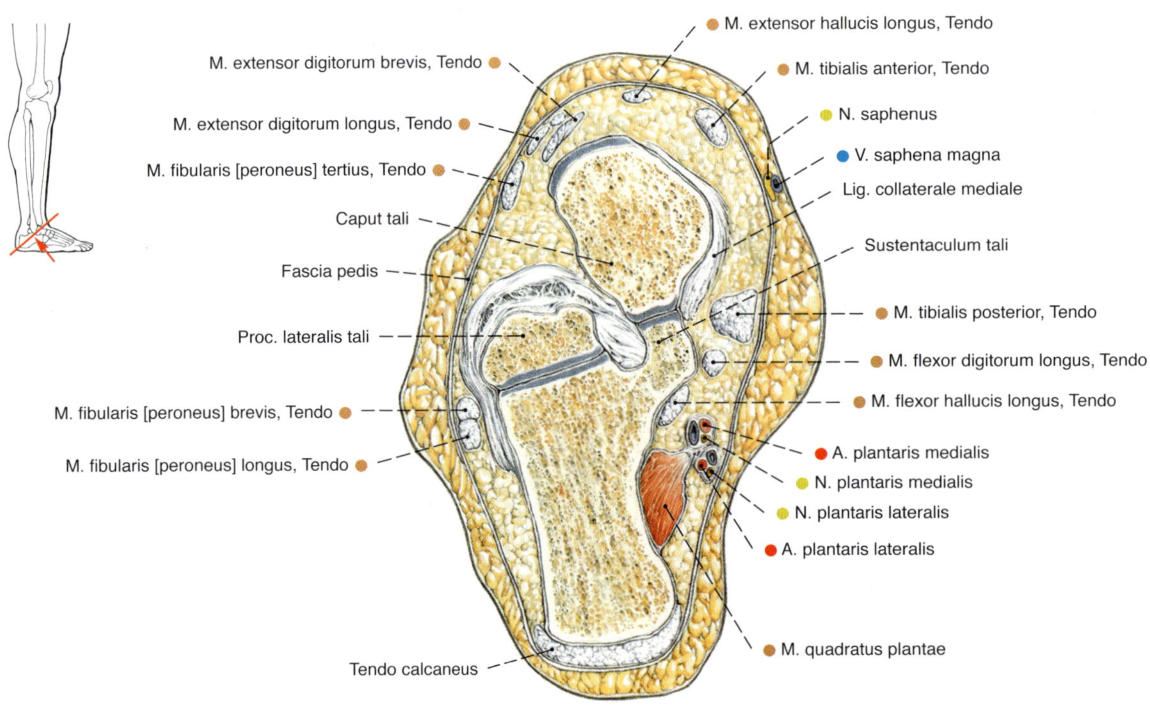

Abb. 1375 Fuß, Pes;
Schrägschnitt durch Calcaneus und Caput tali;
von distal (re).

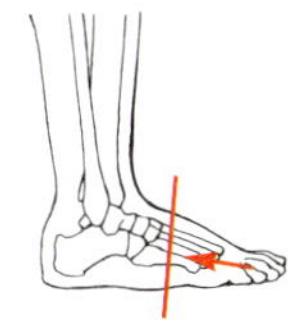

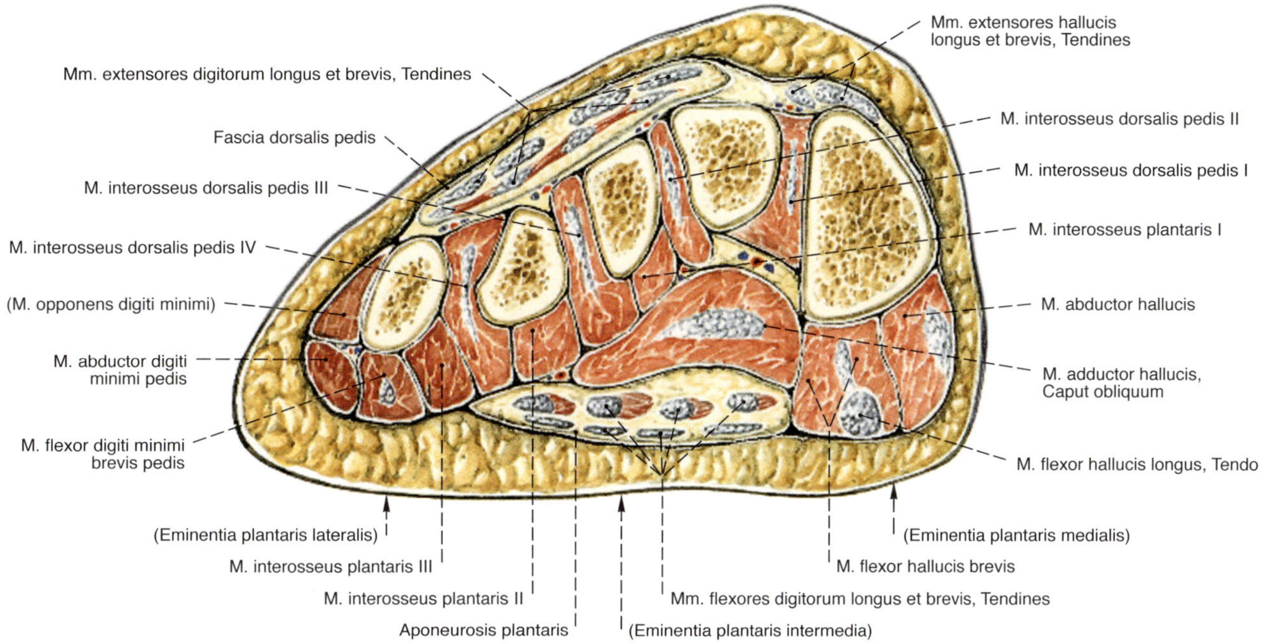

Abb. 1376 Fuß, Pes;
Frontalschnitt durch den Mittelfuß;
von distal (re).

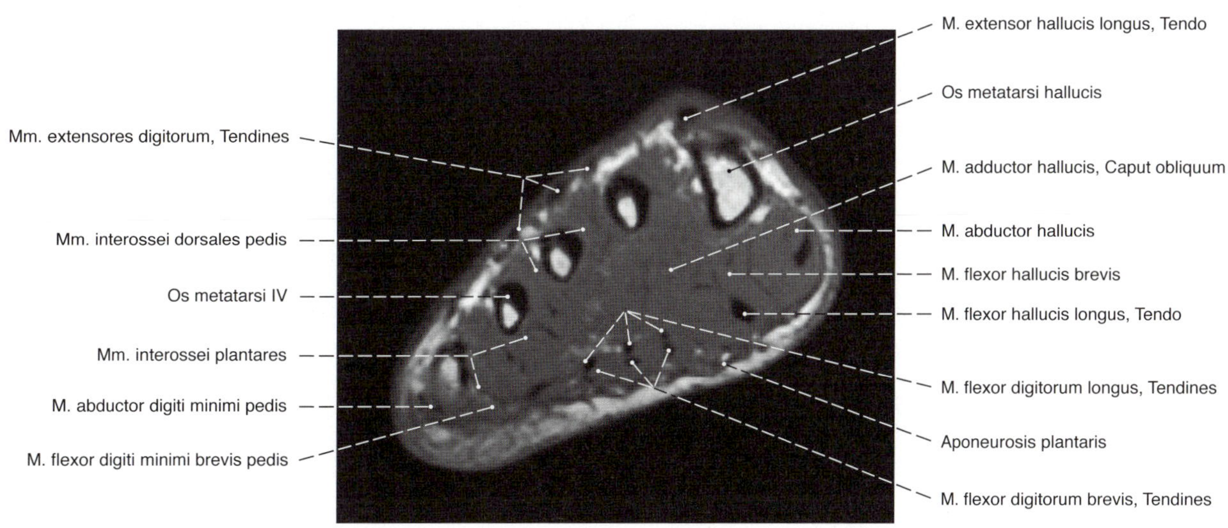

Abb. 1377 Fuß, Pes;
magnetresonanztomographischer Querschnitt (MRT)
durch den Mittelfuß;
von distal (re).

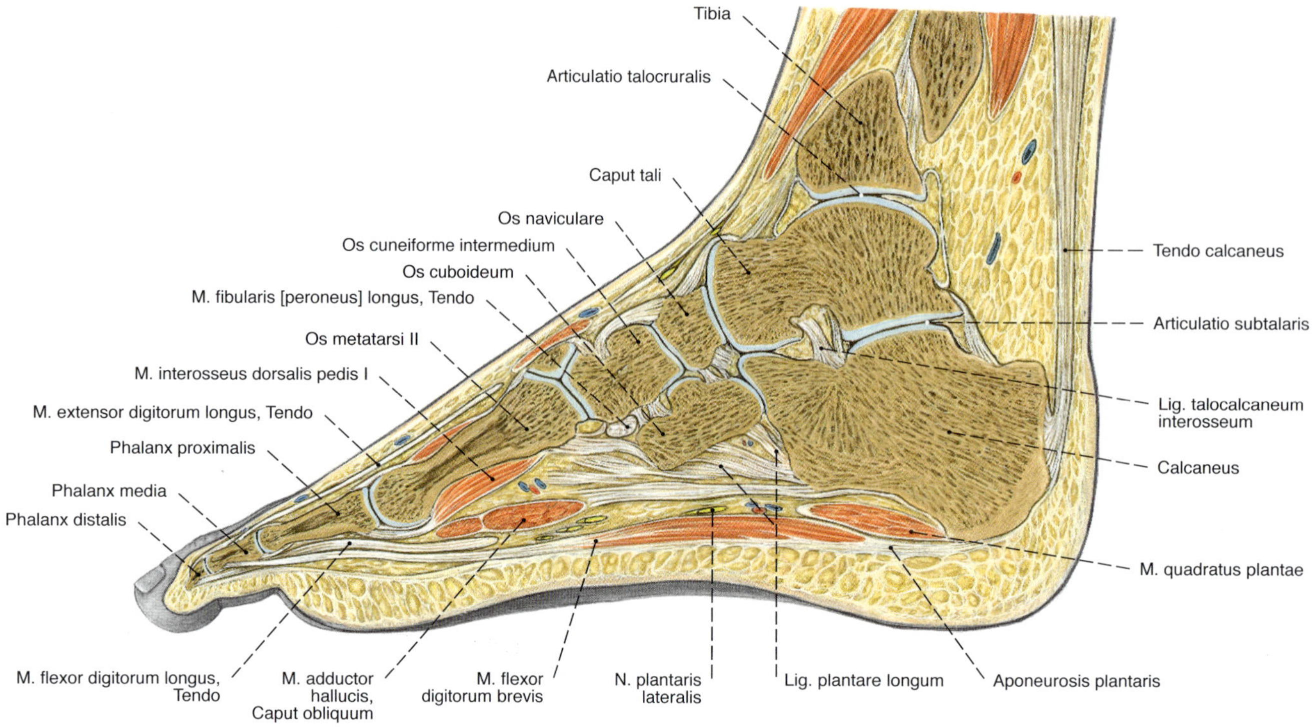

Abb. 1378 Fuß, Pes;
Sagittalschnitt durch den 2. Zehenstrahl;
von medial.

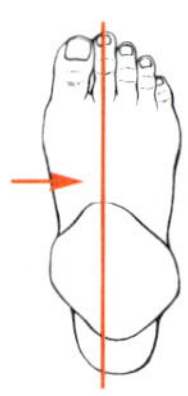

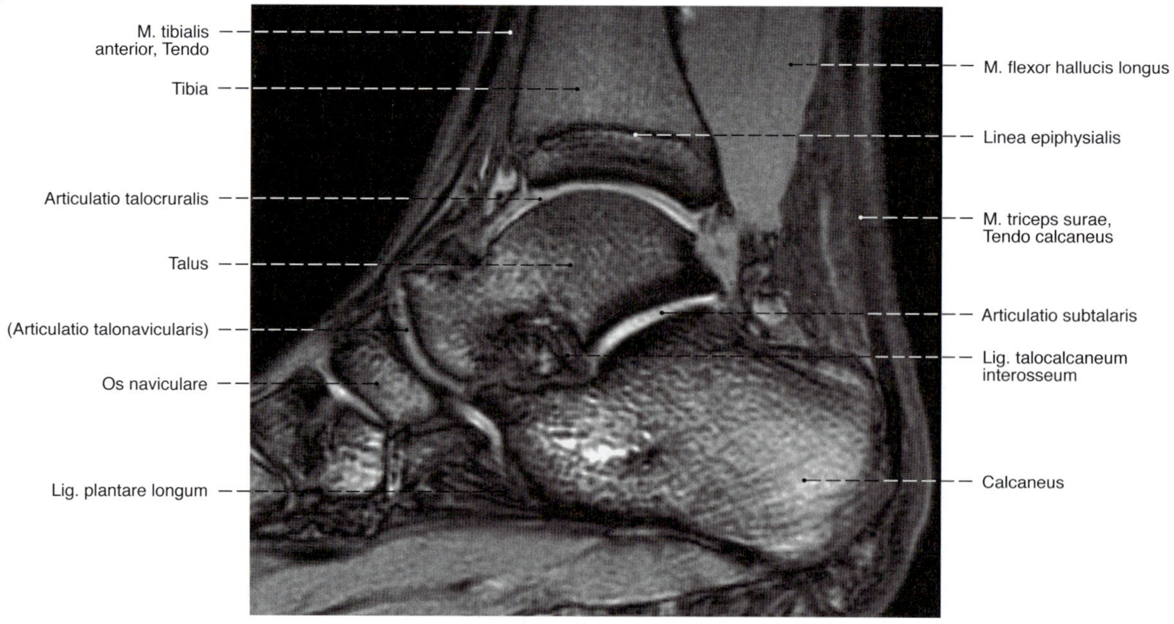

Abb. 1379 Fuß, Pes;
magnetresonanztomographischer Längsschnitt (MRT)
knapp medial der Längsachse des Collum tali;
von medial (re).

Versorgungsgebiete der Nerven des Plexus lumbosacralis (T 12) L 1 – S 4 (S 5)

	motorisch	sensibel
Plexus lumbalis (T 12) L 1–L 3 (L 4)		
N. iliohypogastricus T 12, L 1 R. cutaneus lateralis R. cutaneus anterior	Mm. rectus abdominis, obliquus externus abdominis, obliquus internus abdominis, transversus abdominis	 Haut über der Hüfte Haut oberhalb des äußeren Leistenrings und Mons pubis
N. ilioinguinalis (T 12) L 1 (L 2) Nn. scrotales anteriores/ Nn. labiales anteriores	Mm. rectus abdominis, obliquus externus abdominis, obliquus internus abdominis, transversus abdominis	 Haut der Leistenregion, der Peniswurzel und des Skrotums Haut der Leistenregion und der Labia majora
N. genitofemoralis L 1, L 2 R. genitalis R. femoralis	 M. cremaster	 Hodenhüllen (einschließlich der Tunica dartos) Haut über dem Hiatus saphenus
N. cutaneus femoris lateralis L 2, L 3		Haut auf der lateralen und vorderen Seite des Oberschenkels bis zum Knie
N. obturatorius L 2–L 4 R. anterior R. cutaneus R. posterior Rr. musculares	 M. obturatorius externus, Mm. pectineus, adductor brevis, adductor longus, gracilis M. adductor magnus, (M. adductor brevis), M. adductor minimus	Kapsel des Hüftgelenks Haut der Innenseite des Oberschenkels oberhalb des Knies Kapsel des Hüftgelenks, Periost der Rückseite des Femurs
N. obturatorius accessorius L 3, L 4	M. pectineus	Kapsel des Hüftgelenks
N. femoralis L 2–L 4 Rr. musculares Rr. cutanei anteriores N. saphenus R. infrapatellaris Rr. cutanei cruris mediales	 Mm. iliopsoas, pectineus, sartorius, quadriceps femoris	Kapsel des Hüftgelenks Haut auf der Vorder- und Innenseite des Oberschenkels bis zum Knie, Periost der Vorderseite des Femurs Haut auf der medialen und vorderen Seite des Knies sowie auf der medialen Seite des Unterschenkels und des Fußes
Plexus sacralis (L 4) L 5–S 3 (S 4)		
N. m. obturatorii interni L 5–S 2	M. obturatorius internus	
N. m. piriformis S 1, S 2	M. piriformis	
N. m. quadrati femoris L 5–S 1 (S 2)	M. quadratus femoris	
N. gluteus superior L 4–S 1	Mm. glutei medius und minimus, tensor fasciae latae	
N. gluteus inferior L 5–S 2	M. gluteus maximus	
N. cutaneus femoris posterior S 1–S 3 Nn. clunium inferiores Nn. perineales		Haut auf der Rückseite des Ober- und proximalen Unterschenkels Haut über dem Gesäß Damm, Skrotalhaut bzw. Haut der Labia majora
N. ischiadicus L 4–S 3	Beuger des Oberschenkels, alle Muskeln des Unterschenkels und des Fußes	
N. fibularis communis L 4–S 2 N. cutaneus surae lateralis R. communicans fibularis	M. biceps femoris, Caput breve	Kapsel des Kniegelenks Haut der Wade bis zum lateralen Knöchel Verbindungsast zum N. suralis
N. fibularis superficialis Rr. musculares N. cutaneus dorsalis medialis N. cutaneus dorsalis intermedius Nn. digitales dorsales pedis	Mm. fibulares [peronei] longus und brevis	 Haut des Unterschenkels und des Fußrückens bis zu 1.–3. Zehe Haut des lateralen Fußrandes Haut der Zehenrücken mit Ausnahme des 1. Interdigitalraums und der Außenseite der 5. Zehe

Fortsetzung → S. 388

	motorisch	sensibel
N. fibularis profundus Rr. musculares	Mm. tibialis anterior, extensor digitorum longus, extensor hallucis longus, extensor digitorum brevis und extensor hallucis brevis	Periost der Unterschenkelknochen und Kapsel des oberen Sprunggelenks
Nn. digitales dorsales pedis		Haut des 1. Interdigitalraumes
N. tibialis L 4–S 3 Rr. musculares	Mm. triceps surae, plantaris, popliteus, tibialis posterior, flexor digitorum longus, flexor hallucis longus	Kapsel des Kniegelenks
N. interosseus cruris		Periost der Unterschenkelknochen und Kapsel des oberen Sprunggelenks
N. cutaneus surae medialis N. suralis		vereinigt sich mit dem N. cutaneus surae lateralis zum N. suralis
N. cutaneus dorsalis lateralis		Haut des lateralen Fußrandes bis zum Seitenrand der kleinen Zehe
Rr. calcanei laterales		Haut der Ferse lateral
Rr. calcanei mediales		Haut der Ferse medial
N. plantaris medialis	Mm. abductor hallucis und flexor digitorum brevis, flexor hallucis brevis (medialer Kopf), lumbricales pedis I, II	Haut der medialen Fußsohle
Nn. digitales plantares communes Nn. digitales plantares proprii		Haut auf der Plantarseite der medialen 3 ½ Zehen und ihres Nagelbereichs
N. plantaris lateralis R. superficialis Nn. digitales plantares communes Nn. digitales plantares proprii	Mm. abductor digiti minimi, quadratus plantae Mm. flexor digiti minimi brevis, opponens digiti minimi, interossei des 4. Intermetatarsalraums	Haut auf der Plantarseite der lateralen 1 ½ Zehen und ihres Nagelbereichs
R. profundus	Mm. lumbricales pedis II–IV, adductor hallucis (Caput transversum), interossei des 1. bis 4. Intermetatarsalraums	
N. pudendus (S 1) S 2–S 4 Nn. rectales [anales] inferiores S 3, S 4		Haut der Analregion und des Dammes
Nn. perineales Nn. scrotales posteriores/ Nn. labiales posteriores		dorsale Skrotalhaut bzw. hintere Bereiche der Labia majora und minora, Schleimhaut der Urethra, Vestibulum vaginae
Rr. musculares	Mm. transversi perinei superficialis und profundus, bulbospongiosus und ischiocavernosus, sphincter ani externus	
N. dorsalis penis/ N. dorsalis clitoridis	M. transversus perinei profundus	Haut von Penis, Glans/Clitoris, Preputium
N. coccygeus S 4, S 5 (Co 1) Plexus coccygeus S 4, S 5 (Co 1) N. anococcygeus	M. ischiococcygeus [coccygeus], M. levator ani	Haut über dem Steißbein sowie zwischen Steißbein und Anus

Klinisch gebräuchliche Kennmuskeln der segmentalen Innervation der unteren Extremität

Rückenmarksegment bzw. segmentaler Spinalnerv	betroffene(r) Muskel(n) bzw. Sehnenreflex(e)
L 3	M. quadriceps femoris (Lähmung und Ausfall des Patellarsehnenreflexes)
L 4	M. quadriceps femoris und M. tibialis anterior (Abschwächung des Patellarsehnenreflexes)
L 5	M. extensor hallucis longus, evtl. auch brevis (Lähmung und Atrophie)
S 1	Mm. fibulares [peronei], evtl. auch M. triceps surae und Mm. glutei (Ausfall des Achillessehnenreflexes)

Glossar anatomischer Begriffe

Abkürzungen:

f	femininum
m	masculinum
n	neutrum
(Pl)	Plural
P.p.a.	Partizip Präsens aktiv
P.p.p.	Partizip Präsens passiv
Adj.	Adjektiv
Dim.	Diminutiv (Verkleinerungsform)
Komp.	Komparativ
Sup.	Superlativ
(ahd)	althochdeutsch
(altind)	altindisch
(altiran)	altiranisch
(altnord)	altnordisch
(arab)	arabisch
(etrusk)	etruskisch
(got)	gotisch
(gr)	griechisch
(idg)	indogermanisch
(l)	lateinisch
(lit)	litauisch
(mhd)	mittelhochdeutsch

Allgemeine, d.h. nicht fachspezifische Vorsilben (Präfixe):

a- (gr)	(verneinendes Präfix)
a-, ab-, abs- (l)	von, von...her
ac-, ad-, af- (l)	zu, zu...hin, an, bei, heran
amphi- (gr)	ringsum, herum, zu beiden Seiten
ana- (gr)	auf, hinauf
ante- (l)	vor, vorher
anti- (l)	gegen
apo- (gr)	von...weg, von...her, voran, gleich nach
bi- (l)	zweifach
circum- (l)	rundum, um...herum
co-, col-, con-, com- (l)	mit, zusammen
de- (l)	weg, von, herab
dia- (gr)	durch, hindurch, auseinander
di-, dis- (gr)	zwei
e-, ex- (l)	aus, heraus
en- (gr)	innen, drin, hinein
endo- (gr)	innen, drinnen
ep-, epi- (gr)	auf, drauf, über
hemi- (gr)	halb
hyper- (gr)	über, darüber, oberhalb
hypo- (gr)	darunter, unter, unterhalb
infra- (l)	unterhalb von, unten, gering
in-, im- (l)	hinein
inter- (l)	zwischen
intra-, intro- (l)	innerhalb von
meso- (gr)	mittlere, zwischen; Mitte
meta- (gr)	nach, hinter
ob-, op- (l)	entgegen, gegenüber
par-, para- (gr)	neben, bei
per- (l)	durch, hindurch, ganz, völlig
peri- (gr)	um, herum, ringsum
post- (l)	nach, hinter, hinten
prae-, pre- (l)	vor, vorn, wegen, vor...her
pro- (l)	vorne hin, voran, für
pro-, pros- (gr)	vorwärts, vorn
quadri- (l)	vier(fach)
re- (l)	hinten, wieder
retro- (l)	zurück, dahinter
semi- (gr)	halb
sub- (l)	unter, unterhalb
super- (l)	über, nach oben
supra- (l)	oberhalb, über, darüber
syn-, sym- (gr)	mit, zusammen
tri-, tris- (l)	drei(fach)

Allgemeine, d.h. nicht fachspezifische Nachsilben (Suffixe):

-aris, -e (l), -alis, -e (l), -eus, -a, -um (l): -isch, -ig (Herkunft oder Zugehörigkeit ausdrückend)
-ideus, -a, -um (l): -förmig, -artig (Ähnlichkeit ausdrückend)
-icus, -a, -um (l), -ivus, -a, -um (l): (betreffend)
-osus, -a, -um (l): (reich an etwas)
-ulus, -a, -um (l): (Verkleinerungsform)

Abdomen, -inis n *(l)* = Bauch, Unterleib. – abdere *(l)*: wegtun, verbergen.

abducens, -entis *(l)* = wegführend. – P.p.a. von abducere *(l)*: wegführen, wegziehen.

Abductor, -oris m *(l)* = der Abzieher, Wegführer.

aberrans *(l)* = abirrend. – P.p.a. von aberrare *(l)*: abirren, sich irren, abkommen.

accessorius, -a, -um *(l)* = hinzukommend, zusätzlich. – accedere *(l)*: dazugeben, dazutreten; cedere *(l)*: treten, gehen, zuteil werden.

Acetabulum, -i n *(l)* = Hüftgelenkspfanne; urspr. das Essigschälchen.

Achilles, -is m *(l)* = Achilleus: griechischer Held vor Troja; wurde von Paris durch einen von Apoll gelenkten Pfeil an der Ferse tödlich verwundet.

acromialis, -e *(l)* = zur Schulterhöhe gehörend. – Adj. zu Acromion, -ii n *(l)*.

Acromion, -ii n *(l)* = Akrómion *(gr)*: Schulterhöhe, Schulterspitze. – akros *(gr)*: das Äußerste; Ômos *(gr)*: die Schulter, die höchstgelegene Stelle an der Schulter.

acusticus, -a, -um *(l)* = das Hören betreffend. – akoúein *(gr)*: hören.

Adductor, -oris m *(l)* = Heranführer, Hinzuziehender. – adducere *(l)*: heranführen, hinzuziehen; ducere *(l)*: führen, ziehen.

Adhesio, -onis f *(l)* = Anhaften. – adhaerere *(l)*: an etwas hängen, festhängen, angrenzen, anhaften.

adiposus, -a, -um *(l)* = fettreich, fetthaltig. – Adeps, -ipis m u. f *(l)*: weiches Fett.

Aditus, -us m *(l)* = Zugang, Eingang. – adire *(l)*: hinzugehen, herangehen.

Adminiculum, -i n *(l)* = Stütze, Beihilfe. – Minae, -arum f *(l)*: die Zinnen, die Mauern.

Aequator [Equator], -oris m *(l)* = größter Breitenkreis, Äquator.

afferens, -entis *(l)* = herbeitragend. – P.p.a. von afferre (ad-ferre) *(l)*: herbeitragen, herbeibringen, herantragen.

affixus, -a, -um *(l)* = angeheftet, befestigt. – P.p.p. von affigere (ad-figere) *(l)*: anheften.

Agger, -eris m *(l)* = Wall, Damm. – aggerere (ad-gerere) *(l)*: aufdämmen, vermehren.

aggregatus, -a, -um *(l)* = zusammengeschart, nahe beieinanderliegend. – P.p.p. von aggregare (ad-gregare) *(l)*: zusammenscharen, beigesellen.

Ala, -ae f *(l)* = 1. der Flügel a) als Bewegungsorgan, b) als Ruder der Segelschiffe, c) als Flanken der Legionen; 2. die Achsel: als Reproduktion der Ala (Flügel) des Vogels.

albicans *(l)* = weiß schimmernd. – P.p.a. von albicare *(l)*: weiß sein, schimmern.

albugineus, -a, -um *(l)* = weiß schimmernd. – Adj. zu Albugo, Tunica albuginea: derbe, weiße Bindegewebshülle.

Albugo, -inis f *(l)* = weißer Fleck. – albus *(l)*: weiß.

albus, -a, -um *(l)* = weiß, weißglänzend. – Alphós *(gr)*: weißer Ausschlag (Hautausschlag).

Allantois f *(gr)* = wurstähnliche Haut, Harnsack. – Állas *(gr)*: Wurst.

Alveolus, -i m *(l)* = kleine Mulde, Bienenzelle.

ambiguus, -a, -um *(l)* = sich nach zwei Seiten neigend. – ambigere *(l)*: nach zwei Seiten treiben, schwanken.

Amnion, -ii n oder **Amnios, -ii** m *(l)* = Schafhaut. – Ámnos *(gr)*: Schaf.

Amphiarthrosis, -is f *(l)* = ringsum bebändertes Gelenk. – amphi *(gr)*: ringsum, herum, zu beiden Seiten; Arthron *(gr)*: Glied, Gelenk.

Ampulla, -ae f *(l)* = Gefäß aus Ton/Glas mit engem Hals und blasig aufgetriebenem Bauch; kolbenförmige Verdickung. – Amphora, -ae f *(l)*: zweihenkeliger Krug mit engem Hals; Amphoreús *(gr)*: zweihenkeliges Gefäß; nach Hyrtl von Ampha, -ae f *(l)* (Griff) und Bulla, -ae f *(l)* (Blase).

amygdaloideus, -a, -um *(l)* = mandelähnlich, zu etwas Mandelähnlichem gehörend. – Amýgdale *(gr)*: Mandel.

analis, -e *(l)*: zum After gehörend. – Adj. zu Anus.

Anastomosis, -is f *(l)* = Vereinigung oder Verbindung zweier Kanäle. – anastomóein *(gr)*: eine Mündung herstellen, öffnen, eröffnen.

Anatomia, -ae f *(l)* = die Kunst des Zergliederns. – anatemnein (gr): zerschneiden, zergliedern.

anconeus, -a, -um *(l)* = zum Ellenbogen gehörig. – Ankōn *(gr)*: der gebogene Arm, Ellenbogen.

Angiologia, -ae f *(l)* = Gefäßlehre. – Angeion *(gr)*: (Blut-)Gefäß; Logos *(gr)*: Wort, Sprache, Lehre.

Ansa, -ae f *(l)* = Öse, Schlinge, Henkel. – Hänia oder Ansia *(gr)*: Zügel, der dem Zugvieh durch die Nase gezogene Zügel.

ante *(l)* = 1. Präp.: vor, voran, voraus; 2. Adv.: vorn, vorwärts, vorher.

Angulus, -i m *(l)* = Winkel, Ecke. – Etym. unsicher; ankylos *(gr)*: krumm.

Antebrachium, -ii n *(l)* = Unterarm, Vorderarm. – Brachium, -ii n *(l)*: der Arm.

anterior, -ius *(l)* = vorderer. – Komp. zu ante *(l)*: vor, vorn gelegen.

Anthelix, -icis f *(l)* = Gegenwindung. – antí *(gr)*: gegen; Hélix *(gr)*: Windung.

Antitragus, -i m *(l)* = kleiner Höcker gegenüber dem Tragus. – Trágos *(gr)*: Bock.

Antrum, -i n *(l)* = Grotte, Höhlung, Höhle. – Ántron *(gr)*: die Höhle.

Anulus, -i m *(l)* = kleiner Ring.

Anus, -i m *(l)* = Kreis, Ring, After(ring).

Aorta, -ae f *(l)* = Hauptschlagader. – aéirein *(gr)*: etwas in die Höhe heben, um es zu tragen.

Apertura, -ae f *(l)* = Öffnung, Loch. – aperire *(l)*: öffnen, erschließen, aufdecken.

Apex, -icis m *(l)* = äußerste Spitze.

apicalis, -e *(l)* = zur Spitze gehörend. – Adj. zu Apex.

Aponeurosis, -is f *(l)* = flächenhafte, platte Sehne. – neuróein *(gr)*: die Sehne anspannen.

Appendix, -icis f *(l)* = Anhang, Anhängsel, Zugabe. – pendere: hängen, schweben.

Aqu(a)eductus, -us m *(l)* = Wasserleitung. – Aqua, -ae f *(l)*: Wasser; Ductus, -us m *(l)*: Zug, Leitung.

Arachnoidea, -ae f *(l)* = Spinnwebenhaut. – Aráchne *(gr)*: Spinne.

Arbor, -oris f *(l)* = Baum.

arcuatus, -a, -um u. **arcualis, -e** *(l)* = bogenförmig gekrümmt. – Adj. zu Arcus.

Arcus, -us m *(l)* = Bogen, Kreisbogen.

Area, -ae f *(l)* = Bezirk, freie Fläche, Stelle.

Areola, -ae f *(l)*: Dim. zu Area.

Arteria, -ae f *(l)* = Schlagader, Arterie. – von Áer *(gr)*: Luft u. täréein *(gr)*: enthalten, bewahren.

Articulatio, -onis f *(l)* = Gelenk. – Articulus, -i m *(l)*: Fingerglied, Knoten; Dim. zu Artus, -us m *(l)*: Gelenk, Glied; artýein *(gr)*: zusammenfügen, gliedern; Arthron *(gr)*: Glied, Verbindung.

arytenoideus, -a, -um *(l)* = dem Schnabel einer Gießkanne ähnlich. – Arytaina *(gr)*: Gießbecken, Gießkanne.

ascendens *(l)* = aufsteigend. – P.p.a. von ascendere *(l)*: aufsteigen, sich erheben, emporsteigen.

asper, -era, -erum *(l)* = rau, uneben.

Atlas, -antis m *(l)* = 1. Halswirbel. – Atlas: griechischer Heros, der die Säulen des Himmels trug. – tlas: P.p.a. von tlenai *(gr)*: tragen; der starke Träger.

atrioventricularis, -e *(l)* = zum Vorhof und zur Kammer gehörig. – Atrium, -ii n *(l)*: Vorhof, Vorraum; Ventriculus, -i m *(l)*: Dim. zu Venter: Hohlraum, 1. Magen, 2. Herzkammer, 3. Hirnkammer; ventricularis, -e *(l)*: Adj. zu Ventriculus.

Atrium, -ii n *(l)* = Vorhof, Halle. – etrusk. Ursprungs; Atarr *(etrusk)*: befestigtes Gebäude.

auditivus, -a, -um *(l)* = das Hören betreffend. – audire: hören.

Auricula, -ae f *(l)* = „kleines Ohr". 1. Ohrmuschel, 2. Herzohr. – Dim. zu Auris.

Auris, -is f *(l)* = Ohr. – Ous *(gr)*: Ohr.

autonomicus, -a, -um *(l)* = unabhängig. – autó-nomos *(gr)* = selbständig, autonom.

Avis, -is f *(l)* = Vogel, Vorbedeutung.

axillaris, -e *(l)* = zur Achselhöhle gehörig. – Adj. zu Axilla, -ae f *(l)*: die Achselhöhle; Dim. zu Ala.

Axis, -is m *(l)* = 1. Achse, 2. zweiter Halswirbel; er gibt die ruhende Achse an, um welche sich der 1. Halswirbel dreht. – Áxon *(gr)*: Wagenachse, Himmelsachse.

azygos, -on *(gr)* = unpaar, nicht gepaart, nicht verbunden.

basalis, -e u. **basilaris, -e** *(l)* = zur Basis gehörend, an der Basis liegend. – Adj. zu Basis.

basilicus, -a, -um *(l)* = königlich. – basilikos *(gr)*: königlich; *(arab)*: innen. – Basileus *(gr)*: der König.

Basis, -eos f *(gr)* = Grundfläche, Untergrund, Grundlage, „Basis".

biceps, -itis m *(l)* = zweiköpfig. – Caput, -itis n *(l)*: der Kopf.

Bifurcatio, -onis f *(l)* = Gabelung. – Furca, -ae f *(l)*: die Gabel.

bilifer, -fera, -ferum *(l)* = Galle leitend. – Bilis, -is f *(l)*: die Galle; ferre *(l)*: tragen, führen.

biliosus, -a, -um *(l)* = reich an Galle.

bipartitus, -a, -um *(l)* = zweigeteilt. – Pars, -tis f *(l)*: der Teil.

Brachium, -ii n *(l)* = Arm, Zweig, Stiel. – Brachion *(gr)*: Oberarm, Arm.

Bregma, -atis n *(l)* = Vereinigungsstelle von Kranz- und Pfeilnaht. – Brégma *(gr)*: Vorderkopf.

brevis, -e *(l)* = kurz, klein, schmal. – brachýs *(gr)*: kurz.

bronchialis, -e *(l)* = zum Bronchus gehörend. – Adj. zu Bronchus.

Bronchus, -i m *(l)* = Hauptast der Luftröhre. – Bronchós *(gr)*: Luftröhre, Kehle.

Bucca, -ae f *(l)* = Wange, Backe, Mund. – byktäs *(gr)*: heulend (vom Wind); bu *(idg)*: aufblasen, schwellen.

Buccinator (richtig: **Bucinator**), **-oris** m *(l)* = Hornbläser. – Bucina, -ae f *(l)* = Hirten- und Waldhorn; Bykänä *(gr)*: Horn, Trompete; Bos, bovis m *(l)*: das Rind; canere *(l)*: singen.

buccopharyngeus, -a, -um *(l)* = von der Wange zum Pharynx verlaufend.

bulbospongiosus, -a, -um *(l)* = zum schwammigen Schwellkörper gehörend.

bulbourethralis, -e *(l)* = zum Schwellkörper und zur Harnröhre gehörig.

Bulbus, -i m *(l)* = zwiebel- oder knollenförmige Anschwellung bzw. Verdickung. – Bólbos *(gr)*: Anschwellung

Bulla, -ae f *(l)* = Blase, Kapsel, Knospe.

Bursa, -ae f *(l)* = Beutel, Tasche, „Börse". – Býrsa *(gr)*: die abgezogene Haut, das Fell, der Schlauch.

Caecum, -i n *(l)* = das Blinde. – caecus, -a, -um *(l)*: blind, dunkel; Kaikias *(gr)*: Nordostwind als der dunkle; kaikos *(idg)*: blind, einäugig.

caeruleus, -a, -um *(l)* = blau, bläulich. – Caelum, -i n *(l)*: der Himmel.

Calamus, -i m *(l)* = Rohr, Schreibfeder, Halm, Stängel. – Kálamos *(gr)*: Rohr, Halm.

Calcaneus, -i m, auch Calcaneum, -i n *(l)* = Fersenbein. – Calx, -cis f *(l)*: Ferse, Fuß; calcare *(l)*: mit Füßen treten, stoßen.

calcaneus, -a, -um *(l)* = zum Calcaneus gehörig. – Adj. zu Calcaneus.

Calcar, -aris n *(l)* = Sporn (z.B. des Hahns). – calcare *(l)*: treten, betreten, mit Füßen treten.

callosus, -a, -um *(l)* = schwielig, dickkantig. – Callum, -i n *(l)*: Schwiele, Schwarte.

Calvaria, -ae f *(l)* = Hirnschale, Schädel, Schädeldach. – Calva, -ae f *(l)*: Hirnschale. – calvus, -a, -um *(l)*: kahl, haarlos.

Calyx (richtig: **Calix**), **-icis** f *(l)* = Kelch, Blumenkelch, Knospe. – Kálÿx *(gr)*: Becher, Trinkbecher.

Camera, -ae f *(l)* = Kammer, Gewölbe. – Kamara *(gr)*: Gewölbe.

Canaliculus, -i m oder **Canalicula, -ae** f *(l)*: Dim. zu Canalis; urspr.: Kánna *(gr)*: das Rohr.

canalis, -e *(l)* = röhrenförmig. – Adj. zu Canna, -ae f *(l)*: die Röhre, der Kanal; ebenso

Canalis, -is m u. f *(l)*: die Röhre, der Kanal, die Rinne.

caninus, -a, -um *(l)* = zum Hunde gehörig. – Canis, -is m u. f. *(l)*: der Hund.

capitalis, -e u. **capitatus, -a, -um** *(l)*: Adj. zu Caput.

Capitulum, -i n *(l)* = Köpfchen. – Dim. zu Caput.

Capsula, -ae f *(l)* = kleine Kapsel. – Dim. zu Capsa, -ae f *(l)*: Kapsel (für die Bücherrollen); capere *(l)*: fassen, packen; Kápsa *(gr)*: die Kapsel; káptein *(gr)*: fassen, greifen.

Caput, -itis n *(l)* = Kopf, Haupt, Hauptsache. – Kephalé *(gr)*: der Kopf.

Cardia, -ae f *(l)* = Magenmund, Öffnung. – Kardía *(gr)*: 1. das Herz, 2. der Magenmund.

Carina, -ae f *(l)* = Kiel; vorspringende Leiste. – Káronon *(gr)*: Nuß, Nußbaum.

Carotis, -idis f *(l)* = die Kopfschlagader. – Kar(a) *(gr)*: der Kopf; Karos *(gr)*: der Schwindel; karoein *(gr)*: betäuben.

Carpus, -i m *(l)* = Handgelenk, Handwurzel, urspr.: Abgepflücktes, Frucht. – carpere *(l)*: pflücken, ernten; karpízesthai *(gr)*: ernten; Karpós *(gr)*: Stelle, durch welche die Hand mit dem Vorderarm beweglich zusammenhängt.

Cartilago, -inis f *(l)* = Knorpel am menschlichen und tierischen Körper sowie an Pflanzen.

Caruncula, -ae f *(l)* = Fleischwärzchen, warzenförmige Erhebung. – Dim. zu Caro, carnis f *(l)*: das Fleisch; Kréas *(gr)*: Fleisch.

Cauda, -ae f *(l)* = Schwanz, Schweif; anat.: allgemein Endabschnitt (von allen Organen).

caudalis, -e *(l)* = zum Schwanz (nach unten) weisend. – Adj. zu Cauda.

caudatus, -a, -um *(l)* = geschwänzt.

Caverna, -ae f *(l)* = Höhle, Kaverne. – vgl. Cavum.

cavernosus, -a, -um *(l)* = höhlenreich. – Adj. zu Caverna. Corpus cavernosum penis: Penisschwellkörper.

Cavitas, -atis f *(l)* = Höhlung.

Cavum, -i n, auch Cavus, -i m *(l)* = Hohlraum, Höhlung, Loch. – kóilos *(gr)*: hohl.

centralis, -e *(l)* = im Mittelpunkt liegend, in der Mitte befindlich. – Adj. zu Centrum, -i n *(l)*: Mittelpunkt.

cephalicus, -a, -um *(l)* = den Kopf betreffend.

cerato- *(l)* = anat. in Zusammensetzungen für das große Zungenbeinhorn und für das untere Horn des Schildknorpels gebrauchte Bezeichnung. – Kéras *(gr)*: Horn, Bogen, Geweih.

ceratopharyngeus, -a, -um *(l)* = vom Zungenbein zum Pharynx ziehend.

Cerebellum, -i n *(l)* = kleines Gehirn, Kleinhirn. – Dim. zu Cerebrum.

Cerebrum, -i n *(l)* = Gehirn, Großhirn. – Von Karára und Kára *(gr)*: Kopf.

Cervix, -icis f *(l)* = Hals, Nacken. – Kerbikárion *(gr)*: Kopfbänder, Kopfhalter.

Chiasma, -atis n *(l)* = Zeichen eines schiefen Kreuzes ähnlich dem des griechischen Buchstabens Chi: X. – chiazein *(gr)*: spalten, ritzen.

Choana, -ae f *(l)* = hintere Nasenöffnung. – Choáne *(gr)*: Trichter, Schmelzgrube, Schmelztiegel.

choledochus, -a, -um *(l)* = galleführend. – Chole *(gr)*: Galle; déchesthai *(gr)*: aufnehmen, enthalten.

chondro- *(gr)*: Vorsilbe, von Chondros *(gr)*: Knorpel, Korn, Graupe.

chondropharyngeus, -a, -um *(l)* = vom Zungenbein zum Pharynx ziehend; siehe chondro- u. pharyngeus.

Chorda, -ae f *(l)* = Darmsaite; anat.: Strang, Saite. – Chórde *(gr)*: Darm.

Choroidea, -ae f *(l)* = Aderhaut des Auges. – Chórion *(gr)*: Haut; -eidés *(gr)*: ähnlich; Corium, -i n *(l)*: Haut.

Chylus, -i m *(l)* = Darmlymphe. – Chylos *(gr)*: Saft, Brühe, Feuchtigkeit.

ciliaris, -e *(l)* = zum Augenlid, zu den Wimpern gehörend, wimpernähnlich.

Cilium, -ii n *(l)* = Wimper; urspr. Augenlid.

cinereus, -a, -um *(l)* = aschgrau. – Adj. zu Cinis, -eris m *(l)*: Asche, Totenasche; Konis *(gr)*: Staub.

Cingulum, -i n *(l)* = Gürtel. – Kinklís *(gr)*: Gitter, Umfriedung; cingere *(l)*: gürten.

Circulus, -i m *(l)* = Kreis. – Dim. zu Circus, -i m *(l)*: Kreis, Ring; Kirkos *(gr)*: Ring, Kreis.

Circumferentia, -ae f *(l)* = Umkreis, Umfang. – circum *(l)*: Adv. von Circus: im Kreis; Vorsilbe für: ringsumher, ringsum; ferentia von ferre *(l)* u. pherein *(gr)*: tragen, bringen.

circumflexus, -a, -um *(l)* = umgebogen. – als Subst. (Wölbung) oder als P.p.p. von circumflectere *(l)*: umbiegen, umfahren.

Cisterna, -ae f *(l)* = Zisterne, unterirdischer Behälter für Ansammlung des Regenwassers. – Cista, -ae f *(l)*: die Kiste; Kístä *(gr)*: Korb, Kiste.

Claustrum, -i n *(l)* = Schloß, Riegel, Schranke. – claúdere *(l)*: schließen, zumachen; kleíein *(gr)*: absperren.

Clavicula, -ae f *(l)* = Schlüsselchen; anat.: Schlüsselbein. – Dim. von Clavis, -is f *(l)*: der Schlüssel. Kleis *(gr)*: Riegel, hakenförmige Öse, Ruderrolle, Schlüsselbein; kleíein *(gr)*: verschließen mit einem Riegel, Balken.

clinoideus, -a, -um *(l)* = lagerähnlich, bettlägerig. – klinoeides *(gr)*: lagerähnlich; Klínä: Lager, Bett, Sofa; -eidés: ähnlich, -förmig.

Clitoris, -idis f *(l)* = Kitzler. – Kleitoris *(gr)*: Kitzler.

Clivus, -i m *(l)* = Hügel, Abhang. – clivis *(l)*: ansteigend, abschüssig, geneigt; klinein *(gr)*: neigen, beugen.

Clunis, -is m *(l)* = Hinterbacke. – Clunes, -ium (Pl): Gesäß; Klónis *(gr)*: Steißbein.

coccygeus, -a, -um *(l)* = zum Steißbein gehörend. – Adj. zu Coccyx, -igis m *(l)*: der Kuckuck.

Cochlea, -ae f *(l)* = Schnecke mit gewundener Schale, Wendeltreppe. – Kochlías *(gr)*: Schnecke; Cochlear, -aris m *(l)*; Löffel.

cochlearis, -e *(l)* = zur Schnecke gehörend. – Adj. zu Cochlea.

coeliacus, -a, -um *(l)* = zur Bauchhöhle gehörend. – Koilia *(gr)*: Höhle, jede Höhle im menschlichen Leib, Bauchhöhle, Unterleib; koilíakos *(gr)*: Adj. zu Koilia.

colicus, -a, -um *(l)*: Adj. zu Colon.

collateralis, -e *(l)* = seitlich, zusammen auf einer Seite. – lateralis, -e *(l)*: Adj. zu Latus, -eris n *(l)*: Seite, Flanke.

Colliculus, -i m *(l)* = kleiner Hügel. – Dim. zu Collis.

Collis, -is m *(l)* = Anhöhe, Hügel. – Kolonós *(gr)*: Hügel, Gipfel, Spitze.

Collum, -i n oder Collus, -i m *(l)* = Hals von Menschen und Tieren. – Kýklos *(gr)* u. Colxs *(got)*: Kreis, Hals.

Colon, -i n *(l)* = Hauptteil des Dickdarms: der Grimmdarm. Vielleicht von cholázesthai *(gr)*: winden, krümmen (Kolikschmerz) oder von kohlýein *(gr)*: zurückhalten, wehren.

Columna, -ae f *(l)* = kleine Säule, Fuß, Zäpfchen. – Kylindros *(gr)*: Rundholz, Walze.

comitans, -antis *(l)* = begleitend. – P.p.a. von comitare *(l)*: begleiten; Comes, -itis, m u. f *(l)*: Begleiter; ire *(l)*: gehen.

Commissura, -ae f *(l)* = Verbindung. – committere *(l)*: zusammenfügen, vereinigen, verbinden.

communicans: P.p.a. von communicare *(l)*: verbinden.

communis, -e *(l)* = gemeinsam, mitleistend, mitpflichtend. – Adj. zu Commune, -is n *(l)*: gemeinsames Gut, Gemeingut; co-, com- *(l)*: mit, zusammen; Moenia, -ium n *(l)*: Leistungen, Pflichten.

Compages, -is f *(l)* = Zusammenfügung, Gefüge. – compingere *(l)*: zusammenfügen. Compages thoracis: Brustkorb.

Concha, -ae f *(l)* = Muschel, Höhle. – Kónche *(gr)*: Muschel, Schnecke.

Condylus, -i m *(l)* = Gelenkhöcker, Gelenkkopf. – Kondylos *(gr)*: Fingerknöchel, Gelenkkopf; kondos *(gr)*: rundlich.

condyloideus, -a, -um *(l)* = einem Höcker ähnlich.

condylaris, -e *(l)* = höckerig.

Confluens, -entis m *(l)* = Zusammenfluss. – confluere *(l)*: zusammenfließen, zusammenkommen.

conicus, -a, -um *(l)* = kegelförmig, konisch. – Adj. zu Conus.

Coniotomia, -ae f *(l)* = Querschnitt durch das Lig. cricothyroideum medianum zwischen Schild- u. Ringknorpel in den Conus laryngis hinein.

Conjugatio, -onis m u. **Conjugata, -ae** f *(l)* = Verbindung. – conjugare = conjungere *(l)*: verbinden, zusammenhängen; con- *(l)*: zusammen, mit; jugare *(l)*: jochen, paaren.

conjunctivus, -a, -um *(l)* = der Verbindung dienend. – conjungere *(l)*: verbinden, vereinigen.

connexus, -a, -um *(l)* = verbunden, verknüpft. – P.p.p. von connectere *(l)*: verbinden; con- *(l)*: zusammen, mit; nectere *(l)*: knüpfen, binden, fassen.

conoideus, -a, -um *(l)* = kegelförmig. – konoides *(gr)*: kegelähnlich; Kónos: Keil; -eidés: ähnlich.

Constrictor, -oris m *(l)* = Zusammenzieher. – constringere *(l)*: zusammenziehen, zusammenschnüren.

contortus, -a, -um *(l)* = gewunden, schwungvoll, kräftig. – P.p.p. von contorquere *(l)*: winden, herumdrehen, schwingen, herumwenden.

Conus, -i m *(l)* = Kegel, Konus. – Kónos *(gr)*: Kegel.

Cor, cordis n *(l)* = Herz als Organ und als Gemüt; anat.: Herz. – Kár *(idg)*: Herz, Gemüt.

coracobrachialis, -e *(l)* = zum Rabenschnabelfortsatz und zum Arm gehörend.

coracoideus, -a, -um *(l)* = rabenschnabelähnlich. – Korax *(gr)*: Rabe; -eidés *(gr)*: ähnlich.

Corium, -i n *(l)* = Haut, Lederhaut, dicke Haut. – Chórion *(gr)*: Haut, Leder, besonders die Haut der Eingeweide.

Cornea (ergänze Membrana ...) = Hornhaut des Auges. – Cornu, -us n *(l)*: Horn.

corniculatus, -a, -um *(l)* = mit einem Hörnchen versehen. – Corniculus, -i m *(l)*: Hörnchen, Dim. zu Cornu.

Corona, -ae f *(l)* = Kranz, Krone, Haken, – Korṓne *(gr)*: 1. Krähe; 2. Bezeichnung für verschiedene gekrümmte und gerundete Gegenstände; 3. Haken am Ende des Bogens, an welchem die Bogensehne mittels eines Ringes eingehängt wird.

Corpus, -oris n *(l)* = Körper, Leib, Rumpf.

Corrugator, -oris m *(l)* = Runzeler. – corrugare *(l)*: runzelig machen, zusammenrümpfen; cor-, con- *(l)*: zusammen, mit; Ruga, -ae f *(l)*: Hautfalte.

Cortex, -icis m *(l)* = Rinde, Baumrinde, Schale, Kork.

Costa, -ae f *(l)* = Rippe.

costalis, -e *(l)* = zur Rippe gehörend, die Rippe betreffend. – Adj. zu Costa.

costodiaphragmaticus, -a, -um *(l)* = von der Rippe zum Zwerchfell ziehend.

costomediastinalis, -e *(l)* = von der Rippe zum Mittelfell ziehend.

Coxa, -ae f *(l)* = Hüfte; eigentl. Schenkelbein. – Káksa *(altind)*: Achselgrube.

cranialis, -e *(l)* = kopfwärts, zum Schädel gehörend oder weisend. – Adj. zu Cranium.

Cranium, -ii n *(l)* = Schädel, knöcherner Schädel. – Kránion *(gr)*: Schädel, Hirnschale, eigentl.: Helm.

crassus, -a, -um *(l)* = dick, fett, stark. – Vielleicht von: krátos *(gr)*: stark, hart.

Cremaster, -eris m *(l)* = Aufhänger. – kremánnymi *(gr)*: aufhängen, schweben lassen.

crenatus, -a, -um *(l)* = gekerbt. – Crena, -ae f *(l)*: die Kerbe, Spalte, der Einschnitt.

cribrosus, -a, -um *(l)* = siebartig, reich an Sieben. – Cribrum, -i m *(l)*: das Sieb; cernere *(l)* u. krínein *(gr)*: unterscheiden, scheiden, sich entscheiden.

cricoarytenoideus, -a, -um *(l)* = vom Ringknorpel zum Gießbeckenknorpel verlaufend; siehe cricoideus u. arytenoideus.

cricoideus, -a, -um *(l)* = ringförmig. – Kríkos *(gr)*: Ring.

cricopharyngeus, -a, -um *(l)* = vom Ringknorpel zum Pharynx verlaufend; siehe cricoideus u. pharyngeus.

cricothyroideus, -a, -um *(l)* = vom Ringknorpel zum Schildknorpel verlaufend.

cricotrachealis, -e *(l)* = vom Ringknorpel zur Trachea verlaufend; siehe cricoideus u. trachealis.

Crista, -ae f *(l)* = Leiste, Kante, Kamm auf dem Helm, eigentl.: Federbusch auf dem Kamm.

cruciatus, -a, -um *(l)* = gekreuzt; 1. gemartert; 2. anat.: gekreuzt im Sinne des X. – P.p.p. von cruciare *(l)*: kreuzigen, martern; Crux, crucis f *(l)*: Kreuz sowohl in Form eines T als auch X (meist T), Marterholz.

cruciformis, -e = kreuzähnlich, kreuzförmig. – Crux, crucis f *(l)*: Kreuz; Forma, -ae f *(l)*: die Form.

Crus, cruris n *(l)* = 1. Unterschenkel, Bein; 2. Gebilde, die nach Form und Anordnung mit Schenkeln verglichen werden.

Cubitus, -i m *(l)* oder **Cubitum, -i** n *(l)* = Ellenbogen, Ellenbogengelenk, Unterarm. – cubare *(l)*: liegen; Kybiton *(gr)*: Ellenbogen, Schale, Schüssel, daraus Cubus, -i m *(l)*: der Kubus, der Würfel (Kubik); Kybos *(gr)*: Höhlung vor der Hüfte beim Vieh, Wirbelknochen, Würfel, eigentl.: Auge auf dem Würfel.

cuboideus, -a, -um *(l)* = würfelförmig.

Culmen, -inis n *(l)* = Gipfel, Spitze, der höchste Punkt. – Columna, -ae f *(l)*: die Säule.

Cumulus, -i m *(l)* = Hügel, Masse, Gipfel, Schwall. – cumulare *(l)*: anhäufen, zunehmen, wachsen; Kýma *(gr)*: Wall; Kymelos *(idg)*: Anschwellung, Zuwachs.

cuneiformis, -e *(l)* = keilförmig. – Cuneus, -i m *(l)*: Keil, keilförmige Anordnung; Forma, -ae f *(l)*: Form.

Cuneus, -i m *(l)* = Keil, keilförmige Anordnung.

Cupula, -ae f *(l)* = Kuppel. – Dim. zu Cupa, -ae f *(l)*: die Tonne, das Grab; Kýpae *(gr)*: Grube, Gewölbe, Dach in Form einer Halbkugel, Kuppe.

Curvatura, -ae f *(l)* = Krümmung, Biegung. – curvare *(l)*: krümmen, biegen, beugen; korónos *(gr)*: gekrümmt; kýrtos *(gr)*: krumm.

Cuspis, -idis f *(l)* = Spitze, Spieß, Stachel; anat.: Zipfel, Segel.

cutaneus, -a, -um: Adj. zu Cutis.

Cutis, -is f *(l)* = Haut, Hülle, Oberfläche. – Kýtos *(gr)*: Hülle, Haut, Gefäß, Urne; Skýtos *(gr)*: Haut, Leder; vgl. Corium.

Cymba, -ae f *(l)* = anat.: nachenartige Vertiefung an der Ohrmuschel. – Kymbe *(gr)*: Nachen.

cysticus, -a, -um *(l)* = zur Blase gehörend. – Adj. zu Cystis, -is f *(l)*: die Blase, die Gallen-, die Harnblase; Kýstis *(gr)*: die Harnblase.

dartos *(gr)* = anat.: in Tunica dartos: Fleischhaut des Hodensacks. – dartós *(gr)*: abgehäutet, und zwar abgehäutete Haut; dárein *(gr)*: abhäuten, schinden.

deciduus, -a, -um *(l)* = abfallend, hinfällig. – decidere *(l)*: abfallen, wegfallen.

Declive, -is n *(l)* = Abhang. – declivis, -e *(l)*: abschüssig; de *(l)*: ab, herab; Clivus, -i m *(l)*: Hügel, Lehne; clinare *(l)* u. klínein *(gr)*: lehnen, sich neigen.

Decussatio, -ionis *(l)* = Kreuzung. – decussare *(l)*: in die Form eines X bringen.

decussatus, -a, -um *(l)* = X-geformt. – P.p.p. von decussare *(l)*.

deferens, -entis *(l)* = herabtragend, herabführend. – P.p.a. von deferre *(l)*: herabtragen, herabführen, abführen, wegtragen.

deltoideopectoralis, -e *(l)* = zum M. deltoideus und M. pectoralis gehörend.

deltoideus, -a, -um *(l)* = deltaförmig. – Délta *(gr)*: dreieckiger griech. Buchstabe.

Dens, dentis m *(l)* = Zahn, Zinke. – Odoús *(gr)*: Zahn, Zinke.

dentalis, -e *(l)* = zum Zahn gehörend. – Adj. zu Dens.

dentatus, -a, -um *(l)* = mit Zähnen versehen.

denticulatus, -a, -um *(l)* = mit Zähnchen bzw. Zacken versehen. – Denticulus: Zähnchen, Zacke; Dim. zu Dens.

Dentinum, -i n *(l)* = Zahnbein. – Dens, dentis m *(l)*: der Zahn; Dentinum ist Substantiv. Adj. dentinus, -a, -um *(l)*: zum Zahn gehörig.

depellatus, -a, -um *(l)* = hinabgetrieben, weggeführt. – P.p.p. von depellare *(l)*: hinabtreiben, weg-, fortleiten; de- *(l)*: weg, von, herab; pellere *(l)*: treiben.

Depressor, -oris m *(l)* = Herabdrücker. – deprimere *(l)*: herabdrücken.

descendens, -entis *(l)* = herabsteigend. – P.p.a. von descendere *(l)*: herabsteigen, herabgehen, sich herablassen.

dexter, -tra, -trum *(l)* = rechts, günstig, (der, die, das) Rechte. – dexios *(gr)*: rechts, günstig.

diagonalis, -e *(l)* u. Diagonalis, -is f *(l)* = schräg und die Schräge; diá- *(gr)*: durch, hindurch; Gōnia *(gr)*: Winkel, Ecke.

Diameter, -tri f *(l)* = Durchmesser. – diá- *(gr)*: durch, hindurch; Metron *(gr)*: Maß.

Diaphragma, -atis n *(l)* = Scheidewand, Grenzwand, Zwerchfell. – diaphrássein *(gr)*: durch eine Scheidewand trennen; phrássein: abtrennen, umzäunen.

Diaphysis, -is f *(l)* = Diaphyse, Mittelstück des Röhrenknochens. – diaphýsthai *(gr)*: dazwischenwachsen, durchwachsen, auseinanderwachsen.

Diarthrosis, -is f *(l)* = freie Gelenkverbindung. – Diárthrosis *(gr)*: das Zerlegen in Glieder; Árthron *(gr)*: Gelenk, Glied.

Diencephalon, -i n *(l)* = Zwischenhirn. – diá- *(gr)*: durch, zwischen; Enképhalos *(gr)*: das, was im Kopf ist (Gehirn).

Digastricus, -i m *(l)* = der Zweibäuchige. – Gastḗr *(gr)*: der Bauch, der Magen.

digitalis, -e *(l)* = zum Finger gehörend. – Adj. zu Digitus.

Digitatio, -onis f *(l)* = finger-, (klauen)artige Bildung. – Digitus, -i m *(l)*: Finger, zehenförmige Eindrücke.

digitatus, -a, -um u. **digitus, -a, -um** = mit fingerartigen Gebilden versehen. – Adj. zu Digitus.

Digitus, -i m *(l)* = Finger, Zehe. – Dáktylos *(gr)*: Finger, Zehe.

Dilatator [Dilator], -oris m *(l)* = Erweiterer, Auseinanderzieher. – dilatare *(l)*: erweitern, ausbreiten, ausdehnen.

Diploe, -oes f *(l)* = Diploë. – Diplóā *(gr)*: Doppelteil, das zwischen den Tafeln Liegende.

diploicus, -a, -um *(l)* = zur Diploe gehörend. – Adj. zu Diploe.

Discus, -i m *(l)* = (Wurf-)Scheibe. – Diskos *(gr)*: Scheibe, Wurfscheibe.

distalis, -e *(l)* = distal, weiter vom Rumpf entfernt liegend; Gegensatz zu proximal. – di- *(l)*: auseinander; stare *(l)*: stehen.

Diverticulum, -i n *(l)* = Seitenweg, Abzweigung, Herberge, Divertikel; anat.: Ausstülpung umschriebener Wandteile eines Hohlorgans. – divertere *(l)*: abwenden, vom Weg gehen, einkehren.

dorsalis, -e *(l)* = 1. zum Rücken gehörend; 2. dorsal, zum Rücken hin, rückenwärts. – Adj. zu Dorsum.

Dorsum, -i n *(l)* = Rücken, Bergrücken. – De(i)rás *(gr)*: Anhöhe, Hügel.

Ductus, -us m *(l)* = Führung, Leitung; anat.: Gang, Kanal. – deuco *(idg)* u. ducere *(l)*: führen, leiten, ziehen.

Duodenum, -i n *(l)* = das Zwölffache; anat.: Zwölffingerdarm. – duodenus *(l)*: zwölffach; duodeni *(l)*: je zwölf; dodekadáktylon *(gr)*: zwölf Finger.

durus, -a, -um *(l)* = hart, derb. – Drýs *(gr)*: Eiche.

efferens, -entis *(l)* = herausführend, abführend. – P.p.a. von efferre *(l)*: herausführen, emporsteigen, hervorbringen, abführen.

ejaculatorius, -a, -um *(l)* = dem Herausschleudern dienend. – eiaculári *(l)*: herausschleudern, auswerfen; eicere *(l)*: herauswerfen; vgl.: Ejakulat.

elasticus, -a, -um *(l)* = elastisch im Sinne reversibler Dehnbarkeit. – elaúnein *(gr)*: treiben, in die Länge ziehen.

emboliformis, -e *(l)* = pfropfenförmig. – Émbolos *(gr)*: Pfropf; Forma, -ae f *(l)*: Gestalt, Form.

Eminentia, -ae f *(l)* = Erhöhung, das Hervorragende. – eminere *(l)*: hervor-, herausragen; Mons, -tis m *(l)*: der Berg.

Emissarium, -ii n *(l)* = Abflusskanal, Abzugsgraben. – mittere *(l)*: schicken, senden.

enamelum, -i n *(l)* = Zahnschmelz. – Enamel *(engl)*: Schmelz; willkürliche moderne Wortschöpfung über altfranzösisch: esmail und althochdeutsch: smelzen.

encephalicus, -a, -um: Adj. zu Encephalon.

Encephalon, -i n *(l)* = Gehirn, was im Kopf ist. – Kephalé *(gr)*: Kopf.

Endocardium, -ii n *(l)* = Herzinnenhaut, Endokard. – Kardía *(gr)*: Herz.

Endolympha, -ae f *(l)* = Flüssigkeit innerhalb des häutigen Labyrinths. – Lympha: Quellwasser, klare Flüssigkeit.

Endometrium, ii n *(l)* = Schleimhaut der Gebärmutter. – Mḗtra *(gr)*: Gebärmutter.

endothoracicus, -a, -um *(l)* = innerhalb des Brustkorbes gelegen. – Thórax *(gr)*: Brustharnisch.

entericus, -a, -um *(l)* = zu den Eingeweiden gehörend. – Énteron *(gr)*: Darm, Eingeweide.

Ependyma, -atis n *(l)* = gliöse Auskleidung der Binnenräume des Zentralnervensystems. – Epéndyma *(gr)*: Oberkleid, Überzug; endýein *(gr)*: bekleiden.

Epicardium, -ii n *(l)* = dem Herz aufliegendes, viszerales, seröses Blatt des Herzbeutels. – Kardía *(gr)*: Herz.

Epicondylus, -i m *(l)* = der auf dem Condylus liegende Fortsatz. – Kondylos *(gr)*: Knorren, Condylus.

epicranius, -a, -um *(l)* = auf dem Schädel befindlich. – Kraníon *(gr)*: der Kopf, Schädel.

Epidermis, -idis f *(l)* = Oberhaut, epithelialer Anteil der Haut. – Dérma *(gr)*: Haut.

Epididymis, -idis f *(l)* = Nebenhoden. – Dídymoi *(gr)*: Zwillinge, Hoden.

epiduralis, -e *(l)* = auf der Dura mater liegend.

Epigastrium, -i n *(l)* = Magengrube. – Gastḗr *(gr)*: Magen.

epigastricus, -a, -um *(l)* = auf dem Magen befindlich, zur Bauchwand gehörend. – gastricus *(l)*: Adj. zu Gaster.

epiglotticus, -a, -um *(l)*: zum Kehldeckel gehörend. – Adj. zu Epiglottis.

Epiglottis, -idis f *(l)* = Kehldeckel. – Glṓtta *(gr)*: Stimmapparat, Sprache.

Epipharynx, -yngis f *(l)* = Nasenrachen.

Epiphysis, -eos f *(l)* = 1. Gelenkende des Röhrenknochens; 2. Zirbeldrüse. – Epiphýsis *(gr)*: Zuwachs, Ansatz; epiphýomai *(gr)*: auf etwas wachsen, anwachsen; phýein: wachsen lassen.

epiploicus, -a, -um *(l)* = zum großen Netz gehörend. – Epiplóon *(gr)*: das darauf Schwimmende; pleéin *(gr)*: schwimmen, segeln.

episcleralis, -e *(l)* = auf der Sclera liegend. – Skléra *(gr)*: feste Hülle des Augapfels; skléros *(gr)*: hart.

Epistropheus, -ei m *(l)* = II. Halswirbel, jetzt Axis. – Epistrópheus *(gr)*: Umdreher; stréphein *(gr)*: wenden.

Epithalamus, -i m *(l)* = auf dem Thalamus liegender Gehirnabschnitt. – Thálamos *(gr)*: Schlafgemach, Hohlraum.

epitympanicus, -a, -um *(l)* = auf der Paukenhöhle befindlich. – Týmpanon *(gr)*: Handpauke, Tamburin.

Eponychium, -ii n *(l)* = am hinteren Nagelrand liegender Epithelstreifen. – Ónyx *(gr)*: Nagel, Nagelbett, Kralle, Klaue.

Epoophóron, -i n *(l)* = Nebeneierstock. – ōophóros *(gr)*: Eier tragend; Ōón *(gr)*: Ei; phérein *(gr)*: tragen, bringen.

equinus, -a, -um *(l)* = zum Pferde gehörend. – Equus, -i m *(l)*: Pferd; Híppos *(gr)*: Pferd.

Erector, -oris m *(l)* = Aufrichter (Erektion). – erigere *(l)*: aufrichten; regere *(l)*: lenken, richten (regieren).

ethmoidalis, -e *(l)* = siebähnlich, siebartig. – Éthmos *(gr)*: Sieb, Seihetuch.

Excavatio, -onis f *(l)* = Aushöhlung. – excavare *(l)*: aushöhlen.

excretorius, -a, -um *(l)* = der Ausscheidung dienend. – excernere *(l)*: ausscheiden, aussondern, absondern.

Extensor, -oris m *(l)* = Strecker, Ausspanner. – extendere *(l)*: ausstrecken, ausspannen; – tendere *(l)*: spannen, strecken, ziehen; teínein *(gr)*: spannen, strecken, ziehen.

externus, -a, -um *(l)* = äußere, äußerlich. – exter *(l)*: außerhalb, außen.

Extremitas, -atis f *(l)* = äußerster Punkt, Ende. – extremus, -a, -um *(l)*: später, äußerstes Ende, Gliedmaße (extrem).

facialis, -e *(l)* = Adj. zu Facies.

Facies, -ei f *(l)* = Gestalt, Körperbau, Figur, Aussehen, Erscheinung, Gesicht. – facere *(l)*: tun, machen, bewirken, hervorbringen.

falciformis, -e *(l)* = sichelförmig. – Adj. zu Falx.

Falx, falcis f *(l)* = Sichel. – Zánklon *(gr)*: Sichel.

Fascia, -ae f *(l)* = Binde, Band. – Fascis, -is m *(l)*: Bündel, Rutenbündel; Phákelos *(gr)*: Bündel.

Fasciculus, -i m *(l)*: Dim. zu Fascia.

fasciolaris, -e *(l)* = zum Band gehörend, bandähnlich. – Adj. zu Fasciola, -ae f *(l)*: kleine Binde, Bändchen; Dim. zu Fascia.

Fastigium, -i n *(l)* = Giebel, Steigung, Erhebung. – fastigo *(l)* u. farstigo *(idg)*: aufsteigen lassen.

Fauces, faucium f *(l)* = Schlund, Kehle.

felleus, -a, -um *(l)* = gallig. – Adj. zu Fel, Fellis n *(l)*: Galle.

femoralis, -e *(l)* = Adj. zu Femur.

Femur, -oris n *(l)* = Oberschenkel, Oberschenkelbein.

Fenestra, -ae f *(l)* = Fenster, Öffnung, Loch. – phanerós *(gr)*: hell, klar, sichtbar, vor allen Augen sichtbar.

ferrugíneus, -a, -um *(l)* = schwarz, schwärzlich, dunkel, rostfarbig. – Ferrúgo, -inis f *(l)*: Eisenrost, rostbraune Farbe; Ferrum *(l)*: Eisen; Aerugo, -inis f *(l)*: Grünspan.

Fetus, -us m *(l)* = Leibesfrucht, Gebären, Zeugung, Brut, Frucht. – féo *(l)*: trächtig sein, ergiebig sein.

Fibra, -ae f *(l)* = Faser (Pflanzen-, Wurzelfaser).

fibrinus, -a, -um *(l)*: Adj. zu Fiber, -bri m *(l)*: der Biber (Fibrin).

Fibrocartilago, -inis m *(l)* = Faserknorpel.

fibrosus, -a, -um *(l)* = faserig, fibrös. – Adj. zu Fibra.

Fibula, -ae f *(l)* = Spange, Klammer, Schnalle, Wadenbein. – fibulare *(l)*: heften; Fibulatio: Verbolzung.

filiformis, -e *(l)* = fadenförmig. – Adj. zu Filum: Faden und Forma, -ae f *(l)*: Gestalt, Form.

Filum, -i n *(l)* = Faden, Saite.

Fimbria, -ae f *(l)* = Franse, Haargekräusel. – evtl.: Fibra.

fimbriatus, -a, -um *(l)*: Adj. zu Fimbria.

Fissura, -ae f *(l)* = Spalte, Ritze, Fissur. – findere *(l)*: spalten.

flaccidus, -a, -um *(l)* = schlaff, welk, mit herabhängenden Ohren, schlapp. – bláx *(gr)*: schlaff.

Flexor, -oris m *(l)* = Beuger. – flectere *(l)*: beugen, biegen.

Flexura, -ae f *(l)* = Biegung, Flexur, Krümmung. – flectere *(l)*: beugen, biegen, krümmen.

Flocculus, -i m *(l)* = (kleine) Flocke. – Dim. zu Floccus, -i m *(l)*: Flocke; phlázo *(gr)*: zerreißen.

Flumen, -inis n *(l)* = Fluss, Strömung, Fluten. – fluere *(l)*: fließen, strömen.

foliatus, -a, -um *(l)* = mit Blättern versehen, blattähnlich. – Adj. zu Folium, -ii n *(l)*: Blatt, Folie; Phýllon *(gr)*: Blatt, Laub.

Folliculus, -i m *(l)* = kleiner Schlauch, Beutel, Ledersack, Bläschen, Knötchen, Follikel. – Dim. zu Follis, -is m *(l)*: Blasebalg; Thýllis *(gr)*: Blasebalg.

Fonticulus, -i m *(l)* = kleine Quelle. – Dim. zu Fons, fontis m *(l)*: die Quelle; fundere *(l)*: gießen, strömen.

Foramen, -inis n *(l)* = Loch, gebohrte Öffnung. – forare *(l)*: durchbohren, graben.

Forceps, -ipis m u. f *(l)* = Zange, Feuerzange. – Formus *(idg)* u. Thérmes *(gr)*: Feuerzange.

Formatio, -onis f *(l)* = Bildung; Gestaltung, Formation. – formare *(l)*: bilden, gestalten, formen. – anat.: Formatio reticularis.

Fornix, -icis m *(l)* = Bogen, Gewölbe, Wölbung. – fórnikos *(idg)*: ofenartig gewölbt; Fornus *(idg)*: Ofen, Kuppelform des Ofens.

Fossa, -ae f *(l)* = Graben, Abzugsgraben, Kanal. – fodere *(l)*: stechen, graben, stochern.

Fossula, -ae f *(l)*: Dim. zu Fossa.

Fovea, -ae f *(l)* = (rundliche) Grube, Fallgrube für Wild.

Frenulum, -i n *(l)* = kleiner Zügel; Bändchen. – Dim. zu Frenum, -i n *(l)*: Zaum, Zügel; frénom *(idg)*: das, womit man einhält.

Frons, frontis m *(l)* = Stirn, Stirnseite, Vorderseite, Front. – bhront *(idg)*: hervorstehen.

frontalis, -e *(l)* = 1. zur Stirn gehörig; 2. stirnwärts, frontal. – Adj. zu Frons.

fundiformis, e *(l)* = schleuderförmig. – Adj. zu Funda, -ae f *(l)*: Schleuder, Schleuderriemen; Forma, -ae f *(l)*: Form, Gestalt.

Fundus, -i m *(l)* = Boden, Grund (Fundament). – Pythmā́n *(gr)*: Basis von Körperteilen; Pýndax *(gr)*: Grund, Gefäßboden.

fungiformis, -e *(l)* = pilzförmig. – Adj. zu Fungus, -i m *(l)*: der Pilz u. Forma, -ae f *(l)*: Gestalt, Aussehen; Spóngos oder Sphóngos *(gr)*: Schwamm, Pilz.

Funiculus, -i m *(l)* = kleiner Strang. – Dim. zu Funis, -is m *(l)*: Seil, Tau, Strick; Dhumis *(idg)* u. Thómis *(gr)*: Strick, Schnur, Bogensehne.

Galea, -ae f *(l)* = (lederner) Helm, Haube. – Galéä *(gr)*: die aus dem Wieselfell gemachte Sturmhaube.

Gallus, -i m *(l)* = Hahn.

Ganglion, -ii n *(l)* = 1. Überbein; 2. anat.: Nervenknoten. – Ganglíon *(gr)*: Überbein, Nervenknoten.

Gaster, gastris f *(l)* = Bauch; anat.: Magen. – Gastā́r *(gr)*: Magen, Bauch, Unterleib.

gastricus, -a, -um *(l)* = mit dem Magen in Verbindung stehend. – Adj. zu Gaster.

gastrocnemius, -a, -um *(l)* = zur Wade gehörig. – Gastroknā́mion *(gr)*: Wadenmuskel; Gastā́r *(gr)*: Bauch; Knemä *(gr)*: Wade.

gelatinosus, -a, -um *(l)* = gallertig. – Gelatina; Gallerte; gelare *(l)*: gefrieren; Gelu, -us n *(l)* u. Gelandrón *(gr)*: Eis, Frost, Erstarrung.

Gemellus, -i m u. **gemellus, -a, -um** *(l)* = Zwillingsbruder; doppelt. – Dim. zu Geminus: Zwilling, zweifach; geminare *(l)*: verdoppeln; Etym. unsicher.

Geniculum, -i n *(l)* = 1. kleines Knie; 2. Knoten. – Dim. zu Genu.

genioglossus, -a, -um *(l)* = vom Kinn zur Zunge verlaufend. – Géneion *(gr)*: Kinn u. Glṓssa *(gr)*: Zunge, Sprache.

geniohyoideus, -a, -um *(l)* = vom Kinn zum Zungenbein verlaufend. – Géneion *(gr)*: Kinn; hyoeidés *(gr)*: ypsilonförmig; anat.: zum Zungenbein gehörend.

genitalis, -e *(l)* = zur Zeugung gehörig; anat.: in Zusammensetzungen: genito- = zu den Geschlechtsorganen gehörend. – gignere *(l)* u. gígnomai *(gr)*: erzeugen, zeugen, hervorbringen.

genitofemoralis, -e *(l)* = von den Geschlechtsteilen zum Oberschenkel verlaufend.

Genu, genus n *(l)* = Knie. – Góny *(gr)*: Knie.

Gingiva, -ae f *(l)* = Zahnfleisch. – Geng *(idg)*: Beule, Buckel u. (Sal)iva: Suff.

Glabella, -ae f *(l)* = 1. der unbehaarte Raum zwischen den behaarten Augenbrauen über der Nasenwurzel, 2. Stirnglatze.

Glandula, -ae f *(l)* = kleine Eichel; anat.: Drüse. – Dim. zu Glans, glandis f *(l)*: Eichel, eichelähnliche Früchte.

Glia, -ae f *(l)* = Kitt. – Glía *(gr)*: Leim, Kitt.

Globus, -i m *(l)* = Ball, Kugel, Klumpen. – Gleba, -ae f *(l)*: Erdscholle; globosus, -a, -um *(l)*: kugelförmig, kugelrund.

Glomus, -eris n *(l)* = Knäuel. – glomerare *(l)*: zu einem Knäuel zusammenrollen, ballen; Glā́ma *(gr)*: Augenbutter.

Glomerulus, -i m u. **Glomerulum, -i** n *(l)* = kleines Knäuel. – Dim. zu Glomus.

glossoepiglotticus, -a, -um *(l)* = von der Zunge zum Kehldeckel verlaufend.

glossopharyngeus, -a, -um *(l)* = von der Zunge zum Pharynx verlaufend.

glossus, -a, -um *(l)* = zur Zunge gehörend. – Glṓssa *(gr)*: Zunge.

gluteus, -a, -um *(l)* = zum Gesäß gehörig. – Gloutós *(gr)*: Gesäß, Hinterbacke.

gracilis, -e *(l)* = schlank, dünn, zart (grazil). – sicher nicht von Gratia, -ae f *(l)*: die Anmut.

Granulatio, -onis f *(l)* = Körnelung; Granulation.

Granulum, -i n *(l)* = Körnchen. – Dim. zu Granum, -i n *(l)*: Korn, Kern, Granulat.

griseus, -a, -um *(l)* = grau. – gris *(franz)*: grau; greis *(mhd)*: grau.

Gubernaculum, -i n *(l)* = Steuerruder, Lenkung, Leitung. – gubernare *(l)*: steuern, lenken; kybernáein *(gr)*: steuern.

gustatorius, -a, -um *(l)* = dem Schmecken dienend. – gustare *(l)*: schmecken; geúein *(gr)*: u. geúsein *(idg)*: kosten lassen.

Gyrus, -i m *(l)* = Windung. – Gýros *(gr)*: Krümmung, Kreis, Windung.

Habenula, -ae f *(l)* = kleiner Zügel. – Dim. zu Habena, -ae f *(l)*: Zügel, Halter; habere *(l)*: halten.

Hallux, -ucis m *(l)* = Großzehe.

hamatus, -a, -um *(l)* = 1. mit Haken versehen; 2. hakenförmig gekrümmt. – Adj. zu Hamus, -i m *(l)*: Haken, Angelhaken.

Hamulus, -i m *(l)* = kleiner Haken, Häkchen. – Dim. zu Hamus, -i m *(l)*: Haken.

Haustrum, -i n *(l)* = Schöpfrad, Eimer; Ausbuchtung. – haurire *(l)*: schöpfen.

helicinus, -a, -um *(l)* = gewunden, geschraubt. – Adj. zu Helix, -icis f *(l)*: Spirale, Windung, Schnecke.

Helicotrema, -atis n *(l)* = Schneckenloch; Verbindung zwischen Scala vestibuli und Scala tympani. – Hélix *(gr)*: Schnecke; Tréma *(gr)*: Loch.

hemiazygos, -on *(gr)* = der halben Vena azygos entsprechend. – hemí- *(gr)*: halb; azygos *(gr)*: unpaar.

Hemispherium, -i n *(l)* = Halbkugel, Hemisphäre. – Hemisphairion *(gr)*: Halbkugel; hemí- *(gr)*: halb; Sphaíra *(gr)*: Kugel.

hemorrhoidalis, -e *(l)* = zur Hämorrhoide gehörig. – Haimorrhoídes *(gr)*: Gefäße, in denen Blut fließt; Haíma *(gr)*: das Blut; rhéein *(gr)*: fließen.

Hepar, -atis n *(l)* = Leber. – Hā́par *(gr)*: Leber.

hepaticus, -a, -um *(l)* = zur Leber gehörend. – Adj. zu Hepar.

Hernia, -ae f *(l)* = Leibschaden, Bruch, Eingeweidebruch. – Enterokā́lä *(gr)*: Darmbruch, Eingeweidebruch; Énteron *(gr)*: Darm, Eingeweide; Kälís *(gr)*: Fleck, Schandfleck.

Hiatus, -us m *(l)* = klaffende Öffnung. – hiare *(l)*: klaffen, offenstehen; chásko *(gr)*: gähnen, klaffen.

Hilus, -i m *(l)* = Eintrittsstelle, Tor. – Wahrscheinlich von Hilum, -i n *(l)*: Faser, Fädchen.

Hippocampus, -i m *(l)* = Fabeltier der griechischen Mythologie (mit Pferdevorderleib und geringeltem Fischschwanz). – Híppos *(gr)*: Pferd; kámptein *(gr)*: biegen.

Hirci, -orum *(Pl)* m *(l)* = Achselhaare – Hircus, -i m *(l)*: Bock (wegen des spezifischen Geruchs des Achselschweißes).

horizontalis, -e *(l)* = horizontal, waagerecht. – Adj. zu Horizon *(gr)*: Gesichtskreis, Horizont; horízo *(gr)*: die Grenze bestimmen, begrenzen.

Humerus, -i m *(l)* = Oberarmbein, Knochen des Oberarms, Oberarm, Schulter. – Ómos *(gr)*: Schulter, Bergrücken; vgl. Brachium: der ganze Arm.

hyaloideus, -a, -um *(l)* = glasartig, zu etwas Glasartigem gehörend. – Hýalos *(gr)*: Glas; -eidés *(gr)*: ähnlich.

Hymen, -enis n *(l)* = Haut, dünne Haut; anat.: Jungfernhäutchen. – Hýmen *(gr)*: Haut, Häutchen, Band.

hyo- Vorsilbe *(gr)*: anat. (in Zusammensetzungen): zum Zungenbein gehörig. – Hŷs *(gr)*: das Schwein.

hyoepiglotticus, -a, -um *(l)* = vom Zungenbein zum Kehldeckel verlaufend.

hyoideus, -a, -um *(l)* = ypsilonförmig, zum Zungenbein gehörig.

hyothyroideus, -a, -um *(l)* = vom Zungenbein zur Schilddrüse verlaufend.

Hypochondrium, -ii n *(l)* = das unter dem Brustknorpel Befindliche. – hypó- *(gr)*: u. sub- *(l)*: unter, darunter, unterhalb; Chóndros *(gr)*: Knorpel. – Hypochonder: Schwermütiger, eingebildeter Kranker.

hypochondriacus, -a, -um *(l)* = zum Hypochondrium gehörig. – Adj. zu Hypochondrium.

Hypogastrium, -i *(l)* = das unter dem Magen Gelegene. – Gastḗr *(gr)* = Magen.

hypogastricus, -a, -um *(l)* = unterhalb des Magens gelegen, zum Unterbauch gehörend. – hypó- *(gr)*: unter; Gastḗr *(gr)*: Magen, Bauch, Unterleib.

hypoglossus, -a, -um *(l)* = unter der Zunge liegend. – Glṓssa *(gr)*: Zunge.

Hyponychium, -i n *(l)* = Nagelbett. – Ónyx *(gr)*: Nagel.

Hypopharynx, -yngis f *(l)* = der hinter dem Kehlkopf gelegene Schlundanteil, die Pars laryngea pharyngis. – Phárynx *(gr)*: Rachen, Schlund; vgl. auch Epipharynx.

Hypophysis, -eos f *(l)* = Hirnanhangsdrüse, Hypophyse. – phyein *(gr)*: wachsen; Hypophysis *(gr)*: Anhängsel an der Unterseite.

Hypothalamus, -i m *(l)* = unterhalb des Thalamus gelegener Teil des Diencephalon. – hypó- *(gr)*: unter; Thálamos *(gr)*: Schlafgemach, Hohlraum.

Hypothenar, -aris m *(l)* = unterhalb der Handfläche, Kleinfingerballen. – Thénar *(gr)*: Handfläche.

ileocaecalis, -e *(l)* = vom Krummdarm zum Blinddarm verlaufend.

Ileum, -ei n *(l)* = Krummdarm. – Ileus = Darmverschlingung. – eileō *(gr)*: winden, krümmen.

Ilia, ilium *(Pl)* n *(l)* = Weiche, Unterleib, Eingeweide. – Ilii = Ilia = Ilei (Nom. Pl) = die breiten Knochen der Bauchweichen. – Íxys *(gr)*: Weichen, Gegend über den Hüften.

iliacus, -a, -um *(l)* = zur Weiche, zum Darmbein gehörend. – Adj. zu Ilia.

Impressio, -onis f *(l)* = Eindruck, Abdruck, Einstellung. – in- *(l)*: hinein; primere *(l)*: drücken, pressen.

imus, -a, -um *(l)* = unterster, letzter.

incisivus, -a, -um *(l)* = zum Schneiden geeignet, zu den Schneidezähnen gehörend.

Incisura, -ae f *(l)* = Einschnitt, Abschnitt. – incidere *(l)*: einschneiden; in- *(l)*: hinein; caedere *(l)*: schneiden, graben, meißeln.

Inclinatio, -onis f *(l)* = Neigung, Biegung, Zuneigung. – inclinere *(l)*: neigen, beugen, hinwenden, hinneigen; klínein *(gr)*: neigen, wenden, beugen.

Incus, -udis f *(l)* = Amboss, das vom Hammer = Malleus getroffene Gehörknöchelchen. – incudere *(l)*: hineinschlagen, hämmern, boxen.

Index, -icis m *(l)* = Angeber, Anzeiger, Verräter; anat.: Zeigefinger. – indicare *(l)*: anzeigen, melden; vgl.: Indikator.

Indusium, -ii n *(l)* = obere Tunika, Schleier. – induere *(l)*: anziehen, anlegen.

inferior, -ius *(l)* = niedriger, tiefer gelegen, geringer, schwächer. – infra *(l)*: unten, unterhalb.

Infundibulum, -i n *(l)* = Trichter. – infundere *(l)*: hineingießen, hineinschütten.

Inguen, -inis m *(l)* = Leistengegend. Schamgegend; eigentl.: die Stelle, wo der Zweig am Stamm sitzt. – inquinare *(l)*: besudeln; unguere *(l)*: beschmieren.

inguinalis, -e *(l)*: Adj. zu Inguen.

Inscriptio, -onis f *(l)* = Aufschrift, Überschrift; anat.: Einzeichnung (figürlich gemeint). – inscribere *(l)*: auf etwas schreiben, betiteln, bezeichnen.

Insertio, -onis f *(l)* = Anzeige, Ansatz, Ansatzstelle eines Muskels.

Insula -ae f *(l)* = Insel, Eiland.

Integumentum, -i n *(l)* = Decke, Hülle. – intégere *(l)*: bedecken; anat.: Integumentum commune: die aus drei Schichten bestehende äußere Haut.

internus, -a, -um *(l)* = innere, innen befindlich. – inter: zwischen.

Intersectio, -onis f *(l)* = Einschnitt; anat.: Zwischensehne. – intersecare *(l)*: ein-, durchschneiden. Intersectiones tendineae: Unterbrechungen des Muskelgewebes (Zwischensehnen).

Intestinum, -i n *(l)* = Darmkanal, Eingeweide. – intus *(l)*: innen, inwendig, innerlich; Énteron *(gr)*: das Innere, Eingeweide.

intimus, -a, -um *(l)* = der Innerste, innerst. – Sup. zu inter.

Intumescentia, -ae f *(l)* = Anschwellung. – intumescere *(l)*: anschwellen; Tumor, -oris m *(l)*: Geschwulst; Týlä *(gr)*: Schwiele, Wulst.

iridicus, -a, -um *(l)*: Adj. zu Iris.

Iris, -idis f *(l)* = Regenbogenhaut des Auges. – Íris *(gr)*: Regenbogen; von Íris: Göttin des Regenbogens.

ischiadicus, -a, -um *(l)* = zum Sitzbein gehörig. – Adj. zu Ischium, -ii n: das Gesäß, der Sitzhöcker, das Sitzbein; Íschion *(gr)*: Gesäß, Sitzbein, Hinterbacke; Íschias *(gr)*: Hüftschmerz.

ischioanalis, -e *(l)* = vom Sitzbein zum After verlaufend.

ischiocavernosus, -a, -um *(l)* = vom Sitzbein zum Schwellkörper verlaufend.

Ischium, -ii n *(l)* = Gesäß, Hüftgelenk. – Íschion *(gr)*: Gesäß, Pfanne des Hüftgelenks, Hinterbacke, Sitzhöcker, Sitzbein.

Isthmus, -i m *(l)* = enge Stelle, enge Verbindung zwischen zwei Räumen. – Isthmós *(gr)*: Landenge, Isthmus, schmale Verbindung.

jejunalis, -e *(l)* = zum Jejunum gehörig; Adj. zu Jejunum.

Jejunum, -i n *(l)* = Leerdarm. – Substant. Adj. von jejunus, -a, -um: nüchtern, leer, hungrig. – Nấstis *(gr)*: Leerdarm.

jugularis, -e *(l)* = zur Drosselgrube gehörend. – Adj. zu Jugulum.

Jugulum, -i n *(l)* = 1. Grube oberhalb des Schlüsselbeins; 2. Schlüsselbein, verglichen mit einem kleinen Joch; 3. vordere Halsgegend, Kehle. – Dim. zu Jugum, -i n *(l)*: Joch; jugulare *(l)*: 1. erstechen (Gefäße); 2. erdrosseln (Luftröhre); Zýgon *(gr)*: Joch.

Junctura, -ae f *(l)* Verbindung. – jungere *(l)*: verbinden.

Labium, -ii n *(l)* oder **Labrum, -i** n *(l)* = 1. Lippe; 2. glatter, umgebogener Rand eines Gefäßes. – lambo *(l)*: lecken, berühren; láptō *(gr)*: lecken.

Labyrinthus, -i m *(l)* = großes Bauwerk mit vielen verschlungenen Gängen, Ohrlabyrinth. – Labýrinthos *(gr)*: Labyrinth; Etym. unsicher.

lacer, -era, -erum *(l)* = zerrissen, zerfetzt. – Lákis *(gr)*: Felsen, Zipfel; lakízō *(gr)*: zerreißen; lacerare *(l)*: zerreißen.

lacinatus, -a, -um *(l)* = in Zipfel auslaufend. – Lacinia, -ae f *(l)*: Zipfel, Fetzen; siehe lacer.

lacrimalis, -e *(l)* = zu den Tränenorganen gehörend. – Adj. zu Lacrima.

lactifer, -fera, -ferum *(l)* = milchführend. – Lac, lactis n *(l)*: Milch; ferre *(l)*: tragen; Glágos *(gr)*: Milch.

Lacuna, -ae f *(l)* = Lücke, Loch; speziell eine mit Wasser gefüllte Vertiefung.

Lacus, -us m *(l)* = See, Lache. – Lákkos *(gr)*: See, Loch, Grube, Teich.

lambdoideus, -a, -um oder **lambdoides, -is** *(l)* = lambdaähnlich. – Lambda: 11. Buchstabe des griech. Alphabets.

Lamella, -ae f *(l)* = Dim. zu Lamina.

Lamina, -ae f *(l)* = Platte, Schicht, Scheibe; Lamelle.

Lanugo, -inis f *(l)* = Wolle, Wollhaar, Flaum. – Lana, -ae f *(l)*: Wolle; Lấnos *(gr)* u. Vlana *(idg)*: Wolle.

Laryngotomia, -ae f *(l)* = Eröffnung des Kehlkopfes durch Schnitt. – Lárynx *(gr)*: Kehlkopf; témnein *(gr)*: schneiden, aufschneiden.

Larynx, -yngis f *(l)* = Kehlkopf. – Lárynx *(gr)*: Kehlkopf.

lateralis, -e *(l)* = seitlich. – Adj. zu: Latus.

latissimus, -a, -um *(l)* = der breiteste. – Sup. zu latus, -a, -um.

latus, -a, -um *(l)* = breit. – Adj. zu Latus.

Latus, -eris n *(l)* = Seite, Breite, Brust.

Lemniscus, -i m *(l)* = Schleife; anat.: Faserzüge im Gehirn. – Lấmnískos *(gr)*: Band.

Lens, lentis f *(l)* = Linse.

lenticularis, -e *(l)*: Adj. zu Lens.

lentiformis, -e = linsenförmig. – Lens, lentis f *(l)*: Linse; Forma, -ae f *(l)*: Gestalt, Form.

Leptomeninx, -ingis f *(l)* = weiche, zarte Hirnhaut; zusammenfassender Begriff für Arachnoidea mater und Pia mater. – leptós *(gr)*: zart; Méninx *(gr)*: Hirnhaut.

Levator, -oris m *(l)* = Heber. – levare *(l)*: heben.

liber, -era, -erum *(l)* = frei, ungebunden, offen. – liberare *(l)*: befreien.

Lien, lienis m *(l)* = Milz.

ligamentosus, -a, -um = bänderreich; anat.: bandartig. – Adj. zu Ligamentum.

Ligamentum, -i n *(l)* = Band, Binde; anat.: 1. bandartige Struktur; 2. häutige Verbindung zweier Gelenke. – ligare *(l)*: binden.

Limbus, -i m *(l)* = Saum, Besatzstreifen, Rand.

Limen, -inis n *(l)* = Schwelle, Grenzwall. – Leímen *(idg)*: Querholz.

limitans, -antis *(l)* = begrenzend. – P. p. a. von limitare *(l)*: begrenzen; Limes, -itis m *(l)*: Grenzrain.

Linea, -ae f *(l)* = 1. Linie, Richtschnur; 2. Strich; 3. anat.: Knochenleiste. – Linus oder Linum, -i n *(l)*: Lein, Flachs, später: leinener Faden, Schnur.

Lingua, -ae f *(l)* = Zunge, Sprache. – lingere *(l)* u. leíchein *(gr)*: lecken, schmecken.

Lingula, -ae f *(l)* = Zünglein, zungenähnliches Gebilde. – Dim. zu Lingua.

Liquor, -oris m *(l)* = Flüssigkeit, flüssiger Zustand. – liquere *(l)* = flüssig, klar sein.

lobaris, -e *(l)* = zum Lappen gehörend. – Adj. zu Lobus.

lobularis, -e *(l)* = zum Läppchen gehörend. – Adj. zu Lobulus.

Lobulus, -i m *(l)* = Läppchen. – Dim. zu Lobus.

Lobus, -i m *(l)* = Lappen, Hülse, Schote. – Lóbos *(gr)*: Lappen.

Locus, -i m *(l)* = Ort, Platz, Stelle. – locare *(l)* = setzen, legen, stellen.

longitudinalis, -e *(l)* = längsgerichtet. – Longitudo, -inis f *(l)*: die Länge.

longus, -a, -um *(l)* = lang, weit. – Lónchä *(gr)*: die Lanze; laggs *(got)*: lang. longissimus: Superlativ zu longus.

lucidus, -a, -um *(l)* = hell, glänzend, leuchtend. – lucere *(l)*: leuchten; Leukos *(gr)*: Licht, Helle.

lumbalis, -e *(l)* = zur Lende gehörig. – Adj. zu Lumbus *(l)*: Lende; Psóas *(gr)*, Lentin *(ahd)*: Lende.

lunatus, -a, -um *(l)* = mondförmig. – Adj. zu Luna, -ae f *(l)*: Mond; lucere *(l)*: leuchten; Lux *(l)*: Licht.

Lunula, -ae f *(l)* = kleiner Mond. – Dim. zu Luna, -ae f *(l)*: Mond; Luc-sna *(idg)*: Mond, Mondschein.

luteus, -a, -um *(l)* = gelb. – Lutum, -i n *(l)*: Lehm, Kot; luo bzw. polluere *(l)*: verschmutzen.

Lympha, -ae f *(l)* = Quellnymphe, klares Wasser; anat.: Lymphe. – Lýmphä *(gr)*: die Wassergöttin, Wasser.

lymphaticus, -a, -um *(l)* = zur Lymphe gehörend. – Adj. zu Lympha.

Macula, -ae f *(l)* = Fleck, Makel. – maculare *(l)*: beflecken, besudeln.

maculosus, -a, -um = reich an Flecken, buntgefleckt, besudelt. – Adj. zu Macula.

magnus, -a, -um *(l)* = groß, gewaltig, stark. – mégas *(gr)*: groß, gewaltig.

maior, -oris = größer, stärker. – Komp. zu magnus.

Mala, -ae f *(l)* = Wange, Kinnbacken, eigentl.: Oberkiefer.

malaris, -e = Adj. zu Mala.

mallearis, -e *(l)* = zum Hammer gehörend. – Adj. zu Malleus, -ei m *(l)*: Hammer.

malleolaris, -e *(l)* = zum kleinen Hammer gehörend, zum Knöchel gehörend. – Adj. zu Malleolus.

Malleolus, -i m *(l)* = 1. kleiner Hammer; 2. Brandpfeil, Ähnlichkeit mit einem rundköpfigen Hammer, Knöchel. – Dim. zu Malleus, -ei m *(l)*: 1. Hammer; 2. Gehörknöchelchen.

Mamilla, -ae f *(l)* = Brustwarze, Mamille. – Dim. zu Mamma.

mamillothalamicus, -a, -um *(l)* = zum Corpus mamillare u. zum Thalamus gehörend. – mamillaris, -e *(l)*: brustwarzenähnlich; Thalamus, -i m *(l)*: Sehhügel.

Mamma, -ae f *(l)* = 1. Mutter, Amme; 2. Mutterbrust, Euter, Zitze; 3. anat.: weibliche Brust (-drüse). – mammare *(l)*: säugen, saugen; mammáein *(gr)*: nach der Mutterbrust verlangen.

Mandibula, -ae f oder **Mandibulum, -i** n *(l)* = Unterkiefer, Kinnlade als Kauwerkzeug. – mandere *(l)*: kauen.

Manubrium, -i n *(l)* = Griff, Stiel, Henkel; der mit der Hand zu fassende Griff, Handgriff. – Manus, -us f *(l)*: Hand.

Manus, -us f *(l)* = Hand, eigentl. Arm.

Margo, -inis m *(l)* = Rand, Einfassung. – Marka *(got)* u. *(ahd)*: Grenze, Mark.

masculinus, -a, -um *(l)* = männlich, groß. – Mas, maris m *(l)*: der Mann, männlich.

Massa, -ae f *(l)* = Masse, Klumpen. – Máza *(gr)*: Teig, Brei aus Gerstenmehl.

Masseter, -eris m *(l)* = anat.: der Kaumuskel. – Massetḗr *(gr)*: der Kauende; mássein *(gr)*: kauen, kneten.

masticatorius, -a, -um *(l)* = dem Kauen dienend. – masticare *(l)*: kauen; Mastix, -icis f *(l)*: wohlriechendes Harz vom Mastixbaum, das zum Kauen benutzt wurde; Masticha̋ *(gr)*: Mastixbaum.

mastoideus, -a, -um *(l)* = brustwarzenähnlich. – Mastós *(gr)*: Mutterbrust, Brustwarze, Anhöhe, Hügel; -eidés: ähnlich.

Mater, -tris f *(l)* = Mutter, anat.: ernährende u. umschützende Umhüllung. – Ma̋tär *(gr)* u. Muoter *(ahd)*: die Mutter; nach ali al abbas *(arab)*: die beiden Hüllen, die als Mutter des Gehirns bezeichnet wurden: 1. die dickere als Dura mater, die harte Hirnhaut; 2. die dünne als Pia mater, die weiche Hirnhaut.

Matrix, -icis f *(l)* = Mutterboden, Matrix. – Mater, -tris f *(l)*: Mutter; eigentl. Gebärmutter.

Maxilla, -ae f *(l)* = Oberkiefer. – Dim. zu Mala.

maximus, -a, -um *(l)* = größte. – Superlativ zu magnus.

Meatus, -us m *(l)* = Gang, Durchgang. – meare *(l)*: gehen, ziehen, fließen.

medialis, -e *(l)* = in der Mitte befindlich, zur Mitte gehörig; anat.: medial, zur Mitte hin; Gegensatz zu lateral. – Mésos *(gr)*: mittlerer, Mitte.

medianus, -a, -um *(l)* = in der Mitte befindlich, zur Mitte gehörig. – Mésos *(gr)*: mittlerer, Mitte.

Mediastinum, -i n *(l)*: Mittelfell, Raum zwischen rechter und linker Lunge, eigentl. zwei senkrecht stehende Platten (Pleura), welche die Brusthöhle in eine re. u. li. Hälfte teilen und das Herz zwischen sich enthalten.

medius, -a, -um *(l)* = in der Mitte befindlich, zur Mitte gehörig, dazwischenliegend. – Mésos *(gr)*: mittlerer, Mitte.

Medulla, -ae f *(l)* = Mark, Innerstes. – Wohl von medius abzuleiten.

Membrana, -ae f *(l)* = zarte Haut, Häutchen. – Substantiviertes Adj. von Membrum, -i n *(l)*: 1. das fleischige Körperglied; 2. Glied, Teil, Extremität.

meningeus, -a, -um *(l)* = zur Hirnhaut gehörig. – Adj. zu Meninx.

Meninx, -ingis f *(l)* = Hirnhaut. – Mệninx *(gr)*: Haut.

Meniscus, -i m *(l)* = Halbmond; anat.: Zwischenknorpel. – Menískos *(gr)*: kleiner Mond; Dim. zu Meís *(gr)*: runde Bedeckung über Statuen, gebogenes Schirmdach, Monat, Mond. Meniscus articularis: halbmondförmige Gelenkzwischenscheibe.

mentalis, -e *(l)* = zum Kinn gehörend. – Adj. zu Mentum.

Mentum, -i n *(l)* = Kinn, Kinnbart, hervorragende Ecke. – prominere *(l)*: hervorragen.

Mesencephalon, -i n *(l)* = Mittelhirn. – Mésos *(gr)*: Mitte; Enképhalos *(gr)*: das, was im Kopf ist (Gehirn).

Mesenterium, -ii n *(l)* = Dünndarmgekröse. – Mesenterion *(gr)*: mittleres Eingeweide; Mésos *(gr)*: Mitte; Énteron *(gr)*: Eingeweide.

Mesopharynx, -yngis f *(l)* = Mundrachen.

Metacarpus, -i m *(l)* = Mittelhand, Zwischenhand. – meta- *(gr)*: nach, hinter, zwischen, inmitten; Karpós *(gr)*: Hand.

metatarsalis, -e *(l)* = zum Mittelfuß gehörend. – Adj. zu Metatarsus.

Metatarsus, -i m *(l)* = Mittelfuß, Fußwurzel.

Metencephalon, -i n *(l)* = Hinterhirn.

minor, minus (Gen.: -oris) *(l)* = kleiner, geringer. – Komp. zu parvus *(l)*: klein, gering.

mitralis, -e *(l)* = einer Mitra ähnlich. – Adj. zu Mitra, -ae f *(l)*: Kopfbinde, Turban; Mítra *(gr)*: Leibbinde, Hauptbinde.

Modiolus, -i m *(l)* = die im Innern ausgehöhlte Schneckenachse. – Dim. zu Modius: Hohlkörper, Radnabe, Zylinder, Scheffel.

molaris, -e *(l)* = zum Mahlen gehörend; dem Mahlen dienend. – Adj. zu Mola, -ae f *(l)*: Mühlstein, Mühle; molare *(l)* u. mýllein *(gr)*: mahlen.

mollis, -e *(l)* = weich, lind, sanft; vgl. mollig. – moldvis *(idg)*: weich; molliri *(l)*: weich machen, zähmen.

Mons, montis m *(l)* = Berg, Fels. – men *(idg)*: emporragen.

motorius, -a, -um *(l)* = anat.: zur Bewegung gehörend, der Bewegung dienend. – movere *(l)* = bewegen, in Bewegung setzen.

mucosus, -a, -um *(l)* = schleimig, mukös. – Adj. zu Mucus, -i m oder Muccus, -i m *(l)*: der Schleim, der Rotz; mýssein *(gr)*: schneuzen.

multifidus, -a, -um *(l)* = vielfach gespalten. – multus, -a, -um *(l)*: viel u. findere *(l)*: spalten.

muscularis, -e *(l)* = zum Muskel gehörend. – Adj. zu Musculus.

musculocutaneus, -a, -um *(l)* = zum Muskel und zur Haut gehörend.

musculotubarius, -a, -um *(l)* = zum Musculus tensor tympani und zur Ohrtrompete gehörend.

Musculus, -i m *(l)* = kleine Maus, Mäuschen, Muskel. – Dim. zu Mus, muris m *(l)* u. Mýs *(gr)*: die Maus.

Myelencephalon, -i n *(l)* = Markhirn, verlängertes Mark; Bezeichnung für Medulla oblongata. – Myelós *(gr)*: Mark, Rückenmark.

myentericus, -a, -um *(l)* = zur Darmmuskulatur gehörend. – Mýs *(gr)*: Maus, Muskel; enterikós *(gr)*: zu den Eingeweiden gehörend.

mylohyoideus, -a, -um *(l)* = vom Unterkiefer zum Zungenbein verlaufend. – Mýlos *(gr)*: Mahlstein, Backenzahn.

mylopharyngeus, -a, -um *(l)* = vom Unterkiefer zum Pharynx verlaufend. – Mýlos *(gr)*: Mahlstein; Phárynx *(gr)*: Rachen.

myo- *(gr)* = anat. in Zusammensetzungen: Muskel-. – Mýs *(gr)*: Maus, Muskel.

Myocardium, -ii n *(l)* = Herzmuskulatur.

Myologia, -ae f *(l)* = Muskellehre. – myo- *(gr)*: Muskel-; Lógos *(gr)*: Wort, Sprache, Lehre.

Myometrium, -ii n *(l)* = Gebärmuttermuskulatur. – myo- *(gr)*: Muskel- u. Mḗtra *(gr)*: Gebärmutter.

Naris, -is f *(l)* = Nasenloch.

nasalis, -e *(l)* = zur Nase gehörend. – Adj. zu Nasus.

Nasus, -i m *(l)* = äußere Nase. – Nasos *(idg)* u. Naris *(l)*: Nasenloch.

navicularis, -e *(l)* = kahnförmig, schiffförmig. – Adj. zu Navicula, -ae f *(l)*: kleines Schiff; Dim. zu Navis, -is f *(l)*: Schiff.

neonatus, -a, -um *(l)* = neugeboren. – néos *(gr)*: neu; nasci *(l)*: geboren werden, entstehen.

nervosus, -a, -um *(l)* = nervenreich, zum Nerven gehörig; früher: sehnig, kraftvoll. – Adj. zu Nervus.

Nervus, -i m *(l)* = Nerv; früher für alles weißliche Faserige: Sehne, Band, Flechse verwendet. – Neûron *(gr)*: Sehne, Band, Nerv.

Nidus, -i m *(l)* = Nest, Wohnsitz, Ursprung. – Nidos *(idg)*: Ruheplatz.

niger, -gra, -grum *(l)* = schwarz, dunkel.

Nodulus, -i m *(l)* = kleiner Knoten. – Dim. zu Nodus.

Nodus, -i m *(l)* = Knoten, Gelenk, Knorren, Verbindung. – nodere *(l)*: in einen Knoten knüpfen; Nódes *(idg)*: großes Netz.

Norma, -ae f *(l)* = Winkelmaß.

Nucha, -ae f *(l)* = Nacken. – Nugrah *(arab)*: Nacken, Nackengrube.

Nucleus, -i m *(l)* = Nuß, kleiner Kern; 1. Zellkern; 2. Anhäufung von Nervenzellen im ZNS. – Dim. zu Nux, nucis f *(l)*: Nuß, Kern.

nutricius [nutritius], -a, -um *(l)* = ernährend, aufziehend. – nutrire *(l)*: säugen, nähren, aufziehen.

Obex, -icis m *(l)* = Riegel, Querbalken, Damm. – obicere *(l)*: entgegenwerfen, entgegentreten.

obliquus, -a, -um *(l)* = schräg, tief, seitwärts gerichtet. – ob-, op- *(l)*: entgegen, gegen, hin; Limen, -inis n *(l)*: Schwelle.

oblongatus, -a, -um *(l)* = verlängert.

oblongus, -a, -um *(l)* = länglich.

obturatorius, -a, -um *(l)* = dem Verstopfen dienend. – obturare *(l)*: verstopfen.

obturatus, -a, -um *(l)* = verstopft. P. p. p. zu obturare *(l)*: verstopfen.

obtusus, -a, -um *(l)* = stumpf, schwach. – P. p. p. zu obtúndere *(l)*: stumpf machen, stumpf werden.

occipitalis, -e *(l)* = zum Hinterhaupt gehörig. – Adj. zu Occiput.

Occiput, -itis n *(l)* = Hinterhaupt. – ob- *(l)*: entgegen, gegenüber; Caput, -itis n *(l)*: Haupt, Kopf.

octavus, -a, -um *(l)* = der (die, das) achte (Hirnnerv). – ógodes *(idg)*: der Achte.

oculomotorius, -a, -um *(l)* = die Augenbewegung betreffend.

Oculus, -i m *(l)* = Auge. – Wahrscheinlich Dim. zu Ocus *(idg)*, Okje *(idg)* u. Óktallos oder Ophthalmós *(gr)*: Auge, Augenhöhle.

Oesophagus, -i m *(l)* = Speiseröhre. – oíso *(gr)*: Futur zu phérein: tragen, transportieren; phageîn *(gr)*: essen, verdauen.

Olecranon, -i n *(l)* = (Haken-)Fortsatz der Elle, Ellenbogen. – Olékranon *(gr)*: Ellenbogenkopf; Olenä/olän *(gr)*: Ellenbogen, Unterarm; Kranon *(gr)*: Kopf.

olfactorius, -a, -um *(l)* = dem Riechen dienend. – ólfacere *(l)*: riechen, wittern; olere *(l)* u. ozein *(gr)*: riechen.

Oliva, -ae f *(l)* = Olive. – Elaía *(gr)*: Olive, Ölbaum.

Omentum, -i n *(l)* = Netzhaut um die Eingeweide, Fette; Eingeweidenetz.

omentalis, -e *(l)* = zum großen Netz gehörig. – Adj. zu Omentum.

omoclavicularis, -e *(l)* = von der Schulter zur Clavicula ziehend. – Ômos *(gr)*: Schulter; Clavicula: Schlüsselbein.

omohyoideus, -a, -um *(l)* = von der Schulter zum Zungenbein ziehend. – Ômos *(gr)*: Schulter.

omphaloentericus, -a, -um *(l)* = zum Dottergang gehörig. – Omphalós *(gr)*: Nabel; Énteron *(gr)*: Därme, Eingeweide.

oóphorus, -a, -um *(l)* = eitragend. – Ōón *(gr)*: Ei; phérein *(gr)*: tragen, bringen.

Operculum, -i n *(l)* = Deckel; anat.: die die Insula bedeckenden Gehirnlappenteile. – operire *(l)*: bedecken, verhüllen, zudecken.

opercularis, -e *(l)* = Adj. zu Operculum.

ophthalmicus, -a, -um *(l)* = zum Auge gehörig. – Ophthalmós *(gr)*: Auge.

opponens, -entis *(l)* = gegenüberstehend, gegenüberstellend. – P. p. a. von opponere *(l)*: entgegenstellen, entgegensetzen; ob-, op- *(l)*: entgegen, gegenüber; ponere *(l)*: legen, setzen, stellen.

opticus, -a, -um *(l)* = das Sehen betreffend. – Ópsis *(gr)*: Sehen.

Ora, -ae f *(l)* = Rand, Saum, Küste. – Mit Os, oris n *(l)*: Mund verwandt.

orbicularis, -e *(l)* = kreisförmig. – Adj. zu Orbiculus, -i m *(l)*: kleiner Kreis; Dim. zu Orbis, -is m *(l)*: Kreis.

Orbita, -ae f *(l)* = Augenhöhle; eigentl.: Kreisbahn, Wagengleis, Rad, Kreisfurche.

Orificium, -ii n *(l)* = Öffnung, eigentl.: etwas, das das Aussehen des Mundes hat. – Os, oris n *(l)*: der Mund; Facies, -ei f *(l)*: Gestalt, Aussehen.

Os, oris n *(l)* = Mund, Eingang, Mündung. – ah, asan, ayam *(altind)*: Mund, Öffnung.

Os, ossis n *(l)* = Knochen, Bein, Gebein. – Ostéon oder Óstion *(gr)*: Bein, Knochen.

Osteologia, -ae f *(l)* = Knochenlehre. – Ostéon *(gr)*: Knochen; Lógos *(gr)*: das Wort, die Lehre.

Ostium, -ii n *(l)* = Mündung, Eingang, Tür. – Os, oris n *(l)*: der Mund.

oticus, -a, -um *(l)* = zum Ohr gehörend. – Oús, otós *(gr)*: Ohr.

ovalis, -e *(l)* = eiförmig, oval. – Adj. zu Ovum.

Ovarium, -ii n *(l)* = Eierstock. – Substant. Adj. zu Ovum.

Ovum, -i n *(l)* = das Ei. – Ōón *(gr)*: das Ei.

Pachymeninx, -ingis f *(l)* = derbe, faserreiche Hirnhaut. – pachýs *(gr)*: dick, derb; Mẫninx *(gr)*: Hirnhaut.

palatinus, -a, -um: *(l)* = zum Gaumen gehörend. – Adj. zu Palatum.

Palato- *(l)* = vom Gaumen entspringend.

Palatum, -i n *(l)* = Gaumen. – Pala *(idg)*: Wölbung.

pallidus, -a, -um *(l)* = blass, bleich. – pallére: blass sein, fahl sein; poliós *(gr)*: grau.

Pallium, -ii n *(l)* = Hülle, Mantel; anat.: Hirnmantel. – Palla, -ae f *(l)*: das mantelartige Gewand römischer Frauen.

Palma, -ae f *(l)* = Handfläche. – Pálamä *(gr)*: flache Hand, Hohlhand.

palmaris, -e *(l)* = zur Handfläche gehörend. – Adj. zu Palma.

palmatus, -a, -um *(l)* = palmenzweigähnlich. – Palma, ae f *(l)*: flache Hand, Palme; Pálamä *(gr)*: flache Hand, Hohlhand.

Palpebra, -ae f *(l)* = Augenlid. – palpitare *(l)*: zucken (wegen des Lidschlags) oder palpari *(l)*: streicheln (das Lid streichelt sanft über den Augapfel).

pampiniformis, -e *(l)* = rankenförmig. – Pampinus, -i m *(l)*: die Weinranke; Forma, -ae f *(l)*: Gestalt, Form.

Pancreas, -atis f *(l)* = Bauchspeicheldrüse. – pân *(gr)*: alles, ganz; Kréas *(gr)*: Fleisch, Drüsensubstanz.

Panniculus, -i m *(l)* = Haut, Schicht. – Dim. zu Pannus, -i m *(l)*: Kleid, Tuch, Lappen; Pẫnos *(gr)*: Zeug, Tuch.

Papilla, -ae f *(l)* = warzenförmige Erhebung, Papille (der Haut, Niere und Zunge), urspr. nur Brustwarze. – Papula, -ae f *(l)*: Blatter, Bläschen.

Paradidymis, -idis f *(l)* = neben dem Hoden liegendes rudimentäres Organ (Urnierenrest), anat.: beiderseits blind endende Kanälchen oberhalb des Nebenhodenkopfes vor dem Samenstrang. – pará *(gr)*: neben; Dídymoi *(gr)*: Zwillinge, Hoden.

Parametrium, -i n *(l)* = Bereich neben der Gebärmutter. – Mẫtra *(gr)*: Gebärmutter.

parasympathicus, -a, -um *(l)* = der Pars sympathica des autonomen oder vegetativen Nervensystems entgegenwirkend.

Parenchyma, -atis n *(l)* = organspezifisches Gewebe. – Paréncyma *(gr)*: das daneben Hineingegossene; chéein *(gr)*: gießen.

Paries, -etis m *(l)* = Wand. – Etym. unsicher.

parietalis, -e *(l)* = parietal, seitwärts; anat.: zum Os parietale (Scheitelbein) gehörend. – Adj. zu Paries.

Paroóphoron *(gr)* = medial vom Eierstock liegendes rudimentäres Organ (Urnierenrest).

parotideus, -a, -um *(l)* = zur Ohrspeicheldrüse gehörend. – Adj. zu Parotis.

Parotis, -idis f *(l)* = Anschwellung neben dem Ohr (urspr. Mumps); Glandula parotidea = Ohrspeicheldrüse. – Oús *(gr)*: Ohr.

Pars, partis f *(l)* = Teil, Anteil, Stück, Körperteil, Seite. – partiri *(l)*: teilen.

parvus, -a, -um *(l)* = klein. – pauros *(gr)*: klein, gering, wenig.

Patella, -ae f *(l)* = Schale, Opferschale; anat.: Kniescheibe. – Dim. zu Patera, -ae f *(l)*: flache Schale; patere *(l)*: offenstehen.

Pecten, pectinis m *(l)* = Kamm, Grat. – pectare *(l)* u. pékein *(gr)*: kämmen.

pectinatus, -a, -um u. **pectineus, -a, -um** *(l)* = Adj. zu Pecten.

pectoralis, -e = zur Brust gehörig. – Adj. zu Pectus.

Pectus, -oris n *(l)* = Brust, Herz, Sinn. – Paksa *(altind)*: Flügel, Achsel.

Pedunculus, -i m u. **Pediculus, -i** m *(l)* = Füßchen, Stiel. – Dim. zu Pes, pedis m *(l)*: Fuß.

pellucidus, -a, -um *(l)* = durchsichtig. – perlucere *(l)*: hervorschimmern, durchsichtig sein; per- *(l)*: völlig, hindurch; lucere *(l)*: scheinen, leuchten.

pelvinus, -a, -um *(l)* = Adj. zu Pelvis.

Pelvis, is f *(l)* = Becken, Schüssel. – Pellís *(gr)*: Schüssel, Becken; Pélla *(gr)* u. Palavi *(altind)*: Geschirr.

Penis, -is m *(l)* = Schwanz, männliches Glied. – Pés *(gr)*: männl. Glied.

perforans, -tis *(l)* = durchbohrend. – P. p. a. von perforare *(l)*: durchbohren; per- *(l)*: durch, hindurch; forare *(l)*: bohren, graben.

perforatus, -a, -um *(l)* = durchbohrt. – P. p. p. von perforare *(l)*: durchbohren.

Pericardium, -ii n *(l)* = Herzbeutel.

Perilympha, -ae f *(l)* = die das häutige Gehörlabyrinth umgebende Flüssigkeit. – perí- *(gr)*: um, herum; Lympha *(l)*: Quellwasser.

Perimetrium, -ii n *(l)* = Bauchfellüberzug der Gebärmutter. – Mẫtra *(gr)*: Gebärmutter.

perinealis, -e *(l)* = Adj. zu Perinéum.

Perinéum, -i n *(l)* = Damm, Mittelfleisch, Gegend zwischen After und Scheide bzw. Hodensack. – Vielleicht von perinéin *(gr)*: anhäufen, aufschichten.

Periodontium, -ii n *(l)* = Wurzelhaut des Zahnes. – Odoús, odóntos *(gr)*: Zahn.

Periorbita, -ae f *(l)* = das die Augenhöhle auskleidende Periost.

Periorchium, -ii n *(l)* = parietales Peritonealblatt des Hodens. – Órchis *(gr)*: Hoden.

Periosteum, -i n *(l)* = Knochenhaut, Periost. – Os, ossis m *(l)*: Knochen.

Peritoneum, -ii n *(l)* = Bauchfell. – Peritonáion *(gr)*: die über die Därme gespannte Haut; teínein *(gr)*: spannen.

permanens, -entis *(l)* = bleibend, verbleibend. – P. p. a. von permanere *(l)*: bleiben, verbleiben, fortdauern.

peroneus, -a, -um u. **peronealis, -e** *(l)* = zum Wadenbein gehörend, auf der Seite des Wadenbeins gelegen. – Pero, -onis m *(l)*: Stiefel aus rohem Leder; Perónä *(gr)*: Spange, Stachel.

perpendicularis, -e *(l)* = senkrecht, lotrecht. – Perpendiculum, -i n *(l)*: Richtblei, Lot; perpendere *(l)*: genau abwägen.

Pes, pedis m *(l)* = Fuß, Bein. – Poús *(gr)*: Fuß, Bein.

Petiolus, -i m *(l)* = Stiel, Füßchen. – Dim. zu Pes; statt Pe*d*iolus später Petiolus.

petrosus, -a, -um *(l)* = felsig, steinig. – Pétra *(gr)*: Fels, Stein.

petrotympanicus, -a, -um *(l)* = vom Felsenbein zur Paukenhöhle ziehend.

Phalanx, -angis f *(l)* = Walze, Stamm, Ballen, Schlachtreihe; anat.: Phalanx, Finger-, Zehenglied. – Phálanx *(gr)*: 1. Rundholz, Balken; 2. Finger-, Zehenglied; 3. Schlachtreihe.

pharyngeus, -a, -um *(l)* = zum Rachen gehörend. – Adj. zu Pharynx.

Pharynx, -ngis m u. f *(l)* = Rachen, Schlund. – Phárynx *(gr)*: Rachen, Kehle, Schlund.

Philtrum, -i n *(l)* = Nasen-Lippen-Rinne. – Phíltron *(gr)*: Liebeszauber, Liebestrunk.

phrenicus, -a, -um *(l)* = zum Zwerchfell gehörend. – Phrenes, -um f *(l)*: Zwerchfell; Phrẫn *(gr)*: Zwerchfell, Sitz des Gemüts.

Pigmentum, -i n *(l)* = Farbstoff; Schminke. – pingere *(l)*: malen; poíkilos *(gr)*: bunt.

Pilus, -i m *(l)* = einzelnes Haar. – Pîlos *(gr)*: Filz.

pinealis, -e *(l)* = zum Fichtenzapfen gehörend, fichtenzapfenähnlich. – Pinus, -us f *(l)* und picsmus *(idg)*: Fichte.

piriformis, -e *(l)* = birnenförmig. – Pirum, -i n *(l)*: Birne; Forma, -ae f *(l)*: Form, Gestalt.

pisiformis, -e *(l)* = erbsenförmig. – Pisum, -i n *(l)* u. Píson *(gr)*: Erbse; Forma, -ae f *(l)*: Form, Gestalt.

pituitarius, -a, -um *(l)* = schleimig. – Pituita, -ae f *(l)*: der Schleim. – Glandula pituitaria.

pius, -a, -um *(l)* = fromm, zart. – Pia mater: weiche Hirnhaut.

Placenta, -ae f *(l)* = Mutterkuchen, Nachgeburt, Plazenta. – Plakoûs *(gr)*: Kuchen, eigentl.: mit Fläche versehen.

Planta pedis *(l)* = Fußsohle. – Planta, -ae f *(l)*: Fußfläche; Pes, pedis m *(l)*: Fuß; Plátos *(gr)*: Breite; platýs *(gr)*: breit, weit.

Planum, -i n *(l)* = Fläche, Ebene. – placére *(l)*: ebnen, glätten; planare *(l)*: platzieren, planieren.

planus, -a, -um *(l)* = flach, eben, plan.

Platysma, -atis n *(l)* = Platte, ausgebreiteter Körper; anat.: großflächiger Hautmuskel am Hals. – platýs *(gr)*: breit, weit.

Pleura, -ae f *(l)* = Seite, Rippe; anat.: Rippenfell, Brustfell. – Pleurá *(gr)*: die Seite eines Gegenstandes.

Plexus, -us m *(l)* = Geflecht. – plectere *(l)* u. plékein *(gr)*: flechten.

Plica, -ae f *(l)* = Falte, alle Faltenbildungen. – plicare *(l)*: falten; plékein *(gr)*: flechten, schlingen oder ptýssein *(gr)*: falten.

Pollex, -icis m *(l)* = Daumen. – pollere *(l)*: vermögen, ausrichten.

Pons, pontis m *(l)* = Brücke, Steg. – Paíos *(gr)*: Pfad.

pontinus, -a, -um = zur Brücke gehörig. – Adj. zu Pons.

Poples, -itis m *(l)* = Kniekehle, Kniebeuge.

popliteus, -a, -um *(l)* = Adj. zu Poples.

Porta, -ae f *(l)* = Pforte, Tür, Eingang. – Póros *(gr)*: Durchgang; peírein *(gr)*: durchdringen.

Portio, -ionis f *(l)* = Teil, Abschnitt, Anteil, Portion. – Pars *(l)* u. Époron *(gr)*: zugemessener Anteil.

Porus, -i m *(l)* = Gang, Kanal, Röhre; anat.: Öffnung eines Ganges. – Póros *(gr)*: Öffnung, Weg, Durchgang; peírein *(gr)*: durchdringen.

postcentralis, -e *(l)* = anat.: hinter der Zentralfurche des Gehirns liegend.

posterior, -ius *(l)* = hinterer, späterer, folgender. – Komp. zu post *(l)*: hinten, hernach.

posterolateralis, -e *(l)* = weiter hinten seitlich.

praecentralis [precentralis], -e *(l)* = vor der Zentralfurche des Gehirns gelegen.

Praeputium [Preputium], -i n *(l)* = Vorhaut. – Pósthion *(gr)* als Dim. zu Pósthä *(gr)*: männliches Glied oder prae- *(l)*: vorn u. putare *(l)*: beschneiden, ins Reine bringen.

Princeps, -ipis m *(l)* = Erster, Wichtigster. – aus primi-ceps: die erste Stelle einnehmend; primus *(l)*: Erster; capere *(l)*: nehmen.

principalis, -e *(l)* = ursprünglich, Erster. – Adj. zu Princeps.

procerus, -a, -um *(l)* = hoch, schlank, gestreckt, lang. – crescere *(l)*: wachsen, entstehen.

Processus, -us m *(l)* = Fortschritt, Fortgang; anat.: Fortsatz. – procedere *(l)*: vorgehen, hervortreten, vorrücken; cedere *(l)*: weichen, gehen.

profundus, -a, -um *(l)* = tief, bodenlos. – siehe pro- *(l)* u. Fundus, -i m *(l)*: in der Nähe des Bodens, in der Tiefe.

Prominentia, -ae f *(l)* = Vorsprung, Erhebung, Prominenz. – prominere *(l)*: hervorspringen, hervorragen; minere *(l)*: ragen, drohen.

Promontorium, -i n *(l)* = Vorgebirge, Vorwölbung.

Pronator, -oris m *(l)* = Neiger; anat.: Muskeln, die bei Drehung des Unterarms die Handfläche nach unten bzw. dorsal richten. – pronare *(l)*: vornüberneigen.

Pronephros, -i m *(l)* = Vorniere, die zuerst gebildete Niere. – Néphros *(gr)*: Niere.

pronus, -a, -um u. **pronatus, -a, -um** = abschüssig, vornübergeneigt. – Adj. zu Pronator.

proprius, -a, -um *(l)* = beständig, dauernd, eigen, wesentlich.

Prosencephalon, -i n *(l)* = Vorderhirn. – Enképhalos *(gr)*: Gehirn.

Prostata, -ae f *(l)* = Vorsteherdrüse. – Prostátäs *(gr)*: Vordermann, Beschützer, Vorsteher.

prostaticus, -a, -um *(l)* = Adj. zu Prostata.

Protuberantia, -ae f *(l)* = Arten von Hervorragungen u. Erhabenheiten, Protuberanz. – protuberare *(l)*: hervorragen.

proximalis, -e *(l)* = anat.: näher zum Rumpf gelegen, rumpfwärts, proximal. – proximus, -a, -um *(l)*: nächster; Sup. zu prope *(l)*: nahe, bei.

Psoas, psoae m *(l)* = Lende. – Psóa *(gr)*: Lende, Lendengegend, Lendenfleisch.

pterygoideus, -a, -um *(l)* = flügelförmig. – Pteryx *(gr)*: Flügel: -eidés *(gr)*: ähnlich in Gestalt, Form.

pudendus, -a, -um *(l)* = zur Scham gehörend, schimpflich, schändlich. – pudére *(l)*: sich schämen.

Pulmo, -onis m *(l)* = Lunge. – Pleumon, Pneumon *(gr)*: die Lunge.

pulmonalis, -e *(l)* = Adj. zu Pulmo.

Pulpa, -ae f *(l)* = Weichheit; anat.: weiche Substanz, Mark, Parenchym.

Pulvinar, -aris n *(l)* = Kissen, Polster.

Pupilla, -ae f *(l)* = Pupille, Augenstern, Sehloch. – Dim. zu Pupa, -ae f *(l)*: Mädchen, Puppe; eigentl.: das verkleinerte Spiegelbild, das man im Auge eines anderen sieht.

Putamen, -inis n *(l)* = Schale; anat.: äußerer Teil des Nucleus lentiformis = Linsenkern. – putare *(l)*: beschneiden, ins Reine bringen, ordnen.

Pýelos *(gr)* = Trog, Mulde, Wanne; anat.: Nierenbecken.

pyloricus, -a, -um *(l)* = Adj. zu Pylorus.

Pylorus, -i m *(l)* = Pförtner, Magenausgang; anat.: Übergang zwischen Magen u. Dünndarm. – Pylōrós *(gr)*: Pförtner, Torhüter.

pyramidalis, -e *(l)* = Adj. zu Pyramis.

Pyramis, -idis f *(l)* = Pyramide; anat.: pyramidenähnl. Gebilde. – Pyramís *(gr)*: Pyramide.

quadrangularis, -e *(l)* = vierwinklig, viereckig. – quattuor *(l)*: vier; Angulus, -i m *(l)*: Winkel.

quadratus, -a, -um *(l)* = viereckig. – quadrare *(l)*: rechteckig machen.

quadriceps, -cipitis *(l)* = vierköpfig.

radialis, -e *(l)* = zur Speiche (Unterarmknochen) gehörig. – Adj. zu Radius.

Radiatio, -onis f *(l)* = Ausstrahlung. – Radius, -ii m *(l)*: Strahl, Lichtstrahlung.

radicularis, -e *(l)* = zur Wurzel gehörend. – Adj. zu Radicula, -ae f *(l)*: kleine Wurzel.

Radius, -ii m *(l)* = Radspeiche, Halbmesser des Kreises, Sonnenstrahl; anat.: Unterarmknochen: Speiche.

Radix, -icis f *(l)* = Wurzel. – Radix *(gr)*: Zweig, Rute, Wurzel.

Ramus, -i m *(l)* = Ast, Zweig.

Raphe, -es f *(l)* = Naht, Hautnaht. – Raphā́ *(gr)*: Naht, Kleidernaht; ráptō *(gr)*: zusammennähen.

Recessus, -us m *(l)* = Zurückgehen, Einbiegung, Vertiefung, Winkel, Nische. – recedere *(l)*: zurückweichen; re-: zurück; cedere: weichen, gehen.

Rectum, -i n *(l)* = Enddarm, Mastdarm. – rectus *(l)*: gerade.

rectus, -a, -um *(l)* = gerade. – regere *(l)*: richten, lenken.

recurrens, -entis *(l)* = zurücklaufend, kreisend. – P. p. a. von recurrere *(l)*: zurücklaufen, zurückkommen, kreisen.

Regio, -onis f *(l)* = Gegend, Lage, Richtung. – regere *(l)*: lenken, richten, regieren; orégō *(gr)*: recken, sich recken.

Ren, renis m *(l)* = Niere.

renalis, -e *(l)* = Adj. zu Ren.

respiratorius, -a, -um *(l)* = der Atmung dienend. – respirare *(l)*: atmen.

Rete, retis n *(l)* = Netz, Fischnetz. – ére *(idg)* u. rarus, -a, -um *(l)*: dünn, locker, undicht.

Retina (ergänze tunica) *(l)* = die Netzhaut des Auges. – evtl.: retinere *(l)*: zurückhalten; oder: Rete, retis n *(l)*: Netz; retinus *(l)*: netzartig.

Retinaculum, -i n *(l)* = Halter, Klammer, Seil, das zum Halten dienende Band; anat.: 1. Werkzeug zum Aufheben und Festhalten von Weichteilen; 2. fibröse Gebilde, welche andere festhalten, damit sie nicht aus der Lage abweichen. – retinere *(l)*: zurückhalten, festhalten.

retroperitonealis, -e *(l)* = hinter dem Bauchfell gelegen.

Rhinencephalon, -i n *(l)* = Riechhirn. – Rhís *(gr)*: Nase; Enképhalos *(gr)*: das, was im Kopf ist (Gehirn).

Rhombencephalon, -i n *(l)* = Rautenhirn; nach der Rautengrube benannt. – Rhómbos *(gr)*: Raute; Enképhalos *(gr)*: das, was im Kopf ist (Gehirn).

rhomboideus, -a, -um *(l)* = rautenähnlich. – Rhómbos *(gr)*: kreisförmiger Körper, Kreisel, später: Raute; -eidés *(gr)*: ähnlich.

Rima, -ae f *(l)* = Spalte, Riss, Strich, Ritze. – Rícoma *(idg)*: Riss; ereíkein *(gr)*: aufreißen.

risorius, -a, -um *(l)* = zum Lachen dienend. – ridere *(l)*: lachen, grinsen; Risor, -oris m *(l)*: Lacher, Spötter.

rostralis, -e *(l)* = zum vorderen Körperende hin gelegen.

Rostrum, -i n *(l)* = Schnabel, Rüssel. – rodere *(l)*: nagen, verzehren.

Rotator, -oris m *(l)* = der (Herum-)Dreher; vgl. Rotation. – rotare *(l)*: herumdrehen, rotieren; Rota, -ae f *(l)*: das Rad, Wagenrad.

rotundus, -a, -um *(l)* = rund, kugelrund. – Rota, -ae f *(l)*: das Rad; siehe Rotator.

ruber, -bra, -brum *(l)* = rot. – erythrós *(gr)*: rot; rubére *(l)*: rot sein.

Ruga, -ae f *(l)* = Runzel, Hautfalte, Falte. – rúksas *(altind)*: rau; rysós *(gr)*: runzelig.

Saccus, -i m *(l)* = Sack, Tasche. – Sák(k)os *(gr)*: Sack.

sacer, sacra, sacrum *(l)* = heilig. – Sacrum, -i n *(l)*: Heiligtum. – Os sacrum: das Kreuzbein.

sacralis, e *(l)* = zum Kreuzbein gehörig. – Adj. zu Sacrum.

sagittalis, -e *(l)* = in Pfeilrichtung, sagittal, von ventral nach dorsal. – Adj. zu Sagitta, -ae f *(l)*: Pfeil.

salivatorius, -a, -um *(l)* = zum Speichel gehörig. – Saliva, -ae f *(l)*: Speichel, Schleim.

Salpinx, -ingis f *(l)* = Trompete; anat.: 1. Eileiter (Tuba uterina [Salpinx]); 2. Ohrtrompete (Tuba auditiva). – Salpinx *(gr)*: Trompete.

saphenus, -a, -um *(l)* = verborgen. – al safin *(arab)*: verborgen, der Verbergende; nicht von saphā́s *(gr)*: deutlich, sichtbar.

sartorius, -a, -um *(l)* = zum Schneidern dienlich. – Sartor, -oris m *(l)*: Schneider; sarcire *(l)*: ausbessern.

Scala, -ae f *(l)* = Treppe, Stufe. – Scalae, -arum *(Pl)*: Treppe, Leiter, Stiege; scand-sla *(idg)*: steigen.

scalenus, -a, -um *(l)* = schief, ungleichseitig, dreieckig. – skalänós *(gr)*: ungerade, schief.

Scapha, -ae f *(l)* = Nachen; anat.: die zwischen Helix und Anthelix liegende Furche der Ohrmuschel. – Skáphä *(gr)*: ausgehöhlter Körper, Kahn, Boot.

scaphoideus, -a, -um *(l)* = kahnförmig. – Skáphä *(gr)*: ausgehöhltes, muldenartiges Gefäß, Wanne, Boot; skáptō *(gr)*: graben.

Scapula, -ae f *(l)* = Schulterblatt, Schulter, Rücken. – Kápetos *(gr)*: Grube, Graben.

Sclera (ergänze tunica oculi) *(l)* = harte oder feste Augenhaut. – sklärós *(gr)*: hart, derb.

scriptorius, -a, -um *(l)* = zum Schreiben dienend. – scribere *(l)*: schreiben, zeichnen.

scrotalis, -e *(l)* = Adj. zu Scrotum.

Scrotum, -i n *(l)* = Sack, Hodensack. – skrýdda *(altnord)*: geschrumpfte Haut.

secundarius, -a, -um *(l)* = der (die, das) Zweite. – secundus, -a, -um *(l)*: der (die, das) Zweite, Folgende; sequi *(l)*: folgen, nachfolgen, nachsetzen.
segmentalis, -e *(l)* = Adj. zu Segmentum.
Segmentum, -i n *(l)* = Abschnitt, Teilbereich, Segment. – secare *(l)*: schneiden, teilen.
Sella, -ae f *(l)* = Sattel, Stuhl, Sessel. – sedere *(l)*: sitzen, setzen; Héllа *(gr)*: Sitz.
Semicanalis, -is m *(l)* = Halbkanal, Rinne.
semicircularis, -e *(l)* = halbkreisförmig.
semilunaris, -e *(l)* = halbmondförmig. – semi- *(l)*: halb; Luna, -ae f *(l)*: Mond.
semimembranosus, -a, -um *(l)* = halbhäutig.
seminalis, -e *(l)* = zum Samen gehörig. – Adj. zu Semen, -inis n *(l)*: Same, Stamm; se, saen *(idg)* u. serere *(l)*: säen, pflanzen.
semiovalis, -e *(l)* = halbeiförmig.
semispinalis, -e *(l)* = zur Hälfte zum Dorn(fortsatz der Wirbel) gehörend; Bezeichnung für Muskeln, die von den Querfortsätzen der Wirbel zu Dornfortsätzen anderer Wirbel ziehen.
semitendinosus, -a, -um *(l)* = halbsehnig.
septalis, -e *(l)* = Adj. zu Septum.
Septum, -i n *(l)* = Scheidewand, eigentl. Umzäunung, Einfriedung. – saepire *(l)*: umzäunen, umhegen, einfrieden.
serratus, -a, -um *(l)* = gezähnt, gesägt. – P. p. p. von serrare *(l)*: sägen; Serra, -ae f *(l)*: Säge.
sesamoideus, -a, -um *(l)* = sesamkornähnlich. – Sắsamon *(gr)*: Schotenfrucht der aus Ägypten und Arabien stammenden Sesampflanze.
sigmoideus, -a, -um *(l)* = sigmaähnlich. – Sígma *(gr)*: halbmondförmiges Gebilde.
simplex, -icis *(l)* = einfach, unvermischt, einzeln. – sém *(idg)*: eins.
sinister, -tra, -trum *(l)* = links, ungünstig.
sinuatrialis, -e *(l)* = zum Sinus venarum cavarum u. zum Vorhof des Herzens gehörend.
Sinus, -us m *(l)* = Busen, Vertiefung, Bucht, Biegung, Krümmung. – sinuáre *(l)*: krümmen, bogenförmig machen.
soleus, -a, -um *(l)* = seezungenähnlich, schollenähnlich. – Solea, -ae f *(l)*: Seezunge, Scholle; urspr.: Sandale, Sohle.
solitarius, -a, -um *(l)* = alleinstehend, abgesondert, einsam. – solus, -a, -um *(l)*: allein.
Spatium, -ii n *(l)* = Zwischenraum, Raum, Bahn, Rennbahn. – Spádion, Stadion *(gr)*: Rennbahn.
spermaticus, -a, -um *(l)* = zum Samen gehörig. – Adj. zu Spérma *(gr)*: der Same, Keim; speírein *(gr)*: aussäen, ausstreuen.
sphenoidalis, -e *(l)* = keilförmig. – Sphắn *(gr)*: Keil.
Sphincter, -eris m *(l)* = Schnürer, Schnürmuskel. – sphingein *(gr)*: zusammenschnüren, würgen, zusammenziehen; Sphinx: zusammenschnürende Todesdämonin.
Spina, -ae f *(l)* = Dorn, Rückgrat, Wirbelsäule.
spinalis, -e u. **spinosus, -a, -um** *(l)*: Adj. zu Spina.
spinocostalis, -e *(l)* = vom Rückgrat zur Rippe verlaufend.
spiralis, -e *(l)* = gewunden. – Adj. zu Spira, -ae f *(l)*: Windung, Spirale; Speîra *(gr)*: Windung.
splanchnicus, -a, -um *(l)* = zu den Eingeweiden gehörend. – Splánchnon *(gr)*: Eingeweide.
Splanchnologia, -ae f *(l)* = Eingeweidelehre. – Splánchnon *(gr)*: Eingeweide; Lógos *(gr)*: Wort, Sprache, Lehre.
Splen, -enis m *(l)* = Milz. – Splắn *(gr)*: Milz.
Splenium, -ii n *(l)* = Wulst, Bausch, Schönheitspflästerchen. – Splenion *(gr)*: Wundverband, Pflasterstreifen, Kompresse.
splenius, -ia, -ium *(l)* = pflasterförmig, bauschig.
spongiosus, -a, -um *(l)* = schwammig, porös. – Spongiá *(gr)*: Schwamm.
Squama, -ae f *(l)* = Schuppe (des Fisches, der Schlange). – squaleo *(l)*: schuppig, rau sein.
squamosus, -a, -um *(l)* = Adj. zu Squama.
stapedius, -a, -um *(l)* = Adj. zu Stapes.
Stapes, -edis m *(l)* = Steigbügel, das kleinste der drei Gehörknöchelchen.
stellatus, -a, -um *(l)* = sternförmig. – Stella, -ae f *(l)*: Stern, Gestirn; Astắr *(gr)*: Stern.
sternalis, -e *(l)* = Adj. zu Sternum.
sternoclavicularis, -e *(l)* = vom Brust- zum Schlüsselbein verlaufend.
sternocleidomastoideus, -a, -um *(l)* = Brustbein und Schlüsselbein mit dem Warzenfortsatz verbindend. – Sternum, -i n *(l)*: Brustbein; Kleís *(gr)*: Riegel, Schlüssel, Schlüsselbein; mastoideus *(l)*: brustwarzenähnlich.
sternocostalis, -e *(l)* = vom Brustbein zur Rippe verlaufend.
sternohyoideus, -a, -um *(l)* = vom Brust- zum Zungenbein verlaufend.
sternothyroideus, -a, -um *(l)* = vom Brustbein zur Schilddrüse ziehend.
Sternum, -i n *(l)* = Brustbein. – sternere *(l)*: ausbreiten, glätten; Stérnon *(gr)*: Brust, Brustbein.
Stratum, -i n *(l)* = Zone, Decke, Ausgebreitetes, Schicht. – sternere *(l)* u. stórnymi *(gr)*: ausbreiten, bedecken.
Stria, -ae f *(l)* = Streifen, Furche.
striatus, -a, -um *(l)* = gestreift. – Adj. zu Stria.
styloglossus, -a, -um *(l)* = vom Griffelfortsatz zur Zunge verlaufend.
stylohyoideus, -a, -um *(l)* = vom Griffelfortsatz zum Zungenbein verlaufend.
styloideus, -a, -um *(l)* = griffelförmig. – Stŷlos *(gr)*: Griffel, Stiel.
stylomastoideus, -a, -um *(l)* = vom Griffel- zum Warzenfortsatz verlaufend.
stylopharyngeus, -a, -um *(l)* = vom Griffelfortsatz zum Rachen verlaufend.
subcutaneus, -a, -um *(l)* = unter der Haut gelegen.
submucosus, -a, -um *(l)* = unter der Schleimhaut gelegen.
Substantia, -ae f *(l)* = Wesen, Beschaffenheit; anat.: Substanz, stoffliche Grundlage. – substare *(l)*: darunter sein, existieren, standhalten.
Sulcus, -i m *(l)* = Furche, Einschnitt. – Holkós *(gr)*: Zug, Zügel, gezogene Furche; hélkō *(gr)*: ziehen.
Supercilium, -ii n *(l)* = Augenbraue, das über dem Augenlid Befindliche.
superficialis, -e *(l)* = an der Oberfläche liegend, oberflächlich. – Facies, -ei f *(l)*: äußere Gestalt.
superior, -ius *(l)* = oberer, höher, weiter oben gelegen. – Komp. zu super.
Supinator, -oris m *(l)* = Aufwärtsdreher. – supinare *(l)*: rücklings beugen, nach oben drehen; durch Drehung des Unterarms wird die Handfläche nach oben bzw. vorne gerichtet; hýptios *(gr)*: zurückgelehnt, rücklings.
supremus, -a, -um *(l)* = der Oberste, Äußerste, Höchste. – Sup. zu super.
suralis, -e *(l)* = zum Wadenbein gehörig. – Adj. zu Sura, -ae f *(l)*: die Wade, der Unterschenkel.
suspensorius, -a, -um *(l)* = zum Aufhängen dienend. – suspéndere *(l)*: aufhängen, emporheben.
Sustentaculum, -i n *(l)* = Stütze, Hilfe, Unterstützung. – sustenare *(l)*: unterstützen, aufrechthalten, stützen, helfen.
Sutura, -ae f *(l)* = Naht, chirurg. Naht, Nahtverbindung zweier Schädelknochen, Wundnaht.
sympathicus, -a, -um *(l)* = sympathisch; anat.: sympathischer Teil des autonomen oder vegetativen Nervensystems. – Páthōs *(gr)*: Leiden, Empfindung.
Symphysis, -eos u. **-is** f *(l)* = Knochenverbindung durch Faserknorpel, vgl. Junctura cartilaginea. – symphýein *(gr)*: zusammenwachsen, vereinigen.
Synarthrosis, -eos u. **-is** f *(l)* = Knochenfuge. – Árthron *(gr)*: Gelenk.
Synchondrosis, -eos u. **-is** *(l)* = knorpelige Knochenverbindung. – Chóndros *(gr)*: der Knorpel.
Syndesmosis, -eos u. **-is** *(l)* = bindegewebige Knochenverbindung. – Desmós *(gr)*: Band, Verbindung.
Synostosis, -eos u. **-is** *(l)* = knöcherne Verbindung zweier Knochen. – Ostéon *(gr)*: Knochen.
Synovia, -ae f *(l)* = Gelenkschmiere.

Taenia, -ae f *(l)* = Streifen, schmales Band, Binde. – Tainía *(gr)*: Band, Binde; teínein *(gr)*: drehen, spannen, strecken.
talaris, -e *(l)* = Adj. zu Talus.
talocalcaneonavicularis, -e *(l)* = vom Sprung- u. Fersenbein zum Kahnbein verlaufend.
talocruralis, -e *(l)* = vom Sprungbein zum Unterschenkel ziehend.
talonavicularis, -e *(l)* = vom Sprung- zum Kahnbein verlaufend.
Talus, -i m *(l)* = Sprungbein; urspr.: der Würfel.
Tapetum, -i n *(l)* = Teppich, Vorhang. – Tapes, -itis m *(l)* u. Tápäs *(altiran)*: Teppich.
tarseus, -a, -um *(l)* = Adj. zu Tarsus.
tarsometatarsalis, -e *(l)* = von der Fußwurzel zum Mittelfuß verlaufend.
Tarsus, -i m *(l)* = 1. Fußwurzel; 2. Lidplatte. – Tarsós *(gr)*: flach ausgebreiteter Gegenstand.
tectorius, -a, -um *(l)* = dem Bedecken dienend; zum Decken. – Adj. zu Tectum.
Tectum, -i n *(l)* = Dach. – tegere *(l)* u. stégein *(gr)*: decken; Tégos *(gr)*: Dach; Stégā *(gr)*: Haus, Dach; Decchin *(ahd)*: Decke.
Tegmen, -inis n u. **Tegmentum, -i** n *(l)* = Decke, Haube, Dach. – tegere *(l)*: bedecken u. stégein *(gr)*: decken, bedecken, verbergen.
tegmentalis, -e *(l)* = Adj. zu Tegmentum.
Tela, -ae f *(l)* = Gewebe, Gewebeschicht. – téxere *(l)*: weben, flechten; Téxla *(idg)*: Gewebe.
Telencephalon, -i n *(l)* = Endhirn. – Télos *(gr)*: Ende; Enképhalos *(gr)*: das, was im Kopf ist (Gehirn).
temporalis, -e *(l)* = Adj. zu Tempus.
Tempus, -oris n *(l)* = Schläfe; Zeit.
tendineus, -a, -um *(l)* = Adj. zu Tendo.
Tendo, -inis m *(l)* = Sehne. – téndere *(l)* u. teínein *(gr)*: ziehen, spannen, strecken.
Tensor, -oris m *(l)* = Spanner, Strecker. – téndere *(l)* u. teínein *(gr)*: strecken, ziehen, spannen.
Tentorium, -i n *(l)* = Zelt. – téndere *(l)*: spannen, straff anziehen, zelten, lagern.
tenuis, -e *(l)* = dünn, fein. – téndere *(l)*: spannen, auseinanderziehen; tánus *(altind)* u. dúnni *(ahd)*: dünn, ausgedehnt.
teres, -etis *(l)* = rund, gedreht, länglich rund. – terere *(l)*: reiben, zerreiben; teírō u. tríbō *(gr)*: reiben, zerreiben.
terminalis, -e *(l)* = zur Grenze gehörig, die Grenze bzw. das Ende bezeichnend; vgl. Termin. – terminare *(l)*: begrenzen, abgrenzen, bestimmen.
testicularis, -e *(l)* = Adj. zu Testis.
Testis, -is m *(l)* = anat.: Hoden.
thalamicus, -a, -um *(l)* = Adj. zu Thalamus.
Thalamus, -i m *(l)* = anat.: sog. Sehhügel. – Thálamos *(gr)*: Gemach, Höhle, Schlafgemach.
Theca, -ae f *(l)* = Kapsel, Hülle, Kuppel. – Thắkā *(gr)* = Behälter.
Thenar, -aris n *(l)* = Daumenballen. – Thénar *(gr)*: Handfläche, flache Hand, auch Vertiefung; theínō *(gr)*: schlagen.
thoracicus, -a, -um *(l)*: Adj. zu Thorax.
thoracoacromialis, -e *(l)* = vom Brustkorb zur Schulterhöhe verlaufend.

thoracolumbalis, -e *(l)* = vom Brustkorb zur Lende ziehend.

Thorax, -acis m *(l)* = Brustkorb. – Thōrax *(gr)*: Brustkorb, Brustharnisch, Rüstung, welche Brust und Bauch bedeckt.

thymicus, -a, -um *(l)*: Adj. zu Thymus.

Thymus, -i m *(l)* = Thymusdrüse, Bries – Thymós *(gr)*: Leben, Lebenskraft, Gemüt, Mut, Herz, Geist, Verstand.

thyroarytenoideus, -a, -um *(l)* = von der Schilddrüse zu den Gießbeckenknorpeln verlaufend.

thyroepiglotticus, -a, -um *(l)* = von der Schilddrüse zum Kehldeckel verlaufend.

thyrohyoideus, -a, -um *(l)* = von der Schilddrüse zum Zungenbein verlaufend.

thyroideus, -a, -um *(l)* = schildförmig. – thyreoídes *(gr)*: schildähnlich; Thyreós *(gr)*: der lange, viereckige türähnliche Schild.

thyropharyngeus, -a, -um *(l)* = von der Schilddrüse zum Pharynx verlaufend.

Tibia, -ae f *(l)* = Pfeife, Flöte; anat.: Schienbein.

tibialis, -e *(l)* = Adj. zu Tibia.

Tonsilla, -ae f *(l)* = Mandel im Halse. – Dim. zu Toles, -ium f *(l)*: Kropf am Halse; tónsles *(idg)*: dehnen, ausdehnen.

Torus, -i m *(l)* = Wulst, Polster; ein Teilstrick, aus deren mehreren das Tau zusammengedreht wird.

Trabecula, -ae f *(l)* = Bälkchen. – Dim. zu Trabs, -is f *(l)*: der Balken.

Trachea, -ae f *(l)* = Luftröhre. – trachýs *(gr)*: rau.

tracheobronchialis, -e *(l)* = zur Luftröhre u. ihren (Haupt-)Ästen gehörig.

Tractus, -us m *(l)* = Verlauf, Strang, Bahn; vgl. Traktor. – trahere *(l)*: ziehen, schleifen, schleppen.

Tragus, -i m *(l)* = anat. die vor der Öffnung des äußeren Gehörganges liegende Erhebung. – Trágos *(gr)*: Bock, Ziegenbock, vgl. Tragi: Ohrhaare.

transversus, -a, -um *(l)* = querverlaufend, querliegend. – transvertere *(l)*: wenden, sich wenden, hinwenden, von einem zum anderen wenden, hinüberwenden.

trapezius, -a, -um *(l)* = trapezförmig, tischförmig. – Trápeza *(gr)*: Tisch, Speise, Tafel.

triangularis, -e *(l)* = dreieckig. – tres, tri- *(l)*: drei; angularis, -e *(l)*: winkelig, eckig.

Triceps, -itis m *(l)* = dreiköpfig. – tres, tri- *(l)*: drei; Caput, -itis n *(l)*: Kopf.

tricuspidalis, -e *(l)* = mit drei Spitzen oder Zipfeln versehen. – tres, tri- *(l)*: drei; Cuspis, -idis f *(l)*: Spitze, Zipfel; anat.: Klappensegel einer Segelklappe.

trigeminus, -a, -um *(l)* = dreifach; anat.: aus drei Teilen bestehend. – tres, tri- *(l)*: drei; geminus *(l)*: doppelt, Zwilling.

Trigonum, -i n *(l)* = Dreieck. – tres, tri- *(l)*: drei; Gōnía *(gr)*: Winkel, Ecke.

Tripus, -odis m *(l)* = Dreifuß. – tres, tri- *(l)* = drei; Poús *(gr)*: Fuß.

triquetrus, -a, -um *(l)* = dreieckig. – tres, tri- *(l)*: drei; quartus bzw. quadrus *(l)*: eckig, eigentl.: viereckig.

triticeus, -a, -um *(l)* = weizenkornähnlich. – Adj. zu Triticum, -i n *(l)*: Weizen.

Trochanter, -eris m *(l)* = Rollhügel. – Trochus, -i m *(l)*: Rad; Tróchos *(gr)*: Lauf, Umlauf; trochazo *(gr)*: laufen, rennen, sich im Kreise drehen.

Trochlea, -ae f *(l)* = Rolle, Winde. – Trochilía *(gr)*: Rolle, Walze, Winde.

Truncus, -i m *(l)* = Stamm, Stock, Rumpf eines Menschen. – truncáre *(l)*: verstümmeln, der Glieder berauben.

Tuba, -ae f *(l)* = Trompete, Tuba.

tubarius, -a, -um *(l)* = Adj. zu Tuba.

Tuber, -eris n *(l)* = Höcker, Knorren, Beule. – tumére *(l)*: anschwellen.

Tuberculum, -i n *(l)*: Dim. zu Tuber.

Tuberositas, -atis f *(l)* = Vorsprung, Rauigkeit am Knochen.

Tunica, -ae f *(l)* = Hemd, Unterkleid, Tunica, Haut, Hülle; anat.: Gewebeschicht.

turcicus, -a, -um *(neulat)* = türkisch. – Sella turcica: Türkensattel.

tympanicus, -a, -um *(l)* = zum Trommelfell (Membrana tympanica) oder zur Paukenhöhle (Cavitas tympani) gehörend. – Adj. zu Tympanum.

Tympanum, -i n *(l)* = Trommel, Handpauke. – Týmpanon *(gr)*: Handpauke, Tamburin.

Ulna, -ae f *(l)* = Elle, einer der Unterarmknochen. – Ōlénä *(gr)*: ganzer Arm, Elle als Maß, Unterarm.

umbilicalis, -e *(l)* = Adj. zu Umbilicus.

Umbilicus, -i m *(l)* = Nabel, Mittelpunkt. – Omphalós *(gr)*: Nabel, nabelähnliche Erhöhung, Mittelpunkt.

Umbo, -onis m *(l)* = Buckel, Nabel. – Umbalus *(idg)* u. Omphalós *(gr)*: Nabel, Mittelpunkt.

uncinatus, -a, -um *(l)* = Adj. zu Uncus.

Uncus, -i m *(l)* = Haken, Klammer. – Ónkos *(gr)*: Haken, Widerhaken.

unguicularis, -e *(l)* = Adj. zu Unguis (auch unguliformis = hufeisenförmig).

Unguis, -is m *(l)* = Nagel, Kralle. – Onyx *(gr)*: Kralle, Klaue, Fingernagel.

Urachus, -i m *(l)* = Harngang, Verbindung zwischen Blase und Allantois. – Oûron *(gr)*: Harn; chéein *(gr)*: gießen oder échein *(gr)*: enthalten.

Ureter, -eris m *(l)* = Harnleiter. – ouréein *(gr)*: Harn lassen.

Urethra, -ae f *(l)* = Harnröhre. – Ouréthra *(gr)*: Harnröhre.

urethralis, -e *(l)* = Adj. zu Urethra.

urinarius, -a, -um *(l)* = zum Harn gehörend. – Adj. zu Urina, -ae f *(l)*: Harn.

urogenitalis, -e *(l)* = die Harn- und Geschlechtsorgane betreffend. – Oûron *(gr)*: Harn, Urin; genitalis *(l)*: die Geschlechtsorgane betreffend; genere u. gignere *(l)*: zeugen, erzeugen.

uterinus, -a, -um *(l)* = zur Gebärmutter gehörend. – Adj. zu Uterus.

Uterus, -i m *(l)* = Gebärmutter, Unterleib. – Udáram *(altind)*: Bauch.

Utriculus, -i m *(l)* = kleiner Schlauch; anat. z.B. Teil des häutigen Labyrinths. – Dim. zu Uter, utris m *(l)* = Schlauch; Hydría *(gr)*: Wasserkrug.

Uvula, -ae f *(l)* = Zäpfchen. – Dim. zu Uva, -ae f *(l)*: Traube; Ů'ga *(lit)*: Beere.

Vagina, -ae f *(l)* = Scheide des Schwertes, Hülle; anat.: weibl. Scheide.

vagus, -a, -um *(l)* = umherschweifend, ungenau, vage.

vallatus, -a, -um *(l)* = von einem Wall umgeben. – Adj. zu Vallum, -i n *(l)*: Wall; vallare *(l)*: umwallen, verschanzen.

Vallecula, -ae f *(l)* = kleines Tal; anat.: 1. Einsenkung zwischen Zunge u. Kehldeckel, 2. Einsenkungen am Gehirn. – Dim. zu Vallis, -is f *(l)*: das Tal.

Valvula, -ae f *(l)* = kleine Klappe. – Dim. zu Valva, -ae f *(l)*: Klappe, im Plural Türflügel, Doppeltür.

Vas, vasis n *(l)* = Gefäß, Gerät.

vascularis, -e *(l)* = zum Gefäß gehörend. – Adj. zu Vasculum, -i n *(l)*: kleines Gefäß; – Dim. zu Vas.

vastus, -a, -um *(l)* = groß, weit, gewaltig, plump. – vastare *(l)*: verwüsten.

Velum, -i n *(l)* = Segel, Tuch, Hülle. – velare *(l)*: verbergen, verhüllen.

Vena, -ae f *(l)* = Blutader, Vene; Blutgefäß, das Blut zum Herzen hinführt.

Venter, -tris m *(l)* = Bauch, Magen, Leib, Wanst.

ventralis, -e *(l)* = 1. zum Bauch gehörend; 2. bauchwärts liegend, ventral (Gegensatz zu dorsalis). – Adj. zu Venter.

Ventriculus, -i m *(l)* = kleiner Magen; anat.: 1. Magen, 2. Herzkammer, 3. Hirnkammer, 4. als Ventriculus laryngis: seitliche Aussackung des Kehlkopfraumes. – Dim. zu Venter.

vermiformis, -e *(l)* = wurmförmig. – Vermis, -is f *(l)*: Wurm; Forma, -ae f *(l)*: Gestalt, Form.

Vermis, -is f *(l)* = Wurm; anat.: mittlerer Abschnitt des Kleinhirns.

Vertebra, -ae f *(l)* = Wirbel; urspr.: Gelenk. – vertere *(l)*: drehen, wirbeln, sich im Kreise drehen.

verticalis, -e *(l)* = vertikal, senkrecht, scheitelrecht. – Vertex, -icis f *(l)*: Scheitel, Wirbel, Haarwirbel des Hauptes; vertere *(l)*: drehen, kreisen.

Vesica, -ae *(l)* = Blase. – vesicare *(l)*: Blasen werfen.

vesicalis, -e *(l)* = Adj. zu Vesica.

Vesicula, -ae f *(l)* = Bläschen. – Dim. zu Vesica.

vestibularis, -e *(l)* = zum Vorhof des knöchernen Labyrinths gehörend. – Adj. zu Vestibulum.

vestibulocochlearis, -e *(l)* = zum Gleichgewichts- und Hörorgan gehörend.

Vestibulum, -i n *(l)* = Vorhof, Vorplatz, Vorraum, Eingang.

Vibrissae, -arum *(Pl)* f *(l)* = Schnurrhaare; anat.: Haare im Vestibulum nasi. – vibrare *(l)*: zittern, schnurren.

villosus, -a, -um *(l)* = zottenreich, zottig. – Adj. zu Villus.

Villus, -i m *(l)* = Zotte, zottiges Haar. – Vellus, -eris n *(l)*: Wolle, Vlies; vellere *(l)*: zupfen, rupfen.

Vinculum, -i n *(l)* = Band, Fessel. – vincire *(l)*: binden, fesseln.

visceralis, -e *(l)* = zu den Eingeweiden gehörend. – Adj. zu Viscera: Eingeweide.

Viscus, -eris (meist im Plural: **Viscera**) n *(l)* = Eingeweide, die edlen Eingeweide, das Innerste.

vitreus, -a, -um *(l)* = gläsern, glasartig. – Adj. zu Vitrum, -i n *(l)*: Glas.

vocalis, -e *(l)* = tönend, zur Stimme gehörend. – Adj. zu Vox, vocis f *(l)*: Stimme, Ton, Laut; Vac *(altind)*: Stimme, Sprache; vocare *(l)*: rufen, nennen.

Vomer, -eris m *(l)* = Pflugscharbein.

vomeronasalis, -e *(l)* = vom Pflugscharbein zur Nase verlaufend.

Vulva, -ae f *(l)* = 1. Hülle, 2. Gebärmutter; anat.: äußeres weibliches Genitale. – Volva, -ae f *(l)*: die Gebärmutter eines zum ersten Mal trächtigen Schweins; vólvere *(l)*: wälzen, rollen; letzteres bezieht sich auf die Eihäute.

xiphoideus, -a, -um *(l)* = schwertförmig. – Xíphos *(gr)*: Schwert.

Zona, -ae f *(l)* = Gürtel, Zone. – Zṓnä *(gr)*: Gürtel, der das Untergewand am Leibe festhält, Zone.

Zonula, -ae *(l)* = kleiner Gürtel. – Dim. zu Zona.

zygomaticus, -a, -um *(l)* = zum Jochbogen gehörig. – Adj. zu Zygón *(gr)*: Joch, Jochbein.

Register

Die fett gedruckten Zahlen beziehen sich auf Seiten, in denen die Begriffe auch in Legenden oder Tabellen vorkommen.

A

D

E

G

H

O

P

S

T